LANDOLT-BÖRNSTEIN

ZAHLENWERTE UND FUNKTIONEN AUS PHYSIK · CHEMIE · ASTRONOMIE · GEOPHYSIK UND TECHNIK

SECHSTE AUFLAGE

IN GEMEINSCHAFT MIT

J. BARTELS · P. TEN BRUGGENCATE · K. H. HELLWEGE

KL. SCHÄFER · E. SCHMIDT

UND UNTER VORBEREITENDER MITWIRKUNG VON

J. D'ANS · G. JOOS · W. A. ROTH †

HERAUSGEGEBEN

VON

ARNOLD EUCKEN †

III. BAND

ASTRONOMIE UND GEOPHYSIK

SPRINGER-VERLAG

BERLIN HEIDELBERG GMBH

1952

ASTRONOMIE UND GEOPHYSIK

BEARBEITET VON

J. BARTELS · FR. BECKER · W. BECKER · M. BEYER · L. BIERMANN E. C. BULLARD · FR. BURMEISTER · S. CHAPMAN · W. DAMMANN W. DIECKVOSS · W. DIEMINGER · G. DIETRICH · H. DÖRMANN · L. EBERT G. FALCKENBERG · H. FLOHN · W. FRICKE · W. FRIEDRICH · R. GEIGER F. W. GÖTZ · S. GÜNTHER · B. GUTENBERG · H. HAFFNER · W. HANSEN L. HARANG · FR. HECHT · C. HOFFMEISTER · J. HOPMANN · W. HORN H. ISRAEL · H. JENSEN · J. JOSEPH · K. JUNG · CH. JUNGE · K. KALLE K. KEIL · W. KERTZ · H. v. KLÜBER · K. KNOCH · M. KÖHN · A. KÖNIG A. KOPFF · J. LARINK · H. LETTAU · R. MEYER · F. MÖLLER · F. NUSSER R. PENNDORF · G. POGADE · M. RÖSSIGER · F. SCHNAIDT† · E. SCHOENBERG · A. SCHULZE · H. SIEDENTOPF · H. STRASSL · K. STUMPFF H. E. SUESS · E. TAMS · A. UNSÖLD · H. VOGT · A. WACHMANN · M. WALDMEIER · R. WILDT · H. WINKLER · K. WURM

TEILWEISE VORBEREITET VON
GEORG JOOS

HERAUSGEGEBEN
VON
J. BARTELS UND P. TEN BRUGGENCATE

MIT 331 ABBILDUNGEN
UND 8 NOMOGRAMMEN

SPRINGER-VERLAG
BERLIN HEIDELBERG GMBH
1952

ORIGINALLY PUBLISHED BY SPRINGER-VERLAG OHG. BERLI IN 1952
SOFTCOVER REPRINT OF THE HARDCOVER 1ST EDITION 1952

ISBN 978-3-662-41604-4 ISBN 978-3-662-41603-7 (eBook)
DOI 10.1007/978-3-662-41603-7

Vorwort.

Die Neuauflage des Landolt-Börnstein enthält erstmalig einen Band Astronomie und Geophysik.

Der Teil Astronomie ist völlig neu und umfaßt das Gesamtgebiet der Astronomie. Bei der Stoffauswahl und der Darstellung ist berücksichtigt worden, daß der Band nicht nur von Astronomen, sondern auch von Naturwissenschaftlern der Nachbargebiete benutzt werden wird. Aus diesem Grund ist besondere Sorgfalt auf eine einheitliche Form der Literaturzitate verwendet worden. Die Zusammenstellung der benutzten Abkürzungen auf S. 250—255 soll das Auffinden der in vielen Sternwartenpublikationen verstreuten astronomischen Literatur erleichtern.

Auf zahlreichen Gebieten der Astronomie gibt es umfangreiche Kataloge, z. B. über Eigenbewegungen, Radialgeschwindigkeiten, Größenklassenverzeichnisse usw. Es konnte selbstverständlich nicht die Aufgabe sein, solche Verzeichnisse vollständig oder auszugsweise abzudrucken. Dafür wurde aber z. B. in dem Kapitel über Örter und Bewegungen der Sterne u. a. eine Zusammenstellung existierender Sternverzeichnisse, Eigenbewegungs- und Radialgeschwindigkeitskataloge gegeben. In ähnlicher Weise ist in dem Kapitel über die Strahlung der Sterne verfahren worden.

Der astronomische Teil des vorliegenden Bandes enthält eine Reihe von Nomogrammen, welche Umrechnungen, die in der Praxis häufig vorkommen, stark abzukürzen gestatten. Die Nomogramme sind alle von Dr. Straßl berechnet und gezeichnet worden.

Vom Teil Geophysik stand 1941 manches im Satz, doch ging alles verloren. Auf ausdrücklichen Wunsch Euckens behandelt die neue Fassung auch die zeitlichen Schwankungen ausführlich. In der Tat würde die Beschränkung auf Mittelwerte oder Häufigkeiten — in formaler Angleichung an die „Konstanten-Tabellen" der Laboratoriums-Physik — ein lückenhaftes Bild ergeben, denn die zeitliche Veränderlichkeit ist für viele geophysikalische Erscheinungen charakteristisch. Soweit sie astronomisch bedingt ist (Jahres- und Tageszeit, Sonnenrotation, Ebbe und Flut), läßt sie sich leicht analysieren; jedoch sind viele natürliche Vorgänge in ihrer jeweiligen Ausprägung mehr oder weniger einmalig.

So behalten auch die unveröffentlichten Originalbeobachtungen der Observatorien ihre Bedeutung. Den Zugang zu diesem riesigen Material sollen Angaben über größere Institute und die internationale Organisation erleichtern, ferner reichliche Literatur-Zitate und das Verzeichnis der geophysikalischen Zeitschriften am Schluß.

Die Verarbeitung des Beobachtungsmaterials bedingt eine für manche geophysikalischen Gebiete typische Zwischenstufe, die in der Laboratoriums-Physik kein Analogon hat: Zwischen Beobachtung und Theorie liegt die Analyse und Synthese der Ergebnisse, mit Hilfe statistischer und anderer mathematischer Methoden. Aus den verschiedenen Stadien dieses Arbeitsbereiches stammt der größte Teil der Abschnitte, die sich auf die Wasser- und Lufthülle beziehen.

Entsprechend dem Charakter des Gesamtwerkes entschied das physikalische Interesse für die Auswahl des Stoffes. Aus der „Angewandten Geophysik" (Bodenforschung) erscheinen deshalb nur die allgemeinen, aber nicht die regional-geologischen Einzelheiten. Ultrastrahlung wird (außer in 329219) in Band I, Teil 5, behandelt.

Während in denjenigen Teilen des Landolt-Börnstein, die schon in den früheren Auflagen vertreten waren, die Begrenzung und Darstellung des Stoffes einigermaßen festliegt, gab es für Band III kein Vorbild. Einige Abschnitte sind ganz dem Stil der übrigen Bände angepaßt; die Verfasser verschiedener Abschnitte mußten sich aber mehr oder weniger darauf beschränken, Funktionen der Zeit oder des Ortes durch typische Stichproben zu charakterisieren. Zu den Aufgaben der Herausgeber gehörte es, zu vereinen, „was die Mode streng getrennt", also Lücken zwischen den Einzelgebieten auszufüllen und nach Möglichkeit der Tendenz entgegenzuwirken, jedes Einzelgebiet durch einen Fach-Jargon abzusondern.

Auf seinem Spezialgebiet wird jeder Benutzer dieses Bandes dem hier dargestellten Stand voraus sein, mindestens um die Zeitspanne, die bis zum Bekanntwerden neuer Ergebnisse nötig ist. Angesichts der großen Arbeit und Mühe, die in diesem Band steckt, hoffen aber Verfasser, Herausgeber und Verlag auf eine Beurteilung, wie man sie für solche Sammelwerke nicht besser erwarten darf: „*Mit dem Abschnitt über mein Spezialgebiet bin ich nicht zufrieden, aber die anderen Teile des Bandes sind recht nützlich.*“

Für wertvolle Hilfe bei der Herausgabe danken wir den Herren Dr. H. Haffner, Dr. W. Kertz und H. Kurth. Dem Springer-Verlag sind wir zu besonderem Dank verpflichtet für die verständnisvolle Förderung des Werkes in allen seinen Phasen.

Göttingen, den 17. November 1951.

J. Bartels. P. ten Bruggencate.

Inhaltsverzeichnis.

31 Astronomie.

32 Geophysik

31 Astronomie.

310 Astronomische Instrumente.

31 01 Meridiankreise.

31 011 Einleitung.

Ein Meridiankreis besteht aus einem Fernrohr, welches um eine horizontale, in ostwestlicher Richtung fest gelagerte und mit einem feingeteilten Kreis versehene Achse drehbar ist. Das Fernrohr trägt stets ein zweilinsiges achromatisches Objektiv (Öffnungsverhältnis bei neueren Instrumenten etwa 1 : 12 bis 1 : 14, bei älteren Instrumenten vielfach kleiner). Zur Erzielung besserer Bilddefinition dreilinsige apochromatische Objektive zu verwenden, ist verschiedentlich erwogen, aber praktisch nicht durchgeführt worden. Über die optischen Leistungen der Objektive siehe 31 0813.

Da Achse und Visierlinie senkrecht aufeinander stehen, würde letztere bei idealer Justierung stets auf einen Punkt des Himmelsmeridians gerichtet sein. Beobachtet wird:

a) die Zeit des Meridiandurchgangs eines Gestirns,

b) dessen Höhe oder Zenitdistanz (bisweilen ist der Kreis derart justiert und geteilt, daß näherungsweise die Deklination direkt abgelesen werden kann).

Die Durchgangszeit wird heute fast stets mittels eines sogenannten Registriermikrometers in Verbindung mit einem Chronographen und einer Präzisionsuhr erhalten. Aus den vorstehenden Daten werden dann Rektaszension und Deklination durch Rechnung gefunden. Die Meridiankreise dienen also zur direkten Bestimmung genauer Gestirnörter.

Bezüglich der Ausführung der Instrumente im einzelnen [*1*, *5*, *6*], des Registriermikrometers [*7*] sowie der Ermittlung und Berücksichtigung der Instrumentalfehler [*2*, *3*, *4*, *8*] muß auf die angeführte Literatur verwiesen werden. Erwähnt sei lediglich, daß die Bestimmung der Rektaszension und Deklination absolut (fundamental) oder relativ (differentiell) erfolgen kann, je nachdem unmittelbar an die Sonne und den Himmelsäquator — bzw. den Pol — oder an bekannte Fundamentalsterne (s. 31 5142) angeschlossen wird.

Fast alle Meridiankreise sind umlegbar, d. h. sie können mittels einer besonderen Vorrichtung aus den Lagern herausgehoben, um 180° gedreht und wieder in die Lager eingelegt werden, so daß die beiden Achsenenden ihre Lage vertauschen. Fehlt bei einem Meridiankreis der genaue Kreis zur Messung von Deklinationsdifferenzen, so spricht man von einem Passageinstrument.

Bei einem Vertikalkreis ist die horizontale Achse nicht fest in ostwestlicher Richtung gelagert. Vielmehr ist das ganze Instrument um eine vertikale Achse drehbar. Mit dem genauen Kreis können in jedem Azimut Zenitdistanzen gemessen werden.

Von der üblichen Form abweichende Konstruktionen sind mehrfach vorgeschlagen und in kleineren Dimensionen zum Teil auch ausgeführt worden [*11*, *12*]. Versuche, den Beobachter durch photographische oder lichtelektrische Registrierung der Sterndurchgänge völlig auszuschalten, sind schon im vorigen Jahrhundert unternommen und bis in die neueste Zeit fortgesetzt worden [*36*, *37*]. Ferner wurden Einrichtungen zur photographischen Registrierung der Kreisablesungen benutzt [*25*, *38*].

Die Angaben, welche sich in der Literatur über Öffnung und Brennweite der Meridiankreise finden, sind vielfach ungenau, teilweise sogar widersprechend. Bezüglich dieser Daten kann daher keine Gewähr für Korrektheit der nachstehenden Tabelle übernommen werden.

Abkürzungen:

O = Öffnung, f = Brennweite } des Objektivs
$\frac{f}{O}$ = reziprokes Öffnungsverhältnis

PM = Pistor und Martins
Re = Repsold
TS = Troughton und Simms
CTS = Cooke, Troughton und Simms

31 012 Meridiankreise (O > 150 mm).

Nr.	Ort (Sternwarte)	O mm	f m	$\frac{f}{O}$	Baujahr	Hersteller	Bemerkungen [Literatur]
1	Paris	236	3,85	16,3	ca. 1865	Eichens	Nur in einer Lage benutzbar. — [*13*]
2	Washington . . .	228	2,72	11,9	1865	PM	[*14*]
3	Edinburg	218	2,72	12,5	1873	TS	
4	Kiel	217	3,00	13,8	1902	Re	Abgebaut. — [*15*]
5	La Plata	213	2,80	13,2	1889	Gautier	
6	Cambridge, Mass. (Harvard Obs.)	210	2,86	13,6	1870	TS	[*16*]
7	Greenwich. . . .	206	3,53	17,2	1850	Ransome	Definiert die Lage des Nullmeridians auf der Erde. Nur in einer Lage benutzbar. — [*17*]
8	Albany . . . . . (Dudley Obs.)	203	3,00	14,8	1856	PM	

31012 Meridiankreise (O > 150 mm (Fortsetzung).

Nr.	Ort (Sternwarte)	O mm	f m	f/O	Baujahr	Hersteller	Bemerkungen [Literatur]
9	Cambridge, Engl. (Univ. Obs.)	203	2,74	13,5	1870	TS	[18]
10	Kapstadt	203	3,96	19,5	1855	Ransome	Nur in einer Lage benutzbar
11	Melbourne . . .	203	2,74	13,5	1884	TS	
12	San Fernando . .	203	3,66	18,0		TS	
13	Tacubaya	203	2,50	12,3		TS	[19]
14	West Point, N.Y.	203	2,11	10,4		Re	
15	Barcelona	200				Mailhat	
16	Mitaka b. Tokio .	200				Gautier	
17	Nizza	200	3,20	16,0		Brunner	[20]
18	Rio de Janeiro . .	200				Gautier	
19	Rom	200	3,18	15,9	1890	Salmoiraghi	[21] — Dort O = 210 mm angegeben
20	Santiago	200				Eichens	Passage-Instrument?
21	Toulouse	195	2,34	12,0		Gautier	
22	Santiago	192	2,20	11,5	ca. 1905	Re	[23]
23	Algier.	190	2,30	12,1		Gautier	
24	Belgrad	190				Bamberg	
25	Berlin-Babelsberg	190	2,50	13,2	1914	Töpfer	Passage-Instrument, später zum Meridiankreis ausgebaut, demontiert — [22]
26	Berlin-Babelsberg	190	2,52	13,3	1914	Wanschaff	Vertikalkreis, demontiert — [22]
27	Besançon	190	2,52	13,3		Gautier	
28	Bordeaux-Floirac	190	2,32	12,2	1881	Eichens-Gautier	
29	Bukarest	190	2,30	12,1		Steinheil-Prin	
30	Cordoba.	190	2,29	12,0	1910	Re	[23]
31	Hamburg-Bergedorf	190	2,30	12,1	1908	Re	[23]
32	La Plata	190	2,26	11,9	1908	Re	[23]
33	Lüttich	190				Prin	
34	Paris	190	2,32	12,2		Eichens	[24]
35	Uccle b. Brüssel .	190	2,58	13,6	1932	Askania	[25]
36	Berlin-Babelsberg	189	2,62	13,9	1868	PM	1913 von Berlin nach Babelsberg transportiert. — [22]
37	München	189	2,50	13,2		Askania	Vertikalkreis
38	Marseille	188				Eichens	
39	Armagh.	178				Grubb	
40	Greenwich. . . .	178	2,59	14,6	1932	CTS	[26]
41	Markree, Irland .	178				Ertel	
42	Coimbra	170	1,95	11,5		Re	
43	Neapel	165	2,02	12,2		Re	
44	Adelaide	162	2,14	13,2	1894	TS	Nach [9] O = 152 mm
45	Amherst, Mass. .	162	2,10	13,0		PM	
46	Athen	162	2,10	13,0		Gautier	
47	Dunsink b. Dublin	162	2,44	15,1	1873	PM	Nach [9] O = 203 mm?
48	Evanston, Ill. . . (Dearborn Obs.)	162	1,83	11,3	1868	Re	[27]
49	Heidelberg . . .	162	1,95	12,0	1898	Re	[28]
50	Leipzig	162	2,44	15,1	1861	PM	Zerstört. — [29]
51	Leiden	162	2,60	16,0	1861	PM	[30]
52	Mt. Hamilton . . (Lick Obs.)	162	1,93	11,9	1884	Re	[31]
53	München	162	2,00	12,3		Re	
54	Bonn	161	1,94	12,1	1893	Re	[32]
55	Breslau	160	2,00	12,5		Re	
56	Glasgow	160	2,28	14,2	1840	Ertel	Renoviert 1894
57	Charkow	160				Re	
58	Madrid	160	2,11	13,9		Re	
59	Straßburg . . .	160	1,89	11,5	1877	Re	[33]
60	Triest	160	2,11	13,2	1874	TS	
61	Uccle b. Brüssel .	160	1,95	12,2		Re	
62	Lund	157	2,28	14,2	1874	Re	[34]
63	Warschau	155	2,16	13,8		Ertel	Nach [9] O = 162 mm

31012 Meridiankreise (O > 150 mm) (Fortsetzung).

Nr.	Ort (Sternwarte)	O mm	f m	f/O	Baujahr	Hersteller	Bemerkungen [Literatur]
64	Abbadia	152	1,98	13,0	1879	Eichens	Nach [9] O = 150 mm
65	Breslau	152	2,00	13,2	1900	Re	Etwa 1920 aufgestellt; nach [9] O = 160 mm
66	Kapstadt	152	2,44	16,1	1901	CTS	[35]
67	Ottawa	152	2,16	14,2		TS	
68	Perth	152			1897	TS	
69	Quito	152				Re	
70	Sidney	152	2,16	14,2		TS	
71	Washington . . .	152	1,83	12,0	1893	Warner & Swasey	

Literatur.

[1] Strömgren, E. u. B.: Lehrbuch der Astronomie, Springer, Berlin (1933) 41—46. — [2] Chauvenet, W.: Manual of spherical and practical Astronomy II, 4. Edition, 131—315. — [3] Brünnow, F.: Lehrbuch der sphärischen Astronomie, 4. Aufl., 471—510. — [4] Weinek, L.: Astr. Beob. Prag (1885, 1886, 1887) 20. — [5] Ambronn, L.: Handbuch der astron. Instr.-Kunde, Springer, Berlin (1899), insbes. 2. Bd., 866—1037. — [6] Repsold, J. A.: Zur Geschichte der astron. Meßwerkzeuge 2. Bd., Leipzig (1914). — [7] s. [5] 958; s. [6] 47—50, 56—58. — [8] s. [5] 1011ff. — [9] Stroobant, P., I. Delvosal, E. Delporte, F. Moreau, H. Vanderlinden: Les Observatoires et les Astronomes, Tournai-Paris (1931). — [10] Martin, E.: Transit Circles, past and present, Observatory **69** (1949) 140. — [11] s. [5] 954, 1010—1011. — [12] Atkinson, R. d'E.: A proposed "Mirror Transit Circle," M. N. **107** (1947) 291. — [13] s. [5] 987. — [14] Eichelberger, W., u. H. Morgan: Publ. US Naval Obs. Second Series **9** (1920), Part I. — [15] s. [6] 55. — [16] Rogers, W.: Harvard Ann. **10** (1877), S. IX. — [17] Greenwich Observations 1852 und 1867; s. [5] 982. — [18] Graham, A.: Katalog d. Astron. Ges., 1. Abt., 9. Stück (1897) (5). — [19] Puga, G.: Boletin Tacubaya **1** (1890) 18. — [20] Ann. Nice **1** (1899) 67. — [21] s. [5] 1006. — [22] Veröff. Berlin-Babelsberg **3**, Heft 1 (1919). — [23] s. [6] 55. — [24] s. [5] 989. — [25] Ritter, H.: Z. Instr.-Kde., 55. Jahrg. (1935) 1; Moreau, F., u. J. Verbaandert: BAB **2** (1935) 16. — [26] Spencer Jones, H., u. R. Cullen: M. N. **104** (1944) 146. — [27] Hough, G.: A. N. **163** (1903) 214. — [28] Courvoisier, L.: Untersuchungen über die astron. Refraktion, Veröff. Heidelberg **3** (1904) 2—4. — [29] Engelmann, R.: Resultate aus Beobachtungen a. d. Leipziger Sternwarte. I. Beobachtungen am Meridiankreis (1870) 1. — [30] Kaiser, F.: Leiden Ann. **1** (1868) LXVIff. — [31] Tucker, R.: Lick Publ. **4** (1900) 1. — [32] Küstner, F.: Veröff. Bonn Nr. **4** (1900) (2). — [33] s. [6] 35. — [34] Engström, F., u. A. Psilander: AGK. 1. Abt., 7. Stück (1902) (6). — [35] Gill, D.: History and Descript. of Royal Obs. Cape of Good Hope Pt. III, London (1903). — [36] Fargis, G. A.: The Photochronograph and its Applications, Georgetown College Obs., Washington (1894); Uhink, W.: Veröff. Göttingen **1** (1928) 1 (dort weitere Literatur); Littel, F. B. u. J. E. Willis: A. J. **40** (1929) 7; Hellweg, I. F.: PASP **52** (1940) 17. — [37] Strömgren, B.: A. N. **226** (1925) 81; Reeger, E.: A. N. **272** (1941) 49 = Mitt. Wien **3** Nr 2; Pavlov N. N.: Publ. Pulkowo, 2. Ser. **59** (1946) 1. — [38] Dolberg, F. u. J. Larink: Astr. Abh. Bergedorf **3** (1937) 132.

31 02 Refraktoren.

31 021 Einleitung.

Mit Refraktor bezeichnete man früher jedes zu astronomischen Zwecken dienende Linsenfernrohr im Gegensatz zu Spiegelfernrohren (Reflektoren). Heute läßt sich diese Trennung nicht mehr streng aufrechterhalten, weil auch Kombinationen von Linsen oder linsenähnlich wirkenden Teilen mit Spiegeln in der Astronomie verwendet werden. Gegenwärtig wird die Bezeichnung Refraktor für Fernrohre angewendet, welche zweilinsige achromatische Objektive (bei Öffnungen bis ca. 200 mm auch dreilinsige apochromatische Objektive) von kleinem Öffnungsverhältnis (< 1 : 10) besitzen [3]. Die vorhandenen Instrumente dieser Art sind teils für visuelle, teils für photographische Beobachtung bestimmt (visuelle und photographische Refraktoren). Im letzteren Fall ist die chromatische Korrektion fast stets für den auf rein blauempfindliche Platten wirksamen Spektralbereich durchgeführt. Über die optischen Leistungen siehe 310813. Vielfach wird auch mit visuellen Refraktoren photographisch gearbeitet, was nach Anbringung einer Kassette bei Benutzung orthochromatischer Platten mit vorgeschaltetem Gelbfilter oder durch Einführung einer Korrektionslinse zur Veränderung der chromatischen Korrektion möglich ist. Über die Belegung von Linsenflächen mit reflexvermindernden Schichten siehe 31061.

Alle Refraktoren haben eine sogenannte parallaktische Aufstellung (Montierung). Das heißt sie sind um zwei zueinander senkrechte Achsen beweglich, deren eine, Stunden- oder Polarachse genannt, parallel zur Weltachse einjustiert ist. Die zweite Achse wird Deklinationsachse genannt. Mit beiden Achsen ist je ein Teilkreis verbunden, so daß Stundenwinkel und Deklination direkt ablesbar sind. Heute werden diese Kreise nicht zu Meßzwecken, sondern nur zur Einstellung der Gestirne verwendet, weshalb entsprechend grobe Teilung genügt. Ein wichtiger Teil der Montierung ist ferner der sogenannte Stundenantrieb (Uhrwerk), welcher der Stundenachse in 24 Sternzeitstunden eine volle Umdrehung erteilt und dadurch das Instrument der täglichen Bewegung des Himmels nachführt. Mit Hemmung versehene Uhrwerke kommen wegen der ruckweisen Bewegung als Stundenantrieb nicht in Betracht. Verwendet werden mechanisch oder elektrisch wirkende Zentrifugalregulatoren und elektrische Synchronisierung mit einer Pendeluhr (elektrische Sekundenkontrolle) [10, 11].

Für photographische Zwecke genügt außer bei sehr kurzen Brennweiten die automatische Nachführung nicht. Es wird daher mit dem photographischen ein visuelles Rohr (Leitrohr) gekoppelt, in welchem die unveränderte Stellung eines Sterns auf einem Fadenkreuz während der Exposition kontrolliert wird; etwaige Abweichungen müssen mittels mechanischer oder elektrischer Feinbewegungen korrigiert werden. Bei Mangel eines Leitrohres kann die Kontrolle der Nachführung auch in einem seitlich der Kassette angebrachten Okular erfolgen. Zur Erzielung leichter Beweglichkeit sind Entlastungsmechanismen, Kugel- oder andere Wälzlager und Öldrucklager verwendet worden. Bei großen Instrumenten sind besondere Einrichtungen wie Hebebühnen, bewegliche Beobachtungspodeste und dergleichen erforderlich, damit die Beobachtungsstelle in jeder Lage zugänglich ist. Die Gesamtanordnung der Montierung und des Zubehörs ist sehr verschieden ausgeführt worden; bezüglich der Einzelheiten, der Theorie sowie der Kuppeln muß auf die Literatur verwiesen werden [*1*] bis [*9*].

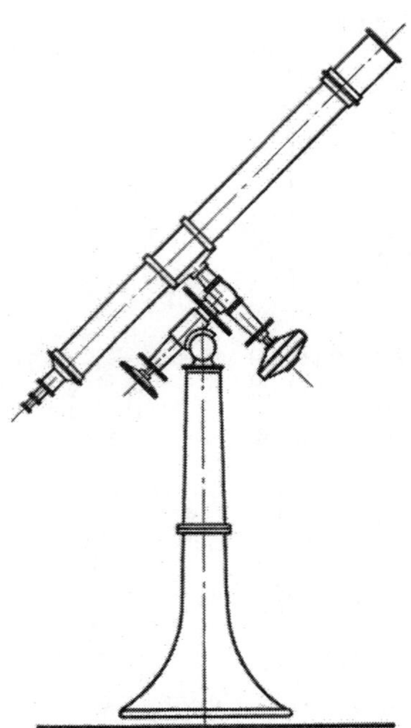

Abb. 1. Deutsche Montierung[1].

Es lassen sich folgende Montierungstypen unterscheiden:

1. Montierung mit gerader Säule (deutsche Montierung) (Abb. 1).
Vorteil: Okular in jeder Lage mittels Hebebühne leicht zugänglich.
Nachteil: Anstoßen an die Säule in gewissen Lagen.

2. Montierung mit langer, auf zwei getrennten Pfeilern gelagerter Stundenachse (englische Montierung).

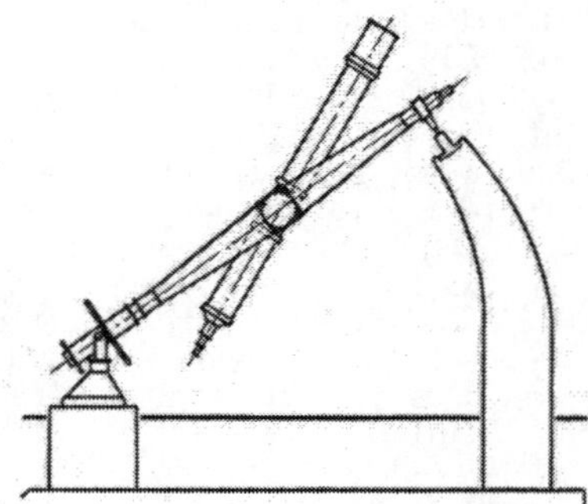

Abb. 2. Englische Rahmenmontierung[1].

a) In der rahmenartig ausgebildeten Stundenachse ist das Fernrohr um zwei die Deklinationsachse repräsentierende Zapfen drehbar gelagert (Abb. 2).
Vorteile: Völlig freie Beweglichkeit, kein Gegengewicht in Deklination nötig.
Nachteil: Pol nicht erreichbar.

b) Die Deklinationsachse durchsetzt die Stundenachse. Das Fernrohr befindet sich auf der einen, das Gegengewicht auf der anderen Seite der Stundenachse (Abb. 3).
Vorteile: Wie bei a), außerdem ist auch der Pol erreichbar.
Nachteil: Schwierigkeiten in der Konstruktion der Hebebühne oder Beobachtungspodeste, weil Gegengewicht stört.

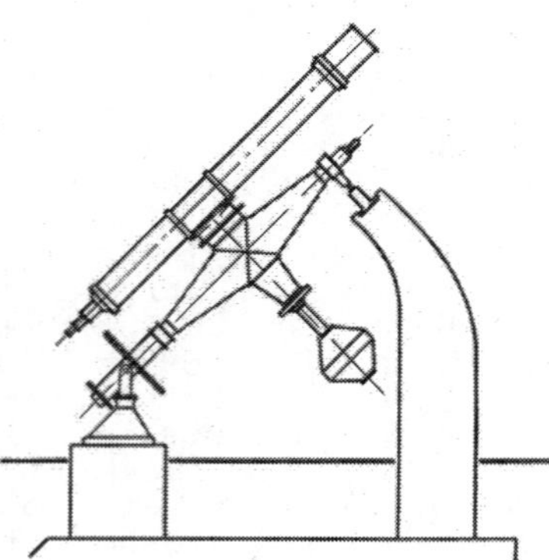

Abb. 3. Englische Achsenmontierung[1].

3. Kniemontierung. Sie unterscheidet sich von 1. durch die geknickte Säule, so daß das Fernrohr in keiner Lage anstoßen kann (Abb. 4).
Vorteile: Wie bei 1, 2a und 2b. Nachteil: Bei langen Brennweiten konstruktiv schwierig oder unmöglich.

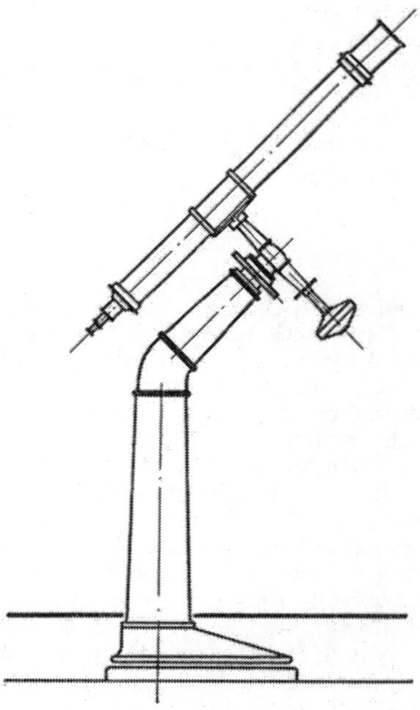

Abb. 4. Kniemontierung[1].

Die Literaturangaben über die Brennweite ein und desselben Instruments variieren vielfach. Dies erklärt sich daraus, daß folgende drei verschiedene Angaben möglich sind:

A. die vom Besteller gewünschte Brennweite (meist runder Zahlenwert),
B. die aus der optischen Rechnung folgende Brennweite,
C. die tatsächlich durch Messung am fertigen Objektiv festgestellte Brennweite.

Da in der Literatur zwischen diesen drei Möglichkeiten meist nicht unterschieden wird, können die nachstehenden Angaben über die Brennweiten und Öffnungsverhältnisse um einige Prozent unsicher

[1] Nach Meyer, F.: Z. Instr.Kde. **50** (1930) 60, 61.

sein. Die angegebenen Baujahre geben naturgemäß nur einen ungefähren Anhalt über die Entstehungszeit, da die Herstellung, Montage und Inbetriebsetzung eines größeren Instruments unter Umständen Jahre in Anspruch nimmt.

Abkürzungen:

O = freie Öffnung, f = Brennweite } des Objektivs
V = visuell, P = photographisch } korrigiertes Objektiv
$\frac{f}{O}$ = reziprokes Öffnungsverhältnis

D = Deutsche Montierung
E = Englische Montierung
K = Kniemontierung
T = Technische Konstante [12]

31 022 Refraktoren (O ≧ 60 cm).

Nr.	Ort (Sternwarte)	O cm	f m	$\frac{f}{O}$	Typ	Montierung	Baujahr	Hersteller Optik	Hersteller Mechanik	Bemerkungen [Literatur]
1	Williamsbay . (Yerkes Obs.)	102	19,4	19,0	V	D	1897	Clark	Warner & Swasey	T = 0,16. — [13]
2	Mt. Hamilton . (Lick Obs.)	91	17,7	19,4	V	D	1888	Clark	Warner & Swasey	[14]
3	Meudon b. Paris	83 62	16,2 15,9	19,5 25,6	V P	D	1891	Henry	Gautier	[15]
4	Potsdam . . .	80	12,0	15,0	P	D	1899	Steinheil	Repsold	50-cm-Leitrohr auf derselben Montierung. 80-cm-Objektiv 1914 überarbeitet. T = 0,34. — [16]
5	Pittsburg . . . (Allegheny Obs.)	76	14,1	18,5	P	D	1914	Brashear	Warner & Swasey	Korrektionslinse für visuelle Beobachtungen ∅ = 30 cm. — [17]
6	Nizza	76	16,0	21,0	V	D	1886	Henry	Gautier	[18]
7	Pulkowa . . .	76	14,1	18,5	V	D	1885	Clark	Repsold	T = 0,18. — [19]
8	Greenwich . .	71	8,5	12,0	V	E	1893	Grubb	Ransome & Simms	Nach Umsetzen einer Linse photographisch benutzbar. — [20]
9	Berlin-Treptow (Archenhold-Sternwarte)	70	21,0	30,0	V		1896	Steinheil	Hoppe	Montierung von ungewöhnlicher Bauart, nur für Demonstrationszwecke. — [21]
10	Bloemfontain, Südafr. (Fil. Ann Arbor, Mich., Detroit Obs.)	68,5	12,2	17,8	V		1927	Fecker		Lamont-Hussey Obs. — [20]
11	Wien	68	10,5	15,4	V	D	1880	Grubb	Grubb	T = 0,46. — [20]
12	Johannesburg . (Union Obs.)	67	10,7	15,9	V	D	1923	Grubb	Grubb	[20]
13	Washington. .	66	9,9	15,0	V	D	1873	Clark	Warner & Swasey	Montierung erneuert 1893. — [22]
14	Greenwich . .	66	6,8	10,3	P		1897	Grubb	Grubb	„Thompson Equatorial", Montierung trägt einen 76-cm-Reflektor. — [20]
15	Charlottesville (Leander McCormick Obs.)	66	10,0	15,1	V	D	1883	Clark		[20]
16	Johannesburg (Fil. Yale Obs.)	66	11,0	16,7	P		1926	Fecker		[20]
17	Berlin-Babelsberg	65	10,4	16,0	V	D	1914	Zeiß	Zeiß	Korrektionslinse für photogr. Beobachtungen ∅ = 15 cm, T = 0,22. — [23]

31 022 Refraktoren (O ≧ 60 cm) (Fortsetzung).

Nr.	Ort (Sternwarte)	O cm	f m	$\frac{f}{O}$	Typ	Montierung	Baujahr	Hersteller Optik	Hersteller Mechanik	Bemerkungen [Literatur]
18	Tokio	65	10,5	16,1	P	D	1930	Zeiß	Zeiß	38-cm-Leitrohr auf derselben Montierung. $T = 0{,}184$. — [24]
19	Belgrad . . .	65	10,5	16,1	V	D	1930	Zeiß	Zeiß	$T = 0{,}181$. — [24]
20	Cambridge, England . . (Solar Physics Obs.)	63,5	9,1	14,3	V		1869	Cooke		„Newall Telescope." — [25]
21	Flagstaff . . . (Lowell Obs.)	61	9,8	16,0	V	D	1896	Clark	Clark	[26]
22	Oxford . . . (Radcliffe Obs.)	61	6,9	11,3	P	D	1902	Grubb	Grubb	46-cm-Leitrohr auf derselben Montierung. — [27]
23	Santiago . . .	61	10,7	17,5	P		1933	Grubb	Grubb	[25]
24	Kapstadt. . . (Royal Obs. Cape of Good Hope)	61	6,9	11,3	P	K	1901	Grubb	Grubb	46-cm-Leitrohr auf derselben Montierung. Zwei Objektivprismen 8° u. 12° (Zeiß). — [28]
25	Stockholm-Saltsjöbaden	61	8,1	13,4	P	D	1931	Grubb-Parsons	Grubb-Parsons	50-cm-Leitrohr auf derselben Montierung. — [29]
26	Swarthmore . (Sproul Obs.)	61	11,0	18,0	V	D	1911	Brashear	Brashear	$T = 0{,}070$. — [30]
27	Hamburg-Bergedorf .	60 60	9,0 9,0	15,0 15,0	V P	D	1914	Steinheil	Repsold	$T = 0{,}15$ bezw. $0{,}10$. Objektive austauschbar. Photographisches Objektiv 1932 von B. Schmidt nachgeschliffen. — [31]
28	Lembang, . . Java (Bosscha Sternwarte)	60 60	10,8 10,7	18,0 17,9	V P	E	1927	Zeiß	Zeiß	$T = 0{,}119$. — [32] $T = 0{,}155$. — [32]
29	Paris.	60	18,0	30,0	V		1891	Henry	Gautier	Equatorial coudé. — [33]

Literatur.

a) Allgemeines und Theorie.

[1] Ambronn, L.: Handb. d. astron. Instr.-Kunde, 2. Bd., Springer, Berlin (1890). — [2] Dimitroff, G., u. I. Baker: Telescopes and Accessories, Philadelphia, Toronto (1945). (Aus der Serie „Harvard Books on Astronomy.") — [3] König, A.: Hdb. d. Aph. **1**, Kap. 2, 82—211, Springer, Berlin (1933); dort auch weitere Literatur über Refraktoren, insbesondere 149—150. — [4] Meyer, F.: Z. Instr.Kde., 50. Jahrg. (1930) 58—99. — [5] Repsold, J. A.: Zur Geschichte der astron. Meßwerkzeuge, 2. Bd., Leipzig (1914). — [6] s. [1] 1215. — [7] Brünnow, F.: Lehrb. d. sphärischen Astronomie, 4. Aufl., 461. — [8] Chauvenet, W.: Manual of spherical and practical Astronomy II, 4. Edition, 370. — [9] Weinek, L.: Astr. Beob. Prag (1905—1909) 60. — [10] s. [4] 80—95; [5] 33. — [11] Bischoff, W.: Z. VDI **82** (1938) 1393. — [12] s. [3] 201; Z. Instr. Kde. 22. Jahrg. (1902) 102.

b) Spezielle Instrumente.

[13] s. [5] 146; [1] 1154. — [14] s. [5] 145; [1] 1145. — [15] Himmelswelt, 48. Jahrg. (1938) 164. — [16] Publ. Potsdam **15**, Nr. 45; Z. Instr.Kde., 22. Jahrg. (1902) 169; VJS. d. AG. 50. Jahrg. (1915) 114. — [17] s. [2] 282. — [18] s. [1] 1171. — [19] s. [5] 42; Nature **42** (1890) 204. — [20] s. [2] 283; [3] 150. — [21] s. [4] 62—66. — [22] Publ. US Naval Obs. 2. Ser. **12**; Pop. Astr. **27**, 278. — [23] Veröff. Berlin-Babelsberg **3** (1919) Heft 1. — [24] Zeiß-Druckschr. Astro 516; s. [2] 284; [3] 150. — [25] s. [2] 284; [3] 150. — [26] Pop. Astr. **4**, 297; PASP, **39** (1927) 143. — [27] Rambaut, A.A.: Determinations of Stellar Parallaxes, Oxford (1923). — [28] Gill, D.: History and Descript. of Royal Obs. Cape of Good Hope Pt. I, London (1903). — [29] Minneskrift vid Invigningen av Stockholms Observatorium i Saltsjöbaden (1931); Malmquist, K.: Pop. Astr. Tidskr. (1931): Heft 3—4. — [30] Miller, J.: Publ. Sproul No. 2 (1913); Miller, J., u. R. Marriott: Publ. Sproul No. 3 (1914). — [31] s. [2] 285; s. [3] 149; Schorr, R.: VJS. d. AG. **50** (1915) 80. [32] — Zeiß-Druckschr. Astro 516; s. [2] 285; s. [3] 149. — [33] Loewy: C.R.: **118** (1894) 1295; s. [1] 1202.

König

31 03 Astrographen.

31 031 Einleitung.

Sinngemäß müßte jeder photographische Refraktor als Astrograph bezeichnet werden. Der heutige Sprachgebrauch wendet diese Bezeichnung jedoch vorzugsweise auf solche photographische Fernrohre an, deren Objektive stärkeres Öffnungsverhältnis (> 1 : 8) besitzen und für ein größeres Bildfeld korrigiert sind (5° und mehr). Folgende Objektivtypen [*1*, *2*] kommen in Betracht:

1. Petzvalobjektive (vierlinsig),
2. Triplets nach Taylor,
3. Vierlinser nach Ross (speziell für astrometrische Zwecke geeignet),
4. Zeiß-Vierlinser nach Sonnefeld.

Die chromatische Korrektion ist meist dieselbe wie bei den photographischen Refraktoren. Über die Belegung von Objektiven mit reflexvermindernden Schichten siehe 31061; über die optischen Leistungen vgl. 310813.

Hinsichtlich der Montierung gilt generell das gleiche wie bei den Refraktoren. Wegen der relativ kurzen Brennweite wird neben der englischen Montierung vielfach die Kniemontierung verwendet, außerdem eine Abart derselben, die Zeiß-Entlastungsmontierung. Sie zeichnet sich dadurch aus, daß der Lagerdruck bei beiden Achsen und bei langen Brennweiten auch die Rohrbiegung durch Entlastungshebel aufgehoben wird [*3*] (Abb. 5).

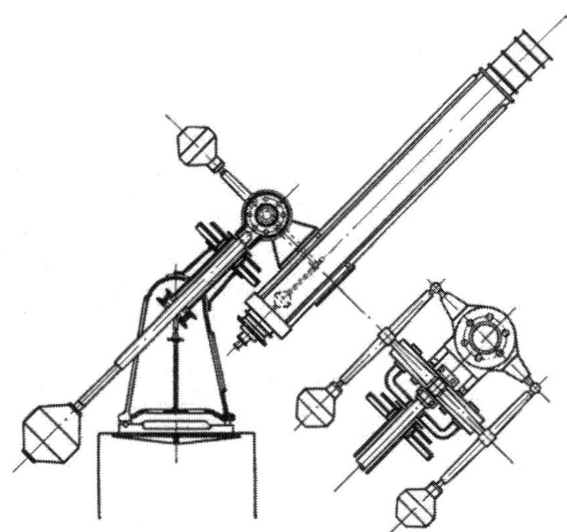

Abb. 5. Zeiß-Entlastungsmontierung[1].

Abkürzungen:

O = freie Öffnung, f = Brennweite } des Objektivs
$\frac{f}{O}$ = reziprokes Öffnungsverhältnis
Pe = Petzvalobjektiv
ZV = Zeiß-Vierlinser
K = Kniemontierung
E = Englische Montierung
Z = Zeiß-Entlastungsmontierung

31 032 Astrographen (O ≧ 40 cm).

Nr.	Ort (Sternwarte)	O cm	f m	$\frac{f}{O}$	Typ	Feld cm	Montierung	Baujahr	Hersteller Optik	Hersteller Mechanik	Bemerkungen [Literatur]
1	Bloemfontain, Südafrika. . (Harvard Filiale)	61	3,4	5,6	Pe			1893	Clark	Fecker	[*4*]
2	Mt. Hamilton . (Lick Obs.)	51	3,7	7,3	Vierlinser[2]		E	1947	Fecker	Warner & Swasey	Ein Objektiv photovisuell korrigiert. — [*5*]
		51	3,7	7,3							
3	Oak Ridge . . (Harvard Filiale)	41	2,1	5,1				1910	Metcalf		[*6*]
4	Stockholm-Saltsjöbaden	40	2,0	5,0	ZV	30 × 30	K	1931	Zeiß	Zeiß	Objektivprisma aus F 3 (Schott), 4°,8. — [*7*]
5	Heidelberg . .	40	2,0	5,0	Pe	24 × 30	E	1901	Brashear	Grubb	„Bruce-Teleskop." — [*8*]
		40	2,0	5,0	Pe						
6	Uccle b. Brüssel	40	2,0	5,0	ZV	30 × 30	Z	1934	Zeiß	Zeiß	[*9*]
		40	2,0	5,0	ZV						
7	Nizza	40	2,0	5,0	ZV	24 × 30	K		Zeiß	Zeiß	[*10*]
		40	2,0	5,0	ZV						
8	Castel Gandolfo (Specola Vaticana)	40	2,0	5,0	ZV		Z	1935	Zeiß	Zeiß	60-cm-Spiegel auf derselben Montierung. Zwei Objektivprismen 4° u. 8°, einzeln oder zusammen benutzbar. — [*11*]
9	Sonneberg . .	40	1,6	4,0	ZV	30 × 30	K	1938	Zeiß	Zeiß	Demontiert. — [*12*]

[1] Nach Meyer, F.: Z. Instr.Kde. **50** (1930) 67. [2] Wahrscheinlich Ross-Typ.

König

Literatur.

[1] König, A.: Hdb. d. Aph. **1**, 140. — [2] Dimitroff, G., u. J. Baker: Telescopes and Accessories, Philadelphia, Toronto (1945) 109. (Aus der Serie „Harvard Books on Astronomy".) — [3] Meyer, F.: Z. Instr.Kde. **50** (1930) 66. — [4] s. [1] 150. — [5] s. [2] 286; PASP. **59** (1947) 182; Himmelswelt **55** (1948) 209. — [6] s. [2] 287. — [7] s. Lit. über Refraktoren [29]. — [8] VJS. d. AG. **36** (1901) 106. — [9] Zeiß-Druckschrift Astro 516; s. [2] 288; Delporte, E.: BAB **2** (1935) 22. — [10] Zeiß-Druckschrift Astro 516; s. [2] 288. — [11] Inaugurandosi in Castel Gandolfo la Specola Vaticana (Tipographia Poliglotta Vaticana 1935). — [12] Hoffmeister, C.: AN. **268** (1939) 17.

31 04 Reflektoren.

31 041 Einleitung.

Astronomische Fernrohre, deren bildentwerfendes optisches Element ein Spiegel ist, pflegt man als Reflektor zu bezeichnen. Von den verschiedenen altbekannten Bauarten werden jetzt ausschließlich die nach Newton und Cassegrain benannten benutzt, letztere auch in der von Nasmyth angegebenen Variante [6]. Vielfach ist auch eine Einrichtung getroffen, um durch einen oder zwei Planspiegel das Bild des Cassegrain-Systems an eine feste Stelle am Ende der Stundenachse zu bringen. Diese Anordnung, welche zu Arbeiten mit fest aufgestellten Apparaten, insbesondere großen Spektrographen, dient, wird in der Literatur Coudé-Einrichtung genannt. Bisweilen hat man auch direkt im Hauptfokus eine Kassette angebracht. Über die optischen Leistungen siehe 31 0812.

Das Öffnungsverhältnis des Hauptspiegels ist stets wesentlich größer als bei den Refraktoren; es überschreitet bei den neueren Instrumenten meist 1 : 5. Dementsprechend hat der Hauptspiegel stets eine parabolische Oberfläche. Als Spiegelbelag wird gegenwärtig neben Silber vorzugsweise Aluminium verwendet wegen der größeren Korrosionsfestigkeit und des besseren Reflexionsvermögens im UV.

Reflexionsvermögen von Silber und Aluminium[1].

Wellenlänge	Silber	Aluminium	Durchlässigkeit der Erdatmosphäre	Wellenlänge	Silber	Aluminium	Durchlässigkeit der Erdatmosphäre
800 mμ	0,96	0,85	0,96	400 mμ	0,85	0,86	0,73
750	0,96	0,88	0,94	375	0,80	0,86	0,67
700	0,95	0,87	0,93	350	0,70	0,85	0,61
650	0,94	0,88	0,91	325	0,12	0,84	0,50
600	0,93	0,89	0,89	300	0,08	0,83	0,10
550	0,93	0,89	0,87	275	0,20	0,81	0,00
500	0,91	0,88	0,85	250	0,34	0,80	0,00
450	0,90	0,87	0,81				

[1] Pettit, E.: PASP. **46** (1934) 27.

Über die Durchlässigkeit der Erdatmosphäre vergleiche auch 31 092.

Bezüglich der Montierung gilt generell dasselbe wie bei den Refraktoren und Astrographen. Außer den dort genannten Typen wird bei Spiegeln auch die mit Gabelmontierung bezeichnete Bauart gewählt (Abb. 6).

Bezüglich der nachstehenden Angaben über Baujahr, Brennweite und Öffnungsverhältnis gelten dieselben Bemerkungen wie bei den Refraktoren; hinzukommt noch, daß auch die Literaturangaben über die Öffnung vielfach unsicher sind, weil nicht gesagt wird, ob sich der betreffende Wert auf den Durchmesser der Spiegelscheibe oder auf die freie Öffnung bezieht. Soweit ermittelbar, sind angegeben das Jahr der Inbetriebnahme, die freie Öffnung, die tatsächliche Brennweite und das hieraus berechnete Öffnungsverhältnis.

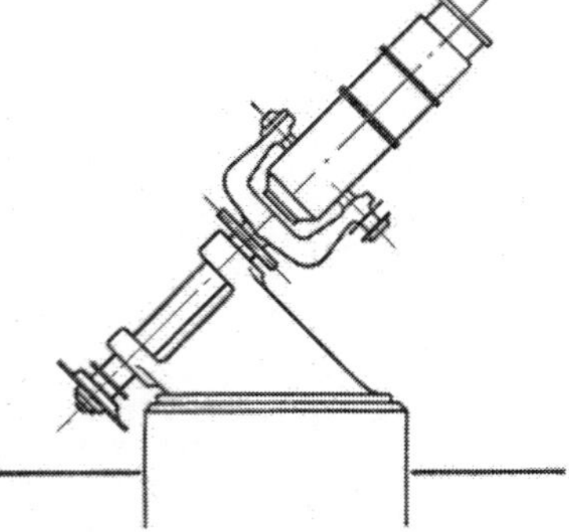

Abb. 6. Gabelmontierung[3].

Abkürzungen:

O = freie Öffnung, f = Brennweite } des Hauptspiegels

$\frac{f}{O}$ = reziprokes Öffnungsverhältnis

H = Beobachtungsmöglichkeit im Hauptfokus

N = Newton-Einrichtung

C = Cassegrain-Einrichtung

Co = Coudé-Einrichtung

D = Deutsche Montierung

E = Englische Montierung

G = Gabelmontierung

Z = Zeiß-Entlastungsmontierung

T = Technische Konstante[2]

Hinter C und Co ist, soweit bekannt, in Klammern die jeweilige Gesamtbrennweite in Metern angegeben.

[2] Siehe 31 021.

[3] Nach Meyer, F.: Z. Instr. Kde. **50** (1930) 61.

31 042 Reflektoren (O $\geqq$ 100 cm).

Nr.	Ort (Sternwarte)	O cm	f m	$\frac{f}{O}$	Bauart	Montierung	Baujahr	Hersteller Optik	Hersteller Mechanik	Bemerkungen [Literatur]
1	Mt. Palomar, Cal.	510	16,8	3,3	H, C (81) Co (152)	(E)	1948	Brown	Westinghouse	Montierung der engl. Rahmenmontierung ähnlich, aber Pol erreichbar; Öldrucklager. — [7, 37]
2	Mt. Hamilton . (Lick Obs).	305	15,0	4,9	H, N, C, (45) Co (105)	G	im Bau			[8]
3	Herstmonceux, England . . (Neuer Sitz der Sternwarte Greenwich)	249	7,5	3,0	N, C, Co	G	im Bau	Grubb-Parsons	Grubb-Parsons	Spiegel sphärisch, Korrektionsplatte O_1 = 216 cm, f/O_1 = 3,5. — [9]
4	Mt. Wilson . .	254	12,9	5,1	N, C (48), Co (76)	E	1917	Ritchey	Ritchey	[10]
5	Fort Davis, Texas . . . (McDonald-Obs.)	208	8,2	3,9	H, C (28), Co (40)	E	1939	Lundin	Warner & Swasey	[11]
6	Pretoria, Südafrika. . (Radcliffe Obs.)	188	9,1	4,8	N, C (34) Co (53)	E	1948	Grubb-Parsons	Grubb-Parsons	Bisher nur Newton-Einrichtung vollendet. — [12]
7	Richmond Hill, Ont. . . . . (Dunlap-Obs.)	188	9,1	4,8	N, C	E	1933	Grubb-Parsons	Grubb-Parsons	T = 0,20. — [13]
8	Parsonstown, Irland . . .	182	15,8	8,7	N		1845	Lord Rosse	Lord Rosse	Ungewöhnliche Montierung, veraltet; Spiegel aus Metall. Jetzt demontiert. — [14]
9	Victoria, Can. .	182	9,1	5,0	H, N, C (33)	E	1919	Brashear	Warner & Swasey	[15]
10	Delaware, Ohio (Perkins Obs.)	175	7,6	4,3	N, C (37)	E	1932	Fecker	Warner & Swasey	T = 0,14. — [16]
11	Oak Ridge, Mass. . . . (Harvard-Station)	154	7,9	5,1	C	G	1937	Fecker	Fecker	[17]
12	Oak Ridge, Mass. . . .	154	8,1	5,2			1900			Jetzt unmontiert
13	Bloemfontain, Südafrika. . (Harvard-Filiale)	152	8,0	5,2	N		1891	Calver		Spiegel 1932 von Fecker neu bearbeitet. — [18]
14	Mt. Wilson . .	152	7,6	5,0	N, C ($\frac{24}{30}$), Co (46)	G	1908	Ritchey	Ritchey	Zwei verschiedene Cassegrain-Hilfsspiegel. — [19]
15	Bosque Alegre bei Cordoba, Argentinien	152	7,6	5,0	N, C (31), Co (62)	G	1922	Fecker	Warner & Swasey	1922 für Cordoba gebaut, Spiegel von Fecker 1939 neu bearbeitet, 1940 in Bosque Alegre (Astrophys. Stat.) aufgestellt. — [20]

31 042 Reflektoren (O ≧ 100 cm) (Fortsetzung).

Nr.	Ort (Sternwarte)	O cm	f m	$\frac{f}{O}$	Bauart	Montierung	Baujahr	Hersteller Optik	Hersteller Mechanik	Bemerkungen [Literatur]
16	Berlin-Babelsberg	122	8,4	6,9	N, C (24)	Z	1923	Zeiß	Zeiß	Demontiert. T = 0,042. — [*21*]
17	Melbourne . .	122	9,1	7,5	C (51)	E	1870	Grubb	Grubb	[*22*]
18	Slough, Engl. . (Herschels Sternwarte)	122	10,0	8,2	Herschel		1789	Herschel	Herschel	Ungewöhnliche, veraltete Bauart, nicht mehr in Betrieb. — [*23*]
19	Malta . . . . (Lassels Obs.)	122	11,3	9,3	N	G	1860	Lassel	Lassel	Spiegel aus Metall. Zerstört. — [*24*]
20	Asiago b. Padua	120	6,0	5,0	N, C (19,1)	E	1942	Galileo	Galileo	[*25*]
21	Paris. . . . . (St. Michel, Haute Provence)	120	7,2	6,0	N	E	1875	Martin	Eichens-Gautier	Spiegel 1932 von Couder neu bearbeitet $\left(\frac{f}{O} = 6{,}5\right)$. Instrument 1942 in St. Michel, Haute Prov., aufgestellt. — [*26*]
22	Flagstaff, Ariz. (Lowell Obs.)	107	5,6	5,2	N, C $(\frac{16}{24})$	E	1909	Clark	Clark	Drei verschiedene Cassegrain-Hilfsspiegel vorhanden, der dritte liefert eine Brennweite von 46 m (für Co. ?). — [*27*]
23	Simeis, Krim .	102	5,1	5,0	N, C (16)		1923	Grubb-Parsons	Grubb-Parsons	T = 0,102. — [*28*]
24	Hamburg-Bergedorf . . .	100	3,0	3,0	N, C (15)	Z	1913	Zeiß	Zeiß	[*29*]
25	Genf.	100	3,0	3,0	H, C	G	1922	Schaer		[*30*]
26	Jungfraujoch .	100	3,0	3,0	C $(\frac{14}{34})$	G	1927	Schaer & Rossier		Zwei verschiedene Cassegrain-Hilfsspiegel. — [*31*]
27	Meudon b. Paris	100	3,0	3,0	N		1886	Henry	Gautier	[*32*]
28	Uccle b. Brüssel	100	3,0	3,0	N, C (10)	Z	1932	Zeiß	Zeiß	T = 0,248. — [*33*]
29	Merate b. Mailand	100	5,0	5,0	N, C (18)	E	1926	Zeiß	Zeiß	T = 0,135. — [*34*]
30	Stockholm-Saltsjöbaden	100	5,0	5,0	N, C (18)	D	1931	Grubb-Parsons	Grubb-Parsons	[*35*]
31	Washington. . (U. S. Naval Obs.)	100	6,8	6,8	(C)	G	1937	Ritchey		Bauart Cassegrain-Chrétien. — [*36*]

Literatur.

a) Allgemeines. (Siehe hierzu auch die Literatur über Refraktoren *a*.)

[*1*] Ambronn: Handb. d. astron. Instrumentenkunde, 2. Bd., Springer, Berlin (1899). — [*2*] Dimitroff, G., u. J. Baker: Telescopes and Accessories, Philadelphia und Toronto (1945). Aus der Serie „Harvard Books on Astronomy". — [*3*] König, A.: Hdb. d. Aph. **1**, Kap. 2, Springer, Berlin (1933); dort auch weitere Literatur über Reflektoren, insbesondere S. 181—183. — [*4*] Repsold, J.A.: Zur Geschichte der astron. Meßwerkzeuge, 2. Bd., Leipzig (1914). — [*5*] v. Krudy, E. u. A. v. Brunn: Das Spiegelteleskop i. d. Astronomie, 2. Aufl., Barth, Leipzig (1930). — [*6*] s. [*3*] 171—173

b) Spezielle Instrumente.

[7] Hale, G.: Ap. J. **82** (1935) 115; Oehler, H.: Z. VDI **84** (1940) 306; Adams, W.: J. RAS. Canada **33** (1939) 241; Anderson, J.A.: PASP. **51** (1939) 24; Hubble, E.: ebda. **59** (1947) 153; Richardson, R.S.: ebda. **59** (1947) 310; Copeland, L.S.: Sky and Telescope **5**, Nr. 4 (1946); ebda. **7** (1947) 4. — [*8*] J. RAS. Canada **40** (1946) 203; Sky and Telescope **6**, Nr. 3 (1947); Baustian, W.: PASP **62** (1950) 87. — [*9*] MN. **107** (1947) 17; Spencer Jones, H.: Pop. Astr. **58** (1950) 482. —

[10] Observatory **41** (1918) 130; Z. Instr.Kde. **39** (1919) 317. — [11] Plaskett, J.: Contr. McDonald Nr. 1. — [12] Knox-Shaw, H.: Comm. Radcliffe Nr. 2 = Occ. Notes R.A.S. Nr. 4 (1939); Knox-Shaw: MN. **109** (1949) 170. — [13] Young, R.: J. RAS. Canada **28** (1934) 97; Millmann, P.: Pop. Astr. **44** (1936) 349. — [14] s. [1] 1190. — [15] Plaskett, J.: PASP. **30** (1918) 267; ebda. **39** (1927) 88; Publ. Victoria **1**, Nr. 1 (1922). — [16] s. [2] 280. — [17] s. [2] 280; Abb. ebda. 52. — [18] s. [3] 182; PASP. **39** (1927) 138. — [19] Ritchey, G.: Ap. J. **29** (1909) 198; ebda. **32** (1910) 26. — [20] Pop. Astr. **30** (1922) 593; Gaviola, E.: Sky and Telescope **1**, Nr. 5 (1942). — [21] Veröff. Berlin-Babelsberg **3**, H. 1 (1919); Guthnick, P.: VJS. d. AG. **68** (1933) 119. — [22] s. [1] 1184. — [23] s. [1] 1178. — [24] s. [1] 1181; Lassell, W.: A. N. **63** (1865) 369. — [25] Silva, G.: Publ. Padova Nr. 40 (1934); Z. Instr.Kde. **63** (1943) 325. — [26] s. [1] 1190; [4] 129; [2] 281; Ap. J. **101** (1945) 254. — [27] Observatory **32** (1909) 336; Slipher, V.M.: PASP. **39** (1927) 143. — [28] Shajn, G.: Bull. Pulkowa **10**, Nr. 4 (1926). — [29] Zeiß-Druckschr. Astro 516. — [30] Himmelswelt **48** (1938) 7. — [31] Tiercy, G.: Publ. Genève, Fasc. **35** (1940); VJS. d. AG. **68** (1933) 178. — [32] s. [2] 281; [3] 182. — [33] s. [2] 281; s. a. [29]; Bourgeois, P.: BAB **2** (1935) 23. — [34] Giotti: Publ. Merate Nr. 1, pte. II (1929). — [35] Minneskrift vid Invigningen av Stockholms Observatorium i Saltsjöbaden (Uppsala 1931) 46; Malmquist, K.G.: Pop. Astr. Tidskr. (1931), H. 3—4. — [36] The Sky **5**, Nr. 11 (1941); s. [3] 170. — [37] Spencer Jones, H.: The 200-inch Telescope, Proc. Phys. Soc. **53** (1941) 497; Bowen, I.: PASP **62** (1950) 91.

31 05 Schmidt-Spiegel.

31 051 Einleitung.

Nach Bauart und Verwendungsmöglichkeiten nehmen Schmidt-Spiegel eine Mittelstellung zwischen Reflektoren der hergebrachten Konstruktion und Astrographen ein. Sie bestehen in der ursprünglichen von Bernhard Schmidt [1] stammenden Form aus einem sphärischen Hohlspiegel und einer in dessen Krümmungsmittelpunkt angeordneten „Korrektionsplatte". Eine Fläche der Platte ist plan, die andere asphärisch und derart gestaltet, daß die sphärische Aberration des Spiegels kompensiert wird.

Das System ist bis auf praktisch unschädliche Reste frei von sphärischer und chromatischer Aberration, Astigmatismus und Koma. Die in der Mitte zwischen Spiegel und Korrektionsplatte gelegene Bildfläche ist jedoch konzentrisch zum Spiegel gewölbt, weshalb entsprechend durchgebogene Platten oder Filme benutzt werden müssen. Das Öffnungsverhältnis kann bei größeren Dimensionen bis 1 : 2, bei kleineren bis über 1 : 1 gesteigert werden. Um Vignettierung zu vermeiden, wird die Öffnung des Spiegels meist größer als die der Korrektionsplatte gewählt. Die Ausdehnung des Bildfeldes ist praktisch durch die mit Rücksicht auf Lichtverlust zulässige Größe der im Rohrinneren anzubringenden Kassette begrenzt [2]. Bezüglich der Theorie [3, 4, 5] muß auf die angeführte Literatur verwiesen werden.

Nachteilig sind die Bildwölbung, die technischen Schwierigkeiten bei der Herstellung der Korrektionsplatte und die große Baulänge (doppelte Brennweite). Zur Behebung oder Minderung der erwähnten Nachteile sind von Väisälä [6], Baker [7] u. a. zahlreiche Varianten angegeben worden. Ergänzungen und theoretische Diskussionen hierüber stammen von Slevogt [8], Linfoot [9] und Köhler [13]. Über die Montierung siehe Refraktoren, Astrographen und Reflektoren. Bezüglich der Abbildungsfehler vgl. 31 0812.

In die folgende Tabelle sind nur Schmidt-Spiegel mit Eintrittsöffnungen über 60 cm aufgenommen. Bei Herabsetzung der unteren Grenze auf 50 cm oder gar noch weniger hätte sich die Zahl der Instrumente vervielfacht, ohne daß Vollständigkeit zu erreichen gewesen wäre. Es gibt sowohl in Deutschland wie auch in Amerika und anderen Ländern zahlreiche kleinere Schmidt-Spiegel, welche aber zum Teil durch ihr starkes Öffnungsverhältnis bemerkenswert sind.

Abkürzungen:

O_1 = Öffnung der Korrektionsplatte O_2 = Öffnung des Spiegels

$\frac{f}{O_1}$ = reziprokes Öffnungsverhältnis G = Gabelmontierung

E = Englische Montierung

Unter Feld ist das in Grad ausgedrückte nutzbare Bildfeld bzw. sein Durchmesser (bei runden Platten oder Filmen) angegeben.

31 052 Schmidt-Spiegel (O_1 > 60 cm)

Nr.	Ort (Sternwarte)	O_1 cm	O_2 cm	f m	$\frac{f}{O_1}$	Feld	Montierung	Baujahr	Hersteller Optik	Hersteller Mechanik	Bemerkungen [Literatur]
1	Harvard Obs. .	152	152	3,8	2,5			im Bau	Fecker	Fecker	Aufstellungsort Freemont Pass? — [10]
2	Mt. Palomar .	122	183	3,05	2,5	7° × 7°	G	1949	Hendrix		Zwei Leitrohre, O = 25 cm, f = 4,0 m; Bildebnungslinse. — [11]

31 052 Schmidt-Spiegel $O_1 > 60$ cm (Fortsetzung).

Nr.	Ort (Sternwarte)	O_1 cm	O_2 cm	f m	$\frac{f}{O_1}$	Feld	Montierung	Baujahr	Hersteller Optik	Hersteller Mechanik	Bemerkungen [Literatur]
3	Tonanzintla, Mexiko . .	66	79	2,3	3,5				Perkin-Elmer	Harvard	[10]
4	Case School, Cleveland, O. (Warner & Swasey Obs.)	61	91	2,14	3,5	Ø 5°,2	E	1941	Warner & Swasey (Lundin)	Warner & Swasey	Leitrohr O = 24 cm, f = 3,1 m; Objektivprisma 61 cm Durchmesser, 4° aus Schwerflint DF—2 (Bausch & Lomb). — [12]
5	Harvard Obs. .	61	84	2,1	3,5			im Bau	Perkin-Elmer	Harvard	[10]
6	Flagstaff, Ariz. (Lowell Obs.)	61	79	2,1	3,5			im Bau	Perkin-Elmer		[10]
7	Portage Lake . (Fil. Ann Arbor)	61	91	2,14	3,5		E	1950	Perkin-Elmer	Warner & Swasey	2 Objektivprismen, 4° u. 6°, — [14]

Literatur.

[1] Schmidt, B.: Mitt. Hamburg **7**, Nr. 36 (= Zentralzeitung f. Opt. u. Mech. **52**, Heft 2, 1932); Schorr, R.: Mitt. Hamburg **7**, Nr. 42 (1936). — [2] Brunnckow, K.: A. N. **270** (1940) 36. — [3] Strömgren, B.: V. J. S. d. A. G. **70** (1935) 65. — [4] Carathéodory, C.: Elementare Theorie des Spiegelteleskops von B. Schmidt (B. G. Teubner, Leipzig und Berlin, 1940). — [5] Smiley, C.: Pop. Astr. **44**, (1936) 415. — [6] Väisälä, Y.: A. N. **254** (1935) 361 und **259** (1936) 197. — [7] Baker, J. G.: The solid-glass Schmidt camera and a new type nebular spectrograph, Proc. Amer. Phil. Soc. **82**, 323 (Harvard Repr. Nr. 198, 1940); ders., A family of flat-field cameras, equivalent in performance to the Schmidt camera, ebda. **82**, 339 (Harvard Repr. Nr. 199, 1940). — [8] Slevogt, H.: Z. Inst.Kde. **62** (1942) 312, enthält ein sehr vollständiges Literaturverzeichnis. — [9] Linfoot, E.: M. N. **103** (1943) 210; ders., M. N. **104** (1944) 48; ders., MN. **108** (1948) 81, dort auch neueres Literaturverzeichnis; ders., MN. **109** (1949) 279. — [10] Dimitroff, G., u. J. Baker: Telescopes and Accessories, Philadelphia und Toronto (1945) 292. — [11] Sky and Telescope **8** (1949) 270; Ross, F.: Ap. J. **92** (1940) 400. — [12] Nassau, J.: Ap. J. **101** (1945) 275. — [13] Köhler, H.: AN. **278** (1949) 1. — [14] Sky and Telescope **9** (1950) 79.

31 06 Astro-Spektrographen.

31 061 Einleitung.

Der spezielle Verwendungszweck der Astro-Spektrographen erfordert hinsichtlich der Konstruktion gewisse Abweichungen gegenüber Laboratoriumsspektrographen, weil der Apparat stets in Verbindung mit einem Fernrohr benutzt und meistens an demselben befestigt wird. Es ist daher nötig, die Optik des Spektrographen der des Fernrohrs anzupassen. Einmal muß das Öffnungsverhältnis des Kollimators gleich dem der Fernrohroptik sein. Bei Benutzung an einem Refraktor muß außerdem die chromatische Korrektion des Fernrohrobjektivs berücksichtigt werden. Zur Verminderung unerwünschten Lichtverlustes durch Reflexionen werden häufig bei Spektrographenobjektiven, aber auch allgemein bei Linsen und Filtern nicht zu großen Durchmessers, reflexvermindernde $\lambda/4$-Schichten (Einfach- und Mehrfachschichten) auf die reflektierenden Glasflächen aufgedampft. Werden die Brechungsindizes der Schichten in Richtung von außen nach innen mit den Indizes 1, 2, 3 usw. bezeichnet, der Brechungsindex des Glases mit n_0, so muß sein bei

Einfachschichten	$n_1 = \sqrt{n_0}$,
Zweifachschichten	$n_2/n_1 = \sqrt{n_0}$,
Dreifachschichten	$n_1 \cdot n_3/n_2 = \sqrt{n_0}$,
Vierfachschichten	$(n_2 \cdot n_4)/(n_1 \cdot n_3) = \sqrt{n_0}$.

Theorie siehe z. B. [30, 31, 32]; astronomische Anwendungen z. B. [33].

Sobald es sich um genaue Wellenlängenbestimmungen, z. B. für Radialgeschwindigkeiten, handelt, stören die im Beobachtungsraum unvermeidbaren Temperaturschwankungen wegen der Abhängigkeit der Brechungsindizes von der Temperatur. Man umgibt daher den Spektrograph mit einem Heizkasten (Thermostat), um die optischen Teile während der unter Umständen viele Stunden dauernden Belichtungszeit auf konstanter Temperatur zu halten. Biegungsänderungen in den mechanischen Teilen des Spektrographen infolge wechselnder Lage zur Lotrechten während der Belichtung verursachen ebenfalls Fehler. Deswegen muß bei der Konstruktion sorgfältig auf große Stabilität des Spektrographengehäuses und der Befestigungsvorrichtung geachtet werden [1, 2].

Wird der Spektrograph am Coudé-Fokus eines Reflektors (s. 31041) verwendet, so wird er in einem geschlossenen Raum fest aufgestellt; Biegungsänderungen fallen dann gänzlich fort, und die Temperaturkonstanz ist leichter zu erreichen. Nachteilig ist die geringe Lichtstärke bei dieser Anordnung, so daß sie nur für große Reflektoren oder für Spezialzwecke in Betracht kommt.

Gitterspektrographen wurden in der Astronomie bisher seltener und nur zu Spezialzwecken, insbesondere Untersuchung des roten und ultraroten Spektralbereichs oder für Turmteleskope (s. 31071) benutzt.

Über manche, zum Teil viel benutzte Spektrographeneinrichtungen sind nähere Angaben nicht veröffentlicht worden. Ferner fehlen in der Literatur bei zahlreichen Spektrographen genauere Mitteilungen über im Laufe der Zeit erfolgte Umbauten und Änderungen, welche infolgedessen nicht berücksichtigt werden konnten.

Aufgenommen sind in nachstehender Liste nur solche Spektrographen, welche zu den in den vorhergehenden Tabellen enthaltenen Refraktoren und Reflektoren gehören. Die Nummer in der ersten Spalte weist auf die betreffenden Instrumente hin, bei Reflektoren ist außerdem angegeben, an welchem Fokus der Spektrograph benutzt wird. Aus den angeführten Gründen kann das Verzeichnis keinen Anspruch auf Vollständigkeit erheben.

An den großen amerikanischen Sternwarten, insbesondere am Mt. Wilson und Mt. Palomar, ist man von Universal- und Standardspektrographen abgegangen. Man pflegt dort je nach dem vorliegenden Problem geeignete Spektrographen zu bauen.

Abkürzungen:

O = freie Öffnung
f = Brennweite
A = theoretisches Auflösungsvermögen
D = lineare Dispersion

Bei A und D ist in Klammern die Wellenlänge (in Å) oder die Spektrallinie angegeben, auf welche sich der Zahlenwert bezieht.

H = Hauptfokus
C = Cassegrain-Fokus
Co = Coudé-Fokus

In Klammern unter C und Co steht die Gesamtbrennweite (in m) des betreffenden Systems.

31 062 Astro-Spektrographen.

31 0621 für Refraktoren.

Nr.	Kollimator O mm	Kollimator f mm	Kollimator Typ	Kamera O mm	Kamera f mm	Kamera Typ	Prismen Brech. Winkel in Grad	Prismen Basis mm	Prismen Glasart	D Å/mm	Bemerkungen [Literatur]
1 Yerkes Obs.	51	958	dreilinsig verkittet	71 76	449 607	Zeiß-Anastigm. dreilinsig	63,6 63,6 63,6	120 130 140	SF 2	7,9; 10,7 (Hγ)	„Bruce-Spektrograph“; A = 97600 (Hγ). Nur 3-Prismen-Kombination. — [3]
4 Potsdam	35	530		40	720	dreilinsig verkittet	60	61			Spektrograph I. — [4]
4 Potsdam	32	480		40 41	560 410	Zeiß-Anastigm. dreilinsig verkittet	63,5 63,5 63,5	63 68 74	SF 2		A = 59200 Spektrograph III. — [5]
4 Potsdam				35	206	Zeiß-Apochromat-Planar	3 Prismen 180 Ablenk.				Spektrograph V. — [6]
4 Potsdam	40	600		40	320	einfache Linse, Quarz	30 30	20 20	Quarz	156 (4400)	Prismen in Youngscher Anordnung. — [7]
7 Pulkowa		550	dreilinsig		610 550		3 Prismen		Flint	8,4; 12,9 (4300)	Ähnlich Spektrograph Potsdam III; s. dort, Ziff. 4. — [8]

31 0621 für Refraktoren (Fortsetzung).

Nr.	Kollimator O mm	Kollimator f mm	Kollimator Typ	Kamera O mm	Kamera f mm	Kamera Typ	Prismen Brech. Winkel in Grad	Prismen Basis mm	Prismen Glasart	D Å/mm	Bemerkungen [Literatur]
20 Cambridge, England	52	520	zweilinsig	51 51 51	1016 508 356	Teleobjektiv	4 Prismen 56,2	75	F 4	6,7; 13,9; 22,1 (4300)	A = 767000 ($H\gamma$) Nur 4-Prismen-Kombination. Korrektionslinse im Strahlengang des Refraktors, wodurch dessen Öffnungsverhältnis auf 1 : 10 heraufgesetzt und die Farbenkurve verändert wird. — *[9]*
21 Flagstaff	30,5 30,5	489 491	zweilinsig verkittet desgl.	36 36	471 386	zweilinsig verkittet desgl.	62,9 62,9 62,9 60,0 60,0 570 Striche pro mm	67 67 67 Rowland-Gitter	SF 2 Schwerflint, ähnlich SF 8 Kron	3 Pr.: 11,4; 14,4 ($H\gamma$) 1 Pr. SF 2: 32; 39 ($H\gamma$) Kron-Pr.: 62; 76 ($H\gamma$)	Das erste Kollimatorobjektiv wird für den kurzwelligen, das zweite für den langwelligen Teil des Spektrums benutzt. Wechselweise sind benutzbar die 3-Prismen-Kombination, das erste oder zweite der 60°-Prismen oder das Gitter. Die brechenden Eigenschaften des zweiten Einzelprismas sind ähnlich LF 3. — *[10]*
24 Kapstadt	61	570	zweilinsig verkittet	68 61	760 407	zweilinsig verkittet dreilinsig		94[1] 99[1] 104[1] 112[1]	Leichtflint Chance Br., ähnlich LF 7		[1] Seitenlängen der Prismen Nur 4-Prismen-Kombination. — *[11]*
27 Hamburg-Bergedorf	50	720	zweilinsig	60 60	720 230	zweilinsig Triplet	65,8 4 Prismen		F 3	58 (4100, 1 Prisma, kurze Kamera)	Wechselweise 1 Prisma oder 3-Prismen-Kombination benutzbar. — *[12]*

31 0622 für Reflektoren.

Nr.	Kollimator O mm	Kollimator f mm	Kollimator Typ	Kamera O mm	Kamera f mm	Kamera Typ	Prismen Brech. Winkel in Grad	Prismen Basis mm	Prismen Glasart	D Å/mm	Bemerkungen [Literatur]
4 C (48) Mt. Wilson	63	1020	Teleobjektiv	ca. 65 ca. 65 ca. 65	457 254 152		600 Linien pro mm	68 × 70 geteilte Fläche	Plangitter	34 66 111	*[13]*
4 C (48) Mt. Wilson	ca. 33	610		50	32	Mikroobjektiv	60 60		Leichtflint	418 (4350)	Nebelspektrograph. — *[14]*

31 0622 für Reflektoren (Fortsetzung).

Nr.	Kollimator O mm	Kollimator f mm	Kollimator Typ	Kamera O mm	Kamera f mm	Kamera Typ	Prismen Brech. Winkel in Grad	Prismen Basis mm	Prismen Glasart	D Å/mm	Bemerkungen [Literatur]
4 Co (76) Mt. Wilson			exzentr. Hohlspiegel		2900 2740 1850 813	Hohlspiegel Schmidt-Spiegel Linsen-optik Schmidt-Spiegel	570 Linien pro mm	95 × 140	Wood-Gitter (Alum.)	2,9 3,1 4,5 10,4 (2. Ordn.)	[15]
5 H McDonald Obs.	248	608	Parabol-spiegel	180	304	Schmidt-Kamera	31,7	ca. 110	Flint	220 (Hγ)	Spaltloser Spektrograph. — [17]
5 C (28) McDonald Obs.	76	1000	zweilinsig UBK 5 und UZK 5	86 90 90	500 180 90	vierlinsig Schmidt-Kamera desgl.	62,2 62,2 56,1 56,1	134 145 118 118	Quarz (Cornu) F 2	20—220 (3933)	Alle drei Kameraobjektive mit beiden Prismensätzen verwendbar. — [16]
5 Co (40) McDonald Obs.	127 127	2130 2130	vierlinsiger Anastigmat zweilinsig				63,5 31,75	247 124	Chance Nr. 633360	3,0 (4360)	Littrow-Typ (Autokollimat.); Kathetenfläche des zweiten Prismas versilbert. — [18]
7 C Dunlap Obs.	70	1260	zweilinsig verkittet	76 76	635 318	dreilinsig verkittet desgl.	1 Prisma		Parson-glas DF 3		A = 39000 (Hγ). — [19]
9 H Victoria	40	200	einfache Linse	40	200	einfache Linse	60,0 60,0		UV-Kron		[20]
9 C (33) Victoria	63	1143	dreilinsig verkittet	76 76 76	965 711 381	dreilinsig verkittet desgl. Triplet	63,0 63,0 63,0	128 135 141	F 3	7,2—54,9 (Hγ)	A = 30450 (1 Prisma), A = 60900 (2 Prismen), A = 91350 (3 Prismen). (4200). 1, 2 oder 3 Prismen wahlweise mit allen drei Kameraobjektiven benutzbar. — [21]
9 C (33) Victoria	63	1143	dreilinsig verkittet wie vorstehend				Prismen wie vorstehend außerdem 570 Linien je mm		Gitter	3,0—9,0 (4350 für Prismen), 4,5—14,8 (4350, für Gitter)	Littrow-Typ (Autokollimat.). — [22]
10 C (37) Perkins Obs.								2 Prismen			Keine näheren Angaben — [34]

31 0622 für Reflektoren (Fortsetzung).

Nr.	Kollimator O mm	Kollimator f mm	Kollimator Typ	Kamera O mm	Kamera f mm	Kamera Typ	Prismen Brech. Winkel in Grad	Prismen Basis mm	Prismen Glasart	D Å/mm	Bemerkungen [Literatur]
14 C (24) Mt. Wilson	64	1020	dreilinsig verkittet	88 102	1020 460	dreilinsig Triplet	63,5 63,5 63,5	132 132 132	SF 2	15,7 (1 Pr., lange Kam.) 18,0 (2 Pr., kurze Kam.) 5,2 (3 Pr., lange Kam.) (Hγ)	[23]
14 Co (46) Mt. Wilson	152	5500					63		Flint	1,4 (4300)	Littrow-Typ (Autokollimation). — [24]
16 C (24) Berlin-Babelsberg	50	995	zweilinsig	60 60 60	720 480 233	zweilinsig Triplet Triplet	66,6	133	F 3	69 (kürzeste Kam., Hγ)	[25]
20 C (19) Asiago	66	1000	exzentr. Parabolspiegel	66 60 78 70	1000 287 1000 287	dreilinsig dreilinsig	60 60	100 109	F 3 F 3	31—182 (ca. 5900)	Wahlweise benutzbar das 1. Prisma mit dem 1. oder 2. Kameraobjektiv oder beide Prismen mit dem 3. oder 4. Kameraobjektiv. — [26]
24 C (15) Hamburg-Bergedorf	50	720	zweilinsig	ca. 60 ca. 60	720 230	zweilinsig Triplet	65,8 4 Prismen		F 3	58 (4100, 1 Pr., kurze Kamera)	Derselbe Spektrograph wie unter 31 0621 Nr. 27. — [12]
28 C (10) Uccle	ca. 50	ca. 500	zweilinsig	60 60 60	720 480 233	zweilinsiger Chromat Chromat vierlinsig	66,7 51,3 51,3	133 69 69	F 3 UV-Kron	21—171 (ca. 4200)	Wahlweise Prisma aus F 3 oder die beiden UV-Prismen, jeweils mit allen drei Kameraobjektiven benutzbar. — [29]
29 C (18) Merate	50	880	zweilinsig	60 60 60	720 480 233	zweilinsiger Chromat Triplet Triplet	64,0 66,6	127 133	SF 2 F 3	19—60 (SF2) 23—31 (F 3) (4300)	Jedes Prisma nur einzeln zu benutzen, aber mit allen drei Kameraobjektiven. — [27]
30 C (18) Stockholm-Saltsjöbaden	50	900	zweilinsig	60 60	720 233	zweilinsiger Chromat Triplet	66 4 Prismen	131	F 3	6—54	Wahlweise 1 Prisma oder 3 Prismen mit beiden Kameraobjektiven benutzbar. — [28]

Literatur.

[1] Eberhard, G.: Hdb. d. Aph. **1**, Kap. 4, 299—406. Dort auch weitere Literatur. — [2] Schaub, W.: Qualitative Spektralanalyse, Hdb. d. Exp.-Phys. (Wien-Harms) **26** (1937) 179—318. — [3] Frost, E.: Ap. J. **15** (1902) 1. — [4] Vogel, H.: Ap. J. **11** (1900) 396. — [5] Vogel, H.: Ap. J. **11** (1900) 393. — [6] Eberhard, G.: Z. Instr.Kde., 30. Jahrg. (1910) 29. — [7] Hartmann, J.: Z. Instr.Kde., 25. Jahrg. (1905) 161. — [8] Belopolsky, A.: Ap. J. **19** (1904) 85. — [9] Newall, H.: M. N. **65** (1906) 636. — [10] Slipher, V.: Ap. J. **20** (1904) 1. — [11] Gill, D.: History and Description of Royal Obs. Cape of Good Hope, Pt. II, London (1913). — [12] Günther, A.: A. N. **269** (1939) 135. — [13] Merrill, P.: Ap. J. **74** (1931) 188. — [14] Humason, M.: Ap. J. **71** (1930) 351. — [15] Adams, W.: Ap. J. **93** (1941) 11. — [16] Moffit, G.: Contr. McDonald Nr. 1, 74. — [17] McCarthy, E.: Contr. McDonald Nr. 1, 97. — [18] van Biesbroeck, G.: Contr. McDonald Nr. 1, 103. — [19] Young, R.: J. RAS. Canada **30** (1936) 1. — [20] Plaskett, J.: Pop. Astr. **31** (1923) 20. — [21] Plaskett, J.: Publ. Victoria **1** (1922) 81. — [22] Beals, C., R. Petrie, A. McKellar: J. RAS. Canada **40** (1946) 349. — [23] Adams, W.: Ap. J. **35** (1912) 163. — [24] Adams, W.: Ap. J. **33** (1911) 64. — [25] Guthnick, P.: S. B. Preuß. Akad. Wiss., Jahrg. 1930, 4. — [26] Z. Instr.Kde., 63. Jahrg. (1943) 326. — [27] Cecchini, G.: Publ. Merate Nr. 2 (1929). — [28] Minneskrift vid Invigningen av Stockholms Observatorium i Saltsjöbaden Uppsala (1931) 51; Malmquist, K.: Pop. Astr. Tidskr. (1931), H. 3—4. — [29] Bourgeois, P.: BAB **2** (1935) 25. — [30] Smakula, A.: Glastechn. Berichte **19** (1941) 377. — [31] Mooney, L. R.: J. opt. Soc. Amer. **35** (1945) 574. — [32] Hiesinger, L.: Optik **3** (1948) 485. — [33] McKellar, A., u. C. S. Beals: Contr. Victoria Nr. 8 (1947). — [34] Sky and Telescope **9** (1950) 86.

31 07 Turmteleskope.

31 071 Einleitung.

Turmteleskope sind Spezialinstrumente zur spektrographischen und spektroskopischen Untersuchung der Sonne. Sie setzen sich zusammen aus folgenden Teilen:

I. Coelostat, bestehend aus:

1. Hauptspiegel(plan), welcher um eine in seiner Ebene oder parallel zu dieser liegende, der Weltachse parallel gelagerte Achse drehbar ist. Während der Beobachtung wird der Hauptspiegel wie ein Refraktor oder Reflektor (siehe dort) der täglichen Bewegung, jedoch mit halber Geschwindigkeit nachgeführt.
2. Hilfsspiegel(plan), welcher das vom Hauptspiegel kommende Licht senkrecht nach unten wirft.

Der Hauptspiegel ist zwecks Anpassung an die verschiedenen Sonnenstände gegenüber dem Hilfsspiegel verschiebbar; letzterer ist ebenfalls verstellbar und neigbar.

II. Fernrohr. Den Fernrohrkörper bildet der Turm, auf dessen Spitze der Coelostat montiert ist. Als bilderzeugendes optisches Element werden zweilinsige achromatische Objektive oder Hohlspiegel, meist in Cassegrainscher Anordnung, verwendet. Über die optischen Leistungen siehe 31 08.

III. Die Spektroskopische Ausrüstung. Es kommen (allein oder wechselweise an demselben Turmteleskop) zur Verwendung:

1. Spektrographen in üblicher Ausführung oder in Littrowscher Anordnung (Autokollimation),
2. Spektroheliographen zur Erzeugung eines Sonnenbildes im Licht einer bestimmten Spektrallinie (z. B. Hα),
3. Spektrohelioskope zur visuellen Beobachtung der Sonnenoberfläche im Licht einer bestimmten Spektrallinie,
4. Spezialeinrichtungen, z. B. für spektroheliographische Serienaufnahmen oder Kinematographie oder für Aufnahmen zur Bestimmung von Radialgeschwindigkeiten an Protuberanzen.

Abbildungen und generelle Beschreibungen von Turmteleskopen finden sich bei G. Abetti [1], W. Schaub [2] und Newcomb-Engelmann [3]. Eine Beschreibung und Zusammenstellung der Turmteleskope einschließlich Zusatzeinrichtungen, auf welcher die nachstehenden Tabellen hauptsächlich beruhen, hat H. Gollnow [4] gegeben. Über Spektroheliographen und Spektrohelioskope siehe außerdem G. Hale und F. Ellermann [5, 6, 7].

Zu erwähnen sind, obwohl nicht eigentlich zu den Turmteleskopen gehörig, das „Snow-Telescope" auf dem Mt. Wilson [1, 4, 8] sowie die Einrichtungen in Paris-Meudon [1, 9], weil sie denselben Zwecken dienen und in vieler Beziehung grundlegend gewesen sind.

Die Literaturhinweise bei den einzelnen Instrumenten stehen nur in Tabelle 31 0721; sie beziehen sich also meist zugleich auf die zugehörigen Angaben in Tabelle 31 0722. Wenn eine Spektralapparatur in Autokollimation arbeitet, ist dies dadurch kenntlich gemacht, daß die optischen Daten nur in den Spalten „Kollimator" ausgefüllt und in die korrespondierenden Spalten „Kamera" Striche eingesetzt sind.

Abkürzungen:

O_1 = Öffnung des Hauptspiegels
O_2 = Öffnung des Hilfsspiegels
O = Öffnung (Objektiv oder Spiegel)
KG = Kronglas
PG = Pyrex-Glas
TG = Tempax-Glas (Schott)
Obj. = Objektiv
Sp = Spiegel (konkav)
CSp = Spiegelsystem nach Cassegrain
Sgr = Spektrograph
Shgr = Spektroheliograph
Shsk = Spektrohelioskop
D = lineare Dispersion
A = theoretisches Auflösungsvermögen

Unter D und A sind die Wellenlängen (in Å) angegeben, auf die sich die Werte beziehen. Bei Gittern beziehen sich A und D auf die 1. Ordnung.

F 2, F 3 und SF 2 sind die Glastypenbezeichnungen nach Schott. LF und SF bezeichnen ganz allgemein Leichtflint bzw. Schwerflint

König

31 072 Turmteleskope.

31 0721 Coelostaten und Fernrohre.

Nr.	Ort	Coelostat O_1 cm	Coelostat O_2 cm	Coelostat Material	Hersteller	Fernrohr Art (Material)	Fernrohr O cm	Fernrohr f m	Hersteller	Jahr	Bemerkungen [Literatur]
1	Mt. Wilson (20-m-Turm)	43,2	56,5 × 32,4	PG	Eigene Werkst.	Obj.	30,5	18,3	Brashear	1906/07	Hilfsspiegel elliptisch, Spiegelmaterial bis 1923 KG. — [10]
2	Mt. Wilson (50-m-Turm)	50,8	40,6	PG	Eigene Werkst.	Obj.	30,5	45,7	Brashear	1909/12	Spiegelmaterial bis 1923 KG. — [11]
3	Utrecht	36	36			Obj. Obj. Obj. Obj. CSp (PG)	30,5 30,5 25,0 15 25	18,3 9,1 13 7,1 18,8	Zeiß	1922	Das zweite Objektiv und der Spiegel 1940 hergestellt. — [12]
4	Potsdam (Einstein-Turm)	85	85	KG	Zeiß	Obj.	60	14,5	Zeiß	1920/24	f = 27 m mit zusätzlicher Negativlinse. — [13]
5	Tokio	65	65	KG	Zeiß	Obj.	ca. 40	14	Zeiß	ca. 1926	[14]
6	Pasadena (Hale)			Spezialglas		Obj. CSp (Spezialglas und Quarz)	30,5 45,7 {	5,5 17,7 45		1924/26	„Schiefer Cassegrain“, zwei Hilfsspiegel. — [15]
7	Arcetri bei Florenz			PG		Obj.	30	18	Zeiß	1926	[1, 16]
8	Canberra	46	46	PG	Grubb-Parson	Obj.	30,5	13,1		1928	[17]
9	Oxford	40,6	40,6	geschm. Quarz	Grubb-Parson	CSp (geschm. Quarz)	31,8	19,8		1935	Spiegel aus geschm. Quarz. — [18]
10	Pasadena (Inst. of Technology)	91,4	76,2			CSp (geschm. Quarz)	66	59 37,8 18,9		1935	„Schiefer Cassegrain“; drei Hilfsspiegel. — [19]
11	Lake Angelus 1. (McMath Hulbert Obs.) 15-m-Turm	55,9	45,7	PG	Warner & Swasey	Obj.	15,2	3,0			Mit Negativlinse
						CSp (PG)	40,6 30,5	12,2 6,1	Cal. Inst. Techn. Pasadena Henson, Pasadena	1935/36	„Schiefer Cassegrain“. — [20]
	2.	35,5	30,5		Perkin-Elmer	Obj.	25,4	7,5	Perkin-Elmer	1939	Speziell für Radialgeschwindigkeiten von Protuberanzen. — [21]
12	Lake Angelus 21,5-m-Turm									1940	Keine Angaben. — [4, 22]

König

31 0721 Coelostaten und Fernrohre (Fortsetzung).

Nr.	Ort	Coelostat O_1 cm	Coelostat O_2 cm	Coelostat Material	Hersteller	Fernrohr Art (Material)	Fernrohr O cm	Fernrohr f m	Hersteller	Jahr	Bemerkungen [Literatur]
13	Fraunhofer-Institut Wendelstein	32	32	TG	Zeiß	Sp	20	5		1942	Fernrohrspiegel in schiefer Anordnung. — [4]
14	Fraunhofer Institut (Schauinsland) 7,5-m-Turm	32	32	TG	Zeiß	Obj.	20	5	Zeiß	1943	[4]
15	Fraunhofer-Institut (Schauinsland) (10,5-m-Turm)	32	32	TG	Zeiß	Obj.	27	8	Zeiß	1944	[4, 23]
16	Göttingen	65	65	TG	Zeiß	CSp (TG)	45	24 16,5	Zeiß	1944	Zwei Cassegrain-Hilfsspiegel aus Homosil (Heraeus). — [4]

31 0722 Spektralapparate.

Nr.	Ort	Apparat	Kollimator O cm	Kollimator f m	Kollimator Typ	Kamera O cm	Kamera f m	Kamera Typ	Prismen Brech. Winkel in Grad	Prismen Seite cm	Prismen Material	Gitter Striche mm	Gitter Fläche cm	D Å/mm	A	Hersteller, Bemerkungen
1	Mt. Wilson . . (20-m-Turm)	1. Sgr, Shgr, Shsk	15,2	9,1 5,5		—	— —		63 60 60		SF LF[1]		5,3 × 8,3 20 (Breite)	2,2 (Gitter)		Rowland (1. Gitter) Brashear (Kollim.) Anderson (Gitter)
		2. Shgr		3,9			3,9						10 (Breite)			
		3. Shgr	20,3	1,52		20,3	1,52		63,5	12,5 4 Prismen	SF 2					2 oder 4 Prismen verwendbar
		4. Shsk														
2	Mt. Wilson . . (50-m-Turm)	1. Sgr, Shgr	20	22,9 9,1	zweilinsig	—	—	—	klein groß 60		[2]	620	6,2 × 12,6	0,7 (Gitter)	78000	Rowland (Gitter) Brashear (Kollim.)
		2. Shgr	15,2	3,9	Sp	15,2	3,9	Sp				600				Jacomini (Gitter)
		3. Shsk	7,6	3,9	Sp	7,6	3,9	Sp					10 (Breite)			
3	Utrecht . . .	Sgr, Shgr, Shsk	10	ca. 4	Achromat	—	—	—				568	5 × 8		45000	Rowland (Gitter)

[1] Flüssigkeit. [2] Zimtsäureäthylester.

31 0722 Spektralapparate (Fortsetzung).

Nr.	Ort	Apparat	Kollimator O cm	Kollimator f m	Kollimator Typ	Kamera O cm	Kamera f m	Kamera Typ	Prismen Brech. Winkel in Grad	Prismen Seite cm	Prismen Material	Gitter Striche mm	Gitter Fläche cm	D Å/mm	A	Hersteller, Bemerkungen
4	Potsdam . . . (Einstein-Turm)	Sgr, Shgr, Shsk	18	12	zweilinsig	—	—	—				800	9 × 12,5	1,4	100000	Rowland
			13,5	9	zweilinsig	—	—	—				600	9 × 12	1,4	72000	Anderson (Gitter)
									33	32 3 Prismen	F 3			0,33 (3750) 2,0 (5800)	340000 (4000)	Zeiß (Optik und Mechanik)
			13,5	3	Triplet	—	—	—						1,7 (4200) 6,7 (5900)	100000 (5900)	
5	Tokio	Sgr	12	3,45	zweilinsig	—	—	—	30	26	F 3			1,4 (4000) 5,9 (6000)	288000 (4000) 68000 (6000)	Zeiß
6	Pasadena . . . (Hale)	Sgr, Shgr, Shsk	15,2	3,96 9,1 22,9		—	— — —									Jacomini (Gitter)
7	Arcetri . . .	Sgr, Shgr	15	4		15	4					568		3,4—4,4		Zeiß (Optik)
8	Canberra . . .	Sgr	11,4	7,7	zweilinsig	—	—	—	60 60 30	15 15 15				0,5 (4300) 2,2 (6600)	150000 (4300) 41000 (6600)	Hilger (Optik)
9	Oxford . . .	Sgr		9,1			—		60 60 30					0,4 (4100) 2,06 (6600)		
10	Pasadena . . . (Calif. Inst. of Technol.)	1. Sgr oder 2. Shgr 3. Shsk	20,3 20,3	22,9 11,6 22,9		—	— — 3,0 5,5 9,1									
11	Lake Angelus . (15-m-Turm)	1. Shgr (Autokoll. ?)		9,1 bis 3,6								600	15,2 (Breite)	3,5	91000	Mt. Wilson Nr. 47 (Gitter)

31 0722 Spektralapparate (Fortsetzung).

Nr.	Ort	Apparat	Kollimator O cm	Kollimator f m	Kollimator Typ	Kamera O cm	Kamera f m	Kamera Typ	Prismen Brech. Winkel in Grad	Prismen Seite cm	Prismen Material	Gitter Striche mm	Gitter Fläche cm	D Å/mm	A	Hersteller, Bemerkungen
11	Lake Angelus . (15 m-Turm)	2. Hilfs-Shsk	10,2	5,5	Achromat	—	—	—				600	10,2 (Breite)		61 000	Zu 2: Hilfsfernrohr O = 10,2 cm, f = 5,5 m
		3. Shgr[1]		2,4			—						15			Perkin-Elmer (Optik)
12	Lake Angelus . (21,5-m-Turm)															Keine Angaben
13	Fraunhofer-Institut . . (Wendelstein)	Shgr, Shsk	10,0	2,0	Sp	10,0	2,0	Sp						8		Gitter
14	Fraunhofer-Institut . . (Schauinsland, 7,5-m-Turm)	Sgr, Shgr, Shsk	15,0	2,0	Sp	15,0	2,0	Sp				598	5,3 × 6,3	8,2	36 000	Zeiß
15	Fraunhofer-Institut . . (Schauinsland, 10,5-m-Turm)	Sgr, Shgr, Shsk	10,5	7,12	zweilinsig	—	—	—	60	18 (3 Prismen)	F 2			1,1 (5300)	135 000 (5300)	Zeiß
16	Göttingen . .	I. Sgr	16,0	8,0	zweilinsig	—	—	—				595	7,5 × 10,5	2,0	63 000	Rowland (Gitter) Zeiß (Optik und Mechanik)
		II. Sgr[2] 1.	16,0	4,24	zweilinsig	16,0	4,82	zweilinsig	60	14,0	F 2					
		2.	16,0	4,82	zweilinsig	—	—	—	60	14,0	F 2			0,23 (3800)	521 000 (3800)	Zeiß
		3.	16,0	5,92	zweilinsig	16,0	6,43	zweilinsig	60	14,0	F 2			0,75 (4861)	168 000 (4861)	
		4.	16,0	6,43	zweilinsig	—	—	—	30	14,0	F 2			4,35 (7600)	29 400 (7600)	

[1] „Stone Spektroheliograph", Spezialinstrument zur Herstellung von Serienaufnahmen zwecks Bestimmung von Radialgeschwindigkeiten in Protuberanzen; das zugehörige Fernrohr und der Coelostat sind in Tabelle 31 0721 unter Nr. 11, 2. aufgeführt.

[2] Verwendet werden 1 und 3 mit den drei 60°-Prismen, 2 und 4 entweder mit dem 30°-Prisma oder mit allen vier Prismen. Die angegebenen Werte von D und A beziehen sich auf 4 mit allen vier Prismen.

Literatur.

[*1*] Abetti, G.: Hdb. d. Aph. **4** (1929) 62—84. — [*2*] Schaub, W.: Qualitative Spektralanalyse, Hdb. d. Exp.-Phys. (Wien-Harms) **26**, 248—260. — [*3*] Newcomb-Engelmann: Populäre Astronomie, 8. Aufl. (W. Becker, R. Müller, H. Schneller), Teil II, Kap. II, 5b) 228—233 (J. A. Barth, Leipzig 1948). — [*4*] Gollnow, H.: Turmteleskope, Naturw., 36. Jahrg. (1949) 175—182, 213—217. — [*5*] Hale, G., u. F. Ellermann: Mt. Wilson Contr. Nr. 7 = Ap. J. **23** (1906) 54. — [*6*] Hale, G.: Mt. Wilson Contr. Nr. 388, 393, 425, 434 = Ap. J. **70** (1929) 265, **71** (1930) 73, **73** (1931) 379, **74** (1931) 214. — [*7*] Hale, G., u. F. Ellermann: The Rumford Spektroheliograph of the Yerkes Observatory, Publ. Yerkes **3**, (1903) Pt. 1. — [*8*] Hale, G.: Mt. Wilson Contr. Nr. 2, Nr. 4 (1905). — [*9*] Ann. Paris-Meudon **4** (1910) und **8** (1930) Fasc. 2. — [*10*] Hale, G.: Mt. Wilson Contr. Nr. 14 (1906) = Ap. J. **25** (1907) 68; Hale, G.: PASP. **20** (1908) 35; Hale, G.: Mt. Wilson Contr. Nr. 23 (1908). — [*11*] Hale, G., u. S. Nicholson: Magnetic Observations of Sunspots 1917—1924 Part I, 1—14, Carnegie Instit. of Washington (1938); Hale, G.: PASP. **24** (1912) 223. — [*12*] Julius, W.: The Heliophysical Institute of the University of Utrecht, BAN. **1** (1922) 119. — [*13*] Freundlich, E.: Das Turmteleskop der Einstein-Stiftung, Springer, Berlin (1927); v. d. Pahlen, E.: Z. Instr. Kde. **46** (1926) 49; ten Bruggencate, P., J. Houtgast, H. v. Klüber: Publ. Potsdam Nr. 96, **29**, Heft 3; Wurm, K.: Z. Aph. **2** (1931) 133; v. Klüber, H.: Z. Aph. **23** (1943) 57 = Mitt. Potsdam Nr. 14. — [*14*] Fujita, Y.: On the Prism Spectrograph of the Tower Telescope in the Tokio Astr. Obs., Proc. Phys.-Math. Soc. Japan, 3. Serie, **16** (1934) 327. — [*15*] Mt. Wilson Report **23** (1924) 110, **25** (1925/26) 135; Hale, G.: Supplement to Nature **118**, Nr. 2957, July 3 (1926). — [*16*] Abetti, G.: Il Sole, S. 18ff. (Verlag Ulrico Hoepli, Mailand 1936); Publ. Firenze, Fasc. **43** (1926). — [*17*] Nature **121** (1928) 247; Rimmer, W.: MN. **92** (1932) 295; Allen, C.: Mem. Canberra **1**, Nr. 5, Teil 1 (1934). — [*18*] Observatory **58** (1935) 210; Plaskett, H.: M. N. **99** (1939) 219 = Comm. Oxford Nr. 14; Engineering, March 24 (1939), May 10 (1939); Evans, D.: M. N. **100** (1940) 156 = Comm. Oxford Nr. 17. — [*19*] Hale, G.: Ap. J. **82** (1935) 111. — [*20*] McMath, R.: Publ. Michigan **7** (1937) 1; ders., Publ. A. A. S. **8** (1936) 215; McMath, F., H. Hulbert u. R. McMath: Publ. Michigan **4**, 53; McMath, R., u. R. Petrie: ebda. **5** (1933) 103; McMath, R. u. E. Pettit: Ap. J. **85** (1937) 279. — [*21*] McMath, R.: Publ. Michigan **8** (1941) 141. — [*22*] Curtis, H.: Pop. Astr. **48** (1940) 348; PASP. **52** (1940) 212. — [*23*] v. Keussler, V.: Z. Aph. **25** (1948) 231.

3108 Leistung der Fernrohre.

31081 Geometrisch-optische Leistung.

310811 Kleinstmögliche Zerstreuungskreise.

Der Durchmesser des in der Fokalfläche eines optischen Systems entstehenden Zerstreuungsscheibchens, das das Bild eines Sterns darstellt, wird bestimmt durch Szintillation, Beugung an der Eintrittsöffnung, Diffusion in der Emulsionsschicht (bei photographischen Aufnahmen) und durch die Unvollkommenheiten der geometrisch-optischen Strahlenvereinigung. Die drei ersten Effekte geben eine untere Grenze für den Durchmesser des Zerstreuungsscheibchens.

Bei photographischen Aufnahmen ergibt sich unter Annahme einer Szintillationsamplitude von 1″ und eines Auflösungsvermögens der Schicht von 30 μ für den minimalen linearen Durchmesser a_{min} des Zerstreuungskreises in μ in hinreichender Näherung, wenn D der Durchmesser der Eintrittspupille und f die Brennweite ist:

$$a_{min} = \left[\left(\frac{f}{2D}\right)^2 + \left(\frac{f}{D}\right)^2 + 30^2\right]^{\frac{1}{2}}$$

Im Winkelmaß wird der minimale Durchmesser in Bogensekunden:

$$\alpha''_{min} = \left[1 + \left(\frac{20}{D}\right)^2 + \left(\frac{600}{f}\right)^2\right]^{\frac{1}{2}}$$

(D und f in cm). Die Tabelle gibt a_{min} und α_{min} für verschiedene Werte des Öffnungsverhältnisses D/f und der Öffnung D. In der Tabelle gibt jeweils die obere Zahl den linearen Durchmesser in μ, die untere Zahl den Winkeldurchmesser in ″.

Minimale Durchmesser der Zerstreuungsscheibchen im linearen und Winkelmaß.

D \ D/f	1 : 1	1 : 2	1 : 5	1 : 10	1 : 20	1 : 50
cm						
5	30,0 120,0	30,1 60,1	30,4 24,4	31,7 12,7	36,4 7,3	59,5 4,8
10	30,0 60,0	30,1 30,1	30,5 12,2	31,8 6,4	37,4 3,7	63,5 2,5
20	30,0 30,0	30,1 15,1	30,8 6,2	32,2 3,3	41,2 2,1	76,9 1,5
50	30,1 12,0	30,6 6,1	32,8 2,6	40,3 1,6	61,6 1,2	137 1,0
100	30,4 6,1	31,8 3,2	39,4 1,6	59,2 1,2	106 1,05	256 1,0
200	31,6 3,2	36,2 1,8	58,5 1,2	105 1,05	203 1,0	503 1,0
500	39,0 1,6	58,3 1,2	128 1,0	252 1,0	503 1,0	1252 1,0

Für Brennweiten unter 6 m überwiegt der Einfluß der Lichtzerstreuung in der Schicht, für Brennweiten über 6 m der Einfluß der Szintillation; der Beugungseffekt ist demgegenüber nur bei kleinen Öffnungen und kleinem Öffnungsverhältnis von Bedeutung.

31 0812 Bildfehler 3. Ordnung bei Spiegeln und Spiegelsystemen.

Die folgende Übersicht gibt für verschiedene, in der astronomischen Beobachtungspraxis benutzte Spiegel und Spiegelsysteme die Seidelschen Koeffizienten für die Bildfehler 3. Ordnung.

Es sei bei unendlich fernem Objektpunkt w_1 die Neigung des Hauptstrahls gegen die Achse, und ein beliebiger von diesem Objektpunkt kommender, dem Hauptstrahl paralleler Strahl habe in der Eintrittspupille die Koordinaten m_1 im Meridionalschnitt und M_1 im Sagittalschnitt. Dann ist für den betrachteten Strahl die meridionale Querabweichung $\Delta L'_{k\,\mathrm{mer}}$ vom Gaußschen Bildpunkt in der Gaußschen Bildebene (f' Brennweite):

$$\begin{aligned}
\Delta L'_{k\,\mathrm{mer}} = & -\tfrac{1}{2}\, m_1 (m_1^2 + M_1^2) \sum_1^k I_\nu && \text{(sphärische Abweichung)} \\
& + \tfrac{1}{2}\, (3\, m_1^2 + M_1^2)\, \mathrm{tg}\, w_1 \sum_1^k II_\nu && \text{(Asymmetriefehler)} \\
& - \tfrac{1}{2}\, m_1\, \mathrm{tg}^2\, w_1 \sum_1^k III_\nu && \text{(meridionale Zerstreuungslinie)} \\
& + \tfrac{1}{2}\, \mathrm{tg}^3\, w_1 \sum_1^k V_\nu && \text{(Verzeichnung)}
\end{aligned}$$

Die entsprechende Sagittalabweichung $\Delta L'_{k\,\mathrm{sag}}$ beträgt:

$$\begin{aligned}
\Delta L'_{k\,\mathrm{sag}} = & -\tfrac{1}{2}\, M_1 (m_1^2 + M_1^2) \sum_1^k I_\nu && \text{(sphärische Abweichung)} \\
& + m_1 M_1\, \mathrm{tg}\, w_1 \sum_1^k II_\nu && \text{(Asymmetriefehler)} \\
& - \tfrac{1}{2}\, M_1\, \mathrm{tg}^2\, w_2 \sum_1^k IV_\nu && \text{(sagittale Zerstreuungslinie)}
\end{aligned}$$

Die Größen $\sum_1^k I_\nu$ bis $\sum_1^k V_\nu$ sind die über die k Flächen des Systems summierten Seidelschen Summen, die durch die Konstruktionselemente des Systems bestimmt sind. Statt der Flächenteilkoeffizienten III_ν und IV_ν sind in den Tabellen der einzelnen Systeme die Koeffizienten des Astigmatismus $IIIa_\nu = \frac{1}{2}\,(III_\nu - IV_\nu)$ und die Glieder der Petzvalsumme $P_\nu = -\frac{1}{2}\,(III_\nu - 3\,IV_\nu)$ angegeben.

Die Seidelschen Summen und die Konstruktionsdaten der Tabellen sind für eine Brennweite $f' = 1$ gerechnet. Für ein System vom Öffnungsverhältnis $1 : N$ und der Brennweite f' ergibt sich dann für die Beträge der Aberrationen:

sphärische Querabweichung	$-\frac{1}{16}\frac{f'}{N^3}\,\Sigma I$	$(= -2{,}31\ \Sigma I)$
meridionale Koma, Querabweichung	$+\frac{3}{8}\frac{f'}{N^2}\,\mathrm{tg}\, w_1\, \Sigma II$	$(= -2{,}91\ \Sigma II)$
tangentiale Querabweichung	$-\frac{1}{4}\frac{f'}{N}\,\mathrm{tg}^2\, w_1\, \Sigma III$	$(= -0{,}405\ \Sigma III)$
sagittale Querabweichung	$-\frac{1}{4}\frac{f'}{N}\,\mathrm{tg}^2\, w_1\, \Sigma IV$	$(= -0{,}405\ \Sigma IV)$
Verzeichnung	$+\frac{1}{2}\,\mathrm{tg}^3\, w_1\, \Sigma V$	$(= +0{,}00243\ \Sigma V)$
Krümmungsradius der tangentialen Schale	$-\frac{f'}{\Sigma III}$	$\left(= -\frac{1000}{\Sigma III}\right)$
Krümmungsradius der sagittalen Schale	$-\frac{f'}{\Sigma IV}$	$\left(= -\frac{1000}{\Sigma IV}\right)$

(Positive Werte der Radien bedeuten zum einfallenden Licht konvexe Bildschalen.)

Die eingeklammerten Werte gelten für $f' = 1000$, $N = 3$, $w_1 = -4°$.

Der Anteil der Deformation der einzelnen Flächen an den Flächenteilkoeffizienten ist in den Tabellen durch die mit einem * bezeichneten Zeilen wiedergegeben. Der Betrag der Deformation läßt sich aus $I_\nu{}^*$ entnehmen: Wird die Abweichung der ν-ten Fläche von der Kugelgestalt $\sigma_\nu = K_\nu\, l^4$ gesetzt, wobei $l = r_0 \cdot \varphi$ die Bogenlänge auf der Schmiegungskugel ist (φ ist der Mittelpunktswinkel gegen die optische Achse), so gilt:

$$I_\nu^* = 8\left(\frac{h_\nu}{h_1}\right)^4 \cdot K_\nu \cdot \Delta n_\nu;$$

dabei ist h_ν/h_1 das Verhältnis der Einfallshöhen an der ν-ten und der ersten Fläche.

Siedentopf

Die ersten Spalten der Tabellen enthalten die Konstruktionsdaten, die Krümmungsradien r_ν und die Abstände der Flächenscheitel d_ν. In der letzten Spalte sind die Seidelschen Summen $\Sigma\, III_\nu$ und $\Sigma\, IV_\nu$ angegeben sowie der Radius $\overline{R}$ der mittleren Bildkrümmung für die Brennweite 1:

$$\overline{R} = -\frac{1}{\frac{1}{2}(\Sigma\, III_\nu + \Sigma\, IV_\nu)}.$$

Tabellen der Seidelschen Koeffizienten und Summen für Spiegelsysteme.

1. Kugelspiegel, Systemlänge = 1,00 f'.

ν	r_ν	d_ν	h_ν/h_1	I_ν	II_ν	$IIIa_\nu$	P_ν	V_ν	
1	— 2,000	—	1,000	+ 0,250	— 0,500	+ 1,000	— 1,000	0	$\Sigma\, III_\nu$ = + 2,000
			Σ	+ 0,250	— 0,500	+ 1,000	— 1,000	0	$\Sigma\, IV_\nu$ = 0
									$\overline{R}$ = — 1,000

2. Parabolspiegel (Newton-Fokus), Systemlänge = 1,000 f'.

ν	r_ν	d_ν	h_ν/h_1	I_ν	II_ν	$IIIa_\nu$	P_ν	V_ν	
1	— 2,000	—	1,000	+ 0,250	— 0,500	+ 1,000	— 1,000	0	$\Sigma\, III_\nu$ = + 2,000
1*				— 0,250	0	0	0	0	$\Sigma\, IV_\nu$ = 0
			Σ	0	— 0,500	+ 1,000	— 1,000	0	$\overline{R}$ = — 1,000

3. Parabolspiegel mit Ross-Linse, Systemlänge = 1,00 f' (Abb. 7).

ν	r_ν	d_ν	h_ν/h_1	I_ν	II_ν	$IIIa_\nu$	P_ν	V_ν	
1	— 2,000	—	1,000	+ 0,250	— 0,500	+ 1,000	— 1,000	0	$\Sigma\, III_\nu$ = + 10,83
2	+ 0,846	0,75	0,250	— 0,062	+ 0,166	— 0,444	+ 0,403	+ 0,110	
3	+ 0,198	0	0,250	0	0,000	— 0,002	— 1,721	— 14,236	$\Sigma\, IV_\nu$ = + 2,94
4	+ 0,134	0	0,250	+ 0,061	+ 0,363	+ 2,162	+ 2,529	+ 27,950	
5	+ 0,281	0	0,250	+ 0,001	— 0,038	+ 1,229	— 1,211	— 0,576	$\overline{R}$ = — 0,145
1*				— 0,250	0	0	0	0	
			Σ	0	— 0,009	+ 3,944	— 1,000	+ 13,249	

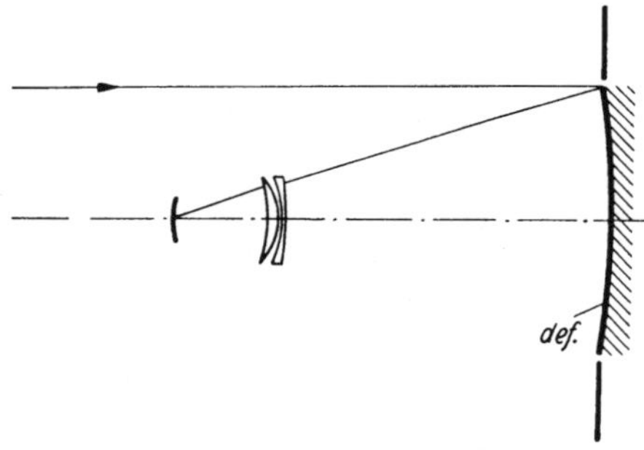

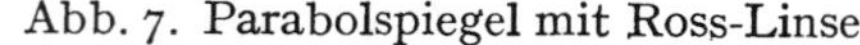

Abb. 7. Parabolspiegel mit Ross-Linse.

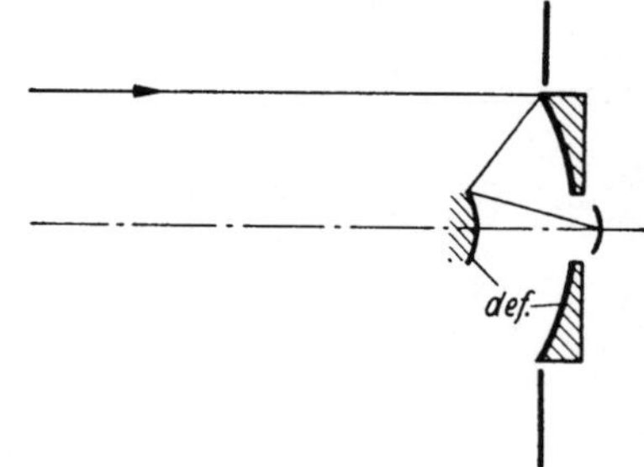

Abb. 8. Parabolspiegel mit Cassegrain-Hilfsspiegel.

4. Parabolspiegel mit Cassegrain-Hilfsspiegel, Systemlänge = 0,194 f' (Abb. 8).

ν	r_ν	d_ν	h_ν/h_1	I_ν	II_ν	$IIIa_\nu$	P_ν	V_ν	
1	— 0,400	—	1,000	+ 31,250	— 12,500	+ 5,000	— 5,000	0	$\Sigma\, III_\nu$ = + 28,51
2	+ 0,097	0,161	0,194	— 7,000	+ 6,200	— 5,491	+ 20,571	— 13,356	
1*				— 31,250	0	0	0	0	$\Sigma\, IV_\nu$ = + 19,89
2*				+ 7,000	5,800	+ 4,806	0	+ 3,982	$\overline{R}$ = — 0,0413
			Σ	0	— 0,500	+ 4,315	+ 15,571	— 9,374	

Siedentopf

5. Schwarzschild-System, Systemlänge = $1{,}69 f'$ (Abb. 9).

ν	r_ν	d_ν	h_ν/h_1	I_ν	II_ν	$IIIa_\nu$	P_ν	V_ν	
1	− 6,667	—	1,000	+ 0,007	− 0,045	+ 0,300	− 0,300	0	$\Sigma III_\nu = -0{,}779$
2	− 1,408	1,691	0,493	+ 0,146	+ 0,045	+ 0,014	− 1,420	− 0,434	$\Sigma IV_\nu = -1{,}406$
1*				− 0,152	0	0	0	0	$\overline{R} = +0{,}915$
			Σ		0	+ 0,314	− 1,720	− 0,434	

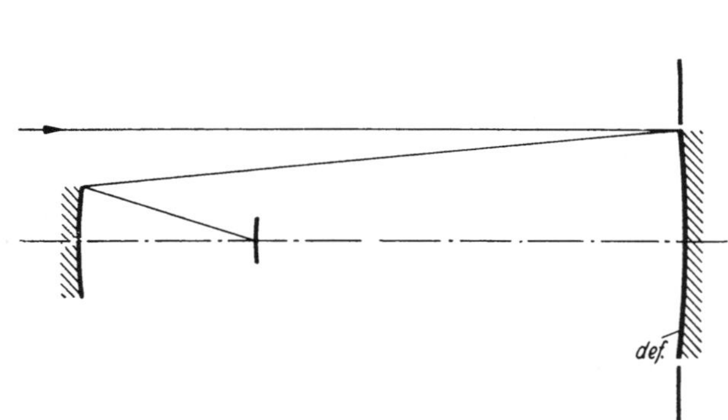

Abb. 9. Schwarzschild-System.

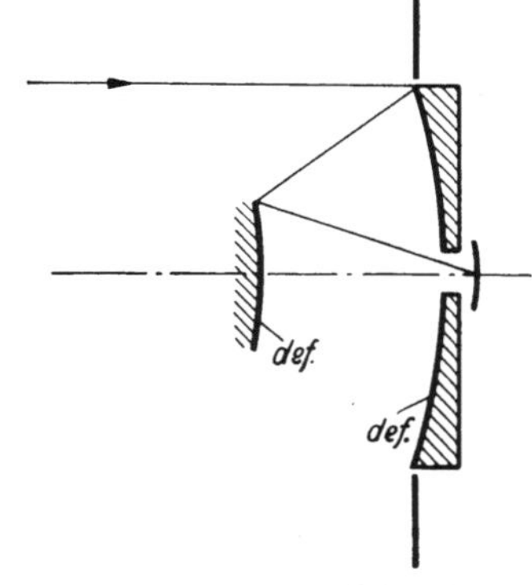

Abb. 10. Ritchey-Chrétien-System.

6. Ritchey-Chrétien-System, Systemlänge = $0{,}354 f'$ (Abb. 10).

ν	r_ν	d_ν	h_ν/h_1	I_ν	II_ν	$IIIa_\nu$	P_ν	V_ν	
1	− 0,951	—	1,000	+ 2,327	− 2,213	+ 2,104	− 2,104	0	$\Sigma III_\nu = +8{,}21$
2	+ 0,643	0,307	0,354	− 0,939	+ 0,893	− 0,849	+ 3,108	− 2,148	$\Sigma IV_\nu = +3{,}41$
1*				− 2,908	0	0	0	0	$\overline{R} = -0{,}172$
2*				+ 1,520	+ 1,320	+ 1,147	0	+ 0,996	
			Σ	0	0	+ 2,402	+ 1,004	− 1,152	

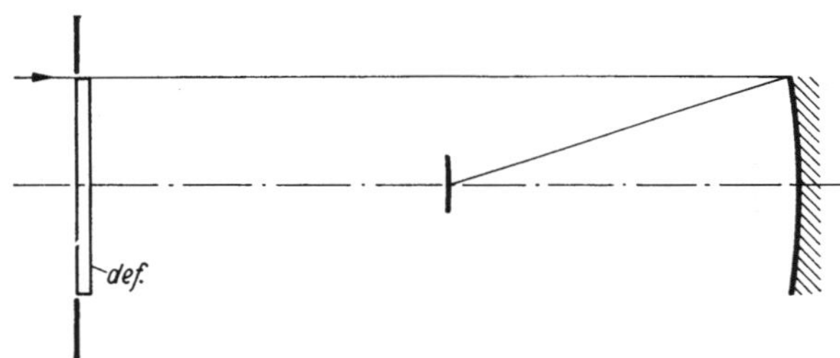

Abb. 11. Schmidt-Spiegel.

7. Schmidt-Spiegel, Systemlänge = $2{,}02 f'$ (Abb. 11).

ν	r_ν	d_ν	h_ν/h_1	I_ν	II_ν	$IIIa_\nu$	P_ν	V_ν	
1	∞	—	1,000	0	0	0	0	+ 0,560	$\Sigma III_\nu = -0{,}974$
2	− 51,738	0,040	1,000	0	0	+ 0,010	+ 0,007	− 0,559	$\Sigma IV_\nu = -0{,}994$
3	− 1,981	1,981	0,981	+ 0,248	+ 0,007	0	− 1,010	− 0,027	$\overline{R} = 1{,}016$
2*				− 0,248	− 0,007	0	0	0	
			Σ	0	0	+ 0,010	− 1,003	− 0,026	

8. Schmidt-Spiegel mit Ebnungslinse, Systemlänge = 1,94 f' (Abb. 12).

ν	r_ν	d_ν	h_ν/h_1	I_ν	II_ν	$IIIa_\nu$	P_ν	V_ν	
1	∞	—	1,000	0	0	0	0	+ 0,565	ΣIII_ν = — 0,046
2	∞	0,020	1,000	0	0	0	0	— 0,565	ΣIV_ν = — 0,013
3	— 2,074	1,917	1,000	+ 0,224	— 0,032	+ 0,005	— 0,964	+ 0,138	$\bar{R}$ = 33,3
4	+ 0,367	1,011	0,025	— 0,011	+ 0,024	— 0,054	+ 0,933	— 1,984	
5	— 10,000	0,024	0,009	+ 0,005	+ 0,013	+ 0,033	+ 0,034	+ 0,168	
2*				— 0,219	— 0,003	0	0	0	
			Σ	0	+ 0,002	— 0,016	+ 0,003	— 1,678	

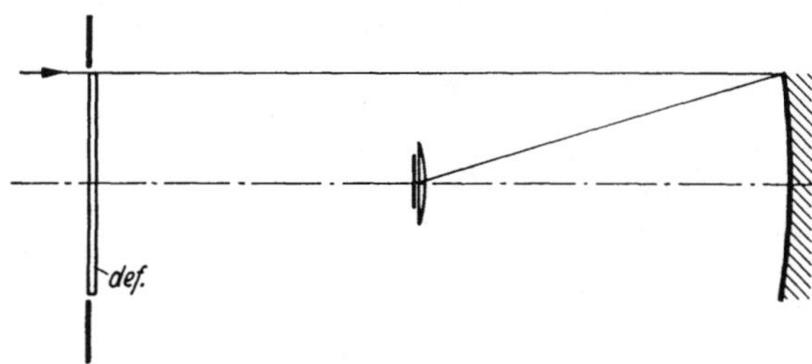

Abb. 12. Schmidt-Spiegel mit Ebnungslinse.

9. System von 2 Kugelspiegeln mit Korrektionsplatte (nach Slevogt), Systemlänge = 1,38 f' (Abb. 13).

ν	r_ν	d_ν	h_ν/h_1	I_ν	II_ν	$IIIa_\nu$	P_ν	V_ν	
1	∞	—	1,000	0	0	0	0	+ 0,556	ΣIII_ν = — 0,031
2	∞	0,040	1,000	0	0	0	0	— 0,556	ΣIV_ν = + 0,030
3	— 1,236	1,339	1,000	+ 1,059	+ 0,137	+ 0,018	— 1,618	— 0,206	$\bar{R}$ = 1,000
4	+ 1,192	0,391	0,368	— 0,390	— 0,137	— 0,048	+ 1,678	+ 0,572	
1*				— 0,669	0	0	0	0	
			Σ	0	0	— 0,030	+ 0,060	+ 0,366	

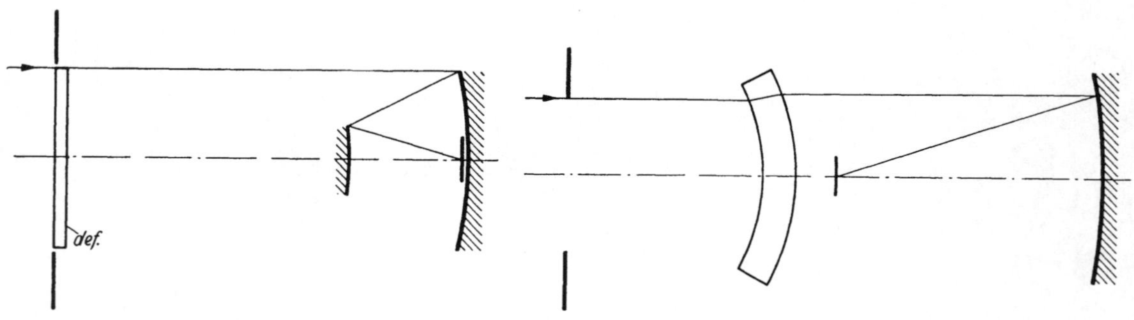

Abb. 13. Zwei Kugelspiegel mit Korrektionsplatte.

Abb. 14. Kugelspiegel mit Meniskus.

10. Kugelspiegel mit konzentrischem Meniskus (Maksutov-Bouwers), Systemlänge = 2,15 f' (Abb. 14).

ν	r_ν	d_ν	h_ν/h_1	I_ν	II_ν	$IIIa_\nu$	P_ν	V_ν	
1	— 0,774	—	1,000	— 0,485	0	0	— 0,440	0	ΣIII_ν = 1,000
2	— 0,917	0,143	1,063	+ 0,280	0	0	+ 0,371	0	ΣIV_ν = — 1,000
3	— 2,148	1,231	1,148	+ 0,266	0	0	— 0,931	0	$\bar{R}$ = 1,000
			Σ	+ 0,061	0	0	— 1,000	0	

11. Super-Schmidt-System mit Korrektionsplatte und Meniskus, Systemlänge = 2,15 f' (Abb. 15).

ν	r_ν	d_ν	h_ν/h_1	I_ν	II_ν	$IIIa_\nu$	P_ν	V_ν	
1	∞	—	1,000	0	0	0	0	+ 0,556	ΣIII_ν = — 1,000
2	∞	0	1,000	0	0	0	0	— 0,556	ΣIV_ν = — 1,000
3	— 0,774	0,774	1,000	— 0,485	0	0	— 0,440	0	$\overline{R}$ = 1,000
4	— 0,917	0,143	1,063	+ 0,280	0	0	+ 0,371	0	
5	— 2,148	1,231	1,148	+ 0,266	0	0	— 0,931	0	
2*				— 0,061	0	0	0	0	
			Σ	0	0	0	— 1,000	0	

Weitere Systeme bei H. Slevogt, Z. Instr. Kde **62** (1942) 312; H. Köhler, A N **278** (1949) 1—21.

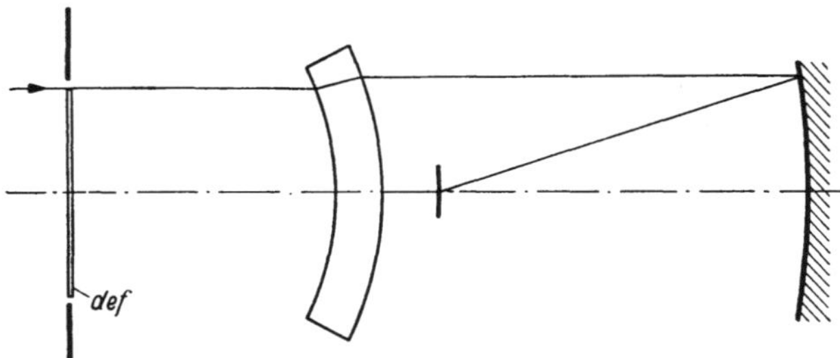

Abb. 15. Super-Schmidt-System.

31 0813 Bildfehler bei Linsensystemen.

Chromatische Abweichungen. Die folgende Tabelle gibt die Farbenlängsabweichungen für Einzellinsen und Linsensysteme bezogen auf eine Brennweite f = 100 bei F (4861 Å).

Linie	A' 7685 Å	C 6563	D 5893	e 5461	F 4861	G' 4341	h 4047
Einzellinse Kron (BK 7)	+ 2,09	+ 1,53	+ 1,06	+ 0,69	0	— 0,86	— 1,45
Einzellinse Flint (SF 2)	+ 3,86	+ 2,91	+ 2,03	+ 1,35	0	— 1,71	— 3,03
2linsiger Achromat (visuell korr., Zeiß E)	+ 0,11	— 0,01	— 0,06	— 0,065	0	+ 0,20	+ 0,38
2linsiger Achromat (photogr. korr.) . . .	+ 0,53	+ 0,30	+ 0,16	+ 0,10	0	— 0,04	+ 0,00
2linsiger Apochromat (Zeiß AS)	+ 0,07	— 0,01	— 0,04	— 0,04	0	+ 0,13	+ 0,25
3linsiger Apochromat (Zeiß B)	+ 0,01	+ 0,003	— 0,003	— 0,01	0	+ 0,05	+0,09

Bei mehrlinsigen astrophotographischen Objektiven (Triplet, Vierlinser usw.) sind die Farbenabweichungen von der gleichen Größenordnung wie bei dem zweilinsigen photographisch korrigierten Achromaten der Tabelle.

Tabellen der Seidelschen Koeffizienten und Summen für Linsensysteme (n_D Brechungsindex, ν_D Dispersion der Glassorten für λ_D = 5893 Å).

1. Achromat aus dünnen Einzellinsen (Abb. 16).

ν	r_ν	d_ν	h_ν/h_1	I_ν	II_ν	$IIIa_\nu$	P_ν	V_ν	n_D	ν_D
1	+ 0,6061	—	1	+ 1,008	+ 0,611	+ 0,370	+ 0,562	+ 0,565	1,516	64,0
2	— 0,3540	0	1	+ 51,166	— 9,963	+ 1,940	+ 0,962	— 0,565		
3	— 0,3592	0	1	— 54,364	+ 10,658	— 2,089	— 1,068	+ 0,619	1,620	36,3
4	— 1,4777	0	1	+ 2,190	— 1,306	+ 0,779	+ 0,259	— 0,619		
			Σ	0,000	0,000	+ 1,000	+ 0,715	0,000		

ΣIII_ν = + 1,143 ΣIV_ν = + 0,857 $\overline{R}$ = — 0,368

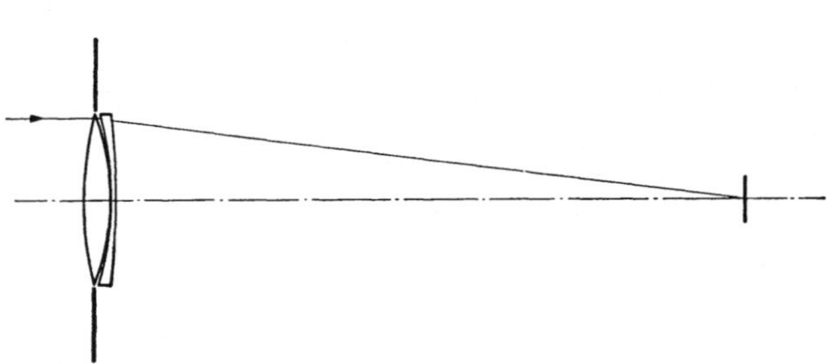

Abb. 16. Achromat aus dünnen Einzellinsen.

2. Astrophotographisches Triplet, Systemlänge = 1,07 f' (Abb. 17).

ν	r_ν	d_ν	h_ν/h_1	I_ν	II_ν	$IIIa_\nu$	P_ν	V_ν	n_D	ν_D
1	+ 0,1959	—	1	+ 30,110	+ 2,993	+ 0,296	+ 1,767	+ 0,205	1,519	61,2
2	— 0,5291	0,0113	0,9800	+ 75,825	— 20,723	+ 5,664	+ 0,654	— 1,727		
3	— 0,1959	0,0646	0,7420	— 129,048	+ 23,285	— 4,201	— 1,901	+ 1,101	1,576	42,3
4	+ 0,1959	0,0061	0,7364	— 20,836	— 6,355	— 1,939	— 1,901	— 1,171		
5	— 0,6118	0,1310	0,8409	+ 0,041	— 0,075	+ 0,138	— 0,566	+ 0,788	1,519	61,1
6	— 0,1780	0,0088	0,8496	+ 46,772	+ 1,060	+ 0,024	+ 1,944	+ 0,044		
			Σ	+ 2,864	+ 0,185	— 0,016	— 0,004	— 0,759		

$\Sigma\, III_\nu = -0{,}054$ $\Sigma\, IV_\nu = -0{,}021$ $\overline{R} = +27{,}0$

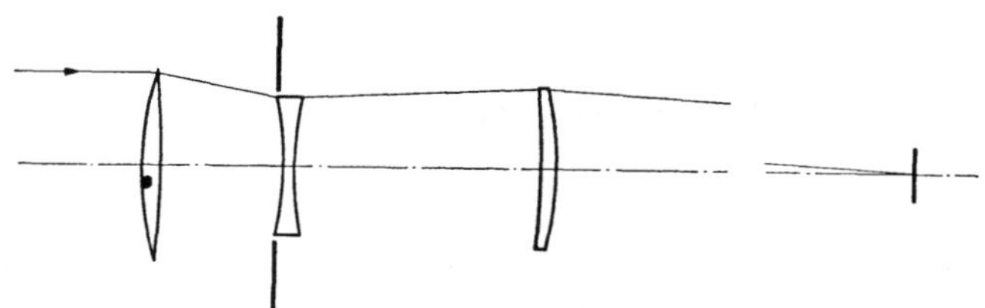

Abb. 17. Astrophotographisches Triplet.

3. Vierlinser nach Sonnefeld, Systemlänge = 1,22 f' (Abb. 18).

ν	r_ν	d_ν	h_ν/h_1	I_ν	II_ν	$IIIc_\nu$	P_ν	V_ν	n_D	ν_D
1	+ 0,4829	—	1	+ 2,006	+ 0,475	+ 0,113	+ 0,714	+ 0,196	1,516	64,0
2	+ 6,579	0,0316	0,9774	— 0,396	— 0,558	+ 0,788	— 0,052	— 1,037		
3	+ 0,4829	0,0052	0,9722	— 0,119	— 0,096	— 0,078	+ 0,714	+ 0,514	1,516	64,0
4	+ 6,579	0,0316	0,9293	+ 3,542	— 2,750	+ 2,135	— 0,052	— 1,616		
5	— 0,3911	0,1489	0,6320	— 13,370	+ 5,091	— 1,938	— 0,982	+ 1,112	1,603	38,3
6	+ 0,2071	0,0059	0,6283	— 12,470	— 5,868	— 2,762	— 1,855	— 2,173		
7	+ 2,967	0,1547	0,7682	+ 0,598	+ 0,889	+ 1,323	+ 0,116	+ 2,141	1,516	64,0
8	— 0,2362	0,0504	0,7936	+ 20,060	+ 3,050	+ 0,464	+ 1,460	+ 0,292		
8*				— 0,541	— 0,239	— 0,105	0	— 0,046		
			Σ	+ 0,100	— 0,006	— 0,062	+ 0,062	— 0,617		

$\Sigma\, III_\nu = -0{,}124$ $\Sigma\, IV_\nu = 0$ $\overline{R} = +16{,}1$

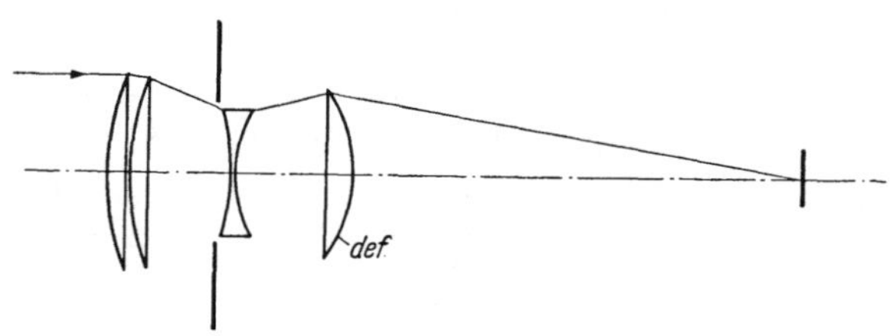

Abb. 18. Vierlinser nach Sonnefeld.

Siedentopf

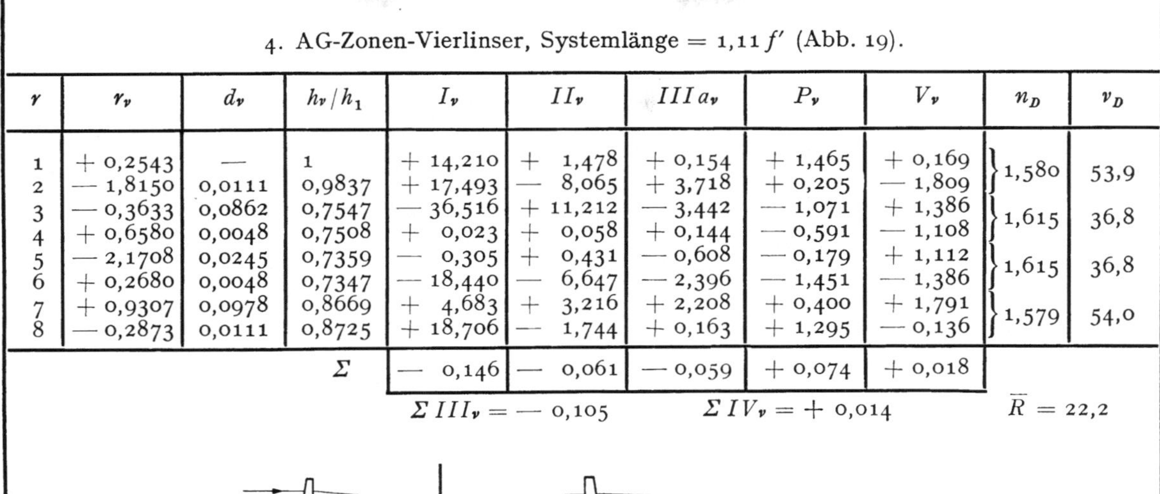

4. AG-Zonen-Vierlinser, Systemlänge = 1,11 f' (Abb. 19).

ν	r_ν	d_ν	h_ν/h_1	I_ν	II_ν	$IIIa_\nu$	P_ν	V_ν	n_D	ν_D
1	+ 0,2543	—	1	+ 14,210	+ 1,478	+ 0,154	+ 1,465	+ 0,169	1,580	53,9
2	— 1,8150	0,0111	0,9837	+ 17,493	— 8,065	+ 3,718	+ 0,205	— 1,809		
3	— 0,3633	0,0862	0,7547	— 36,516	+ 11,212	— 3,442	— 1,071	+ 1,386	1,615	36,8
4	+ 0,6580	0,0048	0,7508	+ 0,023	+ 0,058	+ 0,144	— 0,591	— 1,108		
5	— 2,1708	0,0245	0,7359	— 0,305	+ 0,431	— 0,608	— 0,179	+ 1,112	1,615	36,8
6	+ 0,2680	0,0048	0,7347	— 18,440	— 6,647	— 2,396	— 1,451	— 1,386		
7	+ 0,9307	0,0978	0,8669	+ 4,683	+ 3,216	+ 2,208	+ 0,400	+ 1,791	1,579	54,0
8	— 0,2873	0,0111	0,8725	+ 18,706	— 1,744	+ 0,163	+ 1,295	— 0,136		
			Σ	— 0,146	— 0,061	— 0,059	+ 0,074	+ 0,018		

$\Sigma III_\nu = -0,105$ $\Sigma IV_\nu = +0,014$ $\bar{R} = 22,2$

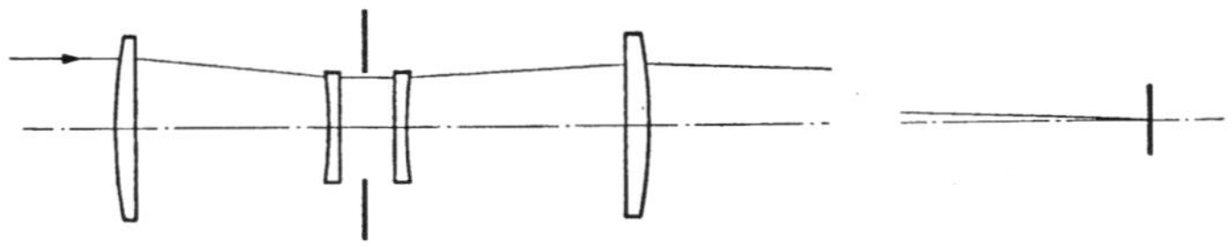

Abb. 19. AG-Zonen-Vierlinser.

31 082 Photometrische Leistung der Fernrohre.

Die folgenden Tabellen geben in Abhängigkeit vom Durchmesser D der Eintrittspupille die durchschnittlichen Grenzgrößenklassen für Sterne der Spektralklasse A bei visueller Beobachtung im dunklen Gesichtsfeld, bei photoelektrischer Photometrie mit modernen Vervielfacherzellen ohne Farbfilter und bei Photographie mit hochempfindlichen Platten. Der im Einzelfall erreichbare Wert hängt ab vom Luftzustand (Szintillation, Trübungsfaktor), der Güte des abbildenden optischen Systems und in 310822 und 310823 auch von den Eigenschaften des benutzten Strahlungsempfängers, so daß die Tabellenwerte nur als ungefähre Richtwerte anzusehen sind.

31 0821 Grenzgröße bei visueller Beobachtung (im Dunkelfeld).

D mm	Grenzgröße m
unbewaffnetes Auge	6,0
50	10,3
100	11,7
200	13,0
300	13,8
500	14,5
1000	15,0

31 0822 Grenzgröße für photoelektrische Photometrie (Vervielfacherzelle, ca. 1 % Photometriergenauigkeit).

D mm	Grenzgröße m
200	12,5
500	14,5
1000	16,0
2500	18,0

31 0823 Grenzgröße bei photographischen Aufnahmen verschiedener Belichtungszeit.

D mm	10^{min} m	30^{min} m	100^{min} m
200	14,0	15,0	16,0
400	15,5	16,5	17,5
1000	17,5	18,5	19,5
2500	19,5	20,5	21,5
5000	21,0	22,0	23,0

3109 Einfluß der Erdatmosphäre.

31091 Astronomische Refraktion.

310911. Beim Durchgang durch die Erdatmosphäre erfährt die von einem Himmelskörper kommende Strahlung eine Ablenkung A (die beobachtete Zenitdistanz ζ ist kleiner als die wahre Zenitdistanz $z = \zeta + A$), die für Zenitdistanzen bis zu 75° nur von der Zenitdistanz und dem Brechungsindex der Luft am Ort des Beobachtungsinstruments abhängt. Bei größeren Zenitdistanzen ist auch die Konstitution der Atmosphäre, d. h. der Gang der Luftdichte bzw. Temperatur mit der Höhe über dem Erdboden von Einfluß. Die Ablenkung läßt sich darstellen durch das Refraktionsintegral:

$$A = \int_1^{n_0} \frac{n_0\, a \sin\zeta}{\sqrt{n^2 r^2 - n_0^2 a^2 \sin^2\zeta}} \frac{dn}{n}.$$

Darin sind ζ die scheinbare Zenitdistanz, a der Erdradius, n der Brechungsindex im Abstand r vom Erdmittelpunkt, n_0 der Brechungsindex am Beobachtungsort.

Für den Brechungsindex $n_0 = 1{,}000293$, der im visuellen Spektralbereich bei 0° C und 760 mm Hg gilt, wird für $\zeta < 75°$ die Refraktion durch

$$A = 60'',4 \operatorname{tg}\zeta - 0'',064 \operatorname{tg}^3\zeta$$

bis auf $\pm 0'',1$ dargestellt. Das erste Glied der Näherungsformel genügt bis $\zeta = 45°$.

Die Abhängigkeit der Refraktion vom vertikalen Temperaturgradienten bei großen Zenitdistanzen folgt aus der nachstehenden Tabelle, die für polytrope Atmosphären der Klasse n von R. Emden [*1*] angegeben ist.

Refraktion und vertikaler Temperaturgradient in polytropen Atmosphären.

n	$\frac{\Delta T}{100\ \text{m}}$	70°	80°	85°	90°
1	1°,71	2′44″,0	5′ 30″,0	10′ 17″,3	30′ 8″,6
2	1 ,14	44 ,0	30 ,6	22 ,7	33 33 ,8
3	0 ,85	44 ,0	30 ,9	25 ,3	35 17 ,3
4	0 ,68	44 ,1	31 ,1	27 ,0	36 19 ,8
5	0 ,57	44 ,1	31 ,2	28 ,1	37 1 ,6
10	0 ,31	44 ,1	31 ,5	31 ,1	38 37 ,2
∞	0 ,00	44 ,2	31 ,8	34, 3	40 33 ,6

310912. Für den praktischen Gebrauch wird die Refraktion aus Tabellen entnommen. Diese enthalten die normale Refraktion für den Brechungsindex n_0 bei 760 mm und 0° C sowie Korrektionen zur Berücksichtigung von Temperatur t und Luftdruck p am Beobachtungsort, die aus der Beziehung

$$n - 1 = n_0 - 1 \frac{p}{760\left(1 + \frac{t}{273}\right)}$$

abgeleitet sind. Die gebräuchlichsten Tabellen sind die von Bessel [*2*], die von Gyldén [*3*] und die etwas genaueren von Radau [*4*].

Hier sind in abgekürzter Form die in ihrer Anwendung bis zu Zenitdistanzen von 85° bequemste Refraktionstafel nach Bessel sowie die Hilfstafeln zur Berücksichtigung des Einflusses von Temperatur und Barometerstand am Beobachtungsort wiedergegeben.

Mittlere Refraktion (760 mm Hg, +10° C).

ζ	$\bar{A}$	ζ	$\bar{A}$	ζ	$\bar{A}$	ζ	$\bar{A}$	ζ	$\bar{A}$
0°	0′ 0″	30°	0′ 34″	60°,0	1′ 41″	75° 0′	3′ 34″	85° 0′	9′ 52″
1	1	31	35	60 ,5	43	20	39	10	10 8
2	2	32	36	61 ,0	45	40	44	20	10 26
3	3	33	38	61 ,5	47	76 0	49	30	10 45
4	4	34	39	62 ,5	49	20	55	40	11 4
5	0 5	35	0 41	62 ,5	1 52	40	4 1	50	11 24
6	6	36	42	63 ,0	54	77 0	7	86 0	11 45
7	7	37	44	63 ,5	56	20	13	10	12 7
8	8	38	45	64 ,0	59	40	20	20	12 30
9	9	39	47	64 ,5	2 1	78 0	27	30	12 55
10	0 10	40	0 49	65 ,0	2 4	20	35	40	13 22

Siedentopf

ζ	$\bar{A}$	ζ	$\bar{A}$	ζ	$\bar{A}$	ζ	$\bar{A}$	ζ	$\bar{A}$
11°	0′ 11″	41°	0′ 51″	65°,5	1′ 7″	78°40′	4′ 43″	86°50′	13′ 51″
12	12	42	52	66 ,0	10	79 0	51	87 0	14 22
13	13	43	54	66 ,5	13	20	5 0	10	14 55
14	15	44	56	67 ,0	16	40	9	20	15 31
15	0 16	45	0 58	67 ,5	2 20	80 0	19	30	16 9
16	17	46	1 0	68 ,0	23	20	29	40	16 49
17	18	47	2	68 ,5	27	40	41	50	17 32
18	19	48	5	69 ,0	31	81 0	52	88 0	18 18
19	20	49	7	69 ,5	35	20	6 5	10	19 8
20	0 21	50	1 9	70 ,0	2 39	40	19	20	20 2
21	22	51	12	70 ,5	43	82 0	33	30	21 1
22	24	52	14	71 ,0	48	20	49	40	22 7
23	25	53	17	71 ,5	52	40	7 5	50	23 19
24	26	54	20	72 ,0	57	83 0	24	89 0	24 37
25	0 27	55	1 23	72 ,5	3 2	20	43	10	26 3
26	28	56	26	73 ,0	8	40	8 5	20	27 36
27	30	57	29	73 ,5	14	84 0	28	30	29 18
28	31	58	33	74 ,0	20	20	53	40	31 9
29	32	59	37	74 ,5	27	40	9 21	50	33 11
30	0 34	60	1 41	75 ,0	3 34	85 0	9 52	90 0	35 24

Verbesserung der mittleren Refraktion wegen Lufttemperatur.

$\bar{A}$ / °C	0′	1′	2′	3′	4′	5′	6′	7′	8′	9′	10′
—30	0″	+10″	20″	30″	40″	51″	62″	74″	86″	99″	112″
—25	0	+ 8	17	26	35	44	53	63	74	84	96
—20	0	+ 7	14	22	29	37	45	53	62	71	80
—15	0	+ 6	12	17	24	30	37	43	50	57	65
—10	0	+ 5	9	14	19	24	29	34	40	45	51
— 5	0	+ 3	7	10	14	17	21	25	29	33	38
0	0	+ 2	4	7	9	11	14	16	19	22	25
+ 5	0	+ 1	2	3	4	6	7	8	9	11	12
10	0	0	0	0	0	0	0	0	0	0	0
15	0	— 1	2	3	4	5	7	8	9	10	12
20	0	— 2	4	6	8	11	13	15	18	20	23
25	0	— 3	6	9	12	16	19	22	26	30	34
30	0	— 4	8	12	16	20	25	29	34	39	44
35	0	— 5	10	15	20	25	31	36	42	48	54
+40	0	— 6	12	18	23	30	36	43	50	57	64

Verbesserung der mittleren Refraktion wegen Luftdruck.

$\bar{A}$ / mm Hg	0′	1′	2′	3′	4′	5′	6′	7′	8′	9′	10′
600	0″	—13″	25″	38″	51″	63″	76″	89″	102″	115″	128″
610	0	—12	24	36	48	59	71	83	95	108	120
620	0	—11	22	33	44	55	66	78	89	100	112
630	0	—10	21	31	41	52	62	72	83	93	104
640	0	— 9	19	29	38	48	57	67	76	86	96
650	0	— 9	17	26	35	44	52	61	70	79	88
660	0	— 8	16	24	32	40	48	56	64	72	80
670	0	— 7	14	21	29	36	43	50	57	65	72
680	0	— 6	13	19	25	32	38	44	51	57	64
690	0	— 6	11	17	22	28	33	39	45	50	56
700	0	— 5	9	14	19	24	29	33	38	43	48
710	0	— 4	8	12	16	20	24	28	32	36	40
720	0	— 3	6	9	13	16	19	22	26	29	32
730	0	— 2	5	7	10	12	14	17	19	22	24
740	0	— 2	3	5	6	8	10	11	13	14	16
750	0	— 1	2	2	3	4	5	6	6	7	8
760	0	0	0	0	0	0	0	0	0	0	0
770	0	+ 1	2	2	3	4	5	6	6	7	8
780	0	+ 2	3	5	6	8	10	11	13	14	16
790	0	+ 2	5	7	10	12	14	17	19	22	24
800	0	+ 3	6	10	13	16	19	23	26	29	32

31 0913. Die mittlere Unsicherheit der Refraktion, die hauptsächlich von Neigungen der Schichten gleicher Dichte und bei großen Zenitdistanzen auch von dem Einfluß der Konstitution der Troposphäre herrührt, beträgt nach Meridiankreisbeobachtungen bis 80° Zenitdistanz etwa $\pm$ 0,5 % des Refraktionsbetrages und steigt von $\zeta = 85°$ bis $\zeta = 88°$ auf ± 1 bis ± 2 % und am Horizont auf $\pm 7{,}5$ % [5]. Bei Beobachtungen in alten Meridiankreissälen mit engem Spalt spielt auch die „Saalrefraktion" eine Rolle.

Zur atmosphärischen Dispersion.

λ	$(n_\lambda - 1)\,10^6$	$\frac{n_\lambda - 1}{n_0 - 1}$
3000 ÅE	306,7	1,047
3500	300,7	1,026
4000	297,2	1,014
4500	294,9	1,006
5000	293,4	1,001
6000	291,5	0,995
7000	290,4	0,991
8000	289,7	0,989
10000	289,0	0,986

31 0914. Die atmosphärische Dispersion ist jeweils ein bestimmter kleiner Bruchteil (zwischen 4000 ÅE und 7000 ÅE 2,3 %) des Refraktionsbetrages. Die folgende Tabelle gibt die der Ablenkung A proportionalen Werte $n_\lambda - 1$ für Luft unter Normalbedingungen in Einheiten des Normalwertes $n_0 - 1 = 0{,}000293$. Die photographische Refraktion wird um den Faktor 1,0155 größer angesetzt als die visuelle; eine photographische Refraktionstafel ist von A. König [6] berechnet worden.

31 092 Extinktion.

31 0921. Eine Übersicht über die hauptsächlich durch die atmosphärischen Gase (N_2, O_1, O_2 und O_3 im UV; H_2O, CO_2 und O_3 im Infrarot) bewirkte atmosphärische Absorption vermittelt Abb. 20 [7].

31 0922. Im Spektralbereich zwischen 3000 Å und 10000 Å erfolgt die Lichtschwächung fast ausschließlich durch Rayleighsche Streuung an den Luftmolekülen und durch Streuung an den Dunst- und Staubpartikeln, die sich hauptsächlich im unteren Teil der Troposphäre befinden. Die Rayleigh-Streuung gibt eine für einen bestimmten Beobachtungsort konstante Zenitextinktion

$$k_r = 1{,}086\,\frac{32\,\pi^2\,(n-1)^2}{3\,N\,\lambda^4}\cdot H$$

[Größenklassen]

(n Brechungsindex, N Zahl der Moleküle in cm³ bei NTP, H Höhe der homogenen Atmosphäre).

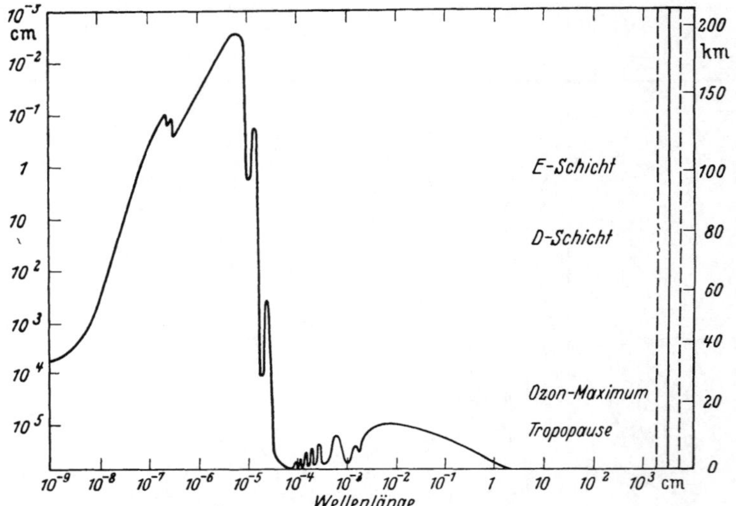

Abb. 20. Angenäherter Verlauf der Eindringtiefe senkrecht in die Atmosphäre einfallender Strahlung mit der Wellenlänge. Die Ordinate gibt das Luftäquivalent bei NTP, bei der die Strahlung auf $1/e$ des extraterrestrischen Wertes geschwächt ist.

Zenitextinktion durch Rayleighsche Streuung [8].

λ	k_r
3000 Å	$1{,}^{\mathrm{m}}237$
3500	0,642
4000	0,367
4500	0,226
5000	0,146
5500	0,099
6000	0,070
7000	0,037
8000	0,022
10000	0,009

31 0923. Die zeitlich und örtlich stark variable Dunstextinktion läßt sich darstellen durch den Ansatz von A. Angström [9]:

$$k_d = 1{,}086\,\beta\cdot\lambda^{-\alpha} \qquad \text{[Größenklassen].}$$

Der Trübungskoeffizient β ist ein Maß für die Stärke des Dunstes, der Wellenlängenexponent α ein Maß für die mittlere Größe der Dunstpartikel. Empirisch hat man für α Werte zwischen etwa 1,0 und 1,5 gefunden [8] mit dem Mittelwert 1,3; es besteht keine Korrelation zwischen α und dem Betrag des Trübungskoeffizienten β. Dieser hat (λ in μ ausgedrückt) bei Flachlandstationen an normalen Beobachtungsnächten Werte zwischen 0,05 und 0,2; im Hochgebirge kann er auf 0,01 heruntergehen. Die folgende Tabelle gibt die Zenitextinktion durch Dunststreuung für verschiedene Werte von β bei $\alpha = 1{,}3$.

Zenitextinktion durch Dunststreuung [7].

λ \ β	0,01 (Hochgebirge)	0,05 (sehr klar)	0,10 (leicht getrübt)	0,20 (starke Trübung)
3000 Å	$0^m{,}052$	$0^m{,}260$	$0^m{,}520$	$1^m{,}040$
3500	0,041	0,207	0,415	0,830
4000	0,036	0,179	0,357	0,714
4500	0,031	0,153	0,307	0,614
5000	0,027	0,133	0,267	0,534
5500	0,024	0,118	0,236	0,471
6000	0.021	0,105	0,211	0,221
7000	0,017	0,087	0,173	0,345
8000	0,015	0,073	0,145	0,290
10000	0,011	0,055	0,109	0,217

31 0924. Die Lichtschwächung in Größenklassen, die ein Stern in der scheinbaren Zenitdistanz ζ erfährt, ist um eine Zenitreduktion, die man gewöhnlich schlechthin als Extinktion bezeichnet, größer als die Lichtschwächung bei der Zenitdistanz $\zeta = 0$. Bezeichnen wir die durchstrahlte Luftmasse in Einheiten der Luftmasse im Zenit mit $M(\zeta)$, so wird die Zenitreduktion:

$$E(\zeta) = (k_r + k_d)\,[M(\zeta) - 1].$$

Diese Formel gilt streng nur für schmale Wellenlängenbereiche, bei breiten Wellenlängenbereichen ist die Extinktion wegen der Verschiebung des Schwerpunktes des Bereichs mit wachsender Weglänge nach dem Roten nicht mehr proportional der Luftmasse, sie nimmt wegen der Abnahme von k_r und k_d mit wachsender Wellenlänge etwas langsamer zu als $[M(\zeta) - 1]$.

Die folgende Tabelle der mittleren visuellen Extinktion, die auch die Luftmassen $M(\zeta)$ nach Bemporad [*10*] enthält, beruht auf Beobachtungen in Potsdam [*11*]. Im photographischen Spektralbereich beträgt die Extinktion etwa das Doppelte der visuellen Extinktion. Bei allen feineren photometrischen Untersuchungen, die sich nicht auf Zenitdistanzen unter 40° beschränken, ist eine gesonderte Bestimmung der jeweils wirksamen Extinktion (bzw. des Trübungskoeffizienten β) erforderlich.

Mittlere visuelle Extinktion (Zenitreduktion) und Luftmasse als Funktion der scheinbaren Zenitdistanz.

ζ	$M(\zeta)$	$\bar{E}_{vis}$	ζ	$M(\zeta)$	$\bar{E}_{vis}$	ζ	$M(\zeta)$	$\bar{E}_{vis}$
0°	1,000	$0^m{,}00$	58°	1,882	$0^m{,}20$	76°	4,075	$0^m{,}71$
10	1,015	0, 00	60	1,995	0, 23	77	4,372	0, 77
20	1,064	0, 01	62	2,123	0, 26	78	4,716	0, 83
25	1,103	0, 02	64	2,274	0, 30	79	5,120	0, 91
30	1,154	0, 03	66	2,447	0, 34	80	5,60	0, 99
35	1,220	0, 04	68	2,654	0, 39	81	6,18	1, 08
40	1,304	0, 06	70	2,904	0, 45	82	6,88	1, 19
45	1,413	0, 09	71	3,049	0, 48	83	7,77	1, 33
50	1,553	0, 12	72	3,209	0, 52	84	8,90	1, 52
52	1,621	0, 14	73	3,388	0, 56	85	10,40	1, 77
54	1,698	0, 16	74	3,588	0, 60	86	12,44	2, 12
56	1,784	0, 18	75	3,816	0, 65	87	15,36	2, 61

31 093 Szintillation.

Die Szintillation wird durch die mit den Luftströmungen bewegten kleinsten Turbulenzelemente in der Erdatmosphäre hervorgerufen, deren mittlere Durchmesser, wie die von nahezu punktförmigen Lichtquellen erzeugten fliegenden Schatten zeigen, etwa 10 cm betragen.

Die durch die Schlieren bewirkten Schwankungen des Brechungsindex führen zu ständigen kleinen Richtungsschwankungen und zu einer Intensitätsmodulation der die Atmosphäre durchsetzenden Lichtstrahlen. Die mittlere Amplitude der Richtungsschwankungen liegt zwischen etwa 0″,3 und 5″, die Frequenzen liegen im Bereich von etwa 0,5 Hertz bis 100 Hertz, wobei die Frequenzen von 5—10 Hertz mit den größten Amplituden verbunden sind. Die Modulation kann für Lichtbündel, deren Durchmesser kleiner ist als der der Schlieren, vollständig werden [*12*, *13*].

Die Amplitude der Szintillation hängt ab von Zenitdistanz, Tageszeit, Wetterlage und örtlichen Verhältnissen. Der Gang der Amplitude B mit der Zenitdistanz scheint nach den vorliegenden Beobachtungen [*14*] das Gesetz zu befolgen (A Refraktion, c_1 und c_2 Konstanten):

$$B = c_1 + c_2 A.$$

Der Gang mit der Tageszeit ist bei Strahlungswetter gekennzeichnet durch ein steiles Hauptmaximum um Mittag, zwei Minima zur Zeit von Sonnenaufgang und Sonnenuntergang und ein flaches Nebenmaximum um Mitternacht [*12*, *14*].

Die Szintillation begrenzt die Genauigkeit von astronomischen Richtungsmessungen, das Auflösungsvermögen photographischer Himmelsaufnahmen und in Verbindung mit der Nachthimmelshelligkeit die Reichweite astronomischer Beobachtungen überhaupt.

Siedentopf

31 094 Dämmerungs- und Nachthimmelshelligkeit.

Die folgende Tabelle gibt die visuell gemessene mittlere Leuchtdichte des wolkenlosen Himmels im Zenit in Apostilb, die objektiv gemessene Beleuchtung der horizontalen Fläche in Hefnerlux und die aus Filtermessungen mit den Schwerpunkten bei 4200 Å und 6100 Å abgeleitete reziproke Farbtemperatur des Himmelslichts c_2/T_f in Abhängigkeit von der wahren Sonnenhöhe $h_\odot$ zwischen Sonnenuntergang ($h_\odot = 0$) und Ende der astronomischen Dämmerung [*15*, *16*].

Infolge der starken Farbänderung — Zunahme des Blaugehalts bis $h_\odot = -10°$, dann starke Zunahme des Rotgehalts bis zur Erreichung der Nachthimmelshelligkeit — weicht der mit visuellen Photometern gemessene Helligkeitsverlauf (Purkinje-Effekt!) von dem objektiv gemessenen (Photozellen) Helligkeitsverlauf der Dämmerung merklich ab.

Helligkeits- und Farbverlauf des Himmelslichts während der Dämmerung.

$h_\odot$	Zenit-Leucht-dichte log asb	Be-leuchtung der horiz. Fläche log lux	c_2/T_f	$h_\odot$	Zenit-Leucht-dichte log asb	Be-leuchtung d. horiz. Fläche log lux	c_2/T_f
0°	+ 2,68	+ 2,91	2,18	— 10	— 1,60	— 1,42	0,86
— 1	+ 2,45	+ 2,66	2,15	— 11	— 1,92	— 1,81	0,90
— 2	+ 2,16	+ 2,35	2,12	— 12	— 2,28	— 2,19	1,03
— 3	+ 1,81	+ 1,96	1,99	— 13	— 2,61	— 2,52	1,38
— 4	+ 1,40	+ 1,51	1,78	— 14	— 2,88	— 2,80	1,82
— 5	+ 0,86	+ 1,01	1,60	— 15	— 3,06	— 3,09	2,52
— 6	+ 0,32	+ 0,47	1,34	— 16	— 3,16	— 3,19	3,05
— 7	— 0,22	— 0,05	1,25	— 17	— 3,19	— 3,23	3,33
— 8	— 0,76	— 0,55	1,13	— 18°	— 3,20	— 3,25	3,39
— 9	— 1,22	— 1,01	0,97				

Das Nachthimmelslicht setzt sich zusammen aus dem Licht der sichtbaren und unsichtbaren Sterne und sonstigen Himmelskörper, dem Eigenleuchten der hohen Atmosphäre (Ionosphäre) und dem hauptsächlich der unteren Troposphäre entstammenden Streulicht der extraterrestrischen und der hochatmosphärischen Komponente.

Die mittlere Flächenhelligkeit des Nachthimmels [17] beträgt $0{,}6 \cdot 10^{-3}$ [asb], das entspricht der Helligkeit eines Sternes $3^m{,}9$ pro □° oder eines Sternes $21^m{,}7$ pro □″. Der Anteil der extraterrestrischen Lichtquellen (vor allem Sterne und Zodiakallicht) beträgt dabei rund 35 %, der Anteil der Ionosphäre rund 45 %, das Streulicht in der Troposphäre liefert etwa 20 %. Das Ionosphärenlicht ist von der Stärke der UV- und Korpuskularstrahlung der Sonne abhängig, auch der Einbruch von Mikrometeoren ergibt variable Aufhellungen. Die Leuchtdichte des Nachthimmels schwankt daher zwischen etwa $0{,}3 \cdot 10^{-3}$ und $1{,}0 \cdot 10^{-3}$ [asb]. Noch größere Leuchtdichten sind gewöhnlich Polarlichtern zuzuschreiben.

Das Spektrum des Nachthimmels besteht aus einem kontinuierlichen Untergrund (extraterrestrischer Anteil) mit zahlreichen überlagerten Emissionslinien und -banden (ionosphärischer Anteil), deren intensivste die grüne und rote Nordlichtlinie [OI] 5577 Å und 6300 Å, das gelbe Na-Dublett 5890/5896 Å und verschiedene N_2- und O_2-Molekülbanden sind. Wegen der genauen Wellenlängen und Identifizierungen vgl. [*18*].

Literatur.

[*1*] Emden, R.: A. N. **219** (1923) 45. — [*2*] Bessel, F. W.: Tabulae Regiomontanae, Regiomonti 1830, p. LIX, 538—542; s. a. Ambronn, L., u. J. Domke: Astronomisch-geodätische Hilfstafeln, Berlin (1909); Wirtz, C.: Tafeln und Formeln aus Astronomie und Geodäsie, Berlin (1918); weitere Angaben bei Bemporad, A.: Enzykl. Math. Wiss. Bd. VI 2 (1907) 287. — [*3*] Gyldén, H.: Mém. Acad. Sci. St. Pétersbourg, VII. série, tome X. No. 1; s. a. Albrecht, Th.: Formeln und Hilfstafeln f. geogr. Ortsbestimmungen, 3. Aufl., Leipzig (1894). — [*4*] Radau, R.: Ann. Paris **19** (1889) p. G 61 bis G 80; s. a. De Ball, L.: Refraktionstafeln, Leipzig (1906). — [*5*] Courvoisier, L.: Veröff. Heidelberg **3** (1904). — [*6*] König, A.: A.N. **236** (1929) 81 u. Hdb. d. Aph. **1** (1933) 555. — [*7*] Siedentopf, H.: Naturw. **35** (1948) 289. — [*8*] Wempe, J.: A. N. **275** (1947) 1. — [*9*] Angström, A.: Geogr. Ann. **11** (1929) 156. — [*10*] Bemporad, A.: R. Accad. dei Lincei **31** (1904); s. a. Schoenberg, E.: Hdb. d. Aph. II/1 (1929) 171—208 und 264—273. — [*11*] Müller, G.: Publ. Potsdam **3**, 4. Stück (Nr. 12). — [*12*] Siedentopf, H., u. F. Wißhak: Optik **3** (1948) 430. — [*13*] Minnaert, M., u. J. Houtgast: Z. Aph. **10** (1935) 86. — [*14*] Wahl, E.: Gerlands Beitr. **58** (1942) 570 und **59** (1942) 49. — [*15*] Siedentopf, H.: Meteorol. Rdsch. **1**. (1948) 524. — [*16*] Holl, H., u. H. Siedentopf: Reichsberichte f. Physik **1** (1944) 32. — [*17*] Bouma, P. J.: Philips Techn. Rdsch. **5** (1940) 303; Barber, D. R.: Lick Bull. No. 505 (1941). — [*18*] Elvey, C. T., P. Swings, W. Linke: Ap. J. **93** (1941) 337.

Siedentopf

31 1 Orts- und Zeitbestimmung, Astrometrische Konstanten.

31 11 Geographische Ortsbestimmung.

31 111 Genauigkeit der Ortsbestimmung.

Die Bestimmung der geographischen Lage eines Ortes auf der Erde erfolgt entweder mit rein astronomischen oder mit geodätischen Methoden. Da die geodätisch bestimmten Punkte aber an astronomisch bestimmte angeschlossen werden müssen, so ist die Genauigkeit einer absoluten Ortsbestimmung letzten Endes von einer astronomischen Messung abhängig.

Die geographische Breite wird fast ausschließlich nach der Horrebow-Talcott-Methode mit Zenitteleskopen abgeleitet[1]. Damit kann heute eine Genauigkeit von $\pm 0'',02 = \pm 0,6$ m erzielt werden[2]. Wesentlich geringer war bis zur Einführung telegraphischer oder funkentelegraphischer Methoden die Genauigkeit der geographischen Längenbestimmung. So fand noch im Jahre 1928 J. Hartmann, daß die Lage von Südamerika um $1^s = 400$ m zu weit westlich angenommen war[3]. Dagegen lieferte die funkentelegraphische Weltlängenvergleichung 1933 für die geographische Länge der beteiligten Sternwarten Werte, deren Genauigkeit im Mittel zu etwa $\pm 0^s,008 = \pm 2$ m angegeben werden kann[4].

31 112 Koordinaten der Sternwarten.

Die Lage der wichtigsten Sternwarten ist in der folgenden Tabelle gegeben. Länge positiv: westl. Greenwich; Länge negativ: östl. Greenwich. Sehr genaue Angaben findet man im Nautical Almanac 1941, die Verbesserungen und Ergänzungen dazu im NA 1950.

Ort	Länge h m s	Breite ° ′ ″	Seehöhe m	Ort	Länge h m s	Breite ° ′ ″	Seehöhe m
Aarhus	— 0 40 47,3	+ 56 7 40	50	Brisbane	—10 12 6,0	— 27 28 23	51
Abastuman	— 2 51 18,1	+ 41 45 18	1700	Brüssel s. Uccle			
Abbadia	+ 0 7 0,0	+ 43 22 52	69	Budapest	— 1 15 51,5	+ 47 29 59	474
Adelaide	— 9 14 19,8	— 34 55 38	41	Bukarest	— 1 44 23,2	+ 44 24 50	83
Albany	+ 4 55 7,1	+ 42 39 13	70	Calcutta	— 5 53 30,3	+ 22 34 31	12
Algier	— 0 12 8,5	+ 36 48 5	345	Cambridge (Engl.)	— 0 0 22,8	+ 52 12 52	28
Allegheny	+ 5 20 5,4	+ 40 28 58	370	Cambridge (Mass., USA)	+ 4 44 31,0	+ 42 22 48	24
Amherst	+ 4 50 5,9	+ 42 21 56	110	Canberra	— 9 56 0,0	— 35 19 30	808
Ann Arbor	+ 5 34 55,3	+ 42 16 49	282	Carloforte	— 0 33 14,9	+ 39 8 9	18
Arcetri	— 0 45 1,3	+ 43 45 14	184	Catania	— 1 0 20,6	+ 37 30 13	65
Armagh	+ 0 26 35,5	+ 54 21 11	64	Charlottevsille	+ 5 14 5,3	+ 38 2 1	259
Arosa	— 0 38 41,7	+ 46 40 10	2050	Cincinnati	+ 5 37 41,4	+ 39 8 20	247
Asiago	— 0 46 6,9	+ 45 51 46	1045	Cleveland	+ 5 26 16,4	+ 41 32 13	247
Athen	— 1 34 52,1	+ 37 58 20	110	Climax	+ 7 4 50,2	+ 39 23 27	3391
Bamberg	— 0 43 33,6	+ 49 53 6	288	Columbia	+ 6 9 18,8	+ 38 56 13	224
Barcelona	— 0 8 30,2	+ 41 24 59	415	Cordoba	+ 4 16 47,2	— 31 25 16	434
Basel	— 0 30 20,0	+ 47 32 26	318	Danzig	— 1 14 36,5	+ 54 21 38	31
Berkeley	+ 8 9 2,9	+ 37 52 24	94	Delaware	+ 5 32 13,3	+ 40 15 4	270
Belgrad	— 1 22 3,8	+ 44 48 8	250	Dublin	+ 0 25 21,1	+ 53 23 13	86
Bergedorf	— 0 40 57,7	+ 53 28 47	41	Edinburgh	+ 0 12 44,1	+ 55 55 30	146
Bern	— 0 29 42,9	+ 46 57 14	500	Evanston	+ 5 50 41,8	+ 42 3 27	175
Berlin-Babelsberg	— 0 52 25,5	+ 52 24 24	82	Flagstaff	+ 7 26 44,6	+ 35 12 30	2210
Bloemfontein	— 1 44 57	— 29 5 45	1490	Florenz	— 0 45 2,7	+ 43 46 49	72
Bloemfontein (Boyden Stat.)	— 1 45 57	— 29 12 —	1379	Fort Davis	+ 6 56 5,4	+ 30 40 17	2081
Bloomington	+ 5 46 5	+ 39 9 54	238	Frankfurt a. M.	— 0 34 36,3	+ 50 7 0	121
Bologna	— 0 45 24,5	+ 44 29 52	84	Freiburg (Schauinsland)	— 0 31 37,4	+ 47 54 51	1240
Bonn	— 0 28 23,2	+ 50 43 45	62	Gaithersburg	+ 5 8 47,8	+ 39 8 13	155
Bordeaux	+ 0 2 6,6	+ 44 50 7	73	Genf	— 0 24 36,5	+ 46 11 59	406
Bosque Alegre	+ 4 18 11,2	— 31 35 53	1250	Glasgow	+ 0 17 10,6	+ 55 52 42	55
Breslau (Wroclaw)	— 1 8 21,2	+ 51 6 42	117	Göttingen	— 0 39 46,2	+ 51 31 48	161

[1] Siehe z. B. Herr u. Tinter: Lehrbuch der Sphär. Astron., Wien (1923) 434ff.
[2] Resultate des Internationalen Breitendienstes I, Berlin (1903) 160.
[3] Hartmann, J.: A.N. **231** (1927) 429.
[4] La deuzième Opération Internationale des Longitudes, Paris (1938, 1939, 1941).

Larink

Ort	Länge	Breite	Seehöhe m
	h m s	° ′ ″	
Greenwich	0 0 0,0	+ 51 28 38	47
Groningen	— 0 26 15,1	+ 53 13 14	4
Heidelberg	— 0 34 53,0	+ 49 23 56	570
Helsingfors	— 1 39 49,1	+ 60 9 42	33
Helwan	— 2 5 21,9	+ 29 51 31	115
Hongkong	— 7 36 41,2	+ 22 18 13	33
Hyderabad	— 5 13 49,0	+ 17 25 54	554
Innsbruck	— 0 45 31,4	+ 47 16 6	605
Irkutsk	— 6 57 22,9	+ 52 16 43	456
Istanbul	— 1 55 52	+ 41 0 45	65
Jassy	— 1 50 28	+ 47 11 28	128
Jena	— 0 46 20,2	+ 50 55 36	164
Johannesburg	— 1 52 17,9	— 26 10 52	1786
Kap der guten Hoffnung	— 1 13 54,6	— 33 56 2	8
Kanzelhöhe (Gerlitzen)	— 0 55 40	+ 46 41 35	1905
Kasan	— 3 16 29,0	+ 55 47 24	79
Kharkow	— 2 24 55,7	+ 50 0 10	139
Kiew	— 2 2 0,4	+ 50 27 10	184
Kitab	— 4 27 31,7	+ 39 8 2	658
Kodaikanal	— 5 9 52,5	+ 10 13 50	2343
Königsberg	— 1 21 59,0	+ 54 42 51	22
Kopenhagen	— 0 50 18,7	+ 55 41 13	14
Kowno	— 1 35 29,5	+ 54 53 44	69
Krakau	— 1 19 50,3	+ 50 3 52	221
Kremsmünster	— 0 56 32,0	+ 48 3 30	382
Kyoto	— 9 3 10,3	+ 34 59 40	222
Lake Angelus	+ 5 33 3,3	+ 42 39 48	296
La Plata	+ 3 51 43,7	— 34 54 30	17
Leiden	— 0 17 56,2	+ 52 9 20	6
Leipzig	— 0 49 33,9	+ 51 20 5	119
Lembang	— 7 10 27,8	— 6 49 33	1300
Lemberg	— 1 36 7,1	+ 49 49 58	330
Leningrad (Univ.-Sternwarte)	— 2 1 10,8	+ 59 56 32	3
Lissabon	+ 0 36 44,7	+ 38 42 31	95
London s. Mill Hill			
Lund	— 0 52 45,0	+ 55 41 52	34
Lüttich	— 0 22 15,4	+ 50 37 6	127
Lyon	— 0 19 8,5	+ 45 41 41	299
Madison	+ 5 57 37,9	+ 43 4 37	292
Madras	— 5 20 59,1	+ 13 4 8	7
Madrid	+ 0 14 45,0	+ 40 24 30	656
Mailand	— 0 36 45,9	+ 45 27 59	120
Manila	— 8 3 54,7	+ 14 34 42	8
Marseille	— 0 21 34,6	+ 43 18 16	75
Merate	— 0 37 42,8	+ 45 41 54	380
Meudon	— 0 8 55,5	+ 48 48 18	162
Middletown	+ 4 50 38,2	+ 41 33 18	65
Mill Hill (London)	+ 0 0 57,8	+ 51 36 46	82
Mizusawa	— 9 24 31,5	+ 39 8 3	61
Moskau	— 2 30 17,0	+ 55 45 20	166
Mt. Hamilton	+ 8 6 35,0	+ 37 20 26	1283
Mt. Locke s. Fort Davis			
Mt. Palomar	+ 7 47 27,4	+ 33 21 22	1706
Mt. Wilson	+ 7 52 14,3	+ 34 13 0	1742
München	— 0 46 26,0	+ 48 8 46	529
Nanking	— 7 55 18	+ 32 4 2	267
Neapel	— 0 57 1,4	+ 40 51 46	153
Neuchâtel	— 0 27 49,8	+ 46 59 51	488
New Haven	+ 4 51 40,6	+ 41 19 22	40
New York	+ 4 55 56,7	+ 40 43 48	—
Nicolajew	— 2 7 53,7	+ 46 58 19	55
Nizza	— 0 29 12,1	+ 43 43 17	378
Northfield	+ 6 12 35,9	+ 44 27 41	290
Oak Ridge	+ 4 46 14,2	+ 42 30 13	183
Odessa	— 2 3 2,2	+ 46 28 37	53
Oslo	— 0 42 53,5	+ 59 54 44	25
Ottawa	+ 5 2 52,0	+ 45 23 38	87
Oxford	+ 0 5 0,4	+ 51 45 34	64
Padua	— 0 47 29,2	+ 45 24 1	38
Palermo	— 0 53 25,9	+ 38 6 44	72
Paris	— 0 9 20,9	+ 48 50 11	67
Perth	— 7 43 21,6	— 31 57 11	60
Philadelphia	+ 5 1 6,9	+ 39 58 2	74
Pic du Midi	— 0 0 34,3	+ 42 56 32	2850
Porto Alegre	+ 3 24 53,2	— 30 1 50	26
Potsdam[1]	— 0 52 16,1	+ 52 22 55	99
Poughkeepsie	+ 4 55 35,2	+ 41 41 18	61
Posen	— 1 7 30,9	+ 52 23 48	85
Prag	— 0 57 35,1	+ 50 4 36	267
Pretoria	— 1 52 54,9	— 25 47 18	1542
Princeton	+ 4 58 35,6	+ 40 20 48	43
Pulkowo	— 2 1 18,6	+ 59 46 18	75
Rio de Janeiro	+ 2 52 53,4	— 22 53 42	35
Rom (Mt. Mario)	— 0 49 48,5	+ 41 55 19	143
Rom (Castel Gandolfo)	— 0 50 36,4	+ 41 44 48	450
San Fernando	+ 0 24 49,3	+ 36 27 42	30
Santiago	+ 4 42 45,1	— 33 33 44	580
Saint Michel	— 0 22 52,0	+ 43 55 47	600
Sendai	— 9 23 29	+ 38 15 15	20
Sidmouth	+ 0 12 52,5	+ 50 41 13	171
Simeïs	— 2 15 59,4	+ 44 24 12	360
Skalnaté Pleso	— 1 20 56,2	+ 49 11 40	1783
Sofia	— 1 33 23,3	+ 42 41 2	572
Sonneberg	— 0 44 46,2	+ 50 22 41	640
South Kensington	+ 0 0 42,4	+ 51 29 50	11
Stalinabad	— 4 35 6,2	+ 38 33 30	820
Stockholm	— 1 13 14	+ 59 16 18	55
Straßburg	— 0 31 4,2	+ 48 35 2	156
Swarthmore	+ 5 1 25,6	+ 39 54 16	63
Sydney	—10 4 38,0	— 33 49 46	42
Tacubaya	+ 6 36 46,8	+ 19 24 18	2311
Tanakami	— 9 3 57,4	+ 34 58 18	165
Tartu (Dorpat)	— 1 46 53,2	+ 58 22 47	67
Tashkent	— 4 37 10,9	+ 41 19 32	475
Tokio	— 9 18 10,1	+ 35 40 21	59
Tomsk	— 5 39 47,2	+ 56 28 6	130
Tonanzintla, Pue, Mexiko	+ 6 33 15,3	+ 19 1 58	2150
Toronto	+ 5 17 41,3	+ 43 51 46	244
Tortosa	— 0 1 58	+ 40 49 14	54
Toulouse	— 0 5 51,0	+ 43 36 44	195
Triest	— 0 55 4,9	+ 45 38 36	67
Tsingtau	— 8 1 16,8	+ 36 4 11	78
Tucson	+ 7 23 47,7	+ 32 13 59	757
Turin	— 0 31 6,0	+ 45 2 16	618
Turku	— 1 28 55,0	+ 60 27 9	28

[1] Nullpunkt der Deutschen Landesvermessung.

Larink

Ort	Länge	Breite	Seehöhe m	Ort	Länge	Breite	Seehöhe m
	h m s	° ′ ″			h m s	° ′ ″	
Uccle	− 0 17 26,0	+ 50 47 55	105	Wien	− 1 5 21,4	+ 48 13 55	240
Uppsala	− 1 10 30,2	+ 59 51 29	21	Williams Bay	+ 5 54 13,2	+ 42 34 13	334
Utrecht	− 0 20 31,0	+ 52 5 10	14	Wilna	− 1 41 1,0	+ 54 41 0	133
Valkenburg	− 0 23 19,9	+ 50 52 29	100	Würzburg	− 0 39 44,2	+ 49 47 28	200
Victoria	+ 8 13 40,2	+ 48 31 16	229	Zi-Ka-Wei	− 8 5 42,9	+ 31 11 31	4
Warschau	− 1 24 7,3	+ 52 13 5	121	Zô-Sè	− 8 4 44,8	+ 31 5 48	100
Washington	+ 5 8 15,8	+ 38 55 12	85	Zürich	− 0 34 12,3	+ 47 22 38	468
Wellesley	+ 4 45 12,7	+ 42 17 35	61				
Wellington	−11 39 3,7	− 41 17 4	129				
Wendelstein	− 0 48 4	+ 47 42 13	1838				

31113 Polhöhenschwankungen.

Da die Erdachse im Erdkörper nicht festliegt, sondern in einer Weise, die man nicht vorhersagen kann, um geringe Beträge schwankt, stellen die geographischen Koordinaten eines Erdortes nur Mittelwerte dar. Diese Polhöhenschwankungen wurden 1885 von F. Küstner entdeckt[1]. Zur Überwachung der Polhöhe ist ein Internationaler Breitendienst gegründet worden, dessen Zentrale bis 1918 in Straßburg war. Später wurden die Ergebnisse der fünf Polhöhenstationen, die auf dem nördlichen Breitengrad 39° 8′ liegen, in Mizusawa (Japan) und in Neapel bearbeitet. Seit 1948 ist von der Internationalen Astronomischen Union die Sternwarte in Turin (G. Cecchini, Pino Torinese, Italia) mit der Bearbeitung der Polhöhenbeobachtungen beauftragt. Die Namen und geographischen Längen der Stationen sind unter 311131 gegeben.

311131 Stationen des internationalen Breitendienstes.

Name	Länge
Mizusawa	141° 8′ östl.
Kitab	66° 53′ ,,
Carloforte	8° 19′ ,,
Gaithersburg	77° 12′ westl.
Ukiah	123° 13′ ,,

Die folgende Tabelle gibt die rechtwinkligen Koordinaten des momentanen Pols von 1900 bis 1946[2]. Koordinatenanfangspunkt ist die mittlere Lage des irdischen Nordpols; die positive x-Achse ist auf Greenwich, die positive y-Achse auf einen Punkt in der westlichen Länge von 90° gerichtet. Eine Periode von 14 Monaten (Chandlersche Periode) ist angedeutet, im einzelnen sind aber große Unregelmäßigkeiten vorhanden.

311132 Rechtwinklige Koordinaten des momentanen Pols von 1900 bis 1946.

	1900		1901		1902		1903		1904		1905		
	x	y	x	y	x	y	x	y	x	y	x	y	
,0	+ 0″08	− 0″02	− 0″01	+ 0″02	− 0″11	− 0″05	− 0″15	− 0″10	− 0″05	− 0″17	+ 0″08	− 0″14	,0
,1	+ 5	− 6	+ 2	+ 2	− 10	+ 3	− 19	− 2	− 14	− 11	− 1	− 19	,1
,2	+ 1	− 9	+ 5	+ 2	− 5	+ 11	− 15	+ 8	− 17	− 3	− 12	− 16	,2
,3	− 3	− 11	+ 8	− 1	+ 2	+ 16	− 7	+ 16	− 17	+ 6	− 16	− 9	,3
,4	− 5	− 12	+ 11	− 7	+ 12	+ 14	+ 3	+ 21	− 11	+ 15	− 14	0	,4
,5	− 6	− 12	+ 11	14	+ 21	+ 6	+ 11	+ 20	0	+ 18	− 9	+ 9	,5
,6	− 7	− 8	+ 8	− 18	+ 20	− 2	+ 19	+ 13	+ 9	+ 15	− 1	+ 16	,6
,7	− 7	− 5	+ 2	− 17	+ 13	− 10	+ 21	+ 2	+ 15	+ 8	+ 7	+ 15	,7
,8	− 6	− 1	− 4	− 15	+ 4	− 16	+ 17	− 11	+ 16	+ 2	+ 12	+ 10	,8
,9	− 4	+ 1	− 8	− 11	− 7	− 15	+ 8	− 19	+ 14	− 6	+ 13	+ 2	,9
	1906		**1907**		**1908**		**1909**		**1910**		**1911**		
	x	y	x	y	x	y	x	y	x	y	x	y	
,0	+ 0″09	− 0″06	+ 0″04	+ 0″08	− 0″08	+ 0″14	− 0″27	− 0″02	− 0″18	− 0″27	+ 0″05	− 0″32	,0
,1	+ 1	− 10	+ 4	+ 2	+ 1	+ 17	− 26	+ 12	− 26	− 13	− 11	− 26	,1
,2	− 5	− 10	+ 4	− 3	+ 10	+ 16	− 17	+ 24	− 30	+ 4	− 20	− 14	,2
,3	− 9	− 7	+ 4	− 7	+ 18	+ 9	− 2	+ 29	− 24	+ 21	− 22	+ 2	,3
,4	− 12	− 2	+ 2	− 10	+ 22	− 2	+ 17	+ 25	− 8	+ 29	− 18	+ 16	,4
,5	− 12	+ 4	− 1	− 12	+ 22	− 12	+ 30	+ 14	+ 12	+ 31	− 10	+ 29	,5
,6	− 9	+ 8	− 5	− 11	+ 15	− 18	+ 34	− 1	+ 28	+ 25	+ 4	+ 31	,6
,7	− 4	+ 9	− 10	− 5	+ 3	− 20	+ 28	− 15	+ 33	+ 6	+ 17	+ 26	,7
,8	− 1	+ 10	− 14	+ 1	− 11	− 19	+ 13	− 26	+ 30	− 13	+ 27	+ 14	,8
,9	+ 2	+ 10	− 13	+ 8	− 22	− 12	− 6	− 31	+ 20	− 25	+ 32	− 1	,9

[1] Küstner, F.: Beobachtgsergeb. Berlin, Nr. 3 (1888). [2] Wanach, B.: Resultate des Internationalen Breitendienstes V, Berlin (1916). — Wanach, B., u. H. Mahnkopf: Ergebnisse des Internationalen Breitendienstes von 1912 bis 1922.7, Potsdam (1932). — Kimura, H.: Results of the International Latitude Service from 1922. 7 to 1935. 0, Vol. VIII, Mizusawa (1940). — Kimura, H.: Elements of Latitude Variation, Kyoto Bulletin 4 Nr. 322 (1936). — Trans. IAU **6** (1939) 125; **7** (1950) 197.

	1912		1913		1914		1915		1916		1917		
	x	*y*	*x*	*y*	*x*	*y*	*x*	*y*	*x*	*y*	*x*	*y*	
,0	+0″,25	−0″,11	+0″,12	+0″,10	−0″,08	+0″,10	−0″,17	−0″,02	−0″,10	−0″,24	+0″,08	−0″,28	,0
,1	+10	−20	+14	+5	−2	+12	−18	+9	−17	−13	−3	−27	,1
,2	−2	−20	+14	−1	+8	+11	−11	+20	−19	0	−13	−15	,2
,3	−11	−14	+14	−6	+17	+10	0	+28	−15	+13	−15	−3	,3
,4	−14	−6	+12	−9	+20	+7	+12	+26	−4	+26	−8	+10	,4
,5	−12	+3	+8	−11	+19	0	+22	+18	+10	+27	0	+20	,5
,6	−9	+11	+1	−11	+15	−8	+28	+6	+23	+14	+9	+21	,6
,7	−4	+16	−6	−9	+7	−17	+27	−7	+31	+1	+16	+14	,7
,8	+2	+17	−10	−2	−2	−21	+16	−21	+30	−11	+18	+4	,8
,9	+8	+15	−10	+5	−11	−14	+3	−27	+21	−21	+17	−4	,9

	1918		1919		1920		1921		1922		1923		
	x	*y*	*x*	*y*	*x*	*y*	*x*	*y*	*x*	*y*	*x*	*y*	
,0	+0″,13	−0″,12	+0″,11	+0″,06	−0″,02	+0″,12	−0″,08	−0″,05	−0″,03	−0″,04	−0″,05	−0″,20	,0
,1	+3	−13	+8	+6	+3	+16	−10	+3	−10	+4	−11	−13	,1
,2	−3	−6	+6	+4	+8	+15	−6	+8	−8	+12	−16	−3	,2
,3	−6	+2	+9	0	+14	+12	+4	+11	−1	+18	−13	+7	,3
,4	−8	+9	+9	−2	+20	+6	+15	+10	+9	+18	−8	+17	,4
,5	−5	+13	+7	−3	+21	−2	+24	+6	+19	+13	+2	+17	,5
,6	+3	+13	+3	−3	+20	−9	+25	0	+27	+6	+13	+15	,6
,7	+7	+10	−3	−2	+15	−15	+21	−8	+22	−10	+20	+7	,7
,8	+9	+7	−7	+1	+7	−16	+14	−13	+17	−19	+20	0	,8
,9	+10	+6	−6	+6	−1	−13	+6	−11	+8	−21	+15	−9	,9

	1924		1925		1926		1927		1928		1929		
	x	*y*	*x*	*y*	*x*	*y*	*x*	*y*	*x*	*y*	*x*	*y*	
,0	+0″,05	−0″,12	+0″,06	−0″,08	+0″,01	−0″,11	+0″,02	−0″,03	−0″,04	−0″,06	−0″,07	+0″,01	,0
,1	−4	−12	0	−13	−3	−14	+3	−4	−7	−3	−9	+2	,1
,2	−9	−2	−5	−10	−9	−6	+3	−4	−6	+1	−6	+6	,2
,3	−10	+4	−6	−3	−10	0	+2	−3	−2	+4	+1	+11	,3
,4	−9	+9	−3	0	−9	+3	+2	+2	−1	+7	+6	+13	,4
,5	−6	+11	−2	+3	−4	+7	+3	+4	−1	+4	+10	+6	,5
,6	+4	+11	+2	+1	0	+9	+5	+1	+3	+2	+11	−2	,6
,7	+9	+7	+6	−4	+4	+4	+4	−4	+1	−2	+9	−8	,7
,8	+11	+2	+7	−6	+5	−1	+2	−6	−5	−3	0	−11	,8
,9	+9	−2	+5	−8	+2	+4	+1	−8	−6	0	−6	−13	,9

	1930		1931		1932		1933		1934		1935		
	x	*y*	*x*	*y*	*x*	*y*	*x*	*y*	*x*	*y*	*x*	*x*	
,0	−0″,11	−0″,08	−0″,13	−0″,07	−0″,09	−0″,11	0″,00	−0″,13	+0″,01	−0″,08	−0″,01	+0″,03	,0
,1	−15	+3	−15	+2	−20	−4	−10	−10	−5	−8	−4	+3	,1
,2	−10	+11	−16	+10	−20	+7	−13	−2	−12	−2	−4	+3	,2
,3	−5	+14	−10	+21	−13	+17	−16	+9	−17	+3	−4	+4	,3
,4	+2	+18	−2	+23	−9	+19	−12	+15	−12	+8	−3	+4	,4
,5	+10	+14	+10	+22	−4	+21	−7	+19	−5	+14	−2	+3	,5
,6	+16	+8	+18	+16	+8	+21	+3	+18	+1	+16	−1	+3	,6
,7	+14	−2	+20	+8	+17	+16	+7	+12	+4	+11	−1	+4	,7
,8	+6	−8	+8	−9	+16	+3	+7	+4	+4	+7	−3	+5	,8
,9	−1	−10	+1	−12	+9	−10	+5	−2	+3	+2	−5	+5	,9

	1936		1937		1938		1939		1940		1941		
	x	*y*	*x*	*y*	*x*	*y*	*x*	*y*	*x*	*y*	*x*	*y*	
,0	−0″,11	+0″,07	−0″,16	+0″,04	−0″,17	−0″,02	−0″,12	−0″,03	+0″,04	−0″,02	+0″,07	+0″,02	,0
,1	−12	+9	−18	+7	−18	+2	−13	−1	−6	−5	+4	−1	,1
,2	−9	+10	−13	+13	−14	+8	−10	+6	−13	−1	0	−1	,2
,3	−4	+10	−6	+15	−10	+14	−5	+13	−13	+6	−1	+1	,3
,4	+1	+9	+1	+16	−6	+16	0	+16	−8	+13	0	+7	,4
,5	+6	+7	+8	+13	+2	+15	+6	+16	+2	+15	+2	+9	,5
,6	+5	+4	+9	+6	+16	+13	+13	+14	+6	+13	+4	+12	,6
,7	0	0	+4	+2	+15	+8	+18	+11	+10	+11	+7	+12	,7
,8	−5	−2	−3	−2	+5	0	+16	+6	+11	+8	+8	+8	,8
,9	−10	−2	−10	−3	−5	−4	+12	+2	+9	+5	+7	+5	,9

	1942		1943		1944		1945		1946		1947		
	x	y	x	y	x	y	x	y	x	y	x	y	
,0	+ 0″,02	+ 0″,02	+ 0″,03	+ 0″,15	— 0″,07	+ 0″,06	— 0″,14	— 0″,06	+ 0″,01	— 0″,18	+ 0″,21	— 0″,08	,0
,1	+ 1	+ 1	+ 6	+ 11	— 3	+ 12	— 17	+ 1	— 14	— 10			,1
,2	0	0	+ 9	+ 7	0	+ 16	— 15	+ 14	— 19	0			,2
,3	0	+ 2	+ 12	+ 6	+ 6	+ 14	— 6	+ 21	— 22	+ 17			,3
,4	+ 1	+ 3	+ 14	+ 4	+ 21	+ 12	+ 9	+ 24	— 14	+ 23			,4
,5	+ 1	+ 3	+ 13	0	+ 27	+ 8	+ 19	+ 23	— 2	+ 29			,5
,6	— 1	+ 3	+ 10	— 4	+ 27	— 6	+ 28	+ 6	+ 13	+ 28			,6
,7	— 1	+ 8	+ 6	— 6	+ 18	— 15	+ 30	— 4	+ 26	+ 20			,7
,8	0	+ 10	+ 1	— 3	— 1	— 18	+ 25	— 18	+ 29	+ 9			,8
,9	+ 1	+ 12	— 5	+ 1	— 8	— 13	+ 12	— 22	+ 25	— 4			,9

31 12 Zeitbestimmung.

Alle Zeitmessung wird heute noch auf die Umdrehung der Erde um ihre Achse als Zeitmaß zurückgeführt. Aber wie man schon die Längenmaße auf die Wellenlängen von Spektrallinien zurückgeführt hat, rückt mit dem Bau von Atomuhren auch die Rückführung des Zeitmaßes auf Atomkonstante in greifbare Nähe.

31 121 Definition und Verknüpfung von Sternzeit und Sonnenzeit.

Definition	Einheit	Verknüpfungsrelation
Mittlere Sternzeit oder Sternzeit schlechthin = Stundenwinkel des von Nutationsschwankungen befreiten mittleren Frühlingspunktes	1 Sterntag = Intervall zwischen zwei aufeinanderfolgenden Durchgängen des Frühlingspunktes durch den Meridian eines Ortes	1 Sterntag = $0^d 23^h 56^m 4{,}^s091$ mittlere Zeit
Wahre Zeit = Stundenwinkel der wahren Sonne	1 wahrer Sonnentag = Intervall zwischen zwei aufeinander folgenden Durchgängen der wahren Sonne. Veränderlich von Tag zu Tag	Wahre minus mittlere Zeit = Zeitgleichung. Man achte auf das Vorzeichen, das in Jahrbüchern gelegentlich umgekehrt ist
Mittlere Zeit = Stundenwinkel einer fingierten, sich gleichmäßig im Himmelsäquator bewegenden mittleren Sonne	1 mittlerer Sonnentag = Intervall zwischen zwei aufeinander folgenden Durchgängen der mittleren Sonne	1 mittlerer Sonnentag = $1^d 0^h 3^m 56^s{,}555$ Sternzeit

Im Laufe eines tropischen Jahres (31 123) kulminiert der Frühlingspunkt einmal mehr als die mittlere Sonne. Daraus folgen die in der letzten Spalte der obigen Tabelle angegebenen Verknüpfungsrelationen zwischen Sternzeitintervallen und Intervallen mittlerer Zeit.

Neben der mittleren Sternzeit unterscheidet man noch die wahre Sternzeit als Stundenwinkel des (mit Nutation behafteten) wahren Frühlingspunktes. In der englischen Literatur findet man die Bezeichnungen Apparent sidereal time und Apparent time für wahre Sternzeit und wahre Sonnenzeit.

31 122 Orts- und Zonenzeiten.

31 1221 Definitionen. Ortszeiten beziehen sich stets auf den Meridian des betreffenden Ortes. Nach der in 31 121 gegebenen Definition beginnt der astronomische mittlere Tag am Mittag des bürgerlichen Tages. Seit 1925 Januar 1 ist die mittlere Zeit eines Ortes gleich dem Stundenwinkel der mittleren Sonne + 12^h, so daß der Beginn des mittleren Tages auf Mitternacht fällt.

Weltzeit (Universal Time) wird seit 1925 die in entsprechendem Sinn definierte mittlere Zeit Greenwich (gemessen von Mitternacht) genannt. Für Daten vor 1925 verwendet man zweckmäßig für die vom Mittag gemessene mittlere Zeit Greenwich wie bisher den Ausdruck mittlere Zeit Greenwich. Somit gilt: 1924 Dezember 31, 12^h mittlere Zeit Greenwich = 1925 Jan. 1, 0^h Weltzeit.

Zonenzeiten sind mittlere Zeiten, die für größere Gebiete zu beiden Seiten eines Nullmeridians gelten. Allgemein gilt:

$$\text{Ortszeit} = \text{Weltzeit} - \lambda,$$
$$\text{Zonenzeit} = \text{Weltzeit} - \lambda_z.$$

λ ist die geographische Länge des betreffenden Ortes, positiv westlich, negativ östlich von Greenwich, λ_z die Länge des Nullmeridians für die betreffende Zone.

Die folgende Tabelle gibt die Differenz Weltzeit—Zonenzeit für die verschiedenen Gegenden der Erde. In der Tabelle ist nicht berücksichtigt, daß verschiedene Länder zu verschiedenen Zeiten „Sommerzeiten" einführen. Zu beachten ist, daß im Gebiet der Sowjetrepubliken die Uhren stets um eine Stunde vorgestellt sind. Sehr genaue Angaben findet man im NA 1941, Verbesserungen und Ergänzungen dazu im NA 1950.

31 1222 Zonenzeiten.

Zonenzeit	Gebiete
$-13^h\ 0^m\ 0^s$	UdSSR östl. $-172°\ 30'$.
$-12\ 0\ 0$	UdSSR zwischen $-157°\ 30'$ und $-172°\ 30'$, Fidschi-Inseln, Neu-Seeland.
$-11\ 0\ 0$	UdSSR zwischen $-142°\ 30'$ und $-157°\ 30'$, Salomon-Inseln, Neu-Kaledonien.
$-10\ 0\ 0$	UdSSR zwischen $-127°\ 30'$ und $-142°\ 30'$, Marshall-Inseln, Kaiser-Wilhelm-Land, Brit. Neu-Guinea, Queensland, Victoria, Neu-Süd-Wales, Tasmanien.
$-9\ 30\ 0$	Nord- und Südaustralien.
$-9\ 0\ 0$	UdSSR zwischen $-112°\ 30'$ und $-127°\ 30'$, Mandschukuo, Japan, Formosa, Korea, Niederl. Neuguinea, Molukken, Timor.
$-8\ 0\ 0$	UdSSR zwischen $-97°\ 30'$ und $-112°\ 30'$, Östliches China, Philippinen, Indochina, Borneo, Java, Celebes, Westaustralien.
$-7\ 30\ 0$	Vereinigte Malayische Staaten, Straits-Settlements.
$-7\ 20\ 0$	Malayische Halbinsel.
$-7\ 0\ 0$	UdSSR zwischen $-82°\ 30'$ und $-97°\ 30'$, Westliches China, Siam, Sumatra.
$-6\ 30\ 0$	Burma.
$-6\ 0\ 0$	UdSSR zwischen $-67°\ 30'$ und $-82°\ 30'$.
$-5\ 30\ 0$	Indien, Ceylon, Laccadiven.
$-5\ 0\ 0$	UdSSR zwischen $-52°\ 30'$ und $-67°\ 30'$.
$-4\ 54\ 0$	Malediven.
$-4\ 0\ 0$	UdSSR zwischen $-40°\ 0'$ und $-52°\ 30'$, Seychellen.
$-3\ 30\ 0$	Iran.
$-3\ 0\ 0$	UdSSR westl. $-40°\ 0'$, Irak, Eritrea, Somaliland, Madagaskar, Aden, Kenya, Uganda, Zanzibar.
$-2\ 0\ 0$ (Osteurop. Zeit)	Finnland, Estland, Lettland, Rumänien, Bulgarien, Griechenland, Türkei, Cypern, Syrien, Palästina, Ägypten, Cyrenaika, Sudan, Moçambique, Deutsch-Südwestafrika, Belg. Kongo (Ostprovinzen), Rhodesien.
$-1\ 0\ 0$ (Mitteleurop. Zeit)	Norwegen, Schweden, Litauen, Dänemark, Deutschland, Holland, Österreich, Tschechoslowakei, Ungarn, Jugoslawien, Liechtenstein, Schweiz, Italien, Malta, Tunis, Tripolis, Nigeria, Franz. Äquatorialafrika, Span. Guinea, Fernando Po, Kamerun, Belg. Kongo (Westprovinzen), Angola.
$0\ 0\ 0$ (Westeurop. Zeit, Weltzeit)	Färöer, Brit. Inseln, Belgien, Frankreich, Luxemburg, Monaco, Spanien, Portugal, Algerien, Marokko, Gambien, Sierra Leone, Elfenbeinküste, Goldküste, Togo, Dahomey, São Thomé, St. Helena.
$+0\ 44\ 0$	Liberia.
$+1\ 0\ 0$	Island, Madeira, Kanarische Inseln, Rio de Oro, Mauretanien, Senegal, Portug. und Franz. Guinea.
$+2\ 0\ 0$	Scoresby-Sund, Azoren, Kapverdische Inseln, Trinidad (Bras.).
$+3\ 0\ 0$	Grönländische Küste, Brasilianische Küste.
$+3\ 30\ 0$	Labrador, Neufundland, Uruguay.
$+3\ 40\ 35$	Niederl. Guayana.
$+3\ 45\ 0$	Brit. Guayana.
$+4\ 0\ 0$ (Atlantic Stand. Time)	Kanada östl. $+68°$, Küstenzone der USA, Bermuda-Inseln, Puerto Rico, Kleine Antillen, Trinidad (brit. Kolonie), Franz. Guayana, Inner-Brasilien, Paraguay, Bolivien, Argentinien, Falkland-Inseln.
$+4\ 30\ 0$	Venezuela, Curaçao.
$+5\ 0\ 0$ (Eastern Stand. Time)	Kanada zwischen $+68°$ und $+92°$, Ostzone der USA, Bahama-Inseln, Cuba, Haiti, Jamaica, Panama, Kolumbien, Ecuador, West-Brasilien, Peru, Chile.
$+6\ 0\ 0$ (Central Stand. Time)	Kanada zwischen $+90°$ und $+102°$, Zentralzone der USA, Mexiko (östl. Teil), Guatemala, Honduras, Salvador, Nicaragua, Costa Rica.
$+7\ 0\ 0$ (Mountain Stand. Time)	Kanada zwischen $+102°$ und $+120°$, Gebirgszone der USA, Mexiko (westl. Teil).
$+8^h\ 0^m\ 0^s$ (Pacific Stand. Time)	Kanada westl. $+120°$ außer Yukon, Brit. Columbien, Westküste der USA.
$+9\ 0\ 0$	Yukon, Alaska.
$+10\ 0\ 0$	Gesellschafts-Inseln, Hawaii.
$+11\ 0\ 0$	Aleuten, Westküste von Alaska, Samoa.

31 123 Definition und Größe der Jahreslängen.

Definition	Jahreslängen	Bemerkungen
1 tropisches Jahr = Zeitintervall zwischen zwei aufeinander folgenden Durchgängen der mittleren Sonne durch den mittleren Frühlingspunkt	$365^d{,}24219879 - 0^d{,}0000000614\,t$ mittlere Sonnentage	Periode der Jahreszeiten

Larink

Definition	Jahreslängen	Bemerkungen
1 siderisches Jahr = Zeitintervall zwischen zwei aufeinanderfolgenden Vorübergängen der mittleren Sonne an einem Fixstern mit verschwindender Eigenbewegung	$365^d,25636042$ — $0^d,0000000011\ t$ mittlere Sonnentage	Umlaufszeit der Erde um die Sonne
1 julianisches Jahr = Näherungswert für das tropische Jahr	$365^d,25$ mittlere Sonnentage	Grundlage des Julianischen Kalenders. Es findet gelegentlich Verwendung in der Himmelsmechanik
1 gregorianisches Jahr = Näherungswert für das tropische Jahr	$365^d,2425$ mittlere Sonnentage	Grundlage des Gregorianischen Kalenders. 10000 tropische Jahre sind nur um 3 Tage kürzer als 10000 gregorianische Jahre

In den säkularen Gliedern für die Längen des tropischen und siderischen Jahres bedeutet t die seit 1900,0 verflossene Anzahl julianischer Jahre. Das Verhältnis der Länge eines siderischen zu einem tropischen Jahr ist gleich $\frac{360^\circ}{360^\circ - 50''{,}2}$. Dabei bedeutet $50''{,}2$ die jährliche Präzession in Länge.

Der Jahresanfang des astronomischen Jahres (Besselsches Jahr) ist auf den Zeitpunkt festgelegt, in dem die Rektaszension der mittleren Sonne behaftet mit Aberration gleich 280° ist. Diesen Zeitpunkt bezeichnet man z. B. mit 1949,0, und es ist 1949,0 = 1949 Jan. $0^d,681$ WZ. Für die folgenden Jahre hat man nur jedesmal die Zeit hinzuzufügen, während der die RA. der mittleren Sonne um 360° wächst, also sehr nahe $365^d,2422$. Man beachte Schaltjahre. Im Nautical Almanac findet man eine Tafel, um jedes Datum in Bruchteile eines Jahres bezogen auf den Anfang des Besselschen Jahres umzurechnen.

31124 Definition und Größe der durchschnittlichen Monatslängen.

Definition	Monatslängen	Bemerkungen
1 tropischer Monat = Zeitintervall, in dem die Länge des Mondes um 360° wächst	$27^d,3215817 - 0^d,000000002\ t$	t ist von 1900,0 an zu rechnen in julianischen Jahren. Wegen der verwickelten Bewegungen im System Mond-Erde-Sonne können für die Monatslängen nur Durchschnittswerte über viele Umläufe angegeben werden.
1 siderischer Monat = Zeit eines Bahnumlaufs des Mondes	$27^d,3216610 - 0^d,000000002\ t$	
1 synodischer Monat = Zeitintervall von Neumond zu Neumond	$29^d,5305882 - 0^d,000000002\ t$	

31125 Umrechnung der verschiedenen astronomischen Zeiten.

Zur Umrechnung von mittlerer Zeit in wahre Zeit und umgekehrt benötigt man die Zeitgleichung, die für jeden Tag des Jahres in den Astronomischen Jahrbüchern[1] auf $0^s{,}01$ angegeben ist. 311251 enthält eine Übersicht über den jahreszeitlichen Gang der Zeitgleichung.

Zur Umwandlung der mittleren Zeit in Sternzeit oder umgekehrt benötigt man noch die Angabe der Sternzeit um Mitternacht. Nach den Newcombschen Sonnentafeln[2] ist für 1950 Jan. 1 0^h Weltzeit die Sternzeit gleich $6^h 40^m\ 18^s,130$. Zur Berechnung der Sternzeit bezogen auf den Greenwicher

[1] Berliner Astronomisches Jahrbuch, Akademie-Verlag Berlin. — Astronomisch-Geodätisches Jahrbuch, Verlag G. Braun GmbH., Karlsruhe. — The Nautical Almanac, His Majesty's Stationary Office, London. — Connaissance des Temps, Gauthier-Villars, Paris. — The American Ephemeris and Nautical Almanac, United States Government Printing Office, Washington.

[2] Astr. Papers Washington **6**, 9.

311251 Zeitgleichung (Wahre Zeit minus mittlere Zeit).

Jan.	1	-3^m	Apr.	1	-4^m	Juli	1	-3^m	Okt.	1	$+10^m$
	15	-9		15	0		15	-6		15	$+14$
Febr.	1	-14	Mai	1	$+3$	Aug.	1	-6	Nov.	1	$+16$
	15	-14		15	$+4$		15	-4		15	$+15$
März	1	-13	Juni	1	$+2$	Sept.	1	0	Dez.	1	$+11$
	15	-9		15	0		15	$+5$		15	$+5$

Meridian für Mitternacht eines beliebigen Tages hat man den Betrag $236^s,55536 \cdot t$, t gerechnet in mittleren Sonnentagen von 1950 Jan. 1 an, zu addieren bzw. zu subtrahieren, je nachdem der betreffende Tag nach oder vor 1950 Jan. 1 fällt. Zur Ermittlung von t benutzt man die durchlaufende julianische Tageszählung, die für das Intervall 1940—1980 aus den folgenden beiden Tafeln zu entnehmen ist.

311252 Julianisches Datum.

Man betrachte das Jahr als am 1. März beginnend und rechne Januar und Februar zur vorangehenden Jahresziffer. Die den Tafeln I und II entnommenen Zahlenwerte ergeben addiert das julianische Datum.

I. Anzahl der am Mittag des 1. März seit Beginn der julianischen Tageszählung verflossenen Tage.

1940	2429690	1950	2433342	1960	2436995	1970	2440647
1941	30055	1951	33707	1961	37360	1971	41012
1942	30420	1952	34073	1962	37725	1972	41378
1943	30785	1953	34438	1963	38090	1973	41743
1944	31151	1954	34803	1964	38456	1974	42108
1945	31516	1955	35168	1965	38821	1975	42473
1946	31881	1956	35534	1966	39186	1976	42839
1947	32246	1957	35899	1967	39551	1977	43204
1948	32612	1958	36264	1968	39917	1978	43569
1949	32977	1959	36629	1969	40282	1979	43934

II. Anzahl der seit dem Mittag des 1. März eines Jahres verflossenen Tage.

Monatstag	März	April	Mai	Juni	Juli	Aug.	Sept.	Okt.	Nov.	Dez.	Jan.	Febr.	Monatstag
1	0	31	61	92	122	153	184	214	245	275	306	337	1
6	5	36	66	97	127	158	189	219	250	280	311	342	6
11	10	41	71	102	132	163	194	224	255	285	316	347	11
16	15	46	76	107	137	168	199	229	260	290	321	352	16
21	20	51	81	112	142	173	204	234	265	295	326	357	21
26	25	56	86	117	147	178	209	239	270	300	331	362	26
31	30		91		152	183		244		305	336		31

31126 Konstanz der Erdrotation.

Die Rotation der Erde liefert kein ideales, konstantes Zeitmaß. Vielmehr ist sie säkularen und fluktuierenden Änderungen unterworfen. Nach neueren Untersuchungen von Clemence[1] und Jones[2] beträgt die Korrektion der mittleren Sonnenzeit, ermittelt aus astronomischen Zeitbestimmungen, die benötigt wird, um sie in die Zeit, die der Berechnung der Ephemeriden[3] zugrunde liegt, überzuführen:

$$\Delta t = +24^s,349 + 72^s,3165\,T + 29^s,949\,T^2 + \frac{1^s,821}{1''}\,B''.$$

T ist die von 1900 Jan 0,5 WZ an gerechnete Zahl julianischer Jahrhunderte, positiv oder negativ, je nachdem, ob der betrachtete Zeitpunkt nach oder vor diesem Datum liegt. B ist aus der folgenden Tafel zu interpolieren. (Vgl. auch Fußnote 4 auf S. 51.)

[1] Clemence, G. M.: AJ. **53** (1948) 169.

[2] Jones, H. Sp.: MN. **99** (1939) 541.

[3] Einen Bericht über die Einführung der Bezeichnung „Ephemeridenzeit" findet man in BA **15**, Fasc. 3 und 4. Vgl. auch M.N. Stoyko, Annales Francaises de Chronometrie, 20^e annee (1950) 371 sowie Astr. Geod. Jahrbuch für 1951 Anhang S. [18] und [27].

Datum	B	Datum	B	Datum	B
1681,0	— 12,″72	1837,4	+ 4,″91	1900,5	— 15,″87
1710,0	— 3, 92	43,1	+ 4, 31	03,5	— 14, 50
27,0	+ 2, 15	48,8	+ 3, 97	06,5	— 13, 43
37,0	+ 5, 97	52,5	+ 3, 37	09,5	— 12, 78
47,0	+ 8, 49	57,5	+ 2, 40	12,5	— 11, 62
55,0	+ 10, 34	62,5	+ 0, 91	15,5	— 10, 35
71,0	+ 13, 54	67,5	— 1, 57	18,5	— 10, 20
85,0	+ 14, 84	72,5	— 6, 38	21,5	— 10, 18
92,0	+ 14, 53	77,5	— 9, 38	24,5	— 11, 82
1801,5	+ 13, 09	82,5	— 11, 31	26,5	— 12, 11
09,5	+ 11, 80	87,5	— 13, 05	28,5	— 12, 90
13,0	+ 11, 28	91,5	— 14, 34	30,5	— 13, 83
21,8	+ 10, 02	94,5	— 15, 23	32,5	— 14, 81
31,5	+ 6, 85	97,5	— 15, 99	34,5	— 15, 98
				36,5	— 16, 48

Zur Reduktion der astronomischen Zeit auf Ephemeridenzeit sind nur die beiden letzten Glieder der obigen Formel notwendig. Darüber hinaus ist der Koeffizient von T so gewählt, daß die Länge des „Ephemeridentages" mit der Länge des mittleren Sonnentages für 1900 Jan. 0 übereinstimmt. Das konstante Glied legt die Übereinstimmung der Ephemeridenzeit und der Weltzeit für eine Epoche in der Nähe von 1900 fest, für die $\Delta t = 0$ wird.

Eine ältere Untersuchung über die Nichtkonstanz der Erdrotation findet man bei W. de Sitter: BAN. **4** (1927/28) 21.

31127 Genauigkeit astronomischer Zeitbestimmungen.

Innere Genauigkeit einer Zeitbestimmung aus 10 Sterndurchgängen an modernen Meridiankreisen $\pm 0^s{,}006$. Hierin ist der Einfluß von systematischen Fehlern und der persönliche Fehler des Beobachters nicht enthalten.

Mittlerer Fehler einer Zeitbestimmung am 19-cm-Meridiankreis der Hamburger Sternwarte in Bergedorf, ermittelt aus dem Vergleich einer Reihe von Zeitbestimmungen mit einer guten Quarzuhr, $\pm 0^s{,}016$.

31128 Zeitzeichen.

Der Nordwestdeutsche Rundfunk sendet fast zu jeder vollen Stunde ein aus 5 Punkten bei 50^s, 55^s, 58^s, 59^s, und 60^s bestehendes Zeitzeichen das von einer Quarzuhr der Hamburger Sternwarte gegeben wird. Die Genauigkeit beträgt etwa $\pm 0^s{,}01$. Höchste Ansprüche an Genauigkeit erfüllt für europäische Hörer das Koinzidenz-Zeitzeichen des britischen Senders Rugby (GBR), das täglich um 11^h und 19^h MEZ. auf der Welle 18750 m ausgestrahlt wird. Es besteht aus 300 Punkten von $0^s{,}1$ und 6 Strichen von $0^s{,}5$ Länge. Die Anfänge der 6 Striche fallen auf $55^m 0^s$, $56^m 0^s$ usw., so daß der Anfang des letzten Striches auf $11^h 0^m 0^s$ bzw. $19^h 0^m 0^s$ MEZ fällt. Nähere Einzelheiten über Funkzeitzeichen sind im „Nautischen Funkdienst" nachzulesen, der vom Deutschen Hydrographischen Institut in Hamburg herausgegeben wird.

31 13 Astrometrische Konstanten.

31131 Vorbemerkung.

Man teilt die empirisch zu bestimmenden astrometrischen Konstanten in zwei Gruppen ein: unabhängige und miteinander gekoppelte Konstanten. Die ersteren umfassen die Konstanten für die Zeitangaben sowie die mittlere Bewegung, Bahnlage, Bahnform und Masse der Planeten (vgl. die Abschnitte 3111, 3112 und 31321). Die wichtigsten der miteinander gekoppelten Konstanten, die im Zusammenhang betrachtet werden müssen, sind in der folgenden Formelzusammenstellung gegeben.

Man kann nach W. de Sitter[1] primäre und abgeleitete Konstanten unterscheiden.

Als primär nimmt de Sitter acht Größen an:

Mittlerer Radius der Erde R_1

(Radius in der mittleren geozentrischen Breite definiert durch $\sin\varphi_1' = \sqrt{1/3}$),
Schwerebeschleunigung g_1 in der mittleren geozentrischen Breite φ_1',
zwei Konstanten $\varkappa$ und λ_1, die sich auf das Erdinnere beziehen,
Sonnenparallaxe $\pi_\odot$ (311133),
Lichtgeschwindigkeit c (3111335),
Mondmasse μ (31137),
dynamische Abplattung $H = (C-A)/C$ (vgl. hierzu 311324, 311355 und 311364).

Die wichtigsten abgeleiteten Konstanten sind:

1. Aberration: $A = \dfrac{na \sec\Phi}{c}$ oder $A'' = \dfrac{n'' R_0 \sec\Phi \, 206264'',8}{86400\, \pi_\odot'' c}$

2. Newcombsche Konstante der Lunisolarpräzession:

$$\mathbf{P} = \frac{p_\odot + p_☾}{\cos\varepsilon} = \left(A' + B' \frac{\mu}{1+\mu}\right) H$$

3. Nutation: $\mathbf{N} = C' \cos\varepsilon \dfrac{\mu}{1+\mu} H'$

Bei Annahme der Isostasie der Erde ist $H' = H$

4. Mondgleichung (lunare Ungleichheit): $L'' = \dfrac{\mu}{1+\mu} \dfrac{\pi_\odot''}{\sin\pi_☾}$

5. Parallaktische Ungleichheit: $P'' = 49853'',2 \dfrac{1-\mu}{1+\mu} \dfrac{\pi_\odot}{\pi_☾'}$ (nach Brown)

6. Ungestörte Mondparallaxe $(\pi_☾)$:

$$\sin(\pi_☾) = (\pi_☾') \sin 1'' = \frac{R_0}{R_1} \frac{R_1}{a'} = \frac{R_0}{R_1} \left(\frac{n'^2}{1+\mu} \frac{R_1}{G_1}\right)^{1/3}$$

Gestörte Mondparallaxe $\pi_☾$: $\sin\pi_☾ = \pi_☾' \sin 1'' = \sin(\pi_☾) \cdot 1{,}000907681$

Hierzu kommen die mit den primären Konstanten in Verbindung stehenden Größen, die sich auf die Gestalt des Erdkörpers, die Schwerkraft und die Trägheitsmomente der Erde beziehen[2].

Die Aufgabe besteht nun darin, die primären und abgeleiteten Konstanten in ein einheitliches System zu bringen, d. h. die primären Konstanten so zu verbessern, daß die abgeleiteten Konstanten mit den beobachteten Werten übereinstimmen.

Dem System der Konstanten bei de Sitter liegt die Annahme der Isostasie des Erdkörpers zugrunde. Da diese Annahme nur genähert zutrifft, bedarf das System der Konstanten einer neuen Durcharbeitung. Ferner sind die international angenommenen numerischen Werte der Konstanten vor einem halben Jahrhundert festgelegt worden; auch hierdurch ist eine Nachprüfung erforderlich. Die vorstehend gestellte Forderung ist zur Zeit nicht zu erfüllen. Dieser Zustand des Übergangsstadiums ist im folgenden zu beachten; neue allgemein angenommene Ergebnisse liegen nicht vor.

Bezeichnungen:

Elemente der Erdbahn: a, $e = \sin\Phi$; mittlere tägliche Bewegung: n.
Elemente der ungestörten Mondbahn: a', n'.
Mittlere Länge: der Sonne $L_\odot$; des Mondes $L_☾$.
Sonnenparallaxe: $\pi_\odot$.
Mittlere Mondparallaxe: ungestört $(\pi_☾)$; gestört (für Variationsbahn) $\pi_☾$.
Radius der Erde: R; Erdradius äquatorial R_0, polar R_p.

---

[1] de Sitter, W. (ergänzt von Dirk Brouwer): BAN **8** (1938) 213. Vergleiche hierzu auch die Zusammenfassungen bei: Newcomb, S.: The Elements of the four inner Planets and the fundamental Constants of Astronomy. Washington 1895. — Andoyer, H.: BA **28** (1911) 67. — Bauschinger, J.: Enzykl. Math. Wiss. **6** II Nr. 17 (1919). — Clemence, G. M.: A. J. **53** (1948) 169. — Spencer Jones, H.: Mem. RAS **66** P. II (1941). — Jeffreys, H.: MN Geoph. Suppl. 5 (1948) 219. — Conférence Internationale des Étoiles Fondamentales, Procès-Verbaux Paris 1896. — BA **15** (1898) 241. — Pariser Konferenz 1911 vgl. AN **189** (1911) 433. — Brown, E. W.: Tables of the motion of the Moon. Vol. I. New Haven, Yale University Press 1919. — Kopff, A., und Fr. Gondolatsch: Grundbegriffe der sphärischen Astronomie. Astronom.-Geodät. Jahrbuch für 1951, Anhang (auch als Sonderdruck). G. Braun, Karlsruhe 1950.

[2] Vollständig zusammengestellt bei W. de Sitter, a. a. O. Siehe Anm. 1.

Geographische Breite: φ, geozentrische Breite: φ', mittlere geozentrische Breite: φ'_1, wobei $\sin \varphi'_1 = \sqrt{\frac{1}{3}}$.
Mittlerer Erdradius (der geozentrischen Breite φ'_1): R_1. Abplattung: $\mathfrak{a} = \frac{R_0 - R_p}{R_0}$.
Rotationsgeschwindigkeit der Erde im mittleren Sonnentag: ω.
Schwerebeschleunigung: g. Am Äquator: g_0. In der Breite φ'_1: g_1.
Anziehung der Erde (von der Zentrifugalkraft befreit): entsprechend G bzw. G_0, G_1.
Masse von (Erde + Mond): m, der Erde allein: m', in Einheiten der Sonnenmasse.
Trägheitsmoment der Erde in bezug auf die Rotationsachse: C, in bezug auf die Äquatorachsen: A.
Masse des Mondes: μ in Einheiten der Erdmasse.
Schiefe der Ekliptik: ε.
Lichtgeschwindigkeit: c.
Konstanten A′, B′, C′ siehe 31 1351 und 31 1363.

31 132 Konstanten des Erdkörpers.

Auf die Angabe der Erdkonstanten in einem streng einheitlichen System im Sinn von W. de Sitter ist verzichtet (vgl. 31 138). Die Werte sind aus der Geodäsie übernommen[1] und hier nur soweit gegeben, als dies für die Astronomie von Bedeutung ist.

31 1321 Dimensionen des Erdellipsoids.

Die hauptsächlichsten Werte sind (siehe auch Nachtrag):

Forscher	Jahr	Äquatorhalbmesser	Polarhalbachse	Abplattung	Bemerkung
Bessel	1841	6 377 397 leg. m	6 356 079 leg. m	1 : 299,2	
Clarke	1880	6 378 249 leg. m	6 356 515 leg. m	1 : 293,5	
Helmert	1906	6 378 200 leg. m	6 356 818 leg. m	1 : 298,3	
Hayford	1909	6 378 388 int. m	6 356 909 int. m	1 : 297	1
Hayford	1924	6 378 388 int. m	6 356 912 int. m	1 : 297,0	2
Heiskanen	1926	6 378 397 int. m	—	1 : 297,0	
Jeffreys	1948	6 378 099 int. m	—	1 : 297,10	3

Bemerkung 1: Als Grundlage der Astronomischen Jahrbücher angenommen.
2: Internationales Erdellipsoid; Madrid 1924.
3: Aus geodätischen und Schweremessungen, Mondparallaxe und dynamischer Abplattung H durch Ausgleichung.

1 Legales Meter (1799) = 1,000 0133 internationales Meter.
Mittlerer Radius R_1 für die mittlere geozentrische Breite φ'_1:
nach de Sitter: $R_1 = 6\,371\,269$ m (internat.)
nach Jeffreys: $R_1 = 6\,370\,937$ m.

Ferner ist: $\varphi' - \varphi = -11'\,35'',66 \sin 2\varphi + 1'',17 \sin 4\varphi - \ldots$
und nach W. de Sitter (a. a. O., S. 221) in m:
$$R = 6378387 - 21494 \sin^2\varphi + 42 \sin^4\varphi.$$
$\varphi' - \varphi$ und R ist aus Tafeln (vgl. Abschn. 3213) zu entnehmen.

Die Konstanten $\varkappa$ und λ_1 sind bei W. de Sitter, a. a. O., S. 219, definiert. Sie sind für die Astronomie von geringerer Bedeutung.

31 1322 Masse der Erde und Gravitationskonstante.

Masse (Erde + Mond): $m = 1 : 329390$.
Masse Erde allein: $m' = 1 : 333432$.
(Werte nach Newcomb[2] mit Mondmasse $\mu = 1 : 81{,}45$.)
Neuer Wert nach Clemence: $m = 1 : 329406$. (Siehe auch Nachtrag.)
Masse der Erde im CGS-System: $5{,}980 \cdot 10^{27}$ g mit mittlerer Dichte $5{,}520\ \mathrm{cm}^{-3}$ g und den Erddimensionen von Hayford.

Gravitationskonstante: $f = k^2$, wobei Gravitationskraft $K = k^2 \frac{m_1 m_2}{r^2}$

$f = k^2$ im CGS-System: $66{,}65 \cdot 10^{-9}\ \mathrm{cm^3 g^{-1} s^{-2}}$.

Für die Himmelsmechanik ist $k^2 = 4\pi^2 \frac{a^3}{U^2(1+m)}$ gesetzt (Gaußsche Konstante), wobei von Gauß als Zeiteinheit für die Umlaufszeit U der Erde der mittlere Sonnentag, als Masseneinheit die

[1] Meist nach Angaben von E. Gigas, Institut für Erdmessung, Bamberg. Vgl. auch die ausführlichen Angaben in Abschn. 321.
[2] Astr. Papers Washington **6** (1898) 11—12.

Sonnenmasse und als Längeneinheit für a die mittlere Entfernung der Erde von der Sonne gewählt ist. Nach Gauß ist:

$$k^2 = 0{,}000\,295\,912\,2082$$
$$k = 0{,}017\,202\,098\,95$$
$$\log k = 8{,}235\,581\,4414$$
$$k'' = 3548'',187\,607\ (= 0°,985\,607\,66)$$
$$\log k'' = 3{,}550\,006\,5746$$

Der Wert k^2 ist von Gauß mit älteren Grundlagen berechnet. Behält man nach Vereinbarung den numerischen Wert von k^2 bei, so ist die Länge der astronomischen Einheit durch k^2 und die neueren Werte von U und m festgelegt. Der Wert von a, die mittlere ungestörte Entfernung Sonne—Erde[1], weicht dann von der Einheit ab; es ist $\log a = 0{,}000\,000\,013$. Für die gestörte mittlere Entfernung hat der log den Wert 0,000000010 (vgl. auch W. de Sitter, a. a. O., S. 222).

Wählt man als Zeiteinheit $1/k = 58{,}132\,440\,87$ mittlere Sonnentage, so wird $k = 1$.

Berücksichtigt man die säkulare Retardation der Erdrotation, so wird (W. de Sitter, a. a. O., S. 222. Der Wert von k ist dort zu verbessern): $k = 0{,}017\,202\,098\,95\ (1 + 2{,}546 \cdot 10^{-8}\ T)$; T in Einheiten des tropischen Jahrhunderts.

311323 Schwerebeschleunigung.

Internationale Werte (Stockholm 1930) der Schwere:

$$g = g_0 (1 + \beta \sin^2 \varphi + \gamma \sin^2 2\varphi)$$
$$g_0 = 978{,}0490 \text{ in gal } (= \text{cm sec}^{-2})$$
$$\beta = +\,0{,}005\,2884 \qquad \gamma = -\,0{,}000\,0059$$

Nach H. Jeffreys ist: $g_0 = 978{,}0373$ gal

$$\beta = +\,0{,}005\,2891 \qquad \gamma = -\,0{,}000\,0059$$

g_1 für φ_1' nach W. de Sitter:	979,768 gal (internat. 1930)
„ H. Jeffreys:	979,7565 gal
g absolut für Potsdam:	981,274 gal (internat.)
Dasselbe nach Jeffreys:	981,2606 gal

Anziehung des Erdkörpers (von der Zentrifugalkraft befreite Schwere) für die Breite φ_1':

$$G_1 = (979{,}768 + 2{,}253) \text{ gal} = 982{,}021 \text{ gal}$$

Die Länge des Sekundenpendels ergibt sich aus $l = \frac{g}{\pi^2}$ in cm.

Sämtliche Werte dieses Abschnitts gelten für das Meeresniveau (ausführliche Angaben siehe Abschn. 3215/16).

311324 Trägheitsmomente.

Hier seien die aus astronomischen Beobachtungen erhaltenen Werte der Konstanten gegeben. Im übrigen ist auf Abschnitt 3214 hinzuweisen.

Die dynamische Abplattung $H = (C - A)/C$ wird mit Sicherheit nur aus astronomischen Beobachtungen erhalten[2]. Unter der Voraussetzung der Isostasie des gesamten Erdkörpers wurde sie zugleich mit μ aus den beobachteten Werten von **P** und **N** hergeleitet (vgl. 31131 Gl. 2 und 3). Doch hat dieser Weg auf Widersprüche geführt (vgl. 311355, 311364), so daß der einzig brauchbare Wert aus Gleichung 2 erhalten wird, wenn μ aus L (Gl. 4) bestimmt ist (vgl. 311373).

Deshalb ist der von G. M. Clemence aus **P** und **N** erhaltene Wert ($H = 0{,}003\,286\,885$) nicht brauchbar. W. de Sitter leitet aus $\mathbf{P} = 5493'',157$ (vgl. 311353) und $1/\mu = 81{,}53$ (vgl. 311371) den Wert $H = 0{,}003\,279\,423$ ab. Mit demselben **P** und der neuen Mondmasse $1/\mu = 81{,}278$ erhält H. Jeffreys $H = 0{,}003\,272\,60$. Denselben Wert ergibt auch eine Neuberechnung aus den Daten von H. Spencer Jones (a. a. O., S. 61, Gl. 3).

Ersetzt man **P** durch den von G. M. Clemence gegebenen Betrag $\mathbf{P} = 5493'',847$ (vgl. 311353), so gibt eine Neurechnung mit $1/\mu = 81{,}27$ schließlich $H = 0{,}003\,272\,77$ und $1/H = C/(C - A) = 305{,}55$.

Im Zusammenhang mit den Trägheitsmomenten sind die aus astronomischen Beobachtungen erhaltenen numerischen Werte der Größen $J = \frac{3}{2}\frac{C - A}{M_1 R_0^2}$ und $q = \frac{3}{2}\frac{C}{M_1 R_0^2}$ (M_1 = Erdmasse; Einheit wie bei C und A) anzugeben, wobei $J = qH$ ist. Hierbei ist die Isostasie des Erdkörpers vor-

[1] Astr. Papers Washington **6** (1898) 10.

[2] H könnte auch aus der Abplattung $\mathfrak{a}$ hergeleitet werden; Gleichungen bei W. de Sitter, a. a. O., S. 221, und H. Jeffreys, a. a. O., S. 243.

ausgesetzt, also eine weitere Nachprüfung der physikalischen Bedeutung von C und A notwendig (vgl. W. de Sitter, a. a. O., S. 220, sowie 311355 und 311364)[1].

Aus Mondbeobachtungen (Störungen des Mondknotens und Perigäums, Neigung der Mondachse, Mondbreite) hat H. Spencer Jones (a. a. O., S. 63) den Wert $J = 0{,}00164146 \pm 0{,}00000360$ hergeleitet. H. Jeffreys (a. a. O., S. 245) erhält aus ähnlichem Material $J = 0{,}0016370 \pm 0{,}0000041$.

Ältere Werte von W. de Sitter (a. a. O., S. 221) sind $J = 0{,}00164112$ und $q = 0{,}50043$.

Aus dem Wert $H = 0{,}00327277$ und dem Mittelwert von H. Spencer Jones und H. Jeffreys $J = 0{,}0016392$ ergibt sich aus astronomischen Daten allein $q = J/H = 0{,}50086$.

Als neuere terrestrische Werte seien zum Vergleich

$$J = 0{,}001638 \quad \text{und} \quad q = 0{,}5009$$

gegeben (siehe 3214). Die Übereinstimmung mit den zuletzt gegebenen astronomischen Werten ist sehr befriedigend.

31 133 Sonnenparallaxe.

311331. Die Sonnenparallaxe (mittlere Äquatorial-Horizontal-Parallaxe) wird durch direkte Messungen oder mittels anderer unmittelbar gemessener Konstanten hergeleitet.

International angenommen ist der Wert von Newcomb $\pi_\odot = 8'',80$ (Paris 1896)[2].

Definiert man mit W. de Sitter (a. a. O., S. 222 und 229) die astronomische Einheit in km durch 1 A.E. $= R_0/(\pi''_\odot \sin 1'')$, so ist 1 A.E. $= 149{,}5$ Millionen km (mittlere Entfernung Sonne—Erde; vgl. 311322).

311332. Eine Zusammenstellung der direkt gemessenen Werte siehe J. Bauschinger (a. a. O., S. 852). Der Mittelwert der älteren Beobachtungen einschließlich der Eros-Opposition 1901 ergibt $8'',806 \pm 0'',003$; die Beobachtungen der kleinen Planeten Victoria, Iris und Sappho[2] ergeben $8'',804 \pm 0'',005$, des Eros (Opposition 1901) allein[3] photographisch $8'',807 \pm 0'',003$, mikrometrisch $8'',806 \pm 0'',004$. Diese Ergebnisse stützen den obigen international angenommenen Wert von $\pi_\odot$.

311333. Indirekte Methoden[4] geben den Mittelwert $8'',782 \pm 0'',003$, weisen also auf eine kleinere Sonnenparallaxe hin. Dafür spricht u. a. die Herleitung von $\pi_\odot$ aus der durch Positionsmessungen hergeleiteten Aberrationskonstanten (vgl. 311342), aus der parallaktischen Ungleichheit (Gl. 5 der Vorbemerkung, vgl. 311374) sowie auch die Übereinstimmung von $\pi_\odot$ mit der dynamisch bestimmten Masse von Erde + Mond (vgl. J. Bauschinger, a. a. O., S. 869; und Nachtrag).

Zu den indirekten Methoden zählt auch die Herleitung aus der spektrographisch gemessenen Aberrationskonstanten (vgl. 311342).

311334. Neuer Wert der Sonnenparallaxe aus Beobachtungen des Eros während der Opposition 1930/31: $\pi_\odot = 8'',790 \pm 0'',001$ (H. Spencer Jones, a. a. O.)[5]. Die voneinander unabhängigen Teilergebnisse sind aus Rektaszensionsbeobachtungen $8'',7900 \pm 0'',0013$ und $8'',7875 \pm 0'',0009$; aus Deklinationsbeobachtungen $8'',7907 \pm 0'',0011$.

Die astronomische Einheit beträgt dementsprechend 149,67 Mill. km (einer Änderung von $0'',01$ in $\pi_\odot$ entspricht eine lineare Änderung von 170000 km).

311335. Lichtgeschwindigkeit und Lichtzeit. Mit der Sonnenparallaxe hängt die Lichtzeit zusammen, die Zeit, die das Licht braucht, um 1 A.E. zu durchlaufen. Der Betrag hängt von dem für die Lichtgeschwindigkeit angenommenen Wert ab.

Für die Lichtgeschwindigkeit nimmt die Physik als besten Wert:

$$c = 299776 \text{ km/sec}$$

an. Dem älteren Wert von Newcomb, $c = 299860$ km/sec, entspricht bei $\pi_\odot = 8'',80$ die häufig benutzte Lichtzeit von $\tau = 498^s,58 = 0^d,0057706$. Mit dem neueren Wert der Lichtgeschwindigkeit ergibt sich $\tau = 498^s,72 = 0^d,0057722$. Die astronomischen Jahrbücher benutzen auch, um in Übereinstimmung mit der Aberrationskonstanten zu kommen, $\tau = 498^s,38 = 0^d,0057683$.

31 134 Aberration.

311341. Die Konstante der jährlichen Aberration A kann durch die direkte Messung oder durch Berechnung nach Gl. 1 der Vorbemerkung erhalten werden.

Der international (Paris 1896) angenommene berechnete Wert ist $A = 20'',47$, entsprechend $\pi_\odot = 8'',80$; säkulares Glied $-0'',0000143\ T$.

Der konstante Teil der jährlichen Aberration hat den Faktor $0'',343$. Die Konstante der täglichen Aberration ist zu $0'',320$ berechnet.

311342. Die aus Positionsbeobachtungen direkt hergeleiteten Werte von A sind bei J. Bauschinger (a. a. O., S. 854) zusammengestellt. Der Mittelwert ist $A = 20'',52 \pm 0'',007$ (m. F.).

---

[1] Zusammenhang zwischen J und α vgl. J. Bauschinger, a. a. O., S. 863.

[2] Conférence Internationale, a. a. O., S. 59 u. 85 (1896).

[3] Hinks, A. R.: MN **69** (1909) 566 und **70** (1910) 603.

[4] Bauschinger, J.: a. a. O., S. 893.

[5] Newcomb (a. a. O., S. 175) hatte den Mittelwert $8'',790$ für die Bestimmung der Masse von (Erde + Mond) angenommen (Fußnote 2 S. 45).

Eine neuere Beobachtungsreihe (Washington 1903—1925)[1] hat einen kleineren Wert $A = 20'',479 \pm 0'',008$ ergeben. Ebenso sind auch die spektrographisch erhaltenen Werte (vgl. Bauschinger, a. a. O., S. 855) kleiner. Die von J. Halm und H. Spencer Jones am Kap[2] bestimmten Werte sind $A = 20'',473$ und $A = 20'',475$. Die gleichzeitig hergeleiteten Werte der Sonnenparallaxe sind $\pi_\odot = 8'',800$ und $\pi_\odot = 8'',803$, während W. Schaub[3] spektrographisch den Wert $\pi_\odot = 8'',787 \pm 0'',008$ (entsprechend einer Aberrationskonstante $A = 20'',50$) erhalten hat. (Siehe auch Nachtrag.)

311343. Im ganzen sind die beobachteten Werte der Aberrationskonstanten größer als der angenommene Wert $A = 20'',47$ und weisen auf eine Verkleinerung der international angenommenen Sonnenparallaxe hin. Mit $\pi_\odot = 8'',790$ erhält G. M. Clemence $A = 20'',507$; denselben Wert gibt auch H. Spencer Jones. Man kann $A = 20'',50$ als den derzeitig wahrscheinlichsten Wert der Aberrationskonstanten ansetzen. (Siehe Nachtrag.)

Verschiedene Untersuchungen, vor allem von W. Becker[4], deuten auf eine Abhängigkeit der Aberrationskonstante vom Spektraltyp der Sterne hin, was allerdings physikalisch nicht verständlich ist. Jedoch ist die Erscheinung noch nicht geklärt[5].

31135 Präzession.

311351 Die Präzessionsgrößen.

(Vergleiche hierzu Abb. 21.)

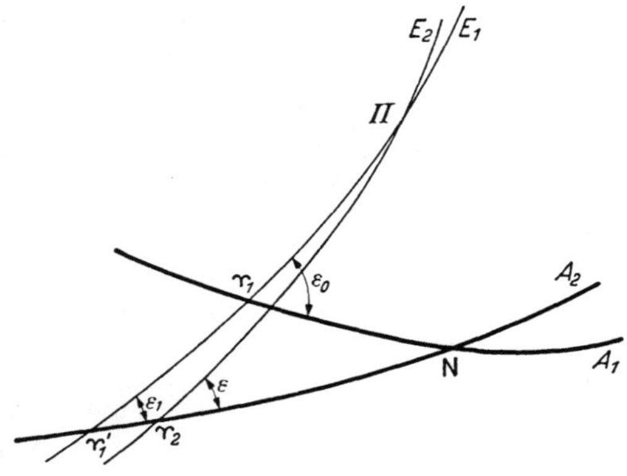

Abb. 21. E_1, A_1 Lage der Ekliptik und des Äquators zur Zeit T; E_2, A_2 die Lage beider zur Zeit $T' = T + \Theta$ (bzw. $T' = T + dT$). Υ_1, ε_0 und Υ_2, ε sind Lage des Frühlingspunktes und Schiefe der Ekliptik zu beiden Zeiten.

Präzessionskonstante (lunisolar) nach Newcombs Definition	$\mathbf{P} = \frac{p_\odot + p_☾}{\cos\varepsilon} = \frac{p_0}{\cos\varepsilon}$
Lunisolare Präzession (klassische Mechanik)	$p_0 = \mathbf{P}\cos\varepsilon$ (in Länge)
Geodätische Präzession[6] (direkt)	p_g (in Länge)
Beobachtete lunisolare Präzession ($\Upsilon_1 \Upsilon_1'$)	$p_1 = p_0 - p_g$ (in Länge)
Planetarische Präzession ($\Upsilon_1' \Upsilon_2$)	λ (in Rektaszension)
Allgemeine Präzession in Länge ($\Upsilon_2\Pi - \Upsilon_1\Pi$)	$p = p_1 - \lambda\cos\varepsilon$
Allgemeine Präzession in Rektaszension ($\Upsilon_2 N - \Upsilon_1 N$)	$m = p_1\cos\varepsilon - \lambda$
Geschwindigkeit der Bewegung des Poles des Äquators ($\sphericalangle\, \Upsilon_1 N \Upsilon_2$) .	$n = p_1 \sin\varepsilon$
Rektaszension des aufsteigenden Knotens des beweglichen auf einem festen Äquator, gezählt vom festen Frühlingspunkt ($\Upsilon_1 N$)	N
Momentane Schiefe der Ekliptik	ε
Neigung des momentanen Äquators gegen eine feste Ekliptik	ε_1
Neigung der momentanen gegen eine feste Ekliptik ($\sphericalangle\, \Upsilon_1\Pi\Upsilon_2$) . . .	π
Länge des aufsteigenden Knotens der beweglichen auf einer festen Ekliptik, gezählt vom festen Frühlingspunkt ($\Upsilon_1\Pi$)	Π

In Gl. 2 der Vorbemerkung bedeutet nach W. de Sitter (a. a. O., S. 224):

$$A' = \frac{3}{2}\frac{n^2}{\omega}\frac{\sec^3\Phi}{1+m}\, 100\ \mathrm{Y} \qquad B' = \frac{3}{2}\frac{n'^2}{\omega}\, 100\ \mathrm{Y}\cdot N_1$$

[1] Morgan, H. R.: A. J. **40** (1930) 24.
[2] Cape Ann., **10**, Part 3 (1909) u. Part 8 (1928).
[3] Veröff. Bonn Nr. 25 (1930).
[4] AN **238** (1930) 317; **239** (1930) 63; **242** (1931) 225.
[5] Fiat-Review Bd. **20** Astronomie (1948) 89.
[6] Ein durch die Relativitätstheorie bedingtes Glied. Vgl. W. de Sitter, a. a. O., S. 216 u. 223. Bei W. de Sitter, BAN **4** (1927) 59 ist p_g umgekehrt gezählt. Vgl. J. Jackson, MN **90** (1930) 742. — Eddington, A. S.: Relativitätstheorie in mathem. Behandlung. (Deutsche Übersetzung.) Berlin 1925, S. 141ff. — Die klassische Mechanik setzt $p_g = 0$.

100 Y ist die Länge des tropischen Jahrhunderts; N_1 hängt von der Mondbewegung ab. Die Koeffizienten A' und B' sind numerisch gut gesichert.

Für eine feste Epoche ist:

$$\frac{d\varepsilon}{dt} = \frac{d}{dt}(\pi \cos \Pi) \qquad \lambda = \operatorname{cosec} \varepsilon \frac{d}{dt}(\pi \sin \Pi).$$

Alle Größen mit Ausnahme von ε, ε_1, π, N und Π sind Geschwindigkeiten. Gesamtänderungen in einem bestimmten Zeitintervall sind in 311352 durch ( ) gekennzeichnet.

311352 Numerische Werte der Präzessionsgrößen nach Newcomb (Paris 1896).

Die folgende Zusammenstellung der Gesamtänderungen der Präzessionsgrößen ist nach H. Andoyer[1] gegeben. Die Zeiten T und T' sind von 1900,0 ab in tropischen Jahrhunderten gezählt, wobei $T' - T = \Theta$ gesetzt ist.

$\mathbf{P} = 5490'',66 - 0'',00364\, T$

$(p_0) = (5037'',084 + 0'',4930\, T - 0'',00004\, T^2)\, \Theta + (-1'',0720 - 0'',00148\, T)\, \Theta^2 - 0'',00153\, \Theta^3$

$(\lambda) = (12'',473 - 1'',8870\, T - 0'',00014\, T^2)\, \Theta + (-2'',3807 - 0'',00157\, T)\, \Theta^2 - 0'',00166\, \Theta^3$

$(p) = (5025'',641 + 2'',2229\, T + 0'',00026\, T^2)\, \Theta + (1'',1115 + 0'',00026\, T)\, \Theta^2 + 0'',00010\, \Theta^3$

$(m) = (4608'',506 + 2'',7945\, T + 0'',00012\, T^2)\, \Theta + (1'',3973 + 0'',00012\, T)\, \Theta^2 + 0'',03632\, \Theta^3$

$\quad = (307^s,2337 + 0^s,18630\, T + 0^s,000008\, T^2)\, \Theta + (0^s,09315 + 0^s,000008\, T)\, \Theta^2 + 0^s,002421\, \Theta^3$

$(n) = (2004'',685 - 0'',8533\, T - 0'',00037\, T^2)\, \Theta + (-0'',4267 - 0'',00037\, T)\, \Theta^2 - 0'',04180\, \Theta^3$

$\quad = (133^s,6457 - 0^s,05689\, T - 0^s,000025\, T^2)\, \Theta + (-0^s,02845 - 0^s,000025\, T)\, \Theta^2$
$\quad - 0^s,002787\, \Theta^3$

$(\dot{N}) = 90° + (-2304'',253 - 1'',3973\, T - 0'',00006\, T^2)\, \Theta + (-0'',3023 + 0'',00027\, T)\, \Theta^2$
$\quad - 0'',01800\, \Theta^3$

$\varepsilon = 23°\, 27'\, 8'',26 - 46'',844\, T - 0'',0060\, T^2 + 0'',00183\, T^3$

$(\varepsilon_1) = \varepsilon + (0'',0606 - 0'',00920\, T)\, \Theta^2 - 0'',00773\, \Theta^3$

$(\pi) = (47'',107 - 0'',0675\, T + 0'',00057\, T^2)\, \Theta + (-0'',0337 + 0'',00057\, T)\, \Theta^2 + 0'',00005\, \Theta^3$

$(\Pi) = 173°\, 57'\, 3'' + 3286'',9\, T + 0'',56\, T^2 + (-869'',4 - 0'',55\, T)\, \Theta + 0'',03\, \Theta^2$

311353 Neuere Werte der Präzessionsgrößen.

Neue Bestimmungen der Konstanten der allgemeinen Präzession in Verbindung mit der Bestimmung der Bewegung der Sonne und der Rotation der Milchstraße[2] haben die Notwendigkeit der Vergrößerung der Präzession p im Betrag $\Delta p \sim 1''$ ergeben.

G. M. Clemence nimmt nach J.H. Oort[3], bezogen auf das System des FK 3 $\Delta p = + 1'',01$, als Konstante der allgemeinen Präzession also $5026'',65$ an und berechnet außerdem die Werte $\pi \sin \Pi$ und $\pi \cos \Pi$ neu. Hierauf gründet sich das von ihm neu zusammengestellte, im folgenden gegebene System der Präzessionsgrößen (vgl. hierzu die Bemerkung in Abschnitt 311354).

Clemence gibt (a. a. O., S. 175 und brieflich) folgendes System von Präzessionsgrößen gezählt von 1900,0 (Einheit tropisches Jahrhundert):

$\mathbf{P} = 5493'',847 - 0'',0036\, T$

$p_0 = 5040'',010 + 0'',4930\, T - 0'',00008\, T^2$

$p_g = 1'',921$

$p_1 = 5038'',089 + 0'',4930\, T - 0'',00008\, T^2$

$\lambda = 12'',469 - 1'',8889\, T - 0'',00008\, T^2$

$p = 5026'',650 + 2'',2248\, T - 0'',00019\, T^2$

$m = 4609'',432 + 2'',7966\, T - 0'',00004\, T^2 = 307^s,2955 + 0^s,18644\, T - 0^s,000003\, T^2$

$n = 2005'',086 - 0'',8535\, T - 0'',00028\, T^2 = 133^s,6724 - 0^s,05690\, T - 0^s,000019\, T^2$

$\varepsilon = 23°\, 27'\, 8'',26 - 46'',845\, T - 0'',0043\, T^2 + 0'',00180\, T^3$

$\varepsilon_1 = 23°\, 27'\, 8'',26 + 0'',0606\, T^2 - 0'',00774\, T^3$

$\pi \sin \Pi = 4'',962\, T + 0'',1940\, T^2 - 0'',00022\, T^3$

$\pi \cos \Pi = -46'',845\, T + 0'',0543\, T^2 + 0'',00032\, T^3$

$d\pi/dT = 47'',108 - 0'',0709\, T + 0'',00057\, T^2$

$\Pi = 173°\, 57'\, 11'' + 3288'',6\, T + 0'',89\, T^2$

W. de Sitter und ebenso auch H. Spencer Jones und H. Jeffreys (a. a. O.) gehen von einem Wert $p = 5026'',00$ aus, der mit $\lambda = 12'',493$ auf $p_0 = 5039'',376$ und $\mathbf{P} = 5493'',157$ führt.
H. R. Morgan[4] schließt aus der Diskussion der fundamentalen Deklinationsbewegungen auf eine Verbesserung der Newcombschen Präzession im Betrag von $+ 0'',75$.

---

[1] Andoyer, H.: BA **28** (1911) 67 und Connaissance des Temps, publiée par le Bureau des Longitudes. Constantes Astronomiques.
[2] Vgl. Fiat-Review Bd. **20** Astronomie, S. 367ff. (1948) und Abschn. 3152.
[3] Oort, J. H.: BAN **9** (1943) 424.
[4] Morgan, H. R.: A. J. **54** (1948) 1 u. (1949) 145.

Kopff

311354. Die erwähnten Neubestimmungen der Präzessionskonstanten ergaben außer dem Betrag Δp auch eine Verbesserung der Summe von planetarischer Präzession und Newcombschem Äquinoktium ($-\Delta\lambda - \Delta e$) nach Oort im Betrag von $-1'',19$[1]. Die Deutung dieser Verbesserung ist noch ungeklärt[2]; sie steht im Widerspruch zu den sonst erhaltenen Korrektionen von $\Delta\lambda$ und Δe. Solange dieser Widerspruch besteht, muß man allerdings die Richtigkeit der in Abschnitt 311353 zugrunde liegenden Korrektion Δp in Frage stellen. (Siehe auch Nachtrag.)

311355. Ursprünglich dienten **P** und **N** zur Herleitung der dynamischen Abplattung H und der Mondmasse μ (vgl. Abschnitt 311364). Nach den Untersuchungen von H. Jeffreys[3] kann H jedoch nur aus **P** in Verbindung mit μ (311373) einwandfrei hergeleitet werden. Die numerischen Werte sind in 311324 zusammengestellt.

31136 Nutation.

311361. Als Nutationskonstante ist nach Newcomb $\mathbf{N} = 9'',210 + 0'',0009\,T$ (T in tropischen Jahrhunderten ab 1900) international (Paris 1896)[4] angenommen. Der Wert beruht auf zahlreichen Beobachtungsreihen (vgl. J. Bauschinger, a. a. O. S. 860—861).

311362. Neuere Beobachtungsreihen[5] bestätigen den angenommenen Wert von **N**.

E. Przybyllok	$9'',207 \pm 0'',003$	(1920)
J. Jackson	$9'',2066 \pm 0'',0055$	(1930)
H. Spencer Jones	$9'',2066 \pm 0'',0042$	(1939)
H. R. Morgan	$9'',206 \pm 0'',007$	(1943)

Der gut gesicherte Mittelwert ist $9'',207$.

311363. Nach der Formel 3 der Vorbemerkung läßt sich **N** auch berechnen, sobald H (unter der Voraussetzung $H' = H$) und μ bekannt sind. μ ergibt sich aus L (vgl. 311373) und H aus **P** (vgl. 311355).

Hierbei ist[6] $C' = \frac{3}{2}\frac{n'^2}{\omega}\frac{1}{\alpha''\sin 1''}N'$. Die Größen n', α, N' ergeben sich aus der Mondbewegung, C' ist also gut gesichert. Mit den eben erwähnten Werten von H und μ erhält man als berechneten Wert[7] $\mathbf{N} = 9'',2272 \pm 0'',0008$ (w. F.).

311364. Der Widerspruch mit dem beobachteten Wert $9'',207$ ist also recht bedeutend, worauf auch von anderer Seite hingewiesen wurde (vgl. H. Spencer Jones, a. a. O., S. 62). Nach H. Jeffreys[3] ist der Einfluß der Abweichung des Erdinneren von der Isostasie von erheblichem Einfluß auf die Nutationskonstante, deren berechneter Wert durch besondere Annahmen auf $9'',172$ reduziert werden könnte. Die Diskrepanz zwischen dem beobachteten und berechneten Wert lag also darin, daß in Gl. 3 der Vorbemerkung $H' = H$ gesetzt war. H' setzt sich in komplizierterer Weise aus der Massenverteilung im Erdinneren zusammen als H. Als numerischer Wert ergibt sich $H' = 0,00326630$[8].

Ob die Größen C und A, die in J und q eingehen (vgl. 311324), mit den entsprechenden Werten in H identisch sind, bedarf weiterer Nachprüfung.

31137 Mondmasse.

311371. Der international angenommene Wert für die reziproke Mondmasse ist $1/\mu = 81,53$. Er liegt den Mondtafeln von E.W. Brown zugrunde. Newcomb hat $1/\mu = 81,45$.

Die Mondgleichung L (vgl. Gl. 4 der Vorbemerkung) lieferte mittels $\pi_{\odot} = 8'',806$ den Wert $1/\mu = 81,54 \pm 0,09$[9]. Ferner wurde in 311324 und 311355 darauf hingewiesen, daß μ auch zugleich mit H aus **P** und **N** unter der Voraussetzung $H' = H$ hergeleitet wurde. Ältere Werte ergaben[10] $81,51 \pm 0,20$, woraus der Mittelwert $1/\mu = 81,53 \pm 0,08$ hervorgeht. Die gute Übereinstimmung beider Methoden schien die Zuverlässigkeit der angenommenen Werte für μ, **P** und **N** zu gewährleisten. Inzwischen hat die Revision der Ausgangsdaten gezeigt, daß zwischen den beiden Methoden zur Bestimmung der Mondmasse eine erhebliche Diskrepanz besteht.

311372. Zunächst ist auf die in L eingehende Mondparallaxe hinzuweisen.

Die Mondparallaxe wird meist aus Gl. 6 der Vorbemerkung vermittels gravimetrischer Messungen erhalten. Der von E. W. Brown in seinen Mondtafeln (a. a. O., S. 28) benutzte Wert ist $\pi'_{☾} = 3422'',54$. W. de Sitter gibt den zum Teil angenommenen Wert $3422'',526$. Der Wert von G. M. Clemence ist zu groß.

---

[1] Anm. 3, S. 49 und Fiat-Review Bd. **20** Astronomie (1948) 369.
[2] Oort, J. H.: BAN **9** (1943) 424.
[3] Jeffreys, H.: MN **108** (1948) 206.
[4] Conférence Internat. S. 69 (1896), BA **15** (1898) 241.
[5] Siehe H. Spencer-Jones, G. M. Clemence, a. a. O. (Der Wert von H. Spencer Jones ist korrigiert.) Ferner J. Jackson, MN **90** (1930) 733.
[6] de Sitter, W.: a. a. O, S. 224.
[7] Spencer Jones, H.: a. a. O., S. 62.
[8] Berechnet wurde w aus dem Betrag der Nutation $9'',210$ nach H. Spencer Jones (a. a. O., S. 65, zweite Gleichung). Dem Wert H' kommt wohl keine physikalische Bedeutung zu.
[9] Hinks, A. R.: MN **70** (1909) 73.
[10] Bauschinger, J.: a. a. O., S. 861.

Eine Neudiskussion der Mondparallaxe hat H. Jeffreys (a. a. O., S. 247) vorgenommen. Er verbindet das aus trigonometrischen Messungen in Greenwich und am Kap erhaltene Resultat[1] mit dem aus gravimetrischen Messungen erhaltenen und findet $\pi'_{☾} = 3422'',419 \pm 0'',024$.

311373. Für die Bestimmung der Mondmasse ist der Wert der Mondgleichung[2] L entscheidend. Ältere Werte von L sind unsicher. Hinks hatte $L = 6'',4305 \pm 0'',0031$ erhalten. Die genaue systematisch einheitliche Festlegung der Sternörter[3] längs der Bahn des Eros bei seiner Opposition 1930/31 ermöglichte die Herleitung eines stärker gesicherten Wertes $L = 6'',4390 \pm 0'',0015$ durch H. Spencer Jones (Neureduktion von H. Jeffreys $L = 6'',4378$).

Hieraus ergibt sich der unter Benutzung von $\pi_{\odot} = 8'',790$ und der Mondparallaxe von W. de Sitter erhaltene Wert $1/\mu = 81,271 \pm 0,021$. Die Neureduktion von H. Jeffreys lieferte $1/\mu = 81,269 \pm 0,025$, wodurch der Wert von H. Spencer Jones bestätigt wird. Der zuletzt gegebene Wert der Mondparallaxe führt (Jeffreys, a. a. O., S. 247) auf $1/\mu = 81,278 \pm 0,025$. (Siehe auch Nachtrag.)

Der von G. M. Clemence aus **P** und **N** (wobei $H' = H$) ermittelte Wert $1/\mu = 81,79$ ist zu groß.

311374. Anzugeben ist hier noch der Wert der parallaktischen Ungleichheit P (Vorbemerkung Gl. 5), wobei $- P \sin (L_{☾} - L_{\odot})$ ein Hauptglied in der Störung der Mondlänge bedeutet. P kann aus Mondbeobachtungen bestimmt werden und zur Herleitung der Mondmasse oder auch, falls diese bekannt, zur Herleitung der Sonnenparallaxe dienen. Nach E.W. Brown ist $P = 125'',154$ (W. de Sitter, a. a. O., S. 231).

J. Bauschinger (a. a. O., S. 876) gibt als Mittelwert zahlreicher Beobachtungen $P = 124'',86 \pm 0'',15$. Der aus Gl. 5 der Vorbemerkung mit den neuen Werten von μ, $\pi_{\odot}$, $\pi'_{☾}$ berechnete Wert ist $P = 124'',93$ (Neurechnung) in völliger Übereinstimmung mit dem von H. Battermann aus Sternbedeckungen hergeleiteten Wert. (Siehe auch Nachtrag.)

31138 Schlußbemerkung zu 31132 bis 31137.

Über den gegenwärtigen Stand der astronomischen Konstanten läßt sich zusammenfassend sagen: Die Konstanten, die sich auf die Gestalt des Erdkörpers und die Schwere an der Oberfläche beziehen, sind durch die Geodäsie festzulegen, die Lichtgeschwindigkeit durch die Physik. Die Frage der Bestimmung der mit den Trägheitsmomenten zusammenhängenden Größen bedarf weiterer Klärung. Die Konstanten, die sich auf die Planeten und die Zeit beziehen, sind mit hinreichender Sicherheit bekannt.

Von den miteinander in Verbindung stehenden Konstanten liegen für die Sonnenparallaxe $\pi_{\odot}$ (vgl. 31133), Präzession **P** (31135) und Nutation **N** (31136) neue unabhängige Werte vor; die Konstante der Aberration A (31134) läßt sich berechnen, und die Mondmasse μ ist durch die Mondgleichung L bestimmt (311373). Die dynamische Abplattung H ist aus **P** allein herzuleiten (311324, 311355), dagegen nicht, soweit jetzt feststeht, aus **N** (311364). H ist also als primäre Konstante nicht geeignet, und das von W. de Sitter aufgestellte System der Konstanten bedarf einer neuen Überprüfung. Die Frage, welcher Wert für **P** anzunehmen sein wird, ist ebenfalls noch nicht hinreichend gelöst (311354).

Nachtrag[4].

Zu **311321** (Erddimensionen). In der UdSSR wird gegenwärtig als Äquatorhalbmesser der Erde der Wert 6378245 m und für die Abplattung 1 : 298,3 angenommen; Werte, die mit denen von Clarke und Helmert weitgehend übereinstimmen.

---

[1] Vgl. MN **71** (1911) 526.

[2] Newcomb, S. (a. a. O., S. 140), definiert eine Größe L_1 als Koeffizient von $\sin (L_{☾} - L_{\odot})$ in der Sonnenlänge. Es ist: $L_1 = 1,00450\, L$ (W. de Sitter, a. a. O., S. 224).

[3] Kopff, A., H. Nowacki und Fr. Gondolatsch: AN **241** (1931) 345 und **244** (1932) 385.

[4] Ende März 1950 fand in Paris ein Internationales Astronomisches Kolloquium statt. Es wurde empfohlen, daß vorerst keine Änderung der gegenwärtig festgelegten Astronomischen Konstanten vorgenommen werden soll. Im Nachtrag sind die Ergebnisse des Kolloquiums soweit wie möglich aufgenommen. Vgl. Constantes Fondamentales de l'Astronomie. Colloques intern. XXV. Centre Nat. de la Recherche Scient. Paris. (1950)

In diesem Zusammenhang sei noch bemerkt, daß eine genaue Definition der mittleren Zeitsekunde als Zeitnormale festgelegt wurde, was durch die Feststellung der Veränderlichkeit der Erdrotation notwendig geworden war. Die Normale der Zeitsekunde ist durch die Länge des siderischen Jahres zu Beginn des Jahres 1900 (d. h. für 1900,0) bestimmt. Die Zeit, die in dieser Einheit festgelegt wird, soll als „Ephemeridenzeit" (Ephemeris Time, Temps des Ephémérides) bezeichnet werden. An die aus der Beobachtung erhaltene momentane mittlere Sonnenzeit (mittlere Zeit; MZ), die sich auf die Sonnentafeln von Newcomb gründet, ist eine Korrektion:

$$t = +24^{s},349 + 72,^{s}3165\, T + 29^{s},949\, T^2 + \frac{1^{s},821}{1''}\, B''$$

(T in jul. Jahrhunderten seit 1900 Jan. 0,0 MZGr) anzubringen, um gleichförmige Ephemeridenzeit zu erhalten. Die beiden letzten Glieder bedingen die Änderung der Länge der Zeitsekunde; B, ein unregelmäßiger Betrag, ist durch laufende Beobachtungen der Länge des Mondes (und der inneren Planeten) zu ermitteln (vgl. G. M. Clemence, a. a. O., S. 172). Diese Formel definiert zugleich die Normale der Zeitsekunde. Der Unterschied in der Sekundenlänge für Ephemeridenzeit und beobachtete mittlere Sonnenzeit ist für die messende Physik ohne Bedeutung. (Vgl. 31126.) Der Begriff Weltzeit (Universal Time, Temps Universel) bleibt als beobachtete mittlere Sonnenzeit ungeändert.

Kopff

Zu **31 1322** (Masse von Erde + Mond). Aus der Bearbeitung der Erosbeobachtungen: E. Noteboom (AN **214** (1921) 169) erhält aus den Oppositionen 1893—1914 (24 Normalörter) $1/m = 328370 \pm 102$; G. Witt, (Astr. Abh. Erg. H. d. AN **9** Nr. 1 (1935) 9) aus 1893—1931 (34 Normalörter) $1/m = 328390 \pm 103$ und E. Rabe (Harvard Card Nr. 1051, 1949 und A. J. **55** (1950) 112) aus 1926 bis 1945 (37 Normalörter, davon 21 aus der Opposition 1930/31) unter Berücksichtigung einer gleichmäßigen Zeitzählung $1/m = 328452 \pm 43$. Die Erosbeobachtungen ergeben also einen kleineren Wert als den von Newcomb angenommenen im Gegensatz zu Bauschinger (a. a. O., S. 893), der als Mittelwert aus verschiedenen Methoden $1/m = 330200 \pm 930$ herleitet.

Zu **31 1333** (Sonnenparallaxe). Indirekte Methode aus der Erdmasse. Die neuen Werte der Erdmasse aus den Erosbeobachtungen (Nachtrag zu 31 1322) führen zu größeren Werten der Sonnenparallaxe. E. Noteboom gibt $\pi_\odot = 8'',799$, E. Rabe $\pi_\odot = 8'',79835 \pm 0'',00039$, während J. Bauschinger mit der von ihm hergeleiteten Erdmasse $\pi_\odot = 8'',782$ erhält und Newcomb umgekehrt aus $\pi_\odot = 8'',790$ zur Masse $1/m = 329390$ geführt wird (vgl. 31 1334, Fußnote 5).

Aus einem neuen Wert der parallaktischen Ungleichheit P (siehe Nachtrag zu 31 1374) ergibt sich $\pi_\odot = 8'',793 \pm 0'',003$.

Zu **31 134** (Aberration und Sonnenparallaxe). Eine neue Diskussion der in Pulkowo durchgeführten direkten Messungen der Aberrationskonstanten aus den Jahren 1915—1929 durch K. A. Koulikov (RAJ **26** (1949) 165) führt auf $A = 20'',512 \pm 0'',002$ (w. F.), was wiederum auf $\pi_\odot = 8'',79$ hinweist.

Andererseits führen die spektrographischen Beobachtungen von α Bootis durch W. S. Adams (Ap. J. **93** (1941) 11) zu $\pi_\odot = 8'',805 \pm 0'',007$.

Es läßt sich also gegenwärtig nicht entscheiden, ob 8'',80 oder 8'',79 der bessere Wert der Sonnenparallaxe ist. Man muß dementsprechend auch von einer Änderung der Aberrationskonstanten absehen.

Zu **31 135** (Präzession). In Verbindung mit 31 1354 ist darauf hinzuweisen, daß die Diskussion der Beobachtungen in Rektaszension eine Korrektion $\Delta k = \Delta p_1 \cos \varepsilon - \Delta \lambda - \Delta e$, in Deklination $\Delta n = \Delta p_1 \sin \varepsilon$ ergibt; Δp_1 allein ergibt sich also nur aus Deklinationsbeobachtungen[1]. Das wesentlich unsicherer zu bestimmende Δk enthält Δp_1 in Verbindung mit $(-\Delta \lambda - \Delta e)$, während die Diskussion galaktischer Längen und Breiten Δp_1 und $(-\Delta \lambda - \Delta e)$ getrennt ergibt, wobei die größere Unsicherheit der Rektaszensionsbeobachtungen in die beiden Werte eingeht. Der unter 31 1354 angegebene Widerspruch zwischen der in Verbindung mit der Bestimmung der Präzessionskorrektion erhaltenen Korrektion $(-\Delta \lambda - \Delta e)$ und den direkt erhaltenen Beträgen für $\Delta \lambda$ und Δe bleibt bestehen. Zum Beispiel nimmt J. H. Oort (BAN **9** (1943) 424) $\Delta \lambda = +0'',02$, $\Delta e = -0'',07$, also $(-\Delta \lambda - \Delta e) = +0'',05$ pro Jahrhundert als wahrscheinlich an. H.R. Morgan schätzt Δe zu $+0'',25$ pro Jahrhundert, doch ist auch dieser Wert äußerst unsicher.

Weitere Diskussionen der Verbesserung des angenommenen Wertes der allgemeinen Präzession in Länge haben Beträge ergeben, die unter 1'' liegen: H. R. Morgan erhält ähnlich wie früher $\Delta p = +0'',74$; J. H. Oort $\Delta p = +0'',71$; Dirk Brouwer gibt $\Delta p = +0'',86$ und ein russischer Wert (Pulkowo) ist $\Delta p = +0'',84$, wobei unter der Annahme, $\Delta \lambda = 0$ der Betrag $\Delta p_1 = \Delta p$ gesetzt wird. Ein gesicherter Wert der Korrektion der Präzession p ist also noch nicht anzugeben[2].

Zu **31 1362** (Nutation). Zu den neueren Werten der Nutationskonstante ist zu bemerken, daß die Resultate durch einen Fehler des „Nutationsfaktors" entstellt sind. Der von E. Przybyllok (Veröff. Zentralbüro Intern. Erdmessung. N. F. Nr. 36 (1920)) gegebene fehlerhafte Faktor a wurde in den folgenden Arbeiten unverändert übernommen. Eine Revision ist nach der Angabe von H. Spencer Jones beabsichtigt.

Eine Neubestimmung der Nutationskonstante durch K. A. Koulikov (vgl. Nachtrag zu 31 134) ergibt den Schlußwert $\mathbf{N} = 9'',1208 \pm 0'',0013$ (w. F.).

Läßt man die Annahme der Isostasie des Erdinneren fallen, so besteht die durch diese Annahme bedingte Beziehung zwischen den Hauptkoeffizienten der Nutationsglieder in Länge λ und Schiefe ε nicht mehr. Es müssen also zwei Nutationskonstanten festgelegt werden.

Zu **31 1373** (Mondmasse). Eine Neubestimmung der Mondgleichung durch E. Rabe aus der Erosopposition 1930/31 gibt für diese den Wert $L = 6'',4356 \pm 0'',0028$. Das Mittel dieses Wertes mit dem revidierten Wert von H. Jeffreys $L = 6'',4378$, ergibt $L = 6'',437$ und für die Mondmasse μ mit $\pi_\odot = 8'',798$ den Wert $1/\mu = 81,375 \pm 0,026$.

E. Delano (The Lunar Equation from observations of Eros, 1930/31. A. J. **55** (1950) 129) erhält durch eine Neudiskussion der Erosbeobachtungen 1930/31 zwei verschiedene, von den bisherigen Werten abweichende Lösungen:

	$L = 6'',4428 \pm 0'',0014$	$1/\mu = 81,222 \pm 0,027$
und	$L = 6'',4430 \pm 0'',0017$	$1/\mu = 81,219 \pm 0,030$

Zu **31 1374** (Parallaktische Ungleichheit). Ein neuer Wert der Größe P ist aus Sternbedeckungen der Jahre 1932—1942 hergeleitet worden (D. Brouwer, O. B. Watts; unveröffentlicht). Es ergibt sich $P = 124'',969 \pm 0,042$, woraus $\pi_\odot = 8'',793 \pm 0'',003$ folgt (siehe Nachtrag zu 31 1333).

---

[1] Als gute Mittelwerte gibt J. H. Oort $\Delta k = -0'',40 \pm 0'',04$, $\Delta n = +0'',49 \pm 0'',04$.

[2] Die Präzessionskonstante, die Newcomb seinen Sonnentafeln (Astr. Papers. Vol. VI Washington 1898) zugrunde gelegt hat, ist $\mathbf{P} = 5489'',78$ (tropisches Jahrhundert); der Wert weicht also von dem unter 31 1352 gegebenen $\mathbf{P}$ ab. Die von Newcomb angenommene Länge des siderischen Jahres steht demnach in Widerspruch mit dem in Paris 1896 festgesetzten Betrag der allgemeinen Präzession in Länge.

Kopff

312 Die Häufigkeit der Elemente im Kosmos.

3120 Einleitung.

Die in bestimmten wesentlichen Zügen auffallend gleichförmige mittlere chemische Zusammensetzung sowohl der meteoritischen und terrestrischen Materie (3121) als auch der spektralanalytisch untersuchten Fixsterne (3122) führt zu der Annahme, daß es eine universale, einen weiten Bereich des Kosmos umfassende Häufigkeitsverteilung der Elemente gibt, die der chemischen Zusammensetzung der bei einem Entstehungsprozeß gebildeten Urmaterie entspricht. Das geht auch hervor aus Regelmäßigkeiten, die die Häufigkeiten der einzelnen Isotope (3123) zeigen und ihren Zusammenhang mit den Strukturperioden im Bau der Atomkerne.

Im folgenden ist die in den Physikal. Ber. bis 1949 referierte Literatur berücksichtigt worden. Darüber hinaus konnten eine Reihe von Arbeiten, die Ende 1949 erst im Druck bezw. noch unveröffentlicht waren, durch freundliche private Mitteilung der Verfasser grundlegend verwertet werden. Hierfür sowie für wertvolle mündliche Hinweise sind die Verfasser den Herren H. Brown, G. Kuiper, K. Rankama u. A. Unsöld besonders dankbar.

3121 Meteorite, Eruptivgesteine, Tektite.

Mittlerer Stoffbestand der Meteorite, getrennt nach den drei meteoritischen Phasen: Metall (Spalte 3), Sulfid (Spalte 4) und Stein (Spalte 5) nach der Zusammenstellung von H. Brown [*1*]; der Eruptivgesteine (Spalte 6) nach V. M. Goldschmidt [*2*] mit Verbesserungen und Ergänzungen von K. Rankama und Th. G. Sahama [*3*]; sowie, soweit bekannt, der Tektite (Glasmeteorite) [*4*] (Spalte 7). Die Tabelle gibt somit die Zusammensetzung der bei tieferen Temperaturen zur Kondensation gelangenden Anteile der Urmaterie an, und zwar in der Reihenfolge ihrer Kondensation [*5*].

Alle Angaben in Gewichtsteilen pro Million (= Gramm pro Tonne; = 0,0001 Gew.-%).

Z	Element	Metall	Literatur	Sulfid	Literatur	Stein	Literatur	Eruptivgestein	Bem.	Tektite
1	2	3		4		5		6		7
1	H	—	—	—	—	630 ?	*6*	÷	—	—
2	He	—	*7*	—	—	—	—	0,003	a	—
3	Li	—	—	—	—	3	*2*	65	—	20
4	Be	—	—	—	—	1	*8,9*	6	—	—
5	B	—	—	—	—	3	*8, 10*	3	b	10
6	C	1100	*11, 12*	—	—	400	*8, 11*	320	b	—
7	N	—	—	—	—	0,9	*8*	46,3	a	—
8	O	—	—	—	—	410200 ± 9500	*6*	466000	—	510000
9	F	—	—	—	—	40	*8*	600 . . .900	a	—
10	Ne	—	—	—	—	—	—	0,00007	a	—
11	Na	—	—	—	—	7790 ± 530	*6*	28300	—	7500
12	Mg	320	*11*	—	—	158200 ± 3000	*6*	20900	—	12000
13	Al	40	*11*	—	—	17400 ± 1400	*6*	81300	—	60000
14	Si	40	*2*	—	—	205700 ± 1800	*6*	277200	—	335000
15	P	2200	*12, 13*	3100	*11*	1580 ± 130	*6*	1180	a	—
16	S	360	*11*	343000	*11*	17900 ± 800	*14*	520	—	—
17	Cl	—	—	—	—	900	*11*	28300	a	—
18	A	—	—	—	—	—	—	0,04	a	—
19	K	—	—	—	—	1990 ± 200	*6*	25900	—	20000
20	Ca	500	*11*	—	—	19700 ± 2000	*6*	36300	—	20000
21	Sc	—	—	—	—	5,8	*15, 16*	5	c	10
22	Ti	100	*17, 18*	—	—	930 ± 300	*6*	4400	—	5000
23	V	6	*11*	—	*19, 20*	90	*8*	150	—	50
24	Cr	240	*11*	1200	*11*	3450 ± 590	*6*	200	—	100
25	Mn	300	*11*	460	*11*	2960 ± 670	*6*	1000	—	1000
26	Fe	907800 ± 2600	*21*	611000	*11*	156400 ± 5400	*6*	50000	—	30000
27	Co	6300 ± 200	*21*	100	*2*	206 ± 86	*6*	23	a	10
28	Ni	85900 ± 2400	*21*	1000	*2*	1380 ± 240	*6*	80	a	30
29	Cu	310	*11*	4200	*11*	1,6	*11*	70	a	2
30	Zn	115	*11*	1530	*11*	3,4	*11*	132	a	—
31	Ga	50 ± 8	*22, 29*	0,5	*22, 29*	0,5	*22, 29*	15	c	6
32	Ge	190	*23, 11*	600	*23, 11*	10	*23, 11*	7	c	< 4
33	As	360	*11*	1000	*11*	20	*11*	5	—	—
34	Se	3	*25*	100	*25*	13	*24*	0,09	—	—
35	Br	1	*26*	—	—	25	*26, 8*	1,62	a	—
36	Kr	—	—	—	—	—	—	—	—	—
37	Rb	—	—	—	—	4,5	*11*	310	—	—
38	Sr	—	—	—	—	26	*27, 8*	300	a	500
39	Y	—	—	—	—	6,6	*15*	28,1	c	—

Z	Element	Metall	Literatur	Sulfid	Literatur	Stein	Literatur	Eruptivgestein	Bem.	Tektite
1	2	3		4		5		6		7
40	Zr	8	*11*	—	—	100	*11*	220	—	300
41	Nb	0,2	*2*	—	—	0,5	*28*	24	a	—
42	Mo	16,6	*11*	11	*11*	2,5	*11*	2,5...15	a	—
43	Tc	—	—	—	—	—	—	—	—	—
44	Ru	10	*8*	4,2	*11*	—	*11*	÷	—	—
45	Rh	4,1	*8*	1	*11*	—	*11*	0,001	—	—
46	Pd	3,7	*29, 32*	4,5	*11*	—	*11*	0,010	—	—
47	Ag	3,3	*8*	21	*11*	—	*11*	0,10	—	—
48	Cd	8	*11*	30	*11*	1,6	*8*	0,15	a	—
49	In	1	*2*	0,8	*11*	0,2	*8*	0,1	—	—
50	Sn	77	*23*	15	*2*	3	*23*	40	—	< 10
51	Sb	2	*11*	8	*11*	0,1	*11*	1 ?	—	—
52	Te	—	—	17	*11*	—	—	0,0018 ?	—	—
53	J	0,6	*26*	—	—	1,3	*26*	0,3	—	—
54	Xe	—	—	—	—	—	—	—	—	—
55	Cs	—	—	—	—	0,1	*11*	7	—	—
56	Ba	—	—	—	—	9,0	*27, 8*	250	—	500
57	La	—	—	—	—	2,2	*15*	18,3	c	—
58	Ce	—	—	—	—	2,5	*15*	46,1	c	—
59	Pr	—	—	—	—	1,0	*15*	5,53	c	—
60	Nd	—	—	—	—	3,7	*15*	23,9	c	—
61	—	—	—	—	—	—	—	—	—	—
62	Sm	—	—	—	—	1,3	*15*	6,47	c	—
63	Eu	—	—	—	—	0,33	*15*	1,06	c	—
64	Gd	—	—	—	—	2,0	*15*	6,36	c	—
65	Tb	—	—	—	—	0,64	*15*	0,91	c	—
66	Dy	—	—	—	—	2,5	*15*	4,47	c	—
67	Ho	—	—	—	—	0,72	*15*	1,15	c	—
68	Er	—	—	—	—	2,1	*15*	2,47	c	—
69	Tm	—	—	—	—	0,38	*15*	0,20	c	—
70	Yb	—	—	—	—	2,0	*15*	2,66	c	—
71	Cp	—	—	—	—	0,65	*15*	0,75	c	—
72	Hf	—	—	—	—	1	*11*	4,5	—	—
73	Ta	0,06	*31*	—	—	0,38	*31*	2,1	a	—
74	W	8,1	*11*	—	—	18	*11*	1,5 ... 69	a	—
75	Re	0,85	*30*	—	—	—	—	0,001	—	—
76	Os	7,6	*8, 33*	10	*11*	—	—	—	—	—
77	Ir	3,0	*8*	0,5	*11*	—	*11*	0,001	—	—
78	Pt	19	*8*	30	*11*	0,083	*11*	0,005	—	—
79	Au	1,8	*30*	0,45	*11*	0	*11*	0,005	—	—
80	Hg	—	—	0,2	*23*	0,01	*8*	0,077 ... 0,5	a	—
81	Tl	—	—	0,3	*11*	0,15	*28*	0,6	d	—
82	Pb	60 ?	*23*	20	*2*	2	*23*	16	—	< 2
83	Bi	0,5	*11*	2	*11*	—	—	0,2	—	—
90	Th	0,04	*7*	—	—	2	*11*	11,5	c	—
92	U	0,007	*7*	—	—	0,4	*34*	4	—	—

Fehlergrenzen: Wo Fehlergrenzen angegeben sind, bezeichnen sie die mittleren Fehler, berechnet aus der Streuung der Analysenergebnisse von etwa 10 bis 100 Objekten [*1*]. Die Zusammensetzung der Steinmeteorite und des in Steinmeteoriten enthaltenen Nickeleisens zeigt eine systematische Abhängigkeit vom Mengenverhältnis Stein : Metall (nach Brown u. Patterson [*6, 14, 21*]). Die übrigen Angaben dürften bis auf etwa einen Faktor 2 richtig sein, vereinzelt mögen auch Fehler bis zu einer Zehnerpotenz vorliegen. Die Werte für die Tektite sollen für die selteneren Elemente nur die Zehnerpotenz angeben. Relativ zueinander sind z. B. die Werte für die Seltenen Erden besonders genau (Fehler < 20 %). Die Elemente der Ordnungszahlen 84 bis 89 und 91 sind radioaktiv und in einem dem Verhältnis der Halbwertszeiten entsprechenden Bruchteil ihrer Muttersubstanzen Thorium und Uran vorhanden.

Bemerkungen zu Spalte 6 (Eruptivgesteine): Alle Werte nach V. M. Goldschmidt [*2*], mit Ausnahme der mit a und d bezeichneten. a: neuer Wert nach Rankama u. Sahama [*3*]; b: der Gehalt ist in Sedimentgesteinen wesentlich höher; c: Analysen von Sedimentgesteinen sind mitberücksichtigt; d: neuer Wert nach K. Rankama [*35*].

Literatur.

[*1*] Brown, H.: Rev. Mod. Phys. **21** (1949) 625. — [*2*] Goldschmidt, V. M.: Geochem. Verteilungsgesetze IX, Videnskapsakademien Oslo (1938). — [*3*] Rankama, K., u. Th. G. Sahama: Geochemistry, The University of Chicago Press, Chicago 1950. Angabe der Werte mit Genehmigung des Verlages (Inhaber des Copyrights). — [*4*] Vgl. E. Preuß, Chemie d. Erde **9** (1935) 365. (Dort auch weitere Lit.-Angaben.) — [*5*] Eucken, A.: Naturw. **32** (1944) 112. Vgl. auch H. E. Suess: Z. Elektro-

chem. **53** (1949) 237. — [6] Brown, H., u. C. Patterson: J. Geology **55** (1947) 405. — [7] Arrol, W. J., R. B. Jacobi u. F. A. Paneth: Nature **149** (1942) 235. — [8] Noddack, I. u. W.: Svensk Kemisk Tidskr. **46** (1934) 173. — [9] Goldschmidt, V. M., u. C. Peters: Nachr. Ges. Wiss. Göttingen, Math.-Phys.Kl. IV, **1** (1931) 257. — [10] Goldschmidt, V. M., u. C. Peters: Nachr. Ges. Wiss. Göttingen, Math.-Phys. Kl. IV, **2** (1932) 402 u. 528. — [11] Noddack, I. u. W.: Naturw. **35** (1930) 59. — [12] Tschirwinsky, P.: Doelters Hdb. d. Mineralchemie III, **2** (1926) 608. — [13] Farrington, O. C.: Field Columbian Museum Publ. No. 120 (1907). — [14] Brown, H., u. C. Patterson: J. Geology **56** (1948) 85. — [15] Noddack, I.: Z. anorg. Chem. **225** (1935) 337. — [16] Goldschmidt, V. M., u. C. Peters: Nachr. Ges. Wiss. Göttingen, Math.-Phys. Kl. IV, **1** (1931) 257. — [17] Ishibashi, M.: Z. anorg. Chem. **202** (1931) 372. — [18] Ishibashi, M.: Centr. Mineral. Geologie A, 457 (1930). — [19] Heide, F., E. Herschkowitz u. E. Preuß: Chemie d. Erde **7** (1932) 483. — [20] Heide, F., E. Herschkowitz u. E. Preuß: Chemie d. Erde **8** (1933) 224. — [21] Brown, H., u. C. Patterson: J. Geology **55** (1947) 508. — [22] Brown, H., u. E. Goldberg: Pop. Astr. **57** (1949) 398. — [23] Noddack, I. u. W.: Z. phys. Chem. A, **154** (1931) 207. — [24] Byers, H.: Ind. a. Eng. Chem. (News Ed.). — **16** (1938) 459. — [25] Goldschmidt, V. M., u. L. W. Strock: Nachr. Ges. Wiss. Göttingen Math.-phys. Kl. IV, **5** (1935) 123. — [26] Fellenberg, T. V.: Biochem. Z. **187** (1927) 1. — [27] v. Hevesy, G., u. K. Wüstling: Z. anorg. Chem. **216** (1934) 312. — [28] Rankama, K.: Science **106** (1947) 13. — [29] Brown, H., u. E. Goldberg: Science **109** (1949) 347. — [30] Brown, H., u. E. Goldberg: Analyt. Chem. **22** (1950) 308. — [31] Rankama, K.: Bull. Comm. Geol. Finlande No. 133 (1944). — [32] Brown, H., u. E. Goldberg: unveröffentlicht. — [33] Sandell, E. B.: Ind. a. Eng. Chem. (An. Ed.) **16** (1944) 342. — [34] v. Hevesy, G., E. Alexander u. K. Wüstling: Z. anorg. Chem. **194** (1930) 316. — [35] Rankama, K.: J. Geology, im Erscheinen.

31 22 Kosmische Materie.

Eine direkte Bestimmung der im wesentlichen gleichförmigen Zusammensetzung der kosmischen Materie gestattet die quantitative Spektralanalyse, wie sie erstmalig von H. N. Russell [1] an der Sonne und von C. H. Payne [2] an einer Reihe von Fixsternen ausgeführt wurde. Wesentlich genauer als die Ergebnisse dieser Autoren sind die in Spalte 3 und 4 angegebenen Werte für die Sonne nach A. Unsöld [3] bzw. B. Strömgren [4] und die in Spalte 5 angegebenen Werte für den Bo-Stern τ-Scorpii nach Unsöld [5]. Eine Reihe anderer Fixsterne ergaben innerhalb der Genauigkeitsgrenzen praktisch dieselben Werte mit wenigen Ausnahmen, die jedoch noch nicht endgültig sichergestellt sind (Greenstein [6]). Schwankungen von Stern zu Stern im Mengenverhältnis sind für die leichtesten Elemente, vor allem für das Verhältnis H : He (∼ 5, in Atomzahlen) zu erwarten (Unsöld [7]).

Die Zusammensetzung der kosmischen Urmaterie spiegelt sich im mittleren Stoffbestand der Meteorite wider, sofern es sich um Materie handelt, die zur Kondensation gelangte. Bei der Frage der mittleren Zusammensetzung der Meteorite bildet jedoch die Unsicherheit im Mengenverhältnis der drei meteoritischen Phasen: Metall, Sulfid und Stein eine Schwierigkeit. Hierfür wurden u. a. die in nebenstehender Tabelle zusammengestellten Annahmen gemacht.

Mengenverhältnis der meteoritischen Phasen

	Metall	Sulfid	Stein
Noddack [8] . . .	68	9,8	100
Fersman [9] . . .	20	4	100
Goldschmidt [10]	20	10	100
H. Brown [11] . .	67	—	100

In die folgende Tabelle aufgenommen sind in Spalte 6 die Werte nach V. M. Goldschmidt [10] für den mittleren Stoffbestand der Meteorite und in Spalte 7 die Angaben von Harrison Brown [11], bei denen auch die spektroskopischen Werte mitberücksichtigt sind. In Spalte 8 sind die nach H. E. Suess [12] ausgeglichenen Häufigkeitswerte angegeben. Zur Ausgleichung sind im wesentlichen die Werte nach Goldschmidt zugrunde gelegt.

Die Zahlen in den einzelnen Kolonnen geben die dekadischen Logarithmen der relativen, in Atomzahlen gemessenen Häufigkeiten der Elemente, wobei jeweils der $\log_{10}$ des Siliziums gleich 10 gesetzt ist. Die geringfügig abweichende Normierung der Daten für die Sonne (Spalte 3 und 4) entspricht den Angaben von Unsöld [3].

Z	Element	Sonne Unsöld	Sonne Strömgren	τ-Sco. Unsöld	Meteorite Goldschmidt	Kosm. Materie H. Brown	Z	Element	Sonne Unsöld	Sonne Strömgren	τ-Sco. Unsöld	Meteorite Goldschmidt	Kosm. Materie H. Brown
1	2	3	4	5	6	7	1	2	3	4	5	6	7
1	H	—	14,45	14,21	—	14,55	11	Na	8,73	8,39	—	8,65	8,66
2	He	—	—	13,46	—	13,55	12	Mg	9,96	10,03	9,87	9,94	9,95
3	Li	—	—	—	6,0	—	13	Al	8,78	—	8,77	8,94	8,95
4	Be	—	—	—	5,3	—	14	Si	9,74	—	10,01	10,—	10,—
5	B	—	—	—	5,4	—	15	P	—	—	—	7,76	8,11
6	C	10,74	—	10,45	(7,5)	10,90	16	S	9,37	—	—	9,06	9,55
7	N	11,06	—	10,79	—	11,20	17	Cl	—	—	—	7,59	8,23
8	O	11,18	—	11,20	(10,54)	11,34	18	A	—	—	—	(9,2*)	8,1
9	F	—	—	—	7,18	7,95	19	K	7,65	7,95	—	7,84	7,84
10	Ne	—	—	11,26	—	10 ... 11,3	20	Ca	8,68	8,66	—	8,76	8,83

* Ausgeglichener Wert; die abnorme Häufigkeit des A^{40}, die nur terrestrische Bedeutung besitzt, ist nicht mitberücksichtigt. In kosmischer Materie ist der Gehalt des Argon an A^{40} vermutlich kleiner als 1 %.

Z	Element	Sonne Unsöld	Meteorite Gold-schmidt	Kosm. Materie H. Brown	Ausgegl. Werte Suess	Z	Element	Sonne Unsöld	Meteorite Gold-schmidt	Kosm. Materie H. Brown	Ausgegl. Werte Suess
1	2	3	6	7	8	1	2	3	6	7	8
21	Sc	5,78	5,18	5,26	—	54	Xe	—	—	4,18	4,80
22	Ti	7,41	7,67	7,42	—	55	Cs	—	3,00	3,00	3,55
23	V	6,50	6,11	6,40	—	56	Ba	5,4	4,92	4,59	4,92
24	Cr	8,03	8,05	7,98	—	57	La	—	4,32	4,32	4,32
25	Mn	7,91	7,82	7,89	—	58	Ce	—	4,72	4,36	4,72
26	Fe	10,17	9,95	10,26	—	59	Pr	—	3,98	3,98	3,98
27	Co	7,48	7,54	8,00	—	60	Nd	—	4,52	4,52	4,52
28	Ni	8,40	8,66	9,13	—	61	—	—	—	—	—
29	Cu	6,68	6,66	6,66	6,36	62	Sm	—	4,06	4,08	4,06
30	Zn	7,23	6,56	6,20	7,18	63	Eu	—	3,45	3,45	3,45
31	Ga	—	4,92	5,81	5,79	64	Gd	—	4,22	4,23	4,22
32	Ge	—	6,27	6,40	6,27	65	Tb	—	3,72	3,72	3,57
33	As	—	5,53	6,68	5,53	66	Dy	—	4,31	4,30	4,31
34	Se	—	5,18	5,40	6,41	67	Ho	—	3,76	3,77	3,70
35	Br	—	5,63	5,62	5,63	68	Er	—	4,21	4,20	4,21
36	Kr	—	—	5,94	6,18	69	Tm	—	3,46	3,46	3,46
37	Rb	—	4,83	4,85	5,23	70	Yb	—	4,18	4,18	4,25
38	Sr	5,80	5,60	5,61	5,66	71	Cp	—	3,68	3,68	3,68
39	Y	5,66	4,99	5,00	4,99	72	Hf	—	4,18	3,85	4,38
40	Zr	4,82	6,14	6,18	5,80	73	Ta	—	3,6	3,48	3,6
41	Nb	—	4,84	3,95	4,75	74	W	—	5,16	5,23	5,0
42	Mo	4,23	4,98	5,28	5,42	75	Re	—	1,26	3,61	3,35
43	Tc	—	—	—	—	76	Os	—	4,24	4,54	4,24
44	Ru	—	4,56	4,97	4,71	77	Ir	—	3,76	4,15	4,00
45	Rh	—	4,11	4,54	4,14	78	Pt	—	4,46	4,94	4,46
46	Pd	—	4,40	4,51	4,75	79	Au	—	3,76	3,91	3,76
47	Ag	—	4,51	4,43	4,37	80	Hg	—	3,48	—	3,88
48	Cd	—	4,41	4,42	4,94	81	Tl	—	3,23	—	3,83
49	In	—	3,36	4,00	4,11	82	Pb	5	4,96	5,43	—
50	Sn	—	5,46	5,79	5,20	83	Bi	—	3,05	3,32	—
51	Sb	—	3,86	4,23	3,86	90	Th	—	3,77	4,08	—
52	Te	—	3,30	—	5,14	91	U	—	3,36	3,42	—
53	J	—	4,13	4,26	4,13						

Fehlergrenzen: Für die häufigeren Elemente dürften die Angaben bis auf etwa einen Faktor 2 richtig sein. Bei den empirischen Werten (Spalte 3, 6 und 7) mögen vereinzelt auch Fehler bis zu einem Faktor 10 vorliegen. Es ist zu beachten, daß die Werte der Spalten 6 und 7 für chemisch homologe Elemente relativ zueinander verhältnismäßig genau sind. Bei den ausgeglichenen Werten (Spalte 8) sind die Angaben für in der Ordnungszahl benachbarte Elemente relativ zueinander als besonders genau zu betrachten.

Literatur.

[*1*] Russell, H. N.: Ap. J. **70** (1929) 11. — [*2*] Payne, C. H.: Harvard Mon. **1** (1925). — [*3*] Unsöld, A.: Z. Aph. **24** (1948) 306. — [*4*] Strömgren, B.: Festschrift für E. Strömgren, Kopenhagen (Munksgaard) (1940). — [*5*] Unsöld, A.: Z. Aph. **21** (1941) 22. — [*6*] Greenstein, J. L.: Ap. J. **107** (1948) 151. — [*7*] Unsöld, A.: Z. Aph. **23** (1944) 100. — [*8*] Noddack, I. u. W.: Naturw. **18** (1930) 757. — [*9*] Fersman, A. E.: Geochemie, Leningrad (1934). — [*10*] Goldschmidt, V. M.: Geochem. Verteilungsgesetze IX, Videnskapsakademien Oslo (1938). — [*11*] Brown, H.: Rev. Mod. Phys. **21** (1949) 625. — [*12*] Suess, H. E.: Experientia **5** (1949) 266. — Ältere Literatur bei v. Klüber, H.: Das Vorkommen der chemischen Elemente im Kosmos, Leipzig (1931). Zur allgemeinen Übersicht u. zur Frage abnormaler Elementhäufigkeiten vergl. O. Struve, Stellar Evolution, Princeton University Press, Princeton. N. J. 1950.

31 23 Die einzelnen Kernsorten.

Aus den in 31 22 angegebenen kosmischen Häufigkeiten der einzelnen Elemente einerseits und der isotopischen Zusammensetzung dieser Elemente (Bd. I/5, Tab. 1621) andererseits kann die kosmische Häufigkeit jeder einzelnen in der Natur vorkommenden Atomkernsorte berechnet werden. Wenn man für etwa die Hälfte der Elemente die empirischen Häufigkeitswerte (Spalte 1 bis 7) in einer bestimmten, sich zwangsläufig ergebenden Weise korrigiert, wobei die Fehlergrenzen kaum überschritten werden, dann ergibt sich für die so ausgeglichenen Werte der kosmischen Kernhäufigkeiten ein zusammenhängendes, geschlossenes Gesamtbild, das ausgeprägte Regelmäßigkeiten erkennen läßt.

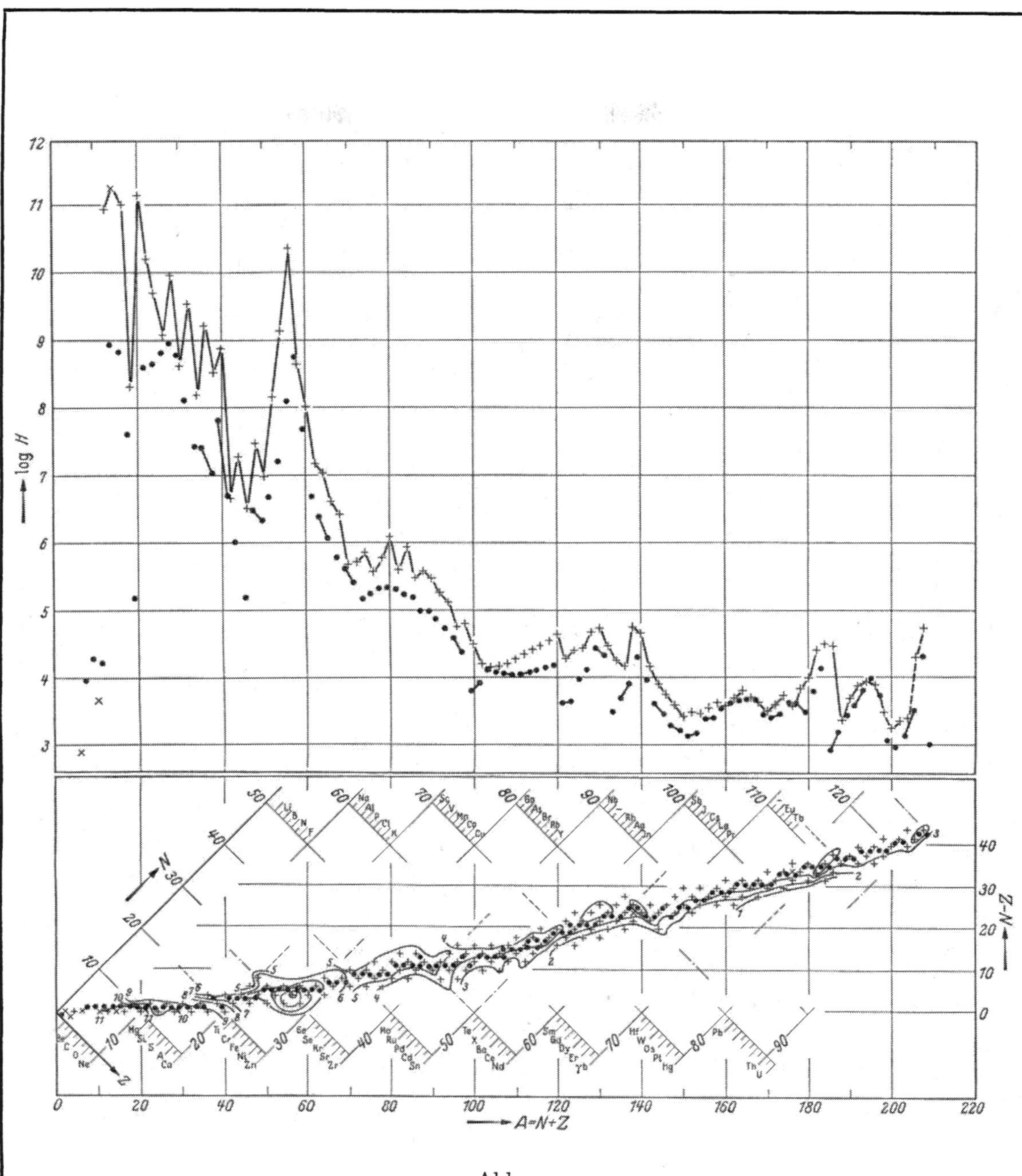

Abb. 1.

Erläuterung der Abbildung: Oberer Teil: Dekadischer Logarithmus der Summe der Häufigkeiten von Isobaren in Abhängigkeit von der Massenzahl A. Die Werte für die geraden Massenzahlen (Kreuze) sind verbunden. Bei den Werten für die ungeraden Massenzahlen (Punkte) sind nur die zum gleichen Element gehörenden Punkte verbunden. Für die leichteren Elemente sind die Werte nach H. Brown (31 22, Spalte 7), für die schwereren die ausgeglichenen Werte (31 22, Spalte 8) zugrunde gelegt.

Unterer Teil: Hier ist die Lage der stabilen und natürlichen fast stabilen Kerne in einem $A/(N-Z)$-Diagramm (gleichbedeutend einem um 45° gedrehten N/Z-Diagramm) eingezeichnet. Linien gleicher Häufigkeit für jede volle Zehnerpotenz sollen qualitativ zeigen, wie sich die im oberen Teil aufgetragene Gesamthäufigkeit jeder geraden Massenzahl auf die einzelnen Isobaren verteilt. Die Darstellung läßt die „ausgezeichneten" Neutronen- und Protonenzahlen (angedeutet durch gestrichelte Geradenstücke) deutlich hervortreten.

Die Abbildung ist mit geringfügigen Änderungen aus [*1*] übernommen.

Häufigkeitsregeln: [*1, 2*]: 1. Die Häufigkeitswerte der Kerne mit ungerader Massenzahl bilden eine glatte Funktion der Massenzahl. (Existieren für eine Massenzahl zwei Isobaren, dann gilt die Regel für die Summe ihrer Häufigkeiten.)

2. Die Häufigkeitswerte der doppelt geraden Kerne (d. h. der Kerne mit gerader Protonen- und Neutronenzahl) liegen in einem (dreidimensionalen) Z-N-log H-Diagramm auf einer glatten Fläche.

3. Für Massenzahlen größer als 88: Die Summe der Häufigkeiten der Isobaren aller, auch gerader Massenzahlen, bilden eine glatte Funktion der Massenzahl.

Ausnahmen von diesen „Stetigkeitsregeln" treten vor allem an Stellen auf, an denen die Kerne eine bestimmte „ausgezeichnete" Anzahl von Protonen oder Neutronen enthalten (sog. „Magic Numbers", vgl. [*2, 3, 4*]).

4. Bei den Massenzahlen größer als 70 ist das Isobar mit dem geringsten Neutronenüberschuß das seltenste, ausgenommen bei den Massenzahlen 76, 110, 116 und 142.

5. Wächst der energetisch günstigste Neutronenüberschuß stark mit der Massenzahl ($dN/dZ \approx 2$ bis 3), dann steigt die Häufigkeitssumme der Isobaren mit zunehmender Massenzahl. Wächst der energetisch günstigste Neutronenüberschuß nur schwach ($dN/dZ \approx 1$ bis 2), dann sinkt die Häufigkeit mit zunehmender Massenzahl. Ausnahmen bilden die Häufigkeitssprünge bei den „ausgezeichneten" Nukleonenzahlen mit ausgeprägten Häufigkeitsverminderungen in gewissen Zwischengebieten.

6. Die Harkinssche Regel [*5*]: Die Summe der kosmischen Häufigkeit der Isobaren einer geraden Massenzahl ist stets größer als der Mittelwert der Häufigkeiten der Kerne der beiden ihr benachbarten ungeraden Massenzahlen. Dieser Unterschied wird mit zunehmender Massenzahl geringer und verschwindet stellenweise im Gebiet der schweren Kerne.

Literatur.

[*1*] Suess, H. E.: Experientia **5** (1949) 266. — [*2*] Suess, H. E.: Z. Naturforschg. **2a** (1947) 311, 604. — [*3*] Meyer, M. G.: Phys. Rev. **74** (1948) 235; **75** (1949) 1969. — [*4*] Haxel, O., J. H. D. Jensen u. H. E. Suess: Naturw. **35** (1948) 376; **36** (1949) 153, 155. — [*5*] Harkins, W. D.: Chem. Rev. **5** (1928) 371.

3124 Die Planeten, ihre Atmosphären und Trabanten.

31241. Die Planeten unterscheiden sich in ihrem Stoffbestand von kosmischer Materie (3122) durch ihren geringeren Gehalt an flüchtigen oder flüchtige Hydride bildenden Elementen. Als den „Defizienzfaktor" eines solchen Elementes bezeichnet man den in dem Planeten vorhandenen Bruchteil $N_{\text{pl}}/N_{\text{kos}}$, wobei N_{pl} die relative Menge des Elementes in Atomzahlen im Planeten und N_{kos} entsprechend in kosmischer Materie bedeutet.

Im folgenden sind die **dekadischen Logarithmen der Defizienzfaktoren** der häufigen leichten Elemente, bezogen auf den gesamten Erdball [*1*], sowie für Jupiter und Saturn [*2*] und die für die Edelgase [*3*], bezogen auf den Edelgasgehalt der Erdatmosphäre, angegeben:

Element:	H	C	N	O
$-\log_{10} N_{\text{pl}}/N_{\text{kos}}$ (Erde)	4,5 ... 6,5	3,1	4,0	0,5
$-\log_{10} N_{\text{pl}}/N_{\text{kos}}$ (Jupiter, Saturn)	1 ... 2	0	0	0

Edelgas:	He	Ne	A*	Kr	Xe
$-\log_{10} N_{\text{pl}}/N_{\text{kos}}$ (Erdatmosphäre)	> 14	11,26	8,87	7,35	7,14

Es ist möglich, daß in den terrestrischen Planeten auch schwerere Elemente, wie S, Se, Te, Ga, In, Tl oder Zn, Cd und Hg „defizient", d. h. bei der Bildung der Planeten nicht vollständig zur Kondensation gelangt sind [*4*]. Vergl. ferner [12].

31242. Zusammensetzung der Planetenatmosphären. Aus den Absorptionsbanden, die in dem von den Planeten reflektierten Sonnenlicht beobachtet werden, kann auf die Zusammensetzung der Planetenatmosphären geschlossen werden. Fehlen die Banden einer bestimmten Verbindung, dann kann eine obere Grenze für die in der Planetenatmosphäre vorhandene Menge dieser Verbindung angegeben werden. Im folgenden sind die so beobachteten optischen Schichtdicken der in Frage kommenden Gase bzw. deren obere Grenzen nach [*1*] angegeben, wobei angenommen ist, daß das Sonnenlicht im Mittel bei den äußeren Planeten die Atmosphärenhöhe dreimal, bei den terrestrischen Planeten viermal durchläuft (ausgenommen die Fälle, in denen nur die Mitte der Planetenscheibe beobachtet wurde, wobei das Licht nur 2 Atmosphärenhöhen durchläuft). Die Zahlen geben die optischen Schichtdicken in cm/Atm. an.

* Bei Argon ist die Häufigkeit des sich aus K^{40} nachbildenden A^{40} nicht mitberücksichtigt. Genauigkeit der Angaben: $\Delta \log \sim \pm 0{,}3$.

Gas	Venus	Erde	Mars	Jupiter	Saturn	Uranus	Neptun
N_2	—	625000	—	—	—	—	—
O_2	$<$ 5000	168000	$<$ 200	—	—	—	—
O_3	—	0,3	$<$ 0,05	—	$<$ 0,1	$<$ 0,1	—
N_2O	$<$ 100	0,8	$<$ 200	—	—	—	—
CO_2	100000	220	440	—	—	—	—
CO	$<$ 100	Sp?	—	—	—	—	—
SO_2	—	0	$<$ 0,003	—	$<$ 0,01	$<$ 0,01	—
NH_3	$<$ 4	$<$ 0,01	$<$ 2	700	$<$ 250	—	—
CH_4	$<$ 20	1,7	$<$10	15000	35000	150000	250000
C_2H_4	$<$ 3	0	$<$ 2	—	—	—	—
C_2H_6	$<$ 1	0	$<$ 1	—	—	—	—
H_2	—	0,4	—	—	—	—	—

31243. Zusammensetzung der Erdatmosphäre nach Paneth [*5*], ergänzt durch die Werte für Methan [*6*] und Stickoxydul [*7*] gibt folgende Tabelle. Angegeben ist das Molekulargewicht *M* und der Gehalt von trockener Luft in Volumprozenten.

Gas	M	Vol.-%	Gas	M	Vol.-%	Gas	M	Vol.-%
N_2	28,1	78,09	Ne	20,2	0,0018	N_2O	44,0	0,0001
O_2	32,0	20,95	He	4,0	0,00052	H_2	2,0	0,00005
A	39,9	0,93	CH_4	16,0	0,00022	O_3	48,0	0,00004
CO_2	44,0	0,03	Kr	83,7	0,00011	Xe	131,3	0,000008

31244. Anhaltspunkte über die Zusammensetzung der Trabanten können aus deren Dichten, Albedo und Polarisation des reflektierten Sonnenlichtes gewonnen werden. Die Monde bestehen danach bevorzugt aus Elementen der Restkondensation [*8*], im Erdmond ist vermutlich Kieselsäure und Aluminiumsilikat in stärkerem Maße vertreten als im Erdball. Die Monde der äußeren Planeten müssen, wie ihre geringe Dichte zeigt, zu einem erheblichen Teil aus Eis und festem Ammoniak bestehen. Die Atmosphäre des Erdmondes ist geringer als 10^{-6} Erdatmosphären [*9*]. Die optische Schichtdicke von SO_2 auf der Mondoberfläche ist kleiner als 0,0003 cm/Atm. [*1*]. Der Saturnmond Titan besitzt eine verhältnismäßig mächtige Methanatmosphäre [*10*]: CH_4: 20000 cm/Atm., NH_3: $<$ 300 cm/Atm. Ferner ist nachgewiesen worden, daß die Jupitermonde J I, II und III eine Atmosphäre besitzen [*11*], Absorptionsbanden konnten jedoch bei diesen Objekten nicht beobachtet werden [*10*].

Literatur.

[*1*] The Atmospheres of the Earth and the Planets, University of Chicago Press, Chicago (1949), Herausgeber: G. P. Kuiper. Die hier angegebenen Daten sind im wesentlichen diesem Buche entnommen. Vgl. dort insbesondere die Beiträge von G. P. Kuiper, A. Adel, M. V. Migeotte, Th. Dunham u. H. Brown. — [*2*] Wildt, R.: Proc. Amer. Phil. Soc. **81** (1939) 135; Rev. Mod. Phys. **14** (1942) 151. Vergl. auch H. Brown; Ap. J. **111** (1950) 641. — [*3*] Suess, H. E.: J. Geology, **57** (1949) 600. — [*4*] Suess, H. E.: Experientia **5** (1949) 266. — [*5*] Paneth, F. A.: Quart. J. R. Met. Soc., **65** (1939) 304. — [*6*] Migeotte, M. V.: Phys. Rev. **73** (1948) 519; **74** (1948) 112; sowie R. McMath, O. Mohler u. L. Goldberg: Phys. Rev. **73**, 1204; **74** (1948) 623. — [*7*] Adel, A.: Ap. J. **90** (1939) 627; **93** (1941) 509. — [*8*] Näheres z. B. bei H. E. Suess: Z. Elektrochem. **53** (1949) 237. — [*9*] Struve, O.: Ap. J. **100** (1944) 104. — [*10*] Kuiper, G. P.: Ap. J. **100** (1944) 378. — [*11*] Guthnick, P.: Forsch. Fortschr. **21/23** (1947) 14. [12] Urey, H. C.: Geochem. et Cosmochem. Acta im Erscheinen.

3125 Planetarische Nebel, interstellare Materie.

Die Ergebnisse der Untersuchung der chemischen Zusammensetzung von planetarischen Nebeln [*1*] und der interstellaren Materie [*2, 3*] konnten noch keinen endgültigen Nachweis einer Abweichung von der allgemeinen Zusammensetzung kosmischer Materie (3122) erbringen. Qualitativ sind die Elemente in demselben Mengenverhältnis vertreten wie in den Fixsternen.

Literatur.

[*1*] Aller, L. H., u. D. H. Menzel: Ap. J. **102** (1945) 239. — [*2*] Struve, O.: J. Washington Acad. Sci. **31** (1941) 217. Stellar Evolution, Princeton University Press, Princeton N. J. 1950. — [*3*] Dunham jr., Th.: Proc. Amer. Phil. Soc. **81** (1939) 277.

313 Das Sonnensystem

3131 Die Sonne.

31310 Integrale Zustandsgrößen der Sonne.

Sonnenparallaxe [1]	$8'',790 \pm 0'',001$
Mittlere Entfernung der Sonne	$1,4967 \cdot 10^{13}$ cm
Kleinste Entfernung der Sonne	$1,4688 \cdot 10^{13}$ cm
Größte Entfernung der Sonne	$1,5189 \cdot 10^{13}$ cm
Sonnenradius	$6,9635 \cdot 10^{10}$ cm
Mittlerer scheinbarer Sonnenhalbmesser	959,63″
Kleinster scheinbarer Sonnenhalbmesser (4. Juli)	945,67″
Größter scheinbarer Sonnenhalbmesser (2. Januar)	977,89″
1″ (geozentrisch) bei mittlerer Sonnenentfernung	725,6 km
1′ (geozentrisch) bei mittlerer Sonnenentfernung	43536,0 km
1° (heliozentrisch)	12153,6 km
Ein Objektiv von der Brennweite f erzeugt ein Sonnenbild vom Durchmesser d =	$0,0093 \cdot f$
Oberfläche der Sonne	$6,0936 \cdot 10^{22}$ cm^2
Volumen der Sonne	$1,4144 \cdot 10^{33}$ cm^3
Masse der Sonne	$1,993 \cdot 10^{33}$ g
Mittlere Dichte	$1,4089$ g $\cdot$ cm^{-3}
Zentraldichte (vgl. 314174)	$1,0 \cdot 10^2$ g $\cdot$ cm^{-3}
Gravitationsbeschleunigung an der Sonnenoberfläche	$2,7410 \cdot 10^4$ cm $\cdot$ sec^{-2}
Zentraltemperatur [2] (vgl. 314174)	$2,0 \cdot 10^7$ Grad
Strahlungstemperatur der Gesamtstrahlung der Photosphäre = effektive Temperatur [3]	5712°
Grenztemperatur der Photosphäre [4]	4920°
Solarkonstante = Energie der Sonnenstrahlung, welche im mittleren Abstand Sonne—Erde pro Flächen- und Zeiteinheit senkrecht zur Richtung Erde—Sonne einfällt (extraterrestrisch) [5]	1,901 cal/cm^{2}min $=1,326 \cdot 10^6$ erg/cm^{2}sec
Leistung der auf die gesamte Erdoberfläche einfallenden Sonnenstrahlung	$1,69 \cdot 10^{24}$ erg/sec $= 1,69 \cdot 10^{14}$ kW
Energieproduktion der Sonne	$3,73 \cdot 10^{33}$ erg/sec $= 3,73 \cdot 10^{23}$ kW
Mittlere spezifische Energieproduktion der Sonne	1,87 erg/g $\cdot$ sec
Spezifische Energieemission der Sonnenoberfläche	$6,125 \cdot 10^{10}$ erg/cm^{2}sec
Absolute visuelle Größe der Sonne [6]	$+4^m,67$
Absolute photographische Größe der Sonne [6]	$+5^m,39$
Absolute bolometrische Größe der Sonne [6]	$+4^m,62$
Scheinbare visuelle Größe der Sonne [6]	$-26^m,90$
Scheinbare photographische Größe der Sonne [6]	$-26^m,18$
Scheinbare bolometrische Größe der Sonne [6]	$-26^m,95$

Literatur.

[1] Spencer Jones, H.: M. N. **101** (1941) 356. — [2] Schwarzschild, M.: Ap. J. **104** (1946) 203. — [3] Unsöld, A.: Physik der Sternatmosphären S. 32 (1938). — [4] Minnaert, M., u. W. J. Claas: B. A. N. **9** (1942) 261. — [5] Abbot, C. G., F. E. Fowle u. L. B. Aldrich: Smithson. Ann. **2** (1908) bis **5** (1932). Der Wert ist gegeben in der Smithsonian-Revised-Skala von 1913 minus 2% Skalenkorrektion. — [6] Russell, H. N.: Ap. J. **43** (1916) 103. — Kuiper, G. P.: Ap. J. **88** (1938) 429. — Woolley, R. v. d. R., u. S. C. B. Gascoigne: M. N. **108** (1948) 491. — Eggen, O. J.: PASP **62** (1950) 266.

31311 Die Rotation der Sonne.

Die heute ausschließlich verwendeten Carringtonschen Rotationselemente sind:

Neigung des Sonnenäquators gegen die Ekliptik . . .	7° 15′ 00″
Siderische Rotationsdauer	25,380 Tage
Synodische Rotationsdauer	27,275 Tage
Mittlerer täglicher siderischer Rotationswinkel	14°,18440
Mittlerer täglicher synodischer Rotationswinkel . . .	13°,1988
Länge des aufsteigenden Knotens des Sonnenäquators (J = Jahreszahl)	73° 40′ + (J—1850) $\cdot$ 0′,8375
Drehmoment der Sonne [1] . . . . . Größenordnung	10^{48} g cm^2 sec^{-1}

Die Rotationsdauer ist abhängig von der heliographischen Breite und von der Höhe innerhalb der Sonnenatmosphäre. Die oben mitgeteilten Werte beziehen sich auf die mittlere Breite der Fleckenzone (~ 16°) und das Niveau der Flecken.

Die nachfolgende Tabelle gibt den mittleren täglichen siderischen Rotationswinkel für verschiedene Erscheinungen und heliographische Breiten [2]:

Heliographische Breite	0°	5°	10°	15°	20°	25°	30°
Flecken (Greenwich) [3] . .	14,37	14,35	14,29	14,20	14,07	13,91	13,72
Fackeln (Greenwich) [4] . .	14,51	14,50	14,44	14,36	14,22	14,06	13,84
Ca-Flocculi [5]	14,53	14,48	14,40	14,31	14,21	14,07	13,89
Protuberanzen [6]	14,39	14,41	14,37	14,33	14,23	14,14	13,99
Korona [7]						13,9	

Heliographische Breite	35°	40°	45°	52°	55°	57°	66°
Flecken (Greenwich) [3] . .	13,53						
Fackeln (Greenwich) [4] . .	13,59	13,30	12,97				
Ca-Flocculi [5]	13,79	13,61	13,24				
Protuberanzen [6]	13,80	13,66	13,4	12,9		12,8	12,5
Korona [7]					13,1		

Die Lage der Sonnenachse in bezug auf den irdischen Beobachter wird gegeben durch den Winkel P_0 zwischen der Projektion der Sonnenachse an die Himmelsphäre und dem durch den Sonnenmittelpunkt gehenden Himmelsmeridian sowie durch den Winkel $90° - B_0$ zwischen der nördlichen Richtung der Sonnenachse und der Richtung Sonne—Erde. P_0 wird positiv gerechnet, falls der Sonnennordpol östlich des Meridians durch den Sonnenmittelpunkt liegt. B_0 ist die heliographische Breite des Sonnenmittelpunktes. Die Variation der beiden Winkel P_0 und B_0 im Laufe des Jahres geht aus folgender Tabelle hervor:

Datum		P_0	B_0	Datum		P_0	B_0	Datum		P_0	B_0
		Grad	Grad			Grad	Grad			Grad	Grad
Januar	1	+ 2,4	—3,0	Mai	1	—24,4	—4,2	September	1	+20,9	+7,2
	5	+ 0,5	—3,5		5	—23,6	—3,8		5	+21,9	+7,2
	10	— 2,0	—4,0		10	—22,5	—3,2		10	+23,0	+7,2
	15	— 4,3	—4,6		15	—21,3	—2,7		15	+24,0	+7,2
	20	— 6,7	—5,0		20	—19,8	—2,1		20	+24,8	+7,1
	25	— 8,9	—5,5		25	—18,3	—1,5		25	+25,5	+7,0
Februar	1	—11,9	—6,0	Juni	1	—15,8	—0,7	Oktober	1	+26,0	+6,7
	5	—13,5	—6,3		5	—14,3	—0,2		5	+26,3	+6,5
	10	—15,4	—6,6		10	—12,3	+0,4		10	+26,4	+6,2
	15	—17,2	—6,8		15	—10,2	+1,0		15	+26,3	+5,9
	20	—18,9	—7,0		20	— 8,0	+1,6		20	+26,1	+5,5
	25	—20,3	—7,1		25	— 5,8	+2,2		25	+25,7	+5,1
März	1	—21,4	—7,2	Juli	1	— 3,1	+2,9	November	1	+24,7	+4,4
	5	—22,4	—7,2		5	— 1,3	+3,3		5	+24,2	+4,0
	10	—23,5	—7,2		10	+ 1,0	+3,8		10	+23,0	+3,4
	15	—24,4	—7,2		15	+ 3,3	+4,3		15	+21,7	+2,8
	20	—25,2	—7,1		20	+ 5,5	+4,8		20	+20,3	+2,3
	25	—25,7	—6,9		25	+ 7,6	+5,2		25	+18,6	+1,6
April	1	—26,2	—6,5	August	1	+10,5	+5,8	Dezember	1	+16,5	+0,9
	5	—26,4	—6,3		5	+12,1	+6,1		5	+14,9	+0,4
	10	—26,4	—6,0		10	+14,0	+6,4		10	+12,8	—0,3
	15	—26,2	—5,6		15	+15,8	+6,6		15	+10,6	—0,9
	20	—25,8	—5,2		20	+17,4	+6,9		20	+ 8,3	—1,5
	25	—25,3	—4,8		25	+19,0	+7,0		25	+ 5,9	—2,2

Literatur.

[1] Lundquist S.: Ark. Mat. Astr. Fys. **35**, Nr. 27 (1948). — [2] Ausführliche Zusammenstellung aller Rotationsbestimmungen bei M. Waldmeier: Ergebnisse und Probleme der Sonnenforschung S. 46, Leipzig (1941). — [3] M. N. **85** (1925) 584; **95** (1934) 60. — [4] M. N. **84** (1924) 431. — [5] Mittelwerte aus folgenden Messungen: Hale, G. E., u. P. Fox: Carnegie Inst. Washington Publ. **93** (1908); Hale, G. E.: Carnegie Inst. Washington Publ. **138** (1911); Fox, P.: Publ. Yerkes **3** (1921) 67; Kempf, P.: Publ. Potsdam **71** (1916) 36. — [6] d'Azambuja, L. u. M.: Ann. Paris-Meudon **6** fasc. VII 144 (1948). — [7] Waldmeier, M.: Astr. Mitt. Zürich Nr. 147 (1946), Nr. 165 (1949).

Waldmeier

31312 Granulation.

Die Granulation (= Feinstruktur der Photosphäre) besteht aus hellen rundlichen Körnern auf weniger hellen Zwischengebieten. Die Granulationsstruktur scheint unabhängig zu sein von der heliographischen Breite und von der Phase im Sonnenzyklus. Sie verschwindet bei Abständen $\vartheta > 70°$ vom Zentrum der Sonnenscheibe.

Durchmesser der Granulationselemente [*1*, *2*, *3*] . . . . 1″ bis 2″
Mittlere Lebensdauer der Granulationselemente [*4*]. . . . . 2,2 Minuten
Helligkeitsschwankung zwischen Granula und intergranularem Gebiet [*1*, *5*, *6*] . 30—60 %
Temperaturschwankung zwischen Granula und intergranularem Gebiet . . . . . im Mittel 160°
im Maximum 500°
Mittlere Turbulenzgeschwindigkeit der Granula (vertikale Komp.) [*7*] . . . . . . 0,37 km/sec

Literatur. [*1*] Keenan, Ph. C.: Ap. J. **88** (1938) 360; **89** (1939) 604. — [*2*] ten Bruggencate, P.: Z. Aph. **16** (1938) 374. — [*3*] Waldmeier, M.: Verh. Schweizer. Natf. Ges. (1938) 124. — [*4*] ten Bruggencate, P., u. W. Grotrian: Z. Aph. **12** (1936) 323. — [*5*] Waldmeier, M.: Helv. Phys. Acta **13** (1939) 14. — [*6*] ten Bruggencate, P., u. H. Müller: Z. Aph. **21** (1942) 198. — [*7*] Richardson, R.S. u. M. Schwarzschild: Ap. J. **111** (1950) 351.

31313 Sonnenflecken.

313131 Temperatur. Sonnenflecken sind Gebiete der Photosphäre mit unternormaler Temperatur. Die nach verschiedenen Methoden bestimmten Temperaturen sind:

Temperatur aus der Gesamtstrahlung [*1*, *2*, *3*] . . . . 4620°
aus der Energieverteilung im kontinuierlichen Spektrum [*1*, *4*] . . . . 4480°
aus der Mitte-Rand-Variation des Intensitätsverhältnisses Fleck/Photosphäre [*5*] 4300°
aus der Anregung von Atomen [*6*] . . . . 4720°
aus der Wachstumskurve von Fe- und Ti-Linien [*7*] . . . . 3800°
aus der Intensitätsverteilung in Bandenspektren [*8*] . . . . 4500°

313132 Klassifikation. Die Sonnenflecken treten stets gruppenweise auf. Die Gruppen werden nach ihrer Größe und Struktur in die Klassen A—J eingeteilt, welche in dieser Reihenfolge die Entwicklung einer großen Fleckengruppe darstellen. Die Kriterien der einzelnen Klassen sind [*9*]:

A: Ein einzelner Fleck oder eine Gruppe von Flecken, ohne Penumbra oder bipolare Struktur.
B: Gruppe von Flecken ohne Penumbra in bipolarer Anordnung.
C: Bipolare Fleckengruppe, von der der eine Hauptfleck von einer Penumbra umgeben ist.
D: Bipolare Gruppe, deren Hauptflecken eine Penumbra besitzen; mindestens einer der beiden Hauptflecken soll eine einfache Struktur aufweisen. Länge der Gruppe im allgemeinen $< 10°$.
E: Große bipolare Gruppe; die beiden von Penumbra umgebenen Hauptflecken zeigen im allgemeinen eine komplizierte Struktur. Zwischen den Hauptflecken zahlreiche kleinere Flecken. Länge der Gruppe mindestens 10°.
F: Sehr große bipolare oder komplexe Sonnenfleckengruppe; Länge mindestens 15°.
G: Große bipolare Gruppe ohne kleinere Flecken zwischen den beiden Hauptflecken. Länge mindestens 10°.
H: Unipolarer Fleck mit Penumbra; Durchmesser $> 2{,}5°$.
J: Unipolarer Fleck mit Penumbra; Durchmesser $< 2{,}5°$.
Über unipolare und bipolare Flecken vgl. 313192.

313133 Struktur. Ein Einzelfleck im stationären Stadium besteht aus den 3 konzentrischen, mehr oder weniger rundlichen Teilen: Umbra (Kern), Penumbra (Hof) und heller Ring. Die Durchmesser dieser 3 Teile bezeichnen wir mit U, P, R, ausgedrückt in Einheiten des Sonnendurchmessers S. Es bestehen die Beziehungen [*10*]:

$P/U = (3{,}26 \pm 0{,}16) - (36{,}3 \pm 7{,}6) \cdot P$ gültig für $0{,}010 < P < 0{,}035$
$P/R = (0{,}625 \pm 0{,}017) + (3{,}59 \pm 0{,}68) \cdot P$ gültig für $0{,}010 < P < 0{,}043$

Eine normale Fleckengruppe besitzt bipolare Struktur, wobei die Verbindungsrichtung der beiden Hauptflecken gegen die Breitenkreise geneigt ist, in dem Sinne, daß der in der Rotationsrichtung vorangehende sogenannte p-Fleck näher am Äquator liegt als der nachfolgende sogenannte f-Fleck. Die folgende Tabelle gibt die Achsenneigung in Abhängigkeit von der heliographischen Breite.

Heliographische Breite	0°—4°	5°—9°	10°—14°	15°—19°	20°—24°	25°—29°	30°—34°
nach A. H. Joy [*11*] .	3,7°	2,4°	5,6°	5,8°	8,7°	9,3°	10,8°
nach W. Brunner [*12*]	0,6°	3,6°	5,4°	7,2°	9,9°	14,4°	19,0°

313134 Lebensdauer. Mittlere Lebensdauer einer Fleckengruppe ca. 4 Tage. Maximale Lebensdauer einer Fleckengruppe ca. 100 Tage. 60 % aller Fleckengruppen haben eine Lebensdauer < 2 Tage. 95 % aller Fleckengruppen haben eine Lebensdauer < 11 Tage.

Literatur. [1] Pettit, E., u. S. B. Nicholson: Ap. J. **71** (1930) 153. — [2] Wormell, T. W.: M. N. **96** (1936) 736. — [3] Wanders, A. J. M.: B. A. N. **7** (1934) 237. — [4] Minnaert, M., u. A. J. M. Wanders: Z. Aph. **5** (1932) 297; **10** (1935) 15. — [5] Richardson, R. S.: Ap. J. **90** (1939) 230. — [6] Moore, Ch. E.: Ap. J. **75** (1932) 222, 298. — [7] ten Bruggencate, P., u. H. von Klüber: Z. Aph. **18** (1939) 284, Veröff. Göttingen Nr. 78 (1945). — [8] Richardson, R. S.: Ap. J. **73** (1931) 216. — [9] Waldmeier, M.: Publ. Zürich IX (1947) 2. — [10] Waldmeier, M.: Astr. Mitt. Zürich Nr. 138 (1939) 439. — [11] Joy, A. H.: Ap. J. **49** (1919) 167. — [12] Brunner, W.: Astr. Mitt. Zürich Nr. 124 (1930).

31314 Fackeln.

313141 Helligkeit. Die Fackeln sind Gebiete, welche sich von der umgebenden ungestörten Photosphäre durch größere Strahlungsintensität auszeichnen. Sie treten vorzugsweise in der näheren und weiteren Umgebung aktiver oder erloschener Fleckenherde auf. Die folgende Tabelle gibt die Helligkeit der Fackeln (bezogen auf die umgebende Photosphäre) in Abhängigkeit vom Abstand ϱ von der Mitte der Sonnenscheibe (deren Radius = 1 gesetzt ist):

ϱ	0,60	0,70	0,80	0,90	0,95
4330 Å [1]	1,04	1,06	1,10	1,14	1,17
5780 Å [1]	1,02	1,03	1,04	1,10	1,16
Gesamtstrahlung [2]		1,020	1,025	1,040	1,060

313142 Struktur. Die Fackelfelder bestehen aus einem Netzwerk von hellen Adern; diese wiederum bestehen aus einzelnen hellen Punkten, sog. Fackelgranula.

Durchmesser der Fackelgranula [3, 4]	1″—2″
Lebensdauer der Fackelgranula [3, 4]	ca. 2 Stunden
Helligkeitsverhältnis Fackelgranula : ungestörte Photosphäre [4]	1,4

Literatur. [1] Richardson, R. S.: Ap. J. **78** (1933) 359. — [2] Wormell, T. W.: M. N. **96** (1936) 736. — [3] Waldmeier, M.: Helv. Phys. Acta **13** (1940). — [4] ten Bruggencate, P.: Z. Aph. **19** (1939) 59; **21** (1942) 162.

31315 Chromosphäre.

313151 Struktur. Die Begrenzung der Chromosphäre ist nicht glatt, sondern besteht aus einzelnen flammenähnlichen Lichtzungen von bis zu 15″ Höhe und etwa 5 Minuten Lebensdauer [1], welche der Chromosphäre ein turbulentes Aussehen erteilen.

313152 Spektrum. Das Spektrum der Chromosphäre, beobachtet am Sonnenrand, besteht aus Emissionslinien. Das umfangreichste, 3500 Linien umfassende Linienverzeichnis stammt von Mitchell [2], aus dem nachfolgend ein Auszug gegeben wird, enthaltend die Linien mit Intensitäten ≧ 20.

Wellenlänge	Element	Intensität	Höhe in km	Oberes Anregungspotential in eV	Wellenlänge	Element	Intensität	Höhe in km	Oberes Anregungspotential in eV
3132,05	Cr^+	20	1500	6,41	3422,71	Cr^+—Fe	25	1500	6,05
3234,49	Ti^+	30	2000	3,86	3433,34	Cr^+	22	1500	6,02
3236,59	Ti^+	25	2000	3,84	3441,97	Mn^+	25	1500	5,35
3239,03	Ti^+	20	2000	3,82	3460,32	Mn^+	25	1500	5,37
3242,00	Ti^+	25	2000	3,81	3474,11	Mn^+	25	1500	5,35
3277,36	Fe^+	20	1200	4,75	3482,95	Mn^+	20	1500	5,37
3322,91	Ti^+	22	1500	3,86	3504,88	Ti^+—Fe	20	1500	5,40
3329,42	Ti^+—Co	20	1500	3,84	3510,87	Ti^+	20	1500	5,40
3335,18	Ti^+	20	1500	3,82	3535,41	Ti^+	25	1200	5,54
3340,33	Ti^+	20	1500	3,81	3572,52	Sc^+—Zr^+	20	1200	3,48
3341,88	Ti^+—Fe	35	2000	4,26	3576,38	Sc^+	20	1200	3,46
3349,00	Ti^+—Cr	30	1500	3,81	3581,22	Fe	25	1500	4,30
3349,41	Ti^+	40	2500	3,73	3613,82	Sc^+	30	1500	3,44
3361,24	Ti^+—Sc^+	30	2500	3,70	3618,77	Fe	20	1500	4,40
3368,07	Cr^+	20	1500	6,14	3630,73	Sc^+—Ca	30	1500	3,41
3372,84	Ti^+	40	2500	3,67	3631,48	Fe	20	1500	4,35
3383,84	Ti^+—Fe	40	2500	3,65	3641,35	Ti^+	25	1500	4,62
3387,88	Ti^+—Zr^+	20	1500	3,67	3642,74	Sc^+—Ti	25	1500	3,39
3394,56	Ti^+—Fe	20	1500	3,65	3669,46	H 25	22	1800	13,52
3408,81	Cr^+	25	1500	6,09		Zr^+			4,07
3421,25	Cr^+	25	1500	6,02	3671,33	H 24	20	2000	13,52

Wellenlänge	Element	Intensität	Höhe in km	Oberes Anregungspotential in eV
3673,82	H 23	22	2000	13,51
3676,34	Fe—Cr H 22	25	2500	5,91 13,51
3677,79	Cr+—Fe	20	1200	6,05
3679,34	H 21	30	2500	13,51
3682,82	H 20	30	2500	13,51
3685,25	Ti+	90	6000	3,92
3686,83	H 19	35	3000	13,50
3691,62	H 18	40	3500	13,50
3697,21	H 17	40	4000	13,49
3703,89	H 16	45	4500	13,49
3706,11	Ca+—Ti+	25	1200	6,44
3710,34	Y+	20	1200	3,51
3712,06	H 15	50	5000	13,48
3719,94	Fe	35	2000	3,32
3722,00	H 14	60	5500	13,47
3734,45	H 13	70	6000	13,46
3734,91	Fe	20	2000	4,16
3737,00	Ca+—Ni Fe	50	2000	6,44 3,35
3741,64	Ti+	30	2000	4,87
3745,78	Fe	30d	2000	3,38
3748,25	Ti+ Fe	20	1500	4,88 3,40
3750,25	H 12	75	6000	13,45
3759,33	Ti+	65	6000	3,89
3761,33 3761,88	Ti+ Ti+	75	6000	3,85 5,86
3770,72	H 11	80	6000	13,43
3774,38	Y+	20	1000	3,40
3798,02	H 10	100	6000	13,40
3815,82	Fe	20	1500	4,71
3820,43	Fe	25	1600	4,09
3824,46	Fe	20	1500	3,23
3825,86	Fe	20	1500	4,14
3829,35	Mg	40	5000	5,92
3832,34	Mg	50	5000	5,92
3835,54	H 9	120	7000	13,37
3838,30	Mg	60	6000	5,92
3856,26	Fe—Si+	25	1500	3,25
3859,87	Fe	40	2500	3,20
3878,65	Fe—V+	25	1500	3,27
3886,32	Fe—La+	25	1500	3,23
3889,20	H ζ	140	8000	13,33
3895,68	Fe	20	1500	3,28
3900,54	Ti+	35	2000	4,29
3913,55	Ti+—Fe	40	2500	4,26
3920,25	Fe	20	1500	3,27
3922,92	Fe	20	1500	3,20
3927,96	Fe	20	1500	3,25
3930,26	Fe	20	1500	3,23
3933,90	Ca+	200	14000	3,14
3944,03	Al	25	2000	3,13
3961,51	Al	35	2000	3,13
3968,70	Ca+	180	14000	3,11
3970,25	He	120	8000	13,26
4173,48	Fe+—Ti+	20	1200	5,53
4177,54	Y+—Fe	25	1200	3,36
4178,87	Fe+	20	1200	5,52
4215,70	Sr+—CN	60	6000	2,93
4226,74	Ca	40	4000	2,92
4233,22	Fe+	30	2200	5,49
4246,90	Sc+	50	5000	3,22
4254,36	Cr	35	2000	2,90
4260,51	Fe	20	1500	5,29
4271,77	Fe	20	2000	4,37
4274,77	Cr—Ti	30	2000	2,89

Wellenlänge	Element	Intensität	Höhe in km	Oberes Anregungspotential in eV
4289,60	Ca Cr	25	2000	4,75 2,88
4290,18	Ti+	25	2000	4,04
4294,07	Ti+—Fe	30	2500	3,95
4300,05	Ti+	35	2500	4,05
4307,86	Ca Ti+—Fe	35	2500	4,74 4,02
4320,77	Sc+—Ti+	25	2000	3,46
4325,79	Fe—Ni	20	2000	4,45
4337,98	Ti+	20	2500	3,92
4340,63	H γ	150	8000	13,00
4351,84	Fe+—Cr	25	2000	5,53
4375,00	Y+	20	1500	3,23
4383,54	Fe	30	2000	4,29
4395,13	Ti+—V	40	3000	3,89
4404,79	Fe	25	1800	4,35
4417,71	Ti+	20	1500	3,95
4443,85	Ti+	35	3000	3,85
4468,48	Ti+	40	2500	3,89
4471,54	He	90	7500	23,63
4501,28	Ti+	35	2500	3,85
4520,22	Fe+	20	1000	5,52
4522,67	Fe+—Ti	25	1500	5,56
4534,03	Ti+—Fe+	40	2500	3,95
4549,63	Ti+—Fe+	50	2500	4,29
4554,11	Ba+	50	2500	2,71
4555,89	Fe+	25	1200	5,52
4563,76	Ti+	30	2500	3,92
4572,00	Ti+	40	2500	4,26
4583,86	Fe+	30	1800	5,49
4629,42	Fe+—Ti	30	1200	5,46
4861,50	H β	160	9000	12,69
4900,14	Y+	20	1000	3,55
4923,96	Fe+	35	2000	5,39
4934,08	Ba+	30	1800	2,50
5018,44	Fe+	40	2000	5,34
5167,35	Mg Fe	40	2000	5,09 3,87
5168,99	Fe+—Fe	45	2000	5,27
5172,65	Mg	60	3000	5,09
5183,58	Mg	70	3500	5,09
5188,69	Ti+	20	1000	3,95
5208,37	Cr	25	1200	3,31
5275,99	Fe+—Cr	20	800	5,52
5316,67	Fe+	40	1200	5,46
5875,64	He	100	7500	22,97
5889,09	Na (D_2)	40	1500	2,10
5895,99	Na (D_1)	35	1500	2,09
6141,77	Ba+—Fe	40	1500	2,71
6162,19	Ca	25	1000	3,89
6456,44	Fe+	20	800	5,80
6496,88	Ba+	30	1500	2,50
6562,80	Hα	200	12000	12,04
6678,10	He—Fe	30d	2200	22,97
7065,18	He	60	7500	22,62
7771,95	O	45	6000	10,69
7774,18	O	30	6000	10,69
7775,39	O	25	6000	10,69
8413,33	H 19	20	3000	13,50
8446,33 8446,76	O O	25	3000	10,94 10,94
8467,27	H 17	20	4500	3,49
8498,06	Ca+	140	10000	13,14
8542,14	Ca+	160	12000	3,11
8598,40	H 14	25	6000	13,47
8662,17	Ca+	180	12000	3,14
8750,47	H 12	25	6500	13.45

Bei den Intensitäten handelt es sich um geschätzte, in willkürlichen Einheiten ausgedrückte Werte. Die geschätzten Höhen geben den Abstand von der Photosphäre, bis zu welchem die Linien auf den photographischen Aufnahmen erkannt werden können.

313153 Physikalischer Zustand. Temperatur [*3, 4*] 35000°

Radialer Dichteabfall des Wasserstoffs (Höhe H in cm) [*4*] $\sim e^{-0{,}92 \cdot 10^{-8} \cdot H}$

Radialer Dichteabfall der Metallatome ($650 < H < 1500$ km) [*5*] $\sim e^{-0{,}25 \cdot 10^{-7} \cdot H}$

Elektronendruck bei $H = 500$ km [*4*] 0,11 dyn/cm²

Literatur. [*1*] Roberts, W. O.: Ap. J. **101** (1945) 136. — [*2*] Mitchell, S. A.: Ap. J. **105** (1947) 1. — [*3*] Redman, R. O.: M. N. **102** (1942) 140. — [*4*] Wildt, R.: Ap. J. **105** (1947) 36. — [*5*] Mitchell, S. A., u. E. T. R. Williams: Ap. J. **77** (1933) 197. — Cillié, G. G., u. D. H. Menzel: Harvard Circ. **410** (1935).

31316 Eruptionen und Protuberanzen.

313161 Klassifikation. In Verbindung mit Sonnenflecken:

Chromosphärische Eruptionen
Auswürfe (häufig als Begleiterscheinung chromosphärischer Eruptionen)
Fleckenprotuberanzen
Aktive Protuberanzen

Außerhalb von Sonnenfleckengruppen:

Stationäre Protuberanzen (Filamente)
Aktive Protuberanzen }
Aufsteigende Protuberanzen } = spezielle Stadien in der Entwicklung der Filamente.

Der Grundtypus einer Protuberanz besteht in einer die Sonnenoberfläche überragenden Gasmasse von folgenden mittleren Dimensionen [*1*]:

Dicke ~ 10000 km
Länge ~ 200000 km
Höhe ~ 50000 km

Im Aktivitätsstadium strömt Materie in einen Sonnenfleck bzw. ein Attraktionszentrum. Im aufsteigenden Stadium löst sich die Protuberanz von der Sonne ab und fliegt mit zunehmender Geschwindigkeit in den Weltraum hinaus.

In den Fleckenprotuberanzen kondensiert sich die koronale Materie und strömt in die Sonnenflecken ab.

In den Auswürfen wird Materie aus der Chromosphäre bis zu einigen 10^5 km hoch emporgeschossen, worauf sie längs derselben Bahn wieder zurückfällt.

In den Eruptionen, die sich von den Protuberanzen durch besonders große Helligkeit auszeichnen, steigt die Materie nur etwa 10^4 km, selten bis $5 \cdot 10^4$ km hoch.

313162 Spektrum stimmt qualitativ mit dem der Chromosphäre überein [*2, 3*].

313163 Größe der Eruptionen der Klasse I (Fläche der Sonnenscheibe = 1) [*4*] $< 2{,}3 \cdot 10^{-4}$
,, ,, ,, ,, II 2,3 bis $6{,}3 \cdot 10^{-4}$
,, ,, ,, ,, III $> 6{,}3 \cdot 10^{-4}$

313164 Lebensdauer (mittlere) der Eruptionen der Klasse I [*4*] 20,3 Minuten
,, ,, ,, ,, II 33,4 ,,
,, ,, ,, ,, III 62,4 ,,

Statistik der Lebensdauer der Filamente nach M. N. Gnevishev [*5*]:

Lebensdauer (Rotationen)	0—1	1—2	2—3	3—4	4—5	5—6	6—7	7—8
Prozente aller Filamente	80	11	3	2	2	2	0,2	0,1

313165 Achsenneigung der Protuberanzen (Filamente) gegen die Parallelkreise (das in der Rotationsrichtung vorangehende Ende liegt in kleinerem Abstand vom Äquator als das nachfolgende) [*6*]:

Heliographische Breite	Achsenneigung	Heliographische Breite	Achsenneigung	Heliographische Breite	Achsenneigung
Grad	Grad	Grad	Grad	Grad	Grad
0— 5	84	25—30	41	50—55	10
5—10	85	30—35	37	55—60	1
10—15	69	35—40	23	60—65	0
15—20	57	40—45	19		
20—25	42	45—50	11		

Waldmeier

31 3166 Elektronendichte in Protuberanzen [7] $\sim 10^{10}\,cm^{-3}$
in Eruptionen [8] $1-3\cdot 10^{12}\,cm^{-3}$

31 3167 Elektronendruck in Protuberanzen [2] $5\cdot 10^{-3}$ bis $5\cdot 10^{-2}$ Bar

Literatur. [1] Pettit, E.: Ap. J. **76** (1932) 2. — [2] Unsöld, A.: Z. Aph. **24** (1948) 22. — [3] Allen, C. W.: M. N. **100** (1940) 636. — [4] Waldmeier, M.: Z. Aph. **16** (1938) 276; Astr. Mitt. Zürich Nr. 153 (1948). — [5] Gnevishev, M. N.: Bull. Pulkowa **16** (1938) 36. — [6] Royds, T.: Kodaikanal Bull. Nr. 63 (1920); Royds, T., u. M. Salaruddin: Kodaikanal Bull. Nr. 111 (1937); d'Azambuja, M. u. L.: Ann. Paris-Meudon **6** fasc. VII (1948). — [7] Unsöld, A.: Physik der Sternatmosphären (1938) 415. — [8] Waldmeier, M.: Z. Aph. **20** (1940) 46.

31 317 Korona.

Die Korona ist die äußerste Sonnenatmosphäre, die sich bis zu mehreren Millionen km vom Sonnenrand nachweisen läßt. Ihre Gesamthelligkeit beträgt etwa $1\cdot 10^{-6}\times$ Sonnenhelligkeit $= 0{,}5\times$ Vollmondhelligkeit. Die Strahlung der Korona besteht zu über 99 % aus kontinuierlichem Licht, welches dieselbe spektrale Energieverteilung aufweist wie das Sonnenlicht. Das Kontinuum der inneren Korona wird durch Streuung des Photosphärenlichtes an freien Elektronen erzeugt (I_E), dasjenige der äußeren Korona durch Streuung an Staubpartikeln (I_F). Die Abnahme der beiden Komponenten I_E und I_F mit zunehmendem Abstand vom Sonnenrand und die daraus abgeleiteten Elektronendichten N_e und Elektronentemperaturen T_E sind in der nebenstehenden Tabelle enthalten.

Es bedeuten: r den Abstand vom Sonnenzentrum, ausgedrückt in Sonnenradien, h den Abstand vom Sonnenrand, ausgedrückt in Bogenminuten. $I_{E,A}$ und T_A beziehen sich auf die Äquatorzone (inklusive Fleckenzone), $I_{E,P}$ und T_P auf die Umgebung der Pole. Die in der Tabelle aufgeführten Größen können durch folgende Formeln dargestellt werden:

$$I_E + I_F = 10^{-6}\left(\frac{0{,}0532}{r^{2,5}} + \frac{1{,}425}{r^7} + \frac{2{,}565}{r^{17}}\right) \quad [1]$$

$$I_{E,A} = 10^{-6}\left(\frac{0{,}038}{r^{3,5}} + \frac{1{,}350}{r^7} + \frac{2{,}650}{r^{17}}\right) \quad [4]$$

$$I_{E,P} = 10^{-6}\left(\frac{0{,}026}{r^5} + \frac{0{,}910}{r^9} + \frac{1{,}120}{r^{17}}\right) \quad [4]$$

$$N_{E,A} = 10^8\left(\frac{0{,}034}{r^{2,5}} + \frac{1{,}47}{r^6} + \frac{3{,}00}{r^{16}}\right) \quad [4]$$

$$N_{E,P} = 10^8\left(\frac{0{,}027}{r^4} + \frac{1{,}15}{r^8} + \frac{1{,}16}{r^{16}}\right) \quad [4]$$

Die Intensitäten sind ausgedrückt in Einheiten der Intensität des Zentrums der Sonnenscheibe, die Elektronendichten in cm^{-3} und die Temperaturen in Grad. Vgl. hierzu H. C. van de Hulst, The electron density in the solar corona, BAN **11** (1950) 135.

r	h	I_E+I_F [1]	$I_E/(I_E+I_F)$ [2]	I_E [3]	I_F [3]	N_E [3]	$I_{E,A}$ [4]	$I_{E,P}$ [4]	$N_{E,A}$ [4]	$N_{E,P}$ [4]	T_A [4]	T_P [4]
1,00	0,00	$4{,}04\cdot 10^{-6}$	1,00	$4{,}04\cdot 10^{-6}$	$0{,}053\cdot 10^{-6}$	$4{,}58\cdot 10^{8}$	$4{,}04\cdot 10^{-6}$	$2{,}02\cdot 10^{-6}$	$4{,}50\cdot 10^{8}$	$2{,}34\cdot 10^{8}$	$1{,}39\cdot 10^{6}$	$1{,}36\cdot 10^{6}$
1,03	0,48	2,76	1,00				2,76	1,38	3,14	1,65	1,45	1,37
1,06	0,96	1,95	1,00				1,95	0,975	2,25	1,20	1,50	1,39
1,10	1,6	1,28	1,00	1,27	0,042	1,54	1,28	0,640	1,51	0,808	1,57	1,39
1,20	3,2	0,547	0,89	0,54	0,033	0,685	0,547	0,274	0,676	0,343	1,71	1,39
1,30	4,8	0,284	0,83	0,273	0,028	0,366	0,253	0,106	0,367	0,168	1,67	1,35
1,40	6,4	0,166	0,80	0,156	0,023	0,220	0,141	0,0498	0,224	0,0903	1,67	1,30
1,60	9,6	0,0704	0,70	0,062	0,0164	0,093	0,0535	0,0148	0,0997	0,0315	1,58	1,22
1,80	12,8	0,0356	0,62	0,028	0,0122	0,0457	0,0246	0,00570	0,0513	0,0131	1,31	1,11
2,00	16,0	0,0205	0,53	0,0140	0,0094	0,0242	0,0129	0,00256	0,0290	0,00620	1,33	1,07
2,20	19,2	0,0131	0,41	0,0075	0,0074	0,0138	0,00760	0,00131	0,0177	0,00325	1,33	1,04
2,40	22,4	0,00906		0,0042	0,0060	0,0082	0,00471	0,000680	0,0115	0,00186	1,33	0,96
2,60	25,6	0,00665		0,0023	0,0048	0,0050	0,00313	0,000366	0,00788	0,00114	1,13	
2,80	28,8	0,00512			0,0041	0,0032	0,00220		0,00564		1,25	
3,00	32,0	0,00407			0,0034	0,00213	0,00159		0,00419		1,20	
3,50	40,0	0,00257			0,00235	0,00085	0,000771		0,00228		1,04	
4,00	48,0	0,00175			0,00166	0,00038	0,000385		0,00137		1,02	
5,00	64,0	0,000968			0,00095	0,00010	0,000145		0,000702			
6,00	80,0	0,000608			0,00061	0,000033	0,0000608		0,000417			

Das kontinuierliche Koronalicht ist in radialer Richtung partiell linear polarisiert. Die folgende Tabelle gibt den Polarisationsgrad (Prozente linear polarisierten Lichtes) für verschiedene Abstände h (in Bogenminuten) vom Sonnenrand.

h	4,8	9,6	14,4	19,2	24,0	28,8	33,6	38,4	43,2
Nach C. W. Allen [5]	38	43	47	47	45	44	43	42	41
Nach Y. Öhman [6]									
am Äquator . . .	43,0	45,5	44,5	41,0	36,0	31,5	27,5	24,5	22,0
am Pol.	30,5	23,5							

Die Polarisation rührt praktisch ausschließlich von der I_E-Komponente her, während die I_F-Komponente nahezu unpolarisiert ist. I_F besitzt ein Spektrum, das mit dem Fraunhoferschen Spektrum der Sonnenstrahlung übereinstimmt, während I_E zufolge der hohen Elektronentemperatur ein reines Kontinuum aufweist.

Die Wellenlängen, Intensitäten und Identifikationen der 26 bekannten Emissionslinien im Spektrum der inneren Korona sind in der folgenden Tabelle zusammengestellt.

λ Å	ν cm^{-1}	Intensität nach Grotrian [7]	Intensität nach Lyot [8]	Identifikation nach B. Edlén [9]	A sec^{-1}	E.P.	I.P.
3328	30039	1,0		Ca XII $2s^2\ 2p^5\ {}^2P_{1/2}$ — ${}^2P_{3/2}$	488	3,72	589
3388,1	29507	16		Fe XIII $3s^2\ 3p^2\ {}^1D_2$ — ${}^3P_2$	87	5,96	325
3454,1	28943	2,3					
3533,4	28302						
3601,0	27762	2,1		Ni XVI $3s^2\ 3p\ {}^2P_{3/2}$ — ${}^2P_{1/2}$	193	3,44	455
3642,9	27443			Ni XIII $3s^2\ 3p^4\ {}^1D_2$ — ${}^3P_1$	18	5,82	350
3800,8	26303						
3986,9	25075	0,7		Fe XI $3s^2\ 3p^4\ {}^1D_2$ — ${}^3P_1$	9,5	4,68	261
4086,3	24465	1,0		Ca XIII $2s^2\ 2p^4\ {}^3P_1$ — ${}^3P_2$	319	3,03	655
4231,4	23626	2,6		Ni XII $3s^2\ 3p^5\ {}^2P_{1/2}$ — ${}^2P_{3/2}$	237	2,93	318
4311	23190						
4359	22935			A XIV $2s^2\ 2p\ {}^2P_{3/2}$ — ${}^2P_{1/2}$	108	2,84	682
4412	22665						
4567	21890	1,1					
4586	21805						
5116,03 ± 0,02	19541,0	4,3	2,2	Ni XIII $3s^2\ 3p^4\ {}^3P_1$ — ${}^3P_2$	157	2,42	350
5302,86 ± 0,02	18852,5	100	100	Fe XIV $3s^2\ 3p\ {}^2P_{3/2}$ — ${}^2P_{1/2}$	60	2,34	355
5445,2 [10]	18364,6		0,2	Ca XV $2s^2\ 2p^2\ {}^3P_2$ — ${}^3P_1$			814
5536	18059			A X $2s^2\ 2p^5\ {}^2P_{1/2}$ — ${}^2P_{3/2}$	106	2,24	421
5694,42 ± 0,07	17556,2		1,2	Ca XV $2s^2\ 2p^2\ {}^3P_1$ — ${}^3P_0$	95	2,18	814
6374,51 ± 0,03	15683,2	8,1	18	Fe X $3s^2\ 3p^5\ {}^2P_{1/2}$ — ${}^2P_{3/2}$	69	1,94	233
6701,83 ± 0,05	14917,2	5,4	2,0	Ni XV $3s^2\ 3p^2\ {}^3P_1$ — ${}^3P_0$	57	1,85	422
7059,62 ± 0,05	14161,2		2,2	Fe XV $3s\ 3p\ {}^3P_2$ — ${}^3P_1$		31,7	390
7891,94 ± 0,10	12667,7		13	Fe XI $3s^2\ 3p^4\ {}^3P_1$ — ${}^3P_2$	44	1,57	261
8024,21 ± 0,10	12458,9		0,5	Ni XV $3s^2\ 3p^2\ {}^3P_2$ — ${}^3P_1$	22	3,39	422
10746,80 ± 0,15	9302,5		55	Fe XIII $3s^2\ 3p^2\ {}^3P_1$ — ${}^3P_0$	14	1,15	325
10797,95 ± 0,15	9258,5		35	Fe XIII $3s^2\ 3p^2\ {}^3P_2$ — ${}^3P_1$	9,7	2,30	325

Die erste Spalte gibt die Wellenlänge λ, die zweite die Wellenzahl, die dritte und vierte die mittleren Intensitäten, bezogen auf die = 100 gesetzte Intensität der Linie 5303 Å. Die fünfte Spalte gibt die Identifikation, die sechste die Übergangswahrscheinlichkeit A, die siebente das Anregungs- und die letzte das Ionisationspotential (= Ionisierungsspannung der nächst niedrigeren Ionisationsstufe) in e-Volt.

Literatur. [1] Baumbach, S.: A. N. **263** (1937) 121. — [2] Grotrian, W.: Z. Aph. **8** (1934) 124. — [3] Allen, C. W.: M. N. **107** (1947) 426. — [4] Waldmeier, M.: Astr. Mitt. Zürich Nr. 154 (1948). — [5] Allen, C. W.: M. N. **101** (1941) 281. — [6] Öhman, Y.: Stockholm Ann. **15**, Nr. 2 (1947). — [7] Grotrian, W.: Z. Aph. **2** (1931) 106; Naturw. **27** (1939) 214. — [8] Lyot, B.: M. N. **99** (1939) 580. — [9] Edlén, B.: Z. Aph. **22** (1942) 30; M. N. **105** (1945) 323. — [10] Waldmeier, M.: Astr. Mitt. Zürich Nr. 175 (1950).

31318 Der 11-jährige Sonnenzyklus und die solaren Aktivitätszonen.

313181 Sonnenzyklus.

a) Sonnenflecken. Die Häufigkeit der Sonnenflecken unterliegt einer im Durchschnitt 11jährigen Periode. Die nachfolgende Tabelle enthält die Monats- und Jahresmittel der Züricher Sonnenfleckenrelativzahlen R von 1749 an [1]. Dieselben sind definiert durch $R = k(10g + f)$, wobei g die Anzahl der Fleckengruppen, f diejenige der individuellen Flecken und k eine Instrumental- und Personalkonstante bedeutet, welche für das auf der Eidgenössischen Sternwarte Zürich verwendete Fernrohr von 8 cm Öffnung bei 64facher Vergrößerung und für die Zählart von Rudolf Wolf gleich 1 gesetzt ist.

Jahr	Januar	Februar	März	April	Mai	Juni	Juli	August	September	Oktober	November	Dezember	Mittel
1749	58,0	62,6	70,0	55,7	85,0	83,5	94,8	66,3	75,9	75,5	158,6	85,2	80,9
1750	73,3	75,9	89,2	88,3	90,0	100,0	85,4	103,0	91,2	65,7	63,3	75,4	**83,4**
1751	70,0	43,5	45,3	56,4	60,7	50,7	66,3	59,8	23,5	23,2	28,5	44,0	47,7
1752	35,0	50,0	71,0	59,3	59,7	39,6	78,4	29,3	27,1	46,6	37,6	40,0	47,8
1753	44,0	32,0	45,7	38,0	36,0	31,7	22,0	39,0	28,0	25,0	20,0	6,7	30,7
1754	0,0	3,0	1,7	13,7	20,7	26,7	18,8	12,3	8,2	24,1	13,2	4,2	12,2
1755	10,2	11,2	6,8	6,5	0,0	0,0	8,6	3,2	17,8	23,7	6,8	20,0	9,6
1756	12,5	7,1	5,4	9,4	12,5	12,9	3,6	6,4	11,8	14,3	17,0	9,4	10,2
1757	14,1	21,2	26,2	30,0	38,1	12,8	25,0	51,3	39,7	32,5	64,7	33,5	32,4
1758	37,6	52,0	49,0	72,3	46,4	45,0	44,0	38,7	62,5	37,7	43,0	43,0	47,6
1759	48,3	44,0	46,8	47,0	49,0	50,0	51,0	71,3	77,2	59,7	46,3	57,0	54,0
1760	67,3	59,5	74,7	58,3	72,0	48,3	66,0	75,6	61,3	50,6	59,7	61,0	62,9
1761	70,0	91,0	80,7	71,7	107,2	99,3	94,1	91,1	100,7	88,7	89,7	46,0	**85,9**
1762	43,8	72,8	45,7	60,2	39,9	77,1	33,8	67,7	68,5	69,3	77,8	77,2	61,2
1763	56,5	31,9	34,2	32,9	32,7	35,8	54,2	26,5	68,1	46,3	60,9	61,4	45,1
1764	59,7	59,7	40,2	34,4	44,3	30,0	30,0	30,0	28,2	28,0	26,0	25,7	36,4
1765	24,0	26,0	25,0	22,0	20,2	20,0	27,0	29,7	16,0	14,0	14,0	13,0	20,9
1766	12,0	11,0	36,6	6,0	26,8	3,0	3,3	4,0	4,3	5,0	5,7	19,2	11,4
1767	27,4	30,0	43,0	32,9	29,8	33,3	21,9	40,8	42,7	44,1	54,7	53,3	37,8
1768	53,5	66,1	46,3	42,7	77,7	77,4	52,6	66,8	74,8	77,8	90,6	111,8	69,8
1769	73,9	64,2	64,3	96,7	73,6	94,4	118,6	120,3	148,8	158,2	148,1	112,0	**106,1**
1770	104,0	142,5	80,1	51,0	70,1	83,3	109,8	126,3	104,4	103,6	132,2	102,3	100,8
1771	36,0	46,2	46,7	64,9	152,7	119,5	67,7	58,5	101,4	90,0	99,7	95,7	81,6
1772	100,9	90,8	31,1	92,2	38,0	57,0	77,3	56,2	50,5	78,6	61,3	64,0	66,5
1773	54,6	29,0	51,2	32,9	41,1	28,4	27,7	12,7	29,3	26,3	40,9	43,2	34,8
1774	46,8	65,4	55,7	43,8	51,3	28,5	17,5	6,6	7,9	14,0	17,7	12,2	30,6
1775	4,4	0,0	11,6	11,2	3,9	12,3	1,0	7,9	3,2	5,6	15,1	7,9	7,0
1776	21,7	11,6	6,3	21,8	11,2	19,0	1,0	24,2	16,0	30,0	35,0	40,0	19,8
1777	45,0	36,5	39,0	95,5	80,3	80,7	95,0	112,0	116,2	106,5	146,0	157,3	92,5
1778	177,3	109,3	134,0	145,0	238,9	171,6	153,0	140,0	171,7	156,3	150,3	105,0	**154,4**
1779	114,7	165,7	118,0	145,0	140,0	113,7	143,0	112,0	111,0	124,0	114,0	110,0	125,9
1780	70,0	98,0	98,0	95,0	107,2	88,0	86,0	86,0	93,7	77,0	60,0	58,7	84,8
1781	98,7	74,7	53,0	68,3	104,7	97,7	73,5	66,0	51,0	27,3	67,0	35,2	68,1
1782	54,0	37,5	37,0	41,0	54,3	38,0	37,0	44,0	34,0	23,2	31,5	30,0	38,5
1783	28,0	38,7	26,7	28,3	23,0	25,2	32,2	20,0	18,0	8,0	15,0	10,5	22,8
1784	13,0	8,0	11,0	10,0	6,0	9,0	6,0	10,0	10,0	8,0	17,0	14,0	10,2
1785	6,5	8,0	9,0	15,7	20,7	26,3	36,3	20,0	32,0	47,2	40,2	27,3	24,1
1786	37,2	47,6	47,7	85,4	92,3	59,0	83,0	89,7	111,5	112,3	116,0	112,7	82,9
1787	134,7	106,0	87,4	127,2	134,8	99,2	128,0	137,2	157,3	157,0	141,5	174,0	**132,0**
1788	138,0	129,2	143,3	108,5	113,0	154,2	141,5	136,0	141,0	142,0	94,7	129,5	130,9
1789	114,0	125,3	120,0	123,3	123,5	120,0	117,0	103,0	112,0	89,7	134,0	135,5	118,1
1790	103,0	127,5	96,3	94,0	93,0	91,0	69,3	87,0	77,3	84,3	82,0	74,0	89,9
1791	72,7	62,0	74,0	77,2	73,7	64,2	71,0	43,0	66,5	61,7	67,0	66,0	66,6
1792	58,0	64,0	63,0	75,7	62,0	61,0	45,8	60,0	59,0	59,0	57,0	56,0	60,0
1793	56,0	55,0	55,5	53,0	52,3	51,0	50,0	29,3	24,0	47,0	44,0	45,7	46,9
1794	45,0	44,0	38,0	28,4	55,7	41,5	41,0	40,0	11,1	28,5	67,4	51,4	41,0
1795	21,4	39,9	12,6	18,6	31,0	17,1	12,9	25,7	13,5	19,5	25,0	18,0	21,3
1796	22,0	23,8	15,7	31,7	21,0	6,7	26,9	1,5	18,4	11,0	8,4	5,1	16,0
1797	14,4	4,2	4,0	4,0	7,3	11,1	4,3	6,0	5,7	6,9	5,8	3,0	6,4
1798	2,0	4,0	12,4	1,1	0,0	0,0	0,0	3,0	2,4	1,5	12,5	9,9	4,1
1799	1,6	12,6	21,7	8,4	8,2	10,6	2,1	0,0	0,0	4,6	2,7	8,6	6,8
1800	6,9	9,3	13,9	0,0	5,0	23,7	21,0	19,5	11,5	12,3	10,5	40,1	14,5
1801	27,0	29,0	30,0	31,0	32,0	31,2	35,0	38,7	33,5	32,6	39,8	48,2	34,0
1802	47,8	47,0	40,8	42,0	44,0	46,0	48,0	50,0	51,8	38,5	34,5	50,0	45,0
1803	50,0	50,8	29,5	25,0	44,3	36,0	48,3	34,1	45,3	54,3	51,0	48,0	43,1
1804	45,3	48,3	48,0	50,6	33,4	34,8	29,8	43,1	53,0	62,3	61,0	60,0	**47,5**
1805	61,0	44,1	51,4	37,5	39,0	40,5	37,6	42,7	44,4	29,4	41,0	38,3	42,2
1806	39,0	29,6	32,7	27,7	26,4	25,6	30,0	26,3	24,0	27,0	25,0	24,0	28,1
1807	12,0	12,2	9,6	23,8	10,0	12,0	12,7	12,0	5,7	8,0	2,6	0,0	10,1
1808	0,0	4,5	0,0	12,3	13,5	13,5	6,7	8,0	11,7	4,7	10,5	12,3	8,1
1809	7,2	9,2	0,9	2,5	2,0	7,7	0,3	0,2	0,4	0,0	0,0	0,0	2,5
1810	0,0	0,0	0,0	0,0	0,0	0,0	0,0	0,0	0,0	0,0	0,0	0,0	0,0

Jahr	Januar	Februar	März	April	Mai	Juni	Juli	August	September	Oktober	November	Dezember	Mittel
1811	0,0	0,0	0,0	0,0	0,0	0,0	6,6	0,0	2,4	6,1	0,8	1,1	1,4
1812	11,3	1,9	0,7	0,0	1,0	1,3	0,5	15,6	5,2	3,9	7,9	10,1	5,0
1813	0,0	10,3	1,9	16,6	5,5	11,2	18,3	8,4	15,3	27,8	16,7	14,3	12,2
1814	22,2	12,0	5,7	23,8	5,8	14,9	18,5	2,3	8,1	19,3	14,5	20,1	13,9
1815	19,2	32,2	26,2	31,6	9,8	55,9	35,5	47,2	31,5	33,5	37,2	65,0	35,4
1816	26,3	68,8	73,7	58,8	44,3	43,6	38,8	23,2	47,8	56,4	38,1	29,9	**45,8**
1817	36,4	57,9	96,2	26,4	21,2	40,0	50,0	45,0	36,7	25,6	28,9	28,4	41,1
1818	34,9	22,4	29,7	34,5	53,1	36,4	28,0	31,5	26,1	31,7	10,9	25,8	30,4
1819	32,5	20,7	3,7	20,2	19,6	35,0	31,4	26,1	14,9	27,5	25,1	30,6	23,9
1820	19,2	26,6	4,5	19,4	29,3	10,8	20,6	25,9	5,2	9,0	7,9	9,7	15,7
1821	21,5	4,3	5,7	9,2	1,7	1,8	2,5	4,8	4,4	18,8	4,4	0,0	6,6
1822	0,0	0,9	16,1	13,5	1,5	5,6	7,9	2,1	0,0	0,4	0,0	0,0	4,0
1823	0,0	0,0	0,6	0,0	0,0	0,0	0,5	0,0	0,0	0,0	0,0	20,4	1,8
1824	21,6	10,8	0,0	19,4	2,8	0,0	0,0	1,4	20,5	25,2	0,0	0,8	8,5
1825	5,0	15,5	22,4	3,8	15,4	15,4	30,9	25,4	15,7	15,6	11,7	22,0	16,6
1826	17,7	18,2	36,7	24,0	32,4	37,1	52,5	39,6	18,9	50,6	39,5	68,1	36,3
1827	34,6	47,4	57,8	46,0	56,3	56,7	42,9	53,7	49,6	57,2	48,2	46,1	49,7
1828	52,8	64,4	65,0	61,1	89,1	98,0	54,3	76,4	50,4	34,7	57,0	46,9	62,5
1829	43,0	49,4	72,3	95,0	67,5	73,9	90,8	78,3	52,8	57,2	67,6	56,5	67,0
1830	52,2	72,1	84,6	107,1	66,3	65,1	43,9	50,7	62,1	84,4	81,2	82,1	**71,0**
1831	47,5	50,1	93,4	54,6	38,1	33,4	45,2	54,9	37,9	46,2	43,5	28,9	47,8
1832	30,9	55,5	55,1	26,9	41,3	26,7	13,9	8,9	8,2	21,1	14,3	27,5	27,5
1833	11,3	14,9	11,8	2,8	12,9	1,0	7,0	5,7	11,6	7,5	5,9	9,9	8,5
1834	4,9	18,1	3,9	1,4	8,8	7,8	8,7	4,0	11,5	24,8	30,5	34,5	13,2
1835	7,5	24,5	19,7	61,5	43,6	33,2	59,8	59,0	100,8	95,2	100,0	77,5	56,9
1836	88,6	107,6	98,1	142,9	111,4	124,7	116,7	107,8	95,1	137,4	120,9	206,2	121,5
1837	188,0	175,6	134,6	138,2	111,3	158,0	162,8	134,0	96,3	123,7	107,0	129,8	**138,3**
1838	144,9	84,8	140,8	126,6	137,6	94,5	108,2	78,8	73,6	90,8	77,4	79,8	103,2
1839	107,6	102,5	77,7	61,8	53,8	54,6	84,7	131,2	132,7	90,8	68,8	63,6	85,8
1840	81,2	87,7	55,5	65,9	69,2	48,5	60,7	57,8	74,0	49,8	54,3	53,7	63,2
1841	24,0	29,9	29,7	42,6	67,4	55,7	30,8	39,3	35,1	28,5	19,8	38,8	36,8
1842	20,4	22,1	21,7	26,9	24,9	20,5	12,6	26,5	18,5	38,1	40,5	17,6	24,2
1843	13,3	3,5	8,3	8,8	21,1	10,5	9,5	11,8	4,2	5,3	19,1	12,7	10,7
1844	9,4	14,7	13,6	20,8	12,0	3,7	21,2	23,9	6,9	21,5	10,7	21,6	15,0
1845	25,7	43,6	43,3	56,9	47,8	31,1	30,6	32,3	29,6	40,7	39,4	59,7	40,1
1846	38,7	51,0	63,9	69,2	59,9	65,1	46,5	54,8	107,1	55,9	60,4	65,5	61,5
1847	62,6	44,9	85,7	44,7	75,4	85,3	52,2	140,6	161,2	180,4	138,9	109,6	98,5
1848	159,1	111,8	108,9	107,1	102,2	123,8	139,2	132,5	100,3	132,4	114,6	159,9	**124,3**
1849	156,7	131,7	96,5	102,5	80,6	81,2	78,0	61,3	93,7	71,5	99,7	97,0	95,9
1850	78,0	89,4	82,6	44,1	61,6	70,0	39,1	61,6	86,2	71,0	54,8	60,0	66,5
1851	75,5	105,4	64,6	56,5	62,6	63,2	36,1	57,4	67,9	62,5	50,9	71,4	64,5
1852	68,4	67,5	61,2	65,4	54,9	46,9	42,0	39,7	37,5	67,3	54,3	45,4	54,2
1853	41,1	42,9	37,7	47,6	34,7	40,0	45,9	50,4	33,5	42,3	28,8	23,4	39,0
1854	15,4	20,0	20,7	26,4	24,0	21,1	18,7	15,8	22,4	12,7	28,2	21,4	20,6
1855	12,3	11,4	17,4	4,4	9,1	5,3	0,4	3,1	0,0	9,7	4,2	3,1	6,7
1856	0,5	4,9	0,4	6,5	0,0	5,0	4,6	5,9	4,4	4,5	7,7	7,2	4,3
1857	13,7	7,4	5,2	11,1	29,2	16,0	22,2	16,9	42,4	40,6	31,4	37,2	22,8
1858	39,0	34,9	57,5	38,3	41,4	44,5	56,7	55,3	80,1	91,2	51,9	66,9	54,8
1859	83,7	87,6	90,3	85,7	91,0	87,1	95,2	106,8	105,8	114,6	97,2	81,0	93,8
1860	81,5	88,0	98,9	71,4	107,1	108,6	116,7	100,3	92,2	90,1	97,9	95,6	**95,7**
1861	62,3	77,8	101,0	98,5	56,8	87,8	78,0	82,5	79,9	67,2	53,7	80,5	77,2
1862	63,1	64,5	43,6	53,7	64,4	84,0	73,4	62,5	66,6	42,0	50,6	40,9	59,1
1863	48,3	56,7	66,4	40,6	53,8	40,8	32,7	48,1	22,0	39,9	37,7	41,2	44,0
1864	57,7	47,1	66,3	35,8	40,6	57,8	54,7	54,8	28,5	33,9	57,6	28,6	47,0
1865	48,7	39,3	39,5	29,4	34,5	33,6	26,8	37,8	21,6	17,1	24,6	12,8	30,5
1866	31,6	38,4	24,6	17,6	12,9	16,5	9,3	12,7	7,3	14,1	9,0	1,5	16,3
1867	0,0	0,7	9,2	5,1	2,9	1,5	5,0	4,9	9,8	13,5	9,3	25,2	7,3
1868	15,6	15,8	26,5	36,6	26,7	31,1	28,6	34,4	43,8	61,7	59,1	67,6	37,3
1869	60,9	59,3	52,7	41,0	104,0	108,4	59,2	79,6	80,6	59,4	77,4	104,3	73,9
1870	77,3	114,9	159,4	160,0	176,0	135,6	132,4	153,8	136,0	146,4	147,5	130,0	**139,1**
1871	88,3	125,3	143,2	162,4	145,5	91,7	103,0	110,0	80,3	89,0	105,4	90,3	111,2
1872	79,5	120,1	88,4	102,1	107,6	109,9	105,5	92,9	114,6	103,5	112,0	83,9	101,7

Jahr	Januar	Februar	März	April	Mai	Juni	Juli	August	September	Oktober	November	Dezember	Mittel
1873	86,7	107,0	98,3	76,2	47,9	44,8	66,9	68,2	47,5	47,4	55,4	49,2	66,3
1874	60,8	64,2	46,4	32,0	44,6	38,2	67,8	61,3	28,0	34,3	28,9	29,3	44,7
1875	14,6	22,2	33,8	29,1	11,5	23,9	12,5	14,6	2,4	12,7	17,7	9,9	17,1
1876	14,3	15,0	31,2	2,3	5,1	1,6	15,2	8,8	9,9	14,3	9,9	8,2	11,3
1877	24,4	8,7	11,7	15,8	21,2	13,4	5,9	6,3	16,4	6,7	14,5	2,3	12,3
1878	3,3	6,0	7,8	0,1	5,8	6,4	0,1	0,0	5,3	1,1	4,1	0,5	3,4
1879	0,8	0,6	0,0	6,2	2,4	4,8	7,5	10,7	6,1	12,3	12,9	7,2	6,0
1880	24,0	27,5	19,5	19,3	23,5	34,1	21,9	48,1	66,0	43,0	30,7	29,6	32,3
1881	36,4	53,2	51,5	51,7	43,5	60,5	76,9	58,0	53,2	64,0	54,8	47,3	54,3
1882	45,0	69,3	67,5	95,8	64,1	45,2	45,4	40,4	57,7	59,2	84,4	41,8	59,7
1883	60,6	46,9	42,8	82,1	32,1	76,5	80,6	46,0	52,6	83,8	84,5	75,9	**63,7**
1884	91,5	86,9	86,8	76,1	66,5	51,2	53,1	55,8	61,9	47,8	36,6	47,2	63,5
1885	42,8	71,8	49,8	55,0	73,0	83,7	66,5	50,0	39,6	38,7	33,3	21,7	52,2
1886	29,9	25,9	57,3	43,7	30,7	27,1	30,3	16,9	21,4	8,6	0,3	12,4	25,4
1887	10,3	13,2	4,2	6,9	20,0	15,7	23,3	21,4	7,4	6,6	6,9	20,7	13,1
1888	12,7	7,1	7,8	5,1	7,0	7,1	3,1	2,8	8,8	2,1	10,7	6,7	6,8
1889	0,8	8,5	7,0	4,3	2,4	6,4	9,7	20,6	6,5	2,1	0,2	6,7	6,3
1890	5,3	0,6	5,1	1,6	4,8	1,3	11,6	8,5	17,2	11,2	9,6	7,8	7,1
1891	13,5	22,2	10,4	20,5	41,1	48,3	58,8	33,2	53,8	51,5	41,9	32,2	35,6
1892	69,1	75,6	49,9	69,6	79,6	76,3	76,8	101,4	62,8	70,5	65,4	78,6	73,0
1893	75,0	73,0	65,7	88,1	84,7	88,2	88,8	129,2	77,9	79,7	75,1	93,8	**84,9**
1894	83,2	84,6	52,3	81,6	101,2	98,9	106,0	70,3	65,9	75,5	56,6	60,0	78,0
1895	63,3	67,2	61,0	76,9	67,5	71,5	47,8	68,9	57,7	67,9	47,2	70,7	64,0
1896	29,0	57,4	52,0	43,8	27,7	49,0	45,0	27,2	61,3	28,4	38,0	42,6	41,8
1897	40,6	29,4	29,1	31,0	20,0	11,3	27,6	21,8	48,1	14,3	8,4	33,3	26,2
1898	30,2	36,4	38,3	14,5	25,8	22,3	9,0	31,4	34,8	34,4	30,9	12,6	26,7
1899	19,5	9,2	18,1	14,2	7,7	20,5	13,5	2,9	8,4	13,0	7,8	10,5	12,1
1900	9,4	13,6	8,6	16,0	15,2	12,1	8,3	4,3	8,3	12,9	4,5	0,3	9,5
1901	0,2	2,4	4,5	0,0	10,2	5,8	0,7	1,0	0,6	3,7	3,8	0,0	2,7
1902	5,2	0,0	12,4	0,0	2,8	1,4	0,9	2,3	7,6	16,3	10,3	1,1	5,0
1903	8,3	17,0	13,5	26,1	14,6	16,3	27,9	28,8	11,1	38,9	44,5	45,6	24,4
1904	31,6	24,5	37,2	43,0	39,5	41,9	50,6	58,2	30,1	54,2	38,0	54,6	42,0
1905	54,8	85,8	56,5	39,3	48,0	49,0	73,0	58,8	55,0	78,7	107,2	55,5	**63,5**
1906	45,5	31,3	64,5	55,3	57,7	63,2	103,6	47,7	56,1	17,8	38,9	64,7	53,8
1907	76,4	108,2	60,7	52,6	42,9	40,4	49,7	54,3	85,0	65,4	61,5	47,3	62,0
1908	39,2	33,9	28,7	57,6	40,8	48,1	39,5	90,5	86,9	32,3	45,5	39,5	48,5
1909	56,7	46,6	66,3	32,3	36,0	22,6	35,8	23,1	38,8	58,4	55,8	54,2	43,9
1910	26,4	31,5	21,4	8,4	22,2	12,3	14,1	11,5	26,2	38,3	4,9	5,8	18,6
1911	3,4	9,0	7,8	16,5	9,0	2,2	3,5	4,0	4,0	2,6	4,2	2,2	5,7
1912	0,3	0,0	4,9	4,5	4,4	4,1	3,0	0,3	9,5	4,6	1,1	6,4	3,6
1913	2,3	2,9	0,5	0,9	0,0	0,0	1,7	0,2	1,2	3,1	0,7	3,8	1,4
1914	2,8	2,6	3,1	17,3	5,2	11,4	5,4	7,7	12,7	8,2	16,4	22,3	9,6
1915	23,0	42,3	38,8	41,3	33,0	68,8	71,6	69,6	49,5	53,5	42,5	34,5	47,4
1916	45,3	55,4	67,0	71,8	74,5	67,7	53,5	35,2	45,1	50,7	65,6	53,0	57,1
1917	74,7	71,9	94,8	74,7	114,1	114,9	119,8	154,5	129,4	72,2	96,4	129,3	**103,9**
1918	96,0	65,3	72,2	80,5	76,7	59,4	107,6	101,7	79,9	85,0	83,4	59,2	80,6
1919	48,1	79,5	66,5	51,8	88,1	111,2	64,7	69,0	54,7	52,8	42,0	34,9	63,6
1920	51,1	53,9	70,2	14,8	33,3	38,7	27,5	19,2	36,3	49,6	27,2	29,9	37,6
1921	31,5	28,3	26,7	32,4	22,2	33,7	41,9	22,8	17,8	18,2	17,8	20,3	26,1
1922	11,8	26,4	54,7	11,0	8,0	5,8	10,9	6,5	4,7	6,2	7,4	17,5	14,2
1923	4,5	1,5	3,3	6,1	3,2	9,1	3,5	0,5	13,2	11,6	10,0	2,8	5,8
1924	0,5	5,1	1,8	11,3	20,8	24,0	28,1	19,3	25,1	25,6	22,5	16,5	16,7
1925	5,5	23,2	18,0	31,7	42,8	47,5	38,5	37,9	60,2	69,2	58,6	98,6	44,3
1926	71,8	70,0	62,5	38,5	64,3	73,5	52,3	61,6	60,8	71,5	60,5	79,4	63,9
1927	81,6	93,0	69,6	93,5	79,1	59,1	54,9	53,8	68,4	63,1	67,2	45,2	69,0
1928	83,5	73,5	85,4	80,6	76,9	91,4	98,0	83,8	89,7	61,4	50,3	59,0	**77,8**
1929	68,9	64,1	50,2	52,8	58,2	71,9	70,2	65,8	34,4	54,0	81,1	108,0	65,0
1930	65,3	49,2	35,0	38,2	36,8	28,8	21,9	24,9	32,1	34,4	35,6	25,8	35,7
1931	14,6	43,1	30,0	31,2	24,6	15,3	17,4	13,0	19,0	10,0	18,7	17,8	21,2
1932	12,1	10,6	11,2	11,2	17,9	22,2	9,6	6,8	4,0	8,9	8,2	11,0	11,1
1933	12,3	22,2	10,1	2,9	3,2	5,2	2,8	0,2	5,1	3,0	0,6	0,3	5,7
1934	3,4	7,8	4,3	11,3	19,7	6,7	9,3	8,3	4,0	5,7	8,7	15,4	8,7

Waldmeier

Jahr	Januar	Februar	März	April	Mai	Juni	Juli	August	September	Oktober	November	Dezember	Mittel
1935	18,9	20,5	23,1	12,2	27,3	45,7	33,9	30,1	42,1	53,2	64,2	61,5	36,1
1936	62,8	74,3	77,1	74,9	54,6	70,0	52,3	87,0	76,0	89,0	115,4	123,4	79,7
1937	132,5	128,5	83,9	109,3	116,7	130,3	145,1	137,7	100,7	124,9	74,4	88,8	**114,4**
1938	98,4	119,2	86,5	101,0	127,4	97,5	165,3	115,7	89,6	99,1	122,2	92,7	109,6
1939	80,3	77,4	64,6	109,1	118,3	101,0	97,6	105,8	112,6	88,1	68,1	42,1	88,8
1940	50,5	59,4	83,3	60,7	54,4	83,9	67,5	105,5	66,5	55,0	58,4	68,3	67,8
1941	45,6	44,5	46,4	32,8	29,5	59,8	66,9	60,0	65,9	46,3	38,3	33,7	47,5
1942	35,6	52,8	54,2	60,7	25,0	11,4	17,7	20,2	17,2	19,2	30,7	22,5	30,6
1943	12,4	28,9	27,4	26,1	14,1	7,6	13,2	19,4	10,0	7,8	10,2	18,8	16,3
1944	3,7	0,5	11,0	0,3	2,5	5,0	5,0	16,7	14,3	16,9	10,8	28,4	9,6
1945	18,5	12,7	21,5	32,0	30,6	36,2	42,6	25,9	34,9	68,8	46,0	27,4	33,2
1946	47,6	86,2	76,6	75,7	84,9	73,5	116,2	107,2	94,4	102,3	123,8	121,7	92,6
1947	115,7	133,4	129,8	149,8	201,3	163,9	157,9	188,8	169,4	163,6	128,0	116,5	**151,6**
1948	108,5	86,1	94,8	189,7	174,0	167,8	142,2	157,9	143,3	136,3	95,8	138,0	136,3
1949	119,1	182,3	157,5	147,0	106,2	121,7	125,8	123,8	145,3	131,6	143,5	117,6	134,7
1950	101,6	94,8	109,7	113,4	106,2	83,6	91,0	85,2	51,3	61,4	54,8	54,1	83,9

Die Epochen der Maxima (E_{max}) bzw. Minima (E_{min}) sind:

E_{min}	E_{max}	E_{min}	E_{max}
1610,8	1615,5	1784,7	1788,1
1619,0	1626,0	1798,3	1805,2
1634,0	1639,5	1810,6	1816,4
1645,0	1649,0	1823,3	1829,9
1655,0	1660,0	1833,9	1837,2
1666,0	1675,0	1843,5	1848,1
1679,5	1685,0	1856,0	1860,1
1689,5	1693,0	1867,2	1870,6
1698,0	1705,5	1878,9	1883,9
1712,0	1718,2	1889,6	1894,0
1723,5	1727,5	1901,7	1907,1
1734,0	1738,7	1913,6	1917,6
1745,0	1750,3	1923,6	1928,4
1755,2	1761,5	1933,8	1937,4
1766,5	1769,7	1944,2	1947,5
1775,5	1778,4		

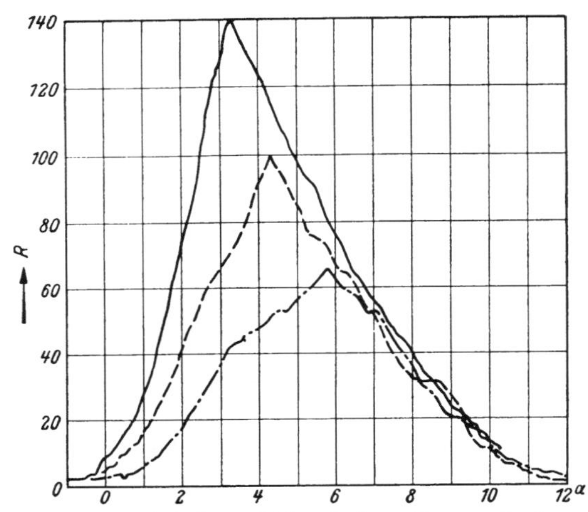

Abb. 1. Zeitlicher Ablauf der Sonnenfleckenrelativzahl während eines hohen, mittleren und niedrigen Fleckenmaximums.

Ein anderes Maß für die statistische Erfassung der Fleckentätigkeit sind die in Greenwich [2] fortlaufend bestimmten, von den Flecken eingenommenen Areale F (korrigiert in bezug auf perspektivische Verkürzung und ausgedrückt in Millionsteln der Sonnenhalbkugel). Im Mittel besteht zwischen diesen beiden Größen die Beziehung $F = 16{,}7 \cdot R$.

Die einzelnen Maxima der Sonnenfleckenkurve sind verschieden hoch; Abb. 1 zeigt den Verlauf der Fleckentätigkeit für ein niedriges, mittleres und hohes Maximum. Zwischen der Anstiegzeit T (in Jahren) und der größten Relativzahl R_M (exakter: größte ausgeglichene monatliche Relativzahl) besteht die Beziehung [3]: $\log R_M = (2{,}69 \pm 0{,}09) - (0{,}17 \pm 0{,}02) \cdot T$.

b) Fackeln. Fortlaufende Mitteilungen über die Fackelhäufigkeit erscheinen in „Greenwich Photoheliographic Results" und „Astr. Mitt. Zürich". Die folgende Tabelle gibt die von den Fackeln bedeckte Fläche (in Millionsteln der Sonnenhalbkugel) nach den Greenwicher Messungen [2].

Jahr	Fläche	Jahr	Fläche	Jahr	Fläche	Jahr	Fläche
1901	29	1912	210	1922	415	1932	400
1902	178	1913	95	1923	222	1933	267
1903	970	1914	454	1924	575	1934	354
1904	1761	1915	1521	1925	1750	1935	1100
1905	2612	1916	1785	1926	2526	1936	2545
1906	2320	1917	2305	1927	2212	1937	3505
1907	1999	1918	1882	1928	2589	1938	3205
1908	2098	1919	1729	1929	2567	1939	2349
1909	1353	1920	1219	1930	1630	1940	1522
1910	971	1921	739	1931	801	1941	1282
1911	459					1942	809

c) Protuberanzen. Als statistisches Maß für die Häufigkeit der Protuberanzen wird die sog. Profilfläche benutzt, d. h. die Fläche, die von sämtlichen über den visuellen Sonnenrand hinausragenden Protuberanzen bedeckt wird. Als Einheit dient dabei eine rechteckige Fläche, die in Richtung des Sonnenrandes die Länge 1° (heliographisch) und senkrecht dazu die Höhe 1″ (geozentrisch) hat. Die nachfolgende Tabelle gibt nach den Beobachtungen der Eidgen. Sternwarte Zürich die Jahresmittel der täglichen Profilflächensummen.

Jahr	Mittlere tägliche Profilflächensumme der Protuberanzen	Jahr	Mittlere tägliche Profilflächensumme der Protuberanzen	Jahr	Mittlere tägliche Profilflächensumme der Protuberanzen
1909	455	1923	384	1936	988
1910	371	1924	511	1937	1108
1911	182	1925	657	1938	1145
1912	126	1926	1285	1939	770
1913	122	1927	884	1940	832
1914	346	1928	836	1941	645
1915	785	1929	868	1942	464
1916	830	1930	471	1943	298
1917	1187	1931	374	1944	274
1918	927	1932	350	1945	531
1919	665	1933	374	1946	1271
1920	777	1934	454	1947	2035
1921	577	1935	824	1948	2047
1922	449			1949	1964

d) Eruptionen. Die Häufigkeit der Eruptionen folgt weitgehend derjenigen der Sonnenflecken. Beträgt in einem Monat die mittlere Relativzahl R, so ist die Zahl der pro Monat auf der sichtbaren Sonnenhalbkugel auftretenden Eruptionen $E = 1{,}83 \cdot R$ [*4*].

e) Korona. Während das kontinuierliche Licht der Korona einer vermuteten schwachen Variation innerhalb des 11jährigen Zyklus unterliegt, ist die Variation der Emissionslinien sehr ausgeprägt. Für die Linie 5303 Å liegen folgende Beobachtungen vor [*5*]:

Jahr	1939	1940	1941	1942	1943	1944	1945	1946	1947	1948	1949	1950
Gesamtemission in der Linie 5303 Å in willkürlichen Einheiten . . .	1138	1049	1026	738	819	246	511	1065	1294	1038	834	810

Literatur. [*1*] Astr. Mitt. Zürich Nr. 145 (1945). Fortlaufende Publikation der Sonnenfleckenrelativzahlen in: „Journal of Geophysical Research" vierteljährlich, „Meteorologische Rundschau" halbjährlich, „Quarterly Bulletin on solar activity" vierteljährlich, „Astron. Mitt. d. Eidgen. Sternwarte Zürich" jährlich. — [*2*] Fortlaufende jährliche Publikation in: „Greenwich photoheliographic results" ausführlich, „Monthly Notices of the Royal Astron. Soc." zusammengefaßt. — [*3*] Waldmeier, M.: Astr. Mitt. Zürich Nr. 133 (1935). — [*4*] Waldmeier, M.: Astr. Mitt. Zürich Nr. 153 (1948). — [*5*] Waldmeier, M.: Astr. Mitt. Zürich Nr. 164 (1949).

31 3182 Aktivitätszonen.

a) Sonnenflecken. Die Sonnenflecken treten nur in einer Zone von 10° bis 15° Ausdehnung in heliographischer Breite auf. Die ersten Flecken eines neuen Zyklus erscheinen etwa bei der heliographischen Breite $\varphi = 35°$. Mit fortschreitender Entwicklung nimmt φ ab, und die letzten Flecken eines Zyklus besitzen etwa die Breite $\varphi = 5°$. Die mittlere Breite z. Z. des Fleckenmaximums beträgt

$$\varphi_m = (8{,}19° \pm 1{,}36°) + (0{,}0699° \pm 0{,}0143°)\, R_M,$$

wobei R_M die größte ausgeglichene monatliche Flecken-Relativzahl bedeutet [*1*]. Die nachfolgende Tabelle gibt die mittleren Abstände der Flecken vom Äquator in den Jahren 1901—1950.

Jahr	Mittlere heliographische Breite der Flecken in Grad	Jahr	Mittlere heliographische Breite der Flecken in Grad	Jahr	Mittlere heliographische Breite der Flecken in Grad	Jahr	Mittlere heliographische Breite der Flecken in Grad
1901	10,37	1908	10,38	1915	18,77	1922	8,02
1902	17,64	1909	9,71	1916	15,81	1923	15,26
1903	19,94	1910	10,53	1917	14,63	1924	22,73
1904	16,57	1911	6,49	1918	12,75	1925	20,20
1905	13,10	1912	8,06	1919	10,76	1926	18,66
1906	13,99	1913	23,23	1920	10,43	1927	15,05
1907	12,12	1914	21,79	1921	7,90	1928	13,50

Jahr	Mittlere heliographische Breite der Flecken in Grad	Jahr	Mittlere heliographische Breite der Flecken in Grad	Jahr	Mittlere heliographische Breite der Flecken in Grad	Jahr	Mittlere heliographische Breite der Flecken in Grad
1929	10,51	1934	23,75	1939	13,35	1945	21,47
1930	9,87	1935	23,30	1940	11,15	1946	20,32
1931	8,31	1936	20,35	1941	9,60	1947	16,90
1932	8,32	1937	17,02	1942	8,55	1948	14,47
1933	10,56	1938	14,90	1943	10,25	1949	13,80
				1944	19,65	1950	13,10

b) Sonnenfackeln. Die Fackelzone fällt praktisch mit der Fleckenzone zusammen.

c) Protuberanzen treten in 3 Zonen auf:

a) Die Protuberanzenhauptzone folgt der Fleckenzone, liegt jedoch stets in einer ca. 15° höheren Breite als diese.

b) Die Polarzone der Protuberanzen erscheint vor dem Sonnenfleckenminimum in ca. 45° heliographischer Breite und verschiebt sich nach dem Minimum gegen den Pol, der kurz nach dem Fleckenmaximum erreicht wird.

c) Die Zone der Eruptionen und Auswürfe chromosphärischer Materie fällt mit der Fleckenzone zusammen.

d) Chromosphäre. Die Höhe der Chromosphäre, beobachtet in $H\alpha$, beträgt durchschnittlich ca. 10″. Wie aus der folgenden Tabelle [2] hervorgeht, zeigt sie z. Z. des Sonnenfleckenminimums an den Polen ein Maximum und am Äquator ein Minimum, während sie z. Z. des Sonnenfleckenmaximums in allen heliographischen Breiten dieselbe Höhe aufweist. In der Tabelle ist für jedes Jahr die Chromosphärenhöhe am Nordpol, die keine gesetzmäßige Variation erkennen läßt, gleich 1 gesetzt.

Jahr	Nordpol	Äquator *E*-Seite	Südpol	Äquator *W*-Seite	Jahr	Nordpol	Äquator *E*-Seite	Südpol	Äquator *W*-Seite
1922	1,00	0,95	1,04	0,97	1936	1,00	0,92	0,97	0,94
1923	1,00	0,93	1,04	0,98	1937	1,00	0,95	0,98	0,96
1924	1,00	0,93	1,03	0,98	1938	1,00	0,99	0,99	1,00
1925	1,00	0,98	1,04	1,00	1939	1,00	1,00	1,00	1,00
1926	1,00	0,99	1,02	1,00	1940	1,00	0,99	1,00	0,97
1927	1,00	1,00	0,99	1,00	1941	1,00	0,99	1,01	0,96
1928	1,00	1,00	1,00	1,02	1942	1,00	0,96	1,03	0,94
1929	1,00	0,99	1,01	1,02	1943	1,00	0,92	1,02	0,90
1930	1,00	0,96	1,01	0,99	1944	1,00	0,91	1,01	0,89
1931	1,00	0,92	0,98	0,93	1945	1,00	0,87	0,97	0,87
1932	1,00	0,87	0,95	0,88	1946	1,00	0,90	0,98	0,89
1933	1,00	0,88	0,95	0,88	1947	1,00	0,94	0,97	0,92
1934	1,00	0,90	0,96	0,87	1948	1,00	1,05	1,03	1,04
1935	1,00	0,91	0,97	0,90					

e) Korona. Die Isophoten der Sonnenkorona besitzen ellipsenähnliche Gestalt. Die Elliptizität wird definiert durch [3]:

$$\varepsilon = \frac{\text{I} + \text{II} + \text{VIII}}{\text{IV} + \text{V} + \text{VI}} - 1,$$

wobei V den Polardurchmesser der Koronaisophote bedeutet und IV und VI die beiden um 22°,5 gegen diesen geneigten Durchmesser sind. I ist der äquatoriale Durchmesser der Isophote, II und III sind die beiden um 22,5° gegen diesen geneigten Durchmesser (alle ausgedrückt in Einheiten des jeweiligen Monddurchmessers). Die ε hängen noch vom Abstand der Isophote vom Sonnenrand ab:

$$\varepsilon = a_0 + b_0 (R - 1),$$

wobei R die Bedeutung hat:

$$R = \tfrac{1}{8}(\text{I} + \text{II} + \text{VIII}).$$

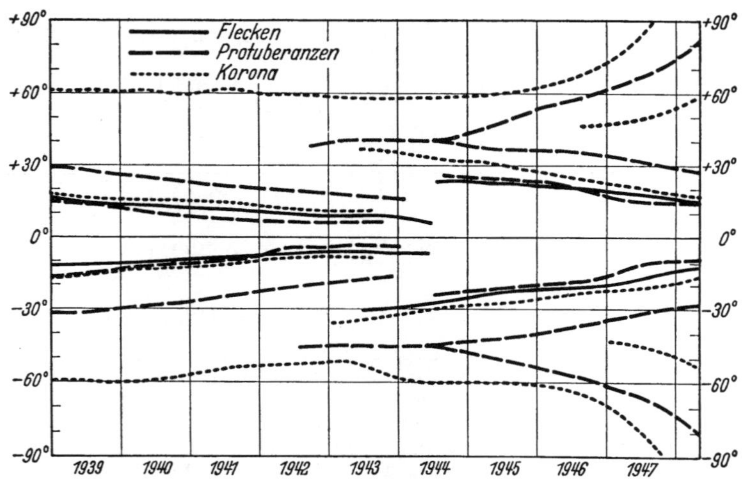

Abb. 2. Das Verhalten der Aktivitätszonen der Sonnenflecken, der Protuberanzen und der Korona im 11jährigen Sonnenzyklus.

Waldmeier

Im Abstand eines Mondradius vom Mondrand beträgt die Abplattung $a_0 + b_0$ oder, auf den Sonnenradius bezogen, $a + b$. Diese Größe charakterisiert die Elliptizität der Korona und hat für verschiedene Finsternisse bei verschiedenen Phasen des Sonnenzyklus ($\varphi = -1, +1$ bedeutet Sonnenfleckenmaximum, $\varphi = 0$ Sonnenfleckenminimum) folgende Werte:

Jahr	φ	$a+b$	Jahr	φ	$a+b$	Jahr	φ	$a+b$
1918	—0,87	(0,23)	1932	—0,24	0,20	1945	+0,29	0,22
1929	—0,83	0,12	1900	—0,17	0,30	1925	+0,31	0,13
1908	—0,78	0,08	1922	—0,15	0,26	1926	+0,50	0,07
1896	—0,67	0,24	1901	—0,04	0,25	1927	+0,81	0,04
1930	—0,57	0,27	1923	+0,02	0,22	1893	+0,82	0,00
1898	—0,47	0,18	1914	+0,25	0,19	1905	+0,85	0,01

Etwa 1—2 Jahre vor dem Minimum ist die Abplattung der Korona maximal, während 1—2 Jahre vor dem Maximum die Abplattung verschwindet.

Eine ausgeprägte zonale Struktur zeigt die Korona im monochromatischen Licht der Emissionslinien [4]:

a) die Hauptzone der Intensität fällt mit der Flecken- und Fackelzone zusammen.

b) die sog. polare Zone erscheint um die Zeit des Sonnenfleckenmaximums in ca. 45° heliographischer Breite, verschiebt sich bis 60° und wandert nach dem folgenden Fleckenminimum polwärts und erreicht den Pol z. Z. des Fleckenmaximums.

Die verschiedenen Aktivitätszonen der Sonne und ihr Verhalten im 11jährigen Zyklus sind in Abbildung 2 zusammengefaßt.

Literatur. [1] Waldmeier, M.: Astr. Mitt. Zürich Nr. 138 (1939). — [2] Fracastoro, M. G.: Oss. e Mem. Arcetri Nr. 64 (1948). — [3] Ludendorff, H.: S. B. Preuß. Akad. Wiss. (1928) 185; (1934) 200. — [4] Waldmeier, M.: Astr. Mitt. Zürich Nr. 157 (1949).

31 319 Magnetische Felder.

31 3191 Das allgemeine Magnetfeld der Sonne.

Zur Zeit muß der beobachtungstechnische Nachweis von Existenz, Lage und Stärke eines allgemeinen solaren Magnetfeldes noch als unsicher angesehen werden. Auch die an sich sehr plausible Annahme einer Veränderlichkeit des Feldes (etwa mit dem Sonnenzyklus), ist zur Zeit durch die Beobachtungen noch nicht ausreichend gestützt.

Die folgende Tabelle gibt einen Überblick über die Resultate vorliegender Meßreihen.

Jahr	Autor	Methode Auflösungsvermögen	Gemessene Polfeldstärke	Literatur
1913	Hale u. Mitarb. (Mt. Wilson)	phot. ~ 200000	~ 50 Gauß	[1] [2]
1918	,,	,,	40 20 3 Gauß aus Linien der Intensität 0 2 4 (Rowland-Skala)	[3]
1923—36	Hale u. Mitarb. (Mt. Wilson)	phot. Gittersp.	unentschieden	[4] [5]
seit 1939	H. D. Babcock (Mt. Wilson)	phot. Lummerplatte	wahrscheinlich veränderlich	
1944	v. Klüber, H. Müller (Potsdam)	phot. Fabry-Perrot Interf. ~ 350000	$<$ 10 Gauß	[6]
1945	Thiessen (Hamburg)	visuell Fabry-Perrot Interf.	53 ± 13 Gauß	[7]
1947/8	,,	,,	$\leqq 5$ Gauß	[8]
1949	,,	F.P. + Photomult.	$1{,}5 \pm 0{,}5$ Gauß	[9]
1949	v. Klüber (Cambridge)	phot. Lummerplatte ~ 600000	$\sim 0 \pm$ 1—2 Gauß	[6]

31 3192 Fleckenfelder.

G. E. Hale und Mitarbeiter zeigten im Jahre 1907, daß ausnahmslos alle Sonnenflecke der Sitz lokaler Magnetfelder sind [10, 11, 12]. Gelegentlich werden auch schwache Felder an solchen Stellen beobachtet, an denen ein kleiner Sonnenfleck offenbar nicht mehr bis zur vollen visuellen Wahrnehmbarkeit fortentwickelt war. Die Fleckenfelder besitzen genähert ihre maximale Feldstärke in der Fleckenmitte, fallen nach den Rändern des Fleckes hin schnell ab und erreichen bereits am Rande des Fleckes (Penumbra) unmeßbar kleine Werte. Die Stärke H des Fleckenfeldes ist genähert darstellbar durch den Ausdruck $H = H_0 (1 - r^2/b^2)$, worin H_0 die maximale Feldstärke im Fleckenmittelpunkt bedeutet, b den Halbmesser des Fleckes und r den Abstand des Aufpunktes vom Fleckenmittelpunkt.

Die magnetischen Kraftlinien im Fleck verlassen die Sonnenoberfläche in der Fleckenmitte genähert radial zur Sonnenoberfläche und fächern nach den Rändern des Fleckes immer mehr aus. Die Neigung ϑ der Kraftlinien gegen die Vertikale auf der Fleckenmitte kann genähert dargestellt werden durch $\vartheta = \pi/2 \cdot r/b$. Der magnetische Fluß Φ durch den Fleck ergibt sich nach diesen Voraussetzungen zu $\Phi = 0{,}315 \cdot \pi \cdot b^2 H_0$. Die maximale Feldstärke eines Fleckes wächst mit seiner Fläche ungefähr asymptotisch gegen einen Grenzwert von etwa 3700 Gauß [*13*], der nur in Ausnahmefällen überschritten wird. Die größten bisher beobachteten Fleckenfelder erreichten 4000—5000 Gauß. Für den Zusammenhang zwischen der Flächengröße A in Millionstel der Sonnenhemisphäre und maximaler Fleckenfeldstärke gilt die Näherungsgleichung [*13*] $H_m = 3700 \cdot \frac{A}{A + 66}$ Gauß.

Die gemessenen Feldstärken nehmen als Funktion des Abstandes vom Mittelpunkte der Sonnenscheibe systematisch zum Rand hin ab [*13, 14*]. Die Feldstärkemessungen am Rand beziehen sich auf höhere Schichten der Sonnenatmosphäre als die Messungen in der Mitte der Sonnenscheibe. Fleckenfelder werden seit 1907 regelmäßig visuell am Mt. Wilson-Observatorium (veröffentlicht regelmäßig in [*15*], Skizzen in [*12*]) und seit 1941 photographisch am Astrophysikalischen Observatorium in Potsdam gemessen [*16, 17*].

Weitaus die meisten Sonnenflecke oder Fleckengruppen lassen sich als sog. bipolare Gruppen beschreiben, mit einem meist größeren und langlebigeren und im Sinne der Sonnenrotation vorangehenden Fleck (Fleckengruppe), dem sog. *p*-Fleck, und einem meist kleineren nachfolgenden Fleck (Fleckengruppe), dem *f*-Fleck. Während eines gegebenen Sonnenfleckenzyklus zeigen mit nur sehr seltenen Ausnahmen alle vorangehenden Flecke der einen Sonnenhemisphäre eine bestimmte Polarität, alle nachfolgenden Flecke der gleichen Hemisphäre die entgegengesetzte Polarität. Für Fleckengruppen der anderen Hemisphäre ist diese Polaritätsfolge gerade umgekehrt. Jeweils von einem Fleckenzyklus zum nächsten kehrt sich dieses Polaritätsverhältnis auf beiden Hemisphären um [*18*]. Bisher wurde dementsprechend die in folgender Tabelle aufgeführte Polaritätsverteilung beobachtet.

Zyklus Nr.	Jahre	Nord-halbkugel		Süd-halbkugel	
		p	*f*	*p*	*f*
14	1902—1914	S	N	N	S
15	1914—1924	N	S	S	N
16	1924—1934	S	N	N	S
17	1934—1944	N	S	S	N
18	1944—	S	N	N	S

Eine magnetische Klassifikation der Sonnenflecke unter Zuhilfenahme der die Fleckengruppen umgebenden und im Spektroheliogramm sichtbaren Calcium-Flocculi ist ebenfalls am Mt. Wilson-Observatorium vorgenommen worden [*19*] (daselbst auch typische Bildbeispiele). Diese Klassifikation wird regelmäßig bei den Veröffentlichungen der am Mt. Wilson-Observatorium beobachteten magnetischen Flecken-Feldstärken benutzt [*15*]. Ihr liegt als Grundphänomen der bipolare Fleckentypus zugrunde, und sie erfolgt nach folgenden Gesichtspunkten:

α) Unipolare Flecke. Einzelfleck oder Gruppen kleiner Flecke gleicher Polarität.

α) Verteilung der Calcium-Flocculi vor und hinter der Gruppe (im Sinne der Sonnenrotation) ungefähr symmetrisch.

αp) Das Zentrum der Fleckengruppe geht dem Schwerpunkt der zugehörigen Calcium-Flocculi voraus.

αf) Das Zentrum der Fleckengruppe folgt dem Schwerpunkt der zugehörigen Calcium-Flocculi nach.

β) Bipolare Flecke, im einfachsten Falle zwei Flecke entgegengesetzter Polarität, deren Verbindungslinie nur wenig gegen den Sonnenäquator geneigt ist. Meist jedoch Gruppen oder Ketten von Flecken, deren vordere und hintere Glieder entgegengesetzte Polarität aufweisen.

β) Vorangehende und nachfolgende Fleckengruppe (oder Flecke) ungefähr flächengleich.

βp) Vorangehende Gruppe am stärksten ausgebildet.

βf) Nachfolgende Gruppe am stärksten ausgebildet.

βγ) Vorangehende oder nachfolgende Gruppe von kleinen Flecken entgegengesetzter Polarität begleitet.

γ) Multipolare Flecke (nur etwa 1 % aller Flecke), Gruppen, bei denen die Polaritäten der einzelnen Flecke keine Gesetzmäßigkeit mehr erkennen lassen.

Speziell die Gruppen *βp*) und *βγ*) können gelegentlich sog. „unsichtbare Flecke" aufweisen.

313193 Magnetische Felder bei Sternen.

Das Vorkommen von Magnetfeldern auf Fixsternen konnte bisher nur durch den Nachweis der Aufspaltung und Polarisation bestimmter Spektrallinien zufolge des Zeeman-Effektes bewiesen werden [*20, 21, 22*]. Polarisationsuntersuchungen der radiofrequenten Sternstrahlung mögen wegen des weiten erfaßbaren Frequenzbereiches eine weitere Bestimmungsmethode für sehr verschiedene Schichttiefen der Sternatmosphären liefern, doch sind die zur Zeit vorhandenen Beobachtungsgrundlagen noch nicht spruchreif [*23, 24*]. Indirekte Methoden zur Abschätzung von Feldstärken, die aber in jedem einzelnen Falle sehr kritisch zu bewerten wären, könnten hergeleitet werden z. B. aus Protuberanzenbeobachtungen, der Form der Koronastrahlen, der Bahn von Korpuskularströmen u. a. m.

P. M. S. Blackett [*25*] vermutet einen Zusammenhang von der Form $P = \beta U G^{1/2}/2c$, worin bedeuten: P magnetisches Moment, U Drehimpuls, G Gravitationskonstante, c Lichtgeschwindigkeit und β einen Faktor von der Größenordnung 1. Die zur Zeit vorhandenen Beobachtungen reichen zu einer Entscheidung über die Gültigkeit dieser Beziehung noch nicht aus. Der Nachweis von Zeeman-Effekten kann bei jenen schnellrotierenden Sternen gelingen, bei denen wir durch die zufällige Orientierung ihrer Drehachse gerade auf einen der Pole blicken. Bei einigen Sternen früher Spektralklassen, bei denen aus spektroskopischen Gründen (schmale Fraunhofer-Linien trotz der statistisch zu vermutenden schnellen Rotation) eine solche Orientierung der Drehachse wahrscheinlich ist, konnten mit positivem Ergebnis am Mt. Wilson-Observatorium Zeeman-Effekte nachgewiesen werden.

Einige Sterne zeigen bedeutende periodische Schwankungen der gemessenen Feldstärken.

Stern	m_v	Spektrum (*HD*)	Polfeldstärke (Gauß)	Autor	Literatur
78 Vir	4,93	*A* 2*p*[1]	— 1500	H. W. Babcock	[*26*]
γ Equ	4,76	*F* 0*p*[1]	+ 1900 ± 250	,,	[*27*]
β CrB	3,72	*F* 0*p*	} > 1600	,,	[*27*]
HD 188 041 . . .	5,64	*F* 0*p*	}		
HD 15 144 . . .	5,84	*A* 2	}		
HD 125 248 . . . = *BD*—18°3789	5,74	*A* 0*p*[2]	var. + 7500 bis — 6000	,,	[*28*]
40 Eri *B*	9,6	*A* 0*wd*	0	,,	[*30*]
Wolf 1346	11,3	*B* 7—*A* 5 *wd*	0	A. D. Thackerey	[*29*]

[1] Spektrum variabel (A. Deutsch: Ap. J. **105** (1947) 299).
[2] Die Periode der Feldstärke stimmt mit derjenigen der Spektrumvariabilität (9^{d},3) überein.

Nach der Theorie von P. M. S. Blackett (l. c.) müßten bei den weißen Zwergen wegen ihrer kleinen Radien und sehr großen Dichte extrem große Feldstärken von der Größenordnung von einigen Millionen Gauß erwartet werden. Diesbezügliche Nachprüfungen [*29, 30*] an den Sternen Wolf 1346 und 40 Eridani *B* offenbarten indessen keine merklichen Felder.

Literatur.

[*1*] Hale, G. E.: Ap. J. **38** (1913) 27. — [*2*] Seares, F. H.: Ap. J. **38** (1913) 99. — [*3*] Hale, G. E., F. H. Seares, A. v. Maanen, F. Ellermann: Ap. J. **47** (1918) 206. — [*4*] Mt. Wilson Report (1923) 189; (1933/34) 138; (1934/35) 172; (1935/36) 173. — [*5*] Evershed, J.: MN **94** (1934) 96; **99** (1939) 217; **99** (1939) 438. — Babcock, H. D.: PASP **60** (1948) 244. — [*6*] v. Klüber, H., H. Müller: im Druck; v. Klüber, H.: MN im Druck. — [*7*] Thiessen, G.: Ann. d'Astrophys. **9** (1946) 101; Himmelswelt **55** (1947) 21. — [*8*] Thiessen, G.: Z. Aph. **26** (1949) 16. — [*9*] Thiessen, G.: Observatory **69** (1949) 228. — [*10*] Hale, G. E.: Ap. J. **28** (1908) 315. — [*11*] Hale, G. E.: Ap. J. **38** (1913) 27. — [*12*] Hale, G. E., S. B. Nicholson: Papers of Mt. Wilson Obs. Vol. V, Part 1 and 2 = Carnegie Inst. Washington Publ. Nr. 498 (1938). — [*13*] Houtgast, J., A. van Sluiters: BAN **10** (1948) 325. — [*14*] Cowling, T. G.: MN **106** (1946) 218. — [*15*] PASP, (Skizzen in 12). — [*16*] v. Klüber, H.: Z. Aph. **24** (1947) 1; **24** (1947) 121; **25** (1948) 187. — [*17*] Grotrian, W.: Naturw. **35** (1949) 321, 353. — [*18*] Hale, G. E., S. B. Nicholson: Ap. J. **62** (1925) 270. — [*19*] Hale, G. E., F. Ellermann, S. B. Nicholson, A. H. Joy: Ap. J. **49** (1919) 153 u. PASP **40** (1928) 51. — [*20*] Hale, G. E.: Ap. J. **28** (1908) 315. — [*21*] Babcock, H. W.: PASP **59** (1947) 112. — [*22*] v. Klüber, H.: Z. Aph. **24** (1947) 121. — [*23*] z. B. M. Ryle, D. D. Vonberg: Proc. R. Soc. London, A. 193 (1948). — [*24*] Unsöld, A.: Naturw. **34** (1947) 194; Z. Aph. **26** (1949) 176. — [*25*] Blackett, P. M. S.: Nature **159** (1947) 658; s. a. H. A. Wilson: Proc. R. Soc. London A **104** (1923) 451. — [*26*] Babcock, H. W.: Ap. J. **105** (1947) 105. — [*27*] Babcock, H. W.: Ap. J. **108** (1948) 191. — [*28*] Babcock, H. W.: Phys. Rev. **72** (1947) 83; PASP **59** (1947) 260. — [*29*] Thackeray, A. D.: MN **107** (1947) 463. — [*30*] Babcock, H. W.: PASP **60** (1948) 368. — (Literatur berücksichtigt bis Frühjahr 1950.)

31 32 Planeten und Monde im Sonnensystem.

31 321 Mechanische Daten der Planeten und Monde.

31 3211 Die Großen Planeten.

a) Mittlere Bahnelemente. Die mittleren, d. h. von den periodischen Störungen befreiten Bahnelemente der Großen Planeten werden hier nach den Angaben der „American Ephemeris" zusammengestellt. Sie beruhen auf den Planetentafeln von Hill[1] (Jupiter und Saturn) und Newcomb[2] (übrige Planeten außer Pluto; Mars mit den nachträglichen Verbesserungen von Ross[3]). Die Elemente des Pluto wurden von Nicholson und Mayall[4] abgeleitet.

[1] Hill, G. W.: Astr. Papers Washington **6**, **7**, 1 bis 2.
[2] Newcomb, S.: Astr. Papers Washington **4**, **7**, 3 bis 4.
[3] Ross, F. E.: Astr. Papers Washington **9**, 2.
[4] Mayall, N. U.: Mt. Wilson Contr. Nr. 417.

Mittlere Bahnelemente 1950,0

Planet	a in AE.	a in Mill. km	n	U_{sid} in mittl. Tg.	U_{sid} in trop. Jahren	U_{syn} in mittleren Tagen
Merkur . .	0,387099	57,740	18732″,42	87,9692	0,24085	115,88
Venus . . .	0,723332	108,141	5767,670	224,7008	0,61521	583,92
Erde . . .	1,000000	149,504	3548,193	365,2564	1,00004	—
Mars . . .	1,523691	227,798	1886,519	686,9797	1,88089	779,94
Jupiter . .	5,20280	777,840	299,1283	4332,588	11,86223	398,88
Saturn . .	9,53885	1426,10	120,4550	10759,21	29,4577	378,09
Uranus . .	19,18228	2867,83	42,2343	30685,93	84,0153	369,66
Neptun . .	30,05708	4493,65	21,5327	60187,64	164,7883	367,49
Pluto . . .	39,45743	5899,04	14,3253	90469,12	247,6963	366,74

Epoche, Ekliptik und Äquinoktium 1950 Januar 0, 12^h Weltzeit

Planet	e	$10^7 \Delta e$	$\tilde{\omega}$	$\Delta\tilde{\omega}$	L
Merkur . .	0,2056244	+ 2,05	76° 40′ 39″,0	+ 56″,008	33° 10′ 6″,07
Venus . . .	0,0067968	— 4,77	130 52 3,3	+ 50,654	81 34 19,20
Erde . . .	0,0167301	— 4,17	102 4 49,8	+ 61,907	99 35 18,21
Mars . . .	0,0933589	+ 9,20	335 8 18,9	+ 66,272	144 20 7,08
Jupiter . .	0,0484190	+ 16,33	13 31 1,5	+ 57,998	316 9 33,57
Saturn . .	0,0557164	— 34,69	92 4 6,6	+ 70,534	158 18 12,89
Uranus . .	0,0471842	+ 27,73	169 51 6,1	+ 58,110	98 18 31,03
Neptun . .	0,0085682	+ 7,42	44 9 31,0	+ 23,972	194 57 8,81
Pluto . . .	0,24852	—	223 31 20,8	+ 50,332	165 36 9,2

Planet	☊	Δ☊	i	Δi	$1:m$
Merkur . .	47° 44′ 18″,9	+ 42″,67	7° 0′ 13″,7	+ 0″,066	9000000
Venus . . .	76 13 46,8	+ 32,41	3 23 38,9	+ 0,036	403490
Erde . . .	—	—	—	—	329390
Mars . . .	49 10 18,9	+ 27,76	1 51 0,0	— 0,024	3093500
Jupiter . .	99 56 36,0	+ 36,41	1 18 21,3	— 0,199	1047,35
Saturn . .	113 13 12,6	+ 31,43	2 29 25,2	— 0,114	3501,6
Uranus . .	73 44 23,7	+ 18,04	0 46 22,8	+ 0,024	22869
Neptun . .	131 13 42,3	+ 39,57	1 46 28,1	— 0,344	19314
Pluto . . .	109 38 1,4	+ 48,89	17 8 34,1	— 0,201	350000
U.V.E. . .	106° 35′ 42″	—	1° 34′ 57″	—	

Bezeichnungen: Es ist

a die mittlere große Halbachse der Bahn (mittlere Entfernung des Planeten von der Sonne),

1 AE (astronomische Einheit) = 149504000 km = mittlere große Halbachse der Erdbahn,

n die mittlere tägliche (siderische) Bewegung des Planeten,

U_{sid} die siderische Umlaufszeit (mittlere Umlaufszeit in bezug auf ein mit dem Sternsystem fest verbundenes Koordinatensystem).

U_{syn} die synodische Umlaufszeit (mittlere Umlaufszeit in bezug auf die Richtung Sonne—Erde),

e die mittlere Exzentrizität der Bahn,

$\tilde{\omega}$ die mittlere Länge des Perihels, gezählt auf der Ekliptik vom Frühlingspunkt bis zum aufsteigenden Knoten der Bahn, dann in der Bahnebene selbst bis zum Perihel,

L die mittlere Länge des Planeten, ebenso wie $\tilde{\omega}$ gezählt,

☊ die mittlere Länge des aufsteigenden Knotens der Bahn, auf der Ekliptik vom Frühlingspunkt aus gezählt,

i die Neigung der Bahnebene gegen die Ekliptik,

m die Masse des Planeten einschließlich der Masse seiner Satelliten (Sonnenmasse = 1). Masse der Erde ohne Mond s. unter d),

U.V.E. die „Unveränderliche Ebene“ des Planetensystems.

Δe, $\Delta\tilde{\omega}$ usw. sind die jährlichen Änderungen der Elemente unter Berücksichtigung der mittleren Bewegung der Ekliptik und des Frühlingspunktes (Präzession).

Stumpff

Bemerkungen: Die großen Halbachsen (a) sind aus den täglichen Bewegungen (n) so berechnet worden, daß das dritte Keplersche Gesetz:

$$n^2 a^3 = k^2 (1 + m), \quad \log k = 3{,}5500066$$

streng erfüllt ist. Bei Pluto, für den „baryzentrische" Elemente gegeben sind, ist für m die Summe der Massen aller Planeten einzusetzen.

Verbesserte Bahnelemente der Planeten Merkur und Mars sind in neuerer Zeit von G. M. Clemence[1] bzw. H. S. Jones[2] angegeben worden.

Die Massen derjenigen Planeten, die keine Satelliten haben (Merkur, Venus, Pluto), sind erheblich ungenauer bekannt als die der übrigen. In der Tabelle sind die Massen von Merkur und Venus nach Backlund bzw. Ross, die der übrigen Planeten (außer Pluto) nach Newcomb angegeben. Häufig werden auch für die beiden innersten Planeten noch die von Newcomb abgeleiteten Massen:

$$\text{Merkur} \quad m = 1 : 6000000; \quad \text{Venus} \quad m = 1 : 408000$$

benutzt. Durch Vergleich mit den Werten der Tabelle folgt namentlich die große Unsicherheit der Merkurmasse. Der kleinere Backlundsche Wert scheint richtiger zu sein, da die aus ihm folgende Dichte des Planeten [3,12 g/cm³, s. b)] unseren Vorstellungen über die physikalische Natur des Planeten gut entspricht, während die aus der Newcombschen Masse folgende Dichte (4,7 g/cm³) recht unwahrscheinlich ist.

Noch unsicherer sind unsere Kenntnisse von der Masse des erst 1930 entdeckten Planeten Pluto. Der in der Tabelle gegebene Wert entspricht den Angaben von Nicholson und Mayall[3]:

$$m = 0{,}94 \pm 0{,}25 \text{ Erdmassen,}$$

während nach Bower

$$0{,}3 < m < 0{,}7 \text{ Erdmasse}$$

ist. Nach älteren Annahmen ist $m = 0{,}1$ Erdmasse. Vgl. hierzu auch G. P. Kuiper: The diameter of Pluto, PASP **62** (1950) 133. Danach ist der ältere Wert von 0,1 Erdmassen am wahrscheinlichsten (siehe Bemerkung unter b).

b) Dimensionen und mechanische Eigenschaften.

Planet		Scheinb. Durchmesser σ in der Entfernung r		nach älteren Autoren		Wahre Durchmesser		Abplattung
		r	σ nach W. Rabe	σ	Autorität	10³ km	Erde = 1	
Merkur .		1,0000	7″,09 ± 0″,05	6″,68	Leverrier	5,14	0,403	—
Venus . .		1,0000	17, 40 ± 0, 03	16, 82	Auwers	12,61	0,989	—
Erde . .	äqu.	1,0000	—	17, 60	Hayford	12,757	1,000	1 : 297,0
	polar.			17, 54		12,714	0,997	
Mars . .	äqu.	1,5237	6, 21 ± 0, 02	6, 14	Hartwig	6,86	0,538	∼ 1 : 190
	polar.		6, 15 ± 0, 02			6,82	0,535	
Jupiter .	äqu.	5,2028	38, 09 ± 0, 03	37, 85	Sampson	143,64	11,26	1 : 16,35
	polar.		35, 76 ± 0, 04	35, 33		134,85	10,57	
Saturn .	äqu.	9,5388	17, 44 ± 0, 03	17, 47	H. Struve	120,57	9,45	1 : 10,44
	polar.		15, 77 ± 0, 03	15, 64		109,03	8,55	
Uranus .		19,182	3, 84 ± 0, 04	3, 57	Barnard, See, Wirtz	53,39	4,19	∼ 1 : 18
Neptun .		30,057	2, 28 ± 0, 04	2, 43	Barnard	49,67	3,89	—

Planet	Oberfläche Erde = 1	Volumen Erde = 1	Masse (einschl. Monde)		mittl. Dichte		Schwerkraft am Äquator Erde = 1
			Sonne = 1	Erde = 1	Erde = 1	Wasser = 1	
Merkur . .	0,163	0,066	$1{,}111 \cdot 10^{-7}$	0,037	0,56	3,12	0,23
Venus . . .	0,980	0,970	$24{,}784 \cdot 10^{-7}$	0,826	0,85	4,70	0,85
Erde . . .	1,000	1,000	$30{,}359 \cdot 10^{-7}$	1,012	1,00	5,52	1,00
Mars . . .	0,288	0,154	$3{,}233 \cdot 10^{-7}$	0,108	0,70	3,85	0,37
Jupiter . .	121,9	1344,8	$95{,}479 \cdot 10^{-5}$	318,36	0,24	1,31	2,51
Saturn . .	83,9	766,6	$28{,}558 \cdot 10^{-5}$	95,22	0,12	0,68	1,07
Uranus . .	17,6	73,5	$4{,}373 \cdot 10^{-5}$	14,58	0,20	1,09	0,83
Neptun . .	15,2	59,2	$5{,}178 \cdot 10^{-5}$	17,26	0,29	1,61	1,14

Bemerkungen: Alle in der Tabelle enthaltenen Werte (soweit nichts anderes vermerkt) haben die von W. Rabe[4] abgeleiteten Durchmesser zur Grundlage. Diese Durchmesser dürfen gegenwärtig

[1] Clemence, G. M.: Astr. Papers Washington **11** (1943) 1.
[2] Jones, H. S.: MN **85**, 853.
[3] Nicholson, S. B., u. N. U. Mayall: Lick Bull. Nr. 437.
[4] Rabe, W.: AN **234** (1928) 153.

als die sichersten angesehen werden, da sie auf Grund aller verfügbaren Beobachtungsreihen und unter Berücksichtigung der Kühlschen Kontrasttheorie kritisch bestimmt wurden.

Die scheinbaren Durchmesser in Spalte 3 (Rabe) und 4 (Vergleichswerte nach älteren Autoren) beziehen sich auf die mittlere Entfernung r der Planeten von der Erde, die für die inneren Planeten (Merkur, Venus) gleich der Einheit, für die äußeren gleich der großen Bahnhalbachse zu setzen ist. Für die Erde ist zum Vergleich der scheinbare Durchmesser in der Entfernung 1 hinzugefügt. Die mittleren Fehler (Spalte 3) beziehen sich auf das Gesamtmittel aus allen Beobachtungen — die auf einzelne Beobachtungsreihen bezüglichen älteren Durchmesserwerte (Spalte 4) fallen aus diesem Fehlerbereich merklich heraus. Besonders auffällig ist dies bei Merkur und Venus, die schwierig zu messen sind (Dämmerung, Bildunruhe, Irradiation), sowie bei Uranus und Neptun, die im Fernrohr sehr kleine Scheibchen darstellen. So ist nach Rabe Neptun etwas kleiner als Uranus, dafür aber bedeutend dichter. Die älteren Durchmesserbestimmungen ergeben dagegen Neptun größer als Uranus und beide Planeten annähernd gleich dicht. Eine neue Meßreihe von Kuiper [Ap. J. **110** (1949) 93] gibt für Neptun den wesentlich kleineren scheinbaren Durchmesser $2{,}''04 \pm 0{,}''02$. Dem entspricht ein linearer Durchmesser von $44{,}6 \cdot 10^3$ km = 3,50 · Erde. Die mittlere Dichte wird dann 2,22 g/cm³, also wesentlich größer als die Dichte von Uranus.

Der Durchmesser des Pluto ist neuerdings von G. P. Kuiper zu 0,46 · Erde gemessen worden [PASP **62** (1950) 133]. Bei Annahme von Erddichte folgt daraus die Masse des Pluto zu rund 0,1 Erdmasse.

Die Abplattungen des Mars und des Uranus sind unsicher. Die in der Tabelle aufgeführte Abplattung des Uranus (1 : 18 ± 5,7) wurde von Parenago[1] angegeben. Ältere Werte sind 1 : 12 (Lowell und Slipher), 1 : 10 (Wirtz) und 1 : 15 (Bergstrand).

Die Schwerebeschleunigung am Äquator (letzte Spalte) ist nicht wegen der Zentrifugalkraft korrigiert. Bei Jupiter und Saturn würde sich infolge der Zentrifugalkraft die Äquatorschwerkraft um 9 bzw. 16% vermindern.

c) Rotation der Planeten.

Merkur: Rotationszeit und Lage der Rotationsachse unbekannt. Viele Beobachter (Schiaparelli, Antoniadi u. a.) setzen Rotationszeit = Umlaufszeit um die Sonne = 88^d (gebundene Rotation). Strahlungsmessungen machen eine kürzere Rotationszeit wahrscheinlich, da die Temperaturunterschiede auf der Tag- und Nachtseite des Planeten bedeutend kleiner sind, als bei gebundener Rotation zu erwarten wäre.

Venus: Rotationszeit und Lage der Rotationsachse unbekannt. Die Vermutungen über die Rotationszeit schwanken zwischen 1 und 225 Tagen. Die gebundene Rotation (225^d) ist aus denselben Gründen wie bei Merkur unwahrscheinlich. Eine Umdrehungszeit von wenigen Tagen müßte einen deutlichen Doppler-Effekt ergeben, der aber nicht beobachtet werden konnte. In Übereinstimmung mit Strahlungsmessungen wird heute eine Rotation in 15—30 Tagen angenommen.

Erde: siehe d).

Mars: Rotationszeit in bezug auf das Marsäquinoktium $24^h 37^m 22^s{,}654$.
Präzession: $-7''$ jährlich.
Lage der Äquatorebene in bezug auf den mittleren Erdäquator[2]:

$$\Omega = 3^h\, 10{,}^m0 + 1{,}^s565\,(t - 1905{,}0)$$
$$i = 35°\, 30{,}'0 - 12{,}''60\,(t - 1905{,}0)$$

Neigung der Äquatorebene gegen die Bahnebene des Planeten:

$$i' = 25°\, 10{,}'2 \text{ (Epoche 1880,0)}$$

Länge des Zentralmeridians: $344{,}°41$ für 1909 Januar 15, 12^h Weltzeit.
Tägliche Bewegung des Zentralmeridians in Länge: $350{,}°89202$.

Jupiter: Die Rotation erfolgt (ähnlich wie bei der Sonne) am Äquator etwas schneller als in mittleren und höheren Breiten. Man unterscheidet:

System I (Äquatorzone bis ±13° Breite): Rotationszeit $9^h 50^m 30{,}^s003$
System II (mittlere und hohe Breiten): Rotationszeit 9 55 40,632

Lage der Äquatorebene in bezug auf den mittleren Erdäquator[3]:

$$\Omega = 23^h 52^m 0{,}^s84 + 0{,}^s247\,(t - 1910{,}0)$$
$$i = 25°\, 26'\, 25{,}''4 + 0{,}''60\,(t - 1910{,}0)$$

Länge des Zentralmeridians (Epoche 1897 Juli 14, 12^h Weltzeit):

System I : 47°31, System II: $96{,}°58$

Tägliche Bewegung des Zentralmeridians in Länge:

System I : tropisch[4] $877{,}°90$, synodisch $877{,}°95$
System II: tropisch $870{,}°27$, synodisch $870{,}°30$

---

[1] Parenago, P. P.: RAJ **11** (1934).
[2] Nach Lowell, P.: MN **66** (1905) 51.
[3] Nach Damoiseau (Tables écl. des satellites de Jupiter, 1750)
[4] D. h. in bezug auf das Äquinoktium des Jupiter.

Saturn: Rotationszeit am Äquator $10^h 14^m$, in höheren Breiten wahrscheinlich etwas größer.
Lage der Äquatorebene = Lage der Ringebene: s. 313212c

Uranus: Rotationszeit nach Lowell u. Slipher (1911) $10^h 45,^m$ nach Campbell (1917) $10^h 50^m$. Neuester Wert nach T. E. Sterne[1] (1936) $10^h 49^m$.
Äquatorebene wahrscheinlich mit der Ebene der Satelliten identisch, d. h. etwa 98° gegen die Ekliptik geneigt. Nach neueren Untersuchungen von P. P. Parenago (RAJ **11**, 487) beträgt die Neigung 86°,8 ± 3°,0.

Neptun: Rotationszeit etwa $15^h 40^m$ (photometrisch nach M. Hall, Öpik und Livländer). Spektroskopisch, auf Grund des Dopplereffekts, wurde von Moore und Menzel der Wert $15,^h82 \pm 1^h$ gefunden.
Lage der Äquatorebene in bezug auf den mittleren Erdäquator[2]

$$\Omega = 25{,}^\circ 2, \quad i = 48{,}^\circ 7 \text{ (Epoche 1900,0)}$$

Die Rotation erfolgt rechtläufig, während der Trabant des Neptun sich rückläufig um den Planeten bewegt.

d) Daten der Erde.

Größe und Gestalt (s. a. 31132).

Äquatorhalbmesser } nach Hayford, 1909)	$a = 6378{,}388$ km
Polarhalbmesser } nach Hayford, 1909)	$b = 6356{,}909$ km
Abplattung[3]	$1 - \frac{b}{a} = 1 : 297{,}0$
Exzentrizität der Meridianellipse	$\sqrt{1 - \left(\frac{b}{a}\right)^2} = 0{,}081992$
Oberfläche	$5{,}101 \cdot 10^8$ km²
Volumen	$1{,}083 \cdot 10^{12}$ km³
Radius der Kugel mit gleichem Volumen	6371 km
Äquatorumfang	40076,6 km
Meridianumfang	40009,1 km
1° Breite	$(111{,}136 - 0{,}562 \cos 2\varphi)$ km
1° Länge	$(111{,}417 \cos \varphi - 0{,}094 \cos 3\varphi)$ km
Differenz zwischen geographischer und geozentrischer Breite	$\varphi - \varphi' = 695{,}''66 \sin 2\varphi - 1{,}''17 \sin 4\varphi$

Entfernung eines Oberflächenpunktes (h Meter Seehöhe und geogr. Breite φ) vom Erdmittelpunkt (Äquatorhalbmesser = 1) $\varrho = 0{,}998320 + 0{,}001684 \cos 2\varphi - (4 \cos 4\varphi - 0{,}1568 h)\, 10^{-6}$
Mittlere Dichte (nach Heyl) 5,517 g/cm³

Masse $\frac{1}{333434}$ Sonnenmasse $= 5{,}977 \cdot 10^{27}$ g

Schwerkraft (h Meter Seehöhe und geogr. Breite φ) in cm/sec²

$$980{,}621 - 2{,}589 \cos 2\varphi + 0{,}007 \cos^2 2\varphi - 0{,}00003086\, h$$

Rotation (s. a. 3112).

Siderischer Tag	$23^h\ 56^m\ 4{,}^s100$
Sterntag (scheinbarer Umlauf des Frühlingspunktes)	23 56 4,091
Rotationsgeschwindigkeit am Äquator	465,12 m/sec
Zentrifugalkraft am Äquator	— 3,392 cm/sec²
Neigung der Äquatorebene gegen die Erdbahnebene (Schiefe der Ekliptik)	$\varepsilon = 23^\circ\ 26'\ 44{,}''84 - 0{,}''4685\ (t - 1950)$

Bahnbewegung (nach Newcomb).

Siderisches Jahr } in mittleren Tagen	$365{,}^d 25636047 + 0{,}^d 11\ 10^{-8}\ (t - 1950)$
Tropisches Jahr } in mittleren Tagen	$365{,}24219572 - 6{,}14\ 10^{-8}\ (t - 1950)$
Anomalistisches Jahr } in mittleren Tagen	$365{,}25964286 + 3{,}04\ 10^{-8}\ (t - 1950)$
Siderische Umlaufszeit des Frühlingspunkts (rückläufig)	25784 trop. Jahre
Siderische Umlaufszeit des Perihels (rechtläufig)	111270 ,, ,,
Tropische Umlaufszeit des Perihels (rechtläufig)	20934 ,, ,,
Mittlere Bahngeschwindigkeit der Erde	29,8 km/sec
Entfernung der Erde von der Sonne { im Perihel	147 Mill. km
Entfernung der Erde von der Sonne { im Aphel	152 Mill. km

Diese Werte entsprechen der Sonnenparallaxe 8,''80. Nach den Ergebnissen der Bestimmung der Sonnenparallaxe aus den Beobachtungen des Planetoiden Eros während der Opposition von 1931 ist (nach H. S. Jones[4]):

$$\pi_\odot = 8{,}''790 \pm 0{,}''001.$$

[1] Harvard Bull. Nr. 904.
[2] Astr. Papers Washington **9**, 3.
[3] Jones, H. S.: MN **101** (1941) 356. In dieser Abhandlung wird für die reziproke Abplattung der Erde der neue Wert 296,776 ± 0,054 gefunden.
[4] Jones, H. S.: MN. **101**, (1941) 356.

Danach würde sich als mittlere Entfernung der Erde von der Sonne

$$a = 1 \text{ AE} = 149{,}676 \pm 0{,}017 \text{ Mill. km}$$

an Stelle des bisher allgemein gebräuchlichen Wertes (vgl. 313211a) ergeben. Eine sehr genaue dynamische Analyse der Erosbahn von E. Rabe: A. J. **55** (1950) 112, ergab hingegen den Wert $\pi_\odot = 8{,}''79835 \pm 0{,}''00039$, der dem alten ähnlich ist.

313212 Die Satelliten der Großen Planeten.

a) Übersicht und wichtigste Bahnelemente (Bezeichnungen s. 313211a).

Satellit	a in Halbm. des Planeten	a in km	n	U_{sid}	e	i bez. Äquator der Planeten	Entdecker und Jahr der Entdeckung
Erde							
Mond	60,31	3,84 10^5	13°,1764	$27^{\mathrm{d}},322$	0,0549	6°,145	—
Mars							
I Phobos .	2,73	9,37 10^3	1128°,844	$0^{\mathrm{d}},319$	0,0170	1°,82	A. Hall 1877
II Deimos .	6,86	23,46 10	285,162	1,263	0,0031	1,38	
Jupiter							
V	2,52	1,81 10^5	722°,9	$0^{\mathrm{d}},498$	0,0028	0°	Barnard 1892
I Jo . . .	5,86	4,21 10	203,5	1,769	0,0000	0	Galilei 1610
II Europa .	9,33	6,70 10	104,4	3,551	0,0003	0	Galilei 1610
III Ganymed	14,89	10,69 10	50,31	7,155	0,0015	0	Galilei 1610
IV Kallisto .	26,19	18,81 10	21,57	16,689	0,0075	0	Galilei 1610
VI	159,4	114,5 10	1,4367	250,57	0,1580	28,44	Perrine 1904
VII	163,4	117,4 10	1,3843	260,05	0,2073	27,97	Perrine 1905
X	163,6	117,5 10	1,3820	260,48	0,1324	28,27	Nicholson 1938
XI	314,0	225,5 10	0,5199	692,45	0,2068	163,38	Nicholson 1938
VIII	327,2	235,0 10	0,489	736,8	0,378	147	Melotte 1908
IX	333,5	239,5 10	0,475	757,9	0,222	155	Nicholson 1914
Saturn							
I Mimas . .	3,076	1,855 10^5	381°,9944	$0^{\mathrm{d}},942$	0,0201	1°,5	Herschel 1789
II Enceladus	3,947	2,379 10	262,7319	1,370	0,0044	0,0	Herschel 1789
III Tethys .	4,886	2,946 10	190,6980	1,888	0,0000	1,1	Cassini 1684
IV Dione . .	6,258	3,773 10	131,5350	2,737	0,0022	0,0	Cassini 1684
V Rhea . .	8,739	5,268 10	79,6901	4,518	0,0010	0,0	Cassini 1672
VI Titan . .	20,25	12,21 10	22,5770	15,95	0,0291	0,6	Huygens 1655
VII Hyperion	24,58	14,82 10	16,9200	21,28	0,1042	0,8	Bond 1848
VIII Japetus .	59,01	35,58 10	4,5380	79,33	0,0283	14,7	Cassini 1671
IX Phoebe .	214,73	129,46 10	0,6537	550,7	0,1659	150,1	Pickering 1898
Uranus							
V Miranda .	4,6	1,2 10^5	276°	$1^{\mathrm{d}},3$	—	— (bez. Ekliptik)	Kuiper 1948
I Ariel . .	7,19	1,92 10	142,86	2,520	0,007	98°	Lassell 1851
II Umbriel .	10,00	2,67 10	86,87	4,144	0,008	98	Lassell 1851
III Titania .	16,41	4,38 10	41,35	8,706	0,0023	98	Herschel 1787
IV Oberon .	21,95	5,86 10	26,74	13,463	0,0010	98	Herschel 1787
Neptun							
Triton . .	14,43	3,55 10^5	61°,257	$5^{\mathrm{d}},877$	0,00	139°	Lassell 1846

Bemerkungen: Soweit säkulare Änderungen bekannt sind, beziehen sich die Elemente auf die Epoche 1950,0. Die meist rasch veränderlichen Längen der Knoten und Apsiden, die mittleren Längen der Satelliten in ihrer Bahn und alle übrigen Angaben, die hier wegen des beschränkten Raumes nicht aufgenommen werden konnten, möge man an folgenden Stellen nachschlagen:

Satelliten des Mars: Struve, H.: S.B. Preuß. Akad. Wiss. Berlin (1911).

Satelliten des Jupiter: I—IV: Sampson, R. A.: Tables of the four great satellites of Jupiter, London (1910). — V: Robertson, J.: Connaissance des Temps 1919, pag. XXIV. — VI: Ross, F. E.: Lick Bull. **4** Nr. 112 (1907); Bobone, J.: A. J. **44** (1935) 165. — VII: Ross, F. E.: AN **174** (1907). — VIII, IX: Nicholson, S. B.: PASP **39** (1927) 242. — X, XI: Harvard Cards 461, 463.

Satelliten des Saturn: I—VI, VIII: Struve, G.: Veröff. Berlin-Babelsberg **6** (1930, 1933). — VII: Woltjer, J.: Leiden Ann. **16**/3 (1920). — IX: Ross, F. E.: Harvard Ann. **53** (1905).

Satelliten des Uranus: Ariel, Umbriel: Newcomb, S.: Washington Observations 1873, App. I. — Titania, Oberon: Struve, H.: Abh. Preuß. Akad. Wiss. Berlin (1912).

Satellit des Neptun: Eichelberger, W.S. u. A. Newton: Astr. Papers Washington **9**/3 (1926).

1905 fand Pickering einen 10. Satelliten des Saturn, Themis, dessen Umlaufszeit nur wenig kleiner war als die des Hyperion. Dieser Satellit wurde seither nicht wieder beobachtet und gilt als verloren oder zweifelhaft.

1949 Mai 10 wurde von G. P. Kuiper ein Objekt in der Nähe des Neptun aufgefunden, das als ein zweiter Satellit („Nereide") dieses Planeten anzusehen ist. Nähere Angaben fehlen noch.

Stumpff

b) Größenverhältnisse, Massen und Dichten.

Abgesehen vom Erdmond [s. d)] sind diese Daten nur für die vier großen Jupitermonde einigermaßen gesichert:

Satellit	Scheinbarer Durchm.[1]	Wahrer Durchmesser		Masse		Dichte Wasser = 1
		in km	Erdmond = 1	Gramm	Erdmond = 1	
Jupiter I	1″,04	3920	1,13	$8,6 \cdot 10^{25}$	1,17	2,71
„ II	0, 89	3360	0,97	$4,8 \cdot 10$	0,65	2,40
„ III	1, 46	5510	1,58	$15,2 \cdot 10$	2,07	1,74
„ IV	1, 34	5050	1,45	$8,6 \cdot 10$	1,17	1,27

Von den Saturnsmonden (außer Phoebe) kennen wir nach den Untersuchungen von G. Struve die Massen:

Mimas	$3,5 \cdot 10^{22}$ g	Rhea	$2,3 \cdot 10^{24}$ g
Enceladus . . .	$1,4 \cdot 10^{23}$	Titan	$1,4 \cdot 10^{26}$
Tethys	$6,2 \cdot 10^{23}$	Hyperion	$1,1 \cdot 10^{23}$
Dione	$1,1 \cdot 10^{24}$	Japetus	$5,7 \cdot 10^{24}$

Der scheinbare Durchmesser des Titan, der die Grenze der Meßbarkeit nur wenig überschreitet, wird mit 0″,6 angegeben. Daraus würde 4150 km als wahrer Durchmesser und 3,75 g/cm³ als Dichte folgen. Mindestens die gleiche Größe wird dem Neptunsmond Triton zugeschrieben. Nicholson, van Maanen und Willis[2] geben die Masse des Triton zu 0,09 Erdmassen — dieser große Wert würde wahrscheinlich machen, daß Triton noch erheblich größer als der Planet Merkur ist.

Von den übrigen Satelliten lassen sich keine zuverlässigen Angaben dieser Art machen.

c) Das Ringsystem des Saturn.

Größenverhältnisse nach W. Rabe.

	Scheinb. Halbm. ($r = 9,5388$ AE)	Wahrer Halbmesser	
		in km	in Planetenhalbmessern
Äquatorhalbmesser des Planeten . .	8″,72	60290	1,000
Innenhalbmesser des *C*-Rings . . .	10, 42	72000	1,194
Innenhalbmesser des *B*-Rings . . .	12, 91	89260	1,480
Cassinische Trennung (Mitte) . . .	17, 31	119700	1,985
Außenhalbmesser des *A*-Rings . . .	20, 14	139300	2,310

Bemerkung: Nach G. Struve beträgt der scheinbare Außendurchmesser des *A*-Rings 39″,35.

Masse des Ringes nach H. Struve $< 10^{-5}$, nach neueren Untersuchungen von H. Bucerius[3] 1 : 23000 der Saturnmasse.

Dicke des Ringes wird auf 20 km geschätzt (Bucerius). Ältere Schätzungen bis 350 km.

Breite der Cassinischen Trennung etwa 3000 km.

Lage der Ringebene (G. Struve: Veröff. Berlin-Babelsberg **6**): ☊ $= 167° \, 58',08 \pm 0',39$; $i = 28° \, 4',55 \pm 0',18$ (Ekl. u. Äqu. 1889,25).

d) Der Erdmond.

Entfernung, Größe, mechanische Daten.

Äquatoreal-Horizontalparallaxe in der mittleren Entfernung $\overline{\pi}_{☾} = 57' \, 2'',54$
(schwankt zwischen 54′ und 61′,5)

Mittlere Entfernung vom Erdmittelpunkt 60,31 Erdhalbmesser = 384700 km

Scheinbarer Halbmesser in der mittleren Entfernung $\sigma = 0,272446 \, \pi_{☾} + 0'',079$
oder: $\sin \sigma = 0,272481 \sin \pi_{☾}$

Wahrer Halbmesser	0,27248 Erdhalbmesser = 1738,0 km
Umfang	0,27248 Erdumfang ≐ $1,092 \cdot 10^{4}$ km
Oberfläche	0,0744 Erdoberfläche = $3,796 \cdot 10^{7}$ km²
Volumen	0,0203 Erdvolumen = $2,199 \cdot 10^{10}$ km³
Masse	$\frac{1}{81,53}$ Erdmasse = $7,347 \cdot 10^{25}$ g

[1] Bezogen auf die mittlere Entfernung (5,2028 AE). Mittel aus verschiedenen (mikrometrischen und interferometrischen) Messungen nach K. Graff: Grundriß der Astrophysik, G. B. Teubner, Leipzig 1928.

[2] Nicholson, S. B., A. van Maanen u. H. C. Willis: PASP **43** (1931) 261.

[3] Bucerius, H.: AN **263** (1937) 201.

Neuere Bestimmung der Mondmasse aus Erosbeobachtungen 1931:

nach H. S. Jones[1]: 1 : (81,271 ± 0,021)
nach J. Larink: 1 : 81,288

Mittlere Dichte 0,6056 Erddichte = 3,341 g/cm³

Schwerkraft an der Oberfläche $\frac{1}{6,04}$ der Schwerkraft am Erdäquator = 161,93 cm/sec²

Bahnbewegung (nach E. W. Brown).

Epoche, Ekliptik und Äquinoktium 1950 Januar 0, 12^h Weltzeit.

Mittlere Elemente		Tägliche Änderung
Mittlere Länge	57° 47′ 39,″0	+ 13° 10′ 35,″02842
Mittlere Länge des aufsteigenden Knotens	12 8 21,4	— 0 3 10,63392
Mittlere Länge des Perigäums	28 43 57,3	+ 0 6 41,03671
Mittlere Exzentrizität	0,0549005	
Neigung der Bahn gegen die Ekliptik	6° 8′ 43,″4	
Umlaufszeit des Knotens (rückläufig)	18,6134 tropische Jahre	
Umlaufszeit des Perigäums (rechtläufig)	8,8479 ,, ,,	
Siderische Umlaufszeit des Mondes	27,32166 mittlere Tage	
Tropische ,, ,, ,,	27,32158 ,, ,,	
Anomalistische ,, ,, ,,	27,55455 ,, ,,	
Drakonitische ,, ,, ,,	27,21222 ,, ,,	
Synodische ,, ,, ,,	29,53059 ,, ,,	

Hauptungleichungen der Mondbewegung.

Elliptische Ungleichung in Länge	22639,″50 sin g
Elliptische Ungleichung in Breite	18461,45 sin u
Evektion	4586,42 sin $(2D—g)$
Variation	2369,90 sin $2D$
Jährliche Ungleichung	—668,94 sin g'
Parallaktische Ungleichung	—124,78 sin D

Argumente:

g = mittl. Anomalie des Mondes, Periode = 1 anomal. Monat
g' = mittl. Anomalie der Sonne, ,, = 1 anomal. Jahr
D = mittl. Mondalter, ,, = 1 synod. Monat
u = Entfernung des mittl. Mondorts vom aufsteigenden Knoten, ,, = 1 drakon. Monat

31 3213 Die Kleinen Planeten (Planetoiden oder Asteroiden).

Die Zahl der numerierten (d. h. durch Bahnelemente gesicherten) Planetoiden betrug (bis Ende 1947) 1564. Dazu kommen drei Planetoiden (Appollo, Adonis, Hermes), die wegen ihrer ungewöhnlichen Bahnen einen Namen erhielten, die aber nicht numeriert wurden, da die Elemente zur Wiederauffindung wahrscheinlich nicht genau genug sind. Ein vollständiges Verzeichnis der Bahnelemente aller dieser kleinen Planeten findet sich in dem zuletzt 1944 erschienenen Beiheft „Kleine Planeten" zum Berliner Astronomischen Jahrbuch. Diese Verzeichnisse werden seit einigen Jahren von der Sternwarte in Cincinnati (USA) herausgegeben.

a) Statistische Daten.

Verteilung nach den mittleren Bewegungen (n) bzw. den großen Bahnhalbachsen (a) siehe Abb. 3. Die Figur zeigt die Anzahl der kleinen Planeten in Intervallen der mittleren Bewegung von 10″ Breite. Fast alle mittl. Bewegungen liegen zwischen denen des Jupiter (n = 299,″128)

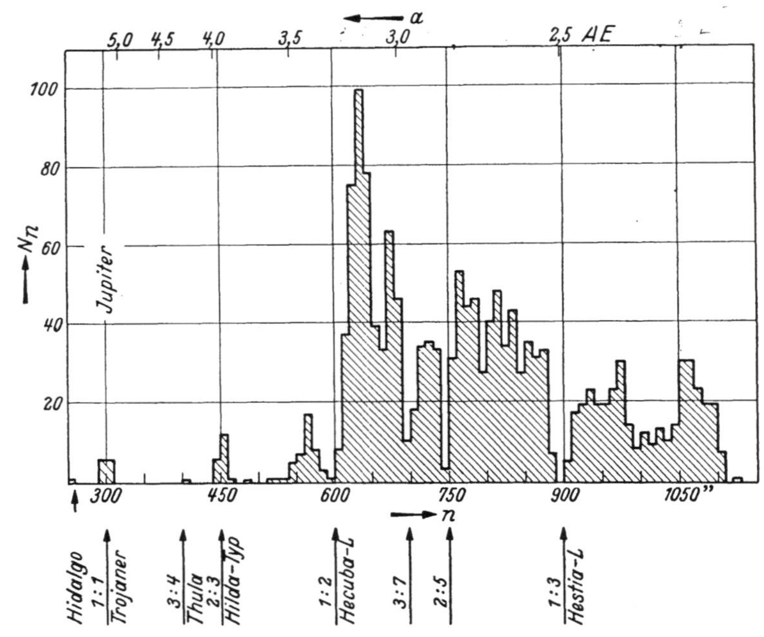

Abb. 3. Verteilung der Kleinen Planeten nach den mittleren täglichen Bewegungen.

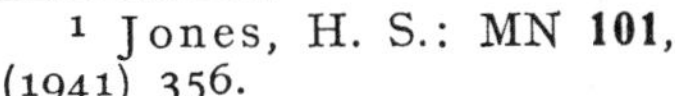

[1] Jones, H. S.: MN **101**, (1941) 356.

und des Mars ($n = 1886''{,}5$). Nur ein Planet (944 Hidalgo, $n = 254''{,}0$) ist jenseits der Jupiterbahn bekannt. Für 15 Planetoiden, die in der Abbildung nicht enthalten sind, ist $n > 1150''$. Die größte mittlere Bewegung hat der unnumerierte Planetoid Hermes ($n = 2420''{,}7$).

Kommensurabilitäten. Diejenigen mittleren Bewegungen, die zu der des Jupiter in einfachen ganzzahligen Verhältnissen stehen, machen sich in der Verteilungskurve durch Anhäufungen oder Lücken bemerkbar. Abb. 3 zeigt folgende dieser Kommensurabilitäten:

- $n \sim 300''$ (Komm. 1:1): die Gruppe der Trojaner, 12 Planetoiden in der Umgebung der Lagrangeschen Librationspunkte L_4 und L_5 [s. c)].
- $n \sim 400''$ (Komm. 3 : 4): ein einzelner Planet (279 Thule, $n = 404''{,}9$).
- $n \sim 450''$ (Komm. 2 : 3): eine Gruppe von 19 Planetoiden, genannt Hilda-Gruppe nach ihrem ältesten Vertreter (153 Hilda, $n = 448''{,}9$).
- $n \sim 600''$ (Komm. 1 : 2): Tiefer Einschnitt, genannt Hecuba-Lücke nach 108 Hecuba ($n = 615''{,}9$). Der Lücke am nächsten ist 1101 Clematis ($n = 602''{,}2$).
- $n \sim 700''$ (Komm. 3 : 7) }
- $n \sim 750''$ (Komm. 2 : 5) } tiefe Einschnitte.
- $n \sim 900''$ (Komm. 1 : 3) sehr breiter und tiefer Einschnitt, genannt Hestia-Lücke nach 46 Hestia ($n = 883''{,}9$). Im Intervall $887'' < n < 904''$ ist kein Planetoid bekannt. Der Lücke am nächsten ist 619 Triberga ($n = 887''{,}0$).

Verteilung nach Knoten und Perihellänge, Exzentrizitätswinkel[1] und Bahnneigung (Ekliptik und Äquinoktium 1950,0).

Intervall	N_Ω	$N_{\tilde\omega}$	Intervall	N_Ω	$N_{\tilde\omega}$	Intervall	N_φ	N_i	Intervall	N_φ	N_i	Intervall	N_φ	N_i
0°— 20°	99	155	180°—200°	77	47	0°— 1°	11	19	10°—11°	125	104	20°—21°	7	16
20 — 40	90	132	200 —220	97	47	1 — 2	41	67	11 —12	106	79	21 —22	3	19
40 — 60	95	136	220 —240	69	58	2 — 3	70	105	12 —13	95	67	22 —23	2	10
60 — 80	97	87	240 —260	74	58	3 — 4	103	105	13 —14	66	65	23 —24	—	14
80 —100	96	85	260 —280	59	77	4 — 5	128	108	14 —15	50	64	24 —25	2	10
100 —120	81	76	280 —300	80	78	5 — 6	123	132	15 —16	30	61	25 —26	1	13
120 —140	93	59	300 —320	74	113	6 — 7	148	101	16 —17	21	31	26 —27	—	8
140 —160	98	55	320 —340	92	128	7 — 8	130	91	17 —18	23	23	27 —28	1	1
160 —180	90	46	340 —360	106	129	8 — 9	125	102	18 —19	9	30	28 —29	2	2
						9 —10	130	94	19 —20	8	15	29 —30	1	1
												> 30	6	10

Bemerkungen: N_Ω und $N_{\tilde\omega}$ bedeuten die Anzahl der Knoten- und Perihellängen, die auf 20° breite Intervalle der betreffenden Elemente fallen. N_φ und N_i sind die entsprechenden Zahlen für 1° breite Intervalle der Exzentrizitätswinkel und der Bahnneigungen.

Abb. 4 zeigt die Verteilung der Perihellängen graphisch: das Häufigkeitsmaximum der Perihellängen der Kleinen Planeten stimmt mit der Perihellänge 13°,5 der Jupiterbahn sehr genau überein.

Der Umfang des statistischen Materials beträgt 1567 Planetoiden, für $N_{\tilde\omega}$ nur 1566, da von einem Planetoiden (330 Adalberta) nur eine Kreisbahn, also keine Perihellänge bekannt ist.

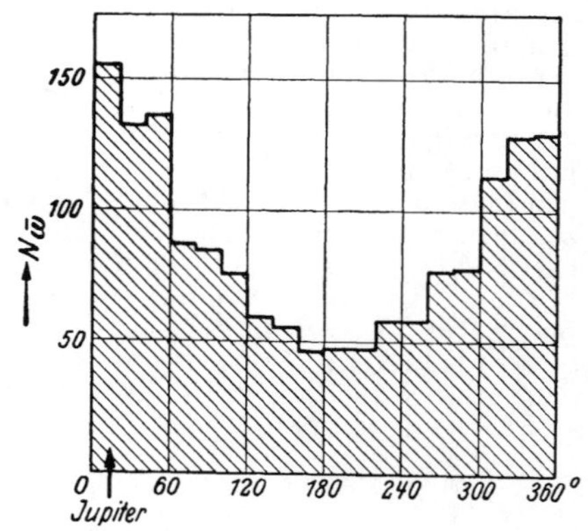

Abb. 4. Verteilung der Kleinen Planeten nach der Perihellänge.

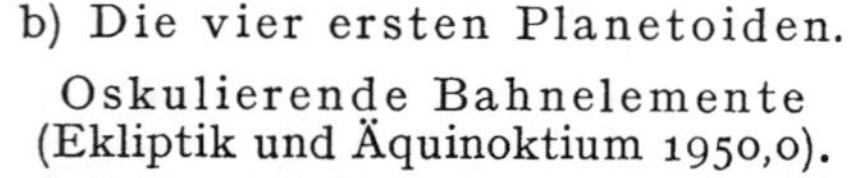

b) Die vier ersten Planetoiden.

Oskulierende Bahnelemente (Ekliptik und Äquinoktium 1950,0).

Planet	Epoche 0ʰ WZ.	L	$\tilde\omega$	Ω	i	φ	n	a
1 Ceres . .	1940 März 12	163°,438	151°,927	80°,815	10°,596	4°,544	770'',922	2,7669 AE
2 Pallas . .	1943 Okt. 15	48,276	123,314	173,039	34,825	13,606	769, 950	2,7692 ,,
3 Juno . .	1942 Mai 9	220,220	56,109	170,702	13,013	14,830	813, 203	2,6702 ,,
4 Vesta . .	1857 Jan. 2	88,621	252,282	104,007	7,135	5,074	977, 884	2,3613 ,,

[1] Der Exzentrizitätswinkel φ ist durch $\varphi = \arcsin e$ definiert.

Stumpff

Sonstige Daten.

Planet	Entdecker	Jahr der Entdeckung	Mittlere Oppositions-helligkeit	Durchmesser	
				mikrom.[1] km	photom.[2] km
1 Ceres . .	Piazzi	1801	$7^m,4$	768	677
2 Pallas . .	Olbers	1802	8, 0	492	451
3 Juno . .	Harding	1804	8, 7	204	241
4 Vesta . .	Olbers	1807	6, 5	392	388

c) Die Gruppe der „Trojaner".
Genäherte oskulierende Elemente (Ekl. u. Äqu. 1950,0).

	Planet	Epoche 0^h WZ.	n	i	φ	☊	$\tilde{\omega}$	L	$L-L_♃$	Entdeckung
L_4	588 Achilles. . .	1941 Febr. 2	298″,2	10°,3	8°,6	316°	84°	81°,1	55°	Wolf 1906
	624 Hektor . .	1940 Dez. 19	304, 7	22, 1	1,6	342	159	92, 6	51	Kopff 1907
	659 Nestor . . .	1941 März 3	296, 5	4, 5	6,3	351	324	119, 1	71	Wolf 1908
	911 Agamemnon	1941 Jan. 29	305, 3	21, 9	3,8	337	57	103, 7	58	Reinmuth 1919
	1143 Odysseus . .	1941 Jan. 15	301, 4	3, 2	5,4	221	94	112, 2	68	Reinmuth 1930
	1404 Ajax . . .	1940 Jan. 5	304, 2	18, 2	6,5	332	30	89, 2	76	Reinmuth 1936
	1437 Diomedes .	1940 Dez. 30	299, 4	20, 5	2,7	316	89	77, 2	36	Reinmuth 1937
L_5	617 Patroclus .	1940 Okt. 9	299″,7	22°,1	8°,1	44°	347°	341°,0	305°	Kopff 1908
	884 Priamus . .	1940 Juli 31	296, 5	8, 9	6,9	301	272	319,2	289	Wolf 1917
	1172 Äneas . . .	1942 Nov. 1	299, 4	16, 7	5,8	247	292	28,4	290	Reinmuth 1930
	1173 Anchises . .	1940 Aug. 25	308, 7	7, 0	7,9	284	314	329,1	297	Reinmuth 1930
	1208 Troilus . . .	1940 Aug. 14	302, 6	33, 7	5,3	48	341	328,4	297	Reinmuth 1931

Bemerkung: $L-L_♃$ bedeutet die Differenz der mittleren Längen von Planetoid und Jupiter, die über die Zugehörigkeit zu den Librationspunkten L_4 (durchschn. 60°) oder L_5 (durchschn. 300°) entscheidet. 1949 entdeckte Reinmuth (Heidelberg) zwei weitere zu L_5 gehörige Trojaner, die noch nicht benannt worden sind.

d) Planetoiden mit extremen Bahnelementen.

Große mittlere Bewegung $n > 1200''$

Planet	n
433 Eros. . . .	2015″,1
434 Hungaria. .	1308,8
1019 1924 *QN* . .	1342,5
1025 Riema . . .	1274,5
1103 Sequoia . .	1319,6
1139 Atami . . .	1305,8
1221 Amor . . .	1330,3
1235 Schorria . .	1343,8
1355 1935 *HE* . .	1408,0
1453 Fennia. . .	1358,2
1509 Esclangonia	1391,1
— Apollo . . .	1958,6
— Adonis. . .	1284,0
— Hermes . .	2420,7

Große Exzentrizität $\varphi > 25°$ ($e > 0{,}42$)

Planet	φ	$a(1-e)$	$a(1+e)$
719 Albert. .	32°,7	1,19	3,98
887 Alinda. .	32,7	1,17	3,95
944 Hidalgo .	41,0	2,00	9,60
1009 Sirene. .	27,3	1,42	3,83
1036 Ganymed	32,6	1,23	4,10
1134 Kepler .	28,1	1,42	3,94
1221 Amor . .	25,9	1,08	2,76
1474 1935 QY	29,3	1,40	4,07
— Apollo. .	34,5	0,64	2,33
— Adonis .	51,2	0,43	3,50
— Hermes .	28,3	0,61	1,90

Große Bahnneigung $i > 30°$

Planet	i
2 Pallas . .	34°,8
531 Zerlina .	34,5
582 Olympia .	30,0
594 Mireille .	32,6
944 Hidalgo .	42,5
945 Barcelona	32,8
1208 Troilus .	33,7
1252 Celestia .	33,9
1301 Yvonne .	33,9
1373 1935 QN	38,9

Bemerkung: Für die Planetoiden mit großer Bahnexzentrizität ist neben dem Exzentrizitätswinkel die Sonnendistanz im Perihel und Aphel, $a(1-e)$ bzw. $a(1+e)$, angegeben.

e) Bahnelemente von 433 Eros und 944 Hidalgo (Ekl. u. Äqu. 1950,0).

	Epoche 0^h WZ.	L	$\tilde{\omega}$	☊	i	φ	n	a
433 Eros . .	1941 Juli 25	112°,945	122°,069	304°,004	10°,829	12°,872	2015″,135	1,4581
944 Hidalgo	1934 Nov. 12	71,045	79,066	21,445	42,545	40,973	254, 027	5,7999

[1] Nach Rougier, G.: BSAF **51**, (1937) 165.
[2] Nach Stumpff, K.: AN **276**, (1948) 118.

f) Anzahl, Größe und Masse der Planetoiden.

Anzahl: Der neueste Versuch, die Gesamtzahl der Planetoiden abzuschätzen, wurde von W. Baade[1] unternommen. Auf Grund statistischer Abschätzungen gelangt er zu einer Gesamtzahl von 44000 Planetoiden, die in der Opposition heller als 19. Größe (photogr.) sind.

Größe: Mikrometrische Durchmesserbestimmungen liegen nur für die vier ersten Planetoiden vor [s. b)]. Von 17 weiteren Planetoiden wurden auf Grund des Phasenkoeffizienten und der Oppositionshelligkeit photometrische Durchmesser von K. Stumpff[2] abgeleitet. G. Stracke[3] bestimmte die Durchmesser aller Planetoiden, deren Oppositionshelligkeit größer als $16^{\mathrm{m}}_{,}2$ ist, auf Grund der angenommenen Albedo 0,24. Für das Gesamtvolumen der bekannten Planetoiden ergibt sich so eine Kugel von 673 km Halbmesser. Dieses Ergebnis stellt einen Minimalwert dar, da die Albedo der meisten Planetoiden wahrscheinlich $< 0{,}24$ ist. Die von 1925—1942 entdeckten, meist lichtschwachen 500 Planetoiden ergaben nur einen unwesentlichen Zuwachs. In den letzten 20 Jahren sind Planetoiden mit mehr als 40 km Durchmesser nicht mehr gefunden worden, so daß diese Größenordnung (außer in sehr großer Sonnenentfernung) als erschöpft angesehen werden kann.

Masse: Denkt man sich das oben angegebene Minimalvolumen mit Masse von Erddichte erfüllt, so ergibt sich als Mindestmasse des Planetoidensystems nach Stracke $^1/_{847}$ der Erdmasse. Aus störungstheoretischen Untersuchungen erhielten Leverrier, Harzer und Osten übereinstimmend Werte zwischen 0,4 und 0,6 Erdmassen als obere Grenze der Planetoidenmasse, die aber wahrscheinlich viel zu hoch gegriffen ist. Neuere Bestimmungen dieser Art liegen noch nicht vor.

---

[1] Baade, W.: PASP **46** (1934) 54.
[2] Stumpff, K.: AN **276** (1948) 118.
[3] Stracke, G.: AN **273** (1942) 24.

31322 Physik der Planeten und Monde.

313221 Chemische Zusammensetzung der Planetenatmosphären.

Angaben über die chemische Zusammensetzung der Planetenatmosphären finden sich in Ziffer 31241.

313222 Albedo der Planeten und Trabanten.

Allgemeines und Definitionen.

Die sphärische Albedo (nach der Definition von Bond) einer durch parallele Strahlung beleuchteten Kugel ist das Verhältnis der nach allen Seiten zerstreuten zur einfallenden Lichtmenge. Die scheinbare Helligkeit eines Planeten für einen Beobachter auf der Erde hängt außer von der sphärischen Albedo von den Abständen des Planeten von der Erde und der Sonne sowie vom Phasenwinkel α (Winkel am Planeten im Dreieck Erde—Planet—Sonne) ab. Es sei $\varphi(\alpha)$ die beobachtete und auf konstante Abstände des Planeten von der Sonne und Erde reduzierte Phasenkurve; dann ist zur Zeit der Opposition ($\alpha = 0$) des Planeten $\varphi(\alpha) = 1$. Es bezeichne M_0 das Helligkeitsverhältnis des Planeten zur Sonne, r_0 seinen Abstand von der Sonne und σ_0 seinen scheinbaren Halbmesser in Winkelmaß von der Erde aus gesehen, wobei der Index $_0$ andeutet, daß sich alle diese Größen auf die Zeit der Opposition beziehen. Dann gilt für die sphärische Albedo A (Ableitung der Formel bei E. Schoenberg: Hdb. d. Aph. **2**/1 (1929) 69).

$$A = p \cdot q = M_0 \cdot \frac{r_0^2}{\sin^2 \sigma_0} \cdot 2\int_0^\pi \varphi(\alpha) \sin \alpha \, d\alpha,$$

$$p = M_0 \frac{r_0^2}{\sin^2 \sigma_0}, \qquad q = 2\int_0^\pi \varphi(\alpha) \sin \alpha \, d\alpha.$$

Der erste Faktor p, der nur von den geometrischen Verhältnissen abhängt, wird auch als geometrische Albedo bezeichnet. Übrigens stellt er das Verhältnis der Helligkeit des Planeten in Opposition zu derjenigen eines selbstleuchtenden Körpers von derselben Lage und Größe dar, der von jeder Einheit seiner Oberfläche ebensoviel Licht aussendet, wie der Planet von der Sonne bei normaler Inzidenz erhält. Ferner läßt sich p mit dem Reflexionskoeffizienten in der Bestrahlungsrichtung für unregelmäßig geformte Körper identifizieren und ist daher wichtig für den Vergleich der während der Opposition beobachteten Reflexionskoeffizienten einzelner Teile einer Planetenoberfläche mit denjenigen irdischer Substanzen. Der zweite Faktor q, genannt das Phasenintegral, hängt nur von dem charakteristischen Reflexionsgesetz der Oberfläche ab, das durch Beobachtung des Planeten über den ganzen zugänglichen Bereich der Phasenwinkel ermittelt werden muß. Approximiert man das wirkliche Reflexionsgesetz durch die Lambertsche Cosinusformel, so nimmt das Phasenintegral den Wert $q = 3/2$ an. Die praktische Berechnung von p erfolgt nach der Formel:

$$\log_{10} p = 0{,}4\,(G - g) - 2\log_{10}\sin\sigma_1 .$$

σ_1 ist der scheinbare Halbmesser des Planeten in Winkelmaß, g seine Sterngröße, beides bezogen auf den Abstand 1 astr. Einheit von Erde und Sonne, und G die Sterngröße der Sonne im gleichen Abstand ($-26^m_{,}72$ visuell, $-25^m_{,}93$ photographisch, nach H.N. Russell. Vgl. die Mittelwerte aus mehreren Bestimmungen in 31310).

Natürliche Schranken der Beobachtungen und Genauigkeit.

Nur für den Erdmond ist die gesamte Phasenkurve gut mit Beobachtungen bedeckt. Bei Merkur, Venus, Erde (vermittels der Helligkeit des aschgrauen Mondlichts) und Mars erstrecken sich die Beobachtungen über einen so weiten Bereich der Phasenkurve, daß sich das Phasenintegral verhältnismäßig sicher ermitteln läßt, vielleicht auf 5% seines Wertes. Für alle anderen Körper des Sonnensystems ist nicht mehr als eine rohe Abschätzung des Phasenintegrals möglich, da der Phasenwinkel bei Jupiter 12° nicht überschreiten kann und für die Planetoiden bestenfalls 30° erreicht. Die Bestimmung der geometrischen Albedo p verlangt nur die Messung der Oppositionshelligkeiten M_0 und der scheinbaren Radien σ_0. Diese lassen sich für die kleinen Scheiben von Uranus und Neptun sowie bei den Trabanten der äußeren Planeten kaum auf 5% verbürgen. Da Merkur und Venus als innere Planeten nicht in Opposition beobachtet werden können, muß M_0 für sie durch eine ziemlich unsichere Extrapolation der Phasenkurve bis zur oberen Konjunktion abgeleitet werden. Mars, Jupiter, Saturn, Uranus und Neptun zeigen beträchtliche, zum Teil periodische Schwankungen der Oppositionshelligkeiten, die auf reelle Änderungen des Zustandes ihrer Oberflächen zurückgeführt werden müssen. Es ist daher unmöglich, die Genauigkeit der Albedowerte durch Angabe eines mittleren Fehlers zu charakterisieren. Die zusammengehörenden Werte der mittleren Oppositionshelligkeit und Albedo sind im folgenden in getrennten Tabellen gegeben. Es muß betont werden, daß die Sterngrößen und Farbenindizes verschiedener Autoren nicht ohne weiteres vergleichbar sind, da sie sich großenteils auf verschiedene photometrische Systeme beziehen.

Literatur. Baade, W.: PASP **46** (1934) 218. — Becker, W.: AN **277** (1949) 65. — Becker, W.: S. B. Preuß. Akad. Wiss. (1933) 839. — Danjon, A.: Ann. Strasbourg **3** (1936) Nr. 3 u. BA **14** (1949) 315 (Merkur u. Venus). — Deutsch, A. N.: Pulkowo Circ. Nr. 25 (1939). — Fischer, H.: AN **272** (1941) 127 u. **273** (1942) 124. — Guthnick, P.: S. B. Preuß. Akad. Wiss. (1927) 124. — Kuiper, G. P.: Ap. J. **88** (1938) 429 (Sterngröße der Sonne) u. PASP **62** (1950) 133 (Pluto). — Pettit, E., u. S. B. Nicholson: Ap. J. **71** (1930) 134 (Erdmond) und **83** (1936) 102 (Merkur). — Rougier, G.: Ann. Strasbourg **3** (1937) Nr. 5 und BSAF **51** (1937) 165. — Russell, H. N.: Ap. J. **43** (1916) 103, 173. — Stebbins, J.: Lick Bull. Nr. 401 (1928). — Stumpff, K.: AN **276** (1948) 118. — Watson, F. G.: Harvard Bull. Nr. 913 (1940). — Woolley, R. v. d. R., u. C. B. S. Gascoigne: MN **108** (1948) 491 (Sterngröße der Sonne).

31 3223 Helligkeitsschwankung, mittlere Helligkeit und Farbenindex der Planeten und Trabanten.

Planet bzw. Trabant	Helligkeit (vis.)		Amplitude	Periode in Jahren	Mittlere Helligkeit		Farbenindex	Autorität
	max.	min.			vis.	phot.		
Merkur	−0,21	—	—	—	−2,94[1]	—	+1,00	Russell }
Venus	−4,31	−3,52	—	—	−4,77[1]	−3,99[1]	+1,00	Danjon }
Erde	—	—	—	—	−3,87[2]	−3,54[2]	+0,33	Danjon
Mars	−2,03	−1,55	0,48	keine	−1,694	−0,534	+1,16	Becker
Ceres	—	—	—	—	+7,15	+7,65[1]	—	Russell, Deutsch[1]
Pallas	—	—	—	—	+7,84	—	—	Russell, Deutsch[1]
Juno	—	—	—	—	+8,95	—	—	Russell, Deutsch[1]
Vesta	—	—	—	—	+6,04	+6,45[1]	—	Russell, Deutsch[1]
Jupiter	−2,57	−2,23	0,34	11,6 ± 0,4	−2,392	−1,650	+0,74	Becker
Saturn[3]	+0,67	+1,13	0,46	?	+0,901	+1,742	+0,84	Becker
Uranus	+5,42	+5,73	0,31	8,4 ± 0,3	+5,575	+6,25	+0,68	Becker
Neptun	+7,57	+7,93	0,36	21,0 ± 0,6	+7,752	+8,406	+0,65	Becker
Pluto	—	—	0,2 ?	—	+14,74	+15,41	+0,67	Baade
Erdmond	—	—	—	—	−12,74	−11,64	+1,10	Rougier
Jupiter I	—	—	—	—	+5,54	+5,80[1]	—	Guthnick, Stebbins[1]
,, II	—	—	—	—	+5,69	+5,98[1]	—	Guthnick, Stebbins[1]
,, III	—	—	—	—	+5,08	+5,30[1]	—	Guthnick, Stebbins[1]
,, IV	—	—	—	—	+6,26	+6,26[1]	—	Guthnick, Stebbins[1]
Titan	—	—	—	—	+8,30	—	—	Russell

[1] Sterngröße bei voller Phase, mittlerer Entfernung von der Sonne und 1 astr. Einheit Abstand vom Beobachter. [2] Sterngröße für Beobachter auf der Sonne. [3] Korrigiert für verschwindenden Ring.

31 3224 Albedo der Planeten und Trabanten.

Planet bzw. Trabant	p (visuell)				(p photographisch)		q	
	Mittel	max.	min.	Autorität		Autorität		Autorität
Merkur . .	0,164	—	—	Russell	0,093[1]	Pettit und Nicholson	0,42	Russell
Venus . . .	0,492	—	—	Russell	—	—	1,20	Russell
Erde . . .	0,384	—	—	Danjon	—	—	1,02	Danjon
Mars . . .	0,119	0,162	0,104	Becker	0,084	Becker	1,11	Russell
Ceres . . .	0,10	—	—	Russell	—	—	—	—
Pallas . . .	0,13	—	—	Russell	—	—	—	—
Juno . . .	0,22	—	—	Russell	—	—	(0,55)[3]	Russell
Vesta . . .	0,48	—	—	Russell	—	—	—	—
Jupiter . .	0,409	0,483	0,353	Becker	0,428	Becker	—	—
Saturn . .	0,402	0,498	0,326	Becker	0,384	Becker	(1,5)[3]	Russell
Uranus . .	0,459	0,537	0,404	Becker	0,513	Becker	(0,55)[3]	Rougier
Neptun . .	0,450	0,532	0,382	Becker	0,510	Becker	—	—
Erdmond .	0,125	—	—	Rougier	0,094[2] 0,135[1]	Rougier Pettit und Nicholson	0,584	Rougier
Jupiter I .	0,46	—	—	Rougier	—	—	0,42	Rougier
„ II .	0,58	—	—	Rougier	—	—	0,86	Rougier
„ III .	0,42	—	—	Rougier	—	—	0,60	Rougier
„ IV .	0,18	—	—	Rougier	—	—	0,28	Rougier
Titan . . .	0,33	—	—	Russell	—	—	(0,60)[3]	Rougier

[1] Radiometrische Messung. [2] Photoelektrische Messung. [3] (q) Geschätzter Wert.

31 3225 Spektrale Reflexionskoeffizienten von Meteoriten.

Bemerkungen: Abgesehen von gewissen Beobachtungen durch Farbfilter liegen noch keine systematischen Untersuchungen über die Albedo der Planeten im spektral zerlegten Licht vor. Neben den beträchtlichen beobachtungstechnischen Schwierigkeiten ist die Unregelmäßigkeit und Veränderlichkeit der Oberflächendetails solcher Planeten wie Mars und Jupiter sehr hinderlich. Aussichtsreicher erscheinen Untersuchungen an Mond, Merkur und den Asteroiden. Im Hinblick auf die hypothetische Ähnlichkeit dieser Körper mit den Meteoriten sind im folgenden die Laboratoriumsuntersuchungen von Watson und Krinov auszugsweise wiedergegeben. Diese beziehen sich, mit Ausnahme des Meteoreisens von Canyon Diablo, durchwegs auf Steinmeteorite, für deren petrographische Charakterisierung auf die Originalabhandlungen verwiesen werden muß. Die von diesen beiden Autoren ermittelten Reflexionskoeffizienten sind infolge der verschiedenartigen Beobachtungsverfahren nicht direkt miteinander vergleichbar. Watsons Werte sind durch experimentelle Integration über eine Halbkugel von Phasenwinkeln $< 90°$ gewonnen und daher annähernd der sphärischen Albedo A der Planeten vergleichbar. Krinovs Reflexionskoeffizienten beziehen sich auf einen Einfalls- und Reflexionswinkel von $45°$ und entsprechen daher eher den p-Koeffizienten der Planeten. Berechnet man aus Watsons A-Werten mit einem geschätzten $q = 0{,}70$ die p-Koeffizienten, so nehmen diese die gleiche Größenordnung wie bei Krinov an. Jedoch weisen Krinovs Meteoriten eine weit größere Variation in den Formen der spektralen Reflexionskurve auf. Eine Unterscheidung zwischen Stein- und Eisenmeteoriten allein auf Grund der Reflexionskurven scheint nicht möglich zu sein. Spektrale

Meteorit	Wellenlänge in mμ							
	400	440	480	520	560	600	640	680
(W) Mighei	0,045	0,055	0,060	0,060	0,060	0,060	0,060	0,055
(W) Farmington . . .	0,070	0,075	0,080	0,080	0,085	0,085	0,090	0,090
(W) Parnallee	0,100	0,115	0,130	0,140	0,155	0,160	0,165	0,165
(W) Canyon Diablo . .	0,130	0,145	0,155	0,165	0,175	0,180	0,185	0,190
(W) Olmedilla	0,180	0,190	0,195	0,200	0,205	0,205	0,205	0,210
(W) Waconda	0,180	0,215	0,230	0,250	0,265	0,270	0,275	0,280
(W) Allegan	0,245	0,260	0,270	0,275	0,280	0,280	0,280	0,285
(W) Drake Creek . . .	0,220	0,250	0,270	0,295	0,315	0,320	0,325	0,330
(K) Demina	0,16	0,16	0,18	0,20	0,22	0,28	—	—
(K) Savtchenskoye . .	0,27	0,23	0,26	0,28	0,28	0,32	0,31	—
(K) Okhansk	0,37	0,36	0,38	0,36	0,33	0,31	0,35	—
(K) Zhigailovka. . . .	0,26	0,33	0,37	0,39	0,41	0,43	0,44	—
(K) Brient	0,28	0,28	0,32	0,34	0,37	0,38	0,38	—
(K) Staroye Pesianoye	0,39	0,42	0,44	0,43	0,45	0,50	0,45	—

(W) Watson, (K) Krinov.

Wildt

Reflexionskoeffizienten einer Anzahl irdischer Gesteine findet man in der unten zitierten Abhandlung von Scheiner und Wilsing. Farbenindizes (im Göttinger System) für alle von Scheiner und Wilsing gemessenen Gesteine und für Watsons Meteoriten sind von Fischer berechnet worden. Diese erlauben keine Entscheidung für oder gegen das Vorkommen bestimmter Gesteine oder Gesteinsgruppen an der Oberfläche der kleinen Planeten.

Literatur. Fischer, H.: AN **273** (1942) 127. — Krinov, E. L.: C. R. Acad. Sci. URSS **20** (1938) 269. — Watson, F. G.: Proc. Nat. Acad. Sci. **24** (1938) 532. — Wilsing, J., u. J. Scheiner: Publ. Potsdam **24** Nr. 77. (1921)

31 3226 Wärmestrahlung und Temperatur der Planeten.

Die Eigenstrahlung der Planeten ist der Messung mit empfindlichen Thermoelementen zugänglich' jedoch ist die Reduktion solcher Beobachtungen, besonders wegen der Extinktion der ultraroten Planetenstrahlung in der Erdatmosphäre, mit beträchtlichen Unsicherheiten behaftet. Die unten aufgeführten „gemessenen" Temperaturen sind aus der Gesamtstrahlung mit Hilfe des Stefan-Boltzmannschen Gesetzes ermittelt worden; der für Merkur und Mars angegebene Variationsbereich rührt von der großen Bahnexzentrizität dieser Planeten her. Bei annähernd schwarzen Körpern ohne Atmosphäre wie Merkur und Erdmond sollten diese Zahlen den wirklichen Oberflächentemperaturen bei Stand der Sonne im Zenit sehr nahe kommen. Bei Planeten wie Venus und Jupiter, deren Atmosphären im Ultrarot selektiv absorbieren und emittieren, können die „gemessenen" Temperaturen nur die Bedeutung einer Schätzung haben. Die wirkliche Oberflächentemperatur mag infolge des bekannten Glashauseffekts höher sein. Zur weiteren Orientierung sind in die Tabelle noch zwei aus der Solarkonstante berechnete theoretische Temperaturen aufgenommen. Eine kleine schwarze Kugel im Abstande R astr. Einheiten von der Sonne nimmt im Strahlungsgleichgewicht die absolute Temperatur $T_a = 277°/\sqrt{R}$ an. Auf einem schwarzen Planeten mit verschwindender Wärmeleitfähigkeit der Oberfläche wird bei unendlich langsamer Rotation die maximale Oberflächentemperatur $T_b = 392° \sqrt[4]{\cos z/R^2}$ (z = Zenitdistanz der Sonne, die tabulierten Temperaturen gelten bei $z = 0$). Falls das Reflexionsvermögen des Planeten für die einfallende kurzwellige Sonnenstrahlung durch eine sphärische Albedo A charakterisiert ist, während im Gebiet der langwelligen Eigenstrahlung der Planet praktisch sich wie ein schwarzer Körper verhält, so kann durch Multiplikation von T_b mit $\sqrt[4]{1 - A}$ eine bessere Abschätzung der Oberflächentemperatur erzielt werden.

Planet	Gemessene Temperatur °	Solarkonstante cal cm^{-2} min^{-1}	T_a °	T_b °
Merkur . .	550—685	13,01	445	631
Venus . . .	330	3,73	327	464
Erdmond .	374	1,95	277	392
Mars . . .	273—300	0,84	222	316
Jupiter . .	135	0,072	122	173
Saturn . .	120	0,021	90	128
Uranus . .	90	0,0053	63	89
Neptun . .	—	0,0022	51	72
Pluto . . .	—	0,0013	44	62

Literatur.

Menzel, D. H., W. W. Coblentz u. C. O. Lampland: Ap. J. **63** (1926) 177. — Pettit, E., u. S. B. Nicholson: Ap. J. **71** (1930) 102; **81** (1935) 17 und **83** (1936) 84.

31 33 Kometen, Meteore, Zodiakallicht.

31 331 Mechanische Daten der Kometen.

31 3311 Zusammenfassende Darstellungen.

Kopff, A.: Kometen und Meteore. Hdb. d. Aph. **4** (1929) 426—495; **7** (1936) 422—433. — Olivier, Ch. P.: Comets. Baltimore (1930). — Orlov, S. V.: Die Kometen (russisch), Moskau-Leningrad (1935) 195 S. — Proctor, M. u. A. C. D. Crommelin, Comets, their nature, origin and place in the science of astronomy. London (1937) 216 S.

Definition der Bahnelemente.

T = Zeit des Durchganges durch das Perihel (Sonnennähe).
☊ = Länge des aufsteigenden Knotens (d. i. des Punktes, an dem der Komet von der südlichen auf die nördliche Seite der Ekliptik tritt).
ω = Abstand des Perihels vom aufsteigenden Knoten.
π = Perihellänge = ω + ☊.
i = Neigung der Bahn gegen die Ekliptik, von 0° bis 180° gezählt ($i < 90°$ rechtläufig, $i > 90°$ rückläufig).
q = Periheldistanz (Q = Apheldistanz).
e = Exzentrizität = $\sin\varphi$ (φ = Exzentrizitätswinkel).
a = halbe große Achse (Einheit: Erdbahnhalbachse).
P = Umlaufszeit in Jahren.
μ = mittlere tägliche Bewegung.

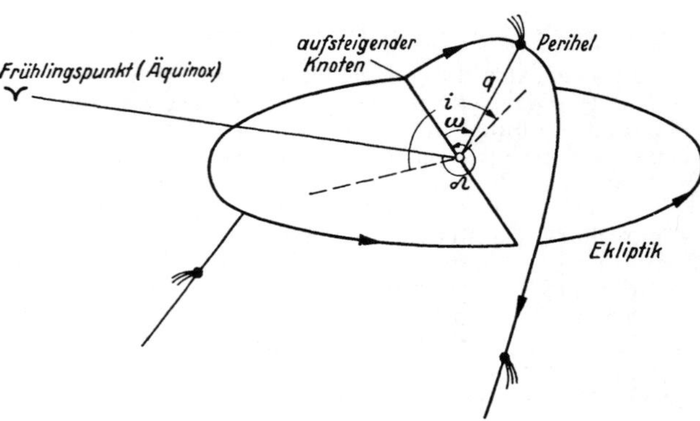

Abb. 5. Zur Definition der Bahnelemente.

Da ☊, ω, π sich mit der Lage der Ekliptik ändern, ist noch für diese die Angabe des Äquinox erforderlich. Im Falle der Parabel genügen zur Festlegung der Bahn die 5 Elemente (T, ω, ☊, i, q), bei der Ellipse und der Hyperbel tritt noch e hinzu. Alle weiteren Bestimmungsstücke lassen sich aus folgenden einfachen Beziehungen finden:

$$a^3 = P^2 \qquad \pi = \omega + ☊$$
$$q = a(1 - e) \qquad e = \sin\varphi$$
$$2a = q + Q \qquad \log\mu'' = 3{,}5500066 - \log P$$

31 3312 Verzeichnisse von Kometenbahnen.

Galle, J. G.: Verzeichnis der Elemente der bisher berechneten Kometenbahnen, Leipzig (1894); 411 Kometen vom Jahr —372 bis 1893. — Crommelin, A. C. D.: Comet Catalogue. Mem. BAA. **26** Part II (1925); **30** Part I (1932); 599 Kometen bis 1931. — Fortsetzung dieser Kataloge in MN **94** (1934) 4; **96** (1936) 4. — Yamamoto, A. S.: Preliminary General Catalogue of Comets. Publ. Kwasan **1** Nr. 4 (1936); 647 Kometen, —467 bis 1936. — Vodopianova, T.: Sur la structure et l'évolution du système des comètes à courte période. Publ. Sternberg **9** Part 2 (1940) 370 bis 418, gibt für 70 Kometen mit $P < 100^a$ die Konstanten des Jacobischen Integrals. — van Halteren, P.: Catalogues de valeurs approchées des éléments canoniques des orbites des comètes. Inst. d'Astr. Bruxelles 2e série (1947) 35; 647 Kometen bis 1936.

31 3313 Zahl der Kometen.

Yamamotos Katalog (s. 313312), vervollständigt bis 1948, weist in den Jahren 476 (v. Chr.), der ersten Erscheinung des Halleyschen Kometen, bis 1948 insgesamt 737 Kometenerscheinungen auf. Da einige Kometen in mehreren Erscheinungen auftreten, verbleiben insgesamt 520 verschiedene Kometen. Rechnet man mit dem Durchschnitt der letzten Jahre, so kommt man auf eine Gesamtzahl von 17000 Kometenerscheinungen von —467 bis 1948 gegenüber 737 beobachteten.

Mittlere jährliche Anzahl	
1800—1900	3,1
1900—1948	5,7
1925—1948	7,1

Für die mittlere Zahl der im Sonnensystem in jedem Moment vorhandenen Kometen findet J. Kleiber [AN **130** (1892) 121] innerhalb der Neptunbahn 5934 Kometen. Die Gesamtzahl der Kometen, deren Perihele innerhalb der Neptunbahn liegen, schätzt Bobrovnikoff [PASP **41** (1921) 98] von der Größenordnung 10^6. Da demgegenüber die Anzahl der tatsächlich beobachteten Kometen sehr klein ist, so ist jede statistische Untersuchung bedeutenden Auswahleffekten unterworfen.

Der Frage der Entdeckungswahrscheinlichkeit widmen sich folgende Arbeiten: Bourgeois, P. et J. Cox: Recherches sur la probabilité de la découverte des comètes. 1. Inst. d'Astr. Bruxelles 2e série, No. 21 (1934); 2. No. 25 (1936). — Vodopianova, T.: Über den Einfluß der Sichtbarkeitsbedingungen auf die Entdeckungswahrscheinlichkeit von Kometen. Teil I Publ. Sternberg **6**, Part 1 (1935); Teil II Publ. Sternberg **7**, Part 2 (1936).

Häufigkeit der Kometenerscheinungen

Jahr	Anzahl
—467— 0	8
0— 200	2
200— 400	4
400— 600	6
600— 800	4
800—1000	5
1000—1200	6
1200—1400	12
1400—1600	24
1600—1800	85
1800—1900	311
1900—1948	272

Wachmann

31 3314 Statistik der Bahnformen und Periodenlängen.

a) Verteilung der Bahnformen:

$e < 1$	Elliptische Bahnen	186	36 %
$e = 1$	Parabolische Bahnen	280	54
$e > 1$	Hyperbolische Bahnen	54	10

Die tatsächliche Verteilung der Bahnformen ist wichtig im Hinblick auf die kosmogonische Stellung der Kometen (Mitglieder des Sonnensystems oder interstellaren Ursprungs). Die scheinbar große Häufigkeit parabolischer Bahnen ist infolge des meist nur kleinen beobachtbaren Bahnbogens, der sich oft genügend genau durch eine Parabel darstellen läßt, bedingt durch die Beobachtungsgenauigkeit und die Dauer der Sichtbarkeit der Kometen.

Jahr	$e = 1$
—1755	99%
1756—1845	74
1846—1895	54
1895—1948	26

Dauer der Sichtbarkeit	$e = 1$
1 — 99 Tage	68%
100 — 239 Tage	55
240 — 511 Tage	13

Nach G. Fayet [Recherches concernant les excentricités des comètes, Paris (1906)], der 146 Kometen bearbeitete, und E. Strömgren und seinen Mitarbeitern [Methode: Über den Ursprung der Kometen, Kopenhagen (1914)] ist die wahrscheinlichste Bahnform die Ellipse. Die Berechnung der ursprünglichen Bahnen hyperbolischer und parabolischer Kometen ergibt in fast allen untersuchten Fällen eine Verkleinerung der Exzentrizitäten und damit durchweg elliptische Bahnen. Eine Zusammenstellung der Änderungen für 18 hyperbolische und 3 nahezu parabolische Kometen findet sich bei Geelmuyden-Strömgren: Loerebog i Astronomi 2. Udg. Oslo (1945) p. 285, und Sinding, E.: Publ. Kopenhagen Nr. 146 (1948).

Nr.	Komet	oskul. $1/a$	ursprüngl. $1/a$	$\Delta\ (1/a)$
1	1853 III	— 0,0008193	+ 0,0000829	+ 0,0009022
2	1863 VI	— 4949	+ 166	+ 5115
3	1882 II	+ 118963	+ 121488	+ 2525
4	1886 I	— 6944	— 71	+ 6873
5	1886 II	— 4770	+ 3166	+ 7936
6	1886 IX	— 5765	+ 630	+ 6395
7	1889 I	— 6915	+ 420	+ 7335
8	1890 II	— 2151	+ 718	+ 2869
9	1897 I	— 8722	+ 396	+ 9118
10	1898 VII	— 6074	— 157	+ 5917
11	1902 III	+ 810	+ 54	— 756
12	1904 I	— 5040	+ 2165	+ 7205
13	1905 VI	— 1424	+ 6210	+ 7634
14	1907 I	— 4991	+ 252	+ 5243
15	1910 I	+ 2143	+ 6921	+ 4778
16	1914 V	— 1465	+ 119	+ 1584
17	1922 II	— 3806	+ 38	+ 3844
18	1925 I	— 5665	+ 540	+ 6205
19	1925 VII	— 2730	+ 1150	+ 3880
20	1932 VI	— 5948	+ 441	+ 6389
21	1936 I	— 0,0004870	+ 0,0002050	+ 0,0006920

Statt der Exzentrizitäten sind in dieser Tabelle die $1/a$-Werte gegeben, und zwar bedeuten: oskul. $1/a$ = reziproke Werte für a aus der definitiven Bahnbestimmung auf Grund der Beobachtungen, ursprüngl. $1/a$ = durch numerische Rechnung der Störungen von Jupiter und Saturn gefundene reziproke a-Werte, und zwar so weit rückwärts gerechnet, daß weitere Störungen vernachlässigt werden können. Von 21 Kometenbahnen bleiben nur noch 2 hyperbolisch, alle anderen werden elliptisch, was für den Ursprung im Sonnensystem spricht.

b) Verteilung von 186 Periodischen Kometen nach Periodenlänge. Es trennt sich deutlich die Gruppe der sogenannten kurzperiodischen Kometen mit $P < 10^a$. ab, die der Jupiterfamilie angehören; das sind solche Kometen, deren Aphele die Jupiterbahn einschließen. Nach H. N. Russell [A. J. **33** (1921) 49] ist jedoch nicht die Übereinstimmung der Apheldistanz Q mit dem Bahnradius des betreffenden Planeten das wahre Kriterium der Zugehörigkeit zu einer Familie, sondern es muß die Bahn selbst sehr nahe an der des Planeten vorübergehen. Es sind noch weitere Familien vorgeschlagen worden, wie aus der folgenden Zusammenstellung der Apheldistanzen hervorgeht.

	Anzahl	Davon mehrmals beobachtet
$P < 10^a$	55	30
10—20	9	3
20—40	4	2
40—100	12	6
$P > 100$	106	4

Wachmann

c) Kometenfamilien.

Familie	Anzahl	Mittl. Periode	Mittlere Apheldistanz der Kometen	Mittlere Apheldistanz des Planeten	Mittlere Exzentrizität	Bemerkung	Familie	Anzahl	Mittl. Periode	Mittlere Apheldistanz der Kometen	Mittlere Apheldistanz des Planeten	Mittlere Exzentrizität	Bemerkung
Jupiter	58	$6^a,77$	5,54	(5,45)	0,58	nur rechtl. Bahnen kleiner Neigung ($i = 12°,51$)	Saturn	6	$14^a,52$	10,62	(10,1)	0,80	recht- und rückl. Bahnen
							Uranus	4	33,53	19,69	(20,1)	0,90	
							Neptun	12	69,60	33,20	(30,3)	0,95	

Ein ausführliches Verzeichnis aller Mitglieder dieser Familien findet sich bei T. Vodopianova [Publ. Sternberg **9**, 2 (1940) 376]. C. H. Schütte [Pop. Astr. **57**, Nr. 4 (1949) 176] propagiert noch eine Pluto- (5 Kometen) und eine Transplutofamilie (8).

Bei Anwendung des Russellschen Kriteriums behauptet sich nur die Jupiterfamilie.

31 3315 Bahnelemente.

In der folgenden Tabelle wird ein Verzeichnis der Bahnelemente solcher periodischer Kometen gegeben, die in mindestens zwei Erscheinungen beobachtet worden sind.

Nr.	Komet	Erscheinungen letzte	Erscheinungen Wiederkehr	Erscheinungen Anzahl	P	T	ω	☊	i	Äquinox	e	q	Q	Berechner	Literatur
1	Encke	1947i	1951	42	$3^a,3032$	1947 Nov. 26,33	185°,1985	334°,7223	12°,3505	1950,0	0,8462	0,3411	4,09	Merton	MN **108** (1948) 12
2	Tuttle-Giacobini	1907III	?	2	4,1292	1907 Mai 28,29	35,9870	167,8094	13,5655	1907,0	0,5542	1,1473	4,00	Crommelin	MN **89** (1939) 36
3	Grigg-Skjellerup	1947a	1952	7	4,8995	1947 Apr. 18,14	356,4011	215,3747	17,6456	1950,0	0,7043	0,8531	4,92	Cunningham	Harvard Card 821
4	Tempel 2	1946b	1951	11	5,3102	1946 Juli 2,34	190,8549	119,4163	12,4310	1950,0	0,5422	1,3933	4,69	Cunningham	Harvard Card 842
5	Neujmin 2	1927I	1954	2	5,4296	1927 Jan. 16,23	193,7315	328,0027	10,6325	1950,0	0,5668	1,3382	4,84	Merton	MN **109** (1949) 25
6	Brorsen 1	1879I	?	5	5,4630	1879 März 31,03	14,9178	101,3172	29,3861	1880,0	0,8098	0,5898	5,61	Lamp	Publ. Kiel **7**, 5
7	Tempel 3-Swift	1908II	?	4	5,6807	1908 Okt. 4,53	113,6880	290,3111	5,4426	1910,0	0,6378	1,1532	5,21	Maubant	AN **179** (1909) 7
8	De Vico-Swift	1894IV	?	3	5,8551	1894 Okt. 12,20	296,5800	48,8064	2,9655	1900,0	0,5716	1,3917	5,11	Seares	AN **151** (1900) 82
9	Tempel 1	1879III	?	3	5,9822	1879 Mai 7,62	159,4930	78,7655	9,7675	1879,0	0,4626	1,7711	4,82	Gautier	Mem. Genève **29**, 12
10	Pons-Winnecke	1945a	1951	14	6,1569	1945 Juli 10,59	170,1081	94,4551	21,6938	1950,0	0,6549	1,1592	5,56	Porter	MN **109** (1949) 254
11	Kopff	1945b	1951	6	6,1844	1945 Aug. 11,27	31,5410	253,0539	7,2246	1945,0	0,5561	1,4957	5,24	Master, Kepinsky	MN **107** (1947) 11
12	Forbes	1948e	1955	3	6,4213	1948 Sept. 16,12	259,741	25,445	4,621	1950,0	0,5527	1,5452	5,36	Cripps	Hdb. BAA 1949
13	Perrine	1922II	?	3	6,4543	1909 Okt. 31,83	166,8605	242,2942	15,6755	1909,0	0,6617	1,1727	5,76	Kobold	AN **182** (1909) 405
14	Schwaßmann-Wachmann 2	1947l	1955	4	6,5258	1948 Aug. 23,60	358,1003	126,0201	3,7239	1950,0	0,3837	2,1524	4,83	Rasmusen	Publ. Kopenhagen **148** (1948)
15	Giacobini-Zinner	1946c	1953	6	6,5880	1945 Sept. 18,49	171,8200	196,2319	30,7264	1946,0	0,7167	0,9957	6,03	Cunningham	MN **107** (1947) 110

16	Biëla *A*	1852III	?	6	6,ª6208	1852 Sept. 24,23	223,°2808	245,°8572	12,°5545	1852,0	0,7559	0,8606	6,19	Hubbard	A. J. **6** Nr. 18 (1861)
	Biëla *B*				6,6187	1852 Sept. 23,56	223,2799	245,8579	12,5553	1852,0	0,7559	0,8606	6,19	Hubbard	
17	d'Arrest	1943III	1950	9	6,7143	1943 Sept. 22,6	174,4003	143,6293	18,0114	1950,0	0,6106	1,3858	5,73	Recht	MN **107** (1947) 110
18	Daniel	1943IV	1950	3	6,7997	1943 Nov. 22,51	6,1035	70,4328	19,8460	1950,0	0,5747	1,5266	5,65	Merton	Briefliche Mitt.
19	Finlay	1926V	1953	5	6,8443	1926 Aug. 7,9	320,580	45,300	3,433	1926,0	0,7065	1,0585	6,15	Kanda	AN **228** (1926) 88
20	Holmes	1906III	1950?	3	6,8571	1906 März 14,09	14,2983	331,1438	20,8168	1906,0	0,4122	2,1217	5,10	Zwiers	Proc. Akad. Wet. Amsterdam 1912
21	Borrelly 1	1932V	1953	5	6,8718	1932 Aug. 27,23	352,5148	77,0672	30,5403	1932,0	0,6170	1,3843	5,84	Crommelin	Hdb. BAA 1939
22	Brooks 2	1946e	1953	8	6,9599	1946 Aug. 25,77	195,5840	177,7058	5,5395	1950,0	0,4844	1,8794	5,41	Cripps-Cunningham	MN **107** (1947) 110
23	Reinmuth 1	1935II	1950	2	7,2311	1935 Apr. 29,87	8,7855	125,1723	8,0613	1950,0	0,5037	1,8558	5,62	Cripps	Hdb. BAA 1949
24	Whipple	1947g	1955	3	7,4149	1948 Juni 25,77	190,1196	188,5963	10,2486	1950,0	0,3556	2,4488	5,15	Dinwoodie	Hdb. BAA 1948
25	Faye	1947f	1955	13	7,4408	1947 Sept. 28,40	200,5230	206,3072	10,5333	1947,0	0,5636	1,6633	5,96	Cunningham	MN **108** (1948) 128
26	Oterma	jedes Jahr beob.			7,8857	1942 Aug. 21,81	354,8058	155,1708	3,9899	1950,0	0,1444	3,3896	4,53	Herget	A. J. **53** (1948) 18
27	Schaumasse	1943V	1952	4	8,2075	1943 Nov. 25,80	50,9125	86,9276	12,0818	1950,0	0,7043	1,2030	6,93	Sumner	MN **109** (1949) 254
28	Wolf 1	1942VI	1950	8	8,2864	1942 Juni 23,56	160,9685	204,3420	27,3031	1950,0	0,4048	2,4374	5,75	Kamienski	MN **109** (1949) 254
29	Comas-Solá	1944II	1952	3	8,5209	1927 März 22,19	38,4771	65,9311	13,7631	1925,0	0,5751	1,7725	6,57	Vinter-Hansen	Publ. Kopenhagen **74** (1931)
30	Gale	1938I	1960	2	10,9921	1938 Juni 18,47	209,1162	67,2537	11,7254	1950,0	0,7607	1,1829	8,70	Cripps	MN **107** (1947) 110
31	Tuttle 1	1939X	1953	8	13,6060	1939 Nov. 10,78	206,9611	269,8431	54,6542	1950,0	0,8205	1,0223	10,38	Crommelin	Hdb. BAA 1939
32	Schwaßmann-Wachmann 1	jedes Jahr beob.			16,1474	1941 Juni 9,42	356,2213	322,0041	9,5165	1950,0	0,1355	5,5228	7,25	Herget	A. J. **53** (1948) 16
33	Neujmin 1	1948f	1966	3	17,93	1948 Dez. 15,9	346,73	347,22	15,03	1950,0	0,7746	1,544	12,16	v. Biesbroeck	MN **109** (1949) 254
34	Crommelin	1928III	1956	4	27,9006	1928 Nov. 4,95	195,8751	250,0664	28,8973	1928,0	0,9190	0,7449	17,65	Crommelin	MN **90** (1933) 233
35	Stephan-Oterma	1942IX	1981?	2	38,9607	1942 Dez. 19,20	358,3611	78,4946	17,8908	1943,0	0,8611	1,5959	21,39	Dubiago	Astr. Circ. USSR **17** (1943)
36	Westphal	1913VI	1975	2	61,7303	1913 Nov. 26,27	57,0628	346,7897	40,8678	1913,0	0,9197	1,2541	29,98	Viljev	AN **199** (1914) 11
37	Brorsen 2-Metcalf	1919III	1988	2	69,0604	1919 Okt. 16,88	129,5161	310,8211	19,1930	1925,0	0,9712	0,4849	33,18	Duckert	AN **215** (1922) 201
38	Pons-Brooks	1884I	1956	2	71,5630	1884 Jan. 26,22	199,1926	254,0951	74,0433	1880,0	0,9550	0,7757	33,70	Schulhof, Bossert	AN **108** (1884) 16
39	Olbers	1887V	1956	2	72,4051	1887 Okt. 8,48	65,3464	85,3686	44,5713	1950,0	0,9310	1,1991	33,54	Rasmusen	Publ. Kopenhagen **147** (1948)
40	Halley	1910II	1986	30	76,0288	1910 Apr. 19,68	111,7044	57,2700	162,2117	1910,0	0,9673	0,5872	35,31	Crommelin	Mem. BAA **19**, 32
41	Herschel-Rigollet	1939VI	2095	2	156,0444	1939 Aug. 9,46	29,2989	355,1295	64,1994	1939,0	0,9742	0,7485	57,22	Maxwell, Caster	A. J. **49** (1940) 59
42	Grigg-Mellish	1907II	2071	2	164,317	1907 März 27,19	328,4264	189,2280	109,8430	1907,0	0,9692	0,9233	59,08	Weiß	Denkschrift Akad. Wiss. Wien **84** (1909) 12

Bemerkungen zur Bezeichnungsweise: 1947i = vorläufige Bezeichnung = der 9. im Jahre 1947 aufgefundene Komet. 1907 III = definitive Bezeichnung = nach dem Periheldurchgang im betreffenden Jahr geordnet, also der bezüglich des Periheldurchgangs 3. Komet im Jahre 1907.

Bemerkungen zu den Kometen: Die Kometen Nr. 2, 6, 7, 8, 9, 13, 16 sind in vielen Erscheinungen nicht mehr beobachtet worden, sie haben sich entweder aufgelöst oder sind durch Bahnänderungen infolge von Störungen verlorengegangen. Der Komet 34, früher als Komet Pons-Coggia-Winnecke-Forbes bezeichnet, hat nach einem I. A. U.-Beschluß den Namen seines Rechners Crommelin erhalten.

In den meisten Erscheinungen wurden Komet Encke ($n = 42$) und Halley ($n = 30$) beobachtet.

Die Kometen Nr. 32 (Schwaßmann-Wachmann 1) und Nr. 26 (Oterma) haben die kleinsten Exzentrizitäten (0,13 bzw. 0,14). Sie bewegen sich somit nahezu in Kreisbahnen zwischen Jupiter und Saturn bzw. Mars und Jupiter um die Sonne.

Nicht aufgenommen wurden die Kometen: De Vico-Skjellerup (1927 IX, $P \sim 81^a$), Komet 1661 ($P \sim 128^a$) und Borrelly 2 (1909 I, $P \sim 2038^a$), bei denen noch gewisse Zweifel bezüglich der Identität in den beiden beobachteten Erscheinungen bestehen.

313316 Statistik der Bahnelemente.

a) Literatur: Holetschek, J.: Über die Verteilung der Bahnelemente der Kometen, S.B. Akad. Wiss. Wien, Math.- Naturw. Kl. **98** (1889); Über die Richtung der großen Achsen der Kometenbahnen, id. **94** (1886); Über den scheinbaren Zusammenhang der heliozentrischen Perihellänge mit der Perihelzeit der Kometen, id. **99** (1890); Über die scheinbaren Beziehungen zwischen den heliozentrischen Perihelbreiten und den Periheldistanzen der Kometen, id. **111** (1902); Über die in der Verteilung der uns bekannten Kometen nachgewiesenen Perihelregeln . . ., id. **128** (1919). — Jantzen, K.: Statistik der Kometenbahnelemente, Inaug.-Diss. München (1912). — Schloboch, A.: Zur Statistik der Kometenbahnen, S.B. Akad. Wiss. Wien, Math.-Naturw. Kl. **109** (1900). — Yamamoto, A. S.: Statistik der Kometenbahnelemente, Astr. Jahrb. Kwasan (1931). — Vsessviatsky, S. K.: On some statistical relations in the system of asteroids and comets, RAJ **11** (1934) 453. — Siehe auch die bereits erwähnten Arbeiten von P. Bourgeois und J. Cox. (313313).

Statistik der Periheldistanzen

q	Ellipse	Parabel	Hyperbel
0,0—0,4	8,6%	21,5%	17,0%
0,4—0,8	22,9	33,0	17,0
0,8—1,2	29,1	29,6	29,8
1,2—1,6	20,6	8,5	10,6
1,6—2,0	10,3	1,5	8,5
2,0—2,4	5,1	2,2	8,8
2,4—2,8	1,7	1,1	4,3
2,8—3,2	0,0	0,0	0,0
3,2—3,6	0,6	0,7	2,1
>3,6	1,2	1,9	2,1

b) Einige statistische Ergebnisse. Manche der gefundenen Beziehungen beruhen auf Auswahleffekten und Sichtbarkeitsbedingungen. Die mittlere Periheldistanz der Kometen mit elliptischen Bahnen ist größer als die der Kometen mit parabolischen Bahnen. Im Mittel ist:

für Elliptische Kometen $q = 1,12$
,, Parabolische ,, $q = 0,88$
,, Hyperbolische ,, $q = 1,22$

Die ellipsoidische Verteilung der beobachteten (als Vektoren aufgefaßten) Periheldistanzen wurde von Bourgeois und Cox (l. c. 1, 295) unter Zugrundelegung der Charlierschen Einteilung des Himmels in 48 Areale (Mem. Univ. California **7**, 56) untersucht. Als Verteilungsellipsoid wurde das nebenstehende mit den Halbachsen a, b, c und deren ekliptikalen Längen und Breiten gefunden. Danach deckt sich die Hauptebene des Ellipsoids mit der Ebene der Ekliptik, was die Theorie der Kometen als Mitglieder unseres Sonnensystems begünstigt.

Ellipsoidische Verteilung der Periheldistanzen

	l	b
$a = 0,621$	138°,1	86°,4
$b = 1,144$	137,5	— 3,6
$c = 0,936$	227,5	0,0

Das Verteilungsellipsoid der Perihelrichtungen wurde von Oppenheim [Seeliger-Festschrift (1924) 131] getrennt für Periodische und Parabolische Kometen untersucht.

Das Ellipsoid der Periodischen Kometen zeigt Ähnlichkeit mit dem der Kleinen Planeten. Die Hauptebene fällt mit der der Ekliptik zusammen.

Bei den Parabolischen Kometen ist das Mittel aus den gut zusammenstimmenden Werten von recht- und rückläufigen Bahnen genommen. Das Verteilungsellipsoid ist fast sphärisch, woraus Oppenheim schließt, daß die Materie, aus der sich die Kometen bilden, nahezu symmetrisch die Sonne umgibt. Über die Modifikation dieses Ellipsoides, wenn man den Beobachtungsbedingungen Rechnung trägt, siehe Bourgeois und Cox (l. c. 2,444). Die Hauptachse des dort gefundenen stark verlängerten Ellipsoides weist auf die äquatorealen Koordinaten $\alpha = 70°$ und $\delta = -65°$.

Ellipsoidische Verteilung der Perihelrichtungen

1. Periodische Kometen $e < 0,995$ ($P < 1000^a$)

	l	b
$a_1 = 1,381$	48°,4	+ 5°,4
$a_2 = 1,615$	138,2	— 2,4
$a_3 = 3,295$	204,0	+84,1

2. Parabolische Kometen.

	l	b
$a_1 = 1,578$	87°,3	— 3°,0
$a_2 = 1,751$	182,4	—59,8
$a_3 = 1,916$	175,0	+30,0

Für die Berechnung der ekliptikalen Perihelkoordinaten aus den Bahnelementen dienen die folgenden Formeln:

$$\sin b = \sin \omega \cdot \sin i$$
$$\operatorname{tang} (l - \Omega) = \operatorname{tang} \omega \cdot \cos i$$

Mittlere Neigung $\overline{i}$

Art der Kometen	$i < 90°$		$i > 90°$		Zusammen	
	$\overline{i}$	n	$\overline{i'}$	n	$\overline{i}$	n
Periodische (d. h. in mehreren Erscheinungen beobachtete) Kometen	25°,1	22	37°,0	3	26°,5	25
Elliptische Kometen . . .	36,7	91	49,5	47	41,1	138
Parabolische Kometen . .	53,6	113	53,1	130	53,3	243
Hyperbolische Kometen . .	68,3	20	50,2	24	58,4	44
Zusammen	46°,0	246	51°7	204	48°6	450

Tabelle der mittleren Neigung der Kometenbahnen nach Bourgeois und Cox (l. c. 2, 364). Für $i > 90°$ wurde $\overline{i'} = \overline{180° - i}$ gebildet. Wäre die Verteilung der i gleichmäßig, so müßte $\overline{i} = 57°,3$ sein.

Mittlere ekliptikale Breite $(\overline{b})$ der Perihele und mittlere Periheldistanz $(\overline{q})$.

Art der Kometen	$b > 0°$		$b < 0°$		Zusammen		
	$\overline{b}$	n	$\overline{b}$	n	$\overline{\lvert b \rvert}$	n	$\overline{q}$
Periodische (d. h. in mehreren Erscheinungen beobachtete) Kometen.	12°,3	12	7°,6	13	9°,9	25	1,14
Elliptische Kometen	23,6	81	17,4	57	21,0	138	1,07
Parabolische Kometen . . .	33,4	151	30,9	92	32,5	243	0,81
Hyperbolische Kometen . . .	33,7	32	40,7	12	35,6	44	1,13
Zusammen	29°,6	276	25°4	174	28°,0	450	0,94

Die obige Tabelle ist ebenfalls den Untersuchungen Bourgeois und Cox (l. c. 2, 360) entnommen. Nach L. Fabry: Étude sur la probabilité des comètes hyperboliques et l'origine des comètes [Ann. Faculté d. Sci. Marseille **4** (1895)] ist die mittlere ekliptikale Breite einer Serie von gleichmäßig über die Hemisphäre verteilten Punkten $b = 36°,338$.

Über die Korrelationen der Elemente e/i, q/b siehe die angegebenen Arbeiten.

S. K. Vsessviatsky [RAJ **25**, Nr. 4 (1948) 257] gibt an, daß von 62 periodischen Kometen mit $P < 30$ Jahren 30 nicht mehr beobachtet werden konnten, obwohl die Leistungsfähigkeit und Anzahl der Fernrohre außerordentlich gesteigert worden sind. Daraus leitet er ein ungefähres Intervall von 70 Jahren ab, in dem ein kurzperiodischer Komet sichtbar bleibt. Im Mittel verschwindet er danach und kann nicht länger beobachtet werden.

313317 Änderungen der Bahnelemente.

Bei einigen Kometen hat man säkulare Änderungen der mittleren täglichen Bewegung und des Exzentrizitätswinkels festgestellt. Eine Zusammenstellung gibt A. D. Dubiago [RAJ **25**, Nr. 6 (1948) 361].

Komet	Bearbeiter	$\Delta\mu$ pro Tag	$\Delta\varphi$ pro Tag	Bemerkung
Encke	Asten u. Backlund	$+ 43232''\cdot 10^{-9}$	$- 3047''\cdot 10^{-6}$	von 1819—1865, nach 1865 kleinere Werte
Biela	Hepperger	$+ 7345 \cdot 10^{-9}$	$- 1627 \cdot 10^{-6}$	
Brooks	Dubiago	$+ 5391 \cdot 10^{-9}$		von 1889—1922
		$+ 3876 \cdot 10^{-9}$		von 1922—1940
Winnecke	Dubiago	$- 212 \cdot 10^{-9}$	$- 193 \cdot 10^{-6}$:	
Wolf	Kamiensky	$- 210 \cdot 10^{-9}$		

Danach treten sowohl Beschleunigungen wie Verzögerungen in der mittleren täglichen Bewegung auf.

Durch nahe Vorübergänge an Jupiter sind bei einer Reihe von Kometen starke Änderungen von Bahnelementen aufgetreten. Watson, F.G.: Between the Planets [Harvard Books on Astronomy (1941) 57] gibt folgende Liste von 6 Kometen mit gut bestimmten Bahnänderungen.

Wachmann

Komet	Zeitraum	a	q	P
Lexell	vor 1767	5,06	2,96	11,4
	1700	3,15	,67	5,6
	nach 1779	6,37	3,33	16,2
Brooks 2	vor 1889	9,0	5,44	27,0
	1889—1921	3,59	1,95	6,8
	nach 1921	3,64	1,86	6,95
Wolf 1	vor 1875	4,18	2,54	8,54
	1875—1922	3,59	1,59	6,80
	nach 1922	4,07	2,36	8,20
Comas-Solá	vor 1912	4,46	2,15	9,43
	nach 1912	4,17	1,77	8,52
Schwassmann-Wachmann 2	vor 1921	4,43	3,55	9,30
	nach 1921	3,46	2,09	6,42
Whipple	vor 1922	4,74	3,90	10,30
	nach 1922	3,83	2,50	7,50

313318 Masse der Kometen aus mechanischen Daten.

Über die Dimensionen (Kopf, Kern und Schweif) und die Masse der Kometen, gewonnen aus physikalischen Daten, siehe 31332.

Die Masse eines Kometen ließe sich bestimmen, wenn durch Gravitationseffekte eine Wirkung auf die Bewegung der Planeten oder deren Satelliten nachgewiesen werden könnte. Obwohl nahe Vorübergänge an Planeten und Monden stattgefunden haben, wurde bislang keine meßbare Änderung ihrer Umlaufzeiten mit Sicherheit festgestellt. Daraus kann man nur eine rohe obere Grenze für die sicher sehr geringe Masse der Kometen ableiten.

Komet Lexell kam der Erde so nahe, daß die Periode des Kometen um $2^d,5$ verkürzt wurde. Die Länge des Jahres blieb ungeändert. Würde sich diese um 1^s geändert haben, so wäre $M \sim 1{,}3 \cdot 10^{-4}\, M_{\text{Erde}}$.

Komet Brooks hatte 1886 eine Begegnung mit Jupiter, wodurch seine Periode von 29^a auf 7^a geändert wurde. Da die Änderung der Jupiterperiode, wenn überhaupt nachweisbar, kleiner als 2^m ist, so folgt $M < 1 \cdot 10^{-4}\, M_{\text{Erde}}$.

Komet Biëla spaltete sich in 2 Teile. Aus der gegenseitigen Störung der beiden Teile in der Bahn wurde gefolgert $M \sim 4{,}2 \cdot 10^{-7}\, M_{\text{Erde}}$.

Komet Encke zeigt Bewegungsanomalien, woraus Charlier für die Masse abschätzt $M \sim 13 \cdot 10^{-8}\, M_{\text{Erde}}$.

Aus einer partikulären Lösung des 3-Körper-Problems leitet Nölke eine Formel für die untere Grenze der Kometenmasse ab, $\frac{\varrho}{q} < \sqrt[3]{\frac{1}{3}\frac{M}{M_\odot}}$. Dabei ist ϱ der Radius des Kometenkerns. Nehmen wir für diesen 25 km an, was sicher sehr hoch gegriffen ist, so folgt $M \geq 0{,}5 \cdot 10^{-14}\, M_{\text{Erde}}$.

Literatur: Leverrier, U. J.: Théorie de la comète périodique de 1770. Ann. Paris **3** (1857). — Lane Poor, Ch.: Researches upon comet 1889 V. Teil III, A. J. **13** (1893) 177. — Laplace: Mécanique céleste **4** (1805) 230. — v. Hepperger, J.: Bahnbestimmung des Biëlaschen Kometen, S. B. Akad. Wiss. Wien IIa, **115** (1900) 299. — Charlier, C. V. L.: Über die Acceleration der mittleren Bewegung der Kometen, Lund Medd. **2**, Nr. 29 (1906). — Nölke, F.: Das Problem der Entwicklung unseres Planetensystems, Springer-Verlag (1919) 353.

Nachtrag: Während des Druckes erschienen noch zwei wichtige Arbeiten, auf die besonders hingewiesen wird:

Woerkom, A. J. J.: On the origin of comets, BAN **10**, Nr. 399 (1948).

Oort, J. H.: The Structure of the Cloud of Comets . . ., BAN **11**, Nr. 408 (1950).

31 332 Physikalische Daten der Kometen.

31 3321 Das Spektrum der Kometen.

In den Kometenspektren sind seit langem die zweiatomigen Moleküle CN, C_2, CH, CO^+ und N_2^+ mit Bandenlinien und Bandengruppen identifiziert worden [Baldet, F.: Ann. Paris **7** (1926) 1; Bobrovnikoff, N. T.: Lick Publ. **17** (1931) Teil 2]. Zusätzlich gefunden wurden innerhalb des letzten Jahrzehnts: OH, NH, CH^+ und CH_2 [Swings, P.: MN **103** (1943) 86; Herzberg, G.: Ap. J. **96** (1942) 314]. Innerhalb des Wellenlängenbereiches von λ 3000 bis λ 5000 bleiben nur relativ wenige und zudem nur schwache Emissionen unidentifiziert. In dem Gebiete oberhalb λ 5000 steht dagegen für zahlreichere, zum Teil starke Emissionen der Nachweis des Trägers noch aus. Mit großer Wahrscheinlichkeit sind diese vorwiegend dem dreiatomigen Molekül NH_2 zuzuordnen (siehe P. Swings: l. c.)

In der nachfolgenden Tabelle a) sind die kräftigeren Emissionen der Kometen (λ 6700—3300) zusammengestellt. Mit der Ausnahme der Na-*D*-Linien handelt es sich ausschließlich um Bandenemissionen. Wenn nicht anders vermerkt, beziehen sich die Wellenlängen auf die Bandkanten. Es muß jedoch ausdrücklich vermerkt werden, daß nur in den seltensten Fällen die Bandenemissionen der Kometen dasselbe Erscheinungsbild zeigen, wie man es von den künstlichen Lichtquellen des Laboratoriums her kennt. Die Rotationsstruktur ist meist infolge der spezifischen Anregungsart (Fluoreszenzanregung durch das Sonnenlicht) stark deformiert. Eine mehr reguläre Struktur der Banden liegt eigentlich nur bei den C_2-Banden vor. In allen anderen Fällen sind die „Kantenlagen" mehr oder weniger verschoben. Außerdem hängt diese Verschiebung bei jedem Kometen von der heliozentrischen Distanz während der Aufnahme ab. Bei Benötigung genauerer Wellenlängen sind die Originalarbeiten zu konsultieren.

Da die lokale Verteilung der verschiedenen Emissionen über einen Kometen (Kern, Kopf, Schweif) nicht für jedes Molekül dieselbe ist, so wurde in den Tabellen a)—c) eine diesbezügliche Bemerkung hinzugefügt. Die Zahlen in Klammern (3, 2) usw. bedeuten die Schwingungsquantenzahlen des oberen und unteren Terms.

a) Die stärkeren Emissionen in Kometenspektren (λ 6700 bis λ 3000).

λ	Träger und Termbezeichnung		Kopf-, Schweif- oder Kern-emission	λ	Träger und Termbezeichnung		Kopf-, Schweif- oder Kern-emission
6649	(NH_2) ?		Kopf	5129,5	C_2, $B^3\Pi \rightarrow A^3\Pi$	(1,1)	Kopf
6495	?		,,	5101,0	C_2, $B^3\Pi \rightarrow A^3\Pi$	(2,2)	,,
6348	(NH_2) ?		,,	5081,9	C_2, $B^3\Pi \rightarrow A^3\Pi$	(3,3)	,,
6300	(NH_2)		Kern	5075,9	CO^+, $A^2\Pi \rightarrow X^2\Sigma$	(4,1)	Schweif
6245,0	CO^+, $A^2\Pi \rightarrow X^2\Sigma$	(3,2)	Schweif	5043,7	CO^+, $A^2\Pi \rightarrow X^2\Sigma$	(4,1)	,,
6207,0	?		Kopf	4928,5	?		Kern
6196,4	CO^+, $A^2\Pi \rightarrow X^2\Sigma$	(3,2)	Schweif	4914,5	CO^+, $A^2\Pi \rightarrow X^2\Sigma$	(3,0)	Schweif
6191,1	C_2, $B^3\Pi \rightarrow A^3\Pi$	(0,2)	Kopf	4883,9	CO^+, $A^2\Pi \rightarrow X^2\Sigma$	(3,0)	,,
6121,8	C_2, $B^3\Pi \rightarrow A^3\Pi$	(1,3)	,,	4869,0	CO^+, $A^2\Pi \rightarrow X^2\Sigma$	(6,2)	,,
6059,9	C_2, $B^3\Pi \rightarrow A^3\Pi$	(2,4)	,,	4840,4	?		Kern
6007	?		,,	4839,6	CO^+, $A^2\Pi \rightarrow X^2\Sigma$	(6,2)	Schweif
6005,1	C_2, $B^3\Pi \rightarrow A^3\Pi$	(3,5)	,,	4737,2	C_2, $B^3\Pi \rightarrow A^3\Pi$	(1,0)	Kopf
5958,2	C_2, $B^3\Pi \rightarrow A^3\Pi$	(4,6)	,,	4724,2	?		Kern
5905,7	CO^+, $A^2\Pi \rightarrow X^2\Sigma$	(5,3)	Schweif	4715,4	C_2, $B^3\Pi \rightarrow A^3\Pi$	(2,1)	Kopf
5896,0	Na, D_1 $3^2S_{1/2}$—$3^2P_{1/2}$		Kopf	4714,5	CO^+, $A^2\Pi \rightarrow X^2\Sigma$	(5,1)	Schweif
5890,0	Na, D_2 $3^2S_{1/2}$—$3^2P_{1/2}$		,,	4697,6	C_2, $B^3\Pi \rightarrow A^3\Pi$	(3,2)	Kopf
5872,0	?		,,	4686,8	CO^+, $A^2\Pi \rightarrow X^2\Sigma$	(5,1)	Schweif
5862,3	CO^+, $A^2\Pi \rightarrow X^2\Sigma$	(5,3)	Schweif	4684,6	C_2, $B^3\Pi \rightarrow A^3\Pi$	(4,3)	Kopf
5743	?		Kopf	4680,2	C_2, $B^3\Pi \rightarrow A^3\Pi$	(5,4)	,,
5698,6	CO^+, $A^2\Pi \rightarrow X^2\Sigma$	(4,2)	Schweif	4667,6	CO^+, $A^2\Pi \rightarrow X^2\Sigma$	(8,3)	Schweif
5658,1	CO^+, $A^2\Pi \rightarrow X^2\Sigma$	(4,2)	,,	4606,3	CN, $B^2\Sigma \rightarrow X^2\Sigma$	(0,2)	Kopf
5635,4	C_2, $B^3\Pi \rightarrow A^3\Pi$	(0,1)	Kopf	4578,2	CN, $B^2\Sigma \rightarrow X^2\Sigma$	(1,3)	,,
5611,0	?		,,	4568,7	CO^+, $A^2\Pi \rightarrow X^2\Sigma$	(4,0)	Schweif
5585,5	C_2, $B^3\Pi \rightarrow A^3\Pi$	(1,2)	,,	4553,3	CN, $B^2\Sigma \rightarrow X^2\Sigma$	(2,4)	Kopf
5540,9	C_2, $B^3\Pi \rightarrow A^3\Pi$	(2,3)	,,	4542,6	CO^+, $A^2\Pi \rightarrow X^2\Sigma$	(4,0)	Schweif
5504,5	CO^+	(3,1)	,,	4532,0	CN, $B^2\Sigma \rightarrow X^2\Sigma$	(3,5)	Kopf
5500,0	C_2, $B^3\Pi \rightarrow A^3\Pi$	(3,4)	,,	4521,0	CO^+, $A^2\Pi \rightarrow X^2\Sigma$	(7,2)	Schweif
5486	(CN) ?		,,	4515,0	CN, $B^2\Sigma \rightarrow X^2\Sigma$	(4,6)	Kopf
5470,0	C_2, $B^3\Pi \rightarrow A^3\Pi$	(4,5)	,,	4502,4	CN, $B^2\Sigma \rightarrow X^2\Sigma$	(5,7)	,,
5466,7	CO^+, $A^2\Pi \rightarrow X^2\Sigma$	(3,1)	Schweif	4477	?		Kern
5430,5	CO^+, $A^2\Pi \rightarrow X^2\Sigma$	(6,3)	,,	4440	?		,,
5393,9	CO^+, $A^2\Pi \rightarrow X^2\Sigma$	(6,3)	,,	4430	?		,,
5366	(CN) ?		Kopf	4412	?		,,
5251	?		,,	4406,2	CO^+, $A^2\Pi \rightarrow X^2\Sigma$	(6,1)	Schweif
5165,4	C_2, $B^3\Pi \rightarrow A^3\Pi$	(0,0)	,,	4381,4	CO^+, $A^2\Pi \rightarrow X^2\Sigma$	(6,1)	,,

Wurm

λ	Träger und Termbezeichnung	Kopf-, Schweif- oder Kern-emission
4380,9	C_2, $B^3\Pi \to A^3\Pi$ (2,0)	Kopf
4371,1	C_2, $B^3\Pi \to A^3\Pi$ (3,1)	,,
4364,3	C_2, $B^3\Pi \to A^3\Pi$ (4,2)	,,
4348	CH, $A^2\Delta \to X^2\Pi$ Linien P_1 (7) und P_2 (7) (0,0)	Kern
4334	CH, $A^2\Delta \to X^2\Pi$ Linien P_2 (4) und P_2 (4) (0,0)	,,
4329,3	CH, $A^2\Delta \to X^2\Pi$ Linien P_1 (3) und P_2 (3) (0,0)	,,
4313,8	CH, $A^2\Delta \to X^2\Pi$ blend mehrerer Q Linien (0,0)	,,
4304,0	CH, $A^2\Delta \to X^2\Pi$ R_1 (1) (0,0)	,,
4300,2	CH, $A^2\Delta \to X^2\Pi$ R_2 (1) (0,0)	,,
4291,7	CH, $A^2\Delta \to X^2\Pi$ R_1 (3) (0,0)	,,
4273,9	CO^+, $A^2\Pi \to X^2\Sigma$	Schweif
4264,2	?	Kern
4254,4	CH^+, $^1\Pi \to {}^1\Sigma$ blend von P (2) und P (3) (0,0)	,,
4251,3	CO^+, $A^2\Pi \to X^2\Sigma$	Schweif
4246,2	CO^+, $A^2\Pi \to X^2\Sigma$	,,
4238,5	CH^+, $^1\Pi \to {}^1\Sigma$ blend von Q (1) und Q (2) (0,0)	Kern
4231,0	CH^+, $^1\Pi \to {}^1\Sigma$ blend von R (0) und R (1) (0,0)	,,
4216,1	CN, $B^2\Sigma \to X^2\Sigma$ (0,1)	Kopf
4197,2	CN, $B^2\Sigma \to X^2\Sigma$ (1,2)	,,
4181,0	CN, $B^2\Sigma \to X^2\Sigma$ (2,3)	,,
4167,8	CN, $B^2\Sigma \to X^2\Sigma$ (3,4)	,,
4158,2	CN, $B^2\Sigma \to X^2\Sigma$ (4,5)	,,
4153,8	CO^+, $A^2\Pi \to X^2\Sigma$ (10,3)	Schweif
4140,4	CO^+, $A^2\Pi \to X^2\Sigma$ (7,1)	,,
4132,5	CO^+, $A^2\Pi \to X^2\Sigma$ (10,3)	,,
4124,6	?	Kern
4119,4	CO^+, $A^2\Pi \to X^2\Sigma$ (7,1)	Schweif
4109,3	?	Kern
4099,6	?	,,
4085,1	?	,,
4074,0	CH_2? blend	,,
4067,7	CH_2? blend	,,
4051,6	CH_2? Linie stärkster Intensität	,,
4043,0	CH_2? blend	,,
4039,6	CH_2? (λ 4039,1)	,,
4032,6	CH_2? (λ 4033,2)	Kern
4020,1	CH_2? (λ 4019,2)	,,
4019,8	CO^+, $A^2\Pi \to X^2\Sigma$ (6,0)	Schweif
4014,5	CH_2 ?	Kern
4002,0	CH_2 Linie	,,
3299,5	CO^+, $A^2\Pi \to X^2\Sigma$ (6,0)	Schweif
3993,1	CH_2 (λ 3992,6)	Kern
3988,4	CH_2 (λ 3987,2)	,,
3963,0	CH^+, $^1\Pi \to {}^1\Sigma$ Linie P(2) (1,0)	,,
3914,4	N_2^+, $B^2\Sigma \to X^2\Sigma$ (0,0)	Schweif
3908,3	CH, $B^2\Sigma \to X^2\Pi$ Linien P_1 (4) und P_2 (4) (0,0)	Kern
3909,9	CO^+, $A^2\Pi \to X^2\Sigma$ (8,1)	Schweif
3890,5	CO^+, $A^2\Pi \to X^2\Sigma$ (8,1)	,,
3883,1	CN, $B^2\Sigma \to X^2\Sigma$ (0,0)	Kopf
3871,4	CN, $B^2\Sigma \to X^2\Sigma$ (1,1)	,,
3862,1	CN, $B^2\Sigma \to X^2\Sigma$ (2,2)	,,
3854,7	CN, $B^2\Sigma \to X^2\Sigma$ (3,3)	,,
3850,9	CN, $B^2\Sigma \to X^2\Sigma$ (4,4)	,,
3797,4	CO^+, $A^2\Pi \to X^2\Sigma$ (7,0)	Schweif
3779,5	CO^+, $A^2\Pi \to X^2\Sigma$ (7,0)	,,
3707,1	CO^+, $A^2\Pi \to X^2\Sigma$ (9,1)	,,
3689,8	CO^+, $A^2\Pi \to X^2\Sigma$ (9,1)	,,
3602,3	CO^+, $A^2\Pi \to X^2\Sigma$ (8,0)	,,
3590,3	CN, $B^2\Sigma \to X^2\Sigma$ (1,0)	Kopf
3585,8	CN, $B^2\Sigma \to X^2\Sigma$ (2,1)	,,
3585,7	CO^+, $A^2\Pi \to X^2\Sigma$ (8,0)	Schweif
3583,7	CN, $B^2\Sigma \to X^2\Sigma$ (3,2)	Kopf
3527,0	CO^+, $A^2\Pi \to X^2\Sigma$ (10,1)	Schweif
3511,7	CO^+, $A^2\Pi \to X^2\Sigma$ (10,1)	,,
3429,2	CO^+, $A^2\Pi \to X^2\Sigma$ (9,0)	,,
3414,6	CO^+, $A^2\Pi \to X^2\Sigma$ (9,0)	,,
3367,0	CO^+, $A^2\Pi \to X^2\Sigma$ (11,1)	,,
3360,1	CN, $B^2\Sigma \to X^2\Sigma$ (2,0)	Kopf
3352,9	CO^+, $A^2\Pi \to X^2\Sigma$ (11,1)	Schweif
3315,5	CO^+, $A^2\Pi \to X^2\Sigma$ (13,2)	,,
3302,1	CO^+, $A^2\Pi \to X^2\Sigma$ (13,2)	,,
3275,2	CO^+, $A^2\Pi \to X^2\Sigma$ (10,0)	,,
3261,6	CO^+, $A^2\Pi \to X^2\Sigma$ (10,0)	,,
3223,5	CO^+, $A^2\Pi \to X^2\Sigma$ (12,1)	,,
3210,7	CO^+, $A^2\Pi \to X^2\Sigma$ (12,1)	,,

Neuerdings sind in den Kometenschweifen auch noch CO_2-Banden nachgewiesen worden. Die CH_2-Identifizierungen bleiben unsicher [vgl. dazu Swings, P.: Ap. J. **111** (1950) 530].

Literatur.

Baldet, F.: Ann. Paris **7** (1926) 1. — Swings, P.: MN **103** (1943) 86; weiterhin Rev. Mod. Phys. **14** (1942) 190. — Wurm, K.: Z. Aph. **13** (1936) 179; **15** (1938) 115. Die beiden letztgenannten Publikationen beschäftigen sich mit der Deutung der Bandenstrukturen und der Anregungsvorgänge. Eine praktisch vollständige Bibliographie findet man in den beiden erwähnten Arbeiten von P. Swings. Zur Physik der Kometen vgl. weiterhin: Wurm, K.: Mitt. Hamburg Nr. 51 (1943); Himmelswelt **55** (1947) 16.

b) Linien der (0,0)-Bande λ 3100 des OH in den Kometen 1940c, 1941d und 1942a (Kometenkopf).

λ	Zuordnung	
3078	Q_1 ($1^1/_2$)	$^2\Sigma^+ \to {}^2\Pi_{\text{inv.}}$
3081,6	P_1 ($1^1/_2$)	$^2\Sigma^+ \to {}^2\Pi_{\text{inv.}}$
3086,3	P_1 ($2^1/_2$)	$^2\Sigma^+ \to {}^2\Pi_{\text{inv.}}$
3090,3	Q_2 ($^1/_2$)	$^2\Sigma^+ \to {}^2\Pi_{\text{inv.}}$
3093,7	P_2 ($1^1/_2$)	$^2\Sigma^+ \to {}^2\Pi_{\text{inv.}}$
3096,4	P_2 ($2^1/_2$)	$^2\Sigma^+ \to {}^2\Pi_{\text{inv.}}$
3099,4	P_2 ($3^1/_2$)	$^2\Sigma^+ \to {}^2\Pi_{\text{inv.}}$

c) Linien der (0,0)-Bande λ 3360 des NH in dem Kometen Cunningham (Kometenkopf).

λ	Zuordnung	
3350,8	R_2 (1)	$^3\Pi \to {}^3\Sigma$
3354,1	R_2 (0)	$^3\Pi \to {}^3\Sigma$
3357,9	R_1 (0)	$^3\Pi \to {}^3\Sigma$
3361,5	Q_1 (1)	$^3\Pi \to {}^3\Sigma$
3364,7	P_2 (2)	$^3\Pi \to {}^3\Sigma$
3369,1	P_1 (2)	$^3\Pi \to {}^3\Sigma$
3372,0	P_1 (3)	$^3\Pi \to {}^3\Sigma$

Wurm

d) Beobachtete Bandkanten des isotopen Kohlemoleküls $C_{12}C_{13}$.

λ 4753	$B^3\Pi \rightarrow A^3\Pi$ (1,0) von $C_{13}C_{13}$
λ 4745	$B^3\Pi \rightarrow A^3\Pi$ (1,0) ,, $C_{12}C_{13}$
λ 4723	$B^3\Pi \rightarrow A^3\Pi$ (2,1) ,, $C_{12}C_{13}$
λ 4706	$B^3\Pi \rightarrow A^3\Pi$ (3,2) ,, $C_{12}C_{13}$

Diese Kanten von $C_{12}C_{13}$ sind stets sehr schwach.

Literatur.

Bobrovnikoff, N. T.: PASP **42** (1930) 119; Lick Publ. **17** (1931) Teil II. — Swings, P.: MN **103** (1943) 90.

31 3322 Angenäherte Werte der Oszillatorenstärken einiger Kometenbandensysteme.

Molekel	System	f-Wert
CN	$^2\Sigma \rightarrow {}^2\Sigma$	$2{,}6 \cdot 10^{-2}$
C_2	$^2\Pi \rightarrow {}^2\Pi$	$2{,}4 \cdot 10^{-2}$
CH	$^2\Delta \rightarrow {}^2\Pi$	$4{,}5 \cdot 10^{-4}$
NH	$^2\Pi \rightarrow {}^3\Sigma$	$7{,}2 \cdot 10^{-4}$
OH	$^2\Sigma \rightarrow {}^2\Pi$	$3{,}0 \cdot 10^{-4}$

Die in nebenstehender Tabelle aufgeführten Oszillatorenstärken (f-Werte) sind durch quantentheoretische Rechnungen gewonnen worden und können nur als sehr rohe Näherungen gelten.

Literatur.

Mulliken, R. S.: J. chem. Physic. **7** (1939) 14; **8** (1940) 382. — Roach, F. E., R. H. Lyddane, F. T. Rogers: Phys. Rev. **60** (1941) 281.

31 3323 Dimensionen der Kometenköpfe und -kerne.

Die Durchmesser der Kometenköpfe schwanken in weiten Grenzen mit der absoluten Helligkeit des Kometen und der Distanz des Kometen von der Sonne. Im Mittel nehmen die Kopfdurchmesser mit abnehmender Sonnendistanz ab. Dieses Verhalten ist theoretisch durchaus verständlich[1]. Die folgende Tabelle gibt zwei ältere Beobachtungsreihen für die Kopfdurchmesser des bekannten kurzperiodischen Kometen Encke. Es wurden speziell diese alten Beobachtungen ausgewählt, da für diese Erscheinungen (1828 und 1838) eine selten günstige relative Bahnbewegung von Erde und Komet vorlag. Die angeführten Durchmesser können der Größenordnung nach für alle Kometen als für die entsprechenden heliozentrischen Distanzen r charakteristisch angesehen werden.

Kopfdurchmesser (visuelle) des Kometen Encke nach R. Jaegermann: Kometenformen, St. Petersburg (1903).

1828 r	Durchmesser in km	1838 r	Durchmesser in km
1,46	505000	1,42	453000
1,32	415000	1,19	194000
0,97	193000	1,00	126000
0,85	126000	0,83	102000
0,72	74000	0,71	62000
0,54	22000	0,69	48000
		0,39	10000
		0,34	4800

Die Kerne der Kometen haben Durchmesser der Ordnung 10^2 bis 10^3 km. Es ist jedoch nicht unwahrscheinlich, daß in manchen Fällen noch 10^2 km unterschritten werden. Die Kerne bestehen aus einer Ansammlung von größeren und kleineren Meteoriten.

31 3324 Dimensionen der Kometenschweife.

Die Entwicklung der Kometenschweife erfolgt erst bei mittleren bis kleineren heliozentrischen Distanzen, beginnend etwa bei $r = 2$ AE. Die Schweiflängen nehmen im Durchschnitt mit abnehmender heliozentrischer Distanz zu, was jedoch ein „scheinbarer" Effekt ist, verursacht durch eine höhere absolute Intensität (Emission pro cm^3) des Schweifleuchtens. Die größten Längen der Schweife werden bei solchen Objekten gemessen, die gleichzeitig der Sonne und der Erde sehr nahe kommen (hohe absolute und hohe scheinbare Schweifhelligkeit). Die obere Grenze der wirklich wahrgenommenen und gemessenen Schweiflängen liegt bei $300 \cdot 10^6$ km (Komet 1680, 1843 I). Die mittelhellen, häufiger zu beobachtenden Kometen lassen Schweiflängen zwischen $1 \cdot 10^6$ bis $10 \cdot 10^6$ km erkennen.

Die leuchtende Schweifmaterie besteht vorwiegend aus CO^+-Ionen, die durch das Sonnenlicht zur Fluoreszenz angeregt werden (Kometenschweifbanden). Die Schweife liegen in der Richtung des verlängerten Radiusvektors Sonne—Kometenkern. Abweichungen von dieser Richtung in der Lage der Schweife kommen vor. Die Schweife entstehen durch Abwanderung der Schweifmaterie (vorwiegend CO^+) aus dem Gebiet des Kometenkerns. Die Geschwindigkeiten der abfließenden CO^+-Ionen beträgt in der Nähe des Kerns (Kopfes) etwa 10 km/sec; an den Schweifenden sind diese Geschwindigkeiten auf 100 bis 1000 km angewachsen. Für die Beschleunigung der CO^+-Ionen hat man lange Zeit den selektiven Lichtdruck verantwortlich gemacht. Es muß neuerdings jedoch bezweifelt werden, daß die Ursache zur Schweifbildung wirklich in der Wirkung des Lichtdruckes zu suchen ist. Die diesbezüglichen Verhältnisse müssen nach wie vor als noch ungeklärt betrachtet werden[2].

---

[1] Vgl. dazu K. Wurm: Z. Aph. **8** (1934) 281 und **9** (1935) 62.

[2] Vgl. dazu K. Wurm: Mitt. Hamburg Nr. 51 (1943).

Wurm

31 3325 Gasdichten in den Kometenatmosphären.

Genauere Angaben über die Gesamtdichte sind nicht zu erlangen, dagegen kann man mit einiger Genauigkeit die Partialdichten der leuchtenden Moleküle abschätzen. Es gelingt dies bei bekannter absoluter Ausstrahlung (Flächenhelligkeiten, Gesamthelligkeiten, Dimensionen) auf Grund der theoretisch berechenbaren Fluoreszenzstärke eines einzelnen Moleküls. Abschätzungen dieser Art ergeben für die Partialdichten im Kopfe des Kometen Halley 10^4 bis 10^6 Moleküle pro cm^3, im Schweif desselben in der Nähe des Kopfes 10^1 bis 10^2 Moleküle[1]. Der dort gegebene Wert $N = 1$ für die Schweifdichten ist wegen einer notwendigen Verkleinerung des dort benutzten f-Wertes der Kometenschweifbanden um einen Faktor 10^1 bis 10^2 zu erhöhen.

31 3326 Die Repulsionskräfte in den Kometenschweifen.

Die hohen Geschwindigkeiten, mit denen sich die Schweifmaterie vom Kometenkopf zum Schweifende hin bewegt, zeigen, daß auf die Schweifmoleküle (CO^+) eine Repulsionskraft wirkt. Die aus den Beobachtungen erschlossenen Werte dieser Repulsionskraft werden gewöhnlich auf die Schwerebeschleunigung der Sonne G_r als Einheit bezogen:

$$\mu = \left|\frac{K_r}{G_r}\right| \quad (r \text{ Entfernung vom Sonnenzentrum}).$$

Es wird vorausgesetzt, daß die Repulsionskraft der Schwerebeschleunigung genau entgegengesetzt gerichtet ist. Für μ haben sich bei verschiedenen Kometen Werte ergeben, die zwischen etwa 30 bis 200 schwanken (siehe die nachfolgende Tabelle). Die aufgeführten Daten haben als rohe Näherungen zu gelten. Durch eine Lichtdruckbeschleunigung auf die CO^+-Moleküle sind diese hohen Repulsionskräfte nicht erklärbar.

Komet	μ	Beobachter
1892 I	~40	R. Jaegermann[2]
	35	R. Jaegermann[3]
	71	A. Kopff[4]
1903 IV	90	R. Jaegermann[5]
	90	A. Kopff[6]
1908 III (Morehouse)	62	A. Orloff[7]
	72	S. V. Orlow[8]
	162	S. V. Orlow[9]
	105	K. Pokrowski[10]
	150	N. T. Bobrovnikoff[11]
	88	N. T. Bobrovnikoff[12]
Halley	70	S. V. Orlow[13]
	90	F. Gondolatsch[14]

[1] Siehe K. Wurm: Mitt. Hamburg, Nr. 51 (1943).
[2] Jaegermann, R.: AN **171** (1906) 1; **176** (1907) 176.
[3] Jaegermann, R.: l. c.
[4] Kopff, A.: Publ. Heidelberg **3** Nr. 2. (1907)
[5] Jaegermann, R.: l. c.
[6] Kopff, A.: AN **176** (1907) 149.
[7] Orloff, A.: Publ. Jurjew (Dorpat) **21** (1910) 1.
[8] Orlow, S. V.: Nachr. Russ. Astr. Ges. **16** (1910) 60.
[9] Orlow, S. V.: l. c.
[10] Pokrowski, K.: AN **184** (1910) 3.
[11] Bobrovnikoff, N. T.: Lick Bull. **13** (1928) 161.
[12] Bobrovnikoff, N. T.: l. c.
[13] Orlow, S. V.: RAJ. **2** (1925) 4.
[14] Gondolatsch, F.: Mitt. Astr. Recheninst. **2**, Nr. 6; AN **237** (1929) 1.

31 333 Meteore.

31 3330 Terminologie.

Die folgende Tabelle gibt eine kurze Übersicht über die Bedeutung der benutzten Begriffe.

Bezeichnung	Definition
Meteor (das) . .	Erscheinung, hervorgebracht durch das Eindringen eines einzelnen oder mehrerer, eine eng begrenzte Gruppe bildender kosmischer Körper in die Atmosphäre der Erde.
Meteorit (der) .	Ein Körper des materiellen Substrats eines Meteors, im engeren Sinne ein zur Erdoberfläche niedergefallener Körper dieser Art.
Schweif	Leuchtender Rückstand, dessen Sichtbarkeit das Erlöschen des Meteorkopfes überdauert (Rekombinationsleuchten). Ein rasch erlöschender Streifen dieser Art wird auch als Leuchtspur, ein nur dicht hinter dem Kopf wahrnehmbarer Streifen als Schweifansatz bezeichnet.

Wurm, Hoffmeister

31 3331 Einteilung.

a) Nach Helligkeit.

Charakter	Bezeichnung	Sterngröße	Vergleichsobjekte
1. Kleine Meteore .	Sternschnuppen	Schwächer als etwa — 2m	Fixsterne
2. Mittlere Meteore .	—	—2m bis —5m	hellste Planeten
3. Große Meteore . .	Feuerkugeln	heller als —5m	Mond

Teleskopische Meteore sind Sternschnuppen, die wegen ihrer Lichtschwäche nur im Fernrohr sichtbar sind. Als Mikrometeore kann man Erscheinungen bezeichnen, die durch Staubteilchen hervorgerufen werden und nicht mehr als Einzelvorgänge, wohl aber in ihrer Gesamtwirkung beobachtbar sind.

b) Nach der kosmischen Stellung.

Typus	Bahnen	Beschreibung
1. Planetarische Meteore	Ellipsen kurzer Umlaufszeit	Dem Planetensystem angehörende Kleinkörper, kosmologisch offenbar zwischen den Kleinen Planeten und dem Substrat des Zodiakallichts stehend
2. Kometarische Meteore	Ellipsen kurzer bis mäßiger Umlaufszeit	Kleinkörper, die aus dem Zerfall der Kometen herkommen
3. Interstellare Meteore	Parabeln und Hyperbeln	Kleinkörper aus dem interstellaren Raum, wahrscheinlich das gröbste Substrat der Dunkelwolken bildend

c) Weniger exakt, aber noch vielfach üblich ist die Einteilung in Strommeteore und sporadische, d. h. nicht zu erkennbaren Strömen gehörige Meteore.

31 3332 Meteorströme.

a) Einteilung und Erklärung.

Die Einteilung geschieht nach dem Schema 313331b in planetarische, kometarische und interstellare Ströme. Kennzeichen eines Stromes ist der (scheinbare) Radiant oder Ausstrahlungspunkt, der Fluchtpunkt der auf den Erdmittelpunkt bezogenen Bahnen der Strommeteore.

Eine besondere Gruppe der planetarischen sind die Ekliptikalströme, ausgezeichnet durch kleine Bahnneigungen, Radianten in der Nähe der Ekliptik. Bei den kometarischen Strömen unterscheidet man permanente (jährlich wiederkehrende) und temporäre (nur in einer oder wenigen Erscheinungen auftretende).

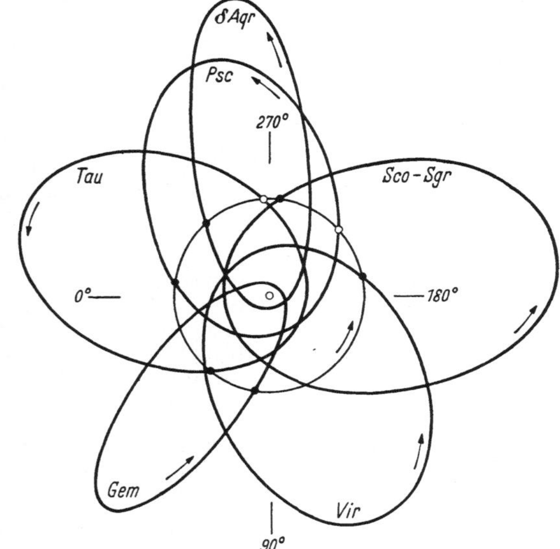

Abb. 6. Das System der Ekliptikalströme.
Bahnen der 6 Hauptströme zur Zeit der Maxima.
Der Kreis stellt die Erdbahn dar.

- • Begegnungsstellen der am Nachthimmel sichtbaren Ströme.
- o Begegnungsstellen der von Mai bis Juli am Taghimmel beobachteten Ströme. Vgl. 313337.

Nach C. Hoffmeister: Meteorströme, Weimar (1948).

b) Verzeichnis der gegenwärtig beobachtbaren permanenten Meteorströme.

Strom	Radiant α	δ	Epoche	Frequenz	Maximum	Charakter
Quadrantiden . .	227°	+46°	Januar 3	145	spitz	unbestimmt
Hydraiden . . .	175 184 189	—26 —27 —26	März 12 März 25 April 5	15	flach	Zweig der Virginiden
Virginiden . . .	175 200 222	+ 1 — 6 —15	März 1 April 3 Mai 10	20	flach	ekliptikal

Hoffmeister

Strom	Radiant α	δ	Epoche	Frequenz	Maximum	Charakter
Lyriden . . .	273°	+ 35°	April 12 April 22 April 24	40	spitz	Komet 1861 I
η-Aquariden .	335 338 345	— 2 — 1 0	April 29 Mai 5 Mai 21	120	mäßig spitz	Komet Halley
Scorpius-Sagittariiden . .	230 270 312	— 20 — 30 — 15	April 20 Juni 14 Juli 30	20	mäßig flach	ekliptikal
δ-Aquariden .	332 343 347	— 13 — 17 — 17	Juli 25 August 3 August 10	40	spitz	ekliptikal
Perseiden . .	20 43 57	+ 46 + 56 + 59	Juli 20 August 11 August 19	300	spitz	Komet 1862 III
Cygniden . .	305 324 352	+ 48 + 51 + 55	Juli 25 August 16 September 8	15	sehr flach	planetarisch
Cepheiden . .	308	+ 64	August 18	10	sehr flach	Zweig der Cygniden
Pisciden . . .	339 0 14	+ 1 + 14 + 13	August 16 September 12 Oktober 8	15	flach	ekliptikal
Orioniden . .	94	+ 16	Oktober 11 Oktober 19 Oktober 30	50	mäßig spitz	Komet Halley
Tauriden . . .	25 58 79	+ 16 + 21 + 20	September 24 November 13 Dezember 10	25	mäßig flach	ekliptikal
Leoniden . . .	151	+ 21	November 16	20	mäßig spitz	Komet 1866 I
Geminiden . .	110 113 117	+ 28 + 30 + 30	Dezember 5 Dezember 12 Dezember 19	50	spitz	ekliptikal
Velaiden . .	137 149 162	— 51 — 51 — 51	Dezember 5 Dezember 29 Januar 7	12	sehr flach	planetarisch

Erklärung: Der Name des Stromes (1. Spalte) deutet auf das Sternbild hin, in dem der scheinbare Radiant (Ausstrahlungspunkt) zur Zeit des Maximums liegt. Wenn in der 2. und 3. Spalte drei Angaben stehen, dann beziehen sie sich auf Anfang, Maximum und Ende der Tätigkeit des Stromes. Unter Frequenz (4. Spalte) ist die stündliche Anzahl der Meteore für den ganzen Himmel gegeben unter der Annahme, daß sich der Radiant im Zenit befindet. Die Anzahl für einen Beobachter ist etwa:

$$n = 0{,}3F \cdot \cos Z \quad (F = \text{Frequenz},\ Z = \text{Zenitdistanz des Radianten}).$$

c) Verzeichnis der bemerkenswerteren temporären Ströme zwischen 1850 und 1950.

Bezeichnung	Radiant α	δ	Epoche	Jahr	Komet	Charakter der Erscheinung
Andromediden . .	23°	+ 43°	27. Nov.	1872	Biela	sehr stark
Andromediden . .	23	+ 43	27. Nov.	1885	Biela	sehr stark
Juni-Draconiden .	211	+ 60	28. Juni	1914—1921	Pons Winnecke	mäßig bis schwach
Okt.-Draconiden .	262	+ 52	9. Okt.	1933	Giacobini-Zinner	sehr stark
Okt.-Draconiden .	262	+ 52	10. Okt.	1946	Giacobini-Zinner	sehr stark
Aurigiden	84	+ 42	31. Aug.	1935	1911 II Kiess	schwach
Corviden	192	— 19	26. Juni	1937	Tempel 3-Swift	schwach
Ursa minoriden .	233	+ 83	22. Dez.	1945	Tuttle	mäßig
Ursa minoriden .	203	+ 75	22. Dez.	1946	Tuttle	schwach

Anmerkung: Der große Sternschnuppenfall vom 13. November 1866 ist in vorstehender Tabelle nicht aufgenommen, weil er zu einem permanenten Strom, den Leoniden, gehört.

Hoffmeister

d) Ephemeride des Radianten der Perseiden (Äquinoktium 1950).

Nebenstehende Ephemeride kann als Beispiel für die Verschiebung des scheinbaren Radianten eines lange aktiven Stroms mit der Zeit gelten. Die Grenzwerte der Verschiebung für andere Ströme sind aus Tabelle b) zu entnehmen, Einzelheiten aus der nachfolgenden Literatur.

Sonnenlänge	Tag	Rekt.	Dekl.
120°	Juli 24	24°,3	+ 51°,2
123	,, 27	27,6	+ 52,3
126	,, 30	30,8	+ 53,3
129	Aug. 2	34,1	+ 54,2
132	,, 5	37,4	+ 55,1
135	,, 8	40,8	+ 56,1
138	,, 11	44,5	+ 57,0
141	,, 14	48,3	+ 58,8
144	,, 17	52,3	+ 59,6

Literatur.

Geschichte der Ströme: Olivier, C. P.: Meteors, Baltimore (1925) 23ff. — Angaben über die einzelnen Ströme: Hoffmeister, C.: Die Meteore, Leipzig (1937) — Hoffmeister, C.: Meteorströme, Weimar (1948). — Bahnelemente und Vergleichung mit Kometenbahnen: Watson, F. G.: Between the Planets, Philadelphia (1941); und vorstehend genannte drei Werke. — Perseidenradiant: Denning, F. W.: General Catalogue, Mem. RAS **53**, London (1899). — Hoffmeister, C.: Meteorströme, Weimar (1948) 111. — Guigay, G.: Recherches sur la constitution du courant d'étoiles filantes des Perséides (Dissertation), Saint-Amand (1948).

31 3333 Interstellare Meteore.

Interstellare Meteore besitzen hyperbolische oder parabolische Bahnen. Den ersten positiven Nachweis interstellarer Meteore erbrachte C. Hoffmeister 1922 indirekt auf Grund der täglichen Variation. Das Resultat wurde bestätigt von E. Öpik bei Bearbeitung der „rocking mirror"- Beobachtungen der Harvard-Expedition 1931/32.

Interstellare Ströme. Ein interstellarer Strom unterscheidet sich von einem planetarischen oder kometarischen grundsätzlich dadurch, daß seine Körper die Erdbahn in allen ihren Teilen treffen können, wobei der scheinbare Radiant eine mehr oder minder komplizierte Kurve an der Sphäre durchläuft. Strömungen innerhalb der interstellaren Materie relativ zum Sonnensystem sind an sich wahrscheinlich.

Als sicher nachgewiesen gilt der Scorpiusstrom, beobachtbar von Mai bis September, Radiant 249°—20°, fast stationär während einiger Monate. Über die Existenz weiterer interstellarer Ströme ist nichts Sicheres bekannt.

Die Annahme hyperbolischer Geschwindigkeit wird von manchen Autoren, z. B. Porter, entschieden abgelehnt. Die Gründe dafür dürften aber zumindest nicht schwerer wiegen als diejenigen, die für die hyperbolischen Geschwindigkeiten sprechen.

Neue elektrophysikalische Beobachtungen in England (Lovell u. Mitarb.) und Kanada (Millman u. Mitarb.) ergaben eine Verteilung der geozentrischen Geschwindigkeiten, die auf ein sehr starkes Überwiegen parabelnaher Bahnen und das völlige Fehlen ausgeprägter Hyperbeln schließen läßt. Die unten unter 313334 mitgeteilten, auf Überwiegen der Hyperbeln hindeutenden Werte der effektiven Geschwindigkeit wären dann vielleicht so zu erklären, daß im Gesamtphänomen eine vierte Komponente mit überwiegend rechtläufigen Bahnen kleiner Exzentrizität (Zodiakallichtmaterie ?) wirksam ist. Die Bezeichnung „interstellar" für die parabolische Gruppe kann zunächst beibehalten werden, da auch parabelnahe Bahnen auf ein Herkommen aus großen Fernen (Größenordnung 100000 astr. Einh. = 1,6 Lichtjahre) hinweisen.

Die Frage nach der Existenz interstellarer Meteore ist neuerdings eingehend von Öpik untersucht worden.

Literatur.

v. Niessl, G.: Katalog der Bestimmungsgrößen für 611 Bahnen großer Meteore, Akad. Wiss. Wien: Denkschr. math.-naturw. Kl. 100; ferner S.B. Abt. IIa, **121**. — Hoffmeister, C.: Untersuchungen zur astronomischen Theorie der Sternschnuppen, Astr. Abh. Erg.-H. d. AN **4**, Nr. 5 (1922).— Knopf, O.: Über die Herkunft der Meteore, AN **242** (1931) 161. — Hoffmeister, C.: Das interstellare System der Kleinkörper, S.B. Preuß. Akad. Wiss., Phys.-Math. Kl. (1936) XVIII. — Öpik, E.: Harvard Circ. 389 (1934); 391 (1934); Publ. Tartu **30**, Nr. 5 (1940); **30**, Nr. 6 (1941). — Hoffmeister, C.: Meteorströme, Weimar (1948) 180ff. — Porter, J. G.: An Analysis of British Meteor Data, Part 2, MN **104** (1944) 257. — Öpik, E.: Interstellar Meteors and Related Problems, The Irish Astronomical Journal **1** (1950) 80.

31 3334 Geschwindigkeit.

Einheit ist die Kreisbahngeschwindigkeit im Abstand 1 astr. Einheit von der Sonne: Sonnenparallaxe 8″,80, astr. Einheit $1{,}495042 \cdot 10^8$ km, Kreisbahngeschwindigkeit 29,766 $\mathrm{km \cdot sec^{-1}}$, parabolische Geschwindigkeit 42,095 $\mathrm{km \cdot sec^{-1}} = \sqrt{2} \cdot$ Kreisbahngeschwindigkeit.

Hoffmeister

a) Mittlere effektive heliozentrische Geschwindigkeit aller Meteore unter Ausschluß der großen kometarischen Ströme.

Autor	Jahr	Material	Methode	c Wert
v. Niessl . . .	1912	große Meteore Scorpius-Strom	direkte Beobachtung	2,243
Hoffmeister .	1922	Sternschnuppen	tägliche Variation	2,40
Öpik	1934	Sternschnuppen	rocking mirror-Beobachtung	2,24
Öpik	1941	Sternschnuppen	rocking mirror-Beobachtung	1,88
Hoffmeister . .	1948	Sternschnuppen	Verteilung der Richtungen	2,06 ± 0,32
McIntosh . . .	1938	Sternschnuppen	tägliche Variation	3,0
Williams . . .	1939	telesk. Meteore	tägliche Variation	3,2
Hoffmeister . .	1950	Sternschnuppen	tägliche Variation	1,90 ± 0,09

c ist mit der Jahreszeit variabel und sehr wahrscheinlich auch von der geographischen Breite abhängig.

Die Kennzeichnung als effektive heliozentrische Geschwindigkeit soll darauf hinweisen, daß der angegebene Wert nur dann die wahre Geschwindigkeit darstellen würde, wenn gewisse Voraussetzungen der Theorie erfüllt wären, die in der Natur sicher nicht streng realisiert sind. Dies bezieht sich besonders auf die Methode der täglichen Variation.

Die letzte Zeile der Tabelle, aus Beobachtungen unter 23° Südbreite abgeleitet, berücksichtigt einen auf physiologischer Grundlage beruhenden systematischen Fehler, wonach anzunehmen ist, daß auch die früher aus der täglichen Variation erhaltenen Effektivgeschwindigkeiten um etwa 10% zu hoch sind (unveröffentlicht).

b) Geschwindigkeit von Strommeteoren. Die heliozentrischen Geschwindigkeiten im Abstand R von der Sonne berechnen sich in diesem Falle nach der Formel

$$c^2 = \frac{2}{R} - \frac{1}{a}$$

mit a als großer Halbachse der Bahn des Stromes oder des erzeugenden Kometen und R dem der Begegnungsstelle entsprechenden Erdbahnradius. Zwischen heliozentrischer Geschwindigkeit c und geozentrischer Geschwindigkeit v besteht die Beziehung

$$c^2 = (v \cdot \sin E)^2 + (v \cdot \cos E - V)^2$$

mit E als Abstand des scheinbaren Radianten vom Zielpunkt der Erdbewegung und V als Erdgeschwindigkeit. Dabei ist

$$V^2 = \frac{2}{R} - 1 .$$

Beobachtete geozentrische Geschwindigkeiten v' sind im allgemeinen für den Einfluß der Erdstörung zu korrigieren nach der Formel

$$v^2 = (v'^2 - 0{,}420) .$$

Wegen der kurzen Dauer der Sternschnuppen sind direkte Bestimmungen der Geschwindigkeit sehr schwierig. Die zuverlässigsten Werte sind die von Whipple aus photographischen Doppelanschnitten mit rotierendem Sektor abgeleiteten. Da innerhalb der nächsten Jahre eine starke Vermehrung dieses Materials zu erwarten ist, wird hier nur auf die Literatur verwiesen. Dasselbe gilt bezüglich der Geschwindigkeitsbestimmung auf elektrophysikalischem Wege, wofür die Literatur unter 313337 gegeben ist.

Literatur.

Vgl. 313332 und 313333; ferner Öpik, E.: Results of the Arizona Expedition for the Study of Meteors, Harvard Bull. 879 (1930); 881 (1931). — McIntosh, R. A.: Meteor Rates in the Southern Hemisphere, Pop. Astr. **46**, Nr. 9 (1938). — Williams, J. D.: Proc. Amer. Phil. Soc. **81**, Nr. 4 (1939). — Öpik, E.: Analysis of 1436 Meteor Velocities, Publ. Tartu **30**, Nr. 5 (1940); Observations of Meteor Velocities 1931—1938, Publ. Tartu **30**, Nr. 6 (1941). — Whipple, F. L.: Photographic Meteor Studies I, Proc. Amer. Phil. Soc. **79** (1938) 499 = Harvard Reprint Nr. 152; III, The Taurid Shower, Proc. Amer. Phil. Soc. **83** (1940) 711 = Harvard Reprint Nr. 210; IV, The Geminid Shower, Proc. Amer. Phil. Soc. **91** (1947) 189 = Harvard Reprint Series II Nr. 16.

313335 Relative Anteile.

Über die Trennung der Komponenten liegen bisher nur wenige Angaben vor:

a) Nach E. Öpik [Publ. Tartu **30**, Nr. 6 (1941) 112f.]: Von den visuell beobachteten sporadischen (d. h. nicht den großen Strömen angehörenden) Meteoren sind kurzperiodisch-elliptisch (vorwiegend planetarisch) 2 bis 21 %, langperiodisch-elliptisch bis parabolisch (vorwiegend kometarisch) 12 bis 20 %, hyperbolisch (interstellar) 62 bis 85 %. Die Grenzwerte sollen die mögliche Streuung infolge Unsicherheiten der theoretischen Voraussetzungen angeben. Bei den hyperbolischen Meteoren wird der höhere Wert als der wahrscheinlichere bezeichnet.

b) Nach C. Hoffmeister („Meteorströme" S. 178): Planetarisch 18 %, kometarisch 13 %, Rest vorwiegend interstellar 69 %. Diese Werte beziehen sich auf die beobachtbare Anzahl der Meteore und stellen damit dynamische Dichten dar, definiert durch die Anzahl der Körper, die in der Zeiteinheit die Raumeinheit passieren. Die statischen Dichtewerte als relative Anzahl der Körper, die sich in einem gegebenen Moment innerhalb der Raumeinheit befinden, werden vom Autor b) wie folgt angegeben: Planetarisch 29 %, kometarisch 18 %, Rest 53 %.

Berücksichtigt man, daß die unter b) gegebenen Werte die großen Ströme einschließen, so ergibt sich zwischen beiden auf verschiedene Art erlangten Verteilungen relativ gute Übereinstimmung.

31 3336 Physikalische Daten.

a) Verteilung beobachteter Meteore nach scheinbarer Helligkeit. Material *A* von 50° Nordbreite, Material *B* von 23° Südbreite. Das Absinken der Kurve bei den geringen Helligkeiten beruht auf der verminderten Wahrscheinlichkeit der Wahrnehmung solcher Meteore.

Literatur. Hoffmeister, C.: *A*. Veröff. Berlin-Babelsberg **9**, Heft 1 (1931). — *B*. Unveröffentlicht. — Ferner: Olivier, C. P.: Proc. Amer. Phil. Soc. **94** (1950) 327 = Flower Obs. Reprint Nr. 79.

Sterngröße	Beob. Anzahl *A*	Beob. Anzahl *B*
— 5^m	5	4
— 4	3	3
— 3	6	1
— 2	3	5
— 1	12	18
0	23	39
+ 1	68	188
+ 2	261	501
+ 3	1016	1375
+ 4	1836	2201
+ 5	966	1539
+ 6	279	260

b) Höhen der Meteore. Die Höhe des Aufleuchtens und Erlöschens eines Meteors hängt von Geschwindigkeit, Masse, Neigung der Bahn gegen den Horizont, physikalischen Eigenschaften des Meteoriten, Zustand der Atmosphäre ab. Letzterer scheint einen schwachen jährlichen Gang der Höhen zu verursachen, Amplitude 3,7 ± 0,7 km nach Öpik, 5,7 ± 1,4 nach Whipple etwa im 86-km-Niveau. Die Mittelwerte der Höhen werden geringer mit zunehmendem Abstand des scheinbaren Radianten vom Zielpunkt der Erdbewegung (Apex) wegen der Abnahme der geozentrischen Geschwindigkeit.

Mittelwerte für Sternschnuppenströme:

Leoniden:	Aufleuchten 130 km,	Erlöschen 90 km
Perseiden:	„ 115 „	„ 87 „

Mittlere Höhe des Erlöschens: Orioniden 88 km, η Aquariden 88 km, Lyriden 83 km, Geminiden 83 km, Tauriden 79 km.

E. Öpik gibt folgende Mittelwerte für die Bahnmitten:

Abstand vom Apex	Höhe	Wahrscheinlicher Fehler	Anzahl	Art der Meteore
46°	99,7 km	± 9,0 km	825	nicht nachweislich zu Strömen gehörig
76°	89,4 „	6,7 „	633	
113°	85,0 „	7,1 „	489	
58°	94,9 „	± 7,6 „	171	Strommeteore

Große Meteore leuchten meist zwischen 100 und 200 km auf. Höhen über 200 km sind selten, solche über 300 km zweifelhaft. Die Endhöhen liegen zwischen 0 und mehr als 100 km. Bei Meteoritenfällen endet die Leuchtbahn meist zwischen 10 und 30 km, und die Meteoriten fallen unter dem Zug der Erdschwere nieder. Sehr große Endhöhen findet man bei Feuerkugelbahnen mit sehr kleiner Neigung gegen den Horizont. Es kommt vor, daß sich die Bahn gegen das Ende hin wieder von der gekrümmten Erdoberfläche entfernt.

G. v. Niessl gibt für große Meteore folgende Mittelwerte der Endhöhen an:

147	Feuerkugeln ohne Donner	60 km
57	„ mit „	31 „
16	Meteoritenfälle	22 „

Die Literatur über Höhen ist umfangreich. Auf die Übersicht zusammenfassender Darstellungen am Schluß dieses Artikels wird verwiesen. Ferner: Öpik, E.: Harvard Tercentenary Papers Nr. 30 (1937). = Harvard Ann. **105** (1937) 549.

c) Masse und Durchmesser der Meteorkörper. Die bei Meteoritenfällen festgestellten Massen belaufen sich von wenigen Gramm bis zu Tonnen. Bei Sternschnuppen können Massen nur indirekt ermittelt werden, früher durch photometrische Vergleichung, neuerdings mittels der Theorie des Meteorleuchtens. Die nach letzterem Verfahren bestimmten Massen liegen meist zwischen 0,3 und 15 g, wobei zu beachten ist, daß sich die photographischen Beobachtungen meist auf Erscheinungen heller als 1. Größe beziehen. Die für geringe Geschwindigkeiten gefundenen großen Massen scheinen nicht reell zu sein, sondern auf Unvollkommenheiten der Theorie zu beruhen. Die Durchmesser der Sternschnuppenkörper sind damit von der Größenordnung mm und cm.

Jacchia, L. G.: Harvard Techn. Rep. Nr. 2 (1948); Nr. 3 (1949); Nr. 4 (1949).

Hoffmeister

d) Spektra. Man erhält photographisch immer nur das Emissionsspektrum der leuchtenden Gashülle. Millman unterscheidet 3 Typen: *X*, dessen Linien wahrscheinlich den Elementen Fe, Mg und Ca^+ angehören, *Y* mit den Linien *H* und *K* des Ca^+ als weitaus hellsten, und *Z*, dessen Linien vorwiegend dem Fe angehören, während *H* und *K* fehlen. Der Versuch, die Typen *Y* und *Z* den Stein- bzw. Eisenmeteoriten zuzuordnen, führte zu keinem eindeutigen Ergebnis.

Bisher in Meteorspektren mit einiger Wahrscheinlichkeit identifizierte Elemente:

Fe I, Na I, Ca I, Mg I, Mn I, Cr I, Si I, Al I, Ca II, Mg II, Si II.

Innerhalb ein und desselben Stromes sind die Spektren von bemerkenswerter Ähnlichkeit. Der Anregungszustand hängt wesentlich von der geozentrischen Geschwindigkeit ab:

Strom	Geozentrische Geschwindigkeit	Befund
Okt.-Draconiden	23 km · sec^{-1}	keine ionisierten Elemente
Geminiden	35 ,,	Ca II schwach
Perseiden	61 ,,	Ca II, Mg II und Si II stark

Von den nicht zu Strömen gehörenden Meteoren zeigt etwa die Hälfte auffällige CaII-Linien. Millman, P. M.: Harvard Ann. **82**, Nr. 6 (1932) und **82**, Nr. 7 (1935); A. J. **54**, Nr. 7 (1949).

e) Energieumsetzung und Leuchtprozeß. Die beobachtbaren Erscheinungen der Meteore beruhen auf dem Umsatz kinetischer Energie in andere Energieformen. Die Vorgänge sind im einzelnen physikalisch noch ungenügend geklärt. Reibung, wie früher angenommen wurde, und Kompression (Lindemann u. Dobson 1923) spielen im Normalfall wohl nur eine untergeordnete Rolle. Nachdem eine Zeitlang direkte Stoßerregung durch die Moleküle und Atome der Luft in Betracht gezogen wurde, gibt man jetzt wohl allgemein sekundären thermischen Vorgängen den Vorzug. Vielfach wird die von Öpik entwickelte physikalische Theorie zugrunde gelegt. Indessen hat sich neuerlich gezeigt, daß sie wohl auf die Erzeugung freier Elektronen, nicht aber auf diejenige sichtbarer Strahlung anwendbar ist. Herlofson gibt für das Verhältnis des Energieaufwands für Wärme, Licht und Ionisation die rohen Zahlen $10^4 : 10^2 : 1$. Es ist anzunehmen, daß auch ein Anteil als kinetische Energie auf die Luft übertragen wird. Alle Theorien stimmen darin überein, daß der in sichtbare Strahlung umgewandelte Anteil sehr klein ist. Als eine zweite, viel weniger ergiebige Quelle der Ionisation ist nach McKinley und Millman die UV-Strahlung des Meteors anzusehen. Bei kleinen Meteoren verdampft die Masse unter nur geringer Abnahme der Geschwindigkeit. Nur bei relativ großen Massen kommt es am Ende der Bahn zu Hemmungserscheinungen und eventuell Meteoritenfällen, deren Wahrscheinlichkeit bei kleiner geozentrischer Geschwindigkeit (Rückseitenmeteore) höher ist als bei großer. — Schlüsse auf die Luftdichte in großen Höhen aus Meteorbeobachtungen sind erst möglich geworden, seitdem photographische Bestimmungen des Abfalls der Geschwindigkeit vorliegen.

Öpik, E.: Acta et Comm. Univ. Tartu. A **26**, Nr. 2 = Harvard Reprint Nr. 100 (1933). — Herlofson, N.: Phys. Soc. Rep. Prog. Phys. **11** (1948) 444. — McKinley, D. W. R., u. P. M. Millman: Proc.I. R. E. **37** (1949) 364. — Millman, P. M.: Meteoric Ionization, Paper presented at the Conference on Ionospheric Physics, Penn. State Coll., Juli 1950. — Luftdichte: Jacchia, L. G.: Harvard Techn. Rep. Nr. 2 (1948), Nr. 4 (1949). — Whipple, F. L., L. Jacchia u. Z. Kopal: Seasonal Variations in the Density of the Upper Atmosphere, in Kuiper, G. P.: The Atmospheres of the Earth and Planets 149, Chicago 1949 = Harvard Repr. Nr. 315.

f) Schweife. Zu unterscheiden sind sonnenbeleuchtete Rückstände (Tagschweife) und selbstleuchtende Nachtschweife. Die Dauer des Nachleuchtens beträgt einige Sekunden bis mehr als 1 Stunde. Die Bedeutung liegt in der Möglichkeit, die Luftströmungen in großen Höhen zu ermitteln.

Die vollständigste Sammlung von Beobachtungen gibt C. P. Olivier.

Trowbridge, C. C.: Ap. J. **26** (1907) 95; Pop. Science Monthly, Mg. 1911. — Kahlke, S.: Ann. Hydr. Meteor., Sept. 1921. — Fedinsky, V.: Ann. Tadjik **2** — Olivier, C. P.: Proc. Amer. Phil. Soc. **85** (1942) 93 und **91** (1947) 315 = Flower Obs. Repr. 60 u. 69.

Schweifspektrum: Millman, P. M.: Nature **165** (1950) 1013 = Ottawa Dom. Obs. Reprint Nr. 45.

31 3337 Elektrophysikalische Beobachtungen.

Beobachtet wird die Laufzeit und Amplitude von kurzen Gruppen (Zeitdauer 10^{-6} sec) von Radiowellen (Wellenlänge 2—8 m), die an der ionisierten Luftsäule reflektiert werden, welche der Meteorit bei seinem Flug durch die Erdatmosphäre für eine Zeitdauer von 10^{-1}—10^{1} sec hinterläßt (Echomethode). Bei Sendeleistungen von $\approx$ 100 kW können Meteore bis zur 5. Größe beobachtet und registriert werden, d. h. etwa das gleiche wie bei visueller Beobachtung unter günstigen Bedingungen. Durch geeignete Anordnungen lassen sich folgende Größen bestimmen: Zeitliche Häufigkeit, Höhenverteilung, Radiant, geozentrische Geschwindigkeit (Einzelheiten über Methoden siehe Lit.). Wesentliche Vorteile der Radioechomethode ist Unabhängigkeit von Beleuchtung und Wetter, automatische objektive Registrierung.

Genauigkeiten unter günstigen Umständen:

Radiantenbestimmung $\pm 2°$ Geschwindigkeit $\pm 2{,}5\%$.

Zusammenstellung der bis Ende 1948 beobachteten Tagesströme s. Abb. 7 und folgende Tabellen [nach A. Aspinall, J. A. Clegg u. A. C. B. Lovell: MN **109** (1949) 355].

Hoffmeister

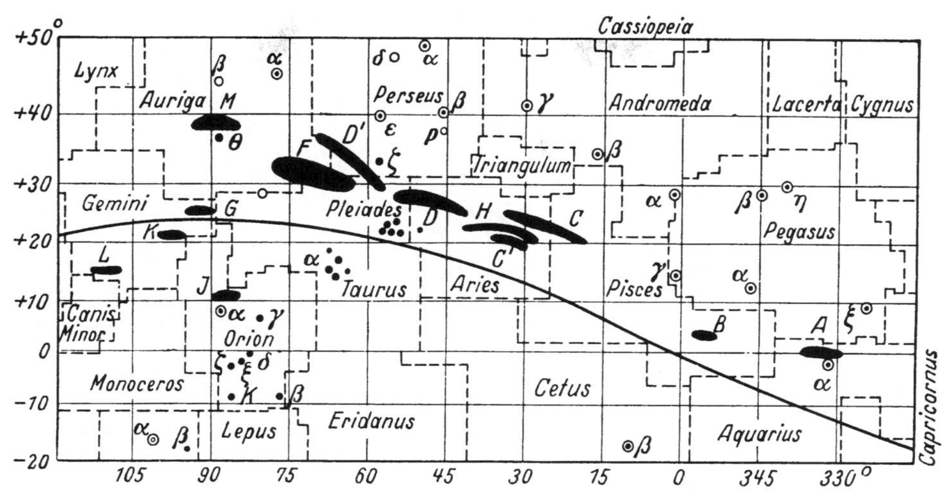

Abb. 7. Radiationsfelder der Tageslicht-Meteorströme 1948, Mai 1 bis Aug. 4.

Geschwindigkeiten der beobachteten Tagesströme.

Strom	Scheinbare geozentrische Geschwindigkeit	Heliozentrische Geschwindigkeit
54-Perseiden	37,5 ± 3,7 km/sec	39,1 ± 2,6 km/sec
θ-Aurigiden	32,9 ± 2,7 km/sec	27,5 ± 1,4 km/sec

Meteor-ströme	Koordinaten des Radianten α δ	Beob-achtungszeit 1947	Maximaler stündlicher Wert	Koordinaten des Radianten α δ	Beob-achtungszeit 1948	Maximaler stündlicher Wert
A η-Aquariden	339° ± 0° am 5. Mai	1.—10. Mai	13 am 4. Mai	335° ± 0° am 5. Mai	5.—9. Mai	+
B	357° + 5° am 9. Mai	6.—9. Mai	9 am 8. Mai	360° *	4.—10. Mai	7 am 8. Mai
C Pisciden . .	27° + 20° am 9. Mai	5.—14. Mai	28 am 7. Mai	26° + 24°	1.—21. Mai	14 am 10. Mai
C^1	Neben-radianten westl. v. *C*	7.—12. Mai	. . .	36° + 20° am 13. Mai	2.—16. Mai	30 am 13. Mai
D ξ-Perseiden .	51° + 28° am 10. Juni	30. Mai bis 14. Juni	44 am 6. Juni	49° + 29° am 3. Juni	25. Mai bis 14. Juni	40 am 5. Juni
D^{1++}				65° + 30° am 6. Juni	25. Mai bis 16. Juni	34 am 1. Juni
E^{++}	57° + 15° am 6. Juni	2.—13. Juni	40 am 9. Juni			
H^{++} Arietiden. .				40° + 22° am 7. Juni	4.—11. Juni	60 am 4. Juni
F 54-Perseiden	68° + 35° am 23. Juni	23.—27. Juni	60 am 25. Juni	69° + 30° am 25. Juni	21.—29. Juni	36 am 26. Juni
G β-Tauriden .	84° + 25° am 26. Juni	20.—27. Juni	65 am 27. Juni	90° + 26° am 28. Juni	24. Juni bis 4. Juli	35 am 3. Juli
J α-Orioniden .				87° + 11° am 14. Juli	12.—17. Juli	50 am 12. Juli
K ν-Geminiden				98° + 21° am 14. Juli	12.—17. Juli	60 am 12. Juli
L λ-Geminiden				111° + 15° am 14. Juli	12.—17. Juli	32 am 12. Juli
M θ-Aurigiden .				87° + 38° am 28. Juli	23. Juli bis 4. August	20 am 25. Jul

α = Rektaszension, δ = Deklination } des Radianten.
* Die Deklination wurde 1948 nicht gemessen. + Es wurde kein zuverlässiger Wert gemessen.
++ Die Ströme D^1 und *H* traten 1947 auf, wurden aber fälschlich als Radiant *E* gedeutet.

Es ist nahezu sicher, daß die Tageslichtströme *B* bis *M* vorstehender Tabelle nichts anderes sind als die Rückkehrströme (Zweitbegegnungen mit der Erde nach dem Periheldurchgang der Meteore) der nächtlichen Ekliptikalströme der Pisciden und Tauriden (vgl. Abb. 6 S. 101). Es ist daher auch nicht zu erwarten, daß die angeführten Teilströme permanent sind. Die ekliptikalen Nachtströme zeigen die Tendenz, zur Zeit der Maxima permanente Radianten auszubilden, im übrigen aber mit ihren Ausstrahlungspunkten ähnlich zu streuen, wie dies bei den Tagesströmen beobachtet wurde.

Literatur.

Appleton, E. V., u. R. Naismith: Nature **158** (1946) 936. — Hey, J. S., u. G. S. Stewart: Nature **158** (1946) 481. — Appleton, E. V., u. R. Naismith: Proc. Phys. Soc. **59** (1947) 461. — Hey, J. S., u. G. S. Stewart: Proc. Phys. Soc. **59** (1947) 858. — Hey, J. S.: Nature **159** (1947) 119; ib. **160** (1947) 670. — Lovell, A. C. B., C. J. Banwell u. J. A. Clegg: MN **107** (1947) 164. — Hey, J. S., S. J. Parsons u. G. S. Stewart: MN **107** (1947) 176. — Clegg, J. A., V. A. Hughes u. A. C. B. Lovell: MN **107** (1947) 369. — Prentice, J. P. M., A. C. B. Lovell u. C. J. Banwell: MN **107** (1947) 155. — Pierce, J. A.: Phys. Rev. **71** (1947) 88. — Dieminger, W.: Naturw. **34** (1947) 29 m. Ang. d. ält. Lit. — Clegg, J. A.: JBAA **58** (1948) 271. — Lovell, A. C. B., u. J. A. Clegg: Proc. Phys. Soc. **60** (1948) 491. — Ellyett, C. D., u. J. G. Davies: Nature **161** (1948) 596. — Lovell, A. C. B.: Observatory **68** (1948) 49. — Clegg, J. A.: Phil. Mag. **39** (1948) 577. — Lovell, A. C. B., u. J. P. M. Prentice: JBAA **58** (1948) 140. — Lovell, A. C. B.: Phys. Soc. Rep. Prog. Phys. **11** (1948) 415. — Hey, J. S.: MN **109** (1949) 185. — Aspinall, A., J. A. Clegg u. A. C. B. Lovell: MN **109** (1949) 352. — Ellyett, C. D.: MN **109** (1949) 359. — Davies, J. G., u. C. D. Ellyett: Phil. Mag. **11** (1949) 614. — Liller, W.: Cruft Lab. Techn. Rep. Nr. 65 (1949). — McKinley, D. W. R., u. P. M. Millman: Proc. I.R.E. **37** (1949) 364. — Millman, P. M.: Meteoric Ionization, Paper presented at the Conference on Ionospheric Physics, Penn. State Coll., Juli 1950.

313338 Mikrometeore.

Definition unter 313331a.

Mikrometeorische Erscheinungen:

1. Leuchtstreifen sind meist schwache streifenartige oder wolkenförmige, nicht dem Polarlicht zuzurechnende Erhellungen des dunklen Nachthimmels. Höhe 90 bis 180 km, Maximum bei 125 km.

2. Heller Nachthimmel in diffuser Form tritt sowohl als gleichmäßiger Schein über den ganzen Himmel als auch auf horizontnahe Teile beschränkt auf.

3. Leuchtende Nachtwolken (Name irreführend) sind sonnenbeleuchtete hohe Wolken, meist im Sommer am Nordhimmel, bei tiefer Dämmerung.

Die unter 1. und 2. beschriebenen Erscheinungen werden sehr wahrscheinlich durch Einbrüche kosmischen Staubes verursacht. Bei 3. ist dies neuerlich vermutet worden, wenngleich hier auch die Vulkanstaubhypothese in Betracht kommt.

Literatur. Hoffmeister, C.: Z. Meteorol. **1** (1946) 33. — Erg. d. exakt. Naturw. **24** (1950) 1.

313339 Zusätzliche Literatur.

a) Zusammenfassende Darstellungen. Schiaparelli, G. V.: Entwurf einer astronomischen Theorie der Sternschnuppen. Stettin 1871. — v. Niessl, G.: Bestimmung der Meteorbahnen im Sonnensystem, Encykl. Math. Wiss. VI. 2. A. 10. — Hoffmeister, C.: Beziehungen zwischen Kometen und Sternschnuppen, Encykl. Math. Wiss. VI. 2. A. 18. — Olivier, Ch. P.: Meteors. Baltimore 1925. — Hoffmeister, C.: Die Meteore; ihre kosmischen und irdischen Beziehungen. Leipzig 1937 (2. Aufl. in Vorber.). — Astapowitsch, J., u. V. Fedinsky: Meteore, Moskau 1940 (russisch). — Hoffmeister, C.: Meteorströme, Weimar 1948 (mit englischen Kommentaren). — Newcomb-Engelmann, Populäre Astronomie 8. Aufl. Leipzig 1948.

b) Radianten-Kataloge. Denning, W. F.: Mem. RAS **53** (1899). — Olivier, Ch. P.: Trans. Amer. Phil. Soc., N. S. **22**, Part **1** (1911); Publ. McCormick **2**, Part 4 (1914); **2**, Part 7 (1921); **5**, Part 1 (1935). — Öpik, E.: Harvard Circ. Nr. 388 (1934). — McIntosh, R. A.: MN **95** (1935) 709. — Hoffmeister, C.: Meteorströme. Anhang 1. Weimar 1948.

Stand der Darstellung: Die Literatur ist im allgemeinen bis Mitte 1950 berücksichtigt. Einige neuere Resultate konnten auf Grund privater Mitteilungen einbezogen werden.

Hoffmeister

31 334 Das Zodiakallicht.

31 3341 Als Zodiakallicht bezeichnet man einen schwachen Lichtschein dreieckiger Form, der sich nach Sonnenuntergang im Westen, vor Sonnenaufgang im Osten bis etwa 100° Längenabstand von der Sonne mit der Mittellinie in der Ekliptik erstreckt. Seine Basis in 30° Sonnenabstand hat etwa 30° Breitenausdehnung; die Wahrnehmung seiner Spitze hängt von der Empfindlichkeit des Auges und den atmosphärischen Bedingungen ab. Die Sichtbarkeit des Zodiakallichts ist von der Lage der Ekliptik gegen den Horizont abhängig und deshalb in mittleren und nördlichen Breiten am günstigsten als Abendlicht im Frühjahr und als Morgenlicht im Herbst. In den Tropen, in denen die Ekliptik steil gegen den Horizont aufsteigt, kann das Zodiakallicht das ganze Jahr hindurch verfolgt werden. Zum Zodiakallicht wird auch der Gegenschein gerechnet, ein äußerst schwacher, sich über 15° um den Gegenpunkt der Sonne erstreckender Lichtschein, der nur von sehr empfindlichen Augen erkannt wird. Zwischen der Spitze des Zodiakallichtkegels und der äußeren Begrenzung des Gegenscheins (d. h. in den Sonnenabständen 100° bis 160°) erstreckt sich die noch schwächere Lichtbrücke, die von einzelnen guten Beobachtern visuell als schmaler Streifen erkannt wird. Das Zodiakallicht, die Lichtbrücke und den Gegenschein führt man allgemein auf eine die Sonne umgebende und über die Erdbahn reichende Wolke meteorischer Körper zurück. Die Dichteverteilung und das Reflexionsgesetz des Sonnenlichts in dieser Staubwolke sowie ihre Gestalt sind noch unbestimmt. Die wichtigsten Ursachen dafür sind die Unmöglichkeit, die Helligkeit des Zodiakallichts näher als bis 30° Sonnenabstand zu messen und andererseits die äußerst geringe Helligkeit der Brücke und des Gegenscheins. Diese Helligkeit übersteigt nur wenig die von anderen Ursachen herrührende allgemeine Helligkeit des nächtlichen Himmels. Daß es sich um reflektiertes Sonnenlicht handelt, beweisen die Spektralaufnahmen, die die Absorptionslinien des Sonnenspektrums zeigen. Einige Emissionslinien des nächtlichen Himmels scheinen im Spektrum des Zodiakallichts verstärkt aufzutreten [*1*]. Die Hauptebene des Zodiakallichts hat eine Neigung von 1°,5 gegen die Ekliptik und die Länge der Knotenlinie dieser Ebene beträgt etwa 90° [*2*]; sie fällt daher nahezu mit der Ebene der Jupiterbahn zusammen.

Nach E. Schoenberg und R. Pich [*4*] ist die Symmetrielinie des Zodiakallichtkegels in nördlichen Breiten im Jahresdurchschnitt um 1—2° nach Norden, in südlichen Breiten dagegen um ebensoviel nach Süden gegen die Ekliptik verlagert. Dagegen liegt der Gegenschein im Jahresdurchschnitt immer genau in der Ekliptik; diese „negative" Parallaxe des Zodiakallichts hat bisher keine Erklärung gefunden.

31 3342 Visuelle Helligkeitsverteilung im Zodiakallicht. Visuelle Messungen der Helligkeit, ausgeführt von B. Fessenkoff in Frankreich [*5*] und von van Rhijn auf dem Mt. Wilson [*6*] sind von letzterem in folgender Tabelle zusammengestellt.

a) Die visuelle Helligkeitsverteilung im Zodiakallicht nach van Rhijn und Fessenkoff.

Breite \ Sonnenabstand	40°	50°	60°	70°	80°	90°	110°	130°	150°	170°	180°
0	1,43	1,12	0,81	0,67	0,58	0,49	0,40	0,36	0,36	0,40	0,45
± 10°	1,16	0,94	0,76	0,63	0,54	0,45	0,36	0,36	0,36	0,36	0,40
± 20°	0,85	0,72	0,63	0,54	0,45	0,40	0,36	0,31	0,31	0,31	0,36
± 30°	0,58	0,49	0,49	0,45	0,40	0,36	0,31	0,31	0,31	0,31	0,31
± 50°	0,31	0,31	0,31	0,31	0,27	0,27	0,27	0,27	0,27	0,27	0,27
± 70°	0,22	0,22	0,22	0,22	0,22	0,22	0,22	0,22	0,22	0,22	0,22

Helligkeit am Pol der Ekliptik: 0,178.

Die Einheit ist hier wie in den folgenden Tabellen von der etwas anders gewählten Einheit des Autors umgerechnet worden auf die Flächenhelligkeit eines Sterns der visuellen Größe $2^{m}_{,}628$ pro Quadratgrad.

Nach W. Brunner [*8*] und C. Hoffmeister [*2*] ist die obige Tabelle mit systematischen Fehlern behaftet. C. Hoffmeister [*7*] findet aus visuellen flächenphotometrischen Messungen in den Tropen vom Schiff aus (Febr.—März 1929) folgende Helligkeitsverteilung im Zodiakallichtgürtel ($\Delta\lambda$ = Sonnenabstand).

b) Die Helligkeitsverteilung im Zodiakallicht nach Hoffmeister (vis.).

β \ $\Delta\lambda$	40°	50°	60°	70°	80°	90°	100°	110°	120°	150°	160°	170°	180°	190°
+ 15°	—	—	—	—	—	—	—	—	—	—	—	—	0,047	—
+ 10°	—	—	0.230	0,148	0,093	—	—	—	—	—	0,048	0,080	0,099	0,089
+ 5°	0,826	0,525	0,365	0,265	0,178	0,127	0,093	0,063	—	—	0,092	0,112	0,116	0,116
0°	1,192	0,692	0,435	0,326	0,239	0,164	0,122	0,092	0,036	0,076	0,109	0,116	0,116	0,116
— 5°	0,840	0,516	0,361	0,259	0,178	0,127	0,095	0,061	—	—	0,073	0,105	0,109	0,109
— 10°	—	0,281	0,196	0,128	0,081	—	—	—	—	—	—	—	—	0,036
— 15°	—	—	—	—	—	—	—	—	—	—	—	—	—	—

β \ Δλ	200°	210°	220°	230°	240°	250°	260°	270°	280°	290°	300°	310°	320°	330°
+ 15°	—	—	—	—	—	—	—	—	—	—	—	—	—	—
+ 10°	0,058	—	—	—	—	0,042	0,092	0,145	0,180	0,231	0,301	0,480	0,843	1,455
+ 5°	0,099	0,065	—	—	0,061	0,109	0,163	0,212	0,243	0,369	0,509	0,800	1,628	2,355
0°	0,110	0,077	0,044	0,044	0,070	0,115	0,167	0,222	0,279	0,445	0,634	1,090	2,000	2,820
— 5°	0,086	0,044	—	—	0,042	0,077	0,110	0,164	0,233	0,369	0,509	0,771	1,614	2,443
— 10°	—	—	—	—	—	—	0,057	0,086	0,121	0,209	0,320	0,498	0,974	1,746
— 15°	—	—	—	—	—	—	—	—	—	—	—	—	—	—

Auch diese Helligkeitsverteilung ist nicht ganz frei von systematischen Fehlern. Die Einheit der Tabellenwerte entspricht der Helligkeit eines Sterns $2{,}^{m}628$ pro Quadratgrad.

313343 Photographische Messungen des Zodiakallichts von H. U. Sandig in Windhuk (1700 m), ausgeführt im Frühjahr und Sommer 1935 [*3, 9*].

Photographische Helligkeitsverteilung nach H. U. Sandig.

β \ Δλ	± 30°	± 45°	± 60°	± 75°	± 90°	± 105°	± 120°	± 135°	± 150°
0°	5,05	2,30	1,18	0,72	0,51	0,38	0,33	0,31	0,31
± 2°	4,86	2,23	1,15	0,71	0,50	0,38	0,33	0,31	0,31
± 4°	4,35	2,07	1,08	0,69	0,48	0,37	0,32	0,30	0,30
± 6°	3,79	1,89	1,01	0,65	0,46	0,35	0,31	0,29	0,29
± 8°	3,23	1,70	0,93	0,60	0,43	0,32	0,30	0,28	0,28
± 10°	2,73	1,50	0,87	0,55	0,39	0,30	0,29	0,26	0,27
± 12°	2,32	1,34	0,79	0,50	0,36	0,27	0,28	0,24	0,26
± 15°	1,77	1,08	0,68	0,43	0,33	0,23	0,26	0,22	0,25

Die Helligkeit außerhalb des Zodiakallichtbereichs war $4{,}^{m}0$ pro □° [*15*].

Die Einheit dieser Tabelle ist die Helligkeit eines Sterns der photographischen Größe $2{,}^{m}628$ pro Quadratgrad. Der Punkt maximaler Helligkeit des Gegenscheins wich zu verschiedenen Zeiten um verschiedene Beträge vom Gegenpunkt der Sonne ab. Die Ausdehnung des Gegenscheins betrug 30 bis 40° und der Helligkeitsanstieg von der Lichtbrücke bis zum Maximum im Gegenschein im Durchschnitt $0{,}^{m}30$.

313344 Lichtelektrische Messungen. Nach lichtelektrischen Messungen von C. T. Elvey und F. E. Roach [*10*], die zu verschiedenen Jahreszeiten 1934—1936 mit einem azimutal montierten selbstregistrierenden Photometer auf dem McDonald Observatory in Texas ausgeführt wurden, ergab sich die in den folgenden Tabellen zusammengestellte Helligkeitsverteilung im Zodiakallicht. Sie sind durch Interpolation aus den Abb. 8 u. 9 gewonnen. Der Einfluß des Streulichts irdischer und stellarer Herkunft ist in ihnen eliminiert.

Die Einheit in diesen Tabellen entspricht der Helligkeit eines Sterns $2{,}^{m}628$. Die Helligkeit des Himmels am Pol der Ekliptik war die Helligkeit eines Sterns $+ 5{,}^{m}7525$ pro Quadratgrad.

Mittlere Helligkeitsverteilung des Zodiakallichtes in 6 Nächten des November und Dezember 1934.

β \ Δλ	40	50	60	70	80	90	100	110	120	130	140	150	160	170	180
+ 15		0,433	0,373	0,317	0,275	0,225	0,186	0,166	0,138	0,145	0,145	0,151	0,157	0,155	0,140
+ 10		0,539	0,418	0,360	0,306	0,258	0,210	0,182	0,164	0,154	0,153	0,154	0,160	0,161	0,160
+ 5		0,629	0,445	0,380	0,317	0,278	0,226	0,202	0,175	0,164	0,160	0,155	0,166	0,169	0,169
0		0,640	0,449	0,382	0,326	0,287	0,236	0,208	0,184	0,167	0,162	0,157	0,169	0,169	0,169
— 5		0,556	0,428	0,370	0,312	0,272	0,202	0,176	0,167	0,162	0,154	0,164	0,169	0,169	0,169
— 10		0,455	0,393	0,343	0,292	0,258	0,225	0,189	0,169	0,165	0,154	0,148	0,156	0,164	0,169
— 15		0,399	0,346	0,301	0,266	0,237	0,191	0,167	0,165	0,162	0,144	0,145	0,146	0,156	0,157

β \ Δλ	180	190	200	210	220	230	240	250	260	270	280	290	300	310	320
+ 15	0,140	0,133	0,130	0,131	0,131	0,133	0,133	0,135	0,146	0,161	0,147	0,258	0,326	0,427	0,590
+ 10	0,160	0,143	0,139	0,139	0,140	0,140	0,140	0,140	0,154	0,185	0,247	0,303	0,393	0,551	0,781
+ 5	0,169	0,154	0,140	0,140	0,140	0,140	0,140	0,140	0,168	0,213	0,270	0,354	0,433	0,629	0,910
0	0,169	0,157	0,140	0,140	0,140	0,140	0,140	0,140	0,162	0,202	0,258	0,340	0,433	0,652	1,000
— 5	0,169	0,155	0,140	0,140	0,140	0,140	0,140	0,140	0,149	0,174	0,225	0,303	0,404	0,596	0,921
— 10	0,169	0,153	0,140	0,140	0,133	0,131	0,130	0,131	0,138	0,140	0,185	0,258	0,343	0,522	0,786
— 15	0,157	0,147	0,140	0,124	0,120	0,121	0,121	0,124	0,130	0,140	0,166	0,222	0,298	0,404	0,596

Mittlere Helligkeitsverteilung des Zodiakallichts in 6 Nächten des Januar, Februar und März 1935.

β \ $\Delta\lambda$	40	50	60	70	80	90	100	110	120	130	140	150	160	170	180
+ 15	0,618	0,472	0,334	0,275	0,219	0,200	0,170	0,157	0,142	0,138	0,135	0,135	0,139	0,142	0,142
+ 10	0,753	0,528	0,384	0,301	0,245	0,209	0,182	0,163	0,154	0,142	0,140	0,140	0,146	0,153	0,153
+ 5	0,888	0,609	0,412	0,315	0,264	0,213	0,189	0,166	0,160	0,145	0,143	0,143	0,153	0,158	0,164
0	0,904	0,618	0,421	0,317	0,267	0,213	0,191	0,167	0,163	0,146	0,146	0,149	0,157	0,165	0,169
— 5	0,792	0,534	0,380	0,296	0,245	0,207	0,182	0,165	0,154	0,143	0,144	0,144	0,153	0,157	0,160
— 10	0,615	0,438	0,309	0,258	0,213	0,196	0,169	0,162	0,142	0,138	0,136	0,139	0,142	0,144	0,140
— 15	0,478	0,348	0,270	0,217	0,193	0,172	0,157	0,142	0,134	0,133	0,131	0,131	0,132	0,134	0,134

β \ $\Delta\lambda$	180	190	200	210	220	230	240	250	260	270	280	290	300	310	320
+ 15	0,140	0,135	0,131	0,131	0,133	0,140	0,147	0,158	0,185	0,202	0,225	0,270	0,410	0,545	0,640
+ 10	0,153	0,147	0,140	0,140	0,140	0,140	0,152	0,163	0,197	0,225	0,281	0,371	0,483	0,635	0,775
+ 5	0,164	0,157	0,152	0,140	0,140	0,140	0,151	0,165	0,213	0,264	0,315	0,416	0,562	0,702	0,978
0	0,169	0,157	0,146	0,140	0,138	0,138	0,144	0,155	0,191	0,247	0,298	0,371	0,517	0,669	0,955
— 5	0,160	0,147	0,137	0,130	0,129	0,129	0,131	0,140	0,160	0,185	0,225	0,303	0,404	0,539	0,674
— 10	0,140	0,134	0,124	0,120	0,118	0,118	0,121	0,127	0,138	0,154	0,180	0,225	0,298	0,371	0,449
— 15	0,134	0,126	0,115	0,112	0,112	0,112	0,110	0,118	0,124	0,138	0,157	0,185	0,225	0,298	0,337

Mittlere Helligkeitsverteilung des Zodiakallichts in 5 Nächten der Monate April und März 1936.

β \ $\Delta\lambda$	40	50	60	70	80	90	100	110	120	130	140	150	160	170	180
+ 15	0,820	0,652	0,478	0,393	0,298	0,219	0,163	0,146	0,138	0,138	0,129	0,131	0,134	0,136	0,138
+ 10	0,955	0,753	0,551	0,444	0,354	0,258	0,191	0,157	0,140	0,140	0,140	0,140	0,146	0,152	0,157
+ 5	1,124	0,803	0,592	0,475	0,376	0,287	0,210	0,160	0,142	0,140	0,140	0,140	0,149	0,161	0,169
0	1,208	0,803	0,573	0,461	0,360	0,275	0,208	0,163	0,142	0,140	0,140	0,140	0,152	0,167	0,169
— 5	1,071	0,742	0,517	0,404	0,309	0,256	0,194	0,161	0,140	0,140	0,140	0,140	0,147	0,158	0,169
— 10	0,899	0,629	0,461	0,348	0,281	0,225	0,180	0,156	0,140	0,133	0,133	0,135	0,140	0,149	0,157
— 15	0,685	0,489	0,371	0,303	0,253	0,202	0,163	0,146	0,130	0,127	0,127	0,127	0,130	0,138	0,144

β \ $\Delta\lambda$	180	190	200	210	220	230	240	250	260	270	280	290	300	310	320
+ 15	0,138	—	—	—	—	—	—	—	0,163	0,191	0,213	0,264	0,303	—	—
+ 10	0,157	—	—	—	—	—	—	—	0,185	0,210	0,258	0,303	—	—	—
+ 5	0,169	0,169	0,169	—	—	—	—	—	0,208	0,253	0,292	0,337	—	—	—
0	0,169	0,169	0,169	—	—	—	—	—	0,213	0,258	0,298	0,337	—	—	—
— 5	0,169	0,169	0,169	—	—	—	—	—	0,208	0,253	0,292	0,315	—	—	—
— 10	0,157	0,163	0,169	—	—	—	—	—	0,180	0,225	0,258	0,292	0,337	—	—
— 15	0,144	0,148	0,155	—	—	—	—	—	0,157	0,185	0,236	0,264	0,298	—	—

Mittlere Helligkeitsverteilung des Zodiakallichts in 3 Nächten der Monate Juni und Juli 1936.

β \ $\Delta\lambda$	40	50	60	70	80	90	100	110	120	130	140	150	160	170	180
+ 15	—	—	—	—	—	—	—	—	—	—	—	—	—	0,149	0,146
+ 10	—	—	—	—	—	—	—	—	—	—	—	—	—	0,169	0,169
+ 5	—	—	—	—	—	—	—	—	—	—	—	—	—	0,169	0,169
0	—	—	—	—	—	—	—	—	—	—	—	—	—	0,169	0,169
— 5	—	—	—	—	—	—	—	—	—	—	—	—	—	0,169	0,169
— 10	—	—	—	—	—	—	—	—	—	—	—	—	—	0,152	0,160
— 15	—	—	—	—	—	—	—	—	—	—	—	—	—	0,135	0,129

β \ $\Delta\lambda$	180	190	200	210	220	230	240	250	260	270	280	290	300	310	320
+ 15	0,146	0,133	0,116	0,103	0,103	0,106	0,109	0,119	0,131	0,149	0,165	0,213	0,275	0,348	—
+ 10	0,169	0,146	0,129	0,110	0,108	0,109	0,112	0,129	0,146	0,161	0,202	0,264	0,326	0,399	—
+ 5	0,169	0,169	0,135	0,112	0,111	0,112	0,112	0,133	0,155	0,185	0,225	0,298	0,365	0,427	—
0	0,169	0,169	0,138	0,112	0,112	0,112	0,112	0,140	0,161	0,191	0,242	0,303	0,371	0,444	—
— 5	0,169	0,169	0,140	0,112	0,112	0,112	0,112	0,140	0,158	0,188	0,225	0,298	0,365	0,427	—
— 10	0,160	0,145	0,121	0,108	0,103	0,110	0,112	0,129	0,147	0,169	0,202	0,258	0,334	0,393	—
— 15	0,129	0,112	0,109	0,101	0,092	0,099	0,104	0,111	0,127	0,146	0,169	0,208	0,258	0,343	—

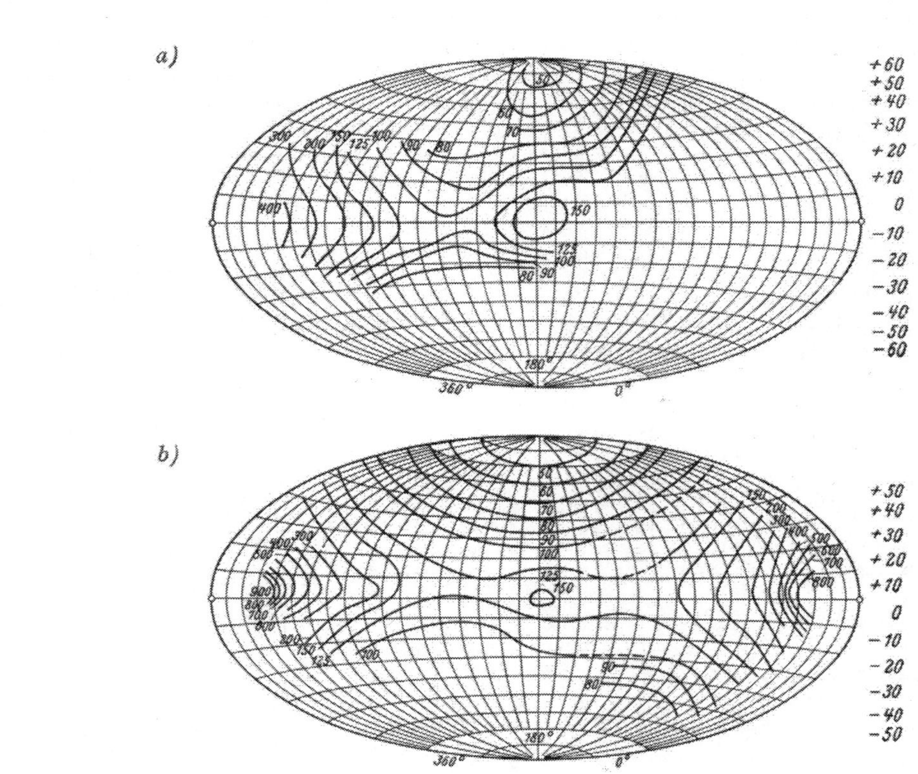

Abb. 8. Isophoten des Zodiakallichts in 6 Nächten im November und Dezember 1934 (a) und in 6 Nächten im Januar, Februar und März 1935 (b).

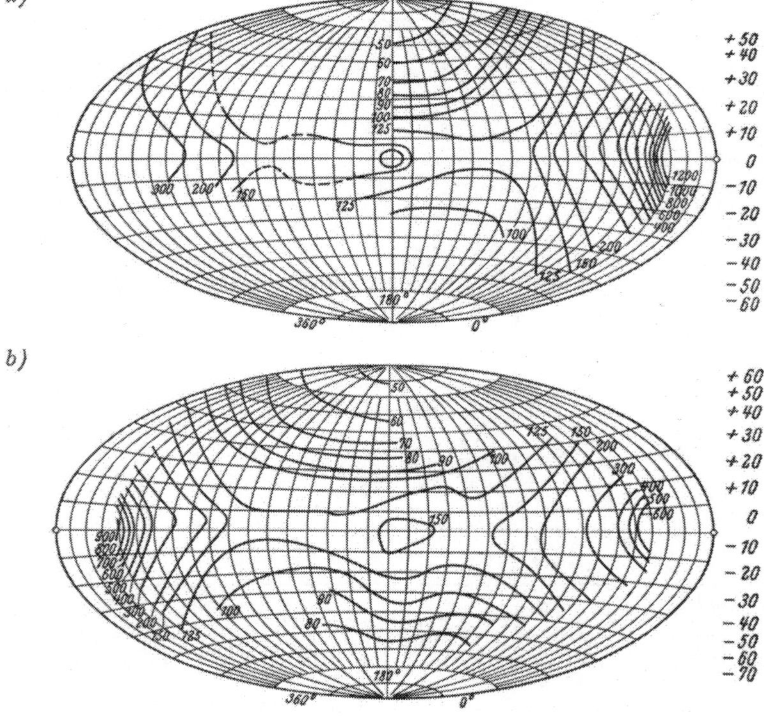

Abb. 9. Isophoten des Zodiakallichts in 5 Nächten im April und Mai 1936 (a) und in 3 Nächten im Juni und Juli 1936 (b) nach Ap. J. **85**, (1937) 232.

31 3345 Physikalische Ergebnisse. Spektrum [*1, 11*] und Polarisation [*11*] des Zodiakallichts zeigen, daß es durch Reflexion des Sonnenlichts an gröberen Staubteilchen $r \gg \lambda$ entsteht.

Anteil des polarisierten Lichts in Abhängigkeit vom Sonnenabstand [*11*].

Sonnenabstand	30°	40°	50°	60°	70°	75°	80°	85°	90°
Anteil des polarisierten Lichts:	0,125	0,125	0,130	0,15	0,13	0,10	0,06	0,04	0,025

Ansätze zur Bestimmung der Radien und der Dichteverteilung in der Staubwolke: siehe H. van Schewick [*12*].

Zodiakallicht in der Sonnenkorona. W. Grotrian erklärt den Anteil der Sonnenkorona, der Fraunhofer-Linien enthält (F-Korona), und das Zodiakallicht durch diffuse Reflexion an der gleichen Staubwolke [*13*]. Der von ihm geforderte starke Anstieg der räumlichen Dichte in der Nähe der Sonne ist unnötig, wenn man das an den Staubteilchen gebeugte Licht berücksichtigt. C. H. van de Hulst [*14*] stellt so die beobachtete Helligkeitsverteilung der F-Korona durch die Verteilungsfunktion der Radien der Staubteilchen $n(a) = C \cdot a^{-2{,}6}$ (a in cm) bei $C = 10^{-20}$ im Abstande 1 astr. Einheit dar. In den Abständen 0,5 A.E. ist $C = 5 \times 10^{-20}$ und in Abständen $< 0{,}1$ A.E. ist $C = 0$. Er erhält so als räumliche Dichte $\varrho = 5 \cdot 10^{-21}$ g/cm^{-3} und als Gesamtmasse der Zodiakallichtmaterie innerhalb der Erdbahn 10^{-9} Erdmassen.

Literatur.

[*1*] Hoffmeister, C.: Z. Aph. **19** (1939) 116. — [*2*] Hoffmeister, C.: Veröff. Berlin-Babelsberg **10**. Heft 1 (1932). — [*3*] Sandig, H. U.: AN **272** (1941) 7. — [*4*] Schoenberg, E., u. R. Pich: Mitt. Breslau **5**, Heft 1 (1939). — [*5*] Fessenkoff, B.: La Lumière Zodiacale, Thèse doct., Paris (1916). — [*6*] van Rhijn: Publ. Groningen, Nr. 31 (1921). — [*7*] Hoffmeister, C.: Veröff. Berlin-Babelsberg **8** Heft 2 (1930). — [*8*] Brunner, W.: Beiträge zur Photometrie des Nachthimmels, Publ. Zürich **6** (1935). — [*9*] Sandig, H. U.: Photometrie des Zodiakallichts, Mitt. Breslau **5** (1939) 25. — [*10*] Elvey, C. T., u. F. E. Roach: Ap. J. **85** (1937) 213. — [*11*] Dufay, J.: C. R. **181** (1925) 399. — [*12*] van Schewick, H.: VJS. d. AG. **74** (1939) 233. — [*13*] Grotrian, W.: Z. Aph. **8** (1934) 124. — [*14*] van de Hulst, H. C.: Ap. J. **105** (1947) 471. — [*15*] Sandig, H. U.: AN **265** (1938) 343.

Schoenberg

314 Zustandsgrößen und Strahlung der Sterne.

3141 Zustandsgrößen der Sterne.

31411 Klassifikation der Sternspektren.

314111 Zur Einführung: Becker, W., Sterne und Sternsysteme. 2. Aufl. Leipzig (1950).

Zusammenfassende Darstellung: Curtiss, R. H.: Hdb. d. Aph. V/1, Berlin (1932) sowie Becker, F.: VII, Berlin (1936). — Morgan, W. W.: Atlas of Stellar Spectra, Chicago (1943).

314112 Das heute allgemein gebräuchliche Klassifizierungssystem des Henry-Draper-Kataloges (HD) der Sternspektren [vgl. Harvard Ann. **99** (1924)] wurde von Miss A. J. Cannon und E. C. Pickering am Harvard-Observatorium entwickelt. Es ordnet die Sternspektren in eine lineare Folge, von der an zwei Stellen Seitenlinien abzweigen:

$$O - B - A - F - G - K - M, \quad K \nearrow S, \quad G \searrow R - N$$

Die einzelnen Klassen unterscheiden sich durch die Art und Intensität der auftretenden Absorptionslinien und sind durch dezimal ausgedrückte Übergangsstufen miteinander verbunden. Physikalisch bedeutet die Spektralsequenz im wesentlichen eine Ordnung der Sterne nach abnehmender Temperatur. Später eingeführte Verbesserungen und Ergänzungen des Systems sind in den Trans. IAU **5** (1935) 180 und **6** (1938) 248 zusammengestellt. Klassifiziert wird entweder durch Vergleichung mit Standardspektren, durch summarische Beschreibung oder durch Bestimmung der Intensitätsverhältnisse bestimmter Leitlinien. Eine vollständige bildliche und tabellarische Darstellung des Systems mit den am Yerkes-Observatorium gebräuchlichen Klassifikationskriterien geben W. W. Morgan, Philip C. Keenan, Edith Kellman in ihrem Atlas of Stellar Spectra: Aph. Mon. Ap. J., Chicago (1943).

314113 Die folgende Tabelle gibt zunächst die Klassifikation der *O*-Sterne nach H. H. Plaskett: Publ. Victoria **1** (1922) 366. Über die Abkürzungen der Namen der Sternbilder siehe 31511.

Spektralklasse	Typische Sterne und deren spektrale Charakteristika		Intensitätsverhältnisse He I 4472 / He II 4542	He II 4542 / Hγ 4340	Si IV 4089 / N III 4097
O 5	*BD* 35° 3930*N* 4° 1302	Spuren von Em- N III 4634 u. 4640 sowie λ 4603,8. He I und Abs- N III fehlen	0,0	0,6	—
O 6	*BD* 44° 3639 56° 2617	Si IV 4089 u. 4116 schwach oder fehlend. C III-Triplett bei λ 4649 nicht vorhanden	0,8	0,5	0,6
O 7	9 Sag *S* Mon	N III max. Intensität. He I gut ausgeprägt; C III-Triplett eben sichtbar. Mg II 4481 fehlt	1,4	0,4	0,8
O 8	λ_1 Ori *A* Cyg	N III schwächer; He I- und C III-Triplett stärker. He I λ 4121, 4144, 4388, 4713 ziemlich kräftig; Mg II 4481 eben erkennbar	2,0	0,3	1,0
O 9	10 Lac *BD* 34° 980	Si IV 4089, 4116 in max. Intensität. Si III 4552, 4568 eben erscheinend. Mg II 4481 deutlich. N III vorhanden; C III-Triplett bei 4649 auffallend; O III 3962 und 5592 kräftig	2,7	0,2	1,4

314114 Für die weiteren Klassen *B* bis *M* sind die am Harvard-Observatorium für Spektren kleiner Dispersion entwickelten Kriterien die folgenden [vgl. auch J. J. Nassau, C. K. Seyfert: Ap. J. **103** (1946) 117]:

Klasse	Typische Sterne	Klassifikationskriterien
B 0	ε Ori	He II noch schwach vorhanden. O II 4649 stark. Si IV in max. Intensität. H-Linien 0,3mal so stark wie bei *A* 0
B 1	β CMa, β Cen	He II nicht erkennbar. He I stärker als O II und Si IV
B 3	π^4 Ori, α Pav	He I im Maximum. H-Linien 0,5mal so stark wie bei *A* 0. O II und Si IV nicht erkennbar. Ca II [*K*] schwach
B 5	*q* Tau, Φ Vel	Si II 4128, 4131 stärker als He I 4121 Mg II 4481 = 0,7 He I 4471
B 8	β Per, γ Gru	Mg II 4481 = He I 4471. Ca II [*K*] schwächer als He I 4026
B 9	λ Aql, λ Cen	Mg II 4481 stärker als He I 4471. He I 4026 deutlich. Metallinien erscheinen
A 0	α CMa	H-Linien im Maximum. Ca II [*K*] = 0,1 H δ. Mg II 4481 stark, Metallinien unscheinbar
A 2	δ UMa, ι Cen	Ca II [*K*] = 0,4 *H* δ. Ca I 4227 = Fe II 4233. Metallinien deutlich
A 5	β Tri, 2 Pic	Ca II [*K*] = 0,9 (Ca II [H] + H ε). Ca II [*K*] stärker als H δ. Metalllinien stärker
F 0	δ Gem, α Car	H-Linien 0,5mal so stark wie bei *A* 0. Ca II [*K*] = (Ca II [*H*] + H ε) = 3,0 H δ
F 5	α CMi, ϱ Pup	H-Linien doppelt so stark wie im Sonnenspektrum. Fe I 4325 = 0,1 Hg. *G*-Band kräftig. Ca I 4227 = 0,5 H γ
G 0	α Aur, β Hyi	H γ = 1,5 Fe I 4325. Sr II 4077 = H δ = Ca I 4227. Ca II [*H*] und [*K*] sehr stark. *G*-Band gut ausgeprägt. Sonnenspektrum
G 5	ϰ Gem, α Ret	H γ schwächer als Fe I 4325
K 0	α Boo, 2 Phe	H γ = 0,5 Fe I 4325. Ca I 4227 3mal so stark wie bei *G* 0. Ca II [*H*] und [*K*] im Maximum. Ca I 4227 = 2,0 Fe II 4172. Ca I 4227 = 3,0 Fe I 4383. *G*-Band stärker als Ca I 4227
K 5	α Tau	Ca II [*H*] und [*K*] und Ca I 4227 sehr auffallend. *G*-Band nicht kontinuierlich. Fe I 4383 und 4405 kräftig
M 1	α Ori	Charakteristisch für Klasse *M* ist das Auftreten von TiO-Banden, durch deren zunehmende Intensität die Unterklassen bis etwa *M* 8 bestimmt sind

Die nachstehende Tabelle zeigt das bei der Potsdamer Spektral-Durchmusterung angewandte Klassifizierungsschema, bei dem durch Schätzung des Intensitätsverhältnisses bestimmter Leitlinien der Spektraltypus bestimmt wird. Als Leitlinien sind solche ausgewählt, die auch in Spektren sehr kleiner Dispersion, wie sie bei schwachen Sternen angewandt werden muß, noch erkennbar bleiben. Es sind die folgenden: λ 4340 H γ, 4299—4315 *G*-Band (Metallinien), 4227 Ca, 4102 H δ, 4026 He, 3934 Ca II (*K*-Linie).

Klasse	*H* δ/4026	*K*/*H* δ	*G*/*H* 8	4227/*G*	Klasse	*H* δ/4026	*K*/*H* δ	*G*/*H* γ	4227/*G*
B 0	1,5				*F* 6			0,6	
B 2	2,5				*F* 8			1,0	
B 4	4,0				*G* 0			2,0	
B 6	10,0				*G* 2			3,0	
B 8	15,0				*G* 4			4,0	
A 0		0,1			*G* 6			6,0	
A 2		0,3			*G* 8			8,0	
A 4		0,8			*K* 0			10,0	0,2
A 6		1,2			*K* 2				0,6
A 8		1,6			*K* 4				2,0
F 0		2,5	0,2		*K* 6				6,0
F 2			0,3		*K* 8				8,0
F 4			0,4						

Das charakteristische Verhalten der wichtigsten Elemente kommt in diesen Zahlen deutlich zum Ausdruck. Ähnliche Klassifikationskriterien werden auch an anderen Observatorien benutzt.

314115 Die Spektralklassen *R* bis *N*, deren Sequenz etwa bei *G* 5 von der *F*—*G*—*K*-Reihe abzweigt, sind durch das Erscheinen der Swanbanden des C_2-Moleküls (C^{12} und C^{13}) und von Absorptionsbanden des Cyan (CN) sowie des CH und NH charakterisiert und werden nach der Intensität dieser Banden von *R* 0 bis *R* 9 und anschließend von *N* 0 bis *N* 7 unterteilt [Shane, C. D.: Lick Publ. **13** (1928) 124; neuere Klassifizierungskriterien von P. C. Keenan u. W. W. Morgan: Ap. J. **94** (1941) 501. Aufnahmen mit großer Dispersion Sanford, R. F.: Ap. J. **111** (1950) 262]. Übergangsstufen zwischen *R* und *K* sowie zwischen *N* und *M* sind bisher nicht beobachtet worden.

F. Becker

Die Spektren der Klasse $\boxed{S}$ zweigen bei *K* von der Hauptsequenz ab. Ihr charakteristisches Merkmal sind Absorptionsbanden des ZrO; neuerdings ist auch LaO identifiziert worden. Übergänge zu *M* hin sind vorhanden.

Von den Sternen bis zur Größe $8^m{,}0$, deren Spektren vollständig bekannt sind, gehören 99,8% den Spektralklassen *B* bis *M* an; der Rest verteilt sich auf die Klassen *O*, *R*, *N*, *S*.

314116 Neben die Klasse *O* stellt man gewöhnlich die durch breite Emissionsbänder (Doppler-Effekt in expandierenden Gashüllen) charakterisierten Wolf-Rayet-Sterne $\boxed{W}$. Die Wolf-Rayet-Sterne lassen sich in eine Stickstoffsequenz *WN* und eine Kohlenstoffsequenz *WC* unterteilen. Die folgende Klassifikation nach C. S. Beals [Trans. IAU **6** (1938) 248] basiert hauptsächlich auf Intensität verhältnissen verschiedener Ionisationsstufen.

Stickstoffsequenz.

Spektralklasse	Typische Sterne HD Nummer	Intensitätsverhältnisse		Sonstige Kriterien
			$\frac{\text{He I } 5875}{\text{He II } 5411}$	
WN 5	187282 21156	$\frac{\text{NV } 4605\text{—}22}{\text{He II } 4686}=0{,}2$	0,1	λ 4945 vorhanden
WN 6	191765 192163	—	0,5	Band λ 4600—λ 4660 stark λ 4938 vorhanden
WN 7	151932 92740	$\frac{\text{N III } 4640}{\text{He II } 4686}=0{,}5$	1,5	—
WN 8	177230 96548	$\frac{\text{N III } 4640}{\text{He II } 4686}=1{,}5$	5,0	—

Kohlenstoffsequenz.

Spektr.-Klasse	Typische Sterne HD Nummer	Intensitätsverhältnisse					Sonstige Kriterien
		$\frac{\text{C III } 5696}{\text{C IV } 5812}$	$\frac{\text{C III } 5696}{\text{O V } 5592}$	$\frac{\text{C II } 4267}{\text{C IV } 4786}$	$\frac{\text{C III } 4650}{\text{He II } 4686}$	$\frac{\text{He I } 5875}{\text{He II } 5411}$	
WC 6	16523 165763	0,3	1,2	0,0	—	—	λ 4650 und λ 4686 nicht aufgelöst λ 5812 und λ 5875 nicht aufgelöst Bandbreite ~ 70 Å
WC 7	192103 119078	0,7	8,0	1,0	4,0	1,5	Bandbreite ~ 35 Å
WC 8	184738 164270	3,0	—	2,0	9,0	5,0	Bandbreite ~ 10 Å

In einzelnen Wolf-Rayet-Spektren treten sowohl Kohlenstoff- wie Stickstoffbänder auf; ferner gibt es Übergänge zwischen den Klassen *W* und *O* [vgl. P. Swings: Ap. J. **95** (1942) 112 und L. H. Aller: Ap. J. **97** (1943) 135]. Spektren vom Wolf-Rayet-Typus zeigen auch die Zentralsterne mancher planetarischer Nebel (den Spektren der Nebel [vgl. 31642] ist die Klasse $\boxed{P}$ vorbehalten) sowie neue Sterne im Endstadium (vgl. 3163 u. 3164) [L. H. Aller: Ap. J. **108** (1948) 462. — Dean B. McLaughlin: Ap. J. **95** (1942) 428]. Über die Spektren der Wolf-Rayet-Sterne im Infrarot (λλ 6500—8800) vgl. P. Swings und P. D. Jose [Ap. J. **111** (1950) 513].

314117 Abkürzungen zur Kennzeichnung von Besonderheiten, die im Rahmen einer einparametrigen Klassifikation nicht untergebracht werden können:

c (Präfix; z. B. *cA* 2) kennzeichnet Spektren, die sich durch besonders scharfe Linien und damit parallel gehende Abweichungen der Intensitätsverhältnisse gewisser Linien von der Normalsequenz unterscheiden (Übergiganten).

n (nebulous) oder *nn* bzw. *s* (sharp), wie alle folgenden Bezeichnungen als Suffix, kennzeichnen diffuses bzw. scharfes Aussehen der Linien (letzteres ohne sonstige *c*-Kriterien). *n* bedeutet häufig Doppler-Verbreiterung infolge schneller Rotation des Sternes, auch Stark-Effekt.

e Emissionslinien (bei Spektraltypen, die normalerweise keine solchen aufweisen). Besonders häufig helle Wasserstofflinien in Klasse *B* und *M* (Anzeichen ausgedehnter atmosphärischer Hüllen, „shells").

v variables Spektrum.

p (peculiar) charakterisiert verschiedenartige Besonderheiten, z. B. anomale Stärke der Linien eines bestimmten Elementes.

Zur Unterscheidung von Sternen desselben Spektraltypus, aber verschiedener absoluter Helligkeit (Riesen- und Zwergsterne) werden die Präfixe *g* (giant, z. B. *gK* 5) und *d* (dwarf, z. B. *dK* 0) angewandt. Eine Verfeinerung dieser Unterscheidung bedeuten die von W. W. Morgan [Ap. J. **85** (1937) 380; **87**

(1938) 460] eingeführten Leuchtkraftklassen, durch die in Verbindung mit dem Spektraltypus die Stellung des Sternes im Russell-Diagramm charakterisiert ist. Es sind die folgenden:

I	Übergiganten der frühen Spektraltypen,
Ia	hellere Übergiganten } der späteren Spektralklassen,
Ib	schwächere Übergiganten, } der späteren Spektralklassen,
II	Zwischenstufen zwischen den Übergiganten und den normalen Riesen,
III	normale Riesensterne,
IV	Unterriesen,
V	Hauptreihensterne (Zwergsterne).

Über die für Spektren kleiner Dispersion geeigneten Leuchtkraftkriterien vgl. auch B. Lindblad [Ap. J. **104** (1946) 325]; J. J. Nassau u. G. B. van Albada [Ap. J. **106** (1947) 20].

314118 Wichtigste Spektralkataloge: Henry Draper Catalogue of Stellar Spectra (A. J. Cannon, E. C. Pickering), Harvard Ann. **91**—**99** (1918/24). — Henry Draper Extension (A. J. Cannon), Harvard Ann. **100** (1925/31) **112** (1949). — Kapteyn-Felder: Südhalbkugel, Potsdamer Spektraldurchmusterung (F. Becker, H. A. Brück), Publ. Potsdam **88**—**93** (1929/38). — Kapteyn-Felder: Nordhalbkugel (M. L. Humason), Mt. Wilson Contr. Nr. 458 (1932). — Bergedorfer Spektraldurchmusterung (A. Schwassmann, P. J. van Rhijn) I/III (1935/47). — Spektraldurchmusterung von Milchstraßenfeldern (A. A. Wachmann) Teil **1** (1939). — Verschiedene Spezialkataloge im Astrophysical Journal.

Vergleichung verschiedener Spektralkataloge: A. N. Vyssotsky: Ap. J. **93** (1941) 425; F. H. Seares u. M. C. Joyner: Ap. J. **98** (1943) 244; H. A. Brück: MN **105** (1945) 206.

314119 Wellenlänge, Identifikation und Intensität der Linien ausgewählter Sterne und Spektralklassen.

Klasse	λ	Literatur
W	3342—7125	Payne, C. H.: Z. Aph. **7** (1933) 9
*O*9—*B*8	3820—4924	Struve, O.: Ap. J. **74** (1931) 225
*O*9—*B*8	3587—5048	Marshall, R. K.: Publ. Michigan **5** (1934) 137
*O*9—*A*2	3227—3957	Struve, O.: Ap. J. **90** (1939) 699
*B*o (τ Sco)	3945—4713	Struve, O., u. Th. Dunham: Ap. J. **77** (1933) 321
*B*2—*B*3	3700—5000	Kühlborn, H.: Veröff. Berlin-Babelsberg **12** (1938) Heft 1
A	3913—4673	Morgan, W. W.: Publ. Yerkes **7**, III (1935)
*cA*2 (α Cyg)	3000—3300	Rush, J. H.: Ap. J. **95** (1942) 213
desgl.	3862—6590	Struve, O., u. P. Swings: Ap. J. **94** (1941) 344
cApe (v Sag)	3564—4861	Greenstein, J. L., u. W. S. Adams: Ap. J. **106** (1947) 339
desgl.	6572—8498	Greenstein, J. L., u. P. W. Merrill: Ap. J. **104** (1946) 177
*F*o (α Car)	3899—4957	Greenstein, J. L.: Ap. J. **95** (1942) 161
*dF*4 (α CMi)	3800—6768	Swensson, J. W.: Ap. J. **103** (1946) 207
*F*5 (α Per)	4150—6700	Dunham, Th.: Contr. Princeton Nr. 9 (1929)
*K*o (α Boo)	4119—6743	Hacker, S. G.: Contr. Princeton Nr. 16 (1935)
gM (β Peg)	3400—8839	Davis, D. N.: Ap. J. **106** (1947) 28

31412 Die „Oberflächen"-Temperatur der Fixsterne.

314121 Definition. Als „Oberflächen"-Temperatur bezeichnet man diejenige Temperatur, die sich aus der Intensität oder Intensitätsverteilung der den Stern verlassenden Strahlung ergibt.

Da die Sterne keine schwarzen Strahler sind, hat man zwischen Farbtemperatur (T_F), Strahlungstemperatur (T_S) und effektiver Temperatur (T_e) zu unterscheiden. Bei den beiden ersten ist außerdem noch zu beachten, daß sie in ihrem Zahlenwert vom Spektralbereich abhängen, in dem sie bestimmt werden. Der Beobachtung ist im allgemeinen nur T_F zugänglich, nämlich diejenige Temperatur, die innerhalb eines beschränkten Spektralbereichs die relative Energieverteilung J_λ im kontinuierlichen Spektrum eines Sterns am besten durch eine Plancksche Funktion:

$$J_\lambda = \frac{\text{const}}{\lambda^5} \cdot \left(e^{c_2/\lambda T_F} - 1\right)^{-1}$$

approximiert. Für strahlungsenergetische Betrachtungen benötigt man aber meist T_S oder T_e. Durch T_S ist in Verbindung mit dem Planckschen Gesetz die Ausstrahlung in einem bestimmten (visuellen, photographischen usw.) Spektralgebiet pro cm² und sec an der Sternoberfläche bestimmt. Die effektive Temperatur T_e ist dadurch definiert, daß σT_e^4 gleich der Gesamtausstrahlung pro cm² und sec an der Sternoberfläche sein soll. Den Übergang von T_F zu T_S oder T_e vermittelt einerseits die Theorie und andererseits die Empirie [Becker, W.: Z. Aph. **19** (1940) 267; **25** (1948) 145]. Für den speziellen Fall der Sonne vgl. D. Chalonge, L. Divan, V. Kourganoff: Ann. d'Astrophys. **13** (1950) 347.

31 4122 Temperaturskalen. Den Gang der Temperaturen mit dem Spektraltypus der Sterne bezeichnet man als die Skala der Sterntemperaturen.

Spektrum	Farbtemperatur $\lambda > 450\,m\mu$	Farbtemperatur $490—400\,m\mu$	Strahlungstemperatur	Ionisationstemperatur	Effektive Temperatur	Farbenindex	Farbe
O	—	—	—	25000	—	—	
B 0	24700 (0,58)	29200 (0,49)	18900 (0,76)	20000	25000	— 0,^{m}21	*W*
B 2	22700 (0,63)	27000 (0,53)	17050 (0,84)	18000	20500	0,18	
B 4	19600 (0,73)	23500 (0,61)	14450 (0,99)	16000	17000	0,15	
B 6	17900 (0,80)	21400 (0,67)	13400 (1,07)	14000	14500	0,11	
B 8	15700 (0,91)	18900 (0,76)	12250 (1,17)	12000	12300	0,05	
A 0	13650 (1,05)	15950 (0,90)	10850 (1,32)	10000	10700	0,00	
A 2	11850 (1,21)	13150 (1,09)	9800 (1,46)	9300	9700	+ 0,07	
A 4	10150 (1,41)	10950 (1,31)	8850 (1,62)	8800	8900	0,17	
A 6	9300 (1,54)	9750 (1,47)	8300 (1,73)	8100	8250	0,24	*GW*
A 8	8650 (1,66)	8850 (1,62)	7900 (1,82)	7750	7850	0,31	
dF 0	8050 (1,78)	8250 (1,74)	7550 (1,90)	7500	7500	0,38	
dF 2	7600 (1,88)	7800 (1,84)	7280 (1,97)	7200	7100	0,43	
dF 4	7200 (1,99)	7300 (1,97)	7000 (2,05)	6800	6630	0,47	
dF 6	6850 (2,09)	6750 (2,11)	6700 (2,13)	6400	6340	0,52	
dF 8	6540 (2,19)	6200 (2,31)	6390 (2,24)	6000	6150	0,55	
dG 0	6220 (2,30)	5530 (2,59)	6000 (2,39)	5600	6000	0,59	
dG 2	6020 (2,38)	5180 (2,76)	5780 (2,48)	5300	5710	0,63	
dG 4	5920 (2,42)	4950 (2,89)	5620 (2,55)	5000	5470	0,71	*WG*
dG 6	5710 (2,51)	4760 (3,01)	5510 (2,60)	4700	5260	0,77	
dG 8	5480 (2,61)	4520 (3,17)	5360 (2,67)	4300	5080	0,85	
dK 0	5260 (2,72)	4210 (3,40)	5140 (2,78)	4000	4910	0,93	
dK 2	4980 (2,87)	3920 (3,66)	4940 (2,90)	3700	4650	1,08	*G*
dK 4	4700 (3,05)	3630 (3,95)	4710 (3,04)	3300	4150	1,17	
dK 6	4440 (3,23)	—	—	3000	3700	—	
dM 0	—	—	—	3000	3400	1,52 :	*RG*
gF 0	8050 (1,78)	8250 (1,74)	7550 (1,90)	—	7500	0,38	*GW*
gF 2	7600 (1,88)	7800 (1,84)	7280 (1,97)	—	7100	0,43	
gF 4	6830 (2,10)	7070 (2,03)	6850 (2,09)	—	6630	0,47	
gF 6	6420 (2,23)	6330 (2,26)	6450 (2,22)	—	6200	0,55	
gF 8	5950 (2,41)	5510 (2,60)	5980 (2,40)	—	5750	0,66	
gG 0	5460 (2,62)	4710 (3,04)	5460 (2,62)	—	5200	0,77	*WG*
gG 2	5220 (2,74)	4310 (3,32)	5220 (2,74)	—	4950	0,86	
gG 4	5070 (2,82)	4100 (3,49)	5070 (2,82)	—	4740	0,96	
gG 6	4940 (2,90)	3940 (3,64)	4950 (2,89)	—	4530	1,04	*G*
gG 8	4730 (3,03)	3660 (3,91)	4740 (3,02)	—	4390	1,12	
gK 0	4460 (3,21)	3240 (4,43)	4400 (3,25)	—	4230	1,23	
gK 2	4160 (3,44)	2870 (4,98)	4090 (3,50)	—	3980	1,43	*RG*
gK 4	3880 (3,70)	2620 (5,47)	3840 (3,73)	—	3720	1,59	
gK 6	3650 (3,92)	2470 (5,80)	3690 (3,88)	—	3550	—	
gK 8	3470 (4,12)	2390 (5,99)	3620 (3,96)	—	3470	—	
gM 0	3330 (4,31)	2350 (6,09)	—	—	3400	1,86 :	*R*
gM 2	3190 (4,51)	2320 (6,12)	—	—	3200	1,79 :	
gM 4	3050 (4,69)	2320 (6,12)	—	—	2930	—	

Bemerkungen: Spektraltypussystem Mt. Wilson. In Klammern jeweils der $10^4 \cdot c_2/T$-Wert.

a) Die Daten von T_F für den langwelligen (700—450 mμ) und den kurzwelligen Teil (490—400 mμ) des üblicherweise verwendeten Spektralbereichs sind getrennt angegeben (Becker, W.: Sterne und Sternsysteme, Dresden (1950) 34). Die Zahlen beruhen auf den spektralphotometrischen Messungen von Wilsing, J.: Publ. Potsdam Nr. 56 (1909) und Nr. 74 (1919). — Rosenberg, H.: Abh. K. Leop. Carol. Akad. Nat. **101**, Nr. 2 (1914). — Jensen, H.: AN **248** (1933) 217; AN **252** (1934) 303. — Greaves, W. M., C. R. Davidson, E. G. Martin: MN **100** (1940) 189. — Kienle, H., H. Straßl, J. Wempe: Z. Aph. **16** (1938) 201. — Chalonge, D., D. Barbier, A. Arnulf: Ann. d'Astrophys. **1** (1938) 293; **1** (1940) 402. — Hall, J. S.: Ap. J. **94** (1941) 71; **95** (1942) 231. — Stebbins, J., A. E. Whitford: Ap. J. **102** (1946) 318. Der Anschluß der Skala an den schwarzen Körper stammt von Kienle, H.: Mitt. Potsdam Nr. 6 (1940). Die Skala der T_e, deren Bestimmung auf prinzipielle Schwierigkeiten stößt, ist noch nicht sicher festgelegt. In der Tabelle ist sie nach Kuiper, G. P.: Ap. J. **88** (1938) 429 angegeben. Die Temperaturskala ist ihrem statistischen Charakter entsprechend mit einer Streuung der T behaftet, die bei den heißesten Sternen mehrere 1000°, bei den kältesten mehrere 100° beträgt.

b) Bei heißen Sternen mit ausgedehnten atmosphärischen Hüllen, die zum Erscheinen von

W. Becker

Emissionslinien Anlaß geben, führt die Betrachtung der Energiebilanz zwischen Elektronen und Lichtquanten zu einer Bestimmung von T_S mit folgendem Ergebnis:

1. Zentralsterne planetarischer Nebel . . .	40000° bis 170000°;	Mittel	60000°
2. Wolf-Rayet-Sterne	50000° ,, 110000°;	,,	70000°
3. Neue Sterne	— —	,,	60000°
4. *O*-Sterne	— —	,,	34000°
5. *Be*-Sterne	— —	,,	17600°

Literatur. [*1*] Vorontsov-Veljaminov, B. A.: RAJ **8** (1931) 124. — [*2*] Beals, C. S.: Publ. Victoria **6**, Nr. 9 (1934). — [*3*] Ebd. und Spencer Jones, H.: Cape Ann. **10**, part 9, (1931) 176. — [*4*] Zanstra, H.: Ap. J. **65** (1927) 50. — [*5*] Mohler, F. L.: Publ. Michigan **5**, Nr. 5 (1933).

c) Die Analyse der Ionisations- und Anregungsverhältnisse in den Sternatmosphären führt zur Skala der Ionisationstemperaturen T_I, deren Nullpunkt durch die Wahl von 10000° für *A*o-Sterne festgelegt ist. Bei $T < 7000°$ gibt sie beträchtlich niedrigere Temperaturen als die T_g bzw. T_e [Payne, C. H.: MN **92** (1931) 386].

d) Die Analyse der Bandenabsorption in Sternen niedriger Temperatur erlaubt es, die Temperaturen derartiger Sterne zu bestimmen. K. Wurm [Z. Aph. **5** (1932) 261] erhielt für *N*o-Sterne 1500°.

e) Ein Maß für T_F stellt der Farbenindex *FI* dar (s. 314217): $FI = m_\lambda - m_{\lambda'}$, wobei $\lambda < \lambda'$ ist. In der Tabelle sind die mittleren Farbenindizes für die internationalen photographischen ($\lambda = 430$ mμ) und visuellen ($\lambda' = 540$ mμ) Größen in Abhängigkeit vom Spektraltypus angegeben [Becker, W.: Sterne und Sternsysteme, Dresden (1950) 23]. Den Farbenindizes sind die visuellen Farbeindrücke nach der Bezeichnung der Potsdamer Photometrischen Durchmusterung [Publ. Potsdam Nr. 52 (1907)] beigefügt (*W* = Weiß, *G* = Gelb, *R* = Rot).

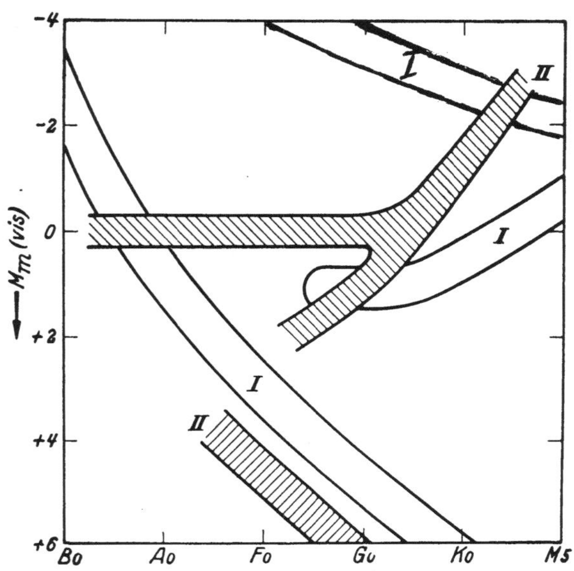

Abb. 1. Schematisches Zustandsdiagramm der Populationen *I* und *II* (nach W. Baade; ergänzt durch die Unterzwerge).

31 413 Die absoluten Größen *M* der Fixsterne.

31 4131 Definition. Die absoluten Größen *M* ergeben sich aus den scheinbaren *m* durch Reduktion auf die Einheit der Entfernung, die hierbei zu 10 pc angenommen wird. Es ist dann: $M = m + 5 - 5 \log r$. Man hat ebenso wie bei *m* zwischen den auf verschiedene Spektralbereiche bezogenen *M* zu unterscheiden (M_{pg}, M_{pv}, M_{rot} usw.), die durch Anbringung einer entsprechenden bolometrischen Korrektion auf die bolometrische absolute Größe M_{bol} reduziert werden (s. 314218, 314219 und 31542). Der Spielraum der *M* bei normalen Fixsternen ist durch eine anscheinend naturgegebene obere Grenze von etwa -7^m (weiße Sterne) und eine im wesentlichen instrumentell bedingte untere Grenze gegeben, die derzeit bei etwa $+19^m$ (rote Sterne) liegt.

31 4132 Die Verteilung der Sterne im *M*-*T*- oder im *M*-Spektraltypus-Diagramm (Zustandsdiagramm oder Hertzsprung-Russell-Diagramm) macht die Unterscheidung von zwei verschiedenen Sternpopulationen (*PI* und *PII*) notwendig [Baade, W.: Ap. J. **100** (1944) 137]. In beiden Populationen füllen die Sterne streifenförmig verlaufende Bereiche aus, die sich an mindestens zwei Stellen schneiden (Abb. 1). Der *PI* gehören die überwiegende Mehrzahl der Sterne in den Armen von Spiralnebeln (also auch die Sterne der näheren Sonnenumgebung) an und die Sterne der offenen Sternhaufen (s. 3183). Ihr Charakte-

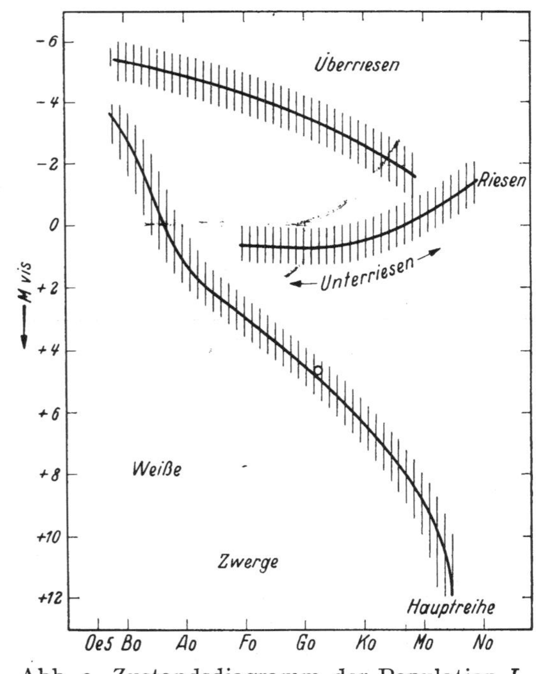

Abb. 2. Zustandsdiagramm der Population *I*.

ristikum sind die heißen *O*- und *B*-Sterne. *PII* findet man in Kugelhaufen (s. 31 82), in den Kernen von Spiralnebeln und in elliptischen Nebeln. Außerdem gehören ihr die *RR* Lyrae-Veränderlichen (s. 31 62 21) und wohl sicher die Schnelläufer (s. 31 746) und die meist zu den Schnelläufern gehörenden Unterzwerge an, die alle auch im Bereich der Spiralarme außergalaktischer Nebel auftreten. Charakteristisch sind das Fehlen von *O*- und *B*-Sternen und die Existenz von roten Riesensternen mit einer gegenüber *PI* überhöhten absoluten Helligkeit.

Innerhalb des Zustandsdiagramms der *PI* lassen sich die folgenden Sterngruppen mehr oder weniger streng voneinander abgrenzen (Symbole der Gruppen nach: Morgan, W.W., P. C. Keenan u. E. Kellman: An Atlas of Stellar Spectra, Aph. Mon. Ap. J. (1943)): *I* = Übergiganten, *II* = helle Riesen, *III* = normale Riesen, *IV* = Unterriesen, *V* = Zwerge, wozu noch die Gruppe der weißen Zwerge (s. 31 72) tritt (Abb. 2).

In der folgenden Tabelle sind die Zusammenhänge für *PI* zahlenmäßig gegeben (Becker, W.: Sterne und Sternsysteme, Dresden (1950) 50). Für *PII* sind die Daten noch nicht so genau festgelegt. Sie können mit hinreichender Genauigkeit der Abb. 1 entnommen werden.

31 4133 Absolute Größe und Spektraltypus für Sterne der Hauptreihe und für Riesen.

Spektrum	Absolute Größe			Spektrum	Absolute Größe		
	visuell	phot.	bol.		visuell	phot.	bol.
	m	m	m		m	m	m
O	— 3,5	— 3,7	— 7,5	*A* 0	+ 1,0	+ 1,0	+ 0,3
B 0[1]	— 3,2	— 3,4	— 5,9	*A* 1	+ 1,4	+ 1,4	+ 0,8
B 1	— 2,8	— 3,0	— 5,2	*A* 2	+ 1,6	+ 1,7	+ 1,1
B 2	— 2,3	— 2,5	— 4,5	*A* 3	+ 2,0	+ 2,1	+ 1,5
B 3	— 1,9	— 2,0	— 3,8	*A* 5	+ 2,3	+ 2,4	+ 2,0
B 4	— 1,4	— 1,5	— 3,2	*A* 7	+ 2,6	+ 2,8	+ 2,4
B 6	— 0,8	— 0,9	— 2,2	*A* 8	+ 2,7	+ 2,9	+ 2,5
B 8	— 0,0	— 0,0	— 1,0	*A* 9	+ 2,8	+ 3,0	+ 2,7
dF 0	+ 3,0	+ 3,3	+ 2,9	*gF* 0	+ 0,6	+ 1,0	+ 0,6
dF 2	+ 3,2	+ 3,5	+ 3,2	*gF* 2	+ 0,6	+ 1,1	+ 0,6
dF 4	+ 3,5	+ 3,8	+ 3,5	*gF* 4	+ 0,6	+ 1,1	+ 0,6
dF 6	+ 3,9	+ 4,3	+ 3,9	*gF* 6	+ 0,6	+ 1,2	+ 0,5
dF 8	+ 4,2	+ 4,7	+ 4,2	*gF* 8	+ 0,6	+ 1,3	+ 0,4
dG 0	+ 4,6	+ 5,1	+ 4,5	*gG* 0	+ 0,6	+ 1,4	+ 0,3
dG 2	+ 4,9	+ 5,5	+ 4,8	*gG* 2	+ 0,5	+ 1,5	+ 0,2
dG 4	+ 5,3	+ 5,9	+ 5,2	*gG* 4	+ 0,5	+ 1,6	+ 0,2
dG 6	+ 5,6	+ 6,3	+ 5,5	*gG* 6	+ 0,5	+ 1,7	+ 0,1
dG 8	+ 5,9	+ 6,6	+ 5,8	*gG* 8	+ 0,5	+ 1,7	+ 0,0
dK 0	+ 6,3	+ 7,2	+ 6,2	*gK* 0	+ 0,4	+ 1,8	— 0,1
dK 2	+ 6,8	+ 7,8	+ 6,6	*gK* 2	+ 0,3	+ 1,9	— 0,4
dK 4	+ 7,3	+ 8,4	+ 6,8	*gK* 4	+ 0,1	+ 1,9	— 1,0
dK 6	+ 7,7	+ 8,9	+ 7,1	*gK* 6	0,0	+ 1,9	— 1,4
dK 8	+ 8,3	+ 9,6	+ 7,7	*gK* 8	— 0,1	+ 1,9	— 1,6
dM 0	+ 8,9	+ 10,3	+ 8,2	*gM* 0	— 0,2	+ 1,9	— 1,7
dM 3	+ 10,3	+ 11,9	(+ 9,3)	*gM* 3	— 0,4	(+ 2,0)	(— 2,7)
dM 5	+ 13,0	(+ 14,7)	(+ 11,7)	*N*[2]	— 2,0	—	—
dM 5,5	+ 14,7	—	—	*R*[3]	— 0,4	—	—

[1] Die *Bn*-Sterne dürften etwa $0{,}^{m}2$ schwächer, die *Bs*-Sterne um $0{,}^{m}2$ heller sein als das Mittel. Neueste Ergebnisse über die Größen der *O*- und *B*-Sterne: Wilson, R. E.: Ap. J. **94** (1941) 12 = Mt. Wilson Contr. 646.

[2] Nach R. E. Wilson: Ap. J. **90** (1939) 352 = Mt. Wilson Contr. 615. — Sanford, R.: Ap. J. **82** (1935) 357 = Mt. Wilson Contr. 525 und Ap. J. **99** (1944) 145 = Mt. Wilson Contr. 689.

[3] Nach R. E. Wilson: Ap. J. **90** (1939) 486 = Mt. Wilson Contr. 618; Ap. J. **99** (1944) 145 = Mt. Wilson Contr. 689.

31 4134 Visuelle absolute Größen der Übergiganten[1].

Spektrum	*M*	Spektrum	*M*	Spektrum	*M*
	m		m		m
B 0—1	— 5,4	*A* 5	— 4,7	*G* 2	— 3,6
B 2—3	— 5,3	*A* 8	— 4,5	*G* 5	— 3,2
B 5	— 5,2	*F* 0	— 4,4	*G* 8	— 2,8
B 7—9	— 5,0	*F* 5	— 4,2	*K* 0	— 2,6
A 0	— 4,9	*F* 8	— 4,0	*K* 2	— 2,3
A 2—3	— 4,8	*G* 0	— 3,8	*K* 5	— 2,0

[1] Nach W. Becker: Z. Aph. **18** (1939) 45 sowie P. Merrill u. R. Sanford: Ap. J. **87** (1938) 124 = Mt. Wilson Contr. 585. Die neuesten, ausführlicheren Daten: Wilson, R. E.: Ap. J. **93** (1941) 2 = Mt. Wilson Contr. 643. — Joy, A.: Ap. J. **105** (1945) 96 = Mt. Wilson Contr. 726. — Pilowski, K.: Z. Aph. **11** (1936) 295.

W. Becker

Dem statistischen Charakter des Zustandsdiagramms entsprechend tritt eine Streuung der M auf, die bei den früheren Spektraltypen bis F etwa $\pm 0{,}^m4$ und bei den späteren etwa $\pm 0{,}^m7$ beträgt [Gyllenberg, W.: Lund Medd. II, Nr. 57 (1931) und Nr. 68 (1934)].

31 414 Die Massen der Fixsterne.

31 4141 Sternmassen können bei Doppelsternen aus dem dritten Keplerschen Gesetz bestimmt werden. Allerdings werden die Möglichkeiten dadurch beschränkt, daß man zur hypothesenfreien Bestimmung der Massen bei den visuellen Doppelsternen die Parallaxen und bei den Bedeckungsveränderlichen die Radialgeschwindigkeiten beider Komponenten kennen muß, und daß bei den spektroskopischen Doppelsternen die Bahnneigung unbekannt ist (s. 31610).

Die Sternmassen bewegen sich zwischen den Grenzen 0,14 und etwa 400 Sonnenmassen. Die weitaus überwiegende Mehrzahl hält sich allerdings zwischen 0,4 und 4 Sonnenmassen, so daß man bei Abschätzungen pro Stern eine Masse von 2 Sonnen zugrunde legen darf. In einigen visuellen Systemen wurden unsichtbare Begleiter von der Größenordnung 0,01 Sonnenmassen festgestellt (s. 31614), die schon zu den planetaren Massen überleiten (Jupiter = 0,001 Sonnenmasse).

31 4142 Die Masse $\mathfrak{M}$ steht in enger Korrelation zur absoluten Größe M (Eddington, A. S.: MN **77** (1917) 569; Kuiper, G. P.: Ap. J. **88** (1938) 489). Diese Massen-Leuchtkraft-Beziehung (Abbildung 3) kann mit Ausnahme der größten Massen durch die empirische Formel $\log \mathfrak{M} = 0{,}064 + 0{,}262 \log L$ (wobei $\log L$ = [illegible] $- 0{,}4M$ ist) dargestellt werden (Russell, H. N., u. Ch. E. Moore: The Masses of the Stars, Aph. Mon. Ap. J. (1940)).

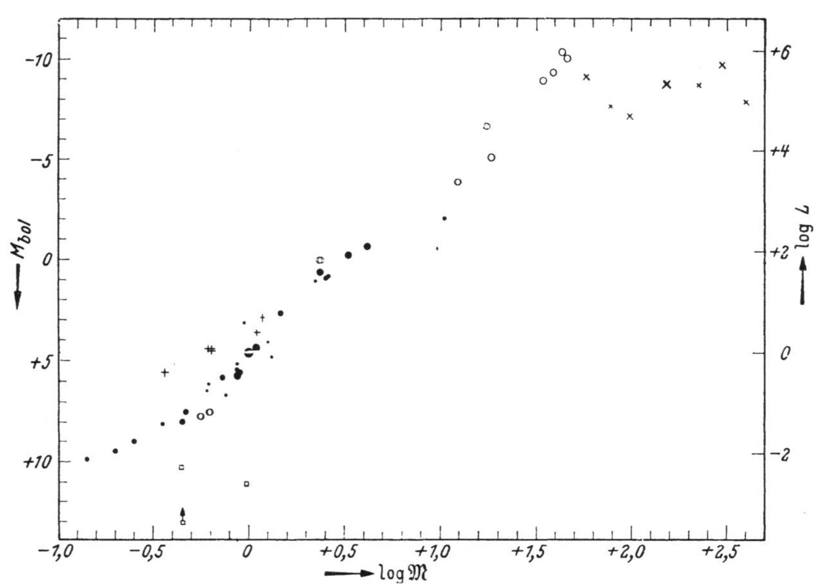

Abb. 3. Massen-Leuchtkraft-Beziehung. Punkte: Visuelle Doppelsterne; offene Kreise: spektroskopische Doppelsterne; senkrechte Kreuze: Hyadensterne; schräge Kreuze: Übergiganten; Quadrate: weiße Zwerge. (Nach Kuiper.)

Die folgende Tabelle gibt nach Kuiper den numerischen Zusammenhang zwischen M_{bol} und $\mathfrak{M}$. (Sonne: $M_{bol} = 4{,}^m62$; $\mathfrak{M} = 1{,}98 \cdot 10^{33}$ g)

M_{bol}	$\mathfrak{M}$ / $\odot$	$\mathfrak{M}'_{bol}$	$\mathfrak{M}$ / $\odot$	M_{bol}	$\mathfrak{M}$ / $\odot$
$+12^m$	0,12	$+5^m$	0,79	-2^m	5,13
11	0,16	4	1,05	3	6,46
10	0,21	3	1,35	4	8,32
9	0,28	2	1,78	5	11
8	0,36	+1	2,34	6	14
7	0,48	0	3,09	7	20
+6	0,62	−1	3,98	−8	32

Einige Sterne befolgen nicht diese Massen-Leuchtkraft-Beziehung. Die weißen Zwerge sind bis zu 5^m schwächer als ihrer Masse entspricht, und in manchen engen Doppelsternsystemen harmonieren die Massenverhältnisse nicht mit dem beobachteten Größenklassen- oder Spektrenunterschied beider Komponenten (Lohmann, W.: Z. Aph. **25** (1948) 94; Struve, O.: Ann. d'Astrophys. **11** (1948) 117).

Da die absoluten Größen auch mit dem Spektraltypus korreliert sind (s. 31413), so muß auch eine Massen-Spektraltypus-Beziehung existieren. Sie ist in 314154 zu finden (Becker, W.: Sterne und Sternsysteme, Dresden (1950) 66).

31 415 Radien, Dichten und Schwerebeschleunigung bei Fixsternen.

31 4151 Eine mikrometrische Bestimmung von scheinbaren Sternradien ist nur bei der Sonne möglich. Bei einigen roten Überriesen großer scheinbarer Helligkeit konnte der scheinbare Radius mit dem Interferometer gemessen werden [Michelson, A. A., u. F. G. Pease: Ap. J. **51** (1920) 257; Ap. J. **53** (1920) 263; Pease, F. G.: Erg. d. exakt. Naturw. **10** (1931)]. In Verbindung mit den Parallaxen ergaben sich die folgenden linearen Radien in Sonneneinheiten ($R_\odot = 695300$ km):

Stern	Spektrum	Radius	Stern	Spektrum	Radius
α Bootis	*K*o	12	β Pegasi	*M* 5	55
α Tauri	*K* 5	18	α Herculis	*cM* 8	400
α Orionis	*cM*o	180	o Ceti	*cM* 7	195
			α Scorpii	*cM*o	143

31 4152 Bei den Bedeckungsveränderlichen liefert die Lichtkurve die Radien der Komponenten in Einheiten der großen Halbachse der Bahn. Kennt man die Radialgeschwindigkeitskurve, die die große Halbachse in km liefert, so kann man daraus lineare Radien berechnen. Die folgende Zusammenstellung gibt eine Übersicht über die Ergebnisse [Gaposchkin, S.: Harvard Repr. Nr. 201 (1940); Moore, J. H.: Lick Bull. **18** (1936) 1; Walter, K.: Z. Aph. **15** (1938) 335]:

Spektrum	Spielraum ⊙	$\bar{R}$ ⊙	*n*	Spektrum	Spielraum ⊙	$\bar{R}$ ⊙	*n*
O 9	—	6	6	*F*o—*F* 8	0,3—1,7	0,9	6
*B*o—*B* 3	1,3—4,2	2,2	14	*G* 2—*K*o*	1,5—2,8	2,3	5
B 8—*A* 2	0,6—1,7	1,1	15	*cF*—*cM***	75—1200	—	3
A 7—*A* 9	0,6—1,1	0,9	4	*dM* 1	—	0,4	2

* Unterriesen. ** *ζ Aur* ∼ 100 ⊙; *ε Aur* 125 ⊙; *VV Cep* 1200 ⊙.

31 4153 Im allgemeinen kann man Sternradien nur aus der Strahlungstemperatur und der absoluten Leuchtkraft bestimmen. Aus den diesbezüglichen Daten ergibt sich der in der folgenden Tabelle enthaltene Gang der mittleren Sternradien mit dem Spektraltypus [Becker, W.: Sterne und Sternsysteme, Dresden (1950) 66].

Für die eingeklammerten Werte ist diese Berechnung unsicher.

31 4154 Masse, Radius, Dichte und Schwerebeschleunigung.

Spektrum	M_{bol} *m*	$\mathfrak{M}/\mathfrak{M}_\odot$	$R/R_\odot$	$\varrho/\varrho_\odot$	$g/g_\odot$
W	(—6)	(12)	(6)	(0,06)	(0,33)
O 8	—7	19	12	0,01	0,13
*B*o	—5,9	14	8	0,03	0,22
B 2	—4,5	10	6,5	0,04	0,24
B 3	—3,8	8	5,8	0,04	0,24
B 5	—2,7	6	4,6	0,06	0,29
B 6	—2,2	5,4	4,0	0,08	0,34
B 8	—1,0	4,0	2,9	0,17	0,44
*A*o	+0,3	2,84	2,27	0,24	0,55
A 2	1,1	2,29	1,98	0,29	0,58
A 3	1,5	2,06	1,83	0,34	0,61
A 5	2,0	1,78	1,64	0,41	0,66
*dF*o	2,9	1,39	1,40	0,52	0,71
dF 5	3,7	1,14	1,23	0,62	0,76
*dG*o	4,5	0,92	1,05	0,80	0,85
dG 5	5,3	0,74	0,85	1,21	1,03
*dK*o	6,2	0,59	0,71	1,64	1,18
dK 5	6,7	0,52	0,56	2,95	1,69
*dM*o	8,2	0,34	(0,5)	(2,5)	(1,2)
*gF*o	0,6	(2,5)	4,2	$35 \cdot 10^{-3}$	0,14
gF 5	0,6	(2,5)	5,3	17	0,089
*gG*o	0,3	(2,5)	8,6	4	0,034
gG 5	0,2	(2,5)	10	2,5	0,025
*gK*o	—0,1	(2,5)	15	0,74	0,011
gK 5	—1,2	(2,5)	30	0,083	$0{,}002_6$
*gM*o	—1,7	(2,5)	42	0,033	$0{,}001_5$
cO, *cB*	(—8)	(25)	(30)	$1 \cdot 10^{-3}$	0,028
cF	—4,5	(10)	(50)	0,08	0,004

Sonne: $M_{bol} = 4^m{,}62$; $\mathfrak{M}_\odot = 1{,}98 \cdot 10^{33}$ g; $\varrho_\odot = 1{,}41$ g/cm³; $g_\odot = 274$ m/sec².

W. Becker

In der vorstehenden Tabelle sind auch die Daten tabuliert, die sich aus den Angaben unter 314122 für die Durchschnittsdichte $\varrho = \mathfrak{M}/\frac{4\pi}{3} R^3$ und für die Schwerebeschleunigung an der Oberfläche der Sterne $g = G\mathfrak{M}/R^2$ ergeben.

Der Spielraum für die Durchschnittsdichten beträgt mehr als 10 Zehnerpotenzen. Späte Überriesen haben absolute Durchschnittsdichten der Größenordnung 10^{-5} g/cm³ und weiße Zwerge solche von 10^5 bis 10^7 g/cm³ (s. 3172).

31 416 Die Rotation der Fixsterne.

314161 Die Rotationsgeschwindigkeiten zeigen eine charakteristische Abhängigkeit vom Spektraltypus, die in der folgenden Tabelle zum Ausdruck kommt [Struve, O., C. T. Elvey, Ch. Westgate: MN **91** (1931) 663; Ap. J. **71** (1926) 221; **77** (1933) 141; **78** (1933) 46; **79** (1934) 357; Pop. Astr. **53** (1945) 214]:

Rotationsgeschwindigkeit *V* km/sec	*O, B* %	*A* %	*F* 0—*F* 2 %	*F* 5—*F* 8 %
0— 50	27	16	30	70
50—100	53	28	50	30
100—150	15	24	15	0
150—200	4	24	4	0
200—250	1	11	1	0
250—300	0	1	0	0

Die größten Rotationsgeschwindigkeiten wurden mit 250 km/sec bei α Aquilae und mit 200 bis 400 km/sec bei einigen *O*- und *B*-Sternen mit Emissionslinien beobachtet [Morgan, W. W.: A. J. **51** (1944) 84].

Unter den Sternen der Spektralklassen später als *F* 5 kommen meßbare Rotationsgeschwindigkeiten kaum mehr vor. Die äquatoriale Rotationsgeschwindigkeit der Sonne beträgt nur 2,0 km/sec. Vgl. hierzu auch 314246.

314162 Speziell bei Bedeckungsveränderlichen kann man nicht selten aus der Radialgeschwindigkeitskurve die Rotation der im Hauptminimum bedeckten Komponente ableiten. Kurz vor und nach der maximalen Bedeckung liefert die sichtbare Randpartie der bedeckten Komponente eine Radialgeschwindigkeit, die neben der Bahngeschwindigkeit auch durch die Rotation mitbestimmt wird und eine Verzerrung der reinen Bahngeschwindigkeitskurve hervorruft, aus der man die äquatoriale Rotationsgeschwindigkeit ermitteln kann [Schlesinger, F.: Publ. Allegheny **1** (1909) 134]. Für einige Bedeckungsveränderliche ergaben sich die nachfolgenden Geschwindigkeiten:

Stern	Rotationsgeschwindigkeit km/sec	Radius ⊙	Periode Stern	Periode Bahn	Spektrum
1. β Persei . . .	42,0	3,5	$4^d_,3$	$2^d_,87$	*B* 8
2. λ Tauri. . . .	41,5	7,8	9,4	3,95	*B* 3
3. δ Librae . . .	62,9	3,9	3,1	2,33	*A* 0
4. *RZ* Cassiopeiae	57	2,1	1,9	1,20	*A* 2
5. α Coronae bor..	> 100 (?)	2,3	< 1,2 (?)	17,36	*A* 0

1.—4. McLaughlin, D. B.: Publ. Michigan **6**, Nr. 2 (1934). 5. McLaughlin, D. B.: Publ. Michigan **5**, Nr. 7 (1933). 1.—5. Radien nach Gaposchkin, S.: Harvard Repr. Nr. 201 (1940).

314163 Bei bekanntem Radius ergibt sich aus der äquatorialen Rotationsgeschwindigkeit die Rotationsperiode. In der folgenden Tabelle ist eine Übersicht gegeben über die durchschnittlichen Rotationsperioden, die unter Benutzung der Radien von 314154 berechnet worden sind:

V km/sec	*B* 0 $R = 8$⊙	*A* 0 $R = 2,3$⊙	*dF* 0 $R = 1,4$⊙
50	$8^d_,2$	$2^d_,4$	$1^d_,5$
100	4,1	1,2	0,7
200	2,0	0,6	0,4

Für die Bedeckungsveränderlichen siehe 314162. Die Rotation erfolgt bei ihnen im gleichen Sinne, aber im allgemeinen langsamer als die Revolution. Äquatoriale Rotationsdauer der Sonne 24,7 Tage. Vgl. 31311.

W. Becker

31 417 Innerer Aufbau der Sterne.

31 4171 Grundgleichungen des Sternaufbaues (kugelsymmetrischer Aufbau dabei vorausgesetzt)[1].

$$(1)\quad \frac{1}{\varrho}\frac{dP}{dr} = -\frac{4\pi G}{r^2}\int_0^r \varrho r^2 dr$$ (Bedingung des mechanischen Gleichgewichts)

$$(2)\quad P = \frac{\Re \varrho T}{\mu} + \frac{a T^4}{3}$$ (Zustandsgleichung der Sternmaterie)

$$(3)\quad \int_0^r \varepsilon \varrho r^2 dr = -\frac{c r^2}{\varkappa \varrho}\frac{d}{dr}\left(\frac{a T^4}{3}\right)$$ (Bedingung des Strahlungsgleichgewichts)

Dabei gilt Gleichung (3) nur, solange die Schichtung im Stern stabil ist. Wird die Schichtung instabil und tritt Konvektion auf, so ist Gleichung (3) durch die Adiabatenbedingung

$$(4)\quad d\,(E\,V) + P\,d\,V = 0$$

zu ersetzen.

Bezeichnungen:

P Gesamtdruck
T Temperatur
ϱ Dichte
r Abstand vom Sternmittelpunkt
μ mittleres effektives Molekulargewicht der Sternmaterie (wegen der weitgehenden Ionisation fast aller Atome zwischen $^1/_2$ und ≈ 2, je nach chemischer Zusammensetzung)
ε pro Massen- und Zeiteinheit freiwerdende Energiemenge
$\varkappa$ [$\mathrm{cm^2 gr^{-1}}$] Opazitätskoeffizient
V Volumen der Masseneinheit
E [$\mathrm{erg\,cm^{-3}}$] Gesamtenergie (Strahlung, Wärme, Ionisation, Anregung)
G Gravitationskonstante
$\Re$ universelle Gaskonstante
a Koeffizient des Stefanschen Gesetzes

Die Gleichungen (1), (2) und (3) bzw. (4) bestimmen den Aufbau eines im stationären Zustand befindlichen Sternes, der die notwendigen Oberflächen- und Zentrumsbedingungen erfüllt, eindeutig, sobald die Gesamtmasse des Sternes und die chemische Zusammensetzung der Sternmaterie vorgegeben sind. ε und $\varkappa$ sind durch die physikalische Theorie gegeben, s. die folgenden Ziffern.

31 4172 Energieerzeugung im Sterninneren.

Die Ausstrahlung der Sterne — zum mindesten der Hauptreihensterne — wird aus Energie bestritten, die bei Atomkernprozessen im Sterninneren frei wird. Und zwar dürfte die Energieerzeugung in erster Linie auf Grund einer Kettenreaktion erfolgen, an der Kohlenstoffkerne als Katalysatoren beteiligt sind und in deren Ablauf an Stelle von je vier Wasserstoffkernen (Protonen) ein Heliumkern tritt[2]. Die einzelnen Schritte dieses sogenannten Bethe-Weizsäcker-Zyklus sind die folgenden ($^0_0\nu$ bezeichnet ein Neutrino):

$$\begin{aligned}
&{}^{12}_{6}\mathrm{C} + {}^{1}_{1}\mathrm{H} \rightarrow {}^{13}_{7}\mathrm{N}\\
&{}^{13}_{7}\mathrm{N} \rightarrow {}^{13}_{6}\mathrm{C} + {}^{0}_{1}e + {}^{0}_{0}\nu\\
&{}^{13}_{6}\mathrm{C} + {}^{1}_{1}\mathrm{H} \rightarrow {}^{14}_{7}\mathrm{N}\\
&{}^{14}_{7}\mathrm{N} + {}^{1}_{1}\mathrm{H} \rightarrow {}^{15}_{8}\mathrm{O}\\
&{}^{15}_{8}\mathrm{O} \rightarrow {}^{15}_{7}\mathrm{N} + {}^{0}_{1}e + {}^{0}_{0}\nu\\
&{}^{15}_{7}\mathrm{N} + {}^{1}_{1}\mathrm{H} \rightarrow {}^{12}_{6}\mathrm{C} + {}^{4}_{2}\mathrm{He}
\end{aligned}$$

Die Energieäquivalente der bei den Teilprozessen auftretenden Massendefekte werden als Gammaquanten frei.

Neben diesem Zyklus spielt wahrscheinlich noch eine weitere Reaktionskette eine Rolle (insbesondere bei Hauptreihensternen der späteren Spektraltypen), die folgendermaßen verläuft:

$$\begin{aligned}
&{}^{1}_{1}\mathrm{H} + {}^{1}_{1}\mathrm{H} \rightarrow {}^{2}_{1}\mathrm{H} + {}^{0}_{1}e\\
&{}^{2}_{1}\mathrm{H} + {}^{1}_{1}\mathrm{H} \rightarrow {}^{3}_{2}\mathrm{He}\\
&{}^{3}_{2}\mathrm{He} + {}^{4}_{2}\mathrm{He} \rightarrow {}^{7}_{4}\mathrm{Be}\\
&{}^{7}_{4}\mathrm{Be} \rightarrow {}^{7}_{3}\mathrm{Li} + {}^{0}_{1}e + {}^{0}_{0}\nu\\
&{}^{7}_{3}\mathrm{Li} + {}^{1}_{1}\mathrm{H} \rightarrow 2\,{}^{4}_{2}\mathrm{He}
\end{aligned}$$

Auch bei dieser Reaktionskette ist das Endergebnis eine Umwandlung von Wasserstoff in Helium.

---

[1] Zusammenfassende Literatur über den inneren Aufbau der Sterne: Eddington, A. S.: Der innere Aufbau der Sterne, Berlin (1928). — Strömgren, B.: Die Theorie des Sterninneren und die Entwicklung der Sterne, Erg. d. exakt. Naturw. **16** (1937) 465. — Chandrasekhar, S.: An Introduction to the Study of Stellar Structure, Chicago (1939). — Biermann, L.: Neuere Fortschritte der Theorie des inneren Aufbaues und der Entwicklung der Sterne, Erg. d. exakt. Naturw. **21** (1943) 1. — Vogt, H.: Aufbau und Entwicklung der Sterne, Leipzig (1943).

[2] v. Weizsäcker, C. F.: Physikal. Z. **38** (1937) 176; **39** (1938) 633 und Bethe, H. A.: Phys. Rev. **55** (1939) 434.

Vogt

314173 Opazität, Guillotine-Faktor, Russell-Mischung.

Bei dem Opazitätskoeffizienten $\varkappa$ handelt es sich um einen harmonischen Mittelwert über den von der Frequenz ν abhängigen Absorptionskoeffizienten der Sternmaterie, wobei dieser aber, um der „induzierten Strahlung" Rechnung zu tragen, in bestimmter Weise gewichtet wird[1].

Es läßt sich der Opazitätskoeffizient ansetzen in der Form[2]:

$$\varkappa = 7{,}23 \times 10^{24}\, \Gamma \varrho\, (1 + X)\,(1 - X - Y)\, T^{-\frac{7}{2}} \frac{g}{\tau}\,,$$

wobei vorausgesetzt wird, daß die Opazität der Hauptsache nach ihre Ursache in Photoionisationsprozessen hat.

Bezeichnungen:

X Massenanteil des Wasserstoffs an dem Elementengemisch der Sternmaterie
Y Massenanteil des Heliums
Γ Mittelwert von Z^2/A für die in der Sternmaterie enthaltenen schweren Elemente ($Z > 2$)
Z Ordnungszahl
A Atomgewicht
g „Gaunt"-Faktor
τ „Guillotine"-Faktor

g und τ sind zwei Korrektionsfaktoren, von denen der erste bei den im Sterninneren herrschenden Verhältnissen nur wenig von 1 abweicht (nach Strömgren: l. c., im Mittel $\approx$ 0,90), und der zweite eine langsam veränderliche Funktion von Dichte, Temperatur und chemischer Zusammensetzung der Sternmaterie ist.

Γ ist für die sogenannte Russell-Mischung[3] ungefähr gleich 6. Den Faktor τ/g in seiner Abhängigkeit von T und $\varrho(1 + X)$ für die Russell-Mischung gibt die folgende Tabelle (nach Morse). Eine entsprechende Tabelle für reine Elemente hat B. Strömgren gerechnet (s. l. c.). Weitere Tabellen über den Guillotine-Faktor, bei denen z. T. den neueren Erkenntnissen über die chemische Zusammensetzung der Sterne Rechnung getragen ist, haben Ph. M. Morse und M. H. Harrison gegeben[4].

log (τ/g) als Funktion von log T und log $\varrho(1 + X)$ für die Russell-Mischung.

log T	log ϱ (1 + X)						
	—2,0	—1,0	0,0	1,0	2,0	3,0	4,0
5,6	0,10	0,56	1,23	2,02	2,92	3,98	5,14
5,8	0,13	0,36	1,01	1,78	2,66	3,69	4,86
6,0	0,32	0,42	0,92	1,58	2,41	3,42	4,58
6,2	0,21	0,28	0,69	1,32	2,13	3,14	4,30
6,4	0,17	0,22	0,42	1,04	1,85	2,86	4,02
6,6	0,10	0,14	0,28	0,81	1,58	2,58	3,74
6,8	0,22	0,25	0,33	0,70	1,38	2,32	3,46
7,0	0,41	0,45	0,54	0,77	1,30	2,11	3,19
7,2	0,56	0,57	0,60	0,73	1,18	1,93	2,95
7,4	0,75	0,75	0,77	0,83	1,05	1,76	2,74
7,6	1,10	1,10	1,11	1,16	1,31	1,82	2,61
7,8	1,59	1,59	1,59	1,62	1,73	2,04	2,58
8,0	2,00	2,00	2,00	2,01	2,06	2,24	2,62
8,2	2,27	2,27	2,27	2,27	2,29	2,41	2,68
8,4	2,44	2,44	2,44	2,44	2,45	2,52	2,74

Bei sehr hohen Temperaturen (höheren als die, die im allgemeinen in Sternen vorkommen) wird die auf Photoionisationsprozesse zurückzuführende Opazität gemäß obiger Formel relativ niedrig. Es tritt dann die durch Streuung an freien Elektronen bewirkte Opazität in den Vordergrund. Diese ist durch

$$\sigma = 0{,}20\,(1 + X) \quad [\mathrm{cm^2 gr^{-1}}]$$

gegeben.

314174 Dichte- und Temperaturverlauf im Standard- und Punktquellenmodell.

Angesichts der Schwierigkeiten einer strengen Analyse des Sterninneren hat man bis jetzt meist vereinfachende formale Ansätze für die Energieerzeugung gemacht. Eine Annahme, die der Wirklichkeit ziemlich nahekommen dürfte, ist z. B. die, daß die gesamte einem Stern zur Ausstrahlung verfügbare Energie in unmittelbarer Nähe des Sternzentrums erzeugt wird („Punktquellenmodell"). Die folgende Tabelle gibt die Dichte- und Temperaturverteilung für das Punktquellenmodell[5] und

---

[1] Der Begriff dieses Opazitätskoeffizienten wurde eingeführt von S. Rosseland, M. N. **84** (1924) 525.

[2] Strömgren, B.: Z. Aph. **4** (1932) 118. — Morse Ph. M.: Ap. J. **92** (1940) 27.

[3] Russell, H. N.: Ap. J. **70** (1929) 11. Hier wurden für die Elemente O, (Na + Mg), Si, (K + Ca), Fe die Massenverhältnisse 8 : 4 : 1 : 1 : 2 vorgeschlagen.

[4] Morse, Ph. M.: Ap. J. **92** (1940) 27. — Harrison, M. H.: Ap. J. **108** (1948) 310. — Siehe ferner Biermann, L.: Z. Aph. **22** (1943) 244 und Keller, G.: Dissertation, Columbia University, Delaware, Ohio (1948); Ap. J. **108** (1948) 347.

[5] Nach Cowling, T. G.: MN **96** (1935) 57; hierbei ist $a\,T^4 \ll 3\,P$ vorausgesetzt.

zum Vergleich auch gleichzeitig die Dichte- und Temperaturverteilung beim sogenannten Standardmodell. Dem Standardmodell liegt die das Problem stark vereinfachende formale Annahme zugrunde, daß der Ausdruck

$$\varkappa \cdot \bar{\varepsilon}_r = \varkappa \cdot \int_0^r \varepsilon \varrho r^2 dr : \int_0^r \varrho r^2 dr$$

für das ganze Innere eines Sternes (nicht auch von Stern zu Stern) als eine Konstante angesetzt werden kann.

Standardmodell			Punktquellenmodell		
x	ϱ/ϱ_c	T/T_c	x	ϱ/ϱ_c	T/T_c
0	1,000	1,000	0	1,000	1,000
0,25	0,970	0,990	0,4	0,961	0,974
0,50	0,884	0,960	0,8	0,852	0,898
0,75	0,762	0,914	1,2	0,693	0,784
1,00	0,625	0,855	1,6	0,508	0,661
1,25	0,491	0,789	2,0	0,331	0,551
1,50	0,372	0,719	2,4	0,197	0,455
1,75	0,275	0,650	2,8	0,111	0,372
2,00	0,198	0,583	3,2	0,0591	0,303
2,50	0,0980	0,461	3,6	0,0305	0,245
3,00	0,0464	0,359	4,0	0,0151	0,196
3,50	0,0211	0,276	4,4	$7,16 \cdot 10^{-3}$	0,156
4,00	$9,19 \cdot 10^{-3}$	0,209	4,8	$3,20 \cdot 10^{-3}$	0,121
4,50	$3,75 \cdot 10^{-3}$	0,155	5,2	$1,30 \cdot 10^{-3}$	0,0919
5,00	$1,37 \cdot 10^{-3}$	0,111	5,6	$4,60 \cdot 10^{-4}$	0,0667
6,00	$8,58 \cdot 10^{-5}$	0,0441	6,0	$1,26 \cdot 10^{-4}$	0,0448
6,80	$1,05 \cdot 10^{-6}$	0,00471	6,4	$2,06 \cdot 10^{-5}$	0,0256
6,9011	0	0	6,8	$6,22 \cdot 10^{-7}$	0,00873
			7,0	$5,4 \cdot 10^{-10}$	0,00100
			7,027	0	0

Standardmodell:

$x = 6{,}9011\, r/R$
$\varrho_c = 76{,}44\, (M/M_\odot)\, (R_\odot/R)^3$ g cm^{-3}
$T_c = 1{,}972 \cdot 10^7\, \beta\, (M/M_\odot)\, (R_\odot/R)\, \mu$ Grad

Punktquellenmodell:

$x = 7{,}027\, r/R$
$\varrho_c = 52{,}20\, (M/M_\odot)\, (R_\odot/R)^3$ g cm^{-3}
$T_c = 2{,}077 \cdot 10^7\, (M/M_\odot)\, (R_\odot/R)\, \mu$ Grad

Bezeichnungen:

x Abstand vom Mittelpunkt in Einheiten von $R/6{,}9011$ bzw. $R/7{,}027$
$M_\odot$ Masse, $R_\odot$ Radius } der Sonne
M Masse, R Radius } irgendeines anderen Sternes
β Verhältnis von Gasdruck zum Gesamtdruck
ϱ_c Mittelpunktsdichte
T_c Mittelpunktstemperatur

Bei der Berechnung des Cowlingschen Punktquellenmodells sind der Guillotine-Faktor τ und das effektive Molekulargewicht μ der Sternmaterie für das Innere eines Sternes als konstant angesetzt. Spätere Untersuchungen[1] von G. Blanch, A. N. Lowan, R. E. Marshak, H. A. Bethe, L. R. Henrich, M. Schwarzschild, M. H. Harrison und G. Keller zeigten, daß diese Annahme von starkem Einfluß auf die Ergebnisse ist. Insbesondere scheint die Mittelpunktsdichte ϱ_c der Sonne in Wirklichkeit wesentlich größer zu sein als die von Cowling berechnete (wahrscheinlich sogar größer als 100 g cm^{-3}), und ebenso die Mittelpunktstemperatur.

31 4175 Konvektion, Wasserstoffkonvektionszone.

Konvektion tritt im Sterninneren auf, wenn

$$\frac{dT}{dr} > \left|\frac{dT}{dr}\right|_{ad},$$

d. h. wenn der Temperaturgradient auf Grund der Grundgleichungen (1) bis (3) in einem Gebiet des Sterninneren einen bestimmten Grenzwert, den adiabatischen Gradienten, überschreitet, wobei unter adiabatischem Temperaturgradienten der Temperaturgradient zu verstehen ist, der sich im Stern herausbilden muß, wenn dieser durch starke Strömungen durchmischt wird und bei der Durchmischung die Sternmaterie adiabatische Zustandsänderungen erfährt. So müssen wir z. B. wegen starker Konzentration der Energiequellen mit einem Konvektionsgebiet in der Nähe des Sternzentrums rechnen. Aber auch andere Konvektionszonen sind in den Sternen von Wichtigkeit, wie etwa die sogenannte Wasserstoffkonvektionszone.

Der adiabatische Temperaturgradient beträgt

$$\left|\frac{dT}{dr}\right|_{ad} = \left(\frac{d \log T}{d \log P}\right)_{ad} \cdot \frac{T}{P} \left|\frac{dP}{dr}\right|. \qquad (5)$$

[1] Blanch, G., A. N. Lowan, R. E. Marshak, H. A. Bethe: Ap. J. **94** (1941) 37. — Henrich, L. R.: Ap. J. **96** (1942) 106. — Schwarzschild, M.: Ap. J. **104** (1946) 203. — Harrison, M. H.: Ap. J. **108** (1948) 310. — Keller, G.: Ap. J. **108** (1948) 347.

$(d \log T/d \log P)_{ad}$ beträgt für ein nicht oder vollständig ionisiertes einatomiges Gas 2/5, für die Strahlung allein 1/4; für ein teilweise ionisiertes einatomiges Gas (Ionisationspotential χ, Ionisationsgrad x) gilt

$$\left(\frac{d \log T}{d \log P}\right)_{ad} = \frac{2 + x(1-x)\left(\frac{5}{2} + \chi/_{kT}\right)}{5 + x(1-x)\left(\frac{5}{2} + \chi/_{kT}\right)^2}. \tag{6}$$

Für ein Gemisch mehrerer in verschiedenem Maße ionisierter Gase ist auch die direkte Berechnung der Entropie zweckmäßig; für die chemische Zusammensetzung der Sonnenatmosphäre ist diese von Unsöld und Rosa[1] durchgeführt worden.

Im Falle der Sonnenatmosphäre ergibt sich durch die Ionisation des Wasserstoffs Instabilität der Schichtung[2] unterhalb einer optischen Tiefe der Ordnung 1. Ob in der so entstehenden Wasserstoffkonvektionszone, auf der wahrscheinlich die Granulation der Sonnenoberfläche beruht (s. 31312), Gl. (3) oder (4) gilt, hängt ab von der Leistungsfähigkeit des konvektiven Energietransports. Im Falle der Gültigkeit von Gl. (3) beträgt die Dicke der Konvektionszone etwa 1000 km[3], im zweiten Fall ist sie nach innen zu viel ausgedehnter[4]. Die neueren Untersuchungen und Beobachtungen deuten mehr auf die zweite Möglichkeit hin; ein entsprechendes Modell ist in Ziffer 314236 (Modell der Sonnenatmosphäre) wiedergegeben.

---

1 Unsöld, A. u. A. Rosa: Z. Aph. **25** (1943) 11 u. 20; für eine Verallgemeinerung von Gl. (6) siehe Biermann, L.: A. N. **259** (1936) 221.

2 Unsöld, A.: Z. Aph. **1** (1930) 138; **2** (1931) 209; **21** (1942) 307.

3 Siedentopf, H.: AN **247** (1933) 297; **249** (1933) 53; **255** (1935) 157.

4 Biermann, L.: AN **264** (1938) 361, 391; Z. Aph. **21** (1942) 320.

3142 Strahlung der Sterne.

31421 Integralhelligkeiten.

314211 Literatur zur Einführung.

[*1*] Lundmark, H.: Luminosities, Colours, Diameters, Densities, Masses of the Stars, Hdb. d. Aph. V/1 (1932) 210. — [*2*] Dgl., Hdb. d. Aph. VII (1936) 467. — [*3*] v. d. Pahlen, E.: Lehrbuch der Stellarstatistik, Barth, Leipzig (1937). — [*4*] Weaver, H. F.: Astronomical Photometry, Pop. Astr. **54** (1946) Nr. 5—10. — [*5*] Bernheimer, W.: Apparate und Methoden zur Messung der Gesamtstrahlung der Himmelskörper, Hdb. d. Aph. I/1 (1933) 407. — [*6*] Becker, W.: Die Temperaturen der Fixsterne, Hdb. d. Aph. VII (1936) 449. — [*6a*] Becker, W.: Sterne und Sternsysteme. 2. Aufl., Steinkopff, Leipzig (1950). — [*7*] Oosterhoff, P. Th.: A Survey of Photographic Magnitudes. Diskussion der zufälligen und systematischen Genauigkeit aller photographischen Größenklassensysteme. Multiplied by IAU (1948). — [*7a*] Trans. IAU **7** (1948) 267.

Literatur über photometrische Methoden:

[*8*] Eberhard, G.: Photographische Photometrie, Hdb. d. Aph. II/1 (1931) 431 und Hdb. d. Aph. VII (1936) 90. — [*9*] Hassenstein, W.: Visuelle Photometrie, Hdb. d. Aph. I/1 (1931) 519 und Hdb. d. Aph. VII (1936) 103. — [*10*] Hdb. d. Exp.-Phys. **26** (1937); insbesondere: Strömgren, B.: Aufgaben und Probleme der Astrophotometrie, S. 321. — Hellerich, J.: Visuelle Photometrie, S. 565. — Kienle, H.: Photographische Photometrie, S. 649. — [*11*] Siedentopf, H.: Grundriß der Astrophysik, Stuttgart 1950.

314212 Definitionen.

Als scheinbare visuelle Helligkeit eines Sternes bezeichnet man seine Beleuchtungsstärke B. Einem Helligkeitsverhältnis B_2/B_1 zweier Sterne entspricht eine Differenz von $m_2 - m_1$ Größenklassen, so daß

$m_2 - m_1 = -2{,}5\,(\overset{10}{\log} B_2 - \overset{10}{\log} B_1)$.

Für die Umwandlung von Helligkeitsverhältnissen in Größenklassendifferenzen und die Berechnung der Gesamtgröße eines Doppelsternes m_{AB} aus den Größen der Komponenten m_A und m_B benutzt man zweckmäßig das von H. Straßl entworfene Nomogramm auf S. 129. Vgl. auch die Tabellen von E. Schoenberg, Hdb. Aph. II/1, 2. Teil (1929) 235, Tabelle Ia u. Ib sowie 245, Tabelle III.

Im astronomischen Sprachgebrauch wird Helligkeit auch gleichbedeutend mit Größenklasse verwendet. Je nachdem das Auge oder die (unsensibilisierte) Platte als Strahlungsempfänger dient, spricht man von visuellen oder photographischen Größenklassen, m_v bzw. m_{pg}. Andere Größenklassensysteme erhält man durch Verwendung geeigneter Filter und Platten bzw. Photozellen, z. B. m_{Rot}, m_{pv} (photovisuell), m_{u}, usw. Diese in breiteren Wellenlängenbereichen gemessenen Integralhelligkeiten (= heterochromatische H.) beschreiben den Zustand der Sternstrahlung weniger genau als die spektralphotometrisch bestimmten monochromatischen Helligkeiten und sind durch Angabe der isophoten oder effektiven Wellenlänge (s. 314228) nicht eindeutig zu charakterisieren (besonders m_{pg}). Da sie aber für viele Aufgaben (photographische und lichtelektrische Messungen schwächster Objekte) unentbehrlich sind, müssen sie vorläufig beibehalten werden [Trans. IAU **7** (1948) 267].

Vorschläge und Ansätze zur Reform der astronomischen Integralphotometrie s. 314227 und 314224b.

Der Nullpunkt der m_{pv} und der m_{pg} ist durch die internationale Polsequenz festgelegt [Trans. IAU **6** (1938) 215]. Die ursprüngliche Definition $m_{pg} = m_v$ für *A*0-Sterne von $5^m_{,}5$ — $6^m_{,}5$ ist dabei nur angenähert erfüllt (s. a. 314217d).

Radiometrische Größen erhält man durch Messung der gesamten von der Erdatmosphäre und Apparatur durchgelassenen Energie, z. B. mit einem Thermoelement, Bolometer u. a. (s. 314211 [5], 410). Sie sind vor allem zur Untersuchung der Sterne niedrigster Temperatur wichtig. Für *A*0-Sterne ist $m_r = m_v$ definiert (s. a. 314217e und 314219c).

314213 Fundamentale Größenklassenskalen.

Die internationale Polsequenz (IPS) ist das am besten untersuchte System und definiert die internationalen photographischen (IPg) und photovisuellen (IPv) Größenklassen, bezogen auf das Zenit.

Empfindlichkeitsfunktionen und effektive Wellenlängen der IPg und IPv: Seares, F. H., u. M. C. Joyner: Ap. J. **98** (1943) 302 = Mt. Wilson Contr. 685.

Die IPS umfaßt 329 Sterne mit IPg $\lesssim 20^m_{,}5$ und IPv $\lesssim 17^m_{,}5$. Sie beruht auf einer Reihe getrennter Skalen.

Neuere Angaben (: unsicher) über die helleren Sterne der IPS. Erläuterungen zur Tabelle s. S. 130.

IPS (1)	Spektrum (2)	Pgr (3)	Pvr (4)	P (5)	V (6)	R (7)	LwPr (8)	C (9)	HPr (10)	RG1 (11)	Pr (12)
1	*A*2	4,39	4,39	4,23	4,41	4,52	4,42	+ ,03	4,30		
2	*B*9	5,22	5,30	5,12	5,32	5,45	5,35	— ,11	5,38		
3	*F*0III	5,76	5,58	5,72	5,64	5,59	5,58	+ ,18	5,55		
4	*A*3*p*	5,95	5,82	5,88	5,82	5,82	5,78	+ ,14	5,78		
5	*A*5	6,46	6,46	6,46	6,54	6,60	6,53	,03	6,46		6,25
2*s*	*F*2III	6,50	6,30	6,48	6,29	6,21	6,18	,15	—		
3*s*	*F*4V	6,64	6,33	6,66	6,40	6,16	6,17	,23	—		
1*r*	*K*5—*M*0: III	6,67	5,08	6,61	4,97	4,11	4,42	1,53	4,31		
6	*A*3	7,15	7,08	7,15	7,09	—	7,11	,06	6,76		6,79
7	*B*9	7,37	7,56	7,40	7,59	7,71	7,55	— ,16	7,27		7,64
2*r*	*M*1 : III	7,92	6,35	7,89	6,32	5,25	5,85	1,57	5,87		
8	*F*4III	8,30	8,13	8,31	8,13	7,99	8,08	,23	7,94		7,78
9	*F*2III	8,93	8,84	9,09	8,97:	—	8,75	,14	8,69		8,58
3*r*	*K*2III :	8,92	7,54	8,90	7,36:	6,76	7,02	1,41	7,16		
10	*A*9	9,15	9,05	9,17	9,05	—	—	,12	8,80	(9,03)	8,94
4*r*	*G*9III	9,18	8,28	9,25	8,26	7,75	7,94	1,02	7,80		7,88
11	*F*0V	9,77	9,57	9,83	9,68	—	—	,20	9,46		9,64
12	*A*7	10,08	9,79	10,13	9,84	—	—	,31	9,60		9,79
5*r*	*K*3 : III	10,18	8,63	10,20	8,55	7,60	8,16	1,50	8,16		7,81
4*s*	*F*5III	10,31	9,82	10,36	9,94	9,59	—	,47	9,61	9,43	9,76
13	*A*7	10,55	10,35	10,51	10,27	—	—	,22	10,19	10,12	10,37
6*r*	*G*9III	10,51	9,25	10,32	9,02	8,58	8,84	1,23	8,65	8,59	8,61
14	*F*2	10,94	10,53	11,02:	10,61	—	—	,40	10,25	10,12	10,45
7*r*	*G*8IV	10,98	9,86	—	—	—	—	1,11	9,29	9,25	9,56
5*s*	*G*8III	11,09	10,04	—	—	—	—	1,07	9,53	9,43	9,60
15		11,28	10,90	—	—	—	—	,37	10,63		10,80
6*s*		11,37	10,70	11,42	10,65	10,33	—	,68	10,40	10,20	10,49
8*r*		11,44	10,46	11,43	10,41	—	—	,96	10,14	9,86	10,12
16		11,58	11,22	11,56	11,24	—	—	,34	11,03	10,90	11,11

IPS (1)	C (9)	HPr (10)	RG1 (11)	Pr (12)	IPS	C (9)	HPr (10)	RG1 (11)	Pr (12)	IPS	C (9)	HPr (10)	RG1 (11)	Pr (12)
17	+ ,57	10,91	10,89	11,08	25	,56	13,27	13,16	13,08	13*s*	1,05			13,77
18	,40	11,53	11,58	11,71	8*s*	,81		13,08	13,15	29	,71			14,54
10*r*	,54	11,89	11,77	11,89	26	1,00		13,07	13,14	14*s*				14,31
7*s*	,55	11,71	11,67	11,78	9*s*	1,03		13,15	13,10	30				14,63
19	,44	11,95	11,91	12,00	27	,67				31				14,66
20	,49	12,20	12,09	12,16						15*s*				14,81
11*r*	1,17	11,42	11,45	11,58	28	,85			13,87	32				14,53
21	,83	12,35	12,05	12,23	10*s*	,83			13,84	16*s*				14,43
22	,61	12,47	12,32	12,51	11*s*	,96			13,75	33				15,11
23	,58	12,57	12,49	12,65	9*r*	1,00	10,51		10,64	34				15,35
12*r*	1,30	11,99	11,82	12,03	12*s*	,72			10,64					
24	,63	12,96	12,76	12,72										

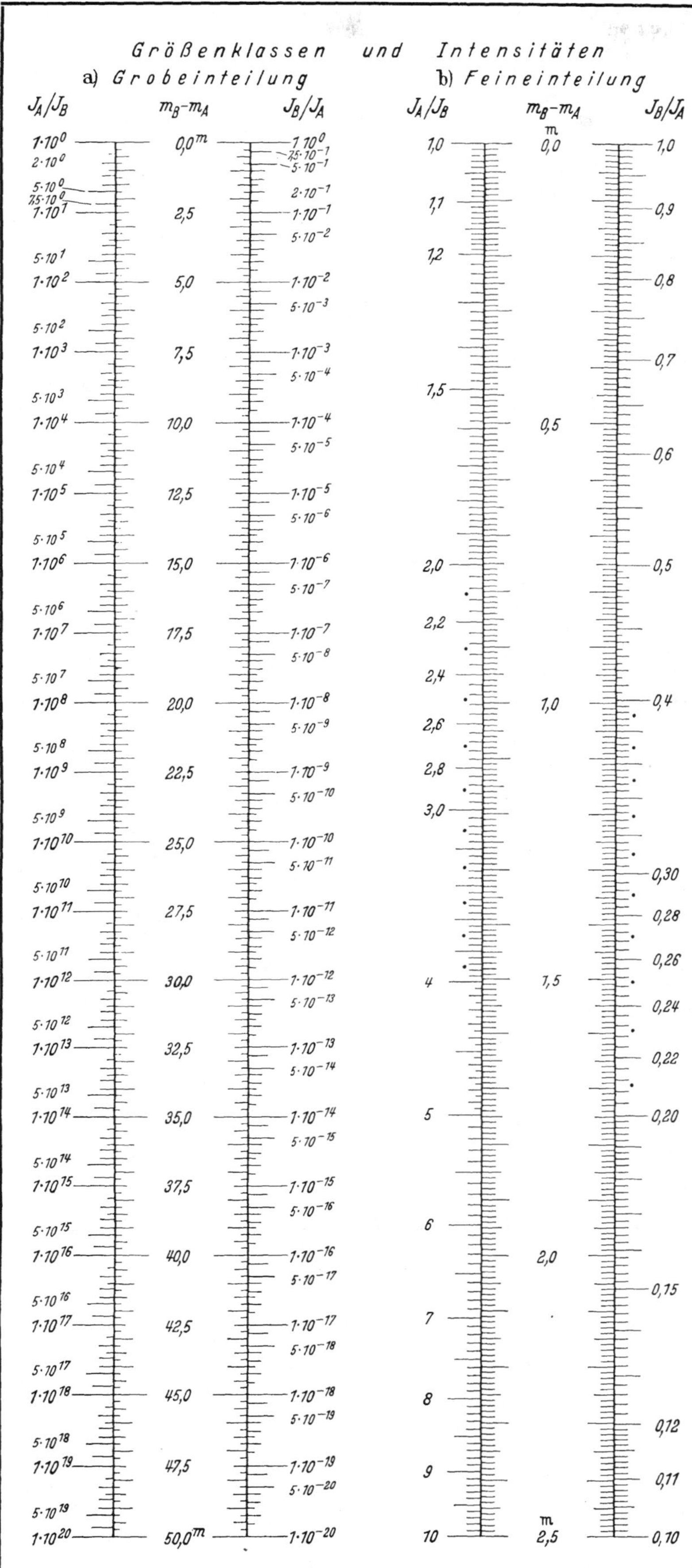

Das nebenstehende Nomogramm gestattet die Umrechnung von Größenklassendifferenzen in Intensitätsverhältnisse und umgekehrt. Die Grobeinteilung *a* kann für sich zu rohen Überschlagsrechnungen, außerdem in Verbindung mit *b* zu genaueren Rechnungen benutzt werden[1]. Als Erläuterung hierfür diene das

Beispiel: Zur Größendifferenz $m_B - m_A = 18,74$ ersieht man aus *a*, daß der nächst kleinere Wert, der einer vollen Zehnerpotenz im Intensitätsverhältnis entspricht, der Wert $m_B - m_A = 17,50$ ist, zu welchem $J_A/J_B = 1 \cdot 10^7$ bzw. $J_B/J_A = 1 \cdot 10^{-7}$ gehört; zu dem Rest $18,74 - 17,50 = 1,24$ findet man aus *b* $J_A/J_B = 3,13$ bzw. $J_B/J_A = 0,32$; also entspricht der Größendifferenz 18,74 das Intensitätsverhältnis $3,13 \cdot 10^7$ bzw. $0,32 \cdot 10^{-7}$. Umgekehrt wird man bei gegebenem Intensitätsverhältnis die Zehnerpotenz mit Hilfe von *a*, die Vorzahl mit Hilfe von *b* in Größenklassen verwandeln und beide Beträge addieren.

[1] Im Ng a) Grobeinteilung bestehen die Leitern für J_A/J_B und J_B/J_A aus Folgen identischer Abschnitte von je einer logarithmischen Dekade. Die den Unterteilungsstrichen jeder Dekade entsprechenden Zahlenwerte dürften leicht zu erschließen sein; es sind die Werte 1,0; 1,5; 2,0; 2,5; 3,0; 4,0; 5,0; 7,5; 10,0. Die oberste Dekade ist etwas ausführlicher beschriftet als die übrigen.

Straßl

Erläuterungen zur Tabelle auf S. 128. Sp. 2: Spektralklassen: Keenan, P. C.: Ap. J. **91** (1940) 113. Klassifikation s. Morgan, W. W.: Ap. J. **87** (1938) 460. Die Revised Standards Pgr und Pvr (Sp. 3 u. 4) [Seares, F. H.: Ap. J. **87** (1938) 257, Tab. 2] unterscheiden sich nur durch geringe individuelle Verbesserungen von den IPg und IPv. Die Revised Standards of Color Index C (Sp. 9) siehe: Seares, F. H., u. M. C. Joyner: Ap. J. **101** (1945) 15.

Neuere, vor allem photoelektrische Untersuchungen haben die Skala der IPS im Bereich $7^m < m < 16^m$ bestätigt [Stebbins, J., A. E. Whitford u. H. L. Johnson: Ap. J. **112** (1950) 469], während sie bei den helleren Sternen einen Skalenfehler ergeben [Stebbins, J., u. A. E. Whitford: Ap. J. **87** (1938) 237; Adolfson, T.: Arkiv f. Astr. **1** (1950) 175; Eggen, O. J.: Ap. J. **111** (1950) 65; Hassenstein, W.: AN **269** (1939) 185], der nicht allein durch spektrale Besonderheiten der *A*-Sterne erklärt werden kann, wie es F. Seares versucht hat [Ap. J. **87** (1938) 257 und Ap. J. **94** (1941) 21].

Für die helleren Sterne geben G. E. Kron u. J. L. Smith [Ap. J. **113** (1951) 324] neue photoelektrische Größen *P* und *V* im Farbsystem der IPg und IPv (Sp. 5 u. 6) nach den Messungen von J. Stebbins, A. E. Whitford u. H. L. Johnson u. O. J. Eggen (s. oben l. c.) sowie Rotgrößen *R* (Sp. 7) ($\lambda_i \sim 680\,m\mu$) und Infrarotgrößen ($\lambda_i = 825\,m\mu$). Mit der Skala der Rotgrößen stimmt die der LwPr ($\lambda_i = 610\,m\mu$) (Sp. 8) von E. Rybka [Contr. Wrocław Obs. Nr. 5 (1950)] überein, während die Skalen der bisher benutzten Rotgrößen danach noch merkliche Fehler hatten [Harvard Photo Red = HPr (Sp. 10): Payne, H. C., u. S. Gaposchkin: Harvard Ann. **89**, Nr. 5 (1935). Rotgrößen mit Schott-Filter = RG 1 (Sp. 11): Becker, W.: Veröff. Göttingen Nr. 80 (1946) (Skala nach HPr). Photo Red = Pr (Sp. 12): Nassau, J. H., u. V. Burger: Ap. J. **103** (1946) 25].

Neue Standardgrößen bis zu den schwächsten Sternen werden zur Zeit in 6 Selected Areas bestimmt (s. 314216a), da die Skala für $m_{pg} > 18^m$ noch nicht gesichert war [Baade, W.: Ap. J. **100** (1944) 137].

Weitere Literatur zur IPS.

a) Kataloge der IPS: Trans. IAU **1** (1922) 69 sowie 314211 [8, 495]. Karten der IPS: Leavitt, S. H.: Harvard Circ. Nr. 170 (1912) sowie Harvard Ann. **71** Nr. 3 (1917) und 314211 [1, 325]; Armeanca, J.: Z. Aph. **7** (1933) 78 = Veröff. Göttingen 35.

b) Die Harvard Polsequenz (NPS): [Leavitt, S. H.: Harvard Circ. Nr. 170 (1912) sowie Harvard Ann. **71** Nr. 3 (1917)], die bis zur Einführung der IPS im Mai 1922 benutzt wurde, weicht wesentlich von dieser ab. Korrektionen auf die IPS siehe Shapley, H., u. Walker: Harvard Bull. Nr. 781 (1922) sowie 314211 [1, 333]. Weitere Größenangaben nach Mt.-Wilson-Beobachtungen: Seares, F. H.: Ap. J. **56** (1922) 97, Tab. VIII = Mt.-Wilson-Contr. 235.

c) Größenklassenkataloge zusätzlicher Sterne im Feld der IPS.

Autor	Stern-anzahl	Grenzgröße m_{pg}	Grenzgröße m_{pv}	Dekl.	Literatur und Bemerkungen
Armeanca, J.	260	16,0	16,0	89°	Z. Aph. **7** (1938) 78 = Veröff. Göttingen 35
Ross, F. E.	500	13,0	12,0	88°	Ap. J. **84** (1936) 241
Wallenquist, Å.	16	13,5	12,5	89°	Festschrift Ö. Bergstrand (1938) 39
Dyson, F. W., u. P. J. Melotte	395	14	—	89°	Greenwich (1931) sowie Trans. IAU **4** (1932) 144
Hartwig, G.	Stern 9*r*	11,94	10,84	—	Z. Aph. **18** (1939) 362.

314214 Größenklassenkataloge der Polkalotte.

Eine Erweiterung der IPS geben die „Magnitudes and Colors of Stars North of +80°" [Seares, F. H., F. E. Ross u. M. C. Joyner: Carnegie Inst. Washington Publ. Nr. 532 (1941)] für 2271 Sterne heller als $11^m_{,}5$. Hierbei wurden für 12 mitbenutzte Kataloge die Beziehungen zur IPS festgelegt: Helligkeitsgleichungen (l. c.: 21, Tab. 20 und 35—42), Farbgleichungen (l. c.: Tab. 3 u. 4), Nullpunktsfehler (l. c.: Tab. 43 u. 43a), Genauigkeit (l. c.: Tab. 44).

Bezeichnung	Stern-anzahl	Grenz-größe	Dekl.	Literatur [ ] s. 314211
Gr	2329	9	> 65°	Photographic Magnitudes, Greenwich (1913) [1, 313]
S	2747	9	> 75°	Beljawski, S. J. (Simeis): Bull. Pulkowa **6** (1915) 263 [1, 315]
HPP	3470	8,25	> 57°,5	Harvard Photographic Photometry: Harvard Mim. Ser. I, 1. Diskussion der Genauigkeit[1]
LPg	172	7,5	> 80°	Sitter, A. de: Leiden, BAN **6** (1930) 65
GAP	167	8	> 80°	Göttinger Aktinometrie Pol, Teil B. Schwarzschild, K.[2]
YPg	2354	8,25	> 73°	Parkhurst, J. A.: Ap. J. **36** (1912) 169 sowie [1, 319][3]
lichtel.	102	6,7	> 75°	Hassenstein, W.: AN **269** (1939) 185
YPv	2354	8	> 73°	Parkhurst, J. A.: Ap. J. **36** (1912) 169 sowie [1, 319][3]
PD vis.	14199	7,5	> 0°	Müller, G., u. P. Kempf: Publ. Potsdam **17** (1907) sowie [1, 279 u. 285]

[1] Payne, C. H.: Harvard Bull. Nr. 881 (1931) u. Harvard Bull. Nr. 892 (1933) 2 sowie Sitter, A. de: BAN **6** (1931) 139. — [2] Abh. Ges. Wiss. Göttingen, Math.-Phys.-Klasse, Neue Folge **8** Nr. 4 (1912). — [3] Yerkes Aktinometrie.

Bezeichnung	Sternanzahl	Grenzgröße	Dekl.	Literatur [ ] s. 314211
PDP vis.	5000	11	> 80°	Potsdamer Polkatalog, Publ. Potsd. **26**, 2 (1927) sowie [1, 285]
LPv	348	8	> 80°	Sitter, A. de: Leiden, BAN **8** (1937) 184
WaPv	653	—	—	Rybka, E.: Contr. Lwów Nr. 7 (1938)
Lw Pv	635	9	> 80°	Rybka, E.: Contr. Wrocław Nr. 3 (1948)
Lw Pv	172	9	> 84°	Rybka, E.: Contr. Wrocław Nr. 5 (1950)
HPPv	42000	9	— 90° — + 90°	Payne, C. H.: Harvard Mim. Serie III, 1 u. 2 und Harvard Ann. **89**, Nr. 1 (1931)

314215 Sonstige Kataloge von Größenklassen.

Das Ziel, die Größen aller Sterne heller als 9^m am ganzen Himmel zu bestimmen, ist erst teilweise erreicht. Angaben über die systematische und zufällige Genauigkeit aller wichtigen Kataloge photographischer Größen: Oosterhoff, P. Th.: 314211 [7]. Polkalotte s. 314213.

a) Zonenkataloge photographischer Größen.

Bezeichnung bzw. Autor	Sternanzahl	Grenzgröße	Zone	Literatur und Bemerkungen [ ] s. 314211
GA	3522	7,5	0° bis 20°	Schwarzschild, K.: Göttinger Aktinometrie: Teil A, Abh. Ges. Wiss. Göttingen, Math.-Phys.-Kl., Neue Folge **6** Nr. 6; Teil B s. 314214, Anm. 2
HPP	2338	7,5	0° ,, 20°	Payne, C. H., u. H. Shapley: Harvard Photogr. Photometry Harvard Mim. Ser. I, Nr. 3 (1937) u. I, Nr. 2 (1935)[7]
HPP	3894	8,25	15° ,, 25°	
Goedicke, V. .	7750	10,5	10° ,, 20°	A. J. **50** (1943) 145 sowie A. J. **51** (1945) 168
Schilt, J. . . .	10358	10,5	20° ,, 30°	Trans. Yale. **9** u. **10** (1933)[1]
Simeis	8986	10,5	40° ,, 45°	Bull. Pulkowa Ser. 2, **40** (1932) = Simeis Repr. **18** sowie [2, 470][2]
Schilt, J. . .	7280	10,5	50° ,, 55°	Contr. Rutherfurd **31** (1938)
Schilt, J. . .	6902	11,5	55° ,, 60°	Contr. Rutherfurd **30** (1937)[3] sowie A. J. **50** (1942) 55
Pulkovo . . .	2135	7,5	57° ,, 77°,5	Lehmann-Balanowskaja: Bull. Pulkowa **13**, Nr. 2 (1932) sowie [2, 469]
Bergstrand, Ö	4616	9	60° ,, 65°	Uppsala Ann. **1**, Nr. 6 (1941) sowie [2, 470]
Y Pg 2 (Yerkes)	2354	8,25	60° ,, 75°	Fairley, A. S.: Ap. J. **73** (1931) 125[4]
Greenwich II .	5514	9	65° ,, 75°	Edinburgh (1914) sowie [1, 314]
Leiden	403	7,75	75° ,, 80°	Kort, J. de: BAN **11** (1949) 71[5]
Cape Zone Cat.	20843	13	—40° bis —52°	Jones, S., u. I. K. E. Halm: London[6] (1927) sowie [1, 306]
Cape Phot. Durchmusterung	454875	9,2	—52° bis —90°	Cape Ann. **3**—**5** (1896—1900) sowie [1, 299 u. 306]
AG-Zonen-Katalog	~75000	10	—30° bis —10°	Menzies, A., R. O. Redman u. R. H. Stoy: MN **109** (1949) 647[8]

Literatur: [*1*] Oosterhoff, P. Th.: BAN **9** (1943) 429 sowie Payne-Gaposchkin, C. H., u. S. Gaposchkin: Harvard Bull. Nr. 902 (1936) 3. — [*2*] Oosterhoff, P. Th.: BAN **10** (1944) 59. — [*3*] Oosterhoff, P. Th.: BAN **10** (1944) 62. — [*4*] Holm, S.: Ap. J. **77** (1933) 229 sowie Zinner, E.: AN **245** (1932) 17. — [*5*] Skala 5% zu eng. — [*6*] Payne, C. H., u. S. Gaposchkin: Harvard Bull. Nr. 901 (1935) 25 sowie Oosterhoff, P. Th.: BAN **9** (1943) 431. — [*7*] Reduktion der Göttinger Aktinometrie auf HPP s. a. Bertaud, C. H.: Ann. Paris-Meudon **8**, Nr. 3 (1939). — [*8*] Reduktion noch nicht abgeschlossen.

b) Kataloge photographischer oder lichtelektrischer Blaugrößen der helleren Sterne am ganzen Himmel ($m_{pg} < 5^m,5$).

Autor	Sternanzahl	Grenzgröße	λ_{eff} (mμ)	Literatur und Bemerkungen
King, E. S.	229	3,5	434	Harvard Ann. **76**, Nr. 6 u. **76**, Nr. 5 (1915)
Hertzsprung, E.. . .	658	5,5	422	BAN **1** (1923) 201[1]
Collmann, W.	37	3,1	455	Z. Aph. **9** (1935) 185, auch λ 380 mμ u. λ 730 mμ
Thüring, E.	245	4,0	443	AN **269** (1939) 289
Brill, A.	162	5	—	Veröff. Berlin-Babelsberg **11**, Nr. 2 (1936)
Vauxcouleurs, G. de .	162	5	—	Ann. d'Astrophys. **9** (1946) 222[2]
Güssow, M. (lichtelektrisch)	94	6	420	Z. Aph. **20** (1941) 25; λ 420 mμ u. 449 mμ (s. a. 314217 bB)
Oosterhoff, P. Th. . .	705	5,5	434	BAN **10** (1944) 45[3] sowie (1947) 305
Vauxcouleurs, G. de .	76	4,5	416	Ann. d'Astrophys. **10** (1947) 107; Skala nach E. S. King
Williams, E. G. und H. Knox-Shaw . .	181	6,0	410	MN **102** (1942) 226[4]

Günther

Literatur. [*1*] Welle in Rektaszension. Schneller, H.: AN **249** (1933) 248. — [*2*] Reduktion des Systems von Brill auf das System von King. — [*3*] Reduktion aller Kataloge auf das System von King. — [*4*] *O*- und *B*-Sterne mit $\delta \leq -35°$ gleichzeitig bei 515 mμ und 620 mμ.

c) Kataloge visueller und photovisueller Größen.

Bezeichnung	Stern-anzahl	Grenz-größe	Zone	Literatur und Bemerkungen [ ] s. 314211
PD	14199	7,5	0° bis 90°	Müller, G., u. P. Kempf: Publ. Potsdam **17** (1907) sowie [1, 279][1]
PD-Erweiterung	2122	7,5	—10° „ 0°	Tass, A., u. L. Terkan: Publ. Ógyalla **1** (1916) [1, 285]
RHP	9110	6,5	—90° „ +90°	Revised Harvard Photom.; Harvard Ann. **50** (1908) [1, 276]
RHP	36682	10	—90° „ +90°	Revised Harvard Photom.; Harvard Ann. **54** (1908)[2]
Zinner, E. . .	2373	5,5	—90° „ +90°	Veröff. Bamberg **2** (1926)[3]
Günther, O. .	100	8,5	0° „ +90°	Z. Aph. **18** (1939) 212 (Prüfg. d. Skala der PD)
King, E. S. .	123	3,8	—30° „ +90°	Harvard Ann. **85**, Nr. 3 u. **85**, Nr. 10 (1930) (m_{pv})
Cousins, A.W.	122	7,5	—90° „ —20°	MN **103** (1943) 154 (m_{pv})
HPPv	42000	9	—90° „ +90°	Harvard Photovis. Photom. [Harvard Mim. Ser. III, 1, 2 (1938[4])]

[1] Für die Beziehung der PD (Potsdamer Durchmusterung), die das genaueste System visueller Größen ist, zu IPv gilt: IPv—PD = $-0^{m}_{,}22 + 0{,}11\,C$ (PD = $7^{m}_{,}35$) (C = intern. Fl); Seares, F. H.: Ap. J. **74** (1931) 131 = Mt. Wilson Contr. 431 sowie IAU **4** (1932) 140. — [2] Zug, R. S.: Ap. J. **73** (1931) 26. — [3] Helligkeitsverzeichnis nach PD und RHP und allen früheren Katalogen. — [4] Reduktion aller früheren Kataloge auf IPv; s. a. Harvard Ann. **89**, Nr. 1 u. 3 (1931/32); Harvard Ann. **89**, Nr. 12 (1938) und Payne, C. H.: Harvard Bull. Nr. 892 (1933) 7.

d) Messungen von Rot- und Infrarotgrößen.

Autor	Stern-anzahl	Grenz-größe	Zone	λ_{eff} (mμ)	Literatur
Becker, W. . .	190	5,9	0° bis 90°	710	Z. Aph. **9** (1935) 79 u. A. Brill: AN **278** (1949) 139
King, E. S., u. R. Ingalls . .	37	2,6	—20° „ +90°	630	Harvard Ann. **85**, Nr. 11 (1930)
Collmann, W. .	37	3	+10° „ +90°	720	Z. Aph. **9** (1935) 185; auch Blau- und UV-Helligkeiten 385 mμ
Ferwerda, J. G.	160	6,4	—18° „ +90°	628	BAN **9** (1940) 149 (helle Parallaxensterne)
Hall, J. S. . . .	282	5,5	—20° „ +90°	830	Ap. J. **84** (1936) 369 und Ap. J. **88** (1938) 319
Hetzler, Ch. . .	27	4,5	0° „ +90°	850	Ap. J. **83** (1936) 372
Hetzler, Ch. . .	—	9	—15° „ +90°	850	Ap. J. **86** (1937) 509 (8 Sequenzen von je 10—20 Sternen); s. a. Ap. J. **92** (1940) 59

e) Eichung der Skalen älterer Durchmusterungskataloge. Bonner- und Cordoba-Durchmusterung: 314211 [1, 259ff. sowie 289]; Vyssotzky, A. N.: Ap. J. **83** (1936) 216 = Publ. McCormick **9**, 1 sowie Payne, C. H.: Harvard Ann. **89**, Nr. 3 (1932).

AG-Kataloge: 314211 [1, 270] sowie Wachtl, O.: AN **257** (1935) 17.

Henry Draper Kat. (HD) Harvard Ann. **99** (1924) 12 sowie Shapley, H.: Harvard Bull. Nr. 912 (1940) 23.

HD-Extension: Harvard Ann. **100** (1936) sowie Wright, F. W., u. C. H. Payne: Harvard Ann. **89** Nr. 4 (1934).

Boss, B., PGC: 314211 [1, 272].

Internationale Himmelskarte (CdC): 314211 [1, 305]; Leavitt, H. S.: Harvard Ann. **85**, Nr. 1, 7 u. 8 (1919/26) sowie Seares, F. H., u. M. C. Joyner: Ap. J. **68** (1926) 160 = Mt. Wilson Contr. 305.

314216 Größenklassenkataloge schwächerer Sterne in kleineren Feldern.

a) Selected Areas (Kapteyns Eichfelder).

Bezeichnung	Grenzgröße IPg	IPv	m_{Rot}	Nr. des Eichfeldes	Sternanzahl	
Harvard-Groningen-Durchmusterung	16,0	—	—	1—206	250000	1
Mount Wilson-Katalog	18,5	—	—	1—139	67941	2
Standards for Selected Areas	13,5	—	13,0	140—206	je etwa 15	3
Bergedorfer Spektraldurchmusterung	13,0	—	—	1—115	Feldgr. 12,25 □°	4
Südliche Selected Areas	13,0	—	—	116—206	—	5
8 südliche Selected Areas	12,0	—	12,0	179, 181, 182, 194, 196—199	—	6
Nördliche Selected Areas	14,0	—	—	13, 30—32, 51—60 63, 64, 68—91	—	7
Selected Areas bei $\delta = +45°$ . . .	14,0	14,0	—	20—43	1500	8
Selected Areas bei $\delta = +75°$ . . .	—	13	—	2—7	602	9
Farbenindizes von *B*-Sternen . . .	12	12	—	8, 9, 18, 41	—	10
Farben und Größen	13,5	13,5	13,5	89		11
Blau- und Rot-Größen	12	—	11	26, 35, 40		12
Spektralphotometrische Größen . .	13,5	—	—	2, 6, 7, 15, 16, 19		13
Schwächste Standardhelligkeiten . .	21	21	21	51, 57, 61, 68, 73, 89		14

Literatur. [*1*] Pickering, E. C., J. C. Kapteyn u. P. J. van Rhijn: Harvard Ann. **101**—**103** (1918/24) und Seares, F. H., M. C. Joyner u. M. L. Richmond: Ap. J. **61** (1925) 303 = Mt. Wilson Contr. 289. — [*2*] Seares, F. H., J. C. Kapteyn u. P. J. van Rhijn: Carnegie Inst. Washington Publ. Nr. 402 (1930) sowie Trans. IAU **3** (1928) 149. — [*3*] Gaposchkin, S.: Harvard Ann. **89**, Nr. 9 (1937). — [*4*] Schwassmann, A., u. P. J. van Rhijn: Hamburg-Bergedorf (1935/47); Trans. IAU **6** (1938) 222 und Blaauw, A.: BAN **9** (1940) 141. — [*5*] Harvard Mim. Ser. II, 1—3 (1935/37); Publ. Potsdam **88**—**93** (1928—1938). — [*6*] Payne-Gaposchkin, C. H.: Harvard Ann. **105** (1937) 383. — [*7*] Melotte, P. J.: Royal Observ. Greenwich, London (1931). — [*8*] Parkhurst, J. A.: Publ. Yerkes **4** (1927) 229 sowie Trans. IAU **3** (1928) 148 [3, 321]. — [*9*] Rhijn, P. J. van, u. B. J. Bok: Publ. Groningen **44** (1929) sowie Bok, B. J., u. W. F. Swann: Harvard Ann. **105** (1937) 371. — [*10*] Lohmann, W., u. G. R. Miczaika: Veröff. Heidelberg **14**, Nr. 10 (1946). — [*11*] Becker, W.: Veröff. Göttingen Nr. 81 u. Nr. 82 (1946). — [*12*] Clasen, M. Ch.: AN **264** (1938) 33 = Astr. Abh. Bergedorf **4**, 10. — [*13*] Elvius, T.: Stockholm Ann. **14**, Nr. 8 (1945). — [*14*] Baade, W.: Mt. Wilson Report (1942/43) und Trans. IAU **5** (1935) 164 sowie Stebbins, J., A. E. Whitford u. H. L. Johnson: Ap. J. **112** (1950) 469. S. a. 314213c.

b) Harvard Standard Regions.
Sekundäre Größenklassenskalen bei $\delta = \pm 15°$, $= \pm 45°$, $= \pm 75°$, $= -90°$.
HSPg, HSPv und HSPr für je etwa 20 Sterne $7^m < m_{pg} < 13^m$ und $7^m < m_{pv} < 11{,}^m5$.
Besonders gut untersucht sind einige der Felder *C* 1—*C* 12 bei $\delta = +15°$.

Autor	Farbbereich	Standard Region	Literatur
Leavitt, H. S. .	m_{pg}	sämtliche 49	Harvard Ann. **71**, 4 (1917) (Koordinaten)
Payne, C. H. . .	HSPv	sämtliche 49	Harvard Ann. **89**, 1 (1931) sowie Trans. IAU **4** (1932) 141
Gaposchkin, S.	m_{pv}	*C* 1—*C* 12	Harvard Ann. **108**, 1 (1939) (Karten)
Payne-Gaposchkin, C. H.	HPr	*C* 1—*C* 12	Harvard Ann. **89**, 8 (1937)
Greenstein, J. L.	m_{pg}	*C* 1, *C* 4, *C* 7, *C* 8, *C* 10	Harvard Ann. **89**, 11 (1937) (neuer Anschluß an IPg)
Rhijn, P. J. van, u. L. Plaut . .	m_{pg}	*C* 1—*C* 12	BAN **11** (1950) 245
Gossner, S. D., u. J. L. Gossner	m_{pg}	*C* 7	A. J. **53** (1948) 209 = Harvard Repr. Ser. II, **21**
Bok, B. J., u. C. B. Sawyer . .	HPr	*C* 5	Harvard Bull. Nr. 918 (1946) 19 (neuer Anschluß an HPr-Pol.)
Stoy, R. H. . .	Pg, Pv	*E* 1—*E* 9	MN **103** (1944) 288 (250 Sterne 7^m—10^m)[1]
Menzies, A., R. O. Redman u. R. H. Stoy . .	Pg, Pv	*E* 1—*E* 9	MN **109** (1949) 647 und als Mimeogram des Cape Observatory erhältlich (467 Sterne).
Jones, H. S., u. J. Halm . . .	m_{pj}	Südpolsequenz	Trans. IAU **2** (1925) 88

[*1*] Seares, F. H., u. M. C. Joyner: Ap. J. **102** (1945) 281 = Mt. Wilson Contr. 710.

Günther

c) Sternhaufen und besondere, gut untersuchte Felder. Aufgeführt sind nur neuere Systeme mit großer innerer Genauigkeit bzw. selbständigen Skalenbestimmungen oder als photometrische Standardsysteme geeignete Felder.

Feld	Grenzgröße		Literatur
	m_{pg}	m_{pv}	
Plejaden	16	12	Binnendijk, L.: Leiden Ann. **19**, Nr. 2 (1936)
Praesepe	16	14	Haffner, H., u. O. Heckmann: Veröff. Göttingen 53 bis 55 (1937) und 67 (1940)
Hyaden	14,5	13,5	Holmberg, E.: Lund Medd. Ser. II, 113 (1944)
Coma	10,5	10,5	Trümpler, R.: Lick Bull. **18** (1938) 167
h und χ Persei . .	16	—	Oosterhoff, P. Th.: Leiden Ann. **17**, Nr. 1 (1937)
M 35 (NGC 2168)	13	12,5	Wallenquist, A.: Ann. Lembang **3**, Nr. 2 (1929); Wachmann, A.: Bergedorf (1939)
Hyaden, Plejaden Coma, Ursa Major Strom .	11	—	Eggen, O. J.: Aph. J. **111** (1950) 65, 81 u. 414 (photoelektrisch mit Farbenindizes)

Für die Anhaltssterne der Eros-Opposition 1931 wurden genaue m_{pg} und m_{pv} bestimmt zur Übertragung der Skala der IPS auf die Südhalbkugel. Erossterne $\delta \geq -17°$: Ross, F. E., u. R. S. Zug: AN **239** (1930) 289 sowie Ap. J. **73** (1931) 26; Erossterne $\delta \leq 0°$: Seares, F. H., B. W. Sitterly u. M. C. Joyner: Ap. J. **72** (1930) 311 = Mt. Wilson Contr. 415; Stoy, R. H., u. A. Menzies: MN **104** (1944) 298; Seares, F. H., u. M. C. Joyner: Ap. J. **102** (1945) 281 = Mt. Wilson Contr. 710 sowie Tucker, R. H.: AN **251** (1934) 78.

K. G. Malmquist bestimmte in zwei Feldern nahe dem Nordpol der Milchstraße Helligkeiten und Farbenindizes für 3700 bzw. 4500 Sterne $m_{pg} < 14^m$: Lund Medd. Ser. II. Nr. 37 (1927); Stockholm Ann. **12**, 7 (1936) s. a. 314211 [1, 321]. Verbesserung der m_{pg}-Skala in der großen Magellan-Wolke Mohr, J.: Harvard Ann. **105** (1937) 237.

d) Visuelle und photovisuelle Größenklassenskalen. Plejaden: Müller, G., u. P. Kempf: AN **150** (1899) 193 sowie Graff, K.: Astr. Abh. Bergedorf **2**, Nr. 3 (1920). Hyaden: Graff, K.: AN **220** (1923) 135 sowie AN **266** (1938) 159.

h und χ Persei: Vogt, H.: Veröff. Heidelberg **8**, Nr. 3 (1921) sowie Graff, K.: AN **266** (1938) 347.

Rumford Regions: 36 Sequenzen von je 20 Sternen $12^m < m_v < 16^m$ bearbeitet von Mitchell, S. A.: Mem. Amer. Acad. Arts Sci. **14**, Nr. 4 Cambridge (1923) sowie Mitchell, S. A., u. H. L. Alden: MN **86** (1926) 356; s. a. 314211 [1, 294].

McCormick Photovisuelle Sequenzen (329) von je 10—15 Sternen $6^m < m_{pv} < 10^m$ zwischen $-15° < \delta < +75°$: Wirtanen, C. A., u. A. N. Vyssotsky: Ap. J. **101** (1941) 141 = Publ. McCormick **9**, Nr. 14 und Vissotzky, A. N.: Ap. J. **83** (1936) 216 = Publ. McCormick **9**, Nr. 1.

Rosenberg-Bergstrand-Polsequenz: Hopmann, J.: Ber. Sächs. Akad. Wiss., Math.-Phys. Klasse **89** (1937) 9.

Vergleichsfelder für veränderliche Sterne:

Hagen, I. G.: Atlas Stellarum Variabilium (ASV) **1**—**9** (1899—1941); dazu: Stein, J., u. J. Junkes: Inhaltsverzeichnis u. Erläuterungen; Specola Vaticana Ric. Astr. **1**, 4 (1941) und **1**, 3 (1941); Hagen, I. G.: Aggiunte al Catalogo, Specola Vaticana **11** (1916) sowie Specola Vaticana **12** (1922).

Mitchell, S. A.: 6284 visuelle Größen in 350 Feldern langperiodischer Veränderlicher: Publ. McCormick **6**, Nr. 2 sowie Trans. IAU **6** (1938) 225.

Mitchell, S. A., u. C. A. Wirtanen: (50 Felder) Publ. McCormick **9**, Nr. 5 (1939).

Gaposchkin, S.: 36 Sequenzen von je 10 Sternen $7^m < m_{pg} < 12^m$, Harvard Ann. **108**, Nr. 1 (1939).

Wright, F. W.: Harvard Ann. **89**, Nr. 13 (1940); je 5—10 Sterne $9^m < m_{pv} < 13^m$ für 29 Bedeckungsveränderliche. K. Graff hat [Trans. IAU **6** (1938) 223] berichtet, daß er in 350 Feldern für veränderliche Sterne $8^m < m_v < 14\overset{m}{.}5$ und in 200 Feldern in der Umgebung von hellen Nebeln Vergleichssterne $7\overset{m}{.}5 < m_v < 12^m$ gemessen hat (Skala RHP).

Felder veränderlicher Sterne der nördlichen Milchstraße an die IPg angeschlossen: Hoffmeister, C.: Kl. Veröff. Berlin-Babelsberg Nr. 19, 24, 28 (1938—1943) sowie Veröff. Sonneberg **1**, 2 u. **1**, 3 (1947—1949).

e) Größenklassenkataloge von Sternen mit bekannter Eigenbewegung oder Parallaxe. IPv für 18000 Sterne, mit bekannter Eigenbewegung in 341 Feldern: Kamp, P. van de, u. A. N. Vissotzky: Publ. McCormick **7** (1937).

IPg und IPv für 144 Sterne mit EB $> 0\overset{''}{.}3$ und IPv für weitere 91 Sterne: Seyfert, C. K.: Ap. J. **91** (1940) 117 = Contr. McDonald 16.

IPg und Farbenindizes für 355 B-Sterne $6\overset{m}{.}5 < m < 11^m$ mit bekannter Parallaxe: Popper, D. M.: Ap. J. **111** (1950) 495.

m_v für 80 Sterne bekannter Parallaxe: Hopmann, J.: Ber. Sächs. Akad. Wiss., Math.-Phys. Klasse **90** (1938) 175.

m_{pg} und Farbenindizes für 180 sonnennahe Sterne: Eggen, O. J.: Aph. J. **112** (1950) 140.

Ferwerda, J. G.: s. oben 314215d.

Günther

314217 Farbenindex und Farbenexzeß.

a) Der Farbenindex, ursprünglich definiert als C = $m_{pg} - m_v$, heute allgemein als Größenklassendifferenz eines Sternes in zwei Spektralbereichen, m (kurzwellig)—m (langwellig), ist ein Maß für die Energieverteilung im Sternspektrum bzw. für die Farbtemperatur T_F. Im Bereich des Wienschen Gesetzes gilt genähert $m_{pg} - m_v = a \cdot c_2/T_F + b$. Die Konstanten a und b hängen von der Differenz der reziproken isophoten Wellenlängen $1/\lambda_{pg}$ und $1/\lambda_v$ (314228) ab und haben für den internationalen FI: C = IPg — IPv Werte von etwa $a \approx 0{,}^m5$ und $b \approx -0{,}^m6$ (Unsöld, A.: Physik der Sternatmosphären, Berlin (1938) 54).

Der FI für einen schwarzen Körper $T_F = \infty$ würde nach obiger Formel C = $-0{,}^m64$ sein; nach Wesselink, A. J.: BAN **10** (1946) 99: C = $-0{,}^m44$.

Über die Bedeutung der FI siehe 314228.

Das Farbenäquivalent c_2/T_F wurde früher häufig an Stelle des FI angegeben. Berechnung unter Annahme schwarzer Strahlung [Wilsing, J.: Publ. Potsdam **24** (1919)].

b) Kataloge von Farbenindizes und anderen Farbäquivalenten.

Literatur bis 1936: 314211 [1, 388] und [6, 81 u. 456]. Photometrie in mehreren Farben s. 314227.

Autor	Sternanzahl	effektive Wellenlängen (mμ)	(mμ)	Literatur und Bemerkungen
		A. Farbenindizes aus visuellen und photographischen Messungen		
Schneller, H.	593	427	557	AN **249** (1933) 243
Seares, F. H., F. E. Ross u. M. C. Joyner	2271	427	543	Carnegie Inst. Washington Publ. Nr. 532 (1941)
		B. Farbenindizes aus photoelektrischen Messungen		
Becker, W.	738	425	475	Veröff. Berlin-Babelsberg **10**, Nr. 3 (1932) u. **10**, Nr. 6 (1935) u. Z. Aph. **5** (1932) 101
Elvey, C. T.	153	385	510	Ap. J. **74** (1931) 298
Elvey, C. T., u. T. G. Mehlin	49	425	475	Ap. J. **75** (1932) 354
Stebbins, J., u. C. M. Huffer	733	426	477	Publ. Washburn **15**, 5 (1934)
Stebbins, J., C. M. Huffer u. A. E. Whitford	1332	426	477	Ap. J. **91** (1940) 20 = Mt. Wilson Contr. 621[1]
Hall, S. J.	347	795	860	Ap. J. **79** (1934) 145
Hall, S. J.	285	680	830	Ap. J. **84** (1936) 369 sowie Ap. J. **88** (1938) 319
Güssow, M.	94	420	449	Z. Aph. **20** (1941) 25 s. a. 314215b
Stebbins, J., u. A. E. Whitford	238	353	1030	Sechsfarbenphotometrie (s. a. 314227b): Ap. J. **102** (1945) 318 = Mt. Wilson Contr. 712
Öhman, Y.	—	bei 500	500	Stockholm Ann. **15**, Nr. 8 (1949)[2]

[1] Bezogen auf außerhalb der Atmosphäre. — [2] Photoelectric work by the Flicker-method.

C. Visuell-kolorimetrische Farbenbestimmungen.

Graff, K.: Farben für alle Sterne mit $m_v < 6{,}^m5$ und in einigen Sternhaufen- und Milchstraßenfeldern. Mitt. Wien seit 1931 sowie Trans. IAU **6** (1938) 223; Fessenkoff, E.: Publ. Sternberg **13**, Nr. 1 (1940) sowie AN **236** (1929) 297.

Gauzit, J., u. P. Proisy: Ann. d'Astrophys. **11** (1948) 137 (146 Sterne).

D. Farbäquivalente der hellen Sterne in einheitlichen Systemen.

E. Hertzsprung gibt die c_2/T-Werte für 834 Sterne in der Skala von Wilsing, auf die alle anderen FI und Gradienten umgerechnet wurden. BAN **9** (1940) 101.

Kukarkin, B. W.: Vorläufige Farbäquivalente für 1207 Sterne $m_{pg} < 5{,}^m5$, Publ. Sternberg **10**, Nr. 1 (1937).

E. Farbenschätzungen und Messungen von effektiven Wellenlängen sind heute von geringer Bedeutung. Seares, F. H., u. M. C. Joyner: Ap. J. **100** (1944) 264 = Mt. Wilson Contr. 699.

F. Literatur über FI in Sternhaufen s. 314216c; Rotindizes in offenen Sternhaufen (λ 433 und λ 620 mμ): Cuffey, J.: Harvard Ann. **105** (1937) 403 und **106**, 2; Ap. J. **94** (1941) 55; Ap. J. **97** (1943) 93 und Ap. J. **98** (1943) 49. — S. a. Becker, W.: 134227a und Eggen, O. J.: 314216c. — Johnson, H. L.: Ap. J. **112** (1950) 240.

c) Farbenindex und Spektralklasse. Der FI ist bei schwachen Sternen ein brauchbarer Ersatz für Spektralklassenschätzungen. Darum wird die Beziehung zwischen diesen beiden Größen bei hellen Sternen untersucht. Sie hängt noch von dem Spektralklassensystem und von der Art der Berücksichtigung der Verfärbung durch interstellare Materie ab. Die Streuung um die mittlere Beziehung ist in den einzelnen Spektralklassen verschieden.

Farbenindex-system: Literatur: $\lambda_{kw}-\lambda_{lw}$ [mμ]:	int. FI[1] Seares u. Joyner 427—543		W. Becker[2] (l. c. Tab. 6) 425—475			Stebbins u. Huffer (l. c. Tab. IV) 426—477		Stebbins u. Whitford (l. c. Fig. 1) 422—1030		
Leuchtkraft[3]:	*d*[4]	*g*[4]	*d*	*g*	Streuung	*d*	*g*	*d*	*g*	*c*
Spektralklasse										
O			—,204		±,055	—,23		—2,52		
*B*0			—,216		,054	—,22		—2,47		
*B*3	—,44		—,229		,035	—,19		—2,35		
*B*5	—,39		—,210		,035	—,17		—2,24		
*A*0	—,15		—,130		,033	—,10		—1,80		
*A*5	+,00		—,046		,033	+,03		—1,30		
*F*0	+,12		—,004		,025	+,09		—0,92		
*F*5	,26		+,060	+,060	,026		+,18	— ,52		—,45
*G*0	,42	+,60	,120	,259	,066		,33	— ,28		+,25
*G*5	,64	,78	,216	,320	,066		,49	— ,05		1,00
*K*0	,89	1,06	,320	,466	,078		,64	+ ,15	+ ,90	1,70
*K*3	1,06	1,37	,395	,635	,078		—	—	1,50	2,15
*K*5		1,45	,453	,733	,078		,90	+ ,80	2,30	2,30
*K*8		1,47		,780	,078			—	—	—
*K*10		1,49		—	—			—	—	—
*M*0				,786	,100			+ 2,04	—	2,86
*M*5				,596	—					4,00

[1] Vom Einfluß der interstellaren Verfärbung befreit. — [2] Mittelwert der *O*- und *B*0-Sterne noch teilweise von interstellarer Verfärbung beeinflußt. — [3] d = Hauptreihe, g = Riesen und Überriesen (bei St. u. W.: g = Riesen mit $M \approx 0^m$, c = Überriesen). — [4] Für g-Sterne $Ma = K\,7{,}7$ und $Mb = K\,9{,}7$; für d-Sterne $Ma = K\,6$ und $Mb = K\,8$.

Literatur über Farbenindizes und Spektralklassen: Morgan, W. W.: Ap. J. **87** (1938) 460. — Morgan, W. W. u. W. P. Bidelman: Ap. J. **104** (1946) 245. — Williams, E. T. R.: Ap. J. **79** (1934) 395.

d) Farbenexzeß und Nullpunkt der Farbenindizes. Der Farbenexzeß (FE) ist die Abweichung des FI vom Mittel seiner Spektralklasse. Ein positiver FE weist auf Rotverfärbung und Schwächung des Sternlichtes durch interstellare Materie hin. Die Zunahme des FE mit der Entfernung ist besonders eingehend am Nordpol untersucht worden. Seares, F. H., u. M. C. Joyner: Ap. J. **98** (1943) 261, Fig. 5 = Mt. Wilson Contr. 684.

Daraus ergab sich, daß der internat. FI für unverfärbte *A*0-Sterne C = $-0^m{,}15$ beträgt, im Gegensatz zur früheren Definition C = 0 [s. a. Seares, F. H.: MN **103** (1943) 281]. Der FE wird heute bei jeder photometrisch-statistischen Untersuchung bestimmt. Die umfassendste Untersuchung der Verteilung verfärbender Materie in der Umgebung der Sonne auf Grund von FE benutzt die FI von 1332 *B*-Sternen (s. 314217bB). Außerdem Popper, D. M.: Ap. J. **111** (1950) 495.

e) Wärmeindex und Wasserzellenabsorption. Der Wärmeindex WI = $m_v - m_r$ (m_r = radiometrische Größe; s. 314212 u. 314219c) ist in den Spektralklassen *B* bis *G* wenig, in den Klassen *K*, *M* und *N* stark mit der Sterntemperatur veränderlich. Die Wasserzellenabsorption ist die Differenz der radiometrischen Größen ohne und mit einer Wasserzelle von 1 cm Dicke, die alle Strahlung der Wellenlängen $\lambda > 1{,}4\ \mu$ absorbiert.

Beispiele für typische Sterne und Literatur s. 314219c und 314211 [5, 410]. Strahlungsmessungen in 5 Wellenlängenbereichen zwischen 0,3 μ und 10 μ, die von Kristallfiltern durchgelassen werden, hat W. W. Coblentz an 16 Sternen durchgeführt. 314211 [5, 474].

314218 Bolometrische Größenklasse und bolometrische Korrektion.

Die Gesamtstrahlung wird durch die bolometrische Größenklasse m_{bol} charakterisiert. Die bolometrische Korrektion $\Delta m_b = m_v - m_{bol}$ bzw. $m_{pv} - m_{bol}$ ist gering bei den Sternen, deren Strahlung für das Auge maximale Wirksamkeit hat (6800° K — etwa Sonne). Hier wird $\Delta m_b = 0$ gesetzt. Die bolometrische Korrektion wurde berechnet von E. Hertzsprung, A. S. Eddington u. a. unter der nur ungefähr zutreffenden Annahme, daß die Sterne wie schwarze Körper strahlen. Die so erhaltene Korrektion $\Delta m_b = m_{pv} - m_{bol}$ ist in Spalte 2 der folgenden Tabelle nach G. P. Kuiper [Ap. J. **88** (1938) 429] als Funktion der effektiven Temperatur T_e angegeben.

Die Theorie der Sternspektren (Kontinuierlicher Absorptionskoeffizient!) erlaubt im Prinzip, die Abweichungen der Sternstrahlung von der des schwarzen Körpers zu berechnen. Auf dieser Grundlage hat G. P. Kuiper (l. c.) die wohl besseren, aber auch noch nicht allzu sicheren Werte ermittelt, welche in Spalte 3 als „B. C.“ angegeben sind.

T_e in °K	$-\Delta m_b = m_{bol} - m_{pv}$	$-$B.C. $= m_{bol} - m_{pv}$	T_e in °K	$-\Delta m_b = m_{bol} - m_{pv}$	$-$B.C. $= m_{bol} - m_{pv}$	T_e in °K	$-\Delta m_b = m_{bol} - m_{pv}$	$-$B.C. $= m_{bol} - m_{pv}$
3000	1,74	3,2 :	6000	0,02	0,06	15000	0,97	1,51
3500	1,07	2,1 :	7000	0,01	0,01	20000	1,61	2,18
4000	0,64	1,3 :	8000	0,06	0,22	30000	—	3,12
4500	0,36	0,63	10000	0,28	0,57	40000	—	3,8
5000	0,18	0,34	12000	0,55	0,98	50000	—	4,3

Bolometrische Korrektionen für die späteren Spektralklassen *F* 2—*M* 5, empirisch bestimmt aus den radiometrischen Größen (314219b) für verschiedene absolute photovisuelle Größen M_{pv} nach G. P. Kuiper, l. c. enthält die folgende Tabelle.

Spektrum	Hauptreihe	$M = 0{,}0$	$M = -4{,}0$	Spektrum	Hauptreihe	$M = 0{,}0$	$M = -4{,}0$
F 2	— 0,04	—0,04	— 0,04	*K* 4	— 0,55	— 1,11	— 1,56
F 5	,04	,08	,12	*K* 5	0,85	1,35	1,86:
F 8	,05	,17	,28	*K* 6	1,14	—	—
G 0	,06	,25	,42	*M* 0	1,43	1,55	2,2
G 2	,07	,31	,52	*M* 1	1,70	1,72	2,6
G 5	,10	,39	,65:	*M* 2	2,03	1,95	3,0:
G 8	,10	,47	,80:	*M* 3	(2,35)	2,26	— 3,6:
K 0	,11	,54	,93:	*M* 4	(2,7)	2,72	—
K 2	,15	,72	1,20	*M* 5	— (3,1 :)	— 3,4:	—
K 3	— 0,31	— 0,89	— 1,35				

Weitere Literatur: Zanstra, H.: Z. Aph. **2** (1931) 335. — Pilowski, K.: AN **261** (1936) 17. — Lohmann, W.: AN **276** (1948) 83.

314219 Sternstrahlung im Energiemaß, Absolute Größen.

a) Vergleich des Systems der internationalen Größenklassen mit der internationalen Kerze. 1 internationale Kerze = 1,11 HK. Die angegebenen Fehler sind mittlere Fehler.

Gestirn	IPv	IPg	FI	m_{bol}	int. Lux
Sonne im Zenit	$-26{,}^{m}84 \pm 0{,}^{m}06$	$-26{,}^{m}31$	$0{,}^{m}53$	—	103000 ± 5,4 %
Sonne außerhalb der Atmosphäre	$-27{,}^{m}13$	—	—	$-26{,}^{m}95$	134500[1]
Vollmond im Zenit. . .	$-12{,}^{m}66$	$-11{,}^{m}91$	$0{,}^{m}75$	—	0,24
1 internat. Kerze in 1 m Abstand	$-14{,}^{m}30$[3] $\pm 0{,}^{m}05$	$-12{,}^{m}06$[2]	—	—	1
Sirius	$-1{,}^{m}5$	$-1{,}^{m}5$	$0{,}^{m}00$		0,76 10^{-5}
A 0-Stern	$+1{,}^{m}0$	$+1{,}^{m}0$	$0{,}^{m}00$		0,76 10^{-6}
A 0-Stern	$+21{,}^{m}0$	$+21{,}^{m}0$	$0{,}^{m}00$		0,76 10^{-14}

[1] Eine Neudiskussion verschiedener Meßreihen s. a. Siedentopf, H., u. E. Reeger: Meteorol. Zs. **61** (1944) 114. — [2] Unsichere ältere Angabe. — [3] Berechnet aus IPv der Sonne.

IPv und IPg für die Sonne hat G. P. Kuiper [Ap. J. **88** (1938) 429] aus allen vorliegenden Beobachtungen unter Anwendung des aus der Spektralklasse *dG* 2 abgeleiteten Farbenindex neu bestimmt.

IPg für den Vollmond ist aus IPv und dem gemessenen Farbenindex berechnet. Gesamthelligkeit des Mondes bei anderen Phasenwinkeln siehe Rougier, G.: Ann. Straßburg **3** (1937) 282.

Helligkeiten des verfinsterten Mondes: Richter, N.: Z. Aph. **21** (1942) 249 sowie AN **276** (1948) 93.

Die extraterrestrische Bestrahlungsstärke der Sonne entspricht einer Größenklassendifferenz von $-12{,}^{m}83$ gegenüber der internat. Kerze. Daraus folgen umgekehrt deren IPv und die Beleuchtungsstärken der Sterne in Lux. Die ältere vielzitierte Größenklassenangabe von H. N. Russell [Ap. J. **43** (1916) 126] 1 int. Kerze = $-14{,}^{m}18$ bezieht sich auf das Harvardsystem (s. 314213b).

Wegen des großen FI der internat. Kerze ist bei visuellen Vergleichen in wesentlich verschiedenen Helligkeiten der Purkinje-Effekt zu berücksichtigen. Weitere Literatur: 314211 [*11*] und Wellmann, P.: Die Sterne **23** (1943) 23.

Monochromatische Größenklassendifferenzen Δm zwischen Sonne und Sirius und Gradient der Sonne im Greenwicher System. Woolley, R. v. d. R., u. C. B. Gascoigne: MN **108** (1949) 491.

Wellenlänge	6209 Å	5550 Å	4945 Å	4510 Å	Gradient
Δm	$-25{,}^{m}85 \pm {,}04$	$-25{,}^{m}59 \pm {,}04$	$-25{,}^{m}33 \pm {,}04$	$-25{,}^{m}15 \pm {,}04$	1,11

Günther

Mit neueren Größenklassenbestimmungen an Sirius IPv = —1,^{m}3 (statt bisher —1,^{m}5) erhält man für die Sonne in guter Übereinstimmung mit G. P. Kuiper IPv = —26,^{m}9.

b) Absolute Größe. Die scheinbare Größe, die einem Stern zukäme, wenn er in eine Entfernung von 10 pc = 32,6 Lichtjahre = 2,06 · 10^6 Erdbahnhalbmesser (Parallaxe = 0″,1) gestellt würde, bezeichnet man als seine absolute Größe M (z. B. M_v, M_{pg}, M_{bol} ...).

Der Entfernungsmodul ist die Differenz zwischen scheinbarer und absoluter Größenklasse $m — M$. Vgl. auch 31542 und das dort abgedruckte Nomogramm.

Der Entfernungsmodul der Sonne beträgt: —31,^{m}57.
Lichtstärke der Sonne: M_v = 4,73 entspricht 2,8 · 10^{27} internat. Kerzen.
Lichtstärke eines Sternes: M_v = 0,0 entspricht 2,1 · 10^{29} internat. Kerzen.

c) Energieeinstrahlung der Sterne auf der Erde. Die Energie der von der Erdatmosphäre durchgelassenen Sternstrahlung ergibt sich durch Vergleich mit irdischen Strahlern, z. B. 1 internat. Kerze. Ein im Zenit stehender Stern mit der radiometrischen Größe m_r = 0,^{m}0 (s. 314212) strahlt auf die Erdoberfläche (Mt. Wilson)

$$E = 17{,}3 \cdot 10^{-12}\ \text{cal cm}^{-2}\ \text{min}^{-1} = 12{,}1 \cdot 10^{-6}\ \text{erg cm}^{-2}\ \text{sec}^{-1}$$

ein. [Pettit, E., u. S. B. Nicholson: Ap. J. **68** (1928) 279 = Mt. Wilson Contr. 369.]

Die Energieeinstrahlung außerhalb der Erdatmosphäre wird durch die scheinbare bolometrische Größenklasse m_{bol} gemessen. Diese theoretischen Idealwerte der Gesamtstrahlung können nur auf Grund von Annahmen über die Energieverteilung der Sternstrahlung, vor allem im kurzwelligen Spektralgebiet, das von der Erdatmosphäre völlig absorbiert wird, berechnet werden (s. 314218). Die Berechnung der gesamten extraterrestrischen Energieeinstrahlung aus den radiometrischen Größen geben E. Pettit und S. B. Nicholson (l. c. 300ff. u. Tab. 4) und mit neueren Daten P. G. Kuiper (l. c. 449ff.). Der Nullpunkt der m_{bol} ist durch die radiometrischen Größen von 8 *gF* 5- bis *gG* 5-Sternen festgelegt.

Energieeinstrahlung typischer Sterne.

Pettit, E., u. S. B. Nicholson (l. c., Tab. III); Sonne nach P. G. Kuiper (l. c.)

Stern Name	ι Ori	α CMa Sirius	Sonne	α Boo Arktur	α Ori Beteigeuze	*R* Leo (variabel)		1 internat. Kerze
						Max.	Min.	
Spektrum	*O*9*n*	*A* 2*s*	*dG*2	*gK*2	*cM* 1	*M* 8*e*	—	—
IPv	2,87	— 1,58	— 26,84	0,24	(0,96)	5,9	10,2	— 14,31
Mpv	— 3,6	+ 1,2	+ 4,73	0,3	—3,1	+ 0,6	4,9	—
m_r	2,79	— 1,27	— 27,18	0,98	—1,67	0,1	0,9	— 20,11
WI	+ 0,08	— 0,31	+ 0,46	1,22	2,59	5,8	9,3	5,8
WA	0,19	0,25	0,41	0,80	1,19	1,6	2,3	2,7
T aus *WA*	25000°	10100°	5450°	3520°	2640°	2260°	1760°	1700°
$E \cdot 10^{12}$ [cal · cm^{-2} min^{-1}]	20	145	1,93 · 10^{12}	64	132	28,3	15,8	17,3 · 10^8 [1]
$E \cdot 10^6$ [erg cm^{-2} min^{-1}]	14	101	1,33 · 10^{12}	45	92	20	11	12 · 10^8
M_{bol}	— 5,7	+ 1,4	4,62	— 0,4	— 5,3	— 4,8	— 4,2	—

[1] Berechnet aus 1 HK in 1 Meter Abstand = 156 · 10^{-5} cal · cm^{-2} · min^{-1}.

m_r = radiometrische Größe im Zenit, $WI = m_v — m_r$ = Wärmeindex, WA = Wasserzellenabsorption (314217e), E [cal cm^{-2} min^{-1}] = Energieeinstrahlung außerhalb der Erdatmosphäre.

Literatur. Bis 1936 siehe 314211 [5]. Weitere Messungen der Energiestrahlung auch am Mond, den Planeten und roten Veränderlichen: Pettit, E. u. S. B. Nicholson: Ap. J. **78** (1933) 320 = Mt. Wilson Contr. 478. — Pettit, E.: Ap. J. **71** (1930) 102 = Mt. Wilson Contr. 392; Ap. J. **81** (1935) 17 = Mt. Wilson Contr. 504 sowie Ap. J. **83** (1936) 84 = Mt. Wilson Contr. 533. — Emberson, R. M.: Ap. J. **94** (1941) 427 (82 Sterne) = Harvard Repr. 232.

d) Energieausstrahlung der Sterne. Die Energieausstrahlung der Sterne wird in absoluten bolometrischen Größenklassen M_{bol} gemessen. Berechnung am sichersten auf dem Umweg über die bolometrische Größe der Sonne:

M_v = 4,^{m}73, M_{pg} = 5,^{m}25, M_{bol} = 4,^{m}62 nach P. G. Kuiper (l. c.).
Gesamte Energieausstrahlung der Sonne: 3,73 · 10^{33} erg sec^{-1}.
Gesamte Energieausstrahlung eines Sternes M_{bol} = 0,0 beträgt 2,60 · 10^{35} erg sec^{-1} (s. 314218).

e) Der Gesamtbetrag des Lichtes aller Sterne am ganzen Himmel entspricht 1092 Sternen mit IPv = 1,^{m}0 bzw. 577 Sternen mit IPg = 1.^{m}0.

Das durchschnittliche Gesamtlicht pro □° entspricht 0,026 Sternen mit IPv = 1,^{m}0 oder 104 Sternen mit IPv = 10,^{m}0, bzw. 0,014 Sternen mit IPg = 1,^{m}0 oder 56 Sternen mit IPg = 10,^{m}0.

Seares, F. H., P. J. van Rhijn, M. C. Joyner u. M. L. Richmond: Ap. J. **62** (1925) 320 = Mt. Wilson Contr. 301 (nach Sternzählungen abgeschätzt).

Die Gesamthelligkeit in 1 □° der Milchstraße ist um 2^m—3^m größer als an ihrem Pol. Bottlinger, F.: Z. Aph. **4** (1932) 370. Nachthimmelslicht: 314211 [11, 74] u. Dufay, J., u. Wang Shih Ky: Publ. Lyon **1**, Nr. 15 = J. d. Observateurs **18** (1936) 193.

Günther

31422 Spektralphotometrische Helligkeiten.

314221 Zusammenfassende Literatur über Methoden und Ergebnisse der Spektralphotometrie,

zitiert in [ ] Klammern.

[1] Brill, A.: Die Temperaturen der Fixsterne, Hdb. d. Aph. V/1 (1932) 128. — [2] Becker, W.: Die Temperaturen der Fixsterne, Hdb. d. Aph. VII (1936) 449. — [3] Brill, A.: Spektralphotometrie, Hdb. d. Aph. II/2 (1929) 281. — [4] Unsöld, A.: Physik der Sternatmosphären, Berlin (1938). — [5] Strömgren, B.: Hdb. d. Exp.-Phys. **26**, Leipzig (1937) 440. — [6] Greaves, W. M. H.: The Photometry of the Continous Spectrum, MN **108** (1948) 131. — [7] Commission de la Spectrophotométrie, Trans. IAU **7** (1948) 369. — [8] Becker, W.: Sterne und Sternsysteme, Leipzig 1950.

314222 Absoluter und relativer Gradient.

Die Energieverteilung im Sternspektrum gestattet in größeren Bereichen eine Beschreibung durch ihren absoluten Gradienten Φ. Bezogen auf den mittleren A o-Stern definiert man den relativen Gradienten:

$$\Delta\Phi = \Phi - \Phi_0 = -2{,}303 \frac{d}{d\,{}^1/_\lambda} {}^{10}\log \frac{i_\lambda}{i^0_\lambda} = +\ 0{,}921 \frac{d\,(m - m_0)}{d\,{}^1/_\lambda}.$$

Der Index o bezieht sich auf den mittleren A o-Stern. Der absolute Gradient

$$\Phi = \frac{c_2}{T_F} \left(1 - e^{-c_2/\lambda T_F}\right)^{-1}$$

hängt durch das Plancksche Gesetz mit der Farbtemperatur T_F und der Wellenlänge λ zusammen. Im Bereiche des Wienschen Strahlungsgesetzes gilt:

$$\Phi = \frac{c_2}{T_F}.$$

Absoluter Gradient Φ als Funktion von Farbtemperatur T_F bzw. $\frac{c_2}{T_F}$ und Wellenlänge.

($c_2 = 14320\ \mu \cdot$ grad.) [Kienle, H.: Z. Aph. **20** (1941) 239 = Mitt. Potsdam Nr. 8.]

T_F	$\frac{c_2}{T_F}$	λ 3000	λ 4000	λ 5000	λ 6000	λ 7000	λ 8000	λ 9000	λ 10000 Å
∞	0	,300	,400	,500	,600	,700	,800	,900	1,000
143200°	0,1	,353	,452	,552	,651	,751	,851	,951	1,051
71600	0,2	,411	,508	,607	,706	,805	,904	1,004	1,103
35800	0,4	,543	,633	,726	,822	,919	1,017	1,115	1,213
23800	0,6	,694	,772	,859	,949	1,042	1,137	1,233	1,330
17900	0,8	,860	,925	1,002	1,086	1,172	1,266	1,358	1,453
14320	1,0	1,037	1,089	1,157	1,233	1,315	1,402	1,491	1,582
11950	1,2	1,222	1,263	1,320	1,388	1,464	1,545	1,630	1,717
10230	1,4	1,413	1,444	1,491	1,550	1,619	1,695	1,775	1,858
8950	1,6	1,608	1,630	1,668	1,719	1,781	1,850	1,925	2,005
7960	1,8	1,804	1,820	1,851	1,814	1,949	2,012	2,082	2,156
7160	2,0	2,002	2,014	2,037	2,074	2,122	2,179	2,243	2,313
6520	2,2	2,202	2,209	2,227	2,258	2,299	2,350	2,409	2,474
5975	2,4	2,401	2,406	2,420	2,445	2,480	2,526	2,579	2,639
5510	2,6	2,601	2,604	2,614	2,635	2,665	2,705	2,753	2,809
5115	2,8	2,800	2,803	2,810	2,827	2,852	2,887	2,930	2,981
4475	3,2	3,200	3,201	3,205	3,215	3,233	3,260	3,294	3,336
3980	3,6	3,600	3,600	3,603	3,609	3,621	3,640	3,667	3,701
3580	4,0	4,000	4,000	4,001	4,005	4,013	4,027	4,048	4,075
3260	4,4	4,400	4,400	4,400					
2990	4,8	4,800	4,800	4,800					

Weitere Literatur: Gauzit, J.: Ann. d'Astrophys. **6** (1943) 5.

314223 Absoluter Anschluß.

Die absolute Energieverteilung im Spektrum des mittleren A o-Sternes wird durch Vergleich mit einer irdischen Lichtquelle bestimmt, deren spektrale Energieverteilung durch Anschluß an den Schwarzen Körper bekannt ist.

a) Wichtige Meßreihen für den absoluten Anschluß.

Bezeichnung	Vergleichslichtquelle	Sternanzahl	Meßpunkte Anzahl	Meßpunkte Bereich mμ	Literatur
Greenwich .	Azetylenbrenner	4	20	443—648	Greaves, W. M. H., C. Davidson u. E. Martin: MN **94** (1934) 488
Göttingen .	Wolframbandlampe	8	25	375—630	Kienle, H., J. Wempe u. F. Beileke: Z. Aph. **20** (1940) 91 = Veröff. Göttingen 69

Bezeichnung	Vergleichslichtquelle	Sternanzahl	Meßpunkte Anzahl	Meßpunkte Bereich mμ	Literatur
Ann Arbor	Wolframbandlampe	7	11	404—637	Williams, R. C.: Publ. Michigan **7**, (1939) 6
Paris . . .	Wasserstoffrohr	204	10	375—460	Barbier, D., u. D. Chalonge: Ann. d'Astrophys. **4** (1941) 30
Paris . . .	Wasserstoffrohr	204	—	315—375	(wie oben)
Sproul. . .	Wolframbandlampe	α Lyr	13	539—987	Hall, J. S., u. R. C. Williams: Ap. J. **95** (1942) 225

b) Intensitätsverteilung im Spektrum des mittleren *A* 0-Sternes, bezogen auf den Schwarzen Körper mit $c_2/T_F = 1{,}0$ ($T_F = 14320°$). Die Tabelle gibt die Werte von $\log \frac{i_{A0}}{i_{1,0}}$ — const.

$1/\lambda$	1,55	1,65	1,75	1,85	1,95	2,05	2,15	2,25	2,35	2,45	2,55
Ann Arbor	,000	+ ,015	+ ,021	+ ,007	+ ,005	+ ,015	+ ,017	,000	— ,017	— ,008	(0)
Göttingen .	— ,013	— ,008	— ,009	— ,020	— ,028	+ ,028	— ,017	,000	+ ,018	+ ,025	+ ,005
Greenwich .	— ,065	— ,035	— ,032	— ,053	— ,052	— ,028	— ,010	,000	—	—	—
Paris . . .	—	—	—	—	—	—	— ,005	,000	+ ,005	+ ,010	+ ,015
Mittel . . .	— ,023	— ,007	— ,006	— ,020	— ,021	— ,011	— ,003	,000	+ ,002	+ ,009	+ ,007

Das Mittel ist der zusammenfassenden Diskussion der ersten 4 Meßreihen durch H. Kienle entnommen: Mitt. Potsdam Nr. 6 (1940).

c) Darstellung der Intensitätsverteilung im Spektrum des mittleren *A* 0-Sternes, bezogen auf den Schwarzen Körper der Temperatur $T_F = 14320°$ ($c_2/T_F = 1{,}0$) durch Gradienten:

$1/\lambda$-Bereich	abs. Gradient	c_2/T_F	T_F	Literatur
1,6 —2,5	1,086 ± ,016	0,922 ± 0,20	15530° ± 325°	Kienle, H., Mitt. Potsdam Nr. 6 (1940)
1,6 —2,05	1,25 ± ,05	1,05	13650°	(wie oben)
2,05—2,5	1,03 ± ,05	0,90	15950°	(wie oben)
2,70—3,0	1,39	—	10500°	Barbier, D. u. D. Chalonge l. c.
1,19—1,85	—	—	15000°	Hall, J. S. u. R. C. Williams Ap. J. **95** (1942) 225

Die übliche Unterscheidung von „Rot"- und „Blau"-Gradienten (Trennung bei $1/\lambda = 2{,}05$) wird durch den absoluten Anschluß bestätigt (Zeile 2 und 3 gegenüber Zeile 1). Die Grenzen für die durch Gradienten darstellbaren Spektralbereiche sind bei dem *A* 0-Stern durch die Balmer-Grenze und die Paschen-Grenze gegeben, an denen Sprünge in der Energieverteilung auftreten. Zwischen 490 mμ und 820 mμ scheint der Gradient konstant zu sein.

314224. Die relative Energieverteilung im Sternspektrum.

Relative monochromatische Größen m_λ bzw. relative Gradienten $\Delta\Phi$ sind durch Vergleiche der Sterne untereinander schon früher mit größerer Genauigkeit als absolute Gradienten bestimmt worden, wodurch die Skala der Φ bzw. der c_2/T_F festgelegt wurde. Literatur bis 1936: 314221, [*1*] und [*2*].

a) Systeme monochromatischer Größenklassen (bisher immer nur wenige Sterne).

Autor	Sternanzahl	Grenzgröße m	Meßpunkte Anzahl	Meßpunkte λ-Bereich (mμ)	Literatur
Jensen, H.	17	4	23	360— 641	AN **248** (1933) 217
Göttingen, Triplett	36	3,5	46	366— 500	Kienle, H., H. Straßl u. J. Wempe: Z. Aph **16**. (1938) 201 = Veröff. Göttingen 50
Göttingen, Spiegel	34	3,0	32	370— 685	(wie oben)
Straßl, H.	20	6,7	41	360— 500	Z. Aph. **5** (1932) 205 = Veröff. Göttingen 29 (Plejaden)
v. Hoff, H.	18	2,5	20	600— 850	Z. Aph. **18** (1939) 157 = Veröff. Göttingen 62
Strohmeier, W. . .	34	7,4	40	367— 736	Z. Aph. **17** (1939) 83
Järnefelt, G. . . .	6	6	10	410— 465	Ann. Acad. Fennicae Math. Phys. **22** (1943)
Morgan, W. W., u. B. A. Wooten . .	5	4	2	870—1000	Ap. J. **80** (1934) 229

Messungen mit einem infraroten Spektrometer $0{,}7\ \mu < \lambda < 3\ \mu$ siehe Kuiper, G. P., W. Wilson u. R. J. Cashman: Ap. J. **106** (1947) 243 = Contr. McDonald 139.

Spektralphotometrische Messungen an Novae: Behr, A.: Z. Aph. **13** (1937) 108 = Veröff. Göttingen 48; Beileke, F., u. O. Hachenberg: Z. Aph. **10** (1935) 366 sowie Oehler, H.: AN **270** (1940) 284; Sayer, A. R.: Harvard Ann. **105** (1937) 21.

b) Spektralphotometrische Integralhelligkeiten.

Diese werden gelegentlich auch als Farbhelligkeiten bezeichnet. Sie erfassen in Spektren kleiner Dispersion die Gesamtenergie (einschließlich aller Absorptionen) innerhalb breiter, scharf abgegrenzter Wellenlängenbereiche. Sie sind meßtechnisch besser definiert als monochromatische Helligkeiten, bei denen die Lage des Kontinuums von der benutzten spektralen Auflösung und der Beurteilung durch den Beobachter abhängt. Messungen eines Spektrums mit Spaltblende unter Verwendung von Photozelle, Bolometer oder Radiometer sind als spektralphotometrische Integralhelligkeiten anzusehen.

Meßreihen von relativen spektralphotometrischen Integralhelligkeiten.

Autor	Stern-anzahl	Grenz-größe m	Meßbereiche An-zahl	λ-Bereich mμ	Breite Å	Literatur
Hall, J. S. . .	67	4	13	450—1032	430	Ap. J. **94** (1941) 71 und Ap. J. **95** (1941) 231.
Lohmann, W.	26	7,2	14	360— 640	200	AN **269** (1939) 216 und Veröff. Heidelberg **14**, Nr. 11 (1946).
Pilowski, K.	42	5,7	16	400—640	150	AN **278** (1950) 145
Abbot, C. G..	18	3,8	9	437—2224	—	Ap. J. **68** (1929) 292 = Mt. Wilson Contr. 380 (s. Hdb. d. Aph. I/1 485)[1].
Pettit, E. . .	Sonne	—	21	292— 700	100	Ap. J. **91** (1940) 159 = Mt. Wilson Contr. 622.

[1] Radiometer-Messungen.

c) Systeme von spektralphotometrischen Gradienten. Relative Gradients of 250 stars determined at the Royal Observatory Greenwich: bezogen auf $\Phi(A\,0) = 0{,}0$. Je 8 Meßpunkte bei λ 4270 Å (bzw. 6 bei λ 4695 Å) und bei λ 6320 Å für B- und A-Sterne (für F- und G-Sterne). MN **100** (1940) 189 und Observations of Colour Temperatures of Stars, London (1932) S. 19 u. 32.

Gascoigne, S. B. C.: Relative Gradients for 166 southern Stars: MN **110** (1950) 15 (im Greenwich System).

Barbier, D. und D. Chalonge geben für 204 Sterne den absoluten Gradienten im UV (φ_2) und im Blau (φ_1) sowie den Energiesprung D an der Grenze der Balmer-Serie an [$\varphi_1(A\,0) = 1{,}0$], Ann. d'Astrophys. **4** (1941) 30.

Williams, R. C.: Publ. Michigan **7**, Nr. 7 (1939) (23 Sterne).

Becker, W., u. W. Strohmeier: Z. Aph. **19** (1940) 249 = Mitt. Potsdam Nr. 2. Dort auch Literatur über frühere Untersuchungen an δ Cephei-Sternen.

Monochromatische Größen für Sterne im Orionnebel siehe Baade, W., u. R. Minkowski: Ap. J. **86** (1937) 123 = Mt. Wilson Contr. 572.

Wolf-Rayet-Sterne siehe Petrie, W.: Publ. Victoria **7**, Nr. 25 (1947).

d) Vergleiche verschiedener Gradientenskalen sind nur bei der gleichen Wellenlänge möglich, weil die Sternstrahlung wesentlich von schwarzer Strahlung abweicht. Die wichtigsten Skalen der Gradienten haben im Gegensatz zu früheren Feststellungen (Barbier, D., u. D. Chalonge: l. c. 49) im sichtbaren Spektralbereich noch nachweisbare systematische Unterschiede.

Vergleich der Skalen von Gradienten bzw. Farbtemperaturen T_F verschiedener Beobachter durch Vergleich der Werte für zwei $A\,0$ und zwei $G\,0$-Sterne. [Alle Skalen haben den gleichen Wert für $\Phi(A\,0)$; Kienle, H.: l. c. 212.]

Stern	Spektrum	Rotgradient bzw. T_F^{Rot} [Rotgradient $\Phi(A\,0) = 1{,}09$] Greenwich	Göttingen	Mittel	Blaugradient bzw. T_F^{Blau} [Blaugradient: $\Phi(A\,0) = 1{,}03$] Paris	Göttingen	Mittel
ζ Her	*dGo*	2,27 6390°	2,35 6170°	2,31 6280°	2,61 5485°	2,75 5205°	2,68 5345°
α Aur	*gGo*	2,62 5460°	2,63 5440°	2,62 5450°	3,12 4600°	3,27 4380°	3,20 4490°

Bei langen Wellen stimmen die Skalen bis auf eine Nullpunktsdifferenz überein: Φ (Greenwich) $= \Phi$ (Hall) $= \Phi$ (Göttingen) $+ 0{,}06$ [Hall, S. J.: Ap. J. **95** (1941) 231].

Günther

314225 Abweichungen der stellaren Energieverteilung von schwarzer Strahlung.

Im folgenden beschränken wir uns auf Effekte, die eine Darstellung der Energieverteilung in Sternspektren durch Gradienten beeinflussen.

a) *A*-Sterne (*B* 3 bis *F* 0 bzw. *cF* 8): durch den Einfluß der Wasserstoffabsorption an der Grenze der Balmer- und Paschen-Serie.

b) Kühlere Sterne (z. B. Sonne): durch das Zusammenfließen der Flügel der Absorptionslinien vor allem im kurzwelligen Spektralbereich. Bei der Untersuchung des Sonnenspektrums mit großer Dispersion zeigte sich, daß das ungestörte Kontinuum nur an einzelnen Stellen zu messen ist [Canavaggia, R., u. D. Chalonge: Ann. d'Astrophys. **9** (1946) 152]. Die Skala der Blaugradienten hat deshalb zwischen den Spektralklassen *B*—*M* eine fast doppelt so große Spannweite wie die der Rotgradienten. Bei den kühlsten Sternen ist wegen der vielen Absorptionslinien eine Beschreibung der Energieverteilung durch Gradienten nicht mehr möglich.

c) Durch interstellare Absorption verfärbte Sterne: infolge der Verschiedenheit des bei der Rötung auftretenden Verfärbungsgesetzes von dem bei Temperaturabnahme. Kienle, H.: Z. Aph. **20** (1940) 13 = Mitt. Potsdam Nr. 5; Barbier, D., u. D. Chalonge: Ann. d'Astrophys. **4** (1941) 88; Stebbins, J., u. A. E. Whitford: Ap. J. **98** (1943) 20 = Mt. Wilson Contr. 680 sowie Whitford, A. E.: Ap. J. **107** (1948) 102. Bei Vergleich von Gradienten aus verschiedenen Wellenlängenbereichen erhält man darum für verfärbte und unverfärbte Sterne zwei verschiedene Beziehungen. Atkinson, R. d'E., A. Hunter u. E. G. Martin: MN **100** (1940) 196; Öhman, Y.: Stockholm Ann. **15**, Nr. 8 (1949). Darauf beruht die von W. Becker angegebene Methode der Farbdifferenzen zur Feststellung der interstellaren Verfärbung bei lichtschwachen Sternen [Z. Aph. **15** (1938) 225; AN **272** (1942) 179 sowie Ap. J. **107** (1948) 278 (s. a. 314227a)].

d) Hellste und heißeste *B* 0- und *O*-Sterne: Auftreten eines bisher unerklärbaren Maximums des Gradienten bei λ 5000 Å, s. 314221 [*6*] sowie Stebbins, J., u. A. E. Whitford: Ap. J. **102** (1945) 338, Fig. 3 = Mt. Wilson Contr. 712.

e) Sterne mit Emissionslinien (z. B. Novae): durch Überlagerung der Strahlung verschiedener Schichten.

Theoretische Ergebnisse über die Energieverteilung in Sternspektren s. 31423. Für die Sonne vgl. auch D. Chalonge, L. Divan, V. Kourganoff: Ann. d'Astrophys. **13** (1950) 347.

Literatur. Barbier, D.: Ann. d'Astrophys. **6** (1944) 113 und **7** (1945) 115. — Günther, S.: Z. Aph. **27** (1950) 167.

314226 Zusammenfassende Beschreibung der Energieverteilung in Sternspektren.

a) Zur Beschreibung der wesentlichen Züge der Energieverteilung in Sternspektren verschiedener Spektralklassen hat man nach den heutigen Beobachtungen im Bereich 3000 Å $< \lambda <$ 10000 Å folgende Angaben:

1. 3150 Å $< \lambda <$ 3700 Å: Gradient φ_2. 2. Energiesprung an der Grenze der Balmer-Serie: $D_{Ba} = {}^{10}\log \frac{i_{3700^+}}{i_{3700^-}}$. 3. 4000 Å $< \lambda <$ 4900 Å: Blaugradienten. 4. 4900 Å $< \lambda <$ 8205 Å: Rotgradienten. 5. Energiesprung an der Grenze der Paschen-Serie: D_{Pa}: Hall, S. J.: Ap. J. **95** (1941) 231, Fig. 3 u. 4. Die Einzelangaben sind ungenau; genähert gilt: $D_{Pa} = 0{,}18\, D_{Ba}$. 6. Die Wellenlänge λ_1, bei welcher die Wasserstoffabsorption 1/2 D_{Ba} beträgt [Barbier, D., u. D. Chalonge: Ann. d'Astrophys. **2** (1939) 254, Fig. 2].

b) Gradient und Balmer-Sprung in Abhängigkeit von der Spektralklasse.

Farbe: mittl. $1/\lambda$:	Rotgradient 1,92				Blaugradient 2,35				UV-Gradient 2,93		Balmersprung 2,74[4]	
Spektr. Typ.	Greenwich[2] (rel.)		Göttingen[3] (rel.)		Paris[4] (abs.)		Göttingen[3] (rel.)		Paris[4] (abs.)			
	d[1]	*c*[1]	*d*	*c*	*d*	*c*	*d*	*c*	*d*	*c*	*d*	*c*
Oe 5	(—,15)				,57				,62		,03	
B 0	—,32				,74				,78		,04	,04
B 3	—,23		—,26		,79				,86		,17	,09
B 5	—,18		(—,10)		,93				1,02		,25	,12
A 0	—,02		0,00		1,00		0,00		1,39		,47	,25
A 5	+,28		+,34		1,36		,45		1,53		,39	,50
F 0	+,60		+,62		1,70		,84		1,74		,28	,50
F 5	,92		+1,00		2,01	2,01	1,22		1,81	1,84	,17	,34
G 0	1,15	1,52	1,35		2,56	3,08	1,53	2,08	2,36	2,82	,06	,02
G 5				1,74		3,20				—	—	—
K 5						5,40				3,73		

[1] Leuchtkraftgruppen: *d* = Hauptreihenstern, *c* = Überriese. — [2] MN **100** (1940) 189. — [3] Z. Aph. **16** (1938) 201 = Veröff. Göttingen Nr. 50. Spektralklassen nach Morgan, W. W., P. C. Keenan u. E. Kellman: Yerkes Spectral Atlas (1943). — [4] Ann. d'Astrophys. **4** (1941) 30, Tab. 21 und Ann. d'Astrophys. **2** (1939) 254, Fig. 3; Ann. d'Astrophys. **10** (1946) 195.

Günther

Weitere Literatur: Strohmeier, W.: Z. Aph. **17** (1939) 83; Leuchtkrafteffekte auf Gradienten: 314221 [2, 462] sowie Becker, W., u. G. Hartwig: Z. Aph. **14** (1937) 259.

c) Intensitätsverteilung in typischen Sternspektren. [Vgl. Abb. 4]

Für $1{,}46 < 1/\lambda < 2{,}73$: monochromatische Größen der Göttinger Fundamentalsterne (siehe 314224a). In anderen Bereichen wurden die Angaben der entsprechenden Literatur (314224a und c sowie 314227b) auf dieses System reduziert. Zur Vermeidung von Überschneidungen sind die monochromatischen Größen um die additiven Konstanten d geändert.

Bei Sternen niedriger Temperatur ist Rotgradient < Blaugradient. Bei interstellar verfärbten Sternen ist Rotgradient > Blaugradient.

Nr.	Stern	Spektrum Mt. Wilson	d
1	Mittlerer	*A* 0	—
2	ε Per	*B* 1 *n*	$-2{,}^{m}0$
3	ζ Per	*B* 1 *s*	$-2{,}0$
4	χ^2 Ori	*cB* 2	$-3{,}5$
5	α Cep	*A* 5 *n*	—
6	α Per	*cF* 4	$+1{,}0$
7	η Dra	*G* 6	$+1{,}0$
8	β Peg	*M* 2	$+2{,}0$
9	*HD* 166734	*B* 0 *e*	$+3{,}0$

Bemerkungen zu Stern Nr. 1. Mittel von 6 *A* 0-Sternen, 3. Interstellar verfärbt, 4. Stark interstellar verfärbt, 5. Sehr stark interstellar verfärbt.

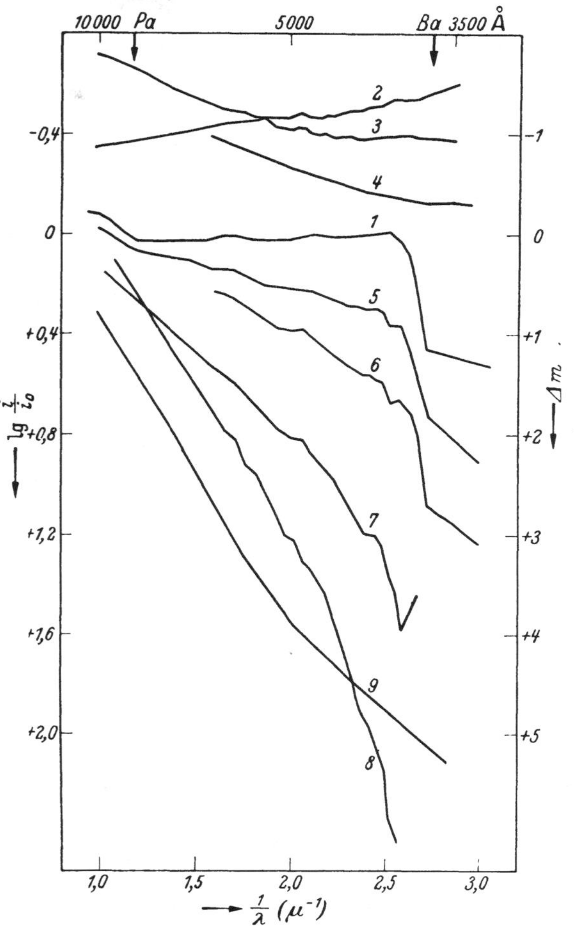

Abb. 4. Intensitätsverteilung in typischen Sternspektren. Abszisse (unten): $1/\lambda$ [μ^{-1}]; (oben) λ in Å. Die Pfeile geben die Grenze der Balmer- und Paschen-Serie an. — Ordinate: Größenklassendifferenz Δm (rechts) bzw. $\log_{10} i/i_0$ (links) gegenüber einem schwarzen Körper mit $c_2/T_F = 1{,}0$ ($T_F = 14320°$ K).

314227 Integralhelligkeiten in mehreren Farbbereichen.

Die wesentlichen Züge der Energieverteilung in typischen Sternspektren lassen sich schon aus drei Farbenindizes, d. h. vier Integralhelligkeiten ableiten. Dabei ist die zweckmäßige Wahl der isophoten Wellenlängen und die möglichst scharfe Abgrenzung nicht zu breiter Wellenlängenbereiche wesentlich; m_{pg} und m_v sind hierfür schlecht geeignet. Die neuen Integralhelligkeiten erlauben dagegen auch bei schwachen Sternen und extragalaktischen Nebeln Aussagen über die Spektralklasse und die interstellare Verfärbung (314225c).

a) W. Becker benutzt zu seinen kolorimetrischen Untersuchungen Aufnahmen der Sterne in den folgenden vier Standardbereichen der Integralphotometrie.

Isophote Wellenlänge	638 mμ	481 mμ	424 mμ	373 mμ
Platte . . .	Isopan	Astro	Astro	Astro
Filter . . .	*RG* 1	*GG* 5	*BG* 3 + *GG* 13	*UG* 2

Diese Größenklassen legen einen langwelligen und einen kurzwelligen Gradienten sowie den Balmersprung D fest. Nullpunkt: unverfärbter *B* 0-Stern. Becker, W.: Veröff. Göttingen Nr. 79—82 (1946); AN **275** (1947) 145; AN **275** (1947) 229; AN **276** (1948) 1; AN **277** (1949) 177 u. 233; AN **278** (1950) 115.

M. L. Humason und F. Zwicky haben Größenklassen in vier Farbbereichen zum Aufsuchen von schwachen blauen Sternen angewandt. Ap. J. **105** (1947) 85 = Mt. Wilson Contr. 724. Weitere Literatur: Hellerich, J.: AN **256** (1935) 405 und AN **261** (1937) 121; Anger, C. I.: Harvard Bull. Nr. 882 (1931) 1.

b) J. Stebbins und A. E. Whitford haben bei der photoelektrischen Photometrie mit der Cäsiumoxydzelle durch Filter der Schott- bzw. Corning-Glaswerke sechs Bereiche mit folgenden effektiven Wellenlängen abgegrenzt.

Effektive Wellenlänge	353 mμ	422 mμ	488 mμ	570 mμ	719 mμ	1030 mμ
Filter	*UG*1 + *RG* 1 u. *UG* 1	*BG* 12 + *GG* 13	*C* 038 + *C* 430	*C* 338 + *BG* 18	*RG* 1 + *C* 396	*C* 254

Literatur: Stebbins, J., u. A. E. Whitford: Ap. J. **98** (1943) 20 = Mt. Wilson Contr. 680; Ap. J. **102** (1945) 318 = Mt. Wilson Contr. 712; Ap. J. **106** (1947) 235 = Mt. Wilson Contr. 734; Ap. J. **108** (1948) 413 = Mt. Wilson Contr. 753. — Stebbins, J.: Ap. J. **101** (1945) 47 = Mt. Wilson Contr. 704 und Ap. J. **103** (1946) 108 = Mt. Wilson Contr. 718.

Bisherige Anwendungen dieser Methode: Bestimmung der Farbtemperaturen der Sterne, des Wellenlängengesetzes der interstellaren Verfärbung und der Farben extragalaktischer Nebel.

31 4228 Die Bedeutung der Farbenindizes für die Spektralphotometrie. Isophote und effektive Wellenlänge.

Bei jeder Messung einer Integralhelligkeit kommt die Sternstrahlung $I(\lambda, T)$ mit einer Gewichtsfunktion $v(\lambda)$ zur Wirkung, die von der Durchlässigkeit der Erdatmosphäre + Optik + Filter und der Empfindlichkeitsfunktion des Aufnahmegerätes (Auge, photographische Platte, Photozelle) abhängt. $I(\lambda, T)$ kann näherungsweise z. B. durch die Plancksche Funktion der Farbtemperatur T_F ersetzt werden.

a) Den Energieschwerpunkt der wirksamen Strahlung kennzeichnet man nach A. Brill durch die isophote Wellenlänge $\lambda_i(T)$, die aus der Gleichung:

$$I(\lambda_i, T) \cdot \int_0^\infty v(\lambda)\, d\lambda = \int_0^\infty I(\lambda, T)\, v(\lambda)\, d\lambda$$

zu bestimmen ist. Bei Kenntnis von $I(\lambda, T)$ und $v(\lambda)$ kann $\lambda_i(T)$ berechnet werden.

Berechnete isophote Wellenlängen [mμ] von 2 Integralhelligkeiten. Vgl. 314221 [1, 175]:

Spektralklasse	*B*0	*A*0	*F*0	*G*0	*K*0	*M*0
Revised Harvard Photometry (RHP) . . .	525	530	532	534	535	535
Photographische Helligkeiten v. E. S. King	415	424	430	433	435	436

Zur praktischen Bestimmung von λ_i ist wichtig, daß die mittlere isophote Wellenlänge eines Systems von Integralhelligkeiten die Wellenlänge ist, für welche die Differenz Δm_λ der monochromatischen spektralen Helligkeiten gleich der Differenz Δm der Integralhelligkeiten ist [Brill, A.: Z. Aph. **15** (1938) 137].

Für die RHP ist $\lambda_i = 538$ mμ unabhängig von der Spektralklasse [Hall, S. J.: Ap. J. **95** (1941) 240].

G. de Vaucouleurs findet für seine m_{pg} in den Spektralklassen *A*6: $\lambda_i = 409$ mμ; *G* 3: $\lambda_i = 425$ mμ; *K*2: $\lambda_i = 428$ mμ [Ann. d'Astrophys. **10** (1947) 107, Fig. 6]. Dieses Beispiel zeigt, wie die Abweichung von schwarzer Strahlung im kurzwelligen Spektralbereich die Festlegung der λ_i erschwert. Aus diesen Gründen sind die Farbtemperaturen, die aus Farbenindizes und zugehörigen λ_i ermittelt werden, nicht so genau wie die spektralphotometrisch bestimmten Werte [Kienle, H.: AN **273** (1942) 72].

b) Die effektive Wellenlänge ist definiert durch die Gleichung:

$$\lambda_e \cdot \int_0^\infty I(\lambda, T) \cdot v(\lambda)\, d\lambda = \int_0^\infty \lambda \cdot I(\lambda, T) \cdot v(\lambda)\, d\lambda\,.$$

Sie hängt stärker von T ab als λ_i.

Bei der Ableitung von Farbtemperaturen aus Farbenindizes sind effektive Wellenlängen darum mit noch größerer Vorsicht zu gebrauchen als isophote Wellenlängen.

Für IPg und IPv haben F. H. Seares und M. C. Joyner [Ap. J. **98** (1943) 302, Tab. 3 = Mt. Wilson Contr. 685] die effektive Wellenlänge λ_e berechnet. Sie geben λ_e auch für aluminisierte Spiegel. Weitere Literatur dazu: Baade, W.: Trans. IAU **6** (1938) 216 sowie Hunt, M. R.: Harvard Bull. Nr. 910 (1939) 18. Die Bestimmung von λ_e als Farbäquivalent durch lineare Messung der Lage des Energieschwerpunktes in Objektivgitterspektren kleiner Dispersion erschöpft sich meist in der Diskussion von Störeffekten (s. a. 314217bE).

Zur Ermittlung der physikalischen Bedeutung von Farbenindizes ist heute ein direkter Vergleich mit Gradienten im gleichen Spektralbereich aufschlußreicher [Becker, W., u. G. Hartwig: Z. Aph. **14** (1937) 259]. Dabei zeigt sich, daß bei ungünstiger Wahl von $v(\lambda)$ die Abweichungen von schwarzer Strahlung die Eindeutigkeit dieser Beziehung stören (s. a. 314225a und c sowie 314227a).

Günther

31 423 Kontinuierliches Spektrum der Sonne und der Sterne.

Zur Einführung: Russell, H. N., R. S. Dugan u. J. Q. Stewart: Astronomy, 2 Bde. Ginn u. Co., New York. — Waldmeier, M.: Ergebnisse und Probleme der Sonnenforschung, Leipzig (1941). — Waldmeier, M.: Einführung in die Astrophysik, Basel (1948). — Unsöld, A.: Physik der Sternatmosphären, Berlin (1938).

31 4231 Intensitätsverteilung im kontinuierlichen Spektrum und Temperatur der Sonne.

1. Als Strahlungsintensität I_λ bezeichnet man diejenige Energiemenge [erg], welche durch eine Fläche von 1 cm² senkrecht zum Visionsradius pro sec und Raumwinkel 1 bei der Wellenlänge λ im Wellenlängenbereich 1 hindurchtritt.

Beobachtet man auf der Sonne eine Stelle im Abstand ϱ (in Einheiten des Sonnenradius) von der Mitte der Sonnenscheibe, so tritt die Strahlung unter einem Winkel ϑ zur Normalen der Sonnenoberfläche aus, der durch $\varrho = \sin\vartheta$ gegeben ist. $\vartheta = 0$ entspricht der Mitte, $\vartheta = 90°$ dem Rand der scheinbaren Sonnenscheibe. Für theoretische Untersuchungen ist der $\cos\vartheta = \sqrt{1 - \varrho^2}$ ein rationelleres Argument, er ist umgekehrt proportional dem Lichtweg in einer Schicht bestimmter Dicke innerhalb der Sonnenatmosphäre. Wir schreiben dementsprechend die Strahlungsintensität $I_\lambda(\vartheta)$ oder $I_\lambda(\cos\vartheta)$.

Entsprechend definiert man die Gesamtstrahlungsintensität

$$I(\vartheta) = \int_0^\infty I_\lambda(\vartheta)\, d\lambda.$$

2. Der Strahlungsstrom:

$$\pi F_\lambda = \int_0^{\pi/2} I_\lambda(\vartheta) \cos\vartheta \cdot 2\pi \sin\vartheta\, d\vartheta = \int_0^1 I_\lambda(\varrho) \cdot 2\pi\varrho\, d\varrho$$

bzw. der Gesamtstrahlungsstrom πF gibt die Ausstrahlung von 1 cm² der Sonnenoberfläche integriert über alle Richtungen an. F_λ bzw. F ist zugleich die mittlere Intensität der Sonnenscheibe.

3. Die effektive Temperatur T_e wird (in Anwendung des Stefan-Boltzmannschen Gesetzes) definiert durch

$$\pi F = \sigma T_e^4.$$

[Für die Strahlungskonstante σ liefert die Berechnung aus den anderen atomaren Konstanten $(5{,}672 \pm 0{,}002) \cdot 10^{-5}$ erg cm^{-2} sec^{-1} grad^{-4}, während direkte Messungen auf $5{,}75 \cdot 10^{-5}$ erg cm^{-2} sec^{-1} grad^{-4} führen.]

Durch 1 cm² an der äußeren Grenze der Erdatmosphäre geht pro sec die Energiemenge

$$S = \pi F \cdot \left(\frac{r}{R}\right)^2,$$

wo r den Radius der Sonne, R den der Erdbahn bedeutet (r/R ist gleichzeitig der scheinbare Radius der Sonnenscheibe in Bogenmaß). Bezogen auf mittleren Abstand Erde—Sonne und gemessen in cal/cm² · min nennt man S die Solarkonstante.

Messungen von C. G. Abbot — in der Smithsonian-Revised-Skala von 1913 minus 2 % Skalenkorrektion — geben

$S = 1{,}90_1$ cal/cm² · min $= 1{,}32_6 \cdot 10^6$ erg/cm²sec.

Daraus folgt mit $r/R = 16',0 = 0{,}004652$ rad.:

$\pi F = 6{,}12 \cdot 10^{10}$ erg/cm²sec und $T_e = 5713°$ K.

Die Messungen der spektralen Energieverteilung $I_\lambda(0)$ für die Mitte der Sonnenscheibe (bezüglich Randverdunklung $I_\lambda(\vartheta)/I_\lambda(0)$ und mittlerer Strahlungsintensität F_λ vgl. 314232) bis 1934 hat G. F. W. Mulders zusammenfassend bearbeitet. Siehe Abb. 5.

Die gestrichelte Kurve erhält er, wenn er sich die Fraunhofer-Linien über ihre Umgebung verschmiert denkt. Die ausgezogene Kurve bezieht sich auf das „wahre“ Kontinuum zwischen den Linien.

Insgesamt nehmen die Fraunhofer-Linien im Sonnenspektrum nach Mulders $\eta = 8{,}3\%$, nach einer neueren Schätzung von M. Minnaert etwa 10 % der gesamten Strahlungsenergie weg (~ schraffierte Fläche).

Über das ultraviolette Spektralgebiet liegen neuere Untersuchungen von E. Pettit sowie

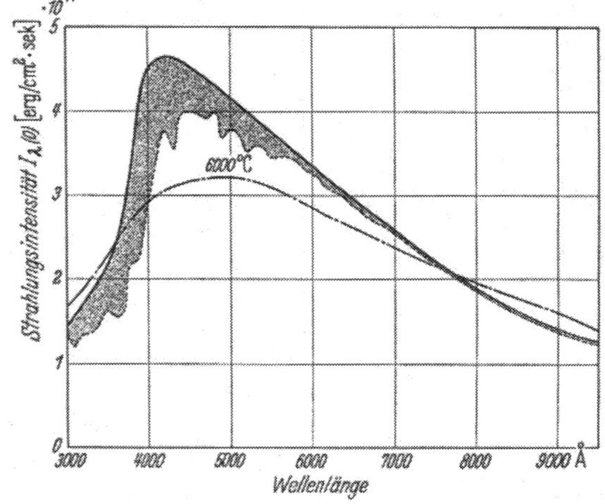

Abb. 5. Strahlungsintensität $I_\lambda(0)$ für die Mitte der Sonnenscheibe. (Nach G. F. W. Mulders 1934.)
——————— wahres Kontinuum.
— — — — Fraunhofer-Linien verschmiert.
— · — · — · schwarzer Körper von 6000° K.

Unsöld

insbesondere D. Chalonge und Mitarbeitern (ab 1940) vor. Nach letzteren tritt das ungestörte Kontinuum im U.V. nur durch einige schmale „Fenster" im Spektrum zutage, insbesondere bei λ 3301 Å. R. Canavaggia u. D. Chalonge erhalten für λ 3300—3700 eine Farbtemperatur von 5800° K, für λ 3700—4950 eine Farbtemperatur von 7150° K und an der Balmer-Grenze λ 3700 einen Intensitätssprung $D = \Delta \log I_\lambda = 0{,}12$.

Die starken Depressionen im U.V. Sonnenspektrum werden verursacht durch Anhäufungen von Fraunhofer-Linien sowie — nach J. Dufay — durch solare Cyanbanden.

Nach J. Dufay dürfte außerdem E. Pettit in der Nähe der kurzwelligen Grenze die Ozonabsorption nicht ausreichend berücksichtigt haben.

Literatur.

Abbot, C. G. zum Teil mit F. E. Fowle u. L. B. Aldrich: Smithsonian Ann. **2** (1908) bis **5** (1932). — Mulders, G. F. W.: Diss. Utrecht 1934 und Z. Aph. **11** (1935) 132. — Pettit, E.: Ap. J. **91** (1940) 159. — Dufay, J.: Ann. d'Astrophys. **5** (1942) 85. — Canavaggia, R., u. Chalonge, D.: Ann. d'Astrophys. **9** (1946) 143. — Kienle, H.: AN **275** (1947) 32. — Wempe, J.: AN **275** (1947) 97. — Michard, R.: BAN **11** (1950) 227.

31 4232 Randverdunklung der Sonne.

Messungen der Randverdunklung $I_\lambda(\vartheta)/I_\lambda(0)$ für spektral zerlegte Strahlung (mit Angabe des Wellenlängenbereiches und des größten ϱ_m):

[*1*] Abbot, C. G. (1906/08): Smithsonian Ann. **3** (1913) 157 (λ 3230—20970; $\varrho_m = 0{,}95$). — [*2*] Abbot, C. G. (1922): Smithsonian Ann. **4** (1922) 221 (λ 3737—10080; $\varrho_m = 0{,}97$ bzw. 0,95). — [*3*] Moll, W. J. H., H. C. Burger u. J. v. d. Bilt: BAN **3** (1925) 83 (λ 4500—15000; $\varrho_m = 0{,}99$). Hierzu Abbot, C. G.: Ap. J. **64** (1926) 271. — [*4*] Raudenbusch, H.: AN **266** (1938) 301 (λ 4260 bis 6700; $\varrho_m = 0{,}97$). — [*5*] Canavaggia, R., u. D. Chalonge: Ann. d'Astrophys. **9** (1946) 143 (λ 3150—6000; $\varrho_m = 0{,}975$). — [*6*] Minnaert, M., E. v. d. Hoven v. Genderen u. J. v. Diggelen: BAN **11** (1949) 55 (λ 5593 u. 6245; $\varrho_m = 0{,}995$). — [*7*] Lindblad, B.: Stockholm Ann. **16** (im Erscheinen).

Folgende Tabelle gibt $I_\lambda(\vartheta)/I_\lambda(0)$ in Prozent nach C. G. Abbot (1906/08). Außerdem das Verhältnis von $I_\lambda(0)$ zur mittleren Intensität der Sonnenscheibe F_λ sowie die Entfernung ϱ^* von der ⊙-Mitte, in der $I_\lambda(\varrho^*) = F_\lambda$ wird, nach M. Minnaert: BAN **2** (1924) 75.

$\varrho = \sin\vartheta$	0,00	0,20	0,40	0,55	0,65	0,75	0,825	0,875	0,92	0,95	$I_\lambda(0)/F_\lambda$	ϱ^*
$\cos\vartheta$	1,000	0,980	0,916	0,835	0,760	0,661	0,565	0,484	0,392	0,312		
λ in Å												
3230	100,0	96,0	89,7	83,5	77,5	69,0	60,0	53,0	45,2	38,2	1,487	0,758
3860	100,0	98,0	92,6	85,6	79,2	71,0	63,3	55,4	48,3	41,8	1,407	0,749
4330	100,0	97,8	92,7	86,6	80,6	72,9	64,7	58,3	51,0	45,0	1,371	0,750
4560	100,0	98,6	94,2	88,4	83,1	75,6	68,1	61,6	53,8	47,1	1,326	0,752
4810	100,0	98,7	94,4	89,1	84,0	77,1	70,1	63,8	56,6	49,9	1,302	0,753
5010	100,0	98,5	94,5	89,4	84,5	77,7	71,1	65,0	58,3	51,7	1,287	0,750
5340	100,0	98,7	95,0	90,2	85,6	79,2	72,8	67,2	60,5	54,8	1,265	0,751
6040	100,0	98,9	95,7	91,3	87,2	81,6	76,1	71,0	64,8	59,4	1,226	0,750
6700	100,0	99,1	96,1	92,4	88,7	83,8	78,6	74,0	68,0	62,9	1,201	0,758
6990	100,0	99,0	96,3	92,6	89,0	84,2	79,2	74,8	69,1	63,7	1,190	0,751
8660	100,0	99,2	96,9	93,9	91,1	87,1	83,0	79,2	74,4	69,9	1,158	0,763
10310	100,0	99,8	97,7	95,1	92,5	88,9	85,1	81,6	77,2	73,0	1,130	0,757
12250	100,0	99,5	97,6	95,3	93,2	90,1	86,5	83,4	79,4	75,6	1,118	0,762
16550	100,0	99,6	98,2	96,6	95,0	92,8	90,1	87,7	84,7	81,5	1,088	0,774
20970	100,0	99,6	98,6	97,1	95,6	93,6	91,5	89,2	86,6	83,8	1,077	0,775

Schreibt man [Chalonge, D., u. V. Kourganoff: Ann. d'Astrophys. **9** (1946) 69]

$$\frac{I_\lambda(\vartheta)}{I_\lambda(0)} = A_\lambda + B_\lambda \cos\vartheta + C_\lambda \cos^2\vartheta\,, \tag{1}$$

so erhält man die in folgender Tabelle zusammengestellten Koeffizienten. Die Angaben in den Spalten „Lit." beziehen sich auf die Literatur am Anfang dieser Ziffer.

λ	A_λ	B_λ	C_λ	Lit.	λ	A_λ	B_λ	C_λ	Lit.
3230	0,1216	0,8273	+ 0,0361	[*1*]	4265	0,1752	0,8788	— 0,0534	[*2*]
3737	0,1435	0,9481	— 0,0920	[*2*]	4330	0,2006	0,7900	+ 0,0064	[*1*]
3860	0,1610	0,8106	+ 0,0267	[*1*]	4560	0,1837	0,6938	— 0,1482	[*1*]
4260	0,1754	0,9740	— 0,1525	[*4*]	4810	0,2277	0,9178	— 0,1465	[*1*]

Unsöld

λ	A_λ	B_λ	C_λ	Lit.	λ	A_λ	B_λ	C_λ	Lit.
5010	0,2593	0,8724	— 0,1336	[1]	6702	0,4215	0,7603	— 0,1816	[2]
5060	0,2615	0,8895	— 0,1530	[4]	6990	0,4218	0,7525	— 0,1761	[1]
5062	0,2671	0,8870	— 0,1538	[2]	8580	0,5289	0,6353	— 0,1648	[2]
5340	0,3018	0,8275	— 0,1302	[1]	8660	0,5141	0,6497	— 0,1657	[1]
5955	0,3591	0,8115	— 0,1712	[2]	10080	0,5630	0,5995	— 0,1634	[2]
5960	0,3959	0,7271	— 0,1244	[4]	10310	0,5534	0,6254	— 0,1777	[1]
6040	0,3668	0,7743	— 0,1422	[1]	12250	0,5969	0,5667	— 0,1646	[1]
6700	0,4088	0,7633	— 0,1736	[1]	16550	0,6894	0,4563	— 0,1472	[1]
6702	0,4511	0,6873	— 0,1398	[4]	20970	0,7249	0,4100	— 0,1360	[1]

Randverdunklung der Gesamtstrahlung (*a* mit, *b* ohne Einbeziehung der Fraunhofer-Linien) $I(\vartheta) = \int_0^\infty I_\lambda(\vartheta)\, d\lambda$ berechnet von M. Minnaert: Z. Aph. **13** (1937) 196:

$\varrho = \sin\vartheta$	0,00	0,20	0,40	0,55	0,65	0,75	0,825
a	100	98,9	95,7	92,0	88,5	83,0	77,8
b	100	98,7	95,3	91,3	87,2	81,4	75,9

$\varrho = \sin\vartheta$	0,875	0,92	0,95	0,95	0,975	0,9875
a	73,6	68,2	62,3	64,1	55,0	41,4
b	71,2	65,6	60,2	62,0	51,8	38,9
	Nach Abbot [1 u. 2]			Nach Moll u. a. [3]		

31 4233 Temperaturschichtung der Sternatmosphären.

In der Tiefe *t* (gemessen von irgendeinem festen Nullniveau aus) sei der kontinuierliche Absorptionskoeffizient $\varkappa_\lambda$ [cm^{-1}], und es herrsche die Temperatur T. Dann ist nach dem Kirchhoffschen Satz (Annahme sog. lokalen thermodynamischen Gleichgewichtes) die „Ergiebigkeit" = Strahlungsemission pro cm^3, Raumwinkel 1 und Wellenlängenbereich 1 gleich $\varkappa_\lambda B_\lambda(T)$, wo

$$B_\lambda(T) = \frac{2hc^2}{\lambda^5}\left(e^{\frac{c_2}{\lambda T}} - 1\right)^{-1} \quad \text{mit } c_2 = \frac{hc}{k} \tag{2}$$

die Kirchhoff-Planck-Funktion bedeutet.

Der geometrischen Tiefe *t* entspricht für die Wellenlänge λ die optische Tiefe

$$\tau_\lambda = \int_{-\infty}^{t} \varkappa_\lambda\, dt. \tag{3}$$

Nun gilt

$$I_\lambda(\vartheta) = \int_0^\infty \varkappa_\lambda B_\lambda(T)\, e^{-\tau_\lambda \sec\vartheta}\, dt \sec\vartheta = \int_0^\infty B_\lambda(T(\tau_\lambda))\, e^{-\tau_\lambda \sec\vartheta} d\tau_\lambda \sec\vartheta. \tag{4}$$

Durch Umkehrung erhält man aus Gl. (1) mittels (4) nach R. Lundblad [Ap. J. **58** (1923) 113]

$$B_\lambda(\tau_\lambda) = I_\lambda'(0)\left(A_\lambda + B_\lambda \tau_\lambda + \frac{1}{2} C_\lambda \tau_\lambda^2\right). \tag{5}$$

Mit (2) ergibt sich aus B_λ die Temperaturschichtung $T(\tau_\lambda)$ und — durch Vergleich mehrerer solcher Kurven — τ_λ als Funktion des τ_0 für eine willkürlich festgesetzte Normalwellenlänge λ_0 bzw. das Verhältnis

$$\frac{d\tau_\lambda}{d\tau_0} = \frac{\varkappa_\lambda}{\varkappa_0}. \tag{6}$$

Vgl. z. B. D. Chalonge u. V. Kourganoff: Ann. d'Astrophys. **9** (1946) 69 sowie D. Barbier: ebd. **9** (1946) 173.

Für die Grenztemperatur (für $\tau_\lambda = 0$) der Sonne ergeben diese Untersuchungen $T_0 = 4910°$ K. Die empirisch bestimmten Verhältnisse $\varkappa_\lambda/\varkappa_0$ passen zu den für das negative Wasserstoffion H^- berechneten (vgl. 314235).

Die Theorie des Strahlungsgleichgewichtes liefert für eine sog. „graue" Atmosphäre mit dem — von λ unabhängigen — Absorptionskoeffizienten $\bar\varkappa$ und der entsprechenden optischen Tiefe $\bar\tau$ die Temperaturschichtung:

$$T^4 = \frac{3}{4} T_e^4 \{\bar\tau + 0{,}710446 - \Delta(\bar\tau)\}, \tag{7}$$

Unsöld

wo T_e (= 5713° K für die Sonne) die effektive Temperatur und $\Delta(\bar{\tau})$ folgende Funktion bedeutet [Mark, C.: Phys. Rev. **72** (1947) 558] (häufig rechnet man für 0,7104 — $\Delta(\bar{\tau})$ mit dem Mittelwert $^2/_3$ nach E. A. Milne):

$\bar{\tau}$	$\Delta(\bar{\tau})$	$\bar{\tau}$	$\Delta(\bar{\tau})$	$\bar{\tau}$	$\Delta(\bar{\tau})$
0	0,1331	0,1	0,0825	1,0	0,0119
0,01	0,1222	0,2	0,0609	1,2	0,0085
0,02	0,1150	0,3	0,0471	1,5	0,0053
0,03	0,1092	0,4	0,0373	2,0	0,0025
0,05	0,0997	0,5	0,0301	2,5	0,00125
		0,6	0,0246	3,0	0,00064
		0,7	0,0203	3,5	0,00033
		0,8	0,0169	4,0	0,00018
		0,9	0,0141	5,0	0,000048

Die nach Gl. (7) für die Sonne berechnete Grenztemperatur $T_{\bar{\tau}=0} = 4630°$ K liegt wesentlich unter der empirischen $T_0 = 4910°$ K, wahrscheinlich infolge des Einflusses der Fraunhofer-Linien auf das Strahlungsgleichgewicht (blanketing effect). In größeren Tiefen (etwa $\bar{\tau} > 2$) wäre die Konvektion (infolge beginnender Ionisation des Wasserstoffs) zu berücksichtigen.
Über den Zusammenhang der Strahlungs- und Farbtemperatur mit der Temperaturschichtung vgl. D. Chalonge, L. Divan, V. Kourganoff: Ann. d'Astrophys. **13** (1950) 347.

314234 Druckschichtung der Sternatmosphären, insbesondere der Sonnenatmosphäre.

Es sei in einer bestimmten Tiefe t (entsprechend der optischen Tiefe τ_λ bzw. $\bar{\tau}$ für die λ-Strahlung bzw. die Gesamtstrahlung) der Gasdruck P_g, der Elektronendruck P_e [dyn/cm²], die Dichte ϱ und der Absorptionskoeffizient $\varkappa_\lambda = k_\lambda \varrho$ bzw. $\bar{\varkappa} = \bar{k}\varrho$. Die Schwerebeschleunigung sei g (für die Sonne $g = 2{,}736 \cdot 10^4$ cm sec^{-2}). Dann gilt (bei Vernachlässigung des Strahlungsdruckes) die hydrostatische Gleichung

$$\frac{dP_g}{dt} = g\varrho \quad \text{und} \quad \frac{d\tau_\lambda}{dt} = k_\lambda \varrho \quad \text{bzw.} \quad \frac{d\bar{\tau}}{dt} = \bar{k}\varrho, \tag{8 u. 9}$$

woraus folgt

$$\frac{dP_g}{d\tau_\lambda} = \frac{g}{k_\lambda(P_g, T)} \quad \text{bzw.} \quad \frac{dP_g}{d\bar{\tau}} = \frac{g}{\bar{k}(P_g, T)}. \tag{10}$$

Verknüpft man Gl. (8) mit der Zustandsgleichung $\varrho = \frac{\mu}{RT} \cdot P_g$, wo $\mu(P_g, T)$ das Molekulargewicht und R die Gaskonstante bedeuten, so folgt weiter

$$\frac{d \ln P_g}{dt} = \frac{\mu g}{RT}. \tag{11}$$

Gl. (10) und (11) bestimmen zusammen mit (7) oder den empirischen Ergebnissen nach (5) den Aufbau einer Sternatmosphäre. Diese ist z. B. durch Angabe der effektiven Temperatur T_e, der Schwerebeschleunigung g und ihrer chemischen Zusammensetzung (siehe 3122) vollständig charakterisiert. Numerische Angaben über die Schichtung der Sonnenatmosphäre finden sich in 314236.

Über „anomale" Sterne (peculiar spectra) — die keineswegs selten sind! — mit ausgedehnten Hüllen, Turbulenz, Magnetfeldern usw. vgl. O. Struve: Ap. J. **95** (1942) 134 sowie Abschn. 3141.

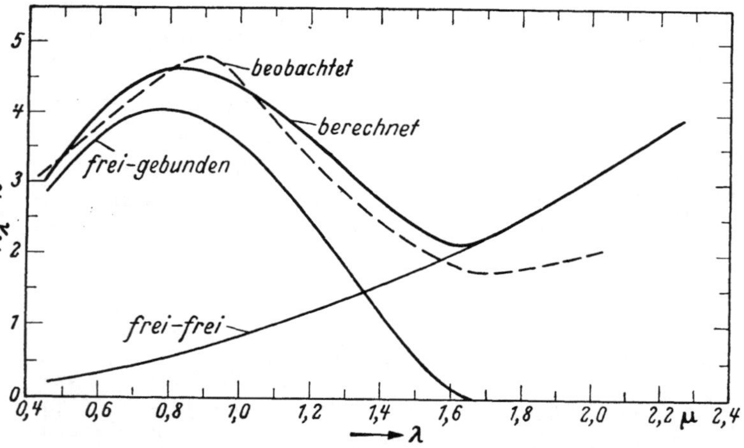

Abb. 6. Absorptionskoeffizient des H⁻-Ions (pro H-Atom gerechnet und auf $P_e = 1$ bezogen) nach S. Chandrasekhar u. F. H. Breen (l. c.), berechnet für $T = 6300°$ K. Zum Vergleich ist der von D. Chalonge u. V. Kourganoff (l. c.) für dieselbe Temperatur in der Sonnenatmosphäre empirisch gefundene Verlauf eingezeichnet.

314235 Zustandsgrößen der Sternatmosphären.

Für stellare Materie der heute angenommenen Zusammensetzung (nach Atomzahlen: 84,4% H, 15,36% He, 0,246% leichte Nichtmetalle, $1{,}98 \cdot 10^{-2}$% Metalle) wurden der Gasdruck P_g und das Molekulargewicht μ in Abhängigkeit von P_e und T tabuliert von A. Rosa: Z. Aph. **25** (1948) 1; außerdem B. Strömgren: Publ. Kopenhagen Nr. 127 (1940) und besonders Nr. 138 (1944). Vgl. hierzu auch E. Vitense: Über die mittleren Zustandsgrößen und spektralen Eigenschaften von Sternatmosphären in Abhängigkeit von Effektivtemperatur und Schwerebeschleunigung, Z. Aph. **29** (1951) 73.

Zum kontinuierlichen Absorptionskoeffizienten k_λ tragen bei:

a) Das negative Wasserstoffion H^- [Wildt, R.: Ap. J. **89** (1939) 295 u. **90** (1939) 611]. Wichtig bei tieferen Temperaturen. Nach quantenmechanischen Berechnungen ist die Ionisierungsspannung 0,75 eV. Den Absorptionskoeffizienten für frei-gebundene und frei-frei-Übergänge haben S. Chandrasekhar u. F. H. Breen [Ap. J. **104** (1946) 430] genau tabuliert. Vgl. auch Abb. 6.

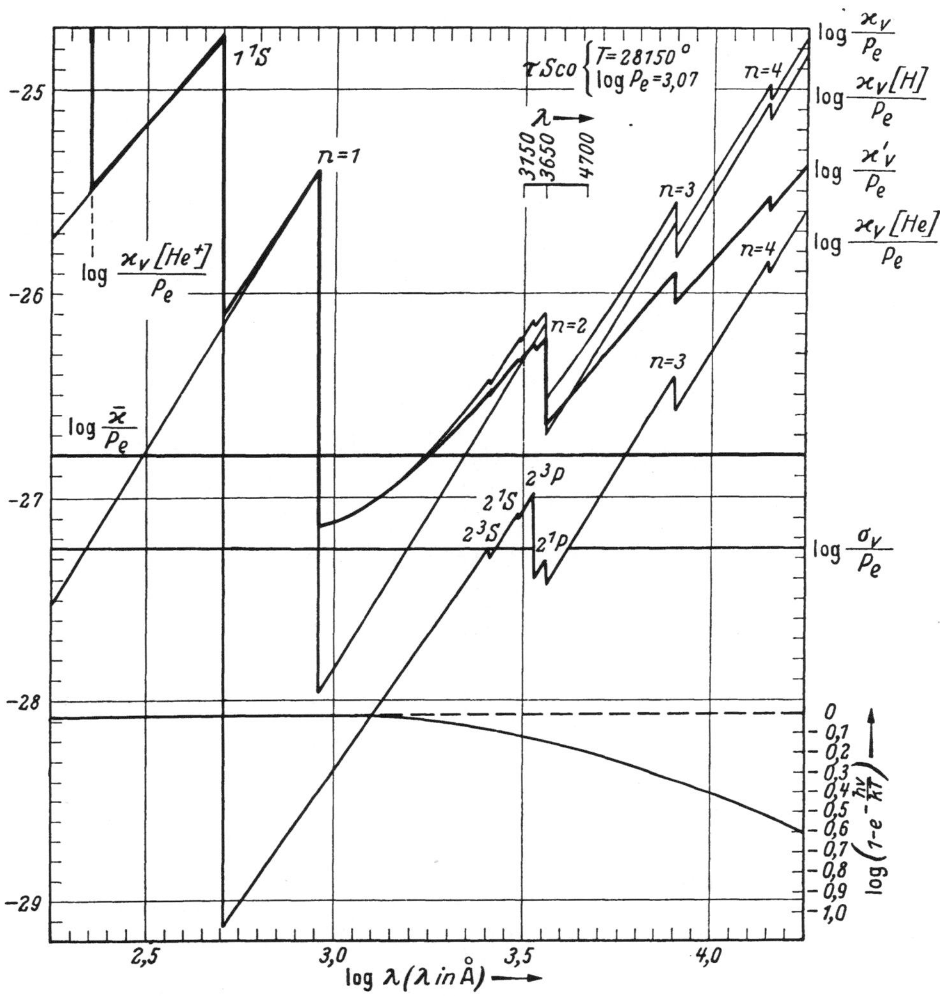

Abb. 7. Kontinuierliche Absorption und Streuung in der Atmosphäre des dBo-Sternes τ Scorpii; $T = 28150°$ K, $\log P_e = 3{,}07$ (Mittelwerte). Aufgetragen sind $\varkappa_\nu$ für H, He und He^+ sowie die Streuung an freien Elektronen σ_ν, ferner deren Summe $\varkappa_\nu$ sowie $\varkappa'_\nu = \varkappa_\nu \left(1 - e^{-h\nu/kT}\right)$ und dessen Rosselandscher Mittelwert $\bar{\varkappa}$; alles pro schweres Teilchen und geteilt durch P_e. [Nach A. Unsöld: Z. Aph. **21** (1942) 233.]

b) Die kontinuierliche Absorption der Wasserstoffatome durch gebunden-frei-Übergänge (Seriengrenzkontinua) und frei-frei-Übergänge (wichtig bei hohen Temperaturen) kann man analog der bekannten Theorie der kontinuierlichen Röntgenspektren (H. A. Kramers, J. A. Gaunt, A. Sommerfeld u. a.) berechnen. Vgl. z. B. B. Strömgren: Z. Aph. **4** (1932) 118; A. Unsöld: ebd. **8** (1934) 32; A. Pannekoek: Publ. Amsterdam Nr. 4 (1935) sowie D. H. Menzel u. Ch. L. Pekeris: MN **96** (1936) 77.

c) Die analogen Kontinua des He-Atoms. (Hohe Temperaturen.)

d) Streuung an freien Elektronen $\left[\text{pro Elektron } \sigma = \frac{8\pi}{3}\left(\frac{e^2}{mc^2}\right)^2\right]$ wird neben b) und c) wichtig bei hohen Temperaturen und kleinen Drucken (cB-Sterne; Sonnenkorona).

Unsöld

Zu b) sowie insbesondere c) und d) vgl. A. Unsöld: Z. Aph. **21** (1942) 229, J. L. Greenstein: Ap. J. **95** (1942) 299 sowie M. Rudkjøbing: Publ. Kopenhagen Nr. 145 (1947).

e) Rayleighstreuung an neutralen Wasserstoffatomen kann im kurzwelligen Spektralgebiet bei mittleren Temperaturen noch einen kleinen Beitrag zum Absorptionskoeffizienten liefern. Vgl. E. Vitense: Z. Aph. **28** (1951) 81.

Das Zusammenwirken von b), c) und d) zeigt an einem typischen Beispiel die Abbildung 7.

31 4236 Modell der Sonnenatmosphäre.

Für die Sonne hat C. de Jager [Proc. Akad. Wet. Amsterdam **51** (1948) 731] durch Kombination empirischer (Barbier) und theoretischer (Strömgren) Methoden folgendes Modell berechnet:

τ_0 für λ 5010 Å	$\Theta = \frac{5040}{T}$	T	$\log P_g$	$\log P_e$	τ_0 für λ 5010 Å	$\Theta = \frac{5040}{T}$	T	$\log P_g$	$\log P_e$
0,01	1,019	4940	4,13	0,27	0,80	0,798	6310	5,109	1,75
0,02	1,013	4970	4,28	0,42	1,00	0,772	6520	5,141	1,94
0,03	1,008	5000	4,38	0,50	1,20	0,750	6720	5,163	2,08
0,04	1,003	5020	4,44	0,56	1,40	0,733	6880	5,180	2,24
0,06	0,993	5070	4,54	0,65	1,60	0,716	7040	5,193	2,34
0,08	0,981	5130	4,60	0,72	1,80	0,702	7180	5,205	2,46
0,10	0,973	5180	4,65	0,78	2,00	0,690	7310	5,214	2,56
0,15	0,949	5310	4,75	0,90	2,50	0,664	7600	5,231	2,76
0,20	0,933	5400	4,81	1,00	3,00	0,634	7950	5,244	2,99
0,30	0,900	5600	4,91	1,14	4,00	0,614	8210	5,263	3,14
0,40	0,873	5770	4,97	1,28	5,00	0,602	8380	5,281	3,25
0,50	0,850	5930	5,039	1,43	7,00	0,588	8580	5,311	3,35
0,60	0,830	6070	5,056	1,54	9,00	0,581	8680	5,333	3,41

Unterhalb $\tau_0 = 2$ beginnt die Konvektionszone. (Siehe auch L. Biermann: Z. Aph. **21** (1942) 320.) Weitere Modelle von Sternatmosphären vgl. B. Strömgren: Publ. Kopenhagen Nr. 138 (1944).

Über Adiabaten, spezifische Wärme c_p usw. in Konvektionszonen vgl. A. Unsöld: Z. Aph. **25** (1948) 11 sowie A. Rosa u. A. Unsöld: ebd. S. 20.

31 424 Linienspektrum der Sonne und der Sterne.

31 4241 Wellenlängen und Identifikation der Fraunhofer-Linien, insbesondere des Sonnenspektrums.

Nach dem Vorgang von J. Fraunhofer (1814) bezeichnet man auch heute noch öfters einige der starken dunklen Linien des Sonnenspektrums mit Buchstaben (vgl. Spalte 4 der nachfolgenden Tabelle, in der die Fraunhofersche Bezeichnung in Klammern gesetzt ist).

Photographische Sonnenspektren großer Dispersion mit Wellenlängenskala geben der Rowland-Atlas und der Mt.-Wilson-Atlas (mit Zeeman-Effekt des Fleckenspektrums).

Wellenlängentabellen (in internat. Angström-Einheiten) mit Identifikationen, Intensitätsschätzungen usw.:

[*1*] Revision of Rowland's Preliminary Table of Solar Spectrum Wave-Lengths with an Extension to the Present Limit in the Infra-Red (St. John u. a.). Carnegie Inst. Washington Publ. Nr. 396; 1928 (λ 2975—10218). — [*2*] The Solar Spectrum, λ 6600—13495 (H. D. Babcock u. Ch. E. Moore). Carnegie Inst. Washington Publ. Nr. 579 (1947).

Ausdehnungen dieser Standardwerke ins Ultraviolett bzw. Infrarot: [*3*] Babcock, H. D., Ch. E. Moore, u. M. F. Coffeen: Ap. J. **107** (1948) 287 (λ 2935—3060). — [*4*] Durand, E., J. J. Oberly u. R. Tousey: Ap. J. **109** (1949) 1 (λ 2200—3000; mit V2-Rakete). — [*5*] Baumann, W., u. R. Mecke: Das ultrarote Sonnenspektrum von λ 10000 bis λ 7600 A.E. (Leipzig 1934). — [*6*] McMath, R. R., L. Goldberg u. O. C. Mohler: Ap. J. **109** (1949) 17 u. 28 (λ 0,8—2,5 μ mit PbS-Zelle). — [*6a*] Goldberg, L., O. C. Mohler, A. K. Pierce u. R. R. McMath: Ap. J. **111** (1950) 565 (1,97 bis 2,49 μ). — [*7*] Migeotte, M.: Thèse Liège, 1945 (1,3—1,5 μ). — [*8*] Adel, A., u. Mitarbeiter: Phys. Rev. **47** (1935) 580; **49** (1936) 288; Ap. J. **84** (1936) 354 und zahlreiche weitere Arbeiten ebd., Vol. 87 bis 96 (1942). (Prisma und Thermoelement bis 110000 Å). — [*9*] Moore, Ch. E.: Atomic Lines in the Sun-Spot Spectrum. Princeton (1933).

Für alle astrophysikalische Identifizierungsarbeit unentbehrlich ist ferner:

[*10*] Moore, Ch. E.: A Multiplet Table of Astrophysical Interest. 1. Aufl. 1933; 2. Aufl. = Contr. Princeton Nr. 20 (1945).

Die folgende Tabelle gibt im Wellenlängenbereich λ 2975—6600 Å für alle (nichttellurischen) Fraunhofer-Linien im Sonnenspektrum mit Rowland-Intensität $\geqslant 8$ nach [*1*], im Wellenlängenbereich λ 6600—13495 Å für alle Sonnenlinien $\geqslant 4$ nach [*2*]:

1. Wellenlänge in internationalen Angström-Einheiten (I.Å.).
2. Intensität in der Rowland-Skala für Sonnenscheibe (⊙) und Sonnenfleck.
3. Identifikation (Element).
4. Temperaturklassifikation (I tiefste, ... V höchste Terme) und Druckklassifikation (*a* kleinste, ... *e* größte Empfindlichkeit) der Linie (Einzelheiten [*1*], S. X u. XI).
5. Anregungsspannung des unteren Terms A.S. in e-Volt.

Wegen Einzelheiten der Bezeichnung siehe [*1*] bzw. [*2*].

I. Å.	Intensität		Element	Klassifikation		A. S. e-Volt
	⊙	Fleck		Temp.	Druck	
3037,408	10*N*	—	Fe	I	—	0,110
3047,623	20*N*	—	Fe	I	—	0,087
3054,325	10	—	Ni	II	—	0,109
3057,447	20	—	Ti^+—Fe	II	—	0,000
3059,107	20	—	Fe	I	—	0,051
3067,263	8	—	Fe	II	—	0,911
3072,985	6*Nd*?	—	Ti^+	III*r*	—	0,000
3078,663	8*d*?	—	Ti^+	III*r*	—	0,028
3134,117	8	—	Fe Ni	III II	—	0,954
3242,008	8	—	Ti^+	III*r*	—	0,000
3247,570	10	—	Cu	—	—	0,000
3273,973	10	—	Cu	—	—	0,000
3336,690	8*N*	—	Mg–	III	—	2,705
3414,780	15	—	Ni	II	—	0,025
3433,580	8*d*?	—	Ni—Cr	II II	—	0,025
3440,627	20	—	Fe	I	—	0,000
3441,020	15	—	Fe	I	—	0,051
3443,885	8*N*	—	Fe	I	—	0,087
3446,272	15	—	Ni	II	—	0,109
3458,468	8	—	Ni	II	—	0,211
3461,668	8	—	Ni	II	—	0,025
3475,458	10	—	Fe	I	—	0,087
3476,713	8	—	Fe	I	—	0,121
3490,595	10*N*	—	Fe	I	—	0,051
3492,976	10*N*	—	Ni	II	—	0,109
3497,844	8	—	Fe	I	a	0,110
3510,328	8	—	Ni	II	—	0,211
3515,067	12	—	Ni	II	—	0,109
3521,271	8	—	Fe	II	b	0,911
3524,537	20	—	Ni	II	—	0,025
3554,938w	9	—	Fe	III	—	—
3558,533	8	—	Fe—Sc^+	II II	b	0,986
3565,397	12	—	Fe	II	b	0,954
3566,384	10	—	Ni	II	—	0,421
3570,135	20	—	Fe	I	—	0,911
3578,694w	10	—	Cr	II	—	0,000
3581,210	30	—	Fe	I	a	0,855
3586,991	8	—	Fe	II	—	0,986
3593,496	9	—	Cr	II	—	0,000
3597,713	8	—	Ni	II	—	0,211
3608,870w	20	—	Fe	I	b	1,007
3618,778	20	—	Fe	I	b	0,986
3619,401	8	—	Ni	II	—	0,421
3631,476	15	—	Fe	I	b	0,954
3647,852	12	—	Fe	I	b	0,911
3679,924	9	—	Fe	IA	a	0,000
3685,197	10*d*?	—	Ti^+	IV	—	0,605
3701,096	8	—	Fe	IV	e	2,985
3705,578	9	—	Fe	I	a	0,051
3709,257	8	—	Fe	II	b	0,911
3719,949	40	—	Fe	I	a	0,000
3734,876	40	—	Fe	II	b	0,855
3737,143	30	—	Fe	I	a	0,051
3745,576	8	—	Fe	I	a	0,087
3748,273	10	—	Fe	IA	a	0,110
3749,497	20	—	Fe	II	b	0,911
3758,247	15	—	Fe	II	b	0,954
3759,301	12*d*?	—	Ti^+	IV	—	0,605
3763,805	10	—	Fe	II	b	0,986
3767,206	8	—	Fe	II	b	1,007
3787,893	9	—	Fe	II	b	1,007
3795,014	8	—	Fe	II	b	0,986
3806,720	8*d*?	—	Mn Fe	I III	b d	2,105
3815,853	15	—	Fe	II	b	1,478
3820,438	25	—	Fe	II	b	0,855
3825,893	20	—	Fe	II	b	0,911
3827,834	8	—	Fe	II	b	1,551
3829,367	10	—	Mg	II	—	2,697
3832,312	15	—	Mg	II	—	2,700

Unsöld

I. Å.	Intensität		Element	Klassifikation		A. S. e-Volt
	⊙	Fleck		Temp.	Druck	
3834,235	10	—	Fe	II	b	0,954
3838,304	25	—	Mg	II	—	2,705
3840,449	8	—	Fe CN	II	b	0,986
3841,060	10	—	Fe Mn	II II	b b	1,601
3845,472	8*d*?	—	Co CN	II	b	0,919
3849,979	10	—	Fe	II	b	1,007
3856,383	8	—	Fe	IA	a	0,051
3859,924	20	—	Fe	I	a	0,000
3878,029	8	—	Fe CN	II	b	0,954
3886,296	15	—	Fe—La^+	I III	a	0,051
3899,721	8	8	Fe	I	a	0,087
3902,958	10	—	Cr Fe—Mo	II ? II	a b	1,551
3905,534	12	10	Si	—	d	1,900
3906,492	10	—	Fe	I	a	0,110
3920,271	10	7	Fe	I	a	0,121
3922,925	12*d*?	8	Fe	I	a	0,051
3927,935	8	7	Fe	I	a	0,110
3930,310	8	8	Fe	I	a	0,087
3933,684	1000	—	Ca^+ (K)	II	—	0,000
3944,018	15	10	Al	—	—	0,000
3961,537	20	15	Al	—	—	0,014
3968,494	700	—	Ca^+ (H)	II	—	0,000
3969,270	10	—	Fe	II	b	1,478
4045,827	30	28	Fe	II	b	1,478
4063,607	20	15	Fe	II	b	1,551
4071,751	15	15	Fe	II	b	1,601
4077,726	8	6	Sr^+	II	—	0,000
4101,750	40*N*	3	H_δ (*h*)	—	—	10,155
4132,069	10	12	Fe	II	b	1,601
4143,880	15	14	Fe	I	b	1,551
4167,279	8	6	Mg	III ?	—	4,327
4202,042	8	9	Fe	I	b	1,478
4226,742	20*d*	40	Ca (*g*)	I	a	0,000
4235,951	8	9	Fe	III	d	2,415
4250,132	8	8	Fe	III	d	2,458
4250,799	8	—	Fe	II	b	1,551
4254,348	8	12	Cr	II	b	0,000
4260,488	10	9	Fe	III	d	2,389
4271,776	15	12	Fe	II	b	1,478
4325,777	8	8	Fe	II	b	1,601
4340,477	20*N*	3	H_γ	—	—	10,155
4383,559	15	15	Fe	II	b	1,478
4404,763	10	10	Fe	II	b	1,551
4415,137	8	8	Fe	II	b	1,601
4528,629	8	10	Fe	II	b	2,167
4554,038	8	10	Ba^+	II	—	0,000
4703,005	10	9	Mg	V	—	4,327
4861,344	30	9	H_β (F)	—	—	10,155
4891,504	8	8	Fe	III	d	2,839
4920,516	10	10	Fe	III	d	2,820
4957,615	8	9	Fe	III	d	2,796
5167,330	15	16	Mg (b_4)	II	d	2,697
5172,700	20	22	Mg (b_2)	II	d	2,700
5183,621	30	30	Mg (b_1)	II	d	2,705
5269,552	8*d*?	11	Fe (*E*)	I	a	0,855
5328,053	8*d*?	11	Fe	I	a	0,911
5528,420	8	8	Mg	V	—	4,327
5857,462	8	17	Ca	III	d	2,920
5889,977	30	95	Na (D_2)	—	—	0,000
5895,944	20	60	Na (D_1)	—	—	0,000
6102,733	9	25	Ca	II	d	1,871
6122,231	10	28	Ca	II	d	1,878
6136,631	8	10	Fe	III	b	2,443
6162,185	15	35	Ca	II	d	1,891
6191,577	9	9	Fe	II	b	2,422
6230,742	8	10	Fe—V	III I	b	2,548

I. Å.	Intensität		Element	Klassifikation		A. S. e-Volt
	⊙	Fleck		Temp.	Druck	
6246,333	8	7	Fe	V	d	3,587
6400,018	8	9	Fe	III	d	3,587
6439,090	8	12	Ca	II	b	2,515
6495,001	8	9	Fe	II	b	2,394
6562,816	40	20	H_α (*C*)	—	—	10,155

I. Å.	Intensität		Element	A. S. e-Volt
	⊙	Fleck		
6609,118S	5	6	Fe	2,55
6633,758R	4	3	Fe	4,54
6643,638S	6	8	Ni	1,67
6663,448	6	8	Fe	2,41
6677,997S	8	9	Fe	2,68
6717,687S	6	8	Ca	2,70
6750,164	5	6	Fe	2,41
6767,784	6	7	Ni	1,82
6841,341	4	6	Fe	4,59
6843,655	4	3	Fe	4,53
6855,166	5	6	Fe	4,54
6858,155S	4	4	Fe	4,59
6914,564	6	9	Ni	1,94
			(Atm O_2)	16,18
6916,686	4	2	Fe	4,14
6945,210	5	5	Fe	2,41
6978,383	4	6	Cr	3,45
6978,862S	6	7	Fe	2,47
6999,885	4	4	Fe	4,09
7003,574	5*N*	4*N*	Si	5,94
7005,900	4	1*N*	Si	5,96
7016,067R	4	5	Fe	2,41
7022,957S	4	6	Fe	4,17
7034,910S	5	3	Si	5,85
7038,220	4	5	Fe	4,20
7068,423	4	*ob* ?	Fe	4,06
7090,390	4	4	Fe	4,21
7122,206S	7	8	Ni	3,53
7130,925	6	6	Fe	4,20
7148,150	10	12	Ca	2,70
7164,432	8	8	Fe	4,17
7165,578	4*N*	*ob*	Si	5,85
7181,198	4	6	Fe	4,20
7181,955	4	3	Ni	3,73
			(Fe)	4,89
7197,020	4	5	Ni	1,93
7202,208	8	9	Ca	2,70
7207,131	4	4	Fe	4,06
7207,396	8	8	Fe	4,14
7250,64	4*N*	*ob*	Si	5,59
7275,33	5*N*	*ob* ?	Si	5,59
7288,741	4	4*N*	Fe	4,20
7289,188	7*N*	6*N*	Si	5,59
7293,052	4	4	Fe	4,24
7311,080	4	—	Fe	4,26
7326,160	8	11	Ca	2,92
7355,891	5	9	Cr	2,88
7386,336	7	4	Fe	4,89
7387,700	9*N*	5	Mg	5,73
7389,391	8*d*	5	—Fe	4,28
7393,609	7	5	Ni	3,59
7400,188	5	8	Cr	2,89
7405,790	7*N*	0	Si	5,59
7409,100	5*N*	—2*N*	Si	5,59
7409,352	6	1	Ni	3,78
7411,162	8	7	Fe	4,26
7414,514	5	5	Ni	1,98

I. Å.	Intensität		Element	A. S. e-Volt
	⊙	Fleck		
7415,958	8*N*	2*N*	Si	5,59
7418,672	4	2	Fe	4,12
7422,286	7	5	Ni	3,62
7423,509	8*N*	2	Si	5,59
			(N)	10,28
7440,919	4	2	Fe	4,89
7445,758	9	7	Fe	4,24
7462,342	8	10	Cr	2,90
			(Fe II)	3,87
7491,652	4	5	Fe	4,28
7495,077	8	8	Fe	4,20
7507,273	4	4	Fe	4,40
7511,031	11	11	Fe	4,16
7522,778	5	5	Ni	3,64
7525,118	4	5	Ni	3,62
7531,153	6	7	Fe	4,35
7555,607	6	6	Ni	3,83
7568,906S	5	8	Fe	4,26
7574,048S	5	5	Ni	3,82
7583,796	4	4	Fe	3,00
7586,027S	8	8	Fe	4,29
7616,980S	8	9	Ni	3,64
7619,214S	4	5	Ni	3,66
7620,513	5	6	Fe	4,71
7657,606S	9*N*	9*N*	Mg	5,09
7661,198	6	6	Fe	4,24
7664,294	7	8	Fe	2,98
7664,872	12	20	{ K	0,00
			Atm O_2	16—16
7680,267	6*N*	4*N*	Si	5,84
			(Mn)	5,47
7691,569	8*N*	7*N*	Mg	5,73
7698,977	11	16	K	0,00
7714,310S	6	8	Ni	1,93
7727,616S	5	6	Ni	3,66
7742,722	9	7	Fe	4,97
7748,284S	6	8	Fe	2,94
7748,894	5	6	Ni	3,69
7771,954	5*N*	0*N*	O	9,11
7774,177	5*N*	0*N*	O	9,11
7780,568S	8	9	Fe	4,45
7788,933S	5	7	Ni	1,94
7797,588S	5	6	Ni	3,88
7800,000	5*N*	2*N*	Si	6,15
7807,916S	4	4	Fe ?	
			Fe *p*	4,97
7832,208S	9	10	Fe	4,42
7836,130S	4*N*	5*N*	Al	4,00
7849,984	4*N*	— 1*N*	—Si	6,16
7918,383	4	1	Si	5,93
			(CN)	
7932,351	8*N*	5*N*	Si	5,94
7937,150S	7	7	Fe	4,29
7944,001	8*N*	6*N*	Si	5,96
			(Ti)	3,28
7945,858S	7	9	Fe	4,37
7998,953	8	8	Fe	4,35

Unsöld

I. Å.	Intensität		Element	A. S. e-Volt	I. Å.	Intensität		Element	A. S. e-Volt
	⊙	Fleck				⊙	Fleck		
8028,318	5	4	Fe	4,45	9111,877	9	0	C	7,46
8046,058S	8	8	Fe	4,40	9228,101	6	0	S	6,50
8047,625S	4	8	Fe	0,86	9237,56	6	— 3N	S	6,50
8054,311	5 *N*	6 *N*	⊙ (CN)		9255,79	10 *N*	8 *N*	Mg	5,73
8085,175	8	7	Fe	4,43	9414,95	10 *N*	10 *N*	Mg	5,92
8098,746	7 *N*	5 *N*	Mg	5,92	9658,40	8 *N*	— 1 *N*	—C	7,46
			Atm		9675,571	4	10	Ti	0,83
8183,30	11 *N*	15 *N*	Na	2,09	9889,050S	5	7	Fe	5,01
8194,836S	12 *N*	18 *N*	Na	2,10	9993,17	5 *N*	2 *N*	Mg ?	5,91
8207,749S	4	5	Fe	4,43	10036,670	5	4 *W*	Sr II	1,80
8213,041	9 *N*	8 *N*	Mg	5,73	10049,27	(50	*ob*	H	12,04
8220,388	10	11	Fe	4,30		*NN*)		(Ni)	4,22
8232,319	5	6	Fe	4,40	10065,070	8	10	Fe	4,81
8248,137S	4	3	Fe	4,35	10123,895	8	4	He II ? ?	50,80
8248,802S	4	1	⊙		10145,580	9	12	Fe	4,77
8293,52	4	5	Fe	3,29				(Ni)	4,25
8327,061S	10	12	Fe	2,19	10193,245	4	5 *W*	Ni	4,07
8331,926	6	7	Fe	4,37	10216,335	10	12	Fe	4,71
8339,413	4	3	Fe	4,42	10288,950	6	3 *W*	Si	4,90
8346,131	9 *N*	7 *N* ?	Mg	5,92	10327,360	7	9	Sr II	1,83
8387,782	10	12	Fe	2,17	10343,840	8	25	Ca	2,92
8434,968S	4	9	Ti	0,84	10371,285	9	8 *W*	Si	4,91
8439,581S	5	5	Fe	4,53	10395,795	4	8	Fe	2,17
8446,359	5 *N*	1	O	9,48	10455,455	8	2	S	6,83
			(Fe *p*)	4,97	10456,753	4	*ob*	S	6,83
8468,418S	9	12	Fe	2,21	10459,436	7	1	S	6,83
			(Ti)	1,88	10469,680	7	9	Fe	3,87
8498,062	20	(25)	Ca II	1,69	10532,236	4	6	Fe	3,91
8514,082S	7	9	Fe	2,19	10585,137	12	10 ?	Si	4,93
8515,122S	5	5	Fe	3,00	10603,426	10	8	Si	4,91
8542,144	25	(25)	Ca II	1,69	10627,63	8	5	Si	5,84
8556,797S	8 *N*	2 *N*	Si	5,85	10660,99	10	6	Si	4,90
8582,271S	6	7	Fe	2,98	10683,09	10	2 *N*	C	7,45
8611,812S	7	8	Fe	2,83	10685,36	8	1 *N*	C	7,45
8621,618	5	6	Fe	2,94	10689,71	8	7	Si	5,93
8648,472S	10 *N*	3	Si		10691,24	12	3 *N*	C	7,46
8662,170	23	23	Ca II	1,69	10694,25	8	7	Si	5,94
8674,756S	7	8	Fe	2,82	10707,36	8	1 *N*	C	7,45
8688,642	11 *N*	13 *N*	Fe	2,17	10727,42	9	8	Si	5,96
8699,461S	4	1	Fe	4,93	10729,588	7	0 *N*	C	7,46
8710,398	5	3	Fe	4,89	10749,39	12	10	Si	4,91
8717,833S	7 *N*	4 *N*	Mg ? *p*	5,91	10786,85	7	7 *W*	Si	4,91
8728,024	4	*ob*	Si	6,15	10811,14	5 *N*	4 *N*	Mg	5,92
8736,040	10 *N*	2 *N*	Mg	5,92	10827,14	12	12 *W*	Si	4,93
8742,466	6 *N*	2 *N*	Si	5,85	10830,38	5 *NN*	5 *NN*	He	19,73
8752,025	6 *N*	2 *N*	Si	5,85	10834,02	5	5	Na, Atm	3,60
8757,199	4	6	Fe	2,83	10843,88	5	4	Si	5,84
8763,978	6	6	Fe	4,63	10869,57	4	3	Si	5,06
8772,884	5	6	Al	4,00	10914,88	5	6	Sr II	1,80
8773,906S	6	7	Al	4,00	10938,10	(50	5 *NN*	H	12,04
8790,454S	6	3	Fe	4,97		*NN*)			
			Si	6,16	10965,47	5	8 *n*	Mg ?	5,91
8793,350S	6	7	Fe	4,59	10979,34	4	1 *NN*	Si	4,93
8806,775	14	16	Mg	4,33	11403,80	5	20	Na	2,10
8824,234S	10	15	Fe	2,19	11422,38	8	—	Fe	2,19
8838,441	6	9	Fe	2,85	11439,12	10		Fe	2,83
8866,943S	9	12	Fe	4,53	11607,59	4		Fe	2,19
8892,738	4	3	Si	5,96	11611,44	15 *ns*		Si—	6,23
8912,101	7	3	Ca II	7,02				Atm	
8927,392S	7	3	Ca II	7,02	11638,22	10		Fe	2,17
8929,072	6	6	Fe, Atm	5,06	11753,42	5 *N*		C	8,61
8945,198	5	6	Fe	5,01	11754,84	5 *N*		C	8,61
9008,52	4	1	Fe—	5,05	11828,20	5 *NN*		Mg	4,33
9061,443	7	*ob*	C	7,45	11984,50	10 *Ns*		Si—	4,91
9078,28	7	*ob* ?	C	7,45	11991,63	4 *n*		Si	4,90
9088,391	11 *nl*	10	Fe—	2,83	11994,00	4 *n*		Fe *p*	4,89
			C	7,45	12031,56	10 *nl*		Si	4,93
9094,82	8	*ob*	C	7,46	12083,79	8 *N*		Mg	5,73

Unsöld

I. Å.	Intensität ⊙	Intensität Fleck	Element	A. S. e-Volt	I. Å.	Intensität ⊙	Intensität Fleck	Element	A. S. e-Volt
12103,62	4		Si	4,91	13150,35	4		Al	3,13
12239,53	5		Fe? *p*	5,00				(Zn)	6,63
12562,25	6*N*		C?	8,81	13166,41	15		(C)	8,73
12581,68	5*ns*		—C	8,81	13197,35	6		(Zn)	6,63
12614,20	4*N*		C	8,81	13288,77	5		(Fe? *p*)—	2,94
12818,23	(20)		H	12,04				(Si? *p*)	4,91
					13332,69	10		(Ti *p*)	2,24

Wellenlängen, Identifikation und (geschätzte) Intensität der Linien ausgewählter Sterne und Spektralklassen.

Spektrum	λ	Literatur
*O*9—*B*8	3820—4924	Struve, O.: Ap. J. **74** (1931) 225.
*O*9—*B*8	3587—5048	Marshall, R. K.: Publ. Michigan **5** (1934) 137.
*O*9—*A*2	3227—3957	Struve, O.: Ap. J. **90** (1939) 699.
*B*o (τ Sco)	3945—4713	Struve, O., u. Th. Dunham: Ap. J. **77** (1933) 321.
*B*2—*B*3	3700—5000	Kühlborn, H.: Veröff. Berlin-Babelsberg **12** (1938) H. 1.
A o (γ Gem)	4250—4723	Albrecht, S.: Ap. J. **72** (1930) 65.
A	3913—4673	Morgan, W. W.: Publ. Yerkes **7**, III (1935).
*cA*2 (α Cyg)	2950—6587	Wright, W. H.: Lick Bull. **10** (1921) 100, u. Wyse, A. B.: Lick Bull. **18** (1938) 129, u. Struve O. u. P. Swings: Ap. J. **94** (1941) 344.
*dF*4 (α CMi)	3800—6768	Albrecht, S.: Ap. J. **80** (1934) 86; Albrecht, S., u. J. W. Swensson: ebd. **103** (1946) 207.
*F*5 (α Per)	4150—6700	Dunham, Th.: Contr. Princeton (1929) Nr. 9.
*F*8*p* (γ Cyg)	3977—4405	Roach, F. E.: Ap. J. **96** (1942) 272.
*K*o (α Boo)	4119—6743	Hacker, S. G.: Contr. Princeton (1935) Nr. 16.
*gM*2 (β Peg)	3400—8839	Davis, D. N.: Ap. J. **106** (1947) 28.

314242 Photometrie der Fraunhoferlinien, Äquivalentbreiten, Kalibrierung der Skala der Rowland-Intensitäten.

Eine photometrische Darstellung des Sonnenspektrums von λ 3332 bis λ 8771 enthält der Photometric Atlas of the Solar Spectrum von M. Minnaert, C. F. W. Mulders und J. Houtgast, Utrecht u. Amsterdam (1940).

Eine Fortsetzung bis 25000 Å mit Hilfe der PbS-Zelle plant das McMath-Hulbert Observatory (University of Michigan).

Die Äquivalentbreite (Gesamtabsorption) W_λ einer Linie gibt die in ihr absorbierte Energie an im Vergleich zu einem vollständig dunklen Streifen des benachbarten kontinuierlichen Spektrums

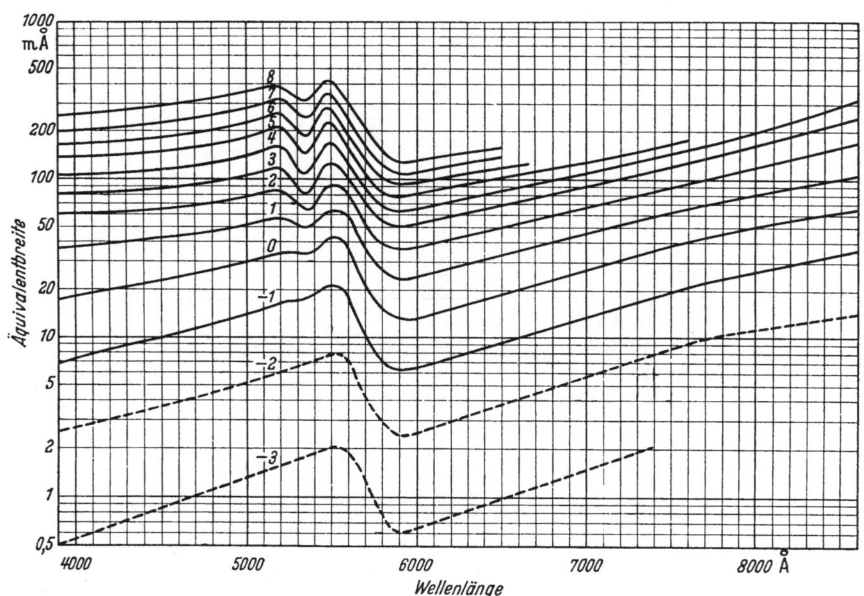

Abb. 8. Kalibrierung der Rowlandschen Intensitätsskala nach G. F. W. Mulders: Z. Aph. **10** (1935) 306.

von 1 Å oder 1 mÅ (Milliangström) Breite. Vielfach gibt man auch $\frac{W_\lambda}{\lambda} \cdot 10^6 = W_F$ an; die Einheit dieser dimensionslosen Größe nennt man 1 Mikrowellenlänge oder 1 Fraunhofer. W_λ oder W_F empfiehlt sich als Intensitätsmaß, da ihre Messung unabhängig ist vom Trennungsvermögen des Spektralapparates.

In dem Utrechter „Photometrischen Atlas" (s. o.) kann man jede Linie selbst ausplanimetrieren. Den Zusammenhang zwischen der Äquivalentbreite (Ordinaten in Milli-Ångström) einerseits, geschätzter Rowland-Intensität (Zahlen an den Kurven) und Wellenlänge (Abszissen) andererseits geben die Eichkurven in Abb. 8 nach Mulders, C. F. W.: Äquivalente breedten van Fraunhofer-Lijnen in het Zonnespectrum. Diss. Utrecht (1934) bzw. Z. Aph. **10** (1935) 306. Hierzu auch: Wempe, J.: AN **275** (1947) 97.

Gemessene Äquivalentbreiten von Fraunhofer-Linien im Sonnenspektrum.

λ 4036—6600: Allen, C. W.: Mem. Canberra, **1**, Nr. 5, Part 1 u. 2 (1934). — λ 3924—4300: Allen, C. W.: Mem. Canberra, **2**, Nr. 6 (1938). — λ 6600—8900: Allen, C. W.: MN **96** (1936) 843. — λ 6122—7789: Allen, C. W.: Ap. J. **85** (1937) 165. — λ 8800—11830: Allen, C. W.: Ap. J. **88** (1938) 125. — λ 10036—10532: Minnaert, M., u. J. H. Bannier: Z. Aph. **11** (1936) 392. — λ 3856 bis 8688 (einzelne Gebiete): Mulders, C. F. W.: Diss. Utrecht 1934 und Z. Aph. **10** (1935) 297. — λ 5288—5472: Righini, G.: Oss. e Mem. Arcetri Nr. 51, (1933) 59. — λ 4040—4390: Woolley, R. v. d. R.: Ann. Cambridge **3** (1933) part II. — Wasserstofflinien: de Jager, C.: Proc. Akad. Wet. Amsterdam **51** (1948) 1159; ten Bruggencate, P., H. Gollnow, S. Günther u. W. Strohmeier: Z. Aph. **26** (1949) 51.

31 4243 Die Intensität I_c in der Mitte der Fraunhofer-Linien

(Restintensität) — ausgedrückt in % des benachbarten kontinuierlichen Spektrums — kann nur mit größter Dispersion und Vorzerlegung (Streulicht!) einigermaßen genau gemessen werden. Verzerrung der Linien durch den Spektrographen und photographische Fehler sind schwer zu eliminieren.

Restintensitäten im Spektrum der ⊙-Mitte.

	λ	I_c (%)	Lit.		λ	I_c (%)	Lit.		λ	I_c (%)	Lit.
H	6562,8	17,2	[7]	Mg	5172,7	6	[6]	Fe I	4005,3	4,8	[6]
		18,5	[5]		5183,6	6	[6]		4045,8	3	[1]
	4861,3	17,6	[7]	Ca I	4226,7	3,6	[10]			5,3	[10]
		18	[5]			2	[8]			2,1	[8]
	4340,5	18,5	[7]			3,3	[6]			2,5	[6]
		20,5	[5]	Ca II	3933,7	7,7	[10]		4063,6	3	[1]
	4101,7	22,6	[7]			7,4	[6]			1,9	[8]
		23,5	[5]		3968,5	7,5	[6]			4,9	[6]
	3889,0	26,3	[7]		8498,1	35	[2a]		4071,8	3	[1]
Na	5890,0	5,2	[9]			33,9	[6]			2,2	[8]
		2,5	[6]		8542,1	26	[2a]			4,4	[6]
	5895,9	5,8	[9]			24,8	[6]		4132,1	5,6	[6]
		5,0	[6]		8662,2	28	[2a]		4143,9	5,7	[6]
						26,2	[6]	Sr II	4077,7	2,0	[8]

Literatur: Zur Einführung: Minnaert, M. G. J.: MN **107** (1947) 274.

[1] Allen, C. W.: Mem. Canberra Nr. 5 (1934). — [2] Allen, C. W.: Ap. J. **85** (1937) 165. — [2a] Allen, C. W.: MN **100** (1939) 10. — [3[Bruggencate, P. ten, J. Houtgast u. H. v. Klüber: Publ. Potsdam **29** (1939) Heft 3. — [4] Bruggencate, P. ten: Z. Aph. **18** (1939) 316. — [5] Bruggencate, P. ten, H. Gollnow, S. Günther u. W. Strohmeier: Z. Aph. **26** (1949) 51. — [6] Houtgast, J.: Diss. Utrecht (1942). — [7] Jager, C. de: Proc. Akad. Wet. Amsterdam **51** (1948) 1159. — [8] Redman, R. O.: MN **95** (1935) 742 u. **97** (1937) 552. — [9] Shane, C. D.: Lick Bull. **507** (1941). — [10] Thackeray, A. D.: MN **95** (1935) 293.

31 4244 Mitte-Rand-Variation der Fraunhofer-Linien.

Für stärkere Linien mißt man die Variation der Linienkonturen entlang einem Radius der Sonnenscheibe ($\varrho = \sin\vartheta$). Die relative Einsenkung der Flügel kann man darstellen durch $\frac{I_0 - I}{I_0} = \frac{c(\vartheta)}{(\Delta\lambda)^2}$ und gibt dann zweckmäßig die Funktion $c(\vartheta)$ und daneben die Restintensität $I_c(\vartheta)/I_0(\vartheta)$ an. Bei schwachen Linien muß man sich mit Äquivalentbreiten W_λ begnügen. Beispiele geben die Abbildungen 9 und 10 nach J. Houtgast (314243 [6]).

Literatur.

Betr. Linienkonturen vgl. 314243, insbesondere [6] sowie [5, 7, 9].

Äquivalentbreiten schwacher Linien: Adam, M. G.: MN **98** (1938) 112 u. 544; ebd. **100** (1940) 595.

Den äußersten Sonnenrand untersuchten bei totalen Finsternissen: Minnaert, M.: BAN **6** (1931) 151; Redman, R. O.: MN **103** (1943) 173.

Mitte-Rand-Variation von Bandenlinien: Pecker, J. C., u. R. Peyturaux: Ann. d'Astrophys. **11** (1948) 90; Pecker, J. C.: ebd. **12** (1949) 9.

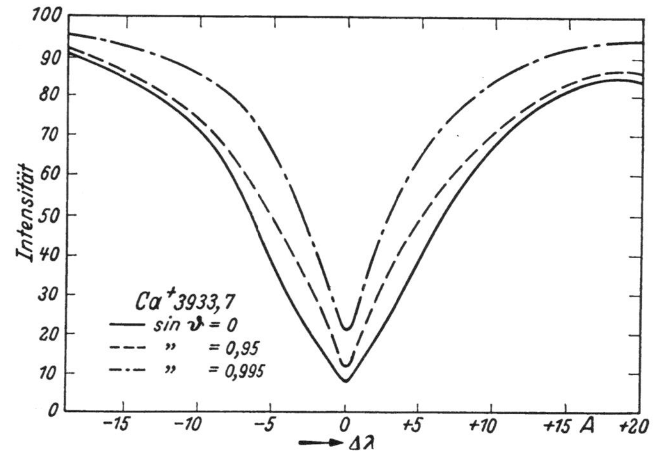

Abb. 9. Kontur der Linie Ca II 3933,7 (K) an drei Stellen der Sonnenscheibe.

314245 Theorie der Fraunhofer-Linien.

[1] Unsöld, A.: Physik der Sternatmosphären, Berlin (1938). — [2] Waldmeier, M.: Einführung in die Astrophysik, Basel (1948). — [3] Houtgast, J.: Diss. Utrecht (1942). — [4] Unsöld, A.: Ann. d. Phys. (6) **3** (1948) 124. — [5] Minnaert, M. u. a.: BAN **10** (1948) 339 u. 399; **11** (1949) 43 u. 51.

Für schwache Linien (zentrale Einsenkung $\ll 1$) kann man die Linientiefe $r(\vartheta) = \frac{I_0(\vartheta) - I(\vartheta)}{I_0(\vartheta)}$ [Intensität beim Abstand $\varrho = \sin\vartheta$ von ⊙-Mitte in der Linie $I(\vartheta)$, im Kontinuum $I_0(\vartheta)$] darstellen durch $r(\vartheta) = \int\limits_0^\infty \frac{\varkappa_\nu}{\varkappa}\, g(\tau, \vartheta)\, d\tau$.

Hierbei ist $\varkappa_\nu(\Delta\lambda)$ der Absorptionskoeffizient im Abstand $\Delta\lambda$ von der Mitte der Linie, $\varkappa$ der kontinuierliche Absorptionskoeffizient im Spektralgebiet der Linie, τ die $\varkappa$ entsprechende optische Tiefe und $g(\tau, \vartheta)$ eine nach der Tiefe rasch abnehmende Gewichtsfunktion [1, 5], die im einzelnen noch von der Temperaturschichtung $T(\tau)$ sowie von der Art des Strahlungsaustausches — z. B. wahre Absorption oder Streuung — abhängt. Schreibt man $\varkappa_\nu = \varkappa_{\nu, at.} \cdot n_{r,s}$, wo $\varkappa_{\nu, at.}$ pro angeregtes Atom gerechnet werde und $n_{r,s}$ die Konzentration der absorbierenden Atome im s-ten Quantenzustand des r-fach ionisierten Atoms bedeute, so erhält man

$$r(\vartheta) = \varkappa_{\nu, at.} \int\limits_0^\infty n_{r,s} \cdot \frac{g(\tau, \vartheta)}{\varkappa(\tau)}\, d\tau. \quad (1)$$

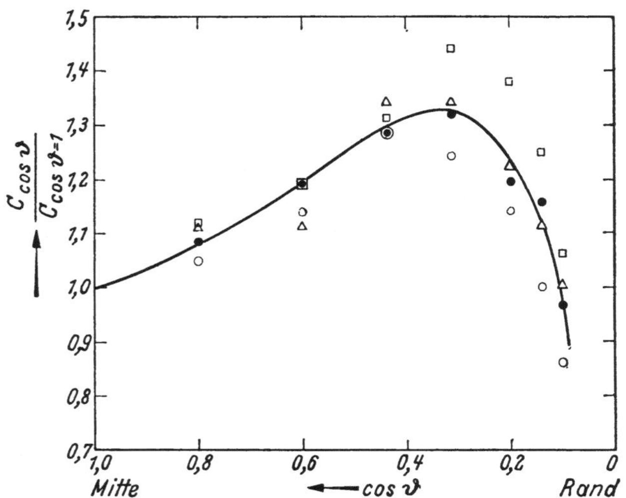

Abb. 10. Mitte-Rand-Variation der c für Fe $a^3F_4 - y^3F_3^\circ$. λλ · 4045,8; ○ 4063,6; □ 4071,8; △ 4143,9.

Das Integral kann man anschaulich auffassen als „Anzahl $N_{r,s} \cdot H$ der absorbierenden Atome über 1 cm² der Sonnenoberfläche". Gl. (1) gibt nicht nur die Intensität der Linie im Spektrum der Sonnenmitte ($\vartheta = 0$), sondern auch ihre Mitte-Rand-Variation.

Für starke Linien können die Flügel ($r \ll 1$) analog obigem Verfahren berechnet werden; im allgemeinen erfordert die Lösung der auftretenden Strahlungsgleichgewichtsprobleme größere mathematische Mittel. Vielfach kann man näherungsweise schreiben [1, 2]

$$\frac{1}{r} = \frac{1}{r_c} + \frac{1}{\varkappa_{\nu, at} \cdot NH},$$

wo wieder r die Einsenkung in der Linie, r_c ihren Maximalwert für sehr starke Linien, $\varkappa_{\nu, at.}(\Delta\lambda)$ den Linienabsorptionskoeffizienten im Abstand $\Delta\lambda$ von der Linienmitte (Mittelwert über die wirksamen Schichten der Atmosphäre) und NH wieder die „Anzahl absorbierender Atome über 1 cm²" bedeuten.

Zum Linienabsorptionskoeffizienten $\varkappa_\nu$ tragen folgende Verbreiterungsmechanismen bei: 1. Doppler-Effekt infolge der thermischen Geschwindigkeit der Atome und evtl. turbulenter Strömungen in der Sternatmosphäre. 2. Strahlungsdämpfung. 3. Druckeffekte: a) Stoßdämpfung — vorwiegend mit H-Atomen oder Elektronen (Lorentz, Lenz, Weißkopf); b) zwischenmolekularer Starkeffekt (Holtsmark). Hierzu z. B. A. Unsöld: VJS. d. AG. **78** (1943) 213.

Unsöld

Den Zusammenhang der Äquivalentbreite W_λ mit der Anzahl absorbierender Atome NH vermittelt die sog. Wachstumskurve, eines der wichtigsten Hilfsmittel der modernen Astrophysik. Hierzu [*1*], S. 268.

Die Verknüpfung der Konzentration angeregter und ionisierter Atome mit deren Gesamtzahl stellen die Formeln für thermische Ionisation und Anregung nach M. N. Saha u. L. Boltzmann her. Über die chemische Zusammensetzung der Sternatmosphären vgl. 3122. Über Temperaturen der Sterne s. 31412. Die mittleren Elektronendrucke nehmen entlang der Hauptsequenz im Hertzsprung-Russell-Diagramm von $B\,0$ bis $G\,0$ etwa von 10^3 auf 30 dyn/cm² ab. Für Übergiganten erhält man bei den frühen B-Typen $\overline{P}_e \approx 30$ bis 200 dyn/cm². Der gesamte Gasdruck P_g ist bei den fast völlig ionisierten frühen Typen $\approx 2\,P_e$, bei der Sonne schon $\sim 10^5$ dyn/cm² $= 1/10$ Atmosphäre.

314246 Rotation der Sterne.

O. Struve, Ap. J. **72** (1930) 1, entdeckte, daß in frühen Spektraltypen ($B\,0$ bis F) die Linien — abgesehen von „physikalischen" Ursachen — häufig durch Doppler-Effekt infolge Rotation der Sterne verbreitert werden. Über Mittelwerte der Rotationsgeschwindigkeit für verschiedene Spektralklassen vgl. Ch. Westgate: Ap. J. **77** (1933) 141; **78** (1933) 46 u. **79** (1934) 357, sowie A. Slettebak: Ap. J. **110** (1949) 498.

Äquatorgeschwindigkeiten von 200 km/sec sind bei B-Sternen nicht selten. Vgl. 314161.

315 Örter und Bewegungen der Sterne.

3151 Sternpositionen.

31511 Sternbilder und Sternnamen.

Die International Astronomical Union (IAU) hat 1925 die Sternbilder durch wohl definierte Linien endgültig begrenzt [Delporte, E.: Délimitation scientifique des constellations, Cambridge University Press. (1930)]. Es gibt heute insgesamt die folgenden 88 Sternbilder.

Andromeda	And	Andr	Andromeda
Antlia	Ant	Antl	Luftpumpe
Apus	Aps	Apus	Paradiesvogel
Aquarius	Aqr	Aqar	Wassermann
Aquila	Aql	Aqil	Adler
Ara	Ara	Arae	Altar
Aries	Ari	Arie	Widder
Auriga	Aur	Auri	Fuhrmann
Bootes	Boo	Boot	Bootes
Caelum	Cae	Cael	Grabstichel
Camelopardus	Cam	Caml	Giraffe
Cancer	Cnc	Canc	Krebs
Canes Venatici	CVn	CVen	Jagdhunde
Canis Major	CMa	CMaj	Großer Hund
Canis Minor	CMi	CMin	Kleiner Hund
Capricornus	Cap	Capr	Steinbock
Carina	Car	Cari	Kiel des Schiffes
Cassiopeia	Cas	Cass	Cassiopeia
Centaurus	Cen	Cent	Centaurus
Cepheus	Cep	Ceph	Cepheus
Cetus	Cet	Ceti	Walfisch
Chamaeleon	Cha	Cham.	Chamaeleon
Circinus	Cir	Circ	Zirkel
Columba	Col	Colm	Taube
Coma Berenices	Com	Coma	Haar der Berenike
Corona Austrina	CrA	CorA	Südliche Krone
Corona Borealis	CrB	CorB	Nördliche Krone
Corvus	Crv	Corv	Rabe
Crater	Crt	Crat	Becher
Crux	Cru	Cruc	Kreuz
Cygnus	Cyg	Cygn	Schwan
Delphinus	Del	Dlph	Delphin
Dorado	Dor	Dora	Schwertfisch
Draco	Dra	Drac	Drache
Equuleus	Equ	Equl	Kleines Pferd
Eridanus	Eri	Erid	Eridanus-Fluß
Fornax	For	Forn	Chemischer Ofen
Gemini	Gem.	Gemi	Zwillinge
Grus	Gru	Grus	Kranich
Hercules	Her	Herc	Herkules
Horologium	Hor	Horo	Pendeluhr
Hydra	Hya	Hyda	Nördl. Wasserschlange
Hydrus	Hyi	Hydi	Südl. Wasserschlange
Indus	Ind	Indi	Indier
Lacerta	Lac	Lacr	Eidechse
Leo	Leo	Leon	Löwe
Leo Minor	LMi	LMin	Kleiner Löwe
Lepus	Lep	Leps	Hase
Libra	Lib	Libr	Waage
Lupus	Lup	Lupi	Wolf
Lynx	Lyn	Lync	Luchs
Lyra	Lyr	Lyra	Leyer
Mensa	Men	Mens	Tafelberg
Microscopium	Mic	Micr	Mikroskop
Monoceros	Mon	Mono	Einhorn
Musca	Mus	Musc	Fliege
Norma	Nor	Norm.	Winkelmaß
Octans	Oct	Octn	Oktant
Ophiuchus	Oph	Ophi	Schlangenträger
Orion	Ori	Orio	Orion
Pavo	Pav	Pavo	Pfau
Pegasus	Peg	Pegs	Pegasus
Perseus	Per	Pers	Perseus
Phoenix	Phe	Phoe	Phönix
Pictor	Pic	Pict	Malerstaffelei
Pisces	Psc	Pisc	Fische
Piscis Austrinus	PsA	PscA	Südlicher Fisch
Puppis	Pup	Pupp	Hinterteil des Schiffes
Pyxis	Pyx	Pyxi	Schiffskompaß

Hopmann

Reticulum	Ret	Reti	Netz
Sagitta	Sge	Sgte	Pfeil
Sagittarius	Sgr	Sgtr	Schütze
Scorpius	Sco	Scor	Skorpion
Sculptor	Scl	Scul	Bildhauerwerkstatt
Scutum	Sct	Scut	Sobieskischer Schild
Serpens	Ser	Serp	Schlange
Sextans	Sex	Sext	Sextant
Taurus	Tau	Taur	Stier
Telescopium	Tel	Tele	Fernrohr
Triangulum	Tri	Tria	Dreieck
Triangulum Australe	TrA	TrAu	Südl. Dreieck
Tucana	Tuc	Tucn	Tukan
Ursa Major	UMa	UMaj	Großer Bär
Ursa Minor	UMi	UMin	Kleiner Bär
Vela	Vel	Vela	Segel des Schiffes
Virgo	Vir	Virg	Jungfrau
Volans	Vol	Voln	Fliegender Fisch
Vulpecula	Vul	Vulp	Fuchs

Die 3- bzw. 4-buchstabigen Kürzungen sind nebeneinander gebräuchlich. Nur noch bei etwa 20 Sternen sind Eigennamen üblich, z. B. Aldebaran = α Tauri, der hellste Stern im Stier. Im übrigen werden die helleren Sterne jedes Bildes mit griechischen Buchstaben bezeichnet.

31512 Sternverzeichnisse.

Sternverzeichnisse sind Zusammenstellungen, die verschiedene charakteristische Größen für Einzelobjekte angeben, wobei die Positionen nur so weit genähert angegeben werden, daß der Stern im Fernrohr leicht und sicher identifiziert werden kann.

315121 Die wichtigsten Sternverzeichnisse.

	Autor	Bezeichnung	Grenzgröße	Zahl	Areal	Literatur
1.	Schlesinger, F., u. L. F. Jenkins	Catalogue of bright Stars	$6^m_,5$	9110	—90° bis +90°	Yale Univ. Obs. 1940
2.	Lundmark, K.	Catalogue of Stars	5,0	1584	—90° „ +90°	Hdb. d. Aph. **5**/2 (1932) 1077ff.
3.	Zinner, E.	Helligkeitsverzeichnis	5,50	2373	—90° „ +90°	Veröff. Bamberg **2** (1926) Vgl. 314215c)
4.	Argelander, F. W.	Bonner Durchmusterung (BD) nördl. Teil	9,5	324189	— 2° „ +90°	Bonner Astr. Beob. **3—5** (1859 bis 1862)
5.	Schönfeld, E.	Bonner Durchmusterung (BD) südl. Teil	10	133659	—23° „ — 2°	Bonner Astr. Beob. **8** (1886) 2. Aufl. Dümmler 1949
6.	Thome, J., u. C. D. Perrine	Cordoba Durchmusterung (CD)	10	613953	—90° „ —22°	Cordoba Res. **16**, **17**, **18**, **21**, 1 + 2 (1892 bis 1932)
7.	Gill, D., u. J. C. Kapteyn	phot. Kap-Durchmusterung (CPD)	9,2	454875	—90° „ —19°	Cape Ann. **III—V** (1896—1900)
8.	Cannon, A.	Henry Draper Katalog (HD)	8,3	225300	—90° „ +90°	Harvard Ann. **91—99** (1918—1924)

Anmerkung: Zusammenstellungen früherer Sternverzeichnisse s. Anm. zu Positionskatalogen 31514

Genaue Positionskataloge siehe 31514. Kataloge von Sternhelligkeiten siehe 31421. Bezüglich Benennung und Kataloge der Doppelsterne, veränderlichen Sterne, Sternhaufen und Nebelflecken siehe 3161, 3162, 318 und 319.

315122 Verzeichnis der hellsten Sterne. Für die Sterne bis $6^m_,5$ ist gegenwärtig das wichtigste Verzeichnis das in 315121 unter 1 genannte. Einen Auszug gibt die nachstehende Tabelle der Sterne bis 2^m und einiger schwächerer.

BS	Name	Name	α 1900	pr α	δ 1900	pr δ	m sp	μα 0,″001	μδ 0,″001	π 0,001	RG km/sec	V_0 km/sec	Bemerkungen
168	α Cass	Schedir	$0^h34^m50^s$	+ $3^s,4$	+55°59′	+0″,33	var *K*0	+ 50	— 29	14	— 3,4		
188	β Ceti	Deneb kaitos	0 38 34	+ 3,0	—18 32	+0,33	2,24 *K*0	+ 230	+ 40	57	+13,1		
424	α UMin	Polaris	1 22 33	+ 39,3	+88 46	+0,31	var *F*8	+ 46	— 4	7	var	—13	vis. dpl. $2^m,0$ bis $2^m,1$
472	α Erid	Achernar	1 33 59	+ 2,2	—57 45	+0,30	0,60 *B*5	+ 92	— 34	45	+19		
617	α Arie		2 1 32	+ 3,4	+22 59	+0,28	2,23 *K*2	+ 192	— 146	44	—14,1		
911	α Ceti	Menkar	2 57 3	+ 3,1	+ 3 42	+0,23	2,82 *Ma*	— 9	— 74	13	—25,4		
1017	α Pers	Algenib	3 17 11	+ 4,3	+49 30	+0,21	1,90 *F*5	+ 25	— 24	12	— 2,5		
1457	α Taur	Aldebaran	4 30 11	+ 3,4	+16 18	+0,12	1,06 *K*5	+ 69	— 190	51	+54,4		vis. dpl.
1708	α Auri	Capella	5 9 18	+ 4,4	+45 54	+0,07	0,21 *G*0	+ 83	— 427	71	var	+30	vis. dpl. (3fach)
1713	β Orio	Rigel	5 9 44	+ 2,9	— 8 19	+0,07	0,34 *B*8*p*	+ 1	0	6	var	+24	sp. dpl.
1790	γ Orio	Bellatrix	5 19 46	+ 3,2	+ 6 16	+0,05	1,70 *B*2	— 6	— 14	14	+18		
1791	β Taur		5 19 58	+ 3,8	+28 31	+0,05	1,78 *B*8	+ 30	— 175	25	+ 8		
1829	β Leps		5 23 58	+ 2,6	—20 50	+0,05	2,96 *G*0	0	— 90	16	—13,7		vis. dpl.
1865	α Leps		5 28 19	+ 2,6	—17 54	+0,04	2,69 *F*0	+ 3	+ 5	11	+24,4		
1903	ε Orio		5 31 8	+ 3,0	— 1 16	+0,04	1,75 *B*0	0	0	7	+26		
2061	α Orio	Beteigeuze	5 49 45	+ 3,2	+ 7 23	+0,01	var *Ma*	+ 27	+ 7	11	var	+21	$0^m,1$ bis $1^m,2$
2294	β CMaj		6 18 18	+ 2,6	—17 54	—0,03	1,99 *B*1	— 4	— 1	11	var	+33	
2326	α Cari	Canopus	6 21 44	+ 1,3	—52 38	—0,03	—0,86 *F*0	+ 18	+ 17	14	+20,2		
2421	γ Gemi		6 31 56	+ 3,5	+16 29	—0,05	1,93 *A*0	+ 48	— 46	42	var		
2491	α CMaj	Sirius	6 40 45	+ 2,6	—16 35	—0,06	—1,6 *A*0	— 537	—1210	377	var		vis. dpl
2980	α Gemi	Castor	7 28 13	+ 3,8	+32 6	—0,13	2,85 *A*0	— 165	— 110		var	— 1	sp. dpl. (7 faches System)
2891	α Gemi	Castor	7 28 13	+ 3,8	+32 6	—0,13	1,99 *A*0			70	var	+ 6	sp. dpl. (7 faches System)
	yy Gemi		7 28 15	+ 3,8	+32 5	—0,13	var *M*1	— 193	— 110		var	+ 4	sp. dpl. $9^m,0$ bis $9^m,6$ (7 faches System)
2943	α CMin	Procyon	7 34 4	+ 3,1	+ 5 29	—0,14	0,48 *F*5	— 706	—1032	291	var	— 3	vis. dpl.
2990	β Gemi	Pollux	7 39 12	+ 3,7	+28 16	—0,14	1,21 *K*0	— 623	— 52	98	+ 3,6		
3207	γ Velr		8 6 27	+ 1,8	—47 3	—0,18	1,92 0*ap*	— 10	+ 4		+35		vis. dpl.
3748	α Hyda	Alphard	9 22 40	+ 2,9	— 8 14	—0,26	2,16 *K*2	— 15	+ 30	16	— 4,2		
3873	ε Leon		9 40 11	+ 3,4	+24 14	—0,28	3,12 *G*0*p*	— 44	— 18	10	+ 5,0		
3975	η Leon		10 1 53	+ 3,3	+17 15	—0,29	3,58 *A*0*p*	— 1	— 8	4	+ 2,4		
3982	α Leon	Regulus	10 3 3	+ 3,2	+12 27	—0,29	1,34 *B*8	— 248	+ 1	42	+ 3		vis. dpl. (3fach)
4301	α UMaj	Dubhe	10 57 34	+ 3,7	+62 17	—0,32	1,95 *K*0	— 119	— 70	31	var	— 9	
4540	β Virg		11 45 29	+ 3,1	+ 2 20	—0,33	3,80 *F*8	+ 742	— 277	101	+ 4,7		

Hopmann

BS	Name	Name	α 1900	pr α	δ 1900	pr δ	m sp	μα 0,″001	μδ 0,″001	π 0,001	RG km/sec	V_0 km/sec	Bemerkungen
4730	α Cruc		$12^h 21^m$ 2	$+\overset{s}{3},3$	−62° 33′	−0′,33	1,58 *B*1	− 32	− 27	15	var	−12	vis. dpl.
4731			12 21 3	+ 3,3	−62 33	−0,33	2,09 *B*1	− 36	− 22	15	var	0	
4763	γ Cruc		12 25 37	+ 3,3	−56 33	−0,33	1,61 *Mb*	+ 25	− 273		+21,3		vis. dpl.
4764			12 25 44	+ 3,3	−56 32	−0,33	6,68 *A*2	+ 5	− 13				
4786	β Corv		12 29 8	+ 3,2	−22 51	−0,33	2,84 *G*5	+ 4	− 59	27	− 7,5		
4853	β Cruc		12 41 53	+ 3,5	−59 9	−0,33	1,50 *B*1	− 41	− 26	10	var	+20	
4905	ε UMaj	Alioth	12 49 38	+ 2,6	+56 30	−0,32	1,68 *A*0*p*	+ 113	− 11	67	var	−12	sp. dpl.
5056	α Virg	Spica	13 19 55	+ 3,2	−10 38	−0,31	1,21 *B*2	− 41	− 35	17	var	+ 2	sp. dpl.
5191	η UMaj	Benetnasch	13 43 36	+ 2,4	+49 49	−0,30	1,91 *B*3	− 122	− 18	17	−11		
5267	β Cent		13 56 46	+ 4,2	−59 53	−0,29	0,85 *B*1	− 21	− 28	17	var	−12	vis. u. sp. dpl. (3fach)
5340	α Boot	Arcturus	14 11 6	+ 2,7	+19 42	−0,28	0,24 *K*0	−1098	−2003	87	− 5,1		
5459	α Cent		14 32 48	+ 4,1	−60 25	−0,26	0,33 *G*0	−3606	+ 705	756	var	−22	vis. u. sp. dpl. (3fach)
5460			14 32 48	+ 4,1	−60 25	−0,26	1,70 *K*5				var		
6056	δ Ophi		16 9 6	+ 3,1	− 3 26	−0,15	3,03 *Ma*	− 46	− 149	31	−19,3		
6134	α Scor	Antares	16 23 17	+ 3,7	−26 13	−0,13	1,22 *Ma*	− 9	− 28	14	var	− 3	vis. dpl. (3fach)
6217	α TrAu		16 38 4	+ 6,4	−68 51	−0,11	1,88 *K*2	+ 23	− 37	26	− 3,6		
6406	α Herc	Ras Algethi	17 10 5	+ 2,7	+14 30	−0,08	var *Mb*	− 10	+ 30	6	−32,0	−38	vis. dpl. $3^m,1$ bis $3^m,9$
6407			17 10 6	+ 2,7	+14 30	−0,08	5,39 *Gs*	− 7	+ 39		var		
6859	δ Sgtr		18 14 36	+ 3,8	−29 52	+0,03	2,84 *K*0	+ 38	− 32	32	−19,9		
7001	α Lyra	Vega	18 33 33	+ 2,0	+38 41	+0,05	0,14 *A*0	+ 200	+ 281	121	−13,2		
7525	γ Aqil		19 41 30	+ 2,9	+10 22	+0,15	2,80 *K*2	+ 13	− 1	18	− 1,9		
7557	α Aqil	Atair	19 45 54	+ 2,9	+ 8 36	+0,16	0,89 *A*5	+ 535	+ 383	205	−27		
7924	α Cygn	Deneb	20 38 1	+ 2,0	+44 55	+0,21	1,33 *A*2*p*	− 2	+ 2	5	var		
8232	β Aqar		21 26 18	+ 3,2	− 6 1	+0,26	3,07 *G*0	+ 16	− 6	6	+ 6,1		
8308	ε Pegs		21 39 16	+ 2,9	+ 9 25	+0,28	2,54 *K*0	+ 25	+ 2	13	+ 5,4		vis. dpl.
8728	α PscA	Fomalhaut	22 52 8	+ 3,3	−30 9	+0,32	1,29 *A*3	+ 328	− 164	145	+ 6		
8969	ι Pisc		23 34 48	+ 3,1	+ 5 5	+0,33	4,28 *E*8	+ 370	− 435	68	+ 4,8		

Die Radialgeschwindigkeiten sind auf 0,1 km/sec angegeben, soweit es sich um Standardsterne für Radialgeschwindigkeiten handelt (31532). Eigenbewegungen im System des GC (315142). Man beachte, daß von diesen 53 Objekten 19 Doppelsterne sind.

31 513 Sternkarten und Sternatlanten.

31 5131 Beim Vergleich von Sternkarten, die zu verschiedenen Äquinoktien gehören, oder zur Auffindung eines Sterns auf einer Sternkarte an Hand seiner in einem Sternverzeichnis gegebenen Koordinaten, wobei die Epoche der Karte von der Epoche des Verzeichnisses verschieden sein kann, ist es zweckmäßig, genäherte Werte der Präzession in Rektaszension und Deklination zu haben. Dazu dient das folgende von H. Straßl entworfene Nomogramm. Und zwar gibt dieses zunächst die Werte der jährlichen Präzession, aus denen sodann die Präzession für t Jahre durch nomographisches Multiplizieren mit t erhalten wird. Auf dem Blatt erscheinen alle α-Präzessionen auf horizontalen, alle δ-Präzessionen auf vertikalen Trägern.

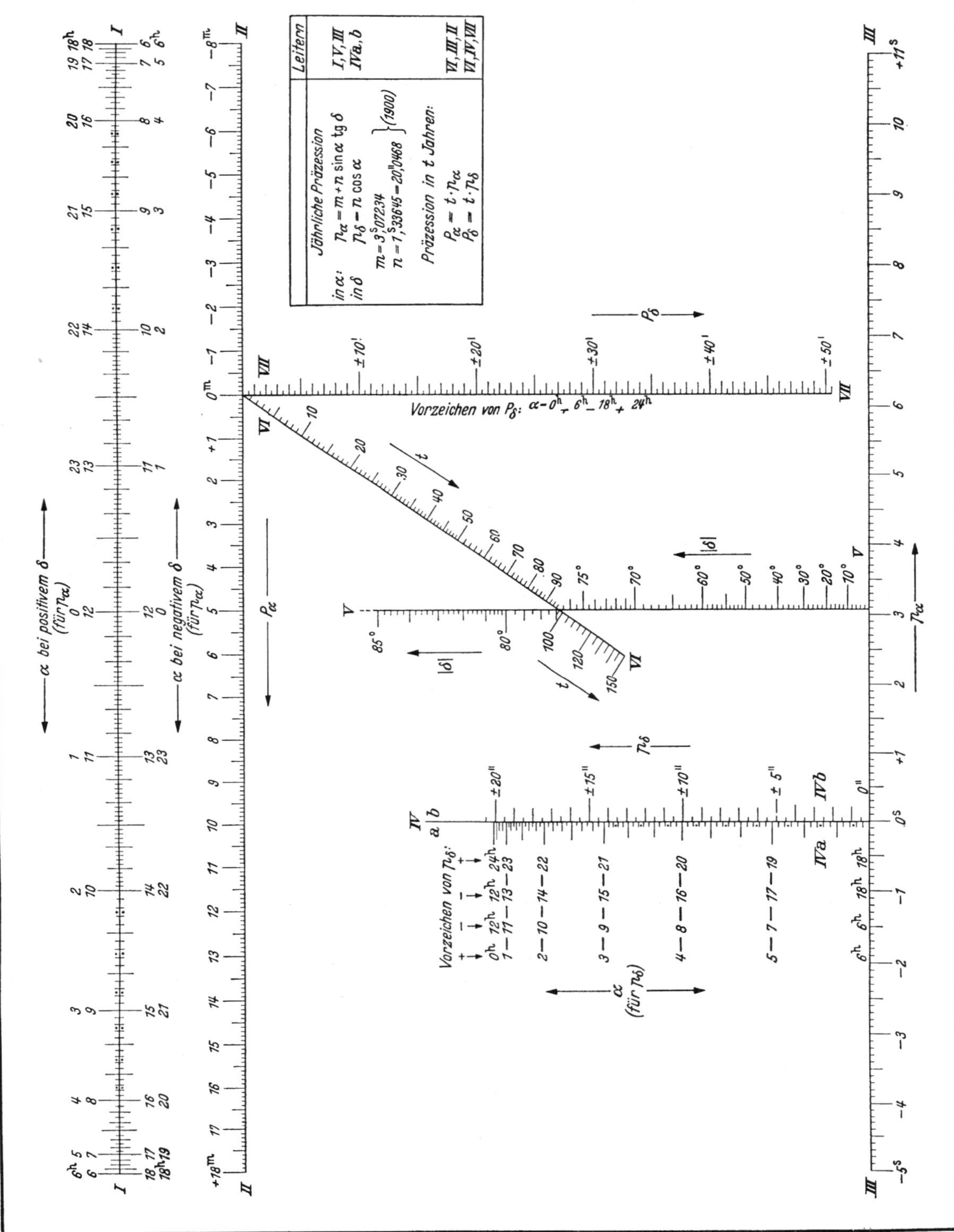

Hopmann, Straßl

Zur Ermittlung der jährlichen α-Präzession p_α legt man die Ablesegerade durch den α-Punkt auf der obersten horizontalen Leiter I (in dieser gilt die obere Bezifferung im Falle positiver, die untere im Falle negativer Deklinationen) und den Punkt für den Absolutwert von δ auf der vertikal in Blattmitte stehenden Leiter V; im Schnittpunkt mit der ganz unten horizontal liegenden Leiter III findet man den Wert p_α (Zeitsekunden). Dreht man die Ablesegerade um diesen Schnittpunkt, bis sie die im mittleren Blatteil schräg nach rechts oben verlaufende Leiter VI beim vorgegebenen t-Wert schneidet, so kann man in ihrem Schnittpunkt mit der zweitobersten horizontalen Leiter II die auf t Jahre entfallende α-Präzession P_α (Zeitminuten) ablesen.

Die jährliche δ-Präzession p_δ ergibt sich sehr einfach aus der am weitesten links stehenden vertikalen Doppelleiter IV, wo den α-Werten linker Teilung a die zugehörigen p_δ-Werte (Bogensekunden) rechter Teilung b gegenüberstehen und sich auch die nötigen Angaben über das Vorzeichen finden. Legt man die Ablesegerade durch diesen Punkt und den t-Punkt der schrägen Leiter V, so kann man in der am weitesten rechts vertikal stehenden Leiter VII die auf t Jahre entfallende Präzession P_δ (Bogenminuten) ablesen.

Beispiel: $\alpha = 14^h 22^m$, $\delta = -41°$, $t = 27$ Jahre.

Mit den Leitern I (wegen $\delta < 0$ untere Bezifferung), V und III findet man $p_\alpha = +3{,}^s75$; weiter bekommt man mit den Leitern III, VI und II $P_\alpha = +1{,}^m69$. Der Zwischenwert $p_\alpha = 3{,}^s75$ braucht nicht unbedingt numerisch abgelesen zu werden.

Mit den Leitern IVa, VI und VII findet man $P_\delta = -7'4$; der hierbei in Leiter IVb auftretende Zwischenwert $p_\delta = -16{,}''4$ braucht nicht abgelesen zu werden.

315132 Die wichtigsten Sternkarten und Sternatlanten sind in der folgenden Tabelle zusammengestellt.

	Autor	Bezeichnung	Tafeln Zahl	Maßstab	Grenzgröße	Äquinox	Areal	Jahr
1.	Schurig-Götz	Himmelsatlas	8	10° = 2,9 cm	6,3	1925	—90° bis +90°	7. Aufl. Leipzig 1942
2.	Beyer, M., u. K. Graff	Sternatlas	27	1° = 1 cm	9,3	1855	—23° „ +90°	Hamburg 1925
3.	Argelander, F. W.	Bonner Durchmusterung nördl. Teil	40	1° = 2 cm	9,5	1855	— 1° „ +90°	2. Aufl. Bonn 1899
4.	Schönfeld, E.	Bonner Durchmusterung südl. Teil	24	1° = 2 cm	10	1855	—23° „ — 1°	Bonn 1887
5.	Thome, J., u. C. D. Perrine	Cordoba Durchmusterung	28	1° = 2 cm	9,5	1875	—21° „ —90°	Cordoba 1929
6.	Observ. Johannesburg	Franklin-Adams-Karten	556	1° = 3,6 cm	14	1875	—19° „ —90°	Johannesbg 1900—1937
7.	Wolf, M., u. J. Palisa	Karten der Ekliptik	180	1° = 3,6 cm	14	1900	Ekliptikzone	Wien (1904 bis 1914)
8.	—	Photographische Himmelskarte Carte du Ciel (CdC)	—	1° = 12 cm	13 bis 13,5		s. Anm.	seit 1890
9.	Roß, F. E., u. M. R. Calvert	Atlas of the Northern Milky Way	39	1° = 1,6 cm	etwa 16	ohne	Milchstraße —44° < δ	Chicago (1934 bis 1936)
10.	Becvar, A.	Atlas Coeli Skalnate Pleso	16	1° = 0,75 cm	7,8	1950	—90° bis +90°	Cambridge USA 1949

Anmerkungen: Zusammenstellung früherer Sternkarten siehe Ristenpart, F., in Valentiner, Astronomie **3**/2 (1901) 513, Breslau.

Zu 6. Format 5° in AR × 6° in δ.

Zu 7. Format 6° in AR × 8° in δ. Ekliptikzone —12° s. AN **198** (1914) 311.

Zu 8. Übersicht der bisher erschienenen Karten und Kataloge s. Lundmark, K.: Hdb. d. Aph. **5** (1932) 303 und Trans. IAU **3** (1928) 133 u. 246; **4** (1932) 121 u. 245; **5** (1935) 140 u. 328; **6** (1938) 167 u. 340.

31514 Positionskataloge.

Positionskataloge sind Zusammenstellungen von Gestirnskoordinaten, die mit der jeweils höchstmöglichen Genauigkeit abgeleitet werden.

315141 Quellennachweis für wichtige Positionskataloge. Die Kataloge vor 1840 haben heute nur noch historisches Interesse. Dagegen sind für die Zeit danach alle Beobachtungen zur Ableitung der Eigenbewegung unentbehrlich. Die folgende Übersicht enthält Hinweise über vorhandene Sternkataloge.

	Katalog	Anzahl der Sterne	Himmels-areal	Epoche	Bemerkungen und Literatur
1a*.	Geschichte des Fixsternhimmels GFH I	170000	0° bis +90°	—	Nachweis aller früher beobachteten Sternörter des 18. und 19. Jahrhunderts aus 350 Katalogen Bd. 1 bis 24 (1922—1936), herausgegeben v. d. Preuß. Akad. d. Wiss.
1b.	GFH II	—	—90° „ 0°	—	Bd. 1—9 (1937—1948), noch nicht abgeschlossen, 300 Kataloge
2*.	Index der Sternörter 1900 bis 1925	185000 180000	0° „ +90° —90° „ 0°	—	Schorr, R., u. W. Kruse, Bergedorf (1928). Aus 281 Katalogen.
3.	AGK 1 = Zonenkatalog der Astr. Gesellschaft	189000	—23° „ +90°	1880	Verteilung der Zonen auf die einzelnen Sternwarten, siehe Valentiner **3**/2, 500 u. 511, und Hdb. Aph. **5**/1 (1932) 271
	Forts. Südhimmel	44000 31000	—37° „ —22° —82° „ —46°	1920 ± 1930 ±	Cordoba Res. **22**—**24** (1913—1925) Publ. La Plata **5**, **7**—**10**, **13** (1919 bis 1947) wird fortgesetzt
4a.	AGK 2A Anhaltsterne für AGK 2	13747	— 5° „ +90°	1930	Veröff. Kopernikusinst. Nr. 55 (1943)
4b*.	AGK 2 = Wiederholung des AGK 1	60000 120000 { 11322	—25° „ +22°,5 +20° „ +70° +70° „ +90° +70° „ +90°	1930	Bonn, Sternörter fertig Bergedorf, Druckmanuskript fertig Publ. Pulkowo, Vol. 60 (1947) (Beljarosk, S. J.)
4c.	Wiederholung der AG-Zone Lund	11800	+35° „ +40°	1925	Lund Ann. **1** (1926), W. Gyllenberg
5.	Positions and Proper Motions Wiederholung der AG-Zonen	72000 37120 16086	—27° „ + 1° +10° „ +30° +50° „ +60°	1925 bis 1940	Schlesinger, F., u. J. Barney u. Mitarbeiter: Trans. Yale **4**, **5**, **8**—**14**, **16**—**19** (1924—1948)
6*.	Photographische Himmelskarte = Carte du Ciel = Astrographic Catalogue				Zusammenstellung der beendeten Zonen s. Lundmark, K.: Hdb. d. Aph. **5**/1, 303 und Trans. IAU **6** (1938) 176
7.	Generalkatalog der Eros-Anhaltsterne 1. Ordn.	908	Areal der Erosopposition 1930/31	1930	Kopff, A., H. Nowacki u. F. Gondolatsch: AN **241** (1931) 345 und AN **244** (1932) 385
8.	Küstner 1900	10663	0° bis +51°	1900	Küstner, F.: Veröff. Bonn Nr. 10 (1908). Wichtigster Katalog schwacher Sterne, große Genauigkeit, frühe Epoche
9.	Generalkatalog schwacher Sterne	3332	— 5° „ +90°	—	Vorschlag von J. Larink zur Beobachtung eines neuen Kataloges schwacher Anhaltsterne für Astrographenaufnahmen. Bergedorf (1946) und AN **273** (1942) 21 = Mitt. Hamburg **8**, 53 = Nr. 50

* Zu 1. Knobel, E. B.: The Chronologie of Star Catalogues, Mem. RAS **43** (1875) 1. — Ristenpart, F.: Verzeichnis der wichtigsten Sternkataloge bis 1900 in Valentiner, Astronomie **3**/2 (1901) 455 Breslau. — Ristenpart, F.: Fehlerverzeichnis für die Sternkataloge des 18. u. 19. Jahrh., Astr. Abh. Erg. H. d. AN Heft 16 (Kiel) (1909).

Zu 2. Kopff, A.: Abgekürzte Bezeichnungen für Sternkataloge seit 1900, AN **248** (1933) 333. — Siehe auch Lundmark, K., im Hdb. d. Aph. **5**/1, 210ff. (1932).

Zu 4. Kohlschütter, A.: Astrometrie, in Fiat-Review **20**, Astronomie, Astrophysik und Kosmogonie (1948). — Heckmann, O.: Forsch. Fortschr. **25** (1949) 232.

Zu 6. Hilfstafeln zur Ermittlung der Standardkoordinaten der Sterne aus den Veröffentlichungen der photographischen Himmelskarte, Hilfstafeln Bergedorf *G* (1924). Übersicht der bisher erschienenen Kataloge s. o. Anm. zu Sternkarten (zu 8).

315142 Fundamentalkataloge.

Zur Einführung: Kopff, A.: Probleme der fundamentalen Positionsastronomie, Erg. d. exakt. Naturw. **8**, 1 Berlin 1929.

Kopff, A.: Star Catalogues, expecially those of Fundamental Character, G. Darwin Lecture, MN **96** (1936) 714.

Kohlschütter, A.: Astrometrie in Fiat-Review **20**, Astronomie, Astrophysik und Kosmogonie 1948.

Ein Fundamentalkatalog ist die zusammenfassende Bearbeitung zahlreicher Einzelkataloge, unter denen sich möglichst viele absolute Ortsbestimmungen befinden sollen. Wichtig ist ferner, daß die absoluten Beobachtungen möglichst über viele Jahrzehnte hinweg am gleichen Instrument gleichartig durchgeführt wurden. Ein Fundamentalkatalog enthält die Koordinaten der Fundamentalsterne für ein bestimmtes Äquinox und eine bestimmte Epoche sowie deren Eigenbewegungen. Diese beziehen sich auf eine bestimmte Präzessionskonstante. Durch die Unsicherheit der Eigenbewegungen müssen auch die besten Fundamentalkataloge in Abständen von etwa 25 Jahren überprüft werden. Als bester seit 1944 international angenommener Fundamentalkatalog gilt der von A. Kopff und Mitarbeitern (FK 3). Er bildet die Grundlage der Sternörter aller Jahrbücher [Trans. IAU **5** (1935) 281]. Als Beispiel sei der Stern Nr. 120 aus dem FK 3 wiedergegeben.

Nr.	Name	Gr.	Sp.	Epoche	α	$\frac{d\alpha}{dT}$	$\frac{d^2\alpha}{dT^2}$	μ_α	$\frac{d\mu_\alpha}{dT}$
120	α Pers	1,90	F 5	1925	$3^h 18^m 57^s,458$	$+427^s,380$	$+4^s,809$	$+0^s,297$	$0^s,000$
				1950	3 20 44 ,453	+ 428 ,581	+ 4 ,799	+ 0 ,297	— 0 ,001

Nr.	Name	Gr.	Sp.	Epoche	δ	$\frac{d\delta}{dT}$	$\frac{d^2\delta}{dT^2}$	μ_δ	$\frac{d\mu_\delta}{dT}$	$Ep(\alpha)$ $Ep(\delta)$	$\mu(\alpha)$ $\mu(\delta)$	m(μ_α) m(μ_δ)
120	α Pers	1,90	F5	1925	$+49°35'44'',21$	$+1293'',24$	$-48'',12$	$-2'',18$	— 0,03	1894,5	2,4	9
				1950	+49 41 6, 01	+ 1281 ,15	— 48, 56	— 2, 19	— 0,03	1886,5	2,3	8

Die Spalten enthalten nacheinander Nummer, Name, Größe, Spektrum sowie für zwei verschiedene Epochen zunächst die Rektaszension, wobei also der Gestirnsort wegen Präzession und Eigenbewegung auf einen genau fixierten Zeitpunkt umgerechnet wurde. Es folgen für beide Epochen die ersten und zweiten Differentialquotienten, gültig für 100 Jahre, sodann die 100jährige Eigenbewegung und ihre Änderung in 100 Jahren. Die anschließenden 5 Spalten geben das gleiche für die Deklination. Bezüglich der Definitionen siehe 3113. Die drittletzte Spalte gibt für beide Koordinaten den Mittelwert der zur Ableitung der voranstehenden Daten herangezogenen Beobachtungszeiten, die vorletzte Spalte den mittleren Fehler der abgeleiteten Position in Einheiten von $0^s,001$ bzw. $0'',01$; die letzte Spalte schließlich den mittleren Fehler der 100jährigen Eigenbewegung in denselben Einheiten.

Die folgende Zusammenstellung gibt eine Übersicht über Fundamentalkataloge, die heute noch eine Bedeutung besitzen.

	Katalog	Anzahl	Epoche	Grenzgröße	Autor	Literatur
1a.	FK 3 I . . . . Auwers Sterne	905 (873)[1] + 20 Polsterne	1925,0 1950,0	6^m	A. Kopff Astr. Recheninst.	Dritter Fundamentalkat. d. Berl. Astr. Jahrb. Veröff. Kopernikusinst. Nr. 54 (1937)
1b.	FK 3 II . . . Zusatzsterne	633 (662)[1] + 32 Polsterne	1925,0 1950	6^m		Abh. Preuß. Akad. Wiss., Phys.-math. Kl. Nr. 3 (1938)
2.	GC I—V . . . General Catalogue	33342	1950,0	alle Sterne < 7m und schwächere	Boss, B. Dudley Obs. Albany, N. Y.	Published by Carnegie Institution Washington (1937) Carnegie Inst. Washington Publ. Nr. 468 Vol. I—V

[1] Die Zahlen in ( ) geben die endgültig in Jahrbücher übernommenen Sterne: Trans. IAU **4** (1932) 20 u. 222; **5** (1935) 29, 287, 370; **6** (1938) 357.

Anmerkungen:

1. Vergleich von FK 3 und GC untereinander und mit anderen Katalogen siehe in Anhang bzw. Einleitung dieser Kataloge; außerdem Kopff, A.: Tafeln zur Reduktion des Systems des GC auf das System FK 3, Abh. Preuß. Akad. Wiss. 1939, Math.-Naturw. Kl. **18** (1940), Mitt. Kopernikusinst. **5**, Nr. 5. — Kopff, A.: Vergleich des FK 3 mit den GC von B. Boss, AN **269** (1930) 160 = Mitt. Kopernikusinst. **5**, Nr. 4. — Oort, J. H.: Some Remarks on the fundamental systems of the GC and FK 3, BAN **9** (1943) 417. — Blaauw, A.: On the systematic errors in the proper motions of the GC and on the preference to be given either to this catalogue or the FK 3, BAN **10** (1944) 19. — Blaauw,

A., u. J. Delhaye: A table of systematic corrections to the proper motions of the GC, BAN **10** (1949) 473. — Kopff, A.: A comparison of the systems of the GC and the FK 3, MN **109** (1949) 580. — Brouwer, D.: On the determination of systematic corrections to star positions from observations of minor planets, A. J. **44** (1935) 57.

2. Früher waren folgende Fundamentalkataloge in Benutzung: Auwers, A.: Fundamentalkatalog für die Zonenbeobachtungen, Publ. Astr. Ges. **14** (1879); **17** (1883). — Neuer Fundamentalkatalog des Berl. Astr. Jahrb. (NFK) (925 Sterne), Veröff. Astr. Recheninst. Nr. 33 (193). — Fundamentalkatalog von W. S. Eichelberger (1504 Sterne), Astr.Papers Washington **10**, 1 (1925). — Boss, L.: Preliminary General Catalogue (PGC), 6188 Stars for the epoch 1900, Washington (1910). — Nowacki, H.: Vgl. des FK 3 mit vorstehenden, AN **255** (1935) 301.

315143 Relative Ortsbestimmungen von Gestirnen (auch von Planeten, Kometen) durch Anschluß an benachbarte Sterne bekannter Position erfolgen entweder visuell [Becker, E.: „Mikrometer" in Valentiner, Handwörterbuch d. Astr. **3** (1899)] oder photographisch [König, A.: Hdb. d. Aph. **1** (1933) 502; ders.: AN **277** (1949) 264; ferner „Richtlinien für die Wiederholung des Zonenunternehmens der Astr. Gesellschaft", VJS. d. AG. **62** (1927) 242]. Bei der photographischen Ortsbestimmung eines einzelnen Objektes etwa zum Zweck der Ableitung von relativer Eigenbewegung oder Parallaxe bedient man sich mit Vorteil der Methode der Dependenzen [Schlesinger, F.: A. J. **33** (1911) 163, Seeliger-Festschrift S. 422, Springer Berlin 1924, und zahlreiche neuere Arbeiten von Schlesinger, van de Kamp u. a. in A. J.].

3152 Eigenbewegungen.

31521 Definition.

Eigenbewegung, Abkürzung EB oder μ (engl. proper motion, frz. mouvement propre, ital. movimento proprio) ist die scheinbare transversale (Winkel-) Geschwindigkeit der Fixsterne an der Himmelskugel, gemessen etwa in Bogensekunden in einem Jahr [$''/a$] (EB) oder in hundert Jahren (100 EB).

Bei stellarstatistischen Untersuchungen wird die reduzierte EB gebraucht (μ'), definiert als diejenige EB, die der Stern bei Versetzung in eine Standardentfernung scheinbar haben würde. Bei Benutzung von Sternen gleicher absoluter Helligkeit (s. 31429 und 31542) erfolgt die Reduktion von der scheinbaren Größe m auf die Standardgröße m_0 durch $\mu' = q\,\mu$, wo $\log q = \frac{1}{5}(m - m_0)$.

31522 Größe und Richtung der EB.

Darstellung des Vektors der EB durch den Betrag μ [$''/a$] und den Positionswinkel P, gemessen von Nord über Ost von 0° bis 360°. Für die Umrechnung von μ in Tangentialgeschwindigkeit unter Benutzung der in Bogensekunden gemessenen Parallaxe p'' hat man $v_t\,[\text{km/sec}] = 4{,}74\,\frac{\mu\,[''/a]}{p''}$.

31523 Komponentendarstellung der EB.

315231 Äquatorial-Koordinaten. EB in Rektaszension μ_α in Zeitsekunden pro Jahr oder nach Multiplikation mit $15\cdot\cos\delta$ (δ = Deklination) in Bogen größten Kreises in Bogensekunden pro Jahr, und EB in Deklination μ_δ in Bogensekunden pro Jahr. Zusammenhang mit 31522:

$$\mu''_\alpha = \mu\sin P \qquad \mu''_\delta = \mu\cos P \qquad \mu^s_\alpha = \frac{1}{15}\sec\delta\cdot\mu\sin P.$$

Beim Übergang im festen Koordinatensystem von der Ausgangsepoche t_0 auf die Epoche $t_0 + t$ (in Jahren) sind an μ''_α bzw. μ''_δ die Korrektionen

$$\Delta\mu''_\alpha = 2\,\mu''_\alpha\,\mu''_\delta\sin 1''\operatorname{tg}\delta\cdot t \qquad \Delta\mu''_\delta = -\mu''^2_\alpha\sin 1''\sin\delta\cos\delta\cdot t$$

anzubringen [Smart, W. M.: Textbook on Spherical Astronomy (1947) p. 256]. Beim Übergang auf ein anderes Koordinatensystem durch Präzession (s. 31135) vom Äquinoktium t_0 auf das Äquinoktium $t_0 + T$ (T in Jahrhunderten) bleibt μ konstant; P wird ersetzt durch $P + S$, wobei sich S für einen Stern mit der Rektaszension α_{t_0} und der Deklination δ_{t_0} folgendermaßen berechnen läßt [nach S. Newcomb: A Compendium of Spherical Astronomy, New York (1906); s. a. Nautical Almanac 1937, London (1936) 846f.] für $t_0 = 1950{,}0$:

$$\sin S = \sin\vartheta\sin a\sec\delta_{t_0}$$

$$a = \alpha_{t_0} + \zeta_0;\ \zeta_0 = 2304''{,}95\,T + 0''{,}30\,T^2 + 0''{,}017\,T^3;\ \vartheta = 2004''{,}26\,T - 0''{,}43\,T^2 - 0''{,}041\,T^3$$

315232 Galaktische Koordinaten (s. 31731). EB in Länge μ_l, in Breite μ_b. Die Komponenten sind aus μ und P zu berechnen unter Benutzung des Positionswinkels P_0 der Richtung zum Pol der Milchstraße mit der Rektaszension α_0 und der Deklination δ_0; α_* und δ_* seien die entsprechenden Koordinaten des Sterns. Es ist $\mu_l = \mu\sin(P - P_0)$ und $\mu_b = \mu\cos(P - P_0)$,

wobei
$$\operatorname{tg} P_0 = \frac{\cos\delta_0\sin(\alpha_0 - \alpha_*)}{\sin\delta_0\cos\delta_* - \cos\delta_0\sin\delta_*\cos(\alpha_0 - \alpha_*)}$$

und die Vorzeichen von $\sin P_0$ bzw. $\cos P_0$ den Vorzeichen von Zähler und Nenner gleich sind. Siehe auch W. M. Smart: Stellar Dynamics, Cambridge (1938) p. 14.

315233 υ- und τ-Komponente. Die v-Komponente ist die Komponente der EB in Richtung der parallaktischen Bewegung als Spiegelbild der Sonnenbewegung relativ zur Gesamtheit der umgebenden Sterne, d. h. die Komponente in Richtung des größten Kreises vom Zielpunkt der Sonnenbewegung (Apex, bei etwa 18^h Rektaszension und $+30°$ Deklination im Herkules, s. 31741) durch den Stern. Die τ-Komponente ist senkrecht zur v-Komponente gerichtet; sie rührt allein von der Pekuliarbewegung des Sterns her.

31524 Ableitung von Eigenbewegungen.

315241 Absolute EB durch Vergleich von zwei oder mehr Ortskatalogen nach Übergang auf gleiches sphärisches Koordinatensystem (d. h. nach Übertragung auf gemeinsames Äquinoktium). Zum Beispiel Epochen 1880 und 1930:

$$\mu_\alpha = \frac{\alpha_{1930} - \alpha_{1880}}{1930 - 1880}, \qquad \mu_\delta = \frac{\delta_{1930} - \delta_{1880}}{1930 - 1880}.$$

Systematische Fehler: Verschiedene Fundamentalsysteme, verschiedene Präzessionskonstante für die verschiedenen Kataloge, Fehler in Abhängigkeit von der scheinbaren Größe der Sterne (Helligkeitsgleichung, besonders bei älteren Katalogen).

Zufällige Fehler: Mittl. Fehler im allgemeinen zwischen $\pm 0'',010$ und $\pm 0'',005$ für die jährliche EB.

315242 Relative EB. Vergleich von photographischen Platten der gleichen Sterngegend, vor allem in der Form differentieller Messungen von mit demselben Objektiv aufgenommenen Platten ergibt bei genügend großer Epochendifferenz (im allgemeinen über 10 Jahre) zunächst nur Differenzen von Eigenbewegungen oder relative EB. Durch Anschluß an Sterne mit bekannter EB, besonders auch durch Anschluß an eine Anzahl schwächerer Sterne, für die man einen mittleren Wert der EB ansetzen kann (s. 31545, säkulare Parallaxen), erfolgt Umwandlung in absolute EB. Systematische Fehler: Unsicherheit der Anschlußsterne, Helligkeitsgleichung, hervorgerufen durch verschiedenes Aussehen der mit großem zeitlichen Abstand aufgenommenen Sternbilder, Unsicherheit in den Fundamentalkonstanten (insbesondere der Präzession, siehe den folgenden Abschnitt).

Die zufälligen Fehler der relativen EB sind kleiner als bei absoluter EB, in besonders günstigen Fällen (Plejaden) bis auf $0'',0008$ herabgedrückt.

31525 Systematische Anteile

in den beobachteten Eigenbewegungen. Die beobachteten EB lassen sich darstellen in der Form:

$$\mu_\alpha = aX - bY \qquad + c\Delta k + d\Delta n + fP + hQ$$
$$\mu_\delta = eX + dY - cZ \qquad + b\Delta n + gP + jQ$$

Dabei sind X, Y, Z die scheinbaren, durch die Bewegung der Sonne relativ zu ihrer Umgebung verursachten EB-Komponenten, in die der Absolutwert der Sonnengeschwindigkeit und die Koordinaten des Apex sowie die Entfernung des Sterns eingehen; Δk und Δn rühren her von Korrektionen für die Lage des Äquinoktiums als Anfangspunkt der Rektaszensionszählung und von Korrektionen an die Präzessionskonstanten; P, Q sind die Konstanten der galaktischen Rotation, d. h. der Rotation der Sonnenumgebung um das Zentrum des Milchstraßensystems (s. 31743). In die Koeffizienten gehen die Sternkoordinaten, die Koordinaten des Milchstraßenpols und die Koordinate der Richtung zum Milchstraßenzentrum ein. Die Form der Koeffizienten ist mitgeteilt z. B. bei E. T. R. Williams und A. N. Vyssotsky: A. J. **53** (1948) 63. Die Koeffizienten sind tabuliert in: Publ. McCormick **10**, App. F.

31526 Eigenbewegungen einiger heller Sterne

nach dem Dritten Fundamentalkatalog des Berliner Astronomischen Jahrbuchs (FK 3).

Name	Visuelle Größe	Jährliche EB 1950 μ_α	μ_δ	Name	Visuelle Größe	Jährliche EB 1950 μ_α	μ_δ
Sirius . . .	$-1^m,6$	$-0^s,03738$	$-1'',2104$	Aldebaran .	$1^m,1$	$+0^s,00466$	$-0'',1880$
Wega . . .	$+0,1$	$+0,01697$	$+0,2829$	Regulus . .	1,3	$-0,01692$	$+0,0026$
Capella . .	0,2	$+0,00809$	$-0,4226$	Algenib . .	1,9	$+0,00297$	$-0,0219$
Arktur . .	0,2	$-0,07746$	$-1,9980$	Polaris . .	2,1	$+0,17781$	$-0,0052$

Vgl. auch 315122.

31527 Einige besonders große Eigenbewegungen

nach G. P. Kuiper: The Nearest Stars, Ap. J. **95** (1942) 201.

Bezeichnung	Visuelle Größe	μ [$''/a$]	Trig. P.	Sp.	Abs. Gr.
$+4°$ 3561 (Barnards Pfeilstern)	$9^m,5$	$10'',25$	$0'',543$	$M5$	13,1
$-45°$ 1841 (Kapteyns Stern)	8,8	8,72	,261	$M0$	10,9
$+38°$ 2285	6,4	7,04	,108	$G6$	6,6
$-36°$ 15693	7,2	6,90	,278	$M0$	9,4
$-37°$ 15492	8,6	6,11	,222	$M3$	10,3
Ross 619	12,5	5,40	,154	$M6$	13,4
61 Cygni A/B	5,3/6,0	5,20	,296	$K3/K5$	7,7/8,4

Dieckvoss

Jährliche EB	Anzahl der Sterne
0″,00 bis 0,01	26978
0,01 ,, 0,02	3200
0,02 ,, 0,04	1471
0,04 ,, 0,08	447
über 0″,08	136
	Zus.: 32232

31528 Häufigkeitsverteilung der Eigenbewegungen.

Durchschnittliche Häufigkeitsverteilung der EB der Sterne des „General Catalogue“ von B. Boss nach R. E. Wilson u. H. Raymond [A. J. **47** (1938) 51] siehe nebenstehende Tabelle.

31529 Eigenbewegungskataloge.

315291 Fundamentalkataloge (s. 315142).

Dritter Fundamentalkatalog des Berliner Astronomischen Jahrbuchs, Berlin 1934 (Anhang zum Berliner Astronomischen Jahrbuch 1936) („FK 3“). — Eichelberger: Positions and Proper Motions of 1504 Standard Stars, Astr. Papers Washington (1925). — Boss, B.: General Catalogue of 33342 Stars for the Epoch 1950, Washington (1936/37) („GC“).

315292 Einige größere Sammlungen von EB.

Schorr, R.: Eigenbewegungslexikon, 2. Aufl., Bergedorf (1936): Sammlung von EB aus der Gesamtliteratur, für jeden Stern ein ausgesuchter Wert.

Schlesinger, F., u. Mitarbeiter: Durch Vergleich neuer photographischer Örter mit den Örtern des AGK 1 (s. 315141) sind für die in nebenstehender Tabelle zusammengestellten Zonen EB abgeleitet (Grenzgröße $9^m,0$).

Die EB der Yale-Kataloge bilden kein homogenes System, weil die systematischen Fehler der verschiedenen AGK1-Kataloge ganz verschieden sind und weil verschiedene Systeme von Anhalt-Sternen verwendet worden sind. Zur Ableitung zuverlässiger EB wäre für jede Zone eine genaue Untersuchung der systematischen Fehler des AGK1 erforderlich.

Trans. Yale	Jahr	Zone	Sternanzahl	AGK 1
Vol. 13 II	1943	— 27° bis — 30°	9455	Cordoba B
14	1943	— 22 ,, — 27	15110	Cordoba A
13 I	1943	— 20 ,, — 22	4292	Algier
12 II	1940	— 18 ,, — 20	4553	Algier
12 I	1940	— 14 ,, — 18	8563	Washington
11	1939	— 10 ,, — 14	8101	Harvard
16	1945	— 6 ,, — 10	8248	Wien
17	1945	— 2 ,, — 6	8108	Straßburg
5	1926	— 2 ,, + 1	5833	Nikolajew
21	1950	— 2 ,, + 1	5583	,,
20	1949	+ 1 ,, + 5	7996	Albany
19	1948	+ 10 ,, + 15	8967	Leipzig I
18	1947	+ 15 ,, + 20	9092	Berlin A
10	1934	+ 20 ,, + 25	8703	Berlin B
9	1933	+ 25 ,, + 30	10358	Cambridge
4	1925	+ 50 ,, + 55	8359	Harvard
7	1930	+ 55 ,, + 60	7727	Helsingfors

Photographisch gewonnene EB: The Radcliffe Catalogue of Proper Motions in the Selected Areas 1 to 115, Oxford (1934). Die EB in diesen Eichfeldern (Nordhimmel) dienen statistischen Zwecken. — Proper Motions of 20843 Stars, Zones —40° to —52°, Royal Obs. Cape of Good Hope, London (1936).

McCormick Proper Motion Catalogues, Publ. McCormick **7** (1937); **10** (1948). Die beiden Kataloge enthalten EB von 29000 Sternen zwischen dem Nordpol und —30° Deklination.

315293 EB spezieller Sterngruppen.

In Mt. Wilson Contr.:

R. E. Wilson:

Überriesen: Nr. 643 = Ap. J. **93** (1941) 212.

Zwergsterne: Nr. 726 = Ap. J. **105** (1947) 96.

RR Lyrae-Sterne: Nr. 604 = Ap. J. **89** (1939) 218.

N-Sterne: Nr. 615 = Ap. J. **90** (1939) 352.

R-Sterne: Nr. 618 = Ap. J. **90** (1939) 486.

δ Cephei-Sterne: Nr. 604 = Ap. J. **89** (1939) 218.

Unregelmäßige Veränderliche: Nr. 669 = Ap. J. **96** (1942) 371.

R. E. Wilson und P. W. Merrill:

Langperiodische Veränderliche: Nr. 658 = Ap. J. **95** (1942) 248.

Helle *B*-Sterne:

W. M. Markowitz, A. J. **53**, (1948) 217.

Offene Sternhaufen:

Nachweis bei W. Becker: Sterne und Sternsysteme, 2. Aufl. Leipzig (1950) 160.

Planetarische Nebel:

B. Vorontsov-Velyaminov: RAJ **11** (1934) 56.

Visuelle Doppelsterne:

A. Wilkens: Abh. Bayer. Akad. Wiss. (1936) Heft 34, 35.

Schnelläufer:

G. R. Miczaika: AN **270** (1940) 264.

Große EB:

M. Wolf: Publ. Heidelberg **7** (1919) 195.

F. E. Ross: A. J. **36**, **37**, **38**, **39**, **40**, **41**, **46**, **48**.

Am Südhimmel:

W. J. Luyten: Bruce Proper Motion Survey, Publ. Minnesota. Beginnt mit Publ. Minnesota **2**, Nr. 5 (1938).

Dieckvoss

3153 Radialgeschwindigkeiten.

31531 Erläuterungen.

315311 Definition.

Die Radialgeschwindigkeit (RG) ist die in der Gesichtslinie gemessene Komponente der räumlichen Bewegung eines kosmischen Objektes (Sternes, Sternhaufens, Nebels oder auch von einer Sternhülle, von Gaspartikeln usw.). Sie wird mit Hilfe von Spektrographen aus der Dopplerverschiebung der Spektrallinien gewonnen und in km/sec gemessen. Die Radialgeschwindigkeiten werden auf die Sonne bezogen. Die Reduktion der Meßwerte auf die Sonne erfolgt durch den Beobachter, indem Erddrehung und Erdbahnbewegung aus den Messungen eliminiert werden. Die Radialgeschwindigkeit wird positiv gerechnet, wenn sich das Objekt von der Sonne entfernt, und negativ, wenn es sich ihr nähert.

315312 Genauigkeit.

a) Zufällige Fehler. Die innere Genauigkeit hängt ab von der Dispersion des benutzten Spektrographen und der Schärfe der gemessenen Spektrallinien. Bei einer Dispersion von 50—100 ÅE bei H_γ ist der mittlere Fehler einer Messung durchschnittlich $\pm$ 4 km/sec, bei einer Dispersion von 3 ÅE bei H_γ mit Coudé-Spektrographen auf dem Mt. Wilson ist der mittlere Fehler $\pm$ 0,1 km/sec. Wegen Häufung der Messungen sind die mittleren Fehler der meisten veröffentlichten Radialgeschwindigkeiten der Fixsterne kleiner als $\pm$ 3 km/sec. Bei der gelegentlichen Anwendung des Objektivprismas zur Bestimmung von Radialgeschwindigkeiten sind die mittleren Fehler größer. Durch die Verwendung des Objektivprismas können gleichzeitig von mehreren Sternen auf einer photographischen Platte Radialgeschwindigkeiten bestimmt werden. Die Genauigkeit hängt ab von dem benutzten Beobachtungsinstrument, dem Prisma und der Art der Kalibrierung der Spektren. Vgl. 31536,1.

b) Systematische Fehler. Radialgeschwindigkeiten, gemessen an verschiedenen Observatorien, weisen systematische Unterschiede auf, die vom Spektraltyp der Sterne abhängen. J. H. Moore (31534, 1) hat bei der Herstellung des „General Catalogue of the Radial Velocities of Stars, Nebulae, and Clusters" die systematischen Unterschiede verschiedener Observatorien gegen die RG-Bestimmungen des Lick-Observatoriums festgestellt und alle RG des Generalkatalogs im System des Lick-Observatoriums angegeben. Die systematischen Korrektionen der folgenden Observatorien gegen das System der Lick-Sternwarte betragen in km/sec:

Sternwarte	Spektralklassen					
	B	A	F	G	K	M
Victoria	+ 0,1	+ 0,1	+ 1,0	+ 1,0	+ 0,3	+ 1,0
Mt. Wilson	+ 0,2	0,0	0,0	+ 0,3	— 0,5	— 0,8
Cape	—	—	+ 0,5	+ 0,9	— 0,2	0,0
Yerkes	— 0,3	— 1,0	0,0	— 0,5	— 0,5	— 0,5
Michigan	— 0,5	0,0	+ 1,8	+ 1,8	+ 1,8	+ 1,8

31532 Fundamentalsterne für Radialgeschwindigkeitsmessungen.

Um systematische Abweichungen zwischen den Messungen verschiedener Observatorien zu vermeiden, hat die Internationale Astronomische Union die folgenden drei Listen von Standard-Radialgeschwindigkeiten herausgegeben:

315321 Scheinbar helle Sterne [Trans. IAU **3** (1928) 171].

Stern		1900,0		m	Spektrum	RG km/sec
		α	δ			
α	Cassiopeia	$0^h\ 34{,}^m8$	+ 55° 59′	2,47	*K*o	— 3,4
β	Ceti	0 38,6	— 18 32	2,24	*K*o	+ 13,1
α	Arietis	2 1,5	+ 22 59	2,23	*K*2	— 14,1
α	Ceti	2 57,1	+ 3 42	2,82	*M*a	— 25,4
α	Persei	3 17,2	+ 49 30	1,90	*F*5	— 2,5
α	Tauri	4 30,3	+ 16 18	1,06	*K*5	+ 54,4
β	Leporis	5 24,0	— 20 50	2,96	*G*o	— 13,7
α	Leporis	5 28,3	— 17 54	2,69	*F*o	+ 24,4
α	Carinae	6 21,7	— 52 38	0,86	*F*o	+ 20,2
β	Geminorum	7 39,2	+ 28 16	1,21	*K*o	+ 3,6
α	Hydrae	9 22,7	— 8 14	2,16	*K*2	— 4,2
ε	Leonis	9 40,2	+ 24 14	3,12	*G*o*p*	+ 5,0
η	Leonis	10 1,9	+ 17 15	3,58	*A*o*p*	+ 2,4
β	Virginis	11 45,5	+ 2 20	3,80	*F*8	+ 4,7
γ	Crucis	12 25,6	— 56 33	1,61	*M*b	+ 21,3

31 5321 Scheinbar helle Sterne [Trans. IAU **3** (1928) 171] (Fortsetzung).

	Stern	1900,0 α	1900,0 δ	m	Spektrum	RG km/sec
β	Corvi	12^h $29^m,1$	— 22° 51′	2,84	*G* 5	— 7,5
α	Bootis	14 11,1	+ 19 42	0,24	*K* o	— 5,1
δ	Ophiuchi	16 9,1	— 3 26	3,03	*Ma*	— 19,3
α	Triang. austr.	16 38,1	— 68 51	1,88	*K* 2	— 3,6
α	Herculis	17 10,1	+ 14 30	3,48	*M* b	— 32,0
δ	Sagittarii	18 14,6	— 29 52	2,84	*K* o	— 19,9
α	Lyrae	18 33,6	+ 38 41	0,14	*A* o	— 13,2
γ	Aquilae	19 41,5	+ 10 22	2,80	*K* 2	— 1,9
β	Aquarii	21 26,3	— 6 1	3,07	*G* o	+ 6,1
ε	Pegasi	21 39,3	+ 9 25	2,54	*K* o	+ 5,4
ι	Piscium	23 34,8	+ 5 5	4,28	*F* 8	+ 4,8

31 5322 Scheinbar schwache Sterne [Trans. IAU **4** (1932) 181].

Stern	1900,0 α	1900,0 δ	m	Spektrum	RG km/sec
Lal 1045	0^h 37^m	+ 39° 47′	7,5	*K* 5	— 62
Lal 1966	1 5	+ 61 9	7,9	*F* 3*s*	—325
Groom 864	4 36	+ 41 59	7,3	*G* 1	+105
Lal 15565	7 56	+ 29 27	6,9	*G* 7	+ 14
Lal 21185	10 59	+ 36 28	7,6	*M* 2	— 87
Groom 1830	11 49	+ 38 15	6,5	*G* 8	— 98
Cinn 1695	13 9	+ 17 55	7,8	*F* 9*s*	+ 49
Groom 2305	16 2	+ 39 21	6,8	*G* 8	— 60
Groom 2875	19 30	+ 58 26	6,7	*K* 5	+ 12
Lal 43876	22 25	+ 16 53	7,5	*G* 9	— 40
Fed 4371	23 2	+ 68 0	7,5	*G* 2	— 21

31 5323 *O*- und *B*-Sterne [Trans. IAU **4** (1932) 181].

Stern	1900,0 α	1900,0 δ	m	Spektrum	RG km/sec
HD 886	0^h $8^m,1$	+ 14° 38′	2,87	*B* 2*ss*	+ 5,0
HD 3360	0 31,4	+ 53 21	3,72	*B* 2*sk*	+ 2,1
HD 34078	5 9,7	+ 34 12	5,81	*O* 9*ssk*	+ 59,3
HD 36591	5 27,7	— 1 40	5,30	*B* 2*sk*	+ 34,3
HD 37128	5 31,1	— 1 16	1,75	*B* o*k*	+ 25,8
HD 160762	17 36,6	+ 46 4	3,79	*B* 3*s*	— 18,0
HD 166182	18 4,4	+ 20 48	4,43	*B* 2*sk*	— 13,0

31 533 Die größten an Fixsternen gemessenen Radialgeschwindigkeiten.

Von rund 10000 RG von Fixsternen haben 1,5% RG > ± 100 km/sec. Von den folgenden Sternen sind bisher RG > ± 300 km/sec gemessen worden:

Nr.	Stern	1900,0 α	1900,0 δ	m	Spektrum	RG km/sec	Bemerkungen
1	—29° 2277	5^h $25,0^m$	— 29° 58′	11,5	*sdF* 6	+ 536	
2	*VX* Herc	16 26,2	+ 18 36	9,5—11,5	*A* 3	— 405 bis — 374	kurzperiodischer Var.
3	+ 20° 5071	21 59,7	+ 20 34	8,8	*R* 3	— 383	
4	*TU* Pers	3 1,8	+ 52 49	11,4—12,2	*A* 5*s*	— 350	„ „
5	+ 21° 607	4 8,6	+ 22 6	9,1	*A* 8	+ 338	
6	+ 60° 170	1 3,2	+ 61 1	7,8	*F* 5	— 325	
7	Cin 20 : 993	16 25,2	+ 44 55	11,5	*sdG* 1	— 301	
8	—15° 4041	15 4,8	— 15 59	9,9	*G* 9	+ 306	} Duplex
9	—15° 4042	15 4,7	— 15 54	9,1	*sdG* 6	+ 295	} Duplex

Über RG heller Sterne vgl. 315122.

31 534 Radialgeschwindigkeitskataloge.

1. Moore, J. H.: Lick Publ. **18** (1932). Enthält alle RG von Sternen, Sternhaufen, Gasnebeln und Spiralnebeln, die bis zum 1. 1. 1932 veröffentlicht waren, auf ein einheitliches System reduziert.

Fricke

Gesamtzahl der Sterne 6739, Gesamtzahl der Gasnebel einschließlich planetarischer Nebel 133, Gesamtzahl der Spiralnebel 90.

2. Shajn, G., V. Albitzky: Publ. Pulkowo **43** (1933). Auch MN. **92** (1932) 771. RG von 343 Sternen.

3. Christie, W. H., O. C. Wilson: Ap. J. **88** (1938) 34 = Mt. Wilson Contr. 593. RG von 600 einzelnen Sternen und 69 spektroskopischen Doppelsternen.

4. Harper, W. E.: Publ. Victoria **6** (1938) 149. RG von 477 *F*- bis *M*-Sternen, davon 105 Sterne, die nicht in Moores Katalog sind. — Harper, W. E.: Publ. Victoria **7** (1939) 1. RG von 917 Sternen, hauptsächlich Spektraltyp *A*, neu 415 Sterne.

5. Young, R. K.: Publ. Toronto **1** (1939) Nr. 3. Katalog der RG aller Sterne bis 7,6. Größe der Kapteyn Areas für die Deklinationen $+15°$ bis zum Nordpol.

6. Schlesinger, F., L. F. Jenkins: Catalogue of bright stars. Sec. Ed. New Haven (1940). Enthält neben anderen Daten die RG von allen Sternen heller als 6,5. Größe, die bis Januar 1940 bekannt waren.

31535 Radialgeschwindigkeitskataloge und -listen von speziellen Sterngruppen, Nebeln und Sternhaufen.

1. *O*- und *B*-Sterne: Plaskett, J. S., J. A. Pearce: Publ. Victoria **5** (1935) 99. Enthält RG von 1010 Sternen mit Spektraltypen *O* —*B* 5.— Neubauer, F. H.: Ap. J. **97** (1943) 300 = Lick Contr. (2) Nr. 6. RG von 389 schwachen *B*-Sternen in der Deklinationszone 0° bis —23°. — Sanford, R. F., P. W. Merrill: Ap. J. **87** (1938) 517 = Mt. Wilson Contr. 591. RG von 56 Sternen früher Spektraltypen.

2. Spätere Spektraltypen, vorwiegend Zwergsterne: Joy, A. H.: Ap. J. **105** (1947) 96 = Mt. Wilson Contr. 726. RG von 181 Zwergen. — Joy, A. H., S. A. Mitchell: Ap. J. **108** (1948) 234 = Mt. Wilson Contr. 747. RG von 90 späten Zwergen mit bekannten Parallaxen.

3. Unterzwerge und Zwerge mit großer Eigenbewegung: Popper, D. M., C. K. Seyfert: PASP. **52** (1940) 401. — Popper, D. M.: Ap. J. **95** (1942) 307 = Contr. McDonald 47. — Popper, D. M.: Ap. J. **98** (1943) 209 = Contr. McDonald 74. — Münch, G.: Ap. J. **99** (1944) 271 = Contr. McDonald 89. — Luyten, W. J.: Ap. J. **102** (1945) 382.

4. *R*- und *N*-Sterne: Sanford, R. F.: Ap. J. **82** (1935) 202 = Mt. Wilson Contr. 525. — Sanford, R. F.: Ap. J. **99** (1944) 145 = Mt. Wilson Contr. 689.

5. δ Cephei-Sterne: Joy, A. H.: Ap. J. **89** (1939) 356 = Mt. Wilson Contr. 607.

6. *RR* Lyrae-Sterne: Joy, A. H.: PASP **50** (1938) 302; PASP **62** (1950) 60.

7. Langperiodische Veränderliche: Merrill, P. W.: Ap. J. **94** (1941) 171 = Mt. Wilson Contr. 649.

8. Intermediäre und unregelmäßige Veränderliche: Joy, A. H.: PASP. **51** (1939) 215. — Joy, A. H.: Ap. J. **96** (1942) 344 = Mt. Wilson Contr. 668.

9. Spektroskopische Doppelsterne: Moore, J. H.: Lick. Bull. **18** (1936) 1.

10. Planetarische Nebel: Moore, J. H.: Lick Publ. **18** (1932).

11. Kugelsternhaufen (vgl. 3182): Mayall, N. U.: Ap. J. **104** (1946) 290 = Lick Contr. (2) Nr. 15

12. Extragalaktische Nebel (vgl. 3195): Humason, M. L.: Ap. J. **83** (1936) 10 = Mt. Wilson Contr. 531.

31536 Weitere Quellen für Radialgeschwindigkeiten.

1. RG, die mit einem Objektivprisma gewonnen wurden: Bok, B. J., S. M. McCuskey: Tercentenary Papers, Harvard Ann. **105** (1938) 327 (Sternfelder im Taurus und Cygnus). — Fehrenbach, Ch.: Ann. d'Astrophys. **11** (1948) 35.

2. Zusammenstellung der RG $\geq \pm$ 100 km/sec: Strömgren, E.: Nord. Astr. Tidsskr. (NR) **23** (1942) 5.

3. RG von 204 Sternen im Bereich der Hyaden: Wilson, R. E.: Ap. J. **107** (1948) 119 = Mt. Wilson Contr. 741.

3154 Parallaxen.

31541 Entfernungseinheiten.

Einheit	Definition	Größe	Bemerkungen
Lichtjahr	Strecke, die das Licht während eines tropischen Jahres (s. 31123) durchläuft	$0{,}94606 \cdot 10^{18}$ cm	Die Genauigkeit der Zahlenangabe hängt von der Genauigkeit des angenommenen Wertes von $2{,}99796 \cdot 10^{10}$ cm/sec für die Lichtgeschwindigkeit ab
Parsec	Entfernung eines Sterns mit der Parallaxe von 1″	$3{,}0871 \cdot 10^{18}$ cm $= 3{,}2631$ Lichtjahre	Die Zahlenangabe berechnet sich aus dem mittleren Abstand Erde—Sonne, der der Sonnenparallaxe 8″,790 entspricht. Der Äquatorradius der Erde ist zu $6{,}3781 \cdot 10^{8}$ cm angesetzt

31 542 Entfernungsmodul.

Ist M die absolute Größe, m die scheinbare Größe eines Sterns, so bezeichnet man die Differenz $m-M$ als Entfernungsmodul. Dieser hängt mit der Entfernung r bzw. der Parallaxe π eines Sterns wie folgt zusammen (s. 314219b):

$$m - M = 5 \log r - 5 = -5 \log \pi - 5.$$

Den numerischen Zusammenhang gibt die folgende Tabelle:

$m-M$	π	r (pc)	r (L. J.)	r (cm)
— 5,0	1,″000	1	3,26	$3{,}09 \cdot 10^{18}$
0,0	0,100	10	32,6	$3{,}09 \cdot 10^{19}$
+ 5,0	0,010	100	326	$3{,}09 \cdot 10^{20}$
+ 10,0	0,001	1000	3263	$3{,}09 \cdot 10^{21}$

usw.

Das nebenstehende von H. Straßl entworfene Nomogramm gibt den Zusammenhang zwischen dem „Entfernungsmodul“ $\Delta m = m - M$ und der in Parsec ausgedrückten Entfernung.

Beispiel: Zu $\Delta m = 22{,}5$ gehört die Entfernung $3{,}2 \cdot 10^5$ pc.

Eine Änderung von:

$\pm$ 0^m,10 in $m-M$ entspricht einer Änderung von 5 % in π bzw. 5 % in r,
$\pm$ 0 ,50 „ $m-M$ „ „ „ „ 21 % „ π „ 26 % „ r,
$\pm$ 1 ,00 „ $m-M$ „ „ „ „ 37 % „ π „ 58 % „ r, usw.

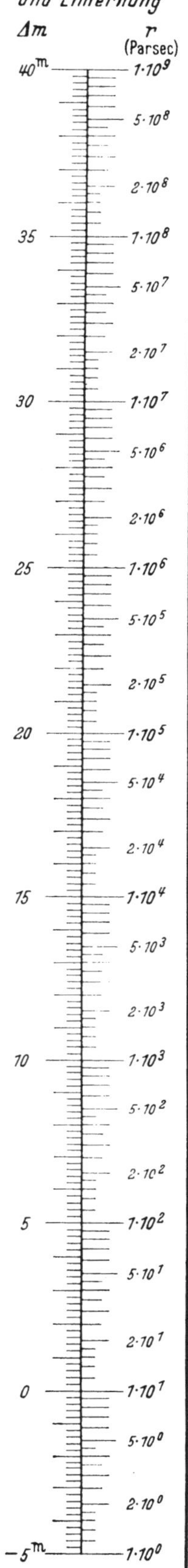

31 543 Übersicht über die Parallaxenmethoden.

Die Literaturangaben der letzten Spalte finden sich auf S. 177.

Nr.	Bezeichnung	Objekte	Reichweite in pc	Weitere Kennzeichen	Literatur
1	Trigonometrische Parallaxen	Nahe Sterne	25	Photographische Beobachtungen über etwa 3 Jahre, wenn Sterne am Morgen- oder Abendhimmel im Meridian. Brennweite der Instrumente über 5 m. Unsichere Werte bei Überschreitung der angegebenen Reichweite bis etwa 200 pc. Grundlage aller übrigen Verfahren	[7] Vgl. 3171
2	Dynamische Parallaxen	Visuelle Doppelsterne	200	Erforderliche Beobachtungsdaten: Umlaufszeit U und Halbachse a der Bahn in ″ oder auch Abstand der Komponenten ϱ'' und $\frac{d\varrho''}{dt}$. Annahme über die Massen auf Grund des Spektrums, für Bahnexzentrizität und -lage statistische Mittelwerte	[8, 9, 10, 11]
3	Strahlungsenergetische Parallaxen	Visuelle Doppelsterne	200	Beobachtungsdaten wie unter 2, dazu Spektrum und Helligkeit der Komponenten. Annahme einer empirischen Masse-Leuchtkraft-Beziehung. Gegenwärtig für größere Entfernungen das genaueste aller Verfahren, zur Zeit anwendbar auf etwa 600 Objekte	[11, 12, 13]

Nr.	Bezeichnung	Objekte	Reichweite in pc	Weitere Kennzeichen	Literatur
4	Helligkeitsparallaxen mit 1 Parameter	a) Normale Hauptreihensterne b) Überriesen c) Planetarische Nebel d) Veränderliche Sterne e) Kugelhaufen f) Außergalaktische Nebel	beliebig	In der Beziehung $M-m = 5 + 5 \log \pi$ muß m photometrisch gemessen sein. M wird (statistisch) aus geeigneten astrophysikalischen Daten erschlossen. Z. B. Spektrum bei *a*, *b* und *c*, Art der Veränderlichkeit, Perioden-Leuchtkraft-Beziehung bei *d* und *e*, scheinbare Durchmesser und Gesamthelligkeiten bei *e* und *f*. Sicherheit der berechneten Entfernungen je nach den Verhältnissen 20—60 %	3141 3162 3163 3164 318 319
5	Helligkeitsparallaxen mit 2 Parametern; Spektroskopische Parallaxen	*A*- bis *M*-Sterne, bis etwa 8^m	200	Beobachtungsdaten: Scheinbare Helligkeiten und Spektren mittlerer und hoher Dispersion. In ihnen werden zunächst die genauen Spektraltypen festgelegt, dann, nach Instrument und Beobachter verschieden, solche Linienpaare ausgesucht, deren Intensitätsverhältnisse mit M stark variieren. Aus Sternen mit bekanntem M werden Eichkurven für diese Intensitätsverhältnisse abgeleitet und auf weitere Objekte angewandt. Näheres in [*4*]. Umfangreichstes Verzeichnis von 4179 Sternen in [*15*]. Genauigkeit der Parallaxen 30—55 %	3141 [*4, 5, 15, 16*]; auch [*11, 13*]
6	Helligkeitsparallaxen mit 2 Parametern; Spektralphotometr. Parallaxen	*A*- bis *M*-Sterne, bis etwa 13^m	2000	Beobachtungsdaten: Scheinbare Helligkeiten und Spektren kleiner Dispersion. 1. Parameter die Spektralklassen an Hand der stärksten Linien (H, Ca^+), 2. Parameter Schätzung oder Messung des Verhaltens der Spektren beiderseits der Cyanbanden λ 4216 und λ 3883. Beide Banden empfindliche Kriterien für M. Genauigkeit der Entfernungen etwa 50 %	[*4, 17*]
7	Ca^+-Parallaxen	*O*- und *B*-Sterne	1000	Bei vielen *B*- und *O*-Sternen tritt eine interstellare Ca^+-Absorptionslinie auf, die erfahrungsgemäß mit zunehmender Entfernung sich verstärkt und umgekehrt nach passender Kalibrierung zur Entfernungsbestimmung herangezogen werden kann. Ursache: Ca^+-Ionen im interstellaren Raum bei einigermaßen gleichförmiger Verteilung. Genauigkeit 50—100 %	3175 [*18*]
8	Interstellare Verfärbung	Alle Spektraltypen, besonders *B*- bis *F*-Sterne	5000	Die interstellare Materie, soweit sie gleichförmig verteilt ist, verursacht eine mit der Entfernung zunehmende Rötung des Sternlichts. Es können daher die Farbenexzesse [314217] zur Parallaxenbestimmung benutzt werden. Genauigkeit 50 bis 100 %	3175 [*19*]
9	Gruppenparallaxen	Bewegungshaufen	5000	Bei Sterngruppen, deren Mitglieder sich offenbar parallel und mit gleicher Geschwindigkeit durch den Raum bewegen (Hyaden, Präsepe, der Bärenstrom, dessen Mitglieder sich scheinbar über die ganze Sphäre verteilen, der Scorpio-Centaurus-Strom u. a.), gestatten die EB die Ableitung des Konvergenzpunktes an der Sphäre. Sind ferner die individuellen RG gemessen, so ist die Berechnung der Parallaxe jedes einzelnen Sterns möglich. Genauigkeit 20—50 %	3174 3181
10	Stellarstatistische Parallaxen	Alle Arten von Sterntypen	5000	Siehe 31545	[*2, 3, 20*]

Weitere Literatur siehe [*1, 2, 3*] und [*4*].

Hopmann

31 544 Parallaxenverzeichnisse.

Die folgende Übersicht gibt die wichtigsten Parallaxenverzeichnisse seit 1935. Da der Yale-Katalog alle Parallaxen bis 1935 enthält, erübrigt sich die Aufzählung älterer Kataloge.

Verfasser bzw. Sternwarte	Art der Parallaxen	Anzahl Sterne	Quelle	Bemerkungen
Schlesinger, F., u. L. F. Jenkins	trigon. spektrosk. dynam.	}7534 2470	General Catalogue of Stellar Parallaxes, 2. Ed., Yale Univ. Observ. (1935)	Enthält alle Parallaxenbestimmungen bis Januar 1935. Berichtigungen u. Zusätze in A. J. **46** (1936) 104
Adams, W. S., A. H. Joy, M. L. Humason, A. M. Brayton, Mt. Wilson	spektrosk.	4179	Ap. J. **81** (1935) 187	Spaltspektrogr. Mt. Wilson $-26° \leqq \delta \leqq +90°$
Becker, F., Bonn (La-Paz-Station)	spektral-phot.	738	Z. Aph. **10** (1935) 311; **11** (1936) 148	*G*- und *K*-Sterne in Kapteyn-Feldern 92—206
Finsen, W. S.	dynam.	531	Union Circ. **93** (1935) 139	Südhimmel $\delta \leqq -19°$
Jones, H. Sp., J. Jackson, Cape	trigon.	418	Cape Ann. **14**, Part 1 u. 3 (1935 u. 1938)	Südhimmel. 24-inch-Victoria Telescope
Voûte, J., Lembang	trigon.	45	Ann. Lembang **7** (1933 bis 1939)	60-cm-Doppelrefraktor, Südhimmel
Slocum, F., C. L. Stearns, B. W. Sitterly, Van Vleck	trigon.	130	Publ. Van Vleck **1** (1938)	20-inch-Refraktor, Nordhimmel
Mitchell, S. A., D. Reuyl, McCormick	trigon.	650	Publ. McCormick **8** (1940)	26-inch-Refraktor, Nordhimmel
Güntzel-Ligner, U.	strahlungs-energ.	193	Astr. Abh. Erg. H. d. AN **10**, Nr. 7 (1942)	vis. Doppelsterne
Asklöf, St., Stockholm	trigon.	40	Stockholm Ann. **14**, Nr. 6 (1943)	Nordhimmel
Yale-Johannesburg	trigon.	472	Trans. Yale **15**, Part 1 (1943)	26-inch-Refraktor $-80° \leqq \delta \leqq +10°$ Part 2 u. 3 Fehlerdiskussion der Yale-Platten

Die Sternwarten Greenwich und Cape veröffentlichen trigonometrische Parallaxen fortlaufend in MN. Parallaxen vom Mt. Wilson (60- und 100-inch-Reflektor, van Maanen) sind fortlaufend in Ap. J. **84**, **87**, **91**, **94**, **100**, **103** veröffentlicht, insgesamt 163 schwache Sterne. Parallaxenlisten der amerikanischen Sternwarten Allegheny, McCormick, Sproul, Van Vleck, Yale und Yerkes findet man im A. J. **44**—**50**. Außerdem sind laufend im Astronomischen Jahresbericht unter Fixsterne, Parallaxen, Beobachtungen von Parallaxen mit Quellenangabe zusammengestellt.

Über die Parallaxen der nächsten Sterne s. 3171, der hellsten Sterne s. 315122.

Für nachstehende Sterne seien noch die heute erreichten Genauigkeiten in % als kennzeichnend angegeben: Sirius 1, Wega 5, Arktur 7, Kapella 8, Aldebaran 13, Regulus 20, Algenib 25, Polaris 25.

31 545 Stellarstatistische Parallaxen.

Diese geben mittlere Entfernungen von passend ausgewählten Sternkollektiven. Voraussetzung ist, daß für ein derartiges Kollektiv von möglichst vielen Sternen die jährlichen Eigenbewegungen ermittelt werden. Ein Kollektiv kann nach astrophysikalischen Daten, wie scheinbare Helligkeiten, Spektrum, Farbenindex, Radialgeschwindigkeiten u. dgl., ausgesucht werden.

Ist h die jährliche Bewegung des Sonnensystems relativ zum Schwerpunkt aller Sterne eines gleichförmigen Kollektivs (etwa der F0—F5-Sterne 9^m—10^m), gemessen in Parsec pro Jahr, λ der Winkelabstand eines Sterns des Kollektivs vom Apex der Sonnenbewegung in bezug auf das gewählte Kollektiv, v die Komponente der EB in Richtung des Apex, gemessen in Bogensekunden pro Jahr, so lautet die Grundgleichung für die säkularen Parallaxen

$$\overline{\pi''} = \frac{1}{206\,265 \cdot h} \, \frac{\overline{v \sin \lambda}}{\overline{\sin^2 \lambda}},$$

wobei die Querstriche Mittelwerte bedeuten. Dabei ist vorausgesetzt, daß die individuellen EB sich dem Zufall nach verteilen. Bei Sternen der näheren Sonnenumgebung ist es statthaft, die Sonnengeschwindigkeit gleich 20 km/sec, also $h = 2 \cdot 10^{-5}$ Parsec/Jahr zu setzen, was dann zu

$$\overline{\pi''} = 0{,}243 \cdot \frac{\overline{v \sin \lambda}}{\overline{\sin^2 \lambda}}$$

führt. Nachstehende Tabelle aus Publ. Groningen Nr. 45 gibt die Säkularparallaxen für Sterne verschiedener scheinbarer visueller Helligkeiten und verschiedener galaktischer Breiten.

Grenzen galaktischer Breite Mittlere galaktische Breite	0° bis ± 20° 10°	± 20° bis ± 40° 30°	± 40° bis ± 90° 57°	0° bis ± 90°
$3{,}^m0$	0,″108	0,″143	0,″143	0,″125
4,0	,079	,100	,108	,093
5,0	,059	,070	,082	,068
6,0	,043	,048	,062	,049
7,0	,032	,033	,047	,036
8,0	,0235	,0235	,036	,026
9,0	,017	,017	,027	,019
10,0	,012	,012	,0205	,0135
11,0	,0086	,0086	,0155	,0098
12,0	,0062	,0062	,012	,0071
13,0	,0045	,0045	,0089	,0051

Tafeln für statistische Parallaxen finden sich vor allem in den Arbeiten Kapteyns und van Rhijns in Publ. Groningen [*20*].

31546 Einfluß einer interstellaren Absorption.

Da die in 31543 genannten Verfahren 4—6 von den scheinbaren Helligkeiten der Sterne Gebrauch machen, kann die photometrisch ermittelte Entfernung durch Absorption verfälscht werden. Dies gilt von allen Verfahren, die in irgendeiner Weise vom Entfernungsmodul Gebrauch machen. In manchen Fällen genügt es, die interstellare, staubförmige Materie als gleichförmig verteilt anzunehmen. Dann ist der Entfernungsmodul $m - M$ zu ersetzen durch $m - M - a \cdot r$, wo a die Absorption in Größenklassen pro Parsec darstellt. a wird für das photographische Spektralgebiet meist zu etwa $0{,}^m0006$ bis $0{,}^m001$ angesetzt. In der Regel wird aber eine getrennte Untersuchung für jeden einzelnen Fall erforderlich sein. Vgl. hierzu 31753. Zur Berechnung von r aus dem Entfernungsmodul $m - M$ und a benutzt man zweckmäßig das folgende von H. Straßl gezeichnete Nomogramm (Ng) [Veröff. Bonn, Nr. 36 (1949)].

Dieses gestattet, bei bekannten Werten des Entfernungsmoduls $\Delta m = m - M$ und des interstellaren Absorptionskoeffizienten a (Größenklassen pro Kiloparsec) die Entfernung r (in Parsec) unmittelbar zu bestimmen; es gilt freilich nur unter der Voraussetzung, daß die interstellare Absorption als gleichförmig auf der ganzen Strecke zwischen Beobachter und Stern angesehen werden darf.

Zur Bestimmung von r dient das Hauptng; die Bezeichnungen seiner drei Leitern stehen in Quadraten mit abgerundeten Ecken. Man legt die Ablesegerade durch den Δm-Punkt auf der ganz links vertikal stehenden Leiter und den a-Punkt auf der ganz rechts oben vertikal stehenden Leiter und liest in ihrem Schnittpunkt mit der großen, von links unten nach rechts oben verlaufenden gekrümmten Leiter die Entfernung r ab.

Beispiel: Zum Entfernungsmodul $\Delta m = 11{,}3$ gehört bei fehlender Absorption ($a = 0$) die Entfernung $r \approx 1820$ pc, beim Absorptionskoeffizienten 0,8 die Entfernung $r \sim 1180$ pc.

Die Differenz $m - M = \Delta m$ ist durch drei Vertikalleitern (rechts, Mitte, ganz links) dargestellt, Bezeichnungen in Kreisen. Obwohl dieses Zusatzng bei gegebenen Werten von m und M die Differenz Δm nur relativ ungenau liefert, kann es doch bei Überschlagsrechnungen gute Dienste leisten, auch bei solchen, wo die Nge in umgekehrter Richtung benutzt werden.

Beispiel: Wie hell erscheint uns eine Nova der absoluten Helligkeit $M = -7{,}0$, wenn sie 3700 pc entfernt ist und der Absorptionskoeffizient in ihrer Richtung $1{,}^m2$/kpc beträgt?

Die Ablesegerade, im Hauptng durch die Punkte $a = 1{,}2$ und $r = 3700$ gelegt, schneidet die Δm-Leiter in einem Punkt, der festgehalten, dessen Δm-Wert (17,3) aber nicht abgelesen werden muß. Dreht man die Gerade um diesen Punkt, bis sie die M-Leiter bei $M = -7{,}0$ schneidet, so liefert sie auf der m-Leiter die gesuchte scheinbare Helligkeit zu $m = 10{,}3$.

Die zwischen den vertikalen Leitern für M und m stehenden Entfernungsskalen dienen zur Umrechnung von Entfernungsmaßen. Für den am Kopf dieser Leitern stehenden Exponenten n hat man jeweils einen passenden ganzzahligen Wert zu wählen.

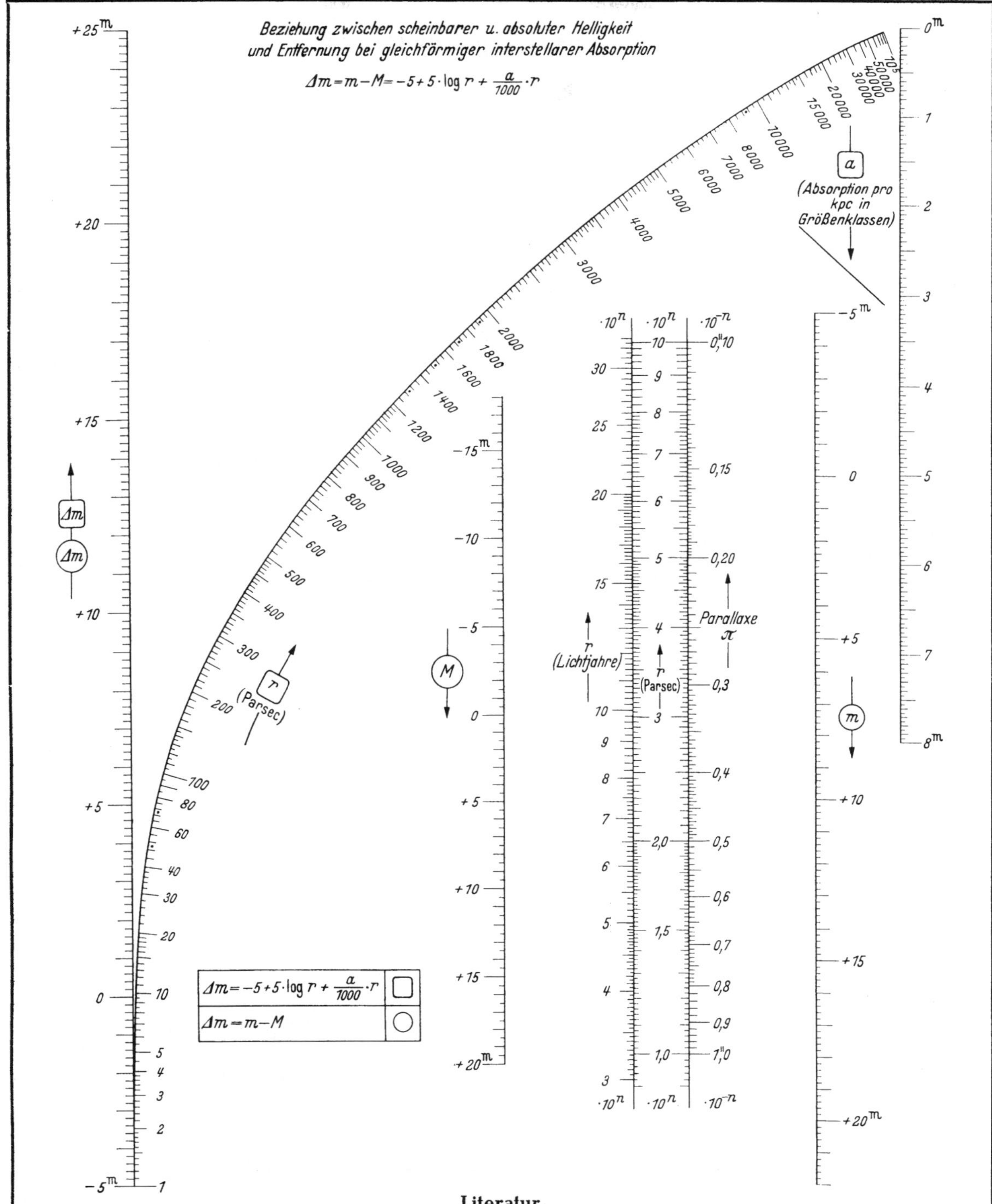

Literatur.

[1] Hdb. d. Aph. V/1, Berlin (1932) 430ff. und VII, Berlin (1936) 495. — [2] v. d. Pahlen, E.: Lehrbuch der Stellarstatistik, Barth, Leipzig (1937) 267ff. — [3] Becker, W.: Sterne und Sternsysteme, Steinkopff Dresden, (1942) 215ff. — [4] Kohlschütter, A., in „Erg. d. exakt. Naturw." **12**, Berlin (1933) und J. Hopmann in **18** (1939). — [5] The Parallaxes of the stars, 2. Edition, Yale Univ. Obs. (1935). — [6] Catalogue of bright stars, 2. Edition, Yale Univ. Obs. (1940). — [7] Ap. J. **32** u. **33** (1910, 1911); Seeliger-Festschrift, Berlin (1924). — [8] A. J. **39** (1929) 165. — [9] MN **81** (1920) 2. — [10] Russell, H. N., u. Ch. E. Moore: The Masses of the stars, Chicago Univ. Press, 2. Ausg. (1946). — [11] Veröff. Leipzig, Heft **8** (1945). — [12] Veröff. Berlin-Babelsberg **7** (1927) 1. — [13] Astr. Abh. Erg.-H. d. AN **10** (1941) Nr. 7. — [14] Hopmann, J.: Ber. Sächs. Akad. Wiss. **90** (1938). — [15] Mt. Wilson Contr. Nr. 511 = Ap. J. **81** (1935) 187. — [16] Mt. Wilson Contr. Nr. 589 = Ap. J. **87** (1938) 389. — [17] Ausführl. in [1], besonders V/1, 478; VIII, 499, kürzer in [4]. — [18] MN **89** (1929) 527 und Publ. Groningen Nr. 50 (1946). — [19] Z. Aph. **18** (1939) 45 u. 94. — [20] Publ. Groningen, Nr. 29, 34, 37 (1918—1925) und besonders 45 (1931).

Hopmann, Straßl

316 Spezielle Sterntypen.

3161 Doppelsterne.

31610 Klassifikation — Allgemeines.

I. Visuelle Doppelsterne: Komponenten im Fernrohr (evtl. mit Interferometer) getrennt sichtbar. Grenze der Trennbarkeit bei modernen Instrumenten:

$$d = 1{,}04\ \lambda/D\ (\sin 1'')^{-1} \approx 0{,}''13 \quad \text{mikrometrisch } (D = 100\ \text{cm})$$
$$= 0{,}50\ \lambda/D\ (\sin 1'')^{-1} \approx 0{,}''025 \quad \text{interferometrisch (Mt. Wilson).}$$

Photographische Beobachtungen sind von systematischen Fehlern nur dann genügend frei, wenn $d'' \geqq 30/f$ (Fernrohrbrennweite f in Metern) ist.

Zur statistischen Trennung der physischen Doppelsterne von den optischen werden als physische Systeme nur solche gerechnet, deren scheinbare Distanz ϱ der Bedingung $\log \varrho \leqq \log \varrho_0 = 2{,}8 - 0{,}2\,m$ genügt.

m =	2^m	3^m	4^m	5^m	6^m	7^m	8^m	9^m	10^m	11^m
ϱ_0 =	250″	160″	100″	63″	40″	25″	16″	10″	6″	4″

II. Spektroskopische Doppelsterne: Komponenten nur durch zwei überlagerte Spektren variabler Radialgeschwindigkeit oder periodische Linienverschiebungen in einem Spektrum erkennbar. Grenze der Meßbarkeit für übliche Dispersionen bei der scheinbaren Helligkeit 11^m bis 12^m (McDonald 82-inch Spiegel).

III. Photometrische Doppelsterne (Bedeckungsveränderliche): Systeme, deren Bahnebenen ungefähr senkrecht auf der Tangentialebene an der Sphäre stehen. Bei unterer und oberer Konjunktion treten Bedeckungen jeweils einer Komponente ein (Haupt- und Nebenminimum der Gesamthelligkeit).

IV. Sterne mit unsichtbaren Begleitern: Duplizität nur durch (allgemein sehr kleine) periodische Ortsveränderungen der Hauptkomponente nachweisbar.

Die Grenzen zwischen den 4 Klassen sind nirgends scharf. Klasse III bildet eine Unterklasse von Klasse II, ebenso Klasse IV von Klasse I. Es existieren zahlreiche Übergangstypen.

Durch Analyse der Beobachtungsgrößen (relative oder absolute scheinbare Bahn bei I und IV, Radialgeschwindigkeit bei II und III, Lichtkurve bei III) erhält man folgende Bahnelemente, Systemdimensionen und Zustandsgrößen:

	Visuelle Doppelsterne		Spektroskopische Doppelsterne		Bedeckungs-Veränderliche
	relativ	absolut	1 Spektr.	2 Spektr.	
Gr. Halbachse	$a = a_1 + a_2$ (″)	$a_1,\ a_2$ (″)	$a_1 \sin i$ (km)	$a_1 \sin i$ (km) $a_2 \sin i$ (km)	R_1/a R_2/a
Exzentrizität	e	e	e	e	} $e \cos \omega$
Länge des Periastrons	ω	ω	ω	ω	
Bahnneigung	$\pm i$	$\pm i$	—	—	$\pm i$
Länge des Knotens	Ω	Ω	—	—	—
Periastronzeit	T	T	T	T	—
Periode	P	P	P	P	P
Masse $\mathfrak{M}$ Dichte ϱ Absolute Größe M	$\varrho_{1,2} = \frac{a^3}{P^2}\left(\frac{T_{1,2}}{T_\odot}\right)^6 \cdot \frac{\mathfrak{M}_{1,2}}{\mathfrak{M}_1 + \mathfrak{M}_2} \cdot 10^{0{,}6\,(m_1 + 5 - M_\odot)}$		$\frac{\mathfrak{M}_2^3 \sin^3 i}{(\mathfrak{M}_1 + \mathfrak{M}_2)^2}$ („Massenfunktion“)	$\mathfrak{M}_1 \sin^3 i$ $\mathfrak{M}_2 \sin^3 i$	T_1/T_2 bei bekannt. $\mathfrak{M}_1/\mathfrak{M}_2$: $\varrho_1,\ \varrho_2$
Radius R Eff. Temperatur T	bei bekannter Parallaxe π: $\mathfrak{M}_1 + \mathfrak{M}_2 = \frac{a^3}{\pi^3 P^2}$	$\mathfrak{M}_1,\ \mathfrak{M}_2$		$a_1, a_2, \mathfrak{M}_1, \mathfrak{M}_2, R_1, R_2, \varrho_1, \varrho_2$ bei bek. π: $T_1,\ T_2,\ M_1,\ M_2$	

Zusätzlich zu den geometrischen Bahnelementen Ω, i, ω, a werden häufig auch die ihnen äquivalenten „natürlichen“ Bahnelemente A, B, C, F, G und H von Thiele-Innes gegeben [Umrechnungsformeln siehe in den Lehrbüchern (316111)].

31611 Visuelle Doppelsterne.

316111 Literatur.

[1] Aitken, R. G.: The binary stars, New York and London (1935). — [2] Henroteau, F. G.: Double and multiple stars, Hdb. d. Aph. VI/2 (1928) 299. — [3] Rabe, W.: Doppelsterne, Hdb. d. Aph. VII (1936) 685. — [4] Aitken, R. G.: What we know about double stars, MN **92** (1932) 596. — [5] Kuiper, G. P.: Problems of double star astronomy, PASP **47** (1935) 15 u. 121. — [6] Ekenberg, B.: A study of visual binary stars, Lund Medd. Ser. II, Nr. 116 (1945). — [7] Rose Bonnet: Spectres, périodes et excentricités des binaires, Observatoire de Paris 1947.

Moderne Methoden der Bahnbestimmung werden vor allem in [6] im Zusammenhang besprochen. Die durch die Geschichte der Doppelsternastronomie bedingte jüngste Entwicklung der Bahnbestimmungsmethoden aus kurzen Bahnbögen siehe vor allem bei:

[8] Rabe, W.: AN **265** (1938) 177; AN **268** (1939) 1; AN **276** (1948) 49. — [9] Hopmann, J.: Die Bestimmung der Systemkonstanten langperiodischer visueller Doppelsterne, Abh. Sächs. Akad. Wiss., Math.-Naturwiss. Klasse **43** (1945) Nr. 3.

Methode und Ergebnisse von Interferometermessungen siehe besonders bei:

[10] Spencer Jones, H.: MN **82** (1922) 513. — [11] Wilson, R. H.: Publ. Pennsylvania **6** Teil 4 (1941). — [12] Anderson, J. A.: Ap. J. **51** (1920) 263 und **53** (1921) 249 (α Aur!). — [13] Merrill, P. W.: Ap. J. **56** (1922) 40. — [14] Maggini, M.: Catania Contr. Nr. 4 (1922).

316112 Kataloge visueller Doppelsterne.

Burnham, S. W.: General catalogue of double stars within 121° of the north pole, 2 Bände Washington 1906 („BDS"). Enthält 13665 Systeme, darunter sehr viele optische Systeme, mit Literaturnachweis sämtlicher Beobachtungen.

Aitken, R. G.: New general catalogue of double stars within 120° of the north pole, 2 Bände Washington 1932 („ADS"). Enthält alle Beobachtungen bis 1927 von 17180 Systemen. Darunter sind 12708 Systeme, die der Bedingung $\log \varrho \leqq 2{,}5 - 0{,}2\, m$ genügen, von welchen 7947 heller als 9^m sind (316115c).

Innes, R. T. A.: Southern double star catalogue, —19° to —90°, Union Observatory Johannesburg 1927 („SDS").

3100 Neuentdeckungen am Nordhimmel vor allem von T. E. Espin und W. Milburn für $m > 9$ in MN, am Südhimmel auch für $m < 9$ von W. H. van den Bos in BAN und R. A. Rossiter in Mem. RAS **65**, **66** und Publ. Michigan **8**, **9** (bis 1947) (fast 5500 Rossiter-Sterne bis $11{,}^m2$).

316113 Kataloge der visuellen Doppelsternbahnen.

a) Die wichtigsten vorhandenen Kataloge sind:

[1] Luplau-Janssen, C., S. Fieltofte, S. Lauritzen: Catalogue of binary stars for which orbits have been computed, Astr. Abh. Erg.-H. d. AN **5** (1928) Nr. 5 („JFL"). Der Katalog enthält 139 Systeme, für deren jedes sämtliche bis 1927 berechneten Bahnen mitgeteilt sind. Insgesamt 771 Bahnen.

[2] Ekenberg, B.: Catalogue of orbits for visual binaries, Lund Medd. Ser. II, Nr. 94 (1938). Der Katalog gibt für 167 Systeme alle zwischen 1927 und 1937 berechneten Bahnen, insgesamt 274. 109 Systeme sind mit JFL gemeinsam.

[3] Finsen, W. S.: Second catalogue of orbits of visual binary stars, Union Circ. **100** (1938) 466. Der Katalog gibt für 195 Systeme jeweils nur die beste Bahn (abgesehen von 9 Systemen, unter denen sich 6 befinden, für die auch parabolische Elemente gerechnet sind). Die Sterne sind nach der Güte ihrer Bahnelemente in 5 Klassen eingeteilt:

Klasse			
Klasse I:	Endgültige Bahnen	(42):	ein oder mehrere Umläufe gut beobachtet.
„ II:	Zuverlässige „	(43):	Elemente nur wenig verbesserungsbedürftig.
„ III:	Vorläufige „	(66):	Elemente wahrscheinlich brauchbar.
„ IV:	Parabolische „	(7 bzw. 1):	beobachteter Bahnbogen durch Parabel gut darstellbar.
„ V:	Unsichere „	(37 bzw. 43):	Bahnen aus ungenügenden Daten berechnet, auch die Quadranten sind unsicher.

Gegenüber dem Ekenberg-Katalog fehlen bei Finsen 3 Sterne (ADS 15971, 16538, 16666). Außerdem fehlen sowohl bei Finsen wie bei Ekenberg folgende 11 Systeme des JFL, für welche bis 1938 nur ganz unsichere Bahnbestimmungen vorlagen (für 5 von ihnen sind bis 1948 neue Bahnbestimmungen hinzugekommen.

ADS 2416	Σ 367	1 Bahn 1901	ADS 7724	Σ 1424	3 Bahnen 1879[1]
2459	A.C. 2	1 „ 1899	7871	$O\Sigma$ 224	3 „ 1894[1]
—48°,477	Dunlop 23	1 „ 1910	8695	Σ 1687	1 „ 1893[1]
5400	Σ 948	1 „ 1887	10425	$O\Sigma$ 327	1 „ 1920
6762	Σ 1216	1 „ 1895[1]	14296	$O\Sigma$ 413	1 „ 1889[1]
7704	$O\Sigma$ 215	1 „ 1890			

[1] Neue Bahn s. unter b, S. 180.

Zwischen 1939 und 1948 wurden für 9 Sterne von Klasse I, für 6 von II, für 17 von III, für 3 von IV und für 15 von V mindestens je eine neue Bahn gerechnet, so daß die Sicherheit der Bahnen des Finsen-Kataloges inzwischen etwas verbessert ist.

[4] Eine die Kataloge [2] und [3] nahezu vollständig zusammenfassende Katalogisierung findet sich bei U. Güntzel-Lingner: Strahlungsenergetische Parallaxen von 193 visuellen Doppelsternen, Astr. Abh. Erg.-H. d. AN **10** (1941) Nr. 7, wo von den Bahnelementen zwar nur P und a, darüber hinaus aber noch trigonometrische, dynamische, spektroskopische und strahlungsenergetische Parallaxen, die Massen $\mathfrak{M}_1$ und $\mathfrak{M}_2$ und die absoluten Größen M_1 und M_2 mitgeteilt werden.

Haffner

b) Katalog neuer Doppelsternbahnen.

Seit Erscheinen des Finsen-Kataloges wurden bis 1948 für 52 Systeme zum erstenmal Bahnen berechnet, darunter für 16 Systeme je zwei und mehr Bahnen verschiedener Autoren. Da die kurzperiodischen ($P < 100^a$) Systeme hinreichender scheinbarer Distanz durch die Beobachtungstätigkeit der letzten 100 Jahre nahezu völlig erfaßt und berechnet sind, handelt es sich bei den neu hinzugekommenen, soweit sie auf der nördlichen Halbkugel liegen, meist um langperiodische Systeme, für deren Berechnung nur kurze Bahnbögen zur Verfügung stehen. Dementsprechend sind die Elemente nur als vorläufige zu betrachten.

Elemente und Quellennachweis neuberechneter Doppelsternbahnen

ADS	Name	P	e	T	a	Literatur
207	Σ 13	> 2140ª	> 0,730	1797	> 320 AE	Hopmann: Abh. Sächs. Akad. Wiss. **43**, Nr. 3 (1945) 40
434	$O\Sigma$ 12 λ Cas	> 810	> ,220	1740	> 260	Hopmann: Abh. Sächs. Akad. Wiss. **43**, Nr. 3 (1945) 40
784	β 1099	> 520	> ,758	1892	> 320	Hopmann: Abh. Sächs. Akad. Wiss. **43**, Nr. 3 (1945) 40
		52,8	,71	1948,95	0,″273	Eggen: A. J. **52** (1946) 113
963	β 235	> 1000	> ,678	1847	> 99 AE	Hopmann: Abh. Sächs. Akad. Wiss. **43**, Nr. 3 (1945) 40
1615	Σ 202 α Psc	46000	,956	1997	40,″2	Hopmann: Abh. Sächs. Akad. Wiss. **43**, Nr. 3 (1945) 32
		720	,6	2060	2,737	Rabe: Fiat Review **20** (1948) 325
1631	Σ 308 10 Ari	925	,7735	1923,8	1,962	Hopmann: Abh. Sächs. Akad. Wiss. **43**, Nr. 3 (1945) 29
		247,37	,56	1933,58	1,209	Campa: Contr. Milano-Merate Nr. 3 (1939)
		374,03	,629	1930,0	1,39	Arend: BAB **3** (1943) 205
1733	—	> 270	> ,316	1941	> 51 AE	Hopmann: Abh. Sächs. Akad. Wiss. **43**, Nr. 3 (1945) 40
1833	Σ 257	363	,464	1928,5	0,″435	Hopmann: Abh. Sächs. Akad. Wiss. **43**, Nr. 3 (1945) 37
1860	Σ 262 ι Cas	> 2370	> ,562	1700	> 320 AE	Hopmann: Abh. Sächs. Akad. Wiss. **43**, Nr. 3 (1945) 40
2034	$O\Sigma$ 43	3104	,761	1846	3,″25	Hopmann: Abh. Sächs. Akad. Wiss. **43**, Nr. 3 (1945) 36
2046	Σ 295 84 Cet	> 3550	> ,585	1650	> 350 AE	Hopmann: Abh. Sächs. Akad. Wiss. **43**, Nr. 3 (1945) 40
2402	h 3555 α For	408	,68	1942	3,48	Woolley: Mem. Canberra **9** (1948)
2446	$O\Sigma$ 53	118	,76	1929,0	0,57	Rabe: Fiat Review **20** (1948) 325
						Baize: J. d. Observateurs **26** (1943) 94
2612	Σ 400	—	1,00	1931,0	0,405	Ekenberg: Lund Medd. II, Nr. 116 (1945) 112
						Bievre u. Roland: Ciel et Terre **62** (1946) 29
2755	β 536 Gau. 86 Plejad.	103	,8	1895	0,43	Hertzsprung: BAN **9** (1942) 258
2765	$O\Sigma$ 62	195,4	,008	1848,0	0,324	Arend: BAB **3** (1945) 295
3098	Σ 511	179,2	,495	1957,05	0,55	Ekenberg: Lund Medd. II, Nr. 116 (1945) 115
						Arend: BAB **3** (1944) 246
4153	δ 85	150	,87	1934,60	0,600	v. d. Bos: A. J. **52** (1946) 88
6664	Hu 115	56,6	,66	1935,80	0,700	v. d. Bos: Union Circ. **102** (1940) 49
6762	Σ 1216	435	,20	1842,9	0,654	Ekenberg: Lund Medd. II, Nr. 116 (1945) 124
		241,4	,372	2039,2	0,569	Arend: BAB **3** (1943) 176
		452,0	,318	1832,6	0,739	Arend: BAB **3** (1943) 176
—52°1480	B 1606	13,73	,23	1939,65	0,160	v. d. Bos: A. J. **52** (1946) 63
6811	A 1746	21,8	,0	—	0,17	Eggen: A. J. **52** (1946) 83
7114	Hu 628 ι UMa	39,0	,39	1919,6	0,68	Baize: BSAF **56** (1942) 104
—57°2228	B 780	10,30	,17	1941,20	0,177	v. d. Bos: Union Circ. **104** (1941) 73
7662	A 2145	43,0	,61	1930,10	0,25	Eggen: A. J. **52** (1946) 81
7724	Σ 1424 γ Leo	619	,8426	1743,32	2,505	Rabe: Fiat Review **20** (1948) 325

Haffner

ADS	Name	P	e	T	a	Literatur
7744	*O Σ* 216 150 Leo	276ª18	0,409	1945,82	1″492	Arend u. Sanders: BAB **3** (1941) 152
		196,97	,54	1945,93	1,500	Campa: Contr. Milano-Merate Nr. 13 (1941)
7871	*O Σ* 224	232,0	,041	1843,36	0,549	Ekenberg: Lund Medd. II, Nr. 116 (1945) 130 [325]
		172	,23	1808,50	0,49	Rabe: Fiat Review **20** (1948)
		314,6	,226	1867,98	0,686	Arend: Ann. Obs. Belg. **4** (1949) 173
8166	*Hu* 8166	50,55	,17	1912,96	0,525	v. d. Bos: Union Circ. **104** (1941) 73
8573	*β* 28	116,14	,773	1829,79	1,629	Arend: Ann. Obs. Belg. **4** (1949) 177
8635	*A* 1851	80,0	,10	1902,22	0,426	Ekenberg: Lund Medd. II, Nr. 116 (1945) 139
		79,13	,104	1898,00	0,432	Arend: Ann. Obs. Belg. **4** (1949) 181
8680	*Hu* 640	81,18	,222	1907,43	0,567	Arend: Ann. Obs. Belg. **4** (1949) 183 [151]
8695	*Σ* 1687 35 Com	674,23	,496	1967,29	1,897	Schmeidler: AN **268** (1939)
		1144,03	,679	1947,41	2,91	Rosino: Publ. Bologna **3**, Nr. 16 (1942)
8862	*Hu* 644	50	,28	1920	1,7	Baize: BSAF **54** (1939) 148, 280
		51,54	,251	1920,53	1,553	Arend: Ann. Obs. Belg. **4** (1949) 186
8901	*A* 1601	42,40	,504	1937,47	0,314	Arend: Ann. Obs. Belg. **4** (1949) 189
9071	*A* 1614	185,89	,674	1913,56	0,743	Arend: Ann. Toulouse **17** (1945) 183
9324	*A* 347	109,08	,686	1898,06	0,716	Arend: Ann. Obs. Belg. **4** (1949) 191
		785,34	,796	1903,77	1,989	Arend: Ann. Obs. Belg. **4** (1949) 191
9397	*A* 2983	20,50	,038	1932,98	0,184	Ekenberg: Lund Medd. II, Nr. 116 (1945) 140
—65°2914	*h* 4707	288	,30	1932,0	1,386	Woolley u. Mason: Mem. Canberra **9** (1948)
9505	*A* 2385	8,0	,45	1939,97	0,10	Eggen: A. J. **52** (1946) 81
—32°4075	*λ* 264	127,0	,0	1891,1	0,74	Woolley: Mem. Canberra **9** (1948)
9932	*β* 949	55,0	,88	1903,0	0,483	Wilson: A. J. **49** (1940) 26
10140	*β* 1953	108,4	,255	1876,8	0,30	Rosino: Publ. Bologna **3**, Nr. 16 (1942)
		97,4	,257	1881,4	0,26	Rosino: Publ. Bologna **3**, Nr. 16 (1942)
+45°2505	Fur. 46	11,25	,59	1939,38	0,71	Zimmermann: AN **268** (1939) 159 Baize: BA **12** (1941) 380 Baize: BSAF **62** (1944) 58 v. Biesbroeck: Publ. AAS **10** (1942) 175
		13,12	,73	1939,17	0,71	v. Biesbroeck: A. J. **54** (1949) 163
12050	*Σ* 2455	optisches System				Arend: BAB **4**, Nr. 1 (1947)
12961	*A* 1658	90,1	,00	—	0,218	Ekenberg: Lund Medd. II, Nr. 116 (1945) 144
14296	*O Σ* 413 λ Cyg	379	,45	1797,72	0,74	Rabe: Fiat Reviews **20** (1948) 325
14761	*Hu* 767	43,77	,505	1901,48	0,241	Olsen: PASP **51** (1939) 171
		34,4	,61	1910,2	0,18	Eggen: A. J. **52** (1947) 208
16314	*Ho* 482					Arend: J. d. Observateurs **27** Nr. 3/4 (1944)
16539	*A* 1238	92,06	,057	1867,08	0,320	Arend: Ann. Obs. Belg. **4** (1949) 197
—33°6293	*Hd* 301	27,22	,525	1935,95	0,206	v. d. Bos: A. J. **52** (1946) 75
16850	*λ* 492	146	,15	1898,1	0,66	Woolley u. Mason: Mem. Canberra **9** (1948)
—52. 12220	*Slr* 14	188	,04	1935,0	1,0	Woolley u. Mason: Mem. Canberra **9** (1948)
14238	*β* 64	392,71	,459	1879,03	1,274	Arend: Ann. Obs. Belg. **4** (1949) 194

316114 Scheinbare Helligkeiten der visuellen Doppelsterne.

a) Als Kataloge von Gesamthelligkeiten stehen praktisch nur die großen Durchmusterungskataloge (s. 316112) zur Verfügung. Für die Berechnung der Gesamthelligkeit m_{AB} eines Doppelsterns aus m_A und $m_B - m_A$ siehe das Nomogramm auf S. 129, sowie E. Schoenberg: Hdb. d. Aph. II,1 (1929) 245, Tafel III.

b) Kataloge von Helligkeitsdifferenzen Δm.

Autor	Methode	Zahl der Paare	$\varrho_{\min}$	$\varepsilon_{\Delta m}$	Objektiv (cm)	Literatur
F. W. Struve	Schätzung			$0^m_{,}25$	25	Stellarum duplicium et multiplicium mensurae micrometricae; Petropoli (1837)
E. Dembowski	,,	2585	0,″5	0,2	12; 18	Misure micrometrique di stelle doppie; Roma 1884
E. C. Pickering	Polaris.	196	2	0,2	38; 13	Harvard Ann. **11**/1 (1879) 105; Harvard Ann. **11**/2 (1879) 227
E. C. Pickering	,,	97	2	0,2		Harvard Ann. **64** (1909) 159
O. C. Wendell	,,	500	2	0,2		Harvard Ann. **69**/2 (1915) 180
J. Stebbins	,,	107		0,08	30	Bull. Illinois **4**, Nr. 25 (1907)
L. Detre	Keil + künstl. St.	206	2,3	0,10	28	AN **273** (1942) 253
A. Wallenquist	Keil	300	5	0,12	36	Uppsala Medd. Nr. 85 (1944) = Ark. Mat. Astr. Fys. **30** A, Nr. 8
	,,	747	5	0,12		Uppsala Medd. Nr. 87 (1944) = Ark. Mat. Astr. Fys. **31** A, Nr. 16
	,,	2412	5	0,10		Uppsala Ann. **2**/2 (1947)
	,,	521	2	0,10	43; 50; 67	Uppsala Ann. **2**/3 (1948)
J. G. Ferwerda, C. J. Kooreman	photogr.	157	1,4	0,03	91	BAN **10** (1946) 169
J. Hopmann	Polaris.	115	1,9	0,05	21	Z. Aph. 24 (1948) 263
P. Muller	,,	70	1,7	0,04	16	Ann. Strasbourg **5**/1 (1948)
	,,	130	0,6		49	unveröffentlicht; s. Pop. Astr. **57**
	,,	27	0,45			(1949) 389
G. Miczaika	Keil	827	5	,07	20	Veröff. Heidelberg **15**/6 (1948)

$\varepsilon_{\Delta m}$ (Spalte 5) charakterisiert die innere Genauigkeit (m. F.), die äußere Genauigkeit ist wesentlich geringer. Bei Detre finden sich 4, bei Wallenquist 8, bei Hopmann 1, bei Muller 13 und bei Miczaika 4 Systeme mit berechneter Bahn. Im übrigen stehen als Δm der visuellen Doppelsterne mit bekannten Bahnelementen (316113) nur der Henry-Draper-Katalog (315121) und die (meist sehr guten) Schätzungen von Struve und Dembowski, die im ADS bzw. SDS angegeben sind, zur Verfügung.

Übersichtsbericht über das Problem der Doppelstern-Photometrie siehe A. Wallenquist: Pop. Astr. **57** (1949) 19. Vgl. auch H. Kienle: Zur Photometrie der Doppelsterne, SB. Deutsch. Akad. Wiss., Berlin, Math.-Naturwiss. Klasse (1948) Nr. 6.

316115 Statistische Beziehungen.

a) Absolute und relative Häufigkeit aller Sterne (nach BD) und der visuellen Doppelsterne (ADS) mit $m < 9$ und $\delta > 0$ (Aitken, R. G.: Binary Stars 265).

m	BD-Sterne	Doppelsterne	%
<6,5	4120	458	11,1
6,6—7,0	3887	306	7,9
7,1—7,5	6054	438	7,2
7,6—8,0	11168	758	6,8
8,1—8,5	22898	1251	5,5
8,6—9,0	52852	2189	4,1
<9,0	100979	5400	5,35

b) Galaktische Verteilung aller und der visuellen Doppelsterne ($m < 9$) (Aitken, R. G.: Binary Stars 262).

Galakt. Breite	BD-Sterne	Doppelsterne	Prozentanteil
+90 bis +30	26948	1335	4,95
+30 ,, +10	19355	996	5,15
+10 ,, —10	26477	1620	6,13
—10 ,, —30	17831	966	5,13
—30 ,, —70	10368	483	4,66

Eine weitere Unterteilung nach Spektraltypen läßt erkennen, daß die höhere galaktische Konzentration der Doppelsterne gegenüber den BD-Sternen fast ausschließlich die B- und A-Sterne betrifft.

Haffner

c) Verteilung der visuellen Doppelsterne (ADS, $m < 9$, $\log \varrho < 2{,}5—0{,}2\,m$) auf m und ϱ (Aitken, R. G.: Binary Stars 266).

m \ ϱ	$< 0{,}''5$	0,5—1,0	1,0—2,0	2,0—5,0	5,0—ϱ_0	Alle	%
<6	66	69	63	156	317	671	8,5
6—7	136	98	134	214	302	884	11,1
7—8	305	244	346	522	341	1758	22,1
8—9	879	793	1035	1564	363	4634	58,3
<9	1386	1204	1578	2456	1323	7947	100
%	17,4	15,2	19,9	30,9	16,6	100	

Bei 1495 (12%) der 12708 Systeme mit $\log \varrho < 2{,}5—0{,}2\,m$ läßt sich Bahnbewegung vermuten.

d) Spektrale Verteilung der Hauptkomponenten und Massensumme (Aitken, R. G.: MN **92** (1932), 603/605).

ϱ \ Sp.	B	A	F	G	K	M	?	Alle	%
$< 0{,}''50$	11	161	107	211	79	2	112	683	45,7
0,5—1,0	7	62	46	100	38	2	31	286	19,1
1,0—2,0	5	48	42	92	45	3	16	251	16,8
2,0—5,0	3	31	26	77	54	6	9	206	13,8
5,0—ϱ_0	0	17	8	17	17	8	2	69	4,6
Alle	26	319	229	497	233	21	170	1495	100
%	2,9	31,7	13,3	26,8	23,1	2,2	—	100	
$\mathfrak{M}_1 + \mathfrak{M}_2$	10,6	5,2	2,6	2,4	2,2	0,6	—	$N = 75$	

Die Prozentanteile der vorletzten Zeile beziehen sich auf ein größeres Kollektiv von 9190 Sternen des ADS. Die Einzelkomponenten visueller Doppelsterne erfüllen im Russell-Diagramm die gleichen Hauptbereiche wie die Einzelsterne: sie kommen als Riesen, Zwerge und weiße Zwerge vor. Auch in bezug auf ihre räumliche Geschwindigkeit unterscheiden sie sich nicht von Einzelsternen (J.H. Oort 1924). Physische Veränderlichkeit kommt in geringem Maß vor. L. Plaut [BAN **7** (1934) 181 und **9** (1940) 49] gibt eine Liste veränderlicher Doppelsterne, in der sich 53 gesicherte Fälle physischer Veränderlichkeit finden.

e) Periodenverteilung und mittlere Bahnexzentrizität bei 194 Systemen (Finsen-Katalog). Siehe vor allem Rose Bonnet, 316111 [7].

Klasse	10^a N	$\bar{e}$	10^a—30^a N	$\bar{e}$	30^a—100^a N	$\bar{e}$	100^a—300^a N	$\bar{e}$	300^a—1000^a N	$\bar{e}$	$> 1000^a$ N	$\bar{e}$	Alle N
I	5	0,20	13	0,47	27	0,44	2	0,57	0	—	0	—	42
II	2	,26	9	,46	15	,52	17	,63	0	—	0	—	43
III	2	,62	7	,37	24	,55	22	,57	11	,69	0	—	66
V	4	,37	7	,24	4	,44	15	,45	7	,51	6	0,71	43
Alle	13	,40	36	,40	65	,50	56	,56	18	,62	6	0,71	194

Die Zunahme von $\bar{e}$ mit P ist ein Auswahleffekt bei langperiodischen Systemen. Neuere Untersuchungen [Finsen, W. S.: MN **96** (1936) 862; Hopmann, J.: Ber. Sächs. Akad. Wiss., Math.-Naturwiss. Kl. **93** (1942)] zeigen, daß für alle visuellen Doppelsterne mit $10^a < P < 7300^a$ $\bar{e} = 0{,}43$ ist.

f) Orientierung der Bahnebenen. Über das Vorhandensein einer Vorzugsorientierung der Bahnebenen zur Milchstraßenebene lassen sich eindeutige Aussagen nicht machen. Immerhin scheinen steile Lagen der Bahnebenen häufiger zu sein als flache. J. Hopmann [Ber. Sächs. Akad. Wiss., Math.-Naturwiss. Kl. **93** (1942)] findet durch Analyse der Positionswinkel von 2158 Systemen eine bevorzugt senkrechte Bahnlage, während nach S. Koslowskaja [RAJ. **23** (1946) 299; Systeme mit bekannten Bahnelementen] ein ausgeprägtes Maximum der Häufigkeit bei $i = 65°$ liegt. Siehe auch das Sammelreferat von H. H. Voigt: Himmelswelt **56** (1949) 127.

g) Orientierung der Apsidenlinien (großen Halbachsen). Unter Referierung und teilweiser Bestätigung der Ergebnisse früherer Arbeiten anderer Autoren [J. M. Poor (1914) 1000 Systeme; E. A. Kreiken (1927) 164 Systeme; D. Barbier (1931) 74 Systeme; F. Berglund (1938) 2991 Systeme] findet J. Hopmann (s. 316115f) durch Diskussion von 2158 Paaren, daß die Apsidenlinien der Doppelsterne der Sonnenumgebung zum galaktischen Zentrum gerichtet sind, wobei das Apastron vornehmlich innen liegt.

316116 Mehrfache Systeme.

Hierunter fallen sowohl Systeme, deren Komponenten einzeln visuell sichtbar sind (ζ Cnc), als auch visuelle Doppelsterne, deren eine oder beide Komponenten spektroskopisch doppelt sind (Castor), und schließlich Systeme, die nur spektroskopisch oder auch photometrisch als drei- und mehrfach zu erkennen sind (Algol). Von derartigen Systemen besteht ein kontinuierlicher Übergang zu Systemen mit unsichtbaren Begleitern (31614), unter denen üblicherweise Sterne verstanden werden, deren Begleiter nur aus astrometrischen Bahnbewegungen der Hauptkomponenten erschlossen werden.

a) Typische Mehrfachsysteme. Die folgende Tabelle gibt für einige der bekanntesten drei- und mehrfachen Systeme (Art der Multiplizität in Spalte 3) die scheinbaren Helligkeiten der Komponenten (Angaben in der Mitte unter $A\ a$ beziehen sich auf die Gesamthelligkeit des immer spektroskopischen Systems $A + a$) und die Perioden P der einzelnen Untersysteme, für welche, soweit sie visuell trennbar sind, die scheinbaren Distanzen ϱ oder Halbachsen hinzugefügt sind.

ADS	Name	n	m						P; (ϱ'')					Lit.
			A	a	B	b	C	c	Aa	AB	Bb	AC	Cc	
490	13 Cet	3	$5^{\mathrm{m}}66$		$6^{\mathrm{m}},5$	—	—	—	$2^{\mathrm{d}},08$	$6^{\mathrm{a}},91$ (0″,3)	—	—	—	[*1*—*3*]
—	β Per	4	2,3	5,0	?	—	?	—	2,867	1,873 (?)	—	$188^{\mathrm{a}},4$	—	[*4*—*6*]
4617	μ Ori	3	4,31		6,6	—	—	—	4,447	17,5 (0,2)	—	—	—	[*7*—*10*]
6175	α Gem	6	1,99		2,85		9,7	9,7	2,928	340 (5)	$9^{\mathrm{d}},213$	? (72)	$0^{\mathrm{d}},814$	[*11*—*16*]
6650	ζ Cnc	4	5,56	—	6,02	—	6,26		—	59,60 (1,0)	—	1137 (7,2)	$17^{\mathrm{a}},64$ (0,2)	[*17*]
8119	ξ U Ma	4	4,41		4,87		—	—	669,18 (0″,05)	59,863 (2)	3,980	—	—	[*18*—*21*]
9494	44 Boo	3	5,31	—	5,94	var.	—	—	—	219,5 (3)	0,268	—	—	[*22*—*26*]
9909	ξ Sco	3	4,77	—	5,07	—	7,2	—	—	44,70 (1)	—	∼2000 (7)	—	[*27*—*28*]
15281	$\varkappa$ Peg	3	4,97		5,1	—	—	—	5,9715	11,52 (0″,2)	—	—	—	[*29*—*30*]

Literatur. [*1*] Paraskevopoulos, J. S.: Ap. J. **52** (1920) 110. — [*2*] Luyten W. J.: Ap. J. **78** (1933) 225. — [*3*] Bauer, C.: Ap. J. **100** (1944) 302. — [*4*] McLaughlin, D.: Publ. Michigan **6** (1934) 20. — [*5*] Kopal, Z.: Ap. J. **96** (1942) 399. — [*6*] Eggen, O. J.: Ap. J. **108** (1948) 1. — [*7*] Frost, E., u. O. Struve: Ap. J. **60** (1924) 192. — [*8*] Bourgeois, P.: Ap. J. **70** (1929) 258. — [*9*] van de Kamp, P.: A. J. **50** (1943) 120. — [*10*] Alden, H. L.: A. J. **51** (1944) 96. — [*11*] Curtis, H. D.: Lick Bull. **4** (1906) 55. — [*12*] Luyten, W. J.: A. J. **42** (1933) 179. — [*13*] Rabe, W.: AN **265** (1938) 204. — [*14*] Vinter-Hansen, J.: Lick Bull. **19** (1940) 89. — [*15*] Kuiper, G.: Ap. J. **88** (1938) 455. — [*16*] Strand, K. A.: A. J. **49** (1940) 47. — [*17*] Makemson, M. W.: A. J. **42** (1933) 153. — [*18*] Abetti, G.: Mem. Spet. It., Ser. 2a, **8** (1919) 113. — [*19*] Campbell, W. W.: PASP **30** (1918) 353. — [*20*] van den Bos, W. H.: Danske Vidensk. Selsk. Naturw. 8, XII, 2 (1928). — [*21*] Berman, L.: Lick Bull. **15** (1931) 109. — [*22*] Schilt, J.: Ap. J. **64** (1926) 215. — [*23*] Strand, K. A.: Leiden Ann. **18**/2 (1937) 98. — [*24*] Plaut, L.: BAN **9** (1939) 1. — [*25*] Popper, D. M.: Ap. J. **97** (1943) 407. — [*26*] Eggen, O. J.: Ap. J. **108** (1948) 15. — [*27*] Aitken, R. G.: Lick Bull. **12** (1914) 103. — [*28*] Baize, P.: BSAF **56** (1942) 157. — [*29*] Aitken, R. G.: Lick Bull. **9** (1917) 120. — [*30*] Luyten, W. J.: Ap. J. **79** (1934) 449.

b) Häufigkeit der Mehrfachsysteme. In ADS und SDS und wenigen Zusatzlisten (Südhimmel) finden sich bis zur Grenzgröße $9^{\mathrm{m}},0$ (Gesamthelligkeit) 2771 drei- und mehrfache Systeme (systematisch nicht vollständig!). Folgende Tabelle gibt ihre Verteilung auf die verschiedenen scheinbaren Konfigurationsmöglichkeiten [Wallenquist, A.: Uppsala Ann. **1** (1944) Nr. 5].

1 enges visuelles Paar mit weitem Begleiter ($D > 3d$)	1609	0 %
1 spektroskopisches Paar mit weitem Begleiter	201	100
1 enges Tripel mit weitem Begleiter	91	45
2 enge Paare mit weitem Abstand (ε Lyr)	121	14
1 enges Paar und 1 weites Paar	182	14
1 enges Paar mit nahem Begleiter ($D < 3d$)	378	0
1 enges Quadrupel	54	0
Systeme mit mehr als 4 Komponenten	135	30

d = Distanz des engen Paares, D = Distanz des Begleiters vom Schwerpunkt des engen Paares. Die letzte Spalte gibt den jeweiligen prozentualen Anteil an spektroskopischen Doppelsternen.

Alle Systeme zeigen eine Konzentration zur Milchstraße, die bei den 4- und mehrfachen Systemen 3- bis 4mal größer ist als bei den 3fachen, so daß ein gewisser Übergang zu den galaktischen Sternhaufen (3183) angedeutet scheint. Doch sind bei allen Diskussionen die Unvollständigkeit des Materials und Auswahleffekte im Auge zu behalten. Die Reihenfolge in der Tabelle ist die Reihenfolge wachsender galaktischer Konzentration.

31 612 Spektroskopische Doppelsterne.

31 6121 Literatur.

Zusammenfassende Darstellungen bei Aitken, Henroteau (316111). Dort auch die Methoden der Bahnbestimmung.

31 6122 Kataloge spektroskopischer Doppelsterne.

Bahnelemente siehe 31610. Rechnet man die halbe Geschwindigkeitsamplitude $K = \frac{2\pi a \sin i}{P(1-e^2)^{1/2}}$ in km/sec, P in Tagen, $\mathfrak{M}$ in Sonnenmassen und a in km, so ist:

$$a_{1,2} \sin i = [4{,}13833]\, K_{1,2}\, P\, (1-e^2)^{1/2}$$

$$\mathfrak{M}_{1,2} \sin^3 i = [3{,}01642 - 10]\, (K_1 + K_2)^2\, K_{2,1}\, (1-e^2)^{3/2}\, P$$

$$f(\mathfrak{M}) = \frac{\mathfrak{M}_2^3 \sin^3 i}{(\mathfrak{M}_1 + \mathfrak{M}_2)^2} = [3{,}01642 - 10]\, K_1^3\, (1-e^2)^{3/2}\, P.$$

Der jüngste Katalog von Systemen mit Bahnelementen ist:

Moore, J. H., u. F. J. Neubauer: Fifth catalogue of the orbital elements of spectroscopic binary stars, Lick Bull. **20** (1948) 1. [Vorgänger sind Lick Bull. **18** (1936) 1 und **11** (1924) 141.] Enthält Bahnelemente für 524 Systeme, von denen 480 (Tab. 1) als sicher oder ziemlich sicher zu betrachten sind. Bei dem Rest (Tab. 2) liegt Verdacht auf systematische Fehler u. a. infolge von Gasströmen in ausgedehnten Atmosphären vor. 17 Systeme sind auch visuelle Doppelsterne, 147 Bedeckungsveränderliche mit 1 oder 2 Spektren, 105 andere Sterne mit 2 Spektren.

Bahnbestimmungen werden laufend vor allem am Mt. Wilson, McDonald, Lick und Dominion Astrophys. Observatory Victoria ausgeführt und im Ap. J., Lick Bull. und Publ. Victoria veröffentlicht.

31 6123 Statistische Beziehungen.

Grundlage 5. Katalog von Moore-Neubauer.

a) Spektrale Verteilung von Ein- und Zweispektrensternen.

Spektrum	1 Spektrum	2 Spektren	Summe
O	13	6	19
B	93	50	143
A	106	51	157
F	63	29	92
G	56	13	69
K	34	2	36
M	7	1	8
Alle	372	152	524

b) Verteilung nach scheinbarer Helligkeit und Spektraltyp (Mt. Wilson).

m	*O*	*B*	*A*	*F*	*G*	*K*	*M*	Summe
—2 bis 0	0	0	1	0	0	0	0	1
0 ,, 1	0	0	0	1	2	0	0	3
1 ,, 2	0	3	2	0	0	0	0	5
2 ,, 3	1	5	7	2	3	1	0	19
3 ,, 4	0	17	5	8	7	3	4	44
4 ,, 5	2	26	16	17	20	11	3	95
5 ,, 6	3	23	41	22	14	9	0	112
6 ,, 7	5	30	31	22	5	8	0	101
7 ,, 8	2	8	12	6	4	0	0	32
8 ,, 9	3	11	13	3	7	4	0	41
9 ,, 10	2	8	17	5	4	0	1	37
10 ,, 11	1	4	9	2	1	0	0	17
11 ,, 12	0	0	1	1	0	0	0	2
Alle	19	135	155	89	67	36	8	509

c) Verteilung nach Periode und Spektraltyp.

Periode	O	B	A	F	G	K	M	Summe
$< 0^{d},33$	0	0	0	0	2	0	0	2
0,33— 1	0	3	8	5	3	0	1	20
1 — 3^{d}	2	43	42	14	1	1	0	103
3 — 9	9	45	53	20	9	2	0	138
9 — 27	4	20	34	21	13	7	0	99
27 — 81	3	13	8	11	5	3	0	43
81 — 243	1	12	7	3	8	2	1	34
243 — 729	0	3	0	5	10	5	1	24
2^{a} — 6^{a}	0	0	1	2	11	12	1	27
6 — 18	0	3	2	5	3	2	3	18
18 — 54	0	0	1	6	2	1	1	11
> 54	0	0	1	0	2	1	0	4
Alle	19	142	157	92	69	36	8	523

d) Mittlere Bahnexzentrizität.

Periode	O	B	A	F	G	K	M	Alle
$< 1^{d}$	— (0)	0,131 (1)	0,014 (7)	0,029 (5)	0,000 (5)	0,089 (1)	0,000 (1)	0,023
1— 9	0,068 (5)	,088 (81)	,071 (85)	,044 (34)	,047 (12)	,020 (3)	— (0)	,071
9— 81	,066 (3)	,168 (27)	,314 (37)	,245 (30)	,166 (15)	,089 (12)	— (0)	,220
81—729	,360 (1)	,410 (13)	,295 (7)	,494 (6)	,223 (14)	,221 (16)	— (0)	,299
> 729	— (0)	,160 (2)	,594 (3)	,408 (12)	,479 (13)	,350 (24)	,382 (4)	,400

Die Exzentrizität wird mit zunehmender Periode größer und erreicht bei $P \approx 2^{a}$ denselben Wert (0,4), den sie bei visuellen Doppelsternen besitzt (vgl. 316115e).

e) Häufigkeit des Massenverhältnisses $\alpha = \mathfrak{M}_1/\mathfrak{M}_2$.

α	N	α	N	α	N
1,00—1,09	46	1,50—1,59	7	2,00—2,19	3
1,10—1,19	36	1,60—1,69	4	2,20—2,39	1
1,20—1,29	19	1,70—1,79	6	2,40—2,59	2
1,30—1,39	8	1,80—1,89	6	2,60—2,99	2
1,40—1,49	8	1,90—1,99	1	3,00—3,40	1

Die angegebenen Zahlen beruhen notwendigerweise auf Sternen mit 2 Spektren, also nicht sehr verschiedener Helligkeit. Durch diese Auswahl entsteht eine starke Bevorzugung von kleinen α-Werten ($\alpha \approx 1$).

f) Spektrale Verteilung von $\mathfrak{M}_1 \sin^3 i$.

Spektrum	Nicht-Bed. Ver.		Bed. Veränderl.	
	$\mathfrak{M}_1 \sin^3 i$	n	$\mathfrak{M}_1 \sin^3 i$	n
O	13,90	1	21,1	4
$B\,0$ — $B\,2$	9,38	6	13,32	6
$B\,3$ — $B\,7$	7,68	10	8,13	12
$B\,8$ — $A\,3$	1,82	39	2,53	10
$A\,4$ — $F\,4$	1,32	29	1,34	5
$F\,5$ — $G\,2$	1,06	8	0,98	6
$G\,5$ — $K\,8$	0,65	5	1,49	3
M	—	0	0,63	1

g) Verteilung der Periastronlängen.

Die Periastronlängen ω, das sind die Winkelabstände zwischen Periastron und Tangentialebene an der Sphäre, gezählt längs der Bahn vom aufsteigenden Knoten aus, zeigen bei spektroskopischen Doppelsternen eine auffällige Häufung zwischen 0° und 90° [„Barr-Effekt", J. Miller Barr: J. RAS Canada **2** (1908) 70]. Nach neueren Untersuchungen [Struve, O.: PASP **60** (1948) 160 und Pop. Astr. **56** (1948) 348; Blanco, V. M., u. A. D. Williams: PASP **61** (1949) 93; Scott, E. L.: Ap. J. **109** (1949) 194 u. 446] tritt der Effekt nur bei Sternen früher als $F\,2$ mit Perioden kleiner als 15^{d} auf. Ursache: Verzerrung der Radialgeschwindigkeitskurve durch Gasströme zwischen den Komponenten enger Doppelsterne.

31 613 Photometrische Doppelsterne.

31 6131 Klassifikation.

Name	Konfiguration	Lichtkurve
A: Algolsterne	2 nahezu sphärische Sterne	
B: β Lyrae-Sterne, ($P > 1^{d},0$)	2 ellipsoidische Sterne ungleicher Größe	
C: W Ursae-majoris-Sterne, ($P < 1^{d},0$)	2 ellipsoidische Sterne gleicher Größe	

Bei B und C liegt im Gegensatz zu A häufig Berührung und Massenaustausch beider Komponenten vor.

31 6132 Literatur.

Siehe die Nr. [*1, 2, 3*] von 316111, ferner Payne-Gaposchkin, C., u. S. Gaposchkin: Variable stars, Harvard Mon. Nr. 5 (1938) 17—92.

Harvard Circ. 451ff. Organ der Kommission 42 der IAU (enge Doppelsternsysteme).

Die klassischen Bahnbestimmungsmethoden: Russell, H. N.: Ap. J. **35** (1911) 315; **36** (1912) 54 und Shapley, H.: Ap. J. **36** (1912) 239, 385. Bezüglich neuerer Methoden siehe Z. Kopal: An introduction to the study of eclipsing variables, Cambridge (Mass.) (1946).

31 6133 Kataloge.

Neben G. Müller u. E. Hartwig: Geschichte und Literatur der Veränderlichen Sterne (siehe 316212) sind zu nennen:

1. Schneller, H.: Katalog und Ephemeriden veränderlicher Sterne [zum letztenmal erschienen für 1943 als Kl. Veröff. Berlin-Babelsberg Nr. 26 (1942), dort 224—247]. Enthält Lichtwechselelemente für 1336 bis 1942 als Bedeckungsveränderliche klassifizierte Sterne. Grenzgröße $15^{m}_{,}7$.

2. Kukarkin, B., u. P. Parenago: Allgemeiner Katalog veränderlicher Sterne, Moskau (1948) (russ.), enthält die Daten zu 1913 (davon 74 unsicher) Bedeckungsveränderlichen.

3. Rocznik Krakowskiego Nr. 20 (1949) gibt Lichtwechselelemente für 541 gut untersuchte Bedeckungsveränderliche mit $\delta > -23°$, $m_{max} < 14{,}0$, Ampl. $> 0^{m}_{,}3$.

4. Gaposchkin, S.: Masses, radii and other absolute dimensions for 225 eclipsing variables. Harvard Repr. **201** (1940) = Proc. Amer. Phil. Soc. **82**, Nr. 3 (1940).

5. Pierce, N. L.: A finding list for observers of eclipsing variables. Contr. Princeton Nr. 22 (1947).

31 6134 Statistische Untersuchungen.

Grundlage Katalog Schneller 1943.

a) Verteilung der Bedeckungsveränderlichen nach scheinbarer Helligkeit.

m	Algol	β Lyr	W UMa	?	Summe
1— 2	1	0	0	0	1
2— 3	4	0	0	0	4
3— 4	1	3	0	0	4
4— 5	4	4	0	0	8
5— 6	7	4	0	0	11
6— 7	14	3	2	0	19
7— 8	21	5	2	0	28
8— 9	60	20	7	2	89
9—10	141	31	7	4	183
10—11	164	28	19	8	219
11—12	128	13	21	11	173
12—13	146	16	22	15	199
13—14	174	16	31	32	253
14—15	82	5	25	15	127
15—16	7	1	0	10	18
1—11	417	98	37	14	566
11—16	537	51	99	83	770
1—16	954	149	136	97	1336

b) Periodenhäufigkeit bei Bedeckungsveränderlichen.

P \ m	Algol			β Lyr			W UMa			S
	< 11	> 11	S	< 11	> 11	S	< 11	> 11	S	
$0^{d}_{,}1$— $0^{d}_{,}5$	2	7	9	0	3	3	27	68	95	107
0,5— 1,0	38	51	89	32	19	51	10	29	39	179
1,0— 2,0	94	148	242	31	14	45	0	2	2	289
2,0— 4,0	142	170	312	15	9	24	0	0	0	336
4,0— 8,0	73	91	164	9	3	12	0	0	0	176
8,0—16,0	43	41	84	4	1	5	0	0	0	89
16,0—32,0	9	12	21	3	1	4	0	0	0	25
> 32,0	16	17	33	4	1	5	0	0	0	38
Alle	417	537	954	98	51	149	37	99	136	1239

Haffner

c) Feinere Aufteilung bei *W* UMa-Sternen.

P \ *m*	< 11	> 11	*S*
$0^d,0$—$0^d,1$	0	0	0
0,1—0,2	0	0	0
0,2—0,3	5	13	18
0,3—0,4	11	31	42
0,4—0,5	11	24	35
0,5—0,6	5	7	12
0,6—0,7	3	8	11
0,7—0,8	1	7	8
0,8—0,9	0	3	3
0,9—1,0	1	4	5
1,0—1,1	0	2	2
Alle	37	99	136

Kürzeste Periode: $0^d,197$ (*U* UMa).

Längste Perioden: 9883^d (ε Aur), 7430^d (*VV* Cep).

d) Spektrum-Periodenhäufigkeit für 361 Bedeckungsveränderliche mit bekanntem Spektraltyp und $m < 11$.

Sp \ *P*	< 0,5	0,5—1,0	1—2	2—4	4—8	8—16	16—32	> 32	Alle
O	0 / 0 / 0	0 / 0 / 0	0 / 0	2 / 2	1 / 1	0 / 1	0 / 0	0 / 0	3 / 4 / 0
B	0 / 0 / 0	2 / 2 / 0	9 / 17	25 / 6	16 / 2	5 / 2	0 / 0	2 / 0	59 / 29 / 0
A	0 / 0 / 1	14 / 10 / 2	37 / 6	52 / 3	22 / 1	20 / 1	4 / 1	4 / 1	153 / 23 / 3
F	0 / 0 / 8	2 / 5 / 3	5 / 1	10 / 0	10 / 1	4 / 0	1 / 0	1 / 0	33 / 7 / 11
G	0 / 0 / 6	2 / 1 / 1	0 / 0	2 / 0	6 / 1	0 / 0	0 / 0	2 / 2	12 / 4 / 7
K	0 / 0 / 1	3 / 0 / 0	1 / 0	1 / 0	0 / 0	1 / 0	0 / 2	2 / 0	8 / 2 / 1
M	0 / 0 / 1	0 / 0 / 0	0 / 0	0 / 0	0 / 0	0 / 0	0 / 0	1 / 0	1 / 0 / 1
Alle	0 / 0 / 17	23 / 18 / 6	52 / 24 / 0	92 / 11 / 0	55 / 6 / 0	30 / 4 / 0	5 / 3 / 0	12 / 3 / 0	269 / 69 / 23

In jedem Feld bezieht sich die obere Zahl auf Algolsterne, die mittlere auf β Lyrae-Sterne, die untere auf *W* UMa-Sterne.

Wie die Tabelle im einzelnen zeigt, sind die Algolsterne meist *A*-Sterne mit Perioden von etwa 3^d, die β Lyrae-Sterne *B*-Sterne mit $1^d,5$, die *W* UMa-Sterne *F*- bis *G*-Sterne (Zwerge!) mit $0^d,4$.

Über die Zustandsgrößen ($\mathfrak{M}$, *R*, ϱ, *T*) siehe 3141. Die zuverlässigsten Werte dieser Größen stammen fast ausschließlich von Bedeckungsveränderlichen. Indes ist zu betonen, daß gerade bei Bedeckungsveränderlichen häufig Abweichungen vom Masse-Leuchtkraft-Gesetz vorkommen. So folgt aus den Lichtkurven der *W* UMa-Sterne im Mittel $\mathfrak{M}_1/\mathfrak{M}_2 = 1{,}0$, während der spektroskopische Befund (K_1/K_2) ein mittleres Massenverhältnis 2 liefert. Ferner besitzen die Nebenkomponenten fast aller Algolsterne Massen, die für ihre Leuchtkräfte (aus Lichtkurven und Spektren) zu klein sind [extremer Fall *XZ* Sag mit $f(\mathfrak{M}) = 0{,}0005$, $\Delta m_{\text{beob}} = 2^m,5$, $\Delta m_{\text{ber}} = 11^m,6$; Sahade, J.: Ap. J. **102** (1945) 474]. Vgl. die zahlreichen Arbeiten von O. Struve u. Mitarbeitern in Ap. J. **99** bis **108** und Struve, O.: Ann. d'Astrophys. **11** (1948) 117, ferner die Tabelle 8 „Elemente typischer *W* UMa-Sterne" bei O. J. Eggen: Ap. J. **108** (1948) 26.

Haffner

31 614 Sterne mit unsichtbaren Begleitern.

31 6141 Allgemeines.

Zwar sind auch die zweiten Komponenten von spektroskopischen Doppelsternen mit 1 Spektrum und die „dunklen" Komponenten vieler Bedeckungsveränderlicher (Algol!) „unsichtbare" Begleiter, doch werden im allgemeinen als unsichtbare Begleiter nur solche Sterne bezeichnet, die weder spektroskopisch noch photometrisch, sondern durch astrometrisch nachweisbare Störungen der Bahnbewegung ihrer Hauptkomponente sich zu erkennen geben. In diesem Sinn ist der zweite Begleiter von Algol (β Per B) ein unsichtbarer Begleiter, obgleich er auch durch Störungen der Lichtkurve des Systems β Per $A + a$ bemerkbar wird. Die Existenz der ersten Sterne dieser Art, Sirius B und Prokyon B, wurde schon 1844/46 von Bessel behauptet; 1861 bzw. 1896 wurden sie von Clark bzw. Schäberle visuell nachgewiesen, so daß sie jetzt nicht mehr in die hier behandelte Kategorie gehören.

Die Umgebung der Sonne bis zu 5 Parsec Abstand enthält [v. d. Kamp, P.: PASP **57** (1945) 34] 39 Systeme, von denen 14 zwei- oder mehrfache Systeme sind [der Begleiter von $BD + 5° 1668$ ist zu streichen; A. J. **53** (1948) 229]. Darunter befinden sich, wenn auch die Sonne mit ihrem Planetensystem mitgezählt wird, 9 Systeme mit unsichtbaren Begleitern. Die Beobachtungen liefern nur die Massenfunktion $\left(\frac{\mathfrak{M}_2}{\mathfrak{M}_1 + \mathfrak{M}_2} - \frac{1}{1 + 10^{0,4\Delta m}}\right)^3 (\mathfrak{M}_1 + \mathfrak{M}_2)$, aus der unter Annahme plausibler Werte von Massensumme und Helligkeitsdifferenz Δm das Massenverhältnis gefunden werden kann. Nach Holmberg besitzt $^1/_4$ der Sterne unserer Umgebung unsichtbare Begleiter (s. 316142, l. c., pag. 12).

31 6142 Literatur.

[*1*] Baize, P.: Étoiles invisibles, BSAF **50** (1936) 374. — [*2*] Holmberg, E.: Invisible companions of parallax stars, Lund Medd. II, Nr. 92 (1938). — [*3*] v. d. Kamp, P.: PASP **55** (1934) 263; A. J. **51** (1944) 7; **53** (1947) 47; **53** ,207. — [*4*] Larink, J.: Sterne mit unsichtbaren Begleitern, Naturw. **35** (1948) 118. In weiterem Sinne gehören hierher auch zahlreiche Arbeiten von H. L. Alden in A. J. **45** (1936) bis **52** (1946), in denen astrometrische Bahnen von spektroskopischen Doppelsternen mit 1 Spektrum (β Per, μ Per, β Cap, χ Dra, α Phe, Cinc 1988, μ Ori, δ Aql, ξ Pav) abgeleitet werden. Vgl. dazu den Übersichtsbericht: [*5*] Alden, H. L.: Astrometric orbits of spectroscopic binaries, A. J. **52** (1946) 37.

31 6143 Liste aller bekannten Sterne mit unsichtbaren Begleitern.

Nr.	Name	π	P	a	$\mathfrak{M}$	Literatur
1.	Prox. Cen.	0,″761	2,ª47	0,″010	0,0018	Holmberg: Lund Medd. II Nr. 92
2.	+ 4°,3561[1]	,530	1,07	,06	,06	v. d. Kamp: Proc. Amer. Phil. Soc. **88** (1944) 372 = Sproul Repr. Nr. 45
3.	+ 36°,2147[2]	,411	1,28	,054	,06	v. d. Kamp: Proc. Amer. Phil. Soc. **88** (1944) 372 = Sproul Repr. Nr. 45
4.	61 Cyg ?	,294	4,9	,020	,016	Strand: Proc. Amer. Phil. Soc. **86** (1943) 364
	A		1,88	,010	,015	Holmberg: Lund Medd. II Nr. 92
	Bα		1,55	,012	,023	Holmberg: Lund Medd. II Nr. 92
	Bβ		1,80	,010	,017	Holmberg: Lund Medd. II Nr. 92
5.	Ross 614	,249	16,5	,306	,1	Reuyl: A. J. **45** (1936) 133; Publ. AAS **10** (1941) 143; Lippincott: AJ **55** (1951) 236
6.	+ 20°,2465[3]	,210	26,5	,110	,032	Reuyl: Ap. J. **97** (1943) 186
7.	o² Eri *A*	,205	2,99	,012	,029	Holmberg: Lund Medd. II Nr. 92
8.	70 Oph *A* oder *B*	,197	17	,015	,012 ,008	Reuyl u. Holmberg: Ap. J. **97** (1943) 41
	?		3,6	,012	—	Strand: unveröff. [s. PASP **57** (1945) 38]
9.	ξ Boo ?	,147	2,2	,020	,1	Strand: PASP **55** (1942) 28; Realität wird bezweifelt: v. d. Kamp: A. J. **53** (1948) 226
10.	ξ UMa *A*	,138	1,8	,05	,16	Hertzsprung: AN **208** (1919) 111
11.	α Gem *B*	,077	1,82	,028	—	Holmberg: Lund Medd. II Nr. 92; nichtbestätigt von Strand: A. J. **49** (1940) 41
12.	ζ Aqr ?	,040	25	,08	,6	Strand: A. J. **49** (1942) 165
13.	16 Cyg *A*	,039	1,61	,012	—	Holmberg: Lund Medd. II Nr. 92
	B		1,59	,031	—	(ditto, bracketed)
14.	ζ Cnc *C*	,039	17,5	,2	1,7	Seeliger; v. d. Kamp: A. J. **53** (1948) 207
15.	μ Dra ?	,033	3,2	,026	,6	Strand: PASP **55** (1942) 26

[1] Barnards Stern. [2] Lalande 21185. [3] Cinc 1244.

Erläuterungen: 2. Spalte: Ein ? hinter der Bezeichnung des Sterns bedeutet, daß aus den (bei Strand stets relativen!) Messungen nicht entschieden werden kann, zu welcher der beiden Komponenten des Doppelsterns der unsichtbare Begleiter gehört. 61 Cyg *B* hat nach Holmberg 2 unsichtbare Begleiter. Der Begleiter von 70 Oph hat die Masse 0,012 oder 0,008, je nachdem, ob er zu 70 Oph *A* oder 70 Oph *B* gehört.

3. Spalte: Trig. Parallaxe nach v. d. Kamp, P.: PASP **57** (1945) 36 für $\pi \geqq$,″197, für kleinere Parallaxen nach Kuiper, G. P.: Ap. J. **95** (1942) 201 bzw. nach den hier genannten Autoren.

4. Spalte: Periode der Bahnbewegung.

5. Spalte: Scheinbare Halbachse der Bahn der gestörten Hauptkomponente um den Schwerpunkt der gestörten Komponente und des unsichtbaren Begleiters. Bei Holmberg stehen statt der scheinbaren Halbachsen die scheinbaren Amplituden in Rektaszension.

6. Spalte: Masse des Begleiters in Einheiten der Sonnenmasse. Masse des Jupiter 0,001.

Die Realität mehrerer der genannten Begleiter, vor allem Nr. 1, 4, 7, 8, 11, 13, ist noch sehr unsicher (vgl. z. B. die widerspruchsvollen Ergebnisse von Strand und Holmberg bei 61 Cyg). Weitere verdächtige Sterne sind Wolf 358, δ Aql, Cinc 1988, BD + 5°1668 [v. d. Kamp, P.: Sky and Telescope **4**/2 (1944) 5].

31 62 Veränderliche Sterne.

31 621 Definition und Allgemeines.

Fixsterne, die infolge einer Veränderlichkeit ihrer physischen Zustandsgrößen Helligkeitsschwankungen aufweisen. Bedeckungsveränderliche siehe 31613. Über die im folgenden gebrauchten Abkürzungen der Namen von Sternbildern siehe 31511.

31 6211 Verzeichnisse von veränderlichen Sternen: Kukarkin, B. u. P. Parenago: Katalog veränderlicher Sterne, 1. Ausgabe (1948), Moskau (russ.) wird mit jährlichen Ergänzungen alle 5 Jahre herausgegeben als Fortsetzung der bis 1943 jährlich erschienenen Verzeichnisse von H. Schneller (s. u.); enthält für 10753 galaktische Veränderliche und 44 Supernovae die Benennungen, Örter für 1900,0, jährliche Präzession, Helligkeitsgrenzen, Spektraltypen, Art und Elemente des Lichtwechsels sowie Angaben über die benutzte Literatur. In einer am Schluß des Bandes gegebenen Einteilung der Veränderlichen entfallen auf die einzelnen Gruppen die folgenden Sternzahlen:

Bedeckungsveränderliche:	Sterne
Algol-Sterne	1185
β Lyrae- und *W* UMa-Sterne	379
Bedeckungsveränderl. unbekannten Typs	346
Summe:	1910
Physische Veränderliche:	
δ Cephei-Sterne	497
RR Lyrae-Sterne	1720
Unregelmäßige Veränderliche	973
Langperiodische mit Ampl. < $2^m,5$	862
Mira-Veränderliche mit Amplituden > $2^m,5$	2594

Physische Veränderl. (Forts.)	Sterne
Novae	96
Nova-ähnliche Sterne	25
RT Serpentis-Sterne	3
Orion-Veränderliche	99
R Coronae-bor.-Sterne	35
Wiederkehrende Novae	6
RV Tauri-Sterne	72
RW Aurigae-Sterne	61
Halbregelmäßige	615
U Geminorum-Sterne	77

Physische Veränderl. (Forts.)	Sterne
XX Ophiuchi-Sterne	13
Z Camelopard.-Sterne	15
β Cephei-Sterne	6
Sondertypen	14
δ Cephei-Sterne ohne Elemente	233
Physische Veränderliche unbekannten Typs	827
Summe:	8843
Bedeckungsveränderliche:	18 %
Physische Veränderliche:	82 %

Schneller, H.: Katalog und Ephemeriden veränderlicher Sterne für 1943 (Kl. Veröff. Berlin-Babelsberg Nr. 26) enthält 9476 galaktische Veränderliche und 46 Supernovae, Kartenörter (1855,0 bzw. 1875,0), jährliche Präzession, Perioden bzw. Elemente, Helligkeitsgrenzen, Spektraltypen und Vorausberechnungen für 1943.

31 6212 Literaturnachweise: „Geschichte und Literatur des Lichtwechsels der veränderlichen Sterne", 1. Ausgabe von G. Müller u. E. Hartwig [3 Bände, Leipzig (1918—1922)]; 2. Ausgabe von R. Prager [3 Bände; Univ.-Sternw. Berlin-Babelsberg (1934 u. 1936)]; 3. Band fehlt noch; Ergänzungsband zur 2. Ausgabe von R. Prager: Harvard Ann. **111** (1941): enthält für jeden Stern eine Zusammenstellung der Beobachtungsergebnisse und ein vollständiges Literaturverzeichnis bis 1938. — Lückenlose Literaturnachweise geben auch die „Astronomischen Jahresberichte" des Astronomischen Recheninstituts, in denen alle die Veränderlichen betreffenden Veröffentlichungen übersichtlich zusammengestellt sind. Bislang sind die Jahrgänge 1899—1948 erschienen.

31 6213 Neuere Gesamtdarstellungen: Ludendorff, H.: Hdb. d. Aph. VI/2 (1928) und VII (1936). — ten Bruggencate, P.: Die veränderlichen Sterne, Erg. d. exakt. Naturw. **10** (1931). — Gaposchkin, C. u. S.: Variable Stars, Harvard Mon. **5** (1938).

Klassifikation der Veränderlichen. Ältere: Graff, K.: Grundr. d. Astrophys. (1928) 614. — Ludendorff, H.: Hdb. d. Aph. VI/2 (1928) 62. — Lundmark, K.: Pop. Astr. Tidskr. **3** (1932) 87. — Gaposchkin, C. u. S.: Harvard Mon. **5** (1938) 7. — Schneller, H.: Mitt. Veränd. St. Sonneberg Nr. 92—101 (1944).

Neuere: Schneller, H.: AN **277** (1949) 84; vgl. nebenstehende Tabelle. Ordnungsprinzip: Lage der Veränderlichen im Russell-Diagramm. Zahlen nach dem Kukarkinschen Katalog von 1948 (enthalten zahlreiche zweifelhafte Fälle).

Klassifikation der physischen Veränderlichen nach H. Schneller.

I. Überriesen	Zahl	II. Hauptreihensterne	Zahl
A. Pulsierende Sterne		A. Expandierende Sterne	
1. *RR* Lyrae-Art	2450 (1.–2.)	1. Novae	99
2. *δ* Cephei-Art		2. Wiederkehr. Novae	6
3. *S* Vulpec.-Art	687 (3.–5.)	3. *U* Gemin.-Art	92 (3.–5.)
4. *RV* Tauri-Art		4. *Z* Camelop.-Art	
5. *V* Urs.-Min.-Art		5. *CN* Orionis-Art	
6. Mira-Ceti-Art	3456	B. 1. *RW* Aurig.-Art	160 (1.–2.)
7. *μ* Cephei-Art	973	2. Nebelveränderl.	
B. *R* Cor.-bor.-Art	35	C. *β* Cephei-Art	6
		D. *Be*-Sterne u. ähnl.	38
	7601 = 95%		401 = 5%

31 622 Überriesen und Riesen.

31 6221 Die Veränderlichen der RR Lyrae- und δ Cephei-Klasse.

a) Die Lichtkurven (s. Abb. 1) zeigen eine große Regelmäßigkeit in der Form, Höhe und zeitlichen Aufeinanderfolge der kurzperiodischen Wellen. Ihr Verlauf ist in Phase und Amplitude vom Spektralbereich abhängig, in dem beobachtet wird. So verspäten sich die Maxima und Minima der Lichtkurve mit zunehmenden Wellenlängen zwischen λ 3530 und λ 10300 um etwa 0,05 der Periode (s. Abb. 2, S. 193).

b) Die Helligkeitsamplituden sind im Ultraviolett erheblich größer als im Infrarot (bei δ Cephei 3,4mal größer; s. Abb. 2, S. 193). Sie liegenbei δ Cephei-Sternen

visuell	(λ 5600)	zwischen	$0^m_,37$	und $1^m_,47$,
photographisch	(λ 4200)	„	0, 65	„ 2,60.

Die radiometrische Amplitude von δ Cephei beträgt $0^m_,5$. Siehe E. Pettit u. S. B. Nicholson: Ap. J. **78** (1933) 345.

Mittelwerte der Amplituden für *RR* Lyrae-Sterne (nach Schnellers Katalog für 1943):

visuell:	$1^m_,02$	(46 Sterne)
photographisch:	1, 10	(80 „)

Die Amplituden zeigen keine Abhängigkeit von der Periodenlänge.

Mittlere Amplituden und Perioden bei den δ Cephei-Sternen nach B. Sticker: Z. Aph. **2** (1931) 389.

log Periode	vis. Ampl.	*n*	phot. Ampl.	*n*
0,00—0,39	$0^m_,40$	1	$0^m_,97$	7
0,40—0,59	0,50	3	1,03	14
0,60—0,79	0,72	16	1,01	39
0,80—0,99	0,73	13	1,09	32
1,00—1,19	0,95	9	1,33	26
1,20—1,39	1,05	6	1,48	16
1,40—1,59	1,00	4	1,57	10
1,60—1,79	1,18	4	1,70	3

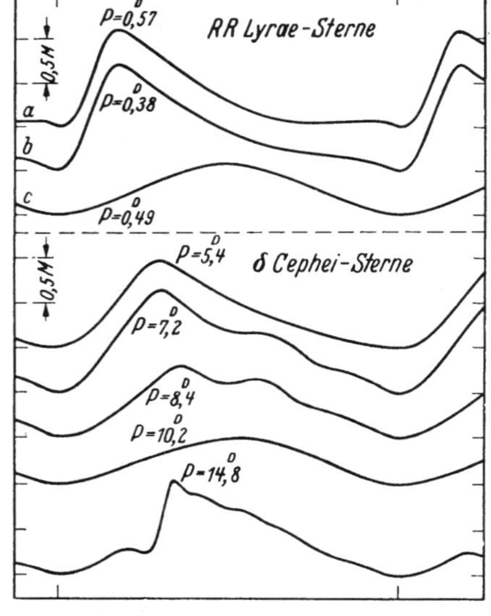

Abb. 1. Lichtkurven (von oben nach unten): *RR* Lyr, *RS* Boo, *CV* Cyg, *δ* Cep, *η* Aql, *S* Sge, *ζ* Gem, *RW* Cas.

Beyer

c) Häufigkeitsverteilung der Perioden bei den δ Cephei- und *RR* Lyrae-Sternen nach dem Stande von 1948.

Perioden	n	Perioden	n	Perioden	n	Perioden	n
$0^d{,}0$—$0^d{,}1$	4	$1^d{,}6$—$2^d{,}0$	6	$8^d{,}0$— $8^d{,}4$	6	14,4—14,8	4
0,1—0,2	13	2,0—2,4	9	8,4— 8,8	2	14,8—15,2	10
0,2—0,3	23	2,4—2,8	8	8,8— 9,2	2	15,2—15,6	6
0,3—0,4	127	2,8—3,2	19	9,2— 9,6	7	15,6—16,0	6
0,4—0,5	408	3,2—3,6	17	9,6—10,0	8	16,0—17,0	13
0,5—0,6	521	3,6—4,0	27	10,0—10,4	10	17,0—18,0	10
0,6—0,7	245	4,0—4,4	24	10,4—10,8	3	18,0—20,0	8
0,7—0,8	46	4,4—4,8	22	10,8—11,2	7	20,0—22,0	8
0,8—0,9	7	4,8—5,2	26	11,2—11,6	2	22,0—24,0	10
0,9—1,0	1	5,2—5,6	25	11,6—12,0	5	24,0—26,0	5
1,0—1,1	6	5,6—6,0	17	12,0—12,4	5	26,0—28,0	5
1,1—1,2	4	6,0—6,4	19	12,4—12,8	4	28,0—30,0	6
1,2—1,3	2	6,4—6,8	18	12,8—13,2	6	30,0—34,0	7
1,3—1,4	3	6,8—7,2	14	13,2—13,6	4	34,0—38,0	5
1,4—1,5	2	7,2—7,6	13	13,6—14,0	6	38,0—42,0	4
1,5—1,6	4	7,6—8,0	10	14,0—14,4	3	42,0—46,0	3

Kürzeste Periode: *CY* Aquarii: $0^d{,}061\,038\,48$; längste: *SV* Vulpeculae: $45^d{,}145$. Eine auffällige Periodenlücke bei $1^d{,}0$ gliedert die Kurzperiodischen in die:

RR Lyrae-Sterne mit Perioden $< 1^d{,}0$
und δ Cephei-Sterne ,, ,, $> 1^d{,}0$.

Da die *RR* Lyrae-Sterne in größerer Zahl in den kugelförmigen Sternhaufen vorkommen, werden sie auch als Haufenveränderliche (cluster type) bezeichnet. Untergruppen a, b, c nach Bailey, S. I.: Harvard Ann. **38** (1902) s. Abb. 1.

Perioden- und Amplitudenänderungen kommen bei den δ Cephei-Sternen nur selten und in geringem Ausmaß vor. Bei den *RR* Lyrae-Sternen treten z. T. sehr erhebliche periodische Schwankungen in den Helligkeitsamplituden auf, die bei *RR* Lyrae selbst zwischen $0^m{,}8$ und $1^m{,}2$ wechseln und Phasenverschiebungen bis zu $0^P{,}02$ hervorrufen. Literatur: Balázs, J. u. L. Detre: Mitt. Budapest-Svábhegy Nr. 5 (1938), Nr. 8 (1939), Nr. 17 (1943), Nr. 18 (1943). — Oosterhoff, P. Th.: BAN **10** (1946) 101. — Detre, L.: AN **271** (1941) 225. — Fath, E. A.: Lick Bull. **19** (1940) 77. — Walraven, Th.: BAN **11** (1949) 403.

d) Beziehung zwischen den Lichtkurven und Perioden.

	Perioden	Max. der Häufigk.	% der galakt. *RR* Lyr-Sterne
RR Lyrae-Sterne			
Baileys Untergruppe *a* .	$0^d{,}3$—$0^d{,}7$	$0^d{,}48$	82 %
,, ,, *b* .	0,3—0,8	0,58	14
,, ,, *c* .	0,1—0,5	0,32	4
δ Cephei-Sterne			
δ Cephei-Kurven . . .	$3^d{,}5$— $6^d{,}0$	ohne auffällige sekundäre Welle	
η Aquilae-Kurven . . .	6,0— 8,0	Buckel auf dem absteigenden Ast	
S Sagittae-Kurven . . .	8,0—12,0	nahezu symmetr. Kurven; oft mit sek. Welle im Maximum	
ζ Gemin.-Kurven . . .	9,0—13,5	nahezu symmetr. Kurven; oft mit sek. Welle im Maximum	
RW Cassiop.-Kurven .	13,5—17,0	Buckel auf dem ansteigenden Ast	
δ Cephei-Kurven . . .	17,0—45	ohne auffällige sekundäre Welle	

Ausführliche statistische Untersuchungen und Tabellen über Perioden und Lichtkurven siehe Gaposchkin, C. u. S.: Harvard Mon. **5** (1938) 158; s. a. C. Payne-Gaposchkin: A. J. **52** (1947) 218.

Literatur über Lichtkurven: Parenago, P. u. B. Kukarkin: Z. Aph. **11** (1936) 337. — Robinson, L. V.: Harvard Ann. **90**, Nr. 2 (1934). — Stebbins, J.: Ap. J. **101** (1945) 47.

e) Statistik der Form der Lichtkurven nach E. Zinner: AN **242** (1931) 121; getrennt nach Periodenintervallen von 0 bis 1 Tag, 1 bis 9 Tagen und 9 bis 45 Tagen.

Periode	ε	n	Typus
$0^d{,}135$— $0^d{,}442$	0,22	21	*RR* Lyr-Sterne
0,446— 0,476	0,19	21	
0,478— 0,534	0,18	21	
0,536— 0,587	0,17	22	
0,589— 0,810	0,19	20	

$$\varepsilon = \frac{\text{Dauer des Lichtanstiegs}}{\text{Periode}}$$

n = Zahl der Sterne.

Periode	ε	n	Typus	Periode	ε	n	Typus
1,53 — 3,73	0,33	24		9,09 —10,38	0,47	15	
3,79 — 4,66	0,31	25	δ Cep-	10,72 —12,64	0,44	15	δ Cep-
4,67 — 5,44	0,29	24	Sterne	12,83 —16,33	0,35	15	Sterne
5,53 — 6,69	0,31	25	$P < 9^d$	16,38 —20,31	0,33	15	$P > 9^d$
6,73 — 8,70	0,33	24		21,47 —45,15	0,28	15	

f) Perioden-Spektren-Beziehung der δ Cephei-Sterne nach C. u. S. Gaposchkin: Harvard Mon. **5** (1938) 155.

mittl. Per.	log Per.	m. Sp. Max.[1]	m. Sp. m. H.[2]	n	mittl. Per.	log Per.	m. Sp. Max.[1]	m. Sp. m. H.[2]	n
$0^d,06$	—0,22	B8	A1 :	1	$4^d,4$	0,64	F7	G0	18
0,12	—0,92	A5	}	2	5,3	0,72	F9	G1	20
0,35	—0,46	A3	}	8	6,4	0,81	F7	G2	13
0,45	—0,35	A7	} A7,0	15	7,5	0,88	F8	G3	11
0,55	—0,26	A5	}	11	8,7	0,94	G0	G3,5	12
0,64	—0,19	A4	}	5	10,9	1,03	G1	G4	11
0,72	—0,14	A3	}	1	13,5	1,13	G2	G5	8
1,7	0,23	F2	F4	2	17,2	1,23	G2	G6	14
2,4	0,38	F4	F6,5	10	33,0	1,52	G0	G8	10
3,6	0,56	F6	F9	13					185

[1] Durchschnittsspektrum im Maximum.
[2] Durchschnittsspektrum in der mittleren Helligkeit der Sterne. n = Zahl der Sterne.

Die Perioden-Spektren-Beziehung fehlt nach der Tabelle bei den galaktischen *RR* Lyrae-Veränderlichen. Nach neueren Untersuchungen sind indessen in einigen Kugelhaufen auch bei diesen Sternen Perioden-Spektren- und Perioden-Leuchtkraft-Beziehungen festgestellt. Literatur: Pismis, P.: Ap. J. **101** (1945) 204 sowie Münch, G. u. L. R. Terrazas: Ap. J. **103** (1946) 371.

Die Spektra der δ Cephei-Sterne sind mit dem Lichtwechsel gleichlaufend um etwa 0,5 bis 1,5 Spektralklassen veränderlich, wobei der früheste Spektraltyp kurz vor dem Maximum, der späteste etwa $0^P,2$ vor dem Minimum erreicht wird (vgl. Abb. 2). Sie gehören mit wenigen Ausnahmen den Klassen *A*—*K* an und zeigen *c*-Charakter. Verzeichnisse in: Schneller, H.: Kl. Veröff. Berlin-Babelsberg Nr. 26 (1942) 194—219. — Gaposchkin, C. u. S.: Harvard Mon. **5** (1938) 178—187.

g) Die Radialgeschwindigkeiten verändern sich gleichfalls synchron mit dem Lichtwechsel. Dabei fällt das positive Maximum (die größte Entfernungsgeschwindigkeit) sehr nahe mit dem Helligkeitsminimum und das negative Maximum (die größte Annäherungsgeschwindigkeit) nahezu mit der größten Helligkeit des Sterns zusammen. Die Licht- und Geschwindigkeitskurven verlaufen somit spiegelbildlich (Man beachte die Randbeschriftung in Abb. 2). Die Amplituden der Radialgeschwindigkeiten sind innerhalb gewisser Grenzen von der Höhe der Atmosphärenschicht abhängig, aus der die zur Messung benutzten Absorptionslinien stammen. Sie betragen im Mittel (*K* = Halbamplitude):

δ Cephei-Sterne:
K = 22,2 (11—36) km/sec; 53 Sterne,
RR Lyrae-Sterne:
K = 27,2 (3—60) km/sec; 18 Sterne.

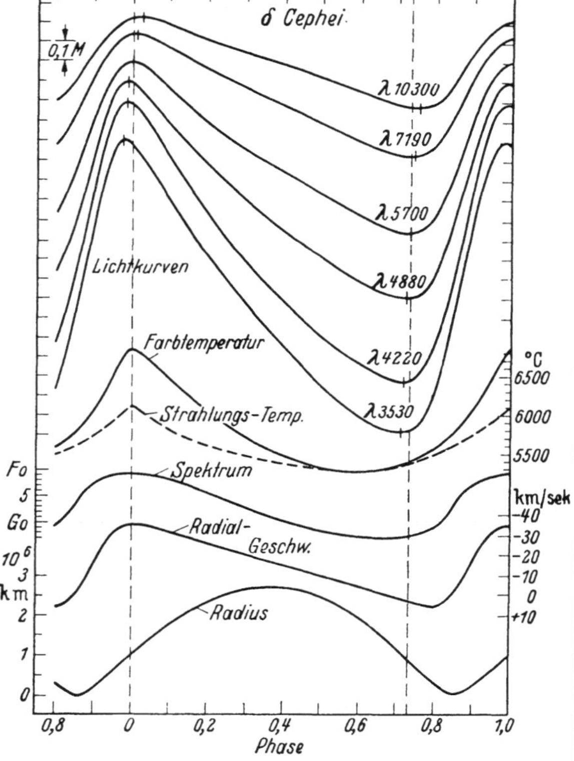

Abb. 2. Zustandsänderungen von δ Cephei.

Die aus der Integration der Geschwindigkeitskurven bestimmten Sterndurchmesser erreichen ihre größte Ausdehnung im Lichtabstieg und ihren kleinsten Wert im Anstieg. Zur Zeit der Helligkeitsextrema (Maxima und Minima) haben sie nahezu die gleiche Größe, so daß der Lichtwechsel im wesent-

Beyer

lichen durch die Temperaturänderungen bestimmt wird. Die Größe der Sternradien ergibt sich zu etwa $5{,}5 \cdot 10^6$ bis $105 \cdot 10^6$ km oder 8 bis 150 Sonnenradien. Die Radiusschwankungen betragen im Mittel etwa 10%.

Literatur: Adams, W. u. A. H. Joy: PASP **36** (1924) 139. — Sanford, R. A.: Ap. J. **66** (1927) 170 und **109** (1948) 208. — Robinson, L. V. u. D. Hoffleit: Harvard Bull. Nr. 888 (1932). — Joy, A. H.: PASP **44** (1932) 240; **49** (1937) 211 und Ap. J. **86** (1937) 363 u. 435. — Hellerich, J.: AN **261** (1937) 281 und **269** (1939) 258. — Mayall, M. W. u. H. M. Baker: Harvard Circ. Nr. 436 (1940). — Struve, O. u. A. Blaauw: Ap. J. **108** (1948) 60. — Struve, O. u. A. van Hoof: Ap. J. **109** (1948) 215.

h) Perioden-Leuchtkraft-Funktion der δ Cephei-Sterne.

Nebenstehende Tabelle gibt die Perioden-Leuchtkraft-Funktion nach H. Shapley [Harvard Repr. Nr. 207 (1940)]. W. Becker erhielt aus Beobachtungen von Helligkeit, Radialgeschwindigkeit und Temperatur, ohne die Verwendung der sehr unsicheren Entfernungen, fast völlig identische Werte (vgl. unter 316221*i*). Literatur: Leavitt, H. S.: Harvard Circ. Nr. 173 (1912). — Shapley, H.: Harvard Mon. **2** (1930) und Harvard Repr. Nr. 207 (1940). — Wilson, R. E.: Ap. J. **89** (1939) 218. — Kukarkin, B.: RAJ **14** (1937) 125.

log P	absolute Gr.[1] vis.	absolute Gr.[1] phot.	log P	absolute Gr.[1] vis.	absolute Gr.[1] phot.
−0,6	$-0{,}^{m}11$	$0{,}^{m}00$	+0,8	$-2{,}^{m}20$	$-1{,}^{m}66$
−0,4	−0,10	0,00	+1,0	−2,92	−2,02
−0,2	−0,15	−0,07	+1,2	−3,64	−2,39
0,0	−0,41	−0,31	+1,4	−4,36	−2,80
+0,2	−0,76	−0,68	+1,6	−5,08	−3,25
+0,4	−1,14	−1,01	+1,8	−5,79	−3,73
+0,6	−1,58	−1,33	+2,0	−6,51	−4,24

[1] Für die mittlere Helligkeit zwischen Maximum und Minimum.

i) Temperaturen, Radien, absolute Helligkeiten, Massen und Dichten von δ Cephei-Sternen

[nach W. Becker u. W. Strohmeier: Z. Aph. **19** (1940) 249].

Stern	Periode	Spektrum im Max.	Spektrum im Min.	Langwellig λ 5570 Hell.-Ampl.	Langwellig Farb-Temp. Max.	Langwellig Farb-Temp. Min.	Langwellig Strahl.-Temp. Max.	Langwellig Strahl.-Temp. Min.	Kurzwellig λ 4100 Hell. Ampl.	Kurzwellig Farb-Temp. Max.	Kurzwellig Farb-Temp. Min.	Kurzwellig Strahl.-Temp. Max.	Kurzwellig Strahl.-Temp. Min.	Mittl. Radius R 10^6 km	Änderg. des Radius $\frac{\Delta R}{R}$	Mittlere absolute Gr. ber.[1]	Mittlere absolute Gr. P. L. F.[2]	Masse $\odot = 1$ †	Mittlere Dichte $\frac{\varrho}{\varrho_\odot} \cdot 10^4$
RR Lyr	$0{,}^{d}57$	*B* 9,9	*A* 6,2	0,80	9850°	6370°	7380°	5890°	$1{,}^{m}25$	10080°	6340°	8600°	6520°	5,6	0,069	$-0{,}^{m}1$	$-0{,}^{m}1$	3,5	68,5
SU Cas	1,94	*A* 9,9	*F* 5,2	0,37	6050°	5240°	5700°	5290°	0,65	5520°	4680°	5980°	5410°	13,7	0,040	−1,1	−0,9	4,3	5,7
SZ Tau	3,15	*A* 9,3	*F* 7,9	0,37	7060°	6000°	6230°	5680°	0,68	6450°	5220°	6570°	5770°	12,0	0,078	−1,3	−1,4	5,0	9,9
RT Aur	3,73	*A* 8,7	*F* 9,5	0,74	7500°	5600°	6420°	5450°	1,22	6630°	4940°	6650°	5570°	13,8	0,106	−1,4	−1,5	5,1	7,7
T Vul	4,44	*A* 8,7	*F* 8,5	0,68	6240°	5160°	5820°	5240°	1,13	6440°	4790°	6570°	5470°	14,1	0,142	−1,3	−1,8	5,0	6,2
δ Cep	5,37	*F* 1,0	*G* 0,4	0,77	6810°	5400°	6070°	5340°	1,25	6300°	4750°	6480°	5430°	23,3	0,113	−2,4	−2,0	6,9	1,9
η Aql	7,18	*F* 0,0	*G* 1,4	0,61	6000°	4680°	5680°	4990°	1,18	4950°	3860°	5600°	4870°	38,8	0,087	−2,9	−2,4	7,9	0,48
ζ Gem	10,15	*F* 5,5	*G* 3,5	0,43	6140°	5320°	5770°	5300°	0,71	4500°	3870°	5290°	4870°	41,0	0,082	−3,4	−3,0	10,0	0,49
X Cyg	16,38	*F* 8	*G* 9	0,77	5600°	3940°	5470°	4690°	1,62	4700°	3190°	5430°	4730°	68,7	0,167	−4,0	−3,6	12,6	0,13
T Mon	27,01	*F* 4,8	*G* 5,0	1,00	6530°	4380°	6000°	4870°	1,87	5790°	3530°	6140°	4660°	105,0	0,191	−5,2	−4,4	18,6	0,054

[1] Aus Strahlungstemperatur und Helligkeit berechnet.
[2] Aus der Perioden-Leuchtkraft-Funktion.
† Aus der Massen-Leuchtkraft-Beziehung der Fixsterne s. 314142.

Vollständige Angaben für 6 *RR* Lyrae- und 18 δ Cephei-Sterne in Z. Aph. **19** (1940) 272ff.

k) Die Perioden-Dichte-Funktion der δ Cephei-Sterne.

Für die klassischen δ Cephei-Sterne (nicht für die RR Lyrae-Sterne!) lassen sich die genäherten mittleren Radien und Dichten aus den folgenden Ausdrücken bestimmen:

$$\text{mittlere Dichte } \varrho\text{:} \quad \log\left(P\sqrt{\frac{\varrho}{\varrho_\odot}}\right) = -1{,}12\,,$$

$$\text{mittlerer Radius } R = 4{,}0 \cdot 10^6\, P\,;$$

P = Periode in Tagen; R in km.

Literatur: Payne, C.: Harvard Mon. **3** (1930) 219.

l) Literatur über spektralphotometrische Untersuchungen: Bleksley, A. E. H.: AN **260** (1936) 161 u. 165 und Z. Aph. **11** (1935) 59. — ten Bruggencate, P. u. H. J. Meister: Ann. Lembang **5** (1937), 1. — Roach, F. E.: Ap. J. **94** (1941) 551. — Becker, W. u. W. Strohmeier: Z. Aph. **13**—**23** (1936 bis 1944). — Norman, D.: Harvard Circ. Nr. 434 (1939).

galakt. Breite	Zahl der RR Lyr-Sterne	Zahl der δ Cep-Sterne
0°—10°	6	95
10°—20°	10	9
20°—30°	7	4
30°—40°	14	1
40°—50°	6	0
50°—60°	7	2
60°—70°	6	1
70°—80°	3	0
80°—90°	3	0

m) Galaktische Verteilung der δ Cephei-Sterne. Die nebenstehende Tabelle gibt die Verteilung der RR Lyrae- und der δ Cephei-Sterne nach galaktischer Breite. Siehe Hdb. d. Aph. VI/2 (1928) 213. Die starke galaktische Konzentration der δ Cephei-Sterne weist auf ihre Zugehörigkeit zu Population I, die schwache Konzentration der RR Lyrae-Sterne auf Population II hin. Literatur über galaktische Konzentration: Shapley, H.: Harvard Repr. Nr. 118 (1936).

n) Eigenbewegungen, Radialgeschwindigkeiten des Schwerpunkts und Raumgeschwindigkeiten.

RR Lyrae-Sterne			δ Cephei-Sterne
Eigenbewegung sehr beträchtlich, im Mittel: 0,′0565	RR Lyr	0,″22	E. B. sehr gering, im Mittel: 0,″0218
	RZ Cep	0, 20	
mittl. scheinb. Größe: $9^m\!,8$ (19 Sterne)	SU Dra	0, 13	mittl. scheinb. Gr.: $6^m\!,8$ (51 Sterne)
	XZ Cyg	0, 11	
mittl. Radialgeschw.:	100 km/sec (51 Sterne)		22 km/sec (93 Sterne[1])
größter Einzelwert:	—350 km/sec (TU Persei)		
Gruppengeschw.:	119 ± 15 km/sec		28,1 ± 1,4 km/sec
Pekuliargeschw.:	72 ± 5 km/sec		14,0 ± 0,6 km/sec

[1] Nach A. H. Joy: PASP **44** (1932) 240.

Die überaus großen Raumgeschwindigkeiten der RR Lyrae-Sterne, ihre regellose Verteilung am Himmel sowie ihre sonstigen Eigentümlichkeiten weisen diese Sterne als Mitglieder einer Sternfamilie aus, die uns als Population II von den Kugelhaufen, einigen extragalaktischen Haufen und Nebeln frühen Typus sowie den zentralen Kondensationen der Spiralnebel bekannt ist (vgl. 314132). — Kukarkin, B.: RAJ **24**, Nr. 5 (1947) hält die RR Lyrae-Veränderlichen für Sterne, die aus den Kugelhaufen entwichen sind und begründet seine Ansicht damit, daß sich bei den galaktischen Haufenveränderlichen gerade diejenigen Baileyschen Typen und Periodenlängen häufen, die in den Kugelhaufen besonders selten sind. Über die abweichende Verteilung der Baileyschen Untergruppen in den Kugelhaufen siehe G. Miczaika: Veröff. Heidelberg **14**, Nr. 8 (1946).

o) Pulsationstheorie. Literatur: Schwarzschild, M.: Z. Aph. **11** (1935) 152; **15** (1938) 14; Harvard Circ. Nr. 429 (1938) und 431 (1938). — Woltjer, jr. J.: BAN **8** (1937) 193; **9** (1943) 435; **10** (1946) 125. — Rosseland, S.: MN **103** (1943) 233 u. 239. — Wesselink, A. J.: BAN **10** (1946) 91.

Beyer

316222 Die Veränderlichen der Periodenlücke zwischen 45 und 90 Tagen (intermediate group).

In das von den δ Cephei- und Mira-Sternen gemiedene Periodenintervall zwischen 45 und 90 Tagen fallen nur wenige Sterne. Ihr Lichtwechsel verläuft sehr viel unregelmäßiger als bei den übrigen periodischen Veränderlichen, zeigt aber doch besondere Merkmale, die eine Gruppierung ermöglichen. Einzelne Vertreter der folgenden Gruppen überschreiten mit ihren Perioden die Grenzen von 45 bis 90 Tagen sehr erheblich.

Verzeichnis und Klassifikation siehe M. Beyer: Astr. Abh. Erg. H. d. AN **11** (1948) 4.

Art	Perioden	mittlere visuelle Amplit.	Spektra[1]	mittl. galakt. Breite	Zahl der Sterne	Lichtkurven
S Vulpeculae .	57^d—116^d	$0^m_{,}4$—$1^m_{,}6$	*G* 4—*K* 6	15°	9	glatt; δ Cephei-ähnlich mit geringen Unregelmäßigkeiten in Gestalt und Periode
WY Andromed.	64 —135	0,6—2,0	*F* 9—*Mc*	11°	12	glatt; wechselnd δ Cephei- oder *RV* Tauri-ähnlich
RV Tauri. . .	33 — 92	0,3—1,8	*F* 5—*M* 3	10°	23	s. Abb. 3. Lichtanstieg etwas steiler als Helligkeitsabfall. Größere Unregelmäßigkeiten in der Gestalt aufeinanderfolgender Doppelwellen. Der Unterschied in der Tiefe der Haupt- und Nebenminima kommt bei manchen Sternen zeitweilig zum Verschwinden, so daß die Lichtkurve δ Cephei-Schwankungen mit halber Periode zeigt. In unregelmäßigen Abständen vertauschen die Haupt- und Nebenphasen plötzlich ihre Rollen, und der Gesamtlichtwechsel erfährt damit eine Phasenverschiebung von $^1/_2$ *P*. Sehr häufig sind übergeordnete Schwankungen der mittleren Helligkeit mit Perioden zwischen 625^d und 1360^d und Amplituden bis zu 3^m vorhanden. Nach P. Parenago [RAJ **11** (1934) 95]: mittl. absolute visuelle Größe: $-0^m_{,}6 \pm 0,5$ mittl. absolute bolometrische Größe: $-1^m_{,}1$ mittl. Durchmesser eines idealen *RV* Tauri-Sterns: 58 Sonnendurchmesser mittl. Masse: 5,3 Sonnenmasse mittl. Dichte: $49 \cdot 10^{-6}$ Sonnendichte
R Scuti . . .	45^d— $>150^d$	$0^m_{,}6$—$2^m_{,}0$	*K* 2—*K* 8	13°	9	*RV* Tauri-ähnliche Doppelwellen mit einem stark wechselnden und oft gestörten Verlauf. Sehr erhebliche Schwankungen der mittl. Helligkeit bis zu $3^m_{,}5$.
Z Leonis . . .	57—103	0,5—2,5	*M* 0—*M* 5	20°	25	Mira-ähnlich, aber wesentlich kleinere Amplituden und unregelmäßigerer Verlauf. In diese Gruppe gehören auch die als *NO* Aql- und *V UMi*-Typ bezeichneten Sterne

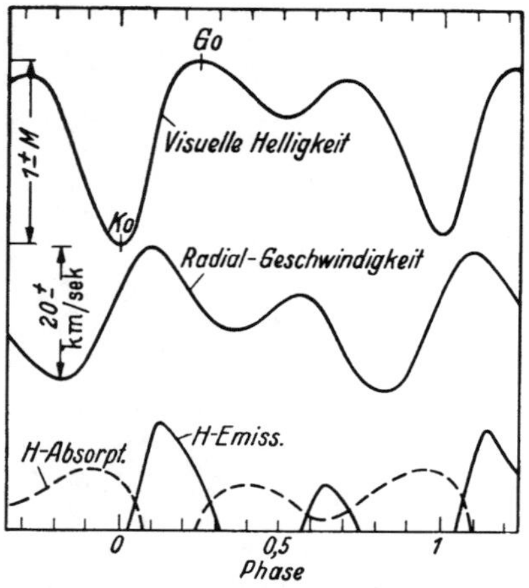

Abb. 3. Visuelle Lichtkurve und Kurve der Radialgeschwindigkeit eines idealen *RV* Tauri-Sterns. Unten: Intensitätskurven der Wasserstofflinien nach D. B. McLaughlin: Ap. J. **94** (1941) 97.

[1] Die Spektra sämtlicher Sterne tragen *c*-Charakter und sind mit dem Lichtwechsel gleichlaufend um 0,2—1,5 Spektralklassen veränderlich.

Art	Perioden	Mittlere visuelle Amplit.	Spektra[1]	Mittlere galakt. Breite	Zahl der Sterne	Lichtkurven
UV Drac	62—> 150^d	$0^m,3$—$1^m,5$	*F* 8—*Nb*	23°	34	Unregelmäßig geformte Lichtkurven kleiner Amplitude. Zuweilen fallen einzelne Maxima oder Minima aus (Periodizität wird dadurch nicht gestört).
AM Pegs	34—> 150	0,3—2,9	*K* 2—*N* 5	19°	67	Ein unregelmäßiger, aber periodischer Lichtwechsel wird zeitweilig von regellosen Schwankungen gestört, nach deren Ablauf er mit der alten Periode, aber verschobener Phase fortgeführt wird.
UU Herc	72 — 159	0,4—1,5	*F* 8—*K* 5	—	3	2 feste Perioden lösen einander in unregelmäßigen Abständen ab. Es sind nur die folgenden drei Sterne dieser Art bekannt:

Stern	Per. 1	Per. 2	*P* 1 : *P* 2	Spektrum
UU Her	72^d	90^d	4 : 5	*cF* 8
V Lyncis	87	109	4 : 5	(*K* 5)
KQ Cen	136	156 ?	4 : 4,7 ?	(wenig bekannt)

[1] Die Spektra sämtlicher Sterne tragen *c*-Charakter und sind mit dem Lichtwechsel gleichlaufend um 0,2—1,5 Spektralklassen veränderlich.

Die ersten 4 Gruppen (*S* Vul—*R* Scu) zeigen ein nahezu übereinstimmendes spektrales Verhalten. Es treten Titanoxydbanden und Emissionslinien wie bei den Mira-Veränderlichen auf (vgl. Abb. 3). Die Radialgeschwindigkeiten ändern sich ähnlich wie bei den δ Cephei-Sternen mit Amplituden zwischen etwa 10 und 30 km/sec. Die Geschwindigkeitsmaxima treten aber gegenüber den Extrema der Lichtkurven erheblich verspätet auf. In den Spektren der *Z* Leonis-, *UV* Draconis- und *AM* Pegasi-Sterne sind Emissionslinien sehr selten. Die Perioden-Spektren-Beziehung der δ Cephei- und Mira-Sterne gilt für die Veränderlichen mit Perioden von 45^d—90^d nicht. Die mittlere Radialgeschwindigkeit beträgt nach A. H. Joy [PASP **44** (1932) 44] 53 km/sec (22 Sterne).

Literatur: Lichtkurven: Gerasimovic, B. P.: Harvard Circ. Nr. 341 u. 342 (1929). — Beyer, M.: Astr. Abh. Erg. H. d. AN **8**, 3 (1930) und **11**, 4 (1948). — Spektralbeobachtungen: Joy, A. H.: Ap. J. **96** (1942) 344; Publ. AAS **10** (1941) 115; PASP **51** (1939) 21. — Ilinič, A. A.: Pulkowo Circ. **15** (1935) 40. — Analyse von Lichtkurven: Kluyver, H. A.: BAN **9** (1941) 241. — Eigenbewegungen und Parallaxen: Parenago, P.: RAJ **11** (1934) 95.

31 6223 Die langperiodischen Veränderlichen vom Typus Mira Ceti

unterscheiden sich von den δ Cephei-Sternen durch ihre wesentlich längeren Perioden zwischen 91^d (*T* Centauri) und 760^d (*MW* Aquilae) und ihre zumeist sehr viel größeren visuellen und photographischen Helligkeitsamplituden von etwa 1,5 bis zu 8 Größenklassen. Ihre Lichtkurven verlaufen weniger regelmäßig als diejenigen der δ Cephei-Sterne. (Langperiodische mit Amplituden $< 1^m,5$ siehe 316224.)

Verzeichnisse: Ludendorff, H.: Hdb. d. Aph. VI/2 (1928) 103 (419 Sterne). — Gaposchkin, C. u. S.: Harvard Mon. **5** (1938) 136 (308 Sterne).

a) Häufigkeitsverteilung der Mira-Sterne auf die Periodenlängen (nach dem Stande von 1948).

Perioden	Sterne	Perioden	Sterne	Perioden	Sterne	Perioden	Sterne
91^d—110^d	14	230^d—250^d	219	370^d—390^d	108	510^d—530^d	9
110 —130	36	250 —270	233	390 —410	92	530 —550	9
130 —150	56	270 —290	271	410 —430	77	550 —570	7
150 —170	75	290 —310	202	430 —450	47	570 —590	2
170 —190	113	310 —330	165	450 —470	34	590 —610	1
190 —210	181	330 —350	163	470 —490	12	610 —760	8
210 —230	221	350 —370	109	490 —510	9	Summe:	2473

Maxima der Häufigkeit bei	Minima der Häufigkeit bei
$P = 148^d$ (51 Sterne mit $P = 143^d—153^d$)	$P = 158^d$ (29 Sterne mit $P = 153^d—163^d$)
216^d (124 „ „ $P = 211^d—221^d$)	229^d (92 „ „ $P = 224^d—234^d$)
278^d (165 „ „ $P = 273^d—283^d$)	312^d (73 „ „ $P = 307^d—317^d$)
331^d (110 „ „ $P = 326^d—336^d$)	359^d (42 „ „ $P = 354^d—364^d$)

72% aller Mira-Sterne haben Perioden zwischen 180 und 360 Tagen.

Über Periodenänderungen siehe H. Ludendorff: Hdb. d. Aph. VI/2 (1928) 122 und VII (1936) 631. — Sterne, T. E. u. L. Campbell: Harvard Repr. Nr. 134 (1937).

b) Lichtkurven: s. Abb. 4. Visuelle und photographische Kurven stimmen in Gestalt und Amplituden überein.

Klassifikation der Lichtkurven nach H. Ludendorff [Hdb. d. Aph. VI/2 (1928) 99 und VII (1934) 627].

Typ	Merkmale
α:	Anstieg der Kurve steiler als Abstieg; Minima breiter als Maxima
α_1	Im Minimum während $^1/_3$—$^1/_2$ Periode fast konstante Helligkeit; Anstieg sehr steil
α_2	Minimum sehr breit, aber ohne konstante Phase; Anstieg sehr steil
α_3	Minimum weniger breit; Anstieg noch recht steil
α_4	Anstieg weniger steil
β:	Fast symmetrisch geformte Kurven; Anstieg wenig oder nicht steiler als Abstieg
β_1	Maxima spitzer als Minima
β_2	Maxima ebenso geformt wie Minima
β_3	Maxima flacher als Minima
β_4	Maxima sehr breit, mit länger andauernder konstanter Phase
γ:	Lichtkurven mit Stufen oder Buckel im Lichtanstieg oder Doppelmaximum
γ_1	Stufe oder Buckel im Lichtanstieg
γ_2	Doppelmaximum

Ähnliche Klassifikationen: Campbell, L.: Harvard Ann. **57**, (1907). 1 — Gaposchkin, C. u. S.: Harvard Mon. **5** (1938) 103.

c) Lichtkurvenform und Periode.

Mira-Sterne vom Spektraltyp *Me* [nach H. Ludendorff: S. B. Preuß. Akad. Wiss. (1932) XX].

Perioden	Kurventyp				Zahl der Sterne
	γ	α	β	pec	
$91^d—150^d$	—	8%	67%	25%	12
151—210	—	17	62	21	29
211—270	—	60	32	8	60
271—330	1%	75	23	1	73
331—390	4	71	25	—	52
391—450	11	83	3	3	36
$> 450^d$	22	64	—	14	14
					276

Ähnliche Tabelle in C. und S. Gaposchkin: Harvard Mon. **5** (1938) 106.

Mittlere Perioden der verschiedenen Kurventypen.

Kurventyp	Mittlere Periode	Zahl der Sterne
γ_1—γ_2	419^d	10
α_1	435	19
α_2	373	30
α_3	313	64
α_4	284	59
β_1	303	28
β_2	235	33
β_3	185	15
pec	245	18
		276

Die Mira-Sterne mit Spektren der Typen *Se*, *S*, *M*, *N* und *R* sind zu wenig zahlreich, um ähnliche Korrelationen zu prüfen. Im allgemeinen darf gelten:

Spektraltyp *Se* und *S*: Die Lichtkurven β, γ und pec sind relativ häufiger als bei den *Me*-Sternen.
M: Mischungsverhältnis wie bei den *Me*-Sternen.
N und *R*: Fast ausschließlich β-Kurven.

d) Spektraltyp, Periode und Helligkeitsamplitude.

Spektraltyp und Periode.

Spektrum	Zahl der Sterne	Periodengrenzen	Mittlere Periode
Me	390	$91^d—561^d$	298^d
Se	25	224—613	367
M	78	146—530	216
N	26	259—580	379

Mittlere visuelle Helligkeitsamplituden.

Spektrum	Mittlere Ampl.	Mittlere Maximalamplitude	Zahl der Sterne
Me	$4^m,5$	$5^m,5$	246
Se	4,8	6,0	15
M,K	1,6	2,5	36
N,R	2,1	3,7	21

Die Helligkeitsamplituden (visuell und photographisch) sind von Welle zu Welle erheblichen Schwankungen unterworfen. Nach R. Müller [AN **231** (1928) 425] betragen die m. F. der einzelnen Extremhelligkeiten durchschnittlich:

für *Me*-Sterne mit α-Kurven im Maximum $0\overset{m}{,}51$, im Minimum $0\overset{m}{,}29$;
für *Me*-Sterne mit β-Kurven 0,31, 0,34.

Literatur: Ludendorff, H.: AN **217** (1922) 161; **219**, (1923) 1; **220** (1924) 145; **228** (1926) 369 und Hdb. d. Aph. VI/2 (1928) und VII (1936) 614.

Beziehung zwischen Spektrum, Periode und Amplitude für *Me*-Sterne [nach L. Campbell u. A. Cannon: Harvard Bull. Nr. 862 (1928)].

Spektrum	Mittlere Periode	Mittlere Amplitude	Zahl der Sterne
M0e	137^d	$2\overset{m}{,}7$	5
M1e	158		
M2e	219	4,4	26
M3e	242	4,5	65
M4e	292	4,5	64
M5e	308	4,7	53
M6e	343	4,3	61
M7e	392	4,9	37
M8e	446		

Periode	Mittleres Spektrum	Mittlere Amplitude	Zahl der Sterne
100^d—149^d	*M2,4e*	$2\overset{m}{,}9$	15
150 —199	*M3,0e*	3,4	32
200 —249	*M3,3e*	4,5	49
250 —299	*M3,8e*	4,6	69
300 —349	*M4,9e*	4,8	75
350 —399	*M5,8e*	4,9	40
400 —449	*M6,3e*	5,0	25
450 —499	*M5,9e*	4,8	8
500 —549	*M6,4e*	5,1	4

Die Amplituden der Mira-Sterne mit anderen Spektren sind im Mittel kleiner:

Spektrum	Differenz
Se	— $0\overset{m}{,}1$
K, Ma, Mb	— 0,2
Mc	— 2,6
N, R	— 2,4

e) Der Farbenindex ist nach B. P. Gerasimovič u. H. Shapley [Harvard Bull. Nr. 872 (1930) 25] bei den *Me*- und *Se*-Sternen für alle Phasen des Lichtwechsels und die verschiedenen Perioden ziemlich konstant. Nur bei den *N*-Veränderlichen sind die Sterne mit längeren Perioden röter. Die physikalische Interpretation der FI ist erschwert durch die intensive Bandenabsorption in den Spektren dieser Sterne (siehe f).

Photographisch-photometrische Untersuchungen über Farbänderungen siehe R. Müller: Publ. Potsdam **29**, Heft 2 (1938).

Farbenindex.

Spektrum	Mittl. F.-I.
Me	$+ 1\overset{m}{,}35$
Se	+ 1,99
R	+ 1,7
N	$+ 2\overset{m}{,}7$ bis $+ 5\overset{m}{,}3$

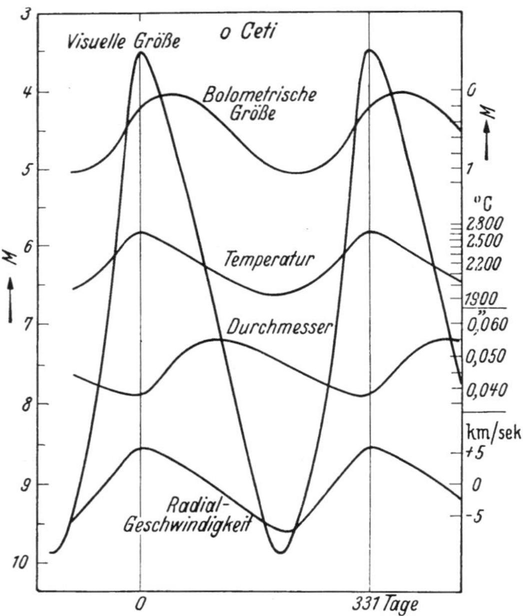

Abb. 4. Zustandsänderungen von Mira Ceti.

f) Bolometrische Amplituden: Der visuelle und photographische Lichtwechsel der Mira-Sterne vom Spektraltyp *Me* und *M* wird im wesentlichen durch das Auftreten von Titanoxydbanden, bei den *Se*-Sternen von Zirkonoxydbanden und bei den *N*- und *R*-Sternen von Kohlenstoffbanden im Spektrum hervorgerufen. Die Wirkung dieser Absorptionen tritt besonders deutlich bei einem Vergleich der visuellen und bolometrischen Amplituden hervor (s. Abb. 4). Nach E. Pettit u. S. B. Nicholson: Ap. J. **78** (1933) 320 stehen bei 11 bolometrisch gemessenen Mira-Sternen den visuellen Amplituden von $3\overset{m}{,}1$—$9\overset{m}{,}8$ entsprechende bolometrische von $0\overset{m}{,}7$—1^m1 gegenüber. Das Energiemaximum wird etwa $0\overset{P}{,}14$ nach dem Maximum der visuellen Helligkeit erreicht, wenn das Licht schon um etwa $1\overset{m}{,}5$ gesunken ist. Die Temperaturen ändern sich bei *R* Trianguli (*M5e*) zwischen 2460° und 3270°, bei χ Cygni (*M6pe*) zwischen 1640° und 2240°. Sie erreichen ihr Maximum ungefähr im größten Licht, sind aber für gleiche visuelle Helligkeiten im Lichtabstieg niedriger als im Anstieg (größte Differenz etwa 2—3^m unterhalb des Maximums mit rund 150°).

Prozentsatz der schwarzen Strahlung in verschiedenen Spektralbereichen.

Vergleich	Temperatur	Ultraviolett 0—4000 Å	Visuell 4000—7600 Å	Infrarot 7600—∞ Å
Sonne	6000° K	14,2%	43,3%	42,5%
Me-Stern im Max.	2300° K	0,0%	3,4%	96,6%
Me-Stern im Min.	1800° K	0,0%	0,7%	99,3%

Nach P. W. Merrill [Aph. Mon. Ap. J. (1940)] sinkt die Schwarzkörperstrahlung zwischen 2300° und 1870° bolometrisch um $0^m_,9$, visuell um $2^m_,7$. Da die entsprechenden Werte für die *Me*-Sterne $0^m_,9$ und $5^m_,9$ lauten, sind die restlichen $3^m_,2$ der Bandenabsorption oder anderen Ursachen zuzuschreiben.

Maximum- und Minimumtemperaturen einiger Mira-Sterne (nach Pettit u. Nicholson: l. c.)

Stern	*R* Tria	*o* Ceti	*R* Hyda	*R* Aqil	*R* Canc	*R* Leon	*R* L Min	*R* Cygn
Spektr. .	*M4e*	*M6e*	*M7e*	*M7e*	*M8e*	*M8e*	*Mpe*	*Se*
Max. . .	3270°	2640°	2330°	2320°	2320°	2170°	2270°	2790°
Min. . .	2460	1920	1900	1920	1700	1800	(1780)	(2010)
ΔT. . .	810	720	430	400	620	370	(490)	(780)

g) In den Spektren der *Me*-, *Se*- und *R*-Sterne treten im Lichtanstieg Emissionslinien des Wasserstoffs und einiger anderer Elemente auf (besonders intensiv 4308 und 4571 Å), die ihre größte Entwicklung zu verschiedenen Zeiten zwischen etwa 0,1 und 0,4 *P* nach dem Helligkeitsmaximum erreichen. Danach werden sie langsam schwächer und verschwinden im Minimum, um nach 20—40 Tagen im Lichtanstieg erneut aufzutreten. Der Spektraltyp ändert sich im Verlauf des Lichtwechsels nur um wenige Zehntel einer Spektralklasse, wobei der früheste Typ ins Maximum und der späteste ins Minimum fällt. Verzeichnisse der Spektrallinien und Identifizierung siehe A. H. Joy: Ap. J. **63** (1926) 281 und P. W. Merrill: Aph. Mon. Ap. J. (1940).

h) Die Radialgeschwindigkeiten sind mit dem Lichtwechsel um wenige km/sec veränderlich. Bei Mira Ceti fand A. H. Joy [Ap. J. **63** (1926) 281] eine Halb-Amplitude von $K = 6$ km/sec und eine Geschwindigkeitskurve, deren größte Entfernungsgeschwindigkeit (positives Maximum) mit dem Helligkeitsmaximum und deren größte Annäherungsgeschwindigkeit mit dem kleinsten Licht des Sterns zusammenfallen. Dieses Ergebnis konnte indessen bei anderen Sternen noch nicht bestätigt werden. Bemerkenswert sind die bei allen Mira-Sternen auftretenden Violett-Verschiebungen der Emissionslinien relativ zu den Absorptionen. Diese nach P. W. Merrill [Ap. J. **93** (1940) 380] einer Geschwindigkeitsdifferenz von im Mittel 10 km/sec (72 Sterne) entsprechenden Verschiebungen sind im übrigen mit dem Spektraltyp korreliert und steigen mit fortschreitender Klasse von *M0e* bis *Se* von etwa 1 auf 17 km/sec an. Bei Mira Ceti und einigen anderen Sternen ergaben sich auch diese Verschiebungen als veränderlich (bei Mira Ceti zwischen etwa 0 und 19 km/sec, wobei das Maximum der Geschwindigkeitsdifferenz etwa 50 Tage nach dem größten Licht eintrat). Für die Bestimmung der Schwerpunktsgeschwindigkeiten werden deshalb nur die Absorptionslinien herangezogen. Die von der Sonnenbewegung befreiten Radialgeschwindigkeiten von 305 Mira-Sternen der Spektraltypen *Me* und *Se* betragen im arithmetischen Mittel 36,1 km/sec. Die größeren Geschwindigkeiten sind bei den früheren Spektraltypen und kürzeren Perioden zu finden. Die Gruppenbewegung erfolgt mit 31 km/sec gegen den Apex $\alpha = 316°$, $\delta = +50°$. Dieser Wert schwankt jedoch je nach der Gruppierung der Sterne sehr erheblich. Die mittlere Raumgeschwindigkeit beträgt 74 km/sec; sie nimmt im allgemeinen mit zunehmender Periode ab ($\bar{P} = 210^d$, $\bar{V} = 128$ km/sec; $\bar{P} = 363^d$, $\bar{V} = 45$ km/sec).

i) Spektren-Leuchtkraft- und Perioden-Leuchtkraft-Beziehung nach R. E. Wilson u. P. W. Merrill [Ap. J. **95** (1942) 248].

Spektra	Pekuliargeschwindigkeit km/sec	Gruppengeschwindigkeit km/sec	absolute visuelle Größe im Max.
M1e	59	118	$-2^m_,7$
M2e	52	91	−2,3
M3e	46	68	−1,8
M4e	39	53	−1,2
M5e	32	41	−0,6
M6e	25	35	0,0
M7e	24	33	+0,2
M8e	22	32	+0,3

Periode	Pekuliargeschwindigkeit km/sec	Gruppengeschwindigkeit km/sec	absolute visuelle Größe im Max.
150^d	45	76	$-2^m_,2$
175	55	104	−2,7
200	48	80	−2,2
250	39	56	−1,4
300	32	42	−0,7
350	26	34	−0,2
400	21	29	+0,3
450	18	26	+0,6

Die absoluten bolometrischen Helligkeiten liegen etwa $2^m_,5$ höher und betragen nach R. M. Scott [Publ. AAS **10** (1941) 144] mit einer geringen Streuung im Mittel $-3^m_,45$.

Beyer

k) Die aus den Strahlungsmessungen bestimmten Durchmesser der Mira-Sterne sind im kleinsten Licht der Sterne im Mittel um 18 % größer als im Maximum. Der von R. M. Scott (l. c.) errechnete maximale Durchmesser von Mira Ceti im Helligkeitsminimum beträgt $310 \cdot 10^6$ km oder rund 220 Sonnendurchmesser in naher Übereinstimmung mit den interferometrischen Messungen von F. G. Pease: $0{,}''056$ PASP **37** (1925) 89; $0{,}''047$ Erg. d. exakt. Naturw. **10** (1931) 91.

l) Galaktische Verteilung der Mira-Sterne nach C. u. S. Gaposchkin: Harvard Mon. **5** (1938) 116.

Galakt. Breite	Zahl n	$n \sec \bar{\delta}$
81°—90°	8	90
71 —80	17	67
61 —70	31	97
51 —60	60	100
41 —50	86	120
31 —40	126	154
21 —30	230	255
11 —20	535	550
0 —10	636	636

Galakt. Länge	Zahl der Sterne in galakt. Br. > 30°	Zahl der Sterne in galakt. Br. < 30°	Gesamtzahl
11°—100°	71	224	295
101 —190	44	122	166
191 —280	51	91	142
281 — 10	83	317	400

Die Mitte des letzten Intervalls fällt ins galaktische Zentrum.

Literatur über Spektralbeobachtungen: Merrill, P. W.: Spectra of long-period variables, Aph. Mon. Ap. J. (1940). — Thackeray, A. D.: Ap. J. **86** (1937) 499 und PASP **48** (1936) 331. — Wurm, K.: Z. Aph. **10** (1935) 133.

m) Häufigkeit der Perioden in verschiedenen galaktischen Längen.

Perioden: Längen	Breiten	100 bis 150^d	151 bis 200^d	201 bis 250^d	251 bis 300^d	301 bis 350^d	351 bis 400^d	401 bis 450^d	451 bis 500^d	> 500^d
11°	> 30°	4	8	17	12	16	11	1	1	0
bis 100°	< 30°	19	17	37	42	48	22	25	8	6
101°	> 30°	3	7	7	9	9	6	2	1	0
bis 190°	< 30°	13	9	15	22	28	16	8	5	6
191°	> 30°	1	5	13	8	12	6	5	0	1
bis 280°	< 30°	5	10	11	18	23	13	9	1	1
281°	> 30°	5	4	22	20	15	11	3	2	0
bis 10°	< 30°	12	30	96	70	43	31	16	6	3

Literatur über Raumverteilung: Oort, J. H. u. J. J. van Tulder: BAN **9** (1942) 327 u. 332. — Ahnert, P.: AN **269** (1939) 241. — Über Deutung des Lichtwechsels: Eddington, A.: Der innere Aufbau der Sterne, Berlin (1928). — Jeans, J. H.: MN **85** (1925) 797. — ten Bruggencate, P.: Erg. d. exakt. Naturw. **10** (1931) 72. — Merrill, P. W.: Pop. Astr. **43** (1935) 214. — Scott, R. M.: Ap. J. **95** (1942) 58. — Über Eigenbewegungen und Parallaxen: Wilson, R. E. u. P. W. Merrill: Ap. J. **95** (1942) 248. — Parenago, P.: RAJ **11** (1934) 29. — van Maanen, A.: Mt. Wilson Contr. 356 (1928) 9.

31 6224 Die langperiodischen Veränderlichen mit Amplituden < $1{,}^m5$.

Diese zeigen einen von den Mira-Sternen abweichenden, weniger regelmäßigen Lichtwechsel. Ihre Lichtkurven verlaufen in Wellen von zumeist sehr verschiedenen Höhen, aber ohne eine charakteristische Grundform. Die mittleren Amplituden betragen kaum mehr als die Hälfte der Maximalamplituden und liegen zwischen $0{,}^m3$ und $1{,}^m5$. Die Perioden sind im Mittel kürzer als diejenigen der Mira-Sterne.

Die Verteilung von 754 Langperiodischen mit Amplituden < $1{,}^m5$ auf die Periodenlängen (nach dem Stande von 1948) gibt die folgende Tabelle.

Perioden	Sterne	Perioden	Sterne	Perioden	Sterne
61^d— 80^d	11	200^d—220^d	70	340^d—360^d	16
80 —100	12	220 —240	55	360 —380	15
100 —120	31	240 —260	62	380 —400	10
120 —140	51	260 —280	75	400 —420	12
140 —160	58	280 —300	63	420 —440	7
160 —180	52	300 —320	44	440 —460	4
180 —200	66	320 —340	23	460 —700	17

73 % dieser Sterne verteilen sich ziemlich gleichmäßig über die Perioden zwischen 120^d und 300^d mit schwachen Häufungen bei $P = 149^d$, 202^d und 272^d.

Spektra: $F8$—$N3$; gruppieren sich vorwiegend um $M6$; zeigen nur in seltenen Fällen gelegentlich Emissionslinien. Mittlere absolute Größe: $-0{,}^m9$; keine galaktische Konzentration.

Literatur: Joy, A. H.: Ap. J. **96** (1942) 361. — Verzeichnis und Beobachtungen: Beyer, M.: Astr. Abh. Erg. H. d. AN **11**, 4 (1948) 100.

Beyer

316225 Die roten unperiodisch bzw. zyklisch veränderlichen Sterne vom Typ μ Cephei.

Verzeichnisse: Gaposchkin, C. u. S.: Harvard Mon. **5** (1938) 220 (182 Sterne). — Wilson, R. E.: Ap. J. **96** (1942) 371 (141 Sterne).

a) Die Lichtkurven sind unregelmäßig geformt, verlaufen aber zumeist wellenförmig mit visuellen Amplituden zwischen $0\overset{\mathrm{m}}{,}3$ und $1\overset{\mathrm{m}}{,}2$ (im Mittel $0\overset{\mathrm{m}}{,}45$). Eine Periodizität ist auch innerhalb kurzer Abschnitte nicht zu erkennen. Die Zwischenzeiten der Maxima bzw. Minima bleiben aber innerhalb gewisser Grenzen und streuen bis zu etwa 50% um einen festen Mittelwert (Zyklus). Die Längen dieser Zyklen liegen im wesentlichen zwischen 45^{d} und 120^{d}. In fast allen Fällen sind die primären Wellen von sehr langen Schwankungen der mittleren Helligkeit mit Amplituden zwischen $0\overset{\mathrm{m}}{,}3$ und $1\overset{\mathrm{m}}{,}5$ überlagert, die ihrerseits auch zyklisch zu verlaufen scheinen. Die Längen dieser übergeordneten Wellen betragen durchschnittlich: bei den Sternen mit Spektrum K das 30fache, mit Spektrum M das 10fache und mit Spektrum N das 7fache der kurzen Zyklen.
Die visuellen, photographischen und lichtelektrischen Helligkeitsamplituden stimmen wie bei den Mira-Sternen nahezu überein. Die bolometrischen Amplituden betragen etwa $^1/_4$ der visuellen.
Spektra: K, M, N, S und R, in denen Emissionslinien fehlen oder nur sehr selten auftreten.

b) Häufigkeitsverteilung der Spektra und mittlere galaktische Breiten.

Nach M. Beyer.

Spektrum	Zahl
K	28
M	124
N	51
S	3
R	3
pec	3

Nach R. E. Wilson: Ap. J. **96** (1942) 371.

Spektrum	Zahl	$\|\bar{b}\|$	Spektrum	Zahl	$\|\bar{b}\|$
K5	6	11°,3	M5	54	29,5
M0	5	12,4	M6	51	24,7
M1	3	13,0	M7	24	29,0
M2	6	3,3	M8	6	39,7
M3	15	30,9	S	4	17,8
M4	15	11,6	—	—	—
K5—M4	50	16°,5	M5—M8	135	28°,0
Überriesen (K5—M5)	13	11°,1	Riesen (K5—S)	176	25°,4

Schwache galaktische Konzentration (mittlere galaktische Breite = 24°,4), aber deutlicher als bei den Mira-Sternen (mittlere galaktische Breite = 29°,1).

c) Radial- und Raumgeschwindigkeiten. Wenn in seltenen Fällen in den Spektren Emissionslinien auftreten, so zeigen diese, wie bei den Mira-Sternen, gegenüber den Absorptionen Violettverschiebungen, die im Mittel einer Geschwindigkeitsdifferenz von 8,9 km/sec entsprechen. Die Radialgeschwindigkeiten zeigen kleine und unregelmäßige Schwankungen (bei μ Cephei bis zu 13 km/sec, bei R Lyrae 15 km/sec), die aber keine eindeutige Beziehung zum Zyklus oder zur Phase des Lichtwechsels erkennen lassen. Die von der Sonnenbewegung befreiten mittleren Radialgeschwindigkeiten betragen im Mittel für die Überriesen 18,2 km/sec und für die Riesen 26,1 km/sec (118 Sterne). Dabei zeigen die Sterne mit kürzeren Zyklen die größeren Geschwindigkeiten und die stärkere Streuung in den Werten. Die Raumgeschwindigkeiten ergeben sich für die Überriesen zu 36 km/sec, für die Riesen zu 57 km/sec und liegen mit ihrem Mittel von 54 km/sec ungefähr in der Mitte zwischen denjenigen der unveränderlichen M-Riesen (36 km/sec) und der Mira-Sterne (74 km/sec).

d) Temperaturen und Leuchtkräfte. Temperaturen aus radiometrischen Messungen von E. Pettit u. S. B. Nicholson: Ap. J. **78** (1933) 320.

Spektra	Im Max.	Im Min.	Zahl der Sterne
M2—M5	2410°—2740°	2090°—2600°	4
N0—N7	2430°—3000°	1720°—2300°	8

Absolute Helligkeit: Etwa 8% aller μ Cephei-Sterne sind Überriesen (K5—M5) mit absoluter visueller Helligkeit $-4\overset{\mathrm{m}}{,}5$ bis $-2\overset{\mathrm{m}}{,}0$ (im Mittel: $-3\overset{\mathrm{m}}{,}4$). Alle übrigen Sterne sind Riesen (K5—S), deren absolute Helligkeit um $-0\overset{\mathrm{m}}{,}9$ (mit einer geringen Streuung) liegt.

Literatur: Lichtkurven. Jacchia, L.: Publ. Bologna **2** (1933) 229. — Parenago, P.: Ver. Fr. Astr. Gorkij **5** (1937) 149. — Hassenstein, W.: Publ. Potsdam **29**, H. 1 (1938). — Guthnick, P. u. R. Prager: Veröff. Berlin-Babelsberg **2**, H. 3 (1918) 110. — Beyer, M.: Astr. Abh. Erg. H. d. AN **12**, 2 (1950). — Spektra. Joy, A. H.: Ap. J. **96** (1942) 344. — Wilson, R. E.: Ap. J. **96** (1942) 371. — Sanford, R. F.: Ap. J. **71** (1930) 209. — Bobrovnikoff, N. T.: Ap. J. **78** (1933) 211. — McLaughlin, D. B.: Publ. AAS **7** (1932) 94 und Ap. J. **103** (1946) 35. — Moore, J. H.: Lick Bull. **10** (1922) 160. — Statistische Untersuchungen. Palmer, Fr.: Lund Circ. Nr. 3 (1931) 8; Lund Medd. (2) Nr. 103 (1939) und Nr. 118 (1946).

31 6226 Die *R* Coronae-borealis-Sterne.

a) Lichtkurven. Nach einem viele Monate oder Jahre andauernden Verharren in einer fast konstanten maximalen Helligkeit sinkt das Licht plötzlich innerhalb weniger Tage um mehrere Größenklassen in ein Minimum, das von sehr verschiedener Tiefe und Gestalt sein kann. Sehr oft steigt das Licht danach sofort, manchmal aber auch erst nach längerem Verweilen langsamer und von unregelmäßigen Schwankungen begleitet ins ursprüngliche Normallicht zurück. Die zeitliche Aufeinanderfolge sowie Umfang und Dauer der Minima sind an keine Regel gebunden. Nach C. u. S. Gaposchkin [Harvard Mon. **5** (1938)] war 1938 die Zugehörigkeit für 11 Sterne sicher und für weitere 6 Sterne fraglich.

R Coronae-borealis-Sterne.

Stern	Visuelle Größe Max.	Ampl.	Galakt. Breite	Spektra
S Aps . . .	$10{,}^{m}0$	$5^{m}2$	— 12°	*R* 3
UW Cen .	9,0	$>$ 6,0	+ 7	*K* :
DY Cen . .	11,3	$>$ 4,4	+ 7	—
V CrA . . .	9,0	—	— 16	*R* 0
WX CrA .	11,5	4,0	— 10	*R* 5
R CrB . . .	5,8	$>$ 8,0	+ 50	*cGoep*
Y Mus. . .	9,8	$>$ 1,5	— 3	—
RT Nor . .	10,6	5,0	— 8	—
RY Sgr . .	6,1	7,9	— 20	*Goep*
SU Tau . .	9,5	5,9	— 7	*Goe*
RS Tel . .	8,3	$>$ 4,0	— 15	*R* 8

b) Spektra: s. Tabelle. Der sehr seltene Spektraltyp *R* kommt auffallend häufig vor. Die für diese *R*-Spektra charakteristischen *C*-Absorptionen (Swan-Banden) sind auch in den *G*-Spektren der *R* Coronae-Sterne nachzuweisen. Nach L. Berman ist im Normallicht ein Absorptionsspektrum vorhanden, in dem die Wasserstofflinien zu fehlen scheinen. Im Minimum treten Emissionen von Ti^{+}, Sc^{+}, Sr^{+} und Ca^{+} auf, die gegen die Absorptionen um etwa 20 km/sec nach Violett verschoben sind. Schwankungen der Radialgeschwindigkeiten waren bislang nicht festzustellen.

c) Die absolute Helligkeit im Normallicht dürfte im Mittel bei etwa -5^{m} liegen.

Literatur: Lichtkurven. Jacchia, L.: Publ. Bologna **2** (1933) 243. — Spektra. Berman, L.: Ap. J. **81** (1935) 369 mit Linienverzeichnis. — Joy, A. J. u. M. L. Humason: PASP **35** (1923) 325. — Payne-Gaposchkin, C.: Harvard Bull. Nr. 903 (1936). — Allgemeines: Ludendorff, H.: AN **209** (1919) 273 und Seeliger-Festschrift (1924) 91. — Deutung des Lichtwechsels: Loreta, E.: AN **254** (1935) 151. — O'Keefe, J. A.: Ap. J. **90** (1939) 294. — McLeod, N. W.: Pop. Astr. **45** (1937) 229.

31 623 Veränderliche der Hauptreihe des Russell-Diagramms.

31 6231 Die Nebel-Veränderlichen (*R W* Aurigae-Sterne, *T* Tauri-Sterne und Orionveränderliche) stehen innerhalb oder am Rande von Nebeln. Die Helligkeitsänderungen verlaufen je nach Eigenart der Sterne rasch flackernd, schwankend oder *R* Coronae-ähnlich. Visuelle Amplituden: $0{,}^{m}5$ bis $> 4^{m}$.

Spektra: *A*—*K* mit starker Häufung von *G* (ausnahmslos Zwerg-Charakter). Die Untersuchung von 11 Sternen mit Spektren der Typen *F* 5—*G* 5 ergab: der Spektraltyp ist mit der Phase des Lichtwechsels gering veränderlich. Viele der sonst in diesen Spektren vorkommenden Absorptionslinien fehlen. Dafür sind helle *H*-Linien immer, helle Ca II-Linien fast immer vorhanden. Zumeist treten daneben die Linien niedriger Anregung von Fe II, Ca I, Sr II, Fe I und Ti II auf. Sämtliche Emissionen sind im Helligkeitsmaximum besonders intensiv und relativ zu den Absorptionen nach Violett verschoben. In ihrer Gesamtheit ähneln sie dem Emissionsspektrum der Sonnenchromosphäre. Die untersuchten 11 Sterne liegen sämtlich in der Nähe von Dunkelwolken der Milchstraße, und zwar in Richtung zum galaktischen Zentrum oder seinem Gegenpunkt.

Mittlere galaktische Breite: 14° (mäßige galaktische Konzentration); Farbenindex: $+0{,}^{m}9$ (5 Sterne); mittlere absolute visuelle Größe: etwa $+4^{m}8$ (3 Sterne), wegen der Absorption der benachbarten Nebel unsicher.

Literatur: Joy, A. H.: Ap. J. **102** (1945) 168 mit Verzeichnis der Spektrallinien. — Greenstein, J.: Harvard Mon. **7** (1948) 19. — Brun, A.: Publ. Lyon **1**, 1 (1935) 12. — Shapley, H.: Harvard Circ. 254 (1924). — Himpel, K.: Himmelswelt **52** (1942) 9,37 u. 93. — Verzeichnisse: Gaposchkin, C. u. S.: Harvard Mon. **5** (1938).

31 6232 Die β Cephei- oder β Canis-majoris-Sterne zeigen äußerst geringe, aber kurzperiodisch verlaufende Helligkeitsänderungen, die zumeist nur lichtelektrisch nachweisbar sind, sowie synchron erfolgende Schwankungen der Radialgeschwindigkeiten. Sichere Angaben liegen nur für die in der beigefügten Tabelle zusammengestellten 11 Sterne vor.

β Cephei-Sterne.

Stern	Gr. Max.	Periode	Ampl.	Spektr.
γ Boo . . .	$2{,}^{m}90$	$0{,}^{d}290309$	$0{,}^{m}04$	*A* 3 *n*
β CMa . . .	1,97	0,25714	—	*B* 1
β Cep . . .	3,28	0,190485	0,05	*B* 1 *s*
ν Eri . . .	4,06	0,23667	0,1	*B* 2 *s*
12 Lac. . .	5,24	0,193089	0,13	*B* 1 *sk*
δ Sct . . .	4,69	0,193775	0,25	*F* 4
β UMa . .	2,34	0,31234	0,02	*A* 0 *n*
ε UMa . . .	1,61	0,95203	0,04	*A* 2 *s*
g UMa . .	3,82	0,155	0,03	*A* 1 *n*
γ UMi . .	3,08	0,10844	0,10	*A* 2 *n*
BW Vul . .	6,20	0,20103	0,18	*B* 1 *s*

Lichtkurven: in Form und Höhe rasch veränderlich; Perioden konstant.

Spektra: *B* 1—*F* 4 (Hauptreihentyp).

Radialgeschwindigkeiten: veränderlich mit mittleren Amplituden von 15—25 km/sec (bei 12 Lac bis auf 70 km/sec anwachsend). Nach M. Rudkjöbing [Ap. J. **109** (1949) 331] beträgt die Amplitude der Radialgeschwindigkeit für β Cep $K = 21{,}3$ km/sec. Das Maximum der positiven Geschwindigkeit (Entfernung) liegt in der Phase $0^{\mathrm{P}}\!,086$ bzw. $0^{\mathrm{d}}\!,016$ nach dem Maximum der Helligkeit. Auch die Schwerpunktsgeschwindigkeiten der Sterne sind langsam veränderlich.

Literatur: Ludendorff, H.: Hdb. d. Aph. VI/2 (1928) 222 und VII (1936) 667. — Gaposchkin, C. u. S.: Harvard Mon. **5** (1938) 174 enthält auch ein Verzeichnis von weiteren verdächtigen Sternen.

316233 Veränderliche mit novaähnlichen oder Be-Spektren. Diese Gruppe enthält ein Gemisch von unregelmäßig veränderlichen Sternen, die durch Besonderheiten ihrer Spektra hervortreten. Bemerkenswert sind die in den meisten Spektren dieser Sterne vorhandenen verbotenen Linien des O III, Ne III, Fe II und in einzelnen Fällen auch N II, S II und A IV, die sonst nur in den Spektren der Novae beobachtet werden. Verzeichnisse siehe Gaposchkin C. u. S.: Harvard Mon. **5** (1938).

Novaähnliche Veränderliche: Beispiele: *Z* And, *CI* Cyg, *AX* Per. Visuelle Amplituden: $0^{\mathrm{m}}\!,6$—$4^{\mathrm{m}}\!,5$. Sämtliche Sterne haben Absorptionsspektra von spätem Typ (*K*8—*M*), die von hellen Linien hoher Anregung überlagert sind. Die Radialgeschwindigkeiten sind sehr langsam im Umfange von etwa 30 km/sec veränderlich. Dabei ergeben die verbotenen Linien relativ zu den erlaubten größere Geschwindigkeiten und zeitlich verschobene Maxima und Minima.

Veränderliche vom Spektraltyp *Be*: Bekanntester Vertreter ist γ Cassiopeiae. Der Lichtwechsel dieser Sterne wird im wesentlichen durch Intensitätsschwankungen der hellen *H*-Linien hervorgerufen. Spektra: *B*0*ne*—*B*8*ne*; visuelle Amplitude: $< 0^{\mathrm{m}}\!,5$. Bei γ Cassiopeiae schwankt die Farbtemperatur zwischen 13500° und 37000°, der Farbenindex von $-0^{\mathrm{m}}04$ bis $-0^{\mathrm{m}}\!,53$.

Literatur über Novaähnliche Veränderliche: Payne-Gaposchkin, C.: Ap. J. **104** (1946) 362 und Harvard Mon. **5** (1938) 311. — Vorontsov-Velyaminov, B.: RAJ **11** (1934) 294. — Über γ Cassiopeiae: Edwards, D. L.: MN **104** (1944) 283. — Hiltner, W. A.: Ap. J. **93** (1941) 505. — Baldwin, R. B.: Ap. J. **89** (1939) 255. — Greaves, W. M. H. u. E. Martin: MN **98** (1938) 434.

316234 Die *U* Geminorum-Sterne (*SS* Cygni-Sterne) leuchten in sehr unregelmäßigen, aber um einen bestimmten Mittelwert gruppierten Intervallen sehr rasch (innerhalb von 1^{d}—5^{d}) um $2^{\mathrm{m}}\!,5$—5^{m} auf, um darauf etwas langsamer in die alte, stets gleiche und zumeist sehr geringe Normalhelligkeit zurückzufallen. Nach dem Verhältnis der Dauer des Lichtausbruchs zum Ruhezustand der Sterne unterscheidet man:

U Geminorum-Art: Ruhezustand dauert ein Vielfaches der Zeit des Aufleuchtens; mittlerer Zyklus: 62^{d}.

Z Camelopardalis-Art: Ruhe und Ausbruch ungefähr gleich lang; stärkere Störungen des Lichtwechsels; zuweilen Stillstände im Lichtabstieg oder unregelmäßige Wellen; mittlerer Zyklus: 20^{d}.

CN Orionis Art: ziemlich rasche Folge der Maxima (10^{d}—20^{d}); sehr kurze Minima.

Verzeichnisse und Lichtkurven: Gaposchkin, C. u. S.: Harvard Mon. **5** (1938) 279—282. — Ludendorff, H.: Hdb. d. Aph. VI/2 (1928) 83—89 und VII (1936) 624. — Kukarkin, B. u. P. Parenago: Kat. Veränd. St. (1948) enthält zahlreiche zweifelhafte Fälle.

Zahl der *U* Geminorum-Sterne.

Art	Kukarkin	Ludendorff
U Gem-Art	77	14
Z Cam- u. *CN* Ori-Art	13	5

Statistik der *U* Geminorum-Sterne nach C. u. S. Gaposchkin: Harvard Mon. **5** (1938) 281.

Art	Mittl. scheinbare Helligkeit im Max.	Min.	Mittl. Ampl.	Mittl. Zyklus	Mittl. galakt. Breite	Mittl. Spektr. i. Max.
U Gem .	$11^{\mathrm{m}}\!,0$ (12)	$15^{\mathrm{m}}\!,0$ (8)	$4^{\mathrm{m}}\!,0$	62^{d} (10)	25° (12)	*Bn* :
Z Cam .	11,0 (4)	14,5 (4)	3,5	20 (4)	22 (4)	*F*5 :
alle . .	11,7 (36)	14,7 (18)	3,7	51 (16)	19 (36)	—

alle = die nicht klassifizierten *U* Gem-Sterne sind einbezogen;
( ) = Zahl der Sterne.

Korrelation zwischen den Zyklen und Amplituden.

P. Parenago u. B. Kukarkin fanden die in der folgenden Tabelle dargestellte Beziehung zwischen den mittleren Zyklen $\bar{P}$ und den Amplituden $\bar{A}$:

$$\bar{A} = 0^{\mathrm{m}}\!,63 + 1^{\mathrm{m}}\!,667 \log \bar{P}\,.$$

Diese Beziehung ist insofern bedeutsam, als die klassischen Novae sich ihr anzuschließen scheinen (vgl. wiederkehrende Novae 316317). Von den in der Tabelle aufgeführten Sternen ist *AC* And nach N. Florja [RAJ 14 (1937) 1] kein *U* Gem-Stern. Die letzten beiden Sterne *T* Pyxidis und *RS* Ophiuchi sind wiederkehrende Novae. Die Spalte *n* enthält die Zahlen der jeweils zusammengefaßten Zyklen.

Spektra im Normallicht (Helligkeitsminimum): kontinuierlich mit wenigen Absorptionen, überlagert von breiten Emissionslinien des *H* (besonders hell), *He* und *Ca* (oft recht schwach). Die Intensitätsverteilung im Kontinuum entspricht im Mittel dem Spektraltyp *d G* 5.

Korrelation zwischen den Zyklen und Amplituden [n. Parenago und Kukarkin Ver. Fr. Astr. Gorkij **4** (1934) 252].

Stern	Mittl. Zyklus	log m. Zykl.	Mittl. Ampl.	*n*
AC And . .	$2^{d}{,}11$	0,32	$1^{m}{,}2$	15
RX And .	14,4	1,16	2,5	19
X Leo . .	19,0	1,28	2,5	21
Z Cam . .	22,3	1,35	2,8	27
SS Aur . .	31,6	1,50	3,4	19
SS Cyg . .	33,8	1,53	2,9	60
SS Cyg . .	45,6	1,66	3,3	60
SS Cyg . .	56,4	1,75	3,4	60
SS Aur . .	66,0	1,82	3,9	24
SS Cyg . .	71,0	1,85	3,6	57
U Gem . .	104	2,02	4,5	23
T Pyx . .	6650	3,82	7,2	2
RS Oph . .	12800	4,11	7,8	1

Spektra im Helligkeitsmaximum: Emissionslinien zumeist verschwunden; zuweilen sind schwache, sehr breite und diffuse Absorptionslinien vorhanden. Eine mit dem Lichtwechsel parallel laufende Veränderung der Intensitätsverteilung im Spektrum zeigt erhebliche Temperaturänderungen an, die mit der Amplitude verknüpft sind. Das Kontinuum der Sterne mit den größten Amplituden entspricht im Maximum dem der *B*-Sterne, während bei kleineren Amplituden nur das von *A*- oder *F*-Sternen erreicht wird. Literatur über Spektra: Elvey, C. T. u. H. W. Babcock: Ap. J. **97** (1943) 412. — Joy, A. H.: PASP **52** (1940) 324.

Die Radialgeschwindigkeiten sind wegen der großen Breite und diffusen Beschaffenheit der Linien schwer zu messen, dürften aber sicher veränderlich sein.

Die absolute Helligkeit wurde von Parenago u. Kukarkin (l. c.) aus Eigenbewegungen von *U* Gem und *SS* Cyg für das Normallicht (Min.) zu $+ 10^{m}$ bestimmt.

Farbenindex nach B. P. Gerasimovič u. C. H. Payne [Harvard Bull. Nr. 889, (1932)] 3:

Mittl. Farbenindex für *U* Geminorum: $+ 0^{m}{,}3$ im Maximum, $+ 0^{m}{,}6$ im Min.
SS Cygni: 0,0 ,, ,, + 0,3 ,, ,,

Über die Verwandtschaft der *U* Geminorum-Sterne mit den Novae s. Å. Wallenquist: Pop. Astr. Tidskr. **23** (1942) 116.

3163 Die Neuen Sterne (Novae).

31631 Gewöhnliche Novae.

316310 Verzeichnisse: Stratton, F. J. M.: Hdb. d. Aph. VI/2 (1928) 254 und VII (1936) 671. — Gaposchkin, C. u. S.: Harvard Mon. **5** (1938) 232.

Zahl der bis Mitte 1949 entdeckten galaktischen Novae: 109; davon 100 klassische Novae, 6 wiederkehrende Novae und 3 *RT* Serpentis-Sterne. Da die Auffindung und Beobachtung der innerhalb unseres Milchstraßensystems aufleuchtenden Novae wegen unserer Lage in diesem Sternsystem nur begrenzt möglich ist, bleiben viele für uns verborgen. Nach D. B. McLaughlin können wir jährlich mit etwa 16 galaktischen Novae heller als 9^{m} und einer heller als 6^{m} rechnen (Jahresdurchschnitt im Andromeda-Nebel nach M. L. Humason u. E. Hubble 25—30 Novae).

316311 Lichtkurven: s. Abb. 5. Je nach der Breite des Maximums werden rasche und langsame Novae unterschieden. Im Pränova-Stadium (von 25 Novae bekannt) sind keine oder nur geringe Helligkeitsänderungen vorhanden. Typischer Lichtausbruch einer raschen und einer langsamen Nova s. Abb. 5. Etwa 3 bis 3,5 Größenklassen unterhalb des Maximums setzt bei allen Novae das Übergangsstadium (Entwicklung des Nebelspektrums) ein, das für jeden Stern individuell verläuft. Manche Sterne zeigen in diesem Abschnitt stark pulsierende Helligkeitsschwankungen, andere durch-

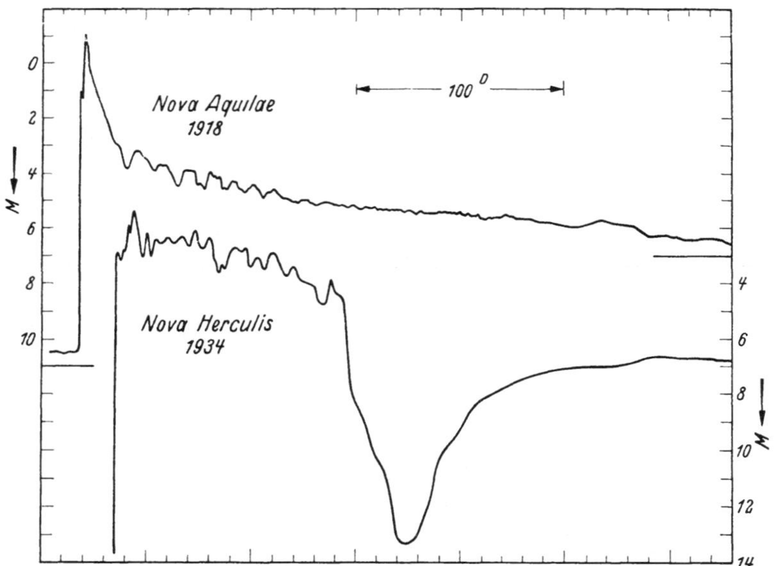

Abb. 5. Lichtkurven der Nova Aquilae 1918 (rascher Typ) und Nova Herculis 1934 (langsamer Typ).

laufen ein tiefes sekundäres Minimum. Mit dem Ablauf dieses Stadiums kehren alle Sterne in eine etwa 6^{m} unterhalb des Maximums liegende Helligkeit zurück, aus der sie nun langsam und ungestört ihrem ursprünglichen Normallicht entgegensinken. Literatur über Nova-Lichtkurven: McLaughlin, D. B.: Pop. Astr. **47** (1939) 410.

Mittlere Amplituden (phot.) für rasche Novae: $10^{\mathrm{m}}{,}8$ (15 Sterne)
,, ,, ,, ,, langsame ,, 9,8 (7 Sterne)

Nach D. B. McLaughlin (l. c.):

Scheinbare Größen und Helligkeitsamplituden der Novae.

Helligkeit im Max.	Zahl	Helligkeit im Min.	Zahl	Helligkeits-amplitude	Zahl
heller als $2^{\mathrm{m}}{,}0$	5	$10^{\mathrm{m}}{,}1$—$11^{\mathrm{m}}{,}0$	2	$< 5^{\mathrm{m}}{,}5$	1
$2^{\mathrm{m}}{,}1$— 3,0	1	11,1—12,0	1	$5^{\mathrm{m}}{,}5$— 6,4	2
3,1— 4,0	2	12,1—13,0	2	6,5— 7,4	4
4,1— 5,0	5	13,1—14,0	3	7,5— 8,4	6
5,1— 6,0	7	14,1—15,0	8	8,5— 9,4	2
6,1— 7,0	10	15,1—16,0	9	9,5—10,4	2
7,1— 8,0	8	16,1—17,0	7	10,5—11,4	3
8,1— 9,0	10	17,1—18,0	1	11,5—12,4	6
9,1—10,0	7			12,5—13,4	3
				> 13,5	1

Klassifikation der Novae.

Typ	Zahl
Rasche Novae . . .	35
Mittlerer Typ	9
Langsame Novae . .	23
Wiederkehr. Novae .	6
RT Serp-Sterne . .	3

31 6312 Spektra: Sonderklasse *Q*; eine dezimale Unterteilung dieser Klasse ist von D. B. McLaughlin [A. J. **52** (1946) 46] vorgenommen. Sie gründet sich im wesentlichen auf das Vorhandensein und die relative Stärke der 4 nebeneinander vorkommenden Systeme von Absorptionen und der damit verbundenen Emissionen sowie auf die wechselnde Zusammensetzung der Emissionsspektra in den späteren Entwicklungsstadien. Das einzige bisher bekannte Pränova-Spektrum der Nova Aquilae 1918 ist kontinuierlich mit dunklen Linien und entspricht etwa dem Typ *B*—*A*.

Zeitlicher Ablauf der Veränderungen im Spektrum einer typischen Nova [nach D. B. McLaughlin: Ap. J. **95** (1942) 434]. Vgl. die schematische Darstellung in Abb. 6.

Spektral-Typ	Merkmale	Mittl. Δm	Mittl. relative Δt
Q 0	Wechsel vom Typ *B* nach *A*. Schwache Emissions- und Absorptionslinien; letztere sind stark nach Violett verschoben	$1^{\mathrm{m}}{,}5$	(— 0,1)
Q 1	Maximum. Prä-Max.-Absorptionen stark entwickelt; Emissionen meistens unsichtbar	0,0	0,0
Q 2	Auftreten des normalen Absorptionsspektrums *A* oder *F* (Überriesen), Linien stärker nach Violett verschoben als im Prä-Max.-Spektrum, das zum Verschwinden kommt. Die Hauptlinien zeigen auch Emissionen, deren langwellige Kanten entgegengesetzt verschoben sind	0,6	+ 0,04
Q 3	Auftreten einer Serie von kräftigen, aber verwaschenen Linien des H und ionisierter Metalle; Verschiebung etwa doppelt so groß wie Linien des normalen Absorptionsspektrums. Serie von Emissionen des H, Fe sowie Ca (Linien *H* und *K*), deren Kanten wie bei *Q* 2 verschoben sind	1,2	+ 0,16
	Größte Entwicklung dieser Emissionsserie	2,0	+ 0,42
Q 4	Auftreten der Orion-Absorptionen H I, O II und N II; Emissionen von N II	2,1	+ 0,46
	Kurzes Aufleuchten von [O I]	2,6	+ 0,7
	Aufspaltung der H-Absorptionen; Erscheinen der N-III-Absorption	2,7	+ 0,8
Q 5	Maximum der Orion-Absorptionen	2,7	+ 0,8
	Verschwinden der verwaschenen und stark verschobenen Linien (vgl. *Q* 3)	3,0	+ 1,0
Q 6	Erscheinen der diffusen 4640-Emission; starke N-III-Absorption	3,0	+ 1,0
	Verschwinden der Orion-Absorptionen; kurzes Aufleuchten von [N II]	3,3	+ 1,25
	Kurzes Aufleuchten von Helium	3,6	+ 1,5
Q 7	Erste Spuren von [O III]	3,7	+ 1,6
	C II 4267 = Fe II 4233; He I 4472 = Fe II 4515	3,8	+ 1,7
	[O III] 5007 = Fe II 4924	3,9	+ 1,9
	Verschwinden des normalen Absorptionsspektrums (vgl. *Q* 2)	4,1	+ 2,2
	[O III] 4959 = Fe II 4924	4,4	+ 2,7
	Verschwinden der diffusen 4640-Emission (vgl. *Q* 6)	4,7	+ 3,5

Δm = Helligkeitsabfall nach dem Maximum.
Δt = Zeitintervall in Einheiten der für die erste Helligkeitsabnahme von 3 Größenklassen benötigten Zeit.

Spektral-Typ	Merkmale	Mittl. Δm	Mittl. relative Δt
Q 8	[O III] 4363 = Hγ	4,9	+ 4,2
	[O III] 5007 = Hβ	5,4	+ 6,2
	[O III] 4959 = Hβ	5,8	+ 9
	[O III] 4959/Hβ = 1,5	6,4	+ 14
	[O III] 4959/Hβ = 2	6,7	+ 17
	[O III] 4959/Hβ = 5	(8,5:)	(+ 50 :)
Q 9	[O III] maximale Entwicklung	(9,5:)	(+ 70 :)
Q 9,5	Kontinuierliches Spektrum O mit schmalen hellen Linien des H, He II und [O III]	(11:)	(+ 200 :)

Δm = Helligkeitsabfall nach dem Maximum-
Δt = Zeitintervall in Einheiten der für die erste Helligkeitsabnahme von 3 Größenklassen benötigten Zeit.

31 6313 Radialgeschwindigkeiten: Die Absorptionslinien sind stark nach Violett verschoben und lassen in der ersten Zeit des Aufleuchtens ein starkes Anwachsen der Expansionsgeschwindigkeit erkennen. Diese stieg z. B. bei der Nova Lacertae 1936 in der Zeit von 1^d vor bis 17^d nach dem Maximum von 1150 km/sec auf 2580 km/sec an. Es ist dabei zu beachten, daß die verschiedenen Komponenten einzelner Absorptionen, von denen zuweilen 3 Serien nebeneinander auftreten, sehr verschiedene Geschwindigkeiten liefern [vgl. Tabelle a)].

D. B. McLaughlin fand die folgenden Beziehungen [Ap. J. **91** (1940) 369]:

1. Die Entwicklung des Spektrums hängt von dem Helligkeitsabfall seit dem Maximum ab.

2. Die für einen bestimmten Helligkeitsabfall benötigte Zeit in Tagen ist umgekehrt proportional dem Quadrat der Radialgeschwindigkeiten des normalen Absorptionsspektrums (s. *Q* 2).

3. Die aus den diffusen und stärker verschobenen Absorptionen der *Q* 3-Spektren bestimmten Radialgeschwindigkeiten sind ungefähr doppelt so groß wie diejenigen der normalen Linien.

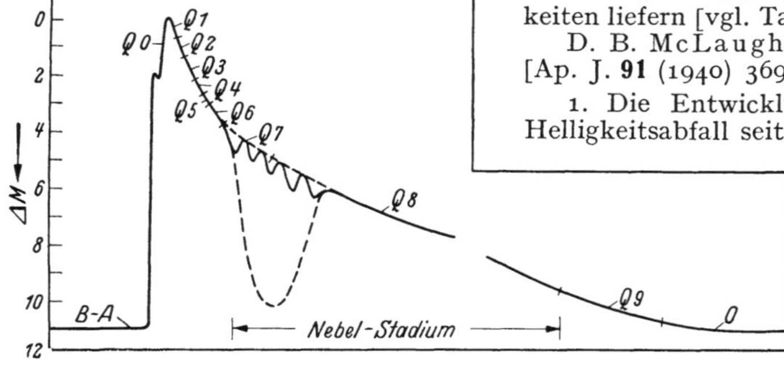

Abb. 6. Schematische Lichtkurve und Veränderungen des Spektrums einer Nova (Zeitskala für die späteren Stadien stark verkürzt).

Literatur über Novaspektra: Stratton, F. J. M.: Hdb. d. Aph. VI/2 (1928) 274 und VII (1936) 671 sowie Ann. Cambridge **4** (1920 u. 1936). — McLaughlin, D. B.: Publ. Michigan **6**, Nr. 12 (1937) 107 und Ap. J. **84** (1936) 104. — Payne-Gaposchkin, C. u. D. H. Menzel: Harvard Circ. Nr. 428 u. 433 (1939). — Humason, M. L.: Ap. J. **88** (1938) 228. — Bobrovnikoff, N. T. u. J. M. McQueen: Ap. J. **86** (1938) 446. — Swings, P. u. O. Struve: Ap. J. **96** (1942) 468 und **92** (1940) 295. — Sanford, R. F.: Ap. J. **102** (1945) 357. — Gaposchkin C. u. S.: Harvard Circ. Nr. 445 (1942).

Die aus dem Kontinuum bestimmte Farbtemperatur entspricht im Helligkeitsmaximum der eines *A*-Sterns. Sie nimmt während des Lichtabstiegs langsam zu und dürfte im Stadium der Exnovae mindestens 35000° betragen. Für die Exnova Aquilae 1918 und Exnova Pictoris 1925 werden Ionisationstemperaturen von etwa 67500° bzw. 50000° angegeben [Publ. Victoria **6** (1934) 139 und Cape Ann. **10** Nr. 9 (1931) 176].

a) Expansionsgeschwindigkeiten kurz nach dem Helligkeitsmaximum.

Nova		Expans.-Geschw.[1]	
Per	1901	km/sec	1500
Per	1901		650
Gem	1912		500
Aql	1918		1500
Pic	1925		81
RS Oph	1933		45
Her	1934		300
Sgr	1936	Komp. I	2130
Sgr	1936	,, II	3590
Lac	1936	Komp. I	600
Lac	1936	,, II	2000
Lac	1936	,, III	3300

[1] Aus Absorptionslinien bestimmt.

b) Trigonometrische Parallaxen und Eigenbewegungen einiger Novae.

Nova		Trigonom. Parallaxe		Eig.-Bew.
N Aql	1918	—0,″002	±0,″004	0,″02
N Cyg	1600	0,006	0,010	0,014
N Cyg	1920	0,010	0,005	—
N Gem	1912	0,001	0,008	0,02
N Lac	1910	0,002	0,007	—
N Lyr	1919	0,015	0,007	—
N Oph	1919	0,005	0,008	—
N Per	1901	0,011	0,003	0,02
N Pic	1925	—0,003	0,007	0,05
N Sge	1913	0,020	0,005	0,079

c) Galaktische Verteilung der Novae (nach C. u. S. Gaposchkin: Harvard Mon. **5**).

Galakt. Länge	Mittl. galakt. Breite	Zahl der Novae
0°— 44°	11°,5	18
45 — 89	6,0	4
90 —134	15,0	5
135 —179	11,0	8
180 —224	4,0	2
225 —269	7,0	6
270 —314	5,0	7
315 —359	8,0	33

d) Nova-Typ und absolute Helligkeit (nach D. B. McLaughlin).

Typ	Lichtabfall von 3^m in	Mittl. absolute Größe i. Max.	Beispiel
sehr schnell	10^d	$-8^m_{,}0$	*N* Aql 1918
rasch . . .	30	—7,2	*N* Lac 1910
durchschn.	70	—6,5	*N* Lyr 1919
langsam . .	200	—5,4	*N* Pic 1925
RT Serp .	> 1000	—3,6	*RT* Serp

31 6314 Die absoluten Helligkeiten im Maximum sind wegen der sehr kleinen Parallaxen nur unsicher zu bestimmen. Nach W. Becker [Sterne und Sternsysteme (1950) 86] streuen die Werte zwischen $+3^m_{,}7$ und $-10^m_{,}5$ um den Mittelwert $-7^m_{,}0$. Die Streuung dürfte in Wirklichkeit sehr viel kleiner sein. Sie beträgt nach E. Hubble [Ap. J. **69** (1929) 103] bei den zahlreichen Novae des Andromeda-Nebels kaum 4 Größenklassen (absolute Größe der Novae $-5^m_{,}7$). Die absolute Größe im Normallicht (Pränova bzw. Exnova) dürfte nach W. Becker (l. c.) im Mittel etwa $+4^m_{,}5$ sein.

31 6315 Exnovae: M. L. Humason bestimmte für 16 Exnovae den Spektraltyp *O* mit oder ohne Emissionslinien. Als mittlere Dichte findet er die 60fache Sonnendichte. Die Exnovae liegen somit in der Mitte zwischen der Hauptreihe und den weißen Zwergen.

31 6316 Galaktische Verteilung der Novae [s. Tabelle c)]. Nach neueren Abzählungen von K. G. Henize [Pop. Astr. **57** (1949) 52] liegen

67% aller Novae innerhalb 10° galaktischer Breite
96% „ „ „ 40° „ „

mit einer starken Zusammendrängung zum galaktischen Zentrum (327°):

25 Novae zwischen 245° und 327°
und 53 „ „ 327—360—49°.

Die Asymmetrie zum galaktischen Zentrum dürfte durch die geringere Entdeckungswahrscheinlichkeit auf der Südhalbkugel hervorgerufen sein.

31 6317 Die wiederkehrenden oder rekurrierenden Novae haben seit ihrer ersten Auffindung in großen zeitlichen Abständen mehrfache Ausbrüche gezeigt. Bis Mitte 1949 waren die folgenden 6 Vertreter dieser Gruppe bekannt. (Über Verwandtschaft mit den *U* Geminorum-Sternen siehe 316234.)

Wiederkehrende (rekurrierende) Novae.

Stern	1. Max.	Gr.	2. Max.	Gr	3. Max.	Gr.	4. Max.	Gr.	Min.-Gr.	Ampl.	Mittlere Zwischenzeit	Spektr. im Min.
N 5 Sgr	1901	$< 11^m$	1919	$7^m_{,}2$	—	—	—	—	$14^m_{,}3$	$7^m_{,}1$	6400^d	—
T Pyx	1890	6,5	1902	7,0	1920	7^m	1945	7^m	14,1	7,6	6650	Pec
N 2 Sge	1913	7,2	1946	7,2	—	—	—	—	15,2	8,0	11900	—
RS Oph	1898	< 7	1933	4,3	—	—	—	—	11,8	7,5	12800	Ocp
U Sco	1863	9,1	1906	8,8	1936	8,8	—	—	> 17,6	> 8,8	13400	—
T CrB	1866	2,1	1946	3,0	—	—	—	—	11	9,0	29126	$Q+gM\,3$

Die Lichtausbrüche verlaufen jedesmal in der gleichen, für den betreffenden Stern typischen Weise. Alle wiederkehrenden Novae zeichnen sich durch verhältnismäßig kleine Amplituden und geringe absolute Helligkeiten aus (siehe 316234: Korrelation zwischen Zyklen und Amplituden).

31 6318 Die *RT* Serpentis-Sterne führen das Nova-Phänomen in allen Phasen und mit den entsprechenden spektralen Änderungen im Zeitlupentempo (etwa 100—1000mal langsamer) vor. Bei *RT* Serpentis dauerte das Maximum rund 5 Jahre. Es sind nur die folgenden drei Vertreter dieser Gruppe bekannt: *RT* Serpentis, *V* 407 Cygni, *FU* Orionis.

31 6319 Gesamtenergie. Die beim Lichtausbruch einer normalen Nova ausgestrahlte Gesamtenergie beträgt nach A. Unsöld: Z. Aph. **1** (1930) 147 und W. Grotrian: Z. Aph. **14** (1937) 130 etwa $6 \cdot 10^{44}$ erg = etwa $^1/_{10000}$ des im Stern enthaltenen Energievorrats.

Literatur (Gesamtdarstellungen): Cecchini, G. u. L. Gratton: Atti della Reale Accad. d'Italia, Memorie della classe di sci. fis. mat. nat. **13** N. 1 = Publ. Milano-Merate (1942). — Vorontsov-Velyaminov B.: Vereinigter Wissenschaftl.-Technisch. Verlag Moskau-Leningrad (1935). — Stratton, F. J. M.: Hdb. d. Aph. VI/2 (1928) 274 und VII (1936) 671.

Theorien: Gamow, G.: Phys. Rev. (2) **54** (1938) 480. — Grotrian, W.: Z. Aph. **13** (1937) 215. — Whipple, F. L. u. C. Payne-Gaposchkin: Harvard Circ. Nr. 413 (1936). — Gamow, G. u. M. Schoenberg: Phys. Rev. (2) **59** (1941) 539. — Temesváry, St.: Veröff. Heidelberg **12**, Nr. 8 (1942) 43. — Schaler, A. J.: Act. scient. et industr. Nr. 895, 896, 897 (1941).

31 632 Die Supernovae.

31 6321 Definition und Häufigkeit. Sie unterscheiden sich von den gewöhnlichen Novae durch ihre wesentlich größeren absoluten Helligkeiten, die nach W. Baade zwischen -11^m und $-16^m_{,}6$ liegen und mit ihrem Mittelwert $-14^m_{,}3$ denjenigen der gewöhnlichen Novae ($-7^m_{,}0$) um mehr als 7 Größenklassen oder eine fast 1000fache Intensität übertreffen. Ihre Helligkeiten erreichen im Maximum größenordnungsmäßig das Gesamtlicht des Sternsystems (Spiralnebel), dem sie angehören. Die Supernovae sind äußerst selten. Auf etwa 10000 gewöhnliche Novae dürfte im Mittel eine Supernova entfallen. F. Zwicky [Ap. J. **96** (1942) 28] schätzt auf Grund seiner systematischen Überwachung von Spiralnebeln die Häufigkeit des Aufleuchtens von Supernovae auf 1 in 360 Jahren pro Nebel. Von diesem Durchschnitt weichen jedoch einige Nebel erheblich ab. So wurden von den bis 1949 aufgefundenen 45 Supernovae in den Nebeln *NGC* 3184 und 6946 innerhalb von 16 bzw. 31 Jahren je 3 Supernovae und im Nebel *NGC* 4321 innerhalb von 13 Jahren 2 Supernovae aufgefunden. Alle 3 Nebel sind vom Typ *Sc* (aufgelöste Spiralen, wie unser Milchstraßensystem). Im übrigen kommen Supernovae in allen Arten von extragalaktischen Nebeln vor, auch in den elliptischen (Population II), die keine Überriesen enthalten [Hubble, E.: PASP **53** (1941) 150]. In unserem eigenen galaktischen System leuchteten in geschichtlicher Zeit die in vorstehender Tabelle verzeichneten 3 Supernovae auf.

Jahr	Scheinb. visuelle Größe	Absolute Größe (Max.)	Typ	Bemerkungen
1054	— 6 :	— $16^m_{,}9$:	I	Heute der Crab-Nebel M 1
1572	— 4,1	— 13,1	I	Tychos Nova B Cassiop.
1604	— 2,6	— 12,1	II	Keplers Nova Ophiuchi

Verzeichnisse: Schneller, H.: Kl. Veröff. Berlin-Babelsberg **26** (1942) 250. — Kukarkin, B. u. P. Parenago: Kat. Veränd. St. (1948) 440.

31 6322 Nach den Lichtkurven werden zwei verschiedene Typen von Supernovae unterschieden. Bei beiden erfolgt das Aufleuchten mit etwa $0^m_{,}2$—$0^m_{,}5$ pro Tag, kurz vor dem Maximum etwas langsamer als bei den gewöhnlichen Novae. Der Lichtabstieg, anfangs mit etwa $0^m_{,}05$—$0^m_{,}2$ pro Tag, verläuft:

beim Typ I in einer glatten Kurve anfangs ziemlich steil, dann nach wenigen Wochen langsam und stetig mit einer Intensitätsabnahme von etwa $^1/_3$ pro Monat,

beim Typ II zunächst wesentlich langsamer als beim Typ I mit sekundären Schwankungen, wie sie bei den gewöhnlichen Novae häufig auftreten. Später setzt ein schnelleres Absinken ein, um dann allmählich in den Verlauf der Kurve des Typus I überzugehen (Hubble, E.: l. c.).

316323 Spektra nach R. Minkowski: Ap. J. **89** (1939) 156; **97** (1943) 128 und PASP **53** (1941) 224.

Typ I: (Beobachtung von 9 Sternen zwischen 7^d vor und 339^d nach dem Maximum.) Schon vor dem Maximum sind ungewöhnlich breite Emissionsbänder vorhanden, die ineinanderfließen, so daß sie schwer zu identifizieren sind. Mit Sicherheit dürften nur [O I] 6300 und [O I] 6364 nachgewiesen sein. Veränderungen im Spektrum waren innerhalb des Beobachtungsabschnitts nicht nachzuweisen.

Typ II: (Beobachtung von 5 Sternen zwischen dem Maximum und 115^d nach dem Maximum.) Das Spektrum ist bis zu einer Woche nach dem Maximum kontinuierlich (wie bei den gewöhnlichen Novae), reicht aber weit ins Ultraviolett (Temperatur etwa 40000°). Gleichzeitig mit einem Verblassen des Kontinuums treten Absorptionen und breite Emissionsbänder auf. Die Expansionsgeschwindigkeiten liegen in diesem Stadium zwischen 4500 und 10000 km/sec.

Über die Pränovae und Endstadien nach den Ausbrüchen ist nichts Sicheres bekannt (vgl. Crab-Nebel: s. 316321).

31 6324 Die absoluten Helligkeiten im Maximum liegen nach W. Baade [Ap. J. **88** (1938) 285 u. 411] zwischen -11^m und $-16^m_{,}6$ und betragen im Mittel $-14^m_{,}3$. Die Supernovae vom Typ II sind absolut schwächer; im Mittel etwa -12^m. Die Häufigkeit des II. Typs dürfte etwas größer sein; infolge ihrer geringeren Helligkeit entziehen sich diese Supernovae leichter der Entdeckung.

Mittlere Helligkeitsamplitude (phot.): $\sim 19^m$.

31 6325 Gesamte beim Ausbruch freigewordene Energie $= 5 \cdot 10^{48}$ erg [Hoffleit, D.: Harvard Bull. Nr. 910 (1939)].

Literatur: Baade, W.: Ap. J. **97** (1943) 119; **102** (1945) 309. — Baade, W. u. F. Zwicky: Ap. J. **88** (1938) 411. — Zwicky, F.: Phys. Rev. (2) **55** (1939) 726 u. 986; Proc. Nat. Acad. Sci. **22** (1936) 457 u. 557. — Payne-Gaposchkin, C.: Harvard Repr. Nr. 125 (1936) mit Whipple, F. L.: Harvard Repr. Nr. 196 u. 223 (1941). — Gamow, G.: Sci. Monthly **54** (1942) 65.

Beyer

3164 Die planetarischen Nebel.

31641 Allgemeinere Daten über planetarische Nebel.

Die nachfolgende Tabelle gibt einen Auszug (33 Objekte) aus dem von B. Vorontsov-Velyaminov [RAJ **11** (1934) 54] aufgestellten Katalog der planetarischen Nebel, welcher 131 Nebel aufzählt. Für die Auswahl der Nebel in Tabelle 316411 waren vor allem die Gesichtspunkte maßgebend, wieweit einerseits astronomische und astrophysikalische Daten mit einer gewissen Vollständigkeit vorliegen und andererseits ein besonderes Interesse an diesen Objekten im Zusammenhang mit der gegenwärtigen und zukünftigen Forschung vorhanden ist.

Die galaktischen Koordinaten l und b sind berechnet worden unter Benutzung der von Newcomb angegebenen Lage des galaktischen Poles. Die Nebeldurchmesser entstammen der Publikation von H. D. Curtis [Lick Publ. **13** (1918) Teil 3], wie ebenfalls die Zentralsternhelligkeiten m_* und die relativen Expositionszeiten *RE*. Letztere sind mit ihren reziproken Werten (1/RE) ein Maß für die relativen Flächenhelligkeiten der Nebel und trotz ihres nur qualitativen Charakters nicht ohne besondere Bedeutung für die Theorie. Die Zentralsternhelligkeiten m_* nach Curtis wurden von Vorontsov-Velyaminov auf die Skala von E. Hubble [Ap. J. **56** (1922) 162] korrigiert. Die integrierten Nebelhelligkeiten m_n entstammen einer Untersuchung von B. Vorontsov-Velyaminov und P. Parenago [RAJ **8** (1932) 206]. Diese Helligkeiten schließen die Helligkeit des Zentralsterns mit ein, was insbesondere dann zu beachten ist, wenn die Differenz Δm zwischen Nebel und Zentralsternhelligkeit nur gering ist. Doppelte Durchmesserangaben besagen, daß der Nebel aus zwei mehr oder weniger konzentrisch angeordneten Gasmassen besteht. Die absoluten Eigenbewegungen sind nach A. van Maanen [Ap. J. **77** (1933) 186], die Expansionsgeschwindigkeiten nach W. W. Campbell u. J. H. Moore [Lick Publ. **13** (1918) Teil 4] angegeben. In bezug auf die Bezeichnung der Spektraltypen, die im wesentlichen mit der Harvard-Klassifikation übereinstimmt, vgl. B. Vorontsov-Velyaminov: RAJ **8** (1931) 15 und AN **242** (1931) 201.

Neues Beobachtungsmaterial über die Expansionsgeschwindigkeiten in 21 planetarischen Nebelhüllen, das in der nachstehenden Tabelle nicht mehr mitberücksichtigt werden konnte findet man bei O. C. Wilson [Ap. J. **111** (1950) 284]. Besonders bemerkenswert im Zusammenhang mit den von O. C. Wilson gewonnenen Daten ist die Tatsache, daß in den meisten Nebelhüllen die Expansionsgeschwindigkeiten von außen nach innen abfallen.

NGC oder *IC*I bzw. *IC*II Nummer	Äquatoriale Koordinaten 1900 α	δ	Galakt. Koordinaten 1900 l	b	Winkeldurchmesser d'' (in Bogensek.)	Scheinbare Helligkeit m_n des Nebels	m_* des Zentralsternes	Spektraltyp des Zentralsternes	Relative Expositionszeit RE	Eigenbewegung des Zentralsternes μ_α	μ_δ	Expansionsgeschwindigkeit der Nebelhülle km/sec.
40	0h 7m6	+71°58'	87°	+ 9°,0	35'' × 38''; 38'' × 60''	10m,2	11,m7	*Oa*	4	−0'',004	0'',000	—
246	42,0	−12 25	87	− 75,6	230'' × 240''	8,5	11,1	*O7*	100	—		—
II 1747	1 50,3	+62 49	98	+ 0,3	13''	13,6	15,0	*Oa*	15	—		—
I 351	3 41,1	+34 45	127	− 15,7	6'' × 8''	12,4	15,0	*WR*	2	—		—
II 2003	50,0	+33 35	129	− 15,2	5''	12,6	—	*WR*	—	—		—
1514	4 3,0	+30 30	133	− 15,6	90'' × 120''	10,8	9,7	*O7*	80	−0,004	+ 0,002	—
1535	9,6	−13 0	174	− 40,1	17'' × 20'' 40''	9,3	11,6	Cont.	2	—		—
418	5 22,9	−12 46	183	− 23,7	11'' × 14''	12,0	10,8	*Oa* + *O5*	0,2	—		—
II 2149	48,9	+46 6	133	+ 10,1	6'' × 12''; 10'' × 15''	9,9	14,0	*O7*	0,3	−0,001	− 0,002	—
2392	7 23,3	+21 7	166	+ 17,6	15'' × 19'', 43'' × 47''	8,3	10,8	*O8e*	5	—		53
2440	37,5	−17 58	203	+ 3,2	20'' × 54''	11,7	—	—	0,4	—		—
3132	10 2,8	−39 57	240	+ 13,3	30''	8,2	10,6	—	—	—		—
3242	19,9	−18 8	230	+ 33,0	16'' × 26'', 35'' × 40''	9,0	11,7	Cont.	0,3	—		10,5
4361	12 19,3	−18 13	263	+ 44,6	39'' × 44'', 81''	10,8	12,8	Cont.	30,	—		—
3568	30,4	+83 7	91	+ 33,7	18''	11,6	12,0	Cont.	0,2	−0,005	− 0,006	—
6058	16 1,0	+40 57	32	+ 47,4	20'' × 25''	13,3	13,3	Cont.	30	—		—
II 4593	7,0	+12 20	353	+ 40,5	11''; 15''	10,2	10,2	Cont.	2	−0,002	− 0,011	—
6210	40,3	+23 59	11	+ 37,2	8''; 13'' × 20''	9,7	12,5	*O6—7*	0,3	+0,001	+ 0,005	8,5
6534	17 58,9	+66 38	63	+ 29,0	16'' × 22''	8,8	11,1	*Ob*	0,2	−0,005	+ 0,003	12,0

NGC oder *IC* I bzw. *IC* II Nummer	Äquatoriale Koordinaten α 1900	δ	Galakt. Koordinaten l 1900	b	Winkeldurchmesser d'' in Bogensek.	Scheinbare Helligkeit m_n des Nebels	m_* des Zentralsternes	Spektraltyp des Zentralsternes	Relative Expositionszeit RE	Eigenbewegung des Zentralsternes $\mu\alpha$	$\mu\delta$	Expansionsgeschwindigkeit der Nebelhülle km/sec.
6572	18° 72,^{m}	+6° 50^h	2°	+10,°1	13'' × 16''	9,6	10,2	*Ob*	0,1	—0,''005	+0,''003	3,5
6720	49,9	+32 54	30	+13,1	59'' × 83''	9,3	14,7	Cont.	6,0	+0,004	+0,008	19,0
BD 30° 3639	19 30,8	+30 18	32	+ 4,1	5''	9,6	—	*Oa* + *O*8	—	—0,002	—0,014	—
6818	38,3	—14 24	353	—18,4	15'' × 22''	9,9	15,0	—	0,7	—		21,0
6826	42,1	+50 17	51	+11,8	24'' × 27''	8,8	10,8	*Ob* + *O*5	1,0	—		—
6853	55,3	+22 27	29	— 4,6	240'' × 480''	7,6	13,6	—	20	+0,016	+0,007	—
7009	20 58,7	—11 46	5	—35,0	26'' × 30,'' 26'' × 44''	8,4	11,7	Cont.	0,2			15
7026	21 2,9	+47 27	57	— 0,6	5'' × 25''	12,7	15,0	*Oa*	0,8			—
7027	3,3	+41 50	53	— 4,2	11'' × 18''	10,4	—	—	0,1			15
7048	10,7	+45 52	56	— 2,7	50'' × 60''	11,3	18,3	—	—	—		—
II 5217	22 19,9	+50 28	68	— 6,4	6'' × 7,5''	12,6	—	—	0,2	+0,005	+0,006	—
7293	24,3	—21 21	2	—57,7	720'' × 900''	6,5	13,3	—	150	—		—
1470	23 01,1	+59 43	77	— 0,9	45'' × 70''	—	11,9	*O*7	—	—		—
7692	21,1	+41 59	74	—18,6	14'' × 17,' 28'' × 32''	8,9	12,5	Cont.	0,2	+0,006	+0,003	24

31642 Das Spektrum der planetarischen Nebel.

In dem astrophysikalisch zugänglichen Spektralbereich von λ 2900 bis λ 10000 findet man in planetarischen Nebeln rund 300 verschiedene Emissionslinien, von denen etwa 60% mit Sicherheit ihren Trägern zugeordnet sind. Die folgenden Tabellen führen die Linien auf, welche unter theoretischen und praktischen Gesichtspunkten als die wichtigsten bezeichnet werden können. Nach der maximalen Anregung in einem Nebel lassen sich roh drei Stufen unterscheiden. In der niedrigsten Anregungsstufe fehlt die He-II-Linie λ 4686 noch vollständig, die [O III]-Linie λ 5006,7 (Nebuliumlinie N_1) ist noch schwächer oder nur wenig intensiver als Hβ. Bei Nebeln mittlerer Anregung wird die genannte [O III]-Linie wesentlich intensiver als Hβ (Faktor 5 bis 10), es erscheint schwach die He-II-Linie λ 4686. Schließlich wird in Nebeln hoher Anregung die He-II-Linie λ 4686 in ihrer Intensität vergleichbar mit der von Hβ. Nebel hoher Anregung sind weiterhin gekennzeichnet durch Linien von Ne V und Fe VII.

Für das sichtbare photographische Gebiet λ 3700 bis λ 6800, welches verständlicherweise am besten durchforscht ist, sind in der Tabelle 316421 Linien und relative Linienintensitäten für je ein Objekt von jeder der drei Anregungsstufen aufgeführt. Die Intensitäten sind als photometrische Schätzungen zu werten [nach A. B. Wyse: Ap. J. **95** (1942) 356]. Die infraroten Linien beziehen sich auf den hochangeregten Nebel *NGC* 7027, die Intensitäten sind rohe Schätzungen. Für das *UV*-Gebiet λ < 3800 AE sind die Linien ohne Intensitätsangaben aufgeführt.

Die unter λ_{Lab} gegebenen Wellenlängen stellen nicht in jedem Falle direkt gemessene Werte dar, insbesondere sind bei den verbotenen Linien, gekennzeichnet durch eine eckige Klammer [ ], diese fast durchweg aus dem allgemeinen Termaufbau des Ions errechnet bzw. abgeschätzt worden.

316421 Linien des Wellenlängenbereiches λ 6800 bis λ 3700 AE.

$\lambda_{\text{beob.}}$	*NGC* 7027	*NGC* 6572	*IC* 418	$\lambda_{\text{Lab.}}$	Träger	Termkombination	$\lambda_{\text{beob.}}$	*NGC* 7027	*NGC* 6572	*IC* 418	$\lambda_{\text{Lab.}}$	Träger	Termkombination
6730	15	3	12	31,5	[S II]	$3p^3\,{}^4S - 3p^3\,{}^2D_{1\,1/2}$	6548	90	40	110	48,4	[N II]	$2p^2\,{}^3P_1 - 2p^2\,{}^1D_2$
6716	8	2	10	17,3	[S II]	$3p^3\,{}^4S - 3p^3\,{}^2D_{2\,1/2}$	6435,0	8	—	—	32	[A V]	$3p^2\,{}^3P_1 - 3p^2\,{}^1D$
6678,0	20	20	12	78,1	He I	$2p\,{}^1P - 3d_1D$	6363,8	20	8	5	63,9	[O I]	$2p^4\,{}^3P_1 - 2p^4\,{}^1D$
6584	190	110	240	83,9	[N II]	$2p^2\,{}^3P_2 - 2p^2\,{}^1D_2$	6311,3	15	6	4	10,2	[S III]	$3p^2\,{}^1D - 3p^2\,{}^1S$
6563	420	230	410	62,8	He I	$2^2S, P - 3^2S, P, D$	6300,1	40	15	8	0,2	[S III]	$2p^4\,{}^3P_2 - 2p^4\,{}^1D$

$\lambda_{\text{beob.}}$	*NGC* 7027	*NGC* 6572	*IC* 418	$\lambda_{\text{Lab.}}$	Träger	Termkombination
6232,6	3	—	—	29	[K VI]	$3p^2\,{}^3P_2 - 3p^2\,{}^1D$
6101,8	5	—	—	01,1	[K IV]	$3p^4\,{}^3P_2 - 3p^4\,{}^1D$
6085,9	5	—	—	85,5	[Ca V]	$3p^4\,{}^3P_1 - 3p^4\,{}^1D$
				85,9	[Fe VII]	$3d^2\,{}^3F_3 - 3d^2\,{}^1D$
5875,6	35	60	20	75,6	He I	$2p\,{}^3P - 3d\,{}^3D$
5813	2	6	—	12,1	C IV	$3s\,{}^2S - 3p\,{}^2P_{1/2}$
5800	3	7	—	01,5	C IV	$3s\,{}^2S - 3p\,{}^2P_{1/2}$
5754,9	20	12	12	55,0	[N II]	$2p\,{}^1D - 2p^2\,{}^1S$
5720,0	4	—	—	20,9	[Fe VII]	$3d^2\,{}^3F_2 - 3\,d^2\,{}^1D$
5577,3	3	2	3	77,3	[O I]	$2p^4\,{}^1D - 2p^4\,{}^1S$
5538,2	5	3	3	37,7	[Cl III]	$3p^3\,{}^4S - 3p^3\,{}^2D_{1\,1/2}$
5518,2	1,5	1,5	0	17,2	[Cl III]	$3p^3\,{}^4S - 3p^3\,{}^2D_{2\,1/2}$
5426	1	—	—	27	[Fe VI]	$3d^3\,{}^4F\,2_{1/2},\,3_{1/2} - 3d^3\,{}^4P\,1_{1/2},\,2_{1/2}$
5411,5	12	0,8	—	11,6	He II	$4\,{}^2S,\,P,\,D,\,F - 7\,{}^2S,\,P,D,F,G$
5334,6	1,5	—	—	36,4	[Fe VI]	$3d^3\,{}^4F_1\,1_{1/2} - 3d^3\,{}^4P_{1/2}$
5308,5	1,5	—	—	08,9	[Ca V]	$3p^4\,{}^3P_2 - 3p^4\,{}^1D$
5278,6	1,5	—	—	76,1	[Fe VII]	$3d^2\,{}^3F_4 - 3d^2\,{}^3P_2$
				79,2	[Fe VI]	$3d^3\,{}^4F_{1\,1/2} - 3d^3\,{}^4P_{1\,1/2}$
5232,7	1	—	—	36,6	[Fe VI]	$3d^3\,{}^4F_{2\,1/2} - 3d^3\,{}^4P_{2\,1/2}$
5199,1	3	2	3	99,2	[N I]	$2p^3\,{}^4S - 2p^3\,{}^2D$
5178	2	—	—	77,0	[Fe VI]	$3d^3\,{}^4F_{4\,1/2} - 3d^3\,{}^4G_{4\,1/2}$
5159,6	2	—	—	58,3	[Fe II]	$a\,{}^4F_{3\,1/2} - b\,{}^4P_{1\,1/2}$
				58,3	[Fe VII] Hauptanteil	$3d^2\,{}^3F_3 - 3d^2\,{}^3P_1$
5146	2			46,8	[Fe VI]	$3d^3\,{}^4F\,3_{1/2} - 3d^3\,{}^2G_{3\,1/2}$
5006,7	1190	1070	230	07,6	[O III]	$2p^2\,{}^3P_2 - 2p^2\,{}^1D_2$
4959,0	430	310	50	59,5	[O III]	$2p^2\,{}^3P_1 - 2p^2\,{}^1D_2$
4922,0	3	4	3	21,9	He I	$2p\,{}^1P - 4d\,{}^1D$
4861,3	**100**	**100**	**100**	61,3	H I	$2\,{}^2S_1\,P - 4\,{}^2S_1\,P_1\,D$
4851,0	0,6	—	—	50,9	[Fe VI]	$3d^3\,{}^4F_{1\,1/2} - 3d^3\,{}^2G_{3\,1/2}$
4740,0	7	3	—	40,3	[A IV]	$3p^3\,{}^4S - 3p^3\,{}^2D_{1\,1/2}$
4711,9	3	4	1	13,2	He I	$2p\,{}^3P - 4s\,{}^3D$
				11,4	[A IV] Hauptanteil	$2p^3\,{}^4S - 3p^3\,{}^2D_{2\,1/2}$
4686,0	40	1	—	85,8	He II	$3\,{}^2S,\,P,\,D - 4\,{}^2S,\,P,\,D,\,F$
4658,6	0,9	0,7	0,7	58,6	C IV	$5g\,{}^2G - 6h\,{}^2H$
4541,6	1,5	—	—	41,6	He II	$4\,{}^2S,\,P,\,D,\,F - 9\,{}^2S,\,P,,\,D\,F,\,G$
4471,6	5	10	4	71,5	He I	$2p\,{}^3P - 4d\,{}^3D$
4387,9	0,8	1,5	1,5	87,9	He I	$2p\,{}^1P - 5d\,{}^1D$
4379,3	0,4	0,3 ?	0,5 ?	79,1	N III	$4f\,{}^2F - 5g\,{}^2G$
4363,2	10	10	1,5	63,2	[O III]	$2p^2\,{}^1D_2 - 2p^2\,{}^1S_0$
4340,4	20	35	25	40,5	H I	$2\,{}^2S_1\,P - 5\,{}^2S,\,P,\,D$
4199,9	1	—	—	99,9	He II	$4\,{}^2S_1\,P_1\,D_1\,F - 11\,{}^2S,\,P,D,F,G$
4170	0,3 ?	0,4	—	69,0	He I	$2p\,{}^1P - 6s\,{}^1S$
4143,8	0,4	1	0,6	43,8	He I	$2p\,{}^1P - 6d\,{}^1D$
4101,7	12	30	20	1,8	H I	$2\,{}^2S_1\,P - 6\,{}^2S,\,P,\,D$
4097,6	2	1 ?	—	97,3	NIII	$3s\,{}^2S - 3p\,{}^2P_{1\,1/2}$
4076,3	2	1,5	1,5	76,5	[S II]	$3p^3\,{}^4S_{1\,1/2} - 3p^3\,{}^2P_{1/2}$
4068,9	5	3	4	68,5	[S II]	$3p^3\,{}^4S_{1\,1/2} - 3p^3\,{}^2P_{1\,1/2}$
4026,1	2	4	3	25,6	He II	$4\,{}^2S_1\,P,\,D,\,F - 13\,{}^2S,\,P,D,F,G$
3970,1	8	15	15	70,1	H I	$2\,{}^2S_1\,P - 7\,{}^2S_1\,P_1\,D$
3967,4	15	25	0,6 ?	—	[Ne III]	$2p^4\,{}^3P_1 - 2p^4\,{}^1D_2$
3923,8	0,8	—	—	23,5	[He II	$4\,{}^2S,\,P,\,D,\,F - 15\,{}^2S,\,P,D,F,G$
3888,8	7	15	15	89,1	H I	$2\,{}^2S,\,P - 8\,{}^2S,\,P,\,D$
3868,7	40	50	3	—	Ne [III]	$2p^4\,{}^3P_2 - 2p^4\,{}^1D_2$
3835,4	3	6	6	35,4	HI	$2\,{}^2S,\,P - 9\,{}^2S,\,P,\,D$
3750,3	2 ?	3	—	50,2	HI	$2\,{}^2S,\,P - 12\,{}^2S,\,P,\,D$
3728,8	4	6	20	29,1	[OII]	$2p^3\,{}^4S_{1\,1/2} - 2p^3\,{}^2D_{2\,1/2}$
3726,1	8	12	50	26,2	[OII]	$2p^3\,{}^4S_{1\,1/2} - 2p^3\,{}^2D_{1\,1/2}$

Wyse, A. B.: Ap. J. **95** (1942) 356. — Bowen, I. S. u. A. B. Wyse: Lick Bull. **19** (1939) 1. Photometrische Daten über die intensivsten Linien in 15 planetarischen Nebeln findet man bei L. H. Aller: Ap. J. **93** (1941) 236. Geschätzte Linienintensitäten der Hauptlinien in 47 planetarischen Nebeln liegen vor in einer älteren Publikation von W. H. Wright: Lick Publ. **13** (1918) Teil 4. Diese Publikation enthält zahlreiche Reproduktionen von Spektren, desgl. eine neuere Arbeit von T. Page: Ap. J. **96** (1942) 78. Die letztgenannte Publikation gibt außerdem photometrische Daten über das Balmer-Kontinuum und das allgemeine Nebelkontinuum. Weitere Literaturangaben sind in den vorstehend angegebenen Veröffentlichungen zu finden.

Wurm

31 6422 Infrarote Linien.

λbob.	NGC 7027	λLab.	Träger	Termkombination	λbeob.	NGC 7027	λLab.	Träger	Termkombination
9069	3,2	69,4	[S III]	$3p^2\,{}^3P_1 - 3p^2\,{}^1D$	7530	0,2	30,9	[ClIV]	$3p^2\,{}^3P_1 - 3p^2\,{}^1D$
9015	0,5	14,9	H I	$3\,{}^2D - 10\,{}^2F$ect	7332	} 7,7	30,7	[O II]	$2p^3\,{}^2D_{1\,1\,2} - 2p^3\,{}^2P_{1\,1\,2}$
8862	0,3	62,9	H I	$3\,{}^2D - 11\,{}^2F$ect	7332		32,0	[A IV]	$3p^3\,{}^2D_{2\,1/2} - 3p^3\,{}^2P_{1/2}$
8750	0,2	50,5	H I	$3\,{}^2D - 12\,{}^2F$ect	7263	0,9	63,3	[A IV]	$3p^3\,{}^2D_{1\,1/2} - 3p^3\,{}^2P_{1/2}$
8665	0,3	65,0	H I	$3\,{}^2D - 13\,{}^2F$ect	7236	0,4	36,0	[A IV]	$3p^3\,{}^2D_{2\,1/2} - 3p^3\,{}^2P_{1\,1/2}$
8598	0,2	98,4	H I	$3\,{}^2D - 14\,{}^2F$ect	7170	blend	69,0	[A IV]	$3p^3\,{}^2D_{1\,1/2} - 3p^3\,{}^2P_{1\,1/2}$
8545	0,07	45,4	H I	$3\,{}^2D - 15\,{}^2F$ect	7135	6,1	35,8	[A III]	$3p^4\,{}^3P_2 - 3p^4\,{}^1D$
8502	sehr schwach	02,5	H I	$3\,{}^2D - 16\,{}^2F$ect	7065	2,6	65,2	He I	$2\,{}^3P - 3\,{}^3S$
8240	0,4	36,8	H II	$5\,{}^2G - 9\,{}^2H$ect	7006	1,5	6,3	[A V]	$3p^2\,{}^3P_2 - 3p^2\,{}^1D$
8046	0,5	46,1	[Cl IV]	$3\,p^2\,{}^3P_2 - 3p^2\,{}^1D$	6730	2,4	31,3	[S II]	$3p^3\,{}^4S_{1\,1/2} - 3p^3\,{}^2D_{1\,1/2}$
7751	2,2	51,0	[A III]	$3p^4\,{}^3P_1 - 3p^4\,{}^1D$	6716	(1,3)	17,0	[S II]	$3p^3\,{}^4S_{1\,1\,4} - 3p^3\,{}^2D_{2\,1/2}$
7587	0,2	51,8	He II	$5\,{}^2G - 10^2\,H$ect	6678	1,3	78,2	He I	$2\,{}^1P - 3\,{}^1D$

Aller, L. H. u. R. Minkowski: PASP **58** (1946) 258. — Wright, W. H.: PASP **32** (1920) 64. — *NGC* 7027 ist der einzige planetarische Nebel, von dem das infrarote Spektrum bekannt ist. Die angegebenen Intensitäten sind (von Aller und Minkowski) geschätzte Werte.

31 6423 Ultraviolette Linien (λ < 3800)

λbeob.	λLab.	Träger	Termkombination	λbeob.	λLab.	Träger	Termkombination
3759,8	59,8	O III	$3s\,{}^3P_2 - 3d^3\,D_2$	3299,0	99,4	O III	$3s\,{}^3P_0 - 3p\,{}^3S$
3444,1	44,1	O III	$3p^2\,{}^3P_2 - 3d\,{}^3P_2$	3202	3,1	He II	$3\,{}^2S, P, D - 5\,{}^2S, P, D, F$
3428,5	28,7	O III	$3p\,{}^3P_1 - 3d\,{}^3P_2$	3132	32,9	O III	$3p\,{}^3S - 3d\,{}^3P_2$
3425,8	(25,8)	[Ne V]	$2\,p^2\,{}^3P_2\ 2p^2\,{}^1P$	3118	21,7	O III	$3p\,{}^3S - 3d\,{}^3P_1$
3345,8	(45,8)	[Ne V]	$2\,p^2\,{}^3P_1 - 2p^2\,{}^1D$	3047	47,1	O III	$3s\,{}^3P_2 - 3p\,{}^3P_1$
3340,9	40,7	O III	$3s\,{}^3P_2 - 3p\,{}^3S$	3025	23,5	O III	$3s\,{}^3P_1 - 3p\,{}^3P_2$
3312,1	12,3	O III	$3s\,{}^3P_1 - 3p\,{}^3S$				

Von Intensitätsangaben ist hier abgesehen, da insbesondere die zahlreich vertretenen O-III-Linien von Nebel zu Nebel sehr schwankende Intensitäten zeigen. Die O-III-Linien entstehen durch einen besonderen Anregungsprozeß (Linienfluoreszenz angeregt durch die Resonanzlinie des He II λ 303,87).

Wright, W. H.: Lick Publ. **14** (1921) 84; Lick Bull. **17** (1934) 1. — Bowen, I. S.: Ap. J. **81** (1935) 1.

31 643 Die Elektronentemperaturen in den Nebelhüllen.

Die Elektronentemperaturen der folgenden Tabelle sind nach D. H. Menzel, L. H. Aller und M. H. Xebb [Ap. J. **93** (1941) 230] bestimmt aus den relativen Intensitäten der Linien $(N_1 + N_2)$ und λ 4363 des O-III-Ions. Diese (verbotenen) Linien werden nachweislich durch die Stöße der freien Elektronen in den Nebelhüllen angeregt. Die Ausgangsniveaus der beiden Linien $(N_1 + N_2)$ und λ 4363 haben im Anregungspotential eine Differenz von 2,83 eV, λ 4363 besitzt die höhere Anregungsenergie. In bezug auf den theoretischen Zusammenhang zwischen den relativen Linienstärken und der Elektronentemperatur vgl. die oben zitierte Arbeit. Die für T_ε angegebenen Werte sind als Näherungen aufzufassen, sie gelten außerdem nur für die Zonen der Nebel, in denen das O-Atom im zweiten Ionisationszustand (O III) vorliegt.

Nebel	$I_{N_1+N_2} : I_{4363}$	T_ε	Nebel	$I_{N_1+N_2} : I_{4363}$	T_ε
NGC 6543	1000	6000	*IC* 351	240	8100
6826	400	7200	*NGC* 2440	284	7700
6572	143	9200	2165	107	10000
7009	126	9500	2392	49	13200
7027	128	9500	3242	317	7500
7662	98,5	10300	*IC* 4634	637	6500
IC 418	497	6800	4776	300	7000
NGC 1535	109	10000	*NGC* 6741	620	6500
J 320	102	10100	6818	440	7000
NGC 6201	420	7100			

Wurm

31644 Temperaturen einiger Zentralsterne.

Die Temperaturen (Oberflächentemperaturen) der Zentralsterne planetarischer Nebel lassen sich nur nach einer von H. Zanstra [Publ. Victoria **4** [1931] 209] angegebenen Methode aus einem Vergleich der Intensitäten gewisser Nebellinien mit der Intensität des Kontinuums des Zentralsterns bestimmen. Die Methode (Zanstra-Methode) ist noch nicht zu einer hohen Genauigkeit entwickelt. Die in der nebenstehenden Tabelle nach vier verschiedenen Varianten der Zanstra-Methode angegebenen oberen und unteren Grenzen für T_c entstammen einer neueren Publikation von K. Wurm [Naturw. (1949) 309]. Die Methode I_{He} stützt sich auf die Intensitäten der Wasserstofflinien und liefert im allgemeinen nur eine untere Grenze für T_c, die weit überschritten werden kann. Das Verfahren $III_{He\,II,\,H}$ benutzt zur Temperaturbestimmung die relativen Intensitäten der He-II-Linien zu den H-Linien und gibt durchweg eine obere Grenze für T_c. Der beste Näherungswert ist im allgemeinen von dem Verfahren $I_{He\,II}$ zu erwarten, welches die Stärke der He-II-Linie λ 4686 im Vergleich zur Stärke des Sternkontinuums in deren Umgebung zur Temperaturbestimmung benutzt. Das Verfahren $V_{Kont.}$ stützt sich auf die Stärke des Balmer-Kontinuums und liefert meist auch eine untere Grenze für T_c.

Temperaturen T_c von Zentralsternen nach der Zanstra-Methode.

Nebel	Methode			
	I_H	$I_{He\,II}$	$III_{He\,II,\,H}$	$V_{Kont.}$
NGC 6543	> 37000		< 70000	> 55000
6572	> 41000		< 70000	> 55000
6826	> 26000		< 90000	
7009	> 50000	> 85000	< 115000	
7662	> 43000	> 110000	< 180000	
7027	> 52000	> 110000	< 210000	
6741			< 190000	
2440			< 210000	

Bermann, L.: Lick Bull. 15 (1932) 86; Ambarzumian, V. A.: Pulkowo Circ. Nr. 4 (1932).

317 Das Sternsystem.

3171 Die nächsten Sterne (r < 5 Parsek).

In der folgenden Tabelle sind alle bisher bekannten Sterne mit Parallaxen $\geqq 0\rlap{.}''2$ zusammengestellt, deren Entfernung also 5 Parsek nicht überschreitet. Die Anzahl der Sterne bis zu 4 Parsek Entfernung verhält sich zu der Zahl der insgesamt in der Liste enthaltenen wie 1 : 1,65. Da die entsprechenden Raumvolumina im Verhältnis 1 : 1,95 stehen, folgt, daß die Sterne innerhalb des Bereichs von 5 Parsek noch nicht vollständig bekannt sind. Für die bekannten Sterne liegt das Häufigkeitsmaximum der absoluten visuellen Helligkeiten bei etwa $+12\rlap{.}^m5$. Die Sterne Nr. 2, 6 *B*, 9 *B* und 11 *B* sind weiße Zwerge, alle übrigen gehören, soweit die Spektren bekannt sind, der Hauptreihe an; 4 Sterne übertreffen die Sonne an absoluter Helligkeit. Bei den Doppelsternen beziehen sich die Eigenbewegungen und Radialgeschwindigkeiten auf den Systemschwerpunkt; nur bei o_2 Eridani gelten sie für die *A*-Komponente. Nr. 20, Proxima Centauri, gehört wahrscheinlich mit zum System α Centauri, die projizierte Distanz vom Systemschwerpunkt *AB* beträgt mehr als 10000 astronomische Einheiten. Für die Doppelsternsysteme sind die linearen Bahnhalbmesser, Perioden und Massen, soweit bekannt, im folgenden Täfelchen gesondert zusammengestellt. Zu Nr. 3 vgl. Harvard Cards Nr. 990.

System	Bahnhalbmesser Astr. Einh.	Periode Jahre	Massen ($\odot = 1$)	
o_2 Eridani *BC* . .	34	248:	0,4	0,2
α Can. maj. *AB* .	20,0	50	2,2	1,0
α Can. min. *AB* .	14,4	40,2	1,4	0,4
α Centauri *AB* . .	23,3	80	1,1	0,9
70 Ophiuchi *AB* .	23,3	87,8	0,90	0,73
61 Cygni *AB* . .	84	720	0,6:	0,6:
BD + 56° 2783 *AB*	9,2	44,5	0,26	0,14

Die im folgenden gegebenen Zahlen beruhen in der Hauptsache auf der von P. van de Kamp veröffentlichten Liste [PASP **57** (1945) 34]. Eine Zusammenstellung der Sterne mit $\pi \geqq 0\rlap{.}''095$ gibt G. P. Kuiper [Ap. J. **95** (1942) 201]. Von den Spalten unserer Tabelle geben die vier ersten Nummer, Bezeichnung und Position der Sterne, die fünfte und sechste die visuelle Größe und die Spektralklasse, die siebente und achte den absoluten Betrag und den Positionswinkel der Eigenbewegung, die neunte die Radialgeschwindigkeit, die zehnte die Parallaxe, die elfte und zwölfte die absolute visuelle Helligkeit in Größenklassen und in Einheiten der Sonnenhelligkeit.

Nr.	Bezeichnung	AR (1950)	Dekl. (1950)	Gr. vis.	Spektrum	*EB* μ	*EB* ϑ	R. G. km/sek	Parall.	M	*L* ($\odot = 1$)
1	*CD* — 37° 15492 .	$0^h\ 2\rlap{.}^m1$	— 37° 34′	$8\rlap{.}^m3$	*M* 3	6″,09	112°	+ 24	0″,210	9,9	0,011
2	*BD* + 43° 44 *A* .	0 15,3	+ 43 44	8,1	*M* 1	2,91	82	+ 8	0,278	10,3	0,0076
	. . . . *B* .	. . . . . .	. . . .	10,9	*M* 6	. . . .	. . .	. . . . .	. . . . .	13,1	0,00058
3	Wolf 28	0 46,5	+ 5 11	12,2	*F* 0	2,98	155	+ 238	0,247	14,2	0,00012
4	*L* 726—8 dpl . .	1 36,4	— 18 13	12,5	*M* 6 *e*	3,37	80	+ 30	0,41	15,6	0,00005
				13,0						16,1	0,00003
5	τ Ceti	1 41,8	— 16 12	3,6	*K* 0	1,92	297	— 16	0,290	5,9	0,44
6.	ε Erid.	3 30,6	— 9 38	3,8	*K* 0	0,97	271	+ 15	0,305	6,2	0,33
7	o_2 Erid *A*	4 13,0	— 7 44	4,5	*G* 5	4,08	213	— 42	0,205	6,1	0,36
	. . . . . . *B*	. . . . . .	. . . .	9,2	*B* 9	. . . .	. . .	. . . . .	. . . . .	10,8	0,0048
	. . . . . . *C*	. . . . . .	. . . .	10,7	*M* 4 *e*	. . . .	. . .	. . . . .	. . . . .	12,3	0,0012
8	*CD* — 45° 1841 .	5 9,2	— 44 55	8,8	*M* 0	8,79	131	+ 242	0,256	10,8	0,0048
9	Ross 614	6 26,8	— 2 46	11,3	*M* 4 *e*	0,97	131	. . . . .	0,260	13,1	0,00058
10	α CMaj *A*	6 42,9	— 16 39	—1,6	*A* 0	1,32	204	— 8	0,381	1,3	30
	. . . . *B* . .	. . . . . .	. . . .	7,1	*A* 5	. . . .	. . .	. . . . .	. . . . .	10,0	0,010
11	*BD* + 5° 1668 . .	7 25,1	+ 5 26	10,1	*M* 4	3,73	171	+ 22	0,263	12,2	0,0013
12	α CMin *A*	7 36,7	+ 5 21	0,5	*F* 3	1,25	214	— 3	0,295	2,9	6,9
	. . . . *B* . .	. . . . . .	. . . .	10,8	. . .	. . . .	. . .	. . . . .	. . . . .	13,2	0,00052
13	*BD* + 50° 1725 .	10 8,5	+ 49 43	6,8	*K* 6	1,45	249	— 27	0,231	8,6	0,036
14	*BD* + 20° 2465 .	10 16,9	+ 20 7	9,5	*M* 3 *e*	0,49	264	+ 9	0,210	11,1	0,0036
15	Wolf 359	10 54,2	+ 7 21	13,5	*M* 5 *e*	4,84	235	— 90	0,408	16,6	0,000023
16	*BD* + 36° 2147 .	11 0,7	+ 36 22	7,6	*M* 2	4,78	187	— 87	0,411	10,7	0,0052
17	*AG* + 79° 3888. .	11 44,5	+ 78 57	11,0	*M* 4	0,87	57	. . . . .	0,199	12,5	0,0010
18	Ross 128	11 45,1	+ 1 6	11,1	*M* 5	1,40	151	. . . . .	0,292	13,4	0,00044
19	Wolf 424 *A* . . .	12 30,9	+ 9 17	12,6	*M* 5 *e*	1,87	278	. . . . .	0,230	14,4	0,00017
	. . . . *B* . . .	. . . . . .	. . . .	12,6	*M* 5 *e*	. . . .	. . .	. . . . .	. . . . .	14,4	0,00017
20	Prox Cent	14 26,6	— 62 29	11,3	(*M* 7)	3,85	282	. . . . .	0,762	15,7	0,00005

Fr. Becker

Nr.	Bezeichnung	AR (1950)	Dekl. (1950)	Gr. vis.	Spektrum	EB μ	EB ϑ	R. G. km/sek	Parall.	M	L (⊙ = 1)
21	*α* Cent *A*	$14^h36{,}^m6$	— 60° 38′	$0{,}^m3$	*G* 4	3,″68	281°	— 22	0,″761	4,7	1,3
	. . . . . *B*	. . . . . .	. . . .	1,7	*K* 1	. . . .	. . .	. . . . .	. . . . .	6,1	0,36
22	*BD* — 12° 4523 .	16 27,5	— 12 32	9,7	*M* 4	1,24	180	. . . . .	0,281	11,9	0,0017
23	*CD* — 46° 11540 .	17 24,8	— 46 50	9,4	*M* 3	1,15	138	. . . . .	0,225	11,2	0,0033
24	*CD* — 44° 11909 .	17 33,4	— 44 16	10,0	*M* 5	1,14	218	. . . . .	0,212	11,6	0,0023
25	*BD* + 68° 946 . .	17 36,8	+ 68 24	9,1	*M* 4	1,31	196	— 17	0,216	10,8	0,0048
26	*BD* + 4° 3561 . .	17 55,4	+ 4 24	9,7	*M* 5	10,30	356	— 110	0,530	13,3	0,00048
27	70 Ophi *A*	18 2,9	+ 2 31	4,3	*K* 1	1,13	167	— 7	0,197	5,8	0,48
	. . . . . . *B*	. . . . . .	. . . .	6,0	*K* 5	. . . .	. . .	. . . . .	. . . . .	7,5	0,10
28	*BD* + 59° 1915 *A*	18 42,4	+ 59 32	8,9	*M* 4	2,29	324	0	0,287	11,2	0,0033
	. . . . *B*	. . . . . .	. . . .	9,7	*M* 5	. . . .	. . .	. . . . .	. . . . .	12,0	0,0016
29	Ross 154	18 46,6	— 23 54	11	*M* 4*e*	0,67	106	. . . . .	0,350	13,7	0,00033
30	*α* Aqil.	19 48,3	+ 8 43	0,9	*A* 5	0,66	54	— 26	0,208	2,5	10
31	61 Cygn *A*	21 4,4	+ 38 27	5,6	*K* 5	5,22	52	— 63	0,294	7,9	0,069
	. . . . . . *B*	. . . . . .	. . . .	6,3	*K* 6	. . . .	. . .	. . . . .	. . . . .	8,6	0,036
32	*CD* — 39° 14192 .	21 14,6	— 39 3	6,6	*M* 1	3,46	250	+ 22	0,260	8,7	0,033
33	*CD* — 49° 13515 .	21 30,2	— 49 13	8,6	*M* 3	0,78	184	. . . . .	0,209	10,2	0,0083
34	*ε* Indi.	21 59,1	— 56 58	4,7	*K* 5	4,67	123	— 40	0,291	7,0	0,16
35	*BD* + 56° 2783 *A*	22 26,3	+ 57 27	9,8	*M* 4	0,87	247	— 24	0,256	11,8	0,0019
	. . . . *B*	. . . . . .	. . . .	11,3	*M* 6	. . . .	. . .	. . . . .	. . . . .	13,3	0,00048
36	*L* 789 — 6. . . .	22 35,7	— 15 36	12,3	*M* 5*e*	3,27	46	. . . . .	0,315	14,8	0,00012
37	*BD* + 43° 4305 .	22 44,7	+ 44 4	10,2	*M* 5*e*	0,84	237	+ 2	0,208	11,8	0,0019
38	Ross 780	22 50,6	— 14 31	10,3	*M* 5	1,12	120	. . . . .	0,213	11,9	0,0017
39	*CD* — 36° 15693 .	23 2,2	— 36 10	7,4	*M* 2	6,87	79	+ 10	0,271	9,6	0,014
40	Ross 248	23 39,5	+ 43 57	12,2	*M* 6	1,58	176	. . . . .	0,317	14,7	0,00013

Über verbesserte Werte einiger der aufgeführten Parallaxen vgl. P. van de Kamp und S. L. Lippincott [A. J. **55** (1950) 16]. Die wichtigsten Zeitschriften wurden für das vorstehende Verzeichnis bis Ende 1950 berücksichtigt.

3.1.7.2 Weiße Zwerge.

Als weiße Zwerge werden Sterne bezeichnet, bei denen hohe Oberflächentemperatur (Spektralklassen *O*, *B*, *A*, *F*) mit niedriger absoluter Helligkeit verbunden ist. Dies bedeutet kleines Volumen und, eine Masse von der Größenordnung der Sonnenmasse vorausgesetzt, hohe Dichte.

In der folgenden Tabelle (mit Nachtrag) sind die bisher bekannt gewordenen Sterne aufgeführt, die sicher oder wahrscheinlich in diese Gruppe gehören. Die meisten davon sind von Luyten und seinen Mitarbeitern bei einer systematischen Suche nach schwachen Sternen mit großer Eigenbewegung (Kriterium für geringe Entfernung) und Farbenindizes um 0^m aufgefunden worden. Da die Farbenindizes teilweise ungenau bestimmt sind, ist es möglich, daß einzelne der aufgeführten Sterne sich später als nicht zu dieser Klasse gehörend erweisen werden. Nach einer voläufigen statistischen Untersuchung von W. Luyten (Publ. Minnesota, **2**, Nr. 11) sind rund 1‰ der Sterne in der Umgebung der Sonne als weiße Zwerge anzusehen; andere schätzen den Anteil auf 10%.

Koordinaten und Aufsuchungskärtchen der meisten weißen Zwerge gibt W. Luyten [Ap. J. **109** (1949) 528]. Die von ihm zusammengestellte Liste diente, ergänzt durch Daten aus anderen Quellen, als Grundlage für die folgende Tafel. Es enthalten Spalte 1 und 2 die laufende Nummer und Bezeichnung der Sterne, Spalte 3 und 4 die Position, Spalte 5 die photographische oder (kursiv gedruckt) visuelle Größe, Spalte 6 den Farbenindex (die zweistelligen Werte in Spalte 5 und 6 nach Luyten [Ap. J. **112** (1950) 212]), Spalte 7 die Spektralklasse, Spalte 8 die Eigenbewegung, Spalte 9 die Parallaxe, Spalte 10 die absolute Helligkeit. Die mit *A* oder *B* bezeichneten Sterne sind Komponenten von Doppelsternsystemen.

Nr.	Bezeichnung	AR (1950)	Dekl. (1950)	Gr. phg.	F. I.	Spektrum	EB.	Parall.	M
1	*L* 505 — 1. . . .	$0^h\,0{,}^m1$	— 34° 30′	$15{,}^m02$	$+ 0{,}^m26$				
2	Wolf 1	0 11,1	+ 0 3	15,40	+ 0,46	*A* 0	0,″41		
3	*L* 170 — 27 . . .	0 24,3	— 55 42	14,6	0,0				
4	*L* 1011 — 71. . .	0 33,1	+ 1 37	15,26	+ 0,24				
5	Wolf 28	0 46,5	+ 5 11	12,93	+ 0,69	*F* 0	2,98	0,″247	14,6

Fr. Becker

Nr.	Bezeichnung	AR (1950)	Dekl. (1950)	Gr. phg.	F. I.	Spektrum	EB.	Parall.	M
6	*L* 796 — 10	$0^h\,53^m,3$	— 11° 45′	$15^m,09$	+ $0^m,03$		0″,47		
7	Wolf 1516	1 15,4	+ 15 56	13,55	— 0,23	*B*	0,64		
8	Ross 548	1 33,7	— 11 36	13,92	— 0,30	*A*	0,44		
9	*L* 870 — 2	1 35,5	— 5 16	12,98	+ 0,23		0,67		
10	Oxf. + 25° 6725	2 5,9	+ 25 0	12,93	— 0,38	*A*	0,42		
11	*h* Per 1166	2 14,0	+ 56 53	13,16	— 0,59	*A* 2	0,17	0″,011	8,6
12	*o* Cet *B*	2 16,8	— 3 12	*9,6*		*B* 8		0,040	7,5
13	*L* 54 — 5	2 55,8	— 70 34	14,0	+ 0,1				
14	*L* 587 — 77*A*	3 26,8	— 27 34	13,88	+ 0,36		0,81		
15	Wolf 219	3 41,6	+ 18 18	15,13	+ 0,73	*F*	1,25	0,067	14,3
16	*L* 228 — 55	3 42,3	— 51 33	14,8	+ 0,1		0,48		
17	Anon Hy	3 50,8	+ 10 37	12,52	— 0,36	*B* 1			
18	Anon Hy	3 52,6	+ 9 37	14,23	+ 0,15	*B* 3			
19	Anon Hy	4 7,3	+ 17 54	14,00	+ 0,01	*B* 5			
20	Anon Hy	4 10,0	+ 11 45	13,20	— 0,63	*B* 5			
21	o_2 Eri *B*	4 13,0	— 7 44	9,17		*B* 9	4,08	0,205	10,8
22	Anon Hy	4 21,0	+ 16 14	14,07	+ 0,09	*A*		0,027	11,1
23	Anon Hy	4 25,7	+ 16 52	13,53	— 0,47	*A*		0,027	10,9
24	*L* 1239 — 16	4 29,4	+ 17 38	14,03	+ 0,24	*B* 3			
25	Anon Hy	4 31,0	+ 12 36	13,55	— 0,54	*B* 3			
26	*L* 1244 — 26	6 12,4	+ 17 45	12,65	— 0,72				
27	*SA* 26 — 82	6 39,6	+ 44 43	16,07	— 0,02				
28	*α* CMa *B*	6 42,9	— 16 39	*7,1*		*A* 5	1,32	0,381	10,0
29	Anon	6 44,3	+ 37 36	11,24	— 0,80	*A*		0,072	11,0
30	*L* 384 — 24	7 32,0	— 42 47	13,82	0,0				
31	*α* CMi *B*	7 36,7	+ 5 21	*10,8*		*F* ?	1,25	0,295	13,2
32	*L* 745 — 46 *A*	7 38,0	— 17 17	12,84	— 0,17	*F*	1,29	0,175	14,0
33	*L* 97 — 12	7 52,8	— 67 38	14,9	+ 0,4		2,05	0,172	16,1
34	*L* 97 — 3	8 6,4	— 66 9	13,6	0,0		0,47		
35	*L* 532 — 81	8 39,7	— 32 47	11,71	+ 0,05		1,68		
36	*LDS* 235*B*	8 45,3	— 18 48	14,63	— 0,45		0,13		
37	*L* 64 — 40	9 28,6	— 71 20	16,2	+ 0,2		0,43		
38	*LDS* 275*A*	9 35,0	— 37 7	14,86	+ 0,15				
39	*SA* 29 — 130	9 43,5	+ 44 8	12,90	— 0,57	*A* 0	0,29		
40	*L* 250 — 52	10 53,3	— 55 4	13,0	— 0,3		0,40		
41	*L* 898 — 25	10 55,1	— 7 15	14,35	+ 0,04	*F* 5:	0,80		
42	*L* 971 — 14	11 15,8	— 2 58	14,87	— 0,13		0,54		
43	Ross 627	11 21,7	+ 21 39	13,77	— 0,54	*A* 0	1,23	0,078	13,2
44	*L* 145 — 141	11 42,9	— 64 34	11,8	— 0,3		2,68	0,193	13,2
45	*L* 1405 — 40*A*	11 47,7	+ 25 35	15,39	— 0,27				
46	*L* 1261 — 24	11 54,2	+ 18 39	15,43	— 0,22				
47	*LDS* 410 *AB*	12 25,6	— 71 13	15,6	+ 1,1				
48	Anon	12 30,1	+ 41 46	15,37	— 0,13	*B* 3			
49	*L* 327 — 186	12 36,0	— 49 32	14,0	0,0		0,58		
50	*L* 39 — 44	12 41,3	— 79 53	17,4	+ 0,2		0,57		
51	Wolf 457	12 57,7	+ 3 46	15,98	+ 0,15	*O*	1,05	0,077	15,4
52	*L* 1409 — 4	13 14,0	+ 29 22	11,90	— 0,96	*B* 0			
53	*L* 40 — 116	13 14,8	— 78 9	17,0	+ 0,5		0,47		
54	*L* 258 — 46	13 23,0	— 51 26	15,0	0,0				
55	*BD* — 7° 3632	13 27,7	— 8 18	12,12	— 0,40	*A*	1,17	0,060	10,8
56	Wolf 489	13 34,3	+ 3 58	15,53	+ 0,77		3,94	0,130	16,0
57	*LDS* 455*A*	13 34,3	— 16 4	14,94	— 0,35		0,09		
58	*L* 106 — 73	13 34,5	— 67 49	16,1	— 0,3				
59	*L* 106 — 77	13 37,5	— 67 55	15,3	— 0,2				
60	Grw + 70° 5824	13 37,8	+ 70 33	12,26	— 0,62				
61	*L* 619 — 49/50*B*	13 48,1	— 27 18	15,03	— 0,35		0,24		
62	*L* 19 — 2	14 25,4	— 81 7	13,0	0,0		0,45		
63	*L* 1126 — 68	14 48,4	+ 7 47	15,05	— 0,38		0,94		
64	*L* 551 — 74	15 20,1	— 34 1	14,7	0,0		0,45		
65	*L* 72 — 91	15 24,3	— 74 55	16,7	— 0,4		0,44		

Fr. Becker

Nr.	Bezeichnung	AR (1950)	Dekl. (1950)	Gr. phg.	F. I.	Spektrum	EB.	Parall.	M
66	*LDS* 539*B* . . .	$15^{h}\,41{,}^{m}9$	— 38° 10′	$14{,}^{m}9$	$+\,0{,}^{m}3$		0,″13		
67	*CPD* — 37° 6571 *B*	15 44,2	— 37 45	13,2	0,0				
68	Ross 808	15 59,6	+ 36 58	14,13	+ 0,02	*F*			
69	Ross 640	16 26,8	+ 36 51	13,46	— 0,33		0,89		
70	*L* 411 — 46 . . .	16 27,0	— 41 59	15,6	+ 0,4:				
71	*L* 556 — 48 . . .	16 47,4	— 32 44	16,0	— 0,1				
72	*L* 269 — 41 . . .	16 57,8	— 52 43	15,5	— 0,2		0,34		
73	*L* 845 — 70 . . .	17 8,5	— 14 45	14,12	— 0,07		0,36		
74	Wolf 672 *A* . . .	17 16,2	+ 2 0	14,24	— 0,03	*A*	0,56		
75	*L* 270 — 37 . . .	17 33,2	— 54 24	16,3	+ 0,4		0,45		
76	Ross 137	18 24,8	+ 4 2	13,77	— 0,07				
77	*L* 158 — 61 . . .	18 28,6	— 62 1	16,6	+ 0,2		0,25		
78	*L* 44 — 95 . . .	18 34,7	— 78 8	15,2	0,0		0,33		
79	*L* 158 — 53 . . .	18 37,6	— 61 56	15,2	+ 0,2		0,39		
80	*L* 994 — 27 . . .	18 57,6	— 1 30	16,83	+ 0,4				
81	Grw + 70° 8247 .	19 0,6	+ 70 34	12,71	— 0,31	*A* :	0,52	0,″055	11,3
82	*LDS* 678 *A* . . .	19 17,7	— 7 46	11,89	— 0,14		0,20		
83	*LDS* 683 *B* . . .	19 32,9	— 13 36	15,04	— 0,30		0,14		
84	*L* 1140 — 73 . . .	19 41,9	+ 8 47	14,16	+ 0,44				
85	*L* 160 — 108 . . .	19 44,8	— 63 7	11,8	+ 0,2				
86	*L* 709 — 20 . . .	19 52,9	— 20 37	14,61	— 0,32		0,37		
87	*L* 997 — 21 . . .	19 54,0	— 1 9	13,62	0,00	*A* 0	0,84		
88	*L* 710 — 30 . . .	20 7,3	— 21 55	14,41	+ 0,25		0,32		
89	*L* 210 — 160 . . .	20 18,3	— 58 31	16,2	— 0,1				
90	Wolf 1346	20 32,3	+ 24 55	11,16	— 0,30	*A*	0,64	0,050	9,8
91	*BD* + 54° 2461 . .	20 59,2	+ 55 6	9,7		*A* 0	0,63		
92	*L* 24 — 52	21 5,2	— 82 1	14,4	+ 0,2		0,37		
93	*L* 212 — 19 . . .	21 15,8	— 56 3	15,0	+ 0,2		0,45		
94	Ross 198	21 24,8	+ 54 59	14,43	— 0,10	*A*	0,30		
95	Grw + 73° 8031 .	21 26,6	+ 73 25	12,56	— 0,34				
96	*LDS* 749 *B* . . .	21 29,6	0 0	14,21	— 0,39				
97	Grw + 82° 3818 .	21 36,7	+ 82 49	12,51	— 0,55	*B*	0,64		
98	*L* 930 — 80 . . .	21 45,0	— 7 58	14,23	— 0,50	*B* 3	0,39		
99	*LDS* 766 *A* . . .	21 54,9	— 43 42	14,0	+ 0,1		0,22		
100	*L* 119 — 34 . . .	22 16,2	— 65 44	14,8	0,0				
101	*LDS* 785 *A*	22 24,6	— 34 27	14,7	+ 0,2		0,19		
102	*L* 1512 — 34 *A* . .	23 41,4	+ 32 15	13,04	+ 0,20				
103	*LDS* 826 *A*	23 51,5	— 33 33	14,59	+ 0,25		0,50		
104	*L* 505 — 42 . . .	23 51,7	— 36 50	14,80	+ 0,02		0,68		
105	*L* 362 — 81 . . .	23 59,6	— 43 25	12,81	+ 0,2		0,90	0,123	13,3
	Nachtrag.								
1a	*LDS* 1 *A*	0 8,7	— 21 0	12,29	+ 0,2				
1b	*LDS* 1 *B*	0 8,7	— 21 0	14,03	+ 0,5				
33b	*L* 817—13	7 52,8	— 14 38	13,32	— 0,21				
38b	*LDS* 275 *B*	9 35,0	— 37 7	15,16	+ 0,15				
70b	*L* 1491—27 . . .	16 37,4	+ 33 32	14,22	— 0,12				
75b	*L* 1208—132 . . .	18 18,2	+ 12 38	15.90	+ 0,21				
83b	*L* 1573—31 . . .	19 40,4	+ 37 24	14,11	— 0,19				

Bemerkungen:

Nr.	Temp.	Radius	Dichte
Nr. 5	Temp. 8200°	Radius 0,0062	Dichte 12 10^6
,, 15	,, 15000° ?	,, 0,0033 ?	,, > 50 10^6 ?
,, 21	,, 13500°	,, 0,016	,, 0,16 10^6
,, 28	,, 9500°	,, 0,02	,, 0,17 10^6
,, 32	,, 19000° ?	,, < 0,003	,, 70 10^6 ?
,, 43	,, 15000° ?	,, 0,0046 ?	,, > 19 10^6 ?
,, 51	,, 10000° ?	,, 0,0034 ?	,, > 50 10^6 ?
,, 81	,, 35000° ?	,, 0,0039 ?	,, > 30 10^6 ?

Einheit des Radius und der Dichte sind der Radius und die mittlere Dichte der Sonne. Die angegebenen Werte von Temperatur, Radius und Dichte müssen als unsicher angesehen werden.

Nach W. Luyten [A. J. **55** (1950) 86] hat sich die Zahl der als weiße Zwerge geltenden Sterne bis Ende 1949 auf 111 erhöht; sie dürfte gegenwärtig (Anfang 1951) über 120 betragen.

Fr. Becker

3173 Dimensionen des Sternsystems.

31731 Galaktische Koordinaten. Bei Untersuchungen des Sternsystems geht man zweckmäßig von den äquatorialen Koordinaten zu den galaktischen Koordinaten über. Das galaktische Koordinatensystem ist zur Milchstraße orientiert. Die Positionen und auch die Eigenbewegungen von Himmelsobjekten werden in ihm in galaktischen Breiten (b) und Längen (l) angegeben. Seine Beziehung zum

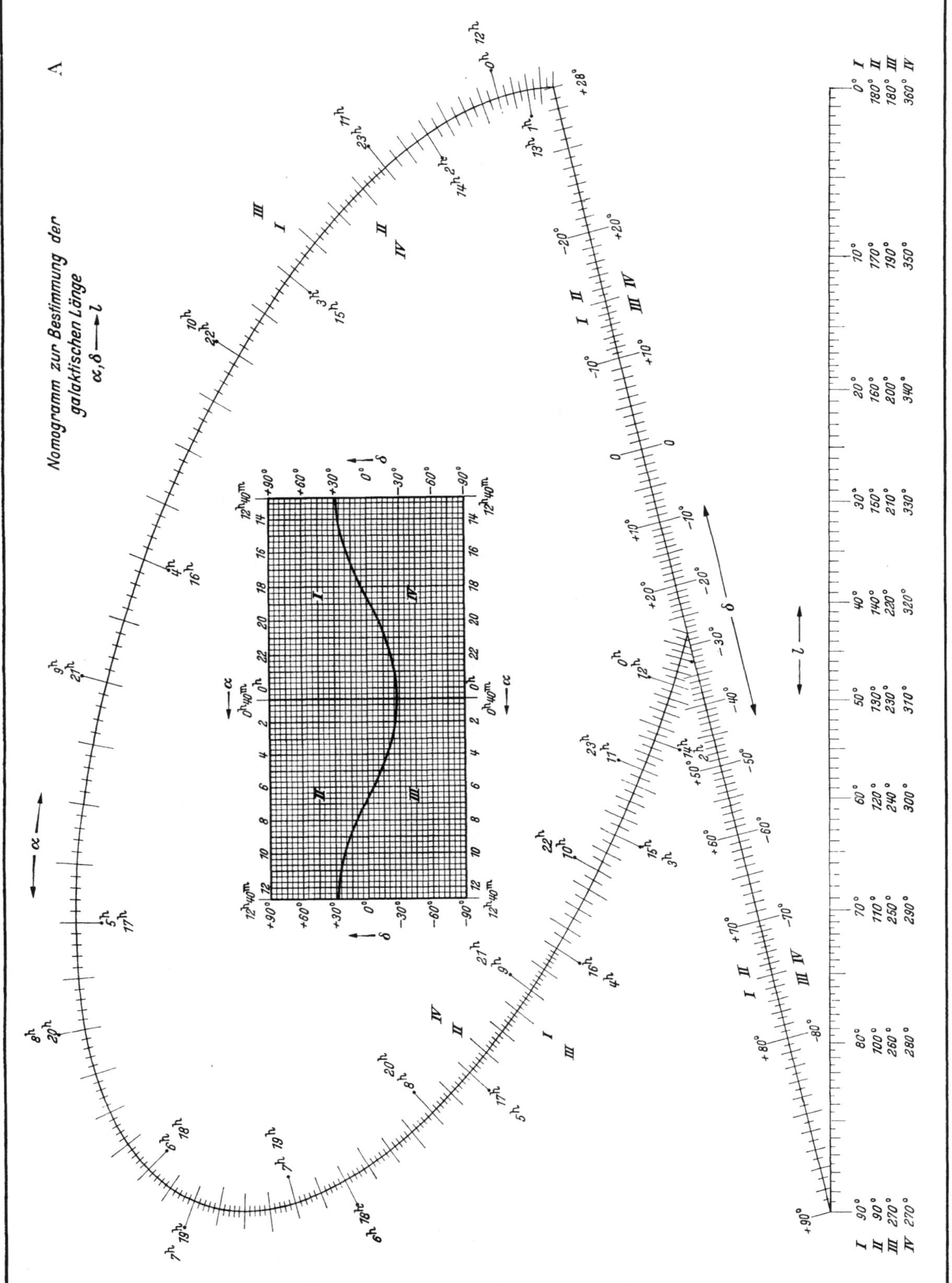

Fr. Becker, Straßl

äquatorialen Koordinatensystem ist durch die Lage des galaktischen Nordpols festgelegt. Für diesen gilt nach internationaler Vereinbarung $\alpha = 12^h\,40^m$ und $\delta = +28°\ 0'$ (1900). Der Nullpunkt der galaktischen Längen fällt mit dem aufsteigenden Knoten des galaktischen Äquators auf dem Himmelsäquator zusammen. Die äquatorialen Koordinaten des aufsteigenden Knotens sind $\alpha = 18^h\,40^m$ und $\delta = 0°$.

Die Umwandlung von α und δ in l und b oder umgekehrt geschieht nach den üblichen Formeln der sphärischen Astronomie. Sie gestaltet sich sehr bequem unter Verwendung der Tafeln von J. Ohlsson: Lund Ann. Nr. 3 (1932). Für die meisten Zwecke genügen die beigefügten, von H. Straßl entworfenen Nomogramme A, B und C.

Die Nomogramme A und B geben direkt die galaktischen Koordinaten. Sie beruhen auf denselben Grundlagen wie die numerischen Tafeln von Ohlsson (Lund 1932), gelten also für den galaktischen Pol $\alpha_0 = 12^h 40^m$, $\delta_0 = +28°$ (1900,0). Ng A liefert zu den äquatorialen Koordinaten α und δ die galaktische Länge l, Ng B zu α und δ die galaktische Breite b.

Im Ng A legt man die Ablesegerade durch den α-Punkt auf dem Ellipsenbogen und den δ-Punkt auf der von links unten nach rechts aufsteigenden Geraden und liest in ihrem Schnittpunkt mit der unten horizontal liegenden l-Geraden den l-Wert ab. Die Leitern für α, δ, l tragen vier verschiedene, durch römische Zahlen unterschiedene Bezifferungssysteme (bei δ sind nur zwei Systeme wirklich verschieden). Es ist streng darauf zu achten, daß man für α, δ, l stets Bezifferungssysteme mit der gleichen römischen Zahl benutzt; Durchbrechung dieser Vorschrift führt zu falschen Resultaten. Die römische Zahl bedeutet gleichzeitig die Nummer des Quadranten in galaktischer Länge. Zur Ermittlung des geeigneten Bezifferungssystems dient das innerhalb des Ellipsenbogens angeordnete rechteckige Wegweiserdiagramm. Geht man in dieses — vor Benutzung des Hauptngs — mit α als Abszisse und δ als Ordinate ein, so kommt man in das Feld mit der passenden römischen Zahl. Infolge der beschränkten Einschätzungsgenauigkeit kann es für Punkte, die sehr nahe der wellenförmigen Trennungslinie zwischen den Feldern I, II und III, IV liegen, zweifelhaft sein, ob sie oberhalb oder unterhalb dieser Linie liegen. Deshalb sei betont, daß man grundsätzlich das Wegweiserdiagramm nicht nötig hat, sondern durch Probieren verschiedener Bezifferungssysteme im Hauptng zum Ziel kommen kann. Hat man ein ungeeignetes Bezifferungssystem gewählt, so liefert das Ng nicht etwa ein falsches, sondern gar kein Resultat. Da im Wegweiserdiagramm aber nur die Unterscheidung zwischen I und IV und zwischen II und III zweifelhaft werden kann, kommt man im Hauptng — falls überhaupt Versuche nötig werden — spätestens mit dem zweiten Versuch zum Ziel. Im übrigen ist die Ungenauigkeit der Längenbestimmung naturgemäß für Örter in der Nähe der galaktischen Pole am größten.

Im Ng B legt man die Ablesegerade durch den α-Punkt auf der ganz links vertikal stehenden Leiter und den δ-Punkt auf dem großen äußeren Ellipsenbogen und liest in ihrem Schnittpunkt mit der zweiten Vertikalleiter von links den b-Wert ab. Fällt der Absolutwert von b größer als 65° aus, so kann man mit dem innerhalb der großen Ellipse angeordneten Zusatzng eine genauere Bestimmung erreichen. Hier legt man die Ablesegerade durch den α-Punkt auf der schrägen α-Leiter und den δ-Punkt auf dem sehr schlanken Ellipsenbogen und findet den b-Wert im Schnittpunkt mit der dazwischen vertikal stehenden b-Leiter. Dabei sind die Werte α, δ, b in den Zahlenreihen zu nehmen, wo die Bezeichnungen gleichartig, mit Kreis oder Quadrat, eingerahmt sind; kreisförmiger Rahmen gehört zu positiven, quadratischer zu negativen b-Werten. Soweit in dem ganzen Ng B eine über Halbierung hinausgehende Unterteilung von δ-Graden auftritt, ist sie auf dezimale Unterteilung zugeschnitten; eine kleine Doppelleiter rechts unten erleichtert die Überführung von Bogenminuten in Dezimalteile des Grades.

Beispiel: $\alpha = 23^h 16^m$, $\delta = -29°$. Im Wegweiserdiagramm von Ng A kommt man nach Feld IV. Im Bezifferungssystem IV führt die Ablesegerade auf $l \approx 352°$. Schätzt man irrtümlich im Wegweiserdiagramm den Punkt $\alpha = 23^h 16^m$, $\delta = -29°$ nach Feld I ein und versucht man demgemäß im System I des Hauptngs zu arbeiten, so zeigt sich, daß die δ-Leiter nicht ausreicht; man findet also kein Resultat. Im Hauptng von B kommt man auf $b \approx -71°$. Da $|b| > 65°$ ist, empfiehlt es sich, das Zusatzng heranzuziehen, und zwar wegen $b < 0$ mit der quadratisch umrahmten Beschriftung; aus ihm findet man $b = -71°,0$.

Die Nge A und B sind auf die Umwandlung von α, δ in l, b zugeschnitten; doch kann man sie auch zur Umwandlung von l, b in α, δ benutzen, wenn man ein wenig einfache Rechenarbeit in Kauf nimmt. Hierfür gilt die Regel:

Sind l und b gegeben, so drücke man zunächst l in Zeitmaß aus (Ng C) und bilde dann die Größen:

$$\alpha' = 18^h 40^m - l \qquad \delta' = b.$$

α' und δ' sehe man in bezug auf die Nge in jeder Hinsicht (also einschließlich des Wegweiserdiagramms) als echte „Rektaszension" und „Deklination" an, die man nach den früheren Erläuterungen mit den Ngn A und B in „Länge" l' und „Breite" b' verwandle. Dann findet man die gesuchten äquatorialen Koordinaten α, δ aus

$$\alpha = 280° - l' = 18^h 40^m - l' \qquad \delta = b'.$$

Übergang von Winkel- zu Zeitmaß in α nach Ng C.

Beispiel: Für die Koordinaten des galaktischen Zentrums haben wir $l = 325°$, $b = 0°$. Mit Ng C erhalten wir:

$$l = 21^h 40^m, \text{ damit wird } \alpha' = 18^h 40^m - 21^h 40^m = 21^h 0^m, \qquad \delta' = 0°.$$

Im Wegweiserdiagramm von Ng A werden wir auf System I geführt; damit liefert das Hauptng von A: $l' = 18{,}°25 = 1^h 13^m$; also wird $\alpha = 18^h 40^m - 1^h 13^m = 17^h 27^m$. Ng B liefert $b' = -30{,}°4$, also ist $\delta = -30{,}°4$.

Fr. Becker, Straßl

Nomogramm C ermöglicht genähert den Übergang zwischen Zeitmaß, Winkelmaß und Bogenmaß. Wird der erste Quadrant überschritten, so hat man die am Kopf angegebenen Werte hinzuzunehmen.

Beispiel: Den Wert $t = 14^h 37^m$ zerlegt man in $12^h + 2^h 37^m$ und findet mit einer horizontal gelegten Ablesegeraden $t = 180° + 39°{,}25 = 219°{,}25$ bzw. $t = 3{,}1416 + 0{,}685 = 3{,}827$.

31732 Über die **Dimensionen des galaktischen Systems,** die Verteilung der Sterne innerhalb des Systems und die Stellung der Sonne in ihm können bei dem derzeitigen Stande der Forschung nur rohe Zahlenangaben gemacht werden.

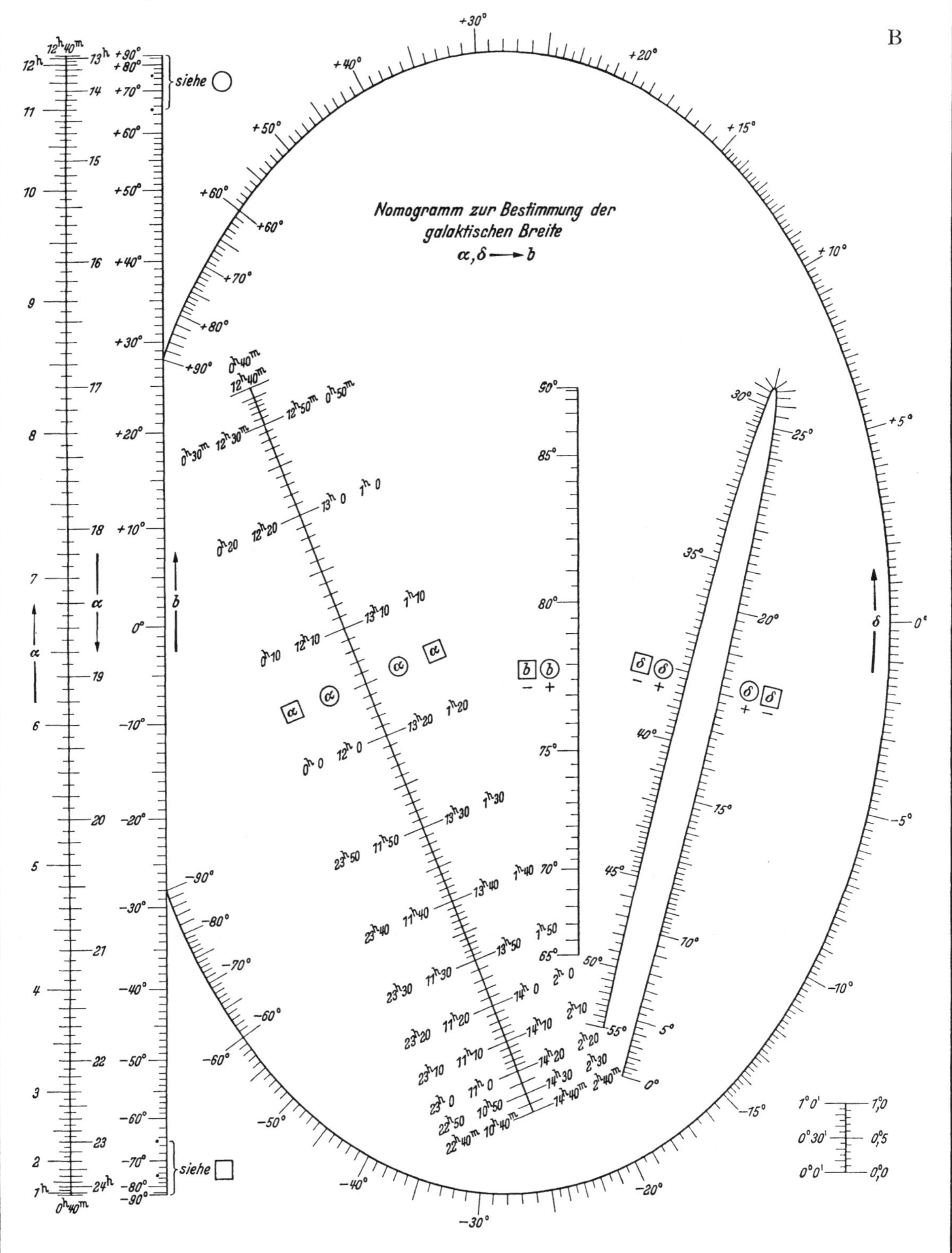

Fr. Becker, Straßl

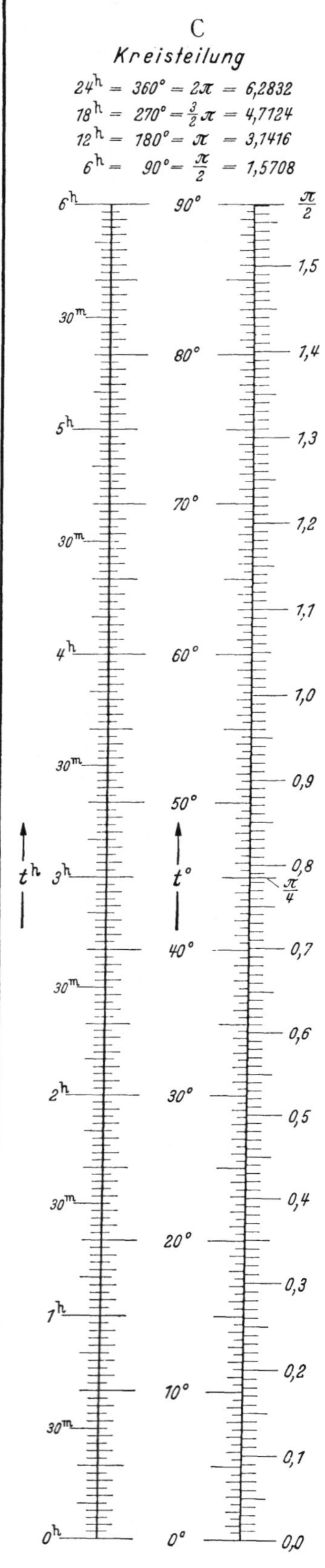

Unter der bisher nicht streng bewiesenen Annahme, daß es sich um ein einheitliches System handelt, dessen Umrisse durch die räumliche Verteilung der Kugelsternhaufen bestimmt sind, ergibt sich der größte Durchmesser des etwa im Verhältnis 1 : 6 abgeplatteten Systems zu 20000 bis 30000 Parsek, wobei die Hauptquelle der Unsicherheit in dem Betrag der interstellaren Absorption liegt, der bei der photometrischen Entfernungsbestimmung der Kugelsternhaufen anzusetzen ist. [Vgl. 318.]

31733 Die **Entfernung der Sonne,** die etwas nördlich der Zentralebene steht, vom geometrischen Schwerpunkt des Systems der Kugelsternhaufen beträgt zwischen 8000 und 10000 Parsek. Auf dieselben Grenzwerte führen die meisten Bestimmungen aus der Theorie der Rotation des galaktischen Systems, wobei als empirische Daten die Konstanten A und B der Rotation und die Umlaufsgeschwindigkeit der Sonne eingehen. [Vgl. 31743.] Alle diese Größen sind nicht sehr sicher bekannt. Die tatsächliche Entfernung der Sonne vom Systemzentrum dürfte der unteren Grenze des angegebenen Bereiches näher liegen als der oberen.

31734 Über die **Massenverteilung** im Innern des Systems ist nur wenig bekannt. Die vermutete Massenkonzentration im Zentrum bedarf noch weiterer Prüfung. Für die absolute Sterndichte können nur in der unmittelbaren Umgebung der Sonne einigermaßen fundierte Zahlen ermittelt werden; van Maanen findet den Wert 0,2 Sterne pro Kubikparsek. Sternzählungen in zahlreichen Milchstraßenfeldern mit Berücksichtigung der interstellaren Absorption (Bok u. a.) haben bis zu einer Entfernung von etwa 2000 Parsek von der Sonne in einzelnen Richtungen nahezu konstante Sterndichte, in den meisten aber einen negativen Dichtegradienten ergeben. Nur an wenigen Stellen scheint innerhalb dieses Bereiches die Sterndichte größer zu sein als in Sonnennähe; z. B. finden Baker und Kiefer für die Scutum-Sternwolke in 2000 Parsek Entfernung die Dichte 1,4 (Dichte in Sonnennähe = 1). Dagegen führen Sternzählungen in höheren galaktischen Breiten nach Oort zu dem Ergebnis, daß die Sonne sich in einem Gebiet relativ niedriger Sterndichte befinden müsse. Sichere Anzeichen für eine Spiralstruktur des galaktischen Systems gibt es bisher nicht; sie kann zur Zeit nur aus der Analogie zu anderen Systemen vermutet werden.

Aus der umfangreichen Literatur seien hier nur einige weiterführende Hinweise gegeben. Zu 31732: Stebbins, J., u. A. E. Whitford: Ap. J. **84** (1936) 132. Zu 31733: Wilson, R. E., u. H. Raymond: A. J. **40** (1930) 121. — Plaskett, J. S., u. J. A. Pearce: MN **94** (1934) 679. Zu 31734: van Maanen, A.: Ap. J. **85** (1937) 26. — Oort, J. H.: BAN **8** (1938) 233; **9** (1941) 193. — Baker, R. H., u. E. Nantkes: Ap. J. **99** (1944) 125. — McCuskey, A.: Ap. J. **102** (1945) 32.

3174 Kinematik und Dynamik des Sternsystems.

Untersuchungen der kinematischen Verhältnisse im Sternsystem knüpfen an an die beobachteten Eigenbewegungen μ (EB, 3152) und Radialgeschwindigkeiten ϱ (RG, 3153), beide grundsätzlich auf die Sonne bezogen. Bei bekannter Parallaxe läßt sich aus EB und RG die Raumgeschwindigkeit eines Sterns relativ zur Sonne berechnen.

31741 Die auffälligste Gesetzmäßigkeit in den Sternbewegungen ist die Widerspiegelung der fortschreitenden Bewegung der Sonne relativ zu der Gesamtheit der beobachteten Sterne („parallaktischer" Anteil der Sternbewegung, die individuellen Reste heißen „Pekuliarbewegung"). Aus ihr können der „Apex", d. h. der Zielpunkt der Sonnenbewegung, und ihre Geschwindigkeit ermittelt werden, und zwar relativ zum Zentroid, d. h. dem „geometrischen" Schwerpunkt der betrachteten Sterngesamtheit. Dabei hat man etwaige weitere systematische Bewegungen (31743 und 31744) grundsätzlich zu berücksichtigen, und man muß annehmen, daß die danach verbleibenden individuellen linearen Pekuliargeschwindigkeiten regellos verteilt sind. Es ist klar, daß Lage des Apex und Größe

Tabelle 1. Apex der Sonnenbewegung.

Literatur		Material	Apex α (Grad)	Apex δ (Grad)	Apex l (Grad)	Apex b (Grad)	$V_\odot$ (km/sec)
Herschel, W.: Phil. Trans. London 1783	EB	13 hellere Sterne	262	+ 26	17	+ 27	
Herschel, W.: Phil. Trans. London 1806	EB	36 hellere Sterne	247	+ 49	42	+ 42	
Airy, G. B.: Mem. RAS **28** (1860) 143	EB	113 hellere Sterne	262	+ 25	16	+ 26	
Boss, L.: A. J. **26** (1910) 95, 111	EB	5413 Sterne des *PGC* $\overline{m} = 5{,}7$	270,5 ± 1,5	+ 34,3 ± 1,3	28,0	+ 22,6	
Wilson, R. E.: A. J. **36** (1926) 138	EB	*PGC* mit Korrektionen nach Raymond [A. J. **36** (1926) 129]	270,8	+ 27,0	20,8	+ 19,8	
Campbell, W. W., J. H. Moore: Lick Publ. **16** (1928)	RG	2149 Sterne (Lick, Santiago), ohne Schnelläufer und Bewegungshaufen	270,6 ± 1,8	+ 29,2 ± 1,3	22,9	+ 20,8	19,65 ± 0,46
Edmondson, F. K.: A. J. **41** (1931) 143	EB	Schlesingers Catalogue of Bright Stars (1930) [Abzählmethode]	272	+ 33,6	28	+ 21	
Kamp, P. van de, u. A. N. Vyssotsky: A. J. **45** (1936) 161	EB	18000 Sterne, $m < 12{,}5$ System *PGC* mit Raymonds Korr.	285	+ 36	34	+ 12	
Nordström, H.: Lund Medd. II, Nr. 79 (1936)	RG	3238 Sterne	272,3	+ 26,7	21,0	+ 18,5	19,6
Smart, W. M., u. H. E. Green: MN **96** (1936) 471	RG	Schlesingers Catalogue of Bright Stars (3683 Sterne)	267,0	+ 32,0	24,6	+ 24,7	19,5
Wilson, R. E., u. H. Raymond: A. J. **47** (1938) 49, **48** (1939) 86 Williams, E. T. R.: A. J. **48** (1939) 84	EB	GC ca. 30000 Sterne $m \leqq 6$ $m \leqq 7$	270,9 ± 2,0 273,0 ± 1,7	+ 31,7 ± 1,6 + 35,0 ± 1,0	25,5 29,5	+ 21,4 + 20,9	
Gliese, W.: AN **270** (1940) 127	EB	1283 Sterne *FK* 3, $\mu < 0{,}20''$ 1032 Sterne *FK* 3 $\mu < 0{,}10''$	266,5 ± 2,2 260,0 ± 2,4	+ 29,4 ± 1,9 + 27,5 ± 2,2	21,8 17,7	+ 24,2 + 28,0	
Hagemann, G.: AN **271** (1940) 1	RG	1080 *FK* 3-Sterne	273,1	+ 29,1	23,6	+ 18,7	18,6 ± 0,8
Williams, E. T. R., u. A. N. Vyssotsky: A. J. **53** (1948) 63	EB	29000 Sterne, McCormick 40000 Sterne, Kap red. auf *FK* 3; $m_{pv} = 11{,}2$	274,1 ± 2,2	+ 29,5 ± 2,0	24,4	+ 18,1	
„Standard"-Apex			270	+ 30	23	+ 22	19—20

Straßl

der Sonnengeschwindigkeit von der Auswahl der Sterne abhängen können. Tabelle 1 gibt äquatoriale (α, δ) und galaktische (l, b) Koordinaten des Apex und Sonnengeschwindigkeit $V_\odot$. Die ersten drei Zeilen haben nur historisches Interesse.

Tabelle 2 zeigt die Abhängigkeit des Apex vom Spektraltyp der benutzten Sterne, 2a beruht auf RG [Nordström, H.: Lund Medd. II, Nr. 79 (1936)], 2b auf EB [Vyssotsky, A. N., u. E. T. R. Williams: A. J. **53** (1948) 85] des *GC*, reduziert auf *FK* 3. (Vgl. 315142.) Die in diesen beiden Tabellen angedeutete

Tabelle 2a. Apex (RG).

Spektr.	Anzahl	α	δ	l		b		$V_\odot\left(\frac{\text{km}}{\text{sec}}\right)$	
Oe 5—*B*	353	277°,6	+ 27°,6	23°,9	± 2°,4	+14°,6	± 4°,8	20,8	± 0,8
B 8—*B* 9	201	270,4	24,1	17,8	3,5	19,0	4,6	21,6	1,3
A	697	263,8	22,2	13,4	3,4	23,9	3,1	16,3	0,9
F	471	270,3	21,2	14,9	4,8	17,9	4,5	17,7	1,4
G	353	280,8	28,6	26,1	6,2	12,3	6,1	18,1	1,9
K	984	274,1	28,2	23,0	3,3	17,8	3,2	20,9	1,2
M	179	277,7	36,8	32,7	7,9	18,0	7,5	22,0	2,9
Alle	3238	272,3	26,7	21,0	± 1,6	18,5	± 1,5	19,6	± 0,5

Tabelle 2b. Apex (EB).

Spektr.	α	δ	l	b
O—*B* 6	272°,0	+ 22°,0	16°,4	+16°,8
B 7—*A* 4	268,7	19,7	12,9	18,7
A 5—*F* 6	267,6	22,4	15,1	20,8
G 8—*K* 4	274,6	33,9	28,9	19,3
K 5, *M*, *N*, *R*, *S*	279,7	+ 40,4	36,8	17,9

Verschiebung des Apex in galaktischer Länge beim Übergang von *A*-, *F*- zu *G*-, *K*-, *M*-Sternen zeigt sich nach A. N. Vyssotsky u. E. T. R. Williams [A. J. **53** (1948) 88, Fig. 9, 1] in sehr ähnlicher Weise bei den Sternen 10. bis 11. Größe (EB von McCormick). Ein etwas anderes Bild ergibt sich aus EB- und RG-Werten von *FK* 3-Sternen [Gliese, W.: AN **270** (1940) 13; Hagemann, G.: AN **271** (1940) 1].

Bei weiterer Unterteilung des Materials von Tabelle 2 in Riesen und Zwerge läßt sich eine verbürgbare Änderung der Apexlage nicht ermitteln; doch ist die Sonnengeschwindigkeit relativ zu den *G*- und *K*-Riesen um etwa 15 km/sec kleiner als zu den *G*- und *K*-Zwergen. Siehe dazu Nordström, H.: l. c., Tab. 17—19.

Die Abhängigkeit der Apexlage von der scheinbaren Helligkeit der benutzten Sterne ist nicht geklärt. Vgl. dazu Edmondson, F. K.: A. J. **42** (1933) 156, Wilson, R. E., u. H. Raymond A. J. **47** (1938) 49, Vyssotsky, A. N., u. E. T. R. Williams: A. J. **53** (1948) 88, Fig. 9, 1.

Die folgende Tabelle 3 [nach B. Boss: A. J. **44** (1935) 182] gibt einen Überblick über die nach Abziehen einer mittleren Sonnenbewegung durchschnittlich verbleibenden Absolutbeträge der Radialgeschwindigkeiten (km/sec); diese können als typisch für die linearen Raumgeschwindigkeiten angesehen werden. Ob diese Restgeschwindigkeiten durch systematische Strömungen von Gruppen physikalisch verschiedener Sterne oder durch Streuung innerhalb solcher Gruppen bedingt sind, kann aus Tabelle 3 nicht erschlossen werden.

Tabelle 3.
Durchschnittl. pekuliare Radialgeschwindigkeit (km/sec).

Abs. Hell. M	*B*	*A*	*F*	*G*	*K*	*M*
— 1,5	7,7	9,4	12,1	12,0	14,2	16,9
— 0,5	8,9	11,5	13,7	14,3	16,1	20,8
+ 0,5	7,0	12,0	15,2	14,4	17,0	15,9
1,5		11,1	12,7	17,4	20,3	18,4
2,5		8,7	15,4	20,1	20,4	
3,5			14,3	23,8	29,7	
4,5			20,6	22,3	21,3	
+ 5,5				25,4		

31742 Es gibt einige — zum Teil kompakte, zum Teil über den Himmel verstreute — Sterngruppen, die systematische Bewegung gegen besondere Zielpunkte an der Sphäre zeigen. Die wichtigsten dieser „Bewegungshaufen" sind in Tabelle 4 zusammengestellt.

31743 Die Sterngesamtheit, zu der die Sonne gehört, führt eine systematische Strömungsbewegung relativ zu dem im Abstand R ($\sim$7000 bis 10000 pc) bei der galaktischen Länge l_0 ($\sim$325°) gelegenen galaktischen Zentrum (3173) aus. Da die Bewegung nicht als starre Rotation verläuft, gibt sie Anlaß zu den Effekten der „differentiellen" Rotation, die seit 1927 namentlich von Oort und von Lindblad eingehend studiert worden sind (Kreisbahnen angenommen). Die Effekte sind:

$$\left.\begin{array}{lll} \text{in RG} & \text{(km/sec)} & \varrho = rA \sin 2(l-l_0)\cos^2 b \\ \text{in EB in gal. Länge} & \text{(Bogen-} & \mu_l = \dfrac{A}{4{,}74}\cos 2(l-l_0) + \dfrac{B}{4{,}74} = P\cos 2(l-l_0) + Q \\ & \text{sekunden} & \\ \text{in EB in gal. Breite} & \text{pro Jahr)} & \mu_b = -\dfrac{1}{2}\,\dfrac{A}{4{,}74}\sin 2(l-l_0)\sin 2b \end{array}\right\} \quad (1)$$

r ist der Abstand des Sterns von der Sonne (pc), l seine galaktische Länge, b seine galaktische Breite; die Formeln gelten für kleine Werte von r/R. A und B $\left(\frac{\text{km}}{\text{sec}\cdot\text{pc}}\right)$ bzw. P und Q (Bogensekunden

Tabelle 4. Bewegungshaufen.

Strom	Quelle	Sternzahl	Helligkeit m	Spektrum	Durchmesser pc	Zielpunkt l (ohne Korr. wegen Sonnenbewegung)	Zielpunkt b (ohne Korr. wegen Sonnenbewegung)	Geschwindigkeit km/sec (ohne Korr. wegen Sonnenbewegung)	Zielpunkt l (wegen Sonnenbewegung korrigiert)	Zielpunkt b (wegen Sonnenbewegung korrigiert)	Geschwindigkeit km/sec (wegen Sonnenbewegung korrigiert)
Ursa maior	Nassau, J. J., u. L. G. Henyey: Ap. J. **80** (1934) 282	126	2 — 7	$A0$—M	~ 150	331°,4	— 36°,6	17,5	1°,4	— 6°,0	29,5
	Smart, W. M.: MN **99** (1939) 441, 700, 710	sicher: 42				330,0	— 37,2	19,1	359,5	— 6,5	29,5
	Gliese, W.: AN **272** (1941) 97										
	Roman, N. G.: Ap. J. **110** (1949) 205	Kern: 13 zerstreut: 69			Kern: 4 · 6 · 10	332,8	— 36,4	17,0	2	— 6	29
Scorpio-Centaurus	Smart, W. M.: MN **96** (1936) 568; **100** (1939) 60.	Diese Gruppe, die von verschiedenen Forschern als Bewegungshaufen von 200 bis 300 Sternen der Typen O—$A3$ mit Zielpunkt in der Gegend des Antapex der Sonnenbewegung betrachtet wird, bildet in Wirklichkeit keinen Bewegungshaufen.									
	Blaauw, A.: Publ. Groningen Nr. 52 (1946): Die hellsten Sterne der Gruppe bilden einen Bewegungshaufen.	36 sicher 31 zweifelh. 47 wahrsch.	1,5— 6,5	$B2$—$B5$	~ 90 · 300 in der gal. Ebene	226,9 ± 2,4	— 13,8 ± 3,1	25,9 ± 1,2	271 ± 7,5	— 11 ± 7,5	11,9 ± 0,75
Perseus	Rasmuson, N. H.: Lund Medd. II, Nr. 26 (1921)	45	2 — 6,5	$B3$—K	~ 70	209,9	— 5,0	20	175,9	+ 1,0	6,15
	Schlöss, H.: Z. Aph. **11** (1936) 117	68				203,5	— 9,5	21,3	210,6	52,2	4,2
	Smart, W. M., u. A. Ali: MN **100** (1940) 560:	Bestehen zweifelhaft; vielleicht existiert auch nur ein kleiner Kern.									
Orion	Rasmuson, N. H.: Lund Medd. II, Nr. 26 (1921)		1 — 6	$B0$—$B9$	~ 65	186,9	— 27,0	18,3	80,0	— 9,0	5,6
	Miller, F. D.: Harvard Repr. Nr. 86 (1933)	57				188,3	— 12,3	22,7	80,9	— 9,5	5,6
	Schlöss, H.: Z. Aph. **12** (1936) 101	93				193,4	— 26,0	22,4	139,1	— 34,0	4,7
Taurus: a) Hyaden b) zerstreut	Wilson, R. E.: A. J. **42** (1933) 49; Haas, J.: AN **256** (1935) 301; Gliese, W.: AN **272** (1941) 97	a) 180	3,5—11	$A0$—$K5$	18	170,5	— 2,8	44,0	151,1	+ 6,9	31,2
		b) 221	0 — 9	$B1$—M	~ 250						

Tabelle 4. Bewegungshaufen (Fortsetzung).

Strom	Quelle	Sternzahl	Helligkeit m	Spektrum	Durchmesser pc	Zielpunkt l (ohne Korr. wegen Sonnenbewegung)	Zielpunkt b (ohne Korr. wegen Sonnenbewegung)	Geschwindigkeit km/sec (ohne Korr. wegen Sonnenbewegung)	Zielpunkt l (wegen Sonnenbewegung korrigiert)	Zielpunkt b (wegen Sonnenbewegung korrigiert)	Geschwindigkeit km/sec (wegen Sonnenbewegung korrigiert)
Praesepe	Rasmuson, N. H.: Medd. Lund II, Nr. 26 (1921)					176°,9	+ 8°,7	40,4	158°,0	+ 28°,0	28
	Klein Wassink, W. J.: Publ. Groningen **41** (1927)	ca. 200	6 — 17	$A0$—K	10						
	Haffner, H., u. O. Heckmann: Veröff. Göttingen **66**, **67** (1940)					173,6	— 2,3	40,8	153	+ 12	27
Plejaden	Rasmuson, N. H.: Lund Medd. II, Nr. 26 (1921)					216,3	—29,4	19,5	323,3	— 5,3	4,8
	Hertzsprung, E.: Leiden Ann. **19**$_{I}$ (1947)										
	Binnendijk, L.: Leiden Ann. **19**$_{II}$ (1946)	225	3 — 16	$B5$—$K5$	5						

Tabelle 5. Konstanten der galaktischen Rotation.

Nr.	Quelle		Sternzahl	Material	l_0	$A \frac{\text{km}}{\text{sec} \cdot \text{pc}}$	$Q = \frac{B}{4{,}74}$ (Bogensekunden pro Jahr)
1	Oort, J. H.: BAN **4**, (1927) 79	RG	299	B- und c-Sterne,	324° ± 2°	+0,019 ± 0,003	
		EB	771	B-, c-, O-, N-, δ Cep-Sterne			—0″,0050 ± 0″,0011
		EB	5413	PGC	333 ± 15	+0,0085 ± 0,0047	—0, 0023 ± 0, 0007
2	Plaskett, J. S., u. J. Pearce: Publ. Victoria **5**, Nr. 4 (1936)	RG	849	O-, B-Sterne	324,4 ± 3,6	+0,0155 ± 0,0014	
		EB	717	O-, B-Sterne	311,5 ± 13,0	+0,0133 ± 0,0040	—0, 0026 ± 0, 0006
3	Berman, L.: Lick Bull. **18**, Nr. 486 (1937) 57. Vgl. dazu G. L. Camm: MN **99** (1938) 71	RG	111	Planetar. Nebel	333,0 ± 2,0	+0,0140 ± 0,0006	
4	Joy, A. H.: Ap. J. **89** (1939) 356	RG	156	Galakt. Cepheiden	325,3 ± 2,0	+0,021 ± 0,0014	

5	Nordström, H.: Lund Medd. II, Nr. 79 (1936)	RG	278	$B8$—$B9$-Sterne	333 ± 12	+0,012 ± 0,005	
		RG	573	A-Sterne	353 ± 26	,009 ,008	
		RG	477	F—G-Sterne	339 ± 11	,026 ,010	
		RG	829	$K0$—$K2$-Sterne	321 ± 16	,013 ,007	
		RG	425	$K5$—M-Sterne	314 ± 17	0,015 0,009	
6	Kamp, P. van de, u. A. N. Vyssotsky: A. J. **45** (1937) 167	EB	18000	$\overline{m}_{pv} \sim 11{,}5$	321 ± 9	+0,014	—0,0030
7	Wilson, R. E., u. H. Raymond: A. J. **47** (1938) 49	EB	32096	GC-Sterne (Sterne mit $\mu > 0{,}''20$ ausgeschlossen)	327	+0,012	—0,0025 ± 0,00045
8	Gliese, W.: AN **270** (1940) 13	EB	1446	$\mu \lessgtr 0{,}''7$ } $FK3$-Sterne			—0,0030 ± 0,0019
		EB	1283	0, 2			—0,0037 0,0012
		EB	1032	0, 1			—0,0019 0,0008
9	Hagemann, G.: AN **271** (1940) 1	RG	175	B-Sterne des $FK3$	333,5 ± 11	+0,019 ± 0,007	
10	Ali, A.: MN **101** (1941) 324	RG	788	O- u. B-Sterne	321,5 ± 3,5	+0,0127 ± 0,0015	
		EB	668	O- u. B-Sterne, System GC			—0,0040 ± 0,00075
11	Oort, J. H.: BAN **9** (1943) 424			Diskussion verschiedener Bestimmungen			
		RG		GC-System		+0,018	
		EB		FK_3-System		+0,012 } ± 0,003	—0,0030 } ± 0,0005
		EB				+0,016	—0,0017
12	Williams, E. T. R., u. A. N. Vyssotsky: A. J. **53** (1948) 63	EB	29000	McCormick } alle Sterne		+0,0204	—0,0017
		EB	40000	Kap } A-, F-Sterne red. auf $FK3$, $m_{pv} \sim 11$		0,0185	—0,0009
13a	Williams, E. T. R., u. A. N. Vyssotsky: A. J. **53** (1948) 72	EB		GC, reduziert auf $FK3$, Bearbeitung von Nr. 7 etwas abweichend			
			9895	$6{,}05 < m < 7{,}05$		+0,0194	—0,0013
			4457	A-Sterne, $m < 7{,}05$.		0,0166	—0,0026
13b			1591	Alle B-Sterne			—0,0029
				Kombination von Nr. 12 u. 13a, $FK3$-System		+0,0190 ± 0,0021	—0,0016 ± 0,00045
				(im GC-System würde man bekommen:		+0,015	—0,0028)
14	Trumpler, R.: Ap. J. **91** (1940) 186	RG		Die 39 untersuchten offenen Haufen fügen sich in das Schema der galaktischen Rotation ein mit einem interstellaren Absorptionskoeffizienten von $0{,}^{m}7$/kpc und der Rotationskonstanten $A = +0{,}0150 \pm 0{,}0015$ km/sec · pc.			
15	Plaskett, J. S., u. J. Pearce: Publ. Victoria **5** Nr. 3 (1936)	RG	261	Interstellare Linien	332 ± 8,5		
		RG	249	Sterne, die sowohl stellare wie interstellare Linien aufweisen, ergeben recht genau $(rA)_{stellar} = 2{,}0 \cdot (rA)_{interstellar}$, was für gleichmäßige Verteilung des interstellaren Gases spricht.			

pro Jahr) sind die „Rotationskonstanten" der Sonnenumgebung; mit der Rotationsgeschwindigkeit V (km/sec) und dem Abstand vom Rotationszentrum R (pc) hängen sie so zusammen:

$$A = \frac{1}{2}\left(\frac{V}{R} - \frac{dV}{dR}\right) \qquad B = -\frac{1}{2}\left(\frac{V}{R} + \frac{dV}{dR}\right). \tag{2}$$

Daher ist

$$A - B = \frac{V\,(\mathrm{km/sec})}{R\,(\mathrm{pc})} \tag{3}$$

die Winkelgeschwindigkeit der Rotation im Abstand R vom galaktischen Zentrum. l_0 und A werden am sichersten aus RG bestimmt; für l_0 findet man praktisch denselben Wert wie in 3173. Tabelle 5 gibt die Rotationskonstanten. Die Reihen 11 und 13 lassen die Empfindlichkeit der Konstante B bzw. Q gegenüber einer Änderung des Fundamentalkatalogs der EB erkennen. Da das System des $FK\,3$ als das zuverlässigste anzusehen ist, kann man als beste heute verfügbare Werte etwa $A = +0{,}018$ km/sec pc, $Q = -0{,}0017''$/Jahr ($B = -0{,}008$ km/sec pc) ansehen.

31744 In den beobachteten RG ist mehrfach ein systematischer Anteil K gefunden worden, der einer Expansion der betreffenden Sterngesamtheit entsprechen würde. Versuch einer dynamischen Erklärung: Pahlen, E. v. d., u. E. F. Freundlich: Publ. Potsdam Nr. 86, = **26**, H. 3 (1928). Doch scheint dieser „K-Term" auf die helleren O- und B-Sterne beschränkt zu sein. In Tabelle 6a ist die Abhängigkeit vom Spektraltyp [nach Nordström, H.: Lund Medd. II, Nr. 79], in Tabelle 6b die von der scheinbaren Helligkeit [nach Plaskett, J. S.: MN **90** (1930) 616] gegeben. Ein Teil des Effekts läßt sich bei massereichen Sternen durch die relativistische Rotverschiebung der Spektrallinien erklären (etwa 2,6 km/sec bei den O-, 1,0 km/sec bei den B-Sternen). Vielleicht

Tabelle 6. K-Effekt.

a) Abhängigkeit vom Spektraltyp

Spektrum	Anzahl	K (km/sec)
$Oe\,5$—$B\,5$	353	$+4{,}2 \pm 0{,}6$
$B\,8$—$B\,9$	201	$+1{,}4 \pm 0{,}8$
A	697	$+0{,}4 \pm 0{,}5$
F	471	$+1{,}0 \pm 0{,}8$
G	353	$-0{,}6 \pm 1{,}1$
K	984	$+1{,}0 \pm 0{,}6$
M	179	$-0{,}7 \pm 1{,}6$

b) Abhängigkeit von der scheinbaren Helligkeit

m	K (km/sec) O	$B\,0$—$B\,2$	$B\,3$—$B\,5$
< 5,5	$+6{,}4 \pm 2{,}4$	$+5{,}3 \pm 1{,}2$	$+4{,}8 \pm 0{,}9$
5,5—6,5	$+7{,}2 \pm 3{,}8$	$+0{,}2 \pm 1{,}8$	$+1{,}4 \pm 1{,}2$
> 6,5	$+4{,}0 \pm 2{,}6$	$-0{,}5 \pm 2{,}1$	$-0{,}5 \pm 0{,}9$

entsteht der nichtrelativistische Anteil lediglich durch kleine örtliche Unregelmäßigkeiten der Sterngeschwindigkeiten; vgl. dazu Heckmann, O., u. H. Straßl: Veröff. Göttingen Nr. 43 (1935), Fig. 4. Bei schwachen Sternen [Seyfert, C. K., u. D. M. Popper: Ap. J. **93** (1941) 461] und offenen Sternhaufen [Trumpler, R.: Ap. J. **91** (1940) 186] sind sogar negative K-Effekte gefunden worden.

31745 Außer den in 31741, 31743, 31744 behandelten systematischen Strombewegungen zeigen die Sterngeschwindigkeiten eine — bereits seit etwa 1900 (Kobold, Kapteyn), also vor dem Bekanntwerden der galaktischen Rotation und des K-Effekts, untersuchte — Verteilung, für die man die Zweistromtheorie und die Ellipsoidtheorie entwickelt hat.

Tabelle 7. Konstanten der Zweistromtheorie.

Quelle	Material	Scheinbare Vertices α_1	δ_1	$V_1/V_\odot$	%	α_2	δ_2	$V_2/V_\odot$	%	Wahrer Vertex α	δ	l	b		$V_{rel}/V_\odot$	Sonnenapex α	δ
Eddington, A. S.: MN **71** (1910) 4	EB des PGC	91°	—15°	1,67	60	288°	—64°	0,94	40	274°	—12°	347°	—0°,5	und Gegenpunkt	2,06	267°	+36°
Smart, W. M., u. T. R. Tannahill: MN **100** (1940) 30	18326 photogr. EB (Kap)	88	—8,5	1,67	58	304	—75	0,74	42	271,5	—14,5	343,2	+0,3		1,86	265	+26
Smart, W. M., u. T. R. Tannahill: MN **100** (1940) 688	18326 photogr. EB(Kap) $A\,5$—$F\,5$											344,5				265	+26
	$F\,8$—$G\,5$											340,2				269	+29
	$K\,0$—M											340,6				269,5	+25
	$A\,5$—M											342,0				267,5	+27
Luyten, W. J.: Ap. J. **93** (1941) 250	EB von 92656 südl. Sternen heller als 16^m	95	—15		59	228	—69		41	263	—17	337	+6			284	+43

I. Zweistrom-Theorie (Kapteyn-Eddington): Zwei räumlich vermischte Sterngesellschaften mit je sphärischer (Maxwellscher) Geschwindigkeitsverteilung bewegen sich gegeneinander. Die Richtung der gegenseitigen Bewegung bestimmt an der Sphäre zwei einander gegenüberliegende Punkte, die „wahren Vertices". Infolge der Bewegung der Sonne relativ zu der Gesamtheit beider Gesellschaften (31 741) entstehen für den Beobachter die beiden „scheinbaren Vertices". Tabelle 7 gibt diese Daten nebst den Geschwindigkeiten beider Ströme relativ zur Sonne V_1 und V_2 sowie der gegenseitigen Relativgeschwindigkeit beider Ströme V_{rel}. Da die Untersuchungen auf EB (ohne RG) beruhen, bleiben die Absolutwerte der Geschwindigkeiten unbestimmt; es ist stets das Verhältnis zur „Apexgeschwindigkeit" $V_\odot$ der Sonne gegeben (nach Tabelle 1 ist $V_\odot = 19{,}5$ km/sec). Die prozentualen Anteile beider Ströme an der gesamten Sternzahl sind gleichfalls angegeben.

II. Ellipsoid-Theorie (Schwarzschild): Die Häufigkeit der individuellen Sterngeschwindigkeiten einer Gesamtheit folgt einer ellipsoidischen Verteilung. Während Schwarzschild 1907 das damalige Beobachtungsmaterial mit einem zweiachsigen Ellipsoid darstellen konnte, hat man später dreiachsige Ellipsoide eingeführt. Bei Orientierung nach den Hauptachsen ist die Verteilungsfunktion der Geschwindigkeiten u, v, w gegeben durch

$$\Phi = \text{Const} \cdot e^{-\left(\frac{u^2}{2\sigma_1^2} + \frac{v^2}{2\sigma_2^2} + \frac{w^2}{2\sigma_3^2}\right)} \qquad (4)$$

Tabelle 8 gibt Bearbeitungsergebnisse, 8c mit Aufteilung nach Spektraltypen und absoluten Helligkeiten; l_1 ist hier die galaktische Längenrichtung der größten Achse σ_1, die Breite kann als verschwindend angesehen werden; σ_2 ist nach $l_1 + 90°$ gerichtet, $\sigma_3 \perp \sigma_1, \sigma_2$.

Die größte Achse entspricht der Vertexrichtung; in ihr ist die mittlere Geschwindigkeit am größten.

Tabelle 8. Geschwindigkeitsellipsoid.

a) Schwarzschild, K.: Nachr. Ges. Wiss. Göttingen (1907) 614.

$$\frac{\sigma_2}{\sigma_1} = \frac{\sigma_3}{\sigma_1} = 0{,}63 \qquad \text{Vertex } (\sigma_1): \begin{cases} \alpha_1 = 273° & \delta_1 = -6° \\ l_1 = 351° & b_1 = +3° \end{cases} \qquad \text{Apex: } \alpha = 266 \;\; \delta = +33°.$$

b) Wilson, R. E., u. H. Raymond: A. J. **40** (1930) 125.

Raumbewegungen von 4233 helleren Sternen aller Spektralklassen.

Achse	l	b	σ (km/sec)
σ_1	345°	—1°	28,1
σ_2	255	—6	20,4
σ_3	81	—84	14,8

c) Nordström, H.: Lund Medd. II, Nr. 79 (1936), Tab. 41 (aus RG).

Spektrum	$\overline{M}$	σ_1	σ_2	σ_3	m. F. von σ	l_1	Spektrum	$\overline{M}$	σ_1	σ_2	σ_3	m. F. von σ	l_1
A	+0,3	16,1	11,8	9,6	±1,1	357° ± 10°	*gK*	—1,3	17,1	12,3	15,0	±1,8	343° ± 14°
A	+1,5	18,8	9,2	10,8	±1,2	6 ± 5	*gK*	—0,3	22,7	14,8	18,4	±1,8	339 ± 10
F	—0,6	20,4	13,4	8,2	±1,9	321 ± 12	*gK*	+0,4	26,0	17,5	18,9	±1,9	333 ± 9
F	+2,1	20,5	16,5	12,7	±1,5	312 ± 15	*gK*	+1,7	33,7	18,3	19,7	±2,4	340 ± 7
F	+3,8	27,0	17,0	15,2	±1,9	350 ± 8	*dK*	+6,4	39,5	28,4	20,8	±3,7	336 ± 14
gG	—0,4	18,3	13,5	16,3	±2,2	341 ± 20	*gM*	—1,2	21,7	18,6	14,5	±3,2	326 ± 23
gG	+1,4	21,8	15,7	16,0	±2,4	329 ± 17	*gM*	—0,1	29,8	21,0	19,6	±3,9	348 ± 19
dG	+3,8	43,1	29,2	19,9	±4,1	324 ± 12	*dM*	+8,7	59,9	8,4	23,3	±9,3	343 ± 12
dG	+5,5	49,1	32,3	13,4	±4,3	352 ± 10							

d) Hins, C. H., u. A. Blaauw: BAN **10** (1948) 365.

EB in den nördlichen Selected Areas (Radcliffe, Pulkovo) und EB in galaktischen Breiten —20° bis +20° (McCormick).

$$l_1 = 323{,}°5 \pm 1{,}°8 \quad (b_1 = 0 \text{ angenommen}) \qquad \frac{\sigma_2}{\sigma_1} = \frac{\sigma_3}{\sigma_1} = 0{,}49 \pm 0{,}04$$

Nach Tab. 7 und 8 liegt der Vertex in der galaktischen Ebene, und zwar nahe in der Richtung zum galaktischen Zentrum; doch scheint seine galaktische Länge größer zu sein als die Länge des Zentrums: „Vertexabweichung". Nach neueren Untersuchungen (vgl. d in Tab. 8) könnten früher gefundene Vertexabweichungen auf Mängel in den EB und methodische Unzulänglichkeiten zurückzuführen sein.

31 746 Die Geschwindigkeiten der Sterne einiger zunächst nach physikalischen Gesichtspunkten ausgewählten Gruppen zeigen nach Berücksichtigung der systematischen Effekte 31 741 (Standardapex), 743 und 744 nicht die nach 745 zu erwartende Symmetrie in entgegengesetzten Richtungen. Bestimmt man die Sonnenbewegung relativ zu diesen Gruppen, so findet man die in Tab. 9 zusammengestellten Daten. Die Geschwindigkeit wächst gleichzeitig mit der Streuung, wofür von G. Strömberg [Ap. J. **61** (1925) 363] der Zusammenhang $V_\odot = 0{,}0192 \cdot \sigma^2 + 10{,}0$ angegeben wurde. Untersucht man ohne Rücksicht auf physikalische Merkmale die Apexlage relativ zu Sternen verschiedener Geschwindigkeit, so findet man das in Tab. 10 [Wilson, R. E., u. H. Raymond: A. J. **40** (1930) 121] dargestellte Ergebnis. Die in den drei letzten Zeilen dieser Tabelle enthaltenen Sterne bezeichnet man als „Schnelläufer".

Tabelle 9. Asymmetrie.

Quelle	Material	l_{Apex}	b_{Apex}	$V_\odot \left(\frac{km}{sec}\right)$	Streuung σ (km/sec)
Wilson, R. E.: Ap. J. **96** (1942) 371	119 unregelmäßige Veränderliche, RG, EB	30	+ 28	35	23,5
Merrill, P. W.: Ap. J. **94** (1941) 171	305 Mira-Sterne, RG	47	+ 10	54	35
McLeod, N. W.: Ap. J. **103** (1946) 134	67 *RR*-Lyrae-Sterne, RG	64	+ 9	157	sehr unsicher ~170 in Richtung zum gal. Zentr. ~ 50 in Richtung zum gal. Pol
McLeod, N. W.: Ap. J. **103** (1946) 134	58 *RR*-Lyrae-Sterne, Tangentialgeschwindigkeiten	53	+ 10	142	
Fricke, W.: AN **277** (1949) 241	598 Schnelläufer Raumgeschw.	44	+ 6	67	120
Fricke, W.: AN **277** (1949) 241	79 Unterzwerge, RG	76	+ 1	153	110
Strömberg, G.: l. c.	18 Kugelhaufen, RG	60 ± 10	+22° ± 10°	286 ± 50	117
Edmondson, F. K.: A. J. **45** (1935) 1	26 Kugelhaufen, RG	67 ± 9	+ 1° ± 12°	274 ± 60	
Mayall, N. U.: Ap. J. **104** (1946) 290	50 Kugelhaufen, RG	man kann annehmen: 55°	0° vgl. 31826	175 ± 36	~ 127

Die auf die Kugelhaufen bezüglichen Zahlenwerte in Tab. 9 pflegt man dahin zu deuten, daß das Zentroid der „normalen" Sterne (und mit ihm die Sonne) eine Rotationsbewegung (Apexrichtung etwa senkrecht auf der Richtung zum galaktischen Zentrum) relativ zum Kugelhaufensystem mit einer Geschwindigkeit von etwa $V_\odot$ = 200 bis 300 km/sec ausführt, wobei (Tab. 10) die Schnelläufer im Mittel eine um etwa 50 km/sec kleinere Rotationsgeschwindigkeit haben. Sieht man mangels besserer Kenntnis das Kugelhaufensystem als ruhend an, so kann man seinen Wert $V_\odot$ mit der Größe V der Formeln (2) und (3) identifizieren und damit einen Wert für den Zentrumsabstand R berechnen. Als bester Wert für die Rotationsgeschwindigkeit des Zentroids wird heute $V \approx 275$ km/sec angesehen. Dieser ist mit dem in der letzten Zeile von Tab. 9 stehenden Wert $V_\odot$ = 175 km/sec plausibel vereinbar, wenn die Kugelhaufen, deren RG gemessen wurden, eine Rotationsgeschwindigkeit von etwa 100 km/sec um das galaktische Zentrum besitzen. Neuerdings hat W. Fricke für V den Wert 276 ± 21 km/sec abgeleitet. Diese Bestimmung geht aus von den Raumgeschwindigkeiten von 60 besonders schnell bewegten Sternen der Sonnenumgebung und gründet sich auf die schon früher von Oort aufgestellte Hypothese, daß die Entweichgeschwindigkeit V_E in der Milchstraße nahe der Sonne eine obere Grenze für die dort beobachteten Sterngeschwindigkeiten darstelle. Die Beobachtungen liefern $V_E = V + 63$ km/sec. Vergleiche zu dem ganzen Fragenkomplex: Fricke, W.: AN **277** (1949) 241; **278** (1949) 49.

Tabelle 10.
Sonnenbewegung relativ zu Sternen verschiedener Raumgeschwindigkeit.

Raumgeschwindigkeit (km/sec)	Anzahl	Apex l	Apex b	$V_\odot \left(\frac{km}{sec}\right)$	Streuung (km/sec)
0— 25	2099	20°	+17°	17,3	13,9
25— 45	1214	26	+25	13,6	29,6
45— 65	395	37	+15	25,5	56,1
„Schnelläufer" 65—100	245	36	+14	43,8	85,1
„Schnelläufer" > 100	155	46	+ 5	109,0	199,2
„Schnelläufer" > 250	22	66	— 1	284,3	384,6

Tabelle 11.
Schnelläuferanteil an den Sternen bis m = 7,25.

$B0$—$B5$	0,3%	$F5$—$G0$	6%
$B8$—$A3$	0,1	$G5$—$K2$	11
$A5$—$F2$	1,2	$K5$—$M8$	19

Die Verteilung der Zielpunkte der bis heute bekannten etwa 600 Schnelläufer weist einige Besonderheiten auf, vgl. Miczaika, G.: AN **270** (1940) 249. Tab. 11 (Miczaika: l. c.) gibt noch eine Übersicht über den Schnelläuferanteil an den Sternen heller als $7^m,25$. Der Schnelläuferanteil nimmt mit schwächer werdender scheinbarer Helligkeit stark zu.

31747 Dynamische Bedeutung der Rotationskonstanten. Um die Bewegungsphänomene im Milchstraßensystem dynamisch einigermaßen zu verstehen, hat man Modelle durchgerechnet, die das Kraftfeld in unserer Umgebung durch Überlagerung einer Newtonschen und einer harmonischen Zentralkraft zu approximieren suchen. Setzt man demgemäß die Gesamtkraft F an als:

$$F = F_z + F_h \quad \text{mit} \quad F_z = \frac{C}{R^2} \qquad F_h = D \cdot R \tag{5}$$

so erhält man aus (2)

$$A = \frac{3}{4}\frac{V}{R}\frac{F_z}{F} \qquad B = -\frac{V}{4R}\,\frac{F_z + 4F_h}{F} \tag{6}$$

und
$$\frac{F_z}{F} = \frac{4}{3} \frac{A/B}{A/B - 1}, \qquad (7)$$
woraus mit den am Schluß von 31743 gegebenen Zahlen folgt: $F_z/F \approx 0{,}92$, d. h. ein überwiegender Anteil des Newtonschen Kraftfeldes. (Mit den Werten der Rotationskonstanten im GC-System würde der Newtonsche Anteil wesentlich niedriger ausfallen.) Aus der Winkelgeschwindigkeit (3) ergibt sich die Umlaufszeit am Ort der Sonne zu etwa 2.10^8 Jahren. Nach den Ausführungen in 31746 erhält man für die Entfernung des Zentrums Werte von etwa 8000 bis 11000 pc. Modellrechnungen ergaben für die Gesamtmasse des Systems etwa 2.10^{11} Sonnenmassen; vgl. hierzu Gliese, W.: AN **272** (1942) 201 und ten Bruggencate, P. (im Anschluß an zahlreiche Arbeiten von Lindblad): Veröff. Göttingen Nr. 75 (1943), Nr. 88 (1947).

Einige Beobachtungsergebnisse, wie Vertexabweichung, Achsenverhältnisse des Geschwindigkeitsellipsoids, sind im Rahmen eines stationären Modells schwerlich zu erklären.

Die Schnelläufer werden vielfach — so in den genannten Modellrechnungen — aufgefaßt als Sterne, die sich auf exzentrischen Bahnen durch das galaktische System bewegen und jedenfalls in engen Beziehungen zu dessen zentralen Partien stehen. Doch besteht auch die Möglichkeit, daß sie vorzugsweise Kreisbahnen beschreiben, während das Zentroid der „normalen" Sterne z. Z. das Peri- oder Apogalaktikum einer exzentrischen Bahn durchläuft. Wahrscheinlich gehören die Schnelläufer der für zentrale Gebiete von Sternsystemen charakteristischen Population II (s. 314132) an. Die Feststellung, daß sich unter ihnen kaum Sterne der Typen *B* 0—*F* 4, jedoch sehr viele rote Riesen befinden — von den bekannten Schnelläufern des Typs *G* 0 sind 75% Zwerge, der Typen *K* und *M* sind 80% Riesen —, würde mit dieser Auffassung im Einklang stehen.

Im Bewegungszustand der normalen Sterne wie auch in dem der Schnelläufer ist je eine gewisse Tendenz zu Gleichverteilung der Energie erkennbar. [Gondolatsch, F.: Z. Aph. **24** (1948) 330; Fricke, W.: AN **277** (1949) 241].

31748 Relativ zu den Mitgliedern der lokalen Gruppe extragalaktischer Nebel scheint das Milchstraßensystem als Ganzes nahezu unbewegt zu sein [Mayall, N. U.: Ap. J. **104** (1946) 290].

3175 Interstellare Materie.

31751 Interstellares Gas.

Die gasförmige zwischen den Sternen vorhandene Materie verrät sich vor allem durch feine, oft mehrfache Absorptionslinien in den Spektren entfernter Sterne (Entfernung etwa 100 pc und mehr). Die nachfolgende Tabelle enthält die 26 gegenwärtig [*1*] als gesichert geltenden interstellaren Absorptionslinien (sämtlich Resonanzlinien, davon 11 molekularen Ursprungs) sowie 7 weitere, deren Ursprung noch unbekannt ist [*2*]; diese letzteren sind diffuser als die identifizierten Linien, λ 4430 sogar ganz extrem flach. Die Intensitätsangabe bezieht sich auf Sterne in (größenordnungsmäßig) 1000 pc Entfernung. Die Angabe „stark" bedeutet: Äquivalentbreite von der Ordnung 1 Å, „sehr schwach": Äquivalentbreite um 0,01 Å.

Interstellare Absorptionslinien.

Wellenlänge	Intensität	Identifikation	Wellenlänge	Intensität	Identifikation	Wellenlänge	Intensität	Identifikation
3073,0	schwach	Ti II	3874,63	schwach	CN I	4430,6	mittel	?
3229,2	,,	Ti II	3875,77	sehr schwach	CN I	5780,6	stark	?
3242,0	,,	Ti II	3878,80	,, ,,	CH I	5797,1	mittel	?
3302,4	,,	Na I	3886,43	,, ,,	CH I	5890,0	stark	Na I (D_2)
3303,0	,,	Na I	3890,22	,, ,,	CH I	5895,9	,,	Na I (D_1)
3383,8	,,	Ti II	3933,68	stark	Ca II (*K*)	6203,0	schwach	?
3579,99	sehr schwach	CN (?)	3957,71	schwach	CH II	6270,0	mittel	?
3719,95	,, ,,	Fe I	3968,49	stark	Ca II (*H*)	6283,9	stark	?
3745,33	,, ,,	CH II	4226,74	sehr schwach	Ca I	6613,9	mittel	?
3859,92	,, ,,	Fe I	4232,57	mittel	CH II	7664,9	schwach	K I
3874,02	,, ,,	CN I	4300,34	,,	CH I	7699,0	,,	K I

Die genaue Wellenlänge der interstellaren Linie in einem Sternspektrum gibt Aufschluß über die Radialgeschwindigkeit der sie erzeugenden Gaswolke (bzw. die mittlere Radialgeschwindigkeit, wenn es sich um mehrere Wolken handelt). Mehrfachheit der interstellaren Absorptionslinien in einem

Sternspektrum bedeutet, daß zwischen dem Stern und der Erde mehrere Wolken des interstellaren Gases mit merklich verschiedenen Radialgeschwindigkeiten stehen. Derartige Messungen der Radialgeschwindigkeiten sind vor allem auf dem Mount-Wilson-Observatorium angestellt worden [*2*, *3*, *5*]. Die folgende Tabelle gibt eine Statistik des Charakters der interstellaren Linien in den Spektren von 297 Sternen [*3*]; dabei lag die untere Grenze der Auflösung im allgemeinen bei etwa 7 km/sec Geschwindigkeitsunterschied.

Komplexer Charakter nicht erkennbar . . .		149
Komplexer Charakter fast sicher	40	
2 Komponenten sichtbar	87	
3 Komponenten sichtbar	17	
4 Komponenten sichtbar	4	148
Gesamtsumme		297

Äquivalentbreiten interstellarer Linien sind gemessen worden von Beals [*4*], Merrill, Sanford, Wilson und Burwell [*2*, *5*] sowie von Spitzer [*6*, *10*] und von Greenstein u. Aller [*11*] für über 300 Sterne.

Im größten Teil des interstellaren Raums sind nur die Metalle ionisiert, der Wasserstoff und die schwerer ionisierbaren Stoffe dagegen nicht („HI-Regionen") [*7*]. Die Raumgebiete, in denen der Wasserstoff und andere schwer ionisierbare Elemente mindestens einmal ionisiert vorkommen („HII-Regionen") sind dadurch erkennbar, daß die Balmer-Serie des Wasserstoffs und einige der in Gasnebeln auftretenden Linien (siehe die nächstfolgende Tabelle) in Emission erscheinen. Listen von HII-Gebieten haben O. Struve und Mitarbeiter [*8*] gegeben.

Die Temperatur des interstellaren Gases (definiert durch die thermische Geschwindigkeit der Teilchen) beträgt in H II-Regionen um 10000°, in den H I-Regionen wahrscheinlich nur größenordnungsmäßig 10^2 Grad [*9*].

Literatur.

[*1*] Die neueste Übersicht ist die von W. S. Adams: PASP **60** (1948) 174. S. a. W. Becker: Sterne und Sternsysteme, 2. Aufl. (1950); W. Becker: Materie im interstellaren Raum, Fortschritte d. Astr. **1**, Leipzig (1938). — [*2*] Merrill, P. W., u. O. C. Wilson: Ap. J. **87** (1938) 9 = Mt. Wilson Contr. 582. — [*3*] Beals, C. S., G. H. Blanchet: PASP **49** (1937) 224; van de Hulst, H. C.: Recherches Utrecht **11**/2 (1948) 47; Adams, W. S.: Ap. J. **97** (1943) 105; **109** (1949) 354 = Mt. Wilson Contr. 673 und [*4*] Beals, C. S.: MN **96** (1936) 661. — [*5*] Merrill, P. W., R. F. Sanford, O. C. Wilson u. C. G. Burwell: Ap. J. **86** (1937) 274 = Mt. Wilson Contr. 576; s. a. ib.: **86** (1937) 44 = Mt. Wilson Contr. 570. — [*6*] Spitzer, L.: Ap. J. **108** (1948) 276. — [*7*] Strömgren, B.: Ap. J. **89** (1939) 526. — [*8*] Struve, O., u. Mitarbeiter: Ap. J. **86** (1937) 620; **87** (1938) 559; **88** (1938) 364; **89** (1939) 119, 517; **108** (1948) 157. — [*9*] Spitzer, L.: Ap. J. **107** (1948) 6; **109** (1949) 337; **111** (1950) 593. — [*10*] Spitzer: Ann. d'Astrophys. **13** (1950) 147. — [*11*] Greenstein, J. L., L. H. Aller: Ap. J. **111** (1950) 328.

31752 Gasnebel.

Die HII-Regionen bilden den Übergang zu den Gasnebeln mit Emissionsspektren. Die nächstfolgende Tabelle [*1*] enthält die wichtigsten Linien und ihre Identifikation, [ ] bedeutet eine (im Sinne der Auswahlregeln) verbotene Spektrallinie. Über die in planetarischen Nebeln vorkommenden Emissionslinien vgl. 31642.

Die stärksten Nebellinien
(die stets sehr intensive Balmer-Serie des H I ist nicht aufgeführt).

Wellenlänge	Identifikation	Unterer und oberer Term	Bemerkungen	Wellenlänge	Identifikation	Unterer und oberer Term	Bemerkungen
3444,1	O III	$2p\,3p\,{}^3P_2 - 2p\,3d\,{}^3P_2$		4363,5	[O III]	$(2p)^2({}^1D_2 - {}^1S_0)$	
3726,1	[O II]	$(2p)^3({}^4S_{3/2} - {}^2D_{3/2})$	+	4471,5	He I	$2\,{}^3P^\circ - 4\,{}^3D$	
3728,9	[O II]	$(2p)^3({}^4S_{3/2} - {}^2D_{5/2})$	+	4958,9	[O III]	$(2p)^2({}^3P_1 - {}^1D_2)$	+
3868,7	[Ne III]	$(2p)^4({}^3P_2 - {}^1D_2)$		5006,8	[O III]	$(2p)^2({}^3P_2 - {}^1D_2)$	+
3888,6	He I	$2^3S - 3^3P^\circ$		5875,6	He I	$2^3\,P^\circ - 3\,{}^3D$	
3967,5	[Ne III]	$(2p)^4({}^3P_1 - {}^1D_2)$		6548,1	[N II]	$(2p)^2({}^3P_1 - {}^1D_2)$	+
4026,2	He I	$2^3P^\circ - 5\,{}^3D$		6583,6	[N II]	$(2p)^2({}^3P_2 - {}^1D_2)$	+
4068,6	[S II]	$(3p)^3({}^4S_{3/2} - {}^2P_{3/2})$		7319,0	[O II]	$(2p)^3({}^2D^\circ_{5/2} - {}^2P^\circ_{3/2})$	
4076,2	[S II]	$(3p)^3({}^4S_{3/2} - {}^2P_{1/2})$		7330,3	[O II]	$(2p)^3({}^2D^\circ_{3/2} - {}^2P^\circ_{3/2})$	
4267,1	C II	$3^2D - 4^2F$					

+ Auch in HII-Regionen beobachtet (s. 31751).

Die modernste und vollständigste Liste aller hellen diffusen galaktischen Nebel, d. h. der Emissionsnebel (außer der planetarischen), der Reflexionsnebel (s. 31753) und der HII-Regionen (s. 31751) ist die von Cederblad [*2*] gegebene. Sie enthält die geometrischen und physikalischen Bestimmungsstücke für mehrere hundert Objekte. Für die planetarischen Nebel sei auf die Monographie von K. Wurm (Berlin 1950) hingewiesen.

Literatur.

[*1*] Becker, F., u. W. Grotrian: Erg. d. exakt. Naturw. **7** (1928) 8; W. Becker: l. c. a. Dort weitere Literaturangaben. Übergangswahrscheinlichkeiten bei Pasternack, S.: Ap. J. **92** (1940) 129. — [*2*] Cederblad, S.: Lund Medd. Ser. II, Nr. 119 (1946).

Biermann

31753 Interstellarer Staub.

Ein wesentlich geringerer Teil der zwischen den Sternen befindlichen Materie existiert in Form fester Teilchen, vorwiegend der Größenordnung 10^{-5} cm; ihre mittlere Dichte in der Milchstraße ist von der Ordnung $10^{-25\pm1}$ gr/cm³, gegen $10^{-23,5\pm1}$ gr/cm³ für die gasförmige Materie. Auch die staubförmige Materie wird auf zweierlei Weise erkennbar, durch diffuse Reflexion des Lichtes naher Sterne („Reflexionsnebel") und durch die Schwächung, Verfärbung und teilweise Polarisation des Lichtes dahinter stehender Sterne („Dunkelwolken").

Die folgende Tabelle (nach W. Becker: l. c. a.) gibt die geometrischen Daten für einige Reflexionsnebel, von denen die ersten beiden gleichzeitig Linienemission zeigen.

Nebel	Scheinbarer Durchmesser	Entfernung	Wahrer Durchmesser
Orionnebel . . .	3°	540 pc	30 pc
Nordamerikanebel	3°	190	10
Plejadennebel . .	6°	100	10

Wichtigere Aufschlüsse haben die sog. Dunkelwolken ergeben, welche aus Anhäufungen staubförmiger (wahrscheinlich überwiegend dielektrischer) Materie bestehen. Die folgende Tabelle bringt detaillierte Daten für einige Dunkelwolken; diese beruhen auf Bestimmungen der Sternzahl als Funktion der scheinbaren Helligkeit m im Bereich der Dunkelwolke und einem benachbarten unverdunkelten Vergleichsfeld. Wenn gleichzeitig das Spektrum (*Sp*) der gezählten Sterne bekannt ist, läßt sich die Streuung der absoluten Helligkeiten wirksam eliminieren. Die Angabe über die Absorption bezieht sich auf den photographischen Spektralbereich (Schwerpunkt 0,440 μ).

Gebiet (galakt. Koordinaten)	Methode	Grenzhelligkeit	Entfernung (pc)	Absorption
Sgr, Scu (350°, — 2°)	*m, Sp*	11^m	gering	3^m
Cygnus (43°, — 3°)	*m, Sp*, Farbenindex	11^m	600	$1{,}^m5$
Nordamerikanebel (53°, 0°)	*m*, Farbenindex	14^m	{75 — 200 600 — 800}	{$0{,}^m6$ $2{,}^m6$}
Cepheus {(68°, + 2°) (67°, + 3°) (75°, + 2°)}	*m, Sp*, Farbenindex	{11^m 12^m 11^m}	200 — 500 150 — 250 200 —600 und 900	{$0{,}^m9$ $0{,}^m5$ $0{,}^m8$—$1{,}^m7$}

Die nächste Aufstellung bezieht sich auf einige ausgedehnte Dunkelwolkenkomplexe, die sämtlich im einzelnen eine komplizierte Struktur aufweisen.

Geometrische Daten einiger Dunkelwolken.

Sternbild	Quadratgrad	Entfernung pc	Durchmesser pc	Absorption m
Taurus, Orion, Auriga .	600	145	65	1,1
Cepheus, Cassiopeia . .	450	500	170	0,7
Cygnus.	85	700	130	1,5
Ophiuchus, Scorpio, Scutum	1050	125	80	0,9

Auch außerhalb der erkennbaren Dunkelwolken befindet sich in der Nähe der Milchstraßenebene überall interstellarer Staub, der dort eine Absorption von im Durchschnitt etwa 1^m (im visuellen Spektralbereich) auf 1000 pc hervorruft, bei sehr beträchtlichen lokalen Unterschieden. Die Existenz einer solchen Staubschicht ergibt sich z. B. aus Messungen von Stebbins über Farbenindizes kugelförmiger Sternhaufen oder nach Hubble aus der Verteilung extragalaktischer Nebel in galaktischer Breite [*1*].

Die Absorption ist stark von der Wellenlänge λ abhängig, im allgemeinen etwa $\sim 1/\lambda$ im normalen Wellenlängenbereich. Sie bewirkt daher meist auch eine zur Absorption proportionale Rotverfärbung des Sternlichts, die für eine große Zahl von Sternen von Stebbins, Huffer und Whitford [*2*] lichtelektrisch bestimmt wurde. Für ein bestimmtes Himmelsgebiet im Perseus kennt man die interstellare Absorption vom Ultraviolett bis weit ins Infrarot [*3*]. Die nächste Tabelle zeigt die für dieses Gebiet geltende Form der Wellenlängenabhängigkeit; dabei ist die für $\lambda = 0{,}422\ \mu$ geltende Absorption willkürlich zu $1{,}^m00$ angenommen, die für 1,03 μ geltende zu $0{,}^m00$ (direkt meßbar sind bei dieser Methode nur die Differenzen der Absorption für verschiedene Wellenlängen, welche noch der Mächtigkeit [gr/cm²] des absorbierenden Materials proportional sind). Der Wert für $(1/\lambda) = 0$, d. i. die offengebliebene additive Konstante, ist extrapoliert [*4*].

Wellenlänge	λ (μ)	0,320	0,353	0,422	0,488	0,572	0,72	1,03	2,08	
	1/λ	3,12	2,83	2,37	2,05	1,75	1,39	0,97	0,48	0,00
Interstellare Absorption + Konstante		+ 1,3	1,2	1,00	0,81	0,64	+ 0,35	0,00	— 0,2	(—0,3)

Merklich abweichende Verhältnisse — sowohl hinsichtlich der Form der interstellaren Absorptionskurve als auch der Dichte der staubförmigen Materie — sind in den zentralen Teilen des Orionnebels gefunden worden [*5*].

Endlich erfährt das Licht beim Durchgang durch den interstellaren Staub auch eine meist sehr schwache Polarisation [*6*], maximal von der Ordnung 10% für sehr stark verfärbte Sterne.

Literatur. [*1*] Stebbins, J.: Proc. Nat. Acad. Sci. **19** (1933) 222 = Mt. Wilson Comm. 111 (1933); Hubble, E. P.: Ap. J. **79** (1934) 8. — [*2*] Stebbins, J., C. M. Huffer u. A. E. Whitford: Ap. J. **91** (1940) 20 sowie **98** (1943) 20 und **102** (1945) 318 = Mt. Wilson Contr. 621, 680 u. 712; s. a. W. Becker: l. c. a. — [*3*] Whitford, A. E.: Ap. J. **107** (1948) 102. — [*4*] van de Hulst, H. C.: Recherches Utrecht **11** / 2 (1949) Ziffer 14. — [*5*] Baade, W., u. R. Minkowski: Ap. J. **86** (1937) 119 u. 123 = Mt. Wilson Contr. 571 u. 572; Stebbins, J., u. A. E. Whitford: l. c. a. Ap. J. **102**; van de Hulst, H. C.: l. c. a., Ziffer 15. — [*6*] Hall, J. S.: Science **109** (1949) 166; Hiltner, W. A.: ib. **109**, 165; Nature **163** (1948) 283; Ap. J. **106** (1947) 231; Ap. J. **109** (1949) 471. Hall, J. S. u. A. H. Mikesell: Publ. U. S. Naval Obs. **17** / 1 (1950).

318 Sternhaufen.

3181 Definition, Bezeichnung und Einteilungskriterien.

Als Sternhaufen werden lokale Anhäufungen von Sternen an verschiedenen Stellen der Himmelssphäre bezeichnet, von denen vorausgesetzt werden darf, daß sie nicht nur zufällig, durch Projektion von in Wirklichkeit in ganz verschiedenen Entfernungen von uns stehenden Sternen auf ein kleines Himmelsgebiet entstanden sind, sondern tatsächlich räumliche Verdichtungen von Sternen darstellen, die durch die zwischen den einzelnen Sternen wirkenden Gravitationskräfte wenigstens vorübergehend zusammengehalten werden. Die „Flächendichte" der Sterne in einem Sternhaufen schwankt demnach von einem Werte, der nur um ein geringes die maximale noch als wahrscheinlich zu betrachtende Dichte der Sterne einer gegebenen Grenzhelligkeit bei zufälliger Streuung dieser Sterne über den ganzen Himmel übersteigt, bis zu den auffälligsten, dichten kugelförmigen Sternhaufen, in denen Hunderttausende von Sternen in einem Himmelsgebiete von nur etwa einer Bogenminute Durchmesser zusammengedrängt erscheinen.

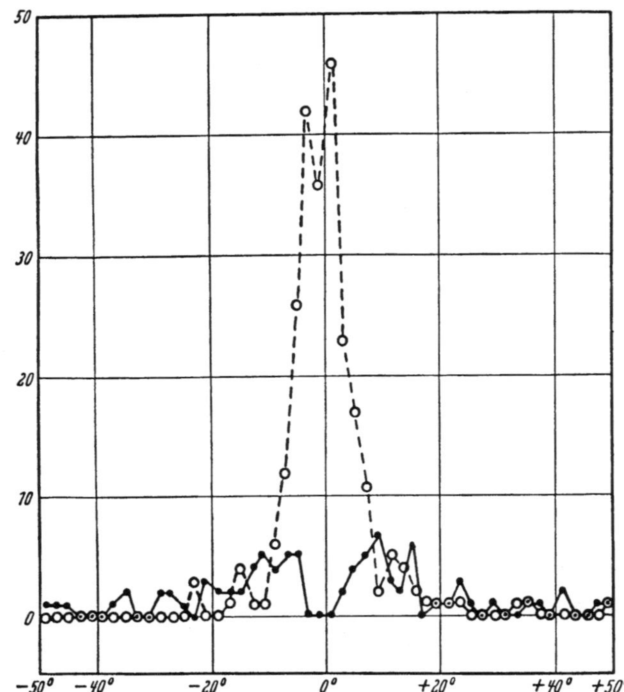

Abb. 1. Verteilung der Kugelhaufen (●) und offenen Haufen (○) in galaktischer Breite. [Hdb. d. Aph. **5** / 2, (1933) 708.]

Die einzelnen Sternhaufen werden mit den Nummern bezeichnet, die sie in vier Katalogen von Sternhaufen und Nebelflecken tragen:

1. Messier, Ch.: Connaissance des Temps pour 1787, Paris (1784) 238; s. a. P. S. Watson: Messiers Catalogue (M), Pop. Astr. **57** (1949) 14.
2. Dreyer, J. L. E.: New General Catalogue of Nebulae and Clusters („NGC"), Mem. RAS **49** (1888).
3. Dreyer, J. L. E.: Index Catalogue of Nebulae („IC I"), Mem. RAS **51** (1895).
4. Dreyer, J. L. E.: Second Index Catalogue of Nebulae and Clusters („IC II"), Mem. RAS **59** (1908).

Die bei beiden Autoren vorkommenden Objekte werden nach Belieben mit ihrer Nummer aus dem betreffenden Katalog bezeichnet; so trägt z. B. der große Kugelhaufen im Sternbilde des Herkules sowohl die Bezeichnung M 13 als auch NGC 6205.

Man unterscheidet zwei Arten von Sternhaufen: offene (oder galaktische) Sternhaufen und Kugelhaufen. Die sich zum Teil überschneidenden Einteilungskriterien sind:

A. Die Gestalt der Projektion des Sternhaufens auf der Himmelssphäre. Die Kugelhaufen projizieren sich ausschließlich als kreissymmetrische oder nur ganz schwach elliptische Gebilde, während die offenen Sternhaufen oft unregelmäßige Gestalten haben.

B. Der Sternreichtum und die Konzentration. Während die offenen Sternhaufen zuweilen so sternarm sind, daß sie kaum von zufälligen Sternanhäufungen unterschieden werden können, zählen die meisten Kugelhaufen, namentlich in ihren zentralen Gebieten, Hunderttausende von Mitgliedssternen.

C. Die Verteilung der Sternhaufen in bezug auf galaktische Länge und Breite (s. 31731). Diese wird durch die Abb. 1 und 2 veranschaulicht. Die Kugelhaufen kommen nach Abb. 1 noch in sehr hohen galaktischen Breiten vor. Sie zeigen eine Tendenz, sich bei den Breiten $\pm 10^\circ$ anzuhäufen. In der Milchstraßenebene selbst sind vermutlich infolge interstellarer Absorption keine Kugelhaufen beobachtet worden. Hier sind aber die meisten offenen Haufen anzutreffen, deren Anzahlen mit wachsender (positiver oder negativer) galaktischer Breite ra-

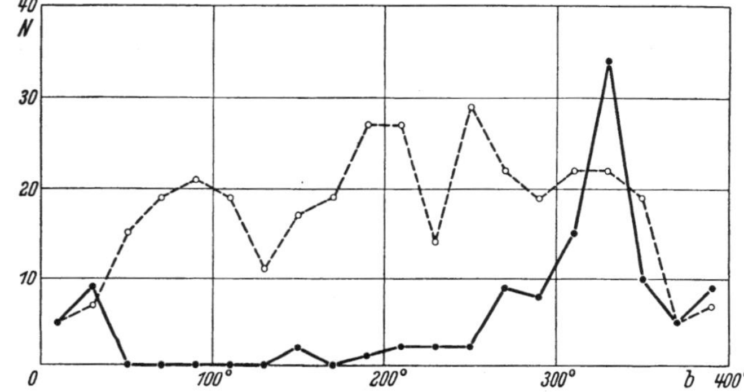

Abb. 2. Verteilung der Kugelhaufen (●) und offenen Haufen (○) in galaktischer Länge.

pide abnehmen. In galaktischer Länge sind nach Abb. 2 die offenen Haufen ziemlich gleichmäßig verteilt. Abweichungen von der Gleichmäßigkeit werden durch die in Richtung zum galaktischen Zentrum und Antizentrum verschiedene galaktische Absorption und durch eine schwach exzentrische Stellung der Sonne im System der offenen Haufen verursacht [R. Trümpler: Lick Bull. **14**, Nr. 420 (1930) 183 und G. Alter: MN **102** (1942) 211]. Die Kugelhaufen dagegen liegen alle, bis auf eine oder zwei Ausnahmen, in einer einzigen Hemisphäre der Himmelskugel. Das Zentrum des von den Kugelhaufen gebildeten Systems liegt in der Richtung $l = 326°$, $b = 0°$. Die Sonne nimmt somit in diesem System eine ganz exzentrische Lage ein.

D. Das „Hertzsprung-Russell-Diagramm" (s. 314132) für die Mitglieder eines Sternhaufens. Dieses ist wahrscheinlich das wichtigste Kriterium, jedoch läßt sich seine praktische Anwendung wegen unserer noch sehr unvollständigen Kenntnisse über die Helligkeiten und Spektren der Sterne in den meisten Sternhaufen nicht konsequent durchführen.

Keines der Kriterien — vielleicht mit Ausnahme von D — ist für sich allein für eine Klassifikation ausreichend. Wahrscheinlich hat man auch mit Übergängen zwischen den beiden Klassen von Sternhaufen zu rechnen.

31 82 Kugelhaufen.

31 821 Kataloge.

a) Shapley, H.: Star Clusters, New York (1930) 224 und Hdb. d. Aph. **5** / 2 (1933) 762. Für jedes der 93 Objekte werden u. a. angegeben äquatoriale und galaktische Koordinaten, scheinbarer Durchmesser, Gesamthelligkeit, Klasse, integraler Spektraltyp, Zahl der Veränderlichen, Entfernungsmodul und Entfernung.

b) Sawyer, H. B.: Publ. Toronto **1**, Nr. 20 (1947). Enthält 99 Objekte, von denen 97 als Kugelhaufen zu gelten haben. Die scheinbaren Durchmesser und photographischen Gesamthelligkeiten dieses Kataloges stammen aus neueren Beobachtungen und unterscheiden sich zum Teil erheblich von den in a) gegebenen Werten. Der Katalog gibt ferner Radialgeschwindigkeiten [N. U. Mayall (1946), s. 31826] und die Veränderlichenzahl (1939), schließlich eine vollständige Bibliographie für jeden Kugelhaufen.

c) Shapley, H.: A half century of globular clusters [Pop. Astr. **57** (1949) 203] gibt einen Übersichtsbericht über den heutigen Stand unserer Kenntnisse der Kugelhaufen.

31 822 Klassifikation.

Klasse	Anzahl	Klasse	Anzahl
I	4	VII	8
II	7	VIII	10
III	7	IX	10
IV	12	X	9
V	12	XI	9
VI	11	XII	4

Die Klassifikation der Haufen beruht nach Shapley und Sawyer auf einer Schätzung der Sternkonzentration. Klasse I weist die größte, Klasse XII die schwächste Konzentration auf.

Die scheinbaren Durchmesser sind nur unsicher zu schätzen. Sie hängen von der Konzentration und von der Belichtungszeit ab. Sie schwanken zwischen 0,'5 und 65.' Die Unterschiede zwischen den wirklichen Durchmessern sind wesentlich kleiner. Bei der Verschiedenheit der scheinbaren Durchmesser handelt es sich in erster Linie um einen Entfernungseffekt.

31 823 Die Gestalt der Kugelhaufen.

Abweichungen von der genauen Kreissymmetrie der Haufenprojektion sind im allgemeinen sehr schwach, kommen aber häufig vor. Nur bei ω Centauri fällt die Elliptizität der Form sofort auf. Die folgende Tabelle enthält Sternzählungen im Kugelhaufen M 13 (Klasse V), in verschiedenen vom Mittelpunkte des Haufens ausgehenden Sektoren und verschiedenen Entfernungen von diesem Mittelpunkte nach F. G. Pease und H. Shapley [Ap. J. **45** (1917) 225].

Abstand vom Mittelpunkt	Anzahl der Sterne											
	15°	45°	75°	105°	135°	165°	195°	225°	255°	285°	315°	345°
2′ bis 4′	623	668	750	762	764	728	712	683	758	778	718	670
4′ „ 6′	358	361	423	464	476	386	330	352	402	438	479	394
6′ „ 8′	168	207	212	236	226	202	188	194	214	248	249	198
8′ „ 10′	112	104	90	128	114	115	108	114	112	126	134	99
3′ „ 5′	560	640	624	684	788	642	586	597	629	658	712	662
5′ „ 7′	362	374	410	471	431	360	302	292	358	396	424	394
7′ „ 9′	204	220	220	261	244	230	191	196	200	246	232	202
9′ „ 11′	141	136	116	118	130	129	131	124	130	157	134	100

Die Elliptizität ist für Sterne aller scheinbaren Helligkeiten bis zur 20^m festzustellen, jedoch für Sterne der Helligkeiten 15^m—17^m nur schwach ausgeprägt. In Richtung der großen Achse ist die Sternanzahl etwa 25 % größer als in Richtung der kleinen Achse. Die Orientierung der großen Achsen für 36 Kugelhaufen zeigt keinerlei systematische Anordnung, während die absoluten Werte der Elliptizität alle unter dem für M 13 gefundenen Werte liegen. Bei einigen Haufen (so z. B. M 62) ist die Verteilung der Sterne ausgesprochen asymmetrisch, was jedoch vielleicht auf vorgelagerte absorbierende Wolken zurückzuführen ist.

31 824 Die Entfernungen der Kugelhaufen.

Diese sind durchweg so groß, daß trigonometrische Parallaxen nicht gemessen werden können. In größerem Umfang hat zum erstenmal Shapley Entfernungen aus den Helligkeiten der in einzelnen Haufen vorkommenden Veränderlichen vom Typus *RR* Lyrae (Haufenveränderliche $M_{pg} = 0$) gewonnen. Sie beruhen auf der Perioden-Leuchtkraft-Beziehung der δ Cephei-Sterne (s. 316221h). Für Haufen, in denen keine Veränderlichen vorkommen oder noch keine Beobachtungen über Veränderliche vorliegen, kann man z. B. die Helligkeit der hellsten Sterne, die Gesamthelligkeit des Haufens und den scheinbaren Durchmesser als Entfernungskriterium benutzen. Die von Shapley abgeleiteten Entfernungen *R* (s. 31821a) bedürfen einer Korrektur wegen interstellarer Absorption. Je nach der zugrunde gelegten Vorstellung über die Struktur der absorbierenden Schicht und nach der Methode, die Absorption zu bestimmen, kommt man zu Ergebnissen, die sich teilweise widersprechen. Bei Absorption in einer in der galaktischen Ebene gelegenen planparallelen Schicht der optischen Dicke (photogr.) τ ist $R_{korr.} = f \cdot R$, wo $\log f = -0{,}1\,\tau \operatorname{cosec} |b|$[1]. Hiernach haben P. van de Kamp [A. J. **42** (1933) 97, 161; $\tau = 0^m{,}2$, $0^m{,}4$, $0^m{,}6$, $0^m{,}8$, $1^m{,}0$], J. Stebbins u. A. E. Whitford [Ap. J. **84** (1936) 132 = Mt. Wilson Contr. 547; $\tau = 0^m{,}32$] und W. Baade [Ap. J. **82** (1935) 410 = Mt. Wilson Contr. 529; $\tau = 0^m{,}5$] verbesserte Entfernungen berechnet. Als bester Wert für τ gilt heute $0^m{,}62$ [Oort, J. H.: BAN **8** (1938) 233]. Wegen der Wolkenstruktur der Absorptionsschicht sind die gerechneten Entfernungen für $|b| < 20°$ teilweise stark verfälscht. Zuverlässige Entfernungen für 31 Objekte mit $|b| > 20°$ gibt Shapley [Harvard Repr. Nr. 257 (1944) Tab. 2], wobei die Absorption aus Nebelzählungen bestimmt ist.

Die folgende Tabelle gibt die Verteilung dieser Entfernungen.

R (kpc)[2]	*n*	*R* (kpc)	*n*	*R* (kpc)	*n*
0 bis 5	0	15 bis 20	5	30 bis 40	2
5 „ 10	8	20 „ 25	2	40 „ 50	2
10 „ 15	9	25 „ 30	2	50 „ 60	1

[1] *b* = galaktische Breite.
[2] kpc = Kiloparsec.

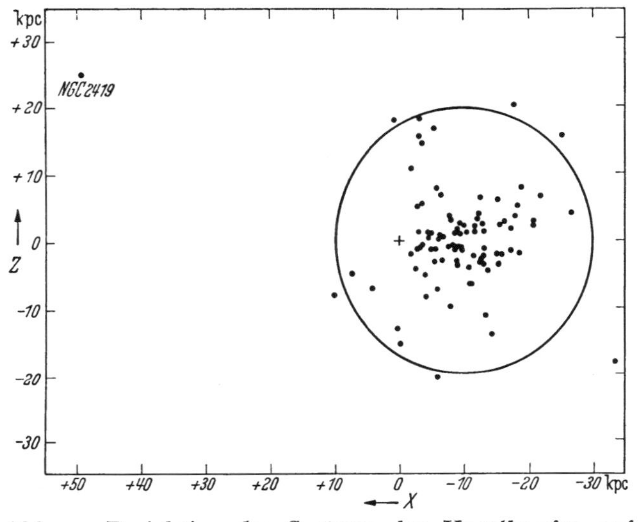

Abb. 3. Projektion des Systems der Kugelhaufen auf die *XZ*-Ebene.

31 825 Die räumliche Verteilung der Kugelhaufen.

In Abb. 3 [nach W. Baade: Ap. J. **82** (1935) 410 = Mt. Wilson Contr. 529; $\tau = 0^m{,}5$] ist die Projektion des Systems der Kugelhaufen auf eine Ebene, die durch die Sonne und das Zentrum des Sternsystems geht und senkrecht auf der galaktischen Ebene steht, wiedergegeben. Das System der Kugelhaufen besitzt danach eine viel geringere Abplattung als das Sternsystem. Die Sonne (+) liegt stark exzentrisch im System der Kugelhaufen, in einer Entfernung von rund 10000 Parsec vom Zentrum (s. a. 31733). Die Richtung zum Zentrum ist durch die galaktischen Koordinaten $l = 326°$, $b = 0°$ gekennzeichnet. Die folgende Tabelle gibt die Anzahl der Kugelhaufen und die Kugelhaufendichte (Anzahl pro 10^6 Kubikpc) in Abhängigkeit vom Abstand vom Zentrum des Systems [nach P. van de Kamp: A. J. **42** (1933) 164; $\tau = 0^m{,}6$].

Abstand Kilopc	Anzahl der Kugelhaufen	Anzahl pro 10^6 Kubikpc.	Abstand Kilopc	Anzahl der Kugelhaufen	Anzahl pro 10^6 Kubikpc
0— 2	9	$2{,}7 \cdot 10^{-4}$	10—15	10	$1{,}0 \cdot 10^{-6}$
2— 4	11	$4{,}7 \cdot 10^{-5}$	15—20	6	$3{,}1 \cdot 10^{-7}$
4— 6	19	$3{,}0 \cdot 10^{-5}$	20—30	7	$8{,}8 \cdot 10^{-8}$
6— 8	8	$6{,}4 \cdot 10^{-6}$	30—40	3	$1{,}9 \cdot 10^{-8}$
8—10	10	$4{,}9 \cdot 10^{-6}$			

Bezüglich der Sicherheit der hier verwendeten Entfernungen siehe 31824. Seit 1933 sind für einzelne Objekte verbesserte Entfernungen abgeleitet worden, die aber das allgemeine Bild des Dichteabfalls in obiger Tabelle nicht wesentlich verändern. Als Außenseiter, der mit dem Milchstraßensystem vielleicht nur noch in sehr losem Zusammenhang steht, ist NGC 2419 (s. Baade: l. c.) bekannt. Der Haufen liegt in Richtung zum Antizentrum in 56 kpc Entfernung von der Sonne (s. Bildpunkt am linken Rand von Abb. 3).

31826 Die Bewegungen der Kugelhaufen.

Über EB von Kugelhaufen ist nichts bekannt. Da die Raumgeschwindigkeiten der Kugelhaufen relativ zur Sonne von der Ordnung 100 km/sec sind, die Entfernungen von der Ordnung 10^4 pc, so wären jährliche EB von der Ordnung 0,″001 zu erwarten, die bei der heute erreichbaren Beobachtungsgenauigkeit nicht verbürgt werden können.

Das zuverlässigste Material an Radialgeschwindigkeiten hat N. U. Mayall [Ap. J. **104** (1946) 290] an der Lick-Sternwarte erhalten. Bezüglich der einzelnen Geschwindigkeiten für 50 Kugelhaufen wird auf Tab. 1 der Mayallschen Arbeit verwiesen. Die RG schwanken zwischen + 290 km/sec und — 358 km/sec.

Die ungleichförmige Verteilung der Kugelhaufen am Himmel (s. 3181C) macht die Bestimmung der Sonnenbewegung relativ zum System der Kugelhaufen unsicher. Die Sonnengeschwindigkeit ist nach dem Punkt $l = 55°$, $b = 0°$ gerichtet. Sie beträgt nach Mayall rund 200 km/sec (früher: 285 km/sec). Vgl. hierzu 31746. Zur Beurteilung der Sicherheit dieser Werte werden in der folgenden Tabelle verschiedene von Mayall versuchte Lösungen mit den mittleren Fehlern angegeben.

Lösung	Anzahl Haufen	Sonnenbewegung			V km/sec bei vorgegebenem Apex $l = 55°$, $b = 0°$
		Apex		Geschwindigkeit V km/sec	
		l	b		
Alle Haufen	50	51°,3 ± 10°,0	+8°,2 ± 13°,0	168 ± 34	171 ± 38
Apex-Gruppe . .	34	64,5 ± 5,9	—6,7 ± 11,0	248 ± 52	205 ± 43
NGC 2298, 4590 u. 5694 ausgeschlossen	47	57,1 ± 7,1	+1,3 ± 9,6	219 ± 36	213 ± 38

31827 Der einzelne Kugelhaufen.

318271 Integrale photographische Helligkeiten.

a) Kataloge von scheinbaren Helligkeiten.

Autor	Objektzahl	Bereich	Literatur
Holetschek[1]	40	3^m bis 13^m	Ann. Wien **20** (1907) 114
Shapley-Sawyer . .	95	3^m ,, 12,6	Harvard Bull. Nr. 848 (1927)
Vyssotsky-Williams	15	5,9 ,, 8,1	Ap. J. **77** (1933) 301
Christie	68	5,1 ,, 12,7	Ap. J. **91** (1940) 8

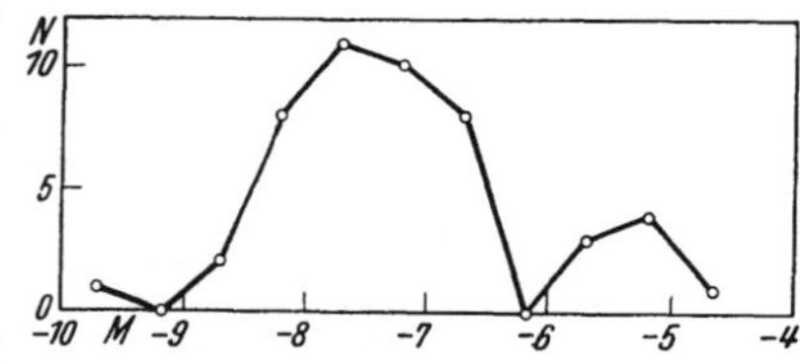

Abb. 4. Absolute Gesamtgrößen von Kugelhaufen.

b) Die Häufigkeitsverteilung der absoluten Größen wird in Abb. 4 [nach W. H. Christie: Ap. J. **91** (1940) 13] veranschaulicht. Das Maximum der Häufigkeit liegt bei $-7^M,7$, der schwächste Haufen besitzt $-4^M,7$, der hellste (ω Cen) $-9^M,5$. Ähnliche Ergebnisse auch bei Shapley [Harvard Repr. Nr. 257 (1944)].

318272 Die integralen Farbenindizes der Kugelhaufen streuen in weitem Bereich zwischen dem Farbenindex eines *A* 5- und dem eines *M*-Sternes. Sie zeigen mit Annäherung an die galaktische Ebene eine Rötung der Kugelhaufen an. Kataloge von Farbenindizes:

Autor	Objektzahl	Grenzgröße	Literatur
Stebbins	47	12,6	Mt. Wilson Comm. 111 (1937)
Vyssotsky-Williams	15	8,1	Ap. J. **77** (1933) 301
Stebbins-Whitford .	68	12,7	Ap. J. **84** (1936) 132 = Mt. Wilson Contr. 547

[1] Neureduktion von K. Graff: S. B. Akad. Wiss. Wien IIa, **156**, Nr. 3 u. 4 (1948). Die zum Teil beträchtlichen Skalenunterschiede zwischen den genannten Autoren sind von Christie (l. c.) eingehend behandelt und geklärt.

318273 Die Verteilung der **integralen Spektraltypen** gibt folgende Tabelle [N. U. Mayall: Ap. J. **104** (1946) 290]. Mittlerer Spektraltyp: *F* 7,6.

Spektr.	*A* 5—*A* 9	*F* 0—*F* 4	*F* 5—*F* 9	*G* 0—*G* 4	*G* 5
n	5	7	13	22	2

318274 Die Bestimmung der **linearen Durchmesser** von Kugelhaufen stößt bei der Messung von scheinbaren Durchmessern auf große Schwierigkeiten meßtechnischer und methodischer Art durch Einflüsse der interstellaren Absorption und der Verteilung der Leuchtkräfte und Farben innerhalb des Haufens. 23 Objekte hoher galaktischer Breiten zeigen eine als reell anzusehende Streuung der linearen Durchmesser zwischen 16 und 129 pc um den Mittelwert 65 pc [H. Shapley: Pop. Astr. **57** (1949) Tab. 4; s. a. A. G. Mowbray: Ap. J. **104** (1946) 47 = Lick Contr. II, Nr. 14 (1946)]. Die Gesamtzahl von Sternen in Kugelhaufen wird auf 50000 bis 50000000 geschätzt.

318275 Veränderliche in Kugelhaufen. Man kennt rund 1300 Veränderliche in 62 von 99 Kugelhaufen. Für 17 von diesen Haufen, die alle der Konzentrationsklasse IV bis VI angehören, sind 20 und mehr (bis 186) Veränderliche bekannt. Die meisten Veränderlichen gehören zur Klasse der *RR* Lyrae-Sterne („Haufenveränderliche" $P < 1^d$). Der Rest (5 %) gehört zur Klasse der *W* Virginis-, *RV* Tauri- und unregelmäßig oder halbregelmäßig Veränderlichen (s. 316211) sowie einigen weiteren seltenen Typen des galaktischen Systems, die sämtlich als Angehörige der Population II bekannt sind [A. H. Joy: Ap. J. **110** (1949) 105]. Eigentliche δ Cephei-Sterne sind sehr selten in Kugelhaufen.

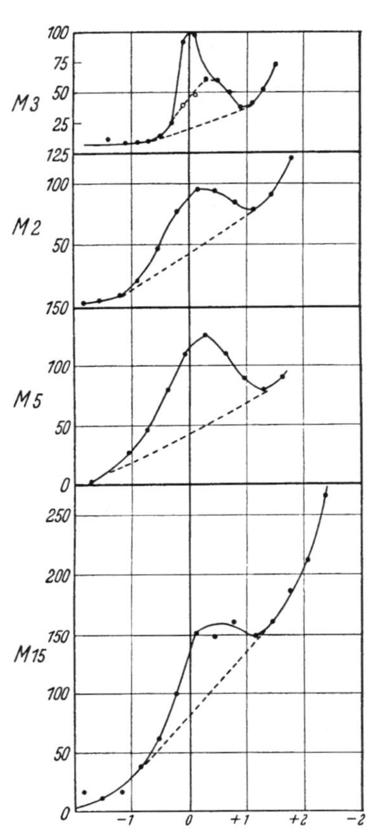

Abb. 5. Leuchtkraftfunktionen bei Kugelhaufen. [Hdb. d. Aph. **5**/2 (1933) 723].

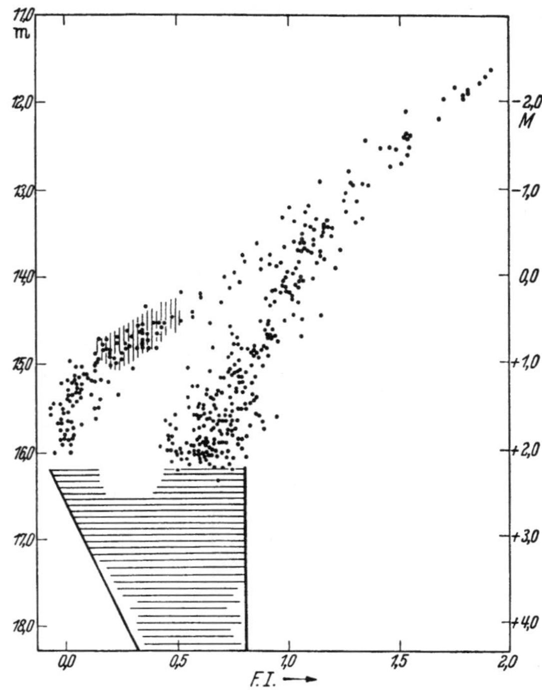

Abb. 6. Farbenhelligkeitsdiagramm bei M 92. [Z. Aph. **18** (1939) 49].

318276 Verteilungsfunktionen der absoluten Größen in Kugelhaufen sind in Abb. 5 wiedergegeben. Charakteristisch ist eine sekundäre Welle, die von Sternen in der Nachbarschaft der absoluten Größe 0^m herrührt. Diese Welle kann zum Teil auf die Haufenveränderlichen zurückgeführt werden (s. 318275). Im Gegensatz zur Sonnenumgebung kommen in Kugelhaufen keine Sterne heller als -2^M vor.

318277 Besonders charakteristisch für Kugelhaufen ist das **Farbenhelligkeitsdiagramm**. In Abb. 6 ist das FHD von Messier 92 = NGC 6341 nach O. Hachenberg wiedergegeben. Charakteristisch ist die Aufspaltung bei $M = 0^m$ und $FI = +1^m$, 0 (*gG* 6). In dem senkrecht schraffierten Gebiet liegen die Haufenveränderlichen. Dieser Ast erzeugt die sekundäre Welle in der Verteilungsfunktion der Leuchtkräfte. Das Gebiet mit waagerechter Schraffur umfaßt die Masse der Zwergsterne, die nicht im einzelnen photometriert werden konnten. Das FHD von Kugelhaufen ist kennzeichnend für die Sternpopulation II im Sinne von W. Baade [Ap. J. **100** (1944) 137]. Vgl. hierzu 314132.

Haffner

3183 Offene (oder galaktische) Sternhaufen.

31831 Kataloge.

1. Shapley, H.: Star Clusters, New York (1930) 228 und Hdb. d. Aph. **5** / 2 (1933) 766. Enthält 249 Objekte, für welche äquatoriale und galaktische Koordinaten, Klasse, scheinbare und lineare Durchmesser, Entfernungen, Sternanzahl u. a. angegeben werden.

2. Trümpler, R.: Lick Bull. **14**, Nr. 420 (1930) 170. Enthält 334 Objekte mit ähnlichen Daten wie der Katalog von Shapley.

3. Collinder, P.: Lund Ann. Nr. 2 (1931). Enthält für 471 (zum Teil zweifelhafte) Objekte sehr detaillierte Angaben, für einen Teil auch Reproduktionen photographischer Aufnahmen, ferner eine Bibliographie offener Haufen (553 Nummern).

31832 Klassifikationen.

Die gebräuchlichsten Klassifikationen sind die von Shapley (s. 31831: l. c. p. 704) und Trümpler (s. 31831: l. c. p. 154). Als Klassifikationsmerkmale benutzen beide die Konzentration der Haufensterne gegen das Zentrum und den Kontrast des Sternhaufens gegen das umgebende Sternfeld. Die Klassen können kurz folgendermaßen beschrieben werden:

Beschreibung	Klassenbezeichnung		Anzahl Trümpler
	Shapley	Trümpler	
Sternhaufen mit starker Konzentration, die sich deutlich vom Hintergrund abheben	*f, g*	I	118
Sternhaufen mit schwächerer Konzentration, die sich aber doch noch deutlich vom Hintergrund abheben	*d*	II	148
Sternhaufen ohne merkliche Konzentration gegen das Zentrum, die sich aber doch vom Hintergrund abheben	*c*	III	37
Sternhaufen, die nur mehr den Eindruck von zufälligen Anhäufungen im Sternfeld des Hintergrundes erwecken	*a*	IV	31

Die vierte Spalte gibt das Resultat einer Abzählung aus dem Trümplerschen Katalog von offenen Sternhaufen.

Neben der Konzentration und dem Kontrast gegen das umgebende Sternfeld benutzt Trümpler noch den Sternreichtum und den Helligkeitsbereich, über den sich die Haufenmitglieder erstrecken, als Zusatzkriterien. Es bedeutet:

p (poor)	Sternarme offene Haufen mit weniger als 50 Mitgliedern.
m (moderately)	Offene Haufen mit 50 bis 100 Sternen.
r (rich)	Sternreiche offene Haufen mit mehr als 100 Mitgliedern.
1	Die Sterne des offenen Haufens haben alle ungefähr die gleich scheinbare Helligkeit.
2	Ziemlich gleichmäßige Streuung der Helligkeiten über einen größeren Bereich.
3	Neben einigen sehr hellen Sternen enthält der offene Haufen eine größere Anzahl schwächerer Sterne, die wie in 2. streuen.

Beispiele: Plejaden . . . . . II 3 *r*
Hyaden . . . . . II 3 *m*
Praesepe . . . . . I 2 *r*

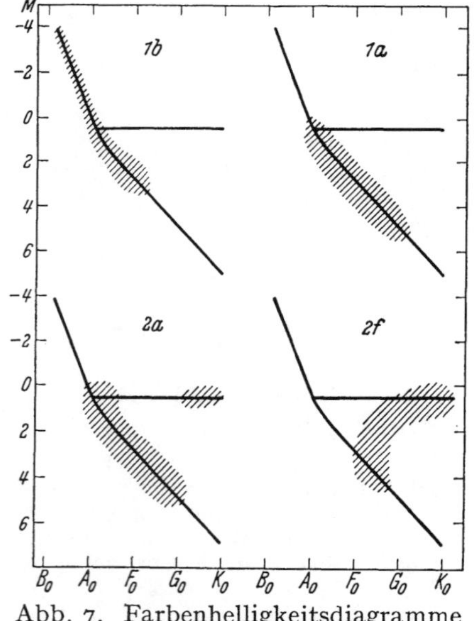

Abb. 7. Farbenhelligkeitsdiagramme offener Haufen.

Trümpler hat diese Unterteilung eingeführt, um in jeder Untergruppe möglichst Haufen mit praktisch gleichem linearen Durchmesser zusammenzufassen. Eine astrophysikalisch viel wichtigere Einteilung der offenen Haufen erfolgt auf Grund des Hertzsprung-Russell-Diagramms. Man unterscheidet die folgenden drei Gruppen (siehe Abb. 7):

1. Alle Haufensterne gehören der Hauptreihe des Hertzsprung-Russell-Diagramms von *O* bis *M* an.
2. Eine geringe Anzahl der Haufensterne gehört dem Riesenast, die meisten aber der Hauptreihe an.
3. Die meisten der helleren Haufensterne sind gelbe oder rote Riesensterne, während die übrigen Sterne auf der Hauptreihe liegen.

Zur weiteren Unterteilung wird der arabischen Ziffer noch ein kleiner Buchstabe *o, b, a* oder *f* angefügt, der den frühesten, in einem offenen Sternhaufen vorkommenden Spektraltyp kennzeichnet.

Beispiele: Plejaden . . . . . 1 *b*
Praesepe . . . . . 2 *a*

Die folgende Übersicht gibt die Häufigkeitsverteilung der Farbenhelligkeitsdiagramme offener Sternhaufen nach Trümpler:

Typus	*o*	*b*	*b—a*	*a*	*a—f*	*f*	Summe
1	7	24	5	3			39
1—2	3	15	10	3			31
2		1	5	18	1	1	26
2—3				3			3
3				1			1
Summe	10	40	20	28	1	1	100

31833 Lokale Sternströme.

In der Klassifikation auf Grund der Sternkonzentration und des Kontrastes des Sternhaufens gegen das umgebende Sternfeld fehlt die Klasse *b* nach Shapleys Bezeichnung in 31832. Zu dieser Klasse rechnet Shapley lokale Sternströme. Wir trennen die lokalen Sternströme lieber ab von den eigentlichen offenen Haufen und verweisen wegen Einzelheiten auf 31742.

31834 Die räumliche Verteilung der offenen Sternhaufen.

In 3181C wurde bereits darauf hingewiesen, daß die Verteilung der offenen Haufen am Himmel nach galaktischen Längen ziemlich gleichmäßig ist, während sie in galaktischen Breiten eine starke Konzentration zur Milchstraße aufweist. Abb. 8 zeigt schematisch die Verteilung der offenen Haufen in der Milchstraßenebene nach Trümpler. In dem kleinen, stark schraffierten Gebiet mit der Sonne als Mittelpunkt sind die offenen Haufen nahezu gleichförmig verteilt. In dem weiter schraffierten Gebiet nimmt ihre Anzahl rasch ab.

In Lick Bull. **14** (1930) 175 sind für 334 galaktische Haufen Entfernungen nach Trümpler angegeben. Die folgenden Tabellen geben die mittlere Dichteabnahme der offenen Sternhaufen senkrecht zur Milchstraßenebene sowie ihre mittlere Dichteabnahme in der Milchstraßenebene mit wachsender Entfernung von der Sonne [nach W. Becker: Sterne und Sternsysteme, Steinkopff (1942) 278]. Die scheinbare Abnahme der räumlichen Dichte der offenen Haufen mit wachsender Entfernung von der Sonne wird verursacht durch interstellare Absorption und durch den mit wachsender Entfernung abnehmenden Kontrast von Haufen gegen das allgemeine Sternfeld und damit abnehmende Entdeckungswahrscheinlichkeit [Trümpler, R.: Ap. J. **19** (1940) 186]. Infolge der Wolkenstruktur der interstellaren Materie können die von Trümpler (1930) abgeleiteten Entfernungen, die die Grundlage der folgenden Tabellen bilden, im Einzelfall (ähnlich wie bei den Kugelhaufen) stark verfälscht sein. Dadurch erklären sich manche Widersprüche zu den moderneren Angaben anderer Autoren (z. B. W. Bekker: Veröff. Göttingen Nr. 81 (1946); AN **275** (1948) 145, 229; **276** (1948) 1; **277** (1949) 177, 233; **278** (1950) 115 für die gal. Haufen NGC 7654, 663, 6811, 2099, 6823, 6910 u. 6913).

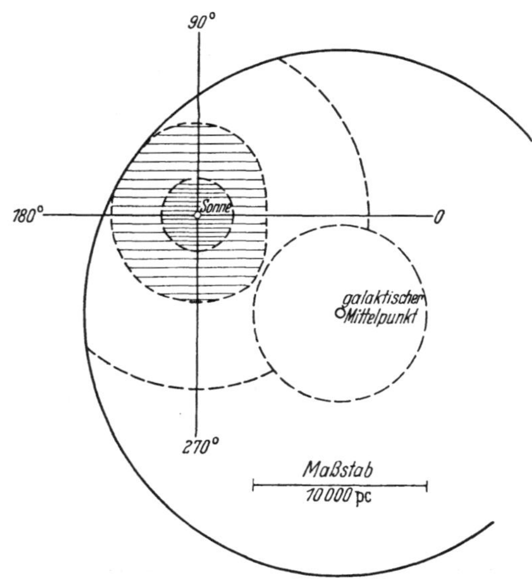

Abb. 8. Verteilung der offenen Haufen im Milchstraßensystem.

Abstand von der Milchstraßenebene	Anzahl	Anzahl pro 10^6 Kubikparsec
50 pc	219	~ 0,039
150	67	0,012
250	21	0,0037
350	11	0,0020
450	7	0,0012
550	3	0,00053

Entfernungsbereich von der Sonne	Anzahl	Anzahl pro 10^6 Kubikparsec
0—1000 pc	88	~ 0,073
1000—2000	108	0,029
2000—3000	77	0,012
3000—4000	48	0,0055
4000—5000	36	0,0032
> 5000	(7)	—

Haffner

31 835 Der einzelne offene Sternhaufen.

318351 Veränderliche Sterne, die in Kugelhaufen eine verbreitete Erscheinung darstellen, sind trotz systematischer Suche in offenen Sternhaufen bisher nicht gefunden worden. Eine Ausnahme bildet der eine oder andere Bedeckungsveränderliche. Man kann das Vorkommen von Doppelsternen in offenen Sternhaufen zu etwa 20% der Sternhaufenmitglieder ansetzen. Der Prozentsatz entspricht etwa den Verhältnissen in der Sonnenumgebung. Im Gegensatz zu den Kugelhaufen gibt es eine Reihe offener Sternhaufen, die, wie z. B. die Plejaden, mit Nebelmassen in Zusammenhang stehen.

318352 Die wahren Durchmesser offener Sternhaufen streuen über einen Bereich von etwa 15 Parsec. Der kleinste liegt bei 1,5 Parsec, während die größten 15 Parsec nicht überschreiten. 77% aller Haufen haben wahre Durchmesser zwischen 2 und 6 Parsec mit einem Häufigkeitsmaximum bei 3,5 Parsec. Die folgende Tabelle gibt eine Übersicht über die Sterndichte einiger offener Sternhaufen sowie des lokalen Ursamajor-Stroms [nach W. Becker: Sterne und Sternsysteme, Steinkopff (1950) 159].

Sternhaufen	Sternzahl pro Kubikparsec	Sternhaufen	Sternzahl pro Kubikparsec
M 11 = NGC 6705, Zentrum	83[1]	Praesepe, durchschnittlich	1,5[2]
M 11 = NGC 6705, auf 1/2 Radius	~10[1]	h, χ Persei, durchschnittlich	1,4[2]
M 37 = NGC 2099, Zentrum	18[1]	Hyaden, durchschnittlich	0,25
M 36 = NGC 1960, Zentrum	12[1]	Ursa maior, Zentrum	0,36[2]
Plejaden, Zentrum	2,8[1]	Umgebung der Sonne	0,01

Bemerkung: Grenzgröße, bis zu der die Haufensterne erfaßt sind: [1] $M = +4^m,5$; [2] $M = +7^m$.

Die scheinbaren Durchmesser offener Haufen werden gelegentlich verfälscht gemessen durch den „Schulter"effekt (überdurchschnittliche scheinbare Sterndichte in der Umgebung eines offenen Haufens, die einen zu kleinen Haufendurchmesser vortäuscht, tatsächlich aber noch durch Haufensterne bedingt ist).

318353 Farbenhelligkeitsdiagramm (FHD) offener Sternhaufen.

Zur Aufstellung eines durch fremde Sterne unverfälschten FHD eines offenen Haufens ist die Kenntnis der Haufenmitglieder notwendig. Kriterien für die physische Zusammengehörigkeit einer Sterngruppe sind entweder übereinstimmende Parallaxe, Eigenbewegung (EB) und Radialgeschwindigkeit (RG) sowie passende Leuchtkraft (aus dem Spektraltyp erschlossen) oder gleichartige Merkmale der Energieverteilung (aus Photometrien in mindestens 3 Spektralbereichen s. 31422). Auf Grund der EB- und RG-Kriterien sind im wesentlichen nur die folgenden 4 Sternhaufen untersucht und genauer bekannt.

	Typ und Klasse		Bereich in m	Bereich in Spektr.	π	Sternzahl	Durchmesser	RG km/sec	μ_α	μ_δ	Lit.
Plejaden	1 *b*	II 3 *r*	$2^m,5$—$16^m,8$	*B* 8—*K* 5	0",0100	291	5,3 pc	+ 5	+ 0",018	— 0",042	[*1*—*2*]
Hyaden.	2 *a*	II 3 *m*	3,7—14	*A* 0—*K* 5	0,0282	~300	18	+ 35	+ ,100	— ,021	[*3*—*5*]
Praesepe	2 *a*	I 2 *r*	6,0—16,2	*A* 0—*K*	0,0076	187	4	+ 32,1	— ,034	— ,013	[*6*—*8*]
Coma. .	2 *a*	II 3 *p*	4,8—10,5	*A* 0—*K* 0	0,0133	37	10	— 0,4	— ,013	— ,017	[*9*]

Literatur.

[*1*] Hertzsprung, E.: Leiden Ann. **19**/1 (1947). — [*2*] Binnendijk, L.: Leiden Ann. **19**/2 (1946). — [*3*] Ramberg, J.: Stockholm Ann. **13**, Nr. 9 (1941). — [*4*] Holmberg, E.: Lund Medd. II, Nr. 113 (1944). — [*5*] Wilson, R. E.: Ap. J. **107** (1948) 119. — [*6*] Klein Wassink, W. J.: Publ. Groningen **41** (1927). — [*7*] Haffner, H., O. Heckmann: Veröff. Göttingen Nr. 53—55 (1937); Nr. 66, 67 (1940). — [*8*] Ramberg, J.: Stockholm Ann. **13**, Nr. 9 (1941). — [*9*] Trümpler, R.: Lick Bull. Nr. 494 (1938).

Für einige entferntere Sternhaufen sind EB durch E. G. Ebbighausen gemessen:

M	NGC	*N*	*n*	m_{pg}	Lit.
—	752	125	63	9,4—12,6	Ap. J. **89** (1939) 431
35	2168	151	99	7,9—12,0	A. J. **50** (1942) 1
—	2548	115	75	8,4—12,7	Ap. J. **90** (1939) 689
67	2682	158	110	9,8—13,0	Ap. J. **91** (1940) 244
39	7092	50	30	7,3—12,9	Ap. J. **92** (1940) 434
52	7654	83	53	10,5—13,0	A. J. **50** (1942) 91

N = Zahl der gemessenen Sterne; *n* = Zahl der vermuteten Haufenmitglieder.

Relativbewegungen innerhalb eines Haufens sind nachgewiesen für die Praesepe (0",00080 pro Jahr = 0,5 km/sec; Titus: A. J. **46** (1938) 197] und für die Plejaden [0",001 pro Jahr; E. Hertzsprung: BAN **7** (1934) 187].

Die Sterne von offenen Haufen, deren FHD den Trümplerschen Klassen 1 *o* bis 2 *b*—*a* angehören, zeigen die Merkmale der Baadeschen Population I (s. 314132). Im Gegensatz zu den Sternen der Sonnenumgebung scheinen die Hauptreihensterne offener Haufen mit praktisch verschwindender kosmischer Streuung auf einer scharfen Linie zu liegen, sofern man von Doppelsternen und Störungen durch Absorptionen absieht.

319 Außergalaktische Nebel.

Literatur. Hubble, E.: The Realm of the Nebulae, New Haven (1936) (deutsche Übersetzung von K. O. Kiepenheuer, Braunschweig 1938). — Hubble, E.: Observational approach to cosmology, Clarendon Press, Oxford (1937). — Becker, W.: Sterne und Sternsysteme, 2. Auflage, Steinkopff, Leipzig (1950) 334 bis 403. — Vogt, H.: Die Spiralnebel, Winter, Heidelberg (1946). — Shapley, H.: Galaxies. Blakiston Comp., Philadelphia (1943). — Fricke, W.: Naturw. **35** (1948) 52 (Übersichtsbericht über neuere Arbeiten).

3191 Kataloge außergalaktischer Nebel.

a) Für Örter und Beschreibung: Messier, Ch.: („M") s. 3181. — Herschel, J.: Catalogue of Nebulae and Clusters, Phil. Trans. **154** (1864). — Dreyer, J. L. E.: (3 Kataloge „NGC" und „IC" s. 3181), s. hierzu: Carlson, D.: Some corrections to Dreyers catalogues of nebulae and clusters, Ap. J. **91** (1940) 350. — Hagen, J. G., u. Fr. Becker: Specola Vaticana **10/13** (1922—1928). Die genannten Kataloge sind vollständig bis ca. 13^m, enthalten teilweise aber Objekte $> 15^m$.

Die Bezeichnung der helleren außergalaktischen Nebel erfolgt nach den Nummern in den genannten Katalogen von Messier und Dreyer. So ist M 31 = NGC 224 (Andromedanebel).

b) Für Helligkeiten, Typen, scheinbare Durchmesser usw.:

Autor Literatur	Areal	N	Grenzgröße	Gegebene Daten
Holetschek, J.: Ann. Wien **20** (1907) [Neubearbeitung J. Hopmann: AN **214** (1921) 425], u. Graff, K.: S. B. Akad. Wiss. Wien IIa, **156**, Nr. 3 u. 4 (1948)	$+90 > \delta > -32$	471	13^m	m_v vgl. auch (318271)
Wirtz, C.: Lund Medd. II, Nr. 29 (1923)	$+60 > \delta > -20$	566	13,0	m_v, a, (b) (in N auch Kugelhaufen usw.)
Reinmuth, K.: Veröff. Heidelberg **9** (1926)	$+90 > \delta > -20$	4445	13	a, b, T; Beschreibung!
Ames, A.: Harvard Ann. **88**, Nr. 1 (1930)	Coma-Virgo	2778	18,0	m_{pg}, m_f, T, a, (P)
Shapley, H., u. A. Ames: Harvard Ann. **88**/2 (1932)	Gesamthimmel	1249	13,3	m_{pg}, T, a, b
Baker, R. H.: Harvard Ann. **88**/3 (1937)	Fornax-Eridanus	985	17,6	m_{pg}, m_f, T, a, (P)
Shapley, H.: Harvard Ann. **88**/4 (1934)	$+50 > \delta > -70$	448	13,0	m_{pg}, T, a, b, P
Shapley, H.: Harvard Ann. **88**/5 (1935)	Horologium	7889	17,5	m_{pg}, T, a, (P)
Baker, R. H.: Harvard Ann. **88**/6 (1937)	Fornax-Eridanus	1113	17,4	m_{pg}, m_f, T, a, (P)
Seyfert, C. K.: Harvard Circ. Nr. 403 (1935)	Coma-Virgo	82	13,3	m_{pg}, T, a
Seyfert, C. K.: Harvard Ann. **105**/9 (1937)	5 Felder $b > +31$	104	13,3	m_{pg}, m_{pv}, C_v, T, a, (Sp)
Seyfert, C. K.: Harvard Ann. **105**/10 (1937)	9 Felder $b > +4$	7487	18	m_{pg} für $m < 15{,}5$, T, a, b/a $N(m)$ für $m > 15{,}5$
Schattschneider, E.: AN **264** (1937) 165	Coma-Virgo	209	13	m_{pg}, m_{pv}, T
Stebbins, J., u. A. E. Whitford: Ap. J. **86** (1937) 247	$+90 > \delta > -25$	158 12	13,6 15	m_{pe}, C, T, a, b m_{pe}, C, T, a, b
Reiz, A.: Lund Ann. **9** (1941)	$+90 > b > +50$	4446 176	16,5 15,7	m_{pg}, T, a, b, P m_{pg}, m_{pg} (Kern), a (Kern), b (Kern)
Danver, C. G.: Lund Ann. **10** (1942)	$+90 > \delta > -41$	202	16	T, a, b, P und detaillierte Angaben über Spiralstruktur (nur S- und SB-Nebel) u. Neigung

Zweite Spalte: δ = Deklination, b = galaktische Breite. Letzte Spalte. m_v = visuelle, m_{pg} = photographische, m_{pe} = photoelektrische Gesamthelligkeit; m_f = Flächenhelligkeit; C = Farbenindex; T = Nebeltyp; a, b = scheinbarer großer bzw. kleiner Durchmesser; P = Positionswinkel von a.

3192 Klassifikation.

Nach rein äußeren Erscheinungsmerkmalen teilt man [Hubble, E.: Ap. J. **64** (1926) 341] die außergalaktischen Nebel (de facto handelt es sich nicht um Nebel, sondern um riesige Ansammlungen von Sternen, die daher im englischen Sprachbereich passender mit „galaxies" bezeichnet werden) in die elliptischen Nebel E, die normalen Spiralen S, die Balkenspiralen SB und die irregulären Nebel Irr ein (s. Abb. 1). Dem Symbol E wird eine die Elliptizität kennzeichnende Zahl $n = (a - b)/a$ (a und b großer und kleiner scheinbarer Durchmesser) angefügt. n liegt zwischen 0 und maximal 7. Nach dem Grad der Öffnung ihrer Arme werden die Spiralen und Balkenspiralen in Sa-, Sb-, Sc- und SBa-, SBb-, SBc-Spiralen unterteilt. Spindelnebel sind von der Kante gesehene Nebel. Ob und in welcher Richtung die Typenreihe der Abb. 1 eine zeitliche Entwicklungsreihe darstellt, ist heute noch ungeklärt. Gelegentlich wird auch eine Klassifikation von M. Wolf [wiedergegeben z. B. in Veröff. Heidelberg **9** (1926)] benützt (Symbole a bis w).

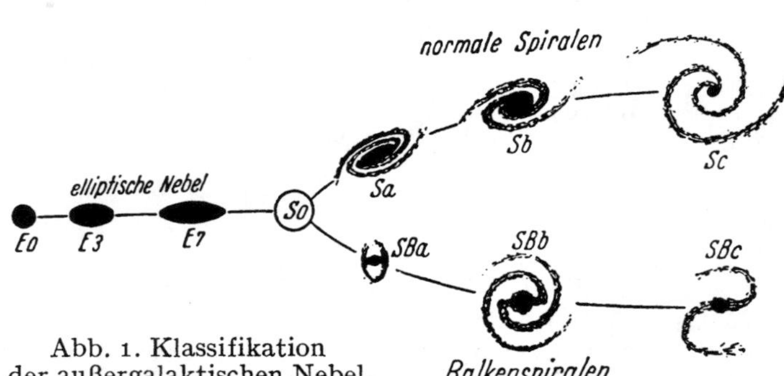

Abb. 1. Klassifikation der außergalaktischen Nebel.

Relative Häufigkeit der Nebeltypen.

Typus	Häufigkeit
$E0$—$E7$ „früh"	17 v.H.
Sa, SBa. . . .	19
Sb, SBb. . . .	25
Sc, SBc „spät".	36
Irr	2,5

3193 Scheinbare Verteilung an der Sphäre.

Die Häufigkeit der Nebel hängt infolge der Absorptionen im Milchstraßensystem (s. 3175 u. 31824) stark von der galaktischen Breite b ab. Nahe der Milchstraßenebene in einem Streifen von 10 bis 40° (bei $l = 325°$!) Breite fehlen die Nebel, abgesehen von einigen „galaktischen Fenstern" vollständig (nebelfreie Zone, Zone of avoidance), eine nebelarme Zone leitet über zur normalen Nebelhäufigkeit. Dort können die Nebelanzahlen pro Quadratgrad dargestellt werden durch:

$$\log N = 2{,}115 - 0{,}15\,|\operatorname{cosec} b|,$$

woraus $\tau = 0^m{,}5$ für die optische Dicke τ (bei λ 440 mμ) der planparallelen Absorptionsschicht folgt [Hubble, E.: Ap. J. **79** (1934) 8; s. a. 31824]. Bis zur Grenzgröße 20^m treffen durchschnittlich 462 Nebel auf 1 Quadratgrad bzw. $2 \cdot 10^7$ Nebel auf die ganze Sphäre. Die Verteilung ist im großen wohl gleichmäßig, im kleinen kommen jedoch (nach Abzug der eigentlichen Nebelhaufen (s. 31962) deutliche Schwankungen vor (bis 1 : 10). Diese Aussagen beruhen auf folgendem Material von Zählungen:

Autor	Areal	Felder	Zahl der Nebel	Grenzgröße	Literatur
Shapley-Ames	$+90 > \delta > -90$	—	1249	13^m	Harvard Ann. **88**/2 (1932)
Shapley . . .	$-60 > b > -90$	87 zu 25 □°	36000	18	Harvard Ann. **105**/8 (1937)
Shapley . . .	$-55 > b > -90$	80 „ 25	89352	18,4	Harvard Circ. Nr. 423 (1937)
Shapley . . .	$-55 > b > -90$	21 „ 25	31000	18	Harvard Repr. Nr. 194 (1940)
Shapley-Jones	$+90 > \delta > +70$	52 „ 25	16639	18	Harvard Ann. **106**/1 (1938)
Shapley . . .	$+46 > \delta > +41$	72 „ 25	22000	17,5	Harvard Repr. Nr. 208/09 (1940)
Hubble . . .	$+90 > \delta > -30$	1283 „ 0,5	43201	20	Ap. J. **79** (1934) 8
Mayall	$\|b\| > 20$	489 „ 0,7	15000	19	Lick Bull. **16** (1934) 177
Shapley . . .	$\delta > +14$	153 „ 25	78000	18	Harvard Repr. Nr. 333 (1950); Harvard Ann. **88**/7 (1950)

3194 Entfernungen.

Als Entfernungskriterien werden benützt:

a) Eigenschaften aufgelöster Objekte in Nebeln:

Novae ($M = -7{,}0 \pm 2$); 130 Novae in 35 Nebeln bekannt, kommen vor allem im Kern vor. In M 31 30 Novae pro Jahr, in allen anderen Nebeln sehr viel weniger oder keine beobachtet. Siehe auch 31631.

Supernovae ($M = -14{,}3$); 46 Objekte in 40 Nebeln bekannt, vor allem in Sc- und SBc-Spiralen. Überwachung durch F. Zwicky auf Mt. Palomar [Ap. J. **88** (1938) 529 u. Ap. J. **96** (1942) 28]. Häufigkeit: 1 Supernova pro 360 Jahre und Nebel. S. a. 31632.

δ Cephei-Sterne (Perioden-Leuchtkraft-Beziehung s. 316221h) in rund 10 Nebeln bekannt, davon in M 31 allein 40 Cepheiden.

Hellste O- und B-Sterne ($M = -6{,}1$) in rund 100 Nebeln bekannt [Liste z. B. E. Hubble: Ap. J. **74** (1931) 48].

Kugelhaufen ($M_{tot} = -6{,}8$) kommen in allen Typen außergalaktischer Nebel vor, z. B. in M 31: 140, in M 33: 15, in M 101: 6.

b) Integrale Eigenschaften der Nebel:

scheinbare Helligkeiten } in Kombination mit absoluten Helligkeiten (31951) und linearen
„ Durchmesser } Durchmessern (31952).

Radialgeschwindigkeiten in Kombination mit der Geschwindigkeit-Entfernungs-Beziehung (3197).

Entfernungen einzelner Nebel s. 31963.

Haffner

3195 Der Einzelnebel.

31951 Absolute photographische Helligkeiten, Farbenindizes und Spektraltypen.

Typus	M_{pg}	n	Sp	n	FI	FE	n
$E0$—$E2$	$-14{,}^{m}4$	11	$G3{,}6$	66	$+0{,}^{m}94$	$+0{,}^{m}18$	30
$E3$—$E7$	$-14{,}3$	12					
Sa, SBa	$-14{,}3$	23	$G3{,}4$	30	$+0{,}89$	$+0{,}16$	13
Sb, SBb	$-14{,}2$	27	$G1{,}6$	21	$+0{,}86$	$+0{,}16$	12
Sc, SBc	$-14{,}2$	25	$F8{,}8$	19	$+0{,}55$	$-0{,}05$	36
Irr	$-13{,}5$	5	—		—	—	—

M_{pg} nach E. Hubble: Ap. J. **84** (1936) 158; Mittelwert $M = -14{,}^{m}2 \pm 0{,}^{m}85$ (äquivalent $8{,}5 \cdot 10^{7}$ Sonnenleuchtkräften). Dagegen findet E. Holmberg (Lund Medd. II Nr. 128 [1950]) $\overline{M}_{pg} = -13{,}^{m}5 \pm 1{,}^{m}9$. Auf Grund neuer Nebelzählungen im Coma-Nebelhaufen (s. 31962) kommt F. Zwicky (PASP **63** (1951) 61) zu dem Schluß, daß die Leuchtkraftfunktion der Nebel zwischen -17^{m} und -12^{m} kein Maximum besitzt, sondern zu schwächeren Nebeln hin noch weiter ansteigt.

Spektraltypen (Sp) nach M. L. Humason: Ap. J. **83** (1936) 21.

Farbenindex (FI) und Farbenexzeß (FE) (im internationalen System, s. 314217c und d) nach J. Stebbins und A. E. Whitford: Ap. J. **86** (1937) 247.

Verteilung der Farbenindizes innerhalb des Nebels:

Nach E. F. Carpenter [PASP **43** (1931) 294] hat man bei M 51

für den Kern	FI $= +1{,}^{m}6$	Sp. $= K2$
für die Spirale innen	$+0{,}6$	$F6$
„ „ „ außen	$-0{,}3$	B

Neuere Untersuchungen an mehreren Nebeln [C. K. Seyfert: Ap. J. **91** (1940) 528; E. Holmberg: Lund Medd. II, Nr. 114 (1945); B. Lindblad: Stockholm Ann. **13** Nr. 8 und **14** Nr. 3 (1941)] bestätigen diesen Befund im wesentlichen. Er wird durch die verschiedene Häufigkeit der beiden Sternpopulationen (s. 31955) verursacht. Die Versuche der beiden letztgenannten Autoren, durch Absorptionsmessungen den Neigungs- (und damit den Rotations-) Sinn der Spiralen zu klären, haben noch zu keinem befriedigenden Ergebnis geführt.

Lichtelektrische Messungen in 6 engen Spektralbereichen zwischen λ 353 mμ und λ 1030 mμ von J. Stebbins und A. E. Whitford [Ap. J. **108** (1948) 414] an den Kerngebieten von 8 Nebeln (*E* bis *Sc*, $m < 10{,}1$) zeigen die bei einer Mischung von Sternen verschiedener Temperatur und Leuchtkraft zu erwartenden Abweichungen (UV- und Infrarot-Überschuß) von der Strahlung eines *G*-Sternes [s. a. F. L. Whipple: Harvard Circ. Nr. 404 (1935)].

Lichtelektrische Messungen in 2 Spektralbereichen (λ 432 und λ 529 mμ) derselben Autoren (l. c. 418) an 18 Nebeln des Virgohaufens und 8 weiteren Nebeln entfernterer Haufen (Grenzgröße $18{,}^{m}2$) ergeben eine Zunahme des Farbenindex mit der Radialgeschwindigkeit (bzw. Entfernung):

$$\text{FI} = +0{,}^{m}84 + 0{,}0133\ 10^{-3}\ V \quad (V \text{ in km/sec}),$$

von der nur 40 % durch Rotverschiebung der Spektren zu erklären sind. Absorption im intergalaktischen Raum zur Erklärung des Restes führt auf unmögliche Werte der Dichte des intergalaktischen Mediums.

31952 Lineare Durchmesser.

Charakteristisch für die Durchmesserbestimmungen sind die systematischen Unterschiede zwischen den nach verschiedenen Methoden (visuell, photographisch-mikrometrisch, photographisch-lichtelektrisch, lichtelektrisch) gemessenen scheinbaren Durchmessern. Diese Unterschiede hängen vom Spektraltyp ab. Die Mittelwerte der Tabelle (nach E. Hubble: Realm of Nebulae S. 178) beziehen sich auf den Hauptkörper eines Nebels und stellen „subjektive" Werte aus photographisch-mikrometrischen Messungen dar, die zur Reduktion auf „objektive" Werte nach H. Shapley [MN **94** (1934) 791] mit Faktoren multipliziert werden müssen, die bei den *E*-Nebeln 5,5, bei den *S*- und *SB*-Spiralen 2,3 betragen.

Typus	Durchmesser	Typus	Durchmesser	Typus	Durchmesser
$E0$	580 pc	*Sa*	1840 pc	*SBa*	1690 pc
$E3$	860	*Sb*	2330	*SBb*	1930
$E7$	1470	*Sc*	2910	*SBc*	2870
				Irr	1930

Für M 31 ist beispielsweise gemessen:

Große Achse	Kleine Achse	Methode	Autor
160′ (11 kpc)	40′ (3 kpc)	phot. mik.	Hubble, Lundmark
270′ (18 kpc)	230′ (16 kpc)	phot.-l.e.	Shapley, Harvard Bull. Nr. 895 (1934)
	120′ (8 kpc)	l.e.	Stebbins u. Whitford, Mt. Wilson Comm. 113 (1934)
420′ (28 kpc)	aus dem Vorkommen von Kugelhaufen		Hubble: Ap. J. **76** (1932) 44

Kataloge scheinbarer Nebeldurchmesser s. 3191b. Kataloge linearer Nebeldurchmesser siehe vor allem Shapley, H.: Harvard Repr. Nr. 238 (1942).

Die wahre Abplattung liegt, soweit sie überhaupt festgestellt werden kann, zwischen $^{1}/_{10}$ und $^{1}/_{3}$ (Milchstraßensystem $^{1}/_{6}$).

Haffner

31 953 Rotation.

Versuche von A. van Maanen, innere Bewegungen und Rotationen in Spiralnebeln mikrometrisch zu messen (zahlreiche Arbeiten in Ap. J. 1916 bis 1930) haben zu keinem Erfolg geführt. Spektrographische Messungen der Rotationsgeschwindigkeiten stammen von V. M. Slipher [Lowell Bull. 62 (1914)], F. G. Pease [Mt. Wilson Comm. 32 (1916) und 51 (1918)], neuere von H. Babcock [Lick Bull. **19** (1940) 41] an M 31 und von N. U. Mayall und L. H. Aller [Ap. J. **95** (1942) 5] an M 33. Die vermessenen Punkte sind, abgesehen vom Kern, stets Gasnebel. Die Messungen weisen auf starre Rotation eines Kernes (bis $r = 300$ pc bei M 31 bzw. $r = 1000$ pc bei M 33) hin. Außerhalb dieses Kernes sind die Rotationsverhältnisse in beiden Nebeln etwas verschieden (s. Abb. 2).

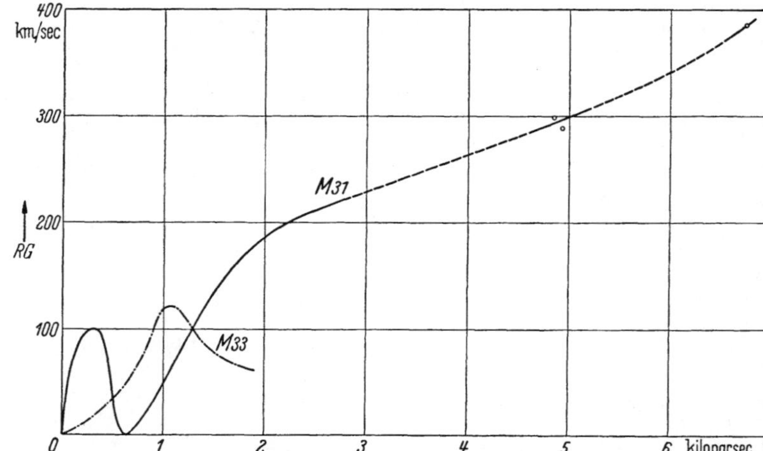

Abb. 2. Rotationsgeschwindigkeit in M 31 und M 33.

Der Rotationssinn der Spiralen, mit dem Neigungssinn aufs engste gekoppelt, ist noch nicht restlos geklärt, doch sprechen die meisten Argumente zugunsten einer solchen Rotation, bei der die konvexen Seiten der Spiralarme (analog Feuerrädern) vorausgehen (siehe den eingangs genannten Bericht von W. Fricke).

Ungeklärt ist auch die Frage, ob die Rotationsebenen der Spiralen zufällig verteilt sind oder nicht. Nach Arbeiten am Observatorium in Lund (Lundmark, Holmberg, Danver) scheint eine Vorzugsebene mit dem Pol bei $l = 97°$, $b = +23°$ (galakt. Koord.) zu bestehen, die die Existenz eines metagalaktischen Systems andeutet. Auch die Bahnebenen von Doppelnebeln (s. 31961) scheinen im Durchschnitt nach diesem System orientiert zu sein.

31 954 Massen.

Unter der Annahme, daß die beobachteten, vom Neigungseffekt befreiten Rotationsgeschwindigkeiten Kreisbahnen zugehören, sind die folgenden Gesamtmassen von Nebeln berechnet worden. (E. Hubble: The Realm of the Nebulae S. 180.)

Nebel	Typ	Masse	Leuchtkraft	$\mathfrak{M}/L$
NGC 3115	*E* 7	$9 \cdot 10^9 \mathfrak{M}_\odot$	$1{,}6 \cdot 10^8 L_\odot$	56
NGC 4594	*Sa*	$3{,}5 \cdot 10^{10}$	$1{,}5 \cdot 10^9$	23
M 31	*Sb*	$3 \cdot 10^{10}$	$1{,}7 \cdot 10^9$	18
M 33	*Sc*	$1 \cdot 10^9$	$1{,}5 \cdot 10^8$	7
Milchstraße	*S* ?	$2{,}5 \cdot 10^{11}$		

Aus der am Rande des Virgo-Nebelhaufens (31962) beobachteten (Kreis-?) Bahngeschwindigkeit um das Nebelzentrum (1500 km/sec) folgert S. Smith [Ap. J. **83** (1936) 23] eine Gesamtmasse des Nebelhaufens von 10^{14} $\mathfrak{M}_\odot$ und eine Masse des Einzelnebels von $2 \cdot 10^{11}$ $\mathfrak{M}_\odot$. Ebenfalls aus der Dynamik eines Haufens leitet F. Zwicky [Ap. J. **83** (1936) 231] für die Masse eines Einzelnebels ab $4{,}5 \cdot 10^{10}$ $\mathfrak{M}_\odot$. Aus Bahnbewegungen von 7 Doppelnebeln findet E. Holmberg [Lund Ann. **6** (1937) 102] $1{,}0 \cdot 10^{11}$ $\mathfrak{M}_\odot$. Der beste Mittelwert für die Masse eines Nebels ist daher $1{,}0 \cdot 10^{11}$ $\mathfrak{M}_\odot = 2 \cdot 10^{44}$ g.

31 955 Einzelsterne in Nebeln.

Die als Entfernungskriterien (3194a) benützten Einzelsterne [die Auflösung ist möglich bis zu Entfernungen von rund $1{,}6 \cdot 10^6$ pc, s. E. Hubble: Ap. J. **74** (1931) 48] liegen meist in den aufgelösten Randgebieten außergalaktischer Nebel. Nach ihrer Lage im Spektrumhelligkeitsdiagramm unterscheiden sich diese Sterne, deren hellste *O*- und *B*-Sterne mit $M = -6$ sind, nicht von den Einzelsternen der Sonnenumgebung („Population I" s. Abb. 1 S. 119). Dagegen bilden die Einzelsterne in den Kerngebieten von Nebeln [aufgelöst nur bei den Mitgliedern der lokalen Gruppe (31963) M 31, M 32, NGC 205, 147, 185 durch W. Baade: Ap. J. **100** (1944) 137 u. 147] eine wesentlich verschiedene Population („Population II" s. Abb. 1 auf S. 119), deren hellste Vertreter *K*-Sterne mit $M = -2$ sind. Auch die Kugelhaufen der Milchstraße (318277) besitzen diese Population. In den Randgebieten der Spiralnebel kommt die Population II durchmischt mit Population I vor. Die Verteilung der Farbe im Nebel (31951) wird weitgehend durch das Mischungsverhältnis von I : II bedingt.

3196 Nebelsysteme.

Es besteht ein kontinuierlicher Übergang von Einzelnebeln über Doppelnebel (z. B. M 51) und Tripelnebel (z. B. Andromedanebel M 31 mit NGC 205 und 221 sowie Milchstraßensystem mit den beiden Magellanschen Wolken) zu kleinen Nebelgruppen und großen Nebelhaufen mit tausenden von Mitgliedern.

31961 Doppelte und mehrfache Nebel.

Literatur. Holmberg, E.: Lund Ann. **6** (1937); Ap. J. **92** (1940) 200. — Lundmark, K.: Uppsala Medd. **8** (1926). — Fricke, W.: Naturw. **26** (1938) 257 (Übersichtsbericht).

Nach Holmberg (l. c. 2) sind von 433 Nebeln zwischen 10,1 und 13,0 Größe 202 (47 %) einfach; 104 (24 %) sind Komponenten von Doppelnebeln, 67 (15 %) Komponenten von Tripelnebeln, der Rest gehört höhergliedrigen Systemen an. Es kommen Kombinationen aller Nebeltypen vor. Holmberg gibt (l. c. 1) einen Katalog mit Örtern, Typen, scheinbaren Durchmessern und Helligkeiten von 827 zwei- und mehrfachen Systemen, die im ganzen 1854 Nebel enthalten.

31962 Nebelhaufen.

Nebelhaufen sind Anhäufungen von hunderten oder tausenden von Nebeln im allgemeinen Nebelfeld und relativ selten. Bis 20^m trifft 1 Nebelhaufen auf 50 □° (Hubble, E.: The Realm of the Nebulae p. 79). Die Tabelle enthält die wichtigsten Angaben für 24 größere Haufen (nach W. Becker: Sterne und Sternsysteme, 2. Auflage, S. 398/99). Die mittlere Nebeldichte in Haufen ist mit $4 \cdot 10^{-14}$ Nebel pro pc^3 rund 4000mal größer als im Raum der Feldnebel. Massendichte $2{,}8 \cdot 10^{-25}$ g cm^{-3}. Die scheinbaren Gesamthelligkeiten der Haufenmitglieder streuen um 4^m bis 5^m.

Haufen	Größe	Nebelzahl größer als	Radial-Geschwind. km/sec	5 hellste Nebel	Entfernung in 10^6 pc	Wahrer Durchmesser, Einheit 10^6 pc	Nebel pro 10^{15} pc^3	α ·1930 δ	Literatur
Virgo A . . .	14°·10°	2500	1230	$10^m{,}5$	2,3	0,5·0,4	> 62	$12^h\ 25^m$ + 12°,5	[1]
B . . .	3°·3°	—	—	—	8,3	0,4	—	$12^h\ 8^m$ + 13°,8	
C . . .	1,1°·0,6°	75	—	—	30	0,6·0,2	—	$12^h\ 37^m$ + 19°,2	
D . . .	0,8°·0,8°	50	—	—	36	0,5	—	$12^h\ 30^m$ + 17°,1	
E . . .	3°·1°	100	—	—	—	—	—	$12^h\ 17^m$ + 9°,0	
F . . .	1,3°·1,3°	60	—	—	—	—	—	$12^h\ 13^m$ + 6°,0	
Pegasus . . .	1 □°	100	3810	12,9	7,0	0,11	> 145	$23^h\ 17^m$ + 7°50′	[2]
Pisces	18°·5°	120	4760	13,1	7,6	2,4·0,7	—	$1^h\ 0^m$ + 30°	[2], [3]
C_1 . . .	~2° Ø	—	—	—	—	~0,3	—	$1^h\ 20^m$ + 33°	
C_2 . . .	~2° Ø	—	—	—	—	~0,3	—	$1^h\ 5^m$ + 32°	
C_3 . . .	~2° Ø	—	—	—	—	~0,3	—	$0^h\ 38^m$ + 29°	
C_4 . . .	~1° Ø	—	—	—	—	~0,1	—	$0^h\ 13^m$ + 30°	
Perseus . . .	~2° Ø	500	5230	13,5	9,1	0,32	> 28	$3^h\ 15^m$ + 41° 15′	[2], [4]
Cancer	1 □°	150	4950	13,9	11,0	0,17	> 58	$8^h\ 16^m$ + 21° 20′	[2], [5]
Coma	6° Ø 12°	800 9000	7300	14,2	13,8	1,4 2,8	> 0,3 > 0,2	$12^h\ 55^m$ + 28° 20′	[2], [6], [7] [13]
Ursa Maior III	0,6 □°	91	—	14,9	15,1	0,18·0,26	> 9	$11^h\ 32^m$ + 49° 23′	[8]
Centaurus . .	2,8°·0,8°	315	—	15,9	28	1,5·0,4	> 1	$13^h\ 25^m$ − 30° 57′	[9]
Cetus	0,88 □°	420	—	16,0	29	0,27	> 46	$1^h\ 3^m$ − 16° 20′	[10]
Ursa Maior I .	0,7° Ø	300	15500	16,1	30	0,36	> 13	$11^h\ 43^m$ + 56° 8′	[2], [11]
Leo	0,6° Ø	300	19600	16,3	33	0,33	> 16	$10^h\ 24^m$ + 10° 50′	[2]
Gemini I . . .	0,5° Ø	200	23400	16,3	33	0,30	> 15	$7^h\ 4^m$ + 35° 1′	[12]
Cor. Borealis .	0,5° Ø	400	21200	16,5	36	0,32	> 24	$15^h\ 19^m$ + 27° 9′	[12]
Grus.	0,44 □°	300	—	16,6	38	0,25	> 38	$22^h\ 19^m$ − 49° 27′	[10]
Ursa Maior II .	10′ Ø	200	42100	17,7	65	0,19	> 58	$10^h\ 55^m$ + 57° 9′	[12]
Bootes	15′ Ø	150	39200	17,9	70	0,31	> 10	$14^h\ 30^m$ + 32° 3′	[12]

[1] Shapley H., u. A. Ames: Harvard Bull. Nr. 865, 866, 868, 869, 873 (1929/30). — [2] Hubble, E. u. M. L. Humason: Ap. J. **74** (1931) 43. — [3] Zwicky F.: Proc. Nat. Acad. Sci. **23** (1937) 251. — [4] Wolf, M.: AN **270** (1905) 211. — [5] Carpenter, E. F.: PASP **43** (1931) 247. — [6] Wolf, M.: AN **155** (1901) 127. — [7] Zwicky, F.: Ap. J. **86** (1937) 217. — [8] Wachmann, A. A.: AN **274** (1943) 83. — [9] Shapley, H.: Harvard Bull. Nr. 874 (1930). — [10] Shapley, H. u. C. D. Boyd: Harvard Repr. Nr. 185 (1940). — [11] Baade, W.: AN **233** (1928) 65. — [12] Humason, M. L.: Ap. J. **83** (1936) 10. — [13] Zwicky, F.: PASP **63** (1951) 61.

Geringere Nebelanhäufungen („Nebelgruppen") sind sehr zahlreich [Shapley, H.: Harvard Repr. Nr. 92 (1929); Tombaugh, C. W., u. C. O. Lampland: Publ. AAS **8** (1936) 256 und PASP **49** (1937) 259]. Ein derartiges Gebilde stellt vermutlich auch die sog. „lokale Gruppe" dar.

31963 Die lokale Gruppe.

Die lokale Gruppe bildet ein ellipsoidisches System mit einem großen Durchmesser von rund 300 kpc. Ungefähr an den beiden Endpunkten des großen Durchmessers liegen unser Milchstraßensystem und der Andromedanebel M 31. In allen Mitgliedern der lokalen Gruppe sind Einzelobjekte (Cepheiden,

Novae, Kugelhaufen, Emissionsnebel, *B*-Sterne u. a.) in wechselnder Anzahl nachgewiesen. Auf ihnen beruht ein wesentlicher Teil der Eichung der Entfernungskriterien.

Bezeichnung	Typ	gal. Koordinaten l	b	Entfernung (kpc)	Durchmesser scheinbar	linear (kpc)	m_{pg} Harvard	Lund	M_{pg} (Harv.)	RG_{beob} (km/sec)	Literatur
Milchstraße . . .	*S*?	—	—	—	—	24	—	—	-18^M :	—	
NGC 224 M 31 .	*Sb*	89°	$-21°$	231	$4{,}^\circ5 \times 4{,}^\circ5$	12,9 (20)	5^m	$4{,}^m33$	$-17{,}9$	-267	*1, 8*
Große Mag. Wolke	*Irr*	247	-33	22	12°	4,6	0,5	—	$-15{,}9$	$+276$	*1, 8*
NGC 598 . M 33	*Sc*	103	-31	239	$60' \times 40'$	4,3	7,8	6,19	$-14{,}9$	-190	*1, 8*
Kleine Mag. Wolke	*Irr*	269	-45	25	8°	3,6	1,5	—	$-14{,}5$	$+168$	*1, 8*
NGC 221 . M 32	*E 2*	89	-21	231	$3{,}'8 \times 3{,}'0$	0,5	9,5	9,06	$-12{,}9$	-220	*1, 8*
Fornax-System .	*E*	203	-64	142 :	50×35	2,1 :	9,1	—	$-11{,}9$	$+149$:	*3, 8*
NGC 205	*E 5 p*	89	-21	231	$10{,}7 \times 5{,}2$	1,1	10,8	8,89	$-11{,}5$	-239	*1, 8*
NGC 6822 . . .	*Irr*	354	-20	161	20×10	0,94	11,0	9,21	$-10{,}8$	-34	*1, 8*
IC 1613	*Irr*	99	-60	225	17′	1,1	11	10,00	$-10{,}8$:	-235	*1, 8*
Sculptor-System .	*E*	241	-83	69	45×40	0,90	8,8	—	$-10{,}6$		*2, 3, 8*
NGC 185	*Ep*	89	-14	204 :	14×12	0,86	11,8	10,17	$-10{,}6$	-270	*4, 8*
NGC 147	*E*	88	-14	204 :	14×9	0,83	12,1	10,46	$-10{,}3$		*4, 8*
Leosystem Nr. 1 .	*E 4*	195	$+50$	200 :	17×10	1,0					*7*
Leosystem Nr. 2 .	*E 0*	188	$+69$	200 :	15′	1,0					*7*
Zweifelhafte Mitglieder:											
IC 10	*Sc*	87	-3		$5' \times 4'$					-343	*1, 8*
IC 342	*Sc*	106	$+11$		40×33		12 :			-20	*1, 8*
NGC 6946 . . .	*Sc*	64	$+11$		8×7		11,1			$+34$	*1, 8*
Leosystem	*Irr*	165	$+55$								*5, 8*
Sextanssystem .	*Irr*	215	$+41$								*5, 8*
Wolf-Lundmark-System	*Irr*	46	-74		$10 \times 2{,}5$			11,13			*6, 8*

[*1*] Hubble, E.: The Realm of the Nebulae (1936). — [*2*] Shapley, H.: Harvard Bull. Nr. 908 (1938). — [*3*] Baade, W., u. E. Hubble: PASP **51** (1939) 40. — [*4*] Baade, W.: Ap. J. **100** (1944) 137 u. 147. — [*5*] Zwicky, F.: Phys. Rev. II **61** (1942) 489. — [*6*] Melotte, P. J.: MN **86** (1926) 636. — [*7*] Harrington, R. G., u. A. G. Wilson: PASP **62** (1950) 118. — [*8*] Holmberg, E.: Lund Medd. II, Nr. 128 (1950) Tab. 1.

3197 Radialgeschwindigkeiten.

Zwei Kataloge von Radialgeschwindigkeiten liegen vor: Humason, M. L.: Ap. J. **74** (1931) 38, 59: 46 Nebel, $\delta > -30°$, Grenz-Größe 19^m, $RG_{max} = 19700$ km/sec. — Humason, M. L.: Ap. J. **83** (1936) 11: 100 Nebel, $\delta > -30°$, Grenz-Größe $17{,}^m9$, $RG_{max} = 42000$ km/sec.

Die Tabelle gibt eine Auswahl der RG aus dem zweiten Katalog.

Nebel	Typ	m_{pg}	beob. Radialgeschw.	Nebel	Typ	m_{pg}	beob. Radialgeschw.
NGC 221	*E 2*	$9{,}^m5$	-200 km/sec	NGC 3147	*Sc*	11,9	$+2600$ km/sec
253	*Sc*	7,0	-50	NGC 379 . . .	*Sa*	—	$+5500$
2403	*Sc*	10,2	$+125$	NGC 72	*SBb*	—	$+7000$
2903	*Sc*	10,3	$+350$	UMa Nr. 1	*E*	15,9	$+15400$
4303	*SBc*	10,4	$+1900$	CorB	*E 2*	16,7	$+21000$
4321	*Sc*	10,8	$+1650$	Gemini	*E*	16,8	$+23000$
2775	*Sa*	11,5	$+1100$	Bootes	*E*	17,8	$+39000$
2655	*Sa*	11,6	$+1350$	UMa Nr. 2	*E*	17,9	$+42000$

In den kleineren RG ist der Einfluß einer Translationsbewegung des Milchstraßensystems relativ zum Schwerpunkt der näheren Nebel (rund 60 km/sec in Richtung $l = 59°$, $b = +10°$) und der galaktischen Rotationsgeschwindigkeit an der Stelle der Sonne (s. 3174) deutlich zu erkennen [Strömberg, G.: Ap. J. **61** (1926) 353]. Die großen RG zeigen einen ausgeprägten Gang mit der Entfernung bzw. scheinbaren Helligkeit [„Hubble-Effekt", s. Hubble, E.: Ap. J. **74** (1931) 73; Humason, M. L.: Ap. J. **83**, l. c.; ten Bruggencate, P.: Naturw. **24** (1936) 614]:

$$V = +580 \cdot 10^{-6} R \quad (V \text{ in km/sec, } R \text{ in pc}).$$

Die Beziehung ist abgeleitet aus den RG von 60 Haufennebeln in 12 Haufen bis zur maximalen Entfernung $7 \cdot 10^7$ pc ($RG_{max} = 42000$ km/sec).

Haffner

Die Streuung der individuellen RG eines Nebels ist nach Abzug des Entfernungseffektes und nach Reduktion auf das Zentrum der Milchstraße $\pm$ 200 km/sec.

Aus der Hubble-Konstanten α (in km/sec · Megaparsec) in der Beziehung $V = \alpha \cdot R$ ergibt sich unter der Voraussetzung, daß α zeitunabhängig ist und unter Berücksichtigung der Einheiten das Alter der Welt (Expansionsalter) zu:

$$T = \frac{979}{\alpha} 10^9 \text{ Jahre.}$$

Zu $\alpha = 580$ km/sec · Megaparsec gehört also $T = 1{,}69 \cdot 10^9$ Jahre. Eine Neudiskussion des Beobachtungsmaterials mit kritischer Berücksichtigung mehrerer Störeffekte durch A. Behr (AN **279** (1951) 97) läßt eine Vergrößerung der bisher angenommenen Nebelentfernungen um einen Faktor 2,2 plausibel erscheinen. Um den gleichen Faktor verkürzt sich dann die Hubble-Konstante (260 km/sec · Megaparsec) und vergrößert sich das Expansionsalter der Welt ($3{,}8 \cdot 10^9$ Jahre).

Hierzu weitere Literatur: Heckmann, O.: Theorien der Kosmologie, Berlin 1942. — Kienle, H.: Naturw. **31** (1943) 149. — v. Weizsäcker, C. F.: Fiat Review **20** (1948) 413.

3198 Räumliche Verteilung der Nebel.

Inwieweit selbst nach Abzug der deutlich erkennbaren Nebelhaufen von einer gleichmäßigen scheinbaren Verteilung der Nebel gesprochen werden kann, ist noch völlig ungeklärt. Alle kosmologischen Theorien beruhen auf der Voraussetzung homogener Weltmodelle. In einem solchen ist die Nebelanzahl n pro Volumeneinheit mit den kumulativen Nebelanzahlen $N(m)$ pro Quadratgrad bis zur scheinbaren Größe m verknüpft durch die Gleichung (s. O. Heckmann: Theorien der Kosmologie, Berlin 1942):

$$\log N = 0{,}6\,(m - \Delta m_N) - 0{,}6 M + \log n - 3{,}993$$

$$\text{mit } \Delta m_N = 2{,}17 \frac{\Delta\lambda}{\lambda} - \left(1{,}086 + 0{,}217 \frac{\varepsilon}{\dot{R}^2}\right) \left(\frac{\Delta\lambda}{\lambda}\right)^2 + \ldots\ldots,$$

worin M die mittlere absolute Größe der Nebel und $\frac{\Delta\lambda}{\lambda}$ die Rotverschiebung der Spektren ist. $\varepsilon = 0, +1, -1$ charakterisiert euklidische, sphärische oder hyperbolische Metrik, $R(t)$ den Weltradius. Die vorliegenden Nebelzählungen (3193) und die Skala der Nebelhelligkeiten sind noch zu unsicher, als daß ein eindeutiger Schluß auf n, R und ε möglich wäre. Nach O. Heckmann (l. c. S. 69ff.) liegt die mittlere Massendichte zwischen $3{,}3 \cdot 10^{-28}$ und $8{,}4 \cdot 10^{-27}$ gcm^{-3} (entsprechend rd. 4 bis $100 \cdot 10^{-1}$ Nebel pro pc^3) bei einem vermutlich positiven Wert von ε und einem Weltradius von rd. 10^8 pc. Die Genauigkeit des Resultats wird besonders beeinträchtigt dadurch, daß an den beobachteten photographischen Größenklassen m' bolometrische Korrektionen anzubringen sind, die stark empfindlich sind gegenüber der Energieverteilung in den Nebelspektren, speziell der bei großen $\Delta\lambda/\lambda$ in den meßbaren Bereich hereinrückenden UV-Strahlung der Nebel. Für einige wenige hellere Nebel liegen Helligkeitsmessungen in 6 Spektralbereichen ($353\, m\mu < \lambda < 1030\, m\mu$) vor [Stebbins, J., u. A. E. Whitford: Ap. J. **108** (1948) 414; s. a. 31951].

Die Literatur ist auf Grund des A. J. B. berücksichtigt bis 1948, in bemerkenswerten Fällen bis 1951.

Haffner

Benutzte Abkürzungen für die Literaturangaben.

Abh. Bayer. Akad. Wiss.	Abhandlungen der Bayerischen Akademie der Wissenschaften. Mathematisch-Naturwissenschaftliche Abteilung. Neue Folge. München.
Abh. Ges. Wiss. Göttingen	Abhandlungen der Gesellschaft der Wissenschaften zu Göttingen. Mathematisch-Physikalische Klasse. Göttingen
Abh. K. Leop. Carol. Akad. Nat.	Abhandlungen der Kaiserlich Leopoldinisch-Carolinisch Deutschen Akademie der Naturforscher. Halle.
Abh. Preuß. Akad. Wiss.	Abhandlungen der Preußischen Akademie der Wissenschaften, Physikalisch-Mathematische Klasse. Berlin.
Abh. Sächs. Akad. Wiss.	Abhandlungen der Mathematisch-Physikalischen Klasse der Sächsischen Akademie der Wissenschaften, Leipzig.
Act. scient. et industr.	Actualités scientifiques et Industrielles. P ris (Hermann Cie).
AGK	Catalog der Astronomischen Gesellschaft, Leipzig.
A. J.	The Astronomical Journal, Albany N.Y. bis Nr. 1130, New Haven, Conn. ab Nr. 1131 (1941).
AN	Astronomische Nachrichten, Kiel (bis Band 268, 1939), Berlin-Dahlem (bis Band 274, 1946), Berlin Akademie-Verlag ab Band 275, 1947.
Analyt. Chem.	Analytical Chemistry, American Chemical Society, New York, Washington.
Ann. Acad. Fennicae	Annales Academiae Scientiarum Fennicae, Serie A, Helsingfors.
Ann. Cambridge	Annals of the Solar Physics Observatory, Cambridge (England).
Ann. d'Astrophys.	Annales d'Astrophysique, Paris.
Ann. d. Phys.	Annalen der Physik, Leipzig.
Ann. Faculté d. Sci. Marseille	Annales de la Faculté des Sciences de Marseille, Paris.
Ann. Hydr. Meteor.	Annalen der Hydrographie und maritimen Meteorologie, Berlin.
Ann. Lembang	Annalen van de Bosscha-Sterrenwacht Lembang (Java).
Ann. Nice	Annales de l'Observatoire de Nice (Nizza).
Ann. Obs. Belg.	Annales de l'Observatoire Royal de Belgique, Gembloux.
Ann. Paris	Annales de l'Observatoire de Paris (Observations oder Mémoires), Paris.
Ann. Paris-Meudon	Annales de l'Observatoire de Paris, Section d'Astrophysique à Meudon, Paris.
Ann. Strasbourg	Annales de l'Observatoire de Strasbourg, Orléans.
Ann. Tadjik	Annals of the Tadjik Astronomical Observatory, Stalinabad.
Ann. Toulouse	Annales de l'Observatoire Astronomique et Météorologique de Toulouse.
Ann. Wien	Annalen der K. K. Sternwarte zu Wien.
Aph. Mon. Ap. J.	Astrophysical Monographs sponsored by the Astrophysical Journal, The University of Chicago Press, Chicago Ill.
Ap. J.	The Astrophysical Journal, Chicago Ill.
Ark. Mat. Astr. Fys.	Arkiv för Matematik, Astronomi och Fysik, Stockholm (bis 1949).
Ark. Astr.	Arkiv för Astronomi, Stockholm (seit 1950).
Astr. Abh. Bergedorf	Astronomische Abhandlungen der Hamburger Sternwarte in Bergedorf, Bergedorf.
Astr. Abh. Erg. H. d. AN	Astronomische Abhandlungen, Ergänzungshefte zu den Astronomischen Nachrichten, Berlin.
Astr. Beob. Prag	Astronomische Beobachtungen an der K. K. Sternwarte zu Prag, Prag.
Astr. Circ. USSR	Astronomical Circulars, published by the Bureau of Astronomical Information of the Academy of Sciences of USSR. Kasan.
Astr. Jahrb. Kwasan	Astronomisches Jahrbuch, Kwasan Observatory of Kyoto Imperial University, Kyoto.
Astr. Mitt. Göttingen	Astronomische Mitteilungen der Königlichen Sternwarte zu Göttingen, Göttingen.
Astr. Mitt. Zürich	Astronomische Mitteilungen der Eidgenössischen Sternwarte Zürich.
Astr. Papers Washington	Astronomical Papers prepared for the use of the American Ephemeris and Nautical Almanac, Washington.
Atlas Stellarum Variabilium	J. G. Hagen, Atlas Stellarum Variabilium 1899—1908. Ergänzungen in Aggiunte al Catalogo dell'Atlas Stellarum Variabilium, Specola Astronomica Vaticana Bd. 11 (1916) und 12 (1922), Rom.
BA	Bulletin Astronomique, Paris.
BAB	Bulletin Astronomique de l'Observatoire Royal de Belgique à Uccle, Gembloux.
BAN	Bulletin of the Astronomical Institutes of the Netherlands, Haarlem.
Beobachtgsergeb. Berlin	Beobachtungsergebnisse der Königlichen Sternwarte zu Berlin, Berlin.
Ber. Sächs. Akad. Wiss.	Berichte über die Verhandlungen der Sächsischen Akademie der Wissenschaften zu Leipzig, Leipzig.
Biochem. Z.	Biochemische Zeitschrift, Berlin.
Boletin Tacubaya	Boletin del Observatorio Astronomico Nacional de Tacubaya, Mexiko.
Bonner Astr. Beob.	Astronomische Beobachtungen auf der Sternwarte zu Bonn, Bonn a. Rh.
BSAF	L'Astronomie, Bulletin de la Société Astronomique de France, Paris.
Bull. Comm. Geol. Finlande	Bulletin de la Commission Géologique de Finlande, Helsinki.

Bull. Illinois	University of Illinois Bulletin, Urbana Ill., University Press.
Bull. Pulkowa	Bulletin de l'Observatoire Central à Poulkovo.
Cape Ann.	Annals of the Cape Observatory, Cape of Good Hope.
Carnegie Inst. Washington Publ.	Carnegie Institution of Washington Publication, Washington D.C.
Catania Contr.	R. Osservatorio Astrofisico di Catania. Contributi astrofisici.
Centr. Mineral. Geologie	Centralblatt für Mineralogie, Geologie und Paläontologie, Stuttgart.
Chemie d. Erde	Zeitschrift der chemischen Mineralogie, Petrographie, Geologie und Bodenkunde.
Chem. Rev.	Chemical Reviews, Baltimore, Williams & Wilkins Co.
Ciel et Terre	Ciel et Terre. Brüssel.
Comm. Oxford	Communications from the University Observatory, Oxford.
Comm. Radcliffe	Communications from the Radcliffe Observatory, Pretoria.
Contr. Lwów	Contributions from the Astronomical Institute of Lwów University, Lemberg (Polen).
Contr. McDonald	Contributions from the McDonald Observatory, Fort Davis, Texas.
Contr. Milano-Merate	Contributi del R. Osservatorio Astronomico di Milano-Merate, Pavia.
Contr. Princeton	Contributions from the Princeton University Observatory, Princeton N. J.
Contr. Rutherfurd	Contributions from the Rutherfurd Observatory of Columbia University, New York.
Contr. Victoria	Contributions from the Dominion Astrophysical Observatory, Victoria B. C.
Contr. Wrocław	Contributions from the Wrocław Astronomical Observatory. Wrocław.
Cordoba Res.	Resultados del Observatorio Nacional Argentino, Cordoba.
C. R.	Comptes Rendus Hebdomadaires des Séances de l'Académie des Sciences, Paris.
C. R. Acad. Sci. URSS	Comptes Rendus (Doklady) de l'Académie des Sciences de l'URSS, Moskau.
Danske Vidensk. Selsk. Naturw.	Det Kongelige Danske Videnskabernes Selskabs Skrifter, Naturvidenskabelig og Mathematisk Afdeling, Kopenhagen.
Die Sterne	Die Sterne, Leipzig.
Engineering	Engineering, London.
Enzykl. Math. Wiss.	Encyklopädie der Mathematischen Wissenschaften, Verlag und Druck B. G. Teubner, Leipzig.
Enzykl. Math. Wiss.	
Erg. d. exakt. Naturw.	Ergebnisse der exakten Naturwissenschaften, Berlin, Springer-Verlag.
Experientia	Experientia, Basel, Verlag Birkhäuser.
Festschrift Ö. Bergstrand	Festskrift Tillägnad Östen Bergstrand, den 1 September 1938, Uppsala.
Fiat Review	Fiat Review of German Science 1939—1946 (Deutscher Titel: Naturforschung und Medizin in Deutschland), Wiesbaden, Dieterich'sche Verlagsbuchhandlung.
Field Columbian Museum Publ.	Field Columbian Museum. Chicago. Publications. Ab 1908: Field Museum of Natural History, Chicago, Publications, Geological Series.
FK 3	Dritter Fundamentalkatalog des Berliner Astronomischen Jahrbuchs.
Forsch. Fortschr.	Forschungen und Fortschritte, Nachrichtenblatt der Deutschen Wissenschaft und Technik, Berlin.
G. C.	General Catalogue of 33342 Stars for the Epoch 1950 by Benjamin Boss, Carnegie Institution of Washington Publication, Washington D.C.
Geogr. Ann.	Geografiska Annaler, Stockholm
Gerlands Beitr.	Gerlands Beiträge zur Geophysik, Leipzig.
Greenwich Observations	Astronomical and Magnetical and Meteorological Observations, Greenwich.
Harvard Ann.	Annals of the Astronomical Observatory of Harvard College, Cambridge Mass.
Harvard Bull.	The Astronomical Observatory of Harvard College.Bulletins. Cambridge Mass.
Harvard Cards	Harvard Announcement Card, Cambridge Mass.
Harvard Circ.	The Astronomical Observatory of Harvard College. Circulars. Cambridge Mass.
Harvard Mim.	Harvard Observatory Mimeograms, Cambridge Mass.
Harvard Mon.	Harvard Observatory Monographs, McGraw-Hill Book Co., New York.
Harvard Repr.	The Astronomical Observatory of Harvard College. Reprints. Cambridge Mass.

Harvard Techn. Rep.	Harvard College Observatory, Technical Report, Cambridge (Mass.) ab 1947.
Hdb. BAA	The Handbook of the British Astronomical Association, London.
Hdb. d. Aph.	Handbuch der Astrophysik, Berlin, Springer-Verlag.
Hdb. d. Exp. Phys.	Handbuch der Experimentalphysik, Leipzig, Akademische Verlagsgesellschaft.
Hdb. d. Mineralchemie	Handbuch der Mineralchemie, herausgegeben von C. Doelter, Dresden, Steinkopff.
Helv. Phys. Acta	Helvetica Physica Acta, Basel.
Himmelswelt	Die Himmelswelt, Bonn.
Ind. a. Eng. Chem.	Industrial and Engineering Chemistry, Analytical Edition, Washington, Industrial Edition, Easten Pa.
Inst. d'Astr. Bruxelles	Université de Bruxelles. Institut d'Astronomie.
J. BAA	Journal of the British Astronomical Association, London.
J. chem. Physic.	Journal of Chemical Physics, Lancaster NY.
J. d. Observateurs	Journal des Observateurs, Marseille.
J. Geology	Journal of Geology, Chicago.
J. opt. Soc. Amer.	Journal of the Optical Society of America, New York.
J. RAS. Canada	Journal of the Royal Astronomical Society of Canada, Toronto.
J. Washington Acad. Sci.	Journal of the Washington Academy of Sciences. Menasha, Wisconsin.
Kat. Veränd. St.	B. W. Kukarkin, P. P. Parenago, Generalkatalog veränderlicher Sterne. Moskau-Leningrad 1948.
Kl. Veröff. Berlin-Babelsberg	Kleinere Veröffentlichungen der Universitätssternwarte zu Berlin-Babelsberg, Berlin.
Kodaikanal Bull.	Kodaikanal Observatory Bulletin, Madras.
Leiden Ann.	Annalen van de Sterrewacht te Leiden, Haarlem.
Lick Bull.	Lick Observatory Bulletins, University of California Publications, Berkeley.
Lick Contr.	Contributions from the Lick Observatory, Mount Hamilton, California.
Lick Publ.	Publications of the Lick Observatory, University of California Publications, Berkeley.
Lowell Bull.	Lowell Observatory Bulletin, Flagstaff.
Lund Ann.	Annals of the Observatory of Lund, Malmö.
Lund Circ.	Lund Observatory Circular, Lund.
Lund Medd.	Meddelanden från Lunds Astronomiska Observatorium, Lund.
Mém. Acad. Sci. St. Pétersbourg	Mémoires de l'Académie des sciences de Saint-Pétersbourg, Petersburg.
Mem. Amer. Acad. Arts Sci.	Memoirs of the American Academy of Arts and Sciences, Boston.
Mem. B. A. A.	Memoirs of the British Astronomical Association, London.
Mem. Canberra	Memoirs of the Commonwealth Observatory Mount Stromlo, Canberra.
Mem. Genève	Mémoires de la Société de Physique et d'Histoire Naturelle de Genève. Genf 1821—1879. = Mémoires de l'Institut national genevois. Genf 1854—1879.
Mem. RAS	Memoirs of the Royal Astronomical Society, London.
Mem. Spet. It.	Memorie della Società degli Spettroscopisti italiani, Catania.
Mem. Univ. California	Memoirs of the University of California, Berkeley.
Meteorol. Rdsch.	Meteorologische Rundschau, Berlin.
Meteorol. Zs.	Meteorologische Zeitschrift. Vieweg Braunschweig (bis 1945).
Mitt. Astr. Recheninst.	Mitteilungen des Astronomischen Recheninstituts, Berlin-Dahlem.
Mitt. Breslau	Mitteilungen der Universitäts-Sternwarte zu Breslau, Breslau.
Mitt. Budapest-Svábhegy	Mitteilungen der Sternwarte Budapest-Svábhegy, Budapest.
Mitt. Göttingen	Mitteilungen der Universitätssternwarte Göttingen.
Mitt. Hamburg	Mitteilungen der Hamburger Sternwarte in Bergedorf, Bergedorf.
Mitt. Kopernikusinst.	Mitteilungen des Coppernicus-Institus Berlin-Dahlem.
Mitt. Potsdam	Mitteilungen des Astrophysikalischen Observatoriums, Potsdam.
Mitt. Veränd. St. Sonneberg	Mitteilungen über veränderliche Sterne. Herausgegeben von den Sternwarten Berlin-Babelsberg und Sonneberg, Sonneberg.
Mitt. Wien	Mitteilungen der Wiener Sternwarte, Wien.
MN	Monthly Notices of the Royal Astronomical Society, London.
MN Geoph. Suppl.	Monthly Notices of the Royal Astronomical Society, Geophysical Supplement, London.
Mt. Wilson Comm.	Communications from the Mt. Wilson Observatory to the National Academy of Sciences. Sonderdrucke aus Proc. Nat. Acad. Sci.

Mt. Wilson Contr.	Contributions from the Mount Wilson Observatory, Carnegie Institution of Washington.
Mt. Wilson Report	Annual Report of the Director of the Mount Wilson Observatory, Sonderdruck aus Carnegie Institution of Washington Year Book.
Nachr. Ges. Wiss. Göttingen	Nachrichten von der Gesellschaft der Wissenschaften zu Göttingen, Mathematisch-Physikalische Klasse, Göttingen.
Nachr. Russ. Astr. Ges.	Nachrichten der Russischen Astronomischen Gesellschaft.
Nature	Nature, London.
Naturw.	Die Naturwissenschaften, Berlin-Göttingen-Heidelberg, Springer-Verlag.
Nord. Astr. Tidsskr.	Nordisk Astronomisk Tidsskrift, Kopenhagen.
Observatory	The Observatory, London.
Occ. Notes R. A. S.	Occational Notes of the Royal Astronomical Society, London.
Optik	Optik, Zeitschrift für das gesamte Gebiet der Licht- und Elektronenoptik, Stuttgart, Wissenschaftliche Verlagsgesellschaft.
Oss. e Mem. Arcetri	Osservazioni e Memorie dell' Osservatorio Astrofisico di Arcetri, Pavia.
PASP	Publications of the Astronomical Society of the Pacific, Stanford California.
PGC	Preliminary General Catalogue of 6188 stars for the Epoch 1900. By Lewis Boss. Washington, D. C.
Philips Techn. Rdsch.	Philips technische Rundschau, herausgegeben vom Philips Laboratorium, Eindhoven (Holland).
Phil. Mag.	Philosophical Magazine and Journal of Science, London.
Phil. Trans.	Philosophical Transactions of the Royal Society of London, London.
Physikal. Z.	Physikalische Zeitschrift, Leipzig.
Phys. Rev.	Physical Review, New York and Lancaster, Pa.
Phys. Soc. Rep. Prog. Phys.	Physical Society of London. Reports on progress in physics. London.
Pop. Astr.	Popular Astronomy, Northfield, Minnesota.
Pop. Astr. Tidskr.	Populär Astronomisk Tidskrift, Stockholm.
Pop. Science Monthly	Popular Science Monthly, New York.
Proc. Akad. Wet. Amsterdam	Proceedings, Koninklijke Nederlandsche Akademie van Wetenschappen, Amsterdam.
Proc. Amer. Phil. Soc.	Proceedings of the American Philosophical Society, Philadelphia.
Proc. I. R. E.	Proceedings of the Institute of Radio Engineers, USA.
Proc. Nat. Acad. Sci.	Proceedings of the National Academy of Sciences of USA, Boston.
Proc. Phys. Math. Soc. Japan	Proceedings of the Physico-Mathematical Society of Japan, Tokio.
Proc. Phys. Soc.	Proceedings of the Physical Society, London.
Proc. R. Soc. London	Proceedings of the Royal Society, London.
Publ. AAS	Publications of the American Astronomical Society, Northfield Minnesota.
Publ. Allegheny	Publications of the Allegheny Observatory of the University of Pittsburgh.
Publ. Amsterdam	Publications of the Astronomical Institute of the University of Amsterdam.
Publ. Astr. Ges.	Publication der Astronomischen Gesellschaft, Leipzig.
Publ. Bologna	Pubblicazioni dell' Osservatorio astronomico della R. Università di Bologna.
Publ. Firenze	Pubblicazioni della Università degli studi di Firenze, Pavia.
Publ. Genève	Publications de l'Observatoire de Genève
Publ. Groningen	Publications of the Kapteyn Astronomical Laboratory at Groningen.
Publ. Heidelberg	Publikationen des Astrophysikalischen Instituts Königstuhl-Heidelberg (Astrophysikalische Abteilung der Großherzogl. Badischen Sternwarte).
Publ. Jurjew	Publikationen der Kaiserlichen Universitätssternwarte zu Jurjew (Dorpat).
Publ. Kiel	Publikation der Sternwarte in Kiel.
Publ. Kopenhagen	Publikationer og mindre Meddelelser fra Københavns Observatorium.
Publ. Kwasan	Publications of the Kwasan Observatory, Kyoto.
Publ. La Plata	Publicaciones del Observatorio Astronomico, Universidad Nacional de la Plata.
Publ. Lyon	Publications de l'Observatoire de Lyon.
Publ. McCormick	Publications of the Leander McCormick Observatory of the University of Virginia.
Publ. Merate	Pubblicazioni del R. Osservatorio Astronomico di Merate (Como).
Publ. Michigan	Publications of the Observatory of the University of Michigan, Ann Arbor.
Publ. Milano-Merate	Pubblicazioni del R. Osservatorio Astronomico di Milano-Merate, Nuova Serie.
Publ. Minnesota	Publications of the Astronomical Observatory University of Minnesota.
Publ. Ogyalla	Publikationen des Kgl. Ungarischen Astrophysikalischen Observatoriums v. Konkolys Stiftung in Ogyalla.

Publ. Padova	R. Osservatorio Astronomico di Padova. Pubblicazioni e ristampe.
Publ. Pennsylvania	Publications of the University of Pennsylvania, Astronomical Series.
Publ. Potsdam	Publikationen des Astrophysikalischen Observatoriums zu Potsdam.
Publ. Pulkowo	Publications de l'Observatoire Central à Poulkovo.
Publ. Specola Vaticana	Pubblicazioni della Specola Astronomica Vaticana Castel Gandolfo.
Publ. Sproul	Sproul Observatory Publications.
Publ. Sternberg	Publications of the Sternberg State Astronomical Institute, Moscow.
Publ. Tartu	Publications de l'Observatoire Astronomique de l'Université de Tartu.
Publ. Toronto	Publications of the David Dunlop Observatory University of Toronto.
Publ. US Naval Obs.	Publications of the United States Naval Observatory, Washington.
Publ. Van Vleck	Publications of the Van Vleck Observatory, Middletown, Connecticut.
Publ. Victoria	Publications of the Dominion Astrophysical Observatory Victoria B.C.
Publ. Washburn	Publications of the Washburn Observatory of the University of Wisconsin, Madison, Wisc.
Publ. Yerkes	Publications of the Yerkes Observatory, The University of Chicago.
Publ. Zürich	Publikationen der Eidgenössischen Sternwarte in Zürich.
Pulkowo Circ.	Poulkovo Observatory Circular.
Quart. J. R. Met. Soc.	Quarterly Journal of the Royal Meteorological Society, London.
R. Accad. dei Lincei	Reale Accademia dei Lincei, Rom (Rendiconti oder Memorie).
RAJ	Astronomical Journal of Soviet Union (bis 1934 Russian Astronomical Journal), Moskau.
Recherches Utrecht	Recherches Astronomiques de l'Observatoire d'Utrecht.
Reichsberichte f. Physik	Reichsberichte für Physik, Leipzig (bezugsbeschränkte Kriegsausgabe der Physikalischen Zeitschrift).
Rev. Mod. Phys.	Review of Modern Physics, New York.
Rocznik Krakowskiego	Rocznik Astronomiczny Obserwatorjum Krakowskiego, Krakow.
S.B. Akad. Wiss. Wien	Sitzungsberichte der Akademie der Wissenschaften, Wien, Abt. IIb, Wien, Leipzig.
S.B. Deutsch. Akad. Wiss.	Sitzungsberichte der Deutschen Akademie der Wissenschaften, Berlin.
S.B. Preuß. Akad. Wiss.	Sitzungsberichte der Preußischen Akademie der Wissenschaften Berlin.
Science	Science, New York.
Sci. Monthly	The Scientific Monthly. An Illustrated Magazin. Devoted to the Diffusion of Science, New York.
Seeliger Festschrift	Probleme der Astronomie. Festschrift für Hugo von Seeliger. Springer, Berlin 1924.
Simeis Repr.	Simeis Reprint.
Sky and Telescope	Sky and Telescope. Cambridge Mass., Harvard College Observatory.
Smithsonian Ann.	Annals of the Astrophysical Observatory of the Smithsonian Institution, Washington.
Specola Vaticana	Specola Astronomica Vaticana
Specola Vaticana Com.	Specola Vaticana. Comunicazione.
Specola Vaticana Ric. Astr.	Specola Astronomica Vaticana. Ricerche Astronomiche.
Sproul Repr.	Reprint from Sproul Observatory, Swarthmore College, Swarthmore, Pennsylvania.
Stockholm Ann.	Stockholms Observatoriums Annaler (Astronomiska Iakttagelser och Undersökningar å Stockholms Observatorium).
Svensk Kemisk Tidskr.	Svensk Kemisk Tidskrift Stockholm, Kemistsamfundet.
The Sky	The Sky. Magazine of Cosmic News. Published by the Hayden Planetarium of the American Museum of Natural History. New York.
Trans. Am. Phil. Soc.	Transactions of the American Philosophical Society, Philadelphia.
Trans. IAU	Transactions of the International Astronomical Union.
Trans. Yale	Transactions of the Astronomical Observatory of Yale University, New Haven.
Union Circ.	Union Observatory. Observatory Circulars, Pretoria.
Uppsala Ann.	Uppsala Astronomiska Observatoriums Annaler, Uppsala.
Uppsala Medd.	Meddelanden från Astronomiska Observatorium, Uppsala.
Valentiner Hdb.	Handwörterbuch der Astronomie, herausgegeben von Dr. W. Valentiner Joh. Ambr. Barth, Leipzig.
Ver. Fr. Astr. Gorkij	Veränderliche Sterne. Astron.-Geodätische Gesellschaft, Gorkij.
Verh. Schweizer Natf. Ges.	Verhandlungen der Schweizer Naturforscher-Gesellschaft, Solothurn.
Veröff. Astr. Recheninst.	Veröffentlichungen des Astronomischen Recheninstituts zu Berlin-Dahlem.
Veröff. Bamberg	Veröffentlichungen der Remeis-Sternwarte zu Bamberg.
Veröff. Berlin-Babelsberg	Veröffentlichungen der Universitätssternwarte zu Berlin-Babelsberg.

Veröff. Bonn	Veröffentlichungen der Universitätssternwarte zu Bonn.
Veröff. Göttingen	Veröffentlichungen der Universitätssternwarte zu Göttingen.
Veröff. Heidelberg	Veröffentlichungen der Badischen Landessternwarte zu Heidelberg (Königstuhl).
Veröff. Kopernikusinst.	Veröffentlichungen des Kopernikus-Instituts (Astronomisches Recheninstitut) zu Berlin-Dahlem.
Veröff. Leipzig	Veröffentlichungen der Universitätssternwarte zu Leipzig.
Veröff. Sonneberg	Veröffentlichungen der Sternwarte in Sonneberg, Akademieverlag Berlin.
Veröff. Zentralbüro Intern. Erdmessung	Zentralbureau der Internationalen Erdmessung, Veröffentlichungen, Potsdam.
VJS. d. AG.	Vierteljahrsschrift der Astronomischen Gesellschaft, Leipzig.
Z. anorg. Chem.	Zeitschrift für anorganische und allgemeine Chemie, Leipzig.
Z. Aph.	Zeitschrift für Astrophysik, Berlin.
Zeiß Druckschr. Astro	Zeiß Druckschrift Astro, Jena.
Z. Elektrochem.	Zeitschrift für Elektrochemie und angewandte physikalische Chemie, Weinheim.
Z. Instr. Kde.	Zeitschrift für Instrumentenkunde, Berlin.
Z. Meteorol.	Zeitschrift für Meteorologie, Berlin (ab 1946).
Z. Naturforschg.	Zeitschrift für Naturforschung, Wiesbaden.
Z. phys. Chem.	Zeitschrift für Physikalische Chemie, Leipzig.
Z. VDI	Zeitschrift des Vereins Deutscher Ingenieure, Berlin.

32 Geophysik.

321 Schwerkraft und Erdfigur.

3210 Vorbemerkung.

In diesem Abschnitt sind alle Zahlen, bei deren Berechnung die Erddimensionen verwendet werden, auf das internationale Ellipsoid (3213) umgerechnet und weichen daher in den letzten Stellen von den üblichen Angaben etwas ab.

Zur Vermeidung von Abrundungsfehlern ist es bei längeren geodätischen und astronomischen Rechnungen üblich, mit einigen Stellen mehr zu rechnen, als man im Endresultat angibt. Wichtige Erdkonstanten werden daher mit mehr Stellen angeführt, als den mittleren Fehlern entspricht.

Um Verwechslungen mit der Masseneinheit des CGS-Systems zu verhindern, wird die Schwerebeschleunigung mit G bezeichnet.

3211 Gravitationsgesetz [1, 2].

Das Newtonsche Gravitationsgesetz $\text{Kraft} = f \cdot \frac{m_1 m_2}{l^2}$

wird im Bereich der Geophysik als streng gültig angesehen. Versuche von R. v. Eötvös [3] haben die Unabhängigkeit von der stofflichen Natur der Massen bis auf 10^{-8} nachgewiesen. Das $(1/l^2)$-Gesetz der Entfernungsabhängigkeit ist aus der Erd- und Mondbewegung für den Bereich von etwa einem Erdbahnradius bis auf ungefähr $2 \cdot 10^{-4}$ gesichert; die Grenze der Genauigkeit entspringt der Unsicherheit der Entfernungsbestimmungen im Planetensystem.

Die Bestimmungen der Gravitationskonstante f in freier Natur sind unsicher.

Beste Laboratoriumsbestimmungen (Einheit $cm^3\ g^{-1}\ sec^{-2} \equiv dyn\ cm^2\ g^{-2}$):

Drehwaage	C. V. Boys 1895 [4]	$6{,}658 \cdot 10^{-8}\ cm^3\ g^{-1}\ sec^{-2}$
	C. Braun 1897 [5]	6,658
	P. R. Heyl 1930 [6]	6,670
Waage	J. H. Poynting 1891 [7]	6,698
	F. Richarz u. O. Krigar-Menzel 1896 [8]	6,685
	Mittel:	$(6{,}674 \pm 0{,}008) \cdot 10^{-8}\ cm^3\ g^{-1}\ sec^{-2}$

In Abschnitt 1211 wird Heyls Wert gegeben [6]: $(6{,}670 \pm 0{,}01) \cdot 10^{-8}\ cm^3\ g^{-1}\ sec^{-2}$

Siehe auch 311322.

Literatur. [1] Oppenheim, S.: Kritik des Newtonschen Gravitationsgesetzes. Enzykl. Math. Wiss. **VI**$_2$ 22. — [2] Zenneck, J.: Gravitation. Enzykl. Math. Wiss. **V**$_1$ 2. — [3] Eötvös, R. v.: Verh. d. 16. allgem. Konf. d. Intern. Erdmessung in London u. Cambridge 1909, Teil I, 349. — [4] Boys, C. V.: Phil. Trans. roy. Soc. A **186** (1895) 1. — [5] Braun, C.: Denkschr. Akad. Wien **64** (1897) 187. — [6] Heyl, P. R.: J. Res. Bur. Stand. **5** (1930) 1243 bis 1290. — [7] Poynting, J. H.: Phil. Trans. roy. Soc. A **182** (1891) 565 bis 656. — [8] Richarz, F., u. O. Krigar-Menzel: S.-B. Preuß. Akad. Wiss. Berlin **48** (1896) 1305 bis 1318.

3212 Die Erde im Sonnensystem.

Erdumlauf [1, 7].

Halbe große Achse der Erdbahn	a	= 149504000 km
Exzentrizität	e	= 0,016736
Radiusvektor: Perihel	$a \cdot (1 - e)$	= 147002000 km
Radiusvektor: Aphel	$a \cdot (1 + e)$	= 152006000 km
Bahngeschwindigkeit: Mittel		$29{,}765\ km \cdot sec^{-1}$
im Perihel		$30{,}27\ km \cdot sec^{-1}$
im Aphel		$29{,}27\ km \cdot sec^{-1}$

Mittlere Fehler der vorstehenden Größen etwa 10^{-3} ihrer Werte. Vgl. auch 31133.

Heliozentrische Länge des Perihels $101^3/_4{}^\circ$, Durchgang der Erde durchs Perihel 12 Tage nach dem Wintersolstitium (um den 2. Januar).

Periheldrehung jährlich 11,″7634 (rechtläufig).

Siderisches Jahr (bezogen auf den Fixsternhimmel): $365^d\ 6^h\ 9^m\ 9{,}540^s + 0{,}010^s \cdot T$

Tropisches Jahr (bezogen auf den Frühlingspunkt): $365^d\ 5^h\ 48^m\ 45{,}975^s - 0{,}530^s \cdot T$

Anomalistisches Jahr (bezogen auf das Perihel): $365^d\ 6^h\ 13^m\ 53{,}012^s + 0{,}263^s \cdot T$

T = Jahrhunderte nach 1900.

Als Umlaufsdauer der Erde kann das siderische und das anomalistische Jahr angesehen werden. Das tropische Jahr ist die Grundlage der bürgerlichen Zeitrechnung. Vgl. 31123 und 31321d).

Zeitgleichung vgl. 311251.

Erdrotation [1, 7] (siehe auch 3112).

1 Sterntag (bezogen auf den Frühlingspunkt): 86164,0906 sec mittlerer Sonnenzeit.

Rotationsdauer der Erde (bezogen auf den Fixsternhimmel): 1 Sterntag + 0,0091 sec = 86164,0997 sec.

Winkelgeschwindigkeit der Erdrotation: $7{,}29211508 \cdot 10^{-5}\ \mathrm{sec}^{-1}$.
Rotationsgeschwindigkeit eines Oberflächenpunktes am Äquator: $465{,}119393\ \mathrm{m} \cdot \mathrm{sec}^{-1}$.
Zentrifugalbeschleunigung in einem Oberflächenpunkt am Äquator: $3{,}391704\ \mathrm{cm} \cdot \mathrm{sec}^{-2}$.
Kinetische Energie der Erdrotation: $2{,}16 \cdot 10^{36}\ \mathrm{cm}^2\ \mathrm{g}\ \mathrm{sec}^{-2}$.
Drehimpuls der Erdrotation: $5{,}92 \cdot 10^{40}\ \mathrm{cm}^2\ \mathrm{g}\ \mathrm{sec}^{-1}$.

Wegen der ständigen Massenverlagerungen auf der Erde ist die Rotationsgeschwindigkeit kleinen Schwankungen unterworfen. Eine säkulare Verzögerung der Rotation ist als Folge der Gezeitenreibung zu erwarten. A. Scheibe und U. Adelsberger [*5*] in der Physikalisch-Technischen Reichsanstalt, Berlin, F. Pavel und W. Uhink [*4*] im Geodätischen Institut, Potsdam, haben übereinstimmend scheinbare Gangschwankungen der Quarzuhren bis zu etwa $\pm 0{,}005$ sec/Tag festgestellt, die als Schwankungen der Erdrotation gedeutet werden. Bestätigt werden diese Beobachtungen von N. Stoyko [*6*]. Eine Untersuchung astronomischer Beobachtungen auf säkulare Änderungen der Erdrotation von H. Spencer Jones [*2*] bestätigt im wesentlichen die Zusammenstellung von B. Meyermann [*3*]. Näheres in 31126.

Finch [*12*] findet in den Gängen von Quarzuhren in Greenwich 1943—1949 jahresperiodische Schwankungen der Tageslänge mit einer Amplitude $\pm 0{,}001$ sec/Tag. Im Frühjahr rotiert die Erde langsamer (Uhren scheinen schneller zu gehen), im Herbst schneller.

Präzession, Schiefe der Ekliptik, Nutation [*1, 7*].

Vgl. die genaueren Angaben in 31135/6, mit Nachtrag hinter 31138.

Allgemeine Präzession: jährlich $50{,}''2564 + 0{,}''0002225 \cdot (t - 1900)$ (rückläufig).
Anteil der Sonne $15{,}''9$, Anteil des Mondes $34{,}''5$, Anteil der Planeten $-0{,}''1$.
Schiefe der Ekliptik: $23^\circ\ 27'\ 8{,}''26 - 0{,}''4684 \cdot (t - 1900)$.
t = Jahreszahl.
Nutation in Länge: $-17{,}''24 \sin \Omega - 1{,}''27 \sin 2\odot + \ldots$
Nutation in Schiefe der Ekliptik: $9{,}''21 \cos \Omega + 0{,}''55 \cos 2\odot + \ldots$
Ω = Länge des aufsteigenden Knotens der Mondbahn (Periode 18,6 Jahre).
$\odot$ = Länge der Sonne (Periode 1 Jahr).

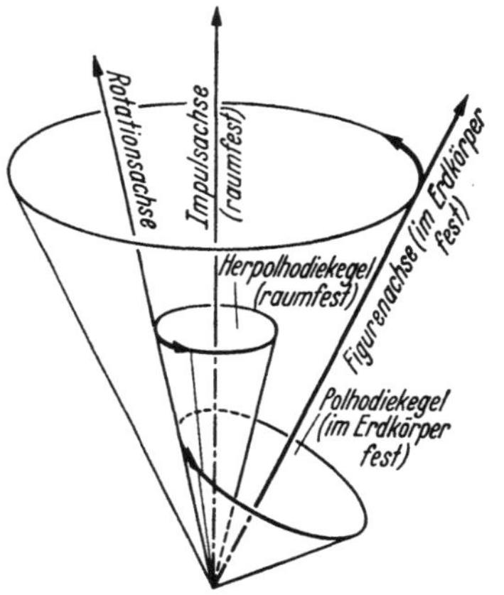

Polbewegung [*10*] (siehe auch 311132).

Freie Nutation der rotierenden Erde (Abb. 1, 2).
Radius der Polbahn (Polhodie) veränderlich, bis zu etwa 10 m.
Radius der Herpolhodie an der Erdoberfläche bis zu etwa 3 cm, Rotationsachse also (fast) raumfest. Theoretische (Eulersche) Periode bei vollkommen starrer Erde 304,8 Sterntage = 304,0 Sonnentage.

Beobachtete Perioden:
1. Jährliche Periode (wohl meteorologische Ursachen),
2. Chandlersche Periode (durch unvollkommene Starrheit der Erde verlängerte Eulersche Periode) 435,0 Tage.

Abb. 1. Kinematik der Polbewegung.

E. Wahl [*8, 9*] findet aus neuerem Material, daß neben der Chandlerschen Periode auch die erste Wittingsche Periode von 413,4 Tagen auftritt und seit 1922 vorherrscht.

Einfluß der Polbewegung auf geogr. Breite und Länge:

$$\varphi' \approx \varphi + x \cos \lambda - y \sin \lambda$$
$$\lambda' \approx \lambda - y \operatorname{tg} \varphi_{Gr} + (x \sin \lambda + y \cos \lambda) \operatorname{tg} \varphi$$

φ, λ Breite und Länge bezogen auf den mittleren Pol.
φ', λ' Breite und Länge bezogen auf den momentanen Rotationspol.
x, y Koordinaten des Rotationspols, bezogen auf den mittleren Pol.
x positiv in Richtung des Meridians von Greenwich.
y positiv in Richtung des Meridians 90° W.
φ_{Gr} Breite von Greenwich (51° 28,6′).

Sonne [*1, 7*]. Vgl. 3131.

Masse = 332290 Erdmassen = $1{,}9848 \cdot 10^{33}$ g (relativer mittl. Fehler $2 \cdot 10^{-3}$).
Radius = 109,0 Erdradien = 696000 km.
Mittl. Dichte = 0,256 mittl. Erddichte = $1{,}41\ \mathrm{g} \cdot \mathrm{cm}^{-3}$.

Mond [*1, 7*]. Vgl. 313212d.

Masse = (1/81,53) Erdmassen = $7{,}326 \cdot 10^{25}$ g (relativer mittl. Fehler $2 \cdot 10^{-3}$).
Radius = 0,2725 Erdradien = 1738 km.
Mittl. Dichte = 0,606 mittl. Erddichte = $3{,}34\ \mathrm{g} \cdot \mathrm{cm}^{-3}$.

Entfernung von der Erde:
Mittlere: 60,266 Erdradien = 384400 km.
Größte: 63,769 Erdradien = 406740 km.
Kleinste: 55,879 Erdradien = 356410 km.
(Relative mittlere Fehler 10^{-4}.)
Neigung der Mondbahn gegen die Ekliptik = 5° 8′ 40″.
Dauer des Knotenumlaufs = 18,60 Jahre.

Jung

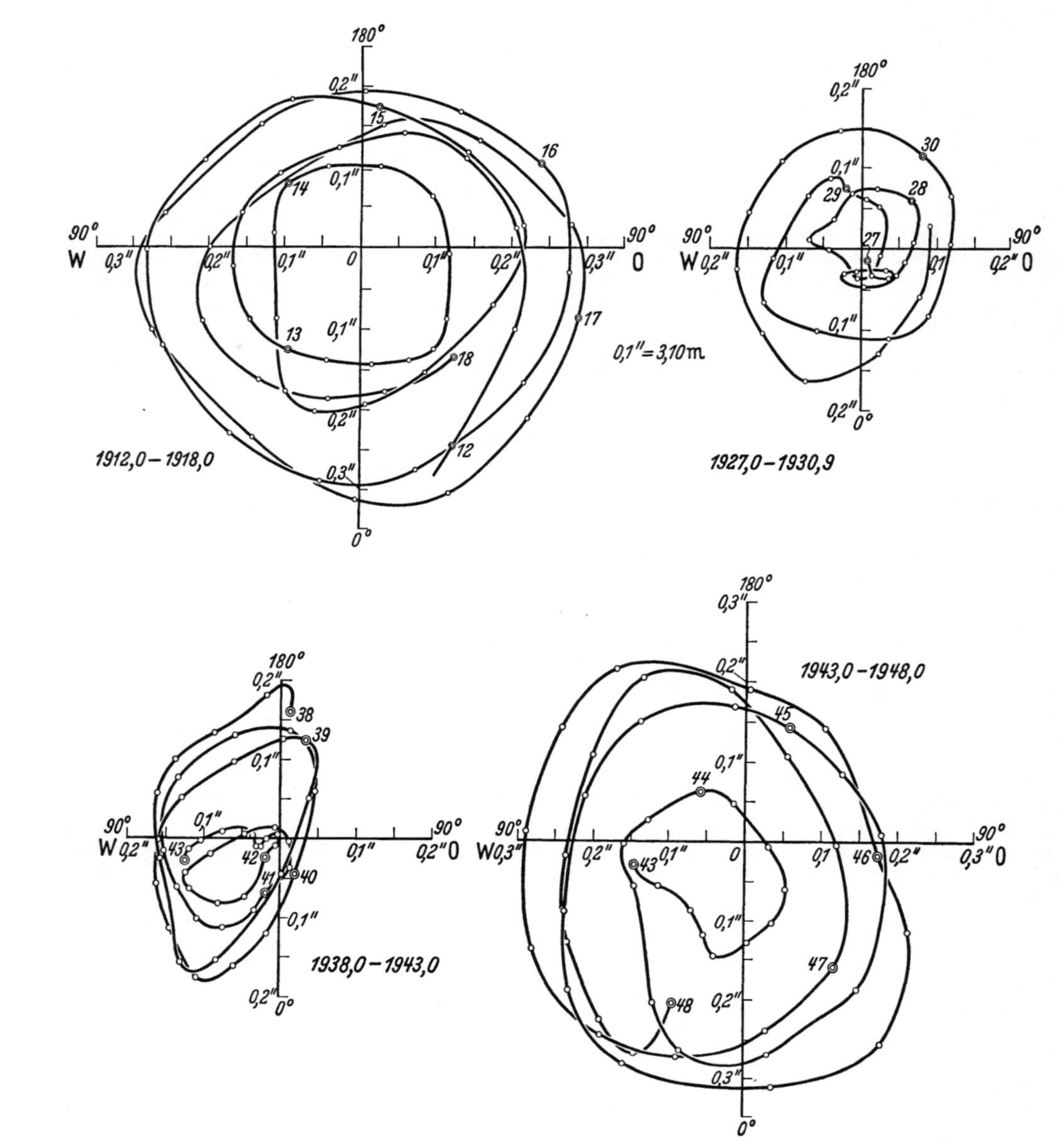

Abb. 2. Ausschnitte aus der Bahn des Nordpols der Erdachse (nach [*10*] und L. Carnera [*11*]).

Siderischer Monat (bezogen auf den Fixsternhimmel) = $27^d\,7^h\,43^m\,11{,}5^s$.
Tropischer Monat (bezogen auf den Frühlingspunkt) = $27^d\,7^h\,43^m\,4{,}7^s$.
Anomalistischer Monat (bezogen auf das Perigäum) = $27^d\,13^h\,18^m\,33{,}1^s$.
Drakonitischer Monat (bezogen auf die Knoten der Mondbahn) = $27^d\,5^h\,5^m\,35{,}8^s$.
Synodischer Monat (bezogen auf die Mondphasen) = $29^d\,12^h\,44^m\,2{,}8^s$.
Vgl. auch 313212d.

Literatur zu 3210—3212.

[*1*] Bauschinger, A.: Bestimmung und Zusammenhang der astronomischen Konstanten. Enzykl. Math. Wiss. **VI**$_2$ 17. — [*2*] Spencer Jones, H.: MN **99** (1939) 541 bis 558. — [*3*] Meyermann, B.: Die Schwankungen unseres Zeitmaßes. Erg. d. exakt. Naturw. **7** (1928) 92 bis 113. — [*4*] Pavel, F., u. W. Uhink: AN **257** (1935) 365 bis 390. — [*5*] Scheibe, A., u. U. Adelsberger: Physikal. Z. **37** (1936) 415. — [*6*] Stoyko, N.: C. R. Séances Acad. Sci. Paris **203** (1936) 39 bis 40. — [*7*] Strömgren, E. u. B.: Lehrbuch der Astronomie. Berlin: Springer 1933. — [*8*] Wahl, E.: AN **267** (1938) 305 bis 320. — [*9*] Wahl, E.: Über die periodischen Eigenschaften der Polbahn. (Zusammenfassender Bericht.) Zentralbl. Geophysik **4** (1939) 1 bis 11. — [*10*] Resultate des Internationalen Breitendienstes [von 1899 bis 1931, 0], **1** bis **7**, Berlin = Potsdam = Mizusawa (1903 bis 1935). — [*11*] Carnera, L.: Bull. géod., nouvelle série Nr. 10 (1948) 269 bis 284. — [*12*] Finch, H. F.: MN **110** (1950) 3—14.

3213 Erdellipsoid.

Nach der Theorie der Gleichgewichtsfiguren rotierender Himmelskörper treten Rotationsellipsoide als Oberflächen und innere Niveauflächen nur dann auf, wenn die Masse überall gleiche Dichte hat (Maclaurinsche Ellipsoide). Die Abplattung ihrer Oberfläche hängt von der Dichte und der Winkelgeschwindigkeit der Rotation ab. Der mittleren Dichte und Winkelgeschwindigkeit der Erde entspricht ein homogenes Rotationsellipsoid mit der Abplattung 1 : 231,9 (Theorie bei Tisserand [*13*]).

Die Gleichgewichtstheorie der konzentrisch geschichteten Himmelskörper läßt sich auf die Erde gut anwenden [*14*]. Die Niveauflächen der eingeebneten, hydrostatisch geschichteten Erde sind Sphäroide, die nur um wenige Meter von den Rotationsellipsoiden mit gleichem Pol- und Äquatorradius abweichen. Man kann mit großer Annäherung von einem Erdellipsoid sprechen.

Tabelle 1. Die gebräuchlichsten Erdellipsoide [*10*].
a = Äquatorradius, b = Polradius, $\mathfrak{a}$ = Abplattung, R = Radius der volumengleichen Kugel.

	Gebräuchliche Zahlen		In internationale Meter umgerechnet				
	a (m)	b (m)	a m	b m	$1 : \mathfrak{a}$	Meridian-quadrant m	R m
(1) Bessel 1841 [*4*]	6377 397,2	6356 079,0	6377 482	6356 163	299,15	10000 988	6370 368
(2) Clarke 1866 [*6*]	6378 206,4	6356 583,8	6378 298	6356 676	294,98	10002 018	6371 083
(3) Clarke 1880 [*7*]	6378 249,1	6356 515,0	6378 341	6356 607	293,47	10002 012	6371 088
(4) Hayford 1909 [*9*]	6378 388,4	6356 908,8	6378 388	6356 909	296,96	10002 307	6371 220
InternationalesEll.	**6378 388**	6356 911,95	**6378 388**	6356 911,95	**297**	10002 288,30	6371 221,27
					Mittel aus (1) bis (4)		6370 940 ± 193
					Mittel aus (2) bis (4)		6371 130 ± 45

Umrechnungsfaktoren: (1) Bessel: 1 (m) [„legales Meter"] = 1,00001329 intern. m.
(2), (3) Clarke: 1 (m) = 1,00001444 intern. m.
(4) Hayford u. intern. Ell.: 1 (m) = 1 intern. m.

Neuere Bestimmungen der Erddimensionen (vgl. auch 311321 mit Nachtrag).

Krassowskij	1936 [*20*]:	a = 6378210 m,	$1 : \mathfrak{a}$ = 298,6.
Cniigaik:	1940 [*20*]:	a = 6378245 m,	$1 : \mathfrak{a}$ = 298,3.
Jeffreys:	1948 [*12*]:	a = 6378099 ± 116 m,	$1 : \mathfrak{a}$ = 297,10 ± 0,36.

Krassowskij und Cniigaik verwenden Triangulationen und Schweremessungen, Jeffreys berücksichtigt außerdem Präzession und Mondparallaxe. Der große Unterschied zwischen den a-Werten von Jeffreys und Hayford beruht (nach Jeffreys) darauf, daß Hayford isostatische Reduktionen ausführte, die systematische Fehler verursachen können.

In Madrid, 1924, hat die Internationale Union für Geodäsie und Geophysik ein dem Hayfordschen Ellipsoid sehr ähnliches Rotationsellipsoid mit der großen Achse 6378 388 m und der Abplattung 1 : 297 als internationales Ellipsoid angenommen [*2*].

Internationales Ellipsoid [*3*].

Äquatorradius . . . . a = 6378388 m (genau) } Definition
Abplattung . . . $\mathfrak{a} = (a-b)/a$ = 1 : 297 (genau) } Definition
Polradius . . . . b = 6356911,946128 m
$a-b$ = 21476,053872 m
Exzentrizitäten $e^2 = (a^2-b^2)/a^2$ = 0,006722670022333
$e'^2 = (a^2-b^2)/b^2$ = 0,006768170197224
Äquatorquadrant . . . . 10019148,441 m
Meridianquadrant . . . . 10002288,299 m
Äquatorgrad . . . . 111323,872 m
Mittl. Meridiangrad . . . . 111136,537 m (= 1/90 Meridianquadrant)
Mittl. Radius $(a+a+b)/3$ = 6371229,315 m
Radius der oberflächengleichen Kugel 6371227,709 m
Radius der volumengleichen Kugel R = 6371221,266 m
Mittl. Breite (Radiusvektor = R) geogr. 35° 24′ 4,0″
geozentr. 35° 13′ 7,8″
Oberfläche . . . . 510100933,5 km²
Volumen . . . . 1083319780000 km³

Jung

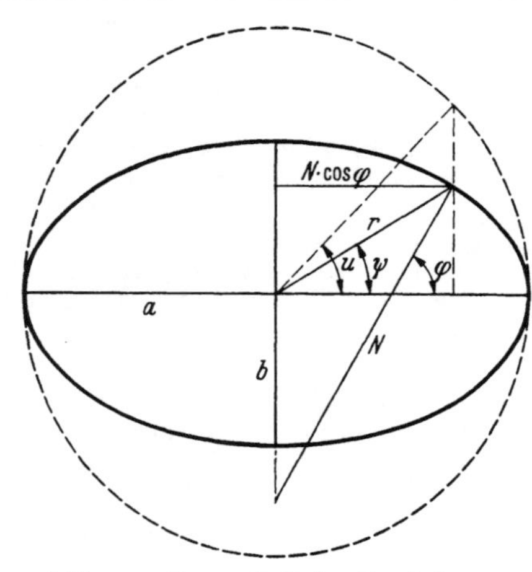

Abb. 3. Geometrische Beziehungen am Erdellipsoid.

Tabelle 2. Krümmungsradien und andere Werte für das internationale Erdellipsoid.

M = Meridiankrümmungsradius.
N = Querkrümmungsradius (Ellipsoidnormale). Radius des Breitenkreises: $N \cos \varphi$.
$\sqrt{MN}$ = Mittlerer Krümmungsradius.
φ = geographische Breite (Winkel zwischen Ellipsoidnormale und Äquatorebene).
r = Radiusvektor.
ψ = geozentrische Breite.
u = reduzierte Breite.

φ	M km	N km	$\sqrt{MN}$ km	r km	$\varphi - \psi$	$\varphi - u$	1° Länge km	$\varphi_i - \varphi_{i+1}$	1° Breite km	Gradfeld km²
0°	6335,5082	6378,3880	6356,9120	6378,3880	0	0	111,3239	0°— 1°	110,5756	12309,09
1°	5277	3945	9250	3815	0′ 24,″20	0′ 12,″12	3070	1°— 2°	5763	12305,44
2°	5860	4141	9640	3620	48,36	24,22	2565	2°— 3°	5776	12298,14
3°	6832	4467	6357,0290	3296	1 12,47	36,30	1723	3°— 4°	5797	12287,19
4°	8191	4923	1199	2843	36,50	48,33	0545	4°— 5°	5824	12272,60
5°	9935	5509	2366	2263	2 0,40	1 0,30	110,9031	5°— 6°	5858	12254,38
6°	6336,2063	6223	3789	1553	24,16	12,20	7181	6°— 7°	5898	12232,52
7°	4572	7065	5467	0717	47,75	24,01	4996	7°— 8°	5945	12207,03
8°	7458	8033	7398	6377,9754	3 11,13	35,72	2477	8°— 9°	5999	12177,91
9°	6337,0720	9127	9579	8667	34,28	47,31	109,9623	9°—10°	6059	12145,16
10°	4351	6379,0346	6358,2008	7457	57,18	58,78	6437	10°—11°	6125	12108,82
11°	8349	1687	4682	6124	4 19,79	2 10,10	2919	11°—12°	6198	12068,87
12°	6338,2709	3150	7598	4671	42,08	21,26	108,9070	12°—13°	6278	12025,33
13°	7425	4732	6359,0752	3099	5 4,04	32,25	4891	13°—14°	6363	11978,20
14°	6339,2491	6432	4141	1411	25,62	43,05	0383	14°—15°	6454	11927,50
15°	7903	8247	7760	6376,9607	46,82	53,66	107,5548	15°—16°	6552	11873,24
16°	6340,3652	6380,0175	6360,1605	7690	6 7,59	3 4,06	0387	16°—17°	6655	11815,44
17°	9733	2215	5671	5663	27,92	14,23	106,4902	17°—18°	6764	11754,10
18°	6341,6138	4363	9954	3528	47,79	24,17	105,9093	18°—19°	6879	11689,25
19°	6342,2859	6617	6361,4449	1287	7 7,16	33,86	2963	19°—20°	6999	11620,88
20°	9889	8975	9150	6375,8944	26,01	43,29	104,6514	20°—21°	7124	11549,03
21°	6343,7220	6381,1433	6362,4051	6501	44,33	52,45	103,9747	21°—22°	7254	11473,72
22°	6344,4841	3988	9147	3960	8 2,08	4 1,33	2664	22°—23°	7390	11394,96
23°	6345,2745	6638	6363,4431	1326	19,25	9,92	102,5268	23°—24°	7530	11312,76
24°	6346,0921	9379	9897	6374,8601	35,81	18,20	101,7560	24°—25°	7675	11227,15
25°	9360	6382,2208	6364,5539	5788	51,76	26,17	100,9543	25°—26°	7825	11138,15
26°	6347,8052	5121	6365,1350	2890	9 7,05	33,81	1219	26°—27°	7979	11045,78
27°	6348,6987	8115	7323	6373,9912	21,69	41,12	99,2591	27°—28°	8137	10950,06
28°	6349,6153	6383,1187	6366,3450	6857	35,64	48,09	98,3660	28°—29°	8299	10851,02
29°	6350,5540	4332	9724	3727	48,90	54,72	97,4431	29°—30°	8464	10748,69
30°	6351,5136	7547	6367,6138	0528	10 1,45	5 0,98	96,4904	30°—31°	8633	10643,08
31°	6352,4931	6384,0829	6368,2684	6372,7264	13,26	6,88	95,5084	31°—32°	8806	10534,24
32°	6353,4911	4172	9354	3937	24,33	12,40	94,4972	32°—33°	8982	10422,17
33°	6354,5065	7573	6369,6140	0553	34,65	17,54	93,4573	33°—34°	9160	10306,91
34°	6355,5382	6385,1028	6370,3033	6371,7114	44,19	22,30	92,3888	34°—35°	9342	10188,51
35°	6356,5847	4532	6371,0026	3625	52,95	26,67	91,2922	35°—36°	9526	10066,98
36°	6357,6450	8082	7110	0091	11 0,92	30,64	90,1677	36°—37°	9712	9942,35
37°	6358,7176	6386,1673	6372,4277	6370,6515	8,09	34,20	89,0156	37°—38°	9900	9814,65
38°	6359,8013	5301	6373,1517	2903	14,45	37,36	87,8364	38°—39°	111,0090	9683,93
39°	6360,8949	8961	8822	6369,9258	19,98	40,11	86,6303	39°—40°	0282	9550,22
40°	6361,9968	6387,2649	6374,6184	5584	24,69	42,45	85,3977	40°—41°	0475	9413,55
41°	6363,1059	6361	6375,3592	1888	28,57	44,37	84,1390	41°—42°	0669	9273,96
42°	6364,2208	6388,0091	6376,1039	6368,8171	31,61	45,87	82,8545	42°—43°	0864	9131,49
43°	6365,3401	3836	8515	4440	33,80	46,94	81,5447	43°—44°	1059	8986,18
44°	6366,4625	7591	6377,6011	0700	35,16	47,60	80,2099	44°—45°	1255	8838,06

φ	M km	N km	$\sqrt{MN}$ km	r km	$\varphi - \psi$	$\varphi - u$	1° Länge km	$\varphi_i - \varphi_{i+1}$	1° Breite km	Gradfeld km²
45°	6367,5866	6389,1351	6378,3517	6367,6953	11′35,″66	5′47,″83	78,8505	45°—46°	111,1452	8687,17
46°	6368,7110	5111	6379,1026	3204	35,32	47,64	77,4669	46°—47°	1648	8533,58
47°	6369,8344	8868	8527	6366,9460	34,13	47,03	76,0596	47°—48°	1844	8377,32
48°	6370,9553	6390,2616	6380,6011	5724	32,09	45,99	74,6289	48°—49°	2039	8218,41
49°	6372,0725	6351	6381,3470	2000	29,21	44,53	73,1753	49°—50°	2234	8056,91
50°	6373,1845	6391,0068	6382,0894	6365,8293	25,49	42,65	71,6992	50°—51°	2427	7892,88
51°	6374,2901	3763	8275	4607	20,94	40,35	70,2010	51°—52°	2619	7726,36
52°	6375,3877	7432	6383,5602	0949	15,55	37,64	68,6813	52°—53°	2810	7557,39
53°	6376,4762	6392,1069	6384,2868	6364,7321	9,33	34,51	67,1405	53°—54°	2999	7386,02
54°	6377,5542	4671	6385,0063	3728	2,30	30,98	65,5790	54°—55°	3186	7212,31
55°	6378,6202	8232	7178	0173	10 54,46	27,04	63,9973	55°—56°	3371	7036,30
56°	6379,6731	6393,1750	6386,4205	6363,6664	45,82	22,71	62,3958	56°—57°	3554	6858,05
57°	6380,7116	5218	6387,1135	3202	36,39	17,98	60,7752	57°—58°	3734	6677,61
58°	6381,7343	8634	7960	6362,9794	26,18	12,86	59,1358	58°—59°	3911	6495,04
59°	6382,7400	6394,1993	6388,4671	6442	15,21	7,36	57,4782	59°—60°	4085	6310,39
60°	6383,7274	5290	6389,1259	3150	3,48	1,49	55,8028	60°—61°	4255	6123,71
61°	6384,6955	8522	7718	6361,9923	9 51,01	4 55,24	54,1102	61°—62°	4423	5935,07
62°	6385,6428	6395,1685	6390,4039	6766	37,82	48,64	52,4009	62°—63°	4586	5744,51
63°	6386,5683	4774	6391,0213	3680	23,92	41,68	50,6754	63°—64°	4746	5552,11
64°	6387,4709	7787	6236	0672	9,33	34,38	48,9342	64°—65°	4901	5357,92
65°	6388,3495	6396,0719	6392,2095	6360,7744	8 54,07	4 26,74	47,1779	65°—66°	5052	5161,99
66°	6389,2027	3566	7788	4899	38,15	18,78	45,4071	66°—67°	5199	4964,39
67°	6390,0298	6326	6393,3304	2142	21,59	10,50	43,6221	67°—68°	5341	4765,18
68°	8296	8995	8639	6359,9476	4,42	1,92	41,8237	68°—69°	5478	4564,43
69°	6391,6012	6397,1569	6394,3785	6904	7 46,66	3 53,04	40,0123	69°—70°	5610	4362,19
70°	6392,3436	4046	8736	4429	28,32	43,87	38,1885	70°—71°	5737	4158,54
71°	6393,0559	6422	6395,3487	2055	9,43	34,43	36,3529	71°—72°	5849	3953,53
72°	7372	8695	8030	6358,9785	6 50,02	24,73	34,5060	72°—73°	5975	3747,23
73°	6394,3866	6398,0861	6396,2361	7620	30,10	14,78	32,6485	73°—74°	6085	3539,71
74°	6395,0033	2918	6473	5564	9,70	4,59	30,7808	74°—75°	6190	3331,03
75°	5867	4863	6397,0363	3619	5 48,85	2 54,17	28,9035	75°—76°	6289	3121,27
76°	6396,1358	6694	4025	1788	27,57	43,54	27,0173	76°—77°	6382	2910,48
77°	6501	8409	7454	0074	5,89	32,71	25,1227	77°—78°	6468	2698,75
78°	6397,1290	6399,0006	6398,0647	6357,8478	4 43,83	21,69	23,2203	78°—79°	6549	2486,11
79°	5718	1482	3599	7002	21,42	10,50	21,3107	79°—80°	6623	2272,68
80°	9779	2836	6307	5648	3 58,69	1 59,15	19,3945	80°—81°	6691	2058,49
81°	6398,3469	4067	8768	4419	35,66	47,66	17,4723	81°—82°	6752	1843,63
82°	6783	5172	6399,0977	3314	12,37	36,03	15,5446	82°—83°	6806	1628,16
83°	9717	6150	2933	2336	2 48,85	24,29	13,6121	83°—84°	6854	1412,16
84°	6399,2268	7000	4634	1486	25,12	12,44	11,6754	84°—85°	6895	1195,69
85°	4431	7721	6076	0764	1,20	0,50	9,7350	85°—86°	6930	978,83
86°	6205	8312	7258	0173	1 37,14	0 48,49	7,7917	86°—87°	6957	761,64
87°	7586	8773	8180	6356,9713	12,96	36,42	5,8459	87°—88°	6978	544,22
88°	8575	9102	8839	9383	0 48,69	24,30	3,8983	88°—89°	6992	326,60
89°	9168	9300	9234	9185	24,36	12,16	1,9494	89°—90°	6999	108,88
90°	9366	9366	9366	9119	0	0	0			

32 14 Masse, Trägheitsmomente, Abplattung der Erde.

Masse der Erde (siehe auch 133122).

	Relat. mittl. Fehler
$f \cdot m = 3{,}986329 \cdot 10^{20}\ \mathrm{cm^3\ sec^{-2}}$	$8 \cdot 10^{-5}$
$m = 5{,}973 \cdot 10^{27}\ \mathrm{g}$	10^{-3}
$\varrho_m = 5{,}514\ \mathrm{g \cdot cm^{-3}}$	10^{-3}

f = Gravitationskonstante ($6{,}674 \cdot 10^{-8}\ \mathrm{cm^3\ g^{-1}\ sec^{-2}}$),
m = Masse der Erde,
ϱ_m = mittlere Dichte der Erde.

Dichteverteilung nach Wiechert [16]:

Mantel:	Tiefe 0 bis 1200 km	$\varrho = 3{,}40$
Zwischenschicht:	Tiefe 1200 bis 2900 km	$\varrho = 6{,}39$
Kern:	Tiefe 2900 bis Erdmittelpunkt (mittl. Dichte 5,52).	$\varrho = 9{,}63$

Für zahlenmäßige Abschätzungen bequem ist das Dichtegesetz von Roche [13] (Tabelle 5):

$$\varrho = 10{,}1 \cdot \left[1 - 0{,}764 \left(\frac{r}{R}\right)^2\right], \quad \text{(mittl. Dichte 5,47)}.$$

r = Entfernung vom Erdmittelpunkt, R = Erdradius.

Jung

Da es die Dreiteilung des Erdkörpers in Mantel, Zwischenschicht, Kern nicht enthält, entspricht es nicht mehr dem heutigen Stand der Forschung. Die nach dem Dichtegesetz von Roche berechneten Werte von kinetischer Energie und Drehimpuls der Erdrotation sind nur unerheblich verschieden von den mit der Wiechertschen Dichteverteilung und den aus dem internationalen Ellipsoid berechneten Werten. Etwas größere Abweichungen erhält man bei der Berechnung von Schwere und Druck im Erdinnern. Das Dichtegesetz von Roche gibt die mittlere Dichte der Erde und die Schwere an der Erdoberfläche um etwa 10^{-2} ihrer Werte zu klein. Vgl. auch 3217 und die Abschnitte über Erdinneres 32433/5 und 32437.

Weitere Dichtegesetze in den geophysikalischen Lehr- und Handbüchern [*18*].

Trägheitsmomente der Erde [*12*, *17*].

C = Trägheitsmoment, bezogen auf die Rotationsachse. | a = Äquatorradius.
A = Trägheitsmoment, bezogen auf einen Äquatordurchmesser. | m = Masse der Erde.

	Nur aus astronomischen Beobachtungen	$(C-A)/ma^2$ aus internationalem Ellipsoid berechnet
$(C-A)/ma^2$	0,001106 ± 0,00001	0,0010921
$C/(C-A)$	305,8 ± 0,8	
$A/(C-A)$, Eulers Periode der Polbewegung (Sterntage)	304,8 ± 0,8	
C/ma^2	0,3381 ± 0,0037	0,3339
A/ma^2	0,3370 ± 0,0037	0,3328

Für eine homogene Erde wäre $C/ma^2 = 0{,}4$ (genau).

Dem internationalen Ellipsoid angepaßte Werte; nach Jung [*19*] $C = 8{,}113 \cdot 10^{44}$, $A = 8{,}087 \cdot 10^{44}$, $C-A = 2{,}654 \cdot 10^{42}$ g · cm². Vgl. auch die Zusammenstellung berechneter Erdkonstanten von Berroth [*21*]; er gibt drei Haupt-Trägheitsmomente $C = 8{,}0768 \cdot 10^{44}$, $B = 8{,}0506 \cdot 10^{44}$, $A = 8{,}0499 \cdot 10^{44}$ g · cm², mit mittleren Fehlern $0{,}02 \cdot 10^{44}$ g · cm². Die Einführung einer Elliptizität des Erdäquators bringt keine wesentliche Verbesserung des Angleichs an die unregelmäßige Erdfigur gegenüber dem Rotations-Ellipsoid, vgl. 3216, letzter Absatz. — Als Quadrupol-Moment des Erdkörpers könnte man $2(A-C)$ bezeichnen.

Abplattung der Erde $\mathfrak{a}$.

Aus astronomischen Messungen [*5*, *8*, *14*, *15*]:

mit $(C-A)/C = 1/305{,}8$ (Präzession und Nutation)
- nach der Theorie von Wiechert [*15*] $\mathfrak{a} = 1/297{,}5$
- nach der Theorie von Darwin [*8*] $\mathfrak{a} = 1/296{,}6$
- nach der Theorie von Wavre [*14*] $\mathfrak{a} = 1/295$
- (nach Wavre [*14*] auch 1/294 und 1/296 möglich)

mit $(C-A)/ma^2 = 0{,}001106$ (Störungen der Mondbewegung) 1/295,2
aus Störungen des Mondperigäums (E. W. Brown) [*5*] 1/293,7

Aus Schweremessungen [*19*]:

Helmert	1901	1/298,1
Bowie	1917	1/297,4
Heiskanen	1938	1/298,3
Zhuravlev	1940 . . . . je nach Art der Ausgleichung	1/296,5; 1/298,0; 1/298,5

Aus Gradmessungen [*4*, *6*, *7*, *9*]:

Bessel	1841	1/299,2
Clarke	1866	1/295,0
Clarke	1880	1/293,5
Hayford	1909	1/297,0

Aus verschiedenartigen Messungen [*12*, *20*]:

Krassowskij	1936	1/298,6
Cniigaik	1940	1/298,3
Jeffreys	1948	1/297,1

Internationales Ellipsoid . . . . 1/297 (genau).

Aus astronomischen Messungen erhält man für die Erde als ganzes gültige Abplattungswerte, aus Schweremessungen und Gradmessungen die Abplattung des in den Meßgebieten am besten annähernden Rotationsellipsoids. Hiermit läßt sich vielleicht erklären, daß die Schweremessungen und Gradmessungen im allgemeinen größere Werte des Nenners liefern als astronomische Beobachtungen. In die Bestimmung aus $(C-A)/C$ gehen Annahmen über die Massenverteilung im Erdinnern ein.

Literatur zu 3213 und 3214.

[*1*] Die europäische Längengradmessung in 52 Grad Breite von Greenwich bis Warschau. I. Heft. Veröff. d. Preuß. Geodät. Inst. S. 225 bis 231. Berlin 1893. — [*2*] Bull. géodésique Nr. 7, Juli bis Sept. 1925, S. 552 bis 556. — [*3*] Tables de l'ellipsoide de référence international adopté par l'assemblée

générale de Madrid le 7 octobre 1924, dans le système de la division sexagésimale de la circonférence. Section de géodésie de l'Union Géodésique et Géophysique Internationale, Publication Spéciale Nr. 2, 2me édition, corrigée. Paris 1935. Tables de l'ellipsoide de référence international ... dans le système de la division centésimale ..., Publication Speciale Nr. 3, Paris 1928 (log $1/W^2$, log M, log N, log MN 10stellig; log $1/2MN$ 6stellig; Längenminuten 7stellig; Meridianlängen vom Äquator 10stellig; alles von ′ zu ′). — Lambert, Walter, D., u. Clarence H. Swick: Formulas and tables for the computation of geodetic positions on the international ellipsoid. U.S. Department of Commerce, Coast and Geodetic Survey, Spec. Publ. **200**. Washington D.C. 1935. — [4] Bessel: AN **19** (1842) 97. — Jordan, W., u. O. Eggert: Hdb. d. Vermessungskunde Bd. III (Kap. III: Das Erdellipsoid. Hilfstafeln zu geodätischen Berechnungen mit den Besselschen Erddimensionen. Stuttgart 1939). — Albrecht, Th.: Formeln und Hilfstafeln für geographische Ortsbestimmungen, 4. Aufl., Leipzig 1908. — [5] Brown, E. W.: MN **75** (1915) 508. — [6] Clarke, A R.: Comparisions of the standards of length ... Vol. I, 287. London 1866. — [7] Clarke, A. R.: Geodesy **1880**, 319. — [8] Darwin, G. H.: MN **60** (1900) 82 bis 124. — [9] Hayford, J. F.: Supplementary investigation in 1909 of the figure of the earth and isostasy. U.S. Coast and Geodetic Survey. Washington 1910. — [10] Eine ausführliche Zusammenstellung der Erdellipsoide bei W. Heiskanen: Die Lotabweichungen. Hdb. d. Geophysik **1**, 844. Berlin 1936. — [11] Jung, K.: Einige Zahlen über Normalschwere und Abplattung. Z. Geophysik **11** (1935) 188 bis 192. — [12] Jeffreys, H.: The figures of the earth and moon (Third paper). MN, Geophys. Suppl. **5** (1948) 219 bis 247. — [13] Tisserand, F.: Traité de mécanique céleste. Tome II. Paris 1891. — [14] Wavre, R.: Figures planétaires et géodésie. Cahiers scientifiques, fasc. 12. Paris 1932. — [15] Wiechert, E.: Nachr. Ges. Wiss. Göttingen, Math.-Physik. Kl. **1897**, 221 bis 243. — [16] Wiechert, E.: l. c. **1925**, 251 bis 256. — [17] Enzykl. Math. Wiss. VI, Teil 2, 17. — [18] Hdb. d. Exp.-Phys. **25**, Teil 2 (1931) 353 bis 357. — [19] Literatur siehe nach 3219, ferner K. Jung in „Naturf. u. Medizin in Deutschland 1939—1946", **17** (Geophysik I), Wiesbaden 1948, 12. — [20] Referat: Bull. géod., nouvelle série, Nr. 8 (1948) 185. — [21] Berroth, A.: Z. Geophysik **18**, 42 (1943).

3215 Schwere: Absolute Schweremessungen, Potsdamer Schweresystem, Reduktion der Schweremessungen [*3, 4, 5, 6, 7, 27*].

Schwerkraft ist die Resultierende aus der Zentrifugalkraft der Erdrotation und der Massenanziehung aller Körper des Weltalls. Von Bedeutung ist im wesentlichen nur die Masse der Erde; kleine zeitliche Schwankungen der Schwerkraft werden von Sonne und Mond bewirkt (Gezeitenkräfte siehe 322). Die Einflüsse der Planeten auf die Schwerkraft sind unmerklich klein.

Einheit der Schwerebeschleunigung („Schwere") G ist das nach Galilei benannte Gal (cm · sec^{-2}). Bei Betrachtung von Schwereunterschieden wird das Milligal (mgal) als Einheit verwendet. Die mit der Eötvösschen Drehwaage gemessenen Gradienten und Krümmungsgrößen sind zweite Differentialquotienten des Schwerepotentials, Gebrauchseinheit ist das Eötvös (1 E = 10^{-9} sec^{-2}).

Die Genauigkeit absoluter Schweremessungen mit Reversionspendeln ist schwer zu beurteilen. Angegeben werden mittlere Fehler von einigen Milligal, der Vergleich verschiedener absoluter Schwerebestimmungen jedoch läßt mittlere Fehler von ±10 mgal als möglich erscheinen. Die Messung von Schwereunterschieden („relative Schweremessungen") ist genauer. Mit invariablen Pendeln erreicht man auf zweimal gemessenen Stationen ±0,3 mgal, bei Gravimetermessungen werden ±0,05 mgal angegeben. Auf See im Unterseeboot werden mit invariablen Pendeln etwa ±3 mgal erreicht. Die Genauigkeit der Eötvösschen Drehwaage bei Feldmessungen ist etwa ±1 E.

Säkulare zeitliche Schwankungen der Schwere hat man nicht mit Sicherheit festgestellt. Die Gezeitenschwankungen der Schwere betragen bis zu etwa ±0,12 mgal (3244).

Absolute Schweremessungen, Potsdamer Schweresystem.

	Am Meßort		Durch relative Messungen nach Potsdam übertragen
F. Kühnen u. Ph. Furtwängler [*30*]	Potsdam	981,274	981,274 Gal
P. R. Heyl u. G. S. Cook [*24*]	Washington	980,080	981,254
J. S. Clarke [*14*]	Teddington	981,1815	981,261

Mittel (981,263 ± 0,006) Gal

Allgemein angenommen ist das „Potsdamer Schweresystem", das sich auf die Messung von Kühnen und Furtwängler bezieht. Referenzpunkt ist der Pfeiler im Pendelraum des Geodätischen Instituts (52° 22,86′ N, 13° 4,06′ östlich v. Gr., 87 m über NN, G = 981,274 Gal). An diesen Ort sind alle Schwerestationen durch relative Messungen angeschlossen, mit besonderer Sorgfalt eine größere Zahl von günstig gelegenen Referenzstationen, die als Anschlußpunkte für die Messungen in den umliegenden Gebieten verwendet werden (Tabelle 3).

Aus dem Vergleich der angegebenen absoluten Messungen geht hervor, daß wahrscheinlich sämtliche Schwereangaben des Potsdamer Schweresystems zu hoch sind. Nach Berroth [*40, 44*] bringt eine Neuberechnung der Korrektionen den Wert von Kühnen und Furtwängler auf 981,262 Gal, also in gute Übereinstimmung mit der Messung von Clarke.

Tabelle 3. Referenzstationen isostatisch reduzierter Schweremessungen [*21*].

φ, λ = geogr. Breite und Länge, G = gemessene Schwere, | $G_0 - \gamma_0$ = isostatische Schwereanomalie bezogen auf die internationale Schwereformel. In eckigen Klammern Freiluftanomalien.

	φ	λ	Höhe m	G gal	$G_0-\gamma_0$ mgal
Basel, Bernouillanum	47° 33,6′	7° 34,8′ O	277	980,778	+ 4
Cambridge, Pendulum House	52° 12,9′	0° 05,8′ O	25	981,265	— 1
Dehra Dun	30° 19,5′	78° 03,4′ O	683	979,063	—89
Greenwich, National Gravity Station	51° 28,6′	0° 00,3′ O	47	981,189	— 6
Kaunas	54° 54′	23° 52′ O	71	981,491	+ 8
Madrid	40° 24,5′	3° 41,0′ O	656	979,981	—34
München	48° 09′	11° 37′ O	525	980,733	—18
Oslo	59° 54,7′	10° 43,5′ O	28	981,927	+19
Ottawa	45° 23,6′	75° 43,0′ W	83	980,622	—17
Paris, Observatoire	48° 50,2′	2° 20,3′ O	61	980,943	—13
Pulkowo	59° 46,3′	30° 19,7′ O	71	981,899	[+15]
Rom	41° 54′	12° 30′ O	49	980,367	+34
Tacubaya	19° 24,3′	99° 11,7, W	2299	977,941	+33
Tiflis, Phys. Obs.	41° 43′	44° 48′ O	401	980,178	—32
Tokyo	35° 42,6′	139° 46,0′ O	18	979,801	[+ 1]
Washington D.C., Commerce Building	38° 53,6′	77° 02,0′ W	0	980,118	+35

Reduktion der Schweremessungen [*3, 4, 5, 6, 7*]. Um vergleichbare Werte zu schaffen, müssen die Schweremessungen auf ein gemeinsames Niveau und eine homogene Erdkruste umgerechnet werden. Meist reduziert man auf das Meeresniveau.

Niveaureduktion ($-\delta G_{ni}$). Vom Beobachtungswert wird die normale Schwereänderung mit der Höhe abgezogen. Hierbei geht man so vor, als läge der Beobachtungsort in freier Luft über einer homogenen Erdkruste.

$$\delta G_{ni} = G - G_{0(mgal)} = -(0{,}30855 + 0{,}00022 \cos 2\varphi) \cdot h_{(m)} + 0{,}000000072 \cdot h^2_{(m^2)},$$

G = gemessene Schwere, G_0 = Schwere im Meeresniveau, h = Höhe, φ = geogr. Breite (Tab. 4).

Meist genügt es, nur das erste Glied der Klammer zu berücksichtigen.

Massenreduktion ($-\delta G_{ma}$). Bei der Massenreduktion wird die Wirkung des Erdbodenreliefs und der bekannten Dichteunterschiede des Untergrundes beseitigt. Je nach dem Zweck der Untersuchung und den Annahmen über den Aufbau der Erdkruste wird die Massenreduktion in verschiedener Weise ausgeführt.

Bouguersche Reduktion [*2*]. Sie entspricht der Annahme, daß die Kontinente einer homogenen Erdkruste aufgesetzt, die Ozeanbecken eingegraben und mit Wasser angefüllt sind. Auf ebenen Hochflächen genügt meist die einfache Formel:

$$\delta G_{ma} = 2 f \pi \varrho \cdot h$$

f = Gravitationskonstante, ϱ = Dichte, h = Höhe.

Auf Ozeanen ist der Dichteunterschied von Gestein und Wasser einzusetzen.

Kondensationsreduktion. Die Reliefmassen werden nicht weggenommen, sondern als Flächenbelegung im Meeresniveau kondensiert. Die Massenreduktion ist sehr klein; für ebene Hochflächen genügt meist $\delta G_{ma} = 0$. In diesem Fall bezeichnet man die ganze Reduktion $-(\delta G_{ni} + \delta G_{ma}) = -\delta G_{ni}$ als „Freiluftreduktion".

Geländereduktion. Sie dient zur Ergänzung der Bouguerschen Reduktion und der Kondensationsreduktion, wenn das Gelände merklich von einer Ebene abweicht.

Isostatische Reduktionen. Sie entsprechen der Annahme, daß die Erdkrustenschollen in ein dichteres Material so eingebettet sind, daß unter der Erdkruste hydrostatischer Zustand herrscht (Schwimmgleichgewicht, „Isostasie").

Isostasie nach Pratt: überall gleiche Eintauchtiefe, in der Erdkruste verschiedene Dichte;

Isostasie nach Airy: in der Erdkruste überall gleiche Dichte, verschiedene Eintauchtiefe.

Die isostatischen Reduktionen müssen mit Berücksichtigung der Geländeform und der Erdkrümmung berechnet werden.

Hilfsmittel für Schwerereduktionen:

Für isostatische Reduktionen nach Pratt: Tabellen von Hayford und Bowie [*16*], und Lejay [46], Karten von Heiskanen und Nuoto [*22*].

Für isostatische Reduktionen nach Airy: Tabellen von Vening Meinesz [*35*, 45], Heiskanen [*18*, *19*], Lejay [46], Karten von Heiskanen, Niskanen und Nuoto [*22*].

Für alle Arten von Massenreduktionen: Tabellen von Cassinis, Dore und Ballarin [*13*].

Nach den Ergebnissen ist die Erdkruste im großen und ganzen isostatisch aufgebaut.

Reduktion von Drehwaagemessungen [*6*]. Besonders wichtig ist die Geländereduktion, die häufig Beträge von 20 E und mehr erreicht. Die anderen Massenreduktionen und die Niveaureduktionen können vernachlässigt werden.

3216 Normale Schwere.

Normale Schwerebeschleunigung im Meeresniveau. Die normale Schwere entspricht einer von einem Sphäroid oder Ellipsoid begrenzten homogenen Erdkruste und wird in Form einer nach der geographischen Breite fortschreitenden Reihe dargestellt. Die Koeffizienten wurden mehrfach durch Ausgleichung aus Freiluftwerten oder isostatisch reduzierten Schwerewerten bestimmt [*3*]:

$$\gamma_0 = \gamma_a (1 + b \sin^2 \varphi - \beta \sin^2 2\varphi)$$

γ_0 = Normalschwere, γ_a = Normalschwere am Äquator, φ = geographische Breite.

In Stockholm, 1930, hat die Internationale Union für Geodäsie und Geophysik eine dem internationalen Ellipsoid entsprechende Schwereformel angenommen [*38*]. Der Äquatorwert stammt aus einer Ausgleichung von Heiskanen [*17*], die anderen Koeffizienten sind aus den Abmessungen des internationalen Ellipsoids berechnet [*11*, *12*, *32*].

		γ_a Gal	b	β [*37*]
Helmert	1901 [*22*]	978,030	0,005302	0,000007
Bowie	1917 [*10*]	978,039	0,005294	0,000007
Heiskanen	1938 [*19*]	978,0451 ± 14	0,0053027 ± 35	0,0000059

Internationale Schwereformel [*39*]:

$$\begin{aligned}\gamma_{0\,(\mathrm{Gal})} &= 978{,}049000 \cdot (1 + 0{,}005\,288\,384 \cdot \sin^2\varphi \\ &\quad - 0{,}000\,005\,869 \cdot \sin^2 2\varphi \\ &\quad - 0{,}000\,000\,032 \cdot \sin^2 2\varphi) \\ &= 980{,}632\,272 - 2{,}586\,146 \cdot \cos 2\varphi + 0{,}002\,878 \cdot \cos 4\varphi - 0{,}000\,004 \cdot \cos 6\varphi.\end{aligned}$$

Normale Schwere in 45° Breite . . . . 980,62939 Gal
(für Druckmessungen international festgesetzt: 980,665 Gal).
Arithmetisches Mittel von Äquator- und Polschwere . . . . 980,63515 Gal
Mittlere Schwere (Integral über die Erdoberfläche dividiert durch Erdoberfläche) 979,77003 Gal
Gravitation an der Oberfläche der nicht rotierenden, volumen- und massengleichen Kugel . . . . 982,0368 Gal

Tabelle 4. Normale Schwere im Meeresniveau, Schwereänderung mit der Höhe.

Geogr. Breite φ	Internationale Schwere γ_0 0′	10′	20′	30′	40′	50′	Helmert 1901 0′	30′	Bowie 1917 0′	30′	φ	$G - G_0$ (h = 100 m)
0°	978,04900	04904	04917	04939	04970	05009	978,030	030	978,039	039	0°	—0,030877
1°	05057	05113	05179	05253	05336	05427	032	034	041	043	1°	030877
2°	05527	05636	05754	05880	06015	06158	036	040	045	049	2°	030877
3°	06310	06471	06641	06819	07006	07202	044	049	053	058	3°	030877
4°	07406	07618	07840	08070	08309	08556	055	062	064	071	4°	030877
5°	08812	09076	09349	09631	09921	10219	069	077	078	086	5°	030877
6°	10526	10842	11166	11499	11840	12190	086	096	095	105	6°	030877
7°	12548	12915	13290	13674	14066	14466	107	118	116	127	7°	030876
8°	14875	15292	15717	16151	16593	17044	130	143	139	152	8°	030876
9°	17503	17970	18445	18929	19421	19921	156	171	165	179	9°	030876
10°	20429	20946	21471	22003	22544	23094	186	201	194	210	10°	030876
11°	23651	24216	24790	25371	25960	26558	218	235	227	244	11°	030875
12°	27164	27777	28398	29028	29665	30310	253	272	262	280	12°	030875
13°	30963	31624	32293	32969	33653	34345	291	311	300	320	13°	030875
14°	35045	35752	36468	37190	37921	38659	332	353	341	362	14°	030874
15°	39404	40157	40918	41686	42462	43245	376	399	384	407	15°	030874
16°	44036	44834	45639	46452	47272	48099	422	446	430	455	16°	030874
17°	48934	49776	50625	51481	52344	53215	471	497	479	505	17°	030873
18°	54093	54977	55869	56768	57674	58586	523	550	531	558	18°	030873
19°	59506	60432	61366	62306	63253	64207	577	605	585	613	19°	030872
20°	65167	66134	67108	68089	69076	70069	634	663	642	671	20°	030872
21°	71069	72076	73089	74109	75135	76167	693	723	701	731	21°	030871
22°	77206	78251	79302	80359	81423	82493	754	786	762	794	22°	030871
23°	83569	84651	85739	86833	87933	89039	818	851	826	859	23°	030870
24°	90150	91268	92392	93521	94656	95797	884	918	892	926	24°	030870
25°	96943	98095	99253	*00416	*01585	*02759	952	987	960	995	25°	030869
26°	979,03939	05124	06314	07510	08711	09917	979,022	058	979,030	065	26°	030869
27°	11129	12345	13567	14794	16026	17263	094	131	102	138	27°	030868
28°	18504	19751	21002	22259	23520	24786	168	206	175	213	28°	030867
29°	26056	27332	28612	29896	31185	32478	244	282	251	289	29°	030867
30°	33776	35079	36385	37696	39012	40331	321	361	328	368	30°	030866
31°	41654	42982	44314	45650	46990	48334	400	440	407	447	31°	030865
32°	49681	51033	52388	53747	55110	56477	481	521	487	528	32°	030865
33°	57847	59221	60598	61979	63363	64751	562	604	569	611	33°	030864
34°	66142	67536	68934	70334	71738	73146	646	688	652	694	34°	030863
35°	74556	75969	77385	78804	80226	81651	730	772	736	779	35°	030863
36°	83078	84509	85942	87377	88815	90256	815	858	822	865	36°	030862
37°	91700	93145	94593	96044	97497	98952	902	945	908	951	37°	030861
38°	980,00409	01868	03330	04793	06259	07726	989	*033	995	*039	38°	030860
39°	09196	10667	12140	13615	15091	16569	980,077	121	980,083	127	39°	030860

Geogr. Breite φ	Internationale Schwere γ_0 0′	10′	20′	30′	40′	50′	Helmert 1901 0′	30′	Bowie 1917 0′	30′	φ	$G-G_0$ ($h=100$ m)
40°	980,18049	19530	21013	22498	23983	25470	980,166	210	980,172	216	40°	—0,030859
41°	26958	28448	29939	31431	32924	34418	255	300	261	306	41°	030858
42°	35913	37409	38906	40404	41903	43402	345	390	350	395	42°	030857
43°	44902	46403	47904	49406	50909	52411	435	480	440	486	43°	030857
44°	53915	55418	56922	58426	59930	61435	525	571	531	576	44°	030856
45°	62939	64444	65949	67453	68957	70462	616	661	621	666	45°	030855
46°	71966	73469	74973	76476	77978	79480	706	752	711	757	46°	030854
47°	80982	82483	83984	85483	86982	88481	797	842	802	847	47°	030853
48°	89978	91475	92970	94465	95959	97451	887	932	892	937	48°	030853
49°	98942	*00433	*01922	*03410	*04896	*06381	977	*022	981	*026	49°	030852
50°	981,07865	09347	10827	12306	13784	15259	981,066	111	071	115	50°	030851
51°	16733	18205	19676	21144	22610	24075	155	200	160	204	51°	030850
52°	25537	26998	28456	29912	31366	32818	244	287	248	292	52°	030850
53°	34267	35714	37158	38600	40039	41476	331	375	335	379	53°	030849
54°	42910	44342	45771	47197	48620	50040	418	461	422	465	54°	030848
55°	51458	52872	54284	55692	57097	58500	503	546	507	550	55°	030847
56°	59898	61294	62687	64076	65461	66843	588	630	592	634	56°	030847
57°	68222	69597	70969	72337	73701	75062	672	713	675	716	57°	030846
58°	76419	77772	79121	80466	81808	83145	754	794	757	798	58°	030845
59°	84478	85807	87132	88453	89770	91082	835	875	838	878	59°	030845
60°	92390	93694	94993	96288	97578	98864	914	953	917	956	60°	030844
61°	982,00146	01422	02694	03961	05224	06482	992	*030	995	*033	61°	030843
62°	07734	08982	10226	11464	12697	13925	982,068	105	982,071	108	62°	030843
63°	15148	16366	17578	18786	19988	21185	142	179	145	182	63°	030842
64°	22376	23562	24743	25918	27088	28252	215	250	217	253	64°	030841
65°	29411	30564	31712	32853	33989	35119	285	320	288	322	65°	030841
66°	36244	37362	38475	39582	40682	41777	354	387	356	390	66°	030840
67°	42866	43948	45025	46095	47159	48217	420	453	423	455	67°	030840
68°	49269	50314	51353	52386	53412	54432	485	516	487	518	68°	030839
69°	55445	56452	57452	58446	59433	60414	546	577	549	579	69°	030839
70°	61387	62354	63315	64268	65215	66155	606	635	608	637	70°	030838
71°	67088	68014	68933	69845	70750	71648	663	691	665	693	71°	030838
72°	72540	73424	74300	75170	76033	76888	718	744	720	746	72°	030837
73°	77736	78577	79410	80237	81055	81867	770	795	772	797	73°	030837
74°	82671	83468	84257	85038	85812	86579	820	843	821	845	74°	030836
75°	87338	88089	88833	89569	90298	91018	866	889	868	891	75°	030836
76°	91731	92436	93134	93824	94506	95180	911	932	912	933	76°	030836
77°	95846	96504	97154	97797	98431	99058	952	971	953	973	77°	030835
78°	99676	*00287	*00889	*01483	*02069	*02648	990	*008	992	*010	78°	030835
79°	983,03218	03780	04333	04879	05416	05945	983,026	042	983,027	044	79°	030835
80°	06466	06979	07483	07979	08467	08946	058	074	060	075	80°	030834
81°	09417	09880	10334	10780	11218	11647	088	102	089	103	81°	030834
82°	12068	12480	12884	13279	13666	14044	115	127	116	128	82°	030834
83°	14414	14776	15128	15472	15808	16135	138	149	139	150	83°	030834
84°	16454	16764	17065	17357	17641	17917	159	168	160	169	84°	030833
85°	18184	18442	18691	18932	19164	19387	176	183	177	185	85°	030833
86°	19602	19808	20005	20194	20374	20545	190	196	191	197	86°	030833
87°	20707	20861	21005	21141	21269	21387	201	206	202	207	87°	030833
88°	21497	21598	21691	21774	21849	21915	209	212	210	213	88°	030833
89°	21972	22020	22060	22090	22112	22126	214	215	215	216	89°	030833
90°	22130						216		217		90°	030833

Normalwert von Gradient und Krümmungsgröße [*2*, *6*].

$\partial^2 W/\partial z \partial n = 8{,}1 \cdot \sin 2\varphi\,\mathrm{E}$, $\partial^2 W/\partial z \partial e = 0$; $\partial^2 W/\partial e^2 - \partial^2 W/\partial n^2 = 10{,}4 \cdot \cos^2 \varphi\,\mathrm{E}$, $\partial^2 W/\partial n \partial e = 0$.

W = Schwerepotential, n = geogr. Nordrichtung, e = geogr. Ostrichtung.

Schwereformeln mit Längenglied, Elliptizität des Äquators [*1*, *2*]. Die Frage nach einer Elliptizität des Äquators ist noch nicht entschieden. Eine neue Bearbeitung von Schweremessungen durch Heiskanen [*20*] führt auf einen Halbachsenunterschied $a_1 - a_2 = 352$ m mit der großen Achse im Meridian 25° W, läßt jedoch das Längenglied der Schwereformel und die daraus abgeleitete Äquatorellipse nicht mehr so sicher erscheinen wie bisher. Die neuen Schweremessungen auf der Südhalbkugel und den Ozeanen widersprechen zum Teil den früheren Ergebnissen. Vgl. auch [47].

Zhuravlev [36] berechnet für einzelne Meridiane die nebenstehenden Abplattungen und Äquatorhalbmesser.

Die Werte lassen eher auf eine unregelmäßige Erdfigur als auf ein dreiachsiges Erdellipsoid schließen.

Theoretisch ist ein dreiachsiges Erdellipsoid mit geringer Elliptizität des Äquators schwer zu erklären. Eine Gleichgewichtsfigur, die der mittleren Dichte und Rotationsgeschwindigkeit der Erde entspricht, ist das homogene, um seine kleinste Achse rotierende Jakobische Ellipsoid mit dem Achsenverhältnis 1 : 1,002 : 52,442; es weicht stark von der Erdfigur ab.

	α	a
0°	α = 1 : 299,4	a = 6378215 m
15°	296,1	452
30°	296,9	407
45°	296,2	432
60°	300,5	138
75°	297,0	388
90°	297,4	368
105°	290,3	887
120°	295,7	484
135°	294,5	573
240°	296,8	407
255°	299,4	215
270°	293,3	656
285°	297,9	324

32 17 Dichte, Massenanziehung und Druck im Erdinnern.

(Dichteverteilungen nach Wiechert und Roche [32 14] hydrostatischer Druck.)

Tabelle 5.

r = Entfernung vom Erdmittelpunkt.
t = Tiefe.
G = Massenanziehung in der volumen- und massengleichen Kugel.
p = Druck in der volumen- und massengleichen Kugel.

r km	t km	ϱ nach Wiechert	G Gal	p dyn · cm^{-2}	p Atm.	ϱ nach Roche	G Gal	p dyn · cm^{-2}	p Atm.
6370	0		983	0	0	2,38	974	0	0
6000	370	3,40	996	0,12 · 10^{12}	0,12 · 10^6	3,25	1005	0,10 · 10^{12}	0,10 · 10^6
5500	870		1030	0,30	0,29	4,34	1022	0,30	0,30
5170	1200		1065	0,41	0,41				
5000	1370		1045	0,53	0,52	5,34	1013	0,54	0,54
4500	1870		991	0,85	0,84	6,25	980	0,83	0,82
4000	2370	6,39	951	1,16	1,15	7,06	925	1,15	1,14
3500	2870		934	1,47	1,45	7,77	852	1,48	1,46
3470	2900		934	1,48	1,46				
3000	3370		808	1,88	1,85	8,39	761	1,81	1,78
2500	3870		673	2,23	2,20	8,91	656	2,12	2,09
2000	4370		538	2,52	2,49	9,34	539	2,39	2,36
1500	4870	9,63	404	2,75	2,71	9,67	413	2,61	2,58
1000	5370		269	2,91	2,87	9,91	279	2,78	2,75
500	5870		135	3,01	2,97	10,05	141	2,89	2,85
0	6370		0	3,04	3,00	10,10	0	2,93	2,89

Vgl. auch 32435.

32 18 Verzeichnisse von Schwerewerten.

Die Zahl der mit Pendeln gemessenen Schwerewerte wird auf über 15000 geschätzt, von diesen sind über 4000 isostatisch reduziert. Das vollständigste Verzeichnis isostatisch reduzierter Schwerewerte gibt Heiskanen [21], einen großen Teil der noch nicht isostatisch reduzierten Werte enthalten die Verzeichnisse von Zhuravlev [36] und Ackerl [8]. Lange Zeit war der Bericht von Borass [9] maßgebend. Zahlreiche Angaben über Schweremessungen sind in der Literatur verstreut.

Die Verteilung der Schwerestationen ist noch weit von der erstrebten Gleichmäßigkeit entfernt (Tab. 6).

Tabelle 6. Verteilung der Schwerestationen (Pendelmessungen) nach Zhuravlev (bis 1936).

N 90° … S 90°	180°W			135°			90°			45°			0°			45°			90°			135°			180°O
90°								1					4	5	1	2	2	3				2			20
		1	1	4	3		1	2	2		8	8	23	172	159	147	5	21							557
	3		4	45	43	34	24	25				109	1361	745	1438	1235	692	713	41	66	67	4	1		6650
45°			5	39	62	89	124	28		14	37	126	352	125	244	323	497	54		31	69	92		2	2313
	6	17	3		14	59	51	30	4	4	18	2			55	1	97	166	12	10	1	1	2	3	556
						4	7	5		1	3	2	15		10	3	17	83	31	13	39	16	5		254
0°		1	1				8		1	5		3	6	1	68				27	81	113		3		318
										2		5	3	5	2	1							1	5	24
								3	5					2						1		2	4	3	20
45°								2	2								1								5
								2										1						1	4
																									0
90° S	9	19	14	88	122	186	215	98	14	26	66	255	1764	1055	1977	1712	1311	1041	111	202	289	117	16	14	10721

3219 Schwereanomalien.

Isostatische Schwereanomalien nach Pratt-Hayford im Verzeichnis von Heiskanen [21]:

$\lvert G_0 - \gamma_0 \rvert$ von 0 bis 49 mgal auf 3113 Stationen		$\lvert G_0 - \gamma_0 \rvert$ von 150 bis 199 mgal auf 8 Stationen
,, 50 ,, 99 ,, ,, 569 ,,		,, 200 ,, 249 ,, ,, 2 ,,
,, 100 ,, 149 ,, ,, 65 ,,		,, 250 u. mehr ,, ,, 0 ,,

Tabelle 7. Die größten isostatischen Schwereanomalien nach Pratt-Hayford.

	φ	λ	h (t) m	$G_0 - \gamma_0$ mgal
Mauna Kea, Hawaii	19° 48,9′ N	155° 28,8′ W	3981	+187
	19° 49,2′ N	155° 28,8′ W	3981	+188
Kalaieha, Hawaii	19° 42,2′ N	155° 27,9′ W	2030	+190
Kilauea, Hawaii	19° 25,4′ N	155° 15,7′ W	1211	+166
Mauna Loa, Hawaii	19° 29,8′ N	155° 34,8′ W	3970	+209
Syrjanofka (Ost-Kasakstan)	49° 43,8′ N	84° 18′ O	458	+159
Auf See (Puerto-Rico-Graben)	19° 32′ N	66° 46′ W	—8040	—186
,, ,, (Molukken-See)	0° 29′ S	125° 59′ O	—2390	—204
,, ,, (Molukken-See)	1° 56,6′ S	125° 19,0′ O	— 895	+159
,, ,, (Molukken-See)	0° 40′ S	124° 36′ O	—2468	—168

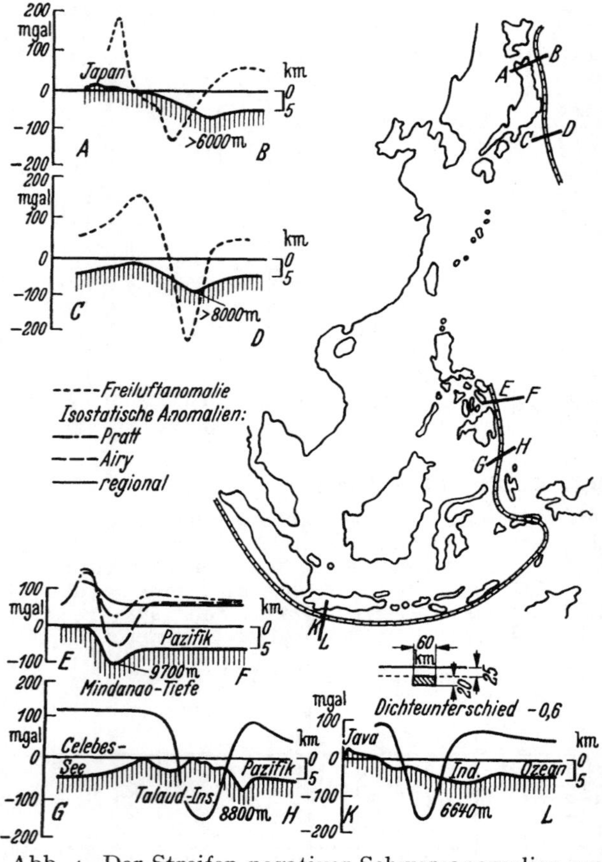

Abb. 4. Der Streifen negativer Schwereanomalien am Sunda-Archipel (nach Vening-Meinesz). Zum Profil $K—L$ Angaben über das vermutliche Massendefizit.

Die größten isostatischen Anomalien liegen auf ozeanischen Vulkaninseln und in dem auffallenden von Vening Meinesz entdeckten Streifen negativer Schwereanomalien, der den Sunda-Archipel umgibt und sich in Burma fortsetzt [*15*, *34*]; Tabelle 7 und Abb. 4.

Ähnliche Anomalien sind auch in Westindien festgestellt. Die mehrfach beobachtete Zunahme der Schwereanomalie beim Übergang vom Kontinent zum Ozean deutet vielleicht einen allgemeinen Massenüberschuß unter den Ozeanböden, eine Überkompensation der Erdkruste, an. Ein großes Feld mit negativen Anomalien liegt über Zentralasien mit —150 mgal im Ferghana-Becken.

Schwere und Geoid. Das Geoid ist die mit der ungestörten Meeresfläche zusammenfallende Niveaufläche des Schwerefeldes. Infolge der nicht hydrostatischen Massenverteilung in der Erdkruste liegt es teils über, teils unter dem Sphäroid von gleichem Potential. Aus den Schwereanomalien kann der Abstand des Geoids vom Sphäroid berechnet werden, wenn man die Schwereverteilung auf der ganzen Erde kennt. Wegen der noch ungünstigen Verteilung der Schwerestationen sind vorläufig nur Abschätzungen in einigen Gebieten der Erde möglich.

Neuere Abschätzungen: Jeffreys [*26*] verwendet eine Entwicklung von Freiluftwerten nach Kugelfunktionen; Tanni [*33*] setzt isostatisch reduzierte Schwerewerte in die Stokessche Integralformel ein. Wie Tabelle 8 zeigt, sind die Ergebnisse noch recht unsicher. Bessere Werte sind erst zu erwarten, wenn das Netz der Schwerestationen gleichmäßiger über die Erde verteilt sein wird.

Schwere und Massenverteilung der Erdkruste. Eine unter dem Beobachtungsort gelegene, unendlich weit ausgedehnte, ebene Gesteinsplatte von der Dichte ϱ und der Dicke d hat eine Wirkung auf die Schwere von $\delta G = 2\pi f \varrho d$ (f = Gravitationskonstante). Einer Wirkung δG von 1 mgal entspricht also eine 10 m dicke Gesteinsplatte von der Dichte 2,385.

Zur genaueren Bestimmung von Lage und Ausdehnung einfach gestalteter Massenkörper aus den von ihnen hervorgerufenen Schwereanomalien sind verschiedene Verfahren entwickelt worden [*27*, *28*, *29*]. Die Bestimmung von Gesamtmasse, Lage und seitlicher Ausbreitung gelingt recht gut, die Tiefenbestimmungen sind oft ziemlich unsicher.

Tabelle 8. Abstand des Geoids vom internationalen Ellipsoid in Metern nach Jeffreys [*26*] und Tanni [*33*] (kursiv). + = Geoidhebung, — = Geoidsenkung.

φ \ λ	westliche Länge 110°	100°	90°	80°	70°	60°	50°	40°	30°	20°	10°	0°
60° N												
50°											+56 *+34*	+63 *+31*
40°	—59 *+ 7*	—65 *+ 2*	—65 *— 3*	—59 *— 4*	—48 *— 2*	—31 *+ 1*	—11 *+21*	+12 *+39*	+35 *+52*	+56 *+42*	+73 *+38*	+82 *+42*
30°	—52 *— 3*	—61 *— 2*	—63 *+ 2*	—59 *— 2*	—50 *— 8*	—35 *+ 4*	—14 *+17*	+ 9 *+32*	+35 *+31*	+59 *+29*		
20°				—55 *+ 8*	—48 *+ 4*							

östliche Länge 10°	20°	30°	40°	50°	60°	70°	80°	90°	100°	110°	120°	λ / φ
+36 *+21*	+30 *+ 8*	+19 *+ 6*	+ 5 *+ 3*	—11 *— 4*								60° N
+62 *+33*	+54 *+30*	+39 *+20*	+19 *+ 6*	— 4 *—12*	—28 *—23*							50°
+83 *+40*	+73 *+36*	+55 *+32*	+29 *+29*	— 1 *—11*	—31 *—31*	—58 *—44*						40°
						—65 *—29*					—39 *— 1*	30°
							—88 *—42*		—85 *—28*	—61 *—12*		20°
							—85 *—56*			—53 *+ 3*		10°
									—69 *+25*	—44 *+41*	— 9 *+51*	0°

Langgestreckte Störungsmassen im Untergrund denkt man sich vielfach durch horizontale, in der Längsrichtung unendlich ausgedehnte Flächenbelegungen mit konstantem Querschnitt AB und konstanter Flächendichte μ ersetzt (Abb. 5). Diese Flächenbelegung bestimmt man mit dem Kreis um O durch die Halbwertsabszissen $x_{1/2}$ und dem Kreis um M durch die Viertelwertsabszissen $x_{1/4}$ [*29*]. μ kann dann nach den Formeln:

$$\mu = \frac{e}{2f \cdot \sphericalangle AOB} \quad \text{oder} \quad \mu = \frac{1}{2\pi f \cdot \overline{AB}} \int_{(-\infty)}^{(+\infty)} \delta G \, dx$$

berechnet werden (e = Extremwert von δG). Über die Rechnung im allgemeinen Fall vgl. [*43*].

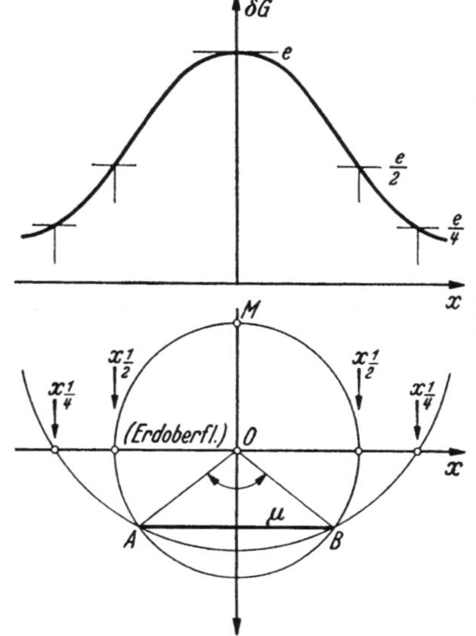

Abb. 5. Schematisierte Berechnung der Störungsmasse aus der Schwereanomalie.

Für die Lagerstättenforschung (Angewandte Geophysik) sind zahlreiche lokale Anomalien des Schwerefeldes vermessen worden, früher mit der Drehwaage, neuerdings mit Gravimetern, deren Meßfehler unter 1 mgal liegen. Karten und Profile sind in der geophysikalischen und geologischen Literatur zu finden. Einen Ausschnitt aus der Gravimeterkarte der Geophysikalischen Reichsaufnahme (Isogammen im Abstand 2 mgal) und weitere Literatur gibt H. Reich [*40*]. Vgl. auch das Handbuch von Heiland [*41*] und die amerikanische Spezialzeitschrift Geophysics [*42*]. Gravimetrische Karte für Nordwestdeutschland zitiert in 325. Lit. [*15*].

Literatur zu 3215—3219.

[1] Landolt-Börnstein: 5. Auflage, Hauptband, S. 8. — [2] 5. Auflage, 2. Erg.-Bd., S. 17. — [3] Heiskanen, W.: Beobachtung der Schwerkraft. Hdb. d. Geophysik I, 731 bis 841. Berlin 1936. — Heiskanen, W.: Das Problem der Isostasie. Hdb. d. Geophysik I, 878 bis 951. Berlin 1936. — [4] Helmert, F. R.: Die mathematischen und physikalischen Theorien der höheren Geodäsie. II. Die physikalischen Theorien. Leipzig 1884. — [5] Helmert, F. R.: Die Schwerkraft und die Massenverteilung der Erde. Enzykl. Math. Wiss. VI **1**, **7** (1910) 85 bis 177. — [6] Jung, Karl: Gravimetrische Methoden der angewandten Geophysik. Hdb. d. Exp.-Phys. **25**$_2$, 49 bis 208. Leipzig 1930. — [7] Schmehl, H., u. K. Jung: Figur, Schwere und Massenverteilung der Erde. Hdb. d. Exp.-Phys. **25**$_2$, 141 bis 357. Leipzig 1931. — [8] Ackerl, Franz: Die Schwerkraft am Geoid I. S.B. Akad. Wiss. Wien, Math.-Naturwiss. Kl. Abt. IIa, **141** (1932) 303 bis 324. — [9] Borraß, E.: Bericht über die relativen Messungen der Schwerkraft mit Pendelapparaten in der Zeit von 1808 bis 1909 und über ihre Darstellung im Potsdamer Schweresystem. Verhandlungen der vom 21. bis 29. September 1909 in London und Cambridge abgehaltenen 16. allgemeinen Konferenz der Internationalen Erdmessung, III. Teil. Berlin 1911. — [10] Bowie, William: Investigation of gravity and isostasy. U.S. Coast and Geodetic Survey, Spec. Publ. **40** (1917). — [11] Cassinis, Gino: Bull. géod. Nr. 26, S. 40 bis 49, Apr.-Juni 1930. — [12] Cassinis, G.: Tables des valeurs de la pesanteur normale internationale. Bull. géod. Nr. 32, S. 313 bis 326, Okt.-Dez. 1931 (I. 4 Dezimalen von Zehntelgrad zu Zehntelgrad, II. 3 Dezimalen von Zehntelgrad zu Zehntelgrad, III. Differenzen zwischen Helmert 1901, Bowie 1917 und internationaler Schwere, bis Zehntelmilligal, von Grad zu Grad). — [13] Cassinis, G., P. Dore u. S. Ballarin: Fundamental tables for reducing gravity observed values. R. Commissione geodetica italiana. Nuova Serie Nr. 13. Pavia 1937. — [14] Clarke, J. S.: An absolute determination of the acceleration due to gravity. Phil. Trans. roy. Soc. London A **238** (1939) Nr. 787, 65 bis 123. — [15] Evans, P., u. W. Crompton: Geological factors in gravity interpretation. Quart. Journ. Geol. Soc. London **102** (1946) 211 bis 249. — [16] Hayford, J. F., u. W. Bowie: The effect of topography and isostatic compensation upon the intensity of gravity. Coast Geodetic Survey, Spec. Publ. **10**. Washington 1912. — [17] Heiskanen, W.: Gerlands Beitr. Geophysik **19** (1928) 356 bis 377. — [18] Heiskanen, W.: Tables isostatiques pour la réductiondans l'hypothèse de Ariy des intensités de la pesenteur observée. Bull. géodésique **1931**, 87 bis 153. — [19] Heiskanen, W.: New isostatic tables for the reduction of gravity values calculated on the basis of Airy's hypothesis. Annales Academiae Scientiarum Fennicae. Ser. A, tome LI, Nr. 9. Helsinki 1938. — [20] Heiskanen, W.: Investigations on the gravity formula. Annales Academiae Scientiarum Fennicae. Ser. A, tome LI, Nr. 8. Helsinki 1938. — [21] Heiskanen, W.: Catalogue of the isostatically reduced gravity stations. Annales Academiae Scientiarum Fennicae. Ser. A, tome LI, Nr. 10. Helsinki 1939. — [22] Heiskanen, W., u. U. Nuoto: Topographic-isostatic world maps of the effect of the Hayford zones 10, 9, 8 and 7 to 1. Annales Academiae Scientiarum Fennicae. Ser. A, tome LI, Nr. 11. Helsinki 1938. — Heiskanen, W., u. E. Niskanen: World maps for the indirect effect of the undulations of the geoid on gravity anomalies. Annales Academiae Scientiarum Fennicae. Ser. A, tome LVII, Nr. 4. Helsinki 1941. — [23] Helmert, F. R.: S.B. Preuß. Akad. Wiss., Math.-Naturwiss. Kl. **1901**, 328 bis 336. — [24] Heyl, P. R., u. G. S. Cooke: The value of gravity at Washington. J. Res. Bur. Stand. **17** (1936) 805 bis 837. — [25] Hopfner, F.: Physikalische Geodäsie. Leipzig: Akadem. Verlagsgesellschaft 1933. — [26] Jeffreys, H.: The determination of the earth's gravitational field. Monthly Not. Roy. Astron. Soc., Geoph. Suppl. **5** (1943) 55 bis 66. — [27] Jung, K.: Die Bestimmung von Lage und Ausdehnung einfacher Massenformen unter Verwendung von Gradient und Krümmungsgröße. Z. Geophysik **3** (1927) 257 bis 280; **5** (1929) 238 bis 252. — [28] Jung, K.: Z. Geophysik **13** (1937) 45 bis 67. — [29] Jung, K.: Beitr. z. angewandten Geophysik **8** (1939) 11 bis 17. — [30] Kühnen, F., u. Ph. Furtwängler: Bestimmung der absoluten Größe der Schwerkraft zu Potsdam mit Reversionspendeln. Veröff. d. Preuß. Geod. Inst. NF. **27** (1906). — [31] Lambert, Walter D.: The Reduction of observed values of gravity to sea level. Bull. géod. Nr. 26, S. 107 bis 181, Apr.-Juni 1930. — [32] Lambert, Walter D., u. F. W. Darling: Tables for the theoretical gravity according to the new international Formula. Bull. géod. Nr. 32, 327 bis 340, Okt.-Dez. 1931 (6 Dezimalen von 10′ zu 10′). — [33] Tanni, L.: On the continental undulations of the geoid. (Publ. Isostatic Inst. Internat. Assoc. Geodesy). Ann. Acad. Scient. Fennicae Ser. A. III, Geolog.-Geograph. **16** (1948). — [34] Vening-Meinesz, F. A.: Gravity expeditions at sea 1923—1932. 2 Bde. Netherlands Geodetic Commission (**1932**, **1934**). — [35] Vening Meinesz, F. A.: Tables for regional and local isostatic reduction (Airy System) for gravity values. Netherlands Geodetic Commission **1941**. — [36] Zhuravlev, N. F.: Determination of the flattening of the Earth Spheroid according to gravimetrical observations. (Russisch mit englischer Zusammenfassung.) Publ. Sternberg Astron. Institute, Vol. XIV, Part 2. Moscow 1940. Enthält ein Verzeichnis von über 10000 Schwerewerten. — [37] Koeffizient 0,000007 nach Wiechert (Nachr. Ges. Wiss. Göttingen, Math.-Physik. Kl. **1897**, 221 bis 243), Koeffizient 0,0000059 entsprechend dem internationalen Ellipsoid. — [38] Bull. géod. Nr. 27, S. 239, Juli-Sept. 1930. — [39] Bei Cassinis [11] Druckfehler [22 statt 32 im Koeffizient von $\sin^2 \varphi \sin^2 2\varphi$]. — [40] Naturforschung u. Medizin in Deutschland 1939—1946, Band **17** (Geophysik I), Wiesbaden (1948): Beiträge K. Jung und H. Reich. — [41] Heiland, C. A.: „Geophysical Exploration." New York, Prentice-Hall (1940). — [42] „Geophysics, a journal of general and applied geophysics." Publ. by the Soc. of Exploration Geophysicists. Menasha, Wisconsin, USA. Vol. **15** (1950). — [43] Bullard, E. C., u. R. I. B. Cooper: Proc. R. Soc. London (A) **194** (1948) 332 bis 347. — [44] Berroth, A.: Bull. géod., nouvelle série Nr. 12 (1949) 183 bis 204. — [45] Vening Meinesz, F. A.: Tables bidimensionelles pour la reduction isostatique selon l'hypothèse d'Airy avec T = 30 km. Bull. géod., nouvelle série Nr. 2 (1946) 55 bis 73. — [46] Lejay, P.: Tables pour le calcul de l'effet indirect et la déformation du géoide. Bull. géod., nouvelle série Nr. 8 (1948), 99 bis 163. — [47] Jung, K.: Über das dreiachsige Erdellipsoid und seine Zufallswahrscheinlichkeit. Gerlands Beitr. Geophysik **59** (1943) 331 bis 362.

Jung

322 Gezeitenkräfte.

3221 Gezeitenpotential des Mondes.

An einer Stelle mit dem Abstand ϱ vom Erdmittelpunkt wird durch den Mond in der geozentrischen Zenitdistanz ϑ das gezeitenerzeugende Potential

$$V = \frac{\eta M \varrho^2}{r^3}\left[\frac{1}{2}(3\cos^2\vartheta - 1) + \frac{1}{2}\frac{\varrho}{r}(5\cos^3\vartheta - 3\cos\vartheta) + \ldots\right] = V_2 + V_3 + \ldots$$

hervorgerufen (η = Newtonsche Gravitationskonstante, M = Masse des Mondes, r = Mittelpunktsabstand Erde—Mond). In dieser Entwicklung nach zonalen Kugelfunktionen von ϑ ist die Konstante gleich Null so gewählt, daß V im Erdmittelpunkt ($\varrho = 0$) verschwindet.

Es ist $\eta = \varrho_1^2\gamma/E$, wo E die Masse der Erde und $\gamma = 982{,}0368$ cm/sec² die Gravitationsbeschleunigung (Schwere befreit von der Zentrifugalbeschleunigung) an der Oberfläche einer massen- und volumengleichen Kugel mit dem „mittleren Erdradius“ $\varrho_1 = 6371{,}221$ km. Sei ferner $\varrho_0 = 6378{,}388$ km der Äquatorradius der Erde und c die „mittlere Entfernung“ des Mondes (große Halbachse der „intermediären“ Mondbahn, enthält den konstanten Teil der Sonnenstörungen), schließlich ψ_0 der zugehörige Wert seiner äquatorealen Horizontalparallaxe ψ, so daß $\sin\psi_0 = \varrho_0/c = 0{,}0165929$ (gewöhnlich, durch Multiplikation mit $206264''{,}806$, in Bogensekunden ausgedrückt $= 3422''{,}540$) und $c : r = \sin\psi : \sin\psi_0$. Die Abkürzung

$$G(\varrho) = \frac{3}{4}\frac{\eta M\varrho^2}{c^3} = \frac{3}{4}\frac{M}{E}\frac{\gamma\varrho_1^2}{c^3}\varrho^2 = \frac{3}{4}\frac{M}{E}\frac{\gamma\varrho_1^2\sin^3\psi_0}{\varrho_0^3}\varrho^2$$

führt auf

$$V = V_2 + V_3 + \ldots = G(\varrho)\left[\left(\frac{c}{r}\right)^3\left(\cos 2\vartheta + \frac{1}{3}\right) + \frac{1}{6}\frac{\varrho}{c}\left(\frac{c}{r}\right)^4(5\cos 3\vartheta + 3\cos\vartheta) + \ldots\right].$$

Mit dem international angenommenen Wert $E/M = 81{,}53$ folgt für $\varrho = \varrho_1$

$$G(\varrho_1) = 26206 \text{ cm}^2/\text{sec}^2, \text{ und für } \varrho \neq \varrho_1 \quad G(\varrho) = (\varrho/\varrho_1)^2 G(\varrho_1).$$

Der in V auftretende Bruch ϱ/c kann an der Erdoberfläche gleich $\sin\psi_0$ gesetzt werden, sonst gleich $(\varrho\sin\psi_0) : \varrho_0$. Neuere Bestimmungen und Vorschläge für E/M weichen von 81,53 um $\pm 0{,}26$ ab, die entsprechende Unsicherheit in $G(\varrho_1)$ beträgt ∓ 84 cm² sec⁻².

3222 Gezeitenpotential der Sonne.

In dem zu V analogen Ausdruck V_S für das Gezeitenpotential der Sonne (Masse S, „mittlere Entfernung“ c_S = große Halbachse der ungestörten Erdbahnellipse, mittlere äquatoreale Horizontalparallaxe $\psi_{0S} = 8''{,}790$) tritt an Stelle von $G(\varrho)$ die Größe

$$G_S(\varrho) = \frac{3}{4}\frac{S}{E}\frac{\gamma\varrho_1^2}{c_S^3}\varrho^2 = \frac{S}{E}\frac{E}{M}\left(\frac{c}{c_S}\right)^3 G(\varrho) = \frac{S}{E}\frac{E}{M}\left(\frac{\sin\psi_{0S}}{\sin\psi_0}\right)^3 G(\varrho).$$

Aus dem dritten Keplerschen Gesetz: $\eta[S + (E + M)] = 4\pi^2 c_S^3/U^2$, wo U = Dauer des siderischen Jahres = 365,256360 mittl. Sonnentage, sowie aus $\eta E = \varrho_1^2\gamma$ und $\sin\psi_{0S} = \varrho_0 : c_S$ folgt:

$$\frac{S}{E}\cdot\sin^3\psi_{0S} = \frac{4\pi^2\varrho_0^3}{U^2\varrho_1^2\gamma} - \left(1 + \frac{M}{E}\right)\sin^3\psi_{0S} = 2''{,}26448\cdot 10^8$$

und damit

$$G_S(\varrho) = 0{,}46051\, G(\varrho).$$

Der angegebenen Unsicherheit von E/M entspricht eine solche in G_S/G von $\pm 0{,}00150$. — Das von Mond und Sonne gemeinsam hervorgerufene Gezeitenpotential ist gleich der Summe $V + V_S$.

3223 Gleichgewichtsgezeit. Gezeitenkräfte.

Die Niveauflächen der Schwere (Fallbeschleunigung g) werden durch das störende Gezeitenpotential V des Mondes um die sog. Gleichgewichtsgezeit $\zeta^* = V/g$ senkrecht verschoben. Mit $\varrho = \varrho_1$ und dem Mittelwert $\bar{g} = 979{,}77$ cm sec⁻² ergibt sich:

$$\zeta^* = \zeta_1^* + \zeta_2^* = \left[26{,}7470\left(\frac{c}{r}\right)^3\left(\cos 2\vartheta + \frac{1}{3}\right) + 0{,}0740\left(\frac{c}{r}\right)^4(5\cos 3\vartheta + 3\cos\vartheta)\right]\text{cm}.$$

Im Falle der Sonne lauten die entsprechenden Zahlen 12,3173 und 0,0001. — Die vom Mond ausgeübte gezeitenerzeugende Kraft pro Gramm Masse hat radial nach außen gerichtet die Komponente $\partial V/\partial\varrho$, senkrecht dazu in der Ebene durch die Mittelpunkte von Erde und Mond die Komponente $-\partial V/\varrho\partial\vartheta$ (Zerlegung in Nord- und Ostkomponente s. 3224). Für $\varrho = \varrho_1$ findet man:

$$\frac{\partial V}{\partial\varrho} = \left[0{,}00008226\left(\frac{c}{r}\right)^3\left(\cos 2\vartheta + \frac{1}{3}\right) + 0{,}00000034\left(\frac{c}{r}\right)^4(5\cos 3\vartheta + 3\cos\vartheta)\right]\text{cm sec}^{-2},$$

$$-\frac{\partial V}{\varrho\partial\vartheta} = \left[0{,}00008226\left(\frac{c}{r}\right)^3\sin 2\vartheta + 0{,}00000034\left(\frac{c}{r}\right)^4(5\sin 3\vartheta + \sin\vartheta)\right]\text{cm sec}^{-2}.$$

Im Falle der Sonne lautet der erste Koeffizient 0,00003788. — Die Richtung der Schwerkraft wird geändert um $\partial V/g\varrho\,\partial\vartheta$.

Bartels/Horn

3224 Entwicklung nach äquatorealen Koordinaten.

Transformation der Kugelfunktionen mit $\cos\vartheta = \sin\varphi \sin\delta + \cos\varphi \cos\delta \cos(\Theta^* - \alpha)$, wo α = Rektaszension, δ = Deklination des Mondes, φ = geozentrische Breite, L = geogr. Länge östl. Greenwich, Θ^* = Ortssternzeit, Θ = Sternzeit von Greenwich, also $\Theta^* = \Theta + L$, ergibt zur numerischen Berechnung von V, ζ und $\partial V/\partial \varrho$ nach (3221) und (3223):

$$\frac{2}{3}(3\cos^2\vartheta - 1) = \cos 2\vartheta + \tfrac{1}{8}$$
$$= \tfrac{1}{8}(1 - 3\sin^2\varphi)(1 - 3\sin^2\delta)$$
$$+ \sin 2\varphi \sin 2\delta \cos(\Theta^* - \alpha)$$
$$+ \cos^2\varphi \cos^2\delta \cos 2(\Theta^* - \alpha)$$

$$\frac{2}{3}(5\cos^3\vartheta - 3\cos\vartheta) = \tfrac{1}{6}(5\cos 3\vartheta + 3\cos\vartheta)$$
$$= \tfrac{1}{8}(3\sin\varphi - 5\sin^3\varphi)(3\sin\delta - 5\sin^3\delta)$$
$$+ \tfrac{1}{2}\cos\varphi(1 - 5\sin^2\varphi)\cos\delta(1 - 5\sin^2\delta)\cos(\Theta^* - \alpha)$$
$$+ 5\sin\varphi\cos^2\varphi\sin\delta\cos^2\delta\cos 2(\Theta^* - \alpha)$$
$$+ \tfrac{5}{6}\cos^3\varphi\cos^3\delta\cos 3(\Theta^* - \alpha)$$

Θ, ferner α, δ und ψ sowie die entsprechenden Koordinaten α_s, δ_s und ψ_s der Sonne lassen sich unmittelbar astronomischen Jahrbüchern [*9, 10, 11, 12*] entnehmen. Grenzwerte: δ_s variiert binnen eines Jahres zwischen $\pm 23^\circ 27'$, $\psi_0 : \psi_{0s} = c_s : r_s$ zwischen 0,9833 und 1,0170; δ binnen eines Monats maximal zwischen $\pm 28{,}^\circ5$, minimal zwischen $\pm 18{,}^\circ5$, je nach Lage des (in 18,6 Jahren in der Ekliptik umlaufenden) aufsteigenden Mondbahnknotens (s. 3225); ψ maximal zwischen $54{,}'0$ und $61{,}'5$, minimal zwischen $54{,}'3$ und $59{,}'2$ ($c : r$ entsprechend zwischen 0,9466 und 1,0781 bzw. 0,9519 und 1,0378), je nachdem die Sonne in Richtung der großen Mondbahnachse oder senkrecht dazu steht (ein relativer Umlauf 412 Tage, s. 3225).

Die Komponenten von $-\partial V/\varrho\partial\vartheta$ nach Norden und Osten sind bei Beschränkung auf V_2 (für $\varrho = \varrho_1$):

$$\frac{\partial V}{\varrho\partial\varphi} = -0{,}00004113\left(\frac{c}{r}\right)^3\Big[\sin 2\varphi(1 - 3\sin^2\delta) - 2\cos 2\varphi \sin 2\delta \cos(\Theta^* - \alpha) + \sin 2\varphi \cos^2\delta \cos 2(\Theta^* - \alpha)\Big]\ \text{cm sec}^{-2},$$

$$-\frac{\partial V}{\varrho\cos\varphi\,\partial L} = -0{,}00008226\left(\frac{c}{r}\right)^4\Big[\sin\varphi \sin 2\delta \sin(\Theta^* - \alpha) + \cos\varphi \cos^2\delta \sin 2(\Theta^* - \alpha)\Big]\ \text{cm sec}^{-2}.$$

3225 Astronomische Zahlen zur harmonischen Entwicklung [*2, 13, 14*].

Sei T die seit 1899 Dez. 31 mittags M.G.Z. verstrichene Zeit, gemessen in Julianischen Jahrhunderten zu je 36525 mittl. Sonnentagen. Dann sind die mittl. Längen des Mondes (s), der Sonne (h), des Mondbahnperigäums (p), des aufsteigenden Mondbahnknotens (N) und des Sonnenbahnperigäums (p_s) zur Zeit T, sämtlich in der Ekliptik gemessen vom gleichzeitigen mittl. Frühlingspunkt aus, gegeben durch:

$$s = 270^\circ 43659 + 481\,267{,}^\circ 89057\,T + 0{,}00198\,T^2 + 0{,}000002\,T^3$$
$$h = 279{,}69668 + 36000{,}76892\,T + 0{,}00030\,T^2$$
$$p = 334{,}32956 + 4069{,}03403\,T - 0{,}01032\,T^2 - 0{,}00001\,T^3$$
$$N = 259{,}18328 - 1934{,}14201\,T + 0{,}00208\,T^2 + 0{,}000002\,T^3$$
$$p = 281{,}22083 + 1{,}71902\,T + 0{,}00045\,T^2 + 0{,}000003\,T^3$$

Statt N wird vielfach $N' = -N$ verwendet. Zwischen der mittl. Sonnenzeit t, der mittl. Mondzeit τ und der Sternzeit Θ von Greenwich bestehen (mit einem festen Fehler im Betrage der Aberrationskonstante von $1{,}^s4$) die Beziehungen:

$$\Theta = t - 180^\circ + h = \tau - 180^\circ + s;\quad \tau = t - s + h.$$

x	$\dot{x} = \sigma$	$360^\circ/\sigma$
τ	14,492052109°/St.	1,035050 Tage
t	15,000000000	1,000000 ,,
Θ	15,041068639	0,997270 ,,
s	0,549016530	27,321582 ,,
h	0,041068639	365,242199 ,,
p	0,004641837	8,847 Jahre
N	—0,002206413	18,613 ,,
p_s	0,000001961	20940 ,,
$s-p$	0,544374694	27,554550 Tage
$s-h$	0,507947891	29,530588 ,,
$h-p_s$	0,041066678	365,259641 ,,
$h-p$	0,036426802	411,784707 ,,

Nebenstehende Tabelle gibt (für $T = 0$) für verschiedene Größen x die Änderungen $\dot{x} = \sigma$ je mittl. Sonnenstunde sowie die Perioden in mittleren Sonnentagen bzw. bürgerlichen Jahren an. Die Periode von h ist das tropische (= bürgerliche) Jahr, die von s der mittl. tropische Monat, die von $s - p$ und $s - h$ der mittl. anomalistische und synodische Monat. Wichtige Vielfache: 1653,5 Tage = ungefähr 60,5 tropischen, 60 anomalistischen, 56 synodischen Monaten; die Sarosperiode von 8584 Tagen = ungefähr 241 tropischen und siderischen, 239 anomalistischen, 223 synodischen, 222 drakonitischen ($s - N$) Monaten, 19 Perioden von ($h - N$) und 1 Periode von N. — Die elliptischen Ungleichheiten in der Bewegung der Sonne und des Mondes haben die Periode des anomalistischen Jahres bzw. Monats. Wichtigste Sonnenstörungen der Mondbewegung: die Evektion kann als Änderung der elliptischen Ungleichheiten mit der halben Periode von ($h - p$) aufgefaßt werden (vgl. 3226); die Variation hat die Periode eines halben synodischen Monats, die jährliche Ungleichheit die Periode eines anomalistischen Jahres (Periode von $h - p_s$).

Tab. 3 gibt unmittelbar die Werte von h, s, p und N für den 1. Jan. von 1911 bis 1970, Tab. 3a die Verbesserungen für ein beliebiges Datum. Tab. 4 gibt die von Ad. Schmidt [*8*] eingeführte Mondphasenzahl $\mu = (h - s)/15$ für den ersten Tag jedes Monats, Tab. 5 die Zeiten, zu denen der mittl. Mond im mittl. Perigäum steht ($s = p$), und Tab. 6 die Zeiten, zu denen $s = N$. Die Tabellen 4 bis 6, ebenso wie der Mondalmanach [*15*] und die ausführlichen Mondtafeln [*16*] sind nützlich bei der Berechnung der Gezeiten der festen Erde (3244), der Atmosphäre (3287) und des Erdmagnetismus und der Ionosphäre (3292), bei denen starke Störungen die Anwendung der Schemata für die Gezeiten des Meeres (3264) erschweren.

32 26 Harmonische Entwicklung.

Das gezeitenerzeugende Potential $V + V_s$ ist periodisch in s, h, p, N', p_s sowie einer beliebigen der Größen Θ, τ oder t und kann daher in eine sechsdimensionale Fourier-Reihe mit Gliedern („Tiden") der Form

$$K_{(A,B,C,D,E,F)} \cdot G_k(\varrho, \varphi) \cdot {\cos \atop \sin} (A\tau + Bs + Ch + Dp + EN' + Fp_s)$$

entwickelt werden, wo A bis F unabhängig voneinander alle ganzen Zahlen durchlaufen [2].

Tab. 2 gibt das bisher vollständigste Tidenverzeichnis nach Doodson [3]. Die Tiden sind gekennzeichnet durch ihre „Argumentzahl" A $(B+5)$ $(C+5)$. $(D+5)$ $(E+5)$ $(F+5)$, also z. B. eine Tide mit dem Argument $2\tau + 5s - 3h - p + N' + p$ durch $\{2X2.\ 466\}$; statt 10 wird X, statt 11 wird E geschrieben. Die „geodätischen Funktionen" $G_k(\varrho, \varphi)$ enthalten sämtlich $G(\varrho)$ als Faktor und sind so normiert, daß sie für $\varrho = \varrho_1$ sämtlich den Extremwert $\pm G(\varrho_1)$ annehmen. Die stündliche Änderung des Tidenarguments („Winkelgeschwindigkeit" σ) und die Periode berechnen sich nach 3225. „Stammtide" heißt die jeweils größte unter „verwandten" Tiden, deren Argumentzahlen sich nur in den drei letzten Ziffern unterscheiden. Nach der ersten Ziffer unterscheidet man Klassen mit langen sowie ungefähr ein-, halb- und dritteltägigen Perioden; die Klassen gliedern sich nach der zweiten Argumentziffer in Gruppen, innerhalb deren die Stammtiden nach der dritten Ziffer unterschieden werden. Der Koeffizient der größten Stammtide beträgt 0,908 12; Tab. 2 gibt alle aus V_2, V_{2s} und V_3 folgenden Stammtiden mit Koeffizienten bis 0,000 10 herab. In Tab. 1 sind die wichtigsten Stammtiden mit Andeutung ihrer Entstehung zusammengestellt.

(Doodson verwendete die Konstanten $\sin \psi_0 = 3422{,}''700$, $(S:E)\ \sin^3 \psi_{0s} = 2{,}''26428 \cdot 10^8$, $E:M = 81{,}53$, sowie die Schiefe der Ekliptik und die Erdbahnelemente von 1900. Der Koeffizient von $\{277.555\}$ und die Tide $\{165.455\}$ sind in Tab. 2 nach einer (unveröffentlichten) Neuberechnung des Sonnenpotentials von Horn berichtigt; nach dieser weisen die größten Sonnentiden zwischen 1900 und 2000 säkulare Änderungen bis zu etwa 1 Einheit der 4. Stelle auf. Nicht berichtigt ist in Tab. 2 der Normierungsfaktor 1,11803 der geodätischen Funktion G_0*, der richtig 0,50000 lauten müßte; setzt man diesen Wert ein, so sind die zugehörigen Koeffizienten K mit 1,118 03 : 0,5 zu vervielfältigen.)

Soweit eine Tide nicht durch eine Kosinusfunktion mit positivem Koeffizienten dargestellt ist, läßt sich dies durch Hinzufügen von 90° oder 180° zu ihrem Argument stets erreichen; zweckmäßig ersetzt man ferner τ durch $t - s + h$. In dieser Form läßt sich nach 3225 das „astronomische Argument V_0" der Tide zunächst für den Meridian von Greenwich und $t = 0^h$ M. G. Z. berechnen; t^h später ist das Argument dann $= V_0 + \sigma t$. Aus V_0 erhält man den entsprechenden Wert V_0* für einen Ort mit $L°$ Ostlänge, an welchem die mittl. Sonnenzeit des Meridians $S°$ Ostlänge eingeführt ist, für 0^h dieser Zeit durch

$$V_0{}^* = V_0 + \mathrm{p} \cdot L - \frac{\sigma \cdot S}{15},$$

(p = „Index" der Tide = Ziffer A der Argument- oder Tidenzahl). Für beschränkte Zeiträume, üblicherweise ein Jahr, faßt man eine Stammtide $G_k \cdot K \cdot \cos (V_0 + \sigma t)$ mit ihren verwandten Tiden $G_j \cdot K_j \cdot \cos (V_{0j} + \sigma_j t)$ in der Form $f \cdot G_k K \cdot \cos (V_0 + u + \sigma t)$ zusammen; f und u sind zu berechnen aus den Gleichungen:

$$f \cdot \sin u = \sum_j \frac{K_j G_j}{K G_k} \sin (V_{0j} - V_0); \qquad f \cdot \cos u = 1 + \sum_j \frac{K_j G_j}{K G_k} \cos (V_{0j} - V_0),$$

in welche man die Mittelwerte von sin bzw. cos $(V_{0j} - V_0)$ über den fraglichen Zeitraum einsetzt (vgl. jedoch „Gezeiten des Meeres", 3264, auch wegen Tafeln) [3, 4, 5].

Neben der Entwicklung von Doodson ist noch vielfach die ältere und weniger vollständige Entwicklung von Darwin [6] im Gebrauch, am ausführlichsten berechnet mit Tafeln der f und $V_0 + u$ für 1850 bis 2000 bei Schureman [7].

Die harmonische Darstellung der Kraftkomponente $\partial(V + V_s)/\partial\varrho$ (für $\varrho = \varrho_1$) findet man, indem man $G(\varrho_1)$ aus (3221) einsetzt und die aus V_2 und V_{2s} stammenden Tiden mit $2/\varrho_1$, die aus V_3 stammenden Tiden mit $3/\varrho_1$ multipliziert; entsprechend ist bei den übrigen Komponenten nach 3223/4 zu verfahren.

Literatur.

[1] Bartels, J.: Gezeitenkräfte, Hdb. d. Geophysik **1**, 309 bis 370, Berlin 1936. — [2] Horn, W.: Deutsch. Hydrograph. Zeitschr. **1**, 124 bis 140, Hamburg 1948. — [3] Doodson, A. T.: Proc. R. Soc. London A **100** (1922) 305 bis 329. — [4] Rauschelbach, H.: Arch. d. Deutsch. Seewarte **42** (1924) Nr. 1. — [5] Doodson, A. T.: Phil. Transact. Roy. Soc. London A **227**, 223 bis 279. — [6] Darwin, G. H.: Brit. Assoc. Advancem. Sci. Report for 1883, 49 bis 118; abgedruckt in Scientific Papers Vol. I, Cambridge 1907. — [7] Schureman, P.: Manual of Harmonic Analysis and Prediction of Tides, Washington 1941. — [8] Schmidt, Ad.: Veröff. Preuß. Met. Inst. Nr. 357, Abh. Bd. 9, Nr. 1, Berlin 1928. — [9] The Nautical Almanac and Astronomical Ephemeris, London, jährlich. — [10] Astronomisch-Geodätisches Jahrb., Heidelberg, jährlich. — [11] Astronomisches Jahrb., Berlin, jährlich. — [12] Nautisches Jahrb., Hamburg, jährlich. — [13] Brown, E. W.: Tables of the Motion of the Moon, New Haven 1919. — [14] Newcomb, S.: Tables of the Motion of the Earth ... around the Sun, Astr. Papers Amer. Ephem. and Naut. Almanac Vol. VI, Washington 1896. — [15] Bartels, J., u. G. Fanselau: „Geophysikalischer Mondalmanach", Z. f. Geophysik **13** (1937) 311 bis 328. Englische Fassung des Textes Terr. Magn. **43** (1938) 155 bis 158. — [16] Bartels, J., u. G. Fanselau: „Geophysikalische Mondtafeln 1850—1975", Geophys. Inst. Potsdam, Abh. Nr. 2. Berlin, J. Springer, 1938.

Bartels / Horn

Tabelle 1. Die wichtigsten Stammtiden des gezeitenerzeugenden Potentials.

Herkunft aus dem Mond- oder Sonnenpotential ist durch M oder S bezeichnet. Zur Entstehung der Tiden: s, h = Argument des tropischen Umlaufs des Mondes bzw. der Sonne; $(s-p)$, $2(s-p)$, $3(s-p)$ = Argumente der elliptischen Ungleichheiten 1., 2. und 3. Ordnung, $(s-2h+p) = (s-p)-2(h-p)$ = Argument der Evektion, $2(s-h)$ = Argument der Variation in der Bewegung des Mondes; $(h-p_s)$ = Argument der elliptischen Ungleichheit 1. Ordnung in der Bewegung der Sonne und der jährlichen Ungleichheit in der Bewegung des Mondes; $(\Theta-s)$ und $(\Theta-h)$ sind die Stundenwinkel des mittleren Mondes und der mittleren Sonne.

Argumentzahl	Herkunft	Bezeichnung	Zusammensetzung des Arguments	V_0	σ in °/Std.	Entstehung
055.555	M	M_0		0	0,0000000	Konstante Mondtide
055.555	S	S_0		0	0,0000000	Konstante Sonnentide
056.554	S	Sa	$(h-p_s)$	$+h-p_s$	0,0410668	Ellipt. Tide 1. Ord. zu S_0
057.555	S	Ssa	$2h$	$+2h$	0,0821373	Deklinationstide zu S_0
063.655	M	MSm	$(s-2h+p)$	$+s-2h+p$	0,4715211	Evektionstide zu M_0
065.455	M	Mm	$(s-p)$	$+s-p$	0,5443747	Ellipt. Tide 1. Ord. zu M_0
073.555	M	MSf	$2(s-h)$	$+2s-2h$	1,0158958	Variationstide zu M_0
075.555	M	Mf	$2s$	$+2s$	1,0980331	Deklinationstide zu M_0
083.655	M	$MStm$	$2s+(s-2h+p)$	$+3s-2h+p$	1,5695541	Evektionstide zu Mf
085.455	M	Mtm	$2s+(s-p)$	$+3s-p$	1,6424078	Ellipt. Tide 1. Ord. zu Mf
093.555	M	$MSqm$	$2s+2(s-h)$	$+4s-2h$	2,1139288	Variationstide zu Mf
095.355	M	Mqm	$2s+2(s-p)$	$+4s-2p$	2,1867824	Ellipt. Tide 2. Ord. zu Mf
125.755	M	$2Q_1$	$[(\Theta-s)-s]-2(s-p)+180°$	$-4s+h+2p-90°$	12,8542862	Ellipt. Tide 2. Ord. zu O_1
127.555	M	σ_1	$[(\Theta-s)-s]-2(s-h)+180°$	$-4s+3h-90°$	12,9271398	Variationstide zu O_1
135.655	M	Q_1	$[(\Theta-s)-s]-(s-p)+180°$	$-3s+h+p-90°$	13,3986609	Ellipt. Tide 1. Ord. zu O_1
137.455	M	ϱ_1	$[(\Theta-s)-s]-(s-2h+p)+180°$	$-3s+3h-p-90°$	13,4715145	Evektionstide zu O_1
145.555	M	O_1	$[(\Theta-s)-s]+180°$	$-2s+h-90°$	13,9430356	Eintägige Haupt-Mondtide
147.555	M	τ_1	$[(\Theta-s)+s]-2(s-h)+180°$	$-2s+3h+90°$	14,0251729	Variationstide zu K_1
155.655	M	NO_1	$[(\Theta-s)+s]-(s-p)+180°$	$-s+h+p+90°$	14,4966939	Ellipt. Tide 1. Ord. zu K_1
157.455	M	χ_1	$[(\Theta-s)+s]-(s-2h+p)+180°$	$-s+3h-p+90°$	14,5695476	Evektionstide zu K_1
162.556	S	π_1	$[(\Theta-h)-h]-(h-p_s)+180°$	$-2h+p_s-90°$	14,9178647	Ellipt. Tide 1. Ord. zu P_1
163.555	S	P_1	$[(\Theta-h)-h]+180°$	$-h-90°$	14,9589314	Eintägige Haupt-Sonnentide
164.556	S	S_1	$[(\Theta-h)+h]-(h-p_s)+180°$	$+p_s+90°$	15,0000020	Ellipt. Tide 1. Ord. zu K_1
165.555	M	K_1	$[(\Theta-s)+s]+180°$	$+h+90°$	15,0410686	Eintägige Haupt-Deklinationstide
165.555	S	K_1	$[(\Theta-h)+h]+180°$	$+h+90°$	15,0410686	Eintägige Haupt-Deklinationstide
166.554	S	ψ_1	$[(\Theta-h)+h]+(h-p_s)+180°$	$+2h-p_s+90°$	15,0821353	Ellipt. Tide 1. Ord. zu K_1
167.555	S	φ_1	$[(\Theta-h)+3h]+180°$	$+3h+90°$	15,1232059	Eintäg. Deklinationstide 2. Ord.
173.655	M	ϑ_1	$[(\Theta-s)+s]+(s-2h+p)+180°$	$+s-h+p+90°$	15,5125897	Evektionstide zu K_1
175.455	M	J_1	$[(\Theta-s)+s]+(s-p)+180°$	$+s+h-p+90°$	15,5854433	Ellipt. Tide 1. Ord. zu K_1
183.555	M	SO_1	$[(\Theta-s)+s]+2(s-h)+180°$	$+2s-h+90°$	16,0569644	Variationstide zu K_1

Argument-zahl	Herkunft	Bezeichnung	Zusammensetzung des Arguments	V_0	σ in °/Std.	Entstehung
185.555	M	OO_1	$[(\Theta-s)+3s]+180°$	$+2s+h+90°$	16,1391017	Eintäg. Deklinationstide 2. Ord.
195.455	M	ν_1	$[(\Theta-s)+3s]+(s-p)+180°$	$+3s+h-p+90°$	16,6834764	Ellipt. Tide 1. Ord. zu OO_1
225.855	M	$3N_2$	$2(\Theta-s)-3(s-p)$	$-5s+2h+3p$	27,3509801	Ellipt. Tide 3. Ord. zu M_2
227.655	M	ε_2	$[2(\Theta-s)-2(s-p)]-(s-2h+p)$	$-5s+4h+p$	27,4238337	Evektionstide zu $2N_2$
235.755	M	$2N_2$	$2(\Theta-s)-2(s-p)$	$-4s+2h+2p$	27,8953548	Ellipt. Tide 2. Ord. zu M_2
237.555	M	μ_2	$2(\Theta-s)-2(s-h)$	$-4s+4h$	27,9682084	Gr. Variationstide zu M_2
245.655	M	N_2	$2(\Theta-s)-(s-p)$	$-3s+2h+p$	28,4397295	Gr. ellipt. Tide 1. Ord. zu M_2
247.455	M	ν_2	$2(\Theta-s)-(s-2h+p)$	$-3s+4h-p$	28,5125831	Gr. Evektionstide zu M_2
253.755	M	γ_2	$[2(\Theta-s)-(s-p)]+(s-2h+p)$	$-2s+2p+180°$	28,9112506	Evektionstide zu N_2
254.556	M	α_2	$2(\Theta-s)-(h-p_s)$	$-2s+h+p_s+180°$	28,9430375	Gr. Tide der jährl. Ungleichheit zu M_2
255.555	M	M_2	$2(\Theta-s)$	$-2s+2h$	28,9841042	Halbtägige Haupt-Mondtide
256.554	M	β_2	$2(\Theta-s)+(h-p_s)$	$-2s+3h-p_s$	29,0251709	Kl. Tide der jährl. Ungleichheit zu M_2
257.555	M	δ_2	$[2(\Theta-s)+2s]-2(s-h)$	$-2s+4h$	29,0662415	Variationstide zu K_2
263.655	M	λ_2	$2(\Theta-s)+(s-2h+p)$	$-s+p+180°$	29,4556253	Kl. Evektionstide zu M_2
265.455	M	L_2	$2(\Theta-s)+(s-p)$	$-s+2h-p+180°$	29,5284789	Kl. ellipt. Tide 1. Ord. zu M_2
272.556	S	T_2	$2(\Theta-h)-(h-p_s)$	$-h+p_s$	29,9589333	Gr. ellipt. Tide 1. Ord. zu S_2
273.555	S	S_2	$2(\Theta-h)$	0	30,0000000	Halbtägige Haupt-Sonnentide
273.555	M	S_2	$2(\Theta-s)+2(s-h)$	0	30,0000000	Kl. Variationstide zu M_2
274.554	S	R_2	$2(\Theta-h)+(h-p_s)$	$+h-p_s+180°$	30,0410667	Kl. ellipt. Tide 1. Ord. zu S_2
275.555	M	K_2	$2(\Theta-s)+2s$	$+2h$	30,0821373	Halbtägige Deklinationstide zu M_2
275.555	S	K_2	$2(\Theta-h)+2h$	$+2h$	30,0821373	Halbtägige Deklinationstide zu S_2
283.655	M	ζ_2	$[2(\Theta-s)+2s]+(s-2h+p)$	$+s+p$	30,5536564	Evektionstide zu K_2
285.455	M	η_2	$[2(\Theta-s)+2s]+(s-p)$	$+s+2h-p$	30,6265120	Ellipt. Tide 1. Ord. zu K_2
355.555	M	M_3	$3(\Theta-s)+180°$	$-3s+3h$	43,4761563	Dritteltägige Haupt-Mondtide

Tabelle 2. Harmonische Entwicklung des Gezeitenpotentials nach Doodson.

Gegeben sind die Koeffizienten mal 10^5. Die mit * bezeichneten Tiden stammen aus V_3.

Langperiodische Glieder.

Die cos-Tiden entstammen V_2, ihre geodätische Funktion ist $G_0 = \frac{1}{2} G\,(1-3\sin^2\varphi)$;
die sin-Tiden entstammen V_3, ihre geodätische Funktion ist $G_0{}^* = 1{,}11803\, G \sin\varphi\,(3-5\sin^2\varphi)$.

Herkunft	Argument	Koeffizient mal 10^5	Herkunft	Argument	Koeffizient mal 10^5	Herkunft	Argument	Koeffizient mal 10^5	Herkunft	Argument	Koeffizient mal 10^5
	Gruppe 05 oder Ssa		M^*	sin {055.655}	+ 26	S	cos {057.553}	+ 30	S	cos {058.554}	+ 427
M	cos {055.555}	+ 50458	M	cos {056.554}	— 16	M	cos {057.555}	+ 12	S	cos {059.553}	+ 17
S	cos {055.555}	+ 23411	S	cos {056.554}	+ 1176	S	cos {057.555}	+ 7287			
M	cos {055.565}	— 6552	S	cos {056.556}	— 61	M	cos {057.565}	— 181			
M	cos {055.575}	+ 64	M	cos {057.355}	+ 73	M	cos {057.575}	— 40			

Herkunft	Argument	Koeffizient mal 10^5
	Gruppe 06 oder Mm	
M	cos {062.656}	+ 68
M	cos {063.445}	— 16
M	cos {063.645}	— 113
M	cos {063.655}	+ 1578
M	cos {063.665}	— 103
M	cos {064.456}	+ 51
M	cos {064.555}	— 44
M	cos {064.654}	— 10
M	cos {065.445}	— 542
M	cos {065.455}	+ 8254
M	cos {065.465}	— 535
M*	sin {065.545}	— 24
M*	sin {065.555}	+ 466
M*	sin {065.565}	+ 73
M	cos {065.655}	— 442
M	cos {065.665}	— 179
M	cos {065.675}	— 47
M	cos {066.454}	— 43
M	cos {067.455}	— 116
M	cos {067.465}	— 58
	Gruppe 07 oder Mf	
M	cos {071.755}	+ 26
M	cos {072.556}	+ 91
M	cos {073.545}	+ 98
M	cos {073.555}	+ 1370
M	cos {073.565}	— 88
M*	sin {073.655}	+ 15
M	cos {074.554}	— 17
M	cos {074.556}	+ 48
M	cos {074.566}	+ 12
M	cos {075.345}	— 36
M	cos {075.355}	+ 677
M	cos {075.365}	— 44
M*	sin {075.455}	+ 76
M*	sin {075.465}	+ 12
M	cos {075.555}	+ 15642
M	cos {075.565}	+ 6481
M	cos {075.575}	+ 607
M	cos {075.585}	— 13
M	cos {076.554}	— 54
M	cos {076.564}	— 14
M	cos {077.355}	— 47
M	cos {077.365}	— 19
	Gruppe 08	
M	cos {081.655}	+ 42
M	cos {082.465}	+ 16
M	cos {082.656}	+ 26
M	cos {082.666}	+ 11
M	cos {083.445}	+ 22
M	cos {083.455}	+ 217
M	cos {083.465}	— 14
M*	sin {083.555}	+ 13
M	cos {083.655}	+ 569
M	cos {083.665}	+ 236
M	cos {083.675}	+ 21
M	cos {084.456}	+ 28
M	cos {084.466}	+ 10
M	cos {084.555}	— 16
M	cos {085.255}	+ 54
M	cos {085.455}	+ 2995
M	cos {085.465}	+ 1241
M	cos {085.475}	+ 117
M*	sin {085.555}	+ 38
M*	sin {085.565}	+ 24
M	cos {085.675}	— 12
M	cos {086.454}	— 26
	Gruppe 09	
M	cos {091.555}	+ 20
M	cos {091.755}	+ 14
M	cos {092.556}	+ 32
M	cos {092.566}	+ 13
M	cos {093.355}	+ 25
M	cos {093.555}	+ 478
M	cos {093.565}	+ 200
M	cos {093.575}	+ 19
M	cos {095.355}	+ 396
M	cos {095.365}	+ 165
M	cos {095.375}	+ 16
M*	sin {095.455}	+ 11
	Gruppe OX	
M	cos {OX1.655}	+ 23
M	cos {OX3.455}	+ 116
M	cos {OX3.465}	+ 48
M	cos {OX5.255}	+ 45
M	cos {OX5.265}	+ 19
	Gruppe OE	
M	cos {OE1.555}	+ 12
M	cos {OE3.355}	+ 19

Eintägige Glieder.

Die *sin*-Tiden entstammen V_2, ihre geodätische Funktion ist $G_1 = G \sin 2\varphi$;
die *cos*-Tiden entstammen V_3, ihre geodätische Funktion ist $G_1{}^* = 0{,}72618\, G \cos\varphi\,(1-5\sin^2\varphi)$.

Herkunft	Argument	Koeffizient mal 10^5
	Gruppe 10	
M	sin {105.955}	+ 11
M	sin {107.755}	+ 46
M	sin {109.555}	+ 28
	Gruppe 11	
M*	cos {115.755}	— 10
M	sin {115.845}	+ 21
M	sin {115.855}	+ 108
M*	cos {117.555}	— 10
M	sin {117.645}	+ 53
M	sin {117.655}	+ 278
M	sin {118.654}	+ 21
M	sin {119.445}	+ 10
M	sin {119.455}	+ 54
	Gruppe 12	
M	sin {124.756}	— 13
M*	cos {125.645}	— 23
M*	cos {125.655}	— 58
M	sin {125.745}	+ 180
M	sin {125.755}	+ 955
M	sin {126.556}	— 16
M	sin {126.655}	— 11
M	sin {126.754}	+ 15
M*	cos {127.455}	— 11
M	sin {127.545}	+ 218
M	sin {127.555}	+ 1153
M	sin {128.544}	+ 14
M	sin {128.554}	+ 79
M	sin {129.355}	+ 35
	Gruppe 13 oder Q_1	
M	sin {133.855}	— 23
M	sin {134.656}	— 61
M	sin {135.435}	— 28
M*	cos {135.545}	— 84
M*	cos {135.555}	— 211
M	sin {135.635}	— 42
M	sin {135.645}	+ 1360
M	sin {135.655}	+ 7216
M*	cos {135.755}	— 13
M	sin {135.855}	— 19
M	sin {136.456}	— 13
M	sin {136.555}	— 39
M	sin {136.644}	+ 11
M	sin {136.654}	+ 68
M	sin {137.445}	+ 258
M	sin {137.455}	+ 1371
M*	cos {137.555}	— 18
M	sin {137.655}	— 78
M	sin {137.665}	+ 24
M	sin {138.444}	+ 11
M	sin {138.454}	+ 64
M	sin {139.455}	— 14
	Gruppe 14 oder O_1	
M	sin {143.535}	— 17
M	sin {143.745}	— 20
M	sin {143.755}	— 113
M	sin {144.546}	— 15
M	sin {144.556}	— 130
M*	cos {145.455}	+ 12
M	sin {145.535}	— 218
M	sin {145.545}	+ 7105
M	sin {145.555}	+ 37689
M*	cos {145.645}	+ 16
M*	cos {145.655}	— 108
M*	cos {145.665}	+ 14
M	sin {145.755}	— 243
M	sin {145.765}	— 40
M	sin {146.544}	+ 12
M	sin {146.554}	+ 115
M	sin {147.355}	— 21
M*	cos {147.455}	— 21
M	sin {147.545}	+ 14
M	sin {147.555}	— 491
M	sin {147.565}	+ 107
M	sin {148.554}	— 33
	Gruppe 15 oder M_1	
M	sin {152.656}	— 14
M	sin {153.645}	— 63
M	sin {153.655}	— 278
M	sin {154.656}	+ 15
M	sin {155.435}	+ 17
M	sin {155.445}	— 197
M	sin {155.455}	— 1065
M*	cos {155.545}	+ 98
M*	cos {155.555}	— 661
M*	cos {155.565}	+ 86
M	sin {155.645}	+ 85
M	sin {155.655}	— 2964

Herkunft	Argument	Koeffizient mal 10^5
M	sin {155.665}	— 594
M	sin {155.675}	+ 17
M	sin {156.555}	+ 16
M	sin {156.654}	— 18
M	sin {157.445}	+ 16
M	sin {157.455}	— 566
M	sin {157.465}	— 124
M	sin {158.454}	— 24
	Gruppe 16 oder K_1	
S	sin {161.557}	+ 42
S	sin {162.556}	+ 1029
M	sin {163.535}	+ 14
M	sin {163.545}	— 199
M	sin {163.555}	+ 30
S	sin {163.555}	+ 17554
S	sin {163.557}	— 11
M	sin {163.755}	— 26
S	sin {164.554}	— 147
S	sin {164.556}	— 423
M*	cos {165.455}	— 36
M	sin {165.545}	+ 1050
S	sin {165.555}	— 16817
M	sin {165.555}	— 36233
M	sin {165.565}	— 7182
M	sin {165.575}	+ 154
M*	cos {165.655}	— 13
S	sin {166.554}	— 423
M	sin {167.355}	— 26

Herkunft	Argument	Koeffizient mal 10^5
S	sin {167.553}	— 11
S	sin {167.555}	— 756
M	sin {167.565}	+ 29
M	sin {167.575}	+ 14
S	sin {168.554}	— 44
	Gruppe 17 oder J_1	
M	sin {172.656}	— 24
M	sin {173.445}	— 17
M	sin {173.645}	+ 18
M	sin {173.655}	— 566
M	sin {173.665}	— 112
M*	cos {173.765}	— 89
M	sin {174.456}	— 18
M	sin {174.555}	+ 16
M	sin {175.445}	+ 87
M	sin {175.455}	— 2964
M	sin {175.465}	— 587
M	sin {175.475}	+ 13
M*	cos {175.555}	— 241
M	sin {175.655}	+ 46
M	sin {175.665}	+ 29
M	sin {175.675}	+ 17
M	sin {176.454}	+ 15
M	sin {177.455}	+ 12
	Gruppe 18 oder OO_1	
M	sin {182.556}	— 32
M	sin {183.545}	— 16

Herkunft	Argument	Koeffizient mal 10^5
M	sin {183.555}	— 492
M	sin {183.565}	— 96
M	sin {185.355}	— 240
M	sin {185.365}	— 48
M*	cos {185.455}	— 40
M*	cos {185.465}	— 16
M	sin {185.555}	— 1623
M	sin {185.565}	— 1039
M	sin {185.575}	— 218
M	sin {185.585}	— 14
	Gruppe 19	
M	sin {191.655}	— 15
M	sin {193.455}	— 78
M	sin {193.465}	— 15
M	sin {193.655}	— 59
M	sin {193.665}	— 38
M	sin {195.255}	— 19
M	sin {195.455}	— 311
M	sin {195.465}	— 199
M	sin {195.475}	— 42
	Gruppe 1X	
M	sin {1X3.555}	— 50
M	sin {1X3.565}	— 32
M	sin {1X5.355}	— 41
M	sin {1X5.365}	— 27
	Gruppe 1E	
M	sin {1E3.455}	— 12

Halbtägige Glieder.

Die *cos*-Tiden entstammen V_2, ihre geodätische Funktion ist $G_2 = G \cos^2 \varphi$;
die *sin*-Tiden entstammen V_3, ihre geodätische Funktion ist $G_2^* = 2{,}59808\, G \sin\varphi \cos^2\varphi$.

Herkunft	Argument	Koeffizient mal 10^5
	Gruppe 20	
M	cos {207.855}	+ 15
M	cos {209.655}	+ 18
	Gruppe 21	
M	cos {215.955}	+ 27
M	cos {217.755}	+ 111
M	cos {219.555}	+ 69
	Gruppe 22	
M*	sin {225.755}	— 27
M	cos {225.855}	+ 259
M	cos {226.656}	— 12
M*	sin {227.555}	— 27
M	cos {227.645}	— 25
M	cos {227.655}	+ 671
M	cos {228.654}	+ 54
M	cos {229,455}	+ 130
M	cos {22X.454}	+ 15
	Gruppe 23 oder 2 N_2	
M	cos {234.756}	— 31
M	cos {235.535}	— 14
M*	sin {235.645}	— 27
M*	sin {235.655}	— 156
M	cos {235.745}	— 86
M	cos {235.755}	+ 2301
M	cos {236.556}	— 40
M	cos {236.655}	— 25
M	cos {236.754}	+ 36
M*	sin {237.455}	— 29
M	cos {237.545}	— 104
M	cos {237.555}	+ 2777
M	cos {238.554}	+ 189
M	cos {239.355}	+ 85

Herkunft	Argument	Koeffizient mal 10^5
	Gruppe 24 oder N_2	
M	cos {243.635}	— 15
M	cos {243.855}	— 56
M	cos {244.656}	— 147
M	cos {245.435}	— 63
M*	sin {245.545}	— 97
M*	sin {245.555}	— 569
M	cos {245.556}	+ 14
M	cos {245.645}	— 648
M	cos {245.655}	+ 17387
M*	sin {245.755}	+ 11
M	cos {246.456}	— 33
M	cos {246.555}	— 94
M	cos {246.654}	+ 163
M	cos {247.445}	— 123
M	cos {247.455}	+ 3303
M*	sin {247.555}	+ 15
M	cos {247.655}	+ 17
M	cos {247.665}	— 12
M	cos {248.454}	+ 153
	Gruppe 25 oder M_2	
M	cos {252.756}	— 11
M	cos {253.535}	— 40
M	cos {253.755}	— 273
M	cos {254.556}	— 314
M	cos {254.655}	+ 14
M*	sin {255.455}	+ 32
M	cos {255.535}	+ 47
M	cos {255.545}	— 3386
M	cos {255.555}	+ 90812
M*	sin {255.655}	+ 86
M*	sin {255.665}	+ 16
M	cos {255.755}	+ 53

Herkunft	Argument	Koeffizient mal 10^5
M	cos {255.765}	+ 19
M	cos {256.554}	+ 276
M	cos {257.355}	— 52
M*	sin {257.455}	+ 17
M	cos {257.555}	+ 107
M	cos {257.565}	— 51
M	cos {257.575}	+ 18
	Gruppe 26 oder L_2	
M	cos {262.656}	— 33
M	cos {263.645}	+ 24
M	cos {263.655}	— 670
M	cos {264.456}	— 10
M	cos {264.555}	+ 17
M	cos {265.445}	+ 95
M	cos {265.455}	— 2567
M*	sin {265.545}	— 31
M*	sin {265.555}	+ 525
M*	sin {265.565}	+ 99
M	cos {265.645}	— 12
M	cos {265.655}	+ 643
M	cos {265.665}	+ 283
M	cos {265.675}	+ 40
M	cos {267.455}	+ 123
M	cos {267.465}	+ 59
	Gruppe 27 oder S_2	
S	cos {271.557}	+ 101
S	cos {272.556}	+ 2479
M	cos {273.545}	+ 94
S	cos {273.555}	+ 42286
M	cos {273.555}	+ 72
S	cos {274.554}	— 354
S	cos {274.556}	+ 92

Herkunft	Argument	Koeffizient mal 10^5	Herkunft	Argument	Koeffizient mal 10^5	Herkunft	Argument	Koeffizient mal 10^5
M^*	sin {275.455}	+ 29	M	cos {285.445}	— 12	M	cos {295.365}	+ 23
M	cos {275.545}	— 147	M	cos {285.455}	+ 643	M	cos {295.555}	+ 168
M	cos {275.555}	+ 7858	M	cos {285.465}	+ 280	M	cos {295.565}	+ 146
S	sin {275.555}	+ 3648	M	cos {285.475}	+ 30	M	cos {295.575}	+ 47
M	cos {275.565}	+ 3423	M^*	sin {285.555}	+ 48			
M	cos {275.575}	+ 372	M^*	sin {285.565}	+ 31			
S	cos {276.554}	+ 92					Gruppe 2X	
S	cos {277.555}	+ 78		Gruppe 29				
	Gruppe 28		M	cos {293.555}	+ 107	M	cos {2X3.455}	+ 17
M	cos {283.655}	+ 123	M	cos {293.565}	+ 46	M	cos {2X5.455}	+ 32
M	cos {283.665}	+ 54	M	cos {295.355}	+ 53	M	cos {2X5.465}	+ 28

Dritteltägige Glieder.
Entstammen sämtlich V_3, ihre geodätische Funktion ist $G_3^* = G \cos^3 \varphi$.

Herkunft	Argument	Koeffizient mal 10^5	Herkunft	Argument	Koeffizient mal 10^5	Herkunft	Argument	Koeffizient mal 10^5
	Gruppe 32			Gruppe 34			Gruppe 36	
M^*	cos {327.655}	— 17	M^*	cos {345.645}	+ 18	M^*	cos {363.655}	+ 17
			M^*	cos {345.655}	— 326	M^*	cos {365.455}	+ 67
			M^*	cos {347.455}	— 61	M^*	cos {365.655}	— 25
						M^*	cos {365.665}	— 11
	Gruppe 33			Gruppe 35			Gruppe 37	
M^*	cos {335.755}	— 56	M^*	cos {355.545}	+ 66	M^*	cos {375.555}	— 155
M^*	cos {337.555}	— 57	M^*	cos {355.555}	— 1188	M^*	cos {375.565}	— 68

Tabelle 3. Mittlere Längen h der Sonne, s des Mondes, p des Perigäums, N des aufsteigenden Knotens der Mondbahn, für den 1. Januar jedes Jahres, 12 Uhr Weltzeit. 1911 bis 1970. (Für die Jahre vor 1925, vor Einführung der Weltzeit, ist mittl. Greenwich Mittag gemeint.)

Jahr	h °	s °	p °	N °	Jahr	h °	s °	p °	N °	Jahr	h °	s °	p °	N °
1911	280,03	293,20	61,95	46,41	1931	280,18	66,78	155,76	19,59	1951	280,34	200,36	249,56	352,76
1912	279,79	62,58	102,61	27,09	1932	279,94	196,16	196,42	0,26	1952	280,10	329,74	290,22	333,43
1913	280,54	205,14	143,39	7,71	1933	280,69	338,72	237,19	340,88	1953	280,84	112,30	331,00	314,05
1914	280,30	334,53	184,05	348,38	1934	280,45	108,11	277,86	321,55	1954	280,60	241,69	11,66	294,72
1915	280,06	103,91	224,71	329,05	1935	280,21	237,49	318,52	302,22	1955	280,37	11,07	52,32	275,39
1916	279,82	233,30	265,37	309,72	1936	279,97	6,88	359,18	282,89	1956	280,13	140,46	92,99	256,06
1917	280,57	15,86	306,15	290,34	1937	280,72	149,44	39,95	263,51	1957	280,87	283,02	133,76	236,68
1918	280,33	145,25	346,81	271,01	1938	280,48	278,82	80,62	244,18	1958	280,64	52,40	174,42	217,36
1919	280,09	274,63	27,47	251,68	1939	280,24	48,21	121,28	224,85	1959	280,40	181,79	215,08	198,03
1920	279,85	44,01	68,14	232,36	1940	280,00	177,59	161,94	205,53	1960	280,16	311,17	255,75	178,70
1921	280,60	186,58	108,91	212,97	1941	280,75	320,15	202,72	186,15	1961	280,91	93,73	296,52	159,32
1922	280,36	315,96	149,57	193,65	1942	280,51	89,54	243,38	166,82	1962	280,67	223,12	337,18	139,99
1923	280,12	85,35	190,23	174,32	1943	280,27	218,92	284,04	147,49	1963	280,43	352,50	17,84	120,66
1924	279,88	214,73	230,90	154,99	1944	280,04	348,31	324,70	128,16	1964	280,19	121,89	58,51	101,33
1925	280,63	357,29	271,67	135,61	1945	280,78	130,87	5,48	108,78	1965	280,94	264,45	99,28	81,95
1926	280,39	126,68	312,33	116,28	1946	280,54	260,25	46,14	89,45	1966	280,70	33,83	139,94	62,62
1927	280,15	256,06	353,00	96,95	1947	280,30	29,64	86,80	70,12	1967	280,46	163,22	180,61	43,30
1928	279,91	25,45	33,66	77,62	1948	280,07	159,02	127,46	50,80	1968	280,22	292,60	221,27	23,97
1929	280,66	168,01	74,43	58,24	1949	280,81	301,59	168,24	31,41	1969	280,97	75,16	262,04	4,59
1930	280,42	297,39	115,09	38,91	1950	280,57	70,97	208,90	12,09	1970	280,73	204,55	302,70	345,26

Tabelle 3a. Zur Bestimmung von h, s, p und N für jeden Tag des Jahres, 12 Uhr Weltzeit, sind den Zahlen für den 1. Januar hinzuzufügen.

Tage seit Jan. 1	Datum Normaljahr	Datum Schaltjahr	Zuwachs für h °	s °	p °	N °	Tage seit Jan. 1	Datum Normaljahr	Datum Schaltjahr	Zuwachs für h °	s °	p °	N °
10	Jan. 11	11	9,86	131,76	1,11	— 0,53	60	März 2	1	59,14	70,58	6,68	— 3,18
20	21	21	19,71	263,53	2,23	— 1,06	70	12	11	69,00	202,35	7,80	— 3,71
30	31	31	29,57	35,29	3,34	— 1,59	80	22	21	78,85	334,11	8,91	— 4,24
40	Febr. 10	10	39,43	167,06	4,46	— 2,12	90	April 1	31	88,71	105,88	10,03	— 4,77
50	20	20	49,28	298,82	5,57	— 2,65	100	11	10	98,56	237,64	11,14	— 5,30

Tage seit Jan. 1	Datum Normaljahr	Datum Schaltjahr	Zuwachs für h °	s °	p °	N °	Tage seit Jan. 1	Datum Normaljahr	Datum Schaltjahr	Zuwachs für h °	s °	p °	N °
110	21	20	108,42	9,40	12,25	— 5,82	300	28	27	295,69	352,92	33,42	—15,89
120	Mai 1	30	118,28	141,17	13,37	— 6,35	310	Nov. 7	6	305,55	124,68	34,54	—16,42
130	11	10	128,13	272,93	14,48	— 6,88	320	17	16	315,41	256,45	35,65	—16,95
140	21	20	137,99	44,70	15,60	— 7,41	330	27	26	325,26	28,21	36,76	—17,47
150	31	30	147,85	176,46	16,71	— 7,94	340	Dezbr. 7	6	335,12	159,97	37,88	—18,00
160	Juni 10	9	157,70	308,22	17,82	— 8,47	350	17	16	344,98	291,74	38,99	—18,53
170	20	19	167,56	79,99	18,94	— 9,00	360	27	26	354,83	63,50	40,11	—19,06
180	30	29	177,42	211,75	20,05	— 9,53							
190	Juli 10	9	187,27	343,52	21,17	—10,06	1			0,99	13,18	0,11	— 0,05
200	20	19	197,13	115,28	22,28	—10,59	2			1,97	26,35	0,22	— 0,11
210	30	29	206,99	247,04	23,39	—11,12	3			2,96	39,53	0,33	— 0,16
220	Aug. 9	8	216,84	18,81	24,51	—11,65	4			3,94	52,71	0,45	— 0,21
230	19	18	226,70	150,57	25,62	—12,18	5			4,93	65,88	0,56	— 0,26
240	29	28	236,56	282,34	26,74	—12,71	6			5,91	79,06	0,67	— 0,32
250	Sept. 8	7	246,41	54,10	27,85	—13,24	7			6,90	92,23	0,78	— 0,37
260	18	17	256,27	185,86	28,97	—13,77	8			7,89	105,41	0,89	— 0,42
270	28	27	266,12	317,63	30,08	—14,30	9			8,87	118,59	1,00	— 0,48
280	Okt. 8	7	275,98	89,39	31,19	—14,83							
290	18	17	285,84	221,16	32,31	—15,36							

Tabelle 4. Die mittlere Mondphasenzahl $\mu = (h-s)/15$, um 12 Uhr Weltzeit am ersten Tag jedes Monats, 1911 bis 1970.

Mittlere Weltmondzeit τ_0 für diesen Augenblick ist $(\mu \pm 12)$ Mondstunden, $\tau_0 = (\mu \pm 12) \cdot 15°$.

μ nimmt in einem mittleren Sonnentag ab um 0,81272. Für jeden Tag des Monats, 12 Uhr Weltzeit, ergibt sich μ, nötigenfalls unter Änderung um ± 24, durch Hinzufügung der unten rechts stehenden Zahlen.

Wenn man vorzieht, einen Parameter zu wählen, der im Laufe eines mittleren synodischen Monats von 0 bis 24 wächst, ist $\nu = 24 - \mu$ geeignet. $\nu = 0$ ist Neumond, $\nu = 6$ Erstes Viertel, $\nu = 12$ Vollmond, $\nu = 18$ Letztes Viertel.

	1911	1912	1913	1914	1915	1916	1917	1918	1919	1920	1921	1922	1923	1924
Jan.	23,12	14,48	5,03	20,38	11,74	3,10	17,65	9,01	0,36	15,72	6,27	21,63	12,98	4,34
Febr.	21,93	13,29	3,83	19,19	10,55	1,91	16,45	7,81	23,17	14,53	5,07	20,43	11,79	3,15
März	23,17	13,72	5,08	20,43	11,79	2,34	17,70	9,06	0,41	14,96	6,32	21,68	13,03	3,58
April	21,98	12,52	3,88	19,24	10,60	1,14	16,50	7,86	23,22	13,77	5,12	20,48	11,84	2,39
Mai	21,60	12,14	3,50	18,86	10,22	0,76	16,12	7,48	22,84	13,38	4,74	20,10	11,46	2,00
Juni	20,40	10,95	2,31	17,66	9,02	23,57	14,93	6,29	21,64	12,19	3,55	18,91	10,26	0,81
Juli	20,02	10,57	1,92	17,28	8,64	23,19	14,55	5,90	21,26	11,81	3,17	18,52	9,88	0,43
Aug.	18,83	9,37	0,73	16,09	7,45	21,99	13,35	4,71	20,07	10,61	1,97	17,33	8,69	23,23
Sept.	17,63	8,18	23,54	14,89	6,25	20,80	12,16	3,52	18,87	9,42	0,78	16,14	7,49	22,04
Okt.	17,25	7,80	23,15	14,51	5,87	20,42	11,78	3,13	18,49	9,04	0,40	15,75	7,11	21,66
Nov.	16,06	6,60	21,96	13,32	4,68	19,22	10,58	1,94	17,30	7,84	23,20	14,56	5,92	20,46
Dez.	15,67	6,22	21,58	12,94	4,30	18,84	10,20	1,56	16,92	7,46	22,82	14,18	5,54	20,08

	1925	1926	1927	1928	1929	1930	1931	1932	1933	1934	1935	1936	1937	1938
Jan.	18,89	10,25	1,61	16,96	7,51	22,87	14,23	5,59	20,13	11,49	2,85	18,21	8,75	0,11
Febr.	17,69	9,05	0,41	15,77	6,32	21,67	13,03	4,39	18,94	10,30	1,65	17,01	7,56	22,92
März	18,94	10,30	1,66	16,20	7,56	22,92	14,28	4,82	20,18	11,54	2,90	17,44	8,80	0,16
April	17,74	9,10	0,46	15,01	6,37	21,72	13,08	3,63	18,99	10,35	1,70	16,25	7,61	22,97
Mai	17,36	8,72	0,08	14,63	5,98	21,34	12,70	3,25	18,61	9,96	1,32	15,87	7,23	22,58
Juni	16,17	7,53	22,89	13,43	4,79	20,15	11,51	2,05	17,41	8,77	0,13	14,67	6,03	21,39
Juli	15,79	7,15	22,50	13,05	4,41	19,77	11,13	1,67	17,03	8,39	23,75	14,29	5,65	21,01
Aug.	14,59	5,95	21,31	11,86	3,21	18,57	9,93	0,48	15,84	7,19	22,55	13,10	4,46	19,81
Sept.	13,40	4,76	20,12	10,66	2,02	17,38	8,74	23,28	14,64	6,00	21,36	11,90	3,26	18,62
Okt.	13,02	4,38	19,73	10,28	1,64	17,00	8,36	22,90	14,26	5,62	20,98	11,52	2,88	18,24
Nov.	11,82	3,18	18,54	9,09	0,44	15,80	7,16	21,71	13,07	4,42	19,78	10,33	1,69	17,04
Dez.	11,44	2,80	18,16	8,70	0,06	15,42	6,78	21,33	12,68	4,04	19,40	9,95	1,30	16,66

	1939	1940	1941	1942	1943	1944	1945	1946	1947	1948	1949	1950	1951	1952
Jan.	15,47	6,83	21,37	12,73	4,09	19,45	9,99	1,35	16,71	8,07	22 62	13,97	5,33	20,69
Febr.	14,27	5,63	20,18	11,54	2,90	18,25	8,80	0,16	15,52	6,88	21,42	12,78	4,14	19,50
März	15,52	6,06	21,42	12,78	4,14	18,69	10,04	1,40	16,76	7,31	22,66	14,02	5,38	19,93
April	14,32	4,87	20,23	11,59	2,95	17,49	8,85	0,21	15,57	6,11	21,47	12,83	4,19	18,73
Mai	13,94	4,49	19,85	11,21	2,56	17,11	8,47	23,83	15,18	5,73	21,09	12,45	3,81	18,35
Juni	12,75	3,29	18,65	10,01	1,37	15,92	7,27	22,63	13,99	4 54	19,89	11,25	2,61	17,16
Juli	12,37	2,91	18,27	9,63	0,99	15,53	6,89	22,25	13,61	4,15	19,51	10,87	2,23	16,78
Aug.	11,17	1,72	17,08	8,44	23,79	14,34	5,70	21,06	12,42	2 96	18,32	9,68	1,04	15,58
Sept.	9,98	0,52	15,88	7,24	22,60	13,15	4,50	19,86	11,22	1,77	17,12	8,48	23,84	14,39
Okt.	9,60	0,14	15,50	6,86	22,22	12,76	4,12	19,48	10,84	1,39	16,74	8,10	23,46	14,01
Nov.	8,40	22,95	14,31	5,67	21,02	11,57	2,93	18,29	9,65	0,19	15,55	6,91	22,27	12,81
Dez.	8,02	22,57	13,93	5,28	20,64	11,19	2,55	17,91	9,26	23,81	15,17	6,53	21,88	12,43

	1953	1954	1955	1956	1957	1958	1959	1960	1961	1962	1963	1964	1965	1966
Jan.	11,24	2,59	17,95	9,31	23,86	15,22	6,57	21,93	12,48	3,84	19,20	10,55	1,10	16,46
Febr.	10,04	1,40	16,76	8,12	22,66	14,02	5,38	20,74	11,28	2,64	18,00	9,36	23,90	15,26
März	11,29	2,64	18,00	8,55	23,91	15,27	6,62	21,17	12,53	3,89	19,24	9,79	1,15	16,51
April	10,09	1,45	16,81	7,35	22,71	14,07	5,43	19,98	11,33	2,69	18,05	8,60	23,95	15,31
Mai	9,71	1,07	16,43	6,97	22,33	13,69	5,05	19,59	10,95	2,31	17,67	8,21	23,57	14,93
Juni	8,52	23,87	15,23	5,78	21,14	12,50	3,85	18,40	9,76	1,12	16,47	7,02	22,38	13,74
Juli	8,13	23,49	14,85	5,40	20,76	12,11	3,47	18,02	9,38	0,73	16,09	6,64	22,00	13,36
Aug.	6,94	22,30	13,66	4,20	19,56	10,92	2,28	16,82	8,18	23,54	14,90	5,44	20,80	12,16
Sept	5,75	21,10	12,46	3,01	18,37	9,73	1,08	15,63	6,99	22,35	13,70	4,25	19,61	10,97
Okt..	5,36	20,72	12,08	2,63	17,99	9,34	0,70	15,25	6,61	21,96	13,32	3,87	19,23	10,59
Nov.	4,17	19,53	10,89	1,43	16,79	8,15	23,51	14,05	5,41	20,77	12,13	2,67	18,03	9,39
Dez.	3,79	19,15	10,51	1,05	16,41	7,77	23,13	13,67	5,03	20,39	11,75	2,29	17,65	9,01

	1967	1968	1969	1970
Jan.	7,82	23,17	13,72	5,08
Febr.	6,62	21,98	12,53	3,88
März	7,87	22,41	13,77	5,13
April	6,67	21,22	12,58	3,93
Mai	6,29	20,84	12,19	3,55
Juni	5,10	19,64	11,00	2,36
Juli	4,71	19,26	10,62	1,98
Aug.	3,52	18,07	9,42	0,78
Sept.	2,33	16,87	8,23	23,59
Okt.	1,94	16,49	7,85	23,21
Nov.	0,75	15,30	6,65	22,01
Dez.	0,37	14,91	6,27	21,63

Änderung von μ im Laufe eines Monats.

Tag	(μ)	Tag	(μ)	Tag	(μ)
1	0,00	11	— 8,13	21	+ 7,75
2	— 0,81	12	— 8,94	22	+ 6,93
3	— 1,63	13	— 9,75	23	+ 6,12
4	— 2,44	14	—10,57	24	+ 5,31
5	— 3,25	15	—11,38	25	+ 4,49
6	— 4,06	16	+11,81	26	+ 3,68
7	— 4,88	17	+11,00	27	+ 2,87
8	— 5,69	18	+10,18	28	+ 2,06
9	— 6,50	19	+ 9,37	29	+ 1,24
10	— 7,31	20	+ 8,56	30	+ 0,43
				31	— 0,38

Tabelle 5. Daten der Perigäen des mittleren Mondes, auf 0,01 Tage nach Weltzeit. 1911 bis 1970. (Anfangsdaten der mittleren anomalistischen Monate, $s = p$.)

1911	1912	1913	1914	1915	1916	1917	1918	1919	1920
Ja 11,35	Ja 4,56	Ja 24,33	Ja 17,54	Ja 10,75	Ja 3,95	Ja 23,72	Ja 16,93	Ja 10,14	Ja 3,35
Fe 7,91	Fe 1,12	Fe 20,88	Fe 14,09	Fe 7,30	Ja 31,51	Fe 20,27	Fe 13,48	Fe 6,69	Ja 30,90
Mz 7,46	Fe 28,67	Mz 20,44	Mz 13,65	Mz 6,85	Fe 28,06	Mz 19,83	Mz 13,04	Mz 6,25	Fe 27,46
Ap 4,02	Mz 27,23	Ap 16,99	Ap 10,20	Ap 3,41	Mz 26,62	Ap 16,38	Ap 9,59	Ap 2,80	Mz 26,01
Mi 1,57	Ap 23,78	Mi 14,55	Mi 7,75	Ap 30,96	Ap 23,17	Mi 13,94	Mi 7,15	Ap 30,36	Ap 22,56
Mi 29,13	Mi 21,34	Jn 11,10	Jn 4,31	Mi 28,52	Mi 20,73	Jn 10,49	Jn 3,70	Mi 27,91	Mi 20,12
Jn 25,68	Jn 17,89	Jl 8,65	Jl 1,86	Jn 25,07	Jn 17,28	Jl 8,05	Jl 1,26	Jn 24,46	Jn 16,67
Jl 23,24	Jl 15,45	Au 5,21	Jl 29,42	Jl 22,63	Jl 14,84	Au 4,60	Jl 28,81	Jl 22,02	Jl 14,23
Au 19,79	Au 12,00	Se 1,76	Au 25,97	Au 19,18	Au 11,39	Se 1,15	Au 25,36	Au 18,57	Au 10,78
Se 16,35	Se 8,55	Se 29,32	Se 22,53	Se 15,74	Se 7,95	Se 28,71	Se 21,92	Se 15,13	Se 7,34
Ok 13,90	Ok 6,11	Ok 26,87	Ok 20,08	Ok 13,29	Ok 5,50	Ok 26,26	Ok 19,47	Ok 12,68	Ok 4,89
No 10,45	No 2,66	No 23,43	No 16,64	No 9,85	No 2,05	No 22,82	No 16,03	No 9,24	No 1,45
De 8,01	No 30,22	De 20,98	De 14,19	De 7,40	No 29,61	De 20,37	De 13,58	De 6,79	No 29,00
	De 27,77				De 27,16				De 25,56

1921	1922	1923	1924	1925	1926	1927	1928	1929	1930
Ja 23,11	Ja 16,32	Ja 9,53	Ja 2,74	Ja 22,50	Ja 15,71	Ja 8,92	Ja 2,13	Ja 21,89	Ja 15,10
Fe 19,66	Fe 12,87	Fe 6,08	Ja 30,29	Fe 19,06	Fe 12,26	Fe 5,47	Ja 29,68	Fe 18,45	Fe 11,66
Mz 19,22	Mz 12,43	Mz 5,64	Fe 26,85	Mz 18,61	Mz 11,82	Mz 5,03	Fe 26,24	Mz 18,00	Mz 11,21
Ap 15,77	Ap 8,98	Ap 2,19	Mz 25,40	Ap 15,16	Ap 8,37	Ap 1,58	Mz 24,79	Ap 14,56	Ap 7,76
Mi 13,33	Mi 6,54	Ap 29,75	Ap 21,96	Mi 12,72	Mi 5,93	Ap 29,14	Ap 21,35	Mi 12,11	Mi 5,32
Jn 9,88	Jn 3,09	Mi 27,30	Mi 19,51	Jn 9,27	Jn 2,48	Mi 26,69	Mi 18,90	Jn 8,66	Jn 1,87
Jl 7,44	Jn 30,65	Jn 23,86	Jn 16,06	Jl 6,83	Jn 30,04	Jn 23,25	Jn 15,46	Jl 6,22	Jn 29,43
Au 3,99	Jl 28,20	Jl 21,41	Jl 13,62	Au 3,38	Jl 27,59	Jl 20,80	Jl 13,01	Au 2,77	Jl 26,98
Au 31,55	Au 24,76	Au 17,96	Au 10,17	Au 30,94	Au 24,15	Au 17,36	Au 9,56	Au 30,33	Au 23,54
Se 28,10	Se 21,31	Se 14,52	Se 6,73	Se 27,49	Se 20,70	Se 13,91	Se 6,12	Se 26,88	Se 20,09
Ok 25,66	Ok 18,86	Ok 12,07	Ok 4,28	Ok 25,05	Ok 18,26	Ok 11,46	Ok 3,67	Ok 24,44	Ok 17,65
No 22,21	No 15,42	No 8,63	Ok 31,84	No 21,60	No 14,81	No 8,02	Ok 31,23	No 20,99	No 14,20
De 19,76	De 12,97	De 6,18	No 28,39	De 19,16	De 12,36	De 5,57	No 27,78	De 18,55	De 11,76
			De 25,95				De 25,34		

1931	1932	1933	1934	1935	1936	1937	1938	1939	1940
Ja 8,31	Ja 1,52	Ja 21,28	Ja 14,49	Ja 7,70	Ja 28,46	Ja 20,67	Ja 13,88	Ja 7,09	Ja 27,86
Fe 4,86	Ja 29,07	Fe 17,84	Fe 11,05	Fe 4,26	Fe 25,02	Fe 17,23	Fe 10,44	Fe 3,65	Fe 24,41
Mz 4,42	Fe 25,63	Mz 17,39	Mz 10,60	Mz 3,81	Mz 23,57	Mz 16,78	Mz 9,99	Mz 3,20	Mz 22,97
Mz 31,97	Mz 24,18	Ap 13,95	Ap 7,16	Mz 31,36	Ap 20,13	Ap 13,34	Ap 6,55	Mz 30,76	Ap 19,52
Ap 28,53	Ap 20,74	Mi 11,50	Mi 4,71	Ap 27,92	Mi 17,68	Mi 10,89	Mi 4,10	Ap 27,31	Mi 17,07
Mi 26,08	Mi 18,29	Jn 8,06	Jn 1,29	Mi 25,47	Jn 14,24	Jn 7,45	Mi 31,66	Mi 24,87	Jn 13,63
Jn 22,64	Jn 14,85	Jl 5,61	Jn 29,82	Jn 22,21	Jl 11,79	Jl 5,00	Jn 28,21	Jn 21,42	Jl 11,18
Jl 20,19	Jl 12,40	Au 2,16	Jl 26,37	Jl 19,58	Au 8,35	Au 1,56	Jl 25,77	Jl 18,97	Au 7,74
Au 16,75	Au 8,96	Au 29,72	Au 22,93	Au 16,14	Se 4,90	Au 29,11	Au 22,32	Au 15,53	Se 4,29
Se 13,30	Se 5,51	Se 26,27	Se 19,48	Se 12,69	Ok 2,46	Se 25,67	Se 18,87	Se 12,08	Ok 1,85
Ok 10,86	Ok 3,06	Ok 23,83	Ok 17,04	Ok 10,25	Ok 30,01	Ok 23,22	Ok 16,43	Ok 9,64	Ok 29,40
No 7,41	Ok 30,62	No 20,38	No 13,59	No 6,80	No 26,57	No 19,77	No 12,98	No 6,19	No 25,96
De 4,96	No 27,17	De 17,94	De 11,15	De 4,36	De 24,12	De 17,33	De 10,54	De 3,75	De 23,51
	De 24,73			De 31,91				De 31,30	

1941	1942	1943	1944	1945	1946	1947	1948	1949	1950
Ja 20,07	Ja 13,27	Ja 6,48	Ja 27,25	Ja 19,46	Ja 12,67	Ja 5,87	Ja 26,64	Ja 18,85	Ja 12,06
Fe 16,62	Fe 9,83	Fe 3,04	Fe 23,80	Fe 16,01	Fe 9,22	Fe 2,43	Fe 23,19	Fe 15,40	Fe 8,61
Mz 16,17	Mz 9,38	Mz 2,59	Mz 22,36	Mz 15,57	Mz 8,77	Mz 1,98	Mz 21,75	Mz 14,96	Mz 8,17
Ap 12,73	Ap 5,94	Mz 30,15	Ap 18,91	Ap 12,12	Ap 5,33	Mz 29,54	Ap 18,30	Ap 11,51	Ap 4,72
Mi 10,28	Mi 3,49	Ap 26,70	Mi 16,47	Mi 9,67	Mi 2,88	Ap 26,09	Mi 15,86	Mi 9,07	Mi 2,27
Jn 6,84	Mi 31,05	Mi 24,26	Jn 13,02	Jn 6,23	Mi 30,44	Mi 23,65	Jn 12,41	Jn 5,62	Mi 29,83
Jl 4,39	Jn 27,60	Jn 20,81	Jl 10,57	Jl 3,78	Jn 26,99	Jn 20,20	Jl 9,97	Jl 3,17	Jn 26,38
Jl 31,95	Jl 25,16	Jl 18,37	Au 7,13	Jl 31,34	Jl 24,55	Jl 17,76	Au 6,52	Jl 30,73	Jl 23,94
Au 28,50	Au 21,71	Au 14,92	Se 3,68	Au 27,89	Au 21,10	Au 14,31	Se 3,07	Au 27,28	Au 20,49
Se 25,06	Se 18,27	Se 11,47	Ok 1,24	Se 24,45	Se 17,66	Se 10,87	Se 30,63	Se 23,84	Se 17,05
Ok 22,61	Ok 15,82	Ok 9,03	Ok 28,79	Ok 22,00	Ok 15,21	Ok 8,42	Ok 28,18	Ok 21,39	Ok 14,60
No 19,17	No 12,37	No 5,58	No 25,35	No 18,56	No 11,77	No 4,97	No 24,74	No 17,95	No 11,16
De 16,72	De 9,93	De 3,14	De 22,90	De 16,11	De 9,32	De 2,53	De 22,29	De 15,50	De 8,71
		De 30,69				De 30,08			

1951	1952	1953	1954	1955	1956	1957	1958	1959	1960
Ja 5,27	Ja 26,03	Ja 18,24	Ja 11,45	Ja 4,66	Ja 25,42	Ja 17,63	Ja 10,84	Ja 4,05	Ja 24,81
Fe 1,82	Fe 22,58	Fe 14,79	Fe 8,00	Fe 1,21	Fe 21,98	Fe 14,18	Fe 7,39	Ja 31,60	Fe 21,37
Mz 1,37	Mz 21,14	Mz 14,35	Mz 7,56	Fe 28,77	Mz 20,53	Mz 13,74	Mz 6,95	Fe 28,16	Mz 19,92
Mz 28,93	Ap 17,69	Ap 10,90	Ap 4,11	Mz 28,32	Ap 17,08	Ap 10,29	Ap 3,50	Mz 27,71	Ap 16,48
Ap 25,48	Mi 15,25	Mi 8,46	Mi 1,67	Ap 24,87	Mi 14,64	Mi 7,85	Mi 1,06	Ap 24,27	Mi 14,03
Mi 23,04	Jn 11,80	Jn 5,01	Mi 29,22	Mi 22,43	Jn 11,19	Jn 4,40	Mi 28,61	Mi 21,82	Jn 10,58
Jn 19,59	Jl 9,36	Jl 2,57	Jn 25,77	Jn 18,98	Jl 8,75	Jl 1,96	Jn 25,17	Jn 18,38	Jl 8,14
Jl 17,15	Au 5,91	Jl 30,12	Jl 23,33	Jl 16,54	Au 5,30	Jl 29,51	Jl 22,72	Jl 15,93	Au 4,69
Au 13,70	Se 2,47	Au 26,67	Au 19,88	Au 13,09	Se 1,86	Au 26,07	Au 19,28	Au 12,48	Se 1,25
Se 10,26	Se 30,02	Se 23,23	Se 16,44	Se 9,65	Se 29,41	Se 22,62	Se 15,83	Se 9,04	Se 28,80
Ok 7,81	Ok 27,37	Ok 20,78	Ok 13,99	Ok 7,20	Ok 26,97	Ok 20,18	Ok 13,38	Ok 6,59	Ok 26,36
No 4,37	No 24,13	No 17,34	No 10,55	No 3,76	No 23,52	No 16,73	No 9,94	No 3,15	No 22,91
De 1,92	De 21,68	De 14,89	De 8,10	De 1,31	De 21,08	De 14,28	De 7,49	No 30,70	De 20,47
De 29,47				De 28,87				De 28,26	

1961	1962	1963	1964	1965	1966	1967	1968	1969	1970
Ja 17,02	Ja 10,23	Ja 3,44	Ja 24,20	Ja 16,41	Ja 9,62	Ja 2,83	Ja 23,59	Ja 15,80	Ja 9,01
Fe 13,58	Fe 6,78	Ja 30,99	Fe 20,76	Fe 12,97	Fe 6,18	Ja 30,38	Fe 20,15	Fe 12,36	Fe 5,57
Mz 13,13	Mz 6,34	Fe 27,55	Mz 19,31	Mz 12,52	Mz 5,73	Fe 26,94	Mz 18,70	Mz 11,91	Mz 5,12
Ap 9,68	Ap 2,89	Mz 27,10	Ap 15,87	Ap 9,08	Ap 2,28	Mz 26,49	Ap 15,26	Ap 8,47	Ap 1,68
Mi 7,24	Ap 30,45	Ap 23,66	Mi 13,42	Mi 6,63	Ap 29,84	Ap 23,05	Mi 12,81	Mi 6,02	Ap 29,23
Jn 3,79	Mi 28,00	Mi 21,21	Jn 9,98	Jn 3,18	Mi 26,39	Mi 20,60	Jn 9,37	Jn 2,58	Mi 26,78
Jl 1,35	Jn 24,56	Jn 17,77	Jl 7,53	Jn 30,74	Jn 23,95	Jn 17,16	Jl 6,92	Jn 30,13	Jn 23,34
Jl 28,90	Jl 22,11	Jl 15,32	Au 4,08	Jl 28,29	Jl 21,50	Jl 14,71	Au 3,48	Jl 27,68	Jl 20,89
Au 25,46	Au 18,67	Au 11,88	Au 31,64	Au 24,85	Au 18,06	Au 11,27	Au 31,03	Au 24,24	Au 17,45
Se 22,01	Se 15,22	Se 8,43	Se 28,19	Se 21,40	Se 14,61	Se 7,82	Se 27,58	Se 20,79	Se 14,00
Ok 19,57	Ok 12,78	Ok 5,98	Ok 25,75	Ok 18,96	Ok 12,17	Ok 5,38	Ok 25,14	Ok 18,35	Ok 11,56
No 16,12	No 9,33	No 2,54	No 22,30	No 15,51	No 8,72	No 1,93	No 21,69	No 14,90	No 8,11
De 13,68	De 6,88	No 30,09	De 19,86	De 13,07	De 6,28	No 29,48	De 19,25	De 12,46	De 5,67
		De 27,65				De 27,04			

Tabelle 6. Daten der Durchgänge des mittleren Mondes durch den mittleren aufsteigenden Knoten, auf 0,01 Tage nach Weltzeit. 1911 bis 1970.
(Anfangsdaten der mittl. drakonitischen Monate, $s = N$.)

1911	1912	1913	1914	1915	1916	1917	1918	1919	1920
Ja 10,06	Ja 26,03	Ja 13,79	Ja 2,55	Ja 18,52	Ja 7,28	Ja 22,25	Ja 11,01	Ja 26,98	Ja 15,74
Fe 6,27	Fe 22,24	Fe 10,00	Ja 29,76	Fe 14,73	Fe 3,49	Fe 18,46	Fe 7,22	Fe 23,19	Fe 11,95
Mz 5,48	Mz 20,45	Mz 9,21	Fe 25,97	Mz 13,94	Mz 1,70	Mz 17,67	Mz 6,43	Mz 22,40	Mz 10,16
Ap 1,69	Ap 16,67	Ap 5,42	Mz 25,18	Ap 10,15	Mz 28,91	Ap 13,88	Ap 2,64	Ap 18,61	Ap 6,37
Ap 28,90	Mi 13,88	Mi 2,64	Ap 21,40	Mi 7,37	Ap 25,12	Mi 11,10	Ap 29,85	Mi 15,83	Mi 3,59
Mi 26,12	Jn 10,09	Mi 29,85	Mi 18,61	Jn 3,58	Mi 22,34	Jn 7,31	Mi 27,07	Jn 12,04	Mi 30,80
Jn 22,33	Jl 7,30	Jn 26,06	Jn 14,82	Jn 30,79	Jn 18,55	Jl 4,52	Jn 23,28	Jl 9,25	Jn 27,01
Jl 19,54	Au 3,51	Jl 23,27	Jl 12,03	Jl 28,00	Jl 15,76	Jl 31,73	Jl 20,49	Au 5,46	Jl 24,22
Au 15,76	Au 30,73	Au 19,49	Au 8,24	Au 24,22	Au 11,97	Au 27,94	Au 16,70	Se 1,68	Au 20,43
Se 11,97	Se 26,94	Se 15,70	Se 4,45	Se 20,43	Se 8,19	Se 24,16	Se 12,92	Se 28,89	Se 16,65
Ok 9,18	Ok 24,15	Ok 12,91	Ok 1,67	Ok 17,64	Ok 5,40	Ok 21,37	Ok 10,13	Ok 26,10	Ok 13,86
No 5,39	No 20,36	No 9,12	Ok 28,88	No 13,85	No 1,61	No 17,58	No 6,34	No 22,31	No 10,07
De 2,60	De 17,58	De 6,33	No 25,09	De 11,06	No 28,82	De 14,79	De 3,55	De 19,52	De 7,28
De 29,82			De 22,30		De 26,04		De 30,76		

1921	1922	1923	1924	1925	1926	1927	1928	1929	1930
Ja 3,50	Ja 19,47	Ja 8,22	Ja 24,20	Ja 11,96	Ja 27,93	Ja 16,68	Ja 5,44	Ja 20,41	Ja 9,17
Ja 30,71	Fe 15,68	Fe 4,44	Fe 20,41	Fe 8,17	Fe 24,14	Fe 12,90	Fe 1,66	Fe 16,63	Fe 5,39
Fe 26,92	Mz 14,89	Mz 3,65	Mz 18,62	Mz 7,38	Mz 23,35	Mz 12,11	Fe 28,87	Mz 15,84	Mz 4,60
Mz 26,13	Ap 11,10	Mz 30,86	Ap 14,83	Ap 3,59	Ap 19,56	Ap 8,32	Mz 27,08	Ap 12,05	Mz 31,81
Ap 22,34	Mi 8,32	Ap 27,07	Mi 12,04	Ap 30,80	Mi 16,77	Mi 5,53	Ap 23,29	Mi 9,26	Ap 28,02
Mi 19,56	Jn 4,53	Mi 24,29	Jn 8,26	Mi 28,02	Jn 12,99	Jn 1,75	Mi 20,50	Jn 5,48	Mi 25,23
Jn 15,77	Jl 1,74	Jn 20,50	Jl 5,47	Jn 24,23	Jl 10,20	Jn 28,96	Jn 16,72	Jl 2,69	Jn 21,45
Jl 12,98	Jl 28,95	Jl 17,71	Au 1,68	Jl 21,44	Au 6,41	Jl 26,17	Jl 13,93	Jl 29,90	Jl 18,66
Au 9,19	Au 25,16	Au 13,92	Au 28,89	Au 17,65	Se 2,62	Au 22,38	Au 10,14	Au 26,11	Au 14,87
Se 5,40	Se 21,38	Se 10,13	Se 25,11	Se 13,86	Se 29,84	Se 18,60	Se 6,35	Se 22,32	Se 11,08
Ok 2,62	Ok 18,59	Ok 7,35	Ok 22,32	Ok 11,08	Ok 27,05	Ok 15,81	Ok 3,56	Ok 19,54	Ok 8,30
Ok 29,83	No 14,80	No 3,56	No 18,53	No 7,29	No 23,26	No 12,02	Ok 30,78	No 15,75	No 4,51
No 26,04	De 12,01	No 30,77	De 15,74	De 4,50	De 20,47	De 9,23	No 26,99	De 12,96	De 1,72
De 23,25		De 27,98		De 31,71			De 24,20		De 28,93

1931	1932	1933	1934	1935	1936	1937	1938	1939	1940
Ja 25,14	Ja 13,90	Ja 1,66	Ja 17,63	Ja 6,39	Ja 22,36	Ja 10,12	Ja 26,09	Ja 14,85	Ja 3,61
Fe 21,36	Fe 10,12	Ja 28,88	Fe 13,85	Fe 2,60	Fe 18,58	Fe 6,33	Fe 22,31	Fe 11,06	Ja 30,82
Mz 20,57	Mz 8,33	Fe 25,09	Mz 13,06	Mz 1,82	Mz 16,79	Mz 5,55	Mz 21,52	Mz 10,28	Fe 27,03
Ap 16,78	Ap 4,54	Mz 24,30	Ap 9,27	Mz 29,03	Ap 13,00	Ap 1,76	Ap 17,73	Ap 6,49	Mz 25,25
Mi 13,99	Mi 1,75	Ap 20,51	Mi 6,48	Ap 25,24	Mi 10,21	Ap 28,97	Mi 14,94	Mi 3,70	Ap 21,46
Jn 10,21	Mi 28,96	Mi 17,72	Jn 2,69	Mi 22,45	Jn 6,42	Mi 26,18	Jn 11,15	Mi 30,91	Mi 18,67
Jl 7,42	Jn 25,18	Jn 13,94	Jn 29,91	Jn 18,67	Jl 3,64	Jn 22,40	Jl 8,37	Jn 27,12	Jn 14,88
Au 3,63	Jl 22,39	Jl 11,15	Jl 27,12	Jl 15,88	Jl 30,85	Jl 19,61	Au 4,58	Jl 24,34	Jl 12,10
Au 30,84	Au 18,60	Au 7,36	Au 23,33	Au 12,09	Au 27,06	Au 15,82	Au 31,79	Au 20,55	Au 8,31
Se 27,06	Se 14,81	Se 3,57	Se 19,54	Se 8,30	Se 23,27	Se 12,03	Se 28,00	Se 16,76	Se 4,52
Ok 24,27	Ok 12,03	Se 30,78	Ok 16,76	Ok 5,51	Ok 20,48	Ok 9,24	Ok 25,22	Ok 13,97	Ok 1,73
No 20,48	No 8,24	Ok 28,00	No 12,97	No 1,73	No 16,70	No 5,46	No 21,43	No 10,19	Ok 28,95
De 17,69	De 5,45	No 24,21	De 10,18	No 28,94	De 13,91	De 2,67	De 18,64	De 7,40	No 25,16
		De 21,42		De 26,15		De 29,88			De 22,37

1941	1942	1943	1944	1945	1946	1947	1948	1949	1950
Ja 18,58	Ja 7,34	Ja 23,31	Ja 12,07	Ja 27,04	Ja 15,80	Ja 4,56	Ja 20,53	Ja 8,29	Ja 24,26
Fe 14,80	Fe 3,55	Fe 19,52	Fe 8,28	Fe 23,25	Fe 12,01	Ja 31,77	Fe 16,74	Fe 4,50	Fe 20,47
Mz 14,01	Mz 2,76	Mz 18,74	Mz 6,50	Mz 22,47	Mz 11,22	Fe 27,98	Mz 14,96	Mz 3,71	Mz 19,68
Ap 10,22	Mz 29,98	Ap 14,95	Ap 2,71	Ap 18,68	Ap 7,44	Mz 27,20	Ap 11,17	Mz 30,93	Ap 15,90
Mi 7,43	Ap 26,19	Mi 12,16	Ap 29,92	Mi 15,89	Mi 4,65	Ap 23,41	Mi 8,38	Ap 27,14	Mi 13,11
Jn 3,64	Mi 23,40	Jn 8,37	Mi 27,13	Jn 12,10	Mi 31,86	Mi 20,62	Jn 4,59	Mi 24,35	Jn 9,32
Jn 30,86	Jn 19,61	Jl 5,59	Jn 23,34	Jl 9,32	Jn 28,07	Jn 16,83	Jl 1,80	Jn 20,56	Jl 6,53
Jl 28,07	Jl 16,83	Au 1,80	Jl 20,56	Au 5,53	Jl 25,29	Jl 14,04	Jl 29,02	Jl 17,77	Au 2,75
Au 24,28	Au 13,04	Au 29,01	Au 16,77	Se 1,74	Au 21,50	Au 10,26	Au 25,23	Au 13,99	Au 29,96
Se 20,49	Se 9,25	Se 25,22	Se 12,98	Se 28,95	Se 17,71	Se 6,47	Se 21,44	Se 10,20	Se 26,17
Ok 17,70	Ok 6,46	Ok 22,43	Ok 10,19	Ok 26,16	Ok 14,92	Ok 3,68	Ok 18,65	Ok 7,41	Ok 23,38
No 13,92	No 2,68	No 18,65	No 6,40	No 22,38	No 11,14	Ok 30,89	No 14,87	No 3,62	No 19,60
De 11,13	No 29,89	De 15,86	De 3,62	De 19,59	De 8,35	No 27,11	De 12,08	No 30,84	De 16,81
	De 27,10		De 30,83			De 24,32		De 28,05	

1951	1952	1953	1954	1955	1956	1957	1958	1959	1960
Ja 13,02	Ja 1,78	Ja 16,75	Ja 5,51	Ja 21,48	Ja 10,24	Ja 25,21	Ja 13,97	Ja 2,73	Ja 18,70
Fe 9,23	Ja 28,99	Fe 12,96	Fe 1,72	Fe 17,69	Fe 6,45	Fe 21,42	Fe 10,18	Ja 29,94	Fe 14,91
Mz 8,44	Fe 25,20	Mz 12,17	Fe 28,93	Mz 16,90	Mz 4,66	Mz 20,63	Mz 9,39	Fe 26,15	Mz 13,12
Ap 4,66	Mz 23,42	Ap 8,39	Mz 28,14	Ap 13,12	Mz 31,87	Ap 16,85	Ap 5,60	Mz 25,37	Ap 9,34
Mi 1,87	Ap 19,63	Mi 5,60	Ap 24,36	Mi 10,33	Ap 28,09	Mi 14,06	Mi 2,82	Ap 21,58	Mi 6,55
Mi 29,08	Mi 16,84	Jn 1,81	Mi 21,57	Jn 6,54	Mi 25,30	Jn 10,27	Mi 30,03	Mi 18,79	Jn 2,76
Jn 25,29	Jn 13,05	Jn 29,02	Jn 17,78	Jl 3,75	Jn 21,51	Jl 7,48	Jn 26,24	Jn 15,00	Jn 29,97
Jl 22,50	Jl 10,26	Jl 26,24	Jl 14,99	Jl 30,96	Jl 18,72	Au 3,69	Jl 23,45	Jl 12,22	Jl 27,19
Au 18,72	Au 6,48	Au 22,45	Au 11,21	Au 27,18	Au 14,94	Au 30,91	Au 19,67	Au 8,43	Au 23,40
Se 14,93	Se 2,69	Se 18,66	Se 7,42	Se 23,39	Se 11,15	Se 27,12	Se 15,88	Se 4,64	Se 19,61
Ok 12,14	Se 29,90	Ok 15,87	Ok 4,63	Ok 20,60	Ok 8,36	Ok 24,33	Ok 13,09	Ok 1,85	Ok 16,82
No 8,35	Ok 27,11	No 12,08	Ok 31,84	No 16,81	No 4,57	No 20,54	No 9,30	Ok 29,06	No 13,03
De 5,57	No 23,32	De 9,30	No 28,05	De 14,03	De 1,78	De 17,76	De 6,52	No 25,28	De 10,25
	De 20,54		De 25,27		De 29,00			De 22,49	

1961	1962	1963	1964	1965	1966	1967	1968	1969	1970
Ja 6,46	Ja 22,43	Ja 11,19	Ja 27,16	Ja 14,92	Ja 3,68	Ja 19,65	Ja 8,41	Ja 23,38	Ja 12,14
Fe 2,67	Fe 18,64	Fe 7,40	Fe 23,37	Fe 11,13	Ja 30,89	Fe 15,86	Fe 4,62	Fe 19,59	Fe 8,35
Mz 1,88	Mz 17,85	Mz 6,61	Mz 21,58	Mz 10,34	Fe 27,10	Mz 15,07	Mz 2,83	Mz 18,80	Mz 7,56
Mz 29,09	Ap 14,06	Ap 2,82	Ap 17,79	Ap 6,55	Mz 26,31	Ap 11,28	Mz 30,04	Ap 15,02	Ap 3,77
Ap 25,31	Mi 11,28	Ap 30,03	Mi 15,00	Mi 3,76	Ap 22,53	Mi 8,50	Ap 26,26	Mi 12,23	Ap 30,99
Mi 22,52	Jn 7,49	Mi 27,25	Jn 11,22	Mi 30,98	Mi 19,74	Jn 4,71	Mi 23,47	Jn 8,44	Mi 28,20
Jn 18,73	Jl 4,70	Jn 23,46	Jl 8,43	Jn 27,19	Jn 15,95	Jl 1,92	Jn 19,68	Jl 5,65	Jn 24,41
Jl 15,94	Jl 31,91	Jl 20,67	Au 4,64	Jl 24,40	Jl 13,16	Jl 29,13	Jl 16,89	Au 1,86	Jl 21,62
Au 12,16	Au 28,13	Au 16,88	Au 31,85	Au 20,61	Au 9,37	Au 25,34	Au 13,10	Au 29,08	Au 17,84
Se 8,37	Se 24,34	Se 13,10	Se 28,07	Se 16,83	Se 5,59	Se 21,56	Se 9,32	Se 25,29	Se 14,05
Ok 5,58	Ok 21,55	Ok 10,31	Ok 25,28	Ok 14,04	Ok 2,80	Ok 18,77	Ok 6,53	Ok 22,50	Ok 11,26
No 1,79	No 17,76	No 6,52	No 21,49	No 10,25	Ok 30,01	No 14,98	No 2,74	No 18,71	No 7,47
No 29,00	De 14,97	De 3,73	De 18,70	De 7,46	No 26,22	De 12,19	No 29,95	De 15,93	De 4,68
De 26,22		De 30,95			De 23,43		De 27,17		De 31,90

Wirkungen der Gezeitenkräfte:

Ebbe und Flut des Erdkörpers 32 44
Ebbe und Flut der Meere 32 64
Ebbe und Flut der Atmosphäre 32 87
Ebbe und Flut der Jonosphäre und erdmagnetische Gezeiten 32 91 432, 32 924, 32 928
Lunare Schwankungen im Erdstrom 32 9292.

323 Minerale und Gesteine

3231. Radioaktive Eigenschaften. Altersbestimmung.

32311. Bleimethode.

323110. Grundlagen [*1—6*].

A. Vereinfachte Methode. Wird die Halbwertszeit der Umwandlung des UI mit $4{,}56 \cdot 10^9$ Jahren, die Halbwertszeit des AcU mit $7{,}14 \cdot 10^8$ Jahren und das heutige Isotopenverhältnis AcU : UI = 1 : (139 ± 1) = 0,0072 angenommen, so ergibt sich aus einem Vergleich beider Zerfallskurven in der geologischen Vergangenheit, daß für Minerale, die jünger als etwa $6 \cdot 10^8$ Jahre sind, das Alter aus dem einfachen Verhältnis des Radiobleis zum Gesamturan auf einige Prozent genau berechnet werden kann. Bei gleichzeitiger Anwesenheit von Th stellt man dieses mit seinem auf das Mischelement U bezogenen Bleierzeugungsäquivalent (= 0,36) mit in Rechnung. Dabei wird die seit Beginn des Atomzerfalls eingetretene Verminderung von U und Th vernachlässigt. In den Formeln bedeuten Pb, U und Th Gramm- oder Prozentgehalte. Der Quotient

$$R = \frac{\mathrm{Pb}}{\mathrm{U} + 0{,}36 \cdot \mathrm{Th}}$$

heißt „Bleiverhältnis" (engl. „lead-ratio"). Vgl. auch die Anmerkung zu Tab. 12, S. 295.

In erster Näherung gilt

(1) $$\text{Alter} = R \cdot 7600 \text{ Millionen Jahre.}$$

Die Formel (2) berücksichtigt zwar, daß das heute gefundene radiogene Blei ursprünglich als U oder Th vorlag, jedoch nicht die Verschiedenheit der Halbwertszeiten von UI und AcU:

(2) $$\text{Alter} = 1{,}515 \cdot 10^4 \cdot \log_{10}(1 + 1{,}156\, R) \text{ Millionen Jahre (zweite Näherung).}$$

Die Umrechnung des Bleiverhältnisses auf die Formel (2) ist auch graphisch möglich [*1*].

Die benützten Minerale müssen primär und frisch sein und dürfen keine selektive Auslaugung erlitten haben; beigemengtes „gewöhnliches" Blei stört selbstverständlich. Die Minerale sollen in frischem, kompaktem Gestein liegen, um intermetallische oder gasförmige Diffusion durch zerstörte Kristallstruktur zu vermeiden.

Von Wickman [*7*] stammt eine Netztafel für Altersberechnung von Mineralen mit unbekannter Isotopenproportion des Bleis; sie bedient sich der Verhältnisse Pb/(U + Th) und U/(U + Th). Wickman hat auch gezeigt, daß in bestimmten Fällen mit dem Entweichen von Rn und infolgedessen einem Verlust an RaG zu rechnen ist [*8*].

B. Exaktere Methode. Für exaktere Altersberechnungen ist die massenspektrometrische Bestimmung der Isotopenproportion des gefundenen Bleis unerläßlich [*9—14*].

Folgende Formeln gelten für die einzelnen Isotopenverhältnisse [*16, 20*]:

(3) $$\text{Alter} = 1{,}515 \cdot 10^4 \cdot \log_{10}[1 + 1{,}1554\, (\mathrm{RaG/UI})] \text{ Millionen Jahre.}$$

(4) $$\text{Alter} = 4{,}615 \cdot 10^4 \cdot \log_{10}[1 + 1{,}116\, (\mathrm{ThD/Th})] \text{ Millionen Jahre.}$$

(5) $$\text{Alter} = 2{,}369 \cdot 10^3 \cdot \log_{10}[1 + 1{,}1352\, (\mathrm{AcD/AcU})] \text{ Millionen Jahre.}$$

Von Keevil wurden weitere Formeln entwickelt, die das Nebeneinanderwirken der Zerfallsreihen des UI, AcU und Th einbeziehen [*15*].

^{204}Pb dient als Indikator für gewöhnliches Blei. Seine Menge (relative Atomanzahl), mit nachstehenden Faktoren multipliziert, wird von der relativen Atomanzahl der einzelnen Bleiisotope subtrahiert, um deren radiogenen Anteil zu erhalten: das 35- bis 41fache für ^{208}Pb; das 15- bis 16fache für ^{207}Pb; das 15- bis 22fache für ^{206}Pb (siehe die folgenden Tabellen 5 und 6).

Außerdem ermöglicht das Verhältnis AcD/RaG, wegen der verschieden großen Halbwertszeiten der Isotope AcU (^{235}U) und UI (^{238}U), eine Altersberechnung [*15, 17—20*]:

(6) $$\frac{\mathrm{AcD}}{\mathrm{RaG}} = \frac{1}{139} \cdot \frac{e^{t \cdot \lambda(\mathrm{AcU})} - 1}{e^{t \cdot \lambda(\mathrm{UI})} - 1}.$$

λ = Zerfallskonstante/Jahr; t = Zeit in Jahren.

Wegen der chemischen Identität beider Bleiisotope ändert sich dieses Verhältnis auch bei verwitterten oder sekundär gebildeten radioaktiven Mineralen nicht (s. Tab. 5). In Fällen starker Beimengung von gewöhnlichem Blei jedoch (z. B. bei der Pechblende von St. Joachimsthal) ist AcD: RaG nicht für Altersbestimmungen geeignet.

Wickman hat für die Verhältnisse RaG : UI, ThD : Th und AcD : RaG graphische Rechentafeln mit einer Genauigkeit von 1% aufgestellt [*20*].

Literatur zu 323110.

[*1*] Bull. National Res. Council No. 80 (1931): Physics of the Earth IV. The Age of the Earth. Washington, D. C. — [*2*] Holmes, A.: The Age of the Earth. London usw. (1937). — [*3*] Evans, R. D., C. Goodman und N. B. Keevil: Handbook of Physical Constants, Geol. Soc. Amer., Spec. Papers, **36**, Section 18 (1942) 267/78. — [*4*] Simon, W.: Zeitmarken der Erde. Braunschweig (1948). — [*5*] Lane, A. C.: Ann. Rept. Smithsonian Inst., Wash. (1937) 235. — [*6*] Starik, I. E.: Glavnaya Redaktsia Kimitscheskoi Literatyrii, Leningrad und Moskau, USSR (1938). Monographie: Radioaktive Methoden für die Bestimmung der geologischen Zeit (Titel ins Deutsche übersetzt). — [*7*] Wickman, F. E.: Sver. Geol. Undersökning Årsbok **37** (1943) No. 7, Ser. C, No. 458. — [*8*] Wick-

man, F. E.: Geol. Fören. Förhandl. **64** (1942) 465. — [9] Holmes, A.: Nature **157** (1946) 680. — [10] Holmes, A.: Nature **159** (1947) 217. — [11] Jeffreys, H.: Nature **162** (1948) 822. — [12] Holmes, A.: Nature **163** (1949) 453. — [13] Holmes, A.: Trans. Edinburgh Geol. Soc. **14**, Part II (1948) 176. — [14] Erös, N.: Bul. Soc. Romana Fizica (Bukarest) **47** (1946) 29. — [15] Keevil, N. B.: Amer. J. Sci. **237** (1939) 195. — [16] Rept. Comm. Measurement Geol. Time, National Res. Council (1938—1939) 1. — [17] Nier, A. O.: Journ. Amer. Chem. Soc. **60** (1938) 1571. — [18] Wahl, W.: Geolog. Rundschau **32** (1941) 550. — [19] Houtermans, F. G.: Ztschr. Naturforsch. **2a** (1947) 322. — [20] Wickman, F. E.: Sver. Geol. Undersökning, Årsbok **33** (1939) No. 7, Ser. C, No. 427. — [21] Russell, H. N.: Science **92** (1940) 19. — [22] Goodman, C.: Journ. Appl. Phys. **13** (1942) 276. — [23] Holmes, A.: In Rep. Comm. Measurement Geol. Time, National Res. Council (1946—1947) 39. — [24] Mattauch, J.: Angew. Chem. **A 59** (1947) 37. — [25] López de Azcona, J. M.: Revista de Geofísica **3** (1944) 328; **4** (1945) 253. — [26] Gerling, E. K.: C. R. Acad. Sci. USSR **34** (1942) 259. — [27] Wickman, F. E.: Ark. Kemi, Min., Geol. **16 A** (1943) 9. — [28] Hönigschmid, O.: Angew. Chem. **53** (1940) 177.

323111. Isotopenzusammensetzung von gewöhnlichem Blei („plumbum commune").

Tabelle 1. Überblick über die Variabilität der Zusammensetzung.

Autoren	208	207	206	204	Mittlere Massenzahl
Aston [1]	50,1	20,1	28,3	1,5	207,173
Rose und Strathan [2]	51,5	21,3	26,3	0,8	207,228
Mattauch [3]	52,95	21,35	24,55	1,15	207,25
Nier (Probe 1) [4]	52,29	22,64	23,59	1,48	207,243
Nier (Probe 7) [4]	51,43	20,00	27,31	1,26	207,203

Die Werte von Nier (Proben 1 und 7) beziehen sich auf Tab. 2 (Seite 286).

Tabelle 3. Isotopenzusammensetzung von gewöhnlichem Blei aus weiteren Vorkommen (nach Nier u. Mitarbeitern) [5, 7].

Nr.	Mineralart, Fundort	Isotopenhäufigkeit [204 = 1,00]			Isotopenüberschuß über Ivigtut-Blei			Überschußquotienten		Mittlere Massenzahl
		206	207	208	206	207	208	207/206	208/206	
13	Bleiglanz: Ivigtut, Grönland	14,54 14,75	14,60 14,70	34,45 34,5	— —	— —	— —	— —	— —	207,261 —
14	Bleiglanz III: Joplin, Mo.	22,37 22,28	16,10 16,20	41,8 41,8	7,70 —	1,50 —	7,36 —	0,19 —	0,96 —	207,203 —
15	Bleiglanz: Tetreault Mine, P. Q.	16,27	15,16	35,6	1,62	0,50	1,08	0,31	0,67	207,239
16	Bournotit: Casapalca, Peru	18,65 18,69	15,49 15,40	38,15 38,15	4,02 —	0,80 —	3,68 —	0,20 —	0,91 —	207,225 —
17	Bleiglanz: Casapalca, Peru	18,86 18,83	15,71 15,61	38,75 38,5	4,20 —	1,01 —	4,16 —	0,24 —	0,99 —	207,226 —
18	Bleiglanz: Clausthal, Deutschland	18,46	15,66	38,6	3,81	1,01	4,13	0,27	1,08	207,233
19	Bleiglanz: Przibram, Böhmen	17,95	15,57	37,9	3,31	0,92	3,43	0,28	1,04	207,235
20	Bleiglanz: Franklin, N. J.	17,15	15,45	36,53	2,50	0,80	2,06	0,32	0,82	207,233
21	Bleiglanz: Durango, Mexiko	18,71	15,70	38,5	4,06	1,05	4,08	0,26	1,00	207,227
22	Gediegenes Blei: Långban, Schweden	15,83	15,45	35,6	1,18	0,80	1,16	0,68	0,99	207,249
23	Bleiglanz: Sonora Mine, Arizona	19,22	16,17	39,15	4,57	1,53	4,68	0,33	1,03	207,226
24	Bleiglanz: Freiberg, Sachsen	18,07	15,40	38,0	3,42	0,75	3,48	0,22	1,02	207,234
25	Bleiglanz: Alpine Trias, Österreich	17,75	16,21	38,05	3,10	1,56	3,58	0,50	1,15	207,237

Tabelle 2. Isotopenzusammensetzung von gewöhnlichem Blei aus verschiedenen Vorkommen. Nach Nier [4].

No.	Mineralart, Fundort	Geologisches Alter in 10^6 Jahren u. Formation	Isotopenhäufigkeit (204 = 1,000 gesetzt)			Isotopenüberschuß, relativ zu Proben Nr. 1—3			Überschußquotienten		Mittlere Massenzahl	Chemische Atomgewichte:	
			206	207	208	206	207	208	$\frac{207}{206}$	$\frac{208}{206}$		Berechnet (aus Isotopenverhältnis)	Gefunden (durch chemische Bestimmung)
1	Bleiglanz: Great Bear Lake	1300 Präkambrium	15,93	15,30	35,3	—	—	—	—	—	207,243	207,218[1]	207,206
2	Bleiglanz: Broken Hill, N. S. W.	950 Präkambrium	16,07	15,40	35,5	—	—	—	—	—	207,242	207,217	—
3	Cerussit: Broken Hill, N. S. W.	950 Präkambrium	15,92 15,93	15,30 15,28	35,3 35,2	— —	— —	— —	— —	— —	207,242 207,241	207,217 207,216	207,21 —
4	Bleiglanz: Yancey Co., N. C.	600 Spätes Präkambrium	18,43	15,61	38,2	2,50	0,31	2,9	0,12	1,16	207,229	207,204	207,209
5	Bleiglanz: Nassau, Deutschland	240 Karbon	18,10	15,57	37,85	2,17	0,27	2,55	0,12	1,17	207,231	207,206	207,21
6	Cerussit: Eifel, Deutschland	240 Karbon	18,20	15,46	37,7	2,27	0,16	2,4	0,070	1,06	207,228	207,203	207,20
7	Bleiglanz I: Joplin, Mo.	230 Spätkarbon	21,65	15,88	40,8	5,72	0,58	5,5	0,10	0,96	207,203	207,178	207,22
8	Bleiglanz II: Joplin, Mo.	230 Spätkarbon	21,60 21,65	15,73 15,75	40,3 40,45	5,69 —	0,44 —	5,07 —	0,077 —	0,89 —	207,200 207,200	207,175 207,175	— —
9	Bleiglanz: Metalline Falls, Wash.	80 Spätkreide	19,30	15,73	39,5	3,37	0,43	4,2	0,127	1,25	207,228	207,203	207,21
10	Cerussit: Wallace, Idaho	80 Spätkreide	15,98 16,10	15,08 15,13	35,07 35,45	— —	— —	— —	— —	— —	207,239 207,242	207,214 207,217	207,21 —
11	Wulfenit und Vanadinit: Tucson Mts., Arizona	25 Miocän	18,40	15,53	38,1	2,47	0,23	2,8	0,093	1,13	207,229	207,204	207,22
12	Bleiglanz: Sachsen		17,34 17,38	15,47 15,44	37,45 37,3	1,43 —	0,15 —	2,07	0,105	1,45	207,240 207,238	207,215 207,213	— —
								Mittel:	0,10	1,13			

[1] Berechnungsweise (unter Annahme des Packungsanteiles = 1,55): $207{,}243 \cdot (1 + 1{,}55 \cdot 10^{-4}) / 1{,}000275 = 207{,}218$.

Anmerkung zu Tab. 2, Seite 286. Wahrscheinliche Meßfehler etwa ± 0,5%. Die geologischen Alter (Spalte 3) beziehen sich auf die Gesteine des Gebietes, nicht auf die Mineralbildung selbst, und sind approximative Werte nach der älteren Bleimethode. Die Proben mit mehr ^{206}Pb enthalten auch relativ mehr ^{207}Pb und ^{208}Pb im Vergleich zu ^{204}Pb. Innerhalb der experimentellen Fehler haben die Proben 1, 2 und 3 (aber auch 10) gleiche Isotopenzusammensetzung und weisen das meiste ^{204}Pb auf, das, soweit bekannt, nicht radiogenen Ursprunges ist. Blei solcher isotopischen Zusammensetzung ist vielleicht geologisch sehr altes, „nicht verunreinigtes Blei" („uncontaminated lead"), womöglich aus der Zeit der Bildung der Erdkruste. Die übrigen Bleiproben scheinen später mit radiogenem Blei „verunreinigt" worden zu sein. Danach würde mit abnehmendem Alter der Minerale der prozentuelle Gehalt an ^{206}Pb zunehmen (in Übereinstimmung mit den Abklingungskurven der Zerfallsreihen des Th, UI und AcU). Die Uranumwandlung liefert heute an ^{207}Pb (AcD) nur mehr 4,6% des ^{206}Pb (RaG). Auch der relative Gehalt an ^{208}Pb muß sich, geologisch aufgefaßt, in der nächsten Zeit noch vermindern, wird aber in späterer Zukunft, nach Verbrauch des meisten UI, wieder ansteigen.

Die 5 Spalten „Überschuß" sind demnach im Vergleich zum „nicht verunreinigten" Blei der Proben 1, 2 und 3 berechnet. Allerdings scheint in manchen Fällen (besonders bei Probe 10) ein variabler Gehalt der Gesteine an U und Th den vermuteten Alterseffekt zu verschleiern. Die durchschnittlich gute Übereinstimmung und annähernde Konstanz der berechneten und der chemisch gefundenen Atomgewichte (trotz ziemlich verschiedenem Isotopenverhältnis) beweist, daß aus einer chemischen Atomgewichtsbestimmung allein die isotopische Zusammensetzung des Bleis nicht einwandfrei erschlossen werden kann.

Tabelle 3 auf S. 285.

Anmerkung zu Tab. 3: Den höchsten Gehalt des Isotops ^{204}Pb (überall = 1,00 gesetzt) weist Blei von Ivigtut, Grönland, auf. Zwar ist sein geologisches Alter nicht bekannt, doch enthält es weniger ^{204}Pb als die geologisch sicher sehr alten Bleiproben von Eldorado Mine, Great Bear Lake, Kanada (Nr. 1 der Tab. 2), von der Tetreault Mine (Nr. 15) und von Långban (Nr. 22). Daher ist in Tab. 3 das Isotopenverhältnis der Probe 13 den „Überschuß"-Berechnungen der 6. bis 10. Spalte zugrunde gelegt. Das chemische Atomgewicht ergibt sich praktisch ohne weitere Rechnung durch Subtraktion von 0,025 von der mittleren Massenzahl.

Tabelle 4. Isotopenhäufigkeit von gewöhnlichem Blei (^{204}Pb = 1,00). Mittelwerte aus den Proben der Tab. 2 und 3, nach dem geologischen Alter geordnet.

	206	207	208
Aus kambrischen Gesteinen (1, 2, 3, 13, 15, 22) . . .	15,78	15,21	35,29
Aus paläozoischen Gesteinen (4, 5, 6, 12, 18, 19, 20, 24)	17,97	15,52	37,77
Aus jüngeren als paläozoischen Gesteinen (7, 8, 9, 10, 11, 14, 16, 17, 21, 25)	19,33	15,72	38,92

Anmerkung zu Tab. 4: Die Werte beweisen ein deutliches Absinken des Gehaltes an ^{204}Pb und ein zunehmendes Vorwiegen des ^{206}Pb in dem Isotopengemisch mit abnehmendem Alter des umgebenden Gesteines.

323112 Isotopenzusammensetzung von radiogenem Blei.

Tabelle 5. Proben Nr. 1—21, nach Nier [6], mit Altersberechnungen.

Nr.	Mineralart, Fundort[1]	Isotopenhäufigkeit				Mittlere Massenzahl	Chemische Atomgewichte		Mineralanalyse			Pb/U	Isotopenverhältnisse			Alter aus Isotopenverhältnissen in 10^6 Jahren		
		208	207	206	204		Berechnet (aus Isotopenverhältnis)	Gefunden (durch chemische Bestimmung)	% U	% Th	% Pb		RaG/UI	ThD/Th	AcD/RaG	RaG/UI	ThD/Th	AcD/RaG
1	Pechblende: St. Joachimsthal, C. S. R.	32,5	17,75	100	0,884 ±3%	206,536 ±0,005	206,511	206,50	60,24	—	3,22	0,0536	0,0302	—	0,0488	227	—	140
2	Pechblende[1]: Katanga, Belgisch-Kongo, Schwarze Komponente I:	0,042 ±10% 0,047 ±20%	6,03 6,07	100 100	— —	206,058 ±0,001	206,033	206,00	74,9	—	6,7	0,089	0,0845	—	0,0600 0,0605	616	—	610
3	Pechblende[1]: Gelbe Komponente I	0,51 ±3%	6,27	100	< 0,02	206,068 ±0,001	206,043	205,97	58,5	—	8,4	0,144	0,1358	—	0,0607	973	—	635
4	Pechblende[1]: Schwarze Komponente Ia	0,092 ±5%	6,04	100	—	206,059 ±0,001	206,034	—	—	—	—	—	—	—	0,0600	—	—	610
5	Pechblende[1]: Gelbe Komponente Ia	2,09 ±2%	6,96	100	—	206,102 ±0,001	206,077	—	—	—	—	—	—	—	0,0613	—	—	655
6	Pechblende[1], Schwarze Komponente II	0,077 ±10% 0,076 ±5%	6,08 6,08	100 100	— < 0,006	206,060 ±0,001	206,035	206,04	77,2	—	6,48	0,0839	0,0797	—	0,0605	582	—	625
7	Pechblende[1]: Gelbe Komponente II	0,247 ±3%	6,23	100	0,007 ±20%	206,063 ±0,001	206,038	206,05	68,5	—	6,74	0,0983	0,0930	—	0,0613	676	—	655
8	Curit[1]	0,186 ±3% 0,180 ±3%	6,11 6,13	100 100	< 0,02	206,061 ±0,001	206,036	206,027 206,03	65,3	—	9,7	0,1483	0,1405	—	0,0605	995	—	625
9	Pechblende[1]: Kanada	0,309	6,31	100	0,0557 ±3%	206,113 ±0,001	206,088	206,08	51,16	—	2,49	0,0488	0,0447	—	0,0562	333	—	460
10	Pechblende[1]: Kanada	2,51 2,54	9,76 9,73	100 100	0,063 ±3% 0,061 ±5%	206,130 ±0,001	206,105	206,06	52,32	—	10,51	0,201	0,180	—	0,0888	1251	—	1420

11	Cyrtolit II: Bedford, N. Y., USA	2,22	6,07	100	0,0443 ±2%	206,096 ±0,001	206,071	206,07	6,73	—	0,351	0,0522	0,0486	—	0,0541	361	—	375
12	Cyrtolit I: Bedford, N. Y., USA	4,29	6,89	100	0,095 ±5%	206,139 ±0,002	206,114	205,92	7,29	—	0,374	0,0513	0,0454	—	0,0523	341	—	300
13	Uraninit: Besner Mine, Ontario, Kanada	1,082 ±2% 1,06 ±2%	6,73 6,73	100 100	 0,0073 ±10%	206,082 ±0,001	206,057	206,05	67,6	1,57	7,69	0,114	0,1062	0,0359	0,0663	765	787	825
14	Uraninit: Huron Claim, Manitoba, Kanada	6,51	16,17	100	0,022 ±20%	206,238 ±0,002	206,215	—	54,14	12,37	15,47	0,285	0,232	0,0579	0,1590	1570	1252	2200
15	Uraninit: Wilberforce, Kanada	6,16	7,49	100	0,011 ±20%	206,174 ±0,002	206,149	206,195	53,52	10,37	9,26	0,173	0,1532	0,0452	0,0733	1077	983	1035
16	Thorianit: Ceylon, Indien	100	3,43	59,0	0,006 ±20%	207,252 ±0,01	207,227	207,21	11,8	68,9	2,34	0,198	0,0723	0,0209	0,0567	531	461	485
17	Uraninit[1]: Morogoro, Tanganyika	0,18 ±10%	5,98	100	0,001 ±20%	206,060 ±0,001	206,035	—	70,45	0,2	8,30	0,1177	0,1117	—	0,0596	803	—	595
18	Cleveit[1]: Norwegen	1,05	7,55	100	0,0006 ±50%	206,089 ±0,001	206,064	—	67,18	2,76	11,19	0,1666	0,1543	0,0385	0,0754	1085	840	1090
19	Cleveit: Pied des Monts, Quebec, Kanada	1,92 ±2%	7,60	100	0,047 ±5%	206,103 ±0,002	206,078	—	49,25	—	6,67	0,1354	0,1233	—	0,0688	882	—	905
20	Thorit: Brevig, Norwegen	100	1,22 ±2%	5,53	0,061 ±5%	207,883 ±0,001	207,858	207,90	0,45	30,10	0,35	—	0,0324	0,016	0,061 ±30%	243	355	—
21	Kolm: Güllhögen, Schweden	1,91 ±2% 2,08 ±2% 2,07	7,29 7,34 7,42	100 100 100	0,050 ±20% 0,055 ±5%	206,102 ±0,002	206,077	206,01	0,462	—	0,026	0,056	0,0517	—	0,0647	388	—	770

[1] Fundorte für Proben Nr. 2 bis 8 sämtlich Katanga, Belgisch-Kongo, für Nr. 9 Beaver Lodge Lake, für Nr. 10 Great Bear Lake, beide North West Territory, Kanada, für Nr. 17 Morogoro, Tanganyika Terr., Afrika, für Nr. 18 Auselmyren, Holt, Aust-Agder, Norwegen.

Anmerkung zu Tab. 5—6: Der sekundäre Curit von Katanga (Nr. 8) zeigt praktisch das gleiche, aus AcD/RaG berechnete Alter wie die schwarze Katanga-Pechblende (Nr. 4 und 6). Dies ist annähernd auch bei den gelben Verwitterungsprodukten (Nr. 5 und 7) der Pechblende der Fall, was für den Wert der Altersbestimmung aus diesem Isotopenverhältnis spricht.

^{204}Pb wird als Indikator für Plumbum commune benützt. Die Korrekturen für gewöhnliches Blei sind in Tab. 5 unter Zugrundelegung des Isotopenverhältnisses des „uncontaminated lead" der Proben 1, 2, 3 und 10 der Tab. 2 berechnet und von den Gesamtmengen der einzelnen Isotopen abgezogen. Hingegen diente in Tab. 6 das Blei von Ivigtut, Grönland (Nr. 13 der Tab. 3) als Berechnungsgrundlage für die Korrektur.

Hecht

Tabelle 6. Isotopenzusammensetzung von radiogenem Blei, Proben Nr. 22—29 nach Nier [7] mit Altersberechnungen.

Nr.	Mineralart, Fundort	Isotopenhäufigkeit				Bleiisotope nach Korrektur für Plumbum commune			Mineralanalyse			Isotopenverhältnisse (Atomzahlen)			Alter aus Isotopenverhältnissen in 10^6 Jahren aus		
		208	207	206	204	ThD	AcD	RaG	% U	% Th	% Pb	RaG/UI	ThD/Th	AcD/RaG	RaG/UI	ThD/Th	AcD/RaG
						(Total ^{206}Pb = 100)											
22	Uraninit: Parry Sound, Ontario, Kanada	1,52	7,40	100	0,0062	1,28	7,30	99,9	69,0	2,95	10,8	0,166	0,0483	0,0731	1003	945	1030
23	Samarskit: Glastonbury, Connecticut, USA	21,3	7,60	100	0,167	14,9	5,03	96,9	6,91	3,05	0,314	0,0396	0,0134	0,0518	253	266	280
24	Pechblende: Woods Mine, Colorado, USA	38,0	19,4	100	1,01	—0,6	3,8	81,3	72,3	0,11	1,063	0,0088	—	0,0467	57	—	—
25	Pechblende: Gilpin County, Colorado, USA	44,5	22,0	100	1,17	—0,2	4,0	78,4	38,28	0,053	0,643	0,0091	—	0,051	59	—	—
26	Thucholit: Parry Sound, Ontario, Kanada	6,90	5,88	100	0,024	5,98	5,51	99,5	4,63	0,903	0,187	0,0414	0,0123	0,0553	265	245	430
						(Total ^{208}Pb = 100)											
27	Monazit: Mount Isa, Australien	100	1,03	5,82	0,041	98,4	0,40	5,05	0,0	5,73	0,285	—	0,051	0,0792	—	1000	1190
28	Monazit: Huron Claim, Manitoba, Kanada	100	2,11	11,6	0,011	99,6	1,94	11,4	0,281	15,63	1,524	0,628	0,0955	0,170	3180	1830	2570
29	Monazit: Las Vegas, New Mexiko, USA	100	1,25	10,1	0,028	98,9	0,82	9,6	0,122	9,39	0,372	0,303	0,0392	0,0855	1730	770	1340

Anmerkung zu Tab. 5—6 (Fortsetzung).

Bei den in fast allen Proben enthaltenen geringen Gehalten an ^{204}Pb ist es praktisch von geringer Bedeutung, welches geologisch alte Blei für die Korrektur benützt wird. Wenn in der Nähe von radioaktiven Mineralen Bleiglanze vorkommen, wäre zweckmäßig deren Isotopenverhältnis anzuwenden. Wo sich negative Werte für die Isotope radiogenen Ursprunges ergeben, kann daraus das Maß der Ungenauigkeit des gesamten Verfahrens abgeschätzt werden.

Diejenigen Alterswerte können als zuverlässigste betrachtet werden, die aus dem im höchsten Verhältnis anwesenden radioaktiven Stammelement abgeleitet werden, d. i. aus dem Uran in Uraniniten, oder aus Thorium in Monaziten. Daher ist z. B. das wahrscheinlichste Alter des zu den ältesten Mineralen der Erde gehörenden Huron-Claim-Monazites (Nr. 28) rund $1830 \cdot 10^6$ Jahre.

Tabelle 7. Weitere Beispiele der Altersberechnung aus Isotopenverhältnissen [12]: Zwei Minerale aus Indien.

Nr.	Mineral; Fundort	Isotopenhäufigkeit				% radiogenes Pb			Mineralanalyse		
		208	207	206	204	Th D	AcD	RaG	U %	Th%	Pb%
1	Uraninit: Bisundani, Rajputana	0,806	6,39	100,00	< 0,001	0,06	0,474	7,416	72,9	1,4	7,95
2	Monazit: Soniana, Staat Mewar	100,00	1,03	13,58	0,008	0,457	0,004	0,062	0,68	16,45	0,525

Nr.	Isotopenverhältnisse				Alter aus Isotopenverhältnissen in 10^6 Jahren			
	RaG/U	ThD/Th	AcD/RaG	AcD/U	RaG/U	ThD/Th	AcD/RaG	AcD/U
1	0,1017	0,0429	0,0639	0,0065	733	940	740	733
2	0,0912	0,0278	0,0677	0,0059	660	613	865	681

Anmerkung: Für die Berechnung des radiogenen Bleis Nr. 2 wurde folgende Isotopenzusammensetzung eines 700 Millionen Jahre alten gewöhnlichen Bleis angenommen: ^{204}Pb = 1; ^{206}Pb = 17,07; ^{207}Pb = 15,46; ^{208}Pb = 36,85. Die Isotopenbestimmung führten W. E. Leland und A. O. Nier aus. Das wahrscheinlichste Alter des Uraninits Nr. 1 ist etwa 735 Millionen Jahre.

Literatur zu 323111 und 323112.

[1] Aston, F. W.: Nature **137** (1936) 613. — [2] Rose, J. L., u. R. K. Stranathan: Phys. Rev. **50** (1936) 792. — [3] Mattauch, J., u. V. Hauk: Naturw. **25** (1937) 763. — [4] Nier, A. O.: J. Amer. Chem. Soc. **60** (1938) 1571. — [5] Nier, A. O.: J. Appl. Phys. **12** (1941) 300, 342. — [6] Nier, A. O.: Phys. Rev. **55** (1939) 153. — [7] Nier, A. O., R. W. Thompson u. B. F. Murphey: Phys. Rev. **60** (1941) 112. — [8] Rept. Comm. Measurement Geol. Time., Nat. Res. Counc. (1948—1949) 73. — [9] Lane, A. C.: Bull. Geol. Soc. Amer. **57** (1946) 1213. — [10] Rosenqvist, I. Th.: Amer. J. Sci. **240** (1942) 356. — [11] Dimitriew, B. S.: J. Gen. Chem. USSR **11** (1941) 293. — [12] Smales, A. A., u. A. Holmes in: Rept. Comm. Measurement Geol. Time., Nat. Res. Counc. (1947/48) 18, 19.

323113 Isotopen von Uran und Thorium.

Tabelle 8. Zerfallskonstanten λ und Halbwertszeit T [1, 2].

$$\lambda_{UI} = 4{,}82 \cdot 10^{-18}\,\text{sec}^{-1} = 1{,}52 \cdot 10^{-10}\,\text{a}^{-1}; \quad T = 4{,}56 \cdot 10^9\,\text{a}$$
$$\lambda_{AcU} = 3{,}06 \cdot 10^{-17}\,\text{sec}^{-1} = 9{,}72 \cdot 10^{-10}\,\text{a}^{-1}; \quad T = 7{,}14 \cdot 10^8\,\text{a}$$
$$\lambda_{UII} = 8{,}24 \cdot 10^{-14}\,\text{sec}^{-1} = 2{,}60 \cdot 10^{-6}\,\text{a}^{-1}; \quad T = 2{,}68 \cdot 10^5\,\text{a}$$
$$\lambda_{Th} = 1{,}58 \cdot 10^{-18}\,\text{sec}^{-1} = 4{,}99 \cdot 10^{-11}\,\text{a}^{-1}; \quad T = 1{,}39 \cdot 10^{10}\,\text{a}$$

Tabelle 9. Häufigkeitsverhältnis der einzelnen Isotope des Urans [2].

$$^{238}\text{U} : {}^{235}\text{U} = N_{UI} : N_{AcU} = 139 \pm 1{,}0$$
$$^{238}\text{U} : {}^{234}\text{U} = N_{UI} : N_{UII} = 17000 \pm 2000$$

N = Atomanzahl im Mischelement.

Heutiges Aktivitätsverhältnis zwischen AcU und UI: $\dfrac{N_{AcU} \cdot \lambda_{AcU}}{N_{UI} \cdot \lambda_{UI}} = 0{,}046 \pm 0{,}002$ [2].

Mittlere Massenzahl von Uran [2]: 237,977; mit Packungsanteil 5,6 daraus berechnetes chemisches Atomgewicht: $\dfrac{237{,}977 \cdot (1 + 5{,}6 \cdot 10^{-4})}{1{,}000275} = 238{,}045$.

Chemisches Atomgewicht gefunden: 238,07.

Neuere Bestimmungen anderer Autoren [3]: $T_{AcU} = (2{,}35 \pm 0{,}14) \cdot 10^5\,\text{a}$

$N_{UI} : N_{AcU} = 19700$.

Literatur zu 323113.

[1] Kovarik, A. F., u. N. I. Adams: Phys. Rev. **54** (1938) 413. — [2] Nier, A. O.: Phys. Rev. **53** (1938) 922; **55** (1939) 150. — [3] Chamberlain, O., D. Williams u. P. Yuster: Phys. Rev. **70** (1946) 580. — [4] Yagoda, H., u. N. Kaplan: Phys. Rev. **72** (1947) 356. — [5] Seaborg, G. T.: Rev. Mod. Phys. **16** (1944) 1.

Hecht

323114 Natürliche Spaltung von Uran und Thorium.

Sowohl bei U als bei Th wird eine spontane Spaltung des Kernes beobachtet. Es ist noch zweifelhaft, ob sie auf die kosmische Strahlung zurückgeht oder wirklich spontan erfolgt, ebenso, welches Uranisotop gespalten wird. Infolge der spontanen Spaltung von UI und Absorption der entstandenen Neutronen durch andere UI-Atome dürfte (über Np) Pu entstehen, das in natürlichen Pechblenden in einer Konzentration von 10^{-14} nachgewiesen worden ist [*13*—*17*]. Einen geologischen Effekt, der für eine Altersbestimmung benützt werden könnte, hat diese so langsame Spaltung voraussichtlich nicht. Allerdings wurde versucht, den Xe-Gehalt eines karelischen Uraninites als durch die natürliche Spaltung des Urans entstanden zu betrachten und für eine Altersberechnung heranzuziehen [*18*].

Tabelle 10. Spaltungs-Halbwertszeit des Urans [*1*—*11*].

Autoren	Halbwertszeit in Jahren	Anmerkung
Petrzak und Flerow 1940	10^{16}—10^{17}	Berechnet für UI (10^{14}—10^{15} für AcU; 10^{12}—10^{13} für UII, falls die Spaltung auf diese Isotopen zurückgeht)
Panasyuk u. Flerow 1941	$5 \cdot 10^{16}$	
Maurer und Pose 1943 .	$2{,}5 \cdot 10^{15}$	
Pose 1943.	$3{,}1 \cdot 10^{15}$	Messung 485 m unter Tag; Ergebnis für den Fall berechnet, daß für je 1 ausgesandtes Neutron 1 Kern sich spaltet
Flügge 1943	$2{,}63 \cdot 10^{16}$	Berechnet für UI (12% der totalen Spaltungsaktivität)
Chatterjee und Sarkar 1944	$3 \cdot 10^{16}$	
Chatterjee 1944/45 . . .	$1{,}3 \cdot 10^{16}$	
Scharff-Goldhaber und Klaiber 1946	$3{,}14 \cdot 10^{15}$	
Seaborg 1947.	10^{16}	
Perfilow 1947	$(1{,}3 \pm 0{,}2) \cdot 10^{16}$	Wahrscheinlich bisher bester Wert

Tabelle 11. Spaltungs-Halbwertszeit des Thoriums [*1, 5, 6, 11*].

Autoren	Halbwertszeit in Jahren	Anmerkung
Panasyuk und Flerow 1941	$> 10^{19}$	
Pose 1943	$1{,}7 \cdot 10^{17}$	Messung 485 m unter Tag; Ergebnis für den Fall berechnet, daß für je 1 ausgesandtes Neutron 1 Kern sich spaltet
Flügge 1943	$2{,}69 \cdot 10^{18}$	
Perfilow 1947	$\sim 4 \cdot 10^{17}$	Wahrscheinlich bisher bester Wert

Literatur zu 323114.

[*1*] Petrzak, K. A., u. G. N. Flerow: C. R. Acad. Sci. USSR **28** (1940) 500; Uspeki Fiz. Nauk. **25** (1941) 171. — G. N. Flerow u. K. A. Petrzak: Phys. Rev. **58** (1940) 89. — [*2*] Panasyuk, I. S., u. G. N. Flerow: C. R. Acad. Sci. USSR **30** (1941) 704. — [*3*] Flerow, G. N.: C. R. Acad. Sci. USSR **37** (1942) 58. — [*4*] Maurer, W., u. H. Pose: Z. Physik **121** (1943) 285. — [*5*] Pose, H.: Z. Physik **121** (1943) 293. — [*6*] Flügge, S.: Z. Physik **121** (1943) 298. — [*7*] Chatterjee, S. D., u. P. B. Sarkar: Science and Culture **9** (1944) 560. — [*8*] Chatterjee, S. D.: Trans. Bose Res. Inst. Calcutta **16** (1944—1946) 65; Indian J. Phys. **19** (1945) 211. — [*9*] Scharff-Goldhaber, G., u. G. S. Klaiber: Phys. Rev. **70** (1946) 229. — [*10*] Seaborg, G. T.: Chem. Eng. News **25** (1947) 358, 397. — [*11*] Perfilow, N. A.: J. Exper. Theoret. Phys. USSR **17** (1947) 476; J. Phys. USSR **11** (1947) Nr. 3. — [*12*] Wheeler, J. A.: Phys. Rev. **73** (1948) 1252. — [*13*] Seaborg, G. T.: Chem. Eng. News **23** (1945) 2190. — [*14*] Kennedy, J. W., u. A. C. Wahl: Phys. Rev. **69** (1946) 367. — [*15*] Corvalen, M. I.: Phys. Rev. **71** (1947) 132. — [*16*] Garner, C. S., N. A. Bonner u. G. T. Seaborg: J. Amer. Chem. Soc. **70** (1948) 3453. — [*17*] Seaborg, G. T., u. M. L. Perlman: J. Amer. Chem. Soc. **70** (1948) 1571. — [*18*] Khlopin, V. G., E. K. Gerling u. N. V. Baranowskaja: Bull. Acad. Sci. USSR, Classe Sci. Chim. (1947) 599.

Hecht

323115 Neuere Mineral-Analysen.

Tabelle 12. Neue Analysen von geologisch einigermaßen datierbaren Mineralen.

Nr.	Fundort	Mineralart	Pb %	U %	Th %	R	Anmerkung	Literatur
				Europa und Asien.				
1	Sierra Albarrana, Cordoba, Spanien	Pechblende	2,49	45,94	—	0,054		[*1*]
2	Wölsendorf, Bayern	Pechblende	1,32	51,01	—	0,026		[*2*]
3	Schmiedeberg, Sachsen	Pechblende	2,26	60,03	—	0,0376		[*2*]
4	Joachimsthal, CSR	Pechblende	1,54	47,19	0,15	0,033	1	[*3*]
5	Joachimsthal, CSR	Pechblende	4,36	65,21	—	0,067		[*2*]
6	Cornwall, England	Pechblende	3,76	32,82	0,15	0,109		[*3*]
7	Bodmin Moor, Buttern Hill, Cornwall, England	Monazit	0,0905	0,373	5,78	0,0369		[*4*]
8	Aust-Agder, Norwegen	Cleveit	10,58	66,80	0,80	0,157		[*3*]
9	Auselmyren, Aust-Agder, Norwegen	Cleveit	11,19	67,02	2,27	0,165		[*3*]
10	Auselmyren, Norwegen	Cleveit	11,19	67,18	2,26	0,1646		[*5*]
11	Arendal, Norwegen	Cleveit	11,27	67,60	1,56	0,167		[*3*]
12	Karlshus, Raade, Norwegen	Brøggerit	8,94	64,68	6,55	0,133		[*3*]
13	Berg bei Fredrikshald, Norwegen	Uraninit	11,34	70,84	0,92	0,1593		[*2*]
14	Kolm, Schweden	Kolmasche	0,071	1,24	—	0,0574		[*2*]
15	Varuträsk, Schweden	Uraninit	15,45	63,44	0,98	0,2435	2	[*6*]
16	Khito-Insel, Nordkarelien, USSR	Uraninit	18,98	63,10	0,106	0,3005	3	[*7*]
17	Samoilowitsch-Ader, Karelien, USSR	Monazit	0,77	0,44	7,34	0,250		[*7*]
18	Samoilowitsch-Ader, Karelien, USSR	Uraninit	18,32	60,06	1,45	0,302		[*7*]
19	Tschornaja Salma, Karelien, USSR	Uraninit	18,84	62,64	1,45	0,292		[*7*]
20	Tschornaja Salma, Karelien, USSR	Monazit	0,94	0,48	7,66	0,289		[*7*]
21	Rynjomen, Korea	Samarskit	0,371	20,40	1,69	0,0176		[*8*]
22	Iisaka (Dorf), Daté (Gebiet), Hukusima (Präfektur), Japan	Cleveit	0,94	67,34	3,39	0,0137		[*9*]
23	Kotôge, Kawasaki (Stadt), Tagawe (Bezirk), Hukuoka, Japan	Cleveit	1,04	75,76	1,68	0,014		[*10*]
24	Soniana, Staat Mewar, Indien	Monazit	0,525	0,68	16,45	0,0306	4	[*11*]
25	Bisundani, Rajputana, Indien	Uraninit	7,95	72,9	1,4	0,107		[*11*]
26	Gaya District, Bihar, Indien	Monazit	0,495	0,23	10,55	0,123		[*12*]
27	Sankara-Glimmermine, Nellore District, Madras, Indien	Samarskit	0,54	4,07	1,17	0,121		[*13*]
28	Ceylon	Thorianit	3,65	23,69	56,78	0,0827		[*73*]
29	Ceylon	Thorianit	4,11	26,21	53,13	0,0907		[*73*]
30	Ceylon	Thorianit	4,04	23,18	54,41	0,0945		[*73*]

[1] Plumbum commune in größeren Mengen.
[2] Isotope des Bleis nach W. Wahl: 206 = 81,94%; 207 = 15,26%; 208 = 2,80%.
[3] Atomgewicht des Pb = 206,12.
[4] Isotopenbestimmung des Bleis von W. E. Leland u. A. O. Nier ausgeführt.

Hecht

Nr.	Fundort	Mineralart	Pb %	U %	Th %	R	Anmerkung	Literatur
		Afrika.						
31	Kasolo-Shinkolobwe, Katanga, Belgisch-Kongo, Afrika	Pechblende	6,64	76,94	< 0,01	0,0863		[14]
32	Uluguru-Berge, Tanganjika Territory, Afrika	Uraninit	6,38	75,87	0,18	0,084		[15]
33	Gordonia, Südafrika	Uraninit	8,80	63,69	8,19	0,1321		[16]
		Australien.						
34	Yinnietharaa, Gascogne District, Westaustralien	Xenotim	0,15	1,82	1,45	0,064		[17]
		Südamerika.						
35	Engenho Central, District Rio Branco, Minas Gerais, Brasilien	Uraninit	5,30	77,92	—	0,0684		[18]
36	Boqueirão, Rio Grande do Norte, Brasilien	Uraninit	5,10	75,78	0,35	0,0672		[19]
37	Xique-Xique, Rio Grande do Norte, Brasilien	Uraninit	6,68	64,72	~0,3	0,103		[19]
38	NO von Merida, Staat Merida (Venezuela-Anden)	Pechblende	5,11	40,83	0,30	0,125		[20]
		Kanada.						
39	Besner Mine, Henvey Towsnhip, Ontario	Cyrtolit	0,036	1,83	0,01	0,019		[21]
40	Henvey, Parry Sound District	Thucholit	0,186	4,63	0,903	0,0375		[29]
41	West Portland Towsnhip, Quebec	Monazit	0,068	0,054	3,44	0,053		[22]
42	West Portland Township, Quebec	Monazit	0,048	0,097	3,44	0,036	5	[23]
43	Jim Claim	Uraninit	4,45	50,41	—	0,088		[2]
44	Contact Lake, Great Bear Lake Area	Pechblende (silberhaltig)	2,44	26,31	Spur	0,083		[24]
45	Hybla, Ontario	Cyrtolit	0,072	0,569	0,389	0,102		[25]
46	Lac Pied des Monts District, Quebec	Uraninit	10,84	73,08	0,088	0,148		[41]
47	Lac Pied des Monts District, Quebec	Uraninit	6,67	49,25	—	0,135		[42]
48	Great Bear Lake	Pechblende	10,1	51,0	0,005	0,198		[26]
49	Great Bear Lake	Pechblende	5,88	29,39	< 0,010	0,199		[27]
50	Ivy Claim	Uraninit	11,29	53,46	—	0,211		[2]
51	Huron Claim bei Winnipeg, Manitoba	Monazit	1,52	0,28	15,63	0,257		[28]
52	Huron Claim bei Winnipeg, Manitoba	Monazit	1,21	0,12	12,67	0,259		[2]
		Nordamerika (USA).						
53	Central City, Colorado	Uraninit	0,36	70,38	0,19	0,005		[3]
54	Woods Mine, Central City, Colorado	Pechblende	1,063	72,28	0,11	0,0147		[30]
55	Gilpin County, Colorado	Pechblende	0,64	38,28	0,05	0,0167		[30]
56	Kirk Mine, Gilpin County, Colorado	Pechblende	0,81	70,26	—	0,0115		[2]
57	Topsham, Maine	Samarskit	0,475	14,22	2,66	0,0313		[36]

[5] Th-Wert übernommen aus [22].

Nr.	Fundort	Mineralart	Pb %	U %	Th %	R	Anmerkung	Literatur
58	Ruggles Mine, in der Nähe von Grafton Center, New Hampshire	Uraninit	3,37	76,38	0,38	0,041	6	[31]
59	Beaver Lodge Lake, Hottah	Uraninit	2,31	43,63	—	0,0529		[32]
60	Rock Landing, Connecticut	Uraninit	3,09	76,60	1,48	0,040		[2]
61	Strickland quarry, Portland, Connecticut	Uraninit	2,92	74,25	2,88	0,039		[3]
62	Fitchburg, Massachusetts	Uraninit	2,52	50,20	3,39	0,049		[2, 33]
63	Greenwich, Massachusetts	Allanit	0,032	0,095	1,53	0,049		[34]
64	Blueberry Mountain bei Boston, Massachusetts	Allanit	0,034	0,039	1,70	0,052		[2]
65	Colorado	Euxenit	0,293	3,41	4,25	0,059		[35]
66	McLear-Pegmatit bei Richville Station, St. Lawrence County, N. Y.	Uraninit	10,74	66,90	4,57	0,156		[37, 38]
67	Whiteface Mountain, Essex County, N. Y.	Allanit	0,076	0,069	1,069	0,167		[39]
68	Wheatland, Wyoming	Allanit	0,102	0,017	1,12	0,2429		[40]
69	Deer Park Mine, Spruce Pine. Nordkarolina	Uraninit	3,64	74,20	2,70	0,048		[3]
70	Deer Park, No. 5 Mine, Spruce Pine, Nordkarolina	Monazit	0,130	0,0175	4,83	0,078		[74]
71	Mars Hill, Nordkarolina	Monazit	0,163 0,166	0,018 0,03	5,56 5,75	0,0807 0,0804		[75] [38]
72	Bull Creek, bei Las Vegas New Mexico	Monazit	0,372	0,122	9,39	0,103		[76]
73	Glorieta, Cribbenville, Gimmermine bei Petaca, New Mexico	Monazit	0,339	0,106	7,50	0,1208		[28]

Anmerkung: In Tab. 12 sind nur Analysen aufgenommen, die noch nicht in der 5. Auflage der „Physikalisch-chemischen Tabellen" (einschließlich der Ergänzungsbände) enthalten waren. Hinsichtlich aller älteren Analysen sei deshalb auf diese früheren Daten verwiesen.

Die vorstehende Tabelle bringt keine Altersangaben, sondern nur die „Bleiverhältnisse" R (vgl. 323110). Die Alterswerte sind leicht mit Hilfe der Formeln (1) bzw. (2) des Abschnittes 323110 („Grundlagen") oder der dort angeführten Netzkurven von Wickman zu ermitteln. Außerdem erlaubt Abschnitt 32316 die Zuordnung zu den geologischen Formationen im Rahmen unserer derzeitigen Kenntnisse.

In der gegenwärtigen 6. Auflage wurde zur Berechnung der „Bleiverhältnisse" $R = \frac{\mathrm{Pb}}{\mathrm{U} + k \cdot \mathrm{Th}}$ der Faktor $k = 0{,}36$ verwendet (s. 323110), während in den Ergänzungsbänden der 5. Auflage dem Wert $k = 0{,}25$ der Vorzug gegeben worden war. Dies muß bei einem Vergleich der älteren und der neueren Analysen berücksichtigt werden.

Die Literaturangaben [67—72] beziehen sich auf die analytische Methodik.

[6] Bleiverhältnis korrigiert für Schwefel.

Tabelle 13. Neuere Analysen mit Atomgewichtsbestimmung des Bleis.

Nr.	Fundort	Mineralart	Pb %	U %	Th %	R	Atomgewicht	Anmerkung	Literatur
1	St. Joachimsthal, C. S. R.	Pechblende	3,22	60,24	—	0,0536	206,50	gewöhnl. Pb nach Isotopenanalyse von Aston zu 41,3% geschätzt: korrig. R = 0,0314	[43]
2	Khito-Insel, Nordkarelien, USSR	Uraninit	18,98	63,10	0,106	0,3005	206,12	frühestes Präkambrium	[44]
3	Katanga, Belgisch-Kongo, Afrika	Pechblende	6,7	74,9	—	0,089	205,996	schwarzer Anteil (unlöslich in HCl)	[45]
3a	Katanga, Belgisch-Kongo, Afrika	Pechblende (Verwitterungskruste)	8,4	58,5	—	0,144	205,970	gelber Anteil (löslich in HCl)	[45]
4	Katanga, Belgisch-Kongo, Afrika	Pechblende	6,50 6,48	76,7 77,2	— —	0,0847 0,0839	} 206,042	schwarzer Anteil (unlöslich in HCl)	[46]
4a	Katanga, Belgisch-Kongo, Afrika	Pechblende (Verwitterungskruste)	6,76 6,74	67,5 68,5	— —	0,1001 0,0983	} 206,051	gelber Anteil (löslich in HCl)	[46]
5	Katanga, Belgisch-Kongo, Afrika	Pechblende	n. b.	n. b.	—	n. b.	206,044	schwarzes Material; n. b. = nicht bestimmt	[47]
6	Katanga, Belgisch-Kongo, Afrika	Curit	9,7	65,3	—	0,1485	206,027	sekundäres Mineral	[48]
7	Hybla, Ontario, Kanada	Cyrtolit	0,043	0,529	0,08	0,0771	206,20	Analyse und Atomgewichtsbestimmung nicht am selben Material ausgeführt	[48, 49]
8	Beaverlodge Lake, Hottah, N.W.T., Kanada	Pechblende	1,57 2,49	28,9 51,2	— —	0,0543 0,0486	} 206,084	gereinigtes Material	[46]
9	Besner Mine, Ontario, Kanada	Uraninit	7,71	67,62	1,72	0,113	206,052		[48, 50]
10	Wilberforce, Winnipeg, Ontario, Kanada	Uraninit	10,32	58,02	12,93	0,1646	206,18		[47]
11	Great Bear Lake, N.W.T., Kanada	Pechblende	10,51	52,32	0,004	0,2008	206,054	schwarzes Material; Isotopenbestimmung durch Aston (s. u.)	[51, 52]
11a	Great Bear Lake, N.W.T., Kanada	Pechblende (Verwitterungskruste)	n. b.	n. b.	n. b.	n. b.	206,058	gelbes Material	[52]
12	Great Bear Lake, N.W.T., Kanada	Pechblende	12,35	50,17	—	0,2462	206,08		[47]
13	Bedford, N. Y., USA	Cyrtolit (I)	0,37	7,29	—	0,0513	205,92 ± 0,02 205,93 205,954	niedriger Wert des Atomgew. ungeklärt	[48, 53, 54]
13a	Bedford, N. Y., USA	Cyrtolit (II)	0,351	6,73	—	0,052	206,072		[48, 55]
14	Spinelly quarry, Glastonbury, Connecticut, USA	Samarskit	0,314	6,91	3,05	0,0392	206,343		[46, 56]

Sämtliche Atomgewichtsbestimmungen wurden auf chemischem Wege, und zwar mit dem analysierten Material selbst ausgeführt (ausgenommen Nr. 7).

Anmerkung zur Nr. 11. Isotopenbestimmung ergab: ^{206}Pb 89,8%; ^{207}Pb 7,9%; ^{208}Pb 2,3%.

Tabelle 14. Analysen einzelner Mineralschichten.

Nr.	Fundort	Mineralart	Pb %	U %	Th %	R	Schicht	Anmerkung	Literatur
1	Villeneuve, Ontario, Kanada	Uraninit	13,85	50,24	6,73	0,263	außen		[57]
			9,96	60,33	5,48	0,160	Mitte		
			10,61	65,34	5,63	0,157	Kern		
2	Morogoro, Ulu-guru-Berge, Tanganyika, Afrika	Uraninit „M V"	6,99	73,61	0,12	0,0949	außen	mechanische Zonentrennung	[58]
			6,89	74,44	0,10	0,0925	innen		
3	Morogoro, Ulu-guru-Berge, Tanganyika, Afrika	Uraninit „M XIV"	5,49	54,23	—	0,1012	Kruste *K*	gelb	[58]
			0,61	59,44	—	0,0103	g. Sch.	gelbgrüne Schicht	
			6,12	70,37	—	0,0870	1. schw. Sch.	schwarz	
			6,17	71,96	—	0,0857	g. Inn.	grünschw. Kernteil	
			7,35	73,59	—	0,0999	Inn.	Kerninneres (Zonen mechanisch getrennt)	
4	Strickland quarry, Portland, Conn., USA	Uraninit	3,36	80,14	2,86	0,041	außen	Zonen durch aufeinanderfolgende Auflösung getrennt	[2, 59]
			3,20	80,20	3,17	0,039	weiter innen		
			3,12	78,86	3,26	0,039	noch weiter innen		
			3,12	79,00	3,19	0,039	Kern		
5	Wilberforce, Ontario, Kanada	Uraninit	9,74	37,85	8,36	0,2383	außen	Zonen durch aufeinanderfolgende Auflösung getrennt	[60]
			11,93	58,48	14,09	0,1877	Mitte		
			11,87	60,70	8,05	0,1866	Kern		
6	Wilberforce, Ontario, Kanada	Uraninit	9,16	53,06	5,22	0,1669	außen	mechanische Zonentrennung	[61]
			10,13	54,48	15,25	0,1689	Mitte		
			11,07	55,52	10,46	0,1867	Kern		
7	Wilberforce, Ontario, Kanada	Uraninit	9,04	52,85	11,91	0,1582	Zone I	äußerste Schicht (mechanische Zonentrennung)	[38]
			10,33	58,39	13,43	0,1634	Zone II		
			10,34	58,22	13,35	0,1640	Zone III		
			10,00	57,30	13,48	0,1609	Zone IV	innerst. Teil (Kern)	
8	Auselmyren, Holt, Aust-Agder, Norwegen	Cleveit	11,75	68,62	2,81	0,1687	außen	mechanische Zonentrennung	[62]
			11,94	69,16	2,60	0,1703	Mitte		
			12,09	69,27	2,66	0,1722	Kern		
9	Blueberry Mountain bei Boston, Mass., USA	Allanit	0,0358	0,027	1,89	0,0514	außen	mechanische Zonentrennung	[38]
			0,0311	0,010	2,01	0,0424	Kern		
10	Sprucepine, Nordkarolina, USA	Uraninit	3,19	67,65	0,03	0,047	außen		[63]
			3,40	69,92	0,14	0,0486	Mitte		
			3,50	69,65	0,04	0,0503	Kern		

Anmerkung: Aus den Schichtenanalysen geht hervor, daß das „Bleiverhältnis" *R* in den äußeren Zonen meist, jedoch nicht immer, größer als in den Innenzonen und im Kern ist. Manchmal unterscheiden sich auch benachbarte Kernpartien nicht unwesentlich in ihrer Zusammensetzung. Auf die mineralogische Untersuchung zwecks Ermittlung unveränderter Partien vor Inangriffnahme der Analyse ist daher großer Wert zu legen. Übrigens ist oft aus den Isotopen-Bleiverhältnissen partielle Auslaugung einzelner Bestandteile erkennbar.

Literatur zu 323115.

[*1*] Casares López, R., J. M. López de Azcona u. J. Leal Luna: Revista de Geofísica **1** (1942) 113. — [*2*] Hecht, F., u. E. Kroupa: Z. analyt. Chem. **106** (1936) 82. — [*3*] Føyn, E.: Über einige Verhältnisse in Uranmineralien. Skrifter Norske Videnskaps-Akademi Oslo, I. Mat.-Naturv. Kl. 1938, Nr. 4. — [*4*] Holmes, A., u. A. A. Smales: Proc. Roy. Soc. Edinburgh, Sec. B 63, Teil II (1948) 115. — [*5*] Bakken, R., E. Gleditsch u. A. C. Pappas: Bull. Soc. Chim. France **15** (1948) 515. — [*6*] Quensel, P.: Geol. Fören. Förhand. **62** (1940) 391. — [*7*] Khlopin, V. G., u. M. E. Wladimirowa: Bull. Acad. Sci. USSR, Cl. Sci. Mat. Nat. (1938) 499. — [*8*] Iimori, T., u. S. Hata: Sci. Papers Inst. Phys. Chem. Research (Japan) **34** (1938) 992. — [*9*] Iimori, T.: Amer. J. Science **239** (1941) 819; Sci. Papers Inst. Phys. Chem. Research (Japan) **39** (1942) 209. — [*10*] Kimura, K., u. T. Iimori: J. Geol. Soc. Japan **43** (1936) 450. — [*11*] Holmes, A., u. A. A. Smales, in: Rept. Comm. Measurement Geol. Time, Nation. Res. Council (1947/48) 18. — [*12*] Sarkar, T. C.: Proc. Indian Acad. Sci. **13 A** (1941) 245. — [*13*] Sarkar, P. B., u. R. N. Sen Sarma: Science and Culture **11** (1946) 569. — [*14*] Aubel, R. van: Pub. Rel. Congo Belge: Ann. Soc. Géol. Belg. **57**, Teil 1 (1935) 42. — [*15*] Williams, G. J., u. A. F. Skerl: Tanganyika Terr., Dept. Lands and Mines, Geol. Div., Bull. **14** (1940) 47. — [*16*] Holmes, A.: Amer. J. Sci. **27** (1934) 343. — [*17*] Grace, J. N. A.: J. Roy. Soc. W. Australia **26** (1939/40) 95. — [*18*] Florêncio, W., u. C. de Castro: Anais Acad. Brasil.

Hecht

Cienc. **15** (1943) 19. — [19] Marble, J. P.: in Rept. Comm. Measurement Geol. Time, Nation. Research Council (1948/49) 69, 70. — [20] Davey, J. C.: Trans. Roy. Geol. Soc. Cornwall **17** (1946) 313. — [21] Muench, O. B.: J. Amer. Chem. Soc. **58** (1936) 2433. — [22] Spence, H. S., u. O. B. Muench: Amer. Min. **20** (1935) 724. — [23] Korkisch, F. E., u. O. Rigele: Mikrochem. **35** (1950) 365. — [24] Furnival, G. M.: Econ. Geol. **34** (1939) 739. — [25] Hecht, F., u. F. Korkisch: Mikrochem. **28** (1939/40) 30. — [26] Yagoda, H., u. N. Kaplan: Phys. Rev. **72** (1947) 356. — [27] Marble, J. P.: Amer. Min. **22** (1937) 564. — [28] Muench, O. B.: J. Amer. Chem. Soc. **60** (1938) 2661. — [29] Muench, O. B.: J. Amer. Chem. Soc. **59** (1937) 2269. — [30] Muench, O. B.: in Rept. Comm. Measurement Geol. Time, Nation. Research Council (1941/42) 56, 57. — [31] Shaub, B. M.: Amer. Min. **23** (1938) 334; Science **86** (1937) 156. — [32] Bruner, F. H.: Amer. Min. **21** (1936) 265. — [33] Lane, A. C.: Science **78** (1933) 435. — [34] Marble, J. P.: Amer. Min. **35** (1950) 845. — [35] Muench, O. B.: in Rept. Comm. Measurement Geol. Time, Nation. Research Council (1941/42) 59. — [36] Gonyer, F. L.: in Rept. Comm. Measurement Geol. Time, Nation. Research Council (1937) 60. — [37] Shaub, B. M.: Amer. Min. **25** (1940) 480. — [38] Hecht, F., E. Kroupa u. I. T. Koss-Rosenqvist: Mikrochem. **29** (1941) 94. — [39] Marble, J. P.: Amer. J. Science **241** (1943) 23. — [40] Wells, R. C.: Amer. Min. **19** (1934) 81. — [41] Ellsworth, H. V.: Rept. Comm. Measurement Geol. Time, Nation. Research Council (1934) 53. — [42] Muench, O. B.: J. Amer. Chem. Soc. **61** (1939) 2742. — [43] Baxter, G. P., u. W. M. Kelley: J. Amer. Chem. Soc. **60** (1938) 62.— [44] Permjakow, V. M.: Bull. Acad. Sci. USSR, Sci.-chem. Cl. (1941) 581. — [45] Baxter, G. P., u. C. M. Alter: J. Amer. Chem. Soc. **55** (1933) 2785. — [46] Baxter, G. P., J. H. Faull jr., u. F. D. Tuemmler: J. Amer. Chem. Soc. **59** (1937) 702. — [47] Hecht, F., u. E. Kroupa: Z. anorgan. allgem. Chem. **266** (1936) 248. — [48] Baxter, G. P., u. C. M. Alter: J. Amer. Chem. Soc. **57** (1935) 467. — [49] Muench, O. B.: Amer. J. Science **25** (1933) 487. — [50] Ellsworth, H. V.: Amer. Min. **16** (1931) 577. — [51] Marble, J. P.: J. Amer. Chem. Soc. **58** (1936) 434. — [52] Marble, J. P.: J. Amer. Chem. Soc. **56** (1934) 854. — [53] Muench, O. B.: Amer. J. Sci. **21** (1931) 350. — [54] Baxter, G. P., u. C. M. Alter: J. Amer. Chem. Soc. **55** (1933) 1445. — [55] Muench, O. B.: J. Amer. Chem. Soc. **56** (1934) 1536. — [56] Wells, R. C.: Rept. Comm. Measurement Geol. Time, Nation. Research Council (1935) 76. — [57] Ellsworth, H. V.: Amer. Min. **15** (1930) 455. — [58] Hecht, F.: Sitz. Ber. Akad. Wiss. Wien **140**, IIa (1931) 599. — [59] Foye, W. G. u. A. C. Lane, Amer. J. Science **28** (1934) 127. — [60] Alter, C. M., u. E. M. Kipp: Amer. J. Science **32** (1936) 120; Science **82** (1935) 464. — [61] Alter, C. M., u. L. A. Yuill: J. Amer. Chem. Soc. **59** (1937) 390. — [62] Bakken, R., u. E. Gleditsch: Amer. J. Science **36** (1938) 95; Rept. Comm. Measurement Geol. Time, Nation. Research Council (1937/38) 76. — [63] Alter, C. M., u. E. S. McColley: Program Mineral. Soc. Amer., Boston Meeting (1941) 4; Rept. Comm. Measurement Geol. Time, Nation. Research Council (1941/42) 5. — [64] Starik, I. E., u. O. S. Melikowa: Trans. State Radium Inst. USSR **4** (1938) 384. — [65] Guimarães, D., u. W. Florêncio: An. Acad. brasil. Cienc. **21** (1949) 315. — [66] Nandi, S. K., u. D. N. Sen: J. Sci. Industr. Res. India **9 B** (1950) 124. — [67] Urry, W. D.: Amer. J. Science **239** (1941) 191. — [68] Girotto, A.: Rev. Chim. Ind. **9** (1940) 10. — [69] Rodden, C. J.: Anal. Chem. **21** (1949) 327 (enthält Bibliographie über Methodik). — [70] Claffy, E. W.: Amer. J. Science **245** (1947) 35. — [71] Hecht, F., u. A. Grünwald: Mikrochem. **30** (1943) 279. — [72] Hecht, F., u. J. Donau: Anorganische Mikrogewichtsanalyse. Wien 1940. — [73] Hecht, F.: Mikrochemie **12** (1932/33) 193. — [74] Bliss, A. D.: Amer. J. Science **242** (1944) 327. — [75] Marble, J. P.: Am. Mineralogist **21** (1936) 456. — [76] Muench, O. B.: in Rept. Committee Measurement Geol. Time Nation. Research Council (1939/40) 90.

323116 Geologische Zeitskala.

Absolute geologische Zeitskalen auf Grund der Bleimethode, unter Berücksichtigung der Daten der Bleiisotopenbestimmungen von Nier, wurden mehrfach aufgestellt. Holmes [3] nimmt als Zeitraum seit Entstehung der granitischen Schicht der Erdkruste rund 3250 Millionen Jahre an. Die ältesten bekannten Gesteine der heutigen Erdkruste sind danach die Manitobapegmatite von Rice Lake, Winnipeg River Area, SO-Manitoba, Kanada, und die „marealbischen" Pegmatite von Ostfennoskandien (Karelien). Das wahrscheinlichste Alter der erstgenannten beträgt nach Holmes [3] 1985 ± 10 Millionen Jahre, das der zweitgenannten 1765 ± 10 Millionen Jahre. Das „Alter des Ozeans" wird von Conway [4] (nicht aus Daten radioaktiver Grundlage) zu mindestens 700—800 und höchstens 2350 Millionen Jahren angenommen.

Tabelle 15 ist zusammengestellt von Marble [5] auf Grund der von Holmes [3] und Knopf [6] als am wahrscheinlichsten betrachteten Werte.

Koczy [7] berechnet unter Benutzung der Daten von Nier nach St. Meyers Methode zur Bestimmung des „Alters der Sonne" [8] das Alter der terrestrischen Materie zu 5,33 Millionen Jahren (geochemisches Bleiverhältnis $Pb/U = 5{,}6$). Es handelt sich dabei um einen Maximalwert, der unter der Annahme radiogenen Ursprunges sämtlichen Bleis zustandekommt.

Wahl [9] unternimmt, auf Bleiverhältnissen aus den zuverlässigsten chemischen Analysen fußend, einen Altersvergleich der Orogenesen zum Zweck einer Korrelation des Grundgebirges in verschiedenen Teilen der Erde (Abb. 1).

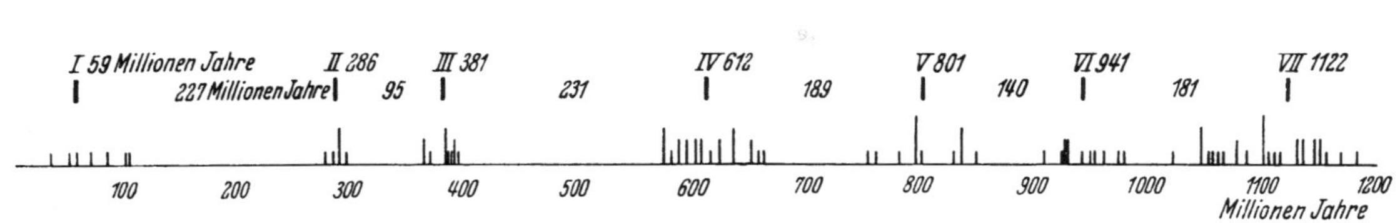

Abb. 1. Altersvergleich der Orogenesen (nach W. Wahl [9]).

Zusammenstellung von 125 Analysen von Thorium- und Uranmineralen aus Granitpegmatiten, ohne Korrektur wegen des möglichen Gehalts an „gewöhnlichem Blei". Jeder Vertikalstrich bedeutet eine Altersbestimmung, längere Striche bedeuten mehrere. Alter nach rechts wachsend. Die 7 Häufungsmaxima deuten auf 7 Orogenesen (Faltungen): I Alpin, II Variszisch, III Kaledonisch, IV Ostafrikanisch-samisch, V Karelisch-huronisch, VI Gotisch-algoman, VII Svekofennisch-laurentisch.

Tabelle 15. Angenäherte geologische Zeitskala [5].

Geologische Periode	Abstand von der Gegenwart in Millionen Jahren	Dauer in Millionen Jahren
Pleistozän . .	0 bis 1	1
	± 50000 Jahre	
Pliozän. . . .	1 bis 12	11
Miozän	12 „ 28	16
Oligozän . . .	28 „ 40	12
Eozän	40 „ 60	20
	± 1 bis 2 Mill. Jahre	
Kreide	60 bis 130	70
Jura	130 „ 155	25
Trias.	155 „ 185	30
	± 5 Mill. Jahre	
Perm	185 bis 210	25
Karbon . . .	210 „ 265	55
Devon	265 „ 320	55
Silur.	320 „ 360	40
Ordovicium . .	360 „ 440	80
Kambrium . .	440 „ 520	80
	± 10 Mill. Jahre	
Präkambrium	550 bis 2100+	1500+
	± 10 bis 300 Mill. Jahre	

Anmerkung: Die (+- oder —-) Zahlen unterhalb der geologischen Zeitalter sind nicht berechnete wahrscheinliche Fehler, sondern bedeuten nur eine Schätzung der Genauigkeit der heute verfügbaren Daten.

Literatur zu 323116.

[1] Bull. National Research Council No. 80 (1931): Physics of the Earth IV; The Age of the Earth. — [2] Holmes, A.: The Age of the Earth. London usw. 1937. — [3] Holmes, A.: In Rept. Comm. Measurement Geol. Time, Nation. Research Council (1946/47) 44; Nature **157** (1946) 680; **159** (1947) 217; **163** (1949) 453; Endeavour **6** (1947) 99; Trans. Geol. Soc. Glasgow **32** (1947) 117; Geol. Magazine **84** (1947) 123; Trans. Edinburgh Geol. Soc. **14**, Pt. II (1948) 176; Ann. Rept. Bd. Regents Smithsonian Inst. (1948) 227. — [4] Conway, E. J.: Proc. Roy. Irish Acad. **48 B** (1943) 119, 161; Amer. J. Science **243** (1945) 583. — [5] Marble, J. P.: In Rept. Comm. Measurement Geol. Time, Nation. Research Council (1949/50) 18. — [6] Knopf, A.: Genetics, Paleontology, and Evolution. Princeton Univ. Press 1949. — [7] Koczy, F.: Nature **151** (1943) 24. — [8] Meyer, St.: Mitt. Inst. Radiumforsch. No. 393, No. 407 (1937); S.B. Akad. Wiss. Wien IIa, **146** (1947) 175; Naturwiss. **25** (1937) 764; Forsch. Fortschr. **14** (1938) 41. — [9] Wahl, W.: Geol. Rundsch. **34** (1943) 209. — [10] Marble, J. P.: J. Applied Phys. **12** (1941) 300. — [11] Bullard, E. C.: Mem. Proc. Manchester Lit. Phil. Soc. **86** (1943) 55. — [12] Haldane, J. B. S.: Nature **153** (1944) 555. — [13] Agrawala, V. S.: J. Indian Museums **1** (1945) 109. — [14] Houtermans, F. G.: Angew. Chem. **A 59** (1947) 56. — [15] Jeffreys, H.: Nature **162** (1948) 822.

Hecht

32312 Heliummethode.

323120 Grundlagen.

Das „Helium-Verhältnis" ist die Zahl der cm^3 He bei 0° und 760 mm pro g Uran bzw. auf äquivalentes Uran umgerechnetes Thorium. Vereinfachte Formel für die Altersberechnung geologisch junger Minerale [*1—3*]:

$$t = \frac{He}{U + k' \cdot Th} \cdot C' \cdot 10^6 \text{ Jahre.}$$

Darin ist $k' = 0{,}27$, $C' = 8{,}8$ zu setzen. Bei stark radioaktiven und geologisch alten Mineralen gibt die Heliummethode in der Regel bedeutend niedrigere Alterswerte als die Bleimethode, weil das gasförmige He zum großen Teil aus dem Mineralgefüge entweicht, wenn sein Partialdruck zu hoch wird. Obige Annäherungsformel vernachlässigt das Aussterben des U und Th während der geologischen Zeit. Daher muß für mehr als 300—500 Millionen Jahre alte Minerale folgende exaktere Formel angewendet werden:

$$t = 1{,}515 \cdot \log_{10}\left(1 + \frac{4{,}518 \cdot 10^{-10}\,He}{Ra + 9{,}17 \cdot 10^{-8}\,Th}\right) \cdot 10^{10} \text{ Jahre.}$$

He ist in cm^3 pro g Gestein, Ra und Th in g pro g Gestein anzugeben. Die logarithmische Formel ist bei der Altersbestimmung der Meteoriten (siehe dort) von Bedeutung. Auch durch das verschieden schnelle Aussterben der Isotopen UI und AcU wird bei geologisch alten Mineralen ein weiterer Fehler bewirkt (bei $1{,}2 \cdot 10^9$ Jahren rund 5%). Er kann durch Korrektion ausgeschaltet werden [*4*].

323121 Gesteine.

Auch für die nur sehr schwach radioaktiven Gesteine kann die Heliummethode [*4—7*] in ihrem gegenwärtigen Entwicklungszustand nicht als allgemein verläßliches Mittel zur geologischen Zeitmessung dienen. Sie scheidet insbesondere für alles Material aus, das gebirgsbildenden Prozessen und demzufolge mechanischen Deformationen ausgesetzt worden ist [*8*]. Das aus obigen Formeln errechnete „Alter" wird als „Heliumindex" **I** bezeichnet. Aus denselben Formeln ergibt sich durch Einsetzen der radioaktiven Daten (U- und Th-Mengen) und des theoretischen (vor allem durch die Bleimethode an Mineralen desselben Fundortes kontrollierten) He-Wertes, also der seit der Kristallisation entstandenen He-Menge, das „erwartete Alter" **A**. I/A ist das „Helium-Aufbewahrungsvermögen" („Helium-Speicherungsfähigkeit", engl. „helium retentivity") [*9*]. Dieses wird durch Metamorphosen, Mineralisationsprozesse, Verwitterung, Zerstörungen des Kristallgitters oder Lokalisierung radioaktiver Elemente erniedrigt [*10—12*] und ist für die einzelnen Mineralindividuen nicht mit Sicherheit vorauszusagen [*13, 14*]. Es kann auch > 1 sein [*15, 16*]; d. h. es wird gelegentlich auch He-Überschuß beobachtet, z. B. bei Turmalin, Spodumen, Zinnwaldit, die infolge ihres offenen Kristallgitters aus dem Magma oder durch Absorption kurzlebiger Radioelemente während der Kristallisation He aufnehmen konnten [*17*]. He-Indizes sind vor allem für Gegenden komplexer Mineralogie zu variabel für zuverlässige Altersbestimmungen [*14*].

Tabelle 16 [*10*] Helium-Aufbewahrungsvermögen von Gesteinen und Mineralen.

Gesteins- (oder Mineral-) art	Zahl der Proben (N. B. Keevil)	Helium-Aufbewahrungsvermögen			Zahl der Proben (andere Autoren)
		Bereich (N. B. Keevil)	Mittel[1] (N. B. Keevil)	Mittel[2] (andere Autoren)	
Granit	34	0,02— 0,86	0,25	0,35	6
Basische Gesteine	18	0,10— 1,93	0,44	0,45	69
Porphyre und Laven	22	0,01— 1,08	0,12	0,36	9
Quarz	14	0,04— 1,22	0,25	—	0
Magnetit	10	0,24— 12,3	0,46	0,93	18
Oxyde	6	0,11— 0,59	0,32	0,25	17
Feldspat	25	0,02— 0,46	0,20	0,25	2
Femische Gemengteile	37	0,05— 3,84	0,57	0,45	4
Silikate	22	0,12— 3,63	0,41	0,34	29
Oxysalze und Halide	12	0,03— 24,6	0,45	0,38	10

[1] Mit Ausschluß von 14 Werten, die auf überschüssiges He hinweisen.
[2] Mit Ausschluß von 18 hohen Werten aus Daten von Strutt, Holmes, Dubey, Kano, Davis, Lange, Urry, Goodman und Hurley.

Hecht

Tabelle 17 [*18*].
Helium-Aufbewahrungsvermögen einzelner Minerale eines granitisierten Glimmerschiefers (Granitmigmatites) von Chelmsford, Mass., USA (aus dem Karbon).

Mineral	Prozentischer Anteil am Gestein	Helium-Aufbewahrungsvermögen
Mikroklin	28	0,05
Quarz + Plagioklas	65	0,09
Biotit	0,7	0,31
Epidot	1,1	0,18
Garnet	0,005	1,36
Apatit	0,001	0,74
Zirkon	0,001	1,03
Titanit	0,001	3,82

Tabelle 18 [*10*].
Magnetite.

Gegend	He-Index I in 10^6 Jahren	Erwartetes Alter **A** in 10^6 Jahren	Helium-Aufbewahrungsvermögen
Magnet Cove, Arkansas	42	150	0,28
Port Henry, N. Y.	230	600	0,37
Franklin, N. J.	181	600	0,29
Yellowknife, N. W. T.	2640	575	4,6
Yellowknife, N. W. T.	16500	575	28,7

Anmerkung zu den Tabellen 16—18: Im allgemeinen ist I/A bei basischen Gesteinen größer als bei sauren. Mafische Teile der Gesteine geben höhere Heliumindizes als felsische Partien [*19*]. Glasige Gesteine erleiden wesentlich größere He-Verluste als kristalline [*4, 20, 21*]. Einiger Erfolg ist manchmal mittels Korrektion der He-Indizes für jedes einzelne Mineral zu erzielen, indem charakteristische Gleichungen oder Kurven für die Änderung von I/A ermittelt werden [*10, 19, 22—24*]. Magnetite haben oft I/A = 1 [*15, 24—31*], vorausgesetzt, daß ihre Struktur nicht gestört ist. Sie können deshalb in Einzelfällen, unter Anwendung strenger Kritik, zu angenäherten Altersbestimmungen herangezogen werden [*32, 33*].

Literatur zu 323120/1.

[*1*] Bull. Nat. Research Council No. 80 (1931) 106, 206. — [*2*] Holmes, A., u. F. A. Paneth: Proc. Roy. Soc. London **154 A** (1936) 385. — [*3*] Keevil, N. B.: Amer. J. Science **237** (1939) 195. — [*4*] Urry, W. D.: Chem. Rev. **13** (1933) 305. — [*5*] Keevil, N. B.: Trans. Roy. Soc. Canada (1938) 123. — [*6*] Goodman, C., u. R. D. Evans: Bull. Geol. Soc. Amer. **52** (1941) 459, 491. — [*7*] Goodman, C., u. R. D. Evans: Rev. Sci. Instr. **15** (1944) 123. — [*8*] Wahl, W.: Geol. Rundschau **32** (1941) 550. — [*9*] Keevil, N. B.: Amer. J. Science **239** (1941) 608. — [*10*] Keevil, N. B.: Nature **148** (1941) 445. — [*11*] Keevil, N. B.: Proc. Amer. Acad. Arts Science **73** (1940) 311. — [*12*] Keevil, N. B.: Univ. Toronto Studies, Geol. Ser., No. 46: Contrib. Canad. Mineral. (1941) 39. — [*13*] Keevil, N. B., A. W. Jolliffe u. E. S. Larsen: Amer. J. Science **240** (1942) 831. — [*14*] Keevil, N. B.: Amer. J. Science **241** (1943) 680. — [*15*] Keevil, N. B., u. E. S. Larsen: Amer. Mineral. **26** (1941) 403. — [*16*] Keevil, N. B.: Trans. Amer. Geophys. Union (1941) 501. — [*17*] Khlopin, V. G., u. S. A. Abidow: C. R. Acad. Sci. USSR **32** (1941) 637. — [*18*] Keevil, N. B., E. S. Larsen u. F. J. Wank: Amer. J. Science **242** (1944) 345. — [*19*] Keevil, N. B.: Amer. J. Science **241** (1943) 277. — [*20*] Kirsch, G.: in C. Doelter-H. Leitmeiers Handb. d. Mineralchemie IV/**3** (1931) 454. — [*21*] Urry, W. D.: J. Amer. Chem. Soc. **55** (1933) 3242. — [*22*] Evans, R. D., C. Goodman, N. B. Keevil, A. C. Lane u. W. D. Urry: Phys. Rev. **55** (1939) 931. — [*23*] Howard, C. H., u. N. B. Keevil, J. Geol. **51** (1943) 17. — [*24*] Evans, R. D., u. C. Goodman: Phys. Rev. **65** (1944) 216. — [*25*] Hurley, P. M.: J. Applied Phys. **12** (1941) 300. — [*26*] Hurley, P. M., u. C. Goodman: Bull. Geol. Soc. Amer. **51** (1940) 1931; **52** (1941) 545. — [*27*] Goodman, C., R. D. Evans u. P. M. Hurley: Phys. Rev. **59** (1941) 920. — [*28*] Hurley, P. M., u. C. Goodman: Trans. Roy. Soc. Canada **35** (1941) 191. — [*29*] Hurley, P. M., u. C. Goodman: Bull. Geol. Soc. Amer. **52** (1941) 1909. — [*30*] Larsen, E. S., u. N. B. Keevil: Amer. J. Science **240** (1942) 204. — [*31*] Hurley, P. M., u. C. Goodman: Bull. Geol. Soc. Amer. **54** (1943) 305. — [*32*] Hurley, P. M.: Science **110** (1949) 49. — [*33*] Hurley, P. M.: Report of the Nat. Res. Council Committee on the Measurement of Geologic Time (1948/49) 79. — [*34*] Gerling, E. K., u. M. E. Wladimirowa: Sowjet. Geol. No. 6 (1941) 101. — [*35*] Gerling, E. K.: C. R. Acad. Sci. USSR **24** (1939) 274, 570. — [*36*] Gerling, E. K.: C. R. Acad. Sci. USSR **27** (1940) 22. — [*37*] Keevil, N. B.: Proc. Amer. Acad. Arts Sci. **73** (1940) 311. — [*38*] Keevil, N. B.: Amer. J. Science **240** (1942) 13. — [*39*] Gerling, E. K., u. M. E. Wladimirowa: C. R. Acad. Sciences USSR **37** (1942) 179.

323122 Meteoriten.

Bei Anwendung auf Eisenmeteoriten beansprucht die Heliummethode [*1—11, 17*] einen viel höheren Grad von Verläßlichkeit als bei Gesteinen, da nachgewiesen wurde, daß aus ihnen kein Helium entweicht. Selbst bei Erhitzen auf 1000° gehen bloß in den äußeren Zonen einige Prozent des enthaltenen He verloren [*4, 5, 8, 10*]. Die so berechneten höchsten Alterswerte von Meteoriten betragen nur das Drei- bis Vierfache derjenigen der ältesten irdischen Mineralien (Bleimethode) und fügen sich gut in den Rahmen heutiger Vorstellungen über das Alter des Planetensystems ein. Für Steinmeteoriten wird allerdings die Ansicht vertreten, ihr heutiger He-Gehalt datiere erst seit ihrer letzten Annäherung an die Sonne [*16*]. Es wurde auch auf die theoretische Möglichkeit zusätzlicher He-Bildung in den

Meteoriten durch die kosmische Weltraumstrahlung hingewiesen (vor allem durch Spaltung des enthaltenen U und Th) [*12*—*15*]. Experimentelle Untersuchungen über die Bildung von He in Glas in mehreren tausend Meter Höhe ü. d. M. wurden als Stütze für diese Hypothese herangezogen. In Natriumglasplatten würden danach je Gramm in 100 Millionen Jahren $2 \cdot 10^{-5}$ cm³ He entstehen [*15*].

Für die Altersberechnung der älteren Meteorite muß unbedingt die logarithmische Formel aus 323120 benützt werden.

Tabelle 19 [*10*].
Heliumgehalt akzessorischer Bestandteile von Meteoriten.

Name des Meteoriten	Akzessorischer Bestandteil		Eisenanteil Helium pro Gramm in 10^{-6} cm³
	Bezeichnung	Helium pro Gramm in 10^{-6} cm³	
Magura	Troilit	0,13	1,19
	(Sulfid)	0,09	
Seeläsgen	Troilit	2,73	4,87
		2	
Cranbourne	Troilit	3,13	4,96
		1,40	
Wichita County . .	Troilit	9,07	11,50
Santa Luzia	Rinde (Oxyd)	1,06	—
	Schreibersit (Phosphid)	1,25	—
Brenham (Pallasit) .	Stein	6,36	
	(Olivin)	6,87	1,11
Krasnojarsk (Pallasit)	Stein fortgewittert	—	1,21
Mincy (Pallasit) . .	Stein	21,7	4,81

Anmerkung: Die Werte zeigen einen beträchtlichen Unterschied des He-Gehaltes der Nickeleisen-Partie und der akzessorischen Mineralbestandteile der Meteoriten. Es ist daher notwendig, die He-, Tn- und Rn-Bestimmungen an identischem Material auszuführen.

Tabelle 20 [*17*].
Altersbestimmungen von Meteoriten.

Name des Meteoriten	Typus	Nickel %	Uran 10^{-8} g/g	Thorium 10^{-8} g/g	Helium 10^{-6} cm³/g	Alter in 10^6 Jahren berechnet aus	
						individuellen Messungen	durchschnittlicher Aktivität
Bethany, Goamus	*Of*	8	1	4	0,15	60	75
San Martin . . .	*H*	5,3	0,6	8	1,6	500	800
Bethany, Amalia .	*Of*	8	1	4	3,0	1100	1500
Carthage	*Om*	7,7	0,5	4	25	6500	5800
Thunda	*Om*	8,5	0,8	4	28	6100	6200
Mount Ayliff . .	*Og*	6,6	0,4	2	40	7600	6800

Anmerkung: O = Oktaedrit; H = Hexaedrit; f = fein; m = mittel; g = grob (Klassifikation der Eisenmeteoriten).

Die vorletzte Kolonne (Alterswerte) wurde auf Grund individueller, nach verbesserter Methodik ausgeführter Messungen des Rn- und Tn-Gehaltes der einzelnen Proben (2 bis 6 Proben von jedem einzelnen Meteoriten) berechnet. Außerdem wurden versuchsweise unter Zugrundelegung eines mittleren Urangehaltes von $0{,}7 \cdot 10^{-8}$ g/g sowie eines mittleren Thoriumgehaltes von $4{,}0 \cdot 10^{-8}$ g/g die Werte der letzten Kolonne ermittelt. Man kann daraus für Meteoriten mittleren Alters eine Unsicherheit der Altersbestimmung von $\pm$ 20%, für die ältesten von $\pm$ 1 Milliarde Jahren schätzen. Sämtliche Berechnungen mit „logarithmischer Altersformel".

Tabelle 21.
Weitere Altersbestimmungen von Meteoriten.

Name des Meteoriten	Typus	Nickel %	Helium 10^{-6} cm³/g	Alter in 10^6 Jahren	Name des Meteoriten	Typus	Nickel %	Helium 10^{-6} cm³/g	Alter in 10^6 Jahren
Cape York, Savik	*Om*	7	$<$0,0002	$<$0,11	Cranbourne . .	*Og*	7	5	2400
Cape York, Ahnighito . .	*Om*	8	$<$0,001	$<$0,55	Augustinovka .	*Of*	8	5	2400
Bethany, Goamus	*Of*	8	0,15	75	Toluca	*Om*	8	6	2700
Bethany, Amalia (Foote) .	*Of*	8	0,2	110	Arispe	*Ogg*	7	7	3000
Bethany, Gröndorn	*Of*	8	0,2	110	Mooranoppin .	*Ogg*	7	7,5	3200
Bethany, Lion River . . .	*Of*	8	0,2	110	Narraburra Creek . . .	*Off*	10	11	4100
Coahuila . . .	*H*	6	0,2	110	Wichita County	*Og*	8	11,5	4200
Uwet	*H*	6	0,4	220	San Angelo .	*Om*	8	12	4400
Braunau . . .	*H*	5	0,5	270	N'Goureyma .	*Ob*	9	14	4700
Cañon Diablo .	*Og*	7	1	550	Cosby's Creek .	*Og*	7	14	4700
Cape York, Dog	*Om*	8	1	550	Hraschina . .	*Om*	9	15	4800
Cape York, Woman . .	*Om*	8	1	550	Sacramento Mountains .	*Om*	8	15	4800
Magura . . .	*Og*	7	1	550	Seneca Falls .	*Om*	8	15	4800
San Martin ..	*H*	5	1,6	800	Charcas . . .	*Om*		16	5000
São Julião de Moreira . .	*Ogg*	6	2	1000	Silver Crown .	*Og*	8	17	5200
Seeläsgen . .	*Ogg*	6	2	1000	Staunton County, Mass. III	*Om*	10	19	5400
Murnpeowie .	*Og*	6	2	1000	Staunton County, Mass. V .	*Om*	9	19	5400
Mount Joy . .	*Hb*	5	2	1000	Joe Wright Mountain . .	*Om*	8	19	5400
Copiapo . . .	*Ob*	9	2,5	1250	Burlington . .	*Om*	9	19	5400
Bethany, Amalia (Krantz) .	*Of*	8	3	1500	Nelson County	*Ogg*	7	20	5500
Santa Rosa . .	*Ob*	7	3	1500	Williamstown .	*Om*	7	21	5600
Nejed	*Om*	7	4	2000	Lenarto . . .	*Om*	9	22	5700
Tamarugal . .	*Om*	8	4	2000	Carthage . . .	*Om*	8	25	5800
Henbury . . .	*Om*	7	5	2400	Thunda . . .	*Om*	8	28	6200
					Yardea . . .	*Om*		30	6300
					Mount Ayliff .	*Og*	7	40	6800
					Morden . . .			40	6800

Anmerkung: Die Tabelle revidiert die früheren von Paneth und Mitarbeitern an verschiedenen Stellen veröffentlichten Altersbestimmungen. Wenngleich die früheren Heliumbestimmungen als einwandfrei betrachtet werden, kann diese Annahme für die damaligen Rn-Bestimmungen nicht aufrecht erhalten werden, während Tn-Bestimmungen überhaupt nicht erfolgt waren. Deshalb werden den neuen Berechnungen mittlere Aktivitäten (U- bzw. Th-Gehalte) von $0{,}7 \cdot 10^{-8}$ g/g (Uran) bzw. $4{,}0 \cdot 10^{-8}$ g/g (Thorium) wie in Tab. 20 zugrundegelegt. Sämtliche Werte mit „logarithmischer Altersformel" berechnet.

Literatur zu 323122.

[1] Paneth, F. (mit H. Gehlen u. P. L. Günther): Z. Elektrochem. angew. physik. Chem. **34** (1928) 645. — [2] Paneth, F., u. K. Peters: Z. physik. Chem. **134** (1928) 353. — [3] Paneth, F., u. K. Peters: Z. physik. Chem., B **1** (1928) 170, 253. — [4] Paneth, F.: Z. Elektrochem. angew. physik. Chem. **36** (1930) 727. — [5] Paneth, F., u. W. D. Urry: Z. physik. Chem. **152** A (1931) 110, 127. — [6] Paneth, F., u. W. Koeck: Z. physik. Chem., Bodenstein-Festband (1931) 145. — [7] Paneth, F.: Naturwiss. **19** (1931) 164. — [8] Paneth, F. A.: Royal Astron. Soc., Occasional Notes, No. 5 (1939) 57. — [9] Paneth, F. A.: The Origin of Meteorites. Clarendon Press. Oxford 1940. — [10] Urry, W. D.: Chem. Reviews **13** (1933) 305. — [11] Urry, W. D.: J. Chem. Phys. **4** (1936) 34, 40. — [12] Bauer, C. A.: Phys. Rev. **72** (1947) 354. — [13] Bauer, C. A.: Phys. Rev. **74** (1948) 501. — [14] Bauer, C. A.: Astron. J. **53** (1948) 110. — [15] Huntley, H. E.: Nature, **161** (1948) 356. — [16] Foshag, W. F.: Amer. Mineralogist **26** (1941) 137. — [17] Arrol, W. J., R. B. Jacobi u. F. A. Paneth: Nature **149** (1942) 235.

32313 Strontiummethode.

Das im natürlichen Rubidium zu 27,2% enthaltene Isotop Rb^{87} wandelt sich infolge seiner schwachen β-Aktivität in das Isotop Sr^{87} um. Darauf beruht eine Methode der geologischen Zeitmessung [1—7]. Indessen sind nur in geologisch sehr alten Mineralien auswertbare Mengen Strontium zu erwarten, da die für diese Methode geeigneten Alkalisilikatmineralien (Pegmatitglimmer, insbesondere Lepidolit; Pollucit; hydrothermaler Rubidiummikroklin) höchstens 2 bis 3% Rb enthalten. Obzwar in diesen K- und Rb-haltigen Silikatmineralien aus geochemischen Gründen nur äußerst wenig oder praktisch überhaupt kein natürliches Strontium vorkommen dürfte, erfordern wirklich zuverlässige Altersbestimmungen die massenspektrometrische Ermittlung des Isotopenverhältnisses des präparativ gewonnenen Sr. (Die quantitative Sr-Bestimmung kann jedoch, statt gravimetrisch, rascher optisch-spektrographisch erfolgen [*8—13*].) Das Isotop Sr^{88} dient als Indikator und Berechnungsgrundlage für die Anwesenheit von natürlichem Sr und erlaubt die Berechnung der zugehörigen Menge Sr^{87}, die von der Gesamtmenge Sr^{87} abgezogen werden muß.

Zur Zeit **t** nach dem Auskristallisieren des Minerals sei die Atomanzahl von $Rb^{87} = \mathbf{N}$, die Atomanzahl des daraus gebildeten $Sr^{87} = \mathbf{N'}$. Dann ist:

$$N'/N = e^{\lambda t} - 1.$$

Durch Reihenentwicklung erhält man, da bei geologisch sehr alten Mineralien $\frac{N'}{N} \ll 1$, das Alter $\mathbf{t} = \frac{1}{\lambda} \cdot \frac{N'}{N}$. Statt der Atomzahlen können die Gewichtsprozente Rb^{87} und Sr^{87} in die Formel eingesetzt werden. Nur in ganz wenigen Fällen ist bisher wirklich massenspektrographisch das Isotopenverhältnis des gefundenen Sr ermittelt worden; vielmehr wurde meist wegen des außerordentlich geringen Sr-Gehaltes angenommen, daß es sich praktisch um fast reines Sr^{87} handle. Für die massenspektrographische Bestimmung genügen schon 0,3 mg Sr. Da eine He-Erzeugung nicht statthat und nur 1 atomarer Zerfallsprozeß vor sich geht, fällt der Unsicherheitsfaktor des Einschlusses großer He-Mengen (He-Methode!), des möglichen Emanationsverlustes und die Veränderung des Kristallgefüges durch die starke Radioaktivität (Bleimethode!) fort. Andererseits erfordert die Strontiummethode Mindestgehalte der untersuchten Mineralien an Rubidium von einigen Zehntelprozent und ein Mindestalter von rund 10^9 Jahren. Auch durch die schwierige analytische Bestimmung sehr kleiner Mengen von Rb und Sr wird ihr Anwendungsbereich wesentlich eingeschränkt.

Tabelle 22.
Zerfallkonstanten und Halbwertszeit des Rb^{87}.

$\lambda_{Rb^{87}}$	$T_{Rb^{87}}$	Autoren
$(3{,}8 \pm 0{,}7) \cdot 10^{-19}\,sec^{-1}$ $(1{,}20 \pm 0{,}22) \cdot 10^{-11}$ Jahre^{-1}	$(5{,}8 \pm 1{,}0) \cdot 10^{10}$ Jahre	Eklund [*15*]
$(1{,}16 \pm 0{,}12) \cdot 10^{-11}$ Jahre^{-1}	$(6{,}0 \pm 0{,}6) \cdot 10^{10}$ Jahre	Haxel, Houtermans und Kemmerich [*16*]
$1{,}1 \cdot 10^{-11}$ Jahre^{-1}	$6{,}3 \cdot 10^{10}$ Jahre	Hahn [*6,7*]

Anmerkung: Die Werte nach [*15*] und [*16*] wurden experimentell in Laboratoriumsversuchen gewonnen und sind als recht zuverlässig zu betrachten.

Tabelle 23. Zusammensetzung des natürlichen Sr [*14*].

Sr^{84}	Sr^{86}	Sr^{87}	Sr^{88}
0,55%	9,75%	6,96%	82,74%

Tabelle 24.
Direkte Bestimmung von Rb und Sr^{87}.

Mineral	Fundort	Rb %	Sr^{87} %	Alter in 10^6 Jahren
Cäsium- und rubidiumhaltiger Glimmer	Silver Leaf Mine, Manitoba, Canada	2,6	$0{,}015_6$	etwa 2000
Rubidium-Mikroklin	Varuträsk, Schweden	$0{,}92 \pm 0{,}01$	$(0{,}0069 \pm 0{,}0006) \cdot 0{,}795$	1750 ± 520
Pollucit	Varuträsk, Schweden	1,5	0,0023	530

Fehlergrenzen: Die obigen Altersangaben dürften um 10 bis 30% von den „richtigen" Werten (d. i. der absoluten Zeitskala auf Grund der Bleimethode) abweichen. Das Alter des Glimmers stimmt gut mit dem aus dem Bleiverhältnis abgeleiteten Alter begleitender Uraninite und Monazite überein. (Ursprünglich wurde durch Gleichsetzung dieser Alterswerte eine Überprüfung der Zerfallskonstante des Rubidiums ausgeführt.) Die Rb- und Sr-Bestimmungen im Pollucit erfolgten nicht an identischem Material.

Literatur: [*1, 2, 4, 5, 6, 7, 15, 17*].

Tabelle 25.
Spektrographische Bestimmung des Verhältnisses Sr/Rb (gegen synthetische Standards).

Mineral	Fundort	Alter aus Sr/Rb	Wahrscheinliches geologisches Alter
Lepidolit	Pala, Kalifornien .	110	Kreide
,,	Pala, Kalifornien .	150	
,,	Pala, Kalifornien .	100	Jura
,,	Pala, Kalifornien .	70–140	Jura
,,	Newry, Maine . .	300	Akadisch
,,	Norway, Maine .	280	,,
,,	Topsham, Maine .	200	,,
,,	Mt. Mica, Maine .	240	,,
,,	Buckfield, Maine .	300	,,
,,	Auburn, Maine . .	540	,,
,,	Haddam, Connecticut	270	,,
,,	Middletown, Connecticut	450	,,
,,	Portland, Connecticut	540	,,
,,	Dixon, New Mexico	800	Präkambrium
,,	Brown Derby, Colorado	900	,,
,,	Brown Derby, Colorado	800	,,
,,	Black Hills, South Dakota	900	,,
,,	Black Hills, South Dakota	800	,,
,,	Okongava Ost 72, SW-Afrika . . .	750	,,
,,	Karibib, SW-Afrika	700	,,
Lepidolit	Albrechtshöhe, Karibib, SW-Afrika	850	Präkambrium
,,	Warmbad, SW-Afrika	950	,,
,,	Omaruru, SW-Afrika	1150	,,
,,	Kubuta, Swaziland	2000	,,
,,	Falcon Ins., Lake of the Woods, SO-Manitoba, Kanada	2200	,,
,,	Silver Leaf Mine, Winnipeg River, SO-Manitoba, Kanada	2100	,,
,,	Silver Leaf Mine, Winnipeg River, SO-Manitoba, Kanada	2350	,,
,,	Entlang des Winnipeg River, SO-Manitoba, Kanada	2300	,,
,,	Ontario, Kanada .	800	,,
Li-Muskovit	Usakos, SW-Afrika	1050	,,
,,	Game Reserve, O-Transvaal . . .	1200	,,
Amazonit	Pike's Peak, Colorado	1100	,,

Fehlergrenzen: Solche können wegen mangelnder Kontrollmöglichkeiten kaum angegeben werden. Immerhin liefern die Lepidolite aus der kanadischen Provinz Manitoba Alterswerte, die jene benachbarter Uraninite und Monazite (nach der Bleimethode gewonnen) nur um 20 bis 30% überschreiten.

Literatur: [*13*, *19*, *21*].

Literatur zu 31 313.

[*1*] Hahn, O., F. Straßmann u. E. Walling: Naturwiss. **25** (1937) 189. — [*2*] Mattauch, J.: Naturwiss. **25** (1937) 189, 738. — [*3*] Goldschmidt, V. M.: Skr. Norsk. Vid.-Akad., Math.-Nat. Kl., No. 4 (1937) 140. — [*4*] Straßmann, F., u. E. Walling: Ber. Deutsch. chem. Ges. **71** B (1938) 1. — [*5*] Hahn, O., u. E. Walling: Z. anorg. Chem. **236** (1938) 78. — [*6*] Hahn, O.: Forsch. Fortschr. **18** (1942) 353. — [*7*] Hahn, O.: Chem.-Ztg. **67** (1943) 55. — [*8*] Noll, W.: Chem. d. Erde **8** (1934) 507. — [*9*] Heyden, M., u. H. Kopfermann: Physikal. Z. **38** (1937) 960. — [*10*] Brewer, A. K.: J. Amer. Chem. Soc. **60** (1938) 691. — [*11*] Hybbinette, A. G.: Svensk Kemisk Tidskrift **55** (1943) 151. — [*12*] Ahrens, L. H.: Nature **157** (1946) 269. — [*13*] Ahrens, L. H.: Trans. Geol. Soc. South Africa **50** (1947) 23. — [*14*] White, J. R., u. A. E. Cameron, Physic. Rev. **74** (1948) 991. — [*15*] Eklund, S.: Ark. Mat. Astr. Fys. **33 A** (1946) 79. — [*16*] Haxel, O., F. G. Houtermans u. M. Kemmerich: Physic. Rev. **74** (1948) 1886. — [*17*] Hahn, O.: Geol. Fören. Förhandl. **66** (1944) 90. — [*18*] Gerhardt, L.: Naturwiss. **33** (1946) 56. — [*19*] Ahrens, L. H.: Nature, London **160** (1947) 874. — [*20*] Ahrens, L. H.: Physic. Rev. **74** (1948) 74. — [*21*] Ahrens, L. H.: Bull. Geol. Soc. Amer. **60** (1949) 217. — [*22*] Mattauch, J.: Angew. Chem. **59** (1947) 37.

32 314 Radiokohlenstoff-Methode.

Stickstoff wird vor allem in der hohen Atmosphäre durch kosmische Neutronenstrahlung in das radioaktive Kohlenstoffisotop ^{14}C umgewandelt: ^{14}N (n, p) ^{14}C [*1*, *2*]. Der Radiokohlenstoff zerfällt als β-Strahler mit einer Halbwertszeit von 5720 ± 47 Jahren wieder in ^{14}N [*4*]. Im atmosphärischen CO_2 ist das Verhältnis $^{14}C : {}^{12}C = 10^{-12}$. Dasselbe Verhältnis muß auch in den heutigen Pflanzen und ebenso den Tieren vorliegen, zumal es durch Austausch mit der Atmosphäre stets wiederhergestellt werden kann. In Lebewesen, die nach ihrem Tode in ausreichende Tiefe unter die Erd- oder Wasseroberfläche geraten (rund 1 m genügt zur Abschirmung der Neutronen), muß die Aktivität des ^{14}C abklingen. Nach dem Zerfallsgesetz für radioaktive Substanzen $\mathbf{N} = N_0 \cdot e^{-\lambda t}$ läßt sich durch Aktivi-

Hecht

tätsbestimmung des ^{14}C die seit dem Ausscheiden des Organismus aus dem Lebenskreis (bzw. seiner „Bestattung" unter der Oberfläche) verflossene Zeit abschätzen. Die Voraussetzung einer Konstanz der Intensität und Energie der kosmischen Neutronenstrahlung innerhalb der letzten 2 bis 3 Jahrzehntausende trifft ohne Zweifel zu. Dieser Zeitraum der Vergangenheit liegt im Anwendungsbereich der Methode, die auch für die Archäologie von Bedeutung ist. Ihre Empfindlichkeit wird durch Anreicherung des ^{14}C nach dem Trennrohrverfahren gesteigert.

Einwände: 1. Es ist nicht bewiesen, daß das Ausgangs-Isotopenverhältnis $^{12}C : ^{13}C : ^{14}C$ nach der „Bestattung" des Organismus unter der Oberfläche sich nicht sehr rasch ändert: Einerseits scheint bei der Bildung von Karbonaten ^{13}C gegenüber ^{12}C begünstigt zu werden; anderseits zeigte sich bei Versuchen von mit ^{14}C angereichertem $BaCO_3$ ein Austausch mit dem $^{12}CO_2$ der Luft innerhalb weniger Wochen [3]. Dieser rasche Isotopenaustausch ist bedenklich. 2. Es könnte in manchen Lebewesen eine spezifische Anreicherung an ^{14}C stattgefunden haben oder stattfinden (vgl. die Anreicherung von ^{12}C gegenüber ^{13}C in Pflanzen). 3. Auch nachträgliche Änderung des ursprünglichen Isotopenverhältnisses infolge Verwitterung durch Humussubstanzen ist denkbar. 4. Organismen mit Kalkschalen können diese möglicherweise zum Teil aus fossilen, also bereits völlig an ^{14}C verarmten Kalksteinen aufgebaut haben.

Bisherige Ergebnisse (Beispiele): An 15 rezenten Hölzern wurde nachgewiesen, daß trotz Variation der kosmischen Neutronenstrahlung keine Änderung der ^{14}C-Konzentration mit geographischer Länge oder Breite oder der Seehöhe erfolgt. Der letzte Vorstoß der Wisconsin-(Riß-Würm-) Eiszeit in Nordamerika scheint sich vor etwa 11000 Jahren ereignet zu haben. Die erste menschliche Besiedlung des westlichen nordamerikanischen Kontinents ist mit 7—10000 Jahren, die des östlichen Teiles mit etwa 5000 Jahren vor der Gegenwart anzunehmen. Etwa 5000 v. Chr. wurde in den kurdischen Bergen schon primitiver Ackerbau ausgeübt. Der Ursprung der ersten ägyptischen Dynastie ist auf rund 3000 v. Chr. zu datieren. Zwei hölzerne ägyptische Särge, deren archäologisches Alter mit 4575 ± 75 und 4650 ± 75 Jahren angenommen wurde, unterscheiden sich nach der ^{14}C-Methode nur um 450 Jahre von einem Alter von 4600 Jahren [4].

Literatur zu 32314.

[1] Libby, W. F.: Physic. Rev. **69** (1946) 671. — [2] Anderson, E. C., W. F. Libby, S. Weinhouse, A. F. Reid, A. D. Kirshenbaum u. A. von Grosse: Physic. Rev. **72** (1947) 931; Science **105** (1947) 576. — [3] Armstrong, W. D., u. J. Schubert: Science **106** (1947) 403. — [4] Libby, W. F., E. C. Anderson u. J. R. Arnold: Science **109** (1949) 227. — [5] Engelkemeir, A. G., W. H. Hamill, M. C. Ingram u. W. F. Libby: Physic. Rev. **75** (1949) 1825. — [6] Aldrich, L. T., u. A. O. Nier: Physic. Rev. **70** (1946) 983. — [7] Fairbanks, H. A., C. T. Lane, L. T. Aldrich u. A. O. Nier: Physic. Rev. **71** (1947) 911. — [8] Grosse, A. von, u. W. F. Libby: Science **106** (1947) 88. — [9] Gates, D. M.: Southwestern Lore **16** (1950) 1. — [10] Arnold, J. R., u. W. F. Libby: Science **110** (1949) 678. — [11] Braidwood, L., u. R. J. Braidwood: Amer. Anthrop. **51** (1949) 665. — [12] Engelkemeir, A. G., u. W. F. Libby: Rev. Sci. Inst. **21** (1950) 550. — [13] Nier, A. O.: Science To-day **7** (1950) 158. — [14] Zeuner, F. E.: Nature **166** (1950) 756.

32315 Radioaktivität des Kaliums.

Das im natürlichen Kalium nur zu 0,011% enthaltene Isotop ^{40}K zerfällt auf zweierlei Art: 1. unter β-Strahlung und Bildung von ^{40}Ca; 2. unter γ-Strahlung, verbunden mit K-Elektroneneinfang, und Bildung von ^{40}A. Wegen analytischer Schwierigkeiten ist es bisher nicht gelungen, das Verhältnis $^{40}Ca : ^{40}K$ für geologische Zeitmessungen zu benützen. Das Isotopenverhältnis $^{40}A : ^{36}A$ bei Isolierung dieses Edelgases aus Kaliummineralien ist mehr als dreimal so hoch wie im atmosphärischen Argon [7]. Unter der Voraussetzung, daß das überschüssige ^{40}A tatsächlich durch Elektroneneinfang aus ^{40}K entstanden ist, daß ferner die geologischen Alterswerte der Kaliummineralien und die Halbwertszeit des Kaliums bekannt sind, wäre eine Berechnung des Verzweigungsverhältnisses beider Zerfallsrichtungen ausführbar [7]. Diese Möglichkeit wird bis jetzt durch den Mangel genauer Daten beeinträchtigt. Der Nachweis eines regelmäßigen Anwachsens des Verhältnisses $^{40}A : ^{40}K$ mit dem Alter ist bisher nicht geglückt und erfordert genaue Isotopenanalysen des Argons [13].

Die von verschiedenen Autoren berechneten Konstanten beider Zerfallsrichtungen weichen noch stark voneinander ab.

Die Konzentration von ^{40}K vor $4{,}5 \cdot 10^9$ Jahren war wahrscheinlich etwa 1% des gesamten Kaliums [12]. — Über Altersbestimmung aus ^{40}A vgl. auch [22, 23].

Tabelle 1. β-Zerfall (Bildung von ^{40}Ca).

Autoren	T 10^8 Jahre	λ 10^{-10} pro Jahr
Bleuler u. Gabriel [2]	$7{,}0 \pm 1{,}0$	$9{,}9 \pm 1{,}4$
Gráf [9]	13,7	5,06
Floyd u. Borst [14] .	$16{,}1 \pm 1{,}5$	$4{,}3 \pm 0{,}4$
Borst u. Floyd [8] . ; Floyd, Coryell u. Borst [15]	$17{,}8 \pm 1{,}8$	$3{,}9 \pm 0{,}4$

Tabelle 2. K-Einfang, γ-Strahlung (Bildung von ^{40}A).

Autoren	T 10^{10} Jahre	λ 10^{-11} pro Jahr
Floyd u. Borst [14] .	$3{,}3 \pm 0{,}8$	$2{,}1 \pm 0{,}5$
Floyd, Coryell u. Borst [15]	2,3 bis 0,87	3 bis 8

Tabelle 3. Gesamtzerfall des ^{40}K.

Autoren	T 10^8 Jahre	λ 10^{-9} pro Jahr
Bleuler u. Gabriel [2]	2,4	2,9
Ahrens u. Evans [5]	4,5 ± 0,5	1,54 ± 0,17
Gráf [9]	5 ± 1,5	1,4 ± 0,4
Gráf (kombin. mit Ahrens u. Evans) [10]	4,0 ± 0,5	1,7 ± 0,2
Borst u. Floyd [8] .	6	1,16
Floyd, Coryell u. Borst [15]	13 ± 3	0,53 ± 0,13

Tabelle 4. Verzweigungsverhältnis beider Zerfallsrichtungen des ^{40}K.

Autoren	Verhältnis (^{40}A: ^{40}Ca)
Gráf [9]	1,8%
Suess [12]	0,5% < Verh. < 10% (wahrscheinlich 5 ± 2%)
Gleditsch u. Gráf [3]	7 ± 1,5 γ-Quanten auf je 100 β-Strahlen

Anmerkung: Das Verzweigungsverhältnis, für dessen Werte hier nur einige berechnete Werte angeführt sind, ist noch sehr umstritten.

In einer ausführlichen Zusammenfassung und Diskussion der geophysikalischen Folgerungen entscheidet sich Birch [21] für folgende Werte: Halbwertzeit für ^{40}K $1,3 \cdot 10^9$ Jahre, Unsicherheit etwa 10%. Verhältnis der Bildungen $A^{40} : Ca^{40} = 12 : 88$. Mittlere Energie pro Zerfall 0,71 Megavolt, entsprechend Wärmeentwicklung $27 \cdot 10^{-6}$ cal/gm · Jahr für gewöhnliches Kalium in der Gegenwart. Vgl. 32317.

Literatur.

[1] Hirzel, O., u. H. Wäffler: Helv. Phys. Acta **19** (1946) 216. — [2] Bleuler, E., u. M. Gabriel: Helv. Phys. Acta **20** (1947) 67. — [3] Gleditsch, E., u. T. Gráf: Phys. Rev. **72** (1947) 640, 641. — [4] Meyer, H. A., G. Schwachheim u. M. D. de Souza Santos: Phys. Rev. **71** (1947) 908; Acad. Brasil. Cienc. **19** (1947) 189. — [5] Ahrens, L. H., u. R. D. Evans: Phys. Rev. **74** (1948) 279. — [6] Hess, V. F., u. J. D. Roll: Phys. Rev. **73** (1948) 592, 916. — [7] Aldrich, L. T., u. A. O. Nier: Phys. Rev. **74** (1948) 876. — [8] Borst, L. B., u. J. J. Floyd: Phys. Rev. **74** (1948) 989. — [9] Gráf, T.: Phys. Rev. **74** (1948) 831. — [10] Gráf, T.: Phys. Rev. **74** (1948) 1199. — [11] Hess, V. F., u. J. D. Roll: Phys. Rev. **73** (1948) 916. — [12] Suess, H. E.: Phys. Rev. **73** (1948) 1209. — [13] Farrar, R. L., jr., u. G. H. Cady: J. Amer. Chem. Soc. **71** (1949) 742. — [14] Floyd, J. J., u. L. B. Borst: Phys. Rev. **75** (1949) 1106. — [15] Floyd, J. J., C. D. Coryell u. L. B. Borst: Phys. Rev. **75** (1949) 328. — [16] Stout, R. W.: Phys. Rev. **75** (1949) 1107. — [17] Rankama, K., u. Th. G. Sahama: Geochemistry. Chicago 1950, S. 423, 776. — [18] v. Weizsäcker, C. F.: Physik. Z. **38** (1937) 623. — [19] Urry, W. D.: Phys. Rev. **73** (1948) 596. — [20] Gráf, T.: Fra Fysikkens Verden, No. 4 (1947) 215. — [21] Birch, Fr.: J. Geophys. Research **56** (1951) 107 bis 126. — [22] Sawyer, G. A., u. N. L. Wiedenbeck: Phys. Rev. **79** (1950) 490. — [23] Tatel, H. E.: J. Geophys. Res. **55** (1950) 329 bis 336.

32316 Radioaktivität von Gesteinen, Ozean- und Festlandwässern.

323161 Gesteine.

3231611 Uran.

U ist als ausgesprochen lithophiles und oxyphiles Element stark in der obersten Lithosphäre konzentriert. Bei der magmatischen Differentiation erfolgte in den späten Stadien der Pegmatitbildung eine Anreicherung des U, das dabei eine Reihe unabhängiger Minerale bildete [1]. In den Pegmatiten wird U oft von kohlenstoffhaltigem Material (Thucholit) begleitet, das wahrscheinlich durch radioaktive Polymerisation von Kohlenwasserstoffen entstanden ist [2, 3, 4]. Kohlenstoffhaltige Schiefer marinen Ursprungs haben höheren U-Gehalt als andere Sedimentgesteine und sogar Granite (Ausfällung des U zusammen mit Fe, manchmal zusammen mit V, Mo, Ni, in den ursprünglichen sapropelischen Sedimenten). In organogenen Schwarzschiefern (engl. „black shales") ist U (ebenso wie K) angereichert [5, 6]. Erdöl und assoziierte Ölwässer sind immer reich an U [7, 13].

Tabelle 1. Mittlerer U-Gehalt von Meteoriten [1].

Material	U g/t	Literatur
Eisenmeteoriten	0,007	[8]
Silikatmeteoriten . . .	0,4	[9]

Tabelle 2. U-Gehalt von Erstarrungsgesteinen [1].

Material	U g/t	Literatur
Basische Erstarrungsgesteine	0,96	[10]
Basalte	0,83	[10]
Diabase	0,83	[10]
Intermediäre Erstarrungsgesteine	2,61	[2]
Granitgesteine	3,963	[2]

Tabelle 3. U-Gehalt von Sedimentgesteinen [1].

Material	U g/t	Literatur
Marine Sedimente . . .	0,65 bis 1,07	[11]
Kalksteine (im Mittel) .	1,3	[10]
Nichtkalkige Sedimente	1,2	[10]

Tabelle 4. U-Gehalt von Biolithen [1].

Material	U g/t	Literatur
Humusböden und Kohleaschen	~0,005	[12]
Pflanzenaschen	bis 7	[12]
Erdöl (im Mittel) . . .	100	[13]
Erdölwässer.	10	[13]

Hecht

Anmerkung: Asphaltit von Utah (USA) enthält 2,88% U, schwedischer Kolm (aschenreiche Kohle in Alaunschiefern) im Maximum mehr als 1% U [*14*]. Kambrische schwarze Schiefer bei Oslo führen 25 bis 180 g U/t; heute abgesetzter Schlick (von 10 Örtlichkeiten) enthält zwischen 13 und 60 g U/t. Schlick aus Flüssen aus granitischen Einzugsgebieten scheint höhere U-Mengen zu führen [*15*]. U ist in Biolithen sehr oft mit V assoziiert.

3231612 Thorium.

Auch Th ist als betont lithophiles Element im obersten Teil der Lithosphäre angereichert. Es wurde während der magmatischen Differentiation stark in sauren Gesteinen konzentriert. Nach der Hauptkristallisation dauerte die Anreicherung des Th noch während des pegmatitischen Stadiums an. Saure Magmen halten mehr U als Th zurück, sind aber stärker radioaktiv als die intermediären Erstarrungsgesteine [*1*]. Als Th-Gehalt von Böden (Biosphäre) wird etwa 0,1% Th angegeben, was auf eine Anreicherung in biochemischen Prozessen hindeutet (Wachstumsförderung mancher Pflanzen durch Th als Spurenelement) [*22*].

Tabelle 5.
Th-Gehalt von Meteoriten [*1*].

Material	Th g/t	Literatur
Eisenmeteoriten	0,04	[*8*]
Silikatmeteoriten . . .	2 bis 4,4	[*23*]

Tabelle 6.
Th-Gehalt von Erstarrungsgesteinen [*1*].

Material	Th g/t	Literatur
Basalt	5,0	[*10*]
Diabas	2,0	[*10*]
Granit	13,45	[*2*]
Basische Erstarrungsgesteine (gewichtetes Mittel)	3,9	[*10*]
Intermediäre Erstarrungsgesteine	9,97	[*2*]
Saure Erstarrungsgesteine (gewichtetes Mittel)	13,0	[*10*]

Tabelle 7.
Th-Gehalt von sedimentären Gesteinen [*1*].

Material	Th g/t	Literatur
Gesteine sandiger Entstehung	5,4	[*24*]
Gesteine toniger Entstehung	12	[*24*]
Schiefer	10,1	[*25*]
Kalksteine	1,1	[*10*]

Tabelle 8.
Verhältnis Th : U in Erstarrungsgesteinen.

Material	Th : U	Literatur
Erstarrungsgesteine (Mittel)	3,2	[*26*]
Granite	3,05	[*26*]
Basalte	3,10	[*26*]
Saure Erstarrungsgesteine	3,4	[*2*]
Intermediäre Erstarrungsgesteine	4,0	[*2*]

Zu Tab. 8: Regionale Gruppierung bei den Graniten und Basalten. Aus Niers Isotopendaten des gewöhnlichen Bleis folgt Th : U = 3,17 [*26*].

3231613 Radium.

Im Falle des radioaktiven Gleichgewichts verhalten sich die Atomzahlen Ra : U ungefähr wie $1 : 3 \cdot 10^6$, was eine Beziehung zu den Zahlen des Abschnitts 3231611 herstellt. Dieses Gleichgewicht ist aber nicht in allen Fällen vorhanden, insbesondere nicht im Gefolge von Verwitterung (infolge Verschiedenheit der chemischen Eigenschaften von U und Ra). Ra wird nach der Verwitterung eines Gesteins wie ein Erdalkalimetall in den Ozean transportiert. In Rohöl ist der Ra-Gehalt niedrig (im Mittel $0{,}018 \cdot 10^{-6}$ g Ra/t), jedoch hoch in den assoziierten Ölwässern [*30*].

Tabelle 9.
Ra-Gehalt in Erstarrungs- und Sedimentgesteinen [*1*].

Material	Ra 10^{-6} g/t	Literatur
Ultrabasische Erstarrungsgesteine	0,009	[*31*]
Basische Erstarrungsgesteine	0,6	[*32*]
Intermediäre Erstarrungsgesteine	0,917	[*2*]
Granitische Gesteine . .	1,395	[*2*]
Sandsteine	0,71	[*30*]
Schiefer	1,08	[*30*]
Kalksteine	0,42	[*10*]

Tabelle 10.
Ra-Gehalt in Erstarrungs- und Sedimentgesteinen.

Material	Ra 10^{-6} g/t	Literatur
Saure Erstarrungsgesteine	1,7 ± 0,2	[*27, 10*]
Intermediäre Erstarrungsgesteine	0,51 ± 0,05	[*27, 10*]
Basische Erstarrungsgesteine	0,34 ± 0,03	[*27, 10*]
Sedimentgesteine . . .	0,70 ± 0,12	[*27, 10*]
Gneis	0,74 ± 0,15	[*10*]
Eklogit	0,07 ± 0,01	[*10*]

Anmerkung: Messungen an einer großen Zahl von Proben durch Zählung der Alphateilchen ausgeführt.

Tabelle 11.
Ra-Gehalt von ultramafischen Erstarrungsgesteinen [31].

Material	Proben-zahl	Ra 10^{-6} g/t	% Wasser (bei 1000°)
Dunite	6	0,0046	0,0
Teilweise serpentinisierte Dunite	4	0,005	4,5 bis 9,7
Serpentin	9	0,016	10,1 bis 16,3
Kontaktserpentin	5	0,059	5,2 bis 14,2
Ultramafische Gesteine von basaltischer Magmafolge, Kristallanhäufungen	3	0,100	0,5; 0,5; 5,6
Sekundäre Peridotitmagmafolgen	4	0,009	0,5; 0,5; 0,5; 4,6
Olivinkristalle, Pallasitmeteorit	—	< 0,0004	—
Metallischer Anteil desselben Meteoriten	—	0,0059	—

3231614 Andere radioaktive Elemente.

Die Erdrinde enthält nur langlebige radioaktive Elemente, mit Halbwertszeiten ähnlich der Zeitdauer der geologischen Erdentwicklung (U, Th, K), und deren Zerfallsprodukte. Irdische Häufigkeitswerte für Po, Ra, Rn, Ac, Pa sind aus dem radioaktiven Gleichgewicht berechenbar. Mit Ausnahme des atmophilen Rn sind die kurzlebigen Glieder der natürlichen radioaktiven Reihen ausgesprochen lithophil (ebenso die Transurane). Sie folgten den Mutterelementen U und Th in den Meteoritenphasen und Erstarrungsgesteinen und reicherten sich an in den letzten Stadien der magmatischen Kristallisation, also in Pegmatiten sowie pneumatolytischen und hydrothermalen Gesteinen [1].

Auch das kurzlebige Rn reichert sich aus den umgebenden Sedimentgesteinen in Erdöl an.

Np und Pu bilden sich aus U durch dessen spontane Spaltung.

Tabelle 12.
Berechnete Häufigkeiten[1] von Po, Ac und Pa [1].

Material	Po [47] 10^{-6} g/t	Ac [20] 10^{-6} g/t	Pa [47] 10^{-6} g/t
Eisenmeteoriten	0,00001	0,00001	0,02
Silikatmeteoriten	0,00003	0,00003	0,08
Erstarrungsgesteine	0,0003	0,0003	0,8

[1] Berechnungsgrundlage: 4 g U/t in Erstarrungsgesteinen.

Anmerkung: Die direkte Bestimmung von Pa ergab $0{,}46 \cdot 10^{-6}$ g/t in einem Granit und $0{,}035 \cdot 10^{-6}$ g/t in einem Steinmeteoriten [48].

323162 Ozeane.

U wird als vermutlich lebensnotwendiges Spurenelement konzentriert in vielen terrestrischen sowie in marinen Organismen (Plankton der oberflächlichen Ozeanschichten [49]). Wahrscheinlich infolge dieser biologischen (vielleicht auch infolge chemischer) Extraktion enthält das Ozeanwasser als solches in tiefen Schichten mehr U als in der Nähe der Oberfläche [50]. Vollständiges radioaktives Gleichgewicht existiert weder im Ozean noch in den oberen Schichten der Ozeanböden [51, 53]. Der Ra-Gehalt der Bodenschichten, besonders von rotem Ton, ist sehr viel höher als bei kontinentalen Gesteinen. Hingegen ist der Ra-Gehalt von Ozeanwasser weitaus niedriger als von Ölwässern. Der U-Gehalt von Ozeanwasser wurde 5- bis 7mal höher gefunden, als dem Ra-Gehalt im Falle radioaktiven Gleichgewichts entsprechen würde [50, 52].

Wie Bohrkernanalysen zeigen, scheint sich an der Oberfläche der Ozeanbödenschichten Ra als solches aus seinen Lösungen, ferner aus U und Io abzulagern. In größerer Tiefe bildet sich Ra nur aus Io und U und schließlich in noch tieferen Schichten nur mehr aus U [52, 53]. Th und Io werden anscheinend mit Hydroxyden von Fe und Mn mitgefällt. Die Fällung von U wird vielleicht durch Karbonat-Ionen gehemmt [52]. Aus dem Verhältnis U : Io : Ra (also in Systemen von radioaktivem Nichtgleichgewicht) ergibt sich unter Berücksichtigung der Halbwertszeiten eine Methode der geologischen Zeitmessung für das Pleistozän [54, 55, 56, 57, 74].

Roter Ton und Globigerinenschlamm haben nicht mehr Ra als die aktiveren Granite. Andererseits sind die Mn-Knollen reich an Ra ($135 \cdot 10^{-6}$ g Ra/t in der Oberflächenschicht). Im Innern der Knollen erfolgt ein sehr scharfer Abfall des Ra-Gehaltes, weil Ra ohne Io das Mn in die Knollen begleitet hat. Mn und Ra stammen beide aus dem roten Ton, der den Rückstand des Globigerinenschlammes nach Auflösung des $CaCO_3$ darstellt [49].

Der Th-Gehalt von Ozeanwasser wurde zu $1{,}2 \cdot 10^{-9}$ g Th/l gefunden. Wegen der Unlöslichkeit von ThF_4 kann jedenfalls nur F-freies Wasser Th aus Gesteinen auslaugen, so daß Th hauptsächlich in suspendierter Form in den Ozean transportiert wird. Fast alles im Ozean gelöste Th wird in der Nähe der Küste ausgefällt. Tiefseesedimente weisen viel niedrigeren Th-Gehalt als Kontinentalschelfablagerungen auf [59].

Beispiele:

In Wasser aus dem nördlichen Pazifik wurde $0{,}8 \cdot 10^{-16}$ g Ra/g gefunden [*58*]. Ra-Gehalt einiger subozeanischer Basalte vom Boden des Indischen Ozeans (5 Proben): 0,43 bis $0{,}49 \cdot 10^{-6}$ g Ra/t [*75*]. Ra-Gehalt von Ozeanbödenproben im Pazifik, der Beringsee und der Arktis (über 100 Proben; 14 bis 17 cm lange Bohrkerne aus verhältnismäßig seichtem Wasser): Mittelwert 10^{-6} g Ra/t getrockneter Probe (1 Probe an der Kante des Kontinentalschelfs: $2{,}3 \cdot 10^{-6}$ g Ra/t) [*60*].

Tabelle 13. Ra-Gehalt von Ozeanbödensedimenten [*61*].

Gegend	Art der Probenahme	Probenzahl	Ra 10^{-6} g/t höchst	niedrigst	mittel
Arktischer Ozean	Greifer	15	0,96	0,24	0,66
Norton Sound	,,	7	1,01	0,63	0,79
Beringsee	,,	18	1,21	0,38	0,65
Halbinsel Alaska	,,	5	0,59	0,33	0,44
Südalaska und kanadische Küsten	,,	23	1,57	0,47	0,97
Queen-Charlotte-Insel	,,	6	0,60	0,40	0,53
		Länge in cm			
St. Lawrence Bay	Bohrkern	15	1,15	0,95	
Beringsee	,,	16	0,59	0,57	
Norton Sound	,,	14	0,71	0,66	
East Sound, Olga	,,	14	0,47	0,43	
East Sound, Rosario	,,	14	0,52	0,51	
Tacoma, Wash. (Narrows Bridge)	,,	37	0,63	0,44	

Anmerkung: Die Kernproben zeigen keine regelmäßige Variation des Ra-Gehaltes mit der Tiefe.

Tabelle 14. Ra-Gehalt von Tiefseeböden (Oberflächenschichten) [*62*].

Material	Ra 10^{-6} g/t	Probenzahl
Terrigenes Material	1,80 bis 4,76	5
Blauer Schlick	3,08	1
Globigerinenschlamm	1,92 bis 7,84	9
Roter Ton	3,20 bis 21,40	13

Anmerkung: 27 Proben aus dem Pazifik; Tiefen zwischen 1089 und 5320 m. Der rote Ton hat den höchsten Ra-Gehalt. Der Autor nimmt an, daß diese abyssischen Ablagerungen eine oxydierende Umgebung für U bieten und dieses nicht so schnell in Lösung geht wie in der organische Substanz enthaltenden reduzierenden Umgebung anderer Ablagerungen aus seichteren Wässern.

Tabelle 15. Radioaktive Elemente in Meerwasser [*1, 63, 64*].

Element	g/t
Ra	$2{,}10^{-11}$ bis $3{,}10^{-10}$
U	0,00015 bis 0,0016
Th	$< 0{,}0005$

323163 Wässer.

Eine bestimmte Relation zwischen dem Rn-Gehalt heißer Quellen, ihrer Temperatur und dem pH ist kaum feststellbar [*76, 77*]. Mineralquellen können mehr Rn führen, als dem Ra-Gehalt entspricht [*77*]. Zum Studium der Anreicherung von Wässern an Ra und Rn sind von Bedeutung: die Kontaktzeit zwischen Wasser und Gestein; die Geschwindigkeit der Filtration des Wassers durch das Gestein; die Wasserkapazität und Porosität des Stratums sowie dessen Zustand [*78*]. Ionenadsorption an Gesteinsoberflächen und nachfolgende Diffusion kann zur Konzentrationsabnahme von Radioelementen in Wasser führen [*79*]. Die Auslaugung von Radioelementen aus Gesteinen durch Wasser kann an Oberflächen oder innerhalb von Strata (Diffusion) erfolgen [*80*]. Auch meteorologische Bedingungen und die Variation der Fließgeschwindigkeit beeinflussen die Radioaktivität natürlicher Wässer [*81*]. Bakterien fällen wahrscheinlich manchmal U aus, Algen können es anhäufen.

Erdöl-Begleitwässer sind verhältnismäßig stark radioaktiv [*82*].

Tabelle 16. Radioaktivität von Ölwässern des Borislaw-Ölfeldes [82].

Wässer aus verschiedenen Horizonten	0,36 bis 7,81 · 10^{-10} g Ra/l 2,06 bis 30,29 · 10^{-5} g Th/l

Anmerkung: Die obersten Horizonte haben die niedrigste Radioaktivität (infolge zunehmender Verdünnung mit Tagwässern).

Tabelle 17. Gehalt an Ac (und anderen Radioelementen) kaukasischer Mineralquellen [83].

Quelle	Material	% Ac	% Ra	% AcX	% ThX
Nr. 1	Wasser	2,5 · 10^{-17}	4 · 10^{-12}	6 · 10^{-19}	1,52 · 10^{-17}
Nr. 2	Sediment	6,4 · 10^{-13}	3,92 · 10^{-9}	—	—
(Slawianowsky-Quelle)	Wasser	2,1 · 10^{-17}	2 · 10^{-11}	1 · 10^{-13}	2,87 · 10^{-18}

Anmerkung: 2 Quellen der Zeleznowodsk-Gruppe im Kaukasus. Es wurde die totale Radioaktivität gemessen; die Zerfallskurven wurden unter Benützung der bekannten Halbwertszeiten analysiert.

Literatur zu 32316.

[1] Rankama, K., u. Th. G. Sahama: Geochemistry. Chicago 1950. — [2] Senftle, F. E., u. N. B. Keevil: Trans. Am. Geophys. Union **28** (1947) 732. — [3] Sheppard, C. W.: Bull. Am. Assoc. Petroleum Geol. **28** (1944) 924. — [4] Muchemblé, G.: C. R. Acad. Sci. **216** (1943) 270. — [5] Beers, R. F., u. C. Goodman: Bull. Geol. Soc. Am. **55** (1944) 1229. — [6] Beers, R. F.: Bull. Am. Assoc. Petroleum Geol. **29** (1945) 1. — [7] Russell, W. L.: Bull. Am. Assoc. Petroleum Geol. **29** (1945) 1470. — [8] Arrol, W. J., R. B. Jacobi u. F. A. Paneth: Nature **149** (1942) 235. — [9] v. Hevesy, G., E. Alexander u. K. Würstlin: Z. anorg. allgem. Chem. **194** (1930) 316. — [10] Evans, R. D., u. C. Goodman: Bull. Geol. Soc. Am. **52** (1941) 459. — [11] Urry, W. D.: Am. J. Sci. **239** (1941) 191. — [12] v. Thyssen-Bornemisza, St.: Beitr. angew. Geophysik **10** (1942) 35. — [13] Tomkejew, S. I.: Science Progress **34** (1946) 696. — [14] Eklund, J.: Kosmos (Schweden) **24** (1946) 74. — [15] Strøm, K. M.: Nature **162** (1948) 922. — [16] Rankama, K.: Bull. Comm. Geol. Finland **137** (1945). — [17] Haberlandt, H., u. F. Hernegger: Anzeiger Akad. Wiss. Wien Nr. **13** (1946) 116. — [18] Nogami, H. H., u. P. M. Hurley: Trans. Am. Geophys. Union **29** (1948) 335. — [19] Szalay, A.: Nature **162** (1948) 454. — [20] v. Hevesy, G.: Chemical Analysis by Means of X-rays and Its Application. New York und London 1932. — [21] Frederickson, A. F.: Science **108** (1948) 184. — [22] Mitchell, R. L.: Proc. Nutrition Soc. Engl. Scot. **1** (1944) 183. — [23] Noddack, I. u. W.: Naturw. **18** (1930) 757. — [24] Joly, J.: Phil. Mag. **20** (1910) 353. — [25] Minami, E.: Nachr. Ges. Wiss. Göttingen IV, N.F. **1** (1935) 155. — [26] Keevil, N. B.: Am. J. Sci. **242** (1944) 309. — [27] Goodman, C., u. R. D. Evans: Bull. Geol. Soc. Am. **51** (1940) 1927; Trans. Am. Geophys. Union **22** (1941) 544. — [28] Hurley, P. M., u. C. Goodman: Bull. Geol. Soc. Am. **52** (1941) 545. — [29] Baranow, V. I., K. G. Kunaschewa u. S. G. Tseitlin: Bull. Acad. Sci. USSR, Classe Sci. Chim. (1943) 178. — [30] Bell, K. G., C. Goodman u. W. L. Whitehead: Bull. Am. Assoc. Petroleum Geol. **24** (1940) 1529. — [31] Davis, G. L.: Am. J. Sci. **245** (1947) 677. — [32] Evans, R. D., C. Goodman u. N. B. Keevil: in Handbook of Physical Constants. Geol. Soc. Am., Special Papers 36, Sec. 18, S. 267. — [33] Davis, G. L., u. H. H. Hess: in Rept. Comm. Measurement Geol. Time, Nation. Research Council (1948/49) 10; Am. J. Sci. **247** (1949) 856. — [34] Nakai, T.: J. Chem. Soc. Japan **61** (1940) 149. — [35] Nakai, T.: J. Chem. Soc. Japan **61** (1940) 154. — [36] Føyn, E., E. Gleditsch u. I. T. Rosenqvist: Rept. Comm. Measurement Geol. Time, Nation. Research Council (1940/41) 87. — [37] Billings, M. P., u. N. B. Keevil: Bull. Geol. Soc. Am. **56** (1945) 1148. — [38] Marsden, E., u. C. Watson-Munro: New Zealand J. Sci. Tech. **26** B (1944) 99. — [39] Mathai, A. O.: Proc. 31st Indian Sci. Cong., Teil III (1944) 12. — [40] Saito, N.: J. Chem. Soc. Japan **64** (1943) 1, 209, 219, 1150; **67** (1946) 13. — [41] Kimura, K., u. N. Saito: J. Chem. Soc. Japan **64** (1947) 107. — [42] Larsen, E. S., u. N. B. Keevil: Bull. Geol. Soc. Am. **58** (1947) 483. — [43] Nakai, T.: J. Chem. Soc. Japan **63** (1942) 1100. — [44] Wilson, J. T.: Bull. Geol. Soc. Am. **58** (1947) 1241. — [45] Hirschi, H.: Schweiz. Min. u. Petrogr. Mitt. **28** (1948) 509. — [46] Hoogteijling, P. J., u. G. J. Sizoo: Physica **14** (1948) 65. — [47] Goldschmidt, V. M.: Skrifter Norske Videnskaps-Akad. Oslo, I. Mat.-naturv. Klasse, No. 4 (1937). — [48] Evans, R. D., J. L. Hastings u. W. C. Schumb: Field Museum Nat. History, Geol. Ser. **7** (1939) 71. — [49] Pettersson, H.: Rapports Proc. Verb., Conseil Permanent Intern. Exploration Mer **109**, No. 9 (1939) 66. — [50] Føyn, E., B. Karlik, H. Pettersson u. E. Rona: Göteborgs Kungl. Vetenskaps Vitterhets-Samhälles Handl., 5 Följd., Ser. B **6**, No. 12 (1939) 40. — [51] Piggot, C. S.: J. Appl. Phys. **12** (1941) 299. — [52] Piggot, C. S., u. W. D. Urry: J. Wash. Acad. Sci. **29** (1939) 405; Am. J. Sci. **239** (1941) 81; **240** (1942) 1. — [53] Urry, W. D.: Bull. Geol. Soc. Am. **51** (1940) 2010; Phys. Rev. **59** (1941) 479. — [54] Piggot, C. S., u. W. D. Urry: Bull. Geol. Soc. Am. **53** (1942) 1187. — [55] Urry, W. D.: Am. J. Sci. **240** (1942) 426; Trans. N.Y. Acad. Sci. II **10** (1948) 63. — [56] Urry, W. D., u. C. S. Piggot: Am. J. Sci. **240** (1942) 93. — [57] Urry, W. D.: J. Marine Res. **7** (1948) 618; Am. J. Sci. **247** (1949) 257. — [58] Utterback, C. L., u. L. A. Sandermann: J. Marine Res. **7** (1948) 635. — [59] Koczy, F.: Geol. Fören. Förhandl. **71** (1949) 238. — [60] Utterback, C. L.: Procès-Verbaux No. 3, Assoc. Océanographie Phys. **197** (1940). — [61] Sandermann, L. A., u. C. L. Utterback: J. Marine Res. **4** (1941) 132. — [62] Piggot, C. S.: Carnegie Inst. Wash. Pub. **556** (1944) 185. — [63] Sverdrup, H. U.,

M. W. Johnson u. R. H. Fleming: The Oceans. New York 1942. — [64] Harvey, H. W.: Recent Advances in the Chemistry and Biology of Water. Cambridge 1945. — [65] Kropf, F.: S.B. Akad. Wiss. Wien IIa, **148** (1939) 163. — [66] Pettersson, H.: Science **96** (1942) 156. — [67] Pettersson, H.: Nature **156** (1945) 180. — [68] Rona, E.: J. Wash. Acad. Sci. **34** (1944) 162. — [69] Pettersson, H.: Göteborgs Kungl. Vetenskaps Vitterhets-Samhälles Handl., 6 F, Ser. B, **2** (1943) 1. — [70] Pettersson, H.: Göteborgs Högskol. Årsskr. **41**, No. 3 (1943) 1. — [71] Hough, J. L.: Program Geol. Soc. Am., Ann. Meeting (1948) 37. — [72] Pettersson, H.: Göteborgs Kungl. Vetenskaps Vitterhets-Samhälles Handl., Ser. B, **5**, No. 13 (1948) 89. — [73] Sizoo, G. J., u. P. J. Hoogteijling: Physica **13** (1947) 561. — [74] Kuenen, Ph. H.: Am. J. Sci. **244** (1946) 563. — [75] Poole, J. H.: Sci. Repts. John Murray Exped. 1933/34, **3**, No. 2 (1937) 28. — [76] Matuura, S., I. Iwasaki u. R. Hukusima: J. Chem. Soc. Japan **61** (1940) 225. — [77] Nakai, T.: Bull. Chem. Soc. Japan **15** (1940) 333. — [78] Starik, I. E.: Bull. Acad. Sci. USSR, Classe Sci. Chim. (1943) 435. — [79] Stschepotjewa, E. S.: Bull. Acad. Sci. USSR, Classe Sci. Chim. (1944) 52. — [80] Stschepotjewa, E. S.: Bull. Acad. Sci. USSR, Classe Sci. Chim. (1944) 129. — [81] Weselowskii, N. V.: Hydrochem. Material. USSR **12** (1941) 43. — [82] Nitschkewitsch, O. N.: Repts. Acad. Sci. Ukr. SSR, Nr. 1 bis 2 (1945) 9. — [83] Baranow, V. I., u. S. G. Tseitlin: C.R. Acad. Sci. USSR **32** (1941) 563. — [84] Tscherdyntzew, V.: C.R. Acad. Sci. USSR **36** (1942) 206. — [85] Shimokata, K.: J. Chem. Soc. Japan **63** (1942) 1109. — [86] Furuhata, T.: J. Chem. Soc. Japan **65** (1944) 465. — [87] Iwasaki, I., u. I. Ukimoto: J. Chem. Soc. Japan **64** (1943) 1272. — [88] Krüse, K.: Mitt. Reichsstelle Bodenforsch., Zweigstelle Wien **1** (1940) 69. — [89] Hoogteijling, P. J., u. G. J. Sizoo: Physica **14** (1948) 73. — [90] Urry, W. D.: Am. J. Sci. **246** (1948) 689. — [91] Longobardi, E., N. Florentine u. A. Mercader: An. Assoc. Quim. Argentina **35** (1947) 131. — [92] Haberlandt, H., u. F. Hernegger: S.B. Akad. Wiss. Wien IIa, **155** (1947) 359.

32317 Radioaktive Wärmeentwicklung.

Tabelle 1. Wärmeerzeugung der Elemente U, Th und K in Gesteinen.

Gesteinstype	Ra 10^{-12} g/g	Th 10^{-6} g/g	Th/U	Wärmeproduktion in 10^6 cal/Jahr/g U	Th	K
Saure Erstarrungsgesteine	1,37 ± 0,17	13,0 ± 2	5,0	2,2	2,6	0,14
Intermediäre Gesteine	0,51 ± 0,05	4,4 ± 1,2	2,6	1,0	0,9	0,10
Basische Erstarrungsgesteine	0,38 ± 0,03	3,9 ± 0,6	4,0	0,7	0,8	0,07
Sedimentäre Gesteine	—	—	—	0,9	0,7	0,10

Anmerkung: Die Angaben stammen von Goodman und Evans [1], doch wurde von Gráf [3] ein höherer Wert der Wärmeproduktion des K bestimmt (vgl. Tab. 2).

Tabelle 2. Direkte Wärmeerzeugung der Elemente U, Ra, Th und K [2].

	cal/sec/g	cal/Jahr/g
Ra	$7{,}0 \cdot 10^{-2}$	$2{,}20 \cdot 10^{6}$
U	$2{,}3 \cdot 10^{-8}$	0,72
Th	$6{,}3 \cdot 10^{-9}$	0,200
K	$2{,}5 \cdot 10^{-13}$	$8 \cdot 10^{-6}$ [2]
	$(7{,}0 \pm 1{,}0) \cdot 10^{-13}$	$(22 \pm 3) \cdot 10^{-6}$ [3]

Anmerkung: Der höhere Wert für die Wärmeproduktion des K ist auf Grund neuerer Untersuchungen als der richtigere zu betrachten. Im Präkambrium dürfte die Wärmeerzeugung (aus ^{40}K) 5- bis 6mal so groß wie heute gewesen sein, vor $3{,}3 \cdot 10^9$ Jahren (zur vermutlichen Zeit der Entstehung der Erdkruste) sogar 36mal so groß. Vgl. auch Birch [15].

Literatur zu 32317.

[1] Goodman, C., u. R. D. Evans: Trans. Am. Geophys. Union **22** (1941) 544. — [2] Bullard, E. C.: Monthly Notices Roy. Astron. Soc., Geophys. Supp. **5** (1942) 41. — [3] Gráf, T.: Phys. Rev. **74** (1948) 1199. — [4] Urry, W. D.: J. Wash. Acad. Sci. **31** (1941) 273. — [5] Vernadsky, V. I.: Proc. XVII. Int. Geol. Cong., Moskau 1937 (1942) 219. — [6] Keevil, N. B.: J. Geol. **51** (1943) 287. — [7] Graton, L. C.: Am. J. Sci. **243 A** (1945) 135. — [8] Bullard, E. C.: Nature **156** (1945) 35. — [9] Lane, A. C.: Rept. Comm. Measurement Geol. Time, Nation. Research Council (1946/47) 55. — [10] Gleditsch, E., u. T. Gráf: Phys. Rev. **72** (1947) 641. — [11] Birch, F.: Trans. Am. Geophys. Union **28** (1947) 792. — [12] Birch, F.: Phys. Rev. **72** (1947) 1128. — [13] Birch, F.: Am. J. Sci. **245** (1947) 733. — [14] Gráf, T.: Phys. Rev. **74** (1948) 831. — [15] Birch, F.: J. Geophys. Research **56** (1951) 107.

Hecht

3232 Dichte.

Im folgenden wird nur auf die zusammenfassenden Darstellungen Bezug genommen, die in 32324 genannt sind; Quellenhinweise durch Buchstaben. Dichte im Erdinnern s. 32433.

32321 Dichte von Mineralen.

Außer den Abkürzungen für die Literatur (32324) sind noch gebraucht: art. = künstliche Minerale; c = errechnete (theoretische) Werte, speziell c o für 0°C; Kri = Kristalle.

Mineral	Lit.	Dichte g/cm³
Acanthit	D	7,2—7,3; 7,18c
Acmit-augit	S	3,26—3,42
Actinolit	S	2,913—3,079
Adamin	K	4,3—4,5
Aenigmatit	S	3,732—3,758
Afwillit	S	2,619—2,630
Ägirin	S	3,3—3,558
Aguilarit	D	7,586
Aikinit	K	6,8—7,2
Ajkait	S	1,541
Akermanit	S	2,944—2,980
Akrochordit	S	3,194
Aktinolith	K	2,9—3,1
Alabandin	D	4,0; 4,050c
Alaskait	S	6,23
,,	D	6,83 ± 0,05
Albit	S	2,603—2,688
Algodonit	D	8,38; 8,72c
Alkinit	D	7,07 ± 0,01; 7,22c
Allaktit	K	3,8
Allanit	S	2,50—4,20
Alleghanyit	K	4,02
Allemontit	S	5,80—6,34
,,	D	5,8—6,2; 6,277c
Allodelphit	K	3,46—3,65
Allophan	S	1,88—1,94
Almandin	S	3,77—4,33
Almandin-pyrop	S	3,80—3,95
Alstonit	S	3,67—3,707
Altait	D	8,15; 8,274c
Aluminit	K	1,7
Alumogel	K	2,4—2,5
Alunit	S	2,63—2,726
Alunogen	D	1,718—1,735
Amarantit	K	2,2
Ambatoarinit	S	5,25
Amblygonit	S	2,989—3,101
Amesit	S	2,77
Aminoffit	K	2,94
Ampangabeit	S	3,348—4,644
,,	D	3,36—4,64
Amphibole	K	2,9—3,4
Analcim	S	2,2—2,285
Anapait	K	2,8
Anatas	S	3,95
,,	D	3,9; 4,04c
Anauxit	S	2,524
Andalusit	S	3,118—3,29
Andesin	S	2,663—2,675
Andorit	D	5,35 ± 0,02
Andradit	S	3,50—3,85
Anemousit	S	2,684
Aneylit, calcio-	S	3,82
Angaralit	K	2,62
Anglesit	S	6,350
Anhydrit	S	2,981
Ankerit	S	2,99—3,19
Ankylit	K	3,95
Annabergit	S	2,907
Anorthit	S	2,703—2,763
Anorthoclas	S	2,584—2,63
Anthophyllit	S	2,95—3,138
— ferro	S	3,24—3,83
Anthraxolit	S	1,845
Antigorit	S	2,618
Antimon	D	6,61—6,72; 6,680c
Anflevit	K	3,9
Antofagastit	K	2,4
Apatit	S	3,151—3,270
—, Chlor-	S	3,14—3,20
—, Fluor-	S	3,18—3,206
—, Mangan-	S	3,257
—, Sulphat-	S	3,196—3,207
Aphrosiderit	S	2,959
Aphthitalit	S	2,7
Apophyllit	S	2,323—2,379
Aragonit	S	2,861—3,15
Arakawait	S	3,09
Aramayoit	S	5,447—5,602
,,	D	5,602; 5,624c
Ardennit	K	3,6
Arduinit	S	2,26
Arfvedsonit	K	3,4
Argentit	S	7,235—7,40
,,	D	7,2—7,4; 7,04c
Argyrodit	D	6.29; 6,32c
Arizonit	D	4,25
Armangit	S	4,23
Armenit	K	2,77
Arsen	S	5,636—5,78
,,	D	5,63—5,78; 5,704c
Arseniosiderit	K	3,8—3,9
Arsennickel	K	7,7—7,8
Arsenobismit	S	5,70
Arsenoklasit	K	4,16
Arsenolamprit	D	5,3—5,5
Arsenolith	D	3,87 ± 0,01; 3,88c
Arsenopyrit	D	6,07 ± 0,15; 6,18c
Artinit	K	2,03
Asbest, Amphibol-	S	2,97
Asbolan	S	2,985
Ascharit	S	2,69
Äschinit	K	~ 5
Asowskit	K	2,5
Astrolith	K	2,8
Astrophyllit	K	3,3—3,4
Atakamit	S	3,769—3,780
Augelit	K	2,07
Augit	S	3,242—3,44
—, Titan-	S	3,29—3,39
Aurichalcit	S	3,274—3,64
Auripigment	K	3,4—3,5
Aurosmirid	D	20
Austinit	K	4,12
Autunit	S	3,198
Avogadrit	S	2,498—2,617
Awaruit	S	7,746
Axinit	S	3,22—3,314
Azurit	K	3,7—3,9

Dörmann

Mineral	Lit.	Dichte g/cm³	Mineral	Lit.	Dichte g/cm³
Bababudanit	S	3,18	Bleigummi	K	4—5
Babingtonit	S	3,351—3,398	Blende	S	3,935—4,09
Baddeleyit	D	5,4—6,02; 5,59c	Blockit	K	6,9
Badenit	D	7,104	Blödit	S	2,32
Bakerit	K	2,73	Blomstrandin	S	4,88—5,00
Banalsit	K	3,06	Blomstrandit	S	4,07—4,17
Bandylith	K	2,81	Bobievit	K	2,2
Barbertonit	D	2,10 ± 0,05; 2,11c	Boksputit	K	7,3
Bardolith	S	2,470	Bökmit	D	3,01—3,06; art. 3,11c
Barkevikit	S	3,298—3,518	Boleit	S	4,74—5,155
Barthit	S	4,19	Bolivarit	S	2,05
Barylit	S	4,027	Bolivianit	S	4,1
Barysilit	S	6,53—6,706	Boothit	S	2,02
Baryt	K	4,48	Boracit	S	2,89—2,91
Baryte, (Sr-,)	S	4,29	Borax	K	1,7—1,8
,, (Pb-)	S	4,62	Bornit	S	5,037—5,5
Barytocalcit	S	3,71	,,	D	5,06—5,08; 5,074c
Bassetit	S	3,10	Boulangerit	S	6,274—6,407
Bastnäsit	S	4,948	,,	D	6,23; 6,21c; 5,98 ± 0,02
Baumhauerit	D	5,329; 5,66c			
Bauxit	S	2,4—2,5	Bournonit	S	5,81—5,829
Bavalit	S	3,20	,,	D	5,83 ± 0,03; 5,93c
Bavenit	K	2,7	,, (Ponacaucho, Peru)	D	5,68
Bayldonit	S	5,21—5,50			
Bazzit	S	2,80	Boussingaultit	K	1,7
Beckelith	K	4,1	Bradleyit	K	2,646
Becquerelit	S	4,967	Braggit	D	10; 8,9c
,,	D	5,2; 5,20c	Brannerit	S	4,5—5,43
Beegerit	D	7,27	,,	D	4,5—5,43
Bellingerit	K	4,89	Braunit	D	4,72—4,83
Bellit	K	∾5	,, (für Mn/Si = 7/1)	D	4,67c
Bementit	S	3,106			
Benitoid	K	3,7	Bravoit	S	4,62
Benjaminit	D	6,34	,, (für Fe/Ni, Co = 1/1,53)	D	4,62c
Bentonit	S	2,44—2,78			
Beraunit	S	2,850—2,99	Bravoit (für Fe/Ni = 1/4,28 NiS_2)	D	4,66c
Bermanit	K	2,84			
Berthierit	D	4,64; 4,66c	Brazilianit	K	2,94
Berthonit	S	5,49	Breithauptit	D	8,23; 8,629c
,,	D	5,49	Brewsterit	K	2,45
Bertrandit	S	2,59—2,604	Brochantit	S	3,88
Beryll	S	2,545—2,910	Bromellit	D	3,017; 3,044c
Beryllionit	K	2,85	Bronzit	S	3,208—3,338
Berzelianit	D	6,71—7,23	Brookit	S	3,968
Berzeliit	K	3,9—4,4	,,	D	4,14 ± 0,06; 4,12c
Betafit	S	3,75—4,17	Brucit	S	2,38—2,39
,,	D	3,7—5	,,	D	2,39 ± 0,01; 2,40c
Bianchit	K	2,3	Brugnatellit	D	2,14; 2,21c
Bindheimit	K	4,6—5	Brushit	K	2,3
Biotit	S	2,692—3,16	Bunsenit	D	6,898; 6,7 ± 0,1 art.; 679c
Bischofit	K	1,59			
Bismit	D	10,4c; 8,64 Bolivien; 9,22 Meymae Frankreich	Burkeit	K	2,57
			Buttgenbachit	S	3,33
			Bytownit	K	2,75
Bismoclit	K	7,5			
Bismuthin	K	6,8—7,2	**C**admiumoxyd	D	8,1—8,2 art.; 8,21c
Bismuthinit	S	6,55—6,73	,,	K	6,2
,,	D	6,78 ± 0,03; 6,81c	Calaverit	D	9,24 ± 0,2; 9,31c
Bismutoplagionit	S	5,35	Calcio-thomsonit	S	2,405
Bismutogutallit	D	8,26	Calcit	S	2,699—2,82
,, -tantalit	K	8,15	Caledonit	K	6,4
Bityit	K	3,05	Camsellit	S	2,60
Bittersalz	K	1,68	Cancrinit	S	2,41—2,47
Bixbyit	D	4,945	Canfieldit	D	6,1—6,3; 6,26; 6,27
,, (für Mn/Fe = 1/1)	D	5,068c	Cannizzarit	S	6,54
			Cappelenit	K	4,4
Blei	S	11,273	Caracolit	K	5,1
,,	D	11,37; 11,36c0°	Carnallit	K	1,604
Bleiglanz	S	7,30—7,55	Carnegeit	S	2,513
,,	D	7,58 ± 0,01; 7,57c	Carnotit	K	4,5

Dörmann

Mineral	Lit.	Dichte g/cm³
Cebollit	S	2,96
Celestin	S	3,84—3,968
Centrallasit	S	2,51
Cerit	K	4,9
Cerussit	S	6,46—6,54
Cervantit	D	6,64 art.
Cesarolit	S	5,29
Ceylonit	S	4,12
Chabasit	S	2,09—2,168
Chalcedon	S	2,55—2,63
Chalcocit	D	5,5—5,8; 5,77c
Chalcomenit	K	3,36
Chalcophyllit	K	2,4—2,6
Chalkoalumit	S	2,29
Chalkophanit	D	4,00±0,10
Chalkopyrit	S	4,12
,,	D	4,1—4,3; 4,283c
Chalkosin	S	5,51—5,785
Chalkostibit	D	4,95±0,05; 5,011c
Chalmersit	S	4,04
Chalybit	S	3,63—3,96
Chapmanit	S	3,578
Chenevixit	K	3,93
Childrenit	K	3,2
Chiolith	S	2,995—3,005
Chiviatit	S	7,15
,, (Chiviato)	D	6,92
,, (Falun)	D	7,15
Chkalovit	K	2,662
Chlopinit	K	5,24
Chlorargyrit	K	5,5—5,6
Chlorit	S	2,386—2,396
Chloritoid	S	3,45
Chlornatrium	K	2,1—2,2
Chloromelanit	S	3,365
Chlorophäit	S	1,81
Chlorophönicit	K	3,55
Chloroxiphit	S	6,763
Chlorquecksilber	K	6,4—6,5
Chondrodit	S	3,175
Chromit	D	4,5—4,8; 5,09c
Chromohercynit	S	4,415
Chrysoberyll	S	3,49—3,73
,,	D	3,75±0,10; 3,69c
Chrysokoll	S	2,400—2,417
Chrysotil	S	2,457—2,57
Chubuttit	S	7,952
Clarkeit	D	6,39
Claudetit	D	4,15; 4,26c
Clausthalit	D	7,8; 8,079c
Clintonit	S	3,093
Cobalt-nickel-pyrit	S	4,716
Cobalt-pyrit	S	4,965
Cobaltin	D	6,33; 6,302c
Cocinerit	S	6,14
Colemanit	K	2,4
Colerainit	S	2,51
Coloradoit	D	8,04 (Mittel); 8,092c
Columbit	S	5,147—6,845
,,	D	5,20±0,05
Colusit	D	4,50; 4,434c
Connellit	S	3,54
Cohenit	D	7,20—7,65; 7,63c
Cooperit	D	9,5; 10,20c
Copiapit	S	2,087
Coquimbit	K	2,1
Cordierit	S	2,571—2,660
Cornetit	S	4,10
Coronadit	D	5,44
Corvusit	K	2,82
Cosalit	S	6,07—7,13
,,	D	6,76; 6,86c
Cotunnit	K	5,9
Couzeranit	S	2,625
Covellin	S	4,65—4,683
,,	D	4,6—4,76; 4,671 art.; 4,602c
Crednerit	S	4,972—5,03
,,	D	5,01±0,02
Creedit	S	2,713—2,730
Crestmorit	S	2,22
Cristobalit	S	2,32—2,36
Crocidolit	S	3,20
Crookesit	K	6,9
Cryolithionit	S	2,774
Cryptohalit	S	2,004
Cubanit (massiv)	D	4,03—4,18
,, (Sudburg-kristall)	D	4,101
Cubanit	D	4,076c
Cumengeit	S	4,74—4,88
Cummingtonit	S	3,23
Cuprit	D	6,14; 6,15c
Cuprodesoloizit	S	6,19
Cuprozincit	S	4,104
Curit	S	7,192
,,	D	7,26; 7,12c
Curtisit	S	1,21
Cuspidin	S	2,965—2,989
Custerit	S	2,91
Cylindrit	D	5,46±0,03
D'Archiardit	K	2,17
Dahllit	S	3,00—3,094
Danalith	K	3,4
Danburit	S	2,93—2,974
Dannemorit	S	3,516
Daphnit	K	3,2
Darapskit	K	2,20
Datolit	S	2,993—3,001
Daubréeit	K	6,4
Daubréelit	D	5,01; 3,81±0,01; 3,842c
Davyn	S	2,34—2,492
Delafossit	D	5,41; 5,52c art.
Delessit	K	2,6—2,9
Delorenzit	D	4,7±
Delvauxit	S	1,815—1,999
Demantoid	S	3,801
Descloizit	S	6,00
Desmin	S	2,116—2,21
Destinezit	S	2,105
Dewindtit	S	4,8
Diabantit	S	2,77—2,79
Diaboleit	S	6,412
Diamant	S	3,513—3,514
,, (reinst. blauweiß)	D	3,50—3,53; 3,511c
Diaphorit	D	6,04; 5,97c
Diaspor	S	3,385
,,	D	3,3—3,5; 3,37c
,, (Kristall)	D	3,44±0,02
Dickinsonit	K	3,41
Didymolith	K	2,71
Dietzeit	K	3,7
Digenit	D	5,546; 5,706
Dihydrit	K	4—4,4
Dimorphin	D	2,58; 2,60 art.
Diopsid	S	3,037—3,514
—, Jadeit-	S	3,270—3,330

Mineral	Lit.	Dichte g/cm³
—, Chrom-	S	3,337
—, Fluor-	S	3,236
Dioptase	S	3,296—3,318
Disthen	S	3,282—3,593
Dixenit	S	4,20
Djalmait	D	5,75—5,88
Dolerophanit	K	3,3
Dolomit	S	2,829—2,993
Domeikit	D	7,2—7,9
Dufrenit	S	3,5
Dufrenoysit	D	5,53 ± 0,03
Duftit	S	6,19
Dumortierit	S	3,30—3,36
Dundasit	K	3,2
Durangit	K	3,9—4
Dussertit	S	3,75
Dysanalyt	S	4,26
Dyscrasit	D	9,74 ± 0,07; 9,75 c
Eakleit	S	2,685—2,705
Edenit	K	3,0
Edingtonit	K	2,7
Eglestonit	K	8,3
Eichbergit	S	5,36
Eis	K	0,9175
Eisen	D	7,3—7,87; 7,87 c 0°
Ekdemit	K	7,1
Ekmannit	S	2,671
Ektropit	S	2,46
Eleonorit	K	~2,9
Ellsworthit	S	3,608—3,758
Elpidit	K	2,54
Elpidit, Titano-	S	2,533—2,560
Emmonsit	K	~4,52
Emplectit	D	6,38; 6,426 c
Empressit	D	7,510
Enargit	S	4,49—4,55
,,	D	4,45 ± 0,05; 4,40 c
Endeiolith	K	3,44
Enstatit	S	3,254—3,303
Epiboulangerit	S	6,303
Epichlorit	S	2,52
Epidesmin	S	2,152—2,16
Epidot	S	3,187—3,507
Epigenit	D	4,5
Epistolit	K	2,9
Epinatrolite	S	2,235—2,24
Erikit	K	3,97
Erinit	K	4—4,1
Erionit	K	2
Erythrin	S	3,149
Eschwegeit	S	5,87
Eschynit	D	5,19 ± 0,05
Euchroit	K	3,3
Eudialyt	S	2,84—2,86
Eudidymit	K	2,55
Eukairit	D	7,6—7,8
Euklas	S	3,05—3,09
Eukolit	S	2,97
Eukryptit	S	2,667
—, Pseudo-	S	2,365
Eulytin	K	6,1; 6,82 c
Euxenit	S	4,594—4,99
,,	D	5,00 ± 0,10
Evansit	S	1,924—1,929
Fairfieldit	K	3,1
Falkmanit	K	6,24
Famantinit	D	4,52 ± 0,05; 4,50
Fassait	S	3,308
Faujasit	K	1,92
Fayalit	S	3,91—4,28
—, Mangan-	S	4,32
Fergusonit	S	4,98—5,78
,,	D	5,6—5,8; 4,72 c
,, (Risör)	D	4,68
Fermorit	S	3,518
Ferrazit	S	3,0—3,3
Ferrierit	S	2,150
Ferrimolybdit	S	2,99
Ferrisymplesit	S	2,885
Ferronatrit	S	2,6
Ferropallidit	K	3,19
Ferropicotit	S	3,93
Fersmanit	K	3,44
Fibroferrit	S	1,901—2,09
Fibrolith	S	3,10—3,266
Fillowit	K	3,43
Finnemanit	S	7,08—7,265
Fischerit	K	2,46
Flagstaffit	S	1,092
Flinkik	K	3,87
Florencit	K	3,58
Fluellit	K	2,17
Fluoborit	S	2,89
Fluocerit	S	5,73
Fluorit	S	2,97—3,201
Fluosiderit	S	3,13
Forbesit	K	3,08
Forsterit	S	3,216—3,268
Foshagit	S	2,36
Foshallasit	K	2,5
Fourmarierit	S	6,046
Franckeit	D	5,90
Franklinit	S	5,09
,,	D	5,07—5,22
Freieslebenit	D	6,04—6,23; 6,27 c
Freirinit	K	3,3
Friedelit	K	3,07
Fuchsit	K	2,85
Fulöppit	D	5,23
Gadolinit	S	4,0—4,6
Gageit	K	3,58
Gahnit	S	4,478—4,602
,,	D	4,62 c
Gajit	S	2,619
Galaxit	D	4,03 c
Galenobismutit	D	7,04; 7,19 c
Gamagarit	K	6,42
Ganomalith	S	5,576
Ganophyllit	K	2,878
Garnierit	K	2,2—2,7
Gaylussit	K	1,95
Gearksutit	S	2,710—2,768
Gedrit	S	3,240
Gehlenit	S	2,969—3,039
Geikielith	D	4,05; 4,03 c
Genthelvit	K	3,66
Geokronit	D	6,4 ± 0,1; 6,51 c
Georgiadesit	K	7,1
Gerhardtit	S	3,31—3,46
Germanit	S	4,46—4,59
,,	D	4,46—4,59; 4,30 c
Gersdorffit	S	5,96—6,15
,,	D	5,9 (Mittel)
,, (Ni/Fe = 3/1)	D	5,819 c
Gibbsit (Kristall)	D	2,40 ± 0,02
,, (massiv)	D	2,3—2,4

Dörmann

Mineral	Lit.	Dichte g/cm³
Gibbsit	D	2,44c
Gillespit	S	3,33
Ginorit	K	2,09
Gips	S	2,32
,,	K	2,3—2,4
Gismondin	K	2,26
Gladit	S	6,96
,,	D	6,96
Glaserit	K	2,65
Glauberit	K	2,7—2,8
Glaubersalz	K	1,49
Glaukochroit	S	2,216
Glaukodot	D	6,04 ± 0,12
,, (Fe/Co = 1)	D	5,90c
Glaukokerinit	K	2,749
Glaukonit	S	2,70—2,82
Glaukophan	K	3—3,1
Glinkit	S	3,463
Gmelinit	S	2,045—2,135
Goethit	S	4,18—4,481
,, (massiv)	D	3,3—4,3
,, (Kristall)	D	4,28 ± 0,01
,,	D	4,17c
Gold	D	19,3—19,309c 0°
,, -amalgam	D	15,47
Gonnardit	K	2,3
Gorceixit	K	3,1
Goongarrit	S	7,29
,,	D	7,29
Graftonit	K	3,67
Granat	K	3,4—4,6
Grandidierit	K	3,0
Graphit	S	2,216
,,	D	2,09—2,23; 2,23c
Gratonit	D	6,22 ± 0,02; 6,17c
Greenalit	K	~3,25
Greenockit	S	4,820
,,	D	4,9; 4,820 art.; 4,772c
Griffithit	S	2,309
Griphit	K	3,39
Grodnolit	S	2,974
Grossular	S	3,226—4,452
Grothin	S	3,79—3,90
Grünerit	S	3,311—3,561
Grünlingit	D	8,08
Guanajuatit	D	6,25—6,98
Guarinit	S	3,31
Gudmundit	D	6,72; 6,91c
Gumminit	S	5,08
Gummit	D	3,9—6,4
Gymnit	K	2,0—2,3
Gyrolit	S	2,35—2,40
Hainit	K	3,18
Halloyite	S	2,44—2,714
Halotrichit	S	1,807—1,899
Hämatit	S	5,173—5,262
,, (Kristall)	D	5,26; 5,256c
Hämatophanit	D	7,70
Hambergit	S	2,36
Hamlinit	K	3,2
Hancockit	K	4
Hanksit	K	2,55—2,6
Hardystonit	K	3,4
Harmotom	S	2,350—2,365
Harstigit	K	3,0
Hastingsit	S	3,16—3,426
Hatchettolit	S	4,417—4,509
Hauchecornit	K	6,4
Hauerit	D	3,463; 3,444c
Hausmannit	S	4,778—4,836
,,	D	4,84 ± 0,01; 4,84c
Hedenbergit	S	3,50
Hedleyit	K	8,93
Hellandit	K	3,70
Helvin	S	3,289
Hemimorphit	K	3,3—3,5
Hercynit	S	4,01
,,	D	4,39c
Herzenbergit	K	5,16c
Herderit	K	2,8—3
Hessit	S	8,00
,, (isometrisch)	D	8,24—8,45; 7,98c
,, (monoklin)	D	7,875c
Hessonit	S	3,596—3,633
Hetaerolith	S	4,6—4,85
,,	D	5,18; 5,23c
Heterobrochantit	S	3,757
Heterogenit	S	3,128
Heteromorphit	D	5,73
Heterosit	K	3,4
Heulandit	S	2,16—2,249
Hewettit	S	2,554
Hexahydrit	S	1,757
Hibbenit	S	3,213
Higginsit	S	4,33
Hilgardit	K	2,71
Hillebrandit	K	2,7
Hinsdalit	S	3,65
Hisingerit	S	2,50
Hjelmit	K	5,2—5,8
Hochschildit	K	4,4—4,6
Hodgkinsonit	S	3,91
Hoelit	S	1,43
Högbomit	S	3,81
,,	D	3,81 ±
Holdenit	K	4
Hollandit	D	4,95
Hopeit	S	3,03
Hornblende	S	3,13—3,518
Hörnesit	K	2,7
,,	S	2,57
Horsfordit	D	8,812
Hortonolith	S	3,98
Howlith	K	2,58
Hulsit	S	4,31
Humboldtilith	S	2,92—2,975
Hureaulit	K	3,2
Huronit	S	2,819
Hutchinsonit	D	4,6
Hyalophan	S	2,90
Hyalotekit	K	3,81
Hydrocalumit	D	2,15; 2,15c
Hydrocerussit	S	6,02—6,80
Hydrogiobertit	S	2,152
Hydrohaematit	S	4,33—4,7
Hydrohetaerolit (Leadville)	D	4,6?
Hydromagnesit	S	2,152—2,16
Hydronephelit	S	2,40—2,46
Hydrophlogopit	S	2,783
Hydroromeit	K	3,50
Hydrotalcit	D	2,06 ± 0,03; 2,00c
Hydrotenorit	K	4,15
Hydrotungsit	K	4,6
Hydrozinkit	K	3,2—3,8
Hypersthen	S	3,36—3,415

Mineral	Lit.	Dichte g/cm³
Iddingsit	S	2,54—2,80
Idokras	S	3,32—3,47
Ilmenit	S	4,44—4,86
,,	D	4,72 $\pm$ 0,04; 4,79c
Ilmenorutil	S	5,18
Ilvait	S	3,95—4,00
Imerinit	S	3,02
Inderit	K	1,80
Inesit	S	3,029—3,03
Inyoit	S	1,875
Iridium	K	22,6—22,8
Iridosmium	K	19—21
Ishikawait	S	6,2—6,4
Ixiolit	S	7,88
Jadeit	S	3,335
Jakobsit	D	4,76; 5,03c
Jamesonit	S	5,62
,,	D	5,63; 5,67c
Janit	K	2,32
Jarlith	K	3,93
Jarosit	S	3,17—3,64
Jefferisit	S	2,38
Jeremejewit	K	3,3
Ježekit	K	2,94
Joaguinit	K	3,89
Jodargyrit	K	5,7
Johannsenit	K	3,6
Johnstrupit	S	3,17
Jordanit	S	6,451
,,	D	6,38 $\pm$ 0,05; 6,49c
Joseit	S	7,688—7,793
,,	D	8,18
Jurupait	S	2,75
Justit	S	2,98—3,24
Kainit	S	2,132
Kainosit	K	3,5
Kakoxen	K	$\sim$2,3—2,8
Kaliborit	K	2,1
Kalinit	K	1,7—1,8
Kaliophilit	S	2,56—2,61
Kalisalpeter	K	1,9—2,1
Kalkowskyn	S	4,01
,,	D	4,01 $\pm$ 0,03
Kalomel	K	6,4—6,5
Kalsilit	K	2,59
Kamarezit	K	4,0
Kämmererit	S	2,59—2,67
Kaolinit	S	2,32—2,59
,,	D	2,6
Karpholith	K	2,9
Karyinit	K	4,25
Karyocerit	K	4,3
Kasolit	S	5,962
Kassiterit	S	6,718—6,913
,,	D	6,9; 7,02 $\pm$ 0,02 art.
,, (Cornwall)	D	6,1 (Minimum)
Katangit	S	2,4
Katapleit	S	2,658
Katoptrit	S	4,5
Keeleyit	S	5,21
Kempit	S	2,94
Kentrolith	K	6,2
Kermesit	D	4,68; 4,69c
Kernit	S	1,935
Kieserit	S	2,573
Klaprothit	D	6,01
Kleinit	S	7,975—7,987
Klinochlor	S	2,657—2,787
Klinoedrit	K	3,33
Klinoklas	K	4,2—4,4
Klinozoisit	S	3,212—3,366
Klockmannit	D	5
Knopit	K	4,2
Kobaltspat	K	4,1
Kobellit	S	6,535
,,	D	6,334
Kochit	S	2,927—2,932
Koeninit	K	1,98
Kolbeckit	K	2,39
Kollophan	S	2,6—2,9
Kolskit	K	2,4
Koninckit	K	3,08
Kornelit	S	2,306
Korund	K	3,9—4,1
,,	S	3,97—4,03
,,	D	4,022; 4,0—4,1; 3,98c
,, β	S	3,30
Korundophyllit	S	2,881
Kotoit	K	3,11
Kraurit	K	3,3—3,5
Krausit	K	2,840
Krennerit	D	8,62
Kreuzbergit	S	2,139
Krokoit	K	5,9—6
Kupfer	S	8,62—8,80
,,	D	8,95; 8,94c
,, vitriol	K	2,2—2,3
Kryolith	K	2,95
Kryolithionit	K	2,78
Labrador	S	2,686—2,718
Lacroixit	S	3,126
Lamprophyllit	K	3,44
Lanarkit	K	6,4—6,8
Langbanit	K	4,9
Langbeinit	K	2,8
Lanthanit	S	2,69—2,74
Lapparentit	K	1,9—2,0
Larsenit	K	5,9
Lasurit	K	2,38—2,42
Laumontit	S	2,272—2,42
Laurit	D	6—6,99; 6,23c
Lautarit	K	4,6
Lautit	D	4,9 $\pm$ 0,1
Lawsonit	S	3,12
Lazulit	S	2,958
Leadhillit	K	6,45—6,55
Lechatellierit	K	2,20
Leifit	S	2,565—2,578
Leightonit	K	2,95
Lengenbachit	D	5,80—5,85
Leonit	S	2,201
Lepidokrokit	S	4,09
,,	D	4,09 $\pm$ 0,04; 3,96c
Lepidolith	S	2,799—2,881
Lepidomelan	S	3,151—3,294
Lessingit	K	4,69
Leuchtenbergit	S	2,648—2,735
Leucit	S	2,48—2,51
,,	K	2,48—2,51
Leucoglaugit	K	$\sim$2,56
Leucophönicit	K	3,8
Levyn	K	2,1
Libethenit	K	$\sim$3,8
Lillianit	S	7,09—7,14
,,	D	7,0—7,2

Mineral	Lit.	Dichte g/cm³
Limnit	S	2,8
Limonit	S	3,87
,,	D	2,7—4,3
Linarit	S	5,23
Lindgrenit	K	4,26
Lindströmit	S	7,01
,,	D	7,01
Linneit	S	4,82—4,85
,,	D	4,5—4,8
Lirokonit	K	~2,9
Litharge	D	9,14 art.; 9,25c
Lithidionit	S	2,56
Lithionit	S	2,972
Lithiophilit	S	3,39
Lithomarge	S	2,54—2,55
Liveingit	D	5,3
Livingstonit	D	5,00; 4,79c
Löllingit	S	7,22—7,23
,,	D	7,40 ± 0,01; 7,58c
Loparit	S	4,73—4,77
Lorandit	D	5,53; 5,53c
Lorenzenit	K	3,4
Lorettoit	S	7,39—7,65
Loseyit	K	3,27
Lovchorrit	S	3,32
Löweit	S	2,374
Lowoserit	K	2,38
Lubeckit	S	4,8
Lublinit	S	2,65
Lucinit	S	2,52—2,53
Ludlamit	S	3,19
Ludwigit	K	4,0
Mackensit	S	4,89
Maghemit	K	4,87
Magnalit	S	2,34
Magnesiochromit	D	4,2 ± 0,1; 4,43c
Magnesioferrit	D	4,56—4,65; 4,51c
Magnesit	S	2,95—3,12
Magnetit	S	4,967
,,	D	5,175; 5,20c
Magnetkies	S	4,56
,,	D	4,58—4,65
,, (Troilit)	D	bis 4,74
,, ($Fe_{0,9}S$)	D	4,69c
Mackayit	K	4,86
Magnetoplumbit	S	5,517
,,	D	5,517
Malachit	K	4,0
Maldonit	D	15,46 art.; 15,70c
Manasseit	D	2,05 ± 0,05; 2,00c
Manganit	S	4,29
,,	D	4,33 ± 0,01
Manganolangbeinit	S	3,02—3,03
Manganophyllit	S	2,743—2,954
Manganosit	S	5,364
,,	D	5,364; 5,0—5,4 art.; 5,36c
Margarit	K	3
Margarosanit	S	3,991—4,39
Marialit	S	2,50—2,692
Markasit	S	4,609—4,887
Markasit	D	4,887; 4,875c
Marshit	K	5,68
Mascagnin	K	1,769
Massicot	S	8,61
,,	D	9,56 art.; 9,75c
Matildit	S	7,07
,,	D	6,9; 6,90c
Matlockit	K	7,2
Maucherit	S	7,73—7,901
,,	D	8,00; 8,03 art.
,, (für $Ni_{11}As_8$)	D	8,04
Meerschaum	S	2,02
Mejonit	S	2,815
Melanit	S	3,908
Melanotekit	K	5,7
Melanovanadit	S	3,477
Melanterit	K	1,9
Melilit	S	2,929—3,24
Melinophan	K	3,0
Mellit	K	1,6
Melonit	D	7,35 (Mittel)
Mendelejewit	S	4,44—4,766
Mendipit	S	7,240
Mendozit	K	1,9
Meneghinit	S	6,43
,,	D	6,36 ± 0,01; 6,391c
Mennige	D	8,9—9,2 art.
Merkallit	K	2,31
Merrillit	S	3,10
Merwinit	S	3,150
Mesitit	S	3,375
Mesolit	S	2,257—2,260
Metabrushit	S	3,666
Metacinnabarit	S	7,23
,,	D	7,65; 7,65c
Metahewettit	S	2,511
Meyerhofferit	S	2,120
Miargyrit	S	5,36
,,	D	5,25 ± 0,05; 5,29c
,, (Oruno)	D	5,26
Mikroklin	S	2,554—2,692
Mikrolit	D	4,2—6,4
Milarit	K	2,6
Millerit	D	5,5 ± 0,2; 5,36c
Mimetesit	K	~7,1
Mimetit	S	6,98—7,186
Minguetit	S	2,86
Minnesotait	K	3,01
Minyulit	K	2,46
Mispickel	S	5,88—6,14
Mitscherlichit	K	2,42
Mixit	K	3,8
Mizzonit	S	2,60
Moissanit	D	3,1 ± 0,1; 3,21c
Molybdänit	S	4,62
,,	D	4,62—4,73; 5,06 art.; 5,05c
,, (Biella)	D	4,704
Molybdit	K	4,0—4,5
Molybdophyllit	K	4,7
Monazit	S	5,11—5,31
Monetit	S	2,863
Monimolit	K	5,9—7,2
Montbrayit	K	9,94
Montebrasit	S	3,008
Monticellit	S	3,04—3,20
Montmorrilonit	K	1,7—2,7
Montroydit	D	11,23; 11,2 ± 0,1 art.; 11,22c
Mooreit	K	2,47
Mordenit	S	2,125—2,193
Moschellandsbergit	D	13,48—13,71; 13,5c
Mossit	S	5,20
Mottramit	S	5,90—5,93
Murmanit	K	2,84
Muskovit	S	2,797—2,891
Muthmannit	D	5,598
Myelin	S	2,714

Dörmann

Mineral	Lit.	Dichte g/cm³
Nadeleisenerz	K	3,8—4,3
Nadorit	K	7,2
Nagyagit	D	7,41 ± 0,05
Nantokit	K	~4
Narsarsukit	K	2,75
Natramblygonit	S	3,01—3,06
Natrochalcit	K	3,48
Natrojarosit	S	3,11
Natrolith	S	2,183—2,248
Natronorthoklas	K	2,58—2,59
Natronsalpeter	K	2,2—2,3
Naumannit	S	6,527
,, (Idaho)	D	7,0 ±
,, (Harz)	D	8,00
,,	D	7,866c
Neotokit	S	2,5
Nephelin	S	2,528—2,664
Nephrit	S	2,938—3,06
Neptunit, Mangan-	S	3,203
Niccolit (rein)	D	7,784 ± 0,001; 7,834c
Nickel-Eisen	D	7,8—8,22
Niggliit	D	4
Niobit	K	8,1
Nocerin	S	2,96
Nontronit	S	2,29—2,295
Norbergit	S	3,13—3,15
Nordenskiöldin	K	4,2
Nordit	K	3,43
Okenit	S	2,206—2,332
Oldhamit	D	2,58; 2,589c
Oligoklas	S	2,612—2,672
—, Potasche-	S	2,615—2,625
Olivenit	K	~4,3
Olivin	S	3,301—3,56
—, Kalk-	S	3,190—3,341
— (Hortonolith)	S	3,98
Omphacit	S	3,31
Opal	S	2,06—2,22
Orangit	K	5,2—5,4
Orientit	S	3,05
Orpiment	D	3,49; 3,48c
Orthoklas	S	2,536—2,600
Oruetit	S	7,6
Overit	K	2,53
Owyheeit	D	6,03
Oxalit	S	2,28
Oxammit	K	1,48
Pachnolith	S	2,976
Pageit	S	4,78
Palait	S	3,14—3,20
Palladium	D	11,9; 12,04c 0°
Palladiumamalgam	S	13,33—15,82
Palmierit	S	4,50
Parabayldonit	S	5,44—5,512
Paradoxit	S	2,425—2,430
Paragonit	K	2,8—2,9
Parahopeit	S	3,21—3,236
Paramelaconit	D	6,04; 6,106c (für x = 1,85)
Pararammelsbergit	D	7,12; 7,24c
Paraurichalcit	S	4,137—4,201
Paravauxit	S	2,291—2,30
Paredrit	S	3,97—4,08
Pargasit	S	3,069—3,181
Parisit	S	4,320
Parsettensit	S	2,590—2,681
Parsonsit	S	6,23
Pascoit	S	2,457
Paternoit	S	2,11
Pearceit	D	6,15 ± 0,02
Pektolith	S	2,736—2,857
Pennin	S	2,619—2,682
Penroseit	S	6,93
,,	D	6,9 ± 0,2; 7,56c
Pentlandit	S	4,638
,, (für Fe/Ni = 1/1)	D	4,6—5,0; 4,956c
,, (für Fe/Ni = 2/1)	D	5,185c
Penwithit	S	2,20
Periklas	D	3,56 ± 0,01 art.; 3,58c
Perowskit	D	4,01 ± 0,04; 4,04c
Petalit	S	2,414
Petzit	S	7,53—8,735
,,	D	8,7—9,02
Pharmakolith	K	2,6
Pharmakosiderit	K	2,9—3
Phenakit	S	2,944—3,041
Phillipsit	K	2,2
Phlogopit	S	2,737—2,869
Phönicochroit	K	5,7
Phosgenit	S	6,08—6,24
Phosphoferrit	S	3,156
Phosphophyllit	S	3,081—3,082
Phosphorit	S	2,72—2,86
Phosphorochalcit	K	3,6
Phosphosiderit	S	2,726
Pickeringit	S	1,84
Piemontit	K	3,4
Pikrotephroit	S	3,72
Pinit	S	2,780
Pinnoit	S	2,292
Pirssonit	K	2,35
Pisanit	S	1,950
Pisekit	S	4,032
Plagionit	S	5,47—5,54
,,	D	5,58 ± 0,02; 5,60c
Plancheit	S	3,37
Platin	S	16,4—19,0
,,	D	14—19; 21,46c 0°
Platiniridium	D	22,65—22,84; 22,66c 0°
Plattnerit	D	9,42 ± 0,02; 8,9 bis 9,36 art.; 9,63c
Platynit	S	7,98
,,	D	7,98
Plazolith	S	3,129
Plumboferrit	D	6,07; 6,55c
Plumbogummit	K	4—5
Pöchit	S	3,693—3,721
Pollux	K	2,9
Polyargyrit	D	6,974
Polybasit	D	6,1 ± 0,1; 6,36c
Polymignit	S	4,77—4,85
Polyhalit	K	2,77
Portlandit	D	2,230 ± 0,003; 2,24c
Potarit	D	13,48—16,11
Powellit	S	4,22
Prehnit	S	2,875—2,943
Priceit	S	2,43—2,433
Priorit	D	4,95 ± 0,10
Prismatin	S	3,345
Probertit	K	2,14
Prochlorit	S	2,60—2,936
Prosopit	K	2,89

Dörmann

Mineral	Lit.	Dichte g/cm³
Protolithionit	S	3,148—3,305
Proustit	S	5,51—5,60
,, (rein)	D	5,57; 5,62c
Pseudobrookit	S	4,60
— (Hadreval)	D	4,39
— (Thomas Range)	D	4,33
Pseudobrookit	D	4,39c
Pseudomalachit	S	3,58
Pseudonephelin	S	2,68
Pseudophit	S	2,693—2,695
Psilomelan	S	4,20—4,30
,,	D	4,71 ± 0,01; 4,42c
Ptilolit	S	2,10—2,30
Pucherit	K	6,2
Pufahlit	S	5,4
Pumpellyit	S	3,2
Purpurit	K	3,4
Pyrargyrit	S	5,790
,,	D	5,85; 5,82c
Pyrit	S	4,970—5,169
,,	D	5,018; 5,013c
Pyroaurit	D	2,12 ± 0,02; 2,12c
Pyrobelonit	S	5,377
Pyrochroit	D	3,25 ± 0,02; 3,25c
Pyrolusit	S	4,748—4,885
,, (Kristall)	D	5,06 ± 0,02
,, (massiv)	D	4,4—5,0
,,	D	5,24c
Pyromorphit	S	7,05—7,124
Pyrop	S	3,510—3,75
Pyrophanit	D	4,54; 4,58c
Pyrophyllit	S	2,659
Pyrosmalith	K	3—3,2
Pyrostilbnit	D	5,94
Pyroxmangit	S	3,80
Quarz	S	2,649—2,697
Quarz glass	S	2,194—2,213
Quecksilber	D	13,596
,, (Kristall —46°)	D	14,26
Quenselit	S	6,842
,,	D	6,84
Quisqueit	S	1,75
Racewinit	S	1,94—1,98
Radiophyllit	S	2,45—2,60
Ralstonit	S	2,614
Ramdohrit	D	5,43
Rammelsbergit	S	6,734—7,02
,,	D	7,1 ± 0,1
Ramsayit	S	3,43—3,47
Rancieit	S	3,25—3,30
Rathit	S	5,453
,,	D	5,37 ± 0,04; 5,31c
Realgar	D	3,56; 3,477; 3,59c
Reddingit, Fe-	S	2,96—3,10
Retinit	S	1,03—1,051
Rézbanyit (Rezbänga)	D	6,24 ± 0,15
Rézbanyit (Vaskö)	D	6,89
Rhagit	K	6,8
Rhodizit	S	3,344
Rhodochrom	S	2,644
Rhodochrosit	S	3,312—3,743
—, Zinco-	S	3,86
Rhodolit	S	3,75—3,837
Rhodonit	S	3,416
Rickardit	D	7,54
Riebeckit	S	3,391—3,44
Rinkolit	S	3,40
Rinneit	K	2,35
Ripidolit	S	2,975
Rivait	S	2,55—2,56
Riversideit	S	2,64
Röblingit	K	3,43
Roemerit	K	2,1
Romeit	S	5,044—5,074
Rosasit	S	4,09
Roscherit	S	2,916
Roselith	K	3,7
Rosenbuschit	K	3,3
Rossit	K	2,45
Roweit	K	2,92
Rumpfit	S	2,666
Russellit	D	7,35 ± 0,02; 7,40c
Rutil	S	4,123—4,272
,,	D	4,23 ± 0,02; 4,260c
,, (Fe-haltig)	D	4,2—4,4
,, (Nb-Ta-haltig)	D	4,2—5,6
Safflorit	D	7,2 ± 0,25; 7,70c
Sahlinit	K	7,95
Salesit	K	4,77
Salmiak	K	1,53
Salmonsit	S	2,88
Samarskit	S	4,2—6,04
,,	D	5,69[1]
Samieresit	S	5,24
Sampleit	K	3,20
Samsonit	D	5,51; 5,56c
Saponit	K	2,3
Sapphirin	D	3,4—3,5
,, (Fiskernaes)	D	3,486
Sarkinit	S	4,173—4,178
Sarkolith	K	2,54
Sarkopsid	S	3,64
Sartorit	D	5,10 ± 0,02; 5,07c
Sassolin	D	1,48 ± 0,02; 1,48c
Scawtit	K	2,77
Schafarzikit	S	4,3
Schairerit	K	2,6
Schallerit	S	3,368
Scheelit	S	5,9
Scheteligit	K	~4,7
Schirmerit	D	6,737
Schneebergit	S	5,41
Schoepit	S	5,685
,,	D	4,8; 4,83c
Schönit	K	2,1
Schreibersit	D	7,0—7,3
,, (für 28,68% Ni)	D	7,44
Schröckingerit	K	2,51
Schultenit	S	5,943
Schungit	S	1,122
Schwartzembergit	S	7,39
Schwefel (monoklin)	S	2,074
,,	D	2,07
,, (monoklin-prismat.)	D	1,982—1,985
Seamanit	K	3,13
Searlesit	S	2,45

[1] Niedrigster Wert 4,1, höchster Wert 6,2 (hoher Ti-Gehalt).

Dörmann

Mineral	Lit.	Dichte g/cm³
Seladonit	K	2,8—2,9
Selen	D	4,80—4,84c
Seligmannit	S	5,44—5,48
,, (Binnental)	D	5,44
,, (Bingham)	D	5,38
,,	D	5,54c
Sellait	S	3,17
Semseyit	S	5,84—6,05
,,	D	6,08; 6,15c
Senait (Kristall)	D	5,301
Senarmontit	D	5,50; 5,56c
Serendipit	K	3,4
Sericit	S	2,798
Serpentin	S	2,528—2,61
Shattuckit	K	3,8
Sheridanit	S	2,702
Shortit	K	2,60
Sicklerit	S	3,45
Siderazot	D	3,147
Sideronatrit	K	2,3
Sikersit	D	19—21
,, (für reines Os)	D	22,69
Silber	S	8,33—9,83
,,	D	10,1—11,1; 10,497c
,, (rein)	D	10,5
Silicomagnesiofluorit	K	2,9
Sillenit	D	8,80c
Simpsonit	D	5,92—6,27; 5,99c
Sincosit	S	2,84
Sjögrenit	D	2,11 ± 0,03; 2,11c
Skapolith	S	2,506—2,78
Sklodowskit	S	3,54—3,74
Skolecit	S	2,198—2,279
Skorodit	S	2,70—3,235
Skutterudit	S	6,519—6,79
,,	D	6,5 ± 0,4
Slavikit	K	1,95
Smaragd	S	2,648—2,709
Smithit	D	4,88
Smithsonit	S	4,19—4,410
Sobralit	S	3,60
Soda	K	1,42—1,47
Sodalit	S	2,295—2,33
Soddyit	S	4,627
Soumansit	S	2,87
Spangolith	K	3,1
Spateisenstein	K	3,7—3,9
Spencerit	S	3,123—3,142
Sperrylit	S	10,58—10,73
,,	D	10,58; 10,54c
Spessartin	S	4,058—4,35
Sphalerit	D	3,9—4,1[1]
Sphen	S	3,411—3,499
Spinell	S	3,682—3,924
,,	D	3,55c
Spodumen, α-	S	2,997—3,301
—, β-	S	2,327—2,463
—, γ-	S	2,313
Spurrit	K	3,01
Stainierit	D	4,13—4,47
Stannin	D	4,3—4,5; 4,437c
Stasit	S	5,03
Staszicit	S	4,227
Staurolith	S	3,753—3,778
Steinsalz	S	2,166
Stelznerit	K	3,9
Stephanit	D	6,25 ± 0,03; 6,47c
Sterkorit	K	1,6
Sternbergit	D	4,101—4,213; 4,275c
Sterrettit	K	2,36
Stevensit	S	2,15—2,20
Stewartit	S	2,94
Stibiconit (Arkansas)	D	5,58
Stibicolumbit	D	5,68c
Stibiopalladinit	D	9,5 ±
Stibiotantalit	D	7,34; 7,53c
Stibnit	S	4,651—4,654
,,	D	4,63 ± 0,02; 4,63c
Stichtit	S	2,161
,,	D	2,16; 2,11c
Stiepelmannit	K	3,7
Stilpnomelan	S	2,85—2,882
Stokesit	K	3,2
Stolzit	K	7,9—8,2
Strengit	S	2,84—2,86
Stromeyerit	S	6,127—6,260
,,	D	6,2—6,3
Strontianit	K	3,7
Strüverit	S	4,91—5,036
Struvit	K	1,66—1,75
Stylotypit	D	4,79; 5,18
Sulphoborit	K	2,4
Sulphohalit	S	2,5
Sulvanit	D	4,00; 3,86; 3,94c
Sursassit	S	3,252
Svabit	S	3,695
Svanbergit	S	3,14
Swedenborgit	S	4,285
Sylvanit	D	8,161; 8,11c
Sylvin	K	1,9—2
Symplesit	K	3,01
Syngenit	S	2,579
Szajbelyit	S	2,76
Tabergit	S	2,803
Tachyhydrit	S	1,664—1,669
Taeniolit	K	2,82
Tagilit	K	4
Talk	S	2,832
Tantal	S	11,2
,,	D	11,2
Tantalit	S	6,5—8,20
,,	D	7,95 ± 0,05
Tapiolit	S	7,90—7,91
,,	D	7,90 ± 0,05; 8,17c
Taramit	S	3,439—3,476
—, Fluo-	S	3,231—3,318
Tarapacait	K	2,74
Tarbuttit	K	4,15
Teallit	D	6,36; 6,57c
Teepleit	K	2,08
Teineit	K	3,80
Tellur	D	6,1—6,3; 6,225c
Tellurbismuthit	D	7,815 ± 0,15; 7,86c
Tellurit	D	5,90 ± 0,02; 5,83c
Tellurit	K	5,9
Tennantit	S	4,576—4,746
,,	D	4,62; 4,61c
Tenorit	D	5,8—6,4; 6,45 art.; 6,57c
Tephroit	S	4,044
Terlinguait	S	8,723—8,28
Tetradymit	D	7,3 ± 0,2; 7,21c
Tetraedrit	S	4,597—5,079
,,	D	4,97; 4,99c

[1] Steigt mit Fe-Gehalt.

Mineral	Lit.	Dichte g/cm³
Thalenit	S	4,454
Thaumasit	S	1,85—1,879
Thenardit	S	2,67
Thomsenolit	S	2,982
Thomsonit	S	2,22—2,389
Thoreaulit	D	7,6—7,9
Thorianit	S	9,33
,,	D	9,7; 9,87c
Thorit	K	4,4—4,8
Thortveitit	S	3,55—3,571
Thuringit	S	3,07
Tiemannit	D	8,19; 8,26c
,, (Kristall v. Utah)	D	8,30—8,47
Tilasit	S	3,76—3,77
Tilleyit	K	2,84
Tinzenit	S	3,286—3,416
Tirolit	K	~3,1
Toddit	S	5,011
Todorokit	D	3,67
Topas	S	3,349—3,59
Torbernit	S	3,219—3,95
,,	K	3,4—3,6
—, Meta-	S	3,67—3,68
Torendrikit	S	3,153—3,21
Törnebohmit	S	4,94
Trevorit	S	4,67—5,165
,,	D	5,164; 5,20c
Tridymit	S	2,267—2,270
Trigonit	S	8,28
Trimerit	S	3,404
Triphylin	S	3,531
Triplit	S	3,584—3,875
Triploidit	K	3,7
Tritomit	K	~4,2
Trögerit	K	3,3
Trona	S	2,14
Trudellit	S	1,93
Truscottit	S	2,47
Tschermigit	S	1,645
Tsumebit	K	6,1
Tucholit	K	1,78
Tuhualit	K	2,87
Tungstenit	D	7,4; 7,5 art.; 8,1c
Türkis	S	2,84
Turmalin	S	2,978—3,250
Tyuyamunit	S	3,67—4,35
Uhligit	D	4,15 ± 0,1
Ulexit	S	1,91
Ullmannit	S	6,70
,,	D	6,65 ± 0,04
,, (NiSbS)	D	6,793
,, (Kallilit)	D	6,66
,, (10,28% As)	D	6,488
,, (Willyamit)	D	6,76 ± 0,03
Ultrabasit	S	6,026
Umangit	D	5,620
Uralit	S	3,118
Uraninit[1]	S	7,126—9,787
Uranocircit	K	3,5
Uranotil	K	3,8—3,9
Uranosphaerit	D	6,36
Uranosphathit	S	2,50
Uranothallit	K	2,1
Ussingit	S	2,495
Uwarowit	S	3,418—3,81
Valentinit	D	5,76; 5,76c
Valleriit	K	~4,2
Vanadinit	S	6,46
Vandenbrandit	D	5,03
Vanthoffit	K	2,69
Variscit	S	2,47
Varulit	K	~3,45
Vauxit	S	2,375—2,57
Veatchit	K	2,69
Velardenit	S	3,038—3,039
Veszelyit	K	3,5
Villamaninit	S	4,433—4,523
Viliaumit	K	2,79
Viridin	S	3,202—3,238
Viridit	S	2,89
Vivianit	S	2,678—2,693
Voelckerit	S	3,06—3,10
Vogtit	S	3,39
Volgerit	S	3,082
Voltait	K	2,6—2,8
Voltzit	D	3,7—3,8
Vonsenit	S	4,21
Vrbait	S	5,30
,,	D	5,30 ± 0,03; 5,29c
Wad	D	2,8—4,4
Wadeit	K	3,10
Wagnerit	K	3—3,15
Walpurgin	K	5,7
Waltkerit	K	~5,3
Wardit	K	2,8
Warthait	S	7,163
,,	D	7,12 ± 0,05
Warwickit	K	~3,31
Wavellit	S	2,325
Weberit	K	2,96
Wehrlit	D	8,41 ± 0,03
Weibullit	D	6,97; 7,145
Weibyeit	S	3,19
Weinschenkit	K	3,14
Weslienit	S	4,964—4,971
Whewellit	K	2,23
Whitneyit	K	8,3—8,7
Wilkeit	S	3,234
Willemit	K	4,0—4,2
Wismut	D	9,70—9,83; 9,753c
Wismutoxyd	K	~9
Wittit	S	7,12
,,	D	7,12
Wöhlerit	S	3,48
Wolfachit	D	6,372
Wolframit	S	6,93—7,49
Wollastonit	S	2,897—2,992
Wulfenit	K	6,7—6,9
Wurtzit	S	4,087
,,	D	3,98; 4,1 art; 4,10c
Xanthitan	S	3,04
Xanthokon	D	5,54 ± 0,14
Xanthophyllit	S	3,081
Xanthoxenit	S	2,844
Xenotim	S	4,55
Xonotlit	S	2,655

[1] D 10,95 art.; 10,36 Chikuakua Mexico; 10,88 c; 10,36 c f. $(U \cdot Th)O_2$ mit U/Th = 1/1. Dichte nimmt ab mit wachsender Oxydation von U^4 bis U^6 und Substitution des U durch Th oder seltene Erden; natürl. Krist. 8,00—10,00; Pechblende 6,5—8,5.

Dörmann

Mineral	Lit.	Dichte g/cm³	Mineral	Lit.	Dichte g/cm³
Yeatmanit	K	4	Zinkenit (für $Pb_{72}Sb_{168}S_{324}$)	D	5,22c
Yenerit	K	6,05	Zinkit	D	5,66±0,02; 5,684; 5,699c
Yttrocerit	S	3,61	Zinkvitriol	K	2,0
Yttrofluorit	S	3,319—3,557	Zinn	D	7,31; 7,278c
Yttrotantalit	D	5,7±0,2	Zinnober	D	8,090; 8,05c
Zaratit	K	2,6	Zinnwaldit	S	2,916—3,018
Zebedassit	S	2,194	Zirkelit	S	4,3—5,22
Zeunerit	S	3,28	Zirklerit	K	2,6
Zink	D	6,9—7,2; 7,135c	Zirkon	S	4,048—4,748
Zinkaluminit	K	2,26	Zirkonoxyd	K	4,9—5,4
Zinkenit	D	5,30±0,05	Zoisit	S	3,35
„ (Wolfsberg)	D	5,33	Zunyit	K	2,9

32322 Dichte von Gesteinen.

Allgemeines. Die folgenden Angaben beruhen vor allem auf den ausführlichen Zusammenstellungen von H. Reich (R, b). Die Streuung der Angaben beruht auf der Variabilität in der Mineralzusammensetzung. Die ersten Abschnitte geben die Dichten der festen Gesteinssubstanz. Für die Berechnung der Gravitationswirkung eines Gesteinskörpers muß berücksichtigt werden, daß P Prozent des Gesamtvolumens V Hohlräume sind (s. 32323), so daß die Masse des festen Gesteins der Dichte ϱ nur $V \cdot \varrho \cdot (100 - P)/100$ ist. Die Gesamtmasse M im Volumen V hängt noch wesentlich davon ab, wie das Porenvolumen $V \cdot P/100$ durch Gase oder durch Flüssigkeiten ausgefüllt ist.

In der geologischen Literatur (Reich) werden einige Bezeichnungen z. T. abweichend von der physikalischen Sprechweise verwendet: Man denke Gesamtmasse M und Gesamtvolumen V in feste Teile und Hohlräume aufgeteilt gemäß $M = G + w$, $V = F + H$. Dabei ist die Flüssigkeitsmenge w noch variabel, $w = 0$ für Lufterfüllung der Hohlräume. Dann ist G/F = Dichte (Tab. 323221 bis 323226), G/V = Wichte (nach Breyer) oder Raumgewicht (nach Hirschwald) und M/V = natürliche Dichte (Tab. 323227). Letztere bestimmt die Massenanziehung eines Gesteinskörpers und wird deshalb bei der Auswertung von Geländemessungen mit der Drehwaage oder mit Gravimetern eingesetzt. Bei den festen Gesteinen mit kleiner Porosität P ist der Einfluß von P auf die Dichte gering.

Reich macht darauf aufmerksam, daß manche Angaben in der Literatur auf nicht ganz exakten Messungen beruhen, die eine Art Mittelwert zwischen der Dichte der festen Substanz und der natürlichen Dichte geben.

323221 Tiefen-Gesteine.

Gestein	Lit.	Dichte g/cm³	Gestein	Lit.	Dichte g/cm³
Augit-Diorit	R	3,01 (2,99—3,08)	Norit	R	2,93 (2,70—3,24)
Hornblende-Gabbro	R	3,05 (2,98—3,18)	Essexit	R	2,95 (2,69—3,14)
Pyroxenit	R	3,22 (2,93—3,34)	Quarz-Diorit	R	2,79 (2,62—2,90)
Gabbro	R	3,00 (2,89—3,09)	Syenit	R	2,74 (2,60—2,95)
Olivin-Gabbro	R	2,95 (2,85—3,06)	Anorthosit	R	2,73 (2,64—2,94)
Peridotit	R	3,06 (2,78—3,37)	Granit	R	2,65 (2,56—2,74)
Diorit	R	2,86 (2,72—2,99)	Nephelit-Syenit	R	2,62 (2,53—2,70)

323222 Erguß-Gesteine.

Gestein	Lit.	Dichte g/cm³	Gestein	Lit.	Dichte g/cm³
Diabas	R	2,94 (2,73—3,12)	Basalt	J	2,7—3,3
Melaphyr	R	2,77 (2,63—2,95)	Andesit	R	2,62 (2,44—2,80)
Porphyrit	R	2,74 (2,62—2,93)	Dacit	R	2,35—2,79
Porphyr	R	2,67 (2,60—2,89)	Trachyt	R	2,58 (2,44—2,76)
Quarzporphyr	R	2,63 (2,55—2,73)	Phonolit	R	2,45—2,71
Pikrit	R	2,97 (2,73—3,35)	Rhyolit	R	2,5 (2,35—2,65)
Basalt	R	2,90 (2,74—3,21)			

323223 Vulkanische Gläser.

Gestein	Lit.	Dichte g/cm³	Gestein	Lit.	Dichte g/cm³
Basaltische Gläser	R	2,81 (2,75—2,91)	Vitrophyr	R	2,36—2,53
Andesit- und Porphyrit-Gläser	R	2,50—2,66	Obsidian	R	2,21—2,42
			Rhyolit-Glas	R	2,26 (2,20—2,28)

323224 Metamorphe Gesteine.

Gestein	Lit.	Dichte g/cm³	Gestein	Lit.	Dichte g/cm³
Eklogit	R	3,35 (3,20—3,54)	Quarz-Schiefer	R	2,68 (2,63—2,91)
Jadeit	R	3,27—3,36	Marmor	R	2,78 (2,63—2,87)
Amphibolit	R	3,00 (2,91—3,04)	,,	J	2,5—2,9
Serpentin	R	2,95 (2,80—3,10)	Gneis	R	2,75 (2,59—3,0)
Chlorit-Schiefer	R	2,87 (2,75—2,98)	,,	J	2,4—3
Schiefer	H	2,7—2,85	Granulit	R	2,64 (2,57—2,73)
Haelleflinta	R	2,7—2,86	Schiefer	R	2,39—2,87
Phyllit	R	2,74 (2,68—2,80)	Grauwacke	R	2,6—2,7
Kalksilikatgestein	R	2,67—3,11	Glimmerschiefer	R	2,73 (2,54—2,97)
,,	J	2,7			

323225 Sedimente.

Gestein	Lit.	Dichte g/cm³	Gestein	Lit.	Dichte g/cm³
Sandsteine	R	2,65 (2,59—2,72)	Lehm, kreidig	H	1,5
,,	J	2,0—2,6	Boden, trocken	R	1,1—1,3
Kalkstein	R	2,73 (2,68—2,84)	,, naß	R	1,2—1,7
Dolomit	H	2,8	,, trocken, gestampft	R	1,6—1,9
Tonschiefer	R	2,7 (2,51—2,83)	,, naß, gestampft	R	2,1—2,2
Schieferton	R	2,59 (2,39—2,87)	Kies, grob, trocken	R	2,0—2,2
Ton	R	2,46 (2,35—2,64)	Sand, trocken	R	1,4—1,7
Geschiebemergel	R	2,66 (2,60—2,71)	,, naß	R	1,7—2,3
Mergel	H	2,3—2,5			
,,	J	2,25—2,6			
Lehm, naß, sandig	R	1,7—2,2			

323226 Typische Dichten für Lagerstätten.

Gestein	Lit.	Dichte g/cm³	Gestein	Lit.	Dichte g/cm³
Uran-Pechblende	R	8,0—9,7	Graphit	R	2,1—2,3
Arsenkies	R	6,0—6,2	Anthrazit	R	1,34—1,46
Bleiglanz	R	7,3—7,6	Steinkohle	R	1,26—1,33
Magnetkies	R	4,5—6,4	Braunkohle	R	1,10—1,25
Schwefelkies	R	4,9—5,2	Torf	R	1,05
Manganerz	J	3,9—4,1	Asphalt	R	1,1—1,2
Hämatit	R	4,9—5,3	Erdöl	R	0,6—0,9
Spateisen	R	3,7—5,9	Steinsalz	R	2,1—2,2
Schwerspat	R	4,3—4,7	Kainit	R	2,13
Magnesit	R	2,9—3,1	Sylvin	R	1,9—2,0
Bauxit	R	2,4—2,5	Carnallit	R	1,60

323227 Natürliche Dichten.

A. Feste Gesteine.		B. Unverfestigte Gesteine.	
Granit	2,6	Humusdecke	1,45 (1,22—1,68)
Basalt	2,9	Ackerboden	1,73 (1,55—1,95)
Serpentin	2,7	Lockerer Wiesenboden	1,33
Eozän-Sandstein, trocken	1,9	Feuchter Kies	1,9—2,0
,, feucht	2,2	Lignitische Braunkohle	1,1—1,3
Poröser Kalk, trocken	1,9	Schotter mit Sand	2,0—2,5
,, ,, feucht	2,2	Tertiäre Tone und Sande	1,9
Keuper-Mergel	2,4		
Kalisalze	1,6		
Steinsalz	2,1		
Gips	2,2		
Anhydrid	2,9		
Buntsandstein	2,25		

32323 Porosität der Gesteine.

P ist das Volumen der Poren in Prozent des Gesamtvolumens. Die Werte stammen aus Zusammenstellungen von Reich (R, [b]); dort sind die Bestimmungsmethoden besprochen und die Originalarbeiten zitiert. Größte und kleinste gemessene Werte aus der Literatur in Klammern. Porosität von Boden siehe 32374.

A. Feste Gesteine.

a) Eruptiva und kristalline Schiefer.

Gestein	P	Gestein	P
Granit	0,76 (0,05—1,75)	Porphyr	2,7 (0,4—6,7)
Syenit	0,5—0,6 (bis 1,38)	Phonolith	1,7 (1,2—4,5)
Serpentin	0,6	Basalt	0,95 (0,07—2,3)
Diorit	0,25	Trachyt vom Drachenfels	9,0
Amphibolit	0,9	Basaltlava	4,0—5,6
Gabbro	0,6—0,7	Bimsstein	64

Gestein	Dichte g/cm³	Gestein	Dichte g/cm³
b) Sedimente, durch Gebirgsdruck verfestigt, nicht kristallin.		c) Sedimente, durch Diagenese verfestigt	
Marmor	0,4 (0,1—0,6)	Buntsandstein	17,7 (7,7—27,7)
Sandsteine	4,0 (1,1—13,0)	Andere Sandsteine	18,2 (6,8—30,8)
Grauwacke	2,3 (0,4—4,2)	Muschelkalk	11,6 (0,8—27,6)
Tonschiefer	3,0 (0,4—10,0)	Kalktuff	24,9 (20 —32)
Dachschiefer	3,8 (1,2—10,3)		
B. Unverfestigte Gesteine.			
Ölsande	17,5 (3,4—37,7)	Zum Vergleich: Kugeln von gleichem Durchmesser:	
Sand	36 (26—47)	Kubisch gelagert	47,6
Kies	35—36	Tetraedrisch gelagert	26,2
Ton	45 (44—47)		
Torferde	81 (—85)		

32324 Literatur zu 3232, mit den Abkürzungen in den Tabellen.

D = Danas System of Mineralogy, 7th ed. New York 1944.
H = Heiland, C. A.: Geophysical Exploration, New York 1940.
J = Jakosky, J. J.: Exploration Geophysics. Los Angeles 1940.
K = Klockmann's Lehrbuch der Mineralogie, herausgegeben von P. Ramdohr, 13. Aufl. Stuttgart 1948.
R = Reich, H.: a) Angewandte Geophysik für Bergleute und Geologen. Leipzig 1933. — b) Eigenschaften der Gesteine, in B. Gutenberg: Handbuch der Geophysik **6**. Berlin 1931.
S = Spencer, L. J.: Mineralog. Mag. No. 119, p. 337 (1927).
Ferner: Breyer, Fr.: Beitr. z. angew. Geophysik **7** (1939) 245.
Hirschwald, J.: Handbuch der bautechnischen Gesteinsprüfung. Berlin 1912.

3233 Elastische Eigenschaften von Gesteinen und Mineralen.

32330 Vorbemerkungen.

In isotropem Material bestehen für rein elastische Vorgänge u. a. die folgenden Beziehungen zwischen dem Elastizitätsmodul E, dem Righeitsmodul (oft auch als Schub- oder Gleitmodul bezeichnet) G, dem Inkompressibilitätsfaktor k (reziproker Wert des Kompressibilitätsfaktors), Lamés Konstante L, Poissons Zahl m (Verhältnis der Querkontraktion zur Dehnung; in der Literatur wird gelegentlich $1/m$ angegeben), der Dichte d, den Geschwindigkeiten V longitudinaler und v transversaler Wellen:

$$E = 3k\,(1-2m) = 2G\,(1+m) = d\,\frac{3V^2-4v^2}{(V/v)^2-1}\,;$$

$$m = \frac{1}{2} - E/6k = (1-2G/3k)/(2+2G/3k) = \frac{1}{2}\left[1-\frac{1}{(V/v)^2-1}\right];$$

$$G = \frac{1}{2}\,E/(1+m) = 3k\,(1-2m)/(2+2m) = \frac{3}{2}\,(k-L) = dv^2\,;$$

$$k = \frac{1}{3}\,E/(1-2m) = \frac{2}{3}\,G\,(1+m)/(1-2m) = d\,(V^2-\frac{4}{3}\,v^2)\,;$$

$$L = 3\,km/(1+m) = k - \frac{2}{3}\,G = d\,(V^2-2v^2)\,;$$

$$V^2 = (k+\frac{4}{3}\,G)/d = (L+2G)/d = \frac{3k}{d}\,\frac{1-m}{1+m}\,;$$

$$v^2 = G/d; \qquad (V/v)^2 = (2-2m)/(1-2m).$$

Die elastischen Konstanten von Gesteinen unter Verhältnissen nahe der Erdoberfläche schwanken erheblich; sie hängen von den Bedingungen ab, unter denen die Gesteine entstanden sind, sowie deren späterer Geschichte, insbesondere dem Druck, dem sie ausgesetzt waren. Zusammenfassende Darstellungen in [*1, 2, 3*]. Messungen unter höheren Drucken und Temperaturen sind unzulänglich.

32331 Der Elastizitätsmodul *E*.

Tabelle 1 gibt Werte des Elastizitätsmoduls. Die Unterschiede zwischen den angegebenen beobachteten Minimal- und Maximalwerten hängen von der Zahl der Proben ab; ein einzelner Wert (auch in den folgenden Tabellen) zeigt im allgemeinen an, daß nur eine Probe benutzt war. Im allgemeinen wächst E mit zunehmendem allseitigen Druck.

Tabelle 1. Elastizitätsmodul E in 10^{11} Dyn/cm² unter Zimmertemperatur bei verschiedenen allseitigen Drucken (in Atmosphären).

	Allseitiger Druck			Allseitiger Druck	
	etwa 100 Atm.	5000 Atm.		etwa 100 Atm.	5000 Atm.
Anorthosit . .	8—9		Gneis	½—5	
Basalt	6—10	6—10	Granit	3—5	7½ — 8
„ Glas . .		9—10	Kreide	½—6	
Diabas	8—11	9—11½	Marmor . . .	3—7	9—10
„ Glas . .	9—10		Norit	8—10	9—10
Dunit	9—16	16—17½	Obsidian Glas .	5—7	
Eis	1 ±		Peridotit . . .	6 ±	
Feldspat Glas .	9 ±		Sandstein . . .	1—7	10 ±
Gabbro	6—11	10—12	Syenit	6—7	8

Tabelle 2 enthält Angaben über die elastische Anisotropie von Quarzkristallen bei verschiedenen Temperaturen [*4*, *5*].

Tabelle 2. Unterschiede zwischen E (in 10^{11} Dyn/cm²), gemessen parallel und senkrecht zur optischen Achse von Quarz bei verschiedenen Temperaturen.

Modifikation . .	α-Quarz				β-Quarz			
Temperatur °C	0	200	400	575	600	800	1000	1200
Parallel	10,3	9,9	9,3	5,9	9,5	9,7	9,7	
Senkrecht	7,9	7,8	7,5	3,0	10,7	11,6	11,8	12,0

Die in Experimenten gefundenen elastischen Konstanten von Gesteinen hängen auch von der angewandten Spannung ab. Tabelle 3 gibt Beispiele [*6*].

Tabelle 3. Einfluß der Spannung S (in Atmosphären) auf den Elastizitätsmodul E (in 10^{11} Dyn/cm²), a) für einen Rockport-Granit, b) für einen Quincy-Granit.

a) S	0	22	67	112	157	202
a) E	3,5	4,1	4,6	5,1	5,6	6,1
b) S	5	22	56	78		
b) E	2,4	3,1	4,1	4,7		

32332 Der Righeitsmodul *G*.

Direkte experimentelle Bestimmungen des Righeitsmoduls von Gesteinen sind verhältnismäßig selten. Gewöhnlich wird G aus zwei anderen Konstanten berechnet. Tabelle 4 enthält beobachtete Werte unter normalem und höherem allseitigem Druck für eine Reihe von Gesteinen. (Nach verschiedenen Angaben in [*1*]).

Tabelle 4. Righeitsmodul G in 10^{11} Dyn/cm² unter verschiedenen allseitigen Drucken p in Atmosphären.

	$p = 1$	4000		$p = 1$	4000
Diabas	3¼—4½	4¼—4½	Granit	1½—2½	3¼—3½
Dunit	4¾—6¼	6½—7	Marmor	1¼—2¼	3¼ ±
Gabbro	3—4	4—5	Obsidian Glas . .	2¾—3	
Gneis	1—2	3—3½	Sandstein	2½—3¼	4—4½

32333 Inkompressibilitätsfaktor (bulk modulus) *k*.

Die aus Experimenten gefundenen Werte von k hängen davon ab, ob die untersuchte Probe allseitig eingeschlossen ist, so daß die Druckänderung vorhandene Poren zusammendrückt, oder nicht. Im zweiten Falle ergeben sich, insbesondere unter geringen allseitigen Drucken, Werte, die vielfach das Fünffache und gelegentlich mehr als das Zehnfache der nach der ersten Methode bestimmten Werte betragen. Unter allseitigen Drucken von über 1000 Atmosphären sind die Unterschiede meist unter 10%. Das Zusammendrücken der Poren bei Zunahme des allseitigen Druckes bis etwa 2000 Atmosphären bewirkt im allgemeinen, daß k mit zunehmendem Druck zuerst schnell, dann langsamer zunimmt. Tabelle 5 gibt charakteristische Werte von k unter verschiedenen Verhältnissen [*7*, *8*]. Der Einfluß der Temperatur auf k wurde wenig untersucht.

Gutenberg

Tabelle 5. Inkompressibilitätsfaktor k in 10^{11} Dyn/cm² unter verschiedenen allseitigen Drucken p in Atmosphären; a) die Probe war allseitig eingeschlossen, b) nicht eingeschlossen.

	p = 300 Atm.	600 Atm.		2000 Atm.	4000 Atm.	10000 Atm.
	a)	a)	b)	a), b)	a), b)	a), b)
Basalt				$4\frac{1}{2}$—$6\frac{1}{2}$		6—$7\frac{1}{2}$
Diabas	$6\frac{1}{2}$—$7\frac{1}{2}$			6—$8\frac{1}{2}$	$7\frac{1}{2}$—$8\frac{1}{2}$	$7\frac{1}{2}$—9
,, Glas					$6\frac{1}{4}\pm$	
Dunit			$10\pm$		$12\pm$	
Feldspat	5—7					
Gabbro	$6\frac{1}{2}\pm$			$7\frac{1}{2}\pm$	$8\frac{3}{4}\pm$	$9\pm$
Granit	$2\frac{3}{4}$—$3\frac{1}{2}$	$3\frac{3}{4}$—4	$6\pm$	$4\frac{1}{2}$—5	$5\frac{1}{4}\pm$	$5\frac{1}{2}\pm$
Kalkstein	$4\frac{1}{4}\pm$	$4\frac{1}{4}\pm$	$4\frac{1}{4}\pm$		$4\frac{3}{4}\pm$	6—$7\frac{3}{4}$
Marmor	$3\frac{1}{2}$—6	$6\frac{3}{4}\pm$	$8\pm$		$7\frac{1}{2}\pm$	
Obsidian Glas	$3\frac{1}{4}\pm$				$3\frac{3}{4}$—4	
Quarz	$4\frac{1}{4}$—$4\frac{3}{4}$					
Sandstein		$3\frac{1}{2}\pm$	$4\pm$		$4\frac{1}{4}$	

32334 Poissons Zahl.

Poissons Zahl m ist nur an wenigen Gesteinen direkt bestimmt worden, und die Ergebnisse schwanken sehr. Im allgemeinen sind die Werte in der Nähe von $\frac{1}{4}$. Anderseits können Berechnungen von anderen Konstanten unter der Annahme von $m = \frac{1}{4}$ zu erheblichen Fehlern führen. Tabelle 6 gibt einige beobachtete Werte von m [*9*]. Für ein SiO_2-Glas fand Birch [*10*] die in Tabelle 7 angegebenen Werte als Funktion der Temperatur.

Tabelle 6. Beobachtete Werte von Poissons Zahl m.

Granit	Kalkstein (Solnhofen)	Gabbro	Pyroxenit	Dunit
0,20—0,26	0,28	0,11—0,22; 0,27—0,30 [*11*] [*12*]	0,23—0,25	0,26

Tabelle 7. Einfluß der Temperatur auf Poissons Zahl m in einem SiO_2-Glas.

Temperatur (Grad Celsius)	0	200	400	600	800
m	0,19	0,20	0,21	0,23	0,22

32335 Geschwindigkeiten von Longitudinal- und Transversalwellen in Gesteinen.

Die Geschwindigkeiten V von Longitudinalwellen und v von Transversalwellen in einem isotropen Medium können aus zwei der elastischen Konstanten und der Dichte nach den Gleichungen im Anfang dieses Abschnittes berechnet werden [*13*]. Anderseits liegen Feldbeobachtungen vor [*14*]. Tabelle 8 enthält Ergebnisse von beiden Methoden. Die Übereinstimmung ist nicht sehr gut. Dies liegt zum Teil an der Tatsache, daß Proben im Laboratorium unter anderen Bedingungen (Feuchtigkeit, Druck) untersucht wurden als sie in situ vorliegen, teilweise an tatsächlichen Unterschieden im Material, teilweise an der Schwierigkeit, ein bestimmtes Gestein ungestört von Beimengungen in einem größeren Gebiete im Feld zu finden oder es richtig zu identifizieren. Tabelle 9 zeigt den Einfluß von Feuchtigkeit [*15*].

Im allgemeinen nimmt die Wellengeschwindigkeit mit dem Alter des Gesteins und mit der Tiefe zu. Der Einfluß der durch beide verursachten geringeren Kompressibilität (Zusammendrücken der Poren) ist meist größer als der im entgegengesetzten Sinne wirkende Einfluß der größeren Dichte. Tabelle 10 enthält Ergebnisse von Messungen im Feld aus Gebieten, in denen eine bestimmte Gesteinsschicht in verschiedenen Tiefen vorkam.

Tabelle 8. Wellengeschwindigkeit V von Longitudinalwellen.

a) Berechnet aus k, G und der Dichte d nach Laboratoriumsmessungen unter Ansatz eines Druckes von 4000 Atmosphären; b) beobachtet bei künstlichen Explosionen im Feld. Entsprechende Werte der Geschwindigkeiten v von Transversalwellen unter c) bzw. d).

	V in km/sec		v in km/sec	
	a)	b)	c)	d)
Basalt		5,1—5,6		
Diabas	7,0		3,8	
,, Glas	6,5		3,5	
Dunit	8,1		4,6	

Gutenberg

Tabelle 8. Wellengeschwindigkeit V von Longitudinalwellen (Fortsetzung).

	V in km/sec a)	V in km/sec b)	v in km/sec c)	v in km/sec d)
Eis		3,2—3,7		1,6—1,9
Gabbro	6,9—7,1		3,7—4,0	
Gneis	3,1—5,4			
Granit	6,1—6,2	4,0—5,7	3,6	2,1—3,3
Kalkstein	5,5	4,1—5,3	3,1	
Sand		0,2—2		
Sandstein	6,1	1,4—4,3	4,0	

Tabelle 9. Einfluß der Feuchtigkeit auf die Geschwindigkeit V von Longitudinalwellen in km/sec in einem dünnen Stab von Amherst-Sandstein. Berechnet aus E und d; w ist der Wassergehalt in %.

w	0,00	0,21	0,77	1,31	2,08	3,71	6,07
V	2,33	1,90	1,65	1,50	1,40	1,37	1,35

Tabelle 10. Geschwindigkeit V von Longitudinalwellen in km/sec.
a) In Granit in verschiedener Tiefe; b) in Kalkstein und c) und d) in Sandstein verschiedenen Alters und in verschiedener Tiefe.

a) Granit:

Fundort	Tiefe	V	Tiefe	V
Yosemite (Kalifornien)	etwa 10 m	5,25	etwa 2000 m	5,5
Oklahoma	0—30 m	4,54	etwa 500 m	5,46

b) Kalkstein:

Alter	Ordovizium	Devon	Perm	Kreide
Tiefe: Nahe der Erdoberfläche	5,1	4,3		3,4
In etwa 1200 m	6,1	5,3	4,7	4,1

c) Sandstein:

Alter	Devon	Perm	Kreide	Eozän	Pleistozän-Oligozän
Tiefe (m): 0—600	4,06	2,6	2,3	2,2	2,0
600—900	4,09	3,1	2,8	2,7	2,2
900—1200	4,12	3,6	3,3	3,1	2,5

d) Sandstein vom oberen Karbon:

Tiefe in m	500	900	1200	1500	1800
V	3,1	3,4	3,6	3,7	3,8

Seismische Geschwindigkeitsmessung im Karbongestein unter Tage vgl. Baule, H.: J. Geophys. Res. **56** (1951) 157—161.

32336 Fließwiderstand, Viskositätskoeffizient, Koeffizient der inneren Reibung, Druckfestigkeit.

Unter langandauernden oder verhältnismäßig großen Kräften oder Spannungen sind die Beziehungen für ideale elastische Vorgänge nicht anwendbar und führen nicht einmal zu Näherungen, sobald der Fließwiderstand (strength) überschritten ist. Anderseits bewirken innere Reibung und andere Vorgänge eine Verzögerung gegenüber den Folgerungen aus der rein elastischen Theorie in schnell verlaufenden Vorgängen. Es besteht keine allgemein anerkannte physikalische Theorie, die auf solche Vorgänge im Erdinnern anwendbar ist, und alle folgenden Angaben sind rein empirisch. Für die Beziehungen zwischen der Verschiebung (strain) S und der Spannung (stress) F wird in der Geophysik vielfach die folgende Gleichung benutzt, die trotz der angenommenen einfachen Form oft zu mathematisch schwer zu behandelnden Beziehungen für Vorgänge im Erdinnern führt:

$$S = (F/G) - \vartheta\,(dS/dt) + (1/\nu)\int F\,dt.$$

$S = F/G$ (G = Righeitsmodul) entspricht Hookes Gleichung für Scherungen, das nächste Glied soll Verzögerungen durch innere Reibung usw. in schnellen Vorgängen darstellen und das letzte Fließvorgänge in langandauernden Prozessen berücksichtigen. $\nu = G\tau$ ist der „Koeffizient der Viskosität" in festen Körpern (τ = Relaxationszeit in Fließvorgängen). $\eta = G\vartheta$ ist der „Koeffizient der inneren Reibung". In der reinen Physik werden verschiedene andere Beziehungen benutzt, doch werden die genannten Parameter bei der Behandlung geophysikalischer Probleme bevorzugt. Sowohl der Fließwiderstand wie ν, τ, ϑ, η hängen — entgegen der normalerweise gemachten Annahme von absoluter

Konstanz — von verschiedenen Umständen ab, insbesondere der Periode oder der Dauer der Vorgänge, der Temperatur und dem Druck [*16*]. Tabelle 11 enthält Angaben über die Größenordnung von ν und τ [*17*], und Tabelle 12 über den Fließwiderstand [*18*].

Tabelle 11. Größenordnung des Viskositätskoeffizienten ν in Poisen (g/cm sec) und der Relaxationszeit τ in Sekunden bei plastischen Vorgängen.

	$\log \nu$	$\log \tau$
Glas, in dem Blasen entweichen	2	
Asphalt, 20° C	7	
Eis	13	$2\frac{1}{2}$
Island Spat, 18° C	16	5
Steinsalz, 80° C	17	6
,, 18° C	18	7
Kalkstein (Solnhofen)	21	10

Tabelle 12. Größenordnung des Fließwiderstandes (strength) R in Dyn/cm² bei einer Temperatur von 15° C und verschiedenem allseitigen Druck p in Atmosphären.

	p	$\log R$	p	$\log R$
Marmor	1	9	10 000	10
Sandstein	1000	9		
Granit	2000	10		
Kalkstein, Solnhofen	1	9	10 000	10
Quarz	1	10	20 000	11

Für den Koeffizienten der inneren Reibung liegen nur sehr wenige Angaben vor, die etwa 10^7 bis 10^9 Poisen für η und 10^{-4} bis 10^{-3} Sekunden für ϑ ergeben.

Der Einfluß der Dauer t (in Tagen) auf die Verkürzung $\varepsilon = \Delta L/L$ durch Fließen (creep) wurde unter verschiedenen Bedingungen u. a. für Alabaster und Kalkstein von Griggs [*19, 20*] untersucht. Die Beobachtungen konnten im allgemeinen angenähert u. a. durch die Beziehung:

$$\varepsilon = A + B \log t + Ct$$

dargestellt werden, die später [*21, 22*] auch theoretisch abgeleitet wurde. Griggs fand für einen Kalkstein $A = 6{,}1 \times 10^{-5}$, $B = 5{,}2 \times 10^{-5}$. C hängt von der Dauer des Versuchs ab und war geringer als 2×10^{-9} in Versuchen, die drei Jahre fortgesetzt wurden, jedoch erheblich größer (Größenordnung 10^{-2}) in Versuchen, die sich nur über 1—20 Stunden erstreckten. Im letzteren Falle ergaben sich auch viel kleinere Viskositätskoeffizienten, als in Tabelle 11 angegeben, doch sind in geophysikalischen Vorgängen meist nur die Werte für langandauerndes Fließen von Interesse. In ,,rein elastischem Fließen" ist $C = O$. Für Fließvorgänge unter anderen Bedingungen wurden verschiedene Formen von Gleichungen vorgeschlagen [*23*]. Tabelle 13 enthält Angaben über die Druckfestigkeit (crushing strength) [*24*].

Tabelle 13. Druckfestigkeit in Atmosphären (etwa 10^6 Dyn/cm²).

Granit	Diorit	Gabbro	Sandstein	Kalkstein
370—3800	1000—2600	450—4700	100—2500	60—3600

Literatur.

[*1*] Birch, F. (Editor): Handbook of Physical Constants. Geolog. Soc. America, Special Paper no. 36 (1942). — [*2*] Adams, L. H.: Elastic Properties of Materials of the Earth's Crust. Internal Constitution of the Earth, New York (1939) 71 bis 89. (Zweite Auflage in Vorbereitung.) — [*3*] Reich, H.: Eigenschaften der Gesteine. Hdb. d. Geophysik **VI**, 1 bis 36. Berlin 1931. — [*4*] Siehe Birch [*1*], S. 70. — [*5*] Atanasoff u. Hart: Phys. Rev. **59** (1941) 85. — [*6*] Zisman: Proc. Nat. Acad. Sci., Washington, **19** (1933) 653. — [*7*] Zusammengestellt aus Angaben in [*1*] und [*2*]. — [*8*] Adams, L. H., u. R. E. Gibson: Washington Acad. Science, Journal **21** (1931) 381 bis 390. — [*9*] Zusammengestellt aus Birch [*1*], S. 73 bis 77, und Adams [*2*], S. 84. — [*10*] Ide: J. Geology **45** (1937) 689. — [*11*] Nach Ide: Proc. Nat. Acad. Sci., Washington **22** (1936) 81 u. 482, sowie nach Zisman [*6*]. — [*12*] Nach Birch, F. u. D. Bancroft: J. Geology **46** (1938) 59 bis 88 und 113 bis 142. — [*13*] Nach Zusammenstellung in Birch [*1*], S. 80. — [*14*] Ibid. S. 95. — [*15*] Born, W. T., u. J. E. Owen: Effect of moisture upon velocity of elastic waves in Amherst sandstone. Amer. Assoc. Petroleum Geol., Bull. **19** (1935) 9 bis 18. — [*16*] Griggs, D., in [*1*], S. 107 bis 115. — [*17*] Gutenberg, B.: Internal Constitution of the Earth, New York (1939) 375. — [*18*] Nach Tabellen in [*1*], besonders S. 123. — [*19*] Griggs, D. T.: Deformation of rocks under high confining pressure. J. Geology **44** (1936) 541 bis 577. — [*20*] Griggs, D. T.: Experimental flow of rocks under conditions favoring recristallisation. Geol. Soc. Amer., Bull. **51** (1940) 1001 bis 1022. — [*21*] Lyons, W. J.: Jour. Applied Phys. **17** (1946) 472 bis 482. — [*22*] Kuhlmann, D.: Z. f. Physik **124** (1948) 468 bis 481. — [*23*] Benioff, H., u. B. Gutenberg: Strain characteristics of the earth's interior. Internal Constitution of the Earth, zweite Aufl., Dover Publ., New York, im Druck 1951. — [*24*] Nach Zusammenstellung von Griggs u. Spicer in [*1*], S. 116.

Gutenberg

3234 Magnetische Eigenschaften von Mineralen, Erzen und Gesteinen.

32340 Definitionen, Einheiten, Vorbemerkungen.

H magnetische Feldstärke, Einheit 1 Oersted = 1 Oe.

J Magnetisierung = magnetisches Moment der Volumeinheit, Einheit 1 Gauß = 1 G.

σ spezifisches Moment = magnet. Moment pro Gramm; in der Literatur auch als spez. Magnetisierung bezeichnet. $\sigma = J/\varrho$.

ϱ Dichte, Einheit g/cm³.

$\varkappa$ Suszeptibilität, $= J/H$, reine Zahl; zum Unterschied von χ auch Volumsuszeptibilität genannt. Bei kleinen Werten wird $\varkappa \cdot 10^6$ angegeben.

χ Massensuszeptibilität, $= \varkappa/\varrho = \sigma/H$.

μ Permeabilität, $= 4\pi\varkappa + 1$, reine Zahl.

Bei ferromagnetischen Substanzen unterscheidet man folgende Arten der Suszeptibilität:
Anfangs-S. $= J/H$ für kleine H, vom entmagnetisierten Zustand ausgehend auf der „Neukurve".
Totale S. $= J/H$ allgemein auf der Neukurve gemessen, gewöhnlich eine fallende Funktion von H.
Differentielle S. $= dJ/dH$, Neigung der Magnetisierungsschleife.
Reversible S., bei Einwirkung eines kleinen überlagerten magnetischen Wechselfeldes.
In der älteren geophysikalischen Literatur sind diese Werte mitunter nicht scharf unterschieden.

Bei ferromagnetischem Material hängen die magnetischen Eigenschaften nicht nur von der chemischen Zusammensetzung ab, sondern auch wesentlich von der Struktur sowie von der thermischen und magnetischen Vorgeschichte. Dies erklärt die großen Unterschiede im magnetischen Verhalten natürlich vorkommender Mineralien, Erze und Gesteine.

32341 Magnetische Eigenschaften von Mineralen und Erzen.

323411 Magnetisierung von Kristallen von Magnetit, Hämatit und Magnetkies.

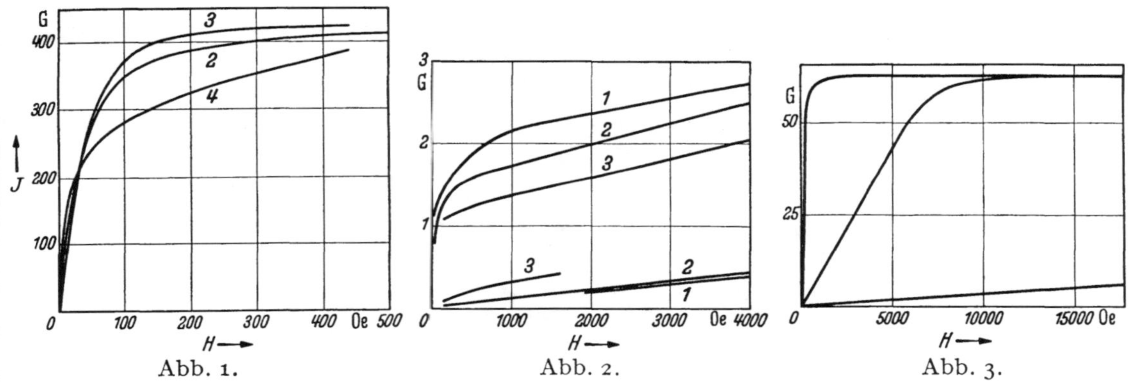

Abb. 1. Abb. 2. Abb. 3.

Abb. 1. Magnetitkristall von Brozzo, Piemont, nach *We-Fx*.
Die Magnetisierung längs der 4zähligen Symmetrieachse (Würfelkante) (*4*),
3zähligen Symmetrieachse (Flächendiagonale des Würfels) (*3*),
2zähligen Symmetrieachse (Raumdiagonale des Würfels) (*2*).
In schwachen Feldern ist die Magnetisierung längs der 4zähligen Achse am größten.

Abb. 2. Magnetisierungskurven von Hämatitkristallen, nach *T. Sm.*
Obere Kurven: Ebene senkrecht zur Hauptachse. Untere Kurven: Längs der Hauptachse. (*1*) Kristalle von Dognacska, (*2*) Ouropreto, (*3*) Elba. Die Kristalle (*1*) und (*2*) haben längs der c-Achse die χ-Werte $117 \cdot 10^{-6}$ und $109 \cdot 10^{-6}$.

Abb. 3. Magnetisierungskurven von Magnetkies längs der 3 kristallographischen Achsenrichtungen (nach Ziegler).
Die beiden oberen Kurven zeigen das ferromagnetische Verhalten des Kristalls in der Basisfläche, die untere den Paramagnetismus in der Richtung senkrecht zur Basisfläche.

Rössiger

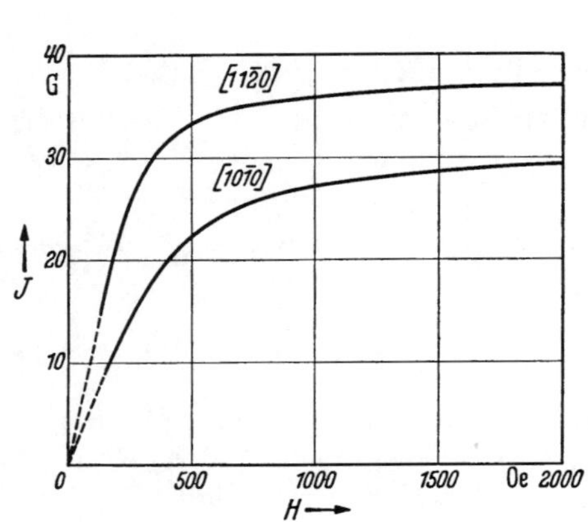

Abb. 4. Der Ferromagnetismus von Magnetkies in der Basisfläche, der „magnetischen Ebene", dargestellt durch die Magnetisierungskurven längs der [1120]- und der [1010]-Achse, Kristall von Asio, Japan, nach *K-M*.

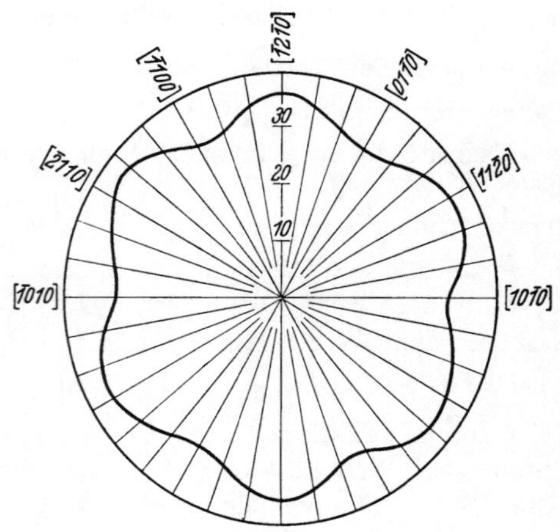

Abb. 5. Richtungsverteilung der zum Felde parallelen Magnetisierung bei 2130 Γ in der „magnetischen Ebene" (Basisfläche). Kristall von Asio (Japan), nach *K-M*.

323412 Ferromagnetische Erze.

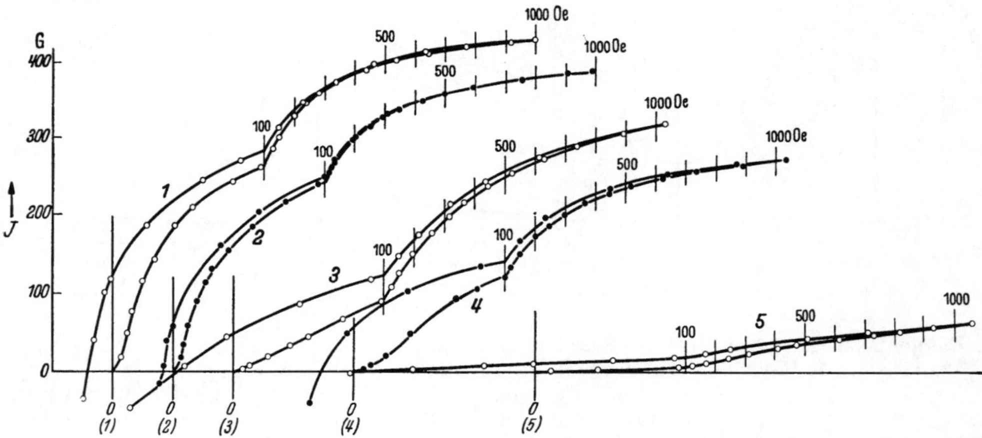

Abb. 6. Hysteresiskurven von schwedischen Magnetiterzen (Neukurve und absteigender Ast); (*1*) Dannemora, (*2*) Gellivara, (*3*) Grängesberg, (*4*) Kiruna, (*5*) Taberg, nach *Kru*. (Abszissenmaßstab ab 100 Gauß auf $^1/_5$ verkleinert.)

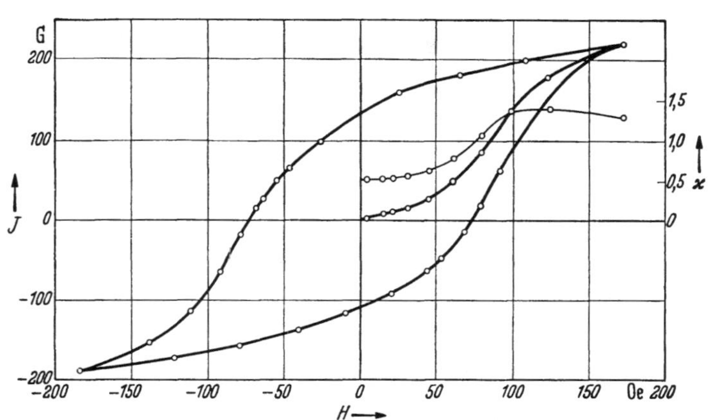

Abb. 7. Hysteresiskurve eines äußerst feinkristallinen, titanfreien Magnetiterzes (kontaktmetamorphe Entstehung aus Roteisen!), Spitzenberg bei Altenau, Harz, nach Pu_3. Typisch für Abwesenheit von Titan.

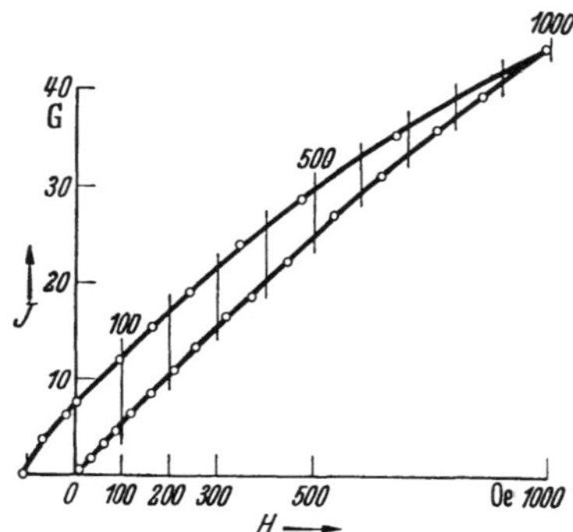

Abb. 8. Neukurve und absteigender Ast der Hysteresiskurve von Eisenglanz (Kiruna), Fe-Gehalt 68,9%, Dichte 4,96, nach *Kru.*

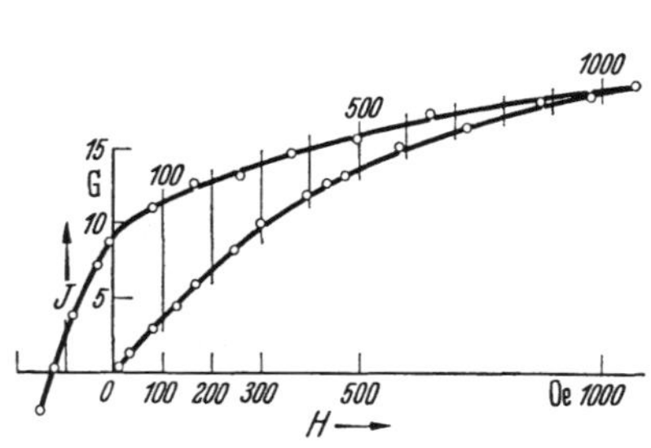

Abb. 9. Neukurve und absteigender Ast der Hysteresiskurve von Magnetkies, 38,7% Fe, Dichte 3,57, nach *Kru.*

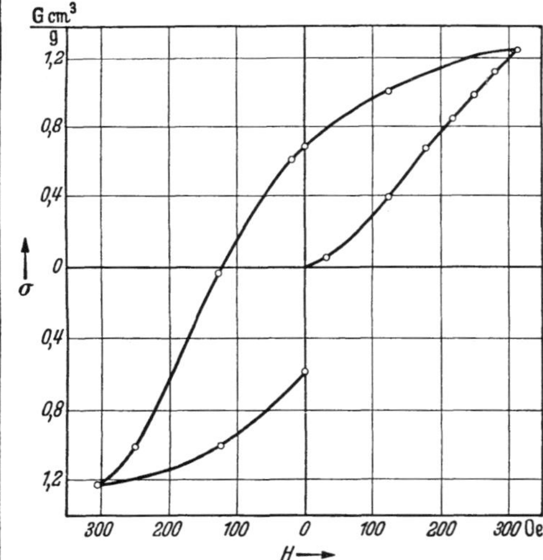

Abb. 10. Hysteresisschleife von Magnetkies, Neues Lager, Waldsassen-Pfaffenreuth (Oberpfalz), 100 m-Sohle, nach Kis_1.

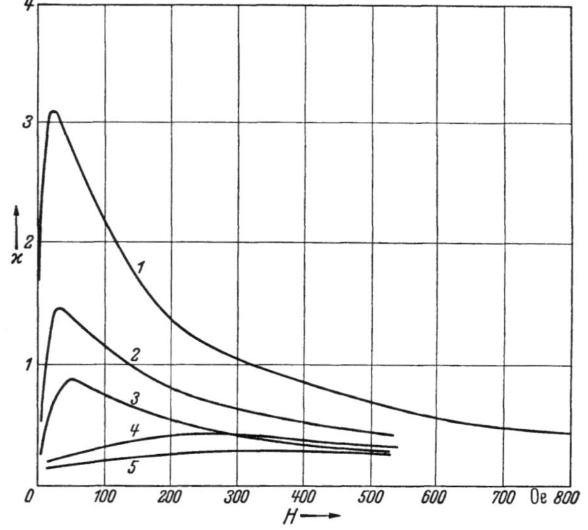

Abb. 11. $\varkappa(H)$-Kurven für verschiedene Magnetite, nach $HeWi_1$. (1) Traversella (Italien), (2) Staat New York (USA), (3) Hey Tor, Devonshire (England), (4), (5) Penryn, Cornwall (England).

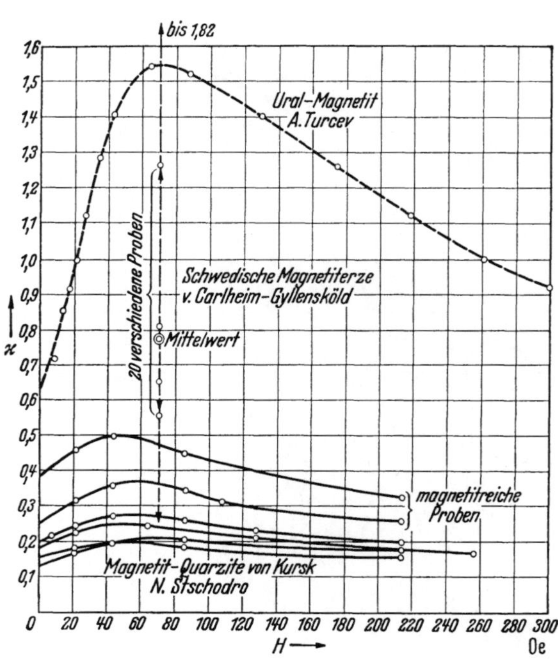

Abb. 12. $\varkappa(H)$-Kurven für verschiedene Magnetite, nach H. Reich.

Die Minerale des Systems FeS-FeS_2 haben bemerkenswerte magnetische Eigenschaften [*Kis*$_2$, *Ma*]. Pyrit, Markasit und terrestrischer Troilit sind paramagnetisch, Magnetkies hat dagegen paramagnetische bis stark ferromagnetische Varianten. Verwitterter Magnetkies ist ferromagnetisch; es entspricht mehr einem an Schwefel reichen Magnetkies (Formel $FeS_{1,14}$) als einem Pyrit oder Markasit. Die Änderung der Magnetisierung bei Verwitterung ist bei magnetkiesführenden Erzen und Gesteinen eine Zunahme, bei den anderen magnetischen Eisenerzen dagegen eine Abnahme.

Kiskyras gibt folgende Beispiele: Zwei Proben Pyrit aus der Grube Bayerland (Waldsassen) gaben eine Massen-Suszeptibilität χ unter 10^{-4}, also Paramagnetismus, ebenso ein kalifornischer terrestrischer Troilit, der chemisch genau der Formel FeS entspricht. Ein Troilit aus einem Meteorit (gefallen bei Smithville 1840) hatte dagegen eine Massensuszeptibilität $5{,}1 \cdot 10^{-3}$, wohl wegen seines Gehalts an Magnetit und Rhabdit $(FeCoNi)_3P$. Verwitterter Magnetkies aus Laurion (Griechenland) hatte χ über $2 \cdot 10^{-3}$, mit einem Curie-Punkt bei etwa 325° C, während unverwitterter Magnetkies aus Laurion kaum $\chi = 10^{-4}$ erreicht und einen tieferen Curie-Punkt hat (etwa 280°). Bei der Verwitterung wird ein Teil des Eisens weggeführt, daher stammt der Schwefelüberschuß.

Über $FeCO_3$ bemerkt Graham (*Gh*): Die gemessenen Magnetisierungen einer Probe $FeCO_3$, durch Mischung von $FeCl_2$- und Na_2CO_3-Lösungen hergestellt, deuten darauf, daß Siderit und seine Oxydationsprodukte beträchtlich zum remanenten Moment einer Gesteinsprobe beitragen können.

323413 Ferromagnetische Erze: Beeinflussung der magnetischen Eigenschaften durch Erwärmung, Thermo-Remanenz.

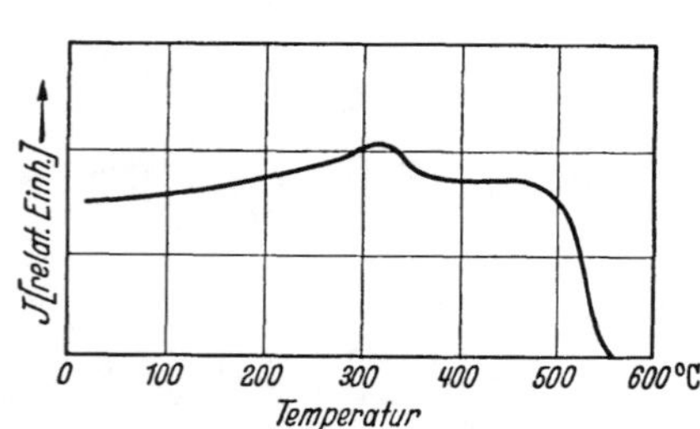

Abb. 13. $J(T)$-Kurve eines Magnetits, aufgenommen bei 3 bis 4 Gauß, nach *B-W*.

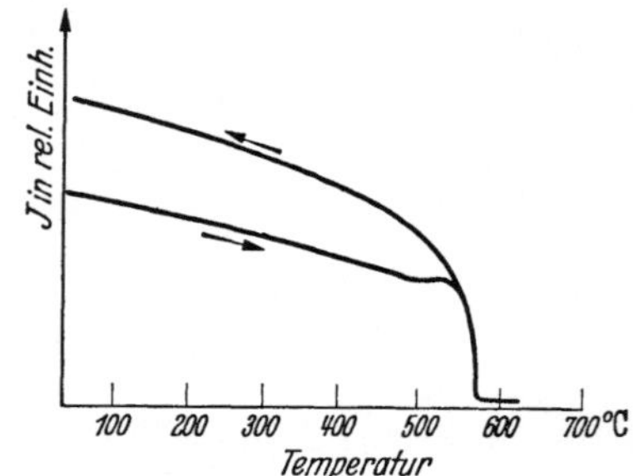

Abb. 14. Erwärmungs- und Abkühlungskurve von natürlichem und künstlichem Magnetit [$J(T)$-Kurve bei konstanter Feldstärke], nach *For*.

Abb. 15. $\sigma(T)$-Kurve von Magnetkies, Boliden (Schweden), Feldstärke: 48 Gauß, nach *Kis*. Bei etwa 240° C tritt eine Umwandlung in eine magnetischere Modifikation ein, die Suszeptibilität (aus der gezeigten Kurve nicht zu entnehmen!) ist erheblich gestiegen.

Abb. 16. $\sigma(T)$-Kurve von Magnetkies, Kisbanya, Ungarn, Feldstärke: 9,4 Gauß, nach *Kis*. Die in Abb. 15 gezeigte Umwandlung tritt nicht auf. Nach Erwärmung bis zum Curie-Punkt ist die Suszeptibilität nur wenig verändert, nach Erwärmung über den Curie-Punkt sogar verkleinert (aus der Abbildung nicht zu entnehmen, da im spezifischen Moment σ bereits ein remanenter Anteil aus dem vorangegangenen Teil des Experiments enthalten ist).

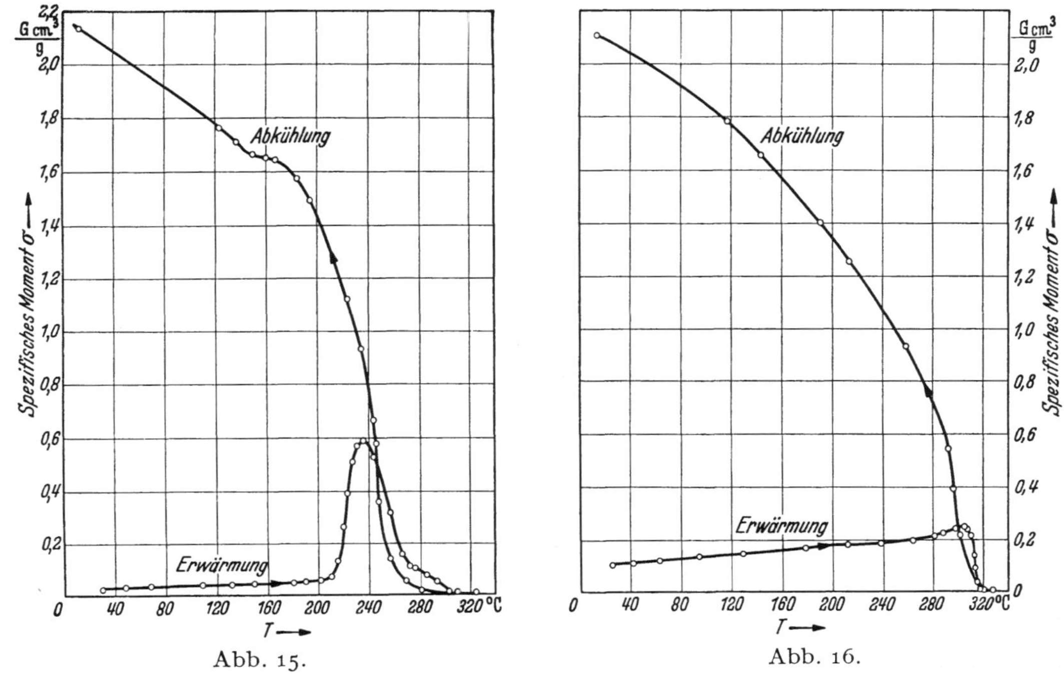

Abb. 15.

Abb. 16.

Abb. 15 und 16 zeigen die typische Thermo-Remanenz: starkes remanentes Moment nach Erwärmung und Abkühlung unter den Curie-Punkt in einem äußeren Feld. Vgl. auch Ge_1, *He-Ha*, Kis_3, *Koenigsberger*, *Ma*, Na_1, Na_7, Pe_1, *Ret*.
Über den Einfluß von Struktur- und Gefügeänderungen vgl. *Zi*.

323414 Magnetisierung bei großen Feldstärken.

Magnetit

σ Gauß cm³/g	J Gauß	Bemerkungen	Literatur
—	480	Kristall	*Q*
83—93,2	—	Kristalle, $t = 15°$ C, $H = \infty$	*Wei-F*
98,23	—	max. Wert, reduziert auf $T = 0°$ und $H = \infty$	*Wei-F*
88	—	3600 Gauß, Erz	*Kr-L*
12—68	—	Röstprodukte v. Fe-Mn-Karbonaterzen	*Kr-L*
—	175—429	Schwed. Erze, etwa 1000 bis 1280 Gauß	nach *Kru*
64,5—84,8	—	Schwed. Erze, etwa 1000 bis 1280 Gauß	nach $Ho_{1,2}$
—	170—404	35 schwedische Erze, teils Konzentrate, Dichte 4,24 bis 5,11, 52 bis 72% Fe	nach *Br*

Magnetkies

σ Gauß cm³/g	J Gauß	Bemerkungen	Literatur
9,8—15,8	47—72,8	4 Kristalle, Morro Velho, Brasilien	Wei_3
—	18,3—12,8	anomale Kristalle	Wei_3
		—	
14 u. 14,4	—	Erz, Nyköping, Schweden, 38,7% Fe, 1075 Gauß, $\varphi = 3{,}57$	*Wei-K*
—	19		*Kru*
13,5	—	—	*Z*
18,2	—	Mittel von 8 Proben, 19900 Gauß	*Wei-F*
—	—	Kristall Bristenstock, Uri, Schweiz, $H = \infty$	*Wei-F* (*Z*)
19,48	—	15° C	
19,37	—	20° C	
20,73	—	—101° C (Max.°)	

323415 Temperaturabhängigkeit der Sättigungsmagnetisierung.

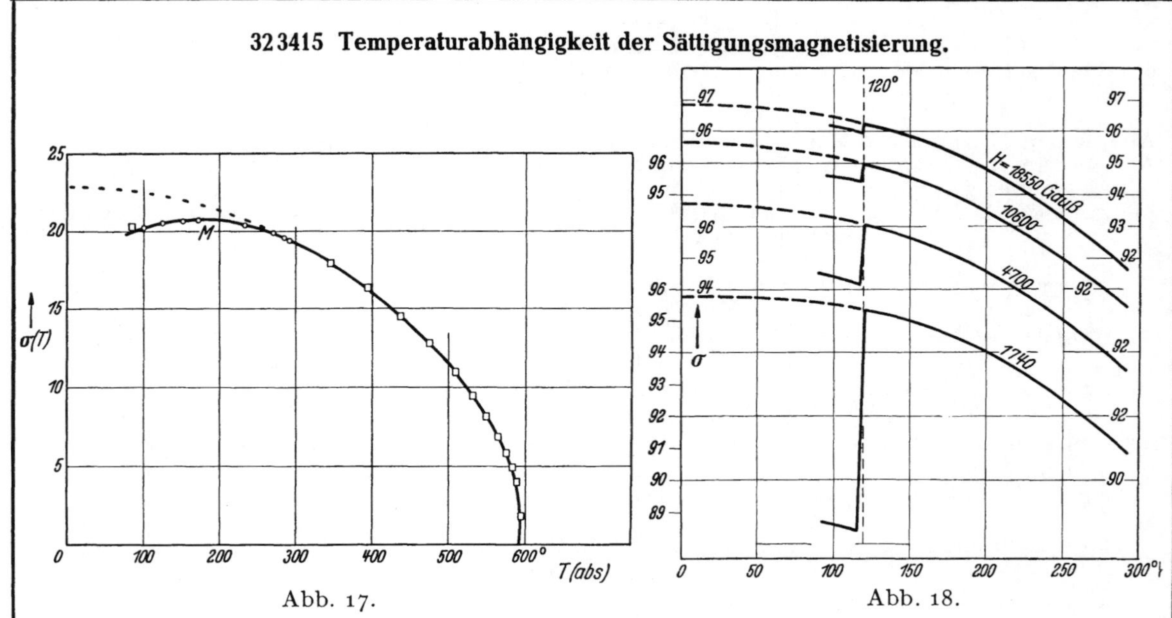

Abb. 17. Abb. 18.

Abb. 17. Sättigungsmagnetisierung (extrapoliert auf $H = \infty$) von Magnetkies (Kristall von Bristenstock, Uri, Schweiz) als Funktion der Temperatur, nach Messungen von Ziegler und Weiß u. Forrer.

Abb. 18. Temperaturabhängigkeit der Sättigungsmagnetisierung bei verschiedenen Feldstärken. Magnetit, Kristall von Binn, Schweiz, sehr rein, bereits vorerhitzt, Diskontinuität bei 120° abs., Ordinaten versetzt, nach Weiß und Forrer.

323416 Curie-Punkte verschiedener Mineralien.

	Grad Celsius	Literatur
Magnetit	580 (Mittelwert)	*Ad-G, Al*, $F_{1,2}$, *For, Hu*, K_{10}, *Schm*
Magnetit mit Überschuß an Fe_2O_3 und TiO_2	> 600, teilweise vorher Zersetzung	$K_{10,12}$, *Schm*
Franklinit	61	*Wo*
Magnetkies	320—385	*Wei-Ku, Wei-F*, K_{10}, *Schm*
Magnetkies	280—320	*K*
Meteoreisen	~800	*Ad-G, Sm*
Hämatit	645—740	*For, Hu-Chau*, K_{10}, *Ku, Schm*

Für Hämatit gibt es zwei Curie-Punkte: 650° C für die ferromagnetische Suszeptibilität und 730° C für die Koerzitivkraft (K_{14}). Nach Nagata und Watanabe ist γ-Fe_2O_3 (Maghemit) instabil und geht bei etwa 275° C in α-Fe_2O_3 (Hämatit) über; bei der Abkühlung und Verwitterung von Gabbro kann er durch Maghemit magnetisch werden (Na_5). Siehe auch F_3 und *CM*.

323417 Messungen an zerkleinerten Proben.

a) Suszeptibilität, Permeabilität und Koerzitivkraft bei verschiedener Korngröße.

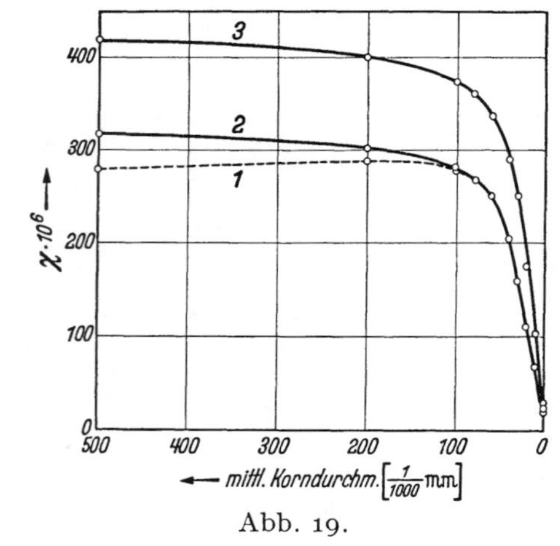

Abb. 19.

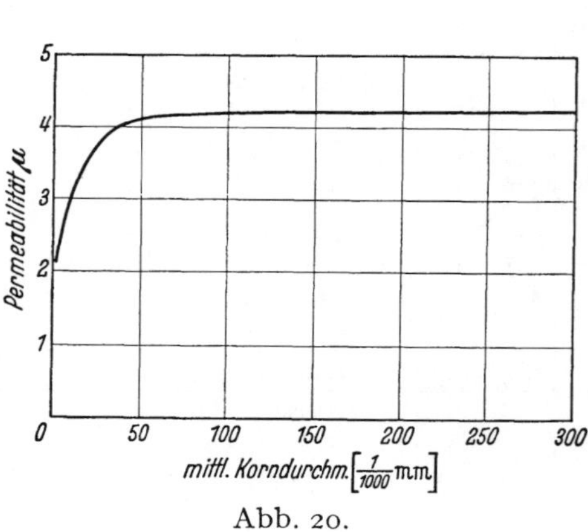

Abb. 20.

Abb. 19. Massensuszeptibilität von Hämatitpulvern als Funktion der Korngröße nach Messungen von Chevalier und Mathieu. (1), (2) polykristallin, Vogesen, (3) pulverisierter Einkristall von San Juliao, Brasilien. Feldstärke: 700 Gauß.

Abb. 20. Permeabilität von Magnetitpulvern (Mittelwerte von 4 Herkommen) bei verschiedenen Korngrößen. Feldstärke 30 Gauß, Packungsdichte 2 g/cm³, nach Gottschalk u. Davis.

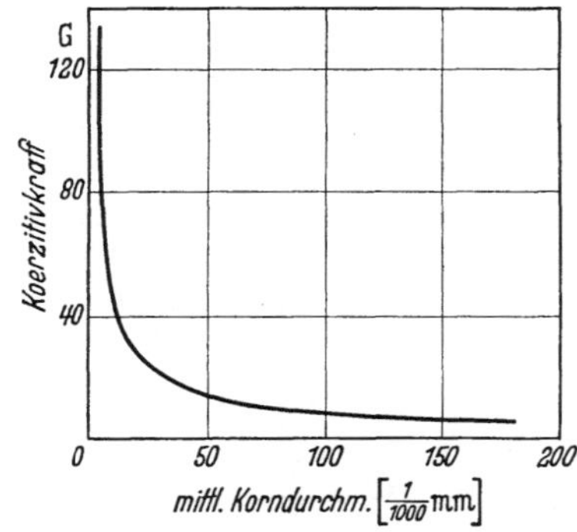

Abb. 21. Koerzitivkraft von Magnetitpulvern nach Gottschalk. Vgl. auch 323425.

b) Abhängigkeit der Suszeptibilität von der Magnetitkonzentration.

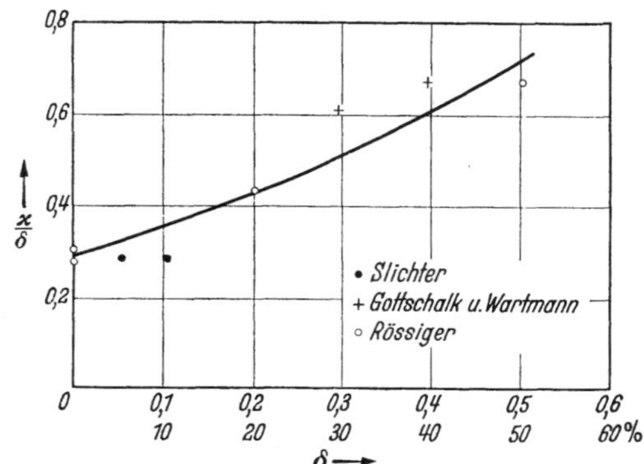

Abb. 22. Abhängigkeit des Verhältnisses $\varkappa/\delta$ bei Mischungen eines unmagnetischen Gesteins mit Magnetit verschiedener Konzentration (δ = Volumenkonzentration an Magnetit), nach Messungen von Slichter, Gottschalk u. Wartman und nach unveröff. Beobachtungen d. Verf.

323418 Umwandlungspunkt von Magnetit bei tiefen Temperaturen.

Grad Celsius	Literatur
138	*Re*
153	*Wei-F*
162 aus $J(T)$-Kurven bei 494 Gauß	*Ok*

323419 Sammlung von Zahlenwerten der Suszeptibilität von Mineralen und Erzen.

Material	Chemische Zusammensetzung	Volumsuszeptibilität $\varkappa \cdot 10^6$	Massensuszeptibilität $\chi \cdot 10^6$	Bemerkungen	Literatur
Elemente					
Diamant	C	—	—0,44 bis —0,52	—	*H-S*$_1$, *Pa*, *H*, *Ow*, *Pas*
Graphit	C	—	—0,23 bis —2,87	‖ a-Achse ‖ c-Achse	*H-S*$_1$, *Me*$_1$, *Vai*$_2$
		—	—8,1 bis —22		*Ga*, *Gu-R*
		—	—5,12 bis —2,2	pulverisiert	*Vai*$_{1,2}$
Antimon	Sb	—	—1,38	‖ a-Achse	*Nu*
		—	—0,49	‖ c-Achse	
Wismut	Bi	—	—1,32	‖ a-Achse	*Nu*
		—	—1,13	‖ c-Achse	
Meteoreisen	Fe + Ni	—	8150000 bei 0,089 Gauß	91,4% Fe 7,8% Ni	n. *Sm*
Sulfide					
Zinkblende	ZnS	—1,045	—0,261	—	*V-K*
		3,2 bis 519	—	Eisengehalt 0,8—14,7%	*St-G-B*

Rössiger

Sammlung von Zahlenwerten usw. (Fortsetzung)

Material	Chemische Zusammensetzung	Volumsuszeptibilität $\varkappa \cdot 10^6$	Massensuszeptibilität $\chi \cdot 10^6$	Bemerkungen	Literatur
Sulfide					
Magnetkies . . (vgl. 323412)	~FeS	19500	—	Mittelwert von 19 Vorkommen	n. *Vä*
Pyrit	FeS_2	3—5	0,7—1	Werte bis 200 beobachtet (K_2)	*V-K*, *St-G-B*, Wi_3
Markasit . .	FeS_2	5,4	—	—	*St-G-B*
Arsenkies . . .	FeAsS	135—236	—	—	n. *Cr*, *St-G-B*
Bleiglanz . . .	PbS	—2,63	—0,35	—	*V-K*
Kupferkies .	$CuFeS_2$	30—120	1,02	—	n. *Cr*, *St-G-B*, *Ta-Ish*
Oxyde u. Hydroxyde					
Quarz	SiO_2	—1,22 —1,23	—0,45 —0,46	‖ a-Achse ‖ b-Achse	*V-K*, $Cu_{1,2}$
Rutil	TiO_2	8,33 8,89	1,96 2,09	‖ a-Achse ‖ c-Achse	*V-K*
Zinnstein . . .	SnO_2	88	—	—	*St-G-B*
Pyrolusit . . .	MnO_2	130	38,4	—	*St-G-B*, n. *Stea*, $H\text{-}S_2$
Psilomelan . .	MnO_2	268	—	—	*St-G-B*
Korund, Rubin, Saphir . . .	Al_2O_3	—	—0,34 bis + 1,4	—	$H\text{-}W_2$
Hämatit, Eisenglanz . . . . (vgl. 323412 und 323416)	Fe_2O_3	114 — —	47,5 47,5 39,45	‖ c-Achse ⊥ c-Achse} 15,8° C ‖ c-Achse} befolgt nicht Curies Gesetz	*T. Sm* *Du*
		690 47500	— —	‖ c-Achse ⊥ c-Achse, 3,3% FeFeO	*We*
		50000—80000	—	Erze von Kiruna (Schweden)	n. *Kru*
		um 1000, vereinzelt höher	—	verschiedene Vorkommen	$Kf_{6,7,10}$, Gr_2, *Che-M*, *Kr-Luy*, $He\text{-}Wi_2$
Roteisenstein .	Fe_2O_3	40—500	—	—	*Rö-Pu*, K_4, Gr_2, $He\text{-}Wi_2$, Wi_1
Ilmenit	$FeTiO_3$	640	—	meist magnetithaltig, daher vielfach erheblich höhere Werte (s. *Cr*, K_{10}, *Schm*)	Gr_2
Brauneisen . .	$\alpha Fe_2O_3 \cdot H_2O$	20—200	—	vielfach magnetithaltig, Werte dann höher	*Neu*, K_2, *St-G-B*, n. *Pf*, *Kr-Luy*, Pu_1, Gr_2, *Ba*, $Wi_{1,2}$
Rubinglimmer . Lepidokrokit Goethit	$\gamma\text{-}Fe_2O_3 \cdot H_2O$	—	40—360	—	$He\text{-}Wi_3$, Gr_2
Manganit . . .	$Mn_2O_3 \cdot H_2O$	300—500	—	—	n. *Cr*, K_4
Magnetit . . . (vgl. 323412)	$FeO \cdot Fe_2O_3$	300000 bis 3800000	—	Schwed. Erze	n. *Kru*, Pu_1, $Ho_{1,2}$
		100000 bis 3200000	—	Amerikanische Vorkommen	*Ste*, $He\text{-}Wi_1$, $He\text{-}Wi_3$, *Al*
		170000 bis 7000000		Magnetit-Kristalle	n. *Wei*, $He\text{-}Wi_1$
Franklinit . .	$(Zn, Mn)O \times \times Fe_2O_3$	—	550	—	n. $He\text{-}Wi_2$
		32700	—	—	n. *Cr*
Chromeisen . .	$FeO \cdot Cr_2O_3$	240—600	—	—	*St-G-B*, *Ba*
Chromeisenerz .	$(MgFe)O \times \times (Cr, Al)_2O_3$	—	70	—	n. $He\text{-}Wi_2$

Rössiger

Sammlung von Zahlenwerten usw. (Fortsetzung)

Material	Chemische Zusammensetzung	Volumsuszeptibilität $\varkappa \cdot 10^6$	Massensuszeptibilität $\chi \cdot 10^6$	Bemerkungen	Literatur
Haloidsalze					
Sylvin	KCl	—1	—	—	Cu_1, n. *Stea*
Steinsalz . . .	NaCl	—0,82	—	—	*V-K*
		—	—0,5 bis —0,58	—	*Ish*, Cu_2
Flußspat . . .	CaF_2	—1,3	—0,4	—	K_1, *Ta-Ish*, *V-K*
Karbonate					
Kalkspat . . .	$CaCO_3$	—0,987	—0,364	∥ a-Achse }	*V-K*
	2	—1,101	—0,405	∥ c-Achse }	
Magnesit . . .	$MgCO_3$	2—11	—	—	*St-G-B*
Eisenspat . . . (vgl. 323412)	$FeCO_3$	—	84 bzw. 143	∥ a-Achse bzw. c-Achse	*Fo*
Karbonatische Eisenerze . .	—	200—450	—	—	Wi_1, *St-G-B*, K_2, K_{10}
Manganspat . .	$MnCO_3$	380	—	—	*St-G-B*
		—	1,61 bzw. 1,72	∥a- bzw. c-Achse, 290,3° abs.	*Du*
Dolomit . . .	$CaCO_3 \cdot MgCO_3$	0,91	—	—	*St-G-B*
		2,258	0,787	∥ a-Achse }	*V-K*
		3,497	1,205	∥ c-Achse }	
Aragonit . . .	$CaCO_3$	—1,150	—0,392	∥ a-Achse }	*V-K*
		—1,136	—0,387	∥ b-Achse }	
		—1,304	—0,44	∥ c-Achse }	
Malachit . . .	$CuCO_3 \cdot Cu(Om)_2$	34	—	—	*St-G-B*
Sulfate					
Cölestin . . .	$SrSO_4$	—1,358	—0,342	∥ a-Achse }	*V-K*
		—1,245	—0,314	∥ b-Achse }	
		—1,421	—0,359	∥ c-Achse }	
Schwerspat . .	$BaSO_4$	0	—	—	*St-G-B* n. *Cr*
Anhydrit . . .	$CaSO_4$	—1,12	—	—	n. *Stea*
Gips	$CaSO_4 \cdot 2H_2O$	—1	—0,5	—	*Th*, s. a. *Ro-He*, *Ro*
Wolframate					
Wolframit . . .	$FeWO_4 \cdot MnWO_4$	240	—	—	*St-G-B*, Gr_2
Phosphate					
Apatit	$(F,Cl)Ca_5 \times$ $\times (PO_4)_3$	—0,845	—0,264	∥a- u. ∥c-Achse	*V-K*
		—1,23	—0,38	—	K_1
Silicate					
Olivin	$(Mg,Fe)_2SiO_4$	—	30	—	Gr_1, n. Ho_2
Kalkfeldspat, Anortit . . .	$CaAl_2Si_2O_8$	—	400	—	Th_1
Epidot	$(OH)Ca_2(Al,$ $Fe)_3 \times Si_3O_{12}$	80,0	23,8	∥ a-Achse }	*Fi*
		80,9	24,1	∥ b-Achse }	
		80,2	23,9	∥ c-Achse }	
		—	25	—	n. Ho_2
Granat	$(Ca,Fe)_3Al_2 \times$ $\times Si_3O_{12}$	320—670	20—190	—	n. Ho_2, $Ho_{1,2}$
Großular . . .	$Ca_3Al_2Si_3O_{12}$	—	12	—	Gr_2
Almandin . . .	$Fe_3Al_2Si_3O_{12}$	—	33—57	—	Gr_2
Melanit	$Ca_3Fe_2Si_3O_{12}$	—	36	—	Gr_2
Zirkon	$ZrSiO_4$	—0,784	—0,170	∥ a-Achse }	*V-K*
		+3,37	+0,732	∥ c-Achse }	
Topas.	$(F,OH)_2Al_2 \times$ $\times SiO_4$	—1,436	—0,410	∥ a-Achse }	*V-K*
		—1,471	—0,420	∥ b-Achse }	
		—1,470	—0,420	∥ c-Achse }	
		—0,43	—	—	K_1
Beryll	$Be_3Al_2Si_6O_{18}$	2,23	0,826	∥ a-Achse }	*V-K*
		1,04	0,386	∥ c-Achse }	
		3,9	—	—	K_1
Diopsid	$CaMgSi_2O_6$	—	32	—	n. Ho_2

Rössiger

Sammlung von Zahlenwerten usw. (Fortsetzung)

Material	Chemische Zusammensetzung	Volumsuszeptibilität $\varkappa \cdot 10^6$	Massensuszeptibilität $\chi \cdot 10^6$	Bemerkungen	Literatur
Augit	$CaMgSi_2O_6$ mit Al, Fe	130—2600	—	(Kristalle bei *Fi*)	*St-G-B*, K_{10}, $Ho_{1,2}$, Gr_2
Hornblende . .	Al_2O_3-haltiges Amphibol	110—890	33—300	(Kristalle bei *Fi*)	*St-G-B*, K_{10}, $Ho_{1,2}$
Talk	$Mg_6Si_8O_{20}(OH)_4$	70	—	—	n. *Cr*, $Ho_{1,2}$
Phlogopit, Magnesiaglimmer	$KMg_3(F, OH)_2$ $(AlSi_3O_{10})$	184	—	—	Pu_1
Biotit, Magnesiaeisenglimmer	—	300	—	—	K_{10}
		—	24—40	—	Gr_2, *Ta-Ish*
Muskovit, Kaliglimmer . .	—	10	—	magnetitfrei; bei Magnetitführung Werte bis 11000‖ und 500⊥ zur Spaltfläche	Wi_2
Prochlorit (Chlorit) . .	—	—	8	—	Gr_2
Kaolin	—	3	2	—	*Th*
Serpentin . . .	$H_4Mg_3Si_2O_9$	12	—	vielfach magnetithaltig, Werte entspr. dann höher, beob. bis 6000	*St-G-B*
		250	—		Pu_1
					Tu_1, Gr_2, K_{11}, *St-G-B*
Turmalin . . .	—	3,47	1,118	‖ a-Achse	*V-K*
		2,32	0,748	‖ c-Achse	
		0,31	—	rosa	Wi_2
		—	15	schwarz	Gr_2
Titanit	$CaTiSiO_5$	6	—	—	K_1

32342 Magnetische Eigenschaften von Gesteinen.

323420 Vorbemerkungen.

Gesteine sind im allgemeinen schwach ferromagnetisch (vgl. die Bemerkung zu 323426/7). Der Träger des Magnetismus ist im wesentlichen Magnetit oder Titanomagnetit und Magnetkies. Je nach dem Vorhandensein dieser Gemengteile und ihrer besonderen Ausbildungsform (z. B. Korngröße) weisen die Hysteresisschleifen charakteristische Merkmale auf (vgl. Abb. 19—21).

Fehlen die ferromagnetischen Nebengemengteile völlig, so erhält man den reinen Para- (oder Dia-) Magnetismus der wesentlichen Mineralkomponenten (Feldspat, Quarz, Glimmer, Augite), vgl. Abb. 22, s. auch *Ta-Ish*. Die Größe der Koerzitivkraft ist in erster Linie durch die Korngröße der magnetischen Gemengteile bestimmt. Gesteine, die nur Ilmenit ($FeTiO_3$) enthalten, sind paramagnetisch.

Gesteine mit ferromagnetischen Bestandteilen haben im allgemeinen zwei Komponenten ihrer Magnetisierung J: außer dem induzierten Anteil $\varkappa H$, der von dem jetzigen örtlichen Magnetfeld H erzeugt ist, besteht eine remanente Magnetisierung. Als Ursache dieses remanenten Anteils, dessen Intensität im allgemeinen diejenige des induzierten Anteils überwiegt, gilt:

bei Eruptivgesteinen die Thermo-Remanenz: Als die Temperatur des Gesteins bei der Abkühlung unter den Curie-Punkt fiel, wurde vom damaligen erdmagnetischen Feld ein starkes Moment induziert, das sich bis heute erhalten hat (323423);

bei Sedimentgesteinen haben sich die ferromagnetischen Teilchen, als kleine Magnete, bei Ablagerung aus ruhigem Wasser vorzugsweise in die Richtung des damaligen Magnetfeldes einstellen können (323425).

Auch Blitzschläge können starke, aber auf wenige Meter im Umkreis begrenzte Magnetisierungen bewirken (323424).

Die Magnetisierung von Gesteinen in natürlicher Lagerung deutet auf Richtung und Stärke des Erdmagnetfeldes zur Zeit der Gesteinsbildung: Fossiler oder Paläo-Magnetismus (323423 und 323425). Vgl. auch 32525, S. 417.

323421 Hysteresiskurven und Entmagnetisierungsfaktoren von Eruptivgesteinen.

Abb. 23. Gabbro, Radautal (Harz), nach Pu_1. Die markierten Punkte (Remanenz und Koerzitivkraft) wurden nach Magnetisierung bei 4800 Gauß beobachtet.

Abb. 24. Harzburgit, Radautal (Harz), nach Pu_1. Hoher Gehalt an titanfreiem Magnetit, entsprechend hohe Suszeptibilität ($\approx 10000 \cdot 10^{-6}$). Die markierte Remanenz und Koerzitivkraft nach Magnetisierung bei 4800 Gauß.

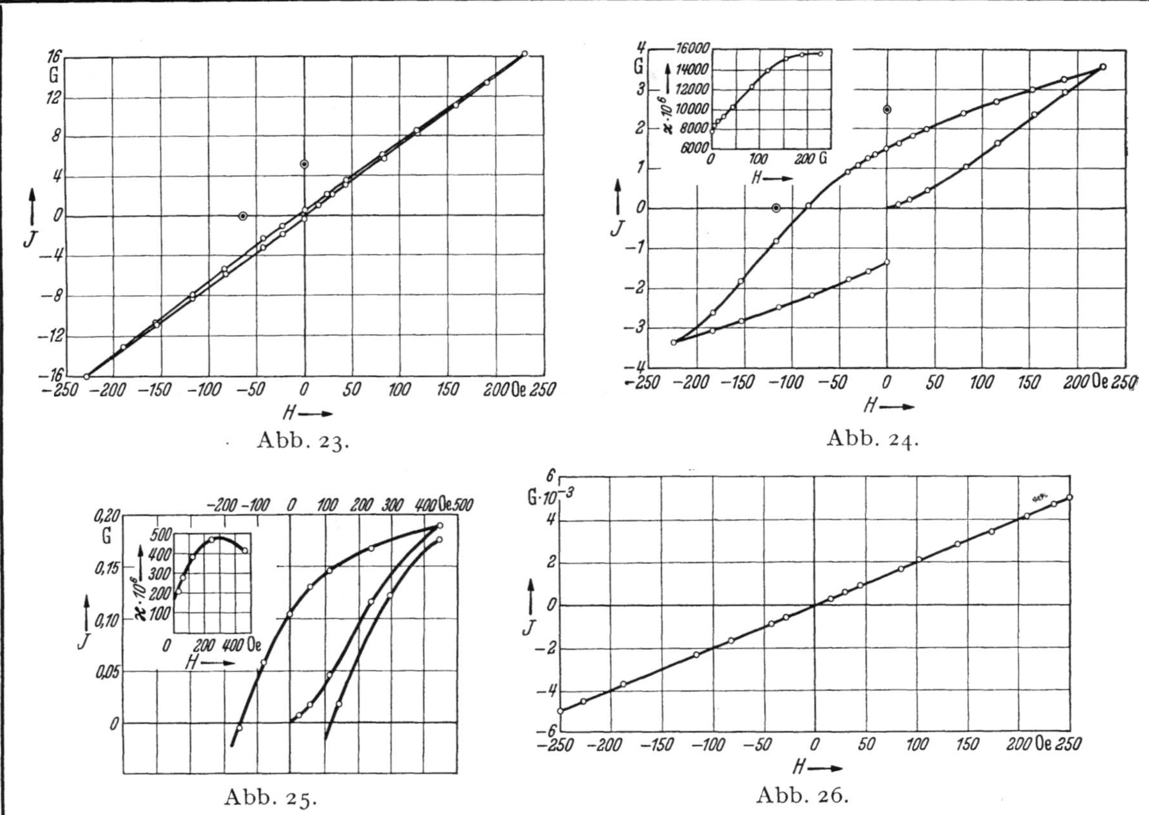

Abb. 25. Diabas, magnetkieshaltig, Harz, nach *Be*. Maximaler Wert der Suszeptibilität im dargestellten Bereich etwa $500 \cdot 10^{-6}$.

Abb. 26. Nephrit (Neuseeland) nach Pu_3. Praktisch rein paramagnetisches Verhalten, $\varkappa = 20 \cdot 10^{-6}$.

Entmagnetisierungsfaktor N: Den Einfluß der Entmagnetisierung auf die Magnetisierung von Gesteinskörpern diskutieren Rössiger und Puzicha (*Rö-Pu*). In einem magnetisierbaren Körper im äußeren Felde H herrscht im Innern das Feld $H-NJ$. Für einen plattenförmigen Körper ist, wenn H senkrecht zur Platte steht, $N = 4\pi$, für Magnetisierung längs der Platte ist $N = 0$. Gerlach und Mitarbeiter (Ge_1) betonen, daß für Gesteine der geometrische (makroskopische) Entmagnetisierungsfaktor, der sich für die Form des Gesteinskörpers oder der Gesteinsprobe berechnet, nicht allein maßgebend ist. Vielmehr kann z. B. die Form und Lagerung der Magnetitteilchen in einem Gestein den inneren Entmagnetisierungsfaktor bestimmen. Bei sehr hohen Feldstärken, die Sättigungsmagnetisierung bewirken, verschwindet die Wirkung der Entmagnetisierung. Aus der Sättigungsmagnetisierung läßt sich deshalb der Prozentgehalt der ferromagnetischen Bestandteile berechnen: Gerlach (Ge_2) Gestein bei Sättigung $J = 70$ bis 100 Gauß, Magnetit $J = 500$ Gauß, folglich sind 14 bis 20 Prozent im Gestein. Dagegen hängt die Anfangssuszeptibilität $\varkappa_0$ so stark von der Entmagnetisierung ab, daß Gerlach (G_2) im Gegensatz zu Manley (*Ma*) aus $\varkappa_0$ nicht auf den Magnetitgehalt schließen will.

323422 Verlust der Magnetisierbarkeit bei höheren Temperaturen.

Curie-Punkte einiger Gesteine (Grad Celsius)

Granit	—	600
Quarzporphyr	—	550—600
Andesit	—	525—610
Gabbro	—	580—620
Diabas	—	560—630
Basalt	150—300	500—620
Lava	30	500

Bezüglich Gabbro vgl. 323416.

Literatur: *Al*, *Ja*, $K_{11,12}$, *Schm*.

323423 Thermo-Remanenz.

Hinsichtlich ihrer geophysikalischen Auswirkung in den örtlichen Anomalien des Erdfeldes ist die Thermo-Remanenz jetzt als die wichtigste magnetische Eigenschaft der Eruptivgesteine erkannt. Einige große erdmagnetische Anomalien, wie diejenigen von Kursk (südlich von Moskau) und von Kiirunavaara (Lappland), hatten noch die Möglichkeit einer Erklärung durch induktive Magnetisierung durch das jetzige Erdfeld zugelassen, weil — wie in vielen sonst beobachteten Fällen —

die Richtungen von J mit dieser Annahme vereinbar schienen. Haalck (*Ha*) hielt auch noch die Stärke von J mit der Induktionshypothese verträglich. Reich (in der Diskussion mit Haalck, *Ha*) wies allerdings darauf hin, daß die Stärke der Magnetisierung größer sei als der Induktion entspräche: Magnetitquarzite von Kursk gaben eine Anfangssuszeptibilität von 0,26, ihre remanente Magnetisierung lag nach Messungen an Bohrkernen im Durchschnitt bei 1,9 Gauß, in Einzelfällen bis 3,4 Gauß.

Entscheidend für die jetzige Auffassung war die Entdeckung zweier Gangsysteme („dykes"), die sich über Hunderte von Kilometern erstrecken und entgegengesetzt dem heutigen Feld magnetisiert sind:

Gelletich (*Ge*) beschrieb das Gangsystem des Pilansberges in Südafrika, 14 dioritisch-doleritische Gänge, nahezu senkrechte Platten bis zu 148 km Länge, Mächtigkeiten 20—100 m, intrudiert im Paläozoikum, auftretend auf einem Gebiet von 300 km Länge, 150 km Breite, erdmagnetische Anomalien in der Vertikalintensität von 50—6000 γ, meistens zwischen 200 und 1700 γ, durchweg (absolute) Abschwächungen des allgemeinen magnetischen Feldes der Umgebung, also auf entgegengesetzte Magnetisierung der Gänge deutend. Der ferromagnetische Charakter der Gänge beruht auf Titanomagnetit, als akzessorischer Gemengteil „in erheblichen Mengen", entweder in zerhackten Formen oder in lamellarem Aufbau. Einzelne Gänge sind in der Mitte dioritisch, an den Seiten doleritisch. Die beiden doleritischen Randpartien, die magnetitreicher sind als die mittlere dioritische Partie, erzeugen bei solchen Gängen im magnetischen Querprofil zwei Maxima der Anomalie. — Alle anderen größeren magnetitreichen Körper des Untersuchungsgebiets sind so magnetisiert, wie es der Richtung des heutigen Erdfeldes entspricht, sowohl die (geologisch älteren) magnetischen Schiefer des Witwatersrandes wie die (jüngeren) Post-Karroo-Gänge am Ostrand.

Bruckshaw und Robertson [*Bu*] fanden, daß die Tholeiit-Gänge in Nordengland negative Anomalien in der Vertikalkomponente Z bis etwa 1200 γ erzeugen. Es sind 5 fast senkrecht einfallende Gänge, die Gesamtlänge übersteigt 200 km, die Mächtigkeit jedes Ganges ist 10—25 m. Die Injektion erfolgte im Tertiär vor etwa 30 Millionen Jahren, seitdem erfolgten keine tektonischen Bewegungen. Laboratoriumsmessungen an Proben ergaben folgende Magnetisierungen (vertikale Komponenten, = parallel zum Erdfeld):

bei Lugton: $J = -20 \cdot 10^{-4}$ Gauß an den Flanken, halb so groß mitten im Gang;

bei Cockfield: Nordflanke $J = -2 \cdot 10^{-4}$, Südflanke $-4 \cdot 10^{-4}$, die mittleren, etwa 10 m mächtigen Teile haben $+1 \cdot 10^{-4}$ Gauß.

Diese Proben können als repräsentativ für die Gänge angesehen werden, denn wenn man das gesamte magnetische Feld der Gänge mit Hilfe dieser J-Werte berechnet, ergibt sich befriedigende Übereinstimmung mit den an der Erdoberfläche beobachteten Z-Anomalien. Die Richtung der Magnetisierung deutet darauf hin, daß zur Zeit der Gangbildung die Z-Komponente des Erdfeldes entgegengesetzt der heutigen war. Einige lokale Verschiedenheiten der Magnetisierungsrichtung könnten z. B. dadurch erklärt werden, daß die Lava, nach der Abkühlung unter den Curie-Punkt, mit ihrem thermo-remanenten Magnetismus noch eine gewisse Fähigkeit zum Fließen gehabt haben könnte. — Magnetische Eigenschaften des Gangmaterials (Andesit): Curie-Punkt 500° C, beim zweiten Erhitzen durchweg 20 bis 30° tiefer, was von Chevallier und Pierre [Ch_4] einer teilweisen Spaltung des Magnetits in Fe_2O_3 und FeO zugeschrieben wird (Magnetit hat 580° C). Suszeptibilität zwischen $1 \cdot 10^{-3}$ und $4 \cdot 10^{-3}$. Verhältnis des remanenten Magnetismus zu dem durch das heutige Erdfeld induzierten Magnetismus etwa 2 : 1.

Ältere Beobachtungen über Magnetisierungen entgegen dem heutigen Felde diskutiert Heiland [*Hi*]. E. G. Schulze [*Sch*] fand derartige Vorkommen an tertiären Basaltgängen im sächsischen Elbsandsteingebirge. Reich [R_1] fand einen negativ magnetisierten Störungskörper von 300 · 200 m² Ausdehnung südwestlich des Kleinen Feldberges im Taunus, den er ebenfalls als tertiären Basaltstock deutet.

Weitere Beobachtungen über Magnetismus von Eruptivgesteinen (vgl. Literatur 32343): Chevallier (Ätna) [Ch_1], Chevallier u. Pierre [Ch_4], David (Untersuchungen an den Blöcken eines 2000 Jahre alten Steinwalls) [*Da*], Grenet [Gr_1—$_4$], Koenigsberger [K_1—K_{14}], Thellier [Th_1—$_7$].

323424 Magnetisierung durch Blitzschlag.

Starke Felder im Umkreis weniger Meter. E. G. Schulze [*Sch*] fand Z-Störungen über Basalt bis fast 9000 γ, die in Stativhöhe schon Gradienten von 1860 γ/m hatten. Bekannt sind die Schnarcherklippen und Hohneklippen im Harz; Puzicha (vgl. Haalck, *Ha*) fand an Probestücken $J = 30$ Gauß. Viele Beispiele schon in der älteren Literatur.

323425 Magnetismus von Sedimentgesteinen.

Experimentelle Methodik: Jo_3, *Gh*, *Hn*, *Mr*, R_2, *Tz*.

Arbeitshypothese: Magnetische Teilchen stellen sich bei der Sedimentation in die Richtung des magnetischen Feldes ein; dadurch entsteht im Sedimentgestein eine remanente, stabile Magnetisierung. Diese Hypothese wurde von Johnson, Murphy und Torresson (Jo_1—$_3$) geprüft. Glaziale Tone aus Neuengland (Alter etwa 10000 Jahre) wurden in Wasser aufgeschlämmt und in Magnetfeldern verschiedener Richtung und Stärke wieder ausgefällt. Die Magnetisierung der Ablagerung stimmte in der horizontalen Richtung genau mit derjenigen des Magnetfeldes überein, während die Neigung des Magnetisierungsvektors etwas kleiner als die des Feldes war. Die magnetische Polarisation war eine bestimmte, reproduzierbare Funktion des wirkenden Magnetfeldes. Die Stabilität der Magnetisierung äußert sich darin, daß zur Entmagnetisierung der Tone Felder von 70 Gauß nötig waren; nachträgliche Erschütterungen änderten die Magnetisierung nicht.

Messungen an glazialen Bändertonen (varved clays) in Neuengland gaben natürliche Magnetisierungen von $400 \cdot 10^{-6}$ bis herab zu $20 \cdot 10^{-6}$ Gauß. Die Deklination hat in den Jahren 15000 bis 9500 v. Chr. in Neuengland zwischen 20° Ost und 37° W geschwankt [Jo_1].

Polarisationsmessungen an ungestörten Sedimenten [*To, Gh, Ca*], meistens aus dem Pliozän bis zum Eozän (Alter von 5—10 bis 50—60 Millionen Jahre), einige aus Juraformationen (125 bis 150 Millionen Jahre). Die Magnetisierungen lagen zwischen $0{,}4 \cdot 10^{-6}$ (etwa Meßgrenze) und $254 \cdot 10^{-6}$ Gauß; je etwa 30% der Proben lagen in den beiden Bereichen zwischen $5 \cdot 10^{-6}$ und $2 \cdot 10^{-6}$ Gauß oder unter $2 \cdot 10^{-6}$ Gauß. Die Richtungen lagen in der Mehrzahl in der Nähe der jetzigen Erdfeldrichtung (Abb. 27). — Messungen an japanischen Tertiärgesteinen vgl. N. Kawai, J. Geophys. Res. **56** (1951) 73—79.

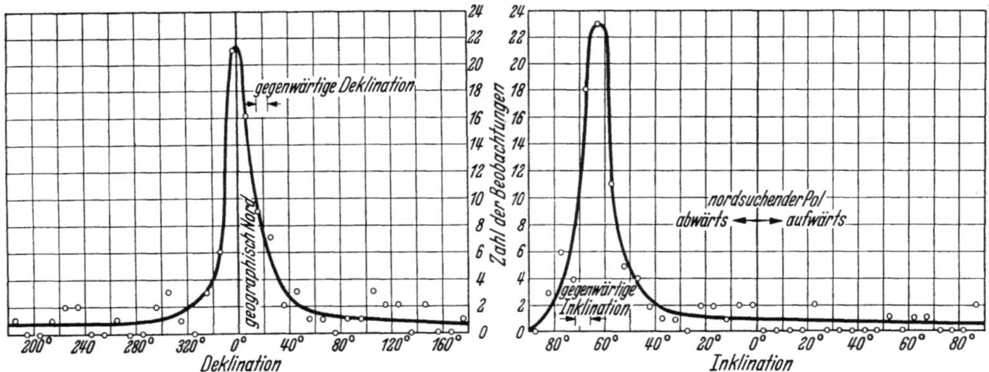

Abb. 27. Ergebnisse über Magnetisierungsrichtungen an 99 Gesteinsproben in Nordamerika, Alter bis zu etwa 50 Millionen Jahre, Sedimentgesteine in flacher, ungestörter Lagerung. Häufigkeiten der Winkel gegen Geographisch-Nord, in 10°-Intervallen ausgezählt (links), und der Neigungen unter den Horizont, in 5°-Intervallen ausgezählt (rechts). Nach Torreson, Murphy und Graham [*To*].

Die Stabilität der Magnetisierung unter natürlichen Verhältnissen wurde von Graham [*Gh*] an gefalteten Schichten studiert. Gefaltete Bändertone aus dem Pleistozän in Connecticut (mit $^3/_{1000}$ Gewichtsteilen Magnetit) und aus dem Miozän ($J = 57 \cdot 10^{-6}$ Gauß) in Washington haben die Richtung der Magnetisierung, die sie bei der Entstehung angenommen hatten, bei der Faltung mitgenommen. Ein besonders markantes Beispiel gab die Rose-Hill-Formation bei Pinto, Maryland: Der im Silur entstandene Sandstein besteht im wesentlichen aus Siderit, Quarz und Magnetit. Die Schicht wurde gegen Ende des Paläozoikums bis zu 180° gefaltet, anscheinend plastisch. Die J-Vektoren aus verschiedenen Teilen der Schicht in der jetzigen Lage streuen um bis zu 127°; wenn man die Schicht aber wieder in ihre ursprüngliche horizontale Lage zurückgedreht denkt, so ordnen sich die J-Vektoren um eine gemeinsame Richtung, bis auf Streuungen von 12°.

An einem groben Eozänsandstein ergaben sich andere Eigenschaften [*Gh*]: Fluviatil abgelagerter grauer weicher Sandstein, bestehend aus unmagnetischen Körnern bis 1 mm Durchmesser und etwa 0,2 Gewichtsprozent Magnetit in unregelmäßigen Körnern, meistens 0,1 mm groß. An den Proben streuten die Magnetisierungsrichtungen stark; die Intensitäten waren 2 bis $4 \cdot 10^{-6}$ Gauß. H. Tatel vermutete, daß die Bedingungen beim Sedimentieren so gestört gewesen seien (große Körner, gestörte Strömung), daß die Partikel sich nach Zufall orientierten. Angefeuchtete, durchgeknetete Proben ergaben in der Tat Magnetisierungen von 1 bis $5 \cdot 10^{-6}$ Gauß wie bei den natürlichen Proben. — Dagegen ergaben Bändertone viel schwächere Magnetisierungen nach dem Durchkneten; ihre Magnetisierung in natürlicher Lagerung war mindestens 1000mal stärker.

In derselben Richtung liegen Beobachtungen von Taylor und Reno [*Ty*] über die Verschiedenheiten der magnetischen Eigenschaften von unverwittertem Granit und granitischem Geröll (erodiert, in einiger Entfernung wieder abgesetzt, „granite wash"). In vier Fällen, bei denen die Herkunft des granitischen Gerölls noch zu erkennen war, wurden folgende Suszeptibilitäten gemessen (Einheit 10^{-6}):

Fall	A	B	C	D
Granit unverwittert . .	331	623	890	1853
Granitgeröll.	50	174	39	112

Im Fall B war das Alter des Gerölls wesentlich jünger als in den drei anderen Fällen; das Geröll B wurde in einer Rinne auf dem Boden eines Steinbruchs gesammelt, es bestand offenbar aus Granitsplittern, die vor etwa 30 Jahren beim Steinbruchsbetrieb entstanden waren. Daraufhin wurden etwa dreijährige Experimente über die Änderungen der Magnetisierung von Granit bei der Verwitterung angestellt. Sechs Würfel von 1 cm Kantenlänge verloren von ihrem ursprünglichen remanenten Magnetismus ($640 \cdot 10^{-6}$ Gauß · cm³) in den ersten 8 Monaten 20%; nach 40 Monaten hatten sie nur noch 47% des ursprünglichen Moments.

Rössiger

323426 Natürliche remanente Magnetisierung von Gesteinen.

J_r = natürliche remanente Magnetisierung (Moment der Volumeneinheit).
σ_r = natürliches remanentes Moment der Masseneinheit.

$\frac{\sigma_r}{\chi \cdot H} = \frac{J_r}{\varkappa \cdot H}$ = Verhältniswert der natürlichen remanenten Magnetisierung zur induktiven Magnetisierung für (anfangs unmagnetisches) Material in Feldern von der Größenordnung des Erdfeldes (H = 0,4 bis 0,5 Gauß).

Die angegebenen Werte sind keine Materialkonstanten für das betreffende Gestein (vgl. 32340).

Gestein	Herkunft	$10^4 J_r$ Gauß	$10^4 \sigma_r$ Gauß cm³/g	$\frac{\sigma_r}{\chi \cdot H} = \frac{J_r}{\varkappa \cdot H}$	Anzahl der Proben	Literatur
Granit	Alpen	0,004—0,2	—	0,2—0,6	6	$K_{11,12}$
Granit	Mitteldeutschland	~0,005	—	0,2—0,5	4	$K_{11,12}$
Granit	Insel Skye, Schottland	0,7	—	3,6	—	$K_{11,12}$
Granit	Madagaskar	—	0—40	1—10	11	Th_2
Granit	Madagaskar	—	2—38	0,2—8,5	4	n. *Poi*
„Magnet." Granit	Harz	2—370	—	0,5—34	8	Pu_2
Quarzporphyr	Mitteldeutschland	0,3—2,8	—	0—90	7	$K_{11,12}$
Syenit	Norwegen	—	—	1,2	—	Pu_1
Diorit	Nordamerika	17	—	1,0	—	$K_{11,12}$
Diorit	Finnland	1,4	—	0,2	—	$K_{11,12}$
Diorit	Schweden	—	—	0,1—0,3	2	Pu_1
Andesit	Nordamerika	6—33	—	0,7—9	2	$K_{11,12}$
Andesit	Auvergne, Frankreich	—	11—208	2,8	3	Th_2
Tholeiit-Gänge	Nordengland	4—110	—	0,6—6,2	—	*Bu*
Gabbro	Schweden	0,2—29	—	<0,2—28	4	$K_{11,12}$
Gabbro	Alpen	0,5—17	—	0,2—2,5	2	$K_{11,12}$
Gabbro	Schottland	120—420	—	29—300	2	$K_{11,12}$
Diabas	Mitteldeutschland	0—5	—	0—1,0	4	$K_{11,12}$, Pu_1
Diabas	Schweden	10—33	—	1,2—2,7	4	$K_{11,12}$
Diabas	Finnland	0,3—16	—	0,6—1,8	2	$K_{11,12}$
Basalt	Mitteldeutschland	4—44	—	0,4—3,5	8	$K_{11,12}$
Basalt-Lava	Eifel	15—39	—	4—12	3	$K_{11,12}$
Basalt-Lava	Chinyero, Kanarische Inseln	100	—	10	—	$K_{11,12}$
Basalt	Auvergne, Frankreich	—	1,3—82	0,9—18	21	Th_2
Basalt	Auvergne, Frankreich	—	0,7—88	—	19	Th_2
Basalt	Faröer Inseln	—	4—13	3	2	Th_1
Basalt	Faröer Inseln	—	11—62	—	14	Che_3
Basalt	Insel Jan Mayen	—	14—47	—	6	Che_2
Basalt	Insel Jan Mayen	—	5—25	9—14	2	Th_1
Basalt-Lava	Insel Jan Mayen	—	27—330	7—57	8	Th_1
Basalt-Tuff	Insel Jan Mayen	—	8—100	46—100	2	Th_1
Basalt und Basalt-Lava	Island	—	2—60	1—17	6	Th_1
Basalt-Lava	Island	—	86—103	—	4	Che_2
Basalt	Grönland	40—60	—	—	2	*Mer*
Lava	Ätna, Sizilien:					
	Inneres der Ergüsse	~80	—	—		
	von der Oberfläche	150—200	—	—	70	Che_1
	„punti distinti"	200—1000	—	—	—	
Ankaratrit	Madagaskar	—	325—575	39—96	2	*Poi*, Th_2
Peridotit	Finnland	20—47	—	0,6—1,9	4	$K_{11,12}$
Amphibolit	Schweden	2	—	4,5	—	$K_{11,12}$
Amphibolit	Schweiz	0,1—0,2	—	0,4—0,7	2	$K_{11,12}$
Amphibolit	Grönland	—	0	0	—	Th_1
Magnetitquarzit	Madagaskar	—	785—6540	54—325	2	*Poi*, Th_2
Quarzit, glimmerhaltig	Madagaskar	—	1	50	—	n. *Poi*
Gneis	Mitteldeutschland	0,3—0,5	—	0,5—1,0	3	$K_{11,12}$
Gneis	Schottland	—	0	0	—	Th_1
Gneis	Grönland	—	0—2	0—0,9	7	Th_1
Gneis	Madagaskar	—	2—78	0,5—20	7	Th_2
Serpentin	Schweiz	2—7	—	0,3—1,0	2	$K_{6,7}$
Serpentin	Sachsen	—	—	17	—	Pu_1
Sedimente	—	0,03	—	—	4	$K_{6,7}$
Bänder-Ione	Neu-England	0,2—4	—	—	1019	Jo_1
Sedimente	USA	0,02—2,5	—	—	99	*Jo*, *Gh*

Rössiger

323427 Zahlenwerte der Suszeptibilität von Gesteinen.

	$\varkappa \cdot 10^6$		$\varkappa \cdot 10^6$
Tiefengesteine		**Metamorphe Gesteine**	
Granite	5—50	Hornfels	50—800
Granite mit Magnetit	50—5000, Mittelw. um 1000	Gneis	0—260
Syenite	60—5000	Gneisgranulit	um 100
Diorite	15—4700	Phyllit	um 100
Gabbros	0—7000	Serpentin	250—6000
Peridotite und Pyroxenite	bis 15000	Serizitschiefer	5—40
		Glimmerschiefer	um 20
Ergußgesteine		**Sedimentgesteine**	
Porphyr	40—300	Kalkstein	4—70
Rhyolith	20—100	Dolomit	—1 bis +5
Liparit	2	Quarzit	4
Keratophyr	bis 4300	Sandstein	3—740
Trachyt	um 400—1000	Tonschiefer	0—100
Porphyrit	50—600	Ton	4—50
Andesit	240—5000	Magnetithaltiger Ton	bis 12000
Phonolith	300—700	Mergel	um 10
Diabas	50—12000	Lehm	um 30
Melaphyr	um 1000	Löß	um 20
Basalt	60—6000	Steinkohle	—2 bis +2
Basaltgänge	bis 15000	Anthrazit	0,5
Basaltlava	200—4000		
Dolerit	300—7000		

Literatur: *Al, Ba, Co, $Gr_{1,2}$, Ha-He, K_{1}—$_{13}$, Pf, Po, Poi, Pu, Pu-Rö, Ro, Ro I, Rü, Rü-Wh, Ta-Ish, $Th_{1,2}$, Tu, Wi_{1}—$_{3}$.*

Zu 323426/7:

Gerlach [Ge_2] macht auf folgende Diskrepanz aufmerksam: Magnetit hat die Suszeptibilität $\varkappa = 0{,}7$ bis 7; Eruptivgesteine mit über 10% Magnetitgehalt haben jedoch nur höchstens $^1/_{100}$ der Suszeptibilität, die ihnen auf Grund ihres Magnetitgehaltes zuzuschreiben wäre. Auch stärkste innere Entmagnetisierung kann diesen Unterschied nicht erklären. Gerlach empfiehlt die Modellvorstellung, daß nur ein kleiner Kern jedes eisenhaltigen Teilchens ferromagnetisch sei, während die äußeren Teile paramagnetisch seien.

Über thermisch-ideale Magnetisierung nach Beobachtungen an Drähten vgl. Gerlach, Kranz und Kuhn [Ge_1].

Der beobachtete Endzustand der Magnetisierung ist abhängig von der Entmagnetisierung, von der Größe des äußeren Feldes, insbesondere beim Durchgang der Temperatur durch den Curie-Punkt, von der Koerzitivkraft, von der Gleichmäßigkeit der Temperatur während der Abkühlung, von Erschütterungen, schließlich (bei Gesteinen) von Verwitterung und Oxydation vor, während und nach der Probenentnahme. Bei Gesteinen beträgt die beobachtete remanente Magnetisierung meistens nur einige Promille des thermisch-idealen Wertes.

32343 Literatur.

Zusammenfassende Darstellungen: *Ha*, *Gh*, Hi_2, K_{12}, $Rö_2$.

Einige neuere Arbeiten sind durch Angabe der Titel hervorgehoben.

Ad-G Adams, L. H., u. J. W. Green: Phil. Mag. J. Sci. (7) **12** (1931) 361.

Al Allan, G. E.: Phil. Mag. J. Sci. (6) **7** (1904) 45; (6) **17** (1909) 572.

B-W Barton u. Williams: Electrician **29** (1892) 432.

Ba Bahurin, J.: Bull. Inst. pract. Geophysics, Leningrad **3** (1927) 306.

Be Beyer, G.: Gerlands Beitr. Geophysik, Erg.-Bd. **3** (1933) 337.

Br Bring, G.: Jernkont. Ann. **82** (1927) 415.

Bu Bruckshaw, J. McG., and E. I. Robertson: The magnetic properties of the tholeiite dykes of North England. MN, Geophys. Suppl. **5** (1948) 308—320; Proc. Phys. Soc. **63** (1950) 931—938.

Ca Carnegie-Institution of Washington Year Book No. 47 (1948) 56—60; No. 48 (1949) 57—61.

Ch_1 Chevallier, R.: L'aimantation des laves de l'Etna ... Ann. Physique **4** (1925) 5—162.

Ch_2 —: C.R. **190** (1930) 686.

Ch_3 —: C.R. **190** (1930) 1020.

Ch_4 Chevallier, R., et J. Pierre: Propriétés thermomagnétiques des roches volcaniques. Ann. Physique **18** (1932) 383 bis 477.

Che-M Chevallier, R., u. S. Mathieu: C.R. **204** (1937) 854.

CM Chaudron, G., u. A. Michel: C.R. **208** (1938) 90.

Co Collingwood, D. M.: Bull. Amer. Assoc. Petroleum Geologists **14** (1930) 1187.

Cr Crane, W. R.: Trans. Amer. Inst. Min. Metall. Eng. **31** (1902) 405.

Cu_1 Curie, P.: Ann. Chim. et Phys. (7) **5** (1895) 289.

Cu_2 —: C.R. **116** (1893) 136.

Da David, P.: Sur la stabilité de la direction d'aimantation dans quelques roches volcaniques. C.R. **138** (1904) 41—42.

Du Dupouy, M. G.: Ann. Physique **15** (1931) 495.

F_1 Forrer, R.: J. Physique **2** (1931) 312.

F_2 —: J. Physique **4** (1933) 109, 427, 486, 507.

F_3 —: C.R. **207** (1938) 670.

Fi Finke, W.: Ann. Physik **31** (1910) 149.

Fo Foex, G.: Ann. Physique **16** (1921) 174.

For Forestier, H.: Ann. Chim. (10) **9** (1928) 316.

Ga Ganguli, N.: Phil. Mag. **21** (1936) 355.

Ge Gelletich, H.: Über magnetitführende eruptive Gänge und Gangsysteme im mittleren Teil des südlichen Transvaal. Beitr. angew. Geophysik **6** (1937) 337 bis 406.

Ge_1 Gerlach, W., J. Kranz u. K. W. Kuhn: Die thermische Idealisierung in sehr schwachen Magnetfeldern. S.B. Bayer. Akad. Wiss., Math.-Naturw. Klasse 1948, 235—245.

Ge_2 Gerlach, W.: Magnetismus der Gesteine. Vortrag, Hundertjahrfeier Erdmagnet. Obs. Univ. München, Juli 1950.

Go Gottschalk, V. H.: Physics **6** (1935) 127.

Go-Da Gottschalk, V. H., u. C., W. Davis: U.S. Bureau Mines R.I. 3268 (1935) 51.

Gh Graham, John W.: The stability and significance of magnetism in sedimentary rocks. Geophys. Research **54** (1949) 131 bis 167.

Gr_1 Grenet, G.: C.R. **187** (1928) 1134.

Gr_2 —: Ann. Physique (10) **13** (1930) 263.

Gr_3 —: L'influence de l'altération des roches volcaniques sur la stabilité de leur aimantation. Cahiers de Physique **7** (1942) 41f.

Gr_4 —: Quelques mesures d'aimantation permanente de roches du Massif Central et remarques sur les méthodes de détermination de la valeur de champ magnétique terrestre dans le passé. Ann. Géophys. **1** (1945) 256—263.

Gu-R Guha u. Roy: Indian J. Physic. **8** (1934) 345.

Ha Haalck, H.: Gesteinsmagnetismus. 90 S. Leipzig, Akad. Verlagsges., 1942. Vgl. auch Diskussion mit H. Reich, Beitr. angew. Geophysik **10** (1943) 102—115.

Ha-He Hallimond, A. F., u. E. F. Herroun: Proc. R. Soc. London A **141** (1933) 302.

He Hée, Mme. A.: Comparaison des résultats obtenus par la méthode du pouvoir d'émanation et par la méthode thermomagnétique sur les modifications de structure de l'oxyde de Fe_2O_3. C.R. **223** (1946) 749—751.

Hi_1 Heiland, C. A.: Possible causes of abnormal polarisations of magnetic formations. Z. Geophysik **6** (1930) 228—235.

Hi_2 —: Geophysical Exploration. 1013 S. New York 1940: Prentice-Hall, Inc.

He-Ha Herroun, E. F., and A. F. Hallimond: Laboratory experiments on the magnetization of rocks. Proc. Phys. Soc. **55** (1943) 215—221.

$He\text{-}Wi_1$ Herroun, E. F., u. E. Wilson: Proc. Phys. Soc. **31** (1918/19) 299.

$He\text{-}Wi_2$ —: Proc. Phys. Soc. **33** (1921) 196.

$He\text{-}Wi_3$ —: Proc. Phys. Soc. **41** (1928/29) 100.

Ho_1 Holm, E.: Jernkont. Ann. **58** (1903) 363.

Ho_2 —: Dissertation Stockholm 1913.

Hn Holyman, N.W., and H. A. Durbin: A study of the susceptibility of sediments. Trans. Amer. Geophys. Union **25** (1944/45) 543—555.

H Honda, K.: Sci. Rep. Tôhoku Univ. **1** (1911/12) 1.

$H\text{-}S_1$ Honda, K., u. T. Soné: Sci. Rep. Tôhoku Univ. **2** (1913) 25.

$H\text{-}S_2$ —: Sci. Rep. Tôhoku Univ. **3** (1914) 139.

Hu Huggett, J.: Dissertation Paris 1928. Ann. Chim. (10) **11** (1929) 447.

Hu-Chau Huggett, J., u. G. Chaudron: C.R. Séances Acad. Sci. Paris **186** (1928) 694.

Hg Hugi, E., H. F. Huttenlocher, F. Gassmann, H. Fehlmann: Die Magnetit-Lagerstätten. Beitr. Geologie der Schweiz, Geotechn. Serie 13, **4**, 116 pp., 6 maps (1948).

Ish_1 Ishiwara, T.: Sci. Rep. Tôhoku Univ. **3** (1914) 303.

Ish_2 —: Sci. Rep. Tôhoku Univ. **6** (1917) 133.

Rössiger

Ja Jacquet, Ch.: Bull. Inst. et Observ. Phys. du Globe Puy-de-Dome **1929**, Nr. 1.

Jo_1 Johnson, E. A., T. Murphy, and O. W. Torreson: Prehistory of the earth's magnetic field. Terr. Magn. **53** (1948) 349—372; ...

Jo_2 —: Rock magnetism as a clue to earth's magnetic history. Phys. Rev. **75** (1949) 208—209.

Jo_3 Johnson, E. A., T. Murphy, and P. F. Michelsen: A new high sensitivity magnetometer. Rev. Sci. Instr. **20** (1949) 429—434.

Ka Kato, Y.: Magnetic properties of rocks. Sci. Rep. Tôhoku Univ. **29** (1941) 602 bis 648.

K-M Kaya, S., u. S. Miyahara: Sci. Rep. Tôhoku Univ. **27** (1939) 450.

Kis_1 Kiskyras, D.: Diss. Univ. Berlin 1942.

Kis_2 —: ... magnetische Eigenschaften der Mineralien des Systems FeS-FeS_2. Beitr. angew. Geophysik **10** (1943) 308—311.

Kis_3 —: Thermoremanenz von Gesteinen und Mineralien. Beitr. angew. Geophysik **11** (1944) 143—162.

K_1 Koenigsberger, J.: Ann. Physik **66** (1898) 698.

K_2 —: Glückauf **59** (1923) 992.

K_3 —: Gerlands Beitr. Geophysik **23** (1929) 248.

K_4 —: Zbl. Mineral. **13**, Nr. 4 (1929) 97.

K_5 —: Z. Geophysik **5** (1929) 62.

K_6 —: Z. Geophysik **6** (1930) 190.

K_7 —: Terr. Magn. atm. Electr. **35** (1930) 145.

K_8 —: Gerlands Beitr. Geophysik, **35** (1932) 204.

K_9 —: Gerlands Beitr. Geophysik, Erg.-Bd. **2** (1932) 374.

K_{10} —: Gerlands Beitr. Geophysik, Erg.-Bd. **4** (1934) 385.

K_{11} —: Gerlands Beitr. Geophysik, Erg.-Bd. **5** (1936) 193.

K_{12} —: Natural residual magnetism of eruptive rocks. Terr. Magn. **43** (1938) 119 bis 130, 299—320.

K_{13} —: Gerlands Beitr. Geoph. **53** (1938) 345.

K_{14} —: Ferromagnetismus von γ-Fe_2O_3. Naturwiss. **22** (1934) 90.

Kr-L Kraeber, L., u. W. Luyken: Mitt. KWI f. Eisenforsch. **18** (1936) 149.

Kru Kruckenberg, J.: Dissertation Uppsala 1907.

Ku Kunz, J.: Neues Jahrb. f. Min. usw. **1** (1907) 62.

Ma Manley, H.: The thermo-magnetic properties of igneous rocks. Thesis, for Ph. D., Faculty of Science, Univ. London 1949.

McN McNish, A. G., u. E. A. Johnson: Magnetization of unmetamorphosed varves and marine sediments. Terr. Magn. **43** (1938) 401—407.

Mr Marsch, B., u. H. J. Schoene: Zur Messung magn. Suszeptibilitäten. Beitr. angew. Geophysik **8** (1940) 195—200.

Mer Mercanton, P. L.: C. R. **165** (1917) 632.

Me Meyer, St.: Ann. Physik **68** (1899) 325.

Na_1 Nagata, T.: Thermo-remanent magnetism in igneous rocks. B. Earthquake Res. Inst. Tokyo Univ. **19** (1941) 49—81, **20** (1942) 192—214; Magnetization of volcanic rocks. l. c. **21** (1943) 1—196, **21** (1944) 354—365.

Na_2 Nagata, T.: ... magnetic properties of lavas ... B. Earthquake Research Inst. Tokyo **18** 102—135 (1940), 281—288.

Na_3 Nagata, T., Y. Harada, and K. Hirao: On the residual magnetization of sedimentary rocks. B. Earthquake Res. Inst. Tokyo **23** (1945) 79—95.

Na_4 Nagata, T., K. Hirao, and H. Yoshikawa: Remanent magnetization of Pleistocene deposits — Palaeomagnetism in Japan. Kyoto J. Geomagn. Geoelectr. **1** (1950) 52—58.

Na_5 Nagata and Takeshi Watanabe: Magnetic properties of the rocks containing maghemite (γ-Fe_2O_3). Geophys. Notes, Tokyo Univ., Vol. 3, No. 21 (1950).

Na_6 Nagata, T.: Pre-history of the geomagnetic field in Japan during 46,000 B.C.—31,000 B.C. J. Geophys. Res. **54** (1949) 403f.

Na_7 —: Natural remanent magnetism of igneous rocks and its mode of development. Nature **165** (1950) 245f.

Ne Néel, L.: Théorie du trainage magnétique des ferro-magnétiques en grains fins avec applications aux terres cuites. Ann. Géophys. **5** (1949) 99—136.

Neu Neumann, G.: Gerlands Beitr. Geophysik, Erg.-Bd. **2** (1931) 22.

Nu Nusbaum, D.: Phys. Rev. (2) **29** (1927) 905.

Ok Okamura: Sci. Rep. Tôhoku Univ. **21** (1932) 231.

Ow Owen, M.: Ann. Physik **37** (1912) 657.

Pa Paramasivan, S.: Indian J. Physic **4** (1929) 139.

Pas Pascal, P.: C. R. Séances Acad. Sci. Paris **148** (1909) 413.

Pe_1 Petrova, G. N.: Ideal magnetization as one of the causes of high remanent magnetism in rocks. Izvest. Akad. Nauk SSSR, Ser. Geog. Geofiz. **12** (1948) 475 bis 487.

Pe_2 —: Interior demagnetizing factor. Izvest. Akad. Nauk SSSR, Ser. Géogr. Géophys. **13** (1948) 363—368.

Pf Pfaff, F. W.: Geognostische Jahreshefte **26** (1913) 187.

Po Pockels, F.: Ann. Physik **63** (1897) 193.

Poi Poisson, Ch.: C. R. Séances Acad. Sci. Paris **203** (1936) 1483.

Pu_1 Puzicha, K.: Z. Prakt. Geologie **38** (1930) 161; Dissertation Clausthal 1931.

Pu_2 —: Zbl. Mineral. Geol. Paläont. B. **1** (1931) Nr. 1.

Pu_3 —: Der Magnetismus der Gesteine als Funktion ihres Magnetitgehaltes. Beitr. angew. Geophysik **9** (1941) 158.

Q Quittner, V.: Ann. Physik **30** (1909) 289.

R Reich, H.: Angewandte Geophysik, II. Teil. Leipzig 1934.

R_1 —: Ergebnisse erdmagnetischer Untersuchungen im Rheinischen Schiefergebirge. Z. Geophysik **11** (1935) 344—357.

R_2 —: Natürliche Magnetisierung von Gesteinen auf Grund von Messungen an Bohrkernen. Beitr. angew. Geophysik **9** (1941) 40—64; Öl u. Kohle **37** (1941) 213 bis 217

Re Renger: Dissertation Zürich 1915.

Ret Rettig, F.: Über den Einfluß thermischer Behandlung auf die magnetischen

Eigenschaften von Magnetiten. Beitr. angew. Geophysik **10** (1943) 202—218, 225—256.

Rh Roche, A.: Sur les caractères magnétiques du système éruptif de Gergovie. C.R. Akad. Paris **230** (1950) 113—115.

Rö₁ Rössiger, M.: Unveröffentlicht.

Rö₂ —: Suszeptibilität. In Reich-Zwerger, Taschenbuch d. angewandten Geophysik, Leipzig, Akad. Verlagsges. 1943.

Rö-Pu Rössiger, M., u. K. Puzicha: Gerlands Beitr. Geophysik, Erg.-Bd. **3** (1933) 45.

Rq₁ Roquet, J.: Sur les propriétés magn. du sesquioxyde de fer faiblement magnétique. C.R. **222** (1946) 727—729; Roquet, J., et E. Thellier: C.R. **222** (1946) 1288—1290.

Rq₂ —: Sur l'aimantation rémanente isotherme du sesquioxyde de fer. C.R. **224** (1947) 1418—1420.

Ro Rothé, E.: Les Méthodes de Prospection du Sous-sol, S. 75, Paris 1930.

Ro I Rothé, J.-P.: Ann. Inst. Phys. du Globe Univ. Paris **15** (1937) 1.

Ro-He Rothé, E., u. A. Hée: C.R. Paris **187** (1928) 52.

Rü Rücker, A.W.: Proc. roy. Soc. London **48** (1890) 505.

Rü-Wh Rücker, A.W., u. W. H. White: Proc. roy. Soc. London **63** (1898) 460.

Schm Schmidlin, H.: Gerlands Beitr., Geophysik, Erg.-Bd. **7** (1937) 94.

Sch Schulze, E. G.: Magnetische Vermessung einiger tertiärer Eruptivgänge und -stöcke im sächsischen Elbsandsteingebirge. Diss. T. H. Dresden 1930; Auszug Z. Geophysik **6** (1930) 141—156.

Si Sigamony, A.: Magnetic behavior of Fe-pyrites. Proc. Indian Acad. Sci. **20** A (1944) 204—209.

Sl Slichter, L. B.: Techn. Publ. Amer. Inst. Min. Metall. Eng. **1928**, Nr. 120.

Sm Smith, S. W. J.: Phil. Trans. A **208** (1908) 21.

Stea Stearn, N. H.: Techn. Publ. Amer. Inst. Min. Metall. Eng. **1928**, Nr. 150.

Ste Steinmetz, C. P.: Trans. Amer. Inst. Min. Metall. Eng. **9** (1892) 671.

St-G-B Stutzer, F., W. Gross u. K. Bornemann: Metall u. Erz **15** (1918) 1.

Ta-Ish Takagi, H., u. T. Ishiwara: Sci. Rep. Tôhoku Univ. **3** (1914) 127.

Th₁ Thellier, E.: Ann. Hydrographiques (3) **14** (1937) 97.

Th₂ —: Ann. Inst. Phys. du Globe Univ. Paris **16** (1938) 157.

Th₃ Thellier, O.: Ann. Inst. Phys. du Globe Univ. Paris **11** (1933) 102.

Th₄ Thellier, E.: Sur l'aimantation des terres cuites et ses applications géophysiques. Ann. Inst. Phys. du Globe Paris **16** (1938) 157—302.

Th₅ Thellier, E., u. O. Thellier: Recherches géomagnétiques sur des coulées volcaniques d'Auvergne. Ann. Géophys. **1** (1944) 37—52.

Th₆ —: Sur l'intensité du champ magnétique terrestre, en France, à l'époque gallo-romaine. C.R. **222** (1946) 905—907.

Th₇ —: Sur les propriétés magnétiques des roches éruptives pyrénéennes. C.R. Séances Acad. Sci. Paris **228** (1949) 1958 bis 1960.

To Torresson, O. W., Thomas Murphy, and John W. Graham: Magnetic Polarization of sedimentary rocks and the earth's magnetic history. J. Geophys. Res. **54** (1949) 111—120.

T. Sm Townsend Smith, T.: Phys. Rev. (2) **8** (1916) 721.

Tu Turcev, A.: Bull. Acad. Sci. URSS. I (1928) 89.

Ty Taylor, Garvin L., and Duane H. Reno: Magnetic properties of granite wash and unweathered granite. Geophysics **13** (1948) 163—181.

Tz Tzu-Chang-Wang: Einfache Bestimmung der magn. Suszeptibilitäten von Gesteinen in schwachen Feldern. Z. Geophysik **16** (1940) 160—180.

Vai₁ Vaidyanathan, V. I.: Nature **124** (1929) 762.

Vai₂ Vaidyanathan, V. L.: Indian J. Physic **5** (1930) 559.

Vä Väyrynen, H.: Bull. Soc. de Geographie de Finnlande, Fennia **50** (1928) Nr. 41, S. 10.

V-K Voigt, W., u. S. Kinoshita: Ann. Physik **24** (1907) 492.

Wei₁ Weiss, P.: L'Eclairage électrique **7** (1896) 487; **8** (1896) 56, 105.

Wei₂ —: J. Physique **5** (1896) 435.

Wei₃ —: J. Physique **4** (1905) 469—829.

Wei-F Weiss, P., u. R. Forrer: Ann. Physique (10) **12** (1929) 279.

Wei-Fo Weiss, P., u. G. Foex: Magnétisme, Paris 1926.

Wei-K Weiss, P., u. J. Kunz: J. Physique **4** (1905) 847.

We Westmann, J.: Universitets Arsskrift Uppsala 1896.

Wi₁ Wilson, E.: Phil. Trans. roy. Soc. A **219** (1919) 83.

Wi₂ —: Proc. roy. Soc. London A **96** (1920) 429.

Wi₃ —: Proc. roy. Soc. London A **98** (1921) 274.

Wo Wologdine, M.: C.R. **148** (1909) 776.

Z Ziegler: Dissertation Zürich **1915**.

Zi Zimens, K.E., u. J.A. Hedvall: Orientierende Messungen über die Beeinflussung der magnetischen Suszeptibilität durch Struktur- und Gefügeänderungen. Trans. Chalmers Univ. Technology Gothenburg No. 9 (1942) 26 S.

3235 Elektrische Eigenschaften von Gesteinen.

32350 Allgemeines.

Die in der Literatur bisher angegebenen Widerstände sind auf sehr verschiedenem Wege gemessen worden. Die direkte Stromspannungsmessung mit angelegten Elektroden ist immer sehr ungenau, auch wenn man versucht, den Übergangswiderstand mit verschiedenen plastischen Kontaktmitteln herabzudrücken. Ferner kranken die bisherigen Angaben an ungenauen Begriffsbestimmungen. Abgesehen von den Erzen sind trockene Gesteine fast vollkommene Isolatoren. Die Leitfähigkeit wird nur von der Menge und dem Elektrolytgehalt der Gesteinsfeuchtigkeit bestimmt. Die Feuchtigkeitsmenge ist vom Gesteinsporenvolumen abhängig. Es ist nicht angebracht, den Widerstand an einer Gesteinsprobe zu messen, die aus dem natürlichen Verband gelöst ist.

Die sicherste Widerstandsmessung des Gesteins im natürlichen Verbande erfolgt am besten mit dem 4-Punkt-Verfahren: An 2 Elektroden mit geringem Übergangswiderstand wird ein Strom in den Boden geschickt und an 2 zwischen den Elektroden in bestimmten Abständen gesetzten Sonden der Spannungsabfall durch Kompensation gemessen. Die Auswahl der Punkte muß nach geologischen Überlegungen erfolgen. Entweder darf keine Überlagerung durch Verwitterungsbildungen oder mit anderem Gestein vorliegen, oder es werden vorher die Widerstandswerte dieser ermittelt und die Einflüsse in Abzug gebracht. Das geologische Bodenprofil muß also vorher genau bekannt sein. Gerade in der obersten Bodenschicht schwanken die Widerstandswerte in sehr weiten Grenzen. Maßgebend ist der homogene Teil des zu messenden Gesteins mit normaler Durchfeuchtung. Die Messung sogenannter „Trockenwiderstände" ist sinnlos, das Ergebnis hat in den meisten Fällen nicht einmal theoretischen Wert.

Die Leitfähigkeit ist ferner abhängig vom Druck (Tiefenlage des Gesteins), von der Temperatur und der jeweiligen elektrolytischen Konzentration. Die letztere Komponente ist abhängig von der regionalen geologischen Position. Hierfür genügt die Angabe des Ortes.

Bei Übereinstimmung aller geologisch-petrographischen Merkmale streuen die Widerstandswerte gleicher Gesteinstypen nicht mehr so stark, besonders bei den Sedimentgesteinen. Bei den Eruptivgesteinen ist eine kurze, alles umfassende Definition nicht immer möglich, der Gesteinsname ist nur ein Sammelbegriff verschiedener Variationen, die Widerstandswerte streuen beträchtlich.

Von den Messungen von Gesteinen mit den geforderten näheren Angaben sind erst wenige vorhanden. Diese werden zuerst gebracht, anschließend Zusammenstellungen aus der Literatur mit Werten, die den tatsächlichen Verhältnissen am nächsten kommen. Das vorliegende große Material der „Trockenwiderstände" ist aus den oben genannten Gründen fortgelassen. Günstiger liegen die Verhältnisse bei den Erzen wegen ihrer Elektronenleitfähigkeit. Von den in der Literatur gebrachten Daten sind darum viele brauchbar. Die noch vorhandenen Streuwerte können erklärt werden durch die variable Zusammensetzung und Struktur und die verschieden stark beigemischte Gangart. Durch die jeweilig sehr wechselnden Elektroden-Übergangswiderstände treten außerdem noch Meßfehler hinzu.

Das für die Widerstandsmessungen Gesagte gilt auch für die Bestimmung der Dielektrizitätskonstante. In den meisten Fällen wird es sich wohl um Bestimmungen an angetrockneten Proben handeln.

32351 Elektrische Widerstandswerte von Gesteinen nahe der Erdoberfläche.

Grdw. = Grundwasser	norm. = normal (gesättigt)	t. = tonig
Sch. = Schichten	ob. = oberer	tr. = trocken
Sd. = Sand	oberfl. = oberflächlich	unt. = unterer
af. = künstl. angefeuchtet	oberh. = oberhalb	verw. = verwittert
f. = natürl. durchfeuchtet	schw. = schwach	zerkl. = zerklüftet
mittl. = mittlerer	sd. = sandig	Messungen Nr. 1—74
mtg. = mächtig	st. = stark	von Ebert

Nr.	Gestein	Geologische Bezeichnung und Beschaffenheit	Durchfeuchtungszustand	Temp. °C	Ort	Widerstand ϱ in $\Omega \cdot$ m
1	Sande . . .	Diluvialer Höhensand gleichm. körnig .	oberh. Grdw.	+7	ndl. Hannover	440
2		,, ,, .	,, ,,	+4	westl. Nienburg a. W.	460
3		,, ,, .	im ,,	+7	ndl. Hannover	260
4		,, ,, .	,, ,,	+15	nw. Malchow i. M.	295
5		,, ,, .	,, ,,	+4	nö. Nienburg a. W.	280
6		sehr kiesig	oberh. Grdw.	+1,5	bei Arneburg	1330
7		Talsand	,, ,,	+15	westl. Celle	1510
8		,, ...	im ,,	+15	,, ,,	375
9		,, ...	,, ,,	+0	nö. Stendal	360

32351 Elektrische Widerstandswerte von Gesteinen nahe der Erdoberfläche (Fortsetzung).

Nr.	Gestein	Geologische Bezeichnung und Beschaffenheit	Durchfeuchtungszustand	Temp. °C	Ort	Widerstand ϱ in $\Omega \cdot m$
10	Sande . .	Schluffsand, glimmerreich	norm. f.	—	Tal d. Wilden Gerlos i. Tirol	630
11		Sander	norm. f.	—	ndl. Karow i. M.	5700
12		Dünensand	,, ,,	+6	nw. Celle	7700
13		,, ...	,, ,,	+15	westl. Gifhorn	6200
14		,, ...	,, ,,	—	Zinnowitz	6760
15	Moor . .	Flachmoor	durchnäßt	+7	ndl. Burgdorf i. H.	130
16		,, ...	,,	+3	nö. Nienburg a. W.	80
17		,, ...	,,	+4	,, ,, ,, ,,	100
18		,, ...	,,	—	Bad Karlsbrunn	90
19		Hochmoor	,,	11	auf Brockengranit i. Harz	430
20	Lehme . .	Geschiebemergel sd.	norm. f. 0,2 mtr.	+7	nö. Hannover	160
21		,, sd.	schw. f.	+1,5	ndl. Stendal	110
22		,, t.	norm. f.	+4	nö. Stendal	45
23		,, t.	,, ,,	0	,, ,,	55
24		,, t.	,, ,,	+15	ndl. ,,	44
25		,, t.	,, ,,	+15	westl. Goldberg i. M.	44
26		Schlick	,, ,,	+7	n. Hannover	65
27		,, der Elbe .	,, ,,	—0,5	sdl. Tangermünde	70
28		,, t.	,, ,,	+15	Fischbeck a. d. Elbe	21
29		,, t. mit Sandlagen	,, ,,	+15	,, ,, ,, ,,	90
30		Löß, glazial	,, ,,	0	westl. Merseburg	25
31		,, ,, ...	,, ,,	0	sw. ,,	25
32		,, ,, ...	,, ,,	+15	Haddenhausen i. Westf.	26
33		Löß, nicht glazial .	,, ,,	—	bei Darmstadt	43
34		,, ,, ,, .	,, ,,	—	b. Bergheim (Erft)	41
35		,, ,, ,, .	,, ,,	—	Zehren (Elbe)	40
36	Tone . . .	des Unt. Lias . . .	,, ,,	+5	nö. Braunschweig	9
37		des Mittl. Lias . .	,, ,,	+4	östl. ,,	6,6
38		des Ob. Lias mergelig	,, ,,	+4,5	nö. ,,	10,7
39		des Braunjura sd. .	,, ,,	+12	östl. ,,	36
40		,, ,, ,,	,, ,,	+15	Wiehengebirge	38
41		Kaolin	,, ,,	—	Tagebau b. Zettlitz	58
42	Mergel . .	der Ob. Kreide Salzberg-Sch. . .	,, ,,	+0,5	ndl. Blankenburg a. H.	12
43		Münder Mergel t. mit Gipslagen.	,, ,,	—	sw. Minden i. W.	34
44		Münder Mergel t. ohne Gipslagen	,, ,,	+15	Wiehengebirge	31
45		d. Cenoman	,, ,,	—	Ohrum	18,5
46		d. Unt. Kreide, Flammenmergel .	,, ,,	—	b. Wolfenbüttel	13,2
47		d. Unt. Dogger . .	,, ,,	—	nw. Dangstetten	13,0
48	Kalke . .	rein kristallin aus Ob. Muschelkalk . .	,, ,,	—	Thüringen	3000
49		aus d. Devon . . .	,, ,,	—	Reichenstein (Schles.)	3000
50		Dolomit, rein . . .	,, ,,	—	Waldshut (Baden)	3000
51		Kreide v. Rügen. .	,, ,,	—	Stubbenkammer	148
52	Sandstein .	der Ob. Kreide Heidelberg-Sch. .	oberfl. st. zerkl. oberh. Grdw.	+0,5	n. Blankenburg a. H.	324
53		des Unt. Buntsandstein	norm. f.	—	Werragebiet	130
54	Quarzit. .	aus Ramsbecker Schichten. . . .	,, ,,	—	Ramsbeck (Sauerld.)	6000 bis 8000
55	Grauwacke	aus Ramsberger Schichten. . . .	,, ,,	—	,, ,,	1500 bis 2500
56	Schiefer .	Wissenbacher Schiefer	,, ,,	+2,5	sdl. Blankenburg a. H.	710
57		Wissenbacher Schiefer	,, ,,	—	Ramsbeck (Sauerld.)	700
58		Oberkoblenz-Schiefer	,, ,,	+2,5	Hüttenrode i. H.	335

Ebert

32351 Elektrische Widerstandswerte von Gesteinen nahe der Erdoberfläche (Fortsetzung).

Nr.	Gestein	Geologische Bezeichnung und Beschaffenheit	Durchfeuchtungszustand	Temp. °C	Ort	Widerstand ϱ in $\Omega \cdot$m
59	Schiefer	Devon-Schiefer m. zahlreichen dichten Quarzitlagen	,, ,,	+10	Altvater-Gebirge	13000
60		Kulm-Kieselschiefer	,, ,,	+8	westl. Elbingerode i. H.	1570
61	Granit	normalkörnig, verw.	,, ,,	0	Bodetal i. H.	160
62		,, auf Steinbruchsohle	schw. f.	8	sdl. Thale i. Harz	4300
63		grobkörnig, schw. verw.	,, ,,	—	Lindenfels i. Odenw.	1150
64		st. verw. u. zersetzt	norm. f.	—	ö. Bensheim i. Odenw.	490
65		mit Amphibolit	,, ,,	—	Ob. Beerbach i. Odenwald	650
66	Granitporphyr	etw. verw.	,, ,,	—	b. Meißen	1050
67	Diorit	normal-körnig	,, ,,	—	Lützelbach i. Odenw.	7000
68	Gabbro		,, ,,	—	Seeheim i. Odenwald	490
69	Amphibolit	norm.	,, ,,	—	Odenwald	150—200
70		schwefelkieshaltig	,, ,,	—	,,	90
71	Quarzporphyr		,, ,,	—	sö. Gr. Umstadt	378
72	Gneis		,, ,,	—	Altvatergebirge	900
73		umgewand. Randzone	,, ,,	—	,,	500
74	Glimmerschiefer		,, ,,	—	Reichenstein i. Schles.	500—600

Gestein	Feuchtigkeitsgehalt	Widerstand ϱ in $\Omega \cdot$m	Lit.
Gelber Flußsand	0,86% H_2O	830	*1*
	1,52% H_2O	380	*1*
	9,5 % H_2O	95	*1*
Gartenerde	3,3 % H_2O	1670	*1*
	17,3 % H_2O	60	*1*
Ton	4,4 % H_2O	1450	*1*
	16,1 % H_2O	50	*1*
	28,0 % H_2O	16	*1*
Sandstein (26% Porenvolumen)	20% NaCl-Lösung	0,3	*5*

Gestein	ϱ in $\Omega \cdot$m	Lit.
Gangquarz	100000—150000	*3*
Diabas f.	200	*1*
Frische Lava (zw. Phyllit u. Andesit)	3200—6640	*3*
Geologisch veränderte Lava (verw.)	166	*3*
Graphitschiefer	0,005—3,5	*2*

Leitfähigkeit von Seewasser vgl. S. 438.

Anschließend werden noch Widerstände einiger geologischer Stufen gebracht, die eine Folge von verschiedenen Gesteinen zusammenfassen. Unterschiede bei den einzelnen Vorkommen sind zu erwarten, wenn die Schichtfolgen mehr oder weniger vollkommen ausgebildet sind.

Stufe	Ort	$\Omega \cdot$m
Diluvium in großer Mächtigkeit, Mittelwert		100 $\Omega \cdot$m
Münder Mergel	Wiehengebirge	40—50 ,,
Gigas-Schichten	Wiehengebirge	180 ,,
Unterer und Mittlerer Kimmeridge	Wiehengebirge	40 ,,
Keuper, Schilfsandstein	Kadelburg i. Baden	51 ,,
Muschelkalk, Trigonodusdolomit	b. Rheinfelden	162 ,,
,, ,,	b. Waldshut	130 ,,
,, Nodosusschichten	b. Rheinfelden	400 ,,
,, ,,	b. Säckingen	160 ,,
,, Hauptmuschelkalk	ö. Lörrach	440 ,,
,, Orbicularisschichten	b. Weizen	46 ,,
Unterer Buntsandstein	Thüringen	140 ,,
Oberer Zechstein	Epichnellen	54 ,,
Mittlerer Zechstein (Letten und Dolomit)	Epichnellen	190 ,,
Mittlerer Zechstein (Letten)	Walkenried a. Harz	44 ,,
Unterer Zechstein (Letten und Kalk)	Thüringer Wald	330 ,,
Oberes Rotliegendes (Ton)	,, -Etterwinden	95 ,,
Unteres Rotliegendes (Porphyrkonglomerat, verw.)	Walkenried a. Harz	70 ,,

Ebert

Erze.

Magnetkies	0,0005—0,01	*1, 2, 4*	Molybdänglanz	0,5	*4*
Magneteisenerz	0,001—0,1	*2, 4*	Roteisenstein	10^4—10^7	*2, 4*
Bleiglanz	10^{-7}—$5\cdot10^{-2}$	*2, 4*	Oolith. Roteisenerz	$5\cdot10^6$	*4*
Buntkupfererz	0,005—0,001	*2, 4*	Blutstein	$5\cdot10^7$	*4*
Kupferkies	0,002—1	*2, 4*	Zinnober	$2\cdot10^9$	*4*
Schwefelkies	0,001—50	*1, 4*	Zinkblende	$1,5\cdot10^8$—10^6	*1, 4*
Graphiterz	0,01—2	*2*	Wolframit	10^5	*3*

Abweichende Widerstände zeigen die Gesteine unterhalb der Oberfläche in großen Tiefen von einigen hundert oder tausend Meter. Der Widerstand wird vermindert durch den jeweiligen höheren Druck, durch die höhere Temperatur und durch den regional höheren Elektrolytgehalt (Salzwasser). Z. B. in Niedersachsen:

	Oberfläche	Tiefe
Münder Mergel	$\varrho = 45$	$5\ \Omega\cdot m$
Tone des Ob. Lias	$\varrho = 17$	$4\ \Omega\cdot m$

32352 Dielektrizitätskonstanten von Gesteinen.

Gestein	Fundort	ε	Lit.
Eruptivgesteine			
Granit	Okertal (Harz)	7—8	*4*
,,	Mittweida	8—9	*4*
,,	Fuchsberg bei Striegau	8	*4*
,,	Steinerne Renne	8	*4*
Syenit	Plauenscher Grund	13—14	*4*
Eläolithsyenit	Ditrobach b. Ditro	8—9	*4*
Diorit	Lemberg	9—10	*4*
Trachyt	Monte Civino	8—9	*4*
Porphyr	—	13	—
Tonporphyr	bei Elend	13	*4*
Melaphyr	Schneidemüllerkopf (Kammerberg)	13	*4*
,,	—	14	—
Glimmermelaphyr	Lehnberg b. d. Elbersburg (Harz)	14—15	*4*
Basalt	Kalbe a. Meißner	13	*4*
Metamorphe Gesteine			
Gneis	?	8—9	*4*
,, feinkörnig	Annaberg	11—12	*4*
,,	Mont Brevent (Chamonny)	14—15	*4*
Gneis m. Hornblende	Liebenstein (Thür. Wald)	12	*4*
Gneis mit Hornblende	—	14	—
Granulit	—	8	—
Glimmerschiefer	Trusental bei Brotterode	16—17	*4*
Sericitschiefer	Wiesbaden	11—12	*4*
Hornfels	NO.-Hang, Gr. Wintersberg	7—8	*4*
,,	Kontakt m. schwarzem Porphyr; N.-Elbingerode	9—10	*4*
Phyllit	Tapia, St. Louis (Argentinien)	13	*4*
Quarz-Phyllit, Yerba buena	b. Tapia (Argent.)	8—11	*4*
Quarzitschiefer	Weg v. Mina vieja nach Bajo de Vilio (Argent.)	9	*4*

Gestein	Fundort	ε	Lit.
Sedimentgesteine			
Kalke	—	8—12	—
Kalk, körnig in Phyllit	Unt. Martilltal (Ortlergebiet)	8—9	*4*
Marmor	—	8,5	—
Kalk	Feuchtigk. 24%	21	*6*
Kalk	Feuchtigk. 27%	29	*6*
	,, 27%	34	*6*
Stringcephalenkalk (Mittelderon)	Lindener Mark (bei Gießen)	8—9	*4*
Unt. Muschelkalk	Hardegsen b. Göttingen	12	*4*
Korallendolomit	Osterwald, sö. Koppenbrügge	8—9	*4*
Dolomit, Anhydrit	—	7,3	—
Dolomit, Anhydrit	W. Walkenried (Harz)	7	—
Gips	—	5,5	—
Sandsteinkitt,	—	9—11	—
Buntsandstein	SO-Hang d. Benther Berges bei Hannover	9	*4*
Schilfsandstein (obere Lage)	Stuttgart	11	*4*
Wüstengarten-Quarzit	Sandberg b. Übertal	7	*4*
Grauwacke	Brandhai, (Harz)	9—10	*4*
Schiefer	—	6—16	—
Blauer Ton	Feuchtigk. 23%	29	*6*
	,, 25%	46	*6*
	,, 27%	75	*6*
Sandiger Ton	Feuchtigk. 21%	42	*6*
	,, 26%	48	*6*
Lehm	,, 22%	25	*6*
Kalkiger Lehm	,, 21%	25	*6*
Erze			
Zinkblende	—	7,8	—
Zinnerz	—	24	—
Eisenspat	—	7,4	—
Roteisenstein (79,5 Fe)	Grube Eleonore bei Wetzlar	~25	*4*
Brauneisenstein mit Spateisen	Grube Jean bei Wetzlar	10—11	*4*

Ebert

Literatur zu 32351/2.

[1] Eve, A. S., u. D. A. Keys: Applied geophysics, Cambridge 1938. — [2] Haalck, H.: Lehrbuch der angewandten Geophysik, Berlin 1934. — [3] Falkeu. H. Kihlstedt: Electrical Methods in Prospecting for Gold, Trans. American Inst. of Mining, New York 1934. — [4] Loewy, H.: Ann. Physik **36** (1911). — [5] Reich, H.: Angew. Geophysik, Leipzig 1933. — [6] Smith-Rose, R. L.: Proc. roy. Soc. London **140** (1933).

32353. Sonstige Zahlwerte.

In der Angewandten Geophysik werden, in vielfältiger Abwandlung, elektrische Verfahren zur Untersuchung des Untergrundes verwendet, sowohl von der Erdoberfläche aus wie in Bohrlöchern. Zugang zu den dabei gewonnenen Zahlwerten, auch über natürliche Erdströme infolge chemischer Vorgänge im Boden, durch die zitierte Literatur. — Über natürliche Erdströme, die durch erdmagnetische Variationen induziert werden, vgl. 32929. Leitfähigkeit im Erdinnern vgl. 329291.

Literatur zu 32353.

[1] Reich, H, u. R v. Zwerger: Taschenbuch der angewandten Geophysik. 407 S. Leipzig 1943: Akad. Verlagsges. (Elektrische Messungen, von J. N. Hummel u. F. Hallenbach). — [2] Jakosky, J. J.: Exploration Geophysics. 1200 S. Los Angeles 1950: Trija Publ. Co — [3] Heiland, C. A.: Geophysical Exploration. 1013 S. New York 1940: Prentice-Hall, Inc. — [4] Cagniard, Louis: La prospection géophysique. 203 S. Paris 1950: Presses Universitaires. — [5] Coster, H. P.: „Electrical conductivity of rocks at high temperature". MN Geophys. Suppl. **5** (1948) 193 bis 199. — [6] Thiele, H.: „Geoelektrik in Beziehung zur Grundwasserchemie und Hydrologie." Sonderheft „Wasseraufbereitung..." D. Verein von Gas- und Wasserfachmännern. Hannover 1949. — Auch Diss. Bergakad. Clausthal 1949. — [7] Jones, P. H., and T. B. Buford: „Electrical logging applied to ground-water exploration." Geophysics **16** (1951) 115 bis 139.

3236 Thermische Daten von Gesteinen.

Die Haupttabellen 1 und 2 geben Schmelztemperaturen, spezifische Wärme, Wärmeleitfähigkeit und Temperaturleitfähigkeit. Tabelle 3 gibt Daten über den Einfluß von Druck und Wassergehalt auf die Wärmeleitfähigkeit (nach Clark in [1]). Tabelle 4 gibt den radioaktiven Gehalt und die Wärmeentwicklung in Gesteinen [1]. Wo mehrere Daten vorlagen (Anzahl n), wurde die Streuung der Werte angegeben.

Wichtigste Literatur:

[1] Birch, F., J. F. Schairer u. H. C. Spicer: Handbook of Physical constants. Geol. Soc. America, Special papers Nr. 36 (1942). — [2] Daly, R. A.: Igneous rocks and the depths of the earth. 1933. — [3] D'Ans, J., u. E. Lax: Taschenbuch für Chemiker und Physiker, Berlin (1943, 1948). — [4] Schulz, K.: Fortschr. Min. Petrogr. **3** (1913) 301 und **9** (1924) 378.

Bemerkung zu den Schmelztemperaturen. Ein Gestein schmilzt, als Vielstoffsystem, nicht bei einer bestimmten Temperatur, sondern in einem Temperaturbereich. Die in Tabelle 1 gegebenen Temperaturen für den Beginn des Schmelzens beziehen sich auf Atmosphärendruck und auf „trockene" Gesteine. Wenn leichtflüchtige Bestandteile, insbesondere Wasser, sich in den Schmelzen lösen können, wie es bei Magmen unter Druck immer der Fall ist, dann liegen die Schmelztemperaturen (Erstarrungstemperaturen) beträchtlich niedriger. R. W. Goranson (1931) hat unter verschieden hohen Wasserdampfdrucken die Temperaturen experimentell bestimmt, bei denen Granit gerade vollständig geschmolzen ist (Liquiduspunkte); bei diesen Temperaturen beginnt also die Kristallisation.

Gewichtsprozent Wasser	Liquiduspunkt in °C ($\pm$ 50° C)
0	1100
1	1085
2	1060
3	1020
4	960
5	875
6	760
6,5	680 (1000 at Wasserdampfdruck)
7	600

Über die Druckabhängigkeit der Schmelztemperaturen von Gesteinen liegen keine experimentellen Untersuchungen vor. Man muß entsprechend der Gleichung von Clausius-Clapeyron eine Erhöhung der Schmelztemperaturen mit steigendem allseitigem Druck erwarten. Jedoch dürfte die Formel für Drucke, wie sie in einigen hundert Kilometern Tiefe herrschen, nicht mehr ohne weiteres anwendbar sein. Für das Mineral Diopsid ergibt sich, daß der Schmelzpunkt um etwa 4,6° je Kilometer Erdtiefe erhöht wird. Für Eruptivgesteine wurde eine Erhöhung der Schmelztemperaturen um 5° in 1 Kilometer Tiefe, um 4° in 2 Kilometer Tiefe und um 3° in 3 Kilometer Tiefe geschätzt (Holmes, Adams, Jeffreys). Der direkte Einfluß des Druckes auf die Änderung der Schmelztemperaturen ist also geringer als derjenige des (mit dem Druck zunehmenden) Gehaltes an leichtflüchtigen Bestandteilen.

Ebert, Winkler

Nach Definition ist der Quotient aus dem Wärmeleitvermögen λ und dem Temperaturleitvermögen a gleich dem Produkt von spezifischer Wärme und Dichte. Die Zahlwerte für λ (Einheit cal · sec^{-1}cm^{-1} grad^{-1}) und a (Einheit cm^{2}sec^{-1}) sind in Tabelle 2 mit 1000 multipliziert gegeben. Vgl. auch S. 366.

Tabelle 1. Schmelztemperaturen einiger Eruptivgesteine. [2]

Gestein	Schmelztemperatur: Beginn des Schmelzens °C	Schmelztemperatur: „Fließen" der Schmelze °C	n	Gestein	Schmelztemperatur: Beginn des Schmelzens °C	Schmelztemperatur: „Fließen" der Schmelze °C	n
Granite	1235 (Douglas, 1907)	1255		Gabbro	—	1085	
	950—900 (Goranson, 1931)	1215		Syenit	1165	1175	1
	< 700 „wahrscheinlich bei 570" (Greig, 1931)	Wird in einer Woche bei 800° „halbflüssig". (Für Basalt liegt d. entsprechende Temperatur bei 1100°.)		Diorit	—	1125—1147	2
				Andesit	1095—1098		3
				Basalt	1040—1060		4
						1070—1107	3
				Diabas	1150	1225	1
				Quarzdiabas	1085	1105	1

Tabelle 2. Spezifische Wärmen, Wärme- und Temperatur-Leitvermögen.

Eruptiv-Gesteine.

Gestein	Spezifische Wärme: Temperatur °C	c_p in cal · g^{-1} · grad^{-1}	Streuung	n	Wärmeleitvermögen: Temperatur °C	$\lambda \cdot 10^3$ in cal/sec · cm · grad	Streuung	n	Temperaturleitvermögen: Temperatur °C	$a \cdot 10^3$ cm^2 · sec^{-1}	n
Granit	13—100	0,192	+ 0,0020 — 0,003	3	30	5,2—8,1		mehrere	60	6—14	6
	18—100	0,195	± 0,001	3	0	6,66		1			
					50	6,25					
	0	0,191		6	100	5,90					
					200	5,50					
	200	0,227									
	400	0,260			0	5,80		1			
					50	5,60					
	800	0,332			100	5,42					
					200	5,12					
	65% Orthoklas, 25% Quarz, 9% Albit, 1% Magnetit										
	0	0,155	berechnet aus Mineralbestand	1							
	200	0,227									
	400	0,256									
	800	0,270									
Granodiorit	20% Quarz, 60% Andesin, 9% Hornblende, 10% Augit, 1% Magnetit										
	0	0,167	berechnet aus Mineralbestand								
	200	0,232									
	400	0,258									
	800	0,280									
Syenit	18—100	0,1986		1	20	4,43		1	20	8,9	1
					50	5,25		1			
					100	5,08					
					200	4,99					

Gestein	Spezifische Wärme: Temperatur °C	Spezifische Wärme: c_p in cal · g^{-1} · $grad^{-1}$	Spezifische Wärme: Streuung	Spezifische Wärme: n	Wärmeleitvermögen: Temperatur °C	Wärmeleitvermögen: $\lambda \cdot 10^3$ in cal/sec · cm · grad	Wärmeleitvermögen: Streuung	Wärmeleitvermögen: n	Temperaturleitvermögen: Temperatur °C	Temperaturleitvermögen: $a \cdot 10^3$ cm^2 · sec^{-1}	Temperaturleitvermögen: n
Diorit	65	0,1935		8	60 ?	5,52		1	60 ?	12,3	1
	50% Andesin, 40% Hornblende, 9% Orthoklas, 1% Magnetit										
	0	0,170	berechnet aus Mineralbestand	1							
	200	0,236									
	400	0,260									
	800	0,282									
Anorthosit					0	4,19	+ 0,24 — 0,16	3			
					100	4,28					
					200	4,43					
Gabbro	45% Labrador, 45% Augit + Olivin,				30	6,0	± 0,1	2			
	5% Hornblende, 5% Magnetit				0	5,55		1			
					100	5,25					
	0	0,172	berechnet aus Mineralbestand	1	200	5,13					
	200	0,236			0	4,75		1			
	400	0,263			100	4,75					
	800	0,292			200	4,76					
					300	4,78					
					400	4,81					
Dunit					0	12,4		3			
					50	10,5					
					100	9,4					
					200	8,1					
Porphyr	18—100	0,197		1	25 Quarzp.	8,0		5			
Andesit	18—100	0,199		1							
Basalt	10—100	0,213	+ 0,044 — 0,016	14	?	5,3—4,3		mehrere	?	8,3	
	0	0,205		3	18	3,71	± 0,27	2	50	6,8	1
	200	0,248									
	400	0,273			20	2,89		1			
	800	0,315			100	4,17					
	1200	0,356									
Diabas	0	0,167		1	0	5,26	+ 0,25 — 0,15	3			
	200	0,208			100	5,15					
	400	0,236			200	5,14					
	800	0,284									
	1200	0,325									
Trachyt	18—100	0,208	± 0,001	2	17—70	5,5—5,9			20	9,6—10,2	
Tuffe	21—100	0,296	± 0,035	2	16—100	0,870	± 0,263	2			
Sediment-Gesteine.											
Konglomerat	17—100	0,209	± 0,002	2	50	5		1			
Sandstein	0—100	0,207	± 0,033	4	20	3,5—10		mehrere	20	4,6—13,3	2
	50	0,194		8							
	50	0,174 (glimmerhaltig)		1							

Winkler

Gestein	Spezifische Wärme: Temperatur °C	c_p in cal $\cdot g^{-1} \cdot grad^{-1}$	Streuung	n	Wärmeleitvermögen: Temperatur °C	$\lambda \cdot 10^3$ in cal/sec $\cdot$ cm $\cdot$ grad	Streuung	n	Temperaturleitvermögen: Temperatur °C	$a \cdot 10^3$ cm² $\cdot sec^{-1}$	n
Sande	18—100	0,203 bei 100° getrocknet 0,2085 lufttrocken	± 0,011 + 0,014 — 0,008	3 3	18	0,70 wasserfrei 2,49 10% Wasser	± 0,07 ± 0,2	5 3			
Kalkstein	17—100 50 50	0,217 0,162 0,198	+ 0,005 — 0,011	4 3 10	20 20 0 100 200 125 260 340	5—8 kompakt 2,5—5,5 porös 7,2 5,5 4,8 3,7 3,5 3,2	± 0,3 ± 0,2 ± 0	mehrere mehrere 1 2	?	12—16	mehrere
Dolomit					0 100 200	11,9 9,3 8,0		1	50	8,5	1
Mergel	17—100	0,207	± 0,001	2	17	2,2—5,3		3			
Tone	0 200 400 800 1200 0 200 400 800	0,191 0,224 0,258 0,426 0,426 0,179 0,224 0,270 0,361		1 1	17	2,2—4,4		mehrere	~ 50 (mit steigender Dichte höhere Werte)	3,4—7,2	5
Schieferton					20 50 250 650 950	6,6—1,4 2,17 2,45 3,06 3,28		4 1			
Lehm					18	0,62 lufttrocken 2,05 mit Wasser gesättigt	+ 0,27 — 0,32 ± 0,03	6 2			
Böden					20	1,7—2,8 (7—20% Wasser)		mehrere	Vergl. 32377		
Torf	18—100 18—100	0,507 bei 100° getrocknet 0,529 lufttrocken 0,443		1 1							

Winkler

Metamorphe Gesteine.

Gestein	Spezifische Wärme: Temperatur °C	c_p in cal · g^{-1} · grad^{-1}	Streuung	n	Wärmeleitvermögen: Temperatur °C	$\lambda \cdot 10^3$ in cal/sec · cm · grad	Streuung	n	Temperaturleitvermögen: Temperatur °C	$a \cdot 10^3$ cm^2 · sec^{-1}	n
Gneis	18— 99	0,196		1	?	4,3—6,7		5	~ 50	8—13	mehrere
	17—215	0,214			30	9,7		1			
	17—100	0,195		1							
	0	0,177		1							
	200	0,242									
Glimmerschiefer					?	7		1			
Schiefer	0	0,169		1	0	4,9	± 0,3	2			
	200	0,239			100	4,5					
	400	0,263			120	3,7		1			
	800	0,287			190	3,9					
	1200	0,304			300	3,5					
Marmor	0	0,179		1	30	7,7—5,0		17	60 ?	10,7	1
	200	0,239			0	7,28		1	?	8,5—14,7	4
	400	0,270			100	5,85					
					200	5,15					
					120	3,7	± 0,3	3			
					200	3,6	± 0				
					340	3,1	± 0,3				
Quarzit	0	0,167		1	25	13,6	± 2,0	17			
	200	0,232									
	400	0,270			0	14,9		1			
	800	0,280			100	12,5					

Tabelle 3. Einfluß von Wassergehalt und Druck auf die Wärmeleitfähigkeit einiger Gesteine.

λ_o = Wärmeleitfähigkeit des lufttrockenen, nicht unter Druck stehenden Gesteins bei 45° C;
$\Delta\lambda_w$ = Zunahme der Leitfähigkeit des mit Wasser getränkten Gesteins;
$\Delta\lambda_p$ = Zunahme der Leitfähigkeit des lufttrockenen Gesteins unter 703 at Druck;
$\Delta\lambda_{wp}$ = Zunahme der Leitfähigkeit des getränkten Gesteins unter 703 at Druck;
λ_m = maximale beobachtete Leitfähigkeit des unter Druck stehenden getränkten Gesteins.
Einheit für λ_0 und λ_m 10^{-3} cal cm^{-1} sec^{-1} grad^{-1}.

Gestein	Dichte	Porosität %	λ_0	$\frac{\Delta\lambda_w}{\lambda}$ %	$\frac{\Delta\lambda_p}{\lambda}$ %	$\frac{\Delta\lambda_{wp}}{\lambda}$ %	λ_m
Marmor, Danby, Vt.	2,67	1,1	5,80	11	13	2	6,62
Kalkstein: Solnhofen	2,60	3,4	5,03	23	13		6,19
Bedford, Ind.	2,31	13,2	4,40	14	7	1	5,06
Bermuda	1,55	43	2,11		22		2,57
Sandstein: Doubling Gap. Pa.	2,64	0,5	9,20	13	18	4	10,9
Owl Canyon, Colo.	2,17	22	4,43	36	30	6	6,3
Schieferton; Sunderland, Mass.	2,67		3,87		10		4,25
Tonschiefer; Pennsylvania	2,76		4,32		4		4,50
Anorthosit	2,72		4,13		1		4,17
Gabbro; Wisconsin	2,87		4,51		2		4,60

Tabelle 4. Radioaktiver Gehalt und Wärmeentwicklung in Gesteinen (siehe auch 32317).

	Gesteinsart				
	Saure Eruptivgesteine	Basische Eruptivgesteine	Ultrabasische Gesteine	Steinmeteoriten	Eisenmeteoriten
Ra in 10^{-12} g/g					
Bereich	0,1 —8,0	0 —1,1	0 —0,6	0,07—2,2	0 —0,2
Durchschnitt	1,4 ±0,6	0,4 ±0,2	0,2 ±0,1	0,12 ±0,06	0,03 ±0,015
UI in 10^{-6} g/g					
Bereich	0,3 —23	0 —3	0 —1,7	0,2 —6	0 —0,6
Durchschnitt	4,0 ±2,0	1,1 ±0,6	0,6 ±0,3	0,3 ±0,2	0,09 ±0,04
Th in 10^{-6} g/g					
Bereich	3 —50	0 —15	0 —8	?	?
Durchschnitt	13 ±6	4 ±2	2 ±1	0,5 ±0,25	0,04 ±0,02
Th/UI-Verhältnis	4 ±2	4 ±1	3 ±1	1,5 ±0,7	0,5 ±0,25
K in 10^{-2} g/g	2,8 ±0,5	1,4 ±0,3	0,4 ±0,2	0,26 ±0,13	0 ±0,01
Wärmeentwicklung in 10^{-6} cal/Gramm/Jahr					
UI + AcU	3,0 ±1,5	0,8 ±0,4	0,44 ±0,2	0,22 ±0,15	0,07 ±0,03
Th	2,6 ±1,2	0,8 ±0,4	0,4 ±0,2	0,1 ±0,05	0,008 ±0,004
K	0,14 ±0,02	0,07 ±0,01	0,02 ±0,01	0,013 ±0,006	0
Gesamt	5,6 ±1,7	1,7 ±0,8	0,9 ±0,4	0,33 ±0,2	0,08 ±0,03

3237 Bodenkunde.

32370 Vorbemerkungen.

Bodenkundliche Zahlenwerte sind nicht so allgemeingültig wie Messungsergebnisse für physikalisch und chemisch gut definierte Stoffe. Es gibt keine Materialkonstanten im üblichen Sinne, da kein Boden einem anderen völlig gleicht. Alle Bodenuntersuchungen liefern nur Aussagen über einzelne Eigenschaften eines sehr komplizierten Systems, die nur beschränkt für andere ähnliche Systeme gelten.

Bodenkundliche Tabellen können vorläufig nur als eine unvollständige Sammlung von Beispielen und Stichproben aufgefaßt werden, deren Zahlenwerte strenggenommen nur für die mitgeteilten Einzelfälle gelten.

Der Begriff „Boden" wird in verschiedenem Sinne angewendet [*1*]. Der Boden ist das klimabedingte, petro- und biogene Umwandlungsprodukt der äußersten festen Erdkruste [*2*]. Bei der Bodenbildung wird aus dem geologischen Ausgangsmaterial, dem Gestein, ein neuer „Körper" mit so speziellen Eigenschaften, daß man den Boden als eigenartige Naturbildung neben die Atmosphäre, Lithosphäre und Hydrosphäre stellen kann („Pedosphäre") [*3*].

Der Boden ist ein polydisperses System, dessen „Struktur" sich aufbaut aus festen anorganischen und organischen Teilen und aus Poren der verschiedensten Größe. Die Poren können teils mit Wasser, Lösungen und Solen, teils mit Luft oder anderen Gasen gefüllt sein. Der Boden enthält ferner lebende und tote Pflanzenteile (Wurzeln) und — mindestens in seinen obersten Schichten — eine sehr reiche Mikroflora und eine arten- und individuenreiche Mikro- und Makrofauna.

Der Boden ist kein totes gegebenes Gebilde, sondern ein dynamisches System [*3*, *4*], das sich in ständiger Umwandlung befindet und das sich, z. B. unter dem Einfluß des Klimas, meist in bestimmter Richtung entwickelt. Die Geschwindigkeit dieser Entwicklung kann u. a. durch das Ausgangsmaterial, durch die Vegetation und durch menschliche Einwirkung weitgehend beeinflußt werden.

Das Verhältnis Boden — Pflanze beschäftigt die Bodenkunde nur hinsichtlich der Einwirkung der Pflanze auf den Boden. Die Fragen nach dem Einfluß des Bodens auf die Pflanze gehören in die Arbeitsgebiete der Pflanzenphysiologie, der Agrikulturchemie und der angewandten Bodenkunde.

Literatur.

[*1*] Vgl. z. B.: Blanck, E.: Einführung in die genetische Bodenlehre. Göttingen 1949. — Kubiena, W.: Mitt. d. Geogr. Ges. **86** (1943) 308. — [*2*] Pallmann, H.: Schweiz. Landw. Monatshefte **20** (1942) 1 bis 4. — [*3*] Stebutt, A.: Lehrbuch d. allg. Bodenkunde. Berlin 1930. — [*4*] Laatsch, W.: Dynamik d. deutschen Acker- und Waldböden. Dresden und Leipzig 1944.

32371 Bodenbildung.

Böden entstehen aus Gesteinen durch physikalische, chemische und biologische Vorgänge. Die wirksamsten bodenbildenden Agentien sind Klima (Groß-, Lokal-, Mikroklima) und Vegetation, unter deren Einfluß das ursprünglich homogene Material in „Horizonte" differenziert wird, die für die „Bodentypen" charakteristisch sind. Einige Beispiele klimatischer Bodentypen: Braunerde („Brauner Waldboden") im gemäßigten Klima Mitteleuropas; Podsol (Bleicherde), Klimaxtyp des kühl-humiden Klimas; Schwarzerde (Tschernosem), Bodentyp des Steppenklimas mit Sommerdürre und Winterkälte; Laterit, Klimaxtyp des humiden Tropenklimas mit Wechsel von Regen- und Trockenzeiten. Umfangreiches Zahlenmaterial und Literaturnachweise über Bodenbildung in:

Blanck, E.: Einführung in die genetische Bodenlehre. Göttingen 1949.

32372 Korngrößenzusammensetzung des Bodens. Bodenarten.

Jeder Boden enthält als polydisperses System Korngrößen vom Ion bis zu groben Körnern. Einteilung in Korngrößengruppen konventionell. International am weitesten verbreitet ist das von Atterberg *[1]* vorgeschlagene System. Weitere Unterteilung nach verschiedenen Systemen. Durchmesser bedeutet „Äquivalentdurchmesser" wegen der unregelmäßigen Gestalt der Bodenkörner. „Ton" ist hier Korngrößen-, keine Materialbezeichnung. Über die Methoden der Korngrößenbestimmung (Mechanische Analyse, Schlämmanalyse, Dispersoidanalyse) vgl. z. B. [2].

Nach der überwiegenden Korngröße (und nach der chemischen Zusammensetzung) werden „Bodenarten" unterschieden. Zur feineren Differenzierung der Bodenarten kann u. a. das System von Tommerup [4] dienen.

Korngrößen im Boden.

Bezeichnung der Korngrößen [1]	Korndurchmesser mm
Steine	> 20
Kies	20 —2
Grobsand	2 —0,2
Feinsand	0,2 —0,02
Schluff (engl.: „silt")	0,02—0,002
Rohton, Kolloidton („clay")	<0,002

Bodenarten.

Bodenart	Mindestgehalt [3] an Steinen %	Sand %	Ton %	$CaCO_3$ %	Humus %
Steinböden	80	—	—	—	—
Sandböden	—	80	—	—	—
Lehmböden	—	50	20	—	—
Tonböden	—	—	50	—	—
Mergel	—	—	20	5	—
Kalkböden	—	—	—	50	—
Humusböden	—	—	—	—	20

Literatur.

[1] Atterberg, A.: Landw. Versuchsstat. **69** (1908) 99; Intern. Mitt. Bodenkde. **2** (1912) 317. — [2] Zusammenfassende Darstellungen z. B.: v. Hahn, F. V.: Dispersoidanalyse. Dresden u. Leipzig 1928. — Köhn, M.: Beiträge z. Theorie u. Praxis d. mechan. Bodenanalyse. Landw. Jahrb. **67** (1928) 485. Geßner, H.: Die Schlämmanalyse. Leipzig 1931. — [3] Nowacki-Dueggeli: Praktische Bodenkunde. 8. Aufl., S. 138. Berlin 1930. — [4] Tommerup, E. C.: Verh. I. Kommission d. Int. Bodenkundl. Ges., S. 155. Paris 1934.

32373 Kolloid-(Ton-)Gehalt des Bodens [1].

Alle Eigenschaften des Bodens werden weitgehend durch seinen Gehalt an Kolloidton, d. h. an Teilchen unter 2 μ Durchmesser, bestimmt. Kolloidton besteht aus kristallisierten Tonmineralien, und daneben — oft stark zurücktretend — finden sich darin andere Mineralien, wie Quarz, Feldspate, Augit, Glimmer, Hydrargillit, Cristobalit; ferner Hydroxyde bzw. Oxydhydrate des Si, Fe, Al in Gelform; Phosphate des Fe, Al, Ti, Ca; Carbonate, besonders des Ca; organische Stoffe (Humus). In manchen Böden wurden auch „Allophane", d. h. röntgenamorphe Aluminiumsilikatgele, nachgewiesen [2]. In den oberen Bodenschichten bilden Humusstoffe mit Tonmineralien z. T. sehr stabile Komplexe (Sorptionsverbindungen) [3].

Wichtigste Tonmineralien [4].

Gruppe	Name des Minerals	Formel [5]	Sorptionskapazität m val/100 g	Vorkommen
Kaolinit	Kaolinit Halloysit Metahalloysit	$Al_2O_3 \cdot 2\,SiO_2 \cdot 2\,H_2O$ $Al_2O_3 \cdot 2\,SiO_2 \cdot 4\,H_2O$ $Al_2O_3 \cdot 2\,SiO_2 \cdot 2\,H_2O$	niedrig, < 15	Besonders in keramischen Tonen. — In sauren Böden [7]
Montmorillonit	Montmorillonit Nontronit Beidellit Hectorit	$Al_2O_3 \cdot 4\,SiO_2 \cdot H_2O \cdot n\,H_2O$ $Fe_2O_3 \cdot 4\,SiO_2 \cdot H_2O \cdot n\,H_2O$ $Al_2O_3 \cdot 3\,SiO_2 \cdot n\,H_2O$ (?) $Mg_3(OH)_2[Si_4O_{10}] + n\,H_2O$	hoch, bis ~150	In Bentoniten. — Montmorillonit [25] u. Nontronit in vielen Böden
Glimmerartige Tonmineralien	Sarospatit Illit	$Me^{I}_{y}[Si_{8-y}\,Al_y\,O_{20}\,(OH)_4]$ (Me^{III}, $\frac{3}{2}Me^{II}$) [6]	mittel, ~20	In vielen Böden
Meerschaumartige Tonmineralien	Attapulgit		mittel, ~20	In Fullererden. — In mediterranen Böden [8]

32 3731 Adsorption und Basenumtausch [9].

Tonmineralien [10], anorganische Gele [11] und organische Bestandteile [10, 12] des Bodens adsorbieren Ionen, vor allem Kationen, austauschbar. Die Kolloidteilchen des Bodens verhalten sich etwa wie große polyvalente Anionen [13]. Der Umtausch erfolgt äquivalent, und zwar entweder extramizellar oder extra- und intramizellar, das letztere vor allem bei den quellbaren Mineralien der Montmorillonit-Gruppe [14]. Einwertige Kationen tauschen entsprechend der Hofmeisterschen Regel von Li bis Cs zunehmend leichter ein, schwerer aus. Nach der Schulzeschen Regel wächst die Eintauschfähigkeit, sinkt die Austauschbarkeit mit steigender Wertigkeit. Maßgebend ist Durchmesser und Hydratation der Ionen [15]. Über selektive Adsorption von Kationen durch Tonmineralien vgl. z. B. [16]. Über den Einfluß der Anionen auf Umtauschvorgänge der Kationen siehe z. B. [17]. Das H-Ion nimmt eine Sonderstellung ein [18]. — Von Anionen wird anscheinend nur PO_4''' merklich adsorbiert [19].

Diese Verhältnisse werden charakterisiert [20] durch: die Sorptionskapazität T (in mval/100 g Boden), die Summe S der sorptiv gebundenen Basen (in mval/100 g Boden), den Sättigungsgrad V, den Sorptionsmodul q. Es gelten folgende Beziehungen:

$$y = \frac{x \cdot S}{x + q_s \cdot S}, \qquad y = \frac{x \cdot T}{x + q_t \cdot T}, \qquad V = \frac{100\, S}{T}.$$

Hierin ist x die Anfangsmenge, y die angelagerte Menge des einwirkenden Ions. T setzt sich zusammen aus S und den adsorbierten H- und Al-Ionen. (Vgl. auch den Abschnitt Bodenazidität.)

Sorptionsverhältnisse verschiedener Böden [21].

Bodenart	Herkunft	Adsorbierte Kationen (mval/100 g Boden) H	Al	Na	K	Mg	Ca	S	q_s	T	V
Sand . . .	Barlo, Holland	5,01	1,98	0,27	0,08	0,34	0,11	0,80	30	7,79	10
Feinsand . .	Groenlo, Holland	3,73	0,12	0,30	0,17	0,07	1,71	2,25	10,6	6,10	37
Lehmig.Sand	Hedel, Holland	0,71	—	0,15	0,08	0,85	5,91	6,99	1,33	7,70	91
Lehm . . .	Scheemda, Holland	4,80	2,10	0,37	0,39	3,06	10,30	14,12	0,98	21,02	67
Lehm . . .	Onderdijk, Holland	4,63	—	0,50	0,65	2,93	13,87	17,95	1,68	22,58	80
Lehm . . .	Bahri, Ägypten	0,67	—	4,23	0,35	15,04	26,04	45,66	0,72	46,33	99
Ton	Kafr Dimetun, Ägypten	0,81	—	6,92	1,52	19,16	27,95	55,55	0,78	56,36	99

Sorptionsverhältnisse verschiedener Bodentypen und -profile [22].

Bodentyp	Horizont	Tiefe	Gehalt an adsorbierten Kationen in mval/100 g Boden				in % der Kationensumme		
		cm	H	Ca	Mg	Summe	H	Ca	Mg
Tschernosem (Schwarzerde)	A	0—15	—	46,5	6,8	53,3	—	87,2	12,8
	B	30—45	—	36,0	5,0	41,0	—	88,0	12,0
		75—90	—	33,0	4,1	37,1	—	89,0	11,0
	C	90—105	—	32,1	4,7	36,8	—	87,2	12,8
Humuspodsol	A	0—5	38,5	—	—	—	—	—	—
		10—15	9,5	1,7	0,9	12,1	78,5	13,9	7,5
		15—20	3,2	1,0	0,4	4,6	70,8	20,8	8,4
		20—25	0,7	0,7	0,4	1,8	39,4	40,5	20,1
	B	30—35	0,3	2,1	1,9	4,3	6,2	50,1	43,7
		50—55	0,4	5,9	5,6	11,9	3,6	49,5	46,9
		100—105	0,5	6,8	5,1	12,4	3,9	54,6	41,5

32 3732 Durchschlämmung (Filtrationsverlagerung) [23].

Innerhalb des Bodenprofils können Kolloidteilchen durch Wasser transportiert werden. Bei vorwiegend abwärts gerichteter Wasserbewegung im Boden (humides Klima) verarmen infolgedessen die obersten Schichten. Dort abgewanderte Kolloide können in tieferen Schichten, z. B. infolge Koagulation durch entgegengesetzt geladene Teilchen, abgelagert werden und so diese Schichten („Illuvialhorizonte") anreichern. Diese Durchschlämmung ist im Podsolprofil unter Mitwirkung saurer Humusstoffe (Schutzkolloide?) besonders prägnant.

Durchschlämmung von Bodenprofilen [24].

Boden, Herkunft	Tiefe cm	Ton %	Boden, Herkunft	Tiefe cm	Ton %
Podsol (Molkenboden), Schießhaus (Solling)	0—20	11,9	Podsol (Molkenboden), Fulda-Nord	0—10	11,5
	20—30	9,9		10—20	11,3
	35—45	15,1		20—45	14,0
	45—65	21,7		45—90	22,1
	70—90	24,1			

Köhn

Literatur.

[1] Zusammenfassende Darstellung in: Scheffer, F., u. P. Schachtschabel: Hdb. d. Bodenlehre, 1. Erg.-Bd., S. 275ff. Berlin 1939. — Über organ. Bodenkolloide vgl. z. B. Maiwald, K.: ebda. S. 377ff. — [2] Hofmann, U.: Fiat Review 25, Anorgan. Chemie, Tl. III, 23. Wiesbaden 1948. — [3] Meyer, L.: Forschungsdienst 11 (1941) 344. — Laatsch, W.: Kolloid-Z. 102 (1943) 60. — [4] Zusammenfassende Berichte z. B. in: Eitel, W.: Physikal. Chemie d. Silikate. 2. Aufl. Berlin 1941. — Hofmann, U.: a. a. O. — [5] Idealformeln, Grenzfälle der Zusammensetzung. Al kann mehr oder weniger durch Fe, Mg (Ca) vertreten werden. Für das Beispiel der Montmorillonite vgl. Winchell, A. N.: Amer. Mineralogist 30 (1945) 510. Näheres über die Nontronite: Wachruschew, W. A.: Schr. Mineralog. Ges. UdSSR (2) 78 (1949) 60 bis 61. Ref.: Chem. Zentralbl. 1950, I, 1, 1077. — [6] Mägdefrau, E.: Sprechsaal Keram., Glas, Email 74, Nr. 39—42 (1941). In der Formel ist $y < 2, > 1$. — [7] v. Engelhardt, W.: Chemie d. Erde 13 (1940) 1. — [8] Michaud, R., R. Cerighelli u. G. Drouineau: C. R. hebd. Séances Acad. Sci. 222 (1946) 94. — [9] Gedroiz, K. K.: Der adsorbierende Bodenkomplex, Dresden u. Leipzig 1929; Die Lehre vom Adsorptionsvermögen der Böden, Dresden u. Leipzig 1931. — Vageler, P.: Kationen- u. Wasserhaushalt des Mineralbodens. Berlin 1932. — Bersin, Th.: Naturw. 33 (1946) 108. — [10] Vgl. hierzu z. B.: Correns, C. W.: Z. Bodenkde., Pflanzenernährung 21/22 (1940) 656. — Schachtschabel, P.: Kolloid-Beih. 51 (1940) 199. — [11] Laatsch, W.: Z. f. Naturwiss., Org. d. Naturwiss. Vereins f. Sachsen u. Thüringen 95 (1941) 17. — [12] Jung, E.: Z. Bodenkde., Pflanzenernährung 32 (1943) 325. — [13] Mattson, S.: J. Amer. Soc. Agric. 18, 458, 516. — [14] Hofmann, U., u. A. Hausdorf: Kolloid-Z. 110 (1945) 1. — [15] Wiegner, G., u. K. W. Müller: Z. Pflanzenernährung, Düngung, Bodenkde. A 14 (1929) 321. — [16] Schachtschabel, P.: Z. Bodenkde., Pflanzenernährung 23 (1941) 1. — [17] Ungerer, E.: Kolloid-Z. 52 (1930) 227. — [18] Scheffer u. Schachtschabel: a. a. O. — [19] Murphi, H. F.: Hilgardia 12 (1939) 343. — Laatsch, W.: Kolloid-Z. 102 (1943) 60. — Von S. Mattson (Soil Science 30 (1930) 459) wurde jedoch auch die Adsorption von SO_4'' und Cl' an Bodenkolloiden nachgewiesen. — [20] Zur Methodik vgl. z. B.: Vageler, P., u. F. Alten: Z. Pflanzenernährung, Düngung, Bodenkde. A 22 (1931) 48. — [21] Auszug aus: Vageler, P., u. F. Alten: Z. Pflanzenernährung, Düngung, Bodenkde. A 24 (1932) 202, 209; A 29 (1933) 65. — [22] Auszug aus: Gedroiz, K. K.: a. a. O. — [23] Vgl. hierzu z. B.: Storz, M.: Kolloid-Beih. 25 (1927) 319. — Pallmann, H., E. Frei u. H. Hamdi: Kolloid-Z. 103 (1943) 111. — [24] Auszug aus: Albert, R., u. M. Köhn: Z. Forst- u. Jagdwesen 62 (1930) 411. — [25] D'Ans, J., u. E. Ulrich: Naturwiss. 36 (1949) 344—345.

32374 Bodenstruktur.

Die Einzelteilchen („Primärteilchen") des Bodens treten selten als selbständige Individuen auf. Meist sind sie durch anorganische oder organische Stoffe zu Aggregaten (Sekundärteilchen, Krümel) mehr oder weniger fest verkittet. Zwischen diesen, auch zwischen Primärteilchen und innerhalb der Sekundärteilchen liegen Hohlräume der verschiedensten Dimensionen und Formen. Diese können teils mit Gasen (Luft), teils mit Wasser (Lösungen, Solen) gefüllt sein. Form, Größe, Lagerungsart usw. der Aggregate bestimmen die Bodenstruktur. Sie ist sehr variabel und von größter Bedeutung für die Biologie und die Fruchtbarkeit des Bodens. Ein in optimaler Struktur befindlicher Boden ist „gar" [2].

Eine befriedigende Untersuchungsmethode fehlt. Aus den Ergebnissen der Korngrößenbestimmung des nur mit Wasser aufbereiteten und des durch Beladung mit Li-Ionen möglichst weitgehend dispergierten Bodens läßt sich ein „Strukturfaktor" berechnen, der ein gewisses Maß für die „Krümelungstendenz" ergibt [3].

Einen Eindruck von der Veränderung der Bodenstruktur durch Frost geben die hier im Auszug angeführten Messungen der Luftdurchlässigkeit [4]. Angegeben ist die Luftmenge in Litern, die bei einem Überdruck von 50 mm H_2O durch eine Säule von 15 cm Höhe und 3,8 cm Durchmesser eines gekrümelten Lehmbodens mit konstantem Wassergehalt (18 Gew.-%) strömte.

Wirkung des Frostes auf die Bodenstruktur [4].

Lagerung des Bodens	Luftvolumen in % des Gesamtvolumens	Luftdurchlässigkeit in Liter/5 min						
		vor dem Frost	nach dem 1.	3.	7.	11.	13.	15. Frost
locker	27,1	8,0	8,6	8,9	9,5	10,5	9,2	7,2
	21,8	2,3	2,4	2,7	3,3	4,0	4,0	4,4
dicht	18,9	1,1	1,2	1,6	2,5	3,3	3,8	3,9

Literatur.

[1] Zusammenfassende Darstellung z. B.: Densch, A.: Hdb. d. Bodenlehre VI, 28. Berlin 1930. — Ehrenberg, P.: Z. Pflanzenernährung, Düngung, Bodenkde. A 29 (1933) 25. — [2] Sekera, F.: Phosphorsäure 10 (1941) 257. — Laatsch, W.: ebda. 301. — [3] Vageler, P., u. F. Alten: Z. Pflanzenernährung, Düngung, Bodenkde. A 22 (1931) 44. — [4] Kuhnke, A.: Wiss. Archiv f. Landwirtsch. 3 (1930) 647. Die Zahlen sind vom Ref. abgerundet.

Köhn

32375 Boden und Wasser.

323751 Statik des Bodenwassers.

1. Hygroskopizität W_H ist die Wassermenge in g/100 g Boden, die an den Teilchengrenzflächen des trockenen Bodens adsorbiert wird, ohne daß bei weiterer Wasserzufuhr Benetzungswärme frei wird. Sie ist eine Funktion der Gesamtoberfläche der Bodenteilchen, also u. a. der Korngröße und der Menge und Art der adsorbierten Kationen [2]. W_H wird vom Boden sehr angenähert über 10% H_2SO_4 aufgenommen [3] und läßt sich aus der Kationenbelegung näherungsweise berechnen [2, 4]. Über die Abhängigkeit vom Salzgehalt des Bodens, vom Dampfdruck, über Eigenschaften des adsorbierten Wassers usw. vgl. z. B. Alten u. Kurmies [1].

Hygroskopizität W_H verschiedener Bodenarten in g H_2O/100 g Boden.

Boden [5]	Korngröße mm	W_H	Boden [5]	Korngröße mm	W_H	Boden [2]	W_H	Boden [2]	W_H
Quarzsand	2—1	0,055	Quarzsand	0,17—0,11	0,138	Feiner Quarzsand	0,03	Milder Lehm . .	3,00
	1—0,5	0,057		0,11—0,07	0,168	Sandboden (Krume) .	1,06	Strenger Lehm . .	6,54
	0,5—0,25	0,085		0,07—0,01	0,203	Lehmiger Sand. . .	1,40	Tiefland-Moor . .	18,42
	0,25—0,17	0,101				Sandiger Lehm . .	2,09	Schwerer Ton (Java)	23,81

2. Benetzungswärme ist die bei der Benetzung des völlig trockenen Bodens mit Wasser freiwerdende Wärmemenge in cal/g. Sie ist u. a. eine Funktion der Kationenbelegung und der Gesamtoberfläche der Bodenteilchen. Sie ist mehr oder weniger ein Ausdruck für die Hydratationsenergie der adsorbierten Kationen [6]. Die Benetzungswärme eines Bodens ändert sich bei dessen adsorptiver Sättigung mit $Na^{\cdot}$, $K^{\cdot}$, $Mg^{\cdot\cdot}$, $Ca^{\cdot\cdot}$ im Verhältnis 1,00 : 0,66 : 1,26 : 1,32 [7].

Benetzungswärme W_B verschiedener Böden in cal/g.

Boden [8]	W_B	Boden [9]	W_B	Boden [9]	W_B
Sand	0,54	Spergauer Silbersand. .	0	Zettlitzer Kaolin . .	2,2
Sandiger Lehm . .	1,65	Quarzmehl 2—10 μ . .	1,0	Na-Bentonit. . . .	16,1
Lehm.	2,41	Quarzmehl 2— 3 μ . .	1,5	Ca-Bentonit	22,0
Ton	7,84				

3. Quellung und Schrumpfung. Die meisten Böden enthalten quellungsfähige anorganische und organische Stoffe (Ton, bes. die Montmorillonite, bzw. Humus). Zur Charakterisierung dient a) die „kubische Schwindung" [10]: $\varepsilon = 100\,\frac{(V_1 - V_2)}{V_2}$, worin V_1 das Volumen des feuchten gequollenen Probekörpers, V_2 das des getrockneten ist; b) die eindimensionale „lineare Schrumpfung" [11] ε_{lin} in % der Dimension des gequollenen Probekörpers.

4. Minimale Wasserkapazität C_{min} ist die durch Molekularkräfte (elektrische Feldkräfte) der Teilchengrenzflächen von 100 g Boden gegen die Schwerkraft gehaltene Wassermenge in g. Sie ist unabhängig von der Lagerung der Bodenteilchen und von den dadurch bedingten Menisken. In erster Annäherung ist $C_{min} = 4{,}5 \cdot W_H$ [12].

Hygroskopizität W_H, minimale Wasserkapazität C_{min} und lineare Schrumpfung ε_{lin} verschiedener Böden [13].

Bodenart	Herkunft	Mechanische Zusammensetzung				W_H	C_{min}	ε_{lin}
		Grobsand %	Feinsand %	Schluff %	Ton %			
Sand.	Groenlo, Holland	69,6	28,0	1,0	1,4	0,8	7,3	0
Moränensand .	Barlo, Holland	66,8	24,1	6,4	2,7	1,6	15,6	0
Lehmiger Sand	Bahri, Ägypten	57,3	25,7	8,8	9,0	2,2	16,3	0,5
Lehm	Hedel, Holland	6,1	51,2	21,4	21,3	4,7	30,6	5,2
Lehm	Onderdjik, Holland	4,6	29,8	27,9	37,7	7,2	59,3	13
Ton	Kafr Dimetun, Ägypten	1,6	6,2	20,0	72,2	14,4	66,1	18

5. Plastizität [14]. Die Plastizität ist bedingt durch den Mineralaufbau des Bodens, durch Menge und Art seines Tongehaltes und durch die Kationenbelegung [15]. Von Bedeutung ist die Thixotropie [16]. In der Bodenkunde werden folgende Kennzahlen nach Atterberg [17] verwendet: a) Fließgrenze, b) Ausrollgrenze [18], c) Plastizitätszahl = Differenz a)—b).

Köhn

Plastizitätseigenschaften verschiedener Böden.

Boden [9]	Herkunft	Ton %	F	A	P	Boden	Herkunft	Ton %	F	A	P
Toniger Schluff .	Drakenburg	9	46,2	25,7	20,5	Ton [9] . .	Haiger	49	64,4	27,4	37,0
Toniger Feinsand	Königsberg	11	30,4	18,0	12,4	Ton [9] . .	Haiger	54	42,2	33,6	8,6
Feinsandiger Ton	Walsum	21	37,7	19,0	18,7	Ton [9] . .	Haiger	58	57,1	22,3	34,7
Ton . . .	Hemmoor	49	77,6	23,1	54,5	Ton [9] . .	Darmstadt	63	69,1	26,5	42,6
						Löß [19] . .	Roßbach	nb.	26	21	5
						Lößlehm [19]	Altenburg	nb.	33	17	16

F = Fließgrenze, A = Ausrollgrenze, P = Plastizitätszahl = $F-A$. F und A = Wassergehalt in Gew.-% der Trockensubstanz.

323752 Dynamik des Bodenwassers.

1. Kapillarität. Wasser wird in Bodenporen durch Kapillarkräfte gehoben bzw. festgehalten, abhängig von den Porendimensionen und von der Kationenbelegung der Bodenteilchen [2]. Da die Bodenporen nicht eigentlich Kapillaren im Sinne der Kapillartheorie sind [20], wird der Begriff „Äquivalentdurchmesser" empfohlen [21]. Höhe und Geschwindigkeit des kapillaren Wasseraufstiegs lassen sich durch eine Hyperbelgleichung darstellen [22]. Zur Messung vgl. [22, 23]. Über teils wasser-, teils lufterfüllte Kapillaren vgl. z. B. [1, 24].

2. Kritische Schichtdicke. Das ist die Dicke der Bodenschicht, durch welche Wasser gerade noch mit einer Geschwindigkeit von 0,2 mm/Std. durch Kapillarkräfte usw. bewegt wird, was für die Versorgung der Pflanzenwurzeln eben ausreicht. Sie läßt sich aus der kapillaren Steiggeschwindigkeit berechnen [25].

3. Durchlässigkeit [26], d. h. die Wassermenge, die bei bestimmtem Druck in der Zeiteinheit durch die Flächeneinheit einer Bodensäule bestimmter Höhe fließt. Einheitliche Definitionen und Meßmethoden fehlen noch. Näheres siehe [1].

Kapillare Steighöhe, kritische Schichtdicke und Wasserdurchlässigkeit verschiedener Böden [27].

Bodenart	Herkunft	Mechanische Zusammensetzung				Steighöhe	Kritische Schichtdicke	Durchlässigkeit
		Grobsand %	Feinsand %	Schluff %	Ton %	mm	mm	(relativ)
Seesand . . .	—	—	—	—	—	128	—	5143
Sand.	Bahri, Ägypten	80,6	12,4	2,8	4,2	256	250	400
Lehmiger Sand	Bahri, Ägypten	45,0	36,9	7,5	10,6	526	500	105
Lehm	Karim, Sudan	38,3	10,5	11,8	39,4	500	480	30
Ton	Sufiya, Sudan	10,1	14,9	20,0	55,0	500	470	62
Ton	Wad el Shafi Lugad, Sudan	3,1	11,0	21,7	64,2	74	62	8
Ton	Gannabia, Hameidan, Sudan	6,9	14,0	11,1	68,0	27	17	2,6

Literatur.

[1] Zusammenfassende Darstellungen z. B.: Zunker, F.: Hdb. d. Bodenlehre VI, 83. Berlin 1930. — Alten, F., u. B. Kurmies: ebda. 1. Erg.-Bd., 150. Berlin 1939. — [2] Vageler, P., u. F. Alten: Z. Pflanzenernährung, Düngung, Bodenkde. A **21** (1931) 323. — Vageler, P.: Kationen- und Wasserhaushalt des Mineralbodens. Berlin 1932. — Alten u. Kurmies: a. a. O. — [3] Mitscherlich, A.: Bodenkunde. 4. Aufl., 66. Berlin 1923. — [4] Vageler, P., u. F. Alten: a. a. O. A **21** (1931) 323; A **22** (1931) 21. — Kurmies, B.: Forschungsdienst, Sonderheft **7** (1937) 27. — [5] Dobeneck, A. Frh. v.: Forsch. Geb. Agrikultur-Physik **15** (1892) 196. — [6] Vageler, P., u. F. Alten: Z. Pflanzenernährung, Düngung, Bodenkde. A **23** (1932) 240. — Alten, F., u. B. Kurmies: Beih. Z. Ver. Dtsch. Chemiker 1935, Nr. 21. — [7] Alten, F., u. B. Kurmies: Hdb. d. Bodenlehre, 1. Erg.-Bd., 173. — [8] Janert, H.: Z. Pflanzenernährung, Düngung, Bodenkde. A **19** (1931) 298. — [9] Endell, K., W. Loos, H. Meischeider u. v. Berg: Veröff. d. Dtsch. Forsch.-Ges. f. Bodenmechanik **5**. Berlin 1938. — [10] Zunker, F.: a. a. O. — [11] Vageler, P., u. F. Alten: Z. Pflanzenernährung, Düngung, Bodenkde. A **22** (1931) 46. — [12] Vageler, P.: a. a. O. 111, 315. — [13] Vageler, P., u. F. Alten: Z. Pflanzenernährung, Düngung, Bodenkde. A **24** (1932) 187, 202, 209, 235; A **29** (1933) 65. — [14] Zur Theorie vgl. z. B.: Mack, Ch.: J. appl. Physics **17** (1946) 1086, 1093, 1101. — Prager, W.: J. appl. Physics **18** (1947) 375. — Umstätter, H.: Strukturmechanik. Dresden u. Leipzig 1948. — [15] Endell, K., u. U. Hofmann: Ang. Chemie A **60** (1948) 237. — [16] Tamamushi, B.: Bull. chem. Soc. Japan **18** (1938) 234; Kolloid-Z. **104** (1943) 116. — Lecuir, R.: C. R. **223** (1946) 637. — [17] Atterberg, A.: Intern. Mitt. Bodenkde. **1** (1911) 10. — [18] Statt der Ausrollgrenze wird neuerdings eine besser definierte und reproduzierbare „Rißgrenze" empfohlen. — Kuron, H.: Z. Pflanzenernährung, Düngung, Bodenkde. **42** (**87**) (1948) 140. — [19] Scheidig, A.: Der Löß. Dresden u. Leipzig 1934. — [20] Vageler, P.: a. a. O. 117. — [21] Sekera, F.: Z. Bodenkde. Pflanzenernährung

Köhn

6 (**51**) (1938) 259. — [*22*] Vageler, P., u. F. Alten: Z. Pflanzenernährung, Düngung, Bodenkde. A **21** (1931) 342. — [*23*] Sekera, F.: Z. Pflanzenernährung, Düngung, Bodenkde. A **22** (1931) 87. — [*24*] Schmidt, W., u. P. Lehmann: S.B. Akad.Wiss. Wien, Math.-Nat. Kl., Abt. IIa, **138** (1929) 823. — [*25*] Vageler, P.: a. a. O. 130, 314. — [*26*] Zur Theorie vgl. z. B. [*1*], ferner: Umstätter, H.: a. a. O. — Casman, P. C.: Journ. Agric. Sci. **29** (1939) 262. — Keyes, W. F.: J. Soc. chem. Ind. **58** (1939) 277. — Walther, H.: Kolloid-Z. **103** (1943) 233. — Leibenson, L. S.: Bull. Acad. Sci. URSS, Sér. géogr. géophysique **10** (1946) 3. — Ruth, B. F.: Ind. Engng. Chem., ind. Edit. **38** (1946) 564. — [*27*] Vageler, P., u. F. Alten: Z. Pflanzenernährung, Düngung, Bodenkde. A **23** (1931) 210, 260.

32376 Bodenazidität [*1*].

Jeder Boden enthält H-Ionen, teils frei in der Bodenlösung (Herkunft u. a.: CO_2, Bildung von H_2SO_4 bei Verwitterung von Pyrit usw., Stoffwechselprodukte von Mikroorganismen, saure Humusstoffe), teils adsorbiert. Die Bodenazidität ist pflanzenphysiologisch und bodenbiologisch [*2*] wichtig, sie beeinflußt weitgehend alle Bodeneigenschaften. Sie unterliegt jahreszeitlichen Schwankungen [*3*].

Suspendierungseffekt [*4*].

p_H-Werte verschieden konzentrierter Suspensionen eines H-Tones

Relative Tonmenge	p_H
100,0	4,47
50,0	4,72
33,3	4,93
18,2	5,20
9,7	5,31
0,0 (= Ultrafiltrat)	5,64

Man unterscheidet: aktuelle Azidität (= freie H-Ionen), Austausch- und hydrolytische Azidität (= locker bzw. fest adsorbierte H-Ionen). Letztere beide zusammen = potentielle Azidität.

Gemessen wird entweder die H-Ionenkonzentration (p_H) oder die Titrationsazidität (= Laugenverbrauch zur Neutralisation von 100 g Boden), und zwar p_H in Suspension, wegen des „Suspendierungseffektes" [*4*], Titrationsazidität im filtrierten Bodenextrakt. Behandlung des Bodens mit Wasser (aktuelle Azidität), KCl-Lösung (Austauschazidität) oder Ca-Azetatlösung (hydrolytische Azidität). Vollständiger Austausch der H-Ionen erfolgt erst nach häufig wiederholter Extraktion des Bodens mit jeweils frischer Lösung. Meist wird nur der Wert y_1 (= cm^3 n/10 NaOH zur Neutralisation des ersten Extraktes) angegeben. Endwert der Austauschazidität $\simeq 3{,}5 \cdot y_1$. Über die Rolle des Al-Ions vgl. [*5*].

Pufferung [*7*]. Hierunter wird der Widerstand des Bodens gegen Reaktionsänderungen verstanden. Zur Kennzeichnung wird eine „Pufferkurve" aus den p_H-Werten des Bodens bei steigendem Zusatz von n/10 Säure bzw. Base konstruiert. Die von dieser Kurve und der eines pufferfreien Bodens (gereinigter Seesand) eingeschlossene Fläche ist die „Pufferfläche" [*8*].

Pufferung verschiedener Böden gegen Säure [*9*].

Boden	Austausch- Azidität	hydrolytische Azidität	p_H der Bodensuspension bei Zusatz von n/10 NaOH in cm^3/10 g Boden											Pufferfläche
	y_1	y_1	0	1	2	3	4	5	6	7	8	9	10	cm^2
Vers.-Feld 1 .	0	3,1	7,73	6,56	5,89	5,63	5,04	4,78	4,49	3,82	3,69	3,62	3,30	49,8
Vers.-Feld 3 .	0	9,5	6,50	5,55	4,75	4,32	3,86	3,61	3,32	3,16	2,89	2,73	2,58	30,1
Röttgen . . .	7,1	17,2	5,07	4,52	4,13	3,78	3,33	2,91	2,77	2,63	2,51	2,38	2,30	17,8
Kottenforst . .	11,0	19,0	3,87	3,33	3,15	2,75	2,69	2,48	2,44	2,33	2,25	2,21	2,18	6,3

Aziditätsverhältnisse verschiedener Bodentypen und Bodenarten [*6*].

Herkunft des Bodens	Bodentyp	Bodenart	Horizont	Tiefe	p_H in		Austausch- Azidität	hydrolytische Azidität
				cm	H_2O	KCl	y_1	y_1
Schwarzwald .	Braunerde auf Granit	Sandiger Lehm	*A*	0—6	4,28	3,75	58,1	164,5
			B	10—20	5,14	4,07	26,0	80,5
				25—35	5,05	4,20	19,0	72,6
			C	45—60	5,64	4,32	10,1	51,9
Kaiserstuhl . .	Braunerde auf Dolerit	Sandiger Lehm	*A*	0—5	5,56	4,48	0,7	44,6
				10—20	5,61	4,24	3,9	38,7
			B_1	30—40	6,29	4,91	0,9	26,1
			B_2	50—60	6,63	5,60	0,5	21,9
				70—80	7,43	5,57	0,7	18,1

Köhn

Aziditätsverhältnisse verschiedener Bodentypen und Bodenarten [6].

Herkunft des Bodens	Bodentyp	Bodenart	Horizont	Tiefe cm	pH in KCl	pH in H_2O	Austausch- Azidität y_1	hydrolytische Azidität y_1
Kaiserstuhl . .	Braunerde auf Löß	Lößlehm über Löß	A	0—10	7,75	7,45	0	2,0
			B_1	15—20	7,85	7,39	0	1,7
				30—35	7,95	7,42	0	0,7
			B_2	35—45	7,95	7,90	0	0,4
			C	50—60	7,80	7,79	0	0,6
Schwarzwald .	Podsol (Gleipodsol) auf mittl. Buntsandstein	Lehmiger Sand	A_1	0—10	4,16	3,60	76,2	249,7
			A_2	15—25	4,29	3,73	51,2	84,7
			B	40—45	4,54	4,22	21,2	41,5
			C	50—55	4,82	4,35	12,4	19,7
			$C(G)$	60—70	4,85	4,01	32,7	39,2

Literatur.

[1] Kappen, H.: Die Bodenazidität. Berlin 1929. — Vageler, P.: Kationen- u. Wasserhaushalt des Mineralbodens. Berlin 1932. — [2] Berge, H.: Naturwiss. Rdschau. **2** (1949) 73. — [3] Lüdi, W.: Ber. Geobotan. Inst. Rübel. Zürich **1940** (1941) 31. — [4] Pallmann, H.: Diss. ETH. Zürich 1930; Kolloid-Beih. XXX, 344. — [5] Vageler, P.: a. a. O. 159. — [6] Köhn, M.: Unveröffentlichte Messungen. — [7] Kappen, H.: a. a. O. 69. — [8] Jensen, S. T.: Intern. Mitt. Bodenkde. **14** (1924) 112. — [9] Kappen, H.: a. a. O. 85.

32377 Boden und Wärme [1].

1. Bodentemperatur. Die Bodentemperatur hängt ab von der Witterung, von einer etwa vorhandenen, isolierend und ausgleichend wirkenden Bodendecke (Vegetation, Laubstreu, Humus, Schnee), von Bodenart, Wasser- und Luftgehalt (Lagerungsdichte).

Temperaturschwankungen der Oberfläche dringen abgeschwächt und verzögert in die Tiefe, sie verhalten sich in zwei Schichten mit dem Abstand x wie $1 : s$, wobei $s = e^{-\nu \cdot x}$, $\nu = \sqrt{\frac{\pi \cdot \varrho \cdot c}{T \cdot \lambda}}$. ($\varrho$ = Dichte, c = spezifische Wärme, λ = Wärmeleitzahl des Bodens, T = Schwingungsperiode der Temperatur in sec). Die Phasenverzögerung $\varphi \sim \nu \cdot x$, also $s \sim e^{-\varphi}$.

1a. Täglicher Gang der Bodentemperatur. Für je 10 cm Tiefenabstand ist s in Sandböden $\sim$ 0,4—0,6, in Moor $\sim$ 0,25 (in Granit 0,7).

Abhängigkeit der Bodentemperatur von Witterung und Vegetation [2].

Tägliche Temperaturzunahme (° C) von 8 bis 14 Uhr, April bis August (langjähr. Mittel von 16 deutschen forstl.-met. Stationen)

Tiefe cm	Sonnig u. trocken Feld	Sonnig u. trocken Wald	Wolkig und naß Feld	Wolkig und naß Wald
1	7,9	5,1	4,8	3,4
15	4,0	1,5	3,1	1,3

Tagesmittel und tägliche Schwankung der Bodentemperaturen (° C), freies Feld und Wald (Sandboden, Eberswalde, Juni 1879)

Tiefe cm	Tagesmittel Feld	Tagesmittel Wald	Tägl. Schwankung Feld	Tägl. Schwankung Wald
1	20,06	17,29	11,5	6,7
15	19,97	16,19	5,8	2,5
30	17,33	15,19	1,6	0,9
60	15,85	13,19	0,2	0,1

Abhängigkeit der Bodentemperatur von der Bodenart.

Tägliche Temperaturschwankung (° C) Mustiala, Aug. 1893 [3]

Tiefe cm	Granitfelsen	Sandboden	Moor
0	20	31	31
2	16,1	19,3	9,6
5	13,8	11,8	2,8
10	11,7	7,8	1,5
20	7,9	3,9	0,4
40	3,4	0,7	0,05

Monatliche Temperaturschwankung (° C) in 1 cm Tiefe Salisbury Plain, 1925 [4]

Bodenart	Januar	Juni
Sandboden	5,4	25,9
Erde	5,4	25,0
Kies	5,7	21,1
Boden unter Gras .	3,3	16,0
Lettenboden . . .	5,0	11,5
(Luft; 1,2 m Höhe)	6,6	14,2

Köhn

Zusammenhang zwischen Boden- und Lufttemperatur [5]. Gießen, Dez. 1939 bis März 1940.

Bodenart	Gleichung	r
Basaltgrus . .	$\vartheta_{10} = 0{,}712 \cdot \Theta + 1{,}56$	0,95
Sand.	$\vartheta_{10} = 0{,}466 \cdot \Theta + 0{,}82$	0,91
lehm. Sand . .	$\vartheta_{10} = 0{,}340 \cdot \Theta + 1{,}70$	0,80
Lehm	$\vartheta_{10} = 0{,}344 \cdot \Theta + 0{,}94$	0,79
Humus . . .	$\vartheta_{10} = 0{,}180 \cdot \Theta + 1{,}33$	0,60

ϑ_{10} = Tagesmittel der Temperatur in 10 cm Tiefe, Θ = Lufttemperatur am vorherigen Tage, r = Korrelationskoeffizient. Die Gleichungen geben an, in welchem Verhältnis eine Zunahme $\Delta\vartheta$ zu einem Zuwachs $\Delta\Theta$ steht. Basaltgrus paßt sich den äußeren Temperaturverhältnissen am besten an, Humus sehr wenig.

1b. Jährlicher Gang der Bodentemperatur [*6*]. Für je 1 m Tiefenabstand ist $s \sim 0{,}6$ bis 0,7, in Moor etwa 0,46. Die Phasenverzögerung beträgt unter mitteleuropäischen Bedingungen etwa 0,75 Monate je 1 m Tiefenabstand.

Der allgemeine langfristige Temperaturverlauf wird von Tagesschwankungen nicht mehr überdeckt in Humusböden in Tiefen > 20 cm, in Lehm > 40 cm, in Sand in erheblich größerer Tiefe [*7*].

Die Ergebnisse der Beobachtungen der Bodentemperatur lassen sich völlig mittels der Theorie der Wärmeleitung erklären; Vergleich von Theorie und Beobachtung liefert das Temperatur-Leitvermögen als maßgeblichen Parameter. Der jährliche Gang wird dabei durch Überlagerung von Sinuswellen mit Perioden von 1, $^1/_2$, $^1/_3$, ... Jahr dargestellt. Empirische Formeln dieser Art vgl. [*1*, *8*, *9*]. Über die Methodik vgl. Keränen [*12*].

1c. Temperatur-Leitvermögen in situ. Temperaturleitvermögen a, berechnet aus dem beobachteten jährlichen Gang der Bodentemperaturen in natürlicher Lagerung (*Keränen* [*12*]).

Ort	Tiefe m	a cm²/sec	Autor
Königsberg, Sandboden	0 — 5	0,0089	Ad. Schmidt
Potsdam, Sandboden. .	0,2— 1	0,0104	R. Süring
	1 — 2	0,0098	,,
	2 — 4	0,0106	,,
	4 — 6	0,0115	,,
	6 —12	0,0113	,,
Dresden[1]	0 — 2,5	0,0063	P. Schreiber

[1] Wärmekapazität der Volumeinheit (Produkt aus Dichte und spez. Wärme) 0,4 cal/cm³ grad
Wärmeleitvermögen λ = 0,0025 cal/cm sec grad. Vgl. auch S. 354.

Wärmeleitvermögen λ, Temperaturleitvermögen a von Schnee (Keränen [*12*]).

Schneedichte g/cm³	λ cal/cm sec grad	a cm²/sec
0,12	0,000 10—0,000 20	0,0016—0,0032
0,16	0,000 21—0,000 47	0,0026—0,0058

Temperaturleitvermögen, aus täglichen Gängen berechnet, für Sand, Löß und humosen Boden im trockenen Sommer 1947 und im kühlen, feuchten Sommer 1948: Wächtershäuser [*13*].

2. Wärmekapazität und Wärmeleitvermögen. Wärmekapazität c und Wärmeleitvermögen (Wärmeleitzahl λ) hängen ab vom Gehalt des Bodens an Mineralien, Humus, Wasser, Luft. c setzt sich additiv zusammen aus den spezifischen Wärmen der Bodenbestandteile. Je nach Bodenart und Wassergehalt ist $c \sim 0{,}2$ bis 0,5 cal · grad⁻¹ · cm⁻³, bei Moorboden mit hohem Wassergehalt ~ 1. Wegen der besseren Leitung in den mineralischen Bodenbestandteilen ist für λ maßgebend auch die Zahl und Größe der Berührungsflächen der Bodenkörner, also auch Korngröße und Packungsdichte.

Wärmeleitzahl λ (cal · cm⁻¹ · sec⁻¹ · grad⁻¹) von Böden.

Boden	Raumgewicht g · cm⁻³	Porosität Vol.-%	Wassergehalt Vol.-%	λ
Quarzsand [*10*]			0	0,0006
Quarzsand [*11*]	1,575	39,0	7,84	0,0023
(mittl. Korngröße 0,2 mm)	1,587	38,5	9,87	0,0028
	1,585	38,6	21,5	0,0041
Kalksand [*11*]	1,652	40,1	0	0,0008
(mittl. Korngröße 0,3 mm)	1,666	39,7	10,4	0,0023
	1,673	39,4	20,8	0,0029
Schwach lehmiger Sand [*11*] .	1,600	38,2	7,4	0,0019
(90% Quarz, 4% Ton, 1,8% Humus)	1,600	38,2	14,1	0,0028
Derselbe, dicht gelagert . . .	1,704	34,1	10,3	0,0030
	1,712	33,3	20,6	0,0038
Sandiger Ton [*10*]			15	0,0022
Moor [*11*].			89,5	0,0021

Köhn

Die Unterschiede der Wärmekapazität und des Wärmeleitvermögens zeigen sich u. a. im Verhalten der Böden bei Frost.

Verhalten verschiedener Böden bei Frost [5] (Winter 1939/40).

Ort	Bodenart	*A* cm	*B* cm/Tag	*C*	Bemerkungen
Gießen	Basaltgrus	67	2,0	1,85	Böden in Lysimeterkästen, unbearbeitet, ohne Vegetation, nicht schneefrei
	Sand	52	1,7	1,68	
	lehm. Sand	40	1,1	1,24	
	Lehm	52	1,1	1,58	
	Humus	32	0,6	1	
Riedrode	Sand	89	2,5		Natürliche Böden, unbearbeitet, ohne Vegetation
Allmendfeld . . .	Sand	79	2,0		
Goddelau	sand. Lehm	54	1,3		
Griesheim	anmoor. Boden	40	1,1		

A = Frosttiefe, B = Eindringungsgeschwindigkeit, C = Frostempfindlichkeit, d. h. Integral über die von der Nullisotherme umschlossene Fläche; Maß für Dauer und Tiefe des Frostes.

3. Wärmehaushalt des Bodens [9]. Die monatliche und jährliche Wärmebilanz von Böden verschiedener Klimagebiete ergibt sich aus nachstehender Tabelle. Darin ist ϑ_B die mittlere Temperatur der Bodenoberfläche in ° C, B die vom Boden aufgenommene oder abgegebene Wärmemenge in cal/cm².

Wärmeumsatz in Böden verschiedener Klimagebiete [9].

Monat	Potsdam 1903		Sodankylä 1915/16		Irkutsk		Ikengüng (östl. Gobi) 1931/32		Batavia 1922	
	ϑ_B	B	ϑ_B	B	ϑ_B	B	ϑ_B	B	ϑ_B	B
I	—1,2	— 248	—12,9	— 119	—28,0	—310	— 9,8	—244	27,7	10
II	1,6	— 96	—11,6	— 132	—19,4	96	— 6,9	—199	27,2	38
III	6,5	88	—12,8	— 210	— 9,6	309			28,1	— 5
IV	6,6	321	— 5,2	664	3,2	723			28,2	4
V	15,8	536	1,5	1716	12,2	952	15,2	595	27,7	4
VI	18,5	568	14,8	1209	17,1	626	23,5	606	27,3	— 35
VII	20,0	384	20,8	1018	22,5	288	21,1	494	27,4	— 20
VIII	16,9	112	11,5	80	17,4	77	23,6	130	27,6	43
IX	15,0	— 120	4,8	— 338	9,1	—171	15,6	—190	28,1	33
X	9,0	— 332	— 5,1	— 808	— 3,1	—626	10,7	—464	28,1	10
XI	3,9	— 504	—14,0	— 742	—12,1	—728	— 3,1	—639	28,2	10
XII	—1,4	— 528	—25,3	— 649	—19,3	—676	—13,00	—628	27,7	— 17
Jahr		+2009 —1828		+4687 —2998		+3071 —2511				+152 — 77
		+ 181		+1689		+ 560				+ 75

Literatur.

[*1*] Zusammenfassende Darstellungen: Schubert, J.: Hdb. d. Bodenlehre VI, 342. Berlin 1930. — Melville, R.: ebda., 1 Erg.-Bd. 1939, 256. — Geiger, R.: Das Klima der bodennahen Luftschicht. 2. Aufl. Braunschweig 1942. — Literaturverzeichnis: Niklas, H.: Literatursammlung aus dem Gesamtgebiet der Agrikulturchemie I, 552. Weihenstephan 1931. — [*2*] Schubert, J.: a. a. O. — [*3*] Homen, Th.: Der tägl. Wärmeumsatz im Boden . . . Leipzig 1897. Soc. Sci. Fenn. Helsingfors 1896. — [*4*] Geiger, R.: a. a. O. — [*5*] Kreutz, W.: Das Eindringen des Frostes in Böden unter gleichen und verschiedenen Witterungsbedingungen. Reichsamt f. Wetterdienst, Wiss. Abh. IX, Nr. 2. Berlin 1942. — [*6*] Kühl, W.: Der jährl. Gang der Bodentemperaturen in versch. Klimagebieten. Gerlands Beitr. VIII (1907) 499. — [*7*] Kreutz, W., u. M. Rohweder: Korrelationsanalyse des Temperatur- und Feuchtigkeitsverlaufes in extrem verschiedenen Böden und in der bodennahen Luft. Reichsamt f. Wetterdienst, Wiss. Abh. I, Nr. 9. Berlin 1936. — [*8*] Bartels, J.: zit. nach Schubert, J.: a. a. O. — [*9*] Albrecht, F.: Untersuchungen über den Wärmehaushalt der Erdoberfläche in verschiedenen Klimagebieten. Reichsamt f. Wetterdienst, Wiss. Abh. VIII, Nr. 2. Berlin 1940. — [*10*] Aus: D'Ans, J., u. E. Lax: Taschenbuch f. Chemiker u. Physiker. Berlin 1943. — Werte vom Ref. in physikal. Einheiten umgerechnet und abgerundet. — [*11*] Krischer, O.: Der Einfluß von Feuchtigkeit, Körnung und Temperatur auf die Wärmeleitfähigkeit körniger Stoffe (Die Leitfähigkeit des Erdbodens). Beih. z. Gesundheits-Ingenieur, Reihe I, H. 33 (1934). — Werte wie bei [*10*] umgerechnet und abgerundet. [*12*] Keränen, J.: Wärme- und Temperaturverhältnisse der obersten Bodenschichten. In: Einführung in die Geophysik **2**. Berlin, J. Springer 1929. — [*13*] Wächtershäuser, H.: Meteorol. Rdsch. **4** (1951) 23—24.

Köhn

32378 Boden und Licht [1].

Spektrale Remission. Remission (Remissionsgrad, Albedo, Helligkeit) ist die Reflexion des betreffenden Körpers, bezogen auf die einer vollkommen mattweißen Oberfläche unter denselben Bedingungen = 1,00 bzw. 100. Die spektrale Remission charakterisiert die Farbe.

Spektrale Remission von Böden [2].

Boden	Herkunft	Farbe	Remission ε für λ =					
			480	510	536	563	630	650 mμ
Lehm	Katzenelnbogen	rotbraun	7,6	10,0	13,0	20,2	30,7	31,8
Sandiger Lehm . . .	Valparaiso, Chile	rotbraun	6,1	7,5	9,5	14,3	24,8	26,3
Lehmiger Sand . . .	Kalkutta	braun	8,4	11,4	13,4	17,4	23,7	24,8
Sandiger Lehm . . .	Hui Me Sai, Siam	braun	5,7	6,8	8,9	12,5	19,2	20,9
Ton	Westerwald	gelb	13,8	20,5	24,1	37,5	49,8	51,3
Sandiger Lehm . . .	Vorstenlanden, Java	graugelb	13,2	17,7	22,4	27,7	34,0	35,2
Humoser sandiger Lehm	Schwarzwald	grau	4,5	4,9	5,7	6,1	8,0	8,6

ε gemessen im Stufenphotometer (Zeiß) mit Ulbrichtscher Kugel. Die angegebenen Wellenlängen λ sind die Filterschwerpunkte.

Feuchtigkeit setzt nicht nur die Remission von Böden herab, sondern verschiebt oft auch den Farbton nach Rot hin.

Änderung der spektralen Remission von Böden beim Anfeuchten [2].

Boden	Herkunft	Farbe des trockenen Bodens	Remission des feuchten Bodens in % der Remission des trockenen Bodens für λ =					
			480	510	536	563	630	650 mμ
Sandiger Lehm . . .	Hui Me Sai, Siam	rotbraun	57,2	56,0	54,3	55,9	60,0	59,2
Lehm	Bo Ploi, Siam	braun	55,6	53,4	55,2	60,7	61,1	58,3
Lehm	Angola	gelblichrot	42,7	41,6	44,1	46,2	58,4	56,6
Lehmiger Sand . . .	Quillota, Chile	graubraun	44,9	40,3	40,0	39,6	43,6	42,5
Lehm	Recinto, Chile	gelb	30,3	26,4	26,5	29,5	36,3	38,3
Lehmiger Sand . . .	Vorstenlanden, Java	grau	49,1	44,3	46,2	47,0	46,4	46,6

Farbton. Die Farbtöne sehr verschieden (gelb, braun, rot, grau, schwarz) aussehender Böden gehören sämtlich in die Gruppen Gelb bis Orange [3]. Dementsprechend liegen die farbtongleichen Wellenlängen in dem engen Bereich zwischen 580 und 600 mμ [4]; nach Messungen von Coutts [5] mit Spektralphotometer zwischen λ = 587,6 und 593,6 mμ, nach Messungen von Köhn [2] mit Leitz-Photometer Leifo zwischen λ = 581,2 und 593,0 mμ.

Lichthaushalt. Aus Messungen an dünnen Schichten von Bodenkörnern mit $\sim$ 1 μ Durchmesser berechnete Köhn [6] folgende Werte als rohe Annäherung:

Reflexion R, Transparenz T und Absorption A dünner Bodenschichten.

Schichtdicke	Heller gelbbrauner sandiger Lehm			Dunkler rotbrauner Lehm		
	R	T	A	R	T	A
μ	%	%	%	%	%	%
5	27	54	19	22	44	34
10	38	35	27	28	24	48
15	41	25	34	31	13	56

Literatur.

[1] Vgl. Richter H.: Grundriß der Farbenlehre der Gegenwart. Dresden u. Leipzig 1940. — Rösch, S.: Darstellung der Farbenlehre für die Zwecke des Mineralogen. Fortschr. d. Mineralogie, Kristallogr., Petrographie **13** (1929) 753 bis 904. — [2] Köhn, M.: unveröffentlichte Messungen (Auszug). — [3] Harrassowitz, H.: Z. prakt. Geologie **30** (1922) 85. — Coutts, J. R. H.: Bodenkundl. Forschungen **5** (1937) 295. — [4] Winters, E.: Am. Soil Survey Assn., Bull. **11** (1930) 34; ebda., Bull. **12** (1931) 65. — Carter, W. T.: ebda., Bull. **12** (1931) 169. — [5] Coutts: a. a. O. — [6] Köhn, M.: Die Naturw. **34** (1947) 89.

Köhn

324 Erdkörper.

3241 Seismizität der Erde.

Bis vor wenigen Jahren wurden Karten der Seismizität der Erde auf beobachtete Erdbebeneffekte aufgebaut. Verschiedene Skalen sowohl für Landgebiete wie für Seebeben sind in Gebrauch. Tabelle 1 gibt einen kurzen Abriß der abgeänderten Mercalli-Skala, wie sie in den Vereinigten Staaten benutzt wird [*1*]. Sieberg [*2*] gab eine Zusammenstellung mehrerer Skalen.

Tabelle 1. Mercalli-Skala für Erdbeben, abgeändert durch Wood und Neumann (stark gekürzt).

Grad	
1	Gefühlt nur unter außergewöhnlichen Umständen; manchmal Vögel unruhig.
2	Gefühlt von wenigen in Häusern, besonders in oberen Stockwerken. Vereinzelt schwingen Gegenstände.
3	Wie Grad 2, jedoch besser ausgeprägt. Dauer vereinzelt geschätzt. Bewegungen ähnlich wie durch vorbeifahrenden Lastwagen.
4	Viele fühlen es in Häusern, einzelne im Freien. Wenige Schläfer erwachen. Gegenstände und Fenster klirren.
5	Gefühlt von den meisten im Freien, viele erwachen, vereinzelt brechen Fenster, Geschirr. Kleine Gegenstände werden umgeworfen. Hängende Gegenstände schwingen, einzelne Uhren bleiben stehen, Bäume bewegen sich etwas.
6	Alle Schläfer erwachen, geringer Schaden, vereinzelt Risse in Schornsteinen.
7	Erschreckt alle, Wellen auf Teichen, Glocken schlagen an, Bäume schwingen ziemlich stark. Schaden größer in schlecht gebauten Häusern.
8	Beginn von Panik. Beträchtliche Schäden in vielen Gebäuden, Mauern brechen, Schornsteine fallen. Schwerere Möbel fallen um.
9	Erhebliche Schäden, vereinzelt stürzen Teile von Häusern ein. Risse im Boden.
10—12	Ernsthafte Schäden in Kunstbauten bis zu völliger Zerstörung. Schienen gebogen (11), Gegenstände in die Luft geworfen (12), Veränderungen der Erdoberfläche.

Die Benutzung solcher Beobachtungen führt zu Darstellungen, die stark abhängen von der Bevölkerungsdichte, von den Beobachtungsmöglichkeiten, von der Veröffentlichung von Berichten sowie von der Herdtiefe. Andererseits zeigen Karten, die auf Zusammenstellung instrumenteller Beobachtungen aufgebaut sind, einen Einfluß der Verteilung der Erdbebenwarten, falls die Energie der Beben nicht berücksichtigt wird.

Ein wesentlicher Fortschritt wurde ermöglicht durch die Einführung der „Größe" (magnitude) eines Erdbebens durch C. F. Richter [*3*]. M ist definiert als eine Funktion der registrierten Maximalamplitude der Erdbewegung in einer gegebenen Entfernung. In einer Reihe von Veröffentlichungen [*4*] haben Gutenberg und Richter Tabellen und graphische Hilfsmittel gegeben, die es ermöglichen, auf Grund der Amplituden von Erdbebenvorläufern und (für Erdbeben mit Herdtiefen nicht über etwa 40 km) von Oberflächenwellen die Größe eines Erdbebens zu bestimmen (vgl. auch 3242). Erdbeben, die gerade noch von den empfindlichsten Instrumenten in geringer Entfernung erkennbar aufgezeichnet werden, haben Größe 0. Es ergab sich, daß oberflächennahe Erdbeben von Größe 3 über ein kleines Gebiet gefühlt werden, solche von Größe $4^1/_2$ leichten Schaden verursachen können; Großbeben von Größe 7 werden an allen Stationen der Welt aufgezeichnet, 8,6 ist die höchste Größe, die bisher auf Grund von Instrumenten festgestellt wurde; selbst das Beben von Lissabon (1755), das vielfach als das größte bekannt gewordene Beben angesehen wird, hatte anscheinend höchstens Größe 9. Nach vorläufigen Ergebnissen wächst die Energie der Beben etwa um einen Faktor 60, wenn die Größe M um 1 wächst.

Mittlere zusammengehörige Werte der Größe M, der Intensität I_0, des Radius r sowie des Logarithmus der Energie E sind in Tabelle 2 gegeben. Log E ist schätzungsweise um wenigstens eine Einheit unsicher. Die Werte von I, a und r hängen von der Herdtiefe h ab. M ist so definiert, daß es unabhängig von h ist.

Tabelle 2. Elemente von Erdbeben in Kalifornien, Herdtiefe etwa 18 km. M = Größe, I_0 = Stärke (Intensität), Mercalli-Skala, und a_0 = Beschleunigung in Gal, beide im Epizentrum, r = Radius des fühlbar erschütterten Gebietes in km, E = Energie in Erg. Nach Gutenberg-Richter [*5*].

	M =	2,2	3	4	5	6	7	8	$8^1/_2$
I_0		1,5	2,8	4,5	6,2	7,8	9,5	11,2	12,0
a_0		1	3	10	36	130	460	1670	3160
r		0	24	54	107	204	387	736	1012
log E		15,3	16,7	18,5	20,3	22,1	23,9	25,7	26,6

Gutenberg

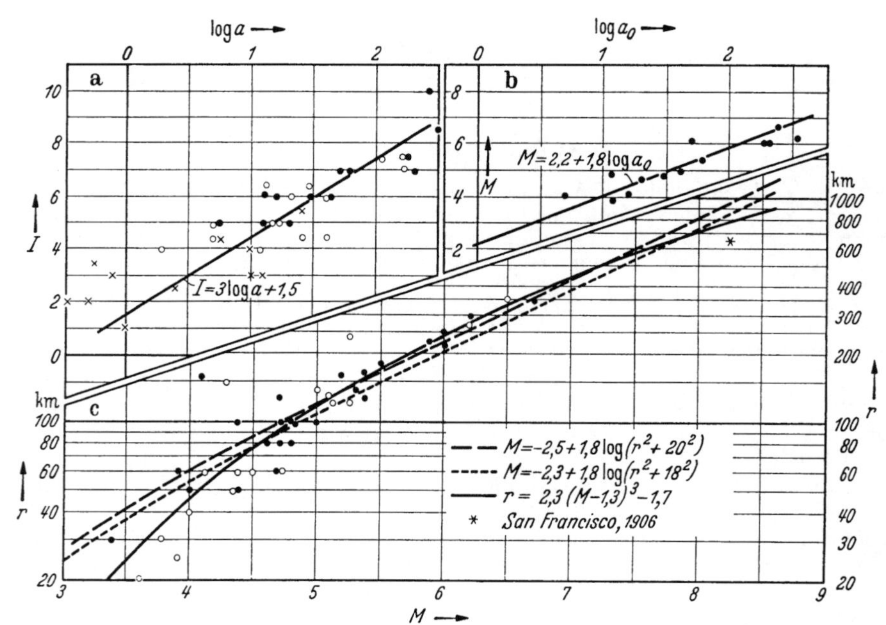

Abb. 1. Zusammenhang zwischen verschiedenen Elementen von Erdbeben in Südkalifornien. a = Bodenbeschleunigung in Gal, I = beobachtete Intensität nach der Mercalli-Skala, M = Größe des Bebens, r = Radius des fühlbar erschütterten Gebietes in km. I_0 und a_0 sind die Werte von I oder a am Epizentrum. Nach Gutenberg-Richter [5].

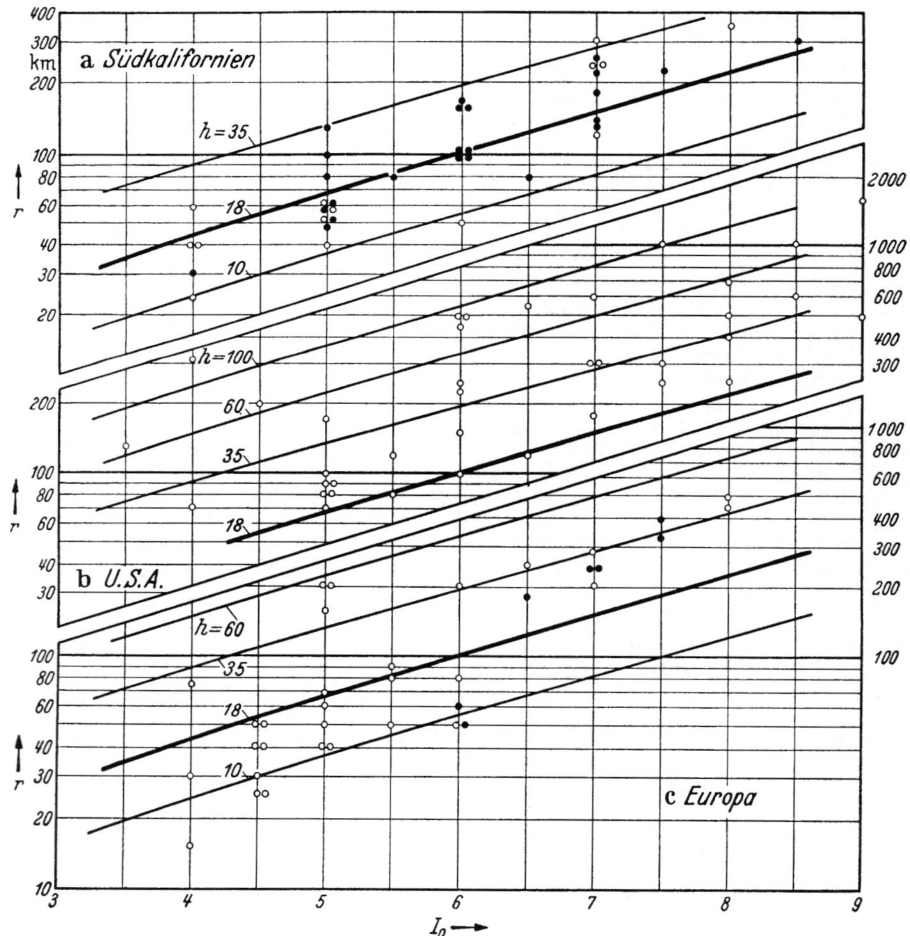

Abb. 2. Zusammenhang zwischen dem Radius r des fühlbar erschütterten Gebietes, der Mercalli-Intensität I_0 am Epizentrum und der Herdtiefe h in km. Nach Gutenberg-Richter [5].

Gutenberg

Abb. 1 gibt Zusammenhänge zwischen der lokalen Erdbebenstärke I nach der Mercalli-Skala (Tabelle 1), der entsprechenden Bodenbeschleunigung a, der Richterschen Erdbebengröße M und dem Radius r des fühlbar erschütterten Gebietes für südkalifornische Beben. Diese Beziehungen hängen u. a. von der Herdtiefe ab.

In Abb. 2 sind die beobachteten Werte von r als Funktion der Intensität I_0 im Epizentrum dargestellt, zusammen mit berechneten Werten für verschiedene Herdtiefen h (unter Vernachlässigung von Unterschieden im geologischen Aufbau). Schwache Beben, besonders Nachbeben zu einem größeren Beben, haben oft geringere Herdtiefen als Großbeben.

Tabelle 3 gibt die Häufigkeit von Erdbeben in verschiedenen Tiefenintervallen für eine Reihe von Gebieten [*6*]. Für die ganze Erde ist die entsprechende Zahl der Beben mit Tiefen unter 65 km rund 2500.

Tabelle 3. Relative Häufigkeit von Erdbeben in Tiefenzonen von 50 km Dicke.

Mittlere Tiefe	100	150	200	250	300	350	400	450	500	550	600	650	700 km
Aleuten, Alaska	17	2											
Mexiko, Antillen, Venezuela	51	12	3	1	1								
Anden	83	39	25	12	3	0	0	0	0	1	11	12	
Neu-Seeland bis Samoa	18	8	10	6	3	5	8	2	8	17	24	8	1
Neue Hebriden bis Sunda I.	59	31	13	6	2	4	3	2					
Sundabogen	36	15	12	2	0	2	3	0	1	2	12	3	7
Celebes, Philippinen	16	11	14	2	4	0	1	0	4	2	3	1	1
Japan bis Kamtschatka	82	40	23	15	12	30	30	16	22	17	7	1	
Hindukusch	3	0	33	32									
Östliches Mittelmeer	27	13	2	2	1								
Ganze Erde	412	187	137	78	26	41	45	20	35	39	57	25	9

Die Zahl der Erdbeben in einem bestimmten Größenintervall nimmt zwischen den Größen 3 und $7^1/_2$ mit zunehmender Größe etwa exponentiell ab. Für Beben über $7^1/_2$ (für tiefe Beben etwas früher) erfolgt die Abnahme schneller (Tab. 4). Unterhalb der Größe 3 muß eine Maximalzahl der Beben erreicht werden, und kleinere Beben müssen wieder seltener werden, bis die Anzahl auf Null zurückgeht, entsprechend der Minimalspannung, die nötig ist, um einen Bruch zu erzeugen.

Tabelle 4. Mittlere Häufigkeiten von Erdbeben verschiedener Größenklassen per 0,1 Einheit der Größe M, in 10 Jahren (nach [*6*]).

	$M =$	6,0	6,5	7,0	7,5	8,0	8,5
Herdtiefe h							
$\leqq$ 65 km		200	80	30	10	3	0,4
$65 < h \leqq 300$		?	35	10	3	0,5	0,0
$>$ 300 km		?	10	2	0,5	0,1	0,0

Die Gesamtzahlen aller Erdbeben für die ganze Erde sind im Mittel per Jahr:

Tabelle 5.

Größe	$\geqq$ 8,0	7,9—7,0	6,9—6,0	5,9—5,0	4,9—4,0	3,9—3,0
Zahl	1,0	18	150	800	6200 ±	50000 ±

Die Größenordnung der Zahl der Beben im Jahr, die potentiell fühlbar sind, ist eine Million. Die mittlere Energie, die in einem Jahre in Erdbeben ausgelöst wird, ist von der Größenordnung 10^{26}—10^{27} Erg. Das Maximum seit 1904 (vorher liegen keine brauchbaren Werte vor) war 1906 mit etwa dem sechsfachen Mittelwert (einschließend ein kolumbianisches Beben mit $M = 8{,}6$, größtes Beben seit 1904; ein Chile-Beben mit $M = 8{,}4$; San-Francisco-Beben mit $M = 8^1/_4$). Es folgt 1911 mit dem $2^1/_4$fachen Mittelwert. Das größte mitteltiefe Beben seit 1904 war in 1911 in den Riu-Kiu-Inseln ($h = 160$ km, $M = 8{,}2$); das größte Beben mit größerer Tiefe ($h = 340$ km, $M = 8{,}0$) in Japan 1906; das größte sehr tiefe Beben ($h = 600$ km, $M = 7^3/_4$) 1932 in den Tonga-Inseln [*6*]. Anscheinend kann in den größeren Tiefen nicht soviel Energie aufgespeichert werden wie nahe der Erdoberfläche, ohne zu einem Bruch zu führen. Im Jahre 1950 wurde die größte Energie in mitteltiefen Beben seit 1904 (Bestehen brauchbarer Werte) ausgelöst und ein weiteres Beben mit normaler Herdtiefe und Größe von ungefähr 8,6 registriert (15. August, Herd im südlichen Tibet, nahe der Grenze von Indien und Burma). Dieses gewaltige Beben löste noch in Deutschland, in 7400 km Entfernung, deutliche Wirkungen aus: mit bloßem Auge sichtbare Schwankungen des Stölpchensees in Hamburg-Bramfeld, des Wassers in einem alten Bergwerk im Harz, eine Trübung des großen Sprudels in Bad Nauheim (Bartels [*11*]).

Studiert man die Verbreitung der Erdbeben unter Berücksichtigung der Größe, so ergibt sich, daß die Erdoberfläche aus verhältnismäßig inaktiven Blöcken besteht (Abb. 3), die durch vier Gruppen von aktiven Zonen getrennt werden:

Gutenberg

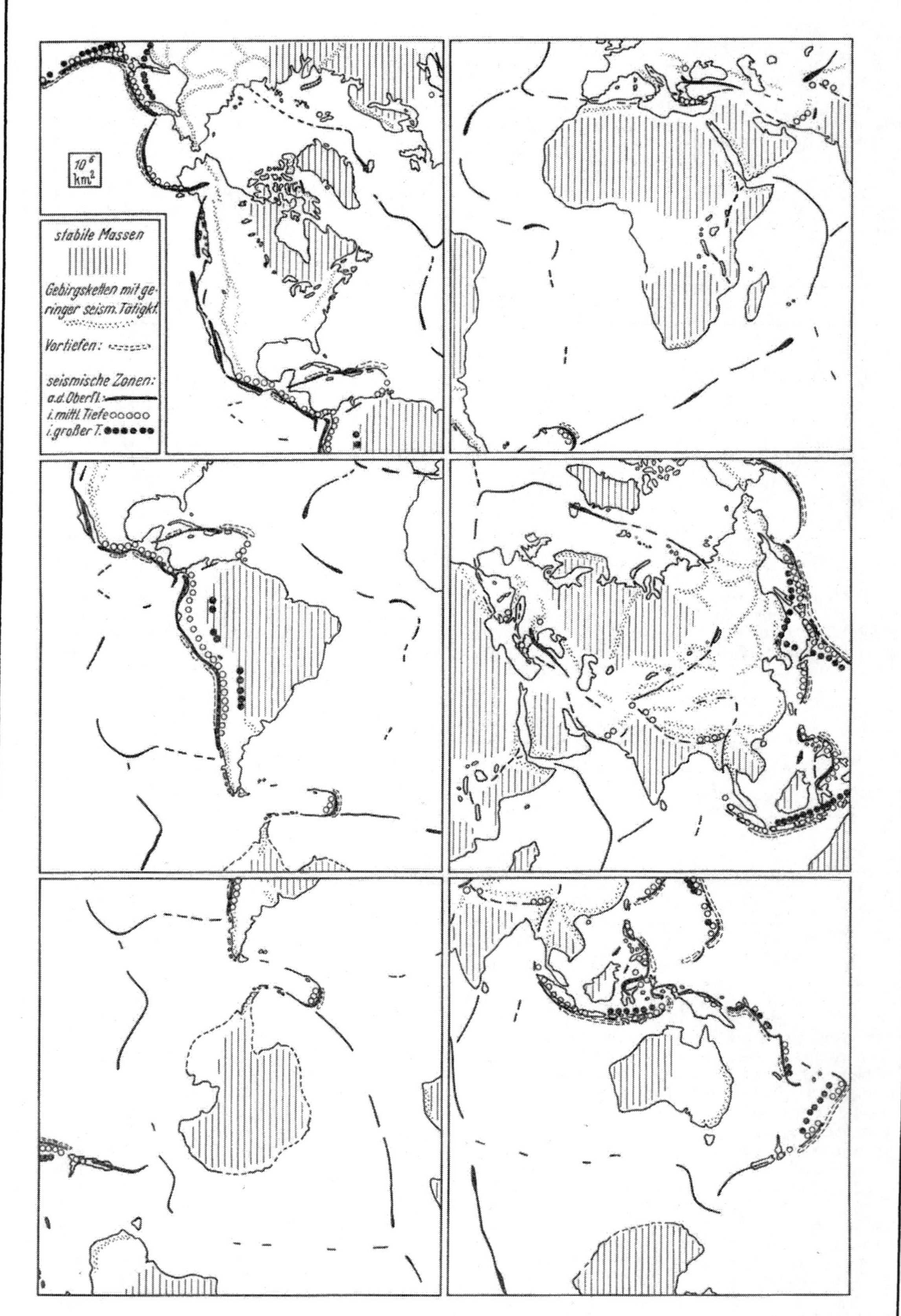

Abb. 3. Karten der inaktiven Blöcke der Erdkruste und der sie umgebenden Erdbebenzonen (nach [8]).

Gutenberg

1. Die zirkumpazifische Zone (Abb. 4) enthält ungefähr 80% der oberflächennahen Beben, ungefähr 90% der mitteltiefen Beben und alle sehr tiefen Beben. Die innerste Erdbebenzone im Pazifik folgt etwa der Andesitlinie (Marshall-Linie), soweit diese bekannt ist (Abb. 4) [*6*, *7*]. Die Andesitlinie ist die an der Oberfläche beobachtete Grenze zwischen dem mehr andesitischen Krustenmaterial in den Kontinenten und dem mehr basaltischen Material der Inseln im eigentlichen Pazifischen Becken. In den Randgebieten des Pazifik zwischen der innersten Erdbebenzone und den Kontinenten (s. Abb. 4) liegen Gebiete mit vorwiegend kontinentalem Charakter (z. B. westlich von Südamerika, nordöstlich von Australien). Anderseits scheinen der Antillenbogen sowohl wie der Südantillenbogen pazifisches Oberflächenmaterial einzuschließen.

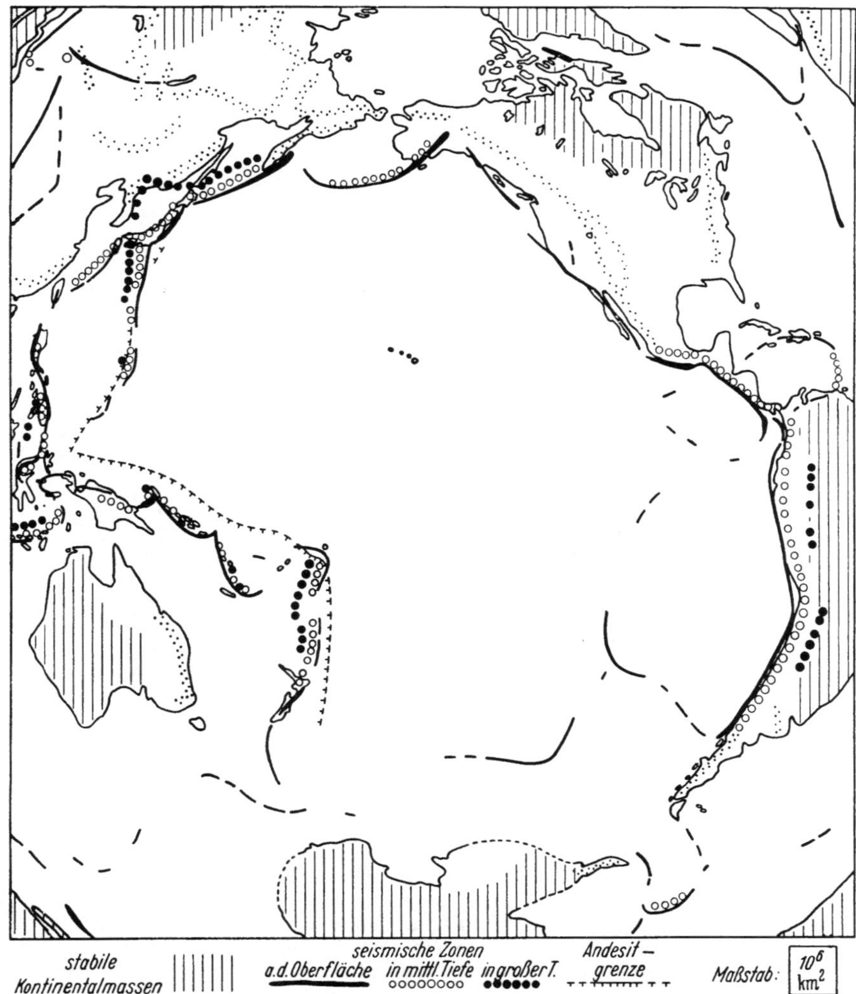

Abb. 4. Karte der zirkumpazifischen Erdbebenzonen (nach [*8*]).

2. Die Mittelmeer-transasiatische Zone enthält beinahe alle übrigbleibenden mitteltiefen Beben und oberflächennahen Großbeben. Die Herde liegen entlang Gebirgsketten.

3. Im Atlantischen, Indischen und Arktischen Ozean folgen schmale Zonen von oberflächennahen Beben den bedeutsameren Rücken.

4. Riftzonen (Ostafrika, der Hawaii-Archipel) zeigen mäßige Erdbebentätigkeit.

Mit Ausnahme des Hawaii-Archipels ist das eigentliche pazifische Becken praktisch erdbebenfrei, ebenso wie die kontinentalen Kerne. Zwischen diesen stabilen Blöcken und den Erdbebenzonen liegen Gebiete mit geringer oder mäßiger Tätigkeit und nur gelegentlichen Großbeben. Kleinbeben (Größe unter $5^1/_4$) können überall vorkommen.

Die pazifischen Bögen zeigen eine typische einseitige Folge von Erscheinungen; auf einem Profil (wie in Abb. 5), das den Bogen senkrecht von der konvexen zur konkaven Seite schneidet, folgen:

a) eine ozeanische Tiefenrinne oder eine Vortiefe;

b) eine Zone mit oberflächennahen Erdbeben und negativen Schwereanomalien auf der konkaven Seite der Tiefenrinne; an manchen Stellen erhebt sich hier ein unterseeischer junger Rücken, gelegentlich mit nichtvulkanischen Inseln;

Gutenberg

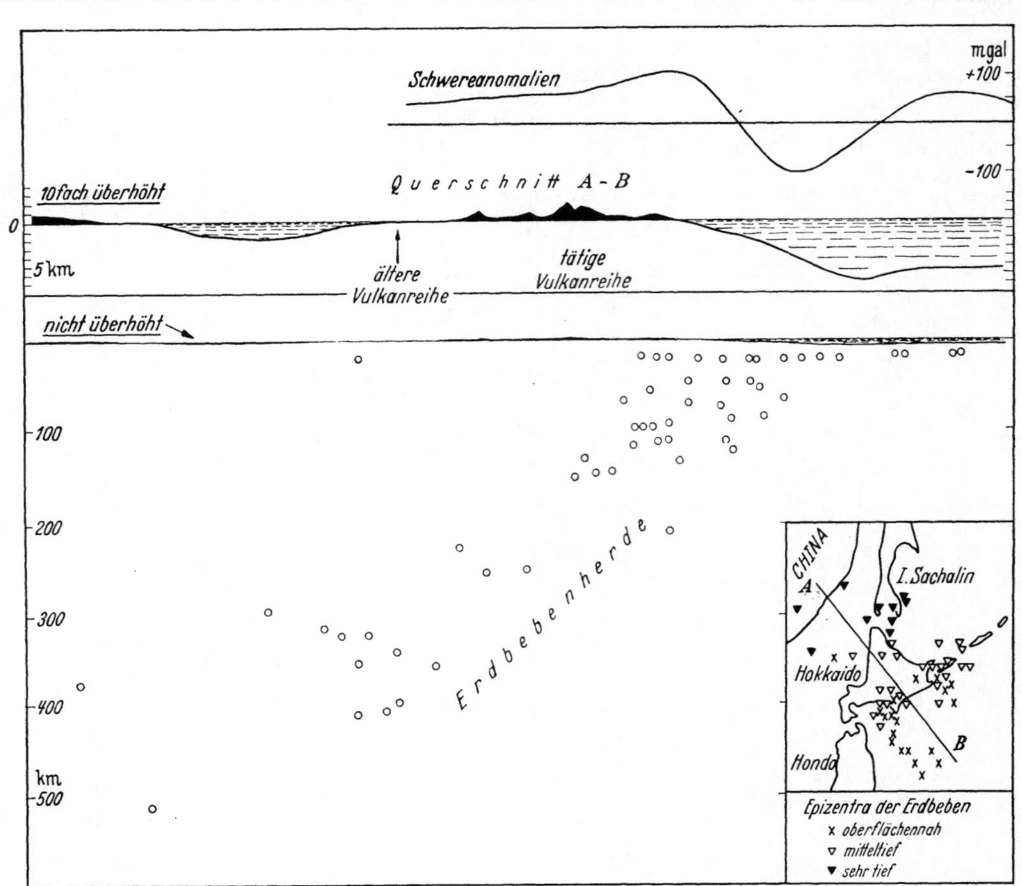

Abb. 5. Querschnitt durch den aktiven Bogen in Nordjapan (aus [*8*] nach [*6*]).

c) positive Schwereanomalien, Erdbebenherde etwa 60 km tief mit verhältnismäßig häufigen Großbeben;

d) der Hauptgebirgsbogen, weiter innen, der meist in der Oberen Kreide oder im Tertiär entstanden ist, mit tätigen oder nicht lange erloschenen Vulkanen; unter der Vulkanreihe liegen Erdbebenherde in einer Tiefe von etwa 100 km; die Schwereanomalien werden nach innen geringer;

e) ein zweiter Gebirgsbogen, häufig mit älteren und gewöhnlich lange erloschenen Vulkanen; Erdbebenherde sind hier gewöhnlich in 200 bis 300 km Tiefe;

f) eine Zone von Erdbebenherden in Tiefen von 300 bis 700 km.

Die Einzelheiten sind in den verschiedenen Bögen verschieden. Vielfach ist die eine oder andere Gruppe dieser Erscheinungen nicht deutlich ausgeprägt oder fehlt völlig [*6*, *8*].

Im allgemeinen liegen die Erdbebenherde in einer verhältnismäßig dünnen Schicht, die vielfach unter einem beträchtlichen Winkel kontinentwärts einfällt (wie in Abb. 5), gelegentlich jedoch nahezu vertikal steht oder (in Bögen, die konkav gegen den Pazifik verlaufen) sogar gegen den Pazifik einfällt. Gewöhnlich sind die Herde ungleichmäßig in dieser Schicht verteilt (Tab. 3). Es scheint ein genereller Unterschied zu bestehen zwischen Beben in Tiefen bis zu etwa 300 km und solchen in größerer Tiefe. Diese Tatsache sowohl wie das Fehlen von Beben mit Herdtiefen über 300 km in außerpazifischen Gebieten war die Ursache für die Gruppierung der tiefen Herde in „mitteltiefe" und „sehr tiefe".

Die Bewegungen entlang den Hauptverwerfungszonen an der pazifischen Küste der Vereinigten Staaten entsprechen einer südwärts gerichteten Verschiebung des Kontinents relativ zu dem pazifischen Gebiet. Die wenigen vorhandenen Angaben über die Richtung der Verschiebungen in Japan und in den Philippinen ergeben dort ebenfalls eine relative Verschiebung der kontinentalen Seite gegen Süden. Vielfach ergeben Erdbebenregistrierungen Bewegungen im gleichen Sinn für bestimmte Erdbebengebiete während der relativ kurzen Periode (selten über 30 Jahre), für die Beobachtungen vorliegen. In manchen Gebieten, z. B. Kalifornien, kann die Konstanz dieser Bewegungsrichtung in die geologische Vergangenheit zurückverfolgt werden [*6*], doch sind ein paar Fälle aus anderen Gebieten bekannt, in denen sich die Bewegungsrichtung während nicht allzu großer geologischer Zeitspannen umgekehrt hat.

Im Atlantischen Ozean, dem Indischen Ozean und in den Kontinenten folgen die Zonen höherer Erdbebentätigkeit gewöhnlich Gebirgsketten bzw. unterseeischen Rücken.

Die Vorgänge in Tiefenbeben sind anscheinend ähnlich wie in oberflächennahen Beben. Leider sind unsere Kenntnisse über die physikalischen Eigenschaften des Materials und über die Temperatur in diesen großen Tiefen sehr gering. Berechnungen auf Grund der postglazialen Hebung führen zu einem

Gutenberg

Viskositätsfaktor von ungefähr 10^{22} Poisen (gr/cm sec) für das Material in Tiefen von wenigstens einigen hundert Kilometern. Die Größenordnung der Relaxationszeit ist über 1000 Jahre. Solange Spannungen im Erdinnern schnell genug anwachsen und die Bruchfestigkeit in einer Zeitspanne von nicht über einigen Jahrhunderten erreichen, spielen plastische Vorgänge in den in Frage kommenden Tiefen eine untergeordnete Rolle. Infolgedessen schließt das Vorkommen der Tiefenbeben keineswegs plastische Vorgänge in den entsprechenden Tiefen aus, und es besteht kein Widerspruch zwischen dem Auftreten von Tiefenbeben und der Theorie der Isostasie. Diese verlangt jedoch, daß der Widerstand gegen Fließbewegungen in Tiefen von etwas weniger als 100 km sehr stark abnimmt. Die Möglichkeit, daß der Schmelzpunkt des Materials dort überschritten wird, ist vorhanden [*9*] und führt offenbar zu keinen theoretischen Schwierigkeiten in der Deutung von anderen geophysikalischen Beobachtungen.

Tiefenbeben können nicht die Folge von explosionsartigen Vorgängen sein, etwa durch lokale Zustandsänderung. Die Aufzeichnungen der Erdbebenwarten ergeben systematische Verteilung von Druck- und Zugbewegungen im Beginne der ersten Vorläufer als eine Funktion der Strahlrichtung am Herd; an einer bestimmten Erdbebenwarte überwiegt in Beben aus derselben Gegend meistens die gleiche Richtung — Druck oder Zug — bei weitem in den ersten Vorläufern, ohne Rücksicht auf die Herdtiefe. Diese Tatsachen, wie das Vorhandensein von beträchtlichen direkten Scherungswellen, sprechen für ähnliche dynamische Vorgänge in Tiefenbeben wie in oberflächennahen Beben. Theoretische Untersuchungen zeigen, daß eine oberflächennahe elastische Verschiebung nur sehr langsam mit der Tiefe abnimmt.

H. Benioff [*10*] hat begonnen, die neuen Erdbebenlisten zu benutzen, um auf Grund der zeitlichen Folge von Erdbeben in bestimmten Gebieten und deren Größe die Dynamik von Erdbebenfolgen (einschließlich von Nachstößen) für verschiedene Herdtiefenlagen zu untersuchen. Seine vorläufigen Ergebnisse erwecken den Eindruck, daß jede Folge eine mechanisch verbundene Reihe darstellt, die entweder elastischen oder plastischen Fließvorgängen entspricht oder einer Überlagerung der beiden. Leider ist das Zeitintervall seit 1904, für das allein hinreichende Beobachtungen vorliegen, zu kurz für eine Festlegung der spannungserzeugenden Ereignisse in den verschiedenen Gebieten.

Literatur.

[*1*] Wood, H. O., u. Neumann F.: „Modified Mercalli intensity scale of 1931", Bull. Seismol. Soc. Amer. **21** (1931) 277 bis 283. — [*2*] Sieberg, A.: „Erdbebengeographie", Hdb. d. Geophysik **4**, 687 bis 1005, Berlin (1932). — [*3*] Richter, C. F.: „An instrumental earthquake magnitude scale". Bull. Seismol. Soc. Amer. **25** (1935) 1 bis 32. — [*4*] Bull. Seismol. Soc. Amer. **32** (1942) 163 bis 191; **35** (1945) 3 bis 12, 57 bis 69, 117 bis 130. — [*5*] Gutenberg, B., u. C. F. Richter: „Earthquake magnitude, intensity, energy and acceleration", Bull. Seismol. Soc. Amer. **32** (1942) 163 bis 191. — [*6*] Gutenberg, B., u. C. F. Richter: „Seismicity of the Earth and associated phenomena", Princeton Univ. Press (1949). — [*7*] Born, A.: Hdb. d. Geophysik **2**, Fig. 306, Berlin 1933. — [*8*] Gutenberg, B., u. C. F. Richter: Naturwiss. **35** (1948) 196 bis 202. — [*9*] Gutenberg, B.: Bull. Seismolog. Soc. of Amer. **38** (1948) 121 bis 148. — [*10*] Benioff, H.: Seismic evidence for the fault origin of oceanic deeps, Bull. Geological Soc. Amer. **60** (1949) 1837 bis 1856. — [*11*] Bartels, J., u. Mitarbeiter: Naturwiss. **38** (1951), in Vorbereitung.

32 42. Erdbebenwellen.

Die meisten Ergebnisse über physikalische Konstanten im Erdinnern beruhen direkt oder indirekt auf der Geschwindigkeit der elastischen (seismischen, Schall-) Wellen. Zur Berechnung (zusammenfassende Darstellungen z. B. in [*1—6*]) werden hauptsächlich die beobachteten Laufzeiten (vom Herd zum Beobachtungsort), aber auch die Amplituden verschiedener Wellenarten, als Funktion der Herdentfernung und der Herdtiefe benutzt.

Die seismischen Wellen zerfallen in Raumwellen durch das Erdinnere („Vorläufer") und Oberflächenwellen, deren Amplituden exponentiell mit der Tiefe abnehmen. Die Vorläufer sind in erster Annäherung (Isotropie) entweder longitudinale Wellen (Kompressionswellen, Dilatationswellen) oder transversale Wellen (Scherungswellen); die Oberflächenwellen sind entweder Love-Wellen (Oberflächenscherungswellen, Querwellen) oder Rayleigh-Wellen. Unter besonderen Bedingungen, besonders, wenn die Wellenlängen von der gleichen Größenordnung sind wie Schichtdicken, müssen Komplikationen erwartet werden.

International benutzte Symbole: P = Longitudinalwelle, S = Transversalwelle, K = Wellenteil im Erdkern, G = Beginn der Oberflächenwellen, M = deren Maximum, L = Love-Welle, R = Rayleigh-Welle, T = Periode in Sekunden, a = Amplitude, Abweichung von der Ruhelage, in Mikron = 10^{-4} cm. Die Vorläufer werden eingeteilt in direkte (P, S, s. Abb. 7), an der Erdoberfläche reflektierte (PP, PPP, SS, PPS usw.; außerdem in Tiefenbeben — Herd 3 in Abb. 7 — nahe dem Herd reflektierte Wellen, z. B. pP, sP, pPP, pS usw.), am Erdkern reflektierte (PcP — Herde 1 und 2 in Abb. 7 —, ScS, PcS usw.) und durch den Erdkern gebrochene ($P' = PKP$, SKS, $P'P'$ usw.). Abb. 6 zeigt Erdbebenstrahlen und Laufzeiten für P im Erdinnern. Bisher wurden keine Transversalwellen durch den Erdkern festgestellt. Unstetigkeitsflächen in der Erdkruste sind weitere Quellen für gebrochene und reflektierte Wellen. Für Angaben von Wellengeschwindigkeiten in den obersten Schichten siehe Abschnitt 3233. In der Schicht, deren obere Grenze die Unstetigkeitsfläche von Mohórovičič ist

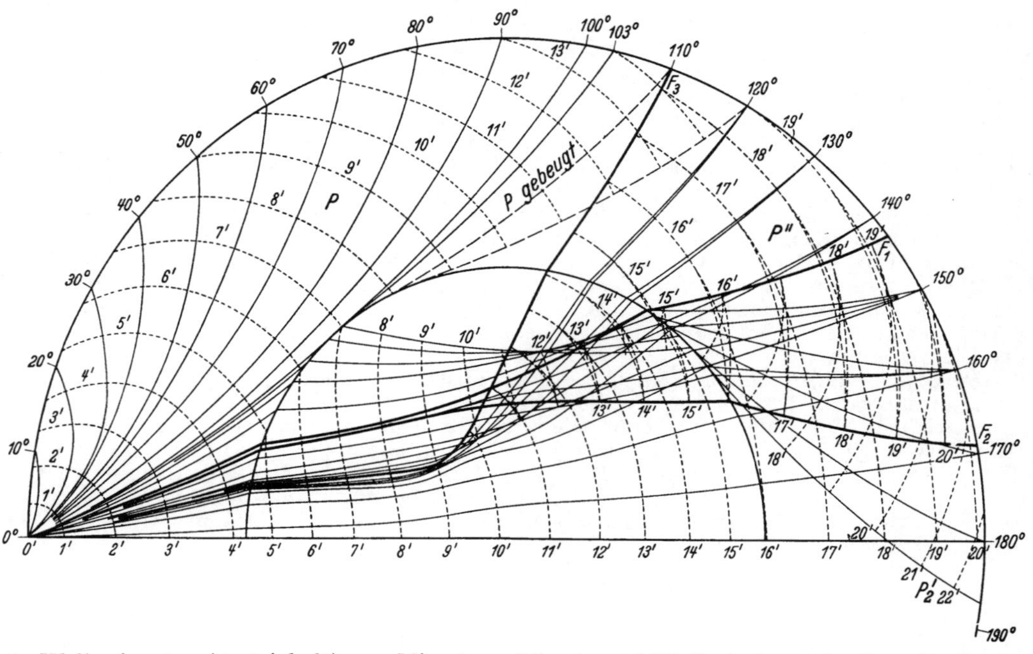

Abb. 6. Wellenfronten (gestrichelt) von Minute zu Minute und Wellenbahnen der Longitudinalwellen im Erdinnern; der Verlauf im Erdkern ist unsicher [nach *12*].

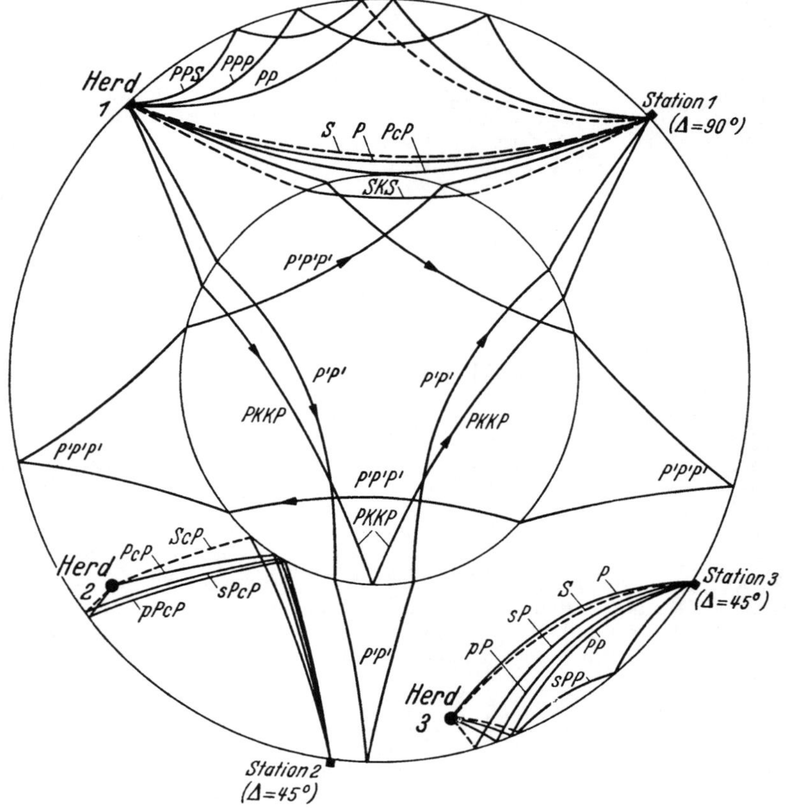

Abb. 7. Beispiele für Bahnen verschiedener Wellen im Erdinnern. Ausgezogen: Longitudinalwellen; gestrichelt: Transversalwellen. Herd 1: Oberflächennah; verschiedene Wellentypen. Herd 2: Tief; am Kern reflektierte Wellen. Herd 3: Tief; an der Erdoberfläche nahe dem Herd reflektierte Wellen (aus [*18*]).

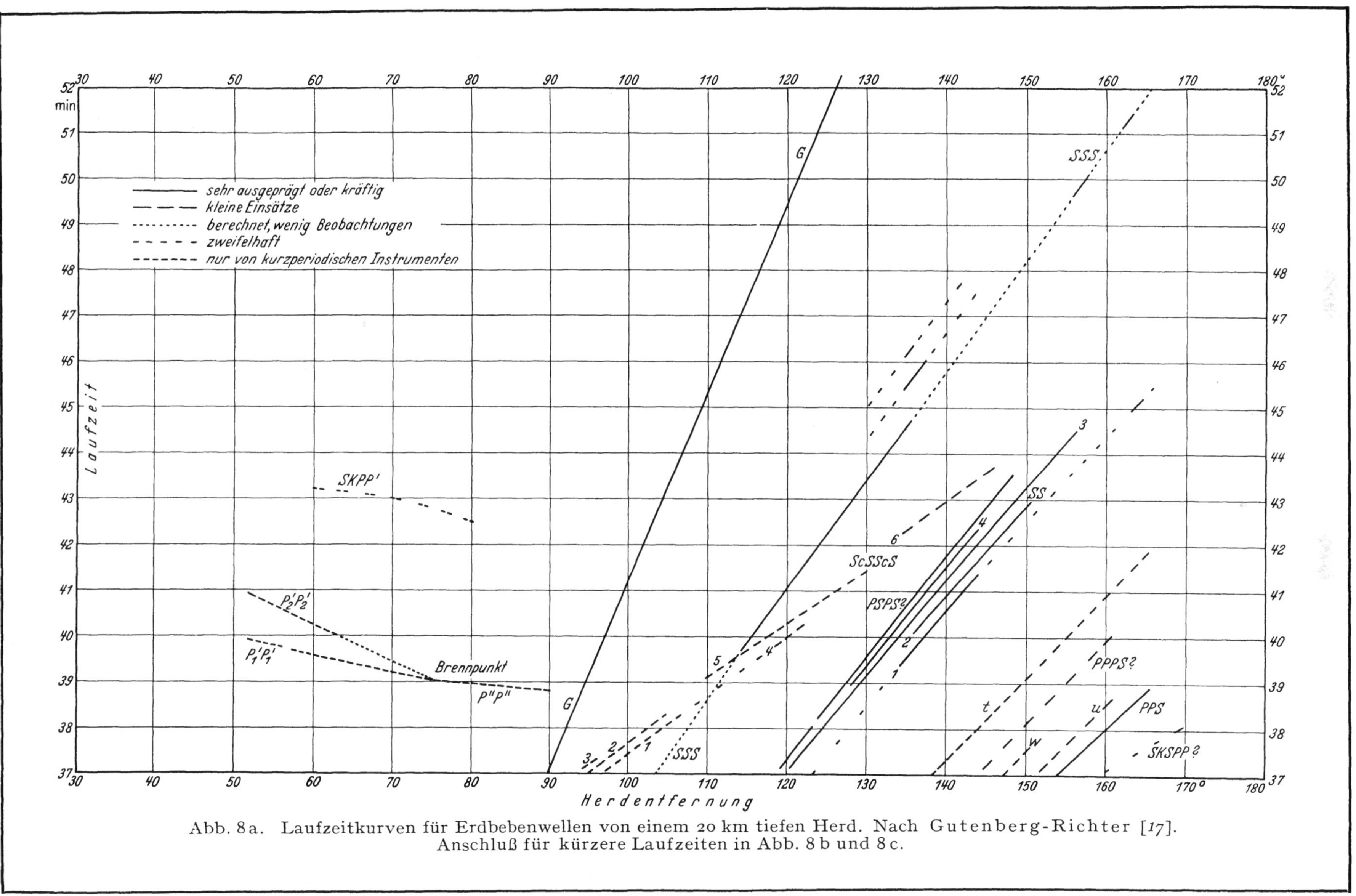

Abb. 8a. Laufzeitkurven für Erdbebenwellen von einem 20 km tiefen Herd. Nach Gutenberg-Richter [17]. Anschluß für kürzere Laufzeiten in Abb. 8b und 8c.

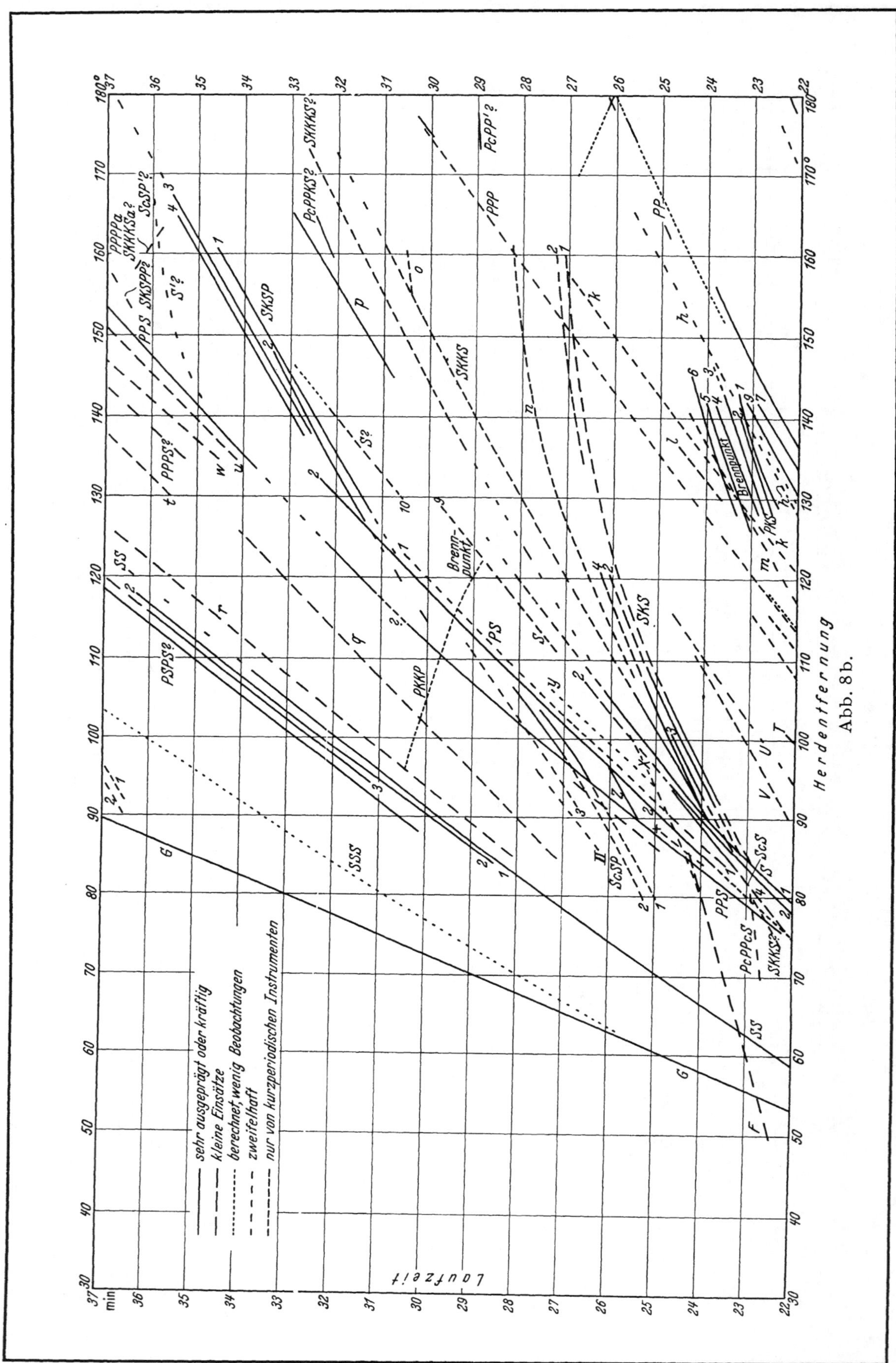

sehr ausgeprägt oder kräftig
kleine Einsätze
berechnet, wenig Beobachtungen
zweifelhaft
nur von kurzperiodischen Instrumenten
Laufzeit
min
Herdentfernung

Abb. 8b.

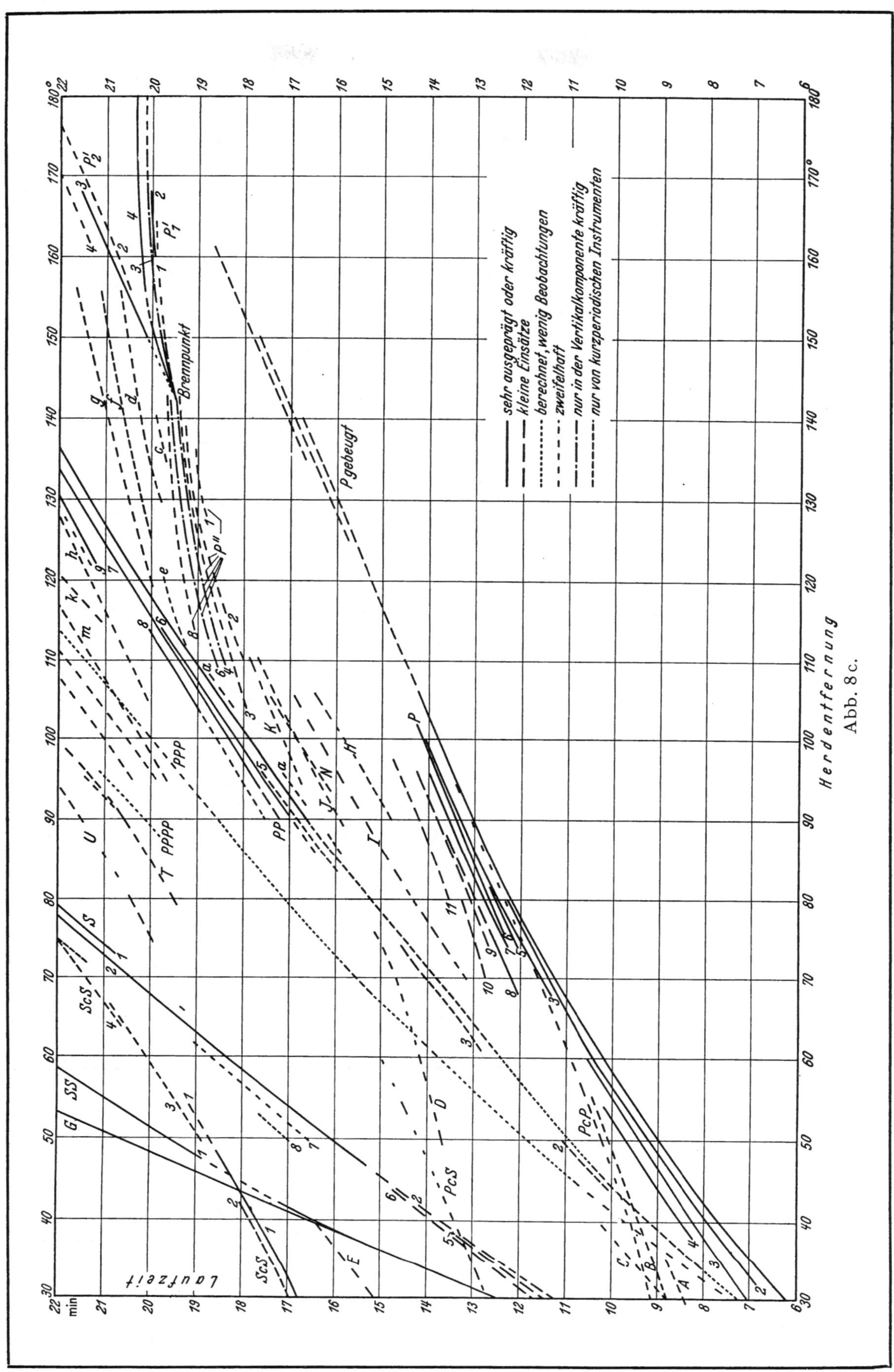

sehr ausgeprägt oder kräftig
kleine Einsätze
berechnet, wenig Beobachtungen
zweifelhaft
nur in der Vertikalkomponente kräftig
nur von kurzperiodischen Instrumenten
Brennpunkt
P gebeugt
Laufzeit
min
Herdentfernung

Abb. 8c.

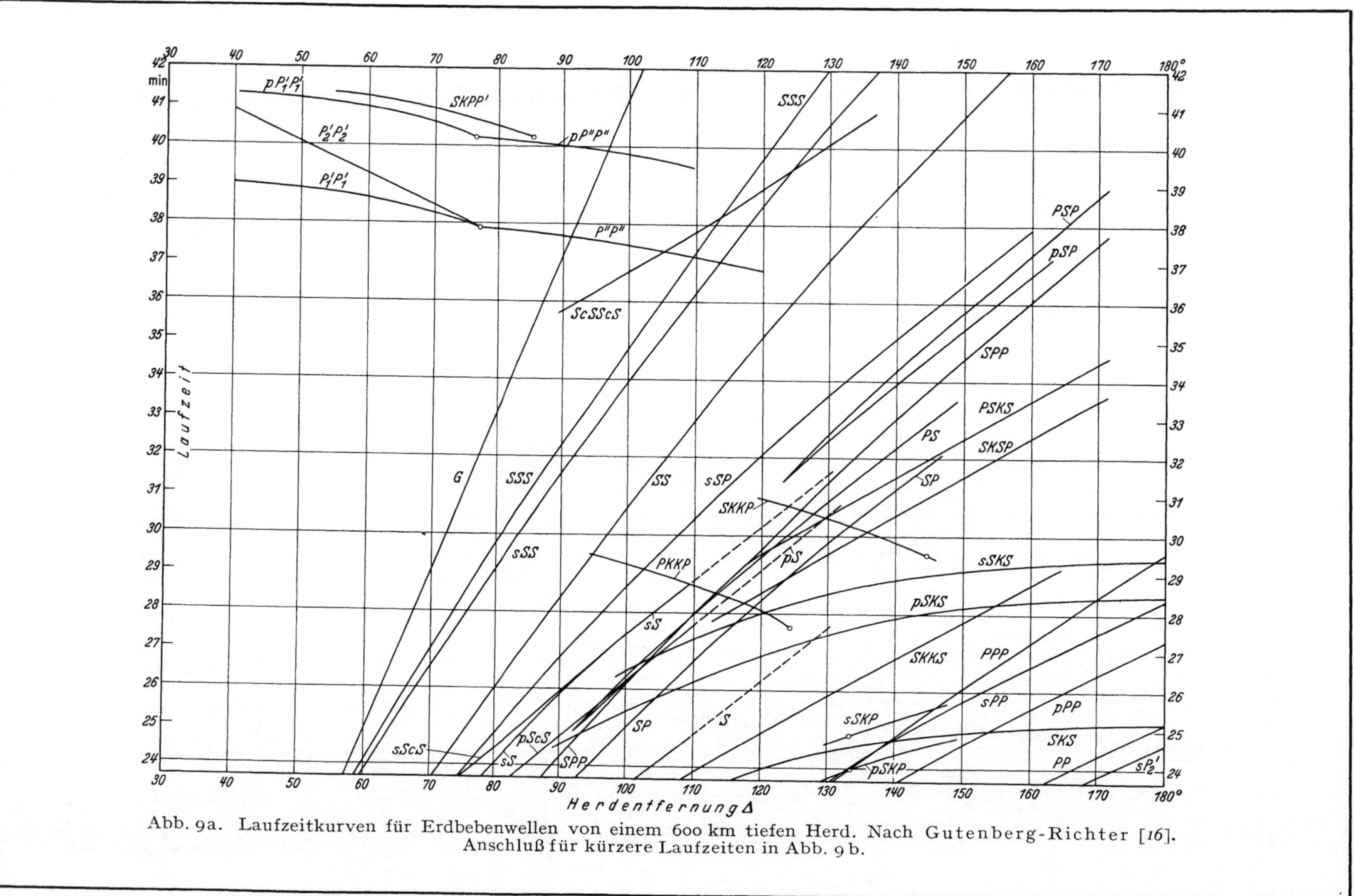

Abb. 9a. Laufzeitkurven für Erdbebenwellen von einem 600 km tiefen Herd. Nach Gutenberg-Richter [16]. Anschluß für kürzere Laufzeiten in Abb. 9 b.

Laufzeit
min
Herdentfernung Δ
P gebeugt
pP gebeugt
PKS
SKP
SKKS
SKS
PcP
pPcP
ScP
sPcP
PcS
ScS
pScS
sScS
SSS
sSS
G
SS
sS
SP
SPP
sSP
PP
pP
sP
PPP
pPP
sPP
P''
pP''
sP''
P'1
P'2
pP'1
pP'2
sP'1
sP'2
S
P

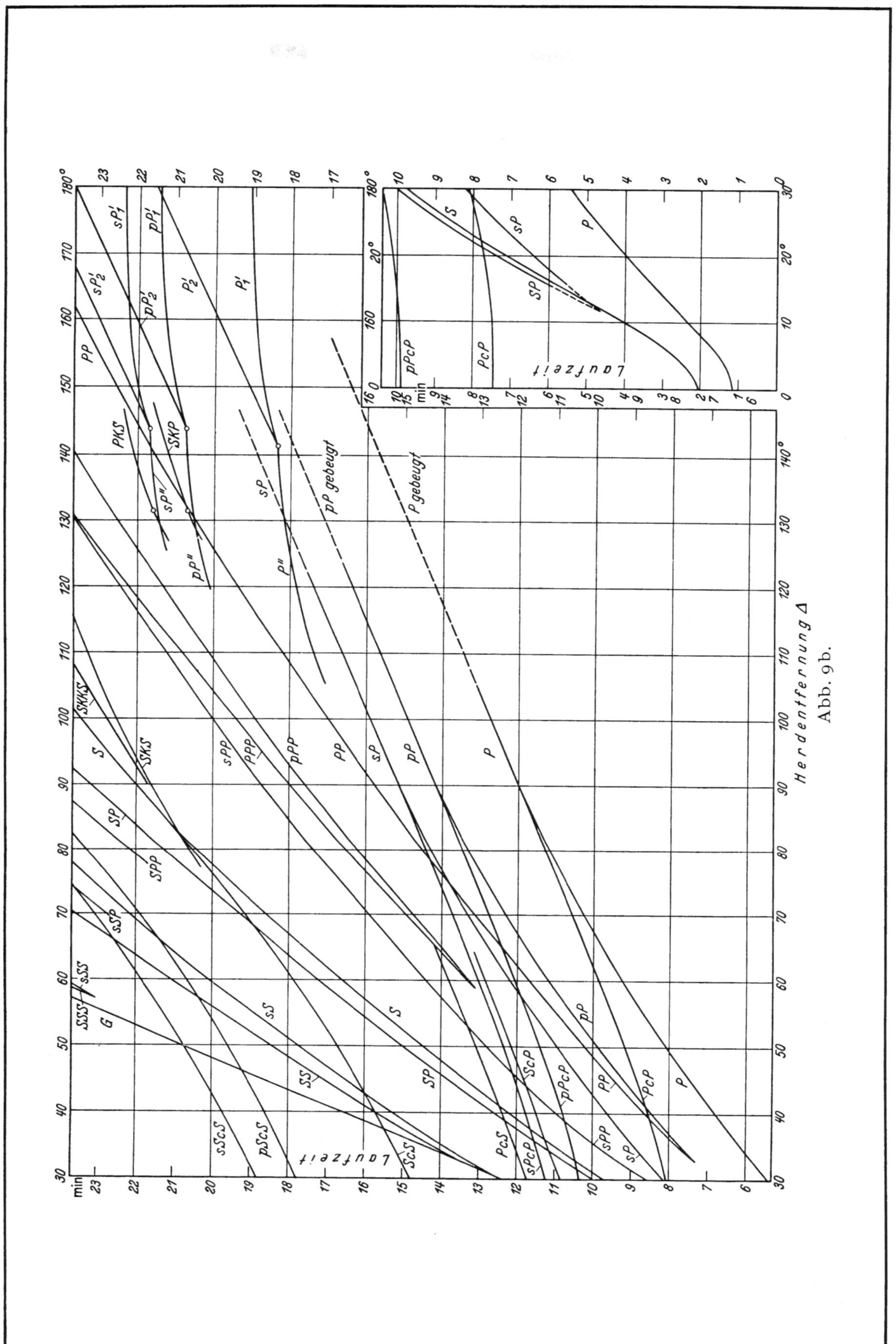

Abb. 9b.

(Tiefe in den Kontinenten zwischen etwa 25 km in Flachländern bis zu etwa 60 km unter hohen Gebirgen) ist die Wellengeschwindigkeit V für P-Wellen etwa 8,1 bis 8,2 km/sec [7, 8, 9, 10] und für S-Wellen 4,4 bis 4,5 km/sec. Abb. 8 gibt Laufzeitkurven für „normale" Herdtiefe (etwa 25 km) und Abb. 9 für eine Herdtiefe von 600 km (Symbole in Abb. 7). Die Laufzeiten für P sind innerhalb etwa 3 Sekunden sicher, die der späteren Wellen innerhalb etwa 6 Sekunden. Wellengeschwindigkeiten in verschiedenen Tiefen gibt Tabelle 6. Die Angaben für den Mantel sind vermutlich innerhalb 0,2 km/sec genau, während im Kern eine Unsicherheit zwischen $^1/_2$ und 1 km/sec angenommen werden muß [11, 12, 13, 14].

Tabelle 6. Wellengeschwindigkeiten V von P und S in km/sec als Funktion der Tiefe h unter der Erdoberfläche (in km) und Herdentfernung (Zentriwinkel Δ in Grad), in welcher Strahlen auftauchen, deren Scheitel die Tiefe h erreicht hat.

h	Longitudinalwellen P		Transversalwellen S		Im Erdkern (K)	
	V	Δ	V	Δ	h	V
50	8,1	2	4,5	2	2920	8
100	7,9	—	4,4	—	3500	$8^3/_4$—9
200	8,2	16	4,5	—	4000	$9^1/_2$
300	8,6	16	4,7	18	4500	10
400	9,2	18	5,0	19	4800	$10^1/_4$
700	10,6	25	5,9	24	5200	11
1000	11,4	42	6,4	40	6000	$11^1/_4$
1500	12,2	60	6,7	62	6370	$11^1/_4$
2000	12,8	73	7,0	76		
2500	13,4	84	7,1	92		
2920	13,7	103	7,2	115?		

Die Bahnen der Wellen durch den Kern (Abb. 6) sind noch sehr unsicher, ebenso die Herdentfernungen Δ, in der diese Wellen an der Erdoberfläche auftauchen; diese fehlen deshalb in Tabelle 6. Zur Bestimmung der Herdtiefe werden meist die Zeitintervalle pP—P und sP—P (Abb. 7, Herde 2 und 3) benutzt. In Tabelle 7 sind charakteristische Werte zusammengestellt.

Tabelle 7. Zeitintervalle pP—P und sP—P in Minuten und Sekunden, für verschiedene Herdtiefen h in km, und Herdentfernungen (Zentriwinkel) Δ in Grad.

h \ Δ	pP—P 20°	50°	90°	150°	sP—P 20°	50°	150°
100	0m16s	0m23s	0m27s	0m28s	0m30s	0m36s	0m37s
200	0 31	0 44	0 49	0 52	0 59	1 08	1 13
300	0 45	1 02	1 11	1 15	1 26	1 37	1 46
400	—	1 19	1 33	1 38	1 48	2 04	2 19
500	—	1 35	1 53	1 57	2 08	2 31	2 48
600	—	1 49	2 10	2 15	2 24	2 55	3 17
700	—	2 03	2 26	2 33	—	3 18	3 43

In vielen Fällen kann die Herdtiefe unter Benutzung von pP—P auf etwa 30 km genau an einer einzelnen Station bestimmt werden. Genauere Werte folgen aus Vergleichen der Laufzeiten aller meßbaren Einsätze mit Tabellen oder Kurven (wie z. B. Abb. 9). Nach Feststellen der Herdtiefe können die gemessenen Laufzeiten (insbesondere S—P, G—P) zur Bestimmung der Herdentfernung benutzt werden [15, 16].

Die Amplituden der Vorläufer hängen außer von der Größe des Bebens besonders von der Herdentfernung Δ und der Herdtiefe h ab. Der Absorptionsfaktor k wird definiert durch die Amplitudenabnahme $a = a_0 e^{-kD}$; im Mittel $k = 0{,}12$ [21], falls die durchlaufene Strecke D in Megametern = 1000 km gemessen wird. Die Absorption spielt eine geringere Rolle als die ungleichmäßigen Änderungen der Wellengeschwindigkeit mit der Tiefe; diese rufen große Schwankungen der Energiedichte hervor, wie sie sich z. B. aus der großen Verschiedenheit der Winkel zwischen den Strahlen erkennen lassen, die in Abb. 6 Zonen von 10° Weite auf der Erdoberfläche ausscheiden. Die Abb. 10 (für P) und 11 (für S) geben angenähert den negativen Logarithmus der Amplituden mit Perioden von 1 sec, die in einem Erdbeben von der Größe M = Null (vgl. 3241) in der Herdentfernung Δ zu erwarten sind. (Die Ordinaten in beiden Abb. sind die Herdtiefen h in km [22].) Die Schattenzone (große negative Werte des Logarithmus) in der Nähe von $\Delta = 10°$ rührt von der Abnahme der Wellengeschwindigkeit in etwa 100 km Tiefe her [19] (Tabelle 6). Der durch den Erdkern verursachte Schatten bewirkt die schnelle Abnahme der Amplituden von P entsprechend dem rechten Ende der Abb. 10.

Die Abb. 10 und 11 können zur Bestimmung der Größe M eines Bebens (definiert in 3241) aus den Amplituden von P und S benutzt werden. (Weitere Tabellen und Kurven in [21, 22]). Es ist:

$$M = B + \log A - \log T + C.$$

Gutenberg

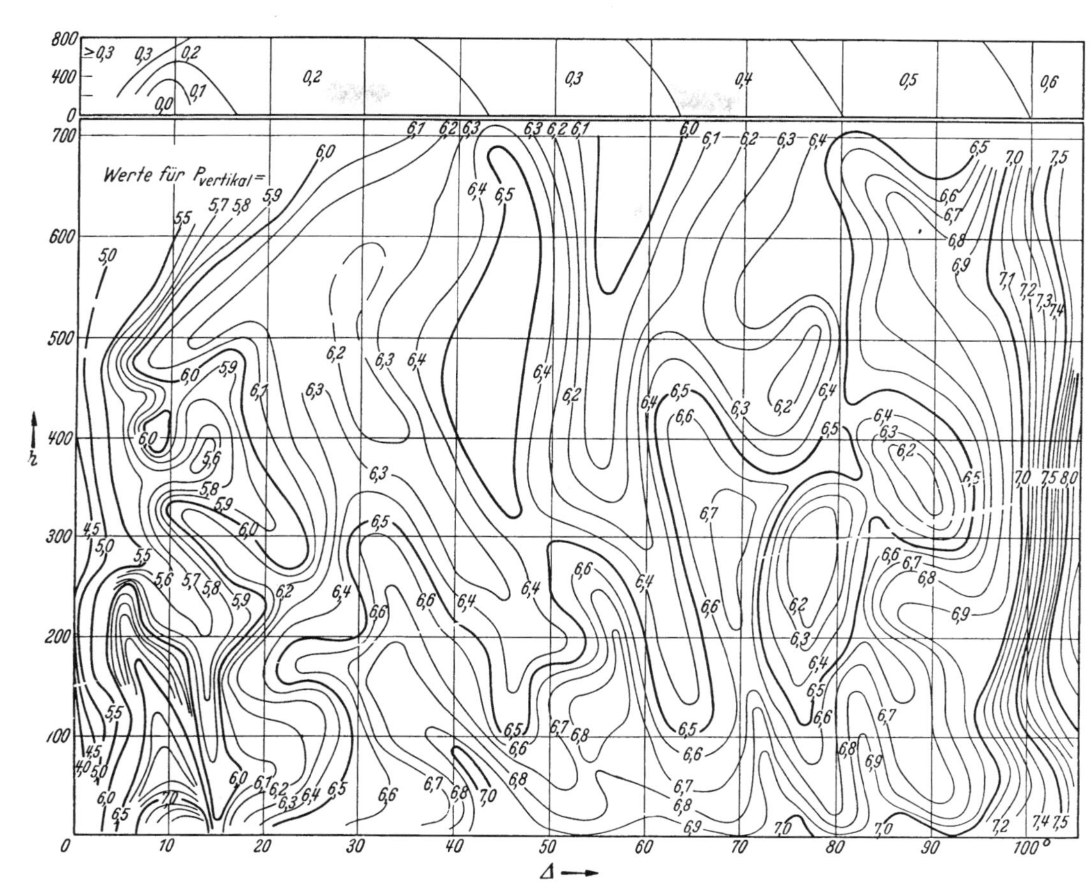

Abb. 10. Kurven für $-\log a/T$ (a = maximale vertikale Bodenamplitude in Mikrons, T = Periode in Sekunden) für direkte Longitudinalwellen in einem Beben von Größe M = Null als Funktion der Herddistanz Δ (Zentriwinkel in Grad) und Herdtiefe h in km. Für die Horizontalkomponente müssen die am oberen Rande angegebenen Werte addiert werden. Nach [21].

Für die Vertikalkomponente von P ist B aus Abb. 10 zu entnehmen, für die Horizontalkomponente sind die am oberen Rande als Funktion von Δ und h angegebenen Werte zu addieren; für die Horizontalkomponente von S gibt Abb. 11 die Werte von B. A sind die entsprechenden Amplituden der Bodenbewegung in Mikron, berechnet aus dem Seismogramm, und T die zugehörige Periode in Sekunden. C enthält eine Korrektion für die lokale Bodenbeschaffenheit, z. B. $-0{,}4$ für den wasserdurchtränkten Boden in Hamburg, $+0{,}2$ für den Felsuntergrund in Göttingen (empirische Werte für eine Reihe von anderen Stationen in [22]), sowie für die Tatsache, daß in sehr großen Beben die Dauer der Phasen länger ist. Für P-Wellen kann dem durch Zufügen des Betrages $0{,}2\,(M-7)$ für Beben mit Größen über 7 Rechnung getragen werden.

Die Amplituden der Oberflächenwellen hängen u. a. von der Herdtiefe h ab, ferner der Tatsache, daß die Wellenfront sich bis zur Herdentfernung von $\Delta = 90°$ ausbreitet und dann wieder zusammenzieht, von der Absorption (im Mittel $k = 0{,}2$ für 1000 km) und gelegentlich von lokalen Einflüssen (z. B. starker Verminderung der Amplituden, wenn die Wellen längere Strecken nahe der strukturellen Grenze des pazifischen Beckens laufen [20]). Tabelle 8 gibt für ein Beben der Größe $M = 0$ und einer Herdtiefe von etwa 20 km den negativen Logarithmus der maximalen Bodenamplituden (in Mikron) von Wellen mit Perioden von etwa 20 Sekunden [20]. Die Größe M eines

Tabelle 8. Werte von $-\log B$ für Oberflächenwellen mit Perioden von etwa 20 Sekunden als Funktion der Herdentfernung (Zentriwinkel) Δ in Grad.

Δ	20	30	40	50	60	70	80	90	100	120	150	170	177	180
$-\log B$	3,97	4,26	4,47	4,63	4,76	4,87	4,97	5,05	5,13	5,25	5,35	5,32	5,20	5,00

Bebens kann aus den maximalen Bodenamplituden A von Oberflächenwellen mit Perioden von etwa 20 Sekunden nach der folgenden Gleichung berechnet werden:

$$M = \log A - \log B + C + D,$$

wo A = Bodenamplitude in Mikron, $-\log B$ ist in Tabelle 3 gegeben, C ist eine Korrektion für die Herdtiefe (Tab. 9), D ist die Stationskonstante ähnlich derjenigen für die Vorläufer und die Korrektion für außergewöhnlichen Energieverlust auf dem Wellenweg (pazifische Grenze). Für Wellen mit Perioden, die merklich von 20 Sekunden abweichen, sowie für Herdtiefen über 200 km wurde $\log B$ bisher nicht untersucht. Für Wellen mit größeren Perioden als 20 Sekunden ist C geringer als in

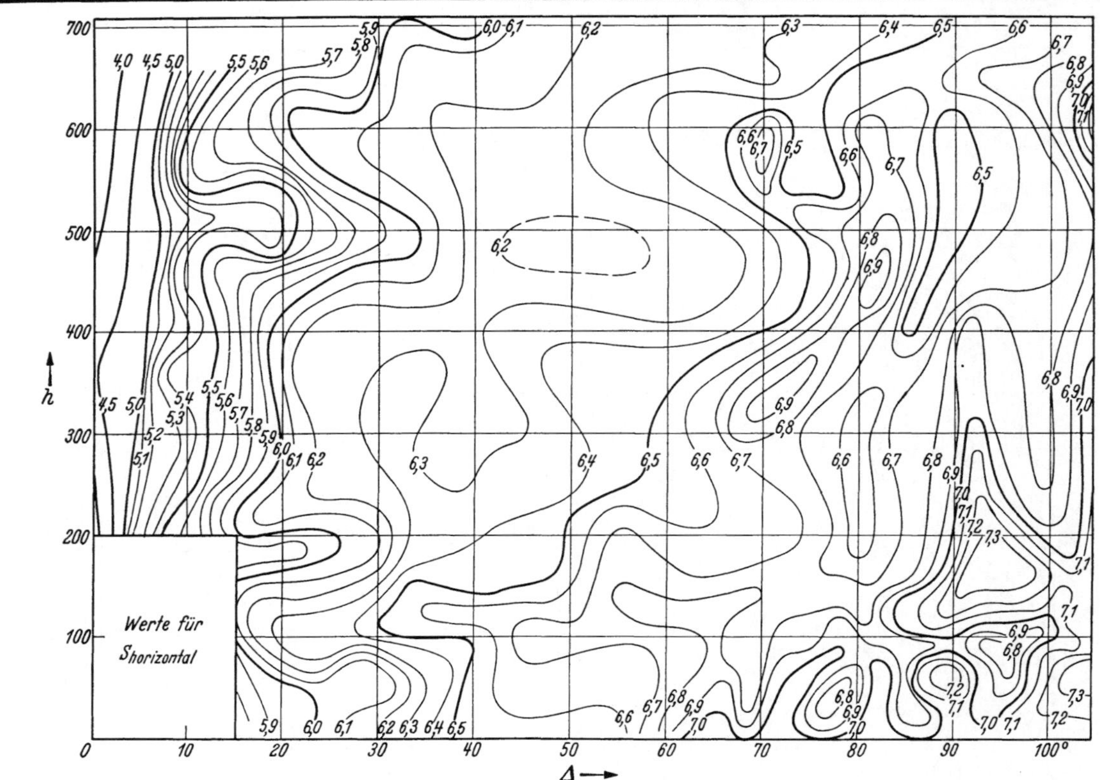

Abb. 11. Kurven für —log a/T (analog den Kurven in Abb. 10) für die Horizontalkomponente der direkten Transversalwellen. Nach [21].

Tabelle 9. Werte für C in der vorangehenden Gleichung [22] als Funktion der Herdtiefe h (in km).

h	20	40	70	100	150	200
C	0,0	0,2	0,5	0,8	1,3	1,8

Tabelle 9 angegeben. Sehr tiefe Beben zeigen keinerlei Oberflächenwellen. Ein Vergleich zwischen den beiden Werten von M, die aus den Vorläufern und aus Oberflächenwellen berechnet sind, läßt oft Schlüsse auf die Herdtiefe zu (Tabelle 9), falls die Annahme berechtigt ist, daß ihre Differenz nur von dem Parameter C herrührt und nicht von außergewöhnlichem Energieverlust der Oberflächenwellen auf der Wellenbahn [20].

Literatur.

[1] Gutenberg, B.: Hdb. d. Geophysik **4**, 1 bis 263, Berlin 1932. — [2] Angenheister, G.: Seismik. Hdb. d. Physik **6**, 556 bis 622, Berlin 1928. — [3] Meisser, O., u. G. Krumbach: Seismik. Hdb. d. Exp.phys. **25**, 2, 441 bis 566, Leipzig 1931. — [4] Macelwane, J. B.: Introduction to Theoretical Seismology, Part I, New York 1936; photographischer Abdruck St. Louis 1949). — [5] Bullen, K. E.: An Introduction to the Theory of Seismology, Cambridge 1947. — [6] Galitzin, B.: Vorlesungen über Seismometrie. Berlin 1914. — [7] Schulze, G. A.: Seismische Ergebnisse der Helgoland-Sprengung, Naturwiss. **34** (1947) 328. — [8] Reich, H., G. A. Schulze u. O. Förtsch: Das geophysikalische Ergebnis der Sprengung von Haslach im südlichen Schwarzwald. Geolog. Rundschau **36** (1948) 85 bis 96. — [9] Tuve, M. A.: Carnegie Inst. of Washington, Yearbook Nr. 47 for 1947/48, 60 bis 65. — [10] Gutenberg, B.: Seismological evidence for roots of mountains, Bull. Geol. Soc. Amer. **54** (1943) 473—498. — [11] Macelwane, J. B.: Evidence on the interior of the earth from Seismic Sources. Internal Constitution of the earth, 219 bis 290, New York 1939. Zweite Aufl. in Vorbereitung (Dover Publ.). — [12] Gutenberg, B., u. C. F. Richter: On seismic waves (fourth paper), Gerlands Beitr. **54** (1939) 94 bis 136. — [13] Gutenberg, B.: The structure of the earth. Scientia **43** (1949) 82 bis 86. — [14] Jeffreys, H.: The times of the core waves, Geophys. Supplement, MN **4** (1939) 594 bis 615. — [15] Gutenberg, B., u. C. F. Richter: Materials for the study of deep-focus earthquakes, Bull. Seismol. Soc. Amer. **26** (1936) 341 bis 390, mit Laufzeitkurven für Herdtiefe von 400 km; **27** (1937) 157 bis 183. — [16] Französische Übersetzung des Vorangehenden mit Laufzeitkurven für Herdtiefe von 600 km. Publ. Bur. Central Séismol. Internat. (A), Fasc. **15** (1937) 1 bis 69. — [17] Gutenberg, B., u. C. F. Richter: On seismic waves (first paper), Gerlands Beitr. **43** (1934) 56 bis 133. — [18] Gutenberg, B.: A geophysicist X-rays mother earth. Engineering and Science Monthly **11** (1948) 19 bis 20. — [19] Gutenberg, B.: On the layer of relatively low wave velocity at a depth of about 80 km., Bull. Seismol. Soc. Amer. **38** (1948) 121 bis 148. — [20] Gutenberg, B.: Amplitudes of surface waves and magnitudes of shallow earthquakes. Ibid. **35** (1945) 3 bis 12. — [21] Gutenberg, B.: Amplitudes of P, PP and S and magnitude of shallow earthquakes. Ibid. **35** (1945) 57 bis 69. — [22] Gutenberg, B.: Magnitude determination for deep-focus earthquakes. Ibid. **35** (1945) 117 bis 130.

Gutenberg

3243 Erdinneres.

32431 Wärmefluß aus der Erdkruste.

Temperaturmessungen in Bergwerken oder Bohrungen ergeben die Temperatur T in der Tiefe Z. Die beste Korrelation der gemessenen Werte wird erreicht durch die Formel: $T = T_0 + H \int_0^Z R(z)\,dz$; $R(z)$ ist der spezifische thermische Widerstand (Reziprok-Wert der Wärmeleitfähigkeit) in der Tiefe z, T_0 und H sind Konstanten. H ist der aufwärtsgerichtete Wärmefluß pro Zeiteinheit und Flächeneinheit. Tabelle 1 gibt die verfügbaren Daten: Spalte 1 gibt den Beobachtungsort, Spalte 2 die größte Tiefe Z, in der beobachtet wurde, Spalte 3 die dort beobachtete höchste Temperatur T. Da der Gradient auch in einem einzelnen Bohrloch variabel ist, sind die Zahlen in Spalte 4 durch Multiplikation der Zahlen in den Spalten 5 und 6 gewonnen. Spalte 5 gibt den mittleren thermischen Widerstand $(z_2 - z_1)^{-1} \int_1^2 R(z)\,dz$ für den Tiefenbereich z_1 bis z_2, für den zuverlässige Angaben vorliegen. Spalte 6 gibt den Wärmefluß, durch Angleichung der obigen Formel an die Beobachtungen gewonnen, ohne Korrektur für Klimaänderungen. Spalte 7 gibt die Autoren, aber nicht immer die Originalarbeiten.

Es gibt sehr viele Temperaturwerte für Bohrungen und Bergwerke ohne entsprechende Messungen der Wärmeleitfähigkeit. Diese Daten sind nicht sehr aufschlußreich; sie sind zusammengefaßt von C. E. van Orstrand [*12*]. Tabelle 2 gibt die größten und kleinsten mittleren Gradienten in den Bohrungen, die van Orstrand als besonders zuverlässig ausgewählt hat; die zweite Spalte gibt die Anzahl der ausgewählten Bohrungen.

Tabelle 1.

1 Ort	2 Größte Tiefe m	3 Höchste Temp. °C	4 Mittlerer Gradient °C/km	5 Mittlerer therm. Wider-stand $\frac{°C\,cm\,sec}{cal}$	6 Wärme-fluß H $10^{-6}\,\frac{cal}{cm^2\,sec}$	7 Lit.
Afrika						
Orange Free State, Dubbeldevlei	1497	69,8	22,3	147	1,52	*6, 9*
Transvaal, Doornhoutrivier	1834	42,9	13,1	135	0,97	*6, 10*
,, Doornkloof	1915	34,3	8,9	74	1,20	*6, 10*
,, Driefontein	587	22,5	7,0	93	0,75	*6, 10*
,, Gerhardminnebron	3022	46,4	9,5	74	1,28	*6, 10*
,, Jacoba No. 3	2229	48,3	12,8	134	0,95	*6, 10*
,, Reef-Nigel	1435	32,1	10,3	100	1,03	*6, 10*
Asien						
Persien, Masjid-i-Sulaiman *T* 171	1201	41,7	16,4	162	1,01	*7*
,, ,, *K* 178	898	35,5	12,3	154	0,80	*7*
,, ,, *T* 230	793	35,5	14,7	226	0,65	*7*
,, ,, *SH* 95	442	30,6	11,3	213	0,53	*7*
,, ,, *B* 162	432	31,6	13,3	208	0,64	*7*
,, ,, *B* 187	630	33,5	11,4	137	0,83	*7*
,, ,, *T* 232	703	34,0	12,5	156	0,80	*7*
,, ,, *B* 211	652	32,4	10,6	161	0,66	*7*
,, ,, *Q* 225	663	39,8	21,4	175	1,22	*7*
,, ,, *B* 212	665	34,9	12,8	138	0,93	*7*
,, ,, *Cs* 231	837	34,4	12,7	112	1,13	*7*
,, ,, *Q* 250	591	37,5	18,0	196	0,92	*7*
,, ,, *C* 209	400	33,9	18,1	193	0,94	*7*
,, ,, *C* 222	839	39,7	15,5	168	0,92	*7*
,, ,, *C* 240	867	39,0	15,0	176	0,85	*7*
,, ,, *C* 229	811	39,5	16,6	185	0,90	*7*
,, ,, *A* 244	769	39,6	18,6	194	0,96	*7*
,, ,, *C* 253	926	38,3	19,8	189	1,05	*7*
Nordamerika						
U. S. A. California, Berry Nr. 1	2646	116,2	35,0	271	1,29	*4*
,, Calif., Empire-Star Mine	1132	22,4	9,4	170	0,55	*13*
,, Texas, Big Lake Nr. 18	2530	77,6	25,6	128	2,0	*5*
Colorado, Adams Tunnel	940	24,8	24,1	125	1,93	*5a*
,, Moffat Tunnel	630	19,5	25	125	2,0	*5a*
,, Red Creek	2800	31,8	20	140	1,4	*5a*

Bullard

1 Ort	2 Größte Tiefe m	3 Höchste Temp. °C	4 Mittlerer Gradient °C/km	5 Mittlerer therm. Widerstand $\frac{°C\,cm\,sec}{cal}$	6 Wärmefluß H $10^{-3}\frac{cal}{cm^2\,sec}$	7 Lit.
Nordamerika (Fortsetzung)						
Michigan, Calumet & Hecla	—	—	18,0	200	0,9	*5a*
Georgia, Griffin, La Grange	—	—	20	140	1,4	*5a*
Kansas, Syracuse	—	—	28	180	1,6	*5a*
Europa						
England, Caunton 11	653	30,8	39,1	230	1,67	*11*
,, Durham	529	25,1	30,6	208	1,47	*2*
,, Eakring 5	599	41,1	74,3	272	2,73	*11*
,, Eakring 6	663	45,1	78,6	286	2,75	*11*
,, Eakring 64	613	33,2	57,3	291	1,97	*11*
,, Eakring 141	606	39,5	71,8	250	2,87	*11*
,, Hankham	236	16,3	23,4	331	0,71	*2* u. *3*
,, Holford	396	16,4	13,3	161	0,83	*2* u. *3*
,, Kelham Hills I	668	28,4	36,4	248	1,47	*11*
,, Kirkleatham 1	935	30,4	20,9	182	1,15	*11*
,, Tocketts 1	906	35,7	27,7	235	1,18	*11*
,, Wigan	745	34,4	32,7	315	1,04	2
Frankreich, Pont-à-Mousson	1556	—	33,5	229	1,46	*1*
Deutschland, Sperenberg	1269	38,5	30,3	78	3,87	*1* u. *8*

Tabelle 2.
Größte und kleinste Werte des Temperaturgradienten [*12*].

Ort	Zahl der Bohrungen	Gradient °C/km	Ort	Zahl der Bohrungen	Gradient °C/km
USA Alabama	5	7,2— 18,0	USA Texas	41	12,3— 52,3
,, Kalifornien	13	9,6— 49,3	,, Westvirginia	8	18,6— 27,7
,, Kansas	5	12,9— 14,3	,, Wyoming	13	26,1— 76,7
,, Louisiana	10	39,9— 54,3	Australien	6	23,4— 56,1
,, Michigan	4	13,8— 34,4	Deutschland	6	14,9— 63,8
,, Oklahama	26	15,1— 50,0	Holland	5	19,2— 38,1
,, Oregon	5	24,1—103,7	Polen	7	20,5— 28,1
,, Pennsylvania	7	23,9— 31,0	Rußland	8	7,2— 38,8

Literatur.

[*1*] Anderson, E. M.: Gerlands Beitr. **42** (1934) 133 bis 159. — [*2*] Anderson, E. M.: Proc. R. Soc. Edin. **60** (1940) 192 bis 209. — [*3*] Benfield, A. E.: Proc. R. Soc. A **173** (1939) 428 bis 450. — [*4*] Benfield, A. E.: Amer. J. Sci. **245** (1947) 1 bis 18. — [*5*] Birch, F., u. H. Clark: Amer. J. Sci. **243** A (1945) 69 bis 74. — [*5a*] Birch, F., u. H. Clark: Bull. Geol. Soc. Amer. **61** (1950) 567 bis 630. — [*6*] Bullard, E. C.: Proc. R. Soc. A **173** (1939) 474 bis 502. — [*7*] Coster, H. P.: MN Geophys. Suppl. **5** (1947) 131 bis 145. — [*8*] Dunker, E.: Wärme im Innern der Erde, Stuttgart 1896. — [*9*] Krige, L. J.: Trans. Geol. Soc. S. Afr. (für 1923) **26** (1924) 50 bis 64. — [*10*] Krige, L. J.: Proc. R. Soc. A **173** (1939) 450 bis 474. — [*11*] Niblett, E. R.: Unveröffentlicht, soll in MN Geophys. Suppl. erscheinen. — [*12*] van Orstrand, C. E.: 1942 Geolog. Soc. Amer. Spec. No. 36, ,,Handbook of Physical Constants," pp. 279—292. — [*13*] Spicer, H. C.: J. Wash. Acad. Sci. **31** (1941) 495 bis 501.

32432 Relief der Erdoberfläche.

Gesamte Erdoberfläche (Oberfläche des Hayfordschen Erdellipsoides) 510100800 km² ± 7100 km² (wahrsch. Fehler); hiervon abgerundet Landfläche 29,2% und Meeresfläche 70,8%.

Mittelniveau der starren Erdrinde oder mittleres Krustenniveau (unter Abrundung auf halbe Hundert von m) 2450 m unter Meeresniveau. Hierüber noch die

1. Areal und mittlere Höhe der Kontinente.

Kontinente mit zugehörigen Inseln	Areal $10^6\,km^2$	Mittlere Höhe m	Kontinente mit zugehörigen Inseln	Areal $10^6\,km^2$	Mittlere Höhe m
Eurasien	54,2	850	Südamerika	17,8	590
(Europa	10,0	340)	Antarktis[1]	14,2	2250
(Asien	44,2	960)	Australien	8,9	340
Afrika	29,8	750			
Nordamerika	24,1	720	Landfläche	149,0	880 ± 40

[1] Mit Eisbedeckung.

gesamte Wassermasse ausgebreitet, ergibt das Mittelniveau der physischen Erdoberfläche, d. i. die mittlere Grenzfläche der Litho- und Hydrosphäre gegen die Atmosphäre, rd. 250 m über Meeresniveau.

[1] Die Grenzen der drei Ozeane sind bei diesen Arealen auf der Südhalbkugel einerseits in den Meridianen der Südspitzen von Südamerika (Kap Horn) bzw. Afrika (Nadelkap) und Australien (Südkap auf Tasmanien) und andererseits in der antarktischen Küste angenommen.

2. Areal und mittlere Tiefe der Ozeane.

Ozeane mit Nebenmeeren	Areal 10^6 km²	Mittlere Tiefe m
Pazifik[1] . .	180,1	4030
Atlantik[1] . .	106,0	3330
Indik[1] . . .	75,0	3900
Meeresfläche .	361,1	3800 ± 100

3. Areale der Höhen- und Tiefenstufen an der Erdoberfläche[1].

Höhenstufen m	Areal 10^6 km²	%	Tiefenstufen m	Areal 10^6 km²	%
über 5000	0,5	0,1	0— 200	28,3	5,5
4000—5000	2,2	0,4	200—1000	15,4	3,0
3000—4000	5,8	1,1	1000—2000	15,2	3,0
2000—3000	11,2	2,2	2000—3000	24,4	4,8
1000—2000	22,6	4,4	3000—4000	70,8	13,9
500—1000	28,9	5,7	4000—5000	119,1	23,3
200— 500	39,9	7,8	5000—6000	83,7	16,4
0— 200	37,0	7,3	unter 6000	5,0	1,0
über 0 m	148,1	29,0	unter 0 m	361,9	70,9

[1] Die Angaben beruhen auf Berechnungen von E. Kossinna; derselbe setzt das mittlere Krustenniveau in 2430 m Tiefe an.

4. Die fünf Erhebungsstufen der Lithosphäre[1].

Erhebungsstufen	Areal 10^6 km²	%	Mittlere Höhe bzw. Tiefe m
Kulminationsgebiet (über + 1000 m)	42	8,2	+ 2110
Kontinentaltafel (von + 1000 bis — 200 m) .	134	26,3	+ 270
Kontinentalabhang (von — 200 bis — 2430 m) .	39	7,6	— 1270
Tiefseetafel (von — 2430 bis — 5750 m)	284	55,7	— 4420
Depressionsgebiet (unter — 5750 m)	11	2,2	— 6100
Mittleres Krustenniveau.	510	100,0	— 2430

32433 Dichte in der Erdrinde.

Nimmt man die Lage der (durch einen ersten Sprung in der Fortpflanzungsgeschwindigkeit der longitudinalen und transversalen Erdbebenwellen charakterisierten) Unstetigkeitsfläche erster Ordnung, welche geophysikalisch als untere Begrenzung der Erdrinde gilt, im Mittel in 50 km Tiefe an (siehe den ersten Absatz in 32434) und setzt für die Dichte an der Oberfläche rd. 2,7 und in 50 km Tiefe rd. 3,3 (Dichte komprimierter basischer Gesteine), so ergibt sich unter der Voraussetzung eines linearen Anwachsens der Dichte mit der Tiefe für eine feste Kruste mittlerer Beschaffenheit das folgende Bild der Dichte und Druckverteilung (Tab. 1).

Die beiden Randwerte der Dichte (2,7 in 0 km und 3,3 in 50 km Tiefe) sind den Annahmen von Adams und Williamson über die Dichteverteilung im Erdinnern angepaßt. — Ein hiervon etwas abweichendes und regional differentiertes Bild von der wahrscheinlichen Dichte in drei Hauptgebieten der Erde gibt Gutenberg für die oberen 100 km. Es wird dabei auch dem Umstand Rechnung getragen, daß die eigentliche Erdrinde unter dem Atlantik vielleicht nur 25 km mächtig ist und unter dem zentralen Pazifik möglicherweise ganz fehlt, und außerdem das Gesetz der Isostasie berücksichtigt. Entsprechend ändern sich gegenüber Tabelle 1 die Drucke in den verschiedenen Tiefen.

1. Dichte- und Druckverteilung in der Erdrinde.

Tiefe in km	0	10	20	30	40	50
Dichte	2,7 (0)	2,82	2,94	3,06	3,18	3,3 (0)
Druck in Bar[1] .	0	2710	5530	8470	11530	14710
Druck in Atmosph.	0	2670	5460	8360	11380	14520

[1] 1 Bar = 0,987 Atmosphäre = 10^6 [c-g-s].

Die drei von Gutenberg benutzten Oberflächenwerte der Dichte harmonieren mit den Werten, welche H. S. Washington für die mittlere Dichte der plutonischen Gesteine (bezogen auf wasserfreies Gestein und abgerundet auf zwei Dezimalstellen) der oberen 16 km (10 engl. Meilen) in den einzelnen Erdteilen angibt. In Ansehung der vergleichsweise nicht sehr großen Zahl von Gesteinsanalysen (für die ganze Erde 5159) können aber auch diese Daten nur mehr Anhaltspunkte liefern (Tab. 2 und 3).

2a Eurasien und Amerika. Tiefe	Dichte	2b Atlantik. Tiefe	Dichte	2c Pazifik. Tiefe	Dichte
Erdoberfläche	2,75	Meeresboden .	2,85	Meeresboden .	3,05
50 km . . .	2,9	20 km . . .	2,9	50 km . . .	3,2
60 km . . .	3,2	30 km . . .	3,1	100 km . . .	3,2
100 km . . .	3,2	50 km . . .	3,2		
		100 km . . .	3,2		

3. Mittlere Dichte der plutonischen Gesteine der oberen 16 km Erdrinde.

Europa	Asien	Afrika	Australien	N.- u. S.-Amerika	Antarktis	Atlantik-Boden	Pazifik-Boden	Ganze Erde
2,79	2,77	2,78	2,81	2,78	2,865	2,89	3,09	2,79

Tams

32434 Schichtung der Erdrinde nach seismischen Ergebnissen.

Die als Grundfläche der Erdrinde geltende Diskontinuität erster Ordnung schwankt bezüglich ihrer Tiefenlage auch schon unter den Kontinenten wohl zwischen etwa 30 und 60 km; und entsprechend bewegt sich hier eine sekundäre Diskontinuität als Trennungsfläche zwischen wesentlich granitischem oder granodioritischem und basaltischem Material zwischen 10 und 30 km Tiefe. Unterhalb der Erdrinde beginnt der ultrabasische Steinmantel.

Mohorovičič hatte die zuletzt erwähnte — nach ihm benannte — Diskontinuität aus den Laufzeitkurven natürlicher Erdbeben erschlossen. Die wesentlich größere Zeitgenauigkeit, die bei künstlichen Erdbeben erzielt werden kann, ermöglichte neuerdings bei zwei sehr großen Sprengungen eine genauere Festlegung von Unstetigkeitsflächen der Wellengeschwindigkeiten bis etwa 30 km Tiefe:

Helgoland (18. April 1947), 4000 Tonnen Sprengstoff,

Haslach (südlicher Schwarzwald), 28./29. April 1948, 73 Tonnen Sprengstoff;

Schulze und Förtsch [*15a*] finden unter Nordwestdeutschland 3 Schichten unter der Sedimentdecke:

Eine Granitschicht („sauer") mit Wellengeschwindigkeiten w_l = 5,40 und w_t = 2,94 km/s; darunter eine Gabbroschicht („basisch") mit w_l = 6,2 u. 6,6 und w_t = 3,7 u. 3,9 km/s; die tiefste „Peridotitschicht" (ultrabasisch) mit w_l = 8,32 und w_t = 4,38 km/s. Die Tiefe der Oberfläche ist für Granit 6,0 km, für Gabbro 10,7 km, für Peridotit 27,4 km.

Willmore [*20a*] findet, bei einer Bearbeitung desselben Materials für Nordwestdeutschland, etwa übereinstimmend, 27,4 und 29,4 km für die Oberfläche der „ultra-basischen" Schicht, läßt jedoch die Deutung bezüglich der sauren und der basischen Schichten offen. Er gibt die thermische Energie der Helgoland-Explosion zu $1{,}3 \cdot 10^{20}$ erg, und die Energie der seismischen Wellen zu etwa 10^{17} erg.

Aus der Haslach-Sprengung schließen Reich, Schulze und Förtsch [*15b*] ebenfalls eine Dreiteilung unter der Sedimentdecke: Granitschicht mit w_l = 5,9—6,0 km/s, Gabbroschicht mit w_l = 6,55 km/s, Peridotitschicht mit w_l = 8,2 km/s. Die Tiefe der Obergrenze der Peridotitschicht unter Süddeutschland wurde zu 31 km bestimmt, etwa wie im Nordwesten, aber die Obergrenze der Gabbroschicht ist 21 km tief. Die Granitschicht ist also in Süddeutschland rd. 15 km mächtig, gegen etwa 5 km im Nordwesten.

Zusammenstellungen solcher Schichtdicken in anderen Erdteilen bei Schulze und Förtsch [*15a*].

L. Mintrop [*15c* u. *d*] unterscheidet auf Grund seiner Analyse der von der Helgoland-Sprengung erhaltenen Seismogramme bis 110 km Tiefe fünf Schichten aus starrem Material, die dann von einer ersten 8 km mächtigen plastischen Schicht und sodann wieder bis zu 170 km Tiefe von einer festen Schicht unterlagert werden. Nach Erdbebenregistrierungen schließt er weiter auf das Vorhandensein von abwechselnd plastischen und festen Schichten bis über 700 km Tiefe hinaus.

Genaue seismische Daten über die obersten Teile der Erdkruste bis zu einigen km Tiefe liefert die angewandte Geophysik. Vgl. die zitierten Kartenwerke des Amts für Bodenforschung [*23*]. Wellengeschwindigkeiten in 32335.

32435 Das tiefere Erdinnere.

Hier hängt das Bild der Dichteverteilung stark von den zugrunde gelegten Voraussetzungen ab. Hydrostatische Verhältnisse werden allgemein angenommen. Einige Vorstellungen aus der neueren Zeit seien zunächst nebeneinander gestellt.

1. Wiechert (1925). Annahmen: Dreiteilige Erde mit der im Ergebnis angegebenen Tiefenlage der Unstetigkeitsflächen, mittlere Dichte 5,527, Dichte des Mantels 3,4, Abplattung 1 : 296,7; Präzession und Nutation berücksichtigt. Ergebnis: Mantel 1200 km mächtig, mittlere Dichte 3,4; 1700 km mächtige Zwischenschicht, Dichte 6,39; Kern von 2900 km Tiefe ab, Dichte 9,63. Schätzt die stetige Zunahme der Dichte, infolge des zunehmenden Druckes, im Mantel (ausschließlich der äußeren Schichten) auf einige Zehntel, in der Zwischenschicht auf 0,5, im Kern auf 1,0; die wesentliche Zunahme der Dichte ist sprunghaft in 1200 und 2900 km Tiefe.

2. Adams und Williamson (1923 bis 1925). Annahmen: Dichtezunahme mit der Tiefe im wesentlichen durch die Druckzunahme bedingt; keine Sprünge der Dichte; Kompressibilität berücksichtigt, aus Geschwindigkeiten der Erdbebenwellen abgeleitet. Ergebnis: Von 60 bis 1600 km Tiefe (Oberfläche der Zwischenschicht) steigt die Dichte von 3,35 auf 4,35; weiter auf 9,5 an der Kerngrenze in 3000 km Tiefe und bis auf 10,7 im Erdmittelpunkt. Druck in 1600, 3200 und 6370 km Tiefe wird 0,6, 1,7 und $3{,}2 \cdot 10^6$ Bar.

3. Haalck (1941) wählt für die Dichteverteilung zwei Grenzfälle, zwischen denen die wirkliche Dichteverteilung liegen dürfte. In beiden Fällen wird an der Kernoberfläche in 2900 km Tiefe ein Dichtesprung angenommen.

Erster Fall: Sprung von 5,3 auf 11,6; im Erdmittelpunkt 14,6.

Zweiter Fall: Sprung von 6,8 auf 9,1; im Erdmittelpunkt 10,9.

Druck im Erdmittelpunkt rd. $4^1/_2 \cdot 10^6$ oder $3^1/_3 \cdot 10^6$ Bar. Neben Berücksichtigung der allgemeinen Hauptbedingungen (hydrostatisches Gleichgewicht, Präzession, Oberflächendichte, mittlere Dichte) wird noch vorausgesetzt, daß die Dichtezunahme innerhalb des Erdkerns bis zum Erdmittelpunkt ausschließlich auf Kompression infolge zunehmenden Drucks beruht. In beiden Fällen Dichte an der Erdoberfläche 2,7, in 60 km Tiefe Sprung von 3,1 auf 3,4; von dort lineares Anwachsen bis zur Kerngrenze. Die wirklichen Verhältnisse dürften dem zweiten Grenzfall mehr entsprechen.

4. v. Wolff (1943) schließt aus seismischen und vulkanologischen Ergebnissen: 60 km mächtige feste, kristallisierte Kruste. Dann amorphe, mit Formelastizität begabte Magmaschale von hoher Viskosität bis zur isostatischen Ausgleichsfläche in etwa 120 km Tiefe. Bis hier herab Schauplatz

aller geologischen Vorgänge. Druck rd. $3{,}6 \cdot 10^4$ Atm., Temperatur rd. 2700° C. Einzelheiten siehe unten. Es folgt der übrige Teil des amorphen, nicht festen, aber rigen Erdmantels bis 12000 km Tiefe. Hier Druck rd. $4{,}3 \cdot 10^5$ Atm., Temperatur rd. 3400° C. Charakteristische Bestandteile Olivin und Eisen. An den Mantel schließt sich die 1700 km mächtige Zwischenschicht aus kristallisiertem Eisen und flüssigen Silikaten im Mengenverhältnis 1 : 1. An der Grundfläche Druck rd. $1{,}3 \cdot 10^6$ Atm., Temperatur rd. 3600° C. Ab 2900 km Tiefe Erdkern ohne Formelastizität, in „chaotischem, d. h. gasförmigem" Zustand. Im Erdmittelpunkt Druck rd. $3{,}5 \cdot 10^6$ Atm., Temperatur rd. 3900° C. (Die Druck- und Temperaturwerte wurden von uns hier und im folgenden abgerundet wiedergegeben.)

Stoff und Zustand bis 120 km Tiefe nach v. Wolff (Mittlere Schichtung).

Schichtung	Tiefe km	Druck Atm.	Temp. °C	Zustand
Granitschale	0	$1 \cdot 10^0$	0	fest
	10	$2{,}66 \cdot 10^3$	300	
	20	$5{,}32 \cdot 10^3$	600	
Basaltschale	30	$8{,}20 \cdot 10^3$	870	fest
	35	$9{,}66 \cdot 10^3$	1000	
	40	$1{,}11 \cdot 10^4$	1140	
Dunitschale	50	$1{,}40 \cdot 10^4$	1330	fest
	60	$1{,}70 \cdot 10^4$	1520	
Magmaschale	70	$2{,}03 \cdot 10^4$	1710	amorph
	120	$3{,}58 \cdot 10^4$	2660	(flüssig) rige

Die Temperaturkurve der Erde ist aus dem Verhalten der vulkanischen Gase (Spannungskurve) und unter der Voraussetzung abgeleitet, daß das Empordringen der Gase streng adiabatisch erfolgt, was für größere Tiefen wohl nicht unbedenklich ist. Die außerdem noch gemachte Voraussetzung des thermischen Gleichgewichts wird für die oberen 120 km aufgegeben. Hier Anhaltspunkte: anfängliche geothermische Tiefenstufe 30° C auf 1 km; stoffliche Gliederung in Granit-, Basalt-, Dunitschale; im Basalt 1000° C angenommen; Anschluß an 2700° (2660°) C in 120 km Tiefe. — Die Heraushebung der 120-km-Tiefe (isostatische Ausgleichsfläche) als untere Begrenzungsfläche alles geologischen Geschehens erscheint nicht recht begründet. Dieser Wert ergibt sich nur in rohem Mittel rechnerisch auf Grund der Isostasiehypothese von Pratt. Er ist durch keinerlei Unstetigkeit im Verlauf der Erdbebenwellen angezeigt, und Tiefherdbeben führen bis zu 500, 600 km und mehr hinab, worauf übrigens v. Wolff selbst verweist.

Die Temperaturkurve der Erde schneidet die Schmelzkurve des Olivins nur einmal in 50 bis 60 km Tiefe; von da ab liegt die Erdtemperatur über dem Schmelzpunkt. In 1200 km und 2900 km Tiefe wird eine Zustandsänderung des Eisens angenommen und hieraus die Schmelzdruckkurve des Eisens gewonnen. Dieselbe schneidet die Temperaturkurve der Erde außerdem noch in 60 bis 70 km Tiefe, wo die kristallisierte Kruste in die Magmaschale übergeht, entsprechend einer geringen Geschwindigkeitsverminderung der Erdbebenwellen. (Gutenberg setzt diese von ihm aufgezeigte Abnahme der Wellengeschwindigkeit in ungefähr 80 km Tiefe an und möchte sie auch als Folge des Überganges von kristallinem zu amorphem Material nahe dem Schmelzpunkt erklären.) Bis zur Magmaschale und in der Zwischenschicht liegt die Erdtemperatur unter der Schmelztemperatur des Eisens.

Die in obiger Tabelle bis zu 120 km Tiefe mitgeteilten Temperaturen stehen in hinlänglicher Übereinstimmung mit den Temperaturen, welche sich nach v. Wolff ergeben, wenn mit Bridgman die Annahme einer Proportionalität zwischen Wärmeleitfähigkeit und Fortpflanzungsgeschwindigkeit der Longitudinalwellen [5,5 km/sec (Granit), 6,25 (Basalt), 8,0 (Dunit), 7,9 (Magma)] gemacht wird. Siehe die nebenstehende Tabelle.

Tiefe km	Temperatur °C	Tiefe km	Temperatur °C
10	300	50	1330
20	600	60	1540
30	860	70	1750
40	1130	120	2790

In 35 km Tiefe, wie oben angenommen, 1000° C.

5. Kuhn und Rittmann [*14a*] nehmen an, daß der Erdkern aus konzentrierter Solarmaterie besteht.

6. Eucken [*6*] hält demgegenüber an der Annahme eines Eisenkerns fest. Er lehnt die Vorstellungen von Kuhn und Rittmann ab und hält die Extrapolationen v. Wolffs von der Mündungstemperatur der Vulkane auf den Erdmittelpunkt nicht für berechtigt. Aus einer Abschätzung der Konzentration radioaktiver Substanzen im Erdkörper findet er in 50 km Tiefe rd. 1400° C.

„Wenn man ehrlich sein will, kann man nicht viel mehr sagen, als daß die Mittelpunktstemperatur etwa zwischen 3000 und 10000° liegt. Bei der Entstehung der Erde wird sie in der Gegend des kritischen Punktes des Eisens gelegen haben, der auf etwa 10000° geschätzt wird; aber im Laufe der Jahrmilliarden wird doch schon eine merkliche Abkühlung eingetreten sein, die einige tausend Grad betragen mag" [*6c*].

7. Ramsey [*15e*] nimmt an, daß die Erde im wesentlichen chemisch einheitlich, vorwiegend aus Olivin, aufgebaut sei. Der scharfe Sprung der Dichte und der elastischen Eigenschaften an der Kerngrenze wird gedeutet als Zeichen für den Übergang von der molekularen zur metallischen Phase; die Elektronenschalen brechen bei einem hohen kritischen Druck zusammen, der an der Kerngrenze erreicht werden soll. (Beispiel: Arsen hat im nichtmetallischen Zustand die Dichte 2,0 g/cm³, kann aber unter experimentell erreichbaren Drucken metallisch werden, Dichte 5,1 g/cm³.) Vgl. die Berichte von Hardtwig [*9a*] und Cooper [*5a*] und den letzten Abschnitt von 32437.

32436 Ausbreitung der Erdbebenwellen im Erdinnern.

Dieses Thema ist auch in Abschnitt 3242 behandelt; die beiden Abschnitte ergänzen einander.

1. Laufzeiten der longitudinalen *P*- und *P'*-Wellen und der transversalen *S*-Wellen.

a) Nach Jeffreys und Bullen (1935).

Entfernung °	P m sec	S m sec	Entfernung °	P m sec	S m sec	Entfernung °	P m sec	S m sec	Entfernung °	P m sec	P′ m sec	Entfernung °	P′ m sec
1	0 14	0 26	35	6 49	12 21	75	11 40	21 20	110	14 31	18 18	150	19 42
2	29	51	40	7 32	13 36	80	12 08	22 16	115	14 55	18 32,5	155	19 48
5	1 11	2 08	45	8 13	14 50	85	12 33	23 08	120	15 19	18 45,5	160	19 53,5
10	2 21	4 13	50	8 51	16 01	90	12 57	23 56	125	15 44	18 57	165	19 59
15	3 28,5	6 15	55	9 29	17 09	95	13 20,5	24 42	130	16 05	19 07	170	20 03,5
20	4 30	8 (07)	60	10 04,5	18 16	100	13 43,5	25 26,5	135	16 33	19 15	175	20 06
25	5 20	9 (41)	65	10 39	19 20	105	14 06,5	26 10	140	16 57	19 21	180	20 07
								P′					
30	6 05	11 04	70	11 11	20 21	106	14 11	18 05	145	17 21	19 34	—	—

Die P-Wellen sind auf ihrem Wege außerhalb des Kerns geblieben, aber bei Entfernungen > 105° längs der Kernoberfläche gebeugt. Die P'-Wellen sind durch den Kern gelaufen. S-Wellen, die ihren Weg durch den Kern genommen haben, sind bisher in unanfechtbarer Weise nicht festgestellt worden. — Die Laufzeiten sind durchweg auf ganze Sekunden abgerundet, wenn auch ihre Genauigkeit für die P-Wellen auf Bruchteile der Sekunde geschätzt wird. Für die S-Wellen wird die Unsicherheit auf wahrscheinlich unter 2 sec liegend angegeben. Die eingeklammerten Zahlen sind weniger sicher. Die Laufzeiten beziehen sich auf eine Herdtiefe von 10 bis 20 km. Korrektionen wegen der elliptischen Gestalt der Erde sind ebenfalls von Jeffreys und Bullen berechnet und diskutiert worden. Sie erreichen im Maximum bei P' und S rd. 2 sec und überschreiten bei P nicht 1 sec. Auch sonst aber ist noch, abgesehen von den angegebenen Fehlergrenzen, durchweg mit leichten Änderungen zu rechnen.

b) Nach Gutenberg und Richter (1939).

Entfernung °	P m sec	S m sec	Entfernung °	P m sec	S m sec	Entfernung °	P m sec	S m sec	Entfernung °	P′ m sec	Entfernung °	P′ m sec
1	0 (23)	—	35	6 57	12 27	75	11 46	21 15	106	18 27	140	19 (34)
2	37	—	40	7 41	13 43	80	12 15	22 10	108	18 32	146	19 (44)
5	1 19	—	45	8 23	14 56	85	12 40	23 03	110	18 37	150	19 50
10	2 29	—	50	9 00	16 06	90	13 05	23 54	116	18 50	156	20 00
15	3 38	6 24	55	9 36	17 17	95	13 27	24 40	120	18 58	160	20 05
20	4 39	8 16	60	10 13	18 22	100	13 50	25 23	126	19 10	166	20 11
25	5 29	9 50	65	10 47	19 25	103	14 03	—	130	19 18	170	20 13
30	6 13	11 10	70	11 18	20 21	105	—	26 04	136	19 28	180	20 14

Die vorstehenden Laufzeiten gelten für die Herdtiefe 0.

2. Geschwindigkeit w_l und w_t der longitudinalen P- und der transversalen S-Wellen in verschiedenen Tiefen des Erdkörpers.

Tiefe unterhalb d. Erdoberfläche km	P w_l km/sec	S w_t km/sec	Tiefe unterhalb d. Erdoberfläche km	P w_l km/sec	S w_t km/sec	Tiefe unterhalb d. Erdoberfläche km	P w_l km/sec	S w_t km/sec	Tiefe unterhalb d. Erdoberfläche km	P w_l km/sec	S w_t km/sec
0	(7,78)	(4,33)	700	10,38	5,73	1400	12,13	6,66	2100	12,87	6,95
100	8,08	4,49	800	10,77	5,97	1500	12,29	6,70	2200	12,99	7,00
200	8,41	4,68	900	11,09	6,20	1600	12,39	6,75	2300	13,10	7,04
300	8,75	4,86	1000	11,35	6,38	1700	12,47	6,78	2400	13,23	7,07
400	9,10	5,04	1100	11,55	6,47	1800	12,56	6,82	2500	13,35	7,10
500	9,48	5,25	1200	11,76	6,56	1900	12,65	6,86	2600	13,42	7,13
600	9,91	5,48	1300	11,95	6,62	2000	12,76	6,90	2700	13,41	7,15

a) Die in der vorstehenden Tabelle zusammengestellten Werte beruhen auf Berechnungen von Witte (1932) nach Jeffreys Laufzeiten von Januar 1932.

Hiernach verlangsamt sich die Zunahme der Geschwindigkeit mit der Tiefe merklich von 900 bis 1000 km Tiefe an. Ab 2600 bis 2700 km Tiefe zeigt sich nahezu Konstanz, wenn nicht sogar eine geringe Abnahme. Die Genauigkeit von w_l und w_t ist auf ±0,05 angegeben.

b) Etwas anders gelagert zeigen sich die Verhältnisse nach Gutenberg und Richter (1939).

Tiefe unterhalb d. Erdoberfläche km	P w_l km/sec	S w_t km/sec	Tiefe unterhalb d. Erdoberfläche km	P w_l km/sec	S w_t km/sec	Tiefe unterhalb d. Erdoberfläche km	P w_l km/sec	S w_t km/sec	Tiefe unterhalb d. Erdoberfläche km	P w_l km/sec	S w_t km/sec
5[1]	5,5	3,2	300	9,0	4,8	900	11,4	6,3	2000	12,8	7,0
20[1]	5,8	3,4	400	9,6	5,1	1000	11,4	6,4	2200	13,2	7,0
40[1]	7,0	4,1	500	10,0	5,3	1200	11,7	6,5	2400	13,3	7,1
40	7,9	4,5	600	10,4	5,6	1400	12,1	6,6	2600	13,5	7,1
100	8,0	4,5	700	10,8	5,9	1600	12,4	6,8	2800	13,8	7,3
200	8,1	4,6	800	11,2	6,1	1800	12,5	6,9	2900	13,7	7,25

[1] Gültig für eine mittlere kontinentale Schichtung. Siehe unter 32435,4.

Hier ist in 40 km und 2900 km Tiefe eine Unstetigkeit erster Ordnung (Grundfläche der Erdrinde und Grenzfläche des Erdkerns) mit sprunghafter Änderung der Geschwindigkeit angesetzt. Im übrigen zeigt sich auch nach diesen Daten eine Gangänderung (Verlangsamung) im Anwachsen der Geschwindigkeit (Unstetigkeit zweiter Ordnung) in 900 bis 1000 km Tiefe (Grundfläche des Mantels). An der Kernoberfläche springt w_l von 13,7 auf 7,4 km/sec zurück, um bis zum Erdmittelpunkt wieder bis auf 10,8 km/sec anzuwachsen. Die Formelastizität des Kerns wird als so gering angenommen, daß eine Fortpflanzung von Transversalwellen hier nicht in Betracht kommt. Siehe die folgende Tabelle.

Tiefe km	w_l km/sec	Tiefe km	w_l km/sec	Tiefe km	w_l km/sec	Tiefe km	w_l km/sec	Tiefe km	w_l km/sec	Tiefe km	w_l km/sec
2900	7,4	3400	8,9	4000	9,4	4600	10,0	5100	10,6	5800	10,9
3000	7,9	3600	9,2	4200	9,5	4800	10,0	5200	11,0	6000	10,9
3200	8,6	3800	9,3	4400	9,8	5000	10,2	5600	11,0	6370	10,8

32437 Elastizität des Erdinneren.

Die Poissonsche Konstante $\mu = \frac{1}{2} - \frac{1}{2\left[(w_l/w_t)^2 - 1\right]}$ hat, nach den Werten für w_l und w_t in der vorletzten Tabelle, in der Erdrinde einen Wert von 0,24 bis 0,25, in den dann folgenden Partien des Mantels und der Zwischenschicht von 0,26 bis 0,31 und im Kern ($w_t \sim 0$) vermutlich 0,5. Für Stahl ist $\mu = 0{,}28$.

Inkompressibilität: $k = \varrho\,(w_l^2 - \frac{4}{3}\,w_t^2)$ (ϱ = Dichte) ($1/k$ = Kompressionsmodul).

Righeit oder Scherungsmodul: $\nu = \varrho\, w_t^2$.

Benutzt man außer w_l und w_t noch die Dichtewerte, welche Bullen mit den entsprechenden Drucken im einzelnen berechnete (indem er die Trägheitsmomente der Erde verwertete und, neben den beiden Diskontinuitäten erster Ordnung an der Grundfläche der Erdrinde und an der Kernoberfläche, noch eine dritte von Jeffreys in 480 ± 20 km Tiefe angegebene Unstetigkeit dieser Art in Ansatz brachte), so ergibt sich nach Gutenberg und Richter ferner die angegebene Verteilung von k und ν. In Ergänzung zu den Angaben unter 32434/5 sind auch die Werte für die Dichte ϱ und den Druck p hinzugefügt. Für die (außerhalb der drei Unstetigkeitsstellen angenommene) stetige Dichteänderung mit der Tiefe infolge zunehmenden Drucks legte Bullen bereits die (sich aus der Fortpflanzungsgeschwindigkeit der Erdbebenwellen ergebenden) Kompressibilitäten zugrunde. Ein etwaiger Temperatureinfluß blieb unberücksichtigt. Bei einer Abplattung der ganzen Erde von 1 : 297 fand sich die Abplattung der Zwischenschicht zu 1 : 331 und diejenige des Kerns zu 1 : 388. — Das so von den diesbezüglichen Verhältnissen im Erdkörper gewonnene, im Auszug wiedergegebene Bild bleibt aber insoweit problematisch, als nach den eigenen Untersuchungen von Gutenberg und Richter die besagte dritte Unstetigkeit erster Ordnung gar nicht existieren dürfte.

In einer endgültigen Bearbeitung der Laufzeitkurven kommt Jeffreys [*13a* u. *b*] zur Annahme folgender Unstetigkeitsflächen:

33 km Tiefe: Krustengrenze (Mohóroviĉiĉ).
413 km Tiefe: Zunahme der Geschwindigkeit, nach J. D. Bernal gedeutet als Übergang von der amorphen zur kristallinen Phase; in den seismischen Beobachtungen deutlich als Diskontinuität in der zu 400 km Scheiteltiefe gehörigen Herdentfernung 20°.
2900 km Tiefe: Kerngrenze
5120 km Grenze eines „inneren Kerns"; dieser enthält weniger als $^1/_{100}$ des gesamten Volumens des Erdkörpers.

Dichte, Druck, Inkompressibilität und Righeit im Innern der Erde.
Nach Bullen, Gutenberg und Richter (1939).

Tiefe km	ϱ	$p \cdot 10^{-6}$ Bar	$k \cdot 10^{-12}$ [c-g-s]	$\nu \cdot 10^{-12}$ [c-g-s]	Tiefe km	ϱ	$p \cdot 10^{-6}$ Bar	$k \cdot 10^{-12}$ [c-g-s]	$\nu \cdot 10^{-12}$ [c-g-s]
5	2,9	0,0014	0,5	0,3	1800	5,0	0,77	4,7	2,4
20	3,0	0,0055	0,6	0,4	2000	5,1	0,87	5,1	2,5
40	3,1	0,011	0,8	0,5	2200	5,2	0,97	5,7	2,5
40	3,3	0,011	1,1	0,7	2600	5,4	1,18	6,2	2,7
100	3,4	0,03	1.2	0,7	2900	5,6	1,36	6,6	2,9
200	3,5	0,06	1,3	0,8	2900	9,7	1,36	$5^1/_2$	—
300	3,6	0,10	1,8	0,8	3200	10,1	1,64	7	—
400	3,6	0,13	2,1	0,9	3600	10,7	2,03	9	—
500	4,2	0,17	2,6	1,2	4000	11,1	2,39	10	—
600	4,3	0,22	2,9	1,3	4400	11,5	2,73	11	—
800	4,4	0,30	3,3	1,6	4800	11,7	3,00	12	—
1000	4,6	0,39	3,5	1,9	5200	11,9	3,22	14	—
1200	4,7	0,48	3,8	2,0	5600	12,1	3,38	14	—
1400	4,8	0,58	4,2	2,1	6000	12,2	3,48	14	—
1600	4,9	0,67	4,5	2,3	6370	12,2	3,51	14	—

Für Stahl ist $k \cdot 10^{-12} = 1{,}37$ und $\nu \cdot 10^{-12} = 0{,}77$.

Tams

Laboratoriums-Versuche bei hohen Drucken.

Bridgman [24] untersuchte experimentell das physikalische Verhalten verschiedener Substanzen bei Druckerhöhung bis zu $p = 10^5$ Atmosphären. Dabei fand er zwei Fälle, in denen bei hohem Druck innere Umwandlungen der Atome wahrscheinlich sind: Bei $p = 17000$ atm. zeigt Cer, und bei $p = 45000$ atm. Cäsium eine sprunghafte Volumenabnahme (17%), die nicht auf einer Änderung der Gitterstruktur beruhen kann. Beim Cs erklärt die Annahme eines Elektronenüberganges von der $6s$- in die $5d$-Schale den experimentellen Befund.

Die Kompressibilitäten zeigen große Verschiedenheiten: Das am meisten kompressible Element ist Cs, welches bei 10^5 atm. auf 37% seines Anfangsvolumens komprimiert ist. Diamant dagegen ist bei 10^5 atm. erst auf 98,2% seines Anfangsvolumens komprimiert.

Schwierigkeit der Deutung dieser Ergebnisse für das Erdinnere: Druck 10^5 atm. in rund 300 km Tiefe, aber Temperatur über 2000° C, weit höher als im Laboratorium.

32438 Literatur zu 32432 bis 32437.

[1] Adams, L. H., u. E. D. Williamson: The Composition of the Earth's Interior. Annual Rep. of the Smithsonian Institution 1923, 241, Washington 1925. — [2] Bullen, K. E.: The Variation of Density and the Ellipticities of Strata of equal Density within the Earth. MN Geophys. Supplements III (1936) 395. — [3] Bullen, K. E.: Note on the Density and Pressure inside the Earth. Trans. R. Soc. New Zealand LXVII (1937) 122. — [4] Bullen, K. E.: The Ellipticity Correction to Travel-times of *P* and *S* Earthquake Waves. MN Geophys. Supplements IV, 2 (1937) 143. — [5] Bullen, K. E.: Ellipticity Corrections to Waves through the Earth's Central Core. MN Geophys. Supplements IV, 5 (1938) 317. — [5a] Cooper, R. I. B.: Internal Constitution of the Earth. Nature **165** (1950) 216 bis 219. — [6] Eucken, A.: [a] Über den Zustand des Erdinnern. Naturw. **32** (1944) 112 bis 121; [b] Physikalisch-Chemische Betrachtungen über die früheste Entwicklungsgeschichte der Erde. Nachr. Akad. Göttingen, Math.-Phys. Kl. (1944) 25 S.; [c] Briefliche Mitt. an den Herausgeber (1950); [d] Diskussion mit Kuhn: Naturw. **33** (1946) 311. — [7] Gutenberg, B.: Der physikalische Aufbau der Erde. Hdb. Geophysik II, 440, Berlin 1933. — [7a] Gutenberg, B.: Variations in physical properties within the earth's crustal layers. Amer. J. Sci. **243-A** (Daly-Volume) 283 bis 312 (1945). — [8] Gutenberg, B., u. C. F. Richter: On seismic Waves. Gerlands Beitr. XXXXIII (1934) 56; XXXXV (1935) 280; XXXXVII (1936) 73; LIV (1939) 94. — [9] Haalck, H.: Eine Neuberechnung der Dichteverteilung und der davon abhängenden physikalischen Größen im Erdinnern. Z. Geophysik XVII (1941 42) 1. — [9a] Hardtwig, E.: Hypothesen über den Aufbau des Erdinnern. Forschungen u. Fortschritte **26** (1950) 123. — [10] Helmert, F. R.: Geoid und Erdellipsoid. Z. Ges. Erdkunde zu Berlin (1913) 17. — [11] Jeffreys, H., u. K. E. Bullen: Times of Transmission of Earthquake Waves. Publikat. du Bureau Central Séismologique Int. Sér. A Nr. 11 (1935) 3. — [12] Jeffreys, H.: On Travel Times in Seismology. Ebenda Sér. A Nr. 14 (1936) 3. — [13] Jeffreys, H.: The Ellipticity Correction to the *P* Table. MN Geophys. Supplement IV, 2 (1937) 165. — [13a] Jeffreys, H.: The Times of *P*, *S* and *SKS* usw. Ebenda IV (1939) 498. — [13b] Jeffreys, H.: The Times of the Core Waves. Ebenda IV (1939) 548 u. 594. — [14] Kossinna, E.: Die Erdoberfläche. Hdb. Geophysik II, 869, Berlin 1933. — [14a] Kuhn, W., u. A. Rittmann: Über den Zustand des Erdinnern und seine Entstehung aus einem homogenen Urzustand. Geolog. Rundschau **32** (1941) 215ff. — [15] Meinardus, W.: Die mittlere Höhe und Eisbedeckung der Antarktis. Nachr. Ges. Wiss. Göttingen, Math.-Phys. Kl. 1927, 363. — [15a] Schulze, G. A., u. O. Förtsch: Die seismischen Beobachtungen bei der Sprengung auf Helgoland. Geolog. Jahrbuch **64**, 204 bis 242, Hannover-Celle 1950; und J. Geophys. Res. **56** (1951) 147. — [15b] Reich, H., G. A. Schulze, O. Förtsch: Das geophysikalische Ergebnis der Sprengung von Haslach im südlichen Schwarzwald. Geolog. Rundschau **36** (1948) 85 bis 96. — [15c] Mintrop, L.: Die Gliederung der Erdrinde usw. Nachr. Akad. Wiss. Göttingen, Math.-Phys. Kl. 1947, 5 S. — [15d] Mintrop, L.: On the Stratification of the Earth's Crust etc. Geophysics **14** (1949) 3. — [15e] Ramsey, W. H.: On the Nature of the Earth's Core. MN Geophys. Supplements V (1949) 409. — [16] Tams, E.: Grundzüge der physikalischen Verhältnisse der festen Erde, Teil I u. II, Berlin 1932 u. 1937. — [17] Wagner, H.: Physikalische Geographie. Lehrbuch der Geographie I, 2, Hannover 1922. — [18] Washington, H. S.: Isostasy and Rock Density. Bull. Geolog. Soc. America XXXIII (1922) 375. — [19] Wiechert, E.: Über die Beschaffenheit des Erdinnern. Nachr. Ges. Wiss. Göttingen, Math.-Phys. Kl. 1925, 251. — [20] Williamson, E. D., u. L. H. Adams: Density Distribution in the Earth. J. Washington Acad. Sci. XIII (1923) 413. — [20a] Willmore, P. L.: Seismic experiments on the North German explosions, 1946 to 1947. Phil. Trans. (A) **242** (1949) 123 bis 151. — [21] Witte, H.: Beiträge zur Berechnung der Geschwindigkeit der Raumwellen im Erdinnern. Nachr. Ges. Wiss. Göttingen, Math.-Phys. Kl. 1932, 199. — [22] v. Wolff, F.: Stoff und Zustand im Innern der Erde. Nova Acta Leopoldina N.F. XII, Nr. 87, 381, Halle 1943. — [23] Geologisches Landesamt Hannover: [a] Geotektonische Karte von Nordwestdeutschland, Maßstab 1 : 100000, 16 Blätter, 1947; [b] Geophysikalische Karte von Nordwestdeutschland, zusammengestellt von H. Reich, Maßstab 1:500000, 3 Blätter, 1948 — [24] Bridgman, P. W.: Linear compressions to 50000 kg/cm² including relatively incompressible substances. Proc. American Acad. Arts a. Sci. **77** (1949) 187—234; The compression of 39 substances to 100000 kg/cm², ebenda **76** (1948) 55—87. Viele weitere Arbeiten ebenda in früheren Jahrgängen. Zusammenfassender Überblick: Endeavour **10** (1951) 63—69.

Tams

3244 Gezeiten des Erdkörpers.

Bezeichnungen.

V = Potentialfunktion der Schwerebeschleunigung des Erdfeldes.
n = Lineare Koordinate normal zur Fläche gleichen V-Wertes.
g = Schwerebeschleunigung $= -\delta V/\delta n$.
mgal = Milligal, geophysikalische Einheit der Beschleunigung, 10^{-3} cm/sec^2.
ϱ = Entfernung eines Punktes der Erdoberfläche vom Erdmittelpunkt.
h_1, h_2 = Numerische Parameter, die von den Elastizitätskoeffizienten des Erdkörpers abhängen.
δg = Zeitliche Schwerevariation an der Erdoberfläche.
ζ = Fluthöhe der Erdoberfläche.
ε = Lotschwankung an der Erdoberfläche = zeitliche Variation des Winkels, den die Schwererichtung (n) mit der Normalen an die Erdoberfläche bildet.
Vgl. auch 322.

32441 Theoretische Grundlagen.

Erdmasse und Erdrotation erzeugen die Potentialfunktion $\overline{V}$ der Schwerebeschleunigung. Die relativen Bewegungen von Erde, Mond und Sonne zusammen mit der Erdrotation bedingen zeitveränderliche Zusatzglieder δV, so daß sich für das beobachtete Potential V ergibt: $V = \overline{V} + \delta V$. δV ist die Summe des elementar berechenbaren harmonischen Potentials G der Gezeitenkräfte und eines auf Deformationen der Erdkruste zurückführbaren Anteils D. Neben der Kleinheit von $G/\overline{V}$ beruht die Hauptschwierigkeit der Erdgezeitenprobleme darauf, daß D nicht nur durch G bestimmt ist, sondern sowohl durch ozeanische Massenbewegungen (durch G veranlaßt, aber durch die Form der ozeanischen Becken und durch Meeresströmungen kompliziert) als auch atmosphärische Massenbewegungen und sekundäre Deformationen der Erdkruste (beide namhaft von der Sonnenstrahlung abhängend). Der Wasserkreislauf — insbesondere zeitlich variierende, örtlich begrenzte Schneeansammlungen, wie auf Gebirgen im Winter, und Wasserstandsänderungen in Binnengewässern — verursacht quasiperiodische Deformationen der Erdkruste, die bei ausreichender Dauer der Belastung plastische sein können, wie das Beispiel der diluvialen Vereisung beweist.

Wenn in D_R die nicht direkt zu G proportionalen Deformationen der Erdkruste zusammengefaßt werden, gilt $\delta V = G + D_G + D_R$. Man vernachlässigt meist Anteile von δV, deren Periode oder Quasiperiode größer als einige Monate ist, nimmt elastische Deformationen an und definiert h_1 und h_2 folgendermaßen: $D_G = h_1 G$, $\delta\varrho = h_2 G/g$. Für den idealisierten Fall $D_R = 0$ folgt dann: $\delta V = (1 + h_1)\cdot G$, und die Deformation der Niveaufläche wird $\delta n = \delta V/g = (1 + h_1)G/g$; die Fluthöhe ζ ist die um die Abstandsveränderung zum Erdmittelpunkt verminderte Deformation der Niveaufläche, somit: $\zeta = (1 + h_1 - h_2)\, G/g$. Wäre die Erde starr, so müßte sein: $D_R = D_G = h_1 = h_2 = 0$; wäre die Erde flüssig und $D_R = 0$, so müßte sein: $\delta n = \delta\varrho$ oder $h_2 = 1 + h_1$. Zweckmäßigerweise schreibt man: $K = h_2 - h_1$ und hat für die wirkliche Erde: $0 < K < 1$.

32442 Beobachtungen und ihre Analyse.

Beobachtungsgrößen sind Fluthöhe ζ, Lotschwankung ε und Schwerevariation δg. Die elementar aus G berechenbaren Amplituden an der Erdoberfläche sind in erster Näherung: $\zeta_G = G/g$, $\varepsilon_G = G/g\varrho$ und $\delta g_G = -G/\varrho$; diese würden nur auf einer starren Erde realisiert sein. Aus dem Maximum von G folgt: $|\varepsilon_G| \leqq 0{,}025''$, $|\zeta_G| \leqq 73$ cm und $|\delta g_G| \leqq 0{,}12$ mgal. Auf der wirklichen Erde und vorausgesetzt, daß $D_R = 0$, ergibt sich: $\zeta/\zeta_G = \varepsilon/\varepsilon_G = 1 - K$, während δg nicht allein durch δg_G und K, sondern zusätzlich noch durch $\delta\varrho$ vermittels des vertikalen Schweregradienten $\partial g/\partial n$ bestimmt ist; nach [*1*, *4*] soll sein: $\delta g/\delta g_G = 1 + h_2 - 3h_1/2$.

Die Fluthöhe gewinnt man als Differenz von registrierten und theoretischen Pegelamplituden des Ozeans, vorausgesetzt, daß das wahre Meeresniveau sich hinreichend genau auf die Niveaufläche einstellt; am ehesten ist dies bei langperiodischen Gezeiten ($\geqq$ 14 Tage) erfüllt. Die Lotschwankung registriert man mit Geräten ausreichender Neigungsempfindlichkeit, z. B. mit dem Horizontalpendel oder dem Niveauvariometer (überdimensionierte Wasserwaage). Die Schwerevariation beobachtet man mit Gravimetern.

Weiß man für einen Punkt der Erdoberfläche die vom D_R-Einfluß befreiten $\varepsilon/\varepsilon_G$- und $\delta g/\delta g_G$-Werte, so sind h_1 und h_2 festgelegt, und die Elastizitätstheorie liefert nach geeigneten Annahmen über die Massenverteilung im Erdinneren die Elastizitätskonstante für den Erdkörper $\bar{\mu}$. Nach [*8*] gilt: $\bar{\mu} = 8 \cdot 10^{11}$ dyn/cm^2, wenn $h_1 = 0{,}47$ und $h_2 = 0{,}78$, d. h. $1 - K = 0{,}69$ und $1 + h_2 - 3h_1/2 = 1{,}08$; oder $\bar{\mu} = 16 \cdot 10^{11}$ dyn/cm^2, wenn $h_1 = 0{,}28$ und $h_2 = 0{,}46$, d. h. $1 - K = 0{,}82$ und $1 + h_2 - 3h_1/2 = 1{,}04$; das zweite Wertesystem wird zur Zeit als das der Wirklichkeit am nächsten kommende angesehen.

Die in den letzten drei Jahrzehnten durch Fortschritte der Meßtechnik vermehrten Beobachtungen zeigen, daß die beobachteten $\varepsilon/\varepsilon_G$- und $\delta g/\delta g_G$-Werte zumindest örtlich, wahrscheinlich auch zeitlich variieren; vgl. Tab. 1—3. Vermutlich geben die tektonischen Einheiten der Erdkruste den Beanspruchungen durch die Gezeitenkräfte individuell nach, wobei leichte Schollenkippungen und auch horizontale Verschiebungen möglich erscheinen [*5*, *9*, *13*, *16*]. Ob dadurch $\delta g/\delta g_G$-Werte kleiner als 1 erklärt werden können, hat eine Diskussion der Marburger Werte (vgl. Tab. 3) nicht zeigen können [*5*, *15*].

Durch die Gezeitenanalyse der Beobachtungen werden unperiodische Anteile von D_R ausgeschaltet. Dies Verfahren versagt, wenn D_R Terme gleicher Periode wie G enthält. Das bekannteste Beispiel ist die Erdkrustendeformation durch Auf- und Ablaufen der Meeresflut an den Ozeanküsten. Beobachtungen in Japan [*3*] zeigen, daß entsprechende D_R-Amplituden groß gegenüber D_G sind, in Bergen, Norwegen [*6*] waren beide annähernd gleich, und selbst in Freiberg (Sachsen) [*12*] war D_R/D_G noch merklich von Null verschieden. Der von der Sonnenstrahlung gesteuerte Wärmeumsatz in der Erdkruste bedingt sonnentägige D_R-Glieder, die mit der Tiefe rasch abklingen. Die Sonderstellung der halb-sonnentägigen Erdgezeiten (vgl. $\varepsilon/\varepsilon_G$ in Freiberg, Collm und Bergen, Tab. 2) wurde der S_2-Welle des Luftdrucks zugeschrieben [9].

Wenn als Hauptproblem der Erdgezeiten die Ermittlung der Elastizitätskoeffizienten der Erde angesehen wird, so ist eine Klärung nur durch simultane Beobachtungen an mehr und besser verteilten Orten — einschließlich Ozeanböden — zu erwarten.

Literatur.

Zusammenfassende Darstellungen: [1] Jung, K.: Wien-Harms Hdb. d. Exp.phys. **25** (1931) 2. — [2] Hopfner, F.: Gutenbergs Hdb. d. Geophysik **1** (1936). — [3] Tsuboi, Ch.: Ergeb. Kosm. Phys. **4** (1939). — [4] Meisser, O.: Praktische Geophysik, Dresden u. Leipzig 1943.

Einzelarbeiten: [5] Eckhardt, E. A.: Trans. Amer. Geophys. Union **30** (1949) 183. — [6] Egedal, J., u. I. E. Fjelstad: Geofysiske Publ. **11**, Nr. 14 (1935). — [7] Gnass, G.: Z. Geophysik **16** (1940) 1. — [8] Lambert, W. D.: US Coast & Geodet. Survey, Spec. Publ. **223** (1940). — [9] Lettau, H.: Z. Geophysik **13** (1937) 25; Gerlands Beitr. **51** (1937) 250 und **54** (1939) 179; Meteorol. Z. **55** (1937) 453. — [10] Michelson, A. A., u. H. G. Gale: Astrophys. J. **50** (1919) 330. — [11] Schaffernicht, W.: Ann. d. Phys. **29** (1937) 349. — [12] Schweydar, W.: Zentralbüro Int. Erdmessung **38**, Berlin 1921; Veröff. Geodät. Inst. Potsdam **54** bis **79** (1912—1919). — [13] Stetson, H. T.: Nature, London **131** (1933) 437. — [14] Takahasi, R.: Bull. Earthqu. Res. Inst., Tokio, **6**, 85, **7**, 95 u. **10**, 145 (1929 bis 1932). — [15] Tomaschek, R.: Z. Geophysik **9** (1933) 125, 199, 309. — [16] Voit, H.: Z. Geophysik **16** (1940) 16. — [17] Wyckoff, R. D.: Trans. Amer. Geophys. Union **17** (1936) 46.

Tabelle 1. Ergebnisse von Fluthöhen-Beobachtungen. (Mittel aus langjährigen Reihen im Durchschnitt für ausgewählte Pegelstationen der Ozeane.)

Autor	Gezeitenglied	ζ/ζ_G
Thomson [2] . . .	Halbmonatliche *M*-Welle	0,68
Schweydar [2] . . .	Halbmonatliche *M*-Welle	0,66
	Monatliche *M*-Welle	0,64

Tabelle 2. Ergebnisse von Lotschwankungsbeobachtungen.
N bezeichnet die Nord-Süd-Komponente, *E* die Ost-West-Komponente.

Instrument	Autor	Ort	Zeit	Gezeitenglied	$\varepsilon/\varepsilon_G$
Horizontalpendel . .	v. Rebeur [2]	Straßburg	1892—1893	M_2	0,64
Horizontalpendel . .	Kortazzi [2]	Nikolajew	1893—1895	M_2	0,39—0,59
Horizontalpendel . .	Ehlert [2]	Straßburg	1895—1896	M_2	0,55
Horizontalpendel . .	Schweydar [2, 12]	Heidelberg	1901—1902	M_2 N	0,66
				M_2 E	0,84
Horizontalpendel . .	Hecker [2]	Potsdam	1902—1909	M_2 N	0,53—0,58
				M_2 E	0,44—0,58
Horizontalpendel . .	Orloff [2]	Dorpat	1909	M_2 N	0,59
				M_2 E	0,67
Horizontalpendel . .	Schweydar [12]	Freiberg	1910—1915	M_2 N	0,54
				M_2 E	0,61
				S_2 N	1,09
				S_2 E	0,67
Horizontalpendel . .	Schaffernicht [11]	Marburg	1934	M_2 N	0,65
				M_2 E	0,87
Horizontalpendel . .	Gnass [7]	Dresden-Pillnitz	1937	M_2 N	0,62
				M_2 E	0,81
		Berchtesgaden	1937	M_2 N	0,53
				M_2 E	0,74
		Beuthen	1937	M_2 N	0,71
				M_2 E	0,73
Horizontal-Doppelpendel. . .	Lettau [9]	Collm-Leipzig	1936	M_2 E	0,58
				S_2 E	1,10
Horizontal-Doppelpendel. . .	Lettau [9]	Berchtesgaden	1938	M_2 N	0,40
Niveauvariometer . .	Michelson u. Gale [10]	Yerkes Obs., Wisconsin	1916—1917	M_2 N	0,68
				M_2 E	0,69
Niveauvariometer . .	Egedal u. Fjelstad [6]	Bergen, Norwegen	1934	M_2 N18° E	0,58
				S_2 N18° E	1,11
				N_2 N18° E	0,75
Milne-Shaw-Seismograph . . .	Corkan [8]	Bidstone, England	1935—1936	M_2	0,77

Anmerkung: Die Phasendifferenz zwischen ε und ε_G wurde nur für einen Teil der obigen Stationen ermittelt; sie bewegt sich im allgemeinen innerhalb $\pm 10°$ und erscheint stärker lokal beeinflußt als das Amplitudenverhältnis.

Lettau

Tabelle 3. Ergebnisse von Schwerevariations-Beobachtungen.

Instrument	Autor	Ort	Zeit	Gezeiten-glied	$\delta g / \delta g_G$
Trifilar-Gravimeter .	Schweydar [*12*]	Potsdam	1914	M_2	1,20
Interferenz-Gravimeter . . .	Tomaschek [*15*]	Marburg	1932	M_2 S_2	0,55 0,35
Gulf-Gravimeter . .	Eckhardt [*5*, *8*]	Santa Barbara (Venezuela)	1939	M_2	1,14
		Vardö	1939	M_2	1,24

Zu Abb. 12: Eckhardt ließ 12 Gulf-Gravimeter, welche über 46° Breitendifferenz verteilt waren, simultan an $2^1/_2$ Tagen halbstündlich ablesen. Die beiden in Tabelle 3 angeführten Stationen sind die nördlichste und südlichste dieses Netzes. Von den 128 Umkehrpunkten der 12 δg-Kurven zeigten 100 etwas größere, 18 gleiche und 10 etwas geringere Beträge als die der zugehörigen δg_G-Kurven. Eine registrierte δg-Kurve findet sich auch bei: Graf, Z. Geophysik **14** (1938) 152.

Siehe auch Truman, O. H.: Astrophys. J. **89** (1939) 445.

Hoffrogge [Z. Physik **126** (1949) 671] maß die Schwankungen des Standes zweier Pendeluhren (Schuler-Pendel) um etwa $2 \cdot 10^{-3}$ sec infolge der Gezeitenkräfte, durch Standvergleich (Genauigkeit $5 \cdot 10^{-5}$ sec) mit einer Quarzuhr.

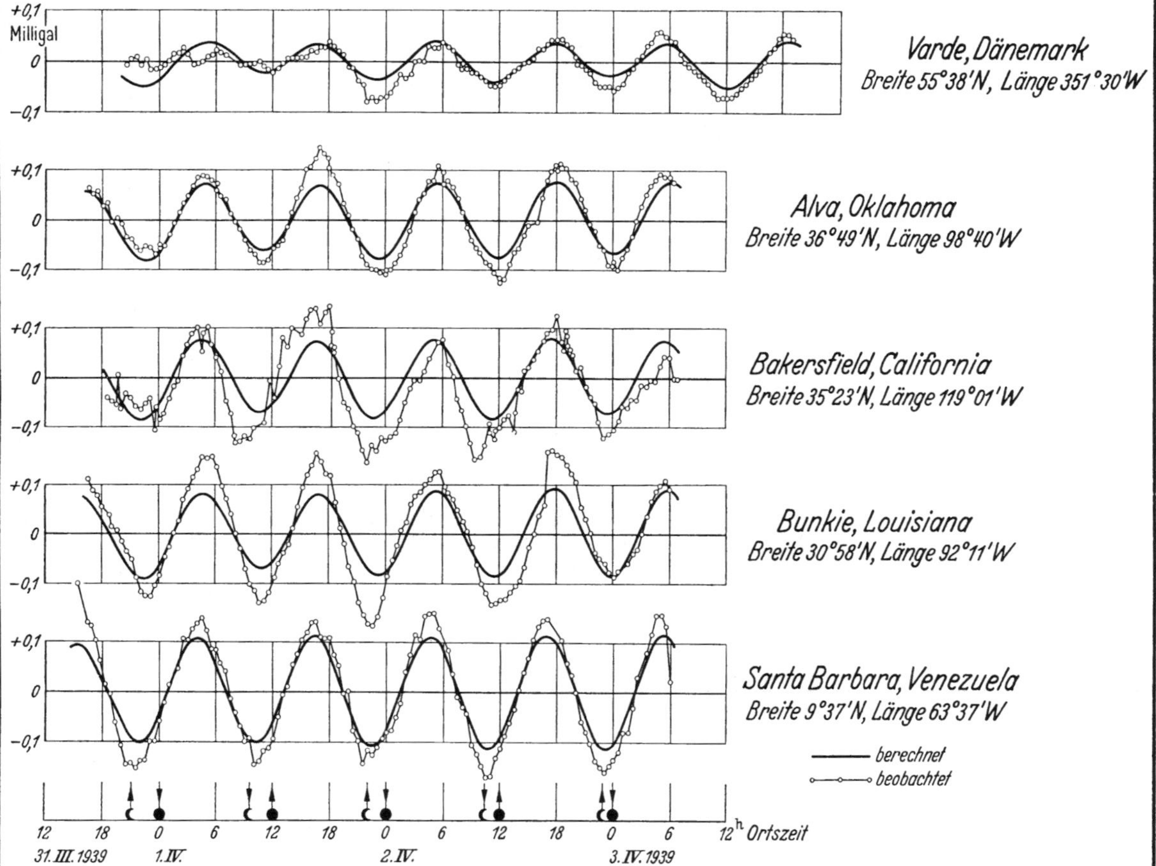

Abb. 12. Gleichzeitige Gezeitenschwankungen der Schwerebeschleunigung an fünf Orten, beobachtet vom 31. März bis 3. April 1939 mit Gulf-Gravimetern. (Nach E. A. Eckhardt.)

325 Magnetismus des Erdkörpers und erdmagnetische Säkular-Variation.

3250 Einleitung.

32501 Grundtatsachen.

Das erdmagnetische Feld an der Erdoberfläche besteht aus zwei Anteilen: Der Hauptteil stammt aus dem Erdinnern, wie durch Kugelfunktionsentwicklung (32503, 3253) bewiesen wird. Die schnelleren zeitlichen Variationen überschreiten nur selten (während starker erdmagnetischer Stürme) 1 Prozent des inneren Feldanteils; ihre Ursache liegt außerhalb des Erdkörpers (elektrische Ströme in der Ionosphäre). Sie werden deshalb getrennt behandelt (3292).

Die Magnetisierung bekannter geologischer Körper erklärt nur lokale Anomalien (32525). Säkularvariation (32522, 32524) heißt die langsame Änderung des Feldes, die Jahrhunderte hindurch einseitig verlaufen kann.

Näherungsweise kann das Erdfeld beschrieben werden als das Feld eines Dipols, der sich im Erdmittelpunkt befindet (32527). Seine Achse durchstößt die Erdoberfläche mit dem südmagnetischen (!) Ende im sogenannten „Nordpol der magnetischen Achse". Dieser lag 1945 in 78,6° N, 70,1° W, wenig verschieden von der Lage 1922 im Punkte $B = 78{,}5°$ N, 69,0° W. Dieser Punkt B kann für manche theoretische Rechnungen verwendet werden, z. B. über die ablenkende Wirkung des Erdmagnetfeldes auf geladene Korpuskeln (solare Partikel, kosmische Strahlung). Das magnetische Moment des Erdkörpers war 1945 gleich $8{,}06 \cdot 10^{25}$ Gauß · cm³ (diese Einheit kann auch erg/Gauß geschrieben werden). Das Feld eines zentrischen Dipols gleichen Moments wäre am Äquator 0,31 Gauß, an den Polen 0,62 Gauß. — Über die Punkte, an denen der Feldvektor senkrecht steht, vgl. 32526.

Die Lage eines Punktes auf der Erdoberfläche relativ zur magnetischen Erdachse (Durchstoßpunkt B wie 1922) wird durch geomagnetische Koordinaten gegeben: geomagnetische Breite Φ, (östliche) geomagnetische Länge Λ (= 0° für den größeren Teil des geographischen Meridians vom Achsenpol B zum geographischen Südpol, Winkel ψ (nach Osten positiv) zwischen dem astronomischen Meridian eines Ortes und der Großkreisrichtung nach B. Aus den geographischen Koordinaten (Breite φ, östl. Länge λ) eines Punktes berechnet man $\sin\Phi = 0{,}9799 \sin\varphi + 0{,}1994 \cos\varphi \cos(\lambda + 69°)$, $\sin\psi = -0{,}1994 \cdot \sin(\lambda + 69°)/\cos\Phi$, $\sin\Lambda = \cos\varphi \sin(\lambda + 69°)/\cos\Phi$. Weitere Formeln in [3], S. 646; Nomogramme bei McNish [9], eine Karte bei Pollak [10]; Tabellen sind hier in 32527 gegeben. Für die Observatorien vgl. Tab. 32511. Tabellen für geomagnetische Koordinaten auch bei Vestine [1].

Eine bessere Näherung wird durch einen exzentrischen Dipol erzielt, oder durch Hinzunahme von Quadrupolen (32526). Die genauesten Werte für die Säkularvariation werden durch die Jahresmittel der Registrierungen an Observatorien geliefert (32512). Die traditionelle Tabelle der erdmagnetischen Werte an deutschen Hochschulorten ist in 32514 zu finden. Die Landesaufnahmen (32522) liefern die geographische Verteilung des Feldes; genaue Beobachtungen an einzelnen gutverteilten „Säkularstationen" geben die Verteilung der Säkularvariation.

Hauptaufgabe der Observatorien ist die Registrierung der schnelleren zeitlichen Variationen (3292). Für Landesaufnahmen werden die Registrierungen der Observatorien dazu benutzt, um die zeitlichen Schwankungen während der Feldmessungen zu eliminieren und dadurch die Aufnahme auf eine gemeinsame Epoche zu reduzieren. Die Methodik dieser Reduktionen erläutert Vestine [1, 2].

32502 Zerlegung des Feldvektors, Maßeinheiten.

International vereinbart sind folgende Formelzeichen: Totalintensität F; Kraftkomponenten X nach Norden, Y nach Osten, Z nach unten; Horizontalintensität H, Deklination D, positiv bei östlicher Abweichung der Kompaßrichtung (des magnetischen Meridians) vom astronomischen Meridian, oder mit dem Zusatz E oder W; Inklination J = Neigung des Feldvektors, mit dem Vorzeichen von Z. Aus historischen Gründen bleibt man im Erdmagnetismus bei der Bezeichnung Gauß (Γ) für die Einheit der Intensität und spricht von Feldstärke, auch wenn man (z. B. mit rotierenden Spulen) Kraftflußdichten mißt. Als praktische Einheit, die der angestrebten Meßgenauigkeit entspricht, verwendet man das Gamma, $1\,\gamma = 10^{-5}\,\Gamma$; im physikalischen Sprachgebrauch wären $100\,\gamma$ = 1 Milli-Oersted.

Ein geradliniger, unendlich langer Strom der Stärke 1 Ampere erzeugt in 200 m Abstand das magnetische Feld $1\,\gamma$. Eine homogene ebene Stromverteilung der Dichte 1 Amp/km erzeugt das magnetische Feld $(\pi/5)\,\gamma = 0{,}628\,\gamma$ quer zur Stromrichtung.

Auf deutschen Meßtischblättern mit Koordinatennetz nach Gauß-Krüger wird die Kompaßrichtung ausgedrückt durch die Nadelabweichung = Winkel zwischen magnetischem Meridian und der Gitternordrichtung, die vom astronomischen Meridian um die Meridiankonvergenz abweicht [13].

Nadelabweichung = Deklination minus Meridiankonvergenz.

32503 Kugelfunktions-Entwicklungen des Potentials.

Gemäß internationaler Vereinbarung werden für geophysikalische Rechnungen die Kugelfunktionen in der Normierung nach Adolf Schmidt [8] benutzt (vgl. auch Chapman-Bartels [3], Chapter 17). Mit den sphärischen Koordinaten ϑ = Poldistanz, λ = Länge, r = Entfernung vom Mittelpunkt, a = Erdradius, $\mu = \cos\vartheta$, $P_n(\vartheta) \equiv P_n{}^0(\vartheta)$, $n = 0, 1, 3, \ldots$, die gewöhnliche zonale

Kugelfunktion (Legendresches Polynom), ferner für $n \geqq 1$ und $m = 1, 2, \dots n$:

$$P_n^m(\vartheta) = [2(n-m)!/(n+m)!]^{1/2}, \; \sin^m\vartheta \; d^m P_n(\mu)/d\mu^m,$$

oder, für numerische Rechnung bequemer:

$$P_n^m(\vartheta) = p_n^m \sin^m\vartheta \sin(\vartheta+\vartheta_1)\sin(\vartheta+\vartheta_2)\dots\sin(\vartheta+\vartheta_{n-m}),$$

mit $p_n^m = 1.3.5.\dots(2n-1)\cdot\sqrt{2}/((n-m)!\,(n+m)!)^{1/2}$, und den Wurzeln $\vartheta_1, \vartheta_2, \dots, \vartheta_{n-m}$ von $P_n^m(\vartheta)$. Durch die Normierung wird erreicht, daß, mit beliebigem Phasenwinkel ε_n^m, der Mittelwert des Quadrats von $P_n^m(\vartheta)\sin(m\lambda+\varepsilon_n^m)$ über die Kugel gleich $1/(2n+1)$ wird, unabhängig von m.

Das erdmagnetische Potential läßt sich dann schreiben:

$$V = a\sum_{n=1}^{\infty}\{(r/a)^n\, T_n^e + (a/r)^{n+1}\, T_n^i\} = V^e + V^i$$

mit $$T_n = \sum_{m=0}^{n}(g_n^m\cos m\lambda + h_n^m\sin m\lambda)\,P_n^m(\vartheta).$$

Die Indizes e und i bezeichnen die Anteile äußeren und inneren Ursprungs. Die Koeffizienten g_n^m und h_n^m nannte Gauß „Elemente der Theorie des Erdmagnetismus".

Einzelheiten, auch über die Verallgemeinerung, für sphäroidische Erdoberfläche durch Ad. Schmidt, vgl. [3], Koeffizienten für das innere Feld und für die Säkularvariation in 3253, für die tagesperiodischen Variationen in 3292.

3251 Erdmagnetische Observatorien.

32510 Allgemeines.

Die Grundlagen für erdmagnetische Karten sind Jahresmittel der erdmagnetischen Elemente, aus vollständigen Registrierungen berechnet, auf dem Wege über Mittelwerte für Stunden, Tage und Monate. Die Genauigkeit dieser Jahresmittel ist bestimmt durch diejenige der sogenannten absoluten Messungen, die in regelmäßigen Abständen von einigen Tagen angestellt werden und auf denen die Basiswerte für die Magnetogramme beruhen. Nur wenige Observatorien haben ihre Instrumente von Grund aus „auf absolutes Maß" im Sinne von Gauß geeicht; die anderen übertragen von dort den Standard für die Feldstärke durch Anschlußmessungen mit Reise-Instrumenten.

32511 Geographische und geomagnetische Koordinaten der Observatorien.

Verzeichnisse aller magnetischen Observatorien, die jemals tätig waren, vgl. [3, 5, 6]. Die folgende Tabelle enthält alle jetzt registrierenden Observatorien, soweit bekannt, ferner einige, die zur Zeit nicht arbeiten. Viele ionosphärische Observatorien (3291) registrieren auch die magnetischen Variationen. Infolge örtlicher Störungen durch elektrische Bahnen haben viele Observatorien ihren Standort verlegen müssen; die dritte Spalte gibt den ursprünglichen Ort. Die geomagnetischen Koordinaten sind in 32501 definiert. Die vorletzte Spalte gibt die untere Amplitudengrenze für $K = 9$ an, um anzudeuten, daß die Station im Jahre 1950 dreistündliche Kennziffern K lieferte (3292). Schließlich gibt die letzte Spalte die übliche Abkürzung der Stationsnamen.

Observatorium	Land	Ersatz für	Koordinaten geographisch φ	λ	geomagnetisch Φ	Λ	ψ	$K=9$	Symbol
			° ′	° ′	°	°	°		
Bai Tichaja	UdSSR	—	80 20	52 48	71,5	153,3	—32,2	—	BT
Cap Chelyuskin	UdSSR	—	77 43	104 17	65,9	177,5	— 3,2	—	CC
Thule	Grönland	—	76 32	291 06	88,0	0	0	—	Th
Dickson	UdSSR	—	73 30	80 25	63,0	161,5	—12,8	—	Di
Matotschkin Schar	UdSSR	—	73 16	56 24	64,8	146,5	—22,4	—	MS
Tromsö	Norwegen	—	69 40	18 57	67,1	116,7	—30,8	2000 γ	Tr
Godhavn	Grönland	—	69 14	306 29	79,8	32,5	—17,5	1800 γ	Go
Abisko	Schweden	—	68 21	18 49	66,0	116	—29,3	—	Ai
Kiruna	Schweden	—	67 50	20 14	65,3	125,8	—28,5	—	Ki
Sodankylä	Finnland	—	67 22	26 39	63,8	120,0	—26,7	1500 γ	So
Wellen	UdSSR	—	66 10	190 09	61,8	237	+24,5	—	We
College-Fairbanks	Alaska, USA	—	64 51	212 10	64,5	255,4	+27,0	2500 γ	Co
Srednikan	UdSSR	—	62 26	152 19	53,2	210,5	+12,7	—	Sr
Dombås	Norwegen	—	62 05	9 06	62,3	100,0	—23,6	750 γ	Do
Yakutsk	UdSSR	—	62 01	129 43	51,0	193,8	+ 5,8	—	Ya
Nurmijärvi	Finnland	—	60 30	24 42	57,8	112,6	—21,9	—	Nu
Lerwick	Shetlands	—	60 09	358 49	62,5	88,6	—23,6	1000 γ	Le
Oslo	Norwegen	—	59 55	10 43	60,0	99,8	—23,1	—	
Slutsk	UdSSR	Petersburg	59 41	30 29	56,0	117,0	—20,6	—	Sl
Lovö	Schweden	Stockholm	59 21	17 50	58,1	105,8	—22,1	1200 γ	Lo
Sitka	Alaska, USA	—	57 03	224 40	60,0	275,4	+21,4	1000 γ	Si
Vyssokaja Doubrava	UdSSR	Sverdlovsk	56 44	61 04	48,5	140,7	— 13,3	—	VD
Rude Skov	Dänemark	Kopenhagen	55 51	12 27	55,8	98,5	—20,6	600 γ	RS

32511 (Fortsetzung).

Observatorium	Land	Ersatz für	Koordinaten geographisch φ	λ	geomagnetisch Φ	Λ	ψ	$K=9$	Symbol
			° ′	° ′	°	°	°		
Zajmischtsche	UdSSR	Kasan	55 50	48 51	49,3	130,4	—15,7	—	Za
Krasnaya Pakhra	UdSSR	—	55 27	37 18	52,0	120,6	—17,8	550 γ	KP
Eskdalemuir	Schottland	—	55 19	356 48	58,5	82,9	—20,4	750 γ	Es
Meanook	Kanada	—	54 37	246 40	61,8	301,0	+17,2	1500 γ	Me
Stonyhurst	England	—	53 51	357 32	57,0	82,5	—19,6	—	Sy
Wingst	Deutschland	Wilhelmshav.	53 45	9 04	54,6	94,0	—19,6	500 γ	Wn
Witteveen	Holland	De Bilt	52 49	6 40	54,2	91,0	—19,3	500 γ	Wi
Zouy	UdSSR	Irkutsk	52 28	104 02	41,0	174,4	— 1,8	—	Zu
Swider	Polen	Warschau	52 07	21 15	50,6	104,6	—18,3	500 γ	Sw
Niemegk	Deutschland	Potsdam	52 04	12 41	52,2	96,5	—18,8	500 γ	Ni
Valentia	Irland	—	51 56	349 45	56,6	73,5	—18,1	—	Vl
Clausthal	Deutschland	—	51 48	10 20	52,3	94,1	—18,7	—	
Göttingen	Deutschland	—	51 32	9 57	52,3	93,7	—18,7	—	Gt
Nijnedewitsk	UdSSR	—	51 31	38 22	46,9	119,6	—16,2	—	Nz
Collm	Deutschland	Leipzig	51 18	13 00	51,5	96,5	—18,5	—	
Abinger	England	Greenwich	51 11	359 37	54,0	83,3	—18,4	500 γ	Ab
Manhay	Belgien	Brüssel-Uccle	50 18	5 41	52,0	88,8	—18,2	500 γ	Ma
Pruhonice	Tschechoslowak.	Prag	49 59	14 33	49,9	97,3	—17,9	—	Pr
Wien-Auhof	Österreich	—	48 12	16 04	47,9	98,1	—17,2	—	Au
Fürstenfeldbruck	Deutschland	München	48 10	11 17	48,9	92,4	—17,4	500 γ	Fu
Chambon-la-Forêt	Frankreich	Paris	48 01	2 16	50,4	83,9	—17,2	550 γ	CF
O'Gyalla	—	—	47 52	18 11	47,1	99,8	—17,0	—	OG
Regensberg	Schweiz	Zürich	47 29	8 27	48,7	88,0	—17,2	—	Re
Nantes	Frankreich	—	47 15	358 26	50,5	80,1	—16,8	500 γ	Na
Toyohara	Japan	—	46 58	142 45	36,9	203,5	+ 6,7	—	Ty
Stepanovka	UdSSR	Odessa	46 47	30 53	43,8	110,9	—15,8	—	St
Surlari	Rumänien	—	44 41	26 15	42,5	106,1	—15,6	—	Su
Castellacio	Italien	Genua	44 26	8 56	45,7	90,0	—16,2	—	Ca
Memanbetsu	Japan	—	43 54	144 12	34,0	208,4	+ 7,6	—	Mm
Agincourt	Kanada	Toronto	43 47	280 44	55,0	347,0	+ 3,6	600 γ	Ag
Maj-tun	UdSSR	—	43 15	132 20	32,4	198,3	+ 4,9	—	Mt
Dousheti	UdSSR	Tiflis-Karsani	42 05	44 42	36,7	122,1	—13,2	—	Du
Taschkent (Keles)	UdSSR	—	41 20	69 18	32,4	143,7	— 9,0	300 γ	Ke
Istanbul-Kandilli	Türkei	—	41 04	29 04	38,5	107,4	—14,6	—	IK
Ebro (Tortosa)	Spanien	—	40 49	0 30	43,9	79,7	—15,0	350 γ	Eb
Coimbra	Portugal	—	40 12	351 35	45,0	70,3	—14,2	—	Ci
Toledo	Spanien	—	39 53	355 57	43,6	75,7	—14,5	350 γ	Tl
Cheltenham	Maryland, USA	Washington, D.C.	38 44	283 09	50,1	350,5	+ 2,4	500 γ	Ch
Onagawa	Japan	Sendai	38 26	141 28	28,3	206,8	+ 6,6	—	On
Athen	Griechenland	—	38 06	23 46	36,7	101,5	—14,4	—	
San Miguel	Azoren	—	37 46	334 21	45,6	50,9	—11,3	—	SM
Zinsen	Korea	—	37 28	126 38	26,4	193,8	+ 3,4	—	Zi
San Fernando	Spanien	—	36 28	353 48	41,0	71,3	—13,6	350 γ	SF
Kakioka	Japan	Tokio	36 14	140 11	26,0	206,0	+ 6,2	300 γ	Ka
Tsingtau	China	—	36 04	120 19	24,7	188,3	+ 2,0	—	
Ksara	Libanon	—	33 49	35 53	30,2	111,7	—12,9	300 γ	Ks
Tucson	Arizona, USA	—	32 15	249 10	40,4	312,2	+10,1	350 γ	Tu
Zo-Sè	China	Schanghai	31 06	121 11	19,8	189,2	+ 2,2	300 γ	ZS
Dehra Dun	Indien	Simla	30 09	78 03	20,5	149,9	— 6,6	—	DD
Heluan	Ägypten	—	29 52	31 21	27,2	106,4	—12,7	—	He
Taiboku	Formosa	—	25 02	121 31	13,7	189,8	+ 2,2	—	
Tamanrasset	Nordafrika	(Hoggar)	22 48	5 32	25,4	80,6	—12,4	—	Ta
Au Tau	China	Hongkong	22 27	114 03	11,0	182,9	+ 0,6	—	AT
Honolulu *)	Hawaii	—	21 19	201 56	21,1	266,5	+12,3	300 γ	Ho
Teoloyucan	Mexiko	Mexiko	19 45	260 49	29,6	327,0	+ 6,6	350 γ	Te
Alibag	Indien	Bombay	18 38	72 52	9,5	143,6	— 7,2	300 γ	Al
San Juan	Porto Rico	Vieques	18 23	293 53	29,9	3,2	— 0,7	300 γ	SJ
Antipolo	Philippinen	Manila	14 36	121 10	3,3	189,8	+ 2,0	—	An
Muntinlupa	Philippinen	Manila	14 22	121 01	3,0	189,7	+ 2,0	—	Ml
Kodaikanal	Indien	—	10 14	77 28	0,6	147,1	— 6,3	—	Kd
Palau	Karolinen	—	7 20	134 29	— 3,2	203,3	+ 4,6	—	
Kuyper	Java	Batavia	— 6 02	106 44	—17,5	175,5	— 0,9	—	Ku
Elisabethville	Kongo	—	—11 39	27 28	—12,7	94,1	—11,7	—	El
Huancayo	Peru	—	—12 03	284 40	— 0,6	353,8	+ 1,3	600 γ	Hu

*) Honolulu seit März 1947 verlegt nach Barbers Point, $\varphi = 21° 18',3$ N, $\lambda = 201° 54',3$ E.

32 511 (Fortsetzung).

Observatorium	Land	Ersatz für	Koordinaten geographisch φ	λ	geomagnetisch Φ	Λ	ψ	K = 9	Symbol
Apia	Samoa	—	−13 48	188 14	−16,0	260,2	+11,7	300 γ	Ap
Tananarivo . . .	Madagaskar	—	−18 55	47 33	−23,7	112,4	−11,2	300 γ	Tn
Mauritius	Mauritius	—	−20 06	57 33	−26,6	122,4	−10,3	—	Mu
La Quiaca	Argentinien	—	−22 07	294 17	−10,6	3,2	− 0,7	—	LQ
Vassouras	Brasilien	Rio de Janeiro	−22 24	316 21	−11,9	23,9	− 5,0	—	Va
Watheroo	West-Australien	—	−30 19	115 52	−41,8	185,6	+ 1,3	350 γ	Wa
Pilar	Argentinien	—	−31 40	296 07	−20,2	4,6	− 1,1	300 γ	Pi
Hermanus	Südafrika	Kapstadt	−34 26	19 14	−33,7	81,7	−13,8	300 γ	Hr
Toolangi	Australien	Melbourne	−37 32	145 28	−46,7	220,8	+ 9,5	500 γ	To
Amberley	Neuseeland	Christchurch	−43 10	172 43	−47,7	252,5	+15,1	500 γ	Am

32 512 Jahresmittel und Säkularvariationen der erdmagnetischen Elemente an den dauernd tätigen Observatorien.

(Definitionen vgl. 32 502.)

Observatorium	Jahr	D	ΔD	J	ΔJ	H	ΔH	Z	ΔZ
		° ′	′	° ′	′	γ	γ	γ	γ
Bai Tichaja, UdSSR	1939	+22 36,8	+17,2	+83 18,5	+2,0	6415	−27	+54680	+ 41
	1940	+22 54,0	+13,7	+83 20,5	+1,9	6388	−33	+54721	− 22
	1941	+23 7,7		+83 22,4		6355		+54699	
Cap Tscheljuskin, UdSSR	1939	+25 2,2	− 4,7	+86 9,5	+2,5	3892	−42	+57958	+ 14
	1940	+24 57,5		+86 12,0		3850		+57972	
Dickson, UdSSR	1939	+28 57,3	+ 7,7	+83 18,9	+3,2	6680	−32	+56993	+181
	1940	+29 5,0	+ 9,0	+83 22,1	+2,4	6648	−34	+57174	+ 55
	1941	+29 14,0		+83 24,5		6614		+57229	
Matotschkin Schar, UdSSR	1938	+22 21,9	+ 7,6	+80 39,6	+0,5	8935	−11	+54325	− 16
	1939	+22 29,5	+11,6	+80 40,1	+0,8	8924	−22	+54309	− 58
	1940	+22 41,1		+80 40,9		8902		+54251	
Tromsö, Norwegen	1946	− 1 34,6	+ 8,1	+77 31,8	+0,8	11179	− 5	+50554	+ 31
	1947	− 1 26,5	+ 8,1	+77 32,6	+1,3	11174	−18	+50585	+ 9
	1948	− 1 18,4	+ 7,9	+77 33,9	+0,6	11156	− 3	+50594	+ 26
	1949	− 1 10,5		+77 34,5		11153		+50620	
Godhavn, Grönland	1944	−54 21,7	+10,8	+81 34,3	−0,2	8166	− 1	+55107	− 23
	1945	−54 10,9	+10,5	+81 34,1	+0,1	8165	− 2	+55084	0
	1946	−54 0,4		+81 34,2		8163		+55084	
Sodankylä, Finnland	1941	+ 4 17,9	+ 7,2	+76 30,2	+2,0	11902	−20	+49586	+ 44
	1942	+ 4 25,1		+76 32,2		11882		+49630	
	1948	+ 5 4,0	+ 8,6	+76 40,1	+0,6	11772	− 7	+49676	+ 11
	1949	+ 5 12,6		+76 40,7		11765		+49687	
Wellen, UdSSR	1939	+15 41,2	− 2,8	+75 37,2	−1,0	13707	+ 7	+53460	− 36
	1940	+15 38,4	− 0,9	+75 36,2	+0,5	13714	+ 6	+53424	+ 54
	1941	+15 37,5		+75 36,7		13720		+53478	
College-Fairbanks, Alaska, USA	1942	+29 52,4	− 2,3	+77 11,2	+1,0	12582	−10	+55323	+ 27
	1943	+29 50,1	− 4,0	+77 12,2	−0,3	12572	+15	+55350	+ 45
	1944	+29 46,1		+77 11,9		12587		+55395	
Srednikan, UdSSR	1945	− 9 14,8	—	+73 9,9	—	16393	—	+54179	—
Dombås, Norwegen	1946	− 6 16,0	+ 7,5	+73 51,3	+1,9	13754	−18	+47509	+ 40
	1947	− 6 8,5	+ 7,5	+73 53,2	+1,9	13736	−22	+47549	+ 20
	1948	− 6 1,0		+73 55,1		13714		+47569	
Jakutsk, UdSSR	1943	−17 25,2	− 3,1	—	—	14526	+ 9	—	—
	1944	−17 28,3	− 8,1	—	—	14535	−11	—	—
	1945	−17 36,4		—		14524		—	
Lerwick, England	1948	−11 5,1	+12,2	+73 0,4	+0,1	14366	+ 7	+47009	+ 28
	1949	−10 52,9	+ 7,6	+73 0,5	−0,6	14373	+10	+47037	+ 2
	1950	−10 45,3		+72 59,9		14383		+47039	
Slutsk, UdSSR	1939	+ 5 4,8	+ 6,9	+72 14,1	+2,5	15260	−20	+47631	+ 55
	1940	+ 5 11,7	+ 6,5	+72 16,6	+2,4	15240	−20	+47686	+ 55
	1941	+ 5 18,2		+72 19,0		15220		+47741	

32512 (Fortsetzung).

Observatorium	Jahr	D	ΔD	J	ΔJ	H	ΔH	Z	ΔZ
		° ′	′	° ′	′	γ	γ	γ	γ
Lovö, Schweden	1947	— 0 35,4		+72 4,7		15218		+47055	
	1948	— 0 28,1	+ 7,3	+72 5,4	+0,7	15213	— 5	+47072	+ 17
	1949	— 0 20,7	+ 7,4	+72 6,3	+0,9	15208	— 5	+47101	+ 29
Sitka, Alaska, USA	1946	+29 26,9		+74 16,3		15499		+55035	
	1947	+29 22,6	— 4,3	+74 15,8	—0,5	15503	+ 4	+55016	— 19
	1948	+29 21,1	— 1,5	+74 15,7	—0,1	15503	0	+55011	— 5
Wyssokaja Doubrava, UdSSR	1942	+12 59,4		+72 36,1		16060		+51254	
	1943	+13 1,3	+ 1,9	+72 38,4	+2,3	16041	—19	+51312	+ 58
	1944	+13 3,0	+ 1,7	+72 40,0	+1,6	16030	—11	+51360	+ 48
Rude Skov, Dänemark	1947	— 3 27,1		+69 50,3		16677		+45419	
	1948	— 3 19,7	+ 7,4	+69 50,7	+0,4	16676	— 1	+45435	+ 16
	1949	— 3 12,2	+ 7,5	+69 51,5	+0,8	16675	— 1	+45465	+ 30
Saimischtsche, UdSSR	1943	+ 9 34,2		+71 17,3		16590		+48982	
	1944	+ 9 36,6	+ 2,4	+71 19,3	+2,0	16575	—15	+49030	+ 48
	1945	+ 9 40,9	+ 4,3	+71 21,7	+2,4	16566	— 9	+49096	+ 66
Eskdalemuir, Schottland	1948	—11 48,9		+69 53,2		16537		+45158	
	1949	—11 40,9	+ 8,0	+69 52,8	—0,4	16549	+12	+45172	+ 14
	1950	—11 33,2	+ 7,7	+69 51,9	—0,9	16569	+20	+45194	+ 22
Meanook, Kanada	1947	+25 2,2		+77 48,6		12790		+59204	
	1948	+24 57,7	+ 4,5	+77 46,4	...	12811	+21	+59258	...
	1949	+24 52,2	+ 5,5	+77 47,5	...	12813	+ 2	+59220	...
Stonyhurst*), England	1941	—11 48,7		+68 53,8		17144		+44421	
	1942	—11 39,7	+ 9,0	+68 54,4	+0,6	17156	+12	+44475	+ 54
	1943	—11 30,6	+ 9,1	+68 54,5	+0,1	17165	+ 9	+44504	+ 29
Wingst, Deutschland	1948	— 4 44,5		+68 22,8		17608		+44426	
	1949	— 4 36,4	+ 8,1	+68 22,9	+0,1	17613	+ 5	+44442	+ 16
	1950	— 4 29,3	+ 7,1	+68 22,8	—0,1	17622	+ 9	+44461	+ 19
Witteveen, Holland	1945	— 6 24,3		+67 42,6		19966		+43827	
	1946	— 6 14,7	+ 9,6	+67 45,0	+2,4	19946	—20	+43867	+ 40
	1947	— 6 7,1	+ 7,6	+67 46,1	+1,1	17940	— 6	+43891	+ 24
Zouy, UdSSR	1943	— 0 42,5		+71 31,5		18023		+56936	
	1944	— 0 45,2	— 2,7	+71 32,9	+1,4	18032	+ 9	+57039	+103
	1945	— 0 47,7	— 2,5	+71 34,4	+1,5	18028	— 4	+57109	+ 70
Swider, Polen	1948	+ 0 16,8		—		—		—	
	1949	+ 0 23,1	+ 6,3	—	—	—	—	—	—
	1950	+ 0 30,3	+ 7,2	—	—	—	—	—	—
Niemegk, Deutschland	1948	— 3 7,6		+67 14,0		18404		+43761	
	1949	— 3 0,4	+ 7,2	+67 14,7	+0,7	18403	— 1	+43785	+ 24
	1950	— 2 53,1	+ 7,3	+67 14,5	—0,2	18413	+10	+43800	+ 15
Cahirciveen, Irland	1935	—16 32,7		+67 57,4		17804		+43971	
	1936	—16 21,6	+11,1	+67 57,7	+0,3	17801	— 3	+43974	+ 3
	1937	—16 11,7	+ 9,9	+67 58,0	+0,3	17802	+ 1	+43987	+ 13
Nishnedewitsk, UdSSR	1938	+ 5 46,2		—		—		—	
	1939	+ 5 49,5	+ 3,3	—	—	—	—	—	—
	1940	+ 5 54,0	+ 4,5	—	—	18472	—	—	—
Abinger, England	1948	— 9 35,4		+66 44,4		18593		+43255	
	1949	— 9 27,5	+ 7,9	+66 44,0	—0,4	18607	+14	+43273	+ 18
	1950	— 9 19,7	+ 7,8	+66 43,0	—1,0	18628	+21	+43288	+ 15
Manhay, Belgien	1947	— 6 27,7		+65 59,7		19103		+42895	
	1948	— 6 17,4	+10,3	+66 0,0	+0,3	19105	+ 2	+42912	+ 17
	1949	— 6 06,5	+10,9	+66 0,4	+0,4	19115	+10	+42945	+ 33
Wien-Auhof, Österreich	1941	— 2 27,1		+63 51,8		20459		+41696	
	1942	— 2 20,9	+ 6,2	+63 52,5	+0,7	20467	+ 8	+41732	+ 36
	1943	— 2 13,6	+ 7,3	+63 54,6	+2,1	20473	+ 6	+41811	+ 79
Fürstenfeldbruck, Deutschland	1948	— 3 42,2		+64 2,5		20308		+41785	
	1949	— 3 35,4	+ 6,8	+64 3,4	+0,9	20313	+ 5	+41753	+ 38
	1950	— 3 27,7	+ 7,7	+64 3,5	+0,1	20330	+17	+41789	+ 36

*) Tätigkeit Ende 1943 eingestellt.

32512 (Fortsetzung).

Observatorium	Jahr	D	ΔD	J	ΔJ	H	ΔH	Z	ΔZ
		° ′	′	° ′	′	γ	γ	γ	γ
Chambon-la-Forêt, Frankreich	1948	— 7 44,7		+64 15,1		20109		+41695	
	1949	— 7 36,8	+ 7,9	+64 14,8	—0,3	20123	+14	+41715	+ 20
	1950	— 7 29,1	+ 7,7	+64 13,0	—0,9	20137	+14	+41714	— 1
Nantes, Frankreich	1946	— 9 34,9		+63 42,6		20367		+41229	
	1947	— 9 25,3	+ 9,6	+63 42,3	+0,3	20383	+16	+41250	+ 21
	1948	— 9 17,2	+ 8,1	+63 42,3	0,0	20410	+27	+41306	+ 56
Toyohara, Japan	1937	— 9 9,9		+60 42,6		25031		+44622	
	1938	— 9 12,8	— 2,9	+60 42,1	—0,5	25036	+ 5	+44617	— 5
	1939	— 9 15,7	— 2,9	+60 41,6	—0,5	25056	+20	+44635	+ 18
Castellacio, Italien	1948	— 5 2,5		+60 25,7		22222		+39155	
	1949	— 4 55,0	+ 7,5	+60 24,9	...	22225	+ 3	+39147	...
	1950	— 4 47,7	+ 7,3	+60 25,7	...	22240	+15	+39195	...
Agincourt, Kanada	1948	— 7 22,8		+74 44,7		15355		+56300	
	1949	— 7 21,1	+ 1,7	+74 43,4	...	15362	...	+56244	...
	1950	— 7 22,0	— 0,2	+74 41,1	...	15430	...	+56344	...
Dousheti, UdSSR	1943	+ 4 59,6		+ 59 31,5		24144		+41028	
	1944	+ 5 0,1	+ 0,5	+ 59 34,1	+2,6	24152	+ 8	+41114	+ 86
	1945	+ 5 0,8	+ 0,7	+ 59 36,9	+2,8	24135	—17	+41161	+ 47
Taschkent-Keles, UdSSR	1944	+ 5 3,6		+60 19,8		25517		+44790	
	1945	+ 5 3,2	— 0,4	+60 20,7	+0,9	25537	+20	+44854	+ 64
Tortosa Spanien	1945	— 8 12,3		+57 13,9		23679		+36787	
	1946	— 8 3,6	+ 8,7	+57 14,4	+0,5	23690	+11	+36817	+ 30
	1947	— 7 56,1	+ 7,5	+57 14,8	+0,4	23724	+34	+36879	+ 62
Coimbra, Portugal	1942	—12 18,3		+57 13,6		23381		+36317	
	1943	—12 9,7	+ 8,6	+57 10,1	—3,5	23444	+63	+36334	+ 17
	1944	—12 2,3	+ 7,4	+57 6,5	—3,6	23449	+ 5	+36258	— 76
Toledo, Spanien	1950	— 9 19,2	—	+56 27,9	—	24048	—	+36285	—
Cheltenham, USA	1947	— 7 4,6		+71 18,5		18218		+53850	
	1948	— 7 4,0	+ 0,6	+71 16,6	—1,9	18248	+30	+53839	— 11
	1949	— 7 4,4	— 0,4	+71 14,7	—1,9	18281	+33	+53838	— 1
Athen-Dekelia, Griechenland	1937	— 0 45,2		+53 17		26061		+34942	
	1938	— 0 40,1	+ 5,1	+53 22	+5	26017	—44	+34989	+ 47
	1939	— 0 34,4	+ 5,7	+53 21	—1	26042	+25	+35002	+ 13
San Miguel, Azoren	1945	—17 8,3		+58 51,3		23742		+39288	
	1946	—17 3,9	+ 4,4	+58 47,9	—3,4	23760	...	+39230	...
	1947	—16 58,3	+ 5,6	+58 47,4	—0,5	23830	...	+39333	...
Zinsen, Korea	1939	— 6 12,9		+53 15,8		30178		+40433	
	1940	— 6 14,6	— 1,7	+53 15,4	—0,4	30196	+18	+40447	+ 14
	1941	— 6 17,0	— 2,4	+53 11,0	—4,4	30167	—29	+40301	—146
San Fernando, Spanien	1948	—10 15,0		+53 42,5		25595		+33608	
	1949	—10 7,7	+ 7,3	—	—	25622	+27	+33591	— 18
	1950	—10 1,4	+ 6,3	—	—	25678	+56	+33614	+ 23
Kakioka, Japan	1948	— 6 15,2		+49 28,5		29934		+35016	
	1949	— 6 17,4	— 2,2	+49 27,8	—0,7	29961	+27	+35036	+ 20
	1950	— 6 19,7	— 2,3	+49 26,0	—1,8	29998	+37	+35041	+ 5
Tsingtau, China	1934	— 4 34,9		+52 5,1		30919		+39697	
	1935	— 4 36,6	— 1,7	+52 5,6	+0,5	30923	+ 4	+39714	+ 17
	1936	— 4 37,6	— 1,0	+52 6,1	+0,5	30935	+12	+39741	+ 27
Ksara, Libanon	1947	+ 2 14,0		+48 45,2		28790		+32833	
	1948	+ 2 15,8	+ 1,8	+48 47,5	+2,3	28812	+22	+32901	+ 68
	1949	+ 2 17,9	+ 2,1	+48 50,4	+2,9	28824	+12	+32971	+ 70
Tucson, USA	1946	+13 38,4		+59 37,6		26044		+44438	
	1947	+13 35,3	— 3,1	+59 36,2	—1,4	26034	—10	+44380	— 58
	1948	+13 32,1	— 3,2	+59 34,7	—1,5	26027	— 7	+44323	— 57
Zô-Sè, China	1945	— 3 26,5		+45 26,3		33511		+34007	
	1946	— 3 27,6	— 1,1	+45 26,8	+0,5	33570	+59	+34098	+ 91
	1947	— 3 26,8	+ 0,8	+45 27,3	+0,5	33588	+18	+34125	+ 27
Dehra Dun,*) Indien	1935	+ 0 56,7		+45 39,3		33140		+33894	
	1936	+ 0 53,8	— 2,9	+45 40,3	+1,0	33181	+41	+33968	+ 74
	1937	+ 0 51,6	— 2,2	+45 39,9	—0,4	33223	+42	+34003	+ 35

*) Seit 1943 Betrieb eingestellt.

Burmeister/Bartels

32512 (Fortsetzung).

Observatorium	Jahr	D	ΔD	J	ΔJ	H	ΔH	Z	ΔZ
		° ′	′	° ′	′	γ	γ	γ	γ
Helwan, Ägypten	1942	+ 0 34,3		+42 14,5		30512		+27707	
	1943	+ 0 37,0	+ 2,7	+42 18,3	+3,8	30536	+24	+27790	+ 83
	1944	+ 0 40,1	+ 3,1	+42 20,2	+1,9	30572	+36	+27854	+ 64
Tamanrasset, Sahara	1944	— 6 53,7		—		32091		—	
	1945	— 6 46,2	+ 7,5	—	—	32122	+31	—	—
Au Tau, China	1937	— 0 39,4		+30 29,2		37646		+22163	
	1938	— 0 38,7	+ 0,7	+30 26,7	—2,5	37673	+27	+22143	— 20
	1939	— 0 38,0	+ 0,7	+30 24,8	—1,9	37705	+32	+22133	— 10
Honolulu, Hawaii	1948	+11 36,3		+38 42,7		28638		+22953	
	1949	+11 37,4	+ 1,1	+38 46,8	+4,1	28600	—38	+22979	+ 26
Teoloyucan, Mexiko	1949	+ 9 25,0		+47 5,2		30566		+32878	
	1950	+ 9 21,6	— 3,4	+47 4,2	—1,0	30506	—60	+32794	— 84
Alibag, Indien	1944	— 0 39,8		+25 3,5		38051		+17791	
	1945	— 0 40,7	— 0,9	+25 0,3	—3,2	38107	+56	+17774	— 17
	1946	— 0 41,2	— 0,5	+24 58,5	—1,8	38152	+45	+17770	— 4
San Juan, Porto Rico	1946	— 6 14,5		+52 32,9		27405		+35777	
	1947	— 6 18,2	— 3,7	+52 28,0	—4,9	27430	+25	+35704	— 73
	1948	— 6 22,0	— 3,8	+52 21,9	—6,1	27460	+30	+35612	— 92
Antipolo, Philippinen	1936	+ 0 33,1		+15 48,0		38340		+10849	
	1937	+ 0 34,2	+ 1,1	+15 47,6	—0,4	38347	+ 7	+10846	— 3
	1938	+ 0 36,2	+ 2,0	+15 47,2	—0,4	38356	+ 9	+10844	— 2
Batavia (Kuyper), Java	1942	+ 1 28,4		—32 33,7		37085		—23685	
	1943	+ 1 29,6	+ 1,2	—32 33,4	+0,3	37130	+45	—23706	— 21
	1944	+ 1 31,1	+ 1,5	—32 31,6	+1,8	37145	+15	—23689	+ 17
Elisabethville, Kongo	1948	— 8 51,2		—47 0,2		23202		—24884	
	1949	— 8 49,3	+ 1,9	—47 2,8	—2,6	23172	—30	—24890	— 6
	1950	— 8 47,2	+ 2,1	—47 4,2	—1,4	23142	—30	—24877	+ 13
Huancayo, Peru	1945	+ 6 30,5		+ 2 8,8		29329		+ 1099	
	1946	+ 6 26,7	— 3,8	+ 2 6,6	—2,2	29259	—70	+ 1078	— 21
	1947	+ 6 22,0	— 4,7	+ 2 5,0	—1,6	29195	—64	+ 1061	— 17
Apia, Samoa	1947	+11 16,9		—30 36,6		34841		—20613	
	1948	+11 20,1	+ 3,2	—30 33,3	+3,3	34857	+16	—20578	+ 35
	1949	+11 25,1	+ 5,0	—30 30,4	+2,9	34874	+17	—20548	+ 30
Tananarivo, Madagaskar	1948	—10 35,8		—54 2,8		20867		—28770	
	1949	—10 45,1	— 9,3	—54 3,3	—0,5	20817	—50	—28710	+ 60
	1950	—10 51,2	— 6,1	—54 4,2	—0,9	20795	—22	—28695	+ 15
Mauritius	1948	—15 22,1		—53 35,5		22339		—30290	
	1949	—15 30,1	— 8,0	—53 39,0	—3,5	22326	—13	—30337	— 47
	1950	—15 39,6	— 9,5	—53 42,5	—3,5	22321	— 5	—30395	— 58
La Quiaca, Argentinien	1931	+ 4 31,7		—12 22,8		26256		— 5763	
	1932	+ 4 24,2	— 7,5	—12 21,6	+1,2	26241	—15	— 5750	+ 13
	1933	+ 4 16,7	— 7,5	—12 21,2	+0,4	26223	—18	— 5743	+ 7
Vassouras, Brasilien	1940	—13 47,5		—18 37,4		23767		— 8009	
	1941	—13 53,1	— 5,6	—18 48,3	—10,9	23709	—58	— 8074	— 65
	1942	—13 58,8	— 5,7	—18 57,8	—9,5	23683	—26	— 8138	— 64
Watheroo, Australien	1943	— 3 4,4		—64 25,4		24718		—51643	
	1944	— 3 1,1	+ 3,3	—64 25,2	+0,2	24745	+27	—51693	— 50
	1945	— 2 57,9	+ 3,2	—64 25,4	—0,2	24767	+22	—51746	— 53
Pilar, Argentinien	1948	+ 4 37,3		—27 6,3		23572		—12065	
	1949	+ 4 31,0	— 6,3	—27 11,2	—4,9	23493	—79	—12067	— 2
	1950	+ 4 24,6	— 6,4	—27 15,5	—4,3	23417	—76	—12065	+ 2
Hermanus-Kapstadt	1947	—23 46,6		—64 19,9		13809		—28734	
	1948	—23 47,6	— 1,0	—64 22,5	—2,6	13739	—70	—28642	+ 92
	1949	—23 48,8	— 1,2	—64 25,8	—3,3	13664	—75	—28557	+ 85
Toolangi, Australien	1941	+ 8 56,6		—67 53,1		22886		—56319	
	1942	+ 8 57,3	+ 0,7	—67 50,7	+2,4	22897	+11	—56234	+ 85
	1943	+ 9 2,2	+ 4,9	—67 51,1	—0,4	22896	— 1	—56249	— 15
Amberley, Neuseeland	1945	+19 1,7		—68 4,8		22215		—55203	
	1946	+19 7,7	+ 6,0	—68 6,3	—1,5	22192	—23	—55219	— 16
	1947	+19 14,5	+ 6,8	—68 6,3	0,0	22189	— 3	—55213	+ 6

32513 Ausgewählte Jahresmittel für Observatorien mit langjährigen Beobachtungen.

Nach Bock [*6*]; Oslo nach Wasserfall [*11*]. Die Stationsnamen in Klammern geben die früheren Standorte, deren Jahresmittel von Bock auf das Niveau der jetzigen Observatorien reduziert worden sind.

Beispiel für solche Stationsdifferenzen:

Niemegk minus Seddin . . .	$\Delta D = -7'\!.3$	$\Delta H = +\ 76\ \gamma$	$\Delta Z = -107\ \gamma$
Niemegk minus Potsdam . .	-8.6	$+114\ \gamma$	$-122\ \gamma$

Letzte Jahresmittel (nach H. F. Johnston [*7c*]) s. 32512. — Die Angaben für *H*, *Z* und *F* sind für die früheren Jahre nicht auf γ genau.

	D	*J*	*H* (γ)	*Z* (γ)	*F* (γ)
			Oslo.		
1820	19°58'W	+72°41'	15262	+48946	51271
1830	19 34	+72 10	15268	+47472	49867
1840	18 51	+71 49	15480	+47129	49607
1850	17 43	+71 35	15558	+46705	49229
1860	16 24	+71 21	15700	+46535	49102
1870	14 52	+71 13	15847	+46586[1]	49208[1]
1880	13 34	+71 02	16040	+46659	49339
1890	12 26	+70 56	16173	+46793	49510
1900	11 32	+70 49	16357	+47011	49776
1910	10 44	+70 48[1]	16383	+47036[1]	49807[1]
1920	9 37	+71 05[1]	16144	+47121[1]	49809[1]
1930	7 59	+71 25[1]	15920	+47350[1]	49955[1]
1940	6 28	+71 51[1]	15739[1]	+48012[1]	50526[1]
1948	5 27	+72 06[1]	15642[1]	+48456[1]	50919[1]
			Sitka (Alaska).		
1902	29°46'E	+74°47'	15470	+56894	58960
1910	30 11	+74 32	15606	+56384	58504
1920	30 23	+74 22	15603	+55734	57877
1930	30 10	+74 22	15490	+55339	57466
1940	29 45	+74 18	15482	+55063	57199
1945	29 30	+74 15	15513	+55029	57174
			Wyssokaja Doubrawa (für Swerdlowsk).		
1841	8 33E				
1850	9 22				
1860	9 55				
1870	10 36				
1887	11 11	+70°12'	17969	+49909	53045
1890	11 18	+70 13	17964	+49960	53091
1900	12 00	+70 20	17943	+50207	53317
1910	12 44	+70 38	17630	+50158	53166
1920	12 58	+71 20	16966	+50215	53004
1930	12 52	+72 3	16385	+50550	53139
1940	12 57	+72 32	16085	+51116	53587
1944	13 3	+72 40	16030	+51360	53803
			Wingst (für Wilhelmshaven).		
1884	13°19'W	+68° 3'	17739	+44009	47449
1890	12 45	+68 4	17827	+44264	47719
1900	11 49	+67 48	18037	+44206	47744
1910	11 1	+67 35	18066	+43784	47365
1931	7 18	+67 57	17768	+43860	47322
1940	5 50	+68 13	17630	+44127	47519
1950	4 29	+68 23	17622	+44461	47826
			Witteveen (für Utrecht-De Bilt).		
1891	14° 1'W	+67°44'	18082	+44174	47732
1900	13 16	+67 25	18243	+43849	47493
1910	12°23'W	+67°14'	18276	+43559	47238
1920	10 49	+67 18	18132	+43366	47004
1930	8 51	+67 27	18017	+43394	46986
1940	7 9	+67 39	17959	+43686	47233
1946	6 15	+67 45	17946	+43867	47396

[1] Interpoliert.

Fürstenfeldbruck (für München).
(Einheit für *H*, *Z* und *F* ist 10 γ.)

	D	*J*	*H*	*Z*	*F*
1842	16° 56' W	+65°19'	1928	4194	4616
1850	16 10	+64 58	1950	4176	4609
1860	14 46	+64 33	1977	4154	4600
1870	13 34	+64 7	2005	4132	4593
1880	12 29	(+63 54)	(2020)	(4123)	(4591)
1890	(11 30)	(+63 38)	(2033)	(4102)	(4578)
1900	10 37	+63 21	2061	4105	4593
1910	9 40	+63 10	2064	4081	4573
1920	8 12	(+63 19)	(2048)	(4076)	(4562)
1930	6 18	+63 39	2031	4100	4575
1940	4 45	+63 53	2029	4140	4610
1950	3 28	+64 4	2033	4179	4647

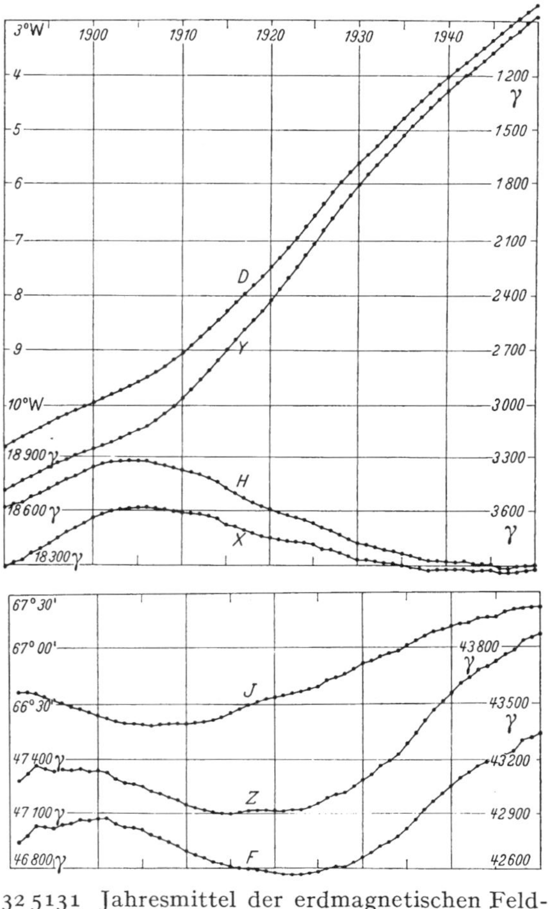

325131 Jahresmittel der erdmagnetischen Feldgrößen für Potsdam-Seddin-Niemegk, reduziert auf Niemegk, 1890—1950. Die Rand-Skalen gelten (von oben nach unten) links für *D*, *H* und Nordkomponente *X*, *J*, Total-Intensität *F*; rechts für die Westkomponente (—*Y*) und die Vertikalkomponente *Z*.

	D	*J*	*H* (γ)	*Z* (γ)	*F* (γ)
		Zuy (für Irkutsk).			
1887	2°23′E	+70°19′	19920	+55665	59120
1890	2 20	+70 20	19921	+55761	59213
1900	2 9	+70 29	19944	+56264	59694
1910	1 54	+70 50	19639	+56506	59822
1920	1 2	+71 7	19277	+56337	59544
1930	0 18	+71 22	19019	+56380	59502
1940	0°30W′	+71 30	18996	+56770	59864
1945	0 48	+71 34	19028	+57109	60196
		Niemegk (für Potsdam-Seddin).			
1890	10°57W′	+66°29′	18730	+43044	46942
1900	10 5	+66 13	18958	+43016	47008
1910	9 12	+66 8	18942	+42826	46828
1920	7 38	+66 22	18721	+42792	46708
1930	5 46	+66 40	18532	+42965	46791
1940	4 10	+67 00	18434	+43431	47181
1950	2 53	+67 14	18413	+43800	47513
		Abinger (für Greenwich).			
1841	22°29′W				
1850	22 36	+68°24′	17410	+43980	47300
1860	21 27	+68 8	17700	+44090	47510
1870	20 6	+67 37	18020	+43740	47310
1880	18 45	+67 20	18230	+43640	47290
1890	17 41	+67 7	18431	+43673	47403
1900	16 42	+66 53	18638	+43659	47471
1910	15 54	+66 37	18729	+43309	47185
1920	14 21	+66 38	18633	+43112	46966
1930	12 25	+66 38	18542	+42924	46757
1940	10 43	+66 44	18533	+43099	46915
1946	9 51	+66 45	18569	+43235	47054
		Chambon-la-Forêt (für Paris-Parc Saint Maur-Val Joyeux).			
1883	16°23′W	+64°55′	19626	+41930	46296
1890	15 41	+64 47	19751	+41935	46354
1900	14 48	+64 29	20013	+41938	46468
1910	13 58	+64 10	20103	+41511	46122
1920	12 25	+64 8	20031	+41313	45913
1930	10 31	+64 8	19996	+41251	45842
1940	8 52	+64 14	20040	+41513	46097
1950	7 29	+64 14	20137	+41714	46320
		Karsani (für Tiflis).			
1880	0°31′E	+55°49′	25785	+37970	45898
1890	1 6	+56 1	25743	+38192	46058
1900	1 59	+56 12	25631	+38292	46078
1910	2 53	+56 36	25343	+38423	46028
1920	3 46	+57 35	24897	+39196	46435
1930	4 22	+58 25	24599	+40008	46965
1934	4 26	+58 41	24570	+40390	47276
		Coimbra.			
1868	20°45′W	+61° 8′	21802	+39554	45165
1880	19 11	+60 24	22225	+39134	45007
1890	18 7	+59 58	22459	+38835	44862
1900	17 20	+59 24	22768	+38506	44734
1910	16 34	+58 50	22986	+38006	44417
1920	15 22	+58 23	23087	+37496	44034
1930	13 55	+57 56	23179	+37001	43662
1940	12 34	+57 21	23368	+36463	43308
1944	12 2		23449		

	D	*J*	*H* (γ)	*Z* (γ)	*F* (γ)
		Cheltenham (bei Washington).			
1902	5° 7′W	+70°23′	20177	+56596	60085
1910	5 41	+70 36	19801	+56249	59632
1920	6 18	+70 56	19113	+55325	58534
1930	6 56	+71 9	18583	+54442	57526
1940	7 5	+71 23	18176	+53953	56932
1947	7 4	+71 18	18221	+53852	56851
		San Fernando.			
1882	17°29′W	+56°32′			
1891	16 39	+55 53	24329	+35905	43371
1900	15 59	+55 9	24631	+35378	43108
1910	15 14	+54 38	24879	+35053	42984
1920	14 1	+53 38	25021	+33969	42189
1930	12 33	+53 30	25072	+33881	42149
1940	11 17	+53 1	25358	+33680	42159
1948	10 15	+53 42	25595	+33608	42161
		Kakioka (für Tokio).			
1897	4°35′W	+49°42′	29551	+34837	45682
1900	4 39	+49 39	29644	+34902	45792
1910	5 4	+49 46	29742	+35149	46044
1920	5 25	+49 32	29720	+34830	45786
1930	5 42	+49 28	29713	+34746	45718
1940	6 0	+49 32	29747	+34869	45834
1947	6 13	+49 29	29916	+35014	46054
		Zô-Sè (für Schanghai—Zi-ka-wei—Lukiapang).			
1875	2°12′W	+46°21′	32071	+33623	46466
1880	2 14	+46 22	32197	+33761	46652
1890	2 24	+46 17	32467	+33951	46976
1900	2 34	+45 51	32887	+33876	47213
1910	2 50	+45 42	33112	+33933	47412
1920	3 11	+45 38	33066	+33813	47293
1930	3 25	+45 33	33173	+33817	47371
1940	3 26	+45 30	33372	+33954	47609
1947	3 27	+45 27	33588	+34125	47882
		Au Tau (für Hongkong).			
1884	0°37′E	+32°29′	36185	+23039	42897
1890	0 28	+32 11	36392	+22904	43000
1900	0 9	+31 27	36887	+22563	43240
1910	0 9′W	+31 1	37267	+22411	43487
1920	0 30	+30 49	37333	+22268	43470
1930	0 44	+30 37	37485	+22187	43559
1939	0 38	+30 25	37705	+22133	43721
		Honolulu.			
1902	9°19′E	+40°14′	29254	+24758	38324
1910	9 30	+39 48	29125	+24260	37905
1920	9 53	+39 26	28838	+23712	37335
1930	10 4	+39 29	28546	+23516	36985
1940	10 22	+39 8	28459	+23158	36691
1946	10 28	+39 14	28346	+23146	36596
		Alibag (für Bombay—Colaba).			
1846	1° 7′E	+19°36′	35996	+12818	38210
1850	1 9	+19 58	36189	+13148	38503
1860	1 18	+20 11	36535	+13433	38926
1870	1 41	+20 18	36675	+13573	39106
1880	1 50	+20 30	36838	+13773	39329
1890	1 40	+21 30	36900	+14535	39660
1900	1 17	+22 28	36909	+15267	39942
1910	0 58	+23 39	36824	+16121	40198
1920	0 20	+24 55	36901	+17137	40686
1930	0° 8′W	+25 31	37253	+17777	41277
1940	0 30	+25 18	37826	+17881	41839
1945	0 41	+25 0	38107	+17774	42048

	D	J	H (γ)	Z (γ)	F (γ)
			San Juan (für Vieques).		
1903	1°16′W	+49°28′	29641	+34664	45609
1910	2 13	+50 10	29154	+34959	45520
1920	3 38	+51 41	28146	+35622	45400
1930	4 51	+52 32	27494	+35872	45197
1940	5 48	+52 51	27288	+36020	45189
1947	6 18	+52 28	27430	+35704	45024
			Batavia.		
1884	1°55′E	—28° 7′	36845	—19691	41777
1890	1 42	—28 43	36767	—20144	41924
1903	1 0	—30 24	36696	—21524	42542
1910	0 49	—31 12	36660	—22205	42860
1920	0 47	—31 54	36796	—22899	43340
1930	0 55	—32 17	36846	—23273	43580
1940	1 20	—32 32	37035	—23624	43928
1944	1 31	—32 32	37145	—23689	44055
			Apia.		
1905	9°38′E	—29°12′	35653	—19922	40841
1910	9 46	—29 30	35528	—20097	40818
1920	10 12	—30 4	35251	—20400	40728
1931	10 36	—30 9	35149	—20421	40651
1940	10 54	—30 38	34868	—20650	40524
1946	11 14	—30 38	34834	—20683	40493
			Tananarivo.		
1890	13° 7′W	—54°43′	23030	—32546	39871
1902	10 15	—54 7	23168	—32021	39523
1910	9 1	—53 59	22585	—31065	38407
1920	8 2	—53 19	22182	—29781	37134
1930	8 9	—53 28	21570	—29115	36235
1940	9 25	—53 48	21068	—28783	35670

	D	J	H (γ)	Z (γ)	F (γ)
			Mauritius.		
1893	10° 7′W	—54°43′	23928	—33818	41427
1900	9 34	—54 10	23765	—32907	40591
1910	9 23	—53 34	23266	—31509	39168
1920	10 20	—52 40	23032	—30199	37980
1930	12 6	—52 40	22636	—29671	37320
1940	13 59	—53 7	22419	—29876	37352
1946	15 0	—53 28	22358	—30182	37561
			Pilar.		
1905	9°52′E	—26° 3′	25894	—12657	28822
1910	9 14	—25 53	25694	—12465	28558
1920	7 49	—25 41	25297	—12168	28071
1930	6 27	—25 51	24695	—11961	27439
1940	5 25	—26 30	24137	—12034	26971
1944	4 59	—26 48	23884	—12066	26759
			Toolangi (für Melbourne).		
1893	8°21′E	—66°59′	23608	—55568	60375
1900	8 38	—67 6	23490	—55618	60375
1911	8 17		23279		
1920	8°12′E	—67°37′	23050	—55984	60544
1930	8 21	—67 52	22872	—56208	60683
1940	8 54	—67 50	22919	—56230	60722
1943	9 2	—67 51	22896	—56249	60730
			Amberley (für Christchurch).		
1902	16°18′E	—67°21′	22936	—54954	59548
1910	16 40	—67 35	22757	—55162	59672
1920	17 4	—67 49	22503	—55202	59613
1930	17 51	—67 58	22351	—55246	59596
1940	18 30	—68 3	22248	—55220	59533
1945	19 2	—68 5	22215	—55203	59506

32514 Werte der erdmagnetischen Elemente an deutschen Hochschulorten zu Anfang des Jahres 1950.

	D	J	H
	westl.		Gauß
Aachen	6° 8′	66° 18′	0,1885
Augsburg	3 47	64 14	0,2017
Bamberg	3 44	65 34	0,1941
Berlin	2 40	67 34	0,1817
Bonn	5 35	66 16	0,1889
Braunschweig . .	3 57	67 23	0,1826
Charlottenburg . .	2 46	67 34	0,1817
Clausthal	3 51	67 4	0,1854
Darmstadt . . .	4 47	65 31	0,1937
Dillingen	3 56	64 27	0,2009
Dresden	2 30	66 32	0,1890
Eberswalde . . .	2 29	67 47	0,1804
Eichstätt	3 41	64 47	0,1987
Eisenach	3 56	66 27	0,1883
Erlangen	3 44	65 16	0,1958
Frankfurt a. M. .	4 50	65 43	0,1922
Freiberg i. Sa. . .	2 40	66 21	0,1896
Freiburg i. Br. . .	5 14	63 58	0,2029
Freising	3 23	64 9	0,2025
Gießen	4 49	66 6	0,1903
Göttingen	4 8	66 49	0,1859
Greifswald . . .	2 28	68 41	0,1745

	D	J	H
	westl.		Gauß
Halle a. d. S. . .	3° 16′	66° 50′	0,1867
Hamburg	4 4	68 16	0,1770
Hannover	4 28	67 25	0,1824
Heidelberg . . .	4 44	65 10	0,1960
Hohenheim . . .	4 29	64 28	0,1997
Jena	3 35	66 18	0,1893
Karlsruhe	4 54	64 49	0,1982
Kiel	4 7	68 51	0,1734
Köln	5 41	66 22	0,1881
Leipzig	3 5	66 41	0,1876
Marburg	4 38	66 17	0,1893
München	3 26	64 4	0,2029
Münden	4 8	66 42	0,1865
Münster	5 21	67 11	0,1835
Passau	2 41	64 25	0,2013
Regensburg . . .	3 16	64 45	0,1986
Rostock	3 26	68 38	0,1747
Stuttgart	4 31	64 34	0,1994
Tharandt	2 10	66 25	0,1895
Tübingen	4 34	64 21	0,2007
Würzburg	4 16	65 26	0,1933

In 2 Jahren (bis Anfang des Jahres 1952) wird voraussichtlich *D* um 14′ abnehmen, *J* um 2′ zunehmen, *H* unverändert bleiben.

Burmeister/Bartels

32 52 Tabellen und Karten für die Verteilung des Feldes und der Säkularvariation. Nach Vestine [1].

32 521 Tabellen für *D, H, J, Z, F.*

32 5211 Werte der erdmagnetischen Deklination D (östlich positiv) zu Anfang des Jahres 1945, in Grad, von 10° zu 10° geogr. Breite und Länge. Länge östl. von Greenwich.

	0°	10°	20°	30°	40°	50°	60°	70°	80°	90°	100°	110°	120°	130°	140°	150°	160°	170°
80° N	—13,1	— 7,2	— 0,4	+ 7,8	+15,2	+22,0	+30,1	+42,0	+46,0	+44,7	+36,4	+28,0	+22,2	+16,8	+12,0	+10,9	+12,9	+18,5
70	—13,0	— 6,0	— 0,2	+ 6,6	+13,2	+19,2	+23,0	+25,3	+25,2	+21,6	+13,0	+ 2,8	— 9,3	—14,6	—11,7	— 9,7	— 4,3	+ 2,2
60	—11,0	— 6,2	+ 0,1	+ 5,3	+ 9,4	+13,7	+14,6	+15,7	+14,3	+10,6	+ 4,1	— 3,1	—10,0	—14,4	—11,9	—10,2	— 5,4	+ 0,8
50	— 9,2	— 4,6	— 0,4	+ 2,8	+ 5,8	+ 8,4	+ 9,1	+ 9,2	+ 7,8	+ 4,5	— 0,1	— 4,1	— 9,0	—10,6	—10,6	— 7,4	— 3,4	+ 2,0
40	— 8,5	— 4,4	— 0,9	+ 1,8	+ 4,1	+ 5,0	+ 5,3	+ 4,4	+ 3,0	+ 1,1	— 1,1	— 3,7	— 5,8	— 7,3	— 7,4	— 5,2	— 1,1	+ 3,8
30	— 8,1	— 4,7	— 1,6	+ 0,6	+ 2,0	+ 2,7	+ 2,3	+ 1,4	+ 0,1	— 0,6	— 1,2	— 2,1	— 3,1	— 4,2	— 4,0	— 2,0	+ 1,7	+ 6,0
20	— 8,7	— 5,2	— 2,4	— 0,5	+ 0,9	+ 1,3	+ 0,5	— 0,6	— 1,7	— 1,7	— 1,0	— 0,3	— 0,4	— 0,9	— 0,7	+ 1,0	+ 4,0	+ 7,5
10	—10,7	— 6,6	— 3,6	— 1,5	— 0,4	+ 0,2	— 1,2	— 2,9	— 3,1	— 2,2	— 0,3	+ 1,0	+ 1,7	+ 1,6	+ 1,9	+ 3,5	+ 6,2	+ 8,0
0	—14,3	— 9,6	— 6,1	— 3,8	— 1,8	— 1,3	— 3,7	— 5,4	— 5,5	— 3,3	0,0	+ 1,8	+ 2,6	+ 3,2	+ 3,9	+ 5,0	+ 6,9	+ 9,2
10	—19,3	—14,8	—10,5	— 6,9	— 4,2	— 4,8	— 7,7	— 9,4	— 9,0	— 5,7	— 1,4	+ 1,7	+ 2,9	+ 3,7	+ 4,6	+ 5,8	+ 7,7	+ 9,1
20	—24,6	—20,7	—16,6	—12,1	—10,1	—12,1	—14,6	—17,2	—16,1	—12,0	— 5,2	— 0,4	+ 2,1	+ 3,7	+ 5,3	+ 7,2	+ 9,0	+11,0
30	—28,0	—25,9	—22,4	—18,2	—17,7	—20,6	—24,8	—27,2	—26,8	—21,0	—13,5	— 5,9	0,0	+ 3,5	+ 6,3	+ 9,1	+12,0	+13,5
40	—28,2	—28,2	—25,2	—23,8	—25,0	—28,8	—34,2	—37,3	—37,4	—34,2	—26,2	—16,8	— 6,4	+ 1,4	+ 7,0	+11,0	+14,4	+17,0
50	—25,9	—26,7	—26,7	—27,2	—30,3	—34,7	—40,6	—45,4	—47,4	—45,3	—41,4	—32,1	—18,8	— 3,7	+ 4,9	+13,5	+18,6	+23,7
60	—23,2	—27,3	—30,1	—35,2	—40,4	—43,7	—47,8	—51,5	—55,2	—55,4	—55,4	—53,7	—37,2	—16,4	+ 2,8	+21,9	+31,5	+37,7
70	—27,0	—33,8	—40,0	—45,0	—50,0	—53,8	—57,8	—62,0	—67,4	—74,1	—81,4	—83,0	—78,0	—72,5	—80,0	+150,0	+114,2	+79,0
80° S	—30,5	—40,5	—49,5	—57,5	—65,0	—72,4	—80,0	—88,6	—99,4	—109,6	—120,2	—130,2	—139,1	—150,5	—165,0	+178,2	+162,5	+145,5

	180°	190°	200°	210°	220°	230°	240°	250°	260°	270°	280°	290°	300°	310°	320°	330°	340°	350°
80° N	+26,5	+33,5	+41,8	+50,0	+58,4	+72,1	+99,5	+142,5	—149,5	—117,0	—99,2	—90,5	—75,6	—65,0	—54,5	—44,2	—34,0	—19,2
70	+ 9,0	+16,8	+23,4	+30,6	+39,4	+46,6	+51,8	+48,5	+10,0	—52,9	—65,9	—63,0	—57,6	—51,9	—45,5	—39,2	—29,4	—20,8
60	+ 6,4	+14,1	+20,3	+25,3	+28,7	+32,8	+33,2	+26,8	+13,5	—13,5	—33,8	—42,4	—41,7	—39,8	—35,7	—30,3	—24,1	—17,4
50	+ 7,4	+13,1	+16,9	+20,0	+24,1	+25,2	+24,4	+20,2	+12,2	+ 0,3	—14,0	—24,7	—29,6	—30,2	—28,4	—24,4	—19,2	—14,2
40	+ 9,1	+12,6	+15,8	+17,8	+19,3	+19,5	+18,4	+16,1	+11,8	+ 4,0	— 5,7	—14,6	—21,1	—23,9	—23,8	—20,0	—16,7	—12,5
30	+ 9,6	+11,7	+13,2	+14,3	+14,7	+14,7	+14,5	+13,0	+10,4	+ 6,6	+ 0,1	— 8,4	—15,7	—20,1	—21,2	—19,5	—16,2	—12,2
20	+ 9,8	+11,0	+10,9	+11,6	+11,7	+11,8	+11,7	+10,8	+ 9,6	+ 7,3	+ 2,7	— 3,7	—11,5	—16,6	—20,0	—20,2	—17,2	—12,8
10	+ 9,6	+ 9,9	+ 9,4	+ 8,9	+ 9,6	+10,0	+ 9,8	+10,0	+ 9,8	+ 8,4	+ 5,1	— 1,0	— 8,5	—14,3	—18,8	—20,9	—19,2	—15,4
0	+ 9,6	+ 9,0	+ 8,8	+ 9,2	+ 9,4	+ 8,5	+ 9,3	+10,1	+10,5	+ 9,4	+ 6,4	+ 0,9	— 6,1	—12,9	—18,0	—21,4	—21,6	—18,8
10	+10,2	+10,2	+10,2	+10,4	+10,4	+10,4	+10,5	+10,8	+11,3	+11,0	+ 8,1	+ 2,6	— 4,1	—11,7	—17,7	—21,6	—23,3	—22,7
20	+12,0	+12,4	+12,3	+12,6	+12,6	+12,9	+12,4	+13,0	+13,3	+13,1	+10,5	+ 5,8	— 2,0	—10,1	—16,9	—21,7	—24,7	—26,0
30	+14,2	+15,3	+15,5	+15,8	+15,7	+15,8	+15,7	+16,3	+16,7	+16,2	+14,4	+ 8,6	+ 1,0	— 7,7	—14,6	—20,6	—24,5	—27,4
40	+18,2	+19,3	+19,6	+19,7	+19,2	+19,3	+19,7	+20,1	+21,3	+20,8	+17,7	+12,4	+ 4,8	— 3,5	—11,3	—17,5	—22,3	—26,9
50	+23,8	+25,7	+25,6	+25,5	+25,2	+25,2	+25,4	+25,6	+26,4	+24,5	+20,8	+15,8	+ 8,4	+ 0,7	— 6,5	—12,8	—18,2	—22,8
60	+37,1	+36,8	+35,5	+34,7	+35,0	+34,4	+35,0	+34,2	+32,7	+29,4	+24,7	+19,0	+12,5	+ 5,4	— 1,0	— 6,8	—13,6	—19,2
70	+70,5	+63,0	+58,4	+55,7	+54,4	+52,8	+51,2	+49,5	+46,4	+40,1	+32,9	+26,8	+20,6	+11,3	+ 4,2	— 2,8	— 9,5	—19,6
80° S	+130,0	+118,9	+107,2	+97,0	+88,1	+82,0	+76,2	+70,0	+62,6	+53,0	+43,8	+34,4	+25,4	+17,2	+ 8,8	— 1,0	— 9,7	—20,5

325212 Werte der erdmagnetischen Horizontal-Intensität *H*, zu Anfang des Jahres 1945, Einheit 0,001 Gauß = 100 γ, von 10° zu 10° geogr. Breite u. Länge.

Länge östl. von Greenwich. Nach Vestine [1].

	0°	10°	20°	30°	40°	50°	60°	70°	80°	90°	100°	110°	120°	130°	140°	150°	160°	170°
80° N	71	72	70	68	66	63	58	53	46	38	33	30	30	32	36	37	38	38
70	110	111	110	107	105	100	95	89	79	74	71	70	74	83	93	103	108	112
60	144	152	148	151	148	148	146	142	137	132	130	132	147	162	169	175	183	185
50	192	196	198	197	201	202	199	202	203	205	209	215	219	227	233	235	232	231
40	241	247	249	253	254	256	261	266	275	286	288	289	290	287	283	277	268	258
30	291	296	297	304	308	313	319	329	338	350	354	351	342	332	319	307	293	282
20	320	327	332	340	347	354	362	373	386	394	397	391	377	362	345	331	315	304
10	318	326	334	343	351	361	372	383	396	406	411	403	393	381	365	350	341	333
0	285	289	296	310	318	327	343	358	371	386	389	391	388	382	373	365	360	354
10	240	238	238	246	256	268	284	304	318	335	345	357	359	364	364	361	359	358
20	196	190	183	183	188	203	226	241	257	272	288	304	318	326	334	332	333	333
30	168	156	147	140	148	164	180	196	206	215	225	240	255	266	274	279	285	289
40	159	147	137	135	138	151	167	178	180	179	175	176	186	196	208	217	227	238
50	170	156	148	148	152	160	172	177	172	162	149	131	125	127	137	146	162	177
60	177	166	159	160	171	183	186	182	171	150	135	113	77	62	62	72	91	114
70	182	179	183	192	202	203	195	183	171	142	116	82	45	29	15	10	28	53
80° S	190	192	194	194	191	185	177	172	162	143	131	123	115	106	97	94	92	92

	180°	190°	200°	210°	220°	230°	240°	250°	260°	270°	280°	290°	300°	310°	320°	330°	340°	350°
80° N	37	35	32	27	22	16	10	8	12	18	26	35	45	53	57	62	66	70
70	113	110	105	95	80	61	43	25	13	18	35	53	77	78	88	99	104	107
60	185	177	167	158	143	128	108	83	64	57	64	79	98	116	127	133	142	145
50	227	220	212	203	202	188	171	152	132	116	116	125	140	156	170	178	182	187
40	250	246	243	243	241	238	232	218	203	187	177	177	183	197	210	222	230	235
30	273	268	266	267	272	277	276	274	263	248	233	227	224	230	242	258	270	282
20	296	291	288	293	299	304	308	312	307	297	281	270	261	264	271	286	299	308
10	325	322	318	319	322	325	328	331	328	321	309	298	287	285	292	301	308	312
0	351	346	340	336	335	332	328	333	332	319	316	305	297	292	289	290	290	288
10	356	352	344	336	328	323	317	316	313	312	302	291	281	274	266	262	258	242
20	334	330	324	320	316	308	304	297	293	285	279	268	256	247	240	226	218	204
30	293	295	294	295	295	292	286	282	277	268	260	248	236	223	213	199	192	181
40	246	252	256	263	268	269	269	268	264	257	251	242	230	217	204	194	182	172
50	193	206	217	227	238	243	247	250	255	257	253	248	238	227	216	204	191	181
60	130	148	163	176	190	201	216	228	237	243	246	246	244	237	225	212	202	189
70	76	89	105	122	141	158	177	194	207	209	207	210	221	224	223	216	203	192
80° S	95	102	108	119	129	142	155	163	171	172	171	172	174	178	181	185	187	189

32 5213 Werte der erdmagnetischen Inklination I (positiv abwärts) zu Anfang des Jahres 1945, in Grad, von 10° zu 10° geogr. Breite und Länge.

Länge östl. von Greenwich. Nach Vestine [1].

	0°	10°	20°	30°	40°	50°	60°	70°	80°	90°	100°	110°	120°	130°	140°	150°	160°	170°
80° N	+82,2	+82,3	+82,5	+82,8	+83,0	+83,4	+84,0	+84,6	+85,4	+86,2	+86,7	+87,0	+87,0	+86,8	+86,4	+86,3	+86,2	+86,2
70	+77,6	+77,6	+77,7	+78,2	+78,5	+79,3	+80,1	+80,9	+82,1	+82,8	+83,2	+83,5	+83,1	+82,0	+80,8	+79,8	+79,1	+78,6
60	+72,9	+72,5	+72,6	+72,6	+73,2	+73,8	+74,9	+75,4	+76,4	+77,3	+77,7	+77,5	+76,1	+74,4	+73,0	+71,8	+70,4	+69,9
50	+65,8	+65,3	+65,3	+65,7	+65,8	+66,7	+68,1	+68,4	+68,9	+69,4	+69,2	+68,7	+68,0	+66,0	+64,3	+62,8	+61,8	+61,1
40	+56,3	+55,5	+55,5	+55,7	+56,8	+57,9	+58,4	+59,1	+58,9	+58,4	+58,4	+57,8	+57,3	+55,8	+54,1	+52,3	+51,6	+52,0
30	+43,0	+41,9	+42,1	+42,5	+43,7	+44,5	+45,6	+45,6	+45,2	+44,3	+44,0	+43,8	+43,8	+42,7	+41,6	+40,5	+40,1	+41,0
20	+24,7	+23,6	+22,4	+23,4	+25,2	+26,3	+26,7	+28,2	+25,6	+25,0	+24,8	+25,1	+26,4	+26,3	+25,6	+25,0	+25,8	+28,1
10 N	+ 1,4	— 0,4	— 0,5	— 0,3	+ 1,6	+ 3,6	+ 5,6	+ 5,0	+ 2,8	+ 2,3	+ 1,4	+ 3,3	+ 4,9	+ 6,1	+ 6,4	+ 7,5	+ 8,6	+11,9
0	—21,6	—24,2	—25,3	—24,2	—22,4	—20,0	—18,1	—17,5	—20,8	—21,6	—21,5	—19,7	—16,9	—16,0	—15,0	—13,4	—11,2	— 7,2
10 S	—38,2	—42,1	—44,5	—44,1	—42,8	—40,4	—39,4	—37,4	—41,6	—41,8	—41,1	—38,7	—37,0	—34,6	—33,6	—32,3	—30,4	—27,8
20	—49,4	—53,7	—56,6	—57,3	—56,9	—55,6	—53,5	—53,6	—54,9	—56,0	—55,4	—54,0	—51,9	—50,4	—49,1	—47,8	—46,3	—44,9
30	—55,8	—60,3	—62,8	—64,8	—63,5	—62,0	—61,1	—61,7	—63,8	—65,3	—66,0	—65,1	—63,6	—62,6	—61,1	—60,1	—58,4	—57,0
40	—58,8	—62,5	—64,9	—66,3	—66,6	—65,7	—64,7	—65,6	—67,8	—70,4	—72,3	—73,0	—72,4	—71,6	—70,6	—69,4	—67,8	—66,0
50	—60,0	—63,1	—65,1	—65,8	—65,8	—65,4	—65,4	—66,9	—69,6	—72,5	—75,3	—78,0	—79,0	—78,9	—78,1	—77,2	—75,3	—73,7
60	—62,3	—64,5	—66,2	—67,2	—67,1	—66,6	—67,5	—69,2	—71,4	—74,8	—77,4	—79,8	—83,3	—84,7	—84,8	—84,0	—82,4	—80,3
70	—66,9	—67,9	—68,1	—67,9	—67,7	—68,4	—69,9	—71,7	—73,4	—76,6	—79,4	—82,7	—86,1	—87,7	—88,8	—89,2	—87,7	—85,5
80° S	—69,9	—70,0	—70,1	—70,4	—71,0	—71,9	—73,0	—73,8	—75,0	—77,0	—78,3	—79,2	—80,0	—80,9	—81,7	—81,9	—82,1	—82,0

	180°	190°	200°	210°	220°	230°	240°	250°	260°	270°	280°	290°	300°	310°	320°	330°	340°	350°
80° N	+86,3	+86,5	+86,8	+87,3	+87,8	+88,4	+89,0	+89,2	+88,8	+88,2	+87,4	+86,4	+85,3	+84,4	+83,9	+83,3	+82,8	+82,3
70	+78,4	+78,7	+79,3	+80,4	+82,1	+84,1	+85,9	+87,6	+88,7	+88,2	+86,5	+84,7	+82,2	+81,9	+80,5	+79,1	+78,4	+78,0
60	+70,0	+70,8	+72,1	+73,5	+75,4	+77,4	+79,7	+82,2	+84,0	+84,6	+83,8	+82,2	+80,0	+77,7	+76,1	+74,9	+73,6	+72,8
50	+61,5	+62,7	+64,4	+66,7	+68,0	+70,4	+72,9	+75,3	+77,4	+79,0	+78,8	+77,5	+75,4	+73,2	+70,6	+68,9	+67,4	+66,4
40	+53,4	+54,8	+56,6	+58,3	+60,3	+62,5	+64,5	+67,1	+69,2	+71,2	+72,1	+71,4	+70,0	+67,0	+63,9	+61,4	+59,2	+57,4
30	+43,0	+45,3	+47,6	+50,0	+51,6	+53,0	+55,1	+57,0	+59,5	+62,1	+63,8	+63,9	+63,1	+60,2	+56,2	+51,3	+47,8	+44,5
20	+30,6	+33,6	+36,4	+37,8	+39,3	+40,9	+42,8	+45,3	+48,0	+50,5	+52,9	+54,3	+53,7	+50,9	+45,7	+39,2	+32,6	+27,5
10 N	+15,1	+16,7	+20,2	+22,5	+23,2	+24,6	+26,4	+28,8	+32,5	+36,2	+39,9	+41,9	+42,0	+39,4	+32,6	+23,8	+14,5	+ 6,1
0	— 5,2	— 2,1	+ 0,3	+ 2,3	+ 3,7	+ 5,0	+ 7,5	+ 9,5	+13,0	+19,2	+23,4	+26,2	+26,6	+23,2	+16,1	+ 5,8	— 5,3	—15,1
10 S	—25,3	—22,9	—19,7	—18,4	—16,4	—14,3	—11,9	—10,9	— 6,2	— 0,7	+ 4,4	+ 8,1	+ 9,0	+ 5,2	— 2,5	—12,2	—22,2	—32,0
20	—42,2	—40,1	—37,4	—35,4	—33,4	—31,1	—29,4	—27,9	—24,1	—20,6	—14,7	—10,0	— 9,5	—12,2	—18,4	—27,6	—35,6	—43,3
30	—54,9	—53,1	—51,0	—48,7	—46,4	—44,4	—43,0	—41,2	—38,5	—34,9	—29,5	—26,2	—24,4	—26,5	—31,0	—38,1	—44,2	—50,2
40	—64,1	—62,4	—60,0	—58,4	—56,7	—54,9	—53,1	—50,8	—49,0	—45,1	—40,2	—37,2	—35,8	—36,4	—39,6	—44,1	—49,4	—54,2
50	—71,7	—69,9	—68,2	—66,2	—64,1	—62,3	—60,9	—58,9	—55,4	—52,3	—49,1	—46,2	—44,8	—45,0	—46,7	—49,6	—53,2	—56,4
60	—78,8	—76,8	—75,0	—73,6	—71,6	—70,0	—68,0	—65,4	—62,4	—59,5	—57,0	—55,1	—53,6	—53,2	—54,1	—55,7	—57,6	—60,0
70	—83,5	—82,2	—80,7	—79,0	—77,0	—75,0	—72,5	—70,0	—67,7	—66,3	—65,5	—64,3	—62,5	—61,8	—61,7	—62,3	—63,8	—65,3
80 S	—81,8	—81,1	—80,5	—79,4	—78,3	—76,8	—75,3	—74,1	—73,0	—72,5	—72,2	—71,9	—71,4	—70,9	—70,5	—70,1	—69,9	—69,8

325214 Werte der erdmagnetischen Vertikalkomponente *Z*, zu Anfang des Jahres 1945 positiv abwärts, Einheit 0,001 Gauß = 100 γ, von 10° zu 10° geogr. Breite und Länge. Nach Vestine [1].

Länge östl. von Greenwich.

	0°	10°	20°	30°	40°	50°	60°	70°	80°	90°	100°	110°	120°	130°	140°	150°	160°	170°
80° N	+519	+532	+532	+536	+541	+547	+553	+562	+569	+573	+575	+577	+578	+579	+579	+578	+576	+574
70	+501	+503	+506	+511	+517	+531	+546	+557	+572	+584	+598	+611	+611	+593	+576	+572	+562	+554
60	+469	+481	+473	+481	+491	+510	+540	+547	+567	+584	+594	+597	+593	+580	+554	+533	+513	+505
50	+427	+426	+431	+437	+447	+470	+494	+510	+527	+544	+552	+552	+542	+511	+484	+458	+433	+419
40	+361	+360	+362	+371	+388	+407	+425	+444	+455	+465	+469	+459	+452	+422	+391	+358	+338	+330
30	+271	+266	+268	+279	+294	+308	+326	+336	+340	+342	+342	+336	+328	+306	+283	+262	+247	+245
20	+147	+143	+137	+147	+163	+175	+182	+200	+185	+184	+183	+183	+187	+179	+165	+154	+152	+162
10	+ 8	— 2	— 3	— 2	+ 10	+ 22	+ 37	+ 34	+ 20	+ 16	+ 10	+ 24	+ 34	+ 40	+ 41	+ 46	+ 52	+ 70
0	—113	—130	—140	—139	—131	—119	—112	—113	—141	—153	—153	—140	—118	—105	—100	— 87	— 71	— 45
10	—189	—215	—234	—238	—237	—228	—233	—232	—282	—300	—301	—286	—271	—251	—242	—228	—211	—189
20	—229	—259	—277	—285	—288	—297	—305	—327	—366	—404	—418	—418	—406	—394	—385	—367	—349	—332
30	—247	—273	—286	—298	—297	—309	—326	—364	—418	—467	—506	—516	—513	—513	—497	—486	—464	—445
40	—263	—282	—293	—308	—319	—335	—353	—393	—441	—502	—547	—574	—585	—591	—589	—576	—557	—534
50	—295	—308	—319	—330	—339	—350	—376	—416	—463	—515	—569	—615	—642	—649	—648	—642	—619	—604
60	—337	—348	—361	—380	—404	—423	—448	—479	—509	—553	—603	—628	—651	—677	—679	—685	—678	—670
70	—427	—440	—455	—473	—493	—512	—532	—552	—573	—598	—622	—644	—663	—680	—692	—697	—693	—682
80° S	—520	—527	—536	—545	—556	—567	—580	—593	—605	—617	—631	—643	—653	—659	—663	—663	—662	—659

	180°	190°	200°	210°	220°	230°	240°	250°	260°	270°	280°	290°	300°	310°	320°	330°	340°	350°
80° N	+573	+573	+574	+576	+578	+580	+579	+577	+573	+569	+562	+556	+551	+543	+534	+526	+519	+517
70	+551	+551	+555	+564	+575	+586	+593	+592	+587	+581	+575	+569	+559	+545	+528	+513	+505	+503
60	+508	+508	+518	+532	+549	+574	+592	+604	+609	+608	+591	+577	+553	+533	+512	+493	+481	+469
50	+418	+426	+443	+472	+499	+528	+556	+580	+593	+598	+586	+566	+538	+518	+482	+462	+438	+429
40	+337	+348	+369	+394	+422	+457	+487	+516	+533	+548	+547	+527	+502	+465	+428	+407	+386	+367
30	+255	+271	+291	+318	+343	+368	+396	+422	+447	+468	+474	+464	+441	+402	+362	+322	+298	+277
20	+175	+193	+212	+227	+245	+263	+285	+315	+341	+361	+372	+376	+355	+325	+278	+233	+191	+160
10	+ 84	+ 97	+117	+132	+138	+149	+163	+182	+209	+235	+258	+267	+258	+234	+187	+133	+ 80	+ 33
0	— 32	— 12	+ 2	+ 14	+ 22	+ 29	+ 43	+ 56	+ 76	+112	+137	+150	+149	+125	+ 84	+ 30	— 27	— 78
10	—168	—149	—123	—112	— 97	— 82	— 67	— 61	— 34	— 4	+ 23	+ 42	+ 44	+ 25	— 12	— 57	—105	—151
20	—303	—278	—248	—227	—208	—186	—171	—157	—131	—107	— 73	— 48	— 43	— 53	— 80	—118	—156	—192
30	—417	—393	—363	—336	—310	—286	—267	—247	—220	—187	—147	—122	—107	—111	—128	—156	—187	—217
40	—507	—481	—444	—428	—408	—383	—358	—329	—304	—258	—212	—184	—166	—160	—169	—188	—212	—238
50	—583	—563	—543	—514	—489	—463	—443	—414	—370	—333	—292	—259	—236	—227	—229	—240	—255	—272
60	—654	—630	—610	—597	—572	—552	—535	—498	—453	—412	—378	—353	—331	—317	—311	—311	—317	—327
70	—667	—654	—642	—629	—611	—589	—563	—533	—505	—477	—454	—437	—424	—418	—415	—412	—413	—417
80° S	—656	—650	—645	—637	—621	—607	—591	—574	—560	—547	—534	—525	—518	—513	—511	—511	—512	—515

325215 Werte der erdmagnetischen Total-Intensität *F* zu Anfang des Jahres 1945, Einheit 0,001 Gauß = 100 γ von 10° zu 10° geogr. Breite und Länge.

Länge östl. von Greenwich. Nach Vestine [1].

	0°	10°	20°	30°	40°	50°	60°	70°	80°	90°	100°	110°	120°	130°	140°	150°	160°	170°
80° N	524	537	537	540	545	551	556	564	571	574	576	578	579	580	580	579	577	575
70	513	515	518	522	528	540	553	564	577	589	602	615	616	599	584	581	572	565
60	491	504	496	504	513	531	559	565	583	599	608	612	611	602	579	561	545	538
50	468	469	474	479	490	512	532	549	565	581	590	592	585	559	537	515	491	478
40	434	436	439	449	464	481	499	518	532	546	550	542	537	510	483	453	431	419
30	398	398	400	413	426	439	456	470	479	489	492	486	474	447	426	404	383	374
20	352	357	359	370	383	395	405	423	428	435	437	432	421	404	382	365	350	344
10	318	326	334	343	351	362	374	384	396	406	411	404	394	383	367	353	345	340
0	307	317	327	340	344	348	361	375	397	415	418	415	406	396	386	375	367	357
10	306	321	334	342	349	352	367	382	425	450	458	457	450	442	437	427	416	405
20	301	321	332	339	344	360	380	406	447	487	508	517	516	512	510	495	482	470
30	299	314	322	329	332	350	372	413	466	514	554	569	573	578	568	560	544	531
40	307	318	324	336	348	368	390	432	476	533	574	600	614	623	625	615	602	585
50	340	345	352	362	372	385	414	452	494	540	588	629	654	661	662	658	640	629
60	381	386	394	412	439	461	485	512	537	573	618	638	656	680	682	689	684	680
70	464	475	490	510	533	551	567	582	598	615	633	649	664	681	692	697	694	684
80° S	554	561	570	578	588	596	606	618	626	633	644	655	663	667	670	670	668	666
	180°	190°	200°	210°	220°	230°	240°	250°	260°	270°	280°	290°	300°	310°	320°	330°	340°	350°
80° N	574	574	575	576	578	580	579	577	573	569	563	557	553	546	537	530	523	522
70	562	562	566	572	581	589	594	592	587	581	576	572	564	550	535	522	516	514
60	541	538	544	555	567	588	602	610	612	611	594	582	562	546	527	511	502	491
50	476	479	491	514	538	561	582	600	608	609	597	580	556	541	511	495	474	468
40	420	426	442	463	486	515	539	560	570	579	575	556	534	505	477	463	449	436
30	374	381	394	415	438	461	483	503	519	530	528	516	495	463	436	413	402	395
20	344	349	358	371	387	402	420	444	459	467	466	463	441	419	388	369	355	347
10	336	336	339	345	350	358	366	378	389	398	403	400	386	369	347	329	318	314
0	352	346	340	336	336	333	331	338	341	338	344	340	332	318	301	292	291	298
10	394	382	365	354	342	333	324	322	315	312	303	294	284	275	266	268	278	285
20	451	432	408	392	378	360	349	336	321	304	288	272	260	253	253	255	268	280
30	510	491	467	447	428	409	391	375	354	327	299	276	259	249	248	253	268	283
40	564	543	512	502	488	468	448	424	403	364	328	304	284	270	265	270	279	294
50	614	600	585	562	544	523	507	484	449	421	386	358	335	321	315	315	319	327
60	667	647	631	622	603	587	577	548	511	478	451	430	411	396	384	376	375	378
70	671	660	650	641	627	610	590	567	546	521	499	485	478	474	471	465	460	459
80° S	663	658	654	648	634	624	611	597	586	573	561	552	546	543	542	543	545	549

32522 Weltkarten der Verteilung von *D*, *H* und *J*.

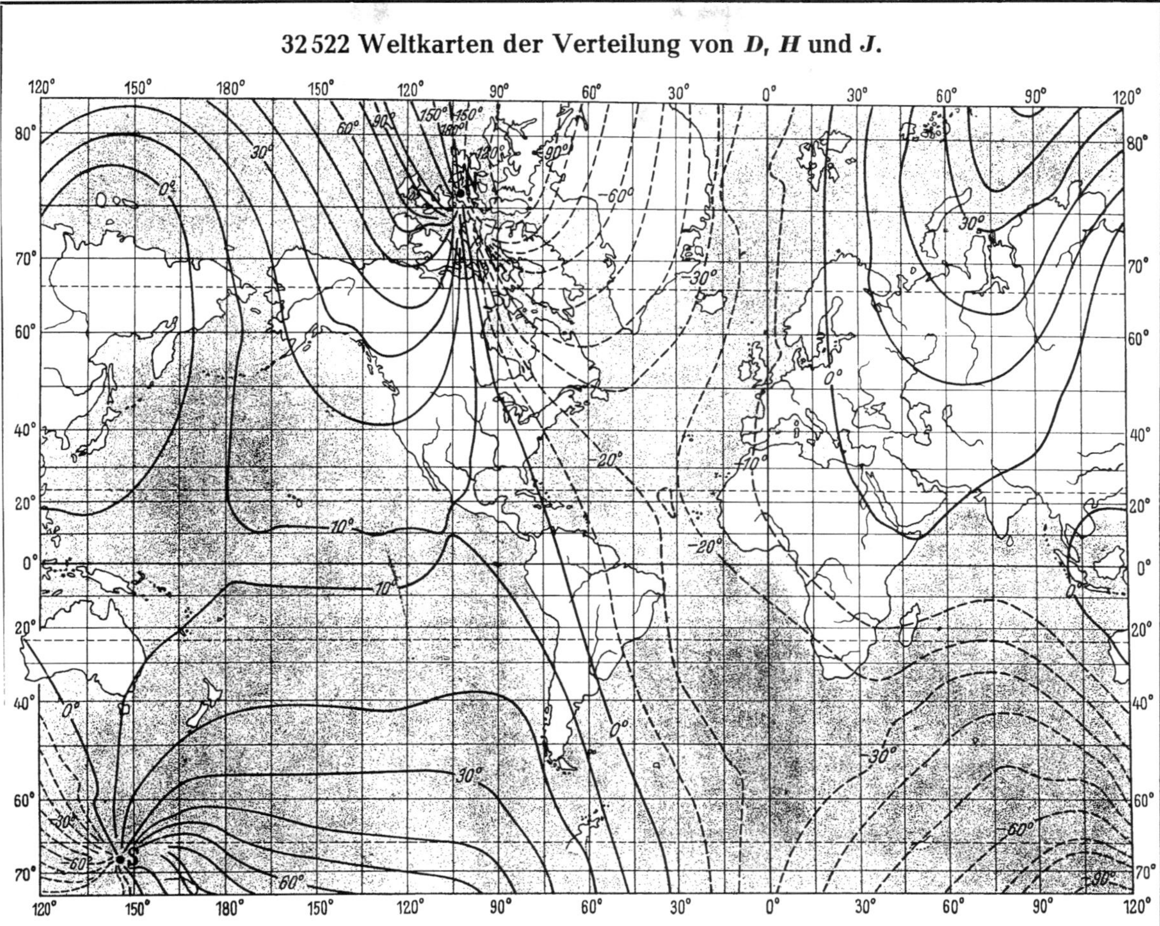

325221 Weltkarte der Verteilung der Deklination *D* zur Epoche 1945,0.
(Nach E r r u l a t ist die Ausbuchtung der Isogonen östlich von Grönland nicht reell).

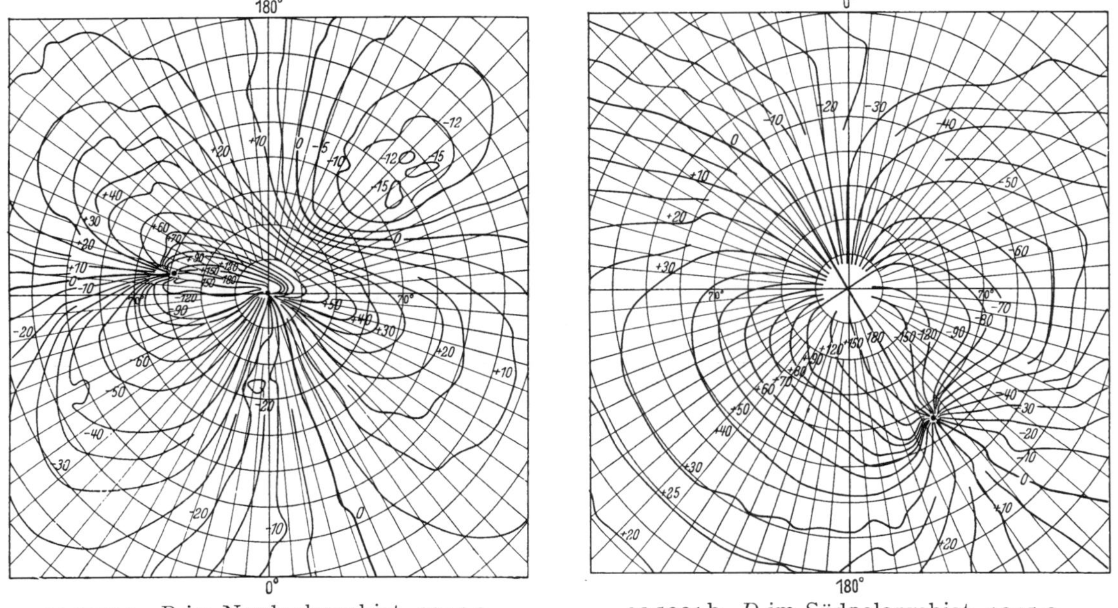

325221a *D* im Nordpolargebiet, 1945,0.

325221b *D* im Südpolargebiet, 1945,0.

Die Polarkarten (S. 411—413, 416/17) zeigen Meridiane und Parallelkreise im Abstand 5°. An die Hauptkarte schließt die Nordpolarkarte oben, die Südpolarkarte unten an, im Schnittpunkt des Meridians 0° mit dem Parallelkreis 50°N oder S.

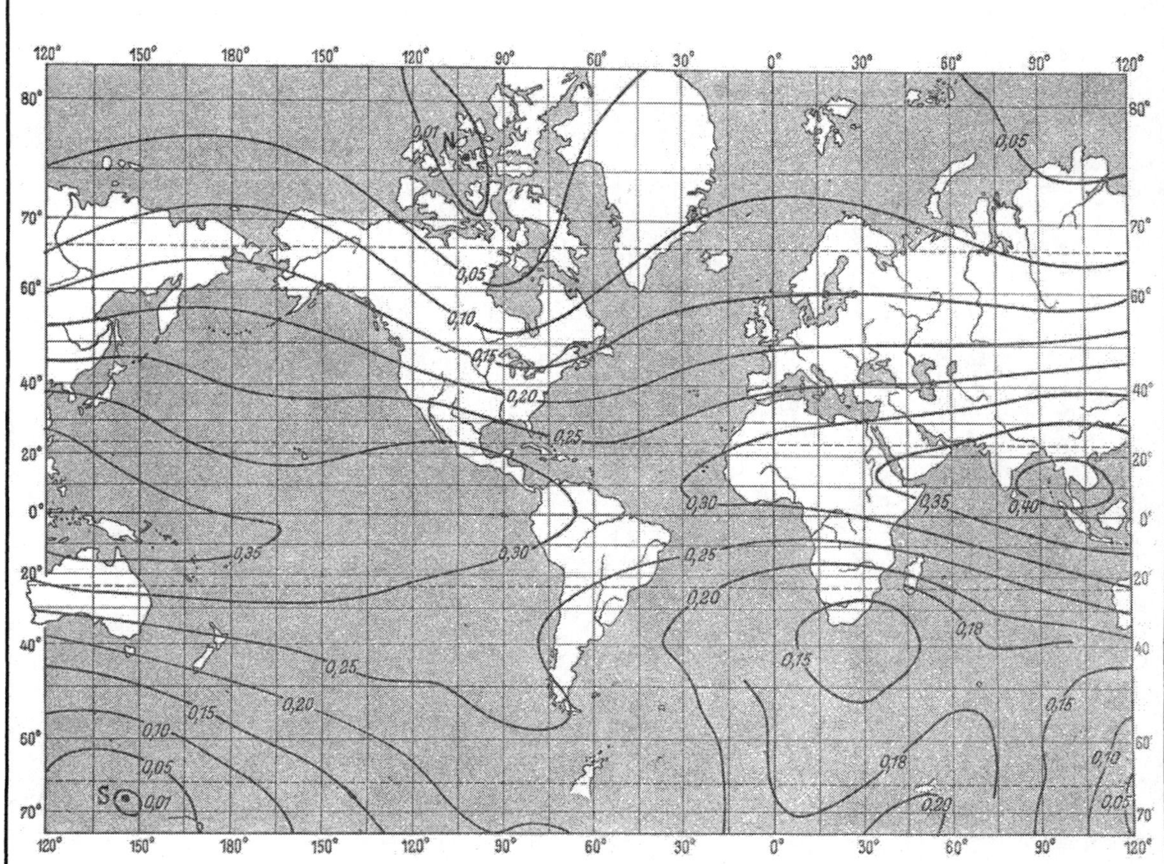

325222 Weltkarte der Verteilung der Horizontalintensität H zur Epoche 1945,0. Einheit 1 Gauß.

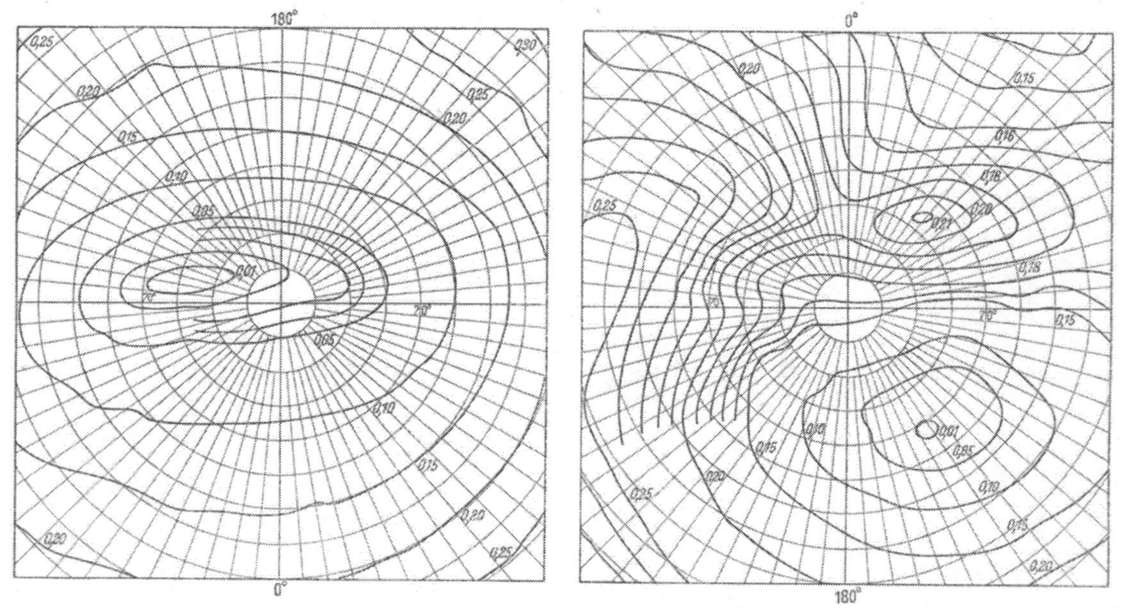

325222a H im Nordpolargebiet, 1945,0.

325222b H im Südpolargebiet, 1945,0.

Anschluß der beiden Polarkarten jeweils an den Greenwich-Meridian der Hauptkarte in 50° Breite.

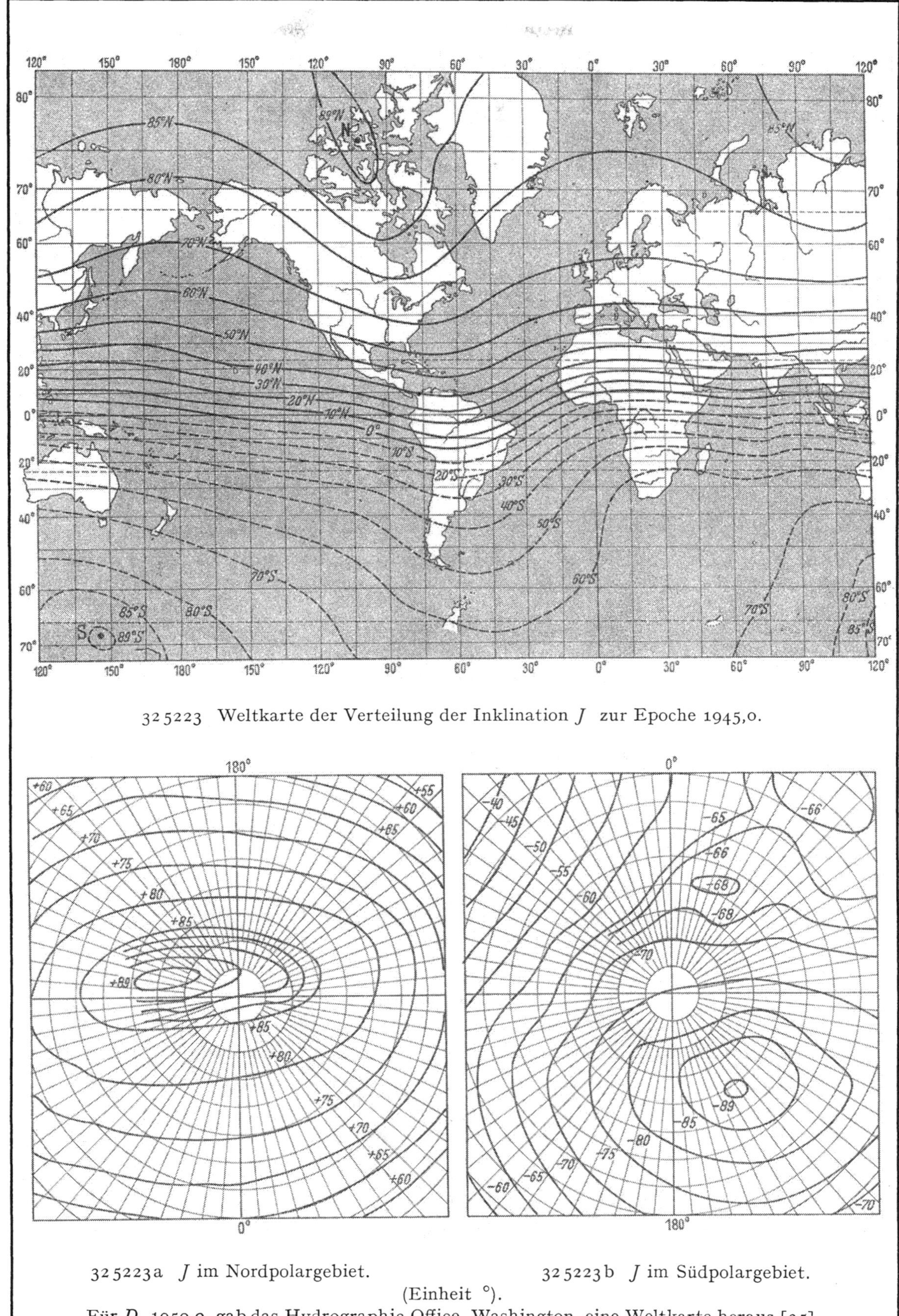

32 5223 Weltkarte der Verteilung der Inklination J zur Epoche 1945,0.

32 5223a J im Nordpolargebiet. 32 5223b J im Südpolargebiet.

(Einheit °).

Für D, 1950,0, gab das Hydrographic Office, Washington, eine Weltkarte heraus [25].

32523 Tabellen für die Säkularvariation von *D*, *H*, *J*, *Z*, *F*.

325231 Säkularvariation der Deklination *D* (Änderung nach Osten positiv),

in der Einheit 0,1 Minute/Jahr, Epoche 1942,5. (Tabellen 325231 bis 325235 nach Vestine [*1*].)
Länge östl. von Greenwich.

	0°	20°	40°	60°	80°	100°	120°	140°	160°	180°	200°	220°	240°	260°	280°	300°	320°	340°
80° N	+150	+149	+153	+153	+129	+50	−94	−205	−215	−197	−190	−280	−320	+415	+400	+275	+190	+160
70	+105	+96	+88	+75	+42	−48	−130	−123	−93	−67	−54	−60	−110	−165	+250	+184	+146	+122
60	+97	+74	+43	+13	−20	−49	−60	−49	−48	−37	−26	−31	−70	−98	+38	+97	+114	+109
50	+92	+77	+32	−4	−34	−52	−37	−31	−32	−21	−12	−15	−36	−48	−16	+29	+73	+89
40	+81	+74	+24	−13	−38	−40	−22	−21	−19	−9	−1	−3	−17	−17	+2	−10	+32	+62
30	+66	+63	+20	−18	−36	−27	−7	−17	−12	+1	+9	+6	−7	−7	0	−41	+1	+43
20	+51	+54	+16	−21	−30	−17	+2	−13	−7	+6	+18	+14	+2	−2	−2	−66	−21	+25
10° N	+37	+45	+11	−22	−22	−7	+10	−10	−4	+9	+24	+22	+9	+7	−9	−72	−38	+11
0°	+26	+39	+6	−37	−21	+3	+13	−6	−2	+12	+29	+29	+18	+15	−22	−73	−43	0
10° S	+17	+33	−6	−64	−30	+7	+19	−1	+2	+17	+33	+36	+26	+12	−36	−72	−44	−9
20	+10	+30	−36	−103	−50	+3	+31	+10	+12	+24	+44	+46	+30	+7	−39	−71	−44	−15
30	+4	+25	−62	−160	−92	−21	+44	+22	+21	+35	+56	+57	+34	+2	−32	−62	−43	−19
40	−1	+20	−75	−177	−136	−76	+17	+36	+37	+55	+73	+71	+39	+3	−23	−50	−40	−21
50	−4	+1	−62	−145	−148	−140	−63	+54	+74	+105	+120	+85	+40	+7	−19	−39	−36	−20
60	−12	−17	−37	−73	−90	−100	−95	+78	+175	+190	+153	+97	+30	−1	−21	−35	−33	−19
70	−29	−34	−53	−52	−51	−47	−70	−170	−50	+86	+59	+18	−12	−27	−40	−51	−47	−34
80° S	−107	−115	−135	−152	−161	−184	−270	−530	−400	−205	−149	−132	−132	−143	−150	−160	−140	−117

325232 Säkularvariation der Horizontalintensität *H*.

Zunahme in 10^{-5} Gauß/Jahr = γ/Jahr. Epoche 1942,5.
Länge östl. von Greenwich.

	0°	20°	40°	60°	80°	100°	120°	140°	160°	180°	200°	220°	240°	260°	280°	300°	320°	340°
80° N	−22	−27	−31	−35	−34	−31	−28	−24	−22	−18	−16	−17	−22	−25	−18	−16	−17	−19
70	−13	−22	−31	−28	−24	−18	−9	−2	+3	+6	+3	−3	−1	+19	+8	+3	−2	−7
60	−1	−16	−26	−17	−13	−5	+8	+15	+13	+10	+7	+7	+9	+19	+25	+19	+15	+7
50	+13	+2	−11	−9	0	+17	+25	+12	+7	+5	+5	+5	+7	+11	+15	+25	+29	+24
40	+35	+24	+14	+17	+27	+38	+23	+9	+4	+1	−2	−2	−2	+1	+4	+27	+44	+43
30	+37	+42	+34	+37	+50	+50	+25	+10	+4	−3	−7	−9	−11	−12	−10	+19	+40	+32
20	+16	+28	+41	+50	+62	+47	+22	+8	+3	−3	−11	−16	−18	−22	−16	+23	+25	+14
10 N	0	+11	+30	+58	+61	+42	+18	+7	+1	−6	−14	−23	−27	−32	−18	+12	+16	+1
0	−16	−9	+8	+49	+54	+37	+17	+5	−3	−12	−22	−31	−36	−40	−18	+1	+1	−15
10° S	−31	−32	−20	+25	+32	+33	+16	+2	−7	−18	−29	−37	−44	−47	−29	−16	−18	−28
20	−57	−63	−48	0	+3	+16	+16	+1	−11	−20	−31	−42	−53	−48	−45	−41	−38	−48
30	−73	−79	−37	−13	−16	−11	+22	+9	−8	−16	−21	−34	−57	−61	−61	−63	−67	−73
40	−61	−46	−10	+3	−13	−29	−20	+4	−4	−7	−10	−18	−39	−68	−83	−92	−87	−74
50	−43	−19	+8	+22	+14	−15	−31	−20	−4	+1	+4	+4	−9	−43	−75	−82	−74	−62
60	−15	+7	+32	+47	+47	+17	−12	−29	−5	+24	+35	+33	+17	−14	−44	−57	−50	−36
70	+17	+36	+56	+65	+57	+33	−5	−12	+50	+83	+94	+78	+52	+30	+6	−10	−10	+3
80° S	+58	+54	+47	+43	+36	+29	+32	+43	+60	+77	+92	+101	+90	+78	+70	+64	+61	+59

325233 Säkularvariation der Inklination *J*.

Zunahme der Neigung nach Norden in 0,1 Minute/Jahr. Epoche 1942,5.
Länge östl. von Greenwich.

	0°	20°	40°	60°	80°	100°	120°	140°	160°	180°	200°	220°	240°	260°	280°	300°	320°	340°
80° N	+17	+20	+23	+26	+32	+30	+25	+19	+16	+13	+11	+11	+12	+14	+9	+9	+11	+13
70	+13	+23	+25	+22	+25	+21	+12	+4	−1	−7	−3	+2	0	−13	−4	−2	+1	+5
60	+5	+20	+27	+20	+18	+10	+2	−4	−7	−11	−10	−5	−5	−10	−15	−13	−12	−5
50	−1	+20	+28	+28	+20	+4	−4	0	−3	−7	−8	−9	−8	−8	−9	−18	−28	−18
40	−17	+11	+30	+30	+11	−6	0	+3	−4	−12	−4	−5	−8	−10	−5	−24	−47	−25
30	−33	+7	+45	+26	−3	−13	−3	+2	−10	−18	0	−1	−6	−8	0	−29	−59	−42
20	−44	+4	+40	+17	−32	−17	−5	−1	−17	−26	+2	+6	−4	−5	−2	−40	−69	−70
10° N	−67	−16	+26	0	−56	−19	−6	−6	−23	−31	0	+13	+3	+16	+15	−27	−90	−100

32 5233 Säkularvariation der Inklination J (Fortsetzung).

	0°	20°	40°	60°	80°	100°	120°	140°	160°	180°	200°	220°	240°	260°	280°	300°	320°	340°
0	−79	−35	+9	−8	−60	−24	−8	−8	−26	−33	−6	+19	+10	+48	+26	−38	−118	−119
10° S	−73	−44	−18	−27	−63	−26	−8	−9	−20	−29	−14	+12	+8	+51	+12	−60	−133	−112
20	−74	−56	−33	−37	−55	−30	−6	−6	−13	−21	−17	+7	+5	+24	−7	−71	−122	−99
30	−68	−44	−11	−13	−40	−33	+1	0	−3	−11	−4	+11	+5	+7	−15	−64	−108	−93
40	−32	+4	+26	+21	−19	−31	−18	−1	−1	−1	+8	+21	+22	+6	−17	−51	−79	−65
50	−3	+24	+41	+39	+10	−15	−21	−14	−4	+4	+16	+31	+38	+26	+11	−11	−27	−25
60	+19	+37	+48	+44	+31	+5	−9	−16	−4	+14	+29	+39	+44	+39	+27	+16	+9	+6
70	+30	+39	+48	+44	+31	+13	−6	−8	+28	+34	+39	+38	+37	+37	+35	+29	+26	+27
80° S	+42	+37	+29	+22	+17	+13	+15	+21	+30	+33	+36	+41	+41	+44	+43	+44	+45	+44

32 5234 Säkularvariation der Vertikalkomponente Z.

Zunahme nach unten in 10^{-5} Gauß/Jahr $= \gamma$/Jahr. Epoche 1942,5.

Länge östl. von Greenwich.

	0°	20°	40°	60°	80°	100°	120°	140°	160°	180°	200°	220°	240°	260°	280°	300°	320°	340°
80° N	+19	+18	+14	+24	+41	+34	+26	+14	+3	−7	−2	+3	−5	−8	−6	−3	+6	+13
70	+27	+52	+22	+32	+59	+52	+39	+26	+5	−25	−9	+2	−14	−23	−15	−7	−2	+8
60	+19	+43	+48	+56	+73	+61	+46	+30	+7	−23	−29	−8	+4	−7	−12	−16	−18	+2
50	+26	+68	+73	+87	+82	+63	+45	+26	+4	−13	−16	−23	−23	−18	−13	−17	−41	−8
40	+13	+59	+98	+102	+73	+45	+33	+18	−4	−22	−12	−18	−33	−41	−18	−36	−58	+7
30	−17	+47	+106	+85	+46	+21	+17	+11	−12	−31	−7	−13	−30	−43	−21	−54	−76	−38
20	−41	+16	+65	+49	−12	−1	+4	+2	−18	−33	−5	−4	−24	−33	−24	−57	−88	−78
10° N	−62	−15	+27	+5	−60	−20	−6	−5	−23	−33	−5	+5	−11	+1	+8	−30	−98	−96
0	−68	−33	+6	−25	−91	−45	−16	−10	−27	−33	−7	+15	+5	+38	+20	−41	−108	−96
10° S	−56	−28	−5	−55	−118	−73	−25	−16	−24	−27	−6	+24	+18	+54	+8	−54	−103	−82
20	−32	−4	+11	−63	−113	−90	−35	−16	−14	−20	−1	+36	+35	+47	+5	−50	−82	−58
30	+2	+59	+53	−5	−76	−87	−41	−16	+2	−6	+16	+55	+61	+57	+19	−25	−51	−29
40	+47	+117	+93	+51	−33	−63	−41	−18	+7	+11	+44	+82	+99	+90	+51	+13	−8	+4
50	+74	+115	+104	+73	+6	−42	−40	−27	−14	+17	+63	+109	+135	+132	+105	+65	+43	+46
60	+79	+93	+78	+47	+3	−42	−52	−36	−15	+23	+69	+115	+150	+162	+137	+108	+87	+74
70	+66	+59	+41	+19	−10	−39	−47	−33	−10	+22	+61	+99	+128	+142	+132	+114	+95	+78
80° S	+46	+32	+16	+2	−9	−18	−20	−13	+1	+19	+41	+63	+78	+87	+87	+81	+71	+57

32 5235 Säkularvariation der Totalintensität F.

Zunahme in 10^{-5} Gauß/Jahr $= \gamma$/Jahr. Epoche 1942,5.

Länge östl. von Greenwich.

	0°	20°	40°	60°	80°	100°	120°	140°	160°	180°	200°	220°	240°	260°	280°	300°	320°	340°
80° N	+16	+14	+10	+19	+37	+31	+23	+12	+1	−8	−3	+2	−6	−9	−7	−4	+4	+11
70	+23	+46	+14	+25	+54	+48	+36	+26	+6	−23	−8	+2	−14	−23	−15	−7	−2	+7
60	+18	+36	+38	+49	+68	+59	+47	+33	+11	−19	−26	−6	+6	−5	−9	−13	−13	+4
50	+29	+63	+63	+76	+76	+65	+51	+28	+7	−9	−12	−19	−20	−16	−10	−10	−30	+2
40	+30	+63	+90	+95	+76	+58	+40	+20	−1	−17	−11	−17	−31	−38	−16	−25	−33	+28
30	+15	+62	+98	+87	+68	+51	+30	+14	−5	−24	−10	−16	−30	−43	−23	−39	−41	−7
20	−2	+32	+63	+67	+49	+42	+22	+8	−5	−20	−12	−15	−29	−39	−29	−32	−47	−32
10° N	−1	+11	+31	+58	+56	+41	+17	+6	−2	−15	−15	−19	−29	−26	−9	−11	−42	−26
0	+9	+6	+5	+55	+81	+51	+21	+8	+2	−9	−22	−30	−35	−30	−9	−18	−32	−9
10° S	+9	−4	−12	+54	+98	+73	+28	+11	+6	−5	−25	−42	−47	−54	−28	−26	−18	+2
20	−14	−33	−36	+50	+92	+82	+38	+13	+2	−2	−24	−54	−63	−63	−45	−34	−11	−8
30	−43	−88	−64	−2	+59	+73	+47	+18	−6	−4	−25	−64	−84	−83	−63	−48	−32	−33
40	−71	−125	−90	−45	+25	+51	+33	+18	−7	−13	−43	−78	−102	−112	−96	−83	−62	−51
50	−85	−113	−93	−58	−1	+38	+34	+23	+13	−16	−58	−97	−123	−134	−128	−104	−82	−74
60	−78	−82	−60	−27	+11	+44	+51	+33	+14	−18	−58	−99	−133	−151	−140	−120	−99	−83
70	−53	−42	−18	+1	+23	+44	+46	+32	+12	−14	−46	−81	−109	−124	−119	−107	−89	−69
80° S	−26	−15	−2	+8	+16	+23	+24	+18	+4	−11	−30	−46	−58	−65	−64	−58	−48	−35

Burmeister/Bartels

32522 Weltkarten der Säkularvariation.

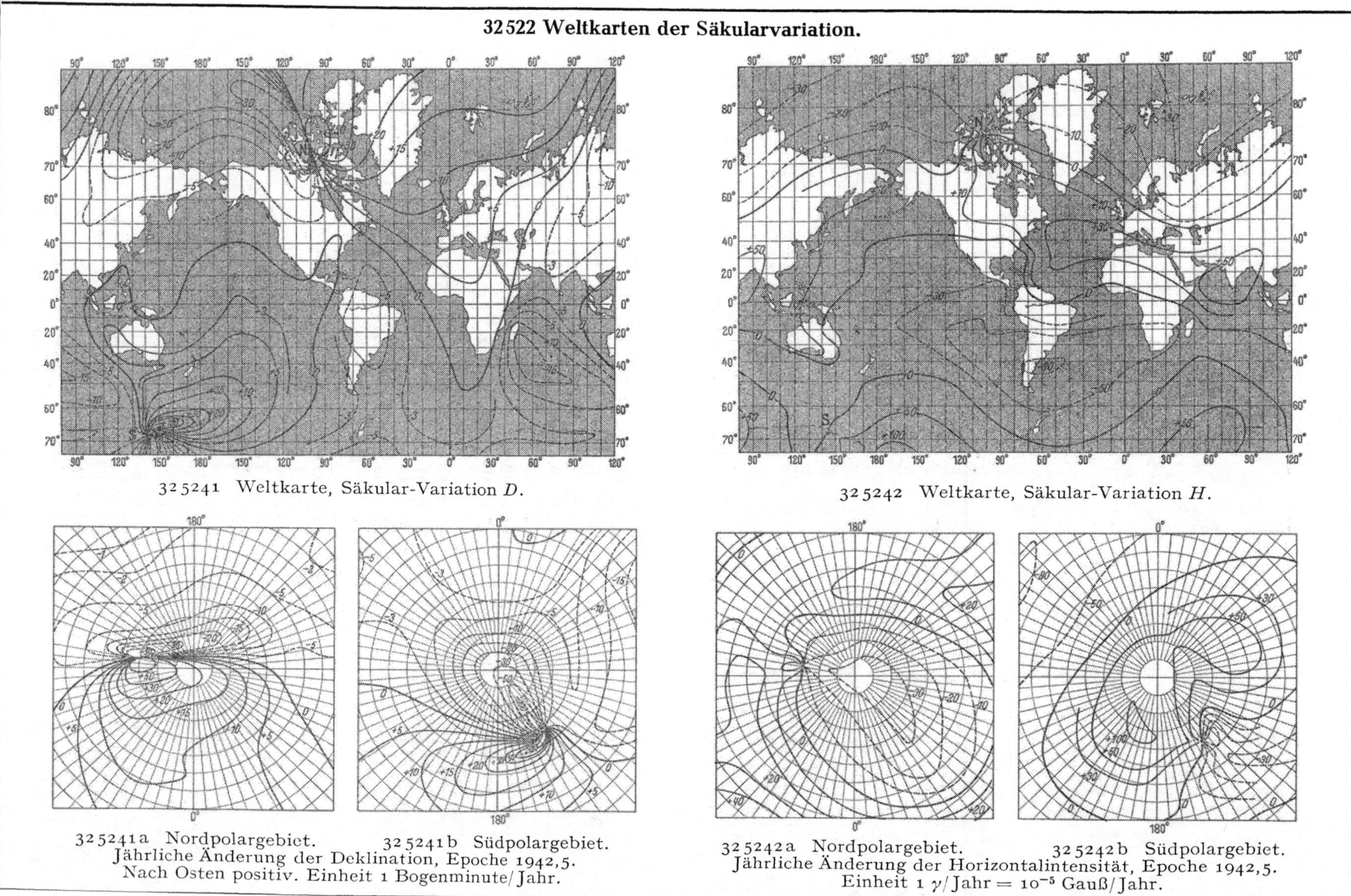

325241 Weltkarte, Säkular-Variation D.

325242 Weltkarte, Säkular-Variation H.

325241a Nordpolargebiet. 325241b Südpolargebiet.
Jährliche Änderung der Deklination, Epoche 1942,5.
Nach Osten positiv. Einheit 1 Bogenminute/Jahr.

325242a Nordpolargebiet. 325242b Südpolargebiet.
Jährliche Änderung der Horizontalintensität, Epoche 1942,5.
Einheit 1 γ/Jahr $= 10^{-5}$ Gauß/Jahr.

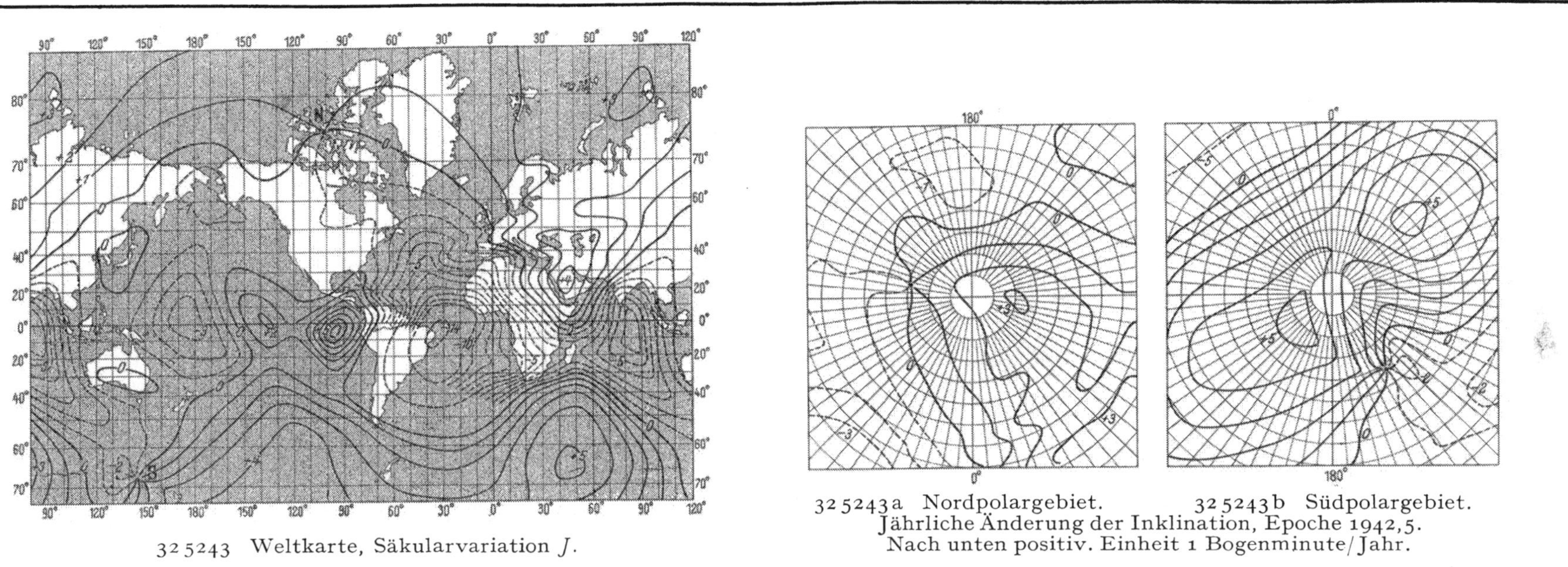

325243 Weltkarte, Säkularvariation J.

325243a Nordpolargebiet. 325243b Südpolargebiet.
Jährliche Änderung der Inklination, Epoche 1942,5.
Nach unten positiv. Einheit 1 Bogenminute/Jahr.

32525 Erdmagnetische Verhältnisse in einzelnen Gebieten, Normalfelder, lokale Anomalien.

Die D-Karte von Mitteleuropa für 1945 mit der Tabelle für die jährlichen Änderungen stammt von F. Burmeister (vgl. auch [*15*]). Literaturangaben über erdmagnetische Karten für bestimmte Gebiete in den Handbüchern [*3, 4*].

Die Kartenwerte geben in Altgrad (360°-Teilung des Kreises) westliche Mißweisung (Deklination) an. Die im Osten auftretende östliche Deklination ist durch negatives Vorzeichen gekennzeichnet. Störungsgebiete sind durch Schraffierung hervorgehoben. Die Umrechnung der Kartenwerte von der Epoche 1945,0 auf 1950,0 erfolgt durch die Änderung der Kartenwerte um die Säkularvariation, die der nachstehenden Tabelle zu entnehmen ist. Die Zahlen der Tabelle sind Hundertstel des Bogengrades (Einheit = 0,01°). Sie sind abzuziehen. Dies entspricht der im Laufe der Zeit erfolgenden Abnahme der westlichen und der Zunahme der östlichen Deklination.

Zur besseren Übersicht pflegt man das erdmagnetische Feld darzustellen durch eine Überlagerung eines schematischen, möglichst glatt und einfach verlaufenden Normalfeldes und einer Anzahl von Anomalien. Die Willkür in der Definition des Normalfeldes spiegelt sich auch in den Auffassungen über die Anomalien. Bei Betrachtungen über die ganze Erde pflegt man das Normalfeld entweder durch den zentrischen oder den exzentrischen Dipol zu definieren; die Residuen des beobachteten Feldes definieren großräumige, regionale Anomalien (3253). Bei Betrachtung kleinerer Gebiete, wie z. B. Deutschland (etwa $^1/_{1000}$ der Erdoberfläche), ist es zweckmäßig, als Normalfelder solche zu wählen, die durch einfache Formeln (z. B. quadratische Funktionen der Länge und Breite) ausgedrückt werden können. Die Koeffizienten dieser Formeln werden durch Ausgleichung der Beobachtungen bestimmt.

Zur Karte Seite 418—419: Änderung von 1945,0 bis 1950,0.

Breite	Länge													
	7°	8°	9°	10°	11°	12°	13°	14°	15°	16°	17°	18°	19°	20°
54°	66	64	62	61	59	57	56	54	53	52	50	49	48	47
53	64	63	61	59	58	57	56	54	53	52	51	50	49	48
52	63	62	60	58	58	57	55	55	54	53	52	51	50	49
51	62	61	60	59	58	57	56	55	54	54	53	52	52	51
50	62	61	60	59	58	58	57	56	55	55	54	54	54	54
49	62	61	60	60	59	59	58	58	57	57	56	56	56	56
48	62	62	61	61	60	60	60	60	59	59	59	59	59	60
47	63	63	63	62	62	62	62	62	62	62	62	62	63	63

Burmeister/Bartels

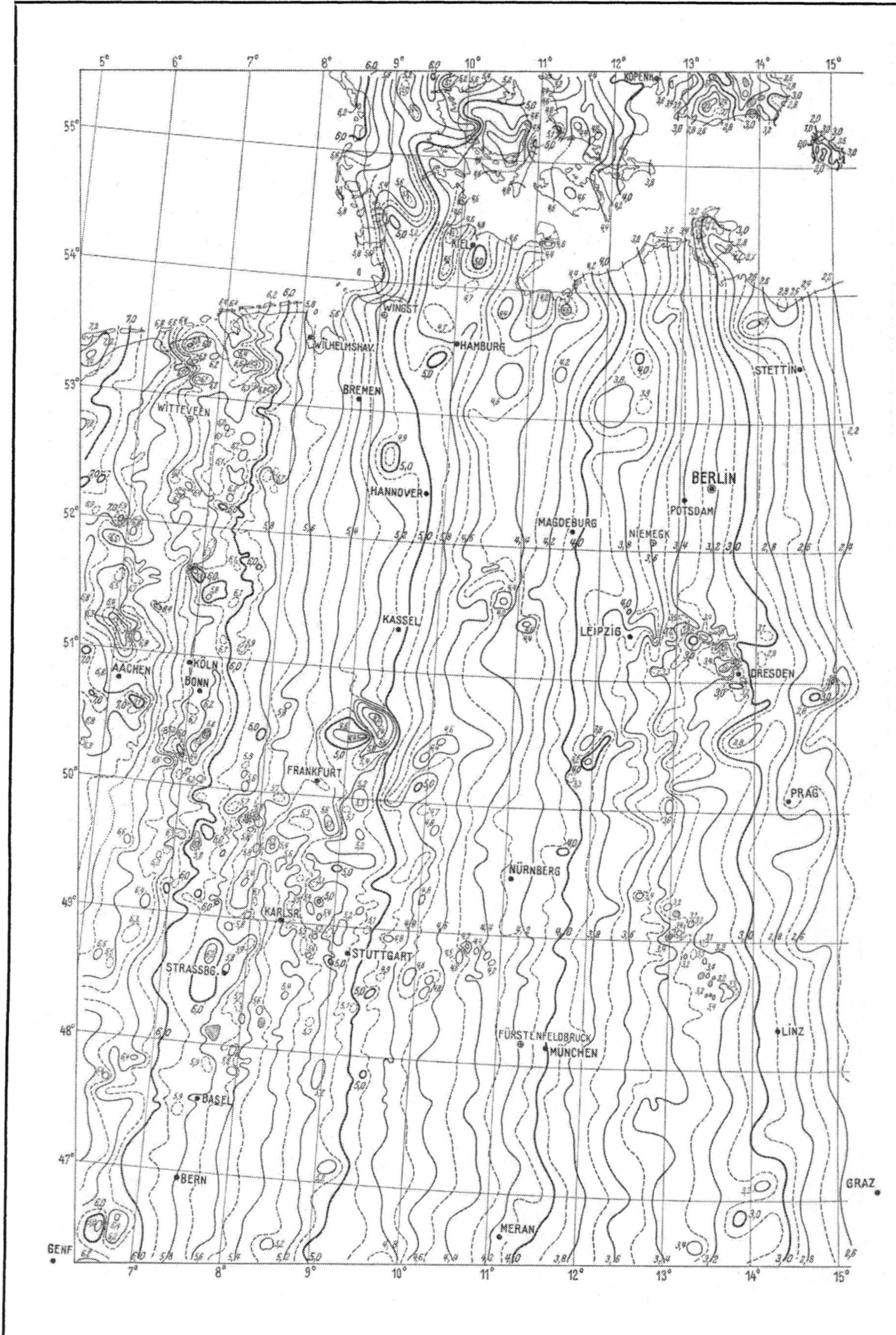

Burmeister/Bartels

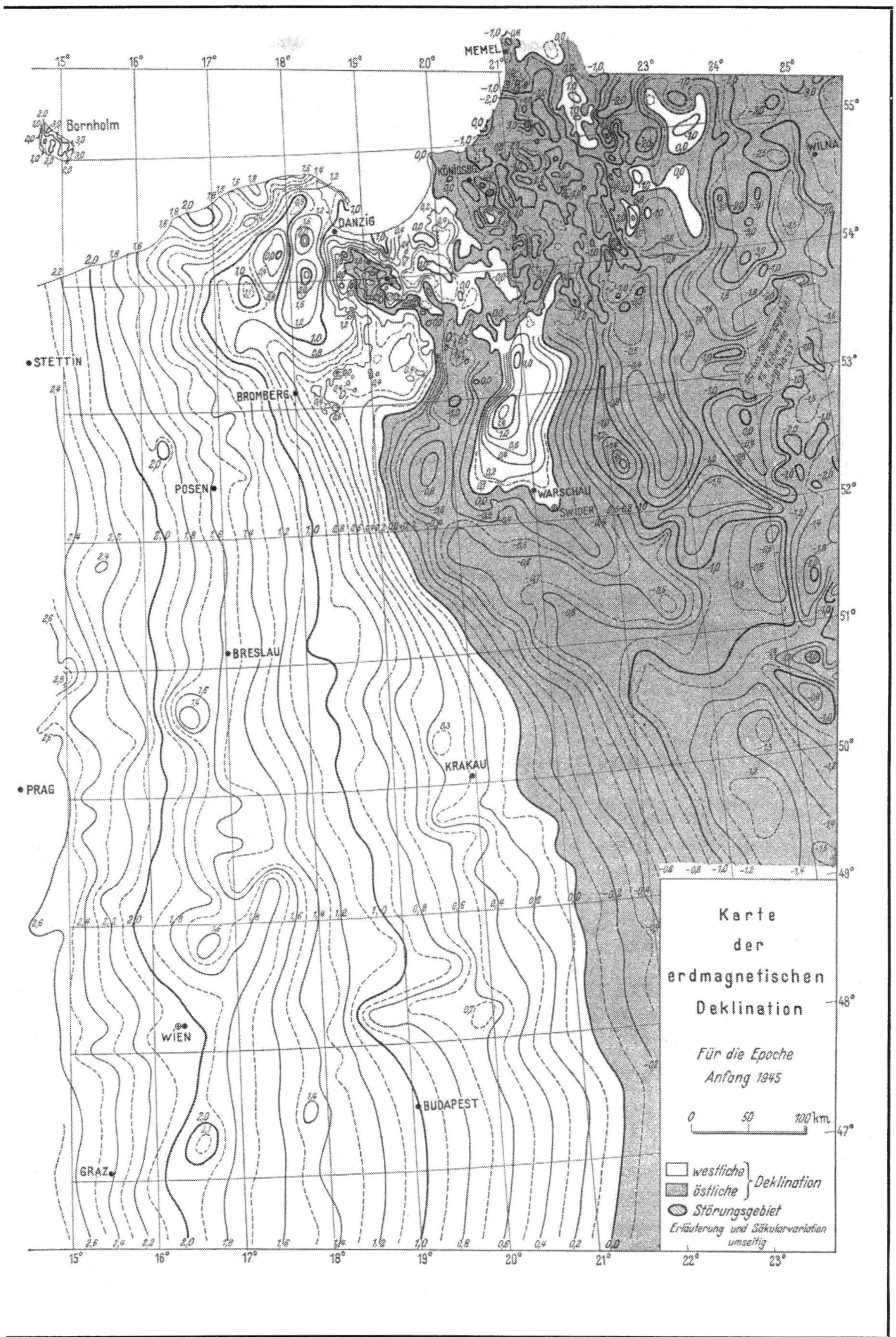
Karte
der
erdmagnetischen
Deklination
Für die Epoche
Anfang 1945
0 50 100 km
westliche
östliche
Deklination
Störungsgebiet
Erläuterung und Säkularvariation umseitig
Bornholm
MEMEL
KÖNIGSBERG
DANZIG
WILNA
STETTIN
BROMBERG
POSEN
WARSCHAU
SWIDER
BRESLAU
KRAKAU
PRAG
WIEN
BUDAPEST
GRAZ

Burmeister [*13*] leitet aus der deutschen magnetischen Reichsvermessung für alle erdmagnetische Elemente W für die Epoche 1935—0 Formeln folgender Art ab, mit W_0 = Wert im Punkte mit der geographischen Breite und Länge $\varphi_0 = 51°$ N, $\lambda_0 = 15°$ E. v. Gr.; $\Delta\varphi = \varphi - \varphi_0$ und $\Delta\lambda = \lambda - \lambda_0$ in Grad gerechnet:

$$W = W_0 + a \cdot \Delta\varphi + b \cdot \Delta\lambda + c \cdot \Delta\varphi^2 + d \cdot \Delta\lambda^2 + e \cdot \Delta\varphi \cdot \Delta\lambda.$$

Die Dimensionen sind bei D und J: für a und b Bogenminute/Grad, für c, d, e Bogenminute/Grad², bei den Kraftkomponenten ist γ statt Bogenminute zu setzen. (In der folgenden Tabelle sind die Nenner Grad und Grad² weggelassen.) Bei D, H, J sind die mittleren Fehler der Koeffizienten zugefügt.

Element (1935,0)	W_0	a	b	c	d	e
D	— 3° 49′,9	+ 1′,08	+ 28′,46	—0′,059	—0′,135	+0′,583
(m)	± 1,7	± 0,42	± 0,20	±0,194	±0,044	±0,107
H	+19090,2γ	—464,1γ	+ 31,2γ	+5,235γ	—0,835γ	—2,045γ
(m)	± 8,1	± 2,1	± 1,0	±0,941	±0,214	±0,518
J	+65° 53′,9	+ 47′,05	— 0′,96	—0′,801	+0′,165	+0′,218
(m)	± 0,7	± 0,17	± 0,08	±0,077	±0,017	±0,042
X	+19047,4γ	—462,9γ	+ 41,9γ	+5,192γ	—1,515γ	—2,129γ
Y	— 1275,8γ	+ 37,3γ	+154,9γ	—0,820γ	—0,392γ	—0,451γ
Z	+42672,5γ	+531,1γ	+ 39,0γ	—5,156γ	+3,638γ	+4,170γ
F	46748,0γ	+294,4γ	+ 48,7γ	+1,820γ	+2,986γ	+2,797γ

Für die Epoche 1944,5 hat Bock [*14*] für die Vertikalkomponente Z in und um Europa (von 24° bis 72° N und von 336° bis 66° östl. Länge) eine 15gliedrige Reihe nach Kugelfunktionen gegeben. Sie lautet (Einheit Milli-Gauß = 100 γ):

$$Z = +486{,}6\,P_1^0 + 299{,}2\,P_2^0 - 224{,}7\,P_3^0 + [+206{,}4\,P_1^1 - 112{,}9\,P_2^1 - 68{,}8\,P_3^1]\cos\lambda + \\ + [-395{,}7\,P_1^1 + 382{,}5\,P_2^1 - 85{,}1\,P_3^1]\sin\lambda + [-338{,}5\,P_2^2 + 100{,}0\,P_3^2]\cos 2\lambda + \\ + [+64{,}1\,P_2^2 - 81{,}1\,P_3^2]\sin 2\lambda + 45{,}5\,P_3^3\cos 3\lambda + 47{,}5\,P_3^3\sin 3\lambda.$$

Hilfstafeln für die Werte der Kugelfunktionen und der Koeffizienten bei Bock.

Folgende Gebrauchsformeln, in der oben gegebenen Form von Z als quadratische Funktion von $\Delta\varphi = \varphi - \varphi_0$, $\Delta\lambda = \lambda - \lambda_0$, hat Bock selbst aus der allgemeinen Entwicklung abgeleitet.

Gebiet	φ_0	λ_0	Z_0	a	b	c	d	e
			(γ)	(γ/Grad)	(γ/Grad)	(γ/Grad²)	(γ/Grad²)	(γ/Grad²)
1	64°	18°	48650	+332,5	+50,7	— 3,4	+1,7	—0,8
2	60°	18°	47260	+367,0	+53,0	— 5,3	+1,9	—1,7
3	52°	0°	43600	+481,8	—26,5	—10,0	+2,4	+1,2
4	52°	12°	43630	+488,0	+30,2	— 9,8	+2,3	—0,1
5	52°	24°	44310	+488,2	+82,3	— 9,7	+2,1	—0,8
6	44°	6°	38910	+679,2	+0,0	—14,0	+2,9	+0,0
7	44°	24°	39740	+670,0	+88,2	—13,8	+2,2	—0,8

Die Gebiete umfassen: 1. Mittelskandinavien. — 2. Ostsee und Südskandinavien. — 3. Südliches Großbritannien, Nordfrankreich, Holland und Belgien. — 4. Mitteleuropa. — 5. Östliches Mitteleuropa, mittleres Westrußland. — 6. Mittel- und Südfrankreich, Norditalien, Korsika. — 7. Nördliche Balkanhalbinsel.

Der Überschuß der an einer Stelle beobachteten Kraftkomponente X, Y, Z über diejenigen eines so gut angepaßten Normalfeldes definiert den lokalen Störungsvektor. Karten solcher lokalen Anomalien in Z für Nordwestdeutschland hat H. Reich konstruiert [*16*]; die Anomalien in Z liegen zwischen +230 γ (südlich von Lübeck) und —100 γ. Für Zwecke der angewandten Geophysik sind zahlreiche Karten von Lokalanomalien veröffentlicht; vgl. die Handbücher [*3, 4*]. Berühmte Anomalien sind die 200 km langen Strahlungslinien bei Kursk (Z bis 1,8 Gauß) und der Erzberg bei Kiirunavara (Lappland, Z bis 3,6 Gauß). — Vgl. auch Abschnitt 32342, S. 340—345. Karten für F nach Luftaufnahmen vgl. [*26, 27*].

32526 Magnetische Pole.

Als magnetischen Nordpol P der Erde bezeichnet man gewöhnlich denjenigen Punkt auf der Nordhalbkugel, in dem der magnetische Feldvektor senkrecht ist. Er ist südmagnetisch, weil er den Nordpol der Kompaßnadel anzieht. P lag 1945 in 76,0° N, 102,0° W; infolge der regionalen Säkularvariation im Nordpolargebiet hat sich P um 600 km entfernt von seiner Lage im Jahre 1904 (damals in 70,6° N, 96,7° W). Vgl. darüber Madill [*18*], Macht [*17*] und Spencer-Jones [*19*]. Der (nordmagnetische) Pol S auf der Südhalbkugel lag 1945 in 68,2° S, 145,4° E. Die Entfernung zwischen S und dem Antipodenpunkt von P beträgt 1600 km.

Für die Erde als Ganzes, insbesondere für die Ablenkung elektrisch geladener Teilchen aus dem Weltall, sind die Pole der Erde gegeben durch die Dipolachse (32527).

32527 Dipolfelder.

325270 Allgemeines.

Die übliche Näherung für das magnetische Gesamtfeld der Erde ist das Feld eines Dipols im Erdmittelpunkt, Anfang 1945 mit dem Moment $8{,}06 \cdot 10^{25}$ Gauß · cm³, mit dem Pol gerichtet auf einen

Oberflächenpunkt in 78,6° N, 70,1° W. Das Feld dieses zentrischen Dipols ist beschrieben durch geomagnetische Breite Φ und den Winkel ψ (vgl. 32501), näherungsweise ist $H = 0{,}315 \cos\Phi$ Gauß, $Z = 0{,}630 \sin\Phi$ Gauß, $Z/H = \tan J = 2 \tan \Phi$, und $D = \psi$. Im Außenraum ist das Dipolfeld gleich demjenigen einer homogenen Magnetisierung der Intensität 0,08 Gauß. Formelle Veranschaulichung analog zum Beispiel C. F. Gauß: Kobaltstahl, der 5000mal stärker magnetisiert ist, auf die Intensität 400 Gauß, könnte das Erdfeld erzeugen, wenn in jedem Kubikmeter des Erdkörpers parallele Kobaltstahlstäbe im Gesamtvolumen von 200 cm³ oder im Gesamtgewicht von etwa 1,5 kg eingebettet wären. Andere Veranschaulichung: Stromverteilung auf der Kugelfläche nahe unterhalb der Erdoberfläche, mit Stromdichte $0{,}8 \cdot \cos\varphi$ Amp/cm, Gesamtstrom von Osten nach Westen längs der geomagnetischen Breitenkreise gleich 10^9 Amp.

Bessere Näherung: Exzentrischer Dipol in beliebiger Lage im Erdkörper, im „magnetischen Mittelpunkt C". Die beste Näherung ergibt sich für einen Dipol vom gleichen Moment und von der gleichen Achsenrichtung wie der zentrische, verschoben nach C um 342 km aus dem Erdmittelpunkt heraus in Richtung auf den Oberflächenpunkt C' 0,5° N, 161,8° E. Nahe C' wird $H = 0{,}371$ Gauß, nahe dem Antipodenpunkt von C' wird $H = 0{,}270$ Gauß. Näheres bei Bartels [*16*] und in Handbüchern [*3, 4*].

325271 Geomagnetische Breite Φ.

Von 10° zu 10° geographischer Breite und Länge. Für 0° bis 180° östlicher Länge λ (obere Randleiste für λ, linke Randleiste für die geographische Breite φ) ist Φ unmittelbar abzulesen; für 180° bis 360° östlicher Länge (untere Randleiste für λ, rechte Randleiste für φ) ist das Vorzeichen des Tabellenwertes umzukehren, um Φ zu erhalten.

Beispiel: $\Phi(\varphi = 20°\text{ N}, \lambda = 30°\text{ E}) = +17{,}8°$; $\Phi(\varphi = 20°\text{ S}, \lambda = 210°\text{ E}) = -17{,}8°$.

Geogr. Breite φ → ↓	Länge λ östl. von Greenwich 0°	10°	20°	30°	40°	50°	60°	70°	80°	90°	100°	110°	120°	130°	140°	150°	160°	170°	180°	Geogr. Breite φ
	°	°	°	°	°	°	°	°	°	°	°	°	°	°	°	°	°	°	°	
80° N	+77,8	+76,3	+74,9	+73,7	+72,5	+71,5	+70,6	+69,8	+69,3	+68,8	+68,6	+68,5	+68,5	+68,7	+69,2	+69,7	+70,4	+71,3	+72,3	80° S
70	+71,0	+69,1	+67,3	+65,5	+64,0	+62,6	+61,4	+60,3	+59,6	+59,0	+58,6	+58,5	+58,5	+58,9	+59,4	+60,2	+61,1	+62,3	+63,6	70
60	+62,2	+60,2	+58,2	+56,4	+54,7	+53,2	+51,8	+50,6	+49,7	+49,1	+48,7	+48,5	+48,6	+49,0	+49,6	+50,4	+51,6	+52,9	+54,3	60
50	+52,8	+50,8	+48,9	+46,9	+45,2	+43,6	+42,1	+40,9	+39,9	+39,1	+38,7	+38,5	+38,6	+39,0	+39,7	+40,6	+41,8	+43,2	+44,8	50
40	+43,2	+41,3	+39,3	+37,3	+35,5	+33,8	+32,3	+31,0	+29,9	+29,2	+28,7	+28,5	+28,6	+29,0	+29,8	+30,7	+32,0	+33,4	+35,1	40
30	+33,5	+31,6	+29,6	+27,6	+25,7	+24,0	+22,4	+21,0	+19,9	+19,2	+18,7	+18,5	+18,6	+19,0	+19,8	+20,8	+22,1	+23,6	+25,3	30
20	+23,8	+21,8	+19,8	+17,8	+15,9	+14,2	+12,6	+11,2	+10,1	+ 9,2	+ 8,7	+ 8,5	+ 8,6	+ 9,1	+ 9,9	+10,9	+12,2	+13,8	+15,5	20
10° N	+13,9	+12,0	+10,0	+ 8,0	+ 6,1	+ 4,3	+ 2,7	+ 1,3	+ 0,1	− 0,7	− 1,3	− 1,5	− 1,4	− 0,9	− 0,1	+ 1,0	+ 2,3	+ 3,9	+ 5,7	10° S
0°	+ 4,1	+ 2,2	+ 0,2	− 1,7	− 3,7	− 5,5	− 7,2	− 8,6	− 9,8	−10,7	−11,3	−11,5	−11,4	−10,9	−10,1	− 8,9	− 7,5	− 5,9	− 4,1	0°
10° S	− 5,7	− 7,6	− 9,6	−11,5	−13,5	−15,4	−17,0	−18,5	−19,8	−20,7	−21,3	−21,5	−21,3	−20,8	−20,0	−18,9	−17,4	−15,8	−13,9	10° N
20	−15,5	−17,4	−19,4	−21,4	−23,3	−25,2	−26,9	−28,4	−29,7	−30,7	−31,3	−31,5	−31,4	−30,8	−29,9	−28,8	−27,3	−25,6	−23,8	20
30	−25,3	−27,1	−29,1	−31,1	−33,1	−35,0	−36,7	−38,3	−39,6	−40,6	−41,3	−41,5	−41,4	−40,8	−39,8	−38,6	−37,1	−35,4	−33,5	30
40	−35,1	−36,9	−38,8	−40,8	−42,8	−44,7	−46,5	−48,1	−49,5	−50,6	−51,3	−51,5	−51,3	−50,8	−49,8	−48,5	−46,9	−45,2	−43,2	40
50	−44,8	−46,6	−48,4	−50,4	−52,4	−54,3	−56,2	−57,9	−59,3	−60,4	−61,2	−61,5	−61,3	−60,7	−59,6	−58,2	−56,6	−54,7	−52,8	50
60	−54,3	−56,0	−57,8	−59,7	−61,7	−63,7	−65,6	−67,4	−69,0	−70,3	−71,1	−71,5	−71,3	−70,5	−69,4	−67,8	−66,1	−64,2	−62,2	60
70	−63,6	−65,1	−66,8	−68,6	−70,5	−72,5	−74,5	−76,5	−78,3	−79,9	−81,0	−81,5	−81,2	−80,2	−78,7	−76,9	−74,9	−73,0	−71,0	70
80° S	−72,3	−73,4	−74,6	−76,0	−77,5	−79,0	−80,6	−82,4	−84,1	−85,8	−87,4	−88,5	−87,8	−86,2	−84,5	−82,8	−81,1	−79,4	−77,8	80° N ↑
	180°	190°	200°	210°	220°	230°	240°	250°	260°	270°	280°	290°	300°	310°	320°	330°	340°	350°	360° ←	
	Länge λ östl. von Greenwich																			Geogr. Breite φ

325272 Deklination ψ für das Feld des zentrischen Dipols.

Nach Osten positiv. Ablesung wie in 325271. Für die Längen 0° bis 180° sind die linke und obere Randleiste für φ und λ zu benutzen, um ψ abzulesen. Für die Längen 180° bis 360° sind die rechte und untere Randleiste für φ und λ zu benutzen und das Vorzeichen des Tabellenwertes umzukehren.

Beispiel: φ (φ = 20° N, λ = 30° E) = −11,9°; ψ (20° S, λ = 210° E) = +11,9°.

Geogr. Breite φ	Länge λ östl. von Greenwich																		
→	0°	10°	20°	30°	40°	50°	60°	70°	80°	90°	100°	110°	120°	130°	140°	150°	160°	170°	180°	
↓	°	°	°	°	°	°	°	°	°	°	°	°	°	°	°	°	°	°	°	
80° N	−61,9	−55,9	−50,2	−44,5	−39,0	−33,4	−27,9	−22,4	−17,0	−11,5	−6,1	−0,6	+4,8	+10,3	+15,7	+21,1	+26,6	+32,1	+37,6	80° S
70	−34,8	−33,2	−31,0	−28,4	−25,5	−22,3	−19,0	−15,4	−11,8	−8,0	−4,3	−0,5	+3,3	+7,2	+10,9	+14,5	+18,1	+21,5	+24,8	70
60	−23,5	−23,2	−22,3	−20,9	−19,1	−17,0	−14,6	−11,9	−9,2	−6,3	−3,4	−0,4	+2,6	+5,6	+8,5	+11,3	+14,0	+16,4	+18,6	60
50	−17,9	−18,0	−17,6	−16,8	−15,5	−14,0	−12,1	−10,0	−7,7	−5,3	−2,8	−0,3	+2,2	+4,8	+7,2	+9,4	+11,6	+13,5	+15,2	50
40	−14,8	−15,0	−14,9	−14,3	−13,4	−12,1	−10,6	−8,8	−6,9	−4,7	−2,5	−0,3	+2,0	+4,2	+6,4	+8,3	+10,2	+11,8	+13,1	40
30	−12,9	−13,2	−13,3	−12,8	−12,1	−11,0	−9,7	−8,1	−6,3	−4,4	−2,3	−0,2	+1,8	+3,9	+5,9	+7,7	+9,3	+10,7	+11,9	30
20	−11,7	−12,1	−12,2	−11,9	−11,3	−10,4	−9,2	−7,7	−6,0	−4,2	−2,2	−0,2	+1,8	+3,7	+5,6	+7,3	+8,8	+10,1	+11,1	20
10° N	−11,0	−11,5	−11,7	−11,5	−10,9	−10,1	−9,0	−7,5	−5,9	−4,1	−2,2	−0,2	+1,7	+3,7	+5,5	+7,2	+8,6	+9,8	+10,8	10° S
0°	−10,7	−11,3	−11,5	−11,4	−10,9	−10,1	−9,0	−7,6	−6,0	−4,2	−2,3	−0,2	+1,8	+3,8	+5,6	+7,2	+8,7	+9,9	+10,7	0°
10° S	−10,8	−11,4	−11,7	−11,6	−11,2	−10,4	−9,4	−7,9	−6,3	−4,4	−2,4	−0,3	+1,9	+4,0	+5,9	+7,6	+9,0	+10,2	+11,0	10° N
20	−11,1	−11,8	−12,2	−12,2	−11,9	−11,1	−10,0	−8,6	−6,8	−4,8	−2,6	−0,3	+2,0	+4,3	+6,4	+8,2	+9,7	+10,9	+11,7	20
30	−11,9	−12,7	−13,2	−13,3	−13,0	−12,3	−11,2	−9,6	−7,7	−5,5	−3,0	−0,3	+2,3	+4,9	+7,2	+9,2	+10,8	+12,1	+12,9	30
40	−13,1	−14,1	−14,8	−15,1	−14,9	−14,2	−13,0	−11,3	−9,2	−6,5	−3,5	−0,4	+2,8	+5,8	+8,6	+10,8	+12,7	+14,0	+14,8	40
50	−15,2	−16,5	−17,5	−18,0	−18,0	−17,4	−16,2	−14,3	−11,7	−8,4	−4,6	−0,5	+3,6	+7,6	+11,0	+13,7	+15,8	+17,2	+17,9	50
60	−18,6	−20,5	−22,0	−23,0	−23,5	−23,2	−22,1	−20,0	−16,8	−2,3	−6,9	−0,7	+5,4	+11,2	+15,8	+19,3	+21,7	+23,1	+23,5	60
70	−24,8	−27,7	−30,5	−32,7	−34,5	−35,5	−35,5	−34,0	−30,6	−24,2	−14,3	−1,6	+11,5	+22,2	+29,3	+33,4	+35,3	+35,6	+34,8	70
80° S	−37,6	−43,2	−48,9	−54,6	−60,5	−66,6	−73,2	−80,2	−88,8	−100,2	−120,2	−171,0	+128,0	+103,6	+91,1	+82,2	+74,7	+68,1	+61,9	80° N
	180°	190°	200°	210°	220°	230°	240°	250°	260°	270°	280°	290°	300°	310°	320°	330°	340°	350°	360°	← ↑
	Länge λ östl. von Greenwich																			Geogr. Breite φ

32528 Regionale Anomalien.

Die folgenden Karten, nach Bullard, geben die regionalen Anomalien die für beiden Epochen 1907,5 und 1945, als Abweichungen vom Feld des zentrischen Dipols; die horizontalen Komponenten der Anomalien sind durch Pfeile, die vertikalen durch Isolinien im Abstand 0,02 Gauß gegeben (angeschriebene Werte in der Einheit 0,01 Gauß = 1000 γ). Bullard gibt auch Tabellen für das Non-dipole field.

Am auffallendsten sind die drei südmagnetischen Pole in Nordamerika, in Ostasien und im Südatlantik sowie der nordmagnetische Pol in Zentralafrika. Die Intensität dieser Pole hat sich von 1907,5 bis 1945,0 verändert, und ihre Zentren haben sich etwas nach Westen verschoben, nach Bullard um 0,18 ± 0,015 (Grad/Jahr) in geogr. Länge. Die entsprechenden Zentren der Säkularvariation verschieben sich schneller nach Westen, um 0,32 ± 0,07 (Grad/Jahr) Länge.

Wenn man an Stelle des zentrischen Dipols den exzentrischen Dipol als Normalfeld benutzt, werden die regionalen Anomalien im Durchschnitt nur wenig schwächer, und der allgemeine Charakter des residualen Feldes bleibt erhalten (Bartels [16]).

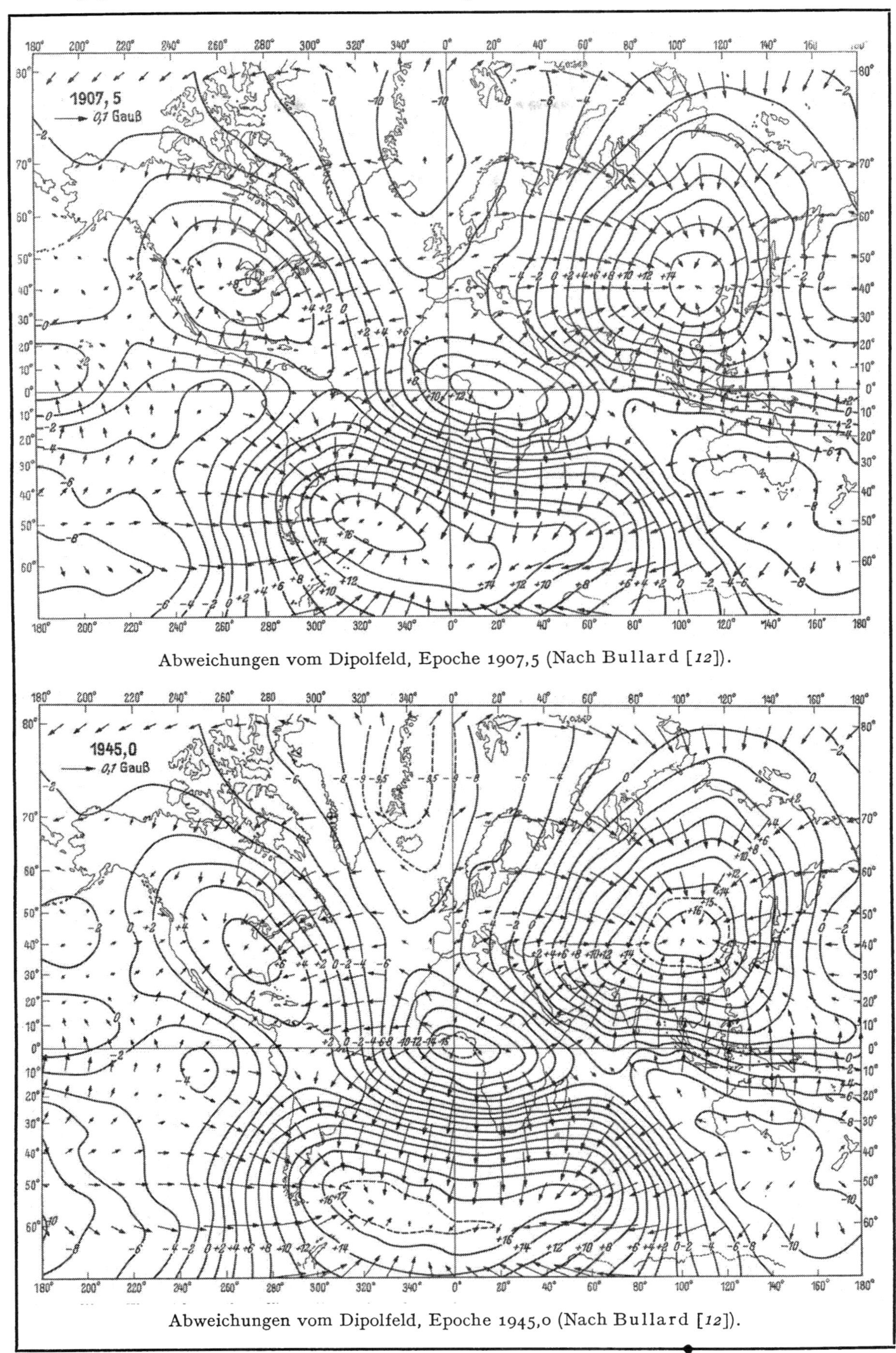

Abweichungen vom Dipolfeld, Epoche 1907,5 (Nach Bullard [12]).

Abweichungen vom Dipolfeld, Epoche 1945,0 (Nach Bullard [12]).

Zu 32528: Die beiden Karten (aus Bullard u. a., [12]) geben die Abweichungen des erdmagnetischen Feldes vom Dipolfeld für zwei Epochen. Die Iso-Linien geben die Anomalien der Vertikalkomponente von 0,02 zu 0,02 Gauß, die angeschriebenen Ziffern haben die Einheit 0,01 Gauß. Die Pfeile geben die Anomalien der horizontalen Feldkomponente, Maßstab links oben. — Der Vergleich der beiden Karten zeigt die Westwärts-Drift der Anomalien.

3253 Kugelfunktionsentwicklungen, Quadrupole.

In der Bezeichnungsweise von 32503 sind die ersten 8 Koeffizienten der Potentialentwicklung des erdmagnetischen Feldes (nach [3]) in der Einheit $10\,\gamma = 10^{-4}$ Gauß.

Autor	Epoche	g_1^0	g_1^1	h_1^1	g_2^0	g_2^1	h_2^1	g_2^2	h_2^2
Gauß	1835	—3235	—311	+625	+51	+292	+12	—2	+157
Erman-Petersen .	1829	—3201	—284	+601	—8	+257	—4	—14	+146
Adams.	1845	—3219	—278	+578	+9	+284	—10	+4	+135
Adams.	1880	—3168	—243	+603	—49	+297	—75	+61	+149
Fritsche	1885	—3164	—241	+591	—35	+286	—75	+68	+142
Schmidt	1885	—3168	—222	+595	—50	+278	—71	+65	+149
Dyson and Furner	1922	—3095	—226	+592	—89	+299	—124	+144	+84

Über die Westwärtsverlagerung vgl. Bullard [12]. Über Quadrupole und andere formale Zerlegungen des Feldes vgl. Macht [20, 21, 22].

Weder ein äußerer Anteil noch ein potentialloses Feld, das die Fehler der Bestimmung übesrtiege, läßt sich bei den Kugelfunktionsentwicklungen des gesamten Feldes oder der Säkularvariation nachweisen. Die Realität eines äußeren Feldes bei den schnelleren Variationen (3292) ist dagegen zweifellos.

Mit Hilfe der Kugelfunktionsentwicklung kann das erdmagnetische Potential an der Erdoberfläche schematisch dargestellt werden durch flächenhafte, geschlossene Stromsysteme auf einer Kugelfläche in beliebiger Tiefe. Vestine und Mitarbeiter [1] bringen Karten solcher Stromsysteme für die Tiefen 0, 1000 km, 2000 km, 3000 km, für das gesamte Feld, für das residuale Feld der regionalen Anomalien (gesamtes Feld minus Dipolfeld), beide für die Epoche 1945,0, sowie für die Säkularvariation in denselben Tiefen für die Epoche 1942,5 und (nur für die Tiefe 3000 km) für die Epochen 1912,5, 1922,5, 1932,5. Sie schließen aus diesen Darstellungen, daß das erdmagnetische Feld und seine Säkularvariation vermutlich auf Stromsysteme zurückgeht, die zwischen 1000 und 3000 km Tiefe liegen müssen.

McNish [23] hat die regionalen Anomalien durch 14 vertikale Dipole an der Oberfläche des Erdkerns (Kugel vom halben Erdradius angenommen) dargestellt, wobei jeder Dipol $^1/_{80}$ des Moments des zentrischen Dipols hatte. Ebenso konnte die Säkularvariation durch 13 vertikale Dipole dargestellt werden, wobei die jährliche Änderung mit Dipolmomenten von $^1/_{8000}$ des Gesamtmoments der Erde (zentrischer Dipol) darzustellen war. Auch diese Darstellung läßt den Sitz des Erdfeldes nicht tiefer als 3000 km vermuten. — Über die potentialtheoretische Extrapolation des Magnetfeldes an der Erdoberfläche auf die Grenze des Erdkerns (S. 376) vgl. Swift [24]. — Messungen in Kohlenbergwerken, deren Ergebnisse für den Ursprung des Erdfeldes im Erdkern sprechen, vgl. Runcorn u. a. [28].

Literatur zu 325.

a) Monographien, Lehr- und Handbücher.

[1] Vestine, E. H., L. Laporte, I. Lange, C. Cooper, W. C. Hendrix: Description of the Earth's main magnetic field and its secular change, 1905—1945. Carnegie Institution Publ. 578, 532 pp., Washington 1947. — [2] Vestine, E. H., I. Lange, L. Laporte, W. E. Scott: The geomagnetic field, its description and analysis. Carnegie Institution Publ. 580. 390 pp. Washington 1947. [3] Chapman, S., and J. Bartels: Geomagnetism. 2 Bände, 1126 pp., Oxford Univ. Press 1940. 2. Aufl. in Vorbereitung. — [4] Fleming, J. A., and W. E. Scott: List of geomagnetic observatories and thesaurus of values. Sections I to VIII. Terr. Magn. **48** (1943) 97 bis 108, 171 bis 182, 237 bis 242; **49** (1944) 47 bis 52, 109 bis 118, 199 bis 205, 267 bis 269; **53** (1948) 199 bis 240. — [5] Fleming, J. A. (Editor): Terrestrial Magnetism and Electricity. U. S. National Research Council, Series Physics of the Earth, Vol. VIII. 794 pp. Neudruck durch Dover Publ., New York 1949. — [6] Bock, R., u. W. Schumann: Katalog der Jahresmittel der magnetischen Elemente der Observatorien . . .. 4 Bände, ca. 400 pp., Geophys. Inst. Potsdam, Abhandl. Nr. 8 bis 11, Berlin 1948 (Akademie-Verlag). — [7] Errulat, Fr.: Erdmagnetismus I: Instrumente, Beobachtungsmethoden, Vermessungen. Naturforschung und Medizin in Deutschland 1939—1946 (FIAT Review) **17** (Geophysik, Teil I) 27 bis 38. Wiesbaden 1948 (Dieterich). — [7a] Elsasser, W. M.: The Earth's Interior and Geomagnetism. Rev. Mod. Phys. **22** (1950) 1 bis 35. — [7b] Chapman, S.: The Earth's Magnetism. 2. ed. 127 pp. London, Methuen 1951. — [7c] Johnston, H. F.: Thesaurus IX. J. Geophys. Res. **56** (1951) 431 bis 438. — [7d] Bullard, E. C.: The origin of the earth's magnetic field. Observatory **70** (1950) 139 bis 413.

b) Einzelarbeiten.

[8] Schmidt, Ad.: Tafeln der normierten Kugelfunktionen . . . 52 S., Gotha 1935 (Engelhard-Reyer). — Einige Tafeln auch in Abhandl. Preuß. Meteorol. Inst. **8**, Nr. 2 (= Veröff. Nr. 332, auch unter dem Titel „Archiv des Erdmagnetismus", Heft 5), S. 5 bis 21, Berlin 1925 (J. Springer). — Werte der Kugelfunktionen und ihrer Ableitungen an Observatorien gibt Fanselau, G.: Terr. Magn.

37 (1932) 466 bis 471. — [9] McNish, A. G.: Terr. Magn. **41** (1936) 37 bis 43. — [10] Pollak, M. J.: Terr. Magn. **43** (1938) 473 bis 475. — [11] Wasserfall, K. F.: Journ. Geophys. Research **55** (1950) 275 bis 299. — [12] Bullard, E. C., Cynthia Freedman, H. Gellman and Jo Nixon: The westward drift of the earth's magnetic field. Phil. Trans. London (A) **243** (1950) 67 bis 92. — [13] Bock, R., F. Burmeister u. F. Errulat: Magnetische Reichsvermessung 1935,0, Teil I, Tabellen. Geophys. Inst. Potsdam, Abhandl. Nr. 6, 53 S., Berlin 1948 (Akademie-Verlag). — [14] Bock, R.: Gerlands Beitr. **61** (1949) 104 bis 115. — [15] Burmeister, F.: Gerlands Beitr. **64** (1944) 177 bis 195. — [16] Reich, H.: Geophysikalische Karte von Nordwestdeutschland. Maßstab 1 : 500000. Drei Blätter: 1. Magnetik, 2. Gravimetrie, 3. Seismik. Amt für Bodenforschung, Hannover-Celle 1948. — [16] Bartels, J.: Eccentric Dipole . . . Terr. Magn. **41** (1934) 225 bis 250. — [17] Macht, H. G.: Polarforschung **2** (1950) 200 bis 202. — [18] Madill, R. G.: Arctic (Journ. Arctic Inst. of North America) **1** (1948) 8 bis 18. — [19] Jones, H. Spencer: The Polar Record **5** (1948) 148 bis 154. — [20] Macht, H. G.: Das absolute Quadrupolmoment . . . Z. Naturforschg. **3a** (1948) 189 bis 195. Auch Journ. Geophys. Research **55** (1950) 223 bis 225. — [21] Macht, H. G.: Zur Deutung der Koeffizienten zweiter Ordnung der geomagnetischen Potentialentwicklung, mit Bemerkungen von J. Bartels. Naturwiss. **35** (1948) 121f. — [22] Macht, H. G.: Zur physikalischen Deutung des magnetischen Restfeldes der Erde. D. Hydrograph. Z. **2** (1949) 35 bis 43. — [23] McNish, A. G.: Trans. Amer. Geophys. Union **21** (1940) 287 bis 291. — [24] Swift, C. J.: Extrapolation of the geomagnetic potential. Phys. Rev. **79** (1950) 222. — [25] Weber, A. M., u. Elliott B. Roberts: J. Geophys. Res. **56** (1951) 81 bis 84. — [26] Aeromagnetic maps, Maßstäbe 1:24000 oder 1:60000, für Total-Intensität F. US Geological Survey, Washington. Vgl. die Anzeigen J. Geophys. Res. **55** (1950) 351; **56** (1951) 137. — [27] Lundbak, A.: Aeromagnetic Survey of Z over the Sound with apparatus of the BMZ Type. Tellus **3** (1951) 69 bis 74. — [28] Runcorn, S. K., A. C. Benson, A. F. Moore u. D. H. Griffiths: The experimental determination of the geomagnetic radial variation. Phil. Mag. **41** (1950) 783 bis 791.

326 Ozeanographie.

3261 Physikalische Eigenschaften des Meerwassers.

32611 Allgemeiner Teil.

3261101 Temperatur *t*, Salzgehalt *S* und Druck *p* als Zustandsgrößen des Meerwassers.

Die physikalischen Eigenschaften des reinen, unbewegten Wassers (vgl. Landolt-Börnstein und die Monographie von N. E. Dorsey, 1940) sind bestimmt durch Temperatur t und Druck p. In mancher Hinsicht hat Wasser eine Sonderstellung: große Dielektrizitätskonstante, hoher Siedepunkt, hohe spezifische Wärme, hohe Schmelzwärme, hohe Verdampfungswärme, Dichtemaximum bei 4° u. a. Dies wird auf drei Grunderscheinungen zurückgeführt: den kleinen Valenzwinkel des Wassermoleküls von etwa 110°, das kleine Molvolumen und die Mischung von 9 verschiedenen Wassermolekülen im natürlichen Wasser.

Beim reinen, unbewegten Meerwasser tritt neben der Abhängigkeit von t und p als dritte Veränderliche der Salzgehalt S auf. Einige Eigenschaften werden von S wenig beeinflußt (Zusammendrückbarkeit, thermische Ausdehnung, optische Eigenschaften), andere Eigenschaften erfahren geophysikalisch wichtige Änderungen (Gefrierpunkt, Temperatur beim Dichtemaximum), andere treten überhaupt erst in Erscheinung (osmotischer Druck).

In der Natur ist das Meerwasser weder rein noch unbewegt. Es treten zu t, p und S zwei weitere Veränderliche: der Inhalt an suspendierten Teilchen, der besonders die optischen Eigenschaften beeinflußt (32612), und der Bewegungszustand, welcher Wärmeleitfähigkeit, Diffusion und innere Reibung zu untergeordneten Prozessen gegenüber den makro-physikalischen Austauschvorgängen werden läßt (3263).

Am Schluß folgt die Zusammenstellung von einigen wichtigen physikalischen Eigenschaften des Meereises (Verbreitung des Meereises in 3265).

Es wurde angestrebt, daß die Tabellen, bei entsprechender Interpolation, zugleich zur praktischen Berechnung von viel benutzten physikalischen Größen verwendet werden können; dafür werden Beispiele gegeben.

3261102 Maßeinheiten von Temperatur, Salzgehalt und Druck.

In der Ozeanographie ist es gebräuchlich, die Temperatur (t) in Celsiusgraden anzugeben.

Unabhängig von der Konzentration besteht eine große Einheitlichkeit in der Zusammensetzung der gelösten Stoffe im Meerwasser (s. 3262). Zur Beschreibung des Einflusses der gelösten Stoffe auf das physikalische Verhalten des Meerwassers genügt fast immer die Angabe des Gesamtsalzgehaltes oder des Chlorgehaltes (als der vorherrschenden Komponente). Der Salzgehalt (S) wird seit 1902 nach der Untersuchung einer internationalen Kommission (S. P. L. Sörensen) definiert als die Menge der gelösten Stoffe in g, die in 1000 g Meerwasser enthalten sind, wobei alles Brom durch eine äquivalente Menge Chlor ersetzt, alles Karbonat in Oxyd umgebildet und alle organischen Stoffe verbrannt zu denken sind. Durch die Benutzung der Chloräquivalenz gehen die Atomgewichte der Halogene in die Definition ein. Um die Angaben unabhängig von Abänderungen der Atomgewichte zu halten, wurde die Definition des Chlorgehalts von J. P. Jacobsen und M. Knudsen (1940) neu gefaßt: Der Chlorgehalt (in g) in 1 kg Meerwasser ist identisch mit der Menge „Atomgewichts-Silber" in g, die gerade alle Halogene aus 0,328533 kg Seewasser ausfällt. Die empirische Beziehung zwischen Salzgehalt und Chlorgehalt (Cl) in Promille (‰) nach M. Knudsen (1902) behält ihre Gültigkeit: $S = 0{,}030 + 1{,}8050\,\mathrm{Cl}$.

Der statische Druck (p) wird in Dezibar (dbar) ausgedrückt. 1 dbar $= 10^5$ Dyn/cm^2. Berechnungen des Massenfeldes im Meere werden erleichtert, wenn der Druck nicht in geometrischen Tiefenstufen, sondern in Stufen des Schwerepotentials angegeben wird. Praktische Einheit des Schwerepotentials ist das dynamische Meter (dyn. m).

Tabelle 1. Zusammengehörige Standardtiefen (in m), dynamische Tiefen (in dyn. m) und Seewasserdrucke (in dbar) in einer homogenen Wassersäule ($S = 35$‰, $t = 0°$ C, Schwere $g_0 = 9{,}80\ \mathrm{m \cdot sec^{-2}}$) nach V. Bjerknes (1912).

Tiefe m	25	50	75	100	150	200	300	400	500	600	700	800	900	1000	1200	1400	1600	1800
Tiefe dyn. m	25	49	74	98	147	196	294	392	490	588	686	784	882	980	1176	1372	1568	1764
Druck dbar	26	51	76	101	151	202	302	403	504	605	706	808	909	1010	1212	1415	1618	1821
Tiefe m	2000	2250	2500	3000	3500	4000	4500	5000	5500	6000	6500	7000	7500	8000	8500	9000	9500	10000
Tiefe dyn. m	1960	2206	2451	2941	3431	3922	4412	4903	5393	5884	6375	8665	7356	7847	8338	8829	9320	9811
Tiefe dbar	2024	2280	2534	3045	3556	4069	4583	5098	5614	6132	6650	7169	7690	8212	8735	9259	9784	10310

Dietrich

3261103 Methoden zur Bestimmung von Temperatur, Salzgehalt und Druck.

A. Temperaturbestimmung. Dem jeweiligen Zweck entsprechend werden Flüssigkeits-, Deformations- und elektrische Widerstandsthermometer sowie Thermoelemente verwendet, und zwar als Anzeige- und Schreibgeräte. Einige Gerätetypen wurden für ozeanographische Anforderungen speziell entwickelt:

1. Zur genauen Temperaturbestimmung ($\pm 0{,}02°$) in der Tiefe dienen die Umkippthermometer von Richter und Wiese. Beschreibung sowie Fehleruntersuchung bei langjähriger Verwendung gibt G. Böhnecke (1932).

2. Zur Registrierung der vertikalen Temperaturschichtung dienen Deformationsthermometer, „Bathythermograph" von A. F. Spilhaus (1938) und „Thermosounder" von H. Mosby (1943).

3. Zur Temperaturregistrierung in einer bestimmten Tiefe werden elektrische Widerstandsthermometer mit gleichzeitiger Registrierung des Druckes zur Tiefenkontrolle verwendet, die von den Askaniawerken Berlin aus dem einfachen Widerstandsthermometer von G. Böhnecke (1933) entwickelt wurden.

4. Zur Bestimmung sehr schneller Temperaturänderungen dient der thermoelektrische Schlierenmesser von K. Kalle (1942).

B. Salzgehaltsbestimmung. Für die Salzgehaltsbestimmung sind in der Ozeanographie chemische, aräometrische, optische und elektrische Methoden im Gebrauch, und zwar:

1. Die Chlortitration als einfache und relativ genaue Methode (Genauigkeit in Cl ist $\pm 0{,}01‰$). Beschreibung und Fehleruntersuchung gibt H. H. F. Meyer (1932).

2. Die Salzgehaltsangabe über die direkte Messung der Dichte des Meerwassers mittels Stengel- und Senkaräometer, Pyknosonde u. a. Methodische Zusammenstellung mit Genauigkeitsangaben bei W. Bein (1935).

3. Die optischen Methoden unter Ausnutzung der Abhängigkeit des Brechungsindex vom Salzgehalt (s. 32612). Mit Refraktometern (z. B. Eintauchrefraktometer von Pulfrich) wird der Brechungsindex, mit Interferometern der Unterschied gegen einen bekannten Brechungsindex gemessen (Meerwasserinterferometer von Askania, Berlin; Genauigkeit in σ_t ist $\pm 0{,}01$). Eine methodische Zusammenfassung gibt H.-G. Hirsekorn (1935).

4. Die elektrischen Methoden auf Grund der Abhängigkeit der elektrischen Leitfähigkeit vom Salzgehalt (s. Tab. 23). Die älteren Arbeiten zur Leitfähigkeitsmethode stellt H.-G. Hirsekorn (1935) zusammen. Ein neues Leitfähigkeitsgerät liegt von H. Wattenberg und J. Joseph (1943) vor. Auf dem Wege zum vollautomatischen Schreibgerät liegt die Entwicklung eines Salzgehalt-Temperatur-Tiefenschreibers von A. W. Jacobsen (1948) mit einer Genauigkeit von $\pm 0{,}3‰$ im Salzgehalt, $\pm 0{,}2°$ F in der Temperatur und ± 3 m zwischen 0 und 400 m in der Tiefe.

C. Druckbestimmung. Die Genauigkeit direkter Druckmessungen in größeren Tiefen reicht für theoretische Betrachtungen nicht aus. Der Druck wird deshalb aus der Dichte des Meerwassers unter Berücksichtigung der Zusammendrückbarkeit berechnet (s. Dichte in situ in Tab. 4a und 4b). Die direkte Druckbestimmung wird verwendet in geringen Tiefen bei Seegangs- und Gezeitenmessungen, und in größeren Tiefen zur Messung der wahren Beobachtungstiefe der Wasserschöpfer und Umkippthermometer. Man bedient sich dabei entweder der elastischen Verformung eines Hohlkörpers oder der Volumenänderung eines abgeschlossenen Gasvolumens als Maßstab für die Druckänderungen.

1. Die elastische Verformung liegt zugrunde: den Bourdonrohren in den Hochseepegeln von Mensing und Kuhlmann (Beschreibung und Fehleruntersuchung bei H. Geissler, 1941), den Membrandosen im Seegangsschreiber von Bruns-Kusnetzow (1936) und W. Behrens (1937), den ungeschützten Quecksilbergefäßen der Umkippthermometer von Richter und Wiese zur „thermometrischen" Tiefenmessung (Beschreibung und Fehleruntersuchung bei G. Wüst, 1932).

2. Die Volumenänderung eines abgeschlossenen Gasvolumens mit dem Druck verwenden: Thomsonlot, Hochseepegel von H. Rauschelbach (1932) und Graafen (Beschreibung und Fehleruntersuchung bei H. Geissler, 1941), Seegangspegel von G. Tomczak (1948) und mehrere amerikanische Geräte zur Wellenmessung im Meere, die A. A. Klebba (1949) und R. G. Folsom (1949) beschreiben.

3261104 Dichte.

Als Dichte ϱ_t bezeichnet man das Verhältnis der Massen pro Volumeneinheit von Meerwasser bei $t°$ C und destilliertem Wasser von 4°C bei Atmosphärendruck, also dem physikalischen Gebrauch entsprechend. Allgemein eingeführt in die Ozeanographie ist eine abgekürzte Schreibweise für die Dichte: $\sigma_t = (\varrho_t - 1) \cdot 1000$. Bei Laboratoriumsuntersuchungen wird auch mitunter $\varrho_{17,5} = (s_{17,5} - 1) \cdot 1000$ angegeben, wobei die Dichte $s_{17,5}$ ausgedrückt wird als das Massenverhältnis für gleiche Volumina Meerwasser und destilliertes Wasser bei derselben Temperatur 17,5° C.

Bei 0° C ist die Dichte σ_0 nur noch eine Funktion des Salzgehalts (oder des Chlorgehalts), und es gelten die Beziehungen von M. Knudsen (1902), die seinen „Hydrographischen Tabellen" (1901) zugrunde liegen (s. auch Tabelle 2).

Tabelle 2. Zusammengehörige Werte von S‰, Cl‰, σ_0 und $\varrho_{17,5}$ nach M. Knudsen.

S‰	Cl‰	σ_0	$\varrho_{17,5}$
5	2,76	3,97	3,87
10	5,53	8,01	7,68
15	8,30	12,04	11,49
20	11,07	16,07	15,30
25	13,84	20,08	19,10
30	16,61	24,10	22,92
35	19,37	28,13	26,74
40	22,14	32,17	30,58

Dietrich

$$\sigma_0 = -0{,}069 + 1{,}4708\,\mathrm{Cl} - 0{,}001570\,\mathrm{Cl}^2 + 0{,}0000398\,\mathrm{Cl}^3;$$
$$\sigma_0 = -0{,}093 + 0{,}8149\,S - 0{,}000482\,S^2 + 0{,}0000068\,S^3;$$
$$\varrho_{17,5} = -0{,}037 + 0{,}7674\,S - 0{,}000351\,S^2 + 0{,}0000064\,S^3.$$

Die Dichte des Meerwassers σ_t für alle auftretenden Temperaturen läßt sich bei Berücksichtigung der Wärmeausdehnung durch ein Zusatzglied zu σ_0 angeben. Tabellen dieses Gliedes gibt M. Knudsen (1902). Neuere Grundtafeln der Dichte nach den Fundamentalbestimmungen von W. Bein (1935) zeigen gegenüber den Tafeln von M. Knudsen bei Temperaturen über 20° geringfügige systematische Abweichungen, die bei 30° die Knudsensche Fehlergrenze von $2 \cdot 10^{-2}$ in σ_t erreichen. Die σ_t-Tabellen und graphischen Tafeln für den praktischen Gebrauch, die sämtlich auf den Knudsenschen Fundamentalbestimmungen fußen (D. J. Matthews 1932, K. Kalle und H. Thorade 1940 u. a.) bleiben darum im wesentlichen unberührt. Die Angaben von σ_t, die bei W. Bein auf $\varrho_{17,5}$ bezogen sind, wurden für die nachstehende Tabelle auf $S^0/_{00}$ umgerechnet. Die Abhängigkeit der Dichte σ_t von Temperatur und Salzgehalt kommt auch in Abb. 9 (326134) zur Darstellung.

Tabelle 3. Dichte σ_t des Meerwassers in Abhängigkeit von Temperatur und Salzgehalt bei Atmosphärendruck nach W. Bein.

$\varrho_{17,5}$ / $S^0/_{00}$ / $t°$	0 Destill. Wasser	3,869 / 5	7,682 / 10	11,491 / 15	15,296 / 20	19,103 / 25	22,916 / 30	26,740 / 35	30,581 / 40
0	—0,132	3,977	8,021	12,051	16,066	20,079	24,098	28,129	32,177
1	—0,073	4,018	8,045	12,056	16,054	20,050	24,054	28,070	32,103
2	—0,032	4,039	8,047	12,041	16,024	20,005	23,996	27,996	32,014
3	—0,008	4,054	8,034	12,012	15,980	19,948	23,923	27,909	31,912
4	0,000	4,035	8,007	11,970	15,925	19,878	23,839	27,810	31,799
5	—0,008	4,010	7,966	11,915	15,855	19,796	23,742	27,700	31,674
6	—0,032	3,970	7,911	11,844	15,772	19,699	23,632	27,588	31,539
7	—0,071	3,916	7,843	11,762	15,677	19,591	23,512	27,444	31,392
8	—0,124	3,848	7,762	11,668	15,569	19,472	23,381	27,300	31,235
9	—0,192	3,767	7,667	11,561	15,451	19,340	23,237	27,144	31,067
10	—0,273	3,672	7,561	11,443	15,320	19,199	23,083	26,978	30,888
11	—0,368	3,566	7,442	11,312	15,178	19,045	22,919	26,802	30,701
12	—0,475	3,446	7,311	11,169	15,024	18,880	22,742	26,614	30,503
13	—0,596	3,315	7,168	11,015	14,859	18,704	22,555	26,416	30,295
14	—0,729	3,170	7,013	10,850	14,684	18,518	22,358	26,210	30,078
15	—0,874	3,014	6,846	10,673	14,497	18,324	22,154	25,996	29,852
16	—1,030	2,848	6,669	10,488	14,302	18,118	21,940	25,771	29,618
17	—1,199	2,670	6,482	10,291	14,097	17,903	21,716	25,537	29,375
18	—1,378	2,482	6,286	10,085	13,882	17,679	21,482	25,295	29,124
19	—1,568	2,284	6,078	9,869	13,657	17,444	21,239	25,044	28,865
20	—1,770	2,074	5,860	9,643	13,422	17,202	20,988	24,784	28,597
21	—1,981	1,854	5,632	9,407	13,179	16,952	20,730	24,518	28,321
22	—2,003	1,625	5,396	9,163	12,927	16,691	20,462	24,242	28,037
23	—2,435	1,387	5,150	8,910	12,666	16,423	20,186	23,959	27,747
24	—2,677	1,137	4,894	8,646	12,395	16,145	19,901	23,667	27,448
25	—2,929	0,878	4,628	8,373	12,116	15,859	19,607	23,366	27,141
26	—3,190	0,609	4,353	8,092	11,828	15,564	19,305	23,058	26,826
27	—3,461	0,333	4,070	7,803	11,532	15,261	18,998	22,744	26,505
28	—3,741	0,047	3,777	7,504	11,228	14,925	18,681	22,421	26,177
29	—4,029	—0,248	3,477	7,199	10,916	14,634	18,357	22,091	25,840
30	—4,327	—0,550	3,171	6,885	10,596	14,308	18,026	21,754	25,498
31	—4,637	—0,862	2,853	6,563	10,269	13,976	17,688	21,410	25,149
32	—4,948	—1,181	2,529	6,233	9,934	13,635	17,342	21,059	24,792

Beispiel: $t = 24°$, $S = 34{,}50^0/_{00}$, $\sigma_t = 23{,}30$, $\varrho_t = 1{,}02330$.

Die Dichte des Meerwassers in der Tiefe ist infolge der Zusammendrückbarkeit des Meerwassers (s. Tab. 9) neben Temperatur und Salzgehalt vom Seewasserdruck (p) abhängig. Sie wird als Dichte *in situ* bezeichnet: $\sigma_{S,t,p} = (\varrho_{S,t,p} - 1) \cdot 1000$. Bei der praktischen Berechnung ist es vorzuziehen, die dynamische Tiefe D an Stelle des Druckes einzuführen und $\sigma_{S,t,D}$ zu bestimmen. Ausführliche Berechnungstabellen wurden von V. W. Ekman (1910) und Th. Hesselberg und H. U. Sverdrup (1915) aufgestellt:

$\sigma_{S,t,D} = \sigma_t + [\varepsilon_D + \varepsilon_{t,D}] + \varepsilon_{S,D}$. Tabelle 4a enthält $\sigma_t + \varepsilon_D + \varepsilon_{t,D}$, Tab. 4b gibt $\varepsilon_{S,D}$

Dietrich

Der Druck des Meerwassers p in einer dynamischen Tiefe D kann durch Integration der Dichte in situ $\sigma_{S,t,D}$ über die dynamische Tiefe D ermittelt werden: $p = D + 10^{-3} \int_0^D \sigma_{S,t,D}\, dD$. Für die Standardwassersäule $S = 35‰$ und $t = 0°$ gibt die Tabelle 5 die Drucke in dbar für die dynamischen Haupttiefen an, und zwar in den nicht abgerundeten Originalwerten der Tabellen von V. Bjerknes (1912) nach G. Wüst (1938).

Tabelle 4a. Die Dichte in situ bei 35‰ Salzgehalt in Abhängigkeit von der Temperatur $t°$ und der dynamischen Tiefe D: $\sigma_{35,t,D} = \sigma_t + \varepsilon_D + \varepsilon_{t,D}$ nach H. H. Sverdrup (1933).

D dyn. m \ $t°$ / σ_t	—2 28,21	0 28,13	2 28,00	5 27,70	10 26,97	15 25,99	20 24,78	25 23,37
	+	+	+	+	+	+	+	+
0	0	0	0	0	0	0	0	0
50	0,25	0,25	0,25	0,24	0,24	0,24	0,24	0,23
100	0,50	0,49	0,48	0,48	0,47	0,46	0,45	0,45
150	0,75	0,74	0,73	0,72	0,71	0,70	0,69	0,68
200	0,99	0,98	0,97	0,95	0,93	0,92	0,90	0,89
300	1,49	1,47	1,45	1,43	1,40	1,37	1,36	1,34
400	1,98	1,96	1,94	1,91	1,87	1,83	1,81	1,79
500	2,48	2,45	2,42	2,38	2,33	2,29	2,26	—
600	2,98	2,94	2,91	2,86	2,80	2,75	2,71	—
700	3,46	3,42	3,38	3,33	3,26	3,20	3,16	—
800	3,96	3,91	3,87	3,81	3,72	3,66	3,61	—
900	4,44	4,39	4,34	4,27	4,18	4,11	4,06	—
1000	4,93	4,87	4,82	4,74	4,64	4,56	—	—
1200	5,91	5,84	5,78	5,69	5,56	5,47	—	—
1400	6,88	6,80	6,72	6,62	6,48	6,37	—	—
1600	7,84	7,75	7,66	7,55	7,39	7,26	—	—
1800	8,80	8,70	8,60	8,47	8,29	8,15	—	—
2000	9,77	9,65	9,54	9,40	9,20	9,05	—	—
2500	12,14	12,00	11,87	11,69	11,45	11,26	—	—
3000	14,51	14,34	14,19	13,98	13,69	13,47	—	—
3500	16,84	16,65	16,47	16,23	15,90	15,65	—	—
4000	19,15	18,93	18,73	18,46	18,09	17,80	—	—
4500	21,44	21,20	20,98	20,68	—	—	—	—
5000	23,71	23,45	23,21	22,88	—	—	—	—
5500	25,96	25,67	25,41	—	—	—	—	—
6000	28,19	27,88	27,60	—	—	—	—	—
6500	30,40	30,07	29,77	—	—	—	—	—
7000	32,58	32,24	31,88	—	—	—	—	—
7500	34,75	34,39	34,06	—	—	—	—	—
8000	36,91	36,53	36,18	—	—	—	—	—
8500	39,04	38,64	38,27	—	—	—	—	—
9000	41,16	40,74	40,36	—	—	—	—	—
9500	43,26	42,83	42,43	—	—	—	—	—
10000	45,35	44,90	44,48	—	—	—	—	—

Tabelle 4b. Die Korrektion $\varepsilon_{s,D} \cdot 10^2$ der Dichte in situ $\sigma_{35,t,p}$ für verschiedene Salzgehalte in ‰ in Abhängigkeit von der dynamischen Tiefe D nach H. U. Sverdrup (1933).

dyn. m \ S‰	31	33	35	37	39
0	0	0	0	0	0
200	1	1	0	—1	—1
400	3	1	0	—1	—3
600	4	2	0	—2	—4
800	7	3	0	—3	—5
1000	7	3	0	—3	—6
1200	8	4	0	—4	—8
1400	9	4	0	—4	—9
1600	10	5	0	—5	—10
1800	11	6	0	—6	—11
2000	13	6	0	—6	—13

dyn. m \ S‰	31	33	35	37	39
3000	19	9	0	—9	—19
4000	24	12	0	—12	—24
5000	30	15	0	—15	—29
6000	—	17	0	—17	—
7000	—	20	0	—20	—
8000	—	22	0	—22	—
9000	—	25	0	—24	
10000	—	27	0	—26	—

Beispiel: $t = 5°$, $S = 34{,}50‰$, 1200 dyn. m.
$\sigma_{S,t,D} = 27{,}70 + 5{,}69 + 0{,}01 = 33{,}40$, $\varrho_{S,t,D} = 1{,}03340$.

Dietrich

Tabelle 5. Druck des Meerwassers in den dynamischen Haupttiefen der Standardwassersäule ($S = 35^0/_{00}$, $t = 0°$) nach V. Bjerknes.

D dyn. m	$p_{35,0,D}$ dbar	D dyn. m	$p_{35,0,D}$ dbar	D dyn. m	$p_{35,0,D}$ dbar	D dyn. m	$p_{35,0,D}$ dbar
25	25,7047	600	617,7584	2000	2065,967	6000	6253,981
50	51,4125	700	720,8889	2250	2325,565	6500	6782,533
75	77,1223	800	824,0681	2500	2585,445	7000	7312,174
100	102,8372	900	927,2956	3000	3106,094	7500	7842,895
150	154,2743	1000	1030,572	3500	3627,903	8000	8374,688
200	205,7237	1200	1237,268	4000	4150,862	8500	8907,544
300	308,6591	1400	1444,156	4500	4674,959	9000	9441,454
400	411,6434	1600	1651,236	5000	5200,185	9500	9976,411
500	514,6766	1800	1858,507	5500	5726,529	10000	10512,406

3261105 Spezifisches Volumen.

In der dynamischen Ozeanographie wird vorwiegend der reziproke Wert von $\sigma_{S,t,p}$, das spezifische Volumen in situ $\alpha_{S,t,p}$ verwendet. Zur Erleichterung der Rechnung benutzt man die Anomalie δ von $\alpha_{S,t,p}$, definiert als $\delta = \alpha_{S,t,p} - \sigma_{35,0,p}$. Die Ausgangswerte von $\sigma_{35,0,p}$ enthält die Tab. 6 nach V. Bjerknes (1912), außerdem sind die entsprechenden dynamischen Tiefen der wichtigsten Druckwerte $D_{35,0,p}$ in die Tabelle aufgenommen, und zwar die nicht abgerundeten Originalwerte von V. Bjerknes (1912) nach G. Wüst (1938).

Die Anomalie des spezifischen Volumens δ kann nach dem vereinfachten Verfahren von H. U. Sverdrup (1933) bestimmt werden: $\delta = \Delta_{S,t} + \delta_{S,p} + \delta_{t,p}$ (s. Tab. 7). Mittels δ läßt sich die Anomalie der dynamischen Tiefe ΔD eines gegebenen Druckes p berechnen: $\Delta D = \int_0^p \delta\, dp$ und damit auch $D = D_{35,0,p} + \Delta D$.

Tabelle 6. Spezifisches Volumen $\sigma_{35,0,p}$ bei den Hauptdrücken und die dynamischen Tiefen $D_{35,0,p}$ der Hauptdrücke in der Standardwassersäule ($S = 35^0/_{00}$, $t = 0°$) nach V. Bjerknes.

Druck dbar	$\sigma_{35,0,p}$ m³/Tonne	$D_{35,0,p}$ dyn. m	Druck dbar	$\sigma_{35,0,p}$ m³/Tonne	$D_{35,0,p}$ dyn. m	Druck dbar	$\sigma_{35,0,p}$ m³/Tonne	$D_{35,0,p}$ dyn. m
0	0,97264	0,0000	900	0,96863	873,5624	5000	0,95173	4809,5559
25	0,97253	24,3147	1000	0,96819	970,4032	5500	0,94981	5284,9388
50	0,97242	48,6266	1200	0,96732	1163,9534	6000	0,94791	5759,3685
75	0,97231	72,9356	1400	0,96645	1357,3295	6500	0,94605	6232,8580
100	0,97219	97,2417	1600	0,96559	1550,5327	7000	0,94421	6705,4211
150	0,97197	145,8457	1800	0,96473	1743,5639	7500	0,94239	7177,0698
200	0,97174	194,4382	2000	0,96388	1936,4246	8000	0,94060	7647,8173
300	0,97129	291,5898	2250	0,96282	2177,2669	8500	0,93883	8117,6748
400	0,97084	388,6965	2500	0,96177	2417,8360	9000	0,93709	8586,6547
500	0,97040	485,7584	3000	0,95970	2898,2041	9500	0,93537	9054,7677
600	0,96995	582,7759	3500	0,95766	3377,5445	10000	0,93367	9522,0255
700	0,96951	679,7489	4000	0,95566	3855,8733			
800	0,96907	776,6777	4500	0,95368	4333,2053			

Tabelle 7. Bestimmung der Anomalie des spezifischen Volumens bei gegebener Dichte und Temperatur und gegebenem Salzgehalt nach H. U. Sverdrup (1933).

	$\Delta_{S,t} \cdot 10^5$					$S^0/_{00}$	$\delta_{S,p} \cdot 10^5$				
σ_t	,00	,20	,40	,60	,80	Druck dbar	31	33	35	37	39
24	392,2	373,2	354,1	335,1	316,0	0	0,0	0,0	0,0	0,0	0,0
25	297,0	277,9	258,9	239,9	220,9	200	—1,2	0,6	0,0	0,6	1,2
26	201,9	182,9	163,9	144,9	125,9	400	—2,4	1,2	0,0	1,2	2,4
27	107,0	88,0	69,1	50,1	31,2	600	—3,6	1,8	0,0	1,8	3,6
28	12,3	—6,7	—25,6	—44,5	—63,4	800	—4,8	2,4	0,0	2,3	4,7
						1000	—6,0	3,0	0,0	2,9	5,9

Dietrich

$S\,^0/_{00}$ / Druck dbar	$\delta_{S,p} \cdot 10^5$				
	31	33	35	37	39
1200	—	— 3,6	0,0	3,5	7,0
1400	—	— 4,1	0,0	4,1	8,1
1600	—	— 4,7	0,0	4,7	9,3
1800	—	— 5,2	0,0	5,2	10,4
2000	—	— 5,8	0,0	5,8	11,5
3000	—	— 8,5	0,0	8,5	16,8
4000	—	—11,1	0,0	11,0	22,0

$S\,^0/_{00}$ / dbar	$\delta_{S,p} \cdot 10^5$				
	34·4	34·6	34·8	35·0	35·2
2000	—1,7	—1,2	—0,6	0,0	0,6
3000	—2,6	—1,7	—0,9	0,0	0,8
4000	—3,4	—2,2	—1,1	0,0	1,1
5000	—4,1	—2,7	—1,4	0,0	—
6000	—4,8	—3,2	—1,6	0,0	—
7000	—5,5	—3,6	—1,8	0,0	—
8000	—6,1	—4,1	—2,0	0,0	—
9000	—6,7	—4,5	—2,2	0,0	—
10000	—7,3	—4,8	—2,4	0,0	—

Beispiel:
$t = 5°$, $S = 34{,}50$, $\sigma_t = 27{,}30$, 1200 dbar,
$\delta_{S,t,p} \cdot 10^5 = (78{,}5 - 0{,}9 + 14{,}1) \cdot 10^5 = 91{,}7 \cdot 10^5$,
$\alpha_{S,t,p} = 0{,}96732 + 0{,}00092 = 0{,}96824$.

$t°$ / Druck dbar	$\delta_{t,p} \cdot 10^5$								
	—2	0	2	5	10	15	20	25	30
0	0,0	0,0	0,0	0,0	0,0	0,0	0,0	0,0	0,0
200	— 1,1	0,0	1,1	2,4	4,3	5,8	7,0	7,8	8,4
400	— 2,2	0,0	2,1	4,9	8,6	11,7	13,9	15,5	16,7
600	— 3,3	0,0	3,1	7,3	12,9	17,4	20,8	23,2	24,9
800	— 4,4	0,0	4,2	9,6	17,1	23,1	27,5	30,7	33,0
1000	— 5,5	0,0	5,3	11,9	21,3	28,7	34,2	38,3	41,1
1200	— 6,5	0,0	6,3	14,1	25,4	34,1	40,7	—	—
1400	— 7,6	0,0	7,3	16,4	29,5	39,6	47,2	—	—
1600	— 8,6	0,0	8,2	18,6	33,5	44,9	53,6	—	—
1800	— 9,6	0,0	9,2	20,8	37,4	50,2	59,9	—	—
2000	—10,6	0,0	10,1	23,0	41,3	55,5	66,2	—	—
3000	—15,4	0,0	14,4	33,4	59,8	80,4	—	—	—
4000	—19,9	0,0	18,4	43,0	77,1	—	—	—	—

$t°$ / dbar	$\delta_{t,p} \cdot 10^5$						
	—1,0	0,0	1,0	2,0	3,0	4,0	5,0
2000	— 5,3	0,0	5,2	10,1	14,7	19,0	23,0
3000	— 7,6	0,0	7,4	14,4	21,2	27,6	33,4
4000	— 9,9	0,0	9,5	18,4	27,0	35,6	43,0
5000	—12,0	0,0	11,2	22,1	—	—	—
6000	—13,9	0,0	12,9	25,6	—	—	—
7000	—15,7	0,0	14,6	28,9	—	—	—
8000	—17,4	0,0	16,1	32,0	—	—	—
9000	—18,9	0,0	17,8	34,9	—	—	—
10000	—20,3	0,0	19,4	37,5	—	—	—

3261106 Maximale Dichte.

Das Dichtemaximum, das für reines Wasser bei 4° C liegt, verschiebt sich bei zunehmendem Salzgehalt auf niedrigere Temperaturen. Bei Meerwasser von $24{,}70\,^0/_{00}$ Salzgehalt stimmt die Temperatur des Dichtemaximums von $-1{,}332°$ mit dem Gefrierpunkt überein. Nach O. Krümmel (1907) ist die Temperatur Θ beim Dichtemaximum im Bereich 10—24 für σ_0: $\Theta = 3{,}95 - 0{,}266\,\sigma_0$. Experimentell ermittelte Θ-Werte gibt W. Bein (1935) an.

Tabelle 8. Temperatur Θ beim Dichtemaximum des Meerwassers für verschiedene Salzgehalte bei Atmosphärendruck nach O. Krümmel.

$S\,^0/_{00}$	0	2	4	6	8	10	12	14	16	18	20
Θ	3,95	3,55	3,13	2,71	2,29	1,86	1,43	0,99	0,56	0,12	— 0,31
σ_Θ	0,00	1,69	3,33	4,96	6,58	8,18	9,76	11,35	12,92	14,48	16,07

$S\,^0/_{00}$	22	24	26	28	30	32	34	36	38	40
Θ	—0,74	—1,18	—1,61	—2,05	—2,47	—2,90	—3,32	—3,73	—4,14	—4,54
σ_Θ	17,67	19,29	20,91	22,53	24,15	25,78	27,40	29,04	30,68	32,32

3261107 Zusammendrückbarkeit.

Als isothermer Kompressibilitätskoeffizient μ des Meerwassers wird die relative Volumenverminderung bei einer Druckerhöhung um 1 bar bezeichnet. Der adiabatische Kompressibilitätskoeffizient $\varkappa$ ist durch μ bestimmt: $\varkappa = \dfrac{\mu + p\,\dfrac{d\mu}{dp}}{1 - \mu p}\,10^5$. V. W. Ekman (1908) hat einen Ausdruck für μ als Funktion vom Meerwasserdruck p in bar, Temperatur t und Dichte σ_0 aus dem unterschiedlichen Verhalten zweier Meerwasserproben bestimmt. Der Ausdruck in Anlehnung an die Zusammenfassung der Variablen von A. Schumacher (1924) hat die Form:

Dietrich

Tabelle 9a. Kompressibilität bei $t = 0°$, $S = 34{,}85‰$ für den Druck in einigen Hauptiefen.

Tiefe m	$\mu \cdot 10^8$	Tiefe m	$\mu \cdot 10^8$
0	4658	5500	4262
500	4617	6000	4230
1000	4580	6500	4198
1500	4542	7000	4167
2000	4505	7500	4136
2500	4468	8000	4106
3000	4432	8500	4077
3500	4397	9000	4047
4000	4362	9500	4020
4500	4328	10000	3993
5000	4295		

$$\mu \cdot 10^8 = \overbrace{\frac{4886}{1 + 0{,}0_3\,183\,p} + 0{,}1055\,p - 227}^{a}$$

$$\overbrace{-\,[28{,}33\,t - 0{,}551\,t^2 + 0{,}004\,t^3] + \frac{p}{1000}[9{,}50\,t - 0{,}158\,t^2 - 0{,}0015\,pt]}^{b}$$

$$\overbrace{-\,\frac{\sigma_0 - 28}{10}\left[147{,}3 - 2{,}72\,t + 0{,}04\,t^2 - \frac{p}{1000}(32{,}4 - 0{,}87\,t + 0{,}02\,t^2)\right]}^{c}$$

$$\overbrace{+\,\frac{(\sigma_0 - 28)^2}{100}\left[4{,}5 - 0{,}1\,t - \frac{p}{1000}(1{,}8 - 0{,}06\,t)\right.}^{d} = a + b + c + d.$$

Die Gruppen a, b, c werden tabellarisch nach A. Schumacher zusammengestellt. Auf d, das nur in stark ausgesüßtem Wasser merkliche Werte ergibt, kann verzichtet werden.

Tabelle 9b. Korrektion der Kompressibilität (in Tabelle 9a) auf Temperatur und Druck in den Hauptiefen.

$t°$ \ m	0	1000	2000	3000	4000	5000	6000	7000	8000	9000	10000
—2	59	57	55	53	51	50					
0	0	0	0	0	0	0	0	0	0	0	0
2	— 54	— 52	— 50	— 49	— 47	— 45	—44	—42	—41	—40	—39
4	—105	—101	— 98	— 94	— 92	— 88	—85	—83	—80	—77	—75
6	—151	—146	—141	—136	—132	—126					
8	—193	—186	—180	—174	—168	—162					
10	—232	—224	—216	—209	—202	—195					
12	—268	—259	—250	—242	—234						
14	—300	—290	—280	—271	—262						

$t°$ \ m	0	1000	2000
16	—329	—318	—307
18	—355	—343	—332
20	—378	—365	—353
22	—399	—386	—373
24	—418	—404	—392
26	—434	—420	
28	—449	—435	
30	—462	—447	

Tabelle 9c. Korrektion der Kompressibilität in Tabelle 9a auf Temperatur, Salzgehalt und Druck in den Hauptiefen.

	$t°$ \ $S‰$	30	31	32	33	34	35	36	37	38	39	40
0—500 m	0	57	46	34	22	10	—2	.				
	5	51	42	31	20	9	—2	—13	—24	—35	—45	—56
	10	48	38	28	18	8	—2	—12	—22	—32	—42	—52
	15	45	36	27	17	8	—2	—11	—20	—30	—39	—48
	20	42	33	25	16	7	—1	—10	—19	—28	—36	—45
	25	41	32	24	16	7	—1	—10	—18	—27	—35	—44
	30	40	31	23	15	7	—1	—10	—18	—26	—34	—42
1000—3000 m	0					10	—2					
	5					9	—2	—12	—23	—33	—43	—54
	10					8	—2	—11	—21	—30	—40	—49
	15					8	—1	—11	—20	—28	—38	—46
	20					7	—1	—10	—18	—27	—35	—43
4000—6000 m	0					9	—2	—12	—22	—32	—43	
	5					8	—2	—11	—21	—30	—40	
	10					8	—1	—10	—19	—28	—37	
7000—10000 m	0					8	—2	—11				
	5					7	—1	—10				

Beispiel: $t = 5°$, $S = 34{,}50\%$, 1200 m, $\mu \cdot 10^8 = 4565 - 124 + 4 = 4445$.

Dietrich

3261108 Oberflächenspannung.

Zu der Bestimmung der Abhängigkeit der Oberflächenspannung α von der Temperatur t durch G. Jäger hat O. Krümmel (1901) den Einfluß wässeriger Salzlösungen S bestimmt zu $\alpha = 77{,}09\,(1-0{,}00232 t^\circ + 0{,}000286\, S^0/_{00})$. Jäger und Krümmel schließen ihre Relativwerte an den älteren Wert der Kapillarkonstanten für reines Wasser bei 0° an: $\alpha = 77{,}09$ Dyn/cm. Da die Angaben von α nach Absolutmessungen stark streuen [gemessene α für reines Wasser bei 0° liegen zwischen 73,2 und 81,8 Dyn/cm (Landolt-Börnstein: 5. Aufl. Hw. 1, 199, Eg. 1, 148, 156; Eg. 2, 2, 148)], wird hier vorgezogen, Relativzahlen der Kapillarkonstanten des Meerwassers anzugeben, in dem α_0 für reines Wasser bei 0° gleich 100,00 gesetzt wird.

Tabelle 10. Oberflächenspannung des Meerwassers in Relativwerten.

t° \ $S^0/_{00}$	0	10	20	30	40
0	100,00	100,29	100,57	100,86	101,14
10	97,68	97,97	98,25	98,54	98,82
20	95,36	95,65	95,93	96,22	96,50
30	93,04	93,33	93,61	93,90	94,18

3261109 Innere Reibung.

Der Koeffizient der inneren (molekularen) Reibung η des Meerwassers bei Atmosphärendruck wird nach den Ergebnissen von E. Ruppin und O. Krümmel (1906) in Relativwerten zusammengestellt. Absolutmessungen ergeben für reines Wasser bei 0° : $\eta = 0{,}01797\ \mathrm{cm}^{-1}\cdot\mathrm{g}\cdot\mathrm{sec}^{-1}$ (Landolt-Börnstein: 5. Aufl., Hw. 1, 135).

Tabelle 11. Relativwerte der inneren Reibung des Meerwassers in Abhängigkeit von Temperatur und Salzgehalt nach E. Ruppin und O. Krümmel.

t° \ $S^0/_{00}$	0	10	20	30	40
0	100,0	101,7	103,2	104,5	105,9
5	84,7	86,3	87,7	89,1	90,5
10	73,0	74,5	75,8	77,2	78,5
15	63,6	64,9	66,2	67,5	68,8
20	56,2	57,4	58,6	59,9	61,1
25	49,9	51,0	52,1	53,3	54,5
30	44,9	46,0	47,0	48,1	49,1

Tabelle 12. Relativwerte der inneren Reibung für reines Wasser in Abhängigkeit von Temperatur und Druck nach P. W. Bridgman (1925).

kg/cm² \ t°	0	10,3	30
1	100,0	77,9	48,8
500	93,8	75,5	50,0
1000	92,1	74,3	51,4

3261110 Spezifische Wärme.

Die spezifische Wärme c_p des Meerwassers bei konstantem Druck ist abhängig von Temperatur, Salzgehalt und Gesamtdruck. Die vollständige Beziehung auf empirischer Grundlage ist bisher nicht bekannt. Für reines Wasser bei Atmosphärendruck besteht nach W. Jäger und H. v. Steinwehr (1915) der Zusammenhang:

$$c_p = 1{,}005 - 0{,}0004226\, t + 0{,}000006321\, t^2.$$

Für Meerwasser bei 0° C und verschiedene Salzgehalte wurde aus den Ergebnissen von O. Krümmel (1907) von S. Kuwahara (1938) abgeleitet:

$$c_p = 1{,}005 - 0{,}004136\, S + 0{,}0001098\, S^2 - 0{,}000001324\, S^3.$$

Die Abhängigkeit von c_p vom Gesamtdruck wird von V. W. Ekman (1914) nach thermodynamischen Beziehungen angegeben zu: $\frac{d c_p}{d p} = -\frac{T}{\varrho J}\left(\frac{de}{dt} + e^2\right)$, T = absolute Temperatur, J = mechanisches Wärmeäquivalent, e = thermischer Ausdehnungskoeffizient, ϱ = Dichte.

Tabelle 13. Unterschiede von c_p bei verschiedenen Seewasserdrucken (p in dbar) gegenüber c_p bei Atmosphärendruck (c_0) in einer homogenen Wassersäule mit der Temperatur t° und dem Salzgehalt 34,85⁰/₀₀ nach V. W. Ekman.

	1000 $(c_0 - c_p)$						1000 $(c_0 - c_p)$				
t° \ p	2000	4000	6000	8000	10000	t° \ p	2000	4000	6000	8000	10000
−2	17,1	31,5	43,5	—	—	10	12,0	22,0	—	—	—
0	15,9	29,1	40,1	49,2	56,6	15	11,0	20,3	—	—	—
5	13,6	24,8	34,0	41,6	47,9	20	10,5	—	—	—	—

Dietrich

Die spezifische Wärme des Meerwassers bei konstantem Volumen c_v muß ebenfalls aus thermodynamischen Beziehungen übernommen werden: $c_v = c_p - (T e^2/\varrho \varkappa J)$. Dabei $\varkappa$ = adiabatische Zusammendrückbarkeit.

Das Verhältnis der spezifischen Wärmen c_p/c_v im Meere wächst bei $S = 34{,}85\,^0/_{00}$, von 1,0004 bei 0° C auf 1,0207 bei 30° C.

3261111 Wärmeleitfähigkeit.

Die physikalische Wärmeleitfähigkeit λ gilt nur bei ruhendem oder laminar bewegtem Wasser.

Tabelle 14. Wärmeleitfähigkeit λ (in cal · cm^{-1} · $grad^{-1}$ · sec^{-1}) bei Atmosphärendruck und 17,5° C nach O. Krümmel (1907).

$S\,^0/_{00}$	0	10	20	30	40
$\lambda \cdot 10^3$	1,400	1,367	1,353	1,346	1,337

3261112 Wärmeausdehnung.

Der Volumenausdehnungskoeffizient $e = \frac{1}{\alpha_{S\,t\,p}} \cdot \frac{d\alpha_{S\,t\,p}}{dt}$ wurde von V. W. Ekman (1908) bestimmt, in seiner Abhängigkeit von der Temperatur t, der Dichte σ_0 und dem Druck p in Dezibar. σ_0 wurde für Tab. 15—17 durch den Salzgehalt S ersetzt; die e-Werte für die ganzzahligen Promille von S wurden durch Interpolation ermittelt.

Tabelle 15. Ausdehnungskoeffizient $e \cdot 10^6$ beim Druck $p = 0$.

$S\,^0/_{00}$ \ $t°$	—2	0	5	10	15	20	25	30
0	—105	—67	17	88	151	207	257	303
5	— 84	—48	32	101	161	215	264	309
10	— 65	—30	47	113	170	222	270	314
15	— 46	—12	61	124	179	230	276	319
20	— 27	+ 5	75	135	188	237	281	324
25	— 10	+21	88	146	197	244	287	329
30	+ 7	+36	101	157	206	251	292	332
35	+ 23	+51	114	167	214	257	297	334
40	+ 38	+65	126	177	222	263	301	337

Tabelle 16. Zunahme von $e \cdot 10^6$ pro 100 dbar, $p = 0$.

$S\,^0/_{00}$ \ $t°$	0	10	20	30
0	3,7	2,5	1,5	0,8
10	3,5	2,3	1,4	0,7
20	3,2	2,1	1,3	0,7
30	3,0	1,9	1,2	0,6
40	2,8	1,8	1,1	0,6

Tabelle 17. Ausdehnungskoeffizient $e \cdot 10^6$ bei verschiedenen Drucken.

$S\,^0/_{00}$ \ $t°$	p = 2000 dbar						p = 4000 dbar				p = 6000 dbar			p = 8000 dbar		p = 10000 dbar	
	—2	0	5	10	15	20	—2	0	5	10	—2	0	5	0	5	0	5
34	78	103	156	201	240	277	130	150	194	232	175	192	229	230	259	262	286
36	83	108	159	204	243	279	134	154	196	234	179	196	232	232	262	263	287
38	89	113	163	207	246	282	139	158	201	237							

3261113 Adiabatische Temperaturänderung.

Der adiabatische (oder konvektive) Temperaturgradient ist die adiabatische Temperaturänderung bei vertikaler Verschiebung einer kleinen Wassermasse um eine Längeneinheit. Nach W. Thomson (1853) ist sie gleich Teg/Jc_p, mit T = abs. Temperatur, e = Volumenausdehnungskoeffizient, g = Schwerebeschleunigung, J = mechan. Wärmeäquivalent, c_p = spez. Wärme bei konstantem Druck. Als potentielle Temperatur t_p bezeichnet man die Temperatur, die eine Wassermasse annehmen würde, wenn sie adiabatisch bis zur Meeresoberfläche gehoben würde. Grundlagen zur Berechnung von t_p bei V. W. Ekman (1914), Gebrauchstabellen bei B. Helland-Hansen (1930); an diese schließen sich Tab. 18 und 19 an.

Tabelle 18. Adiabatische Abkühlung in $^1/_{100}{}^\circ$ des Meerwassers ($S = 34{,}85\,^0/_{00}$) mit einer Temperatur in situ *tm*, wenn es von der Tiefe *m* an die Oberfläche gehoben wird.

m \ t_m	—2	—1	0	1	2	3	4	5	6	7	8	9	10
1000	2,6	3,5	4,4	5,3	6,2	7,0	7,8	8,6	9,5	10,2	11,0	11,7	12,4
1500	5,4	6,7	8,0	9,3	10,6	11,8	12,9	14,1	15,3	16,4	17,5	18,6	19,7
2000	7,2	8,9	10,7	12,4	14,1	15,7	17,2	18,8	20,4	21,9	23,3	24,8	26,2
2500	10,9	12,9	15,1	17,2	19,3	21,2	23,1	25,0	26,9	28,7	30,6	32,3	34,0
3000	13,6	16,1	18,7	21,2	23,6	25,9	28,2	30,5	32,7	34,9	37,1	39,2	41,2
3500	18,1	21,0	24,0	26,8	29,6	32,2	34,8	37,3	39,8	42,3	44,8	47,2	49,5
4000	21,7	25,0	28,4	31,6	34,7	37,7	40,6	43,5	46,3	49,1	51,9	54,6	57,2
4500	27,0	30,7	34,4	37,9	41,3	44,7	47,9						
5000	31,5	35,5	39,6	43,4	47,2	50,9	54,4						
5500	37,5	41,9	46,3	50,4	54,5	58,4	62,2						
6000	42,8	47,5	52,2	56,7	61,1	65,3	69,4						
6500			59,6	64,3	69,0	73,4	77,7						
7000			66,2	71,3	76,2	80,9	85,5						
7500			74,2	79,5	84,7	89,6	94,4						
8000			81,5	87,1	92,5	97,7	102,7						
8500			90,1	95,9	101,5	106,9	112,1						
9000			98,1	104,1	109,9	115,6	121,0						
9500			107,2	113,4	119,4	125,2	130,8						
10000			115,7	122,1	128,3	134,4	140,2						

Tabelle 19. Adiabatische Abkühlung in $^1/_{100}{}^\circ$ C für Meerwasser der Temperatur t_{1000} mit verschiedenen Salzgehalten beim Aufholen aus 1000 m Tiefe an die Oberfläche.

$S\,^0/_{00}$ \ t_{1000}	0°	2°	4°	6°	8°	10°	12°	14°	16°	18°	20°	22°
32,0	3,9	5,7	7,3	9,0	10,6	12,1	13,5	15,0	16,4	17,8	19,1	20,5
34,0	4,3	6,0	7,7	9,4	10,9	12,4	13,8	15,3	16,6	18,0	19,3	20,7
36,0	4,7	6,4	8,1	9,7	11,2	12,7	14,1	15,5	16,9	18,3	19,6	20,9
38,0	5,1	6,8	8,4	10,0	11,6	13,0	14,4	15,8	17,2	18,5	19,8	21,1

3261114 Verdunstungswärme.

Messungen der latenten Verdunstungswärme von Meerwasser liegen nicht vor. Für reines Wasser beträgt nach F. Linke (1939) die Wärmemenge L in cal, die notwendig ist, um 1 g Wasserdampf von der gleichen Temperatur t° C wie das Wasser zu erzeugen, $L = 597{,}3 - 0{,}57\,t$.

3261115 Gefrierpunkt und osmotischer Druck, Siedepunktserhöhung und Dampfdruckerniedrigung.

Die Abhängigkeit des Gefrierpunktes von der Konzentration hat H. J. Hansen (mitgeteilt bei O. Krümmel, 1907) bestimmt zu: $\vartheta = -0{,}0086 - 0{,}064633\,\sigma_0 - 0{,}0001055\,\sigma_0^2$[1].

Zwischen osmotischem Druck P und dem Gefrierpunkt ϑ besteht die Beziehung $P = \varkappa \cdot \vartheta$, darin ist nach S. Stenius $\varkappa = -12{,}08$ bei 0°. Entsprechend der Beziehung der Gasdrucke gilt für von 0° verschiedene Temperaturen t: $P_t = P_0\,(1 + 0{,}00367\,t)$.

Die Siedepunktserhöhung Δt_s ist durch den osmotischen Druck der wäßrigen Lösung bestimmt:

$$\Delta t_s = 0{,}02407\,P_0.$$

Die Dampfdruckerniedrigung der wäßrigen Lösungen ist mit der Siedepunktserhöhung verknüpft, indem der Dampfdruck um so viel erniedrigt wird, wie der Dampfdruck von reinem Wasser gegen den Luftdruck höher ist, damit dieses bei der gleichen Temperatur siedet wie die Lösung.

Tabelle 20. Gefrierpunkt ϑ, Dichte σ_ϑ beim Gefrierpunkt, osmotischer Druck bei 0°, 10° und 20° in at, Siedepunktserhöhung $\Delta t_s{}^\circ$ und Dampfdruckerniedrigung b in mm Hg in Abhängigkeit vom Salzgehalt.

			Osmotischer Druck (at)				
$S\,^0/_{00}$	ϑ	σ_ϑ	P_0	P_{10}	P_{20}	Δts°	b mm
2	—0,108	1,52	1,30	1,35	1,40	0,03	0,84
4	—0,214	3,15	2,59	2,69	2,78	0,06	1,69
6	—0,320	4,75	3,87	4,01	4,15	0,09	2,53
8	—0,427	6,38	3,16	5,35	5,54	0,12	3,39
10	—0,534	8,00	6,45	6,69	6,92	0,16	4,23

[1] In der Quelle und der einschlägigen Literatur wird irrtümlich $0{,}0064633\,\sigma_0$ angegeben.

Dietrich

$S^0/_{00}$	ϑ	σ_ϑ	Osmotischer Druck (at) P_0	P_{10}	P_{20}	$\Delta t_S{}^\circ$	b mm
12	—0,640	9,60	7,73	8,01	8,30	0,19	5,08
14	—0,748	11,22	9,04	9,37	9,70	0,22	5,97
16	—0,856	12,84	10,34	10,72	11,10	0,25	6,82
18	—0,965	14,45	11,66	12,09	12,52	0,28	7,70
20	—1,074	16,07	12,97	13,45	13,92	0,31	8,55
22	—1,184	17,67	14,30	14,82	15,35	0,34	9,43
24	—1,294	19,29	15,63	16,20	16,78	0,38	10,30
26	—1,405	20,91	16,97	17,59	18,22	0,41	11,22
28	—1,516	22,52	18,31	18,98	19,65	0,44	12,13
30	—1,627	24,14	19,65	20,37	21,09	0,47	13,01
32	—1,740	25,76	21,02	21,79	22,56	0,51	13,97
34	—1,853	27,39	22,38	23,20	24,02	0,54	14,88
36	—1,967	29,02	23,76	24,63	25,50	0,57	15,79
38	—2,081	30,65	25,14	26,06	26,97	0,61	16,73
40	—2,196	32,27	26,53	27,50	28,48	0,64	17,73

32 61116 Diffusion.

Der Diffusionskoeffizient k gibt die Substanzmenge M der gelösten Salze an, die in 1 sec durch 1 cm² senkrecht zum Gefälle der Konzentration $\frac{dS}{dn}$ pro cm wandert: $\frac{dM}{dt} = -k\frac{dS}{dn}$. k ist abhängig vom Salzgehalt S und der Temperatur t. Besondere Untersuchungen für Meerwasser liegen nicht vor. Als Anhalt werden die Werte für Kochsalzlösungen nach R. Zuber und K. Sitte (1932) angegeben. Sie gelten ebenso wie die Koeffizienten der Wärmeleitfähigkeit und der inneren Reibung nur für ruhendes oder laminar bewegtes Wasser und sind verschwindend klein gegenüber den Austauschkoeffizienten des Meerwassers (3263).

Tabelle 21. Diffusionskoeffizient k für wässerige NaCl-Lösungen bei 18° C nach R. Zuber und K. Sitte.

$NaCl^0/_{00}$	0	4	5	10	12,5	20	25	40
$k \cdot 10^5$	1,35	1,34	1,33	1,32	1,31	1,30	1,30	1,29

32 61117 Schallgeschwindigkeit.

Seit der Einführung des Echolotes sind mehrere Tabellen für die Schallgeschwindigkeit im Meerwasser aufgestellt worden. Am vollständigsten sind die Tabellen von S. Kuwahara (1938), die gegenüber den Tabellen von D. J. Matthews (1939) berücksichtigen, daß sich die Abhängigkeit der Schallgeschwindigkeit vom Seewasserdruck mit dem Salzgehalt ändert. Grundlage bildet die Laplacesche Formel für die Schallgeschwindigkeit: $V = \sqrt{\frac{c_p}{c_v \cdot \varrho \cdot \varkappa}}$; $\varkappa$ = adiabat. Kompressibilitätskoeffizient, vgl. 3261107.

Tabelle 22a. Schallgeschwindigkeit (m/sec) im Meerwasser in Abhängigkeit von Temperatur und Salzgehalt bei Atmosphärendruck nach D. J. Matthews.

t° \ $S^0/_{00}$	Reines Wasser	5	10	15	20	25	30	35	40
—2	1389,4	1396	1403	1410	1416,3	1422,9	1429,5	1436,1	1442,8
0	1399,3	1406	1413	1420	1425,8	1432,4	1438,9	1445,4	1452,0
2	1408,9	1415	1422	1429	1435,1	1441,5	1448,0	1454,4	1460,9
4	1418,3	1424	1431	1438	1444,0	1450,3	1456,7	1463,0	1469,4
6	1427,3	1433	1440	1446	1452,5	1458,8	1465,1	1471,3	1477,6
8	1436,0	1442	1448	1454	1460,7	1466,9	1473,1	1479,2	1485,4
10	1444,3	1450	1456	1462	1468,5	1474,6	1480,7	1486,7	1492,8
12	1452,1	1457	1464	1470	1475,9	1481,9	1487,9	1493,8	1499,7
14	1459,6	1465	1471	1477	1483,0	1488,9	1494,7	1500,6	1506,3
16	1466,7	1472	1478	1484	1489,7	1495,5	1501,2	1507,0	1512,6
18	1473,3	1479	1485	1490	1496,1	1501,7	1507,3	1513,0	1518,6
20	1479,5	1485	1491	1496	1502,1	1507,6	1513,1	1518,7	1524,2

t° \ $S^0/_{00}$	Reines Wasser	5	10	15	20	25	30	35	40
22	1485,3	1491	1497	1502	1507,8	1513,2	1518,6	1524,1	1529,5
24	1490,7	1496	1502	1507	1513,1	1518,5	1523,8	1529,2	1534,6
26	1495,6	1501	1507	1512	1518,1	1523,5	1528,7	1534,1	1539,3
28	1500,2	1506	1512	1517	1522,9	1528,2	1533,4	1538,7	1543,9
30	1504,4	1511	1517	1522	1527,5	1532,7	1537,9	1543,1	1548,3

Für die praktische Berechnung ist die Methode von S. Kuwahara (1938) geeignet. Die horizontale Schallgeschwindigkeit in der Tiefe m ist gleich: $V_m = V_{35,0,p} + C_t + C_S + C_{S,t,p} + C_g$.

Tabelle 22b. $V_{35,0,p}$ Schallgeschwindigkeit (m/sec) im Meerwasser in Abhängigkeit vom Seewasserdruck (in Dezibar) bei der Temperatur 0° C und dem Salzgehalt $35^0/_{00}$.

p (dbar)	0	100	200	300	400	500	600	700	800	900
0	1445,5	1447,3	1449,1	1450,9	1452,7	1454,5	1456,3	1458,1	1459,9	1461,7
1000	1463,4	1465,2	1467,0	1468,8	1470,6	1472,4	1474,2	1476,0	1477,8	1479,5
2000	1481,3	1483,1	1484,9	1486,6	1488,4	1490,2	1492,0	1493,7	1495,5	1497,3
3000	1499,0	1500,8	1502,6	1504,3	1506,1	1507,8	1509,6	1511,3	1513,1	1514,8
4000	1516,6	1518,3	1520,1	1521,8	1523,6	1525,3	1527,0	1528,8	1530,5	1532,2
5000	1533,9	1535,7	1537,4	1539,1	1540,8	1542,5	1544,2	1546,0	1547,7	1549,4
6000	1551,1	1552,8	1554,5	1556,2	1557,9	1559,3	1561,2	1562,9	1564,6	1566,3
7000	1568,0	1569,6	1571,3	1573,0	1574,6	1576,3	1578,0	1579,6	1581,3	1582,9
8000	1584,6	1586,2	1587,9	1589,5	1591,1	1592,8	1594,4	1596,0	1597,6	1599,3
9000	1600,9	1602,5	1604,1	1605,7	1607,3	1608,9	1610,5	1612,1	1613,7	1615,3
10000	1616,9	1618,5	1620,1	1621,6	1623,2	1624,8	1626,3	1627,9	1629,5	1631,0

Tabelle 22c. C_t: Temperaturkorrektion für die Schallgeschwindigkeit $V_{35,0,p}$.

t° C	—2	—1	0	1	2	3	4	5	6	7	8	9	10	11	12	13	14
C_t	—9,3	—4,6	0,0	4,5	9,0	13,4	17,6	21,8	25,9	29,9	33,8	37,6	41,3	44,9	48,4	51,8	55,1
t° C	15	16	17	18	19	20	21	22	23	24	25	26	27	28	29	30	—
C_t	58,4	61,5	64,6	67,5	70,4	73,2	76,0	78,6	81,2	83,7	86,2	88,6	90,9	93,2	95,5	97,7	—

Tabelle 22d. C_s: Salzgehaltskorrektion für die Schallgeschwindigkeit $V_{35,0,p}$.

$S^0/_{00}$	30	31	32	33	34	35	36	37	38	39	40
C_s	—6,5	—5,2	—3,9	—2,6	—1,3	0,0	1,3	2,6	3,9	5,2	6,5

Tabelle 22e. $C_{s,t,p}$: Korrektion für die Schallgeschwindigkeit $V_{35,0,p}$ bei gleichzeitigen Änderungen von Temperatur, Salzgehalt und Druck.

p (dbar)	$S^0/_{00}$ \ t° C	—2	0	5	10	15	20	25	30
0	30	-0,0	0,0	0,2	0,5	0,8	1,0	1,2	1,4
	35	0,1	0,0	0,0	0,0	0,0	0,0	0,0	0,0
	40	0,1	0,0	-0,2	-0,5	-0,8	-1,0	-1,2	-1,3
2000	30	-0,4	-0,2	0,0	0,1	0,3	0,5	1,0	—
	35	-0,1	0,0	0,0	-0,2	-0,4	-0,5	-0,2	—
	40	0,3	0,2	-0,1	-0,6	-1,1	-1,4	-1,4	—
4000	30	-0,4	-0,3	-0,4	-0,6	-0,7	—	—	—
	35	0,0	0,0	-0,4	-1,0	-1,4	—	—	—
	40	0,4	0,3	-0,4	-1,3	-2,1	—	—	—

p (dbar)	$S^0/_{00}$ \ t° C	—2	0	2	4
6000	33	0,1	-0,1	-0,4	-0,7
	35	0,2	0,0	-0,3	-0,7
	37	0,3	0,1	-0,3	-0,7
8000	33	0,5	0,0	-0,5	-1,1
	35	0,5	0,0	-0,6	-1,2
	37	0,5	0,0	-0,7	-1,4
10000	33	1,1	0,2	-0,7	-1,6
	35	0,9	0,0	-1,0	-1,9
	37	0,7	-0,2	-1,3	-2,2

Tabelle 22f. C_g: Schwerekorrektion für die Schallgeschwindigkeit.

Tiefe in m \ Breite φ	0°	30°	60°	90°
0	0,0	0,0	0,0	0,0
2000	—0,1	0,0	0,1	0,1
4000	—0,1	0,0	0,2	0,3
6000	—0,2	0,0	0,2	0,4
8000	—0,2	—0,1	0,3	0,5
10000	—0,3	—0,1	0,4	0,6

Beispiel: $t^\circ = 3{,}4^\circ$ C, $S = 34{,}8^0/_{00}$, Tiefe = 7000 m, $\varphi = 40^\circ$. Nach Tabelle 1 (S. 426): 7000 m = 7169 dbar.

$$\left.\begin{array}{ccc} 1570{,}8 & +\,15{,}1 & -\,0{,}3 \\ \text{(Tab. 22b)} & \text{(Tab. 22c)} & \text{(Tab. 22d)} \\ -\,0{,}8 & +\,0{,}1 & \\ \text{(Tab. 22e)} & \text{(Tab. 22f)} & \end{array}\right\} = 1584{,}9 \text{ m/sec.}$$

Im thermo-halin geschichteten Ozean kann die vertikale Schallgeschwindigkeit V_z durch eine numerische Integration des Ausdrucks $V_z = \frac{1}{m}\int_0^m V_m\, dm$ bestimmt werden (m = Tiefe in m, V_m = horizontale Schallgeschwindigkeit in der Tiefe m). D. J. Matthews (1939) teilt das Weltmeer nach seinem hydrographischen Aufbau in 52 Regionen auf und gibt für jede Region eine Tabelle für V_z in verschiedenen Tiefenstufen. S. Kuwahara (1939) hat für den Pazifischen Ozean ein Verfahren zur Ermittlung von V_z aufgestellt, in dem das örtliche Korrektionsglied aus Isolinienkarten entnommen wird.

Experimentell bestimmte Schallgeschwindigkeiten bei verschiedenen Temperaturen und Konzentrationen, bei hörbaren und bei Ultraschallschwingungen in Landolt-Börnstein: 5. Aufl. Hw. 2, 1630, Eg. 1, 885, Eg. 2, 2, 1654, Eg. 3, 3, 2966.

3261118 Schallabsorption.

Die Schallintensität I_0 einer ebenen Schallwelle sinkt beim Durchlaufen einer Strecke x auf den Betrag: $J_x = J_0 e^{-2\nu x}$. Nach der klassischen Stokes-Kirchhoffschen Auffassung setzt sich der Absorptionskoeffizient ν aus Anteilen der inneren Reibung und Wärmeleitung zusammen:

$$\nu = \nu_r + \nu_t = \frac{2\pi^2 N^2}{V^3 \varrho}\left(\frac{4}{3}\eta + \frac{\gamma - 1}{c_p}\cdot\lambda\right)$$

N = Schallfrequenz, V = Schallgeschwindigkeit, ϱ = Dichte, η = innerer Reibungskoeffizient, γ = Verhältnis der spezifischen Wärmen, c_p = spezifische Wärme bei konstantem Druck, λ = Wärmeleitungskoeffizient.

ν ist temperaturabhängig, sinkt für reines Wasser nach E. Baumgardt (1936) im Temperaturintervall 18—40° um 70%. ν ist auch frequenzabhängig, daher wird als charakteristische Größe der Schallabsorption ν/N^2 angegeben. Für reines Wasser ist nach P. Biquard (1933) auf Grund der klassischen Auffassung $\frac{\nu_r}{N^2} + \frac{\nu_t}{N^2} = (8{,}5 + 0{,}0064)\cdot 10^{-17}$, d. h. I_x wäre nach 5,8 km auf den e-ten Teil von I_0 abgesunken.

Messungen der Schallabsorption bei Ultraschall im Wasser, deren Ergebnisse C. E. Teeter (1946) sehr vollständig angibt, zeigen bis etwa viermal größere Werte von ν/N^2. Sie folgen nach der Relaxationstheorie von H. O. Kneser (1931) aus atomaren und molekularen Vorgängen. Die experimentellen Resultate sowie die Theorie wurden von H. O. Kneser (1949) zusammenfassend behandelt.

3261119 Elektrische Leitfähigkeit.

Unter den beiden neuesten Bestimmungen der Leitfähigkeit des Meerwassers von B. D. Thomas und Th. G. Thompson (1934) und von W. Bein (1935) ist in der Meereskunde den letzteren der Vorzug zu geben, da sie an das Kopenhagener Normalwasser angeschlossen sind. Leitvermögen $\varkappa$ in der Einheit $\mathrm{ohm^{-1}cm^{-1}}$; die Tabelle gibt die 10^5fachen Zahlenwerte.

Tabelle 23. Leitvermögen $\varkappa \cdot 10^5\,\mathrm{ohm^{-1}cm^{-1}}$ des Meerwassers in Abhängigkeit von Temperatur und Salzgehalt bei 800 periodischem Wechselstrom nach W. Bein.

$t°$ \ $S°/_{00}$	5	10	15	20	25	30	35	40
0	486	923	1342	1747	2142	2528	2906	3276
15	727	1378	1996	2594	3173	3740	4293	4834
18	779	1475	2137	2776	3396	4001	4590	5168
25	904	1712	2477	3214	3929	4626	5305	5967

3261120 Einige physikalische Eigenschaften des Meereises.

Diese sind abhängig von Temperatur, Salzgehalt, Druck und Porosität (Gasgehalt). Salzgehalt und Porosität schwanken in weiten Grenzen je nach der Vorgeschichte des betreffenden Meereises.

a) Salzgehalt als Zustandsgröße des Meereises. Die Mischung verschiedener Salze in Lösung macht den Gefriervorgang des Meerwassers verwickelt und kann Inhomogenitäten im Meereis verursachen. Beim Gefrieren wird in den Hohlräumen zwischen den Kristallen des reinen Eises Salzlauge eingeschlossen, aus der je nach der Temperatur Salze in fester Form abgeschieden werden.

Tabelle 24. Abscheidung der einzelnen Salze bei Abkühlung von Meerwasser ($S = 33°/_{00}$) nach W. E. Ringer (1928).

— 1,8°	Beginn der Abscheidung von reinem Eis.
	Es folgt allmählich $CaCO_3$.
— 8,2°	Beginn der Abscheidung von $Na_2SO_4 \cdot 10H_2O$.
— 23°	Beginn der Abscheidung von NaCl, wahrscheinlich als Bihydrat.
— 36°	Beginn der Abscheidung von $MgCl_2 \cdot 12H_2O$.
	Es folgt der Beginn der Abscheidung von KCl.
— 55°	Beginn der Abscheidung von $CaCl_2$.
	Es folgt alsbald die Erstarrung der restlichen Mutterlauge.

Dietrich

Der Gesamtsalzgehalt des Meereises hängt von verschiedenen äußeren Faktoren ab:

1. Vom Salzgehalt des Meerwassers im Entstehungsgebiet. Der Salzgehalt des Meereises ist in der Regel kleiner.

2. Von der Geschwindigkeit der Eisbildung. Junges Meereis bei verschiedenen Lufttemperaturen, wobei die Lufttemperatur als roher Maßstab für die Geschwindigkeit der Eisbildung dient, enthielt nach Beobachtungen von F. Malmgren (1927) im Nordpolarmeer:

Tabelle 25. Salzgehalt vom Meereis.

Lufttemperatur °C	—16	—28	—30	—40
$S^0/_{00}$ im Eis	5,64	8,01	8,77	10,16

Bei schneller Eisbildung an der Oberfläche wird mehr Salz eingeschlossen als bei dem langsamen Gefriervorgang an der Unterkante des Eises.

Tabelle 26. Vertikale Salzgehaltsverteilung im Meereis mit einem Alter von 5 Monaten (I) nach F. Malmgren (1927) und mit einem Alter von 60 Stunden (II) nach K. Weyprecht (1879) [Salzgehalt des Meerwassers im Entstehungsgebiet des Eises etwa 30‰].

I	Abstand von der Oberfläche (cm)	0	6	13	26	45	82	95
	$S^0/_{00}$	6,74	5,28	5,31	3,84	4,37	3,48	3,17

II	Abstand von der Oberfläche (cm)	0—5	5—14	14—19
	$S^0/_{00}$	25	13	12

3. Vom Bewegungszustand des Meeres bei der Eisbildung. Bei ruhigem Wasser ist das Jungeis salzärmer als bei bewegtem Wasser, wahrscheinlich weil Spritzwasser salzreiches Meerwasser auf die Eisdecke befördert.

4. Vom Alter des Eises. Der Salzgehalt nimmt in der Regel mit dem Alter des Eises ab (s. Tab. 26 bei gleichem Abstande von der Oberfläche). Die Salzlauge, die in den Hohlräumen zwischen den Eiskristallen eingeschlossen ist, sickert mit der Zeit infolge ihrer größeren Dichte nach unten aus dem Eise heraus. Am Ende des Sommers ist die oberste Eisschicht stark ausgesüßt und kann mitunter zur Trinkwasserbereitung benutzt werden.

5. und 6. Der wechselnde Anteil der Hydrometeore am Meereis sowie Überschiebungen der Eisschollen tragen zu weiteren Inhomogenitäten des Salzgehaltes bei.

b) Porosität (Gasgehalt) als Zustandsgröße des Meereises. Mechanisch eingeschlossene Gasbläschen im Meereis haben verschiedenen Ursprung: 1. Ausscheidung bei Übersättigung des Meerwassers an Gasen, 2. chemisch-biologische Prozesse, 3. als wichtigsten Anteil atmosphärische Luft, die in die Hohlräume nachgedrungen ist, als die Salzlauge aussickerte. Deshalb besitzt Meereis in salzarmen Bildungsgebieten geringen Luftgehalt [Finnischer Meerbusen <4 Volumenprozent nach N. N. Subow (1938)], in salzreichen Bildungsgebieten hohen Luftgehalt [Barentsmeer 8% nach N. N. Subow]. Da die Verteilung der Porosität mit dem Salzgehalt verknüpft ist, treten wie bei diesem starke Inhomogenitäten auf.

c) Dichte.

Tabelle 27. Dichte des Meereises in Abhängigkeit vom Salzgehalt und Luftgehalt (in Volumenprozenten n) nach N. N. Subow (1938).

$n^0/_0$ \ $S^0/_{00}$	0	10	20	30
0	0,918	0,925	0,934	0,942
3	0,890	0,898	0,906	0,914
6	0,863	0,871	0,879	0,887
9	0,835	0,843	0,851	0,859

Die beobachteten Extreme der Dichte des Meereises liegen nach zahlreichen Bestimmungen von F. Malmgren (1927) im Nordpolargebiet zwischen $0{,}857 \leqq \varrho_t \leqq 0{,}924$.

d) Spezifische Wärme. Die spezifische Wärme des Meereises erreicht bei steigendem Salzgehalt große Werte, da durch die Verschleppung des Gefrierpunktes (s. Tab. 24) die Schmelzwärme mit eingeht.

Tabelle 28. Spezifische Wärme des Meereises (in cal · g^{-1}) in Abhängigkeit von Temperatur und Salzgehalt nach F. Malmgren (1927).

$S^0/_{00}$ \ t^0	—2	—4	—6	—8	—10	—14	—18	—22
0	0,48	0,48	0,48	0,48	0,48	0,47	0,47	0,46
2	2,57	1,00	0,73	0,63	0,57	0,54	0,53	0,52
4	4,63	1,50	0,96	0,76	0,64	0,57	0,56	0,54
6	6,70	1,99	1,20	0,88	0,71	0,61	0,58	0,56
8	8,76	2,49	1,43	1,01	0,78	0,64	0,61	0,58
10	10,83	2,99	1,66	1,14	0,85	0,68	0,64	0,60
15	16,01	4,24	2,24	1,46	1,02	0,77	0,71	0,65

e) Schmelzwärme. Reines Eis hat eine Schmelzwärme von 79,7 cal · g^{-1}. Meereis besitzt infolge des Salzgehaltes keinen eindeutigen Schmelzpunkt (s. Tab. 24), und der Begriff Schmelzwärme wird hier für die Wärmemenge in cal benutzt, die notwendig ist, um 1 g Meereis mit der Temperatur t^0 und dem Salzgehalt S zu schmelzen.

Tabelle 29. Schmelzwärme des Meereises bei den Temperaturen —1° und —2° in Abhängigkeit vom Salzgehalt nach F. Malmgren (1927).

$S^0/_{00}$ \ t^0	0	2	4	6	8	10	15
—1	80	72	63	55	46	37	16
—2	81	77	72	68	63	59	48

f) Wärmeausdehnung. Die plötzliche starke Volumenzunahme um 9% beim Gefrieren von reinem Wasser und die anschließende Kontraktion des reinen Eises bei weiterer Abkühlung überlagern sich beim Meereis durch die Verschleppung des Gefrierpunktes.

Tabelle 30. Thermischer Ausdehnungskoeffizient des Meereises $e_t \cdot 10^1$ (in $grad^{-1}$) in Abhängigkeit von Temperatur und Salzgehalt nach F. Malmgren (1927).

t^0 \ $S^0/_{00}$	—2	—4	—6	—8	—10	—14	—18	—22
2	— 22,10	— 4,12	— 1,06	+0,16	+0,83	+1,23	+1,33	+1,44
4	— 45,89	— 9,92	— 3,81	—1,37	—0,02	+0,78	+0,96	+1,18
6	— 69,67	—15,73	— 6,55	—2,90	—0,88	+0,33	+0,60	+0,93
8	— 93,46	—21,53	— 9,30	—4,43	—1,73	—0,13	+0,23	+0,67
10	—117,25	—27,34	—12,05	—5,95	—2,59	—0,59	—0,13	+0,42
15	—176,72	—41,85	—18,92	—9,78	—4,73	—1,72	—1,04	—0,22

g) Wärmeleitfähigkeit. Die Wärmeleitfähigkeit λ_e des luftfreien Eises ist $5{,}1 \cdot 10^{-3}$. Infolge der zunehmenden Porosität gegen die Oberfläche des natürlichen Meereises nimmt die Wärmeleitfähigkeit zur Oberfläche hin ab.

Tabelle 31. Mittlere Wärmeleitfähigkeit λ_e (in cal · $grad^{-1}$ · cm^{-1} · sec^{-1}) des Meereises im Nordpolarmeer nach F. Malmgren (1927).

Tiefe in cm	0	25	75	125	200
$\lambda_e \cdot 10^3$	1,7	3,3	4,5	5,0	5,0

Literatur zu 32611.

Baumgardt, E.: C.R. **202** (1936) 203. — Behrens, W.: Luftwissen **4** (1937). — Bein, W.: Veröff. Inst. f. Meereskunde Berlin, N.F.R.A. **28.** (Mit Zusammenstellung der Literatur bis 1934.) Abdruck neuer Grundtafeln des spezifischen Volumens, der Dichte, der Brechung und der elektrischen Leitfähigkeit in Landolt-Börnstein, 3. Erg.-Bd. Teil 1, 2, 3; Landolt-Börnstein I (1923) 438 und 3. Erg.-Bd., T. 1 (1935) 389. — Biquard, P.: C.R. **196** (1933) 257. — Bjerknes, V., u. J. W. Sandström: Dynam. Meteorolog. u. Hydrogr. Teil 1. Braunschweig (1912). — Böhnecke, G.: Wiss. Erg. d. Deutsch. Atlant. Exp. „Meteor" 1925—1927. **4** (1932) T. 1, 208. — Böhnecke, G.: Ann. Hydr. Meteor. **61** (1933) 122. — Bridgman, P. W.: Proc. Amer. Acad. Arts Sci. **11** (1925) 603 (auch Landolt-Börnstein 5. Aufl. Eg. **1**, 83). — Bruns, E. V.: V. Hydrol. Konf. Balt. Staaten. Bericht 11a (1936). — Dorsey, N. E.: Amer. Chem. Soc. Monograph Ser. N. 81 (1940). — Ekman, V. W.: Publ. Circ. (1908) Nr. 43. — Ekman, V. W.: Publ. Circ (1910) Nr. 49. — Ekman, V. W.: Ann. Hydr. Meteor. **42** (1914) 340. — Folsom, R. G.: Transact. Am. Geoph. Un. **30** (1949) 691. — Geissler, H.: Arch. Deutsch. Seewarte **61** (1941). — Hartmann, G. K., u. A. B. Focke: Phys.

Rev. **57** (1940) 221. — Helland-Hansen, B.: Phys. Oceanogr. Results of the „Michael Sars". Deep-Sea Exp. 1910, Bergen (1930) 67. — Hesselberg, Th., u. H. U. Sverdrup: Bergens Mus. Aarbok 1914/15 (1915) Nr. 14 u. 15. — Hirsekorn, H.-G.: Veröff. Inst. f. Meereskunde Berlin, N.F.R.A. **28** (1935) 8. — Jacobsen, A. W.: Transact. Am. Inst. Elec. Eng. **67** (1948) 1. — Jacobsen, J. P., u. M. Knudsen: Un. Géod. et Géophy. Intern., Asso. d'Océanogr. Pub. Sci. No. 7 (1940). — Jäger, G.: S.B. Akad. Wiss. Wien, Math.-Naturwiss. Kl. **100** (1891) 245. — Jäger, W., u. H. v. Steinwehr: S.B. d. Berl. Akad. (1915) 424. — Kalle, K., u. H. Thorade: Arch. Deutsch. Seewarte **60** (1940) Nr. 2. — Kalle, K.: Ann. Hydr. Meteor. **70** (1942) 383. — Klebba, A. A.: Ann. New York Acad. Sci. **51** (1949) 533. — Kneser, H. O.: Ann. Phys. **11** (1931) 761. — Kneser, H. O.: Ergeb. Exakt. Naturw. **22** (1949) 121. — Knudsen, M.: Hydrographische Tabellen. Kopenhagen (1901). — Knudsen, M.: D. Kgl. Danske Vidensk. Selsk. Skr. 6. R., Afd. XII, 1. Kopenhagen (1902). Auch in Wiss. Meeresunt. N.F. (Kiel) **6** (1902) 127. — Knudsen, M.: Publ. Circ. (1903) Nr. 5. — Koch, W.: Forsch. Ing.-Wes. (A) **5** (1934) 139 (auch Landolt-Börnstein 5. Aufl. Eg. 3, 32252). — Krümmel, O.: Wiss. Meeresunt., N.F. (Kiel) **5** (1901) Heft 2, 3. — Krümmel, O., u. E. Ruppin: Wiss. Meeresunt., N.F. (Kiel) **9** (1906) 31. — Krümmel, O.: Hdb. d. Ozeanogr. **1**. Stuttgart (1907). — Kuwahara, S.: Jap. J. of Astr. a. Geoph. **16** (1938) 1 und **17** (1939) 43. — Landolt-Börnstein: Physikalisch-chemische Tabellen. 5. Aufl. Berlin (1923—1936). — Linke, F.: Meteorol.-Taschenbuch, 4. Ausg. (1939) 207. — Malmgren, F.: On the properties of sea-ice. Norw. North Polar Exp. „Maud" 1918—1925. **1** (1927). — Matthews, D. J.: Cons. Perm. Intern. p. l'Explor. d. l. Mer (1932). — Matthews, D. J.: Tables of the velocity of sound ... Hydr. Depart. London Admiralty (1939). — Meyer, H. H. F.: Wiss. Erg. d. Deutsch. Atlant. Exp. „Meteor" 1925—1927. **4** (1932) T. 1, 262. — Mosby, H.: Bergens Mus. Aarbok. N.R. **1** (1943) 1. — Rauschelbach, H.: Ann. Hydr. Meteor. **60** (1932) 129. — Schumacher, A.: Ann. Hydr. Meteor. **52** (1924) 87. — Sörensen, S. P. L.: Wiss. Meeresunt., N.F. (Kiel) **6** (1902) 140. — Spilhaus, A. F.: J. Mar. Research **1** (1938) 95. — Stenius, S.: Öfs. Finska Vet. Soc. Förh. **46** (1904) Nr. 6. — Subow, N. N.: Meerwasser und Eis (russisch). Moskau (1938). — Subow, N. N., u. N. J. Chigrin: Ozeanologische Tabellen (russisch). Hydr. Met. Publ. Moskau (1940). — Sverdrup, H. U.: Geofysiske Publ. **10** (1933) Nr. 1, 5. — Sverdrup, H. U., M. W. Johnsson, R. H. Fleming: The oceans, their physics, chemistry, and general biology. New York (1942). — Teeter, C. E.: J. Acoust. Soc. Am. **18** (1946) 488. — Thomas, B. D., u. Th. G. Thompson: J. Conseil Internat. **9** (1934) 28. — Thomson, W. (Lord Kelvin): Trans. Roy. Soc. Edinb. **20** (1853) 283. — Tomczak, G.: D. Hydr. Z. **1** (1948) 141. — Wattenberg, H., u. J. Joseph: Ann. Hydr. Meteor. **71** (1943) 240. — Weyprecht, K.: Die Metamorphosen des Polareises. Wien (1879) 58. — Wüst, G.: Wiss. Erg. d. Deutsch. Atlant. Exp. „Meteor" 1925—1927. **4** (1932) T. 1, 60. — Wüst, G.: Wiss. Erg. d. Deutsch. Atlant. Exp. „Meteor" 1925—1927. **6** (1938) T. 2, Lfg. 3, 101. — Zuber, R., u. K. Sitte: Z. Physik **79** (1932) 306.

32612 Meeresoptik.

Die Zahlenangaben dieses Abschnitts sind unterschiedlich zu werten. Während z. B. die Abhängigkeit der Brechzahl vom Salzgehalt mit der Genauigkeit chemisch-physikalischer Laboratoriumsuntersuchungen bestimmt ist, können die Zahlen z. B. über die jahreszeitlichen Schwankungen der Extinktion nur als ein ausgewähltes Beispiel aufgetretener Änderungen gewertet werden. Es wird deshalb auf die Literaturangaben am Schlusse jedes Abschnittes verwiesen.

Die nachstehend angegebenen Zahlenwerte beziehen sich auf die Meßstrecke von 1 m, die Koeffizienten auf die Basis 10, soweit es nicht ausdrücklich anders vermerkt ist. Wurden die Werte aus anders ausgedrückten Angaben der Autoren umgerechnet, so ist dies angegeben.

326121 Optische Eigenschaften des Meerwassers (Laboratoriumsuntersuchungen).

3261211 Brechung und Dispersion.

Die Brechung des Meerwassers wurde in neuerer Zeit von Utterback, Thomas, Thompson [*1*] und von Bein [*2*] bestimmt. Die Messungen von Bein sind an das Kopenhagener Normalwasser angeschlossen und beziehen sich auf $\varrho_{17,5}$. Tab. 1 enthält den Unterschied der Brechung des Meerwassers n_s gegen die Brechung von luftgesättigtem destilliertem Wasser n_w bei weißem Licht (entspricht gelbem Heliumlicht $\lambda = 5876$ Å) (Tab. 2) (Tab. 3).

Tabelle 1. Brechungsunterschied $(n_s - n_w) \cdot 10^6$ in Abhängigkeit von Temperatur und Salzgehalt (umgerechnet auf $S^0/_{00}$) nach Bein. ($\lambda = 5876$ Å.)

$S^0/_{00}$ \ t^0	0	5	10	15	20	25	30	35	40
20	4001	3897	3814	3749	3697	3655	3621	3594	3571
25	4989	4862	4759	4678	4617	4566	4524	4491	4463
30	5977	5827	5708	5614	5538	5478	5429	5390	5357
35	6966	6794	6657	6549	6463	6393	6337	6292	6254
40	7956	7762	7610	7488	7391	7313	7250	7199	7157

Dietrich, Joseph

Tabelle 2.
Temperaturkoeffizient ε ($n_s - n_w$ für 1°) für 17,5° (im Bereich 15 bis 25° umgerechnet auf $S^0/_{00}$) nach Bein.

$S^0/_{00}$	20	25	30	35	40
$\varepsilon \cdot 10^6$	280	275	271	266	262

Tabelle 3. Abhängigkeit der Brechung des Meerwassers von der Wellenlänge bei 20° ($\varrho_{17,5} = 10$) nach Bein. (Wegen $\varrho_{17,5}$ vgl. 3261104, Tab. 2.)

λ in Å	6678	5876	5016	4472
$(n_s - n_w) \cdot 10^6$	2390	2417	2462	2509

Danach ist die Hartmannsche Dispersionsformel für Meerwasser $(n_s - n_w)\, 10^6 = 2271 + \frac{52{,}8}{\lambda - 2251}$,

die Dispersion $\gamma = \frac{\overline{n}_{\text{gelb}}}{\overline{n}_F - \overline{n}_G} = 30{,}6$, wobei $\overline{n} = n_s - n_w$.

Literatur zu 3261211.

[1] Utterback, C., G. B. Thomas u. Th. G. Thompson: J. Cons. Expl. **9** (1934) 35. — [2] Bein, W.: Veröff. d. Inst. f. Meereskunde Berlin, N.F.R.A. **28** (1935) 36. (Zusammenstellung älterer Literatur [bis 1934] bei W. Bein [2].)

3261212 Extinktion.

32612121 Extinktion in reinem Wasser.

Unter Extinktion verstehen wir die Gesamtschwächung, die ein Lichtstrahl oder ein ausgedehnter Lichtstrom (Tageslicht) im Meerwasser erfährt. Sie ist vorwiegend auf Absorption (Umwandlung des Lichts in eine andere Energieform) und auf Streuung (Ablenkung des Lichts aus seiner ursprünglichen Fortpflanzungsrichtung durch molekulare Beugung, Brechung und Reflexion) des Wassers selbst und der in ihm gelösten und suspendierten Stoffe zurückzuführen. Als Maß für die Extinktion finden verschiedene Größen Verwendung. Ist J_0 die Intensität des ins Wasser eintretenden, J die des austretenden Lichtstrahls, so verstehen wir unter der Durchlässigkeit das Verhältnis J/J_0 und unter Extinktion den Wert $1 - (J/J_0)$. Beide Größen werden meist in % angegeben. Vielfach wird auch der Extinktionskoeffizient a verwendet, der durch das Lambertsche Gesetz $J = J_0 \cdot 10^{-ad}$ definiert ist, wobei d die Dicke der durchstrahlten Schicht ist. a wird in der Meereskunde auf 1 m, jedoch unterschiedlich entweder auf die Basis 10 (wie im folgenden) oder auf die Basis e bezogen (Achtung beim Vergleich der Angaben verschiedener Autoren!).

Die Extinktion des sichtbaren Teils des Spektrums in reinem Meerwasser unterscheidet sich innerhalb der Meßgenauigkeit nicht von der Extinktion in doppelt destilliertem Wasser. Hierüber liegen Untersuchungen von Dietrich [1] u. a. und neuere Messungen an reinem Wasser (Tab. 4) und Meerwasserproben von James und Birge [2] sowie Clarke und James [3] mit einem Monochromator vor. Gleichzeitig bringen James und Birge einen kritischen Vergleich der in Tab. 5 zusammengestellten älteren Extinktionsmessungen. Abb. 1 gibt einen Überblick über den Extinktionsverlauf im sichtbaren Spektrum. Die Meßergebnisse verschiedener Beobachter streuen zum Teil erheblich. Die Hauptschwierigkeit liegt nach übereinstimmenden Angaben aller Autoren in der Herstellung von „reinem Wasser".

Tabelle 4. Extinktion des Lichts in reinem Wasser (% pro m) nach James
E = 100—100 (J/J_0); Wellenlängen in mμ (aus James und Birge).

mμ	E	mμ	E	mμ	E	mμ	E	mμ	E
		410	1,05	510	1,1	610	21,8	710	52,0
		420	0,92	520	1,6	620	23,5	720	64,5
		430	0,78	530	2,3	630	25,0	730	78,0
		440	0,70	540	3,0	640	26,6	740	88,5
360	(4,40)	450	0,61	550	3,5	650	28,6	750	91,0
365	3,65	460	0,52	560	3,9	660	31,0	760	91,4
370	3,10	470	0,45	570	4,8	670	33,7	770	91,1
380	2,10	480	0,52	580	7,0	680	36,6	780	90,2
390	1,63	490	0,68	590	11,6	690	40,1	790	89,5
400	1,63	500	0,77	600	19,0	700	45,0	800	88,9

Tabelle 5. Messungen der Extinktion des Lichts (360—820 mμ) in reinem Wasser (nach James und Birge).

Name	Jahr	Bereich in mμ	Instrument
Aschkinaß	1895	800—460	Bolometer
v. Aufseß	1903	658—494	Spektrophotometer
Baldock	1935	700—550	Spektrophotometer
Collins	1925	820—703	Spektrophotometer
Ewan	1895	730—410	Spektrophotometer
Ganz.	1936	820—695	Spektrograph
Hüfner und Albrecht .	1891	660—449	Spektrophotometer
James	1932	800—365	Thermosäule
Pietenpol	1918	663—470	Spektrophotometer
Sawyer	1931	650—360	Spektrograph

Joseph

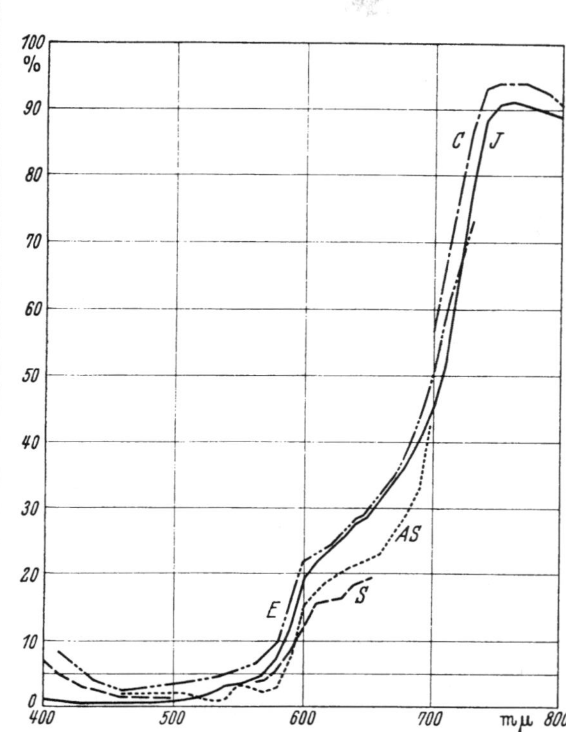

Abb. 1. Extinktion des sichtbaren Spektrums in destilliertem Wasser (% pro m) nach Messungen von James (*J*), Aschkinaß (*AS*), Collins (*C*), Ewan (*E*) und Sawyer (*S*) nach James und Birge.

Im Infrarot nimmt die Extinktion im Wasser stark zu, wie Abb. 2 zeigt. Weitere Angaben über die Infrarotextinktion, sowie einen Vergleich der Meßwerte von Collins [*4*] und den älteren Werten von Aschkinaß [*5*] bringen Dietrich [*1*], Sauberer und Ruttner [*6*] u. a.

Tabelle 6. Extinktion der Ultraviolettstrahlung in reinem Wasser nach Hulburt (umgerechnet).

mμ	a	mμ	a	mμ	a
400	0,035	320	0,19	240	0,586
380	0,056	300	0,28	220	1,43
360	0,082	280	0,33	200	3,5
340	0,12	260	0,40		

Im Ultraviolett nimmt die Extinktion im Wasser ebenfalls zu, doch müssen die Meßwerte noch als unsicher betrachtet werden, da die kurzwellige Seite des Spektrums gegen geringste Unreinheit des Wassers besonders empfindlich ist. In Tab. 6 sind Messungen von Dawson und Hulburt [*7*] wiedergegeben, die sich jedoch erheblich von den älteren Messungen von Kreusler [*8*] (s. Landolt-Börnstein, 5. Aufl., II, S. 896) unterscheiden (s. a. 32612223).

Von den beiden ozeanographischen Fundamentalgrößen, der Temperatur und dem Salzgehalt, ist der letztere im sichtbaren Teil des Spektrums ohne Einfluß (s. o.). Dagegen scheint nach den Hulburtschen Untersuchungen [*9*] der Salzgehalt (etwa 3,5%) im ultravioletten Spektralbereich die Extinktion zu erhöhen. Vor einem endgültigen Urteil sind weitere Messungen erforderlich.

Steigende Temperatur bewirkt im sichtbaren Teil des Spektrums eine Extinktionserhöhung, wie aus Abb. 3, sowie den von James und Birge in Tab. 7 zusammengestellten Messungen von Collins [*4*], Ganz [*10*] und Baldock [*11*] zu ersehen ist.

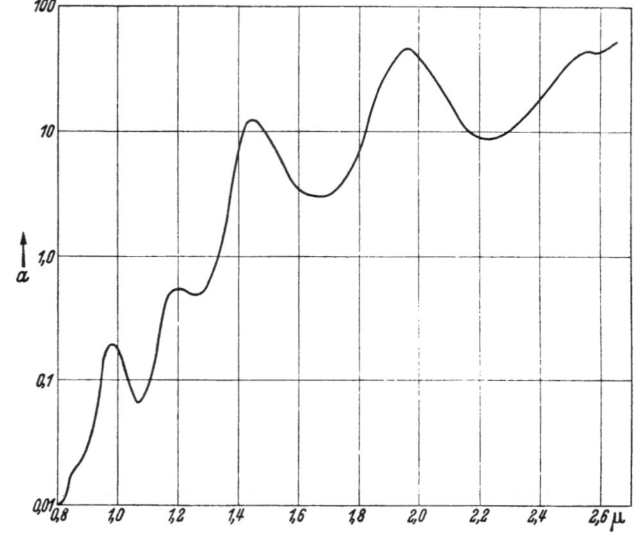

Abb. 2. Extinktion der Infrarotstrahlung in destilliertem Wasser (Extinktionskoeffizient pro cm in logarithmischem Maßstab) bezogen auf 18° C nach Messungen von Collins.

Tabelle 7. Temperaturabhängigkeit der Extinktion in reinem Wasser (% pro m) nach James und Birge.

mμ	Collins			Ganz		mμ	Baldock	
	0,5°	26°	90°	12°	87°		25°	96°
820	92,0	91,4	92,8	90,7	92,3	700	48,3	57,3
810	90,4	88,4	89,9	90,4	87,7	690	42,3	52,8
800	91,3	89,1	89,5	91,1	88,6	680	38,1	48,8
790	92,8	91,1	90,7	93,0	91,2	670	34,9	47,2
780	93,9	92,8	92,8	93,8	93,5	660	33,3	46,4

Tabelle 7 (Fortsetzung).

mμ	Collins 0,5°	Collins 26°	Collins 90°	Ganz 12°	Ganz 87°	mμ	Baldock 25°	Baldock 96°
770	93,9	93,8	94,8	93,9	91,2	650	31,2	44,5
760	93,8	94,2	96,1	93,7	96,5	640	27,8	41,7
750	92,5	94,3	97,5	93,2	97,5	630	26,3	38,1
740	90,6	93,6	98,1	91,2	97,8	620	25,2	55,9
730	85,3	87,3	94,5	80,1	91,1	610	24,8	38,4
720	72,5	73,0	83,0	62,0	76,8	600	23,3	41,4
710	59,7	60,8	71,3	48,3	53,6	590	17,3	31,6
700	(47,2)	(48,3)	(58,2)	31,9	33,6	580	11,7	15,2
695	....	....	....	31,9	33,6	570	10,3	13,9
						560	9,5	12,2
						550	8,6	10,3

32612122 Extinktion in natürlichem Meerwasser.

Das natürliche Meerwasser kann nur in den Zentralgebieten der großen Ozeane als „rein" angesehen werden. In Küstennähe ist es mehr oder weniger „trüb". Abb. 4 zeigt, daß die Trübung teilweise spektral selektiv extingiert, und zwar die zunächst auftretende Feintrübung stärker, die Grobtrübung schwächer oder gar nicht. Das geht aus Abb. 5 und 6 noch deutlicher hervor. Das Sargasso-Wasser ist nach Filterung praktisch ebenso durchlässig wie doppelt destilliertes Vergleichswasser (Abb. 5). Die Grobtrübung, die sich in dem Küstenwasser nach 48 Stunden abgesetzt hat, extingiert nahezu gleichmäßig über das gesamte Spektrum. Dagegen extingiert die verbleibende feinere Trübung selektiv, und zwar im Blau stärker als im Gelb, eine Wirkung, die größtenteils auf gelöste Humusstoffe („Gelbstoffe") zurückzuführen ist (Abb. 6).

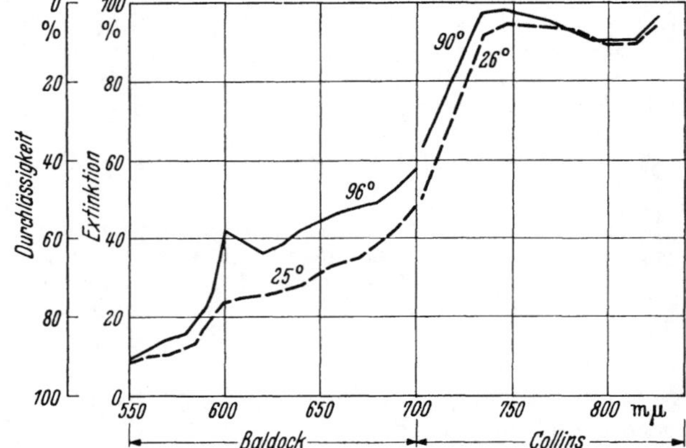

Abb. 3. Temperatureinfluß auf die Lichtextinktion in reinem Wasser nach James und Birge. (Aus Sauberer und Ruttner).

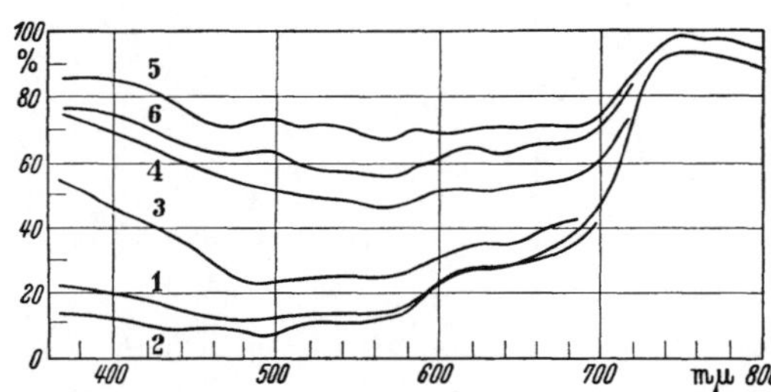

Abb. 4. Vergleich der spektralen Extinktion von Meerwasserproben nach Clarke u. James. (Probenentnahme: *1* Sargassomeer, *2* Kontinentalabfall, *3* Schelfgebiet, *4*, *5*, *6* Küstengebiete.)

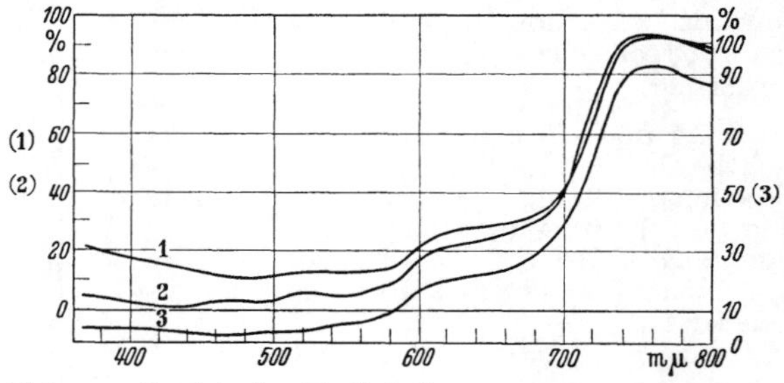

Abb. 5. Spektrale Extinktion von Sargassowasser vor (*1*) und nach (*2*) der Filterung im Vergleich zu doppelt destilliertem Wasser (*3*) nach Clarke und James. (H_2O-Kurve versetzt.)

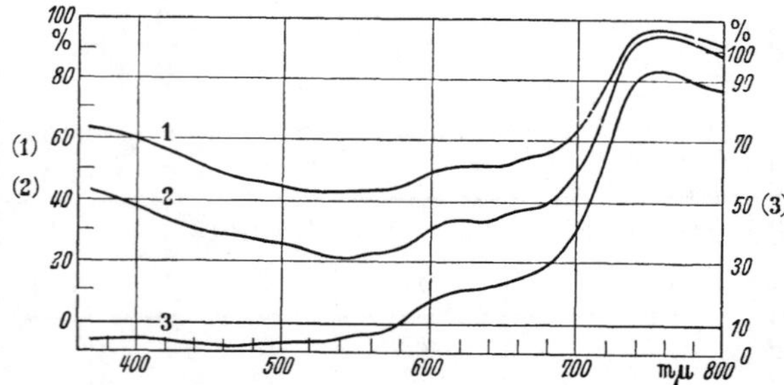

Abb. 6. Spektrale Extinktion von Küstenwasser vor (*1*) und nach (*2*) der Filterung im Vergleich zu doppelt destilliertem Wasser (*3*) nach Clarke und James. (H_2O-Kurve versetzt, Skala rechts.)

Literatur zu 3261212.

[*1*] Dietrich, G.: Ann. d. Hydr. **67** (1939). — [*2*] James, H. R., u. E. A. Birge: Trans. Wisc. Acad. **31** (1938). — [*3*] Clarke, G. L., u. H. R. James: J. Opt. Soc. Am. **29** (1939). — [*4*] Collins, J. R.: Phys. Rev. **26** (1925). — [*5*] Aschkinaß, E.: Ann. d. Phys. **55** (1895). — [*6*] Sauberer, F., u. F. Ruttner: Die Strahlungsverhältnisse der Binnengewässer. Leipzig 1941. — [*7*] Dawson, L. H., u. E. O. Hulburt: J. Opt. Soc. Am. **24** (1934). — [*8*] Kreusler, A.: Ann. d. Phys. **6** (1901). — [*9*] Hulburt, E. O.: J. Opt. Soc. Am. **17** (1928). — [*10*] Ganz, E.: Ann. Phys. **26** (1936). — [*11*] Baldock, C. R.: (1933). (Unveröffentlichte Werte teilweise in [*2*].)

Joseph

Extinktionsmessungen in reinem Wasser:

Hüfner, G., u. E. Albrecht: Ann. d. Phys. u. Chem. **42** (1891). — Ewan, T.: Proc. Roy. Soc. **57** (1894). — Aufsess, O. v.: Diss. München (1903). — Pietenpol, W. B.: Trans. Wisc. Acad. **19** (1918). — Sawyer, W. R.: Canada Biol. and Fish. **7** (1931). — Lange, B., u. B. Schusterius: Z. Phys. Chem. **159** (1932).

Tabelle 8. Extinktions- (a), Absorptions- (μ) und Streukoeffizienten (γ) für 1 m reines Wasser.

mμ	a	μ	γ	γ/μ
360	0,0195	0,0161	0,00342	0,21
80	0,0092	0,0065	0,00272	0,42
400	0,0071	0,0050	0,00218	0,44
20	0,0040	0,0022	0,00178	0,82
40	0,0031	0,0016	0,00146	0,92
60	0,0023	0,0011	0,00121	1,15
80	0,0023	0,0012	0,00101	0,81
500	0,0034	0,0025	0,00086	0,34
20	0,0070	0,0063	0,00073	0,12
40	0,0132	0,0126	0,00062	0,05
60	0,0173	0,0167	0,00054	0,03
80	0,0315	0,0311	0,00046	0,01
600	0,0915	0,0911	0,00040	0,004
20	0,116	0,116	0,00035	0,003
40	0,134	0,134	0,00031	0,002
60	0,161	0,161	0,00027	0,002
80	0,198	0,198	0,00024	0,001
700	0,260	0,260	0,00021	0,001

3261213 Streuung.

Eine molekulare Streuung des Lichts tritt nach der Einstein-Smoluchowskischen Fluktuationstheorie auch in reinem Wasser auf. Formeln für den Streukoeffizienten γ (teilweise auch als „scheinbarer Extinktionskoeffizient" bezeichnet) wurden von Gans angegeben und verbessert [*1*, *2*]. Die Streukoeffizienten γ wurden u. a. von Le Grand [*3*] berechnet. In Tab. 8 sind diese Werte (umgerechnet) mit den nach Tab. 4 berechneten Extinktionskoeffizienten zusammengestellt. Aus der Differenz dieser beiden Werte ergeben sich die Absorptionskoeffizienten $\mu = a - \gamma$. Wir sehen an dem Verhältnis γ/μ von Streu- und Absorptionskoeffizient, daß die Extinktion im langwelligen Teil des sichtbaren Spektrums fast ausschließlich durch Absorption bedingt ist. Der Streuanteil ist nur zwischen 380 und 500 mμ von gleicher Größenordnung wie die Absorption und erreicht seinen Maximalwert etwa bei 460 mμ. Das Streulicht ist polarisiert. Quantitative Messungen des Streulichts und seines Polarisationsgrades für reines Wasser liegen nicht vor.

Literatur zu 3261213.

[*1*] Gans, R.: Z. Phys. **17** (1923). — [*2*] Gans, R.: Hdb. d. Exp. Phys. **19** (1928). — [*3*] Le Grand, Y.: Ann. l'Inst. Océanogr. **19** (1939).

326122 Das Tageslicht im Meere.

3261221 Die Reflexion an der Meeresoberfläche.

Die „äußere" Reflexion unpolarisierten Lichts an einer glatten Wasseroberfläche folgt dem Fresnelschen Gesetz:

$$R_a = \frac{1}{2} \cdot \frac{\sin^2(\varphi - \psi)}{\sin^2(\varphi + \psi)} + \frac{\mathrm{tg}^2(\varphi - \psi)}{\mathrm{tg}^2(\varphi + \psi)},$$

wobei φ der Einfallswinkel und ψ der Brechungswinkel ist. Die auf Grund dieser Formel durchgeführten Rechnungen für die Reflexion des Sonnenlichts sind jedoch für die Meeresoptik von beschränktem Wert, da die Meeresoberfläche nur selten „glatt" ist. Auch die Erweiterung der Rechnung auf sinusförmige Wellen, die mehrfach versucht wurde, hat mehr theoretischen Wert, da der größte Teil der äußeren Reflexion bei Seegang durch Schaumbildung verursacht wird. Wir wollen uns deshalb mit der Angabe von Meßwerten begnügen, wobei jedoch zu beachten ist, daß bei Reflexionsmessungen stets die gesamte Rückstrahlung, also auch das aus dem Wasser diffus zurückgestrahlte Licht (Unterlicht, s. 32612224) mit erfaßt wird. Abb. 7 zeigt Reflexionsmessungen von Ångström [*1*] u. a. im Vergleich zu der sich aus [*1*] theoretisch ergebenden Reflexion. Powell und Clarke [*2*] führten Messungen mit Photoelementen von einem besonders konstruierten schattenarmen Schwimmer aus durch (Tab. 9). Für diffuses Tageslicht fanden Atkins und Poole [*3*] 6 bis 7% Reflexion an der Meeresoberfläche, einen Wert, der einer Sonnenhöhe von 30 bis 40° entspricht. Büttner und Suttner [*4*] bestimmten die Reflexion der Nordsee vom Flugzeug aus zu etwa 5% für 300 mμ bei 40 bis 50° Sonnenhöhe und zu etwa 9% die Gesamtstrahlung (0,3 bis 3 μ). Auf die gleiche Weise stellten Kimball und Hand [*5*] bei diffusem Tageslicht im grünen Spektralbereich 4,4%, im roten 4,0% und ohne Filter 3,6% Reflexion der Meeresoberfläche fest. Bei Seegang und insbesondere bei Schaumbildung kann die Reflexion sehr stark, nach Poole [*6*] örtlich bis über 40% ansteigen.

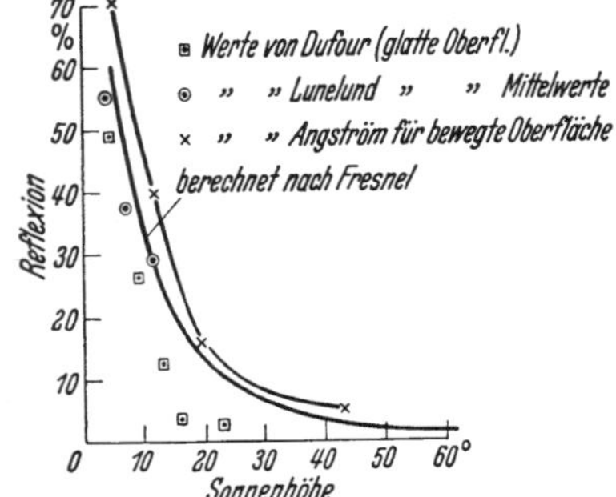

Abb. 7. Reflexion der Sonnenstrahlung an einer Wasseroberfläche nach Ångström. (Aus Sauberer und Ruttner.)

Joseph

Tabelle 9. Reflexion des Tageslichts an der Meeresoberfläche (Oberflächenreflexion und Unterlicht) in % des einfallenden Lichts nach Powell und Clarke.

Sonnenhöhe	Violett	Rot	Meteorologische und ozeanographische Bedingungen	
70°	4,2	2,5	Klar	SW 3 Wellenhöhe 0,3 bis 0,6 m
62	4,1	2,4	Klar	
53	4,3	2,5	Klar	
50	4,6	2,6	Klar	
44	4,8	2,9	Klar	
39	5,1	3,6	Klar	
69	11,2		Bewölkt, ohne Sonne	schwachwindig
70—53	6,4		Bedeckt	
47	5,9		Bewölkt mit Sonne	
44	5,7		Sonne	
36	6,8		Bewölkt mit Sonne	
30	6,5		Schwach bewölkt mit Sonne	
23	8,4		Schwach bewölkt mit Sonne	
18	7,6		Schwach bewölkt, meist Sonne	
16	6,7		Bedeckt	
12	6,7		Sonne hinter Wolken	
8—0	6,5		Bedeckt	
68	9,3	5,7	Dunst, Sonne	SW 3 Wellenhöhe 0,5 bis 0,6 m
68	7,7	3,6	Schwacher Dunst, Sonne	
65	6,4	5,6	Klar	
62	5,8	6,3	Klar	
56	6,2	7,0	Klar	
49	8,4	9,9	Bewölkt	
42	8,2	10,7	Bewölkt, teilweise Sonne	
61	3,8	3,4	Klar	NW 3—4
64	3,9	3,4	Klar	
41	6,4	5,0	Klar	
36	7,3	5,3	Klar	
35		4,3	Sonne hinter Wolken	
29	9,1	7,0	Klar	
23	12,0	10,3	Klar	
17	14,2	20,5	Klar	
12	15,4	19,0	Klar	
5	12,7	35,2	Klar	

Literatur zu 3261221.

[1] Ångström, A.: Geogr. Ann. 7 (1925). — [2] Powell, W. M., u. G. L. Clarke: J. Opt. Soc. Am. **26** (1936). — [3] Poole, H. H., u. W. R. G. Atkins: J. Mar. Biol. Assoc. **14** (1926). — [4] Büttner, K., u. F. Suttner: Strahlentherapie **54** (1935). — [5] Kimball, H. H., u. J. F. Hand: Monthly W. Rev. **58** (1930). — [6] Poole, H. H.: Rapp. Proc.-Verb. (1938).

3261222 Das Eindringen des Tageslichts.

32612221 Formeln für die Extinktion (s. a. 32612121).

Wir verstehen unter Ober- und Unterlicht die in einer bestimmten Tiefe auf ein horizontales Flächenstück aus dem oberen oder unteren Halbraum fallende Gesamtintensität. Für einen ins Meerwasser eindringenden monochromatischen ausgedehnten Lichtstrom lassen sich die Intensitätsverhältnisse (von den obersten Schichten abgesehen) mit einer für die derzeitige Meßtechnik genügenden Genauigkeit nach Joseph [1] durch die Formeln beschreiben:

$$B(x) = B_0 \frac{(1 - R \cdot Q) + R\,(Q - R)\,e^{-2b(t-x)}}{(1 - R \cdot Q) + R\,(Q - R)\,e^{-2bt}}\, e^{-bx}$$

$$U(x) = B_0 \frac{R\,(1 - R \cdot Q) + (Q - R)\,e^{-2b(t-x)}}{(1 - R \cdot Q) + R\,(Q - R)\,e^{-2bt}}\, e^{-bx}.$$

Dabei sind t und x die Tiefen des Meeresbodens und des Meßgerätes, $B(x)$ und $U(x)$ Ober- und Unterlicht, $r(x)$ das Verhältnis von Unter- zu Oberlicht, das wir mit „diffuser Reflexion" bezeichnen, R der Wert von r für tiefe Meeresgebiete ($t \to \infty$) und Q die Albedo des Meeresbodens ($Q = r[t]$). $B(o) = B_0$ und $U(o) = U_0$ sind die Intensitäten unmittelbar unter der Oberfläche, also nach Abzug der Reflexionsverluste. Für tiefe Meeresgebiete gehen diese Formeln über in:

$$B(x) = B_0 e^{-bx} \quad \text{und} \quad U(x) = U_0 e^{-bx}.$$

In genügender Entfernung vom Meeresboden nehmen also Ober- und Unterlicht nach einem dem Lambertschen Gesetze äquivalenten Gesetz ab. b ist der von Atkins und Poole [2] definierte „vertikale Extinktionskoeffizient" [1]. Darunter versteht man die Extinktion des einfallenden Tageslichts innerhalb einer 1 m dicken horizontalen Wasserschicht. b kann durch Messungen der Intensität in verschiedenen Tiefen bestimmt werden. Entsprechend sind die „vertikale Durchlässigkeit" und die „vertikale Extinktion" definiert (s. 32612121).

Der Unterschied zwischen diesem „geophysikalischen" (b) und dem „physikalischen" Extinktionskoeffizienten (a) wird durch das Streulicht bedingt, das in einem Lichtstrahl ganz verlorengeht, aber in einem breiten Lichtstrom zum Teil erhalten bleibt. a ist deshalb je nach dem Streulichtanteil gleich oder größer als b. Die Differenz kann zusammen mit der diffusen Reflexion zur Berechnung der Absorptions- und Streukoeffizienten verwendet werden. Sie kann z. B. bei Planktontrübung erhebliche Werte annehmen (s. 326124).

Ein weiterer Unterschied wird durch die nicht senkrechte und nicht parallele Einstrahlung bewirkt. Ist φ die Zenitdistanz der Sonne, so ist die Weglänge eines Sonnenstrahls in einer 1 m dicken horizontalen Wasserschicht $l = n/\sqrt{n^2 - \sin^2 \varphi}$, wobei n der Brechungsindex des Meerwassers ist. Für die diffuse Himmelsstrahlung läßt sich unter der Voraussetzung einer glatten Oberfläche eine „mittlere Weglänge" derart bestimmen, daß die Durchlässigkeit längs dieser Weglänge gleich der vertikalen Durchlässigkeit der Himmelsstrahlung für eine 1 m dicke Schicht ist. Tab. 10, die von Whitney [3] berechnet wurde, zeigt, daß die mittlere Weglänge mit der Tiefe abnimmt, was durch die stärkere Extinktion des schrägeren Anteils der Strahlung bewirkt wird. In Abb. 8 ist die mittlere Weglänge der Gesamtstrahlung bei verschiedenen Anteilen der Himmelsstrahlung dargestellt. Ähnliche Berechnungen wurden u. a. von Eckel [4] und Young [5] durchgeführt. Setzt man die Gültigkeit der Kimballschen [6] mittleren Verteilung der Sonnen- und Himmelsstrahlung (Tab. 11) voraus, so zeigt Abb. 9 die mittlere Weglänge der Gesamtstrahlung für verschiedene Sonnenhöhen. Diese Darstellungen und Tabellen finden (zur Reduktion von Meßwerten auf einheitliche Einstrahlungsbedingungen) vorwiegend bei Messungen an Binnengewässern Verwendung, da die vorausgesetzte

Tabelle 10. Relative Intensität (B), vertikale Durchlässigkeit (D) und mittlere Weglänge (l) der diffusen Himmelsstrahlung in Wasser mit einer Durchlässigkeit von 70%/m nach Whitney.

Tiefe	Oberfläche		1 m	2 m	3 m	4 m	5 m	6 m
	oberh.	unterh.						
B (%)	100	93,2	61,1	40,0	26,4	17,4	11,5	7,6
D (%)	—	—	65,4	65,5	65,7	65,8	66,0	66,1
l (cm)	—	—	119,2	118,5	117,8	117,2	116,6	116,0

Tabelle 11. Anteile der diffusen Himmelsstrahlung (H) an der Totalstrahlung in der Luft nach Kimball.

Sonnenhöhe	90°—60°	50°	40°	30°	20°	10°	0°
H (%) . . .	15,0	15,8	18,0	22,0	29,4	42,0	100,0

glatte Oberfläche im Meere nur selten vorhanden ist. — Eine bewegte Wasseroberfläche wirkt jedoch als streuende Schicht (Mattglaswirkung), wozu vor allem die kleineren Rippelwellen beitragen, die den größeren Wellen überlagert sind. Sie verwischt den Einfluß der Strahlungsrichtung auf die Einstrahlungsverhältnisse im Meere. Atkins und Poole [2], Poole [7] u. a. beobachteten, daß der Sonnenstand (abgesehen von der Schicht unmittelbar unter der Oberfläche) wenig Einfluß auf die Messung des vertikalen Extinktionskoeffizienten b habe. Die Messungen bei hohem oder niedrigem Sonnenstande und bewegter See stimmten überein mit denen bei bedecktem Himmel und glatter See. Es scheint, als ob der Tageslichtstrom bereits in geringen optischen Tiefen (besonders bei bedecktem Himmel und leicht bewegter See) einen optischen Gleichgewichtszustand mit einer mittleren Verteilung von gerichtetem Licht und Streulicht (s. 3261223, Abb. 21) erreiche, für die b konstant bleibt. Dabei ist optisch homogenes Wasser vorausgesetzt. Unter diesen Bedingungen gelten die Formeln für $B(x)$ und $U(x)$ streng, von den obersten Metern abgesehen.

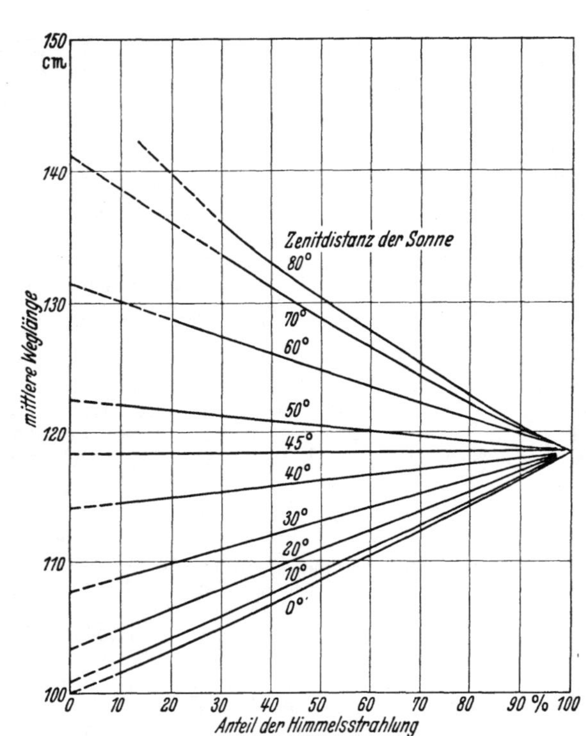

Abb. 8. Mittlere Weglänge der Gesamtstrahlung für verschiedene Zenitdistanzen der Sonne und verschiedene Anteile der Himmelsstrahlung nach Whitney.

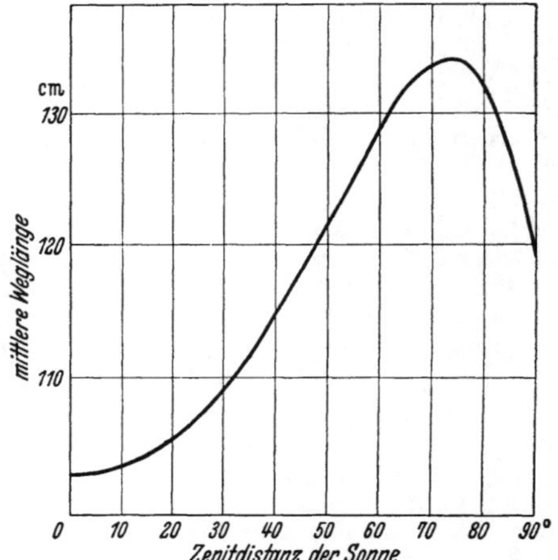

Abb. 9. Mittlere Weglänge der Gesamtstrahlung für verschiedene Zenitdistanzen der Sonne unter Annahme der Kimballschen mittleren Energieverteilung nach Whitney.

32612222 Meßmethode.

Die Messung der Lichtintensität im Wasser erfolgt heute fast ausschließlich mittels in ein wasserdichtes Meßgerät eingebauter Photoelemente, deren maximale spektrale Empfindlichkeit etwa im Bereiche maximaler Durchlässigkeit liegt (500 bis 550 mμ). Sie sind mehrfach ausführlich beschrieben worden (Pettersson und Poole [*8*], Utterback [*9*], Sauberer und Ruttner [*10*], Joseph [*11*] u. a.). Tab. 12 zeigt eine Zusammenstellung der optischen Daten der gebräuchlichsten Meßanordnungen nach Joseph [*14*]. Die verwendbaren Filter sind nicht eng genug, um damit nahezu monochromatische Spektralbereiche auszuschneiden. Bei Änderungen des Extinktionskoeffizienten innerhalb des Empfindlichkeitsbereiches eines Meßgerätes verschiebt sich deshalb der optische Schwerpunkt mit der Tiefe, worauf bereits von Sauberer und Eckel [*12*], Alvik [*13*] u. a. hingewiesen wurde. Die Schwerpunktsver-

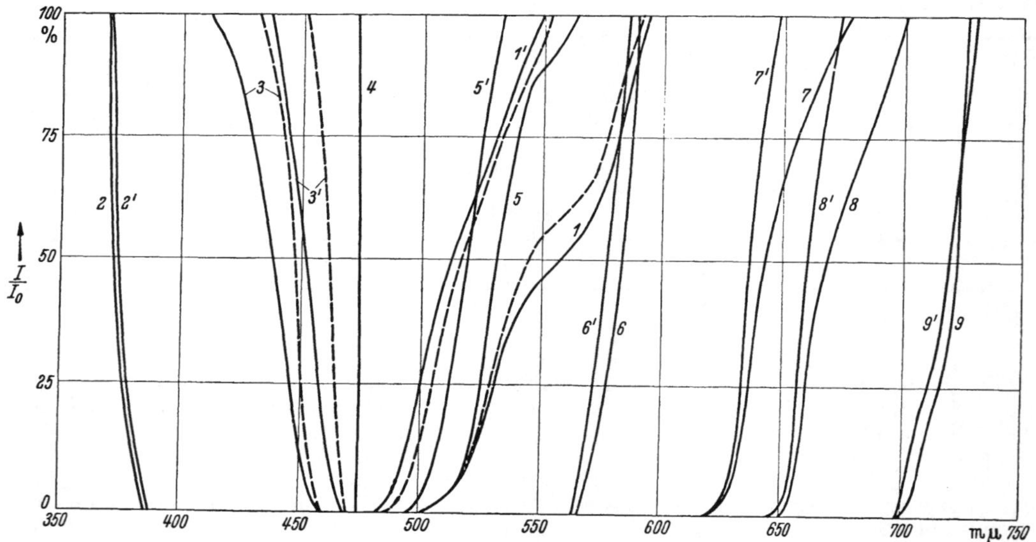

Abb. 10. Verschiebung der Extinktionsschwerpunkte und der optischen Schwerpunkte (') in reinem Meerwasser bei Messungen mit einem Se-Element ohne Filter (*1*) und mit den Filtern UG2 + BG12 (*2*), BG12 (*3*), BG12 + GG5 (*4*), VG9 (*5*), BG18 + OG2 (*6*), RG1 (*7*), RG2 (*8*) und RG8 (*9*) bei Sonnenstrahlung (———) und bei bedecktem Himmel (– – – – –). Nach Joseph.

schiebungen wurden von Joseph [14] für reines Meerwasser berechnet (Abb. 10). Dieser Effekt wirkt in gleicher Richtung wie der im vorigen Abschnitt behandelte; er täuscht eine scheinbare Zunahme der vertikalen Durchlässigkeit mit der Tiefe vor. Die Meßgenauigkeit beträgt bei Extinktionsmessungen im Meere etwa ±5%. Ein durch die Schwerpunktsverschiebung bewirkter Fehler, der diesen Wert überschreitet, tritt nur auf bei einem Element ohne Filter und bei den Rotfiltern in den obersten Wasserschichten.

Tabelle 12. Extinktionsschwerpunkte (E.S.), optische Schwerpunkte (O.S.) und relative Empfindlichkeiten (R.E.) von Meßanordnungen aus Se-Photoelementen und Schott-Filtern (2 mm) an der Wasseroberfläche. Schwerpunktsangaben in mμ.

Filter	Energiegleiche Strahlung			Sonnenstrahlung			Strahlung bei bedecktem Himmel		
	E.S.	O.S.	R.E.	E.S.	O.S.	R.E.	E.S.	O.S.	R.E.
—	597	536	100	594	550	100	591	553	100
UG2 + BG12	366	367	1,9	369	370	0,8	375	378	0,2
BG 12	397	423	14	412	437	12	432	452	7,8
BG12 + GG5	457	472	2,5	459	473	2,9	460	476	3,0
VG9	565	534	16	564	533	18	564	534	22
BG18 + OG2	590	586	7,8	590	586	8,6	589	584	9,0
RG1	684	651	21	677	648	21	678	649	18
RG2	706	677	11	701	674	11	701	674	9,3
RG8	730	734	2,9	729	731	2,4	728	730	2,2

32612223 Das Oberlicht.

Die Energie der gesamten Sonnenstrahlung nach Durchgang durch verschieden dicke Schichten reinen Wassers wurde von W. Schmidt [15] auf Grund der Extinktionsmessungen von Aschkinaß [16] berechnet. Aus den Ergebnissen (Abb. 11, Tab. 13) sehen wir, daß die infrarote Strahlung schon durch Absorption in dem obersten halben Meter extingiert wird. Aus der großen Zahl der Messungen innerhalb des sichtbaren Spektrums geben wir drei charakteristische Beispiele von Clarke und James [17], Atkins und Poole [18] und Clarke [19] für das örtlich (Abb. 12) und spektral verschiedene Verhalten des vertikalen Extinktionskoeffizienten im Küstengebiet (Abb. 13) und im Ozean (Abb. 14). Aus 11 spektralen Extinktionsmessungen aus Meeresgebieten verschiedener mittlerer Durchlässigkeit berechneten Johnson und Kullenberg [20] spektrale Normaldurchlässigkeitswerte (Tab. 14), wobei als mittlere Gesamtdurchlässigkeit M die vertikale Durchlässigkeit in dem Spektralbereich zwischen 388 und 712 mμ definiert ist. In der gleichen Arbeit wird eine Methode angegeben, die Gesamtenergie des Tageslichts in einer bestimmten Tiefe aus dem Photostrom eines geeichten Photoelementes ohne Filter zu berechnen. Eine ältere Methode stammt von Atkins und Poole [21]. Beide sind vorwiegend für biologische Zwecke gedacht.

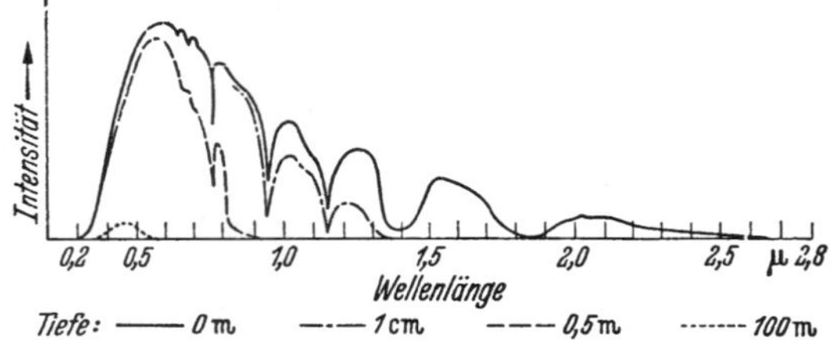

Abb. 11. Spektrale Energieverteilung der Sonnenstrahlung in verschiedenen Tiefen reinen Wassers nach W. Schmidt.

Tabelle 13. Eindringen der gesamten Sonnenstrahlung in reines Wasser nach W. Schmidt.

Tiefe	0	0,01 mm	0,1 mm	1 mm	1 cm	1 dm	1 m	10 m	100 m
Intensität	100	99,37	95,21	85,94	73,02	54,93	35,91	18,15	1,39
Extinktion (%)	0	0,63	4,79	14,06	26,98	45,07	64,09	81,85	98,61

Die Unterschiede in der Lichtextinktion des Meerwassers machen sich besonders im kurzwelligen Teil des Spektrums bemerkbar, wie ein Vergleich der Abb. 13 und 14 sowie Tab. 14 zeigen. Das Verhältnis zwischen den Extinktionskoeffizienten im ultravioletten (*UG*2 + *BG*12) und im grünen (*VG*9) Spektralbereich, der etwa dem Bereich maximaler Durchlässigkeit in Nord- und Ostsee entspricht, hängt nach Tab. 15 nur wenig von den lokalen Unterschieden der Gesamtextinktion ab, unterscheidet sich aber stark in den beiden Meeren: Die UV-Extinktion ist in der Ostsee, infolge ihres starken Gelbstoffgehaltes, höher als in der Nordsee. Messungen über das Eindringen der

Joseph

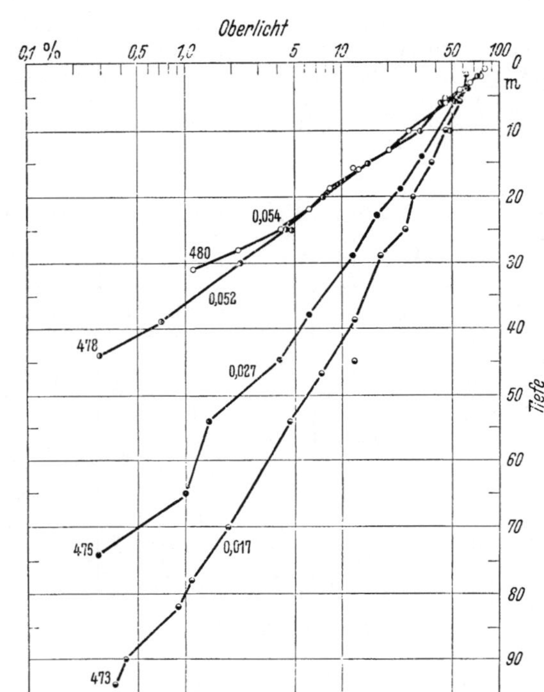

Abb. 12. Intensität des Oberlichts im Sargassomeer (Station Nr. 473), am Kontinentalabfall (476), im Schelfgebiet (478) und in Küstennähe (480) in Abhängigkeit von der Tiefe mit den dazugehörigen mittleren Extinktionskoeffizienten (umgerechnet). Messungen mit Photoelement mit VG 2-Filter (Grün). Nach Clarke und James.

kurzwelligen ultravioletten Strahlung UVB ins Meerwasser wurden von Johnson [*22*] ausgeführt (Abb. 15, Tab. 16). Aus diesen Messungen ergibt sich eine feste Beziehung zwischen der Extinktion im UV und im Blau. Die Ausgleichsgerade in Abb. 16 entspricht etwa der Beziehung b (UV) = 0,4 + 6,8 · b (BG 12).

Einen Überblick über die geographische Verteilung des Extinktionskoeffizienten b der Oberflächenschichten in den europäischen Gewässern und dem Atlantik [*23*] gibt Abb. 17. Da unmittelbare Messungen von b für eine geographische Übersicht nicht ausreichen, wurden Sichttiefen umgerechnet (326125). Messungen liegen aus folgenden Meeresgebieten vor: Atlantik (Clarke [*19, 24, 25*], Clarke und Oster [*26, 27*]), Golf von Mexiko und Karibisches Meer (Clarke [*28*]), Pazifik (Utterback und Jorgensen [*29*], Utterback [*30*]), Südalaska (Utterback [*31*]), San-Juan-Archipel (Utterback und Boyle [*32*]), Englischer Kanal und Nordsee (Gall [*33*] sowie zahlreiche Arbeiten von Atkins und Poole s. d.), Ostsee (Johnson und Liljequist [*34*]), Mittelmeer (Vercelli [*35*]). Weitere Literaturangaben in den aufgeführten Arbeiten.

Die Extinktion unterliegt besonders in küstennahen Gebieten jahreszeitlichen Schwankungen, die u. a. von Clarke [*36, 37*], Joseph und Wattenberg [*23*], Poole und Atkins [*38*], Utterback [*30*] sowie William und Utterback [*39*] untersucht wurden. Abb. 18 bringt eine Übersicht, aus der nur die Größenordnung entnommen werden kann. Ursachen der Schwankungen sind einmal Änderungen der Trübung innerhalb derselben Wassermasse durch biologische Vorgänge, Sedimentaufwirbelung oder ähnliches, andrerseits die Advektion einer anderen Wassermasse mit unterschiedlicher Trübung. Ersteres bedingt z. B. in Abb. 18 die starken Schwankungen in der Kieler Förde („Planktonblüte"), letzteres die Änderungen der Durchlässigkeit am Kontinentalabfall (Tab. 17), die nach Clarke [*37*] auf das wechselnde Auftreten von Küstenwasser und Ozeanwasser zurückzuführen sind. Beide Ursachen werden sich in den meisten Fällen überlagern.

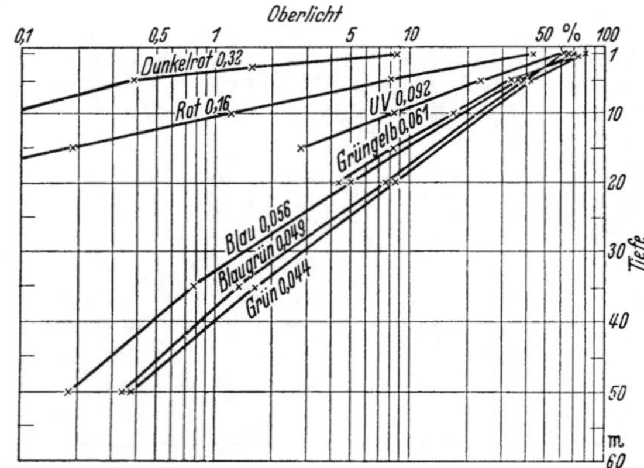

Abb. 13. Intensität des Oberlichts im englischen Küstengebiet in verschiedenen Spektralbereichen in Abhängigkeit von der Tiefe mit den dazugehörigen mittleren Extinktionskoeffizienten (umgerechnet). Messungen mit Photoelement und Filtern im Dunkelrot (etwa 730 mμ), Rot (etwa 678 mμ), Grüngelb (555—580 mμ), Grün (etwa 525 mμ), Blaugrün (etwa 460 mμ), Blau (330 bis 480 mμ) und UV (360—420 mμ) von Atkins und Poole.

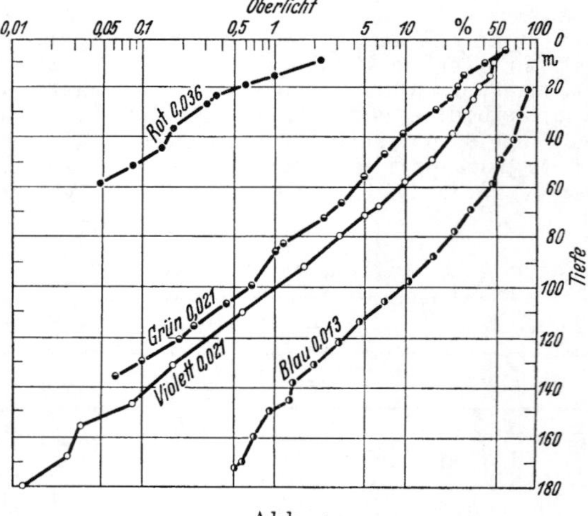

Abb. 14.
Intensität des Oberlichts im Sargassomeer und im Golfstromgebiet in Abhängigkeit von der Tiefe mit den dazugehörigen mittleren Extinktionskoeffizienten (umgerechnet) nach Clarke.

Joseph

Tabelle 14. Normalwerte der vertikalen Durchlässigkeit (%) für verschiedene mittlere Gesamtdurchlässigkeiten M zwischen 388 und 712 mμ nach Johnson und Kullenberg.

M (%)	400	450	500	550	600	650	700 mμ
40 ...	14,2	25,2	42,5	58,3	63,8	51,1	24,8
45 ...	21,0	36,8	52,2	62,4	65,4	51,8	25,3
50 ...	28,3	47,1	60,4	67,6	67,1	53,0	26,5
55 ...	36,4	56,4	67,9	71,7	69,1	54,8	28,6
60 ...	44,8	64,9	74,5	75,9	71,2	57,2	31,5
65 ...	54,1	72,5	80,1	80,0	73,4	59,9	35,0
70 ...	63,8	79,4	85,0	84,0	75,5	63,1	39,2
75 ...	73,6	85,6	89,3	87,8	78,2	66,6	43,9
80 ...	84,0	91,2	92,6	91,4	80,9	70,7	49,2
85 ...	94,5	96,4	95,9	95,0	83,5	74,9	54,8

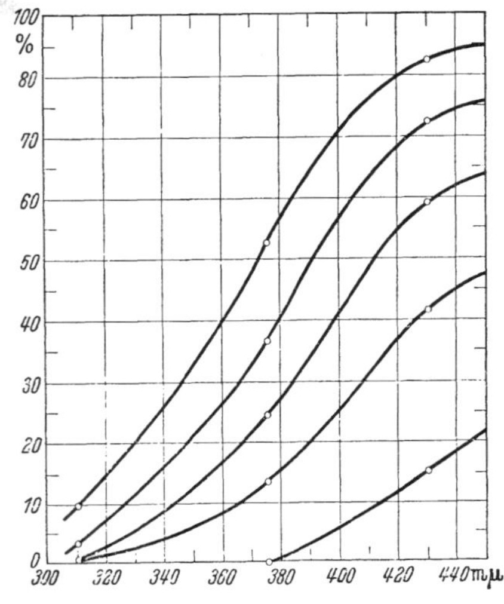

Abb. 15. Durchlässigkeit von Meerwasser verschiedener Trübung für das kurzwellige Tageslicht nach Johnson.

32612224 Das Unterlicht.

Das Unterlicht (s. 32612221) entsteht durch die selektive Streuung des Meerwassers (s. 3261313) und die selektive Streuung und Reflexion an Suspensionen. Die Streuintensität ist praktisch proportional λ^{-n}, wobei n von 4 (für reines Meerwasser) bis 0 (für grobe Trübung) abnimmt. Das Streudiagramm eines Volumenelementes Meerwasser ist nur für reinstes Wasser symmetrisch. Bei zunehmender Trübung überwiegt die Streuung in den vorderen Halbraum (Koeffizient σ) gegenüber der in den rückwärtigen Halbraum (Koeffizient τ), wobei $\sigma + \tau = \gamma$ ist. Aus den Formeln in 32612221 folgt nach Joseph [1] (vgl. auch 326124): die Konstanz der diffusen Reflexion $r(x) = R$ = Verhältnis (Unterlicht/Oberlicht) in optisch homogenem Wasser in genügender Entfernung vom Boden. R hängt nur vom Verhältnis der Rückstreuung zur Absorption ab. Die Größenordnung von R beträgt im Meere je nach der Extinktion und dem Spektralbereich 1 bis etwa 5%. Messungen liegen u. a. vor von Utterback [30] (Tab. 18), Johnson und Liljequist [34] (Tab. 19),

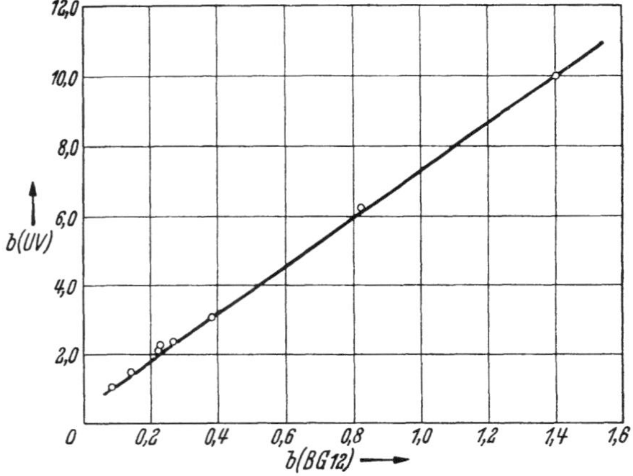

Abb. 16. Beziehung zwischen den Extinktionskoeffizienten im UV (310 mμ) und im blauen Spektralbereich (430 mμ) nach Messungen von Johnson.

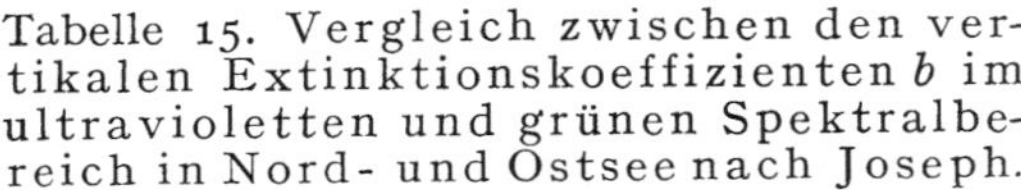
Tabelle 15. Vergleich zwischen den vertikalen Extinktionskoeffizienten b im ultravioletten und grünen Spektralbereich in Nord- und Ostsee nach Joseph.

b Nordsee			b Ostsee		
UV	Grün	UV/Grün	UV	Grün	UV/Grün
0,18	0,066	2,8	0,32	0,071	4,5
0,17	0,065	2,7	0,23	0,053	4,3
0,52	0,21	2,5	0,33	0,077	4,3
			0,38	0,085	4,5
			0,33	0,106	3,1
			0,39	0,091	4,3
			0,60	0,13	4,6
Mittelwert		2,7	Mittelwert		4,2

Tabelle 16. Durchlässigkeit von Meerwasser im ultravioletten Spektralbereich nach Johnson.

Wellenlänge	310 mμ		375 mμ	430 mμ
Durchlässigkeit	% dm	% m	% m	% m
	10	—	0,0004	4
	24	—	0,36	15
	50	0,10	13	41
	58	0,43		54
	60	0,61	24	59
	62	0,84		60
	71	3,2	36	72
	79	9,5	52	82

Tabelle 17. Jahreszeitliche Schwankungen der vertikalen Durchlässigkeit (%) auf dem Schelf (A), am Kontinentalabhang (B) und im Sargassomeer (C) nach Clarke.

Seegebiet	Durchlässigkeitsextremwerte	Mittelwert	Relat. Schw.
A	10 —14	12	33
B	5 —10	7,1	70
C	4,2—6,6	5,1	47

Joseph

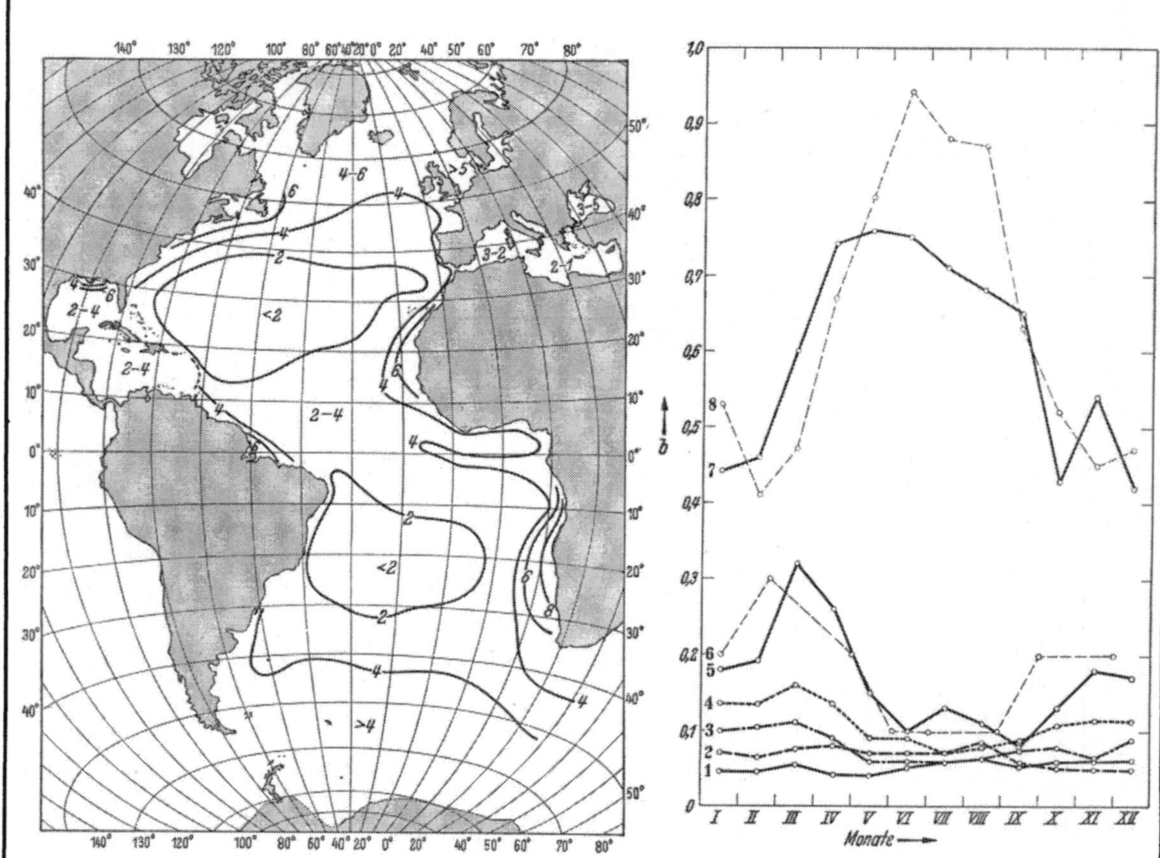

Abb. 17. Verteilung des dekadischen vertikalen Extinktionskoeffizienten *b* des Oberflächenwassers im Atlantischen Ozean nach Joseph und Wattenberg. Die angeschriebenen Zahlen geben 100*b*; im tropischen Atlantik liegt z. B. *b* zwischen 0,02 und 0,04.

Abb. 18. Jahreszeitliche Schwankungen des dekadischen vertikalen Extinktionskoeffizienten nach Joseph und Wattenberg. (1. Westausgang Kanal; 2. Westküste USA; 3. Firth of Forth (außen); 4. Firth of Forth (innen); 5. Kieler Bucht; 6. Kieler Bucht (Feuerschiff „Kiel"); 7. Kieler Außenförde; 8. Kieler Innenförde).

Tabelle 18. Diffuse Reflexion *R* (%) des Ozeanwassers nach Utterback.

Tiefe (m)	480 $m\mu$	530 $m\mu$
0,15	1,9	1,0
5	2,1	1,2
10	2,2	1,4
15	2,3	1,5
20	2,3	1,6
25	2,1	1,5
30		1,5

Poole und Atkins [*38*] und Powell und Clarke [*40*], die im Golf von Maine einen zwischen 0,5 und 20 m konstanten Betrag von 2,5% fanden. Scheinbare Änderungen von *R* nahe der Oberfläche werden nach Joseph [*14*] durch Schwerpunktsverschiebungen (32612222) verursacht, die sich bei Ober- und Unterlicht verschieden auswirken. In der Nähe einer glatten Oberfläche hängt das Unterlicht auch vom Sonnenstand ab, wie die von Sauberer [*41*] am Lunzer Untersee durchgeführten Messungen zeigen (Tab. 20).

Tabelle 19. Diffuse Reflexion *R* des Ostseewassers nach Messungen von Johnson und Liljequist.

Spektralbereich	Ohne Filter			Blau (BG 12)		Grün (VG 9)			Rot (RG 1)	
Datum (1938)	26. Mai			23. Mai		15. Mai		27. Aug.	23. Mai	
Tiefe (m)	20	30	40	5	15	5	15	2	5	15
Vert. EK (*b*) . . .	0,20			0,45	0,40	0,20		0,20	0,45	0,40
R (%)	2	2	3	1	1	3	4	4	1	1

Tabelle 20. Unterlicht (%) bei verschiedenen Sonnenhöhen (h) nach Sauberer.

h	377 mμ	435 mμ	525 mμ	590 mμ	650 mμ	700 mμ
17°	0,30	0,65	3,1	2,4	1,0	0,7
35°	0,25	0,45	1,2	0,9	0,4	0,3
45°	0,15	0,35	0,8	0,6	0,2	0,1

In flachen Meeresgebieten kann die Reflexion am Meeresboden zum Unterlicht beitragen. Aus den Formeln folgt, daß unter der Bedingung $Q \geqq 2R/(1+R^2)$ ein Unterlichtminimum der Intensität $U_m = U(x_m)$ in der Höhe h über dem Meeresboden auftritt, wobei

$$h = \frac{1}{2b} \cdot \lg \frac{1}{R} \cdot \frac{Q-R}{1-QR} \quad \text{und} \quad U(x) = U_m \cos hb(x-x_m).$$

h hängt nur von b und R, also den optischen Eigenschaften des Wassers, und der Bodenreflexion Q ab, ist aber unabhängig von der Tiefe des Meeres. Der Intensitätsverlauf hat in logarithmischer Darstellung die Form einer Hyperbel. Abb. 19 zeigt eine Messung des Unterlichts über hellem Sandboden in optisch homogenem Wasser nach Joseph [1]. Durch Auflösen der Formeln nach Q läßt sich die Reflexion des Meeresbodens berechnen, die sich in vorliegendem Fall zu $Q = 0,2$ im grünen Spektralbereich ergab.

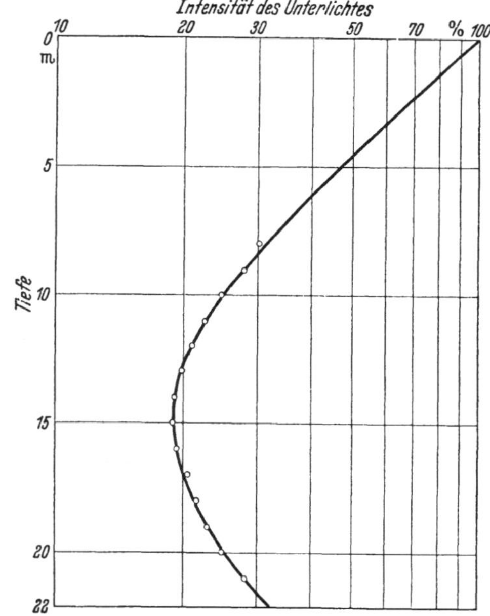

Abb. 19. Das Unterlicht über reflektierendem Meeresboden nach Joseph.

Literatur zu 3261222.

[1] Joseph, J.: Deutsche Hydrogr. Z. **3** (5/6) (1950). — [2] Atkins, W. R. G., u. H. H. Poole: Phil. Trans. Roy. Soc. B **222** (1933). — [3] Whitney, L. V.: Trans. Wisc. Acad. **31** (1938). — [4] Eckel, O.: S.-B. Akad. Wiss. Wien **144** (1935). — [5] Young, R. T.: Jr. J. Opt. Soc. Am. **28** (1938). — [6] Kimball, H. H.: Monthly W. Rev. **48** (1920). — [7] Poole, H. H.: Rapp. Proc. Verb. **108** (1938). — [8] Pettersson, H., u. H. H. Poole: Medd. Oceanogr. Inst. Göteborg **13** (1937). — [9] Utterback, C. L.: Rapp. Proc. Verb. **101** (1936). — [10] Sauberer, F., u. F. Ruttner: s. 32612122 [6]. — [11] Joseph, J.: Diss. Kiel (1946). — [12] Sauberer, F., u. O. Eckel: Int. Rev. Hydrobiol. u. Hydrogr. **37** (1938). — [13] Ålvik, G.: Bergens Museum Aarb. **2** (1937). — [14] Joseph, J.: Deutsche Hydrogr. Z. **2** (6) (1949). — [15] Schmidt, W.: S.-B. Akad. Wiss. Wien **117** (1908). — [16] Aschkinaß, E.: Ann. d. Phys. **55** (1895). — [17] Clarke, G. L., u. H. R. James: J. Opt. Soc. Am. **24** (1934). — [18] Atkins, W. R. G., u. H. H. Poole: Proc. R. Soc. London B **123** (1937). — [19] Clarke, G. L.: Rapp. Proc. Verb. **101** (1936). — [20] Johnson u. Kullenberg: Svenska Hydr.-Biol. Komm. Skrifter **1** (1946). — [21] Atkins, W. R. G., u. H. H. Poole: Proc. R. Soc. London B **121** (1936). — [22] Johnson, N. G.: Medd. Oceanogr. Inst. Göteborg **8** (1946). — [23] Joseph, J., u. H. Wattenberg: Mitt. Chef Hydr. Dienst OKM (1944). — [24] Clarke, G. L.: Biol. Bull. **65** (1933). — [25] Clarke, G. L.: J. Marine Res. **4** (1941). — [26] Clarke, G. L., u. H. R. Oster: Biol. Bull. **67** (1934). — [27] Clarke, G. L., u. H. R. Oster: J. Opt. Soc. Am. **25** (1935). — [28] Clarke, G. L.: J. Marine Res. **1** (1938). — [29] Utterback, C. L., u. W. Jorgensen: J. Cons. Expl. Mer. **9** (1934). — [30] Utterback, C. L.: Rapp. Proc. Verb. **101** (1936). — [31] Utterback, C. L.: J. Opt. Soc. Am. **23** (1933). — [32] Utterback, C. L., u. Boyle: J. Opt. Soc. Am. **23** (1933). — [33] Gall, M. H. W.: J. Marine Biol. Assoc. **28** (1949). — [34] Johnson, N. G., u. G. Liljequist: Svenska Hydr.-Biol. Komm. Skrifter **14** (1938). — [35] Vercelli, F.: Monogr. „La Laguna di Venezia" **1**, II, V (1937). — [36] Clarke, C. L.: Ecology **19** (1938). — [37] Clarke, C. L.: Ecology **20** (1939). — [38] Poole, H. H., u. W. R. G. Atkins: J. Marine Biol. **16** (1929). — [39] Williams, E. A., u. C. L. Utterback: J. Opt. Soc. Am. **25** (1935). — [40] Powell, W. M., u. G. L. Clarke: J. Opt. Soc. Am. **26** (1936). — [41] Sauberer, F.: Int. Rev. Hydr. **39** (1939).

3261223 Richtungsverteilung.

Über die Winkelverteilung der gerichteten Strahlung im Meere liegen nur wenige Messungen vor. Johnson und Liljequist [1] (Abb. 20) untersuchten die Richtungsabhängigkeit mit einem räumlich fest verstellbaren, Whitney [2] mit einem rotierenden Photometer. Er bestätigte die bereits von Atkins und Poole [3] geäußerte Ansicht, daß mit zunehmender Tiefe der Richtungseinfluß des gebrochenen Sonnen- und Himmelslichts schnell abnimmt. Das Richtungsdiagramm hat, nach

Erreichung des Gleichgewichtszustandes zwischen Streu- und Absorptionswirkung, eine zu seiner vertikalen Achse nahezu symmetrische, länglich ovale Form. Diese wird bei bedecktem Himmel und leicht bewegter See schon in geringen Tiefen erreicht; das zeigen die geringfügigen Änderungen in der Richtungsverteilung der Lichtvektoren zwischen 5 und 20 Meter nach den Messungen von Whitney (Abb. 21). Diese Bedingungen müssen deshalb als günstig für Messungen von Ober- und Unterlicht angesehen werden (32612221).

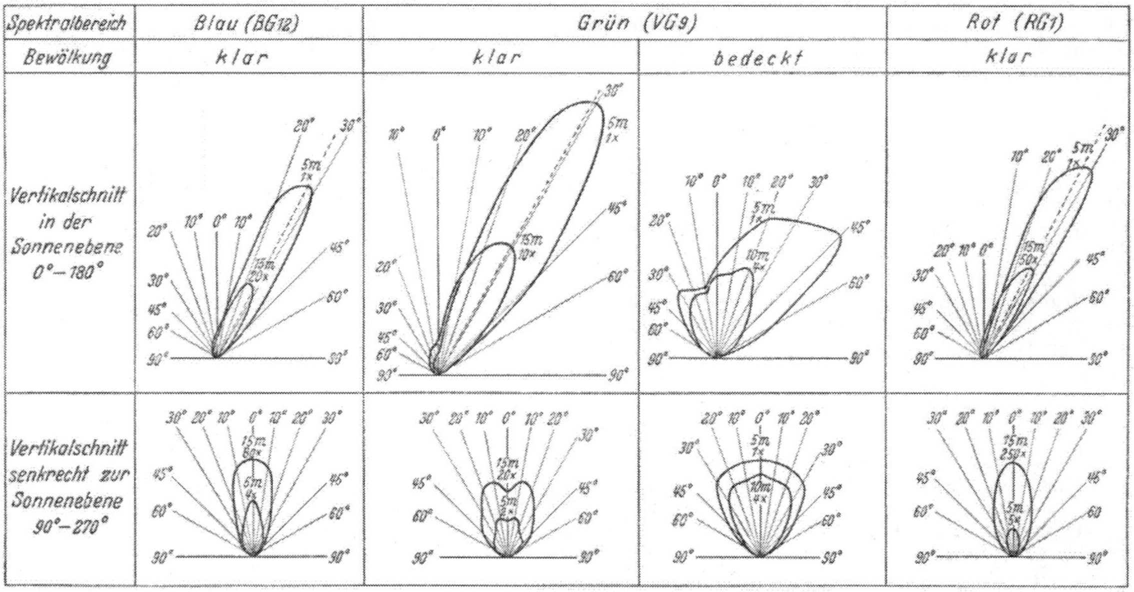

Spektralbereich	Blau (BG12)	Grün (VG9)		Rot (RG1)
Bewölkung	klar	klar	bedeckt	klar
Vertikalschnitt in der Sonnenebene 0°–180°				
Vertikalschnitt senkrecht zur Sonnenebene 90°–270°				

Abb. 20. Richtungsverteilung der Lichtintensität in 5 und 15 m Tiefe im blauen, grünen und roten Spektralbereich (verschiedener Maßstab!). (-----) Richtung der gebrochenen Sonnenstrahlung. Nach Johnson und Liljequist.

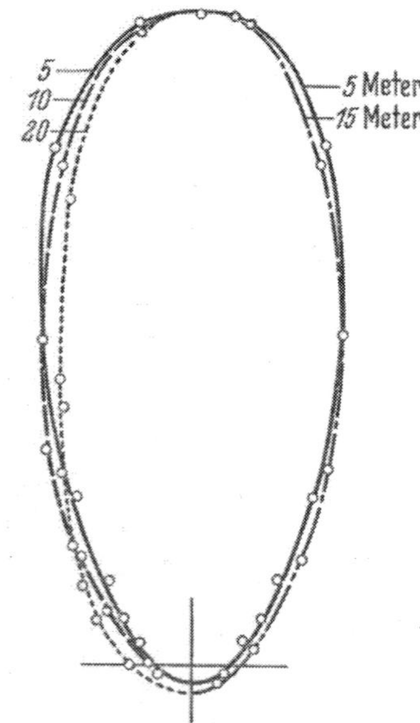

Abb. 21. Vertikalschnitt durch die Lichtvektorverteilung in verschiedenen Tiefen bei gleichmäßig bedecktem Himmel nach Whitney. (Die Lichtvektoren sind auf gleiche Maximalwerte reduziert.)

Literatur zu 3261223.

[1] Johnson, N. G., u. G. Liljequist: s. 32612224 [34]. — [2] Whitney, L. V.: J. Marine Res. **6** (1941). — [3] Atkins, W. R. G., u. H. H. Poole: Phil. Trans. Roy. Soc. A **235** (1936) u. J. Marine Biol. Assoc. **24** (1940).

3261224 Polarisation.

Die natürliche Strahlung in reinem Meerwasser ist nach Untersuchungen von Kalle [1] im Sargassomeer senkrecht zur Einfallsrichtung der Lichtstrahlen polarisiert. Der Polarisationsgrad dürfte mit zunehmender Trübung abnehmen. Quantitative Messungen liegen nicht vor.

Literatur: [1] Kalle, K.: Rapp. Proc. Verb. **109** (1939).

326123 Die Durchsichtigkeit im Meere.

Die Durchsichtigkeit des Meerwassers wird allgemein nach einem von H. Pettersson [1] angegebenen Meßprinzip bestimmt: Ein Se-Photoelement mißt die Intensität des Lichtbündels einer Glühlampe, nachdem dieses eine feste Meßstrecke im Wasser durchlaufen hat. Änderungen der Durchlässigkeit werden durch Änderungen des Photostroms an Bord angezeigt. Verschiedene Ausführungsformen sind beschrieben bei Pettersson [1, 2, 3], Wattenberg [4], Young [5], Liljequist [6], Johnson [7] und Joseph [8, 9]. Die Durchsichtigkeitsmeßgeräte (D-Geräte) messen praktisch den physikalischen Extinktionskoeffizienten *a*. Sie können im sichtbaren Spektralbereich mittels des Pulfrich-Photometers geeicht werden (Johnson [7], Joseph und Wattenberg [10, 11]). Die optischen Konstanten des D-Gerätes (Tab. 21) und die sich bei verschiedener mittlerer Durchlässigkeit des Meerwassers ergebenden Schwerpunktsver-

Joseph

schiebungen (Tab. 22) wurden von Joseph [*8*, *11*] berechnet. Bei einer Meßgenauigkeit von 5% genügt es, die Schwerpunktseffekte beim unbefilterten Photoelement und im roten Spektralbereich gemäß Tab. 22 zu korrigieren. Die Farbtemperatur ist zwischen 2500° und 3000° praktisch ohne Einfluß auf die Korrekturwerte.

Tabelle 21. Optische Schwerpunkte (O.S., mμ) des von einer Meßanordnung aus Selenphotoelement mit Schottfilter erfaßten Lichts von Glühlampen der Farbtemperaturen 3000° und 2000°. Relative Empfindlichkeit (R.E.) der befilterten im Verhältnis zur unbefilterten Meßanordnung. Verhältnis der Lichtintensitäten (V) bei den Farbtemperaturen von 3000° und 2500°. Nach Joseph.

Filter (2 mm)	3000°		2500°		V
	O.S.	R.E.	O.S.	R.E	
—	589	100	604	100	5,1
UG2 + BG12	373	0,2	374	0,1	13,0
BG12	443	4,5	449	2,7	8,6
BG12 + GG5	475	1,4	476	0,9	7,5
VG9	543	15	548	13	5,8
BG18 + OG2	589	10	590	10	5,0
RG1	657	36	661	43	4,3
RG2	682	21	685	26	4,1
RG8	736	6,3	737	8,6	3,7

In dem hydrographisch besonders interessanten Gebiet der Beltsee, in der Ost- und Nordseewasser übereinanderlagern, wurden zahlreiche D-Messungen durchgeführt. Tab. 23 gibt die mittleren Extinktionswerte an. Durchsichtigkeitsregistrierungen im ultravioletten Spektralbereich wurden von Joseph [*12*] mit einer Quecksilberhöchstdrucklampe als Lichtquelle ausgeführt. Abb. 22 zeigt die starke Zunahme der Extinktion des gelbstoffreichen Ostseewassers, verglichen mit Nordseewasser, im ultravioletten Spektralbereich. Soll der Gelbstoffgehalt als Index einer Wasserart genommen werden, so sind UV-D-Messungen von besonderem Wert. In Abb. 23 ist das oberhalb der Sprungschicht lagernde Kattegatwasser von dem darunterliegenden Nordseewasser im UV sehr deutlich, im Grünen nur noch schwach und im Roten praktisch kaum mehr zu unterscheiden. D-Messungen können somit auch von Wert für allgemeine hydrographische Untersuchungen sein [*8*, *12*, *15*].

Die qualitativen Messungen des Tyndall-Effektes an geschöpften Wasserproben von Kalle [*13*] und Jerlov [*14*] zeigen, daß auch im Atlantik bis in große Tiefen Unterschiede im Schwebstoffgehalt auftreten können. Abb. 24 gibt eine Messung von Jerlov im Romanche-Tief wieder. Die relativ starke Trübung der Oberflächenschicht (vorwiegend Phytoplankton) nimmt mit der Tiefe rasch ab. Nach einzelnen Maxima und Minima tritt ein scharfer Sprung in etwa 4000 m Tiefe auf, der durch das Eindringen des schwebstoffarmen antarktischen Zwischenstroms verursacht wird. Das unmittelbar über dem Boden auftretende Trübungsmaximum bedarf noch der endgültigen Klärung.

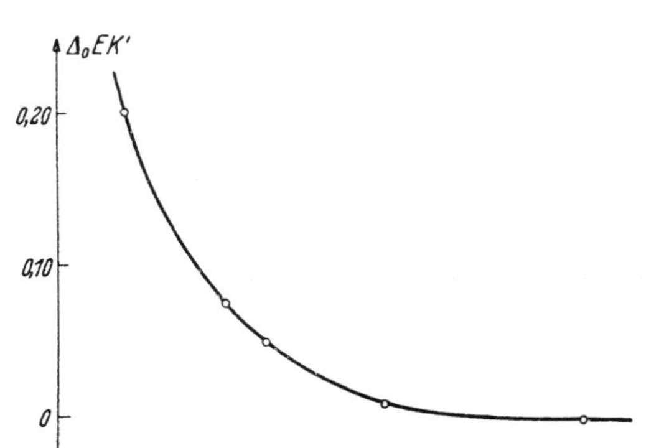

Abb. 22. Extinktion von Ostseewasser, bezogen auf Nordseewasser gleicher Rotdurchlässigkeit (relative Meßwerte) nach Joseph.

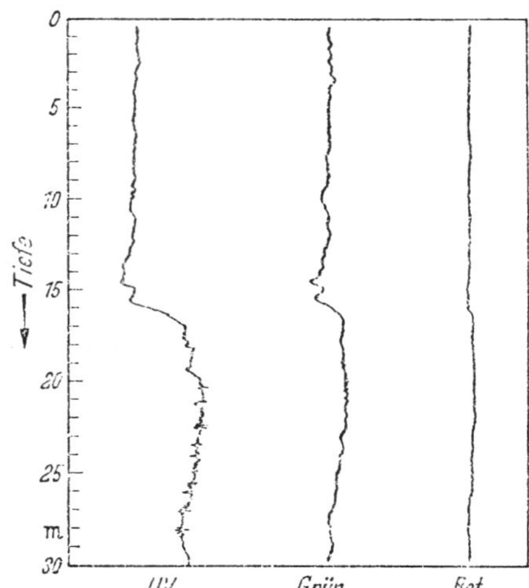

Abb. 23. Durchsichtigkeitsregistrierungen im Kattegat im UV (UG2+BG12), im grünen (VG9) und roten (RG_2) Spektralbereich. Tiefenangaben in Metern. Basislinie links. Nach Joseph.

Tabelle 22. Optische Schwerpunkte (mμ) des von der Meßanordnung M (Se-Element + 2-mm-Schottfilter) erfaßten Lichts einer Glühlampe von 3000° Farbtemperatur vor ($\lambda_0(o)$) und nach ($\lambda_0(s)$). Durchlaufen der Meßstrecke (2 m) eines D-Gerätes. $\bar{D}$ mittlere Gesamtdurchlässigkeit des Meerwassers im sichtbaren Spektrum. p Verhältnis der Durchlässigkeit am Schwerpunkt zur gemessenen Durchlässigkeit. log p Differenz der zugehörigen Extinktionskoeffizienten.

$\bar{D}$ %	100	85			70			55			40		
M: Se +	$\lambda_0(o)$	$\lambda_0(s)$	p	log p	$\lambda_0(s)$	p	log p	$\lambda_0(s)$	p	log p	$\lambda_0(s)$	p	log p
—	589	568	1,10	0,04	569	1,10	0,04	575	1,13	0,05	589	1,21	0,08
BG12	443	444	1,01	0,00	451	1,04	0,02	456	1,08	0,03	463	1,12	0,05
BG12 + GG5	475	475	1,02	0,01	476	1,00	0,00	477	1,01	0,00	480	1,03	0,01
VG9	543	541	1,02	0,01	541	1,03	0,01	544	1,03	0,01	553	1,09	0,04
BG18 + OG2	589	586	1,03	0,01	587	1,01	0,00	587	1,02	0,01	588	1,03	0,01
RG1	657	640	1,06	0,03	637	1,08	0,03	636	1,10	0,04	635	1,11	0,05
RG2	682	661	1,09	0,04	659	1,11	0,05	657	1,14	0,06	656	1,14	0,06
RG8	736	704	1,3	0,1	703	1,3	0,1	704	1,3	0,1	703	1,3	0,1

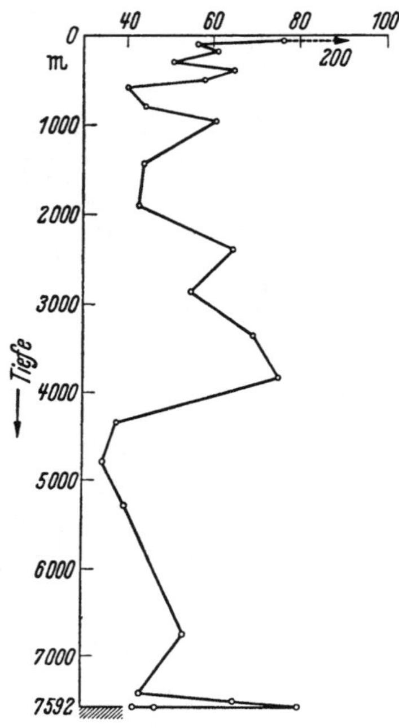

Abb. 24. Tyndall-Effekt (relative Meßwerte) an geschöpften Wasserproben im Romanche-Tief nach Jerlov.

Tabelle 23. Mittelwerte des Extinktionskoeffizienten (a) in der Beltsee und im Kattegatt oberhalb und unterhalb der Sprungschicht.

Spektrum	Filter	Oberschicht	Unterschicht
Blau	BG 12	0,15—0,3	0,1—0,2
Grün	VG 9	0,1 —0,2	0,1—0,15
Rot	RG 1	0,2 —0,3	0,2—0,3

Literatur.

[1] Pettersson, H.: Medd. Oceanogr. Inst. Göteborg **7** (1934). — [2] Pettersson, H.: Medd. Oceanogr. Inst. Göteborg **9** (1934). — [3] Pettersson, H.: J. Cons. Intern. Expl. Mer **10** (1935). — [4] Wattenberg, H.: Kieler Meeresforschung II (1936). — [5] Young, R. T. jr.: Bull. Scrpps Inst. Ocean. **68** (1939). — [6] Liljequist, G.: Havsforsknings Inst. Skrift **127**, Helsinki (1940). — [7] Johnson, N. G.: Svenska Hydr. Biol. Komm. Skrifter **19** (1944). — [8] Joseph, J.: Deutsche Hydrogr. Z. **2** (5) (1949). — [9] Joseph, J.: Fiat Rev. German Science **17**, 2 (1948). — [10] Joseph, J., u. H. Wattenberg: Mitt. Chef Hydr. Dienst. OKM (1944). — [11] Joseph, J.: Deutsche Hydrogr. Z. **3** (3/4) (1950). — [12] Joseph, J.: Deutsche Hydrogr. Z. **3** (1/2) (1950). — [13] Kalle, K.: Ann. d. Hydr. **67** (1939). — [14] Jerlov, N. G.: Naturw. **37** (15) (1950). — [15] Wyrtki, K.: Kieler Meeresforschungen **7** (2) (1950).

326124 Zusammenhang zwischen Tageslicht- und Durchsichtigkeitsmessungen.

Sind a und b der physikalische und vertikale Extinktionskoeffizient, μ, γ, σ, τ die Koeffizienten für die Absorption, die Gesamtstreuung, die Vorwärts- und die Rückwärtsstreuung und R die diffuse Reflexion, so folgen nach Joseph [1] die für die meisten geophysikalischen Untersuchungen ausreichenden Beziehungen:

$$a = \mu + \gamma; \quad b = \sqrt{\mu(\mu + 2\tau)} \approx \mu + \tau; \quad R \approx \frac{\tau}{2\mu + \tau} \sim \frac{1}{2}\frac{\tau}{\mu};$$

$$\mu = b\,\frac{1-R}{1+R} \approx b\,(1-2R); \quad \gamma = a - b\,\frac{1-R}{1+R} \approx a - b\,(1-2R);$$

$$\sigma = a - b\,\frac{1+R^2}{1-R^2} \approx a - b; \quad \tau = \frac{2bR}{1-R^2} \approx 2bR.$$

Zur Bestimmung der Absorption und der Rückwärtsstreuung genügen Tageslichtmessungen (b, R), zur Bestimmung der Vorwärtsstreuung und damit der Gesamtstreuung sind jedoch zusätzlich D-Messungen (a) erforderlich. Die Vorwärtsstreuung ist praktisch gleich der Differenz der beiden Extinktionskoeffizienten. Da R meist kleiner als 0,05 ist, beträgt die Rückstreuung höchstens ein Zehntel der Absorption. Dagegen kann die Vorwärtsstreuung die Absorption erheblich übertreffen. Diese Zusammenhänge sind in Abb. 25 graphisch dargestellt. In reinstem Meerwasser ist $\sigma = \tau = \frac{1}{2}\gamma$.

Tab. 24 zeigt die Ergebnisse einer Labormessung mit künstlicher Mastixtrübung. In reinem Leitungswasser (0) ist die Extinktion vorwiegend durch Absorption (Gelbstoff) bedingt. Mit wachsender Beimischung von Mastixlösung (1—5) nimmt der Streuanteil stark zu. Meßwerte aus der Eckernförder Bucht (Tab. 25) zeigen besonders das Überwiegen der Vorwärts- gegenüber Rückwärtsstreuung bei natürlicher Trübung.

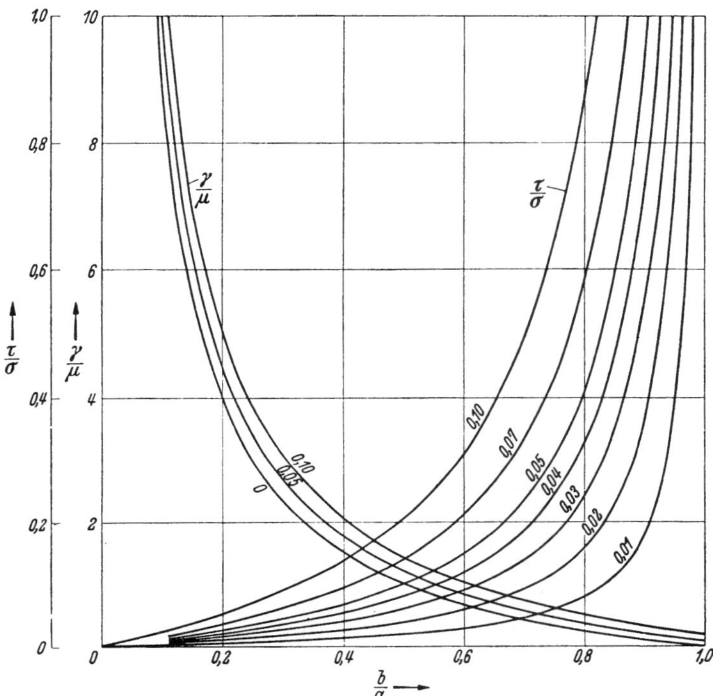

Abb. 25. Verhältnis der Streuung zur Absorption (γ/μ) und der Rückwärts- zur Vorwärtsstreuung (τ/σ) in Abhängigkeit von dem Verhältnis b/a des vertikalen zum physikalischen Extinktionskoeffizienten bei verschiedener diffuser Reflexion des Meerwassers. Nach Joseph.

Tabelle 24. Physikalischer (a) und vertikaler (b) Extinktionskoeffizient und Verhältnis von Streuung zur Absorption (γ/μ) bei künstlicher Trübung nach Joseph.

	0	1	2	3	4	5
a	0,51	0,61	2,30	2,71	3,58	4,64
b	0,49	0,51	0,78	0,88	1,06	1,26
γ/μ	0,05	0,2	2,0	2,2	2,5	2,9

Tabelle 25. Physikalischer (a) und vertikaler (b) Extinktionskoeffizient und Verhältnis von Streuung zur Absorption (γ/μ) und von Rückwärts- und Vorwärtsstreuung (τ/σ) in natürlichem Meerwasser.

a	0,16	0,17	0,20	0,28	0,34
b	0,082	0,086	0,090	0,104	0,135
γ/μ	1,0	1,1	1,3	1,8	1,6
τ/σ	0,04	0,04	0,03	0,025	0,025

Literatur: Joseph, J.: Deutsche Hydrogr. Z. **3** (5/6) (1950).

326125 Sichttiefe und Farbe des Meerwassers.

Die Sichttiefe, in der eine weiße Scheibe dem Auge des Beobachters entschwindet, ist als Einzelwert nur ein grobes Maß für die Extinktion. Dagegen lassen sich Mittelwerte längerer Beobachtungsreihen wissenschaftlich gut verwerten. Theorien der Sichttiefen stammen von Shoulejkin [1], Le Grand [2], Sauberer [3], Joseph [4] u. a. Nach letzterem gilt bei bedecktem Himmel die Beziehung:

$$s \cdot b = \frac{1}{2} \cdot \log \varepsilon \cdot \frac{Q - R}{(R + R_a)\,(1 - QR)},$$

Joseph

wobei s die Sichttiefe (m), b der vertikale Extinktionskoeffizient, R die diffuse Reflexion des Meerwassers, R_a die gerichtete Reflexion an der Meeresoberfläche und Q die Albedo der Sichtscheibe in dem Spektralbereich, in dessen Farbe die Sichtscheibe verschwindet, sind. ε ist die Unterschiedsempfindlichkeit des Auges. Die „optische Sichttiefe" $s \cdot b$ ist in allen Meeresgebieten gleicher diffuser Reflexion konstant. Atkins und Poole [5] fanden für diese Konstante den Wert 0,74, Le Grand [2] gibt als Grenzen 0,65 für trüberes und 1,74 für klareres Wasser an. Joseph und Wattenberg [6]

Tabelle 26. Tagesgang der mittleren Sichttiefen an der norwegischen Westküste (59—63° N) im Sommer nach Kändler.

Uhrzeit . . .	4	6	8	10	12	14	16	18	20	22	24
Zahl der Beobachtungen	5	38	48	47	44	44	50	43	44	35	7
Mittlere Sichttiefe . . .	6,9	7,5	7,9	8,4	8,2	8,0	7,7	7,5	7,2	7,0	6,7

Tabelle 27. Sichttiefenmittelwerte in Abhängigkeit von der Sonnenhöhe nach den Beobachtungen von Luksch.

Seegebiet	Farbe	Zahl der Beobachtungen	10°	20°	30°	40°	50°	60°	70°
Östliches Mittelmeer . .	0—2	70	38	39	39	40	43	45	
Ägäis	2—3	85	33	35	37	38	38	39	40
Ägäis	3—4	42	30	31	32	33	33		
Rotes Meer . .	4	45	24	26	27	26	25		

Tabelle 28. Jahresgang der mittleren Sichttiefen nach Kändler.

Meeresgebiet	Monat											
	I	II	III	IV	V	VI	VII	VIII	IX	X	XI	XII
Ostsee, Deutsche Terminstationen 1902—1912		8,5		9,1	10,3	11,7		9,5		10,8	9,8	
Ostsee, Deutsche Terminstationen 1906—1941		9,2		10,3			10,7		9,1			
Nordsee, Deutsche Terminstationen 1902—1911		11,2			12,7			15,8			13,5	
Helgoland, Deutsche Terminstationen 1903—1907	2,6	2,5	3,6	3,1	2,9	5,4	7,6	5,7	5,3	4,5	3,6	3,1
Helgoland, Deutsche Terminstationen 1927—1936	4,4	3,6	5,2	5,5	4,7	6,4	7,7	6,5	5,3	3,7	3,5	4,4
Moray-Firth 15—30 m Tiefe . . .	5,6	5,9		5,6	10,3	11,7	10,5	11,7	8,9	9,3	10,3	5,0
Moray-Firth 40—70 m Tiefe . . .	8,8	12,1		9,3	13,5	15,9	14,6	15,1		15,3	15,5	7,0

Tabelle 29. Mittlere Sichttiefen in Abhängigkeit von der Windstärke nach Kändler.

Windstärke (Beaufort)	0	1	2	3	4	5	6	7
Moray-Firth 1889—1900, 10—30 m	9,3	9,6	7,7	8,9	8,4	9,5	7,1	
Moray-Firth 1893—1900, 40—70 m	15,8	14,5	14,7	13,5	14,1	13,4	13,4	
St. Andrew Bay 1889—1896, 10—20 m	8,0	7,3	6,6	6,5	5,8	5,2	5,3	5,0

fanden 0,95, und Wattenberg stellte in Laboruntersuchungen fest, daß dieser Wert bis zu wenigen Zentimetern „Sichttiefe" erhalten blieb. Für kleinere und mittlere Sichttiefen ist der dekadische Extinktionskoeffizient also größenordnungsmäßig gleich der reziproken Sichttiefe. Die beobachteten Sichttiefen schwanken zwischen $^1/_2$ m in Flußmündungsgebieten und dem von Krümmel [7] im Sargassomeer beobachteten Maximalwert von 66,5 m. Längere Beobachtungsreihen wurden von R. Kändler [8] bearbeitet. Der Tagesgang der Sichttiefen (Tab. 26) dürfte vorwiegend durch die Lichtverhältnisse bedingt sein. Er macht sich auch bei großen Sichttiefen bemerkbar (Tab. 27). Dagegen ist der Jahresgang (Tab. 28) durch tatsächliche Extinktionsänderungen verursacht, durch biologische (Plankton) und meteorologische (Aufwirbelung von Bodensediment bei Seegang in flachem Wasser) Vorgänge. Letztere kommt auch in Tab. 29 zum Ausdruck, in der sich jedoch auch die mit zunehmender Windstärke ungünstiger werdenden Beobachtungsbedingungen bemerkbar machen. Um die subjektiven Einflüsse möglichst gering zu halten, sind nach Joseph [4] die in Tab. 30 angegebenen Sichtscheiben-Mindestgrößen erforderlich.

Tabelle 30. Mindestgrößen von Sichtscheiben nach Joseph.

Sichttiefen in Metern	0—5	5—17	17—28	28—57	über 57
Scheibendurchmesser (cm)	10	30	50	100	150

Die Farbe des Meerwassers wird durch die spektrale Energieverteilung des Unterlichts (s. 32612224) bestimmt. Sie wechselt vom tiefen Blau des Sargassomeeres bis zum Gelbbraun von Flußmündungsgebieten. Einen Überblick über die Farbverteilung im Atlantischen Ozean gibt eine Karte von Schott [9], deren Vergleich mit Abb. 17 zeigt, daß die Extinktion um so geringer wird, je blauer die Wasserfarbe ist. Eine quantitative Festlegung dieser Beziehung war jedoch bisher nicht möglich, da es an gleichzeitigen Farb- und Extinktionsbeobachtungen mangelt. Verwertbar für diesen Zweck sind nur die Beobachtungen von Luksch [10], aus denen sich die in Abb. 26 dargestellte Beziehung ergibt. Als Maß der Wasserfarbe wird meist die Forel-Skala (Tab. 31) verwendet. Kalle [11] benutzte ein Farbmeßrohr, mit dem er die Farbe in Anteile der physiologischen

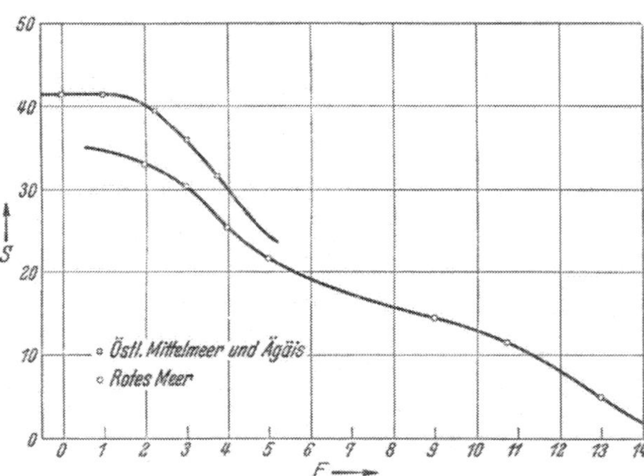

Abb. 26. Zusammenhang zwischen Sichttiefe (S) und Farbe (F, s. Tab. 31) nach Beobachtungen von Luksch.

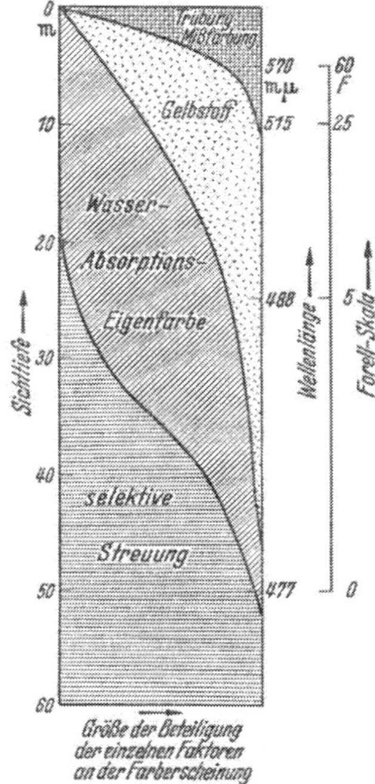

Abb. 27. Schema der farbenerzeugenden Faktoren im Meerwasser nach Kalle.

Grundfarben zerlegte. Er fand als dem tiefsten Meeresblau (Forel-Skala 0) entsprechende Spektrallinie 477 mμ. In der gleichen Arbeit stellt Kalle das Zusammenwirken der einzelnen farberzeugenden Faktoren bei verschiedener Durchsichtigkeit des Meerwassers schematisch dar (Abb. 27).

Tabelle 31. Forel-Farbskala modifiziert nach Luksch.
Blau: 1 g Kupfersulfat, 9 g Ammoniak, 190 g H_2O; Gelb: 1 g Kalichromat, 199 g H_2O.

Farbnummer	0	1	2	3	4	5	6	7	8	9	10	11	12	13	14
Anteile blau	100	99	98	97	96	95	90	85	80	75	70	65	60	55	50
Anteile gelb	0	1	2	3	4	5	10	15	20	25	30	35	40	45	50

Literatur zu 326125.

[1] Shoulejkin, W.: Phys. Rev. **1** (1923). — [2] Le Grand: s. 3261213 [3]. — [3] Sauberer, F., u. F. Ruttner: s. 32612122 [6]. — [4] Joseph, J.: Diss. Kiel (1946). — [5] Atkins, W. R. G., u. H. H. Poole: s. 3261222 [38]. — [6] Joseph, J., u. H. Wattenberg: s. 3261222 [23]. — [7] Krümmel, O.: Hdb. d. Ozeanographie I, 2. Aufl., Stuttgart (1907). — [8] Kändler, R.: unveröffentlicht. — [9] Schott, G.: Geographie des Atlant. Ozeans, 3. Aufl., Hamburg (1942). — [10] Luksch, J.: Denkschr. Akad. Wiss. Wien **69** (19) (1901). — [11] Kalle, K.: Ann. d. Hydr. **66** (1938).

32613 Die Ozeane, Temperatur und Salzgehalt.

326131 Die Meeresräume.

3261311 Grenzen und Namen.

Die Abgrenzungen der Meere gegeneinander sind nur selten eindeutig und naturgegeben. Einteilung und Benennung müssen daher unter Voranstellung bestimmter Gesichtspunkte vorgenommen werden. Je nach den Einteilungsprinzipien verschiedener Autoren treten Unterschiede in den Vorschlägen auf (Schott, G., 1935, 1936; Wüst, G., 1936, 1939; International Hydrographic Bureau, 1950). Die geographische Namengebung wird bevorzugt.

3261312 Areale, Volumina, Tiefen.

Tabelle 1. Areale, Volumina und mittlere Tiefen der Meeresräume nach E. Kossinna (1921) und Th. Stocks [1] (1938).

Meere	Areal 1000 km²	Volumen 1000 km³	mittl. Tiefe m
Atlantischer Ozean [1] ohne Nebenmeere	82216,2	318078	3868
Indischer Ozean ohne Nebenmeere	73442,7	291030	3963
Pazifischer Ozean ohne Nebenmeere	165246,2	707555	4282
I Ozeane (ohne Nebenmeere)	320905,1	1316663	4103
Arktisches Mittelmeer [1]	14056,7	21453	1526
Amerikanisches Mittelmeer [1]	4310,8	9373	2174
Europäisches Mittelmeer [1]	2968,6	4318	1458
Australasiatisches Mittelmeer	8143,1	9873	1212
Große Mittelmeere	29479,2	45017	1512
Ostsee	422,3	23	55
Hudson-Bai	1232,3	158	128
Rotes Meer	437,9	215	491
Persischer Golf	238,8	6	25
Kleine Mittelmeere	2331,3	402	172
II Mittelmeere	31810,5	45419	1416
Nordsee	575,3	54	94
Englischer Kanal	75,2	4	54
Irische See	103,3	6	60
St.-Lorenz-Golf	237,8	30	127
Andamanen-Meer	797,6	694	870
Bering-Meer	2268,2	3259	1437
Ochotskisches Meer	1527,6	1279	838
Japanisches Meer	1007,7	1361	1350
Ostchinesisches Meer	1249,2	235	188
Kalifornischer Golf	162,2	132	813
Bass-Straße	74,8	5	70
III Randmeere	8078,9	7059	874
Mittel- und Randmeere	39889,4	52478	1306
Atlantischer Ozean [1] mit Nebenmeeren	106198,5	352827	3322
Indischer Ozean mit Nebenmeeren	74917,0	291945	3897
Pazifischer Ozean mit Nebenmeeren	179679,0	723699	4028
Weltmeer	360794,5	1368471	3793

Dietrich

Die Grundlagen für Tab. 1 sind überwiegend die sorgfältigen älteren Tiefenkarten des Weltmeeres von M. Groll (1912). Diese sind im einzelnen überholt durch neue Tiefenkarten von Th. Stocks und G. Wüst (1935), von Th. Stocks (1938, 1944, 1950) und vom Internationalen Hydrographic Bureau in Monaco (24 Blätter, 3. Ausgabe zum Teil erschienen). Neubestimmungen der geometrischen Größen für den Atlantischen Ozean von Th. Stocks (1938) wurden in Tab. 1 berücksichtigt; sie weichen von den Ergebnissen von E. Kossinna (1921) nur wenig ab, so daß die Werte für die indischen und pazifischen Gewässer damit vergleichbar bleiben.

3261313 Topographische Hauptformen des Meeresbodens und Großgliederung des Tiefseebodens.

Abb. 1 zeigt die sogenannte hypsographische Kurve, die E. Kossinna (1933) angegeben hat und die nach Werten von Th. Stocks (1938) und neueren Tiefenangaben verbessert wurde. — Sie stellt die Anteile dar, die von den Flächen gleicher Abstände vom Meeresniveau einerseits nur in Wasser oder Luft, andererseits nur im festen Erdboden verlaufen. Diese Anteile sind ausgedrückt in Quadratkilometern und in Prozenten der gesamten Erdoberfläche. Die „Häufigkeitskurve" innerhalb Abb. 1 von W. Meinardus (1942) stellt den prozentualen Anteil der Tiefen- und Höhenstufen an der gesamten Erdoberfläche dar, wobei jede Stufe 500 m umfaßt. Ihre charakteristischen beiden Maxima liegen bei +100 m (die Stufe —150 bis +350 ist mit 16% am stärksten an der Erdoberfläche vertreten) und bei —4950 m (die Stufe —5100 bis —4600 nimmt 13% der Erdoberfläche ein).

Die hypsographische Kurve im Bereich des Meeres läßt sich in fünf Abschnitte gliedern, denen man angenähert fünf topographische Hauptformen zuordnen kann: a) Tiefseegräben, b) Tiefseebecken, c) Ränder der Tiefseebecken (Schwellen, Rücken, unterer Kontinentalabhang), z. T. auch flachere Tiefseebecken, d) Kontinentalabhang, e) Schelf. — Vgl. auch S. 387.

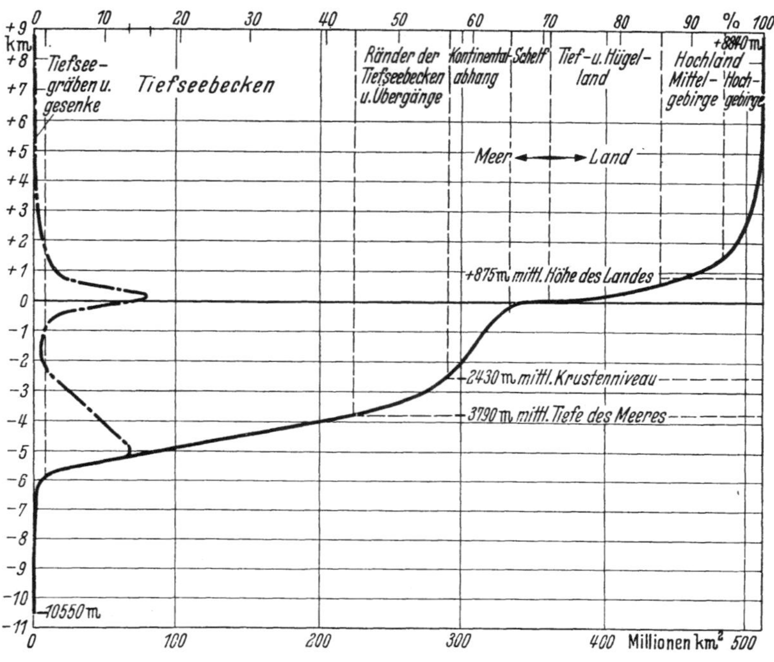

Abb. 1. Hypsographische Kurve der Erdrinde (——) und Häufigkeitskurve der Tiefen- und Höhenstufen (—·—).

a) Tiefseegräben, insgesamt 14 auf der Erde, sind langgestreckte, sehr tiefe Senken. Ihre ausgesprochene topographische Randlage verdeutlicht Abb. 2, ihre Benennung und ihre Maximaltiefen enthält die Tab. 2. Geophysikalisch sind sie durch hohe negative Schwereanomalien, hohe Seismizität, parallele Lage zu Ketten tätiger Vulkane und zu den Antiklinalen junger Faltungen ausgezeichnet (F. A. Vening Meinesz, 1932, 1934; M. Ewing, 1938; H. H. Heß, 1938).

b) Tiefseebecken weisen vorwiegend ein flaches, einförmiges Bodenrelief auf, ein typisches Beispiel dafür enthält Abb. 3a nach G. Dietrich (1939). Die Becken, die den größten Teil vom Boden des Weltmeeres einnehmen (57,4% sind tiefer als 4000 m), ermöglichen eine natürliche Großgliederung der Tiefsee. Die Verbreitung und Benennung der Becken ist aus Abb. 2 in Verbindung mit Tab. 2 ersichtlich. Die Benennung hält sich dabei im wesentlichen an den Vorschlag von G. Wüst (1936, 1940), dem die Union Géodesique et Géophysique Internationale (1940) zugestimmt hat und der hier auf den neuesten Stand gebracht ist.

c) Ränder der Tiefseebecken. Langgestreckte Rücken, vorzugsweise meridional gerichtet, sind allen drei Ozeanen eigen (Westpazifischer, Ostpazifischer, Atlantischer und Indischer Rücken). Sie zeichnen sich durch ein lebhaftes Bodenrelief aus; Beispiel in Abb. 3b nach G. Dietrich (1939). Die beiden Echolotprofile in Abb. 3a und b zeigen die grundsätzlichen Unterschiede im Bodenrelief zwischen Becken und Rücken der Tiefsee. Engabständige Echolotungen deuten darauf, daß die Rücken im einzelnen aus einer Anzahl von großen Bodenwellen (Faltenzügen?) bestehen, die mehr oder weniger parallel laufen und eine erhebliche Längserstreckung aufweisen. Böschungen bis zu 30° wie in Abb. 3b treten dabei auf, die nur noch in unterseeischen Cañons und an Korallenriffen überschritten werden (Ph. H. Kuenen, 1933). Eine Spezialkarte der Topographie des Atlantischen Rückens in 30° N geben J. Tolstoy und M. Ewing (1949). Querrücken, meist in Form wenig ausgeprägter Schwellen, tragen zur Beckenstruktur des Tiefseebodens bei (Abb. 2).

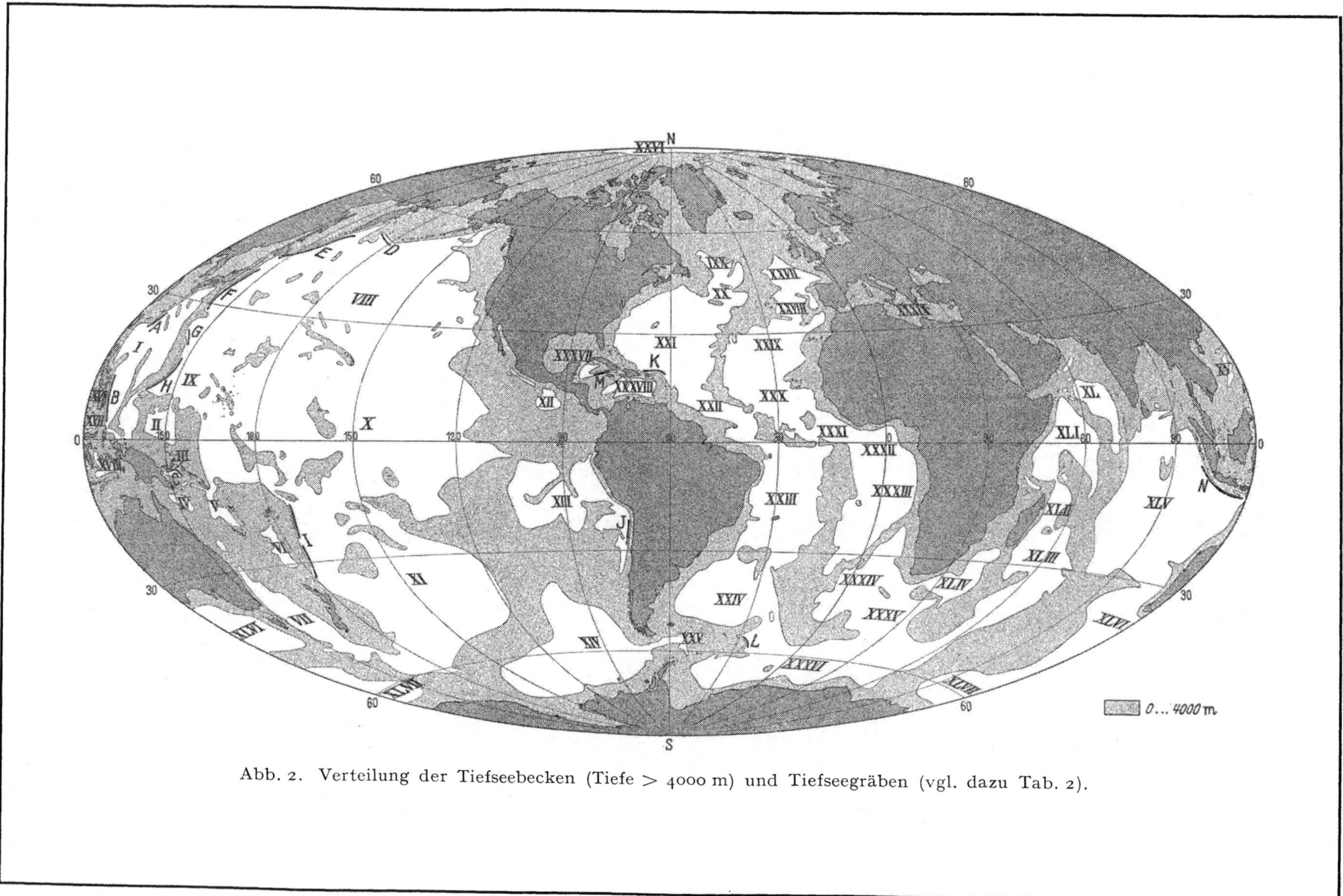

Abb. 2. Verteilung der Tiefseebecken (Tiefe $>$ 4000 m) und Tiefseegräben (vgl. dazu Tab. 2).

Tabelle 2. Großgliederung des Tiefseebodens (zu Abb. 2) im Anschluß an G. Wüst (1940).

Die Tiefseebecken (I—XLVII) mit Tiefen >4000 m sowie die Tiefseegräben (A—N) mit ihren Maximaltiefen nach H. U. Sverdrup (1942) und H. H. Hess u. M. W. Buell (1950).

Pazifischer Ozean.

Westpazifische Becken	Zentralpazifische Becken	Ostpazifische Becken
I. Philippinen-Becken	VIII. Nordpazifisches Becken	XII. Guatemala-Becken
A. RiuKiu-Graben (7480 m)	D. Aleuten-Graben (7680 m)	XIII. Peru-Becken
B. Philippinen-Graben 10500 m ± 90 m)	E. Kurilen-Graben (8500 m)	J. Atacama-Graben (7635 m)
II. Karolinen-Becken	F. Japan-Graben (10375 m ± 150 m)	XIV. Pazifisches Südpolar-Becken
III. Salomonen-Becken	G. Bonin-Graben (8660 m)	**Australasiatische Mittelmeer-Becken**
C. Bougainville-Neupommern-Graben (9140 m)	IX. Marianen-Becken	XV. Südchinesisches Becken
IV. Korallen-Becken	H. Marianen-Graben (9814 m)	XVI. Sulu-Becken
V. Neuhebriden-Becken	X. Zentralpazifisches Becken	XVII. Celebes-Becken
VI. Fidschi-Becken	XI. Südpazifisches Becken	XVIII. Banda-Becken
VII. Ostaustralisches Becken	I. Tonga-Kermadec-Graben (9427 m)	

Atlantischer Ozean.

Westatlantische Becken	Ostatlantische Becken
XIX. Labrador-Becken	XXVI. Nordpolar-Becken
XX. Neufundland-Becken	XXVII. Westeuropäisches Becken
XXI. Nordamerikanisches Becken	XXVIII. Iberisches Becken
K. Portoriko-Graben (8750 m)	XXIX. Kanarisches Becken
XXII. Guyana-Becken	XXX. Kapverdisches Becken
XXIII. Brasilianisches Becken	XXXI. Sierra-Leone-Becken
XXIV. Argentinisches Becken	XXXII. Guinea-Becken
XXV. Südantillen-Becken	XXXIII. Angola-Becken
	XXXIV. Kap-Becken
	XXXV. Agulhas-Becken
	XXXVI. Atlantisch-Indisches Südpolar-Becken
	L. Südsandwich-Graben (8264 m)
Amerikanische Mittelmeer-Becken	**Europäische Mittelmeer-Becken**
XXXVII. Yukatan-Becken	XXXIX. Jonisches Becken
M. Cayman-Graben (7200 m)	
XXXVIII. Karibisches Becken	

Indischer Ozean.

Westliche Indische Becken	Östliche Indische Becken
XL. Arabisches Becken	XLV. Indisch-Australisches Becken
XLI. Somali-Becken	N. Sunda-Graben (7455 m)
XLII. Maskarenen-Becken	XLVI. Südaustralisches Becken
XLIII. Madagaskar-Becken	XLVII. Östliches Indisches Südpolar-Becken
XLIV. Natal-Becken	
XXXVI. Atlantisch-Indisches Südpolar-Becken	

d) Kontinentalabhang wird von stark geneigtem Meeresboden am Rande der Kontinentalblöcke gebildet. Das Echolot in Verbindung mit neuen Methoden der genauen Ortsbestimmung auf See führten zur Erkenntnis, daß der Kontinentalabhang topographisch reich gegliedert ist. Tief eingeschnittene unterseeische Schluchten (sogenannte Cañons) greifen in den Kontinentalblock hinein; zum Teil finden sie Anschluß an Festlandstäler (Hudson, Kongo, Indus u. a.), großenteils enden sie im Schelf. Die weltweite Verbreitung dieser unterseeischen Cañons weist F. P. Shephard (1948a) nach. Ihre Entstehung ist noch nicht völlig geklärt. Die zahlreichen Hypothesen zu diesem Problem werden von F. P. Shephard (1948b) und H. C. Stetson (1949) diskutiert: der erste bevorzugt die Erosion festländischer Flüsse bei wesentlich tieferer Lage des Meeresspiegels als gegenwärtig, der zweite glaubt an Rutschungen der Sedimente am Schelfrande.

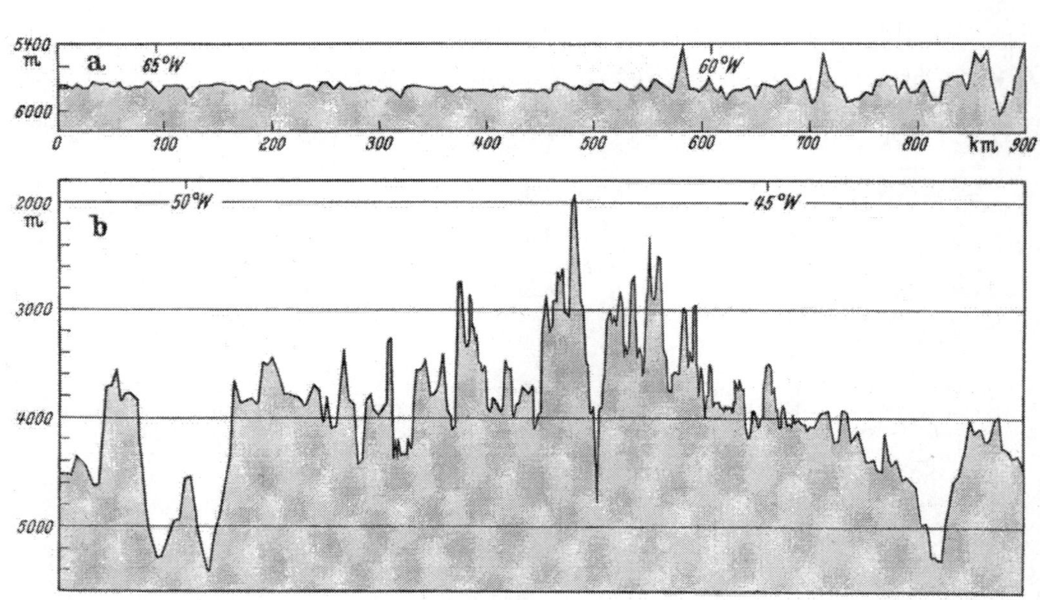

Abb. 3. a) Echolotprofil durch das Nordamerikanische Becken (West-Ost verlaufend in 24° N) und
b) Echolotprofil durch den Atlantischen Rücken (West-Ost verlaufend in 17° N), beide 100fach überhöht.

e) Schelf. Der Übergang vom steilen Kontinentalabhang zum flachen Schelf erfolgt regional in verschiedener Tiefenlage, vorwiegend um 200 m. Terrigene Sedimente, starke Einflußnahme der wechselnden Wasserbedeckung im Zusammenhang mit eustatischen, isostatischen und tektonischen Vorgängen, Gezeitenströme, Brandung und andere Einflüsse bedingen Bodenformen, die sich grundlegend von der Tiefsee unterscheiden. Die nationalen Seekartenwerke mit großmaßstabigen Küstenkarten, die den Bedürfnissen der Nautik dienen, bilden auch die wichtigsten Quellen für die Kenntnis der Topographie der Schelfmeere.

326132 Die Oberflächentemperatur.

3261321 Wärmehaushalt des Meeres.

Die jeweilige Temperatur des Meerwassers resultiert aus dem örtlichen Wärmeumsatz W_v:

$$W_v = \underset{\text{I}}{(S - A)} + \underset{\text{II}}{(K - L)} + \underset{\text{III}}{(D - V)} + \underset{\text{IV}}{(U - W)} + \underset{\text{V}}{(O - E)} + \underset{\text{VI}}{B} + \underset{\text{VII}}{R}.$$

I: Strahlungsumsatz, S = Absorption der Sonnen- und Himmelsstrahlung, A = Ausstrahlung der Meeresoberfläche. Dazu A. Ångström (1925), H. H. Kimball (1928), H. Mosby (1936) (s. a. 32612223).

II: Wärmeumsatz aus konvektiver Wärmeübertragung von Luft zum Wasser K, vom Wasser zur Luft L. Dazu A. Ångström (1920), H. Reichard (1940), E. Frassila (1942).

III: Wärmeumsatz aus Kondensation von Wasserdampf D und Verdunstung V. Zusammenfassende Bearbeitung der mittleren Verdunstung und ihres jährlichen und täglichen Ganges von H. U. Sverdrup (1942).

IV: Wärmeumsatz aus Meeresströmungen und Mischung. U = Zufuhr, W = Verlust. Dazu H. U. Sverdrup (1942), F. Model (1949). S. a. 3263.

V: Wärmeumsatz aus chemisch-biologischen Prozessen. O = Oxydationswärme, E = Assimilationswärme. Dazu K. Kalle (1943).

VI: Wärmezufuhr durch den Meeresboden B. Dazu Angaben von B. Helland-Hansen (1930).

VII: Zufuhr von Reibungswärme aus dissipierter kinetischer Energie. Dazu Angaben von G. J. Taylor (1919), H. U. Sverdrup (1929).

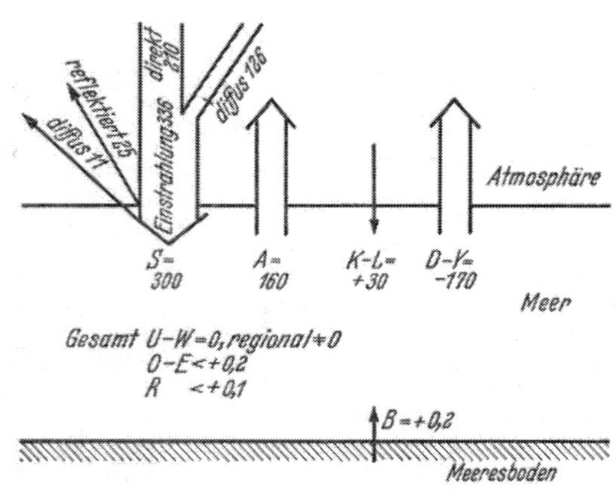

Abb. 4. Mittlerer Wärmeumsatz im Weltmeer (in cal/cm² · Tag).

Zusammenfassende Untersuchungen des Wärmeumsatzes W_v an der Meeresoberfläche von F. Baur und H. Philipps (1936), H. Mosby (1936), F. Albrecht (1940), H. U. Sverdrup (1942),

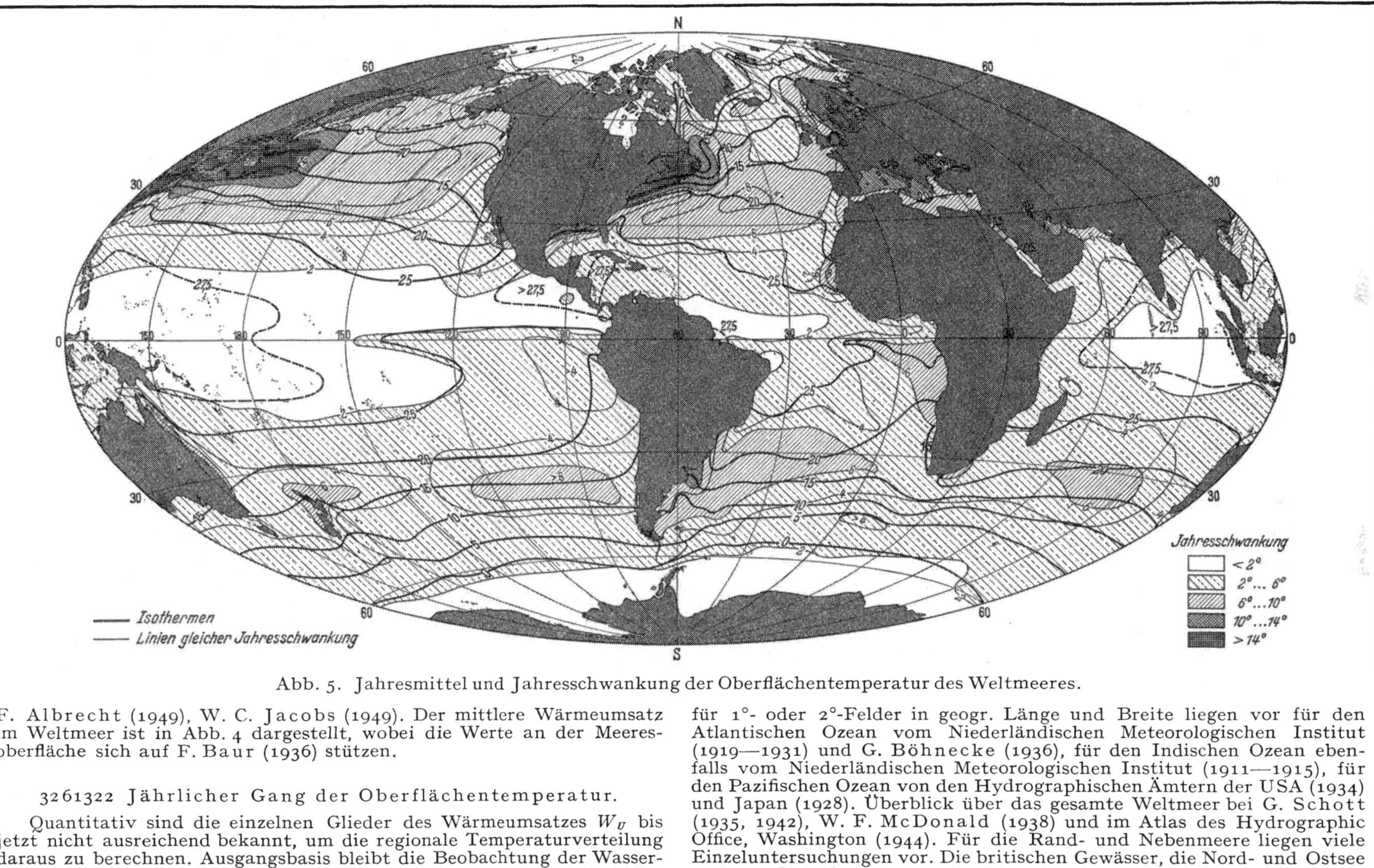

Abb. 5. Jahresmittel und Jahresschwankung der Oberflächentemperatur des Weltmeeres.

F. Albrecht (1949), W. C. Jacobs (1949). Der mittlere Wärmeumsatz im Weltmeer ist in Abb. 4 dargestellt, wobei die Werte an der Meeresoberfläche sich auf F. Baur (1936) stützen.

3261322 Jährlicher Gang der Oberflächentemperatur.

Quantitativ sind die einzelnen Glieder des Wärmeumsatzes W_U bis jetzt nicht ausreichend bekannt, um die regionale Temperaturverteilung daraus zu berechnen. Ausgangsbasis bleibt die Beobachtung der Wassertemperatur. Das Beobachtungsmaterial, vor allem von Handelsschiffen gesammelt, ist nur zum Teil verarbeitet. Monatsmittelwerte in extenso für 1°- oder 2°-Felder in geogr. Länge und Breite liegen vor für den Atlantischen Ozean vom Niederländischen Meteorologischen Institut (1919—1931) und G. Böhnecke (1936), für den Indischen Ozean ebenfalls vom Niederländischen Meteorologischen Institut (1911—1915), für den Pazifischen Ozean von den Hydrographischen Ämtern der USA (1934) und Japan (1928). Überblick über das gesamte Weltmeer bei G. Schott (1935, 1942), W. F. McDonald (1938) und im Atlas des Hydrographic Office, Washington (1944). Für die Rand- und Nebenmeere liegen viele Einzeluntersuchungen vor. Die britischen Gewässer, die Nord- und Ostsee sind von G. Böhnecke und G. Dietrich (1951) bearbeitet, zugleich mit Hinweisen auf die zahlreichen Quellen.

Dietrich

Einen großräumigen Überblick über die Verteilung des Jahresmittels und der Jahresschwankung der Oberflächentemperatur vermittelt Abb. 5, die auf den genannten Arbeiten fußt. Wenn man berücksichtigt, daß auf der Nordhemisphäre das Jahresmaximum im August/September, auf der Südhemisphäre im Februar/März eintritt und daß der Jahresgang in erster Annäherung eine einfache Sinuswelle ist, so erlaubt die Abb. 5 eine Vorstellung vom vollständigen jährlichen Gang, d. h. auch von den Monatsmittelwerten.

3261323 Eindringen des jährlichen Ganges in die Tiefe.

Die Reichweite des jährlichen Ganges zur Tiefe hin ist von mehreren äußeren Faktoren abhängig (Größe der Jahresschwankung an der Oberfläche, Stabilität der Schichtung, Stromschwankungen mit jährlicher Periode, in Schelfgewässern auch von der erzwungenen Turbulenz am Boden usw.).

Tabelle 3. Ungefähre Grenztiefe, unterhalb der die Jahresschwankung im Ozean $<0{,}5°$.

Meeresgebiet	Bearbeiter	Grenztiefe
		m
Nordatlant. Ozean, Färöer-Shetland-Kanal	J. P. Jacobsen (1943)	300
,, ,, westliche Biskaya	B. Helland-Hansen (1930)	150
,, ,, westl. Straße v. Gibraltar	B. Helland-Hansen (1930)	150
Südatlant. Ozean, 35° S	L. Möller (1926)	140
,, ,, südlich Afrika	G. Dietrich (1935)	175
,, ,, bei Südgeorgien	G. E. R. Deacon (1933)	175

Wie grundverschieden sich der jährliche Gang im Schelfmeer gegen die Tiefe fortpflanzt — selbst bei annähernd gleicher geographischer Breite — zeigt Abb. 6 nach G. Dietrich (1950c). Die (von den örtlich verschiedenen Gezeitenströmen) erzwungene Turbulenz am Boden und die unterschiedliche Salzgehaltsschichtung erklärt diese Erscheinungen (G. Dietrich, 1950b).

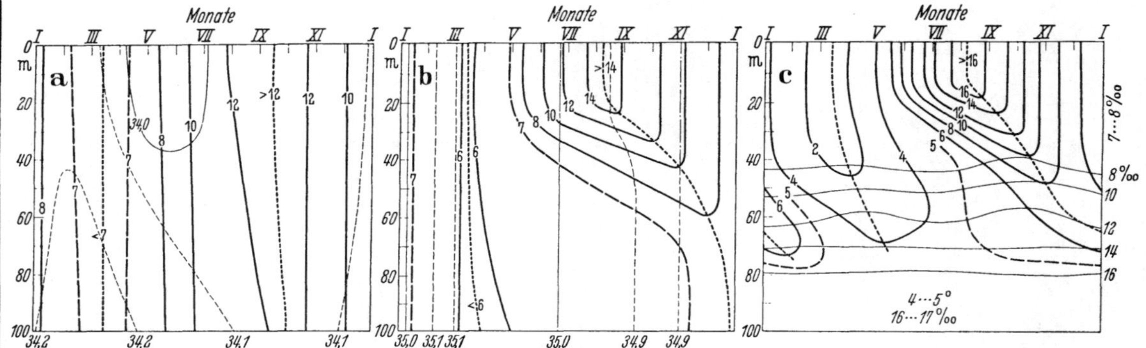

Abb. 6. Mittlerer Jahresgang von Temperatur und Salzgehalt von der Oberfläche bis zum Boden in den europäischen Schelfmeeren: a) Irische See (Nord-Kanal), b) Mittlere Nordsee, c) Ostsee (Bornhom-Tief). [Gerissene, dicke Linien: Eintrittszeit der Extreme im Jahresgang der Temperatur.]

In Abb. 6a: Bei starken Gezeitenströmen: Wassersäule ganzes Jahr homotherm. In Abb. 6b: Bei schwachen Gezeitenströmen: Wassersäule im Winter homotherm, Frühjahr bis Herbst homotherme Deckschicht, thermische Sprungschicht, homotherme Unterschicht. In Abb. 6c: Ohne Gezeitenstrom bei starker Salzgehaltsschichtung: jährlicher Gang durchdringt nicht die Salzgehaltssprungschicht, bleibt auf Oberschicht beschränkt und verläuft hier ähnlich wie in Fall b.

3261324 Täglicher Gang.

Es liegen mehrere neuere Bearbeitungen des täglichen Ganges der Oberflächentemperatur an Hand von umfangreichen Beobachtungen aus verschiedenen Gebieten vor: G. Wegemann (1920), A. Defant (1932), E. Kuhlbrodt und J. Reger (1938), J. Proudman (1937), F. Model (1946), E. Wahl (1949). In den Eintrittszeiten der Tagesextreme sind systematische regionale Unterschiede nicht erkennbar. Das Maximum tritt im Mittel gegen 15 Uhr Ortszeit, das Minimum um Sonnenaufgang ein. Die Tagesschwankung ist von mehreren äußeren Faktoren abhängig: Sonnenhöhe, Bewölkung, täglicher Gang der Lufttemperatur, Wind, Stabilität der obersten Wasserschicht. Ein regional verschiedenes Verhalten ist nach den genannten Untersuchungen erkennbar und läßt sich angenähert angeben (Tab. 4).

Tabelle 4. Mittlere Tagesschwankung der Oberflächentemperatur im Frühsommer in etwa 50—55° N.

Meeresregion	Tagesschwankung
Offener Atlantischer Ozean	0,2—0,4°
Offenes Schelfmeer (gezeitenstromreich) .	0,2—0,5°
Offenes Schelfmeer (gezeitenstromarm) . .	0,5—0,7°
Offene Küste mit größeren Wassertiefen .	0,2—0,5°
Geschützte Flachküste	> 1,0°

In höheren Breiten besitzt die Tagesschwankung einen ausgesprochenen jährlichen Gang. Nach langjährigen Reihen von 44 Stationen an den Küsten der Britischen Inseln, bearbeitet von H. N. Dickson (1899), gibt G. Wegemann (1920) für die Amplitude der Tagesschwankung das Minimum im Dezember mit 0,19°, das Maximum im Juni mit 0,73° an.

Tabelle 5. Tiefe des Eindringens eines meßbaren täglichen Ganges.

Meeresgebiet	Bearbeiter	Tiefe
		m
Golf von Triest	A. Merz (1911)	20
Danziger Bucht	F. Model (1946)	> 12
Südatlantischer Ozean	A. Defant (1932)	50
Bikini-Atoll (Marshall-Inseln) . . .	W. H. Munk u.a. (1949)	> 22 und < 46

3261325 Säkulare Änderungen.

Das Beobachtungsmaterial reicht bis jetzt nur in den europäischen Gewässern und im Nordatlantischen Ozean aus, um einigermaßen gesicherte Angaben über langjährige Änderungen der Oberflächentemperatur zu machen (Tab. 6). Die täglichen Terminbeobachtungen von 8 Leuchttürmen an der norwegischen Küste, die 1868 beginnen, dürften die längsten Beobachtungsreihen darstellen; die längste vollständige Reihe aus den mitteleuropäischen Gewässern (s. Tab. 9) stammt aus dem Kattegat und beginnt 1878. Den mitteleuropäischen Gewässern gemeinsam ist ein allgemeiner Anstieg der Sommertemperaturen um etwa 1,5° von 1922 bis 1938.

Tabelle 6. Hinweise auf Bearbeitungen langjähriger Temperaturreihen.
S: Beobachtung von fahrenden Schiffen; *T*: von festen Stationen (Feuerschiffe, Inseln).

Meeresgebiet	Zeitraum	Bearbeiter
S Offener Nordatlantischer Ozean.	1904—1939	H. J. Bullig (1950)
S Grönländische Gewässer	1876—1946	J. Smed (1947, 1948)
S Isländische Gewässer	1876—1947	J. Smed (1949)
S Isländische Gewässer (Selvogsbank)	1868—1945	H. Thomsen (1937)
T Norwegische Gewässer	1895—1936	E. Frogner (1948)
T Irische See (Insel Man)	1903—1946	D. C. Gilles (1949)
T Englischer Kanal	1903—1927	J. R. Lumby (1935)
S Nördliche Nordsee	1876—1939	J. Smed (1949)
T Östliche Nordsee	1878—1939	G. Dietrich (1951)
T Kattegat, Beltsee, südliche Ostsee	1880—1934	A. J. C. Jensen (1937)
T Profil Biskaya—Nordsee—Ostsee—Aalandsee —Botten Wiek	1906—1938	G. Dietrich (1951)

326133 Der Oberflächensalzgehalt.

3261331 Salzgehaltshaushalt.

Die Gesamtmenge der gelösten Salze im Meerwasser ist in der Gegenwart als invariant anzusehen, soweit nicht Salzlager in Lösung gehen, was aber nur örtlich Bedeutung hat (Bitterseen am Suezkanal nach G. Wüst, 1934). In geologischen Zeiträumen wird aus dem Sedimentationshaushalt auf eine Anreicherung des Salzgehalts geschlossen (F. W. Clarke, 1924). Der Salzgehaltshaushalt ist durch den Haushalt des Wassers als Lösungsmittel bestimmt:

$$W_H = \underset{\text{I}}{(V - N)} + \underset{\text{II}}{(U - W)} + \underset{\text{III}}{(F - M)} + \underset{\text{IV}}{A}.$$

I. Wasserumsatz zwischen Ozean und Atmosphäre: Verdunstung V minus Niederschlag N. Dazu W. Meinardus (1934), G. Wüst (1936).

II. Wasserumsatz im Meere durch Strömungen und Mischung: Zufuhr U, Verlust W. Dazu H. U. Sverdrup (1942) mit ausführlicher Literatur (s. 3263).

III. Wasserumsatz bei Eisbildung F und Eisschmelze M. Dazu O. Krümmel (1907).

IV. Wasserzufuhr durch Festlandsabfluß A, Mengenangaben für die einzelnen Ströme bei R. Fritzsche (1906), L. Henkel (1912).

Zusammenfassende Behandlung von W_H auf der Erde bei W. Wundt (1938), an die sich Abb. 7 anschließt:

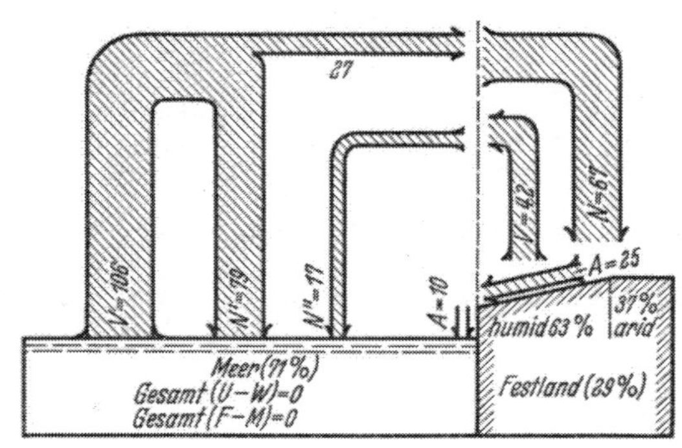

Abb. 7.
Mittlerer Wasserhaushalt des Weltmeeres.

Die Bilanzen für die Meere (vollständig) und die Festländer (nur in Beziehung zum Meer) sind getrennt aufgestellt; die Wassermengen sind jeweils gegeben als Wasserhöhen, in cm, gleichmäßig über die Flächen verteilt gedacht. Auf dem Meer werden $V = 106$ cm verdunstet; zugeführt werden Niederschläge, nämlich $N' = 79$ cm aus V vom Meer und $N'' = 17$ cm aus V vom Land, ferner der Abfluß $A = 10$ cm Abfluß vom Land. $V—N' = A + N''$ $= 27$ cm geben, im Verhältnis der Flächen Meer/Land $= 71/29$ vergrößert, den Niederschlag $N = 67$ cm über dem Festland, der, auf die Festlandsfläche bezogen, sich in Verdunstung 42 cm und Abfluß 25 cm aufteilt. Für das Meer ist die Bilanz vollständig; dagegen ist für das Festland der innere Kreislauf (Verdunstung und Niederschlag) nicht berücksichtigt.

3261332 Jahresmittel.

Der Oberflächensalzgehalt S wird vollständig durch den Wasserhaushalt bestimmt. Da A nur in den Mündungsgebieten der großen Ströme Bedeutung erreicht, $F—M$ nur in hohen geographischen Breiten wirksam wird, bleiben für den offenen Ozean ausschlaggebend: das ozeanische Glied $U—W$, das bei stationären Verhältnissen eine Konstante darstellt, und das Glied $N—V$ als Ausdruck des atmosphärischen Zirkulationseinflusses. Für das Weltmeer gilt nach G. Wüst (1936):

$$S ‰ = 34{,}60 + 0{,}0175\,(V—N),$$

wobei $(V—N)$ in cm/Jahr auszudrücken ist.

Die zonale Verteilung des Oberflächensalzgehaltes in den Ozeanen enthält die Tab. 7. Monatsmittel für Eingradfelder des Atlantischen Ozeans gibt G. Böhnecke (1936), ebenso Vierteljahreskarten, Karten der mittleren jährlichen Verteilung im Indischen und Pazifischen Ozean bei G. Schott (1935), bei beiden Hinweise auf weiteres regionales Quellenmaterial. Zusammenfassung zahlreicher Einzeldarstellungen für die europäischen Schelfgewässer bei G. Dietrich (1950c).

Tabelle 7. Jahresmittel des Oberflächensalzgehaltes (in ‰) in den Ozeanen für jeden fünften Breitenparallel nach G. Wüst (1936).

φ	Paz.	Atl.	Ind.	Weltm.	φ	Paz.	Atl.	Ind.	Weltm.
40° N	33,64	35,80	—	34,54	5° S	35,11	35,77	34,93	35,20
35	34,10	36,46	—	35,05	10	35,38	36,45	34,57	35,34
30	34,77	36,79	—	35,56	15	35,57	36,79	34,75	35,54
25	35,00	36,87	—	35,79	20	35,70	36,54	35,15	35,69
20	34,88	36,47	35,05	35,44	25	35,62	36,20	35,45	35,69
15	34,67	35,92	35,07	35,09	30	35,40	35,72	35,89	35,62
10	34,29	35,62	34,92	34,72	35	35,00	35,35	35,60	35,32
5	34,29	34,98	34,82	34,54	40	34,61	34,65	35,10	34,79
0	34,85	35,67	35,14	35,08	45	34,62	34,19	34,25	34,14
					50	34,16	33,94	33,87	33,99

3261333 Jährlicher und täglicher Gang.

Der jährliche Gang des Oberflächensalzgehaltes im offenen Ozean ist geringfügig. Beispiel dafür ist das Verhalten auf dem Meridionalstreifen 20—30° W zwischen Island und dem Äquator nach harmonisch ausgeglichenen Monatswerten (s. Tab. 8), zusammengefaßt nach Ergebnissen von J. Smed (1943). Auch in den flachen Randmeeren bleibt die Jahresschwankung meist klein (s. Isoplethen des Salzgehaltes in Abb. 6).

Tabelle 8. Mittlere Jahresschwankung des Oberflächensalzgehaltes (ΔS ‰) und Eintrittszeit des Jahresmaximums (P in Monaten) auf dem Meridionalstreifen 20—30° W von Island bis zum Äquator im Anschluß an J. Smed (1943).

Breite (N)	65—60	60—55	55—50	50—45	45—40	40—35	35—30	30—25	25—20	20—15	15—10	10—5	5—0
ΔS ‰	0,15	0,03	0,03	0,06	0,05	0,06	0,18	0,10	0,12	0,03	0,21	0,54	0,12
P (Monat)	I	III	IV	VII	IX	XI	IX	IX	II	XI	V	III	XI

Sie besitzt angenähert dieselbe Größenordnung wie die Streuungsbreite der Einzelbeobachtungen. Ausnahmen finden sich in Gebieten mit regelmäßigem Richtungswechsel des Windes, z. B. Arabischer Meerbusen, Golf von Bengalen, Australasiatisches Mittelmeer: $\Delta S = 1—3$ ‰ nach G. Schott (1935) und S. W. Visser (1938), sowie in den Flachmeeren bei starkem jährlichen Gang des festländischen Abflusses und der vertikalen Vermischung: $\Delta S = 2{,}5$ ‰ in der Beltsee nach G. Dietrich (1950c), > 5 ‰ im Skagerrak nach G. Böhnecke (1927).

Ein eindeutiger täglicher Gang des Oberflächensalzgehaltes im offenen Ozean ist nach A. Defant (1932) selbst auf mehrtägigen Ankerstationen nicht nachzuweisen; im Australasiatischen Mittelmeer erreicht er nach S. W. Visser (1938) im Mittel 0,07‰ Tagesschwankung, Minimum um 2 Uhr, Maximum 18 Uhr Ortszeit.

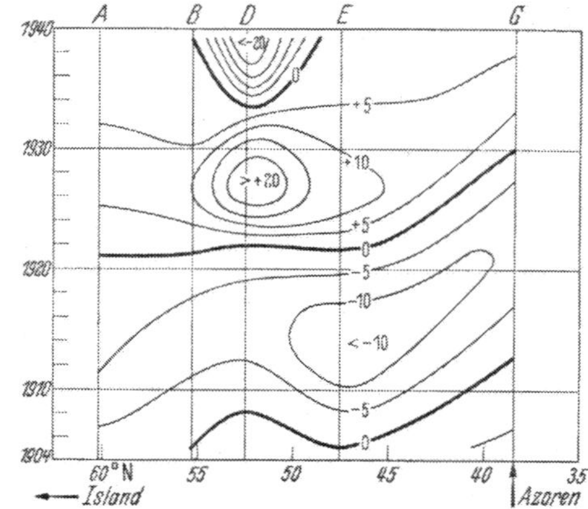

Abb. 8. Abweichungen des Oberflächensalzgehaltes (in 1/100‰) in den Sommermonaten der Einzeljahre vom Mittel der Sommer 1905—1939 zwischen Island und Azoren. S‰-Mittel Sommer 1905—1939 beträgt in den Feldern A = 35,30, B = 35,35, D = 35,12, E = 35,71, G = 36,20.

3261334 Säkulare Änderungen.

Das Beobachtungsmaterial ist nur für wenige Gebiete hinreichend, um langjährige Änderungen annähernd zu erfassen. Für den Nordatlantischen Ozean liegt eine neuere Bearbeitung von J. Smed (1943) vor. Die Ergebnisse sind in Abb. 8 zusammengefaßt als Isoplethen der Abweichungen vom Mittel der Sommerbeobachtungen 1905—1935 auf einem Schnitt Island—Azoren. Bearbeitung der langjährigen Änderungen für den Englischen Kanal 1903—1927 bei J. R. Lumby (1935), für die Nordsee 1902—1928 bei J. P. Jacobsen (1934), für Kattegat, Beltsee für 4 dänische Feuerschiffe 1880—1938 bei G. Neumann (1940) und für die südliche Ostsee 1880—1934 bei A. J. C. Jensen (1937). Jahresmittel des Salzgehaltes und der Temperatur von der längsten ununterbrochenen, zugleich homogenen Beobachtungsreihe, die überhaupt von der Meeresoberfläche vorliegt, gibt Tab. 9, nach den dänischen nautisch-meteorologischen Jahrbüchern.

Tabelle 9. Jahresmittel von Salzgehalt (in ‰) und Temperatur (in ° C) an der Oberfläche bei Feuerschiff Schultz's-Grund 1878—1947 (südl. Kattegat $\varphi = 56°\ 08{,}9'$ N, $\lambda = 11°\ 11{,}2'$E) auf Grund täglicher Terminbeobachtungen um 8 Uhr (* 1 Monat, + 2 Monate, [ ] 3 Monate Schiff nicht auf Position, Monatsmittel interpoliert. [1]) Seit 1946 Feuerschiff verlegt auf $\varphi = 56°\ 05{,}9'$ N, $\lambda = 11°\ 08{,}5'$ E').

Jahr	S	t	Jahr	S	t	Jahr	S	t	Jahr	S	t
			1880	19,6	9,1	1890	18,8	8,6	1900	18,0	8,5
			81	[19,0]	[7,6]	91	19,5	8,6	01	18,4	8,9
			82	19,7	9,3	92	18,7	8,2	02	17,8	7,7
			83	20,7	8,5	93	18,6	8,7	03	17,4	8,5
			84	18,6	9,4	94	18,2	9,1	04	19,1	8,5
			85	19,0	8,3	95	18,6	8,7	05	17,8	8,5
			86	18,7	8,8	96	18,0	9,1	06	17,5	9,0
			87	19,8	8,3	97	18,1*	8,9*	07	18,1	8,2
1878	20,6	9,1	88	18,7	7,4	98	18,9	8,8	08	19,5	8,7
1879	17,9*	7,2*	89	18,0	9,0	99	18,5	9,0	09	20,0*	8,0*
1910	17,8	9,2	1920	18,4	8,5	1930	18,7	9,3	1940	[19,3]	[8,0]
11	18,5	9,1	21	20,5	9,1	31	18,2	8,1	41	[19,2]	[7,9]
12	18,4*	8,4*	22	19,1*	7,8*	32	18,3	9,2	42	—	—
13	18,4	9,1	23	18,6*	7,9*	33	17,8	9,3	43	—	—
14	18,3	9,6	24	17,9+	7,9+	34	19,3	9,9	44	—	—
15	19,5	8,0	25	18,8	9,3	35	19,0	9,2	45	—	—
16	17,7	8,4	26	17,7	9,0	36	18,6	8,9	46[1])	18,0	8,8
17	19,5*	8,7*	27	17,3	8,6	37	18,5	9,1	47[1])	19,5+	8,9+
18	18,5	8,5	28	18,9	8,3	38	18,9	9,7			
19	18,9	8,2	29	18,7+	7,9+	39	19,1	9,4			

326134 Temperatur und Salzgehalt in der Tiefe und die physikalischen Eigenschaften des Meerwassers im Weltmeer.

Das umfangreiche Beobachtungsmaterial aus der Tiefe ist zerstreut auf zahlreiche Expeditionsveröffentlichungen, von denen die wichtigsten aus dem Weltmeer bei G. Schott (1935, 1942) und H. U. Sverdrup (1942) Erwähnung finden, für den Atlantischen Ozean gibt G. Wüst (1935) eine

Liste der Expeditionen mit Quellenangaben bis zum Stande von 1932. Nur für die westeuropäischen Gewässer wird seit 1902 der größte Teil der anfallenden Beobachtungen alljährlich vom Conseil Permanent International pour l'Exploration de la Mer in Kopenhagen in den Bulletins Hydrographiques veröffentlicht.

Temperatur und Salzgehalt des Wassers unterhalb der oberflächennahen Störungsschicht ($\sim$200 m) stehen örtlich in einer nahezu unveränderlichen Beziehung zueinander. Diese Feststellung, die für das ganze Weltmeer gilt und aus den quasistationären Verhältnissen in der Tiefe folgt, hat die Beziehung $S = f(t)$ zum vielverwendeten Hilfsmittel in der Ozeanographie gemacht, am umfassendsten bei H. U. Sverdrup (1942). Dort werden auch die maßgebenden Wasserkörper im Ozean definiert und hinsichtlich Entstehung und Verbreitung beschrieben.

Faßt man alle zusammengehörigen Temperatur- und Salzgehaltsbeobachtungen aus dem Weltmeer, von der Untergrenze der Störungsschicht bis zum Boden, in einem Temperatur-Salzgehalts-Diagramm zusammen, so ergibt sich darin ein ganz bestimmter Spielraum für jeden Ozean nördlich der subtropischen Grenze in etwa 40° südl. Breite (Abb. 9 nach G. Dietrich, 1950[a]). Der entsprechende Bereich in der Dichte σ_t kann der Abbildung ebenfalls entnommen werden. Gemeinsam

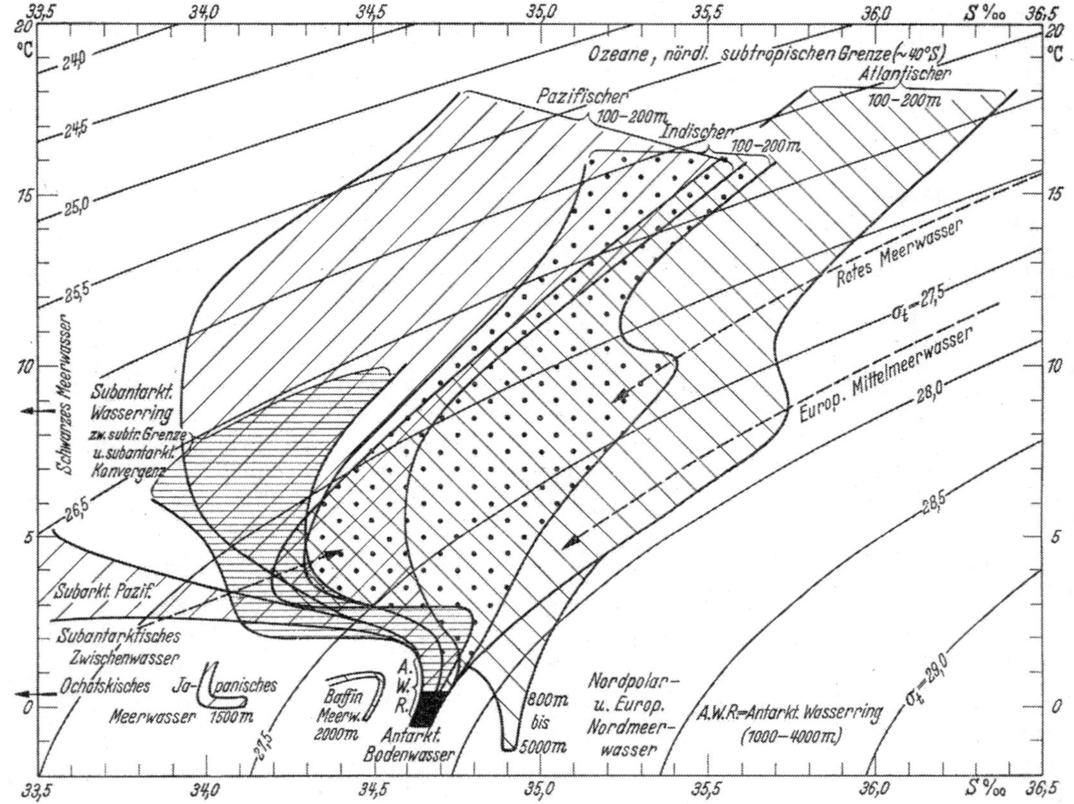

Abb. 9. Temperatur-Salzgehalt-Dichte σ_t im Weltmeer unterhalb der oberflächennahen Störungsschicht (ab 100—200 m Tiefe).

ist den drei Ozeanen eine charakteristische subantarktische und antarktische Wasserart in dem zirkumpolaren Wasserring; eine etwas gesonderte Stellung besitzt das subarktische pazifische Wasser. Aus diesen Grenzen fallen die Wasserkörper in folgenden 7 Meeresgebieten mit Tiefen über 500 m heraus: 1. Nordpolarmeer und Europäisches Nordmeer, 2. Baffinmeer, 3. Europäisches Mittelmeer, 4. Schwarzes Meer, 5. Rotes Meer, 6. Japanisches Meer und 7. Ochotskisches Meer. Sie sind durch unterseeische Schwellen vom offenen Weltmeer abgeschnürt. Tiefe und Größe der Verbindungen zum Weltmeer und die jeweiligen klimatischen Verhältnisse an der Oberfläche bedingen diese Sonderstellung der Wasserkörper.

Das Bodenwasser in den großen Tiefen des Weltmeeres ist hinsichtlich Temperatur und Salzgehalt nach Abb. 9 von großer Gleichförmigkeit. Bringt man den adiabatischen Effekt (32 61113) zum Abzug, d. h. benutzt man die potentielle Temperatur, so ergibt sich eine charakteristische Verteilung, die G. Wüst (1938) für das Weltmeer bestimmt hat (Abb. 10, mit einigen Ergänzungen durch neuere Beobachtungen auf der Südhemisphäre, als Überblick). Das kalte Bodenwasser des Weltmeeres nimmt hauptsächlich seinen Ausgang vom ozeanischen Kältepol der Südhemisphäre in der Weddell-See (s. Tab. 10a), sekundär auch vom Rande des antarktischen Kontinents im Indischen Ozean, von den südgrönländischen Gewässern und vom Ochotskischen Meer. Die absolut niedrigste Temperatur am

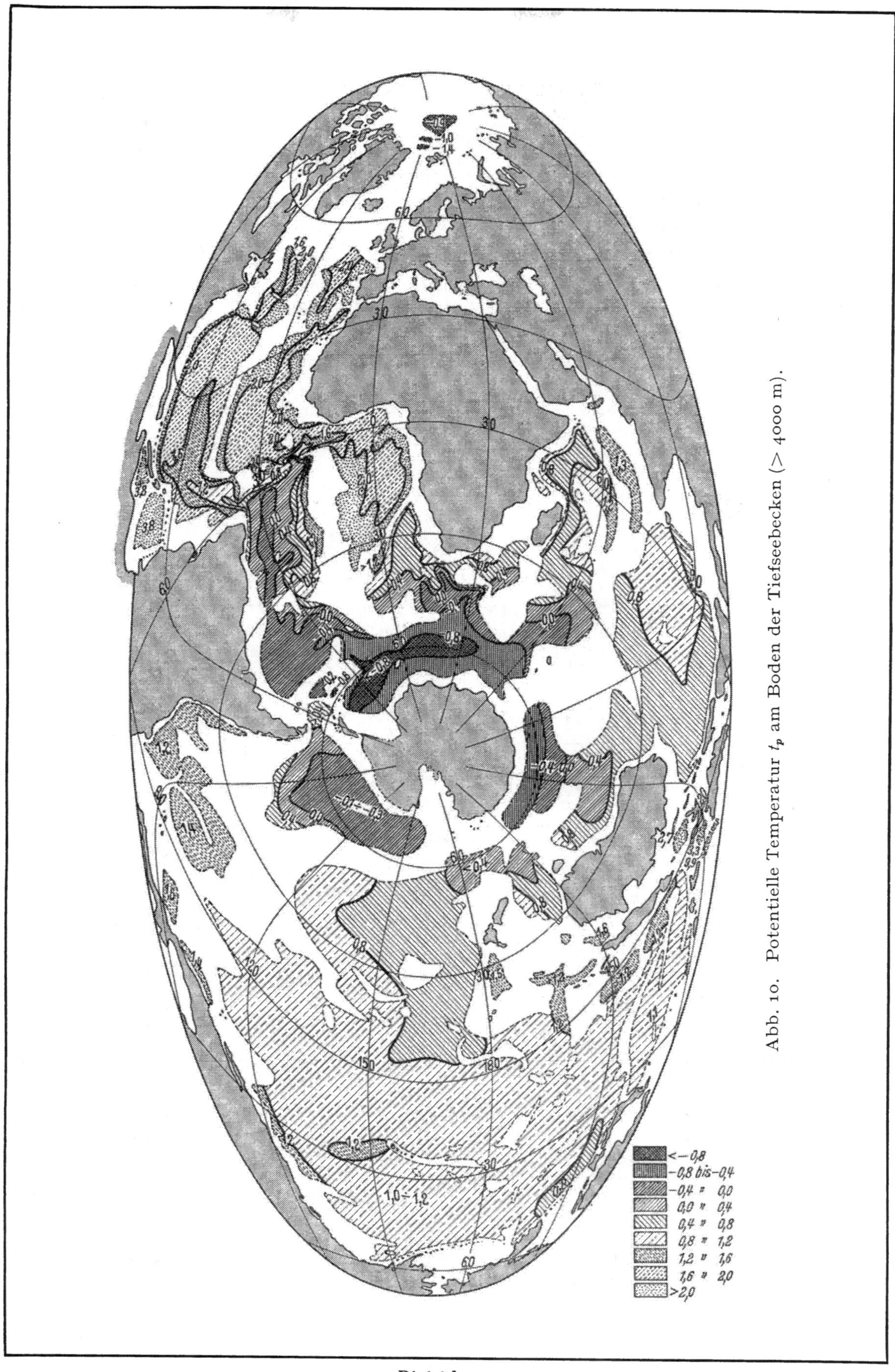

Abb. 10. Potentielle Temperatur t_p am Boden der Tiefseebecken (> 4000 m).

Boden des Weltmeeres wird zwar im nördlichen Europäischen Nordmeer in 2925 m Tiefe beobachtet (B. Helland-Hansen und E. Kofoid (1909) mit $t = -1{,}30°$, potentielle Temp. $t_p = -1{,}45$); aber infolge der Abschnürung durch unterseeische Rücken beschränkt sich das Einflußgebiet dieser tiefen Temperaturen nach G. Wüst (1941) auf das Nordmeer und Nordpolarmeer, gelegentlich wird vielleicht das südgrönländische Bodenwasser gespeist.

Tab. 10 gibt einige wichtige physikalische Größen, deren allgemeine Abhängigkeit von Temperatur, Salzgehalt und Druck 32611 enthält, für 6 verschiedene Beobachtungsreihen aus dem Weltmeer berechnet. Die Beobachtungsreihen wurden dahin ausgewählt, einige Extreme im Weltmeer erkennen zu lassen, nämlich:

Tab. 10a: Weddell-See, kälteste Wassersäule der Südhemisphäre.

Tab. 10b: Rotes Meer, salzreichste und zugleich wärmste Wassersäule des Weltmeeres.

Tab. 10c: Philippinen-Graben, tiefste Wassersäule des Weltmeeres.

Tab. 10d: Golfstrom, linke Flanke im Vergleich zur rechten Flanke in 10e.

Tab. 10e: Golfstrom, rechte Flanke, extreme horizontale Unterschiede auf kurze Entfernung gegen 10d.

Tab. 10f: Äquatorialer Atlantischer Ozean, charakteristische starke Schichtung in den niedrigen geographischen Breiten.

Erläuterung zur Tabelle 10:

Spalte 1: m Normaltiefen in Meter, für Spalte 5 und 6 Normaldrucke in dbar, für Spalte 7 und 8 Normalgeopotentialabstände von der isobaren Oberfläche in dyn. m.

Spalte 2 u. 3: t Temperatur in °C und S Salzgehalt in ‰, interpoliert aus Beobachtungsreihen für Normaltiefen.

Spalte 4: σ_t Dichte
Spalte 5: $\sigma_{s,t,D}$ Dichte in situ
Spalte 6: p Druck in dbar
} siehe 3261104.

Spalte 7: δ Anomalie des spezifischen Volumens $\alpha_{s,t,p}$, siehe 3261105.

Spalte 8: ΔD Anomalie der dynamischen Tiefe $D_{s,t,p}$ in dyn. m, siehe 3261105.

Spalte 9: t_p potentielle Temperatur in °C, siehe 3261113.

Spalte 10: V_x horizontale Schallgeschwindigkeit in m/sec, siehe 3261117.

Spalte 11: V_z mittlere vertikale Schallgeschwindigkeit in m/sec von der Oberfläche bis zur Tiefe m, siehe 3261117.

Tabelle 10. Temperatur- und Salzgehaltsverteilung auf sechs ausgewählten vertikalen Beobachtungsreihen aus dem Weltmeer mit Angabe der Verteilung von einigen physikalischen Eigenschaften.

a) Weddell-See.
Station „Discovery II" 1996, 13. März 1937, $\varphi = 62° 32{,}5'$ S, $\lambda = 24° 32'$ W, Tiefe 5031 m.

1 m dbar dyn. m	2 t °C	3 S ‰	4 σ	5 $\sigma_{s,t,D}$	6 p dbar	7 $10^5 \cdot \delta$	8 $10^4 \cdot \Delta D$	9 t_p °C	10 V_x m/sec	11 V_z m/sec
0	−0,78	33,45	26,91	26,91	0,0000	116	—	−0,78	1439,9	—
25	−0,84	,45	,91	27,03	25,6742	116	289	−0,84	1440,1	1439,9
50	−1,79	34,30	27,63	27,88	51,3608	47	492	−1,79	1437,1	1439,3
75	−1,88	,34	,66	28,04	77,0598	44	606	−1,88	1437,3	1438,6
100	−1,89	,39	,70	28,20	102,7628	40	711	−1,89	1437,6	1438,2
150	−0,73	,56	,81	28,55	154,182	30	886	−0,74	1444,2	1439,2
200	0,02	,66	,85	28,83	205,616	26	1026	0,01	1448,8	1440,9
300	,44	,70	,86	29,33	308,524	26	1288	,43	1452,5	1444,2
400	,38	,70	,86	29,82	411,482	26	1546	,36	1454,0	1446,5
500	,40	,70	,86	30,31	514,489	26	1804	,38	1455,9	1448,2
600	,41	,70	,86	30,79	617,544	26	2062	,38	1457,8	1449,6
700	,38	,70	,86	31,27	720,647	26	2322	,35	1459,5	1451,0
800	,33	,70	,86	31,76	823,799	26	2580	,29	1461,1	1452,2
900	,29	,70	,87	32,25	927,000	25	2834	,25	1462,9	1453,3
1000	,25	,70	,87	32,74	1030,250	25	3084	,20	1464,4	1454,3
1200	,17	,70	,87	33,72	1236,896	25	3578	,11	1467,6	1456,2
1400	,10	,69	,87	34,68	1443,736	24	4068	,03	1471,0	1458,1
1600	,02	,69	,88	35,64	1650,768	23	4542	−0,06	1474,3	1459,9
1800	−0,07	,68	,88	36,59	1857,992	22	4998	−0,16	1477,5	1461,6
2000	−0,14	,68	,88	37,55	2065,406	22	5444	−0,24	1480,7	1463,4
2500	−0,26	,67	,88	39,91	2584.77	21	6514	−0,40	1489,3	1467,8
3000	−0,30	,67	,88	42,26	3105,32	20	7534	−0,48	1498,1	1472,1
3500	−0,43	,67	,88	44,59	3627,03	18	8488	−0,65	1506,5	1476,4
4000	−0,50	,67	,89	46,89	4149,90	16	9348	−0,77	1515,3	1480,7
4500	−0,50	,67	,89	49,17	4673,92	15	10128	−0,82	1524,4	1485,0

b) Rotes Meer.
Station „Will. Snellius" 18, 18. April 1929, $\varphi = 15° 52'$ N, $\lambda = 41° 43'$ E, Tiefe: > 1030 m.

1 m dbar dyn. m	2 t ° C	3 S ‰	4 σ_t	5 $\sigma_{s,t,D}$	6 p dbar	7 $10^5 \cdot \delta$	8 $10^4 \cdot \Delta D$	9 t_p ° C	10 V_x m/sec	11 V_z m/sec
0	26,70	37,07	24,40	24,40	0,0000	354	—	26,70	1537,9	—
25	,10	,11	,59	24,70	25,6138	337	864	26,09	1537,0	1537,4
50	25,99	,42	,88	25,11	51,2365	310	1674	25,98	1537,5	1537,4
75	24,25	38,85	26,51	26,84	76,8860	157	2258	24,24	1535,6	1537,1
100	22,51	40,27	28,10	28,54	102,5782	7	2462	22,49	1533,0	1536,4
150	21,94	,46	,41	29,08	154,019	— 20	2430	21,91	1532,8	1534,6
200	,80	,51	,49	29,37	205,480	— 25	2317	,76	1533,2	1534,2
300	,60	,57	,59	29,91	308,444	— 30	2039	,64	1534,6	1534,1
400	,57	,59	,61	30,37	411,458	— 28	1749	,49	1536,3	1534,4
500	,57	,61	,63	30,84	514,519	— 25	1485	,47	1538,1	1535,0
600	,58	,57	,59	31,23	617,623	— 17	1273	,45	1540,0	1535,7
700	,60	,60	,61	31,69	720,769	— 15	1113	,45	1541,9	1536,5
800	,62	,60	,60	32,13	823,960	— 9	992	,45	1543,7	1537,3
900	,63	,60	,60	32,56	927,195	— 5	920	,44	1545,6	1538,1
1000	,66	,60	,59	32,98	1030,472	0	895	,45	1547,4	1538,9

c) Philippinen-Graben.
Station „Will. Snellius" 262, 16. Mai 1930, $\varphi = 9° 40{,}7'$ N, $\lambda = 126° 51{,}3'$ E, Tiefe 10068 m.

1	2	3	4	5	6	7	8	9	10	11
0	28,80	34,44	21,41	21,41	0,0000	640	—	28,80	1539,8	—
25	,30	,35	,76	21,87	25,5410	607	1559	,49	1539,6	1539,7
50	,20	,31	,83	22,06	51,0902	602	3070	,19	1539,3	1539,6
75	27,50	,50	22,20	22,54	76,6478	567	4532	27,48	1538,5	1539,3
100	25,90	,71	,86	23,31	102,2210	505	5873	25,88	1535,3	1538,7
150	20,58	,88	24,53	25,21	153,434	347	8004	20,55	1523,0	1535,5
200	15,15	,60	25,65	26,57	204,728	241	9474	15,12	1507,6	1530,5
300	10,50	,48	26,48	27,88	307,452	163	11492	10,46	1493,4	1520,5
400	8,50	,47	,80	28,69	410,280	133	12972	8,46	1487,7	1513,0
500	7,30	,49	27,00	29,37	513,184	115	14213	7,25	1484,9	1507,7
600	6,48	,52	,13	29,98	616,152	103	15305	6,42	1483,5	1503,8
700	5,85	,52	,21	30,54	719,178	96	16303	5,78	1482,8	1500,9
800	,35	,52	,28	31,10	822,260	90	17234	,28	1482,5	1498,6
900	4,90	,53	,34	31,62	925,396	85	18107	4,82	1482,6	1496,8
1000	,45	,55	,40	32,16	1028,584	79	18926	,37	1482,5	1495,4
1200	3,80	,56	,48	33,20	1235,120	72	20436	3,71	1483,4	1493,3
1400	,35	,57	,53	34,22	1441,862	67	21828	,24	1485,2	1492,0
1600	,00	,59	,58	35,21	1648,806	63	23134	2,88	1487,3	1491,3
1800	2,61	,60	,62	36,21	1855,948	59	24356	,48	1489,2	1491,1
2000	,25	,61	,66	37,20	2063,290	55	25492	,10	1491,2	1490,9
2500	1,80	,63	,71	39,61	2582,50	50	28097	1,62	1498,3	1491,8
3000	,64	,66	,75	41,99	3102,90	46	30492	,41	1506,7	1493,5
3500	,58	,67	,76	44,29	3624,46	46	32807	,31	1515,3	1496,1
4000	,60	,67	,76	46,55	4147,18	47	35137	,27	1524,4	1498,9
4500	,65	,67	,75	48,79	4671,01	51	37582	,25	1533,8	1502,3
5000	,72	,67	,75	51,02	5195,96	53	40172	,26	1542,6	1505,9
6000	,86	,67	,74	55,39	6249,18	58	45712	,25	1560,8	1513,6
7000	2,01	,68	,74	59,69	7306,72	63	51742	,25	1578,7	1521,6
8000	,15	,69	,74	63,92	8368,52	68	58292	,23	1596,6	1529,8
9000	,31	,68	,71	68,06	9434,52	76	65522	,19	1613,9	1538,2
10000	,48	,67	,69	72,11	10504,60	84	73522	,17	1631,0	1546,6

d) Golfstrom, linke Flanke.
Station „Atlantis" 1729, 25. Juli 1933, $\varphi = 39° 25'$ N, $\lambda = 69° 40'$ W, Tiefe 2480 m.

1	2	3	4	5	6	7	8	9	10	11
0	22,59	33,44	22,88	22,88	0,0000	499	—	22,59	1523,9	—
25	16,17	34,61	23,43	23,55	25,5805	447	1183	16,16	1507,6	1515,7
50	13,83	35,32	26,48	26,72	51,2090	158	1940	13,82	1501,4	1510,2
75	,25	,40	,67	27,02	76,8808	140	2312	,24	1500,0	1507,0
100	12,67	,46	,84	27,30	102,5598	125	2644	12,66	1498,5	1505,0

1 m dbar dyn. m	2 t °C	3 S ‰	4 σ_t	5 $\sigma_{s,t,D}$	6 p dbar	7 $10^5 \cdot \delta$	8 $10^4 \cdot \Delta D$	9 t_p °C	10 V_x m/sec	11 V_z m/sec
150	11,73	33·37	26,94	27,64	153,933	117	3248	11,71	1496,0	1502,5
200	10,34	,23	27,09	28,02	205,325	103	3796	10,31	1491,9	1500,3
300	8,07	,03	,30	28,71	308,162	84	4730	8,04	1484,9	1496,3
400	5,92	34,92	,52	29,42	411,069	63	5466	5,88	1478,2	1492,7
500	,10	,94	,64	30,02	514,041	52	6045	,05	1476,6	1489,6
600	4,63	,96	,70	30,56	617,070	48	6545	4,58	1476,6	1487,4
700	,20	,93	,73	31,07	720,152	45	7007	,14	1476,6	1486,0
800	3,99	,90	,73	31,56	823,284	46	7460	3,93	1477,5	1484,9
900	,89	,90	,74	32,03	926,464	45	7915	,82	1479,0	1484,1
1000	,77	,90	,75	32,52	1029,692	45	8368	,69	1480,2	1483,7
1200	,59	,92	,78	33,50	1236,294	44	9256	,50	1483,0	1483,3
1400	,58	,92	,78	34,45	1443,090	45	10144	,47	1486,6	1483,5
1600	,46	,92	,79	35,39	1650,074	46	11052	,33	1489,7	1484,1
1800	,39	,93	,81	36,35	1857,248	45	11956	,25	1493,2	1484,9
2000	,31	,94	,83	37,31	2064,614	44	12846	,15	1496,2	1485,9

e) Golfstrom, rechte Flanke.
Station „Atlantis" 1732, 27. Juli 1933, $\varphi = 37°\,21'$ N, $\lambda = 68°\,31'$ W, Tiefe 4819 m.

1	2	3	4	5	6	7	8	9	10	11
0	27,67	35,90	23,20	23,20	0,0000	469	—	27,67	1538,9	—
25	,68	,88	,19	23,30	25,5812	471	1174	,67	1539,4	1539,1
50	26,62	36,00	,61	23,84	51,1705	432	2302	26,61	1537,5	1538,9
75	,43	,12	,77	24,11	76,7700	418	3364	,41	1537,7	1538,4
100	,04	,24	,99	24,44	102,3770	397	4382	,02	1537,4	1538,2
150	24,45	,29	24,51	25,18	153,618	350	6250	24,42	1534,6	1537,5
200	20,96	,56	25,70	26,60	204,912	238	7720	20,92	1526,9	1535,8
300	19,23	,55	26,17	27,52	307,618	197	9894	19,17	1523,9	1532,3
400	18,48	,51	,32	28,13	410,401	186	11806	18,41	1523,3	1530,1
500	17,60	,42	,47	28,73	513,244	174	13607	17,51	1522,3	1528,7
600	16,20	,22	,65	29,38	616,150	160	15277	16,10	1519,8	1527,4
700	14,50	35,91	,80	29,99	719,119	147	16808	14,39	1516,0	1526,1
800	12,10	,55	27,01	30,69	822,153	126	18173	11,99	1509,4	1524,4
900	9,72	,26	,23	31,41	925,258	104	19327	9,61	1502,5	1522,4
1000	7,65	,10	,41	32,10	1028,434	85	20276	7,54	1496,0	1520,1
1200	5,50	34,99	,63	33,30	1234,974	63	21756	5,39	1491,1	1515,7
1400	4,53	,96	,71	34,34	1441,738	55	22928	4,41	1490,7	1512,1
1600	,02	,94	,76	35,34	1648,706	50	23978	3,89	1492,1	1509,5
1800	3,80	,95	,79	36,32	1855,872	48	24966	,65	1495,0	1507,7
2000	,67	,96	,80	37,27	2063,230	49	25938	,50	1498,0	1506,6
2500	,38	,94	,82	39,61	2582,45	49	28388	,17	1505,6	1505,7
3000	,00	,97	,88	41,99	3102,85	45	30738	2,74	1513,1	1506,3
3500	2,65	,96	,90	44,32	3624,43	43	32933	,34	1520,5	1507,8
(4000)	,36	,92	,90	46,60	4147,16	43	35078	,00	1528,2	1510,0

f) Äquatorialer Atlantischer Ozean.
Station „Meteor" 248, 5. Januar 1927, $\varphi = 3°\,30'$ S, $\lambda = 22°\,36'$ W, Tiefe 5396 m.

1	2	3	4	5	6	7	8	9	10	11
0	25,49	35,90	23,89	23,89	0,0000	403	—	25,49	1533,9	—
25	,57	,90	,87	23,98	25,5984	406	1010	,56	1534,5	1534,2
50	,54	,91	,88	24,11	51,1995	406	2024	,53	1534,9	1534,5
75	24,52	36,10	24,33	24,67	76,8093	364	2986	24,50	1533,2	1534,3
100	14,97	35,44	26,34	26,80	102,4526	173	3657	14,95	1506,1	1530,6
150	13,47	,32	,56	27,26	153,804	153	4470	13,45	1502,0	1521,8
200	12,42	,18	,66	27,60	205,176	144	5213	11,39	1499,3	1516,5
300	10,91	,02	,83	28,22	307,967	130	6584	10,87	1495,4	1510,1
400	8,96	34,83	27,01	28,88	410,822	114	7803	8,91	1489,9	1505,8
500	6,95	,60	,13	29,49	513,740	102	8884	6,90	1483,6	1502,0
600	5,54	,50	,23	30,09	616,719	93	9859	5,49	1479,7	1498,6
700	4,77	,47	,30	30,64	719,756	86	10752	4,71	1478,3	1495,9
800	,30	,46	,35	31,18	822,847	82	11590	,24	1478,1	1493,7
900	,14	,50	,40	31,69	925,990	78	12386	,07	1479,3	1492,0
1000	,06	,55	,44	32,21	1029,185	74	13146	3,98	1480,7	1490,8

1 m dbar dyn. m	2 t °C	3 S ‰	4 σ_t	5 $\sigma_{,t,p}$	6 p dbar	7 $10^5 \cdot \delta$	8 $10^4 \cdot \Delta D$	9 t_p °C	10 V_x m/sec	11 V_z m/sec
1200	4,28	34,80	27,62	33,33	1235,739	60	14492	4,18	1485,6	1489,6
1400	,15	,92	,73	34,37	1442,509	52	15608	,03	1489,0	1489,3
1600	3,86	,96	,79	35,38	1649,484	47	16592	3,73	1491,4	1489,4
1800	,57	,96	,81	36,35	1856,657	46	17518	,42	1493,9	1489,7
2000	,32	,96	,84	37,31	2064,023	44	18412	,16	1496,3	1490,3
2500	2,87	,92	,86	39,68	2583,27	42	20567	2,67	1503,4	1492,2
3000	,68	,92	,87	42,01	3103,69	43	22712	,43	1511,5	1494,7
3500	,58	,92	,88	44,30	3625,27	44	24897	,28	1519,9	1497,7
4000	,01	,86	,88	46,62	4148,00	41	27032	1,66	1526,4	1500,9
4500	0,89	,72	,85	48,97	4671,90	34	28912	0,52	1530,4	1503,9
5000	,68	,70	,85	51,24	5196,95	32	30562	,26	1538,0	1507,0

Literatur zu 32613.

Albrecht, F.: Reichsamt f. Wetterd. Wiss. Abh. **8** (1940). — Albrecht, F.: Ann. d. Meteor. **2** (1949) 129. — Ångström, A.: Geogr. Ann. **3** (1920) 16. — Ångström, A.: Geogr. Ann. **7** (1925). — Baur, F., u. H. Philipps: Gerlands Beitr. **47** (1936) 16. — Böhnecke, G.: Veröff. Inst. f. Meeresk. Berlin. N.F.R.A. **17** (1927). — Böhnecke, G.: Wiss. Erg. d. Deutsch. Atl. Exp. „Meteor" 1925—1927. **5** (1936) 1. Lfg. u. Atlas. — Böhnecke, G., u. G. Dietrich: Monatskarten der Oberflächentemperatur für die Nord- und Ostsee. Veröff. Deutsch. Hydr. Inst. Hamburg (1951). — Bullig, H.-J.: Ann. d. Meteor. **3** (1950). — Clarke, F. W.: U.S. Geol. Surv., Bull. **770** (1924). — Conseil Permanent Internation. l'Expl. Mer: Bulletin Hydrographique 1902—46. — Danske Meteoroligiske Institut: Nautisk-Meteorologisk Jagttagelser, Observationer, Aarbog. Kopenhagen (1879—1949). — Deacon, G. E. R.: Discovery Rep. **7** (1933). — Defant, A.: Wiss. Erg. d. Deutsch. Atl. Exp. „Meteor" 1925—1927. **7** (1932). — Dickson, H. N.: Quartl. Met. J. **25** (1899) 277. — Dietrich, G.: Veröff. Inst. f. Meeresk. Berlin. N.F.R.A. **27** (1935) 23. — Dietrich, G.: Ann. Hydr. Meteor. **67** (1939) 21. Beiheft Januar. — Dietrich, G.: Deutsch. Hydr. Z. **3** (1950a) 33. — Dietrich, G.: Deutsch. Hydr. Z. **3** (1950b) 184. — Dietrich, G.: Kiel. Meeresf. **7** (1950c) 35. — Dietrich, G.: Deutsch. Hydr. Z. **4** (1951). — Ewing, M.: Proc. Amer. Phil. Soc. **79** (1938) 47. — Frassila, E.: Ann. Hydr. Meteor. **70** (1942) 135. — Fritzsche, R.: Niederschlag, Abfluß und Verdunstung . . . Halle (1906). Tabellen bei K. Kalle (1943) 114. — Gilles, D. C.: MN Geophy. Suppl. **5** (1949) 374. — Groll, M.: Veröff. Inst. f. Meeresk. Berlin, N.F.R.A. **2** (1912). — Helland-Hansen, B., u. E. Kofoid: Croisière Océanographique . . . de la „Belgica". Hydrographie. Brüssel (1909). — Helland-Hansen, B.: „Michael Sars" Deep Sea Exp. 1910. Bergen (1930) 47, 217. — Henkel, L.: Geogr. Anz. **13** (1912) 266. — Hess, H. H.: Proc. Amer. Phil. Soc. **79** (1938) 71. — Hess, H. H., u. M. W. Buell: Trans. Amer. Geophy. Un. **31** (1950) 401. — Hydrographic Office Washington: Monthly mean surface temperatures of the North Pacific Ocean (1934). — Hydrographic Office Washington: World atlas of sea surface temperatures (1944). — International Hydrographic Bureau: Limits of oceans and seas. Spec. Publ. 23, 3. Ed., Monaco (1950). — International Hydrographic Bureau: Carte générale bathymétrique des océans. Monaco 3. Ed. (z. T. erschienen). — Imperial Marine Observatory: Atmospheric pressure, cloudiness, sea surface temperature of the North Pacific Ocean. Kobe (1928). — Jacobs, W. C.: J. Meteor. **6** (1949) 266. — Jacobsen, J. P.: Temperature and salinity at the surface of the North Sea. Cons. Perm. Int. p. l'Exp. d. l. Mer, Kopenhagen (1934) 7. — Jacobsen, J. P.: Rapp. et Proc. Verb. **112** (1943) 14. — Jensen, A. J. C.: Rapp. et Proc. Verb **102** (1937) 1. — Kalle, K.: Der Stoffhaushalt des Meeres, Leipzig (1943) 199. — Krümmel, O.: Hdb. d. Ozeanographie. **1**. Stuttgart (1907) 515. — Kimball, H. H.: Month. Wea. Rev. **56** (1928) 393. — Kossinna, E.: Veröff. Inst. f. Meeresk. Berlin, N.F.R.A. **9** (1921). — Kossinna, E.: Die Erdoberfläche. In B. Gutenberg: Hdb. d. Geophysik **2** (1933) 3. Lfg. 876. — Kuenen, Ph. H.: Snellius Exp. 1929—1930. **5** (1933) Pt. 2. — Kuhlbrodt, E., u. J. Reger: Wiss. Erg. d. Deutsch. Atlant. Exp. „Meteor" 1925—1927. **14** (1938). — Lumby, J. R.: Fish. Invest. Ser. 2. **14** (1935) No. 3. — McDonald, W. F.: Atlas of climatic charts of the oceans. U.S. Dep. Agric. Washington (1938). — Meinardus, W.: Peterm. Mitt. (1934) 1. — Meinardus, W.: Ann. Hydr. Meteor. **70** (1942) 225. — Merz, A.: Denksch. Akad. Wiss. Wien (1911). — Model, F.: Täglicher Temperaturgang im Meere. Unveröff. Ber. Deutsch. Hydr. Inst. Hamburg (1946). — Model, F.: Berechnungsmethode für die Übertragung von Wärme durch Wassermassen . . . Unveröff. Ber. Deutsch. Hydr. Inst. (1949). — Möller, L.: Veröff. Inst. f. Meeresk. Berlin. N.F.R.A. **15** (1926). — Mosby, H.: Ann. Hydr. Meteor. **64** (1936) 281. — Munk, W. H., G. C. Ewing, R. R. Revelle: Trans. Amer. Geophy. Un. **30** (1949) 59. — Nederlandsch Meteorologisch Instituut: Waarnemingen in den Indischen Ocean. **104** (1911/15). — Nederlandsch Meteorologisch Instituut: Waarnemingen in den Atlantischen Ocean. **110** (1919/31). — Neumann, G.: Ann. Hydr. u. Meteor. **68** (1940) 373. — Proudman, J.: Phil. Trans. Ser. A. **236** (1937) 261. — Reichardt, H.: Z. ang. Math. Mech. **20** (1940) 297. — Riel, P. M. van: Snellius Exp. 1929—30. **2** (1934) Pt. 2. — Schott, G.: Geographie des Indischen und Stillen Ozeans. Hamburg (1935) 208. — Schott, G.: Peterm. Mitt. **83** (1936) 165, 218. — Schott, G.: Geographie des Atlantischen Ozeans. Hamburg (1942). — Shepard, F. P.: J. Mar. Research **7** (1948a) 661. — Shepard, F. P.: Submarine geology. New York (1948b). — Smed, J.: Rapp. et Proc. Verb. **112** (1943) 78. — Smed, J.: Ann. Biol. **2** (1947) 17. — Smed, J.: Ann. Biol. **3** (1948) 12. — Smed, J.: Ann. Biol. **4** (1949) 11. — Smed, J.: Ann. Biol. **4** (1949) 57. —

Stetson, H. C.: Pap. Phys. Oceanogr. Meteor. **11** (1949) 29. — Stocks, Th., u. G. Wüst: Wiss. Erg. d. Deutsch. Atlant. Exp. „Meteor" 1925—1927. **3** (1935) T. 1. — Stocks, Th.: Wiss. Erg. d. Deutsch. Atlant. Exp. „Meteor" 1925—1927. **3** (1938) T. 1. Lfg. 2. — Stocks, Th.: Z. Ges. f. Erdk. Berlin (1944) 115. — Stocks, Th.: Deutsch. Hydr. Z. **3** (1950) 93. — Sverdrup, H. U.: The waters on the North-Siberian shelf. Norw. North Polar Exp. „Maud" 1918—1925. **4** (1929) 131. — Sverdrup, H. U., M. W. Johnson, R. H. Fleming: The oceans, their physics, chemistry, and general biology. New York (1942). — Taylor, G. I.: Phil. Trans. Ser. A. **220** (1919) 1. — Thomson, H.: Rapp. et Proc. Verb. **105** (1937) 51. — Tolstoy, J., u. M. Ewing: Bull. Geol. Soc. Amer. **60** (1949) 1527. — Union Géodesique et Géophysique International, Assoc. Océanographique Physique. Report of the committee on the criteria and nomenclature of the major divisions of the ocean bottom. Publ. Sci. **8** (1940). — Vening Meinesz, F. A.: Gravity expeditions at sea 1923—1932. Vo. 1 u. 2. Delft (1932, 1934). — Visser, W. S.: Snellius Expedition 1929—30. Leiden **3** (1936). — Wahl, E.: Ann. Meteor. **2** (1949) 65. — Wegemann, G.: Wiss. Meeresunt. N. F. (Kiel) **19** (1920). — Wundt, W.: Mitt. Reichsverb. Deutsch. Wasserwirtschaft Nr. 44 (1938) 67. — Wüst, G.: Naturw. **22** (1934) 447. — Wüst, G.: Länderk. Forsch. Krebs Festschr. (1936) 347. — Wüst, G.: Peterm. Mitt. **83** (1936) 33. — Wüst, G.: Gerlands Beitr. Geophy. **54** (1938). — Wüst, G.: Ann. Hydr. Meteor. **67** (1939) Beiheft Mai. — Wüst, G.: Union Géod. et Géophys. Intern., Ass. d'Océanogr. Phys., Sci. **8** (1940). — Wüst, G.: Z. Ges. Erdkunde Berlin (1941) 163.

Nachtrag: Hess, H. H.: Bull. Geol. Soc. Amer. **59** (1948) 417.

3262 Chemie des Meeres.

32621 Die Salze im Meerwasser.

Der Gesamtsalzgehalt des Meerwassers S ist definiert als die Gesamtmenge an gelösten Stoffen, die in einem Kilogramm Wasser vorhanden sind, unter der Annahme, daß alle Karbonate in Oxyde übergeführt, die Bromide und Jodide durch Chloride ersetzt sind und die gesamte organische Substanz vollständig oxydiert ist.

Der Chlorgehalt, Cl, ist definiert als die Gesamtmenge Chlor, die in einem Kilogramm Meerwasser vorhanden ist, unter der Annahme, daß alle Bromide und Jodide durch Chloride ersetzt sind.

Zwischen dem Gesamtsalzgehalt und dem Chlorgehalt besteht eine feste Beziehung. Es ist:

$$S = 0{,}03 + 1{,}805\ \mathrm{Cl}.$$

Ein Kilogramm Meerwasser von 35‰ S enthält genau 35,141 g Salze. Die Höhe des Salzgehaltes bewegt sich im offenen Weltmeer zwischen 32 und 38‰ S, im gesamten Meeresgebiet mit Einschluß der Nebenmeere zwischen 0 und 41‰ S. Das Mittel beträgt 35‰ S (s. 326133).

Tabelle 1. Zusammensetzung des Meerwassers (35‰ S, 19,374‰ Cl), Hauptbestandteile. (K. Kalle, 1945.)

Kationen	g/kg	Millimol / kg	Milliäquival. / kg	Anionen	g/kg	Millimol / kg	Milliäquival. / kg
Natrium . . .	10,75	467,50	467,50	Chlor	19,345	545,6	545,6
Kalium . . .	0,39	9,97	9,97	Brom	0,066	0,83	0,83
Magnesium . .	1,295	53,25	106,50	Sulfat	2,701	28,11	56,22
Calcium . . .	0,416	10,38	20,76	Bikarbonat . .	0,145	2,38	—
Strontium . .	0,013	0,15	0,30	Borsäure . . .	0,027	0,44	—
			605,03				602,65
			— 602,65				
Überschuß der Kationen über die starken Anionen (Alkalinität)			= 2,38 Milliäquivalente/kg.				

Tabelle 2. Mittelwerte der im Meerwasser gefundenen Spurenbestandteile. (K. Kalle, 1949.)

	mg/m³		mg/m³		mg/m³
Fluor	1400	Arsen	15	Thorium	0,4
Silicium	1000	Kupfer	5	Vanadin	0,3
Stickstoff		Mangan	5	Yttrium	0,3
(NO_3', NO_2',		Zink	5	Lanthan	0,3
NH_3)	1000	Blei	5	Silber	0,3
Rubidium	200	Selen	4	Wismut	0,2
Aluminium	120	Zinn	3	Nickel	0,1
Lithium	70	Uran	2	Kobalt	0,1
Phosphor	60	Cäsium	2	Scandium	0,04
Barium	54	Molybdän	0,7	Quecksilber	0,03
Eisen	50 (2)	Gallium	0,5	Gold	0,004
Jod	50	Cer	0,4	Radium	0,0000001

Tabelle 3. Herstellung künstlichen Meerwassers von 35‰ *S*.

Lösung *A*		Lösung *B*	
NaCl	239,03 g	$Na_2SO_4 \cdot 10\,H_2O$	90,58 g
$MgCl_2 \cdot 6\,H_2O$	108,27 g	$NaHCO_3$	2,00 g
$CaCl_2$ sicc.	11,79 g	H_3BO_3	0,27 g
KCl	6,81 g		
KBr	0,99 g		
$SrCl_2 \cdot 6\,H_2O$	0,40 g		
Aqua dest.	8557 ccm	Aqua dest.	1000 ccm

Lösung *B* wird unter Umrühren in dünnem Strahl in Lösung *A* gegossen und die gemeinsame Lösung nach eintägigem Stehen zwecks Entfernung der gebildeten geringen Trübungsstoffe durch ein möglichst engporiges Filter (Marke: Schleicher & Schüll, Nr. 589, Blauband) filtriert.

Tabelle 4. Stickstoffsättigungswerte (nach N. W. Rakestraw und V. M. Emmel, 1938) (bezogen auf ccm Stickstoff pro Liter bei einer Normalatmosphäre von 760 mm).

t	Cl=15	Cl=16	Cl=17	Cl=18	Cl=19	Cl=20	Cl=21
0	15,22	15,02	14,82	14,61	14,40	14,21	14,01
1	14,81	14,61	14,42	14,23	14,04	13,85	13,66
2	14,43	14,24	14,06	13,88	13,69	13,51	13,33
3	14,07	13,89	13,72	13,54	13,36	13,19	13,01
4	13,73	13,56	13,40	13,24	13,06	12,89	12,72
5	13,43	13,26	13,10	12,94	12,78	12,62	12,45
6	13,14	12,98	12,82	12,67	12,51	12,35	12,19
7	12,88	12,72	12,56	12,41	12,26	12,10	11,95
8	12,62	12,47	12,32	12,17	12,02	11,87	11,71
9	12,38	12,23	12,08	11,94	11,79	11,64	11,49
10	12,15	12,00	11,86	11,71	11,56	11,42	11,27
11	11,92	11,72	11,63	11,49	11,34	11,20	11,06
12	11,69	11,56	11,42	11,28	11,13	10,99	10,85
13	11,47	11,34	11,21	11,07	10,93	10,79	10,65
14	11,25	11,13	10,99	10,86	10,73	10,59	10,45
15	11,04	10,92	10,79	10,66	10,53	10,39	10,26
16	10,83	10,72	10,59	10,47	10,34	10,21	10,08
17	10,63	10,52	10,40	10,28	10,15	10,03	9,91
18	10,44	10,33	10,21	10,10	9,98	9,86	9,74
19	10,26	10,15	10,03	9,92	9,81	9,69	9,58
20	10,08	9,98	9,87	9,76	9,65	9,54	9,43
21	9,91	9,82	9,71	9,61	9,50	9,39	9,28
22	9,75	9,66	9,56	9,46	9,35	9,24	9,14
23	9,60	9,51	9,41	9,31	9,20	9,10	9,00
24	9,45	9,36	9,26	9,16	9,06	8,96	8,86
25	9,30	9,21	9,11	9,02	8,92	8,82	8,73
26	9,16	9,07	8,97	8,88	8,79	8,70	8,60
27	9,02	8,94	8,84	8,75	8,66	8,56	8,47
28	8,89	8,84	8,72	8,62	8,53	8,44	8,35

32622 Die Gase im Meerwasser.

Tabelle 5. Sauerstoffsättigungswerte (nach Ch. J. J. Fox, 1907) (bezogen auf ccm Sauerstoff pro Liter bei einer trockenen Atmosphäre von 760 mm).

$$O_2 = 10{,}291 - 0{,}2809\,t + 0{,}006009\,t^2 - 0{,}0000632\,t^3 - \mathrm{Cl}\,(0{,}1161 - 0{,}003922\,t + 0{,}000063\,t^2).$$

t° C	Cl = 0	Cl = 1	Cl = 2	Cl = 3	Cl = 4	Cl = 5	Cl = 6	Cl = 7	Cl = 8	Cl = 9	Cl = 10	Cl = 11	Cl = 12	Cl = 13	Cl = 14	Cl = 15	Cl = 16	Cl = 17	Cl = 18	Cl = 19	Cl = 20
— 2	10,88	10,75	10,63	10,50	10,38	10,26	10,13	10,01	9,88	9,76	9,63	9,51	9,39	9,26	9,14	9,01	8,89	8,76	8,64	8,52	8,39
— 1	10,58	10,46	10,34	10,22	10,10	9,98	9,86	9,74	9,62	9,50	9,38	9,26	9,14	9,02	8,90	8,78	8,66	8,54	8,42	8,30	8,18
0	10,29	10,17	10,06	9,94	9,83	9,71	9,59	9,48	9,36	9,25	9,13	9,01	8,90	8,78	8,66	8,55	8,43	8,32	8,20	8,08	7,97
1	10,02	9,90	9,79	9,68	9,57	9,45	9,34	9,23	9,12	9,01	8,89	8,78	8,67	8,56	8,44	8,33	8,22	8,11	8,00	7,88	7,77
2	9,75	9,64	9,53	9,43	9,32	9,21	9,10	8,99	8,88	8,78	8,67	8,56	8,45	8,34	8,23	8,12	8,02	7,91	7,80	7,69	7,58
3	9,50	9,39	9,29	9,19	9,08	8,98	8,87	8,77	8,66	8,56	8,45	8,35	8,24	8,14	8,03	7,93	7,82	7,72	7,61	7,51	7,40
4	9,26	9,16	9,06	8,95	8,85	8,75	8,65	8,55	8,45	8,35	8,24	8,14	8,04	7,94	7,84	7,74	7,64	7,53	7,43	7,33	7,23
5	9,03	8,93	8,83	8,73	8,64	8,54	8,44	8,34	8,24	8,14	8,05	7,95	7,85	7,75	7,65	7,56	7,46	7,36	7,26	7,16	7,07
6	8,81	8,71	8,62	8,52	8,43	8,33	8,24	8,14	8,05	7,95	7,86	7,76	7,67	7,57	7,48	7,39	7,29	7,20	7,10	7,01	6,91
7	8,60	8,50	8,41	8,32	8,23	8,14	8,04	7,95	7,86	7,77	7,68	7,59	7,50	7,40	7,31	7,22	7,13	7,04	6,95	6,85	6,76
8	8,40	8,31	8,22	8,13	8,04	7,95	7,86	7,77	7,68	7,59	7,51	7,42	7,33	7,24	7,15	7,06	6,97	6,89	6,80	6,71	6,62
9	8,21	8,12	8,03	7,95	7,86	7,77	7,69	7,60	7,52	7,43	7,34	7,26	7,17	7,09	7,00	6,91	6,83	6,74	6,66	6,57	6,48
10	8,02	7,94	7,85	7,77	7,69	7,60	7,52	7,44	7,36	7,27	7,19	7,10	7,02	6,94	6,85	6,77	6,69	6,60	6,52	6,44	6,35
11	7,84	7,76	7,68	7,60	7,52	7,44	7,36	7,28	7,20	7,12	7,04	6,96	6,88	6,80	6,71	6,63	6,55	6,47	6,39	6,31	6,23
12	7,68	7,60	7,52	7,44	7,36	7,29	7,21	7,13	7,05	6,97	6,89	6,82	6,74	6,66	6,58	6,50	6,43	6,35	6,27	6,19	6,11
13	7,52	7,44	7,36	7,29	7,21	7,14	7,06	6,98	6,91	6,83	6,76	6,68	6,61	6,53	6,46	6,38	6,31	6,23	6,15	6,08	6,00
14	7,37	7,29	7,21	7,14	7,07	7,00	6,92	6,85	6,77	6,70	6,63	6,55	6,48	6,41	6,34	6,26	6,19	6,11	6,04	5,97	5,89
15	7,22	7,15	7,07	7,00	6,93	6,86	6,79	6,72	6,64	6,57	6,50	6,43	6,36	6,29	6,22	6,14	6,07	6,00	5,93	5,86	5,79
16	7,08	7,01	6,94	6,87	6,80	6,73	6,66	6,59	6,52	6,45	6,38	6,31	6,24	6,17	6,10	6,03	5,96	5,89	5,82	5,76	5,69
17	6,94	6,88	6,81	6,74	6,67	6,60	6,54	6,47	6,40	6,33	6,26	6,20	6,13	6,06	5,99	5,93	5,86	5,79	5,72	5,66	5,59
18	6,81	6,75	6,68	6,62	6,55	6,48	6,42	6,35	6,28	6,22	6,15	6,09	6,02	5,96	5,89	5,83	5,76	5,69	5,63	5,56	5,49
19	6,69	6,63	6,56	6,50	6,44	6,37	6,30	6,24	6,17	6,11	6,05	5,98	5,92	5,86	5,79	5,73	5,66	5,60	5,53	5,47	5,40
20	6,57	6,51	6,44	6,38	6,33	6,26	6,19	6,13	6,07	6,00	5,95	5,88	5,82	5,76	5,69	5,63	5,56	5,50	5,44	5,38	5,31
21	6,46	6,40	6,33	6,27	6,22	6,15	6,09	6,03	5,96	5,90	5,85	5,78	5,72	5,66	5,59	5,53	5,47	5,41	5,35	5,29	5,22
22	6,35	6,29	6,23	6,17	6,11	6,04	5,98	5,92	5,86	5,80	5,75	5,68	5,62	5,56	5,50	5,44	5,38	5,32	5,26	5,20	5,13
23	6,24	6,18	6,12	6,06	6,01	5,94	5,88	5,82	5,77	5,71	5,65	5,59	5,53	5,47	5,41	5,35	5,29	5,23	5,17	5,11	5,04
24	6,14	6,08	6,02	5,97	5,91	5,84	5,79	5,73	5,67	5,61	5,55	5,50	5,44	5,38	5,32	5,26	5,20	5,14	5,09	5,03	4,95
25	6,04	5,99	5,92	5,87	5,81	5,75	5,69	5,64	5,58	5,52	5,46	5,41	5,35	5,29	5,23	5,17	5,12	5,06	5,00	4,95	4,86
26	5,94	5,89	5,82	5,77	5,71	5,66	5,60	5,55	5,49	5,43	5,37	5,32	5,26	5,20	5,14	5,09	5,03	4,97	4,92	4,86	4,78
27	5,84	5,79	5,73	5,67	5,62	5,57	5,51	5,46	5,40	5,34	5,28	5,23	5,17	5,11	5,06	5,00	4,94	4,89	4,83	4,78	4,70
28	5,75	5,69	5,64	5,58	5,53	5,48	5,42	5,37	5,31	5,25	5,19	5,14	5,08	5,02	4,97	4,91	4,86	4,80	4,75	4,69	4,62
29	5,66	5,60	5,55	5,49	5,44	5,39	5,33	5,28	5,22	5,16	5,10	5,05	4,99	4,93	4,88	4,83	4,77	4,71	4,66	4,60	4,54
30	5,57	5,51	5,46	5,40	5,35	5,30	5,24	5,19	5,13	5,07	5,01	4,96	4,90	4,85	4,79	4,74	4,68	4,63	4,58	4,52	4,46

Tabelle 6. Stickstoffsättigungswerte (nach Ch. J. J. Fox, 1907) (bezogen auf ccm Stickstoff, [einschl. Argon] pro Liter bei einer trockenen Atmosphäre von 760 mm).

$$N_2 = 18{,}639 - 0{,}4304\,t + 0{,}07453\,t^2 - 0{,}0000549\,t^3 - Cl\,(0{,}2172 - 0{,}007187\,t + 0{,}0000952\,t^2).$$

t	Cl = 0	Cl = 1	Cl = 2	Cl = 3	Cl = 4	Cl = 5	Cl = 6	Cl = 7	Cl = 8	Cl = 9	Cl = 10	Cl = 11	Cl = 12	Cl = 13	Cl = 14	Cl = 15	Cl = 16	Cl = 17	Cl = 18	Cl = 19	Cl = 20
—2	19,53	19,30	19,07	18,83	18,60	18,37	18,14	17,91	17,68	17,44	17,21	16,98	16,75	16,53	16,30	16,06	15,83	15,60	15,37	15,14	14,91
—1	19,08	18,85	18,63	18,40	18,18	17,95	17,73	17,51	17,28	17,06	16,83	16,61	16,39	16,17	15,94	15,72	15,50	15,28	15,05	14,83	14,60
0	18,64	18,42	18,20	17,98	17,77	17,55	17,33	17,12	16,90	16,68	16,47	16,25	16,03	15,83	15,61	15,39	15,18	14,96	14,74	14,53	14,31
1	18,21	18,00	17,79	17,58	17,37	17,16	16,95	16,74	16,53	16,32	16,11	15,90	15,69	15,49	15,28	15,07	14,86	14,65	14,44	14,23	14,02
2	17,80	17,60	17,40	17,19	16,99	16,79	16,58	16,38	16,18	15,98	15,77	15,57	15,37	15,17	14,97	14,77	14,57	14,36	14,16	13,96	13,76
3	17,41	17,21	17,02	16,82	16,62	16,42	16,23	16,03	15,84	15,64	15,44	15,25	15,05	14,87	14,67	14,47	14,28	14,08	13,88	13,69	13,50
4	17,02	16,83	16,64	16,45	16,27	16,08	15,89	15,70	15,51	15,32	15,13	14,94	14,75	14,57	14,38	14,19	14,00	13,81	13,62	13,43	13,24
5	16,65	16,47	16,29	16,11	15,92	15,74	15,56	15,37	15,19	15,01	14,83	14,64	14,46	14,28	14,10	13,92	13,73	13,55	13,37	13,19	13,00
6	16,30	16,12	15,95	15,77	15,59	15,42	15,24	15,06	14,88	14,71	14,53	14,35	14,18	14,01	13,83	13,66	13,48	13,30	13,13	12,95	12,77
7	15,96	15,80	15,63	15,46	15,28	15,10	14,94	14,76	14,60	14,43	14,26	14,09	13,92	13,75	13,58	13,30	13,23	13,06	12,89	12,72	12,55
8	15,63	15,48	15,31	15,15	14,98	14,82	14,65	14,49	14,32	14,15	13,99	13,82	13,66	13,49	13,33	13,16	13,00	12,83	12,67	12,50	12,34
9	15,33	15,17	15,01	14,85	14,69	14,53	14,37	14,21	14,05	13,89	13,73	13,57	13,41	13,25	13,09	12,93	12,77	12,61	12,45	12,29	12,13
10	15,02	14,87	14,71	14,56	14,40	14,25	14,10	13,94	13,79	13,63	13,47	13,32	13,17	13,01	12,86	12,71	12,55	12,40	12,24	12,09	11,94
11	14,74	14,59	14,44	14,29	14,14	13,99	13,84	13,70	13,55	13,40	13,24	13,10	12,95	12,80	12,65	12,50	12,35	12,20	12,06	11,91	11,76
12	14,45	14,31	14,17	14,02	13,88	13,73	13,59	13,45	13,30	13,16	13,01	12,87	12,72	12,58	12,44	12,29	12,15	12,00	11,86	11,71	11,57
13	14,19	14,05	13,91	13,77	13,63	13,49	13,35	13,21	13,08	12,94	12,80	12,66	12,52	12,38	12,24	12,10	11,96	11,82	11,68	11,54	11,40
14	13,93	13,80	13,66	13,53	13,39	13,26	13,12	12,99	12,85	12,72	12,58	12,45	12,31	12,18	12,04	11,91	11,78	11,64	11,51	11,37	11,24
15	13,68	13,55	13,42	13,29	13,16	13,03	12,90	12,77	12,64	12,51	12,38	12,25	12,12	11,99	11,86	11,73	11,60	11,47	11,34	11,21	11,08
16	13,45	13,32	13,19	13,07	12,94	12,81	12,69	12,56	12,44	12,31	12,18	12,06	11,93	11,81	11,68	11,55	11,43	11,30	11,18	11,05	10,92
17	13,22	12,10	12,97	12,85	12,73	12,61	12,48	12,36	12,24	12,12	12,00	11,87	11,75	11,63	11,51	11,38	11,26	11,14	11,02	10,90	10,77
18	13,00	12,88	12,76	12,64	12,52	12,41	12,29	12,17	12,05	11,93	11,81	11,70	11,58	11,46	11,34	11,22	11,10	10,99	10,87	10,75	10,63
19	12,79	12,67	12,56	12,44	12,33	12,21	12,10	11,99	11,87	11,76	11,64	11,53	11,41	11,30	11,18	11,07	10,95	10,84	10,72	10,61	10,49
20	12,59	12,48	12,37	12,25	12,15	12,03	11,92	11,81	11,70	11,59	11,47	11,36	11,25	11,14	11,03	10,92	10,81	10,70	10,58	10,47	10,36
21	12,39	12,29	12,18	12,07	11,96	11,85	11,75	11,64	11,53	11,42	11,31	11,21	11,10	10,99	10,88	10,77	10,67	10,56	10,45	10,34	10,23
22	12,21	12,10	12,00	11,89	11,79	11,68	11,58	11,47	11,37	11,26	11,16	11,05	10,95	10,84	10,74	10,63	10,53	10,42	10,32	10,21	10,11
23	12,03	11,93	11,83	11,72	11,62	11,52	11,42	11,32	11,21	11,11	11,01	10,91	10,81	10,70	10,60	10,50	10,40	10,29	10,19	10,09	9,99
24	11,86	11,76	11,66	11,56	11,46	11,36	11,26	11,16	11,07	10,97	10,87	10,77	10,67	10,57	10,47	10,37	10,27	10,17	10,07	9,97	9,87
25	11,70	11,60	11,50	11,41	11,31	11,21	11,12	11,02	10,92	10,82	10,73	10,63	10,53	10,44	10,34	10,24	10,15	10,05	9,95	9,85	9,76
26	11,54	11,45	11,35	11,26	11,16	11,07	10,97	10,88	10,78	10,69	10,60	10,50	10,41	10,31	10,22	10,12	10,02	9,93	9,84	9,74	9,65
27	11,39	11,30	11,21	11,12	11,02	10,93	10,84	10,75	10,65	10,56	10,47	10,38	10,28	10,19	10,10	10,00	9,91	9,82	9,73	9,64	9,54
28	11,25	11,16	11,07	10,98	10,89	10,80	10,71	10,61	10,52	10,43	10,34	10,25	10,16	10,07	9,98	9,89	9,80	9,71	9,62	9,53	9,44
29	11,11	11,02	10,93	10,85	10,76	10,67	10,58	10,49	10,40	10,31	10,22	10,13	10,04	9,96	9,87	9,78	9,69	9,60	9,51	9,42	9,33
30	10,98	10,89	10,80	10,72	10,63	10,54	10,45	10,37	10,28	10,19	10,10	10,02	9,93	9,84	9,76	9,67	9,58	9,49	9,41	9,32	9,23

Tabelle 7. Kohlensäurekomponenten: Karbonatalkalinität, Totalkohlensäure und Kohlensäuredruck, in Abhängigkeit von Temperatur, Salzgehalt und Wasserstoffionenkonzentration (nach K. Buch, 1933).

	$t = 0°$					$t = 5°$					$t = 10°$				
Cl ‰ =	15,0	16,5	18,0	19,5	21,0	15,0	16,5	18,0	19,5	21,0	15,0	16,5	18,0	19,5	21,0
Titr.-Alkal. =	1,84	2,03	2,21	2,40	2,58	1,84	2,03	2,21	2,40	2,58	1,84	2,03	2,21	2,40	2,58
p_H	Karbonatalkalinität, Milliäquivalente pro Liter.														
7,6	1,83	2,01	2,20	2,38	2,56	1,83	2,01	2,19	2,38	2,56	1,83	2,01	2,19	2,37	2,55
7,7	1,83	2,01	2,19	2,37	2,55	1,82	2,01	2,19	2,37	2,55	1,82	2,00	2,19	2,37	2,55
7,8	1,82	2,00	2,18	2,37	2,55	1,82	2,00	2,18	2,36	2,54	1,82	2,00	2,18	2,36	2,54
7,9	1,82	2,00	2,18	2 36	2 54	1,81	2,00	2,17	2,35	2,53	1,81	1,99	2,17	2,35	2,53
8,0	1,81	1,99	2,17	2,35	2,53	1,81	1,99	2,16	2,34	2,52	1,80	1,98	2,16	2,34	2,51
8,1	1,80	1,98	2,16	2,34	2,51	1,80	1,98	2,15	2,33	2,51	1,79	1,97	2,15	2,32	2,50
8,2	1,79	1,97	2,15	2 32	2,50	1,79	1,96	2,14	2,32	2,49	1,78	1,96	2,13	2,31	2,48
8,3	1,78	1,96	2,13	2,31	2,48	1,78	1,95	2,12	2,30	2,47	1,77	1,94	2,12	2,29	2,46
8,4	1,77	1,94	2,12	2,29	2,46	1,76	1,94	2,11	2,28	2,45	1,76	1,93	2,10	2,27	2,44
8,5	1,75	1,93	2,10	2,27	2,44	1,75	1,92	2,09	2,26	2,43	1,74	1,91	2,08	2,25	2,42
	Totalkohlensäure ΣCO_2, Millimol pro Liter.														
7,6	1,86	2,04	2,22	2,40	2,58	1,84	2,03	2,20	2,38	2,55	1,83	2,01	2,19	2,36	2,54
7,7	1,84	2,01	2,19	2,37	2,54	1,82	2,00	2,17	2,35	2,52	1,81	1,98	2,16	2,33	2,50
7,8	1,81	1,98	2,16	2,33	2,50	1,79	1,97	2,14	2,31	2,48	1,78	1,95	2,12	2,29	2,46
7,9	1,78	1,95	2,12	2,30	2,46	1,77	1,94	2,10	2,27	2,44	1,75	1,92	2,08	2,25	2,42
8,0	1,75	1,92	2,09	2,26	2,42	1,74	1,90	2,06	2,23	2,39	1,72	1,88	2,04	2,20	2,37
8,1	1,72	1,88	2,05	2,21	2,37	1,70	1,86	2,02	2,18	2,34	1,68	1,84	1,99	2,15	2,31
8,2	1,69	1,85	2,00	2,16	2,32	1,66	1,82	1,97	2,13	2,28	1,64	1,79	1,94	2,10	2,24
8,3	1,64	1,80	1,95	2,11	2,26	1,62	1,77	1,92	2,07	2,21	1,59	1,74	1,89	2,03	2,17
8,4	1,60	1,75	1,90	2,05	2,19	1,57	1,72	1,86	2,00	2,15	1,54	1,69	1,83	1,96	2,10
8,5	1,55	1,69	1,84	1,98	2,11	1,52	1,66	1,80	1,93	2,07	1,49	1,63	1,76	1,89	2,02
	Kohlensäuredruck pCO_2, Zehntausendstel Atmosphären.														
7,6	9,7	10,4	11,0	11,7	12,3	10,4	11,2	11,8	12,5	13,2	11,2	11,9	12,7	13,4	14,1
7,7	7,6	8,2	8,7	9,2	9,7	8,2	8,8	9,3	9,8	10,4	8,8	9,4	9,9	10,5	11,0
7,8	6,0	6,4	6,8	7,2	7,5	6,4	6,8	7,2	7,6	8,1	6,8	7,3	7,7	8,1	8,5
7,9	4,7	5,0	5,3	5,6	5,9	5,0	5,3	5,6	6,0	6,2	5,3	5,7	6,0	6,3	6,6
8,0	3,6	3,9	4,1	4,3	4,5	3,9	4,1	4,3	4,6	4,8	4,1	4,3	4,6	4,8	5,1
8,1	2,8	3,0	3,1	3,3	3,5	2,9	3,1	3,3	3,5	3,7	3,1	3,3	3,5	3,7	3,8
8,2	2,2	2,3	2,4	2,5	2,7	2,3	2,4	2,5	2,7	2,8	2,4	2,5	2,7	2,8	2,9
8,3	1,6	1,7	1,8	1,9	2,0	1,7	1,8	1,9	2,0	2,1	1,8	1,9	2,0	2,1	2,2
8,4	1,2	1,3	1,4	1,5	1,5	1,3	1,4	1,4	1,5	1,6	1,4	1,4	1,5	1,6	1,6
8,5	0,9	1,0	1,0	1,1	1,1	0,9	1,0	1,1	1,1	1,2	1,0	1,0	1,1	1,1	1,2

Tabelle 7 (Fortsetzung).

	$t = 15°$					$t = 20°$					$t = 25°$					$t = 30°$				
Cl ‰ =	15,0	16,5	18,0	19,5	21,0	15,0	16,5	18,0	19,5	21,0	15,0	16,5	18,0	19,5	21,0	15,0	16,5	18,0	19,5	21,0
Titr.-Alkal. =	1,84	2,03	2,21	2,40	2,58	1,84	2,03	2,21	2,40	2,58	1,84	2,03	2,21	2,40	2,58	1,84	2,03	2,21	2,40	2,58
pH	Karbonat-Alkalinität, Milliäquivalente pro Liter.																			
7,6	1,83	2,01	2,19	2,37	2,55	1,82	2,00	2,19	2,37	2,55	1,83	2,00	2,18	2,36	2,54	1,82	2,00	2,18	2,36	2,54
7,7	1,82	2,00	2,18	2,36	2,54	1,82	2,00	2,18	2,36	2,54	1,82	2,00	2,18	2,36	2,54	1,82	2,00	2,17	2,35	2,53
7,8	1,82	2,00	2,18	2,36	2,53	1,81	1,99	2,17	2,35	2,53	1,81	1,99	2,17	2,35	2,52	1,81	1,99	2,16	2,34	2,52
7,9	1,81	1,99	2,17	2,34	2,52	1,80	1,98	2,16	2,34	2,52	1,80	1,98	2,16	2,34	2,51	1,80	1,98	2,15	2,33	2,51
8,0	1,80	1,98	2,16	2,33	2,51	1,80	1,97	2,15	2,33	2,50	1,79	1,97	2,15	2,32	2,50	1,79	1,97	2,14	2,32	2,49
8,1	1,79	1,97	2,14	2,32	2,49	1,78	1,96	2,14	2,31	2,48	1,78	1,96	2,13	2,30	2,48	1,78	1,95	2,13	2,30	2,47
8,2	1,78	1,95	2,13	2,30	2,47	1,77	1,95	2,12	2,29	2,46	1,77	1,94	2,12	2,29	2,46	1,76	1,94	2,11	2,28	2,45
8,3	1,76	1,94	2,11	2,28	2,45	1,76	1,93	2,10	2,27	2,44	1,75	1,93	2,10	2,27	2,44	1,75	1,92	2,09	2,26	2,42
8,4	1,75	1,92	2,09	2,26	2,43	1,74	1,91	2,08	2,25	2,42	1,74	1,91	2,08	2,24	2,41	1,73	1,90	2,07	2,24	2,40
8,5	1,73	1,90	2,07	2,24	2,40	1,72	1,89	2,06	2,23	2,39	1,72	1,89	2,06	2,22	2,39	1,72	1,88	2,05	2,21	2,38
	Totalkohlensäure ΣCO_2, Millimol pro Liter.																			
7,6	1,82	2,00	2,17	2,35	2,52	1,81	1,98	2,15	2,33	2,49	1,80	1,97	2,14	2,32	2,48	1,79	1,96	2,12	2,30	2,46
7,7	1,80	1,97	2,14	2,31	2,48	1,78	1,95	2,12	2,29	2,45	1,77	1,94	2,11	2,27	2,44	1,76	1,92	2,09	2,25	2,42
7,8	1,77	1,94	2,10	2,27	2,44	1,75	1,92	2,08	2,25	2,41	1,74	1,90	2,06	2,23	2,39	1,72	1,88	2,05	2,21	2,37
7,9	1,74	1,90	2,06	2,23	2,39	1,72	1,88	2,04	2,20	2,36	1,70	1,86	2,02	2,18	2,34	1,68	1,84	2,00	2,16	2,31
8,0	1,70	1,86	2,02	2,18	2,34	1,67	1,83	1,99	2,15	2,30	1,66	1,82	1,97	2,12	2,28	1,64	1,79	1,94	2,10	2,24
8,1	1,66	1,82	1,97	2,12	2,28	1,63	1,79	1,94	2,09	2,24	1,62	1,76	1,91	2,06	2,21	1,59	1,74	1,88	2,03	2,17
8,2	1,62	1,77	1,91	2,06	2,21	1,59	1,74	1,88	2,03	2,17	1,57	1,71	1,85	1,99	2,13	1,54	1,68	1,82	1,96	2,09
8,3	1,57	1,71	1,85	2,00	2,14	1,54	1,68	1,82	1,96	2,09	1,52	1,65	1,79	1,92	2,05	1,49	1,62	1,75	1,88	2,01
8,4	1,52	1,65	1,79	1,92	2,06	1,48	1,62	1,75	1,88	2,01	1,46	1,59	1,72	1,85	1,98	1,43	1,56	1,68	1,81	1,93
8,5	1,46	1,59	1,72	1,84	1,97	1,42	1,55	1,68	1,80	1,92	1,40	1,52	1,64	1,76	1,88	1,36	1,48	1,61	1,73	1,84
	Kohlensäuredruck pCO_2, Zehntausendstel Atmosphären.																			
7,6	11,8	12,7	13,4	14,2	14,9	12,4	13,3	14,1	14,8	15,5	13,2	14,1	14,9	15,8	16,6	14,0	14,8	15,7	16,5	17,3
7,7	9,3	9,9	10,5	11,1	11,6	9,7	10,4	11,0	11,5	12,2	10,3	11,0	11,6	12,3	12,9	10,9	11,5	12,2	12,8	13,4
7,8	7,2	7,7	8,1	8,6	9,0	7,5	8,0	8,5	8,8	9,3	8,0	8,4	8,9	9,4	9,9	8,4	8,8	9,4	9,8	10,3
7,9	5,6	6,0	6,3	6,6	6,9	5,8	6,2	6,5	6,9	7,2	6,1	6,5	6,9	7,2	7,6	6,4	6,8	7,1	7,5	7,8
8,0	4,3	4,6	4,8	5,1	5,3	4,4	4,7	5,0	5,2	5,5	4,7	4,9	5,2	5,5	5,8	4,9	5,2	5,4	5,7	5,9
8,1	3,2	3,4	3,6	3,8	4,0	3,3	3,5	3,7	3,9	4,1	3,5	3,7	3,9	4,1	4,3	3,7	3,8	4,0	4,2	4,4
8,2	2,5	2,6	2,8	2,9	3,0	2,5	2,7	2,8	3,0	3,1	2,6	2,8	2,9	3,1	3,2	2,7	2,9	3,0	3,1	3,3
8,3	1,9	2,0	2,0	2,2	2,3	1,9	2,0	2,1	2,2	2,3	2,0	2,1	2,2	2,3	2,4	2,0	2,1	2,2	2,3	2,4
8,4	1,4	1,5	1,5	1,6	1,7	1,4	1,5	1,6	1,6	1,7	1,4	1,5	1,6	1,7	1,7	1,5	1,5	1,6	1,7	1,7
8,5	1,0	1,1	1,1	1,2	1,2	1,0	1,1	1,1	1,1	1,2	1,0	1,1	1,1	1,2	1,2	1,1	1,1	1,2	1,2	1,2

Kalle

Tabelle 8. Argonsättigungswerte (nach N. W. Rakestraw und V. M. Emmel, 1938) (bezogen auf ccm Argon pro Liter bei einer Normalatmosphäre von 760 mm).

t	Cl = 15	Cl = 16	Cl = 17	Cl = 18	Cl = 19	Cl = 20	Cl = 21
2	0,405	0,400	0,395	0,389	0,384	0,379	0,373
4	0,384	0,379	0,374	0,369	0,363	0,358	0,352
6	0,365	0,360	0,355	0,350	0,345	0,340	0,335
8	0,347	0,343	0,338	0,333	0,329	0,324	0,319
10	0,331	0,327	0,323	0,318	0,314	0,310	0,305
12	0,317	0,313	0,309	0,304	0,300	0,296	0,292
14	0,304	0,300	0,296	0,292	0,288	0,284	0,280
16	0,292	0,288	0,284	0,280	0,277	0,273	0,269
18	0,282	0,278	0,274	0,270	0,267	0,263	0,259
20	0,272	0,268	0,264	0,260	0,256	0,253	0,249
22	0,262	0,258	0,255	0,251	0,247	0,244	0,240
24	0,253	0,249	0,246	0,242	0,238	0,235	0,231
26	0,244	0,240	0,237	0,233	0,229	0,226	0,222
28	0,235	0,231	0,228	0,224	0,220	0,217	0,213

Tabelle 9. Konzentrationswerte der gelösten Gase im Meerwasser.

Sauerstoff	0—8,5 ccm/l.
Stickstoff	8,4—14,5 ccm/l.
Total-Kohlensäure . .	34—56 ccm/l.
Argon	0,2—0,4 ccm/l.
Helium und Neon . . .	etwa 0,000 17 ccm/l.
Schwefelwasserstoff . .	0 bis mehr als 22 ccm/l.

32623 Im Meerwasser gelöste organische Verbindungen.

Neben den Salzen und atmosphärischen Gasen befinden sich im Meere organische Verbindungen in Lösung. Es sind Abbauprodukte des pflanzlichen und tierischen Stoffwechsels, die zumeist schnell vergänglich sind. Doch sind unter ihnen auch stabilere humusartige Stoffe, die sich durch ihre gelbe Eigenfärbung oder (im UV-Licht) durch eine blaßblaue Fluoreszenz auszeichnen.

Die Konzentrationsgröße der im Meerwasser gelösten organischen Substanzen beträgt etwa 2—15 mg/l.

Literatur.

Buch, K.: Der Borsäuregehalt des Meerwassers und seine Bedeutung bei der Berechnung des Kohlensäuresystems im Meerwasser. Rapports et Procès-Verbaux **85** (1933) 71. — Fox, Ch. J. J.: On the coefficients of absorption of the atmospheric gases etc. Part. I: Nitrogen and Oxygen. Cons. perm. internat. pour l'explorat. de la mer. Publ. de Circonstance Nr. 41. Kopenhagen (1907). — Kalle, K.: Der Stoffhaushalt des Meeres. Probleme der kosmischen Physik **23** Leipzig. (1945). — Kalle, K.: Die natürlichen Eigenschaften der Gewässer. Hdb. d. Seefischerei Nordeuropas **1**, Heft 2. Stuttgart (1949). — Rakestraw, N. W., u. V. M. Emmel: The solubility of nitrogen and argon in sea water. The Journ. of Physical Chemistry **42** (1938) 1211.

3263 Dynamische Ozeanographie.

32631 Physikalische Grundlagen.

Die dynamischen Gleichungen auf der rotierenden Erde in kartesischen Koordinaten lauten [*1*]:

$$\begin{aligned} u_t + u u_x + v u_y + w u_z - \alpha v - \nu^* \Delta u - \nu u_{zz} + \frac{1}{\varrho} p_x &= X \\ v_t + u v_x + v v_y + w v_z + \alpha u + \alpha^* w - \nu^* \Delta v - \nu v_{zz} + \frac{1}{\varrho} p_y &= Y \qquad (1) \\ w_t + u w_x + v w_y + w w_z - \alpha^* v - \nu^* \Delta w - \nu w_{zz} + \frac{1}{\varrho} p_z &= Z. \end{aligned}$$

Es bedeuten x, y, z die rechtwinkligen Ortskoordinaten, t die Zeit, u, v, w die Geschwindigkeitskomponenten, p ist der Druck und ϱ die Dichte, $\alpha = 2\omega \sin\varphi$, $\alpha^* = 2\omega\cos\varphi$, $\omega = 0{,}729 \cdot 10^{-4}\,\mathrm{sec}^{-1}$, φ = geographische Breite, ν und ν^* die virtuelle Zähigkeit in horizontaler und vertikaler Richtung, X, Y, Z die Komponenten der äußeren Kräfte. Die als Indizes angehängten Buchstaben x, y, z und t kennzeichnen die partiellen Ableitungen, Δ ist der Laplacesche Operator.

Bei ozeanographischen Untersuchungen werden bisher allgemein die konvektiven Glieder vernachlässigt. Die Gleichungen (1) sind dann, sofern die Dichte ϱ bekannt ist, linear.

Außer den Bewegungsgleichungen (1) gilt die Kontinuitätsgleichung:

$$\varrho_t + (u\varrho)_x + (v\varrho)_y + (w\varrho)_z = 0. \qquad (2)$$

In einer inkompressiblen Flüssigkeit ist außerdem

$$u_x + v_y + w_z = 0,$$

damit lautet Gleichung (2):

$$\varrho_t + u\varrho_x + v\varrho_y + w\varrho_z = 0. \qquad (3)$$

Diese Gleichung muß ersetzt werden durch die folgende, wenn die Wassermassen einer Vermischung unterliegen:

$$\varrho_t + u\varrho_x + v\varrho_y + w\varrho_z = A\varrho_{zz} + A^*\Delta\varrho. \qquad (4)$$

A und A^* werden als Koeffizienten der Scheinleitung oder Diffusion bezeichnet (Dimension wie Scheinreibung). Entsprechende Gleichungen gelten für Salzgehalt, Wärmeinhalt usw. Wenn ϱ als unbekannt angesehen wird, dann ist das Gleichungssystem quadratisch und schwierig zu lösen. In der Ozeanographie wird gewöhnlich die Dichte ϱ aus Salzgehalts- und Temperaturbeobachtungen abgeleitet und als bekannte Funktion in die zur Ermittlung von u, v, w und p ausreichenden Gln. (1) und (2) eingeführt. Die bisherigen ozeanographischen Untersuchungen stützen sich darüber hinaus lediglich auf die Gln. (1) und benutzen nicht die Gl. (3). In welcher Weise die dann fehlenden Bestimmungsstücke ergänzt werden, wird an den entsprechenden Stellen vermerkt. Die in den Gln. (1) und (3) auftretenden Unbekannten u, v, w und p sind durch Vorgabe der Anfangs- und Randwerte eindeutig bestimmt.

32632 Triftstrom und Windstau.

Der vom Wind auf die Meeresoberfläche ausgeübte tangentiale Schub bedingt den Triftstrom; in einem räumlich begrenzten Meer außerdem eine Deformation der ungestörten Oberfläche, den Windstau. Zwischen Windgeschwindigkeit W und Triftstromgeschwindigkeit V_0 (beide in m/sec) besteht nach Thorade u. a. [2] folgende Beziehung:

$$V_0 = \lambda W/\sqrt{\sin\varphi}, \quad \varphi = \text{geographische Breite}.$$

Für den Zahlenfaktor λ werden die Werte angegeben [3]:

	Mohn	Nansen	Dinklage	Witting	Thorade
λ:	0,0103	0,0127	0,0127	0,0160	0,0126

Diese lineare Beziehung gilt für Windstärken von mehr als 3—4 m/sec; für geringere Windgeschwindigkeiten gibt Thorade [2]:

$$V_0 = 0{,}0259 \cdot \sqrt{W}/\sqrt{\sin\varphi}.$$

Rossby [4] gibt die in Tab. 1 mitgeteilte Beziehung zwischen Wind und Stromgeschwindigkeit.

Für die vom Wind an der Meeresoberfläche erzeugte Schubspannung kann gesetzt werden:

$$\tau/\varrho = \lambda W^2. \qquad (5)$$

Tabelle 1. Verhältnis V_0/W der Geschwindigkeiten des Triftstroms (V_0) und des Windes (W) nach Rossby [4].

Geogr. Breite	Windgeschwindigkeit in m/sec 5	10	15	20
15°	.0317	.0291	.0276	.0266
30°	.0292	.0268	.0254	.0245
45°	.0280	.0256	.0243	.0234
60°	.0273	.0249	.0237	.0228
75°	.0269	.0246	.0246	.0226
90°	.0268	.0245	.0233	.0225

Der Zahlenfaktor λ hat den Wert $3{,}2 \cdot 10^{-6}$, wenn W = Windgeschwindigkeit in 15 m Höhe über dem Wasserspiegel [5]. Für $W = 10$ m/sec ist also $\tau/\ \ = 3{,}2 \cdot 10^{-4}\,\mathrm{m^2\,sec^{-2}}$. Neumann [21] setzt die Schubspannung nicht dem Quadrat der Windgeschwindigkeit, sondern einer zwischen 1 und 2 liegenden Potenz proportional. Aus physikalisch-hydrodynamischen Gründen ist aber wohl der quadratische Ansatz vorzuziehen. Ein weitergehender Einfluß der Windgeschwindigkeit sollte dadurch berücksichtigt werden, daß der Zahlenfaktor λ angesehen wird als Funktion der Reynoldsschen Zahl, die von W abhängt.

Ekman [6] hat den Triftstrom in Abhängigkeit von der Tiefe z untersucht, wie er sich aus den vereinfachten Gln. (1) ergibt:

$$-\alpha v + \nu u_{zz} = 0; \qquad \alpha u + \nu v_{zz} = 0.$$

An der Oberfläche ist die Schubspannung vorgegeben, die in Richtung der x-Achse wirken soll: Für unendlich tiefes Meer und konstantes ν lautet die Lösung:

$$u = V_0 e^{-\frac{\pi}{D}z} \cos\left(\frac{\pi}{4} - \frac{\pi}{D}z\right); \qquad v = V_0 e^{-\frac{\pi}{D}z} \sin\left(\frac{\pi}{4} - \frac{\pi}{D}z\right). \qquad (6)$$

Die hier auftretende Größe D heißt Reibungstiefe; in der Tiefe $z = D$ ist die Geschwindigkeit um den Faktor $e^{-\pi} = 1/23$ verringert. Es ist:

$$D = \pi \sqrt{2\nu/\alpha}. \qquad \text{(Vgl. auch 32634.)} \tag{6a}$$

Die Stromgeschwindigkeit an der Oberfläche kann durch die Schubspannung ausgedrückt werden:

$$V_0 = \tau/\varrho \sqrt{\nu\alpha}. \tag{7}$$

Mit Hilfe der Beziehungen zwischen Schubspannung, Wind- und Stromgeschwindigkeit können auch ν und D durch die Windgeschwindigkeit und die auftretenden Faktoren dargestellt werden. Der Ablenkungswinkel zwischen Wind- und Stromrichtung an der Oberfläche ergibt sich gemäß Gl. (6) zu 45°.

Bei endlicher Tiefe des Meeres liegt dieser Ablenkungswinkel zwischen 0 und 45°; bedeutende Abweichungen von 45° treten erst auf, wenn die Tiefe geringer als die Reibungstiefe D ist. Aus den Beobachtungen abgeleitete Ablenkungswinkel enthält Tab. 2.

Tabelle 2. Beobachtete Ablenkungswinkel nach Witting [7].

Windstärke W . .	1,7	3,1	4,8	6,7	8,8 m/sec
Ablenkungswinkel	28°	23°	17°	16°	9°

Nach Witting ist der Ablenkungswinkel = 34°—7,5° W.

Wenn der Koeffizient ν der Scheinreibung nicht konstant ist, dann ergeben sich ebenfalls andere Ablenkungswinkel (Tab. 3).

Die Gln. (6) liefern nur die Geschwindigkeitsverteilung in vertikaler Richtung; die horizontale Verteilung kann nur gefunden werden, wenn die Kontinuitätsgleichung und, in einem abgeschlossenen Becken, auch die Randbedingungen zugezogen werden. Nicht triviale Ergebnisse werden nur dann erhalten, wenn Vertikalbewegung zugelassen wird [8].

Tabelle 3. Ablenkungswinkel zwischen Wind und Strom nach Rossby [4].

Geogr. Breite	Windgeschwindigkeit in m/sec			
	5	10	15	20
15°	35,0°	38,7°	41,1°	43,0°
30	38,6	42,8	45,7	48,0
45	40,6	45,4	48,4	50,9
60	42,0	46,8	50,2	52,7
75	42,6	47,7	51,1	53,8
90	42,8	48,0	51,4	54,1

In einem abgeschlossenen schmalen Kanal konstanter Tiefe H und der Länge l ergeben sich für den Stau h (= Abweichung von der ungestörten Meeresoberfläche) und die dazugehörige Stromgeschwindigkeit u an der Oberfläche:

$$\begin{aligned} h &= H\left(\sqrt{1 + \frac{3\tau}{gH^2}\, l} - 1\right) \sim \frac{3}{2}\,\frac{\tau l}{gH}, \\ u &= \frac{g h_x}{\nu}\,\frac{(H+h)^2}{6} = \frac{\tau(H+h)}{H\nu}. \end{aligned} \tag{8}$$

Ein Vergleich mit Gl. (7) für unendlich große Tiefe zeigt, daß jenen bisher in der Meereskunde benutzten Beziehungen immer nur eine sehr spezielle Bedeutung zukommt, und daß diese Zusammenhänge entscheidend von der Morphologie (Form des Meeresbeckens) beeinflußt werden (Tab. 4).

Tabelle 4. Windstau h (in m) in Abhängigkeit von Windgeschwindigkeit W in Kanalrichtung, Windweg (= Länge des Kanals) und Tiefe H des Kanals.

Windweg	in m/sec	5	10	20	30
5 km	H = 1 m	0,1	0,2	0,7	1,3
	5	0,0	0,0	0,2	0,4
	10	0,0	0,0	0,1	0,2
	20	0,0	0,0	0,0	0,1
	30	0,0	0,0	0,0	0,1
	50	0,0	0,0	0,0	0,0
10 km	H = 1 m	0,1	0,4	1,2	2,1
	5	0,0	0,1	0,4	0,8
	10	0,0	0,0	0,2	0,4
	20	0,0	0,0	0,1	0,2
	30	0,0	0,0	0,1	0,1
	50	0,0	0,0	0,0	0,1
20 km	H = 1 m	0,2	0,7	2,0	3,3
	5	0,0	0,2	0,7	1,5
	10	0,0	0,1	0,4	0,8

Windweg	in m/sec	5	10	20	30
20 km	H = 20 m	0,0	0,0	0,2	0,4
	30	0,0	0,0	0,1	0,3
	50	0,0	0,0	0,1	0,2
50 km	H = 1 m	0,5	1,4	3,5	5,7
	5	0,1	0,5	1,7	3,3
	10	0,1	0,2	0,9	2,0
	20	0,0	0,1	0,5	1,1
	30	0,0	0,1	0,3	0,7
	50	0,0	0,0	0,2	0,4
100 km	H = 1 m	0,9	2,3	5,3	8,4
	5	0,2	0,9	3,0	5,6
	10	0,1	0,5	1,8	3,7
	20	0,1	0,2	1,0	2,1
	30	0,0	0,2	0,6	1,4
	50	0,0	0,1	0,4	0,9

Für ein zweidimensional ausgedehntes Meer (Tiefe H) ohne Erdrotation lauten die hydrodynamischen Gleichungen:

$$-\nu u_{zz} + g h_x = 0, \qquad -\nu v_{zz} + g h_y = 0, \qquad u_x + v_y + w_z = 0,$$

Hansen

aus denen die Differentialgleichung für die Oberflächengestalt h und die Gleichungen für die Geschwindigkeitskomponenten u, v abgeleitet werden:

$$(H^3 h_x)_x + (H^3 h_y)_y = \frac{3}{2g}\left[(H^2 \tau^{(x)})_x + (H^2 \tau^{(y)})_y\right],$$

$$\nu u = \tau^{(x)}(H+z) + \frac{g h_x}{2}(z^2 - H^2), \qquad \nu v = \tau^{(y)}(H+z) + \frac{g h_y}{2}(z^2 - H^2),$$

wenn $\tau^{(x)}$ und $\tau^{(y)}$ die Komponenten der als bekannt vorausgesetzten Schubspannung sind. Die Lösungen dieser nach dem Randwertverfahren zu behandelnden Gleichungen sind eindeutig bestimmt, wenn h und damit u, v und w auf dem Rande bekannt sind.

Bei Berücksichtigung des Einflusses der ablenkenden Kraft der Erdrotation ist auszugehen von dem System:

$$\begin{aligned} -\alpha v - \nu u_{zz} + g h_x &= 0, \\ \alpha u - \nu v_{zz} + g h_y &= 0, \end{aligned} \qquad u_x + v_y + w_z = 0.$$

Eine Ermittlung der Geschwindigkeitskomponenten als Funktion der Tiefe ist von Hidaka [18], allerdings nur für $w \equiv 0$, vorgenommen. Gestalt der Meeresoberfläche h und Komponenten der mittleren Stromgeschwindigkeit

$$\frac{1}{H}\int_{-H}^{0} u\,dz, \qquad \frac{1}{H}\int_{-H}^{0} v\,dz$$

können aus folgenden Differentialgleichungen gefunden werden:

$$\begin{aligned} \alpha\varphi_x + r\varphi_y + gHh_x &= \tau^{(x)}, \\ -r\varphi_x + \alpha\varphi_y + gHh_y &= \tau^{(y)}, \end{aligned} \quad \text{wobei } \varphi_y = \int_{-H}^{0} u\,dz, \; -\varphi_x = \int_{-H}^{0} v\,dz \text{ und } r \text{ der Reibungsbeiwert ist.}$$

In Äquatornähe muß α als Funktion der Breite berücksichtigt werden [9]. Stommel [19] zeigt den Einfluß des variablen α für ein rechteckiges Becken. Randbedingungen bestimmen φ und h. Nach diesen Ansätzen ermittelte Strom- und Höhenschichtlinien, wie sie durch das Windfeld bedingt sind, zeigen Abb. 1 und 2.

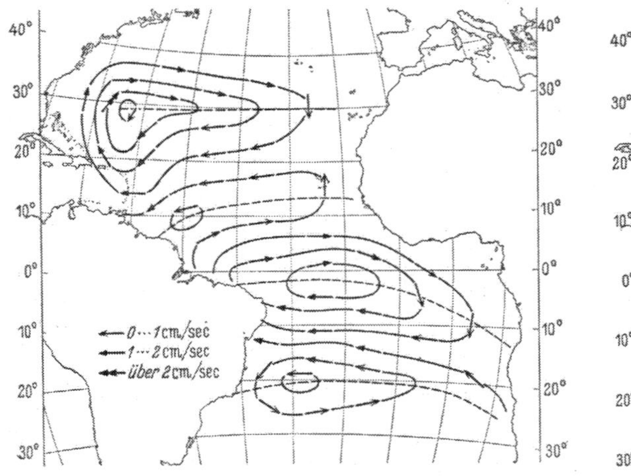

Abb. 1. Richtungsfeld.

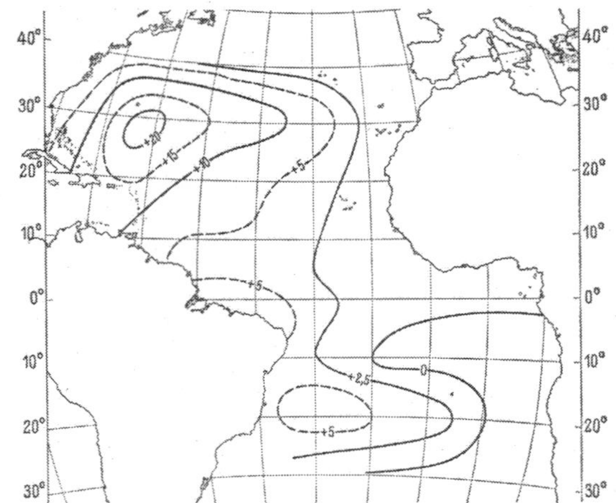

Abb. 2. Windstau, Abweichung der Meeresoberfläche vom ungestörten Niveau, in cm.

Abb. 1 und 2. Triftstrom und Windstau im äquatorialen Teil des Atlantik im Monat August, berechnet aus dem beobachteten Windfeld (nach Hansen [9]).

Eine schematische Darstellung der winderzeugten Strömung in einem rechteckigen Ozeanbecken gibt Munk [20].

Zur Vorhersage der an seichten Küsten unter dem Einfluß von stürmischen Winden auftretenden Wasserstandserhöhungen, den Sturmfluten, werden überwiegend statistisch ermittelte Beziehungen zwischen Luftdruckgradient und Stau verwendet. Für die Deutsche Bucht sind folgende Beziehungen angesetzt worden, wobei h die Abweichung des Wasserstandes vom ungestörten Niveau angibt:

$$h = \lambda W^{\alpha} \cdot f(l, H).$$

Dabei wird unter W die wirksame Komponente der Windgeschwindigkeit verstanden. f ist eine Funktion des Windweges l und der Wassertiefe H. Der Wert des Exponenten α liegt nach den Untersuchungen der Autoren Colding, Doodson, Hayford, Leverkinck, Palmén, Schultze [10], Taylor und Witting zwischen 1 und 2,4. Der Einfluß von l und H wird verschieden bewertet: Colding und Palmén setzen $f = l/H$, Hayford setzt $f = l/H^3$, während die übrigen Autoren diesen Faktor nicht explizit berücksichtigen, sondern mit in den Faktor λ hineinnehmen. Schultze [*10*] findet für den Hochwasserstau X_1 und den Niedrigwasserstau Y_1 der Elbe bei Hamburg-Landungsbrücken folgende Relationen:

$$X_1 = 0{,}0744\, X_2 + 5{,}6068\, X_3 - 1{,}1776\, X_4 - 5{,}2536\, X_5 + 9{,}78$$
$$Y_1 = 0{,}0787\, Y_2 + 4{,}8470\, Y_3 - 1{,}0621\, Y_4 - 4{,}8305\, Y_5 + 9{,}17.$$

Die Indizes bedeuten: 1. Stau, 2. Oberwasser in Artlenburg, 3. Luftdruck in Yarmouth, 4. Luftdruck in Tynemouth, 5. Luftdruck in Blaavandshuk. Wasserstände sind in cm über Normalnull, Luftdruckwerte in mb über 900 mb einzusetzen.

Die theoretische Näherungsformel für den Windstau h in einem schmalen Kanal konstanter Tiefe, Gl. (8), läßt sich mit (5) schreiben: $h = \lambda \cdot W^2 \cdot (l/H) \cdot 3/2\, g$.

Die oben angegebenen, für die Praxis entwickelten Formeln sind also prinzipiell gleichwertig mit dieser approximativ gültigen Beziehung zwischen Stau und Windgeschwindigkeit. — Eine allgemeine Berücksichtigung der Gestalt des Meeresgebietes und des zeitlichen Ablaufs der Wetterlage ist noch nicht erfolgt.

32633 Durch Dichteunterschiede bedingte Bewegungen.

Dem dynamischen Verfahren der Ozeanographie liegen folgende [durch Vereinfachung aus (1) abgeleitete] Gleichungen zugrunde:

$$-\alpha v + \frac{1}{\varrho} p_x = 0, \qquad \alpha u + \frac{1}{\varrho} p_y = 0. \tag{9}$$

In vertikaler Richtung herrscht statische Druckverteilung $g\varrho = p_z$. In der Tiefe ist der Druck

$$p(z) = g \int_z^h \varrho\, dz,$$

dabei ist h die Abweichung von der ungestörten Oberfläche. Wegen der Kleinheit dieses Betrages kann auch geschrieben werden, wenn der Index Null Werte an der Oberfläche bezeichnet:

$$p(z) = g\left[\int_z^0 \varrho\, dz + h\varrho_0\right].$$

Für die Geschwindigkeit folgt:

$$-\alpha v \varrho/g + \left[\int_z^0 \varrho_x\, dz + (h\varrho_0)_x\right] = 0; \qquad \alpha u \varrho/g + \left[\int_z^0 \varrho_y\, dz + (h\varrho_0)_y\right] = 0.$$

Zunächst geben diese Gleichungen nur die vertikale Änderung der Geschwindigkeitskomponenten. Da drei Unbekannte und zwei Gleichungen vorhanden sind, so müssen zusätzliche Bedingungen eingeführt werden, um eindeutige Lösungen zu erzielen. Bisher ist auf die (an sich naheliegende) Verwendung weiterer Gleichungen verzichtet worden (vgl. jedoch 4.), sondern in der Ozeanographie wurde angestrebt, die Tiefe z_1 zu finden, in der $u = v = 0$. Dann kann aus der bekannten Dichteverteilung die unbekannte Oberflächengestalt h gefunden werden.

Zur Ermittlung der Tiefe z_1 — Nullschicht oder Bezugsfläche genannt — sind folgende Wege beschritten worden:

1. In einer hinreichend großen Tiefe, die konstant für das gesamte Meeresgebiet angenommen wird, sind $u = v = 0$. Dieser sehr einfache Weg wird heute kaum noch beschritten, da er nicht in befriedigender Weise auf die Dichteverteilung Rücksicht zu nehmen gestattet [*11*].

2. Die in den Ozeanen auftretenden Schichten minimalen Sauerstoffgehalts werden mit der Null- oder Bezugsfläche identifiziert. Diese Annahme führt, nach Wattenberg [*12*] u. a., zu Widersprüchen.

3. Im Atlantischen Ozean ist in ausgedehnten Gebieten die horizontale Dichteänderung praktisch Null ($\varrho_x = \varrho_y = 0$). Defant [*13*] folgert, daß diese Schichten nahezu bewegungslos verharren, da hier keine Massenkräfte vorhanden sind, die einer Bewegung das Gleichgewicht halten könnten. Die aus dem Massenaufbau abgeleitete Bezugsfläche ist in Abb. 3 gegeben.

4. Hidaka [*14*] hat versucht, die Kontinuitätsgleichung zur Ermittlung der Nullfläche heranzuziehen. In den einfachen Fällen ergibt sich, daß die Bewegung längs den Linien gleicher Dichte erfolgt.

Wenn in die Gln. (9) ein linearer Reibungsansatz mit dem Reibungsbeiwert r eingeführt wird, dann läßt sich, ohne Umweg über die Bezugsfläche, unmittelbar die Gestalt der Meeresoberfläche aus folgender Beziehung finden:

$$\Delta(h\varrho_0)\int_{-H}^{h} \frac{dz}{\varrho} - (h\varrho_0)_x \int_{-H}^{h}\left(\frac{\varrho_x}{\varrho^2} - \frac{\alpha\varrho_y}{r\varrho^2}\right) dz - (h\varrho_0)_y \int_{-H}^{h}\left(\frac{\varrho_y}{\varrho^2} + \frac{\alpha\varrho_x}{r\varrho^2}\right) dz$$
$$+ \int_{-H}^{h}\left\{\frac{1}{\varrho}\int_z^0 \Delta\varrho\, dz - \frac{\varrho_x}{\varrho^2}\int_z^0\left(\varrho_x + \frac{\alpha}{r}\,\varrho_y\right) dz - \frac{\varrho_y}{\varrho^2}\int_z^0\left(\varrho_y - \frac{\alpha}{r}\,\varrho_x\right) dz\right\} dz = 0.$$

Bekannt sind ϱ im Innern und h längs des Randes des zu untersuchenden Meeresgebietes. Im Innern ist h eindeutig bestimmt [15].

Für den eindimensionalen Kanal gilt ganz allgemein, auch für instationäre Ströme unter Reibungseinfluß, wenn p_y die Druckänderung normal zur Stromrichtung ist: $\alpha u + \frac{1}{\varrho} p_y = 0$. Das heißt, das Quergefälle gibt auch hier den Zusammenhang mit der Geschwindigkeit. Die Ermittlung ist deshalb einfach, weil die Stromrichtung durch die Richtung der Küsten festgelegt ist. Für den offenen Ozean läßt sich dieses Verfahren nur unter den oben genannten einschränkenden Voraussetzungen anwenden.

Die vorstehenden Angaben beziehen sich durchweg auf stationäre Vorgänge. Tatsächlich treten zeitliche Änderungen auf. Neben den kurzfristigen Änderungen werden solche von längerer Dauer beobachtet. Abb. 4 gibt den zeitlichen Verlauf [15a] des Volumentransports im Golfstrom im Vergleich zu den Wasserstandsänderungen für Miami und Charleston. Die Änderung der Temperatur und des Salzgehalts vom Sommer 1937 zum Sommer 1938 auf einem Schnitt durch den Golfstrom zwischen Nordamerika (Montauk Point) und Bermuda ist aus den Abb. 5, 6, 7 und 8 zu ersehen. Eine Vorstellung von der Verlagerung des Hauptstromstriches des Golfstroms gibt Abb. 9.

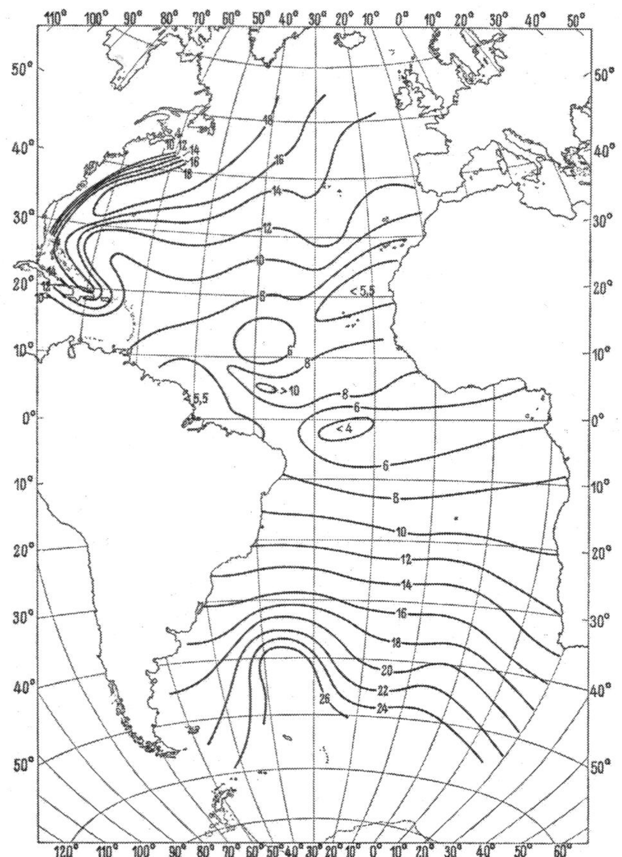

Abb. 3. Tiefenlage der Bezugsfläche, z_1 in Hektometern. Nach Defant [13].

Eine in der Ozeanographie (vor allem früher) vielgeübte Methode zur Ermittlung der Bewegungsvorgänge im Meere besteht darin, den Gehalt des Meerwassers an irgendwelchen gelösten Stoffen zu ermitteln und, unter Voraussetzung stationärer Zustände, die Bewegungsvorgänge festzustellen (Indikatormethode [16]).

Für die Ausbreitung dieses Stoffes gilt eine der Gl. (4) entsprechende Beziehung:

$$s_t + u s_x + v s_y + w s_z = \frac{A}{\varrho} s_{zz} + \frac{A^*}{\varrho} s \Delta s + Q. \tag{10}$$

Q bedeutet dabei eine Quelle oder Senke für den betrachteten Stoff.

Wenn keine Quellen und Senken vorhanden sind, ferner der Austausch verschwindet und die zeitliche Änderung von s ebenso wie die Vertikalkomponente der Stromgeschwindigkeit Null sind, dann fallen die Linien gleicher s-Werte mit den Stromlinien zusammen. Dieser Sachverhalt entspricht dem Gesetz der parallelen Felder; da allen Funktionen s diese Eigenschaft anhaftet, sind auch die

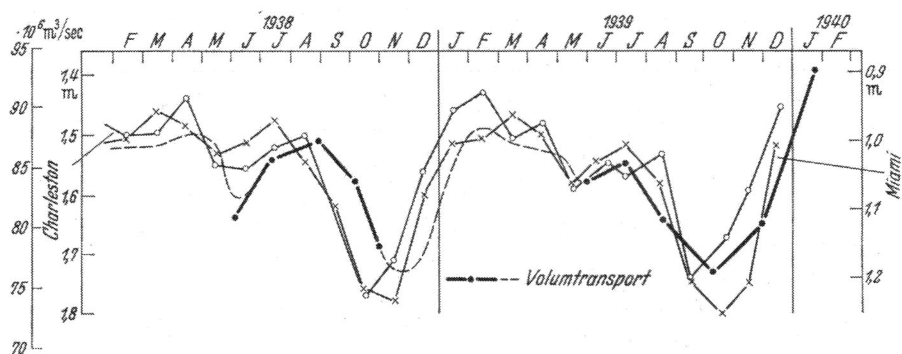

Abb. 4. Volumtransport im Golfstrom, auf dem Schnitt Montauk Point—Bermuda, im Vergleich zu den mittleren monatlichen Wasserständen in Charleston und Miami. Nach Iselin.

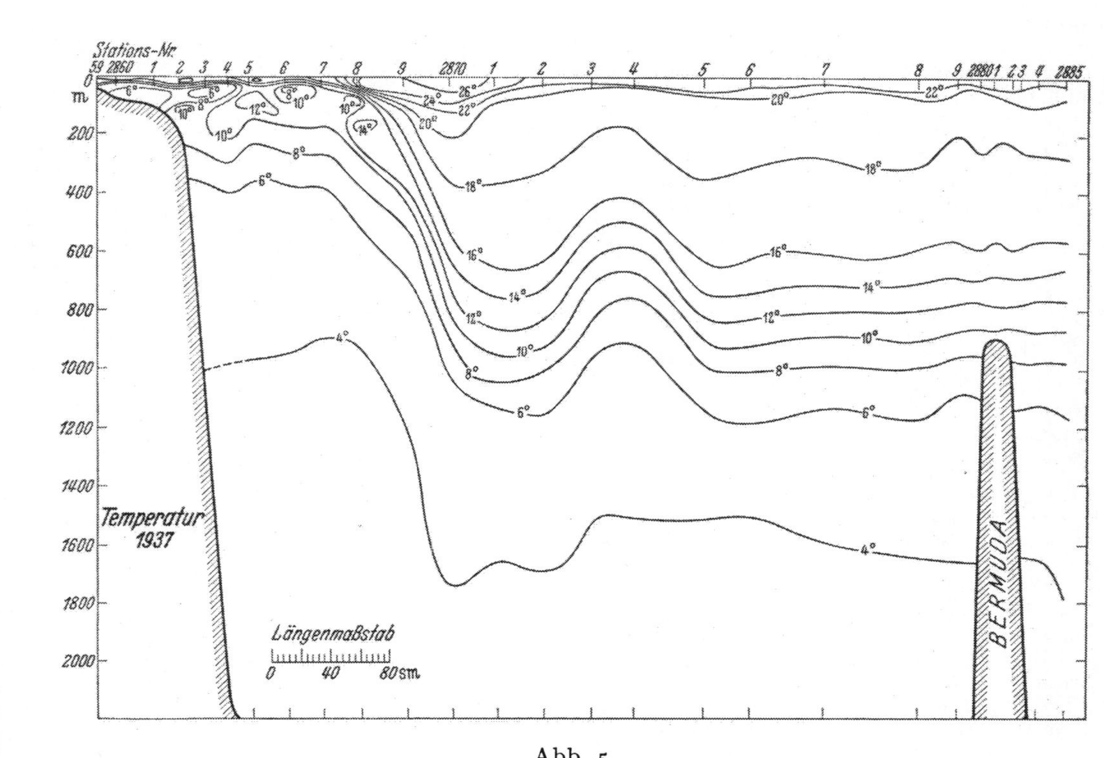

Abb. 5.

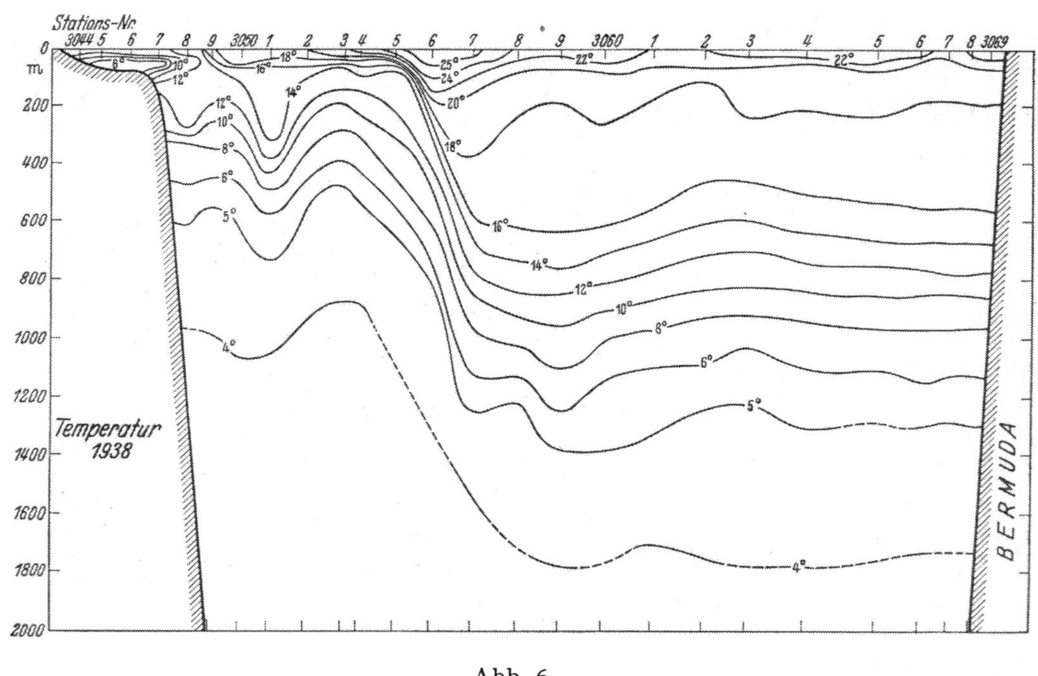

Abb. 6.

Abb. 5 bis 8. Verteilung der Temperatur und des Salzgehalts auf einem Profil quer zum Golfstrom, beobachtet in den beiden Sommern 1937 (3. bis 9. Juni) und 1938 (29. Mai bis 8. Juni). Nach Iselin.

Stations-Nr.
m
Salzgehalt 1937
Längenmaßstab
0 40 80 sm
BERMUDA
35‰
36‰
Salzgehalt 1938
0
200
400
600
800
1000
1200
1400
1600
1800
2000

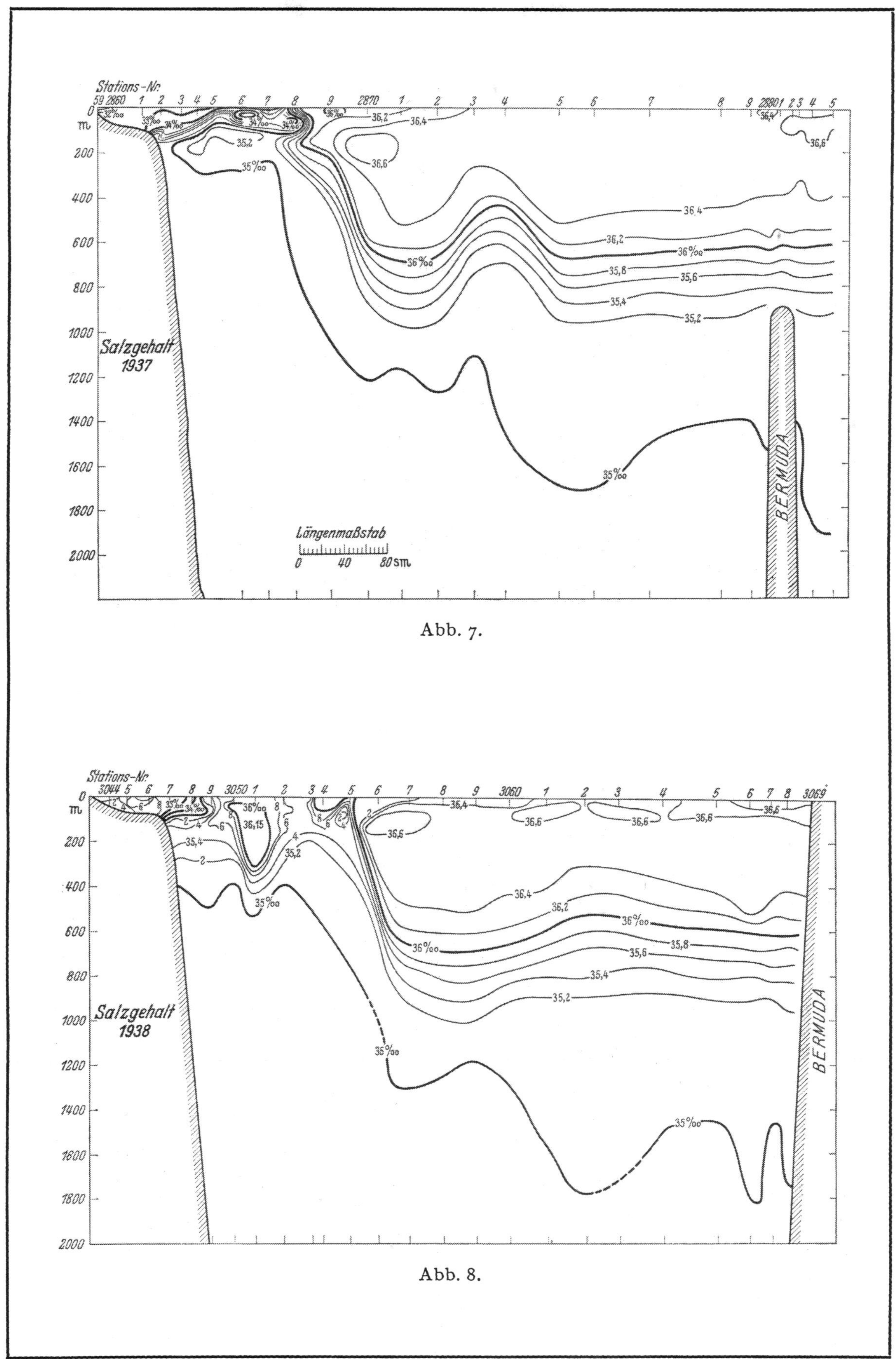

Abb. 7.

Abb. 8.

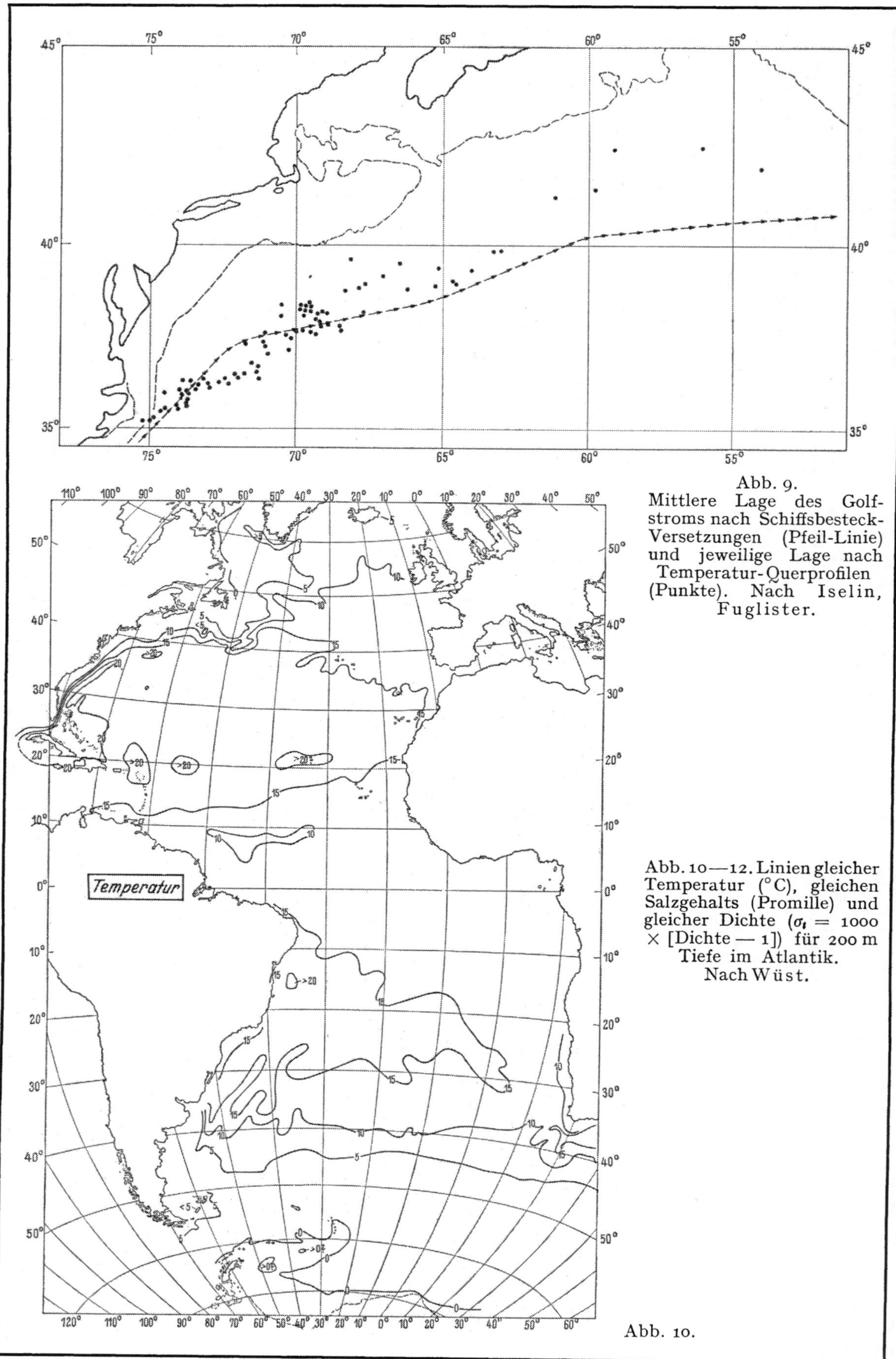

Abb. 9.
Mittlere Lage des Golfstroms nach Schiffsbesteck-Versetzungen (Pfeil-Linie) und jeweilige Lage nach Temperatur-Querprofilen (Punkte). Nach Iselin, Fuglister.

Abb. 10—12. Linien gleicher Temperatur (°C), gleichen Salzgehalts (Promille) und gleicher Dichte (σ_t = 1000 × [Dichte — 1]) für 200 m Tiefe im Atlantik. Nach Wüst.

Abb. 10.

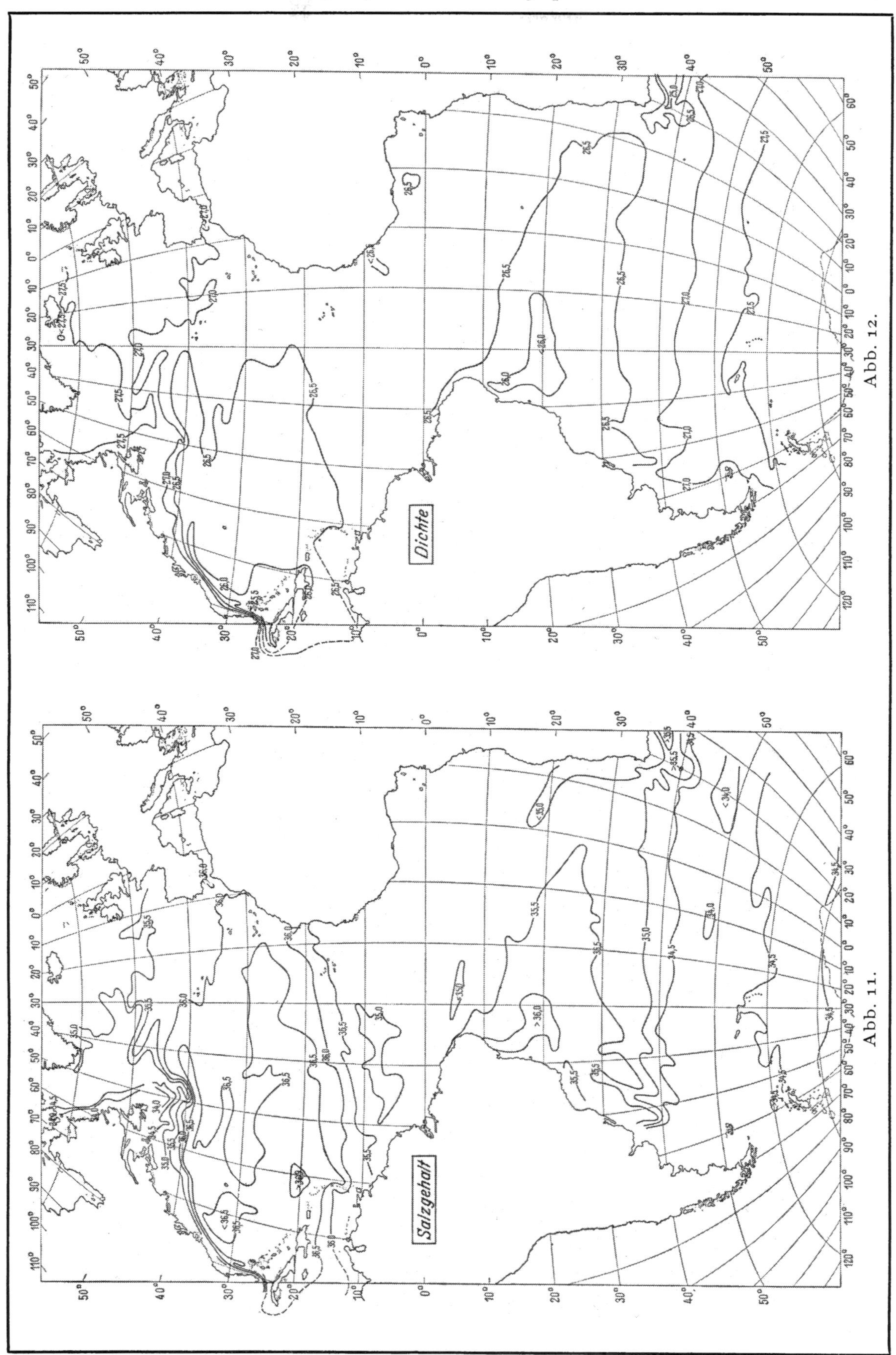

Abb. 11.

Abb. 12.

Linien gleicher s-Werte untereinander parallel. Unter den genannten Voraussetzungen sind demnach Isothermen, Isohalinen, Isopyknen mit den Stromlinien parallel. Dies wird in weiten Gebieten des Ozeans beobachtet (Abb. 10, 11 und 12). Es kann damit aus dem Massenaufbau auf die Stromlinien geschlossen werden. Parallelität der Isolinien untereinander beweist aber noch nicht, daß diese den Stromlinien parallel verlaufen. Es ist also Vorsicht bei der Anwendung geboten.

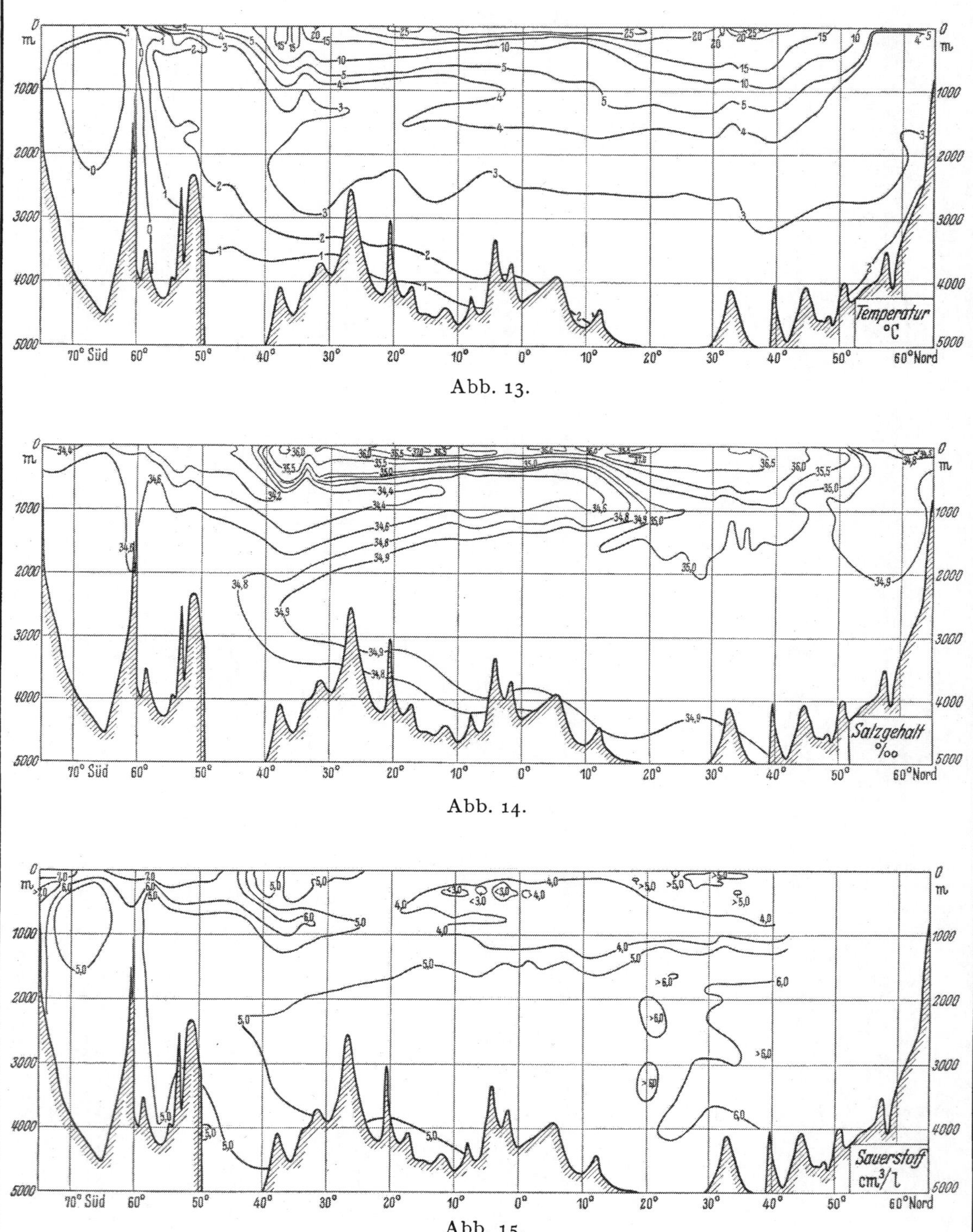

Abb. 13.

Abb. 14.

Abb. 15.

Abb. 13 bis 16. Verteilung der Temperatur, des Salzgehalts, des Sauerstoffgehalts und der Dichte σ_t auf einem Längsschnitt durch den Atlantik. Nach Wüst.

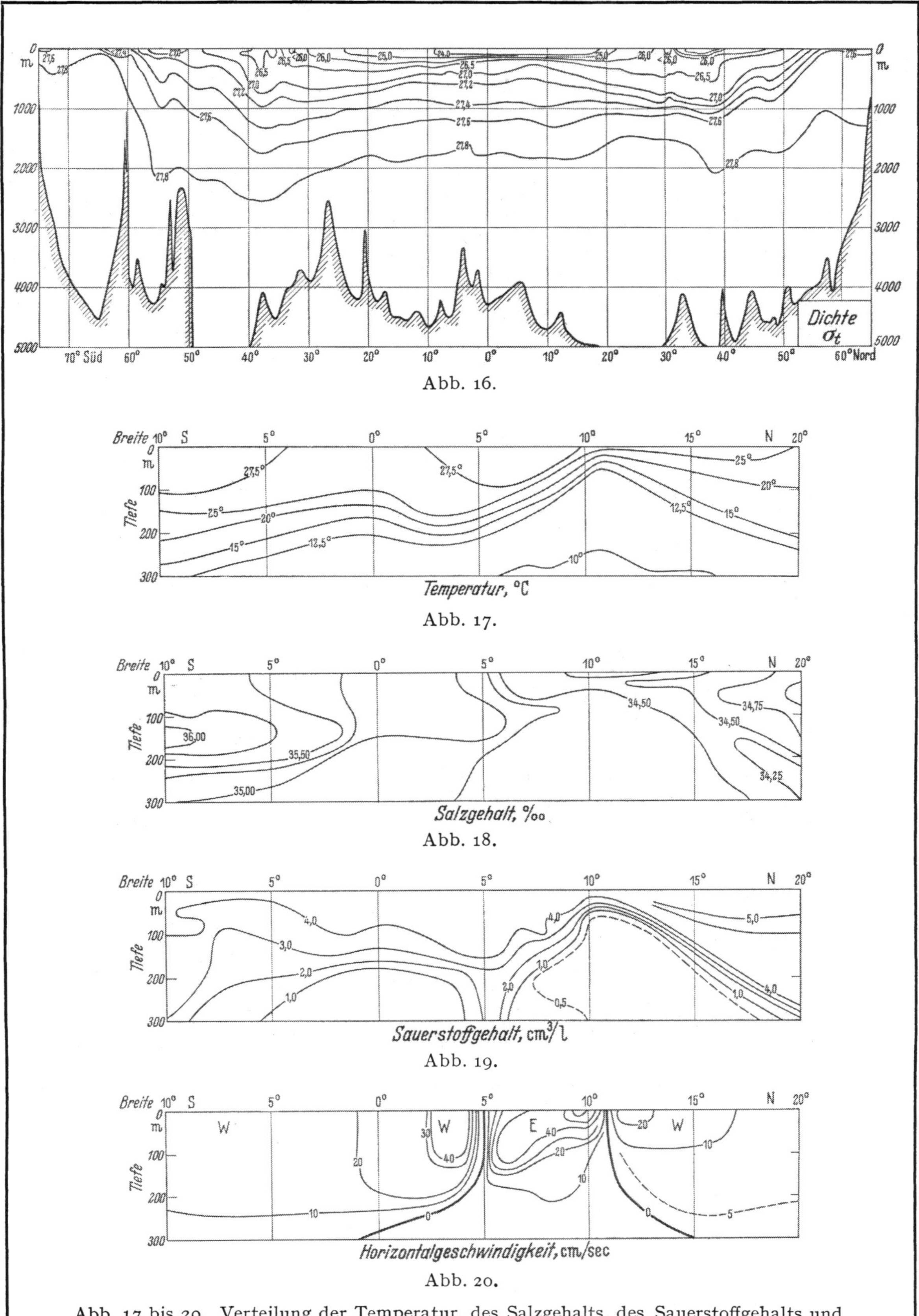

Abb. 16.

Abb. 17.

Abb. 18.

Abb. 19.

Abb. 20.

Abb. 17 bis 20. Verteilung der Temperatur, des Salzgehalts, des Sauerstoffgehalts und der Horizontalgeschwindigkeit bis 300 m Tiefe, auf einem Längsschnitt durch den äquatorialen Pazifik. Nach Sverdrup.

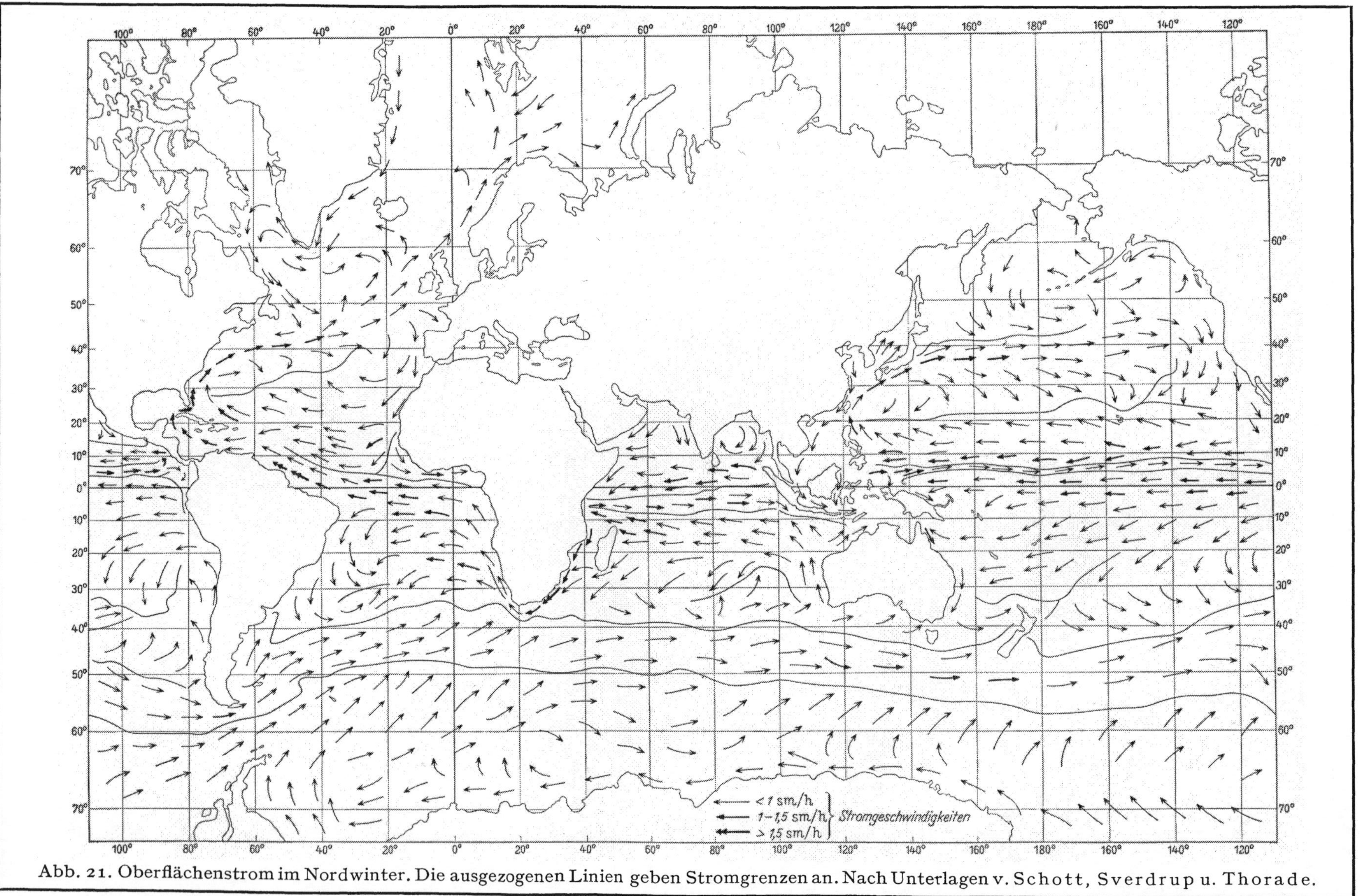

Abb. 21. Oberflächenstrom im Nordwinter. Die ausgezogenen Linien geben Stromgrenzen an. Nach Unterlagen v. Schott, Sverdrup u. Thorade.

Quantitativ ist die Gl. (10) noch nicht ausgewertet. Eine qualitative Entwicklung in abgeschlossener Form gibt Wüst [17].

Für den Atlantik und den Pazifik sind in Längsschnitten die Linien gleicher Temperatur, gleichen Salzgehalts und gleichen Sauerstoffgehalts in den Abb. 13, 14, 15 und 17, 18, 19 dargestellt. Außerdem ist für den Atlantik in Abb. 16 die Dichte- und für den Pazifik in Abb. 20 die Geschwindigkeitsverteilung aufgetragen.

Abb. 21 gibt einen Überblick über die (vornehmlich aus mittelbaren Beobachtungen abgeleiteten) Wasserbewegungen an der Oberfläche der Ozeane im Nordwinter.

Literatur zu 32631 bis 32633.

[1] Hansen, W.: Arch. Deutsche Seewarte **55**, Nr. 5 (1936). — [2] Thorade, H.: Ann. Hydr. u. mar. Meteorol. **1914**, 379. — [3] Defant, A.: Dyn. Ozeanographie, Berlin (1929) 73. — [4] Rossby, C.: Papers Physical Oceanogr. III, Nr. 3 (1935). — [5] Sverdrup u. a.: Oceans, New York (1946) 490. — [6] Ekman: Ark. Math. Astr. o. Fys. **2** (1907) Nr. 11, und Ann. Hydr. u. mar. Meteorol. **1906**, 423. — [7] Witting, R.: Ann. Hydr. **1909**, 193. — [8] Hansen, W.: Deutsche Hydr. Zeitschr. **1950**. — [9] Hansen, W.: Deutsche Hydr. Zeitschr. **1951**. — [10] Schultze, E.: Arch. Deutsche Seewarte **53** (1935). — [11] Wüst, G.: Veröff. Inst. f. Meereskde. N. F. H. A, Berlin 1924. — [12] Wattenberg, H.: Meteorwerk IX, 2. Teil, 1. Lfg. — [13] Defant, A.: Meteorwerk VI, 2. Teil, 1. Lfg. — [14] Hidaka, K.: Proc. Imp. Acad. Tokyo XVI (1940) Nr. 8 u. 16; vgl. Defant: Ann. Hydr. **1941**, 169. — [15] Hansen, W.: Deutsche Hydr. Zeitschr. **1950**. — [15a] Iselin: Papers in physical oceanograph. VIII (1940) Nr. 1. — [16] Thorade, H.: Methoden z. Studium der Meeresströmungen. Handb. biolog. Arbeitsmethoden. Abt. II, Teil 3. Berlin 1933. — [17] Wüst, G.: Meteorwerk VI, 1. Teil. — [18] Hidaka, K.: Geophysical Notes, **3** (1950) und Trans. Amer. Geophysical Union **30** (1949). — [19] Stommel, H.: Trans. Amer. Geophysical Union **29** (1948). — [20] Munk, W.: Journal of Meteorologie **7**, 2 (1950). — [21] Neumann, G.: Deutsche Hydr. Zeitschr. **1951**.

32634 Reibung, Austausch und Vermischung.

Wenn man in die Gln. (1) für ν, ν^* die kinematische Zähigkeit (vgl. Tab. 5) einträgt, findet man keine brauchbaren Ergebnisse, wenn nicht die konvektiven Glieder berücksichtigt werden. Dann sind aber keine einfachen Lösungen der Gleichungen zu erhalten. Es ist üblich, die kinematische Zähigkeit zu ersetzen durch die virtuelle Zähigkeit, die um Zehnerpotenzen größer sein kann. Diese virtuelle Zähigkeit kann, im Gegensatz zur kinematischen Zähigkeit, ortsveränderlich sein, und es können Unterschiede zwischen den in horizontaler und den in vertikaler Richtung wirkenden Faktoren auftreten.

Tabelle 5. Kinematische Zähigkeit von reinem Wasser und Meerwasser bei atmosphärischem Druck, in Abhängigkeit von Temperatur und Salzgehalt. Dimension cm^2/sec^{-1}.

Salzgehalt ‰	Temperatur (°C)						
	0	5	10	15	20	25	30
0	0,0179	0,0152	0,0131	0,0114	0,0101	0,0089	0,0080
10	0,0182	0,0155	0,0134	0,0117	0,0103	0,0091	0,0082
20	0,0185	0,0158	0,0136	0,0119	0,0105	0,0093	0,0084
30	0,0188	0,0160	0,0138	0,0121	0,0107	0,0095	0,0086
35	0,0189	0,0161	0,0139	0,0122	0,0109	0,0096	0,0087

In einfachen Fällen wird in Wandnähe die Schubspannung τ konstant und ν als lineare Funktion des Wandabstandes z gesetzt [1]. Für die Geschwindigkeit u, in cm/sec, gilt dann:

$$u = 5{,}75\sqrt{\frac{\tau}{\varrho}}\log\left(\frac{z+z_0}{z_0}\right); \quad z_0 = 2\text{ cm ist die Rauhigkeitslänge.}$$

Für die virtuelle Zähigkeit folgt:

$$\nu = 0{,}4\,(z+z_0)\sqrt{\tau/\varrho}.$$

Mit brauchbarer Annäherung kann die Geschwindigkeitsverteilung auch durch Potenzgesetze wiedergegeben werden:

$$u = u_0\,(z/h)^{\alpha}.$$

u_0 ist die Geschwindigkeit an der Oberfläche, h ist die Tiefe, α ist in Rinnen und Kanälen $^1/_7$ [1]. Für Gezeitenströme setzt van Veen [2] $\alpha = {}^1/_5$; Untersuchungen auf der Elbe und Ems ergaben gleichfalls $\alpha = {}^1/_5$. Im Ozean sind die Zusammenhänge verwickelter, da die Schubspannung nicht konstant ist und außerdem Dichteunterschiede in der Vertikalen auftreten können. Wenn die Dichteunterschiede hinreichend groß werden, erlischt die ungeordnete Bewegung; das ist der Fall, wenn die Richardsonsche Zahl [3]

$$-g\varrho_z/\varrho w_z^2 > {}^1/_2.$$

$-\varrho_z/\varrho$ wird als Stabilität bezeichnet (Tab. 6).

Tabelle 6.

Mittelwerte der Stabilität — ϱ_z/ϱ aus allen „Meteor"-Stationen, nach von Schubert [*4*].

Schicht m	Mittelwert der Stabilität m^{-1}	Anzahl der Stationen	Schicht m	Mittelwert der Stabilität m^{-1}	Anzahl der Stationen
200— 300	202	275	1400—1600	34,7	246
300— 400	151,3	272	1600—1800	24,4	241
400— 500	120,1	269	1800—2000	18,13	241
500— 600	102,5	268	2000—2250	12,65	232
600— 700	84,8	265	2250—2500	10,44	225
700— 800	70,4	261	2500—3000	8,24	202
800— 900	64,7	257	3000—3500	7,94	174
900—1000	63,1	256	3500—4000	8,44	130
1000—1200	59,2	248	4000—4500	8,56	79
1200—1400	47,6	248	4500—5000	3,32	34

Die vertikale Geschwindigkeitsverteilung kann aus den folgenden, einigermaßen allgemeinen Gleichungen ermittelt werden:

$$u_t - a v - \nu u_{zz} + \frac{1}{\varrho} p_x = 0; \qquad v_t + a u - \nu v_{zz} + \frac{1}{\varrho} p_y = 0.$$

Für konstantes ν, stationäre Verhältnisse und verschwindende Druckdifferenzen ergibt sich für ein unendlich tiefes Meer die Ekman-Spirale [*5*], also die Gleichungen (6) und (6a) in 32632. Für die Reibungstiefe $D = \pi\sqrt{2\nu/\alpha}$ sind aus den Beobachtungen in Abhängigkeit vom Wind abgeleitet [*6*]:

$$D = 7{,}6 \frac{W}{\sqrt{\sin\varphi}} \text{ für } W > 6 \text{ m/sec}; \qquad D = \frac{3 \cdot 67\sqrt{W^3}}{\sqrt{\sin\varphi}} \text{ für } W < 6 \text{ m/sec.}$$

Nach Rossby und Montgomery [*7*] ist die Tiefe D', bis zu der die Windwirkung reicht,

$$D' = \frac{3k^2}{\alpha}\sqrt{\frac{3}{2}}\, W$$

mit der Dimensionslosen $k = 0{,}065$ und $\alpha = 2\omega\sin\varphi$.

Lineare und Potenzansätze für ν als Funktion der Tiefe sind untersucht von Fjeldstad [*8*]:

$$\nu = 385\,\varrho\left(\frac{z + 0{,}1}{22{,}1}\right)^{3/4}; \quad z \text{ in m.}$$

Fleming setzt:

$$\nu = 93\,\varrho\,(z + 0{,}02) \text{ im Intervall } 0{,}2 < z < 1{,}3 \text{ m.}$$

Rossby betrachtet einen allgemeineren Turbulenzfall [*9*], Thorade [*10*] gibt eine eingehende Untersuchung über die Reibung. Für einen sehr allgemeinen Ansatz, nämlich $\nu > 0$ im Innern der Flüssigkeit und $\nu = 0$ am Rande, ergibt sich (für große virtuelle Zähigkeit) eine trigonometrische Verteilung der Geschwindigkeit (Hansen, unveröffentlicht).

Zahlenwerte des Austausches A, der mit der virtuellen Zähigkeit folgendermaßen zusammenhängt: $A = \varrho\nu$, enthält Tab. 7. Aus den Beziehungen für den Transport ergeben sich in entsprechender Weise Austauschwerte (Tab. 8), die aber allgemein nicht mit den aus der Bewegung abgeleiteten übereinstimmen. Das Verhältnis dieser Austauschwerte schwankt zwischen 1,4 und 2 [*1*].

Tabelle 7. Zahlenwerte des Austausches A (nach Sverdrup).

Austausch A gr cm^{-1} sec^{-1}	Tiefe der Schicht in m	Meeresgebiet	Literatur
0—1000	0— 60	Nordsibirischer Schelf	Sverdrup 1926
10— 400	0— 60	Nordsibirischer Schelf	Fjeldstad 1936
75—1720	0— 31	Nordsee	Thorade 1928
1,9—3,8	0— 15	Dänische Gewässer	Jacobsen 1913
680—7500	0—200	Kuroshiwo	Suda 1936
150—1460	0—200	Japansee	Suda 1936

Hansen

Tabelle 8. Numerische Werte des Austausches aus Temperatur, Salz- und Sauerstoffgehalt abgeleitet (nach Sverdrup).

Ort	Schicht in m	A in g cm^{-1} sec^{-1}	Bemerkungen	Literatur
Äquatorialer Atlantischer Ozean	0—50	320	Homogenes Wasser, mäßige Ströme	Defant 1932
Biskayabucht	0—100	2—16	Mäßige Stabilität, schwache Ströme	Fjeldstad 1932
Dänische Gewässer . .	0—15	0,02—0,6	Große Stabilität, mäßige Ströme	Jacobsen 1913
Kuroshiwo	0—200	30—80	Mäßige Stabilität, starke Ströme	Sverdrup u. a. 1942
Kuroshiwo	0—400	7—90	Mäßige Stabilität, starke Ströme	Suda 1936
Japansee	0—200	1—17	Mäßige bis geringe Stabilität, mäßige Ströme	Suda 1936
Kalifornischer Strom .	0—200	30—40	Mäßige Stabilität, schwache Ströme	McEwen 1919
Arktischer Ozean . . .	200—400	20—50	Geringe Stabilität, schwache Ströme	Sverdrup 1933
Südatlantischer Ozean .	400—1400	5—10	Mäßige Stabilität, schwache Ströme	Defant 1936
Äquatorialer Atlantischer Ozean	600—2000	8	Mäßige Stabilität, schwache Ströme	Seiwell 1935
Karibische See	500—700	2,8	Mäßige Stabilität, schwache Ströme	Seiwell 1938
Südatlantischer Ozean .	3000—Boden	4	Homogenes Wasser, schwache Ströme	Defant 1936
Südatlantischer Ozean .	Bodennähe	4	Homogenes Wasser, schwache Ströme	Wattenberg 1935

Mit Hilfe der vereinfachten Gl. (4) wird aus ozeanographischen Daten das Verhältnis A/u abgeleitet [*11*]. Subantarktisches Zwischenwasser liefert $A/u = 0{,}5$ bis $2{,}1$ g/cm^{-2}.

Neben dem Austausch in vertikaler Richtung wirkt auch der Austausch in horizontaler Richtung; nach den bisher vorliegenden Abschätzungen [*12*, *13*] scheint dieser sehr groß zu sein (Tab. 9).

Tabelle 9. Numerische Werte der horizontalen Scheinreibung $A_{v.h}$ und Scheindiffusion $A_{s.h}$ (nach Sverdrup).

Ort	Schicht in m	$A_{v.h}$ oder $A_{s.h}$ in g cm^{-1} sec^{-1}	Bemerkungen	Literatur
Nordwestlicher Nordatlantischer Ozean . .	Oberfläche	$A_{s.h} = 4 \times 10^8$	Starke Ströme	Neumann 1940
Atlantischer Äquatorialgegenstrom	0—200 0—200	$A_{v.h} = 7 \times 10^7$ $A_{s.h} = 4 \times 10^7$	Große Stabilität, mäßige Ströme	Montgomery u. Palmén 1940 Montgomery 1939
Südatlantischer Ozean .	2500—4000	$A_{s.h} = 1 \times 10^8$	Geringe Stabilität, schwache Ströme	Sverdrup 1939a
Kalifornienstrom . . .	200— 400	$A_{s.h} = 2 \times 10^6$	Mäßige Stabilität, schwache Ströme, kleines Gebiet	Sverdrup u. Fleming 1941

Eingehende, in jeder Weise einwandfreie Beobachtungen zur Ermittlung des Austausches scheinen noch nicht vorzuliegen. (Eine Übersicht über den Wärmeaustausch gibt Model [*14*].) Für die Gln. (4) und (10), die im allgemeinen nichtlinear sind, lassen sich z. Zt. noch keine Lösungen angeben. Wenn es nicht darauf ankommt, die Geschwindigkeit als Funktion der Tiefe zu erhalten, sondern wenn es genügt, nur Mittelwerte über die Tiefe zu erzielen, dann kann die Reibung in vielen in der Meereskunde vorkommenden Fällen proportional der Geschwindigkeit gesetzt werden, νu_s (Boden) $= \lambda u$. Entsprechend für die übrigen Komponenten; numerische Werte für λ vgl. 326412, Tab. 7.

Hansen

Literatur zu 32634.

[1] Prandtl, L.: Strömungslehre, Göttingen 1942. — [2] van Veen: Onderzoekingen in de Hoofden, s'Gravenhage **1936**. — [3] Richardson: Proc. R. Soc. London **97** (1920); Phil. Mag. **49** (1925). — [4] v. Schubert, O.: Meteorwerk **VI**, II. Teil, 1. Lfg. — [5] Ekman, V.W.: Arkiv för Math. Astron. o. Fysik. **2**, Nr. 11 (1905/06). — [6] Thorade, H.: Ann. d. Hydr. **1914**. — [7] Rossby u. Montgomery: Papers in Physical Oceanograph. **III**, Nr. 3 (1935). — [8] Fjeldstad: Gerlands Beitr. **23** (1929); Geofysiske Publ. **10**, Nr. 7. — [9] Rossby: Papers in Physical Ocean **1**, Nr. 4 (1932). — [10] Thorade, H.: Arch. Deutsche Seewarte **46**, Nr. 3 (1928). — [11] Defant: Meteorwerk **VI**, II. Teil, 2. Lfg. — [12] Montgomery: Ann. d. Hydr. **1939**. — [13] Sverdrup, H.: Journ. Marine Research. **2** (1939). — [14] Model, F.: Berechnungsmethode für die Übertragung von Wärme durch Wassermassen (Strömungen) unter verschiedenen physikalischen Bedingungen (unveröffentlicht).

32635 Eigenschwingungen.

Perioden und relative Amplituden für die stehenden Wellen, die in vollkommen oder teilweise abgeschlossenen Wassermassen auftreten, werden mit Hilfe der hydrodynamischen Gleichungen für homogene Randbedingungen ermittelt. Die Gleichungen lauten allgemein, nach Einführung des Zeitfaktors $e^{-i\sigma t}$, $i = \sqrt{-1}$:

$$-i\sigma u - av + g\zeta_x = 0, \qquad -i\sigma\zeta + (Hu)_x + (Hv)_y = 0,$$
$$-i\sigma v + au + g\zeta_y = 0,$$

woraus sich für die Niveauschwankungen ζ die Gleichung

$$\Delta\zeta + \left(\frac{H_x}{H} - i\frac{\alpha}{\sigma}\frac{H_y}{H}\right)\zeta_x + \left(\frac{H_y}{H} + \frac{i\alpha}{\sigma}\frac{H_x}{H}\right) + \frac{\sigma^2 - \alpha^2}{gH}\zeta = 0 \qquad (11)$$

ergibt, die mit derjenigen für die Gezeiten übereinstimmt. Längs der Küste K des geschlossenen Meeresgebietes ist überall die Geschwindigkeitskomponente senkrecht zur Küste Null, das ergibt für ζ die Randbedingung $\alpha\zeta_s + i\sigma\zeta_n = 0$. Die Winkelgeschwindigkeit σ ist unbekannt und muß ermittelt werden. $T = 2\pi/\sigma$ ist die Schwingungsdauer. Für einfach gestaltete Meeresgebiete können die Perioden dieser Schwingungen angegeben werden, wenn die Erdrotation unberücksichtigt bleibt:

$T_1 = 2l/\sqrt{gH}$, $T_n = T_1/n$ (Meriansche Formel [1] für schmalen Kanal der Länge l);

$$T_{n,m} = \frac{2l}{n\sqrt{gH\left(1 + \frac{l^2 m^2}{l_1^2 n^2}\right)}}$$ für Rechtecke der Länge l und der Breite l_1, $n, m = 0, 1, 2, \ldots$

$n = 1$, $m = 0$ gibt die Grundschwingung, für die restlichen n, m werden die Oberschwingungen erhalten. Für allgemein gestaltete Gebiete läßt sich keine geschlossene Lösung angeben, T kann aber auch bei Berücksichtigung der Erdrotation gefunden werden, wenn Gl. (11) in eine Differenzengleichung umgewandelt und die Determinante des entstehenden linearen Gleichungssystems gleich Null gesetzt wird. Defant [2] gibt für zahlreiche Spezialfälle Eigenschwingungen und Eigenfunktionen.

Allgemein gelten folgende Zusammenhänge: Je größer das von K umrandete Gebiet, desto länger die Periode der Grundschwingung, je tiefer das Gebiet, desto kürzer die Periode. Die Eigenperioden T_n^* eines unregelmäßig gestalteten Beckens B, das nicht zu stark von einem rechteckigen Becken R abweicht, ergeben sich aus den Eigenperioden T_n für R näherungsweise zu

$$T_n^* = T_n\left\{1 - \frac{1}{2l}\int_{-l/2}^{+l/2}\left(\frac{\Delta Q}{Q_m} + \frac{\Delta b}{b_m}\right)\cos\frac{2n\pi x}{l}\,dx\right\}, \qquad (n = 1, 2, 3, \ldots)$$

Hierin ist x die Längskoordinate von der Beckenmitte aus, l die Länge des Beckens B, Q sein Querschnitt, b seine Breite, mit den Mittelwerten Q_m und b_m, $Q - Q_m = \Delta Q$ und $b - b_m = \Delta b$. Das rechteckige Becken R hat die Maße l, Q_m, b_m. Zahlwerte in Tab. 10.

Tabelle 10. Perioden der Grundschwingung T, für kanalartige Becken mit speziellen Bodenprofilen mit der Tiefe h_0 in der Mitte, ausgedrückt als Vielfache der Grundperiode T_R für ein rechteckiges Becken gleicher Länge $l = 2a$ und gleichförmiger Tiefe h_0 (nach Thorade [4]).

Bodenprofil		Eigenperiode T
Gleichschenkliges Dreieck,	$h = h_0(1 + \|x\|/a)$	1,305 T_R
Konkav-parabolisch,	$h = h_0(1 - x^2/a^2)$	1,110 T_R
Konvex-parabolisch,	$h = h_0(1 + x^2/a^2)$	0,950 T_R

Hansen

Tabelle 11. Beobachtete Eigenschwingungen [5, 6].

See	Periode der Grundschwingung Std. Min.	Periode der ersten Oberschwingung Std. Min.	Periode der zweiten Oberschwingung Std. Min.	See	Periode der Grundschwingung Std. Min.	Periode der ersten Oberschwingung Std. Min.	Periode der zweiten Oberschwingung Std. Min.
Altauseer See . .	05,3			Maree, Loch . . .	15		
Aralsee	22 45	8 36		Michigan	1 52		
Arkaig, Loch . .	24			Mondsee	15,4	09,6	07,5
Attersee	22,4	11,8	07,4	Morar, Loch . . .	14		
Baikalsee	12 00	3 51	1 13	Neuenburger See .	49,6	39,4	24,4
Bodensee	55,8	39	28	Neß, Loch . . .	31,5	15,3	08,8
Brienzer See . .	09,8			Nyassasee . . .	42		
Chiemsee	43,2	37,5	29	Pavin, Lac . . .	00,9		
Chroisg, Loch à .	11,2			Plattensee . . .	10—12	2 33	1 57
Croce, Lago di San	07,4	05		Ramsfjörden . .	24		
Earn, Loch . . .	14,5	08,5	01,8	Silser See	04,7		
Eriesee	14 18	12 39	5 42	Storsjoen i. Rendalen	13,5		
Fada, Loch . . .	11,5	06		St. Wolfgangssee .	32	06,24	04,6
Gardasee	42,9	40	28,8	Tay, Loch . . .	28,4	16,4	
Garry, Loch . . .	10,5	05,5		Thuner See . . .	15,0	07,5	
Genfer See . . .	1 13	35,5	10,5	Treig, Loch . . .	09,2	05,2	01,8
Gmundener See .	11,7			Vierwaldstättersee	44,2	24,2	18,1
Grundlsee . . .	09,5			Waginger See . .	1 02	16,8	12,6
Hallstätter See .	16,4	06,4		Walensee	14,5	08,04	05,62
Hamana	12,34			Würmsee	25	15,78	
Joux, Lac de . .	12,4			Zeller See	11,2	06,5	
Laggan, Loch . .	26,6			Züricher See . .	45,6	23,8	
Lubnaig, Loch . .	26,4						
Madüsee	35,6	20,3	15,3				

Eigenschwingungen im geschichteten Wasser: Die Perioden in einem schmalen, stabil geschichteten Kanal sind

$$T_n^* = \frac{2l}{n}\sqrt{\frac{1}{g(\varrho - \varrho')}\left(\frac{\varrho}{h} + \frac{\varrho'}{h'}\right)}, \qquad n = 1, 2, \ldots$$

oder, wenn $T_n' = 2l/n\sqrt{gh'}$ eingeführt wird:

$$T_n^* = T_n'\sqrt{\frac{1}{(\varrho - \varrho')}\left(\frac{\varrho h'}{h} + \varrho'\right)}, \qquad n = 1, 2, \ldots$$

ϱ = Dichte des Tiefenwassers, ϱ' = Dichte des oberhalb der Sprungschicht lagernden Wassers, h und h' Vertikalausdehnungen der unteren und der oberen Schicht. Im geschichteten Meer ist die Periode immer länger als im ungeschichteten. Ist die Unterschicht groß gegen die Oberschicht, dann ist näherungsweise

$$T_n^* = T_n'\sqrt{\varrho'/(\varrho - \varrho')}.$$

Die relative Dichtedifferenz $(\varrho - \varrho')/\varrho'$ kann maximal Beträge bis zu 0,28 annehmen, das entspricht etwa einer Verdoppelung der Schwingungsdauer.

Für eine vertikale Dichteverteilung im ungestörten Zustand $\varrho \sim e^{-(z/e)}$ ergibt sich die Schwingungsdauer

$$T = 2\sqrt{\frac{e}{g}\left(1 + \frac{l^2}{H^2} + \frac{l^2}{4\pi^2 e^2}\right)}.$$

Die Schwingungsdauern stabil geschichteter Flüssigkeiten hängen ab von der Dichteänderung in vertikaler Richtung, in vorstehender Formel von e (Prandtl [7]).

Bei Berücksichtigung der Erdrotation folgt mit $\alpha = 2\omega \sin\varphi$ für die Schwingungsdauer T_n einer zweifach geschichteten Wassermasse

$$T_n = \frac{2l}{n}\cdot\frac{1}{\sqrt{\left(\frac{\alpha l}{\pi n}\right)^2 + g\,\dfrac{\varrho - \varrho'}{\dfrac{\varrho}{h} + \dfrac{\varrho'}{h'}}}}, \qquad n = 1, 2, \ldots$$

Da $\alpha/\pi = 2/T^*$, T^* Trägheitsperiode, und $g\,(\varrho-\varrho')\Big/\left(\frac{\varrho}{h}+\frac{\varrho'}{h'}\right) = (2l)^2/(n\,T_n^*)^2$, folgt eingesetzt:

$$T_n = T^*\Big/\sqrt{1+\frac{T^{*2}}{T_n^{*2}}} = T^*\Big/\sqrt{1+T^{*2}\cdot g n^2\,(\varrho-\varrho')/\,4l^2\left(\frac{\varrho}{h}+\frac{\varrho}{h'}\right)} \qquad n = 1, 2, \ldots$$

Die Schwingungsdauer T_n ist immer kleiner als die der Trägheitsschwingung T^*. Je ausgedehnter das Meeresgebiet, also l, desto geringer die Abweichungen zwischen T_n und T^*. Ebenso wirkt eine Verringerung von h oder h'. Es liegen Beobachtungen vor, bei denen T_n von T^* kaum abweicht [*8*, *9*, *10*, *11*]; die Theorie der Trägheitsschwingungen deutet darauf hin, daß es sich dabei vornehmlich um Vorgänge in geschichtetem Wasser handelt [*12*, *13*, *14*].

Literatur zu 32635.

[*1*] Thorade, H.: Probleme der Wasserwellen, Hamburg 1931. — [*2*] Defant, A.: Denkschriften Akad. Wiss. Wien, Math.-Naturw. Klasse **96**, Teil I, Wien 1919. — [*3*] Defant, A.: Ann. d. Hydr. **1911**. — [*4*] Thorade, H.: Probleme der Wasserwellen, Hamburg 1931. — [*5*] Halbfaß: Grundzüge einer vergleichenden Seenkunde, Berlin 1923. — [*6*] Sakurai u. a.: Journal of the College of Science, Tokyo **1908**. — [*7*] Prandtl, L.: Strömungslehre, Braunschweig 1942. — [*8*] Defant, A.: Ann. d. Hydr., Nov.-Beiheft **1940**. — [*9*] Gustafson, P., u. B. Kullenberg: Sven. Hydr.-Biol. Kom. Skr. Ny. ser. **13**, Lund 1936. — [*10*] Ekman, V. W.: Ergebnisse der kosm. Physik **IV**, Leipzig 1939. — [*11*] Helland-Hansen u. Ekman K.: Fysiogr. Sällsk. forhandl. **1**, Lund 1931. — [*12*] Defant, F.: Veröff. Meteor. Inst. Univ. Berlin **4**, Heft 2 (1940). — [*13*] Ekman, V. W.: Ann. d. Hydr. **1941**. — [*14*] Hansen, W.: Deutsche Hydr. Zeitschr. **1**, Heft 1 (1948).

32636 Seegang.

Die windbedingten Oberflächenwellen im Meere werden insgesamt im folgenden als Seegang bezeichnet. Man unterscheidet gelegentlich die unter unmittelbarer Windwirkung auftretenden Bewegungen (Windsee) von den nach Aufhören der Windwirkung zu beobachtenden Bewegungen (Dünung). Beim Auflaufen auf geringe Tiefen geht der Seegang in Brandung über.

Die charakteristischen Größen des Seegangs werden folgendermaßen bezeichnet: c Fortschrittsgeschwindigkeit der Oberflächenwellen; T Wellenperiode; L Wellenlänge; A Wellenhöhe; da Schwingung nicht sinusförmig, so ist hier A Differenz zwischen Wellenkamm und Wellental; H Wassertiefe; F Wirklänge (Fetch), Länge des Windweges; W Windgeschwindigkeit etwa 8 m über Meeresspiegel; $\beta = c/W$ das Alter des Seegangs; $^1/_2\,\delta = H/L$ die Steilheit des Seegangs.

Es bestehen folgende Beziehungen:

$$c = \sqrt{gL/2}\,\operatorname{tangh}\,(2\pi H/L).$$

Für den Fall, daß $H > L/2$, gilt näherungsweise:

$$c = \sqrt{\frac{gL}{2}} = \frac{L}{T} = \frac{gT}{2\pi}, \qquad L = \frac{2\pi c^2}{g} = \frac{gT^2}{2\pi}, \qquad T = \sqrt{\frac{2\pi L}{g}} = \frac{2\pi}{g}\,c.$$

Schumacher [*1*] u. a. haben zahlreiche stereophotogrammetrische Wellenaufnahmen gemacht (Abb. 22).

Tab. 12 stellt Seegangsbeobachtungen und rechnerisch ermittelte Werte gegenüber.

Tabelle 12. Vergleich zwischen beobachteter und rechnerisch ermittelter Geschwindigkeit, Länge und Periode des Seegangs (nach Krümmel [*2*]).

Gebiet	Geschwindigkeit c in m/sec			Länge L in m			Periode T in sec		
	beobachtet	berechnet $\sqrt{\frac{gL}{2\pi}}$	berechnet $\frac{gT}{2\pi}$	beobachtet	berechnet $\frac{\pi}{g}c^2$	berechnet $\frac{g}{\pi}T^2$	beobachtet	berechnet $\sqrt{\frac{\pi L}{g}}$	berechnet $\frac{\pi}{g}c$
Atlantisches Passatgebiet	11,2	10,8	10,5	65	70	61	5,8	6,0	6,2
Indisches Passatgebiet	12,6	13,1	13,7	96	88	104	7,6	7,3	6,9
Südatlantische Westwinde	14,0	15,5	17,1	133	109	163	9,5	8,6	7,8
Indische Westwinde	15,0	15,2	13,7	114	125	104	7,6	8,0	8,3
Ostchinesisches Meer	11,4	11,9	12,4	79	72	86	6,9	6,6	6,3
Westpazifisches Meer	12,4	13,6	14,7	102	85	121	8,2	7,5	6,9

Abb. 22. Wellenprofil aus dem Nordatlantischen Ozean. Nach Schumacher.

Hansen

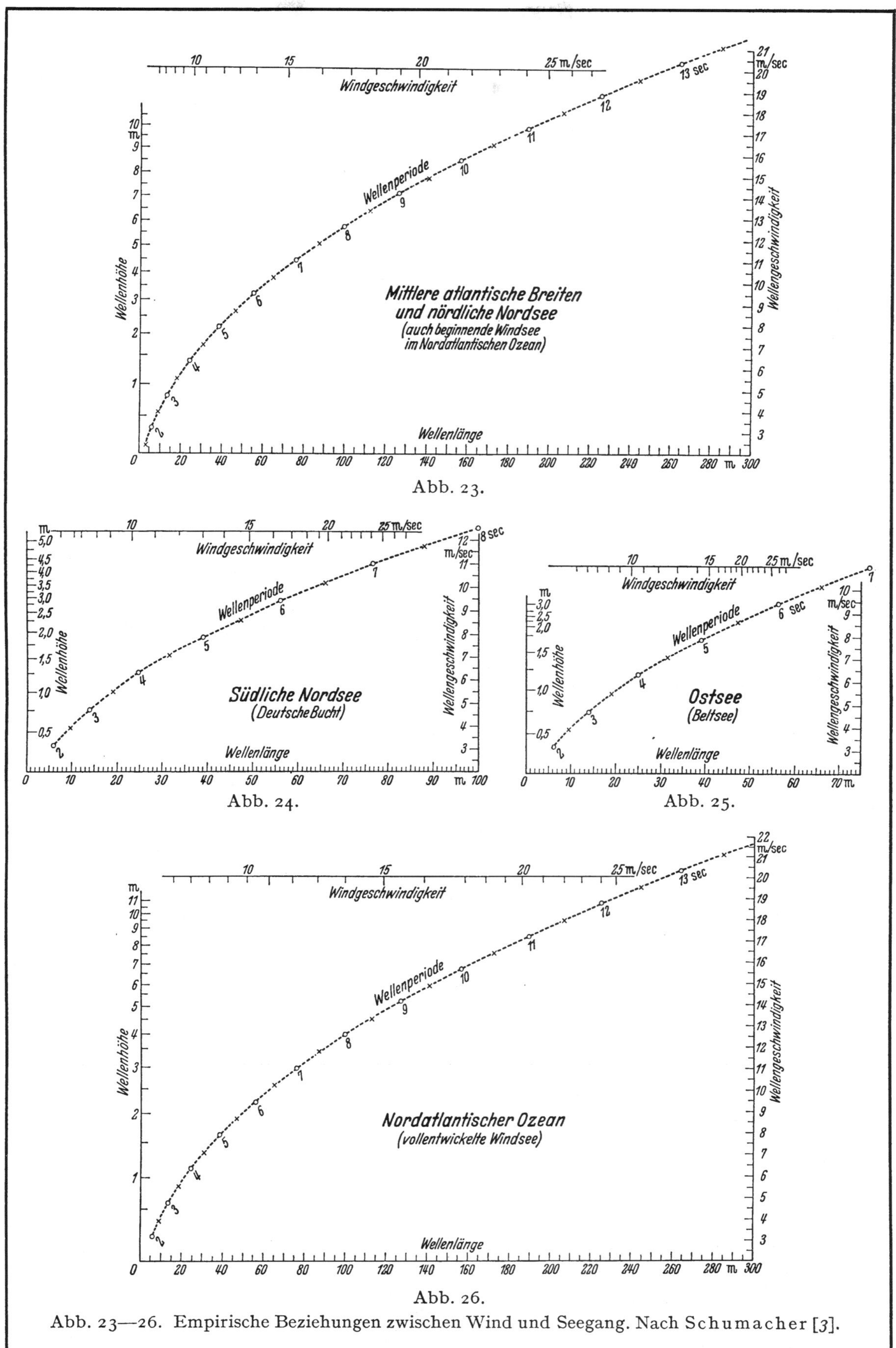

Abb. 23.

Abb. 24.

Abb. 25.

Abb. 26.

Abb. 23—26. Empirische Beziehungen zwischen Wind und Seegang. Nach Schumacher [3].

Schumacher [3] gibt eine aus Beobachtungen ermittelte Zusammenstellung der Beziehungen zwischen Wind und Seegang getrennt nach Meeresgebieten (Abb. 23—26).

Ausführliche Zusammenstellungen von Wellen sind von Larisch [4] und Cornish [5] gegeben. Desgleichen gibt Thorade [6] eine ausführliche Barbeitung und zahlreiche Quellen.

Die Oberflächenwellen klingen nach der Tiefe zu ab, in einfachen Fällen entsprechend einer Exponentialfunktion. Eine Übersicht über die Teilchengeschwindigkeit in verschiedenen Tiefen für verschiedene Bedingungen [7] gibt Tab. 13.

Tabelle 13. Geschwindigkeit der Wasserteilchen in Oberflächenwellen in Abhängigkeit von Wassertiefe, Periode, Länge und Höhe der Welle (nach Sverdrup).

Gruppenwerte der Wellen				Teilchengeschwindigkeit in cm/sec			
				Tiefe			
Periode in sec	Fortschritts-geschwindigkeit cm/sec	Länge in m	Höhe in m	0 m	2 m	20 m	100 m
2	312	6,2	0,25	39	5,2	0,0	0,0
4	624	25	1,00	79	49	0,5	0,0
6	937	56	2,00	105	85	11,3	0,4
8	1249	100	5,00	196	173	55,6	0,4
10	1561	156	7,00	220	203	99	4,2
12	1873	225	10,00	211	199	114	12,9
14	2185	306	12,00	273	262	180	35,0
16	2498	396	10,00	197	190	143	40,6
18	2810	506	8,00	140	136	109	40,5
20	3122	624	5,00	78	76	63	28,4

Die Schumacherschen Darstellungen zeigen, daß Höhe und Länge der Wellen u. a. vom Seegebiet abhängen. Der an einem Ort herrschende Seegang hängt von der Winddauer und der Länge des Windweges (der Wirklänge) ab.

Cornish gibt für die Maximalhöhe H in m der Welle, die zur Windgeschwindigkeit W m/sec gehört, die Beziehung

$$H = 0{,}48\, W,$$

Rossby und Montgomery [8] geben die dimensionsmäßig befriedigende Gleichung

$$H = 0{,}3\, W^2/g.$$

Sverdrup [7] gibt die vorstehende Beziehung mit dem Zahlenfaktor 0,26.

Beziehungen zwischen Wind, Länge des Windweges, Dauer der Windwirkung und Wellenhöhe und -geschwindigkeit sind von Sverdrup und Munk [9] gegeben (Abb. 27 und 28).

Eingehende Messungen der Wasserwellen im Neuwerker Watt sind von Roll [10] angestellt worden, seine Ergebnisse stimmen im wesentlichen mit den Sverdrupschen überein.

Tabelle 14. Mittlere Wellenhöhen H und -perioden T in Abhängigkeit von der Windgeschwindigkeit W, abgeleitet aus den Beobachtungen der Atlantikwetterschiffe (November 1950 bis März 1951) und der deutschen Feuerschiffe „S 2“ und „Fehmarnbelt“ (1949) von H. U. Roll. (Unsichere Werte in Klammern.)

	A		B		C		D		E		F	
	36,0°N 70,0°W		56,5°N 51,0°W		35,0°N 48,0°W		44,0°N 41,0°W		52,5°N 35,5°W		62,0°N 33,0°W	
W m/sec	H m	T sec	H m	T sec	H m	T sec	H m	T sec	H m	T sec	H m	T sec
5	1,3	5,7	1,7	6,1	1,4	6,1	1,9	6,4	1,8	7,4	1,9	7,3
10	2,0	6,2	2,5	6,5	2,1	6,1	2,5	6,6	2,6	7,9	2,7	6,9
15	3,1	7,2	3,8	6,6	3,4	7,4	3,8	7,6	4,0	8,7	4,1	7,4
20	4,5	8,3	5,3	6,9	4,5	8,2	5,2	8,1	6,0	9,6	6,0	8,2
25	6,0	9,4	6,4	7,4	5,3	8,7	(5,7)	(7,9)	7,8	10,1	8,3	9,1

	G		H		J		K		S 2		Fehmarnbelt	
	52,5°N 20,0°W		59,0°N 19,0°W		45,0°N 16,0°W		66,0°N 2,0°E		54,0°N 3,5°E		54,6°N 11,2°E	
W m/sec	H m	T sec	H m	T sec	H m	T sec	H m	T sec	H m	T sec	H m	T sec
5	1,9	7,5	1,9	7,4	1,8	9,2	1,2	6,3	0,8	4,7	0,3	3,3
10	2,7	7,3	2,8	7,4	2,7	9,7	1,8	7,6	1,5	5,7	0,7	3,9
15	4,2	8,0	4,2	7,7	4,2	9,9	2,4	8,7	2,3	6,6	1,2	4,6
20	6,0	8,6	5,8	8,2	5,9	9,7	3,0	9,4	3,0	7,1	1,8	5,4
25	7,7	9,0	7,2	(8,1)	7,5	9,9	3,6	9,9	3,6	7,3	2,6	6,1

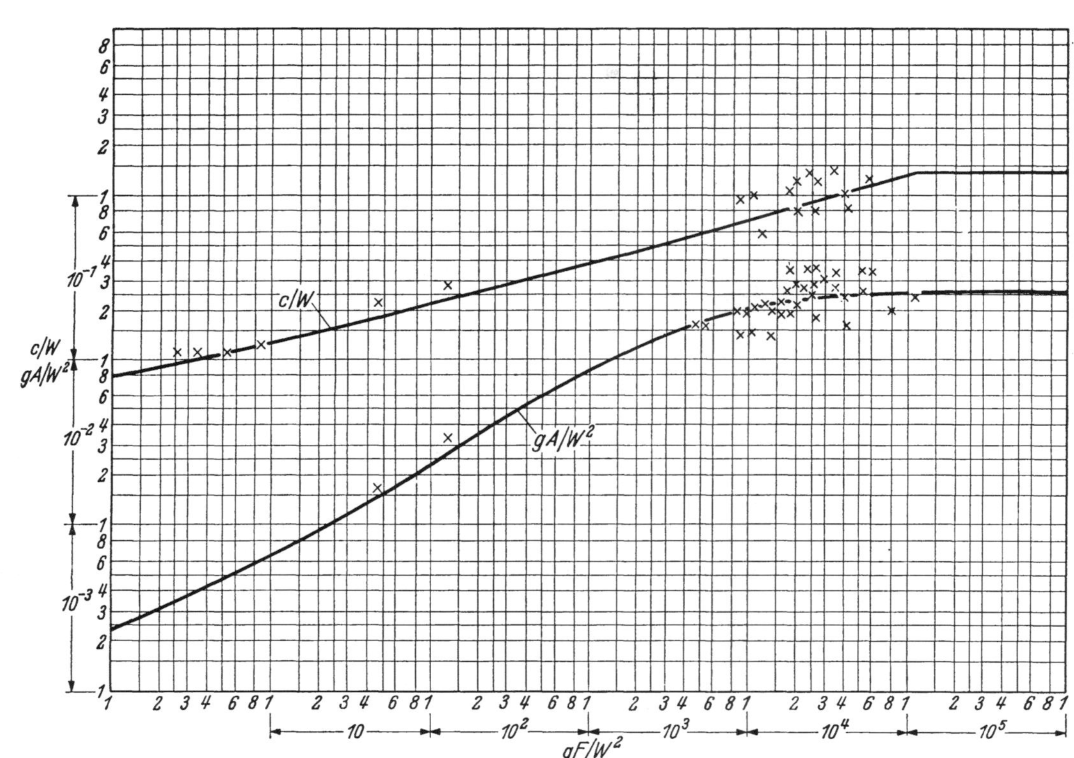

Abb. 27. Höhe A und Geschwindigkeit c der Wellen in Abhängigkeit von der Länge F des Windweges. Die Darstellung ist dimensionslos, mit g = Schwerebeschleunigung, W = Windgeschwindigkeit. Theoretische (Kurven) und beobachtete Werte (Kreuze).

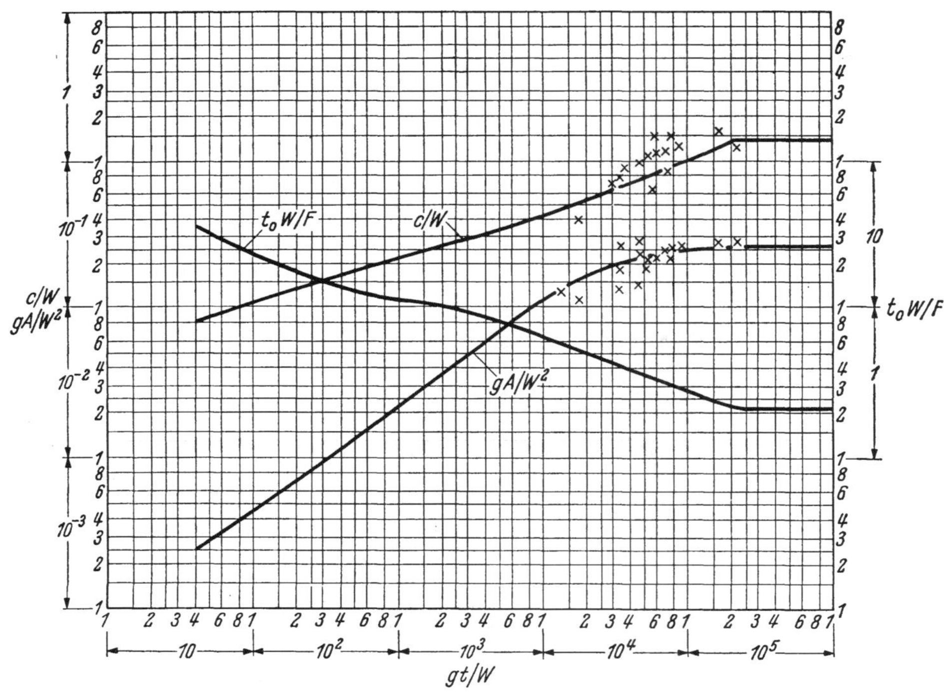

Abb. 28. Höhe A und Geschwindigkeit c der Wellen in Abhängigkeit von der Winddauer t und Beziehung $t_0\, W/F$, wo t_0 die Minimalwinddauer ist. Dimensionslose Darstellung, wie Abb. 27. (Abb. 27 und 28 nach Sverdrup und Munk [9].)

Zur Entstehung der Oberflächenwellen ist nach Jeffreys Voraussetzung, daß

$$c\,(W-c)^2 \geq \frac{4\nu g}{\varrho' s}\,(\varrho-\varrho')$$

ist, wo ν die kinematische Zähigkeit, g die Schwerebeschleunigung, ϱ und ϱ' die Dichte von Wasser und Luft sind. s ist ein dimensionsloser Faktor. Der links stehende Ausdruck erreicht für $W = 3c$ sein Maximum, das gleich $4\,W^3/27$ ist. Wird dieses in die linke Seite der Ungleichung eingetragen, so ergibt sich

$$W^3 \geq \frac{27\nu g}{\varrho' s}\,(\varrho-\varrho').$$

Das heißt, wenn die Windgeschwindigkeit W dieser Ungleichung genügt, können die Wellen anwachsen.

Für den Zahlenfaktor s gibt Jeffreys $s = 0{,}27$. Als kritische Windgeschwindigkeit gibt er 1,1 m/sec.

Neumann [*11*] gibt als Grenzgeschwindigkeit des Windes, der Wellen erzeugen kann, 69,5 cm/sec, also einen kleineren Wert als Jeffreys.

Literatur zu 32636.

[*1*] Schumacher, A.: Meteorwerk **VII**, 2. Teil (1939). — [*2*] Krümmel, O.: Handbuch der Ozeanographie, Stuttgart 1911. — [*3*] Schumacher, A.: Deutsche Hydr. Zeitschr. Erscheint demnächst. — [*4*] Larisch-Moennich, Graf v.: Sturmsee u. Brandung, Bielefeld u. Leipzig 1925. — [*5*] Cornish, V.: Waves on the Sea and other water waves, Chicago 1912. — [*6*] Thorade, H.: Probleme der Wasserwellen, Hamburg 1931. — [*7*] Sverdrup, H.: Oceans, New York 1946. — [*8*] Rossby u. Montgomery: Papers in Physical Oceanography **3** (1935) Nr. 3. — [*9*] Sverdrup u. Munk: U.S. Hydrographic Office, Technical Report in Oceanography Nr. 1. — [*10*] Roll, U.: Deutsche Hydr. Zeitschr. **2** (1949). — [*11*] Neumann, G.: Deutsche Hydr. Zeitschr. **2** (1949); **4** (1951).

3264 Gezeiten des Meeres.

326401 Differentialgleichungen.

Es genügt, die Erde als eine Kugel mit dem „mittleren Erdradius" $\varrho_1 = 6371{,}221$ km (s. 3221) zu betrachten [*1, 2*], soweit man nicht — bei kleinen Meeren — die Krümmung ihrer Oberfläche überhaupt vernachlässigen kann. Geozentrische und geographische Breite φ fallen dann zusammen. Es bezeichne: $\omega_0 = 0{,}7292115 \cdot 10^{-4}\,\mathrm{sec}^{-1}$ die Rotationsgeschwindigkeit der Erde, $\omega = 2\,\omega_0 \sin\varphi$; L die geogr. Länge östl. von Greenwich; ζ die radiale Abweichung der Wasseroberfläche von der ungestörten Lage, h die Wassertiefe unterhalb der ungestörten Fläche; u die ost- und v die nordwärts gerichtete Komponente der tangentialen Gezeitenstromgeschwindigkeit, X und Y die entsprechenden Komponenten der Reibungskraft pro Gramm Masse; $V + V_s$ das gezeitenerzeugende Potential von Mond und Sonne, $g = 979{,}77\,\mathrm{cm}\cdot\mathrm{sec}^{-2}$ den Mittelwert der Schwerebeschleunigung, $\zeta^* = (V+V_s)/g$ die Gleichgewichtsgezeit (3223). Die vertikalen Komponenten der Stromgeschwindigkeit und der Beschleunigung dürfen vernachlässigt werden [*2, 3, 4*]. Nimmt man den festen Erdkörper als starr, die Dichte des Wassers homogen gleich 1 an und vernachlässigt man das Potential der verschobenen Wassermassen [*1, 5*], so lauten die Bewegungsgleichungen und die Kontinuitätsgleichung in Polarkoordinaten bei Beschränkung auf die Glieder 1. Ordnung:

$$u_t - \omega v + X = -\frac{g}{\varrho_1 \cos\varphi}\,(\zeta-\zeta^*)_L, \qquad v_t + \omega u + Y = -\frac{g}{\varrho_1}\,(\zeta-\zeta^*)_\varphi,$$

$$\zeta_t + \frac{1}{\varrho_1 \cos\varphi}\,[(hu)_L + (hv\cos\varphi)_\varphi] = 0;$$

in ebenen, nach Osten und Norden orientierten Koordinaten x, y bei Berücksichtigung auch der Glieder 2. Ordnung:

$$u_t - \omega v + u u_x + v u_y + X = -g\,(\zeta-\zeta^*)_x, \qquad v_t + \omega u + u v_x + v v_y + Y = -g\,(\zeta-\zeta^*)_y,$$

$$\zeta_t + [(h+\zeta)\,u]_x + [(h+\zeta)\,v]_y = 0.$$

Ableitungen nach der mittl. Sonnenzeit t und den Koordinaten φ, L bezw. x, y sind durch Indizes bezeichnet.

326402 Harmonische Darstellung der Gezeiten und Gezeitenströme als Funktionen der Zeit.

Die Differentialgleichungen der Gezeiten nach 326401, auch mit Einschluß aller dort vernachlässigten Größen, lassen sich befriedigen, wenn man, analog zur harmonischen Entwicklung des gezeitenerzeugenden Potentials $V + V_s$ (3226), die Unbekannten ζ, u, v ebenfalls durch sechsdimensionale Fourier-Reihen mit Gliedern („harmonischen Tiden") der Form

$$H\cos(V_0' + \sigma t' - \varkappa) = H\cos(V_0 + \sigma t^* - g^\circ)$$

darstellt [*6*]. Die „harmonischen Konstanten“ H und $\varkappa$ (Amplitude und Phase) jeder Tide hängen vom Ort φ, L bzw. x, y ab (t', t^* = mittl. Sonnenzeit des Ortsmeridians L bzw. des Zeitmeridians S; V_0', V_0 = astronomisches Argument der Tide auf L bzw. auf dem Meridian von Greenwich für 0^h jeweiliger mittl. Ortszeit, also $V_0' = V_0 + pL - (\sigma L/15)$ und $g^\circ = \varkappa - pL + (\sigma S/15)$; im übrigen vgl. 3226). Die Phase $\varkappa$ gegen die entsprechende Tide des Gezeitenpotentials am Ort hat unmittelbar anschauliche Bedeutung wie H; g° hängt von der Wahl des Zeitmeridians S ab, verwendet sich jedoch bequemer in Verbindung mit Tafeln der V_0. Zuweilen wird auch $P = 360^\circ - g^\circ$ angegeben.

Zur numerischen Darstellung der Gezeiten und Gezeitenströme genügt praktisch die folgende Auswahl aus der Gesamtheit der harmonischen Tiden [*6*]:

1. „Astronomische Tiden“, das sind die wichtigsten Stammtiden des Gezeitenpotentials (3226, Tab. 1) mit ihren verwandten Tiden (ergeben sich durch Einwirkung von $V + V_s$ auf einen Ozean großer Tiefe, lineare Differentialgleichungen). Die Amplituden H der Stammtiden verhalten sich innerhalb der gleichen Klasse (langperiodisch, ein- oder halbtägig) ungefähr wie die entsprechenden Koeffizienten K in der Entwicklung von $V + V_s$ [*6, 31*]; die relative Bedeutung von astronomischen Tiden verschiedener Klasse wechselt mit dem Ort und ist nicht an den Koeffizienten K allein ablesbar (vgl. unten Tab. 3). Die Gezeitenform eines Ortes heißt halbtägig, gemischt oder eintägig, je nachdem das Amplitudenverhältnis $(K_1 + O_1) : (M_2 + S_2) < {}^1/_4$, zwischen ${}^1/_4$ und 2 oder > 2 ist (Abb. 1).

2. „Seichtwassertiden“ (Ober- und Verbundtiden). Sie gewinnen zusätzlich Bedeutung beim Mitschwingen seichter Gewässer (nichtlineare Differentialgleichungen) mit den ozeanischen Gezeiten; ihre Winkelgeschwindigkeiten kombinieren sich linear mit ganzen Koeffizienten aus denen der astronomischen Tiden und sind teilweise wieder mit solchen identisch oder verwandt (z. B. $2MS_2 = \mu_2$, $SM_0 = MSf$, $MSN_2 \sim \zeta_2$). Tab. 1 verzeichnet nach Rauschelbach [*7*] die wichtigsten zusätzlich zu berücksichtigenden Seichtwasser-Stammtiden mit kurzen Perioden; ihre Bezeichnungen deuten die hauptsächliche Entstehung und die Zusammensetzung der Winkelgeschwindigkeiten oder astronomischen Argumente an ($M_4 = 2M_2$; $MS_4 = M_2 + S_2$; $2MS_2 = 2M_2 - S_2$; $2MNS_4 = 2M_2 + N_2 - S_2$; $2(MN)_8 = 2(M_2 + N_2)$; $3MN_8 = 3M_2 + N_2$). Sind H_k, σ_k die Amplituden und Winkelgeschwindigkeiten der astronomischen Stammtiden, so verhalten sich die Amplituden der Seichtwassertiden mit Winkelgeschwindigkeiten $2\sigma_k$ und $(\sigma_k + \sigma_l)$ bei $k \neq l$ ungefähr wie $H_k^2 : 2H_kH_l$, mit Winkelgeschwindigkeiten $3\sigma_k$, $(2\sigma_k + \sigma_l)$ und $(\sigma_k + \sigma_l + \sigma_m)$ wie $H_k^3 : 3H_k^2H_l : 6H_kH_lH_m$, mit Winkelgeschwindigkeiten $4\sigma_k$, $(3\sigma_k + \sigma_l)$, $(2\sigma_k + 2\sigma_l)$, $(2\sigma_k + \sigma_l + \sigma_m)$ und $(\sigma_k + \sigma_l + \sigma_m + \sigma_n)$ wie $H_k^4 : 4H_k^3H_l : 6H_k^2H_l^2 : 12H_k^2H_lH_m : 24H_kH_lH_mH_n$ [*7*].

3. „Meteorologische Tiden“ mit den Argumenten h, $2h$, $(\Theta - h)$, $2(\Theta - h)$ oder Argumenten, die sich um h, $2h$ von denen der astronomischen und Seichtwassertiden unterscheiden (h = mittl. Länge der Sonne). Soweit bisher berücksichtigt, sind sie identisch oder verwandt mit astronomischen Tiden ($h \sim Sa$; $2h \sim Ssa$; $2(\Theta - h) \sim S_2$; $2(\Theta - s) \pm h \sim \alpha_2$ und β_2) [*8, 9*].

Tabelle 1. Verzeichnis der wichtigsten kurzperiodischen Seichtwassertiden nach Rauschelbach [*7*].

Tide	σ in °/Std.	V_0	Tide	σ in °/Std.	V_0
$2SM_2$	31,015 8958	$+ 2s - 2h$	$3SM_4$	61,015 8958	$+ 2s - 2h$
			$2SKM_4$	61,098 0331	$+ 2s$
MQ_3	42,382 7651	$- 5s + 3h + p - 90^\circ$			
MO_3	42,927 1398	$- 4s + 3h - 90^\circ$	$2MN_6$	86,407 9380	$- 7s + 6h + p$
SO_3	43,943 0356	$- 2s + h - 90^\circ$	M_6	86,952 3127	$- 6s + 6h$
MK_3	44,025 1729	$- 2s + 3h + 90^\circ$	MSN_6	87,423 8337	$- 5s + 4h + p$
SP_3	44,958 9314	$- h - 90^\circ$	MNK_6	87,505 9710	$- 5s + 6h + p$
SK_3	45,041 0686	$+ h + 90^\circ$	$2MS_6$	87,968 2084	$- 4s + 4h$
K_3	45,123 2059	$+ 3h + 90^\circ$	$2MK_6$	88,050 3457	$- 4s + 6h$
			$2SM_6$	88,984 1042	$- 2s + 2h$
$2MNS_4$	56,407 9380	$- 7s + 6h + p$	MSK_6	89,066 2415	$- 2s + 4h$
$3MK_4$	56,870 1754	$- 6s + 4h$	S_6	90,000 0000	0°
$3MS_4$	56,952 3127	$- 6s + 6h$			
MN_4	57,423 8337	$- 5s + 4h + p$	$2(MN)_8$	114,847 6674	$- 10s + 8h + 2p$
$2MSK_4$	57,886 0711	$- 4s + 2h$	$3MN_8$	115,392 0422	$- 9s + 8h + p$
M_4	57,968 2084	$- 4s + 4h$	M_8	115,936 4169	$- 8s + 8h$
$2MKS_4$	58,050 3457	$- 4s + 6h$	$2MSN_8$	116,407 9380	$- 7s + 6h + p$
SN_4	58,439 7295	$- 3s + 2h + p$	$2MNK_8$	116,490 0753	$- 7s + 8h + p$
$3MN_4$	58,512 5831	$- 3s + 4h - p$	$3MS_8$	116,952 3127	$- 6s + 6h$
$2MSK_4$	58,901 9669	$- 2s$	$3MK_8$	117,034 4499	$- 6s + 8h$
MS_4	58,984 1042	$- 2s + 2h$	$2SMN_8$	117,423 8337	$- 5s + 4h + p$
MK_4	59,066 2415	$- 2s + 4h$	$MSNK_8$	117,505 9710	$- 5s + 6h + p$
$2SNM_4$	59,455 6253	$- s + p$	$2(MS)_8$	117,968 2084	$- 4s + 4h$
$2MSN_4$	59,528 4789	$- s + 2h - p$	$2MSK_8$	118,050 3457	$- 4s + 6h$
S_4	60,000 0000	0°	$3SM_8$	118,984 1042	$- 2s + 2h$
SK_4	60,082 1373	$+ 2h$	$2SMK_8$	119,066 2415	$- 2s + 4h$
$2SMN_4$	60,544 3747	$+ s - p$	S_8	120,000 0000	0°

Horn

326403 Harmonische Analyse und Synthese. Gezeitenrechenmaschinen.

Die harmonischen Konstanten H und $\varkappa$ (oder $g°$) der wichtigsten Tiden (Stammtiden und verwandte Tiden in einer nach 326402 vorweg getroffenen Auswahl) lassen sich aus stündlichen Beobachtungen am Ort über etwa 19 Jahre durch Ausgleichung nach der Methode der kleinsten Quadrate eindeutig ermitteln [*6*]; aus einjährigen Beobachtungen (am besten 369 Tage) können nur die Stammtiden voneinander getrennt werden, aus einmonatigen Beobachtungen (am besten 29 Tage) nur die Gruppen, und aus Beobachtungen über einige Tage nur die Klassen (3226).

Aus einjährigen Beobachtungen erhält man die Stammtiden in der Form

$$f \cdot H \cdot \cos\,[V_0' + \sigma t' - (\varkappa - u)] = f \cdot H \cdot \cos\,[V_0 + \sigma t'' - (g° - u)].$$

Die zur Reduktion auf H und $\varkappa$ (oder $g°$) erforderlichen Größen f und u der astronomischen Tiden berechnen sich nach den in 3226 gegebenen Formeln, jedoch notwendigerweise unter Vernachlässigung aller verwandten Tiden mit anderer geodätischer Funktion als der zur Stammtide gehörigen. Diese (etwas unvollständigen) f und u sind unabhängig von der Breite φ; u kann dann als ortsunabhängige Korrektion zum astronomischen Argument V_0 (oder V_0') geschlagen werden (über den Einfluß der vernachlässigten Tiden vgl. [*10*]). Die u der Seichtwassertiden kombinieren sich aus denen der astronomischen Tiden wie die Argumente, die f folgen aus denen der beteiligten astronomischen Tiden durch Produktbildung. Ausführliche Tafeln der so berechneten f und $V_0 + u$ sind bisher nicht veröffentlicht (jährliche Auszüge für zehn Tiden in den deutschen Gezeitentafeln, vgl. 326406).

In weitgehender Annäherung an die ältere Darstellungsweise von Darwin [*8*, *13*] vernachlässigt Doodson [*11*, *12*] weiter bei den Mondtiden fast alle verwandten Tiden, welche eine Abhängigkeit der f und u von der Perigäumslänge p bedingen, so daß diese mit $p_s = 228°$ überwiegend nur noch von der Knotenlänge N abhängen und vielfach identisch werden; bei den Sonnentiden wird einfach $f \equiv 1$, $u \equiv 0$ gesetzt (Tab. 2; abweichend von 3226, Tab. 1, betrachtet Doodson statt $NO_1 = \{155{,}655\}$ die Tide $M_1 = \{155{,}555\}$ als Stammtide). Sorgfältige Analysen von langjährigen Beobachtungsreihen können jedoch die Verwendung vollständigerer f und u erfordern.

Die strenge Ausgleichung wird üblicherweise durch Näherungsverfahren ersetzt. Ausführliche Schemata und Hilfstafeln zur harmonischen Analyse einjähriger Beobachtungen unter Zugrundelegung seiner Entwicklung des Gezeitenpotentials gibt Doodson [*11*]; vgl. auch [*7*] (unabgeschlossen). Auf der Darwinschen Entwicklung beruhend, jedoch weitgehend auch anderweitig verwendbar, mit ausführlichen Hilfstafeln sowie Tabellen der f und u für 1850 bis 2000 [*13*]; vgl. ferner [*7*, *8*, *12*, *14* bis *17*], betreffend die Analyse kurzer Beobachtungsreihen (z. B. 15 und 29 Tage) auch [*18*, *19*].

Fortlaufend ergänzte und berichtigte Sammelveröffentlichung aller bekanntgewordenen harmonischen Gezeiten- und Gezeitenstromkonstanten auf losen Blättern durch das Internationale Hydrographische Bureau in Monaco [*20*]; umfaßte 1950 etwa 2700 Ortsnamen; ein Auszug in Tab. 3 (vgl. ferner 326406). Als konstantes Glied in der Darstellung der Gezeiten gibt man den mittleren Wasserstand S_0 (bezogen auf den Pegelnullpunkt) oder Z_0 (bezogen auf die örtliche Nullfläche für die Tiefenangaben der Seekarten) an.

Umfangreichere Vorausberechnungen der Gezeiten und Gezeitenströme durch Summation der wichtigsten Stammtiden in der Form $Z_0 + \Sigma f \cdot \mathrm{H} \cdot \cos\,(V_0 + u + \sigma t^* - g°)$ werden mittels besonderer Gezeitenrechenmaschinen ausgeführt. Standorte der größten Maschinen (mit Angabe der Tidenzahl): Deutsches Hydrographisches Institut, Hamburg (62); Liverpool Observatory and Tidal Institute, Liverpool/Birkenhead (42); U. S. Coast and Geodetic Survey, Washington (37). Verzeichnis und Beschreibung der bis 1926 erbauten Maschinen [*21*]; über die drei vorgenannten Maschinen vgl. ferner [*22*, *23*; *12*; *13*]. — Schwierigkeiten, besonders bei der Berechnung der täglichen Extrema (sog. Hoch- und Niedrigwasser) bereitet vielfach die große Zahl einflußreicher Seichtwassertiden. Abhilfe durch nachträgliche harmonisch gebildete Korrektionen der Extrema [*23*], allgemeiner durch direkte harmonische Darstellung der Extrema [*6*].

Bei halbtägiger Gezeitenform (326402), wenn die M_2-Tide so stark überwiegt, daß die Extrema der vollständigen Gezeiten und die der M_2-Tide allein einander eindeutig zugeordnet werden können, folgt nämlich aus 3226 und 326401/02, daß sich die Ungleichheiten der Hoch- und Niedrigwasser in Zeit und Höhe (326405) durch fünfdimensionale Fourier-Reihen mit Gliedern der Form

$$C_{(a,b,c,d,e)} \cdot \cos\,\{as + bh + cp + dN' + ep_s - \gamma_{(a,b,c,d,e)}\}$$

darstellen lassen. Hierin sind die Werte der s, h, p, N', p_s zu gleichmäßig in Abständen eines halben mittleren Mondtages (halbe Periode von τ, 3225) aufeinanderfolgenden Zeiten zu nehmen, und die darzustellenden Intervalle der Hoch- und Niedrigwasser (326405) können entweder von diesen Zeiten (z. B. Meridiandurchgängen des „mittleren Mondes") oder auch den Meridiandurchgängen des wahren Mondes abgemessen werden [*6*]. Im letzten Falle erreichte Horn (vgl. auch [*32*]) bei Vernachlässigung der Änderungen von p_s eine sehr gute Darstellung der Hochwasserzeiten von Cuxhaven bereits mit der folgenden Auswahl von Gliedern (Kennzeichnung durch die Beiwerte a, b, c, d); ihre Trennung gelingt nur aus mindestens 19jährigen Beobachtungen.

{0 0 0 0}*	{1 0−1 0}*	{2−2 0−1}	{2 0 0 0}*	{3−2 0 0}	{4−2 0 0}	{6−4 0 0}
{0 1 0 0}*	{1 0 0−1}	{2−2 0 0}*	{2 0 0 1}	{3−2 1 0}	{4 0 0 0}	{8−8 0 0}
{0 2−2 0}	{1 0 0 0}*	{2−2 0 1}	{3−4 1 0}*	{3 0−3 0}	{5−6 1 0}	
{0 2 0 0}*	{1 0 0 1}	{2−2 1 0}	{3−3−1 0}	{3 0−1 0}	{5−4−1 0}	
{1−2 0 0}*	{1 2−1 0}	{2 0−2 0}	{3−2−1−1}	{4−5 0 0}	{5−4 0 0}	
{1−2 1 0}*	{2−4 2 0}	{2 0−1 0}*	{3−2−1 0}	{4−4 0 0}*	{5−2−1 0}	
{1 0−1−1}	{2−3 0 0}	{2 0 0−1}	{3−2−1 1}*	{4−2−2 0}	{6−6 0 0}	

Horn

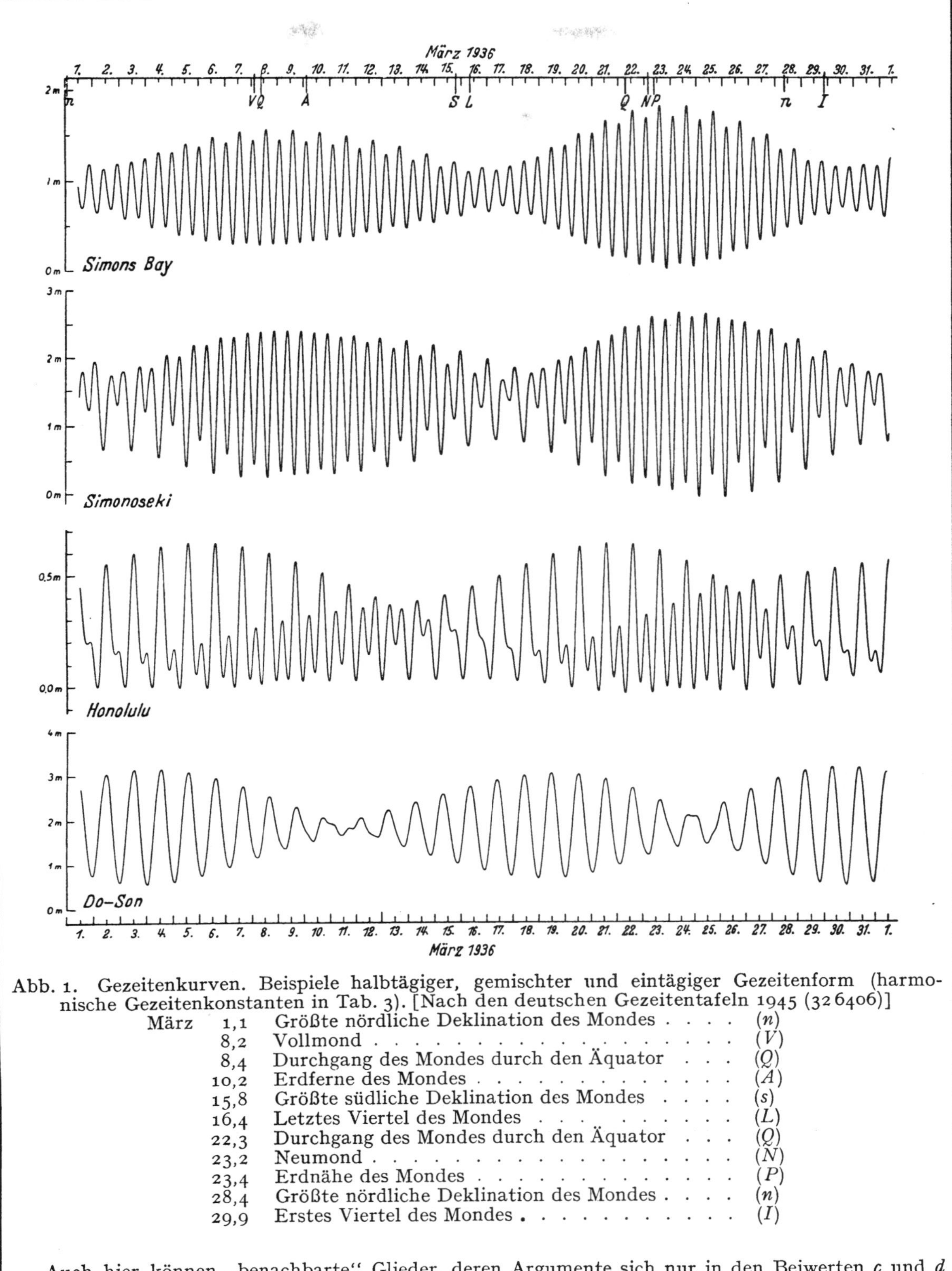

Abb. 1. Gezeitenkurven. Beispiele halbtägiger, gemischter und eintägiger Gezeitenform (harmonische Gezeitenkonstanten in Tab. 3). [Nach den deutschen Gezeitentafeln 1945 (326406)]

März	1,1	Größte nördliche Deklination des Mondes	(*n*)
	8,2	Vollmond	(*V*)
	8,4	Durchgang des Mondes durch den Äquator . . .	(*Q*)
	10,2	Erdferne des Mondes	(*A*)
	15,8	Größte südliche Deklination des Mondes	(*s*)
	16,4	Letztes Viertel des Mondes	(*L*)
	22,3	Durchgang des Mondes durch den Äquator . . .	(*Q*)
	23,2	Neumond	(*N*)
	23,4	Erdnähe des Mondes	(*P*)
	28,4	Größte nördliche Deklination des Mondes	(*n*)
	29,9	Erstes Viertel des Mondes	(*I*)

Auch hier können „benachbarte" Glieder, deren Argumente sich nur in den Beiwerten c und d von dem eines Hauptgliedes unterscheiden, bei Vorausberechnungen für die Dauer eines Jahres mit dem Hauptglied vereinigt werden, indem man dessen Koeffizienten C und Phase γ entsprechend ändert. — Die mit * bezeichneten Glieder wurden bereits von Doodson [*11*, *23*] verwendet, um die systematischen Fehler einer nach dem gewöhnlichen harmonischen Verfahren, aber mit unzureichender Tidenzahl berechneten Tafel der Hoch- und Niedrigwasser darzustellen; bei stärkerem Anteil der eintägigen Tiden führte er zusätzlich die Glieder {2 0–1 0}, {3–4 0 0} und {3 0 0 0} ein.

Tabelle 2. Harmonische Gezeitenkonstanten (Auswahl nach [20]). Amplituden H in cm, Phasen $\varkappa$ in Graden.

Ort		Z_0	Sa	Ssa	O_1	P_1	K_1	μ_2	N_2	M_2	L_2	K_2	S_2	M_4	MS_4	M_6
Spitzbergen, London	H	60	—	—	2,0	1,9	5,4	1,0	7,2	44,9	1,1	3,6	14,9	0,7	1,7	—
78° 58′ N, 12° 06′ O	$\varkappa$		—	—	092	253	253	346	005	026	055	074	074	054	081	—
Tiksi-Bucht	H	—	—	—	4,8	—	6,4	—	—	11,8	—	—	8,9	—	—	—
71° 44′ N, 129° 26′ O	$\varkappa$		—	—	045	—	101	—	—	015	—	—	065	—	—	—
Melville Island	H	50	—	—	3,2	2,2	6,7	0,9	5,1	36,8	1,0	5,9	21,6	0,1	—	0,2
74° 47′ N, 110° 48′ W	$\varkappa$		—	—	130	267	267	344	355	034	072	083	083	097	—	283
Kap Bryant	H	24	—	—	4,1	3,3	9,8	0,3	2,4	12,8	0,4	1,9	7,1	0,5	—	0,2
82° 21′ N, 54° 30′ W	$\varkappa$		—	—	262	286	286	320	350	004	018	047	047	320	—	274
Katharinenhafen	H	215	5,7	4,1	2,5	3,1	13,2	2,8	25,4	116,0	2,5	9,9	33,9	2,7	2,4	0,5
69° 12′ N, 33° 28′ O	$\varkappa$		324	301	104	288	295	114	162	192	226	236	236	277	294	187
Bergen	H	80,1	8,4	5,9	3,2	1,1	3,2	1,7	8,5	43,9	1,6	4,4	15,9	—	1,3	—
60° 24′ N, 5° 18′ O	$\varkappa$		253	217	018	147	171	292	270	295	326	334	334	—	319	—
Wilhelmshaven	H	221,1	—	—	9,3	2,6	7,1	16,8	25,5	153,6	15,8	10,8	39,9	10,3	7,6	7,0
53° 31′ N, 8° 10′ O	$\varkappa$		—	—	250	051	042	079	334	359	004	068	072	182	267	032
Hoek van Holland	H	99	—	—	11,2	3,9	7,9	8,2	11,6	75,3	8,2	5,4	18,6	17,4	10,4	4,4
51° 59′ N, 4° 07′ O	$\varkappa$		—	—	181	341	351	190	045	071	076	133	131	130	186	062
Immingham	H	344,4	7,0	3,9	16,4	6,4	14,6	6,8	42,9	223,3	12,1	18,3	72,8	2,6	3,3	1,1
53° 38′ N, 0° 11′ W	$\varkappa$		185	095	120	257	279	215	141	161	173	212	210	161	222	079
Aberdeen	H	198,9	10,3	5,5	12,7	3,3	11,0	2,1	25,7	130,9	4,0	12,5	45,0	2,6	2,7	0,6
57° 09′ N, 2° 05′ W	$\varkappa$		211	110	050	197	203	309	357	021	046	056	058	163	241	113
Londonderry	H	133,1	9,9	8,4	7,8	3,7	8,2	0,6	16,3	78,6	4,0	9,0	30,1	0,8	2,3	2,1
55° 00′ N, 7° 19′ W	$\varkappa$		284	253	038	167	181	266	203	218	229	238	244	343	047	315
Queenstown	H	187,5	7,0	0,6	4,2	0,6	1,9	3,2	26,3	136,7	9,5	15,2	42,6	6,1	3,7	1,3
51° 50′ N, 8° 18′ W	$\varkappa$		227	094	037	160	160	208	113	133	137	174	177	210	254	138
Liverpool	H	457,2	12,0	5,0	11,1	3,8	11,9	7,5	57,5	305,5	15,8	27,7	97,1	21,9	13,3	5,8
53° 25′ N, 3° 00′ W	$\varkappa$		229	217	042	181	190	029	299	320	328	004	005	206	253	324
Port of Bristol	H	655,3	4,7	—	7,2	2,2	6,9	48,9	73,7	424,8	25,1	46,1	148,6	23,1	23,1	11,9
51° 30′ N, 2° 43′ W	$\varkappa$		231	—	004	119	143	260	183	196	172	250	254	337	018	259
Poole (Bridge)	H	94,5	—	—	3,7	3,0	9,4	—	10,1	39,0	—	4,9	18,6	19,2	13,4	—
50° 43′ N, 1° 59′ W	$\varkappa$		—	—	358	120	120	—	257	287	—	306	306	058	125	—
Dover	H	284,7	18,7	8,3	7,0	1,7	4,2	9,1	42,7	223,4	15,0	20,2	70,9	24,2	18,1	5,6
51° 07′ N, 1° 19′ O	$\varkappa$		271	227	176	037	040	047	313	333	331	023	024	224	282	101
Le Havre	H	481,6	9,5	4,5	4,9	2,7	9,0	10,6	51,9	266,5	18,3	25,8	88,0	24,0	12,4	17,5
49° 29′ N, 0° 06′ W	$\varkappa$		218	151	007	103	119	320	262	286	302	331	333	085	170	301
Brest	H	445,3	6,2	2,6	6,8	2,2	6,3	7,5	42,3	206,1	7,4	21,7	75,3	5,5	8,1	3,5
48° 23′ N, 4° 29′ W	$\varkappa$		229	154	324	060	069	089	080	099	096	137	139	085	107	325

Bilbao	H	229	—	—	7	2	5	—	27	129,0	6	12	46	2	—	—
43° 20′ N, 3° 02′ W	κ		—	—	208	226	226	—	070	085	130	115	115	305	—	—
Lissabon	H	220	4,5	2,5	5,8	2,1	7,1	3,4	19,3	94,1	2,7	8,9	32,9	1,4	0,9	0,2
38° 42′ N, 9° 25′ W	κ		201	074	305	042	050	010	033	051	068	080	078	142	176	317
Gibraltar	H	69,5	—	—	1,1	0,9	3,0	—	7,4	38,3	—	3,4	14,1	2,4	—	—
36° 07′ N, 5° 22′ W	κ		—	—	154	113	122	—	023	036	—	067	065	138	—	—
Brindisi	H	15,0	—	—	1,7	1,7	4,7	—	1,6	8,7	—	1,3	4,8	—	—	—
40° 39′ N, 17° 58′ O	κ		—	—	055	063	076	—	110	115	—	093	122	—	—	—
Venedig	H	52	2,2	2,3	5,3	5,8	18,3	0,5	4,1	23,5	0,4	4,0	14,0	0,4	1,0	0,1
45° 20′ N, 12° 15′ O	κ		188	286	063	067	079	325	292	292	306	294	300	331	294	072
Rhodos	H	10	—	—	1,6	1,0	2,9	—	1,1	5,9	—	1,1	3,9	1,4	1,3	—
36° 06′ N, 28° 06′ O	κ		—	—	301	340	340	—	318	306	—	326	326	224	164	—
Azoren, Ponta Delgada	H	100	3,5	4,6	2,5	1,5	4,4	2,1	11,3	49,1	1,1	4,3	17,9	0,4	0,2	—
37° 44′ N, 25° 40′ W	κ		211	246	292	031	041	329	358	012	162	026	032	014	133	—
Madeira, Funchal	H	140	6,1	2,0	4,6	2,2	6,4	1,7	15,2	71,7	2,0	7,2	26,6	1,0	—	—
32° 38′ N, 16° 55′ W	κ		154	011	283	022	030	350	355	010	023	032	030	033	—	—
Freetown	H	169,8	5,2	2,3	2,5	3,0	9,8	3,0	20,0	97,7	3,9	9,7	32,5	1,4	1,6	1,1
8° 30′ N, 13° 14′ W	κ		164	138	249	334	334	234	183	201	206	233	234	250	345	354
Simons Bay	H	92,4	3,7	0,8	1,6	1,5	5,8	1,9	10,5	47,1	1,4	5,5	19,6	1,3	1,8	0,1
34° 12′ S, 18° 25′ W	κ		355	069	247	126	134	067	061	074	133	090	088	079	053	267
Julianehaab	H	—	12,5	6,1	8,5	5,2	15,5	—	17,4	86,6	—	8,8	32,9	0,9	0,1	—
60° 43′ N, 46° 02′ W	κ		238	217	073	112	112	—	149	175	—	210	210	104	292	—
Father Point	H	232	4,8	5,8	21,7	8,0	23,5	5,4	27,0	127,2	2,7	12,2	41,7	1,3	2,0	0,6
48° 31′ N, 68° 28′ W	κ		151	156	184	206	208	009	035	062	090	102	103	088	077	115
Anticosti, S.W.-Point	H	104	3,3	2,0	17,2	6,3	18,0	1,6	11,0	50,5	1,4	3,8	14,7	1,1	2,1	1,2
49° 24′ N, 63° 36′ W	κ		128	194	181	211	207	015	021	041	036	085	081	297	022	258
St. John	H	416,6	2,6	2,5	11,8	5,0	15,1	1,6	62,7	302,5	16,3	14,5	50,7	3,9	1,5	3,4
45° 15′ N, 66° 04′ W	κ		040	127	110	126	127	070	293	326	010	002	003	142	193	188
New York (Sandy Hook)	H	70	10,2	1,2	5,2	2,8	9,7	2,4	14,0	65,4	1,8	4,1	13,8	1,0	—	1,4
40° 28′ N, 74° 01′ W	κ		126	349	099	104	101	240	205	218	186	249	245	339	—	354
Charleston	H	82,3	8,0	5,4	7,6	3,4	10,2	2,1	16,4	74,3	4,3	3,2	12,9	2,7	0,9	1,0
32° 47′ N, 79° 55′ W	κ		176	051	126	122	122	254	199	212	199	232	239	244	270	326
Galveston	H	15,2	6,4	6,9	11,1	3,2	11,7	0,5	2,3	9,4	0,2	0,3	3,0	0,5	—	0,2
29° 19′ N, 94° 47′ W	κ		157	054	307	306	317	058	096	111	191	164	112	246	—	116
Bermuda	H	66,4	10,1	3,4	5,4	2,3	6,9	—	8,6	37,9	0,8	2,0	8,3	0,2	0,2	—
32° 19′ N, 64° 50′ W	κ		238	011	130	129	129	—	216	236	251	266	263	349	059	—
Georgetown	H	164,3	3,8	0,9	5,9	3,0	11,5	0,8	17,5	89,9	3,0	7,2	31,8	2,8	1,3	1,4
6° 48′ N, 58° 10′ W	κ		262	258	181	189	193	134	110	124	126	146	149	056	105	041
Pernambuco	H	137	0,8	0,8	5,1	0,7	3,1	2,6	14,7	76,3	1,7	7,6	27,8	0,4	2,2	—
8° 04′ S, 34° 53′ W	κ		075	100	142	065	064	111	113	125	155	148	148	274	096	—

Ort		Z_0	*Sa*	*Ssa*	O_1	P_1	K_1	μ_2	N_2	M_2	L_2	K_2	S_2	M_4	MS_4	M_6
Rio de Janeiro	*H*	120	3,8	2,0	11,3	2,0	6,3	1,6	3,7	32,8	1,5	5,4	17,4	5,7	2,5	2,6
22° 54′ S, 43° 10′ W	*κ*		*355*	*271*	*088*	*147*	*150*	*116*	*120*	*088*	*101*	*088*	*096*	*089*	*172*	*218*
Buenos Aires	*H*	79,2	6,0	5,2	15,4	4,4	9,6	0,5	10,4	30,5	1,9	1,8	5,2	3,4	1,6	—
34° 36′ S, 58° 22′ W	*κ*		*345*	*340*	*202*	*012*	*014*	*295*	*129*	*169*	*222*	*271*	*248*	*221*	*306*	—
Puerto Belgrano	*H*	274,3	6,6	3,2	17,0	5,2	21,4	15,9	20,6	153,3	30,7	5,7	26,0	12,6	6,0	—
38° 53′ S, 62° 06′ W	*κ*		*313*	*319*	*330*	*017*	*039*	*230*	*057*	*139*	*185*	*241*	*277*	*104*	*239*	—
Bahia Orange	*H*	102	4,8	0,4	17,9	5,3	21,5	1,4	15,0	58,9	1,6	2,0	9,2	0,5	—	0,5
55° 31′ S, 68° 05′ W	*κ*		*092*	*037*	*347*	*030*	*036*	*074*	*066*	*104*	*109*	*128*	*134*	*197*	—	*313*
Daressalam	*H*	152,6	3,5	1,9	10,6	4,5	17,1	1,4	19,1	107,4	3,6	14,4	53,6	1,1	0,7	0,4
6° 49′ S, 39° 19′ O	*κ*		*311*	*069*	*041*	*307*	*036*	*110*	*079*	*103*	*133*	*137*	*144*	*300*	*011*	*258*
Aden	*H*	129,5	11,2	3,9	20,1	12,3	39,7	2,2	13,2	47,5	1,3	5,7	20,6	0,2	0,4	0,2
12° 47′ N, 44° 59′ O	*κ*		*346*	*128*	*037*	*032*	*035*	*191*	*222*	*227*	*225*	*239*	*245*	*306*	*162*	*293*
Suez	*H*	113,7	14,5	6,2	1,3	1,5	4,5	2,5	18,2	56,0	2,3	4,1	14,1	0,9	0,5	0,3
29° 56′ N, 32° 33′ O	*κ*		*315*	*104*	*203*	*121*	*186*	*224*	*313*	*343*	*028*	*003*	*009*	*126*	*163*	*066*
Bushire	*H*	87,8	10,5	3,7	20,4	9,1	30,7	0,5	7,3	33,7	1,6	4,1	12,3	0,7	0,7	0,2
28° 54′ N, 50° 45′ O	*κ*		*142*	*215*	*240*	*269*	*278*	*213*	*185*	*211*	*232*	*257*	*261*	*327*	*023*	*256*
Bombay	*H*	250,8	3,6	4,1	20,1	12,4	42,5	6,3	30,0	122,2	2,5	12,2	48,3	3,5	3,6	0,4
18° 55′ N, 72° 50′ O	*κ*		*285*	*193*	*049*	*043*	*046*	*306*	*315*	*331*	*306*	*338*	*004*	*323*	*030*	*060*
Colombo	*H*	37,8	9,5	4,1	2,9	2,2	7,3	0,5	2,2	17,6	0,8	3,3	11,9	0,5	0,3	0,1
6° 56′ N, 79° 51′ O	*κ*		*308*	*111*	*062*	*026*	*033*	*105*	*034*	*050*	*051*	*090*	*095*	*170*	*253*	*027*
Hoogli River, Dublat	*H*	291,4	26,7	5,9	5,8	4,6	15,1	4,6	27,2	140,5	5,9	19,0	64,2	2,7	2,3	0,3
21° 38′ N, 88° 08′ O	*κ*		*151*	*141*	*338*	*347*	*352*	*010*	*285*	*291*	*296*	*325*	*328*	*149*	*170*	*221*
Singapore	*H*	169,8	9,4	9,5	28,9	8,9	28,9	1,6	13,8	79,3	6,0	9,7	32,5	1,6	—	1,1
1° 17′ N, 103° 51′ O	*κ*		*209*	*234*	*053*	*093*	*100*	*097*	*272*	*300*	*310*	*345*	*348*	*264*	—	*043*
Soerabaja	*H*	150	3	7	27	14	47	—	9	44	—	8	26	—	—	—
7° 13′ S, 112° 44′ O	*κ*		*292*	*165*	*284*	*321*	*318*	—	*337*	*351*	—	*357*	*355*	—	—	—
Manila	*H*	48,8	14,0	1,7	28,0	9,2	30,2	0,7	3,9	19,2	0,5	2,2	6,6	0,3	—	0,1
14° 35′ N, 120° 58′ O	*κ*		*143*	*352*	*276*	*313*	*321*	*263*	*293*	*304*	*323*	*327*	*334*	*344*	—	*274*
Port Darwin	*H*	385,3	29,6	16,5	34,7	13,4	58,2	11,9	31,7	199,9	12,5	31,1	104,9	4,0	4,9	1,8
12° 28′ S, 130° 51′ O	*κ*		*076*	*058*	*313*	*001*	*336*	*110*	*121*	*144*	*216*	*204*	*193*	*279*	*030*	*167*
Port Adelaide	*H*	146,4	5,8	2,1	17,1	6,5	26,0	7,9	2,8	52,6	2,4	14,2	53,9	0,1	2,5	—
34° 51′ S, 138° 30′ O	*κ*		*114*	*024*	*036*	*050*	*052*	*228*	*228*	*116*	*154*	*176*	*178*	*318*	*050*	—
Brisbane-Barre	*H*	106,7	10,1	0,9	11,9	6,3	21,2	2,8	12,7	67,6	3,6	5,4	18,8	1,5	2,1	1,3
27° 20′ S, 153° 10′ O	*κ*		*012*	*327*	*143*	*174*	*174*	*004*	*281*	*290*	*302*	*299*	*309*	*148*	*256*	*187*
Auckland	*H*	175,0	5,7	2,2	1,6	2,3	7,2	3,1	24,2	116,4	3,3	4,2	17,7	3,2	5,3	0,8
36° 51′ S, 174° 46′ O	*κ*		*031*	*165*	*145*	*164*	*169*	*178*	*179*	*206*	*220*	*257*	*268*	*125*	*195*	*314*
Proudfoot Shoal	*H*	177	—	—	30,2	17,1	52,1	—	11,9	68,3	—	4,3	15,5	—	—	—
10° 31′ S, 141° 29′ O	*κ*		—	—	*128*	*166*	*168*	—	*072*	*113*	—	*199*	*199*	—	—	—

Ponape 6° 59′ N, 158° 13′ O	*H*	70	8,2	5,1	9,7	5,3	16,1	0,9	4,4	25,1	1,2	5,5	19,5	0,5	0,6	0,4
	$\varkappa$		221	068	200	219	224	071	093	081	086	101	104	150	099	111
Samoa-Inseln, Upolu 13° 48′ S, 171° 46′ W	*H*	62	3,7	3,1	3,1	1,3	4,7	1,2	9,7	37,7	0,7	2,4	8,8	1,5	0,9	0,5
	$\varkappa$		276	050	246	246	257	156	175	188	199	157	174	297	271	339
Hawaii-Inseln, Honolulu 21° 18′ N, 157° 52′ W	*H*	24,4	3,7	0,9	8,2	4,5	14,8	0,6	3,0	16,2	0,4	1,4	5,2	0,2	0,1	—
	$\varkappa$		188	000	058	065	070	053	096	106	131	089	102	255	159	—
Bangkok (Menam-Barre) 13° 28′ N, 100° 35′ O	*H*	149	15,7	1,2	44,9	20,4	68,2	1,3	7,5	55,8	1,6	11,1	28,4	1,1	—	0,3
	$\varkappa$		303	312	120	167	162	075	107	139	171	181	203	190	—	213
Do Son, Hon Dau 20° 43′ N, 106° 48′ O	*H*	189,2	—	—	70,0	24,0	72,0	—	0,8	4,4	—	1,0	3,0	—	—	—
	$\varkappa$		—	—	035	091	091	—	099	113	—	140	140	—	—	—
Hongkong 22° 18′ N, 114° 10′ O	*H*	130	10,8	6,1	29,2	11,9	36,5	2,1	9,3	44,0	1,6	4,5	17,2	2,2	1,7	0,4
	$\varkappa$		227	058	250	292	294	225	257	266	307	282	290	332	358	179
Shanghai (Woosung-Barre) 31° 24′ N, 121° 29′ O	*H*	231,6	24,7	2,9	14,3	6,4	22,9	5,1	16,1	93,9	5,2	12,1	41,5	16,9	13,7	3,4
	$\varkappa$		131	061	172	222	216	098	010	020	043	060	063	329	011	237
Simonoseki 33° 57′ N, 130° 55′ O	*H*	125	—	—	15	—	15	—	—	65	—	—	30	—	—	—
	$\varkappa$		—	—	227	—	238	—	—	266	—	—	296	—	—	—
Yokohama 35° 27′ N, 139° 38′ O	*H*	114	10,5	2,2	19,3	8,2	24,9	1,5	6,9	46,7	1,6	6,1	22,7	1,5	3,1	0,2
	$\varkappa$		168	185	160	177	180	181	149	155	171	181	185	099	134	106
Alëuten, Dutch Harbour 53° 54′ N, 166° 32′ W	*H*	70	—	—	22,0	10,7	32,4	0,6	9,4	26,3	1,4	0,6	2,2	0,3	—	0,2
	$\varkappa$		—	—	142	152	152	233	062	111	161	350	350	280	—	238
Cordova 60° 33′ N, 145° 46′ W	*H*	201	9,2	3,9	30,3	13,7	49,4	3,2	28,7	142,4	3,7	13,9	48,1	4,0	—	0,7
	$\varkappa$		212	010	111	126	128	316	334	359	021	025	032	159	—	335
Vancouver 49° 18′ N, 123° 07′ W	*H*	245,3	6,7	5,1	44,8	26,5	84,2	0,7	18,3	90,3	3,7	6,6	21,9	1,3	0,7	1,2
	$\varkappa$		260	226	146	169	171	318	129	156	157	179	189	166	177	095
San Francisco 37° 48′ N, 122° 27′ W	*H*	91,4	3,0	2,4	23,0	11,4	36,9	0,9	11,6	54,3	1,9	3,7	12,3	2,3	0,9	0,2
	$\varkappa$		199	268	088	103	106	226	303	330	351	328	334	024	029	014
San Diego 32° 43′ N, 117° 10′ W	*H*	91,4	6,3	1,7	21,2	10,4	33,5	0,9	12,9	54,9	1,2	6,2	22,2	0,4	—	0,6
	$\varkappa$		182	273	078	092	093	235	254	275	247	265	272	208	—	117
Balboa 8° 57′ N, 79° 34′ W	*H*	259	13,9	9,5	3,6	4,0	13,5	7,5	39,0	184,6	4,5	12,2	48,9	7,0	2,4	1,1
	$\varkappa$		167	138	352	341	342	037	057	089	108	139	145	005	064	290
Valparaiso 33° 02′ S, 71° 38′ W	*H*	91,4	—	—	9,9	4,8	15,4	—	9,3	42,8	—	4,2	14,1	—	—	—
	$\varkappa$		—	—	285	324	329	—	246	278	—	291	299	—	—	—
Barry Island 68° 08′ S, 67° 05′ W	*H*	—	—	—	25,3	11,0	33,2	—	4,3	16,2	—	5,2	19,5	0,9	0,3	—
	$\varkappa$		—	—	010	028	028	—	025	132	—	291	291	276	098	—
Gauß-Station 66° 02′ S, 89° 38′ O	*H*	75	—	—	20,8	6,4	19,4	0,7	5,9	23,0	0,5	3,5	12,0	0,4	—	0,2
	$\varkappa$		—	—	000	348	007	303	337	019	096	088	101	138	—	179
Cape Armitage 77° 49′ S, 166° 45′ O	*H*	58	—	—	23,5	7,8	23,5	—	2,9	5,0	—	0,8	2,9	—	—	—
	$\varkappa$		—	—	000	014	014	—	272	010	—	272	272	—	—	—

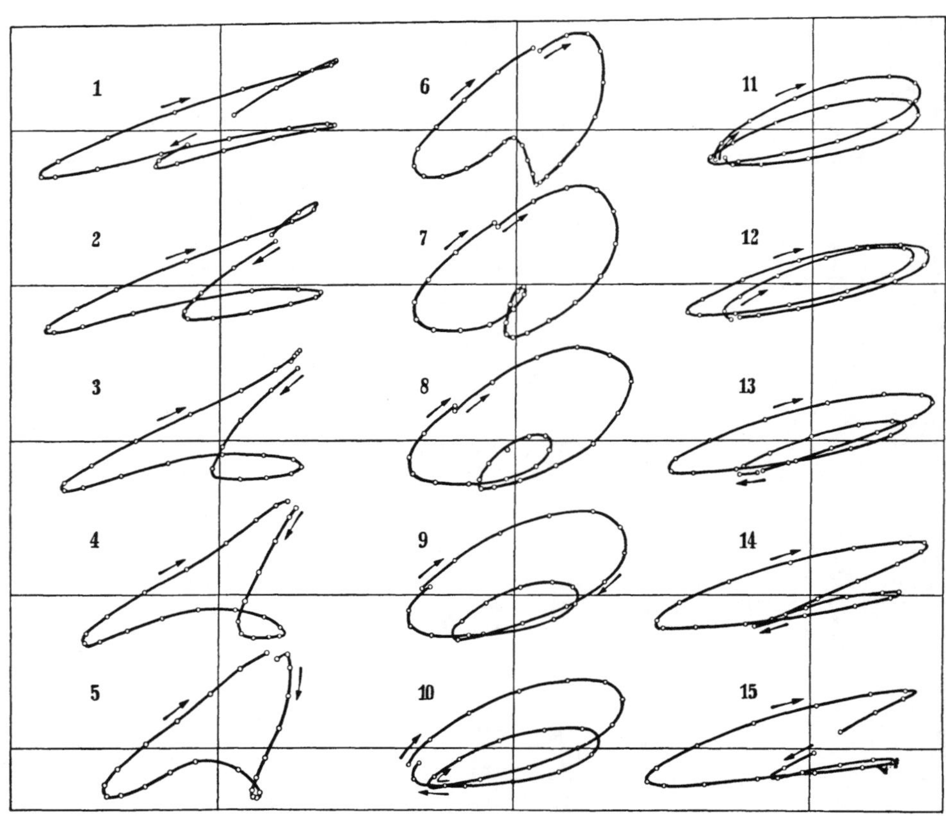

Abb. 2. Beispiel eines Gezeitenstroms von gemischter Form: Proudfoot Shoal. (Nach Handb. f. d. Vermess. d. Deutsch. Hydrograph. Inst.) Für jeden Tag eines halben Monats, 1. bis 15. März 1936, sind die Kurven gezeichnet, die von der Spitze des Gezeitenstromvektors durchlaufen werden. Harmonische Konstanten in Tab. 2b.

Tabelle 3. Abgekürzte Formeln zur Berechnung der f und u astronomischer Tiden nach Doodson [*11*].

Tide	$f = a + b\cos N + c\cos 2N + d\cos 3N$				$u^\circ = a\sin N + b\sin 2N + c\sin 3N$		
	a	b	c	d	a	b	c
Mm	1,0000	— 0,1300	+ 0,0013	—	0,00	0,00	0,00
Mf	1,0429	+ 0,4135	— 0,0040	—	— 23,74	+ 2,68	— 0,38
O_1	1,0089	+ 0,1871	— 0,0147	+ 0,0014	+ 10,80	— 1,34	+ 0,19
K_1	1,0060	+ 0,1150	— 0,0088	+ 0,0006	— 8,86	+ 0,68	— 0,07
J_1	1,0129	+ 0,1676	— 0,0170	+ 0,0016	— 12,94	+ 1,34	— 0,19
OO_1	1,1027	+ 0,6504	+ 0,0317	— 0,0014	— 36,68	+ 4,02	— 0,57
M_2	1,0004	— 0,0373	+ 0,0002	—	— 2,14	—	—
K_2	1,0241	+ 0,2863	+ 0,0083	— 0,0015	— 17,74	+ 0,68	— 0,04
L_2	$f\cos u = 1 - 0{,}2505\cos 2p - 0{,}1102\cos(2p-N) - 0{,}0156\cos 2(p-N) - 0{,}0370\cos N$ $f\sin u = \quad - 0{,}2505\sin 2p - 0{,}1102\sin(2p-N) - 0{,}0156\sin 2(p-N) - 0{,}0370\sin N$						
M_1	$f\cos u = 2\cos p + 0{,}4\cos(p-N)$; $f\sin u = \sin p + 0{,}2\sin(p-N)$						
M_3	$f = [f(M_2)]^{\frac{3}{2}}$;				$u = \frac{3}{2}\,u\,(M_2)$		

Gemeinsame f und u besitzen dann jeweils die folgenden Mondtiden: O_1 und $2Q_1$, σ_1, Q_1, ϱ_1; J_1 und χ_1, ϑ_1; M_2 und $2N_2$, μ_2, N_2, ν_2, λ_2. Für die Sonnentiden Sa, Ssa, π_1, P_1, S_1, ψ_1, φ_1, T_2, S_2, R_2 gilt $f \equiv 1$, $u \equiv 0$. Als Seichtwassertiden werden behandelt und dementsprechend die u kombiniert: $MSf = SM_0[S_2 - M_2]$, $\tau_1 = MP_1[M_2 - P_1]$, $SO_1[S_2 - O_1]$, $3N_2 \sim OQ_2[O_1 + Q_1]$, $\varepsilon_2 = MNS_2[M_2 + N_2 - S_2]$, $\gamma_2 \sim OP_2[O_1 + P_1]$, $\delta_2 = MKS_2[M_2 + K_2 - S_2]$, $\zeta_2 \sim MSN_2[M_2 + S_2 - N_2]$, $\eta_2 = KJ_2[K_1 + J_1]$; die f sind Produkte aus denen der erzeugenden Tiden.

Horn

Tabelle 2a. Harmonische Gezeitenkonstanten von Portsmouth (50° 48′ N, 01° 07′ W) als Beispiel einer ausführlichen Analyse halbtägiger Gezeiten mit stark ausgeprägten Seichtwassererscheinungen.

Tide	H cm	$\varkappa°$	Tide	H cm	$\varkappa°$	Tide	H cm	$\varkappa°$
Z_0	217,9	—	$\varepsilon_2 = MNS_2$	0,5	080,2	MO_3	0,5	311,5
Sa	8,9	214,5	$2N_2$	3,8	307,1	SO_3	0,5	100,3
Ssa	2,0	103,0	$\mu_2 = 2MS_2$	2,0	040,6	MK_3	1,4	110,9
Mm	0,6	212,5	N_2	28,5	300,4	SK_3	0,5	194,2
MSf	3,4	034,0	ν_2	6,6	293,8			
Mf	0,7	100,1	M_2	142,9	323,9	MN_4	7,0	334,5
			$\delta_2 = MKS_2$	1,2	129,8	M_4	20,2	008,1
$2Q_1$	0,3	193,9	λ_2	3,4	325,7	SN_4	2,5	065,2
σ_1	0,2	313,2	L_2	7,4	343,6	MS_4	13,6	063,2
Q_1	0,6	265,7	T_2	2,0	353,2	MK_4	3,8	063,8
ϱ_1	0,5	227,2	S_2	44,1	008,8	S_4	1,9	141,2
O_1	2,6	343,0	R_2	0,6	102,8	SK_4	0,6	160,8
$\tau_1 = MP_1$	0,9	356,4	K_2	12,7	007,2			
M_1	0,4	131,1	$\eta_2 = KJ_2$	0,4	234,3	$2MN_6$	5,4	102,4
χ_1	0,3	129,8				M_6	10,5	136,9
π_1	0,7	081,9	M_3	0,5	147,4	MSN_6	2,9	169,8
P_1	3,6	094,3				$2MS_6$	11,4	180,9
S_1	0,5	101,2	$OQ_2 \sim 3N_2$	1,0	191,2	$2MK_6$	2,9	174,2
K_1	8,7	109,9	$OP_2 \sim \gamma_2$	0,5	357,4	$2SM_6$	3,1	244,3
ψ_1	0,4	217,3	$MSN_2 \sim \zeta_2$	1,9	217,8	MSK_6	2,1	251,9
φ_1	0,5	300,8	$2SM_2$	3,1	221,1			
ϑ_1	0,3	332,2						
J_1	0,8	193,7						
SO_1	1,3	256,3						
OO_1	0,6	303,8						

Tabelle 2b. Harmonische Gezeitenstromkonstanten von Proudfoot Shoal (10° 31′ N, 141° 29′ O).
Amplituden H in Seemeilen/Stunde (sm/h; 1 sm = 1852 m), Phasen g in Graden (Zeitmeridian $S = 150°$ O).
Beispiel eines Drehstroms von gemischter Form (vgl. Abb. 2).

		M_2	S_2	N_2	K_2	K_1	O_1	P_1	M	MS_4
Nord-Komponente	H sm/h	0,24	0,04	0,05	0,01	0,24	0,17	0,08	0,01	0,02
	g°	*045*	*090*	*346*	*090*	*067*	*335*	*067*	*158*	*110*
Ost-Komponente	H sm/h	0,48	0,25	0,10	0,06	0,40	0,25	0,13	0,01	0,01
	g°	*061*	*189*	*353*	*189*	*127*	*061*	*127*	*304*	*247*

326404 Darstellung der Gezeiten in äquatorealen Koordinaten (*Beispiel*).

Zur Vorausberechnung der Gezeiten bei Brest wird amtlich die folgende, analog zur Entwicklung des Gezeitenpotentials in 3224 gebildete Formel von Laplace-Chazallon [*4*, *24* bis *26*] verwendet, nach welcher die Höhe des Wassers in Metern über dem örtlichen Seekartennull zur mittl. Ortszeit t' gegeben ist durch:

$$4{,}45 - 0{,}075 \left(\frac{c}{r}\right)^3 (1 - 3\sin^2\delta) + 0{,}058 \cos(h - 229°\,28') + 0{,}028 \cos 2(h - 70°\,38')$$

$$- 0{,}2096 \left(\frac{c}{r}\right)^3 \sin 2\delta \cos[(\Theta' - \alpha) + 2^{\mathrm{h}}\,24^{\mathrm{m}}] - 0{,}085 \left(\frac{c_3}{r_3}\right)^3 \sin 2\delta_s \cos[(\Theta' - \alpha_s) + 2^{\mathrm{h}}\,24^{\mathrm{m}}]$$

$$+ 2{,}37734 \left(\frac{c}{r}\right)^3 \cos^2\delta \cos 2\left[(\Theta' - \alpha) - \frac{30}{31}(4^{\mathrm{h}}\,42{,}^{\mathrm{m}}4)\right]$$

$$+ 0{,}82154 \left(\frac{c_s}{r_s}\right)^3 \cos^2\delta_s \cos 2[(\Theta' - \alpha_s) - 4^{\mathrm{h}}42{,}^{\mathrm{m}}4]$$

(Bezeichnungen s. 3224/5). Bei den langperiodischen Gliedern sind die Koordinaten der Gestirne zur Zeit t', bei den eintägigen Gliedern zur Zeit $t' - 116{,}^{\mathrm{h}}5$ und bei den halbtägigen Gliedern zur Zeit $t' - 36^{\mathrm{h}}$ einzusetzen. — Die Voraussetzung der Formel, daß entsprechende Glieder der Gezeiten und des Gezeitenpotentials einander ständig proportional bleiben und feste Phasenunterschiede aufweisen („Laplacesches Prinzip" [*4*]), trifft im allgemeinen nicht zu. Darstellungen dieser Art werden daher nur noch selten [*27*] angewandt.

Horn

326405 Nonharmonische Darstellung der Hoch- und Niedrigwasser halbtägiger Gezeiten.

Bei halbtägiger Gezeitenform (326403) läßt sich jedem Durchgang des wahren Mondes durch den oberen oder unteren Meridian des Ortes (oder von Greenwich) genau ein Hochwasser und das darauffolgende Niedrigwasser zuordnen. Man bildet den mittleren Zeitunterschied zwischen einem Meridiandurchgang und dem darauffolgenden Hoch- oder Niedrigwasser, das sog. mittlere Hoch- oder Niedrigwasserintervall, desgl. die mittleren Höhen der Hoch- oder Niedrigwasser. Als Ungleichheiten in Zeit oder Höhe bezeichnet man die Abweichungen der einzelnen Intervalle oder Höhen von den entsprechenden Mittelwerten. Sie werden betrachtet als abhängig von der astronomischen Konstellation beim vorhergehenden (oder auch einem früheren) Meridiandurchgang des Mondes, im allgemeinen nur als Funktionen der folgenden beim Meridiandurchgang gemessenen Werte (3224): $\alpha - \alpha_s$ (= wahre Sonnenzeit des Meridiandurchgangs), ψ, δ, Tag des Jahres. Man zerlegt die Ungleichheiten etwa in je eine „halbmonatliche" Ungleichheit (Argument: $\alpha - \alpha_s$), eine „parallaktische" Ungleichheit (ψ, $\alpha - \alpha_s$), eine „Deklinationsungleichheit" ($|\delta|$, $\alpha - \alpha_s$), eine „tägliche" Ungleichheit (von δ abhängige Verschiedenheit beim oberen und unteren Meridiandurchgang) und eine jahreszeitliche Verbesserung [*28*, *29*]. Um alle Ungleichheiten, insbesondere die parallaktische und die Deklinationsungleichheit, völlig empirisch zu ermitteln, sind mindestens neunjährige, am besten neunzehnjährige Beobachtungen erforderlich; bei Voraussetzung verschiedener Symmetrieeigenschaften weniger [*30*]. — Astronomische Ephemeriden für die oberen und unteren Meridiandurchgänge des Mondes s. 3224, Literaturverzeichnis [*9*, *12*], nur für die oberen Durchgänge [*10*, *11*].

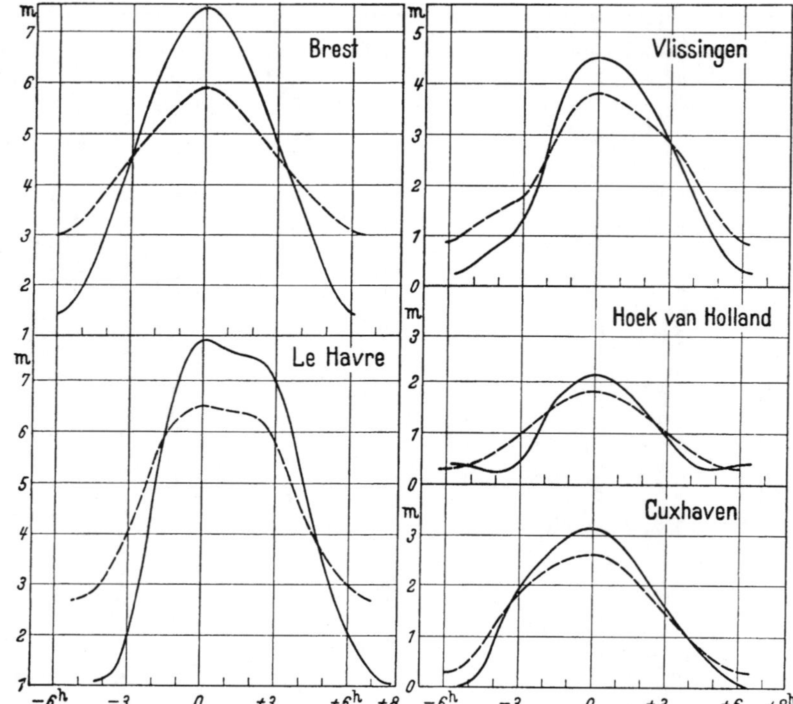

Abb. 3. Beispiele mittlerer Spring- (———) und Nipptidenkurven (- - - -).

Das nonharmonische Verfahren wird, trotz verschiedener grundsätzlicher Mängel, noch immer vorteilhaft bei der Vorausberechnung von Seichtwassergezeiten angewandt; eine strenge harmonische Darstellung der Ungleichheiten ist möglich [*6*]; vgl. 326403, letzter Absatz.

Den durchschnittlichen Verlauf des Steigens und Fallens (Flut und Ebbe) von einem Niedrigwasser bis zum folgenden gibt man durch „mittlere Tidenkurven", differenzierter durch mittl. Spring- und Nipptidenkurven wieder [Beispiele (Abb. 3) nach den deutschen Gezeitentafeln (326406)]. Spring-(Nipp-)zeit = halbmonatlich (synodisch) wiederkehrende Zeit maxi-(mini-)maler Hochwasserhöhe, folgt mit der sog. Spring-(Nipp-)verspätung auf den Eintritt des Voll- oder Neumonds (der Mondviertel). Meistenorts sind die Springzeiten zugleich Zeiten niedrigster Niedrigwasser, also größten Hubs, entsprechend die Nippzeiten Zeiten kleinsten Hubs. Spring-(Nipp-)verspätung an der deutschen Nordseeküste etwa 3 Tage; Niederlande $2^1/_2$; Großbritannien und Irland, Nordküste Frankreichs 2; französische Westküste, Norwegen $1^1/_2$ Tage.

Beispiel. Erste nonharmonische Darstellung der Hochwasserzeiten bei London von J. W. Lubbock [*28* (1834)].

H. U. = halbmonatliche Ungleichheit + Konstante*.

$\alpha - \alpha_s$	0^h	1^h	2^h	3^h	4^h	5^h	6^h	7^h	8^h	9^h	10^h	11^h
H. U.	1^h57^m	1^h42^m	1^h26^m	1^h11^m	0^h56^m	0^h45^m	0^h42^m	0^h52^m	1^h23^m	1^h56^m	2^h10^m	1^h08^m

* Die hinzugefügte Konstante ist etwas kleiner als das damalige mittlere Hochwasserintervall. Das mittl. Hochwasserintervall von London beträgt jetzt etwa 2^h; es hat sich seit dem 13. Jahrhundert um etwa 1^h verringert.

Horn

Verbesserung wegen parallaktischer Ungleichheit.

$\alpha-\alpha_s$	Horizontalparallaxe ψ			
	54′ (60′)	55′ (59′)	56′ (58′)	57′
00^h00^m	$+11^m$	$+\ 7^m$	$+\ 3^m$	0^m
00 30	+11	+ 7	+ 3	0
01 00	+10	+ 6	+ 3	0
01 30	+ 9	+ 6	+ 3	0
02 00	+ 8	+ 5	+ 2	0
02 30	+ 7	+ 4	+ 2	0
03 00	+ 6	+ 4	+ 2	0
03 30	+ 5	+ 4	+ 2	0
04 00	+ 4	+ 3	+ 1	0
04 30	+ 3	+ 2	+ 1	0
05 00	+ 2	+ 1	0	0
05 30	+ 1	0	0	0
06 00	+ 1	0	0	0
06 30	+ 4	+ 3	+ 1	0
07 00	+ 6	+ 4	+ 2	0
07 30	+ 9	+ 5	+ 2	0
08 00	+12	+ 8	+ 4	0
08 30	+15	+10	+ 5	0
09 00	+17	+11	+ 6	0
09 30	+17	+11	+ 6	0
10 00	+15	+10	+ 5	0
10 30	+14	+10	+ 5	0
11 00	+13	+ 9	+ 4	0
11 30	+12	+ 8	+ 4	0

Verbesserung wegen Deklinationsungleichheit.

δ / $\alpha-\alpha_s$	0°	3°	6°	9°	12°	15°	18°	21°	24°	27°
00^h00^m	$+\ 8^m$	$+\ 6^m$	$+\ 4^m$	$+\ 2^m$	$+\ 1^m$	0^m	$-\ 3^m$	$-\ 6^m$	$-\ 9^m$	-12^m
00 30	+ 7	+ 6	+ 4	+ 2	+ 1	0	− 2	− 6	− 9	−12
01 00	+ 6	+ 5	+ 4	+ 3	+ 1	0	− 2	− 6	− 9	−11
01 30	+ 6	+ 5	+ 4	+ 3	+ 1	0	− 3	− 6	− 9	−11
02 00	+ 5	+ 4	+ 3	+ 2	+ 1	0	− 3	− 6	− 9	−10
02 30	+ 6	+ 5	+ 4	+ 3	+ 2	0	− 2	− 5	− 6	−11
03 00	+ 7	+ 5	+ 4	+ 3	+ 2	0	− 2	− 5	− 6	−12
03 30	+ 8	+ 6	+ 4	+ 2	+ 1	0	− 3	− 6	− 8	−13
04 00	+ 9	+ 7	+ 5	+ 5	+ 2	0	− 3	− 7	−11	−15
04 30	+12	+10	+ 8	+ 6	+ 3	0	− 3	− 7	−11	−16
05 00	+15	+12	+ 9	+ 6	+ 3	0	− 3	− 7	−11	−17
05 30	+17	+15	+11	+ 7	+ 3	0	− 3	− 7	−13	−18
06 00	+18	+16	+12	+ 8	+ 3	0	− 4	− 9	−15	−20
06 30	+19	+17	+12	+ 8	+ 3	0	− 5	−10	−16	−23
07 00	+19	+17	+12	+ 8	+ 3	0	− 5	−12	−21	−26
07 30	+18	+16	+11	+ 8	+ 3	0	− 6	−12	−18	−28
08 00	+17	+15	+10	+ 7	+ 2	0	− 5	−12	−18	−28
08 30	+16	+15	+10	+ 7	+ 2	0	− 4	−10	−15	−23
09 00	+15	+12	+ 9	+ 6	+ 3	0	− 3	− 8	−14	−21
09 30	+13	+11	+ 8	+ 4	+ 1	0	− 4	− 8	−13	−18
10 00	+12	+10	+ 7	+ 5	+ 1	0	− 4	− 8	−12	−17
10 30	+11	+ 9	+ 6	+ 3	+ 1	0	− 3	− 6	−10	−15
11 00	+10	+ 8	+ 5	+ 2	+ 1	0	− 3	− 6	− 9	−14
11 30	+ 9	+ 7	+ 4	+ 2	+ 1	0	− 3	− 8	− 8	−13

Bei Eingang mit den eingeklammerten Werten der Parallaxe sind die Verbesserungen mit entgegengesetztem Vorzeichen zu entnehmen.

Jahreszeitliche Verbesserung.

$\alpha-\alpha_s$	Jan. Juli	Febr. Aug.	März Sept.	April Okt.	Mai Nov.	Juni Dez.
0^h	$-\ 2^m$	$-\ 2^m$	$-\ 0^m$	$+\ 2^m$	$+\ 2^m$	0^m
1	− 3	− 2	0	+ 3	+ 2	0
2	− 7	− 2	+ 2	+ 7	+ 2	− 2
3	− 4	0	+ 3	+ 4	0	− 3
4	0	+ 1	+ 4	0	− 1	− 4
5	+ 3	+ 5	+ 6	− 3	− 5	− 6
6	+ 8	+ 6	0	− 8	− 6	0
7	+11	+ 5	− 3	−11	− 5	+ 3
8	+ 8	+ 2	− 5	− 8	− 2	+ 5
9	+ 3	− 1	− 1	− 3	+ 1	+ 1
10	0	− 1	0	0	+ 1	0
11	− 1	− 1	− 1	+ 1	+ 1	+ 1

Beziehungen zwischen nonharmonischen und harmonischen Konstanten: Seien M_2, $M_4, \ldots$, S_2 die Amplituden der so bezeichneten harmonischen Tiden, $\varkappa(M_2), \ldots$ deren Phasen, $m_2, \ldots$ deren Winkelgeschwindigkeiten; H, $\varkappa$, σ die entsprechenden Konstanten einer nicht zur Folge M_1, M_2, M_3, $M_4, \ldots$ gehörigen Tide. — Bei halbtägiger Gezeitenform (M_2-Tide bestimmt die Zahl der Extrema) ist die Spring-(Nipp-)verspätung $= [\varkappa(S_2) - \varkappa(M_2)]/[s_2 - m_2]$; ferner überschläglich: die mittl. Hoch- und Niedrigwasserhöhe $= Z_0 \pm M_2$, zur Springzeit $= Z_0 \pm (M_2 + S_2)$, zur Nippzeit $= Z_0 \pm (M_2 - S_2)$, die entsprechenden Hübe also $= 2M_2$, $2(M_2 + S_2)$ und $2(M_2 - S_2)$.

Mit den Abkürzungen: $A_k = M_k \cos\left[\frac{k}{2}\varkappa(M_2) - \varkappa(M_k)\right]$, $B_k = -M_k \sin\left[\frac{k}{2}\varkappa(M_2) - \varkappa(M_k)\right]$

($k = 2, 4, 6, \ldots$) und bei Vernachlässigung von M_1, $M_3, \ldots$ liefern gute Näherungen für die mittl. Intervalle (in Stunden) und Höhen der Hoch- und Niedrigwasser die folgenden Formeln [*12*, *17* (1894)]:

Mittl. Hochwasser-Intervall $= \frac{\varkappa(M_2)}{m_2} + \frac{4B_4}{M_2} + \frac{6B_6}{M_2} + \ldots)$

Mittl. Niedrigwasser-Intervall $= 6{,}21 + \frac{\varkappa(M_2)}{m_2} - \frac{4B_4}{M_2} + \frac{6B_6}{M_2} - \ldots$

Mittl. Hochwasser-Höhe $= Z_0 + \sum_k \left[A_k + \left(\frac{k}{2}\right)^2 \frac{B_k^2}{2M_2}\right] + \sum \frac{1}{4}\left(\frac{\sigma}{m_2}\right)^2 \frac{H^2}{M_2}$,

Mittl. Niedrigwasser-Höhe $= Z_0 - \sum_k \left[(-1)^{1+\frac{k}{2}} A_k + \left(\frac{k}{2}\right)^2 \frac{B_k^2}{2M_2}\right] - \sum \frac{1}{4}\left(\frac{\sigma}{m_2}\right)^2 \frac{H^2}{M_2}$.

Horn

In den beiden letzten Formeln ist die erste Summe über alle geraden k ab $k = 2$, die zweite Summe über alle zu M_1, M_2, ... periodenfremden Tiden zu erstrecken; diese letzten Tiden bewirken also stets eine Vergrößerung des mittleren Tidenhubs.

Bei eintägiger Gezeitenform treten in der obigen Formel für die Springverspätung sowie in den folgenden drei Überschlagsformeln K_1 und O_1 an die Stelle von M_2 und S_2.

326406 Einige umfangreichere Gezeitentafeln.

[1] Deutsches Hydrographisches Institut, Hamburg: Gezeitentafeln; jährlich. Enthalten: ausführliche Vorausberechnungen der täglichen Hoch- und Niedrigwasserzeiten und -höhen sowie mittl. Spring- und Nipptidenkurven für 32 europäische Bezugsorte, darunter 12 deutsche; Gezeitenunterschiede in Zeit und Höhe für zahlreiche Anschlußorte; Tafeln der Werte σt^* von 10 zu 10 Minuten, tägliche Werte der $V_0 + u$ und Jahresmittel der f (vollständigste Form, vgl. 326403), harmonische Gezeitenkonstanten $f \cdot H$ und $P = 360° - g°$ der Tiden M_2, S_2, N_2, K_2, μ_2, K_1, O_1, P_1, M_4, MS_4 sowie den mittl. Wasserstand Z_0 mit jahreszeitlichen Änderungen; Gezeitenkarten der Nordsee, des Kanals und der britischen Gewässer. Dazu: Hilfstafeln zur Berechnung der Gezeiten nach dem harmonischen Verfahren (1939). — Band II (Außereuropäische Gewässer) in Vorbereitung.

[2] Hydrographic Department, Admiralty, London: The Admiralty Tide Tables, European Waters (including Mediterranean Sea); jährlich (ausführliche Vorausberechnungen für 62 Bezugsorte, Gezeitenunterschiede). — The Admiralty Tide and Tidal Stream Tables, Atlantic and Indian Oceans; jährlich (ausführliche Gezeitenvorausberechnungen für 84 Bezugsorte, Gezeitenunterschiede, mittl. Wasserstand mit jahreszeitlichen Änderungen, harmonische Gezeitenkonstanten H und $g°$ der Tiden M_2, S_2, K_1, O_1, tägliche Werte der astronomischen Argumente und Faktoren in einer weitere Stammtiden einbeziehenden Form (Admiralty method [12, 18]); ausführliche Gezeitenstromvorausberechnungen für 4 Orte). — Desgl., Pacific Ocean and Adjacent Seas; jährlich (ausführliche Gezeitenvorausberechnungen für 91 Orte, Gezeitenstromvorausberechnungen für 16 Orte, sonst wie voriger Band). — The Admiralty Tide Tables, Part II (1938); (harmonische Gezeitenkonstanten für 4 Tiden, mittl. Wasserstand mit jahreszeitlichen Änderungen, Hochwasserzeitunterschiede und Verhältnisse des Tidenhubs für alle Gebiete der Erde; harmonische Gezeitenstromkonstanten für einige Orte). — Desgl., Part III (1941); containing Instructions for predicting tides and tidal streams and for analysing observations, and Tables to assist prediction and analysis (nur für kurzfristige Beobachtungen bis zu 29 Tagen).

[3] US Coast & Geodetic Survey, Washington: Tide Tables, 7 Teile (alle Meere), Current Tables, 2 Teile (Ost- und Westküste Nordamerikas).

Literatur zu 322401–06.

[1] Lamb, H.: Lehrbuch der Hydrodynamik, deutsche 2. Aufl., Leipzig und Berlin (1931). — [2] Proudman, J.: Proc. R. Soc. London A **179** (1941) 261 bis 288. — [3] Proudman, J.: Intern. Hydrographic Rev. **25** (1948) 112 bis 118. — [4] Laplace, P. S.: Mécanique céleste, Livre I und IV, Paris 1798; Livre XIII Paris 1825. — [5] Poincaré, H.: Leçons de mécanique céleste, Tome III, Paris (1910). — [6] Horn, W.: Deutsche Hydrograph. Z. **1**, 124 bis 140, Hamburg (1948). — [7] Rauschelbach, H.: Arch. d. Deutsch. Seewarte **42** (1924) Nr. 1. — [8] Darwin, G. H.: Scientific papers, Vol. I, Cambridge 1907. — [9] Corkan, R. H.: Proc. R. Soc. London A **144** (1934) 537 bis 559. — [10] Doodson, A. T.: Proc. R. Soc. London A **106** (1924) 513 bis 526. — [11] Doodson, A. T.: Phil. Trans. London A **227** (1928) 223 bis 279. — [12] Doodson, A. T., u. H. D. Warburg: Admiralty Manual of Tides, London (1941). — [13] Schureman, P.: Manual of harmonic analysis and prediction of tides, Washington (1941). — [14] Börgen, C.: Ann. d. Hydrographie **12** (1884) 305 bis 312, 387 bis 399, 438 bis 449, 499 bis 510, 558 bis 566, 615 bis 622, 664 bis 676. — [15] Börgen, C.: Ann. d. Hydrographie **22** (1894) 219 bis 232, 256 bis 270, 295 bis 310. — [16] Hessen, K.: Ann. d. Hydrographie **48** (1920) 1 bis 18, 73 bis 93, 123 bis 136, 177 bis 186, 441 bis 445. — [17] Harris, R. A.: Manual of Tides. Appendices to Reports of the U. S. Coast and Geodetic Survey 1894—1907. — [18] Admiralty Tide Tables, Part III, London (1941). — [19] Rauschelbach, H.: in Wiss. Ergebn. Deutsch. Grönland-Exp. Alfred Wegener, Bd. IV, 1, Leipzig (1935). — [20] International Hydrographic Bureau, Monaco: Special Publ. No. 26 (1933ff.). — [21] International Hydrographic Bureau, Monaco: Special Publ. No. 13 (1926). — [22] Horn, W.: Gezeiten des Meeres. In: Naturf. u. Medizin in Deutschland 1939—1946, Bd. **18**, Wiesbaden (1948). — [23] Doodson, A. T.: Intern. Hydrograph. Rev. **24** (1947) 65 bis 72. — [24] Chazallon: Comptes rendues **38** und **39** (1854). — [25] Courtier, M. A.: Recherches sur le régime des côtes **23** (1936) 1 bis 71. — [26] Rollet de l'Isle, M.: Observation, étude et prédiction des marées, Paris (1905). — [27] Hidaka, K.: The Oceanogr. Mag. Tokio **1** (1949) 33 bis 38. — [28] Lubbock, J. W., u. W. Whewell: diverse Abhandlungen in Phil. Trans. London 1831 bis 1840. — [29] Lentz, H.: Fluth und Ebbe, Hamburg (1873). — [30] Warburg, H. D.: Geogr. Journ. London **53** (1919) 308 bis 330. — [31] Hansen, W.: Ann. d. Hydrographie **66** (1938) 429 bis 443. — [32] Horn, W.: Noch unveröffentlicht (getrennte Entwicklung für die oberen und unteren Meridiandurchgänge bietet weitere Vorteile).

326407 Gezeiten als Funktionen der Ortsveränderlichen.

In den Differentialgleichungen 326401 wird zum Zwecke der Ermittlung der räumlichen Verteilung der Gezeiten die Zeit t durch Einführen eines rein imaginären Zeitfaktors $e^{-i\sigma t}$ eliminiert; an Stelle der u, v, ζ wird dementsprechend geschrieben:

$$\zeta e^{-i\sigma t} = (\zeta_1 + i\,\zeta_2)\, e^{-i\sigma t}, \quad u e^{-i\sigma t} = (u_1 + i u_2)\, e^{-i\sigma t}, \quad v e^{-i\sigma t} = (v_1 + i v_2)\, e^{-i\sigma t}, \text{ mit } i^2 = -1,$$

σ Winkelgeschwindigkeit der Partialtide. Dann bestehen zwischen der Amplitude H und der Phase ψ einerseits und ζ_1 und ζ_2 andererseits folgende Beziehungen: $H = \sqrt{\zeta_1^2 + \zeta_2^2}$, $\zeta_2/\zeta_1 = \operatorname{tg} \psi$.

Horn, Hansen

Tabelle 4. Tabelle des Reibungsbeiwertes $r \cdot 10^{-1}$ in sec^{-1}.

H (m)	25	50	75	100	150	200	250
5	1,457	2,914	4,372	5,829	8,743	11,658	14,572
10	0,656	1,311	1,967	2,623	3,934	5,246	6,557
15	0,421	0,842	1,263	1,684	2,526	3,368	4,210
20	0,310	0,619	0,929	1,239	1,858	2,478	3,097
25	0,245	0,490	0,734	0,979	1,469	1,958	2,448
30	0,202	0,405	0,607	0,810	1,214	1,619	2,024
35	0,172	0,345	0,517	0,690	1,035	1,380	1,725
40	0,150	0,301	0,451	0,601	0,902	1,202	1,503
45	0,133	0,266	0,399	0,533	0,799	1,065	1,331
50	0,119	0,239	0,358	0,478	0,717	0,956	1,195
75	0,079	0,158	0,237	0,316	0,474	0,632	0,790
100	0,059	0,118	0,177	0,236	0,354	0,472	0,590
150	0,039	0,078	0,118	0,157	0,235	0,313	0,392

Die Reibungsfunktionen werden proportional der Geschwindigkeit gesetzt mit dem Reibungsparameter r. Die Differentialgleichungen in kartesischen Koordinaten lauten dann:

$$\text{(1a)} \quad \lambda u - \omega v + g\,\zeta_x = g\,\zeta_x^* \qquad \text{(1b)} \quad -i\sigma\zeta + (hu)_x + (hv)_y = 0$$

$$\lambda v + \omega u + g\,\zeta_y = g\,\zeta_y^* \qquad \lambda = r - i\sigma$$

und in Polarkoordinaten:

$$\text{(2a)} \quad \lambda u - 2\omega_0 v \cdot \sin\varphi + \frac{g}{\varrho_1 \cos\varphi}(\zeta - \zeta^*)_L = 0, \quad \lambda v + 2\omega_0 u \cdot \sin\varphi + \frac{g}{\varrho_1}(\zeta - \zeta^*)_\varphi = 0$$

$$\text{(2b)} \quad -i\sigma\zeta + \frac{1}{\varrho_1 \cos\varphi}\left[(hu)_L + (hv\cos\varphi)_\varphi\right] = 0.$$

Die als Index angehängten Buchstaben x, y oder φ und L bedeuten partielle Differentiationen in Richtung der entsprechenden Achsen. In diesen Gleichungen treten nur noch Funktionen der Ortsvariablen auf.

Tab. 5 gibt für natürliche Verhältnisse in den Meeren und Ozeanen eine Übersicht über die Größenordnung der in vorstehenden Gleichungen auftretenden Beschleunigungen.

Tabelle 5.

Art der Beschleunigung	Winkelgeschwindigkeit 10^{-4} sec^{-1}	v $cm\ sec^{-1}$: 10	20	30	40	50	60	70	80	90	100
		$v \cdot \sigma$ 10^{-4} $cm\ sec^{-2}$									
Mf	0,053	0,5	1,1	1,6	2,1	2,7	3,2	3,7	4,3	4,8	5,3
K_1	0,729	7,3	14,6	21,9	29,2	36,5	43,8	51,0	58,3	65,6	72,9
M_2	1,405	14,1	28,1	42,2	56,2	70,3	84,3	98,4	112,4	126,5	140,5
M_4	2,810	28,1	56,2	84,3	112,4	140,5	168,6	196,7	224,8	252,9	281,0
		$v \cdot 2\omega_0 \sin\varphi$ 10^{-4} $cm\ sec^{-2}$									
Coriolis	$\omega_0 = 0{,}729$										
$2\omega_0 \sin 20°$	$= 0{,}499$	5,0	10,0	15,0	20,0	24,9	29,9	34,9	39,9	44,9	49,9
$2\omega_0 \sin 40°$	$= 0{,}937$	9,4	18,7	28,1	37,5	46,9	56,2	65,6	75,0	84,4	93,7
$2\omega_0 \sin 60°$	$= 1{,}263$	12,6	25,3	37,9	50,5	63,2	75,8	88,4	101,0	113,7	126,3
$2\omega_0 \sin 80°$	$= 1{,}436$	14,4	28,7	43,1	57,5	71,8	86,2	100,5	114,9	129,3	143,6
$2\omega_0 \sin 90°$	$= 1{,}458$	14,6	29,2	43,8	58,3	72,9	87,5	102,1	116,7	131,3	145,8
Reibung		$v \cdot r$ 10^{-4} $cm\ sec^{-2}$									
Wassertiefe in m											
10		2,6	10,5	23,6	42,0	65,6	94,4	128,5	167,8	212,5	262,3
50		0,5	1,9	4,3	7,6	12,0	17,2	23,4	30,6	38,7	47,8
100		0,2	0,9	2,1	3,8	5,9	8,5	11,6	15,1	19,2	23,6

Gefälle (Größenordnung)

Beispiele aus:

Gezeitenfluß	$250 \cdot 10^{-4}$ cm sec^{-2}
Nordsee	$100 \cdot 10^{-4}$ cm sec^{-2}
Atlantik	$5 \cdot 10^{-4}$ cm sec^{-2}

Gezeitenerzeugendes Potential

Maximum der Tangentialkomponente	$0{,}823 \cdot 10^{-4}$ cm sec^{-2}

Hansen

Mit Ausnahme der aus dem gezeitenerzeugenden Potential abgeleiteten Beschleunigungen und der Reibung für große Tiefe und kleine Stromgeschwindigkeiten, die um Zehnerpotenzen kleiner sind, sind alle übrigen Beschleunigungen von derselben Größenordnung. Dieser Sachverhalt erschwert die Ermittlung der Gezeiten natürlicher Meeresgebiete in mittleren Breiten und nicht zu großer Tiefe.

Zur Ermittlung der Gezeiten eines von einer beliebigen Kurve $\mathfrak{C}$ begrenzten Meeresgebietes $\mathfrak{G}$ wird aus den Gleichungssystemen (1) oder (2) je eine Gleichung für ζ abgeleitet.

In kartesischen Koordinaten:

$$(3)\quad \Delta(\zeta-\zeta^*)+\frac{h_x}{h}(\zeta_x-\zeta_x^*)+\frac{h_y}{h}(\zeta_y-\zeta_y^*)+\frac{\omega}{\lambda}\left[\frac{h_x}{h}\,\zeta_y-\zeta_y^*)-\frac{h_y}{h}\,(\zeta_x-\zeta_x^*)\right]+\frac{i\sigma(\omega^2+\lambda^2)}{g h\lambda}\,\zeta=0$$

$$\Delta=\frac{\partial^2}{\partial x^2}+\frac{\partial^2}{\partial y^2}$$

und in Polarkoordinaten:

$$\frac{-i\sigma\varrho_1\alpha\,(1+\beta^2\sin^2\varphi)}{g h}\,\zeta-\zeta_{\varphi\varphi}-\frac{1}{\cos^2\varphi}\,\zeta_{LL}-\zeta_\varphi\left(\frac{h_\varphi}{h}+\beta\,\mathrm{tg}\varphi\,\frac{h_L}{h}-\frac{1+2\beta^2-\beta^2\sin^2\varphi}{1+\beta^2\sin^2\varphi}\,\mathrm{tg}\varphi\right)$$
$$+\zeta_L^*\left(-\beta\,\frac{h_\varphi}{h}\,\mathrm{tg}\,\varphi+\frac{h_L}{h}\cdot\frac{1}{\cos^2\varphi}-\beta\,\frac{1-\beta^2\sin^2\varphi}{1+\beta^2\sin^2\varphi}\right)$$
$$-\zeta_L\left(-\beta\,\frac{h_\varphi}{h}\,\mathrm{tg}\,\varphi+\frac{h_L}{h}\cdot\frac{1}{\cos^2\varphi}-\beta\,\frac{1-\beta^2\sin^2\varphi}{1+\beta^2\sin^2\varphi}\right)$$
$$+\zeta_{\varphi\varphi}^*+\frac{1}{\cos^2\varphi}\,\zeta_{LL}^*+\zeta_\varphi^*\left(\frac{h_\varphi}{h}+\beta\,\mathrm{tg}\,\varphi\,\frac{h_L}{h}-\frac{1+2\beta^2-\beta^2\sin^2\varphi}{1+\beta^2\sin^2\varphi}\cdot\mathrm{tg}\,\varphi\right)=0;$$

dabei sind $\beta=\frac{2\,\omega_0}{r-i\sigma}$, $\quad\alpha=\varrho_1(r-i\sigma)$.

Die Lösung ζ ist im Meeresgebiet $\mathfrak{G}$ eindeutig bestimmt und kann rechnerisch oder analytisch, in wenigen Ausnahmefällen auch in analytisch geschlossener Form, ermittelt werden, wenn längs der Randkurve $\mathfrak{C}$ entweder ζ oder die Normalkomponente der Geschwindigkeit bekannt ist.

Die harmonischen Konstanten eines Meeresgebietes werden in ihrer Gesamtheit erhalten, wenn die vorstehenden Gleichungen für sämtliche vorkommenden Winkelgeschwindigkeiten σ gelöst werden. Praktisch ist es ausreichend, je eine ein-, halb- und vierteltägige Tide zu berechnen, da Amplitudenverhältnisse und Phasendifferenzen der eintägigen, ebenso wie der halb- und vierteltägigen Tiden in nicht zu ausgedehnten Meeresgebieten konstant sind [31].

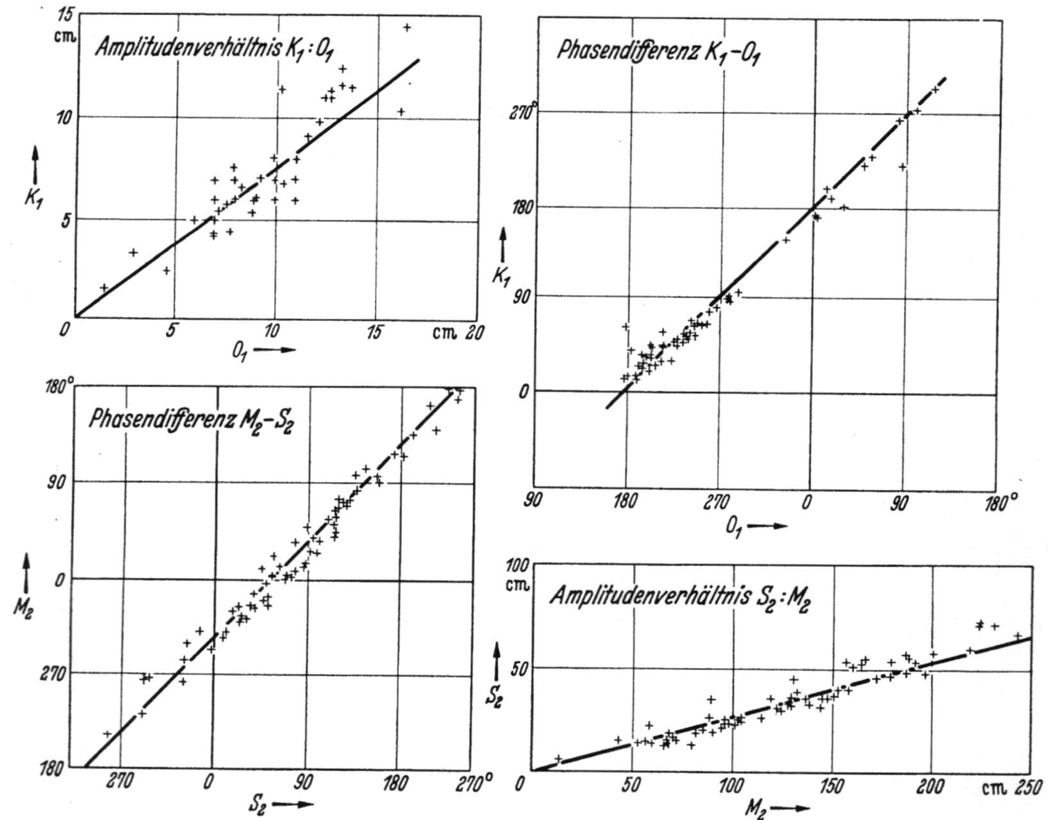

Abb. 4. Amplitudenverhältnis und Phasendifferenz der ein- und halbtägigen Tiden in der Nordsee.

326408 Gezeiten in Kanälen.

Für den schmalen, rechteckigen Kanal konstanter Tiefe, der einseitig geschlossen ist und die Länge 1 besitzt, werden die Amplituden, in dimensionsloser Schreibweise, durch die Formel:

$$\frac{1}{u_0}\sqrt{\frac{g}{h}}\,\zeta = \frac{\cos\gamma\pi(1-\eta)}{\sin\gamma\pi} - \frac{P}{\sigma u_0}\cdot\frac{\cos\gamma\pi\eta - \cos\gamma\pi(1-\eta)}{\sin\gamma\pi} \text{ gegeben.}$$

Es bedeuten: u_0 die Maximalgeschwindigkeit des Gezeitenstroms am offenen Ende des Kanals, $\gamma = \frac{T_0}{T}$, T_0 Periode der freien Grundschwingung, $T = \frac{2\pi}{\sigma}$ die Periode der Tide mit der Winkelgeschwindigkeit σ, ζ die Gezeitenhöhe, η die Längenkoordinate, von 0 am offenen Ende bis 1 am geschlossenen Ende wachsend, P ist die aus dem gezeitenerzeugenden Potential abgeleitete Beschleunigung. Die für $P = 0$ sich ergebende Schwingung heißt Mitschwingungsgezeit.

Im geschlossenen Kanal gilt:

$$\frac{1}{u^*}\sqrt{\frac{g}{h}}\,\zeta = -\frac{P}{\sigma u_0^*}\cdot\frac{\cos\gamma\pi\eta - \cos\gamma\pi(1-\eta)}{\sin\gamma\pi}.$$

u_0^* ist eine Normierungsgröße mit der Dimension Länge : Zeitquadrat. Diese unmittelbar durch das gezeitenerzeugende Potential bedingten Gezeiten im geschlossenen Kanal werden selbständige Gezeiten genannt. Diese sind im allgemeinen gering (Tab. 5). Die Amplitudenverteilung im Kanal, insbesondere der Maximalwert, hängt wesentlich vom Verhältnis $\gamma = T_0/T$ ab. Ist γ eine positive ganze Zahl, dann tritt Resonanz ein. (Abb. 5 u. 6).

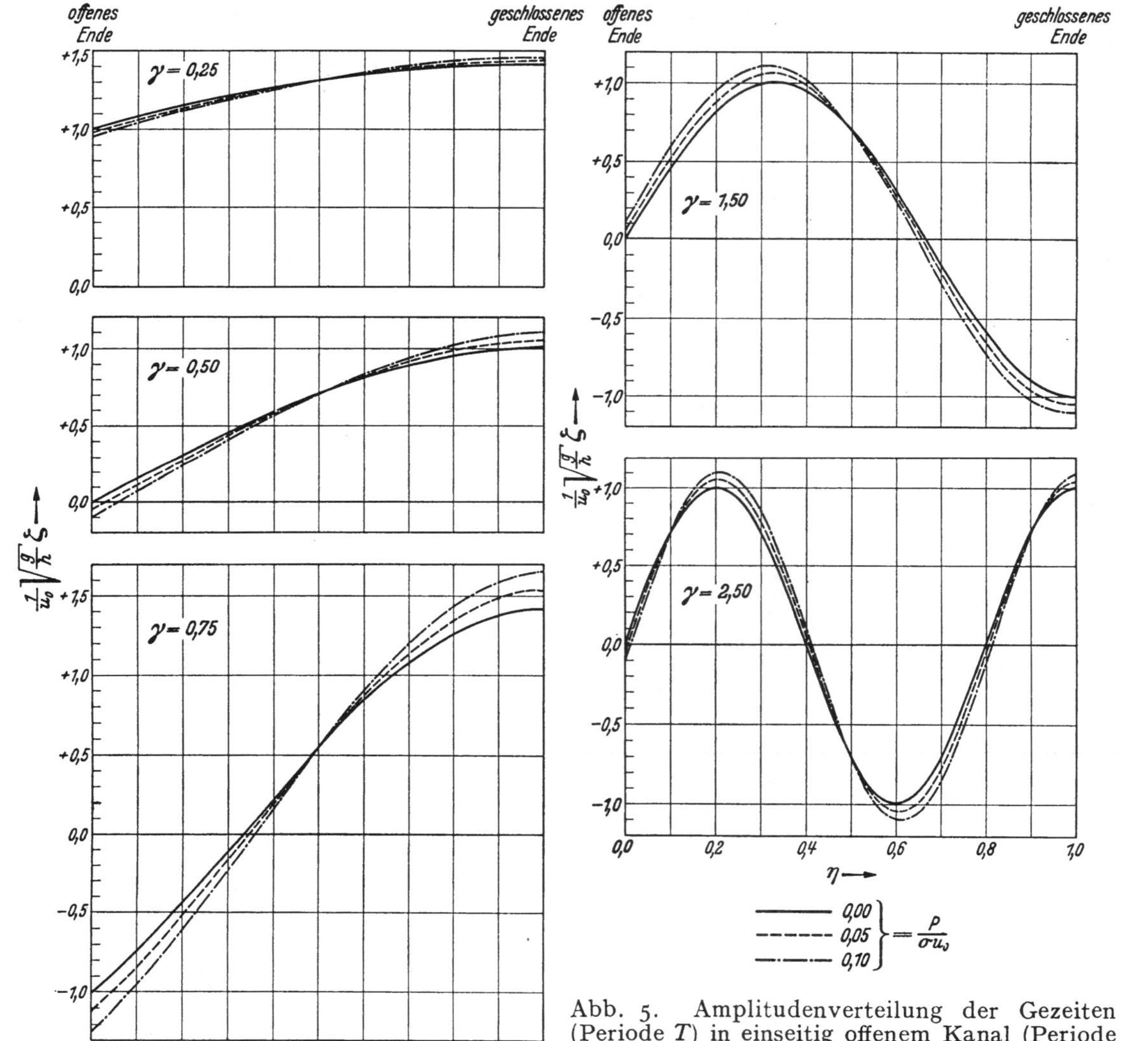

Abb. 5. Amplitudenverteilung der Gezeiten (Periode T) in einseitig offenem Kanal (Periode der freien Grundschwingung T_0), in Abhängigkeit vom Verhältnis $\gamma = T/T_0$.

Gezeiten in Kanälen mit veränderlicher Tiefe und veränderlichem Querschnitt sind für mathematisch einfache Tiefen- und Querschnittsansätze ermittelt worden von Airy [32], Green [33], Lamb [1], Taylor [34], Proudman [35], Hidaka [36]. Gezeiten in natürlichen Kanälen oder kanalartigen Meeresgebieten von so geringer Breite, daß die Gezeitenstromkomponente quer zur Längsachse vernachlässigt werden kann, sind von Chrystal [37], Sterneck [38] und Defant [39] behandelt. Chrystal leitet eine Normalkurve ab, die durch gerade Linien oder quadratische Kurven approximiert wird. Sterneck gibt numerische Lösungen der eindimensionalen hydrodynamischen Gleichungen; nach diesem Verfahren, das von Defant ausgebaut wurde, sind die Gezeiten folgender Meeresgebiete ermittelt worden: Adria [40], Rotes Meer [41] (Abb. 7), Kanal [42], Persischer Golf [43], Irische See [44], St.-Lorenz-Golf [45], Jade [46], Euripos [47], Atlantischer Ozean [48], Mittelmeer [49], Ägäisches Meer [50], Schwarzes Meer [51].

Die Anwendung der Defantschen und der Sterneckschen Methode ist nur zulässig, wenn die Querströme im Kanal Null sind; wird aber bei verschwindenden Querströmen die Erdrotation berücksichtigt, dann gibt es für einen in Richtung der x-Achse ausgedehnten Kanal nur dann Lösungen, wenn die Tiefe entweder konstant oder dem einfachen Gesetz: $h = h_0(y)e^{a} - b$ gehorcht [52].

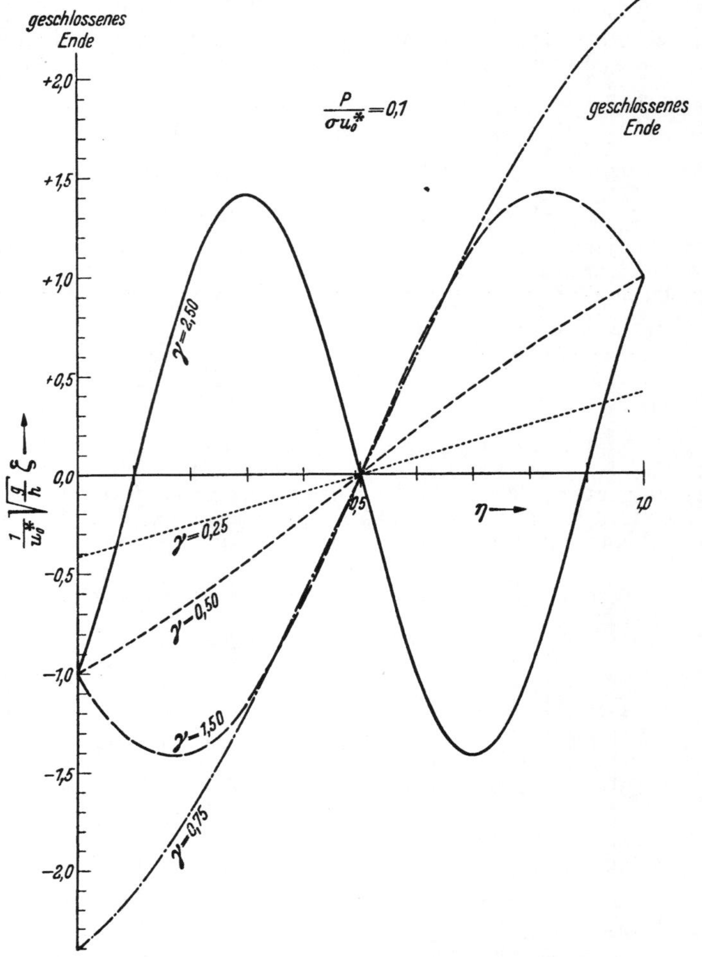

Abb. 6. Amplitudenverteilung der Gezeiten in beiderseits geschlossenen Kanal (Bezeichnung wie Abb. 5).

326409 Gezeiten in regelmäßig geformten Meeresgebieten.

Die Ermittlung der Gezeiten in zweidimensional ausgedehnten Meeresgebieten bereitet bei Berücksichtigung der Erdrotation Schwierigkeiten. In geschlossener analytischer Form lassen sich nur die Lösungen für das kreisförmige Becken angeben [1]. Für ein rechteckiges Becken konstanter Tiefe gibt Taylor eine Lösung in Reihenform, ferner die numerische Lösung für einen einseitig geschlossenen Kanal [53].

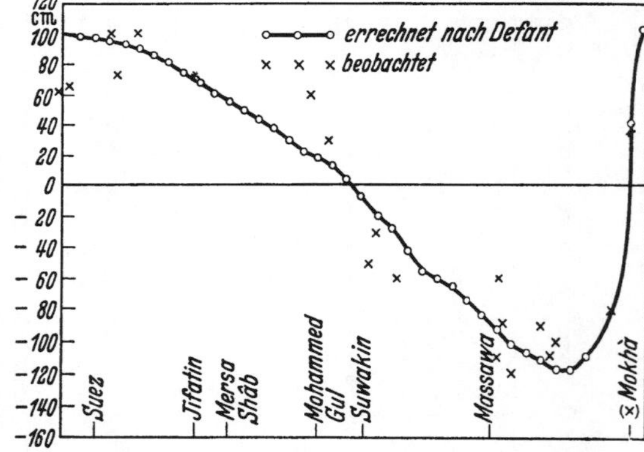

Abb. 7. Rotes Meer. Tidenhub der halbtägigen Hauptmondtide M_2. (Nach Defant).

Über die Gezeiten eines Ozeans, der entweder eine rotierende Kugel vollständig bedeckt oder dessen Grenzen von Breiten- und Längenkreisen gebildet werden, liegen die klassischen Untersuchungen vor von Laplace [54], Kelvin [55] sowie von Hough [56] und Darwin [57]. Die Lösungen der Differentialgleichungen werden näherungsweise entweder durch Potenzreihen oder durch Entwicklungen nach Kugelfunktionen dargestellt.

Die Gezeiten in Ozeanen, die von Breitenkreisen begrenzt werden, sind von Goldsbrough [58] untersucht. Eine sehr eingehende Bearbeitung der Gezeiten in einem Ozean, der von zwei Meridianen begrenzt wird, die einen Längenunterschied von 90° aufweisen, ist von Proudman und Doodson gegeben [59] (Abb. 8 und 9).

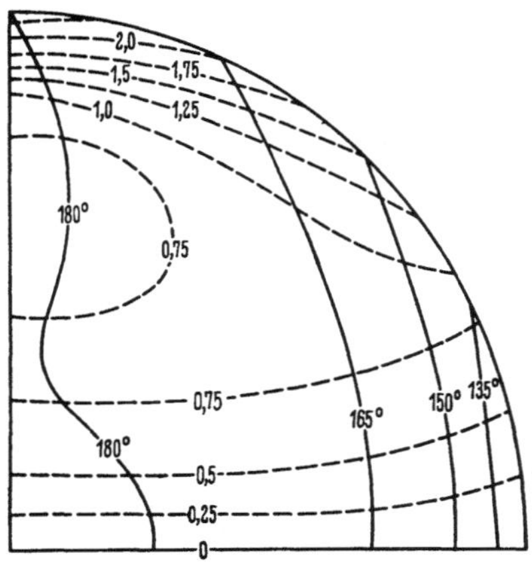

Abb. 8. Linien gleichen Tidenhubs (— — —) und Linien gleicher Hochwassereintrittszeit (————) der eintägigen Tide K_1. Wassertiefe 4420 m.

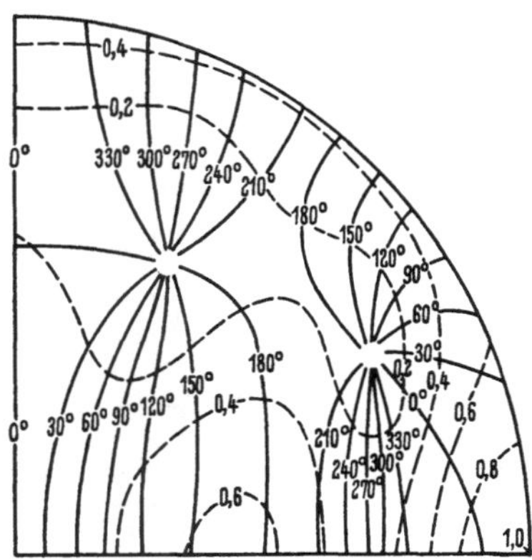

Abb. 9. Linien gleichen Tidenhubs (— — —) und Linien gleicher Hochwassereintrittszeit (————) der halbtägigen Tide K_2. Wassertiefe 4420 m.

326410 Gezeiten in beliebig gestalteten Meeresgebieten.

Die bisher angegebenen Methoden gestatten nicht, die Gezeiten der auf der Erde tatsächlich vorkommenden Ozeane beliebig genau zu approximieren, abgesehen von den Meeresgebieten, die als schmale Kanäle aufgefaßt werden können. Neben den Arbeiten über Gezeiten in Ozeanen, die von mathematisch einfach formulierbaren Kurven begrenzt sind, laufen deshalb solche, die die auf See leichter auszuführenden Gezeitenstrombeobachtungen verwenden, um die Gezeiten zu ermitteln. Defant *[60]* benutzt für die Nordsee die Kontinuitätsgleichung (1b), Proudman und Doodson *[61]* gehen für dasselbe Gebiet von den Bewegungsgleichungen (1a) aus und geben Kartendarstellungen des Tidenhubs und der Phase der Hauptmondtide M_2.

Linien gleicher Eintrittszeit des Hochwassers in den Ozeanen lediglich auf Grund der Küstenbeobachtungen wurden von Harris *[62]*, Sterneck *[63]*, Prüfer *[64]* und Dietrich *[65]* entworfen. Punkte, in denen der Tidenhub Null ist, heißen Amphidromien; Linien, längs denen der Tidenhub Null ist, werden als Knoten bezeichnet. Die Lage der Amphidromien und Knoten der ein- und halbtägigen Gezeiten nach Dietrich *[65]* in etwas abgeänderter Form gibt Tab. 6.

Tabelle 6. Zusammenstellung der Amphidromien und Knotenlinien der halbtägigen Gezeiten in den Ozeanen nach den verschiedenen Darstellungen.

A (l), A (r): links- bzw. rechtsdrehende Amphidromie, K: Knotenlinie.

Ozeane	Dietrich (1944)	R. Sterneck (1920)	R. A. Harris (1904)	A. Defant (1924)	W. Hansen (1949)
Atlantischer Ozean	nordatlantische A (l) M_2: 52° N, 33° W S_2: 52° N, 33° W	nordatlantische A (l) 53° N, 33° W	nordatlantische (A l) 40° N, 40° W	nordatlantische A (l) 46° N, 32° W	nordatlantische A (l) 47° N, 43° W
	Karibische A (l) M_2: 15° N, 67° W S_2: 15° N, 67° W mit Kl. Antillen bis Kap Verden K	Karibische A (l) 16° N, 66° W mit Kl. Antillen b. Kap Verden K	— Kl. Antillen K 17° N, 61° W nach NE	—	
	westl. südatlantische K M_2: 30° S, 45° W gegen Osten S_2: 37° S, 56° W gegen Osten	—	westl. südatlantische K 30° S, 45° W gegen Osten	—	
	östl. südatlantische A (r) M_2: 55° S, 15° E S_2: 55° S, 15° E	—	—	—	

Ozeane	Dietrich (1944)	R. Sterneck (1920)	R. A. Harris (1904)	A. Defant (1924)
randlich ozeanisch	Färöer A (l) M_2: 62° N, 6° W S_2: 62° N, 6° W	Färöer A (l) 62° N, 6° W	Färöer A (l) 62° N, 6° W	Färöer A (l) 62° N, 6° W
	Island-Grönland K M_2: Dänemark-Str. S_2: Dänemark-Str.	—	—	Island-Grönland K 66° N, 24° W gegen West
randlicher Schelf	Golf v. Maine K M_2: Nantucket-Ins. bis Neuschottland S_2: Nantucket-Ins. bis Neuschottland	Golf v. Maine K Long Island b. Neuschottland	Golf v. Maine K Nantucket-Ins. bis Neuschottland	nicht mehr dargestellt
	nördl. patagonischer Schelf A (r) M_2: 42° S, 61° W S_2: 42° S, 61° W	—	nördl. patagonischer Schelf A (r) 41° S, 61° W	—
	südl. patagonischer Schelf A (r) M_2: 48° S, 63° W S_2: 48° S, 63° W	—	südl. patagonischer Schelf A (r) 45° S, 63° W	—
Pazifischer Ozean	nordostpazifische A (l) M_2: 40° N, 148° W S_2: 40° N, 148° W	nordostpazifische A (l) 38° N, 135° W	nordostpazifische A (l) 30° N, 142° W	
	—	mittl. nordpazifische A (r) 33° N, 178° E	—	
	—	nordwestpazifische A (l) 52° N, 169° E	—	S. Ogura (1933)
	westl. zentralpazifische K M_2: Hondo-Neuguinea S_2: Hondo-Neuguinea	westl. zentralpazifische A (l) 7° N, 146° E	westl. zentralpazifische K Hondo-Bismarck-Archipel	westl. zentralpazifische K M_2: Hondo bis Neuguinea
	mittl. zentralpazifische A (l) M_2: 5° S, 152° W S_2: 5° S, 152° W	mittl. zentralpazifische A (l) 10° S, 154° W	mittl. zentralpazifische A (l) 14° S, 153° W	
	östl. zentralpazifische A (r) M_2: 2° S, 103° W S_2: Mittelamerika bis Peru K	östl. zentralpazifische A (r) 6° N, 115° W	östl. zentralpazifische K von Südmexiko gegen SW	
	Salomon A (r) M_2: 8° S, 157° E mit K Neuguinea-Salomon-Inseln Salomon-Inseln bis Neuseeland S_2: Neuguinea-Salomon-Neuseeland K	Salomon K Neu-Mecklenburg bis Neuseeland	—	
	westl. südpazifische K M_2: Tasmanien bis Neuseeland S_2: westl. südpazifische A (r) 47° S, 155° E	—	—	

Ozean	Dietrich (1944)	R. Sterneck (1920)	R. A. Harris (1904)	G. Prüfer (1939)
	mittl. südpazifische A (r) M_2: 51° S, 160° W S_2: 51° S, 160° W	mittl. südpazifische A (r) 41° S, 166° W	mittl. südpazifische A (r) 51° S, 172° W	
	östl. südpazifische A (r) M_2: 40° S, 105° W S_2: 40° S, 105° W	östl. südpazifische K Südperu bis Nordchile gegen WSW	östl. südpazifische K Peru-Nordchile gegen SW	
Indischer Ozean	Arabisches Meer A (r) M_2: 10° N, 63° E S_2: 10° N, 63° E	westl. indische A (r) 5° S, 60° E	westl. indische A (r) 1° S, 65° E	westl. indische A (r) M_2: 7° S, 56° E S_2: 7° S, 56° E
	Golf v. Bengalen K M_2: Ceylon bis Sumatra S_2: Ceylon bis Sumatra	Golf von Bengalen K Ceylon — Sumatra	Golf v. Bengal. K Ceylon-Sumatra	Golf von Bengalen K M_2: Ceylon bis Sumatra S_2: Ceylon bis Sumatra
	westl. südindische A (l) M_2: 30° S, 53° E S_2: 30° S, 53° E	südindische Kerguelen A (l) 50° S, 70° E	westl. südindische K Maskarenen gegen Süden	—
	östl. südindische A (r) M_2: 33° S, 103° E S_2: 33° S, 103° E	östl. zentralindische A (r) 23° S, 92° E	östl. südindische K Tasmanien gegen SW	östl. indische A (r) M_2: 13° S, 94° E S_2: 13° S, 94° E

Zusammenstellung der Amphidromien und Knotenlinien der eintägigen Gezeiten in den Ozeanen nach den verschiedenen Darstellungen.

Ozeane	Dietrich (1944)	R. Sterneck (1921)	R. A. Harris (1900) +	A. Defant (1924)
Atlantischer Ozean	nordatlantische A (l) K_1: 32° N, 42° W O_1: 42° N, 30° W	nordatlantische A (l) 38° N, 28° W	nordatlantische A (l) 26° N, 50° W	nordatlantische A (l) 29° N, 30° W
	* südatlantische A (r) K_1: 11° S, 16° W O: 45° S, 19° W	südatlantische A (l) 39° S, 18° W		südatlantische A (l) 54° S, 19° W
randlicher Schelf	Neuschottland-Schelf A (l) K_1: 44° N, 59° W O_1: 44° N, 59° W	—		—
	patagonischer Schelf A (r) K_1: 45° S, 62° W O_1: 45° S, 62° W	—		—
Pazifischer Ozean	zentralpazifische A (l) K_1: 1° S, 154° W O_1: 1° S, 151° W	zentralpazifische A (l) 19° N, 167° W	+ Auf Andeutungen des Schwingungssystems beschränkt.	
Pazifischer Ozean	südpazifische A (r) (Nordinsel Neuseeland) K_1: 38° S, 176° E O_1: 38° S, 176° E	südpazifische A (r) (Nordinsel Neuseeland) 38° S, 176° E		

* Läßt sich auch auffassen als:
südatlantische A (r)
K_1: 11° S, 16° W
O_1: südatlantischer K
Antarktis 0° gegen NNW

südwestindischer K
K_1: Kerguelen SSW gegen Antarktis
O_1: südwestind. A (r) 33° S, 41° E, falls
O_1 südatlantische K zeigt

Hansen

Ozeane	Dietrich (1944)	R. Sterneck (1921)		G. Prüfer (1939)
Indischer Ozean	zentralindische A (l) K_1: 4° S, 76° E O_1: 4° S, 76° E	zentralindische A (l) 16° S, 68° E		zentralindische A (l) K_1: 15° S, 72° E O_1: 15° S, 72° E
	südwestindische A (r) (vgl. S. 523*) K_1: 52° S, 30° E O_1: 48° S, 67° E (Kerguelen)	—		südwestindische A (r) K_1: 46° S, 50° E O_1: 46° S, 50° E
randlich ozeanisch	Südausgang Kanal von Mozambique K_1: 26° S, 39° E O_1: —	—		

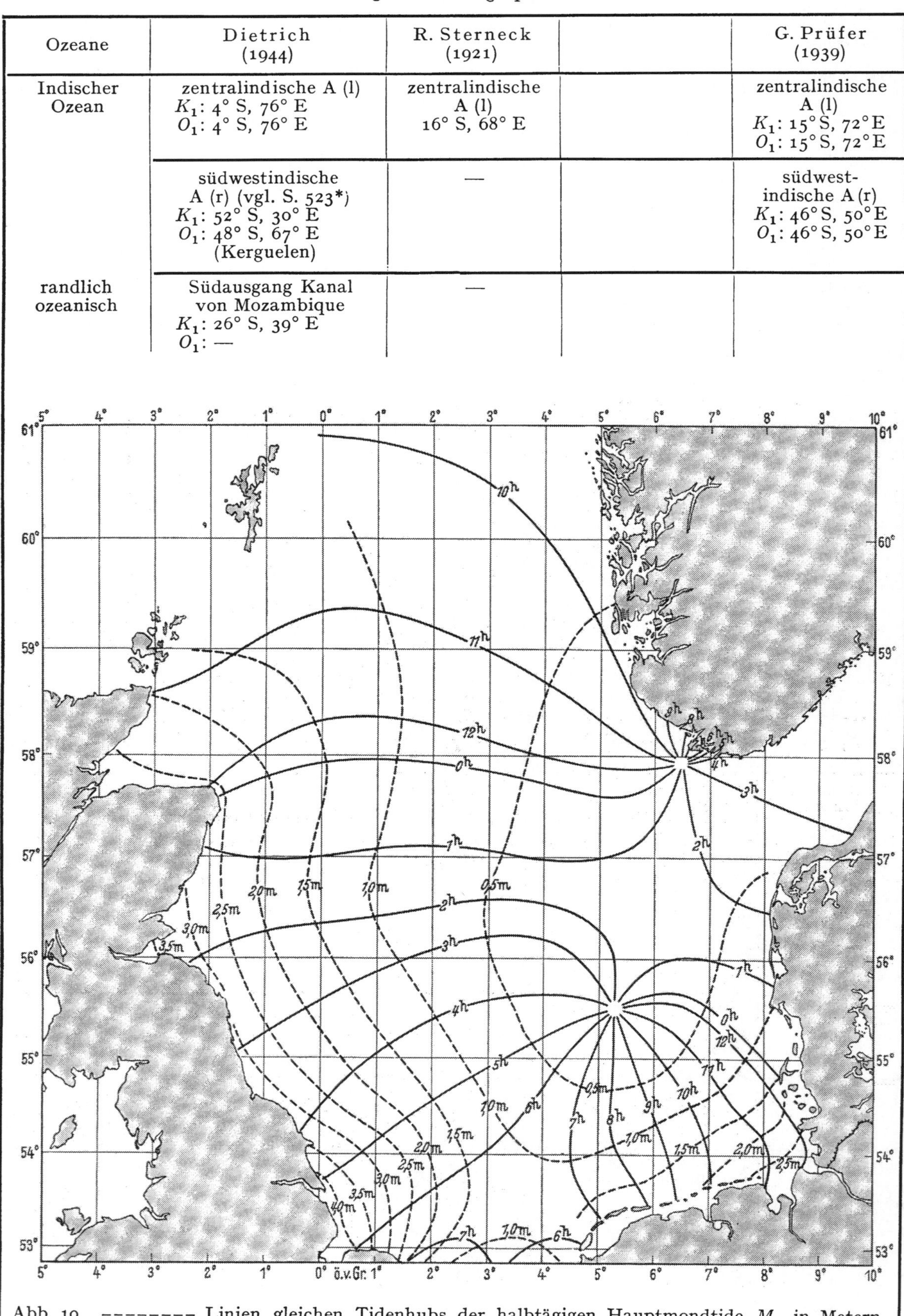

Abb. 10. -------- Linien gleichen Tidenhubs der halbtägigen Hauptmondtide M_2 in Metern. ———— Linien gleichen Hochwasserzeitunterschiedes gegen den Durchgang des Mondes durch den Meridian in Greenwich: Nordsee.

Die Gezeiten in beliebig gestalteten Meeresgebieten $\mathfrak{G}$ liefert (bei Vorgabe der Gezeiten auf der das Gebiet $\mathfrak{G}$ begrenzenden Randkurve $\mathfrak{C}$) das Randwertverfahren [*66*]. Das Meeresgebiet wird mit einem Gitternetz konstanter Maschenweite l überdeckt. Für jeden innerhalb von $\mathfrak{C}$ liegenden Gitterpunkt wird die Differentialgleichung (3) durch die entsprechende Differenzengleichung ersetzt; diese lautet, wenn nur die Mitschwingungsgezeiten berücksichtigt werden:

$$\begin{aligned} &\zeta_1\left[1+\frac{h_1-h_3}{4h_0}-\frac{\omega}{4h_0\lambda}(h_2-h_4)\right]+\zeta_2\left[1+\frac{h_2-h_4}{4h_0}+\frac{\omega}{4h_0\lambda}(h_1-h_3)\right]\\ &+\zeta_3\left[1-\frac{h_1-h_3}{4h_0}+\frac{\omega}{4h_0\lambda}(h_2-h_4)\right]+\zeta_4\left[1-\frac{h_2-h_4}{4h_0}-\frac{\omega}{4h_0\lambda}(h_1-h_3)\right]\\ &-\zeta_0\left[4-\frac{i\sigma(\omega^2+\lambda^2)\,l^2}{g\,h_0\,\lambda}\right]=0. \end{aligned}$$

Hierbei sind die Funktionswerte in dem Gitterpunkt, auf den sich die Differenzengleichung bezieht, durch den Index 0, die vier benachbarten Gitterpunkte entsprechend mit den Indizes 1, 2, 3, 4 bezeichnet. Für jeden inneren Gitterpunkt wird eine Differenzengleichung und somit für das gesamte Gebiet $\mathfrak{G}$ ein System linearer Gleichungen erhalten.

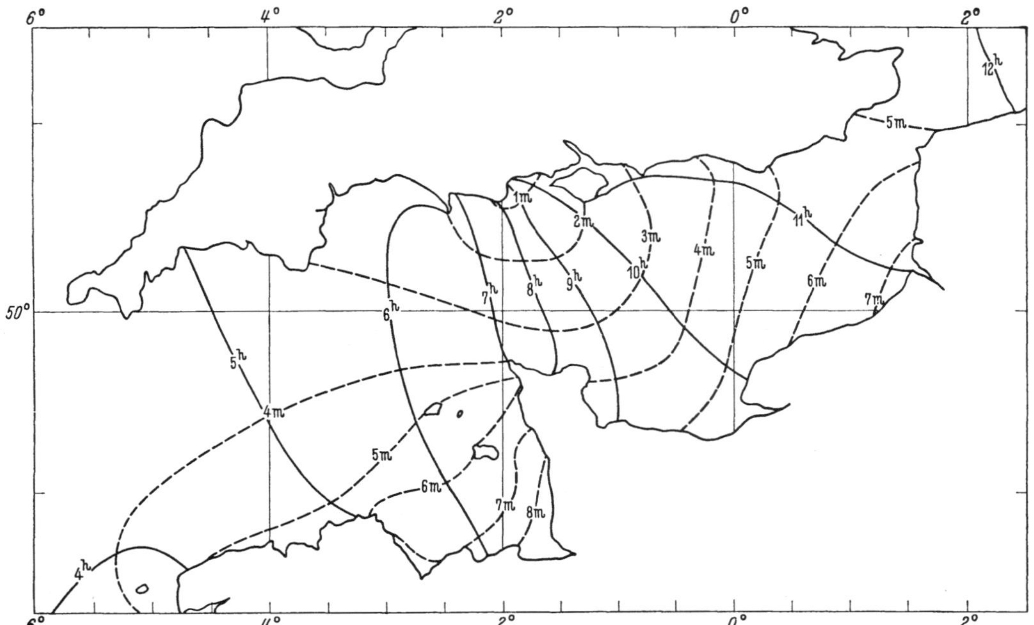

Abb. 11. -------- Linien gleichen Tidenhubs der halbtägigen Hauptmondtide M_2 in Metern. ———— Linien gleichen Hochwasserzeitunterschiedes gegen den Durchgang des Mondes durch den Meridian in Greenwich: Kanal

Tidenhub und Eintrittszeit des Hochwassers der halbtägigen Hauptmondtide M_2, bezogen auf den Durchgang des Mondes in Greenwich für die Nordsee [*67*], gibt Abb. 10, für den Kanal [*68*] Abb. 11 und für den Atlantik [*69*] Abb. 12. Mit Ausnahme des Südatlantik sind die in den Karten angegebenen Werte nach dem Randwertverfahren ermittelt. Für zahlreiche Meeresgebiete liegen Atlanten mit Angaben über Amplitude und Phase der wichtigsten ein-, halb- und vierteltägigen Tiden sowie Seehandbücher mit Karten des Tidenhubs und der Hochwassereintrittszeit vor [*70*, *71*].

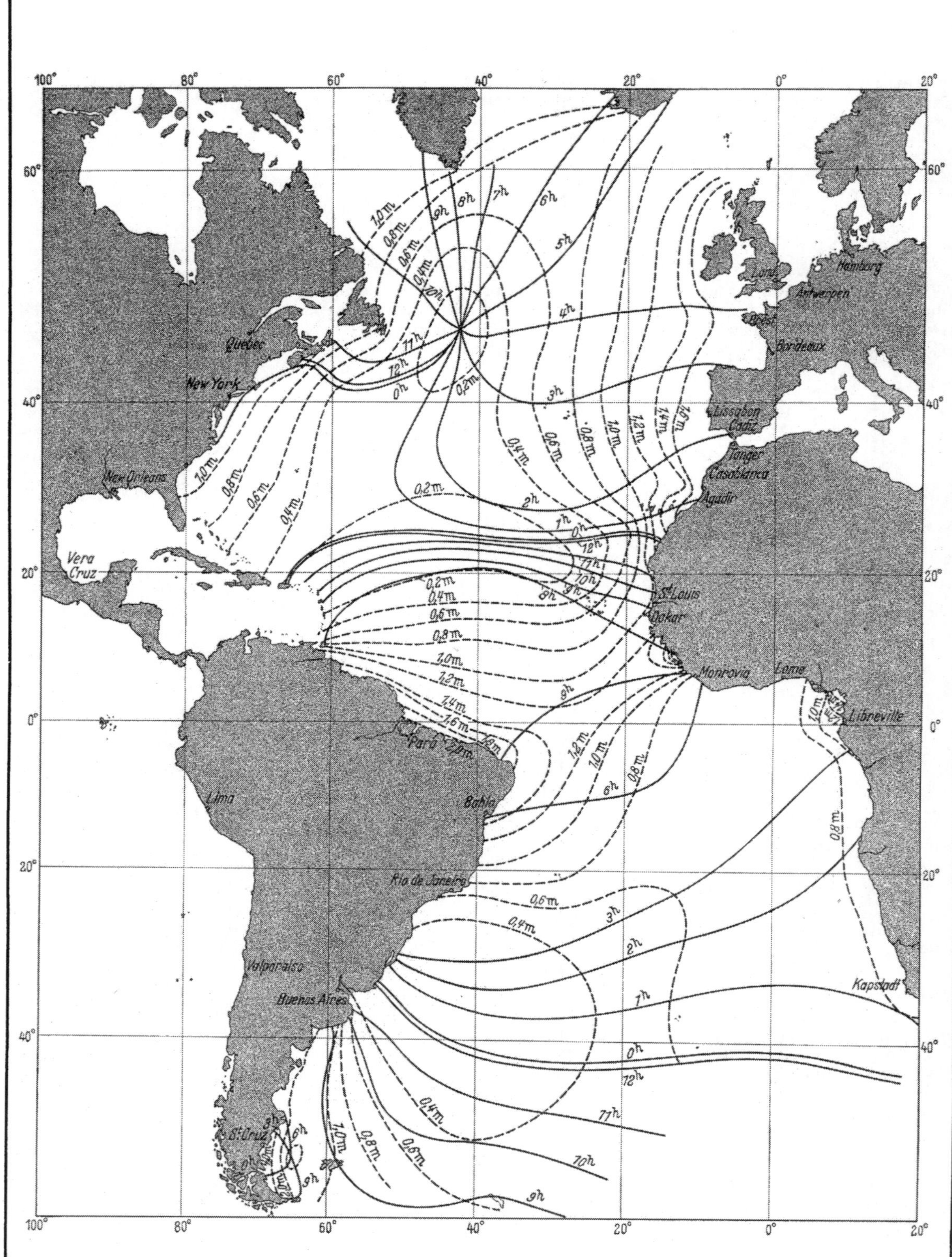

Abb. 12. ---------- Linien gleichen Tidenhubs der halbtägigen Hauptmondtide M_2 in Metern. ———— Linien gleichen Hochwasserzeitunterschiedes gegen den Durchgang des Mondes durch den Meridian in Greenwich: Atlantik.

Hansen

326411 Gezeitenströme.

Ist nach Gl. (3) ζ berechnet, dann werden u und v aus den folgenden Gleichungen ermittelt:

$$-i\sigma\zeta + (hu)_x + (hv)_y = 0, \quad \lambda(u_y - v_x) - \omega(u_x + v_y) = 0.$$

Die Spitze des Vektors der Gezeitenstromgeschwindigkeit beschreibt als Funktion der Zeit innerhalb einer Gezeitenperiode eine Ellipse. Die Elemente dieser Gezeitenstromellipse sind durch folgende Beziehungen mit den Komponenten u, v verknüpft:

Große und kleine Achse der Ellipse:

$$\frac{1}{\sqrt{2}}\sqrt{u_1^2 + u_2^2 + v_1^2 + v_2^2 \pm \sqrt{(u_1^2 + u_2^2 + v_1^2 + v_2^2)^2 - 4\,(u_1 v_2 - u_2 v_1)^2}}.$$

Eintrittszeiten τ_0 der Extremwerte der Stromgeschwindigkeit und Achsenrichtung δ:

$$\operatorname{tg} 2\sigma\tau_0 = \frac{2(u_1 u_2 + v_1 v_2)}{u_1^2 + v_1^2 - u_2^2 - v_2^2}; \qquad \operatorname{tg} 2\delta = \frac{2\,(u_1 v_1 + u_2 v_2)}{u_1^2 + u_2^2 - v_1^2 - v_2^2}.$$

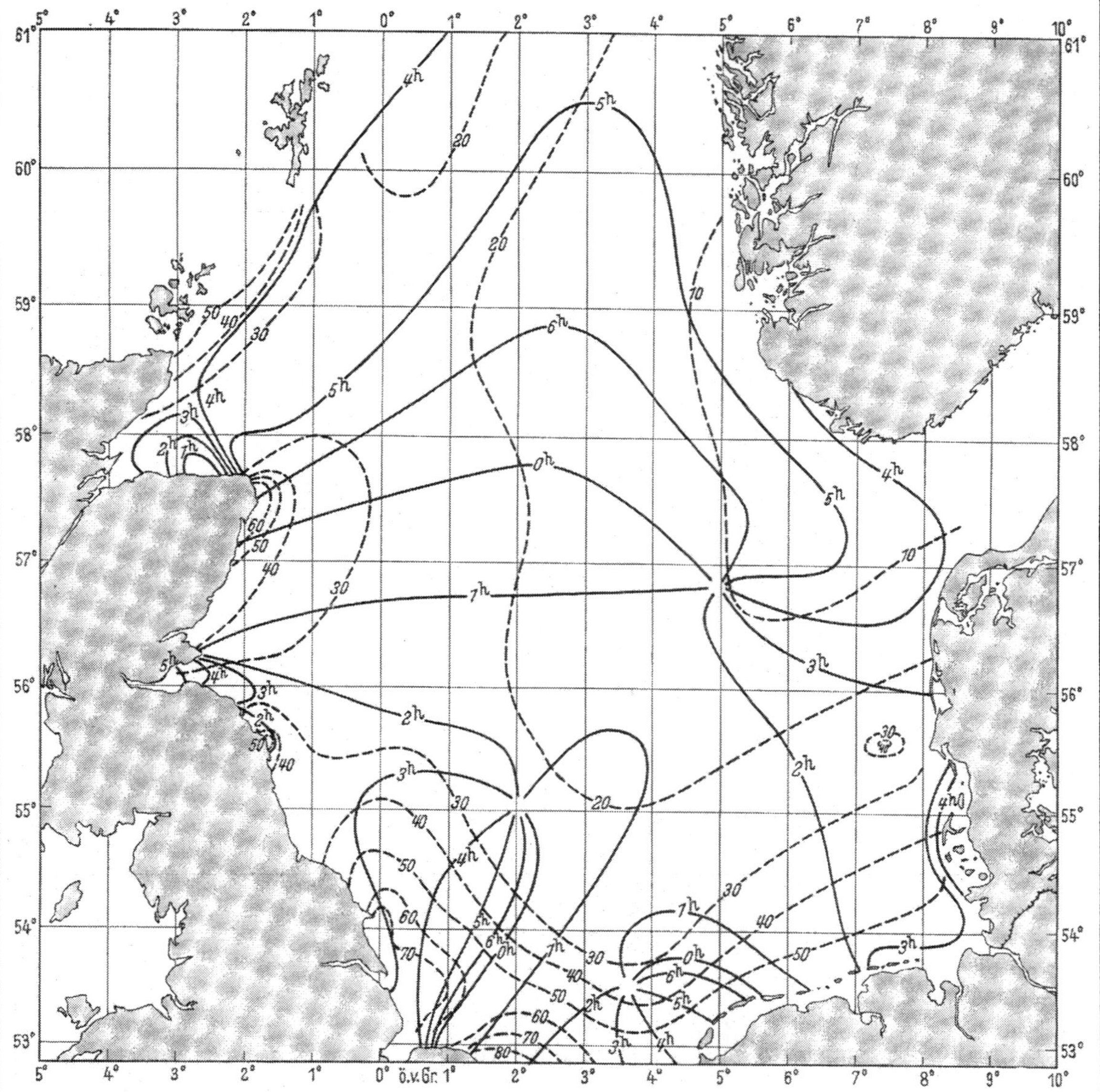

Abb. 13. -------- Linien gleichen Betrages der Größtgeschwindigkeit des Gezeitenstroms der Tide M_2 in cm/sec. ———— Linien gleicher Eintrittszeit der Größtgeschwindigkeit des Gezeitenstroms der Tide M_2, bezogen auf den Durchgang des Mondes durch den Meridian in Greenwich.

Hansen

Gezeitenstromangaben mit Richtung und Betrag der Stromgeschwindigkeit in stündlichen Abständen von 6 Stunden vor bis 6 Stunden nach dem Durchgang des Mondes durch den Meridian in Greenwich sind in den Gezeitenstromatlanten [72] niedergelegt (vgl. auch Seehandbücher [71]).

Die Elemente der Gezeitenstromellipse der halbtägigen Hauptmondtide für die Nordsee geben Abb. 13 und Abb. 14.

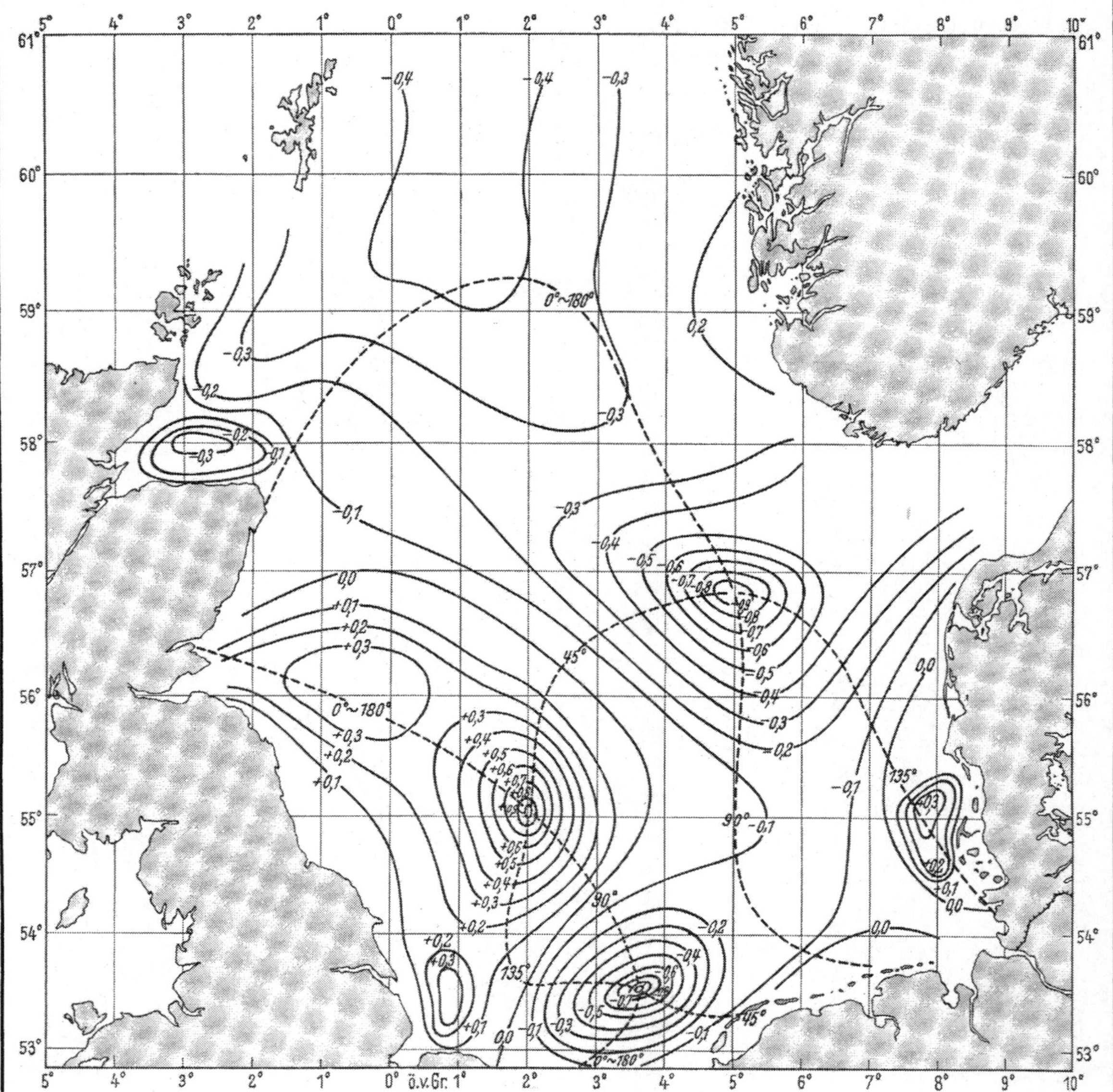

Abb. 14. -------- Linien gleicher Richtung der großen Achse der Gezeitenstromellipse. ———— Linien gleicher Achsenverhältnisse der Gezeitenstromellipsen. Positive Quotienten bedeuten links-, negative Quotienten rechtsdrehenden Gezeitenstrom.

Die Gezeitenstromatlanten geben durchweg die für die oberen 5 bis 10 m geltenden Geschwindigkeiten. Das Randwertverfahren liefert aber mittlere Werte der Geschwindigkeit von der Oberfläche bis zum Boden. Tatsächlich zeigen die Geschwindigkeiten eine (wenn auch häufig nur geringe) Änderung mit der Tiefe. Stündliche Gezeitenstrombeobachtungen in verschiedenen Tiefen zeigen Abb. 15 und 16. Dort, wo das Wasser homogen ist und der Gezeitenstrom alterniert, also vornehmlich in den Mündungen der Gezeitenflüsse außerhalb der Brackwasserzone, kann die Geschwindigkeit als Funktion der Tiefe gut durch Potenzgesetze $v = v_0\,(z/h)^{\alpha}$ dargestellt werden. v_0 ist die Geschwindigkeit an der Oberfläche und eine Funktion der Zeit, $z = 0$ ist der Boden, $z = h$ ist die Oberfläche. Strombeobachtungen an der Ems haben $\alpha = 1/5$ ergeben [73] (Abb. 17). In inhomogenem Wasser, in dem hori-

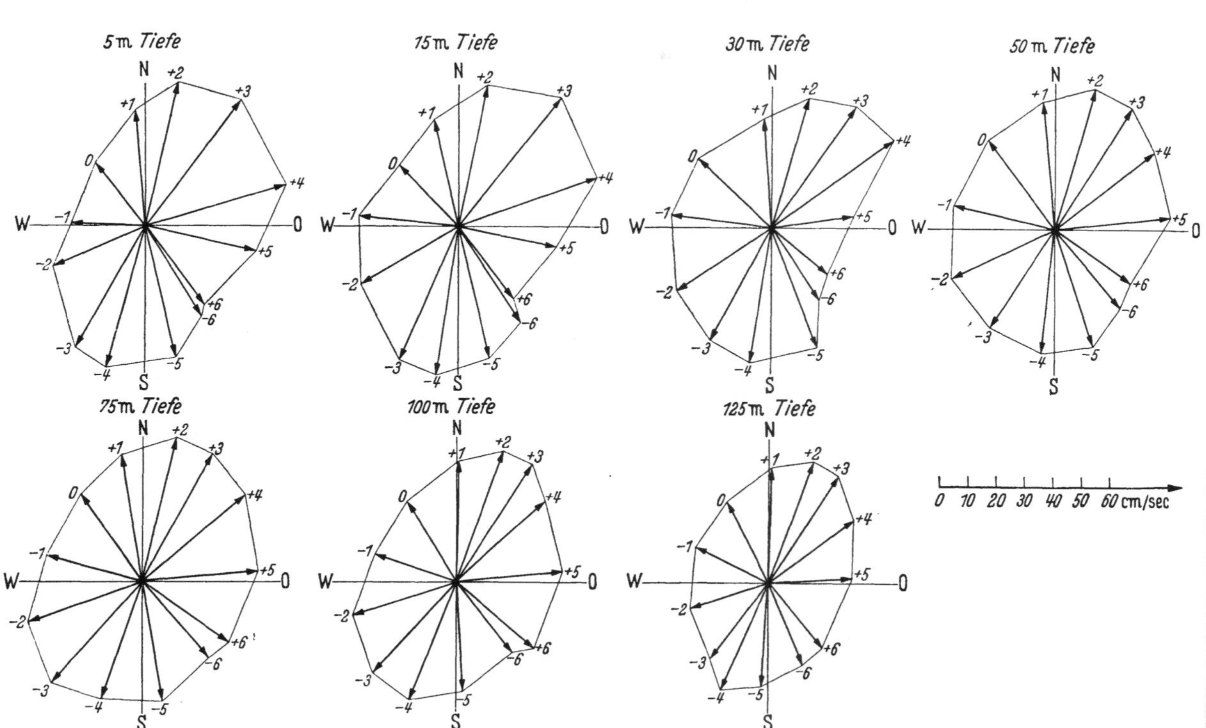

Abb. 15. Gezeitenstromellipsen Westausgang Kanal.
$\varphi = 48° 28{,}0'$ N; $\lambda = 8° 50{,}7'$ W. 0^h: Monddurchgang in Greenwich.

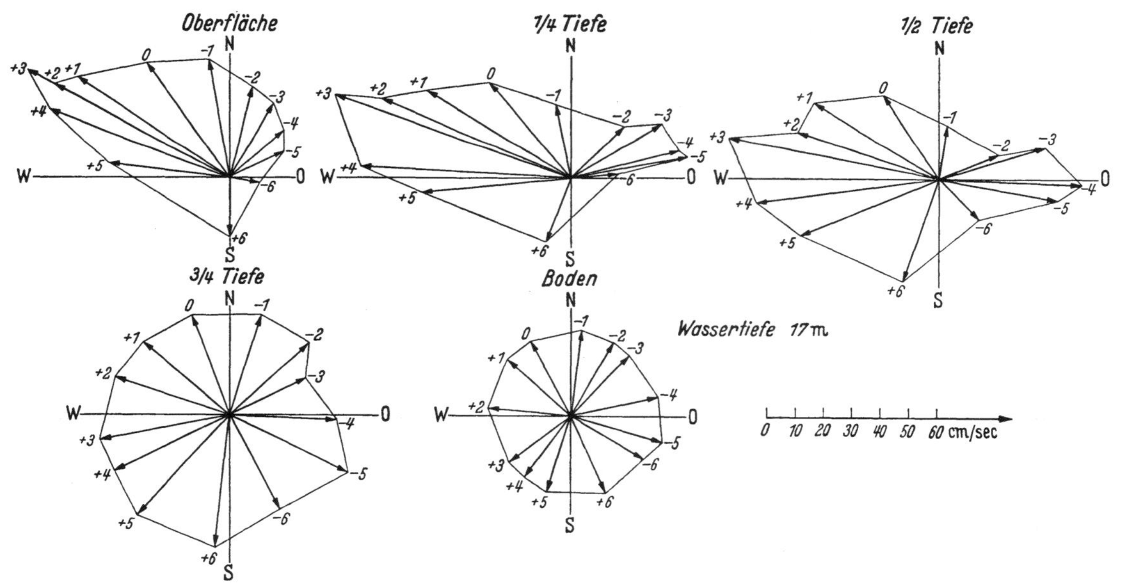

Abb. 16. Gezeitenstromellipsen bei Helgoland.
$\varphi = 54° 16' 1''$ N; $\lambda = 7° 46' 3''$ o. 0^h: Monddurchgang in Greenwich.

Hansen

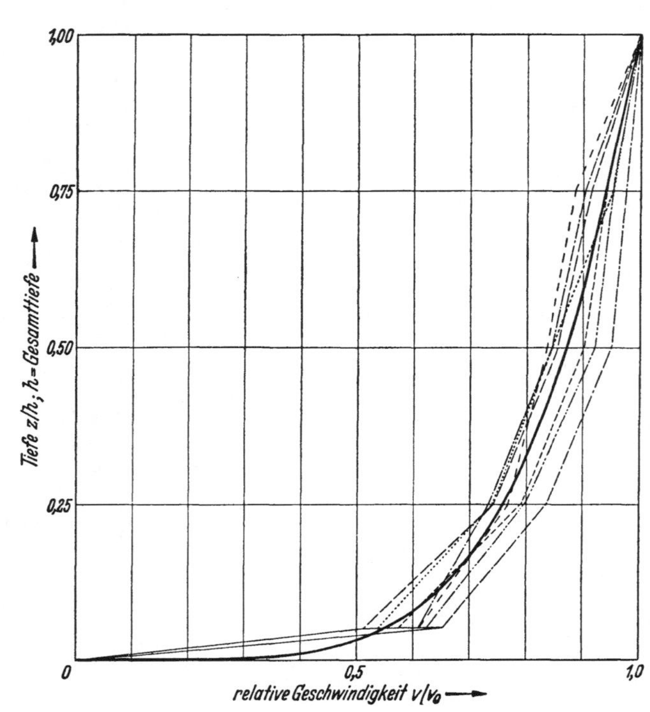

Abb. 17.

Station		φ	λ
65	—·—·—	53° 30,09′ N	6° 49,70′ E
66	— — —	53° 29,90′ N	6° 49,47′ E
67	——·——	53° 29,74′ N	6° 49,32′ E
68	– – – – – –	53° 29,56′ N	6° 49,03′ E
69	- - - - - - -	53° 29,22′ N	6° 48,73′ E
70	··—··—··	53° 28,84′ N	6° 48,10′ E
71	....	53° 28,65′ N	6° 47,76′ E
	————	$v = v_0 (z/h)^{1/5}$	

zontale Dichteunterschiede auftreten, geben die einfachen Potenzgesetze nicht mehr die Geschwindigkeitsverteilung wieder. Dadurch, daß sich salzreiches Seewasser unter Süßwasser schiebt, wird der Betrag des in den Fluß hineinsetzenden Flutstroms an der Oberfläche kleiner, am Boden größer. Die Ebbstromgeschwindigkeit wird dagegen an der Oberfläche größer und am Boden geringer (Abb. 18). Die mittlere Zunahme des Salzgehaltes nach See zu beträgt bei Cuxhaven 0,33‰ pro km. Auf der Ems zwischen Emden und der Knock hat eine Einzelmessung eine Salzgehaltszunahme von 1,03‰ pro km ergeben.

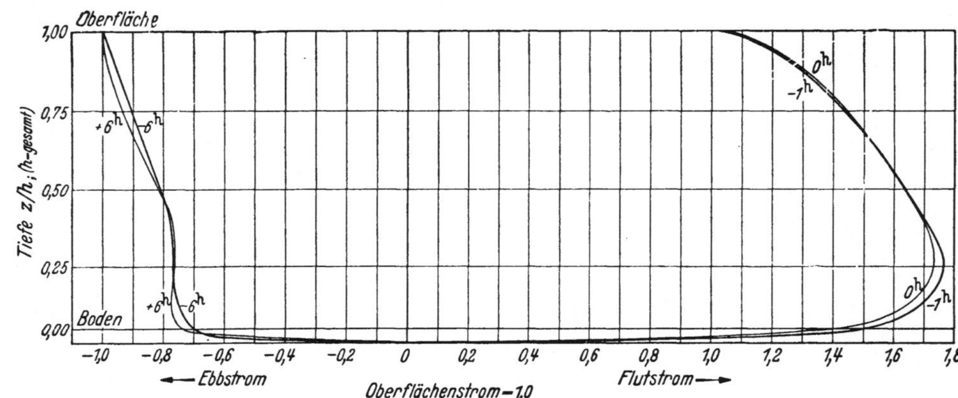

Abb. 18. Vertikale Geschwindigkeitsverteilung bei Flut- und Ebbstrom im geschichteten Wasser auf der Elbe bei Cuxhaven. Die Zahlen an den Kurven geben den Zeitunterschied gegen das Niedrigwasser in Cuxhaven an. Lage: 53° 50′ 39″ N; 8° 46′ 9″ E.

326412 Gezeiten in seichten Gewässern.

Wenn der Tidenhub nicht klein gegen die Wassertiefe ist, lassen sich Orts- und Zeitvariable nicht mehr durch Abspalten eines Zeitfaktors mit der Periode der halbtägigen Hauptmondtide M_2 trennen, da in den Differentialgleichungen nunmehr auch die nichtlinearen Glieder berücksichtigt werden müssen. Die Ermittlung der Gezeiten in Flußmündungen, die im Vordergrund des praktischen Interesses steht, geschieht unter Benutzung der Gleichungen:

$$(4) \qquad v_t + v v_x + R + g\,\zeta_x = 0, \quad B\,\zeta_t + (F v)_x = 0.$$

B ist die Breite und F der Querschnitt des Flusses, beides Funktionen des Ortes, der Zeit und des Wasserstandes ζ. Die Funktion R beschreibt den Reibungseinfluß; in einfachen Fällen wird R proportional der Geschwindigkeit gesetzt (vgl. 326407). Der Reibungsparameter r hängt von der Maximalgeschwindigkeit und der Tiefe ab (Tab. 4). Ansätze für R vgl. Tab. 7. Die Reibungsansätze der neueren Strömungsforschung enthalten eine Funktion, die abhängt von der Reynoldsschen Zahl $Re = \frac{l v}{\nu}$ (l eine charakteristische Länge, ν die kinematische Zähigkeit) (vgl. 32634) und von einer Rauhigkeitszahl, d. h. dem Verhältnis einer charakteristischen Länge ε der Bodenrauhigkeit zu l. Für praktische Vorhaben kann R aus Strom- und Wasserstandsbeobachtungen nach Gl. (4) als Funktion von v, ζ und h bestimmt werden, sofern nicht eine der Formeln aus Tab. 7 verwendet wird.

Hansen

Tabelle 7. Ansätze für die Reibungsbeschleunigung.

Einheiten für v: m/sec, für $h + \zeta$: m, für c: $m^{0,5}$ sec^{-1}.

$R = \frac{g v^2}{c^2 (h + \zeta)}$, Eytelwein setzt $c = 50{,}9\ m^{0,5}\ sec^{-1}$. Handbuch der Mechanik fester Körper, Berlin 1901.

Manning setzt $c = 34\left(1 + \frac{\sqrt{h+\zeta}}{4} - \frac{0{,}03}{\sqrt{h+\zeta}}\right)$ in Transactions of the Institution of civil Engineers of Ireland **12** (1890).

Bazin setzt $c = \frac{87}{1 + \frac{\gamma}{\sqrt{h+\zeta}}}$ mit $\gamma = 1{,}30$ bis $1{,}75\ m^{0,5}$. Annales des ponts et chaussées (7) **8** (1898).

Reibungsparameter c nach Bazin (s. Formel):

Tiefe $h + \zeta$ in m:	1	2	3	4	5	6	7	8	9	10	20
$\gamma = 1{,}30\ m^{1/2}$	37,8	45,3	49,7	52,7	55,0	56,8	58,3	59,6	60,7	61,7	67,4
$\gamma = 1{,}75\ m^{1/2}$	31,6	38,9	43,3	46,6	48,8	50,7	52,3	53,7	55,0	56,0	62,6

Forchheimer macht den Ansatz $R = \frac{g v^2}{c^2 (h + \zeta)^{1,4}}$ mit $c = 30$ bis $24\ m^{0,3}\ sec^{-1}$ in „Der Durchfluß des Wassers durch Röhren und Gräben usw.". Berlin (1923).

Eine neuere Untersuchung setzt $R = \xi \frac{v^2}{2(h + \zeta)}$, wobei ξ dimensionslos, etwa als Widerstandsparameter bezeichnet wird. ξ ist im allgemeinen Funktion der Reynoldsschen Zahl $\mathfrak{R} = \frac{v(h+\zeta)}{\nu}$ der kinematischen Zähigkeit und der Rauhigkeit. Im laminaren Bereich ist $\xi = \frac{6}{\mathfrak{R}}$, allgemein ist $\xi = 0{,}0024 + \sqrt{\frac{\varepsilon}{h+\zeta}} + \frac{3{,}0}{\sqrt{2\mathfrak{R}}}$, $0{,}5 < \varepsilon < 1{,}0$; vgl. v. Mises: Elemente der technischen Hydromechanik I, Leipzig-Berlin (1914). Der Zusammenhang mit den vorstehenden Gleichungen folgt, wenn $2g/c^2$ mit ξ verglichen wird.

In Tab. 8 sind die Fälle zusammengestellt, deren Lösungen für praktische Zwecke von Bedeutung sind.

Tabelle 8.

1. Im Punkt x_0 ist ζ und im Punkt x_1 ist ζ als periodische Funktion der Zeit gegeben.
2. „ „ x_0 „ ζ „ „ „ x_1 „ v „ „ „ „ „ „
3. „ „ x_0 „ v „ „ „ x_1 „ v „ „ „ „ „ „
4. „ „ x_0 „ v „ „ „ x_1 „ ζ „ „ „ „ „ „

Die Lösungen des Systems (4) können nicht in analytischer Form, sondern nur numerisch angegeben werden. Für die Elbe ist der Fall 4 durchgerechnet. x_0 liegt auf der Höhe von Brunsbüttelkoog. Abb. 19 zeigt für ein Profil, das 18 km stromauf von Brunsbüttelkoog auf der Höhe von Glückstadt liegt, die rechnerisch ermittelte Wasserstandskurve zusammen mit der aus Wasserstandsbeobachtungen abgeleiteten Kurve.

Ein einfaches Näherungsverfahren zur Interpolation des Wasserstandes für kurze Strecken kann angewandt werden, wenn der Ausdruck $f = \frac{2\pi}{T} \cdot \frac{(x_1 - x_0)}{\sqrt{g \cdot h}}$ klein gegen eins ist. Dabei ist T die Periode der halbtägigen Hauptmondtide M_2 in Sekunden; für $h = 10$ m und $x_1 - x_0 = 5$ km wird $f = 0{,}071$. Dabei werden die Wasserstände in den Punkten x_0 und x_1 als bekannte Funktionen der Zeit vorausgesetzt. Die Wasserstände ζ genügen dann näherungsweise der Gleichung $(F\zeta_x)_x = 0$.

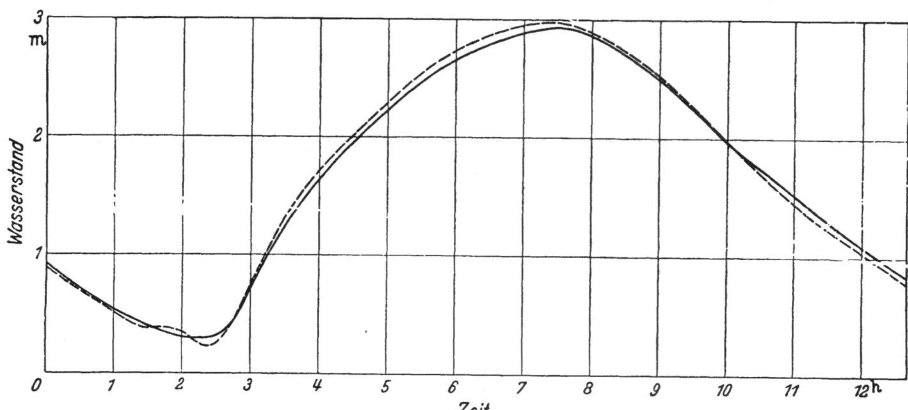

Abb. 19. ------------ Berechnete / ———— Beobachtete } Wasserstandskurven auf der Elbe bei Glückstadt. 0^h = Niedrigwasser in Cuxhaven.

Hansen

Literatur zu 326407–12.

[32] Airy: Tides and Waves, London (1842).
[33] Green: Cambridge Transactions VI (1837).
[34] Taylor: Cambridge Proc. XX (1921).
[35] Proudman: Phil. Mag. IL, 6 (1925).
[36] Hidaka: Mem. Imp. Mar. Obs. Vol. V, Nr. 1 (1932); VII, Nr. 2 (1939); Geophysical Mag. Vol. V, Nr. 3 (1932).
[37] Chrystal: Proc. R. S. Edin. XXV (1904); Trans. R. S. Edin. XLI (1905).
[38] Sterneck: S.B. Wiener Akad. **124** (1915).
[39] Defant: Ann. d. Hydr. usw. V (1914).
[40] Defant: Ann. d. Hydr. III (1911), IV u. V (1914). — Sterneck: S.B. Wiener Akad. (1914 u. 1915) und Sterneck u. Keßlitz: Denkschrift d. Wiener Akad. (1919).
[41] Defant: Denkschriften d. Wiener Akad. II (1919).
[42] Defant: Denkschriften d. Wiener Akad. V (1919).
[43] Defant: Denkschriften d. Wiener Akad. III (1919).
[44] Defant: Denkschriften d. Wiener Akad. VI (1920).
[45] Springstubbe: Arch. d. Deutschen Seewarte **53** (1934/35).
[46] Blum: Veröff. d. Inst. f. Meereskunde, Heft 22.
[47] Sterneck: S.B.Wiener Akad. (1916).
[48] Defant: Ann. d. Hydr. VI (1924).
[49] Sterneck: S.B. Wiener Akad. (1912, 1913, 1915) und Ann. d. Hydr. IX (1923).
[50] Sterneck: Wiener Akad. Anzeiger XII (1914).
[51] Sterneck: S.B. Wiener Akad. (1922).
[52] Hansen: Ann. d. Hydr. III (1942).
[53] Taylor: Proc. London Math. Soc. Ser. 2, Vol. 20 (1920).
[54] Laplace: Mecanique Celeste **4** (1799).
[55] Kelvin: Phil. Mag. 4L (1875).
[56] Hough: London Phil. Trans. 191A (1898).
[57] Encyclopädie d. Math. Wiss. VI 1,6 Darwin und Hough, Bewegung der Hydrosphäre, Leipzig (1908).
[58] Goldsbrough: Proc. London Math. Soc. XIV (1915).
[59] Proudman u. Doodson: Philosophical Transactions of the Royal Society of London, S. A 235 (1936) und 237 (1938).
[60] Defant: Ann. d. Hydr. III u. VIII (1923).
[61] Proudman u. Doodson: Phil. Trans. Vol. 224 (1924).
[62] Harris: Manual of Tides (1904).
[63] Sterneck: Ann. d. Hydr. V (1922).
[64] Prüfer: Veröff. d. Inst. f. Meereskunde Berlin, Heft 37 (1939).
[65] Dietrich: Veröff. d. Inst. f. Meereskunde Berlin, Heft 41 (1944).
[66] Hansen: Ann. d. Hydr. II (1940) und Ann. d. Hydr. IV/VI (1943).
[67] Hansen: Naturw. (1948) 9.
[68] Hansen: Deutsche Hydrogr. Z. (1948) 5/6.
[69] Hansen: Deutsche Hydrogr. Z. (1949) 1/2/3.
[70] Atlanten der harmonischen Gezeitenkonstanten, herausgegeben vom Marineobservatorium Wilhelmshaven.
Nr. 2529 Atlas der harmonischen Gezeitenkonstanten für das Gebiet der Deutschen Bucht.
Nr. 2530 desgl. für die Nordsee.
Nr. 2531 ,, für das Gebiet des Kanals.
Nr. 2532 ,, für die westbritischen Gewässer.
Nr. 2533 ,, für das Gebiet der Biskaya-Bucht.
Nr. 2534 ,, für die Murman-Küste und das Weiße Meer.
[70] Atlanten der harmonischen Gezeitenkonstanten für
Nr. 2535 die westsibirischen Gewässer.
Nr. 2536 die ostkanadischen Gewässer.
Nr. 2537 die Ostküste der Vereinigten Staaten.
Nr. 2555 die Gewässer vor der Ostküste der Vereinigten Staaten.
[71] Seehandbücher, herausgegeben vom Reichsmarineamt oder dem Oberkommando der Kriegsmarine, Berlin.
Nr. 2006 Nordsee, östl. Teil. Linien gleichen mittl. H.W.Z.U.[1], Linien gleichen mittl. S.T.H.[2], Gezeitenströme.
Nr. 2007 Nordsee, südl. Teil, 1936. Linien gleichen mittl. H.W.Z.U., Linien gleichen mittl. S.T.H., Gezeitenströme.
Nr. 2008 Nordsee, westl. Teil, 1939. Linien gleichen mittl. H.W.Z.U., Linien gleichen mittl. S.T.H., Gezeitenströme.
Nr. 2009 Nordsee, nördl. Teil, 1936. Linien gleichen mittl. H.W.Z.U., Linien gleichen mittl. S.T.H., Gezeitenströme.
Nr. 2011 Island, die Färöer und Jan Mayen, 1934. Linien gleichen mittl. H.W.Z.U. bei Island und bei Färöer.
Nr. 2012 West- und Nordküste Norwegens, I. Teil, 1944. Linien gleichen H.W.Z.U., Linien gleichen mittl. S.T.H.
Nr. 2015 Nordküste Rußlands, I. Teil, 1930.

Hansen

Nr. 2017 Kanal, I. Teil, 1934. Linien gleichen mittl. H.W.Z.U., Linien gleichen mittl. S.T.H., Gezeitenströme.
Nr. 2018 Kanal, II. Teil, 1933. Gezeitenströme bei den Kanalinseln.
Nr. 2019 Südküste Irlands und Bristolkanal, 1931. Linien gleichen H.W.Z.U., Linien gleichen mittl. S.T.H., Gezeitenströme.
Nr. 2020 Irischer Kanal, I. Teil ,1933. Linien gleichen H.W.Z.U., Linien gleichen mittl. S.T.H., Gezeitenströme.
Nr. 2021 Irischer Kanal, II. Teil, 1936. Gezeiten in der Liverpool-Bucht.
Nr. 2022 Westküste Irlands, 1934. Linien gleichen mittl. S.T.H., Linien gleichen H.W.Z.U., Gezeitenströme.
Nr. 2023 Westküste Schottlands, 1936. Linien gleichen mittl. S.T.H., Linien gleichen mittl. H.W.Z.U., Gezeitenströme.
Nr. 2024 Westküste Frankreichs, 1938. Gezeitenströme bezogen auf Brest.
Nr. 2025 Nord- und Westküste Spaniens und Portugals, 1944. Linien gleichen H.W.Z.U., Linien gleichen mittl. S.T.H.
Nr. 2027 Mittelmeer, I. Teil, 1935. Linien gleichen H.W.Z.U., Linien gleichen mittl. S.T.H.
Nr. 2028 Mittelmeer, II. Teil, 1932. Linien gleichen H.W.Z.U., Linien gleichen mittl. S.T.H.
Nr. 2029 Mittelmeer, III. Teil, 1934. Linien gleichen H.W.Z.U., Linien gleichen mittl. S.T.H.
Nr. 2030 Mittelmeer, IV. Teil, 1935. Linien gleichen H.W.Z.U., Linien gleichen mittl. S.T.H.
Nr. 2031 Mittelmeer, V. Teil, 1940. Linien gleichen H.W.Z.U., Linien gleichen mittl. S.T.H.
Nr. 2034 Rotes Meer und Golf von Aden, 1937. Gebiete gleicher Gezeitenformen, Linien gleichen H.W.Z.U., Linien gleichen mittl. S.T.H.
Nr. 2035 Persischer Golf, 1942. Linien gleichen S.T.H., Linien gleichen H.W.Z.U., Linien gleicher Amplitudenverhältnisse.
Nr. 2036 Westküste von Hindustan, 1930. Linien gleicher H.W.Z., Linien gleichen S.T.H.
Nr. 2037 Golf von Bengalen, 1941. Linien gleichen H.W.Z.U., Linien gleichen S.T.H.
Nr. 2038 Ceylon und Malakka-Straße, 1939. Linien gleichen H.W.Z.U., Linien gleichen S.T.H.
Nr. 2039 Ostindischer Archipel, I. Teil, 1933. Linien gleichen H.W.Z.U., Linien gleichen S.T.H., Gebiete gleicher Gezeitenformen.
Nr. 2041 Die Naturverhältnisse des Sibirischen Seeweges. Linien gleicher Amplitude der M_2, Linien gleicher Phasen der M_2.
Nr. 2043 Südchinesisches Meer, 1943. Linien gleicher Amplitudenverhältnisse, Linien gleicher Amplitude der M_2 und K_1, Linien gleicher Phase der M_2 und K_1.
Nr. 2044 Ostchinesisches Meer, 1930. Linien gleicher H.W.Z., Linien gleichen S.T.H.
Nr. 2046 Ost- und Südküste Afrikas, 1931. Linien gleichen H.W.Z.U., Linien gleichen mittl. S.T.H.
Nr. 2047 Nordatlantische Inseln, 1934. Linien gleichen H.W.Z.U., Linien gleichen mittl. S.T.H.
Nr. 2048 Westindien, I. Teil, 1932. Linien gleichen mittl. H.W.Z.U., Linien gleichen mittl. S.T.H., Gebiete gleicher Gezeitenformen.
Nr. 2049 Westindien, II. Teil, 1935. Linien gleichen mittl. H.W.Z.U., Linien gleichen mittl. S.T.H., Gebiete gleicher Gezeitenformen.
Nr. 2051 Ostküste Südamerikas, I. Teil, 1943. Linien gleichen S.T.H., Linien gleichen H.W.Z.U.
Nr. 2052 Ostküste Südamerikas, II. Teil, 1929. Linien gleichen H.W.Z.U.
Nr. 2053 Westküste Amerikas, I. Teil, 1937. Linien gleichen S.T.H., Linien gleichen H.W.Z.U.
Nr. 2054 Westküste Amerikas, II. Teil, 1938. Linien gleichen S.T.H., Linien gleichen H.W.Z.U.
Nr. 2062 Westküste Afrikas, I. Teil, 1937. Linien gleichen H.W.Z.U., Linien gleichen S.T.H.
Nr. 2063 Westküste Afrikas, II. Teil, 1940. Linien gleichen H.W.Z.U., Linien gleichen S.T.H.
Nr. 2064 Ostküste der Vereinigten Staaten von Nordamerika, II. Teil, 1941. Linien gleichen H.W.Z.U., Linien gleichen S.T.H.
Nr. 2065 Ostküste der Vereinigten Staaten von Nordamerika, I. Teil, 1943. Linien gleichen H.W.Z.U., Linien gleichen S.T.H.

[72] Atlanten der Gezeitenströme, herausgegeben vom Marineobservatorium Wilhelmshaven.
Nr. 2551 Atlas der Gezeitenströme Nordwestafrika.
Nr. 2300A „ „ „ für das Gebiet des Kanals, östl. Teil.
Nr. 2539 „ „ „ für das Gebiet des Kanals, westl. Teil.
Nr. 2553 „ „ „ für die Straße von Dover.
Nr. 2541 „ „ „ für das Gebiet der Isle of Wight und für die Einfahrt nach Portsmouth, bezogen auf die Zeit des Hochwassers in Portsmouth.
Nr. 2542 Atlas der Gezeitenströme für das Gebiet der Insel Helgoland.
Nr. 2543 Gezeiten und Gezeitenströme im Jadegebiet.
Nr. 2545 Atlanten der Gezeitenströme für die West- und Nordküste Norwegens für alle bedeutsamen Fjorddurchfahrten, insgesamt 35 Atlanten.
Nr. 2552 Atlas der Gezeitenströme für die südl. Nordsee, östl. Teil.
Nr. 2546 „ „ „ für den Eingang zum Weißen Meer.
Nr. 2547 „ „ „ für die Bucht von St. Malo.
Nr. 2204 „ „ „ für das Gebiet der Nordsee usw.

[73] van Veen: Onderzoeckingen in de Hoofden, 's Gravenhage (1936).

[1] H.W.Z.U. = Hochwasserzeitunterschied.
[2] S.T.H. = Springtidenhub.

3265 Eisverhältnisse an den Küsten der Nord- und Ostsee.

32651 Eisverhältnisse an den Küsten der östlichen Nordsee.

Ems, Jade, Weser, Elbe und Westküste Schleswig-Holsteins: Winter 1903/04 bis 1948/49.
Westküste Jütlands: Winter 1922/23 bis 1948/49.

	Zahl der Winter		Beginn der Vereisung			Ende der Vereisung			Zahl der Tage mit Eis	
	beobachtet	eisfrei	frühester	mittlerer	spätester	frühestes	mittleres	spätestes	mittlere	höchste
1. Ems:										
Emden-Nesserland, Gr. Seeschleuse	46	8	3. 11.	28. 11.	20. 2.	30. 11.	17. 2.	30. 3.	25	102
Emden-Nesserland, Hafeneinfahrt	45	8	24. 11.	1. 1.	20. 2.	20. 12.	17. 2.	30. 3.	25	102
2. Ostfriesische Küste von Ems bis Jade:										
Borkum, Randzelgat	17	6	5. 12.	4. 1.	25. 2.	19. 12.	7. 2.	23. 3.	17	82
Borkum, Westerems	43	15	1. 12.	9. 1.	9. 3.	17. 12.	4. 2.	23. 3.	19	84
Norderney, Watten	46	7	23. 11.	5. 1.	21. 2.	21. 12.	6. 2.	25. 3.	20	92
Norderney, Seegat	45	13	24. 11.	6. 1.	27. 2.	16. 12.	7. 2.	25. 3.	16	75
Wangerooge, Watten	46	13	1. 12.	5. 1.	21. 2.	17. 12.	1. 2.	24. 3.	15	90
Wangerooge, Harle	44	14	1. 12.	7. 1.	22. 2.	17. 12.	4. 2.	24. 3.	14	87
3. Jade:										
Wilhelmshaven, Hafeneinfahrten	45	12	1. 12.	1. 1.	22. 2.	17. 12.	6. 2.	26. 3.	20	89
Wilhelmshaven, Innenjade	46	13	27. 11.	3. 1.	22. 2.	23. 12.	9. 2.	26. 3.	20	88
Schillig, sichtb. Jadegebiet	44	17	28. 11.	4. 1.	19. 2.	30. 11.	1. 2.	23. 3.	12	81
Wangeroog-Fahrwasser, Außenjade	42	25	8. 12.	7. 1.	29. 1.	27. 12.	8. 2.	24. 3.	8	66
4. Weser:										
Bremen, sichtb. Wesergebiet	45	9	17. 11.	2. 1.	22. 2.	30. 11.	31. 1.	21. 3.	18	81
Brake, sichtb. Wesergebiet	46	9	12. 11.	3. 1.	12. 3.	30. 11.	5. 2.	21. 3.	22	81
Bremerhaven, sichtb. Wesergebiet	44	10	24. 11.	5. 1.	10. 3.	30. 11.	9. 2.	21. 3.	21	84
Hohe Weg, sichtb. Wesergebiet	44	15	1. 12.	7. 1.	23. 2.	20. 12.	10. 2.	24. 3.	13	82
Roter Sand, Wesermündung	43	25	21. 12.	10. 1.	26. 2.	29. 12.	2. 2.	24. 3.	9	64
5. Elbe:										
Harburg, sichtb. Elbegebiet	46	4	15. 11.	29. 12.	10. 3.	27. 12.	12. 2.	29. 3.	31	101
Hamburg, Landungsbrücken	46	4	4. 11.	27. 12.	20. 2.	29. 12.	12. 2.	28. 3.	31	100
Altona, vorlieg. Elbegebiet	46	4	4. 11.	28. 12.	21. 2.	26. 12.	12. 2.	27. 3.	34	98
Glückstadt, sichtb. Elbegebiet	46	8	18. 11.	5. 1.	11. 3.	22. 12.	13. 2.	29. 3.	28	102
Brunsbüttelkoog, sichtb. Elbegebiet	46	9	1. 12.	5. 1.	23. 2.	21. 12.	13. 2.	31. 3.	28	100
Belumerschanze, sichtb. Elbegebiet	43	6	27. 11.	5. 1.	28. 2.	23. 12.	14. 2.	30. 3.	30	90
Cuxhaven, Hafen und Einfahrten	44	10	23. 11.	6. 1.	8. 3.	23. 12.	11. 2.	29. 3.	21	94
Neuwerk, Elbe bis Cuxhaven	43	16	28. 11.	7. 1.	22. 2.	21. 12.	12. 2.	25. 3.	16	79
Helgoland	37	33	5. 1.	30. 1.	12. 2.	12. 2.	19. 2.	27. 2.	0	10
6. Westküste Schleswig-Holsteins von der Elbe bis Lister Tief:										
Lexfähr, Eider	12	0	9. 12.	24. 12.	20. 2.	19. 12.	23. 2.	4. 4.	58	112
Tönning, Eider	46	5	20. 11.	31. 12.	21. 2.	22. 12.	18. 2.	2. 4.	33	106
Husum, Hafen und Aue	45	3	10. 11.	26. 12.	18. 2.	21. 12.	11. 2.	1. 4.	30	101
Amrum, Schmaltief	46	18	17. 12.	13. 1.	9. 3.	7. 1.	13. 2.	30. 3.	15	81
Amrum, Vortrapptief	44	18	17. 12.	14. 1.	20. 2.	7. 1.	13. 2.	30. 3.	16	81
Ellenbogen, Seegebiet und Lister Tief	46	16	3. 12.	12. 1.	26. 2.	28. 12.	10. 2.	24. 3.	16	75
7. Westküste Jütlands vom Lister Tief bis Hanstholm (einschl. Limfjord):										
Esbjärg, Hafen	24	5	30. 11.	8. 1.	15. 2.	19. 12.	22. 2.	24. 3.	27	85
Ringkjöebing-Fjord, Nordteil	22	2	18. 11.	25. 12.	11. 2.	22. 12.	7. 3.	4. 4.	54	114
Nibe, Hafen	17	1	6. 12.	5. 1.	7. 2.	17. 12.	16. 2.	15. 4.	47	104
Lögstör, Westfahrwasser	23	2	20. 11.	7. 1.	15. 2.	24. 12.	1. 3.	21. 4.	42	148
Skive, Hafen	24	1	17. 11.	22. 12.	22. 2.	21. 12.	2. 3.	14. 4.	49	132
Nyköbing, Salling-Sund	23	3	11. 12.	10. 1.	7. 3.	17. 12.	28. 2.	16. 4.	36	96
Thisted-Bredning und Fegge-Sund	24	3	10. 12.	9. 1.	23. 2.	17. 12.	4. 3.	14. 4.	43	104
Struer, Hafen	24	2	25. 11.	4. 1.	16. 2.	16. 12.	23. 2.	9. 4.	36	120
Lemvig, Hafen	23	1	30. 11.	11. 1.	25. 2.	16. 12.	22. 2.	8. 4.	32	94
Thyborön-Kanal	24	12	10. 11.	21. 1.	9. 3.	25. 1.	28. 2.	12. 4.	10	56

Nusser

32652 Eisverhältnisse im Skagerrak und Kattegat.

Winter 1920/21 bis 1948/49.

	Zahl der Winter		Beginn der Vereisung			Ende der Vereisung		
	beobachtet	eisfrei	frühester	mittlerer	spätester	frühestes	mittleres	spätestes
1. Kattegat, Westteil:								
Skagen, nördlich	27	15	29.12.	31. 1.	21. 2.	2. 1.	21. 2.	30. 3.
Frederikshaven, östlich	26	16	26.12.	21. 1.	20. 2.	16. 1.	7. 3.	30. 3.
Säby, außerhalb	16	11	4. 1.	18. 1.	28. 1.	8. 2.	7. 3.	2. 4.
Läsö, Österby	27	14	20.12.	29. 1.	25. 2.	5. 1.	27. 2.	8. 4.
Hals-Barre, außerhalb	27	14	19.12.	17. 1.	7. 2.	26.12.	9. 3.	6. 4.
Randersfjord	27	3	9.11.	22.12.	12. 3.	19.12.	13. 3.	14. 4.
Anholt (Insel)	26	15	27.12.	23. 1.	11. 3.	31.12.	16. 3.	3. 4.
Fornäs	27	18	17. 1.	29. 1.	20. 2.	3. 2.	1. 3.	6. 4.
Hjälm	27	17	29.12.	23. 1.	11. 3.	25. 1.	18. 3.	5. 4.
Vesborg, südwestlich	27	19	3. 1.	24. 1.	1. 2.	8. 2.	18. 3.	9. 4.
2. Kattegat, Südteil:								
Sejerö (Insel), südwestlich	27	19	3. 1.	24. 1.	1. 2.	8. 2.	18. 3.	9. 4.
Hesselö (Insel)	27	17	4. 1.	26. 1.	9. 3.	25. 1.	12. 3.	7. 4.
3. Kattegat, Ostteil:								
Halmstad, außerhalb	22	12	26.12.	20. 1.	26. 2.	17. 1.	20. 3.	19. 4.
Varberg, außerhalb	22	12	27.12.	25. 1.	24. 2.	17. 1.	9. 3.	9. 4.
Vinga-Göteborg	22	12	17.12.	6. 2.	11. 3.	16. 1.	12. 3.	16. 4.
Marstrand, außerhalb	15	8	8. 1.	4. 2.	12. 2.	6. 3.	17. 3.	26. 3.
4. Skagerrak von Marstrand bis Oslo:								
Säkken	14	5	7. 1.	23. 1.	8. 3.	8. 1.	10. 3.	20. 4.
Svinesund-Halden	20	4	10.11.	12. 1.	21. 2.	24.12.	9. 3.	20. 4.
Oslo	25	11	8.11.	25. 1.	25. 2.	16.12.	27. 2.	12. 4.
5. Skagerrak von Oslo bis Kristiansandfjord:								
Drammensfjord	23	3	7.12.	29.12.	18. 2.	5. 1.	24. 3.	1. 5.
Mossesund	23	3	26.11.	30.12.	19. 2.	5. 1.	15. 3.	28. 4.
Fulehuk-Färder	23	11	16.12.	9. 2.	1. 3.	16.12.	3. 3.	14. 4.
Färder, außerhalb	23	15	21.12.	22. 1.	23. 2.	21.12.	3. 3.	14. 4.
Vestfjord (Tönsberg)	23	4	11.12.	30.12.	25. 1.	15. 3.	7. 4.	2. 5.
Sandefjord	23	10	21.12.	24. 1.	19. 2.	15. 1.	15. 3.	26. 4.
Larviksfjord	23	10	11.12.	20. 1.	26. 2.	21.12.	7. 3.	20. 4.
Tromöysund	23	12	2. 1.	26. 1.	5. 3.	16. 1.	17. 3.	3. 5.
Grimstad	23	16	16.12.	13. 2.	26. 2.	13.12.	28. 2.	21. 4.
Kristansandfjord	23	20	17. 2.	—	22. 2.	—	—	6. 3.

32653 Eisverhältnisse im Sund, Großen und Kleinen Belt.

Winter 1928/29 bis 1943/44 und Winter 1946/47 bis 1948/49.

	Zahl der Winter		Beginn der Vereisung			Ende der Vereisung		
	beobachtet	eisfrei	frühester	mittlerer	spätester	frühestes	mittleres	spätestes
1. Sund:								
Sund, nördliche Einfahrt	15	10	5. 1.	24. 1.	11. 3.	26. 1.	11. 3.	2. 4.
Helsingör, Fahrwasser	18	10	4. 1.	19. 1.	10. 3.	16. 1.	25. 3.	3. 5.
Ven, östlich	15	9	5. 1.	23. 1.	11. 3.	26. 1.	21. 3.	14. 4.
Ven, westlich	15	9	5. 1.	21. 1.	12. 3.	26. 1.	22. 3.	13. 4.
Kopenhagen, Sund	18	11	11. 1.	20. 1.	11. 3.	27. 1.	23. 3.	4. 5.
Kopenhagen, Einfahrt	18	10	9. 1.	25. 1.	11. 3.	27. 1.	21. 3.	3. 5.
Dragör, Drogden	18	9	12. 1.	23. 1.	12. 3.	27. 1.	20. 3.	2. 5.
Flintrinne	15	9	3. 1.	20. 1.	11. 3.	27. 1.	23. 3.	24. 4.
Köge, Hafen	18	7	24.12.	16. 1.	24. 2.	31.12.	12. 3.	15. 4.
Sund, südliche Einfahrt	15	8	5. 1.	25. 1.	11. 3.	26. 1.	13. 3.	24. 4.

Nusser

	Zahl der Winter		Beginn der Vereisung			Ende der Vereisung		
	beobachtet	eisfrei	frühester	mittlerer	spätester	frühestes	mittleres	spätestes
2. Großer Belt:								
Rösnäs Feuer, West	18	11	9. 1.	19. 1.	1. 2.	26. 1.	20. 3.	12. 4.
Romsö Feuer, Ost	17	12	9. 1.	18. 1.	5. 2.	21. 2.	22. 3.	2. 4.
Sprogö, Ost	18	12	7. 1.	16. 1.	1. 2.	12. 2.	25. 3.	12. 4.
Sprogö, West	18	12	8. 1.	19. 1.	30. 1.	12. 2.	24. 3.	11. 4.
Nyborg, Hafen	18	11	8. 1.	18. 1.	31. 1.	25. 1.	21. 3.	10. 4.
Korsör, Hafen	18	10	12. 1.	16. 1.	12. 3.	22. 1.	19. 3.	11. 4.
Tranekaer Feuer	15	9	7. 1.	18. 1.	28. 1.	26. 1.	25. 3.	22. 4.
Albuen, West	18	9	27.12.	15. 1.	28. 2.	27.12.	15. 3.	19. 4.
Albuen, Nakskov Yderfjord	18	7	28.12.	12. 1.	10. 3.	19. 1.	8. 3.	19. 4.
Keldsnor, Langelandbelt	18	12	9. 1.	19. 1.	30. 1.	9. 3.	31. 3.	21. 4.
3. Kleiner Belt:								
Aebelö Feuer	18	11	10. 1.	21. 1.	10. 3.	22. 2.	26. 3.	10. 4.
Fredericia-Belt	18	12	11. 1.	20. 1.	2. 2.	28. 2.	22. 3.	8. 4.
Assens-Belt	18	12	13. 1.	20. 1.	4. 2.	25. 2.	25. 3.	12. 4.
Helnäs-Feuer	18	11	7. 1.	19. 1.	4. 2.	26. 1.	28. 3.	10. 4.
Apenrade, Hafen und Fjord	18	9	6. 1.	21. 1.	9. 2.	7. 1.	18. 3.	7. 4.
Skjoldnaes-Feuer, West	18	12	11. 1.	20. 1.	29. 1.	9. 3.	30. 3.	16. 4.

32654 Eisverhältnisse an den Küsten der südlichen Ostsee.

Ostküste Schleswig-Holsteins und mecklenburgisch-pommersche Küste bis Stettiner Haff: Winter 1903/04 bis 1948/49.

Küste von Swinemünde bis Memel: Winter 1903/04 bis 1942/43.
Nordküste und Insel Bornholm: Winter 1922/23 bis 1942/43.

	Zahl der Winter		Beginn der Vereisung			Ende der Vereisung			Zahl der Tage mit Eis	
	beobachtet	eisfrei	frühester	mittlerer	spätester	frühestes	mittleres	spätestes	mittlere	höchste
1. Ostküste Schleswig-Holsteins von Flensburg bis Lübeck:										
Flensburg, Innenförde	43	21	27.11.	10. 1.	5. 2.	3. 1.	21. 3.	9. 4.	16	97
Flensburg, Außenförde	41	24	21.12.	11. 1.	4. 2.	2. 1.	26. 2.	10. 4.	13	85
Schleimünde-Schleswig	46	3	26.11.	13. 1.	13. 3.	31.12.	28. 2.	7. 4.	34	97
Eckernförde, Bucht	43	20	10.12.	11. 1.	22. 2.	3. 1.	22. 2.	8. 4.	18	86
Friedrichsort, Holtenau — Laboe	41	21	28.11.	17. 1.	7. 3.	3. 1.	20. 2.	2. 4.	14	77
Fehmarnsund	42	27	24.12.	20. 1.	4. 2.	4. 1.	6. 3.	18. 4.	15	76
Westermarkelsdorf, Seegebiet	44	25	2. 1.	19. 1.	2. 2.	4. 1.	5. 3.	18. 4.	11	78
Marienleuchte, Seegebiet	42	25	5. 1.	19. 1.	13. 2.	17. 1.	23. 2.	20. 4.	11	81
Travemünde — Lübeck	45	7	27.11.	9. 1.	12. 3.	21.12.	8. 2.	2. 4.	26	88
2. Mecklenburgische Küste und pommersche Küste bis Stettiner Haff:										
Wismar, Fahrwasser	45	6	28.11.	8. 1.	15. 2.	27.12.	19. 2.	8. 4.	31	100
Warnemünde, Warnow	44	3	15.11.	4. 1.	12. 3.	28.12.	3. 3.	7. 4.	39	104
Darßer Ort, Seegebiet	43	15	20.12.	14. 1.	2. 3.	23.12.	20. 2.	24. 4.	18	94
Barhöft — Stralsund	45	0	4.11.	19.12.	5. 3.	15.12.	28. 2.	10. 4.	49	122
Arkona, Seegebiet	39	27	22.12.	22. 1.	9. 2.	11. 2.	17. 3.	24. 4.	11	87
Greifswalder Bodden	45	3	15.12.	10. 1.	21. 2.	17. 1.	26. 2.	10. 4.	44	115
Stettiner Haff	45	0	10.11.	30.12.	23. 2.	17.12.	7. 3.	13. 4.	60	121

Nusser

	Zahl der Winter		Beginn der Vereisung			Ende der Vereisung			Zahl der Tage mit Eis	
	beobachtet	eisfrei	frühester	mittlerer	spätester	frühestes	mittleres	spätestes	mittlere	höchste
3. Küste von Swinemünde bis Memel:										
Swinemünde, Hafen	40	0	10.11.	23.12.	14. 2.	17.12.	2. 3.	11. 4.	43	101
Kolberg, Hafen	40	8	4.11.	1. 1.	18. 2.	19.12.	10. 2.	28. 3.	15	75
Stolpmünde, Hafen	40	1	16.11.	26.12.	11. 2.	15.12.	12. 2.	4. 4.	25	96
Danzig, Hafen	37	3	16.11.	4. 1.	13. 2.	16.12.	22. 2.	2. 4.	30	135
Frisches Haff bis Elbing	39	0	5.11.	5.12.	14. 1.	6. 2.	20. 3.	24. 4.	90	147
Königsberger Seekanal	40	0	3.11.	5.12.	11. 1.	9. 2.	26. 3.	23. 4.	102	153
Pillau, Hafen	40	0	5.11.	31.12.	15. 1.	7. 1.	13. 3.	15. 4.	60	125
Brüsterort, Seegebiet	39	10	12.12.	16. 1.	27. 2.	20.12.	2. 3.	19. 4.	17	90
Memel, Hafen	39	1	14.11.	17.12.	15. 3.	10.12.	13. 3.	21. 4.	52	121
Memel, Seetief	32	2	20.11.	26.12.	15. 3.	30. 1.	7. 3.	21. 4.	30	123
4. Nordküste und Insel Bornholm:										
Keldsnor, Feuer, SO	20	14	16. 1.	21. 1.	29. 1.	1. 3.	25. 3.	22. 4.	17	93
Hyllekrog	15	7	19.12.	17. 1.	9. 3.	22.12.	4. 3.	21. 4.	22	96
Gjedser	21	6	15.12.	16. 1.	13. 3.	17.12.	25. 2.	30. 4.	24	95
Möen	21	13	31.12.	27. 1.	11. 3.	14. 2.	22. 3.	5. 5.	16	96
Trelleborg	20	9	25.12.	25. 1.	10. 3.	1. 1.	4. 3.	4. 5.		
Simrishamn	19	13	19.12.	24. 1.	6. 3.	10. 1.	11. 3.	24. 4.		
Karlshamn	20	11	31.12.	25. 1.	22. 2.	6. 1.	9. 3.	4. 5.		
Due Odde	21	16	19. 1.	3. 2.	23. 2.	15. 3.	6. 4.	24. 4.	13	83
Rönne	21	12	29.12.	21. 1.	16. 2.	5. 1.	6. 3.	12. 4.	18	83
Hammeren	21	15	15. 1.	1. 2.	18. 2.	26. 2.	30. 3.	25. 4.	14	86

32655 Eisverhältnisse an den Küsten der mittleren Ostsee.

Winter 1922/23 bis 1943/44 und 1946/47 bis 1949/50.

	Anzahl der Winter		Beginn der Vereisung			Ende der Vereisung			Anzahl der Tage mit Eis	
	beobachtet	eisfrei	frühester	mittlerer	spätester	frühestes	mittleres	spätestes	niedrigste	höchste
1. Ostküste von Libau bis Odensholm einschl. der Inseln Dagö und Ösel:										
Libau, Seegebiet	17	0	1.12.	6. 1.	18. 2.	27.12.	9.3.	13.4.	2	112
Windau, Hafen	17	1	11.11.	6. 1.	15. 2.	30.12.	1.3.	5.5.	1	130
Domesnäs	15		28.12.	13. 1.	8. 2.	24. 1.	3.4.	15.5.		
Riga, Hafen	17	0	13.11.	26.12.	10. 2.	4. 3.	30.3.	29.4.	22	130
Riga, Seegebiet	15		5.12.	10. 1.	28. 2.	17. 3.	2.4.	3.5.		
Runö (Insel)	12		12. 1.	2. 2.	18. 2.	1. 3.	16.4.	11.5.		
Kynö (Insel)	12		22.11.	26.12.	1. 2.	21. 3.	23.4.	14.5.		
Pernau, Reede	16	0	17.11.	14.12.	1. 2.	6. 4.	23.4.	17.5.	66	177
Rangi (Moonsund)	12		21.11.	23.12.	2. 2.	24. 3.	17.4.	14.5.		
Zerel (Ösel)	15		23.11.	17. 1.	14. 3.	25. 2.	10.4.	11.5.		
Dagerort (Dagö)	14		23.11.	7. 1.	17. 2.	8. 2.	17.3.	28.4.		
Odensholm	14		2.12.	29. 1.	23. 3.	24. 2.	27.3.	26.4.		
2. Finnischer Meerbusen:										
Reval, Reede	17	4	26.12.	8. 2.	12. 3.	25. 1.	10.4.	15.5.	1	131
Narva, Reede	16	0	10.11.	25.12.	8. 2.	27. 3.	21.4.	24.5.	55	192
Kronstadt, Reede	12	0	21.11.	6.12.	11. 1.	18. 4.	26.4.	11.5.	102	165
Trangsund-Fahrwasser	14	0	3.11.	1.12.	29.12.	18. 4.	27.4.	17.5.	112	191
Viipuri	17		23.10.	26.11.	7. 1.	30. 3.	28.4.	15.5.		
Narvi (Insel)	12		17.12.	9. 1.	12. 2.	21. 3.	28.4.	17.5.		

Nusser

	Anzahl der Winter		Beginn der Vereisung			Ende der Vereisung			Anzahl der Tage mit Eis	
	beobachtet	eisfrei	frühester	mittlerer	spätester	frühestes	mittleres	spätestes	niedrigste	höchste
Kotka	22	0	27.10.	18.12.	23. 2.	1. 4.	22.4.	17.5.	79	185
Helsinki.	22	0	27.10.	22.12.	4. 2.	11. 3.	19.4.	13.5.	52	157
Jussarö (Insel)	16		19.12.	24. 1.	16. 2.	11. 1.	2.4.	2.5.		
Porkkala, Fahrwasser	16	0	1.12.	3. 1.	17. 2.	16. 2.	18.4.	17.5.	20	152
Russarö (Insel).	16		27.12.	22. 1.	21. 2.	25. 1.	2.4.	5.5.		
Hanko, Hafen	21	0	30.11.	10. 1.	2. 3.	10. 2.	7.4.	26.5.	18	135
3. Westküste von Stockholm bis Kalmar einschl. Gotland:										
Sandhamn-Stockholm	21	0	30.11.	13. 1.	3. 3.	21. 1.	6.4.	7.5.	21	123
Oxelösund-Norrköping	21	1	15.11.	9. 1.	12. 3.	19. 1.	31.3.	4.5.	26	120
Arkösund-Mem	17	1	8.12.	10. 1.	8. 2.	17. 1.	7.4.	10.5.	25	128
Västervik	21	2	24.12.	12. 1.	15. 3.	28. 1.	25.3.	1.5.	21	123
Oskarshamn	19	5	30.12.	17. 1.	13. 2.	2. 1.	18.3.	7.5.	2	121
Kalmarsund, nördl. Kalmar . . .	18	2	22.12.	10. 1.	11. 2.	15. 1.	21.3.	13.5.	3	123
Kalmar, Hafen.	21	2	30.11.	7. 1.	12. 2.	16. 1.	20.3.	4.5.	12	121
Kalmarsund, südl. Kalmar . . .	18	2	22.12.	10. 1.	11. 2.	15. 1.	17.3.	10.5.	3	115
Visby	21	12	25. 1.	12. 2.	20. 2.	5 3	25.4.	30.4.	47	74

32656 Eisverhältnisse an den Küsten der nördlichen Ostsee.

Winter 1925/26 bis 1943/44 und 1946/47 bis 1949/50.

	Anzahl der Winter		Beginn der Vereisung			Ende der Vereisung			Anzahl der Tage mit Eis	
	beobachtet	eisfrei	frühester	mittlerer	spätester	frühestes	mittleres	spätestes	niedrigste	höchste
1. Ålandsee und Bottensee, Ostküste:										
Turku, Hafen	21	0	2.11.	23.12.	28. 1.	23. 3.	13.4.	4.5.	53	149
Maarianhamina, Hafen	21	4	1.12.	20. 1.	18. 3.	17. 2.	1.4.	6.5.	1	125
Uusikaupunki, Hafen	7	0	4.11.	30.12.	2. 2.	5. 4.	18.4.	10.5.	85	188
Rauma, Hafen	15	0	4.11.	26.12.	22. 2.	25. 3.	18.4.	15.5.	84	174
Mäntyluoto, Hafen	21	0	11.11.	19.12.	29. 1.	18. 3.	10.4.	9.5.	40	171
Repossaari			27.10.	30.11.	1. 2.	18. 3.	21.4.	12.5.		
Kaskinen-Sälgrund	7	0	9.11.	13.12.	26. 1.	11. 4.	22.4.	17.5.	109	171
Vaskiluoto, Hafen	21	0	29.10.	3.12.	28. 1.	16. 4.	3.5.	22.5.	79	195
2. Bottensee, Westküste:										
Gävle, nördl. Einfahrt nach . . .	23	0	24.11.	3. 1.	6. 2.	5. 3.	11.4.	11.5.	47	151
Stugsund, Fahrwasser	12	0	22.11.	26.12.	22. 1.	21. 3.	18.4.	14.5.	61	145
Hudiksvall, Fahrwasser nach . .	12	0	20.11.	24.12.	11. 1.	7. 4.	24.4.	17.5.	108	149
Alnösund	23	0	2.11.	11.12.	3. 1.	21. 3.	26.4.	10.5.	85	165
Sundsvall			12.11.	28.12.	4. 3.	1. 3.	17.4.	9.5.		
Angermanälv, unterh. Svanö. . .	23	0	11.11.	22.12.	1. 2.	28. 3.	27.4.	13.5.	65	192
Angermanälv, oberh. Svanö . . .	23	0	29.10.	21.11.	1. 1.	16. 4.	5.5.	22.5.	122	185
Härnösand			19.12.	29. 1.	5. 3.	19. 3.	16.4.	12.5.		
Örnsköldsvik, Fahrwasser nach. .	12	0	1.12.	18.12.	23. 1.	3. 4.	22.4.	19.5.	81	169
Holmsund, Fahrwasser nach . .	12	0	28.10.	2.12.	1. 1.	10. 4.	29.4.	31.5.	118	172
3. Bottenwiek, Ostküste:										
Östra Kvarken	15	0	31.10.	2. 1.	23. 1.	31. 3.	20.4.	2.6.	81	177
Pietarsaari, Hafen	21	0	30.10.	29.11.	28. 1.	15. 4.	6.5.	8.6.	78	215
Ykspihlaja, Hafen	21	0	31.10.	1.12.	28. 1.	20. 4.	11.5.	1.6.	81	213
Raahe, Hafen	21	0	27.10.	19.11.	19.12.	27. 4.	18.5.	4.6.	141	214
Oulu, Hafen	21	0	26.10.	16.11.	20.12.	25. 4.	25.5.	10.6.	142	216
Ajos, Reede	21	0	23.10.	13.11.	18.12.	8. 5.	20.5.	4.6.	158	218
Kemi			21.10.	7.11.	2.12.	17. 5.	26.5.	1.6.		

Nusser

	Anzahl der Winter		Beginn der Vereisung			Ende der Vereisnng			Anzahl der Tage mit Eis	
	beob-achtet	eis-frei	frühester	mitt-lerer	spä-tester	frühestes	mitt-leres	spä-testes	nied-rigste	höchste
4. Bottenwiek, Westküste:										
Västra, Kvarken	23	0	14. 11.	27. 12.	4. 2.	30. 3.	17. 5.	2. 6.	53	187
Ratan			30. 10.	25. 11.	28. 1.	26. 4.	18. 5.	6. 6.		
Skellefthamn			30. 10.	6. 12.	15. 2.	29. 4.	18. 5.	29. 5.		
Pietå			20. 10.	4. 11.	20. 11.	9. 5.	19. 5.	26. 5.		
Luleå, Fahrwasser nach	23	0	20. 10.	11. 11.	19. 12.	9. 5.	20. 5.	2. 6.	153	217
Karlsborg, Fahrwasser nach	23	0	22. 10.	13. 11.	21. 12.	12. 5.	24. 5.	3. 6.	156	218
Salmis			22. 10.	1. 11.	15. 11.	18. 5.	29. 5.	26. 6.		

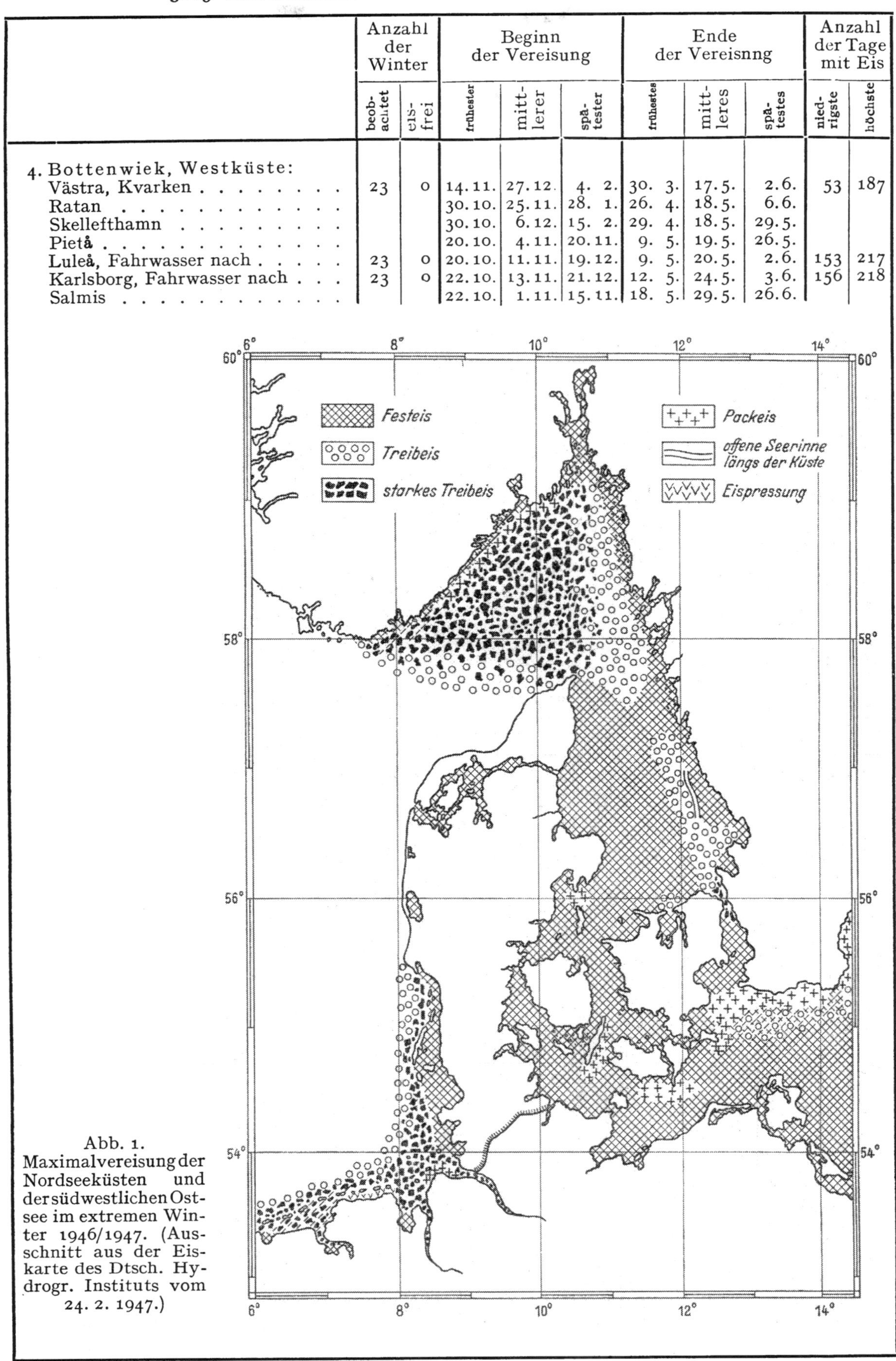

Abb. 1. Maximalvereisung der Nordseeküsten und der südwestlichen Ostsee im extremen Winter 1946/1947. (Ausschnitt aus der Eiskarte des Dtsch. Hydrogr. Instituts vom 24. 2. 1947.)

Literatur zu 32651–6.

1. Eisberichte.

Deutsche Küsten: Eisberichte der deutschen Seewarte. Ab 1946/47 Eisberichte des Deutschen Hydrographischen Instituts, Hamburg.
Dänische Küsten: Isberetning. Statens Isbrydnings og Ismeldingstjeneste, Kopenhagen.
Norwegische Küste: Ismeldinger, Havnedirektøren, Oslo.
Schwedische Küsten: Isberättelse, Sveriges Meteorologiska och Hydrologiska Institut, Stockholm.
Finnische Küsten: Jäätiedvitus, Merentutkimuslaitoksen, Helsinki.

2. Jährliche Übersichten über die Eisverhältnisse.

Deutsche Küsten: Ann. d. Hydr. usw., Hamburg. Ab 1948 Dtsch. Hydr. Ztschr., Hamburg.
Dänische Küsten: Is- og Besejlingsforholdene i de danske Farvande, Kopenhagen.
Finnische Küsten: Yleiskatsans Talven ... Jäösukteisiin, Helsinki. (Mit deutscher Zusammenfassung: Übersicht über die Eisverhältnisse im Winter an den Küsten Finnlands.)

3. Atlanten.

Atlas der Eisverhältnisse im deutschen und benachbarten Ost- und Nordseegebiet. Bearb. v. d. dtsch. Seewarte (1942).
Atlas der Vereisungsverhältnisse Rußlands und Finnlands, ihren Küstengewässern sowie wichtigen Binnenwasserstraßen. Bearb. v. d. dtsch. Seewarte (1942).
Atlas der Eisverhältnisse des Baltischen Meeres an den Küsten Finnlands von Risto Jurva, Helsinki (1937).
Ice Atlas of the Northern Hemisphere, Hydrographic Office U. S. Navy, Washington (1946).
Atlas der Eisverhältnisse des Nordatlantischen Ozeans und Übersichtskarten der Eisverhältnisse des Nord- und Südpolargebietes. Bearbeitet v. Deutschen Hydrogr. Institut (J. Büdel), Hamburg 1950.

32657 Die Strenge der Winter 1903/04 bis 1948/49 an den Küsten von Westdeutschland, ausgedrückt durch die Eissumme und durch die Kältesumme von Hamburg, nach fallender Reihe geordnet.

Eissumme = Zahl der Tage mit Eis, Summe für folgende ausgewählten 20 Stationen: Emden, Große Seeschleuse; Borkum, Westerems; Norderney, Seegat; Wangerooge, Watten; Helgoland; Hohe Weg; Brake; Brunsbüttelkoog; Brunshausen; Hamburg, Landungsbrücken; Tönning, Eider; Husum, Hafen und Aue; Amrum, Schmaltief; Ellenbogen, Seegebiet und Listertief; Flensburg, Innenförde; Schleimünde-Schleswig; Eckernförde, Bucht und Hafen; Westermarkelsdorf; Marienleuchte; Travemünde-Lübeck.

Kältesumme = Summe der negativen Tagesmittel der Lufttemperatur in Hamburg.

Jahr	Eissumme	Eiswinter [1]	Jahr	Kältesumme	Winter [2]
1946/47	1764	extrem	1939/40	526	streng
1939/40	1482	sehr eisreich	1946/47	479	
1941/42	1435		1941/42	459	
1928/29	1371		1928/29	385	
1940/41	1143		1940/41	303	
1923/24	1137		1921/22	248	normal
1908/09	847	eisreich	1923/24	226	
1921/22	824		1916/17	164	
1916/17	822		1908/09	161	
1911/12	713		1906/07	160	
1906/07	641		1925/26	147	
1927/28	528		1927/28	143	
1925/26	430		1911/12	137	
1917/18	345	mäßig	1932/33	126	
1936/37	301		1936/37	119	
1918/19	291		1938/39	114	
1932/33	291		1945/46	114	
1938/39	290		1944/45	106	
1907/08	288		1933/34	104	
1904/05	243		1930/31	91	mild
1912/13	227		1919/20	80	
1903/04	224		1917/18	78	
1919/20	209		1918/19	78	
1933/34	199		1931/32	74	
1942/43	189		1907/08	70	
1913/14	183		1934/35	66	
1944/45	167		1942/43	66	
1922/23	166		1904/05	58	
1945/46	165		1920/21	58	
1930/31	143		1905/06	57	

Nusser

Jahr	Eissumme	Eiswinter [1]	Jahr	Kältesumme	Winter [2]
1914/15	135	mäßig	1915/16	56	mild
1947/48	134		1903/04	55	
1905/06	123		1922/23	52	
1920/21	121		1947/48	50	
1915/16	91		1913/14	49	
1909/10	76		1937/38	44	
1931/32	54		1924/25	43	
1937/38	46		1914/15	42	
1935/36	44	eis-arm	1935/36	41	
1934/35	40		1948/49	39	
1929/30	29		1912/13	33	
1910/11	20		1909/10	32	
1948/49	10		1929/30	31	
1924/25	6		1943/44	31	
1926/27	4		1926/27	29	
1943/44	3		1910/11	12	

Die Tabelle zeigt, daß die gebildete Eismenge nicht allein von der Kältesumme bestimmt wird. Die Eismenge hängt, abgesehen von hydrographischen Faktoren, von der Anzahl, der Dauer und der Verteilung der einzelnen Kälte- und Wärmeperioden während eines Winters ab.

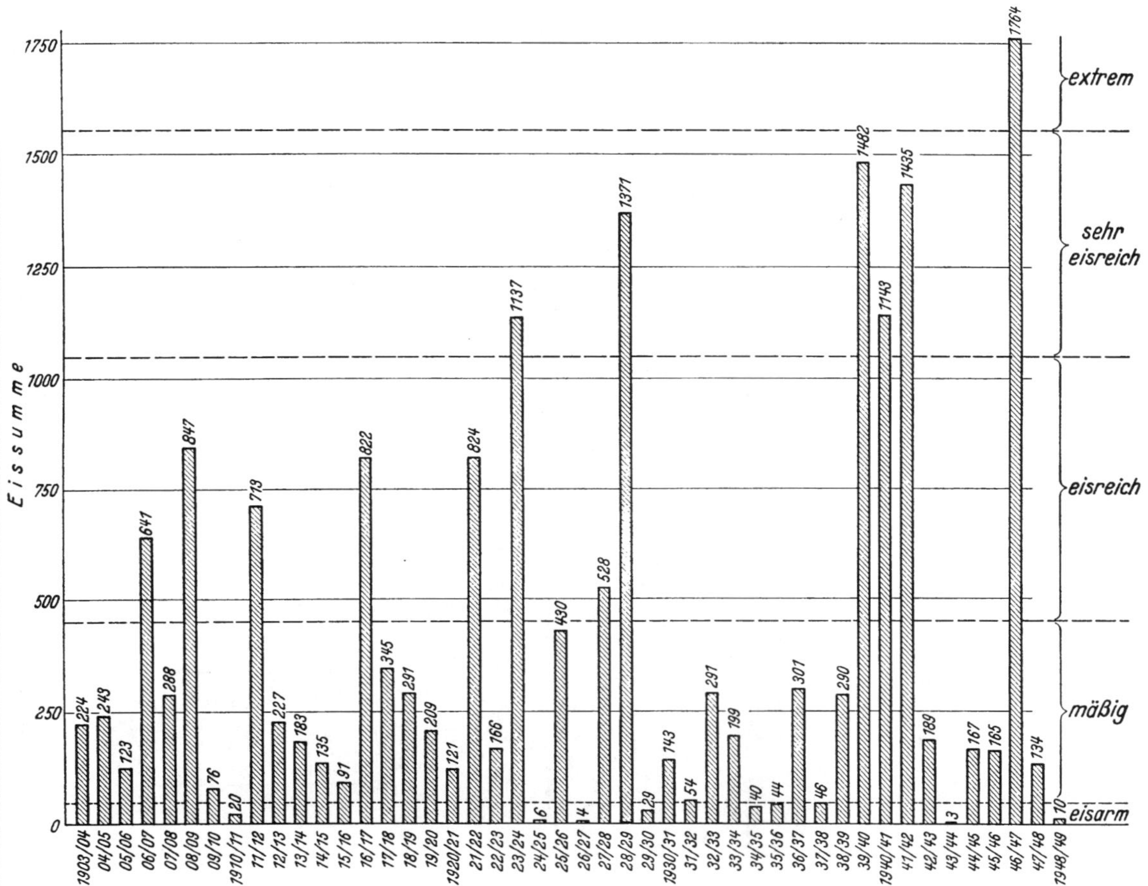

Abb. 2. Übersicht über die Eiswinter 1903/04 bis 1948/49 an den deutschen Küsten, ausgedrückt durch ihre Eissummen. (Eissumme ist die Anzahl von Tagen, an denen an 20 ausgewählten Stationen Eis beobachtet wurde. Die Stationen sind so ausgewählt, daß alle charakteristischen Fahrwasser erfaßt werden.)

Literatur zu 32657.

[1] Büdel, J.: Der Eiswinter 1945/46 an den deutschen Küsten (Brit. Zone) im Vergleich zu den Eiswintern 1903/04 bis 1942/43. Unveröff. wiss. Arb. Dtsch. Hydrogr. Inst. Nr. 34. — Nusser, F.: Die Eisverhältnisse des Winters 1948/49 an den deutschen Küsten. Dtsch. Hydrogr. Ztschr. **2** (1949). — [2] Richter, J.: Über Hamburger Winter, ihre Intensität und Reihenfolge. Ann. d. Met. Jahrg. 1 (1948).

Nusser

327 Hydrographie.

3271 Fließende Gewässer.

32710 Allgemeines.

Die in Deutschland gebräuchlichen Begriffe und Bezeichnungen sind in Normblatt DIN 4049 (Deutsche Normen): „Fachausdrücke der Hydrologie" festgelegt. Siehe auch Allgem. Teil des Jahrbuches für die Gewässerkunde des Deutschen Reiches, Abflußjahr 1938 (Berlin 1942).

Literatur.

a) Zusammenfassende Darstellungen, Lehr- und Handbücher:
Schaffernak, F.: Hydrographie. Wien (1935).
Pardé, M.: Fleuves et Rivières. 2. Aufl. Paris (1947).
Meyer, A. F.: The Elements of Hydrology. New York (1928).
Meinzer, O. E.: Hydrology. IX. Bd. von „Physics of the Earth". New York, London (1942).

b) Periodische Veröffentlichungen von Beobachtungsmaterial, gewässerkundl. Jahrbücher: Die meisten größeren Länder geben gewässerkundl. Jahrbücher heraus. Bibliographie bei W. Friedrich: Gewässerkunde. Geogr. Jahrbuch **45** (1930) 34 und **54** (1937) 131.

c) Bibliographische Zusammenstellungen: Beginnend mit dem Jahr 1934 geben viele Länder hydrologische Bibliographien heraus. Die „Hydrologische Bibliographie für das Deutsche Reich" beginnt mit dem Jahr 1936; letzter bisher erschienener Band für das Jahr 1941. Überblick über die von 1907 bis 1937 veröffentlichte gewässerkundliche Literatur in Friedrich W.: Gewässerkunde. Geogr. Jahrbuch **45** (1930) und **54** (1937). Über die während des Krieges in Deutschland erschienene gewässerkundliche Literatur berichtet Friedrich in „Naturforschung und Medizin in Deutschland 1939—1946", Bd. **18**, Geophysik Teil 2 (Fiat Review).

32711 Abfluß.

327111 Mittel- und Grenzwerte des Abflusses.

Tabelle 1. Mittel- und Grenzwerte des Abflusses der wichtigsten Wasserläufe. Der mittlere jährliche Abfluß wird ausgedrückt durch die gesamte abfließende Wassermenge in m³, geteilt durch die Anzahl $3{,}15 \cdot 10^7$ sec des Jahres. Diese Zahl ist MQ. Einheit m³/s. Man kann sich diese Menge über das gesamte Einzugsgebiet F_N km² verteilt denken und erhält so die Abflußspende $Mq = 1000\ MQ/F_N$, Einheit l/s · km², oder die jährliche Abflußhöhe $= MQ \cdot 31\,500/F_N$ Einheit mm Wasser, oder $= Mq \cdot 31{,}5/F_N$. Die größten Abflußwerte HHQ und HHq und die kleinsten Abflußwerte NNQ und NNq dieser Tabelle sind die Grenzwerte, die nur vorübergehend an den verzeichneten Daten beobachtet worden sind.

Wasserlauf	Meßstelle	Einzugsgebiet F_N km²	Mittlerer jährlicher Abfluß			Höchster Abfluß			Niedrigster Abfluß			Literatur
			MQ m³/s	Mq l/s · km²	Reihe	HHQ m³/s	HHq l/s · km²	Datum	NNQ m³/s	NNq l/s · km²	Datum	
A. Deutschland:												
Memel	Tilsit	91267	539	5,91	1936—1939	6700	73,4	14.4.1889	82	0,90	21.12.1938	Jahrbuch [1]
Pregel	Tapiau	13595	62	4,56	1936—1939	1000	73,6	31.3.—1.4. 1888	15	1,10	25.7.—8.8. 1912	„ [1]
Weichsel	Montauerspitze	193009	1110	5,75	1926—1935	11810	61,2	28.3.1855	256	1,33	21.12.1938	„ [1]
Oder	Kienitz	109093	586	5,37	1936—1939	3320	30,4	20.4.1917	137	1,26	30. 6. 1934	„ [1]
Warthe	Landsberg	51893	218	4,20	1936—1939	1960	37,8	2.—3.4.1888	58	1,11	8. u. 9.7. 1934	„ [1]
Elbe	Darchau	131950	642	4,87	1931—1939	3840	29,1	7.4.1895	150	1,14	Juli 1934	„ [1]
Vereinigte Mulde	Golzern	5434	59	10,9	1911—1935	1280	236	5.1. 1932	0,1	0,02	21. 8. 1911	„ [1]

Friedrich

Saale	Grizehne	23737	92	3,89	1926—1938	641	27,0	29.3.1895	12	0,48	24. 6.1934	Jahrbuch [1]
Bode	Athensleben	3000	14,2	4,73	1901—1938	128	42,7	2. u. 3.1. 1926	0,3	0,10	1933 und 1934 öfter	,, [1]
Weser	Intschede	37906	292	7,70	1926—1935	2170	57,2	5. 1.1926	51	1,35	18.10.1921	,, [1]
Werra	Frankenroda	4212	36	8,52	1930—1939	545	129	1. 1.1926	3,6	0,85	13. u. 14.7. 1934	,, [1]
Fulda	Guntershausen	6366	52	8,09	1936—1939	000	157	1. 1.1926	6,8	1,07	9.10.1921	,, [1]
Aller	Westen	15221	103	6,77	1936—1939	1650	108	13. 3.1881	21	1,38	8. 9.1921	,, [1]
Leine	Greene	2898	27	9,18	1937—1939	456	157	5. 2.1909	6,4	2,21	6. 9.1911	,, [1]
Ems	Rheine	3740	32	8,64	1926—1935	460	123	27.11.1890				,, [1]
Rhein	Maxau	50343	1240	24,6	1921—1939	3580	71,1	27.12.1919	377	7,49	27.u.28.12. 1938	,, [1]
Rhein	Rees	159683	2390	15,0	1936—1939	12200	76,4	3. 1.1926	660	4,13	Nov. 1921	,, [1]
Neckar	Kirchheim	7867	82	10,5	1931—1939	2160	275	30.10.1824	7	0,89	20.11.1921	,, [1]
Main	Schweinfurt	12719	108	8,49	1911—1938	2000	157	29. 3.1845	13	1,00	23. 7.1934	,, [1]
Mosel	Kochem	27100	323	11,9	1937—1939	4100	151	31.12.1925	30	1,11	28. 7.1921	,, [1]
								1. 1.1926				,, [1]
Wupper	Opladen	604	15	24,0	1937—1939	203	336	14. 1.1938	1,2	1,99	8. 7.1939	
Ruhr	Spillenburg	4168	58		1937—1939	869		.	2,5			,, [1]
Donau	Hofkirchen	47544	623	13,1	1901—1938	6000	126	31. 3.1845	165	3,47	4. 1.1909	,, [1]
Iller	Krugzell	1118	51	46,0	1921—1938	800	716	15. 6.1910	5,8	5,19	28. 2.1932	,, [1]
Lech	Ellgau	4078	119	29,2	1901—1938	1250	307	16. 6.1910	28	6,87	12. 3.1917	,, [1]
Isar	Landau	8478	162	19,1	1926—1938	1400	165	15. 9.1899	67	7,90	5. 1.1894	,, [1]
Inn	Wernstein	26072	733	28,1	1921—1938	7000	268	15. 9.1899	219	8,40	10. 2.1939	,, [1]
B. Europa (ohne Deutschland):												
Petschora	Oxino	317000	1900	6								
Dwina	Pinega	350100	3797	10,8	1926—1935							
Newa	Schlüsselburg	276164	2442	8,85	1881—1924	4585	16,6	26. 7.1924	869	3,14	8. 2.1921	Kolupaila u. Pardé [19]
Kemiälv	Taivalkoski	50280	529	10,5	1911—1940	4131	81,5		125	2,5		Finn. Jahrb.[3]
Vuoksen	Imatra	61280	607	9,9	1911—1940	1146	18,8		311	5,1		,, ,, [3]
Ljusnan	Edänge	13720	173	12,6	1909—1945	2020	147		24,7	1,8		Schwed. Jahrb. [4]
Vänern-Götaälv	Edebäck	8560	133	15,5	1910—1945	1320	154		17,3	2,0		Schwed. Jahrb. [4]
Norddalelv		83	17,2	208								Pardé [7]
Gudenaa	Aastedbro	187	2,4	12,9	1917—1943	23,8	127	25. 3.1924	0,47	2,5	Juli 1921	Danske Hedes. [2]
Skern Aa	Alergaard	1056	13,2	12,5	1924—1943	102	96,0	25. 3.1924	5	4,7	Juli 1934	Danske Hedes. [2]
Themse		10500	85	8,1								Pardé [7]
Shannon		10400	194	18,7								,, [7]
Seine	Paris	44000	320	7,3		2500	57	Jan. 1910				,, [6]
Loire	Bec d'Allier	18500	200	10,8		9000 bis 10000	~515	Okt. 1846 Mai 1856				,, [13]
Garonne	Agen	34900	475	13,6		8500	240	Juni 1875	60	1,7		,, [16]
Rhône	Beaucaire	95500	1880	19,7		12000 bis 13000	~130	Mai 1856 Okt./Nov. 1840	400	4,3		,, [7]

Wasserlauf	Meßstelle	Einzugsgebiet F_N km²	Mittlerer jährlicher Abfluß			Höchster Abfluß			Niedrigster Abfluß			Literatur
			MQ m³/s	*Mq* l/s · km²	Reihe	*HHQ* m³/s	*HHq* l/s · km²	Datum	*NNQ* m³/s	*NNq* l/s · km²	Datum	
Ebro	Tortosa	83093	615	7,4	1912—1935	8000	96		33,8	0,4		Masachs [5]
Tajo	Vila Velha	60000	355	5,9	1901—1936	9690	158		1,0	0,01		,, [5]
Guadalquivir	Cantillana	43742	164	3,7		6800	155		8,0	0,18		,, [5]
Po	Ponte Lagoscuro	70200	1763	25,1	1914—1924	9000	128	Mai/Juni 1917				Pardé [8]
Arno	S. Giovanni alla Vene	8186	107	13,1		2875	352	Jan. 1919				,, [7]
Tiber	Rom-Ripetta	16545	218	13,1	1921—1930	3300	200		98	6	Aug. 1927	,, [15]
Donau	Wien	101600	1920	18,9		14000	137	Aug. 1501				Haeuser [12]
Donau	Sulina	817000	6430	7,9		28300	35					,, [12]
Enns	Weng	2679	71,0	26,5								Reitz u. Kreps [10]
Mur	St. Georgen	2342	50	21,4								Reitz u. Kreps [10] (Mur, Save)
Save	Ratschach	7198	266	36,8								
Jalomitza	Mündung	9380	46	4,9								Pavel [9]
Sereth	,,	45373	250	5,5								,, [9]
Pruth	,,	27500	130	4,7								,, [9]
Dnjestr	Bender	66200	331	5,0								Pardé [7]
Bug	Bohdaniwka	46000	97,8	2,1	1913—1924	2750	60	Frühj. 1922	5	0,11	15.12.1921	Billib [14]
Dnjepr	Lotzmanska-Kamianka	466000	1590	3,4	1877—1923	20400	44	April 1917	250	0,53	Nov./Dez. 1921	,, [14]
Pripet	Mosyr	100283	385	3,75	1882—1929	4500	46	10.—12.4. 1917	66	0,68	Sept. 1921	,, [14]
Desna						5500	63	5.4.1917	51,6	0,6	17.8.1921	,, [14]
Don	Kalatsch	226000	540	2,4	1901—1910	13500	61	April 1917	60	0,27	Juli/Aug. 1921	,, [14]
Wolga	Wiazowaia	626000	3520	5,6	1903—1912	40000	63	Mai 1926	863	1,38	8. 3. 1921	Kolupaila u. Pardé [19]
Wolga	Samara	1208160	7770	6,44	1877—1929	61000	51	24./25.5. 1926	1226	1	12.3.1877	Kolupaila u. Pardé [19]
Kama	Mourzikha	521400	3510	6,75		32000	61	29.5.1914	300	0,57		Kolupaila u. Pardé [19]
Oka	Kaluga	54000	270	5	1882—1910	5870	108	12.4.1908	47,5	0,88	Aug. 1897	Kolupaila u. Pardé [19]
Kuban	Krasnodar	44200	392	8,9		1600	36	4.7.1919				Billib [14]
Salgir	Simferopol	323	1,2	3,8	1913—1924	32	99					,, [14]
	C. Asien:											
Ob	Salehard	2410000	11340	4,67								Pardé [7]
Jenissei	Igarka	2570000	19700	7,65		100000						,, [7]
Lena	Kioussiour	2280000	17600	7,7		80000						,, [7]
Kolyma		348000	2060	5,9								,, [7]
Amur	Komsomolsk	1690000	10200	5,95								,, [7]
Hoangho		1000000	2500 bis 3000	2,5—3,0								,, [7]

Jang-tsekiang		1775000	17750	10								Pardé [7, 13]
Mekong		810000	6000 bis 7000	7,4—8,6								,, [13]
Irawadi		367000	11000	30								,, [7]
Ganges		1060000	14000 bis 16000	13—15								,, [7, 13]
Brahma-putra		670000	16000 bis 18000	24—27								,, [7, 13]
Indus		960000	6600	7								,, [7, 13]
Euphrat	Hit	110000	710	6,48								,, [7]
Tigris	unterhalb Bagdad	105000	1350	12,8								,, [7]
Amu-Darja	Kerki	264000	2060	7,8								,, [7]
Kura	Sabirabad	180000	523	2,93								,, [7]
D. Afrika:												
Nil	Wadi Halfa	2900000	2700	0,93								,, [7, 13]
Kongo			37000 bis 42000						20000 bis 25000			,, [7]
Kassai		800000	10000	12,5								,, [7, 13]
E. Nordamerika:												
St. Lorenz	Quebec	1030000	10400	10	1905—1944	18000 bis 20000	18—20					,, [6]
Niagara		680000	5900	8,66	1905—1944							,, [6]
Saguenay	St.-Jean-See	77700	1488	19,2	1913—1939	9250	119	Mai 1928	62	0,8		,, [6]
Mississippi	St. Louis	1809000	6300	3,5		25500	14	1883				,, [17]
Mississippi	Vicksburg	3180000	17000 bis 20000	5,3—6,3	1928—1944	65000 bis 70000	21—22	April 1927				,, [17]
Missouri	Gesamtgebiet	1365000	2800	2		16000 bis 17000	12	Juni 1844	700	0,5		,, [17]
Arkansas	,,	459000	1850	4		13000	28,3	Febr. 1916				,, [17]
Ohio	,,	528000	8400	16					1000	1,8		,, [17]
Tennessee	Chattanooga	55500	1060	19		20400	272	März 1867				,, [17]
Illinois	Gesamtgebiet	72000	650	9		3500	48,5	April 1904				,, [17]
Susque-hanna	Marietta	67500	1050	15,5		22300	331	März 1936				,, [7]
Columbia		680000	6800	10								,, [7]
Colorado		630000	695	1,1								,, [7]
F. Südamerika:												
Orinoco		960000	12000 bis 13000									,, [13]
Amazonas		5500000	90000 bis 100000	16—17,5		200000	36,4		45000 bis 50000	8—10		,, [7]
Madeira	Gesamtgebiet		14000 bis 15000									,, [7]
Parana	Corrientes		16000 bis 17000			50000						,, [18]

Friedrich

Wasserlauf	Meßstelle	Einzugsgebiet F_N km²	Mittlerer jährlicher Abfluß MQ m³/s	Mittlerer jährlicher Abfluß Mq l/s · km²	Mittlerer jährlicher Abfluß Reihe	Höchster Abfluß HHQ m³/s	Höchster Abfluß HHq l/s · km²	Höchster Abfluß Datum	Niedrigster Abfluß NNQ m³/s	Niedrigster Abfluß NNq l/s · km²	Niedrigster Abfluß Datum	Literatur
Paraguay	Gesamtgebiet	1 084 000	4 500	4,15		11 500	10,6					Pardé [*18*]
Pilcomayo	,,	70 000	175	2—3								,, [*18*]
Uruguay	,,	264 000	4 500	17		30 000	114					,, [*18*]
Sao Francisco	,,	500 000	2 775	5,58								,, [*18*]
Rio Negro	,,		1 000									,, [*18*]

327112 Jährlicher Gang des Abflusses.

Tabelle 2. Jährlicher Gang des Abflusses.
(Verhältnis des mittleren Monatsabflusses zum mittleren jährlichen Abfluß MQ.)

Wasserlauf	Meßstelle	Einzugsgebiet km²	Jahresreihe	I	II	III	IV	V	VI	VII	VIII	IX	X	XI	XII	MQ m³/s	Literatur
	Europa																
Dwina	Pinega	350 100	1877—1930	0,31	0,25	**0,22**	0,68	**4,09**	2,13	0,84	0,66	0,72	0,90	0,77	0,44	3800	Pardé [*6*]
Torneälv	N. Abiskojokk	3 280	1915—1945	0,31	0,26	0,22	**0,19**	0,39	2,01	**3,04**	2,05	1,37	0,96	0,62	0,42	70	Schwed. Jahrbuch [*4*]
Düna	Witebsk			0,43	**0,33**	0,59	**4,10**	2,37	0,61	0,54	0,58	0,56	0,67	0,79	0,68		Pardé [*6*]
Memel	Tilsit	91 267	1936—1940	1,04	1,03	2,06	**2,37**	1,08	0,56	**0,49**	0,51	0,57	0,71	0,82	0,76	538	Jahrbuch [*1*]
Weichsel	Montauerspitze	193 009	1926—1940	0,92	0,93	1,54	**1,78**	1,03	0,88	0,75	**0,73**	0,77	0,78	1,03	0,85	1060	,, [*1*]
Oder	Kienitz	109 093	1936—1940	1,13	1,09	**1,60**	1,46	0,98	0,95	**0,54**	0,65	0,96	0,77	0,93	0,97	650	,, [*1*]
Elbe	Darchau	131 950	1931—1939	1,15	1,29	**1,49**	1,42	1,13	0,92	0,75	**0,60**	0,73	0,72	0,92	0,91	642	,, [*1*]
Weser	Intschede	37 905	1896—1915	1,41	1,53	**1,85**	1,34	0,99	0,67	0,60	**0,55**	0,57	0,61	0,77	1,15	315	Fischer [*20*]
Rhein	Rees	159 683	1936—1940	1,10	**1,20**	1,18	1,14	0,92	0,92	0,96	0,90	**0,82**	0,92	0,93	0,98	2490	Jahrbuch [*1*]
Themse	Teddington		1883—1907	**1,77**	1,71	1,45	1,01	0,80	0,58	0,42	**0,40**	0,61	0,62	1,05	1,48		Pardé [*7*]
Rhône	Beaucaire	95 500	18 7—1936	0,99	0,96	1,08	1,15	**1,20**	1,15	0,90	0,74	**0,70**	0,94	1,12	1,08	1880	,, [*7*]
Ebro	Tortosa	83 093	1912—1935	1,09	1,31	**1,57**	1,39	1,47	1,15	0,54	**0,29**	0,37	0,55	0,96	1,25	584	Masachs [*5*]
Po	Ponte Lagoscuro	70 200	1918—1937	0,80	0,77	1,00	1,13	1,30	1,26	0,88	**0,65**	0,82	1,08	**1,40**	0,96	1750	Pardé [*7*]
Tiber	Rom-Ripetta	16 545	1921—1937	1,12	1,26	**1,52**	1,28	1,08	0,75	0,59	**0,53**	0,57	0,75	1,15	1,42	220	,, [*7*]
Donau	Wien	101 707	1926—1935	0,74	0,76	0,82	1,05	1,31	**1,52**	1,36	1,28	0,93	0,80	0,80	**0,67**	1760	Jahrbuch [*1*]
Inn	Innsbruck	5 794	1926—1935	0,23	**0,21**	0,23	0,44	1,25	**2,57**	2,41	1,92	1,24	0,70	0,51	0,31	172	,, [*1*]
Theiß	Szegedin		1910—1929	1,01	0,78	1,51	**2,05**	1,56	0,98	0,85	0,61	0,56	**0,55**	0,77	0,76		Pardé [*7*]
Dnjepr	Lotzmanska-Kamianka	466 000	1877—1923	**0,45**	0,49	0,92	2,46	**3,16**	1,31	0,64	0,54	0,47	0,46	0,52	0,48	1570	Kolupaila u. Pardé [*19*]
Don	Kalatsch	215 000	1881—1929	0,35	0,42	1,46	**5,03**	2,50	0,54	0,36	0,29	**0,26**	0,27	0,28	0,28	703	,, ,, ,, [*19*]
Wolga	Wiazouwaia	626 000	1903—1912	0,33	**0,29**	0,46	**3,91**	2,92	0,82	0,66	0,55	0,57	0,63	0,47	0,41	3700	,, ,, ,, [*19*]
	Asien																
Ob	Salehard	2 410 000	1877—1935	0,36	0,32	0,26	**0,24**	0,84	**2,74**	2,46	1,98	1,02	0,84	0,56	0,36	11 000	Pardé [*7*]
Irawadi		367 000	1869—1879	0,25	**0,18**	0,19	0,26	0,35	0,93	2,22	**2,60**	2,23	1,69	0,72	0,38	11 000	,, [*7*]
	Afrika																
Blauer Nil	Khartum			0,21	0,14	0,10	**0,08**	0,09	0,25	1,15	3,42	**3,47**	1,95	0,76	0,38		Pardé [*7*]
Weißer Nil	,,		1912—1923	1,10	0,87	0,72	**0,68**	**0,68**	0,76	0,70	0,70	1,26	**1,70**	1,49	1,33		,, [*7*]

Wasserlauf	Meßstelle	Einzugsgebiet km²	Jahresreihe	I	II	III	IV	V	VI	VII	VIII	IX	X	XI	XII	MQ m³/s	Literatur
	Amerika																
Ottawa	Grenville	144000	1929—1939	0,71	0,67	0,83	1,77	**2,16**	1,33	0,91	0,68	**0,64**	0,71	0,88	0,73	1904	Pardé [6]
Fraser	Hope		1911—1930	0,33	0,30	**0,26**	0,55	1,74	**2,66**	2,25	1,46	0,91	0,69	0,50	0,41		,, [7]
Mississippi	Hannibal[1]		1899—1926	0,97	1,39	2,21	**3,07**	2,79	2,85	2,16	1,52	1,40	1,53	1,39	**0,92**		,, [7]
Susquehanna	Harrisburg		1926—1937	1,06	0,86	2,19	**2,45**	1,37	0,60	0,51	**0,36**	0,38	0,42	0,84	0,97		,, [7]

[1] Monatsmittel der Wasserstände in m.

327113 Unperiodische Schwankungen des Abflusses.

Tabelle 3. Schwankungen des Abflusses von Jahr zu Jahr.
Größter und kleinster jährlicher Abfluß, MQ_{max}, MQ_{min}.

Wasserlauf	Meßstelle	Einzugsgebiet F_N km²	Jahresreihe	MQ_{max} m³/s	MQ_{max} Jahr	MQ_{min} m³/s	MQ_{min} Jahr	$a = \frac{MQ_{max}}{MQ_{min}}$	Bearbeiter	Literatur
Swir	Pirkinitchi	69300	1881—1921	1005	1903	483	1914	2,08	Kolupaila u. Pardé	[19]
Wolchow	Gostinopolje	79543	1887—1924	902	1899	313	1921	2,88	,, ,, ,,	[19]
Newa	Schlüsselburg	276164	1881—1924	3724	1924	1814	1921	2,05	,, ,, ,,	[19]
Düna	Friedrichstadt	77255	1881—1929	984	1928	354	1890, 1921	2,78	,, ,, ,,	[19]
Memel	Schmalleningken	81231	1812—1932	844	1931	345	1842, 1858	2,45	,, ,, ,,	[19]
Gudenaa	Aastedbro	187	1932—1943	2,77	1936	1,82	1933	1,52	Dänisch. Jahrb.	[2]
Ske'n Aa	Alergaard	1056	1932—1943	15,4	1936	10,4	1934	1,49	,, ,,	[2]
Elbe	Dresden	53111		463[1]	1941	74[1]	1934	6,2	Wundt	[21]
Mulde	Golzern	5434		714[1]	1941	167[1]	1918	4,3	,,	[21]
Werra	Gesamtgebiet	5505	1896—1915	343[1]	1914	189[1]	1912	1,8	,,	[21]
Fulda	,,	6955	1896—1915	318[1]	1914	190[1]	1909	1,7	,,	[21]
Aller	,,	15594	1896—1915	327[1]	1902	163[1]	1912	2,0	,,	[21]
Weser	Gieselwerder	12672	1901—1942	169	1941	55,2	1934	3,1	Groth	[22]
Ems	Rheine	3740	1921—1940	445[1]	1926	128[1]	1934	3,5	Schnell	[unveröffentl.]
Neckar	Plochingen	4003		585[1]	1939	118[1]	1921	4,9	Wundt	[21]
Tauber	Bad Mergentheim	1013		330[1]	1931	48[1]	1934	6,9	,,	[21]
Rhein	Maxau	50342		1010[1]	1922	451[1]	1921	2,2	,,	[21]
Iller	Ferthofen	1329		1950[1]	1922	930[1]	1928	2,1	,,	[21]
Donau	Ulm-Bastei	7611		620[1]	1931	266[1]	1921	2,3	,,	[21]
Ebro	Tortosa	83093	1912—1935	1097	1915	375	1929	2,92	Masachs	[5]
Tajo	Vila Velha	61100	1901—1936	1370	1935	142	1918	9,64	,,	[5]
Duero	Toro	41543	1912—1930	306	1919	83	1921	3,67	,,	[5]
Guadiana	Ponte de Palmas	47500	1920—1941	232	1936	22	1938	10,56	,,	[5]
Dnjepr	Kamenka	458911	1878—1929	2433	1895	728	1921	3,23	Kolupaila u. Pardé	[19]
Don	Kalatsch	215001	1881—1929	1266	1915	329	1895	3,85	,, ,, ,,	[19]
Oka	Kaluga	54000	1882—1910	398	1908	169	1891	2,36	,, ,, ,,	[19]
Wolga	Samara	1208160	1877—1929	12210	1926	4780	1921	2,54	,, ,, ,,	[19]

[1] Abflußhöhen in mm Wasserhöhe pro Jahr über Einzugsgebiet F_N km². Diese Abflußhöhe multipliziert mit $F_N/31500$ gibt MQ in m³/s.

327114 Abhängigkeit der größten und der kleinsten Abflußspenden von der Größe der Einzugsgebiete und der Niederschläge.

Die bei großem Hochwasser vorkommenden Scheitelabflußspenden, d. h. der sekundliche Abfluß pro km² zur Zeit des höchsten Wasserstandes, ist abhängig von der Größe, Natur und Form des Einzugsgebiets und von der Niederschlagshöhe. Die in Tab. 4 für Deutschland mitgeteilten Spendenwerte gelten nur für das Emsgebiet. Bei Katastrophenhochwassern, wie z. B. im Gottleubatal im Juli 1927, im Taubergrund 1911, sind Spenden bis zu 30000 l/s · km² vorgekommen.

Tabelle 4. Abhängigkeit der größten Hochwasserabflußspenden (*HHq* in l/s · km²) von der Größe der Einzugsgebiete (km²).

Größe der Einzugsgebiete		100 km²		500 km²		3000 km²		10000 km²	Literatur
Mediterrane u. tropische Gebiete mit wolkenbruchartigen Regen		10000 bis 25000		5000 bis 15000		2000 bis 4000		1000 bis 2000	Pardé [7]
Voralpen, Jura, Pyrenäen. Mediterrane Gebiete mit mäßigen Niederschlägen		1500 bis 2000		800 bis 1500		600 bis 1000		350 bis 800	
Westeuropäische Tiefländer		300 bis 500		150 bis 300		100 bis 250		50 bis 150	

Größe der Einzugsgebiete		100 km²		500 km²	1000 km²	2500 km²	10000 km²	25000 km²	
Neu-England		3000		2000	1750	1000	500	340	Pardé [6]
Delaware, Hudson, Susquehanna		3300		2000	1750	1000	750	550	
Potomac, James und oberer Ohio		2500		2000	1800	1500	950	550	

Größe der Einzugsgebiete			10 km²	25 km²	48 km²	110 km²	180 km²		
Westfälische Bäche und Flüsse (Ems-Gebiet)			340	320	300	280	260		Erl. Preuß. Min. für Landw., Domänen u. Forsten v. 20. 9. 1904

Größe der Einzugsgebiete	1 km²	5 km²	10 km²	25 km²	30 km²	50 km²	100 km²	140 km²	
Westfälische Bäche und Flüsse (Ems-Gebiet)	400	354	339	316	313	302	287	280	Sperling [23]

Tabelle 5. Abhängigkeit der niedrigsten Abflußspenden (*NNq* in l/s · km²) von der Größe der Einzugsgebiete und den mittleren jährlichen Niederschlägen (Dänemark).

Mittl. jährl. Niederschlag mm	< 550	550—600	600—650	650—700	700—750	> 750	Literatur
Einzugsgebiete km²							
0— 10	0	0	0 —0,1	0 —0,2	0 —0,5	0 —1,0	Danske Hedeselskab [2]
10— 50	0	0 —0,1	0,1—0,2	0,2—0,5	0,5—1,0	0,5—1,5	
50—100	0	0 —0,2	0,1—0,5	0,5—1,0	1,0—2,0	1,0—2,5	
100—200	0 —0,1	0,1—0,3	0,1—1,0	0,5—2,0	1,0—3,0	1,0—3,5	
> 200	0 —0,2	0,1—0,5	0,5—1,0	1,0—3,0	1,0—3,5	1,0—5,0	

Friedrich

Literatur zu 32711.

[1] Jahrbuch für die Gewässerkunde des Deutschen Reichs. Abflußjahr 1939. Berlin (1943). — [2] Beretning om det Danske Hedeselskabs Kulturtekniske Afdelings Hydrometriske Undersögelser 1939—1943. 6. Beretning. Slagelse (1946). — [3] Arsbok, Hydrografiska Byran, Helsingfors 1941—1945, Helsinki (1948). — [4] Arsbok, III. Teil: Hydrologi och Hydrografi, Sveriges Meteorologiska och Hydrologiska Institut. 27. Jahrg., 1945. Stockholm (1947). — [5] Masachs Alavedra, V.: El Régimen de los Rios Peninsulares. Barcelona (1948). — [6] Pardé, M.: Hydrologie du fleuve Saint Laurent et de ses affluents. Revue canadienne de géographie, Vol. II. Montreal (1948). — [7] Pardé, M.: Fleuves et rivières, 2. Aufl. Paris (1947). — [8] Pardé, M.: „L'Ufficio idrografico del Po" et la grande crue d'octobre—novembre 1928. — [9] Pavel, D. J.: Rumäniens schiffbare und ausbauwürdige Wasserstraßen. Deutsche Wasserwirtschaft 1943, 23. Jg., 63 bis 67. — [10] Reitz u. Kreps: Genäherte Berechnung einer Abflußkurve. Deutsche Wasserwirtschaft 38. Jg. (1943) 67 bis 68. — [11] Pardé, M.: Le Régime de la Garonne. Revue Géographique des Pyrenées et du Sud-Ouest, Tome VI. Toulouse (1935). — [12] Haeuser, J.: Gewässerkunde der Donau. Geogr. Wochenschrift **2** (1943). — [13] Pardé, M.: L'abondance des cours d'eau. Mélanges géogr. offerts à R. Blanchard, Inst. de géogr. alpine. Grenoble (1932). — [14] Billib, H.: Die Stromgebiete der Ukraine, ihre Abflußspenden und Wasserkräfte. Deutsche Wasserwirtschaft **38** (1943) 118 bis 124. — [15] Pardé, M.: Le Régime du Tibre. Revue de Géographie alpine. Vol. 21 (1933) 289 bis 335. — [16] Pardé, M.: Le Régime de la Garonne. Revue Géographique des Pyrenées et du Sud-Ouest, Vol. 6. Toulouse (1935). — [17] Pardé, M.: Le Régime du Mississippi. Revue de Géographie alpine, Vol. 18. Grenoble (1930). — [18] Pardé, M.: Quelques données sur le régime des rivières sud-américaines. Société scientifique du Dauphiné, Tome 64, Nr. 2. Grenoble (1949). — [19] Kolupaila, St. u. M. Pardé: Le régime des cours d'eau de l'Europe orientale. Revue de Géographie alpine, Vol. 21 (1933) H. 4, 651 bis 748. — [20] Fischer, K.: Niederschlag, Abfluß und Verdunstung im Weser- und Allergebiet. Besondere Mitteilungen **7**, Nr. 2, zum Jahrbuch f. d. Gewässerkunde Norddeutschlands. Berlin (1932). — [21] Wundt, W.: Der Schwankungsquotient des Jahresabflusses. Das Wasser (Keune-Verlag). Hamburg (1948). 1. Jg., Heft 1, S. 8 bis 12. — [22] Groth, W.: Die Wasserwirtschaft Niedersachsens. Veröff. d. Prov. Inst. f. Landesplanung u. niedersächs. Landes- u. Volksforschg. Hannover-Göttingen. Reihe A I, **22**. Oldenburg (Stalling) (1944). — [23] Sperling, W.: Das Februarhochwasser 1946 im Emsgebiet und in den westlichen und nördlichen Nachbargebieten. Besond. Mittlgn. Nr. 1 d. Wasserwirtschaftsstelle f. d. Emsgebiet. Münster (1946).

32712 Wasserhaushalt.

327121 Beziehungen zwischen den mittleren Jahreshöhen des Abflusses A und des Niederschlags N in mm.

Tabelle 6. Aus den Beobachtungen abgeleitete Formeln für die Beziehungen zwischen den mittleren Jahreshöhen des Abflusses A und des Niederschlags N in mm.

Gültigkeitsbereich		Formel	Bearbeiter
Schweden		$A = 1{,}05 \cdot N - 392$	Wallén, Coutagne [34]
Mitteleuropa	obere Grenzlinie des Abflusses (großes Abflußvermögen)	$A = N - 350$	Keller [28]
,,	Hauptlinie des Abflusses	$A = (N - 430) \cdot 0{,}942$	,, [28]
,,	untere Grenzlinie des Abflusses (kleines Abflußvermögen)	$A = 0{,}884 \cdot N - 460$	,, [28]
,,		$A = (N - 420) \cdot 0{,}73$	Penck [32]
March, Theya, obere Oder		$A = (N - 455) \cdot 0{,}71$	Huber [33]
Karpathen, Polen		$A = 1{,}14 \cdot N - 592$	Pomianowski, Coutagne [34]
Schweizer Alpen		$A = 1{,}218 \cdot N - 980$	Lugeon, Coutagne [34]
Frankreich		$A = N - 500$	Coutagne
Algerien	$N > 450$	$A = (N - 407) \cdot 0{,}77$	,,
Tropen	$1000 \geqq N \geqq 1800$	$A = 0{,}695 \cdot N - 425$	Keller, Coutagne [34]

In die folgende Abb. 1 sind die Abflußlinien nach Keller zum Vergleich mit aufgenommen (feingestrichelt). Für Mitteleuropa ist m die Hauptlinie, m_o die obere und m_u die untere Grenzlinie des Abflusses. E_1 (1,6°), E_2 (9,7°), E_3 (24°) sind die Hauptlinien für die Erde.

Friedrich

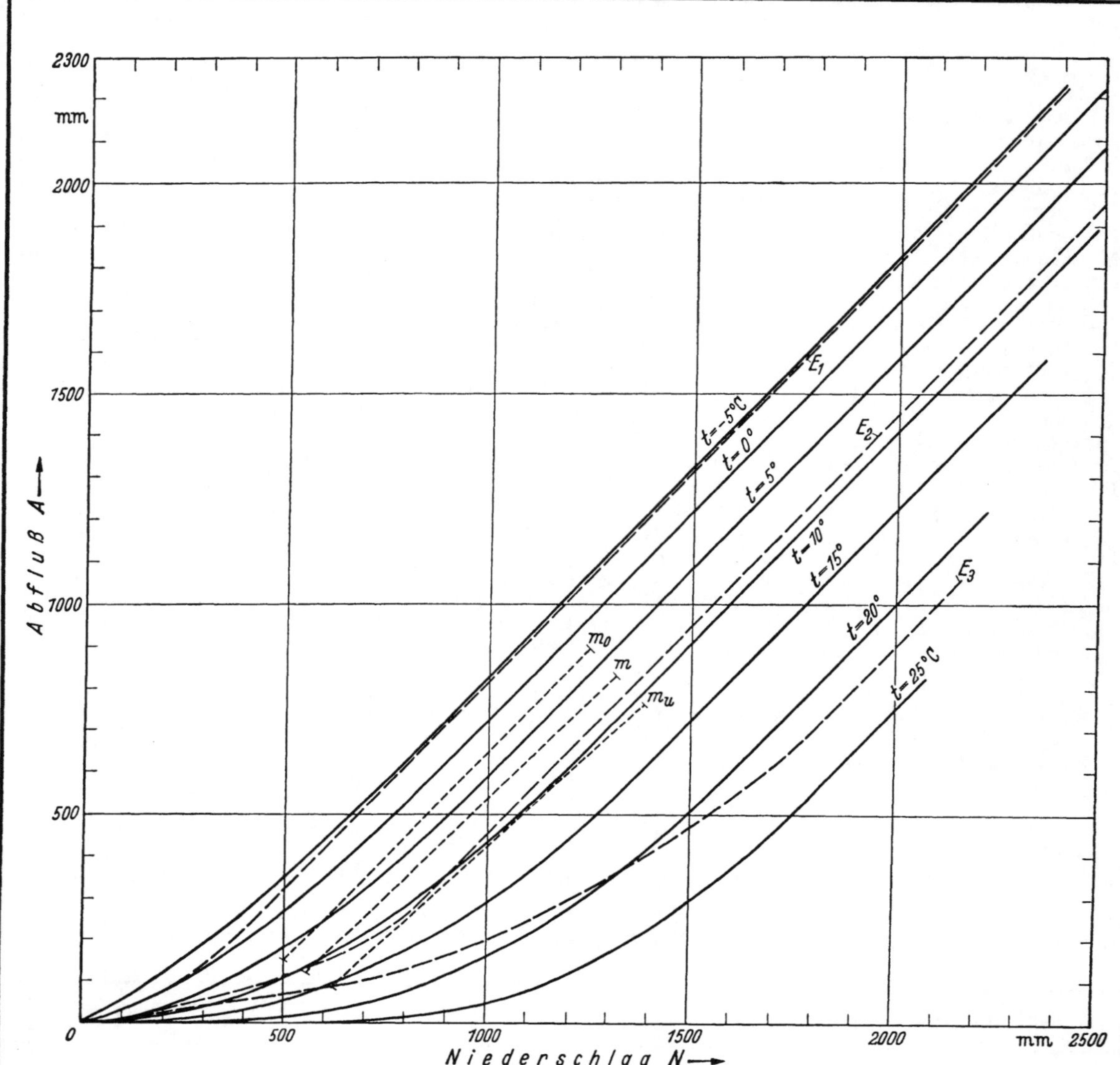

Abb. 1. Beziehungen zwischen den mittleren Jahreshöhen (in mm) des Niederschlags und des Abflusses und der mittleren jährlichen Lufttemperatur (in Grad Cels.). (Nach W. Wundt [5].)

327122 Der Wasserhaushalt im langjährigen Durchschnitt.

Für eine längere Jahresreihe lautet die Gleichung für den Wasserhaushalt eines Flußgebietes:

Niederschlag N = Abfluß A + Verdunstung V.

Aus den gemessenen Mittelwerten für N und A ergibt sich daher V, die Gebietsverdunstung.

Tabelle 7. Wasserhaushalt der Stromgebiete.
Mittlere Jahreshöhen (mm) von Niederschlag N, Abfluß A und Verdunstung V.

Wasserlauf	Meßstelle	Einzugsgebiet km²	Beobachtungszeitraum	N mm	A mm	V mm	Bemerkungen Literatur
A. Deutschland							
Memel	Tilsit	91300	1851—1890	579	196	383	[28]
Pregel	oberhalb Tapiau	13595	1881—1896	580	154	426	[28]
Weichsel	Nogatabzweigung	193000	1851—1890	620	158	462	[13]
Oder	Hohensaathen	109564	1896—1905	608	146	462	[11]

Tabelle 7 (Fortsetzung).

Wasserlauf	Meßstelle	Einzugs. gebiet km²	Beob- achtungs- zeitraum	N mm	A mm	V mm	Bemerkungen Literatur
Glatzer Neiße	Mündung	4534	1896—1905	759	268	491	[11]
Malapane	,,	2037	1896—1905	727	249	478	[11]
Bober	,,	5938	1896—1905	720	287	433	[11]
Lausitzer Neiße	,,	4232	1896—1905	749	236	513	[11]
Warthe	Landsberg	51893	1896—1905	542	120	422	[11]
Netze	Vordamm	15872	1896—1905	537	128	409	[11]
Ihna	Gollnow	2152	1896—1930	576	163	413	[10]
Elbe	Tetschen	51000	1876—1900	692	192	500	[13]
Mulde	Golzern	5430	1910—1919	853	330	523	[9]
Saale	Trebnitz	18850	1882—1901	613	168	445	[28]
Havel	Rathenow	19500	1902—1910	577	123	454	[9]
Spree	Fürstenwalde	6353	1902—1910	587	122	465	[13]
Weser	oberhalb Allermündung	22311	1896—1915	730	279	451	[17]
Eder	Schmittlotheim	1198	1906—1930	937	576	361	[8]
Werra	Mündung	5505	1896—1915	717	277	440	[16]
Fulda	,,	6955	1896—1915	717	262	455	[16]
Aller	,,	15594	1896—1915	698	243	455	[17]
Ems	einschl. Hase	8200	1891—1895	729	275	454	[12]
Rhein	Köln	144612	1876—1895	911	472	439	[28]
Neckar	Offenau	12351	1921—1932	845	302	543	[15]
Main	Klingenberg	21592	1901—1925	701	226	475	[10]
Tauber	Mergentheim	1013	1921—1932	681	186	495	[15]
Mosel	Mündung	28230		764	334	430	[18]
Saar	,,	7420	1891—1900	765	331	434	[13]
Wupper	Dahlhausen	213	1882—1911	1250	852	398	[12]
Ruhr	Hohensyburg	3453	1910—1914	1055	604	451	[13]
Möhne	Günne	436	1910—1914	996	564	432	[13]
Lippe	Dorsten	4495	1892—1901	772	303	469	[14]
Donau	Obernzell	77000		1000	585	415	[28]
Iller	Mündung	2190	1899—1903	1239	885	354	[28]
Lech	,,	4130	1899—1903	1169	780	389	[28]
Isar	,,	8970	1899—1903	986	580	406	[28]
Trave	Lübeck	1572		691	260	431	[8]
B. Europa (ohne Deutschland)							
Petschora	Oxino	320340		350	200	150	[20]
Dwina	Oust Pinega	362280		450	225	225	[20]
Swir	Pirkinitchi	69300	1881—1921	555	307	248	[20]
Wolchow	Gostinopolje	79540	1887—1924	574	232	341	[20]
Newa	Schlüsselburg	276160	1881—1924	570	279	291	[20]
Düna	Friedrichstadt	77260	1881—1929	600	253	347	[20]
Kemijoki						136	[23] Finnland
Ulea	Vala	20110		577	347	230	[25] ,,
Wuoksen	unterhalb des Saimasees	60220		558	286	272	[25] ,,
Nyköpingsån	Täckhammer	3600	1909/10 bis 1924/25	567	209	358	[19] Schweden
Gullspangself	Atorp	4430	1909/10 bis 1925/26	746	389	357	[19] ,,
Nissan	Johansfors	2440	1909/10 bis 1925/26	893	538	355	[19] ,,
Gudenaa	Tvilumbro	1289	1917—1943	709	378	331	[24] Dänem.
Skern-Aa	Alergaard	1056	1924—1943	737	395	342	[24] ,,
Seine	Paris	42000		700	233	467	[21]
Loire				762	193	569	[18]
Garonne				751	253	498	[18]
Rhein	Tardisbruck	4260	1895—1909	1583	1089	494	[13]
Reuß	Mellingen	3382	1910—1919	1818	1371	447	[13]
Thur	Andelfingen	1696	1905—1914	1356	965	391	[13]
Po				1028	677	351	[18]
Magliasina	Molino d'Aranno	22	1940—1944	1754	1276	488	[29] Engadin
Tanaro	Moncastello	7985		985	470	515	[22]
Arno	S. Giovanni a. V.	8186		1016	380	636	[22]
Tiber	Rom-Ripetta	16545	1921—1932	1014	413	601	[22]
Volturno	Ponte Annibale	5542	1924—1932	1060	457	603	[22]
Donau	Wien	101600	1898—1902	1036	545	491	[28]
Donau	Mündung			749	243	506	[18]

Friedrich

Tabelle 7 (Fortsetzung).

Wasserlauf	Meßstelle	Einzugsgebiet km²	Beobachtungszeitraum	N mm	A mm	V mm	Bemerkungen Literatur
Enns	Steyr	6140		1450	900	550	[13]
Theiß	Szegedin	138579	1891—1900	710	196	514	[18]
Dnjestr	Mündung	67800		548	107	441	[18]
Bug	Alexandrowka	46180	1914—1924	497	64	433	[20]
Dnjepr	Kiew	335940	1878—1929	562	127	435	[20]
Pripet	Mosyr	100280	1882—1929	573	118	455	[20]
Don	Kalatsch	214700	1881—1929	443	104	339	[20]
Wolga	Wiazouwaia	626000	1903—1912	510	186	324	[20]
Kama	Mourzikha	521400		482	212	270	[20]
Oka	Mündung	245500	1882—1910	522	181	341	[20]
C. Asien							
Ob		2900000		300	96	204	[20]
Jenissei	mit Angara	2500000		320	140	180	[20]
Lena						120 bis 150	[23]
Amur						~200	[23]
Hoangho		980000		480	82	398	[21]
Jangtsekiang		1775000		930	322	608	[21]
Mekong		810000		1150	254	896	[21]
Saluen				998	169	829	[18]
Irawadi		430000		2080	993	1087	[18]
Ganges		1060000		1700	553	1147	[21]
Indus				451	193	258	[18]
Euphrat-Tigris				456	96	360	[18]
D. Afrika							
Weißer Nil	Gondokoro	457600		1240	93	1147	[27]
Niger				1360	475	885	[18]
Kongo		3670000		1400	370	1030	[21]
Kunene	Mündung			844	98	746	[18]
E. Nordamerika							
St.-Lorenzstrom		1250000		775	295	480	[18]
Ottawa	Grenville	144000	1929—1939	846	416	430	[23]
Mississippi	Minneapolis			700	270	430	[7]
,,	Keokuk (Jowa)	308200	1878—1934	750	177	573	[26]
,,	Mündung Missouri	444000		805	250	555	[7]
Des Moines				810	180	630	[7]
Missouri				537	61	476	[7]
Arkansas	Mündung	459000		785	127	658	[7]
Red River		233000		1015	100	915	[8]
Ohio				1100	500	600	[7]
Tennessee	Chattanooga	55500		1250	602	648	[7]
Miami	Dayton		1894—1918	942	301	641	[7]
Colorado		28800		240	28	212	[8]
F. Mittel- und Südamerika							
Magdalena				1341	445	896	[18]
Orinoko		960000		1500	395	1105	[21]
Amazonas		5500000		1800	521	1279	[21]
San Francisco		652000		1110	132	978	[18]
Parana						~1100	[30]
G. Australien							
Murray				589	63	526	[18]

32 7123 Der Wasserhaushalt für kürzere Zeitabschnitte.

Von den Gliedern der Wasserhaushaltsgleichung Niederschlag N = Abfluß A + Verdunstung V + Wasservorratsänderung ($R—B$) sind nur N und A meßbar. Von V und $R—B$ ist nur der Jahresdurchschnitt für eine längere Jahresreihe bekannt: $V = N—A$, $R—B = 0$. Prozentuale Verteilung von V auf die Monate nach Lysimetermessungen. Anwendung dieses Verfahrens auf einige Flußgebiete in Tab. 8.

Friedrich

Tabelle 8. Mittlerer jährlicher Gang des Wasserhaushalts.
(Niederschlag N, Abfluß A, Gebietsverdunstung V, Wasservorratsänderung $R—B$ in mm.)
Literatur: Trossbach u. Wundt [31], außer Weser (K, Fischer [17]).

Flußgebiet (Meßstelle) Einzugsgebiet E in km²		Nov.	Dez.	Jan.	Febr.	März	April	Mai	Juni	Juli	Aug.	Sept.	Okt.	Winter	Sommer	Jahr
Oder	N	47	39	35	38	48	78	91	99	118	108	65	70	285	551	836
(Ratibor)	A	20	20	17	24	36	43	36	23	28	26	18	20	160	151	311
6737	V	5	5	5	10	21	42	100	100	100	79	37	21	88	437	525
1896—1905	$R—B$	+22	+14	+13	+ 4	— 9	— 7	—45	—24	—10	+ 3	+ 10	+ 29	+ 37	—37	0
Obere Elbe	N	44	45	33	31	44	47	63	87	90	84	70	54	244	448	692
Tetschen)	A	12	16	14	17	33	25	17	13	10	11	12	12	117	75	192
51000	V	5	5	5	10	20	40	95	95	95	75	35	20	85	415	500
1876—1890	$R—B$	+27	+24	+14	+ 4	— 9	—18	—49	—21	—15	— 2	+ 23	+ 22	+ 42	—42	0
Weser	N	52	58	56	50	58	49	64	65	87	70	59	50	322	395	717
(einschl. Aller)	A	17	26	32	32	42	29	22	14	13	12	12	14	176	88	264
37905	V	4	5	4	9	18	36	86	87	87	68	32	17	77	376	453
1896—1915	$R—B$	+31	+27	+20	+ 9	— 2	—16	—44	—36	—13	—10	+ 15	+ 19	+ 69	—69	0
Main	N	59	54	50	47	50	45	56	62	81	73	55	47	305	374	679
(Klingenberg)	A	14	22	25	27	33	24	17	12	12	11	10	12	145	74	219
21592	V	5	5	5	9	18	36	88	88	88	68	32	18	78	382	460
1901—1910	$R—B$	+40	+27	+20	+11	— 1	—15	—49	—38	—19	— 6	+ 13	+ 17	+ 82	—82	0
Donau	N	57	58	52	49	52	69	78	101	117	97	75	52	337	520	857
(Vilshofen)	A	24	32	43	37	40	44	45	41	39	32	30	26	220	213	433
47674	V	4	4	4	9	17	34	80	80	81	64	30	17	72	352	424
1901—1910	$R—B$	+29	+22	+ 5	+ 3	— 5	— 9	—47	—20	— 3	+ 1	+ 15	+ 9	+ 84	—84	0
Seine	N	61	59	50	47	51	50	59	68	65	61	57	72	318	382	700
(Paris)	A	16	22	33	38	33	25	14	10	9	9	11	13	167	66	233
42000	V	5	5	5	9	19	38	88	88	88	70	33	19	81	386	467
1851—1900	$R—B$	+40	+32	+12	0	— 1	—13	—43	—30	—32	—18	+ 13	+ 40	+ 70	—70	0
Don	N	40	31	24	23	18	29	43	55	51	38	29	37	165	253	418
(Kalatsch)	A	2	2	3	4	8	28	28	4	3	2	2	2	47	41	88
214700	V	3	3	3	7	13	26	63	63	63	50	23	13	55	275	330
1900—1911	$R—B$	+35	+26	+18	+12	— 3	—25	—48	—12	—15	—14	+ 4	+ 22	+ 63	—63	0
Mississippi	N	28	17	14	17	23	43	89	105	112	102	82	61	142	551	693
(Minneapolis)	A	9	6	5	5	10	17	17	20	17	11	12	16	52	93	145
50600	V	6	5	5	11	22	44	104	104	104	83	38	22	93	455	548
1882—1934	$R—B$	+13	+ 6	+ 4	+ 1	— 9	—18	—32	—19	— 9	+ 8	+ 32	+ 23	— 3	+ 3	0

327124 Gesamter Wasserhaushalt der Festländer und Meere.

Tabelle 9. Jahres-Niederschlags-, Abfluß- und Verdunstungshöhen in mm.

Festländer 149000000 km²:

	Wüst 1922		Meinardus [3, 4]		Coutagne [6]
Niederschlag	750		670		845
Abfluß	250		250		190
Verdunstung	500		420		655

Meere 361000000 km²:

	Wüst 1922	Wüst [1] 1937	Meinardus [3, 4]	Mosby [2, 5]	Coutagne [6]
Niederschlag	740	830	1140	960	1224
Verdunstung	840	930	1240	1060	1300

Literatur zu 32712.

[1] Wüst, G.: Oberflächensalzgehalt, Verdunstung und Niederschlag auf dem Meere. Länderkdl. Forschung (Festschrift N. Krebs) (1936) 347. — [2] Mosby: Verdunstung und Strahlung auf dem Meere. Ann. d. Hydrographie (1936) H. 7. — [3] Meinardus, W.: Eine neue Niederschlagskarte der Erde. Petermanns Geogr. Mitteilgn. (1934) 1. — [4] Meinardus, W.: Über den Kreislauf des

Wassers. S.B. d. Mediz.-naturwiss. Ges. zu Münster 1908; Meteorol. Z. (1911) 317 und (1934) 350. — [5] Wundt, W.: Das Bild des Wasserkreislaufs auf Grund früherer und neuer Forschungen. Mitteilgn. d. Reichsverbandes d. Deutschen Wasserwirtschaft Nr. 44. Berlin (1938). — [6] Coutagne, A.: L'évaporation des surfaces d'eau naturelles. Revue Générale de l'Hydraulique Nr. 46. Paris (1948). — [7] Pardé, M.: Le Régime du Mississippi. Revue de géographie alpine Vol. 18, H. 4. Grenoble (1930). — [8] Wundt, W.: Beziehungen zwischen den Mittelwerten von Niederschlag, Abfluß, Verdunstung und Lufttemperatur für die Landflächen der Erde. Deutsche Wasserwirtschaft 32. Jg. (1937) H. 5, 82 bis 88; H. 6, 104 bis 110. — [9] Fischer, K.: Niederschlag und Abfluß in „Die Wasserkraftwirtschaft Deutschlands" (Festschr. zur II. Weltkraftkonferenz). Berlin (1930). — [10] Friedrich, W.: Der gegenwärtige Stand der Verdunstungsmessungen. Zur Tagung der internat. Vereinig. für wissensch. Hydrologie in Washington 1939. — [11] Fischer, K.: Abfluß- und Versickerungsmengen der Oder. Zentralblatt d. Bauverwaltung (1915) 510 bis 512. — [12] Fischer, K.: Die durchschnittl. Beziehungen zwischen Niederschlag, Abfluß und Verdunstung in Mitteleuropa. Zeitschr. d. Deutschen Wasserwirtschafts- und Wasserkraftverbandes (1921) H. 6, 8 u. 9. — [13] Fischer, K.: Abflußverhältnisse, Abflußvermögen und Verdunstung von Flußgebieten Mitteleuropas. Zentralblatt d. Bauverwaltung (1925), H. 41, und Meteorolog. Zeitschr. (1925) 348. — [14] Gutzmann, W.: Der Wasserhaushalt der Lippe. Diss. Univ. Münster. Dresden (1912). — [15] Trossbach, G.: Niederschlag und Abfluß in Württemberg und Hohenzollern. Mitteilgn. des Reichsverbandes d. Deutschen Wasserwirtschaft Nr. 36. Berlin (1935). — [16] Fischer, K.: Niederschlag, Abfluß und Verdunstung des Weserquellgebiets. Besond. Mitteilgn. 4, Nr. 3 zum Jb. f. d. Gewässerkunde Norddeutschlands. Berlin (1925). — [17] Fischer, K.: Niederschlag, Abfluß und Verdunstung im Weser- und Allergebiet. Besond. Mitteilgn. 7, Nr. 2z. Jb. f. d. Gewässerkunde Norddeutschlands. Berlin (1932). — [18] Keller, H.: Ursprung und Verbleib des Festlandniederschlags. Besond. Mitteilgn. 2, Nr. 7 z. Jb. f. d. Gewässerkunde Norddeutschlands. Berlin (1914). — [19] Fischer, K.: Niederschlag, Abfluß und Verdunstung südschwedischer Flußgebiete. Meteorolog. Zeitschr. (1928) 425 bis 434. — [20] Kolupaila, St. u. M. Pardé: Le Régime des cours d'eau de l'Europe orientale. Revue de Géogr. Alpine. Vol. 21 (1933) 651 bis 738. — [21] Pardé, M.: Fleuves et rivières. 2. Aufl. Paris (1947) (Colin). — [22] Pallucchini, A.: Classifica dei fiumi italiani secondo il loro coefficiente di deflusso. Internat. Geographen Kongress in Warschau. Rom (1934). — [23] Pardé, M.: Hydrologie du fleuve Saint Laurent et de ses affluents. Revue Canadienne de Géographie. Vol. 2. Montreal (1948) 35 bis 83. — [24] Beretning om det Danske Hedeselskabs Kulturtekniske Afdelings Hydrometriske Undersögelser. 5. Beretning 1932—38. Slagelse (1940); 6. Beretning 1939—43. Slagelse (1946). — [25] Atlas of Finland, Geographical Society of Finland (1925). — [26] Hoyt, W. G., and others: Studies of relations of rainfall and runoff in the United States. Water Supply Paper 772. Washington (1936) (Geological Survey). — [27] Pietsch: Das Abflußgebiet des Nil. Diss. Berlin (1910). — [28] Keller, H.: Niederschlag, Abfluß und Verdunstung in Mitteleuropa. Besond. Mitteilgn. 1, Nr. 4 z. Jb. f. d. Gewässerkunde Norddeutschlands. Berlin (1906). — [29] Gygax, F.: Niederschlag und Abfluß im Einzugsgebiet der Magliasina. III. Bd. der Reihe: Zum Wasserhaushalt des Schweizer Hochgebirges. Bellinzona (1948). — [30] Pardé, M.: Quelques données sur le régime des rivières sud-américaines. Soc. Scientif. du Dauphiné, Vol. 64, Nr. 2. Grenoble (1949). — [31] Trossbach, G., u. W. Wundt: Die natürliche Vorratsbildung in unseren Flußgebieten. Archiv f. Wasserwirtschaft Nr. 52. Berlin (1940). — [32] Penck, A.: Untersuchungen über Verdunstung und Abfluß von größeren Landflächen. Pencks Geogr. Abhandlungen V. 5. Wien (1896). — [33] Huber, R.: Über den besonderen Zusammenhang von Abfluß und Niederschlag des March- und Odergebiets im ehemaligen Mähren-Schlesien. Wasserkraft u. Wasserwirtschaft 35. Jg. (1940) H. 2, 31 bis 38. — [34] Coutagne, A. u. E. de Martonne: De l'eau qui tombe à l'eau qui coule. Union Géodés. et Géophys. internat.; Association internat. d'Hydrologie scientifique. Bulletin 20, Pithiviers.

32 713 Verdunstung.

32 7131 Begriffe.

Verdunstungskraft = Verdunstung, wenn Wasser vorhanden ist; Messung mit der Wildschen Waage, dem Apparat von Piche und ähnlichen Geräten.

Verdunstung freier Wasserflächen = Verdunstung von Seen, Flüssen, Kanälen; Messung mit Verdunstungskesseln oder aus dem Wasserhaushalt.

Verdunstung des bewachsenen und unbewachsenen Bodens = Verdunstung unter natürlichen Verhältnissen; Messung mit Lysimetern.

Gebietsverdunstung = Verdunstung von geschlossenen Einzugsgebieten; Berechnung aus Niederschlag und Abfluß.

32 7132 Verdunstungskraft.

Tabelle 10. Jahressummen der Verdunstungskraft der Atmosphäre.

Meßstelle	Land	Beobachtungszeitraum	Jahressumme der Verdunstungskraft mm	Meßgerät
Potsdam	Deutschland	1896—1940	376	Wildsche Waage in Hütte
Farge bei Bremen	,,	1928—1939	440	,, ,, ,, ,,
Eberswalde	,,	1930—1938	529	,, ,, ,, ,,

Friedrich

Tabelle 10 (Fortsetzung).

Meßstelle	Land	Beobachtungszeitraum	Jahressumme der Verdunstungskraft mm	Meßgerät
Lyon	Frankreich	1933—1936	900[1]	Apparat von Piche in Hütte
Arles	,,	1932—1937	1440[1]	,, ,, ,, ,, ,,
Tunis	Tunis (Nordafrika)	1901—1935	2007[1]	,, ,, ,, ,, ,,
Magliasina	Schweiz-Engadin	1939—1944	770[2]	Wildsche Waage in Hütte
Dergatschi bei Charkow	Ukraine (UdSSR)	1896—1899	618[3]	,, ,, ,, ,,
Kamenka (Donez)	,, ,,	1896—1899	951[3]	,, ,, ,, ,,
Batavia	Java	1912—1935	632	,, ,, ,, ,,

Da die Verdunstung stark vom Austausch (Belüftung) abhängt, gelten diese Zahlen nur für den Ort der Aufstellung und für das benutzte Instrument. Die Ablesungen geben dagegen die Schwankungen der Verdunstungskraft von Tag zu Tag gut wieder.

[1] Nach Coutagne [*9*]. [2] Nach Gygax [*15*]. [3] Nach Billib [*16*].

327133 Verdunstung freier Wasserflächen.

Tabelle 11. Jahressummen der Verdunstung freier Wasserflächen in mm. Messung entweder direkt mit Kessel (K) oder gemauertem Becken (B) oder indirekt über den Wasserhaushalt (WH).

Gewässer (Meßort)	Land	Beobachtungszeitraum	Jahressummen mm	Art der Messung	Quelle
Grimnitzsee	Deutschland	1909—1913	936	K	Bindemann [*1*]
Mittellandkanal bei Sehnde	,,	1925—1928	635	K	Friedrich [*2*]
Edersee	,,	1928—1934	676	K	,, [*2*]
Takernsee	Schweden	1911, 1914—1916	760	WH	Melin [*8*]
Südschwedische Seen (Mittelwert)	,,		600	WH	Wallén
Ägeri-See	Schweiz	Dez. 1911 bis Nov. 1912	740	WH	Maurer [*7*]
Neusiedler-See	Österreich		940	WH	Lukas [*6*]
Trasimenischer See	Italien	1925—1928	1057	WH	Coutagne [*9*]
Albano-See	,,		1100	WH	,, [*9*]
Molato-See	,,	Juni 1934 bis Juli 1935	1083	K	,, [*9*]
Dijon	Frankreich	1831—1835 1839—1844	661	B	,, [*9*]
Marathon-Stausee	Griechenland	1926—1932	1586	K	Follansbee [*3*]
Tunis	Tunis (Afrika)	1924—1931	1480	K	Coutagne [*9*]
Windhuk	Südwestafrika	1928—1931	2423	K	Follansbee [*3*]
Kamanassie-Damm	Kapland (Afrika)	1926—1930	1824	K	Follansbee [*3*]
Kerki	Turkestan (Asien)	1911—1917	1349	K	,, [*3*]
Kiukiang-Kiangsi	China (Asien)	1929—1930	909	K	,, [*3*]
Tansa-See	Indien (Asien)	1906—1921	1288	K	,, [*3*]
Leeton	Neusüdwales (Australien)		1212	K	,, [*3*]
Alexandra	Neuseeland	1930—1932	689	K	,, [*3*]
Erie-See	USA, Kanada (Amerika)	1915—1924	835	WH	Freeman [*5*]
Walker-See	Nevada (Amerika)	1929—1934	1280	WH	Harding [*4*]
Elsinore-See	Kalifornien (Amerika)	1916—1934	1390	WH	,, [*4*]
Lincoln	Nebraska (USA)	1917—1930	1021	K	Follansbee [*3*]
Fort Collins	Kolorado (USA)	1887—1927	1072	K	,, [*3*]
Elephant Butte	Neu-Mexiko (USA)	1916—1930	1702	K	,, [*3*]
Concordia	Mexiko (Amerika)		1849	K	,, [*3*]
Gatun	Kanalzone (Amerika)	1912—1930	1229	K	,, [*3*]
Georgetown	Britisch-Guyana (Südamerika)	1916—1931	1420	K	,, [*3*]

Tabelle 12. Jährlicher Gang der Verdunstung freier Wasserflächen in mm.

Gewässer (Meßstelle)	Land	Beobachtungszeitraum	I	II	III	IV	V	VI	VII	VIII	IX	X	XI	XII	Jahr
Takernsee[1]	Schweden	1911, 1914—1916	14	18	21	46	85	**189**	146	125	56	30	18	**12**	760
Grimnitzsee[2]	Deutschl.	1909—1913	**27**	29	44	60	121	155	**156**	136	86	54	38	30	936
Mittellandkanal[2] b. Sehnde	Deutschl.	1925—1927	24	25	45	57	80	93	**102**	80	59	34	21	**15**	635
Edersee[2]	Deutschl.	1928—1934	**13**	14	38	55	95	115	**122**	97	62	35	17	**13**	676
Zuger See[1]	Schweiz	1.12.1911 b. 30.11.1912	45	60	50	55	75	95	**130**	75	65	55	**35**	**35**	775
Ägeri-See[1]	Schweiz	1.12.1911 b. 30.11.1912	40	55	65	60	75	90	**105**	85	60	45	35	**25**	740
Dijon[3]	Frankreich	1831—1835 1839—1844	16	21	39	65	91	103	**104**	98	58	35	17	**14**	661
Arles[4]	Frankreich	1877—1882	**30**	40	70	80	120	140	**180**	150	100	70	40	**30**	1050
Molato-See[2]	Italien	1.6.1934 bis 31.7.1935	·	·	56	82	94	161	**180**	159	117	126	68	**40**	1083
Tunis-See[2]	Tunis	1924—1931	**47**	50	89	123	135	199	**230**	217	161	110	68	51	1480
Walker-See[1]	Nevada (USA)	1929—1934	61	**46**	61	61	76	122	152	168	**198**	137	122	76	1280
Pyramiden-See[1]	Nevada (USA)	1927—1934	**76**	**76**	91	91	107	122	122	122	**137**	122	107	92	1265
Adler-See[1]	Nevada (USA)	1915—1923 (ohne 1921)	**46**	**46**	61	76	91	122	**152**	137	137	92	61	**46**	1067
Tulare-See[1]	Kalifornien (USA)	1906—1916	37	40	76	91	152	213	**244**	183	183	91	61	**31**	1402
Elsinore-See[1]	Kalifornien (USA)	1916—1934	37	**34**	67	116	143	164	**201**	198	168	134	79	49	1390

[1] Aus dem Wasserhaushalt berechnet. [2] Mit Verdunstungsmeßkesseln gemessen.
[3] Gemessen an einem gemauerten Wasserbecken von 2,5 × 2,5 m Seitenlänge und 0,4 m Tiefe.
[4] Gemessen an einem gemauerten Wasserbecken von 3 × 3 m und 0,5 m Tiefe.

Tabelle 13. Mittlere tägliche Verdunstung von einer Schneedecke an niederschlagsfreien Tagen und von der Eisdecke eines Landverdunstungskessels (2000 cm²) unter einem Dach.

	Nov.	Dez.	Jan.	Febr.	März
München-Bogenhausen 1932/33 bis 1935/36					
Mittl. tägl. Verdunstung von der Schneedecke . . . . . mm	0,80	0,07	0,17	0,65	0,19
Zahl der Beobachtungstage	3	36	35	32	9
Niederwerbe (Edersee) 1930 bis 1935					
Mittl. tägl. Verdunstung einer gegen direkte Strahlung geschützten Eisdecke . . . . mm	0,29	0,28	0,35	0,52	0,72
Zahl der Beobachtungstage	16	78	106	93	60

Tabelle 14. Höchste Tagesbeträge der Verdunstung von freien Wasserflächen.

Meßstelle	Land	Höchste Verdunstung in 24 Std. mm	Meßstelle	Land	Höchste Verdunstung in 24 Std. mm
Mittellandkanal bei Sehnde	Deutschl.	9,6	Arles	Frankreich	14,4
Grimnitzsee	Deutschl.	11,9	Tahoe	Kalifornien (USA)	6
Edersee	Deutschl.	8,1	Pleasantville	New Jersey (USA)	10,4
Greifen- und Zürichsee	Schweiz	6—7	Balmorhea	Texas (USA)	11,4

Friedrich

327134 Verdunstung vom bewachsenen und unbewachsenen Erdboden.

Die Verdunstung von bewachsenem oder unbewachsenem Boden unter möglichst natürlichen Verhältnissen wurde von der Eberswalder Lysimeteranlage gemessen (W. Friedrich [*12*, *13*]). Die Ergebnisse der täglichen Ablesungen sind in graphischer Form veröffentlicht [*17*]; Beispiele für 2 Abflußjahre in Abb. 2 und 3. Weitere Ergebnisse in Tab. 17 und 18.

Tabelle 15. Jahressummen der Verdunstung vom bewachsenen und unbewachsenen Erdboden.

Meßstelle	Versuchsbedingungen	Jahresreihe	Jahressummen der Verdunstung mm	Literatur
Göttingen	Lysimeter mit Lehm- und Sandboden Bewuchs: Hafer, Klee, Winterweizen, Winterroggen, Kartoffeln und Brache Mittelwert aus allen Versuchen	1904—1905	442	Koehne [*10*] S. 27—29
München-Bogenhausen	Lysimeter mit sandigem Humus, mit Gras bewachsen 1 m² Fläche, 0,4 m tief	1918—1934	573	Mayr [*11*]
Eberswalde	Lysimeter mit Sandboden ohne Bewuchs	1930—1932	178	Friedrich [*13*]
Eberswalde	Lysimeter mit Sandboden Bewuchs: junge Kiefern	1934—1937	461	Friedrich [*12*]
Eberswalde	Lysimeter mit Sandboden Bewuchs: Grasdecke ohne Grundwasser	1930—1937	356	Friedrich [*12*]
Eberswalde	Lysimeter mit Sandboden Bewuchs: Grasdecke, Grundwasser 40—50 cm unter Flur	1934—1937	706	Friedrich [*12*]
Berlin-Dahlem	Lysimeter mit lehmigem Sand Bewuchs: Zuckerrüben, Winterweizen, Kleegras (1935); Sommerweizen, Gemenge, Winterroggen (1936) Mittelwert	1935—1936	372	Baumann [*14*]

Tabelle 16. Durchschnittlicher jährlicher Gang der Verdunstung vom Erdboden. (In Hundertsteln der mittleren Jahressumme.)

Meßstelle	Bearbeiter	Versuchsbedingungen	Jahresreihe	XI	XII	I	II	III	IV	V	VI	VII	VIII	IX	X
Eberswalde	Friedrich [*12*]	s. Tab. 15	1934—1937	2	1	1	2	5	8	16	17	17	15	11	5
München-Bogenhausen	Mayr [*11*]	s. Tab. 15	1918—1934	1	1	1	2	5	8	18	17	19	16	9	3
Göttingen	Seelhorst-Koehne [*10*]	s. Tab. 15	1904—1905	1	1	1	1	5	8	19	23	20	11	6	4
Berlin-Dahlem	Baumann [*14*]	s. Tab. 15	1935—1936	1	0	1	2	6	8	14	19	22	14	7	6

Tabelle 17. Jahresmittel für Niederschlag N, Verdunstung V, Durchfluß D, ferner Verdunstung einer Wasserschale W in Hütte, in mm. Eberswalder Lysimeter. Sandboden.

Bewuchs: Normal = Rasen, über tiefem Grundwasser, 1930—1937.
Nackt, vegetationsfreier Boden, 1930—1932.
Kiefern, waren 1934 fünfjährig, 1933—1937.
Flach, flaches Grundwasser, Rasen über nur 50 cm tiefem Grundwasser, 1934—1937.

Abflußjahr	Niederschlag	Schale	Normal		Nackt		Kiefern		Flach
	N	W	V	D	V	D	V	D	V
1930	721	500	**326**	357	**140**	529			
1931	750	471	**404**	359	**199**	563			
1932	550	534	**372**	203	**194**	360			
1933	552	520	**405**	157	—	—	**406**	175	

Friedrich

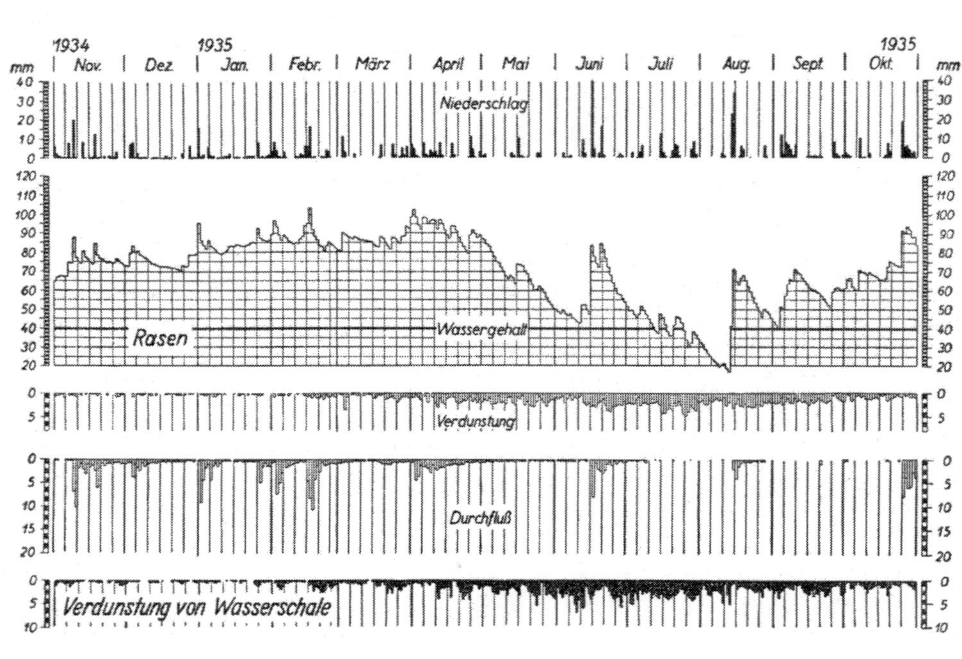

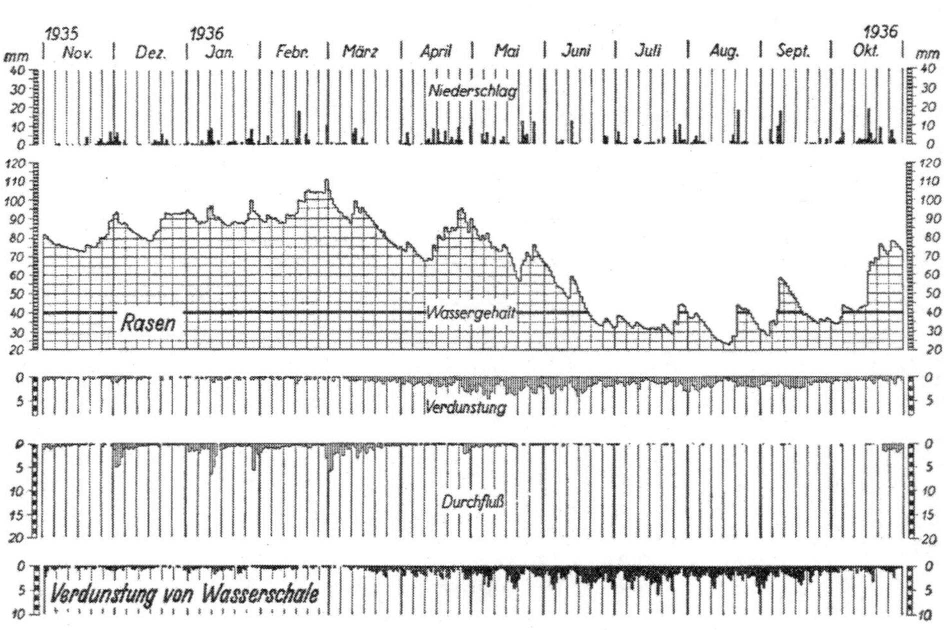

Abb. 2 und 3. Wasserhaushalt einer Rasenfläche in Eberswalde in den Abflußjahren 1935 und 1936 (das Abflußjahr der Wasserwirtschaft beginnt am 1. November). Die täglichen Werte für Niederschlag *N*, Wassergehalt *G*, Verdunstung des Wassers *V*, Durchfluß durch das Lysimetergefäß *D* und Verdunstung einer Wasserschale *W*. Einheit mm Wasserhöhe = Liter/m². Der Wassergehalt *G* gilt für den Boden von der Oberfläche bis zur Tiefe 1 m, also Liter/m³. (Nach Bartels [17].) In Gewichtsprozenten ausgedrückt ist der Wassergehalt rund 0,06 *G*.

Man erkennt die beiden Grenzzustände: den winterlichen Naßzustand des Bodens bei $G \approx 90$ mm und den sommerlichen Trockenzustand bei $G \approx 30$ mm.

Friedrich

Tabelle 17 (Fortsetzung).

Abflußjahr	Niederschlag	Schale	Normal		Nackt		Kiefern		Flach
	N	*W*	*V*	*D*	*V*	*D*	*V*	*D*	*V*
1934	492	640	**282**	215	—	—	**388**	145	**864**
1935	697	574	**379**	292	—	—	**513**	165	**734**
1936	512	487	**347**	177	—	—	**439**	101	**625**
1937	629	465	**337**	312	—	—	**503**	159	**600**
Mittelwerte:									
8 Jahre, 1930—1937	613	524	**356**	259	—	—	—	—	—
3 Jahre, 1930—1932	674	502	**367**	306	**178**	484	—	—	—
5 Jahre, 1933—1937	576	537	**350**	231	—	—	**450**	149	—
4 Jahre, 1934—1937	582	542	**336**	249	—	—	**461**	142	**706**

Tabelle 18. Prozentuale Verteilung des Jahresniederschlags und der Jahresverdunstung auf die vier Jahreszeiten.

	Niederschlag	Schale	Normal	Nackt	Kiefern	Flaches Grundwasser
	N	*W*	*V*	*V*	*V*	*V*
Dezember bis Februar .	19	7	3	3	8	2
März bis Mai	21	30	33	32	30	25
Juni bis August	34	45	46	46	41	57
September bis November	26	18	18	19	21	16

Täglicher Gang der Verdunstung an heiteren Sommertagen, ausgedrückt als verdunstete Menge in den drei Beobachtungsintervallen 8 bis 14, 14 bis 20 und 20 bis 8 Uhr Ortszeit, in Prozenten der Tagesmenge (nach Bartels [*17*])

Wasserschale in Hütte	40 : 43 : 17
Normalrasen	55 : 30 : 15
Nackter Sandboden	45 : 30 : 25.

Extremwert der Tagesmenge der Verdunstung in Eberswalde an einem heißen Sommertag (29. Juni 1936) von Rasen über flachem Grundwasser: 8,4 mm; gleichzeitig von der Wasserschale in der Hütte 4,7 mm, von einer Wasserschale frei am Boden stehend 8,3 mm, Normalrasen 1,6 mm, Kiefern 1,9 mm.

In der Gewässerkunde übliche Umrechnung: 2 mm Wasserhöhe Verdunstung entsprechen 1 cm Grundwasserhöhe.

327135 Gebietsverdunstung.

Ermittlung aus dem Unterschied zwischen den langjährigen Durchschnittswerten von Niederschlag und Abfluß (s. Tab. 7).

Literatur zu 32713.

[*1*] Bindemann, H.: Die Verdunstungsmessungen der Preuß. Landesanstalt für Gewässerkunde auf und an dem Grimnitzsee und am Werbellinsee bei Joachimstal in der Uckermark. Besondere Mitteilungen **3**, Nr. 3, zum Jahrbuch für die Gewässerkunde. Berlin (1921). — [*2*] Friedrich, W.: Die Messung der Verdunstung vom Mittellandkanal bei Sehnde in den Jahren 1925—1927. Besondere Mitteilungen **6**, Nr. 1, zum Jahrbuch für die Gewässerkunde. Berlin (1930). — [*3*] Follansbee, R.: Evaporation from reservoir surfaces. Proceed. Americ. Society Civil Engineers, Vol. 59, Nr. 2, Febr. 1933. — [*4*] Harding, S. T.: Transactions Americ. Geophysical Union, 17. annual meeting Part II. Washington (1935). — [*5*] Freeman, R.: Regulation of the Great Lakes. Providence R. J. (1926). — [*6*] Lukas, G. A.: Geographische Zeitschr. **34** (1928). — [*7*] Maurer, J.: Meteorologische Zeitschr. **30** (1913). — [*8*] Melin, R.: Meddelanden fran Statens Meteorol. Hydrogr. Anstalt **4**, Nr. 10. Stockholm (1928). — [*9*] Coutagne, A.: L'Evaporation des surfaces d'eau naturelles. Revue Générale de l'Hydraulique Nr. 46. Paris (1948). — [*10*] Koehne, W.: Grundwasserkunde 1. Aufl. Stuttgart (1928). — [*11*] Mayr: Über die Ergebnisse der Verdunstungsversuche in München-Bogenhausen. Wasserkraft und Wasserwirtschaft (1928) 81 bis 83. — [*12*] Friedrich, W.: Der gegenwärtige Stand der Verdunstungsmessungen. Zur Tagung der internationalen Vereinigung für wissenschaftl. Hydrologie in Washington 1939, Kommission für Flußkunde. — [*13*] Friedrich, W.: Messungen der Verdunstung vom Erdboden. Der Kulturtechniker 38. Jg. (1935) Nr. 3, 234 bis 251. — [*14*] Baumann, H.: Arbeitsweise und Verwendung wägbarer Lysimeter zur Bestimmung der Verdunstung vom bewachsenen Erdboden. Deutsche Wasserwirtschaft (1937) 181 bis 186. — [*15*] Gygax, F.: Niederschlag und Abfluß im Einzugsgebiet der Magliasina III. Bd. der Reihe: Zum Wasserhaushalt des Schweizer Hochgebirges. Beilinzona (1948). — [*16*] Billib, H.: Die Stromgebiete der Ukraine, ihre Abflußspenden und Wasserkräfte. Deutsche Wasserwirtschaft 23. Jg. (1943) 118 bis 124. — [*17*] Bartels, J.: Verdunstung, Bodenfeuchtigkeit und Sickerwasser unter natürlichen Verhältnissen. Z. f. Forst- u. Jagdwesen **65** (1933) 204. Enthält die Beobachtungen für 1930—1932. Tägliche Beobachtungen bis 1938 sind mitgeteilt von J. Bartels, J. Schubert, R. Geiger in Z. f. Forst- u. Jagdwesen **66** (1934) 113; **67** (1935) 210; **68** (1936) 209; **69** (1937) 295; **70** (1938) 315; **71** (1939) 274. Göhre, K.: Z. f. Meteorol. **3** (1949) 13. Vgl. auch Friedrich [*12* und *13*].

Friedrich

32714 Wassertemperatur.

327141 Jährlicher Gang der Wassertemperatur fließender Gewässer.

Tabelle 19. Wassertemperatur.
Monats- und Jahresmittel, Unterschiede U der wärmsten und kältesten Monate und absolut höchste beobachtete Tageswerte (HHT) in ° Celsius.

Wasserlauf	Meßstelle	Höhe über NN m	Einzugsgebiet km²	Beobachtungstermin Uhrzeit	Reihe	Nov.	Dez.	Jan.	Febr.	März	April	Mai	Juni	Juli	Aug.	Sept.	Okt.	Jahr	U	HHT
Memel	Tilsit	2	91267	12	1936—1939	4,0	0,6	0,3	**0,2**	1,5	7,3	15,1	19,2	**21,2**	**21,2**	15,4	7,7	9,5	21,0	25,7
Pregel	Tapiau	0	13595	12	1937—1939	5,1	1,0	**0,3**	0,7	2,6	8,1	15,9	19,9	21,5	**22,3**	17,1	9,8	10,4	22,0	26,1
Warthe	Posen	60		8	1881—1890	4,4	1,9	**0,9**	1,0	1,9	7,8	15,7	19,7	**20,4**	18,9	16,3	10,2	9,9	19,5	
Oder	Breslau	110	21580	7 und 12	1876—1891	3,9	0,9	**0,3**	0,5	2,7	9,0	14,1	18,1	**19,7**	18,3	15,3	9,3	9,3	19,4	
Elbe	Dresden	103	53111	7	1931—1935	5,7	2,5	1,1	**1,0**	2,9	8,3	14,8	18,1	**20,0**	18,9	15,2	10,7	9,9	19,0	25,0
Weser	Intschede	8	37906	8	1939—1947	6,3	3,1	**1,4**	2,2	4,2	9,3	13,5	17,2	**18,8**	18,2	15,1	10,6	10,0	17,4	23,9
Rhein	Lustenau	394	6122	12	1926—1935	6,6	4,2	**3,7**	**3,7**	5,9	8,1	9,8	11,2	13,0	**13,5**	12,5	9,2	8,5	9,8	16,9
Rhein	Düsseldorf	26	148040	12	1938—1939	8,5	**3,8**	4,0	**3,8**	6,8	10,1	12,9	17,8	19,6	**20,3**	17,5	12,2	11,5	16,5	24,3
Neckar	Horb	383	1103	12	1926—1935	6,4	3,6	**3,3**	**3,3**	5,6	9,1	12,7	15,6	**17,3**	16,7	14,4	9,9	9,9	14,0	23,0
Main	Würzburg	166	14028	8	1928—1939	6,1	2,7	**2,0**	2,2	5,0	10,1	14,2	18,6	**20,1**	19,2	15,9	10,3	10,6	18,1	25,2
Mosel	Kochem	78	27100	12	1937—1939	7,9	**3,7**	4,0	4,2	6,8	10,7	15,0	20,9	21,3	**21,5**	17,7	11,5	12,1	17,8	26,7
Donau	Linz	248	79510	10	1926—1935	6,0	2,4	**1,6**	1,8	4,7	8,9	12,5	14,7	**16,6**	16,0	14,4	10,1	9,2	15,0	20,3
Isar	München	501	2813	8	1928—1939	6,5	3,7	2,7	**2,4**	4,2	6,9	10,3	13,7	**15,5**	15,0	13,3	9,7	8,7	13,1	20,2
Inn	Innsbruck	569	5794	8	1926—1935	4,6	1,7	**0,9**	1,4	4,0	6,8	8,8	10,7	**12,0**	**12,0**	10,9	7,5	6,8	11,1	17,0
Seine	Paris	40	44000	7.30 und 15	1874—1888	8,3	5,0	**4,0**	5,6	8,0	12,0	15,5	19,5	**21,3**	20,6	17,7	12,3	12,5	17,3	
Saône	Lyon	160		12	1870—1878	7,3	**3,6**	**3,6**	4,0	7,5	12,0	16,0	20,1	**23,0**	22,0	18,5	13,0	12,5	19,4	

Literatur zu 32714.

[1] Wassertemperatur-Meßregeln. Herausgeg. von der Forschungsanstalt für Gewässerkunde. Bielefeld (1949). — [2] Wundt, W.: Beiträge zur Temperatur der fließenden Gewässer. Peterm. Geogr. Mitt. **86** (1940) 399 bis 406. — [3] Haeuser, J.: Über die Temperaturen fließender Gewässer in den Ostalpen. Wasserwirtschaft. Wien 26 (1933). — [4] Visentini, H.: La Temperatura delle Acque Superficiali nel Bacino del Po. Annali d. Lavori Pubbl. **3** (1937) 186 bis 193. — [5] Winkel, A.: Die Bedeutung der Temperaturmessungen in Flüssen für die Auswertung von hydrometrischen Arbeiten. 4. Hydrol. Konferenz der Baltischen Staaten, H. 113. Leningrad (1933). — [6] Rosenauer: Änderungen der Wassertemperatur innerhalb einer Flußstrecke. Deutsche Wasserwirtschaft **35** (1940) H. 9, 285. — [7] Jahrbuch für die Gewässerkunde des Deutschen Reichs f. d. Abflußjahr 1939. Herausgeg. von der Landesanstalt für Gewässerkunde und Hauptnivellements. Berlin (1943).

32715 Schwemmstofführung.

327151 Mittlere jährliche Schwemmstofführung der Flüsse.

Literatur zu 32715.

[1] Ermittlung der Schwebstofführung in natürlichen Gewässern. Bautechnik 1929, H. 35 u. 38. — [2] Schoklitsch, A.: Geschiebe- und Schwebforschung. Deutsche Wasserwirtschaft **32** (1938) 188 bis 192. — [3] Schoklitsch, A.: Der Geschiebetrieb und die Geschiebefracht. Wasserkraft und Wasserwirtschaft **29** (1934) 37 bis 43. — [4] Oexle: Raumgewicht der Schwebstoffe. Wasserkraft u. Wasserwirtschaft (1934) H. 6. — [5] Oexle: Die Schwebstoff- oder Schlammführung der geschiebeführenden Flüsse in Bayern. Wasserkraft u. Wasserwirtschaft

(1936) H. 11. — [6] Meyer-Peter, E.: Verlandung der Staubecken und Stauhaltungen von Kraftwerken. Wasser- u. Energiewirtschaft. Zürich (1938) H. 9. — [7] Eakin, H. H.: Silting of reservoirs. Technic. Bull. 524, U.S. Dep. Agriculture. Washington (1936). — [8] Witzig, B. J.: Sedimentation in reservoirs. Transact. Americ. Soc. Civil Engineers Vol. 109 (1944) 1047. — [9] Pardé, M.: Fleuves et Rivières, 2. Aufl. Paris (1947). — [10] Jahrbuch für die Gewässerkunde des Deutschen Reiches, Abflußjahr 1939. Berlin (1943). — [11] Pardé, M.: L'Ufficio idrografico del Po. — [12] Kolupaila, St., u. M. Pardé: Le régime des cours d'eau de l'Europe orientale. Revue de Géographie alpine, Vol. 21 (1933) 651 bis 748. — [13] Pardé, M.: Le régime du Mississippi. Revue de Géogr. alpine, Vol. 18 (1930).

Tabelle 20. Mittlere jährliche Schwemmstoffführung der Flüsse pro Flächeneinheit des Einzugsgebiets. In Tonnen pro km² (= Gramm pro m²).

Wasserlauf	Meßstelle	Einzugs-gebiet km²	Jahresreihe	Mittl. jährl. Schwemm-stoffführung in t pro km²	Literatur
Rhein	Lustenau	6122	1893—1912	845	Pardé [9]
Donau	Linz	79510	1929—1939	79,4	Jahrbuch [10]
Iller	Krugzell	1118	1930—1939	251	,, [10]
Lech	Füssen	1430	1924—1939	214	,, [10]
Isar	München	2813	1930—1939	107	,, [10]
Salzach	Burghausen	6643	1930—1939	269	,, [10]
Traun	Wels	3580	1934—1939	47,4	,, [10]
Enns	Steyr	5912	1934—1939	25,9	,, [10]
Rhône	Porte du Scex			853	Pardé [9]
Arve	Genf			1000	,, [9]
Dixence				972	,, [9]
Massa				750	,, [9]
Enza, Secchia Panaro				2000—2500	,, [9]
Po	Ponte Lagoscuro	70200	1914 bis 1923/24	294	,, [11]
Don	Kalatsch	226000		15	Kolupaila u. Pardé [12]
Wolga	Samara	1208160		20—25	,, ,, ,, [12]
Amu-Darja				1000	Pardé [9]
Missouri	Mündung	1365000		114	,, [13]
Ohio	,,	528000		> 100	,, [13]
Mississippi	New Orleans			129	,, [13]
Colorado	Grand Canyon		1925/26	800	,, [13]

3272 Grundwasser.

32720 Begriffe und Bezeichnungen.

Normblatt (deutsche Normen) DIN 4049 und ,,Alphabetisches Verzeichnis von Fachausdrücken der Hydrologie des unterirdischen Wassers". (Anhang zum Allgem. Teil, Jahrb. f. d. Gewässerkunde des Deutschen Reiches, Abflußjahr 1939. Berlin 1943.)

Literatur.

Koehne, W.: Grundwasserkunde, 2. Aufl. Stuttgart (1948). — Koehne, W.: Umschau in der Grundwasserkunde. Früher in der Zeitschr. ,,Der Kulturtechniker", von 1939 ab im ,,Archiv für Wasserwirtschaft". — Koehne, W.: Die zahlenmäßige Ermittlung der Wasserführung von Grundwasserströmen. Zeitschr. d. Deutschen Geolog. Ges. **85** (1933) 505 bis 510. — Grahmann, R.: Sächsischer Landesgrundwasserdienst. Brunnenwasserstände 1919—1935 (Sächs. Geolog. Landesamt 1937). — Meinzer, O. E.: Ground water in the U.S., a summary. Geol. Survey, Paper 836D. Washington (1939). — Meinzer, O. E.: Outline of ground water hydrology, with definitions. U.S. Water Supply Paper Nr. 494. Washington (1923). — Meinzer, O. E.: Hydrology. Physics of the Earth, Vol. IX. New York, London (1942). — Richtlinien für grundwasserkundliche Beobachtungen und ihre Auswertung. Herausgeg. v. d. Forschungsanstalt f. Gewässerkunde. Bielefeld (1949). — Jahrbuch f. d. Gewässerkunde des Deutschen Reiches. Herausgeg. v. d. Landesanstalt f. Gewässerkunde u. Hauptnivellements. Berlin. — Hydrologische Bibliographie für die der Internationalen Vereinigung für wissenschaftliche Hydrologie angeschlossenen Länder. — Friedrich, W.: Gewässerkunde. Geogr. Jahrb. 45. Jg. (1930) und 54. Jg. (1939). — Friedrich, W.: Hydrographie. In **18**, Geophysik II, von ,,Naturforschung und Medizin in Deutschland 1939—1946". Wiesbaden (1949).

Friedrich

32721 Schwankungen der mittleren jährlichen Grundwasserspiegelhöhe von Jahr zu Jahr.

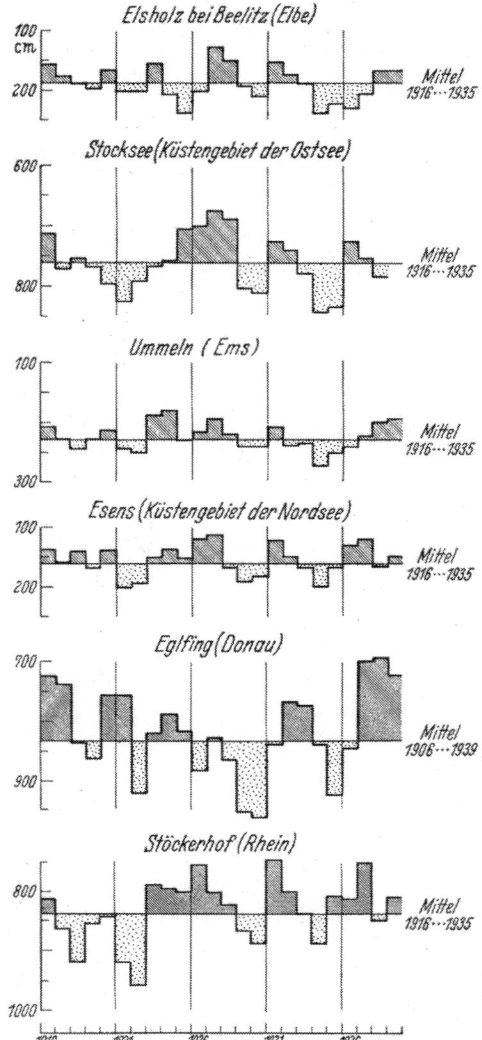

Abb. 4. Jahresmittel der Grundwasserstände (Tiefen der Grundwasserspiegel in cm unter dem Meßpunkt).

32722 Mittlerer jährlicher Gang des Grundwasserspiegels.

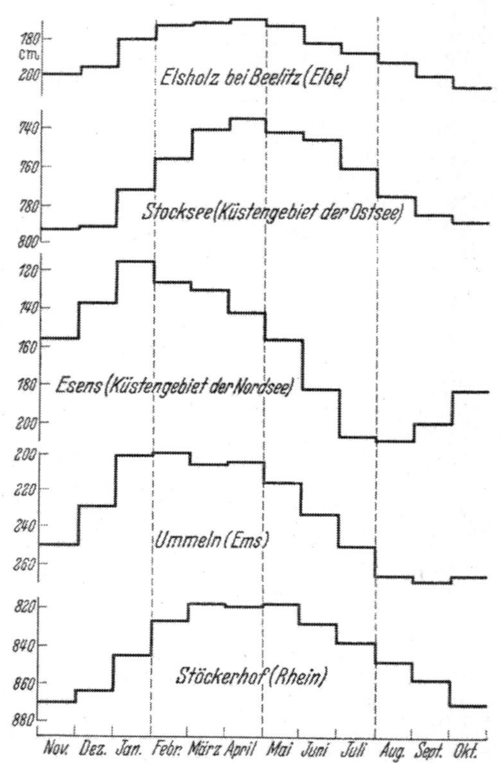

Abb. 5. Jährlicher Gang der Grundwasserstände im Durchschnitt der Jahresreihe 1916 bis 1935 (Tiefen der Spiegel in cm unter dem Meßpunkt).

3273 Seen.

Literatur.

Halbfass, W.: Die Seen der Erde. Peterm. Geogr. Mitteilgn. (1922) Ergänzungsheft 185. — Halbfass, W.: Seen. In Handb. d. Geophysik v. Gutenberg, Bd. VII. Berlin (1933). — Halbfass, W.: Grundzüge einer vergleichenden Seenkunde. Berlin (1923).

Hydrologische Bibliographie für die der Internationalen Vereinigung für wissenschaftl. Hydrologie angeschlossenen Länder.

Archiv für Hydrobiologie.

Internationale Revue der Hydrobiologie und Hydrographie.

Friedrich, W.: Gewässerkunde. Geogr. Jahrb. **45** (1930) und **54** (1939).

Friedrich

32731 Wassertemperatur.

Beispiel in Tab. 21.

Tabelle 21. Wassertemperatur des Steinhuder Meeres[1].
(Messung täglich zwischen 7 und 8 Uhr in etwa 10 cm Tiefe.)

Abflußjahr	Nov.	Dez.	Jan.	Febr.	März	April	Mai	Juni	Juli	Aug.	Sept.	Okt.	Wi.	So.	Jahr	Niedrigster Tageswert	Höchster Tageswert
1939	7,8	1,9	**1,3**	2,1	3,4	9,1	12,8	19,5	19,0	**19,8**	16,5	7,5	4,3	15,9	10,1	0	22,6
1940	5,3	1,6	**0,0**	**0,0**	1,2	8,6	14,2	**19,1**	18,5	16,3	13,4	8,5	2,8	15,0	8,9	0	22,2
1941	5,6	0,8	**0,0**	**0,0**	2,9	6,4	11,1	18,7	**20,5**	16,4	14,3	9,7	2,6	15,1	8,9	0	25,1
1942	1,9	3,2	**0,0**	**0,0**	**0,0**	7,3	12,8	15,9	16,8	**19,7**	16,3	11,4	2,1	15,5	8,8	0	24,4
1943	5,6	3,2	**0,5**	3,8	5,5	9,7	13,8	16,6	**18,9**	**18,9**	15,3	10,1	4,7	15,6	10,2	0	24,4
1944	4,1	**0,9**	3,6	2,0	2,1	9,6	12,7	16,2	19,7	**21,5**	13,9	9,6	3,7	15,6	9,7	0	24,2
1945	5,5	2,3	**0,0**	3,4	7,0	10,7	14,4	18,2	**19,2**	17,4	15,4	11,0	4,8	15,9	10,4	0	24,0
1946	4,6	2,1	**0,4**	2,7	2,8	10,6	15,3	15,9	**19,9**	17,4	14,9	9,0	3,9	15,4	9,7	0	25,1
1947	4,8	1,4	**0,0**	**0,0**	**0,0**	9,0	14,6	19,1	**20,2**	19,6	17,4	9,2	2,5	16,7	9,6	0	25,2
1948	5,6	**2,2**	2,7	3,0	4,3	11,2	15,4	17,5	17,3	**18,5**	14,9	10,5	4,8	15,7	10,3	0	25,0
Mittel 1939/48	5,1	2,0	**0,9**	1,7	2,9	9,2	13,7	17,7	**19,0**	18,6	15,2	9,7	3,6	15,6	9,7	0	24,2

[1] Zahlen für die Monate, Halbjahre und Jahre sind Mittelwerte; Zahlen für den niedrigsten und höchsten Tageswert dagegen Einzelwerte. Alle Angaben in ° Celsius.

Friedrich

328 Meteorologie.

3281 Zusammensetzung, Druck, Temperatur der Atmosphäre.

32811 Einteilung der atmosphärischen Schichten.

Eine brauchbare Bezeichnung der Schichten sowie der Grenzen ist von Flohn und Penndorf [1] angegeben worden (Tab. 1). Sie beruht auf der Kenntnis der thermischen Struktur der Atmosphäre in mittleren Breiten. Für hohe und niedrige Breiten gelten andere Zahlenwerte.

S. Chapman [2] schlägt eine zusätzliche Nomenklatur vor, die in einigen Punkten abweicht. Auf der Tagung in Brüssel (1951) hat eine Kommission der IATME (vgl. 32B) unter J. Kaplan die mit (+) markierten Bezeichnungen zur Annahme empfohlen [4]:

Thermosphäre (+) sei die Schicht nach oben ansteigender Temperatur oberhalb 80 km Höhe.

Eine Einteilung nach der Zusammensetzung: Homosphäre (+) im wesentlichen homogene Zusammensetzung vom Boden aufwärts; Heterosphäre (+) von verschiedener Zusammensetzung.

Nach der Elektronendichte beurteilt, wird zur Ionosphäre das Gegenstück Neutrosphäre vorgeschlagen (nicht empfohlen).

Die Kommission schlug Chemosphäre (+) vor für den Teil der Atmosphäre, in dem chemische Reaktionen von Bedeutung sind.

Der Zusatz ... pause soll obere Grenze bedeuten: Stratopause (+), Homopause (+), Neutropause. Gipfel (*Peak*) sei die Bezeichnung für das Niveau des Maximums; Anstieg (*Incline*) und Abfall (*Decline*) sollen die Teile einer Schicht unter- und oberhalb eines Gipfels bezeichnen.

In dieser Bezeichnungsweise wäre die von Schneider-Carius [3] studierte Grundschicht, die Peplosphäre, sie reicht bis zur Peplopause.

Literatur.

[1] Flohn, H., u. R. Penndorf: Meteorol. Z. **59** (1942) 1; Bull. Americ. Meteorol. Soc. **31** (1950) 71—77, 126—130. — [2] Chapman, S.: J. Atmosph. Terr. Physics **1** (1950) 121—124; Nicolet, M.: Ann. de Géophys. Paris **6** (1950) 318—321. — [3] Schneider-Carius, K.: Meteorol. Rdsch. **1** (1950) 79—83, 226—231. — [4] Trans. Brussels Meetg. 1951, IATME Bull. **14** (im Druck).

Tabelle 1. Bezeichnung der atmosphärischen Schichten und ihre Kennwerte für 45°—55° N. (Nach Flohn und Penndorf.)

Sphären	Schichten	Obere Schicht-grenzen	Höhe in km	Temperatur (° C) Untergrenze	Obergrenze	Extremwerte	Gradient in ° C/100 m	Vorherrschende Windrichtung	A = Austauschkoeffizient in g/cm sec	Vertikaler Gradient dA/dh
Exosphäre			über 1000			(2000)				
Suprasphäre			400—1000			(1000)				
Ionosphäre	*F*-Schicht		150—400			+100 bis +1000	positiv	West**		
	E-Schicht		80—150	—70	+50	—80 bis +100	positiv			
	(*D*-Schicht)									
Stratosphäre	Obere Mischungsschicht	Stratopause	50—80	+50	—70	—80 bis +70	ungefähr 0,4	Sommer: Ost		positiv
	Warme Schicht		35—50	—50	+50	—60 bis +80	—0,4 bis 0	Winter: West		
	Isotherme Schicht		12—35	—55	—50	—45 bis —65	—0,1 bis +0,1		(0,0005 bis 2)	negativ
Troposphäre	Tropopausenschicht	Tropopause	8—12	—40	—55	—35 bis —80	—1 bis +1		2 bis 50	negativ
	Advektionsschicht		2—8	+10	—40	+20 bis —45	—1 bis 0*		50	konstant
	Grundschicht	Peplopause	0,002—2	—	—	—40 bis +40	—10 bis +3	West		positiv u. negativ
	Bodenschicht		0—0,002	—	—	—50 bis +80	—			positiv

* Ohne Berücksichtigung von Inversionen.
** Überlagert durch Tagesgang: Sämtliche Richtungen werden im Laufe von 24 Stunden durchlaufen.

Penndorf

32812 Zusammensetzung der Luft.

Vgl. auch Atmosphären der Planeten, 3124.

328121 In der Troposphäre.

Luft besteht aus einer mechanischen Mischung verschiedener Gase, die stets in einem fest bestimmten Verhältnis zueinander bleiben, und aus anderen, deren Anteil zeitlichen und örtlichen Schwankungen unterworfen ist. N_2, O_2, Ar und CO_2 machen allein schon 99,99 Volumprozent der trockenen Luft aus. Wasserdampf kommt in allen drei Aggregatzuständen vor. Der Anteil des Wasserstoffs ist unsicher, jedoch ist er sicherlich kleiner als in Tabelle 2 angegeben. Kohlendioxyd weist einen ausgesprochenen täglichen Gang auf, besonders in den Sommermonaten. Das Maximum tritt nachts ein. Die Schwankungen liegen zwischen 0,015 bis 0,090%. Ammoniak ist scheinbar überall vorhanden und knapp über dem Boden am reichsten. Ozon erreicht im Frühjahr seinen höchsten Anteil, ein täglicher Gang ist im Zusammenhang mit der Wetterlage besonders ausgeprägt, die Mittelwerte liegen bei 1 bis $2 \cdot 10^{-6}$%, die Schwankungen zwischen $2{,}5 \cdot 10^{-7}$ und 10^{-5}% (vgl. Abschnitt 32825). Jod ist am reichhaltigsten knapp über dem Boden, in Küstennähe wird das 10- bis 30fache des Kontinentalwertes erreicht (Spurenelemente und CO_2-Schwankungen vgl. 3282). Deuterium vgl. Harteck u. Sueß [*21*]; Methan vgl. Jaeger [*22*].

Über die Genauigkeit der chemischen Messungen vgl. Paneth und Mitarbeiter [*2*, *6*, *12*].

Isotope des Sauerstoffs [*3*]: Mischungsverhältnis $O^{16} : O^{17} : O^{18} = 500 : 0{,}2 : 1$. Die Zahlen für Stickstoff sind nach Vaughan u. a. [*14*] $N^{14} : N^{15} = 265 : 1$.

Feste Bestandteile der Luft sind Staub, Rauch, chemische Salze und Mikroorganismen. Deren Anteil ist starken örtlichen Einflüssen unterlegen (vgl. 3282).

Tabelle 2. Zusammensetzung trockener Luft am Erdboden.

Gas		Volumen-prozente	Partial-druck in mm Hg	Höhe d. homog. Atm. in m	Gas		Volumen-prozente	Partial-druck in mm Hg	Höhe d. homog. Atm. in m
Stickstoff . . .	N_2	78,09	593,4	8260	Helium . . .	He	$5{,}24 \cdot 10^{-4}$	$3{,}8 \cdot 10^{-3}$	58052
Sauerstoff . .	O_2	20,95	159,2	7231	Krypton . . .	Kr	$1{,}0 \cdot 10^{-4}$	$8{,}4 \cdot 10^{-4}$	2761
Argon	Ar	0,93	7,07	5796	Wasserstoff .	H_2	$5 \cdot 10^{-5}$	$3{,}8 \cdot 10^{-4}$	114940
Kohlendioxyd.	CO_2	(0,03)	0,23	5227	Xenon	X	$0{,}8 \cdot 10^{-5}$	$6{,}1 \cdot 10^{-5}$	1753
Neon	Ne	$1{,}8 \cdot 10^{-3}$	0,014	11482	Ozon	O_3	$(2 \cdot 10^{-6})$	$1{,}5 \cdot 10^{-5}$	4655
Ammoniak . .	NH_3	$2 \cdot 10^{-6}$	Die in Klammer gesetzten Zahlen weisen erhebliche Schwankungen auf, Literatur [*1*, *2*]. Spalte 2 und 3 nach eigener Rechnung. Höhe der homogenen Atmosphäre s. 318152, S. 577.						
Jod	J_2	$(3{,}5 \cdot 10^{-9})$							
Emanation . .	Em	$(6 \cdot 10^{-18})$							

328122 In der Stratosphäre.

Nur wenige direkte Messungen liegen aus Tropo- und Stratosphäre vor. Viele — vor allem die älteren — Werte sind unzuverlässig (vgl. Paneth [*2*]). Die Messungen von Gluckauf [*10*] zeigen keine große Änderung des CO_2-Gehaltes über England zwischen 4—10 km Höhe an. Die Messungen Regeners [*5*] sowie die von Paneth und Gluckauf [*6*] deuten auf eine schwache Entmischung der Atmosphäre ab etwa 16 km hin. Die sehr unzuverlässigen Luftproben aus 50 bis 70 km über New Mexiko (USA) weisen nur geringfügige Änderungen gegenüber der Bodenluft auf [*12*, *21*]. Es ist möglich, daß Bodenluft zu einem Teil in der Luftprobe enthalten war. Die Zahlenwerte in Tab. 3D sind daher mit großer Vorsicht zu benutzen. Theoretische Überlegungen liegen von Lettau [*11*] vor. Ozon vgl. 32825. Die Genauigkeit ist aus der Abb. 1 zu ersehen. In Tab. 3 sind die Meßergebnisse vollständig mitgeteilt.

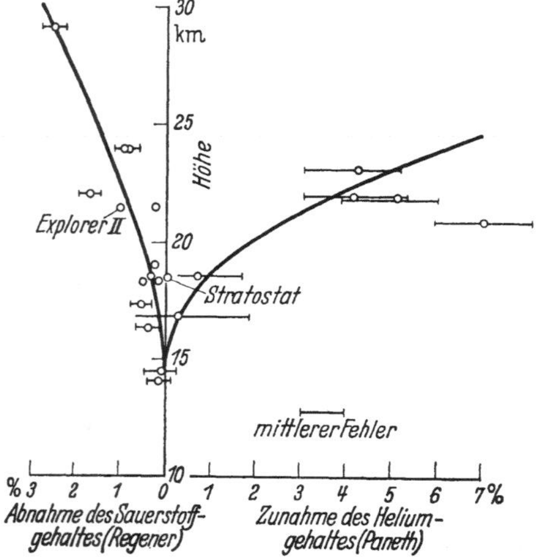

Abb. 1. Entmischung der Atmosphäre. Zunahme des Heliumgehaltes in % des Heliumgehaltes der Bodenluft. Links Abnahme des Sauerstoffgehaltes in % des Sauerstoffgehaltes der Bodenluft. Es ist der mittlere Fehler der Einzelmessungen eingetragen worden.

Tabelle 3. Zusammensetzung der Stratosphärenluft nach direkten Messungen.

A. Stratosphärenballone.

Ballon	Höhe in km	Druck in mbar	O_2 in %	CO_2 in %
Stratostat [*7*]	18,5	63,33 ± 2,6	20,95	—
Explorer II [*8*]	21,5		20,895	0,029
England [*10*]				0,025

B. Regener: O_2-Gehalt in Volumprozent [5].

Höhe in km	0	14	14,5	16,3	17,3	18,5	18,5	22,2	24,0	~24	28—29
O_2 in % . .	20,93	20,90	20,89	20,85	20,81	20,84	20,88	20,57	20,73	20,74	20,39

C. Paneth und Gluckauf: He-Gehalt in Volumprozent · 10^{-4} [6].

Höhe in km	He in $\% \cdot 10^{-4}$	He-Überschuß in % gegenüber demjenigen in Bodenluft[2]	Höhe in km	He in $\% \cdot 10^{-4}$	He-Überschuß in % gegenüber demjenigen in Bodenluft[2]
16,5	5,27	0,5 ± 0,5	22,0	5,34	1,95 ± 0,15
18[1]	5,26	0,35 ± 0,10	22,5	5,51	5,1 ± 0,6
18,5	5,28	0,7 ± 0,3	22,5[1]	5,34	1,9 ± 0,3
19,0	5,27	0,55 ± 0,15	23,5	5,46	4,0 ± 0,3
21,0	5,64	6,9 ± 0,7	23,5	5,27	0,3 ± 0,15
22,0	5,45	4,1 ± 0,2	25	5,35	2,1 ± 0,3

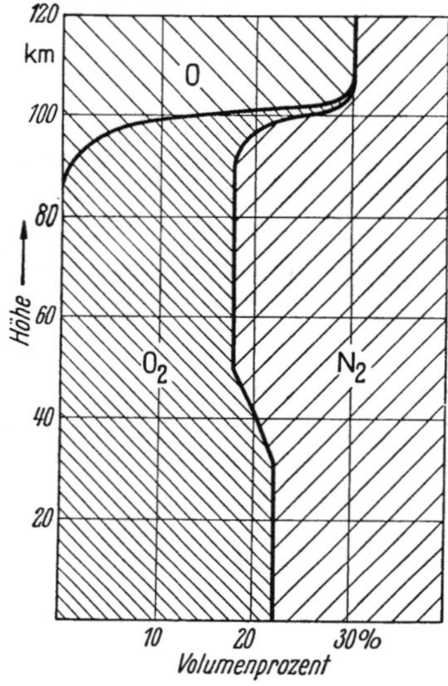

Abb. 2. Konzentration von O und O_2 in Volumprozenten zwischen 0 und 120 km.

D. Chackett, Paneth und Wilson: Luftprobenanalyse aus 50 bis 70 km in % [12].

	Bodenprobe	50—70 km
Argon	1,160	1,165
Helium · 10^{-4} . . .	6,62	6,34
Neon · 10^{-4}	22,9	22,75

Die Dissoziation des Sauerstoffmoleküls erfolgt in etwa 100 km, der Übergang von fast reinem molekularen zu dem fast reinen atomaren Zustand findet in einer Schicht von etwa 8 km statt (Übergangsschicht). Höhe und Dicke ändern sich nur wenig mit der Breite. Abb. 2 zeigt den Anteil von O und O_2 zwischen 0 und 120 km [14]. Diffusion vgl. 3286.

328123 In der Ionosphäre.

Direkte Analysen von Luftproben liegen nicht vor. Aus Spektrogrammen von Dämmerungs-, Nachthimmels- und Nordlicht ergibt sich bei Zuordnung der Linien und Banden ein Vorherrschen von N_2, N, O_2, O, Na und OH. Es ist sehr wahrscheinlich, daß N_2 auch in dieser Sphäre dominiert. Weitere Einzelheiten siehe unter 3293 und 3294.

Tabelle 4. Spektroskopisch nachgewiesene Gase in der Ionosphäre [13].

	Dämmerungslicht	Nachthimmelslicht	Nordlicht
Emissionshöhe in km . . .	80—200 (?)	80—1000 (?)	80—1000
Gesichert	N_2, O, Na	N_2, O_2, O, Na, OH	O, N, N_2, Na
Vermutet		CO, NO, CH, N	NO
Sporadisch			H, He

328124 In der Exosphäre.

Die Exosphäre ist der äußerste Teil der Atmosphäre, in dem Zusammenstöße kaum noch vorkommen. Hier hängt die freie Weglänge stark von der Richtung ab: aufwärts ist sie größer als abwärts. Die Basis der Exosphäre ist das „kritische Niveau". Von dort werden Partikel durch Zusammenstöße aufwärts in die Exosphäre gesandt, und dorthin fallen die meisten exosphärischen Partikel nach einigen Minuten freien Flugs zurück.

[1] Aufstieg über Omaha (USA). [2] Als Vergleichswert wurde $5{,}240 \cdot 10^{-4}$ % genommen.

Penndorf

Die Zusammensetzung ist unbekannt, bis auf die Tatsache, daß in sonnenbelichteten Nordlichtern in etwa 1000 km Höhe N_2 nachgewiesen wurde. Es muß vollständige Diffusion herrschen, Atome, die zum Teil ionisiert sind, müssen bei weitem vorherrschen. Vgl. Lyman Spitzer jr. in [20].

328125 Modellatmosphären.

Zahlreiche Modelle über die Luftzusammensetzung in großen Höhen sind entworfen worden; die Ergebnisse der Nordlichtspektroskopie haben die Unhaltbarkeit der älteren Modelle erwiesen [13]. Die Entmischung wird sich nur bis 50 km Höhe bemerkbar machen, dann bleibt bis 80 km Höhe die Zusammensetzung konstant. In 90 km beginnt der Sauerstoff zu dissoziieren. Die Dissoziation des Stickstoffs wird erst ab 200 km Höhe einsetzen (?). Im Nordlicht finden sich auch angeregte Atome und Moleküle sowie Ionen vor. Ob das in polaren Breiten nur während des Nordlichts der Fall ist, scheint zweifelhaft, diese sind tagsüber in mittleren Breiten stets vorhanden. Über ihre Menge lassen sich noch keine Aussagen machen. (Vgl. dazu auch Abschnitt 3293 und Literatur [9, 18]).

Die Zusammensetzung der hohen Luftschichten ist aus der Abb. 3 und Tabelle 5 zu ersehen. Die Modelle werden in historischer Reihenfolge mitgeteilt; eine Entscheidung über das wahrscheinlichste Modell ist nicht möglich, doch sind die neuesten am besten fundiert. Die älteren Modelle sind nur zur Veranschaulichung aufgenommen; die Namen bedeuten nicht etwa, daß diese Autoren noch dazu stehen.

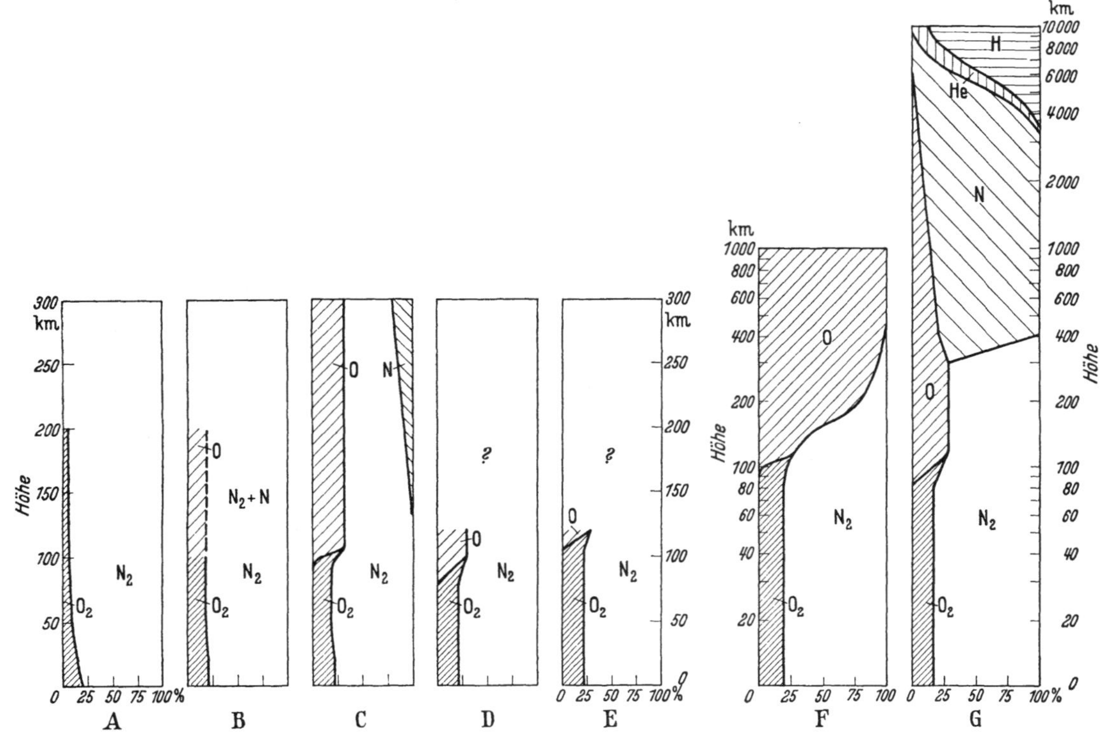

Abb. 3. Zusammensetzung der hohen Atmosphäre (Modellatmosphären). Erklärung siehe Tabelle 5.

Literatur zu 32811/2.

[1] Meteorol. Taschenbuch Bd. 4, Leipzig 1939. — [2] Paneth, A.: Quart. J. Roy. Meteorol. Soc. **63** (1937) 433. — [3] Mecke, R., u. W. H. J. Childs: Z. Physik **68** (1931) 362. — [4] Vaughan, D. L., T. H. Williams u. J. T. Tate: Phys. Rev. **46** (1934) 327. — [5] Regener, E.: Luftfahrtforsch. **13** (1937) 361. — [6] Paneth, F. A., u. E. Gluckauf: Proc. R. Soc. London A **185** (1946) 89. — [7] Holtzmann, M. S.: Glawnaja geophys. Obs. Leningrad **1934**, 13. — [8] The national geogr. Soc.: U. S. Air Corps Stratosphere flight **1935**, Explorer II, Washington 1936. — [9] Gutenberg, B.: Handbuch der Geophysik IX (1932) Teil 1. — [10] Gluckauf, E.: Nature **153** (1944) 620. — [11] Lettau, H.: Meteorol. Rdsch. **1** (1947) 5 u. 65. — [12] Chackett, K. F., Paneth, F. A., u. E. J. Wilson: J. Atmosph. Terr. Physics **1** (1950) 49—55. — [13] Swings, P.: in [20] 159. — [14] Penndorf, R.: Phys. Rev. **77** (1950) 561. — [15] Regener, E.: Schrift. deutsch. Akad. Luftfahrtforschg. Sitzungsper. 1939/1940, 7. — [16] Penndorf, R.: Meteorol. Z. **58** (1941) 103. — [17] Warfield, C. N.: NACA Report 1200 (1947). — [18] Mitra, S. K.: The upper atmosphere, Roy. Asiatic Soc. Bengal (1948) 514. — [19] Grimminger, G.: Rand Report R 105 (1948). — [20] Kuiper, Gerard P. (Editor): The atmospheres of the earth and planets, 366 S., Univ. of Chicago Press 1949. — [21] Harteck, P., u. H. F. Suess: Naturwiss. **36** (1949) 218; Harteck, P.: Naturwiss. Rundschau **3** (1950) 41. — [22] Jaeger, F. W.: Sterne **25** (1949) 132.

Penndorf

Tabelle 5. Zusammensetzung der Luft nach verschiedenen Modellen.

Modell	Höhe in km	Luftdruck in mb	Temperatur in °K	Stickstoff N_2	Stickstoff N	Sauerstoff O_2	Sauerstoff O
			Gutenberg (1932) [9]				
A	60		360	92	0	8	0
	100		1300	94	0	6	0
	200		2700	95	0	5	0
			Regener (1939) [15]				
B	50		223	81	0	18	0
	100		273	81	0	18	0
	150		448	81		0	18
	200		1273	81		0	18
			Penndorf (1941) [16]				
C	50	0,86	320	82	0	18	0
	80	0,017	200	82	0	18	0
	100	0,0013	250	77	0	11	12
	120		300	69	0	0	31
	150		490	64	6	0	30
	200		575	60	10	0	30
	300			50	20	0	30
			Warfield (1947) Tag [17]				
D	50	0,95	350	78	0	21	0
	80	0,033	240	78	0	21	0
	100	0,0031	302	78	0	0	21
	120	0,00058	375	78	0	0	21
			Warfield (1947) Nacht [17]				
E	50	0,95	350	78	0	21	0
	80	0,033	240	78	0	21	0
	100	0,0025	302	78	0	21	0
	105	0,0014	320	78	0	21	0
	120	0,00037	375	78	0	0	12

Modell	Höhe in km	Luftdruck in mb	Temperatur in °K	Stickstoff N_2	Stickstoff N	Sauerstoff O_2	Sauerstoff O
			Mitra (1947) [18]				
F	50	1,04	330	80	0	20	0
	80	$4{,}2\cdot10^{-2}$	160	80	0	20	0
	100	$1{,}3\cdot10^{-3}$	240	77	0	20	3
	120	$1{,}2\cdot10^{-4}$	320	71	0	0	29
	150	$1{,}2\cdot10^{-5}$	440	58	0	0	42
	200	$1{,}0\cdot10^{-6}$	640	20	0	0	80
	300	$5{,}1\cdot10^{-8}$	1040	6	0	0	94
	500	$3{,}0\cdot10^{-9}$	1840	0	0	0	100
	700	$8{,}2\cdot10^{-10}$	2640	0	0	0	100
	900	$1{,}7\cdot10^{-10}$	3440	0	0	0	100
			Grimminger (1948) [19]				
G	50	1,15	355	82	0	18	0
	80	$4{,}03\cdot10^{-2}$	240	82	0	18	0
	100	$3{,}78\cdot10^{-3}$	303	75	0	8	17
	120	$7{,}03\cdot10^{-4}$	373	70	0	0	30
	150	$8{,}67\cdot10^{-5}$	505	70	0	0	30
	200	$1{,}05\cdot10^{-5}$	690	70	0	0	30
	300	$4{,}84\cdot10^{-7}$	1100	70	0	0	30
	500	$4{,}06\cdot10^{-8}$	1900	0	80	0	20
	700	$1{,}16\cdot10^{-8}$	2500	0	82	0	18
	1000	$2{,}41\cdot10^{-9}$	2500	0	86	0	14

Anmerkung:

Gutenberg: Diffusionsgleichgewicht ab 0 km.
Regener und Penndorf: vollständige Mischung, schichtweise teilweise Entmischung.
Warfield: vollständige Mischung.
Mitra: Diffusionsgleichgewicht ab 150 km.
Grimminger: Diffusionsgleichgewicht ab 400 km.

32813 Wasser und Wolken.

328131 Wasserdampf.

3281311 In der Bodenschicht.

Wasserdampf ist der Luft stets beigemengt. Sein Anteil hängt vor allem von der Lufttemperatur ab. Seine mittlere Verteilung für die Monate Januar und Juli auf der Erde gibt die Tabelle 6 wieder. Die hohen Werte in den Tropen bedingen eine Verringerung des Anteils der permanenten Gase, vorwiegend des Stickstoffs, Sauerstoffs und Argons. Der Anteil der anderen Gase wird davon kaum berührt.

Tabelle 6. Verteilung des Wasserdampfes auf der Erde für die Monate Januar und Juli [1.]

		Nordhalbkugel									Südhalbkugel					
Geographische Breite		80	70	60	50	40	30	20	10	0	10	20	30	40	50	60
Mittlerer Dampfdruck in mm Hg	Jan.	0,07	0,87	1,42	2,9	5,5	10,1	13,9	19,4	21,1	19,8	17,1	15,4	10,8	5,9	3,7
	Juli	3,7	6,4	9,1	10,8	13,7	17,0	18,7	20,5	20,6	17,2	13,0	10,3	7,3	4,7	3,7
Mittlerer Dampfdruck in mbar	Jan.	0,09	1,16	1,89	3,9	7,3	13,5	18,5	25,9	28,1	26,4	22,8	20,5	14,4	7,9	4,9
	Juli	4,9	8,5	12,1	14,4	18,3	22,7	24,9	27,3	27,5	22,3	17,3	13,7	9,7	6,3	4,9
Mittlere absolute Feuchte in g/m³	Jan.	0,08	1,03	1,60	3,1	5,7	10,2	13,7	18,8	20,4	19,2	16,6	15,1	10,8	6,1	3,9
	Juli	3,9	6,6	9,2	10,7	13,4	16,4	18,0	15,8	19,9	19,8	12,8	10,3	7,5	4,9	4,0
Volumenprozent %	Jan.	0,009	0,1	0,2	0,4	0,7	1,3	1,8	2,5	2,8	2,6	2,3	2,0	1,4	0.8	0,5
	Juli	0,5	0,9	1,2	1,4	1,8	2,3	2,5	2,7	2,8	2,3	1,7	1,4	1,0	0,6	0,5

3281312 In der Troposphäre.

Die Abnahme des Dampfdrucks mit der Höhe erfolgt nicht gesetzmäßig. Mittlere Verhältnisse beschreiben annähernd die Formeln von Hann, Süring, Hergesell und Harrison [2]. Aber alle beziehen sich auf geringes Material. Ekhardt übt an den Formeln eingehend Kritik [3]. In ozeanischen Klimaten, in niedrigen Breiten und im Sommer bei Tag sind diese Interpolationsformeln von orientierendem Nutzen, nicht dagegen im Kontinent, besonders im Winter.

Tabelle 7. Abnahme des Dampfdrucks und der spezifischen Feuchtigkeit mit der Höhe (in Kilometern) nach Süring [2].

Höhe	0,5	1,0	1,5	2,0	2,5	3,0	3,5	4,0	4,5	5,0	6,0	7,0	8,0
A	0,83	0,68	0,51	0,41	0,34	0,26	0,20	0,17	0,14	0,11	0,054	0,028	0,013
B	0,83	0,70	0,58	0,48	0,40	0,34	0,28	0,23	0,19	0,16	—	—	—
C	—	0,76	0,65	0,55	0,47	0,39	—	0,26	—	0,17	0,11	0,07	0,04

A Dampfdruck in der freien Atmosphäre,
B Dampfdruck in Gebirgen,
C ist ein Faktor für die spezifische Feuchte s_h; $s_h = C \cdot s_0$, wobei s_0 = spez. Feuchte am Boden, s_h in der Höhe h ist. Gilt für freie Atmosphäre.

Mittelwerte der spezifischen Feuchte und des Dampfdruckes für USA bis 5 km Höhe gibt Ekhardt [3].

Der Gehalt der Luft an Wasserdampf oberhalb 4 km kann nur sehr ungenau bestimmt werden. Exakte Meßmethoden sind inzwischen entwickelt worden (Taupunktsmessung), jedoch sind größere Meßreihen bislang nicht veröffentlicht.

3281313 In der Stratosphäre.

Nur wenig zuverlässige Messungen liegen vor. Regener und Rau [4] führten fünf Aufstiege aus, die Ergebnisse enthält Tabelle 8. Shellard [5] teilt die auf 64 Flügen mit dem Gefrierpunktsmesser erhaltenen Werte mit. Tabelle 8B zeigt, daß die Feuchte oberhalb der Tropopause rasch abnimmt. Aus theoretischen Überlegungen über Strahlungsgleichgewicht wird gefolgert, daß in der isothermen Schicht (Tab. 1) die relative Feuchte $< 10\%$ sein muß.

Tabelle 8. Relative Feuchte in der Stratosphäre
A. Nach Messungen von Regener und Rau [4].

Höhe in km		Temperatur in °C	Relative Feuchte in %
Februar	10,5	—54,4	39
Juli	10,5	—41,8	58
	16	—43,7	18
	10,6	—49	59
	22,2	—47	7

B. Nach Messungen von Shellard [5].

Höhe	Relative Feuchte in %
Tropopause	43
~3/4 km über Tropopause	5,3
~2½ km über Tropopause	2,7

328132 Wasser.

Wenn Wasserdampf kondensiert, so spielen die Kondensationskerne (32823) eine wesentliche Rolle in Hinblick auf Anzahl und Größenspektrum der Wassertropfen. Der Gehalt an Wassertropfen wird üblicherweise „Gehalt an flüssigem Wasser" genannt und ist von verschiedenen Seiten gemessen worden. Die Bergbeobachtungen ergeben alle zu große Werte, verglichen mit den Beobachtungen in Wolken der freien Atmosphäre. Daher sind die Flugzeugmessungen vorzuziehen, sie sind in Tabelle 9 zusammengefaßt.

Tabelle 9. Gehalt an flüssigem Wasser in Wolken und Nebel in g/m³.

Wolkenart	Auf'm Kampe [6]	Diem [7]
Cumulus	0,3—3,0	0,32
Stratocumulus	0,1—1,5	0,09
Stratus	0,1—0,6	0,29
Cumulonimbus	6	0,87
Cirrus	0,03	—
Nimbostratus	—	0,40
Altostratus	—	0,28

328133 Eis und Schnee.

Form, Größe und Anzahl der Schneeflocken und Eiskristalle sind am Boden gemessen worden. Nur wenige Messungen aus den Cirruswolken liegen vor (H. Weickmann [8]). 1 g Schnee enthält etwa 10000 bis 100000 Kristalle.

328134 Wolkenhöhen.

Die Höhenbestimmung der Wolken geschieht durch Doppelanschnitt eines Wolkenpunktes mit zwei Theodoliten an den Endpunkten einer genau ausgemessenen Basis. Hinzu kommen die photogrammetrischen und stereoskopischen Aufnahmen. Auf diese Arten sind die in den Tabellen 10 enthaltenen Wolkenhöhen bestimmt worden. Von 1925 bis 1945 wurden die Wolkenhöhen durch Flugzeugaufstiege bestimmt. Bei Nacht ist mit dem senkrecht nach oben gerichteten Scheinwerfer die untere Grenze der niedrigen Wolken gut zu messen, eine Bearbeitung dieses Materials ist für einige europäische Orte durchgeführt worden, für Deutschland von Skierlo [9], Huss [10] und Peppler [11]. Mittlere Wolkendicken enthält die Tabelle 11.

Nach Peppler [*12*] liegt für Mitteleuropa das Maximum der unterkühlten Wolken (Stratocumulus und Nimbostratus) zwischen 0° C und —5° C. Eiswolken beginnen sich bei —12° C zu bilden, das Maximum liegt bei —17° C.

Kondensfahnen hinter Flugzeugen entstehen durch Wasserdampf in den Abgasen. Ihre Bildung hängt weitgehend von der Lufttemperatur ab. Die kritische Temperatur liegt über Mitteleuropa bei —40 bis —50° C.

Tabelle 10. Mittlere und maximale Wolkenhöhen in km über Meeresspiegel [*2*].

Breite	Ort	Mittlere Wolkenhöhen nördl. Sommer (April bis Sept.)						
		ci, cs	*as*	*ac*	*sc*	*ns*	*cb* Gipfel	*st*
78½° N	K. Thordsen	7,32	—	3,23	2,46	—	—	—
70 ° N	Bossekop	7,46	4,65	3,42	1,34	0,98	3,96	0,66
60 ° N	Pawlowsk, Upsala	7,86	—	3,49	1,81	1,20	4,32	0,84
50¾° N	Potsdam, Trappes	8,70	4,00	3,82	1,99	1,43	4,74	0,81
40½° N	Blue Hill, Washington	10,15	6,01 ?	4,40	2,02	1,56	7,00	0,68
35 ° N	Mera	11,02	4,04	5,72	1,72	1,55	6,98	0,49
14½° N	Manila	12,05	4,30	5,71	1,90	1,38	—	1,06
7 ° N	Batavia	11,04	—	5,40	—	—	6,45	0,70
37½° S	Melbourne	8,5	7,13 ?	4,63	2,38	—	—	—

Breite	Ort	Mittlere Wolkenhöhen nördl. Winter (Okt. bis März)							Absolute Maxima				
		ci, cs	*as*	*ac*	*sc*	*ns*	*cb* Gipfel	*st*	*ci*	*cs*	*as*	*cb* Gipfel	*cu* Gipfel
78½° N	K. Thordsen	—	—	—	—	—	—	—	8,59	—	5,31	—	—
70 ° N	Bossekop	—	—	—	—	—	—	—	11,79	10,39	6,66	9,02	4,82
60 ° N	Pawlowsk, Upsala	7,07	4,09	3,66	1,73	0,99	5,18	0,76	11,69	10,12	7,80	9,02	4,40
50¾° N	Potsdam, Trappes	7,68	3,40	4,12	1,52	1,16	4,30	0,61	12,67	11,91	7,36	10,35	5,02
40½° N	Blue Hill, Washington	9,14	4,68	3,72	2,00	1,22	3,73	0,87	15,01	13,60	9,17	13,88	5,00
35 ° N	Mera	9,13	3,61	4,90	1,74	1,54	—	0,37	16,79	15,48	7,75	11,44	—
14½° N	Manila	11,14	3,90	4,64	2,32	1,49	3,14	—	20,45	17,14	8,04	—	—
7 ° N	Batavia	—	—	—	—	—	—	—	18,60	14,21	10,30	—	—
37½° S	Melbourne	9,6	—	5,15	2,77	—	—	—	—	—	—	—	—

Abkürzungen: *ci* = Cirrus, *cs* = Cirrostratus, *as* = Altostratus, *sc* = Stratocumulus, *ns* = Nimbostratus, *cb* = Cumulonimbus, *st* = Stratus, *cu* = Cumulus.

Tabelle 11. Mittlere Wolkendicke in m.

	sc	*st*	*cu*	*ac*	*as*	*cb*	*ns*	*fc*	*fs*	*nb*
Köln	380	360	920	275	400	2865	1785	370	220	365
Potsdam	350		670	190	510					
Mera (Japan)	330	(460)	440	920	690					

Abkürzungen: wie in Tab. 10; sowie *as* = Altostratus, *fc* = Fractocumulus, *fs* = Fractostratus.

Auch in der Stratosphäre werden gelegentlich Wolken beobachtet, die Perlmutterwolken sind wahrscheinlich orographisch bedingte Wolken (Moazagotltyp), sie sind in den Föhnlücken besonders des skandinavischen Gebirges zu beobachten [*13*]. Die leuchtenden Nachtwolken hängen wahrscheinlich mit einer in dieser Höhe charakteristischen thermischen Schichtung zusammen. Nach Vulkanausbrüchen sind auch leuchtende Nachtwolken zu beobachten, vielleicht sind diese sogar die Ursache. Die Höhen wurden stereophotogrammetrisch bestimmt [*14, 15*].

Leuchtstreifen wurden von Hoffmeister [*16*] und Goetz [*17*] beobachtet, ihre Höhe wurde stereophotometrisch zu 115 bis 130 km bestimmt. Die stratosphärischen Wolken geben einen Anhalt über die Windrichtung und Windgeschwindigkeit in den betreffenden Höhen; vgl. 3285.

Tabelle 12.

Wolkenart	Autor	Jahr	Höhe in km
Perlmutterwolken	Störmer	1940	25,1
Leuchtende Nachtwolken	Jesse	1890	82
	Störmer	1935	82,2

Literatur.

[*1*] Penndorf, R.: Ann. Hydrogr. **67** (1941) 178. — [*2*] Hann-Süring: Lehrbuch der Meteorologie, 5. Aufl. Leipzig 1939. — [*3*] Ekhardt, E.: Beitr. Physik. Atm. **26** (1940) 77. — [*4*] Regener, E.: Aka-

Penndorf

demie d. Luftfahrtforschung 1939. — [5] Shellard, H. C.: Meteorol. Mag. Ldn. **78** (1949) 341. — [6] Kampe auf'm, H. J.: ZWB. Untersuchg. u. Mitt. Nr. 3541 (1944). — [7] Diem, M.: Meteorol. Rdsch. **1** (1948) 261. — [8] Weickmann, H.: Beitr. Physik freie Atm. **28** (1945) 12. — [9] Skierlo, U.: Forschg. u. Erfahrungsber. RWD Reihe A, Nr. 3 (1940). — [10] Huss, E.: Wiss. Abh. RfW **8** (1940) Nr. 1. — [11] Peppler, W.: Wiss. Abh. RfW **8** (1940) Nr. 6. — [12] Peppler, W.: Forschg. u. Erfahrungsber. RWD Reihe B, Nr. 1 (1940). — [13] Störmer, C.: Geofysisk. Publ. **12** (1939) Nr. 11. — [14] Jesse, O.: S.B. Preuß. Akad. Wiss. **1890**, 1031. — [15] Störmer, C.: Astrophysic. Norveg. **1** (1935) 100. — [16] Hoffmeister, C.: Z. f. Meteorol. **1** (1946) 33. — [17] Goetz, P.: Handb. d. Geophys. **8**, Lief. 2 (1943) 425.

32814 Lufttemperatur.

328141 Allgemeines.

Die Lufttemperatur wird gemessen mit Drachenaufstiegen (ab 1894), Ballonsonden bis 30 km (ab 1896), Radiosonden (ab 1930) und Flugzeugaufstiegen (ab 1921; in Deutschland wurde 1927 ein ständiges Netz eingerichtet). Die Messungen geschehen unter Elimination der Strahlungsfehler; bei Flugzeugaufstiegen wird in Deutschland ab 1938 die Temperaturerhöhung infolge hoher Fluggeschwindigkeiten eliminiert. Radiosondenaufstiege sind zum Teil noch nicht völlig zuverlässig.

328142 In der Tropo- und unteren Stratosphäre.

Das vorhandene Beobachtungsmaterial ist in sich wenig homogen, es entstammt den verschiedensten Jahren, ebenso ist die Zahl der Beobachtungen recht ungleich.

Die mittlere vertikale Temperaturverteilung bis 5 km hat Penndorf [1] zusammengestellt, von jedem Land ist ein charakteristischer Ort ausgewählt worden. Neueres Material hat Flohn [2] besprochen. Für Mitteleuropa liegt ein reichhaltiges Beobachtungsmaterial vor, das nur zum Teil bearbeitet wurde. Die täglichen Wetterkarten der Länder enthalten meist die aerologischen Beobachtungen des Tages in extenso. Die vertikale Temperaturverteilung bis 18 km im Jahresmittel ist für einige ausgewählte Orte (nach [1]) in Abb. 4 wiedergegeben.

Isoplethen des jährlichen Temperaturganges sind für ausgewählte Orte in Abb. 5 enthalten [3, 4, 5, 6, 7]. Die Abb. 6 stellt einen Meridianschnitt durch die sommerliche und winterliche Nordhemisphäre dar [8]. Die Beobachtungen auf der Südhemisphäre hat Flohn [21] zusammengestellt.

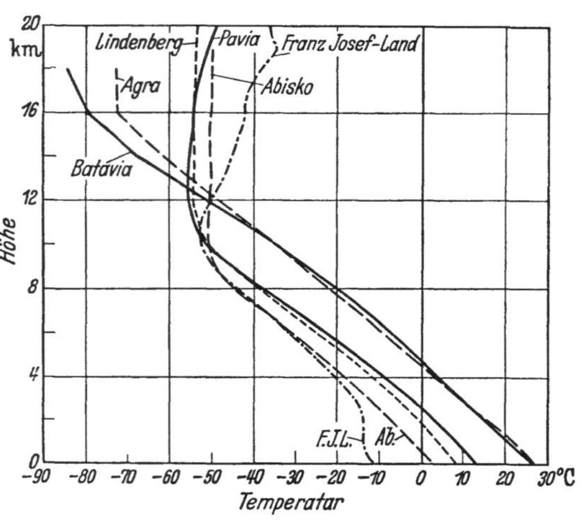

Abb. 4.
Jahresmittel
der vertikalen Temperaturverteilung.

Einzelheiten für Mitteleuropa sind der Tabelle 13 zu entnehmen, denn Lindenberg kann als charakteristischer Ort gelten, und seine Werte sind zuverlässig.

T_t = Temperatur an der Tropopause; H_t = Höhe der Tropopause, Max. = absolutes Temperaturmaximum; Min. = absolutes Minimum (größte und kleinste jemals gemessene Werte).

Oberhalb 25 km sind keine brauchbaren Mittelwerte vorhanden, die auf direkten Messungen beruhen.

Tabelle 13. Der mittlere jährliche Temperaturgang über Lindenberg. (1906 bis 1935) Literatur [11] ($\varphi = 52° 13'$ N; $\lambda = 13° 48'$ E, $h = 116$ m).

Monat	Höhe in km														
	0	1	2	3	4	5	6	7	8	9	10	11	12	13	14
Jan.	− 0,7	− 1,5	− 4,7	− 9,3	−15,2	−21,9	−28,9	−36,2	−43,6	−50,7	−56,3	−59,3	−59,1	−58,1	−57,0
Febr.	− 1,2	− 3,3	− 6,8	−11,7	−17,7	−24,3	−31,7	−39,2	−46,5	−53,0	−57,0	−58,2	−57,4	−56,3	−55,9
März	− 1,9	− 2,7	− 7,2	−12,3	−18,2	−24,9	−31,9	−38,9	−45,4	−51,2	−55,6	−58,2	−57,5	−55,8	−55,5
April	11,9	2,5	− 3,2	− 8,4	−14,8	−21,6	−28,6	−35,8	−42,6	−48,7	−53,5	−55,8	−54,8	−53,1	−52,6
Mai	11,9	5,8	− 0,6	− 6,0	−12,0	−18,4	−25,3	−32,5	−39,7	−46,5	−51,2	−52,9	−52,8	−51,9	−51,5
Juni	15,7	9,8	+ 4,0	− 1,4	− 7,1	−13,3	−19,8	−26,9	−34,2	−41,2	−47,2	−51,2	−52,1	−51,4	−50,7
Juli	19,1	12,8	6,5	1,4	− 3,9	−10,1	−16,8	−23,8	−31,0	−38,6	−45,9	−50,7	−51,9	−51,7	−50,9
Aug.	18,6	12,0	5,9	0,6	− 4,5	−10,4	−16,9	−24,1	−31,4	−38,9	−46,0	−50,7	−51,9	−50,5	−49,8
Sept.	13,6	9,2	4,2	− 0,7	− 6,1	−12,1	−18,8	−25,7	−33,1	−40,6	−47,2	−51,7	−54,2	−54,7	−54,6
Okt.	9,9	5,7	1,0	− 3,7	− 9,3	−15,6	−22,6	−29,8	−36,9	−43,5	−49,6	−54,2	−56,1	−56,7	−57,0
Nov.	4,6	1,8	1,7	− 6,2	−12,1	−19,0	−25,9	−33,3	−40,0	−46,0	−51,1	−54,6	−55,6	−56,1	−56,7
Dez.	0,7	− 0,6	4,6	−10,1	−16,0	−22,5	−29,4	−36,8	−43,8	−49,8	−54,2	−55,9	−55,9	−55,8	−55,9
Jahr	8,6	4,3	− 0,6	− 5,7	−11,4	−17,8	−24,7	−31,9	−39,0	−45,7	−51,2	−54,4	−54,9	−54,4	−54,0
Max.	32,2	25,5	17,2	9,6	4,9	− 1,7	− 8,0	−15,2	−20,5	−26,1	−33,8	−38,1	−38,1	−39,0	−39,1
Min.	−19,8	−16,8	−24,0	−29,0	−36,2	−44,0	−49,4	−53,3	−57,1	−63,8	−68,0	−70,1	−69,5	−71,7	−72,5

Tabelle 13 (Fortsetzung).

Monat	Höhe in km												T_t	H_t
	15	16	17	18	19	20	21	22	23	24	25	26		m
Jan.	-57,4	-58,3	-58,8	-58,8	-59,0	-59,4	-59,6	-60,5	-59,5	-59,2	—	—	-60,8	10600
Febr.	-56,3	-56,7	-57,3	-57,8	-57,4	-57,7	-57,8	-57,8	-58,2	-58,3	—	—	-60,3	10030
März	-55,3	-55,4	-55,3	-55,3	-55,6	-55,5	-55,5	-56,2	—	—	—	—	-59,0	10040
April	-53,0	-52,7	-52,6	-52,1	-51,1	-50,3	-50,2	-50,2	-50,4	-50,8	-50,3	—	-57,2	10070
Mai	-52,1	-52,1	-52,1	-51,5	-51,0	-50,6	-49,7	-48,7	-48,2	-47,6	-47,1	-46,8	-54,9	10100
Juni	-50,2	-50,1	-50,1	-49,9	-49,4	-48,8	-47,7	-46,9	-46,0	-44,9	-44,6	—	-54,8	10930
Juli	-50,9	-49,8	-49,3	-47,5	-46,4	-45,1	-42,9	-40,9	—	—	—	—	-54,0	11240
Aug.	-49,8	-49,8	-48,6	-47,5	-46,4	-45,5	-45,2	-44,9	-44,5	-43,5	-42,9	-40,7	-54,4	11160
Sept.	-54,1	-53,8	-52,9	-52,3	-52,0	-51,3	-51,1	-50,6	-49,8	-49,9	-50,0	-50,0	-56,2	11120
Okt.	-57,9	-57,8	-57,3	-57,4	-58,2	-58,0	-57,7	-56,1	-55,3	-54,3	—	—	-56,8	10980
Nov.	-57,6	-57,8	-58,0	-57,3	-57,7	-58,0	—	—	—	—	—	—	-56,6	10540
Dez.	-56,8	-57,4	-57,8	-58,7	-59,5	-62,2	-63,0	-63,2	-63,9	-63,8	—	—	-56,2	9850
Jahr	-54,3	-54,3	-54,2	-53,8	-53,7	-53,5	-52,8	-52,4	-52,9	-52,5	—	—	-56,8	10570
Max.	-39,4	-39,0	-38,5	-38,3	-38,2	-37,9	-36,2	—	—	—	—	—	—	—
Min.	-69,1	-69,7	-66,6	-67,5	-69,0	-67,0	-67,6	—	—	—	—	—	—	—

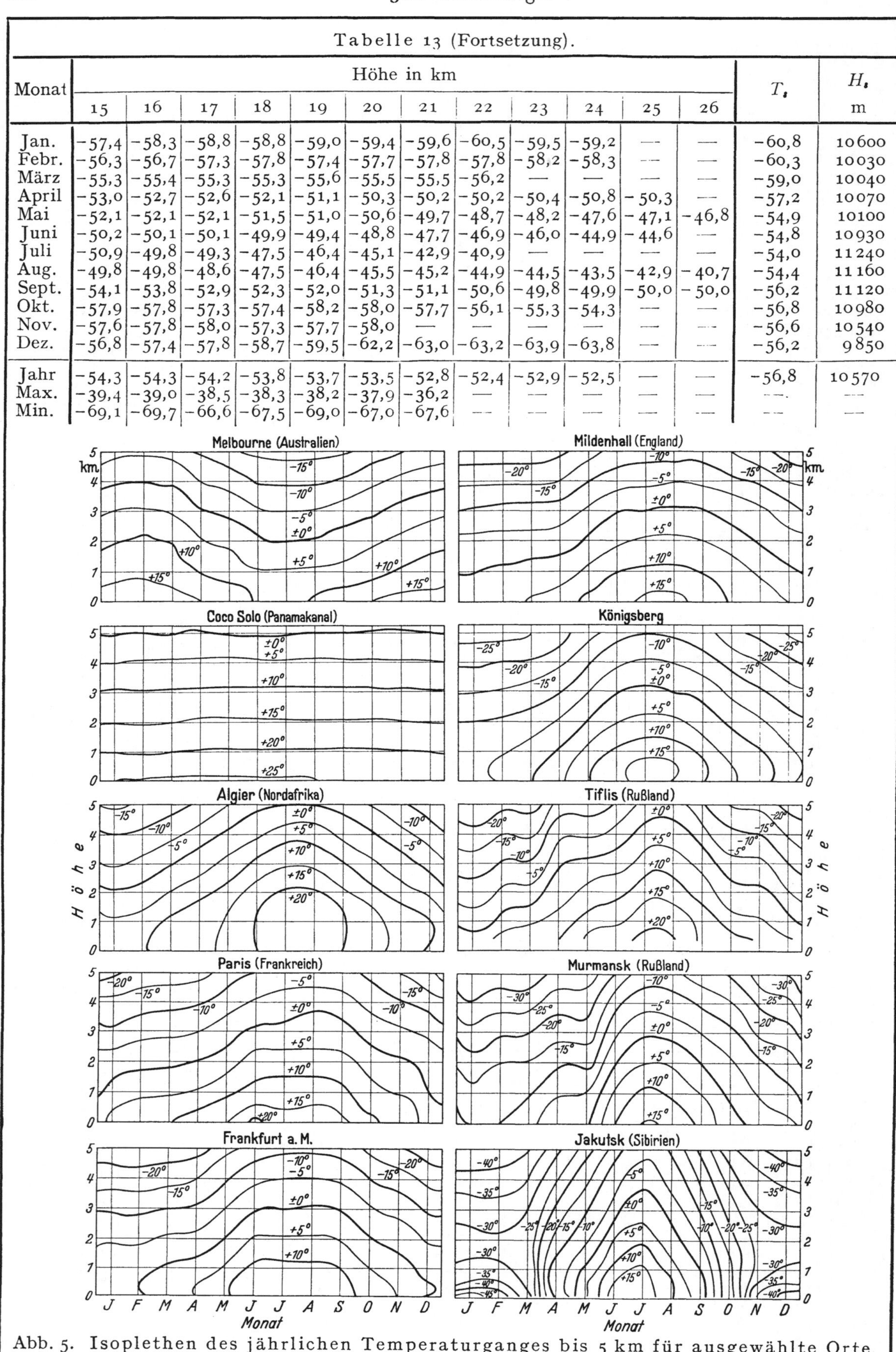

Abb. 5. Isoplethen des jährlichen Temperaturganges bis 5 km für ausgewählte Orte.

Penndorf

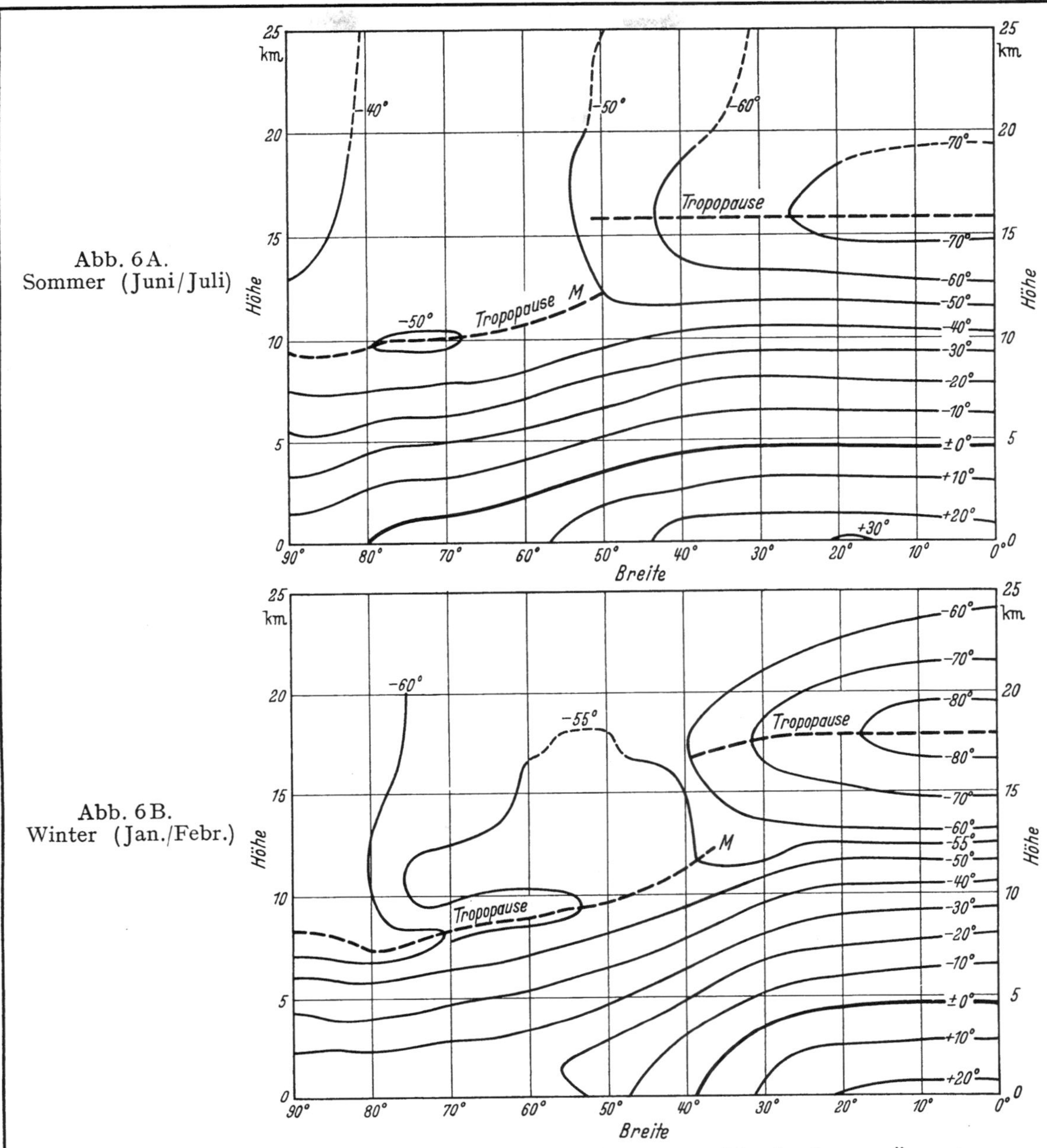

Abb. 6. Meridianschnitte durch die Atmosphäre vom Nordpol zum Äquator. Der Schnitt liegt etwa auf dem Meridian 90° W. Konstruiert nach Hess [*8*] mit eigenen Ergänzungen. M = Multiple Tropopausen.

Der periodische tägliche Temperaturgang nimmt sehr rasch mit der Höhe ab, in 2000 m beträgt die Amplitude nur wenige Zehntelgrad. Nach Scherhag [*9*] 0,5° C oberhalb 3 km.

Die Höhe der 0°-Grenze über Europa wurde von Penndorf für alle Monate kartographisch dargestellt [*10*].

328143 In der Stratosphäre oberhalb 30 km.

Die Temperatur der Stratosphäre > 30 km kann nur aus indirekten Messungen ermittelt werden: aus der anomalen Schallausbreitung, aus der berechneten Dichteverteilung nach Meteorbeobachtungen, aus Gezeiten des Luftdrucks, aus der Absorption des atmosphärischen Ozons und aus der Schärfe der atmosphärischen Ozonbanden (Tab. 14).

Druckmessungen mit V-2-Raketen erlauben die Temperatur zu berechnen. Doch sind die absoluten Werte noch ungenau. Die beste Kurve (Stand 1948) ist in Abb. 7 enthalten [*14*]; neuere Mittelwerte (Stand 1950) sind in Tabelle 14a enthalten. Diese Abbildung gibt ebenso die vertikale Temperaturverteilung für Mitteleuropa nach Penndorf [*12*] und für 45° Breite nach Grimminger [*13*] wieder. Die Werte für 100 km in [*12*] und [*13*] sind zu hoch. Bei den Schallausbreitungsmessungen (Tab. 14a) ist der Windeinfluß berücksichtigt (32817). Der Jahresgang der Temperatur (Tab. 14b) ist nicht gesichert, da T_s/T_w von der Breite abhängt.

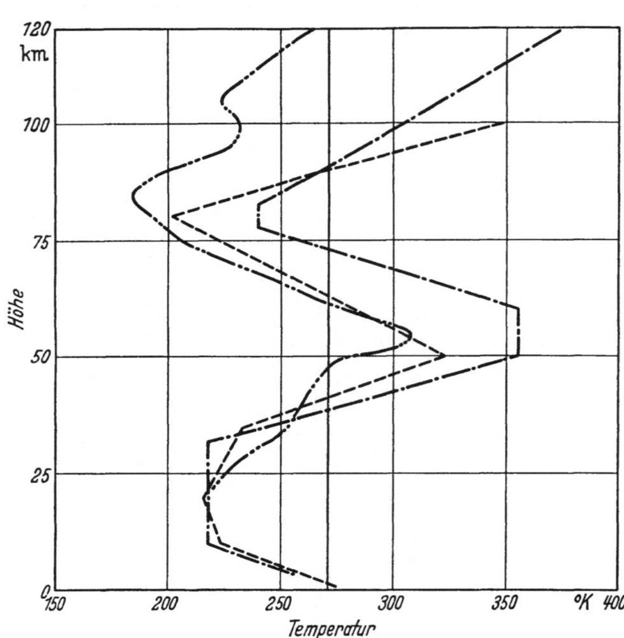

Abb. 7. Vertikale Temperaturverteilung der Strato- und unteren Ionosphäre auf Grund der V-2-Aufstiege [14] sowie der Modelle von Penndorf [12] und Grimminger [13].
——— ——— ——— Penndorf
— · — · — · — Grimminger (Rand)
— ·· — ·· — ·· — V-2-Aufstiege (Nazarek)

Tabelle 14. Temperaturen in °C in 40 bis 60 km Höhe.

Methode	Autor	Höhe in km		
		40	50	60
Schall . . .	Regula, Whipple, Duckert, Gutenberg	+10 bis +40	+60 bis +75	—
	Cox (Helgoland)	0	+15	—
	Mathur (Indien) Sommer . . .	+50	+60	—
	Winter	+34	+40	—
Meteore .	Lindemann und Dobson	—	+27 bis +77	—
	F. L. Whipple	+27	+67	+90
Gezeiten . .	Pekeris	—20	+40 bis +60	+30 bis +100
Ozon . .	Gowan: Ozon; Strahlungsgleichgewicht	+100	+150	—
	Penndorf	+10	+50 bis +70	—
Mittelwert .	Penndorf: Mitteleuropa; Sommer .	—10	+50	+10
V-2 . . .	Nazarek	—14	+13	+7
	Havens	—8	+3	—15

Tabelle 14a.

Mittelwerte aus V-2-Aufstiegen ($\varphi = 33°$ N) [26]		Mittelwerte, berechnet aus anomaler Schallausbreitung Temperatur in °C [27]				
Höhe in km	°C	Höhe in km	Panamakanal (Sommer)	Bermuda (Sommer)	Alaska Sommer	Alaska Winter
100	—17	60	—	+11	—	—8
90	—58	55	+35	—7	—	—28
80	—85	50	+9	—20	+19	—45
70	—77	45	—17	—27	—2	—58
60	—15	40	—38	—36	—27	—65
50	+3	35	—56	—33	—44	—68
40	—8	30	—65	—41	—52	—68
30	—51	25	—	—	—55	—67
20	—59	20	—	—	—57	—64

Tabelle 14b. Jahresgang der absoluten Temperatur nach Wexler [25].
T_s = Sommertemperatur
T_w = Wintertemperatur

Höhe km	T_s/T_w
50	1,28
40	1,18
30	1,05
20	1,05

328144 In der Iono- und Exosphäre.

Durch Reflexion elektrischer Wellen in der Ionosphäre kann deren Schichtung und Ionenkonzentration festgestellt werden (3291). Daraus lassen sich Temperaturen berechnen, die je nach den Meßergebnissen und verschiedenen Annahmen recht unterschiedlich ausfallen. Die neuesten Werte sind im allgemeinen die besten. Tabelle 15 nach Penndorf [*12, 15, 16, 17*].

Aus den Spektrogrammen von Nordlichtern ermittelten Vegard und Tönsberg [*15*] ebenfalls Temperaturen der Schicht um 100 bis 150 km. Die Temperatur wird aus der Intensitätsverteilung der Rotationsbanden bestimmt, wenn deren Temperatur durch die Rotationsenergie definiert ist. Ihre Angaben beziehen sich auf den Polarwinter; Belichtungszeit $1^1/_2$ bis 40 Nordlichtstunden, 21 ausgewertete Aufnahmen (Tabelle 15).

Tabelle 15. Temperatur der Ionosphäre in ° K nach Messungen mit elektrischen Wellen und aus Nordlichtspektrogrammen.

Methode	Autor	*E*-Schicht ≈ 100 km	*F*-Schicht ≈ 200 bis 250 km
Elektrische Wellen	Müller (1935)	370	—
	Maris (1936)	—	373
	Fuchs (1936)	—	400—1000
	Martyn u. Pulley (1936)	300	1200
	Appleton (1936)	< 100	1200
	Godfrey und Price (1937)	—	1200
	Das (1938)	1000	1000
	Senda (1938)	—	1400—2000
	Bhar (1938)	300	600
	Appleton (1939)	385	700—1300
	Penndorf (1940)	318—375	440—935
	Deb (1941)	—	1000—1200
	Seaton (1948)	230—500	100—1000
	Spitzer (1949)	—	1800—3000
Nordlicht	Vegard und Tönsberg (1923–1944) Tromsö, Polarwinter;	225	—
	sonnenbelichtete Atmosphäre	232	—
	Harang	208	1500—2000

Es erscheint sicher, daß Tages- sowie Jahresgänge der Temperatur vorhanden sind, doch ist wenig darüber beobachtet. Für Höhen über 500 km schätzt Spitzer [*17*] die Temperatur um 2500° K. In großen Höhen verliert die gaskinetisch berechnete Temperatur ihren Sinn, man muß von der Temperatur der Ionen, Elektronen usw. sprechen.

328145 Höhe der Tropopause.

Die Tropopause ist die Grenzfläche zwischen Tropo- und Stratosphäre. Ihre Höhenlage wird aus den Temperaturregistrierungen als die Höhe bestimmt, in der die Temperatur mit der Höhe anfängt, konstant zu bleiben (Inversion) oder wo der vertikale Temperaturgradient 2°C/km unterschreitet. Der jährliche Gang ist der Tabelle 16 und die Breitenabhängigkeit der Abb. 8 zu entnehmen [*18, 19*]. Ein enger Zusammenhang besteht mit der jeweiligen Wetterlage, über Hochdruckgebieten liegt sie stets höher als über Tiefdruckgebieten. Die Abweichungen betragen +2 und —3 bis —4 km vom Normalwert.

Eine kartenmäßige Darstellung für die Nordhalbkugel liegt von Flohn [*20*] vor.

Tabelle 16. Obere Grenze der Troposphäre (= Höhe der Tropopause H_e) und mittlere Temperatur der Tropopause t_e in ° C.

Ort	Geogr. Breite	H_e in km					t_e ° C				
		Jan.	April	Juli	Okt.	Jahr	Jan.	April	Juli	Okt.	Jahr
Batavia	6,2° S	17,8	16,5	15,3	17,7	17,0	—89,1	—87,2	—80,8	—81,5	—85,2
Agra	27° N	15,4	16,6	16,7	16,5	16,3	—70	—70	—79	—79	—73,9
Pavia	45° N	10,7	11,1	11,6	10,6	11,2	—64,5	—58,5	—55,1	—56,7	—58,7
Lindenberg	52° N	10,6	9,8	10,8	11,0	11,4	—61,3	—57,5	—52,1	—56,9	—56,4
Sloutzk	59° N	9,3	9,3	10,1	10,1	9,6	—55	—48	—45	—51	—54
Franz-Josefs-Land	80° N	8,1	8,8	10,0	10,7	9,1	—57,7	—54,9	—46,6	—57,5	—53,6

Literatur.

[1] Penndorf, R.: Meteorol. Z. **60** (1943) 391. — [2] Flohn, H.: Naturf. u. Medizin in Deutschland 1939 bis 1946 **19** (1948) 24. — [3] Loewe, F.: Bureau of Meteorol. Melbourne, Bull. Nr. 27 (1940). — [4] Penndorf, E., u. R.: Meteorol. Z. **61** (1944) 102. — [5] Ourcival, M.: Météorol., Paris (1946) 226. — [6] Reger, J.: Forschg. u. Erfahrungsb. RWD. A, Nr. 23 (1944). — [7] Reichsamt für Wetterdienst: unveröffentlicht (1940). — [8] Hess, S. L.: J. of Meteorol. **5** (1948) 293. — [9] Scherhag, R.: Wetteranalyse u. Wetterprognose, Berlin, Springer (1948) 33. — [10] Penndorf, R.: Meteorol. Ann. **1** (1948) 76. — [11] Reger, J.: Beitr. Phys. freie Atm. **23** (1936) 195. — [12] Penndorf, R.: Meteorol. Z. **58** (1941) 1. — [13] Grimminger, G.: Rand report R-105 (1948). — [14] Nazarek, A.: Bull. Amer. Met. Soc. **31** (1950) 44. — [15] Vegard, L., u. L. Tönsberg: Geofys. Publ. **16** (1944) Nr. 2. — [16] Seaton, S. L.: Journ. of Meteorol. **5** (1948) 204. — [17] Spitzer, L., in G. Kuiper: The atmosphere of the earth and planets (1948) 213. — [18] Hann-Süring: Lehrbuch der Meteorologie, 5. Aufl., S. 218, Leipzig 1939. — [19] Gutermann, J. G.: Meteorol. u. Hydrologie (russisch), Moskau **56** (1938). — [20] Flohn, H.: Meteorol. Rdsch. **1** (1948) 94. — [21] Flohn, H.: Arch. Met. Geophys.. Bioklim. A **2** (1950) 17. — [22] Cox, E. F.: J. of Meteorol. **6** (1949) 300. — [23] Mathur, L. S.: Ind. J. Meteorol. a. Geophys. **1** (1950) 24. — [24] Harang, L.: Terr. Magn. **51** (1946) 381. — [25] Wexler, H.: Tellus (im Druck, 1951). — [26] Havens, R., R. Koll u. H. La Gow: Nav. Res. Lab. USA 1950. — [27] Crary, P.: J. of Meteorol. **7** (1950) 233.

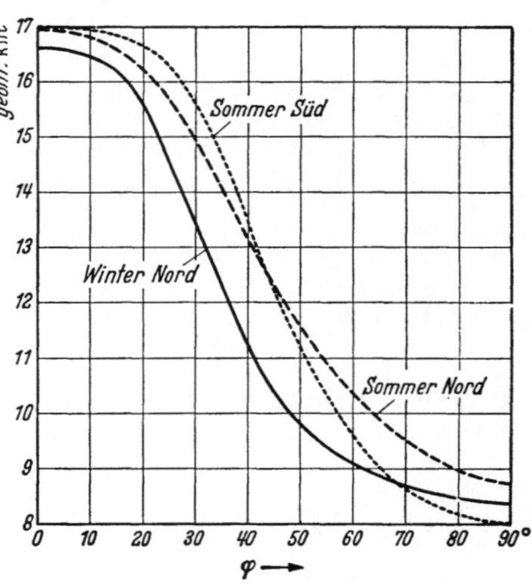

Abb. 8. Meridianschnitt der Tropopausenhöhen (in geometrischen km) nach Flohn [20].

32815 Luftdruck.

328150 Luftdruckeinheiten.

Luftdruckangaben entweder in mm Hg oder in mb (Millibar). Es ist:

760 mm Hg = 1013,1 mb	1 mm Hg = 1,3332 mb (log: 0,12489)
1000 mb = 750,1 mm Hg	1 mb = 0,75008 mm Hg (log: $0{,}87511^{-1}$)
1000 mb = 10^3 dyn/cm²	

In der Meteorologie sowie in flugtechnischen Arbeiten wird heute ausnahmslos das mb als Einheit verwendet. Im folgenden werden noch beide Einheiten nebeneinander benützt. Der Deutsche Normenausschuß empfiehlt die Bezeichnung Torr für mm Hg; vgl. 114317.

328151 Höhen-Einheiten in der Meteorologie.

Infolge der großen Bedeutung der horizontalen Druckgradienten rechnet man in der Aerologie nicht mit den üblichen geometrischen Höhen der Geodäsie, sondern schließt an die Niveauflächen der Schwerkraft an. Vorbedingung des Gleichgewichts in der Atmosphäre ist nämlich, daß die Isobarenflächen mit Äquipotentialflächen des Schwerefeldes zusammenfallen. Seit Anfang 1949 wird das geopotentielle Meter benutzt: es ist an Orten mit der Schwerebeschleunigung 9,80 m/sec² genau gleich einem geometrischen Meter; an Orten mit anderen Werten der Schwerebeschleunigung g m/sec² ist 1 geopot. Meter $9{,}80/g$ geometr. Meter. Nach 3216 nimmt das geopot. Meter also am Erdboden vom Äquator zum Pol ab, von 1,0020 auf 0,9967 m.

Vor Einführung des geopotentiellen Meters rechnete man mit dem dynamischen Meter (oder mit dynamischen Dekametern), das dem geopot. Meter proportional war:

1 geopot. Meter = 0,98 dyn. Meter.

Eine geometrische Höhe von 100 m, bei $g = 0{,}98$ m/sec², war also gleich 98 dyn. Meter, jetzt gleich 100 geopot. Meter.

Sinn dieser Umrechnung ist, zu erreichen, daß zwei Potentialflächen der Schwere, deren Abstand umgekehrt proportional g von Ort zu Ort variiert, in geopot. Metern überall gleichen Abstand behalten; es ist überall die gleiche Arbeit nötig, um eine Masse von der einen auf die andere Fläche zu bringen.

Vgl. das Buch von Scherhag [4].

328152 Gemessene Luftdruckverteilung.

3281521 Gesetze der Luftdruckabnahme mit der Höhe.

Die Luftdruckabnahme mit der Höhe erfolgt gesetzmäßig:

$$p = p_0 e^{-\frac{gh}{RT_m}} = p_0 e^{-h/H} \quad (1) \quad \text{oder} \quad h = \frac{RT_m}{g} \cdot \ln \frac{p_0}{p}. \quad (2)$$

Die barometrische Höhenformel lautet in vereinfachter, aber strenger Form:

$$h = 18400\left(1 + \frac{t_m}{273}\right) \log \frac{p_0}{p}. \qquad (3)$$

Hier haben die einzelnen Größen folgende Bedeutung:

h = Höhe der Luftschicht in m mit dem Druck p über dem Ausgangsniveau mit dem Druck p_0,
T_m = Mitteltemperatur der Luftschicht in ° K,
t_m = Mitteltemperatur der Luftschicht in ° C,
R = Gaskonstante für Luft (vgl. 1208 und 328161), $R = 286{,}8\ \mathrm{m^2 sec^{-2} grad^{-1}}$.
g = Schwerebeschleunigung.

Nach S. Chapmans Vorschlag nennt man jetzt die Größe $R\,T_m/g$ die Skalenhöhe, früher: Höhe der homogenen Atmosphäre = Höhe einer Flüssigkeit mit dem Bodendruck p_0, deren Dichte überall gleich derjenigen der Atmosphäre am Boden ist. Für Luft ist sie bei $T = 273°$ K 7991 m, für andere Gase ist sie in Tabelle 2 mitgeteilt (bei $T = 273°$ K).

Ändert sich die Temperatur mit der Höhe linear, so ergibt sich:

$$h = \frac{T_0}{\gamma}\left(1 - \frac{p}{p_0}\right)^{\frac{R\gamma}{g}} = \frac{T_0}{\gamma}\left(1 - \frac{p}{p_0}\right)^{0{,}293\,\gamma} \qquad (4)$$

wobei $\gamma = dT/dh$ den Temperaturgradienten in ° C/100 m bedeutet, T_0 = Ausgangstemperatur bei p_0. Nach dieser Formel wird die Höhe berechnet, wenn der wahre vertikale Temperaturverlauf in der freien Atmosphäre aus den Registrierungen eines Thermographen bekannt ist. Für die Auswertung von Registrierballon-, Fesselballon-, Flugzeug- und Radiosondeaufstiegen wird nach dieser Formel verfahren und die Mitteltemperatur für eine Schicht von 100 mb bestimmt. Es werden die Schichtdicken für je 100 mb nach den Tabellen von V. Bjerknes [*1*] also 1000 bis 900 mb, 900 bis 800 mb, 800 bis 700 mb usw. berechnet. Die Gesamthöhe wird durch Addition der staffelweise berechneten Werte erhalten. So sind die in der Tabelle 19 mitgeteilten Drucke berechnet [*2, 3, 4*].

3281522 Barometrische Höhenstufe.

Tab. 17 gibt die Höhe ΔH, um die man steigen muß, damit der Luftdruck um 1 mb abnimmt. Die Zahlenwerte beziehen sich auf eine Lufttemperatur von 0° C. Bei Abweichungen der Mitteltemperatur von 0° C ist die Höhenstufe um 4 Promille je Grad zu erhöhen oder zu erniedrigen.

Tabelle 17.

p (mb) .	1000	950	900	850	800	750	700	650	600	550	500
ΔH (m)	8,0	8,4	8,9	9,4	10,0	10,6	11,4	12,3	13,4	14,6	16,0

3281523 Genauigkeit der barometrischen Höhenmessung.

Bei der Druckmessung entstehen Höhenfehler dh, die durch falsche Druckangaben und durch falsche Mitteltemperaturen verursacht werden. Ihre Größe gibt Tabelle 18 wieder.

Tabelle 18.

Höhe in km	0	2	4	6	8	10
Höhenfehler dh durch einen Druckfehler $dp = \pm 1$ mb	8	10	12	15	19	25 (m)
Höhenfehler dh durch eine falsche Mitteltemperatur $dT_m = \pm 1°$ C.	0	7	15	22	31	39 (m)

Vernachlässigt man die Abnahme der Schwere mit der Höhe, so beträgt in 10 km der Fehler 16 m.

Vernachlässigt man die Luftfeuchte, so begeht man im Sommer in 5000 m im Mittel einen Fehler von 15 m (für Deutschland gültig) [7]. Vgl. 328161.

3281524 Meßergebnisse.

Aus dem Material der Registrierballonaufstiege und anderer Aufstiegsmethoden können mittlere Druckverhältnisse in bestimmten Höhen abgeleitet werden. In neuerer Zeit werden von den Meteorologen bevorzugt die Höhenlagen in m eines bestimmten Hauptniveaus, z. B. 500, 300, 200 mb, dargestellt und nicht mehr die Druckverteilung in bestimmten Höhen (32852).

Die mittlere Höhe der 500-, 225-, 96- und 41-mb-Fläche über dem Erdboden für die Nordhalbkugel im Januar und Juli hat Scherhag [*4*] kartographisch in ausgezeichneter Form dargestellt (32852); Meridionalprofile hat Flohn [*15*] entworfen.

In Tabelle 19 sind die Druckverhältnisse über Lindenberg und Pavia dargestellt. Diese Werte beruhen auf den direkten Messungen.

Aus Ionosphärenmessungen ermittelten Martyn und Pulley [*8*] für Sydney den Wert 0,0017 mb für 105 km Höhe.

Penndorf

Tabelle 19. Jahreszeiten- und Jahresmittel des Luftdrucks in mb.
Mitteleuropa: Lindenberg ($\varphi = 52°$ N; $\lambda = 14°$ E); Pavia ($\varphi = 45°$ N; $\lambda = 9°$ E).

Höhe in km	Winter		Frühjahr		Sommer		Herbst		Jahr	
	Lin	Pav	Lin	Pav	Lin	Pav	Lin	Pav	Lin	Pav
0	1000 + 16,5	18,4	14,3	13,1	15,0	14,0	14,4	16,2	15,5	15,5
1	890 + 7,6	9,5	6,9	8,2	11,0	12,5	9,0	12,0	8,7	10,4
2	790 + 1,1	3,7	1,4	3,2	7,5	12,7	4,5	9,0	3,6	6,7
3	690 + 5,9	8,9	6,3	9,1	14,2	20,6	10,6	15,8	9,6	13,3
4	600 + 9,3	13,5	11,0	15,0	20,2	27,7	16,2	21,6	14,5	18,9
5	500 + 33,6	36,8	34,5	38,4	44,6	51,9	40,4	45,4	38,2	42,7
6	400 + 64,7	67,7	65,6	69,2	76,8	84,0	72,5	76,0	69,8	74,2
7	400 + 2,9	5,4	3,9	7,0	16,0	22,7	11,3	15,0	8,5	12,4
8	300 + 47,7	49,8	48,8	51,5	61,3	67,9	56,7	59,3	53,6	56,9
9	290 + 8,6	10,3	10,1	11,1	22,5	27,8	18,0	19,8	14,8	17,3
10	200 + 55,4	56,5	57,3	58,5	69,2	73,4	64,0	65,8	61,7	63,4
11	200 + 17,8	18,4	20,1	20,5	30,9	34,2	27,1	27,1	24,0	24,9
12	180 + 5,8	5,4	8,3	8,0	18,1	20,0	14,5	14,4	11,7	11,5
13	100 + 58,5	58,0	61,1	60,7	70,0	70,4	66,5	64,7	64,0	63,0
14	100 + 35,2	34,1	37,8	36,7	46,0	45,2	42,4	40,0	40,4	39,0
15	100 + 15,4	14,1	18,0	16,8	25,4	23,6	21,9	19,2	20,3	18,4
16	90 + 8,5	7,1	11,1	9,7	18,0	15,5	14,3	11,5	12,9	10,9

Bei V-2-Raketenaufstiegen wird die Höhe mit Funkmeßverfahren bestimmt, der Druck gemessen. Für einige ausgewählte Höhen sind die Ergebnisse (Stand 1950) in Tabelle 20 mitgeteilt, die Fehler betragen oberhalb 80 km wahrscheinlich 50 bis 100% [10].

Tabelle 20. Druck nach V-2-Aufstiegen über New Mexiko (USA).

Höhe in km . .	20	30	40	50	60	70	80	90	100	110	120	160
Druck in mb .	97,4	20,1	2,7	0,93	0,21	0,069	0,013	0,004	0,0009	0,00026	0,00008	(10^{-6})

Die jahreszeitliche Schwankung der 100-mbar-Fläche über Manchester (England), die nach den aerologischen Messungen im Juli 600 m höher liegt als im Winter, stimmt zu den jahreszeitlichen Schwankungen der kosmischen Strahlung (Geiger-Zähler hinter 35 cm Blei), die im Juli etwa 2% geringer ist als im Winter (Dolbear u. Elliot [16]).

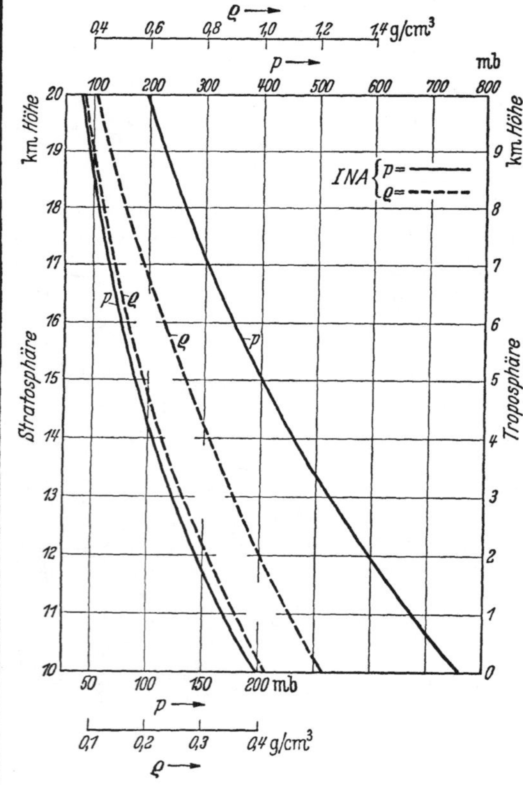

Abb. 9. Abnahme von Luftdruck p und Luftdichte ϱ in der INA-Atmosphäre; links Stratosphäre, rechts Troposphäre.

328153 Luftdruckverteilung in Normal- und Modellatmosphären.

Liegen keine Temperaturangaben vor, so muß die Höhe allein aus dem Druck bestimmt werden; dazu ist es nötig, eine mittlere Temperaturverteilung anzunehmen. Dadurch erhält man eine Atmosphäre, in der einem bestimmten Druckwert p stets die gleiche Höhe H entspricht. Solche Normalatmosphären können nur für bestimmte Gebiete der Erde gelten, da ja die vertikale Temperaturverteilung breitenabhängig ist (siehe Abb. 6). Zur Zeit haben drei Normalatmosphären Gültigkeit. In Deutschland ist die INA-Atmosphäre eingeführt. (**INA** = **Int**ernationale **N**ormal-**A**tmosphäre, oder auch **CINA** nach der **Com.** **Int.** de **N**avigation **A**érienne genannt.) Außerdem existiert noch die **FAI**-Atmosphäre (**F**édération **A**éronautique **I**ntern.), diese entspricht den wahren Verhältnissen wesentlich schlechter als die INA-Atmosphäre; da sie aber noch der Anerkennung aller Flugweltrekorde zugrunde liegt, sei sie auch hier mitgeteilt. In USA ist die NACA-Atmosphäre(**NACA** = **N**ational **A**dvisory **C**ommittee for **A**eronautics) eingeführt worden.

3281531 Die INA-Atmosphäre.

Für die Troposphäre (bis 11 km Höhe) gelten die folgenden Beziehungen:

$$t = 15 - 6{,}5\,H, \qquad (t \text{ in } °\mathrm{C},\ H \text{ in km}) \qquad (5)$$

$$p = 760\left(1 - \frac{6{,}5\,H}{288}\right)^{5{,}255} \qquad (p \text{ in mm Hg}) \qquad (6)$$

$$H = 44{,}308 - 12\,542\,\sqrt[5{,}255]{p}. \qquad (H \text{ in km, } p \text{ in mm Hg}) \qquad (7)$$

Für die Stratosphäre setzt man eine konstante Temperatur von —56,5° C an und erhält für Höhen H über 11 km:

$$\log p = 2{,}2295373 - \frac{H - 11}{14{,}594} \qquad (p \text{ in mm Hg, } H \text{ in km}) \qquad (8)$$

Aus der Tabelle 21 und der Abb. 9 ist die Höhe in Abhängigkeit von dem Druck für die INA-Atmosphäre zu entnehmen [5].

Tabelle 21. Norm-Atmosphäre INA nach DIN 5450.

Höhe H	Temperatur t	Druck p		Luftdichte ϱ	Verhältniszahlen	
km	°C	mm Hg	mb	kg/m³	p/p_0	ϱ/ϱ_0
—0,2	16,30	778,20	1037,51	1,2492	1,02397	1,01934
—0,1	15,65	769,06	1025,32	1,2373	1,01192	1,00963
0	15,00	760,00	1013,25	1,2255	1,00000	1,00000
0,1	14,35	751,03	1001,29	1,2138	0,98820	0,99045
0,2	13,70	742,14	989,44	1,2021	0,97651	0,98091
0,3	13,05	733,34	977,71	1,1906	0,96493	0,97152
0,4	12,40	724,63	966,09	1,1791	0,95346	0,96214
0,5	11,75	716,00	954,59	1,1677	0,94211	0,95284
0,6	11,10	707,45	943,19	1,1564	0,93086	0,94361
0,7	10,45	698,99	931,91	1,1452	0,91972	0,93448
0,8	9,80	690,61	920,73	1,1341	0,90870	0,92542
0,9	9,15	682,31	909,66	1,1230	0,89778	0,91636
1,0	8,50	674,09	898,70	1,1121	0,88696	0,90747
1,2	7,20	657,89	877,11	1,0904	0,86564	0,88976
1,4	5,90	642,00	855,93	1,0690	0,84474	0,87230
1,6	4,60	626,43	835,17	1,0480	0,82425	0,85516
1,8	3,30	611,17	814,83	1,0272	0,80417	0,83819
2,0	2,00	596,21	794,88	1,0068	0,78449	0,82154
2,2	0,70	581,55	775,33	0,9867	0,76520	0,80517
2,4	— 0,60	567,18	756,17	0,9670	0,74629	0,78902
2,6	— 1,90	553,10	737,40	0,9475	0,72776	0,77313
2,8	— 3,20	539,30	719,01	0,9283	0,70961	0,75748
3,0	— 4,50	525,79	700,99	0,9094	0,69183	0,74206
3,2	— 5,80	512,54	683,33	0,8908	0,67439	0,72690
3,4	— 7,10	499,57	666,04	0,8725	0,65734	0,71197
3,6	— 8,40	488,87	649,11	0,8545	0,64062	0,69727
3,8	— 9,70	474,43	632,53	0,8368	0,62425	0,68282
4,0	—11,00	462,25	616,28	0,8194	0,60822	0,66858
4,5	—14,25	432,90	577,16	0,7770	0,56961	0,63400
5,0	—17,50	405,08	540,07	0,7363	0,53300	0,60081
5,5	—20,75	378,73	504,93	0,6973	0,49833	0,56895
6,0	—24,00	353,78	471,67	0,6598	0,46550	0,53841
6,5	—27,25	330,18	440,20	0,6240	0,43445	0,50914
7,0	—30,50	307,87	410,46	0,5896	0,40509	0,48110
7,5	—33,75	286,80	382,36	0,5567	0,37737	0,45426
8,0	—37,00	266,91	355,84	0,5252	0,35120	0,42858
8,5	—40,25	248,15	330,84	0,4951	0,32651	0,40401
9,0	—43,50	230,47	307,27	0,4664	0,30325	0,38055
9,5	—46,75	213,83	285,08	0,4389	0,28136	0,35815
10,0	—50,00	198,17	264,21	0,4127	0,26075	0,33676
10,5	—53,25	183,46	244,59	0,3877	0,24139	0,31637
11,0	—56,50	169,64	226,17	0,3639	0,22321	0,29693
12,0	—56,50	144,88	193,16	0,3108	0,19063	0,25359
13,0	—56,50	123,74	164,97	0,2654	0,16282	0,21658
14,0	—56,50	105,68	140,89	0,2267	0,13905	0,18497
15,0	—56,50	90,25	120,32	0,1936	0,11875	0,15797
16,0	—56,50	77,08	102,76	0,1653	0,10142	0,13492
17,0	—56,50	65,83	87,76	0,1412	0,08662	0,11522
18,0	—56,50	56,22	74,95	0,1206	0,07397	0,09840
19,0	—56,50	48,01	64,01	0,1030	0,06318	0,08404
20,0	—56,50	41,01	54,67	0,08796	0,05396	0,07177

Penndorf

Die wahre Höhe Z kann man aus dieser Tabelle 21 für die INA-Atmosphäre ungefähr (Fehler etwa 5% in 5 km) ersehen, sofern man aus der wahren Temperaturverteilung die wahre Mitteltemperatur $T_m(H)$ berechnet. Außerdem muß man die Mitteltemperatur der INA-Atmosphäre nach der Gleichung $T'_m = 288 - 3{,}25\, H$ ermitteln. Dann ist:

$$Z = H \cdot T_m(H)/T'_m(H). \qquad (Z \text{ und } H \text{ in km}) \qquad (9)$$

Wenn man die Mitteltemperatur nicht bestimmen kann, da keine Beobachtungen vorliegen, sondern nur die Temperatur T in der Höhe H, dann genügt die sinngemäße Gleichung:

$$Z' = H\left(\frac{T}{288 - 6{,}5\, H}\right). \qquad (Z' \text{ und } H \text{ in km}) \qquad (10)$$

Z', die genäherte wahre Höhe, ist dann nicht so genau wie nach (9).

3281532 Die FAI-Atmosphäre.

Die Luftdruckformel der FAI lautet:

$$H = 5\,(3064 + 1{,}73\,p - 0{,}11\,p^2) \log \frac{760}{p}. \qquad (p \text{ in mm Hg, } H \text{ in km}) \qquad (11)$$

Die berechneten Höhen weichen von denen der INA ab, doch ist die Abweichung innerhalb der Strichbreite in Abb. 9. Genaue Tabellen befinden sich in [6].

3281533 Die NACA-Atmosphäre.

Die NACA-Atmosphäre stimmt weitgehend mit der INA-Atmosphäre überein. Die Ausgangswerte sind ebenfalls —15° C und 760 mm Hg. Die Stratosphärentemperatur wird mit —55,0° C angesetzt [11].

3281534 Penndorfs Modell.

Da oberhalb 25 km die direkten Beobachtungen aufhören, so muß der Druck für größere Höhen berechnet werden. Grundlegend sind dazu die beiden Annahmen: Zusammensetzung der Luft und Temperaturverlauf. In den Tabellen 22—25 sind die heute wahrscheinlichsten Werte enthalten. Sie gelten für sommerliche Verhältnisse zwischen 40 bis 60° Breite. Jahres- und Tagesgang sowie Breitenabhängigkeit sind unbekannt. Diese Werte stimmen bis 80 km auch angenähert mit den Beobachtungen überein.

Tabelle 22. Konstitution der hohen Atmosphäre (nach Penndorf 1941) [9].

Höhe in km	Temperatur °C	Temperatur °K	Druck mb	Dichte 10^{-6} g/cm³	Zahl der Moleküle pro cm³	Mittlere freie Weglänge cm	Molekulargeschwindigkeit cm/sec	Stoßzahl 1/cm³·sec
0	+15	288	1013,25	1225,5	$2{,}56 \cdot 10^{19}$	$9{,}5 \cdot 10^{-6}$	$4{,}98 \cdot 10^4$	$6{,}7 \cdot 10^{28}$
10	—50	223	264,21	412,7	$8{,}63 \cdot 10^{18}$	$2{,}8 \cdot 10^{-5}$	$4{,}38 \cdot 10^4$	$6{,}8 \cdot 10^{27}$
20	—56,5	216,5	54,67	87,96	$1{,}84 \cdot 10^{18}$	$1{,}3 \cdot 10^{-4}$	$4{,}32 \cdot 10^4$	$3{,}0 \cdot 10^{26}$
30	—	227,5	11,70	17,91	$3{,}75 \cdot 10^{17}$	$6{,}5 \cdot 10^{-4}$	$4{,}33 \cdot 10^4$	$1{,}2 \cdot 10^{25}$
35	—40	233	5,56	8,32	$1{,}74 \cdot 10^{17}$	$1{,}4 \cdot 10^{-3}$	$4{,}48 \cdot 10^4$	$2{,}8 \cdot 10^{24}$
40	—10	263	2,79	3,69	$6{,}13 \cdot 10^{16}$	$4{,}0 \cdot 10^{-3}$	$4{,}76 \cdot 10^4$	$3{,}7 \cdot 10^{23}$
50	+50	323	0,86	0,93	$1{,}92 \cdot 10^{16}$	$1{,}3 \cdot 10^{-2}$	$5{,}27 \cdot 10^4$	$3{,}9 \cdot 10^{22}$
60	—	283	0,28	0,34	$7{,}07 \cdot 10^{15}$	$3{,}5 \cdot 10^{-2}$	$4{,}94 \cdot 10^4$	$5{,}0 \cdot 10^{21}$
70	—	243	0,076	0,11	$2{,}22 \cdot 10^{15}$	$1{,}2 \cdot 10^{-1}$	$4{,}58 \cdot 10^4$	$4{,}6 \cdot 10^{20}$
80	—70	203	0,017	0,028	$5{,}84 \cdot 10^{14}$	$4{,}2 \cdot 10^{-1}$	$4{,}19 \cdot 10^4$	$2{,}9 \cdot 10^{19}$
90	—	275,5	0,0039	0,0049	$1{,}02 \cdot 10^{14}$	2,4	$4{,}87 \cdot 10^4$	$1{,}1 \cdot 10^{18}$
100	+75	348	0,0013	0,0013	$2{,}68 \cdot 10^{13}$	9,1	$5{,}47 \cdot 10^4$	$8{,}0 \cdot 10^{16}$

Die Spalte Temperatur in °C gibt die grundlegend angenommenen Temperaturen wieder. Die Zusammensetzung wurde nach Tabelle 5C angenommen. Um die Stoßzahl einer Molekel zu erhalten, sind die Werte der letzten Spalte durch die Anzahl der Moleküle in der betreffenden Höhe zu dividieren.

3281535 Gonnermann-Stranz-Modell.

Diesem Modell liegt bis 100 km das Penndorfsche Modell zugrunde. Ab 125 km wird N_2 und O angenommen sowie Diffusionsgleichgewicht. In 400 km sind 99,5% O und 0,5% N_2 vorhanden. Unter der Stoßzahl ν_E wird die Stoßzahl eines Elektrons mit einer Gasmolekel verstanden. Die Originaltabellen enthalten außerdem noch die partiellen Drucke und Dichten der Gasbestandteile sowie die wahrscheinliche thermische Geschwindigkeit und die Beschleunigungsspannung der Elektronen.

Tabelle 23. Konstitution der hohen Atmosphäre nach Gonnermann und Stranz [12].

Höhe in km	Temperatur in °K	Gesamtdruck mb	Dichte in g/cm³	Stoßzahl ν_E in 1/cm³sec
100	348	$1{,}3 \cdot 10^{-3}$	$1{,}3 \cdot 10^{-7}$	$2{,}28 \cdot 10^{5}$
125	407	$2{,}3 \cdot 10^{-4}$	$1{,}5 \cdot 10^{-8}$	$2{,}96 \cdot 10^{4}$
150	466	$5{,}2 \cdot 10^{-5}$	$2{,}7 \cdot 10^{-9}$	$5{,}50 \cdot 10^{3}$
200	584	$6{,}1 \cdot 10^{-6}$	$2{,}2 \cdot 10^{-10}$	$4{,}94 \cdot 10^{2}$
250	702	$1{,}2 \cdot 10^{-6}$	$3{,}6 \cdot 10^{-11}$	89,0
300	820	$3{,}6 \cdot 10^{-7}$	$8{,}4 \cdot 10^{-12}$	22,7
350	938	$1{,}2 \cdot 10^{-7}$	$2{,}5 \cdot 10^{-12}$	7,2
400	1055	$4{,}7 \cdot 10^{-8}$	$8{,}4 \cdot 10^{-13}$	2,58

3281536 Das NACA-Modell.

Das NACA-Modell wurde 1947 nach einer Konferenz angenommen, ihm liegt die in Abb. 7 angegebene Temperaturverteilung sowie die in Abb. 3 angegebene Zusammensetzung zugrunde. Bis 120 km stimmt es mit dem Rand-Modell (vgl. 3281537) praktisch überein. Die Tabellen sind sowohl ohne wie mit Schwereabnahme mit der Höhe gerechnet, hier werden nur die mitgeteilt, bei der die Abnahme der Schwere mit der Höhe berücksichtigt wurde. Tabelle 24 enthält einen Auszug (die Originaltabelle hat km-Stufen), von den Tabellen für die Nacht ist nur der Schlußwert für 120 km (mit N bezeichnet) aufgeführt worden.

Tabelle 24. Konstitution der hohen Atmosphäre nach Warfield [13] (NACA-Modell).

Höhe in km	Temperatur in °K	Luftdruck in mb	Dichte in 10^{-6} g/cm³	Kinematische Zähigkeit m²/sec²	Mittlere freie Weglänge in cm
0	288	1013	1249,7	—	—
10	223	252,1	420,8	—	—
20	218	56,8	90,82	$0{,}0159 \cdot 10^{-2}$	$1{,}01 \cdot 10^{-4}$
30	218	12,0	19,18	0,0754	$4{,}76 \cdot 10^{-4}$
40	277	2,94	3,69	0,477	$2{,}46 \cdot 10^{-3}$
50	350	1,00	0,99	2,13	$9{,}14 \cdot 10^{-3}$
60	350	0,38	0,38	5,56	$2{,}38 \cdot 10^{-2}$
70	289	0,14	0,15	11,32	$5{,}60 \cdot 10^{-2}$
80	240	0,037	0,053	29,40	$1{,}68 \cdot 10^{-1}$
90	266	0,010	0,012	$(1{,}4 \cdot 10^{2})$	$6{,}64 \cdot 10^{-1}$
100	302	0,0037	0,0036	$(5{,}3 \cdot 10^{2})$	2,07
110	339	0,0016	0,0014	$(1{,}5 \cdot 10^{3})$	5,44
120	375	0,00074	0,00057	$(3{,}92 \cdot 10^{3})$	12,9
N 120	375	0,00048	0,00037	$(6{,}0 \cdot 10^{3})$	19,9

Die kinematische Zähigkeit oberhalb 80 km ist nicht genau, da die Dissoziation von O_2 nicht berücksichtigt werden konnte.

3281537 Das Rand-Modell.

Das Rand-Modell wurde von G. Grimminger berechnet. Es wurden drei Modelle durchgerechnet, jedoch ist nur Modell III wiedergegeben, da es den Tatsachen und Randbedingungen am besten gerecht wird. Bis 120 km stimmt es praktisch mit dem NACA-Modell überein, da die gleichen Annahmen über Zusammensetzung und vertikaler Temperaturverteilung zugrunde liegen. Daher sei für die Höhen bis 120 km auf die Tabelle 24 verwiesen. Tabelle 25 enthält einen Auszug für 45° Breite aus den ausführlichen Originaltabellen.

Tabelle 25.
Konstitution der hohen Atmosphäre. Rand-Modell III nach Grimminger 1948 [14].

Höhe km	Temperatur °K	Scheinb. Schwerebeschleunig. cm/sec²	Mittl. Molekulargewicht	Luftdruck mb	Dichte g/cm³	Zahl der Moleküle pro cm³	Molekulargeschwindigkeit cm/sec	Stoßzahl 1/sec	Mittlere freie Weglänge cm
120	375	994,6	24,35	$6{,}68 \cdot 10^{-4}$	$5{,}22 \cdot 10^{-10}$	$1{,}30 \cdot 10^{13}$	$5{,}7 \cdot 10^{4}$	$1{,}3 \cdot 10^{3}$	$4{,}3 \cdot 10$
137	444	939,6	24,35	$2{,}09 \cdot 10^{-4}$	$1{,}38 \cdot 10^{-10}$	$3{,}44 \cdot 10^{12}$	$6{,}2 \cdot 10^{4}$	$3{,}8 \cdot 10^{2}$	$1{,}6 \cdot 10^{2}$
161	534	932,8	24,35	$5{,}53 \cdot 10^{-5}$	$3{,}00 \cdot 10^{-11}$	$7{,}49 \cdot 10^{11}$	$6{,}9 \cdot 10^{4}$	$9{,}1 \cdot 10^{2}$	$7{,}5 \cdot 10^{2}$
198	690	922,2	24,35	$1{,}06 \cdot 10^{-5}$	$4{,}50 \cdot 10^{-12}$	$1{,}12 \cdot 10^{11}$	$7{,}7 \cdot 10^{4}$	$1{,}5 \cdot 10$	$5{,}0 \cdot 10^{3}$
259	935	905,2	24,35	$1{,}40 \cdot 10^{-6}$	$4{,}38 \cdot 10^{-13}$	$1{,}09 \cdot 10^{10}$	$9{,}0 \cdot 10^{4}$	1,75	$5{,}2 \cdot 10^{4}$
300	1100	894,1	24,35	$4{,}84 \cdot 10^{-7}$	$1{,}29 \cdot 10^{-13}$	$3{,}21 \cdot 10^{9}$	$9{,}78 \cdot 10^{4}$	$5{,}6 \cdot 10^{-1}$	$1{,}8 \cdot 10^{5}$

Tabelle 25 (Fortsetzung).

Höhe km	Temperatur °K	Scheinb. Schwerebeschleunig. cm/sec²	Mittl. Molekulargewicht	Luftdruck mb	Dichte g/cm³	Zahl der Moleküle pro cm³	Molekulargeschwindigkeit cm/sec	Stoßzahl 1/sec	Mittlere freie Weglänge cm
350	1300	880,8	19,38	$1{,}84 \cdot 10^{-7}$	$3{,}29 \cdot 10^{-14}$	$1{,}03 \cdot 10^{9}$	$1{,}2 \cdot 10^{5}$	$2{,}2 \cdot 10^{-1}$	$5{,}5 \cdot 10^{5}$
400	1500	867,8	14,40	$9{,}70 \cdot 10^{-8}$	$1{,}12 \cdot 10^{-14}$	$4{,}72 \cdot 10^{8}$	$1{,}48 \cdot 10^{5}$	$1{,}2 \cdot 10^{-1}$	$1{,}2 \cdot 10^{6}$
450	1700	855,0	14,38	$6{,}09 \cdot 10^{-8}$	$6{,}20 \cdot 10^{-15}$	$2{,}61 \cdot 10^{8}$	$1{,}6 \cdot 10^{5}$	$7{,}3 \cdot 10^{-2}$	$2{,}2 \cdot 10^{6}$
500	1900	842,8	14,36	$4{,}06 \cdot 10^{-8}$	$3{,}69 \cdot 10^{-15}$	$1{,}56 \cdot 10^{8}$	$1{,}7 \cdot 10^{5}$	$4{,}6 \cdot 10^{-2}$	$3{,}6 \cdot 10^{6}$
600	2300	820,2	14,33	$2{,}05 \cdot 10^{-8}$	$1{,}54 \cdot 10^{-15}$	$6{,}49 \cdot 10^{7}$	$1{,}8 \cdot 10^{5}$	$2{,}2 \cdot 10^{-2}$	$8{,}7 \cdot 10^{6}$
700	2500	796,1	14,31	$1{,}16 \cdot 10^{-8}$	$8{,}00 \cdot 10^{-16}$	$3{,}39 \cdot 10^{7}$	$1{,}9 \cdot 10^{5}$	$1{,}2 \cdot 10^{-2}$	$1{,}7 \cdot 10^{7}$
800	2500	774,1	14,29	$6{,}77 \cdot 10^{-9}$	$4{,}66 \cdot 10^{-16}$	$1{,}98 \cdot 10^{7}$	$1{,}9 \cdot 10^{5}$	$6{,}8 \cdot 10^{-3}$	$2{,}9 \cdot 10^{7}$
900	2500	752,9	14,28	$4{,}01 \cdot 10^{-9}$	$2{,}75 \cdot 10^{-16}$	$1{,}17 \cdot 10^{7}$	$1{,}9 \cdot 10^{5}$	$4{,}0 \cdot 10^{-3}$	$4{,}8 \cdot 10^{7}$
1000	2500	732,7	14,26	$2{,}41 \cdot 10^{-9}$	$1{,}65 \cdot 10^{-16}$	$7{,}03 \cdot 10^{6}$	$1{,}9 \cdot 10^{5}$	$2{,}4 \cdot 10^{-3}$	$8{,}0 \cdot 10^{7}$
2000	2500	568,2	14,11	$3{,}0 \cdot 10^{-11}$	$2{,}0 \cdot 10^{-18}$	$8{,}6 \cdot 10^{4}$	$1{,}9 \cdot 10^{5}$	$3{,}0 \cdot 10^{-5}$	$6{,}5 \cdot 10^{9}$
5000	2500	308,0	3,55	$3{,}6 \cdot 10^{-14}$	$6{,}2 \cdot 10^{-22}$	$1{,}1 \cdot 10^{2}$	$3{,}9 \cdot 10^{5}$	$7{,}2 \cdot 10^{-8}$	$5{,}4 \cdot 10^{12}$
10000	2500	148,6	1,12	$1{,}6 \cdot 10^{-14}$	$8{,}5 \cdot 10^{-23}$	$4{,}6 \cdot 10$	$6{,}9 \cdot 10^{5}$	$5{,}6 \cdot 10^{-8}$	$1{,}2 \cdot 10^{13}$
25000	2500	40,5	1,03	$8{,}7 \cdot 10^{-15}$	$4{,}3 \cdot 10^{-23}$	$2{,}54 \cdot 10$	$7{,}2 \cdot 10^{5}$	$3{,}2 \cdot 10^{-8}$	$2{,}2 \cdot 10^{13}$
50000	2500	12,5	1,02	$6{,}6 \cdot 10^{-15}$	$3{,}2 \cdot 10^{-23}$	$1{,}9 \cdot 10$	$7{,}2 \cdot 10^{5}$	$2{,}5 \cdot 10^{-8}$	$2{,}9 \cdot 10^{13}$
70000	2500	6,8	1,02	$6{,}0 \cdot 10^{-15}$	$2{,}9 \cdot 10^{-23}$	$1{,}8 \cdot 10$	$7{,}2 \cdot 10^{5}$	$2{,}3 \cdot 10^{-8}$	$3{,}2 \cdot 10^{13}$

Literatur.

[1] Bjerknes, V.: Dynam. Meteorol. Tabellenanhang, Braunschweig 1911. — [2] Reger, J.: Arb. preuß. aeron. Obs. Lindenberg **16**. — [3] Gamba, G.: Mem. R. Ist. Veneto di Sci. **29** (1922) Nr. 6. — [4] Scherhag, R.: Wetteranalyse u. Wetterprognose, Berlin (Springer) (1948) 70ff. — [5] DIN 5450. — [6] Féd. aérol. Int. Code sportif **1939**, Annexe F S 133. — [7] Ramsayer, K.: Arch. techn. Messen **108** (1940) 1123. — [8] Martyn, D. F., u. O. O. Pulley: Proc. R. Soc. London A **154** (1936) 455. — [9] Penndorf, R.: Meteorol. Z. **58** (1941) 103. — [10] Best, Havens u. La Gow: Phys. Rev. **71** (1947) 915, und Havens, R., R. Koll, H. La Gow: Nav. Res. Lab. (1950). — [11] Diehl, W. S.: NACA, Report Nr. 218 (1925). — [12] Gonnermann, H., u. D. Stranz: Interner Bericht der Zentralst. f. Funkberatung, Bad Vöslau 1944. — [13] Warfield, C. N.: NACA Technical Note Nr. 1200 (1947). — [14] Grimminger, G.: RAND Report R-105 (1948). — [15] Flohn, H.: Ber. D. Wetterd. US-Zone Nr. 12 (1950) 156. — [16] Dolbear, D. W. N., a. H. Elliot: J. Atmosph. Terr. Physics **1** (1951) 215—222.

32816 Luftdichte (Luftwichte).

328161 Allgemeines.

Die Luftdichte wird nach AEF als Luftwichte bezeichnet, sie wird meist in kg/m³ ausgedrückt. Es ist hier die Einheit g/cm³ bevorzugt worden.

Die Luftdichte ϱ berechnet sich aus dem Druck p und der Temperatur T in einer bestimmten Höhe H nach der Gleichung $\varrho = p/R\,T$. Die Gaskonstante R ist für feuchte Luft von der für trockene Luft verschieden. Um diesen Einfluß der feuchten Luft zu berücksichtigen, müßte man statt der Gaskonstanten R einen mit dem Wasserdampfgehalt der Luft veränderlichen Wert R' benützen. In der Meteorologie bevorzugt man dafür eine Änderung der Temperatur anzubringen, indem man eine fiktive virtuelle Temperatur T' definiert als Temperatur feuchter Luft, die gleichdicht trockene Luft T unter gleichem Druck haben müßte.

$$T' = T\,(1 + 0{,}605\,q). \qquad (q = \text{spez. Feuchte in g/kg},\ T = \text{Temperatur °K})$$

Angenähert nimmt die Luftdichte in der Troposphäre um 1% auf je 100 m Höhenänderung ab.

328162 Berechnung der Luftdichte aus den Bodenwerten.

Liegen keine direkten aerologischen Messungen vor, so kann die Luftdichte für die höheren Atmosphärenschichten aus dem Wert der Bodenluftdichte nach einer von Linke [2] angegebenen Näherungsformel berechnet werden. Der wahrscheinliche Fehler in Mitteleuropa liegt unter 1% (Tabelle 26).

Tabelle 26. Luftdichte ϱ_h bis 10 km Höhe, ermittelt aus der Luftdichte ϱ_0 in Meereshöhe nach der von Linke angegebenen Näherungsformel $\varrho_h = \varrho_0 \left(\frac{528}{\varrho_0}\right)^{H/8}$ Einheit: 10^{-6} g/cm³. H in km.

ϱ_0 \ H	1	2	3	4	5	6	7	8	9	10
1000	923	853	787	727	672	620	573	528	488	450
1100	1003	916	835	762	695	634	579	528	482	439
20	1019	928	844	769	700	637	580	528	480	437
40	1035	940	853	775	703	639	582	528	478	434
60	1051	952	863	782	708	642	583	528	477	432
80	1067	965	873	789	713	645	584	528	476	431
1200	1083	978	882	796	718	648	585	528	476	430
20	1099	990	891	803	723	651	586	528	475	428
40	1115	1002	901	809	727	654	588	528	475	427
60	1131	1014	910	816	732	656	589	528	474	425
80	1146	1026	919	823	736	659	590	528	473	423
1300	1161	1038	927	828	740	661	592	528	472	421
20	1177	1050	936	835	744	664	593	528	471	420
40	1193	1062	945	841	749	666	594	528	470	418
60	1208	1074	954	847	753	669	596	528	469	416
80	1224	1086	963	853	757	672	597	528	468	415
1400	1239	1097	971	860	761	675	598	528	467	414
1500	1316	1155	1014	890	781	686	602	528	463	407
1600	1393	1212	1056	919	800	696	606	528	460	400
1700	1469	1269	1097	948	819	708	611	528	457	395

328163 In der Troposphäre.

Die Luftdichte für die untere Troposphäre bis 5 geodyn. km ist für 8 deutsche Stationen (Norderney Hamburg, Berlin, Königsberg, Frankfurt a. M., Köln, Breslau und München) von Reger [*9*] berechnet und auf ein 45jähriges Mittel bezogen. Für andere Orte liegen Berechnungen vor, die für manche Anwendungen ausreichen (z. B. von P. Lautner [*10*]). Aus den Regerschen Tabellen ist die für Berlin wiedergegeben (Tabelle 27). Die Luftdichte über Mitteleuropa in einzelnen Jahreszeiten gibt Tabelle 28 bis 14 km nach Wagner [*1*] wieder.

Tabelle 27. Vertikale Verteilung der Luftdichte über Berlin in 10^{-6} g/cm³ nach Reger [*9*].

Höhe, geodyn. km:	0	0,5	1	2	3	4	5
Monat							
Januar	1298,5	1225,4	1153,5	1028,5	919,8	823,0	735,7
Februar	1294,2	1221,2	1150,5	1026,0	917,9	822,9	737,1
März	1274,7	1204,2	1140,3	1020,7	913,8	819,4	733,9
April	1253,3	1192,8	1130,1	1016,5	910,5	816,4	730,8
Mai	1231,5	1174,5	1114,5	1004,9	903,3	811,1	727,3
Juni	1216,9	1154,1	1097,5	991,9	892,9	801,7	720,1
Juli	1208,3	1149,1	1093,4	989,4	891,2	800,1	718,3
August	1213,4	1149,8	1095,0	990,8	892,2	801,4	719,1
September	1231,4	1165,8	1107,7	997,1	895,1	803,6	720,8
Oktober	1253,3	1185,6	1123,7	1007,2	902,2	808,6	724,6
November	1277,3	1199,0	1132,9	1013,4	908,0	813,9	729,8
Dezember	1288,9	1219,5	1148,9	1024,0	915,8	819,8	733,3
Jahresmittel	1253,5	1186,7	1124,0	1009,2	905,2	811,8	727,6

Tabelle 28. Vertikale Verteilung der Luftdichte über Mitteleuropa in 10^{-6} g/cm³.

Höhe in km	1	2	4	6	8	10	12	14
Jahreszeit								
Frühling	1131	1013	817	659	529	412	308	224
Sommer	1099	996	808	653	529	422	319	234
Herbst	1113	1003	813	654	524	410	313	229
Winter	1151	1026	827	665	530	407	302	216
Jahr	1124	1008	816	658	528	413	311	226

328164 In der Stratosphäre.

Die Luftdichte in der Stratosphäre ist aus der Höhe des Aufleuchtens und Verschwindens der Meteore (Lindemann und Dobson [*4*]) sowie aus der Helligkeitsänderung und Geschwindigkeitsänderung der Meteore (Whipple) bestimmt worden. Die zuverlässigsten Werte bestimmten Whipple [*6, 11*] und Jacchia [*12*]. Aus dem Jahresgang der Luftdichte ergibt sich, daß sich die Atmosphäre in 78 km um $\pm 4{,}3$ km hebt und senkt [*11*]. Aus den Streulichtmessungen während der Dämmerung ist unter Annahme reiner Rayleigh-Streuung die Dichte berechnet worden (Tab. 29). Da die Mehrfachstreuung unberücksichtigt blieb, sind die Werte oberhalb 100 km unzuverlässig. Auch Streulichtmessungen von Scheinwerferlicht sind zu Dichtebestimmungen verwertet worden (Tab. 29).

Tabelle 29. Dichte der Atmosphäre nach Meteorbeobachtungen und aus Streulichtmessungen. Dargestellt als ($-\log \varrho$) (ϱ = Dichte in g/cm³).
Die erste Spalte gibt die geographische Breite des Beobachtungsorts, Hinweis auf Methode (Dä = Dämmerungsstreulicht; Sch = Scheinwerferstreulicht; Me = Meteorbeobachtungen); Autoren vgl. Literatur.

Höhe in km			30	40	50	60	70	80	90	100	110	120	140	160	180	200
50° N	Dä	[5]	4,83		6,04	6,60	7,17	7,54	7,80	8,04	—	8,51	8,95	9,36	10,04	10,34
56° N	Dä	[13]	—	5,38	5,85	6,51	7,30	7,70	7,82	7,98	8,31	8,42	8,90			
56° N	Dä	[14]	—	5,38	5,90	6,42	6,75	7,17	7,54	7,80	8,06	8,28	8,70	9,19	9,48	9,69
43° N	Dä	[15]	—	5,62	6,19	6,64	7,26	7,62	7,96	8,37	8,62	8,80	9,27	9,72	9,82	10,28
35° N	Sch	[8]	4,70	5,38	5,93	5,42	—	—	—	—	—	—	—	—	—	—
42° N	Me	[6]	4,74	5,45	5,97	6,42	6,78	7,20	8,04	8,79	9,46	9,94	—	—	—	—
42° N	Me	[12]	—	—	—	—	6,801	7,287	7,951	8,569	9,131	—	—	—	—	
52° N	Me	[4]	4,9	5,4	6,0	6,6	7,4	8,0	8,5	8,9	—	—	—	—	—	—

328165 Normal- und Modellatmosphären.

Die Werte der Luftdichte für die Normal- und Modellatmosphären sind in den Tabellen 21—25 enthalten.

Für die INA-Atmosphäre sind folgende Beziehungen festgelegt worden [3]:

$$\varrho = \varrho_0 \left(1 - \frac{6{,}5\,H}{288}\right)^{4{,}255} \quad \text{oder} \quad H = 44{,}308 - 42{,}23 \sqrt[4{,}255]{\varrho}. \quad (H \text{ in km}, \ \varrho \text{ in kg/m}^3)$$

Für die Stratosphäre (oberhalb 11 km) gilt:

$$\log \varrho = 0{,}5609716 - \frac{H - 11}{14{,}594}. \qquad (\varrho \text{ in kg/m}^3, \ H \text{ in km})$$

Dabei ist g mit 9,80665 m/sec² als unabhängig von der Höhe zugrunde gelegt worden. Zahlenwerte befinden sich in Tabelle 21 und Abb. 9.

Literatur.

[1] Wagner, A.: Beitr. Phys. fr. Atm. **3** (1907) 57. — [2] Linke, F.: Meteorol. Taschenbuch **IV** (1939) 183. — [3] DIN 5450. — [4] Lindemann u. Dobson: Proc. R. Soc. London A **102** (1922) 411. — [5] Link, F.: Meteorol. Z. **61** (1944) 87. — [6] Whipple, Fred L.: Proc. Amer. phil. Soc. **79** (1938) 499. — [7] Penndorf, R.: Meteorol. Z. **58** (1941) 103. — [8] Elterman, L.: Geophys. Res. Pap. (USA) (im Druck, 1951). — [9] Reger, J.: Forschungs- u. Erfahrungsber. des RWD, Reihe A, Nr. 23 (1944). — [10] Lautner, P.: RLM (Flak) 1939. — [11] Whipple, F. L., L. Jacchia u. Z. Kopal in Kuiper: The atmospheres of the Earth and Planets, Chicago 1949, S. 149. — [12] Jacchia, L.: Harv. Obs. Techn. Rep. **4** (1949). — [13] Fessenkoff, B.: AN **220** (1924) 33. — [14] Ljunghall, A.: Medd. Lunds Astron. Obs. Ser. II, **125** (1949). — [15] Megreshwili, I. G., u. I. A. Kwostikoff: Doklady Akad. Nauk **59** (1948) 1283.

32 817 Schallgeschwindigkeit.

Die Ausbreitung des Luftschalls ist bei großen Sprengungen systematisch beobachtet worden [1—3]. Sie gehorcht der Laplaceschen Formel für kleine adiabatische Druckwellen; nach langen Wellen hin ist die gleichzeitige adiabatische Temperaturwelle bis 12-Stunden-Periode nachgewiesen (32875) Genaue Zahlenwerte vgl. Band 2.

Unter den natürlichen Bedingungen ist die Schallausbreitung bestimmt durch die räumliche Verteilung der Temperatur und der Windvektoren in der freien Atmosphäre. Umgekehrt kann aus Schallbeobachtungen auf Wind und Temperatur geschlossen werden (Analyse der Laufzeitkurven wie in der Seismik [2]). Auffallende Erscheinungen sind die Zonen des Schweigens und der anomalen Hörbarkeit: Bei der Sprengung auf Helgoland am 18. April 1947 z. B. wurden in Göttingen, in etwa 340 km Entfernung, deutlich zwei getrennte Schalle gehört und registriert, nach 1010 sec (normaler Schall) und nach 1120 sec (anomaler Schall). Der letztere ist in etwa 40 km Höhe in einer wärmeren Schicht der Stratosphäre zum Boden zurückgebogen. Die aus diesen Beobachtungen erschlossenen Temperaturen sind in 328143 behandelt. Außerdem ergab sich (Regula [3]), daß in der Höhe über Deutschland im Winter Westwinde, im Sommer Ostwinde herrschten, im Einklang mit den Luftdruckkarten (32852, Abb. 7 und 8).

Literatur.

[1] Wegener, A.: „Akustik der Atmosphäre". Müller-Pouillets Lehrbuch der Physik, Band 5, Erste Hälfte, 171 bis 198. Braunschweig 1928. — [2] Meißer, O.: „Luftseismik", Handb. d. Exper.-Physik, Band 25, Teil 1, 211—251. Leipzig 1930. — [3] Schallheft, Zs. f. Geophysik **10** (1934) 119—234. Weitere Literatur s. 328143, Tab. 14.

Penndorf

3282 Spezielle Bestandteile der Luft.

Vgl. auch Planeten-Atmosphären, 3124.

32821 Kohlensäuregehalt.

(Angaben in Volumprozent CO_2 in Luft.)

328211 Mittelwerte für bodennahe Luftschichten.

	Minimum	Mittel	Maximum
Normalwert	—	0,0300	—
Großstadt	—	—	0,14
Nähe von Vulkanen	—	—	2,2
Meeresgebiet Westindien 20° N	—	0,0284	—
Meeresgebiet Südamerika 40° S	—	0,0272	—
Kap Horn 56° S.	0,0231	0,0256	—
Antarktis 65° S	—	0,0205	—
Spitzbergen 78° N	0,0150	—	—

328212 Schwankungen.

Schwankungen des Jahresmittels in Europa von 0,027 bis 0,036.

Jahresschwankung in Westeuropa:

Frühling	Sommer	Herbst	Winter
0,0297	0,0290	0,0294	0,0296

Tagesschwankung

über Land: Tag 0,0316 Nacht 0,0342
über See: keine Schwankungen.

Veränderung mit der Windrichtung in Westeuropa:

SW bis W	0,0290
W bis N	0,0291
NE bis SE	0,0298
SSE bis SSW	0,0301

Die Zunahme des CO_2-Gehalts diskutieren Callendar und Buch.

328213 Mittelwerte in der freien Atmosphäre.

Bergbeobachtungen: 2600 m Höhe 0,020
4000 m ,, 0,013

Im Freiballon:	0	5,7	6,2	6,3	9,0 km
	0,0300	0,0294	0,0284	0,0278	0,0277

Literatur.

Lundegårdh, H.: Der Kreislauf der Kohlensäure in der Natur, Jena 1924. — Lundegårdh, H.: Klima und Boden, 3. Aufl., Jena 1949. — Hann-Süring: Lehrbuch der Meteorologie, 5. Aufl., Leipzig 1939/1949. — Callendar, G. S.: Quart. Journ. R. Meteor. Soc. **66** (1940) 395. — Buch, K.: Ann. d. Hydrogr. Hamburg **70** (1942) 193.

32822 Spurenstoffe in den bodennahen Luftschichten.

(Angaben in γ (= 10^{-6} g) pro m^3 Außenluft unter Normalbedingungen.)

Sulfat [*1*]:	Berlin	200 γ
	Oberschreiberhau	2,5 γ
	Tatra	ganz selten
Nitrat und Nitrit [*1*]:	Meeresküste	2,5 γ
	Oberschreiberhau	0,2 und 1,0 γ [*2*]
	Tatra	0,2 γ
Chlorid [*1*]:	Berlin (Bunker)	40 γ
	Oberschreiberhau	32 γ
	Brest	7,5 γ
	Tatra	meist 0
Ammoniak [*1*]:	Berlin	30—60 γ
	Oberschreiberhau	17 γ
	Bretagne	21 γ
	Tatra	8 γ
Jod [*3*]:	Jodwerte zu Zeiten, in denen keine Jodverschwelung an den europäischen Westküsten (Jodindustrie) stattfand.	
	Bretagne	1,8—2,7 γ
	Föhr	0,7—4,5 γ
	Kiel	0,01—1,14 γ
	Stuttgart	0,04 γ [*4*]
	Tatra (1000 m Höhe)	0,04 γ [*1*]
	Sonnblick (Tauern) (3300 m Höhe)	0,33 γ
	Jungfraujoch (3450 m Höhe)	0,04 γ
Bei Jodverschwelung:	Bretagne	3—14000 γ
	Stuttgart	0,3 γ
	Tatra	0,13 γ
Formaldehyd [*1*]:	Berlin	5—50 γ
	Oberschreiberhau	—2,5 γ, häufig 0
	Tatra	meist 0

Wasserstoffsuperoxyd [1]: nicht nachweisbar.

Oberschreiberhau [4] Juni—Oktober 1941:

Ammoniak	0,63—65 γ	Mittel 7,9 γ
Nitrit	0,06—5,6 γ	,, 1,0 γ
Sulfat	0,0 —3,4 γ	,, 2,6 γ
Chlorid	0,0 —360 γ	,, 32 γ
Magnesium	0,0 —65 γ	,, 3,1 γ

Literatur.

[1] Cauer, H.: Fiat Review of German Science **19** (1947) 277. — [2] Köhler, E.: Balneologe **9** (1942) 365. — [3] Cauer, H.: Balneologe **5** (1938) 409. — [4] Cauer, H., u. G. Cauer: Balneologe **9** (1942) 301.

32823 Das Aerosol.

Abb. 1. Übersicht über Art und Größe der das Aerosol bildenden Teilchen.

328231 Größenordnung der Teilchenzahl pro cm³.

Kleinionen	10^2—10^3	Dunsttröpfchen	10^2—10^3
Aitken-Kerne	10^3—10^5	Staubteilchen	10 —10^2

328232 Aitken-Kerne.

A. Horizontale Verteilung der Aitken-Kerne; Anzahl pro cm³:

	Orte	Zahl der Beobachtungen	Mittel	Mittleres Maximum	Mittleres Minimum	Absolutes Maximum	Absolutes Minimum
Großstadt	28	2500	14700	379000	49100	$4 \cdot 10^6$	3500
Stadt	15	4700	34300	114000	5900	$4 \cdot 10^5$	620
Land	25	3500	9500	66500	1050	336000	180
Ozean	21	600	940	4680	840	39800	2

B. Mittlere vertikale Verteilung der Aitken-Kerne nach 28 Ballonbeobachtungen [1]:

Höhe km	0—0,5	0,5—1,0	1,0—2,0	2,0—3,0	3,0—4,0	4,0—5,0	> 5,0
Aitken-Kerne pro cm³	22300	11000	2500	780	340	170	80

328233 Elektrische Eigenschaften der Kerne.

A. Verhältnis der Gesamtzahl der Kerne zur Summe der positiv und negativ geladenen in Abhängigkeit von der Kernzahl [3]:

	Kernzahl				
	10	20	30	50	$70 \cdot 10^3$ cm^{-3}
Frankfurt a. M.	2,6	3,0	3,3	3,7	3,9
Washington	1,5	2,2	3,0		
Huancayo	2,7	3,5	4,0	4,8	6,0

B. Verhältnis der doppelt geladenen zu einfach geladenen Kernen in Abhängigkeit von der Kernzahl (gemittelt) [4]:

Kernzahl/cm³	2000	3000	4000
N··/N·	1,15	1,06	1,03

328234 Vertikale Verteilung der Dunsttröpfchen und Staubteilchen [2].

Höhe km	0,5	1,0	2,0	3,0	
Dunsttröpfchen/cm³	350	250	100	50	Aus optischen Daten erschlossen
Staubteilchen/cm³	45	10	3		Nach Messungen mit dem Zeiß-Konimeter

Literatur.

[1] Landsberg, H.: Atmospheric condensation nuclei. Ergebnisse d. kosm. Physik, Bd. III (1938). — [2] Siedentopf, H.: Zeitschr. f. Meteor. **1** (1946) 417. — [3] Israel, H.: Gerlands Beitr. **57** (1941) 261. — [4] Hogg, A. R.: Gerlands Beitr. **41** (1934) 1 und 32.

328235 Staubgehalt der Luft.

A. Messungen mit Owens Dust-Counter:
Teilchengröße [1, 2]: $d = 0{,}3—0{,}5\ \mu$.
Teilchenzahl je cm³:

	Minimum	Mittel	Maximum
London [3]	300	(5000)	60000
Großstädte [3]	50	800	4000
Kleinstädte [3]	20	200	2500
Bad Gastein [4] . . .	18	129	245
Assuan [5]	0	27	51
Alpengipfel [1, 6] . . .	0	1	8

B. Messungen mit Zeiß-Konimeter:
Teilchengröße (nach Messungen in Arosa) [7]: $d < 1\ \mu$: 68%
$1\ \mu < d < 2\ \mu$: 24%
$d > 2\ \mu$: 8%
Teilchenzahl je cm³ (methodische Unterschiede in den Messungen erscheinen nicht ausgeschlossen).

	Minimum	Mittel	Maximum
Großstadt, Verkehrszentrum [8].	—	100	—
Frankfurt a. M. [9] . .	1,1	23	89
Arosa [7].	0,2	24[1]	277[1]
Bad Tölz, Winter bei Schneedecke [10] . .	0,02	0,9	11
Bad Tölz, Sommer [10]	0,03	1,8	20
Innerafrika [8]	0,1	1,6	8
Rotes Meer, Sandsturm [8].	2	6	19
Ozean [8]	0,3	1,0	1,5

Die Teilchenzahlen in Tab. A sind höher als in B, weil der Owens-Dust-Counter noch einen Teil der Aitken-Kerne und die tröpfchenartigen Teilchen (Dunsttröpfchen) mit erfaßt.

C. Staubgewicht (nach Sedimentationsverfahren):

	Sommer	Herbst	Winter	Jahr
München [11] . .	0,02	0,12	0,29	0,14 mg Ruß/m³

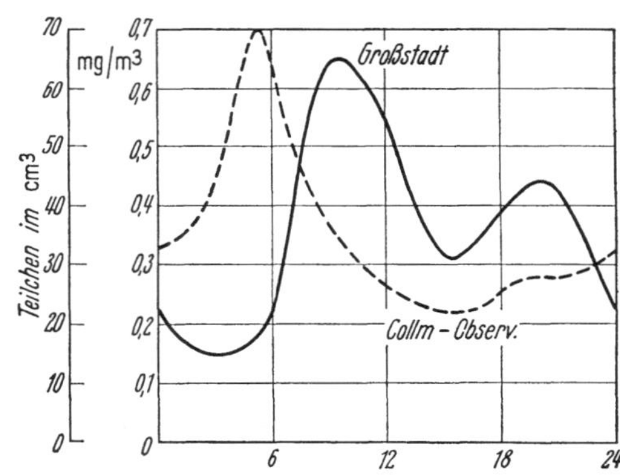

Abb. 2.
Tagesgang: gestrichelt = Zahl der Konimeter-Staubteilchen je cm³ am Collm-Observatorium (Sachsen), nachts Absinken in Bodenluft, tags vertikale Vermischung.
ausgezogen = Rußgehalt in mg je m³ Luft, Mittel für London, Berlin, Lyon [12]: nachts geringe, tags große Produktion, nachmittags vertikale Durchmischung.

Literatur.

[1] Giner, R., u. V. F. Hess: Gerlands Beitr. **50** (1937) 22. — [2] Wright, H. L.: Geophys. Memoirs **6**, Nr. 57 (1932). — [3] Shaw, Sir N.: Manual of Meteorology, Vol. II, 40, Cambridge 1928. — [4] Giner, R.: Bioklimat. Beibl. **4** (1937) 108. — [5] Lahmeyer, F., u. C. Dorno: Assuan, Braunschweig 1932, S. 27. — [6] Götz, P. in Hann-Süring: Lehrb. d. Met., 5. Aufl., Leipzig 1939. — [7] Glawion, H.: Beitr. Phys. fr. Atm. **25** (1938) 1. — [8] Lettau, H.: Gerlands Beitr. **55** (1939) 103. — [9] Lamp, W.: Diplomarbeit Frankfurt a. M. 1948. — [10] Kähler, K., u. G. Brandtner: Bioklimat. Beibl. **5** (1938) 58. — [11] Kratzer, A.: Das Stadtklima, Braunschweig 1937. — [12] Brezina, E., u. W. Schmidt: Das künstliche Klima, Stuttgart 1937, S. 163.

[1] Saharastaubfälle.

32824 Wolken- und Niederschlagselemente.

328241 Größeneinteilung der Niederschlagselemente.

Dunst	$r < 10^{-4}$ cm
Nebel und Wolken	$10^{-4} < r < 2{,}5 \cdot 10^{-3}$ cm
Nieseln	$2{,}5 \cdot 10^{-3} < r < 2{,}5 \cdot 10^{-2}$ cm
Regen	$r > 2{,}5 \cdot 10^{-2}$ cm

328242 Tropfendurchmesser, Tropfenzahl und Gehalt an flüssigem Wasser in Wolken.

Wolkenart	Durchmesser in μ			Tropfenzahl je cm³			Wassergehalt gm^{-3}		
	Min.[1]	Mittel	Max.	Min.	Mittel	Max.	Min.	Mittel	Max.
Strato-Cumulus [1] . .	2	7,9	24		350		0,01	0,09	
Cumulus flach [1] . . .	2	8,5	20		1000			0,32	
Alto-Stratus [1]	2	10,6	30		450			0,28	
Stratus [1]	2	12,9	42		260			0,29	
Nimbus [1]	2	13,2	42		330			0,40	
Cumulus, quellend [1] .	2	14,5	40		545			0,87	3,90
Bergnebel [2]	2	11,2	34		—		0,03	1,21	4,84
Bergnebel [4]	2	5,2	50	90	580	1220	0,03	0,40	1,36
Küstennebel [3][2] . . .	2	9,9	35		1,13		0,002	0,0010	0,0025

Literatur.

[1] Diem, M.: Meteorol. Rdsch. **1** (1948) 261. — [2] Conrad, V.: Denkschr. Akad. Wiss. Wien **73** (1901) 1; Wagner, A.: S.B. Akad. Wiss. Wien **117** (IIa) (1908) 1281; Köhler, H.: Geof. Publ. Oslo **2**, Nr. 6 (1921) und **5**, Nr. 1 (1927); Met. Zeitschr. **46** (1929) 409. — [3] Neumann, H. R.: Gerlands Beitr. **56** (1940) 49. — [4] Bickenbach, A., u. H. Weickmann: Dtsch. Luftfahrtforsch. ZWB Untersuchg. u. Mitteilg. (1945) 3556. — Weitere Literatur bei Howell, W. E.: J. of Meteor. **6** (1949) 134.

328243 Prozentische Häufigkeit von Regentropfengrößen.

A.

Gewicht G [mg]	0		0,1		0,2		0,4		0,6		0,8		1,0
Radius r [mm] . . .	0		0,29		0,36		0,46		0,52		0,58		0,60
Alpengebiet [1]: Landregen . .		32,8		19,5		21,0		9,3		5,5		3,2	
Schauer . . .		17,3		14,8		16,4		8,8		5,9		5,6	

Gewicht G [mg]	1,0		2		3		4		5		∞
Radius r [mm] . . .	0,60		0,78		0,90		0,98		1,06		∞
Alpengebiet [1]: Landregen . .		5,9		1,4		0,7		0,3		0,3	
Schauer . . .		12,2		5,1		3,2		2,0		8,7	

Zwischen etwa $G = 0{,}05$ und 1,5 mg sind in sechs voneinander unabhängigen Meßreihen (Alpen, Ostseegebiet, Nordschweden) scharfe Häufigkeitsmaxima bei $G = a \cdot 2^n$ und $= 3a \cdot 2^n$ ($n = 1, 2, 3 \ldots$) gefunden; für a sind Werte zwischen 0,0092 mg und 0,0115 mg festgestellt [3].

B. Wesentlich geringere Tropfengrößen sind im Seeklima Nordschwedens und Irlands beobachtet:

G [mg]	0		0,0005		0,004		0,014		0,033		0,065		0,113		0,18		0,27		0,38
r [mm]	0		0,05		0,10		0,15		0,20		0,25		0,30		0,35		0,40		0,45
Dublin, vorwiegend Winterhalbjahr [2]		20,8		22,9		16,4		17,2		9,8		5,7		3,4		2,2		1,6	

Literatur.

[1] Mittel aus Meßreihen von Defant, A.: S.B. Akad. Wiss. Wien **114** (IIa) (1905) 585; Niederdorfer, E.: Met. Zeitschr. **49** (1932) 1. — [2] Nolan, J. J., u. J. Enright: Nature **119** (1927) 922. — [3] Seeliger, R.: Dissertation Greifswald 1939.

[1] Grenze durch optisches Auflösungsvermögen bedingt.

[2] In Wolken und Bergnebeln ist die Sichtweite 10 bis 100 m, in Küstennebeln ca. 200 bis 1000 m.

328244 Gesamtwasservolumen der verschiedenen Tropfengrößen

bei drei verschiedenen Regenintensitäten (angegeben in %, bezogen auf Intervalle von $^1/_4$ mm Durchmesser) nach Laws, J. O., u. D. A. Parsons: Trans. Americ. Geophys. Union 1943, 452—460, vgl. Abb. 3.

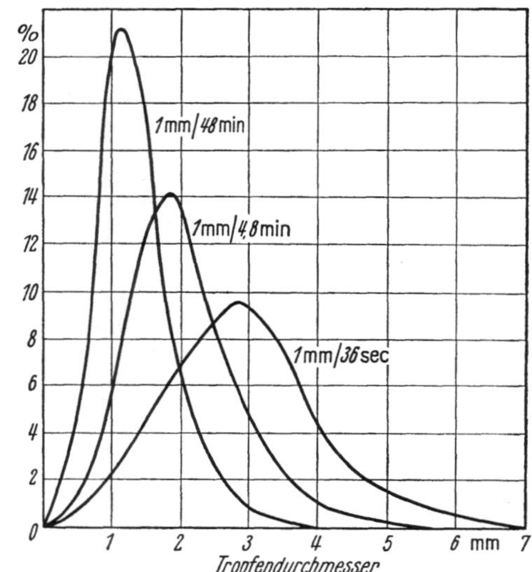

Abb. 3.

328245 Fallgeschwindigkeit.

Fallgeschwindigkeit von Regentropfen.

$2r$ [mm]	1,25	1,50	1,75	2,00	2,25	2,50	2,75	3,0	3,5	4,0	4,5	5,0	5,5	6,0
v [m/sec^{-1}] . .	4,8	5,5	6,1	6,6	7,0	7,4	7,8	8,0	8,5	8,8	9,1	9,25	9,3	9,3

r = Halbmesser der Kugel gleichen Volumens, v = Fallgeschwindigkeit.

Literatur.

Zahlenwerte nach fast übereinstimmenden Messungen von Laws, J. O.: Trans. Americ. Geophys. Union **22**, Pt. III (1941) 709, Seeliger, R.: Diss. Greifswald 1939 und Gunn, R. u. G. D. Kinzer: J. of Meteor. **6** (1949) 243. — Ältere Messungen von P. Lenard und W. Schmidt geben zu niedrige Werte. Für kleinere Durchmesser stimmen die Beobachtungen mit dem Gesetz von Stokes überein.

Fallgeschwindigkeit von Schneekristallen [cm/sec^{-1}].

Durchmesser bzw. Länge [mm]	0,5	1	1,5	2	3	4	5	6	7	8
Graupel	.	.	110	150	200	232	256	277	.	.
Kristall mit Tröpfchen .	.	83	92	98	107	112	.	.	.	.
Pulverschnee	.	50	50	50	50	50	50	.	.	.
Räumlich-dendritischer Kristall	.	.	57	57	57	57	57	57	57	57
Eben-dendritischer Kristall	.	31	31	31	31	31	31	31	.	.
Nadel	28	48	60	66	.	.	.	.	.	.

Literatur.

Nakaya, U., u. T. Terada jr.: Faculty Science, Hokkaido Imp. Univ. (II) **1** (1935) 191 (deutsch: Mitt. Akad. Luftfahrtforschg. **2**, Heft 1 (1943) 57.

328246 Hagel.

In der neueren wissenschaftlichen Literatur wenig behandelt. Stücke bis 0,5 kg Gewicht und vielleicht mehr. Über die Formen vgl. Prohaska, K.: Meteorol. Z. **24** (1907) 193 bis 200.

328247 Beimengungen.

In Paris wurden in 1 Liter Regenwasser im 20jährigen Durchschnitt 2,0 mg Stickstoff in Form von NH_3, 0,7 mg als HNO_3 gefunden. 1 qm Boden erhält im Jahr 1,09 g an Ammoniak. In den Tropen ist örtlich der Salpetersäuregehalt 10mal größer. — Chlorgehalt 3—4 mg pro Liter.

Literatur zitiert in Hann-Süring: Lehrb. d. Meteorol., 5. Aufl., S. 432. Leipzig 1939.

32825 Ozongehalt der Atmosphäre.

328250 Erläuterung. Die vielseitigste Bestimmungsart des atmosphärischen Ozons ist die spektralphotometrische. Auf den Absorptionseigenschaften beruht auch die große geophysikalische Bedeutung des Ozons. So sind zunächst die dekadischen Absorptionskoeffizienten α [cm^{-1}] zusammengestellt. Dann folgen als Abbildung Betrag und vertikale Verteilung des atmosphärischen Ozons. Unter Ozonbetrag versteht man die Schichtdicke x [cm] des in der gesamten Atmosphäre in vertikaler Richtung befindlichen Ozons nach Reduktion auf Normalverhältnisse. Die vertikale Verteilung charakterisiert man als Ozongehalt durch entsprechende Schichtdicken ε_h pro km horizontaler Richtung in der Höhe h, so daß $x = \int_0^\infty \varepsilon_h \, dh$. Den Schluß bilden längere Zeitreihen des Ozonbetrags.

328251 Absorptionskoeffizienten des Ozons im Ultraviolett (Zimmertemperatur) [4].

λ	α	λ	α	λ	α	λ	α	λ	α	λ	α	λ	α	λ	α
3525,8	0,010	3363,0	0,036	3289,2	0,095	3205,0	0,330	3106,7	1,36	3003,8	4,65	2885,0	23,3	2651,7	119
3520,0	0,008	3362,4	0,037	3288,8	0,092	3200,0	0,420	3105,7	1,30	2999,3	4,95	2884,5	23,1	2643,3	125
3513,7	0,011	3361,9	0,031	3287,0	0,108	3198,0	0,377	3105,2	1,31	2998,3	4,87	2883,4	23,8	2635,4	123
3507,3	0,008	3361,4	0,033	3286,6	0,104	3197,4	0,412	3104,5	1,28	2995,3	5,1	2882,8	23,5	2632,0	127
3501,4	0,009	3359,5	0,027	3282,0	0,160	3196,7	0,405	3102,0	1,48	2994,6	5,0	2870,4	28,5	2631,3	126
3499,5	0,008	3358,2	0,031	3281,5	0,156	3194,3	0,428	3101,2	1,45	2992,8	5,6	2869,4	28,3	2624,3	134
3494,3	0,009	3357,4	0,028	3279,0	0,181	3190,2	0,356	3098,6	1,50	2992,3	5,5	2867,6	29,5	2616,8	132
3490,4	0,007	3355,6	0,031	3276,5	0,120	3186,2	0,398	3097,4	1,47	2990,0	5,9	2866,0	29,3	2606,4	139
3485,6	0,008	3354,2	0,030	3275,2	0,123	3185,0	0,390	3096,0	1,52	2989,5	5,8	2864,3	30,3	2605,0	137
3480,8	0,007	3353,4	0,033	3274,8	0,118	3182,3	0,450	3095,2	1,48	2987,0	6,05	2863,7	29,9	2603,7	138
3471,7	0,011	3353,0	0,031	3274,3	0,127	3181,8	0,420	3092,0	1,70	2986,3	5,95	2859,2	32,2	2598,2	134
3467,5	0,006	3351,0	0,035	3273,8	0,123	3180,0	0,515	3091,5	1,66	2980,9	6,45	2858,3	31,7	2592,0	140
3462,6	0,004	3350,4	0,034	3271,9	0,136	3178,8	0,496	3089,3	1,79	2980,3	6,3	2854,2	33,5	2591,4	139
3460,4	0,006	3345,7	0,056	3269,2	0,109	3178,4	0,53	3088,3	1,77	2978,0	6,7	2853,7	33,2	2587,4	144
3455,8	0,008	3345,0	0,053	3268,5	0,111	3177,7	0,50	3087,3	1,84	2977,4	6,6	2847,8	36,3	2579,0	140
3451,7	0,006	3344,5	0,060	3267,8	0,105	3175,7	0,595	3086,3	1,81	2973,0	7,4	2846,5	36,0	2571,8	142
3447,4	0,009	3343,7	0,057	3267,0	0,114	3173,0	0,535	3085,7	1,85	2972,0	7,3	2844,7	37,3	2566,4	140
3446,6	0,008	3338,0	0,088	3266,3	0,112	3170,2	0,58	3084,3	1,82	2967,2	8,2	3843,3	36,9	2553,2	145
3439,3	0,017	3335,5	0,056	3263,8	0,126	3167,2	0,535	3080,8	1,93	2965,0	8,1	2833,3	43,0	2545,8	141
3433,7	0,009	3332,5	0,059	3263,3	0,123	3166,5	0,555	3079,7	1,91	2959,0	9,05	2830,5	42,4	2539,0	143
3430,6	0,010	3332,0	0,057	3262,4	0,142	3165,6	0,545	3077,5	1,97	2958,3	8,95	2827,3	44,7	2528,5	140
3424,0	0,006	3331,4	0,060	3261,8	0,138	3163,8	0,60	3076,2	1,95	2957,0	9,2	2826,3	44,6	2519,0	143
3420,6	0,008	3329,6	0,050	3260,6	0,150	3163,0	0,59	3072,9	2,07	2956,3	9,0	2822,6	46,2	2508,3	138
3416,8	0,006	3329,0	0,053	3260,0	0,148	3161,0	0,62	3072,3	2,04	2946,1	10,6	2821,7	45,4	2499,6	139
3413,7	0,009	3327,8	0,043	3256,5	0,195	3160,0	0,61	3069,8	2,19	2945,0	10,4	2819,0	47,0	2494,5	137
3412,5	0,008	3325,0	0,051	3256,0	0,193	3154,5	0,75	3069,2	2,16	2941,0	11,4	2817,8	46,8	2490,0	138
3410,0	0,013	3324,3	0,047	3254,6	0,207	3151,0	0,71	3066,0	2,35	2940,2	11,3	2813,8	49,6	2482,3	133
3408,5	0,011	3322,2	0,053	3253,0	0,190	3149,7	0,74	3065,2	2,32	2938,8	11,9	2813,2	49,2	2477,6	134
3401,0	0,035	3321,2	0,050	3248,2	0,240	3148,8	0,725	3063,4	2,42	2938,2	11,7	2808,8	50,5	2466,4	129
3398,2	0,023	3319,2	0,067	3245,2	0,174	3147.8	0,745	3062,7	2,40	2936,5	12,0	2808,0	50,3	2458,7	130
3397,4	0,026	3318,7	0,064	3243,8	0,178	3146,7	0,73	3060,7	2,49	2935,8	11,7	2798,8	55	2448,0	122
3396,4	0,024	3317,5	0,079	3243,0	0,176	3146,0	0,76	3059,7	2,46	2929,4	13,5	2797,8	54,5	2440,2	123
3395,0	0,030	3317,1	0,077	3242,2	0,180	3145,0	0,75	3056,3	2,55	2928,8	13,3	2794,4	58	2419,3	109
3391,0	0,013	3316,0	0,087	3240,6	0,169	3138,0	0,91	3055,3	2,53	2927,2	14,2	2793,0	57,5	2417,0	110
3389,5	0,020	3315,5	0,085	3240,0	0,171	3137,5	0,90	3053,5	2,65	2926,4	14,0	2784,0	60	2403,8	97
3388,6	0,018	3311,8	0,122	3239,2	0,163	3135,0	0,98	3052,6	2,58	2924,4	14,7	2783,0	59,5	2398,8	99
3387,6	0,023	3311,0	0,110	3236,2	0,176	3134,2	0,95	3047,3	2,73	2936,6	14,5	2773,6	66	2388,8	88
3387,0	0,021	3310,5	0,118	3235,8	0,174	3133,7	0,97	3046,6	2,70	2920,0	15,4	2772,5	65	2383,2	89
3386,2	0,023	3308,4	0,087	3234,2	0,198	3130,5	0,93	3044,3	2,98	2919,0	15,2	2762,0	69,5	2374,8	83
3385,7	0,020	3307,9	0,093	3233,7	0,192	3129,4	0,95	3043,6	2,95	2913,8	17,5	2761,3	69	2371,4	84
3384,6	0,024	3307,3	0,088	3232,0	0,223	3128,5	0,94	3038,3	3,09	2913,3	17,4	2760,4	70	2365,0	79
3384,2	0,017	3305,9	0,101	3231,7	0,220	3127,0	0,98	3037,5	3,06	2911,2	17,5	2759,7	69,5	2360,8	80
3383,3	0,023	3305,1	0,098	3229,3	0,247	3126,5	0,96	3026,2	3,52	2910,8	17,4	2747,9	75,5	2353,4	74
3382,4	0,021	3304,5	0,105	3229,0	0,240	3125,2	1,01	3025,4	3,24	2907,2	18,1	2744,3	75	2345,5	75
3380,4	0,034	3304,0	0,098	3226,2	0,320	3125,0	0,98	3024,6	3,62	2906,0	17,9	2731,6	81	2334,0	69
3379,8	0,032	3303,4	0,107	3224,5	0,272	3121,9	1,07	3023,7	3,56	2905,6	18,9	2730,7	80	2329,8	70
3378,0	0,042	3301,0	0,065	3223,5	0,275	3121,2	1,03	3020,8	3,75	2905,0	18,7	2725,3	85	2293,8	55,5
3377,4	0,040	3300,4	0,067	3223,0	0,272	3120,4	1,11	3020,0	3,72	2902,3	19,8	2724,6	84	2276,2	48
3376,5	0,050	3299,2	0,060	3220,4	0,336	3119,7	1,05	3019,4	3,82	2901,7	19,6	2717,5	90	2263,1	44,3
3375,8	0,044	3296,9	0,070	3216,2	0,240	3113,0	1,27	3018,8	3,65	2899,4	20,2	2714,5	89,5	2247,0	38,6
3372,0	0,062	3296,4	0,068	3213,8	0,248	3111,8	1,22	3018,2	3,98	2898,7	20,0	2696,7	102	2230,1	33,3
3368,3	0,040	3295,7	0,071	3213,0	0,245	3111,0	1,26	3017,6	3,86	2894,4	21,5	2692,6	100	2214,6	28,6
3367,5	0,042	3295,0	0,066	3212,3	0,266	3110,3	1,22	3016,0	4,03	2893,8	21,3	2676,5	112	2192,2	23,3
3366,7	0,039	3293,2	0,079	3211,4	0,252	3109,5	1,29	3015,3	3,98	2892,4	22,3	2671,0	110	2179,4	20,2
3365,3	0,044	3292,2	0,077	3209,8	0,273	3108,7	1,22	3008,6	4,38	2892,0	22,1	2665,8	115	2169,5	18,4
3364,8	0,039	3290,7	0,086	3209,2	0,254	3108,0	1,26	3008,0	4,32	2888,6	22,2	2665,3	114	2148,9	14,5
3364,3	0,041	3290,2	0,082	3205,7	0,243	3107,2	1,25	3004,3	4,7	2887,6	21,7	2656,0	120	2135,9	12,3

Götz

Bei $\lambda = 2850$ Å ist ein fehlerhafter Sprung in der Homogenität der Reihe [6]. Das Gebiet 2170 bis 2020 Å siehe [5].

328252 Temperaturkontrast der Hugginsbanden.

Differenz der Absorptionskoeffizienten α benachbarter Maxima und Minima [2].

λ Maxima	λ Minima	−95° C	−50° C	−30° C	+18° C	+65° C	+95° C
3439	3417	0,020	0,017	0,014	0,014		
3401	3397	0,026	0,024	0,020	0,016	0,012	0,011
3372	3357	0,049	0,044	0,038	0,034	0,032	0,035
3338	3328	0,066	0,065	0,051	0,047	0,046	0,047
3312	3299	0,086	0,074	0,067	0,059	0,055	0,053
3279	3269	0,139	0,114	0,100	0,081	0,068	0,063
3248	3239	0,184	0,153	0,124	0,099	0,076	0,068
3220	3216	0,183	0,156	0,132	0,099	0,079	0,071
3200	3190	0,193	0,156	0,139	0,101	0,071	0,060
3176	3167	0,149	0,111	0,087	0,053	0,026	0,018
3154	3151	0,145	0,118	0,108	0,074	0,052	0,037
3135	3130	0,114	0,078	0,072	0,056	0,033	0,033

328253 Absorption der Chappuisbanden bei verschiedenen Temperaturen.

λ	+18° C	−42° C	−80° C	−105° C
6010	0,068	0,072	0,078	0,083
5872	0,0575	0,0595	0,067	0,0695
5730	0,062	0,067	0,075	0,0775
5600	0,052	0,056	0,0625	0,067
5400	0,038	0,042	0,0485	0,051
5056	0,021	0,0225	0,0265	0,0265
4800	0,0095	0,011	0,0115	0,0115
4500	0,0014	0,0015	0,0015	0,0015

Eine engere Aufteilung zwischen 7585 und 4380 Å siehe [5].

Zur atmosphärischen Ozondosierung eignen sich die Chappuis-Banden wegen der überlagerten Wasserdampfbanden nicht.

Bei Mondfinsternissen läßt sich die Verteilung des atmosphärischen Ozons ableiten aus der spektro-photometrisch gemessenen Helligkeitsverteilung bei 6000 Å auf dem verfinsterten Mond senkrecht zur Erdschattengrenze (H. K. Paetzold [19a]).

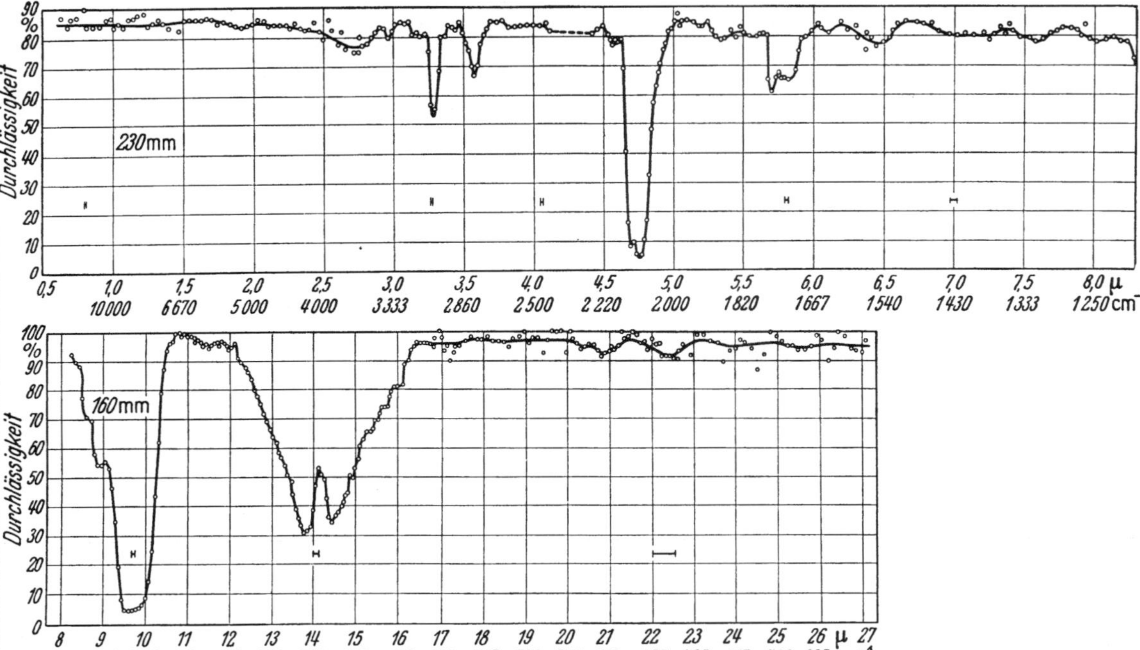

Abb. 1. Durchlässigkeit des Ozons im Infrarot.

Abb. 1 zeigt die Durchlässigkeit von 30 cm O_3 unter dem Druck 230 bzw. 160 mm Hg [3]. Beispielsweise ist für die Bande 4,75 μ bei 5% Durchlässigkeit $\alpha = \frac{760}{230,30} \cdot (-\log 0,05) = 0,14$, wobei für das Ozon in der freien Atmosphäre außerdem die Druckabhängigkeit zu berücksichtigen bleibt. In der großen 9,6 μ-Ozonbande ist die Absorption der vierten Wurzel aus dem Druck proportional [7]. Für verschiedene Beträge des ebenfalls im 9,6 μ-Bereich absorbierenden Wasserdampfs geben Adel und Lampland, jedoch ohne spezielle Angabe des Ozonbetrags, für das Lowell-Observatorium die Gesamttransmission der Atmosphäre für diese wichtige Bande [1].

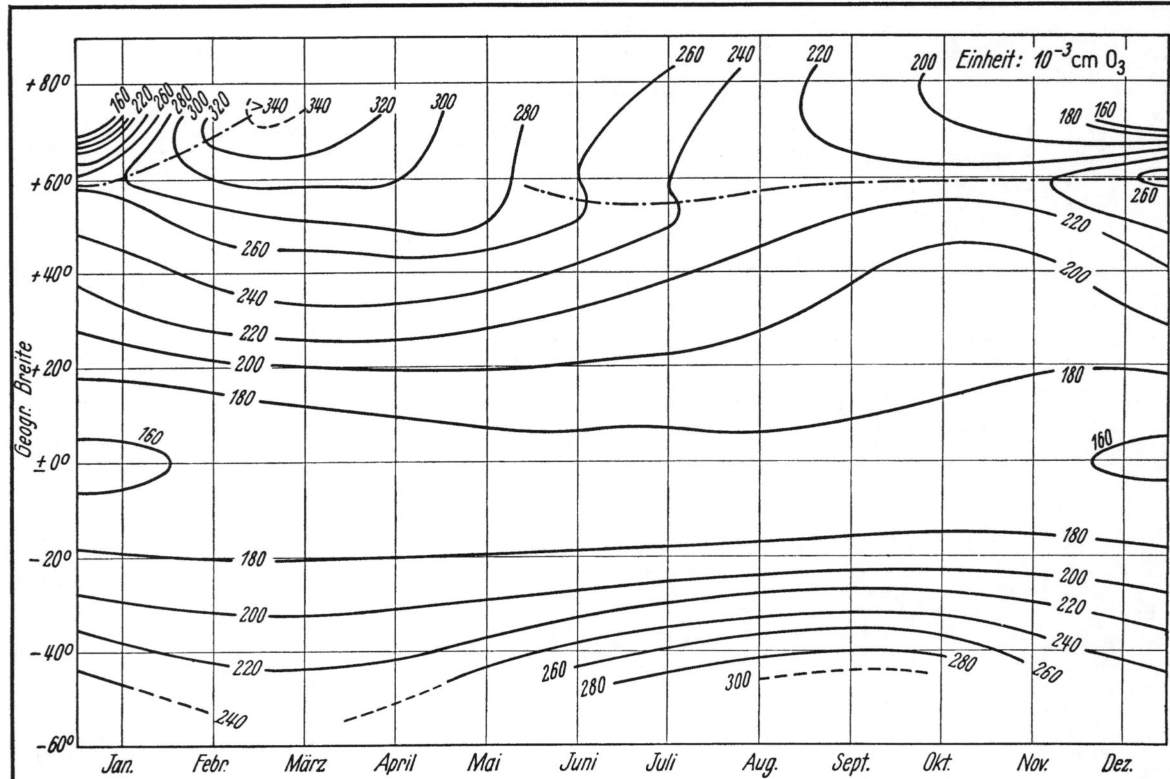

Abb. 2. Mittlerer Ozonbetrag x in Einheit von 10^{-3} cm.
Der Ozongürtel ist strichpunktiert. Außer der hier wiedergegebenen Abhängigkeit von Jahreszeit und geographischer Breite bestehen starke Schwankungen mit der Wetterlage [21]. Mit dem Faktor 0,88 wurden die Beträge der älteren (photographischen) Dobson-Instrumente auf das moderne Dobson-Spektrophotometer reduziert.

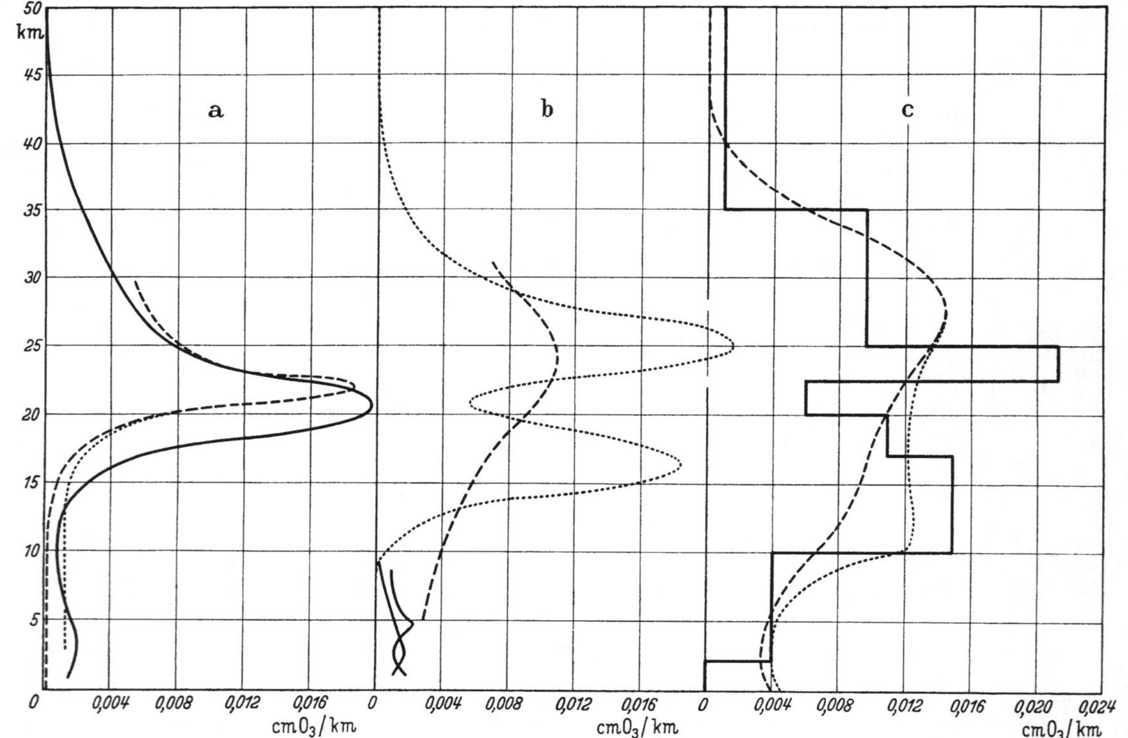

Abb. 3. Vertikale Verteilung ε des Ozons. In mittleren Breiten ist der Ozonschwerpunkt mit 22 km gut gesichert. Dagegen sind die ε noch weit mehr approximativ. Unter der hohen Gleichgewichtsschicht mag oberhalb der Tropopause mit größerem x eine Sekundärschicht meteorologisch wichtig werden; die Troposphäre hat leichte tertiäre Schichtung. (Erklärungen S. 593.)

Götz

a) Geringer Ozonbetrag 0,200 cm.
———— „Umkehreffekt" Arosa [24].
— — — Stratosphärenflug USA [14].
.... Derselbe, revidiert [24].

b) Mittlerer Ozonbetrag 0,26—0,27 cm.
— — — Registrierballon Stuttgart [19].
...... V 2, White Sands [17], siehe jedoch [18].
———— Troposphär. chemische Beispiele [27].

c) Hoher Ozonbetrag 0,34 und 0,40 cm.
= = = = „Umkehreffekt" Tromsö [13].
———— „Umkehreffekt" Arosa in Blockverteilung [24].

328254 Monatsmittel des Ozonbetrags über Arosa in Einheiten von 10^{-3} cm O_3.

	1926	1927	1928	1929	1931	1932	1933	1934	1935	1936	1937	1938	1939	1940	1941	1942	1943	1944	1945	1946	1947	1948	1949
I		254	230	247	..	226	253	237	235	226	245	239	227	274	256	283	239	213	267	238	271	242	236
II		259	231	283	..	246	257	228	275	273	249	261	242	283	279	298	242	258	255	249	281	262	258
III		267	246	252	..	262	282	277	260	281	279	231	272	295	294	264	272	272	255	269	278	246	267
IV		265	254	295	..	278	269	254	271	271	270	277	246	303	289	288	257	255	264	256	261	257	253
V		270	265	260	..	255	275	258	265	264	259	272	270	285	295	266	247	247	266	251	256	250	262
VI		248	234	..	..	246	264	252	227	249	248	238	240	274	255	246	249	248	249	243	242	245	251
VII		238	218	..	..	237	237	233	235	233	230	231	235	245	247	231	238	227	233	225	237	244	238
VIII	215	223	209	..	..	213	226	228	221	224	229	231	222	229	238	219	215	217	232	218	230	221	228
IX	202	216	204	..	238	208	219	200	205	215	214	210	204	220	217	202	199	207	211	197	218	212	202
X	194	200	190	..	201	210	222	204	196	220	201	199	216	207	213	194	208	209	205	207	211	200	194
XI	209	202	199	..	204	208	221	207	213	211	199	203	202	214	219	212	215	212	210	211	198	203	210
XII	231	229	222	..	214	200	239	211	222	218	252	212	220	239	219	222	227	227	222	225	221	228	208

328255 Monatsmittel des Ozonbetrags über Tromsø [*13*].

	1935	1936	1937	1938	1939	1940	1941	1942	1943	1944	1945	1946	1947	1948	1949
I		(171)	(249)			282	259	246	206	132	166	145	123	186	—
II		(198)	(329)			320	326	339	292	279	274	269	282	256	245
III		297	316	290	270	324	345	362	304	296	293	309	301	278	271
IV		308	263	313	275	327	326	317	303	294	318	313	297	298	309
V		275	249	281	273	288	303	303	295	281	292	283	286	287	301
VI		252	237	252	253	271	275	260	253	247	263	245	253	257	
VII	233	237	216	216	223	253	233	239	234	220	222	220	233	229	
VIII	199	216	205	217	201	240	225	228	226	215	221	211	220	227	
IX	196	205	203	211	203	220	211	220	208	216	217	201	215	210	
X	167	195	(205)	197	212	207	215	212	194	209	211	182	212	200	
XI	(189)		(169)		217	178	199	176	177	184	165	151	153	181	
XII	(190)		(201)		184	167	218	155	124	133	130	—	108	—	

328256 Ozon und Wetter.

Aus Beobachtungen des Gesamtozons fand Dobson [*28*]: Vor einer Warmfront fällt der O_3-Gehalt; typisch: 19. November 1940, Warmfront am Boden noch 500 km von den britischen Stationen entfernt, dort fällt O_3-Gehalt schon auf $^3/_4$ des Normalen. Kurz nach Durchgang einer Kaltfront am Boden steigt der O_3-Gehalt. — Diese Regeln haben Ausnahmen. Bei Gewittern kann der O_3-Gehalt stark steigen: Beispiel: 13. Juli 1941, zwei Gewitter passierten die Station, O_3 stieg von 0,27 cm während des ersten Gewitters auf 0,48 cm, fiel dann auf 0,36 cm, stieg wieder auf 0,40 cm im zweiten Gewitter und fiel dann auf den Ausgangswert. Alles geschah innerhalb 4 Stunden, offenbar in der troposphärischen Gewitterluft.

Nachdem Ehmert [*29*] eine leicht zu handhabende chemische Meßmethode entwickelt hat, wird damit an mehreren Stationen (Arosa, Tübingen, Freiburg, St. Blasien, Bad Tölz) regelmäßig die lokale Ozonkonzentration der Luft gemessen. Regener [*30*] diskutiert die beobachteten O_3-Schwankungen: In Bodennähe wird kein O_3 primär gebildet (höchstens bei Gewittern), sondern es gelangt dorthin mit Luft aus der Höhe durch turbulente Austauschvorgänge. Diese wird desozonisiert bei Berührung mit dem Erdboden oder mit staubhaltiger Luft (nicht aber über ausgedehnten Wasserflächen). In stagnierender Luft oder bei schwachem, laminarem Winde kann der O_3-Gehalt in Bodennähe, bis etwa 50—100 m hinauf, in 1—3 Stunden auf Null sinken, insbesondere dann, wenn abends oder nachts eine Temperatur-Inversion die Luft am Boden gegen den Austausch mit höheren Schichten abschließt. Bei stärkerer Turbulenz ist der O_3-Gang am Boden parallel zu dem in der Höhe. Starke orographische Einflüsse kleinklimatischer Art.

Literatur.

Absorptionseigenschaften: [*1*] Adel, A., u. C. O. Lampland: Astroph. J. **91** (1940) 481. — [*2*] Barbier, D., et D. Chalonge: Ann. d. Phys. (11) **17** (1942) 272. — [*3*] Hettner, G., R. Pohlmann u. H. J. Schumacher: Z. Phys. **91** (1934) 372. — [*4*] Ny Tsi-Ze et Choong Shin-Piaw: Chinese J. Physic. **1** (1933) 38. — [*5*] Vassy, A.: Ann. de Phys. (11) **16** (1941) 145. — [*6*] Vassy, E.: Ann. d. Phys. **8** (1937) 679. — [*7*] Strong, J.: Journ. Franklin Inst. **231** (1941) 121.

Götz

Betrag des atmosphärischen Ozons: [8] Barbier, D., et D. Chalonge: J. Phys. Radium (7) **10** (1939) 113. — [9] Dobson, G. M. B., u. Mitarbeiter: Proc. R. Soc. London (A) **122** (1929) 456; **129** (1930) 411. — [10] Götz, F. W. P.: Gerlands Beitr. **31** (1931) 119. — [11] Higgs, A. J.: Mem. Commonwealth Solar Obs. **1** (1934) No. 3. — [12] Lejay, R. P. P.: Obs. Zi-Ka-Wei, Notes Met. Phys. VII (1937). — [13] Tönsberg, E., u. Kaare Langlo: Geofys. Publ. XIII (1944) Nr. 12.

Vertikale Ozonverteilung: [14] O'Brien, B., F. L. Mohler and H. S. Stewart: Nat. Geogr. Soc., Stratosphere Series **2** (1936) 71. — [15] Götz, F. W. P., A. R. Meetham u. G. M. B. Dobson: Proc. R. Soc. London (A) **145** (1934) 416 (s. a. [24]). — [16] Karandikar, R. V., u. K. R. Ramanathan: Proc. Ind. Acad. Sc. **29** (1949) 330. — [17] Newell, H. E.: NRL-Report R-3294 (1948) Washington, D. C. — [18] Newell, H. E.: Trans. Am. Geophys. Union **31** (1950) 25. — [19] Regener, E., u. V. H.: Phys. Z. **35** (1934) 788. — [19a] Paetzold, H. K.: „Erfassung der vertikalen Ozonverteilung in verschiedenen geographischen Breiten bei Mondfinsternissen." J. Atmosph. Terr. Physics (1951, im Druck).

Zusammenfassungen: [20] Conference on atmospheric ozone. Suppl. to Quart. J. **62** (1936). — [21] Dobson, G. M. B., u. Mitarbeiter: Proc. R. Soc. London (A) **185** (1946) 144. — [22] Fabry, Ch.: Rapport de la Réunion de l'ozone. Gerlands Beitr. **24** (1929) 1. — [23] Götz, F. W. P.: Ergebn. der kosm. Physik I, Leipzig 1931. — [24] Ebendort III (1938). — [25] Götz, F. W. P.: Amer. Compendium of Meteorology 1951. — [26] „Ozon". Ber. Deutscher Wetterdienst in der US-Zone Nr. 11 Kissingen 1949. — [27] Regener, E.: Naturforsch. u. Medizin in Deutschland 1939—1946, Bd. **18**, Teil II, Wiesbaden.

Ozon und Wetter: [28] Dobson, G. M. B.: Assoc. de Météorol., Procès Verbaux Oslo 1948 (Publ. AIM Nr. 8/d, III, Rapports Nationaux), 138 bis 142. Uccle 1950. — [29] Ehmert, A.: „Gleichzeitige Messungen des Ozongehaltes bodennaher Luft an mehreren Stationen mit einem einfachen absoluten Verfahren." J. Atmosph. Terr. Physics (1951, im Druck). — [30] Regener, E.: „Über Schwankungen des Ozons in der Troposphäre und Stratosphäre." J. Atmosph. Terr. Physics (1951 im Druck).

3283 Wetter-Beobachtungen.

32831 Allgemeines.

Beobachtungen werden täglich mehrmals an einer großen Zahl von Stationen angestellt, nach einheitlichen Gesichtspunkten auf der ganzen Erde zusammengetragen, bekanntgegeben und verarbeitet.

Man unterscheidet:

a) Bodenbeobachtungen, b) Schiffsbeobachtungen, c) aerologische Beobachtungen.

Jede dieser drei Beobachtungsklassen umfaßt:

1. solche Beobachtungen, die sofort weitergemeldet werden, um für Zwecke der Wetterberatung und Wettervorhersage benutzt zu werden, die sogenannten synoptischen Beobachtungen;

2. solche Beobachtungen, bei denen auf die sofortige Meldung verzichtet wird, die vielmehr nur wöchentlich, monatlich oder sogar jährlich an einer nationalen Sammelstelle zusammengetragen werden. Diese Beobachtungen, deren Netz viel dichter ist als das der synoptischen Stationen, dienen der Bearbeitung klimatologischer Fragen (daher Klimastationen).

Für die Beobachtungszeiten werden im synoptischen Netz überall auf der Erde bestimmte Termine nach Weltzeit (3, 6, 9, 12, 15, 18, 21, 24 Uhr mittl. Greenwich-Zeit) eingehalten, während man im Klimanetz Beobachtungen zu bestimmten Ortszeiten (z. B. 7, 14, 21 Uhr) vorzieht, weil die tagesperiodische Erwärmung durch die Sonne regelmäßige Schwankungen in vielen meteorologischen Elementen bewirkt.

Die Abgrenzung der beiden Netze ist in Deutschland und in den mittleren Breiten Europas noch ziemlich klar, in anderen Ländern ist die Trennung weniger scharf.

Die Beobachtungsergebnisse beider Netze dienen, außer zur Erforschung der meteorologischen Gegebenheiten, in weitestem Umfang der Beratung der verschiedensten Zweige des praktischen Lebens. In erster Linie denkt man zunächst an die Luftfahrt, die zur Entwicklung der modernen Meteorologie besonders beigetragen hat, aber daneben ist die Landwirtschaft ebenso wie Verkehr, Handel und Gewerbe an meteorologischen Beratungen interessiert und auf die Auswertungen der meteorologischen Beobachtungen vielfach angewiesen. Dabei spielt die Wettervorhersage in der Meinung des großen Publikums eine besondere Rolle, aber auch die Auskünfte über das abgelaufene Wetter sind von großer praktischer Bedeutung.

Häufig treten an den Physiker, Chemiker, Ingenieur usw. Fragen heran, die in den folgenden Abschnitten behandelt sind.

32832 Welche Wetterangaben sind bei meteorologischen Dienststellen zu erhalten?

Im Rahmen des Klimanetzes beobachten die einzelnen Stationen entweder nur die im Laufe eines Tages fallenden Niederschläge nach Art und Menge (Niederschlagsstationen) oder Temperatur, Feuchtigkeit, Sicht, Bewölkung, Wind, Niederschlag und Wetter (Stationen 3. Ordnung), evtl. zusätzlich auch den Luftdruck und Sonnenschein (Stationen 2. Ordnung). Eine Reihe von Stationen registriert auch einzelne oder alle Wetterelemente fortlaufend (Stationen 1. Ordnung und Observatorien). Alle diese Stationen unterstehen Zentralinstituten, die in 32834/5 mit ihren Veröffentlichungen genannt werden.

Im Rahmen des synoptischen Netzes melden die Wetterstationen fernmündlich oder fernschriftlich achtmal am Tage (manche auch stündlich) das Wetter an bestimmte Zentralstationen. Derartige Wettermeldungen umfassen heute einheitlich für die ganze Erde folgende Angaben:

a) Landstationen. Stationskennziffer, Taupunktsdifferenz gegenüber der Lufttemperatur, Wolkenmenge, Windrichtung und -stärke, Sichtweite, Wetter zur Zeit der Beobachtung, Witterungsverlauf seit der letzten Beobachtung, Luftdruck, Lufttemperatur, Bedeckung des Himmels mit tiefen Wolken, Art der tiefen Wolken und ihre Höhe über dem Erdboden, Art der mittleren und der hohen Wolken. Dazu treten eine Reihe von Termin zu Termin oder auch je nach dem herrschenden Wetter wechselnde Angaben, darunter Erdbodenzustand, Art und Betrag der Luftdruckänderung seit 3 Stunden, Niederschlagshöhe, Extremtemperaturen und manches andere (z. B. im Winter Schneehöhen).

Speziell den Aufgaben der Beratung des Luftverkehrs dienen die Aero-Meldungen, sogenannte Augenbeobachtungen (Wolkenmenge, Wind, Sichtweite, Wetter, Witterungsverlauf und evtl. zusätzliche Beobachtungen) ohne Instrumentenablesungen.

Ebenfalls zunächst den besonderen Zwecken des Luftverkehrs dienen die Gefahrenmeldungen über bestimmte, genau festgelegte plötzlich eintretende Wetteränderungen (Windsprünge, Niederschläge, tiefergehende oder zunehmende Bewölkung, Sichtverschlechterung u. dgl.). Diese Gefahrenmeldungen dienen aber auch weiteren Kreisen z. B. bei der Beratung von Baumaßnahmen, des Verkehrs, des Sports usw.

b) Schiffsmeldungen umfassen im wesentlichen die gleichen Angaben, nur tritt zusätzlich eine genaue Angabe über den Standort des meldenden Schiffes hinzu sowie Angaben über Kurs- und Fahrtgeschwindigkeit. Auch Schiffe geben Gefahrenmeldungen ab.

c) Aerologische Stationen melden nach einem sehr umfangreichen Schlüssel Angaben über Luftdruck, Temperatur und Feuchtigkeit in den verschiedenen Schichten der Atmosphäre, im allgemeinen nach den Messungen mit Radiosonden bis zu Höhen von 10—20 km oder nach solchen mit Flugzeugen bis 8 km Höhe. Diesen Meldungen, im allgemeinen als Temp-Meldungen bezeichnet, schließen sich die Höhenwindmessungen an, die als Pilot-Meldungen gekennzeichnet werden. Sie geben den Wind in den verschiedenen Höhen der freien Atmosphäre an.

Alle diese Beobachtungen werden in Form reiner Zahlentelegramme nach bestimmten Schlüsseln gemeldet und an die Landeszentralinstitute gegeben, die sie nach internationalen Vereinbarungen mittels Fernschreiber oder Funk international über die ganze Erde hin verbreiten. Ein umfangreicher meteorologischer Nachrichtendienst befaßt sich mit der Vermittlung dieser Daten, die etwa 3 Stunden nach der Beobachtung von allen Teilen der Erde an denjenigen großen Zentralstellen vorliegen, die mit der Erfassung der Wetterlage die Grundlagen für die Wettervoraussage laufend wissenschaftlich erarbeiten.

Die Resultate dieser Arbeit werden dann wieder an die einzelnen Dienststellen ausgegeben, denen die örtliche Vorhersage u. a. auch für die verschiedenen Rundfunksender obliegt. Auch die Übermittlung der Bearbeitungsresultate erfolgt über Fernschreiber und Funk in Form von Zahlentelegrammen als Analysen und Vorhersagen (IAC-Meldungen), für die Zwecke der Luftfahrt (Romet- oder Rofot-Meldungen), für Flugplätze und Flugstrecken (Tamet- oder Tafot-Meldungen, Armet- oder Arfot-Meldungen).

Auch die Flugzeuge selbst beteiligen sich auf ihren Flügen an dem Wettermeldedienst, sie setzen ihre Beobachtungsergebnisse als Pomar-Meldungen ab.

Eine besondere Art der Funk- und Fernschreibzahlentelegramme bilden endlich die verschiedenen Klimat-Meldungen, die in den ersten Tagen jedes Monats Mittelwerte für eine ausgewählte Zahl von Land-, Schiffs- und aerologischen Stationen enthalten.

Die Einzelheiten des Wetternachrichtenwesens für die Nordhalbkugel mit Rufzeichen, Wellenlängen und Sendezeiten der einzelnen Wettersender sind in der Druckschrift „Wetternachrichten", 219 S., 1 Tafel, die vom Zentralamt des Deutschen Wetterdienstes in der Us-Zone, Bad Kissingen, 1949 herausgegeben wurde und laufend ergänzt wird, enthalten.

Die verschiedenen Schlüssel, die im meteorologischen Nachrichtendienst angewandt werden, können wegen ihres Umfangs hier nicht genannt werden: sie bilden den Inhalt einer umfangreichen Druckschrift:

Internationaler Wetterschlüssel, Deutsche Ausgabe, 262 S., herausgegeben vom gleichen Zentralamt Bad Kissingen. Analoge Veröffentlichungen wurden von allen größeren Landeswetterdiensten in den Landessprachen herausgegeben.

Als Beispiel folgen auf S. 596ff. die Erläuterungen der Schlüsselzahlen:

ww = Wetter zur Zeit der Beobachtung und allgemeiner Wettercharakter,

wie sie seit 1. Januar 1949 gelten.

Allgemeine Bemerkungen. 1. Die ww-Zahlen kennzeichnen im allgemeinen das Wetter zur Zeit der Beobachtung, außer ww = 01 bis 03, 08, 09, 18 bis 35, 40, 42 bis 47, 91 bis 94, die das Auftreten oder die gradmäßige Veränderung von Wettererscheinungen in der letzten Stunde vor dem Termin kennzeichnen.

Keil

2. Die erste Ziffer gibt eine großzügige Einteilung in 10 Dekadengruppen, entsprechend den Haupttypen des Wetters.

3. Falls mehrere Beschreibungen der ww-Tabelle zutreffen, wird nur die höchste ww-Zahl gemeldet.

Einzelbemerkungen. ww = 04, 06 und 07 werden auch gemeldet, wenn die horizontale Sicht infolge Rauch, Staub oder Sand unter 1 km sinkt; dagegen können ww = 05 und 10 für Dunst nur bei einer horizontalen Sichtweite von 1 km und mehr benutzt werden, darüber ist Nebel (Dekade 4, Sicht infolge Nebel unter 1 km) zu melden.

Dekade 5: Nieseln ist Niederschlag in zahlreichen winzigen Tröpfchen, die in der Luft zu schweben scheinen.

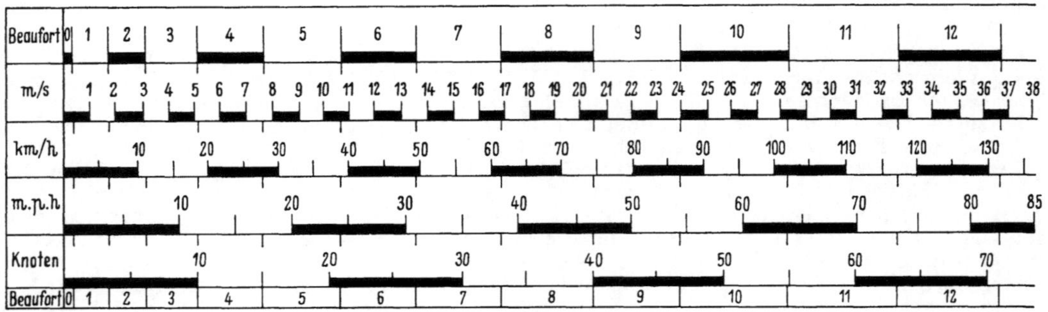

Abb. 1. Wind-Skalen.

Für Wind und Bewölkung ist die neue Verschlüsselung wie folgt:

Bodenwind = Wind in 10 m Höhe über dem Erdboden, in freier Lage gemessen. Windgeschwindigkeit wird in Knoten angegeben (1 Knoten = 1 Seemeile/Stunde = 1852 m/Stunde = rund 0,5 m/sec). Umrechnung der Beaufort-Skala vgl. Abb. 1. Windrichtung, aus welcher der Wind kommt, in 36teiliger Skala: 09 = Ostwind, 18 = Südwind, 27 = Westwind, 36 = Nordwind.

Gesamtbedeckung des Himmels in Achteln (Okta) gegeben; 0 = wolkenlos, 8 = ganz bedeckt, 9 nicht beobachtbar.

Schlüssel ww

Wetter zur Zeit der Beobachtung

(und allgemeiner Wettercharakter).

Ziffern 00—49: Kein Niederschlag an der Station zum Beobachtungstermin;
Ziffern 50—99: Niederschlag an der Station zur Zeit der Beobachtung.

Wetter an der Station oder im Gesichtskreise				ww
An der Station **während der letzten Stunde** kein Niederschlag, kein Nebel, kein Schneetreiben **zur Zeit der Beobachtung** kein Niederschlag, kein Staub- oder Sandsturm, kein Schneetreiben	keine besonderen Erscheinungen außer Wolken	Bemerkenswerte Änderung des Himmelsbildes in der letzten Stunde	Wolkenentwicklung nicht festgestellt oder nicht feststellbar	00
			Wolken in Auflösung oder dünner werdend	01
			Himmelsbild im ganzen unverändert	02
			Wolken in Bildung oder zunehmend	03
	trockener (leichter) Dunst, Staub, Sand oder Rauch	Sichtverminderung durch Rauch (Industrierauch, Heide- oder Waldbrand, Vulkanasche)		04
		Trockener Dunst (Hitzedunst)		05
		Zum Beobachtungstermin allgemeine Trübung der Luft durch Staub, der nicht an der Station oder in deren Nähe durch den Wind aufgewirbelt wurde		06
		Zum Beobachtungstermin Staub oder Sand, der an der Station oder in deren Nähe durch den Wind aufgewirbelt wurde, aber keine gut entwickelten Staubwirbel (Kleintromben) und kein Staub- oder Sandsturm		07
		Gut entwickelte Staubwirbel (Kleintromben) an der Station oder in deren Nähe während der letzten Stunde beobachtet, aber kein Staub- oder Sandsturm		08
		Staub- oder Sandsturm in der letzten Stunde an der Station oder im Gesichtskreise		09
	feuchter (stärkerer) Dunst oder flacher Bodennebel	Feuchter Dunst		10
		Flacher Bodennebel an der Station (über Land etwa bis 2 m, über See etwa bis 10 m hoch)	in einzelnen Schwaden oder Bänken	11
			mehr oder weniger zusammenhängend	12

Schlüssel ww	Wetter zur Zeit der Beobachtung (Fortsetzung).		ww
An der Station **während der letzten Stunde** kein Niederschlag, kein Nebel, kein Schneetreiben, **zur Zeit der Beobachtung** kein Niederschlag, kein Staub- oder Sandsturm, kein Schneetreiben	Wetterleuchten (kein Donner hörbar)		13
	Fallstreifen über der Station		14
	Niederschlag im Gesichtskreise	in mehr als 5 km Entfernung von der Station	15
		in weniger als 5 km Entfernung von der Station, aber nicht an der Station	16
	Donner hörbar, aber kein Niederschlag an der Station		17
	im Gesichtskreise während der letzten Stunde	Böen	18
		Großtromben	19

Wetter an der Station oder im Gesichtskreise					ww
An der Station **während der letzten Stunde,** aber nicht zur Zeit der Beobachtung Niederschlag, Nebel oder Gewitter	nicht schauerartig			Nieseln (nicht gefrierend)	20
				Regen (nicht gefrierend)	21
				Schnee	22
				Schneeregen	23
				Nieseln gefrierend oder Regen gefrierend	24
	Schauer			Regen	25
				Schnee oder Schneeregen	26
				Hagel oder Graupel, gegebenenfalls mit Regen gemischt	27
				Nebel	28
				Gewitter (mit oder ohne Niederschlag)	29
Staub- oder Sandsturm, Schneetreiben (Schneefegen), Sichtweite kleiner als 1 km	Staub- oder Sandsturm	leicht oder mäßig		hat in der letzten Stunde nachgelassen	30
				ohne wesentl. Änderung in der letzten Stunde	31
				hat in der letzten Stunde zugenommen	32
		stark		hat in der letzten Stunde nachgelassen	33
				ohne wesentl. Änderung in der letzten Stunde	34
				hat in der letzten Stunde zugenommen	35
	Schneetreiben	niedrig bleibend Schneefegen		leichtes oder mäßiges Schneetreiben	36
				stark. Schneetreiben	37
		hochreichend		leichtes oder mäßiges Schneetreiben	38
				stark. Schneetreiben	39
Nebel zur Zeit der Beobachtung	Obergrenze des Nebels reicht über die Höhe des Beobachters hinauf			Nebel im Gesichtskreise zur Zeit der Beobachtung, aber nicht an der Station während der letzten Stunde	40
				Nebeltreiben	41
	Nebel in der letzten Stunde dünner geworden			Himmel erkennbar	42
				Himmel nicht erkennbar	43
	Nebel in der letzten Stunde im allgemeinen unverändert geblieben			Himmel erkennbar	44
				Himmel nicht erkennbar	45

Wetter an der Station oder im Gesichtskreise			ww
Nebel zur Zeit der Beobachtung	Nebel hat in der letzten Stunde eingesetzt oder ist in der letzten Stunde dichter geworden	Himmel erkennbar	46
		Himmel nicht erkennbar	47
	Nebel, der sich als Rauhreif niederschlägt	Himmel erkennbar	48
		Himmel nicht erkennbar	49
Nieseln zur Zeit der Beobachtung	Leichtes Nieseln (nicht gefrierend)	m. Unterbrechung.	50
		ohne Unterbrechg.	51
	Mäßiges Nieseln (nicht gefrierend)	m. Unterbrechung.	52
		ohne Unterbrechg.	53
	Starkes Nieseln (nicht gefrierend)	m. Unterbrechung.	54
		ohne Unterbrechg.	55
	Nieseln, gefrierend	leicht	56
		mäßig oder stark	57
	Nieseln mit Regen	leicht	58
		mäßig oder stark	59
Regen, nicht schauerartig, zur Zeit der Beobachtung	Leichter Regen (nicht gefrierend)	m. Unterbrechung.	60
		ohne Unterbrechg.	61
	Mäßiger Regen (nicht gefrierend)	m. Unterbrechung.	62
		ohne Unterbrechg.	63
	Starker Regen (nicht gefrierend)	m. Unterbrechung.	64
		ohne Unterbrechg.	65
	Regen gefrierend	leicht	66
		mäßig oder stark	67
	Regen mit Schnee gemischt oder Nieseln mit Schnee gemischt	leicht	68
		mäßig oder stark	69
Niederschlag in fester Form, nicht schauerartig, zur Zeit der Beobachtung	Leichter Schneefall	m. Unterbrechung.	70
		ohne Unterbrechg.	71
	Mäßiger Schneefall	m. Unterbrechung.	72
		ohne Unterbrechg.	73
	Starker Schneefall	m. Unterbrechung.	74
		ohne Unterbrechg.	75
	Eisnadeln (mit oder ohne Nebel)		76
	Schneegeriesel (mit oder ohne Nebel)		77
	Einzelne Schneesterne (mit oder ohne Nebel)		78
	Eiskörner (gefrorener Regen)		79

Keil

Schlüssel ww Wetter zur Zeit der Beobachtung (Fortsetzung).

	Wetter an der Station		ww
Schauer (ohne Gewitter) zur Zeit der Beobachtung	Regenschauer	leicht	80
		mäßig oder stark	81
		sehr stark (wolkenbruchartig)	82
	Schneeregenschauer	leicht	83
		mäßig oder stark	84
	Schneeschauer	leicht	85
		mäßig oder stark	86
	Graupelschauer[1] mit oder ohne Regen bzw. Schneeregen	leicht	87
		mäßig oder stark	88
	Hagelschauer mit oder ohne Regen bzw. Schneeregen (ohne Donner)	leicht	89
		mäßig oder stark	90

[1] Frostgraupel oder Reifgraupel.

	Wetter an der Station			ww
Gewitter	**Gewitter während der letzten Stunde,** aber nicht zur Zeit der Beobachtung	Regen zur Zeit der Beobachtung	leicht	91
			mäßig oder stark	92
		Schneefall, Schneeregen, Graupel[1] oder Hagel zur Zeit der Beobachtung	leicht	93
			mäßig oder stark	94
	Gewitter z. Z. der Beobachtung	Leichtes od. mäßiges Gewitter	mit Regen oder Schnee oder Schneeregen	95
			mit Hagel oder Graupel[1]	96
		Starkes Gewitter mit Regen oder Schnee oder Schneeregen		97
		Gewitter mit Staub- oder Sandsturm		98
		Starkes Gewitter mit Hagel oder Graupel[1]		99

32833 Wo sind Wetterangaben zu erfragen?

Die Beantwortung dieser Frage zerfällt in zwei Teile, nämlich einmal in die nach der Beschaffung neuesten Materials aus den Funk- und Fernschreibberichten des synoptischen Dienstes, das man von einer Dienststelle des Wetterdienstes zu beschaffen haben wird, und in die nach älterem Material, das in Archiven und Veröffentlichungen niedergelegt ist. Der Beantwortung des ersten Teils der Frage dient die Liste der wichtigsten Dienststellen, die im folgenden zusammengestellt ist, während für die Beantwortung des zweiten Teils die Veröffentlichungen dieser Dienststellen angegeben sind, die z. B. bei den betreffenden Landesbibliotheken, bei Hochschulbibliotheken und bei den Deutschen Zentralbibliotheken (Deutsche Bibliothek Frankfurt a. M., Schaumainkai 15; Deutsche Bücherei Leipzig, Deutscher Platz, und Öffentliche Wissenschaftliche Bibliothek [ehemalige Staatsbibliothek] Berlin, Unter den Linden 8) vorliegen, soweit es sich um deutsche Veröffentlichungen handelt. Ausländische Literatur ist in Deutschland zugänglich bei den Büchereien der Zentralämter in Bad Kissingen und in Hamburg (vgl. unten).

In der nachfolgenden Liste sind verschiedene Arten von Veröffentlichungen unterschieden, nämlich:

a) Jahrbücher (JB.). In ihnen werden klimatologische und aerologische Beobachtungen einer Stationsauswahl veröffentlicht; außerdem wird meistens eine Liste gegeben, welche Beobachtungsstellen in der Berichtszeit tätig waren. Vgl. auch 32842D, S. 639.

b) Witterungsberichte (WB.). In diesen Berichten werden monatlich oder zehntägig zusammenfassend klimatologische Daten gegeben und meist eine Darstellung über den Witterungsverlauf und seine Auswirkungen auf das praktische Leben angeschlossen. Von dem Zentralamt in Bad Kissingen wird außerdem ein Bericht über die Großwetterlagen Mitteleuropas verbreitet, der sich insbesondere mit den aerologisch-synoptischen Verhältnissen des abgelaufenen Monats beschäftigt. Das Hamburger Zentralamt gibt seinem zehntägigen WB regelmäßige „Medizin-meteorologische Ergänzungen" bei, die auch Angaben über Sonnenflecken, Ionosphäre und erdmagnetische Störungen enthalten.

c) Wetterkarten (WK.). In Wetterkarten werden täglich Darstellungen des Wetters und seiner Entwicklung gegeben, entweder für größere Gebiete, mit umfangreichen Tabellen von synoptischen und aerologischen Beobachtungsdaten (WKa), oder für enger begrenzte und bringen dann nur eine Auswahl von Beobachtungen neben einer Darstellung der Wetterlage in Kartenform (WKb).

Die umfangreichste Veröffentlichung von Wetterkarten und Wetterbeobachtungen auf der gesamten Nordhalbkugel wird monatlich herausgegeben vom U. S. Weather Bureau.

32834 Deutsche meteorologische Dienststellen.

1. Amerikanische Besatzungszone.

Deutscher Wetterdienst in der US-Zone, Zentralamt, Bad Kissingen, Ringstr. 5.

JB: Deutsches Meteorologisches Jahrbuch 1937—1944 (im Erscheinen).
Deutsches Meteorologisches Jahrbuch US-Zone ab 1945.

WB: Witterungsbericht (monatlich) ab 1947.
Großwetterlagen Mitteleuropas (monatlich) ab 1948.

WKa: Täglicher Wetterbericht, ab 1947.

WKb: Wetterkarte (täglich), ab 1947/X.

Keil

Außenstellen:

Wetterdienst München 27, Maria-Theresia-Str. 28.

WB: Witterungskurzbericht für Bayern (monatlich) mit Monatsübersicht der Bioklimatischen Forschungsstelle Bad Tölz und Monatsbericht der Agrarmeteorologischen Station Weihenstephan.

WKb: Wetterkarte (täglich).

Wetteramt Bremen, Flughafen.

WB: Monatlicher Witterungsbericht für Bremen.

WKb: Wetterkarte (täglich) ab Sommer 1951.

Wetteramt Frankfurt/Main, Feldbergstr. 47.

WB: Schnellbericht über die Witterung Hessens in den Regierungsbezirken Wiesbaden und Darmstadt (monatlich), dazu Bioklimatische Monatsübersicht, bearbeitet von der Bioklimatischen Station Königstein (Taunus).

Die Witterung in Hessen (monatlich in „Staat und Wirtschaft in Hessen", Wiesbaden).

Wetteramt Karlsruhe, Erzbergerstr. 111.

WB: Witterungsbericht für Nordbaden (monatlich); s. a. Wetteramt Stuttgart.

WKb: Wetterkarte (täglich) ab 1949/X.

Wetteramt Kassel-Wilhelmshöhe, Graf-Bernadotte-Platz 3.

WB: Schnellbericht über die Witterung in Nordhessen (Reg.-Bezirk Kassel) (monatlich).

Wetteramt Nürnberg-Fürth, Fürth, Würzburger Str. 201.

WB: Monatlicher Witterungsbericht für Mittelfranken und Oberpfalz. Bioklimatischer Zehntagebericht. — Die Witterung in Nürnberg in: Statistische Nachrichten der Stadt Nürnberg.

Wetteramt Stuttgart, Alexanderstr. 112.

WB: Die Witterung in Nordwürttemberg (monatlich). Die Witterung in Württemberg-Baden (monatlich) in: Statistische Monatshefte Württemberg-Baden (Stuttgart).

WKb: Wetterkarte (täglich ab 1951/I).

Agrarmeteorologische Forschungsstelle Geisenheim, Beinstr. 2.

WB: Monatlicher Witterungsbericht für den Rheingau.

Die Witterung im (Monat) in: Rheingauer Weinz. Frankfurt a. M.-Höchst.

Agrarmeteorologische Forschungsstelle Gießen-Liebigshöhe, Landwirtschaftliche Versuchsanstalt.

WB: Agrarmeteorologische Monatsübersicht.

Agrarmeteorologische Station Heidelberg-Grenzhof.

Agrarmeteorologische Station Hohenheim bei Stuttgart.

WB: Witterungsbericht (monatlich).

Agrarmeteorologische Station Weihenstephan.

WB: s. Wetterdienst München.

Bioklimatische Forschungsstelle Bad Tölz, Badstr. 15.

WB: s. Wetterdienst München. Bioklimatischer Wochenbericht.

Bioklimatische Forschungsstelle Königstein/Taunus, Hardtberg.

WB: s. Wetteramt Frankfurt (Main).

Bioklimatische Forschungsstelle Oberstdorf/Allgäu, Wannacher Str. 7.

2. Britische Besatzungszone.

Meteorologisches Amt für Nordwestdeutschland, Hamburg 4, Bernhard-Nocht-Str. 76.

JB: Deutsches Meteorologisches Jahrbuch, Britische Zone, ab 1946.

WB: Zehntägiger nordwestdeutscher Witterungsbericht, mit „Medizin-meteorologischen Ergänzungen" sowie monatlichem Witterungsbericht, ab 1946. Luftdruckpentadenkarten.

WKa: Täglicher Wetterbericht.

WKb: Wetterkarte für Hamburg und Umgebung.

Außenstellen:

Meteorologisches Amt Schleswig-Holstein, Schleswig, Brockdorf-Rantzau-Str. 2.

WB: Die Witterung in Schleswig-Holstein (monatlich).

WKb: Das Wetter in Schleswig-Holstein (jeden 3. Tag).

Meteorologisches Amt Oldenburg, Nord- und Westhannover, Oldenburg, Neues Landtagsgebäude.

WB: Monatlicher Witterungsbericht.

WKb: Wetterkarte für das Weser-Ems-Gebiet.

Meteorologisches Amt Hannover-Braunschweig, Hannover-Langenhagen, Fliegerhorst.

WB: Monatlicher Witterungsbericht.

WKb: Wetterkarte für das östliche und südliche Niedersachsen.

Meteorologisches Amt Nordrhein-Westfalen, Mülheim (Ruhr), Flughafen.

WB: Monatlicher Witterungsbericht für Nordrhein-Westfalen.

WKb: Das Wetter in Nordrhein-Westfalen (jeden 3. Tag).

Agrarmeteorologische Station Quickborn.

Bioklimatische Station Wyk auf Föhr.

Bioklimatische Station Braunlage.

3. Französische Besatzungszone.

Badischer Landeswetterdienst, Freiburg i. Br., Wölflinstr. 1.

WB: Witterungsbericht für das Land Baden (monatlich). WKb: Wetterkarte (täglich).
WB: Agrarmeteorologischer Monatsbericht für das Land Baden.

Landeswetterdienst Württemberg-Hohenzollern, Tübingen, Schloß, Fünfeckturm.

WB: Witterungsbericht (monatlich). Bioklimatische Monatsübersicht.

Landeswetterdienst Rheinland-Pfalz, Neustadt/Weinstraße, Gutenbergstr. 2—4.

WB: Witterungsbericht für Rheinland-Pfalz (monatlich). WKb: Wetterkarte (täglich).

Forschungsstelle für Agrarmeteorologie und Bioklimatologie, Trier, Petersberg.

WB: Wetter und Landwirtschaft (monatlich).

Wetterdienst des Saarlandes, Saarbrücken-St. Arnual.

WB: Zehntägiger Witterungsbericht.
Witterungsbericht (monatlich).

4. Sowjetische Besatzungszone.

Hauptwetteramt Potsdam, Telegraphenberg.

JB: Deutsches Meteorologisches Jahrbuch (Sowjetische Besatzungszone) ab 1946.
WB: Monatlicher Witterungsbericht.
WKa: Tägliche Wetterkarte mit synoptischen Wettermeldungen.

Amt für Meteorologie, Warnemünde, Seestr. 15a.

WB: Witterungsbericht für Mecklenburg (monatlich).

Amt für Meteorologie, Dresden-Radebeul, Schuchstr. 5.

WB: Wetter- und Klimaübersicht für Sachsen (monatlich).

Amt für Meteorologie, Halle a. d. S., Rathenauplatz 5.

WB: Vorläufige Wetter- und Klimaübersicht für Sachsen-Anhalt (monatlich).
WKb: Wetterkarte (täglich) herausgegeben von der Wetterdienststelle Leipzig.

Amt für Meteorologie, Weimar, Heinrich-Jäde-Str. 1.

WB: Wetter- und Klimaübersicht für Thüringen (Vorbericht) (monatlich).

32835 Ausländische meteorologische Dienststellen.

1. Europa.

Belgien: Institut Royal Météorologique de Belgique, 3 Avenue Circulaire, Uccle (3), Bruxelles.

WB: Bulletin mensuel. WKb: Bulletin quotidien du temps.

Bulgarien: Institut Météorologique de Bulgarie, Kniaz Simeon Tarnovski 4, Sofia.

Dänemark: Det Danske Meteorologiske Institut, Kopenhagen K.

JB: Meteorologisk Aarbog. WB: Maanedsoversigt over Vejrforholdene.

Finnland: Ilmatieteellinen Keskuslaitos, Vuorikatu 24, Helsinki.

WB: Kuukausikatsaus Suomen Sääoloihin.

Frankreich: Service de la Météorologie Nationale, 93 Quai d'Orsay, Paris 7e.

WB: Resumé mensuel du temps en France.
WK: Bulletin quotidien de renseignements.
Bulletin quotidien d'études.

Griechenland: Service Météorologique National, 5 Rue Kratinou, Athen.

WKa: Bulletin quotidien du temps.

Großbritannien: Meteorological Office, Kingsway, Adastral House, London WC 2.

WB: Monthly Supplement (WKa). WKa: Daily Weather Report.

Irland: Meteorological Service, 44 Upper O'Connell Street, Dublin.

WB: Monthly Weather Report, Part I—V.

Island: Vedurstofan, Reykjavik.

WB: Vedrattan Manadaryfirlit samid à Vedurstofunni.

Italien: Ufficio Centrale di meteorologica e di ecologia, Via del Caravita 7, Rom.
Ispettorate delle Telecommunicazioni dell'Assistenza del Volo, Ministero dell'Aeronautica, Rom.

WB: Il tempo in Italia, in: Rivista di Meteorologia Aeronautica, Rom.

Servizio Idrografico Centrale, Ministero Lavori Pubblici, Rom.

WB: Bolletino mensile.

Jugoslawien: Observatoire Météorologique, Bulevar Jugoslovenske, Armje 12, Belgrad, IX.

Luxemburg: Service de Météorologie et d'Hydrographie, 40 avenue de la Porte Neuve, Luxemburg.

Relevé mensuel des observations météorologiques.

Niederlande: Koninklijk Nederlandsch Meteorologisch Instituut, De Bilt b. Utrecht.

JB: Jaarboek, Meteorologie.
WK: Weerbericht.
WB: Maandelijksch Overzicht der Weersgesteldheid in Nederland.

Norwegen: Det Norske Meteorologiske Institutt, Niels Henrik Abels vei 40, Blindern (Oslo).

JB: Norsk Meteorologisk Arbok.
WB: Oversikt over luftens temperatur og nedbøren i Norge (jährlich).

Österreich: Zentralanstalt für Meteorologie und Geodynamik, Hohe Warte 38, Wien XIX.

JB: Jahrbücher der Zentralanstalt für Meteorologie und Geodynamik.
WKb: Wetterbericht der Zentralanstalt für Meteorologie und Geodynamik.
WB: Monatsübersicht der Witterung in Österreich.

Polen: Institut Hydrologique et Météorologique de Pologne, 6 Rue Oléandrow, Warszawa.

Portugal: Servico Meteorologico Nacional, Lissabon.

JB: Anais do Observatorio Central Meteorologico do Infante D. Luiz.
WB: Resumo mensal das observacoes meteorologicas.

Rumänien: Institutul Meteorologic Central al Romaniei, Bdul Take, Jonescu Nr. 6—8, Palatul Cyclop, Bucuresti.

Schweden: Sveriges Meteorologiska och Hydrologiska Institut, Stockholm 12.

JB: Arsbok.
WK: Väderleksrapport.
WB: Manadsöversikt över väderlek och vattentillgang.

Schweiz: Schweizerische Meteorologische Zentralanstalt, Krähbühlstr. 58, Zürich 44.

JB: Annalen der Schweizerischen Meteorologischen Zentralanstalt.
WB: Witterungsbericht.
WK: Wetterbericht (täglich).

Spanien: Servicio Meteorológico Nacional, Apartado de Correos 285, Madrid.

JB: Resumen de observaciones meteorológicas.
WB: Boletin mensual climatológico.

Tschechoslowakei: Institut Météorologique de la République Tchechoslovaque, Holečkova 8, Prag-Smichow.
Institut Météorologique d'Etat, Trnavska cesta 1, Bratislava.

WKb: Denné Přehled Počasi.
WB: in Meteorologicke Zpravy, gemeinsam von den beiden vorgenannten Instituten herausgegeben.

Türkei: Direction Générale du Service Météorologique d'Etat de la République Turque, Case de Post 401, Ankara.

JB: Yillik Meteoroloji Bülteni.

Ungarn: M. Orszagos Meteorologiai és Földmagnessegi Intezez, II Kitaibel Pal u. 1, Budapest 114.

WB: in Idöjárás (Budapest).

UdSSR: Administration Centrale du Service Hydro-Météorologique de l'URSS., 12 Pawlik Morosow Street, Moskau.

2. Afrika.

Ägypten: Meteorological Department, Kairo.

Algerien: Service Météorologique d'Afrique du Nord, Rue Bastide 10, Alger.

WB: Bulletin mensuel d'Algérie du Nord;
Bulletin mensuel du Sahara.

Britisch-Ostafrika: British East African Meteorological Service, P.O. Box 931, Nairobi/Kenya.

WB: Monthly values of certain meteorological observations at selected stations.

Französisch Äquatorialafrika: Service météorologique de l'Afrique Équatoriale Française, Brazaville.

WB: Resumé mensuel du temps en A.E.F.

Madagaskar: Service Météorologique de Madagascar et Dépendances, Tananarive.

WB: Resumé mensuel du temps au Madagascar.
Resumé mensuel du temps à la Réunion.

Marokko: Service de Physique du Globe et de Météorologie de l'Institut scientifique Chérifien, 2 Rue de Foucauld, Casablanca.

JB: Annales du Service de Physique du globe et de Météorologie.

Mauritius: Royal Alfred Observatory, Vacoas.

JB: Results of the magnetical and meteorological observations.

Rhodesien: Meteorological Service, P.O. Box 66 Causeway, Salisbury.
WB: Climatological Summary (monatlich).

Sudan: Sudan Meteorological Service, Posts and Telegraphs Department, Khartoum.

Südafrika: Meteorological Services, P.O. Box 399, Pretoria.
JB: Report for the year ...
WK: Daily Weather Bulletin.
WB: Monthly Weather Report.

Tunesien: Service Météorologique de la Régence, Montfleury Supérieur, Tunis.
WB: Resumé mensuel du temps.

3. Amerika.

Argentinien: Servicio Meteorológico Nacional, Paseo Colón 317, Buenos Aires.
JB: Anales climatológicos.
Anales hidrológicos.
WB: Resumen mensual del tiempo.
WKa: Carta del tiempo (täglich).

Bolivien: Servicio Meteorológico de Bolivia, La Paz.

Brasilien: Servico de Meteorologia, Praca de Novembro No. 2, 5° Pavimento, Rio de Janeiro.

Chile: Oficina Meteorológica de Chile, Casilla 717, Santiago.

Ecuador: Servicio Meteorológico del Ecuador, Apartado 165, Quito.

Kanada: Meteorological Service of Canada, 315 Bloor Street West, Toronto 5, Ontario.

Kolumbien: Observatorio Nacional de S. Bartolomé, Apartado 270, Bogota.

Mexiko: Servicio Meteorológico Mexicano, Avenida del Observatorio 192, Tacubaya D.F.
WK: Carta del tiempo.

Paraguay: Direction de Météorologie, Calle Buenos Aires 549, Assuncion.

Peru: Direccion General de Communicaciones y Meteorologia de Aeronautica, Departamento de Meteorologia, Apartado 1308, Lima.

Uruguay: Servicio Meteorológico del Uruguay, Cerrito 73, Piso 3e, Montevideo.

Venezuela: Observatorio Cagical, Caracas.

Vereinigte Staaten von Amerika: U.S.Weather Bureau, 24th and M. Streets, NW., Washington 25, D.C.
WB: Climatological Data.
Average monthly weather resume and outlook. Monthly climatic data for the world.
WKb: Daily Weather Map.

4. Asien.

Ceylon: Colombo Observatory, Buller's Road, Colombo.

China: Central Weather Bureau, Pei-Chi-Ko, Nanking.
Zi-ka-wei Observatory, Zi-ka-wei/Shanghai.
WB: Weather Review.

Hongkong: Royal Observatory, Hongkong.
WB: Monthly Weather Summary. Southeast Asia and the Western Pacific.
Extract of meteorological observations.

Japan: Central Meteorological Observatory, Tokyo.
WB: Monthly Report.
Aerological Data of Japan.
WKa: Daily Weather Map.

Aerological Observatory, Tateno bei Tutiura (Ibaraki-ken).
WB: Bulletin of the Aerological Observatory.

Indien: India Meteorological Department, Poona.
WB: Indian Weather Review.
Monthly Weather Report.
WK: Daily Weather Report.

Indochina: Service Météorologique d'Indochine, Saigon/Cochinchina.
WB: Resumé mensuel du temps en Indochine.

Indonesien: Meteorological and Geophysical Service, Djalan Geredja Inggris 3, Djakarta.
JB: Observations made at the Royal Magnetic and Meteorological Observatory at Batavia.
Observations made at secondary stations.

Irak: Meteorological Service, Airport, Bagdad.

Libanon: Service de Climatologie, Zahlé.
WB: Bulletin mensual.
American University of Beirut.
WB: Monthly Bulletin of the observatory.

Malaya: Meteorological Office, Fullerton Building, P.O. Box 715, Singapur.

Palästina: Palestine Meteorological Service, Civil Aviation Department, P.O. Box 44, Jerusalem.

Siam: Meteorological Department, Bangkok.

WB: Monthly Summary of Climatological Data.

5. Australien und Ozeanien.

Australien: Commonwealth Meteorological Bureau, Central Bureau, Victoria Street, G.P.O. Box 1289 K, Melbourne.

Neuseeland: Meteorological Office, P.O. Box 722, Wellington C 1.

JB: Meteorological observations.
WKa: Daily Weather Bulletin, New Zealand Section, Pacific Island Section (ohne Karten).
WB: Summary of the records of temperatura. rainfall and sunshine.

Philippinen: Weather Bureau Manila P.J.

3284 Klima.

32841 Klassifikation der Klimate nach W. Köppen.

328411 Vorbemerkung.

Die von W. Köppen (1846—1940) begründete Klimaklassifikation läßt die in den verschiedenen Gebieten der Erde auftretenden wesensgleichen (homologen) Klimate erkennen und gibt dadurch einen systematischen Überblick über die Weltklimate. Für einzelne Erdteile oder gar Länder läßt sich selbstverständlich eine jeweils zweckmäßigere Gliederung finden. Die Köppensche Klassifikation erlaubt als einzige eine zahlenmäßige Abgrenzung der Klimate unter Verwendung nur solcher Beobachtungsgrößen, die an allen meteorologischen Stationen der Erde gemessen und in den Jahrbüchern veröffentlicht werden. Die „Klimaformel" in Gestalt einer Buchstabenfolge stellt eine abgekürzte Beschreibung des Klimas dar und kann durch wahlweise Erweiterung auch den stets fließenden Übergängen von einem Klimagebiet zum anderen gerecht werden.

Die Köppensche Klimabezeichnung stellt heute die gebräuchlichste und zweckmäßigste internationale Verständigung über das Klima dar. Sie liegt auch dem Handbuch der Klimatologie von W. Köppen und R. Geiger (Verlag Borntraeger, Berlin, 1930ff.) zugrunde. Die folgenden Tabellen enthalten die Bezeichnungen und Definitionen in ihrer letzten von W. Köppen für das Klimahandbuch gegebenen Fassung. Eine Weltklimakarte nach dieser Einteilung wurde bei Justus Perthes, Gotha, als Wandkarte herausgegeben (1928). Man findet sie neuerdings in kleinerem Maßstab auch in Goodes School Atlas (New York). Karten der einzelnen Erdgebiete nach neuestem Stand sind in dem oben erwähnten Handbuch der Klimatologie im regionalen Teil (Band IIff.) veröffentlicht.

328412 Tabelle der Klimagebiete.

Die 5 Klimagürtel	Die 11 Hauptklimagebiete	Unterarten
A tropisches Regenklima	**Af** tropisches Regenwaldklima **Aw** Savannenklima	**Am** Monsunwaldklima
B Trockenklima	**BS** Steppenklima	**BShw** Espinalklima (Mezquiteklima) **BSk** Prärienklima
	BW Wüstenklima	**BWh** Saharaklima **BWk** Aralklima **BWk′** patagonisches Klima **Bn** Garuaklima
C warmgemäßigtes Regenklima	**Cs** Etesienklima	**Csa** Olivenklima **Csb** Erikenklima
	Cf feuchtgemäßigtes Klima	**Cfa** virginisches Klima **Cfb** Buchenklima **Cfi** tropisches Bergklima
	Cw sinisches Klima	
D Schneewaldklima (nur auf der Nordhalbkugel)	**Df** feuchtwinterkaltes Klima	**Dfa** Siouxklima **Dfb** Eichenklima **Dfc** Birkenklima
	Dw transbaikalisches Klima	**Dwb** Amurklima **Dwc** nertschinskisches Klima **Dwd** jakutisches Klima
E Schneeklima	**ET** Tundrenklima	**ETH** Almenklima
	EF Klima ewigen Frostes	**EB** Pamirklima

Keil, Geiger

328413 Schlüssel zur Bestimmung der Klimaformel.

Der Schlüssel ist nach Art eines botanischen Bestimmungsschlüssels angelegt. Man beginnt bei Ziffer 1 und wird durch den Schlüssel selbst zu den folgenden Ziffern weitergeleitet. Alle Temperaturangaben sind in der Celsiusskala gegeben. Es bedeutet:

t = die mittlere Jahrestemperatur in ° C;
Sommer = die Jahreszeit des höheren Sonnenstandes auf der betreffenden Erdhalbkugel;
Winter = die Jahreszeit des niedrigeren Sonnenstandes auf der betreffenden Erdhalbkugel.

I. Bestimmung der ersten 3 Buchstaben der Klimaformel.

1. Temperaturmittel des wärmsten Monats	unter +10°	**E**,	siehe 11
	über +10°		siehe 2
2. Jährliche Niederschlagsmenge in cm	bei Sommerniederschlägen[1]		
	unter $2(t+14)$	**B**,	siehe 3
	über $2(t+14)$		siehe 4
	bei Winterniederschlägen		
	unter $2t$	**B**,	siehe 3
	über $2t$		siehe 4
	bei Niederschlägen ohne ausgesprochene Jahresperiode		
	unter $2(t+7)$	**B**,	siehe 3
	über $2(t+7)$		siehe 4
3. Jährliche Niederschlagsmenge in cm	bei Sommerniederschlägen		
	unter $t+14$	**BW**,	siehe 12
	über $t+14$	**BS**,	siehe 12
	bei Winterniederschlägen		
	unter t	**BW**,	siehe 12
	über t	**BS**,	siehe 12
	bei Niederschlägen ohne ausgesprochene Jahresperiode		
	unter $t+7$	**BW**,	siehe 12
	über $t+7$	**BS**,	siehe 12
4. Temperaturmittel des kältesten Monats	über 18°	**A**,	siehe 5
	zwischen 18° und —3°	**C**,	siehe 8
	unter —3°	**D**,	siehe 8
5. Regenärmster Monat	über 60 mm	**Af**	
	unter 60 mm		siehe 6
6. Trockenzeit durch Jahresregenmenge	kompensiert	**Am**	
	nicht kompensiert		siehe 7

Die Trockenzeit ist kompensiert, wenn bei Niederschlag des

regenärmsten Monats:	60	40	20	0	mm
die Jahresniederschlagsmenge mindestens beträgt:	1000	1500	2000	2500	mm

7. Trockenzeit	einfache im Winterhalbjahr	**Aw**	
	Regenzeit zum Herbst verschoben	**Aw′**	
	große Trockenzeit im Winter und kleine im Sommer	**Aw″**	
	einfache im Sommerhalbjahr	**As**	
	Regenzeit zum Herbst verschoben	**As′**	
	große Trockenzeit im Sommer und kleine im Winter	**As″**	
8. Niederschlagsärmster Monat	in der warmen Jahreszeit		siehe 9
	in der kalten Jahreszeit		siehe 10
9. Niederschlagsärmster Monat des Sommerhalbjahres hat	weniger als $^1/_3$ des niederschlagsreichsten Monats des Winterhalbjahrs und weniger als 40 mm	**Cs** bzw. **Ds**,	siehe 13
	mehr als dies	**Cf** bzw. **Df**,	siehe 13
10. Niederschlagsärmster Monat des Winterhalbjahres hat	weniger als $^1/_{10}$ des niederschlagsreichsten Monats des Sommerhalbjahrs	**Cw** bzw. **Dw**,	siehe 13
	mehr als dies	**Cf** bzw. **Df**,	siehe 13

[1] Wer erstmals den Schlüssel benutzt, vermißt hier wohl eine Definition, wann eine ausgesprochene Jahresperiode des Niederschlags vorliegt (Sommerregen, Winterregen) und wann nicht. Praktisch bereitet das keine Schwierigkeit, weil die Trockengebiete (**BS**) unmittelbar an Gebiete mit Sommerregen (**s**) oder Winterregen (**w**), selten an immerfeuchte Gebiete (**f**) angrenzen. Die Buchstaben **s**, **w** und **f** sind aber in Ziffer 7 und 5 des obigen Schlüssels definiert.

Geiger

11. Jährliche Niederschlagsmenge in cm	unter der **B**-Grenze (nach Ziffer 2) . . . . . . **EB**	
	über der **B**-Grenze	siehe 16
12. Mittlere Jahrestemperatur	über 18° . . . . **h**	
	unter 18°, wärmster Monat über 18° . . . . . . **k**	
	unter 18°, wärmster Monat unter 18° . . . . **k'**	
13. Temperaturmittel des wärmsten Monats	über 22° . . . . **a**	
	unter 22°	siehe 14
14. Monate mit Temperaturmitteln über 10°	4 oder mehr Monate . . . . **b**	
	0—3 Monate	siehe 15
15. Temperaturmittel des kältesten Monats	über —38° . . . . **c**	
	unter —38° . . . . **d**	
16. Temperaturmittel des wärmsten Monats	über 0° . . . . **ET**,	siehe 17
	unter 0° . . . . **EF**	
17. Temperaturmittel des kältesten Monats	über —3° . . . . **ETC**	
	unter —3°	siehe 18
18. Seehöhe des Ortes	unter 1500 m . . . . **ET**	
	über 1500 m . . . . **ETH**	

II. Zusätzliche Buchstaben.

g = Gangestypus des jährlichen Temperaturgangs mit Höchsttemperatur vor dem höchsten Sonnenstand vor der Sommerregenzeit.
g' = Kap-Verde-Typus des jährlichen Temperaturgangs mit wärmstem Monat im Herbst.
g'' = sudanesischer Typus des jährlichen Temperaturgangs mit kältestem Monat nach dem Sonnenhöchststand.
i = isotherm, Unterschied des wärmsten und kältesten Monats kleiner als 5°.
l = lau, alle Monatsmitteltemperaturen zwischen 10° und 22°.
n = häufiger Nebel.
n' = Nebel selten, aber große Luftfeuchtigkeit bei mangelndem Niederschlag, wärmster Monat unter 24°.
n'' = wie n', aber wärmster Monat zwischen 24° und 28°.
n''' = wie n', aber wärmster Monat über 28°.
s' =, **s''** = wie unter Ziffer 7. **s'** und **s''** kann auch bei **Cs** und **Ds** an die Stelle von **s** treten.
w' =, **w''** = wie unter Ziffer 7. **w'** und **w''** kann auch bei **Cw** und **Dw** an die Stelle von **w** treten.
x = Regen im Vorsommer, heiterer Spätsommer.
x' = seltene, aber heftige Regen zu allen Jahreszeiten.
x'' = zwei Regenzeiten, im Frühsommer und Spätherbst.

Beispiele: Vergleiche die Temperatur- und Niederschlagsangaben der betreffenden Orte in den Tabellen 32842. In Tabelle 32842 A 1 ist zu jedem Ort die Klimaformel angeschrieben.

328414 Flächenausdehnung der Klimagebiete.

(Nach H. Wagner.)

A. Flächenräume auf Land, Meer und Erde.

(Benennungen der Klimate siehe Tab. 328412.)

Hauptklima-gebiet	Landfläche		Meeresfläche		Erdoberfläche	
	Mill. qkm	%	Mill. qkm	%	Mill. qkm	%
1. Af . . .	14,0	9,4	103,3	28,6	117,3	23,0
2. Aw . .	15,7	10,5	51,1	14,1	66,8	13,1
3. BS . .	21,2	14,3	12,9	3,6	34,1	6,7
4. BW . .	17,9	12,0	2,2	0,6	20,1	3,9
5. Cw . .	11,3	7,5	1,4	0,4	12,7	2,5
6. Cs . . .	2,5	1,7	10,7	3,0	13,2	2,6
7. Cf . . .	9,3	6,2	103,2	28,5	112,5	22,1
8. Dw . .	24,5	16,5	5,3	1,5	29,8	5,8
9. Df . . .	7,2	4,8	0,7	0,2	7,9	1,5
10. ET . .	10,3	6,4	57,8	16,0	68,1	13,4
11. EF . .	15,0	10,7	12,5	3,5	27,5	5,4
	148,9	100,0	361,1	100,0	510,0	100,0

Geiger

B. Verteilung auf die Landflächen der Erde.
(In Mill. qkm.)

Hauptklimagebiet	Eurasien	Afrika	Australien	Nordamerika	Südamerika	Antarktis	Landfläche
1. Af . . .	1,9	5,9	0,7	0,7	4,8	—	14,0
2. Aw . .	2,1	5,6	0,8	0,6	6,5	—	15,6
3. BS . .	8,6	6,4	2,3	2,6	1,2	—	21,1
4. BW . .	5,5	7,4	2,8	0,9	1,3	—	17,9
5. Cw . .	5,2	3,9	0,6	0,5	1,2	—	11,4
6. Cs . . .	1,2	0,4	0,7	0,2	0,0	—	2,5
7. Cf . . .	3,1	0,1	1,0	2,6	2,5	—	9,3
8. Dw . .	14,0	—	—	10,5	—	—	24,5
9. Df . .	7,3	—	—	—	—	—	7,3
10. ET . .	5,3	—	—	4,2	0,3	0,5	10,3
11. EF . .	—	—	—	1,5	—	13,5	15,0
	54,2	29,7	8,9	24,3	17,8	14,0	148,9

328415 Schaubild für die 11 Hauptklimagebiete.

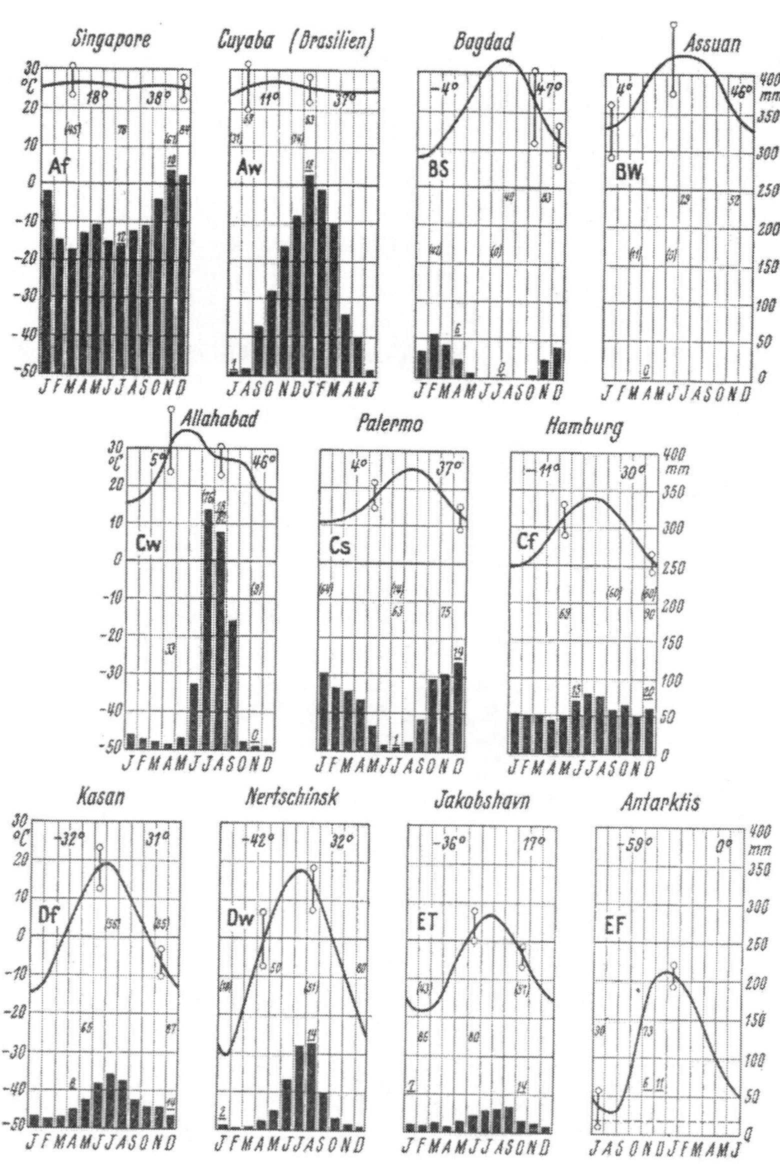

(Aus W. Köppen u. R. Geiger: Hdb. d. Klimatol. I C 26, Gebr. Borntraeger, Berlin 1936.)

Geiger

Jedes der 11 Gebiete ist in dem Schaubild durch eine typische Station vertreten[1]. Links ist der für alle gleiche Temperaturmaßstab, rechts der Niederschlagsmaßstab aufgetragen. Die 12 Monate beginnen mit dem Januar, nur bei den beiden Stationen der Südhalbkugel zum besseren Vergleich mit dem Juli; der Sommer fällt also stets in die Diagrammitte. Die Lufttemperatur ist durch die Kurve der Monatsmittel und durch die tägliche Temperaturschwankung (senkrechte Striche mit Ringende) in dem Monat der größten und kleinsten Tagesschwankung dargestellt. Als Zahlen eingeschrieben sind die mittleren tiefsten und höchsten Temperaturen im Jahr (mittlere Jahresextreme). Die Monatsniederschläge sind als Säulen aufgetragen (für die „Antarktis" mangels Beobachtungen nur gestrichelt angedeutet); die auf zwei Säulen stehenden unterstrichenen Ziffern enthalten die Zahl der Niederschlagstage in dem Monat mit der größten bzw. kleinsten Zahl der Niederschlagstage. Die Zahlen in ( ) geben die mittlere Bewölkung (wolkenlos = 0, bedeckt = 100) im heitersten und bewölktesten Monat an. Endlich sind die mittleren Werte der Luftfeuchtigkeit (%) für den feuchtesten und trockensten Monat angeschrieben.

Literatur.

Köppen, W.: Das geographische System der Klimate. Hdb. d. Klimat. I, Teil C, Borntraeger, Berlin 1936. — Köppen, W.: Grundriß der Klimakunde. 2. Aufl., De Gruyter, Berlin 1931. — Köppen, W., u. Geiger, R.: Klimakarte der Erde, 1 : 10000000, mit Erläuterungsheft, J. Perthes, Gotha 1928.

[1] Wegen Bagdad vgl. Anmerkung in Tab. 32842 A 1.

32842 Klima-Tabellen.

32842 A. Klimatologische Mittelwerte für Bodenstationen.

32842 A 1. Alphabetisches Ortsverzeichnis

der Stationen in den Tabellen A 2 bis A 4.

Die Jahre, aus denen die Mittelwerte berechnet sind, werden in der Spalte „Periode" durch drei Buchstaben angedeutet, für die drei Tabellen Druck (A 2), Temperatur (A 3), Niederschlag (A 4); diese Buchstaben sind am Schluß der Tabelle A 1 erläutert. **A** bedeutet für alle drei Elemente die häufigste Periode 1901—1930; s. S. 611 f.

Die „Lage" verweist auf die Abschnitte der Tabellen A 2 bis A 4, z. B. Eu a = Europa Abschnitt a) = Nordwesteuropa.

Höhe = Barometerhöhe über dem Meeresspiegel (H_b) nach den letzten Angaben in den World Weather Records. Unter A 2 bis A 4 sind im allgemeinen die in der Periode vorherrschenden Höhen der Meßstellen angegeben, die mitunter um einige Meter von den in Tabelle A 1 eingetragenen Höhen abweichen.

K.F. = Klimaformel, gemäß 32841 aus den Tabellen 32842 A 3 und A 4 bestimmt.

Folgende Quellen wurden herangezogen:

[*1*] World Weather Records, Washington 1927, 1934 und 1947. — [*2*] Organisation Météorologique Internationale: Circular Letters CLINO 1—50, Lausanne Jan. 1949 bis Febr. 1950. — [*3*] Archivmaterial des Zentralamtes des Deutschen Wetterdienstes in der US-Zone.

Ort	Periode			Lage	Höhe	Breite	Länge	K. F.
	2	3	4		m			
Aberdeen	.	A	A	Eu a	26	57° 10′ N	2° 6′ W	**Cfb**
Abilene	A	A	A	NA b	530	32° 23′ N	99° 40′ W	**Cfa**
Adelaide	.	A	A	Au	43	34° 56′ S	138° 35′ E	**Csa**
Aden	A	A	A	As d	30	12° 46′ N	45° 3′ E	**BWh**
Akmolinsk	.	F	n	As a	353	51° 12′ N	71° 23′ E	**Dfb**
Alexandrien	A	A	A	Af a	32	31° 12′ N	29° 53′ E	**BWhs**
Algier (Bouzaréah)	.	A	A	Af a	342	36° 48′ N	3° 2′ E	**Csa**
Alice Springs	.	A	A	Au	579	23° 38′ S	133° 37′ E	**BWhw**
Allahabad	A	A	A	As c	94	25° 28′ N	81° 54′ E	**Cwg**
Apia (Samoa)	A	A	A	StO	2	13° 48′ S	171° 46′ W	**Afw**
Archangelsk	G	E	F	Eu d	10	64° 35′ N	40° 36′ E	**Dfc**
Assuan	C	L	M	Af a	100	24° 2′ N	32° 53′ E	**BWh**
Astrachan	F	E	C	Eu d	—15	46° 21′ N	48° 2′ E	**BWk**
Asuncion	.	A	A	SA b	64	25° 17′ S	57° 41′ W	**Cfa**
Athen	A	A	A	Eu c	107	37° 58′ N	23° 43′ E	**Csa**
Bäreninsel	p	g	X	NP	29	74° 28′ N	19° 17′ E	**ET**
Bagdad[1]	A	A	A	As d	34	33° 20′ N	44° 22′ E	**BWhs**
Bahia Blanca	.	A	A	SA b	68	38° 43′ S	62° 15′ W	**Cfa**
Barnaul	F	C	p	As a	162	53° 20′ N	83° 47′ E	**Dfb**
Barrow	k	h	.	NA a	4	71° 23′ N	156° 17′ W	**ET**
Batavia	A	A	A	As c	8	6° 11′ S	106° 50′ E	**Amwi**
Beira	i	e	P	Af c	9	19° 50′ S	34° 51′ E	**Aw**
Beirut	.	A	A	As d	34	33° 54′ N	35° 28′ E	**Csa**
Belem	.	ε	S	SA b	10	1° 27′ S	48° 29′ W	**Amw′i**
Belgrad	.	A	A	Eu c	138	44° 48′ N	20° 27′ E	**Cxb**
Bergen	A	A	A	Eu a	44	60° 24′ N	5° 19′ E	**Cfb**
Berlin	L	l	f	Eu b	55	52° 31′ N	13° 22′ E	**Cfb**
Bermuda	A	A	A	AO	48	32° 23′ N	64° 41′ W	**Cfa**
Berufjord (Island)	A	A	A	NP	18	64° 41′ N	14° 22′ W	**Cfc**
Bismarck	.	A	A	NA b	510	46° 47′ N	100° 38′ W	**Dfb**
Blagowjeschtschensk	F	C	v	As b	142	50° 15′ N	127° 31′ E	**Dwb**
Bodö	.	A	A	Eu a	17	67° 17′ N	14° 26′ E	**Cfc**
Bombay	A	A	A	As c	11	18° 55′ N	72° 54′ E	**Awg**
Bordeaux	A	A	A	Eu b	74	44° 50′ N	0° 31′ W	**Cxb**
Brisbane	.	A	A	Au	41	27° 28′ S	153° 2′ E	**Cfa**
Brüssel-Uccle	A	A	A	Eu b	100	50° 48′ N	4° 21′ E	**Cfb**
Budapest	A	A	A	Eu b	130	47° 31′ N	19° 1′ E	**Cxb**
Buenos Aires	A	A	A	SA b	25	34° 36′ S	58° 22′ W	**Cfx′**
Bukarest	A	A	A	Eu c	82	44° 25′ N	26° 6′ E	**Dfb**
Buschire	A	A	A	As d	4	29° 0′ N	49° 50′ E	**BShs**
Cartagena	.	ζ	λ	Eu c	20	37° 37′ N	0° 57′ W	**Csa**
Catamarca	.	X	R	SA b	517	28° 27′ S	65° 47′ W	**BSh**
Catania	.	A	A	Eu c	65	37° 30′ N	15° 5′ E	**Csa**
Chemulpo	b	N	H	As b	68	37° 19′ N	126° 32′ E	**Dwa**

[1] Bagdad gehörte nach einer älteren, kürzeren Reihe zu **BS** und ist auch noch in 328415 so klassifiziert. Eine neuere 30jährige Niederschlagsreihe (Tab. A 4) gibt **BWhs**.

32842 A 1. Alphabetisches Ortsverzeichnis (Fortsetzung).

Ort	Periode 2	3	4	Lage	Höhe m	Breite	Länge	K.F.
Chicago	A	A	A	NA b	251	41° 53′ N	87° 37′ W	**Dfa**
Cincinnati	.	A	A	NA b	191	39° 6′ N	84° 30′ W	**Cfa**
Cochin	.	A	A	As c	3	9° 58′ N	76° 17′ E	**Amw**
Colombo	A	A	A	As c	7	6° 54′ N	79° 53′ E	**Amw″**
Colon	m	Y	A	MA a	11	9° 23′ N	79° 54′ W	**Ami**
Cordoba	.	A	A	SA b	425	31° 25′ S	64° 12′ W	**Cwa**
Cuyaba	.	A	A	SA b	165	15° 36′ S	56° 6′ W	**Awi**
Dakar	j	U	N	Af b	39	14° 40′ N	17° 26′ W	**BShw**
Daressalam	Y	β	ε	Af c	76	6° 29′ S	39° 18′ E	**Aw″i**
Dawson	.	M	R	NA a	324	64° 3′ N	139° 25′ W	**Dfc**
Detroit	.	A	A	NA b	222	42° 20′ N	83° 3′ W	**Dfa**
Djask	.	A	A	As d	4	25° 45′ N	57° 45′ E	**BWh**
Dudinka	.	P	G	As a	20	69° 23′ N	86° 4′ E	**Dfc**
Dunedin	.	A	α	Au	75	45° 52′ S	170° 31′ E	**Cfb**
Durban	.	A	b	Af d	15	29° 51′ S	31° 0′ E	**Cfa**
Dutch Harbour	l	W	H	NA a	4	53° 55′ N	166° 30′ W	**Cfc**
Evangelistas	.	A	κ	SA a	55	52° 24′ S	75° 6′ W	**ETC**
Falkland-Inseln[1]	A	A	A	AO	21	51° 41′ S	57° 42′ W	**ETC**
Father Point	.	A	A	NA a	6	48° 31′ N	68° 10′ W	**Dfc**
Fernando De Noronha	.	f	V	AO	95	3° 50′ S	32° 25′ W	**Aw**
Frankfurt a. Main	A	A	A	Eu b	103	50° 7′ N	8° 40′ E	**Cfb**
Freetown	A	A	A	Af b	68	8° 29′ N	13° 9′ W	**Amwi**
Galveston	A	A	A	NA b	16	29° 18′ N	94° 50′ W	**Cfa**
Georgetown	.	A	A	SA b	2	6° 50′ N	58° 12′ W	**Afw″i**
Gibraltar	.	A	A	Eu c	122	36° 6′ N	5° 21′ W	**Csa**
Gjesvaer	B	J	E	Eu a	6	71° 6′ N	25° 22′ E	**Dfc**
Godthaab (Grönland)	.	A	D	NP	20	64° 11′ N	51° 43′ W	**ET**
Green Harbour	o	c	c	NP	11	78° 2′ N	14° 14′ E	**ET**
Habana	A	A	A	MA b	50	23° 8′ N	82° 22′ W	**Aw**
Haidarabad	.	A	A	As c	29	25° 23′ N	68° 24′ E	**BWh**
Hakodate	.	t	w	As b	4	41° 47′ N	140° 43′ E	**Cfb**
Hamburg	A	A	A	Eu b	16	53° 38′ N	10° 0′ E	**Cfb**
Hangkow	d	R	K	As b	26	30° 35′ N	114° 17′ E	**Cfa**
Haparanda	.	A	A	Eu a	9	65° 50′ N	24° 9′ E	**Dfc**
Hatteras	A	A	A	NA b	3	35° 15′ N	75° 40′ W	**Cfa**
Helsinki	A	A	A	Eu d	12	60° 10′ N	24° 57′ E	**Dfb**
Hobart	h	v	z	Au	54	42° 53′ S	147° 20′ E	**Cfb**
Hongkong	A	A	A	As b	33	22° 18′ N	114° 10′ E	**Cwa**
Honolulu	A	A	a	StO	12	21° 19′ N	157° 52′ W	**As″**
Iquique	.	K	ϑ	SA a	6	20° 12′ S	70° 11′ W	**BWk**
Irkutsk	A	A	r	As a	467	52° 16′ N	104° 19′ E	**Dwc**
Ivigtut (Grönland)	A	A	A	NP	30	61° 12′ N	48° 10′ W	**ET**
Jaipur	.	A	A	As c	436	26° 55′ N	75° 52′ E	**BShw**
Jakutsk	S	s	s	As a	106	62° 1′ N	129° 43′ E	**Dwd**
Jan Mayen	q	A	W	NP	23	70° 59′ N	8° 18′ W	**ET**
Jenisseisk	R	r	q	As a	78	58° 27′ N	92° 11′ E	**Dfc**
Kalkutta	A	A	A	As c	7	22° 32′ N	88° 24′ E	**Awg**
Kapstadt	A	A	A	Af d	12	33° 56′ S	18° 29′ E	**Csb**
Key West	A	A	A	NA b	7	24° 33′ N	81° 48′ W	**Aw′**
Khartum	g	S	A	Af c	390	15° 37′ N	32° 33′ E	**BWh**
Kiew	.	o	h	Eu d	183	50° 27′ N	30° 30′ E	**Dfb**
Kioto	.	A	A	As b	43	35° 1′ N	135° 44′ E	**Cfa**
Königsberg	A	A	A	Eu b	25	54° 43′ N	20° 30′ E	**Cfb**
Konstantinopel	N	η	g	Eu c	75	41° 2′ N	28° 58′ E	**Csa**
Kopenhagen	K	k	e	Eu a	5	55° 41′ N	12° 36′ E	**Cfb**
Krasnowodsk	.	A	H	As a	—7	40° 0′ N	52° 59′ E	**BWk**
Lagos	A	A	A	Af b	3	6° 27′ N	3° 24′ E	**Aw″g′i**
Lahore	A	A	A	As c	214	31° 34′ N	74° 21′ E	**BShw**
Leningrad	.	C	A	Eu d	4	59° 56′ N	30° 16′ E	**Dfb**
Lima	t	δ	ν	SA a	128	12° 4′ S	81° 41′ W	**BWh**
Lissabon	A	A	A	Eu c	95	38° 43′ N	9° 8′ W	**Csb**
London-Greenwich	A	A	A	Eu a	46	51° 28′ N	0° 0′	**Cfb**
Lund	.	α	d	Eu a	35	55° 42′ N	13° 12′ E	**Cfb**

[1] Luftdruck und Lufttemperatur = Cape Pembroke; Niederschlag = Stanley.

Knoch / A. Schulze

32842 A 1. Alphabetisches Ortsverzeichnis (Fortsetzung).

Ort	Periode 2 3 4	Lage	Höhe m	Breite	Länge	K.F.
Madeira (Funchal) . . .	A A A	AO	25	32° 37′ N	16° 54′ W	**Csa**
Madras	A A A	As c	7	13° 4′ N	80° 15′ E	**Aw′**
Madrid	A A A	Eu c	655	40° 24′ N	3° 41′ W	**Csa**
Mailand	. A A	Eu c	147	45° 28′ N	9° 11′ E	**Cfa**
Malden-Insel (Sporaden)	W w β	StO	8	4° 1′ S	155° 1′ W	**BSh**
Manáos	n a T	SA b	44	3° 8′ S	60° 1′ W	**Ami**
Manila	x A Y	As c	10	14° 35′ N	120° 59′ E	**Amw**
Marseille	. A A	Eu b	11	43° 18′ N	5° 23′ E	**Csa**
Melbourne	h u y	Au	35	37° 49′ S	144° 58′ E	**Cfb**
Merida	D M R	MA a	22	20° 58′ N	89° 37′ W	**Aw**
Midway-Insel	k h Z	StO	6	28° 13′ N	177° 22′ W	**As″**
Molotov (Perm)	. C C	Eu d	144	58° 1′ N	56° 16′ E	**Dfb**
Moncay	. T L	As c	9	21° 31′ N	107° 51′ E	**Cw**
Mongalla	. V O	Af c	448	5° 11′ N	31° 47′ E	**Aw″**
Montevideo	A A A	SA b	29	34° 52′ S	56° 13′ W	**Cfa**
Montreal	. A A	NA a	57	45° 30′ N	73° 35′ W	**Dfb**
Moose Factory (nur Temperatur) . .	. A .	NA a	9	51° 16′ N	80° 56′ W	**Dfc**
Moskau	F C A	Eu d	167	55° 50′ N	37° 33′ E	**Dfb**
München	A A A	Eu b	524	48° 10′ N	11° 30′ E	**Cxb**
Mukden	c Q I	As b	44	41° 48′ N	123° 23′ E	**Dwa**
Nagasaki	U A A	As b	133	32° 44′ N	129° 52′ E	**Cfa**
Nagpur	. A A	As c	312	21° 9′ N	79° 9′ E	**Awg**
Nantes	. A A	Eu b	37	47° 15′ N	1° 34′ W	**Cxb**
Nemuro	. A A	As b	27	43° 20′ N	145° 35′ E	**Dfb**
Nertschinsk	. H ?	As a	620	51° 19′ N	119° 37′ E	**Dwc**
New York	A A A	NA b	96	40° 43′ N	74° 0′ W	**Cfa**
Nikolaewsk	. I u	As b	38	53° 8′ N	140° 45′ E	**Dfb**
Nowaja Semlja	v — —	NP	15	72° 23′ N	52° 43′ E	**ET**
Obdorsk	Q p i	As a	26	66° 31′ N	66° 35′ E	**Dfc**
Odessa	P o h	Eu d	65	46° 29′ N	30° 44′ E	**BSkx**
Omsk	J G m	As a	105	54° 58′ N	73° 23′ E	**Dfb**
Oslo	. A A	Eu a	25	59° 55′ N	10° 43′ E	**Dfb**
Padang	. d A	As c	5	0° 56′ S	100° 22′ E	**Af**
Paris	A A A	Eu b	50	48° 49′ N	2° 30′ E	**Cfb**
Perth	h j x	Au	60	31° 57′ S	115° 51′ E	**Csa**
Petropawlowsk	T C t	As b	113	52° 53′ N	158° 42′ E	**Dfc**
Phulien	. T L	As c	116	20° 48′ N	106° 37′ E	**Cw**
Ponta Delgada	A A A	AO	37	37° 44′ N	25° 40′ W	**Csb**
Port au Prince	. A A	MA b	37	18° 34′ N	72° 22′ W	**Aw″i**
Port Darwin	A A A	Au	30	12° 28′ S	130° 51′ E	**Aw**
Port Elizabeth	. A A	Af d	55	33° 59′ S	25° 37′ E	**Cfb**
Portland (Oregon) . . .	. A A	NA b	47	45° 32′ N	122° 41′ W	**Csb**
Porto Alegre	. Z U	SA b	15	30° 2′ S	51° 13′ W	**Cfa**
Prag	. n A	Eu b	197	50° 5′ N	14° 25′ E	**Cxb**
Prinz Albert	. A A	NA a	431	53° 10′ N	105° 38′ W	**Dfb**
Punta Arenas	A A A	SA a	8	53° 10′ S	70° 54′ W	**Cfc**
Rangun	A A A	As c	5	16° 47′ N	96° 13′ E	**Amw**
Recife	. a A	SA b	30	8° 5′ S	34° 51′ W	**Awi**
Red Bluff	. A A	NA b	101	40° 10′ N	122° 15′ W	**Csa**
Riga	. A A	Eu d	13	56° 57′ N	24° 6′ E	**Dfb**
Rio de Janeiro	A A A	SA b	45	22° 54′ S	43° 10′ W	**Aw**
Rom	A A A	Eu c	50	41° 54′ N	12° 29′ E	**Csa**
Sable Island	. A A	NA a	8	43° 57′ N	60° 6′ W	**Dfb**
Saigon	e T L	As c	11	10° 47′ N	106° 42′ E	**Aw′**
St. Helena	A A A	AO	604	15° 57′ S	5° 40′ W	**Cfb**
St. Johns	r γ η	NA a	74	47° 34′ N	52° 42′ W	**Dfb**
St. Louis	A A A	NA b	173	38° 38′ N	90° 12′ W	**Cfa**
San Diego	. A A	Na b	27	32° 43′ N	117° 10′ W	**BSk**
San Francisco	A A A	Na b	47	37° 48′ N	122° 26′ W	**Csb**
San Juan	A A A	MA b	25	18° 29′ N	66° 7′ W	**Afi**
San Salvador	o c S	MA a	682	13° 42′ N	89° 12′ W	**Awi**
Sansibar	A A A	Af c	17	6° 10′ S	39° 11′ E	**Am**
Sta. Cruz	E A O	SA b	11	50° 0′ S	68° 30′ W	**BWk′**
Santiago	. A A	SA a	520	33° 27′ S	70° 42′ W	**Csb**
Saratow	O o h	Eu d	122	51° 32′ N	46° 2′ E	**Dfa**

32842 A 1. Alphabetisches Ortsverzeichnis (Fortsetzung).

Ort	Periode 2	Periode 3	Periode 4	Lage	Hohe m	Breite	Länge	K.F.
Sitka	Z	A	A	NA a	27	57° 4′ N	135° 19′ W	**Cfb**
Smyrna	V	ϑ	μ	As d	10	38° 26′ N	27° 9′ E	**Csa**
Stockholm	.	A	A	Eu a	44	59° 21′ N	18° 4′ E	**Cfb**
Stykkisholm (Island)	A	A	A	NP	21	65° 5′ N	22° 46′ W	**Cfc**
Surgut	.	C	k	As a	43	61° 15′ N	73° 24′ E	**Dfc**
Swakopmund	.	i	ζ	Af d	8	22° 42′ S	14° 32′ E	**BWk**
Sydney	.	A	A	Au	42	33° 52′ S	151° 13′ E	**Cfa**
Tainan (Formosa)	.	t	w	As b	14	23° 0′ N	120° 13′ E	**Cwa**
Tanger (Kap Spartel)	X	x	γ	Af a	60	35° 47′ N	5° 55′ W	**Cs″a**
Taschkent	F	C	A	As a	79	41° 21′ N	69° 18′ E	**Dsa**
Thorshavn	A	A	A	AO	23	62° 3′ N	6° 45′ W	**Cfc**
Tientsin	a	O	J	As b	5	39° 10′ N	117° 10′ E	**Dwa**
Tiflis	I	C	B	Eu d	404	41° 43′ N	44° 48′ E	**BSkx**
Timbuktu	w	z	Q	Af b	250	16° 43′ N	2° 52′ E	**BWh**
Tobolsk	.	C	l	As a	101	58° 12′ N	68° 14′ E	**Dfc**
Tokio	A	A	A	As b	21	35° 41′ N	139° 45′ E	**Cfa**
Tomsk	F	C	o	As a	138	56° 30′ N	84° 58′ E	**Dfc**
Toronto	A	A	A	NA a	116	43° 40′ N	79° 24′ W	**Dfb**
Trinidad	s	A	A	MA b	22	10° 40′ N	61° 31′ W	**Awi**
Tripolis	.	y	δ	Af a	18	32° 54′ N	13° 11′ E	**Csa**
Upernivik (Grönland)	A	A	A	NP	19	72° 47′ N	56° 7′ W	**ET**
Utrecht-De Bilt	A	A	A	Eu b	3	52° 6′ N	5° 11′ E	**Cfb**
Valdivia	.	b	A	SA a	6	39° 48′ S	73° 14′ W	**Cfb**
Valentia	A	A	A	Eu a	14	51° 56′ N	10° 15′ W	**Cfb**
Valparaiso	u	A	ι	SA a	41	33° 1′ S	71° 38′ W	**Csb**
Warschau	.	A	A	Eu d	133	52° 13′ N	21° 1′ E	**Cfb**
Washington	.	A	A	NA b	34	38° 54′ N	77° 3′ W	**Cfa**
Wellington	A	A	A	Au	120	41° 16′ S	174° 46′ E	**Cfb**
Werchojansk	H	q	j	As a	142	67° 33′ N	133° 24′ E	**Dfd**
Wien	M	m	f	Eu b	203	48° 15′ N	16° 22′ E	**Cxb**
Wilna	.	A	A	Eu d	136	54° 41′ N	25° 18′ E	**Dfb**
Winnipeg	A	A	A	NA a	240	49° 53′ N	97° 7′ W	**Dfb**
Wladiwostok	.	C	n	As b	136	43° 7′ N	131° 54′ E	**Dwb**
Zi-ka-wei	A	A	A	As b	7	31° 11′ N	121° 25′ E	**Cfa**
Zürich	A	A	A	Eu b	493	47° 23′ N	8° 33′ E	**Cxb**

Erläuterung der Symbole in Tabelle A1 für die Beobachtungs-Perioden.

Tabelle A2. Luftdruck.

A = 1901—1930	I = 1901—1911, 1921—1930	S = 1888—1907, 1911—1925	b = 1905—1930	l = 1917—1930
B = 1901—1926	J = 1901—1912, 1921—1930	T = 1890—1892, 1909—1915	c = 1906—1929	m = 1908—1930
C = 1901—1934	K = 1842—1930	U = 1897—1930	d = 1906—1920, 1923—1926, 1929—1930	n = 1911—1919
D = 1902—1930	L = 1881—1930	V = 1878—1913	e = 1907—1930	o = 1912—1930
E = 1903—1930	M = 1851—1930	W = 1890—1918	f = 1910—1930	p = 1920—1934
F = 1901—1915, 1921—1930	N = 1856—1895	X = 1894—1920	g = 1906—1935	q = 1922—1934
G = 1901—1915, 1922—1930	O = 1851—1900	Y = 1895—1912	h = 1911—1940	r = 1886—1920
H = 1901—1905, 1909—1915	P = 1881—1915	Z = 1881—1887, 1909—1924	i = 1913—1932	s = 1862—1920
	Q = 1887—1915	a = 1905—1920	j = 1920—1929	t = 1893—1897
	R = 1889—1915		k = 1921—1940	u = 1899—1930
				v = 1881—1910
				w = 4—25 Jahre
				x = 1910—1939

Tabelle A3. Lufttemperatur.

A = 1901—1930	I = 1901—1915, 1925—1930	U = 1903—1926	i = 1899—1905	w = 1890—1919
B = 1901—1914, 1921—1930	J = 1901—1926	V = 1903—1930	j = 1897—1928	x = 1894—1920
C = 1901—1915, 1921—1930	K = 1901—1928	W = 1905—1930	k = 1768—1930	y = 1892—1921
D = 1901—1916, 1921—1930	L = 1901—1934	X = 1904—1930	l = 1769—1930	z = 1896—1917
E = 1901—1915, 1922—1930	M = 1902—1930	Y = 1908—1930	m = 1775—1930	α = 1859—1930
F = 1901—1915, 1923—1930	N = 1905—1930	Z = 1909—1930	n = 1840—1934	β = 1895—1912
G = 1901—1912, 1921—1930	O = 1905—1924, 1930	a = 1911—1921	o = 1881—1915	γ = 1872—1920
H = 1901—1918, 1926—1930	P = 1906—1923	b = 1911—1930	p = 1882—1915	δ = 1893—1897, 1910—1919
	Q = 1906—1929	c = 1912—1930	q = 1869—1920	ε = 1893—1910
	R = 1906—1930	d = 1913—1918	r = 1881—1915	ζ = 30 Jahre (?)
	S = 1906—1935	e = 1913—1932	s = 1829—1923	η = 60 Jahre
	T = 1907—1930	f = 1911—1920	t = 1897—1926	ϑ = 28 Jahre
		g = 1919—1930	u = 1856—1928	
		h = 1921—1940	v = 1884—1928	

Erläuterung der Symbole in Tabelle A1 für die Beobachtungs-Perioden (Fortsetzung).

Tabelle A4. Niederschlag.

A = 1901—1930	K = 1906—1926	Y = 1910—1939	m = 1875—1923[1]	α = 1854—1926
B = 1901—1914,	L = 1906—1930	Z = 1921—1940	n = 1873—1930[2]	β = 1890—1919
1921—1930	M = (1901—1920)	a = 1906—1935	o = 1874—1930[1]	γ = 1893—1920
C = 1901—1915,	N = 1903—1933	b = 1911—1940	p = 1838—1930[1]	δ = 1892—1921
1921—1930	O = 1903—1930	c = 1912—1930	q = 1871—1930[1]	ε = 1893—1912
D = 1901—1916,	P = 1913—1932	d = 1860—1930	r = 1887—1930	ζ = 1899—1905
1921—1930	Q = 1921—1926	e = 1821—1930	s = 1888—1930	η = 1874—1920
E = 1901—1926	R = 1902—1930	f = 1851—1930	t = 1846—1930[1]	ϑ = 1886—1930
F = 1901—1916,	S = 1912—1924	g = 1846—1895	u = 1860—1919	ι = 1869—1930
1922—1930	T = 1902—1926	h = 1881—1915	v = 1877—1930[1]	κ = 1899—1930
G = 1906—1923	U = 1909—1930	i = 1882—1909	w = 1897—1926	λ = 30 Jahre (?)
H = 1905—1930	V = 1911—1919	j = 1886—1919	x = 1876—1928	μ = 20 Jahre
I = 1906—1929	W = 1922—1926	k = 1884—1909	y = 1860—1928	ν = 18 Jahre
J = 1905—1926	X = 1920—1934	l = 1841—1930[1]	z = 1843—1928	

[1] Beobachtungsperiode unvollständig. [2] Beobachtungsperiode von Akmolinsk unvollständig.

32842 A2. Luftdruck.

Monats- und Jahresmittel (mm). Falls nicht anders angegeben, 700 + ... mm. Für die Stationen, bei denen die Seehöhe mit einem Stern (*) bezeichnet ist, sind die Luftdruckwerte aufs Meeresniveau bezogen. Vorwiegend beruhen die Mittelwerte auf der Beobachtungsreihe 1901—1930. Andere Beobachtungsgrundlagen in der Spalte „Periode" in Tab. A1.

Ort	Höhe m	Jan.	Febr.	März	April	Mai	Juni	Juli	Aug.	Sept.	Okt.	Nov.	Dez.	Jahr
Eu = Europa														
a) Nordwesteuropa														
Gjesvaer	6	50,1	50,9	53,9	57,0	59,9	58,6	58,6	57,5	55,3	55,2	52,4	52,3	55,2
Bergen	44*	56,9	57,6	57,4	58,3	60,7	59,8	58,9	57,4	59,9	58,2	56,4	55,3	58,1
Kopenhagen	5*	61,8	61,3	60,2	60,8	62,1	61,3	60,4	60,1	62,0	60,8	60,7	61,1	61,0
London-Greenwich	48	57,7	56,3	55,0	55,2	56,8	57,8	57,1	56,4	58,1	55,8	55,5	54,6	56,4
Valentia	14*	60,4	59,2	59,2	60,5	61,2	62,9	62,2	60,9	62,3	58,9	59,5	57,7	60,5
b) Mitteleuropa														
Utrecht-De Bilt	3*	62,6	61,4	59,9	59,6	61,6	62,0	61,4	60,9	62,6	60,9	60,4	59,8	61,1
Brüssel-Uccle	100*	63,6	62,2	61,0	59,9	61,6	62,4	62,0	61,7	63,1	61,4	61,1	60,8	61,7
Königsberg	6	60,7	60,4	59,6	58,5	60,6	59,0	58,2	58,3	61,0	60,8	59,3	59,1	59,6
Hamburg	26	59,8	59,2	57,7	57,3	59,4	59,1	58,6	58,2	60,2	58,9	57,9	57,4	58,6
Berlin	49	58,4	58,0	55,7	55,4	57,0	56,7	56,3	56,5	58,1	57,1	57,3	56,8	57,0
Frankfurt a. Main	103*	64,4	63,3	61,1	60,2	61,8	62,2	62,1	62,3	63,6	62,7	62,3	62,3	62,4
München	526*	66,2	64,3	61,8	60,4	61,8	62,3	62,4	62,9	63,7	63,5	63,5	63,7	63,1
Paris	50	60,3	58,4	56,4	55,9	57,3	58,4	58,3	58,2	58,9	57,5	57,5	57,4	57,9
Bordeaux	74*	66,2	63,9	61,8	61,4	62,1	63,4	63,6	63,5	63,5	62,4	62,6	63,6	63,2
Zürich	493	21,2	19,3	17,5	16,7	18,7	19,7	20,1	20,4	20,8	19,5	18,9	18,9	19,3
Wien	202	46,5	45,3	42,5	41,8	42,8	43,4	43,6	43,9	45,3	44,8	44,8	45,1	44,1
Budapest	130*	65,9	64,2	61,7	59,7	60,9	60,6	60,5	61,3	63,4	63,6	63,6	63,6	62,4
c) Südeuropa														
Lissabon	95	58,3	55,9	54,4	53,6	53,9	54,6	54,8	54,7	54,6	54,6	54,9	57,0	55,1
Madrid	667*	68,0	65,2	62,8	61,3	61,6	61,7	61,4	61,5	62,8	63,1	64,2	66,2	63,3
Rom	63*	62,9	61,4	60,2	59,1	60,6	60,9	61,0	61,2	62,2	61,8	60,8	61,5	61,1
Bukarest	82	58,1	57,0	55,1	52,8	53,4	52,6	52,4	53,3	56,0	57,0	57,0	57,0	55,1
Athen	107	53,8	52,6	51,9	50,4	50,7	50,2	49,4	49,8	52,2	53,4	53,3	53,0	51,7
Konstantinopel	75	65,0	64,5	61,5	60,9	60,8	60,3	59,4	60,0	62,4	63,9	64,0	64,1	62,2
d) Osteuropa														
Helsinki	12	58,1	58,7	58,6	58,4	60,2	57,6	56,8	56,3	59,0	59,3	57,1	57,9	58,2
Archangelsk	7	58,1	58,9	58,6	59,5	60,4	57,9	57,3	57,5	59,0	58,6	56,5	58,5	58,4
Moskau	164	47,6	48,1	47,2	46,4	46,9	44,4	43,1	44,5	47,6	48,4	47,1	47,5	46,6
Saratow	122	55,3	54,3	52,9	51,4	50,8	47,1	46,5	48,1	51,3	54,5	54,9	54,0	51,8
Odessa	65	59,4	58,5	56,3	55,4	55,3	54,0	53,6	55,1	57,7	59,0	59,2	59,0	56,9
Astrachan	—1	68,8	68,7	67,3	64,6	63,1	60,5	59,2	61,1	65,2	68,2	68,7	69,0	65,4
Tiflis	404	29,8	28,8	28,2	26,4	26,2	24,4	23,3	24,5	27,6	30,0	30,3	29,9	27,4
As = Asien														
a) Nord- und Zentralasien														
Obdorsk	26	58,4	58,7	59,4	59,9	57,8	55,8	55,1	55,3	55,5	55,6	56,0	58,7	57,2
Werchojansk	112	54,0	54,7	52,3	48,5	46,4	43,3	44,0	46,5	47,1	48,6	51,4	54,0	49,2
Omsk	87	59,2	60,0	58,4	57,0	53,1	50,5	48,3	49,4	53,9	56,6	58,1	59,6	55,3
Tomsk	123	57,1	58,0	55,8	53,6	49,4	46,4	44,6	46,0	50,8	53,4	55,7	57,4	52,3

Knoch / A. Schulze

32842 A 2. Luftdruck (Fortsetzung).

Ort	Höhe m	Jan.	Febr.	März	April	Mai	Juni	Juli	Aug.	Sept.	Okt.	Nov.	Dez.	Jahr
Barnaul	158	56,0	56,1	54,5	51,4	47,1	43,7	41,6	43,3	48,7	52,1	54,8	56,2	50,5
Jenisseisk	81	61,5	61,7	59,9	55,9	52,2	48,9	48,0	49,7	54,8	56,1	58,9	61,1	55,7
Irkutsk	467	27,5	27,4	24,9	21,8	18,8	15,8	14,8	16,5	21,6	24,1	25,8	27,4	22,2
Jakutsk	102	61,6	59,4	55,0	50,6	48,0	45,5	45,3	47,0	50,2	52,6	55,4	58,0	52,4
Taschkent	478	24,8	23,8	22,8	20,2	19,0	15,2	13,1	15,1	19,7	23,9	25,2	25,7	20,7
b) Ostasien														
Petropawlowsk	102	44,1	42,9	46,8	47,8	49,2	50,2	49,8	50,8	49,9	49,2	45,3	42,3	47,4
Blagowjeschtschensk	142	54,2	52,6	49,9	45,5	42,7	41,0	41,2	42,8	46,1	49,2	50,7	52,5	47,4
Mukden	44*	71,2	69,1	65,9	60,9	56,8	53,4	53,5	55,1	60,4	64,5	68,0	70,2	62,4
Chemulpo	68	62,5	61,2	59,3	55,9	52,6	49,6	49,5	49,7	54,2	58,3	60,9	62,3	56,4
Tientsin	5	70,8	69,7	66,3	61,2	56,8	53,0	52,7	54,9	60,8	65,0	68,9	70,7	62,6
Hangkow	37	68,1	66,1	63,5	59,0	55,7	51,8	50,4	51,7	57,5	62,4	66,0	68,2	60,0
Zi-ka-wei	7	69,5	68,2	65,5	61,4	58,0	54,0	53,2	53,6	58,8	63,9	67,4	69,2	61,9
Hongkong	33	61,9	61,0	59,2	56,8	54,0	51,6	50,5	50,5	53,6	57,5	60,4	61,7	56,6
Tokio	21	61,7	61,1	61,4	60,6	58,3	55,9	56,6	56,4	59,0	61,3	62,8	61,6	59,7
Nagasaki	133*	66,9	65,6	64,2	61,8	59,0	56,1	56,5	55,9	58,7	62,8	65,6	66,7	61,6
c) Südasien														
Lahore	214	44,7	43,2	40,7	37,6	34,4	31,0	30,5	32,0	35,8	40,2	43,7	45,0	38,2
Allahabad	94	55,1	53,6	50,8	47,8	44,7	41,4	41,2	43,0	46,2	50,6	54,1	55,6	48,7
Kalkutta	6	62,3	60,7	58,4	55,6	53,4	49,8	49,3	50,8	53,9	57,9	60,7	62,5	56,2
Bombay	11	60,4	60,0	58,7	56,9	55,9	52,8	52,6	54,1	55,9	57,7	59,2	60,2	57,1
Madras	7	61,0	60,2	59,0	56,9	54,6	53,4	53,9	54,6	55,6	57,4	59,0	60,4	57,2
Colombo	7	57,7	57,7	57,2	56,1	55,9	55,9	56,1	56,4	56,7	56,9	57,2	57,4	56,8
Rangun	6	60,7	60,0	59,0	57,7	55,9	54,6	54,6	55,1	56,4	58,4	59,7	60,7	57,7
Saigon	11	58,2	57,8	57,0	56,0	55,1	54,8	54,7	54,9	55,4	56,3	56,7	57,5	56,2
Manila	14*	61,2	60,8	60,5	59,2	58,2	57,9	56,9	57,2	57,6	58,6	59,3	60,2	58,9
Batavia	8*	57,5	57,6	57,3	57,1	57,2	57,4	57,7	58,0	57,9	57,8	57,5	57,1	57,5
d) Vorderasien														
Smyrna (reduziert)	10	63,3	62,2	61,3	60,1	60,1	59,4	58,2	58,6	61,4	62,4	63,9	63,2	61,1
Bagdad	38	62,5	61,5	59,2	56,4	54,4	50,6	47,3	48,5	53,1	58,2	61,2	62,8	56,3
Buschire	4	64,0	62,8	60,7	58,0	55,4	50,3	47,8	49,3	53,9	59,2	62,5	64,0	57,2
Aden	29	59,7	59,2	57,4	56,2	54,4	51,6	50,6	51,3	53,4	56,9	59,0	60,0	55,8
Au = Australien und Neu-Seeland														
Port Darwin	30*	54,6	55,1	55,6	57,2	58,4	58,7	59,7	59,7	59,0	57,9	56,9	55,1	57,3
Perth	60*	59,4	60,1	61,4	63,8	63,6	63,8	64,1	64,1	63,9	62,8	61,8	60,1	62,4
Melbourne	35*	59,4	60,8	62,7	64,0	64,8	64,5	64,0	63,2	62,2	61,2	60,8	59,4	62,2
Hobart	54*	57,4	59,8	61,0	61,9	62,2	61,6	60,9	59,6	58,5	57,8	57,7	57,4	59,6
Wellington	3*	60,0	61,8	62,5	62,8	61,8	61,0	61,0	62,0	60,5	60,0	58,7	58,7	60,9
StO = Stiller Ozean														
Midway-Insel	6*	61,5	61,5	63,8	65,8	64,8	64,0	64,8	63,5	62,3	63,3	63,8	62,8	63,5
Honolulu	12	61,2	61,8	61,8	62,5	62,2	61,8	61,5	61,2	60,7	61,0	61,5	61,2	61,5
Malden-Insel (Sporaden)	8	57,2	57,6	57,6	57,7	58,0	57,9	57,9	58,4	58,6	58,4	57,9	57,3	57,9
Apia (Samoa)	2*	55,7	56,3	56,9	57,4	58,2	58,7	58,9	59,2	59,3	58,4	57,2	56,2	57,7
Af = Afrika														
a) Nordafrika														
Tanger (Kap Spartel)	60	65,7	64,8	62,7	62,0	61,6	62,4	61,9	61,7	62,2	62,3	63,2	65,5	62,9
Alexandrien	32	61,1	60,2	59,2	57,9	57,5	56,7	54,9	54,9	57,5	59,5	60,3	60,8	58,4
Assuan	100	54,2	53,3	51,4	49,6	48,5	47,2	46,1	46,3	47,9	50,0	51,9	53,8	50,0
b) Westafrika														
Dakar	39	59,6	59,4	58,3	58,2	58,7	59,2	59,9	59,3	59,1	59,2	59,4	59,8	59,2
Freetown	68	52,8	52,6	52,6	52,6	53,1	53,9	54,6	54,4	53,9	53,4	53,1	52,8	53,4
Timbuktu	250*	62,8	61,1	59,2	58,7	57,7	58,3	58,1	58,8	59,0	59,4	60,5	61,6	59,6
Lagos	7	56,7	56,7	56,1	56,4	57,4	58,7	59,2	59,2	58,4	57,7	56,9	56,9	57,5
c) Ost- und Zentralafrika														
Khartum	390*	58,5	57,6	55,6	54,2	53,8	54,0	55,0	55,5	55,0	55,0	56,6	58,2	55,8
Sansibar	17	57,9	57,9	57,9	58,4	60,2	61,8	62,5	62,5	61,8	60,7	59,5	58,2	60,0
Daressalam	8	57,4	57,2	57,2	58,1	60,0	61,7	62,4	62,1	61,5	60,1	58,7	57,7	59,5
Beira	9	58,7	59,3	60,8	63,1	65,4	67,0	67,9	67,2	64,8	63,0	61,8	60,0	63,2

Knoch / A. Schulze

32842 A2. Luftdruck (Fortsetzung).

Ort	Höhe m	Jan.	Febr.	März	April	Mai	Juni	Juli	Aug.	Sept.	Okt.	Nov.	Dez.	Jahr
d) Südafrika														
Kapstadt	12*	60,2	60,2	61,0	62,2	64,0	64,8	66,1	65,3	64,3	63,2	62,0	61,0	62,9
NA = Nordamerika														
a) Alaska u. Kanada														
Barrow	4*	64,3	65,3	65,8	63,8	63,5	61,5	58,9	58,9	59,2	58,7	62,3	60,7	62,0
Dutch Harbour	4	51,1	48,8	54,9	55,9	55,9	58,2	60,2	57,9	55,4	51,8	49,8	49,3	54,1
Sitka	27	53,4	55,5	55,6	56,9	58,7	59,6	61,0	59,7	56,3	54,2	51,9	52,7	56,3
Winnipeg	232*	66,5	66,8	65,7	64,2	61,4	59,7	60,3	60,9	61,2	62,3	64,2	64,5	63,2
Toronto	116	53,4	53,1	52,3	51,6	51,3	51,1	51,3	52,3	53,6	53,4	52,8	52,8	52,5
St. Johns	38	53,8	52,8	53,9	55,1	56,3	56,1	56,9	57,3	57,5	56,7	55,3	53,1	55,5
b) Vereinigte Staaten														
San Francisco	47	60,7	60,0	59,2	59,0	57,7	56,6	56,6	56,6	56,4	58,2	60,2	61,0	58,5
Chicago	251	41,2	40,9	39,7	39,2	38,9	38,9	39,6	40,2	40,9	40,9	40,9	40,7	40,2
New York	96	55,4	54,4	53,6	52,8	52,8	52,8	53,1	53,9	55,4	55,1	54,9	54,6	54,1
Hatteras	3*	65,3	64,0	63,6	62,3	62,0	62,0	62,5	62,5	63,3	63,8	64,5	64,5	63,4
St. Louis	173	49,5	49,0	47,3	46,0	45,5	45,5	46,2	46,5	47,5	48,3	49,0	49,0	47,5
Abilene	530*	65,5	64,2	61,9	60,0	58,7	58,9	60,2	60,2	61,1	62,8	64,8	65,3	62,0
Galveston	16	64,3	63,3	61,7	60,2	60,0	59,7	60,7	60,2	60,0	61,5	63,8	63,8	61,6
Key West	7	64,0	63,5	62,8	61,8	60,8	61,0	62,2	61,5	60,0	60,0	62,5	64,3	62,0
MA = Mittelamerika														
a) Festland														
Merida	22	62,9	62,2	60,9	59,6	58,7	59,1	61,1	60,3	59,3	59,5	61,6	62,3	60,6
San Salvador	682	04,3	04,4	03,9	03,6	03,4	03,3	03,8	03,8	03,2	03,1	03,8	04,0	03,7
Colon	11	57,9	58,2	58,2	57,7	57,2	56,9	57,2	57,4	56,9	56,9	57,2	57,4	57,4
b) Antillen														
Habana	24*	64,4	64,0	63,3	62,2	61,2	61,6	62,8	62,1	60,6	60,3	62,6	63,7	62,4
San Juan	25	60,7	60,7	60,2	59,7	59,2	60,2	60,7	59,7	58,4	57,7	57,9	59,7	59,6
Trinidad	22*	59,4	59,8	59,4	59,4	59,3	60,0	60,0	59,4	58,8	58,3	58,0	58,6	59,2
SA = Südamerika														
a) Weststaaten														
Lima	158	46,9	46,7	46,8	47,3	48,0	48,7	49,0	49,0	48,6	48,3	48,1	47,2	47,9
Valparaiso	41	57,1	57,3	57,5	58,2	59,0	59,7	59,9	60,5	60,1	59,6	58,6	57,6	58,7
Punta Arenas	28	47,7	48,2	47,7	47,7	48,7	49,0	50,1	49,3	50,2	51,4	47,1	47,2	48,7
b) Oststaaten														
Manáos	45	55,3	55,5	55,5	55,3	55,7	56,2	56,5	56,3	55,7	55,5	54,7	55,1	55,6
Rio de Janeiro	61	53,0	53,8	54,5	56,1	57,4	58,7	59,7	58,8	57,0	55,9	54,0	53,5	56,0
Montevideo	29	56,3	57,0	58,3	59,1	59,7	60,1	61,1	61,2	60,5	60,1	57,6	56,3	59,0
Buenos Aires	25	56,4	57,2	58,4	59,6	60,4	60,8	61,9	61,8	60,5	60,4	57,9	56,5	59,3
Sta. Cruz	12	51,7	52,4	51,8	52,0	52,4	52,9	54,1	53,8	54,4	55,4	51,1	50,1	52,7
AO = Atlantischer Ozean														
Thorshavn	26*	51,5	52,9	54,9	57,4	60,5	60,2	58,9	57,1	58,0	55,4	54,1	51,0	55,9
Madeira (Funchal)	25	65,6	64,8	63,1	62,7	62,8	63,9	63,6	62,9	62,6	62,0	62,6	64,8	63,5
Ponta Delgada	22*	66,8	66,1	65,4	65,6	65,8	67,7	68,2	66,9	65,7	64,6	65,3	66,0	66,2
Bermuda	46	61,2	60,0	60,0	59,7	60,0	60,5	62,2	60,7	59,2	58,7	59,5	60,2	60,2
St. Helena	604	08,9	08,9	08,9	09,2	09,7	10,4	10,7	10,7	10,4	09,9	09,4	09,2	09,7
Falkland-Inseln	21*	49,8	50,9	51,4	50,9	51,0	51,3	52,6	52,6	53,6	54,4	50,1	50,0	51,6
NP = Nordpolargebiet														
Upernivik (Grönland)	19*	53,4	55,2	58,2	61,7	62,0	59,2	58,8	58,7	56,9	56,0	56,2	54,6	57,6
Ivigtut (Grönland)	5*	46,8	48,7	52,1	57,0	58,5	57,4	57,6	57,4	54,6	52,8	52,2	48,3	53,6
Stykkisholm (Island)	25*	47,1	49,4	53,7	57,2	59,9	59,2	57,7	57,5	55,4	53,4	52,1	48,8	54,3
Berufjord (Island)	18*	48,5	50,4	54,0	57,0	60,1	59,5	57,8	57,0	56,0	54,3	52,8	49,4	54,7
Nowaja Semlja	15	55,6	56,8	57,3	60,9	59,8	58,6	59,1	58,3	56,5	55,2	54,7	56,2	57,4
Jan Mayen	23	48,9	53,6	57,6	60,3	62,6	60,0	57,6	58,4	55,6	54,7	52,5	51,9	56,1
Green Harbour	11*	54,4	54,9	57,3	60,3	63,3	59,9	59,1	59,7	56,0	56,5	55,4	55,3	58,1
Bäreninsel	29	51,0	53,5	55,8	60,0	60,9	59,6	58,5	58,8	56,2	53,7	53,4	53,1	56,2

Knoch/A. Schulze

Tabelle 32842 A3. Lufttemperatur in °C. | **Tabelle 32842 A4. Niederschlag in mm.**

Jan.	Febr.	März	April	Mai	Juni	Juli	Aug.	Sept.	Okt.	Nov.	Dez.	Jahr	Ort	Höhe (Einheit 10 m)	Jan.	Febr.	März	April	Mai	Juni	Juli	Aug.	Sept.	Okt.	Nov.	Dez.	Jahr
													Eu = Europa														
													a) Nordwesteuropa														
−3,4	−4,2	−2,8	−0,3	2,8	7,1	10,4	10,1	6,8	2,2	−1,0	−2,9	2,1	Gjesvaer	1	64	65	65	55	50	54	62	59	89	77	69	61	770
−1,5	−2,2	−1,2	2,1	6,0	9,7	12,7	12,2	8,2	3,8	0,4	−1,7	4,0	Bodö	2	87	92	66	54	54	59	76	67	112	111	99	67	944
1,7	1,6	2,8	5,7	9,2	12,0	14,2	13,5	11,1	7,5	4,1	2,5	7,2	Bergen	4	226	152	141	110	107	104	110	184	200	222	196	207	1959
−4,7	−3,9	−1,0	3,9	9,9	14,1	17,0	15,0	10,6	4,8	−0,5	−3,6	5,1	Oslo	3	47	43	47	42	54	61	78	117	66	89	60	64	768
−10,3	−11,3	−7,0	−1,1	4,9	11,7	15,9	13,1	7,8	1,4	−4,4	−8,5	1,0	Haparanda	1	39	32	29	33	33	42	48	57	62	58	57	43	533
−2,5	−2,6	−0,4	3,6	9,2	13,7	17,2	15,2	11,2	6,4	1,6	−1,3	5,9	Stockholm	4	37	28	28	38	41	47	70	80	53	53	48	47	570
−0,7	−0,7	1,2	5,3	10,4	14,4	16,5	15,5	12,4	7,9	3,4	0,5	7,2	Lund	4	43	35	35	37	39	54	70	72	57	61	54	49	606
−0,6	−0,6	1,0	5,1	9,9	13,9	15,5	15,1	12,2	7,9	3,5	0,9	7,0	Kopenhagen	1	39	34	35	38	41	51	61	70	53	58	51	45	576
3,9	3,7	4,6	6,1	8,8	11,4	13,2	13,2	11,4	8,7	5,7	4,3	7,8	Aberdeen	3[1]	54	50	54	51	62	44	71	67	63	77	76	82	751
4,6	4,6	5,9	8,2	12,2	14,6	16,8	16,3	13,9	10,4	6,4	5,1	9,9	London-Greenwich	5	48	42	45	46	46	52	62	61	46	58	60	63	629
7,3	6,9	7,3	8,6	11,3	13,4	14,9	14,8	13,6	11,3	8,4	7,6	10,5	Valentia	1	159	134	116	88	85	79	96	124	115	149	137	163	1445
													b) Mitteleuropa														
2,6	3,0	5,7	9,2	14,3	16,5	18,4	17,5	14,8	10,3	5,4	3,2	10,1	Utrecht-De Bilt	0	58	45	49	51	53	66	73	88	66	72	66	75	762
2,7	3,1	5,7	8,2	12,8	14,8	16,8	16,4	14,0	10,0	5,2	3,4	9,4	Brüssel-Uccle	10	67	50	60	63	62	65	90	75	66	76	77	82	833
−2,1	−2,0	1,3	6,4	11,8	15,0	17,2	16,1	12,4	7,7	2,3	−0,9	7,1	Königsberg	2	48	35	35	40	43	63	80	106	74	70	63	61	718
0,8	0,9	3,6	6,9	11,9	14,8	16,7	15,7	13,0	8,8	3,9	1,8	8,2	Hamburg	1	62	47	48	53	55	64	86	90	62	62	58	64	751
−1,0	0,6	3,4	8,6	13,8	17,2	18,9	18,2	14,6	9,3	3,8	0,6	9,0	Berlin	4	43	35	40	39	48	60	78	59	42	46	43	48	581
1,4	2,5	5,9	9,5	14,6	17,2	18,9	17,8	14,5	9,8	4,7	2,4	9,9	Frankfurt a. M.	10	44	36	42	40	51	54	60	76	51	54	54	56	618
−0,8	0,2	4,2	7,8	13,4	15,9	17,8	17,0	13,4	8,5	3,0	0,5	8,4	München	52	46	34	46	76	91	119	130	106	81	53	49	55	886
3,5	4,0	6,6	9,5	14,0	16,3	18,2	17,6	14,8	10,5	5,8	4,1	10,4	Paris	5	42	39	44	49	54	56	59	55	46	61	54	56	615
5,1	6,3	8,6	11,1	15,1	17,6	19,4	19,4	16,8	13,0	8,3	6,3	12,3	Bordeaux	7	64	63	77	65	68	58	53	48	59	77	94	88	814
4,1	4,9	6,9	9,4	13,4	15,8	17,7	17,7	15,0	11,3	7,1	5,3	10,7	Nantes	4	71	65	71	58	57	53	53	45	49	89	94	100	806
6,7	7,5	9,9	12,6	16,6	20,0	22,4	22,1	19,2	15,1	10,5	7,7	14,2	Marseille	8	39	43	58	53	42	26	16	17	64	89	72	53	572
−0,2	0,8	4,7	8,2	13,2	15,9	17,6	17,0	13,8	8,8	3,7	1,1	8,7	Zürich	48	60	50	70	88	97	126	124	122	87	75	65	79	1043
−1,5	0,5	4,3	9,9	15,0	18,2	20,1	19,4	15,5	10,0	4,1	0,2	9,6	Wien	20	37	34	45	54	70	71	77	67	51	50	45	47	648
−1,1	0,1	3,5	8,7	13,9	17,3	19,1	18,4	14,6	9,3	3,7	0,2	9,0	Prag	20	22	18	27	42	51	64	66	57	43	33	29	27	479
−0,4	1,0	6,3	11,0	16,6	19,7	21,6	20,8	16,3	11,1	5,0	1,5	10,9	Budapest	13	37	34	44	56	64	68	51	47	54	51	52	53	611
													c) Südeuropa														
10,6	11,2	12,7	14,2	16,7	19,5	21,3	22,0	20,5	17,4	13,6	11,6	15,9	Lissabon	10	66	74	63	46	32	18	6	3	38	67	103	84	600
4,8	6,1	8,8	11,6	15,4	19,7	23,2	23,5	18,8	13,6	8,2	5,3	13,3	Madrid	67	25	43	37	39	41	37	10	6	36	44	61	43	422
14,7	15,6	16,9	19,1	21,6	25,5	28,3	28,8	26,5	22,9	18,8	16,0	21,2	Cartagena	2	46	30	42	20	25	17	2	6	33	38	45	35	339
12,5	12,8	13,7	15,3	17,8	20,3	22,6	23,6	21,8	18,7	15,3	13,2	17,3	Gibraltar	2	94	122	117	66	30	13	0	2	30	69	183	119	845
1,9	3,8	8,5	13,0	17,9	21,8	24,1	23,6	19,1	13,2	7,2	3,6	13,1	Mailand	15	57	65	89	86	81	76	61	64	72	105	92	83	931
7,0	7,9	10,7	13,8	18,0	21,9	24,6	24,4	21,1	16,6	11,7	8,5	15,5	Rom	6	77	89	78	77	64	47	14	22	68	129	116	106	887
10,4	10,9	12,7	15,3	18,9	23,4	26,5	26,8	23,8	19,8	15,4	12,0	18,0	Catania	7	99	68	61	40	18	6	6	12	46	87	105	96	644
−0,1	1,0	6,9	11,6	16,7	19,7	21,9	21,4	17,5	12,2	6,6	2,3	11,5	Belgrad	14	36	30	34	53	67	71	53	56	41	58	49	47	595
−3,1	−0,4	4,3	8,9	13,9	16,9	18,6	18,3	14,1	9,2	3,4	0,6	8,8	Bukarest	8	36	26	37	39	65	92	62	45	43	46	50	37	578
9,0	9,4	11,6	15,1	19,4	23,8	26,9	26,8	23,3	18,8	14,4	11,3	17,5	Athen	11	53	46	32	20	24	15	5	10	18	44	63	72	402
4,8	5,0	7,5	11,3	16,1	20,6	22,9	22,5	19,6	16,3	11,4	7,4	13,8	Konstantinopel	8	87	69	62	42	30	34	27	42	52	64	102	122	733

[1] Höhe der Niederschlagsmeßstelle = 14 m.

Tabelle 32842 A 3. Lufttemperatur in °C (Fortsetzung). — **Tabelle 32842 A 4. Niederschlag in mm** (Fortsetzung).

Jan.	Febr.	März	April	Mai	Juni	Juli	Aug.	Sept.	Okt.	Nov.	Dez.	Jahr	Ort, Höhe (Einheit 10 m)	Jan.	Febr.	März	April	Mai	Juni	Juli	Aug.	Sept.	Okt.	Nov.	Dez.	Jahr
													d) Osteuropa													
−5,0	−5,8	−2,7	2,4	8,9	13,5	17,3	15,3	10,7	5,4	0,6	−3,4	4,7	Helsinki . . 1	52	40	39	41	51	56	53	82	70	68	72	59	683
−4,0	−4,0	−0,6	5,3	11,5	15,3	17,9	16,1	11,9	6,4	1,5	−2,7	6,2	Riga . . . 1	35	30	29	41	45	66	78	90	63	58	62	49	646
−5,0	−4,5	−0,3	5,9	12,6	15,6	17,6	16,0	11,9	6,6	0,8	−3,1	6,2	Wilna . . .15	31	23	29	35	50	72	86	93	47	40	48	37	591
−2,4	−2,0	2,1	7,1	13,5	16,6	18,1	16,9	13,6	7,9	2,5	1,2	7,9	Warschau . .13	37	28	30	40	45	60	90	81	42	37	41	39	570
−12,1	−12,0	−7,6	−1,0	5,5	12,2	15,3	13,4	8,0	1,2	−5,4	−10,3	0,3	Archangelsk . . 1	27	23	27	22	43	58	60	75	62	49	41	33	520
−7,0	−7,6	−3,2	2,9	9,8	14,5	17,6	15,7	10,8	4,5	−0,7	−5,2	4,3	Leningrad . . 1	28	28	27	36	51	61	52	82	61	48	42	32	548
−9,8	−9,4	−4,6	3,9	11,9	15,7	17,3	15,7	10,2	3,6	−1,9	−7,8	3,7	Moskau . . .16	32	28	30	40	50	76	95	72	51	57	47	38	615
−15,2	−13,1	−6,8	2,5	10,1	16,0	18,0	15,5	9,0	1,0	−5,6	−13,2	1,5	Molotov (Perm) .16	41	32	37	29	53	65	79	72	59	54	56	48	625
−11,2	−9,7	−4,6	6,3	16,6	21,1	23,7	21,4	14,4	6,4	−1,7	−7,6	6,3	Saratow . .12	25	25	20	20	30	40	65	35	30	40	40	30	400
−6,0	−4,7	−0,5	6,9	14,7	17,4	19,3	18,2	13,4	7,3	0,7	−3,5	6,9	Kiew . . .18	35	30	44	44	51	75	81	57	46	49	41	39	592
−3,1	−1,6	2,4	8,4	15,7	19,9	22,6	21,8	16,8	11,3	4,6	−0,1	9,9	Odessa . . . 7	29	22	27	24	29	57	44	35	31	37	27	30	392
−6,0	−5,5	0,4	9,3	18,1	22,9	25,2	23,3	16,8	9,4	3,1	−2,8	9,5	Astrachan . —1	12	13	10	13	23	17	14	12	19	12	11	16	172
0,9	2,3	6,7	11,6	17,4	21,2	24,2	24,1	19,5	13,5	7,8	3,0	12,7	Tiflis . . .40	12	22	25	54	82	74	56	34	42	38	38	24	501
													As = Asien													
													a) Nord- und Zentralasien													
−25,6	−22,1	−18,0	−10,5	−2,2	7,1	13,8	11,1	5,0	−4,7	−16,6	−21,9	−7,1	Obdorsk . . 2	7	8	6	6	17	34	50	51	37	18	12	10	256
−29,3	−26,0	−23,7	−15,6	−5,8	5,4	13,5	11,7	3,7	−8,8	−21,1	−26,9	−10,5	Dudinka . . 2	5	6	5	7	11	30	32	43	42	18	9	6	214
−50,1	−44,5	−31,0	−12,6	2,4	13,4	15,5	10,9	2,3	−14,6	−36,7	−46,3	−15,9	Werchojansk .11	4	3	3	4	7	22	27	26	13	8	7	4	128
−22,6	−19,5	−13,5	−3,8	3,6	13,3	16,8	14,0	7,7	−1,9	−12,6	−20,2	−3,1	Surgut . . . 5	14	8	11	11	36	63	66	75	50	31	19	17	401
−18,6	−15,7	−9,4	1,1	9,0	16,1	18,3	15,2	9,3	0,2	−8,4	−16,2	0,0	Tobolsk . 10[1]	16	13	16	18	41	59	82	67	48	35	27	21	443
−18,8	−18,0	−11,5	0,3	10,7	17,3	19,6	16,4	10,4	1,6	−7,7	−15,6	0,4	Omsk . . .11	14	10	8	14	29	53	56	48	29	24	18	17	320
−16,4	−16,2	−10,7	1,6	12,6	18,3	20,5	17,9	11,1	2,1	−6,4	−13,4	1,7	Akmolinsk . .35	17	16	18	15	24	44	40	37	24	25	17	16	293
−18,5	−16,5	−10,5	−0,4	8,6	15,5	18,2	15,3	9,1	0,4	−9,3	−16,7	−0,4	Tomsk . . .12	32	21	25	25	43	63	72	66	41	53	50	42	533
−16,8	−16,0	−9,9	1,5	11,5	17,6	19,8	17,2	10,6	1,8	−6,9	−14,2	1,4	Barnaul . . .16	22	16	15	17	33	42	55	45	29	35	31	29	369
−21,5	−18,2	−10,6	−1,4	7,0	15,1	18,9	15,6	8,5	−1,3	−12,5	−20,0	−1,7	Jenisseisk . . 8	21	15	13	19	34	59	62	66	44	38	31	26	428
−20,5	−18,1	−9,9	0,8	8,5	14,7	17,8	15,3	8,1	0,0	−10,7	−19,5	−1,1	Irkutsk . . .47	10	7	8	15	33	61	80	73	42	18	17	14	378
−43,3	−36,2	−22,9	−8,5	5,2	15,3	19,1	14,9	5,9	−8,5	−28,7	−40,2	−10,7	Jakutsk . 10[2]	6	5	3	6	13	26	35	36	22	12	10	7	181
3,4	4,1	8,4	13,8	20,9	25,5	28,7	28,5	23,6	16,6	10,7	5,7	15,8	Krasnowodsk —2	13	12	15	18	6	3	4	3	2	8	10	13	107
−0,6	2,0	7,5	14,7	19,9	24,9	26,4	24,8	19,1	12,3	7,5	2,6	13,4	Taschkent . .48	47	46	57	49	32	12	5	1	4	26	37	43	359
−29,3	−24,2	−13,7	−0,4	9,0	15,8	19,0	16,3	8,7	−1,5	−15,7	−27,4	−3,6	Nertschinsk . 62[3]	2	2	5	14	29	60	111	109	45	13	7	4	401
													b) Ostasien													
−9,5	−8,8	−6,0	−1,7	2,6	6,6	10,4	11,7	8,8	3,8	−2,8	−7,3	0,6	Petropawlowsk 10[4]	75	58	89	63	57	51	82	86	95	96	88	76	916
−24,6	−20,4	−12,4	−2,5	3,8	11,4	16,3	16,0	11,2	1,8	−10,4	−20,4	−2,5	Nikolaewsk . 2[5]	15	12	17	29	33	39	52	78	68	51	32	20	447
−24,7	−18,3	−9,3	2,9	11,1	17,9	21,4	19,3	12,3	1,6	−11,4	−22,0	0,1	Blagowjeschtschensk 14	3	4	8	23	38	87	117	120	69	19	8	4	500
−13,7	−9,9	−3,0	4,6	9,4	13,5	18,1	20,6	15,5	9,2	−0,9	−10,1	4,4	Wladiwostok . 2	7	11	19	31	53	72	79	117	112	49	31	16	597
−13,0	−9,2	−1,0	8,6	15,8	21,7	24,7	23,6	16,7	9,0	−1,2	−10,2	7,1	Mukden . . . 4	5	7	19	27	59	88	162	151	78	39	24	9	668
−3,7	−2,1	3,3	9,6	14,6	19,5	23,4	24,8	20,2	14,1	5,9	−1,3	10,6	Chemulpo . . 7	22	18	31	65	79	98	271	225	108	43	43	24	1027
−4,2	−1,8	4,7	13,1	19,6	24,3	26,4	25,8	20,6	13,9	4,2	−2,2	12,0	Tientsin . . 1	4	3	11	14	30	65	181	144	45	16	12	3	528
4,0	5,4	10,4	16,5	22,0	25,8	28,7	28,7	23,9	18,7	12,1	5,9	16,8	Hangkow . . 4	41	48	89	127	136	228	172	94	54	73	60	23	1145
4,2	4,2	8,1	13,5	18,8	23,0	26,9	27,1	22,9	17,4	11,3	5,8	15,2	Zi-ka-wei . . 1	48	54	88	94	89	197	174	135	122	68	52	42	1163
15,6	15,2	17,6	21,3	25,1	27,3	27,9	27,7	27,0	24,6	20,8	17,2	22,3	Hongkong . . 3	33	41	78	137	289	364	395	377	281	113	45	26	2179

Höhen der Niederschlagsmeßstellen: [1] = 108 m; [2] = 108 m; [3] = 626 m; [4] = 87 m; [5] = 33 m.

−5,1	−5,7	−2,4	2,8	6,3	9,8	14,3	17,0	15,3	10,7	4,4	−1,6	5,5	Nemuro	3	42	32	56	77	94	91	97	106	148	105	86	55	989
−2,7	−2,0	0,6	6,4	10,5	14,4	18,8	21,4	17,8	11,8	5,5	−0,3	8,5	Hakodate	0	66	65	66	63	84	90	129	136	165	127	100	80	1171
3,0	3,8	6,9	12,7	16,6	20,4	24,2	25,4	21,9	16,1	10,5	5,3	13,9	Tokio	2	53	76	115	132	157	168	138	181	261	209	88	58	1636
2,7	3,3	6,3	12,3	16,6	21,0	25,3	26,1	22,2	15,8	9,7	4,8	13,8	Kioto	5	61	66	107	142	149	239	193	141	204	129	73	57	1561
5,6	5,7	8,9	13,9	17,7	21,0	25,2	26,4	23,1	17,8	12,4	7,7	15,4	Nagasaki	13	74	85	132	192	154	362	264	169	289	110	95	80	2006
17,0	16,8	19,7	23,3	26,0	27,2	27,7	27,4	26,9	24,7	21,5	18,3	23,0	Tainan (Formosa)	1	24	38	41	64	187	342	323	426	166	37	19	13	1680
													c) Südasien														
12,6	14,9	20,4	26,5	31,7	34,3	32,8	31,5	29,8	25,6	18,7	13,6	24,4	Lahore	21	23	18	23	15	15	36	135	140	61	5	3	15	489
17,1	19,6	24,9	29,5	33,0	33,3	31,8	30,2	29,8	28,2	23,4	18,1	26,6	Haidarabad	3	3	7	7	2	5	10	86	54	24	1	1	2	202
16,1	18,4	23,9	29,3	33,2	33,9	30,4	28,5	28,7	26,7	21,2	17,0	25,6	Jaipur	44	7	10	10	5	15	48	185	188	79	18	3	10	578
16,3	18,7	24,8	30,6	34,3	34,2	30,4	29,1	29,1	26,6	20,8	16,6	25,9	Allahabad	9	17	19	9	4	8	73	327	277	173	47	11	6	971
19,4	22,1	27,0	29,9	30,5	29,8	28,9	28,7	28,8	27,5	23,3	19,4	26,3	Kalkutta	1	10	28	38	53	130	305	351	340	231	112	15	5	1618
21,5	23,7	28,2	32,6	35,2	32,4	27,9	27,3	27,9	26,7	23,1	20,7	27,3	Nagpur	31	10	20	14	13	25	218	337	281	195	47	18	14	1192
24,3	24,4	26,7	28,6	30,1	29,1	27,6	27,3	27,4	28,3	27,3	25,3	27,2	Bombay	1	5	3	3	0	20	467	584	310	262	53	10	3	1720
24,7	25,9	27,7	30,6	33,1	32,6	31,1	30,4	29,8	28,2	26,1	24,7	28,7	Madras	1	62	15	7	12	34	41	94	107	119	327	376	130	1324
26,2	26,6	27,2	28,1	28,1	27,6	27,2	27,3	27,3	26,8	26,5	26,2	27,1	Colombo	1	99	54	111	216	302	180	130	66	145	338	288	109	2038
25,3	26,4	28,6	30,2	29,1	27,4	26,9	26,9	27,3	27,8	27,2	25,3	27,4	Rangun	1	5	3	11	39	315	481	595	522	372	191	75	12	2621
16,8	16,8	19,2	22,7	26,7	27,1	28,3	28,0	27,2	25,4	21,6	18,4	23,2	Phulien	12	31	39	45	74	193	245	289	319	304	113	61	30	1743
15,7	16,0	18,9	22,9	27,0	28,2	28,6	28,4	27,8	25,1	21,1	17,5	23,1	Moncay	1	42	65	73	112	283	510	590	587	318	144	71	43	2838
26,2	27,2	28,6	29,6	28,8	27,7	27,3	27,5	27,3	27,1	26,6	26,0	27,5	Saigon	1	17	2	16	50	221	334	306	283	342	272	115	62	2020
27,2	27,9	28,9	29,7	28,6	26,7	26,1	26,2	26,6	27,0	27,2	27,1	27,4	Cochin	0	31	24	55	103	281	727	628	348	250	319	179	50	2995
24,6	25,1	26,4	27,9	28,3	27,6	26,8	26,8	26,7	26,3	25,6	24,9	26,4	Manila	1	18	13	16	35	161	275	492	522	355	196	163	70	2316
26,2	26,4	26,3	26,4	26,7	26,3	26,2	26,0	25,9	25,9	25,8	25,8	26,2	Padang	1[1]	355	257	319	366	319	267	256	347	409	475	517	465	4352
25,8	25,8	26,2	26,7	26,8	26,5	26,3	26,5	26,8	26,8	26,5	26,1	26,4	Batavia	1	273	332	204	145	120	83	59	48	68	124	149	184	1789
													d) Vorderasien														
7,7	8,7	11,5	15,2	20,3	24,2	27,0	26,5	22,8	18,7	13,5	9,6	17,1	Smyrna	1	115	93	78	42	31	16	1	2	12	44	75	150	659
13,7	14,2	16,2	18,9	22,2	25,3	27,7	28,3	27,0	24,2	19,8	15,8	21,1	Beirut	3	191	157	90	52	15	3	1	1	5	53	125	198	891
9,3	11,7	16,2	21,7	27,8	32,4	34,9	34,8	31,6	25,3	17,7	11,2	22,9	Bagdad	4	29	24	24	19	7	0	0	0	0	3	23	15	144
14,2	15,0	18,9	23,5	28,1	30,2	32,2	32,3	30,2	26,4	21,3	16,1	24,0	Buschire	0	70	33	19	9	1	0	0	0	0	3	38	81	254
19,7	20,3	23,3	26,4	29,8	32,2	32,8	31,9	30,7	28,4	24,6	21,2	26,8	Djask	0	33	21	14	6	0	1	1	0	0	4	6	33	119
24,7	25,0	26,3	28,4	30,7	32,1	31,2	30,3	31,4	28,8	26,6	25,2	28,4	Aden	3	10	4	4	6	3	2	0	2	3	5	0	3	42
													Au = Australien und Neu-Seeland														
28,8	28,5	28,8	28,8	27,6	25,9	25,4	26,3	28,1	29,5	29,8	29,4	28,1	Port Darwin	3	393	312	240	95	8	3	0	2	13	48	107	252	1473
23,2	23,3	21,7	19,3	15,9	13,7	12,8	13,3	14,5	16,0	19,0	21,7	17,9	Perth	6	9	12	19	41	122	176	164	142	88	54	20	15	878
22,9	23,5	20,6	17,8	14,8	12,0	11,3	12,2	14,0	16,6	19,4	21,5	17,2	Adelaide	4	16	19	26	32	67	85	67	61	60	45	30	31	539
19,7	19,8	18,1	15,2	12,3	10,2	9,3	10,6	12,3	14,3	16,3	18,3	14,7	Melbourne	4	47	47	54	55	53	52	46	45	61	65	56	55	646
16,7	16,8	15,2	12,9	10,3	8,3	7,6	8,9	10,6	12,2	13,9	15,7	12,4	Hobart	5	45	40	42	48	46	57	53	45	53	56	62	48	606
22,1	22,2	20,8	18,3	15,2	12,8	11,9	13,0	15,4	17,6	19,6	21,2	17,5	Sydney	4	93	77	117	139	125	85	132	68	62	78	55	83	1114
25,2	24,9	23,6	21,4	18,2	15,8	14,9	15,9	18,6	20,9	23,1	24,7	20,6	Brisbane	4	133	123	128	85	66	76	43	36	46	58	85	105	984
28,1	27,8	24,4	20,1	15,4	12,4	11,8	14,3	18,4	22,7	25,7	27,4	20,7	Alice Springs	59	34	32	38	15	15	16	11	7	9	19	26	51	273
16,7	16,9	15,8	13,9	11,4	9,6	8,8	9,2	10,8	12,5	13,6	15,3	12,9	Wellington	0	73	70	82	83	114	114	111	104	82	98	87	83	1101
14,3	14,3	13,1	11,1	9,4	6,7	5,9	6,9	8,9	10,7	11,8	13,2	10,4	Dunedin	1	85	70	75	71	83	80	76	80	70	80	83	90	943

[1] Höhe der Niederschlagsmeßstelle = 1 m.

Tabelle 32842 A 3. Lufttemperatur in °C (Fortsetzung).														Tabelle 32842 A 4. Niederschlag in mm (Fortsetzung).												
Jan.	Febr.	März	April	Mai	Juni	Juli	Aug.	Sept.	Okt.	Nov.	Dez.	Jahr	Ort, Höhe (Einheit 10 m)	Jan.	Febr.	März	April	Mai	Juni	Juli	Aug.	Sept.	Okt.	Nov.	Dez.	Jahr
													StO = Stiller Ozean													
18,4	18,2	18,7	20,1	22,2	24,5	25,6	25,9	25,7	23,8	21,6	19,5	22,0	Midway-Insel . 1	138	90	80	97	64	51	92	131	114	71	96	96	1120
21,7	21,7	21,9	22,8	23,8	24,7	25,3	25,7	25,6	24,9	23,7	22,7	23,7	Honolulu . . 1	107	64	83	47	25	19	21	26	33	42	64	108	639
29,0	29,1	29,2	29,3	29,3	29,4	29,4	29,4	29,6	29,5	29,4	29,2	29,3	Malden-Insel[1]) . 1	103	51	120	118	108	49	51	41	22	25	19	20	727
26,5	26,5	26,5	26,3	26,1	25,7	25,5	25,7	25,9	26,2	26,3	26,5	26,1	Apia (Samoa) . 0	444	389	354	254	175	135	81	86	123	169	261	363	2831
													Af = Afrika													
													a) Nordafrika													
12,5	13,1	13,8	15,4	17,7	20,3	22,5	23,6	21,8	18,9	15,8	13,6	17,4	Tanger[2]) . . 6	101	85	104	55	43	13	2	2	27	77	140	121	770
9,6	10,1	11,5	13,3	16,4	19,8	22,9	23,9	21,3	17,8	13,7	11,0	15,9	Algier[3]) . .34	110	73	78	51	47	18	3	3	37	90	114	122	746
12,3	13,4	15,7	18,2	20,4	23,5	26,2	26,7	25,7	23,2	18,5	14,1	19,8	Tripolis . . 2	82	48	24	12	7	1	0	1	10	39	74	101	399
14,0	14,5	15,7	18,5	21,3	23,9	25,6	26,2	25,3	23,4	20,0	19,3	20,6	Alexandrien . . 3	53	26	11	4	1	0	0	0	1	6	34	59	195
15,2	17,0	21,3	26,1	30,1	32,8	33,1	32,9	30,7	28,0	22,5	17,1	25,6	Assuan . . .10	0	0	0	0	0	0	0	0	0	0	0	0	0
													b) Westafrika													
21,9	21,6	22,0	22,6	23,8	26,9	28,2	27,7	28,1	28,0	25,9	23,2	24,9	Dakar . . . 4	1	1	0	0	0	17	74	261	137	41	2	5	539
27,3	27,9	28,1	28,0	27,5	26,4	25,5	25,1	25,8	26,4	27,1	27,3	26,9	Freetown . . 7	5	3	25	78	221	458	892	843	648	273	127	25	3598
20,9	23,2	27,9	31,6	34,5	34,1	31,8	30,2	31,5	30,9	26,3	21,8	28,7	Timbuktu . .27	0	2	0	2	0	10	50	97	35	0	0	0	196
27,3	28,1	28,6	28,1	27,6	26,4	25,6	25,4	25,9	26,6	27,5	27,6	27,1	Lagos . . 1[4])	25	41	98	144	266	465	291	58	148	190	69	23	1818
													c) Ost- und Zentralafrika													
22,4	23,5	27,2	30,7	32,5	32,6	30,7	29,4	30,8	31,2	27,2	23,4	28,5	Khartum . .39	0	0	1	0	3	7	54	72	17	4	0	0	158
27,2	27,8	28,5	27,2	26,1	25,4	24,3	24,4	25,1	25,7	26,2	26,4	26,2	Mongalla . .45	2	17	36	105	135	113	138	129	123	105	41	10	954
28,3	28,6	28,4	27,2	26,4	25,6	24,9	25,0	25,7	26,3	27,2	28,3	26,8	Sansibar . . 2	62	60	162	362	226	58	46	40	50	103	203	155	1527
27,5	27,4	26,9	25,5	24,6	23,5	23,0	23,1	23,6	24,8	26,2	27,1	25,3	Daressalam . . 1	83	54	123	301	188	28	42	28	29	31	73	95	1075
27,4	27,4	26,6	24,9	22,4	20,2	20,2	21,1	23,0	24,8	26,1	26,8	24,2	Beira . . . 1	315	259	269	114	69	29	28	25	20	38	114	281	1562
													d) Südafrika													
17,0	17,3	17,4	15,5	15,9	14,7	13,6	12,7	13,4	14,5	14,8	16,4	15,2	Swakopmund . 1	1	2	3	1	2	0	0	1	1	2	0	5	18
24,6	24,7	23,7	22,1	19,9	18,1	17,8	18,6	19,8	20,8	22,1	23,6	21,3	Durban . . . 2	111	122	133	56	61	41	37	36	56	110	107	115	985
21,1	21,6	20,4	17,7	15,4	13,3	12,9	13,2	14,4	16,4	18,2	20,4	17,1	Kapstadt . . 1	19	12	17	45	79	112	89	79	60	39	28	21	600
20,8	21,0	19,8	18,3	16,5	14,9	14,4	14,7	15,3	16,6	18,1	19,8	17,5	Port Elizabeth . 6	31	37	56	51	60	47	47	55	63	61	50	40	598
													NA = Nordamerika													
													a) Alaska u. Kanada													
−26,4	−28,4	−26,3	−17,7	−7,4	1,4	4,5	3,7	−0,8	−8,4	−17,6	−23,3	−12,2	Barrow . . . 0													
−29,5	−24,0	−15,6	−2,2	7,9	13,8	15,2	12,6	5,7	−3,6	−16,9	−25,0	−5,1	Dawson . . .32	20	18	13	15	23	31	41	38	38	30	28	28	323
0,0	−0,2	0,8	1,8	4,7	7,9	11,0	11,2	8,9	5,2	2,1	0,4	4,5	Dutch Harbour . 0	151	167	131	93	126	73	56	73	140	214	168	173	1565
0,2	1,6	2,7	4,8	8,1	11,0	12,8	13,3	11,3	7,8	4,1	1,9	6,6	Sitka . . . 3	198	155	163	142	99	63	99	175	272	325	259	252	2202
−19,3	−15,7	−8,3	2,7	10,2	14,9	17,6	15,8	10,1	4,0	−5,7	−14,3	1,0	Prinz Albert . .44	15	15	23	25	41	71	58	58	43	23	23	15	410
−18,2	−15,6	−7,1	3,9	11,2	16,8	19,6	18,1	12,7	5,8	−4,0	−13,6	2,5	Winnipeg . .23	20	19	30	30	56	74	79	55	60	34	27	25	509
−20,5	−18,6	−12,1	−2,9	5,3	12,3	16,0	14,8	10,4	3,8	−4,9	−15,1	−0,9	Moose Factory . 1													
−4,9	−5,6	0,1	6,2	12,4	17,9	21,1	19,8	16,3	9,7	3,6	−2,4	7,9	Toronto . .12	71	56	58	71	69	69	84	79	69	63	61	56	806
−10,2	−9,8	−2,7	5,2	12,8	18,0	21,1	19,3	14,9	8,4	1,0	−6,8	5,9	Montreal . . 6	94	79	89	74	84	91	81	86	94	89	89	94	1044
−12,6	−11,8	−5,3	0,9	6,9	11,5	14,4	13,4	9,8	5,0	−1,3	−8,3	1,9	Father Point . 1	61	48	61	56	84	89	81	84	74	97	69	69	873

[1]) Sporaden. [2]) Kap Spartel. [3]) Bouzaréah. [4]) Höhe der Niederschlagsmeßstelle = 2 m.

−4,7	−5,3	−2,4	1,6	6,1	10,6	15,2	15,4	12,1	7,4	2,8	−1,7	4,8	St. Johns	4	136	126	117	109	91	90	95	94	96	137	153	137	1381
−0,9	−2,1	0,0	2,8	6,2	10,4	15,1	17,1	15,3	11,2	6,3	1,8	6,9	Sable Island	1	124	119	112	91	94	84	86	76	86	150	135	142	1299
													b) Vereinigte Staaten														
3,8	5,8	8,2	10,9	13,7	16,5	19,4	19,5	16,3	12,4	8,1	4,7	11,6	Portland (Oregon)	5	155	122	96	69	48	36	15	15	48	66	160	150	980
7,1	9,7	11,8	14,8	18,8	23,4	26,9	25,8	21,9	17,2	11,4	7,4	16,4	Red Bluff	10	117	107	84	33	23	10	0	3	23	28	71	99	597
9,6	11,3	12,1	12,8	13,2	14,1	14,1	14,4	15,8	15,4	13,3	10,3	13,0	San Francisco	5	112	104	74	28	18	5	0	0	13	20	53	91	518
12,6	13,2	14,1	14,9	15,9	17,4	19,4	20,4	19,3	17,2	15,5	13,1	16,1	San Diego	3	51	51	46	18	8	0	3	0	3	15	18	43	256
−12,5	−11,2	−2,9	6,1	12,3	17,7	21,2	19,8	14,2	7,1	−1,4	−9,6	5,1	Bismarck	51	10	10	23	28	61	84	58	46	38	23	13	13	407
−3,6	−2,7	3,3	8,7	13,6	19,6	23,2	22,5	19,0	12,7	5,6	−1,3	10,1	Chicago	25	46	43	71	74	86	84	81	86	86	61	53	48	819
−4,1	−4,2	1,8	7,7	14,0	19,4	22,6	21,3	17,8	11,3	4,4	−1,9	9,2	Detroit	22	58	48	63	71	79	84	81	71	79	58	51	58	801
−0,6	−0,8	4,2	9,4	15,2	20,0	23,1	21,8	19,1	13,3	6,9	1,1	11,1	New York	10	79	89	84	89	79	89	107	109	81	94	61	89	1050
1,3	1,6	7,1	12,4	17,7	22,0	24,6	23,5	20,2	13,9	7,8	2,3	12,9	Washington	3	84	66	84	89	79	107	114	112	84	71	56	84	1030
7,9	7,6	11,1	14,9	19,6	23,1	25,2	25,3	23,4	18,6	13,0	8,8	16,6	Hatteras	0	86	94	84	81	79	122	119	127	132	89	69	102	1184
0,6	1,0	7,3	12,4	18,1	22,8	25,2	24,3	20,9	14,4	7,6	1,8	13,0	Cincinnati	19	86	61	97	84	94	89	91	79	71	69	61	76	958
−0,1	1,2	7,5	13,0	18,8	23,7	26,3	25,2	21,3	14,7	7,9	1,4	13,4	St. Louis	17	64	51	86	99	107	94	71	94	94	76	58	56	950
6,9	8,6	13,5	17,9	21,9	26,4	28,1	28,1	24,3	18,3	12,1	7,2	17,8	Abilene	53	23	23	30	71	107	58	48	58	64	69	33	30	614
12,3	13,3	16,7	20,2	23,6	26,9	28,1	28,3	26,7	22,5	17,6	13,2	20,8	Galveston	2	76	69	58	92	97	99	92	89	137	129	81	99	1118
20,8	21,2	22,8	24,4	26,1	27,6	28,4	28,6	28,1	26,2	23,3	21,3	24,9	Key West	1	43	33	36	33	97	114	79	114	147	152	56	48	952
													MA = Mittelamerika														
													a) Festland														
22,6	23,2	25,3	27,1	28,2	27,5	27,4	27,2	27,0	26,0	24,2	23,2	25,7	Merida	2	31	21	28	24	76	162	121	136	149	90	36	27	901
22,9	23,3	24,4	25,0	25,1	24,1	24,4	24,5	24,0	23,8	23,3	23,2	24,0	San Salvador	68	9	17	22	61	169	324	271	299	298	273	39	16	1798
25,3	26,8	27,2	27,4	27,3	26,9	27,0	26,9	27,0	26,8	26,4	26,8	26,8	Colon	1	89	41	38	107	318	358	366	389	305	422	544	241	3218
													b) Antillen														
21,9	22,2	23,2	24,6	25,9	26,8	27,4	27,5	27,1	25,9	23,9	22,5	24,9	Habana	2	74	36	42	50	124	152	115	116	137	174	81	59	1160
24,6	24,9	25,6	26,1	26,6	27,5	27,9	27,6	27,0	26,4	25,7	24,9	26,2	Port au Prince	4	29	70	108	165	206	103	68	137	181	184	104	26	1381
23,7	23,6	23,9	24,5	25,6	26,2	26,6	26,7	26,6	26,2	25,4	24,4	25,3	San Juan	3	107	71	79	102	140	127	145	150	152	135	168	142	1518
24,6	24,5	25,2	25,9	26,7	26,2	26,2	25,9	26,3	26,4	26,2	25,2	25,8	Trinidad	2	58	30	43	38	76	173	206	218	188	165	175	119	1489
													SA = Südamerika														
													a) Weststaaten														
22,6	23,5	23,1	21,2	18,9	17,0	16,2	16,1	16,3	17,2	18,7	20,9	19,3	Lima	16	0	0	1	1	2	6	9	10	10	5	3	1	48
20,9	20,8	19,8	18,2	17,0	16,2	15,7	15,6	16,2	17,3	18,5	19,7	18,0	Iquique	1	0	0	0	0	0	0	1	0	0	0	0	0	1
18,1	17,9	16,9	15,0	13,5	12,1	11,7	12,1	12,9	14,3	15,9	17,4	14,8	Valparaiso	4	0	0	8	15	97	149	101	70	33	11	7	4	495
19,9	19,2	17,1	13,7	10,6	8,1	8,0	9,2	11,3	13,7	16,5	18,7	13,8	Santiago	52	1	1	4	12	71	106	70	46	31	12	6	4	364
16,6	16,2	14,6	11,8	9,6	8,0	7,8	8,1	9,3	11,5	13,1	15,0	11,8	Valdivia	1	63	64	115	244	365	440	386	342	240	115	125	109	2608
8,5	8,6	8,2	7,1	5,7	4,6	4,0	4,2	4,7	5,6	6,2	7,4	6,2	Evangelistas	6	283	262	286	285	228	221	226	219	229	218	250	254	2960
11,1	10,6	9,0	6,6	4,0	2,3	1,7	2,5	4,4	6,9	8,2	10,1	6,5	Punta Arenas	3	37	24	42	38	37	32	29	26	27	21	27	32	372
													b) Oststaaten														
26,4	26,4	26,7	27,0	26,9	26,7	26,9	27,3	27,7	27,8	27,5	26,7	27,0	Georgetown	0	193	119	163	142	302	305	252	183	84	71	147	292	2253
26,6	26,7	26,5	26,6	26,7	26,7	27,0	27,6	28,2	28,2	27,9	27,0	27,2	Manáos	5	234	228	243	217	179	92	55	35	52	105	139	196	1771
25,6	25,2	25,4	25,6	26,0	26,0	25,9	26,0	26,0	26,4	26,6	26,3	25,9	Belem	1	193	339	431	453	300	230	59	72	15	12	16	67	2277
27,8	27,8	27,9	27,6	26,6	25,7	25,0	25,2	26,1	27,0	27,4	27,8	26,8	Recife	3	48	77	123	170	227	205	159	104	41	19	24	25	1222
26,8	26,7	26,6	26,3	24,7	23,6	23,4	25,2	26,9	27,5	27,3	26,9	26,0	Cuyaba	17	234	202	210	98	49	11	9	25	51	123	163	203	1378
25,1	25,4	24,7	23,4	21,9	20,9	20,2	20,7	21,2	21,5	23,0	24,5	22,7	Rio de Janeiro	6	135	122	153	93	58	59	47	40	63	87	86	140	1083
24,5	24,7	23,0	20,5	16,8	13,8	13,6	14,7	16,5	18,2	21,0	23,2	19,2	Porto Alegre	2	104	81	84	117	104	126	108	135	133	88	80	101	1259

Tabelle 32842 A 3. Lufttemperatur in ° C (Fortsetzung).

Ort	Jan.	Febr.	März	April	Mai	Juni	Juli	Aug.	Sept.	Okt.	Nov.	Dez.	Jahr
Asuncion	27,0	26,8	25,7	22,6	19,2	17,2	16,8	18,9	21,2	22,6	24,8	26,5	22,5
Montevideo	22,5	22,3	20,5	17,3	13,6	10,7	10,2	10,8	12,8	14,6	18,4	21,0	16,2
Catamarca	26,8	25,9	23,9	20,5	15,8	11,6	12,6	14,9	18,8	21,7	24,7	26,3	20,3
Cordoba	23,7	22,7	20,6	17,3	13,3	10,1	10,0	11,6	14,9	17,4	20,3	22,5	17,0
Buenos Aires	23,3	22,7	20,6	17,0	13,1	9,9	9,6	10,5	13,0	15,4	18,9	21,7	16,3
Bahia Blanca	23,6	22,2	19,7	15,6	11,5	8,3	8,0	9,3	12,1	14,9	19,1	22,2	15,5
Sta. Cruz	14,7	14,3	12,4	8,8	5,0	1,8	1,6	3,5	6,3	9,3	11,7	13,5	8,6
AO = Atlantischer Ozean													
Thorshavn	3,4	3,4	3,4	4,6	6,7	8,9	10,5	10,3	9,0	6,7	4,6	3,7	6,3
Madeira (Funchal)	15,5	15,3	15,6	16,3	17,7	19,4	21,0	22,3	21,9	20,5	18,2	16,5	18,4
Ponta Delgada	14,5	14,2	14,2	15,1	16,6	18,7	20,8	21,8	20,8	18,9	16,8	15,5	17,3
Bermuda	17,0	16,4	17,0	18,1	20,6	23,5	25,8	26,3	25,3	23,1	20,0	18,1	20,9
Fernando De Noronha	25,6	25,8	26,0	25,9	25,7	25,2	24,7	24,0	25,1	25,0	25,2	25,5	25,3
St. Helena	17,6	18,7	18,9	18,4	17,2	15,9	14,5	14,0	14,0	14,5	15,3	16,4	16,3
Falkland-Inseln	9,3	9,4	8,4	6,7	4,7	3,1	2,6	3,0	3,8	5,2	6,7	8,1	5,9
NP = Nordpolargebiet													
Upernivik (Grönland)	−21,1	−22,0	−19,8	−12,9	−3,2	2,4	5,1	5,4	1,4	−4,0	−9,0	−15,4	−7,8
Godthaab (Grönland)	−9,2	−9,1	−7,0	−3,6	1,4	4,7	6,8	6,6	3,7	−0,6	−4,0	−7,1	−1,4
Ivigtut (Grönland)	−7,1	−6,7	−4,5	−0,3	4,8	8,2	9,8	8,8	5,4	1,4	−2,4	−5,4	1,0
Stykkisholm (Island)	−1,4	−1,4	−0,7	1,3	5,2	9,1	10,8	10,0	7,6	4,0	0,9	−0,6	3,7
Berufjord (Island)	−0,4	0,1	0,6	2,5	5,6	9,1	10,7	10,0	7,7	4,3	1,2	0,3	4,3
Nowaja Semlja	−16,5	−16,1	−15,1	−10,3	−4,1	1,6	6,5	6,2	1,8	−3,4	−10,8	−14,3	−6,2
Jan Mayen	−5,0	−5,6	−6,3	−3,8	−1,2	2,4	4,8	5,4	3,4	−0,1	−2,8	−4,7	−1,1
Green Harbour	−16,0	−17,5	−19,8	−13,9	−4,9	1,9	5,4	4,7	0,1	−6,0	−11,4	−13,5	−7,6
Bäreninsel	−7,8	−8,3	−9,6	−7,2	−2,2	1,5	4,5	4,0	2,2	−1,3	−4,9	−6,6	−3,0

Tabelle 32842 A 4. Niederschlag in mm (Fortsetzung).

Ort, Höhe (Einheit 10 m)	Jan.	Febr.	März	April	Mai	Juni	Juli	Aug.	Sept.	Okt.	Nov.	Dez.	Jahr
Asuncion . . 9	151	126	114	134	133	62	49	38	95	160	156	163	1399
Montevideo . . 3	70	76	87	115	95	89	63	88	86	62	81	92	1004
Catamarca . . 51	75	61	47	19	12	4	5	7	7	25	37	59	358
Cordoba . . 42	101	108	86	52	37	9	14	13	23	67	96	115	721
Buenos Aires . 3	84	73	107	113	78	49	54	66	79	79	97	98	977
Bahia Blanca . 3	56	62	64	74	32	17	28	21	41	71	52	58	576
Sta. Cruz . . 1	15	8	10	12	12	13	15	12	6	8	11	23	145
AO = Atlantischer Ozean													
Thorshavn . . 3	157	118	101	94	78	52	70	82	107	132	146	148	1285
Madeira (Funchal) 3	67	87	80	43	22	8	2	3	24	94	124	90	644
Ponta Delgada . 2	71	66	63	55	57	31	21	43	62	72	87	81	709
Bermuda . . 5	114	122	117	112	102	117	91	150	132	157	129	129	1472
Fernando De Noronha 10	63	120	190	252	217	115	63	34	7	6	7	15	1083
St. Helena . . 60	69	94	119	97	97	107	104	94	69	46	43	51	990
Falkland-Inseln . 2[1]	70	54	60	59	69	55	51	49	35	41	51	70	664
NP = Nordpolargebiet													
Upernivik (Grönland) 2	9	8	11	13	16	16	29	26	28	28	28	15	227
Godthaab (Grönland) 1	20	27	26	23	40	32	53	76	68	68	38	19	490
Ivigtut (Grönland) 1	64	56	83	65	67	73	79	99	135	142	113	69	1045
Stykkisholm (Island) 3	79	70	54	40	33	37	36	48	70	82	76	70	695
Berufjord (Island) 2	146	108	97	82	79	65	70	88	136	134	111	138	1254
Nowaja Semlja . 2	10	14	19	8	14	17	31	37	44	37	12	14	257
Jan Mayen . . 2	46	46	34	24	12	17	23	23	46	44	30	27	372
Green Harbour . 1	35	43	30	28	15	11	16	21	27	29	27	45	327
Bäreninsel . . 3	41	43	36	21	24	20	19	27	34	38	35	40	378

[1] Höhe der Niederschlagsmeßstelle = 2 m.

32842 B. Fortlaufende Monats- und Jahresreihen von Temperatur- und Niederschlagswerten an ausgewählten typischen Stationen.

Die jeweils höchsten und tiefsten Monatswerte sind fett gedruckt.

Tab. 32842 B 1. Temperaturmittel in ° C.

Madras (1875—1940). Höhe 7 m.

	Jan.	Febr.	März	April	Mai	Juni	Juli	Aug.	Sept.	Okt.	Nov.	Dez.	Jahr
1875	24,4	25,0	27,3	29,8	32,2	32,4	32,1	29,5	29,3	27,1	26,3	24,8	28,3
1876	23,9	**23,7**	28,1	29,9	32,9	32,1	31,2	30,3	30,8	28,8	25,7	24,1	28,4
77	24,8	26,3	26,9	29,0	**30,4**	31,9	**32,9**	31,5	29,6	28,6	26,5	**26,6**	28,7
78	**26,7**	26,4	28,2	29,6	32,2	33,8	29,7	29,0	29,5	28,5	27,0	25,8	28,8
79	24,9	25,7	27,6	30,3	30,9	30,8	30,1	29,1	30,4	27,4	25,7	24,3	28,1
80	23,9	24,9	27,0	30,1	32,3	31,4	30,9	30,1	29,2	27,7	25,9	24,4	28,1
1881	24,5	24,4	27,3	29,6	32,7	32,0	32,4	29,7	29,0	28,8	26,1	24,9	28,4
82	24,4	25,2	27,2	29,5	31,9	32,6	30,1	29,9	30,1	27,5	26,2	24,6	28,3
83	24,6	25,1	27,5	29,5	32,3	31,8	29,7	30,1	30,5	**26,8**	25,1	**23,5**	28,1
1884	23,5	24,2	26,6	**28,7**	32,0	32,9	31,1	30,6	29,4	27,4	**24,6**	24,5	28,0
85	24,3	24,8	26,5	**28,7**	**30,4**	30,9	31,2	30,5	29,4	27,9	25,8	25,3	28,0
1886	24,2	25,1	27,2	29,1	30,9	**30,1**	29,3	29,0	30,1	27,8	26,1	24,7	**27,8**
87	24,5	24,6	26,9	28,9	32,7	31,2	30,4	29,0	28,8	27,1	26,1	24,7	27,9
88	24,4	25,2	27,0	29,7	30,7	32,2	30,5	29,3	29,8	27,6	26,5	24,4	28,1
89	24,2	25,4	27,4	29,3	32,1	32,0	30,3	28,8	28,8	27,9	26,0	25,5	28,1
90	24,4	24,8	28,0	29,7	33,1	30,8	29,3	28,7	29,3	28,3	26,2	25,5	28,2
1891	25,3	26,1	27,3	29,5	31,0	33,4	32,2	31,3	**31,1**	27,8	26,4	25,5	**28,9**
92	24,6	25,6	27,9	30,0	33,2	31,1	29,9	**28,4**	28,5	27,6	26,0	24,7	28,1
93	24,1	25,5	27,7	29,1	32,2	31,1	**29,2**	29,8	29,4	28,4	26,1	24,5	28,1
94	24,3	25,2	27,7	29,5	32,9	33,1	31,4	29,2	**28,4**	28,3	25,7	25,2	28,4
95	24,8	25,1	26,3	29,8	32,9	32,7	29,8	29,4	29,8	27,3	26,1	24,4	28,2

Madras (1875—1940) (Fortsetzung).

	Jan.	Febr.	März	April	Mai	Juni	Juli	Aug.	Sept.	Okt.	Nov.	Dez.	Jahr
1896	24,1	25,1	27,3	29,8	33,3	32,9	32,0	29,4	29,6	28,0	26,0	25,7	28,5
97	25,2	**27,1**	28,1	29,6	32,4	32,6	31,6	30,3	**28,4**	28,9	26,7	24,0	28,7
98	23,7	24,8	26,4	29,6	32,6	32,2	31,1	30,2	28,8	27,5	25,9	25,2	28,2
99	24,1	25,2	27,2	29,3	32,2	32,7	32,2	30,6	29,5	27,3	25,7	24,2	28,3
1900	24,5	25,8	27,8	29,3	31,7	33,4	30,9	**31,8**	29,9	28,1	25,8	25,5	28,7
1901	25,8	26,9	27,1	29,5	32,4	33,2	31,0	29,8	29,8	28,3	26,0	24,2	28,7
02	24,3	24,9	27,5	29,9	33,1	32,9	31,2	29,9	29,2	27,2	26,2	25,4	28,4
03	25,0	26,3	27,3	29,4	30,5	31,3	30,1	29,5	28,5	27,7	25,4	24,4	28,0
04	24,5	24,1	**26,2**	30,1	31,1	32,8	30,6	30,6	30,4	28,0	26,4	24,8	28,3
05	**23,4**	25,8	28,2	29,3	31,5	33,6	32,6	30,3	30,8	27,7	26,6	24,1	28,7
1906	24,9	26,9	26,7	30,3	33,2	31,8	31,3	29,0	29,6	28,2	26,3	24,8	28,5
07	24,2	25,1	27,6	29,1	33,2	32,9	30,8	31,1	30,3	27,9	25,9	24,5	28,5
08	24,6	25,2	27,0	**30,7**	32,9	33,5	31,2	30,4	28,7	28,0	**24,6**	24,2	28,4
09	24,4	25,6	26,6	29,2	31,6	31,9	30,1	29,0	28,6	**29,1**	**27,3**	25,8	28,3
10	24,8	25,7	26,9	30,2	32,8	31,8	30,1	29,0	29,1	28,2	25,2	24,1	28,2
1911	24,9	24,5	27,4	29,9	32,2	32,9	31,8	31,1	30,1	28,3	26,6	25,2	28,8
12	23,7	26,1	28,3	29,5	33,1	33,5	31,3	30,5	30,3	28,3	26,1	24,3	28,7
13	24,5	26,1	28,0	30,3	32,1	33,1	31,0	31,4	30,4	27,5	25,9	25,1	28,8
14	24,4	25,2	27,9	28,8	32,8	33,4	31,3	29,5	29,0	27,4	26,2	25,6	28,4
15	25,0	26,1	27,9	29,7	33,4	32,6	30,2	30,8	29,6	**29,1**	26,8	25,1	28,8
1916	24,3	25,9	26,9	30,1	31,6	32,4	29,6	30,1	29,9	28,2	26,5	24,8	28,3
17	24,6	25,4	27,1	29,6	31,3	30,4	30,7	29,2	**28,4**	27,9	26,4	24,3	28,2
18	24,4	24,3	26,3	29,3	31,2	31,5	31,9	31,2	30,1	28,7	26,3	25,3	28,4
19	26,0	26,4	26,9	30,1	32,4	32,2	30,1	31,1	29,1	28,2	26,9	25,7	28,7
20	24,9	26,3	27,7	29,6	32,5	32,6	32,4	30,6	30,7	28,5	26,3	24,6	**28,9**
1921	25,5	24,8	27,4	29,6	**34,2**	33,1	29,8	29,8	29,6	27,1	25,2	24,8	28,4
22	24,3	25,1	27,6	30,5	32,2	32,8	31,1	30,8	30,4	27,4	26,0	23,8	28,5
23	24,0	25,3	27,2	29,9	32,2	33,5	31,9	31,5	29,7	28,1	26,3	25,2	28,7
24	24,5	25,4	27,3	30,5	32,2	33,1	30,7	30,7	28,6	28,4	25,8	24,2	28,4
25	24,0	24,9	26,8	29,7	31,3	32,4	31,0	29,6	30,0	27,6	25,8	24,3	28,1
1926	24,9	25,5	28,3	**30,7**	32,3	**34,2**	31,0	30,3	29,6	28,1	25,3	24,5	28,7
27	24,9	26,2	28,2	30,5	32,7	32,4	31,3	30,7	29,6	29,0	25,8	25,1	28,8
28	25,3	25,9	27,1	30,1	33,4	33,3	31,2	29,9	29,6	28,0	26,7	25,5	28,8
29	24,5	25,2	27,0	29,5	32,6	32,6	31,9	29,9	29,5	28,3	26,0	25,2	28,5
30	24,3	25,4	27,5	29,4	31,1	31,1	31,8	30,6	29,5	27,1	25,1	24,9	28,1
1931	24,7	25,3	27,3	29,8	32,1	33,0	30,3	30,4	29,3	28,7	26,1	25,1	28,5
32	24,2	25,5	26,5	29,3	30,8	33,0	31,3	29,5	29,8	27,7	26,2	24,6	28,2
33	24,8	25,1	26,4	29,4	31,1	32,7	31,5	30,1	30,4	27,4	26,0	24,3	28,2
34	24,5	24,5	27,0	29,6	32,3	32,0	31,0	29,8	30,1	27,9	25,6	24,1	28,2
35	24,4	25,2	27,3	30,3	33,3	32,9	31,5	29,5	29,4	28,0	26,0	24,9	28,5
1936	24,9	26,4	27,1	30,5	31,7	31,7	30,9	30,0	29,9	28,4	26,2	25,6	28,6
37	24,5	26,2	27,7	29,0	32,6	33,3	30,6	30,1	30,0	27,4	25,5	**23,5**	28,4
38	24,5	26,2	28,1	29,6	33,5	31,2	31,1	30,0	29,1	**29,1**	25,8	24,6	28,5
39	24,3	24,7	27,2	29,1	33,1	33,1	31,5	31,5	30,1	28,2	25,6	25,2	28,6
40	23,7	24,9	**28,8**	29,4	32,2	32,3	31,2	30,7	30,0	28,1	26,0	25,2	28,5
Höchstwerte	26,7	27,1	28,8	30,7	34,2	34,2	32,9	31,8	31,1	29,1	27,3	26,6	28,9
Tiefstwerte	23,4	23,7	26,2	28,7	30,4	30,1	29,2	28,4	28,4	26,8	24,6	23,5	27,8
Mittel 1901–30	24,7	25,9	27,7	30,6	33,1	32,6	31,1	30,4	29,8	28,2	26,1	24,7	28,7

Aden (1886—1936). Höhe 29 m.

	Jan.	Febr.	März	April	Mai	Juni	Juli	Aug.	Sept.	Okt.	Nov.	Dez.	Jahr
1886	25,2	25,2	27,2	29,3	30,5	32,0	32,1	30,7	30,7	29,6	26,8	24,9	28,7
87	25,0	25,3	26,4	28,4	30,5	31,5	30,1	29,0	30,7	28,0	26,3	25,1	28,0
88	24,5	25,2	26,2	29,5	31,0	31,9	31,4	31,3	31,2	28,5	26,9	25,5	28,5
89	25,2	25,8	26,5	28,3	31,1	31,6	30,7	29,7	31,1	28,8	26,1	24,7	28,3
90	24,8	25,2	26,8	28,8	**29,8**	**31,0**	**29,2**	28,5	30,9	29,3	27,1	25,8	28,1
1891	24,8	25,7	26,4	28,3	30,4	31,4	30,4	29,5	31,7	29,1	27,2	25,9	28,4
92	24,0	25,3	26,2	29,2	31,1	32,0	30,1	28,7	**29,8**	28,9	26,6	24,9	28,1
93	25,2	25,7	26,7	28,3	30,5	31,5	31,3	30,7	30,8	28,3	26,5	26,1	28,4
94	24,6	25,0	26,4	28,5	31,0	31,9	31,1	29,5	**32,0**	29,3	26,5	25,2	28,4
95	24,8	24,9	26,9	28,3	30,6	32,3	31,1	30,8	31,3	28,8	27,1	25,1	28,5
1896	24,8	25,5	27,2	29,0	30,8	32,4	31,9	29,2	31,6	28,5	26,6	24,8	28,5
97	24,5	25,7	26,3	28,6	31,1	32,7	32,1	30,2	31,6	29,4	26,4	25,4	28,7
98	25,1	25,2	26,4	27,9	30,7	31,9	31,4	30,3	31,1	28,6	26,2	24,8	28,3
99	24,1	24,6	26,2	28,3	30,3	32,0	31,2	31,1	31,3	28,3	26,1	25,2	28,2
1900	24,3	25,8	26,9	28,8	30,3	32,2	31,0	30,0	31,1	28,2	27,0	26,0	28,4
1901	25,6	24,3	25,7	28,8	31,2	31,8	31,8	30,2	31,2	28,0	26,8	24,6	28,3
02	24,4	24,8	26,8	29,0	31,2	32,2	31,5	**32,0**	30,8	28,8	27,3	25,2	28,7
03	23,9	24,4	26,1	27,9	30,4	31,7	31,6	31,3	31,3	29,5	26,3	24,6	28,2
04	24,5	24,8	26,4	28,4	30,8	31,8	31,1	31,1	31,5	28,3	26,0	24,6	28,3
05	24,1	24,6	26,4	27,7	30,1	32,0	31,8	31,2	30,6	28,8	27,2	26,0	28,4
1906	25,2	26,1	26,8	28,4	31,0	—	—	—	—	28,3	26,2	24,7	—
07	24,1	25,1	26,3	28,3	29,9	32,2	31,2	28,7	31,3	28,6	27,1	25,1	28,2
08	24,5	24,1	25,6	**27,6**	30,4	32,1	30,4	30,0	31,3	28,8	26,8	24,9	28,1
09	24,5	24,9	26,1	28,9	31,0	32,3	31,1	31,1	31,9	29,0	26,3	25,4	28,5
10	24,2	24,5	26,2	27,9	30,4	31,9	31,7	30,5	31,5	28,8	26,9	25,2	28,3
1911	25,2	25,1	26,8	28,2	30,8	31,9	31,2	31,1	31,1	28,8	26,5	25,1	28,4
12	24,8	24,9	26,4	28,3	30,5	32,2	31,0	29,9	30,2	28,7	26,1	25,1	28,2
13	24,5	25,3	25,8	27,7	31,1	31,9	31,9	30,5	30,8	28,0	**25,3**	25,1	28,2
14	24,8	25,7	26,4	—	—	32,6	31,0	30,9	31,1	28,2	26,8	25,5	—
15	24,0	24,6	26,1	28,4	31,3	**32,9**	32,2	31,9	31,9	**30,7**	26,9	**24,3**	28,7
1916	24,7	24,1	26,0	28,4	30,3	32,1	30,4	28,7	30,4	29,5	26,0	24,4	27,9
17	24,4	24,5	26,1	28,5	30,2	31,3	31,4	31,3	30,1	29,4	25,4	24,5	28,1
18	**23,1**	**23,8**	26,3	27,7	30,5	31,9	32,1	30,0	30,1	28,0	26,5	25,1	28,0
19	24,8	25,1	25,8	28,4	30,7	32,1	31,5	30,1	30,0	28,1	26,8	24,7	28,2
20	24,5	25,5	26,2	28,3	30,4	32,0	31,1	30,4	31,1	28,4	26,2	24,6	28,2
1921	24,2	24,5	25,6	28,2	31,1	32,2	31,0	28,7	31,2	**27,6**	25,8	25,2	27,9
22	24,2	24,5	**25,2**	27,9	**29,8**	31,8	30,5	28,8	30,6	27,9	26,1	24,6	**27,7**
23	24,4	24,6	26,0	28,0	29,9	32,0	30,7	**28,1**	31,0	29,0	26,5	25,8	28,0
24	25,4	25,4	26,8	29,1	30,9	32,0	30,1	30,0	30,9	28,7	27,0	25,4	28,4
25	24,5	24,5	26,1	29,4	31,7	32,5	31,6	29,9	31,2	29,0	27,0	25,6	28,5

	Jan.	Febr.	März	April	Mai	Juni	Juli	Aug.	Sept.	Okt.	Nov.	Dez.	Jahr
Aden (1886—1936) (Fortsetzung).													
1926	25,7	26,1	**28,2**	29,3	31,2	32,4	31,3	30,0	31,3	30,0	26,9	25,7	29,0
27	24,8	26,2	26,7	27,7	30,9	32,2	31,0	31,0	31,8	29,5	27,2	26,6	28,8
28	25,5	25,8	26,9	28,4	31,2	32,6	31,7	31,2	31,6	29,5	27,4	25,2	29,0
29	25,3	26,2	27,1	29,4	31,8	32,2	30,5	30,0	31,5	29,4	27,7	26,3	29,0
30	25,5	25,4	27,2	29,0	31,3	32,3	31,3	31,1	**32,0**	29,4	27,5	26,1	29,0
1931	25,9	26,8	27,9	29,6	31,6	32,8	**32,3**	28,6	31,6	**30,7**	27,7	25,8	29,2
32	25,1	25,5	27,2	29,4	31,0	32,2	—	30,4	31,3	30,4	27,9	26,5	—
33	**26,4**	**27,1**	28,0	**30,2**	31,6	32,5	31,3	30,8	30,8	29,4	27,6	26,1	**29,3**
34	25,1	24,9	26,9	29,1	31,0	31,9	31,3	—	31,5	29,4	27,1	26,2	—
35	25,5	25,1	27,5	28,8	30,5	31,7	31,3	30,5	30,9	29,8	**28,2**	**26,8**	28,8
36	26,1	26,7	27,6	29,2	**32,2**	32,6	31,2	31,1	30,9	29,2	26,8	25,9	29,1
Höchstwerte	26,4	27,1	28,2	30,2	32,2	32,9	32,3	32,0	32,0	30,7	28,2	26,8	29,3
Tiefstwerte	23,1	23,8	25,2	27,6	29,8	31,0	29,2	28,1	29,8	27,6	25,3	24,3	27,7
Mittel 1901–30	24,7	25,0	26,3	28,4	30,7	32,1	31,2	30,3	31,4	28,8	26,6	25,2	28,4
Berlin (1766—1950). Höhe 35 m. Vgl. Abb. 1, S. 636.													
1766	0,2	2,0	6,4	12,5	16,6	19,6	20,2	19,0	16,3	9,6	6,5	1,7	10,9
67	−4,8	**5,5**	5,7	8,0	13,8	17,4	20,2	20,5	16,2	11,2	**8,3**	0,7	10,2
68	−2,6	2,1	2,9	9,8	14,4	19,2	20,5	19,6	14,3	9,3	6,4	3,1	9,9
69	0,8	0,3	3,8	9,0	12,7	17,0	18,4	17,2	14,8	5,3	3,6	0,9	8,6
70	−1,4	0,9	0,4	6,6	13,6	16,8	18,7	18,4	15,6	9,4	3,9	2,5	8,8
1771	−2,6	−2,7	−1,0	**3,9**	15,8	18,0	17,9	16,2	13,9	9,5	2,1	2,1	7,8
72	−1,0	1,7	4,3	7,3	11,0	18,5	17,5	17,9	15,3	11,2	6,4	2,2	9,4
73	1,4	−0,5	2,8	9,4	16,4	16,8	18,6	18,7	15,4	11,5	3,2	3,2	9,7
74	−1,8	1,8	5,0	10,3	14,3	19,1	18,2	17,2	12,2	8,8	**−2,2**	−2,1	8,4
75	−1,2	4,1	5,6	7,7	13,1	21,2	20,9	19,9	16,8	9,9	2,0	1,1	10,1
1776	−9,8	2,7	4,7	7,8	11,1	18,0	20,2	18,3	13,9	7,8	3,4	−0,6	8,1
77	−3,1	−2,7	2,8	5,8	14,2	16,8	18,0	18,6	12,8	9,2	5,7	0,5	8,2
78	−2,0	−1,5	4,5	11,1	15,1	19,0	21,8	19,7	13,2	7,0	5,1	4,6	9,8
79	−1,5	5,1	6,6	11,0	15,3	17,6	20,0	21,3	17,0	12,1	5,0	2,9	**11,0**
80	−2,5	−1,8	7,1	7,3	14,7	16,8	18,9	20,3	14,6	10,8	3,6	−1,0	9,1
1781	−1,7	1,5	5,5	11,2	15,8	20,5	20,3	22,2	17,1	8,2	4,4	−0,5	10,4
82	1,4	−3,5	2,0	7,4	13,8	18,5	20,1	17,9	15,9	7,4	1,4	0,4	8,6
83	1,6	4,5	2,5	9,3	14,7	19,4	20,5	19,0	16,0	10,1	3,5	−2,7	9,9
84	−6,4	−2,8	1,4	6,1	15,2	17,7	18,7	18,0	15,0	7,0	5,9	−0,6	7,9
85	−0,7	−2,7	−3,4	5,5	12,3	16,6	17,8	17,6	15,6	8,7	4,7	1,3	7,8
1786	0,1	0,4	0,7	10,9	13,2	18,2	17,1	17,1	12,9	7,0	−0,7	0,6	8,1
87	−2,0	2,4	5,4	7,2	13,0	18,5	18,3	18,3	14,7	10,9	4,5	2,3	9,5
88	1,1	−1,2	1,0	8,8	14,8	19,0	20,9	17,4	16,0	8,5	2,3	**−11,2**	8,1
89	−4,5	2,3	−2,7	8,9	16,5	17,6	19,0	19,1	15,6	9,6	3,9	4,0	9,1
90	1,4	4,0	5,4	6,5	16,1	17,8	17,3	17,5	13,5	8,4	2,5	1,8	9,4
1791	2,5	2,2	4,8	10,8	12,6	17,0	19,5	19,6	13,5	9,2	2,1	0,9	9,6
92	−1,3	−2,0	3,8	10,2	12,9	18,0	20,8	19,1	13,7	8,2	3,1	0,8	8,9
93	−2,9	3,1	3,6	7,4	13,3	15,6	21,0	18,9	13,4	11,4	4,6	2,2	9,3
94	−0,7	3,3	7,5	12,3	14,6	19,6	22,2	17,9	13,1	9,1	5,0	−3,0	10,1
95	−8,3	−0,3	2,0	12,2	12,1	19,9	18,3	18,6	16,6	**13,5**	3,6	4,6	9,4

	Jan.	Febr.	März	April	Mai	Juni	Juli	Aug.	Sept.	Okt.	Nov.	Dez.	Jahr
1796	**6,5**	1,5	0,9	8,0	13,8	17,7	19,8	20,7	16,5	8,8	2,7	−2,6	9,5
97	0,3	2,7	3,4	10,0	16,2	16,7	20,9	20,5	17,2	9,7	2,4	1,8	10,2
98	0,4	2,4	2,7	10,5	16,5	18,7	19,5	20,0	16,2	9,0	2,9	−4,7	9,5
99	−5,6	−4,6	0,4	6,3	11,0	15,4	17,7	18,3	13,7	8,2	4,0	−5,7	**6,6**
1800	−3,2	−3,7	−2,0	**14,4**	16,9	13,7	16,5	19,3	15,8	8,8	4,9	−0,2	8,4
1801	0,3	−0,9	5,1	8,7	17,9	15,4	18,2	17,8	16,0	10,7	4,4	0,6	9,5
02	−3,3	0,6	4,7	9,2	11,3	16,0	16,7	20,6	14,6	12,4	4,4	2,0	9,1
03	−8,7	−2,3	2,9	12,0	12,4	15,7	21,3	20,2	12,7	8,5	4,0	−1,1	8,1
04	2,5	−1,4	−1,0	7,4	15,5	17,0	19,2	17,8	16,1	9,0	0,2	−4,9	8,1
05	−6,9	−1,8	2,3	6,8	10,6	14,8	17,3	16,3	15,5	**4,7**	0,4	1,4	6,8
1806	1,7	1,6	2,7	5,2	15,2	14,3	17,0	17,5	15,7	8,8	5,0	4,6	9,1
07	0,0	1,8	0,3	6,8	13,7	15,4	19,4	**23,3**	12,1	9,0	4,4	1,6	9,0
08	−1,1	−1,3	−1,6	5,2	15,6	17,1	20,5	19,9	14,6	7,4	1.8	−5,8	7,7
09	−6,1	2,5	1,5	4,5	15,4	16,0	18,3	18,6	14,5	7,8	3,3	2,2	8,2
10	−3,3	−1,9	3,3	7,1	11,8	14,6	18,9	18,2	16,0	7,3	3,4	1,4	8,1
1811	−5,4	−0,5	5,3	8,5	18,0	20,3	20,1	18,0	13,9	11,7	4,6	1,5	9,7
12	−3,4	−0,1	1,6	**3,9**	12,8	16,3	16,2	17,6	12,7	10,3	1,4	−7,3	6,8
13	−3,6	3,2	3,2	9,7	13,3	15,8	17,6	16,2	13,5	7,1	3,4	1,0	8,4
14	−4,7	−6,5	−0,6	10,6	10,4	14,7	20,2	17,1	12,0	7,4	3,9	1,3	7,2
15	−5,5	1,8	4,7	8,6	14,0	17,6	**15,5**	16,8	12,5	9,2	2,6	−2,0	8,0
1816	−0,8	−2,2	2,3	8,3	10,8	15,4	17,3	15,5	12,8	7,4	0,5	−0,9	7,2
17	1,2	3,2	3,2	4,3	13,1	18,2	17,0	18,1	16,5	5,8	6,2	−0,6	8,8
18	1,0	0,5	4,2	8,7	14,4	18,3	19,5	17,0	14,8	8,2	4,4	−1,3	9,1
19	1,1	2,1	4,7	9,7	15,4	19,9	20,7	20,5	15,7	8,4	2,3	−4,0	9,7
20	−6,3	0,6	2,6	10,5	15,3	14,2	16,4	20,4	13,8	9,6	1,4	−2,6	8,0
1821	0,1	−0,5	3,1	13,1	13,6	14,4	17,1	18,0	16,2	10,6	7,5	3,7	9,7
22	2,1	4,6	**8,0**	11,3	15,7	19,6	19,5	18,7	14,6	11,6	6,5	−2,1	10,8
23	**−10,2**	0,6	5,3	7,4	15,2	17,5	17,7	20,3	15,3	10,8	5,4	3,1	9,0
24	2,4	2,5	4,0	9,0	13,2	17,6	18,5	18,1	16,9	10,8	6,6	5,0	10,4
25	2,2	0,8	0,9	10,3	14,3	16,3	18,9	18,2	15,8	9,7	5,5	3,7	9,7
1826	−5,7	2,4	4,7	8,7	13,5	19,0	22,7	22,0	14,9	10,4	3,5	2,1	9,8
27	−2,4	−6,7	4,9	12,2	16,4	19,2	19,9	17,7	16,3	10,3	1,1	3,0	9,3
28	−2,8	−1,3	4,3	9,9	14,0	17,9	19,8	17,0	14,3	8,9	3,9	2,1	9,0
29	−6,0	−3,9	1,8	8,8	13,2	17,8	19,2	16,8	14,0	7,6	0,6	−8,9	6,8
30	−7,5	−3,6	4,8	10,5	13,9	17,6	18,8	17,7	13,9	9,1	5,9	−0,5	8,4
1831	−4,5	0,7	3,7	11,2	12,6	15,7	19,6	18,4	13,1	12,1	3,3	1,8	9,0
32	−1,6	1,2	3,9	9,1	11,9	17,3	16,4	18,2	12,9	9,8	3,1	1,4	8,6
33	−3,4	3,6	2,0	6,5	17,3	19,1	18,5	**14,3**	14,1	8,7	4,2	4,7	9,1
34	3,5	1,3	4,8	7,7	16,1	19,0	**23,2**	21,0	15,6	9,7	4,6	2,2	10,7
35	1,1	3,1	4,1	7,3	12,6	17,6	18,9	17,2	16,2	8,8	0,7	−0,7	8,9
1836	−0,7	1,0	7,7	8,7	10,5	17,6	17,5	16,2	13,4	10,4	2,9	2,0	8,9
37	0,0	0,3	0,9	6,5	11,9	16,6	17,5	19,5	13,6	10,5	5,0	0,5	8,6
38	**−10,2**	−4,7	3,8	6,8	13,3	17,2	18,6	15,9	16,3	9,0	2,7	1,1	7,5
39	−0,4	1,6	1,0	5,4	14,4	18,6	19,7	17,6	16,0	10,3	5,5	−0,2	9,1
40	−1,0	1,5	1,4	10,3	13,1	16,5	16,7	17,0	14,3	7,1	5,3	−5,7	8,0

Berlin (1766—1950) (Fortsetzung).

	Jan.	Febr.	März	April	Mai	Juni	Juli	Aug.	Sept.	Okt.	Nov.	Dez.	Jahr
1841	−2,4	−5,3	4,8	9,9	17,0	16,2	17,0	18,2	15,5	10,9	5,0	3,5	9,2
42	−4,1	0,6	4,7	6,8	14,6	16,8	17,3	22,1	14,8	8,0	0,5	2,6	8,7
43	0,8	2,7	2,2	9,1	11,1	16,1	18,3	19,6	13,7	9,3	5,6	4,1	9,4
44	−1,1	−1,4	1,7	9,3	14,7	16,1	15,9	16,0	14,9	9,7	4,6	−4,6	8,0
45	−0,5	−5,9	**−4,3**	9,1	11,9	18,2	19,9	16,8	13,4	9,6	5,6	1,9	8,0
1846	−0,2	3,1	6,9	9,3	12,5	18,0	20,3	21,2	15,0	11,7	3,5	−3,9	9,8
47	−3,9	−1,2	3,6	6,2	15,6	16,6	19,8	20,5	13,1	8,3	4,8	−0,8	8,6
48	−9,5	3,0	5,3	10,3	13,6	18,2	18,0	16,5	13,0	10,4	3,9	1,7	8,7
49	−1,9	3,6	3,1	7,9	14,8	16,4	16,8	16,5	13,7	8,6	3,3	−2,6	8,4
50	−6,6	4,3	1,5	8,8	13,3	18,0	18,4	17,7	12,7	7,7	5,1	1,6	8,5
1851	1,1	1,4	3,5	10,3	10,1	15,7	17,6	18,1	12,9	11,5	1,6	2,1	8,8
52	3,3	1,7	1,7	5,3	14,5	17,5	20,8	19,1	14,4	8,7	5,9	**5,3**	9,8
53	3,1	−2,0	−1,6	5,5	12,4	18,2	19,3	17,0	14,0	9,5	2,8	−3,2	7,9
54	−0,2	0,6	4,2	8,0	14,3	16,3	19,9	17,7	14,0	9,7	2,1	2,5	9,1
55	−1,9	−7,5	1,4	6,8	11,7	17,6	18,3	18,1	13,7	11,6	2,6	−4,3	7,3
1856	0,3	1,8	1,6	9,9	12,2	17,4	16,8	17,4	13,5	11,0	1,6	2,1	8,8
57	−1,5	0,5	3,7	8,3	13,5	18,1	19,5	21,1	16,3	12,0	2,9	4,0	9,9
58	−1,5	−3,8	1,7	7,5	12,1	20,3	18,6	19,0	16,0	10,0	−0,2	0,9	8,4
59	1,9	3,5	6,8	7,5	14,0	18,1	21,3	20,4	14,3	9,7	3,8	−1,4	10,0
60	2,0	−0,5	2,2	8,0	14,4	17,7	17,6	17,1	14,4	8,5	2,1	−2,0	8,5
1861	−5,6	3,9	6,1	6,5	11,4	19,6	19,9	18,7	14,0	10,4	5,0	1,8	9,3
62	−1,9	−0,2	5,9	9,9	16,4	16,5	17,3	18,2	15,1	11,4	3,2	0,8	9,4
63	3,0	3,8	5,3	9,0	13,6	17,4	16,9	19,5	14,0	12,2	4,6	3,5	10,2
64	−4,6	−0,2	4,8	6,5	**10,0**	17,1	17,1	15,2	14,0	8,4	2,4	−2,7	7,3
65	−0,1	−5,1	0,7	10,0	17,9	14,9	21,8	17,7	16,0	9,5	6,4	2,6	9,4
1866	4,3	4,1	2,7	10,2	10,7	19,7	17,1	17,0	16,9	7,7	4,7	2,5	9,8
67	−0,3	4,7	1,4	8,1	11,5	17,0	17,1	18,7	15,0	9,2	3,6	−0,7	8,8
68	−0,6	4,8	5,0	7,9	17,8	19,0	20,5	21,3	16,4	9,4	3,3	4,6	10,8
69	0,1	**5,5**	2,7	11,6	14,4	14,6	20,6	16,9	15,3	8,3	4,0	0,5	9,5
70	1,0	−5,4	1,8	9,4	14,4	16,5	19,5	17,2	13,4	8,9	5,5	−3,6	8,2
1871	−5,1	−1,3	6,4	7,4	10,4	14,2	18,9	18,9	14,4	6,9	2,2	−1,7	7,6
72	0,8	1,7	6,2	10,8	15,0	17,5	20,5	17,4	15,9	11,1	7,4	2,6	10,6
73	4,1	0,1	4,8	7,5	11,4	18,1	20,2	19,4	14,0	11,0	5,7	3,5	10,0
74	3,1	2,2	4,7	10,6	10,9	17,5	21,4	16,9	17,2	11,7	3,2	0,1	10,0
75	1,8	−3,5	1,2	8,4	14,2	19,2	19,6	20,7	14,9	6,9	2,8	−0,8	8,8
1876	−2,1	2,4	5,0	9,8	10,2	18,5	19,6	19,2	13,8	11,9	2,1	1,1	9,3
77	3,1	3,2	3,2	7,0	11,3	19,8	19,5	19,0	12,1	8,4	7,5	2,1	9,7
78	1,9	4,1	4,4	10,4	14,3	17,6	17,4	18,9	15,9	11,5	4,9	1,0	10,2
79	−2,3	0,7	2,1	7,1	12,9	18,0	17,2	19,2	16,0	9,3	2,1	−4,3	8,2
80	−0,8	1,4	4,6	10,5	12,6	17,5	19,8	18,7	15,9	8,4	5,0	3,9	9,8
1881	−4,6	0,0	2,6	6,2	14,0	16,6	20,2	16,9	13,4	6,5	7,0	1,9	8,4
82	1,9	3,1	7,5	8,7	12,7	15,7	19,4	16,6	15,6	9,2	4,6	1,2	9,7
83	0,3	2,6	−0,8	5,9	13,2	17,9	18,7	17,2	15,2	10,0	5,3	1,7	8,9
84	3,9	3,9	5,3	6,1	13,8	14,8	19,8	18,1	16,1	8,9	2,2	2,9	9,6
85	−1,7	3,4	3,2	10,4	11,7	18,5	18,9	15,3	14,1	8,7	2,6	0,7	8,8

	Jan.	Febr.	März	April	Mai	Juni	Juli	Aug.	Sept.	Okt.	Nov.	Dez.	Jahr
1886	−0,6	−3,4	0,2	9,6	14,1	16,0	17,9	18,8	16,7	9,4	5,9	1,5	8,8
87	−2,5	0,3	2,6	8,7	11,9	16,6	20,2	17,4	14,4	7,0	4,7	0,9	8,5
88	−0,5	−2,2	0,4	7,4	13,6	17,4	16,7	17,1	14,7	8,0	3,8	1,8	8,2
89	−2,4	−1,3	1,5	8,7	**19,2**	**21,7**	18,3	17,3	12,6	9,2	4,2	0,1	9,1
90	2,7	−1,1	6,3	9,0	16,1	15,9	17,8	19,2	15,0	8,7	3,9	−4,5	9,1
1891	−3,0	1,0	4,1	6,4	15,2	16,1	18,5	17,0	15,6	11,3	3,7	2,8	9,1
92	−1,5	1,4	2,0	8,5	13,2	17,3	18,1	20,1	15,6	8,6	2,4	−0,5	8,8
93	−7,4	2,4	5,0	9,4	13,5	17,5	19,3	18,5	13,5	11,1	3,2	1,5	9,0
94	−0,9	2,9	6,0	11,0	13,1	15,8	20,5	16,8	12,4	8,7	5,4	1,0	9,4
95	−2,6	−4,0	2,8	10,0	14,7	18,0	19,4	18,8	16,5	8,1	4,6	0,0	8,9
1896	0,1	1,1	6,4	7,5	12,7	19,2	19,3	16,7	14,0	10,7	1,9	−0,2	9,1
97	−2,8	0,6	5,7	8,8	12,5	19,3	18,2	19,1	13,8	8,3	3,4	2,1	9,1
98	3,1	2,5	4,7	8,2	13,6	17,3	15,6	19,9	14,8	8,5	5,6	4,4	9,8
99	2,9	3,1	3,8	8,9	13,3	15,9	19,7	18,5	13,5	9,1	7,9	−2,7	9,5
1900	0,9	1,3	1,9	7,7	12,9	18,0	20,7	18,6	15,3	9,9	5,5	3,4	9,7
1901	−3,1	−2,5	3,3	9,2	15,0	17,7	21,1	18,8	14,5	11,5	4,3	1,6	9,3
02	4,1	−0,7	3,9	7,8	10,6	17,6	17,0	15,9	13,2	7,8	1,8	−1,8	8,1
03	1,1	4,6	7,1	6,3	15,0	17,0	18,7	17,2	14,9	10,1	5,2	−0,1	9,1
04	−0,3	1,6	4,1	9,9	13,6	17,2	20,3	18,5	13,9	9,3	4,7	3,5	9,7
05	−0,5	2,9	5,3	6,4	14,5	19,4	19,9	18,2	14,1	5,8	4,3	2,2	9,4
1906	1,8	2,0	3,4	10,5	16,0	17,1	19,4	18,2	14,5	10,0	7,6	−1,6	9,9
07	0,0	−0,6	4,0	7,3	15,0	16,9	16,1	16,8	14,2	13,3	3,4	1,6	9,0
08	0,1	2,6	3,9	6,8	14,7	19,1	19,8	16,6	13,5	9,6	2,0	−0,9	9,0
09	−1,2	−2,3	1,3	7,7	11,2	15,5	16,2	16,9	13,7	10,8	1,9	2,1	7,8
10	1,8	2,8	3,7	7,9	13,7	18,7	16,6	16,4	12,7	8,7	2,1	2,3	9,0
1911	0,3	1,6	4,4	8,2	15,0	16,4	19,9	20,4	14,6	8,9	4,7	2,2	9,7
12	−3,3	1,3	6,1	7,8	11,8	16,6	20,1	15,0	**10,0**	6,7	2,8	3,8	8,2
13	−0,8	1,7	6,2	9,2	13,8	16,3	16,4	16,2	13,8	9,3	6,6	2,9	9,3
14	−2,4	3,7	5,1	10,3	12,0	16,2	19,8	18,5	13,3	8,3	3,7	3,7	9,4
15	0,2	1,0	1,0	7,7	14,1	18,9	17,6	16,2	12,4	6,6	2,3	2,4	8,4
1916	3,6	0,7	4,0	9,5	14,3	14,4	17,2	17,0	13,2	8,8	4,9	2,5	9,2
17	−2,4	−3,9	−0,3	5,4	16,0	21,0	18,9	18,1	15,1	8,2	5,6	−1,2	8,4
18	0,6	1,7	4,4	11,3	15,4	13,9	17,6	16,3	13,5	8,9	3,1	3,5	9,2
19	0,8	0,1	3,2	6,4	11,9	15,7	16,8	16,4	15,6	7,0	−0,6	0,2	7,8
20	1,9	3,1	7,0	10,8	14,8	15,4	19,0	16,2	13,5	6,6	0,8	−0,1	9,1
1921	4,4	1,5	6,6	9,1	15,4	14,9	19,3	18,8	13,6	10,8	0,3	0,5	9,6
22	−3,6	−1,6	3,9	5,9	14,1	16,3	16,5	15,6	11,8	5,1	2,8	2,6	7,4
23	2,2	−0,1	5,6	7,2	12,1	**11,8**	19,2	15,7	13,7	10,5	3,6	−2,3	8,3
24	−3,2	−2,9	2,3	6,2	14,6	16,3	17,7	16,0	14,2	10,2	3,2	1,6	8,0
25	3,2	4,7	2,1	9,2	15,9	15,5	19,6	17,6	11,4	8,5	2,6	−0,2	9,2
1926	−0,2	3,5	4,1	10,9	12,4	15,1	19,2	16,6	14,5	7,6	6,8	2,5	9,4
27	2,3	0,7	7,0	7,1	10,7	14,1	19,0	17,4	14,0	9,1	2,2	−2,9	8,4
28	1,3	2,4	3,1	8,1	11,0	14,3	18,6	16,0	12,8	9,0	7,1	−0,6	8,6
29	−4,4	**−10,5**	2,6	4,8	14,4	15,0	18,4	18,0	15,6	10,1	5,3	3,6	7,7
30	2,2	0,3	4,1	9,4	13,2	19,6	17,4	16,3	13,4	9,0	5,9	0,6	9,3

	Jan.	Febr.	März	April	Mai	Juni	Juli	Aug.	Sept.	Okt.	Nov.	Dez.	Jahr
Berlin (1766—1950) (Fortsetzung).													
1931	0,2	−0,9	0,2	6,0	16,5	16,4	18,5	16,7	11,4	7,7	4,5	1,1	8,2
32	1,7	−1,1	1,2	8,3	14,3	15,4	19,9	19,7	15,1	9,3	4,5	1,0	9,1
33	−3,0	0,1	5,8	7,4	13,2	15,9	19,2	17,5	14,0	8,9	2,9	−3,3	8,2
34	1,2	2,7	5,6	11,5	14,5	18,2	19,6	17,4	16,3	10,0	5,1	4,3	10,5
35	−0,5	2,6	2,9	8,4	11,5	18,7	18,8	17,4	14,3	9,0	5,6	0,8	9,1
1936	3,3	0,0	5,3	7,6	14,1	18,2	18,4	17,3	13,6	6,8	4,1	1,9	9,2
37	−3,0	2,2	3,4	8,8	16,8	18,1	18,3	18,1	14,4	10,5	3,6	−0,6	9,2
38	1,8	1,9	**8,0**	6,2	12,1	16,8	18,8	19,6	14,2	9,7	8,0	−1,5	9,6
39	3,0	3,0	2,2	9,5	11,8	17,6	18,6	19,1	14,3	6,8	5,3	−1,3	9,2
40	−9,6	−7,0	2,1	8,7	13,2	19,0	17,8	15,5	12,2	8,3	5,9	−1,9	7,0
1941	−6,3	0,0	3,3	6,1	10,7	17,7	20,2	15,8	12,6	8,4	1,6	2,0	7,6
42	−7,2	−4,8	0,1	8,1	13,3	15,2	17,2	19,0	15,5	10,8	3,9	2,9	7,8
43	−0,6	3,7	6,5	10,2	14,1	15,8	19,1	19,3	14,4	10,3	2,8	0,4	9,7
44	4,0	0,5	1,9	9,1	12,7	15,8	19,4	21,6	14,2	9,4	4,9	−0,8	9,3
45	−2,9	4,2	6,8	—	—	—	—	—	—	—	—	1,4	—
1946	−0,8	2,2	3,8	11,2	15,8	16,5	20,7	17,1	14,9	6,9	3,8	−2,2	9,2
47	−5,3	−8,1	1,9	9,9	16,5	19,6	19,8	19,0	**18,0**	7,7	5,2	1,8	8,8
48	2,7	0,2	5,6	11,6	15,0	17,4	18,0	17,8	15,2	9,0	4,8	1,6	9,9
49	1,6	2,2	2,5	10,9	14,4	15,0	18,4	18,2	17,3	10,8	4,2	3,6	9,9
50	−1,6	2,9	5,2	7,9	15,4	18,6	18,5	19,1	13,5	8,4	4,6	−1,2	9,3
Höchstwerte	+ 6,5	5,5	8,0	14,4	19,2	21,7	23,2	23,3	18,0	13,5	8,3	5,3	11,0
Tiefstwerte	−10,2	−10,5	−4,3	3,9	10,0	11,8	15,5	14,3	10,0	4,7	−2,2	−11,2	6,6
Mittel 1769–1930	− 1,0	0,6	3,4	8,6	13,8	17,2	18,9	18,2	14,6	9,3	3,8	0,6	9,0
London-Greenwich (1841—1940). Höhe 48 m.													
1841	1,1	2,0	7,9	8,2	13,8	13,4	14,3	15,8	14,4	9,4	6,1	4,5	9,2
42	0,5	4,6	7,0	7,2	11,9	17,2	15,7	18,5	13,5	7,4	6,1	7,1	9,7
43	4,3	2,1	6,0	8,6	11,2	13,5	16,0	16,7	15,7	9,1	6,6	6,9	9,7
44	4,1	2,0	5,3	10,9	11,6	16,0	16,5	14,3	14,0	9,8	6,6	0,8	9,3
45	3,8	0,4	**2,0**	8,0	9,5	15,9	15,5	14,1	12,2	9,8	7,6	5,3	8,7
1846	6,4	6,6	6,5	8,5	13,0	18,6	18,2	17,3	15,8	10,4	7,4	0,6	10,8
47	2,0	2,0	5,5	7,0	13,7	14,4	18,5	16,9	12,4	11,7	8,2	5,9	9,8
48	1,6	6,6	6,4	8,5	**15,4**	14,7	16,9	14,6	13,7	10,8	6,6	6,7	10,2
49	4,9	6,2	6,1	7,0	12,7	15,2	16,8	17,1	14,7	10,8	6,8	4,0	10,2
50	1,2	7,0	4,4	9,6	10,9	16,2	16,8	16,0	13,4	8,2	8,0	4,6	9,6
1851	6,1	4,4	6,0	7,5	11,0	15,4	15,8	17,0	13,4	11,4	3,2	4,8	9,6
52	5,5	4,8	4,8	7,4	11,2	13,8	19,4	16,9	13,8	8,8	9,4	**8,7**	10,4
53	5,9	0,7	3,4	7,8	11,4	15,0	16,1	15,7	13,0	10,8	5,7	1,1	8,9
54	4,1	4,1	6,5	9,2	10,7	13,6	16,1	16,2	14,4	9,7	4,8	5,1	9,5
55	1,6	**−1,6**	3,2	7,7	9,6	14,3	17,0	16,9	14,1	10,9	5,4	2,3	8,4
1856	4,0	5,7	4,0	8,6	9,9	15,4	16,5	17,6	12,9	11,1	5,0	4,5	9,6
57	2,7	3,8	5,5	8,0	12,4	17,0	18,4	18,7	15,5	11,8	7,8	7,3	10,8
58	3,1	1,6	5,3	8,2	11,2	**18,7**	16,3	16,9	15,8	10,7	4,2	5,1	9,8
59	4,7	6,3	8,2	8,6	12,0	16,9	**20,5**	17,7	13,9	10,8	5,7	2,6	10,7
60	4,4	2,1	5,3	6,3	12,6	13,2	14,6	14,5	12,1	10,7	5,0	2,4	8,6
1861	1,1	5,7	6,8	7,2	11,5	15,5	16,4	17,5	14,1	12,9	5,0	5,0	9,9
62	4,1	5,2	6,3	9,5	13,3	14,0	15,4	15,4	14,3	11,4	4,3	6,5	9,9
63	5,7	5,7	6,6	9,8	11,4	14,9	16,3	16,9	12,2	11,1	7,7	6,5	10,4
64	2,6	2,2	5,3	9,3	12,6	14,6	16,9	15,7	14,0	10,5	5,8	3,7	9,4
65	2,5	2,8	2,6	**11,6**	13,8	16,5	18,1	15,8	**17,7**	10,8	7,3	6,1	10,5
1866	6,2	4,9	4,9	9,2	10,5	16,6	16,6	15,4	13,7	10,9	7,1	6,2	10,2
67	1,5	7,3	3,3	9,9	12,2	15,1	15,7	17,0	14,3	9,5	5,3	3,2	9,5
68	3,1	6,4	7,0	9,3	14,4	17,3	20,1	17,7	15,8	9,0	5,5	7,9	11,1
69	5,2	**7,6**	3,3	10,5	10,7	13,4	18,2	16,1	15,1	9,6	6,3	3,3	9,9
70	3,6	2,4	4,5	9,5	12,3	16,8	18,9	16,3	13,3	10,2	5,5	1,0	9,5
1871	0,8	5,9	7,2	9,0	11,3	13,1	16,7	18,3	14,3	9,8	**3,0**	3,5	9,4
72	5,3	7,1	7,1	9,3	10,9	15,6	18,6	16,1	14,3	9,1	7,5	6,1	10,6
73	5,8	1,5	5,7	8,0	10,7	15,2	17,8	17,2	12,7	9,1	7,0	4,8	9,6
74	5,5	3,9	6,8	10,3	10,6	14,9	18,3	16,0	14,5	11,2	5,7	0,8	9,8
75	6,5	2,0	4,9	8,3	13,1	15,6	15,5	17,6	16,0	9,6	6,0	3,7	9,9
1876	3,0	5,2	5,4	8,9	10,1	15,4	19,3	17,9	13,5	12,0	6,8	6,8	10,4
77	6,1	6,7	5,0	7,9	9,6	16,9	16,4	16,8	11,9	9,6	7,8	5,0	9,9
78	4,6	5,8	5,8	8,9	12,9	15,7	17,3	17,0	13,8	10,9	4,3	1,0	9,8
79	−0,1	3,5	5,1	6,4	**9,2**	13,9	14,5	15,7	13,5	9,6	3,6	0,3	**8,0**
80	0,8	5,7	6,8	8,4	11,5	14,2	16,5	17,1	15,4	8,0	6,0	6,3	9,7
1881	−0,2	3,3	5,9	7,7	12,2	14,8	18,6	15,1	13,2	7,4	9,4	4,4	9,3
82	4,7	5,6	7,9	8,9	12,5	13,7	15,8	15,5	12,6	10,6	6,6	4,5	9,9
83	5,2	6,1	2,4	8,3	11,8	14,9	15,5	16,8	13,8	10,4	6,5	4,7	9,7
84	6,6	5,7	6,9	7,4	12,3	14,5	17,3	18,4	15,2	9,5	5,9	5,1	10,4
85	2,6	6,6	4,6	8,7	9,9	15,4	17,6	14,8	13,0	8,1	6,4	3,9	9,3
1886	2,4	1,0	4,3	8,1	11,9	14,3	17,3	16,9	15,1	11,9	6,9	2,6	9,4
87	2,1	3,8	3,3	6,8	10,1	16,1	19,2	17,0	12,4	**7,3**	4,9	3,3	8,8
88	3,3	1,9	3,5	6,4	11,7	14,6	14,4	15,1	13,3	7,8	8,4	4,9	8,8
89	2,9	3,0	4,8	7,6	13,4	16,3	16,1	15,7	13,3	9,3	6,9	3,1	9,3
90	6,5	3,0	6,3	7,6	12,7	14,5	15,4	15,2	15,3	9,8	6,5	**−1,2**	9,3
1891	1,2	3,7	4,5	6,8	10,2	15,7	15,7	14,9	14,9	10,6	6,3	5,1	9,1
92	2,6	3,9	3,0	8,1	12,7	14,5	15,3	16,5	13,5	7,5	7,3	2,6	9,0
93	2,0	5,2	7,8	10,6	14,1	16,5	17,2	18,5	14,0	10,9	5,6	4,8	10,6
94	3,6	5,5	7,0	10,7	10,2	14,8	16,6	15,5	12,4	10,2	8,3	5,8	10,0
95	1,0	**−1,6**	6,0	8,8	13,3	16,3	17,1	16,8	16,6	8,2	8,5	4,6	9,6
1896	4,7	4,6	7,8	9,4	12,6	17,4	18,4	15,2	13,8	8,1	4,7	4,5	10,1
97	1,9	6,2	7,3	8,0	11,3	16,3	18,1	17,2	13,1	10,6	7,7	5,2	10,2
98	6,5	5,2	4,4	9,0	11,1	14,3	16,6	18,2	16,7	12,2	7,9	7,7	10,9
99	6,0	5,5	5,0	8,4	10,7	15,9	18,8	18,6	14,5	9,5	8,9	2,9	10,4
1900	4,6	3,6	3,9	8,8	11,0	15,2	19,2	16,0	14,4	10,8	8,0	7,6	10,3
1901	3,8	2,2	4,1	9,2	11,8	14,8	18,2	17,0	14,4	10,3	5,2	4,4	9,6
02	5,6	1,9	7,0	8,4	9,3	14,2	16,1	15,4	13,4	10,1	7,2	5,3	9,5
03	5,1	7,3	7,9	7,0	11,9	13,4	16,5	15,4	14,2	11,6	7,3	3,7	10,1
04	4,2	4,2	4,7	9,6	11,9	14,3	18,6	16,5	13,0	10,7	5,8	5,1	9,9
05	3,5	5,8	7,3	8,0	11,8	15,3	18,9	15,8	13,4	7,7	5,5	4,8	9,8

	Jan.	Febr.	März	April	Mai	Juni	Juli	Aug.	Sept.	Okt.	Nov.	Dez.	Jahr
London-Greenwich (1841—1940) (Fortsetzung).													
1906	5,8	3,7	5,5	7,7	11,6	14,5	17,4	18,2	15,1	12,4	8,1	3,2	10,3
07	3,8	3,2	6,9	8,1	11,5	13,6	14,8	15,9	14,4	10,8	7,4	5,6	9,6
08	2,7	5,5	4,7	6,5	13,3	15,4	16,9	15,4	13,6	12,2	8,2	4,4	9,9
09	3,8	2,7	4,1	9,5	11,8	12,2	15,6	16,6	12,7	11,6	5,5	4,6	9,2
10	4,4	5,6	6,1	8,0	11,7	15,7	14,5	16,0	13,4	11,9	3,8	7,0	9,8
1911	3,4	5,1	5,5	8,0	13,4	15,4	19,6	**19,7**	15,8	10,3	6,8	7,0	10,9
12	4,5	6,3	7,7	9,2	13,2	14,5	17,4	**13,8**	**11,8**	8,5	6,6	7,7	10,1
13	5,1	4,9	7,0	8,2	12,7	14,9	14,7	15,6	14,3	11,5	9,1	5,5	10,3
14	3,5	6,9	6,6	9,9	11,7	15,1	17,0	17,0	14,0	10,9	7,4	5,8	10,5
15	4,3	4,7	5,3	8,1	11,8	14,8	15,9	16,1	14,0	9,4	4,0	6,8	9,6
1916	7,7	4,2	4,0	8,8	13,0	**12,0**	15,5	17,1	13,2	11,5	6,8	2,9	9,7
17	2,0	1,8	3,4	**5,7**	13,6	16,9	16,8	15,9	14,8	8,3	8,2	2,2	9,1
18	4,2	6,4	6,1	6,8	13,1	14,0	16,3	16,8	13,2	9,8	6,3	7,9	10,1
19	3,2	2,1	4,5	7,4	13,5	15,4	**14,2**	17,6	14,1	7,4	3,9	6,1	9,1
20	5,8	6,3	8,0	9,0	13,1	15,4	15,2	14,3	13,9	10,8	6,4	4,8	10,2
1921	**7,9**	5,0	7,9	8,8	12,6	15,5	19,8	17,1	15,4	**13,5**	4,2	7,0	**11,2**
22	4,5	5,2	5,2	6,3	14,2	15,2	14,8	14,6	12,6	8,5	5,9	6,1	9,4
23	5,3	6,2	6,8	8,2	10,7	13,1	19,1	16,9	13,6	10,7	3,8	4,0	9,8
24	4,9	3,0	4,3	7,7	12,9	15,1	16,5	14,9	14,1	10,9	7,6	6,5	9,8
25	5,4	5,7	4,9	8,0	12,6	16,0	17,9	16,2	12,1	11,2	4,7	3,7	9,8
1926	4,7	7,5	6,9	9,4	10,9	14,1	17,3	17,2	15,6	8,5	7,2	4,3	10,3
27	5,0	4,5	7,6	8,9	12,2	13,7	16,1	16,2	13,2	10,7	6,5	2,3	9,7
28	5,7	6,3	6,6	8,6	11,1	14,1	18,7	16,3	13,5	10,8	8,4	3,9	10,4
29	1,6	−0,1	6,1	7,0	12,1	14,4	17,4	16,5	17,2	10,4	7,5	6,4	9,7
30	6,7	3,3	6,1	8,8	11,8	16,2	16,5	17,0	14,5	11,2	7,4	4,8	10,4
1931	3,9	4,1	4,4	8,3	12,0	15,6	16,3	15,5	12,0	9,6	8,1	5,7	9,6
32	6,7	3,2	4,8	7,4	11,2	14,8	16,9	18,8	14,3	9,5	7,3	5,9	10,1
33	3,0	4,9	7,4	9,7	12,7	16,2	19,1	19,2	15,8	10,9	6,1	1,7	10,6
34	4,2	3,4	5,4	8,8	12,6	16,1	19,1	16,4	15,7	11,4	6,7	8,5	10,7
35	4,8	6,3	6,8	8,3	10,6	15,9	18,9	17,8	14,6	10,4	7,6	3,8	10,5
1936	4,9	2,9	7,4	6,9	12,2	16,0	16,0	16,9	14,9	9,8	6,7	5,8	10,0
37	5,5	6,2	4,2	9,3	12,8	15,5	17,3	18,2	14,1	11,1	5,6	3,7	10,3
38	6,5	4,9	**9,4**	8,0	11,0	16,1	16,3	17,0	14,7	10,5	**9,9**	4,4	10,8
39	5,4	6,0	6,1	9,2	11,5	14,8	16,2	17,0	15,2	9,0	9,3	3,1	10,2
40	**−0,7**	3,2	6,4	9,0	13,2	17,0	16,0	16,8	14,1	9,9	7,3	4,0	9,6
Höchstwert	7,9	7,6	9,4	11,6	15,4	18,7	20,5	19,7	17,7	13,5	9,9	8,7	11,2
Tiefstwert	−0,7	−1,6	2,0	5,7	9,2	12,0	14,2	13,8	11,8	7,3	3,0	−1,2	8,0
Mittel 1901–30	4,6	4,6	5,9	8,2	12,2	14,6	16,8	16,3	13,9	10,4	6,4	5,1	9,9
Winnipeg (1873—1940). Höhe 232 m.													
1873	−20,7	−16,5	−11,5	1,7	11,6	19,5	18,4	18,1	**8,5**	2,1	−10,8	−15,2	0,5
74	−20,7	−17,0	−12,7	−2,7	13,2	18,2	20,1	18,9	13,6	6,8	−8,0	−16,2	1,1
75	−23,9	**−26,0**	−12,1	−0,1	11,9	16,1	18,9	17,7	11,2	2,8	−13,2	−14,6	−0,9
1876	−21,6	−22,7	−14,1	2,0	11,8	16,0	19,6	17,7	11,8	3,0	−10,1	−21,8	−0,7
77	−22,2	−8,9	−15,4	0,2	13,0	**13,7**	21,0	18,1	12,4	3,4	−4,2	**−3,4**	2,3
78	−13,1	**−5,1**	**1,6**	7,5	9,0	18,0	20,8	19,3	11,1	1,9	−0,7	−14,1	4,6
79	−19,6	−22,6	−10,1	4,4	12,2	15,9	19,8	17,6	10,5	6,6	−6,5	**−26,0**	0,2
80	−17,5	−19,0	−14,6	−1,0	12,4	16,9	18,5	16,9	10,2	3,5	−11,0	−19,2	−0,4
1881	−23,0	−16,4	−6,6	−0,4	14,1	16,9	20,4	19,0	10,8	1,5	−10,0	−12,5	1,2
82	−19,1	−14,5	−11,9	0,9	9,9	15,0	17,7	19,4	13,1	5,3	−6,8	−17,4	1,0
83	**−26,8**	−21,1	−14,1	0,5	7,6	16,2	16,9	16,2	10,8	2,4	−9,6	−18,8	**−1,7**
84	−23,7	−24,2	−13,1	0,9	11,8	19,2	**15,9**	17,1	11,5	4,4	−7,8	−19,5	−0,6
85	−24,9	−22,2	−13,2	2,1	10,1	15,0	17,2	**15,2**	11,8	3,3	−3,9	−13,5	−0,2
1886	−26,1	−17,6	−9,6	5,9	12,0	16,5	21,2	19,8	9,4	7,0	−8,7	−20,0	0,9
87	−26,2	−22,0	−12,6	2,0	13,2	18,2	18,9	16,0	12,2	**0,3**	−8,1	−18,1	−0,6
88	−26,0	−19,3	−14,5	0,3	7,3	16,5	18,8	16,2	12,3	4,4	−4,0	−11,0	0,1
89	−14,9	−19,9	−2,7	5,7	10,1	17,7	18,7	18,8	10,7	4,0	−5,2	−13,7	2,4
90	−24,6	−21,6	−13,5	3,3	5,9	19,6	19,9	15,5	10,4	5,8	−1,3	−10,6	0,8
1891	−13,9	−21,3	−12,4	7,1	10,7	16,1	16,3	16,8	14,0	5,4	−8,8	−10,9	1,6
92	−21,8	−16,6	−8,0	0,6	7,7	15,8	18,2	17,9	13,0	6,6	−9,3	−18,5	0,5
93	−23,3	−22,6	−13,3	**−2,8**	10,6	18,7	19,2	17,2	12,6	3,3	−9,6	−21,4	−0,9
94	−21,5	−16,3	−6,9	4,4	11,7	20,1	20,1	18,6	12,2	5,1	−7,7	−9,7	2,5
95	−22,0	−17,7	−10,1	8,5	12,2	14,7	17,6	16,3	11,1	3,5	−7,8	−13,3	1,1
1896	−19,8	−14,7	−10,9	2,3	12,9	17,8	18,2	16,3	10,1	3,1	**−13,9**	−11,8	0,8
97	−18,7	−17,3	−11,6	4,3	11,8	15,2	19,9	16,5	16,2	7,0	−9,4	−15,6	1,5
98	−15,7	−15,0	−8,9	3,5	11,8	15,8	18,7	17,2	13,1	3,2	−7,0	−15,4	1,8
99	−20,5	−21,6	**−16,6**	2,6	10,3	17,0	19,2	17,3	11,5	5,7	**1,5**	−12,4	1,3
1900	−14,1	−20,8	−10,9	8,8	14,1	19,1	18,3	19,6	12,0	7,9	−8,9	−12,6	2,7
1901	−19,7	−17,7	−9,1	6,0	14,5	15,7	20,8	18,1	11,1	7,1	−5,2	−12,6	2,4
02	−13,5	−12,0	−3,2	3,0	12,9	13,9	19,9	18,0	11,6	5,5	−3,3	−15,3	3,1
03	−16,5	−16,2	−7,9	4,4	12,3	16,4	18,5	16,2	9,8	7,2	−7,3	−16,6	1,8
04	−19,4	−22,1	−10,7	1,8	12,0	16,2	17,4	16,1	10,9	6,5	0,0	−14,3	1,2
05	−20,7	−16,9	−4,5	3,5	10,2	14,7	18,5	18,5	14,8	3,4	−2,9	−11,3	2,3
1906	−14,0	−16,7	−8,9	8,3	9,4	17,6	19,4	18,4	16,0	5,4	−3,3	−16,7	2,9
07	−24,1	−15,2	−8,1	−2,1	**4,3**	16,6	19,5	16,4	10,5	5,2	−3,6	−9,9	0,8
08	−13,4	−12,9	−12,4	4,4	11,2	16,8	19,4	16,8	14,6	6,3	−2,7	−12,2	3,0
09	−19,2	−17,6	−8,2	−0,9	11,0	17,5	20,0	19,4	14,4	5,9	−4,0	−16,4	1,9
10	−14,8	−18,5	1,2	6,1	9,4	**20,2**	20,4	16,9	12,4	8,2	−6,7	−14,5	3,3
1911	−23,4	−14,1	−4,7	5,2	12,9	18,5	17,9	17,2	11,3	6,1	−7,8	−10,9	2,3
12	−24,2	−14,1	−9,2	5,1	12,0	18,1	18,5	15,8	11,9	6,6	−1,8	−10,8	2,3
13	−21,5	−18,3	−12,4	7,9	10,0	18,3	18,0	18,4	13,2	2,6	−0,5	−7,1	2,4
14	−13,5	−22,7	−6,3	2,3	12,9	17,3	22,4	17,1	13,9	**10,6**	−3,3	−17,1	2,8
15	−17,6	−9,6	−5,0	**9,4**	11,6	13,8	17,1	19,1	12,6	7,1	−4,1	−11,3	3,5
1916	−21,6	−17,2	−9,5	3,0	9,8	14,6	22,3	18,2	12,0	2,9	−2,8	−17,0	1,2
17	−22,2	−21,1	−6,8	1,7	10,7	15,4	20,7	17,4	13,1	0,7	0,5	−19,8	0,9
18	−20,7	−16,7	−1,6	5,7	9,6	16,1	17,6	18,5	9,1	6,7	−0,0	−10,4	2,8
19	**−11,7**	−15,6	−9,1	5,4	14,3	19,9	20,6	18,8	13,3	0,6	−10,5	−16,8	2,4
20	−20,0	−14,4	−7,8	−1,2	12,4	17,4	19,1	**20,9**	15,4	9,4	−3,8	−11,3	3,0

Knoch/A Schulze

	Jan.	Febr.	März	April	Mai	Juni	Juli	Aug.	Sept.	Okt.	Nov.	Dez.	Jahr
Winnipeg (1873—1940) (Fortsetzung).													
1921	−13,8	−11,7	−9,0	3,4	12,3	19,8	21,4	17,8	13,8	7,3	−7,7	−11,4	3,5
22	−16,1	−17,6	−4,0	5,3	**15,7**	18,1	19,0	19,6	14,2	6,4	0,1	−16,3	3,7
23	−16,7	−17,4	−14,1	1,2	12,4	19,8	21,9	16,8	14,9	6,3	1,3	−7,9	3,2
24	−19,7	−11,1	−4,5	2,2	7,1	14,6	18,9	17,2	12,4	10,4	−6,7	−19,5	1,8
25	−17,6	−15,5	−6,7	7,1	10,5	16,0	19,2	19,7	13,3	0,6	−4,0	−12,4	2,5
1926	−14,4	−10,7	−8,1	3,4	14,3	14,9	19,9	18,0	10,8	4,2	−8,2	−15,8	2,3
27	−16,6	−14,1	−2,4	4,3	9,2	16,3	18,6	17,4	14,1	7,7	−8,1	−19,3	2,2
28	−13,0	−10,8	−5,9	1,1	13,3	15,2	19,6	17,8	12,1	5,1	−0,9	−8,0	3,8
29	−23,3	−18,0	−4,6	4,5	8,7	17,0	20,1	20,2	11,2	7,6	−7,4	−15,6	1,7
30	−21,9	−11,0	−7,1	6,3	10,2	17,8	21,6	20,8	12,7	3,8	−3,6	−10,4	3,3
1931	−12,3	−7,8	−6,7	5,4	10,0	18,8	20,2	19,3	15,5	8,9	−0,9	−7,0	**5,3**
32	−14,2	−14,6	−12,6	3,5	12,7	19,9	19,5	19,6	13,3	2,7	−7,5	−16,3	2,2
33	−16,5	−18,8	−8,2	2,7	12,6	19,9	20,7	19,3	13,7	2,4	−8,0	−20,4	1,6
34	−14,5	−15,2	−9,8	3,3	13,4	16,2	18,9	16,9	10,3	7,4	−1,2	−15,0	2,6
35	−22,0	−9,0	−7,8	2,3	10,4	14,3	22,4	17,6	11,1	4,6	−10,3	−13,7	1,7
1936	−25,1	−25,6	−7,7	−1,2	14,2	16,0	**24,2**	19,1	13,7	1,9	−6,1	−12,4	0,9
37	−24,9	−16,2	−8,2	3,2	12,9	16,9	20,9	20,8	12,1	4,9	−4,9	−14,6	1,9
38	−18,1	−15,2	−2,1	3,2	11,0	16,8	20,4	19,5	15,2	9,2	−7,3	−12,0	3,4
39	−15,4	−22,8	−9,9	2,8	13,1	15,0	21,3	19,9	13,0	2,7	−0,6	− 6,2	2,8
40	−16,5	−12,6	−8,3	2,3	11,2	15,0	20,2	19,6	**16,6**	9,3	−6,5	−10,7	3,3
Höchstwerte	−11,7	−5,1	1,6	9,4	15,7	20,2	24,2	20,9	16,6	10,6	1,5	−3,4	5,3
Tiefstwerte	−26,8	−26,0	−16,0	−2,8	4,3	13,7	15,9	15,2	8,5	0,3	−13,9	−26,0	−1,7
Mittel 1901–30	−18,2	−15,6	−7,1	3,9	11,2	16,8	19,6	18,1	12,7	5,8	−4,0	−13,6	2,5
Upernivik (1875—1936). Höhe 19 m.													
1875	−15,6	−19,7	−25,9	−14,7	**−9,6**	−0,4	4,7	2,9	−0,1	−4,5	−5,5	−14,0	−8,5
1876	−24,5	−21,2	−20,8	−14,9	−6,3	0,9	3,9	**2,4**	3,2	−6,2	−9,4	−14,4	−8,9
77	−21,1	−26,5	−17,8	−12,0	−1,7	1,4	4,6	5,2	3,0	−2,8	−10,0	−19,2	−8,1
78	−22,9	−26,9	−19,6	−13,0	−5,6	1,9	3,2	4,3	−0,9	−4,0	**−2,0**	**−3,7**	−7,4
79	−13,5	−25,4	−21,3	−13,0	−2,7	0,0	5,2	5,8	−1,1	−5,5	−8,2	−16,5	−8,0
80	−22,6	−28,9	−22,7	−10,7	−3,1	2,2	5,6	2,9	0,8	**−0,3**	−9,4	−14,6	−8,4
1881	−13,6	−19,9	−26,4	−12,8	−3,1	1,3	5,3	4,2	0,4	−2,8	−9,4	−17,5	−7,9
82	−27,6	−25,6	−24,9	−14,8	−3,2	3,1	3,3	4,1	1,0	−6,1	−12,1	−17,1	−10,0
83	−19,9	−21,5	−12,7	−12,8	−1,9	3,0	6,2	4,4	2,2	−4,1	−8,9	−21,1	−7,3
84	−26,1	−24,9	−22,7	−13,6	−6,4	1,6	5,1	3,2	**−1,6**	−5,1	−11,8	−20,7	−10,3
85	−15,9	−18,3	−23,0	−12,8	−2,0	−0,4	5,2	5,2	−0,8	−4,6	−13,2	−18,5	−8,3
1886	−24,2	−25,2	−23,7	−18,4	−2,8	1,2	5,3	4,2	0,5	−6,3	−11,9	−18,6	−10,0
87	−25,5	−28,8	**−28,5**	**−21,0**	−7,1	1,4	4,8	4,2	−0,4	−3,9	−11,4	−19,7	**−11,3**
88	−20,4	−22,6	−22,1	−15,9	−7,0	2,9	7,9	7,3	0,5	−5,0	−9,2	−21,9	−8,8
89	−26,9	−18,9	−23,9	−14,7	−4,4	1,0	4,9	3,3	0,9	−3,9	−14,3	−22,9	−10,0
90	−21,6	−24,2	−25,4	−16,9	−1,9	1,9	4,8	3,7	−0,3	−4,2	−11,2	−15,6	−9,2
1891	−21,3	**−30,8**	−22,2	−17,2	−2,6	2,5	4,0	5,3	−1,0	—	−11,1	−20,7	—
92	−20,0	−18,8	−25,3	−16,3	−4,9	3,1	4,4	5,1	−0,1	−0,8	−9,2	−14,2	−8,1
93	−17,2	−20,8	−21,8	−15,5	−6,5	1,9	5,0	6,5	2,7	−2,7	−7,9	−17,3	−7,8
1894	−24,2	−29,1	−25,8	−17,3	−3,2	**−0,9**	5,3	4,8	0,3	−2,9	−11,8	−19,7	−10,4
95	−14,5	−12,9	−20,4	−14,2	−6,1	1,3	5,6	4,7	−0,9	−2,8	−10,1	−16,6	−7,2
1896	−26,4	−29,7	−27,3	−20,3	−7,6	2,0	5,1	6,7	2,3	−1,1	−10,9	−13,9	−10,1
97	−22,9	−29,6	−20,2	−15,2	−4,7	1,8	5,8	5,2	0,3	−3,7	−10,4	−17,5	−9,3
98	−25,5	−29,3	—	—	−3,8	2,4	3,5	3,6	0,1	−2,5	−14,8	**−25,3**	—
99	−21,8	−24,1	—	−9,6	−3,1	2,0	4,7	5,2	0,8	−5,1	−12,1	−16,6	—
1900	−19,3	**−11,5**	−14,2	−16,4	−1,7	4,3	6,4	5,9	0,1	−4,7	−10,3	−20,8	−6,9
1901	−22,0	−17,1	−17,4	−15,1	−4,9	1,2	3,9	4,0	0,8	−5,7	−8,2	−15,6	−8,0
02	−23,6	−19,7	−23,4	−11,2	−3,1	3,6	6,6	7,3	0,7	−2,7	−8,0	−18,4	−7,7
03	−18,9	−25,4	−23,3	−12,2	−4,1	1,7	4,5	3,5	1,3	−1,8	−9,0	−10,6	−7,9
04	−26,0	−24,3	−21,8	−16,9	−2,0	1,1	5,4	7,3	1,0	−7,5	−10,9	−15,2	−9,2
05	−24,4	−24,5	−16,3	**−6,0**	−2,9	1,4	5,1	5,6	0,0	−3,9	−6,9	−18,2	−7,6
1906	−24,9	−25,8	−22,3	−16,4	−2,9	1,1	5,5	**8,5**	2,0	−4,9	−10,8	−15,5	−8,9
07	−26,2	−25,2	−25,4	−17,3	−6,2	1,6	5,3	5,7	1,4	−1,1	−11,2	−14,4	−9,4
08	−20,7	−23,5	−15,9	−9,4	−3,5	2,0	**8,5**	4,6	2,3	−4,6	−10,3	−17,6	−7,3
09	−27,0	−20,1	−14,8	−12,2	−1,4	2,9	4,9	4,9	2,4	−4,9	−7,3	−22,0	−7,9
10	−27,4	−26,8	−22,9	−13,9	−3,2	1,1	4,3	**8,5**	1,5	−4,4	−8,3	−16,9	−9,0
1911	−23,2	−27,6	−19,9	−11,4	−4,3	2,3	5,8	4,8	1,0	−2,2	−8,7	−18,2	−8,5
12	−17,7	−14,6	−20,7	−9,3	−3,1	3,8	4,6	5,4	1,8	−5,1	−8,5	−14,5	−6,5
13	−18,9	−15,9	−23,2	−15,6	−4,6	3,4	4,7	3,8	0,7	−2,8	−14,8	−18,7	−8,5
14	−24,0	−26,7	−20,7	−15,4	−5,5	−0,8	3,8	4,2	0,1	−4,3	−11,1	−18,6	−9,9
15	−23,5	−24,8	−22,3	−16,2	−0,8	2,5	4,1	4,6	3,7	−2,9	−6,7	−12,2	−7,9
1916	−19,9	−18,8	**−7,9**	−18,2	−0,1	1,1	**3,0**	5,6	1,3	−5,9	−8,7	−15,5	−7,0
17	−7,9	−12,0	−18,8	−16,0	−7,9	0,8	6,4	5,4	−0,4	**−7,7**	**−16,0**	−21,4	−8,0
18	**−27,7**	−23,4	−21,3	−17,0	−2,8	−0,3	4,1	4,4	2,1	−5,2	−15,2	−20,0	−10,2
19	−23,2	−23,9	−18,5	−19,8	−2,1	0,2	4,1	3,6	0,2	−1,2	−5,2	−12,0	−8,1
20	−25,3	−22,8	−23,7	−10,2	−4,5	2,0	4,5	4,5	0,9	−5,1	−13,2	−17,8	−9,2
1921	−21,9	−24,8	−23,9	−16,2	−2,6	1,9	5,2	5,0	0,0	−4,9	−6,5	−17,3	−8,8
22	−21,5	−28,9	−22,7	−11,8	−6,2	1,1	3,3	2,6	−0,3	−1,7	−8,3	−13,0	−9,0
23	−25,7	−21,6	−24,7	−6,7	−1,4	2,6	6,5	6,3	1,9	−2,7	−5,7	−11,0	−6,9
24	−15,1	−26,4	−20,2	−9,7	−0,2	3,7	4,8	4,4	1,1	−5,2	−7,4	−19,4	−7,5
25	−26,5	−22,4	−17,5	−14,4	−5,0	2,6	**3,0**	3,4	1,1	−4,7	−6,0	−10,6	−8,1
1926	−17,0	−21,5	−21,8	−13,3	−1,2	3,5	7,0	6,1	1,0	−2,0	−9,0	−14,2	−6,9
27	−16,0	−20,6	−24,9	−12,6	−0,1	3,8	5,3	7,1	3,2	−3,3	−6,9	− 9,2	−6,2
28	−15,1	−22,3	−12,3	−11,7	−1,3	4,9	5,8	7,8	**4,7**	−1,2	−5,1	−8,3	**−4,5**
29	**−5,6**	−11,7	−13,3	−12,4	−4,2	1,9	6,0	6,3	1,3	−6,2	−9,7	−12,7	−5,0
30	−17,4	−17,8	−12,5	−9,4	−2,5	1,8	6,9	6,4	3,1	−3,8	−5,6	−12,2	−5,3
1931	−10,8	−18,6	−21,2	—	−1,8	**6,3**	7,8	7,9	4,1	−3,1	−7,9	−12,1	—
32	−21,5	−14,9	−11,2	−9,3	**0,8**	3,0	6,7	—	—	−3,3	−8,7	−11,9	—
33	−21,4	−15,4	−17,2	−11,9	−2,6	1,9	7,0	5,7	0,7	−2,6	−6,1	−7,8	−5,8
34	−17,3	−23,5	−21,9	−11,7	−4,0	2,1	6,1	5,2	2,2	−3,0	−6,8	−10,3	−6,9
35	−20,0	−26,6	−15,8	−9,2	−3,4	3,8	5,7	7,0	2,7	−3,4	−6,1	−10,1	−6,3
36	−10,9	−13,4	−17,3	−9,4	−1,6	3,0	7,8	6,2	1,4	−3,3	−7,5	−17,6	−5,2
Höchstwerte	−5,6	−11,5	−7,9	−6,0	0,8	6,3	8,5	8,5	4,7	−0,3	−2,0	−3,7	−4,5
Tiefstwerte	−27,7	−30,8	−28,5	−21,0	−9,6	−0,9	3,0	2,4	−1,6	−7,7	−16,0	−25,3	−11,3
Mittel 1901–30	−21,1	−22,0	−19,8	−12,9	−3,2	2,4	5,1	5,4	1,4	−4,0	−9,0	−15,4	−7,8

Tab. 32842 B 2. Niederschlagsmengen in mm.

Infolge von Umrechnungen weicht die Summe der abgerundeten Monatsmittel mitunter etwas vom (genauen) Jahresmittel ab.

Padang (1879—1940). Höhe 1 m.

	Jan.	Febr.	März	April	Mai	Juni	Juli	Aug.	Sept.	Okt.	Nov.	Dez.	Jahr
1879	362	313	286	398	563	361	460	166	446	471	400	381	4607
80	209	304	393	288	258	252	191	389	403	562	574	330	4153
1881	265	197	313	420	435	257	320	443	750	541	614	572	5127
82	188	402	92	322	604	428	136	627	362	668	201	643	4673
83	536	227	548	325	105	514	88	338	591	479	419	296	4466
84	277	262	205	336	261	572	282	222	287	566	743	459	4472
85	127	169	145	301	379	323	133	166	203	580	380	—	—
1886	—	170	216	475	392	219	241	709	435	921	835	740	—
87	491	137	347	397	520	222	332	463	294	563	575	313	4654
88	256	256	418	429	267	366	377	382	643	270	408	532	4604
89	266	356	202	407	318	499	375	250	351	652	817	431	4924
90	259	255	339	256	304	229	324	481	447	586	621	523	4624
1891	520	199	237	227	393	368	410	252	248	405	502	587	4348
92	305	271	545	424	172	343	120	236	506	321	266	251	3760
93	255	285	275	324	213	434	685	257	257	690	826	719	5220
94	651	229	239	364	272	573	427	411	463	464	557	539	5189
95	83	172	475	309	334	436	400	237	272	538	207	457	3920
1896	266	467	228	724	153	504	420	197	178	630	401	420	4588
97	583	462	167	248	378	239	190	190	456	548	655	653	4769
98	642	316	189	399	221	201	280	437	630	542	296	820	4973
99	311	49	175	200	302	195	203	480	609	459	487	847	4317
1900	280	264	370	336	184	411	305	535	179	536	472	290	4162
1901	620	206	189	411	287	—	246	217	492	484	540	595	—
02	350	141	316	340	442	134	177	379	138	214	415	418	3464
03	392	94	424	262	395	145	374	542	407	419	681	584	4719
04	290	137	363	437	179	269	465	254	300	730	316	372	4112
05	342	403	327	380	263	47	229	480	410	397	585	355	4218
1906	340	254	264	503	296	498	337	415	361	444	524	399	4635
07	467	382	243	293	132	111	533	315	866	319	464	305	4430
08	318	229	175	476	180	397	301	249	390	587	388	324	4014
09	197	431	299	296	432	360	171	747	236	564	420	459	4612
10	319	100	253	136	268	369	384	329	580	362	597	499	4196
1911	328	64	237	399	361	217	330	246	501	688	701	521	4593
12	469	270	316	275	461	281	163	302	337	497	704	626	4701
13	298	291	375	321	333	705	272	384	472	339	605	450	4845
14	513	486	341	481	433	229	36	277	509	296	571	482	4654
15	195	408	235	589	383	534	110	355	334	590	672	575	4980
1916	278	96	511	407	260	87	260	395	498	653	407	636	4488
17	373	191	502	374	271	308	188	486	338	516	254	499	4300
18	167	167	265	207	278	386	186	172	582	427	546	359	3742
19	373	294	289	249	282	200	392	174	282	599	571	556	4261
20	212	214	255	542	230	334	360	317	256	312	422	237	3691

	Jan.	Febr.	März	April	Mai	Juni	Juli	Aug.	Sept.	Okt.	Nov.	Dez.	Jahr
1921	383	261	242	88	360	440	257	238	269	452	585	295	3870
22	500	255	241	521	171	79	217	266	454	566	353	619	4242
23	312	576	218	653	282	163	141	140	301	315	428	365	3894
24	309	269	235	145	401	148	220	452	407	489	452	511	4038
25	482	120	320	195	226	308	189	317	509	324	672	459	4121
1926	477	258	669	531	526	207	254	289	201	557	533	558	5060
27	284	232	578	450	236	122	123	289	582	347	794	286	4323
28	472	293	331	324	286	53	265	460	308	254	433	379	3858
29	243	412	207	254	565	176	54	374	563	446	518	536	4348
30	351	184	348	442	346	434	435	546	401	1049	350	681	5567
1931	613	526	392	370	114	190	303	292	773	659	300	530	5062
32	108	85	126	339	289	308	40	276	293	992	443	479	3778
33	647	247	385	532	499	197	335	360	302	479	446	287	4716
34	199	48	263	666	288	438	333	359	357	412	619	233	4215
35	230	541	397	372	390	338	187	205	333	852	897	700	5442
1936	620	184	213	257	509	71	381	211	310	454	628	339	4177
37	438	209	144	453	314	139	66	448	480	310	421	525	3947
38	206	155	548	342	380	262	436	300	747	461	883	587	5307
39	473	117	161	273	224	148	95	552	365	459	311	585	3763
40	279	157	457	215	372	306	192	284	303	417	545	498	4025
Höchstwerte	651	576	669	724	604	705	685	747	866	1049	897	847	5567
Tiefstwerte	83	48	92	88	105	47	36	140	138	214	201	233	3464
Mittel 1901–30	355	257	319	366	319	267	256	347	409	475	517	465	4352

Madras (1813—1940). Höhe 7 m.

	Jan.	Febr.	März	April	Mai	Juni	Juli	Aug.	Sept.	Okt.	Nov.	Dez.	Jahr
1813	0	0	11	0	7	69	33	21	59	130	716	101	1146
14	2	0	0	0	0	0	41	123	215	180	169	94	823
15	42	0	0	0	0	0	164	20	72	159	843	122	1422
1816	3	19	0	0	5	11	129	132	230	167	313	37	1046
17	9	0	0	0	5	4	41	88	195	496	618	159	1615
18	0	0	0	15	0	19	298	164	137	455	651	197	1936
19	0	0	0	65	0	3	83	28	379	76	271	18	923
20	0	0	171	13	436	22	105	84	43	312	105	487	1778
1821	91	0	8	43	0	28	31	81	185	331	288	110	1197
22	58	0	0	16	0	45	14	170	62	522	543	83	1514
23	37	0	24	0	7	52	73	80	112	264	23	5	677
24	32	0	0	0	1	11	6	67	12	365	261	100	857
25	4	0	0	0	108	38	78	195	89	444	281	187	1423
1826	0	0	0	0	27	197	53	243	59	21	661	280	1543
27	218	2	0	0	592	77	125	58	113	348	562	152	2246
28	41	0	111	18	10	3	86	185	145	234	66	63	962
29	7	80	23	1	36	70	45	75	76	156	228	139	937
30	0	0	5	8	7	73	183	69	108	158	98	113	824

Madras (1813—1940) (Fortsetzung).

	Jan.	Febr.	März	April	Mai	Juni	Juli	Aug.	Sept.	Okt.	Nov.	Dez.	Jahr
1831	1	0	4	0	24	99	79	241	183	237	201	56	1126
32	0	3	0	0	16	13	39	57	196	134	10	0	468
33	5	0	0	0	8	37	30	181	100	246	253	83	942
34	2	0	0	93	5	62	180	104	124	179	202	41	991
35	2	0	0	91	44	22	135	76	83	281	279	40	1054
1836	0	8	4	0	0	13	119	229	24	216	473	51	1137
37	0	0	0	57	65	5	67	43	97	401	436	81	1252
38	0	34	15	20	14	22	60	119	223	159	556	107	1329
39	85	0	0	41	18	66	117	173	283	25	540	0	1348
40	0	0	0	1	0	12	113	199	212	258	692	3	1489
1841	51	0	0	11	116	101	37	220	127	628	160	31	1481
42	44	0	7	0	9	36	84	79	142	201	320	5	927
43	165	1	19	1	358	48	35	57	107	160	134	193	1277
44	19	13	0	0	68	69	86	69	318	353	86	579	1661
45	42	0	1	11	38	57	74	50	103	84	125	384	967
1846	75	6	0	0	34	94	232	119	23	777	492	175	2027
47	0	6	0	11	19	96	78	247	149	415	474	562	2057
48	0	0	0	162	3	47	98	130	78	354	439	79	1391
49	64	0	0	28	1	99	91	124	42	233	156	173	1011
50	1	108	0	25	75	74	39	78	77	110	206	144	937
1851	0	0	0	0	472	32	165	110	43	143	631	37	1634
52	0	0	67	0	56	48	203	57	172	523	493	227	1846
53	57	0	86	20	0	16	105	35	57	230	304	0	910
54	10	8	2	0	0	29	109	179	162	260	236	102	1097
55	24	17	7	2	0	28	68	42	95	269	37	231	821
1856	0	1	0	0	140	21	84	144	27	99	431	247	1193
57	8	0	3	3	2	74	61	23	39	959	148	25	1345
58	0	1	0	21	77	41	78	54	92	307	562	0	1232
59	16	0	0	125	22	64	204	63	217	196	495	0	1400
60	0	0	0	0	0	44	53	63	126	358	53	6	702
1861	0	0	26	0	33	17	81	200	235	39	313	1	944
62	12	0	0	0	15	93	115	116	91	208	140	178	970
63	50	0	17	128	3	27	180	80	77	434	52	340	1387
64	0	0	0	6	1	50	56	186	21	350	469	62	1200
65	5	0	0	1	10	36	51	183	33	148	452	141	1058
1866	0	5	0	0	2	14	37	106	63	221	303	554	1305
67	4	0	0	3	2	47	48	170	62	86	187	10	619
68	121	1	0	0	0	183	191	114	93	210	127	13	1053
69	1	0	1	3	0	49	132	112	116	88	225	95	820
70	166	1	44	0	0	219	147	176	319	585	184	41	1884
1871	11	1	30	0	8	72	226	36	208	158	671	11	1431
72	0	7	0	42	105	25	69	193	74	469	736	152	1871
73	0	160	0	35	1	50	57	86	77	269	343	240	1317
74	0	0	0	0	202	96	157	68	132	540	262	141	1598
75	0	0	30	19	2	22	45	179	117	164	284	81	943

	Jan.	Febr.	März	April	Mai	Juni	Juli	Aug.	Sept.	Okt.	Nov.	Dez.	Jahr
1876	3	0	0	18	30	79	96	76	83	26	135	3	549
77	0	0	1	0	540	60	31	63	80	217	539	149	1681
78	3	0	0	9	41	3	122	143	154	159	53	41	727
79	33	0	38	0	113	53	109	168	14	463	277	110	1378
80	67	63	0	0	0	28	114	125	224	219	584	147	1570
1881	13	0	0	0	7	59	66	129	206	49	391	199	1119
82	7	0	0	1	1	102	83	92	47	195	743	4	1275
83	6	2	0	0	0	59	162	76	14	563	379	277	1538
84	54	0	0	42	13	24	90	40	141	382	850	366	2005
85	0	0	15	0	2	83	15	88	134	201	549	130	1216
1886	13	0	9	0	147	195	142	65	22	256	281	83	1214
87	0	0	8	0	2	16	76	220	196	619	345	303	1784
88	18	0	0	3	80	49	118	205	59	617	242	195	1587
89	1	0	0	52	0	28	141	111	149	184	129	301	1097
90	9	0	0	4	0	154	185	56	62	111	117	12	710
1891	0	16	0	0	12	5	20	67	55	341	121	136	773
92	3	0	0	18	0	102	191	281	160	164	28	120	1068
93	8	1	42	0	6	29	104	62	74	122	613	32	1093
94	10	29	0	22	0	39	48	336	163	280	268	19	1214
95	0	0	0	0	24	23	138	110	112	295	373	128	1202
1896	3	0	0	0	0	38	52	155	152	75	832	437	1744
97	12	13	2	2	5	82	60	199	279	90	191	43	977
98	0	12	0	0	17	53	86	182	208	414	502	256	1731
99	2	0	0	71	24	13	105	64	151	566	33	12	1041
1900	8	0	0	78	0	37	48	38	153	231	79	62	735
1901	18	59	1	0	2	10	169	185	101	225	379	373	1520
02	33	1	0	1	4	10	108	83	118	525	268	233	1383
03	115	55	0	0	135	37	97	164	245	225	451	471	1994
04	53	0	0	0	23	15	158	65	89	59	5	85	552
05	49	8	22	14	2	21	62	49	70	499	279	10	1086
1906	103	8	16	0	0	61	113	113	159	105	164	418	1260
07	3	0	0	3	0	70	72	89	22	298	412	165	1135
08	1	12	0	0	2	10	44	119	242	623	307	34	1393
09	138	1	0	191	241	42	123	125	216	15	95	23	1210
10	5	0	0	1	0	43	194	142	97	245	401	1	1130
1911	0	0	0	0	0	16	29	55	194	150	322	162	928
12	72	0	0	0	0	45	53	140	35	279	554	8	1186
13	0	4	0	1	54	3	79	18	76	715	422	281	1653
14	27	0	0	52	0	16	66	239	174	489	298	78	1439
15	244	8	6	13	9	32	225	31	238	94	528	11	1438
1916	1	0	0	1	1	107	90	58	74	389	358	98	1177
17	13	2	0	0	16	136	112	162	82	471	153	154	1300
18	204	55	1	0	147	46	17	78	83	11	1088	175	1905
19	9	0	50	0	1	61	159	79	172	218	354	151	1254
20	180	0	0	2	32	11	53	60	12	534	775	0	1659

	Jan.	Febr.	März	April	Mai	Juni	Juli	Aug.	Sept.	Okt.	Nov.	Dez.	Jahr
Madras (1813—1940) (Fortsetzung).													
1921	139	0	0	51	0	17	202	195	65	558	105	51	1381
22	88	0	0	0	8	52	79	103	48	449	834	9	1670
23	113	0	16	0	1	50	42	84	82	403	92	65	948
24	60	0	3	0	0	88	143	65	246	122	410	22	1159
25	34	0	73	1	103	6	97	152	34	425	423	352	1698
1926	28	0	0	3	3	10	69	118	43	187	310	27	798
27	14	0	0	0	9	90	30	94	73	63	387	59	819
28	29	28	26	2	1	6	77	125	208	528	169	108	1308
29	47	163	0	14	19	36	49	114	187	170	383	149	1332
30	37	56	0	0	207	79	29	94	99	733	545	121	1998
1931	1	0	0	38	45	83	146	99	217	172	424	263	1487
32	0	18	0	15	15	29	21	51	113	550	293	80	1183
33	0	0	87	1	2	19	27	76	31	251	146	381	1020
34	52	0	0	19	0	45	53	182	51	428	47	56	932
35	14	0	0	0	0	31	56	230	76	395	163	60	1025
1936	3	64	23	12	1	72	124	152	49	207	369	49	1124
37	2	0	0	66	0	44	94	178	102	264	625	184	1559
38	0	14	37	0	3	47	50	108	148	201	6	59	673
39	17	0	7	133	0	27	35	22	133	128	330	22	854
40	4	0	3	12	135	24	104	103	72	157	571	140	1326
Höchstwerte	244	163	171	191	592	219	298	336	379	959	1088	579	2246
Tiefstwerte	0	0	0	0	0	0	6	18	12	11	5	0	468
Mittel 1901–30	62	15	7	12	34	41	94	107	119	327	376	130	1324
Alice Springs (1874—1940). Höhe 587 m.													
1874	89	0	54	0	6	18	4	7	16	37	4	0	234
75	75	236	6	31	3	30	0	3	0	2	5	8	399
1876	41	3	15	0	48	1	0	0	1	42	5	4	159
77	281	91	57	26	5	8	1	0	0	8	29	12	518
78	3	36	71	32	18	1	1	0	52	14	44	4	276
79	33	96	95	18	53	26	106	158	90	17	1	0	691
80	73	0	9	5	0	8	0	1	2	47	19	4	168
1881	0	0	0	11	11	10	0	0	0	3	78	49	163
82	38	0	7	78	50	11	9	1	0	20	13	44	271
83	0	38	0	0	0	0	0	0	0	45	59	3	146
84	13	0	7	5	0	21	17	0	4	24	12	34	137
85	121	136	35	0	0	12	0	3	20	10	38	60	437
1886	13	4	23	38	2	0	4	78	26	0	26	82	297
87	11	67	46	34	0	6	6	30	0	0	40	24	264
88	4	20	0	0	31	35	0	0	3	21	12	130	256
89	15	19	12	13	69	19	0	2	2	1	5	16	174
90	84	73	11	117	8	10	1	4	7	18	10	23	365
1891	51	0	9	82	14	32	0	0	0	40	38	0	265
92	0	53	53	0	1	0	2	0	3	54	2	47	214
93	15	0	0	16	49	0	0	0	0	0	65	10	155
94	213	142	11	2	0	0	0	2	54	34	1	48	505
95	179	14	0	3	76	16	36	0	1	5	12	18	360
1896	94	79	0	8	4	0	7	0	6	24	16	28	265
97	2	74	9	0	0	13	0	0	4	14	4	26	145
98	0	97	63	24	0	25	0	5	14	0	25	8	260
99	56	10	34	0	0	3	0	9	1	12	24	17	166
1900	0	0	47	0	27	14	0	1	3	7	28	20	147
1901	0	153	1	0	0	19	6	8	0	0	0	8	196
02	19	1	0	0	0	4	0	0	0	7	33	74	138
03	33	0	105	99	5	0	0	0	32	20	31	81	405
04	47	50	62	25	71	0	20	0	19	35	2	4	335
05	22	0	27	68	6	56	32	17	0	16	1	0	244
1906	14	0	0	14	0	56	14	32	38	2	18	118	306
07	6	9	27	0	8	68	19	1	0	20	52	39	249
08	8	94	85	99	0	0	96	2	0	3	25	36	448
09	7	10	17	31	1	10	0	15	0	83	31	0	205
10	0	0	227	3	28	23	26	1	5	23	29	99	463
1911	1	3	1	3	0	0	16	8	3	3	32	113	180
12	3	103	1	14	0	10	35	7	0	0	32	21	227
13	68	16	55	0	0	1	0	0	4	8	12	51	214
14	69	0	1	0	109	0	0	0	0	2	51	36	268
15	54	3	1	5	22	0	2	0	2	0	20	3	110
1916	30	22	58	34	1	23	2	1	10	115	40	11	345
17	25	49	3	0	1	12	13	26	41	18	34	8	230
18	12	61	0	0	16	0	6	5	0	0	2	4	107
19	176	84	0	3	2	0	0	3	0	0	14	14	297
20	139	0	2	14	0	13	38	58	12	23	139	288	726
1921	12	162	126	0	85	74	2	0	25	6	3	44	538
22	12	56	3	24	32	23	0	0	1	17	25	132	325
23	5	0	50	0	22	68	0	0	0	53	1	171	370
24	10	4	0	1	0	0	0	4	0	24	90	5	137
25	132	12	20	5	9	0	15	19	0	0	20	0	232
1926	8	0	99	13	39	0	0	1	39	0	6	10	214
27	5	15	70	0	2	27	0	0	21	2	39	17	199
28	2	17	18	0	0	0	2	0	7	14	0	0	60
29	3	14	62	0	0	0	0	1	5	14	3	41	142
30	93	9	5	0	1	0	0	3	3	69	7	94	281
1931	2	0	6	13	30	43	1	3	7	20	9	27	160
32	0	19	104	4	32	1	0	2	0	67	8	0	237
33	5	21	36	21	6	1	0	51	22	0	74	20	257
34	4	20	4	0	0	0	10	8	3	7	97	0	152
35	34	0	24	43	0	4	0	13	10	2	27	0	155

	Jan.	Febr.	März	April	Mai	Juni	Juli	Aug.	Sept.	Okt.	Nov.	Dez.	Jahr
Alice Springs (1874—1940) (Fortsetzung).													
1936	31	109	21	0	47	0	19	2	0	13	1	21	264
37	95	4	1	18	0	8	0	24	0	2	51	26	231
38	87	48	0	0	0	45	0	0	0	22	14	0	216
39	68	108	59	20	0	44	63	0	0	29	28	0	419
40	140	49	0	66	0	1	0	0	0	7	0	9	271
Höchstwerte	281	236	227	117	109	74	106	158	90	115	139	288	726
Tiefstwerte	0	0	0	0	0	0	0	0	0	0	0	0	60
Mittel 1901–30	34	32	38	15	15	16	11	7	9	19	26	51	273
Aden (1886—1936). Höhe 29 m.													
1886	4	1	1	0	0	0	0	0	10	0	1	0	15
87	1	0	0	0	0	0	0	50	5	0	0	0	56
88	0	1	0	6	0	0	0	0	0	0	8	1	16
89	7	0	27	52	4	0	0	0	2	0	0	0	92
90	2	1	167	0	36	0	0	0	11	0	0	2	218
1891	0	0	63	23	0	2	0	0	1	6	2	0	95
92	0	4	0	0	1	0	0	2	0	0	4	0	10
93	1	0	2	5	0	0	0	1	35	0	0	0	43
94	5	0	44	0	0	0	2	0	1	0	33	2	86
95	31	2	0	0	0	1	1	1	3	0	0	0	38
1896	15	0	0	0	13	0	0	0	0	0	0	0	28
97	1	1	0	0	4	0	16	0	0	0	3	3	28
98	2	2	0	0	3	0	0	0	2	0	0	6	14
99	10	24	0	0	0	0	0	1	0	0	0	0	35
1900	5	32	1	0	0	0	0	0	0	0	0	1	38
1901	7	1	1	3	0	34	0	0	0	0	0	9	56
02	1	1	0	0	0	0	0	0	0	0	2	0	3
03	84	27	2	0	0	0	0	1	0	0	10	13	138
04	0	0	0	0	13	0	0	0	0	0	0	0	13
05	45	0	50	0	0	13	0	4	15	0	0	1	127
1906	0	27	0	0	0	0	0	1	0	0	0	3	31
07	6	1	0	9	0	0	0	1	0	0	0	2	18
08	2	0	0	0	0	0	0	4	18	0	0	2	26
09	3	0	0	0	0	0	0	15	0	0	0	0	18
10	2	0	16	0	0	0	0	3	1	56	2	2	82
1911	21	1	9	0	0	0	0	9	0	0	0	0	39
12	7	7	0	32	0	0	1	0	0	0	0	2	48
13	1	4	1	0	2	6	0	0	0	0	0	0	13
14	0	1	0	2	0	0	0	3	31	24	0	0	60
15	0	0	0	0	0	0	0	0	0	0	0	0	0
1916	0	3	0	0	0	0	6	16	0	0	0	3	28
17	2	0	0	0	23	2	0	0	0	0	0	2	28
18	4	0	5	0	0	0	0	2	0	0	0	0	10
19	1	0	0	0	0	0	0	0	11	0	0	3	15
20	0	0	0	0	0	0	0	0	4	0	0	0	4
1921	0	0	0	0	0	0	0	0	0	0	0	2	2
22	0	0	33	0	0	0	0	0	0	0	0	0	33
1923	0	0	0	13	25	0	3	0	0	0	0	2	43
24	1	27	0	0	0	0	0	7	0	0	0	1	36
25	29	0	0	0	0	0	0	1	2	0	0	10	42
1926	0	1	10	8	35	0	0	0	1	0	0	1	55
27	0	0	0	98	0	0	6	0	0	0	0	0	104
28	0	0	0	0	0	0	0	0	0	0	4	0	4
29	0	0	0	0	0	0	0	0	0	57	0	39	96
30	75	4	1	0	0	0	0	5	0	0	0	0	86
1931	0	6	0	0	0	0	0	0	50	0	0	2	58
32	0	0	0	0	0	0	0	0	0	0	20	0	20
33	5	3	0	0	0	0	0	0	0	3	5	4	19
34	7	0	0	0	0	0	0	0	0	0	5	0	12
35	55	0	0	1	12	0	0	3	24	0	0	1	97
36	0	0	2	0	0	0	0	0	0	0	0	0	2
Höchstwerte	84	32	167	98	36	34	16	50	50	57	33	39	218
Tiefstwerte	0	0	0	0	0	0	0	0	0	0	0	0	0
Mittel 1901–30	10	4	4	6	3	2	0	2	3	5	0	3	42
Moncay (1906—1930). Höhe 9 m.													
1906	97	19	145	277	433	483	315	348	298	0	1	20	2435
07	58	61	44	105	221	173	79	819	311	503	83	38	2493
08	93	60	26	43	120	995	540	274	315	160	13	67	2705
09	33	49	42	63	208	424	421	424	445	126	28	5	2267
10	25	135	44	231	66	538	401	569	582	71	115	25	2803
1911	10	26	92	50	670	480	542	290	118	314	132	18	2741
12	144	59	105	123	343	360	738	711	253	10	123	26	2993
13	26	14	71	122	121	593	391	662	232	117	79	98	2526
14	26	134	70	106	223	481	936	424	53	141	69	61	2723
15	9	10	48	86	145	652	498	607	139	327	142	1	2663
1916	5	24	90	51	232	443	771	386	438	52	4	43	2540
17	25	14	140	95	52	620	1002	672	163	115	0	39	2945
18	0	20	140	80	570	154	378	1216	245	1	60	35	2899
19	9	28	60	39	408	228	531	708	243	9	242	15	2519
20	3	95	50	196	303	263	303	811	745	123	108	39	3039
1921	69	107	8	61	400	513	724	770	487	165	0	26	3328
22	73	39	118	20	174	352	836	660	109	90	48	85	2603
23	7	23	38	352	405	726	463	708	442	484	228	54	3930
24	73	120	60	76	524	606	845	390	170	179	2	6	3052
25	77	32	94	69	59	625	165	103	177	84	166	83	1733
1926	46	109	137	74	322	398	846	1195	637	288	6	61	4119
27	17	76	56	62	212	329	697	621	708	102	13	39	2931
28	66	108	41	217	231	764	882	504	39	78	23	7	2960
29	28	166	26	140	236	796	817	317	473	15	68	35	3116
30	31	86	85	73	410	807	636	498	129	38	8	89	2889
Höchstwerte	144	166	145	352	670	995	1002	1216	745	503	242	98	4119
Tiefstwerte	0	10	8	20	52	154	79	103	39	0	0	1	1733
Mittel 1906–30	42	65	73	112	283	510	590	587	318	144	71	43	2838

Catania (1892—1930). Höhe 65 m.

	Jan.	Febr.	März	April	Mai	Juni	Juli	Aug.	Sept.	Okt.	Nov.	Dez.	Jahr
1892	107	31	38	127	36	2	3	28	48	34	55	130	639
93	39	1	24	23	30	4	1	1	1	8	102	102	335
94	104	152	83	33	16	1	0	0	0	94	117	138	737
95	24	35	16	19	55	0	0	1	40	68	47	126	432
1896	170	76	29	60	6	0	0	4	3	99	189	49	683
97	20	14	96	28	12	16	2	0	40	26	124	126	504
98	91	21	152	22	1	0	0	42	59	81	164	245	877
99	7	82	12	4	0	2	0	22	7	13	133	130	411
1900	50	30	16	37	25	36	4	55	22	45	80	7	406
1901	130	200	18	5	43	5	11	4	26	302	216	19	979
02	49	83	54	97	9	0	0	0	400	240	82	94	1109
03	20	27	29	15	9	12	4	0	24	30	62	118	349
04	318	14	143	23	15	10	9	22	41	143	144	57	937
05	75	50	19	4	80	4	28	1	46	99	10	231	647
1906	166	47	24	43	20	6	7	0	76	180	45	126	739
07	105	49	85	13	15	2	0	10	54	17	116	5	469
08	65	25	81	62	0	5	0	0	89	53	299	179	858
09	143	49	24	106	29	0	1	2	12	161	75	17	619
10	33	65	38	11	22	7	0	0	7	23	44	72	321
1911	261	18	83	34	24	0	15	5	14	13	175	146	787
12	133	12	15	85	27	7	0	0	119	82	51	102	632
13	91	52	6	31	35	9	0	0	28	126	18	29	425
14	107	24	34	5	4	1	2	189	30	179	107	97	779
15	46	26	89	41	7	14	2	0	64	64	184	25	561
1916	96	179	4	113	5	10	12	14	37	14	75	82	642
17	148	148	45	15	23	10	0	0	0	16	162	75	642
18	40	26	86	23	11	7	13	3	0	158	96	153	616
19	32	43	15	10	31	0	0	0	11	16	45	203	404
20	12	139	25	16	0	12	0	33	13	173	503	17	943
1921	46	108	189	81	10	13	3	19	62	52	80	98	760
22	69	77	8	7	11	0	0	0	6	17	62	98	354
23	142	30	13	61	5	7	0	13	11	10	30	68	389
24	99	26	58	59	0	1	48	0	0	37	66	290	684
25	34	4	162	62	36	1	0	0	15	108	119	13	554
1926	24	20	87	6	30	17	0	0	22	12	54	22	292
27	54	84	22	18	5	2	0	1	19	54	110	201	570
28	239	97	187	129	0	0	14	6	48	30	32	108	890
29	59	73	176	23	5	8	0	37	73	47	37	31	569
30	131	236	8	5	20	1	1	0	22	163	66	112	764
Höchstwerte	318	236	189	129	80	36	48	189	400	302	503	290	1109
Tiefstwerte	7	1	4	4	0	0	0	0	0	8	10	5	292
Mittel 1901–30	99	68	61	40	18	6	6	12	46	87	105	96	644

Berlin (1848—1950). Höhe 35 m.

	Jan.	Febr.	März	April	Mai	Juni	Juli	Aug.	Sept.	Okt.	Nov.	Dez.	Jahr
1848	8	57	40	82	29	141	30	44	54	53	55	14	607
49	18	43	32	61	29	36	37	37	21	33	23	61	431
50	72	86	29	25	69	50	45	37	26	71	63	61	634
1851	22	14	69	68	52	44	57	44	53	57	118	25	623
52	49	67	14	23	89	124	38	80	54	41	39	55	673
53	51	51	36	66	39	132	81	55	28	37	10	16	602
54	39	33	9	25	46	117	90	89	30	21	26	104	629
55	21	43	38	38	63	48	169	76	8	48	28	45	625
1856	25	47	8	30	56	61	31	76	32	11	61	35	473
57	29	11	25	57	16	31	47	36	16	26	24	44	362
58	44	12	28	5	116	65	229	97	29	70	18	33	746
59	29	44	68	71	63	51	34	50	51	22	47	41	571
60	47	72	62	36	58	42	172	97	22	48	30	45	731
1861	57	18	59	28	89	88	74	57	90	16	71	34	681
62	65	71	25	63	24	83	133	17	33	48	18	72	652
63	33	16	62	35	16	142	25	29	97	18	14	80	567
64	16	54	35	37	66	81	63	88	36	34	33	3	546
65	46	25	57	13	42	69	52	76	8	49	57	19	513
1866	25	58	49	34	61	52	47	97	59	1	90	104	677
67	63	66	35	96	49	43	89	16	28	47	29	86	647
68	53	54	50	71	7	18	73	32	34	32	68	104	596
69	26	41	25	15	38	49	26	109	67	51	102	61	610
70	35	13	35	23	50	78	58	154	51	134	28	51	710
1871	34	52	19	62	36	138	76	23	40	37	22	32	571
72	45	18	33	52	53	41	24	24	37	61	81	43	512
73	25	12	43	14	53	49	92	43	45	31	41	48	496
74	39	16	63	30	46	46	28	50	20	14	22	56	430
75	88	22	28	24	71	63	45	32	25	128	71	33	630
1876	20	86	134	32	13	63	47	32	70	17	59	65	638
77	63	124	39	18	34	36	48	119	49	37	29	35	631
78	42	15	98	38	45	69	70	75	25	22	21	37	557
79	69	71	51	58	15	40	74	51	22	35	60	27	573
80	22	28	14	24	15	101	66	42	54	73	39	111	589
1881	25	30	77	5	38	55	47	74	47	53	34	30	515
82	29	23	48	26	59	89	188	66	76	33	85	41	763
83	29	11	5	11	53	16	99	52	30	78	46	61	491
84	51	25	28	41	30	59	93	41	22	102	44	70	606
85	23	19	44	65	36	62	53	88	48	73	32	30	573
1886	39	9	31	41	65	35	54	21	16	31	34	53	429
87	6	11	41	20	145	35	83	20	29	28	42	41	501
88	39	45	120	26	21	34	92	32	28	90	62	22	611
89	15	72	40	17	26	60	74	85	55	98	4	21	567
90	60	7	20	32	39	94	69	55	7	65	64	9	521

	Jan.	Febr.	März	April	Mai	Juni	Juli	Aug.	Sept.	Okt.	Nov.	Dez.	Jahr
Berlin (1848—1950) (Fortsetzung).													
1891	47	7	39	45	66	88	145	52	75	16	39	58	677
92	59	16	24	4	56	42	84	38	50	17	13	70	473
93	31	85	38	1	23	26	75	25	40	72	83	24	523
94	16	65	38	39	49	94	44	127	42	51	20	45	630
95	48	21	46	29	31	49	29	50	23	71	56	51	504
1896	28	9	51	41	22	118	87	61	83	51	10	32	593
97	36	21	66	36	79	12	131	52	79	27	18	30	587
98	35	53	66	61	59	51	98	10	22	39	6	42	542
99	69	18	28	38	108	39	98	13	61	13	31	38	554
1900	48	33	27	49	33	102	42	32	28	41	50	35	520
1901	33	14	23	49	39	28	59	35	53	50	77	54	514
02	50	19	75	106	61	60	60	78	57	30	1	41	638
03	32	50	15	52	54	33	57	58	52	69	60	11	543
04	29	47	17	38	68	36	35	35	50	38	45	46	484
05	34	39	41	55	33	66	73	78	94	85	53	34	685
1906	53	26	68	12	58	67	52	58	75	23	44	62	598
07	73	48	37	27	29	56	230	59	65	26	16	58	724
08	40	58	40	44	125	8	56	49	12	1	30	11	474
09	25	51	54	44	31	62	66	73	43	25	88	62	624
10	43	49	20	30	64	55	76	167	33	16	79	31	663
1911	36	61	36	30	21	27	44	8	26	38	21	49	397
12	37	43	33	37	37	55	25	76	21	24	48	58	494
13	21	26	28	12	21	24	50	58	21	24	48	114	447
14	40	14	76	33	88	72	112	21	66	48	15	47	632
15	68	16	90	36	17	21	50	110	66	35	24	62	595
1916	100	34	12	32	30	92	104	41	26	46	33	73	623
17	73	15	43	23	18	8	52	62	16	96	37	41	484
18	96	36	10	34	10	62	70	85	54	37	13	82	589
19	21	13	40	62	18	61	34	32	14	64	85	88	532
20	52	27	8	103	43	48	82	72	37	2	8	43	525
1921	93	32	4	24	87	81	20	65	34	65	39	66	610
22	51	18	34	48	41	31	171	43	63	24	61	60	645
23	48	31	15	60	67	76	87	35	24	69	21	42	575
24	17	38	10	71	64	25	111	25	68	12	18	19	478
25	59	39	43	37	26	45	52	82	108	33	36	68	628
1926	75	49	57	15	14	127	165	38	40	72	98	53	803
27	52	20	28	104	42	96	103	136	38	23	29	23	694
28	55	51	20	34	62	55	31	46	1	44	91	27	517
29	34	14	11	22	55	111	47	13	18	110	15	50	500
30	42	5	37	35	72	22	191	104	61	91	93	13	766
1931	73	26	22	60	66	95	116	55	107	38	7	43	708
32	41	7	10	37	78	29	52	22	76	77	31	6	466
33	22	52	19	31	27	101	79	41	28	61	40	16	517
34	34	28	19	48	21	14	79	110	43	53	60	27	536
35	56	72	30	105	50	74	29	79	34	68	38	35	670
1936	41	45	23	47	36	8	80	30	46	51	44	35	486
37	25	64	73	59	51	46	75	96	39	22	34	39	623
38	86	25	30	36	76	28	51	126	49	77	35	35	654
39	57	20	76	34	56	57	80	73	74	101	69	58	755
40	23	32	73	20	47	48	63	85	41	10	86	50	578
1941	37	39	30	33	77	45	95	58	70	133	27	78	722
42	15	22	14	21	49	45	111	32	41	49	55	27	481
43	35	35	10	43	19	65	24	38	51	3	43	24	390
44	71	45	57	33	39	54	54	18	24	44	104	30	573
45	25	85	22	—	—	—	—	—	—	—	61	58	—
1946	32	121	27	32	54	119	37	56	33	47	17	9	584
47	25	10	58	38	32	75	71	64	20	18	137	80	628
48	90	70	29	21	45	56	76	202	13	51	29	13	695
49	33	38	57	49	55	79	32	39	23	9	64	117	595
50	63	76	24	80	75	46	108	39	41	37	55	21	665
Höchstwerte	100	124	134	106	145	142	230	202	108	134	137	117	803
Tiefstwerte	6	5	4	1	7	8	20	8	1	1	1	3	362
Mittel 1851–1930	43	35	40	39	48	60	78	59	42	46	43	48	581
London-Greenwich (1841—1940). Höhe 46 m.													
1841	54	34	34	49	52	69	91	56	100	151	94	61	845
42	26	27	48	11	53	24	75	45	101	36	108	19	573
43	34	61	13	44	95	33	62	92	12	108	58	10	622
44	62	59	58	9	8	40	55	43	30	102	114	9	589
45	61	24	38	14	56	48	47	79	54	35	61	51	567
1846	72	37	22	78	38	13	38	102	46	130	39	29	642
47	35	35	20	25	36	38	17	50	40	51	51	51	447
48	31	66	79	87	10	89	50	108	61	89	31	65	765
49	38	58	15	50	94	8	74	11	83	69	38	61	599
50	31	36	10	57	58	25	72	43	34	40	55	34	496
1851	69	32	103	58	20	45	107	66	13	55	17	14	598
52	91	23	4	12	48	117	57	111	97	95	152	56	864
53	54	38	38	82	38	70	139	70	57	107	50	20	762
54	36	31	8	15	89	23	45	66	25	62	48	36	483
55	37	25	50	2	46	22	133	36	50	132	38	28	599
1856	67	28	28	58	88	41	23	62	71	49	32	47	591
57	66	5	21	36	8	69	28	64	86	107	34	14	538
58	19	43	20	57	51	31	76	38	22	37	13	43	450
59	20	22	34	55	60	36	84	29	97	91	74	55	656
60	46	28	47	25	99	147	71	94	79	41	64	70	810
1861	14	46	55	21	46	48	56	15	37	22	129	32	520
62	46	12	90	72	72	49	42	77	41	103	25	40	669
63	69	13	18	11	32	99	22	46	75	46	40	27	499
64	22	19	64	21	51	23	7	33	70	27	65	13	416
65	84	45	22	10	111	62	58	101	4	150	61	22	729

London-Greenwich (1841—1940) (Fortsetzung).

	Jan.	Febr.	März	April	Mai	Juni	Juli	Aug.	Sept.	Okt.	Nov.	Dez.	Jahr
1866	94	102	41	62	49	93	41	62	99	53	38	47	781
67	71	31	58	53	56	38	135	64	66	49	11	43	675
68	94	31	25	45	34	8	18	59	35	60	27	119	553
69	74	59	36	26	87	29	14	31	78	45	61	70	610
70	38	14	52	7	12	10	51	51	41	85	31	80	471
1871	52	28	28	77	17	75	83	22	105	35	15	31	566
72	92	20	54	25	79	42	60	69	35	110	74	103	763
73	62	49	34	16	38	65	47	81	64	65	66	8	593
74	25	24	11	34	11	62	66	37	56	91	47	43	507
75	76	21	14	39	37	58	134	58	68	105	74	27	710
1876	28	38	59	32	29	27	17	51	66	41	78	146	612
77	111	43	57	85	35	17	63	74	29	45	90	45	693
78	22	28	27	110	109	116	8	137	21	42	88	30	736
79	66	97	15	66	85	109	95	132	73	19	23	17	796
80	7	60	15	56	13	57	97	25	102	194	52	76	754
1881	42	62	47	16	41	47	54	99	56	69	58	63	653
82	34	29	29	61	35	60	62	30	61	138	56	45	640
83	43	73	20	43	43	34	51	18	97	40	72	21	557
84	45	38	35	28	24	57	45	17	53	26	25	65	459
85	36	59.	38	52	54	42	13	34	95	87	72	29	610
1886	94	14	29	32	107	11	64	28	32	36	77	91	615
87	29	14	34	45	44	31	33	60	56	26	96	37	505
88	23	23	71	38	17	85	172	95	19	33	102	23	699
89	21	56	34	47	84	53	52	46	43	100	20	37	591
90	53	26	50	45	34	65	114	65	17	30	38	20	555
1891	40	1	54	18	68	24	86	95	21	110	51	68	636
92	10	43	28	36	42	58	39	77	51	99	56	29	567
93	37	69	11	3	14	21	85	32	33	106	47	56	511
94	79	40	19	37	39	52	83	77	32	101	76	50	683
95	41	6	36	32	11	5	86	54	24	68	73	64	501
1896	16	9	76	14	7	49	27	52	141	71	30	76	569
97	41	61	85	41	32	49	19	73	69	12	27	54	562
98	17	30	36	24	67	45	34	22	8	80	61	57	479
99	64	49	16	76	42	19	44	9	57	59	95	37	567
1900	58	91	23	23	35	71	36	52	29	39	51	58	567
1901	19	22	55	46	46	38	44	52	34	66	17	77	515
02	16	20	35	11	85	79	28	74	42	32	33	38	491
03	54	35	56	47	50	154	134	122	57	113	49	32	903
04	64	65	35	26	49	22	57	31	34	44	42	57	525
05	25	18	90	43	34	110	23	65	59	23	79	15	585
1906	94	46	28	17	40	71	11	35	50	77	105	55	628
07	28	32	23	80	37	67	25	49	16	83	57	69	565
08	38	37	56	53	39	53	93	83	31	50	19	51	604
09	19	16	78	42	32	93	80	46	63	103	20	61	653
10	44	68	28	67	57	53	89	62	19	46	91	90	713
1911	31	35	42	44	48	53	7	34	34	84	87	102	601
12	77	44	65	2	33	60	32	105	51	54	39	71	632
13	68	21	62	57	30	19	54	42	42	87	68	22	570
14	13	62	100	28	41	34	36	30	19	24	67	153	606
15	93	81	20	31	83	14	78	82	51	50	62	131	776
1916	31	99	104	32	53	48	36	89	25	68	108	64	757
17	27	21	46	45	66	56	107	109	43	69	43	28	661
18	69	25	25	72	49	19	186	27	114	34	51	51	720
19	64	58	75	70	9	40	57	56	26	22	30	78	585
20	58	15	35	68	18	43	82	41	87	28	20	49	544
1921	44	3	31	30	32	11	4	17	46	20	50	30	319
22	60	46	33	70	28	35	82	59	47	24	33	73	589
23	27	67	56	35	49	12	66	48	30	129	41	50	610
24	71	17	18	77	68	60	107	49	79	83	80	71	778
25	42	79	16	51	34	3	93	59	52	61	37	69	594
1926	53	67	3	99	45	81	53	89	27	67	121	10	714
27	39	86	55	44	31	66	57	90	104	32	57	86	746
28	77	30	43	35	63	58	54	72	17	88	45	61	643
29	22	10	1	29	46	31	45	54	4	66	128	115	551
30	63	23	37	35	77	90	46	70	79	27	111	39	696
1931	29	40	6	97	73	31	63	159	39	19	62	16	634
32	40	8	37	62	103	17	75	57	53	137	26	13	628
33	27	42	61	19	57	39	35	13	68	38	22	9	430
34	36	5	55	55	10	37	23	43	31	29	54	118	496
35	30	55	15	75	38	71	14	55	74	65	92	64	648
1936	89	36	25	38	10	87	74	14	80	46	77	50	626
37	86	100	74	62	87	48	18	43	32	59	35	87	731
38	62	17	7	3	41	11	34	56	75	53	79	—	484
39	103	27	31	67	37	35	60	79	30	146	105	30	760
40	57	36	97	42	26	22	92	4	36	60	174	31	677
Höchstwerte	111	102	104	110	111	154	186	159	141	194	174	153	903
Tiefstwerte	7	1	1	2	7	3	4	4	4	12	11	8	319
Mittel 1901–30	48	42	45	46	46	52	62	61	46	58	60	63	629

Winnipeg (1886—1940). Höhe 232 m.

	Jan.	Febr.	März	April	Mai	Juni	Juli	Aug.	Sept.	Okt.	Nov.	Dez.	Jahr
1886	15	13	10	44	30	31	17	30	121	31	14	10	365
87	18	27	24	29	76	75	51	38	45	11	26	35	456
88	20	8	28	33	5	79	99	29	38	69	13	12	430
89	40	26	7	22	45	11	60	24	68	22	19	35	379
90	13	21	39	31	53	63	142	77	78	93	11	12	632
1891	20	22	10	29	23	120	49	99	56	27	30	26	510
92	13	15	41	65	47	36	91	95	22	21	57	3	505
93	48	39	6	58	57	98	138	39	17	34	59	16	608
94	29	25	41	90	15	61	16	20	55	45	47	14	461
95	39	30	14	16	95	59	84	26	29	8	24	44	468

Winnipeg (1886—1940) (Fortsetzung).

	Jan.	Febr.	März	April	Mai	Juni	Juli	Aug.	Sept.	Okt.	Nov.	Dez.	Jahr
1896	26	10	47	143	135	101	51	38	50	26	33	7	667
97	23	23	40	26	40	59	137	25	9	34	18	14	446
98	23	27	65	25	23	155	45	55	64	144	51	15	690
99	45	21	9	55	56	93	50	87	23	47	14	3	504
1900	27	5	17	8	3	47	103	93	107	24	21	17	472
1901	21	23	7	49	9	256	79	43	97	12	2	11	607
02	3	14	73	34	98	88	34	24	51	31	26	38	514
03	7	3	27	14	86	12	77	51	70	18	38	26	430
04	4	22	76	12	45	107	141	41	48	38	8	42	584
05	5	7	45	6	85	106	110	36	40	26	29	10	505
1906	34	5	14	42	75	160	86	34	38	5	47	32	572
07	54	7	28	25	25	39	101	99	18	10	18	5	429
08	11	46	46	44	76	79	45	62	48	56	14	17	545
09	19	19	68	40	32	39	98	121	15	13	23	101	588
10	6	40	42	38	42	60	20	54	70	27	32	47	480
1911	11	18	7	65	162	58	75	59	62	47	15	15	594
12	8	5	8	57	91	23	155	42	139	29	3	20	579
13	19	15	9	10	13	83	53	120	32	20	19	7	401
14	20	21	15	19	42	37	181	52	58	56	18	36	556
15	10	27	3	33	21	65	46	3	124	26	29	43	431
1916	85	6	54	8	63	105	72	60	52	59	8	43	614
17	28	22	8	6	1	54	83	43	49	35	6	15	350
18	21	15	23	34	21	95	51	81	16	28	77	31	493
19	5	11	44	28	49	126	97	80	82	42	58	17	639
20	39	22	37	8	38	86	19	43	85	5	38	20	441
1921	29	64	28	47	45	40	94	63	92	24	22	13	560
22	7	19	34	13	67	58	126	34	76	13	62	35	545
23	42	26	33	19	65	37	90	17	28	13	23	7	399
24	10	10	2	89	10	29	76	35	92	69	29	18	471
25	41	14	50	28	7	60	15	76	60	34	6	16	408
1926	10	15	16	4	21	90	51	82	96	77	43	8	513
27	9	10	12	62	119	45	29	72	65	80	24	17	545
28	10	5	39	31	85	91	113	81	16	10	42	9	531
29	12	7	33	29	68	35	28	14	61	23	18	37	364
30	7	39	25	13	104	65	133	25	33	76	39	15	575
1931	7	5	23	9	62	29	78	51	82	53	30	3	430
32	34	21	51	27	19	74	63	39	48	52	61	8	497
33	26	15	12	25	134	25	41	92	68	17	44	40	539
34	26	17	30	22	16	105	45	83	110	10	20	24	510
35	41	4	72	30	44	105	49	121	41	35	23	24	589
1936	27	36	48	11	24	61	47	13	52	25	28	19	391
37	26	30	7	67	56	59	72	54	58	18	22	35	503
38	35	44	13	28	41	34	104	44	6	10	22	30	409
39	20	38	2	27	35	63	36	140	41	8	2	8	419
40	14	18	17	42	30	120	29	32	26	69	20	18	435
Höchstwerte	85	64	76	143	162	256	181	140	139	144	77	101	690
Tiefstwerte	3	3	2	4	1	11	15	3	6	5	2	3	350
Mittel 1901–30	20	19	30	30	56	74	79	55	60	34	27	25	509

Irkutsk (1887—1940). Höhe 467 m.

	Jan.	Febr.	März	April	Mai	Juni	Juli	Aug.	Sept.	Okt.	Nov.	Dez.	Jahr
1887	1	3	7	10	45	38	24	101	44	7	4	21	306
88	3	7	7	17	37	11	26	42	39	10	21	7	226
89	6	3	7	14	22	29	31	98	8	23	17	15	274
90	6	10	3	16	22	91	195	45	68	8	10	11	483
1891	11	1	6	14	72	64	53	37	34	10	21	20	341
92	13	4	9	4	27	44	63	38	21	24	11	14	271
93	5	12	9	13	18	56	102	104	36	23	20	22	418
94	5	5	6	35	109	24	97	69	105	2	5	8	469
95	12	8	5	11	33	86	49	44	10	47	12	15	333
1896	10	5	3	18	21	38	149	126	18	7	19	17	429
97	21	7	17	14	27	21	38	61	38	23	20	15	299
98	3	12	3	17	42	13	64	56	49	16	12	9	296
99	13	7	9	2	30	99	57	39	36	30	14	6	341
1900	3	22	5	22	41	33	13	108	74	24	6	10	361
1901	5	7	5	11	33	36	155	106	46	28	21	13	466
02	24	4	18	12	23	112	69	63	39	25	16	68	472
03	8	3	4	23	22	48	77	81	44	11	38	20	379
04	8	12	6	16	48	57	75	72	27	23	18	18	378
05	3	1	16	11	26	57	35	101	45	17	10	6	326
1906	10	5	2	24	38	57	219	93	61	12	11	20	551
07	19	5	1	30	39	40	64	135	61	9	13	15	431
08	6	10	11	24	32	79	62	53	58	20	31	8	393
09	10	16	6	17	25	35	106	24	33	46	34	16	368
10	5	5	5	18	35	37	61	100	37	23	9	10	345
1911	12	4	2	3	38	27	88	88	43	17	8	10	338
12	3	4	1	19	33	61	157	76	8	4	21	8	396
13	7	3	7	17	22	46	72	69	45	8	13	16	325
14	11	2	9	10	18	150	56	85	49	17	20	13	440
15	11	15	8	6	71	20	191	96	24	11	21	8	482
1916	6	9	5	4	21	62	31	65	15	23	27	9	276
17	9	6	2	9	9	32	117	134	17	17	12	16	381
18	2	12	5	12	14	102	86	40	43	18	24	22	379
19	12	14	7	17	26	46	134	66	88	25	18	9	461
20	11	10	4	19	23	97	68	70	9	2	3	9	324
1921	7	1	22	17	23	82	19	26	35	20	19	14	285
22	19	17	13	19	11	84	75	48	28	12	24	6	354
23	10	5	9	11	7	63	69	71	19	30	9	20	322
24	16	8	7	9	5	104	84	79	55	26	10	15	416
25	16	12	26	9	19	72	52	51	39	13	17	15	339

	Jan.	Febr.	März	April	Mai	Juni	Juli	Aug.	Sept.	Okt.	Nov.	Dez.	Jahr
Irkutsk (1887—1940) (Fortsetzung).													
1926	6	6	5	12	24	48	94	84	78	21	11	15	404
27	6	11	5	13	68	142	89	87	26	11	13	13	485
28	14	14	5	11	55	76	47	20	37	9	16	13	318
29	9	2	8	12	26	58	57	86	34	20	15	11	337
30	15	11	3	27	78	28	90	61	52	32	25	13	434
1931	21	14	16	6	19	37	101	120	31	31	19	5	420
32	16	6	4	12	28	195	143	120	79	21	29	2	655
33	5	7	5	10	42	112	37	140	40	13	5	11	427
34	11	2	6	3	6	33	63	51	31	19	22	8	255
35	6	5	8	14	33	44	56	173	16	24	6	12	396
1936	15	20	5	6	37	44	160	87	26	43	23	19	485
37	9	14	8	7	20	62	130	52	70	26	18	17	433
38	9	12	6	44	24	303	158	108	86	15	18	14	797
39	8	3	7	10	36	108	45	93	32	27	26	14	409
40	19	9	8	21	43	78	58	95	36	15	30	10	422
Höchstwerte	24	22	26	44	109	303	219	173	105	47	38	68	797
Tiefstwerte	1	1	1	2	5	11	13	20	8	2	3	2	226
Mittel 1887–1930	10	7	8	15	33	61	80	73	42	18	17	14	378
Upernivik (1875—1936). Höhe 19 m.													
1875	17	63	77	40	12	1	8	49	49	10	5	8	339
1876	36	68	42	1	9	0	62	80	29	37	50	17	431
77	24	26	84	6	9	5	9	29	51	23	11	8	285
78	35	5	37	5	30	79	36	36	7	6	53	24	353
79	1	0	1	7	3	0	16	23	14	20	0	0	85
80	0	0	11	2	0	0	39	16	18	38	13	2	139
1881	38	10	10	95	5	27	27	20	11	8	15	11	277
82	4	2	3	3	5	9	30	0	12	17	19	0	104
83	0	5	6	1	3	17	34	27	25	23	12	25	178
84	0	11	2	22	21	5	0	10	3	13	14	0	101
85	11	1	18	0	3	8	9	40	7	11	7	9	124
1886	5	9	18	0	1	3	16	1	10	15	21	9	108
87	3	10	20	0	4	1	11	30	30	97	0	10	216
88	1	21	50	16	30	1	5	13	11	22	27	0	197
89	0	0	—	0	0	0	67	42	21	6	—	8	—
90	0	13	0	0	1	2	3	31	18	13	14	4	99
1891	6	0	45	11	18	9	6	15	—	—	11	9	—
92	27	19	59	5	19	0	10	17	50	42	71	11	330
93	32	3	11	18	16	6	12	49	17	14	66	56	300
94	28	3	1	6	33	5	4	24	34	23	20	0	181
95	42	38	2	12	62	18	39	23	64	33	103	15	451
1896	24	6	22	62	30	31	1	55	32	77	51	39	430
97	53	52	3	65	15	17	27	10	44	26	37	38	387
98	1	6	0	2	30	14	23	28	3	17	54	4	182
99	3	4	9	27	50	10	37	—	54	96	15	7	—
1900	4	12	63	3	19	5	3	46	42	41	13	10	261
1901	24	92	19	11	16	16	20	42	21	10	37	26	334
02	1	1	0	8	12	2	44	28	52	49	5	6	208
03	1	3	1	9	7	52	24	20	10	10	11	6	154
04	0	0	6	0	4	7	27	23	9	9	23	16	125
05	0	5	20	7	4	11	46	29	30	24	7	7	190
1906	10	2	9	13	4	17	8	0	12	20	1	8	104
07	1	6	0	0	7	10	19	105	8	38	10	4	208
08	2	—	—	—	1	0	135	30	48	2	3	0	—
09	9	—	3	9	4	15	7	—	—	6	3	17	—
10	2	0	5	24	7	9	—	4	14	10	1	3	—
1911	2	4	16	2	2	31	4	4	9	4	3	5	86
12	1	16	8	27	9	14	19	53	27	48	13	3	238
13	0	0	2	16	24	4	7	32	43	19	8	1	156
14	28	1	0	2	4	2	16	18	9	49	83	5	217
15	16	0	14	17	30	6	1	39	12	17	67	10	229
1916	1	4	46	3	20	72	38	18	51	33	28	31	345
17	14	20	6	25	11	30	20	26	66	81	32	13	344
18	15	9	4	28	35	15	42	11	33	26	30	5	253
19	0	0	15	7	16	7	33	22	27	42	83	24	276
20	0	7	0	52	21	0	13	25	31	53	75	15	292
1921	10	5	23	4	33	16	16	65	26	24	22	33	277
22	0	12	21	25	38	18	14	35	39	33	42	42	319
23	27	3	15	30	28	7	48	0	30	20	14	32	254
24	7	9	3	1	4	20	44	7	15	18	28	9	165
25	8	1	10	16	3	8	40	51	38	43	20	19	257
1926	3	5	13	22	15	23	14	20	37	40	18	6	216
27	32	—	—	—	34	15	38	3	12	8	72	26	—
28	6	1	21	2	51	21	49	22	35	7	22	48	285
29	31	8	4	2	5	4	37	14	17	53	57	7	239
30	4	14	30	10	37	28	10	9	51	48	19	22	282
1931	—	0	2	—	5	2	0	45	26	73	7	15	—
32	2	62	1	12	22	23	3	—	—	2	5	10	196
33	—	8	—	10	0	13	64	21	16	27	8	13	—
34	4	18	0	39	3	4	—	5	10	11	15	9	—
35	11	7	0	6	13	3	0	85	0	7	3	3	138
36	—	3	2	7	7	2	1	30	4	5	13	14	—
Höchstwerte	53	92	84	95	62	79	135	105	66	97	103	56	451
Tiefstwerte	0	0	0	0	0	0	0	0	0	2	0	0	85
Mittel 1901–30	9	8	11	13	16	16	29	26	28	28	28	15	227

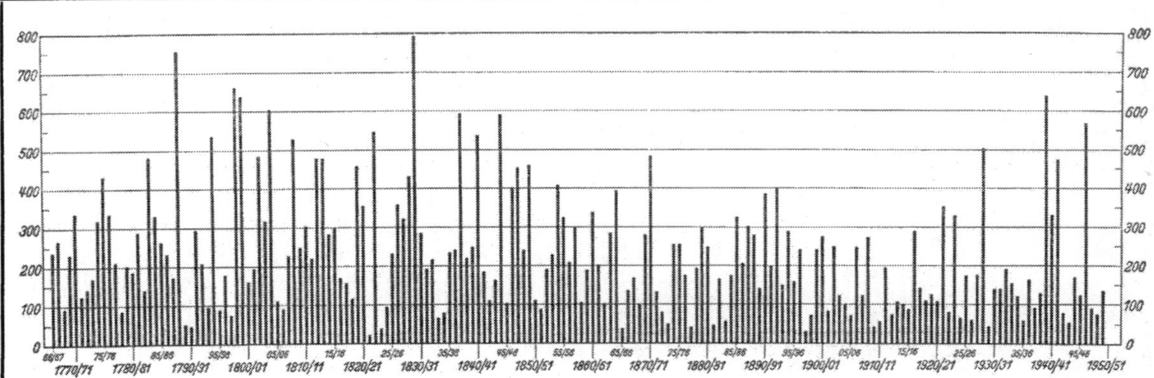

Abb. 1. Winterstrenge in Norddeutschland. Summen der negativen Tagesmittel der Lufttemperatur (°C) von November bis März in Berlin (Außenstation) seit 1766. Winterstrenge 1948/49 = 75; 1949/50 = 132; 1950/51 = 118.

32842 C. Literatur über Klima.

a) Erde.

[1] Clayton, H. H.: World Weather Records. Washington, Smith. Inst., vol. **79** (1927); vol. **90** (1934); vol. **105** (1947).

[2] Knoch, K.: Monats- und Jahresmittelwerte für Luftdruck, Temperatur und Niederschlag. Met. Taschenbuch (F. Linke) I (1931), S. 209 bis 252.

[3] Köppen, W.: Klimate der Erde. Berlin, Leipzig 1923, 8°, 369 S.

[4] Hann, J.: Handbuch der Klimatologie, 3. Aufl., Stuttgart.
Band I. Allgemeine Klimalehre (1908) 394 S.
Band II. Klimatographie. I. Teil: Klima der Tropenzone (1910) 426 S.
Band III. Klimatographie. II. Teil: Klima der gemäßigten Zonen und der Polarzonen (1911) 713 S.
Band I. 4. Aufl. von Knoch, K.: Allgemeine Klimalehre (1932) 444 S.

[5] Köppen, W. u. R. Geiger: Handbuch der Klimatologie. Berlin, Gebr. Borntraeger. Die 1930 bis 1944 erschienenen regionalen Teile sind hier in den Einzelabschnitten als „Köppen-Geiger" zitiert.

b) Arktis und Antarktis.

[1] Washington, U. S. war dept.: Arctic manual. S. 11—25: On climate and weather. Washington 1942.

[2] Baur, F.: Das Klima der bisher erforschten Teile der Arktis. „Arktis." Gotha 1929, Heft 3, S. 77—89; Heft 4, S. 110—120.

[3] Meteorology of the Canadian Arctic. Canada 1944, 4°, 85 S. Dept. of transport. Air services branch. met. Div.

[4] Meinardus, W.: Klimakunde der Antarktis. Köppen-Geiger IV, U (1938) 133 S.

[5] Ruthe: Das Klima der Antarktis. Polarforschung **11** (1941) Heft 2, S. 1—3.

c) Europa.

[1] Birkeland, B. J. u. N. J. Føyn: Klima von Nordwesteuropa und der Inseln von Island bis Franz-Josef-Land. Köppen-Geiger III, L. 1932, 124 S.

[2] Alt, Eugen: Klimakunde von Mittel- und Südeuropa. Köppen-Geiger III. M. 1932, 288 S.

[3] Knoch, K.: Monats- und Jahresmittelwerte der Temperatur und des Niederschlags für Nordwest- und Mitteleuropa. Met. Taschenbuch (F. Linke) III. 1939, 93—137.

[4] Mohn, H.: Atlas de climat de Norvège. Nouv. édition par A. Graand et K. Irgens. Kristiania, Geofys. Publ. Bd. 2, Nr. 7 (1921) 60 S.

[5] Mohn, H.: Klima-Tabeller for Norge. Kristiania, Vidensk. Skr. 1895—1906.

[6] Wallén, A.: Climate of Sweden. Stockholm, Stat. Met.-Hydr. Anst. Publ. Nr. 279 (1930) 65 S.

[7] Kopenhagen, Dansk Met. Inst.: Danmarks klima. Tabeller og kort. Kopenhagen 1933, 8°, 266 S.

[8] London, Met. Office: The book of normals of meteorological elements for the British Isles for periods ending 1915. London 1919 bis 1928.

[9] Hartmann, C. M. A., and C. Braak: Het climat van Nederland. De Bilt, Meded. en Verh. Nr. 15, 34a, 34b, 24, 32, 33, 1913 bis 1934.

[10] Labrijn, A.: Het climat van Nederland. Med. en Verh. Nr. 53, 1948, S. 7—71.

[11] Angot, A.: Etudes sur le climat de la France. Pt. I—IV. Paris, Ann. Bur. Centr. Mét. 1897—1920.

[12] Bénévent, H.: Le climat des Alpes françaises. Paris, Mem. Off. Nat. Mét. Nr. 14, 1926, 435 S., 8 Tafeln.

[13] Hellmann, G., G. v. Elsner, H. Henze u. K. Knoch: Klima-Atlas von Deutschland. Berlin 1921, 2°, 40 S., Karten.

[14] Berlin, Reichsamt für Wetterdienst: Klimakunde des Deutschen Reiches. Band II: Tabellen. Berlin, Springer-Verlag, 1939, 560 S., 2 Karten.

Knoch/A. Schulze

[15] Maurer, Billwiller, Hess: Das Klima der Schweiz. 2 Bde. Frauenfeld 1910, 302 und 217 S.
[16] Zentralanstalt für Meteorologie und Geodynamik, Wien. Klimatographie von Österreich, Bd. I—IX, 8°, 1904—1919.
[17] Niederschlags- und Temperaturkarten von Österreich. Hydrogr. Zentralbüro Wien. Neudruck 1947.
[18] Réthly, A.: Das Klima Ungarns. — Struktur und Verfassung der Ung. Landwirtschaft. Budapest 1937, S. 21—35.
[19] Conrad, V.: Beiträge zu einer Klimatographie der Balkanländer. Sitz.-Ber. Akad. Wien 1921, S. 425—467.
[20] Bukarest, Inst. Met. Central: Date climatologice. Bukarest 1931, 4°, 128 S.
[21] Athen, Observatoire Nat.: Atlas climatologique de la Grèce. Von E. G. Mariolopoulos u. A. N. Livathinos. Athen 1935, 2°, 118 Tafeln.
[22] Philippson, A.: Das Klima Griechenlands. Bonn 1948, 238 S.
[23] Ferreira, H. A.: O clima de Portugal. Lisboa 1942—1950, fasc. I—VII.
[24] Finnisches Geogr. Handbuch. IX. Das Klima. Helsinki 1936, S. 203—252 (finn.).
[25] Pakstas, K.: Le climat de la Lituanie. Memel 1926.
[26] Gorczynski, W., u. St. Kosinska: Température de l'air en Pologne. Warschau 1916, 262 S.
[27] Kosinska, St.-Bartnicka: Les Précipitations en Pologne. Etudes Mét. et Hydrograph. Bd. V. Warschau 1927, 79 S. (Niederschlagskarten 1891—1910).
[28] Köppen, W.: Klimakunde von Rußland in Europa und Asien. 2. Hälfte: Tabellen. Köppen-Geiger, III, N_2, 1939, 95 S. (Erster Teil ist nicht erschienen.)
[29] Leningrad, Geophys. Hauptobs.: Klimatologischer Atlas der UdSSR. Leningrad 1933, 4°, 8 S. u. 72 Karten, Ausgabe III.
[30] Leningrad, Geophys. Zentralobs.: Klima der Sozialistischen Sowjet-Republiken.
Teil I. Die Lufttemperatur (Text und Atlas) von E. Rubinstein.
Teil II. Luftdruck und Wind in den UdSSR von A. Kaminsky.
[31] Steinhauser, F.: Die Meteorologie des Sonnblicks. I. Teil. 180 S. Wien, J. Springer, 1938.
[32] Hauer, H.: Klima und Wetter der Zugspitze. Berichte D. Wetterdienst in der US-Zone. Nr. 16. 200 S. Bad Kissingen 1950.

d) Asien.

[1] Ficker, H. v.: Untersuchungen über Temperaturverteilung, Bewölkung und Niederschlag in einigen Gebieten Mittelasiens. Geogr. Annaler. Stockholm **5** (1923) 351 bis 400.
[2] Kaminsky, A., u. E. Rubinstein: Klimatologisches Handbuch für das Gebiet von Ural, Ost- und West-Sibirien. Leningrad 1931.
[3] Okada, T.: The climate of Japan. Tokyo, Bull. Centr. Met. Obs. Bd. 4, Nr. 2, 1931, S. 89—416.
[4] Tokyo, Centr. Met. Obs.: Climatic Atlas of Japan and her neighbouring countries. Tokyo 1929, 2°, 95 pls., 27 tables.
[5] Tokyo, Centr. Met. Obs.: The climatographic atlas of Japan. Tokyo 1948/49.
[6] Phee-Lievs, Service météorologique: Atlas (météorologique). Hanoi 1930, 2°, 43 S.
[7] Brazon, E., et P. Carton: Le climat de l'Indo-Chine et les typhoons de la Mer de Chine. Hanoi 1929, 8°, 141 S.
[8] Claxton, C. F.: The climate of Hong-Kong. 1884—1929. Hong Kong 1931, 2°, 38 S.
[9] Calcutta, Ind. Met. Dept.: Climatological atlas of India. Edinburg (Bartholomew) 1906, 2°, 120 Karten.
[10] Poona, Ind. Met. Dept.: Winds, weather and currents on the coasts of India and the laws of storms. Calcutta 1931, 8°, 51 S.
[11] Braak, C.: Klimakunde von Hinterindien und Insulinde. Köppen-Geiger IV, R, 125 S.
[12] Braak, C.: The climate of the Netherlands Indies. Vol. I—II. Batavia, Verh. Nr. 8, 1921—1929.
[13] Algué, José: The climate of the Philippines. Bulletin 2, 1904, 8°, 103 S.
[14] Coronas, J.: The climate and weather of the Philippines. 1903—1918. Manila 1920, 8°, 195 S., 3 maps.
[15] Washington, U. S. Weather Bureau: Climate of Peiping, Taihoku, Tientsin, Hankow, Wuchow, Canton, Tainan, Harbin, Dairen, Mukden, Jinsen, Fusan, Hongkong (1943 bis 1945).

e) Afrika.

[1] Knox, A.: The climate of the continent of Africa. Cambridge 1911, 8°, XIV, 552 S.
[2] Brooks, C. E. P.: Le climat du Sahara et de l'Arabie. Paris 1932, 4°, 81 S.
[3] Cairo, Phys. Dept.: Meteorological atlas of Egypt. Giza 1931, 2°, XV und 41 Karten.
[4] Cairo, Min. of publ. works, Phys. Dept.: Climatological normals for Egypt and the Sudan, Candia, Cyprus and Abyssinia. Cairo 1922, 2°, X und 100 S.
[5] Hubert, H.: Mission scientifique au Soudan. Paris 1916, 8°, 319 S.
[6] Angot, A.: Contribution a l'étude du climat de l'Afrique centrale. Annuaire Soc. Mét. France **31** (1883) 136—140, 287—292.
[7] Robertson, C. L., and N. P. Sellick: Climate of Rhodesia, Nyasaland and Mocambique Colony. Köppen-Geiger V, X, 1933, 19S.
[8] Hubert, H.: Nouvelles études sur la météorologie de l'Afrique Occidentale Française. Paris 1926, 2°, 200 S.
[9] Cartes de moyennes, Dakar. Service mét. de l'Afrique occidentale française, Dakar. Memento Nr. 7C, 1942.
[10] Poisson, C.: Météorologie de Madagascar. Paris 1930, 4°, 376 S.

f) Nordamerika.

[1] Brooks, C.F., A. J. Conner u. a. m.: Climatic maps of North America. Cambridge 1936.
[2] Visher, Stephan S.: Novel American climatic maps and their implications. Mo. Wea. Rev. **71** (1943) 81—97.
[3] Ward, R. De C. and C. F. Brooks: The climates of North America. Köppen-Geiger II, J. 1936, 424 S.
[4] Fitton, E. M.: The climate of Alaska. Mo. Wea. Rev. **58** (1930) 85—103.
[5] Brooks, A. H.: The geography and geology of Alaska (with a section on climate by C. Abbe jr.). Washington, U. S. Geol. Surv. Prof. Pap. Nr. 45, 1906, 327 S.
[6] Koeppe, C. E.: The Canadian climate. Bloomington 1931, 8°, 280 S.
[7] Bibliography of Northern Canadian climate and vegetation zones. Bull. Am. Met. Soc. **23** (1942) 413—414.
[8] Sverdrup, H. U., H. Petersen u. F. Loewe: Klima des Kanadischen Archipels und Grönlands. Köppen-Geiger II, K. 1935, 99 S.
[9] Henry, A. J.: Climatology of the United States. Washington, Wea. Bur., Bull. Q, 1906, 1012 S.
[10] Ward, R. De C.: The climates of the United States. New York, London 1925, 8°, XVI, 518 S.
[11] Thornthwaite, C. W.: Atlas of climatic types in the U. S. 1900—1939. Miscell. Publ. Nr. 421, 1941.
[12] Normals of daily temperature for the U. S.; period 1875—1921. Mo. Wea. Rev. Suppl. 25, 1925.
[13] The Climatic Handbook for Washington, D. C.: Weather Bureau Techn. Paper No. 8, 235 S. Washington, Grot. Printg. Office, 1949.

g) Mittelamerika.

[1] Sapper, K.: Klimakunde von Mittelamerika. Köppen-Geiger II, H, 1932, 74 S.
[2] Page, John L.: Climate of Mexico. Mo. Wea. Rev. Suppl. 33, 1930.
[3] Contreras Arias, A.: Mapa de las provincias climatológicas de la República Mexicana. Mexico, Inst. geogr. 1942, Maßstab 1 : 5 Mill., 54 S.
[4] Ward, R. De C. and C. F. Brooks: Climatology of the West Indies. Köppen-Geiger II, I, 1934, 47 S.
[5] Kloster, W.: Bewölkungs-, Niederschlags- und Gewitterverhältnisse der westindischen Gewässer und der angrenzenden Landmassen. Hamburg, Archiv Seewarte, Nr. 40, 1922, Nr. 1, 67 S.
[6] Fassig, O. L.: Rainfall and temperature of Cuba. Washington, Bull. Trop. plant res. found Nr. 1, 1925, 8°, 32 S.

h) Südamerika.

[1] Knoch, K.: Klimakunde von Südamerika. Köppen-Geiger II, G, 1930, VIII, 348 S.
[2] Reed, W. W.: Climatological data for northern and western tropical South America. Mo. Wea. Rev. Suppl. 31, 1928.
[3] Reed, W. W.: Climatological data for southern South America. Mo. Wea. Rev. Suppl. 32, 1929.
[4] Serebenik, Salomao: Notas sobre o clima de Brasil. Rio de Janeiro 1945, 38 S.
[5] Serra Adalberto: Atlas de Meteorología 1910—1934. Rio de Janeiro 1946, 104 S., Karten.

i) Australien.

[1] Hunt, H. A., G. Taylor, E. T. Quayle: The climate and weather of Australia. Melbourne 1913, 8°, 93 S.
[2] Melbourne, Bureau of Meteorology: The climate and meteorology of Australia. Bull. Nr. 1, 1934, S. 36—61.
[3] Taylor, G.: Climatology of Australia, Kidson, E.: Climatology of New Zealand. Köppen-Geiger, IV, S, 1932, 138 S.

j) Ozeane.

[1] McDonald, W. F.: Atlas of climatic charts of the oceans. Washington 1938.
[2] McDonald, W. F.: Atlas klimatischer Karten der Ozeane. U. S. Dept. of Agr., Wea. Bur. Washington. Deutsch bearbeitet 1944 v. Marine-Obs., VIII, 130 Karten.
[3] Hamburg, Seewarte: Klimatologie des europäischen Nordmeeres. Hamburg 1939, 4°, 73 S., 14 Karten, Ergänzungen.
[4] De Bilt, K. Nederl. Met. Inst.: Oceanographische en meteorologische waarnemingen in den Atlantischen Oceaan. Kaarten Amsterdam, 2°, 1918—1931.
[5] Schott, G.: Geographie des Atlantischen Ozeans. Hamburg 1942, 3. Aufl., 4°, 438 S., 27 Tafeln.
[6] London, Met. Office: Monthly meteorological charts of the Atlantic Ocean. London 1941/42.
[7] Hamburg, OK. d. Kriegsmar.: Monatskarten für die Breiten 50°—70° Nord des Nordatlantischen Ozeans. Hamburg, Seewarte, 1940.
[8] Hamburg, Seewarte: Klimatologie des östlichen Teiles des Mittelatlantischen Ozeans nach Schiffsbeobachtungen. Hamburg 1944, 2°, IV, 75 Karten.
[9] Hamburg, OK. d. Kriegsmarine: Monatskarten für den Südatlantischen Ozean. Hamburg 1944.
[10] London, Met. Office: Monthly meteorological charts of Baffin-Bay and Davis Strait. London 1916, 2°, 1 S., 12 Karten.
[11] Hamburg, Seewarte: Monatskarten der Nord- und Ostsee. Hamburg o. J., 2°, 12 Karten.
[12] Hamburg, Seewarte: Klimatologie der Nordsee. Hamburg 1938/39, 186 Bl.
[13] Hamburg, Seewarte: Beiträge zur Klimatologie der Ostsee. Hamburg 1939/40, 71 Bl.
[14] Hamburg, Seewarte: Beiträge zur Klimatologie des Mittelmeeres nach Schiffsbeobachtungen. Hamburg 1941, 4°, 100 S. mit Karten.
[15] London, Admiralty: The climate of the Eastern Mediterranean. London 1916, 8°, 300 S.

Knoch / A. Schulze

[16] Berlin, OK. der Kriegsmarine: Schwarzes und Asowsches Meer, Klima und Wetter, Schiffahrtswege. Berlin 1941, 8°, 41 S.

[17] Mossmann, R. C.: The meteorology of the Weddell quadrant and adjacent areas. Edinburg, T. R. S. **47**, pt. I, 1909, 103—136.

[18] Westermann, R.: Der meteorologische Äquator im Stillen Ozean. Hamburg, Archiv Seewarte, Bd. 29, Nr. 1, 1906, 27 S.

[19] Kobe, Imp. Marine Observatory: The mean atmospheric pressure, cloudiness, air temperature and sea surface temperature of the North Pacific Ocean and the neighbouring seas during the years 1911—1930. Kobe 1935, 8°, 173 S.

[20] De Bilt, K. Nederl. Met. Inst.: Oceanographic and meteorological observations in the China Seas and in the western part of the North Pacific Ocean. I. Monthly charts for Jan.-June (1910—30). s'Gravenhage 1935, 4°, 46 S. (dutch and english).

[21] Schott, G.: Geographie des Indischen und Stillen Ozeans. Hamburg 1935, 8°, XIX, 413 S., 37 Tafeln.

[22] De Bilt, K. Nederl. Met. Inst.: Klimatologie van den Indischen Oceaan. I. atm. pressure. II. wind. III. current (in dutch with english summaries). Meded. en Verh. Nr. 29a. s'Gravenhage 1924.

[23] De Bilt, K. Nederl. Met. Inst.: Oceanographische en meteorologische waarnemingen in den Indischen Oceaan. Karten en Tabellen. Utrecht, 2° und 4°, 1913—1929.

[24] Schott, G.: Klimakunde der Südsee-Inseln. Köppen-Geiger IV, T, 1938, 114 S.

[25] Reed, W. W.: Climatological data for the tropical islands of the Pacific Ocean (Oceania). Mo. Wea. Rev. Suppl. Nr. 28, 1927.

32842 D. Inhalt typischer Tabellenwerke der Meteorologie und Klimatologie.

Das Originalbeobachtungsmaterial in Form von Terminablesungen und Registrierungen wird in den Archiven der meteorologischen Ämter der einzelnen Länder aufbewahrt und auf Anfrage mitgeteilt (vgl. Liste in 32841). In den täglichen Wetterberichten werden viele der synoptischen Meldungen abgedruckt; diese Wetterberichte haben den Vorzug, daß sie nur mit geringer Verzögerung (1 Tag) erscheinen, dafür aber den Nachteil, daß die Zahlen mit mannigfachen Fehlern, z. B. aus der telegraphischen Mitteilung, behaftet sind.

Die umfangreichste Zusammenstellung aller Meldungen von der Nordhalbkugel ist die seit Januar 1949 monatlich erscheinende Veröffentlichung:

Daily Series Synoptic Weather Maps, Northern Hemisphere. Sea Level and 500 Millibar Charts with Synoptic Data Tabulations. US Weather Bureau, Washington.

Wetterkarten aus früheren Jahren sind abgedruckt in der Reihe:

Historical Weather Maps (Daily Synoptic Series), Sea Level. US Weather Bureau, Washington. Erschienen sind die Reihen: Northern Hemisphere, January 1899 to June 1939; Southwest Pacific, 1932—1934.

Einige Observatorien (z. B. Potsdam, Zürich, Säntis, Wien, Greenwich) veröffentlichen Jahrbücher mit stündlichen Werten der meteorologischen Elemente: Luftdruck, Temperatur, Dampfdruck, relative Feuchte, Niederschlag, Verdunstung, Bewölkung, Sonnenscheindauer, Windstärke und Windrichtung und weitere Größen, z. B. Strahlung, luftelektrische Größen.

Für die sogenannten Klimastationen (1. Ordnung) veröffentlichen die meteorologischen Dienste im allgemeinen genormte Tabellen mit den täglichen Ablesungen zu den 3 Terminen, in Deutschland 7, 14 und 21 Uhr, sowie tägliches Maximum und Minimum der Lufttemperatur und Bemerkungen über den Wetterablauf.

Zusammenstellungen und statistische Bearbeitungen vieler Jahrgänge, als Grundlage der Klimabeschreibung, sind wesentlich detaillierter als die hier gegebenen Tabellen 32842 A und B. Typische Beispiele: Tabellenwerk des deutschen Reichsamtes für Wetterdienst (32842 Cc [*14*]), ferner, für einzelne Orte, die Tabellen über 50jährige Reihen auf dem Sonnblick und auf der Zugspitze (32842 Cc [*31*/*32*]), schließlich das Klimatische Handbuch für Washington, D.C. (32842 Cf [*13*]): Dieses gibt 134 Tabellen für Mittelwerte, Häufigkeiten, Extremwerte, für Temperatur, Niederschlag, Druck, Wind, Auszählung stündlicher Niederschlagshäufigkeiten, dichteste Niederschläge, Aufzählung der Tornados in der Nähe (8 tropische Wirbelstürme gingen von 1876—1933 direkt über Washington hinweg), mittlere und höchste Wasserstände des Potomac, Schnee, Hagel, Nebel, Staub, Fröste, Gewitter. Bemerkenswerte Witterungsereignisse werden im Zusammenhang mit der Wetterlage beschrieben (Größte Hagelstücke waren 30 mm lang). Anzahl der Heizgradtage und Kühlgradtage. Letztere werden folgendermaßen definiert: Für einen einzelnen Tag sei das Tagesmittel der Lufttemperatur t in °F. Die „Basis" der Heizgradtage ist $a = 65°$ F (= 18,4°C), die Basis der Kühlgradtage ist $b = 75°$F (= 23,9°C). Zu der Summe der Heizgradtage für einen Monat tragen nur Tage mit $t < a$ bei, mit dem Betrag $(a—t)$, und zur Summe der Kühlgradtage nur Tage mit $t > b$, mit dem Betrag $(t—b)$. Beispiel: Die mittlere Anzahl (1890—1945) der Heizgradtage im Kalendermonat Januar ist 932; im milden Januar 1932 war diese Anzahl nur 568, im kalten Januar 1918 dagegen 1280. Kühlgradtage im Monat Juli: kühlster Juli 1891, mit 17 Kühlgradtagen, heißester Juli 1930, mit 187 Kühlgradtagen.

Stärkste Regen, höchste jemals in Washington registrierte Regenmengen in verschiedenen festen Zeitabschnitten:

Dauer	5	10	15	30 Minuten,	1	2	3	6	12	24	48	72 Stunden
Regenhöhe	20	31	38	62	87	99	105	137	157	168	220	220 mm

Das umfangreichste Werk mit Tabellen nach Art von 32842 B sind die World Weather Records (32842 Ca [1]). Nach Ländern aufgeteilte Listen der Veröffentlichungen siehe 32841.

Über Statistik usw. vgl. 32848.

Bartels

32843 Jährlicher Witterungsablauf in verschiedenen Klimaten.

Abb. 1—14 geben, durch einheitliche graphische Darstellungen von etwa 27000 meteorologischen Werten, Beispiele für den Ablauf der Witterung in einzelnen Jahren. Für jeden Tag sind aufgetragen: durchschnittliche Bewölkung, in Zehnteln des Himmelsgewölbes, von oben nach unten aufgetragen, schraffiert, so daß der leere Raum ungefähr die relative Sonnenscheindauer veranschaulicht; — die höchste und tiefste Lufttemperatur, durch einen senkrechten Strich verbunden; langjährige Mittelwerte der Temperatur sind durch eine fortlaufende Linie dargestellt, wodurch die Abweichungen der Witterung vom Normalwert hervortreten; — und der Niederschlag in mm Wasserhöhe als schwarze Säulen; von 50 mm Tagesniederschlag an ist die Skala verkürzt.

Für die Observatorien Batavia und Potsdam sind ferner eingetragen die Verdunstungskraft (Verdunstung aus einer Wasserschale in einer meteorologischen Hütte in mm Wasserhöhe, nach unten aufgetragen, im Verhältnis zur Niederschlagsskala fünffach vergrößert), relative Luftfeuchte, höchste und tiefste Werte durch Strich verbunden; Luftdruck ebenso; Windrichtung, 4 Werte pro Tag, um 00, 06, 12 und 18 Uhr Ortszeit, durch kleine Kreise oder (für schwache Winde) Punkte dargestellt; Tagesmittel der Windgeschwindigkeit, mit einzelnen Spitzen für Böen mit mehr als 6 m/sec (Batavia) oder 8 m/sec (Potsdam).

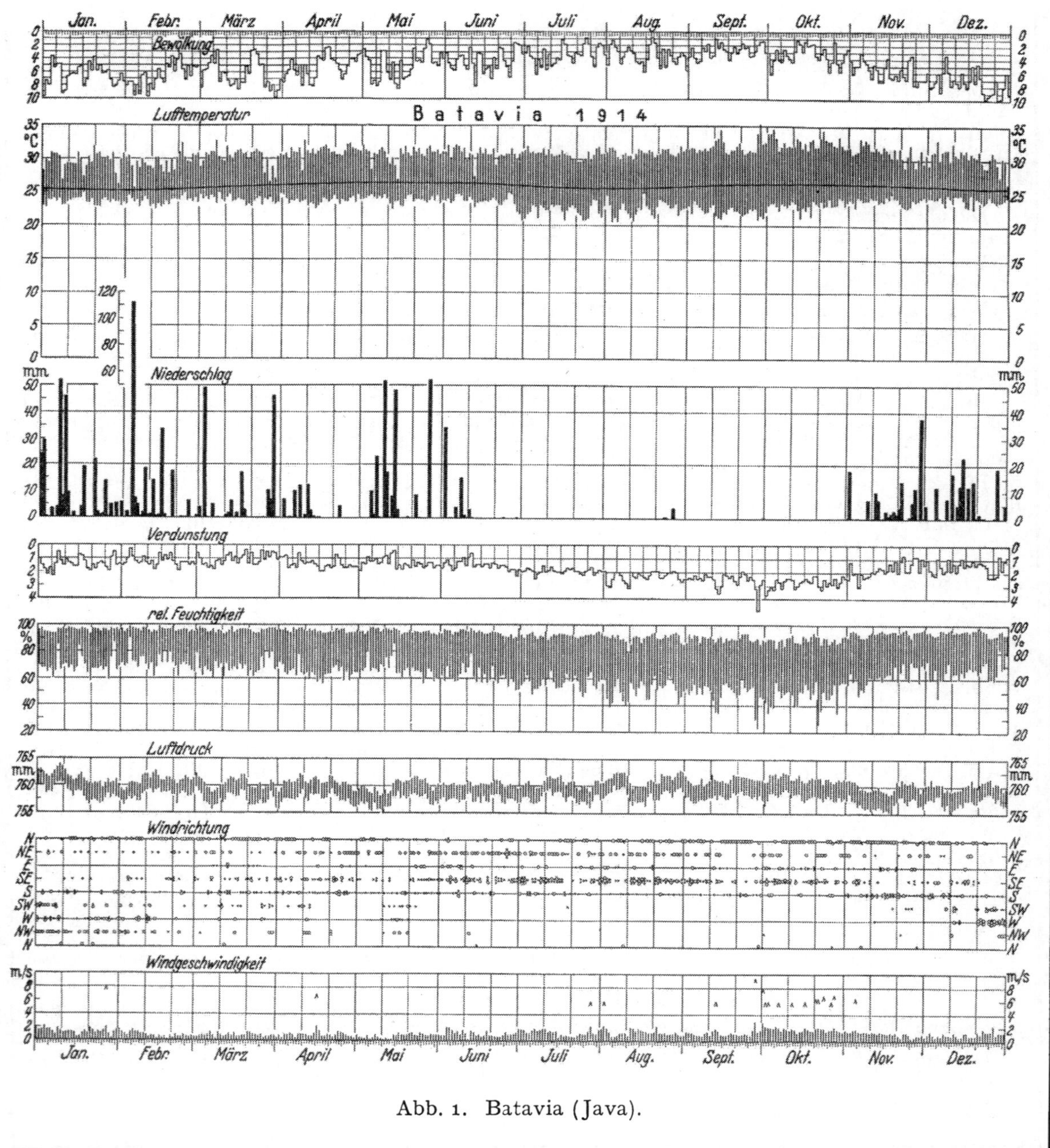

Abb. 1. Batavia (Java).

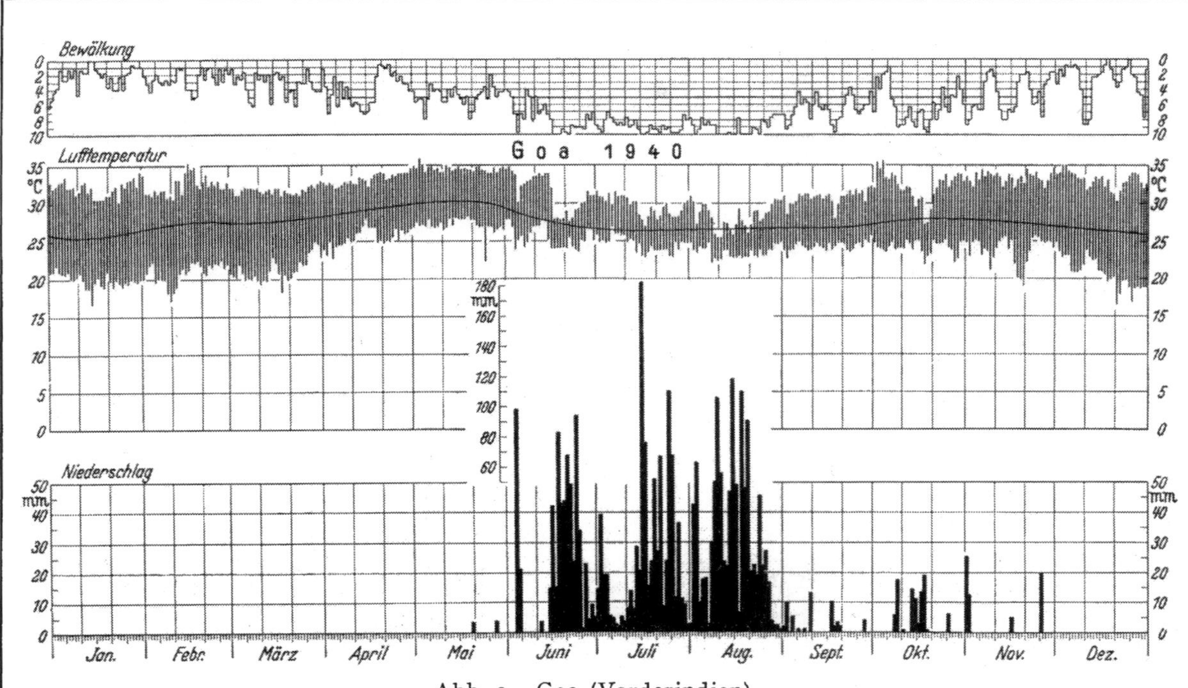

Abb. 2. Goa (Vorderindien).

Abb. 1 u. 2.

Feuchtheißes Tropenklima (Urwaldklima), für Europäer wegen dauernder Schwüle schwer erträglich. — Nur geringe jährliche und tägliche Temperaturschwankung. Wechsel von Regen- und Trockenzeit: in Batavia Äquatorialregen zur Zeit Sonnenhöchststand, in Goa Sommer-Monsunregen (indischer Südwestmonsun). — Das ganze Jahr 1914 war in Batavia um 0,5° C wärmer als der Durchschnitt 1866—1935, wegen der geringen Zahl der Sonnenflecken (S. 654). — Tropische Starkregen mit einzelnen hohen Tagessummen, in Goa verstärkt durch Aufwinde an den West-Ghats. — Hohe Luftfeuchte, ständig Bewölkung und relativ geringe Verdunstung, besonders während Regenzeit. — Infolge Äquatornähe in Batavia geringfügige interdiurne Veränderlichkeit des Luftdrucks bei relativ großer Tagesamplitude (halbtägige Druckwelle, 328720, Tab. 1). — Windregime wechselt in Batavia zwischen SE-Passat (Trockenzeit) und veränderlichen, meist Westwinden zur Regenzeit bei unbedeutender Windgeschwindigkeit (keine tropischen Wirbelstürme). — In Goa stark ausgeprägter jahreszeitlicher Windwechsel zwischen NE-Monsun (durch Passattendenz verstärkt) und SW-Monsun.

Abb. 3 u. 4.

Wüstenklima, in Assuan (am Rande der Sahara) völlig regenlos, in Antofagasta (nordchilenische Küstenwüste Atacama) nahezu regenlos.

Ackerbau und menschliche Besiedlung nur in Oasen und bei künstlicher Bewässerung. Trotz hoher Temperaturspitzen (Assuan) im Gegensatz zu feuchten Tropen physioklimatisch für Menschen

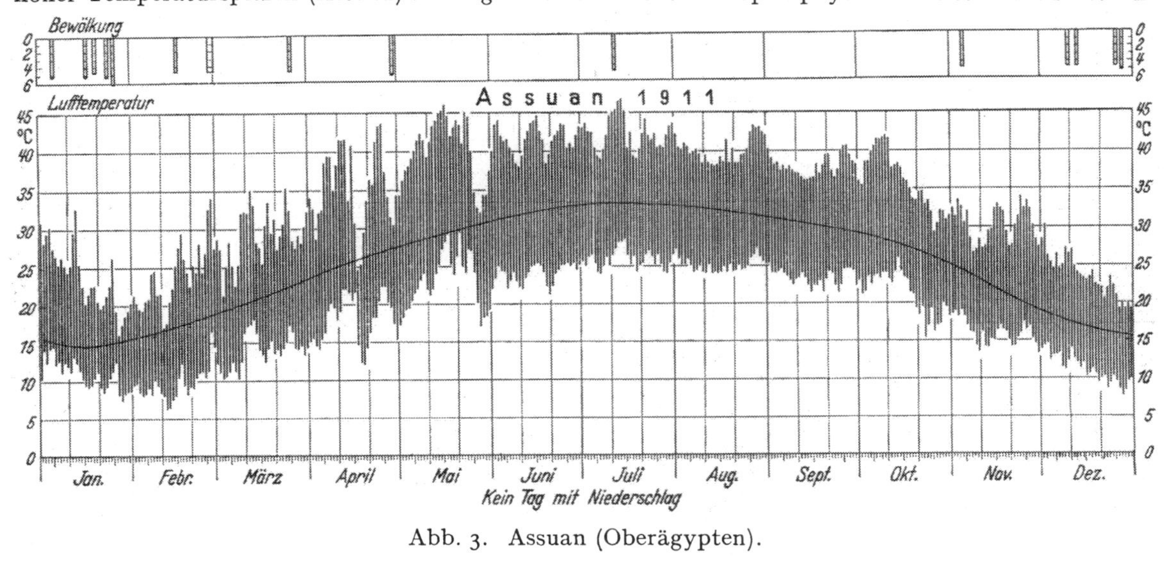

Abb. 3. Assuan (Oberägypten).

Bartels / Dammann

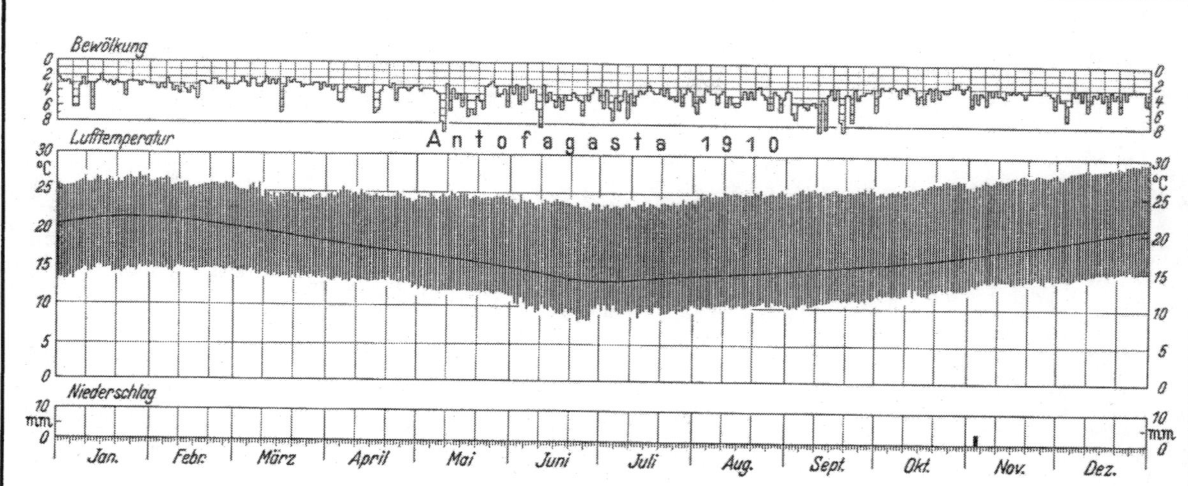

Abb. 4. Antofagasta (Nordchile).

zuträglicher, da große Temperatur-Tagesschwankung und Lufttrockenheit Schwüleempfinden entgegenwirken. Am Rande der Wüste (klimatisch trocken, warm) früheste Kultur- und Geisteszentren der Menschheit in Ägypten, Palästina, Mesopotamien, Indusgebiet.

In Assuan (Binnenland) sogar Bewölkung selten; unperiodische Temperaturschwankungen durch gelegentliche Luftmassenwechsel.

In Antofagasta (Küste) dagegen stets bewölkt (nächtliche Küstennebel) und völlig gleichmäßiger Temperaturgang während des ganzen Jahres infolge beständigen Windregimes. Keine Jahreszeiten: sog. „Tageszeitenklima".

Abb. 5 bis 8.

Gemäßigte Klimate mit Regen zu allen Jahreszeiten. Günstiges, leistungsförderndes Klima. Ständiger Vorüberzug atmosphärischer Tiefdruckgebiete schafft fortgesetzte Witterungswechsel mit bedeutenden unperiodischen Temperatur- und Luftdruckschwankungen, wechselnder Bewölkung und höheren Windgeschwindigkeiten. Veränderliche Windrichtungen. In maritim beeinflußten Gebieten (Hamburg, Potsdam) relativ milde Winter und mäßig warme Sommer. Im innerkontinentalen Bereich (Barnaul, ähnlich Nordstaaten USA) außerordentlich große Jahresschwankung der Temperatur mit strengeren Wintern, geringeren Niederschlägen und warmen Sommern. In niederen Breiten Übergang zu tropischen Verhältnissen (Corrientes).

Stärkste Gegensätze zu den Darstellungen Abb. 1—4, insbesondere zwischen Potsdam und Batavia.

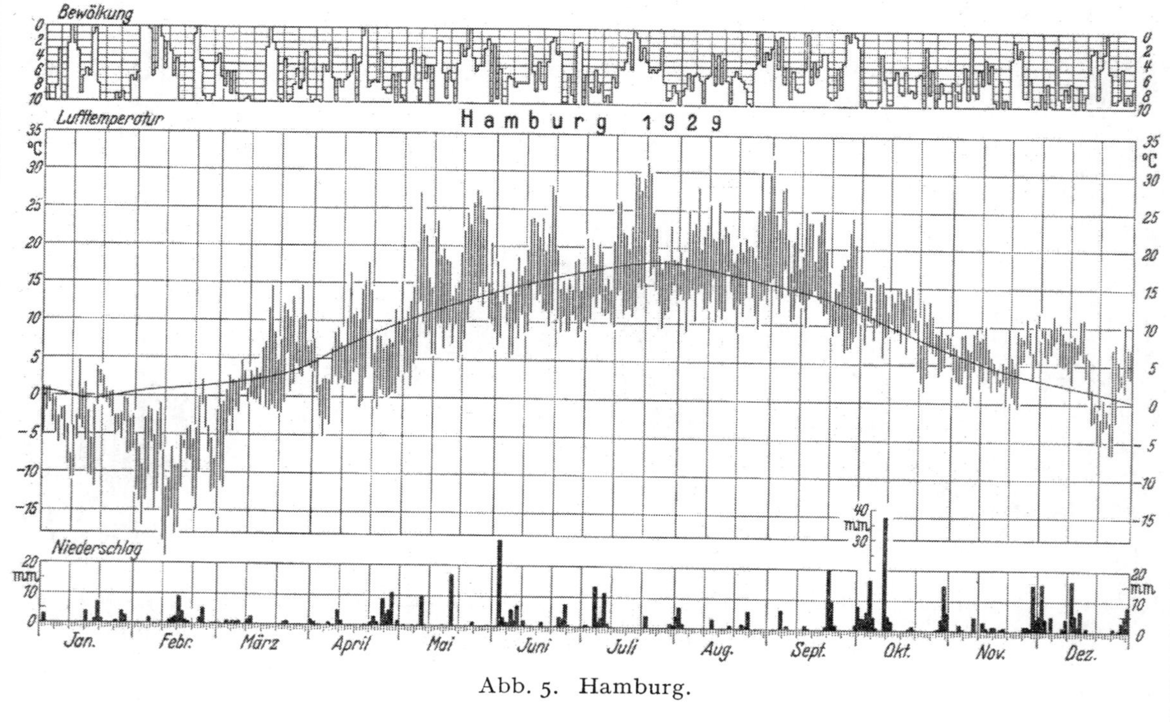

Abb. 5. Hamburg.

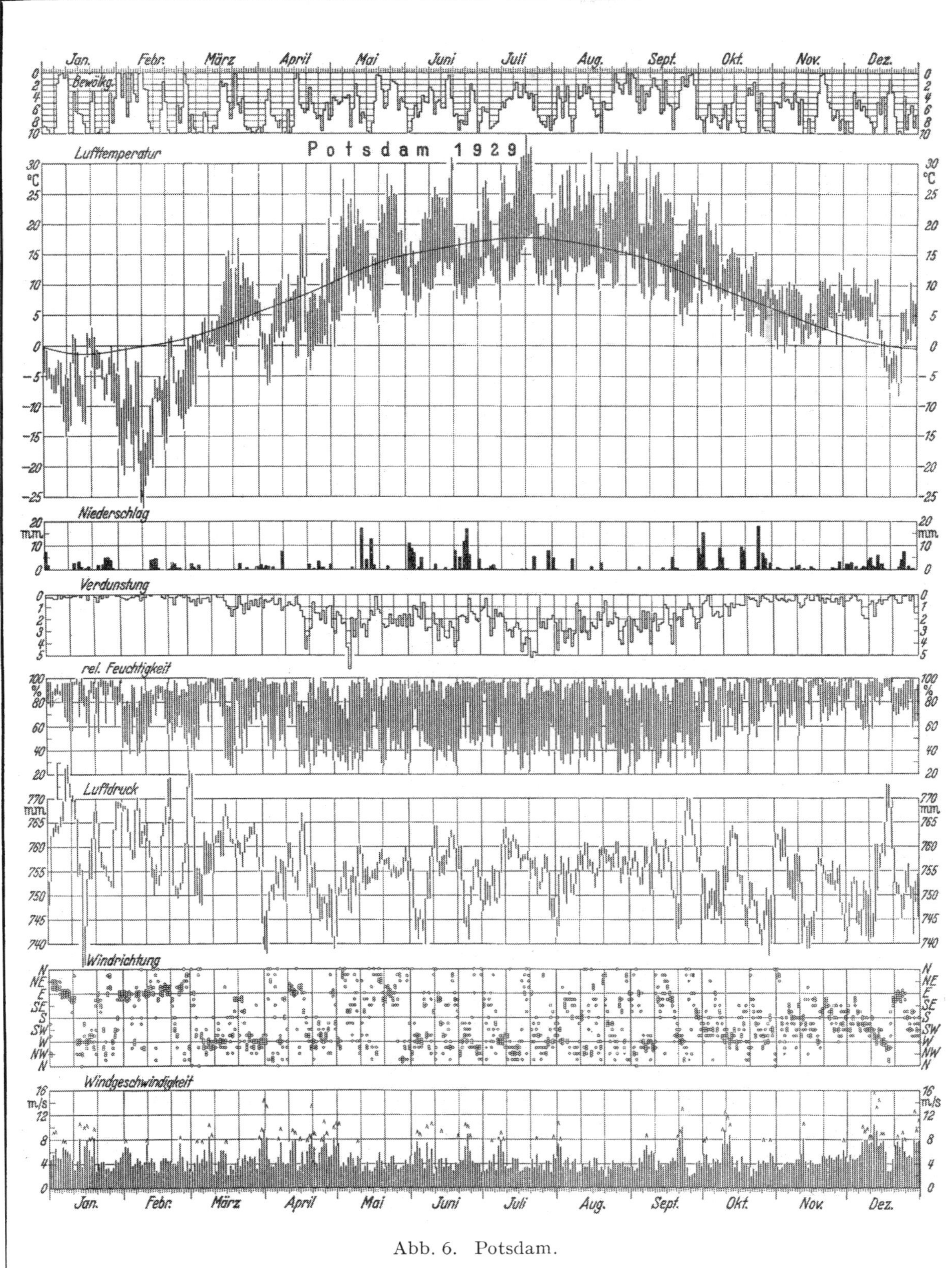

Abb. 6. Potsdam.

Feuchttemperiertes Klima der kurzfristigen Witterungswechsel bietet Voraussetzungen zur höchsten Kulturleistung und Energieentfaltung der Menschen. Intensiver Ackerbau durch ausreichende Niederschläge und günstige Temperaturspannen gesichert. Ganzjähriger Abfluß der Flüsse. Verdunstung im Winter nahe Null, im Sommer meist größer als Niederschlag, jedoch durch Rücklagen im Boden (Grundwasserspeicherung) ausgeglichen.

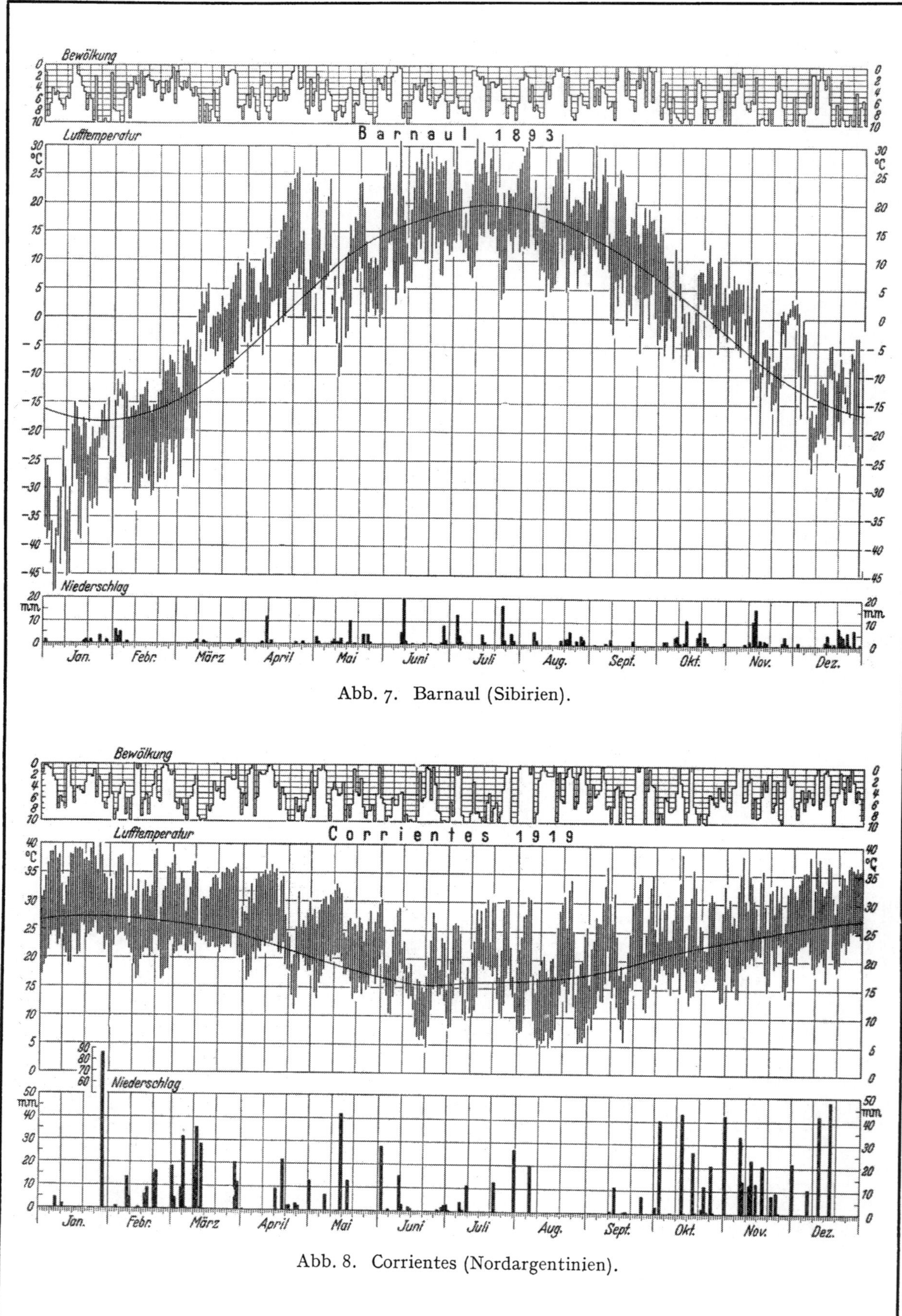

Abb. 7. Barnaul (Sibirien).

Abb. 8. Corrientes (Nordargentinien).

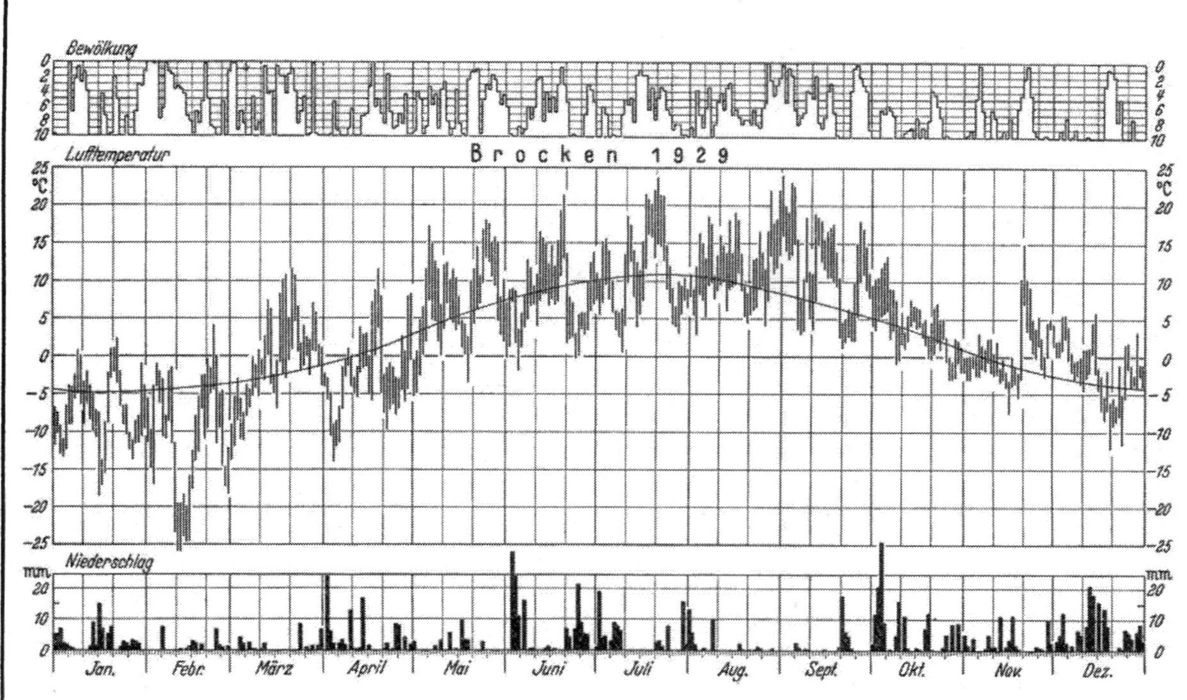

Abb. 9. Brocken (1142 m).

Abb. 9 bis 12.
Berge und Inseln der gemäßigten Klimate bedingen Abwandlungen des normalen Witterungscharakters: Abflachung der Temperaturjahreswelle, im Höhenklima insgesamt nach tieferen Temperaturen gesenkt, im Inselklima Maximum zum Herbst hin phasenverschoben und verbreitert; große Luftreinheit (Strahlendurchlässigkeit) und hohe Windgeschwindigkeit für Bewohner des flachen Binnenlandes als Reizklima bioklimatisch von Bedeutung (Klimatherapie der Seebäder und Höhenkurorte). — Bedeutende Zunahme der Niederschläge mit der Höhe, größerer Anteil des Schnees. Brocken: Beispiel für Klima der Mittelgebirgsgipfel, Vegetation durch hohe Windgeschwindigkeit behindert, zeigt Anklänge an norwegische Fjeldregion. — Sonnblick im hochalpinen Klima oberhalb Baum- und Schneegrenze; Mitteltemperatur Sommer kaum über 0°. Strahlungsüberschuß der Gipfel über Flachland im Winter (häufig über niedrige Wolkendecken herausragend) begünstigt Wintersport und Erholung im Gebirge. — Helgoland (ähnlich Ost- und Nordfriesische Inseln) hat Strahlungsüberschuß gegenüber Festland im Sommer infolge Behinderung der Konvektionsbewölkung durch relativ kühles Meer. — Faröer in dauernder Nähe nordatlantischer Zyklonen stets stark bewölkt mit

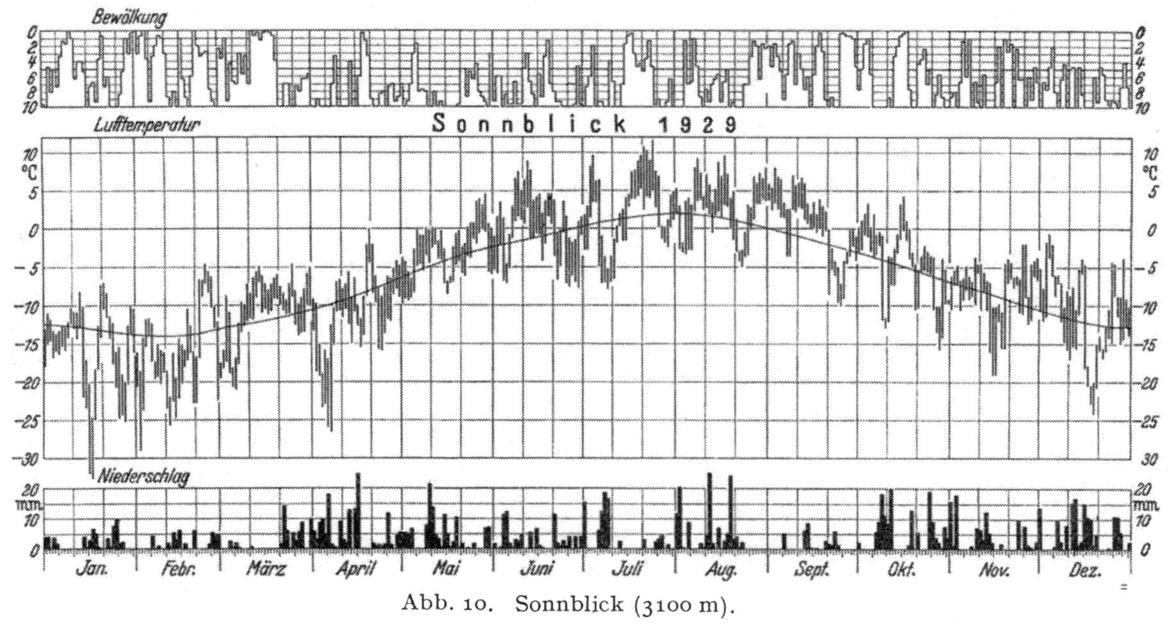

Abb. 10. Sonnblick (3100 m).

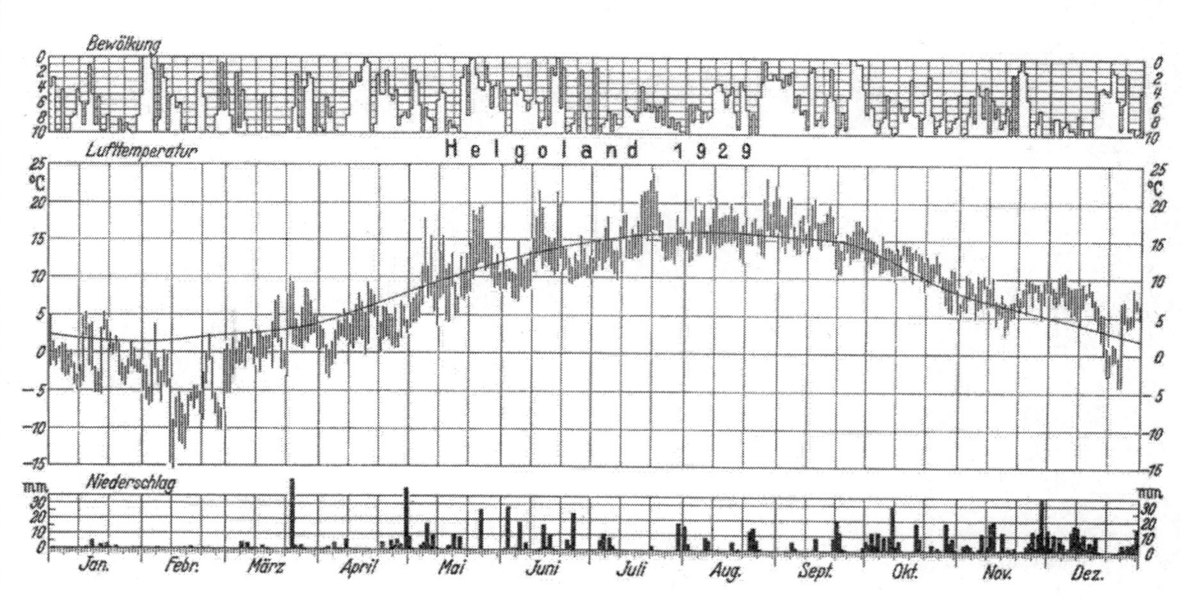

Abb. 11. Helgoland.

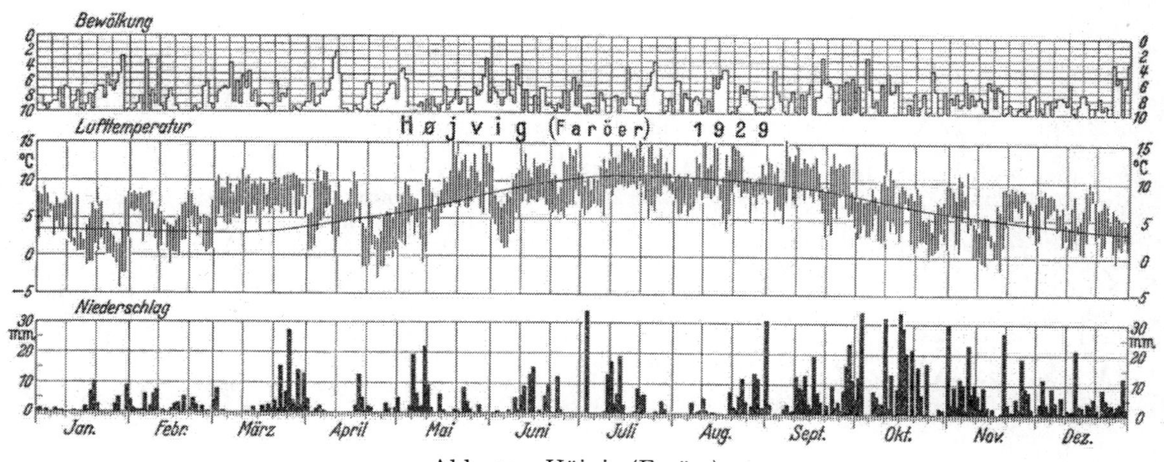

Abb. 12. Höjvig (Faröer).

häufigen Niederschlägen, hoher Windgeschwindigkeit. Witterungsbedingte Temperaturschwankungen größer als flache Jahresamplitude, Anklänge an polare Inselwelt.

Beachte die Milderung des ungewöhnlich kalten Februar 1929 vom Inland zum freien Meer, von Süden nach Norden (!): Potsdam, Hamburg, Helgoland, Faröer; auch auf den Bergen (Brocken und Sonnblick) relativ weniger extrem.

Abb. 13 u. 14.

Polarklimate. Kerguelen als Beispiel für polares Inselklima.

Meteorologische Beobachtungsergebnisse gelegentlich der deutschen Gauß-Expedition 1902/03 in die Antarktis (Leiter: E. v. Drygalski).

Starke Witterungswechsel, häufige Niederschläge, Bewölkung und starke, wenig veränderliche Westwinde während des ganzen Jahres („Brave" Westwinde der Seefahrer). Temperaturgang durch Meereseinfluß abgeflacht. Mitteltemperatur des wärmsten Monats erreicht jedoch nicht mehr 10°, sonst ähnlich Faröer. Tundrenvegetation.

Klima ewigen Eises: Grönland-Eismitte-Station der deutschen Alfred-Wegener-Expedition 1930/31. Überwinterung in Eismitte in 3000 m durch Georgi, Loewe und Sorge. Stärkste Witterungsschwankungen, besonders im Winter, mit Temperaturwechseln von —15° zu —65° innerhalb weniger Tage. Ausmaß der Luftdruck- und Temperaturschwankungen ersichtlich im Vergleich mit Batavia und Potsdam. Stark wechselnde Bewölkung, hohe Windgeschwindigkeiten, Schneestürme, extrem tiefe Temperaturen. Expeditionsleiter erlag frühem Wintereinbruch bei Rückkehr von Eismitte zur Küste. Ganzjährige meteorologische Beobachtungen widerlegten behauptetes Vorhandensein einer permanenten winterlichen Antizyklone über grönländischem Inlandeis. Ernährung des Inlandeises durch Niederschläge von vorüberziehenden Tiefdruckgebieten.

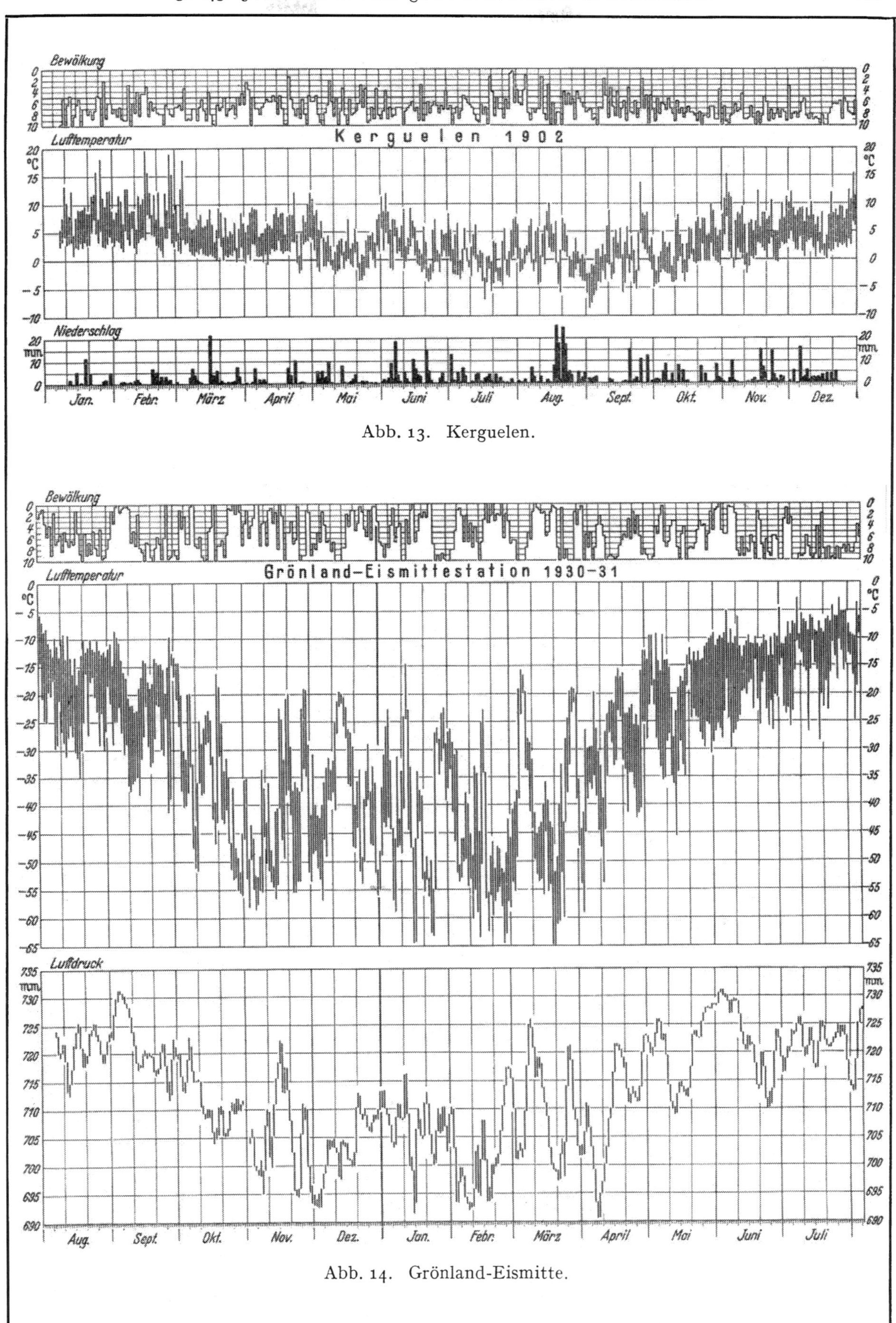

Abb. 13. Kerguelen.

Abb. 14. Grönland-Eismitte.

Allgemeines über den Jahresgang der Witterung. Für innertropisches Klima (Abb. 1 u. 2) ist es typisch, daß der Witterungscharakter zweimal im Jahr einigermaßen regelmäßig wechselt. Die Schwankungen der Witterung, die für gemäßigte Klimate typisch sind (Abb. 5—12), sind in jedem einzelnen Jahr ausgeprägt. Wenn man für die 365 Kalendertage aus langjährigen Reihen (n Jahre) Durchschnitte (z. B. für die Temperatur oder die Niederschlagshäufigkeit usw.) bildet, so ergeben sich glattere Kurven; es verbleiben jedoch noch Schwankungen, deren Amplitude mit wachsendem n ungefähr wie $1/\sqrt{n}$ abnimmt.

Im Gegensatz zur Auffassung, daß es sich dabei nur um statistische Schwankungen ohne tiefere Bedeutung handelt, hat A. Schmauss [*1*] darin „Kalendermäßige Bindungen des Wetters" oder „Singularitäten" gesehen, als Folge „bestimmter, zu bestimmten Zeiten des Jahreslaufes wiederkehrender Großwetterlagen". Über diese sogenannten „Witterungs-Regelfälle" existiert ein großes Zahlenmaterial (Zusammenstellung der älteren Literatur seit 1928 bei Schmauss [*1*]), das ständig in verschiedenen Richtungen erweitert wird [*2*—*6*]. Demgegenüber hat Bartels [*7*] Methoden entwickelt, deren Anwendung gestattet, den statistischen Hintergrund dieser Singularitäten zu beurteilen und Zweifel an ihrer Bedeutung zu begründen.

Literatur über Singularitäten.

[*1*] Schmauss, A.: Kalendermäßige Bindungen des Wetters. Z. f. angewandte Meteorol. **58** (1941) 237—244, 373—376. Erwiderung zu [*7*] Ann. d. Meteorol. Hamburg **1** (1948) 232—234. — [*2*] Flohn, H.: Meteorol. Rdsch. **1** (1947) 155—158; Ann. d. Meteorol. Hamburg **3** (1950) 57—59; (mit P. Hess) Meteorol. Rdsch. **2** (1949) 258—263. — [*3*] Lettau, H.: Meteorol. Rdsch. **1** (1947) 152—155. — [*4*] Goldschmidt, J.: Meteorol. Dienst Deutsche Demokrat. Republ. Abh. Nr. 1, Berlin 1950. — [*5*] Koppe, H.: Ann. d. Meteorol. Hamburg **1** (1948) 294—301. — [*6*] Essenwanger, O.: Berichte D. Wetterdienst US-Zone, Bad Kissingen (1951) Nr. 20. — [*7*] Bartels, J.: Ann. d. Meteorol. Hamburg **1** (1948) 106—127; auch „Zur Morphologie geophysikalischer Zeitfunktionen", Miscell. Acad. Berolinensis **1** (1950) 69—81.

32844 Beobachtete Extremwerte meteorologischer Elemente.

1. Luftdruck im Meeresniveau.

Erde			Europa		
1079 mb	Barnaul (Westsibirien)	23. 1. 1900	1068,6 mb	Riga	23. 1. 1907
891,7 mb	Key West (Florida)	3. 9. 1935	925 mb	Nordirland	8. 12. 1886
886,7 mb	D. „Muroto" ca. 17° N, 130° E	18. 8. 1927			

2. Lufttemperatur in 2 m Höhe über dem Boden.

Erde			Mitteleuropa		
+ 57,8°	El Azizia (Tripolis)	13. 9. 1922	+ 40,2°	Proskau (OS.)	29. 7. 1921
+ 56,6°	Death Valley (Californien)	13. 7. 1913	— 39,9°	Heydekrug (Memel)	25. 1. 1942
— 69,8°	Werchojansk (Ostsibirien)	5./7. 2. 1892	— 52,6°	Gstettneralm, Doline (Niederösterreich)	1932
— 78°	Oimekon (Ostsibirien)	1938			

Zwei Weltkarten mit ausgewählten Höchst- und Tiefstwerten gibt R. Becker: Meteorol. Rdsch. **3** (1950) 74/75.

In der freien Atmosphäre: —93° mehrfach in den Tropen in 17—18 km Höhe.

3. Niederschlagsmenge.

Erde	Mitteleuropa	
Mittlere Jahresmenge: 12120 mm Waialeale (Hawaii)	4140 mm	Mönchsgrat (Berner Oberland)
Fast 0 mehrfach in Kernwüsten; Niederschläge nur alle 10—20 Jahre einmal	434 mm	Oberröblingen bei Halle
Maximum in 24 Stunden: 1168 mm Baguio (Philippinen) 14.—15. 7. 1911	345 mm	Neuwiese (Isergebirge) 29.—30. 7. 1897
Maximale Platzregen: 205 mm in 20 Minuten: 7. 7. 1889 Curtea de Arges (Dobrudscha)	126 mm	in 8 Minuten: 25. 5. 1920 Bannwaldsee (Allgäu)

Die beobachteten Niederschlagsintensitäten werden begrenzt durch die (empirische) Formel $R = 363 \cdot \sqrt{D}$, wobei R = Regenmenge in mm, D = Regendauer in Stunden; vgl. R. D. Fletcher: Transact. Amer. Geophys. Union **31** (1950) 344—348.

Bartels / Dammann, Flohn

4. Wind.

Mt. Washington (New Hampshire, 1902 m): 104 m sec^{-1}, 12. 4. 1934.
In der freien Atmosphäre: bis 110 m/sec mehrfach über Westeuropa und Nordamerika.

5. Relative Feuchte.

100% (in bezug auf Wasser): regelmäßig bei Nebel oder in Wasserwolken, auch $< 0°$ C.
100% (in bezug auf Eis): in Eiswolken; Übersättigung in Mischwolken.
$< 1\%$: Schneekoppe 13. 10. 1920 u. a.; in der freien Atmosphäre und in Wüstengebieten mehrfach.

6. Sonnenstrahlung.

Maximalwerte in $cal/cm^2 min$ auf eine Fläche senkrecht zur Strahlungsrichtung:

Flugzeug über Reichenhall (8300 m)	1,87
Zugspitze (2968 m)	1,67
Mittagswerte in ungestörter Lage (0 m), Mitteleuropa . . .	1,1—1,35

Beobachtete Höchstwerte im Sommer, mittags, nach Aurén (32883, [*1*]), auf Fläche senkrecht zur Strahlrichtung, reduziert auf mittl. Sonnenentfernung:

Ort	Breite °	Länge °	Höhe m	Sonnen-höhe	Strahlung $cal/cm^2 min$
Abisko	68,4 N	18,7 E	386	46°	1,48
Öregrund	60,3 N	18,4 E	15	52°	1,48
Stocksund . . .	59,4 N	18,0 E	45	54°	1,51
Mount Wilson . .	34,2 N	118,1 W	1780	60°	1,575
Montezuma . . .	22,7 S	68,9 W	2711	90°	1,641
Mount Whitney .	36,6 N	118,3 W	4420	70°	1,675

32845 Klimaschwankungen.

328451 Vor dem Quartär.

In der gesamten, von der menschlichen Erfahrung eingesehenen erdgeschichtlichen Zeit, nach allgemeiner Annahme rund 1000 Millionen Jahre, hat sich das Klima nicht grundlegend (einseitig) geändert. Die für die Frühzeit der Erde anzunehmende Abkühlung des Erdganzen gehört noch dem Prägeologicum an.

Dagegen sind Schwankungen des Klimas von den frühesten geologischen Zeugnissen an sicher belegt [*1*, *2*, *3*]. Diese Zeugnisse — biologischer, lithogenetischer und morphologischer Art — ermöglichen es, kalte und warme, trockene und feuchte Klimaepochen zu unterscheiden. Beispiele aus Deutschland: Die Kohlebildung im Karbon und im Tertiär setzt ein Klima voraus, das einem reichen Pflanzenwuchs die nötige Wärme und Feuchtigkeit gab; die in der Zechsteinzeit entstandenen Salzlager bedurften dagegen eines warmen, trockenen und die Verdunstung fördernden Klimas. Andererseits deuten die vielerorts gefundenen Spuren eiszeitlicher Vergletscherung auf eine mindestens vier- oder fünfmalige Eiszeit der Erde hin, deren erste sich schon in der Frühzeit der geologischen Erdgeschichte, im Algonkium, ereignete.

Die seit etwa 22000 Jahren vergangene quartäre Vereisung bedeutet deshalb keine späte Phase einer sich allmählich weiter abkühlenden Erde; der Zustand eisfreier Pole (der infolge des episodischen Charakters der Eiszeiten als der normale anzusehen ist) ist allerdings seit dem Quartär noch nicht wieder erreicht.

Einen gewissen Anhalt für die (mit Hilfe der geologischen Klimazeugen gewonnenen) Vorstellungen über die Mitteltemperatur in 40° bis 90° nördlicher Breite gibt eine Tabelle nach Werten von C. E. P. Brooks [*4*] und E. Dacqué [*5*], die allerdings in quantitativer Hinsicht rein hypothetischen Charakter hat.

Algonkium	— 2°	Perm	+ 4°
Kambrium	+ 3°	Trias	+ 11°
Silur	+ 11°	Jura	+ 11°
Devon	+ 9°	Kreide	+ 6°
Unter-Karbon	+ 12°	Tertiär	+ 7°
Mittel-Karbon	+ 6°	Quartär	— 2°
Ober-Karbon	+ 0°	Gegenwart	+ 1°

Flohn, Dammann

Als Ursachen der — in den Werten zum Ausdruck kommenden — Klimaschwankungen sind als Erklärungsmöglichkeiten diskutiert worden: Schwankungen in der Strahlungskraft der Sonne (E. Dubois [6]), Änderungen im Kohlensäuregehalt der Luft (S. Arrhenius [7]), Trübung der Atmosphäre durch zeitweilig vermehrte Vulkantätigkeit (P. u. F. Sarasin [8]), Polwanderungen und Verlagerung der Kontinente (W. Köppen u. A. Wegener [9, 10] und andere Anzeichen [11, 12].

328452 Quartär.

Relativ am besten bekannt ist das Klima der jüngsten geologischen Epoche von etwa $^1/_2$ bis 1 Million Jahren, des Quartär (Pleistozän). In dieser Epoche fand ein mindestens viermaliger Eisvorstoß statt, dessen Zeugen in den Alpen von A. Penck und E. Brückner untersucht wurden [13]. In ihrer Gliederung des Eiszeitalters unterschieden sie die Günz-, Mindel-, Riß- und Würmvereisung, zwischen denen lange Interglazialzeiten lagen, die einen dem heutigen Klima ähnlichen, teilweise wärmeren Charakter hatten. Die Ergebnisse wurden aus anderen Erdgegenden im großen und ganzen bestätigt. Die Hauptvereisungszentren befanden sich über Fenno-Skandien und Kanada („Keewatin-Eis").

Nachweis dieser Klimaschwankungen ungeheuren Ausmaßes: im vereist gewesenen Gebiet selbst durch Gletscherschliffe und Moränen, außerhalb an Hand der Schotterführung und Terrassenbildung der Flüsse [14] sowie mit Hilfe der Strandterrassen [15], die sich bildeten infolge eustatischer Meeresspiegelschwankungen, in Begleitung der wechselnden Bindung und Freigabe großer Wassermassen bei Vereisung und Schmelzen.

So dürfte die Würmvereisung verbunden gewesen sein mit einer Absenkung des Meeresspiegels um etwa 90 m gegenüber dem heutigen Stand. Möglicherweise ist sogar der Schelfrand der Kontinente in 200 m Tiefe als glaziale Strandterrasse einer früheren quartären Vergletscherung aufzufassen. Ein völliges Abschmelzen der noch vorhandenen polaren Eiskalotten (vor allem in der Antarktis und in Grönland) und der Gebirgsgletscher würde dagegen ein Ansteigen des Weltmeeres um 40 bis 50 m zur Folge haben [16].

Die Strandterrassen sind im Mittelmeergebiet besonders gut nachgewiesen und erhielten hier ihre Nomenklatur und zeitliche Datierung. Die enge Verknüpfung von Klima- und Meeresspiegelschwankungen mit ihren Folgeerscheinungen (wie Einschneiden und Aufschottern der Unterläufe der Flüsse) ermöglichte eine feinere Gliederung der Eis- und Interglazialzeiten; innerhalb der Vereisungszeiten selbst werden noch sog. Stadiale (z. B. Würm I, II und III) und Interstadiale der Eisbewegungen unterschieden [17, 18].

Die Schwankungen des Klimas im Quartär zeigen sich sogar in den Ablagerungen der atlantischen Tiefsee: die Aufeinanderfolge wärme- und kälteliebender Foraminiferen in den oberen Schichten des Tiefseebodens deuten auf einen Wechsel von Kalt- und Warmzeiten, der sich zeitlich den geologischen Befunden auf dem Festlande einordnen ließ, da die jährliche Schichtdicke der Ablagerungen bekannt ist (etwa 10 mm in 1000 Jahren) [19].

Mit Annäherung an das Ende der Quartärzeit wächst die Zahl und Zuverlässigkeit der Klimazeugen. So läßt sich das Klimabild des letzten Eisvorstoßes (Würm) rekonstruieren: Aus den fossilen Kennformen des eiszeitlichen Frostbodens, dessen heutige Südgrenze etwa mit einem Temperaturjahresmittel von —2°C zusammenfällt, und der — nach pollenanalytischen Untersuchungen belegten — eiszeitlichen Waldgrenze, die heute etwa der Juliisotherme von 10°C entspricht, ermittelte H. Poser [20] den Jahresgang der Temperatur für einen Punkt östlich der Alpen, an dem eiszeitliche Frostboden- und Waldgrenze aus klimatischen Gründen zusammenfielen. Er erhielt unter Annahme einer sinusförmigen Temperaturjahreswelle folgende Monatswerte [20]:

I	II	III	IV	V	VI	VII	VIII	IX	X	XI	XII	Jahr
—14°	—12°	—8°	—2°	+4°	+8°	+10°	+8°	+4°	—2°	—8°	—12°	—2°

H. Poser bestätigte damit die — auch von anderen Autoren geforderte — Absenkung des eiszeitlichen Temperaturniveaus um etwa 10°C gegenüber dem heutigen. Aus der Verbreitung verschiedener Frostbodenformen (Löß- und Lehmkeile, Würge- und Taschenböden u. a.) gelang es ihm, eine Klimaeinteilung des eiszeitlichen Mitteleuropa nach vier Hauptklimaprovinzen zu entwerfen, die Schlüsse auf die mittlere Temperatur- und Luftdruckverteilung sowie auf die Zugstraßen der Zyklonen zuläßt.

Eine große Zahl von Theorien sucht die Klimaschwankungen des Quartär zu erklären. Es ist naheliegend, in erster Linie eine Änderung der Wärmestrahlung der Sonne als Ursache der Eiszeiten anzunehmen, deren mögliche klimatische Folgen u. a. von G. C. Simpson untersucht wurden [21]. M. Milankovitch [22] versuchte, die Klimaschwankungen herzuleiten aus den säkularen Änderungen der Erdbahnelemente (Exzentrizität und Perihellänge sowie Schiefe der Ekliptik). Die (anfänglich frappierende) Übereinstimmung seiner Strahlungskurve der letzten 600000 Jahre mit geologischen Befunden ist jedoch auf Grund neuerer Ergebnisse umstritten. So bleiben alle Erklärungsversuche eiszeitlicher Klimaschwankungen einstweilen unbefriedigend, da sie den Gesamtkomplex aller Erscheinungen noch nicht genügend erfassen.

328453 Nacheiszeit.

Für die Klimaentwicklung der Nacheiszeit, d. h. der Zeit seit etwa 20000 v. Chr., steigt die Zahl der Klimazeugnisse weiter beträchtlich an. In Mitteleuropa hatte besonders die Pollenanalyse große Erfolge aufzuweisen, bei der in aufeinanderfolgenden Schichten z. B. von Torflagerstätten der relative

Gehalt an Pollen vornehmlich von Waldbäumen untersucht wird [*23*]. Andere Möglichkeiten zur Feststellung von klimatischen Veränderungen boten: die Warwen (Winterschicht + Sommerschicht) der Bändertone nacheiszeitlicher Seen [*24*], die Anzeichen oder historischen Berichte von Seespiegelschwankungen in den großen Binnenseen der Kontinente [*25*] und die Untersuchung von Baumringen, vor allem in den USA, bei der kalifornischen Sequoia, die ein Alter von 3000 Jahren erreicht [*26, 27*]. Hinzu treten die Zeugnisse menschlicher Kultur.

In Mitteleuropa werden in der nacheiszeitlichen Klimageschichte folgende größere Abschnitte unterschieden (nach M. Schwarzbach [*28*] u. a.):

Jahr	Klimageschichte	Florengeschichte	Kulturgeschichte
20000 v. Chr.			
10000 v. Chr.	subarktisch	(ältere Tundrenzeit)	Alt-Steinzeit
9000 v. Chr.	gemäßigt subarktisch	Birken-Kiefernzeit	
8000 v. Chr.	subarktisch	(jüngere Tundrenzeit)	
	frühe Wärmezeit, kontinental (warm und trocken)	Hasel- und frühe Eichenmischwaldzeit	Mittel-Steinzeit
5000 v. Chr.	mittlere Wärmezeit, ozeanisch (feucht und wärmer als heute)	Eichenmischwald, Schneegrenze 300 m höher als heute	Jung-Steinzeit
2500 v. Chr.	späte Wärmezeit, kontinental (warm und trocken)		Bronzezeit
800—500 v. Chr.	Klimaverschlechterung	Buchenzeit	
	heutiges Klima, ozeanisch (feucht und kühl)	Kulturwald	Eisenzeit
Gegenwart			

Am auffälligsten ist das nacheiszeitliche Klimaoptimum um 5000 bis 2500 v.Chr.; erst nach 800 v.Chr. folgt die allmähliche Entwicklung zum heutigen Klima.

Auch die größeren Abschnitte nacheiszeitlicher Klimaentwicklung waren sicherlich von kleineren Schwankungen überlagert, wie sie — mit Annäherung an die Gegenwart — durch die Berichte über Seespiegelschwankungen (z. B. auch der Nilfluten) und durch die Baumringforschung in zunehmendem Maße belegt sind. Die ausgeprägteren von ihnen dürften sich, außer auf Pflanzen- und Tierwelt, auch in Wanderungsbewegungen des — vom Klima noch viel stärker als heute abhängigen — Menschen ausgewirkt haben [*29*]. Viele Völkerzüge der Frühzeit sind nachweislich aus trockeneren in feuchtere Gebiete (oder umgekehrt) erfolgt, was vielleicht auf erzwungene Ausweichbewegungen gegenüber Klimaveränderungen deutet. Einzelne katastrophale Mißernten mögen hierzu den Anstoß gegeben haben [*30*]. Einem weltweiten Trockenerwerden des Klimas ist der Verfall alter Kulturen am Wüstensaum Nordafrikas und Asiens zugeschrieben worden [*31*].

Die bewegliche Lebewelt (z. B. Vögel) reagieren auf kleinere Klimaschwankungen vermutlich empfindlicher, als es die an den Standort gebundene Pflanze vermag; dafür sprechen neuere Beobachtungen [*32*].

328454 Neuzeit.

Mit der Aufzeichnung historischer Zeugnisse von strengen Wintern [*33a*], großen Überschwemmungen und Sturmfluten, Gletscherbewegungen und Mißernten wird das Material über Klimaschwankungen zunehmend reichhaltiger [*33*], bis schließlich die (vor etwa 200 Jahren einsetzenden) meteorologischen Messungen die Veränderungen der Witterungsverhältnisse genau belegen (vgl. 32843B).

Zwei bedeutende Ereignisse aus historischer Zeit sind: die gegen Ende des 16. Jahrhunderts einsetzende Klimaverschlechterung mit dem größten nacheiszeitlichen Gletschervorstoß in den Gebirgen (in der englischsprachigen Literatur als „Little Ice-Age" bezeichnet) sowie die (bereits durch meteorologische Messungen belegte) Zunahme der Wintertemperatur seit etwa 1880 [*34*], die anscheinend parallel geht mit einem allgemeinen Ansteigen des Meeresspiegels.

Einen Einblick in die Änderungen der Temperaturverhältnisse geben die langen holländischen Beobachtungsreihen von Zwanenburg/De Bilt und Utrecht [*35, 36*]. Tab. 1 gibt die Abweichungen von langjährigen Mitteln sowie ihre fortlaufenden Summen (Buys-Ballots Übermaß; zur Methodik vgl. Bartels 32848, [*1*]).

Dammann

Tabelle 1. Lufttemperatur in Holland, 1735—1944, auf De Bilt reduziert, nach Labrijn [35] und Moese [36].

Die Abweichungen von den langjährigen Mitteln M (1735—1930) sind in der Einheit 0,1° C gegeben. Die letzte Spalte gibt die fortlaufenden Summen S dieser Abweichungen bis zum Ende jedes Jahrzehnts.

a) Jahresmittel, $M = 9{,}0$° C.

Jahrzehnt	0	1	2	3	4	5	6	7	8	9	S
1735—39	(Einheit 0,1° C)					+ 9	+ 11	+ 8	+ 2	0	+ 30
40—49	**— 25**	— 1	— 14	— 10	— 6	— 6	— 9	+ 7	0	+ 3	— 31
1750—59	+ 6	— 4	+ 6	+ 2	— 4	— 4	+ 2	+ 2	+ 4	+ 9	— 12
60—69	— 1	+ 2	— 6	— 9	+ 2	+ 1	— 1	— 5	— 4	— 1	— 34
70—79	0	— 8	+ 4	+ 8	+ 2	+ 11	0	— 2	+ 6	+ 17	+ 4
80—89	+ 4	+ 10	— 5	+ 8	— 13	— 8	— 12	0	— 4	— 9	— 25
90—99	— 2	0	— 1	— 2	+ 3	— 4	+ 2	+ 3	+ 3	— 9	— 32
1800—09	— 3	+ 1	— 4	— 14	— 9	— 20	+ 4	— 1	— 7	— 5	— 90
10—19	— 7	+ 12	— 8	— 2	— 14	— 2	— 11	+ 1	+ 4	+ 6	— 111
20—29	— 12	+ 1	+ 12	— 7	+ 8	+ 9	+ 11	+ 1	+ 8	— 18	— 98
30—39	— 7	+ 11	— 4	+ 2	+ 15	+ 2	+ 3	0	— 13	+ 2	— 87
40—49	0	+ 6	+ 3	+ 2	— 5	— 10	+ 17	— 5	+ 2	+ 2	— 75
1850—59	— 4	— 1	+ 9	— 10	0	— 16	0	+ 10	— 4	**+ 19**	— 64
60—69	— 10	+ 2	+ 8	+ 8	— 12	+ 4	+ 2	+ 1	+ 16	+ 2	— 43
70—79	— 5	— 8	+ 12	+ 5	+ 3	0	+ 3	+ 3	+ 5	— 16	— 41
80—89	+ 7	— 6	+ 3	+ 2	+ 11	— 2	— 1	— 8	— 11	+ 6	— 40
90—99	— 6	— 3	— 4	+ 6	+ 4	— 3	+ 2	+ 2	+ 7	+ 4	— 31
1900—09	+ 5	— 1	— 7	+ 3	+ 1	— 2	+ 3	— 3	— 4	— 6	— 42
10—19	+ 5	+ 9	+ 3	+ 7	+ 7	— 2	+ 2	— 6	+ 3	— 9	— 23
20—29	+ 3	+ 10	— 7	— 2	— 4	0	+ 7	— 1	+ 3	+ 3	— 11
30—39	+ 7	— 3	+ 4	0	+ 12	+ 6	+ 5	+ 2	+ 7	+ 6	+ 35
40—44	— 9	— 3	— 7	+ 7	+ 5	..	..	..	..	..	+ 28

Maximum 1859: 10,9° C; Minimum 1740: 6,5° C.

b) Sommer, Mittel Juni, Juli, August, $M = 16{,}1$° C.

Jahrzehnt	0	1	2	3	4	5	6	7	8	9	S
1735—39	(Einheit 0,1° C)					+ 5	+ 9	— 4	— 2	— 3	+ 5
40—49	— 19	— 3	— 8	+ 1	— 8	— 9	— 5	+ 3	+ 11	— 6	— 38
1750—59	+ 4	— 3	+ 4	+ 2	— 6	+ 4	+ 8	+ 13	+ 2	+ 17	+ 7
60—69	— 1	+ 2	— 6	— 2	+ 1	+ 1	0	— 10	+ 2	— 5	— 11
70—79	— 1	— 9	+ 4	+ 1	+ 2	+ 11	+ 9	— 2	+ 19	+ 15	+ 38
80—89	+ 10	+ 25	+ 6	+ 23	— 1	— 1	— 4	— 2	+ 10	— 2	+ 102
90—99	— 11	— 7	+ 1	— 3	+ 5	— 7	— 2	+ 5	+ 8	— 14	+ 77
1800—09	— 10	— 5	— 8	— 1	— 7	**— 21**	— 7	+ 11	+ 10	— 8	+ 31
10—19	— 12	+ 9	— 8	— 3	— 6	— 8	— 20	— 3	+ 10	+ 11	+ 1
20—29	— 10	— 14	+ 9	— 9	+ 1	+ 1	**+ 26**	— 1	+ 6	— 7	+ 3
30—39	— 6	+ 8	— 6	— 4	+ 18	+ 8	— 5	+ 4	— 2	0	+ 18
40—49	— 3	— 8	+ 11	— 5	— 11	— 5	+ 24	+ 2	— 1	— 2	+ 20
1850—59	— 2	— 3	+ 13	— 1	— 2	0	— 2	+ 11	+ 9	+ 13	+ 56
60—69	— 15	+ 11	— 9	— 5	— 13	— 1	— 1	— 4	+ 23	— 8	+ 34
70—79	+ 1	+ 1	+ 11	+ 12	+ 3	+ 9	+ 9	+ 7	+ 3	— 8	+ 82
80—89	+ 6	— 1	— 10	— 1	+ 7	— 2	— 3	+ 4	— 10	+ 6	+ 78
90—99	— 11	— 6	— 5	+ 9	— 6	+ 3	+ 10	+ 12	— 1	+ 10	+ 93
1900—09	+ 9	+ 6	— 7	— 10	0	+ 9	0	— 18	0	— 13	+ 69
10—19	— 2	+ 15	— 2	— 13	+ 4	— 5	— 15	+ 10	— 9	— 11	+ 41
20—29	— 7	+ 5	— 10	— 8	— 9	+ 5	0	— 4	— 3	— 4	+ 6
30—39	+ 8	— 2	+ 10	+ 9	+ 5	+ 10	+ 5	+ 5	+ 4	+ 9	+ 69
40—44	— 2	+ 9	0	0	+ 7	..	..	..	..	..	+ 83

Maximum 1826: 18,7° C; Minimum 1805: 14,0° C.

Tabelle 1 (Fortsetzung).

c) Winter, Mittel Dezember (des Vorjahrs), Januar, Februar, $M = 2{,}0°$C.

Jahrzehnt	0	1	2	3	4	5	6	7	8	9	S
1735—39			(Einheit 0,1°C)			+14	+13	**+33**	+3	+30	+93
40—49	−31	+3	+1	−7	−13	−5	−19	+13	−4	+27	+58
1750—59	+18	−6	+8	−1	+2	−21	+25	−21	−2	+24	+84
60—69	−24	+21	−3	−31	+25	−10	−13	−13	−16	+3	+23
70—79	+10	−5	+3	+11	+11	+12	−12	−13	−16	+22	+46
80—89	−10	−9	−3	+9	−43	−22	−12	−3	+7	−39	−79
90—99	+21	+15	−5	+7	+9	−40	**+33**	−9	+14	−38	−72
1800—09	−30	−6	−9	−32	+2	−36	+8	+18	−4	−12	−173
10—19	−11	−4	+13	−13	−36	−6	−12	+18	+4	+8	−212
20—29	−27	−14	+29	−42	+18	+25	+1	−10	+12	−15	−235
30—39	**−51**	−11	−1	0	+32	+19	+3	+15	−36	+6	−259
40—49	+14	−27	−2	+7	+12	−38	+32	−16	−18	+11	−284
1850—59	−11	+13	+15	+16	−17	−26	+5	+3	−4	+8	−282
60—69	−7	−11	+6	+27	−4	−19	+23	+19	+3	+29	−216
70—79	−9	−26	+7	+19	+15	−9	−4	+29	+16	−17	−195
80—89	−18	−1	+11	+13	+26	+12	−12	−7	−17	−1	−189
90—99	−6	−33	+3	−10	+8	−20	+3	−4	+17	+25	−206
1900—09	−3	−6	+8	+12	−5	+10	+8	−11	−1	−12	−206
10—19	+16	+15	+17	+17	+12	+18	+27	−19	+3	+7	−93
20—29	+24	+18	−2	+19	−17	+21	+13	+12	+4	−35	−36
30—39	+18	0	+9	+1	−8	+28	+12	+16	+10	+7	+57
40—44	−39	−20	−5	+18	+10	..	..	..	..	..	+21

Maximum 1737 und 1796: +5,3°C; Minimum 1830: −3,1°C.

d) Jahresschwankung,
Differenz der Mittel des jeweils wärmsten und kältesten Monats; $M = 17{,}3°$C.

Jahrzehnt	0	1	2	3	4	5	6	7	8	9	S
1735—39			(Einheit 0,1°C)			−33	−10	**−52**	−17	−31	−143
40—49	+26	−13	+1	+22	−11	−17	−1	−12	+8	−28	−168
1750—59	+4	−6	−24	+6	−18	+16	−34	+44	+13	−15	−182
60—69	+7	−21	−6	+50	−30	+8	−5	+31	+20	−20	−148
70—79	−17	−10	−7	−7	−15	−16	+63	+1	+16	+16	−124
80—89	+39	+27	+7	+23	+33	+7	−11	−9	−5	+53	+40
90—99	−48	−34	−15	−1	+18	+51	−32	+21	−19	+8	−11
1800—09	+20	−14	+11	+56	−27	+9	−27	+2	+9	+10	+38
10—19	+1	+28	−39	+18	+35	+11	−23	−31	−10	−2	+26
20—29	+22	−7	−42	**+67**	−30	−32	+47	+20	−11	+24	+84
30—39	+49	+12	−5	+9	−12	−22	−22	−20	+63	−24	+112
40—49	−22	+7	+43	−8	−36	+22	−24	+19	+34	−22	+125
1850—59	+29	−34	+1	+8	+28	+51	+9	+19	+20	−4	+252
60—69	−25	+29	−25	**−52**	0	+9	−25	−4	+20	−15	+164
70—79	+13	+34	+19	+1	−13	+10	+7	−40	−33	+4	+166
80—89	+46	+37	−36	−21	−18	0	+6	+9	−6	+8	+191
90—99	−9	+32	−9	+28	−15	+27	−13	+15	−18	−29	+200
1900—09	+19	+21	−13	−25	0	−6	−26	−22	+5	−17	+136
10—19	−41	+9	−9	−43	+7	−48	−36	+25	−11	−10	−21
20—29	−29	−13	−25	−14	−11	−25	−8	−30	+11	+52	−113
30—39	−11	−19	+1	+7	+26	−25	−27	−25	−10	−1	−197
40—44	+48	+44	+57	−28	+2	..	..	..	..	..	−74

Maximum 1823: 24,0°C; Minimum 1737 und 1863: 12,1°C.

Besonders stark war die Temperaturzunahme in den letzten Jahrzehnten in der Arktis [37]; das zeigt der Gang der Monatsmitteltemperatur des Januar in Jakobshavn (Tab. 2).

Tabelle 2. Monatsmittel der Lufttemperatur im Januar, 1874—1951, Jacobshavn (Grönland), 69° 13′ N, 51° 03′ W.
Abweichungen, in ganzen Graden C, vom langjährigen Durchschnitt —16°C.

Jahrzehnt	0	1	2	3	4	5	6	7	8	9	*S*
1874—79	..°	..°	..°	..°	— 8°	+ 6°	— 2°	0°	+ 1°	+ 7°	+ 4°
1880—89	— 2	+ 8	— 9	0	—**10**	+ 4	— 4	— 3	+ 3	— 7	—16
1890—99	— 4	— 1	0	+ 3	— 5	+ 3	— 6	— 3	— 5	— 2	—36
1900—09	— 3	— 5	— 1	+ 1	— 2	— 4	— 6	— 4	0	— 9	—69
1910—19	—**10**	— 2	+ 5	+ 3	— 3	— 4	+ 2	+ 11	— 9	— 2	—78
1920—29	— 4	— 1	— 1	— 4	+ 6	— 6	+ 5	+ 5	+ 5	+**13**	—60
1930—39	+ 2	+ 7	— 2	— 2	+ 3	+ 3	+ 8	— 2	— 2	+ 6	—39
1940—49	+ 3	+ 7	+ 4	+ 8	— 2	+ 6	+ 1	+ 9	+ 5	— 2	0
1950—51	— 2	+ 4	..	..	..	..	..	..	..	..	+ 2

Maximum Januar 1929: —2,9°C; Minimum Januar 1884: —26,4°C.

Die exakten Aufzeichnungen der meteorologischen Elemente ermöglichten es, auch einen Einblick in den Mechanismus der Klimaschwankungen und ihre Verknüpfung mit der allgemeinen atmosphärischen Zirkulation zu gewinnen. Es zeigte sich, daß die Zunahme der Temperatur mit einer Verstärkung der Zirkulation in den gemäßigten Breiten und einer Nordwärtsverlagerung des Roßbreitenhochs verbunden war [*38, 39, 40*].

Hinsichtlich der Ursachen der Klimaschwankungen wurde vielfach nach einem Zusammenhang mit dem 11jährigen Sonnenfleckenzyklus (31318) gesucht. In der unteren Atmosphäre ist er viel weniger deutlich als in der Ionosphäre (329218, 329234, 329243, 329272). In den Tropen ist sicherlich die Lufttemperatur zur Zeit des Sonnenfleckenminimums um etwa 0,5°C höher als zur Zeit des Maximums. Das zeigen nach Köppen [*40a*] die folgenden durchschnittlichen Abweichungen der Jahresmittel von ihrem Normalwert in den Tropen (einschließlich Nordindien), in der Einheit 0,01°C:

	Minimum	Jahre im elfjährigen Flecken-Zyklus				Maximum						Minimum
	0	1	2	3	4	5	6	7	8	9	10	11
1820—1854	+33	+15	— 4	—21	—28	—32	—27	—14	+ 8	+30	+41	+33
1870—1905	+21	+12	+ 8	— 1	—13	—19	—17	+ 3	+ 8	+ 1	+15	+21

Eine einfache 11jährige Schwankung zeigte auch der Wasserstand des Viktoriasees in Afrika: im Mittel 1899—1941 steht er im Jahr des Fleckenmaximums 37 cm über, ein Jahr vor dem Minimum 23 cm unter dem Normalwert [*43a*]. Die Zahl der Gewitter ist im Maximum anscheinend 20% höher als im Minimum [*42, 43, 44*].

Korrelationskoeffizienten *r* der Jahresmittel meteorologischer Elemente mit den gleichzeitigen Jahresmitteln der Fleckenrelativzahlen gibt Baur [*43d*] für die Jahre 1890—1943:

Temperatur Apia (Samoa)	$r =$ —0,20
Temperatur Colombo (Ceylon)	—0,15
Temperatur, Mittel Colombo und Apia	—0,27
Temperatur Mitteleuropa (3 Stationen)	—0,04
Luftdruck Apia (Samoa)	+0,24
Luftdruck Berlin	—0,11
Niederschlag Mitteleuropa (16 Stationen)	+0,10
Wasserstand Viktoriasee 1899—1943	+0,58

Zum Vergleich (Bartels: vgl. 329234): Jahresmittel Sonnenflecken mit Amplitude der täglichen erdmagnetischen Variation in Huancayo H, 1922—1947: $r = +0{,}985$.

Doppelwellen mit je zwei Höchst- und Tiefstwerten im Zyklus glaubt Baur [*43a*] nachgewiesen zu haben, doch sind die Effekte absolut sehr schwach und an der umstrittenen Grenze der Nachweisbarkeit.

Bibliographien über Beziehungen zwischen solaren und meteorologischen Erscheinungen bei Brooks [*45*]; statistische Kritik vgl. [*41, 38*] und 32848 (dort [*1—4*]).

Sonstige periodische Klimaschwankungen in den letzten Jahrhunderten sind trotz allen Suchens nicht sicher nachgewiesen. Auch die 35jährige Brücknersche Periode [*46*] ist fragwürdig [*12*]. Zu den immer wieder behaupteten Planeteneinflüssen vgl. Baur [*43c*].

So bleibt die Frage periodischer Anteile in den Klimaschwankungen einstweilen offen, womit vorläufig auch die Möglichkeit entfällt, wissenschaftlich begründete „Klimavoraussagen" zu geben, wie z. B. in der Polemik gegen eine zunehmende Austrocknung („Versteppung") Mitteleuropas.

Anlaß für solche alarmierenden Prognosen ist gewöhnlich eine Aufeinanderfolge extremer Witterungsfälle, wie z. B. die trockenen Sommer 1947 und 1949 in Deutschland. Jedoch sind unperiodische Schwankungen der Witterung von echten Klimaschwankungen zu unterscheiden: Eine

Klimaepoche vorwiegend ozeanischen Klimacharakters braucht das Vorkommen einzelner trockener Sommer oder strenger Winter keineswegs auszuschließen. Im wissenschaftlichen Schrifttum ist es daher üblich geworden, erst dann von Klimaschwankungen zu sprechen, wenn vieljährige (meist dreißigjährige) „klimatologische" Mittelwerte meteorologischer Elemente einwandfreie Veränderungen zeigen, wobei die Homogenität der verwandten Beobachtungsreihen sorgfältig zu prüfen ist.

Andererseits läßt sich die verheerende Wirkung extremer Trockenjahre zum Teil auch auf die Einwirkung des Menschen selbst zurückführen, der durch einschneidende Kulturmaßnahmen, wie die Schaffung großer Ackerflächen und Verringerung des Waldbestandes, Entwässerung von Mooren und Sümpfen, Begradigung von Flußläufen sowie durch große Wasserentnahmen für eine ständig wachsende Bevölkerung und Industrie den natürlichen Wasserhaushalt des Bodens so sehr veränderte, daß er dadurch für Trockenperioden um so anfälliger wurde. In den USA führte die Ersetzung der natürlichen Vegetation in den einstigen Prärien und Wäldern durch große baumlose Ackerflächen zu einer Bodenzerstörung großen Ausmaßes („Soil-Erosion" durch Starkregen und Wind), die sich in einzelnen Jahren katastrophal auszuwirken begann und heute nur unter Aufwendung großer staatlicher Mittel bekämpft werden kann. Auch in den windgefährdeten Gebieten Mitteleuropas wurde mit vorbeugenden Maßnahmen begonnen.

Vgl. auch die Tabellen 32842B und die World Weather Records (32842Ca [*1*]).

328455 Literatur.

[*1*] Schwarzbach, M.: Das Klima der Vorzeit. Stuttgart 1950. — [*2*] Brooks, C. E. P.: Climate through the ages. II. Edition. London 1949. — [*3*] Kerner-Marilaun, F.: Paläoklimatologie. Berlin 1930. — [*4*] Brooks: vgl. [*2*], S. 204. — [*5*] Dacqué, E.: Grundlagen und Methoden der Paläogeographie. Jena 1915. — [*6*] Dubois, E.: Die Klimate der geologischen Vergangenheit und ihre Beziehungen zur Entwicklungsgeschichte der Sonne. Leipzig 1893. — Neuere Berichte in den Reports der Commission ...; vgl. [*45*]. — [*7*] Arrhenius, S.: Phil. Mag. **41** (1896). — [*8*] Sarasin, P. u. F.: Verh. Naturforsch. Ges. Basel **13** (1901). — [*9*] Köppen, W., u. A. Wegener: Die Klimate der geologischen Vorzeit. Berlin 1924. — [*10*] Wegener, A.: Die Entstehung der Kontinente und Ozeane. 5. Aufl. Braunschweig 1936. — [*11*] Huntington, E., and S. S. Visher: Climatic changes, their nature and cause. New Haven 1922. — [*12*] Wagner, A.: Klimaänderungen und Klimaschwankungen. Braunschweig 1940. — [*13*] Penck, A., u. E. Brückner: Die Alpen im Eiszeitalter I, II, III. Leipzig 1901 bis 1909. — [*14*] Soergel, W.: Die Ursachen der diluvialen Aufschotterung und Erosion. Berlin 1921. — [*15*] Zeuner, F. E.: The Pleistozene period; its climate, chronology and faunal successions. London, Roy. Soc., 1945. — [*16*] Daly, R. A.: The changing world of the Ice Age. New Haven 1934. — [*17*] Pfannenstiel, M.: Geol. Rundsch. **34** (1944). — [*18*] Pfannenstiel, M.: Quartärgeschichte des Nildeltas. (Im Druck.) — [*19*] Ovey, E.: (Die Brauchbarkeit des Foraminiferenplanktons für die Deutung früherer Klimaänderungen durch Studium von Tiefsee-Bohrkernen.) Vortrag (deutsch von E. Zeuner), Jahresversammlung der Geol .Vereinigung, Köln (1951). — [*20*] Poser, H.: Boden- und Klimaverhältnisse in Mittel- und Westeuropa während der Würm-Eiszeit. Erdkunde **2** (1948). — [*21*] Simpson, G. C.: Past climates. Mem. Manchester Lit. Phil. Soc. **74** (1929 bis 1930) 1 bis 34. — [*22*] Milankovitch, M.: Théorie mathématique des phénomènes thermiques produits par la radiation solaire. Paris 1920. — Auch Handb. d. Geophysik **9**, 593 bis 698. Berlin 1938. — [*23*] Firbas, F.: Spät- und nacheiszeitliche Waldgeschichte Mitteleuropas nördlich der Alpen. Band I. Jena 1949. — [*24*] Geer, G. de: Geol. Rundsch. **3** (1912) und weitere Veröff. — [*25*] Nilsson, E.: Quaternary glaciations and pluvial lakes in British East Africa. Geogr. Ann., Stockholm, **13** (1931). — [*26*] Douglas, A. E.: Climatic cycles and tree growth. Carnegie Inst. Wash. Pub. **289**, I (1919) sowie spätere Veröff. — [*27*] Schulman, E.: A Bibliography of Tree-Ring Analysis. Tree-Ring Bulletin **6** (1940). — [*28*] Schwarzbach, vgl. [*1*], S. 154f. — [*29*] Behn, F.: Vor- und Frühgeschichte. Wiesbaden 1948. — [*30*] Paret, O.: Das neue Bild der Vorgeschichte. Stuttgart 1946. — [*31*] Huntington, E.: Civilisation and climate. III. Edition. New Haven 1924. — [*32*] Seilkopf, H.: Änderungen des Klimas und der Avifauna in Mitteleuropa (im Druck). — [*33*] Hennig, R.: Katalog bemerkenswerter Witterungsereignisse von den ältesten Zeiten bis zum Jahre 1800. Berlin, Abhandl. K. Preuß. Met. Inst. **2**, Nr. 4. Berlin 1904. — [*33a*] Easton, C.: Les hivers dans l'Europe occidentale. 210 S. Leyden 1928. — [*34*] Lysgaard, L.: Recent climatic fluctuations. Folia Geogr. Danica **5**. Kopenhagen 1949. — [*35*] Labrijn, A.: Het klimat van Nederland gedurende de laatste twee en een halve eeuwe. K. Ned. Meteorol. Inst. De Bilt, Mededeelingen en Verhandelingen **49** (1945). — [*36*] Moese, O.: Säkulare Schwankungen der atmosphärischen Zirkulation (im Druck). — [*37*] Scherhag, R.: Die Erwärmung der Arktis. Kopenhagen, J. Cons. int. Explor. Mer. **12** (1937) und andere Veröff. — [*38*] Wagner, A.: Untersuchungen der Schwankungen der allgemeinen Zirkulation. Geogr. Ann. Stockholm **11** (1929). — [*39*] Scherhag, R.: Die gegenwärtige Milderung der Winter und ihre Ursachen. Ann. Hydrogr. **67** (1939). — [*40*] Dammann, W.: Klimaschwankungen und Wetterlage. Met. Rundsch. **1** (1948). — [*40a*] Köppen, W.: Lufttemperaturen, Sonnenflecke und Vulkanausbrüche. Meteorol. Z. **31** (1914) 305 bis 328. — [*41*] Bartels, J.: Geophysikalischer Nachweis von Veränderungen der Sonnenstrahlung. Erg. d. exakt. Naturwiss. **9** (1930) 38 bis 78. — [*42*] Brooks, C. E. P.: The variations of the annual frequency of thunderstorms in relation to sunspots. London, Q. J. R. Meteor. Soc. **60** (1934). — [*43*] Brooks, C. E. P.: Non-linear relations with sunspots. London, Q. J. R. Meteor. Soc. **53** (1927). — [*43a*] Baur, F.: Die doppelte Schwankung der atmosphärischen Zirkulation in der gemäßigten Zone innerhalb des Sonnenfleckenzyklus. Meteorol. Rdsch. **2** (1949) 10 bis 15. — [*43b*] Baur, F.: Zurückführung des Großwetters auf solare Erscheinungen. Arch. Meteorol. Geophys. Bioklimat. A **1** (1949) 358; **2** (1950) 342. — [*43c*] Baur, F.: ... Frage eines Einflusses der Planeten auf die Witterung. Z. f. Meteorol. **2** (1948) 47 bis 55. — [*43d*] Baur, F.: Einführung in die Großwetter-

kunde. 165 S. Wiesbaden 1948. — [44] Willet, H. C.: Extrapolation of sunspot-climate relationships. J. of Meteor. **8** (1951). — [45] Brooks, C. E. P.: „The relations of solar and meteorological phenomena." Conseil International des Unions Sci., Commission pour l'étude des relations entre les phénomènes solaires et terrestres. Reports **1** (1926) 66 bis 100 (Literatur 1914 bis 1924); **4** (1936) 147 bis 154 (Literatur 1925 bis 1935); **5** (1939) 196 bis 199 (Literatur 1936 bis 1938). — [46] Brückner E.: Klimaschwankungen seit 1700 nebst Bemerkungen über die Klimaschwankungen der Diluvialzeit. Geogr. Abhandl. IV, H. 2. Wien 1890.

32846 Mikroklimatologie.

Für die allgemeine Klimatologie ist typisch die Messung in meteorologischen Hütten, in denen sich die Instrumente mehr als 2 m über dem Boden befinden. Indem man so die bodennahe Luftschicht vermeidet, erhält man Ergebnisse, die auch für die weitere Umgebung der Station gelten. Im Gegensatz zu dem „Makroklima", das auf solchen Beobachtungen beruht, ist das Klima in Bodennähe ein Klima auf kleinstem Raum, ein Mikroklima. An der Bodenoberfläche ist der Wärmeumsatz besonders lebhaft; er wird stark beeinflußt von Bodenart, Bodenbearbeitung, Wassergehalt, Pflanzendecke, Hangneigung und Himmelsrichtung. — Agrarmeteorologie, Forstmeteorologie, Stadtklima, Höhlenklima behandeln mikroklimatische Fragen. Die umfangreichen Messungen auf diesem Gebiet sind bequem zugänglich durch das Buch:

Rudolf Geiger: „Das Klima der bodennahen Luftschicht." 3. Aufl. 460 S. Braunschweig: Fr. Vieweg & Sohn, 1950.

32847 Biometeorologie und Bioklimatologie.

Zugang zu dem großen Zahlenmaterial durch:

[*1*] Berg, H.: Einführung in die Bioklimatologie. 131 S. Bonn (Bouvier) 1947. — [*2*] Büttner, K.: Physikalische Bioklimatologie. Probleme der kosm. Physik **18**. Leipzig 1938. — [*3*] de Rudder, E.: Grundriß einer Meteorobiologie des Menschen. 2. Aufl. Berlin 1938. — [*4*] Düll, B.: Wetter und Gesundheit. Dresden u. Leipzig 1941. — [*5*] Ficker, H. v., u. B. de Rudder: Föhn und Föhnwirkungen. Leipzig 1944. — [*6*] Cauer, H.: Ergebnisse chemisch-meteorologischer Forschung. Arch. Met. Geophys. Bioklimatol. B **1** (1949) 212 bis 256.

Zeitschriften:

[7] Bioklimatische Beiblätter der meteorologischen Zeitschrift **1** (1934); **10** (1943). — [*8*] Medizin-Meteorologische Hefte, herausgegeben von der Schriftleitung der Annalen der Meteorologie, Hamburg. Nr. 5 (1951).

Über biologisch wirksame Strahlungskomponenten vgl. 32884.

32848 Statistische Bearbeitung meteorologischer und klimatologischer Zahlenreihen.

Die Methodik der statistischen Beschreibung, Prüfung von Zusammenhängen (Korrelation), Periodennachweis (harmonische Analyse) ist für die Beurteilung der Ergebnisse und ihre physikalische Deutung oft entscheidend; vgl. 32843, Schlußabsatz.

Literaturhinweise:

[*1*] Bartels, J.: Zur Morphologie geophysikalischer Zeitfunktionen. Erste Mitteilung Sitz.-Ber. Preuß. Akad. Wiss. Berlin, Phys.-Math. Kl. 1935, 504 bis 522; Neue Mitteilung Misc. Acad. Berolinensia **1**, 69 bis 81. Berlin: Akademie-Verlag, 1950. — [*2*] Bartels, J.: Gesetz und Zufall in der Geophysik. Naturwiss. **31** (1943) 421 bis 435. — [*3*] Bartels, J.: „Zufallszahlen für statistische Versuche." Ann. Meteorol. Hamburg **1** (1948) 209 bis 216. — [*4*] Stumpff, K.: „Grundlagen und Methoden der Periodenforschung." Berlin: J. Springer, 1937. Tafeln und Aufgaben dazu, ebenda 1939. — Stumpff, K.: „Die Periodenforschung in der Geophysik." Zbl. Geophysik **4** (1939) 145 bis 164. — [*5*] Schröder, G.: „Die Korrelationsrechnung und ihre Anwendung in der Wasserwirtschaft." 115 S. Bundesanstalt für Gewässerkunde. Bielefeld, 1950. — [*6*] Fisher, R. A., u. F. Yates: „Statistical Tables for Biological, Agricultural and Medical Research." 2. Aufl. Edinburgh: Oliver and Boyd Ltd., 1943. — [*7*] Kendall, M. G., und B. Babington Smith: „Tables of Random Sampling Numbers." Tracts for Computers, No. 24, Cambridge Univ. Press, 1939. — [*8*] Koller, S.: „Graphische Tafeln zur Beurteilung statistischer Zahlen." 2. Aufl. Dresden und Leipzig: Th. Steinkopff, 1943.— [*9*] Kendall, Maurice G.: The advanced theory of statistics. Zwei Bände. London, Charles Griffin, 1945/46. — [*10*] Bijl, Willem van der: „Fünf Fehlerquellen in wissenschaftlicher statistischer Forschung." Ann. Meteorol. **4** (1951) 183 bis 212.

Dammann, Bartels

3285 Höhenwinde.

32851 Ergebnisse direkter Windmessungen.

Beobachtungsorte, die in den folgenden Tabellen erwähnt werden:

Europa		
Ås	59° 40′ N	10° 46′ E
Berlin	52° 29′ N	13° 26′ E
Croydon	51° 21′ N	5° 7′ W
Friedrichshafen	47° 39′ N	9° 29′ E
Königsberg	54° 44′ N	20° 34′ E
Leuchars	56° 23′ N	2° 53′ W
Lindenberg	52° 13′ N	14° 7′ E
Nauen	52° 39′ N	12° 55′ E
Pavia	45° 11′ N	9° 10′ E
Nordamerika		
Nome	64° 20′ N	165° 10′ W
Havre	48° 34′ N	109° 40′ W
Jacksonville	30° 20′ N	81° 30′ W

Südamerika		
Rio de Janeiro	22° 54′ S	43° 10′ W
Santiago (Chile)	33° 26′ S	70° 41′ W
Asien		
Agra	27° 8′ N	78° 1′ E
Bangalore	12° 58′ N	77° 36′ E
Tateno	36° 3′ N	140° 8′ E
Afrika		
Ismailia	30° 36′ N	32° 14′ E
Kapstadt	33° 56′ S	18° 29′ E
Neuseeland		
Wellington	41° 17′ S	174° 46′ E
Hawai		
Pearl Harbor	21° 22′ N	158° 3′ W

Die Tabellen sind nach den Richtlinien der „Internationalen Aerologischen Kommission" zusammengestellt. Für die Stationen Ås (Det Norske Meteorologiske Institutt), Agra, Bangalore (India Meteorological Department, Poona), Nome, Havre, Jacksonville und Pearl Harbor (U. S. Weather Bureau, Washington D. C.) und Rio de Janeiro (Serviço de Meteorologia, Rio de Janeiro) wurden sie dem Bearbeiter handschriftlich von den angegebenen Instituten zur Verfügung gestellt. Die übrigen Ergebnisse sind Veröffentlichungen entnommen.

Einheiten.

Windrose mit 360°, Ostwind (E)=90°, Westwind (W)=270°, Nordwind (N)=360°, 0=Windstille.

Höhen in Kilometern (km).

Windgeschwindigkeiten in m/sec, C = Windstille. Zur Umrechnung (vgl. 32832, Abb. 1);

1 m/sec = 3,6 km/st = 2,2369 engl. Meilen/st.

1 km/st = 0,278 m/sec = 0,62137 engl. Meilen/st.

1 Knoten = 1 engl. Meile/st = 1,60935 km/st = 0,4474 m/sec.

Anmerkung zu allen Tabellen:

Es bedeutet: • = keine Beobachtung; 0 = Wert kleiner als 0,5 m/sec.

Literatur.

Wagner, A.: Klimatologie der freien Atmosphäre. In Handbuch der Klimatologie von Köppen u. Geiger, Berlin 1931. — Scherhag, Neue Methoden der Wetteranalyse und Wetterprognose, Berlin 1948. — Keil, K.: Arbeiten in Beitr. Phys. freien Atm. (Leipzig).

Keil

Tabelle 1. Mittlere Windgeschwindigkeit in verschiedenen Höhen ohne Rücksicht auf die Richtung (Monatsmittel). Einheit m/sec.

Höhe km	Jan.	Fbr.	März	Apr.	Mai	Juni	Juli	Aug.	Sept.	Okt.	Nov.	Dez.
					Friedrichshafen							
0,5	4,3	3,8	3,7	4,1	3,3	3,3	3,2	3,2	3,6	3,5	3,6	4,0
1,0	7,4	6,7	6,2	5,6	4,7	4,7	4,7	5,0	5,4	5,1	6,1	7,9
1,5	8,6	7,9	7,2	6,4	5,2	5,4	5,6	6,2	6,3	6,2	7,3	9,2
2,0	9,2	8,5	8,2	7,1	5,8	6,1	6,6	7,3	6,9	7,2	8,0	10,0
2,5	10,0	9,0	8,9	7,9	6,5	6,8	7,8	8,3	7,8	7,8	8,7	10,8
3,0	10,9	10,0	9,8	8,4	6,9	7,2	8,6	8,9	8,7	8,6	9,3	12,0
4,0	12,5	11,8	11,8	9,8	8,2	8,3	9,7	10,2	10,2	10,1	10,9	13,6
5,0	14,4	13,4	13,0	11,0	9,2	9,4	10,6	11,2	11,1	11,1	12,6	15,9
6,0	15,1	14,3	14,3	12,3	10,3	10,7	11,9	12,4	12,2	12,3	13,3	18,5
					Rio de Janeiro							
0,5	4,4	4,0	3,7	3,7	3,9	4,4	4,4	4,0	4,5	4,4	4,1	4,3
1,0	5,7	5,0	4,9	4,8	4,7	5,1	5,1	4,8	5,6	6,1	5,3	5,9
1,5	6,1	5,4	5,2	4,6	4,9	5,3	5,6	5,4	5,5	6,4	5,7	6,9
2,0	5,7	5,3	5,4	4,5	5,3	5,5	6,0	5,6	5,7	6,1	5,5	6,6
2,5	5,8	5,2	5,5	4,9	5,7	6,1	5,9	5,5	5,5	6,2	5,3	6,0
3,0	5,9	5,2	5,8	5,3	6,2	7,1	6,1	5,9	5,7	6,5	5,9	6,1
4,0	6,3	5,5	5,7	5,6	6,9	7,6	6,9	6,5	6,8	7,1	6,1	5,7
5,0	6,2	5,8	5,9	6,4	7,2	8,5	7,6	7,3	8,6	7,0	6,9	6,2
6,0	5,9	6,2	6,4	7,6	8,7	9,9	9,0	7,7	9,1	8,5	8,9	6,3
7,0	6,8	6,0	7,1	8,6	10,6	10,8	10,1	8,4	11,1	8,9	8,5	6,5
8,0	8,6	7,0	7,5	10,5	11,5	12,6	11,9	9,6	14,5	10,1	11,3	8,3

Höhe km	Jan.	Fbr.	März	Apr.	Mai	Juni	Juli	Aug.	Sept.	Okt.	Nov.	Dez.
					Havre/Montana							
1,0	8,3	7,5	7,3	7,2	6,7	6,6	5,6	5,7	6,2	7,5	8,3	8,6
1,5	12,1	10,4	9,7	8,3	7,9	7,6	6,5	6,6	7,4	9,2	11,7	12,4
2,0	12,3	11,2	10,5	8,3	7,4	7,3	6,2	6,5	7,6	9,7	12,2	12,5
3,0	13,7	11,8	12,1	9,8	8,5	8,7	8,7	8,7	9,8	11,3	12,9	13,1
4,0	15,0	13,0	13,8	11,6	10,4	11,1	12,0	11,3	12,0	12,6	13,8	13,3
5,0	16,0	14,2	15,4	12,9	11,2	13,2	14,9	12,9	12,7	12,8	15,3	14,1
6,0	15,1	13,9	15,8	12,9	12,8	13,9	16,0	14,0	12,3	13,6	14,4	·
8,0	·	13,6	·	14,3	12,4	14,5	14,8	13,4	12,2	11,6	·	·
					Agra/Indien							
0,5	5,8	6,6	7,0	7,2	8,1	8,2	7,2	7,4	6,8	5,5	4,7	5,3
1,0	5,6	6,5	6,6	6,7	7,4	8,0	7,0	7,1	6,3	5,2	5,0	5,1
1,5	6,2	7,1	7,0	7,0	6,9	7,2	6,7	5,8	5,9	5,8	5,8	6,0
2,0	7,4	8,4	8,5	7,9	7,6	7,1	6,5	6,0	7,2	6,8	6,8	6,8
2,5	8,8	9,9	9,9	9,1	8,3	7,3	6,5	5,8	6,2	7,3	6,9	7,6
3,0	10,4	12,7	10,0	10,0	9,1	7,5	6,8	5,9	5,9	7,4	7,1	8,5
4,0	14,5	15,3	13,2	11,8	10,1	7,9	6,1	5,3	5,5	7,0	11,2	11,7
5,0	19,1	19,8	16,0	13,5	19,9	7,5	5,7	5,2	5,9	7,1	12,6	15,9
6,0	21,7	24,6	20,2	15,5	12,1	7,8	5,7	5,3	7,3	11,9	16,7	20,2
8,0	31,6	35,0	24,9	20,8	14,6	9,8	6,4	6,0	8,7	18,7	26,0	28,5
10,0	35,4	39,8	26,2	24,4	14,6	8,5	10,8	7,3	12,5	23,5	35,4	36,1
12,0	38,4	39,9	36,4	29,0	13,5	7,7	9,3	8,7	9,5	23,2	43,7	38,6
14,0	54,0	47,0	47,6	35,3	11,4	14,3	17,7	9,6	9,3	21,9	48,6	33,0
16,0	·	63,0	55,0	16,0	·	13,5	12,0	13,4	10,8	19,2	·	44,3
18,0	·	·	·	7,0	·	13,8	20,5	14,5	12,7	9,0	·	32,5
20,0	·	·	·	7,0	·	28,9	18,3	21,4	14,6	8,0	·	·

Tabelle 2. Mittlere Windgeschwindigkeit in verschiedenen Höhen ohne Rücksicht auf die Richtung (Jahresmittel).

Ort \ Höhe km	0,5	1,0	1,5	2,0	2,5	3,0	4,0	5,0	6,0	8,0	10,0
Ås	7,1	7,5	8,0	8,4	·	9,1	9,2	9,4	·	·	·
Friedrichshafen	3,6	5,8	6,8	7,6	8,4	9,1	10,6	11,9	13,1	·	·
Königsberg	9,6	9,7	·	10,1	·	11,2	13,0	14,4	·	·	·
Lindenberg	9,7	9,7	9,7	10,0	10,4	11,0	12,1	·	·	·	·
Pavia	3,1	4,0	4,4	5,4	6,1	6,9	7,8	9,6	10,8	·	·
Nome	6,5	7,0	7,6	8,0	·	8,2	8,7	9,0	·	·	·
Havre	·	7,1	9,2	9,3	·	10,8	12,5	13,8	·	·	·
Jacksonville	8,0	7,4	7,4	7,8	·	8,6	9,4	·	11,1	·	·
Rio de Janeiro	4,2	5,2	5,6	5,6	5,6	6,0	6,4	7,0	7,8	9,6	·
Santiago	·	2,2	·	5,3	·	8,6	8,3	9,4	12,2	·	·
Agra	6,6	6,4	6,5	7,2	8,0	8,4	10,0	12,4	14,1	17,6	22,9
Bangalore	·	6,0	7,5	7,0	6,6	6,4	6,2	6,1	6,5	7,4	9,6
Tateno	6,2	6,8	7,7	9,0	11,1	13,2	17,4	21,6	25,8	33,1	39,6
Pearl Harbor	6,3	7,1	6,2	5,5	5,2	5,3	·	·	·	·	·
Kapstadt	6,4	6,3	6,8	7,2	7,5	7,7	9,0	9,6	10,1	9,8	9,8

Tabelle 3. Zunahme des Windes mit der Höhe in den bodennahen Schichten.

Jahresmittel der Windgeschwindigkeit in verschiedenen Höhen.

Funktürme Nauen:	2 m	16 m	32 m	123 m	258 m
Windgeschwindigkeit:	3,3	4,7	5,4	7,0	8,3 m/sec

Tateno (Japan):

Höhenwindmessungen:	40 m	100 m	200 m	300 m	400 m	500 m	600 m	800 m
Windgeschwindigkeit:	3,0	4,4	5,1	5,5	5,9	6,2	6,3	6,5 m/sec

Hellmannsche Formel für die Windgeschwindigkeiten V und v in zwei Höhen H und h:

Für $H < 2$ m $\quad V/v = \sqrt[4]{H/h}$,

Für $H = 16$ bis 250 m $\quad V/v = \sqrt[5]{H/h}$.

Vgl. 3286.

Tabelle 4. Mittlere Luftversetzung in Komponenten nach Norden (N) und Osten (E). Monatsmittel.
Einheit 0,1 m/sec.

Höhe	0,5 km		1,0 km		1,5 km		2,0 km		2,5 km		3,0 km		4,0 km		5,0 km		6,0 km	
Richtg.	N	E	N	E	N	E	N	E	N	E	N	E	N	E	N	E	N	E
a) über Berlin																		
Jan.	—37	—44	—37	—50	—38	—58	—47	—70	—42	—60	—36	—67	.	.	.	.	.	.
Febr.	— 6	+ 8	+ 0	+23	+ 4	+20	+ 6	+36	+18	+41	+24	+58	.	.	.	.	.	.
März	—14	—10	—18	—10	—15	—17	— 5	—14	— 4	—12	— 5	—16	+12	—17	.	.	.	.
April	— 6	—10	—17	—11	—18	—17	—18	—18	—16	—16	+ 8	—12	+ 6	—21	.	.	.	.
Mai	— 3	— 5	— 8	— 7	—12	—10	—12	—17	—15	—23	—15	—26	—11	—29	—10	—29	.	.
Juni	— 3	—25	— 6	—26	— 8	—36	— 9	—41	— 8	—43	— 4	—46	+ 3	—61	+10	—48	+10	—44
Juli	— 6	—33	— 6	—44	—11	—47	—15	—45	—22	—46	—20	—52	—18	—42	—14	—48	.	.
Aug.	—10	—31	—12	—37	—15	—42	—20	—46	—18	—50	—20	—47	— 9	—53	— 6	—60	— 7	—70
Sept.	+ 4	—26	— 4	—31	+ 5	—35	+ 6	—38	+10	—38	+ 8	—32	+ 2	+32	+12	—32	+19	—31
Okt.	—20	—49	—20	—56	—24	—58	—27	—57	—25	—60	—17	—62	+16	—60	.	.	.	.
Nov.	—42	—36	—51	—48	—47	—53	—52	—44	—47	—60	—51	—64	—45	—64	.	.	.	.
Dez.	—21	—30	—15	—36	— 6	—14	+ 1	—18	— 5	—16	.	.	.	.	.	.	.	.
b) über Kapstadt																		
Jan.	—26	—19	—10	—10	— 2	—27	— 2	—43	+ 3	—59	0	—75	— 4	—85	—27	—109	—38	—112
Febr.	—16	—23	+ 1	—20	+ 4	—22	—10	—38	—15	—56	—19	—62	—28	—98	.	.	.	.
März	—56	+ 9	—23	+ 7	+ 8	— 2	+17	— 8	+17	—29	+ 5	—33	— 7	—50	—12	—59	— 9	—55
April	—30	0	— 1	—12	+26	—28	+32	—37	+22	—47	+23	—52	+19	—59	.	.	.	.
Mai	+38	—24	+41	—28	+33	—40	+25	—50	+ 9	—45	+ 9	—34	+18	—36	.	.	.	.
Juni	+11	— 8	+44	—20	+63	—35	+51	—45	+35	—44	+10	—42	— 4	—46	—17	—55	.	.
Juli	+23	—29	+41	—31	+48	—26	+55	—12	+23	+ 1	+ 8	—18	—10	—34	.	.	.	.
Aug.	+ 8	—15	+16	—25	+34	—37	+47	—44	+63	—42	+52	—48	.	.	.	.	.	.
Sept.	—18	— 7	— 3	— 9	+19	—25	+25	—42	+ 7	—50	—18	—46	—34	—58	—49	—81	.	.
Okt.	+ 6	—22	+21	—22	+28	—27	+22	—33	+22	—44	+17	—59	+10	—90	.	.	.	.
Nov.	—26	—16	—12	— 6	+ 2	—12	+15	—25	+ 8	—27	+ 8	—28	+ 5	—50	+12	—61	+13	—55
Dez.	—25	—15	— 6	—10	+ 6	—24	+10	—45	+ 3	—56	0	—63	— 3	—100	—11	—104	.	.

Tabelle 5. Mittlere Luftversetzung in Komponenten in verschiedenen Höhen. Jahresmittel. Einheit 0,1 m/sec.

Ort	0,5 km N	0,5 km E	1,0 km N	1,0 km E	1,5 km N	1,5 km E	2,0 km N	2,0 km E	2,5 km N	2,5 km E	3,0 km N	3,0 km E	4,0 km N	4,0 km E	5,0 km N	5,0 km E	6,0 km N	6,0 km E
Ås	+17	—14	+26	—16	+30	—18	+35	—23	·	·	+35	—29	+43	—37	+44	—18	·	·
Friedrichshafen	·	·	—10	—22	—12	—30	—14	—39	—11	—46	·	·	·	·	·	·	·	·
Königsberg	—13	—29	— 9	—31	·	·	+ 1	—39	·	·	+ 8	—49	+12	—63	+14	—72	·	·
Berlin	—11	—25	—14	—29	—14	—33	—15	—35	—15	—37	—11	—36	— 5	—39	+ 2	—34	+ 4	—34[1]
Nome	+11	+18	+15	+23	+20	+21	+21	+16	·	·	+22	+ 5	+17	— 8	+13	—12	·	·
Havre	·	·	— 7	—37	+ 3	—57	+10	—66	·	·	+15	—83	+18	—96	+23	—103	·	·
Jacksonville	— 8	— 4	—10	—15	— 6	—28	+ 2	—33	·	·	+ 2	—50	+ 4	—63	·	·	+10	—79
Agra	+15	—18	+20	—26	+24	—38	+26	—38	+26	—41	+24	—47	+19	—67	+13	—88	+10	—108[2]
Bangalore	·	·	— 4	—10	+ 6	—12	+16	— 6	+19	+10	+16	+14	+ 8	+14	+ 5	+14	+ 7	+11[3]
Pearl Harbor	+16	+49	+12	+54	+ 8	+42	— 0	+28	+ 1	+16	+ 3	+10	·	·	·	·	·	·
Kapstadt	—10	—14	+ 9	—14	+22	—26	+22	—36	+16	—43	+ 7	—48	— 3	—65	—12	—76	—21	—79[4]

[1] Berlin 8,0 km N = +14, E = —34.

[2] Agra 8,0 km N = +10, E = —156; 10,0 km N = +4, E = —183.

[3] Bangalore 8,0 km N = +3, E = +12; 10,0 km N = —17, E = +7.

[4] Kapstadt 8,0 km N = —41, E = —68; 10,0 km N = —70; E = —34.

Tabelle 6. Häufigkeit des Auftretens bestimmter Windrichtungen in verschiedenen Höhen über Berlin (Monatsmittel in Prozent).

Höhe	0,5					1,0					1,5					2,0				
Richtg.	C	N	E	S	W	C	N	E	S	W	C	N	E	S	W	C	N	E	S	W
Jan.	·	6	9	41	43	·	7	12	37	44	·	10	9	37	45	·	7	6	36	51
Febr.	2	20	34	20	24	1	26	34	19	20	1	31	32	19	17	2	27	41	17	13
März	1	17	18	30	34	2	21	16	31	31	1	22	15	28	34	1	26	16	26	30
April	3	16	26	21	34	1	13	23	28	35	1	12	23	28	36	2	17	17	32	32
Mai	3	16	26	22	33	2	16	25	24	33	2	14	24	26	35	1	13	21	25	39
Juni	1	13	18	19	49	1	13	16	23	47	1	11	14	21	53	1	10	15	19	54
Juli	1	13	13	19	54	1	12	13	18	57	1	10	12	20	57	1	11	10	25	53
Aug.	2	9	15	24	50	1	10	14	24	51	2	9	12	26	51	1	11	11	28	49
Sept.	2	24	15	20	39	3	23	14	19	42	3	23	9	21	43	2	23	10	18	47
Okt.	2	7	8	29	55	3	10	7	30	50	1	8	6	29	56	1	12	6	29	52
Nov.	·	4	8	42	45	·	3	5	44	48	·	3	6	41	51	·	1	5	43	51
Dez.	·	15	20	25	40	·	19	21	24	35	·	21	25	25	29	2	23	24	28	22

Höhe	3,0					4,0					5,0					6,0 km				
Richtg.	C	N	E	S	W	C	N	E	S	W	C	N	E	S	W	C	N	E	S	W
Jan.	·	7	8	32	52	·	·	·	·	·	·	·	·	·	·	·	·	·	·	·
Febr.	·	26	47	15	11	·	·	·	·	·	·	·	·	·	·	·	·	·	·	·
März	2	22	15	31	30	·	28	18	21	33	·	·	·	·	·	·	·	·	·	·
April	2	27	25	19	28	·	26	25	19	29	·	·	·	·	·	·	·	·	·	·
Mai	·	11	16	29	44	·	13	14	35	38	·	14	15	34	38	·	·	·	·	·
Juni	2	10	16	14	58	·	13	15	19	53	·	22	13	14	51	·	26	5	15	55
Juli	·	6	13	24	57	·	4	15	26	55	·	8	8	30	55	·	·	·	·	·
Aug.	1	14	9	28	47	·	18	10	14	58	·	18	8	16	59	·	13	6	21	60
Sept.	1	22	8	22	46	3	21	9	20	47	2	21	12	13	53	3	29	10	9	50
Okt.	·	12	8	29	51	·	22	9	13	56	·	·	·	·	·	·	·	·	·	·
Nov.	·	4	2	34	60	·	12	2	38	48	·	·	·	·	·	·	·	·	·	·
Dez.	·	·	·	·	·	·	·	·	·	·	·	·	·	·	·	·	·	·	·	·

Tabelle 7. Häufigkeit des Auftretens bestimmter Windrichtungen in verschiedenen Höhen in Prozent (Jahreswerte).

Höhe	0,5					1,0					1,5					2,0				
Ort / Richtg.	C	N	E	S	W	C	N	E	S	W	C	N	E	S	W	C	N	E	S	W
Berlin	1	13	19	26	42	1	14	17	27	41	1	14	16	27	42	1	15	15	27	41
Pavia	·	16	36	15	33	·	25	26	24	24	·	35	22	22	21	·	38	18	15	29
Nome	1	28	42	10	18	0	34	39	11	15	0	36	35	13	15	0	37	32	14	17
Havre	·	·	·	·	·	1	12	20	12	57	·	18	12	14	58	·	17	6	15	62
Jacksonville .	0	16	28	27	29	0	15	22	27	35	1	17	17	24	42	·	19	15	20	46
Rio de Janeiro	2	37	24	12	25	1	45	20	9	25	1	43	18	9	29	1	37	16	11	35
Santiago . . .	·	·	·	·	·	1	42	21	16	20	·	·	·	·	·	1	52	7	12	27
Agra	5	31	17	14	33	3	33	13	11	39	4	33	10	9	44	2	34	9	8	46
Bangalore . .	·	·	·	·	·	2	9	30	16	42	1	16	31	12	39	3	24	36	10	28
Wellington . .	4	44	9	27	16	3	33	10	22	31	·	·	·	·	·	2	17	10	24	47
Pearl Harbor .	·	15	75	7	3	0	14	72	9	5	0	12	66	13	9	0	17	53	16	13
Kapstadt . . .	·	25	8	45	23	·	32	14	27	27	·	34	14	20	33	·	29	11	17	42

Höhe	3,0					4,0					5,0					6,0					8,0 km				
Ort / Richtg.	C	N	E	S	W	C	N	E	S	W	C	N	E	S	W	C	N	E	S	W	C	N	E	S	W
Berlin	·	·	·	·	·	·	·	·	·	·	·	·	·	·	·	·	·	·	·	·	·	·	·	·	·
Pavia	·	42	14	12	32	·	45	12	11	33	·	48	11	11	31	·	53	10	11	26	·	·	·	·	·
Nome	1	35	19	14	27	0	32	22	18	28	2	28	21	20	30	·	·	·	·	·	·	·	·	·	·
Havre	0	16	3	11	70	0	18	2	10	70	0	20	2	10	68	·	·	·	·	·	·	·	·	·	·
Jacksonville .	1	18	12	17	52	0	17	10	14	57	·	17	10	11	62	·	·	·	·	·	·	·	·	·	·
Rio de Janeiro	1	33	16	12	38	1	27	14	18	41	1	22	14	22	41	0	18	12	28	42	1	9	16	29	46
Santiago . . .	·	62	3	7	28	·	·	·	·	·	·	·	·	·	·	·	·	·	·	·	·	·	·	·	·
Agra	1	31	9	8	51	3	26	8	9	55	3	18	13	12	55	2	15	10	10	61	2	13	12	10	63
Bangalore . .	2	24	40	11	21	3	21	40	14	22	3	20	39	16	22	2	22	39	18	20	1	18	42	16	22
Wellington . .	3	17	7	28	46	·	·	·	·	·	·	·	·	·	·	·	·	·	·	·	·	·	·	·	·
Pearl Harbor .	0	22	38	18	22	·	·	·	·	·	·	·	·	·	·	·	·	·	·	·	·	·	·	·	·
Kapstadt . . .	·	16	9	14	61	·	11	3	18	68	·	9	3	18	70	·	6	3	22	69	·	·	7	34	59

Tabelle 8. Mittlere Windgeschwindigkeit bei verschiedenen Windrichtungen in verschiedenen Höhen über Pavia (Monatsmittel).

Höhe	0,5				1,0				1,5				2,0				3,0				4,0				5,0 km			
Richtg.	N	E	S	W	N	E	S	W	N	E	S	W	N	E	S	W	N	E	S	W	N	E	S	W	N	E	S	W
Jan.	4,2	3,3	1,2	4,0	6,6	5,0	2,1	6,8	5,2	5,7	3,7	5,5	6,4	6,0	10,0	5,7	8,9	6,3	2,7	8,4	6,0	9,1	7,1	5,2	5,5	5,2	8,2	11,4
Febr.	2,7	3,4	1,3	5,4	5,5	4,6	3,2	5,6	4,4	2,2	4,3	6,9	8,5	3,6	3,2	6,1	12,1	8,2	5,8	9,9	14,5	8,0	5,3	8,5	16,8	10,6	7,0	8,8
März	2,3	3,6	3,2	3,1	5,2	4,1	3,7	4,0	3,6	3,7	4,4	4,0	6,1	6,3	8,4	4,3	5,2	6,7	9,8	7,8	8,3	7,8	3,2	9,5	9,4	3,8	3,7	8,9
April	2,6	3,3	1,6	4,2	3,6	8,2	2,3	4,1	4,0	6,0	5,1	5,3	8,1	5,0	5,0	7,0	7,3	6,9	6,1	7,8	10,2	10,6	6,7	9,0	15,1	10,8	15,0	11,4
Mai	1,9	4,4	2,0	3,1	3,2	4,8	3,1	3,4	3,9	4,1	3,3	2,7	5,3	3,8	4,3	4,5	5,3	5,3	6,8	4,8	7,6	3,8	10,1	8,6	9,2	4,4	14,1	7,0
Juni	2,8	3,1	1,7	3,1	2,5	3,2	2,5	3,2	3,0	2,9	4,0	2,9	3,7	3,4	4,3	4,3	6,0	4,2	4,0	6,8	10,3	8,7	6,7	8,5	7,9	12,2	8,6	8,3
Juli	2,7	3,3	3,3	3,5	4,2	3,6	2,2	2,4	4,2	3,6	3,2	3,2	4,4	3,8	5,6	6,0	6,9	7,0	6,8	6,5	5,1	6,4	6,9	7,6	6,8	7,6	2,5	11,1
Aug.	2,3	3,3	2,5	3,6	3,6	3,3	3,1	3,5	3,8	3,3	3,8	3,3	4,5	3,1	3,8	3,9	6,8	3,7	2,8	7,5	8,4	2,8	6,2	8,5	8,2	3,0	3,3	11,7
Sept.	2,6	3,7	2,6	3,0	3,7	3,9	3,3	3,1	4,1	3,6	4,0	3,4	4,4	3,8	4,8	4,0	6,5	5,0	4,2	6,5	8,2	5,2	4,1	6,8	8,0	8,2	6,2	9,4
Okt.	1,6	3,3	1,9	2,9	3,1	3,2	4,4	3,3	6,1	3,7	5,0	3,0	6,0	5,4	4,8	3,8	6,6	4,5	6,8	5,7	6,9	4,8	7,2	6,4	7,8	7,5	8,3	6,6
Nov.	3,1	3,3	2,6	3,9	3,6	5,2	6,2	4,2	5,9	4,9	6,0	6,1	6,9	5,9	7,0	5,9	7,7	9,2	6,5	6,6	9,9	·	10,0	8,5	15,5	10,1	·	9,3
Dez.	6,5	4,8	3,3	4,1	4,4	6,1	6,2	5,0	7,5	7,2	3,1	7,8	8,1	9,0	2,9	10,0	12,8	11,1	7,7	7,8	11,7	8,8	8,3	11,0	16,0	5,0	·	17,2

Tabelle 9. Mittlere Windgeschwindigkeit bei verschiedenen Windrichtungen in verschiedenen Höhen über Croydon (Monatsmittel).

Höhe	0,5				1,0				2,0				3,0 km			
Richtung	N	E	S	W	N	E	S	W	N	E	S	W	N	E	S	W
Jan.	8,5	8,7	8,5	11,6	10,0	9,7	10,5	12,6	7,2	6,9	9,8	12,9	10,7	·	10,9	9,3
Febr.	6,9	9,4	9,8	9,8	8,7	7,2	10,3	10,7	4,0	5,4	8,2	10,5	8,2	3,1	5,5	8,9
März	7,1	8,5	8,2	8,5	7,3	9,8	9,1	9,1	7,3	8,0	9,5	6,5	5,4	8,3	8,7	6,3
April	7,4	8,4	8,9	8,3	7,6	8,7	9,2	8,9	6,0	4,7	8,3	8,5	11,6	7,6	5,6	9,8
Mai	6,7	6,0	6,9	7,2	6,7	6,9	7,6	8,0	7,4	4,7	7,4	9,6	3,8	4,9	6,7	8,7
Juni	6,7	6,7	6,7	7,4	6,7	6,9	6,7	8,5	5,6	6,3	6,9	7,6	6,3	6,3	7,8	7,4
Juli	5,1	5,4	6,9	7,6	5,6	4,2	7,4	8,7	6,0	5,8	7,2	7,8	5,4	5,6	7,2	7,2
Aug.	6,3	6,7	6,3	7,4	6,0	7,4	6,7	8,7	7,8	6,7	7,2	9,4	4,0	2,2	5,6	9,8
Sept.	6,5	6,3	7,2	8,1	6,5	6,5	8,1	9,2	5,6	4,7	7,6	8,5	4,5	5,6	8,7	7,8
Okt.	7,6	7,6	9,2	9,6	7,4	8,5	9,4	11,6	6,3	9,2	8,9	9,4	5,2	8,1	8,3	9,2
Nov.	7,2	7,8	8,7	10,7	8,3	7,8	10,9	12,7	8,1	9,2	9,8	8,9	7,2	7,6	7,6	8,7
Dez.	10,0	9,6	10,7	11,2	9,4	11,8	11,2	12,5	10,3	9,1	8,9	11,2	5,4	16,5	11,6	13,2

Tabelle 10. Mittlere Windgeschwindigkeit bei verschiedenen Windrichtungen (Jahresmittel). Einheit m/sec.

Ort / Höhe	0,5				1,0				1,5				2,0				2,5				3,0				4,0 km			
Richtung	N	E	S	W	N	E	S	W	N	E	S	W	N	E	S	W	N	E	S	W	N	E	S	W	N	E	S	W
Croydon . . .	7,2	8,6	8,2	8,9	7,5	7,9	8,9	10,1	·	·	·	·	6,8	6,7	8,3	9,2	·	·	·	·	6,5	·	7,8	9,9	·	·	·	·
Nome	5,1	7,7	5,6	5,3	5,9	8,1	6,9	6,5	7,2	7,3	6,9	7,2	7,9	8,4	6,7	7,3	·	·	·	·	8,7	8,2	7,0	7,6	9,3	8,4	7,7	8,5
Havre	·	·	·	·	5,0	5,1	3,9	7,9	6,4	5,5	5,5	10,3	6,6	4,2	5,8	10,1	·	·	·	·	7,7	3,7	5,9	11,1	9,2	3,4	6,8	12,5
Jacksonville .	7,2	7,5	8,2	8,2	6,1	6,9	7,1	7,9	5,9	6,1	6,7	8,1	6,2	5,3	6,4	8,8	·	·	·	·	6,2	4,2	6,4	9,7	6,0	3,1	5,9	10,3
Rio de Janeiro	4,0	3,2	2,8	3,8	5,2	3,6	3,3	5,4	5,5	4,0	3,3	5,5	5,4	4,5	4,2	5,9	5,2	4,2	4,1	6,2	5,6	4,8	4,2	6,3	5,8	5,0	5,2	6,7
Santiago . . .	·	·	·	·	1,9	1,2	1,5	1,3	2,6	1,6	2,1	1,8	3,8	1,9	2,8	2,7	5,1	2,3	3,2	3,0	4,3	2,4	2,8	3,0	·	·	·	·
Pearl Harbor .	3,6	5,3	3,7	2,2	3,8	6,7	3,6	3,1	3,7	6,4	3,8	3,0	3,7	5,9	4,3	4,4	4,1	5,5	4,4	4,7	·	·	·	·	·	·	·	·
Pavia	2,9	3,6	2,3	3,7	4,1	4,6	3,5	4,0	4,6	4,2	4,2	4,5	6,0	4,9	5,3	5,5	·	·	·	·	7,7	6,5	5,7	7,2	8,9	6,9	6,8	8,2
Kapstadt . . .	6,0	3,4	5,8	5,4	6,0	4,4	5,6	5,9	6,4	4,2	5,4	5,9	6,3	5,3	5,2	7,1	6,7	4,7	6,4	7,6	6,6	5,4	7,0	8,2	4,6	5,5	6,6	9,8

Tabelle 11. Häufigkeit verschiedener Windrichtungen bei bestimmten Windgeschwindigkeiten (Jahreszeitenwerte in Prozent) in verschiedenen Höhen über Berlin.

Höhe	0,5					1,0					1,5					2,0					2,5					3,0					4,0					5,0 km				
Richtung	C	N	E	S	W	C	N	E	S	W	C	N	E	S	W	C	N	E	S	W	C	N	E	S	W	C	N	E	S	W	C	N	E	S	W	C	N	E	S	W
Frühling																																								
m/sec 0—1	3	1	1	1	1	2	1	1	0	1	1	0	1	1	0	1	0	0	0	0	0	1	·	·	·	1	0	1	0	1	·	1	·	·	·	·	·	·	·	·
2—7		12	14	15	20		11	11	15	16		10	12	14	18		9	11	14	18		7	10	17	19		7	11	13	16		6	12	13	15		6	7	10	12
8—14		3	8	7	11		4	10	10	15		5	8	11	14		7	7	11	15		8	6	12	15		7	6	12	17		9	5	12	15		11	6	14	16
15—21		0	1	1	2		0	1	1	2		1	1	1	2		1	1	2	2		1	1	2	2		3	0	2	2		4	2	2	5		5	1	2	2
>21		·	·	·	·		0	·	0	·		·	·	0	0		·	·	0	·		0	·	0	0		·	·	·	·		1	·	·	·		5	·	·	2
Sommer																																								
0—1	1	1	0	1	0	1	1	0	1	0	1	0	0	1	1	1	0	0	1	1	1	1	1	1	1	1	·	1	0	0	·	·	·	2	0	·	1	·	·	·
2—7		8	12	14	28		8	9	14	22		6	7	13	18		5	8	13	17		6	9	10	18		6	7	10	16		6	8	10	15		8	6	11	16
8—14		2	3	5	20		3	5	7	24		4	5	9	31		5	4	10	29		3	4	10	29		4	5	10	30		6	5	6	30		6	4	8	29
15—21		0	·	0	2		0	0	0	4		0	0	1	4		1	0	1	6		0	·	1	6		0	·	1	7		0	·	1	9		2	·	0	6
>21		·	·	·	·		·	·	·	0		·	·	·	1		·	·	·	1		·	·	·	0		·	·	·	·		·	·	·	·		·	·	·	2
Herbst																																								
0—1	2	1	1	1	0	2	1	1	1	0	2	0	0	0	1	1	1	0	·	0	2	0	0	·	0	1	·	1	1	·	1	·	·	·	1	1	1	1	·	1
2—7		8	7	14	16		7	6	12	14		7	4	13	15		6	5	13	17		5	4	12	16		5	3	12	20		8	2	9	18		2	4	8	16
8—14		4	3	13	24		5	2	14	23		5	2	13	26		6	1	12	24		7	1	12	26		5	3	11	20		8	4	9	20		10	7	7	20
15—21		0	·	1	5		1	·	2	7		1	0	2	7		1	1	2	8		2	0	2	8		4	·	4	10		2	1	3	9		2	·	4	11
>21		·	·	0	·		0	0	0	2		·	0	0	1		·	0	0	1		·	·	0	1		1	·	1	1		2	·	0	3		2	·	2	2
Winter																																								
0—1	1	0	·	0	0	0	0	1	·	0	0	0	1	0	·	1	1	·	·	1	1	·	·	·	·	·	·	·	1	·	·	2	·	2	·	·	·	·	·	·
2—7		8	8	10	9		8	7	11	9		7	7	9	4		7	8	8	6		2	7	7	9		1	7	9	7		5	2	12	7		8	2	2	14
8—14		5	11	16	20		7	10	11	17		9	8	13	17		7	9	14	14		12	10	12	12		14	12	12	10		6	9	4	14		3	15	6	12
15—21		0	2	3	6		1	5	5	5		2	5	6	8		3	4	6	11		2	7	7	9		2	3	3	10		8	7	10	10		3	9	4	8
>21		·	0	0	1		1	·	0	4		1	0	0	2		0	1	1	1		·	·	·	2		1	5	·	1		·	3	·	·		8	4	3	·

Tabelle 12.
Häufigkeit verschiedener Windrichtungen bei bestimmten Windgeschwindigkeiten in verschiedenen Höhen (Jahreswerte in Prozent).

Höhe	0,5					1,0					2,0					3,0 km				
Richtung	C	N	E	S	W	C	N	E	S	W	C	N	E	S	W	C	N	E	S	W
Leuchars																				
m/sec 0—1	3	·	·	·	·	1	·	·	·	·	2	·	·	·	·	3	·	·	·	·
2—7		7	9	10	13		9	5	8	13		10	4	8	17		10	5	8	16
8—14		7	5	9	23		10	5	9	19		12	3	9	19		13	2	7	19
15—21		2	0	3	10		2	1	3	10		4	1	2	6		4	0	2	6
>21		0	0	0	1		0	0	1	4		1	·	·	2		1	·	0	1
Wellington																				
0—1	4	·	·	·	·	3	·	·	·	·	2	·	·	·	·	3	·	·	·	·
2—7		13	6	9	6		10	6	7	10		10	7	12	18		7	5	10	10
8—14		20	4	12	6		12	4	10	13		8	2	10	20		6	2	13	19
15—21		10	1	2	4		8	1	4	6		1	0	2	6		2	0	4	12
>21		2	0	1	1		2	0	1	2		0	·	2	2		1	0	1	4
Havre																				
0—1	·	·	·	·	·	6	·	·	·	·	3	·	·	·	·	1	·	·	·	·
2—7		·	·	·	·		8	13	8	24		8	4	10	19		6	2	7	17
8—14		·	·	·	·		3	5	3	24		6	1	3	27		7	0	5	34
15—21		·	·	·	·		0	0	1	5		2	0	0	11		3	0	0	16
>21		·	·	·	·		0	0	0	1		0	0	0	3		0	0	0	3
Ismailia																				
0—1	5	·	·	·	·	3	·	·	·	·	3	·	·	·	·	3	·	·	·	·
2—7		28	16	6	16		31	12	4	14		21	9	7	16		13	5	8	17
8—14		8	8	2	8		12	9	2	9		15	4	4	16		12	2	6	25
15—21		0	0	0	4		0	0	0	2		1	0	0	2		2	0	1	6
>21		·	·	0	0		·	·	0	0		0	0	0	0		0	·	0	0

32852 Höhenwindverhältnisse auf der Nordhalbkugel, dargestellt durch Karten der absoluten Topographie der Flächen gleichen Luftdrucks.

Die Abbildungen 1—8 (nach Scherhag) veranschaulichen den mittleren Höhenwind im Januar und im Juli über der Nordhalbkugel in den runden Höhen

$$h = 5\tfrac{1}{2} \qquad 11 \qquad 16 \qquad 22\ \text{km}$$

durch Isohypsen der Flächen gleichen Luftdrucks von

$$p = 500 \qquad 225 \qquad 96 \qquad 41\ \text{Millibar.}$$

Der beobachtete Wind entspricht recht genau dem berechneten Gradientwind, bei dem die rechtsablenkende Beschleunigung auf rotierender Erde und die Zentrifugalbeschleunigung (bei gekrümmter Bahn) mit der Beschleunigung durch den Druckgradienten im Gleichgewicht stehen. Der Wind weht längs der Isohypsen der Druckfläche, mit den größeren Höhen (höheren Drucken) auf seiner rechten

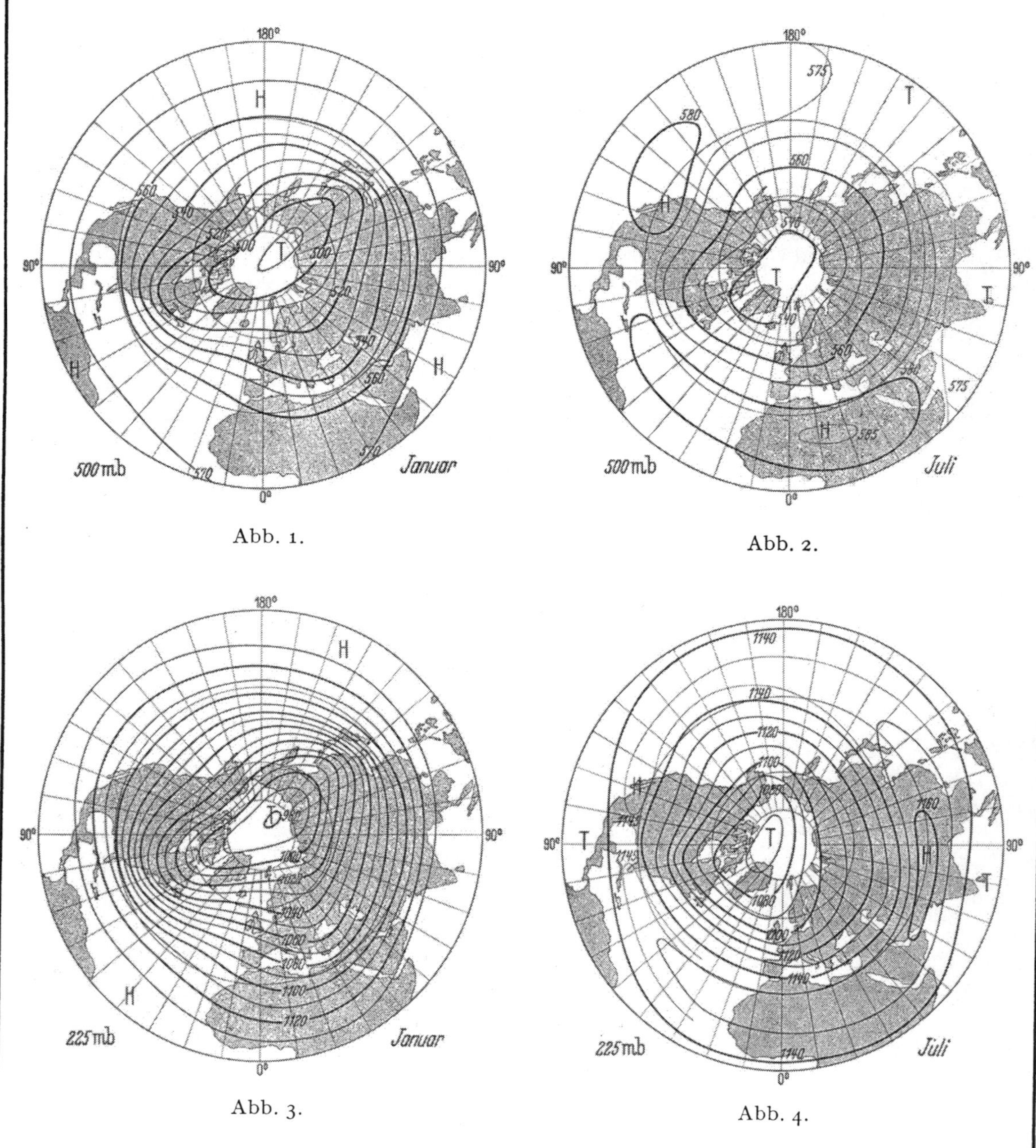

Abb. 1. Abb. 2.

Abb. 3. Abb. 4.

Keil

Seite. Die Zahlen geben die Höhen der Druckflächen in „dynamischen Dekametern" (s. 328151) einer aerologischen Einheit für das Schwerepotential, am Pol 10,177 m, am Äquator 10,228 m. Die Isohypsen sind im Abstand 10 dyn. Dekameter, also rund 102 m, gezeichnet. Je enger die Isohypsen, um so stärker der Gradientwind; dieser ist ferner proportional $1/\sin\varphi$, mit $\varphi =$ geogr. Breite. Diese Isohypsenkarten der absoluten Topographien fester Drucke haben vor den Isobarenkarten in festen Höhen den Vorzug, daß der Gradientwind in allen Höhen (außer von φ und der Krümmung) nur vom Isohypsenabstand (Gefälle der Druckfläche) abhängt.

Über dem östlichen Nordamerika, bei Washington, herrscht im 225-mb-Niveau (in rund 11 km Höhe) im Januar ein mittlerer Gradientwind von 39 m/sec aus Westen; in Japan (Tateno) ist der winterliche Höhenwind in 10 km Höhe zu 72 m/sec beobachtet. Vgl. die Diskussion dieser Karten bei Scherhag.

In 22 km Höhe herrschen über den gemäßigten Breiten, nach Abb. 7 u. 8, im Winter Westwinde, im Sommer Ostwinde, wie es auch die Beobachtungen über anomalen Schall (32817) ergeben.

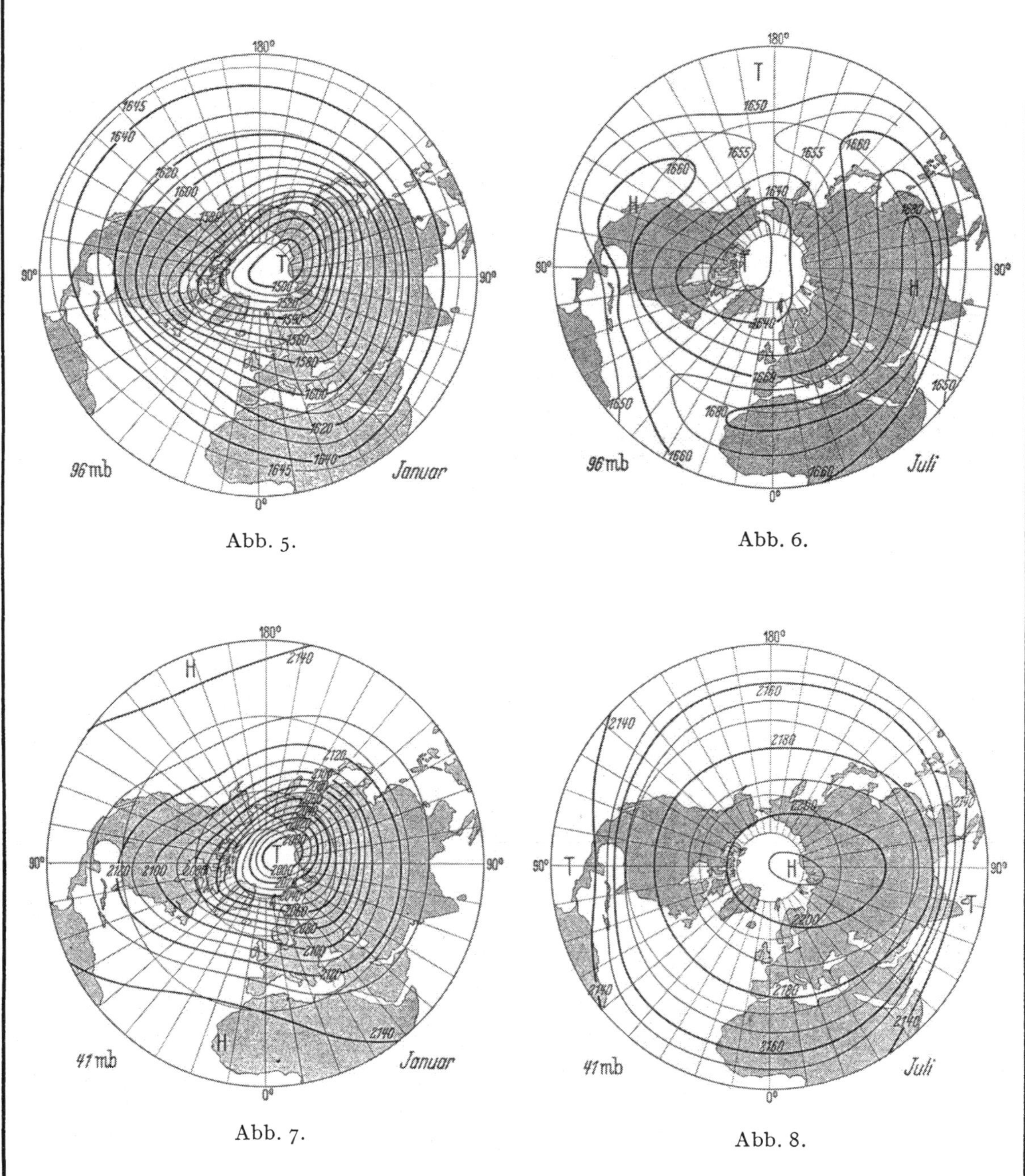

Abb. 5. Abb. 6.

Abb. 7. Abb. 8.

3286 Austausch.

32860 Vorbemerkung.

Wegen der noch nicht überwundenen Schwierigkeit, den Austausch sowie austauschbedingte Eigenschaftstransporte in der Atmosphäre direkt zu messen, sind die zahlreichen einschlägigen Arbeiten noch reichlich hypothetisch. Eine Tabelle aller veröffentlichten Austauschwerte hätte geringen Wert, weil 1. die geophysikalischen Bedingungen der Versuchsreihen meist nicht erschöpfend erfaßt wurden und 2. zu starke Vereinfachungen der Theorie, zusammen mit der in der Makro- und Mikroklimatologie üblichen Mittelbildung, die Resultate vielfach als fiktiv stempeln. Kritische Beurteilung ist deshalb angebracht, auch bei Gebrauch der nachstehenden Beziehungen und Tabellen, mit denen versucht wird, den komplexen Austauschbegriff für möglichst vielseitige Verwendung logisch aufzugliedern, gestützt auf die z. Z. vollständigsten theoretischen und empirischen Unterlagen.

32861 Definitionen.

Wir beschränken uns auf skalaren Austausch in der Vertikalen, d. h. Höhe z und Zeit t seien die einzigen unabhängigen Variablen. Durchweg bedeutet, wenn $a = a(z, t)$ ist, $a' \equiv \partial a/\partial z$ und $a^{\cdot} \equiv \partial a/\partial t$.

Der Austauschkoeffizient $A = A(z, t)$ ist definiert als

$$A = -Q/q' - \mu_q, \quad \text{g/cm sec}, \tag{1}$$

q = physikalische Eigenschaft in q-Einheiten pro g Luft, Q = vertikaler Transport, d. h. Quantität von q-Einheiten, die pro sec durch ein horizontales cm² (welches sich mit w vertikal verlagert) durchfließen, sofern w = Vertikalkomponente geordneter Luftbewegungen [Definition: Gl. (4)], μ_q = molekularer Leitfähigkeitskoeffizient der Luft in g/cm sec. Die q-Einheiten müssen quantitative sein; z. B. spezifische Feuchte und nicht Dampfspannung. Es wird angenommen, daß sowohl q als auch q' stetig in z und t sind.

Tabelle 1. Die wichtigsten Eigenschaften der Luft, deren Verteilung durch Austausch geregelt wird (Transportgröße Q und mit A vergleichbare molekulare Koeffizienten μ_q).

Eigenschaft	q-Einheit	Q	Symbol und gebräuchlichste Einheit für Q		Korrespondierender molekularer Koeffizient
Impuls (in x- oder y-Richtung) . .	g cm/sec	Impulstransport oder negative Schubspannung (in horizontaler x- oder y-Richtung)	$-\tau$	dyn/cm²	Dynamische Zähigkeit
Potentieller Wärmegehalt .	cal	Potentieller Wärmefluß	L	cal/cm² min	Wärmeleitfähigkeit/c_p
Spezifische Feuchte	g H_2O	Wasserdampftransport	V	mm $H_2O/24^h$	$\varrho \cdot$ Diffusionskoeffizient $H_2O \rightarrow$ Luft
Partikelgehalt . .	Zahl	Partikelfluß	—	Zahl/cm² sec	$\varrho \cdot$ Diffusionskoeffizient Partikel $\rightarrow$ Luft

Die Atmosphäre ist kein abgeschlossenes System, d. h. in $z = 0$ (wo $Q = Q_0$) ist gewöhnlich $Q_0 \neq 0$. Als Resorptionszone im Gegensatz zur freien Atmosphäre definieren wir die Schicht $0 \leqq z \leqq H_Q$, in welcher $+Q_0$ resorbiert oder aus welcher $-Q_0$ gespeist wird. Im allgemeinen existiert ein endlicher Wert von H_Q. Für den Impuls (Tab. 1) ist $-Q_0 \equiv \tau_0$ = Tangentialspannung, welche der Wind auf die Erdoberfläche ausübt; die Resorptionszone des horizontalen Impulses entspricht der „planetarischen Grenzschicht" [1], deren oberer Rand als „Gradientwind-Niveau" oder „Niveau des geostrophischen Windes" bekannt ist; erfahrungsgemäß: $H_\tau \approx 1$ km für normale Strömungszustände in gemäßigten Breiten. Für den Wärmegehalt $Q_0 \equiv \pm L_0$ und für die Feuchte $Q_0 \equiv \pm V_0$ gibt es entsprechende Resorptionszonen. $\pm L_0$ bestimmt (neben der am Boden umgesetzten Strahlungsenergie, dem Wärmefluß durch die Bodenoberfläche und dem Wärmeäquivalent von Verdunstung, Schneeschmelze usw.) den Wärmehaushalt der Erdoberfläche [2]. $\pm V_0$ = Verdunstung bzw. Taufall am Erdboden.

Im unteren Teil der Resorptionszone existiert stets ein Niveau h_q, so daß, mit $Q' \equiv \partial Q/\partial z$,

$$\left| \int_0^{h_q} Q'\,dz \right| \ll |Q_0| \tag{2}$$

$0 \leqq z \leqq h_q$ definiert die Randschicht (surface layer) der Atmosphäre, in welcher Q als quasi-unabhängig von z betrachtet werden kann [3].

Sofern das betrachtete q in keinem Niveau außer $z = 0$ Quellen oder Senken hat, ist die Kontinuitätsgleichung:

$$(\varrho q)^{\cdot} = -Q', \tag{3}$$

wobei $\varrho =$ Luftdichte, g/cm³. Die Randschicht und die Resorptionszone sind dann definiert durch:

$$\left| \int_0^{h_q} (\varrho q)^{\cdot}\, dz \right| \ll |Q_0|, \quad \text{bzw.} \quad \left| Q_0 - \int_0^{H_Q} (\varrho q)^{\cdot}\, dz \right| \ll |Q_0|.$$

Ein namhafter Teil der meteorologischen Austauschprobleme beruht darauf, daß der periodische Wechsel äußerer Bedingungen (z. B. Sonnenstand) eine Zeitvariation von Q_0 und q_0 verursacht. $q^{\cdot}$ nimmt dann mit z ab, und hinreichend kleine Werte von $q^{\cdot}$ definieren den Oberrand der Resorptionszone. Gesucht wird $q = q(t, z)$. Die Größenordnungen von h_q und H_Q sind gewöhnlich so, daß $(\varrho q)^{\cdot} \approx \varrho q^{\cdot}$, $|\varrho'/\varrho| \ll |q'/q|$, d. h. die Kompressibilität der Luft kann für $z \leqq H_Q$ vernachlässigt werden.

W. Schmidts [*4*] Arbeitshypothese, A habe für alle q den gleichen Wert, ist angegriffen worden (vgl. [*5*]), aber bisher nicht einwandfrei widerlegt. Während μ_q nach der kinetischen Theorie aus Temperatur und Moleküleigenschaften folgt — also mit q etwas variiert —, ist A für alle q von zwei ausgezeichneten Q abhängig, nämlich τ und L; folglich spricht man von einem dynamischen und einem thermischen Anteil von A [*6*].

Beide Anteile von A werden durch Turbulenz bewirkt: Man betrachtet für jeden raumfesten Punkt die rechtwinkligen Komponenten des momentanen Windvektors (u_t, v_t, w_t) gleich repräsentativen Mittelwerten (u, v, w) plus Zusatz- oder Turbulenzkomponenten $(\grave{u}, \grave{v}, \grave{w})$:

$$u_t = u + \grave{u}; \quad u = \overline{u_t} \equiv \frac{1}{\Delta t} \int_t^{t+\Delta t} u_t\, dt; \quad \overline{\grave{u}} = 0 \tag{4}$$

(sowie entsprechende Beziehungen in v, w und q). Der Buchstabe w bedeutet die vertikale Windkomponente.

Buchstaben ohne den Index t und ohne Akzent bedeuten Mittel- oder Repräsentativwerte; diese Vereinbarung betrifft jedes q und Q wie auch A und ϱ. Gewöhnlich beschränkt man sich auf Fälle mit $|\grave{\varrho}/\varrho| \ll |\grave{q}/q|$ und $w = 0$, jedoch nicht verschwindender Turbulenz, insbesondere $\overline{\grave{w}^2} \neq 0$.

Das mit z und t variable Zeitelement Δt in (4) ist so festzulegen, daß $\bar{q}_t$ und $\overline{\grave{q}^2}$ regulär, d. h. kontinuierlich mit den äußeren Bedingungen (potentielle Energie der horizontalen Luftdruckverteilung, Sonnenstand usw.) variieren, und daß innerhalb Δt die Gesamtheit der $\grave{q}$ ein Kollektiv im Sinne der mathematischen Statistik bildet. Die Größenordnung atmosphärischer Δt ist empirisch zu 10^2—10^3 sec bei gewöhnlichem Austausch, 10^3—10^4 sec bei konvektivem Austausch und 10^6 sec bei dem meridionalen Großaustausch gefunden worden [*1*].

Gestützt auf Reynolds Schubspannungstheorem $\tau = \varrho \overline{\grave{u}\grave{w}}$ definiert man nach [*3*] zwei virtuelle Turbulenzparameter: $\overset{*}{u} =$ horizontale Scherungsgeschwindigkeit und $\overset{*}{w} =$ vertikale Mischungsgeschwindigkeit mittels

$$\overline{\grave{u}\grave{w}} = \overset{*}{u}\overset{*}{w}. \tag{5}$$

Die turbulenten Schwankungen $\grave{q}$ drückt man mittels äquivalenter vertikaler Verschiebungen $\grave{l}$ im repräsentativen q-Feld aus, $\grave{q} = \grave{l} q'$, speziell $\grave{u} = \grave{l} u'$. Um $\overset{*}{u}$ und $\overset{*}{w}$ eindeutig festzulegen, wird zusätzlich zu (5) verlangt: $\overset{*}{u} = l u'$, wenn $l =$ Prandtls Mischungsweg [*7*]. Dann:

$$\tau = \varrho \overline{\grave{u}\grave{w}} = \varrho \overset{*}{u}\overset{*}{w} = \varrho l \overset{*}{w} u', \quad \text{oder nach (1): } A = \varrho l \overset{*}{w}, \quad \text{wenn } \mu \ll A. \tag{6}$$

Taylor [*8*] nennt Turbulenz isotrop, wenn $f_1(\overline{\grave{u}^2}) = f_1(\overline{\grave{v}^2}) = f_1(\overline{\grave{w}^2})$. Isotrope Turbulenz findet man — wenn überhaupt in der Natur — in homogenen Flüssigkeiten; diesen äquivalent ist eine kompressible Atmosphäre im Falle adiabatischer Schichtung. In einer solchen adiabatischen Atmosphäre hat A zwangsläufig keinen thermischen Anteil, was das Studium des unverfälscht dynamischen Austausches ermöglicht.

Literatur zu 32861.

[*1*] Lettau, H.: Atmosphärische Turbulenz, Leipzig 1939. — [*2*] Albrecht, F.: Meteorol. Z. **60** (1943) 43. — [*3*] Lettau, H.: Geophys. Res. Paper, Cambridge, Mass. **1** (1949) 1. — [*4*] Schmidt, W.: Der Massenaustausch in freier Luft ..., Hamburg 1925. — [*5*] Reichardt, H.: Z. angew. Math. Mech. **20** (1940) 297. — [*6*] Geiger, R.: Das Klima d. bodennahen Luftschicht, 2. Aufl., Braunschweig 1942. — [*7*] Prandtl, L.: Beitr. Phys. fr. Atm. **19** (1932) 188. — [*8*] Taylor, G. I.: Proc. Roy. Met. Soc. A **151** (1935) 421.

32862 Der dynamische Anteil des Austausches unterhalb der Höhe *H*.

Zur Kennzeichnung einer adiabatischen Atmosphäre diene der Index a; ihre Definition ist $L_a = 0$, d. h. $\Theta'_a = 0$, wenn $\Theta =$ potentielle Temperatur. Die grundlegende Annahme für adiabatische Turbulenz ist: $\overset{*}{u}_a = \overset{*}{w}_a$. Aus Gl. (6) folgt dann, daß Scherungs- und Mischungsgeschwindigkeit einander gleich und gleich Prandtls Schubspannungsgeschwindigkeit $\sqrt{\tau_a/\varrho}$ werden [*1*] und daß $A_a = \varrho l_a \overset{*}{w}_a = \varrho l_a^2 u'_a$. Prandtls Ansatz:

$$l_a = k(z + z_0) \tag{7}$$

gilt für $z/\overset{*}{z}_a \ll 1$, wobei $\overset{*}{z}_a$ die Höhe der Bodenschicht (s. unten) bedeutet; k = von Karmans universelle Konstante (dimensionslos), z_o = Rauhigkeitsparameter der Erdoberfläche, gewöhnlich in cm ausgedrückt. Der Betrag von k ist etwas unsicher; erste Messungen lieferten $k = 0{,}38$ [1] und $k = 0{,}40$, neuere $k = 0{,}45$ [2]. Der letzte Wert wird hier verwendet, seine Unsicherheit wird zu etwa $\pm 0{,}04$ geschätzt.

Tabelle 2. Schlüsselwerte für den Rauhigkeitsparameter z_0 in cm für verschiedene Bodenformen nach der Zusammenfassung in [3]. Manche Bodenformen (langes Gras, Wasserflächen) werden vom Wind beeinflußt, so daß z_0 eine Funktion der Windstärke werden kann.

Bodenform	Langes Gras	Rübenfeld	Steppe	Rasen	Schneefeld	Glatter Schnee auf Rasen	Zement oder Asphalt
z_0	12—4	7	3	1—0,2	0,1	0,01	0,001

z_o bestimmt den Minimalwert von $A_{ao} = \varrho k z_o \overset{*}{w}_a$ für $z = 0$ und erscheint als Integrationskonstante in Gln. (9) und (10).

Nach [4] ist $\overset{*}{w}_a \sim \overset{\circ}{v}$ und $\overset{*}{z}_a \sim \overset{\circ}{v}/f$, wobei $\overset{\circ}{v}$ = geostrophische Windgeschwindigkeit $= G/\varrho f$, G = Betrag des horizontalen Luftdruckgradienten, f = Coriolisparameter $0{,}000146 \sin\varphi$ sec^{-1}, φ = geographische Breite.

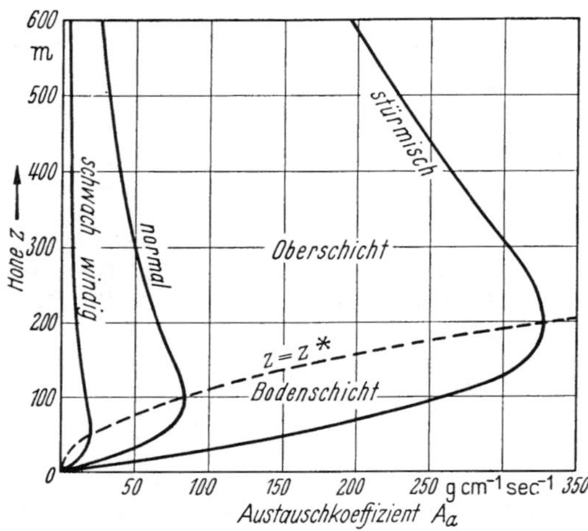

Abb. 1. Schlüsselwert-Darstellung von Betrag und Höhenvariation des vertikalen Austauschkoeffizienten A_a in adiabatischer Atmosphäre für drei Wettertypen, welche durch den Betrag der geostrophischen Windgeschwindigkeit in gegebener Breite φ charakterisiert werden können. Nimmt man z. B. an, daß $\varphi = 43°$ ist, so liefern die Werte der Tab. 3 mit $\partial = 0{,}0010$ g/cm³: $\vartheta = 5$ bzw. 10 und 20 m/sec.

Tabelle 3. Schlüsselwerte für: G = Betrag des horizontalen Luftdruckgefälles, $\overset{*}{w}_a$ = adiabatische Mischungsgeschwindigkeit, τ_{ao} = Bodenschubspannung und $\overset{*}{z}_a$ = Dicke der Bodenschicht unter der Annahme, daß $\varphi = 45°$ und $\varrho = 0{,}00122$ g/cm³. — Anmerkung: Die Beziehungen zwischen $\overset{*}{w}_a$ und G sowie $\overset{*}{z}_a$ und G sind vorläufige und setzen voraus, daß $12 \leqq z_0 \leqq 0{,}1$ cm ist.

Wetterlage	Schwachwindig	Normal	Stürmisch
G, 10^{-4} dyn/cm³ = mb/100 km . .	0,5	1,0	2,0
$\overset{*}{w}_a$, cm/sec	15	30	60
τ_{ao}, dyn/cm²	0,3	1,1	4,4
$\overset{*}{z}_a$, m	50	100	200

Ein allgemeineres Gesetz, z. B.:

$$l_a = k(z + z_o)/[1 + (z/\overset{*}{z}_a)^2] \tag{8}$$

gilt nach [4] für $z/H_\tau \leqq 1$ und liefert (7) für $z/\overset{*}{z}_a \ll 1$. Mit einem höhenkonstanten Parameter $\overset{*}{w}_a$ definiert man nach Gl. (8) die Bodenschicht, $z \leqq \overset{*}{z}_a$, und die anschließende Oberschicht $\overset{*}{z}_a \leqq z \leqq H_\tau$ auch mittels $A'_a > 0$ bzw. $A'_a < 0$. In der Oberschicht überwiegt die turbulenz-schaffende, in der Bodenschicht die turbulenz-unterdrückende Wirkung der Strömungsunterlage. Nach Wageners Theorie des Tagesganges der Windgeschwindigkeit [5] tritt in der Oberschicht der Höhentyp (Windmaximum nachts) und in der Bodenschicht der Bodentyp (Windminimum nachts) auf. Beobachtungen an Rundfunkmasten bestätigen, daß das die beiden Typen trennende Niveau mit $\overset{*}{z}_a$ nach Tab. 3 befriedigend übereinstimmt [6, 7].

Austauschkoeffizienten mit Hilfe von Gl. (8) und Tab. 3 sind in Abb. 1 für die unteren 600 m dargestellt; vgl. hierzu Mildners Beobachtungen [8, 11]. Bei normaler Wetterlage ist 50 g/cm sec ein guter Durchschnittswert [9].

Die hydrodynamischen Bewegungsgleichungen der Atmosphäre liefern $(\tau'_a)_o = -G$ und folglich $\tau'_a \leqq -G$. Somit ist $\tau_{ao} - \tau_a \ll \tau_{ao}$, wenn $0 \leqq z \leqq h_u$; für die Obergrenze der Randschicht im Windfeld h_u — s. Gl. (2) — folgt aus Tab. 3 die Größenordnung von 10 m. Allgemein für $z/h_q \leqq 1$, $z/\overset{*}{z}_a \ll 1$ und $\mu_q \ll A_a$:

$$q'_a = -Q_{ao}/\varrho k \overset{*}{w}_a (z + z_o) \text{ oder } (q - q_o)_a = -\frac{Q_{ao}}{\varrho k \overset{*}{w}_a} \log \frac{z + z_o}{z_o}. \tag{9}$$

Speziell für die Luftbewegung u, bei Beachtung der natürlichen Randbedingung $u_0 = 0$, liefert Gl. (9) das Prandtlsche Windprofil:

$$u_a = \frac{\tau_{ao}}{\varrho k \overset{*}{w}_a} \log \frac{z + z_o}{z_0} = \frac{\overset{*}{u}_a}{k} \log \frac{z + z_o}{z_o}. \tag{10}$$

Lettau

Diese Beziehung ist durch Beobachtungen aus den unteren 10 m für adiabatische oder quasi-adiabatische Zustände gut belegt [10]; s. a. Abb. 4, Kurve für $L = 0$ und 06^h—08^h Beobachtungen.

Literatur zu 32862.

[1] Prandtl, L.: s. 32861 [7]. — [2] Montgomery, R.: Ann. New York Acad. Sc. **44** (1943) 89. — [3] Deacon, E. L.: Qu. J. Roy. Met. Soc. **75** (1949) 89. — [4] Lettau, H.: unveröffentlicht. — [5] Wagener, A.: Gerlands Beitr. **47** (1936) 172. — [6] Hellmann, G.: Meteorol. Z. **34** (1917) 277 und **32** (1915) 1. — [7] Lettau, H.: s. 32861 [1] 171. — [8] Mildner, P.: Beitr. Phys. fr. Atm. **19** (1932) 151. — [9] Hesselberg, Th., u. H. U. Sverdrup: Veröff. Geophys. Inst. Leipzig **1** (1915) 241. — [10] Paeschke, W.: Beitr. Phys. fr. Atm. **24** (1937) 163. — [11] Lettau, H.: Tellus **2** (1950) 125.

32863 Der thermische Anteil des Austausches.

Der adiabatische Fall ist selten verwirklicht. In der freien Atmosphäre nimmt die potentielle Temperatur Θ in der Regel mit der Höhe zu, $\Theta' > 0$. In der Resorptionszone und vor allem in der Randschicht verursachen Tagesgänge der Strahlungsbilanz der Erdoberfläche tagsüber intensiv superadiabatische ($\Theta' < 0$), nachts infra-adiabatische ($\Theta' > 0$) thermische Schichtung; nur vorübergehend um Sonnenauf- und -untergang und an bedeckten starkwindigen Tagen ist $\Theta' \approx 0$. Wenn $\Theta' \neq 0$, so $L \neq 0$, und A wird von Θ' beeinflußt, weil die Luftteilchen bei turbulenten Vertikalverschiebungen Auf- oder Abtriebsbeschleunigungen erleiden. Zweckmäßige Ansätze sind nach [1]:

$$\overset{*}{w}^2/l = \overset{*}{w}_a^2/l_a - g\,\Theta' l/\Theta_m \tag{11}$$

und

$$\overset{*}{w}/l = \overset{*}{w}_a/l_a, \tag{12}$$

wobei g = Gravitationsbeschleunigung und Θ_m = mittlere potentielle Temperatur der Versuchsbedingungen. Aus der Vereinigung von Gln. (11), (12) und (6) ergibt sich:

$$l = l_a/(1 + \mathrm{Le}), \quad \overset{*}{w} = \overset{*}{w}_a/(1 + \mathrm{Le}), \quad A = A_a/(1 + \mathrm{Le})^2, \tag{13}$$

wobei $\mathrm{Le} = g\,\Theta' l_a^2/\Theta_m \overset{*}{w}_a^2$ = dimensionslose Kennzahl.

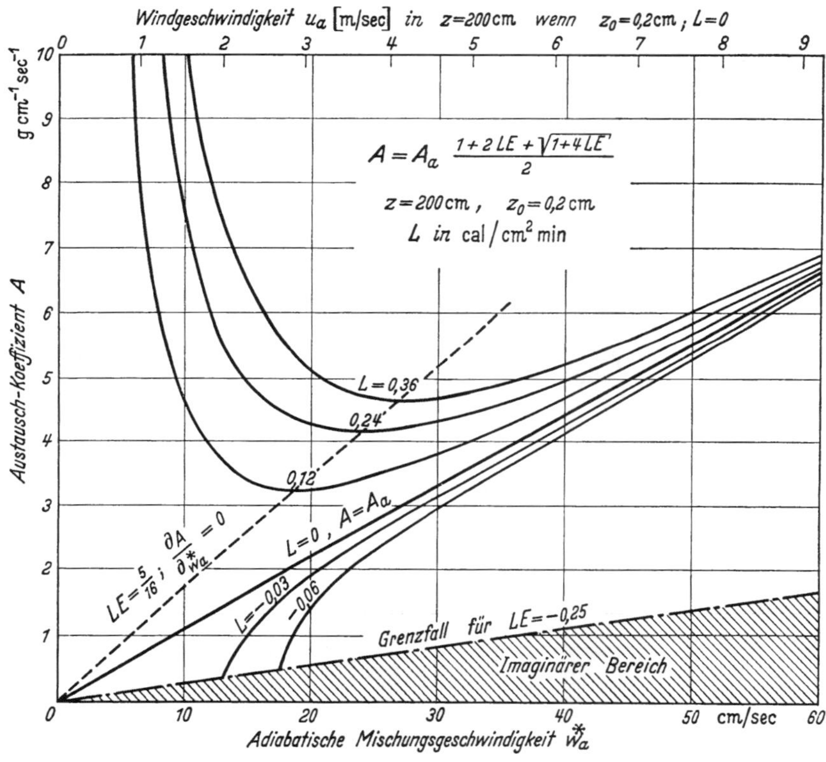

Abb. 2. Die Abhängigkeit des Austauschkoeffizienten A nach Gln. (6, 7, 13 und 16) — in fester Höhe ($z = 200$ cm) und bei festem Rauhigkeitsparameter ($z_0 = 0{,}2$ cm) — von der adiabatischen Mischungsgeschwindigkeit $\overset{*}{w}_a$ (bzw. der geostrophischen Windgeschwindigkeit, vgl. Tab. 3), für verschiedene Werte des vertikalen Wärmeflusses L. Das willkürlich ausgewählte Niveau $z = 200$ cm liegt im allgemeinen innerhalb der Temperaturrandschicht, in welcher $L \approx L_0$ ist; $L_0 > 0$ bedeutet Bodenheizung und $L_0 < 0$ Bodenkühlung der Luft. Beachte, daß der thermische Anteil, d. h. A/A_a um so stärker vom Wert 1 abweicht, je kleiner $\overset{*}{w}_a$ ist. Am oberen Rand der Abbildung findet man eine Skala für u_a nach Gl. (10); wenn $L \neq 0$ ist, so folgt die wahre Windgeschwindigkeit aus Gl. (19); vgl. Abb. 4.

Lettau

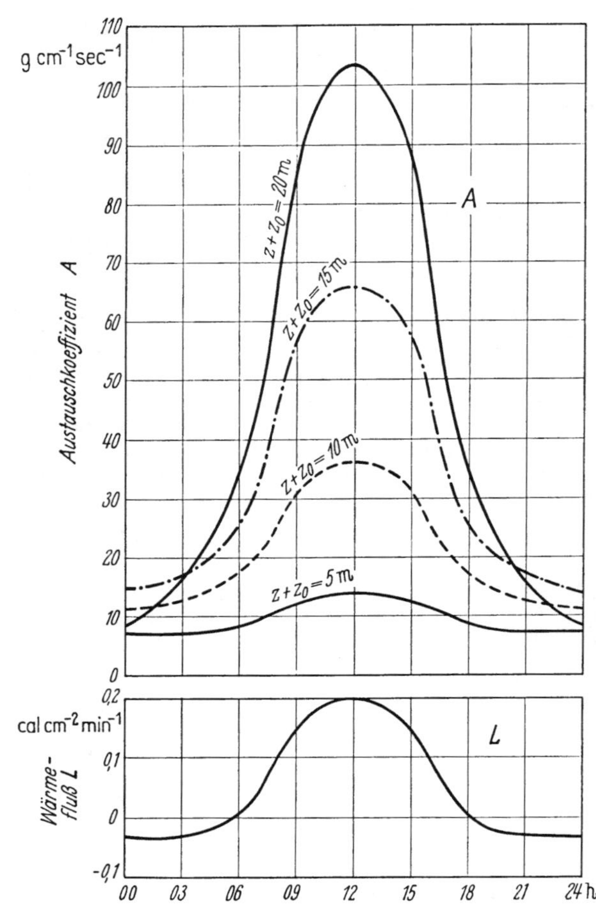

Weil Le ausschließlich vertikal orientierte Größen enthält und auf den adiabatischen Werten l_a, $\overset{*}{w}_a$ basiert, ist Le der Richardsonschen Kennzahl [2] Ri $= g\,\Theta'/\Theta_m u'^2$ in doppelter Hinsicht überlegen; u' ist nämlich das vertikale Gefälle einer horizontalen Größe und hängt von Θ' ab.

Aus den Definitionen $u'_a = \overset{*}{u}_a/l_a = \overset{*}{w}_a/l_a$ folgt Ri $=$ Le$(u'_a/u')^2$. Bei gegebenem Θ', l_a und $\overset{*}{w}_a$ ist Le berechenbar, Ri jedoch nicht ohne Kenntnis von u'.

Die Randschicht ist durch eine so intensive z-Abhängigkeit von Θ' gekennzeichnet, daß man zweckmäßigerweise eine weitere dimensionslose Kennzahl verwendet:

$$\mathrm{LE} = g L l_a / c_p \varrho\, \Theta_m \overset{*}{w}{}_a^3, \qquad (14)$$

wobei c_p = spezifische Wärme der Luft. Da nach Gl. (1) $L = -A\,c_p\,\Theta'$ wenn $\mu \ll A$ ist, so folgt die Formel (15):

Abb. 3. Die Abhängigkeit des Austauschkoeffizienten A nach Gln. (6, 7, 13 und 16) — für einen festen Wert der adiabatischen Mischungsgeschwindigkeit ($\overset{*}{w}_a$ = 30 cm/sec) und für verschiedene Höhen (gegeben durch $z + z_0$ in m) — von dem Wert des vertikalen Wärmeflusses L unter der Annahme, daß L die in der unteren Kurve dargestellte 24-stündige Variation besitzt; die dargestellte L-Variation kann als repräsentativ für sandige Böden bei normalem Strahlungswetter im Frühjahr und Herbst in Mitteleuropa gelten. Beachte, daß A' während der Nacht im Oberteil der Randschicht negativ werden kann; meteorologische Folgerungen hieraus sind in [1] diskutiert.

$$\mathrm{LE} = -\mathrm{Le}/(1+\mathrm{Le})^2 \quad \text{oder} \quad \mathrm{Le} + 1 = -\left(1 - \sqrt{1 + 4\,\mathrm{LE}}\right)/2\,\mathrm{LE}. \qquad (15)$$

Der thermische Anteil des Austausches ist:

$$A/A_a = 1/(1+\mathrm{Le})^2 = \left(1 + 2\,\mathrm{LE} + \sqrt{1 + 4\,\mathrm{LE}}\right)/2. \qquad (16)$$

Gl. (16) wird imaginär für LE $< -1/4$; somit existiert für negative L (bei infra-adiabatischer Schichtung) nach Gln. (14) und (7) ein $(z + z_0)_{\mathrm{krit}}$, oberhalb welchem stationäre Zustände unmöglich sind.

Tabelle 4. Schlüsselwerte für: A_a = Austausch bei adiabatischer Schichtung, A = Austausch bei Bodenheizung (L = 0,300 cal/cm²/min entspricht einem extremen Mittagswert bei klarem Wetter) und Bodenkühlung (L = —0,050 cal/cm²/min entspricht einem normalen Nachtwert bei klarem Wetter) unter der Annahme 2 verschiedener $\overset{*}{w}_a$, 2 verschiedener z_0 und 2 verschiedener Bodenabstände z mit Werten für $z = 0$. Die Kennzahl LE und das berechnete Gefälle der potentiellen Temperatur sind gleichfalls angeführt.

Θ_m = 288° abs, c_p = 0,24 cal/g/C°, ϱ = 0,00122 g/cm³, g = 981 cm/sec².

L cal/cm²/min	0,300					
z_0 cm	0,2			2,0		
z cm	0	20	193	0	20	193
$\overset{*}{w}_a$ = 15 cm/sec						
A_a g/cm/sec	0,0016	0,166	1,59	0,016	0,181	1,60
LE —	0,002	0,157	1,50	0,016	0,171	1,51
A g/cm/sec	0,0016	0,216	5,27	0,017	0,240	5,34
Θ' C°/cm	—12,6	—0,096	—0,0040	—1,22	—0,087	—0,0039
$\overset{*}{w}_a$ = 30 cm/sec						
A_a g/cm/sec	0,0033	0,333	3,18	0,033	0,362	3,21
LE —	0,000	0,020	0,19	0,002	0,021	0,19
A g/cm/sec	0,0033	0,346	4,31	0,033	0,378	4,34
Θ' C°/cm	—6,3	—0,060	—0,0048	—0,63	—0,055	—0,0048

Lettau

L cal/cm²/min	—0,050					
z_0 cm	0,2			2,0		
z cm	0	20	193	0	20	193
$\overset{*}{w}$ = 15 cm/sec						
A g/cm/sec	0,0016	0,166	1,59	0,016	0,181	1,60
LE —	0,000	—0,026	—0,249	—0,003	—0,028	—0,252
A g/cm/sec	0,0016	0,157	0,45	0,016	0,171	(imag)
Θ' C°/cm	2,1	0,022	0,0077	0,21	0,020	(imag)
w = 30 cm/sec						
A_a g/cm/sec	0,0033	0,333	3,18	0,033	0,362	3,21
LE —	0,000	—0,003	—0,031	0,000	—0,004	—0,032
A g/cm/sec	0,0033	0,331	2,97	0,033	0,360	3,00
Θ' C°/cm	1,05	0,010	0,0012	0,10	0,010	0,0012

Tabelle 5. Empirische Tagesgänge des Austausches. A wurde aus Temperaturregistrierungen an Rundfunkmasten für 45 m Höhe an vollkommen klaren Junitagen in Südengland ermittelt [3, 4]; Wahl [5] verwendete die Bildunruhe astronomischer Beobachtungen im Jahresablauf und Siedentopf [6] die Fluktuationen eines Lichtstrahls in etwa 1 m Bodenabstand bei Strahlungswetter im August.

Tageszeit	02	04	06	08	10	12	14	16	18	20	22	24
A, g/cm/sec	10	3	5	20	92	141	49	29	26	40	48	32
Rel. Einheiten nach Wahl	5	2	2	4	13	49	25	15	11	3	6	5
Rel. Einheiten nach Siedentopf	4	3	2	4	6	8	5	2	3	4	4	4

In der Randschicht weicht A/A_a um so stärker von 1 ab, je kleiner $\overset{*}{w}_a$ (d. h. G oder $\overset{0}{v}$) und je größer der Bodenabstand. Da $\varrho' > 0$, wenn $\Theta' < -2{,}4$ C°/100 m $= -0{,}00024$ C°/cm, so folgt aus Tab. 4, daß tagsüber in der Randschicht die Dichtezunahme nach oben der Normalfall ist; dies erklärt Luftspiegelungen, welche nach der oben entwickelten Theorie besonders an Flächen mit kleinem z_0 zu erwarten sind (Straßenspiegelung); vgl. Tab. 2.

Für $L = L_0$, $z/z_a \ll 1$, $\overset{*}{w}_a = \overset{*}{w}_{a0}$ folgt LE $= (\mathrm{LE})_0'\,(z + z_0)$, und eine Integration liefert:

$$\Theta - \Theta_0 = -L_0 Z / c_p \varrho k \overset{*}{w}_a, \qquad (17)$$

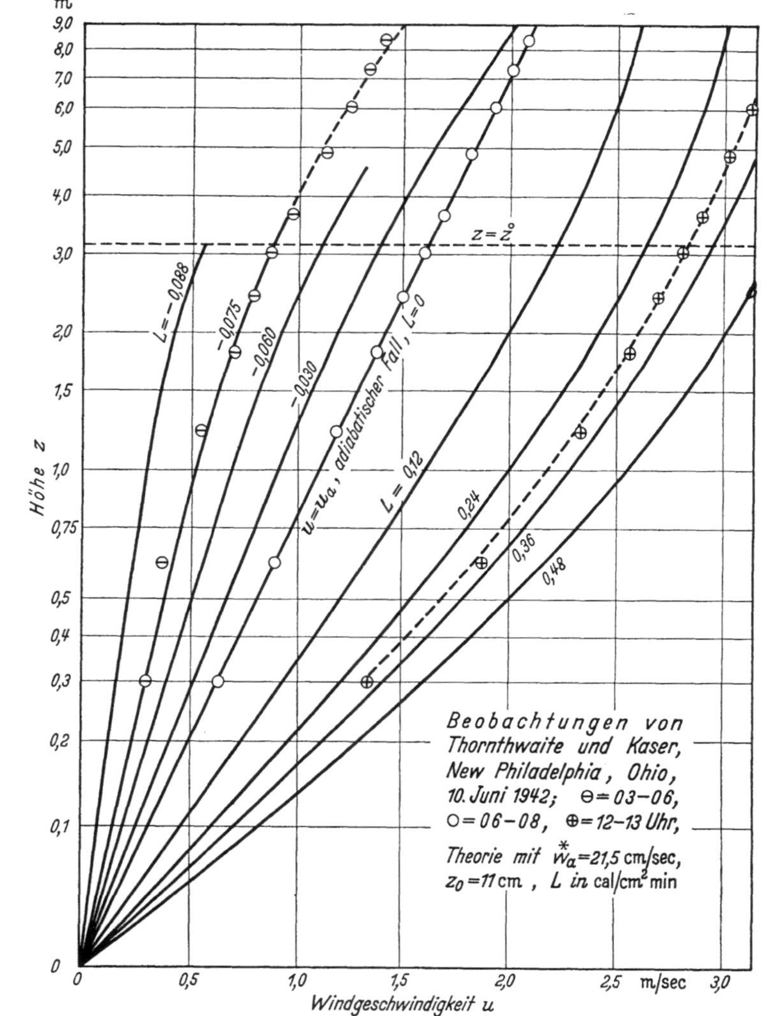

Abb. 4. Der Einfluß von Bodenheizung ($L > 0$) und Bodenkühlung ($L > 0$) der Luft auf das Windprofil in der Randschicht, theoretisch nach Gln. (18) und (19) und beobachtungsgemäß [7]. Die u-Skala ist linear, die z-Skala proportional zu log $(1 + z/z_0)$. Zur Messung wurden Schalenkreuzanemometer mit geringer Anlaufgeschwindigkeit in 11 verschiedenen Bodenabständen verwendet. Die Beobachtungsreihe vom 10. Juni 1942 wurde hier auf Grund der vom frühen Morgen bis zum Mittag praktisch unveränderten $\overset{*}{w}_a$-Werte ausgewählt.

Lettau

wobei

$$Z = f(z, z_0, \overset{*}{w}_a, L_0) = \log \frac{z+z_0}{z_0} + \log \frac{A_a}{A} - \left(1 - \frac{A_a}{A}\sqrt{1+4\mathrm{LE}}\right)/2. \quad (18)$$

Gl. (17) liefert das Profil der potentiellen Temperatur in der Randschicht als nahezu logarithmisch. Die in der Literatur — besonders in der englischen — vielfach gebräuchlichen Potenzgesetze $\Theta = \Theta_1 (z/z_1)^{\iota}$ sind im Vergleich zur integrierten Lösung (17) als Interpolationsformeln zu werten.

Die momentane Windgeschwindigkeit ist $\sqrt{u_t^2 + v_t^2} = u_t/\cos\alpha_t$, wenn $\tan\alpha_t = v_t/u_t$ ist. Um die Prandtlsche Formel (6) auf nichtdiabatische Bedingungen übertragen zu können, wählt man die x-Richtung parallel zum repräsentativen Windvektor und bezeichnet mit u die mittlere Windgeschwindigkeit, die z. B. mittels Schalenkreuzanemometern in $z \leqq h_u$ gemessen werden kann. Das allgemeine Windprofil in der Randschicht ist nach [1]:

$$u = \overset{*}{u}_a X Z/k, \quad (19)$$

wobei Z durch Gl. (18) definiert und beispielhaft durch Abb. 4 veranschaulicht ist, während der Parameter X im wesentlichen von L_0 abhängt; vgl. Tab. 6a. X beschreibt die Abhängigkeit der „Richtungsturbulenz" von der Bodenheizung L_0, d. h. den Turbulenzanteil, welcher von den ungeordneten Horizontalbewegungen ($\dot{v}$) quer zur ausgeglichenen Strömung (u) herrührt.

Tabelle 6a. Vorläufige Werte von X in Abhängigkeit von L_0.

L_0 cal/cm²/min . .	—0,088	—0,050	0,000	0,150	0,300	0,450
X	0,25	0,69	1,00	1,75	2,40	3,01

$\overset{\circ}{z}$ ist das Niveau, in welchem bei ungeändertem $\overset{*}{w}_a$ die Windabweichung ($u—u_a$) am stärksten mit L_0 variiert, so daß in $\overset{\circ}{z}$ die Amplitude des Tagesganges der Windgeschwindigkeit maximal ist; folglich ist, in $\overset{\circ}{z}$, $u' = u'_a$ für jedes L_0.

Tabelle 6b. Vorläufige Werte von $\overset{\circ}{z}$ in Abhängigkeit von $\overset{*}{w}_a$.

$\overset{*}{w}_a$	15	20	25	30	cm/sec
$\overset{\circ}{z}$	1,1	2,6	5,0	8,6	m

Weitere Beziehungen: $\tau = \tau_a X$, $\overset{*}{u} = \overset{*}{u}_a X(1 + \mathrm{Le})$; folglich ist für nichtadiabatische Turbulenz $\overset{*}{u} \mp \overset{*}{w}$ und $\overset{*}{u} \mp \sqrt{\tau/\varrho}$, $\overset{*}{w} \mp \sqrt{\tau/\varrho}$. Wenn L_0 gegen Null geht, transformieren sich die Gln. (17) und (19) auf die in 32862 abgeleiteten (9) und (10).

In einer superadiabatischen Atmosphäre unterscheiden wir:

1. intensivierten gewöhnlichen Austausch, bestimmt durch Gl. (16), und
2. konvektiven Austausch.

Charakteristisch für 1. ist, daß die Häufigkeit von bestimmten $|\dot{w}|$ vom Vorzeichen von $\dot{w}$ **nicht** abhängt, für 2., daß positive $\dot{w}$ um annähernd eine Größenordnung intensiver als negative sind, wobei die Kontinuität dadurch gewahrt wird, daß — zu fester Zeit im festen Niveau — das von positiven $\dot{w}$ eingenommene Areal um annähernd eine Größenordnung kleiner ist als das von negativen eingenommene. Bei ausreichender Luftfeuchte führt Konvektion zur Cumulus- und Cumulonimbusbewölkung, wobei feuchtlabile Energie das Phänomen verstärkt. Im Durchschnitt über große Flächen (1000 km²) ist auch die Konvektion als Austausch aufzufassen, mit den Größenordnungen des vertikalen Mischungsweges 10^5 cm und der Mischungsgeschwindigkeit 10^3 cm/sec.

Unter welchen äußeren Bedingungen der intensivierte gewöhnliche Austausch in Konvektion übergeht, ist noch nicht geklärt. Der isopycnische Temperaturgradient, $\Theta' = -2{,}4$ C°/100 m, für welchen $\varrho' = 0$, ist — entgegen früheren Meinungen [8] — zumindest in der Randschicht ohne Bedeutung. Wenn Θ'' hinreichend klein ist, liefert $\Theta' = \Theta'_{\mathrm{krit}} = -\Theta_m \overset{*}{w}_a^2/g\, l_a^2$ den Grenzfall $\mathrm{Le} = \mathrm{Le}_{\mathrm{krit}} = -1$, und A/A_a wächst über alle Grenzen.

Tabelle 7. Θ'_{krit} = kritischer Gradient der potentiellen Temperatur, der für verschiedene l_a und $\overset{*}{w}_a$ bei Annahme von $g = 981$ cm/sec² und $\Theta_m = 288°$ den kritischen Wert der Kennzahl Le, $\mathrm{Le}_{\mathrm{krit}} = -1$, liefert.

l_a	10	20	30	40	50	m
$\overset{*}{w}_a$ 15 cm/sec, Θ'_{krit} . .	—0,66	—0,16	—0,07	—0,04	—0,03	C°/100 m
$\overset{*}{w}_a$ 30 „ „ . .	—2,64	—0,66	—0,29	—0,16	—0,11	„
$\overset{*}{w}_a$ 60 „ „ . .	—10,58	—2,64	—1,17	—0,66	—0,42	„

Lettau

Nimmt man Le = —1 als Bedingung für das Eintreten von Konvektion, so setzt diese nach Gl. (8) am wahrscheinlichsten im Niveau $\overset{*}{z}_a$ ein, und bei zunehmendem L_0 um so eher, je schwächer das Luftdruckgefälle G.

Literatur zu 32 863.

[1] Lettau, H.: s. 32861 [3]. — [2] Richardson, L. F.: Proc. R. Soc. **97** (1920); s. a. 32862 [10] und 32861 [7]. — [3] Johnson, N. K., u. G. S. P. Heywood: Geophys. Mem. **77** (1938). — [4] Lettau, H.: Gerlands Beitr. **57** (1941) 171. — [5] Wahl, E.: Gerlands Beitr. **59** (1942) 49. — [6] Siedentopf, H., u. F. Wisshak: Optik **3** (1948) 430. — [7] Thornthwaite, C. W., u. P. Kaser: Trans. Am. Geophys. Union **24** (1943) 166. — [8] Ertel, H.: Gerlands Beitr. **35** (1932) 291.

32 864 Austausch in der freien Atmosphäre.

Aus Abschnitt 32862 folgte, daß A_a in der Resorptionszone durch geometrische und dynamische Bedingungen eindeutig festgelegt ist. Dies liegt daran, daß unterhalb $z = H$ die reibungsbedingten Windkomponenten vom höheren zum tieferen Druck im stationären Fall aus der potentiellen Energie der horizontalen Luftdruckverteilung gerade die Energiemenge entziehen, die zur Aufrechterhaltung der turbulenten Bewegungen — und damit des Austausches — erforderlich ist. Diese ageostrophische Windkomponente hat eine ähnliche Höhenabhängigkeit wie A_a, Abb. 1. In der freien Atmosphäre — wo im Gleichgewicht der Wind parallel den Isobaren weht — entfällt die ordnende Wirkung des Erdbodens, und es gibt keine einfachen Beziehungen zwischen A_a und der Luftdruckverteilung. Proportionalität zwischen A_a und der Windgeschwindigkeit ist auch hier zu erwarten. Die Beeinflussung von A_a durch thermische Schichtung — welche in der freien Atmosphäre von horizontalen Luftmassenverlagerungen und geordneten Vertikalbewegungen abhängt — ist wahrscheinlich durch Gl. (13) bestimmt.

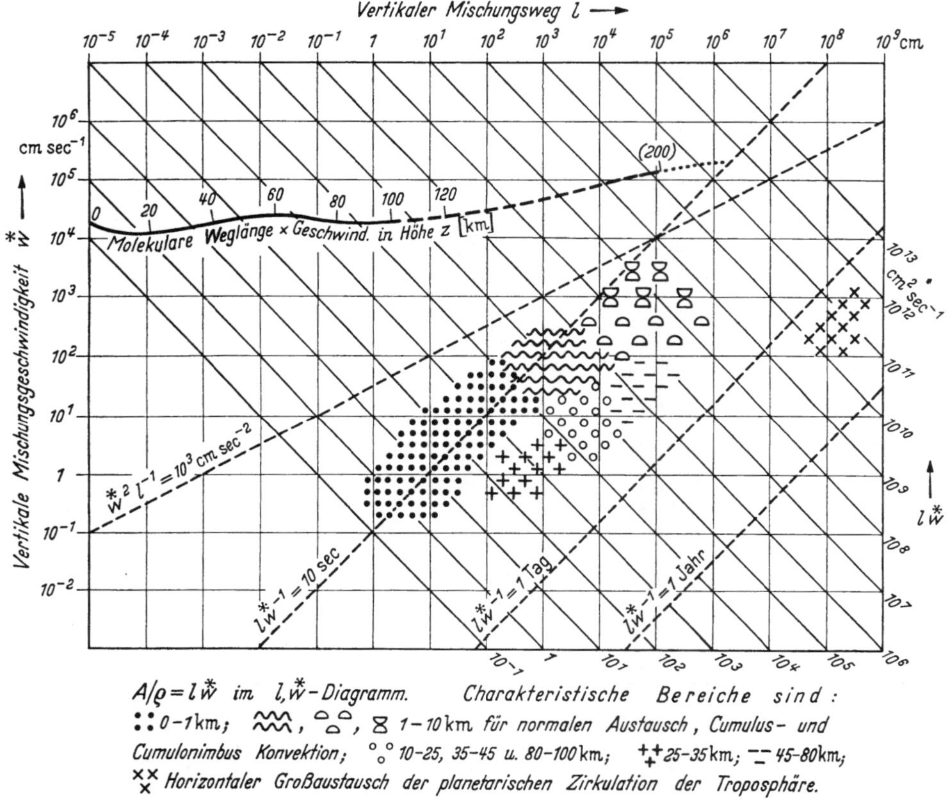

Abb. 5. Schlüsselwertdarstellung von A/ϱ im doppelt-logarithmischen Mischungsgeschwindigkeit-Mischungsweg-Diagramm für charakteristische Schichten und Zustände zwischen Boden und 100 km Höhe in mittleren Breitengraden. Beachte, daß das Produkt $l\overset{*}{w}$ (Skala rechts unten) für verschiedene Austauschmechanismen numerisch gleiche Werte haben kann. Die starke Veränderlichkeit von A/ϱ im Bereich von 0 bis 1 km, d. h. in der Randschicht und der Resorptionszone, ist in den Abschnitten 32862 und 32863 behandelt und durch Abb. 1 bis 3 aufgegliedert.

Wenn ϱ als Funktion der Höhe bekannt ist, liefert Abb. 5 die vertikale Verteilung von A, wie sie sich empirisch aus dem durchschnittlichen Zustand von Wind und Temperaturgefälle zwischen

Boden und 100 km in mittleren Breiten ergibt. Ergänzend enthält Abb. 5 den horizontalen Großaustausch der Luftmassenverlagerungen zwischen äquatorialen und polaren Breiten, wenn Zyklonen und Antizyklonen als Austauschelemente aufgefaßt werden; dabei ist die Größenordnung der Mischungstrajektorien 1000 km und die der mittleren Nord-Süd-Komponenten des Windes 1 bis 10 m/sec. Ferner veranschaulicht Abb. 5 die mittlere Höhenverteilung der kinematischen Zähigkeit $\sim \mu_q/\varrho$.

Jeder (A/ϱ)-Wert ist durch verschiedene Kombinationen $l\overset{*}{w}$, also verschiedene l und $\overset{*}{w}$ repräsentierbar. Jedoch sind die einzelnen l und $\overset{*}{w}$ trotz der Variabilität von 14 bzw. 5 Zehnerpotenzen für die verschiedenen Transportmechanismen in Troposphäre und Stratosphäre in charakteristische Bereiche zusammenfaßbar. Die Austauschbeschleunigung $\overset{*}{w}^2/l$, die Austauschquasiperiode $l/\overset{*}{w}$, Mischungsweg und Mischungsgeschwindigkeit selbst unterliegen Grenzbedingungen, die durch Gravitationsbeschleunigung g, Tages- bzw. Jahreslänge, Höhe der Troposphäre (10^6 cm), Länge des Erdquadranten (10^9 cm) und Schallgeschwindigkeit gegeben sind.

32865 Zur Anwendung des Austauschbegriffes in der Meteorologie.

Wenn innerhalb der Resorptionszone $q = q(t, z)$ gesucht wird für bestimmte Anfangsbedingungen $q(t_0, z)$ und gegebene Randbedingungen $q_0(t, 0)$, so ist die aus der Verbindung von Gln. (1) und (3) für $\mu_q \ll A$ folgende Differentialgleichung $\varrho q^{\cdot} = A q'' + A' q'$ zu lösen unter Beachtung, daß $A = A(t, z)$ und, sofern $q \equiv$ Impuls oder $q \equiv$ potentieller Wärmegehalt, $A = A(t, z, q)$. Lösungen der Differentialgleichung für $A \equiv$ const sind für physikalische Diffusions- und Leitungsprobleme brauchbar, aber unzureichend für die Meteorologie [*1*]. Die Vernachlässigung von A' ergibt in der Randschicht irreführende Resultate. Die Arbeit [*5*] diskutiert das spezielle Problem der theoretischen Geophysik, den lokalen oder advektionsfreien Anteil des thermischen Mikroklimas eines Ortes (absoluter Mittelwert sowie Phase und Amplitude von Tages- und Jahresperiode der Temperatur), vorherzusagen auf der Grundlage gegebener äußerer Bedingungen: geographische Breite, Wärmeleitfähigkeit und Wärmekapazität sowie Albedo und Rauhigkeitsparameter der Bodenunterlage, optische und strahlungsphysikalische Eigenschaften der Lufthülle sowie mittlerer horizontaler Luftdruckgradient. Die mathematischen Schwierigkeiten vervielfachen sich, wenn unstetige q oder q' auftreten und wenn x und y als unabhängige Variable neben z und t treten (x und y horizontal), weil Advektionsterme zu berücksichtigen sind. Nur in einem weit ausgedehnten, gleichmäßig beschaffenen und gleichmäßig temperierten Gelände mit gleicher meteorologischer Vorgeschichte ist Advektion zu vernachlässigen und sind die in 32862 und 32863 entwickelten Beziehungen streng anwendbar. Ertel entwickelte eine tensorielle Theorie des Austausches [*3*]. Die verfeinerte Auswertung der vollständigsten vorhandenen Beobachtungen des reibungs- oder austauschbedingten Windprofiles in der Atmosphäre [*4*] ergab jedoch eine Übereinstimmung von τ_x/u' und τ_y/v', d. h. daß A als skalare Größe angesehen werden kann.

In der freien Atmosphäre ist A' zumeist vernachlässigbar. Oberhalb 100 km ist zu berücksichtigen, daß μ_q/ϱ mit z nahezu exponentiell weiterwächst, während A/ϱ einen Grenzwert, etwa 10^8 cm²/sec, nicht überschreitet, da das größtmögliche $\overset{*}{w}$ zu 10^3—10^4 cm/sec, l zu 10^5—10^4 cm geschätzt werden kann.

Der nach [*2*] die Wirkungen von Austausch und molekularer Diffusion abwägende „Entmischungsfaktor" $\mu/(A + \mu)$ ist $\approx 10^{-5}$ in der Troposphäre, jedoch oberhalb 200 km zwischen 0,99 und 1,00, so daß in den äußeren Luftschichten der Austausch bedeutungslos wird neben der heftigen Agitation molekularer Vorgänge.

Literatur zu 32865.

[*1*] Lettau, H.: Naturforsch. u. Medizin in Deutschland 1939—1949, Fiat Review **19** (1948) 140. — [*2*] Lettau, H.: Meteorol. Rdsch. **1** (1947) 5 u. 65. — [*3*] Ertel, H.: Ann. Hydrogr. **56** (1937) 193. — [*4*] Lettau, H.: s. 32862 [*11*]. — [*5*] Lettau, H.: Trans. Amer. Geophys. Union **32** (1951) 166.

3287 Gezeitenartige Schwingungen der Atmosphäre.

32871 Vorbemerkungen.

Die Beobachtungsgrundlagen sind längere Reihen stündlicher (oder zweistündlicher) Werte meteorologischer Elemente, vor allem des Luftdrucks p (Einheit Millibar = mbar oder mm = $^4/_3$ mbar), im üblichen Matrixschema, Zeilen = Tage, Spalten = Stunden. Die Spaltendurchschnitte sind rohe tägliche Gänge. Aus diesen wird im allgemeinen noch der (als linear angenommene) fortschreitende Gang (siehe aber 328720) eliminiert, und die durchschnittlichen stündlichen Werte (oder Stundenmittel) werden ausgedrückt in Abweichungen vom Tagesmittel. Solche (korrigierten) täglichen Gänge werden in den Jahrbüchern meteorologischer Observatorien seit Jahrzehnten abgedruckt und namentlich in älteren Lehrbüchern diskutiert (vgl. Hann-Süring, 1.—3. Aufl. [*12*]). Von diesem riesigen

Zahlenmaterial wird hier nur behandelt, was zusammenhängt mit der Ebbe und Flut der unteren Atmosphäre und ähnlichen Vorgängen.

Bei den mondentägigen (lunaren) Gängen L wirken allein die eigentlichen Gezeitenkräfte (322), direkt oder indirekt (über die Gezeiten der Unterlage). Bei den sonnentägigen (solaren) Gängen S treten als anregende Kräfte hinzu die tagesperiodische Erwärmung und damit verbundene Erscheinungen, wie Verdunstung. Da diese von der Unterlage (Land, Meer, Gebirge) und vom Wetter abhängen, enthalten die solaren Gänge auch lokale und wetterabhängige Anteile. — Die lunaren Gänge sind physikalisch einfacher, erfordern aber, wegen ihrer geringen Amplitude, besondere statistische Überlegungen bei der Berechnung und Diskussion (s. unten).

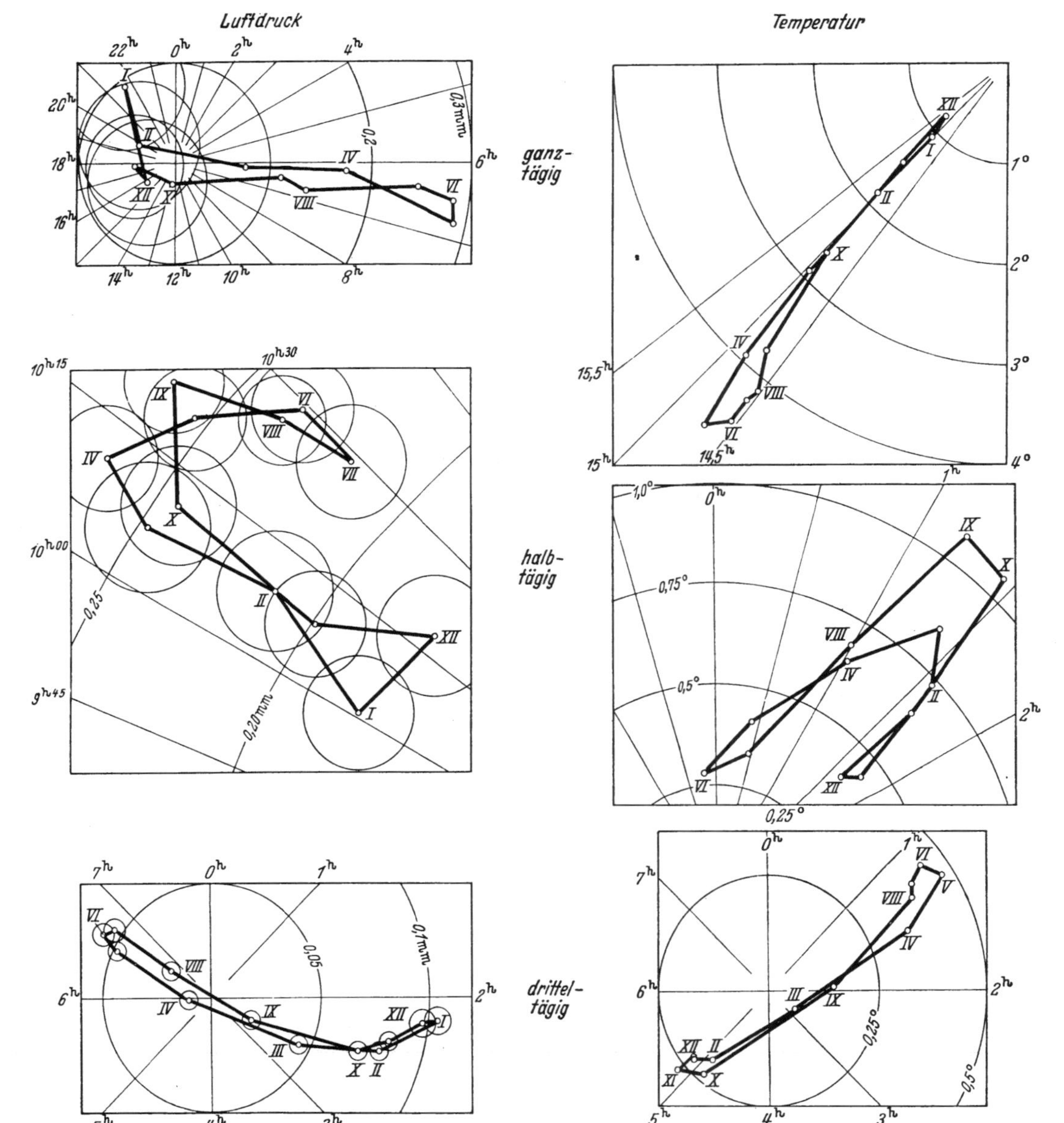

Abb. 1. Periodenuhren für die jährliche Veränderung der sonnentägigen Luftdruck- und Temperaturwelle in Potsdam.

Die Kreise um den Koordinatenanfangspunkt (der mitunter außerhalb der Zeichnung liegt), geben die Amplituden c_n, in mm Quecksilberdruck oder in °C. Phasen nach wahrer Ortszeit. Die Stunden (Randskalen) geben die Eintrittszeit des ersten Maximums. Von den Vektoren sind nur die Endpunkte eingetragen, die von Monat zu Monat (römische Ziffern) verbunden sind. Die Kreise um die Monatspunkte (in den Druckdiagrammen) sind 75%-Fehlerkreise für 30jährige Mittel; die Wahrscheinlichkeiten, daß der tatsächliche Mittelwert innerhalb oder außerhalb des Kreises um den beobachteten Wert liegt, verhalten sich also wie 3 : 1. Bei der ganztägigen Druckwelle sind die Kreise nur für die Wintermonate gezeichnet; im Sommer arten sie in Ellipsen aus. (Nach [1].)

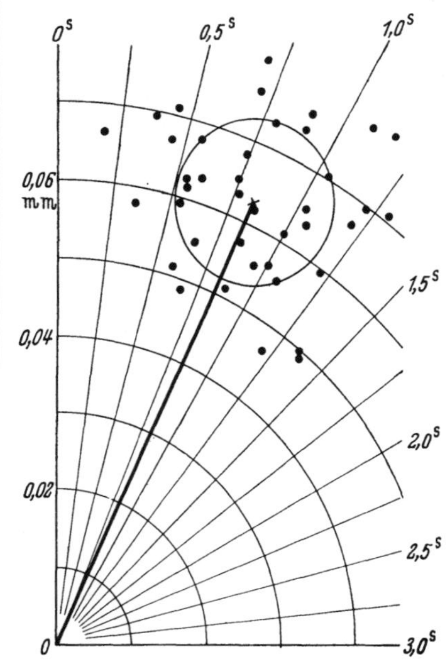

Abb. 2. Halbmondentägige Druckwelle $L_2(p)$ in Batavia. Die 40 einzelnen Jahresmittel 1866 bis 1905 sind durch je einen Punkt dargestellt, dessen Entfernung vom Nullpunkt die Amplitude angibt, und dessen Lage zu den Strahlen vom Nullpunkt den Eintritt des Maximums nach lokaler mittlerer Mondzeit anzeigt. Der Kreis um das 40jährige Gesamtmittel ist der wahrscheinliche Fehlerkreis, bezogen auf einjährige Mittelwerte.

Über Ebbe und Flut in der Ionosphäre vgl. 32924 (Erdmagnetische Gezeiten) und 3291432.

Durchweg werden die Gänge ausgedrückt in mittlerer Ortszeit, Sonnenzeit t, Mondzeit τ, beide von einer unteren Kulmination zur nächsten wachsend von 0° bis 360°. Durch Addition der Zeitgleichung (311251) zu t ergibt sich die wahre Sonnenzeit. Die wahre Mondzeit kann um mehr als eine halbe Stunde von der mittleren abweichen. Die Dauer eines wahren Mondtages kann um fast eine halbe Stunde schwanken; der wahre Sonnentag differiert dagegen nie mehr als eine halbe Zeitminute von 24 mittleren Stunden (vgl. Bartels u. Fanselau, 3226, Lit. [*15*]).

Die harmonische Analyse der täglichen Gänge gibt die Koeffizienten a_n, b_n, oder die Amplituden c_n und Phasen ε_n, für die Frequenzen $n = 1, 2, 3, 4$, also für ganz-, halb-, ...-tägige Wellen

$$a_n \cos nt + b_n \sin nt = c_n \sin(nt + \varepsilon_n).$$

Die Periodenuhr für eine Frequenz n stellt jede Welle dar durch einen ebenen Vektor, mit den rechtwinkligen Koordinaten a_n (nach oben), b_n (nach rechts) und den Polarkoordinaten c_n und ε_n (nach rechts = 0°, nach oben = 90°). An Stelle von ε_n gibt die Randskala die Zeit des Eintritts des ersten Maximums der Welle. Beispiele in Abb. 1.

Zur statistischen Beurteilung der wahren oder scheinbaren (durch überlagerte unperiodische Gänge vorgetäuschten) Variabilität betrachtet man Punktwolken, die aus den Endpunkten solcher Schwingungsvektoren bestehen (Abb. 2). Der wahrscheinliche Fehlerkreis enthält die Hälfte aller Punkte. Für Durchschnitte aus je k unabhängigen Punkten schrumpft der Radius des Fehlerkreises auf $1/\sqrt{k}$ seines Wertes für die einzelnen Punkte.

Hinsichtlich der Berechnung und der statistischen Gesichtspunkte vgl. Bartels [*7*—*9*] und Stumpff [*13*].

32872 Sonnentägige Schwingungen im Luftdruck.

32872 0 Tägliche Gänge im Luftdruck $S(p)$.

Tabelle 1. Durchschnittliche sonnentägige Gänge, in Abweichungen vom Tagesmittel. Einheit 0,01 mbar.

Mittel über das ganze Jahr, soweit nichts anderes vermerkt.

Pd = Potsdam 52,4° N; 13,1° E [*1*]. — **Ir** = Irkutsk 52,3° N; 104,3° E; 491 m, 1887—1894 [*24*]. — **Ws** = Washington D.C. 38,9° N; 40 m, 1891—1904; nicht angebrachte Korrektur auf mittlere Ortszeit —8 Min. [*24*]. — **Os** = Osaka (Japan) 34,7° N; 135,5° E; 6 m, 1891—1906 [*24*]. — **Ba** = Batavia 6,2° S; 106,8° E; 8 m, 1866—1905 [*24*]. — **Da** = Daressalam 6,8° S; 39,3° E; 14 m, etwa 16 Jahre [*24*]. — **Mo** = Montevideo 34,9° S; 56,2° W; 129 m, 1901—1910 [*24*]. — **Ka** = Kalocsa, Ungarische Tiefebene, 46,5° N; 14,3° E; 95 m [*6*]. — **Bz** = Bozen 46,5° N; 11,3° E; extreme Tallage (nur Sommertage) [*6*]. — **Sb** = Sonnblick, 3100 m, Gipfel [*6*]. — **Je** = Jersey (Kanalinsel) 49,2° N, 2,1° W; (Junitage) [*6*]. — **Va** = Valentia 51,9° N, 10,3° W; irische SW-Küste (Junitage) [*6*]. — Die letzten 6 Spalten gelten für Potsdam [*17*]: **JN** = Juni, normal (alle Tage). — **JH** = Juni, heitere Tage. — **JT** = Juni, trübe Tage. — **DN, DH, DT** entsprechend für Dezember.

Ortszeit	Pd	Ir	Ws	Os	Ba	Da	Mo	Ka	Bz	Sb	Je	Va	JN	JH	JT	DN	DH	DT
0	16	9	**7**	30	85	24	**20**	**12**	87	24	15	19	**20**	**16**	17	9	−8	13
2	−1	*8*	*−11*	8	−13	−47	−9	1	101	−20	−28	−24	−4	*13*	−8	−1	−8	4
4	*−19*	19	12	*−5*	*−48*	*−51*	*−27*	*−4*	116	*−60*	*−44*	*−59*	*−4*	16	*−27*	−21	−16	−11
6	−11	56	31	33	21	29	19	29	159	*−60*	−17	−45	20	45	−11	*−32*	*−19*	*−27*
8	23	**77**	91	**87**	137	147	76	64	**164**	−36	19	−16	**48**	**71**	13	−1	11	1
10	**43**	41	**112**	**87**	**140**	**167**	**88**	**69**	87	−5	**33**	8	47	65	23	**48**	**67**	**40**
12	19	−33	48	−8	9	63	33	41	−36	21	31	**23**	24	33	**25**	12	29	3
14	−22	*−82*	−57	−100	−159	−96	−51	−17	−163	**28**	9	21	−20	−21	1	*−25*	−17	*−32*
16	*−38*	−79	*−105*	*−115*	*−216*	*−160*	*−83*	−65	*−233*	25	−23	9	−55	−75	−23	−11	*−19*	−13
18	−29	−37	−85	−69	−113	−110	−67	*−84*	−216	*16*	*−29*	*4*	*−65*	*−95*	*−28*	−3	−12	−5
20	1	−7	−32	5	32	−25	−17	−44	−91	25	4	19	−32	−63	−7	11	−5	16
22	**19**	**16**	**7**	**45**	**120**	**53**	19	−3	32	**44**	**32**	**43**	13	−7	**20**	**16**	**0**	**24**

Pd, Ir, Ws, Os, Ba, Da, Mo als Beispiel für die geographische Verteilung. Umfangreiches weiteres Material in [*15, 20, 24*]. Ka, Bz, Sb zeigen den Einfluß der relativen Höhenlage; weitere Gänge hierzu in [*21*]. Je, Va typisch für $S(p)$ auf einer Insel (Je) und an einer Küstenstation (Va). Die letzten sechs Spalten zeigen, wie $S(p)$ von der Jahreszeit und von der Bewölkung abhängt. Heiter = Tage mit durchschnittlicher Bewölkung unter $^2/_{10}$, kein Stundenwert der Bewölkung über $^8/_{10}$; trübe Tage haben Minimum der Bewölkung über $^8/_{10}$. Da heitere Tage oft bei Hochdruckwetter und trübe bei Tiefdruckwetter eintreten, ergibt sich im rohen durchschnittlichen Gang eine konvexe bzw. konkave Kurve [*16, 17*]. Dieser „Krümmungseffekt" ist in Tab. 1 eliminiert.

Genaueren Aufschluß vermittelt erst die harmonische Analyse der täglichen Gänge (32871).

Tabelle 2. Harmonische Konstanten des sonnentägigen Luftdruckganges.

Amplituden c_n und Phasen ε_n der Sinuswellen $S_n(p) = c_n \sin(n\,t + \varepsilon_n)$ mit den Frequenzen $n = 1, 2$ und 3 pro Tag. Perioden 24, 12 und 8 Stunden. Eintritt des ersten Maximums zur Tagesstunde $(90° - \varepsilon_n)/(n \cdot 15°)$.

Für jeden Ort sind die Werte gegeben für **DJ** = Mittel Dezember und Januar (Süd-Solstitium), **MS** = Mittel März und September (Äquinoktien), **JJ** = Mittel Juni und Juli (Nord-Solstitium).

Bei den Stationen sind außer geogr. Breite und Länge auch Höhe und die Dauer der Reihe in Jahren (J.) gegeben.

Einheit der Amplituden c_n durchweg 0,01 mbar.

	c_1	ε_1	c_2	ε_2	c_3	ε_3
Petersburg 59,9° N, 30,3° E; 5 m; 20 J. (s_3: 7 J.) [*23, 22*]						
DJ	**10**	171°	**8**	102°	**8**	355°
MS	**6**	225°	**14**	125°	**3**	308°
JJ	**17**	334°	**12**	118°	**3**	165°
Sitka 57,0° N, 135,3° W; 9 m; 23 J. [*20, 22*]						
DJ	**4**	279°	**15**	87°	**6**	327°
MS	**8**	184°	**15**	82°	**3**	229°
JJ	**15**	188°	**8**	55°	**4**	145°
Barnaul 53,3° N, 83,8° E; 140 m; 22 J. [*20, 22*]						
DJ	**14**	231°	**10**	188°	**7**	351°
MS	**21**	305°	**18**	159°	**3**	340°
JJ	**19**	331°	**13**	146°	**1**	159°
Potsdam 52,4° N, 13,1° E; 185 m; 30 J. [*20, 22*]						
DJ	**6**	144°	**23**	144°	**14**	351°
MS	**12**	354°	**34**	142°	**4**	329°
JJ	**35**	353°	**30**	134°	**7**	146°
Irkutsk 52,3° N, 104,3° E; 491 m; 8 J. [*23, 22*]						
DJ	**4**	355°	**31**	177°	**18**	6°
MS	**52**	356°	**47**	159°	**2**	24°
JJ	**86**	4°	**38**	157°	**7**	161°
Paris (Parc S. Maur) 48,8° N, 2,5° E; 50 m; 25 J. [*23, 22*]						
DJ	**2**	337°	**37**	159°	**18**	352°
MS	**25**	1°	**44**	150°	**5**	334°
JJ	**42**	5°	**33**	142°	**10**	159°
Peking 40,0° N, 116,5° E; 40 m; 22 J. [*20, 22*]						
DJ	**75**	20°	**75**	158°	**30**	349°
MS	**110**	357°	**80**	149°	**6**	335°
JJ	**93**	356°	**58**	140°	**10**	171°
Washington D. C. 38,9° N, 77,0° W; 40 m; 14 J. (s_3: ~9 J.) [*23, 22*]						
DJ	**46**	346°	**62**	171°	**27**	346°
MS	**68**	345°	**61**	157°	**7**	351°
JJ	**72**	337°	**48**	144°	**8**	154°
Lissabon 38,7° N, 9,1° W; 102 m; 20 J. [*20*]						
DJ	**11**	354°	**61**	157°	**23**	359°
MS	**16**	335°	**63**	151°	**3**	6°
JJ	**16**	337°	**51**	151°	**7**	149°

	c_1	ε_1	c_2	ε_2	c_3	ε_3
Kalkutta 22,6° N, 88,4° E; 5 m; 21 J. [*20*]						
DJ	**94**	332°	**139**	156°	**25**	0°
MS	**94**	339°	**142**	149°	**4**	339°
JJ	**70**	358°	**114**	146°	**12**	183°
Bombay 18,9° N, 72,8° E; 11 m; 25 J. [*20*]						
DJ	**68**	334°	**145**	160°	**22**	1°
MS	**67**	332°	**135**	155°	**5**	7°
JJ	**32**	307°	**103**	148°	**11**	165°
Quixeramobim 5,3° S, 39,2° W; 207 m; 10 J. [*22*]						
DJ	**164**	357°	**143**	137°	**7**	146°
MS	**162**	359°	**161**	136°	**3**	165°
JJ	**142**	2°	**129**	141°	**6**	4°
Batavia 6,2° S, 106,8° E; 8 m; 40 J. [*22*]						
DJ	**70**	21°	**134**	159°	**0**	220°
MS	**93**	23°	**138**	160°	**6**	19°
JJ	**86**	29°	**122**	158°	**9**	27°
St. Helena 16,0° S, 5,7° W; 538 m; 5 J. [*22*]						
DJ	**28**	317°	**106**	157°	**15**	159°
MS	**17**	340°	**111**	150°	**4**	68°
JJ	**10**	322°	**92**	152°	**17**	13°
Mauritius 20,1° S, 58,0° E; 55 m; 12 J. [*22*]						
DJ	**38**	48°	**94**	163°	**12**	175°
MS	**43**	46°	**103**	163°	**8**	29°
JJ	**38**	39°	**94**	161°	**21**	14°
Curityba 25,4° S, 49,3° W; 908 m; 16 J. [*22*]						
DJ	**58**	18°	**96**	151°	**15**	185°
MS	**55**	15°	**99**	158°	**7**	99°
JJ	**51**	18°	**88**	159°	**22**	2°
Sydney 33,9° S, 151,2° E; 45 m; 10 J. (s_3: 5 J.) [*22*]						
DJ	**44**	14°	**80**	163°	**12**	177°
MS	**47**	20°	**86**	162°	**8**	23°
JJ	**48**	29°	**76**	168°	**20**	2°
Montevideo 34,9° S, 56,2° W; 129 m; 10 J. [*22*]						
DJ	**53**	341°	**51**	148°	**16**	148°
MS	**50**	346°	**57**	154°	**6**	53°
JJ	**36**	3°	**56**	153°	**19**	0°

Tabelle 2 (Fortsetzung).

	c_1	ε_1	c_2	ε_2	c_3	ε_3		c_1	ε_1	c_2	ε_2	c_3	ε_3
Kapstadt 34,9° S, 18,4° E; 10 m; 5 J. [22]							Hobarton 42,9° S, 147,8° E; 32 m; 8 J. [22]						
DJ	**6**	115°	**66**	157°	**15**	173°	DJ	**42**	54°	**62**	176°	**9**	164°
MS	**28**	341°	**68**	162°	**8**	13°	MS	**48**	44°	**75**	171°	**8**	16°
JJ	**19**	339°	**64**	162°	**21**	359°	JJ	**12**	39°	**62**	170°	**18**	8°

Die regionalen Unterschiede in den täglichen Gängen $S(p)$ werden vor allem durch die Unterschiede der ganztägigen Luftdruckschwankung $S_1(p)$ bewirkt (vgl. 328721), während die halb- und drittel-tägigen Wellen ziemlich regelmäßig verteilt sind. In den Tropen herrscht $S_2(p)$ so stark vor, daß der Einfluß der Örtlichkeit und des lokalen Wetters zurücktritt.

328721 Ganztägige Luftdruckschwankung $S_1(p)$.

$S_1(p)$ wird erregt durch die ganztägige Schwankung $S_1(T)$ der Temperatur T. $S_1(p)$ ist keine Eigenschwingung der Erdatmosphäre und zeigt daher starke örtliche und jahreszeitliche Verschiedenheiten:

Einfluß der relativen Höhe. Bei konstanter Temperatur nehmen alle Druckschwankungen mit der Höhe ebenso ab wie der mittlere Druck. Bei Temperaturänderungen tritt aber eine „thermische Druckwelle" hinzu, infolge der vertikalen Ausdehnung der Luft zwischen den Isobarenflächen. Diese tritt vor allem in $S_1(p)$ in Erscheinung, da in der tagesperiodischen Temperaturschwankung $S_1(T)$ überwiegt. Beobachtungen der Druckwellen in der Höhe und am Boden erlauben einen Schluß auf den Temperaturgang in der Zwischenschicht („Barometer als Thermometer"). Typisch: tägliche Druckgänge im Sommer auf Pikes Peak (USA), 39° N, und seiner Fußstation und daraus berechneter Gang der Mitteltemperatur ΔT der Zwischenschicht:

	Höhe	c_1	ε_1	c_2	ε_2
Pikes Peak, Gipfel	4308 m	0,53 mbar	219°	0,35 mbar	131°
Colorado Springs, Tal	1856 m	1,07 mbar	20°	0,56 mbar	155°
ΔT in der Zwischenschicht . . .		1,89°C	207°	0,13°C	30°

In geschlossenen Tälern wird $S_1(p)$ stark vergrößert, da $S_1(T)$ durch die Heizung von den Talwänden verstärkt wird; die Luft fließt tagsüber seitlich ab und sinkt nachts in das kalte Tal. Gegensatz Bozen (Etschtal) und Kalocsa in der ungarischen Ebene, beide in gleicher geogr. Breite 46,5° N (Sommer):

	Höhe m	c_1	ε_1	Max. um	c_2	ε_2	Max. um
Bozen	292	0,184 mbar	19°	$4{,}7^h$	0,056 mbar	155°	$9{,}8^h$
Kalocsa	95	0,048 mbar	340°	$7{,}3^h$	0,037 mbar	134°	$10{,}5^h$

Extrem große tägliche Gänge im Sommer in Death Valley, Kalifornien: $c_1 = 2{,}7$ mbar.

Einfluß der Lage zum Meer. Die größere Amplitude von $S_1(T)$ über dem Land bewirkt Land- und Seewind. Das Maximum von $S_1(p)$ fällt dadurch im Inland in die Nachtstunden, über dem Meere und an der Küste in die Tagesstunden:

	c_1 0,01 mbar	ε_1	Max. um	c_2 0,01 mbar	ε_2	Max. um
Jersey 40,2° N (Kanalinsel)	11	261°	$12{,}6^h$	34	138°	$10{,}4^h$
Valentia 51,9° N (Küste)	31	205°	$16{,}3^h$	24	140°	$10{,}3^h$
Kew 51,5° N (Inlandstation) . . .	27	14°	$5{,}1^h$	31	144°	$10{,}2^h$

Vgl. auch Tab. 2, Potsdam, im Sommer (JJ).

Einfluß der Jahreszeiten und der Witterung. $S_1(p)$ wächst mit $S_1(T)$, also im allgemeinen vom Winter zum Sommer (vgl. Abb. 1), in den Tropen von der Regen- zur Trockenzeit, und von trüben zu heiteren Tagen:

Potsdam, Juni, heitere Tage $S_1(p) = 0{,}67 \text{ mbar} \sin(t + 349°)$;
„ „ , trübe Tage $S_1(p) = 0{,}06 \text{ mbar} \sin(t + 319°)$.

328722 Halbtägige Luftdruckschwankung $S_2(p)$.

$S_2(p)$ setzt sich aus zwei Eigenschwingungen der Atmosphäre zusammen, der wandernden Welle W_2 und der stehenden (zonalen) Schwingung Z_2:

$$S_2(p) = W_2 + Z_2.$$

W_2 ist sehr regelmäßig, und es gilt für die Amplitudenverteilung und die Phase die Formel (Poldistanz ϑ, geogr. Breite $\varphi = 90 - \vartheta$, Kugelfunktionen vgl. 32503):

$$W_2 = 1{,}395\,(P_2^2(\vartheta) - 0{,}140\,P_4^2(\vartheta))\,\sin(2t + 154^\circ)\text{ mbar}$$
$$\equiv (1{,}317 - 0{,}765\cos^2\vartheta)\,\sin(2t + 154^\circ)\text{ mbar}\qquad (t = \text{mittl. Ortszeit}).$$

Aus der beobachteten Phase $\varepsilon_2 = 154^\circ$ (Maxima um 9,9 und 21,9 Uhr) ergibt sich, daß W_2 zu 60% durch $S_2(T)$ und zu 40% durch solare Gezeitenkräfte (Partialtide S_2) erzeugt wird [*19, 83*a]. Resonanzvergrößerung mindestens 60fach. Die Abnahme von W_2 mit der Höhe erfolgt ziemlich genau proportional dem mittleren Luftdruck. Die Amplitude hat auf der ganzen Erde einen regelmäßigen jährlichen Gang mit zwei Maxima Ende März und Ende September (vgl. Abb. 1). Die Phasenzeiten dagegen ändern sich nur wenig.

Nahe den Polen herrscht die stehende Schwingung Z_2 vor. Ablauf nach Weltzeit $(t - \lambda)$, mit t = mittl. Ortszeit in der östlichen Länge λ:

$$Z_2 = 0{,}121\,P_2^0(\vartheta)\,\sin[2(t - \lambda) + 105^\circ]\text{ mbar}$$
$$\equiv 0{,}0605\,(3\cos^2\vartheta - 1)\,\sin[2(t - \lambda) + 105^\circ]\text{ mbar.}$$

Z_2 muß auf ein äquivalentes Glied in der Verteilung der $S_2(T)$ zurückgehen, das durch die Verteilung von Land und Meer bedingt sein wird.

328723 Dritteltägige Luftdruckschwankung $S_3(p)$.

$S_3(p)$ ist eine Eigenschwingung der Erdatmosphäre. Die Amplituden und Phasen werden durch die Formel gegeben:

$$S_3(p) = W_3 = 0{,}293\,P_4^3(\vartheta)\,\sin(3t + \varepsilon_3)\text{ mbar}$$
$$= 0{,}614\,\sin^3\vartheta\,\cos\vartheta\,\sin(3t + \varepsilon_3)\text{ mbar}$$

mit charakteristischer Umkehr der Phasenzeit vom Winter ($\varepsilon_3 = 335^\circ$) zum Sommer ($\varepsilon_3 = 149^\circ$). $S_3(p)$ wird erzeugt durch $S_3(T)$, das die gleiche Phasenumkehr zeigt (vgl. Abb. 1). Die Amplituden nehmen mit der Höhe ein wenig stärker ab als der mittlere Luftdruck [*6*]. Im Winter tritt das erste Maximum dieser achtstündigen Welle um 2,6 Uhr ein; dieses ist an Stationen in gemäßigten Breiten schon im unzerlegten Gang $S(p)$ zu erkennen.

328724 Vierteltägige Luftdruckschwankung $S_4(p)$.

$S_4(p)$ ist klein, weniger regelmäßig als $S_2(p)$ und $S_3(p)$, aber nicht so unregelmäßig wie $S_1(p)$. Im Winter ist die Amplitude größer und regelmäßiger als im Sommer [*25*]. Mittel der drei Wintermonate der betreffenden Halbkugel:

	c_4 0,001 mbar	ε_4		c_4 0,001 mbar	ε_4
Batavia 6,2° S	43	60°	Sao Paulo 23,6° S . . .	12	35°
Daressalam 6,8° S . . .	16	104°	Curityba 25,4° S	28	87°
Bombay 18,9° N . . .	92	−120°	Johannesburg 26,2° S .	36	20°
Kalkutta 22,5° N . . .	84	−135°	Montevideo 34,9° S . .	20	8°

32873 Sonnentägige Wellen in anderen meteorologischen Elementen.

328731 Lufttemperatur *T*. Der tägliche Gang $S(T)$ ist für die Gezeiten der Atmosphäre als Anregung eines Teiles von $S(p)$ von Bedeutung. An heiteren Tagen nimmt die Amplitude vom Boden nach der Höhe stark ab; der nächtliche Abfall ist eine Wirkung der Wärmestrahlung, der Gang am hellen Tag ist wesentlich durch den vertikalen Wärmetransport durch Austausch bedingt (3286). In der freien Atmosphäre oberhalb 2 km über dem Boden hat $S(T)$ tägliche Amplituden unter 1° C (328142).

In Bodennähe wird die Amplitude mit zunehmendem Wind kleiner; Sinuswellen $c_1\sin(t + \varepsilon_1)$ der Lufttemperatur über dem Ostatlantik, nach Bintig [*62*]:

Windstärke	0	2	4	6	8	Beaufort
$c_1 =$	1,32	1,13	0,87	0,75	0,42	° C
$\varepsilon_1 =$	233°	240°	239°	240°	252°	

Auf dem Kontinent sind die Amplituden c_1 fünf- bis zehnmal so groß.

328732 Wind. Über den täglichen Gang des Windes in Bodennähe, insbesondere als Land- und Seewind, Berg- und Talwind, zahlreiche Angaben in der meteorologischen Literatur [*12*]. Über die Analyse, insbesondere eine von F. Möller [*68*] versuchte Zerlegung in Konvektionsgang und Gradientgang, vgl. Kleinschmidt [*66*].

Die universellen tagesperiodischen Windkomponenten, die z. B. mit der halbtägigen Druckwelle W_2 (328722) zusammenhängen müßten, sind in Bodennähe durch lokale Winde verdeckt, aber auf Berggipfeln und auf dem Meere im Passatgebiet deutlich nachweisbar. In Äquatornähe sollte eine halbtägige Sinuswelle in der Ostkomponente des Windes nachzuweisen sein, mit einer Amplitude von etwa $c_2 = 0{,}2$ m/sec und mit dem stärksten Wind aus Osten zur Zeit der Maxima der halbtägigen Druckwelle $S_2(p)$ (etwa 10 Uhr). In der Nord-Süd-Komponente des Windes verlaufen die halbtägigen Wellen spiegelbildlich auf beiden Seiten des Äqators: Nördlich (südlich) weht der stärkste Wind aus Nord (Süd) 3 Stunden vor dem Maximum von $S_2(p)$. Diese Zahlen werden durch die Analyse der Beobachtungen auf der „Meteor"-Expedition bestätigt; vgl. Kuhlbrodt [*67*]. Für den Säntisgipfel (2500 m Höhe, 47,2° N) findet Hann halbtägige Wellen der Nord- und Ostkomponente des Windes mit Amplituden von 0,15 m/sec, Eintrittszeiten wie nach der Theorie, stärkster Nordwind um 06 und 18 Uhr, stärkster Ostwind um 09 und 21 Uhr. Weitere Analysen bei Hann [*65*], Gold [*64a*,] Zusammenstellung in [*4*].

32874 Lunare Schwankungen im Luftdruck $L(p)$.

Durch lunare Gezeitenkräfte (Partialtide M_2) wird die halbmondentägige Luftdruckwelle $L_2(p)$ angeregt. Da der mittlere Mondtag nur um 50,47 min länger ist als der Sonnentag, so tritt auch bei $L_2(p)$ eine Resonanzvergrößerung auf (beobachtet 3,3fach). Im Jahresmittel fällt das Maximum bis auf ± 1 Mondstunde mit den Mondkulminationen zusammen (Phasenwinkel $\lambda_2 = 90° \pm 30°$). Die Amplituden l_2 nehmen nach den Polen hin ab. Ausgeprägt ist eine jahreszeitliche Schwankung in Amplituden und Phasen, die an allen Stationen gleich verläuft: Im Nordwinter ist auf beiden Erdhalbkugeln die Amplitude am kleinsten, und das Maximum tritt etwa 1 Stunde später ein als im Nordsommer und zur Zeit der Äquinoktien.

Tabelle 3. Harmonische Konstanten des halbmondentägigen Luftdruckganges $l_2 \sin(2\tau + \lambda_2)$ im Jahresmittel.

l_2 und w.F. (= Radius des wahrscheinlichen Fehlerkreises) in 0,001 mbar. Unsichere und angenäherte Werte in Tab. 3 und 4 kursiv; für λ_2, wenn $l_2 < 3$ w.F. Einige w.F. sind gegen [*56*] korrigiert.

Nr.	Station	Breite	Länge	Höhe m	Jahre	Tage	l_2	w.F.	λ_2	Lit.
1	Aberdeen	57,9° N	2,5° W	14	1869—1919	4325	**15,1**	3,1	98°	[*1, 42*]
2	Glasgow	55,9	4,2 W	55	1868—1912	4358	**4,8**	3,0	*82*	[*52*]
3	Keitum	54,9	8,4° E	11	1878—1887	*3500*	**8,1**	3,7	*80*	[*1*]
4	Hamburg	53,6	10,0 E	26	1884—1920	} 5098	**14,3**	2,1	93	[*1*]
5	Potsdam	52,4	13,1 E	85	1893—1922					[*1*]
6	Greenwich	51,5	0,0	45	1854—1917	6457	**11,7**	2,4	114	[*41, 1*]
7	Vancouver	49,3	123,1° W	41	1917, 1922—1932	4226	**1,9**	4,4	*58*	[*50*]
8	Paris	48,8	2,3° E							
9	Victoria B.C.	48,4	123,3° W	70	1899—1927	10591	**5,3**	2,9	*107*	[*50*]
10	Portland	45,5	122,7 W	47	1889—1904	5539	**2,8**	5,4	*54*	[*56*]
11	Montreal	45,5	73,6 W	57	1900—1927	10255	**27,0**	4,1	72	[*50*]
12	St. John N.B.	45,3	66,1 W	36	1916—1932	6088	**26,0**	4,7	83	[*50*]
13	Toronto	43,7	79,4 W	115	1897—1927	11276	**29,0**	4,1	78	[*50*]
14	Sapporo	43,1	141,4° E	17	1892—1932	14761	**25,7**	2,5	69	[*54*]
15	Tiflis	41,6	44,5 E	442	1880—1905	9175	**27,0**	2,4	65	[*1, 43*]
16	Rom	40,9	12,5 E	50	1891—1894	1380	**27,0**	6,4	98	[*58*]
17	Salt Lake City	40,8	111,9° W	1329	1889—1904	5512	**7,1**	5,0	*50,5*	[*56*]
18	Coimbra	40,2	8,4 W	141	1868—1929	22394	**16,9**	1,7	73,7	[*56*]
19	Philadelphia	40,0	75,2 W	36	1893—1904	4382	**28,2**	4,4	64,2	[*56*]
20	Santa Cruz	39,4	31,2 W	40	1907—1932	9466	**18,4**	2,2	58	[*51*]
21	Washington D.C.	38,9	77,0 W	34	1893—1904	4382	**31,1**	4,9	58,5	[*56*]
22	Lissabon	38,7	9,2 W	95	1864—1917	19723	**22,1**	1,7	62,4	[*56*]
23	Lick-Observatorium	37,9	122,3 W	1285	1890—1937	15935	**10,9**	1,6	67,7	[*56*]
24	San Franzisko	37,8	122,4 W	47	1889—1904	5515	**14,7**	2,3	57,9	[*56*]
25	Dodge City	37,8	100,0 W	766	1889—1904	5506	**21,8**	5,0	73,3	[*56*]
26	Ponta Delgada	37,7	25,7 W	22	1894—1932	14154	**21,7**	1,6	55	[*51*]
27	San Fernando	36,5	6,2 W	29	1875—1930	20333	**27,7**	1,5	79,1	[*56*]
28	Tokio	35,7	139,8° E	21	1890—1933	15826	**38,6**	2,5	60	[*54*]
29	Mt. Wilson	34,2	118,2° W	1782	1917—1923, 1928—1936	5784	**15,9**	2,4	75,5	[*56*]
30	Kumamotu	32,8	130,7° E	39	1892—1929	13392	**37,4**	2,2	48	[*54*]
31	San Diego	32,7	117,2° W	26	1889—1904	5509	**23,2**	3,0	68,8	[*56*]
32	Bermuda	32,4	64,7 W	49	1932—1937	2055	**41,5**	5,9	66,8	[*56*]

Tabelle 3 (Fortsetzung).

Nr.	Station	Breite	Länge	Höhe m	Jahre	Tage	l_2	w.F.	λ_2	Lit.
33	Haifa-Jerusalem . .	32,0° N	35,0° E		1934—1938	1774	**23,3**	5,2	35,6°	[*56*]
34	Helwan	30,0	31,3 E	30	1900—1908	3113	**36,0**		64	[*44*]
35	New Orleans	30,0	90,1 W	16	1893—1904	4382	**33,9**	3,9	69,6	[*56*]
36	Galveston	29,3	94,8° W	16	1893—1904	4382	**35,7**	4,9	70,9	[*56*]
37	Naha	26,2	127,6° E	10	1900—1933	11901	**48,6**	2,2	43	[*54*]
38	Taihoku	25,0	121,5 E	9	1897—1932	12965	**55,5**	2,1	50	[*54*]
39	Hongkong	22,3	114,2 E	33	1885—1912	9880	**60,0**	2,4	60	[*1, 33*]
40	Honolulu	21,3	157,9° W	15	1905—1924	*7300*	**45,0**	2,6	66	[*49*]
41	Mexiko	19,4	99,1 W	2280	1902—1919	5558	**35,0**		74	[*44*]
42	Bombay	18,9	72,6° E	11	1873—1922	16779	**49,0**		81	[*59*]
43	Manila	14,6	121,0 E	14	1890—1934	16394	**73,2**	1,4	59,9	[*56*]
44	Madras	13,1	80,3 E	7	1841—1860	5668	**53,0**		56	[*44*]
45	Kodaikanal	10,2	77,5 E	2341	1902—1908	2467	**52,0**		68	[*59*]
46	Perigakulam	10,1	77,5 E	288	1902—1908	2378	**52,0**		62	[*59*]
47	Agustia	8,6	77,3 E	1880	1856—1858, 1864	914	**49,3**	7,2	75,2	[*59*]
48	Trivandrum	8,5	77,0 E	60	1853—1864	3753	**50,7**	6,2	73,1	[*59*]
49	Lagos	6,4	3,4 E	7	1932—1939	2338	**69,2**	12,4	73,1	[*56*]
50	Accra	5,6	0,2° W	100	1932—1937	1074	**45,0**	5,8	72	[*55*]
51	Singapore	1,3	103,8° E	5	1841—1845	*1300*	**89,0**		76	[*57*]
52	Kololo Hill	0,3	32,6 E		1931—1936	2070	**91,2**	16,0	77,9	[*56*]
53	Ocean Island . . .	0,9° S	169,6 E	28	1907—1912	1721	**71,0**	8,0	100	[*45*]
54	Kabete	1,3	36,8 E		1931—1936	2194	**87,4**	15,4	72,5	[*56*]
55	Kazeh Hill.	5,3	32,9 E		1931—1936	2192	**86,4**	15,4	58,3	[*56*]
56	Chukwani Palace . .	6,2	39,2 E		1931—1936	2192	**91,5**	16,1	65,9	[*56*]
57	Batavia	6,2	106,8 E	8	1856—1905	*14000*	**82,0**	2,1	68	[*33, 1, 32*]
58	Daressalam	6,8	39,3 E	8	1905—1912	*640*	**84,0**	22,7	63	[*31*]
59	Huancayo	12,0	75,3° W	3355	1924—1938	5440	**39,0**	7,3	74,1	[*56*]
60	Lima	12,1	77,0 W	251	1929—1935	1844	**47,5**	4,6	73,0	[*56*]
61	Apia (Samoa) . . .	13,6	171,8 W	3	1903—1927	7199	**73,0**		59	[*46*]
62	Broken Hill	14,4	28,4° E	305	1932—1936	1827	**84,4**	15,1	66,7	[*56*]
63	St. Helena	15,9	5,7° W	538	1841—1845	*1300*	**59,0**		93	[*60*]
64	Mauritius	20,1	57,5° E	55	1876—1915	13968	**51,0**	1,1	98	[*1, 43*]
65	Pretoria	25,5	29,6 E	1327	1929—1938	3582	**42,0**	7,9	89,9	[*56*]
66	Kimberley	28,7	24,6 E	1203	1896—1915	6092	**46,0**	1,4	101	[*47*]
67	Buenos Aires . . .	34,6	58,4° W	25	1891—1910	6411	**12,8**	4,2	87	[*48*]
68	Me bourne	37,6	145,0° E	28	1869—1892 1900—1914	13013	**28,5**	2,3	84,0	[*53*]
69	Wellington N.Z. . .	41,1	174,8 E	3	1914—1938	8903	**38,9**	5,6	69,3	[*56*]

Tabelle 4. Jahreszeitliche Mittel der harmonischen Konstanten von $L_2(p)$.
Drei Gruppen von je 4 Monaten: MJJA = Mai bis August; MASO = März, April, September, Oktober; NDJF = November bis Februar.
l_2 und w.F. (= Radius des wahrscheinlichen Fehlerkreises) in 0,001 mbar.

Nr.	Station	MJJA			MASO			NDJF		
		l_2	w.F.	λ_2	l_2	w.F.	λ_2	l_2	w.F.	λ_2
1	Aberdeen	**27,8**	4,7	109°	. . .	. .	. . .	. . .	. .	. . .
4, 5	Hamburg, Potsdam.	**16,8**	3,3	79°	**17,6**	4,5	122°	**11,9**	3,3	73°
6	Greenwich	**15,5**	3,6	115°	**14,4**	4,8	121°	**5,7**	4,0	*90°*
9	Victoria B.C. . . .	**6,0**	2,6	*130°*	**9,0**	3,6	*143°*	**9,0**	4,6	*13°*
10	Portland	**7,0**	6,4	*95,8°*	**8,6**	9,1	*164,3°*	**14,0**	11,5	*350,5°*
11	Montreal	**36,0**	5,8	73°	**29,0**	8,5	76°	**18,0**	7,2	*62°*
12	St. John N.B. . . .	**23,0**	4,7	95°	**24,0**	6,5	66°	**31,0**	11,9	*88°*
13	Toronto	**39,0**	4,1	89°	**29,0**	4,5	70°	**21,0**	6,6	71°
14	Sapporo	**28,0**	3,5	77°	**24,0**	4,9	68°	**26,0**	4,5	60°
15	Tiflis	**31,0**	4,1	64°	**29,0**	4,1	67°	**22,0**	4,1	55°
17	Salt Lake City . . .	**13,9**	7,9	*101,8°*	**17,0**	7,8	*70,8°*	**17,0**	10,2	*309,4°*
18	Coimbra	**20,3**	2,6	84,5°	**18,7**	3,0	73,0°	**14,0**	3,2	49,9°
19	Philadelphia	**37,0**	7,2	80,5°	**29,7**	7,4	63,9°	**22,2**	8,3	30,1°
20	Santa Cruz	**19,4**	3,0	72°	**19,8**	3,4	84°	**22,6**	4,7	23°
21	Washington D.C.. .	**35,2**	8,2	75,7°	**36,2**	6,5	76,2°	**34,2**	10,3	12,9°
22	Lissabon	**22,3**	2,3	74,5°	**23,2**	3,0	68,3°	**23,1**	3,5	40,0°
23	Lick-Observatorium.	**13,1**	2,6	87,7°	**12,5**	2,8	87,3°	**11,6**	3,0	19,9°

Tabelle 4 (Fortsetzung).

Nr.	Station	MJJA			MASO			NDJF		
		l_2	w.F.	λ_2	l_2	w.F.	λ_2	l_2	w.F.	λ_2
24	San Francisco . . .	**18,9**	3,3	80,0°	**13,5**	5,7	*67,4°*	**16,3**	3,1	*22,7°*
25	Dodge City	**32,1**	5,9	74,9°	**8,1**	10,9	*100,9°*	**28,2**	9,4	*53,4°*
26	Ponta Delgada . . .	**26,4**	1,9	63°	**19,3**	2,9	70°	**22,1**	3,3	32°
27	San Fernando . . .	**35,4**	2,3	90,7°	**26,9**	2,6	83,7°	**23,2**	3,1	50,9°
28	Tokio	**40,0**	3,6	70°	**34,0**	5,1	67°	**44,0**	4,3	45°
29	Mt. Wilson	**10,7**	4,1	*113,7°*	**21,3**	4,0	94,2°	**23,0**	4,0	34,9°
30	Kumamotu	**41,0**	3,8	52°	**36,0**	4,1	62°	**38,0**	3,7	29°
31	San Diego	**32,8**	4,6	89,6°	**23,4**	5,9	*70,5°*	**20,3**	5,0	30,0°
32	Bermuda	**49,3**	5,7	87,8°	**44,3**	14,1	88,6°	**50,4**	10,8	17,6°
33	Haifa-Jerusalem . .	**29,3**	9,7	28,6°	**16,8**	8,3	*55,1°*	**23,1**	8,8	*25,1°*
34	Helwan	**52,0**		65°	**27,0**		78°	**30,0**		49°
35	New Orleans	**41,3**	6,2	92,5°	**24,9**	7,9	67,2°	**40,3**	5,8	44,6°
36	Galveston	**48,1**	7,9	85,7°	**35,2**	9,2	79,4°	**31,1**	8,2	32,1°
37	Naha	**55,0**	4,3	53°	**41,0**	3,7	51°	**53,0**	3,4	27°
38	Taihoku	**67,0**	3,6	63°	**45,0**	3,8	67°	**62,0**	3,2	22°
39	Hongkong	**73,1**	4,1	69°	**56,0**	4,1	73°	**60,0**	4,1	35°
40	Honolulu	**48,0**	3,7	77°	**44,0**	3,9	80°	**48,0**	5,2	42°
41	Mexiko	**41,0**		84°	**32,0**		89°	**36,0**		48°
42	Bombay	**57,0**		90°	**54,0**		92°	**43,0**		55°
43	Manila	**87,5**	2,5	66,1°	**69,9**	2,8	71,5°	**67,4**	2,0	34,6°
44	Madras	**62,0**		68°	**51,0**		58°	**49,0**		39°
45	Kodaikanal	**49,0**		80°	**61,0**		82°	**38,0**		42°
46	Perigakulam	**47,0**		65°	**63,0**		68°	**36,0**		39°
48	Trivandrum	**61,0**	9,6	104,5°	**53,4**	10,5	71,7°	**63,8**	11,9	47,2°
49	Lagos	**78,4**	23,5	76,7°	**76,2**	23,0	78,8°	**52,4**	17,6	*61,9°*
52	Kololo Hill	**105,6**	31,3	82,6°	**86,0**	26,1	86,4°	**83,5**	25,2	63,4°
53	Ocean Island . . .	**74,0**	15,0	109°	**82,0**	15,0	100°	**64,0**	15,0	90°
54	Kabete	**99,0**	24,5	76,0°	**99,3**	29,6	75,5°	**64,4**	20,1	64,7°
55	Kazeh Hill	**102,1**	30,9	63,0°	**83,8**	25,6	58,1°	**74,3**	22,8	53,1°
56	Chukwani Palace . .	**95,8**	28,5	71,5°	**96,0**	28,8	67,1°	**83,9**	26,4	59,2°
57	Batavia	**94,0**	3,6	72°	**77,1**	3,6	77°	**81,1**	3,6	54°
59	Huancayo	**52,4**	16,0	69,0°	**41,6**	12,9	95,0°	**27,2**	9,1	*52,0°*
60	Lima	**42,3**	7,5	81,8°	**65,2**	8,7	79,7°	**39,0**	7,5	49,6°
61	Apia (Samoa) . . .	**80,0**		60°	**60,0**		62°	**78,0**		56°
62	Broken Hill	**89,0**	26,7	71,4°	**77,0**	24,8	57,9°	**88,8**	27,1	69,9°
64	Mauritius	**60,0**	1,7	106°	**56,0**	1,7	104°	**41,0**	1,7	76°
65	Pretoria	**39,9**	12,2	90,3°	**43,1**	13,5	100,3°	**44,3**	14,9	*79,7°*
66	Kimberley	**50,0**	2,5	111°	**47,0**	2,5	107°	**44,0**	2,5	81°
67	Buenos Aires . . .	**11,0**	7,0	*113°*	**15,5**	7,0	*121°*	**21,0**	7,0	44°
68	Melbourne	**25,8**	3,1	100,3°	**26,2**	4,0	73,6°	**35,5**	4,7	79,6°
69	Wellington	**39,9**	9,8	70,2°	**39,8**	9,8	76,6°	**37,9**	9,6	61,0°

Hier schließt sich Tabelle 5 an (siehe nächste Seite).

32875 Lunare Schwankungen in anderen meteorologischen Elementen.

Durch $L_2(p)$ wird eine halbmondentägige Temperaturwelle $L_2(T)$ erzeugt. Ihre harmonischen Konstanten sind in Batavia während der Periode 1866—1928 in 22489 Tagen:

$$l_2 = 0{,}0086^\circ\text{C}, \qquad \text{w.F.} = 0{,}0030^\circ\text{C}, \qquad \lambda_2 = 67^\circ.$$

Bei Annahme adiabatischer Zustandsänderungen betragen die theoretischen Werte:

$$l_2 = 0{,}0072^\circ\text{C}, \qquad \lambda_2 = 65^\circ.$$

Die halbmondentägigen und halbsonnentägigen Komponenten der Windgeschwindigkeit haben in Mauritius während der Periode 1916/17, 1920—1933 in 5730 Tagen die harmonischen Konstanten:

	L_2			S_2	
	l_2 cm/sec	w.F.	λ_2	c_2 cm/sec	λ_2
Nordkomponente	1,2	0,6	(356°)	13,7	86°
Ostkomponente	1,0	0,6	(220°)	28,0	91°

Chapman

Tabelle 5. Monatsmittel der harmonischen Konstanten von $L_2(p)$.
l_2 und w.F. in 0,001 mbar.

Nr.	Station	Jan.		Febr.		März		April		Mai		Juni		Juli		Aug.		Sept.		Okt.		Nov.		Dez.		w.F.
		l_2	λ_2	l_2	λ_2	l_2	λ_2	l_2	λ_2	l_2	λ_2	l_2	λ_2	l_2	λ_2	l_2	λ_2	l_2	λ_2	l_2	λ_2	l_2	λ_2	l_2	λ_2	
4,5	Potsdam-Hamburg	**10**	72°	**7**	92°	**11**	96°	**12**	105°	**13**	95°	**19**	83°	**19**	81°	**16**	94°	**19**	122°	**14**	122°	**12**	68°	**15**	63°	4
14	Sapporo	**26**	50	**21**	50	..	..	..	..	..	..	..	..	..	..	..	..	..	..	..	..	**27**	95	**35**	42	9
18	Coimbra	**20**	31	**14**	69	**17**	69	**25**	86	**22**	96	**23**	80	**23**	89	**17**	60	**18**	58	**18**	69	**3**	126	**28**	39	7
22	Lissabon	**33**	26	**19**	34	**26**	49	**23**	89	**26**	82	**24**	70	**21**	75	**20**	55	**21**	72	**26**	63	**23**	42	**24**	46	5
27	San Fernando	**39**	30	**14**	4	**29**	62	**37**	87	**36**	90	**33**	72	**38**	100	**33**	91	**24**	88	**20**	99	**24**	80	**24**	59	5
28	Tokio	**55**	25	**43**	45	..	..	..	..	..	..	..	..	..	..	..	..	..	..	..	..	**27**	49	**55**	61	8
30	Kumamotu	**49**	22	**52**	30	**24**	71	**39**	75	**32**	54	**51**	55	**40**	59	**41**	40	**49**	46	**36**	63	**23**	56	**34**	10	8
37	Naha	**62**	14	**54**	17	**36**	44	**50**	58	**56**	61	**50**	51	**56**	54	**56**	44	**37**	52	**37**	48	**47**	52	**56**	25	7
38	Taihoku	**73**	11	**65**	10	**46**	62	**44**	76	**72**	65	**64**	72	**61**	63	**69**	52	**51**	63	**40**	70	**48**	48	**66**	22	7
39	Hongkong	**75**	25	**57**	26	**47**	63	**65**	78	**75**	77	**76**	73	**75**	67	**67**	65	**57**	67	**51**	68	**51**	63	**61**	42	6
43	Manila	**93**	20	**64**	24	**53**	73	**70**	80	**81**	75	**81**	67	**84**	66	**88**	58	**81**	79	**72**	60	**57**	59	**66**	38	5
57	Batavia	**85**	47	**79**	47	**75**	61	**81**	72	**91**	72	**100**	72	**97**	74	**89**	75	**83**	80	**75**	81	**75**	71	**81**	58	5

32876 Eigenschwingungen der Atmosphäre.

Die starke Amplitudenvergrößerung und die Gleichförmigkeit der geographischen Verteilung von $S_2(p)$ und $S_3(p)$ zwingen zu der Annahme, daß es sich um Eigenschwingungen der Atmosphäre handelt. Margules [74, 75], vgl. auch [82]) und nach ihm Lettau [73] berechneten die Eigenschwingungen einer isothermen Atmosphäre mit isothermen Zustandsänderungen über einer rotierenden Erdkugel unter der Annahme, daß die Vertikalbeschleunigung klein gegen die Schwerebeschleunigung sei und deshalb die statische Grundgleichung gelte. Diese letzte Annahme ist hinreichend erfüllt bei Schwingungen mit Eigenperioden, die kleiner als 12 Sternstunden sind. Für langsamere Schwingungen vgl. Wünsche [84]. Die berechneten Perioden und Schwingungen entsprechen völlig denjenigen eines Meeres, das die ganze Erde mit der Tiefe h = Höhe der homogenen Atmosphäre, = 8,0 km, bedeckt. Für die beobachteten Schwingungen betragen die Resonanztiefen:

$$Z_2\colon 8{,}84\ \text{km}, \quad W_2\colon 7{,}84\ \text{km}, \quad W_3\colon 7{,}66\ \text{km}.$$

Bartels [1] (vgl. auch eine Korrektur in [71]) zeigte, daß diese Analogie zwischen den Gezeiten des Meeres und der Atmosphäre auch bei beliebiger Temperaturverteilung und adiabatischen Zustandsänderungen gilt, indem er eine „äquivalente Tiefe" einführte, die von der Temperaturschichtung der Atmosphäre abhängt. Diese beträgt für die tatsächliche Temperaturschichtung etwa 10 km. Die Abweichungen der berechneten Resonanztiefen von diesem Wert führte er auf die der Theorie zugrunde liegende Annahme einer glatten Erdoberfläche zurück. Insbesondere soll die größere Abweichung der Werte für die beiden wandernden Wellen

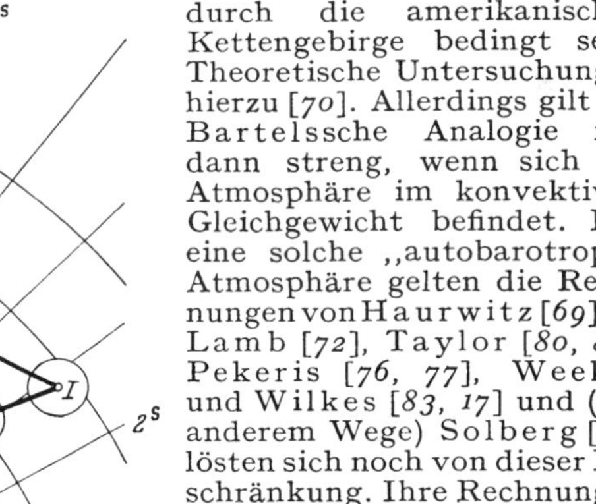

Abb. 3. Periodenuhr für die Monatsmittel von $L_2(p)$ Mittel Batavia - Hongkong. Wahrscheinliche Fehlerkreise. Die römischen Ziffern bezeichnen die Monate.

durch die amerikanischen Kettengebirge bedingt sein. Theoretische Untersuchungen hierzu [70]. Allerdings gilt die Bartelssche Analogie nur dann streng, wenn sich die Atmosphäre im konvektiven Gleichgewicht befindet. Für eine solche „autobarotrope" Atmosphäre gelten die Rechnungen von Haurwitz [69]. — Lamb [72], Taylor [80, 81], Pekeris [76, 77], Weekes und Wilkes [83, 17] und (auf anderem Wege) Solberg [78] lösten sich noch von dieser Beschränkung. Ihre Rechnungen zeigen, daß es bei einer beliebig geschichteten Atmosphäre und adiabatischen Zustandsänderungen zu ein und derselben Eigenperiode ein diskretes Spektrum von äquivalenten Höhen gibt.

Die Druckwelle, die durch den Krakatauausbruch am 26. 8. 1883 ausgelöst wurde, breitete sich mit einer Geschwindigkeit $v = 319$ m/sec aus. Aus der Formel für die Geschwindigkeit „langer Wellen" $v^2 = gh$ berechnet man $h = 10{,}37$ km.

Literatur.

a) Zusammenfassende Literatur.

[1] Bartels, J.: „Über die atmosphärischen Gezeiten". Preuß. meteor. Inst. Abhandl. 8, Nr. 9 (Veröff. Nr. 346) (1927) 51 S. — [2] Bartels, J.: Naturwiss. **15** (1927) 860 bis 865. — [3] Bartels, J.: Zs. Geophysik **4** (1928) 1 bis 17. — [4] Bartels, J.: „Gezeitenschwingungen der Atmosphäre". Wien-Harms, Handb. Exper. Physik **25**, Teil 1 (1928) 161 bis 210. — [5] Bartels, J.: „Tides in the atmosphere". Sci. Monthly **35** (1932) 110 bis 130. — [6] Bartels, J.: „Sonnen- und mondentägige Luftdruckschwankungen" in „Lehrbuch der Meteorologie", Hann-Süring, 5. Aufl., Bd. **1**. Leipzig, W. Keller (1939) 276 bis 306. — [7] Bartels, J.: „Zur Morphologie geophysikalischer Zeitfunktionen". I. Sitzber. Preuß. Ak. d. Wiss. Berlin. Phys.-Math. Kl. 1935, 504 bis 522. II. Miscellanea Ac. Berolinensia. Ges. Abh. zur Feier des 250jährigen Bestehens der Deutschen Ak. d. Wiss. Berlin **1** (1950) 69 bis 81. — [8] Bartels, J.: „Random fluctuations, persistence, and quasi-persistence in geophysical and cosmical periodicities". Terr. Mag. **40** (1935) 1 bis 60. — [9] Bartels, J.: „Gesetz und Zufall in der Geophysik". Naturwiss. **31** (1943) 421 bis 435. — [10] Chapman, S.: „An example of the determination of a minute periodic variation, as illustrative of the law of errors". Monthly Notices R. astron. Soc. **78** (Juni, 1918) 635 bis 638. — [11] Chapman, S., S. K. Pramanik, and J. Topping: „The world-wide oscillations of the atmosphere". Gerlands Beitr. Geophysik **33** (1931) 246 bis 260. — [12] Hann, J. v.: Lehrbuch der Meteorologie. Leipzig, 3. Aufl. 1915; 4. Aufl. (zusammen mit R. Süring) 1926; 5. Aufl., Bd. **1**, 1939 (vgl. [6]). — [13] Stumpff, K.: Periodenforschung. Berlin, Springer 1937. Tafeln und Aufgaben dazu ebenda 1939. — [14] Wilkes, M.W.: Oscillations of the earth's atmosphere. Cambridge University Press 1949.

b) Druckschwankungen nach Sonnenzeit.

[15] Angot, A.: „Etude sur la marche diurne du Baromètre". Ann. Bureau Cent. Météor. France, Mémoires (1887). — [16] Bartels, J.: „Zur Berechnung der täglichen Luftdruckschwankung". Ann. d. Hydrog. **51** (1923) 153 bis 160. — [17] Bartels, J.: „Der lokale Anteil in der täglichen Luftdruckschwankung". Beitr. Physik fr. Atmosph. **11** (1923) 51 bis 60. — [18] Bartels, J.: „Zur täglichen Luftdruckschwankung im Südpolar-Gebiet". Bericht Tätigkeit Preuß. meteor. Inst. 1920/3 (1924) 101 bis 119. — [19] Chapman, S.: „The semidiurnal oscillation of the atmosphere". Quart. J. Roy. Meteorol. Soc. **50** (1924) 165 bis 195. — [20] Hann, J. v.: „Untersuchungen über die tägliche Oszillation des Barometers". Denkschr. Akad. Wiss. Wien **55** (1889) 49 bis 121. — [21] Hann, J. v.: „Weitere ..." Ebenda **59** (1892) 297 bis 356. — [22] Hann, J. v.: „Die dritteltägige Luftdruckschwankung". Denkschr. Akad. Wiss. Wien **95** (1918) 1 bis 64. — [23] Hann, J. v.: „Die jährliche Periode der halbtägigen Luftdruckschwankung". Sitzber. Akad. Wiss. Wien, Math.-Naturwiss. Kl., Abt. II A, **127** (1918) 263 bis 365. — [24] Hann, J. v.: „Die ganztägige Luftdruckschwankung". Ebenda **128** (1919) 379 bis 506. — [25] Pramanik, S. K.: „The six-hourly variations of atmospheric pressure and temperature". Mem. R. meteor. Soc. London **1** (1926) 35 bis 37. — [26] Schmidt, Ad.: „Über die doppelte tägliche Oszillation des Barometers". Meteor. Z. **7** (1890) 182 bis 185. — [27] Schmidt, Ad.: „Zur dritteltägigen Luftdruckschwankung". Ebenda **36** (1919) 29. — [28] Simpson, G. C.: „The twelve-hourly barometer oscillation". Quart. J. R. meteorol. Soc. **44** (1918) 1 bis 19. — [29] Whipple, F. J. W.: „A note on the propagation of the semidiurnal pressure wave". Quart. J. R. meteor. Soc. **44** (1918) 20 bis 22.

c) Druckschwankung nach Mondzeit.

[30] Bartels, J.: "On the determination of minute periodic variations." Quart. J. R. meteor. Soc. **51** (1926) 173 bis 176. — [31] Bartels, J.: „Berechnung der lunaren atmosphärischen Gezeiten aus Terminablesungen am Barometer." Gerlands Beitr. Geophys. **54** (1938) 56 bis 75. — [32] Batavia: Observations made at the Magnetical and Meteorological Observatory at Batavia. Enthält die folgenden Abhandlungen über $L(p)$: Bergsma, P. A.: "Lunar atmospheric tide." Vol. 1 (enthält meteor. Beob. für 1866 bis 1868, veröffentlicht 1871), S. XIX bis XXV. Berechnungen dieser Art für jedes einzelne Jahr von 1866 bis 1905 ausgeführt und veröffentlicht. Zusammenfassung in Vol. XXVIII 1905 (veröff. 1907), S. 102f. — Bergsma, P. A.: "Lunar atmospheric tide." — "Influence of the moon's phases on the mean daily barometric pressure." — "Influence of the moon's phases on the temperature of the air." In Vol. III (1874/75, veröff. 1878), S. 37* bis 40*, 69* bis 71*. — Stok, J. P. van der: "On the influence of the moon upon the cloudiness of the sky." Vol. VI (1881/82, veröff. 1885), Anhang 1, 2 S. — Stok, J. P. van der: "On lunar atmospheric tide." Vol. VI (veröff. 1885), Anhang 2, S. (3) bis (8). — Stok, J. P. van der: "On the influence of the moon upon the cloudiness of the sky and the temperature of the air." Band IX (1886, veröff. 1887), Anhang I, S. (1) bis (8). — Stok, J. P. van der: "An inquiry into the influence of the moon's phases on rainfall." Rainfall in the East Indian Archipelago, Band **4** (1882) Abb. V—VII (zitiert in Batavia Beobachtungen **50** (1927) S. XX).

In den folgenden Titeln der Arbeiten von S. Chapman und Mitarbeitern ist jeweils lunar tide usw. mit $L(p)$ abgekürzt.

[33] Chapman, S.: „$L(p)$ in the earth's atmosphere." Quart. J. R. meteor. Soc. **45** (1919) 113 bis 139. — [34] Chapman, S.: Zs. Geophysik **6** (1930) 396 bis 420. — [35] Chapman, S., "Tides in the atmosphere." J. London Math. Soc. **7** (1932) 66 bis 80. — [36] Chapman, S.: "The lunar tide in the earth's atmosphere." Proc. roy. Soc. London (A) **151** (1935) 105 bis 117. — [37] Chapman, S.: "Tides in the Atmosphere." Observatory **60** (1937) 154 bis 165. — [38] Chap-

man, S., and J. C. P. Miller: "The statistical determination of lunar daily variations in geomagnetic and meteorological elements." Monthly Notices roy. astron. Soc., Geophys. Suppl. **4** (1940) 649 bis 669. — [*39*] Chapman, S.: "Tides in the air." Procès-Verbaux, Assoc. Météor. (Union Géod. et Géophys. Internat.), Washington 1939, Band II (1940) 3 bis 40. — [*40*] Chapman, S.: "Some meteorological advances since 1939." Procès-Verbaux, Assoc. Météor. (Union Géod. et Géophys. Internat.), Oslo 1948. — [*41*] Chapman, S.: "*L* (*p*) at Greenwich, 1854—1917." Quart. J. R. meteor. Soc. **44** (Okt. 1918) 271 bis 280. — [*42*] Chapman, S., and E. Falshaw: "*L* (*p*) at Aberdeen, 1869—1919." Ebenda **48** (1922) 246 bis 250. — [*43*] Chapman, S.: "*L* (*p*) at Mauritius and Tiflis." Ebenda **50** (1924) 99 bis 112. — [*44*] Chapman, S., and M. Hardman: "*L* (*p*) at Helwan, Madras and Mexico." Mem. R. Meteor. Soc. **2** (1928) 153 bis 160. — [*45*] Chapman, S., and M. Hardman: "*L* (*p*) at Ocean Island." Quart. J. R. meteor. Soc. **57** (1931) 163 bis 167. — [*46*] Chapman, S., and A. Thomson: "*L* (*p*) at Apia, Samoa (1903 to 1927)." Mem. R. meteor. Soc. **4** (1932) 21 bis 25. — [*47*] Chapman, S.: "*L* (*p*) at Kimberley (1896—1916)." Ebenda **4** (1932) 29 bis 33. — [*48*] Chapman, S., and M. Austin: "*L* (*p*) at Buenos Aires, 1891—1910." Quart. J. R. Meteor. Soc. **60** (1934) 23 bis 28. — [*49*] Chapman, S.: "*L* (*p*) at Honolulu, 1905—1924." Ebenda **61** (1935) 189 bis 196. — [*50*] Chapman, S.: "*L* (*p*) over Canada, 1897—1932." Ebenda **61** (1935) 359 bis 366. — [*51*] Chapman, S.: "*L* (*p*) in the Azores, 1894—1932." Ebenda **62** (1936) 41 bis 45. — [*52*] Chapman S.: "*L* (*p*) at Glasgow." Proc. roy. Soc. Edin. **66** (1936) 1 bis 5. — [*53*] Chapman, S., M. Hardman, and J. C. P. Miller: "*L* (*p*) at Melbourne, 1869—1892, 1900 to 1914." Quart. J. R. meteor. Soc. **62** (1936) 540 bis 551. — [*54*] Chapman, S.: "*L* (*p*) at five Japanese stations." Ebenda **63** (1937) 457 bis 469. — [*55*] Chapman, S.: "*L* (*p*) at Accra, Gold Coast Africa." Observatory **64** (1938) 523 bis 524. — [*56*] Chapman, S., and K. K. Tschu: "*L* (*p*) at 27 stations widely distributed over the globe." Proc. roy. Soc. London (A) **195** (1948) 310 bis 323. — [*57*] Elliot, C. M.: "On the lunar atmospheric tide at Singapore." Phil. Trans. roy. Soc. London **142** (1852) 125 bis 129. — [*58*] Morano, F.: "Marea atmosferica." Rend. Acad. Lincei **8** (1899) 521 bis 528. — [*59*] Pramanik, S. K.: "*L* (*p*) at Bombay (1873—1922)." Mem. India meteor. Dept. **25** (1931) 279 bis 289. — Pramanik, S. K., S. C. Chatterjee, and P. P. Joshi: "*L* (*p*) at Kodaikanal and Periyakulam." India meteor. Dept. Sci. Notes 4, No. **31** (1931) 1 bis 5. — Pramanik, S. K.: "*L* (*p*) at Trivandrum and Agustia." Indian J. of Met. and Geophys. **2** (1951) 57/58. — [*60*] Sabine, E.: "On the lunar atmospheric tide at St. Helena." Phil. Trans. roy. Soc. London **137** (1847) 45 bis 50. — [*61*] Tschu, K. K.: "On the practical determination of lunar and lunisolar daily variations in certain geophysical data." Australian J. Sci. Research (A) **2** (1949) 1 bis 24.

d) Tägliche Gänge in anderen Elementen.

[*62*] Bintig, P.: „... Wasser- und Lufttemperatur". Ann. d. Meteorol. Hamburg **3** (1950) 333 bis 340. — [*63*] Chapman, S.: "On the theory of the lunar tidal variation of atmospheric temperature." Mem. R. meteor. Soc. **4** (1932) 35 bis 40. — [*64*] Chapman, S.: "The lunar diurnal variation of atmospheric temperature at Batavia, 1866—1928." Proc. roy. Soc. London (A) **137** (1932) 1 bis 24. — [*64a*] Gold, E.: "Relation between periodic variations of pressure, temperature, and wind in the atmosphere." Phil. Mag. **19** (1910) 26 bis 49. — [*65*] Hann, J. v.: Meteorol. Z. **32** (1915) 56 bis 61, 467 bis 469. Sitzber. Akad. Wiss. Wien, Math.-Naturw. Kl. IIa **III** (1902); Meteorol. Z. **20** (1903) 501; **25** (1908) 220; **27** (1910) 319. — [*66*] Kleinschmidt, E., sen.: „Tagesgang des Windes". Ann. d. Meteorol. Hamburg **1** (1948) 78 bis 88, 360 bis 371; Zs. f. Meteorol. **6** (1951) 163 bis 167. — [*67*] Kuhlbrodt, E.: Wiss. Ergebnisse „Meteor"-Exped. **14** (1938) 264 bis 292; Ann. d. Hydrogr. Hamburg **61** (1933) 73 bis 280. — [*68*] Möller, F.: „Luftbewegung" in Hann-Süring: Lehrb. d. Meteorol., 5. Aufl. 1940; „Tagesgang des Windes." Meteorol. Z. **57** (1940) 324 bis 331.

e) Eigenschwingungen der Atmosphäre.

[*69*] Haurwitz, B.: "The Oscillations of the Atmosphere." Gerlands Beitr. Geophys. **51** (1937) 195 bis 233. — [*70*] Kertz, W.: „Theorie der gezeitenartigen Luftschwingungen als Eigenwertproblem". Ann. d. Meteorol. Hamburg **4** (1951) 1. Beiheft. — [*71*] Koschmieder, H.: „Dynamische Meteorologie". 2. Aufl. Leipzig 1941, 384 S. — [*72*] Lamb, H.: "On atmospheric oscillations." Proc. Roy. Soc. London A **84** (1911) 551 bis 572. — [*73*] Lettau, H.: „Theoretische Ableitung und physikalischer Nachweis einer 36tägigen Luftdruckwelle". Veröff. Geophys. Inst. Leipzig (2) **5** (1931) 107 bis 167. — [*74*] Margules, M.: „Über die Schwingungen periodisch erwärmter Luft". Sitzber. Akad. Wiss. Wien, Math.-Naturw. Kl., Abt. IIA **99** (1890) 204 bis 227. — [*75*] Margules, M.: „Luftbewegungen in einer rotierenden Sphäroidschale". Sitzber. Akad. Wiss. Wien, Math.-Naturw. Kl., Abt. IIA **101** (1892) 597 bis 626; **102**, 11 bis 56 (1893) 1369 bis 1421. — [*76*] Pekeris, C. L.: "Atmospheric oscillations." Proc. Roy. Soc. London A **158** (1937) 650 bis 671. — [*77*] Pekeris, C. L.: "The propagation of a pulse in the atmosphere." Proc. Roy. Soc. London A **171** (1939) 434 bis 449. — [*78*] Solberg, H.: „Schwingungen und Wellenbewegungen in einer Atmosphäre mit nach oben abnehmender Temperatur". Astrophys. Norvegica **2** (1936) 123 bis 172. — [*79*] Taylor, G. I.: "Waves and tides in the atmosphere." Proc. Roy. Soc. London A **126** (1930) 169 bis 183. — [*80*] Taylor, G. I.: "The resonance theory of semidiurnal atmospheric oscillations." Memoires Roy. Meteorol. Soc. **4** (1932) 41 bis 52. — [*81*] Taylor, G. I.: "The oscillations of the atmosphere." Proc. Roy. Soc. London A **156** (1936) 318 bis 326. — [*82*] Trabert, W.: „Die Theorie der täglichen Luftdruckschwankung von Margules und die tägliche Oszillation der Luftmassen". Meteorol. Z. **20** (1903) 481 bis 501, 544 bis 563. — [*83*] Weekes, K., and M. V. Wilkes: "Atmospheric oscillations and the resonance theory." Proc. Roy. Soc. London A **192** (1947) 80 bis 99. — [*83a*] Wilkes, M. V.: „The thermal excitation of atmospheric oscillations." Proc. Roy. Soc. London A **207** (1951) 358 bis 370. — [*84*] Wünsche, W.: „Über die Existenz langsamer Luftdruckschwingungen auf der rotierenden Erde". Veröff. Geophys. Inst. Leipzig (2) **11** (1938) 153 bis 199.

3288 Strahlungshaushalt und meteorologische Optik.

32880 Einleitung zum Strahlungshaushalt (32881—32883).

Sonnen- und Himmelsstrahlung (sogenannte kurzwellige Strahlung), 32881. Die Solarkonstante wird nach den neueren Erkenntnissen über den Anteil der kurzwelligen Ultraviolettstrahlung nach Linke [2] definiert als die durchschnittliche Licht- und Wärmestrahlung der Sonne, die der Atmosphäre unterhalb der Ozonschicht bei mittlerem Sonnenabstand je Minute und cm^2 zugestrahlt wird. Sie ist bis auf etwa 1% konstant. Wegen der Exzentrizität der Erdbahn schwankt die wahre Sonnenintensität am oberen Rande der Atmosphäre mit jährlicher Periode (328811). Die Messungen der Solarkonstante lassen systematische Schwankungen mit dem elfjährigen Sonnenfleckenzyklus nicht sicher erkennen, im Gegensatz zu stärkeren zeitlichen Schwankungen der Partikelstrahlung der Sonne und einer Wellenstrahlung im kurzwelligen U.V., welche nur einige Prozente der gesamten Sonnenstrahlungsenergie betragen und bereits in Höhen über 50 km von der Atmosphäre vollständig absorbiert werden (vgl. 329).

Nach der international gültigen Smithsonian revised scale 1913 (Grundlage Abbots Waterflow-Pyrheliometer) beträgt die Solarkonstante, im Mittel der Jahre 1920—1936, $J_0 = 1{,}940$ cal/cm^2 min. Die an das K. Ångströmsche Kompensationspyrheliometer angeschlossene Ångströmskala liefert um rund 4% niedrigere Werte (328812). Wegen der verschiedenen Öffnungswinkel der Standardinstrumente werden außer der Sonnenstrahlung verschiedene Beträge zirkumsolarer Himmelsstrahlung zusätzlich gemessen. Nach Messungen von Linke und Ulmitz [2] erreicht diese in der Zone $^1/_2°$ bis 8° Sonnenabstand, je nach der Trübung, 2 bis 8% der Sonnenstrahlung (328813). Nach den neuesten Messungen liegt die Smithsonian-Skala um rund 2 bis 3% zu hoch. Der derzeitig wahrscheinlichste Wert der Solarkonstante ist daher $J_0 = 1{,}90$ cal/cm^2 min. Fehler der absoluten Strahlungsmesser: unvollständige Absorption der Auffangflächen, Konvektionsströme, Ungleichheit von elektrischer Heizung und Bestrahlung, unkontrollierbare Erwärmung der Rührvorrichtung. Nach Süring [2] besteht eine Unsicherheit der Solarkonstante von vielleicht 3 bis 4%. Die von Abbot angegebene U.V.-Korrektur bedarf noch der Nachprüfung.

Ein Teil der Sonnenstrahlung wird von den Luftmolekülen (hauptsächlich H_2O, CO_2 und O_3) durch Dunst, Wolken und die Erdoberfläche absorbiert und geht hierdurch in den Wärmehaushalt der Atmosphäre ein. Am Erdboden wird das ultraviolette Ende des Sonnenspektrums unterhalb 0,29 μ durch die stratosphärische Ozonschicht (32825) und den Sauerstoff vollständig abgeschnitten, das infrarote Ende durch den Wasserdampf, die Kohlensäure und das Ozon größtenteils absorbiert. Ein anderer Teil wird durch die Luftmoleküle, Wolken, trübenden Teilchen (Aerosol) und an der Erdoberfläche diffus reflektiert (328814 und 328815). Ein kleiner Teil dieser Himmelsstrahlung wird durch die Atmosphäre, ein größerer Teil an der Erdoberfläche absorbiert. Der Rest verläßt die Atmosphäre, ohne in den Wärmehaushalt einzugreifen. Die absorbierte Sonnenenergie wird nach Durchlaufen zahlreicher, im einzelnen nicht übersehbarer Prozesse vorwiegend als infrarote Strahlung wieder nach dem Weltenraum abgegeben (Wellenlängentransformation). — Tabellen und Kurven für die tatsächliche Sonnenstrahlung auf verschieden geneigte Flächen im Literaturverzeichnis [12] nachgewiesen, ferner im Lehrbuch von Hann-Süring [1]. Licht des Taghimmels 32885.

Langwellige Strahlung (32882). Die langwellige Strahlung setzt sich zusammen:

1. aus der Ausstrahlung der Erdoberfläche (Absorptionsvermögen 328825) und der Wolken (328831);
2. aus der Strahlung der wolkenlosen Atmosphäre. Sie ist abhängig von der vertikalen Verteilung der Temperatur und der strahlenden Beimengungen (Herkunft der Luftmasse). Hauptsächliche Strahler sind Wasserdampf, CO_2 und O_3 (32825), ferner Staub (Dunst). In größeren Höhen muß die Temperatur- und Druckabhängigkeit der Gasabsorption (Linienstruktur) berücksichtigt werden. Die Berechnung der Gegenstrahlung erfolgt nach den von Mügge und Möller [8] und von Elsasser [8] entwickelten graphischen Verfahren. Für die meisten klimatologischen Zwecke genügen die Formeln von Ångström und Brunt (328821). Die Mehrzahl der bisherigen Messungen wurden bei Nacht angestellt; Tagesmessungen von Albrecht, Falckenberg [8] und Bolz.

Strahlungsbilanz (32883). Im Mittel vieler Jahre besteht für die ganze Erde quasistatisches Strahlungsgleichgewicht. Kurzwellige Zustrahlung und langwellige Abstrahlung halten sich die Waage (mittlere Verhältnisse für das Jahr und die Nordhalbkugel nach Abb. 4). Der messenden und rechnenden Bestimmung des Strahlungshaushalts stehen bisher große Schwierigkeiten entgegen, weil es sich um die Ermittlung kleiner Größen als Differenzen aus Absorption und Emission handelt. In der Troposphäre spielt neben der Strahlung die Konvektion eine große Rolle zur Aufrechterhaltung der beobachteten Temperaturverteilung. Ob in der Stratosphäre Strahlungsgleichgewicht herrscht, erscheint heute zumindest zweifelhaft; vermutlich muß die meridionale Verteilung der Stratosphärentemperatur (s. 3281) als Ergebnis des Zusammenwirkens von Strahlungs- und Zirkulationsvorgängen angesehen werden. Eine theoretisch gefundene substratosphärische Emissionsschicht (Albrecht [10]) wurde mit verbesserten Rechengrundlagen fragwürdig, vielmehr ergeben fast alle — auch die neuesten — Berechnungen in jeder Höhe ein Überwiegen der langwelligen Ausstrahlung des Wasserdampfes, die durchschnittlich pro Tag zu einer Abkühlung zwischen 1 und 3° führen müßte (Abb. 2; 328831). Dieser langwelligen Emission steht gegenüber die Absorption der Sonnenstrahlung durch den Wasserdampf im Rot und nahen Infrarot mit 0,2 bis 0,7° pro Tag. In der Stratosphäre spielt, nach oben zunehmend, die Absorption durch Ozon und Sauerstoff eine wichtige Rolle (Abb. 3).

Eine umfassende Darstellung des Strahlungshaushaltes der Atmosphäre enthält: Linke, F.: Handbuch der Geophysik VIII, Berlin 1942. Eine Zusammenstellung aller in den Jahren 1939 bis

1946 erschienenen Arbeiten auf dem Gebiet der meteorologischen Strahlungsforschung enthält: Mügge, R.: Naturforschung und Medizin **19**, Fiat Review **19**, Abschnitt 2: Strahlung in der Atmosphäre und Sichtwerte von F. Möller, Dieterichsche Verlagsbuchhandlung Wiesbaden.

Internationale Strahlungs-Kommission vgl. 32 B, IAM.

Einfluß der Erdatmosphäre bei astronomischen Beobachtungen vgl. 3109.

32881 Sonnen- und Himmelsstrahlung.

Vgl. auch 31092.

328811 Intensität der ungeschwächten Sonnenstrahlung für die Monatsmitten in Prozent der Solarkonstante (Einfluß der Exzentrizität der Erdbahn).

Monat	Jan.	Febr.	März	April	Mai	Juni	Juli	Aug.	Sept.	Okt.	Nov.	Dez.	Mittel
Intensität	103,4	102,5	101,1	99,3	97,8	96,9	96,8	97,5	98,9	100,6	102,2	103,2	100

328812 Pyrheliometerskalen [2].

In Klammern [ ] stehen jeweils die Öffnungswinkel der Pyrheliometer.

Die mit dem Ångströmschen Pyrheliometer [Rechteck 5·13°] gemessene Skala liegt mehrere Prozente unter der Smithsonian-Skala 1913, und zwar nach Abbot (1913) 3,9%; Ångström (1914) 2,6%, (1919) 3,2%; Marten (1913) 3,4%, (1930) 3,9%; Mörikofer (1932) 5,8%; Feußner (1936) in Potsdam 4,3% und in Davos 6,2%. Zu beachten ist, daß der Anschluß der Ångström-Pyrheliometer an das Standardinstrument in Uppsala nur auf ± 1% genau erfolgte. Die mit dem Kompensations-Waterflow [10°] gemessene Skala liegt nach Abbot (1932) 2,5%, nach Abbot und Aldrich (1934) 2,3% unter der Smithsonian-Skala. Falckenberg erhielt mit Luftkalorimeter 13,5°, 1942 gleichfalls 2,3%. Andererseits fanden mittels Wasserrührkalorimeter Thingwaldt [8° und 7,2°] (1931) um 1,8% und Feußner (1936) um 1% höhere Werte als nach der Ångström-Skala.

328813 Intensität der zirkumsolaren Himmelsstrahlung je Quadratbogengrad in Prozent der direkten Sonnenstrahlung. Rohe Werte nach Linke und Ulmitz [2].

Sonnendistanz . .	2,1°	3,5°	5,1°	6,5°
Intensität % . .	0,58	0,22	0,16	0,20

Abfall der Himmelshelligkeit H_φ mit dem Winkelabstand φ von der Sonne nach Stranz [2] $H_\varphi = b e^{-a/\varphi}$

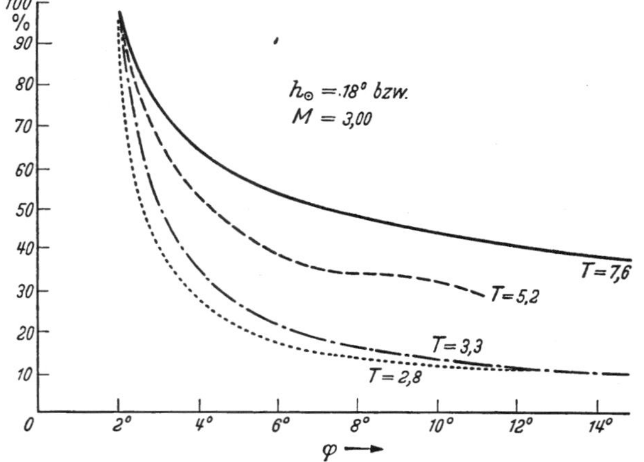

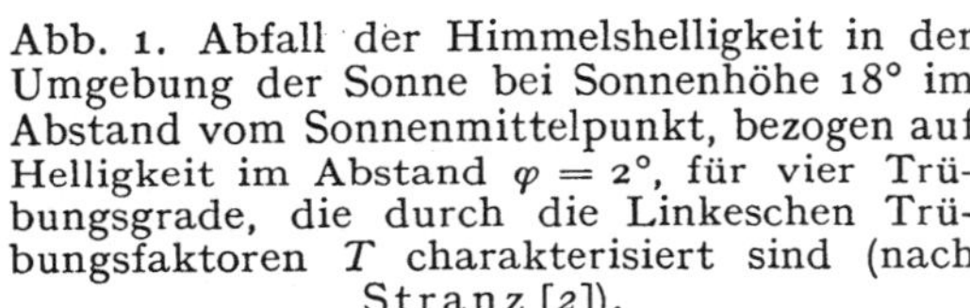

Abb. 1. Abfall der Himmelshelligkeit in der Umgebung der Sonne bei Sonnenhöhe 18° im Abstand vom Sonnenmittelpunkt, bezogen auf Helligkeit im Abstand $\varphi = 2°$, für vier Trübungsgrade, die durch die Linkeschen Trübungsfaktoren T charakterisiert sind (nach Stranz [2]).

328814 Extinktion der Sonnenstrahlung.

Bezeichnungen:

a_λ = monochromatischer Zerstreuungskoeffizient nach Rayleigh-Cabannes (Tab. a).

q_λ = monochromatischer Transmissionskoeffizient ($a_\lambda = -\ln q_\lambda$).
Durchgang durch Luftmasse M schwächt Strahlung auf den Bruchteil $e^{-a_\lambda M} = q_\lambda^M$

$a_{H\lambda}$ = Koeffizient der selektiven Absorption durch H_2O-Dampf.

$J_{0\lambda}$ = spektrale Intensitäten der extraterrestrischen Sonnenstrahlung.

J_0 = Gesamtstrahlung der Sonne (extraterrestrisch).

M = Luftmasse ($M = 1$ für Sonne im Zenit bei 760 mm Luftdruck).

w = gesamter Wasserdampfgehalt der Atmosphäre nach dem Zenit, ausgedrückt in cm Niederschlagshöhe, wenn alles Wasser ausregnen würde.

γ_r = Transmissionsvermögen des Rotfilters (z. B. Schott RG 2).

$F(Mw)$ = Absorptionsverlust der Sonnenstrahlung durch Wasserdampf.

Der neue Trübungsfaktor nach Linke Θ ([1], Handbuch S. 270) beträgt:

$$\Theta = \Phi_M \log \frac{J_0}{J_{M,\Theta}} = \frac{\log J_0 - \log J_{M\Theta}}{\log J_0 - \log J_{M,w=1}}, \quad \text{wo } \Phi_M = \frac{1}{\log J_0 - \log J_{M,w=1}}.$$

Der Linkesche Trübungsfaktor erfaßt mit der Dunstzerstreuung auch die selektive Absorption des Wasserdampfes, der Kohlensäure und des Ozons und ist fast unabhängig von der durchstrahlten Luftmasse, also auch von der Zenitdistanz.

Der Trübungskoeffizient β nach Ångström und Hoelper [5] wird definiert für die

Gesamtstrahlung $J = \int_0^\infty J_{0\lambda}\, e^{-[a_\lambda + a_{H\lambda} w + \beta\lambda^{-\alpha}]\cdot M}\, d\lambda = \int_0^\infty J_{0\lambda}\, q_\lambda^M\, e^{-\beta\lambda^{-\alpha} M}\, d\lambda - F(Mw)$,

Rotstrahlung $J_r = \gamma_r \int_{0{,}625}^\infty J_{0\lambda}\, q_\lambda^M\, e^{-\beta\lambda^{-\alpha} M}\, d\lambda - \gamma_r F\,(Mw)$,

Kurzstrahlung $J_k = J - \frac{1}{\gamma_r} J_r = \int_0^{0{,}625} J_{0\lambda}\, q_\lambda^M\, e^{-\beta\lambda^{-\alpha} M}\, d\lambda$.

M ist bekannt. β wird aus J_k nach Tab. c), w nach den Tab. d) und e) oder nach neueren Messungen (Linke [1], Handbuch S. 262) nach den Formeln berücksichtigt:
$F = 0{,}10 + 0{,}0054\, e_0 M$ cal/cm² min (Fowle [3]), wobei e_0 = Bodendampfdruck, oder:
$F = 0{,}172\,(wM)^{0{,}3028}$ cal/cm² min (Möller [3]).

a) Schwächung der Sonnenstrahlung durch Rayleigh-Streuung nach Götz [5]. Dekadische Schwächungskoeffizienten ($-\log_{10} q_\lambda = 0{,}434\, a_\lambda$) nach Lord Rayleigh, bei Berücksichtigung der Anisotropie der Moleküle nach J. Cabannes.

Wellenlänge (μ)		0,35	0,40	0,45	0,50	0,62	0,71	0,80	0,98
Extrapoliert auf Dunsttrübung Null nach Messungen in 2711 m Höhe von.	F. E. Fowle [3]	0,193[1]	0,121	0,073	0,053	0,026	0,014	0,010	0,006
Theoretisch nach	Lord Rayleigh [5]	0,191	0,113	0,066	0,043	0,018	0,010	0,006	0,003
	J. Cabannes [5]	0,205	0,122	0,071	0,046	0,019	0,011	0,007	0,003

b) Sonnenstrahlungsintensität, Transmissionsfaktoren und Extinktionskoeffizienten in Abhängigkeit von der wahren Luftmasse M bzw. vom Produkt $M \cdot T$ für reine, trockene Luft.

Berechnet von Feußner und Dubois [5].

Definition: Rotstrahlung J_r hinter Filter Schott RG 2 gemessen; Kurzstrahlung $J_k = J - 1{,}18\, J_r$.

Luftmasse M	0	1/2	1	2	3	4	6	8	10
			1. Intensitäten J der Sonnenstrahlung (cal/cm² min).						
Gesamtstrahlung . J	1,940	1,841	1,757	1,623	1,517	1,428	1,297	1,200	1,120
Rotstrahlung. . . J_r	1,029	1,020	1,010	0,991	0,973	0,955	0,923	0,893	0,865
Kurzstrahlung . . J_k	0,726	0,637	0,565	0,454	0,369	0,302	0,208	0,147	0,100
			2. Transmissionskoeffizienten q.						
Gesamtstrahlung . q_M	—	0,904	0,907	0,915	0,921	0,926	0,935	0,942	0,947
Rotstrahlung. . . q_{rM}	—	0,980	0,981	0,981	0,981	0,981	0,982	0,982	0,983
Kurzstrahlung . . q_{kM}	—	0,783	0,789	0,802	0,810	0,815	0,827	0,835	0,841
			3. Extinktionskoeffizienten $a = -\ln q$.						
Gesamtstrahlung . a_M	—	0,1016	0,0971	0,0890	0,0822	0,0766	0,0673	0,0598	0,0545
Rotstrahlung. . . a_{rM}	—	0,0199	0,0196	0,0194	0,0193	0,0190	0,0186	0,0182	0,0176
Kurzstrahlung . . a_{kM}	—	0,245	0,237	0,221	0,211	0,203	0,190	0,180	0,173

c) Kurzstrahlungsintensität der Sonne J_k (cal/cm² min) für $\lambda < 0{,}625\ \mu$ in Abhängigkeit von Luftmasse M und Trübung (β = Ångströmscher Trübungskoeffizient) nach O. Hoelper [5].

β \ M	0	1	2	3	4	6
0,000	0,765	0,606	0,494	0,405	0,341	0,245
0,025	—	0,567	0,434	0,337	0,267	0,172
0,050	—	0,530	0,381	0,280	0,210	0,122
0,075	—	0,496	0,337	0,233	0,167	0,087
0,100	—	0,464	0,297	0,195	0,131	0,061
0,150	—	0,407	0,231	0,136	0,082	0,031
0,200	—	0,358	0,182	0,096	0,052	0,016

d) Gesamtstrahlungsintensität J der Sonne (cal/cm² min) in Abhängigkeit von Luftmasse M und Trübung (β = Ångströmscher Trübungskoeffizient), jedoch ohne Wasserdampfabsorption, nach O. Hoelper [5].

β \ M	0	1	2	3	4	6
0,000	1,940	1,755	1,624	1,520	1,431	1,298
0,025	—	1,684	1,506	1,364	1,251	1,081
0,050	—	1,618	1,402	1,233	1,103	0,910
0,075	—	1,559	1,305	1,119	0,977	0,772
0,100	—	1,500	1,220	1,020	0,868	0,660
0,150	—	1,392	1,069	0,852	0,699	0,494
0,200	—	1,295	0,944	0,720	0,570	0,379

[1] Messungen wahrscheinlich durch kurzwelliges Himmelslicht mit Maximum 0,35 μ (P. Heß [5]) gefälscht.

e) Absorptionsverlust $F(wM)$ in (cal/cm² min) der Sonnenstrahlung durch den Wasserdampf in Abhängigkeit von Luftmasse M und Wasserdampfgehalt w (cm Niederschlagswasser) nach O. Hoelper [5]. $J_0 = 1{,}940$ cal/cm² min.

$w \cdot M$	F	$w \cdot M$	F	$w \cdot M$	F	$w \cdot M$	F
0,12	0,050	0,57	0,110	1,82	0,170	5,25	0,230
0,18	0,060	0,72	0,120	2,20	0,180	6,15	0,240
0,24	0,070	0,88	0,130	2,63	0,190	7,40	0,250
0,30	0,080	1,06	0,140	3,12	0,200	9,25	0,260
0,37	0,090	1,28	0,150	3,72	0,210	12,15	0,270
0,45	0,100	1,54	0,160	4,44	0,220	16,20	0,280

328815 Diffuses Reflexionsvermögen (Albedo [6]).

Mittel über das Jahr und die ganze Erde	43 %	Aldrich
Mittel über das Jahr für den Atlantik (1926/34)	39 %	Danjon
Jährlicher Gang: Minimum (August)	31 %	Danjon
Jährlicher Gang: Maximum (Oktober)	49 %	Danjon

Albedo der Erdoberfläche und Wolken.

Sehr dunkler, ausgedehnter Mischwald	4,5 %	Büttner, Flugzeug 100
Nadelwald	7 %	,, bis 700 m über
Heller Laub- und Mischwald, Wasser[1] (Nordsee)	9 %	,, Boden
Heide	10 %	,,
Wiese, Weiden, Felder	14 %	,,
Heller Dünensand, Brandung	26—63 %	,,
Geschlossene, sonnenbeschienene Wolkendecke	60 %	,,
Geschlossene Wolkendecke in diffuser Beleuchtung	90 %	,,
Frische Schneedecke	81—89 %	Lunelund, Dorno [1]
Ältere Schneedecke	42—70 %	Lunelund
Eis: Frühjahr	76 %	Sverdrup
Eis: Sommer	62 %	Sverdrup
Spitzen von Fichten	10 %	Ångström, 2 m über
Spitzen von Kiefern	14 %	,, Boden
Spitzen von Eichen, Heidekraut	18 %	,,
Felder mit nassem Gras nach Regen	22 %	,,
Feld mit frischem Gras	25 %	,,
Feld mit trockenem Gras	31 %	,,
Nasser Sand	9 %	,,
Trockener Sand	18 %	,,
Ackerboden	16 %	,,
Graue Sandfläche	12—26 %	,,
Granitfelsen teilweise mit Flechten bedeckt	12—18 %	,,
Wasserfläche bei diffuser Beleuchtung	10 %	,,

Albedo im sichtbaren Licht s. 328853.

328816 Gesamtstrahlung (Globalstrahlung) $\overline{J}$ von Sonne und Himmel (klimatologischer Mittelwert) nach Ångström.

$$\overline{J} = \overline{J}_0 (\eta + (1 - \eta)\, s),$$

oder, falls die zu prüfende Voraussetzung $w = (1 - s)$ erfüllt ist, auch:

$$\overline{J} = \overline{J}_0 (1 - [1 - \eta]\, w).$$

w = Bewölkungsgrad; s = relative Sonnenscheindauer = Verhältnis der tatsächlichen zur möglichen Sonnenscheindauer; $\eta = \overline{J}_0 / \overline{J}_1$ Verhältnis der Gesamtstrahlung $\overline{J}_1$ bei bedecktem zu der $(\overline{J}_0)$ bei klarem Himmel (empirische Konstante, von der geogr. Breite abhängig).

$\overline{J}_0 = (1{,}75 \sin h - 0{,}0034\, e - 0{,}30 \sqrt{\sin h}) \cdot (1 + a\gamma)$ cal/cm² min (Albrecht [10]).

h = Sonnenhöhe, e = Dampfdruck in mm Hg, a = Albedo der Erdoberfläche, γ = Rückstrahlungsvermögen der klaren Atmosphäre (bei mittlerem Trübungszustand ist $\gamma = 37\,\%$ nach Albrecht [10]).

Beobachtungsort	Nordbreite	η Jahr	η Juli	Literatur [4]	Bemerkungen
Isachsens Plateau	80°	—	0,60	Olsson	Schnee
Sveanor	80°	—	0,41	Ångström	schneefrei
„Maud"-Drift	73°	0,54	0,44	Mosby	Drifteis
Abisko	68°	0,39	0,27	Ångström u. Tryselius	Sommer schneefrei
Sodankylä	67°	0,36	—	Keränen u. Lunelund	,, ,,
Helsingfors	60°	0,26	0,23	Lunelund	,, ,,
Stockholm	59°	0,24	0,23	Ångström	,, ,,
Washington, Madison, Lincoln	41°	0,22	—	Kimball	,, ,,
Potsdam	52°	0,22	—	Marten	,, ,,

[1] Bei Wasser abhängig vom Sonnenstand (Fresnelsche Formel; s. 328818); schwache Wellenbewegung verringert die Albedo, starke Wellenbewegung vergrößert sie durch Schaumbildung.

Falckenberg / Schnaidt †

Verhältnis von direkter Sonnenstrahlung J zur diffusen Himmelsstrahlung D bei klarem Himmel:
$(J/D)_0 = 11{,}0 \sin h$ Haude, Wüste Gobi, 1500 m NN,
$= 13{,}5 \sin h$ Haude, Wüste Gobi, 1000 m NN; Lunelund, Helsingfors.

328817 Verhältnis der Tagessummen der Himmelsstrahlung zur auf die waagerechte Fläche einfallenden Sonnenstrahlung bei wolkenlosem Himmel in Prozent nach Steinhauser [5].

	Seehöhe m	Winter	Frühling	Sommer	Herbst	Jahr
Zugspitze	2963	13,1	8,6	10,1	14,3	10,8
Davos	1600	47,9	24,7	26,4	24,7	27,7
Karlsruhe	130	56,8	41,0	34,4	39,0	39,5

328818 Reflexionsvermögen a' einer ebenen Wasserfläche für direkte Sonnenstrahlung und Verhältnis von diffuser zur Gesamtstrahlung in Abhängigkeit von der Sonnenhöhe h, berechnet von Albrecht [10].

h	5°	10°	20°	30°	40°	50°	60°
a' %	71	48	26	17	12	8	6
$(D/\overline{J})_0$ %	45	29	17	13	12	11	10

32882 Langwellige Strahlung.

328821 Gegenstrahlung G der wolkenlosen Atmosphäre zum Erdboden in der Ebene und auf Bergen bis 4 km Höhe.

Nach Ångström [8] ist $G_{\triangle} = \sigma T^4 \, (a - b \cdot 10^{-ce})$ cal/cm² min aus der Halbkugel; $G_{\perp}$ = Gegenstrahlung aus dem Zenit aus dem Raumwinkel 1; σT^4 = Schwarzstrahlung; e = Wasserdampfdruck am Boden in mb; Klammerwerte von c gelten für Messung von e in mm Hg.

	a	b	c	Literatur [8]	Bemerkungen
$G_{\triangle}$	0,81	0,24	0,052 (0,069)	Ångström	Nachtwerte nicht endgültig
$G_{\triangle}$	0,77	0,28	0,056 (0,075)	Raman	Nachtwerte
$G_{\triangle}$	0,71—0,80	0,24—0,32	0,040—0,073	Verschiedene Autoren	Streubreite der Mittel aus Nachtwerten
$G_{\triangle}$	0,82	0,25	0,053—0,097 (0,126)	Falckenberg, Bolz	Mittelwert aus 1300 Messungen für Tag und Nacht
$\pi G_{\perp}$	0,79	0,30	0,045 (0,060)	Falckenberg	Mittagswerte für Luft[1] nichtpolarer Herkunft

Nach Brunt [8] $G_{\triangle} = \sigma T^4 \left(a_1 + b_1 \sqrt{e}\right)$ cal/cm² min, mit e in Millibar.

	a_1	b_1	Literatur [8]	Bemerkungen
$G_{\triangle}$	0,47	0,072	Brunt	Nachtwerte, Mittel aus Ergebnissen verschiedener Beobachter
$G_{\triangle}$	0,53	0,047	Raman	Nachtwerte
$G_{\triangle}$	0,44—0,62	0,027—0,066	Verschied. Beobachter	Streubreite der Mittel aus Nachtwerten

Streuung der Nachtwerte zum größeren Teil bedingt durch zeitlich und örtlich verschiedene Bodeninversion, zum kleineren Teil durch die Herkunft der Luft und Apparatefehler.

328822 Gegenstrahlung G_w der Atmosphäre zum Erdboden bei Bewölkung w nach Bolz [8].

$$G_w = G_0 \, (1 + K w^{2,5})$$

G_0 = Gegenstrahlung bei wolkenlosem Himmel.
K = Parameter für die Wolkenart. Im Jahresmittel für Norddeutschland 0,22.
w = Bedeckungsgrad in der Skala 0,1—1.

Die neueren Messungen von Bolz bestätigten nur für den Bedeckungsgrad 1 (vollständig mit Wolken bedeckter Himmel) die frühere Beziehung Ångströms zwischen dem Strahlungsverlust einer horizontalen schwarzen Fläche von Lufttemperatur (effektive Ausstrahlung) in Abhängigkeit von der Bewölkung.

[1] Für Luft polarer Herkunft bis 4% kleinerer Wert; über Schnee infolge Bodeninversion bis 9% höherer Wert. Maximum, mit bis zu 10% höherem Gegenstrahlungswert, zur Zeit des Sonnenaufgangs.

328823 Strahlungsverlust einer normal zur Strahlungsrichtung stehenden schwarzen Fläche von Lufttemperatur in Abhängigkeit von der Zenitdistanz (zonale effektive Ausstrahlung A_z nach der Zenitdistanz z in den Raumwinkel 1).

Nach Linke und Süßenberger [8] gilt für wolkenlosen Himmel:

$$A_z = A_\perp \cos^r z = \frac{(2+r)\,A_\cap}{2\pi} \cdot \cos^r z, \quad \text{wo } r = 0{,}05 + 0{,}025\,e_0 + 0{,}05 \cdot \sqrt{e_0}.$$

$A_\cap = \sigma T^4 - G_\cap$ = effektive Ausstrahlung einer horizontalen Fläche nach der Halbkugel, $A_\perp$ nach dem Zenit in den Raumwinkel 1.

e_0 = Bodendampfdruck in mm Hg.

328824 Eigenstrahlung einer 236 cm langen und 8 cm breiten wasserdampfhaltigen, jedoch CO_2-freien Luftschicht in Prozent der Schwarzstrahlung gleicher Temperatur.

Nach Messungen von G. Falckenberg und U. Düker [7].

Niederschlagshöhe g/m²	Lufttemperatur °C 0°	10°	20°	30°	100°	Niederschlagshöhe g/m²	Lufttemperatur °C 0°	10°	20°	30°	100°
3	5,1	5,0	4,9	4,7	3,4	30	—	—	19,2	18,6	14,8
4	6,4	6,3	6,2	6,0	4,4	40	—	—	—	21,1	16,7
6	8,5	8,3	8,2	8,0	6,2	50	—	—	—	—	18,3
8	10,1	10,0	9,8	9,5	7,6	100	—	—	—	—	25,0
10	11,5	11,3	11,2	10,8	8,8	200	—	—	—	—	34,0
15	—	14,1	13,8	13,4	10,8	400	—	—	—	—	46,1
20	—	—	15,9	15,4	12,3						

Druckabhängigkeit der Wasserdampfabsorption [9]: Nach den Berechnungen von Schnaidt nach Messungen von Bahr und Falckenberg kann die Verminderung der langwelligen Absorption beim tieferen Druck p gegenüber p_0 angenähert durch Verringerung der „strahlungseffektiven" Schichtdicke $\sqrt{p/p_0}$ berücksichtigt werden. Summerfield und Strong fanden experimentell die Absorptionsabnahme $p^{1/4}$, Matossi und Rauscher berechneten theoretisch ebenfalls die Absorptionsabnahme $p^{1/4}$.

328825 Absorption der atmosphärischen Kohlensäure ($\lambda > 4\,\mu$) in Abhängigkeit von der Temperatur der Schwarzstrahlung in Prozent.

Nach Messungen von Falckenberg, Martin und Barker, berechnet von Schnaidt [7].

Schichtdicke in m Normalluft (760 mm Hg 0°C)	2,4	12	120	1200	4800	12000
$T = 313°$ K	0,6	2,3	8,6	17,2	19,0	19,3%
$T = 273°$ K	0,6	2,4	9,1	18,4	20,3	20,6%
$T = 233°$ K	0,6	2,4	9,2	18,7	20,6	20,8%
$T = 193°$ K	0,5	2,2	8,3	16,8	18,5	18,6%

328826 Absorptionsvermögen natürlicher Oberflächen für infrarote Strahlung ($\lambda > 4\,\mu$).

Nach Messungen von G. Falckenberg [4].

Bodenbeschaffenheit	Schnee locker	Blätter, Gras, Tannennadeln	Grober Kies	Heller Sand
Absorptionsvermögen .	0,99	0,96—0,98	0,91—0,92	0,89

Absorptionsvermögen des idealen schwarzen Körpers = 1.

32883 Strahlungsbilanz.

328831 Wirkung der infraroten Strahlung in wolkenloser Atmosphäre nach Berechnungen mit Hilfe des Möllerschen Strahlungsdiagramms [10].

Wärmeverlust und -gewinn der Volumeinheit durch Ausstrahlung (a) und durch Absorption der Einstrahlung (b) veranschaulicht Möller ([10], 1935) durch äquivalente Temperaturänderungen in °C/Tag; Bilanz $d = a + b$ (Abb. 2).

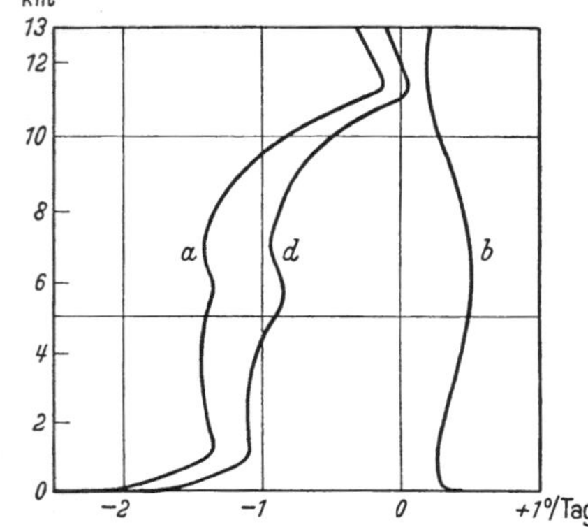

Abb. 2. Strahlungshaushalt der wolkenlosen Atmosphäre nach Möller. Rechnungsgrundlage ist die mittlere Temperatur- und Feuchteverteilung im Juni über Lindenberg.

Falckenberg / Schnaidt †

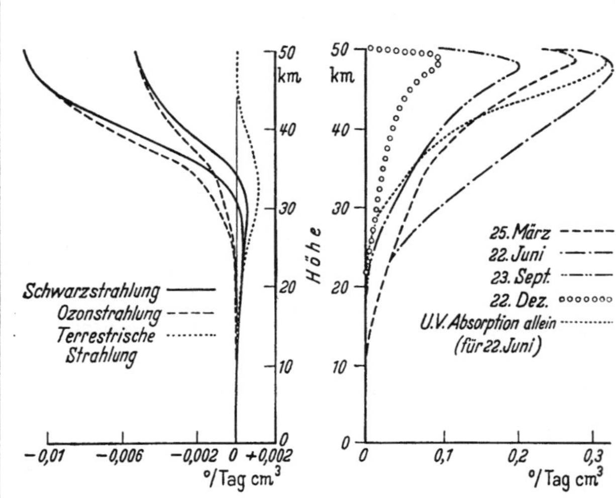

Abb. 3. Strahlungshaushalt der Stratosphäre nach R. Penndorf [*10*]. Links Abkühlung der Luft infolge langwelliger Strahlung von Ozon (ohne Wasserdampf!), rechts Erwärmung infolge Absorption der Sonnenstrahlung durch Ozon im U.V. und sichtbaren Gebiet. Ozonverteilung an 4 Tagen nach F. W. P. Götz [*1*] für Arosa.

Für den Einfluß von Wolken siehe Möller (Labilisierung von Schichtwolken durch Strahlung Met. Z. **60** (1943) 212).

328832 Wärmehaushalt der Nordhalbkugel.

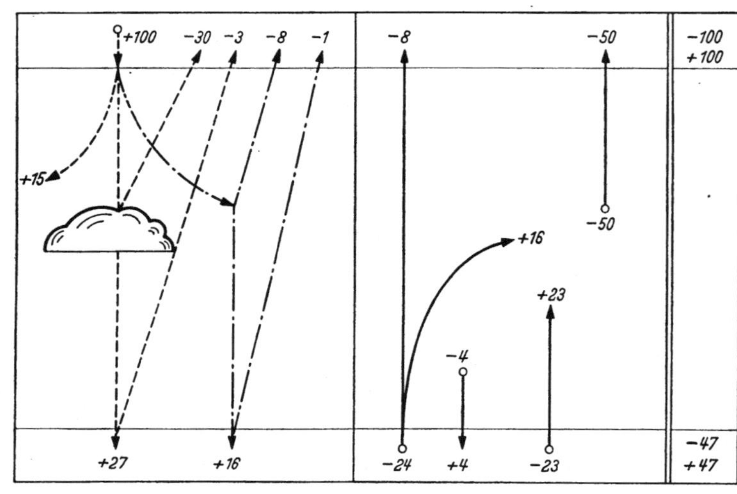

Abb. 4. Wärmehaushalt der Nordhalbkugel im Jahresmittel in Prozent der ungeschwächten mittleren Sonnenstrahlung (0,48 cal/cm²min) nach Baur, Philipps und Möller [*10*].

Kurzwellige Strahlungsbilanz:

	%	
Außeratmosphärische Sonnenstrahlung	100	
Vom Erdboden absorbierte direkte Sonnenstrahlung	27	
Vom Erdboden absorbierte indirekte Sonnenstrahlung	16	
Von den Wolken reflektierte direkte Strahlung	30	Energiealbedo 42%
Von der Erdoberfläche reflektierte direkte Strahlung	3	
Von der Lufthülle diffus nach dem Weltraum reflektierte Strahlung	8	
Von der Erdoberfläche reflektierte indirekte Strahlung	1	
Von der Lufthülle (einschl. Wolken) absorbierte Strahlung	15	

Langwellige Strahlungsbilanz:

Langwelliger Strahlungsverlust („effektive Ausstrahlung") der Erdoberfläche	24
Davon von der Atmosphäre in den Weltraum durchgelassen	8
Davon von der Atmosphäre absorbiert	16
Von der Lufthülle emittierte langwellige Strahlung nach dem Weltraum	50

Vertikal transportierte Wärme (Restposten):

Durch vertikalen Austausch von der Lufthülle nach dem Erdboden transportierte Wärme	4
Vom Erdboden durch Verdunstung abgegebene und von der Lufthülle durch Kondensation aufgenommene Wärmemenge	23

Falckenberg / Schnaidt †

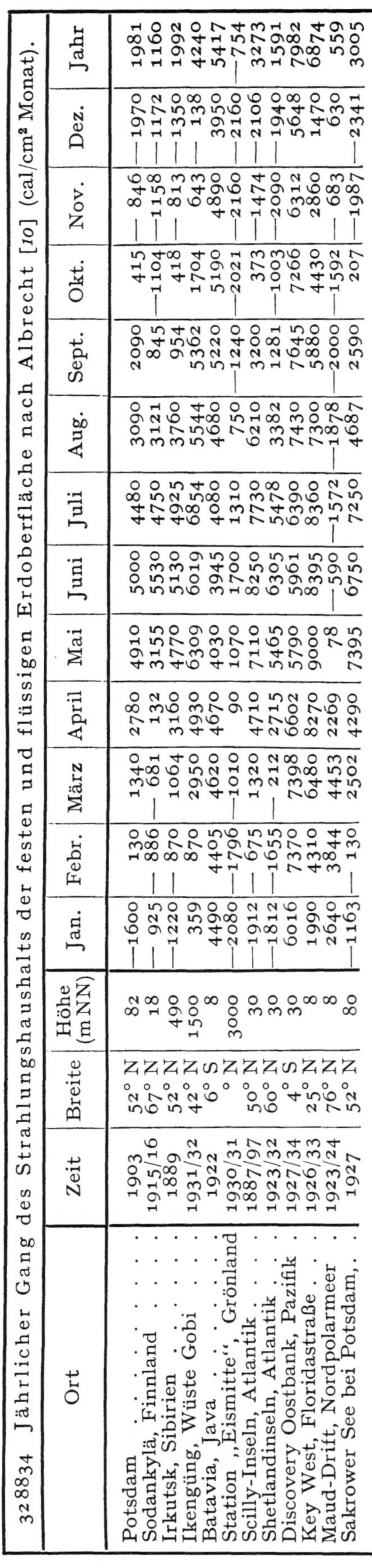

328834 Jährlicher Gang des Strahlungshaushalts der festen und flüssigen Erdoberfläche nach Albrecht [10] (cal/cm² Monat).

Ort	Zeit	Breite	Höhe (m NN)	Jan.	Febr.	März	April	Mai	Juni	Juli	Aug.	Sept.	Okt.	Nov.	Dez.	Jahr
Potsdam	1903	52° N	82	—1600	130	1340	2780	4910	5000	4480	3090	2090	415	— 846	—1970	1981
Sodankylä, Finnland	1915/16	67° N	18	— 925	— 886	— 681	132	3155	5530	4750	3121	845	—1104	—1158	—1172	1160
Irkutsk, Sibirien	1889	52° N	490	—1220	— 870	1064	3160	4770	5130	4925	3760	954	418	— 813	—1350	1992
Ikengüng, Wüste Gobi . . .	1931/32	42° N	1500	359	870	2950	4930	6309	6019	6854	5544	5362	1704	643	— 138	4240
Batavia, Java	1922	6° S	8	4490	4405	4620	4670	4030	3945	4080	4680	5220	5190	4890	3950	5417
Station „Eismitte“, Grönland	1930/31	° N	3000	—2080	—1796	—1010	90	1070	1700	1310	750	—1240	—2021	—2160	—2160	—754
Scilly-Inseln, Atlantik	1887/97	50° N	30	—1912	— 675	1320	4710	7110	8250	7730	6210	3200	373	—1474	—2106	3273
Shetlandinseln, Atlantik . . .	1923/32	60° N	30	—1812	—1655	— 212	2715	5465	6305	5478	3382	1281	—1003	—2090	—1940	1591
Discovery Oostbank, Pazifik .	1927/34	4° S	30	6016	7370	7398	6602	5790	5961	6390	7430	7645	7266	6312	5648	7982
Key West, Floridastraße . . .	1926/33	25° N	8	1990	4310	6480	8270	9000	8395	8360	7300	5880	4430	2860	1470	6874
Maud-Drift, Nordpolarmeer .	1923/24	76° N	8	2640	3844	4453	2269	78	—590	—1572	—1878	—2000	—1592	— 683	630	559
Sakrower See bei Potsdam, . .	1927	52° N	80	—1163	— 130	2502	4290	7395	6750	7250	4687	2590	207	—1987	—2341	3005

328833 Jahresgang der Sonnen-, Himmels- und Gegenstrahlung.

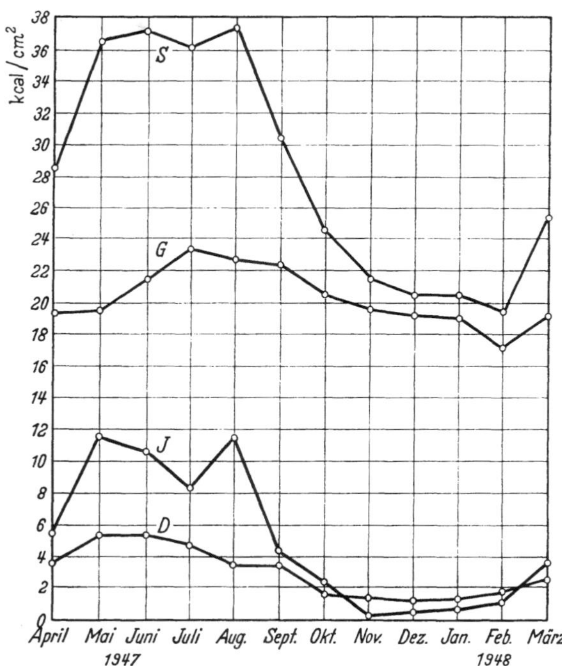

Abb. 5. Jährlicher Gang der auf die Horizontalfläche fallenden Strahlung S nach Messungen von Bolz und Falckenberg [Z. f. Meteorologie **4** (1950) 65]. Gesamtstrahlung $S = J + D + G$. J = Sonnenstrahlung, D = diffuse Sonnenstrahlung, G = infrarote Gegenstrahlung. Jahressummen: J = 60 kcal/cm²; D = 36 kcal/cm²; G = 243 kcal/cm².

Literatur zu 32880-3.

[1] Zusammenfassende Darstellungen.

Albrecht: Met. Zs. **60** (1943) 43. — Conference Oxford 1936, 29 Vorträge. Quart. J. Roy. Meteorol. Soc. London, Suppl. Vol. 62. — Dorno, C.: Himmelshelligkeit, Himmelspolarisation und Sonnenintensität in Davos 1911 bis 1918. Abh. Preuß. Met. Inst. **6** (1919) 214. — Götz, F. W. P.: Ergebnisse der kosmischen Physik Bd. I, 180 bis 235, Leipzig 1931; Bd. III, 253 bis 325, 1938 enthält ausführliches Literaturverzeichnis über Ozon. — Hann-Süring: Lehrbuch d. Meteorol. **1**, Leipzig 1939. — Int. Strahlungskommission, Sitzungsprotokolle. Secrét. de l'Organ. Météorol. Int. 1932, Nr. 15; 1937, Nr. 33. — Kleinschmidt, E.: Handbuch der meteorologischen Instrumente, Berlin 1935. — Linke, F.: Meteorologisches Taschenbuch IV und V, Leipzig 1939. — Handbuch der Geophysik VIII, Berlin 1942. — Mörikofer, W.: Meteorol. Strahlungsmethoden in Abderhalden, Handb. d. biol. Arbeitsmethoden II, 32, Berlin-Wien 1939. — Raethjen, P.: Einführung in die Physik der Atmosphäre III, Leipzig und Berlin 1943. — Unsöld, A.: Physik der Sternatmosphären, Berlin 1938. — Waldmeier, M.: Ergebnisse und Probleme der Sonnenforschung, Leipzig 1941; Ergebnisse und Probleme der kosmischen Physik. — Aurén, T. E.: Studies of solar radiation. Arkiv f. Geofysik Stockholm **1** (1951) 395 bis 439.

[2] Pyrheliometerskalen, Solarkonstante.

Abbot, C. G., u. Mitarbeiter, F. E. Fowle u. L. B. Aldrich: Smithsonian miscell. Coll. **45** bis **94**, insbes. **74** (1923) Nr. 7; **87** (1932) Nr. 15; **92** (1934) Nr. 13; **94** (1935) Nr. 10; **95** (1937) Nr. 23; Ann. Astrophys. Obs. Smithsonian Inst. **2** (1908); **3** (1913); **4** (1923); **5** (1932); Gerlands Beitr. **13** (1927). — Bäcklin, E., u. G. Kellström: Meteorol. Z. **47** (1930) 52. — Bartels, J.: Abh. Preuß. Akad. Wiss. 1941, Nr. 12; Forsch. u. Fortschr. **18** (1942) 192. —

Barbaumoff, N. J.: Geophys. Obs. Odessa 1930. — Falckenberg, G.: Meteorol. Z. **60** (1943) 314. — Feußner, K.: Meteorol. Z. **52** (1935) 318; **53** (1936) 303, 361; **58** (1941) 68, 60 (1943) 73. — Linke, F., u. E. Ulmitz: Meteorol. Z. **57** (1940) 372. — Hdb. d. Geophys. VIII, Berlin (1942) 330. — Marten, W.: Tätigk.-Bericht Preuß. Meteorol. Inst. (1930) 153. — Secr. de l'Organ. Météorol. International, Int. Strahlungskommission (1932), Nr. 15; (1937), Nr. 33. — Stranz, D.: Meteorol. Z. **59** (1942) 120; Veröff. geophysik. Inst. Univ. Leipzig, 2. Serie, Bd. XII. — Süring, R.: Meteorol. Z. **50** (1933) 269. — Hann-Süring: Lehrbuch d. Meteorol., 5. Aufl. (1939) 38. — Tingwaldt, C.: Z. Instr. Kde. **51** (1931) 593.

[3] Kurzwellige Absorption.

Albrecht, F.: Meteorol. Z. **47** (1930) 60. — Baur, F., u. H. Philipps: Gerlands Beitr. **42** (1934) 160. — Fowle, F. E.: Astrophysic. J. **42** (1915) 396; Ref. Defant, A.: Meteorol. Z. **33** (1916) 211. — Gowan, G. H.: Quart. J. Roy. Meteorol. Soc. London, Suppl. **62** (1937) 34. — Herzig, F.: Gerlands Beitr. **49** (1937) 71. — Meyer, E.: Helv. Phys. Acta **14** (1941) 625. — Möller, F.: Meteorol. Z. **52** (1935) 408; Beitr. Physik. Atm. **20** (1932) 220. — Mügge, R., u. F. Möller: Z. Geophysik **8** (1932) 62. — Penndorf, R.: Veröff. geophysik. Inst. Univ. Leipzig **8** (1936) 181; Z. Geophysik **14** (1938) 88. — Stenz, R.: Bull. Acad. Polonaise Sci. 1934. — Tanck, H. J.: Ann. Hydr. Meteor. **68** (1940) 68. — Wegener, K.: Gerlands Beitr. **49** (1937) 427.

[4] Sonnen- und Himmelsstrahlung.

Albrecht, F.: Wiss. Abh. des Reichsamts f. Wetterdienst **8** (1940) Nr. 2. — Ångström, A.: Geogr. Ann. (1933) Heft 2, 3; Medd. Stat. Met.-Hydr.-Anst., Ser. Upps. **4** (1928) Nr. 3; **12** (1936) Nr. 8. — Ångström, A., u. O. Tryselius: Geogr. Ann. **16** (1934) 53. — Kimball, H. H.: Monthly Weath. Rev. **55** (1927) 55. — Lunelund, H.: Acta Soc. Sci. Fenn., Nova Ser. A **2** (1937), Nr. 12. — Marten, W.: Meteorol. Z. **60** (1943) 63. — Mosby, H.: Norw. North Polar Exp. „Maud" 1918 bis 1925, Scient. results **1** (1932) Nr. 7. — Olsson, H.: Geogr. Ann. 18 (1936) 225. — Schulze, R.: Ann. d. Meteorol. **1** (1948) 30.

[5] Molekulare und Dunstzerstreuung.

Ångström, A.: Geogr. Ann. **11** (1929) 156; **12** (1930) 130. — Cabannes, J.: La diffusion moléculaire de la lumière. Paris 1929. — Cabannes, J., u. J. Dufay: J. Physiq. Radium **7** (1926) 257; **8** (1927) 321. — Feußner, K.: Tätigk.-Bericht Preuß. Meteorol. Inst. i. J. 1931 (1932) 89. — Feußner, K., u. P. Dubois: Gerlands Beitr. **27** (1930) 132. — Götz, F. W. P.: AN **255** (1935) 6100; Meteorol. Z. **57** (1940) 414. — Gruner, P.: Beitr. Physik. Atm. **8** (1919) 120; Helv. physic. Acta **1** (1928) 1; **3** (1930) 477; **5** (1932) 31, 245, 351. — Heß, P.: Gerlands Beitr. **55** (1939) 204. — Hoelper, O.: Gerlands Beitr. **33** (1931) 370; Deutsch. Meteorol. Jahrb. f. Aachen (1935) 55; Wiss. Abh. des Reichsamts f. Wetterdienst **5** (1939) Nr. 10; Meteorol. Z. **60** (1943) 37. — Holl, H.: Optik **4** (1948) 173, 2. Mittlg. — Kimball, H., u. F. Hand: Monthly Weath. Rev. **61** (1933) 80. — Knepple, R.: Gerlands Beitr. **43** (1934) 247. — Linke, F.: Beitr. Phys. Atm. **10** (1922) 91; Meteorol. Z. **39** (1922) 161; Gerlands Beitr. **55** (1939) 221. — Linke, F., u. F. Möller: Meteorol. Z. **61** (1944) 261. — Lord Rayleigh (J. W. Strutt): Phil. Mag. **41** (1871) 107, 274, 447; **12** (1881) 81; **44** (1897) 28; **47** (1899) 375. — Schneider, A.: Gerlands Beitr. **51** (1937) 69; **52** (1938) 460. — Steinhauser, F.: Meteorol. Z. **56** (1939) 172. — Stratton, I. A., u. H. G. Houghton: Phys. Rev. **38** (1931) 159. — Tryselius, O.: Medd. Stat. Met.-Hydr.-Anst., Ser. Upps. (1936) Nr. 7.

[6] Albedo.

Aldrich, L. B.: Smithsonian miscell. Coll. **69** (1919) Nr. 10. — Büttner, K.: Meteorol. Z. **46** (1929) 525; Beitr. Physik Atm. **16** (1930) 156. — Büttner, K., u. E. Sutter: Strahlentherapie **54** (1935) 156. — Danjon, A.: Ann. Obs. Straßbourg **3** (1936) Nr. 3. — Devaux, J.: Ann. Physique **20** (1933) 5; C.R. **80** (1935). — Eckel, O., u. Chr. Thams: Geologie d. Schweiz (1939) 275. — Junge, Chr.: Meteorol. Z. **45** (1928) 336; **54** (1937) 304. — Kalitin, N. N.: Monthly Weather. Rev. **58** (1930) 59; IV. Hydr.-Konf. d. Balt. Staaten, Leningrad 1933; Doklady Acad. Sci. USSR **4** (1935) 145. — Kimball, H. H., u. I. F. Hand: Monthly Weather Rev. **57** (1929) 291; **58** (1930) 280. — Kusmin, P. P.: Met. i. Hydr. **3** (1939) Nr. 7 bis 8. — Lunelund, H.: Soc. Sci. Fennica Comment. physic.-mathem. **2** (1924) Nr. 11; **3** (1926) Nr. 5; **4** (1927) Nr. 2. — Olsson, H.: Geogr. Ann. **18** (1936) 225. — Penndorf, R.: Meteorol. Z. **54** (1937) 348. — Prohaska u. Thams: Helv. Phys. Acta **13** (1940) 21. — Sauberer, F.: Meteorol. Z. **55** (1938) 250. — Sverdrup, H. U.: Norw. North Polar Exp. „Maud" 1918 bis 1925, Scient. results II, 105 u. 108. — Schimpf, R.: Z. f. angew. Photographie II, H. 3. — Thams, Chr.: Gerlands Beitr. **53** (1938) 371.

[7] Langwellige Absorption.

Albrecht, F.: Z. Geophysik **6** (1930) 421; Meteorol. Z. **48** (1931) 476; **1** (1947) 194. — Barker, E. F., u. A. Adel: Phys. Rev. **44** (1933) 185. — Brunt, D.: Quart. J. Roy. Meteorol. Soc. London **58** (1932) 389. — Callendar, G. S.: Quart. Journ. Roy. Met. Soc. **67** (1941) 263. — Eckert, E.: VDI-Forschungsheft **387**, Beil. Forsch. Ing.-Wesen B (1937) 8. — Elsasser, W. M.: Astrophysic. J. **87** (1938) 497; Monthly Weath. Rev. **68** (1938) 175; Phys. Rev. **53** (1938) 768; **54** (1938) 126. — Falckenberg, G.: Meteorol. Z. **53** (1936) 172; **56** (1939) 72, 415; **57** (1941) 415. — Kühne, J.: Z. Physik **84** (1933) 722. — Hottel u. Mangelsdorff: Trans. Inst. chem. Eng. **31**, Nr. 3. — Martin, P. E.,

u. E. F. Barker: Phys. Rev. **41** (1932) 291. — Plyler, E. K., u. W. W. Sleator: Phys. Rev. **37** (1931) 1493. — Plyler, E. K.: Phys. Rev. **39** (1932) 77. — Randall, H. M., D. M. Dennison, N. Ginsbüry u. L. R. Weber: Phys. Rev. **50** (1936) 397; **52** (1937) 160. — Schnaidt, F.: Meteorol. Z. **54** (1937) 234; **55** (1928) 296; Gerlands Beitr. **54** (1939) 203. — Sleator, W. W.: Phys. Rev. **38** (1931) 147. — Strong, J., u. S. L. Woo: Phys. Rev. **42** (1932) 267. — Weber, L. R., u. H. M. Randall: Phys. Rev. **40** (1932) 835. — Wexler, H.: Monthly Weath. Rev. **64** (1936) 123.

[*8*] Gegenstrahlung und effektive Ausstrahlung.

Ångström, A.: Medd. Stat. Met.-Hydr.-Anst. (1936) Nr. 8; Beitr. Physik. Atm. **14** (1928) 8. — Asklöf, S.: Geogr. Ann. (1920) 1 bis 7. — Bolz, H. M.: Meteorol. Z. **2** (1948) 225; **3** (1949) 201. — Bolz, H. M., u. G. Falckenberg: Meteorol. Z. **3** (1949) 97. — Brunt, D.: Quart. J. **58** (1932) 389. — Defant, A.: Geogr. Ann. 1922, Heft 1. — Devaux, C. R.: **193** (1931) 1207. — Eckel, O.: Meteorol. Z. **51** (1937) 214. — Elsasser, W. M.: Bull. Amer. Met. Soc. **20** (1939) 402; **21** (1940) 202; Quart. J. Roy. Meteorol. Soc. London, Suppl. **66** (1940). — Falckenberg, G.: Meteorol. Z. **49** (1938) 369; **57** (1940) 241. — Falckenberg, G., u. F. Hecht: Meteorol. Z. **58** (1941) 415. — Lauscher, F.: S.B. Akad. Wiss. Wien, Math.-Naturw. Kl., Abt. IIa (1934) 143. — Linke, F.: Meteorol. Z. **48** (1931) 25. — Milankovitsch, M.: in Köppen-Geiger, Handb. d. Klimatol. I, A (1930). — Mosby, H.: Norw. North Polar Exp. „Maud“ I (1932) Nr. 7. — Mügge, R., u. F. Möller: Meteorol. Z. **49** (1932) 95; Z. Geophysik **8** (1932) 53; Beitr. Physik. Atm. **20** (1932) 220. — Möller, F.: Das Strahlungsdiagramm, Reichsamt für Wetterdienst, Berlin 1943. — Olsson, H.: Geogr. Ann. (1936) 93. — Pekeris, C. L.: Astrophys. J. **79** (1934) 441. — Raman, P. K.: Proc. Indian Acad. Sci. **1** (1935) 815. — Süssenberger: Gerlands Beitr. **45** (1935) 63. — Strong, J.: Journ. Franklin Inst. **232** (1941) 1. — Tollner: S.B. Akad. Wiss. Wien, Math.-Naturw. Kl. IIa, **143** (1934) H. 7. — O. Lönnqvist: Arkiv f. Geophys. Bd. I, Nr. 4, Stockholm 1950.

[*9*] Linienstruktur der Absorptionsbanden, Temperatur- und Druckabhängigkeit.

Cornell, S. D.: Phys. Rev. **51** (1937) 739. — Elsasser, W. M.: Monthly Weath. Rev. **68** (1938) 175. — Falckenberg, G.: Meteorol. Z. **55** (1938) 174; **56** (1939) 415. — Finkelnburg, W.: Kontinuierliche Spektren, Berlin 1938. — Kantzer, M.: C.R. **214** (1942) 998. — Möller, F.: Meteorol. Z. **61** (1944) 37. — Matossi u. Rauscher: Z. f. Phys. **125** (1949) 418. — Pedersen, F.: Meteorol. Annaler **1** (1942) 115. — Summerfield u. J. Strong: Phys. Rev. **60** (1941) 162. — Schnaidt, F.: Gerlands Beitr. **54** (1939) 203. — Schulz, P.: Physik. Z. **39** (1938) 412. — Weißkopf, V.: Physik. Z. **34** (1933) 1.

[*10*] Strahlungsbilanz.

Abbot, C. G.: Smithsonian Miscell. Coll. **82** (1929), Nr. 3. — Albrecht, F.: Z. Geophysik **6** (1930) 421; Wiss. Abh. Reichsamt f. Wetterdienst **8** (1940), Nr. 2. — Baur, F., u. H. Philipps: Gerlands Beitr. **45** (1935) 82. — Elsasser, W. M.: Monthly Weath. Rev. **68** (1940) 185; Bull. Amer. Met. Soc. **21** (1940) 202. — Junge, Chr.: Meteorol. Z. **54** (1937) 161. — Kortüm, F.: Gerlands Beitr. **54** (1939) 148. — Krügler, F.: Wiss. Abh. Reichsamt f. Wetterdienst **3** (1937), Nr. 10. — Ludwig, G.: Synopt. Bearb. d. Wetterdienstst. Frankfurt a. M. 1935. — Möller, F.: Gerlands Beitr. **42** (1934) 252; **58** (1941) 11; Meteorol. Z. **52** (1935) 408; **60** (1943) 212; **61** (1944) 37; Wiss. Veröff. Reichsamt f. Wetterd. Berlin 1943. — Mügge, R.: in Handb. Geophysik, hrsg. v. B. Gutenberg **9** (1932) 158. — Mügge, R., u. F. Möller: Meteorol. Z. **49** (1932) 95; Z. Geophysik **8** (1932) 53. — Penndorf, R.: Veröff. Geophysik. Inst. Univ. Leipzig **8** (1936), H. 4. — Philipps, H.: Gerlands Beitr. **56** (1940) 229. — Ramanathan, K. R.: Beitr. Physik. Atm. **18** (1932) 196. — Roberts, O. F. T.: Proc. roy. Soc. Edinburgh **50** (1930) Part. 3, Nr. 19. — Sauberer, F.: Meteorol. Z. **54** (1937) 234, 274, 329. — Eckel, O., u. Chr. Thams: Geologie der Schweiz 1939. — Wexler, H.: Monthly Weath. Rev. **64** (1936) 122. — Albrecht, F.: Berichte d. Dtsch. Wetterdienstes in der US-Zone Nr. 17. — Falckenberg u. Bolz: Zs. f. Met. **4** (1950) 65.

[*11*] Stratosphärentemperatur.

Albrecht, F.: Z. Geophysik **6** (1930) 421; Meteorol. Z. **48** (1931) 57. — Dobson, G. M. B., A. W. Brewer, B. M. Cwilong: Proc. R. Soc. London A **185** (1946) 144. — Junge, Chr.: Meteorol. Z. **54** (1937) 161. — Möller, F.: Meteorol. Z. **55** (1938) 161; **58** (1941) 283; Gerlands Beitr. **58** (1941) 11; Forsch. u. Fortschr. **20** (1944) 108; Naturw. **31** (1943) 148. — Mügge, R.: in Handb. Geophysik, hrsg. v. B. Gutenberg **9** (1932) 158. — Penndorf, H.: Meteorol. Z. **58** (1941) 1. — Raethjen, P.: Meteorol. Z. **57** (1940) 317. — Wagner, A.: Gerlands Beitr. **45** (1935) 82.

[*12*] Sonnenstrahlungsintensität auf verschieden geneigte Flächen.

Geßler, R.: Veröff. Preuß. Meteorol. Inst. Berlin, Abhandl. **8**, Nr. 1, Berlin 1925. — Kaempfert, W.: Wiss. Abh. Reichsamt f. Wetterdienst **9** (1942), Nr. 3. — Perl, G.: Meteorol. Z. **53** (1936) 467. — Schubert, J.: Meteorol. Z. **45** (1928) 1.

[*13*] Biologisch wirksame Komponenten (vgl. auch 32884).

Schulze, R.: Naturwiss. **34** (1947) 238; Ann. d. Meteorol., Medizin.-Meteorol. Ergänzungshefte Nr. 1 (1949) 6. — Meyer, A. E. H., u. E. O. Seitz: Ultraviolette Strahlen, Berlin 1949.

Stand der Darstellung: Literatur und Zeitschriften wurden bis 1950 berücksichtigt.

Falckenberg / Schnaidt †

32884 Biologisch wirksame Strahlungs-Komponenten.

Das biologische Objekt auf der Erdoberfläche wird von Sonnen- und Himmelsstrahlung (Globalstrahlung) getroffen (s. 32881), also gleichzeitig aus allen Richtungen des Raumwinkels 2π. Die biologische Wirkung ist dem Cosinus des Einfallswinkels proportional (z. B. Henschke), für die wirkungsproportionale Strahlungsmessung wurde deshalb als Empfangsfläche „die ebene, horizontale, das Cos-Gesetz befolgende Fläche" definiert (Schulze), zur meßtechnischen Erfüllung dient die Vorsatzkugel nach Larché-Schulze.

Wegen des photochemischen Charakters der biologischen Strahlenwirkung besteht selektive Abhängigkeit der Wirkung von der Wellenlänge, dies führt zu „Wirkungskurven":

$$\text{biolog. Effekt/cal} \cdot \text{cm}^2 = \text{Funktion der Wellenlänge.}$$

Wirkungskurven sind z. Zt. bekannt für:

Biologischer Effekt	Langwellige Grenze	Maxima Minima	Kurzwellige Grenze	Literatur
Kohlensäure-assimilation	~0,75 μ	~0,65 μ; ~0,45 μ; ~0,55 μ	~0,38 μ	—
Direkte Pigmentg. der menschlichen Haut	~0,43 μ	~0,35 μ	~0,30 μ	Henschke u. Schulze
Erythem der menschlichen Haut	~0,315 μ	~0,29 μ; ~0,26 μ; 0,28 μ	~0,23 μ	Hausser u. Vahle
Eiweißkoagulation	~0,32 μ	~0,26 μ	?	Lukiesh
Wachstumshemmung	~0,32 μ	~0,28 μ	?	Mayer u. Schreiber
Bakterientötung	~0,31 μ	~0,26 μ	?	Ehrismann u. Noethling
Mutation	~0,32 μ	~0,26 μ	?	Knapp u. Schreiber

Literatur zu 32884.

Zusammenfassende Darstellungen: Büttner, K.: Physikalische Bioklimatologie, Leipzig 1938. — Pfleiderer, H., u. K. Büttner: Bioklimatologie, Lehrb. Bäder- u. Klimaheilk., Berlin 1940. — Rajewsky, B., u. M. Schön: Naturforschung und Medizin **21** und **22** (= Fiat Review 21 und 22). — Wiss. Nachr. d. Quarzlampen-Ges. Hanau **1** (1949); **2** (1950); **3** (1951).

Einzeldarstellungen: Bomskow: Methodik der Vitaminforschung, Leipzig 1935. — Brills: J. of biol. Chem. **72** (1927) 757. — Brüll, H.: Über Verhaltensweisen von Greifvögeln und Hunden gegenüber Nachkommenschaft, Beute und Mensch (im Druck). — Dalmer, v. Werder u. Moll: Mercks Jahresberichte 1934. — Dannenberg, H.: Angew. Chemie **63** (1951) 208. — Dorno, C.: Strahlenther. **42** (1931) 87. — Düll, T. u. B.: Virch. Arch. **272** (1934). — Ehrismann, O., u. W. Noethling: Zs. Hygiene u. Inf. **113** (1932) 597. — Ender, F.: Z. Vitaminforschung **2** (1933) 241. — Gates, F. L.: J. Gen. Phys. **13** (1929) 231. — Hamperl, H., U. Henschke u. R. Schulze: Naturwiss. **27** (1939) 486 und Virch. Arch. **304** (1939) 19. — Hausser u. Vahle: Strahlenther. **13** (1921) 41; **28** (1928) 25; Wissensch. Veröff. Siemens-Konzern **6** (1927) 101; Naturforschertagung Innsbruck 1924. — Heeren u. Seuberling: Strahlenther. **67** (1940) 130. — Henschke, U., u. R. Schulze: Strahlenther. **64** (1939) 14, 43. — Heß, A.: J. of biol. Chemie **97** (1933) 369 und **100** (1933) 27. — Kiepenheuer, K. O.: Physik. Blätter **3** (1947) 203. — Knapp, E., A. Reuss, O. Risse u. H. Schreiber: Naturwiss. **27** (1939) 304. — Larché, K.: Licht **12** (1942) 110. — Larché, K., u. R. Schulze: Zs. f. Techn. Physik **23** (1942) 114. — Lepaschkin, W. W.: Biochem. Zs. **318** (1947) 15. — Loeschke, A.: Mschr. Kinderheilkunde **59** (1933) 97. — Lukiesh, M.: Artificial sunlight, New York 1931. — Mayer, E., u. H. Schreiber: Protoplasma **21** (1934) 34. — Miescher, G.: Strahlenther. **66** (1939) 615. — Miescher, G., u. H. Minder: Strahlenther. **66** (1939) 6. — Müller, J. H.: Strahlenther. **55** (1936) 207. — Pfleiderer, H.: Bioklimat. Beibl. **10** (1943) 121. — Reber u. Greenstein: Observatory **67** (1947) 15. — de Rudder, E.: Grundriß einer Meteorobiologie des Menschen, Berlin 1938. — Straub, J.: Naturwiss. **29** (1941) 13. — Stubbe, H., u. W. Noethling: Strahlenther. **61** (1938) 622. — Schulze, R.: Naturwiss. **33** (1946) 373; **34** (1947) 238; Ann. d. Met. **1** (1948) 12; Wetter u. Klima **2** (1949) 144; Arch. f. Dermatolog. u. Syphilis **189**, Unna-Ber. (1949) 375; Ann. d. Meteor., Med.-met. Hefte Nr. 1 (1949) 6; Wetter u. Leben (1951), im Druck; Strahlenther. (1951), im Druck. — Timoféeff-Ressovsky, N. W., u. K. G. Zimmer: Strahlenther. **54** (1935) 265. — Timoféeff-Ressovsky, N. W., K. G. Zimmer u. M. Delbrück: Nachr. Ges. Wiss. Göttingen Fachgr. 6, N. F. 1, Nr. 13 (1935). — Wels, P.: Strahlenther. **66** (1939) 677 und **75** (1944) 188. — Wyckhoff, R. W. G., u. B. J. Luyet: Radiology (Am) **17** (1931) 1171.

Falkenberg / Schnaidt †

32885 Licht des Tageshimmels.

328850 Vorbemerkungen.

Die nachfolgende Auswahl von Forschungsergebnissen beschränkt sich im allgemeinen auf Veröffentlichungen des letzten Jahrzehnts. Eine umfassende Behandlung älterer Arbeiten findet man in [*1*]. Zwischen den Ergebnissen verschiedener Autoren bestehen z. T. beträchtliche Differenzen: Theorie und Messung sind nahe an der Grenze ihrer Leistungsfähigkeit. Daher verdienen die neueren Zahlenwerte auch nicht immer mehr Vertrauen als die älteren.

Die Atmosphäre ist nie vollkommen rein. Man kann dementsprechend keine Normalwerte der Lichtgrößen aus Beobachtungen ermitteln, und theoretische Berechnungen (auf Grund des Gesetzes von Rayleigh) müssen die Normen liefern, mit denen die beobachteten Werte verglichen werden können. Durchweg werden die theoretischen Berechnungen mit vereinfachenden Voraussetzungen durchgeführt — verschieden bei den einzelnen Bearbeitern. Anscheinend kommt die Theorie des zerstreuten Himmelslichtes durch Chandrasekhar [*2*] in ein neues Gleis, doch waren numerische Ergebnisse auf dieser Grundlage noch nicht verfügbar.

Die als Kennzeichen des Lichtstreuungsvorganges in der realen Atmosphäre wichtige Leuchtdichte in unmittelbarer Nähe des Sonnenrandes bereitet der Beobachtung noch immer größte Schwierigkeiten; sie weicht um mehrere Zehnerpotenzen von der Rayleigh-Leuchtdichte ab. Die Reinheit der Atmosphäre ist auch, abgesehen von den flüssigen und festen Kondensationsprodukten des Wassers, zeitlich und örtlich sehr ungleich. Langanhaltende und ausgedehnte Trübungen entstehen durch Staubstürme, Wald-, Steppen- und Moorbrände, Meteoritenfälle und Vulkanausbrüche; die letzteren können planetarische Ausmaße annehmen (328856).

Bezeichnungen:

Sonnenhöhe = $h_\odot$
Höhe eines Himmelspunktes über dem Horizont = h
Azimut gegen die Sonne = A
Durchlässigkeitsfaktor der Atmosphäre = q
Extinktionskoeffizient = α
Leuchtdichte = B; ob die Einheiten auf die Hefnerkerze oder die internationale „neue Kerze" zurückzuführen sind (11442), ist in manchen Arbeiten nicht klar, aber bei der Ungenauigkeit der Messungen ohne praktische Bedeutung. Als Einheiten (114411) werden benutzt:
1 Stilb = 1 sb = 1 Kerze auf 1 cm^2; 1 Apostilb = 1 asb = $10^{-4}/\pi$ sb
1 Kerze auf 1 Quadratfuß = $1{,}076 \cdot 10^{-3}$ sb
Leuchtdichte der idealen Rayleigh-Atmosphäre = B_R
Polarisationsgrad P = Verhältnis der „negativen" zur „positiven" Komponente (in %): natürliches Licht 100%, vollkommen positiv polarisiertes Licht 0%
Albedo (in %) = r
Beleuchtungsstärke = E. Einheiten (114412): 1 Lux = 1 lx = Beleuchtungsstärke, bei welcher der von 1 Kerze in den Raumwinkel 1 gestrahlte, richtungsunabhängige Lichtstrom auf 1 m^2 fällt; 1 Phot = 1 ph = 10^4 lx

328851 Leuchtdichte.

a) Zenitleuchtdichte (asb) bei klarem Himmel (Jena) nach Siedentopf [*3*]. B_1 rot, B_2 blau.

$h_\odot$	B	B_1/B_2	B_R	B/B_R
1°	622	0,84		
3	1010	,74	1300	0,78
5	1570	,66	1470	1,07
7	1870	,59	1620	1,15
9	2420	,64	1760	1,4
11	3180	,71	1860	1,7
13	4100	,65	1940	2,1
15	4400	,59	2020	2,2
17	4830	,61	2100	2,3
19	5090	,61	2180	2,3
21	5230	,61	2250	2,3
23	5640	,59	2320	2,4
25	6080	,61	2400	2,5
27	6640	,59	2470	2,7
29	7430	,65	2550	2,9
31	8390	,69	2620	3,2
33	8710	,67	2700	3,2
35	9500	,67	2780	3,4
37	9780	,66	2860	3,4
39	10100	,67	2940	3,4
41	11200	,65	3020	3,7
43	11900	,69	3100	3,8
45	12900	,69	3180	4,1
47	13700	,69	3260	4,2
49	14600	,71	3340	4,4
51	14100	,67	3420	4,1
53	15100	,65	3500	4,3
55	18100	,71	3580	5,1
57	17300	,70	3640	4,7
59	16700	,72	3720	4,5
61	16400	,13	3790	4,3

b) Zenitleuchtdichte (asb) (Frankfurt a.M.). Bullrich [*4*].

a wolkenlos; b durchbrochene oder durchscheinende Bewölkung; c geschlossene dichte Bewölkung.

$h_\odot$	a	b	c
0°	400	520	65
1	710	900	150
2	1200	1500	300
3	1400	1900	540
4	1800	2500	820
5	2200	3000	1100

c) Zenitleuchtdichte (sb) in großen Höhen, berechnet nach gemessenen Ausgangswerten (ohne Berücksichtigung des Eigenleuchtens der Atmosphäre). Piaskovskaia-Fesenkova [*5*].

H km	Bei Moskau $h_\odot = 22{,}7°$ B	Alma-Ata ($H_0 = 1{,}35$ km) $h_\odot = 24{,}7°$ B	Alma-Ata ($H_0 = 1{,}35$ km) $h_\odot = 9{,}9°$ B
0	0,121	0,0829	0,0500
5	0,0785	0,0497	0,0322
10	0,0457	0,0280	0,0208
20	0,0148	0,00854	0,00600
50	$3{,}58 \cdot 10^{-4}$	$2{,}02 \cdot 10^{-4}$	$1{,}46 \cdot 10^{-4}$
100	$6{,}91 \cdot 10^{-7}$	$3{,}90 \cdot 10^{-7}$	$2{,}83 \cdot 10^{-7}$
150	$1{,}33 \cdot 10^{-9}$	$7{,}52 \cdot 10^{-10}$	$5{,}45 \cdot 10^{-10}$
200	$2{,}58 \cdot 10^{-12}$	$1{,}46 \cdot 10^{-12}$	$1{,}06 \cdot 10^{-12}$

R. Meyer

d) Leuchtdichte (Kerze/Quadratfuß) und Polarisationsgrad bei Bocaiuva, Brasilien. Richardson u. Hulburt [6].

$h_\odot$	$A = 0°$										$A = 45°$									
	$h = 15°$		30°		45°		60°		75°		15°		30°		45°		60°		75°	
	B	*P*	*B*	*P*	*B*	*P*	*B*	*P*	*B*	*P*	*B*	*P*	*B*	*P*	*B*	*P*	*B*	*P*	*B*	*P*
5°	.	.	220	*100*	128	*71*	87	*48*	67	*26*	298	*51*	165	*50*	112	*38*	87	*30*	65	*20*
10°	.	.	374	*100*	208	*81*	133	*57*	93	*34*	407	*51*	224	*52*	150	*47*	113	*35*	90	*27*
20°	2100	*100*	1340	*100*	302	*93*	189	*72*	133	*51*	518	*60*	306	*60*	211	*60*	153	*50*	123	*38*
30°	1010	*100*	.	.	520	*100*	230	*91*	162	*62*	566	*62*	349	*66*	248	*68*	190	*61*	153	*53*
40°	729	*100*	940	*100*	.	.	285	*95*	188	*77*	566	*58*	357	*68*	273	*75*	221	*70*	183	*65*
50°	543	*86*	439	*93*	.	.	502	*100*	226	*88*	521	*52*	350	*68*	282	*78*	248	*80*	213	*79*
60°	404	*75*	391	*84*	.	.	.	.	.	.	417	*40*	324	*63*	279	*81*	272	*87*	242	*91*

$h_\odot$	$A = 90°$										$A = 135°$									
	$h = 15°$		30°		45°		60°		75°		15°		30°		45°		60°		75°	
	B	*P*	*B*	*P*	*B*	*P*	*B*	*P*	*B*	*P*	*B*	*P*	*B*	*P*	*B*	*P*	*B*	*P*	*B*	*P*
5°	197	*11*	123	*11*	91	*06*	77	*07*	56	*10*	235	*49*	145	*49*	100	*28*	74	*19*	59	*11*
10°	256	*11*	145	*14*	112	*11*	94	*12*	75	*12*	317	*45*	167	*38*	111	*25*	86	*16*	80	*14*
20°	311	*13*	181	*18*	143	*29*	119	*23*	106	*25*	375	*39*	192	*25*	133	*21*	106	*14*	103	*20*
30°	347	*16*	220	*21*	168	*27*	142	*34*	133	*39*	399	*34*	207	*22*	146	*19*	120	*19*	119	*27*
40°	367	*16*	242	*26*	189	*36*	167	*43*	159	*53*	401	*30*	209	*20*	150	*19*	135	*27*	135	*36*
50°	382	*18*	250	*32*	200	*42*	185	*54*	181	*64*	383	*24*	210	*19*	154	*19*	150	*35*	157	*50*
60°	382	*21*	244	*34*	202	*44*	198	*64*	198	*74*	361	*17*	210	*19*	164	*26*	164	*62*	176	*66*

$h_\odot$	$A = 180°$									
	$h = 15°$		30°		45°		60°		75°	
	B	*P*	*B*	*P*	*B*	*P*	*B*	*P*	*B*	*P*
5°	277	*95*	158	*89*	105	*57*	73	*30*	63	*19*
10°	380	*93*	194	*72*	122	*45*	89	*24*	79	*15*
20°	470	*80*	237	*62*	145	*34*	109	*20*	98	*15*
30°	489	*72*	251	*53*	155	*24*	120	*19*	118	*23*
40°	473	*60*	237	*39*	154	*18*	133	*23*	136	*35*
50°	415	*37*	210	*22*	152	*17*	141	*28*	151	*47*
60°	347	*15*	191	*11*	148	*16*	149	*34*	167	*58*

$h_\odot$	$h = 90°$	
	B	*P*
0°	23	.
2°	38	.
4°	48	.
5°	53	*10*
10°	75	*15*
20°	102	*24*
30°	127	*40*
40°	151	*54*
50°	179	*67*
60°	206	*79*

e) Leuchtdichte des Rayleigh-Himmels (in relat. Einheiten) für verschiedene Durchlässigkeitsfaktoren q und kugelförmig geschichtete Atmosphäre. Sato [7].

$h_\odot$	q	$A = 0°$			$A = 30°$			$A = 60°$			$A = 90°$		
		$h = 0°$	30°	60°	0°	30°	60°	0°	30°	60°	0°	30°	60°
0°	0,6	0	33	18	0	31	19	0	23	18	0	19	16
	0,7	0	40	21	0	37	20	0	29	19	0	24	17
	0,8	6	55	24	5	49	23	2	38	21	2	36	19
	0,9	136	62	28	115	56	26	70	44	23	43	32	23
30°	0,6	2420	749	458	2236	705	439	1756	566	385	1526	445	324
	0,7	2046	640	367	1920	601	353	1530	477	307	1342	373	258
	0,8	1604	470	258	1482	438	244	1180	347	211	1030	270	178
	0,9	1148	252	132	1058	231	125	829	181	109	713	141	91
60°	0,6	2540	810	631	2472	780	616	2251	684	565	2130	573	501
	0,7	2277	647	481	2220	626	468	1700	541	431	1601	454	378
	0,8	1307	447	318	1277	428	309	1151	371	285	1084	312	251
	0,9	891	227	156	868	220	151	776	189	139	730	157	123

e) Leuchtdichte des Rayleigh-Himmels (Fortsetzung).

$h_\odot$	q	$A = 120°$, $h = 0°$	30°	60°	$A = 150°$, 0°	30°	60°	$A = 180°$, 0°	30°	60°	Zenit 90°
0°	0,6	0	23	17	0	25	19	0	28	19	15
	0,7	0	29	19	0	32	20	0	35	21	15
	0,8	0	38	21	0	44	23	0	50	25	18
	0,9	33	43	23	30	55	24	30	60	25	17
30°	0,6	1784	422	286	2298	476	272	2518	489	271	295
	0,7	1530	350	228	1932	394	217	2072	414	217	234
	0,8	1163	255	156	1449	287	150	1612	302	151	162
	0,9	828	135	80	1062	152	76	1161	160	76	82
60°	0,6	2264	505	446	2530	485	412	2662	482	404	498
	0,7	1700	401	337	2234	385	311	2352	382	305	374
	0,8	1151	275	223	1287	262	206	1355	262	201	246
	0,9	776	139	109	868	132	101	913	132	96	118

$h_\odot = 90°$

q	$h = 0°$	30°
0,6	2193	606
0,7	1620	473
0,8	1083	326
0,9	703	164

q	$h = 60°$	90°
0,6	575	591
0,7	431	435
0,8	282	286
0,9	137	137

f) Leuchtdichte und Polarisationsgrad des Himmels in 1000 Fuß (3048 m) Höhe nach gemessener Zenitleuchtdichte berechnet mit dem erhöhten Extinktionskoeffizienten $\alpha = 0{,}017\,\text{km}^{-1}$ und unter Berücksichtigung von mittlerer Erdalbedo, Ozonabsorption usw. Tousey u. Hulburt [8].

Leuchtdichte, in (Kerze/Quadratfuß): B_1 durch Primärstreuung, B_m durch zwei- und vielfache Streuung, P Polarisationsgrad i_1/i_2.

$h_\odot$	$h =$	$A = 0°$: 10°	15°	20°	30°	40°	50°	60°	70°	80°	$A = 45°$: 10°	15°	20°	30°	40°	50°	60°	70°	80°
15°	B_1	500	366	284	200	150	117	94	78	67	386	283	221	159	123	100	84	72	65
	B_m	39	28	22	16	13	11	10	9	9	39	28	22	16	13	11	10	9	9
	P	99	100	99	94	84	71	55	40	26	57	58	59	60	53	47	38	30	22
30°	B_1	541	404	325	233	185	150	125	105	90	429	326	260	189	154	129	111	97	86
	B_m	64	46	37	26	21	18	16	15	14	64	46	37	26	21	18	16	15	14
	P	90	94	98	100	98	90	78	64	50	55	58	62	65	68	66	61	54	43
60°	B_1	440	338	283	221	188	166	151	138	126	401	300	251	196	169	152	141	132	123
	B_m	98	71	56	40	32	27	24	22	21	98	71	56	40	32	27	24	22	21
	P	52	59	66	79	91	98	100	98	91	41	44	50	62	74	83	89	90	86

$h_\odot$	$h =$	$A = 90°$: 10°	15°	20°	30°	40°	50°	60°	70°	80°	$A = 135°$: 10°	15°	20°	30°	40°	50°	60°	70°	80°
15°	B_1	262	198	149	109	87	75	68	63	61	357	252	190	129	95	77	65	60	58
	B_m	39	28	22	16	13	11	10	9	9	39	28	22	16	13	11	10	9	9
	P	10	10	10	11	12	13	14	15	15	46	42	37	29	21	16	11	10	11
30°	B_1	300	220	176	128	107	94	86	82	80	371	260	197	130	100	83	75	72	74
	B_m	64	46	37	26	21	18	16	15	14	64	46	37	26	21	18	16	15	14
	P	14	15	16	19	22	26	30	33	34	37	32	28	20	15	14	15	19	26
60°	B_1	325	242	199	154	133	123	119	119	116	329	233	184	132	111	103	102	105	110
	B_m	98	71	56	40	32	27	24	22	21	98	71	56	40	32	27	24	22	21
	P	19	22	24	33	43	54	64	72	77	20	18	17	18	24	33	44	57	69

$h_\odot$	$h =$	$A = 180°$: 10°	15°	20°	30°	40°	50°	60°	70°	80°
15°	B_1	459	322	240	157	111	84	69	60	58
	B_m	39	28	22	16	13	11	10	9	9
	P	84	77	70	54	39	25	16	10	10
30°	B_1	460	317	237	149	108	85	74	70	72
	B_m	64	46	37	26	21	18	16	15	14
	P	64	57	49	35	24	16	14	16	24
60°	B_1	352	246	189	130	106	97	97	101	107
	B_m	38	71	56	40	32	27	24	22	21
	P	27	23	20	17	20	27	28	51	66

$h = 90°$

$h_\odot =$	15°	30°	60°	90°
B_1	60	79	116	133
B_m	8	14	21	24
P	16	35	79	100

$h_\odot = 90°$

$h =$	10°	15°	20°	30°	40°	50°	60°	70°	80°
B_1	330	246	204	163	145	137	134	133	133
B_m	111	81	64	46	36	31	27	25	24
P	21	24	28	39	52	66	79	90	98

R. Meyer

328852 Beleuchtungsstärke.

a) Global-Beleuchtungsstärke einer horizontalen Fläche (Lx). Bullrich [4].
[Zum Vergleich: S. = Siedentopf, I. = Israel, K. = Kähler.]
a = ganz oder fast wolkenlos. b = halbbedeckter Himmel. c = bedeckter Himmel.

$h\odot$	a	b	c	a S.	a I.	a K.	c S.	c I.	c K.
0°	550	420	75	950	670	410	470	230	54
1°	980	750	160	—	—	—	—	—	—
2°	1600	1200	300	2200	—	—	1000	—	—
3°	2500	2000	530	—	—	—	—	—	—
4°	3600	3000	900	—	—	—	—	—	—
5°	5000	4700	1500	4700	—	—	2500	—	—

b) Beleuchtungsstärke einer horizontalen Fläche (ph)
durch Sonne und Himmel (E) und durch den Himmel allein (e). Sharonov [9].

$h\odot$	Klarer Himmel: Schneedecke (a) E	Schneedecke (a) e	Ohne Schneedecke (a) E	(a) e	(b) E	(b) e	(c) E	(c) e	Bewölkter Himmel, e: Cu 1—5	Cu 6—10	Ci 2—9	(C) Ni 10	St 10	Cs 10	Ni u. St 10
5°	0,49	0,32	0,50	0,30	0,70	0,26	—	—	—	—	—	—	—	—	—
10	1,00	0,54	1,05	0,51	1,25	0,42	0,89	0,36	0,40	0,41	0,29	0,40	0,42	0,41	0,34
15	1,95	0,87	1,75	0,69	1,95	0,58	2,00	0,44	0,44	0,64	0,29	0,55	0,51	0,62	0,51
20	3,02	1,15	2,54	0,85	2,80	0,67	2,84	0,51	0,50	0,80	0,36	0,69	0,67	0,77	0,70
25	4,23	1,42	3,55	0,99	3,70	0,73	3,54	0,57	0,60	0,92	0,50	0,89	0,94	0,90	0,89
30	5,43	1,70	4,50	1,12	4,60	0,79	4,13	0,60	0,71	1,01	0,62	1,02	1,22	1,05	1,09
35	—	—	5,30	1,22	5,50	0,84	4,65	0,63	0,81	1,06	0,70	1,07	1,31	1,22	1,32
40	—	—	6,00	1,32	6,35	0,87	5,20	0,66	0,81	1,09	0,79	1,11	1,35	...	1,56
45	—	—	6,60	1,36	7,09	0,88	5,70	0,68	0,92	1,12	0,88	1,15	1,39	1,60	1,80

c) Relative Werte der Globalbeleuchtungsstärke (Sonne und Himmel, E)
und der diffusen Beleuchtungsstärke (Himmel, e) bei 20° Sonnenhöhe in Lisino
($\varphi = 59° 26'$, $\lambda = 30° 40'$). Sharonov u. Krinov [10].

λ mμ	420	430	440	450	460	470	480	490	500	510	520	530
Global (E)	684	587	664	908	967	986	930	925	939	1077	1071	1104
Diffus (e)	—	140	181	248	253	219	213	199	176	192	171	160

λ mμ	540	550	560	570	580	590	600	610	620	630	640
Global (E)	1083	1132	1125	962	1145	1000	1064	1140	1004	979	1167
Diffus (e)	136	154	136	120	121	100	124	136	134	123	—

328853 Albedo.

Nur für Licht; für Gesamtenergie s. 328815.

Mittlere Albedo der Gesamterde (Fritz [11]) 39%
,, ,, ,, Wolken (Fritz [11]) 50%

Albedo irdischer Flächen r in %
(Tousey u. Hulburt [8]).

Wälder	4—10
Grünflächen	10—15
Trockener Rasen	15—25
Trockener gepflügter Boden	20—25
Buchten, Flüsse	6—10
Meer	3—7
Angenommener Mittelwert über USA . .	20

Eine Schneedecke, Wolken, Dunst und Nebel unter dem Beobachter erhöhen r; auch der Glanz von Feldpflanzen und Wasser ändert die Werte von r.

R. Meyer

328854 Abhängigkeit des zerstreuten Himmelslichtes vom Albedo *r* (Tousey und Hulburt [8]).

$r =$	$h_{\odot} = 30°$; $h = 60°$; $A = 180°$ $B_1 = 74$						$h_{\odot} = 30°$; $h = 90°$; $B_1 = 79$					
	00	20	40	60	80	100	0	20	40	60	80	100
B_m	5	16	25	36	47	56	4	14	22	32	42	50
$B_1 + B_m$	79	90	99	110	121	130	83	93	101	111	121	129
P	8	14	20	24	29	34	3	35	39	42	45	47

Bedeutung von B_1, B_m und P wie oben in 328851f.

328855 Zenitpolarisation *P'*, in Prozenten der „normalen" Polarisation, als Funktion des Trübungsfaktors *T* der Gesamtstrahlung (Wörner [12]).

T	2,0—2,5	2,51—3,0	3,01—3,5	3,51—4,0	4,01—5,0	> 5,0
T mittel	2,37	2,88	3,32	3,75	4,26	6,11
P'	114,4	112,0	104,0	102,8	93,2	68,3

328856 Fälle starker atmosphärischer Trübungen.

Durch Ausdehnung und Intensität auffallende Trübungen der Atmosphäre (v. = vulkanischen Ursprungs) wurden beobachtet (Kimball [13], Hann [14]):

1783 v. (Asama)
1815 v. (Tambora)
1835 v. (Coseguina)
1883 Aug.—1887 (Krakatau); Max. 1885
1888—1889
1890—1891
1893 Mitte—1894
1895—1896
1899 Mitte—1900
1902 Mitte—1904 v. (Mt. Pelé u. a.)
1907—1908 (30. 6. 1908 Meteoritenfall in Sibirien)
1908 Ende—1909
1910
1912 Juni—1914 v. (Katmai)
1920 Mitte—1921

Auffallende Färbung von Sonne oder Mond (grün, blau, violett) durch atmosphärische Trübung [15].

Vor Christi Geburt 19 Fälle; danach bis zum Jahre 1000: 37 Fälle. Vom Jahre 1000—1950: 110 Fälle. Am 27. 9. 1951 Greifswald, am 28. 9. 1951 Thüringen (Blaufärbung), vermutliche Ursache Waldbrände in Kanada. Theoretisches vgl. 32886B, Schluß.

328857 Tages- und Jahresgang der Himmelsbläue nach Beobachtungen mit der Linke-Ostwaldschen Blauskala (Weiß [16]).

Stunde	7	8	9	10	11	12	13	14	15	16	17	18	19
Mittelwert	8,0	**9,2**	**9,2**	**9,2**	9,1	8,6	8,6	8,7	8,8	8,7	8,6	7,3	7,0

Monat	I	II	III	IV	V	VI	VII	VIII	IX	X	XI	XII
Mittelwert	9,1	8,8	9,2	**9,9**	**9,8**	9,1	8,3	8,7	8,2	8,7	8,5	8,5

328858 Abstand des neutralen Aragopunktes vom Gegenpunkt der Sonne als Kennzeichen der Lufttrübung (Neuberger [17]).

Kleinster Abstand	23,1°	1911	sehr reine Atmosphäre
Größter Abstand	30,7°	1912	Katmai-Trübung

328859 Literatur zu 32885.

[1] Handbuch der Geophysik, Bd. VIII, insbesondere Kap. 7 u. 9, Berlin 1943. — [2] Chandrasekhar, S.: Radiative Transfer. Oxford 1950. — [3] Siedentopf, H.: Met. Rundschau **1** (1948) 524. — [4] Bullrich, K.: Ber. d. D. Wetterdienstes i. d. US-Zone Nr. 4, 1948. — [5] Piaskovskaia-Fesenkova, E. V.: C.R. de l'Ac. Sci. URSS **65** (1949) 155. — [6] Richardson, R. A., u. E. O. Hulburt: J. Geoph. Res. **54** (1949) 215. — [7] Sato, Tukao: Tôhoku Univ. Sci. Rep. (5) Geophysics **2** (1) (1950). — [8] Tousey, R., u. E. O. Hulburt: J. Opt. Soc. America **37** (1947) 98. — [9] Sharonov, V. V.: C.R. de l'Ac. Sci. URSS, 1935 I, 642. — [10] Sharonov, V. V., u. E. Krinov: C.R. de l'Ac. Sci. URSS, III (1934) 105. — [11] Fritz, S.: J. of Met. **6** (1949) 277. — [12] Wörner, H.: Z. f. Met. **3** (1949) 166. — [13] Kimball, H. H.: M.W.R. **52** (1924) 527. — [14] Hann-Süring: Lehrbuch d. Meteorologie, 5. Aufl. (1937) 20. — [15] Gelbke, W.: Z. f. Met. **5** (1951) 82. — [16] Weiß, I.: Z. f. ang. Met. **59** (1942) 202. — [17] Neuberger, H.: Bull. Amer. Met. Soc. (1950) 119.

32886 Besondere optische Erscheinungen in der Atmosphäre [1, 2].

A. Haloerscheinungen (HE), helle Flecken und Bogen, entstanden durch Brechung und Spiegelung des Sonnen- oder Mondlichts (ganz selten des Sternenlichts) an atmosphärischen Eiskristallen [3, 4]. Je nach Kristallform, bevorzugter Schwebestellung und Sonnenhöhe (h) sehr verschiedenartig, farblos oder farbig (f) mit bräunlichrotem Rande zur Sonne hin, bis zu 19 verschiedenartige Formen gleichzeitig [5]. Photometrierung von Halos [6, 7].

Von einem Beobachtungspunkt in mittl. Breite weit über 100 Halotage jährlich, mit Häufigkeitsmaximum im Frühjahr.

Überschuß homogenisierter monatlicher Halozahlen über einen Nullwert (bei fleckenloser Sonne) gleich Sonnenfleckenrelativzahl mal $0{,}059 \pm 0{,}011$ [*8*].

Die wichtigsten haloerzeugenden Eiskristalle sind sechsseitige Prismen. Ihre Seiten (Pr) stehen senkrecht auf den Grundflächen (Gf); diese können an einem Ende oder beiden Enden durch (abgestumpfte) Pyramiden ersetzt sein, deren Flächen (Py) um 27° 57′ gegen die Achse geneigt sind [*9*].

Nachgewiesene Strahlengänge bei HE.

Äußere Spiegelung an: 1a) Gf; 1b) Pr.

Brechung in: 2a) zwei Pr (60°); 2b) Pr+Gf (90°); 2c) und 2d) Pr+Py (27° 57′ und 63° 47′); 2e) Py+Gf (63° 03′); 2f und 2g) zwei Py am gleichen Ende (55° 54′ und 80° 10′); 2h) zwei Py an gegenüberliegenden Enden (56° 26′).

3a) Brechung in zwei Pr (60°) und innere Spiegelung an Gf; 3b) Brechung in Pr + Gf (90°) und innere Spiegelung an Pr.

Schwebestellung der Kristalle [*10*].

α) Ideale Unordnung (kleine Kristalle, in allen Richtungen annähernd gleiche Maße, turbulente Luftbewegung). Konzentrische Ringe mit scheinbar recht scharfer Begrenzung zur Sonne hin (*f*): gewöhnlicher Halo, Radius etwa 22° (2a); großer Halo etwa 45° (2b); viel seltener Radien etwa: 8,5° (2c), 18,5° (2h), 20° (2f), 22,5° (2e), 24° (2d), 35° (2g) [*9*]. Sowohl Messungen als auch die theoretische Definition des „Randes" der HE sind unscharf [*7, 11*].

β) Hauptachse senkrecht (größere Kristalle in Gestalt von Plättchen, Plättchensternen, Pilzen u. Kragenknöpfen, laminare Luftbewegung): Untersonne, Höhe $= -h$ (1a); gewöhnliche Nebensonnen (*f*) in Sonnenhöhe, bei $h = 0°, 20°, 40°$ und 60° in einer Azimutdifferenz gegen Sonne von 22°, 25°, 36° und 99° (2a); untere Nebensonnen (*f*), Höhe $= -h$, Azimut wie oben; Zirkumzenitalbogen (*f*), Höhe $\geqq h + 45°$ (2b) (ähnlich, aber selten, Zirkumhorizontalbogen, Höhe $\leqq h - 45°$); Halo von Kern (*f*), Spiegelbild zum Zirkumzenitalbogen auf der Seite des Himmels gegenüber der Sonne (3b).

β′) Hauptachse um die Lotlinie schwankend (Bedingungen wie unter *β*, aber weniger ausgeprägt; Schwankungsweite manchmal nur wenige Grade und einheitlich): Untersonne, im Sonnenvertikal gestreckt (bei einheitlicher Schwankungsweite von elliptischen Ringen umgeben [*12, 13*]), bis in die Lichtstraße ausartend (1a); schiefe Bogen von Lowitz (*f*), besonders unten anschließend an die gewöhnlichen Nebensonnen, schräg zum gewöhnlichen Halo hin (2a).

γ) Hauptachse waagerecht (größere Kristalle in Gestalt von Nadeln und langen Prismen, laminare Luftbewegung): senkrechte Lichtsäule bis 30° über, 5° unter der Sonne (1b); oberer und unterer Berührungsbogen des gewöhnlichen Halo (*f*), bei $h > 30°$ vereinigt zum umschriebenen Halo (2a); seitliche untere Berührungsbogen des großen Halo (*f*), bei $h < 57°$ konvex, bei $h > 57°$ konkav zur Sonne (2b).

δ) Hauptachse waagerecht, eine Nebenachse senkrecht (Bedingungen wie unter *γ*, in ungewöhnlicher Vollkommenheit): Halo von Parry (*f*), über der Sonne, Höhe $h = 22°$, nur kurzes Stück (2a) [*14*].

Manchmal, z. B. bei den Lichtsäulen, ist mehr als eine Erklärungsart zulässig. Viele weitere Formen der HE, z. B.: Nebengegensonnen und Gegensonne (Höhe *h* und Azimutdifferenz gegen Sonne 120° und 180°), zwei Paare schiefer Bogen durch die Gegensonne, schiefe Bogen durch die Nebengegensonnen.

Haloerscheinungen, durch irdische Lichtquellen erzeugt, verlangen abgeänderte Erklärung [*15, 16*].

B. Beugungskränze unmittelbar um die Sonne (Mond und Sterne) — bis zu 4 Farbfolgen (andeutungsweise bis 6 [*17*]) mit einem Radius (*φ*) von einigen Graden, ausnahmsweise auch 30° und mehr, unpolarisiert, in homogenen Wasserwolken, u. U. auch Staub- und Eiswolken; Zentralfeld, farblos oder schwach gefärbt, reicht als Aureole mit bräunlichem Rande bis zum 1. Minimum. Photometrierung von Kränzen [*6, 18, 19*].

Der Tröpfchenradius (*r*) kann nach einer Näherungsformel berechnet werden:

$$r = (n + 0{,}22) \cdot \lambda / 2 \sin \varphi,$$

wo *n* die Ordnungszahl des Minimums, *λ* die Wellenlänge 0,571 *μ* bezeichnet [*20*, vgl. auch *21*].

Bei ausgedehnter Lichtquelle (Sonne) und großem *r* überdecken sich die Beugungsringe; bei $r < 10\lambda$ versagt die Theorie von Fraunhofer [*22*], und es kann nur noch die elektromagnetische Theorie angewandt werden [*23, 24*], die auch starke Färbungen des Zentralfeldes (grüne, blaue Sonne usw.), Unregelmäßigkeiten der Farbenanordnung und Polarisation erklären kann, aber keine einfachen Zusammenhänge mit *r* liefert.

C. Glorie, Beugungsringe bis zu einigen Graden, selten über 10° um den Gegenpunkt (G) der Sonne, seltener des Mondes, erzeugt in homogenen Wasserwolken mit *r* von der Größenordnung 1 bis 10 *μ* [*19*]. Farbiges Zentralfeld und bis zu 5 Farbfolgen, abweichend von den Beugungskränzen um die Lichtquelle.

Photometrierung von Glorien [*19*].

Die hellen Ringe sind stark polarisiert, elektr. Vektor tangential. Die Radien Θ_1, Θ_2, Θ_3 der aufeinanderfolgenden Minima verhalten sich: $\Theta_1/\Theta_2 = 0{,}46 \pm 0{,}05$; $\Theta_3/\Theta_2 = 1{,}67 \pm 0{,}96$. — Die Theorie ist nur auf elektromagnetischer Grundlage zu gewinnen [*23, 24*] und bedarf noch der Durcharbeitung.

D. Irisieren der Wolken in der Troposphäre und Stratosphäre (Perlmutterwolken [*25*], verwandt mit B. und C.) durch Beugung in sehr kleinen Tröpfchen, die nur auf begrenztem Gebiet am Himmel homogen sind, mitunter im Abstand bis zu 60° von der Sonne bzw. ihrem Gegenpunkt.

R. Meyer

E. Regenbogen, I mit 1maliger, II mit 2maliger innerer Spiegelung. Für große Tropfen (r von der Größenordnung 1 mm) nach der geometrischen Theorie Winkelabstand Θ von G: Rot_{I} 42°, $\text{Violett}_{\text{I}}$ 40° (danach geringere Leuchtdichte, abnehmend, farblos bis $\Theta = 0°$), Rot_{II} 51°, $\text{Violett}_{\text{II}}$ 55° (danach geringere Leuchtdichte, abnehmend, farblos bis $\Theta = 180°$), Dunkelzone 42°—51°.

Polarisationsverhältnis im hellen Bogen (elektr. Vektor tangential): $P_{\text{I}} = 92\%$, $P_{\text{II}} = 81\%$. Innerhalb des $\text{Violett}_{\text{I}}$ und außerhalb des $\text{Violett}_{\text{II}}$ durch Beugung Farbenwiederholungen, besonders deutlich, wenn bei niedriger Sonne die kurzwelligen Strahlen bis zum Rot unterdrückt werden (bis 9 Wiederholungen). — Mit abnehmendem r: zunehmende Vermischung der Farben, Annäherung des Hauptmaximums der Leuchtdichte von I zum Gegenpunkt G, von II zur Sonne, Auseinanderrücken der (jetzt farblosen) Wiederholungen (weißer Regenbogen = Nebelbogen mit schwach bräunlichem und bläulichem Rand, r von der Größenordnung 0,01 mm).

Neue Farbenberechnungen für verschiedene r vgl. [*26*, *27*]. Wenn $r < 0{,}005$ mm, wird auch Airys Beugungstheorie unbrauchbar, nur die elektromagnetische Theorie hat Geltung [*23*, *24*, *28*]. Schwärzungskurven photographischer Aufnahmen des Nebelbogens vgl. [*19*]. Starke Polarisation des Nebelbogens, in den hellen Teilen elektr. Vektor tangential, in den Zwischenräumen radial [*19*].

Literatur zu 32886.

[*1*] Mascart, E.: Traité d'optique **3** (1893). — [*2*] Pernter, J. M., u. F. M. Exner: Meteorologische Optik, 2. Aufl. 1922. — [*3*] Meyer, R.: Die Haloerscheinungen, Probl. d. Kosm. Physik **12** (1929). — [*4*] Wegener, A.: Theorie der Haupthalos. Arch. d. D. Seewarte **43** (1925). — [*5*] Johansson, O.: Acta Soc. Sc. Fenn. **50**. — [*6*] Stranz, D.: Veröff. Geophys. Inst. Leipzig **12** (1940). — [*7*] Brüche, E. u. D.: Meteorol. Z. **49** (1932). — [*8*] Archenhold, G.: Gerlands Beitr. Geophys. **53** (1938). — [*9*] Steinmetz, H., u. H. Weickmann: Heidelberger Beitr. z. Mineralogie **1** (1947). — [*10*] Besson, L.: Annuaire Soc. Mét. de France **55** (1907); Sur la théorie des halos, Thèses, Paris 1909. — [*11*] Faber, J. M.: Kunstmatige halos. Ac. proefschr. Amsterdam 1933. — [*12*] Bottlinger, C. F.: Meteorol. Z. **27** (1910). — [*13*] Schütze, R.: Meteorol. Z. **55** (1938). — [*14*] Putnins, P.: Meteorol. Z. **51** (1934). — [*15*] Minnaert, M.: Hemel en dampkring **26** (1928). — [*16*] Meyer, R.: Die Sterne **14** (1934). — [*17*] Brooks, Ch. F.: Monthly Weather Rev. **53** (1925). — [*18*] Diercks, H.: Über d. Helligkeit d. Himmels. Diss. Kiel 1912. — [*19*] Bricard, J.: Annales de Phys. (11) **14** (1940). — [*20*] Verdet-Exner: Vorles. üb. d. Wellentheorie d. Lichtes, 1881 bis 1883. — [*21*] Richardson, L. F.: Quart. J., R.M. Soc. **51** (1925). — [*22*] Mecke, R.: Ann. d. Phys. (4) **61** (1923). — [*23*] Bucerius, H.: Optik **1** (1946). — [*24*] van de Hulst, H. C.: Recherches Astronomiques, Obs. Utrecht **11** (1946). — [*25*] Störmer, C.: Geofys. Publ. Oslo V, 2; IX, 1; XII, 11. — Dieterichs, H.: Berichte d. D. Wetterdienstes i. d. US-Zone **12** (1949/50). — [*26*] Buchwald, E.: Ann. d. Phys. (5) **43** (1943). — [*27*] Prins, J. A., u. J. J. M. Reesinck: Physica **11** (1944). — [*28*] Möbius, W.: Zur Theorie d. Regenbogens. Diss. Leipzig 1907.

32887 Sicht.

Über die Sicht ist seit der Ausdehnung des Luftverkehrs viel gearbeitet worden. Es sei auf die zusammenfassenden Darstellungen verwiesen:

Linke, F.: Handb. d. Geophysik, Bd. VIII, Kap. 10, 1942.
Löhle, Fr.: Sichtbeobachtungen vom meteorologischen Standpunkt, Berlin 1941.
Middleton, W. E. K.: Visibility in Meteorology, Toronto 1935.

32888 Atmosphärische Refraktion.

328881 Sichtbares Licht.

Außer in der Astronomie (31091) ist die Strahlenbrechung von Bedeutung bei geodätischen Beobachtungen, insbesondere bei Nivellements, und in der Nautik (Kimmtiefe). Der Einfluß der Temperatur auf den Brechungsindex (vgl. 310912) bedingt, daß alle mikroklimatischen Temperaturunterschiede entsprechende Brechungsunterschiede bewirken. Die nivellitische Refraktion ist gegeben durch den lokalen Refraktionskoeffizienten, gleich Lichtstrahlkrümmung eines horizontalen Strahls in etwa 2 m Abstand vom Erdboden, ausgedrückt in Einheiten der Erdkrümmung. Dieser Koeffizient schwankt bei klarem Wetter zwischen +10 in der Nacht und —20 am Tage, infolge des starken vertikalen Temperaturgefälles. In 2 km Höhe über München ist dagegen der durchschnittliche Refraktionskoeffizient gleich +0,15. — Literatur:

Brocks, K.: „Die terrestrische Refraktion, ein Grenzgebiet der Meteorologie und Geodäsie." Ann. der Meteorol. Hamburg **1** (1948) 329 bis 336; ferner Meteorol. Rdsch. **2** (1949) 159 bis 167. 227 bis 229; D. Hydrogr. Zs. **2** (1949) 199 bis 211.

328882 Radio-Meteorologie.

Die Brechung und Streuung im Zentimeter- bis Meterband der Ultrakurzwellen wird vor allem vom Wasserdampfgehalt der Luft bestimmt, der in diesem Bereich anomal dispergiert. Vgl. Band 2.

Lit.: Bremmer, H.: „Terrestrial Radio Waves." Amsterdam 1949, Elsevier, 344 S. — Brocks, K.: „Radio-Meteorologie." Ann. d. Meteorol. **4** (1951) (im Druck). — Booker, H. G., u. W. E. Gordon: „Radio-scattering in the troposphere." Proc. Inst. Radio Eng. **38** (1950) 401 bis 412; J. Geophys. Res. **55** (1950) 241 bis 246.

R. Meyer, Bartels

3289 Luftelektrizität.

32890 Vorbemerkung.

Methodik und Verarbeitung atmosphärisch-elektrischer Untersuchungen können bisher noch nicht den wünschenswerten Genauigkeitsgrad der Ergebnisse gewährleisten; denn es ist weder ein nach einheitlichen Gesichtspunkten aufgebautes, gleichmäßig über die ganze Erde verteiltes Beobachtungsnetz vorhanden, noch ist es bisher möglich gewesen, eine international gleichartige Bewertung des anfallenden Ergebnismaterials in Gestalt der sog. „Auswahl luftelektrisch ungestörter Beobachtungszeiten" zu finden [*26*a].

Es hat den Anschein, als stehe die Luftelektrizität in methodischer Hinsicht am Anfang einer neuen Arbeitsperiode, die in absehbarer Zeit eine kritische Neubewertung ihrer bisherigen Ergebnisse als möglich erhoffen läßt. Angesichts dessen erscheint es zweckmäßig, nur einen allgemeinen Überblick über das vorhandene Zahlenmaterial zu geben. Aus diesem Grund ist im folgenden auf eine Wiedergabe aller bisher bekannt gewordenen Meßwerte verzichtet und in den Tabellen und Abbildungen nur so viel davon benutzt, wie für eine Art „Typologie" erforderlich ist.

32891 Feld, Leitfähigkeit, Strom und Raumladung in der Atmosphäre.

328911 Luftelektrisches Grundproblem. Feldstärke E, Leitfähigkeit Λ und Strom i sind in der Atmosphäre im Gleichgewichtszustand verknüpft durch das Ohmsche Gesetz $i = E \cdot \Lambda$. Primär gegeben sind eine mit der Höhe zunehmende Leitfähigkeit (als Folge der Ultrastrahlung) und ein Vorgang, der zwischen der Erdoberfläche und der hochleitfähigen Hochatmosphäre (luftelektrische „Ausgleichsschicht") ein stationäres, nach unten gerichtetes elektrisches Feld von 250—350 kV aufrechterhält.

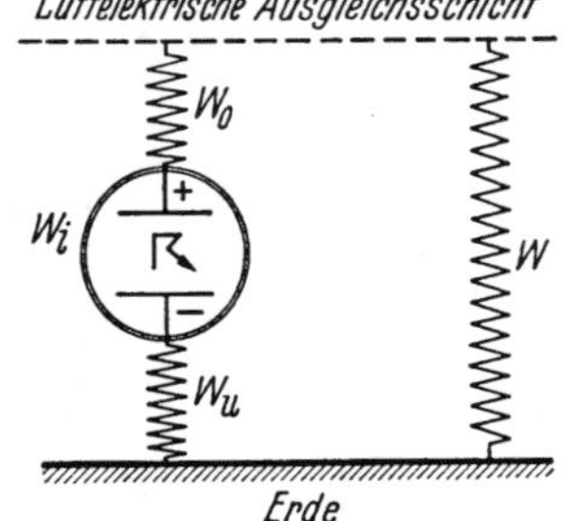

Abb. 1. Ersatzschaltbild des luftelektrischen Kreisprozesses [*26*a].

Die jahrzehntelang ungelöste Frage nach dem Wesen dieses, einen atmosphärisch-elektrischen Zustand aufrechterhaltenden „Generators" darf heute in großen Zügen als gelöst gelten: Die Atmosphäre ist der Schauplatz eines weltweiten Stromsystems, das von der Weltgewittertätigkeit erzeugt und gesteuert wird (vgl. das ohne weiteren Kommentar verständliche Ersatzschaltbild in Abb. 1). Der Widerstand W der „generatorfernen" Gesamtatmosphäre beträgt für die ganze Erde rund 160 Ohm und ist entstanden zu denken aus der Parallelschaltung aller Widerstandswerte vertikaler Luftsäulen von Einheitsquerschnitt und Atmosphärenhöhe. Der „spezifische Säulenwiderstand" (im englischen als „columnar resistance" bezeichnet) einer solchen Luftsäule liegt in der Größenordnung von 10^{21} Ohm und ist das vom Boden bis zur „Ausgleichsschicht" erstreckte Integral über die spezifischen Widerstände w_z der Luft in den verschiedenen Höhen z. w_z ergibt sich im Mittel zu [*55*b]:

$$w_z = (2{,}94 \cdot e^{-4{,}52 z} + 1{,}39 \cdot e^{-0{,}375 z} + 0{,}369 \cdot e^{-0{,}121 z}) \cdot 10^{15}\ \text{Ohm} \cdot \text{cm}. \quad (1)$$

Das luftelektrische Potentialgefälle E, das im allgemeinen in Volt/m angegeben wird, entspricht in diesem Bild dem Potentialabfall längs eines Teilstückes des spezifischen Säulenwiderstandes von 1 m Länge. Gemäß Gl. 1 nimmt sein Wert mit der Höhe rasch ab und läßt sich im Mittel in der folgenden Form darstellen [*55*b]:

$$E = 81{,}8 \cdot e^{-4{,}52 z} + 38{,}6 \cdot e^{-0{,}375 z} + 10{,}27 \cdot e^{-0{,}121 z}\ \text{Volt/m}. \quad (2)$$

Im Einzelfall sind die Höhenfunktionen der luftelektrischen Elemente stark vom jeweiligen meteorologisch-aerologischen Aufbau der Atmosphäre abhängig[1].

Im Jahre 1948 wurden in USA 21 Gewitter in etwa 12 km Höhe von Flugzeugen überquert. Immer wurde über den Gewittern ein aufwärts gerichteter Strom gefunden, mit Stromstärken $I = 0$ bis 1,4 Amp (Mittelwert 0,5 Amp), abgesehen von einem sehr intensiven Gewitter mit 6,5 Amp. Wenn die Gesamtzahl der Gewitter auf der Erde zu $N = 3600$ angenommen wird, ergibt sich ein durchschnittlicher Gesamtstrom über allen Gewittern von $IN = 1800$ Amp. Dies ist derselbe Betrag, der in allen Schönwettergebieten aus der Luft in die Erde fließt. Demnach kann man die Gewitter als die Erzeuger der negativen Erdladung betrachten, die man in Schönwettergebieten beobachtet (Gish u. Wait [*157*]).

328912 Das luftelektrische Potentialgefälle am Boden ist von allen luftelektrischen Elementen bisher am eingehendsten untersucht. Zeigt seine Richtung vertikal nach unten — wie es in ebenem Gelände im allgemeinen der Fall ist —, so wird dies definitionsgemäß als normales positives atmosphärisches Potentialgefälle oder Feld bezeichnet. Der mittlere Wert in Bodennähe beträgt etwa 130 Volt/m.[2]

[1] Es ist für manche Überlegungen angebracht, sich dessen bewußt zu bleiben, daß das luftelektrische Potentialgefälle definitionsgemäß und meßmethodisch einen Differenzenquotient darstellt und daß die gewohnheitsmäßige Gleichsetzung mit luftelektrischer Feldstärke nicht ganz korrekt ist. Lediglich Messungen mit den sog. „Feldmühlen", die nach dem Wilsonschen Influenzprinzip arbeiten, ergeben wirklich die luftelektrische Feldstärke!

[2] Die Beschränkung fast aller bisherigen statistischen Bearbeitungen von Potentialgefälle-Registrierungen auf sog. „ungestörte Tage" stellt eine Auswahl dar, die nicht ganz frei von Willkür ist und ein schiefes Bild der tatsächlichen Verhältnisse vermittelt [*26*d]. Sie hat z. B. zur Folge, daß die mitgeteilten Werte durchweg um 10—20% höher sind, als sie es bei Heranziehung aller Werte in niederschlagsfreier Zeit wären [*26*a]. — Bemerkenswert ist die Tatsache, daß die relative Veränderlichkeit der periodischen Tages- und Jahresgänge durch die „Auswahl ungestörter Tage" praktisch nicht verändert wird [*26*a]!

Israël

Tabelle 1. Potentialgefälle in Bodennähe (Landstationen, an denen mindestens einjährige Beobachtungen vorliegen).

Meßort	Koordinaten		Meßzeit	Mittel V/m	Mittlere Jahres-schwankung[1]	Mittlere Tages-schwankung[1]
Ebeltofthafen [27] . . .	79,1 N	11,6 E	1913/1914	95	80	17
Tromsö [27a]	69,7	18,9	1932/1933	104	28	50
Karasjok [20]	69,3	25,6	1903/1904	139	86	79
Vassijaure [28]	68,4	18,2	1909/1910	89	124	56
Fort Rae [29]	62,8	116,1 W	1932/1933	82	34	46
Uppsala [30]	59,9	15,2 E	1912/1914	70	84	71
Ås [31]	59,7	10,8	1916/1923	104	101	44
Eskdalemuir [32] . . .	55,3	3,2 W	1914/1920	263	61	42
Potsdam [33]	52,4	13,1 E	1904/1923	202	63	36
Kew [18]	51,5	0,3	1898/1931	363	74	41
Wahnsdorf [34]	51,2	13,7	1924/1926	178	79	57
Bad Nauheim [34a][2] . .	50,4	8,7	1935	42	43	59
Frankfurt a. Main, Feldbergstr. [34b][2] . . .	50,1	8,7	1928/1931	146		46
Frankfurt a. Main, Rebstock [34b][2].	50,1	8,6	1931	96		81
Val Joyeux [11]	48,8	2,0	1923/1924	90	70	53
Paris, Bur. Centr. [11] .	48,8	2,0	1893/1898	175	40	57
Paris, Eiffelturm [11][3] .	48,8	2,0	1893/1898	4010	gering	45
Paris, Eiffelturm [11][4] .	48,8	2,0	1893/1898	2140	,,	36
München [35]	48,1	11,6	1906/1935	176	41	77
Buchau a. F. [35a]. . .	48,1	9,6	1947/1948	141	64	48
Kremsmünster [36] . .	48,1	14,1	1902/1916	105	75	57
Zugspitze [37].	47,4	11,0	1927/1928	125	92	50
Davos [38]	46,8	9,8	1908/1910	64	106	69
Triest [39]	45,6	13,8	1902/1905	73	34	118
Tortosa [40]	40,8	0,5	1910/1924	106	35	54
Stanford [40a]	37	122 W	1932/1933	76	54	114
Helwan [41]	29,8	31,3 E	1909/1914	150	36	41
Taihoku [41a]	25,0	121,5	1934/1936	28	132	130
Poona [41b].	18,5	73,9	1930/1938	67	46	57
Manila [41c]	14,5	121,4	1927/1930	79		47
Batavia [42]	6,2 S	106,8 E	1897/1900	120[5]	44	121
Bandoeng [43]	6,9	107,5	1935/1936	86	66	169
Huancayo [43a]	12,1	75,3 W	1924/1934	47,3	gering	groß
Samoa [44]	13,5	171,5	1913/1918	115	19	70
Rio de Janeiro [2f] . .	22,9	43,2	1910/1914	128	63	
Watheroo [44a]	30,3	115,9 E	1924/1934	84	14	23
Buenos Aires [2f] . . .	34,5	58,6 W	1911/1912	136	57	74[6]
Melbourne [45]	37,8	145,0 E	1858/1860	145[5]	52	86
Petermannsinseln [46] .	65,1	64,1 W	1909	164	116	156
Kap Evans [47]	77,4	166,3 E	1911/1912	87	46	35
Mittelwerte[7].				130 V/m	65 %	65 %

[1] In % des Jahresmittels. [2] Nach allen niederschlagsfreien Stundenmitteln. [3] Kollektorabstand 1,70 m vom Turm. [4] Kollektorabstand 0,55 m vom Turm. [5] Relatives Maß. [6] Mai bis Juni. [7] Ohne die Werte vom Eiffelturm und die Werte in relativem Maß.

Mittlerer Wert des Potentialgefälles über See: 126 V/m [45a].

Periodische Variationen des Potentialgradienten.

a) Jahresgang: An Landstationen außerhalb des Äquatorgürtels im allgemeinen, jedoch nicht ausnahmslos, einfach-periodisch mit höchstem Wert im Winter der betreffenden Halbkugel; im Äquatorialgürtel kein eindeutiger Jahresgang [2f]. Über den Ozeanen entsprechendes Verhalten (jedoch mit wesentlich kleinerer Schwankungsamplitude — ca. 10—15%) erkennbar [49].

b) Tagesgang: 3 charakteristische Typen zu unterscheiden (Abb. 2):

Über dem Festland herrscht im Winter Typ 1, im Sommer Typ 2 vor; je nach den örtlichen Bedingungen der Luftreinheit kann bei geringem (hohem) Staub- bzw. Kondensationskerngehalt der Luft das Potentialgefälle während des ganzen Jahres eine Tagesperiode nach Typ 1 (Typ 2) haben. — Wahrscheinlich zutreffende Erklärung der Doppelperiode nach J. G. Brown [45b] schematisch gemäß

Israël

Abb. 3 als Überlagerung einer einfachen Grundperiode durch eine austauschbedingte Depression, die durch Verarmung der unteren Schichten an Kondensationskernen und Staub unter Austauschwirkung zustande kommt [*26c*].

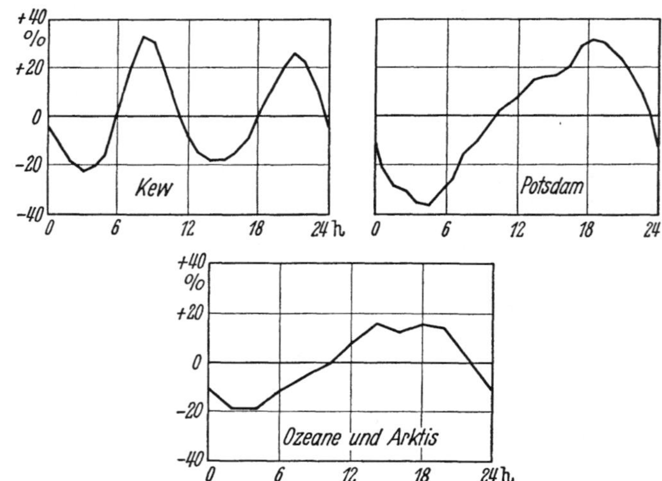

Abb. 2. Typen der Potentialgefälle-Tagesgänge am Boden. Oben: Ortszeitgebundene Gänge an Festlandstationen. Unten: „Weltzeitperiode", Zeitangabe in Greenwichzeit.

1. Einfachperiodischer Festlandtyp; niedrigster Wert in den frühen Morgenstunden, höchster am Spätnachmittag; ortszeitgebunden! Beispiel: Abb. 2 oben rechts, Potsdam Dezember/Januar.

2. Doppelperiodischer Festlandtyp; Minima in den frühen Morgenstunden und am Frühnachmittag, Maxima am Vormittag und Abend; ortszeitgebunden! Beispiel: Abb. 2 oben links, Kew Juni/Juli.

3. Einfachperiodischer ozeanischer Typ. Lage der Extremwerte ähnlich wie beim einfachperiodischen Festlandtyp, jedoch weltzeitgebunden, d. h. auf der ganzen Erde gleichzeitig.

Über See ändert sich der Charakter des weltzeitlich gebundenen Tagesganges des Potentialgefälles nur unwesentlich im Laufe des Jahres (vgl. Abb. 4 [*45a*]).

c) Einfluß der Sonnenfleckenperiode: Noch umstritten! Nach L. A. Bauer [*53*] besteht der in Abb. 5 dargestellte Zusammenhang.

Eine Breitenabhängigkeit des Potentialgefälles ist nur auf See deutlich erkennbar (Tab. 2), aus festländischen Messungen infolge der großen örtlich bedingten Verschiedenheiten (Luftreinheit!) nicht zu ersehen. Als Erklärung für den Rückgang der Gefällewerte zum Äquator hin ist der Breiteneffekt der Ultrastrahlung und die dadurch bedingte Erhöhung des „spezifischen Säulenwiderstandes" in niederen Breiten anzunehmen [*3a*].

Tabelle 2. Breitenabhängigkeit des Potentialgefälles über den Ozeanen nach der 4., 5. und 6. Kreuzfahrt der „Carnegie" 1915—1921.

Breite	Mittleres Potentialgefälle in V/m
60° N — 40° N	155
40° N — 20° N	125
20° N — 0	120
0 — 20° S	121
20° S — 40° S	124
40° S — 60° S	153

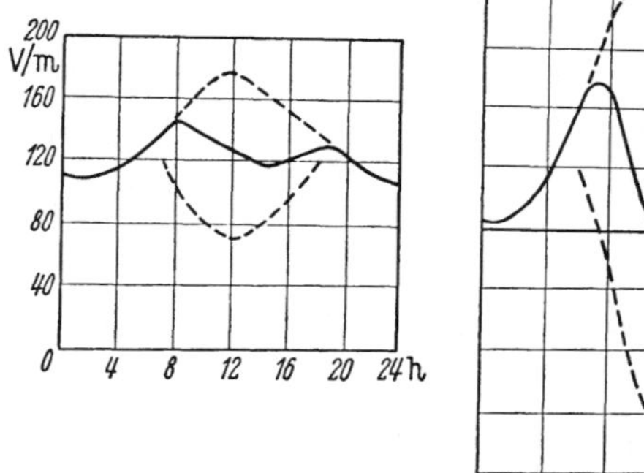

Abb. 3. Beispiele für die Zerlegung des Ortszeitanteils des Potentialgefälles in eine einfache Grundperiode und eine austauschbedingte Depressionskomponente [*45b*].

Einflüsse der Witterung auf das Potentialgefälle sind sehr vielgestaltig und teilweise recht beträchtlich. Die größten Abweichungen vom „normalen Verhalten" treten bei Gewitter (Generatornähe) und bei Niederschlägen aller Art auf.

Solare und ionosphärische Einflüsse auf das luftelektrische Potentialgefälle sind noch umstritten (Sonnenfleckenperiode, Polarlichteinfluß); sicher ist, daß sie, wenn vorhanden, sich nur geringfügig auswirken [*55b*]. Der Grund dafür ist der, daß sich das luftelektrische Geschehen in Atmosphärenbereichen abspielt, die bereits merklich unterhalb der Ionosphäre endigen: Die „luftelektrische Ausgleichsschicht" der Abb. 1 liegt etwa in 50—65 km Höhe [*45c*].

328913 Die („totale") Leitfähigkeit Λ in der Atmosphäre ist als Summe der „polaren" Leitfähigkeiten $\lambda_1 + \lambda_2 = \Sigma\varepsilon(n_1k_1 + n_2k_2)$ eine komplexe Größe, die auf alle die Ionenzahl n, ihre Beweglichkeit k bzw. deren Spektrum beeinflussenden Faktoren entsprechend reagiert. (Die Indizes $_1$ und $_2$ bedeuten „positiv" bzw. „negativ"). Ihre Werte und Gänge am Boden sind deshalb mehr von örtlichen als von weltweiten bzw. die ganze Atmosphäre betreffenden Einflüssen abhängig.

Israël

An Landstationen (tabellarische Zusammenstellungen bisheriger Ergebnisse bei V. F. Heß [56], E. Salles u. a. [57, 58]) schwankt Λ zwischen 0,2 und $5 \cdot 10^{-4}$ el.st. Einh. (sec^{-1}); Mittel etwa $2,8 \cdot 10^{-4}$; λ_1/λ_2 etwa = 1,13. — Die tages- und jahresperiodischen Gänge verlaufen im ganzen etwa invers zu denen des Potentialgefälles [59]. — Unregelmäßige Schwankungen stehen meist in engem Zusammenhang mit Aerosolveränderungen [59]. Als Beispiel des Kerneinflusses s. Abb. 6.

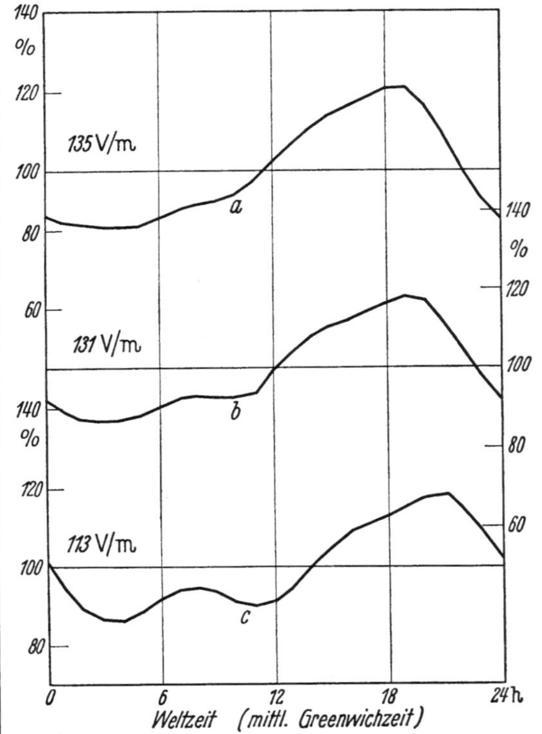

Abb. 4. Tagesgänge des luftelektrischen Potentialgefälles über See in Prozentualdarstellung für die Zeiten „November bis Februar" (oben), „März/April und September/Oktober" (Mitte) und „Mai bis August" (unten) nach W. C. Parkinson und O. W. Torreson [45a].

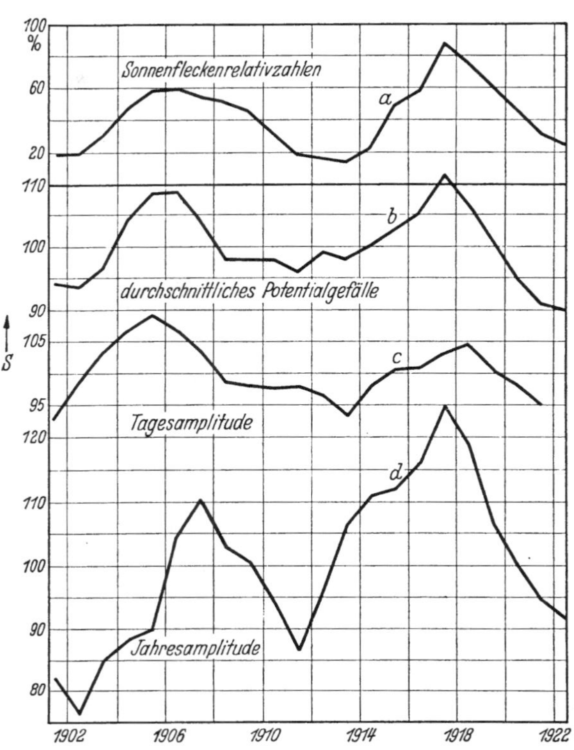

Abb. 5. Säkulargang des Potentialgefälles und Sonnenflecken. Potentialgefälle und Sonnenflecken 1902 bis 1922. a) Sonnenfleckenrelativzahlen; b) Gefälle in %; c) Tagesamplitude; b) bis d) nach „ungestörten" Tagen der Registrierungen von Kew, Greenwich und Perpignan (1902 bis 1912) bzw. Kew, Eskdalemuir und Ebro (1912 bis 1922) (nach L. A. Bauer [53]; Mittelwerte leicht geglättet).

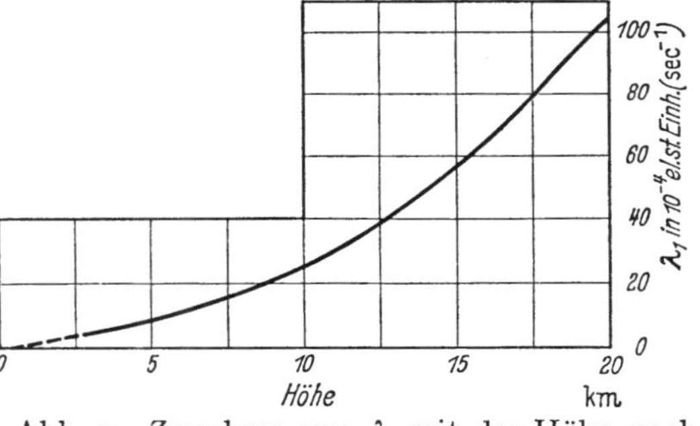

Abb. 7. Zunahme von λ_1 mit der Höhe nach Gish und Sherman [55].

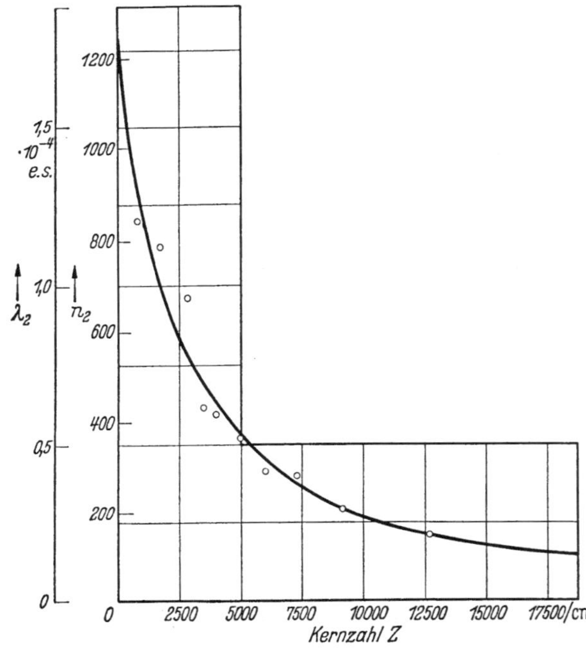

Abb. 6. Negative Leitfähigkeit λ_2 und Kerngehalt Z der Luft nach Beobachtung (Punkte) und Berechnung (Kurve) in Watheroo (Westaustralien) [60].

Über See ist — bei wesentlich geringerer Schwankung — im Mittel $\Lambda = 2{,}6 \cdot 10^{-4}$ sec^{-1}, $\lambda_1/\lambda_2 = 1{,}26$ [*51*]. Für den Tagesgang werden rund 10% Amplitude gefunden — soweit bisher erkennbar nach Ortszeit variierend mit einem Minimum in den Nachmittags- und einem Maximum in den Morgenstunden [*51*].

In der freien Atmosphäre nimmt Λ mit der Höhe rasch zu (Abb. 7) [*55, 61, 62*]. λ_1/λ_2 bleibt nach Gish und Sherman [*55*] bis zu 30 mm Hg (22 km Höhe) konstant — entgegen Laboratoriumsuntersuchungen der Ionenbeweglichkeit.

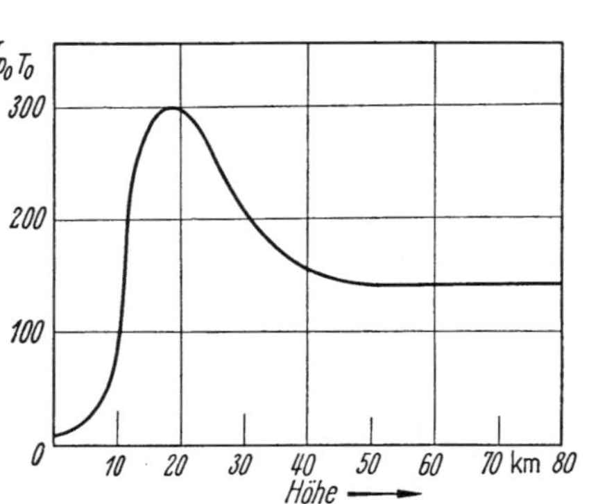

Abb. 8. Abschätzung der atmosphärischen Leitfähigkeit bis zu 90 km Höhe. Links: Ionisierungswirkung der Ultrastrahlung in verschiedenen Höhen nach A. V. Gangnes, J. F. Jenkins und J. A. van Allen [*45d*] in 41° nördl. Breite. — Rechts: Leitfähigkeit in der Stratosphäre; *1*: Leitfähigkeit ohne Berücksichtigung freier Elektronen für α/p = const (α = Wiedervereinigungskoeffizient); *2*: das gleiche gilt für $\alpha/p^{0,3}$ = const; *3* und *4*: entsprechende Werte bei Berücksichtigung freier Elektronen. Ordinatenmaß logarithmisch. Wellung der Kurven infolge des Temperaturaufbaues der Stratosphäre [*45c*].

Rechnerische Abschätzung der Leitfähigkeit in noch größeren Höhen s. bei H. Israël u. H. W. Kasemir [*45c*]; Ergebnis in Abb. 8.

328914 Für den **Vertikalstrom *i*** liegt nur spärliches direktes und geringes indirektes Beobachtungsmaterial vor.

Tabelle 3. Der vertikale Leitungsstrom. Die Werte sind, soweit nicht anders gekennzeichnet, aus [*2f*] entnommen. — Reihen von mindestens 1jährigem Umfang sind durch * vor dem Ortsnamen gekennzeichnet. — 1 el. st. Stromeinheit = $3{,}33 \cdot 10^{-10}$ Amp; die Zahlen in der Tabelle haben also die Einheit $3{,}33 \cdot 10^{-17}$ Amp/cm².

Ort	Jahr	*i* in 10^{-7} el. st. Stromeinheiten pro cm²
a) direkte Messungen		
Edinburg	1909	4,2
Icking bei München . .	1901	5,1
*Hooker-Insel [*68a*] . . (Franz-Josephs-Land)	1932/1933	12,5
*Kew [*68*]	1930/1931	3,4
München	1909	3,0
Simla (Indien) [*70*] . .	1909	5,4
Teebles (Schottland) .	1906/1907	6,6
*Zugspitze [*37*]	1927/1928	20,2
b) Indirekte Messungen (aus Potentialgrad. und Leitfähigkeit berechnet)		
*Bandoeng (Java) [*66c*]	1932/1935	7,9
Buenos Aires	1911	3,9
*College Fairbanks (Alaska) [*65a*] . . .	1932/1933	9,3
*Davos [*38*]	1908/1910	5,2
Freiburg (Schweiz) . .	1913	9,5
Göttingen	1906	8,1
*München [*67*]	1936	3,5
*Huancayo (Peru) [*70b*]	1924/1934	9,9
Island	1910	9,0
*Pawlowsk [*67a*] . . .	1916/1920	12,3
*Potsdam [*66a*]	1909/1911	6,9
Samoa	1907/1908	6,3
*Scoresby-Sound (Grönland) [*63a*]	1932/1933	5,1
*Seeham	1908/1920	6,9
*Tortosa	1914/1924	6,7
*Tucson [*70b*]	1931	6,2
*Watheroo [*70b*] (Westaustralien)	1924/1934	9,4
*Wahnsdorf/Dresden . .	1934/1938	11,0
*Ozeane	1915/1921	11

Mittelwerte: Festland (ohne Zugspitze) . . . . ca. $2{,}4 \cdot 10^{-16}$ Amp/cm².
Ozeane . . . . ca. $3{,}7 \cdot 10^{-16}$ „

Israël

Tages- und Jahresgänge über dem Festland uneinheitlich [3a], über den Ozeanen gleichartig denen des Potentialgefälles [45a, 49].

Die bei Gleichgewicht zu erwartende Höhen-Unabhängigkeit des Vertikalstromes wird durch vereinzelte Ballonmessungen (H. Gerdien [65], A. Wigand [72]) gut bzw. leidlich bestätigt. Vgl. auch F. Roßmann [55a].

Als besonders aufschlußreicher Faktor erweist sich der „spezifische Säulenwiderstand" R in seiner tagesperiodischen Veränderlichkeit, die aus der Kombination von Land- und Ozeanbeobachtungen gemäß Gl. (3) gefunden wird [55b]:

$$R_f/R_m = i_m/i_f \quad \text{(Index } f \text{ bedeutet Festland, } m \text{ Meer).} \qquad (3)$$

Die bisherigen Ergebnisse zeigen durchweg einfache Tagesperioden, deren Extremwerte aber nicht, wie erwartet, überall zum gleichen Ortszeittermin eintreten; Erklärung steht noch aus. — Näheres in [65a, 66a, 70a, 70b].

328915 Raumladungsmessungen über längere Zeiten sind nur spärlich vorhanden. Die Einzelwerte streuen in Bodennähe zwischen etwa $+6000$ und -5000 e/cm³ (e = Elementarladung $4{,}80 \cdot 10^{-10}$ ESE). Die Winterwerte sind — ähnlich wie beim Potentialgefälle — im allgemeinen höher

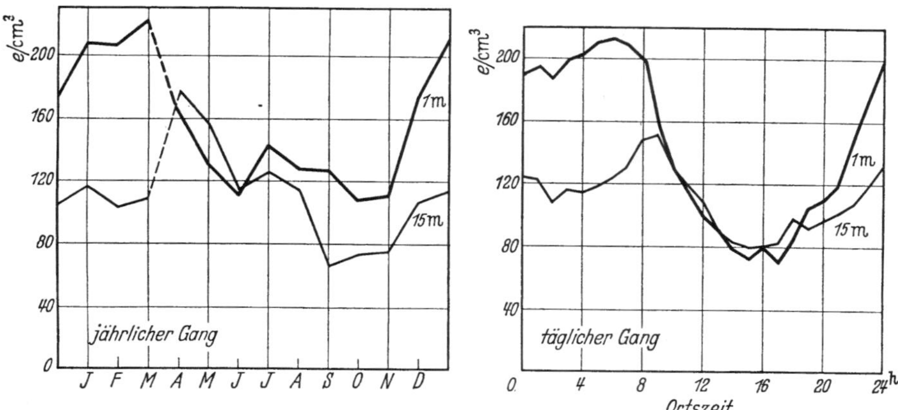

Abb. 9. Jahres- und Tagesgang der Raumladung in 1 m und 15 m Höhe in Stanford (Kalifornien) nach J. G. Brown [77].

als die Sommerwerte; ebenso besitzt der Tagesgang eine starke Ähnlichkeit mit dem des Potentialgradienten. — 3jährige Reihe für München bei C. W. Lutz [54]; 1jährige für Stanford (Kalifornien) in 1 m und 15 m Höhe ist in Abb. 9 wiedergegeben. — Die mittlere Höhenverteilung der Raumladung läßt sich durch Differentiation von Gl. (2) ermitteln.

32892 Ionisation; Radioaktivität.

Die Atmosphäre enthält — wenn man von den Hydrometeoren absieht — in erster Näherung vier Arten von Teilchen charakteristischer Eigenschaften: Kleinionen (n_1, n_2 im cm³) mit je einer positiven oder negativen Elementarladung und einer Beweglichkeit (Größe) von etwa 1,2 (cm/sec)/(Volt/cm) ($6 \cdot 10^{-8}$ cm Radius [87]), „gröbere Teilchen" (Z im cm³), und zwar Großionen (N_1, N_2 im cm³) mit meist einer positiven oder negativen Ladung und etwa 0,0003 (cm/sec)/(Volt/cm) Beweglichkeit ($4{,}9 \cdot 10^{-6}$ cm Radius) und ungeladene Kondensationskerne (N_0 im cm³), die bis auf die Ladung mit den Großionen identisch sind und „grobe" Staubteilchen (S im cm³) mit Radien größer als 10^{-4} cm.

Zwischen Ionen und Kernen bestehen die Beziehungen [6c]:

$$\begin{aligned}
dn_1/dt &= q - \alpha n_1 n_2 - \eta_{10} n_1 N_0 - \eta_{12} n_1 N_2\\
dn_2/dt &= q - \alpha n_1 n_2 - \eta_{20} n_2 N_0 - \eta_{21} n_2 N_1\\
dN_1/dt &= Q_1 + \eta_{10} n_1 N_0 - \eta_{21} n_2 N_1 - \gamma N_1 N_2\\
dN_2/dt &= Q_2 + \eta_{20} n_2 N_0 - \eta_{12} n_1 N_2 - \gamma N_1 N_2\\
dN_0/dt &- Q_0 + \eta_{21} n_2 N_1 + \eta_{12} n_1 N_2 + 2\gamma N_1 N_2 - \eta_{10} n_1 N_0 - \eta_{20} n_2 N_0,
\end{aligned}$$

die im Gleichgewicht ($d/dt = 0$) unter gewissen Vernachlässigungen ($Q_1 = Q_2 = Q_0 = 0$) die Gleichungen

$$N_0/N_1 = 1/az;\ N_0/N_2 = z/b;\ N_1/N_2 = az^2/b;\ R = \frac{N_0}{{}^1/_2(N^+ + N^-)} = 2/(az + b/z),$$

wo

$$a = \eta_{10}/\eta_{21};\ b = \eta_{20}/\eta_{12};\ z = n_1/n_2$$

ist, liefern.

Die Ionisierungsstärke q beträgt in Bodennähe über dem Festland rund 10 J (erzeugte Ionenpaare pro cm^3 und sec) und setzt sich aus folgenden Teilbeträgen zusammen [56]:

Durch Strahlung radioaktiver Substanzen in der Luft	α-Strahlung:	4,6 J
	β-Strahlung:	0,2 J
	γ-Strahlung:	0,15 J
Durch Strahlung radioaktiver Substanzen im Boden	β-Strahlung:	0,1 J
	γ-Strahlung:	3,0 J
Durch Ultrastrahlung am Boden		1.5 J
	Sa.	9,55 J

Über See beträgt q etwa 1,5 im Mittel mit deutlicher Breitenabhängigkeit (1,21 J bzw. 1,67 J bei 0° bzw. 50° magn. Breite) [51].

Tagesgänge des q in Glencree (Irland) [88], Washington (USA) [89] und Canberra (Australien) [90] zeigen bei Ordnung nach Weltzeit auffallende Übereinstimmung (Minimum nachts, Maximum nachmittags nach Greenwichzeit; ca. 30% Amplitude), doch zeigen Messungen auf See (Carnegie) keinen sicheren Tages- oder Jahresgang [51].

Zur Höhenabhängigkeit der Ionisierungsstärke q — oberhalb der unteren Atmosphärenschichten, die noch radioaktiven Strahlungen ausgesetzt sind — s. Abb. 8 sowie [91] und [92].

Q_1, Q_2 und Q_0 sind die nicht elektrisch bedingten Änderungen von Großionen und Kernen durch Produktion (Rauch, Brandung u. a.) oder Austauschvorgänge; sie sind örtlich und zeitlich stark wechselnd und schwer abschätzbar.

Tabelle 4. Die Wiedervereinigungskoeffizienten (alle Werte mit 10^{-6} zu multiplizieren).

α	η_{10}	η_{20}	η_{12}	η_{21}	γ	
1,6 [93, 94]	6,8	7,6	8,7	9,7		Nolan, J. J., u. G. P. de Sachy [95]
					0,0014	Kennedy, H. [96]
	0,58	1,07	2,35	2,96		Scrase, F. J. [97]
					0,0017	Hogg, A. R. [90]
	0,42	0,62				Wait, G. R. [89]
			7,2			Harper [103]
	Siehe auch F. J. W. Whipple [102].					

Druck- und Temperaturabhängigkeit: $\alpha_{p,T} = \alpha_{p0,T0}\,(p/p_0)^x \cdot (T_0/T)^y$.

$x = 1$	Thomson, J. J. [98]; Lentz, E. [98a]	$y = 3$	bei niedrigem Druck	Thomson, J. J. [98]
1/3	Gardner, M. E. [99]	3/2	bei hohem Druck	Thomson, J. J. [98]
0,28	Gish, O. H., u. K. L. Sherman [55]	2,5		Erikson [100]
		2,2		Phillips [101]
		7/3	bei niedrigem Druck	Gish, O. H., u. K. L. Sherman [55]

Über Komplexgrößen des Wiedervereinigungsgeschehens („Verschwindungskonstante", „mittlere Lebensdauer") s. Lit. Nr. [56, 90, 104], über Ansätze bei differenzierterem Ionenspektrum s. Lit. Nr. [90].

Tabelle 5. Mittlere Ionen- und Kernzahlen.
Kleinionen. (Nach Messungen mit dem Ebert-Aspirator [17c]. Kritik der Meßmethode s. Nr. [105].)

	Festland, geringe Seehöhe			Ozean bzw. isolierte Inseln		
	n_1	n_2	n_1/n_2	n_1	n_2	n_1/n_2
Mittel	748	676	1,18	637	575	1,20
Größter Mittelwert	1110	901	1,40	1000	1006	1,92
Kleinster Mittelwert	377	314	1,03	398	377	0,93
	Siehe auch [105a—105d).					
Großionen.						
	$N_1 + N_2$					
Großstädte, Zentrum [106, 107, 108]	20000 und mehr			(nicht gemessen)		
Großstädte, Stadtrand [109, 110] . .	10000 bis 20000					
Freies Land [111, 88]	1000 bis 5000					

Kondensationskerne [112, 113] (d. h. „gröbere" Teilchen Z insgesamt).

Meßort	Mittel	Mittl. Max.	Mittl. Min.	Abs. Max.	Abs. Min.
Großstädte, Zentrum	147000	379000	49100	4000000	3500
Großstädte, Stadtrand . . .	34300	114000	5900	400000	620
Land, Inland	9500	66500	1050	336000	180
Land, Küste	9500	33400	1560	150000	0
Berge, 500—1000 m	6000	36000	1390	155000	30
Berge, 1000—2000 m	2130	9830	450	37000	0
Berge, über 2000 m	950	5300	160	27000	6
Inseln	9200	43600	460	109000	80
Ozeane	940	4680	840	39800	2

Die periodischen Gänge der Kleinionenzahlen entsprechen etwa denen der Leitfähigkeit, die der Großionen- und Kernzahlen etwa denen des Potentialgefälles [2f].

Höhenabhängigkeit der Kleinionen- und Kernzahlen etwa entsprechend Abb. 10 [55, 61, 62]. (Großionen in der freien Atmosphäre noch nicht gemessen; Verlauf dem der Kernzahlen ähnlich anzunehmen.)

Tabelle 6. Ionenbeweglichkeit [Einheit (cm/sec)/(Volt/cm)]; Ionenspektrum.

Kleinionen [2f]:

Festland		Ozean	
k_1	k_2	k_1	k_2
0,96	1,05	1,58	1,66

Großionen [107, 114]:
ca. 0,0003 bis 0,0004 —
Höhenzunahme von k nach der Gleichung:

$$k_{p,T} = k_{p0,T0} \frac{p_0}{p} \cdot \frac{T}{T_0}.$$

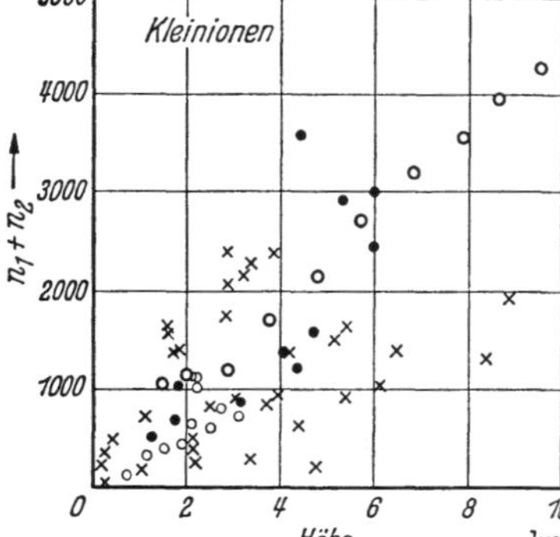

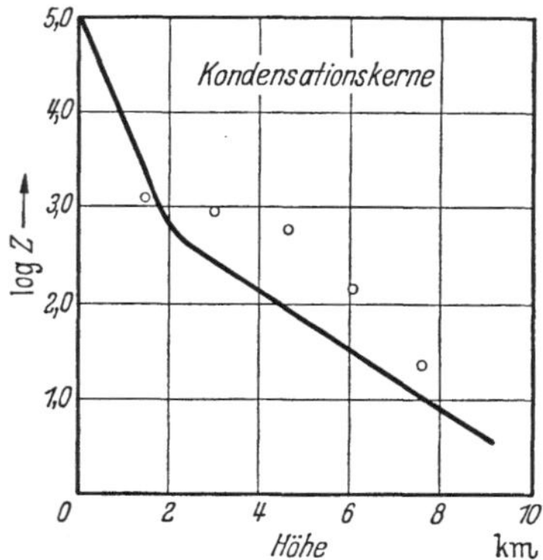

Abb. 10. Höhenabhängigkeit der Kleinionen und Kondensationskerne.

Über die „Feinstruktur des Ionenspektrums" (= prozentuale Größenverteilung) s. Nr. [114, 115, 116, 117, 117a].

Ladung der Ionen und sonstigen atmosphärischen Suspensionen:

Kleinionen (und Mittelionen) tragen je eine Elementarladung ($4{,}80 \cdot 10^{-10}$ ESE).

Großionen können mehr als eine Elementarladung tragen [117b, 117c, 117d, 117e]; Prozentsatz mehrfach geladener Großionen im allgemeinen zwischen 0 und einigen % schwankend.

Für größere Teilchen (Wolkenelemente) findet P. Pluvinage [117f] für die statistische Verteilung der Tropfenladungen die Beziehung:

$N_p = N_0 \cdot e^{-p^2\eta/2}$
p = Anzahl der Elementarladungen pro Tropfen.
$\eta = \varepsilon^2 \cdot K/(D \cdot a)$.
ε = Elementarladung.
K = Ionenbeweglichkeit.
D = Diffusionskoeffizient der Kleinionen.

N_p/N_0 ist in Abb. 11 für 4 verschiedene Tröpfchenradien dargestellt.

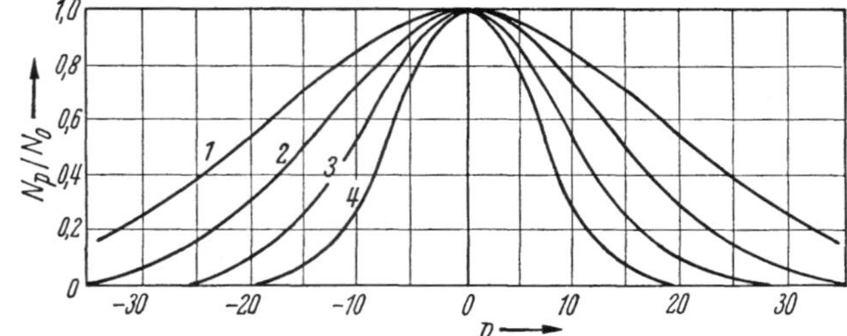

Abb. 11. Häufigkeitsverteilung von Tröpfchenladungen p für Tröpfchenradien von 2, 3 (innerste Glockenkurve), 5, 10 und 20 μ nach P. Pluvinage [117f].

Tabelle 7. Radioaktivität von Untergrund und Atmosphäre [2f, 6c, 56, 118].

Festland.	Ozean.
Untergrund. Ra-Gehalt etwa $1—3 \cdot 10^{-12}$ g/g, RaEm-Gehalt der Bodenluft im Mittel etwa $2—4 \cdot 10^{-13}$ Curie/cm³; örtlich erhöht bis zu 10^{-10} Curie/cm³ [119].	Seewasser. Ra-Gehalt ca. $1 \cdot 10^{-15}$ g/cm³ [6c].
Atmosphäre. RaEm-Gehalt in Bodennähe $0{,}6—5 \cdot 10^{-16}$ Curie/cm³, ThEm-Gehalt unsicher. Höhenabnahme s. Nr. [118].	Atmosphäre. RaEm-Gehalt $2{,}65 \cdot 10^{-13}$ Curie/cm³ [2f].

32893 Gewitter.

328930 Gewittertheorien (ohne ältere, heute nicht mehr diskutierte Hypothesen):

Simpson, G. C. [*121*]. — Wilson, C. T. R. [*122*]. — Findeisen, W. [*123*]. — Roßmann, F. [*124*]. — Wall, E. [*125*]. — Frenkel, J. [*126*]. — Zusammenfassende Darstellungen bei Israël, H. [*127, 128, 128a*]. — Wichmann, H. [*129*]. — Byers, H. R., u. R. R. Braham [*152*].

328931 Feldmessungen in und unter Gewitterwolken.

Die positive Hauptladung befindet sich ausnahmslos im oberen Teil der Gewitterwolke bei Temperaturen unter —10° C. Darunter liegt — bis in den Bereich positiver Temperaturen hineinreichend — die negative Gegenladung. Zuweilen liegt unter dem Kern des Gewitters bei positiven Temperaturen eine beschränkte Ansammlung positiver Ladung (vgl. Abb. 12). In Quellwolken ohne Gewittererscheinungen („Schauerwolken") scheint dieses untere positive Ladungsgebiet zu fehlen.

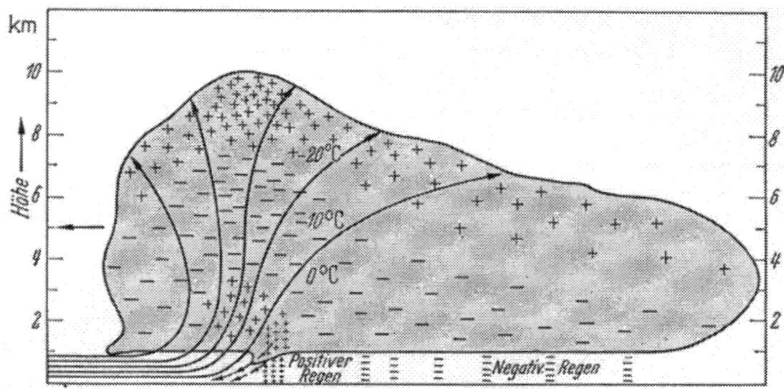

Abb. 12. Ladungs- und Temperaturaufbau eines Gewitters nach G. C. Simpson und Mitarbeitern [*130, 131*].

Die Feldstärke in den Gewitterwolken liegt durchweg in der Größenordnung von 100 Volt/cm. Höhere Werte treten nur gelegentlich kurzzeitig in beschränkten Räumen des Gewölks auf.

Am Boden ist die Feldstärke um so höher, je näher die untere Wolkenladung der Erde liegt. Ihr Wert liegt in der Größenordnung von 10—25 Volt/cm und steigt nur in Ausnahmefällen auf 50 bis 100 Volt/cm an.

Simpson, G. C., u. Mitarbeiter [*130, 131*].

328932 Spitzenstrom bei Gewitter. Spitzenentladung setzt ein, sobald ein bestimmter Wert der Feldstärke überschritten wird, der vor allem vom Krümmungsradius der Spitze und der durch sie hervorgerufenen Feldüberhöhung abhängt. F. J. W. Whipple und F. J. Scrase [*133*] finden die Beziehung:

$$i = a \cdot (F^2 - M^2),$$

wo M die Einsatzfeldstärke (+780 oder —840 Volt/m), F die Feldstärke und a einen apparativ beeinflußten Umrechnungsfaktor der Größenordnung 0,001 bedeuten.

Mittlerer Wert des Spitzenstromes bei Gewitter etwa $3 \cdot 10^{-6}$ Amp; Höchstwert bis etwa 10^{-5} Amp.

Beim Spitzenstrom überwiegt negativer Ladungszufluß zur Erde über positiven, etwa im Verhältnis 2 : 1.

„Normaler" Vertikalstrom (ohne Spitzenwirkung) unter Gewitterwolken ist zu etwa 10^{-12} Amp/cm² anzunehmen [*125, 128a*]; die mittlere Stromstärke je Gewitter beträgt nach G. R. Wait [*153*] etwa 1 Amp.

Wormell, T. A. [*132*]. — Scrase, W. J. [*133*]. — Lutz, C. W. [*134*]. — Whipple, F. J. W. [*134a*].

328933 Niederschlagsladung. Mittelwert aus allen (einschl. nichtgewittriger) Niederschlagsbeobachtungen etwa:

10^{-16} bis 10^{-14} Amp/cm² in ruhigem („Land"-) Regen,
10^{-12} Amp/cm² und mehr in Böen- und Gewitterregen.

Höchstwerte bis $2 \cdot 10^{-11}$ Amp/cm².

Gesamtniederschlagsladung deutlich überwiegend positiv.

Simpson, G. C. [*135, 136*]. — Chalmers, J. A. [*3a*].

Israël

32 8934 Sprunghafte Änderungen des luftelektrischen Feldes als Folge von Blitzentladungen. Mittelwerte von Gesamt-Feldsprüngen und solchen von Teilentladungen in Abhängigkeit von der Entfernung der Entladung [*129, 137, 138, 140*].

Blitz-entfernung	Gesamt-feld-schwankung	Feldsprung von Teil-entladungen
km	V/m	V/m
1	50000	12000
5	5000	2000
10	1000	700
20	100	90
30	50	40
40	30	15
50	20	9
100	12	2
150	8	1,5
200		0,8
500		0,3
1000		0,2

32 8935 Entladungen; Rundfunkstörungen („atmospherics"). Zusammenfassende Darstellungen siehe bei: Maurain, Ch. [*139*]. — Israël, H. [*140*]. — H. W. Kasemir [*141*].

32 8936 Charakteristische Blitzdaten.

a) Zeitdauer und Wachstumsgeschwindigkeit einzelner Blitzphasen.

Blitzphase	Zeitdauer sec	Wachs-tums-geschwin-digkeit cm/sec
Vorentladung		
effektiv	$1 \cdot 10^{-2}$	$2 \cdot 10^{7}$
Einzelstufe	$6 \cdot 10^{-5}$	$1 \cdot 10^{9}$
Vorentladung späterer Teilentladungen . . .	$1 \cdot 10^{-3}$	$2 \cdot 10^{8}$
Hauptentladung . . .	$4 \cdot 10^{-5}$	$5 \cdot 10^{9}$
Mittel einzelner Entladungen [*143*]	$185 \cdot 10^{-6}$	

b) Teilentladungshäufigkeit und -zeitabstand.

Anzahl der Fälle	Davon mehrfach %	Anzahl der Teilentladungen Mittel	Max.	Mittl. Gesamtdauer der Entladungen	Mittl. Zeitabstand von Teilentladungen sec	Autor
65	51	3,4	27	—	0,051	Schonland [*144*]
25	72	3,0	12	0,27 s.	0,107	Stekolnikov u.
—	—	—	—	—	0,073	Valeev [*145*]
184	28	1,7	12	0,09	0,073	McEachron [*142*]
235	46	2,3	20	—	—	Noto [*146*]
108	54	2,6	11	0,18	0,095	Bruce u. Golde [*147*]
22	55[1]	3—4	17	bis 1,85	wenige Hundertstel	Berger [*148*]
138	83	4,3	20			Norinder [*149*]

[1] Verzweigung nur bei negativen Blitzen.

c) Stromstärke in Blitzen. Häufigkeitsverteilung.

0—10 kA	10—20 kA	20—30 kA	30—50 kA	50—70 kA	70—100 kA	> 100 kA	Autor
20%	25%	20%	27%	5%	2%	1%	Lewis u. Foust [*150*]
20	17	18	25	12	4	4	
13	22	18	22	13	8	4	[1] Norinder [*149*]
21	34	12	16	8	7	2	[2]
40	38	14	Größer als 30 kA:			8	[3] Berger [*148*]
50	38	8				4	[4]
24	22	19	21	7	4	3	H. Baatz [*154*]

Höchster Wert 400 kA [*154*]; niedrigste beobachtete Stromscheitelwerte in einem Blitz 10—40 Amp [*148*].

[1] Scheitelwerte des Gesamtblitzes. [2] Haupt- und Teilentladungen getrennt. [3] Gesamtblitze. [4] Teilentladungen.

d) Ladungstransport in Coulomb (C).

0—20 C	20—40 C	40—60 C	60—80 C	80—100 C	> 100 C	Autor
42%	23%	15%	6%	5%	9%	McEachron [142]
56	21	9	5	3	6	(Ladungstransport der Gesamtblitze) Berger [148]
80	10	4	3	2	1	(Ladungstransport der Teilblitze) Berger [148]

Häufigkeitsverteilung des Ladungstransportes in Haupt- und Teilentladungen nach H. Norinder [149]:

0—5 C	5—10 C	10—15 C	15—20 C	> 20 C
81%	12%	4%	—	3%

e) Polarität von Erdblitzen. Blitze bedingen eine überwiegende Zufuhr negativer Ladung zur Erde:

Nach 2127 Einzelbestimmungen in aller Welt ergibt sich das Verhältnis negativer Blitze zu positiven im Mittel zu 5,7 : 1.

Nach 3476 Messungen der Blitzstromrichtung an Blitzableitern u. ä. folgt im Mittel 7,8 : 1. Vgl. C. E. R. Bruce und R. H. Golde [147].

f) Höhe der Wolkenladung, aus der Erdblitze kommen.

Mit einem elektrostatischen Flußmesser von Malan und Schonland [155] fand Barnard [156] bei 10 Blitzen von der Wolke zum Erdboden folgende zusammengehörigen Werte für die Höhe H, aus der die Entladung kam, und der Ladung Q in Coulomb:

H	5,3	3,2	5,0	5,9	4,5	8,7	2,5	6,4	3,0	7,8 km
Q	12,3	12,3	40,2	17,7	4,5	28,5	29,9	12,3	16,4	4,2 C

Mittelwert für $H = 5,2$ km.

g) Störungen („atmospherics"). Häufigkeitsverteilung der Zeitdauer nach H. Norinder [150a].

0—50	50—100	10—150	150—200	200—250	250—300	300—400	400—500
Mikrosekunden							
5%	18%	23%	16%	15%	11%	9%	3%

Häufigkeit der vorherrschenden Frequenz nach H. Norinder [150a]:

0—5	5—10	10—15	15—20	20—25
kHz (Kilohertz)				
5%	61%	24%	9%	1%

Feldstärke in Abhängigkeit von der Entfernung (nach E. V. Appleton und F. W. Chapman [151]):

Entfernung in km	Stat. Feld in V/m	Strahlungsfeld in V/m
3—5	1300	nicht beobachtet
10	700	,, ,,
20—30	45	,, ,,
40—50	12	5
60	3	3
100	0—6	1—7
150—200	0—1	höchster Spitzenwert 0,8
300—400	nicht beobachtet	höchster Spitzenwert 0,3

Literatur.

1. Zusammenfassende Darstellungen.

[1] Angenheister, G.: In Hdb. d. Phys. von Geiger/Scheel, Bd. 14. — [2] Benndorf, H.: [a] Z. Geophysik **1** (1925) 147; [b] Phys. Z. **26** (1925) 81; [c] Wien. Ber. (IIa) **134** (1925) 281 und **136** (1927) 175; [d] Lehrb. Geophys. von Gutenberg, Abschn. 15; [e] Hdb. d. Exper.-Phys. von Wien/Harms,

Bd. 25, I; [f] zus. mit V. F. Heß in Lehrb. d. Phys. von Müller-Pouillet, Bd. V, I. — [3] Chauveau, B.: Electricité atmosphérique. Paris 1922, 1924 u. 1925. — [3a] Chalmers, J. A.: Atmospheric electricity. Oxford 1949. — [4] Dobson, G.: Geophys. Mem. **1914**, Nr. 7. — [5] Gerdien, H.: Physikal. Z. **6** (1905) 647. — [6] Gish, O. H.: [a] Smithsonian miscell. Coll. **88** (1933) 596; [b] Trans. Edinburgh Meeting, Bull. Nr. 10 (1937) 208; [c] Atmospheric electricity. In Terr. Magn. and Electr. (Physics of the earth VIII) von J. A. Fleming, New York 1939. — [7] Gockel, A.: Die Luftelektrizität. Leipzig 1908. — [8] Humphreys, W. J.: Physics of the air. New York 1929. — [8*] Israël, H.: [a] Luftelektrizität, Grundlagen und Meßmethoden. In Meteorol. Taschenb. v. F. Linke, II und V; [b] Wiss. Abh. d. Reichsamtes für Wetterdienst V (1939) Nr. 12. — [9] Kähler, K.: [a] Luftelektrizität. Sammlung Göschen Nr. 649; [b] Einführung in die Luftelektrizität, Berlin 1929. — [10] Mache, H., u. E. v. Schweidler: Die atmosphärische Elektrizität. Braunschweig 1909. — [11] Mathias, E.: Traité d'électricité atmosphérique et tellurique, Paris 1924. — [12] Negro, C.: Ellectricitá atmosferica. Mailand 1926. — [13] Ramsauer, C.: Ann. Physik **75** (1924) 449 [hierzu T. Schlomka: ebenda **78** (1925) 204]. — [14] Riecke, E.: Ann. Physik **12** (1903) 52. — [15] Schlomka, T.: Gerlands Beitr. **24** (1929) 241. — [16] Schonland, B. F. J.: [a] Atmospheric electricity. London 1932; [b] Thunder-clouds, shower-clouds, and their electrical effects. In Terr. Magn. and Electr. (Physics of the earth VIII) von J. A. Fleming, New York 1939. — [17] Schweidler, E. v.: [a] Atmosphärische Elektrizität. Leipzig 1915; [b] Wien. Ber. (IIa) **127** (1918) 515; [c] Luftelektrizität in Einf. Geophys. **2**, 291, Berlin 1929; [d] Die Aufrechterhaltung der elektrischen Ladung der Erde. Hamburg 1929; [e] zus. m. K. W. F. Kohlrausch in Hdb. d. Elektr. u. d. Magn. von Graetz, Bd. 3, II, 1915. — [18] Scrase, F. J.: Geophys. Mem. Nr. 60, London 1934. — [19] Seeliger, R.: Ann. Physik **62** (1920) 464 [hierzu E. v. Schweidler: ebenda **63** (1920) 726]. — [20] Simpson, G. C.: [a] Phil. Trans. A **205** (1905) 61; [b] Monthly Weath. Rev. **44** (1916) 115. — [21] Süring, R.: Lehrb. d. Meteorol. v. Hann, 4. Aufl. S. 750, 1926. — [22] Swann, W. G. F.: [a] Terr. Magn. atm. Electr. **20** (1915) 105; [b] Atmospheric electricity. Encyclopaedia Britannica **8** (1929) 217. — [23] Torreson, O. W.: [a] Terr. Magn. atm. Electr. **43** (1938) 149; [b] Instruments used in observations of atmospheric electricity. In Terr. Magn. and Electr. (Physics of the earth VIII) von J. A. Fleming, New York 1939. — [24] Whipple, F. J. W.: [a] Terr. Magn. atm. Electr. **42** (1937) 129; [b] Quart. Journ. Roy. Met. Soc. **64** (1938) 199. — [25] Wigand, A.: Physikal. Z. **28** (1927) 65 u. 261. — [26] Wilson, C. T. R.: Atmospheric electricity. Dictionary applied physics by Glazebrook **3** (1923) 84.

2. Elektrisches Feld.

[26a] Israël, H., u. G. Lahmeyer: Terr. Magn. **53** (1948) 373. — [26b] Roßmann, F.: s. unter Nr. *128*. — [26c] Israël, H.: Archiv f. Met. Geoph. u. Bioklim. **1** (1948) 247. — [26d] Watson, R. A.: Geoph. Mem. London **4** (1928) Nr. 38. — [27] Hoffmann, K.: Beitr. Phys. fr. Atm. **11** (1923) 1. — [27a] Barlindhaug, E.: Geof. Publ. Oslo **10** (1935) Nr. 12. — [28] Norinder, H.: Kungl. Sved. Vet. Akad. Handl. **55**, Nr. 6, Stockholm 1916. — [29] Brit. Polar Year Exped. 1932/33, London 1937. — [30] Norinder, H.: Kungl. Sved. Vet. Akad. Handl. **58** (1917) 6. — [31] Meteorol. Jahrb. Norwegen. — [32] Observatories Yearbook, London. — [33] Kähler, K.: Ergebn. Met. Beob. Potsdam 1921/23. — [34] Goldschmidt, H.: Meteorol. Jahrb. Sachsen 1926. — [34a] Israël, H.: Das Klima von Bad Nauheim. Dresden 1937. — [34b] Kuhn, H.: Z. f. Geophys. **9** (1933) 238. — [35] Lutz, C. W.: Gerlands Beitr. **54** (1939) 337. — [35a] Israël, H.: Ann. Meteorologie (1950) 329. — [36] Blumenschein, A.: Wien. Ber. (IIa) **121** (1912) 25. — [37] Lautner, P.: Meteorol. Jahrb. Bayern 1928. — [38] Dorno, C.: Licht und Luft im Hochgebirge. Braunschweig 1911. — [39] Brommer, A.: Wien. Ber. (IIa) **118** (1909). — [40] Bull. de l'Observat. de l'Ebro-Tortosa, Barcelona. — [40a] Brown, J. G.: Terr. Magn. **35** (1930) 1; **38** (1933) 161. — [41] Hurst, H. E.: Survey department paper Nr. 10. Kairo 1909. — [41a] Ogasahara, K.: Terr. Magn. **45** (1940) 53. — [41b] Sil, J. M., u. K. S. Agarwala: Terr. Magn. **45** (1940) 139. — [41c] Deppermann, C. E.: Terr. Magn. **36** (1931) 231. — [42] Observat. made at Obs. at Batavia **23** (1900) 215. — [43] Leckie, A. J.: Gerlands Beitr. **52** (1938) 280. — [43a] Wait, G. R., u. O. W. Torreson: Terr. Magn. **43** u. **46**. — [44] Angenheister, G.: Göttinger Nachr. Math.-Naturw. Kl. **1924**, 91. — [44a] Wait, G. R., u. O. W. Torreson: Terr. Magn. **43** (1941) 319. — [45] Neumayer, M.: Discuss. meteorol. and magn. Observat. at Flagstaff-Observat. Melbourne 1858/63. Mannheim 1867. — [45a] Parkinson, W. C., u. O. W. Torreson: C. R. Assemble Stockholm U. G. G. J. (1931) 340. — [45b] Brown, J. G.: Terr. Magn. **40** (1936) 413. — [45c] Israël, H. u. H. W. Kasemir: Ann. de Géoph. Paris, **5** (1949) 313. — [45d] Gangnes, A. V., J. F. Jenkins u. J. A. van Allen: Phys. Rev. **75** (1949) 57. — [46] Rouch, J.: C. R. **151** (1910) 225. — [47] Simson, G. C.: British antarctic exped., Kalkutta 1919; Quart. J. Roy. Met. Soc. **40** (1914) 221. — [48] Res. Dep. Terr. Magn. **5**, 361, Washington 1926. — [49] Ault, J. P., u. S. J. Mauchly: Res. Dep. Terr. Magn., Carnegie Inst. of Washington, Publ. **1926**, Nr. 175, Vol. V, 197. — [50] Brown, J. G.: Terr. Magn. atm. Electr. **40** (1935) 413. — [51] Mauchly, S. J.: Res. Dep. Terr. Magn., Carnegie Inst. of Washington, Publ. **1926**, Nr. 175, Vol. V, 385; Terr. Magn. atm. Electr. **28** (1923) 61. — [52] Sverdrup, H. U.: Z. Geophysik **3** (1927) 93; genauer in Res. Dep. Terr. Magn., Carnegie Inst. of Washington, Publ. **1927**, Nr. 175, Vol. VI, 424. — [53] Bauer, L. A.: Terr. Magn. atm. Electr. **29** (1924) 23 u. 161. — [54] Kähler, K.: Luftelektrizität. Sammlung Göschen Nr. 649; Einführung in die Luftelektrizität, S. 157ff., Berlin 1929. — [55] Gish, O. H., u. K. L. Sherman: National Geograph. Soc., Stratosph. series Nr. 2, Washington 1936; Transact. Edinburgh Meeting Bull. **1937**, Nr. 10, 382. — [55a] Rossmann, F.: Ber. d. Dtsch.Wetterd. d. US-Zone Nr. 15, Bad Kissingen 1950.

3. Leitfähigkeit.

[55b] Gish, O. H.: Terr. Magn. **49** (1944) 159. — [56] Heß, V. F.: Die elektrische Leitfähigkeit der Atmosphäre und ihre Ursachen. Braunschweig 1926. — [57] Salles, E.: C. R. Congr. Intern.

d'électr. Paris **1932**, Nr. 5, S. 139. — [58] Stocklasa, J., u. J. Penkava: Biologie d. Uranium und Radium. Berlin 1932. — [59] Einzelheiten in den Nrn. [1, 2, 3, 9, 10, 11, 17 und 56]. — [60] Builder, G.: Terr. Magn. atm. Electr. **34** (1929) 281. — [61] Gerdien, H.: Göttinger Nachr. Math.-Naturw. Kl. **1905**, S. 258 u. 447. — [62] Wigand, A.: Ann. Physik **66** (1921) 81.

4. Vertikalstrom.

[63] Carse, G. A., u. D. McOwen: Proc. Roy. Soc. Edinburgh **30** (1910) 460. — [63a] Dauvillier, M. A.: Année polaire internationale 1932/33, Tome II, S. 1, Paris 1938. — [64] Ebert, H.: Physikal. Z. **3** (1902) 338. — [65] Gerdien, H.: Physikal. Z. **6** (1905) 647. — [65a] Gish, O. H., u. K. L. Sherman: Terr. Magn. **45** (1940) 173. — [65b] Dtsch. Met. Jahrb. Sachsen. — [66] Grieger, H.: Diss. Berlin 1934. — [66a] Israël, H.: Ann. de Géoph., Paris, **5** (1949) 196. — [66b] Kähler, K.: Erg. Met. Beob. Potsdam 1911. — [66c] Leckie, A. J.: s. Nr. [43]. — [67] Lutz, C. W.: Münchner Sitz.-Ber. **1911**, 329; Gerlands Beitr. **54** (1939) 337. — [67a] Obolensky, W. N.: Met. Z. **43** (1926) 173. — [68] Scrase, F. J.: Geophys. Mem. **1933**, Nr. 58. — [68a] Scholz, J.: Trans. Arctic Inst. Vol. XVI, Leningrad 1935. — [69] Schonland, B. F. J.: Proc. Roy. Soc. (A) **118** (1928) 252. — [70] Simpson, G. C.: Phil. Mag. J. Sci. **19** (1910) 715. — [70a] Gish, O. H.: Terr. Magn. **49** (1944) 159. — [70b] s. Nr. [44a]. — [71] Whipple, F. J. W., u. F. J. Scrase: Geophys. Mem. **1936**, Nr. 68. — [72] Wigand, A.: Physikal. Z. **26** (1925) 81. — [73] Wilson, C. T. R.: [a] Proc. Cambridge phil. Soc. **13** (1906) 363; [b] Proc. Roy. Soc. A **80** (1908) 537. — [74] Wormell, T. W.: Proc. Roy. Soc. A **115** (1927) 443; **117** (1929) 567.

5. Raumladung.

[75] Benndorf, H.: Physikal. Z. **27** (1926) 576. — [76] Behounek, F.: J. Physiq. Radium (6) **8** (1927) 161. — [77] Brown, J. G.: Terr. Magn. atm. Electr. **35** (1930) 1; **38** (1933) 161. — [78] Daunderer, A.: Physikal. Z. **8** (1907) 281; **10** (1909) 113; Meteorol. Z. **26** (1909) 301. — [79] Gerdien, M.: Physikal. Z. **6** (1905) 647. — [80] Kähler, K.: [a] Meteorol. Z. **39** (1922) 293; **40** (1923) 204; **44** (1927) 1; [b] zus. mit C. Dorno: ebenda **42** (1925) 434. — [81] Lutz, C. W.: Gerlands Beitr. **41** (1934) 416 und **52** (1938) 344. — [82] Norinder, H.: Geograf. Ann. **3** (1921) 1 und **4** (1922) 116. — [83] Obolensky, W. N.: Ann. Physik **7** (1925) 644. — [84] Rudge, W. A. D.: Proc. Roy. Soc. (A) **90** (1914) 256 u. 571; Phil. Mag. **25** (1913) 481. — [85] Scrase, F. J.: Geophys. Mem. **1935**, Nr. 67. — [86] Staeger, A.: Ann. Physik **76** (1925) 49; **77** (1925) 81 u. 225.

6. Ionenkonstanten.

[87] Umrechnungsbeziehungen nach [8*a]. — [88] Nolan, J. J., u. P. J. Nolan: Proc. Roy. Irish Acad. (A) **40** (1931) 11 und **41** (1933) 111. — [89] Wait, G. R.: Terr. Magn. atm. Electr. **40** (1935) 209. — [89a] Harper, W. R.: Phil. Mag. **18** (1934) 97. — [90] Hogg, A. R.: Gerlands Beitr. **41** (1934) 32 und **43** (1935) 359. — [91] Regener, E., u. G. Pfotzer: Physikal. Z. **35** (1934) 779. — [92] Bowen, J. S., R. A. Millikan u. H. V. Neher: Phys. Rev. **52** (1937) 80. — [93] Kohlrausch, K. W. F.: Wien. Ber. (IIa) **123** (1914) 1929 u. 2321. — [94] Gockel, A.: Neue Denkschr. schweiz. naturf. Ges. **54** (1917) Nr. 1. — [95] Nolan, J. J., u. G. P. de Sachy: Proc. Roy. Irish Acad. A **37** (1927) 71. — [96] Kennedy, H.: Proc. Roy. Irish Acad. A **33** (1916) 58. — [97] Scrase, F. J.: Geophys. Mem. **1935**, Nr. 64. — [98] Thomson, J. J.: Elektrizitätsdurchgang in Gasen, **1906**. — [98a] Lenz, E.: Z. f. Phys. **76** (1932) 660. — [99] Gardner, M. E.: Phys. Rev. **53** (1938) 75. — [100] Erikson, H. A.: Phys. Rev. **34** (1929) 635. — [101] zit. nach [6c]. — [102] Whipple, F. J. W.: Proc. physic. Soc. **45** (1933) 367. — [103] Harper, W. R.: Phil. Mag. J. Sci. **18** (1934) 97. — [104] Heß, V. F.: Gerlands Beitr. **22** (1929) 256; Erg. kosm. Phys. **2** (1933) 95. — [105] Lit. s. Nr. [8*a]. — [105a] Thellier, Mme. O.: Ann. Inst. Phys. du Globe, Paris **19** (1941) 107. — [105b] Dieselbe: Ann. de Géophys., Paris **1** (1944) 97. — [105c] Yunker, E. A.: Terr. Magn. **45** (1940) 121. — [105d] Bradbury, N. E., u. H. J. Meuron: Terr. Magn. **43** (1938) 231. — [106] Israël, H.: Gerlands Beitr. **23** (1929) 144; **26** (1930) 283; **57** (1942) 261. — [107] Langevin, P.: C. R. **140** (1905) 232. — [108] McLaughlin: Ann. Inst. Phys. du Globe **6** (1928) 60. — [109] Wait, G. R., u. O. W. Torreson: Terr. Magn. atm. Electr. **39** (1934) 65 u. 111; **40** (1935) 208. — [110] Israël, H.: Gerlands Beitr. **57** (1942) 247. Bioklim. Beibl. Meteorol. Z. **2** (1935) 129. — [111] Israël, H.: Gerlands Beitr. **34** (1931) 164. — [112] Landsberg, H.: Atmospheric condensation nuclei. Erg. kosm. Phys. III (1938) 155, 227 Literaturnachweise. — [113] Burckhardt, H., u. H. Flohn: Die atmosphärischen Kondensationskerne. Berlin 1939. — [114] Israël, H.: Gerlands Beitr. **31** (1931) 173; Meteorol. Z. **49** (1932) 226 (zus. mit L. Schulz): Terr. Magn. atm. Electr. **38** (1933) 285. — [115] Weger, N.: Gerlands Beitr. **42** (1934) 331. — [116] Booij, J.: Gerlands Beitr. **37** (1932) 167, 361. — [117] Wait, G. R.: Phys. Rev. **48** (1935) 383. — [117a] Weitere Literatur zu Kap. 6 in Nr. [6c]. — [117b] Nolan, J. J., u. J. G. O'Keefe: Proc. Royal Irish Acad. **41** (1933) 26. — [117c] Israël, H.: Gerlands Beitr. **40** (1933) 29. — [117d] Hogg, A. R.: Gerlands Beitr. **41** (1934) 1. — [117e] Israël, H.: Gerlands Beitr. **57** (1941) 261 (Benndorf-Heft). — [117f] Pluvinage, P.: Ann. de Géophys. Paris **2** (1946) 31 u. 160.

7. Radioaktivität.

[118] Meyer, St., u. E. v. Schweidler: Radioaktivität S. 647ff., Berlin 1927. — [119] Israël, H., u. F. Becker: Gerlands Beitr. **44** (1935) 40. — [120] Israël, H.: Gerlands Beitr. **42** (1934) 385; **46** (1936) 413 u. a.

8. Gewitter.

[121] Simpson, G. C.: Phil. Trans. (A) **209** (1909) 379; Proc. R. Soc. (A) **114** (1927) 376. — [122] Wilson, C. T. R.: Journ. Frankl. Inst. **208** (1929) 1. — [123] Findeisen, W.: Met. Z. **57** (1940) 201; **60** (1943) 147. — [124] Roßmann, F.: Meteorol. Rdsch. **1** (1947/48). — [125] Wall, E.: Wetter und Klima **1** (1948), 65, 193 u. 321. — [126] Frenkel, J.: Journ. of physics, Moskau **8** (1944) 285. — [127] Israël, H.: Wiss. Abh. Reichsamt f. Wetterd., Berlin **8**, Nr. 4 (1942). — [128] Israël, H.: Fiat Review, Band Geophysik I, 1949. — [128a] Israël, H.: Das Gewitter. Probl. d. kosm. Phys. Nr. XXV, Leipzig 1950. — [129] Wichmann, H.: Das Gewitter. Physikal. Forsch. Heft 1, 1948. — [130] Simpson, G. C., u. F. J. Scrase: Proc. R. Soc. London (A) **161** (1937) 309. — [131] Simpson, G. C., u. G. D. Robinson: ebenda **177** (1941) 281. — [132] Wormell, T. A.: Proc. R. Soc. London (A) **115** (1927) 443; **127** (1930) 567. — [133] Whipple, F. J. W., u. F. J. Scrase: Geoph. Mem. London **7**, Nr. 68 (1936). — [134] Lutz, C. W.: Gerlands Beitr. **57** (1941) (Benndorf-Heft). — [134a] Whipple, F. J. W.: Quart. Journ. Royal Met. Soc. **55** (1929) 1. — [135] Simpson, G. C.: Quart. Journ. Royal Met. Soc. **68** (1942) 1. — [136] Simpson, G. C.: Geoph. Mem. London **10**, Nr. 84 (1949). — [137] Israël, H.: Naturwiss. **30** (1942) 85; Met. Z. **60** (1943) 174; **60** (1943) 56; **61** (1944) 1. — [138] Wichmann, H.: Gerlands Beitr. **58** (1941) 95; **59** (1942) 32 u. 299. — [139] Maurain, Ch.: La foudre. Coll. Colin Nr. 248, Paris 1948. — [140] Israël, H.: s. Nr. [128a]. — [141] Kasemir, H. W.: Der Blitz. (In Vorbereitung). — [142] McEachron, K. B.: Lightning. Beitrag zum „Handbook of Meteorology". — [143] Norinder, H., u. O. Dahle: Ark. Mat. Astr. Fys. **32** A, Nr. 5, Stockholm 1945. — [144] Schonland, B. F. J., u. Mitarbeiter: Proc. R. Soc. London **152** (1935) 595; **166** (1938) 56. — [145] Stekolnikov, J. S., u. C. Valeev: H. T. Conf. Paris 1937, Nr. 330. — [146] Noto, H.: Proc. Phys.-Math. Soc. Japan **16** (1934) 177. — [147] Bruce, C. E. R., u. R. H. Golde: J. Inst. El. Eng. **88** (1941) 487. — [148] Berger, K.: Bull. S. E. V., Zürich 1947. — [149] Norinder, H., u. O. Dahle: s. Nr. [143]. — [150] Lewis, W. W., u. C. M. Foust: Trans. I. E. E. **59** (1940) 227. — [150a] Norinder, H.: Proc. Inst. Radio Eng. **24** (1936) 287. — [151] Appleton, E. V., u. F. W. Chapman: Proc. R. Soc. London A **158** (1937) 1. — [152] Byers, H. R., u. R. R. Braham: The Thunderstorm. Washington 1949 (US-Weatherbureau). — [153] Wait, G. R.: Archiv f. Met., Geoph. u. Bioklim. (A) **3** (1950) 70. — [154] Baatz, H.: El. Tech. Zeitschr. **72** (1951) 191. — [155] Malan, D. J., u. B. F. J. Schonland: Proc. Phys. Soc. B **63** (1950) 402. — [156] Barnard, V.: J. Geophys. Res. **56** (1951) 33. — [157] Gish, O. H., u. G. R. Wait: „Thunderstorms and the earth's general electrification." J. Geophys. Res. **55** (1950) 473.

Israël

329 Physik der höheren Atmosphäre.

3291 Ionosphäre.

32910 Nomenklatur und charakteristische Größen.

Ionosphäre. Sammelbegriff für diejenigen Gebiete der hohen Atmosphäre, die durch Einstrahlung von außen merklich ionisiert sind.

Ältere Bezeichnung: Heaviside-Schicht.

Ladungsträgerdichte. (Elektronen- bzw. Ionenkonzentration). Zahl der freien Elektronen bzw. der positiven und negativen Ionen im cm³. Die Ladungsträgerdichte N an der Stelle maximaler Trägerdichte (s. Ionosphärenschicht) wird abgeleitet aus der höchsten Frequenz (Grenzfrequenz) fg, die bei senkrechtem Einfall gerade noch reflektiert wird. Üblicherweise wird bei Ionosphärenbeobachtungen nicht N, sondern fg mitgeteilt.

Tabelle 1. Charakteristische Werte der einzelnen Ionosphärenschichten.

	Schicht	D	E_1	E_2	F_1	F_2
	Höhe der Schichtunterkante [km]	50—65 ?	90—120	140—180	180—200	> 250
	Scheinbare Höhe des Schichtmaximums [km]	?	120—140	140—180	250—350	300—600
	Partikeldichte [cm⁻³]	$5 \cdot 10^{18}$	$6 \cdot 10^{12}$	10^{12}	10^{11}	$2 \cdot 10^{10}$
	Temperatur [° abs.]	?	240—270°	300—400°	1000°	2000°
	Höhe der homogenen Atmosphäre [km]	6	20	20	35—50	50—65
	Elektronendichte [cm⁻³]	?	10^4—$2 \cdot 10^5$	10^4—$2{,}2 \cdot 10^5$	$3 \cdot 10^5$—$6 \cdot 10^5$	$7{,}5 \cdot 10^4$—$2{,}5 \cdot 10^6$
	Stoßzahl [sec⁻¹]	10^7	10^5	10^5	10^4	$2 \cdot 10^3$
	Rekombinationskoeffizient [cm³sec⁻¹]	?	1—$2 \cdot 10^{-8}$	1—$2 \cdot 10^{-8}$	$4 \cdot 10^{-9}$	$5 \cdot 10^{-11}$
	Verhältnis der max. Elektronendichte im S.F. Min. zum S.F. Max.	?	1 : 1,5	?	1 : 1,56	1 : 4
Nach Mitra	Ionisiertes Gas	O_2	O_2	N_2	N_2	O
	Ionisierungsvorgang	$O_2 + h\nu = O_2^+ + e$	$O_2 + h\nu = O_2^{+*} + e$	$D_2 + h\nu = N_2^+ + e$	$N_2 + h\nu = N_2^{+*} + e$	$O + h\nu = O^+ + e$
	Aktiver Spektralbereich λ [Å]	1012—910	744—661	795—755	661—585	910—795
Nach Massey u. Bates	Ionisiertes Gas	Na	O_2'	?	O	N_2
	Ionisierungsvorgang	$Na + h\nu = Na^+ + e$	$O_2 + h\nu = O_2^+ + e$	?	$O + h\nu = O^+ + e$	$N_2 + h\nu = N_2^+ + e$
	Aktiver Spektralbereich λ [Å]	≦ 2410	≈ 30 oder 1012—910	?	910—500	795—585
Nach Nicolet	Ionisiertes Gas	O_2, Na, [NO][1]	O_2	?	O	O, N, N_2
	Ionisierungsvorgang	$O_2 + h\nu = O_2^+ + e$ $Na + h\nu = Na^+ + e$ $[NO + h\nu = NO^+ + e]$[1]	$O_2 + h\nu\, O_2'$ $O_2' \rightarrow O_2^+ + e$	?	$O + h\nu = O^+ + e$	$O + h\nu = O^+ + e$ $N + h\nu = N^+ + e$ $N_2 + h\nu = N_2^+ + e$ $N_2 + h\nu = N_2^{+*} + e$
	Aktiver Spektralbereich λ [Å]	1012—910 ≦ 2410 ≦ 1300	1010—910	?	910—850	910—850 850—795 850—660 660—500

[1] [ ] Bei Mögel-Dellinger-Effekten.

Stoßzahl. Zahl der Stöße, die ein freies Elektron pro sec mit den umgebenden neutralen Molekülen ausführt. Die Stoßzahl wird ermittelt aus der Dämpfung, die eine Radiowelle bei ihrem Weg in der Ionosphäre erleidet.

Ionosphärenschicht. Die Ladungsträgerdichte hat in der Ionosphäre mehrere Maxima in verschiedenen Höhen. Dazwischen liegen Minima der Trägerdichte oder Wendepunkte der Verteilungskurve. Den Höhenbereich zwischen zwei solchen Minima oder Wendepunkten nennt man Schicht. Angaben über die einzelnen Schichten siehe Tab. 1.

Schichtform. Verteilung der Trägerdichte mit der Höhe. Die wahrscheinlichste Schichtform ist eine parabolische Verteilung der Ladungsträgerdichte in der Nähe des Schichtmaximums und ein allmählicher Übergang nach oben und unten („Chapman-Schicht"). Wegen der einfacheren Rechnung oft durch eine Parabel angenähert.

Schichthöhe (minimale). Wird gezählt vom Erdboden zum unteren Schichtrand (Trägerdichte = 0 für parabolische Schicht bzw. 1% des Maximalwertes für Chapman-Schicht).

Halbe Schichtdicke. Wird gezählt vom unteren Schichtrand bis zur Höhe des Maximums der Trägerdichte.

Schichthöhe und Schichtdicke sind abgeleitete Größen. Tatsächlich gemessen wird die Laufzeit von Signalen, die an der Ionosphäre reflektiert werden. Hieraus erhält man unter der Annahme, daß sich das Signal mit Lichtgeschwindigkeit fortpflanzt, die scheinbare Höhe. Die wahre Höhe ist stets kleiner als die scheinbare Höhe, da die Gruppengeschwindigkeit im ionisierten Gebiet kleiner ist als die Lichtgeschwindigkeit. Für die Schichtunterkante stimmen scheinbare und wahre Höhe überein, wenn man die Verzögerung in tieferliegenden Schichten vernachlässigen kann. Die wahre Höhe des Schichtmaximums ist unter der gleichen Voraussetzung bei einer parabolischen Schicht gleich der scheinbaren Höhe einer Frequenz, die gleich 0,834 der Grenzfrequenz ist. Über Einzelheiten und Berechnungsmethoden siehe [*1, 2, 3, 4, 5*].

32911 Einfluß des erdmagnetischen Feldes.

Unter dem Einfluß des erdmagnetischen Feldes wird die Ionosphäre doppelbrechend. Eine einfallende Radiowelle wird in zwei Wellen (ordentliche und außerordentliche Komponente) aufgespalten, für die der Brechungsindex verschieden ist. Der Wert des Brechungsindex hängt außer von der Elektronenkonzentration von der Stärke des magnetischen Erdfeldes und von dem Winkel zwischen Magnetfeld und Wellennormale ab (Näheres siehe [*6, 7, 8, 9, 10*]). Für senkrechten Einfall ist der Zusammenhang zwischen der Frequenz f_0 bzw. f_x und der Trägerdichte N an der Reflexionsstelle gegeben durch die Gleichungen:

$$N = 1{,}24 \cdot 10^{-8} \cdot f_0^2$$
$$N = 1{,}24 \cdot 10^{-8} \cdot (f_x^2 \pm f_x \cdot f_H)$$

N = Trägerdichte
f_0 = ordentliche Komponente
f_x = außerordentliche Komponente
$f_H = \dfrac{e \cdot H}{m \cdot c}$
H = Totalintensität des erdmagnetischen Feldes
c = Lichtgeschwindigkeit
e/m = Ladung/Masse des Elektrons

Für Mitteleuropa ist $f_H \approx 1{,}31$ MHz. Kurvendarstellung $N = N(f)$ (Abb. 1).

Im Frequenzbereich $f_x > f_H$ wird im allgemeinen die Welle bereits bei dem (niedrigen) Wert der Trägerdichte total reflektiert, der dem Minuszeichen in der Klammer entspricht. Nur in

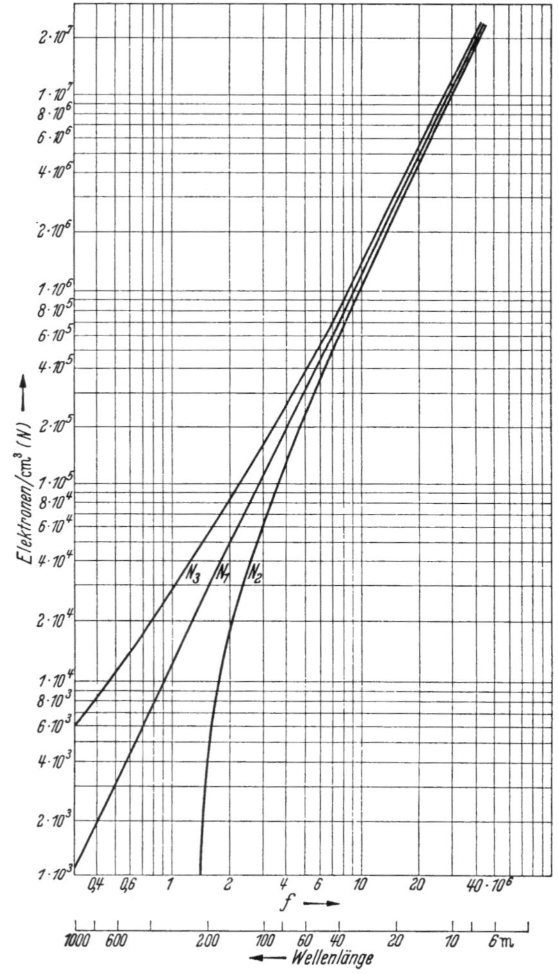

Abb. 1. Zusammenhang zwischen der Elektronenkonzentration an der Reflexionsstelle und der verwendeten Sendefrequenz für die ordentliche und außerordentliche Komponente.

$$N_1 = \frac{\pi \cdot m}{e^2} f^2 \quad \text{ordentliche Welle}$$

$$N_2 = \frac{\pi \cdot m}{e^2} (f^2 - f f_H)$$
$$N_3 = \frac{\pi \cdot m}{e^2} (f^2 + f f_H)$$
außerordentliche Wellen

$$f_H = 1{,}310 \cdot 10^6/\text{sec für } H = 0{,}468 \text{ Gauß}$$

Dieminger

Ausnahmefällen erscheint gleichzeitig die dritte („Z"-) Komponente, die bei dem Wert der Trägerdichte reflektiert wird, der dem +-Zeichen entspricht. Im Frequenzbereich $f_z < f_H$ gilt nur das Pluszeichen. Einzelheiten siehe [15]. Die Polarisation der Komponenten ändert sich fortlaufend beim Weg durch die Ionosphäre. Beim Empfang reflektierter Wellen am Erdboden beobachtet man die Polarisation, mit der die Welle nach der Reflexion den unteren Rand der Ionosphäre verläßt. Werte bei senkrechtem Einfall siehe (Tab. 2).

Tabelle 2.

		Nordpol	Äquator	Südpol
Schwingungsform		zirkular → elliptisch →	linear →	elliptisch → zirkular
Schwingungsrichtung[1]	o. Komp.	linksdrehend	Nord-Süd	rechtsdrehend
	a. o. Komp.	rechtsdrehend	Ost-West	linksdrehend

[1] Gesehen von einem Beobachter, der in der Ausbreitungsrichtung blickt.

32912 Aufbau der Ionosphäre.

Bestimmt man die Reflexionshöhe von Radiowellen in Abhängigkeit von der Frequenz (Echolotung mit veränderlicher Frequenz, „Durchdrehaufnahme"), so kann man daraus die Höhenverteilung der Trägerdichte ableiten. Dabei ergeben sich mehrere Maxima der Trägerdichte in verschiedenen Höhen („Schichten"), die man mit Buchstaben bezeichnet (E_1-, E_2-, F_1-, F_2-Schicht). Werte siehe (Tab. 1). Durch regelmäßige Wiederholung der Beobachtung erhält man die zeitlichen Veränderungen. Beispiele für den Aufbau der Ionosphäre an einem Wintertag und einem Sommertag in mittleren Breiten (50° N) siehe (Abb. 2).

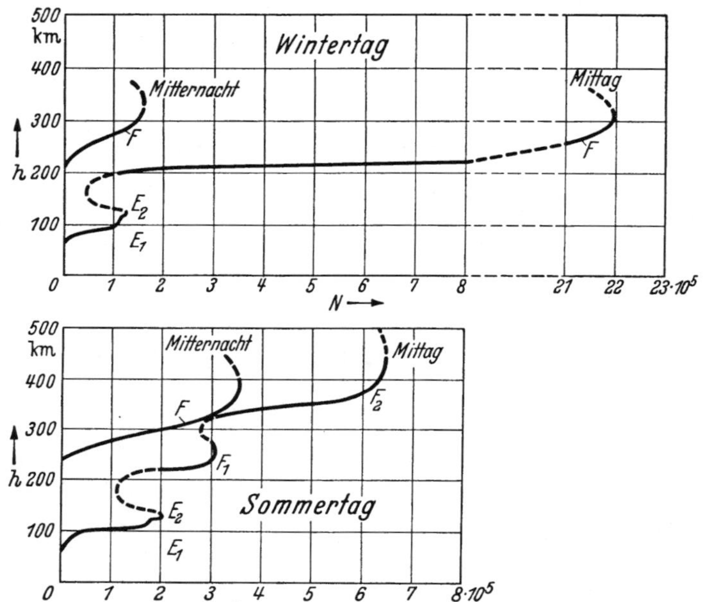

Abb. 2. Höhenverteilung der Elektronenkonzentration in der Ionosphäre im Winter und Sommer für Sonnenfleckenrelativzahl $\overline{R} = 100$ in 50° nördlicher Breite.

32913 Darstellung der Werte.

Von den Meßwerten der einzelnen Beobachtungsstellen werden im allgemeinen die Grenzfrequenzen und minimalen Höhen, in einzelnen Fällen auch die halben Schichtdicken und die Dämpfung regelmäßig mitgeteilt. Von jeder Meßgröße (z. B. Grenzfrequenz der ordentlichen Komponente der F_2-Schicht, minimale Höhe der E_1-Schicht usw.) werden die 24 bzw. 48 Beobachtungen eines Tages (in stündlichem oder halbstündlichem Abstand) für alle Tage eines Monats sowie die daraus berechneten Mittelwerte (Median values = Zentralwerte, teilweise auch Mean-values) in Tabellenform wiedergegeben, die Mittelwerte außerdem in Kurvenform (s. regelmäßige Veröffentl. [32916]). Aus den Monatsmittelwerten aller Beobachtungsstellen werden speziell für die F_2-Schicht „Ionisationskarten" gezeichnet, die sowohl die tageszeitlichen als die geographischen Veränderungen wiedergeben. Als Abszisse wird die Tageszeit und als Ordinate die geographische Breite aufgetragen. Die Punkte gleicher Grenzfrequenz (d. h. gleicher Trägerdichte) werden durch Kurven miteinander verbunden (Isofrequenzkurven). Siehe Abb. 3. Schnitte parallel zur Ordinate ergeben den tageszeitlichen Verlauf für eine bestimmte Breite, Schnitte parallel zur Abszisse die Breitenabhängigkeit für feste Zeiten. Bezüglich des Längeneffektes siehe [329141].

32914 Örtliche und zeitliche Veränderlichkeit der Ionosphäre.

Die Veränderlichkeit der Ionosphäre setzt sich zusammen aus zwei Anteilen: 1. Regelmäßige Veränderlichkeit („normaler Gang"). 2. Unregelmäßige Veränderungen („Störungen").

Dieminger

329141 Regelmäßige Veränderlichkeit.

Entsprechend der Ionisierung durch solares U.V. ändert sich der Zustand der Ionosphäre, insbesondere die Elektronenkonzentration in den einzelnen Schichten mit dem Einfallswinkel der Sonnenstrahlung, d. h. mit der geographischen Breite (örtliche Veränderung) und der Tageszeit (zeitliche Veränderung). Da außerdem der mittlere Gang offenbar durch Vorgänge beeinflußt wird, die von der Richtung des erdmagnetischen Feldes abhängen, überlagert sich eine Abhängigkeit von der geomagnetischen Breite. Dadurch entsteht ein echter (nicht tageszeitlich bedingter) Längeneffekt. Man kann daher nicht Tageszeit und geographische Länge bezüglich des Zustandes der Ionosphäre vertauschen. Für Zwecke der Praxis Einteilung in Zonen: Westzone (W), Ostzone (E) und zwischen beiden zwei Übergangs- (intermediate) Zonen (I). Siehe Karte (Abb. 4).

329142 Örtliche Veränderlichkeit.

E-Schicht. Die Abhängigkeit der Grenzfrequenz f_E von der geographischen Breite kann über den Zenitwinkel χ der Sonne ermittelt werden aus der Gleichung:

$$f_E = K \cdot \cos^n \chi$$

K und n sind empirisch bestimmt zu

$K = 2{,}25 + 1{,}5 \cos\varphi + [0{,}01 - 0{,}007 \cos\varphi]\, R$

$n = 0{,}21 + 0{,}12 \cos\varphi + 0{,}0002\, R$

φ = geographische Breite

R = Monatsmittel der Züricher Sonnenfleckenrelativzahl.

Die Gültigkeit der Formeln ist beschränkt auf geographische Breiten $< 60°$.

Die obigen Formeln beschreiben auch die zeitliche Veränderlichkeit der E-Grenzfrequenz; siehe [329145].

F_1-Schicht. Grenzfrequenz f_{F1} in grober Näherung gegeben durch die Beziehung:

$$f_{F1} = f_{F10} \cdot \sqrt[4]{\cos \chi}$$

Bezeichnungen wie oben.

Breitenabhängigkeit von f_{F10} siehe Tab. 3.

$\overline{R}$ = Züricher Sonnenfleckenrelativzahl, übergreifend gemittelt über 12 Monate.

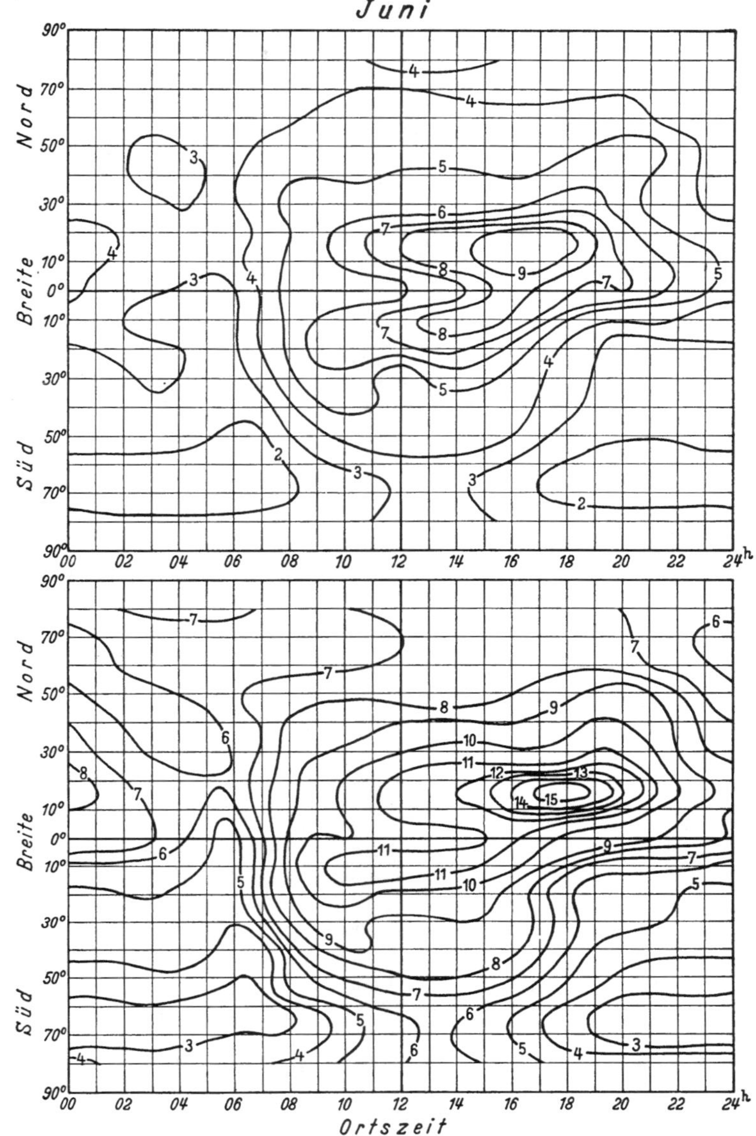

Abb. 3. Ionisationskarten der F_2-Schicht für Sonnenfleckenrelativzahl $\overline{R} = 0$ (oben) und $R = 100$ (unten) im Juni, September und Dezember (Abb. 3a, 3b) in der I-Zone (vgl. Abb. 4). Die Ziffern an den Linien bedeuten Grenzfrequenzen in MHz.

Tabelle 3 für f_{F10} (gültig für $\overline{R} = 90$).

Geographische Breite	12°	35°	50°
f_{F10}	5,8	5,7	5,6 MHz

F_2-Schicht. Keine einfache analytische Darstellung möglich. Grenzfrequenz nimmt im allgemeinen gegen die Pole hin ab. Die höchsten Werte der Grenzfrequenz werden jedoch nicht am Äquator, sondern in zwei Gürteln in 10—20° nördlicher und südlicher geomagnetischer Breite erreicht. Genauere Darstellung siehe Ionisationskarten (Abb. 3).

Dieminger

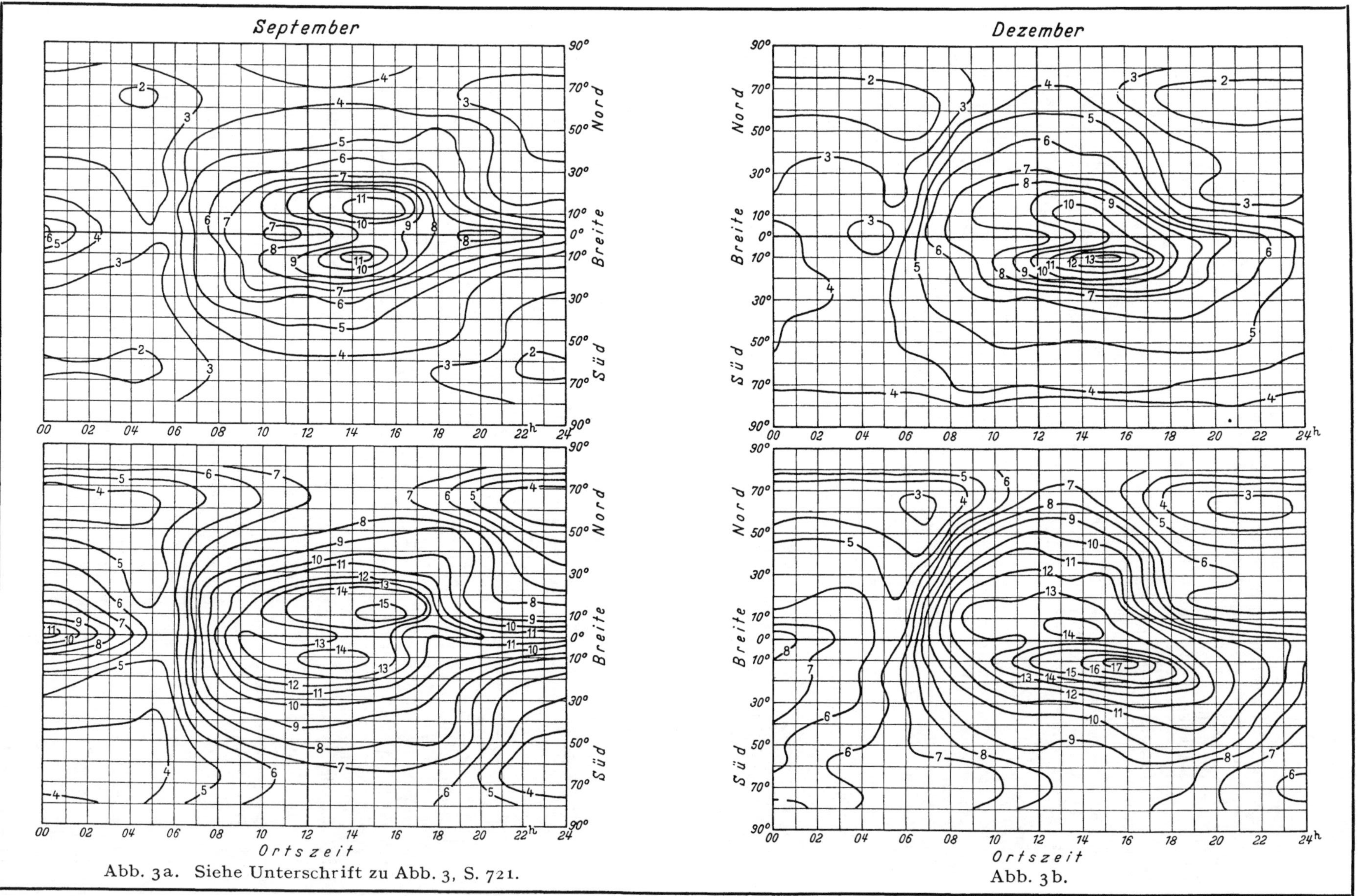

Abb. 3a. Siehe Unterschrift zu Abb. 3, S. 721.

Abb. 3b.

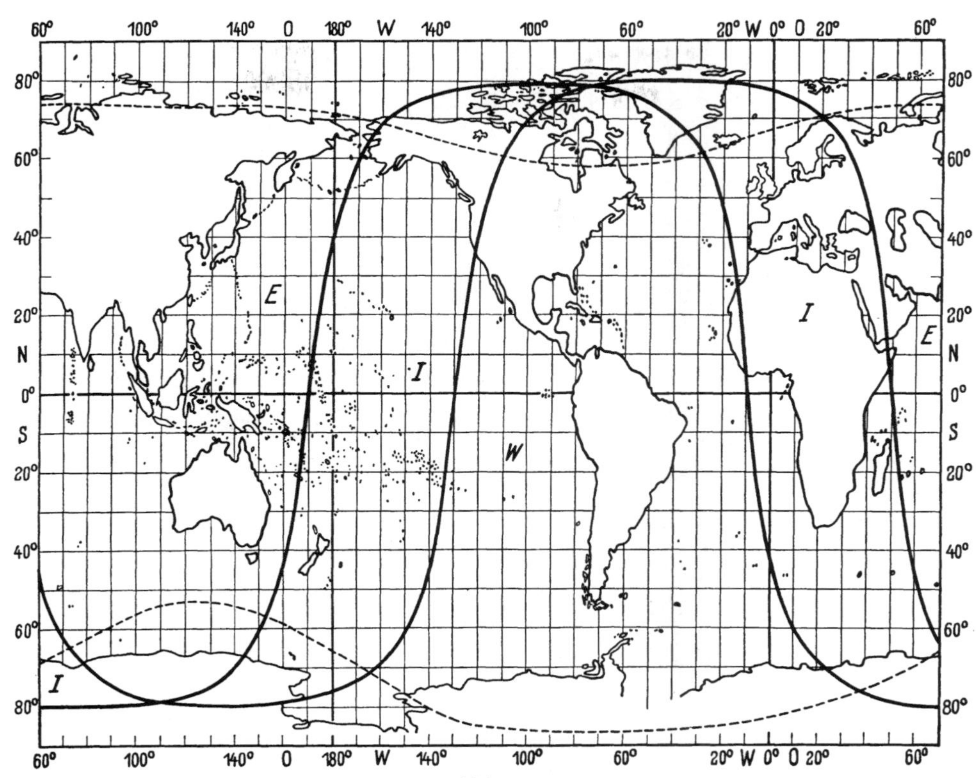

Abb. 4.
Zoneneinteilung der Erde zur Berücksichtigung des Längeneffektes in der Ionosphäre.

329143 Zeitliche Veränderlichkeit.

3291431 Solare Einflüsse, tageszeitlicher Gang, jahreszeitlicher Gang, elfjähriger Gang (Sonnenaktivität).

1. E-Schicht. Der regelmäßige Gang der E-Grenzfrequenz mit der Tages-, Jahreszeit und der Sonnenaktivität wird beschrieben durch die gleiche Formel, die auch die örtliche Veränderlichkeit wiedergibt (s. 329142). Die Gültigkeit ist jedoch beschränkt auf Werte von cos χ < 0,95. Für kleinere Erhebungswinkel der Sonne treten Abweichungen durch Höhenverlagerung des Schichtmaximums auf.

Die Höhe der E-Schicht ist tagsüber weitgehend konstant. Bei Sonnenaufgang und Sonnenuntergang liegt sie 50—80 km höher als mittags.

2. F_1-Schicht. Die F_1-Schicht bildet ein gesondertes Ionisationsmaximum nur tagsüber aus (auf der Nordhalbkugel fehlt sie für Breiten über 35° im Winter auch tagsüber). Nachts ist sie mit der F_2-Schicht vereinigt.

Die tages- und jahreszeitliche Veränderlichkeit der Grenzfrequenz wird näherungsweise durch die Gleichung:

$$f_{F1} = f_{F10} \sqrt[4]{\cos\chi}$$

Bezeichnung wie unter 329142.

Zusammenhang zwischen f_{F10} und übergreifend gemittelter Sonnenfleckenrelativzahl $\overline{R}$ ist näherungsweise linear. Werte für 50° N siehe Tab. 4.

Tabelle 4 für f_{F10} (gültig für $\varphi = 50°$ N).

$\overline{R}$	15	35	70	110	140
f_{F10}	5,1	5,3	5,55	5,85	6,2 MHz

Tages- und jahreszeitliche Veränderlichkeit der minimalen Höhe siehe Abb. 5.

3. F_2-Schicht. Die tages- und jahreszeitliche Veränderlichkeit der F_2-Schicht kann nicht durch ein einfaches Gesetz dargestellt werden. Kurvendarstellungen des tageszeitlichen Ganges der Monatsmittelwerte der Grenzfrequenz und der Höhe für drei charakteristische Monate und für Stationen in verschiedenen Breiten siehe Abb. 5. Der tageszeitliche Gang für jeden beliebigen Punkt der I-Zone (siehe 329141) kann am besten den Ionisationskarten entnommen werden. Dargestellt ist der

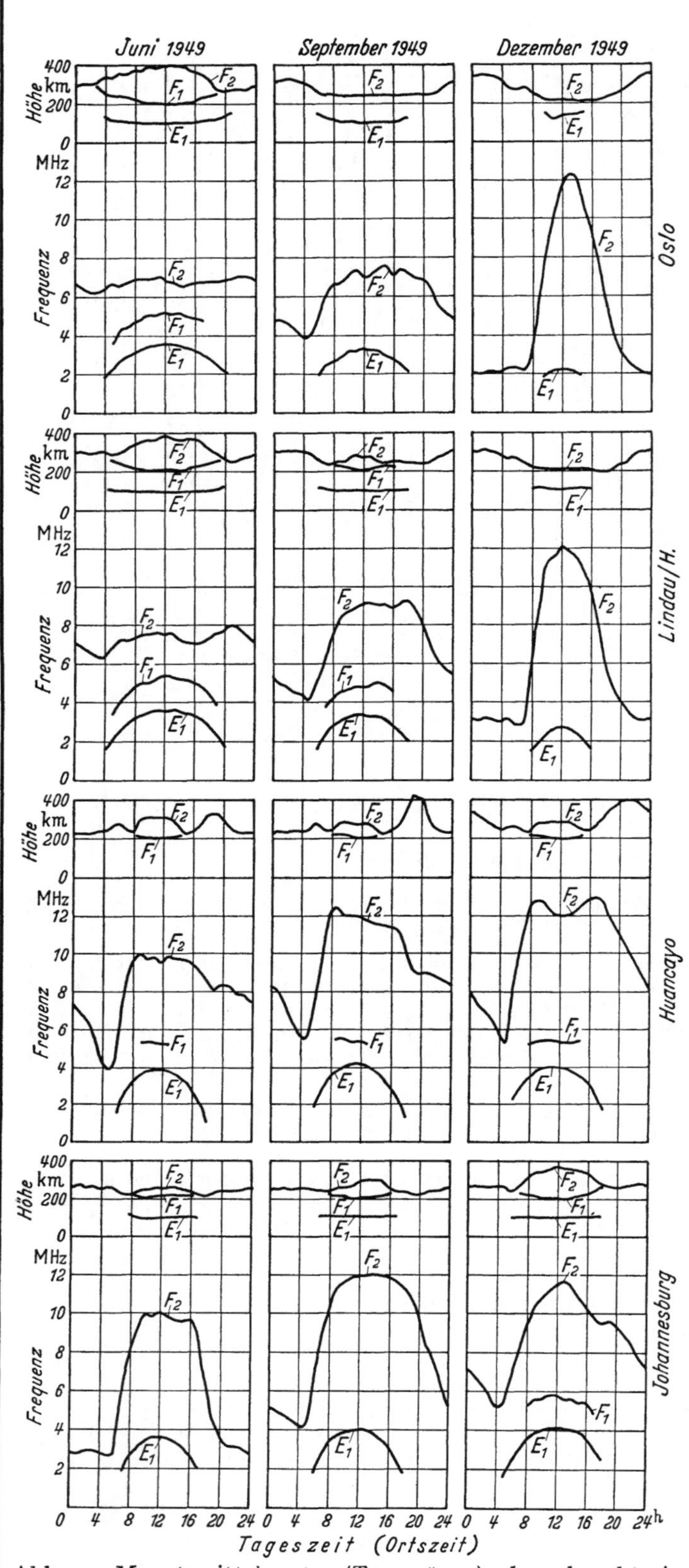

Abb. 5. Monatsmittelwerte (Tagesgänge) der charakteristischen Ionosphärendaten für drei Jahreszeiten und für vier geographische Breiten: 59,9° N, 51,6° N, 12,0° S, 26,2° S.

Zustand für $\overline{R} = 0$ und $\overline{R} = 100$. Zwischenwerte und Werte für $R > 100$ lassen sich mit Hilfe der Kurve (Abb. 6) interpolieren. Für E- und W-Zone siehe regelmäßige Veröffentlichungen S. 727 unten, 4. und 5. Die Unterschiede zwischen den einzelnen Zonen können bis zu 2 MHz betragen.

Für genauere Untersuchungen muß auf die Originalbeobachtungen der einzelnen Stationen zurückgegriffen werden (s. regelmäßige Veröffentlichungen [32917]), da die örtlichen Anomalien in den Isofrequenzkarten ausgeglichen sind.

3291432 Lunare Einflüsse.

Den solaren Schwankungen der Höhe und Grenzfrequenz überlagern sich halbtägige lunare Gezeitenwellen, deren Amplitude und Phase für die verschiedenen Schichten und mit der Position des Beobachtungsortes variiert. Zahlenwerte liegen erst für einige Stationen vor. Näheres siehe [*11, 12, 13, 14*]. Werte in (Tab. 5). Vgl. 32928.

Tabelle 5. Lunare Gezeiten in der Ionosphäre.

Station	Schicht	Δh km	Max[1]
Canberra	E-Schicht	0,187	5,1 h
Slough	,,	0,5	11,25 h
Canberra	F_1-Schicht	0,83	6,1 h
Washington . . .	,,	0,7	6,4 h
Canberra	F_2-Schicht	1,6	5,7 h
Washington . . .	,,	3,1	6,0 h

[1] Zeit des Maximums in Mondstunden nach der Mondkulmination.

329144 Störungen der Ionosphäre.

Dem regelmäßigen Gang überlagern sich unregelmäßige Schwankungen („Störungen"). Die Herkunft der Störungen ist nicht in allen Fällen geklärt. Zeitliche Dauer und räumliche Ausdehnung schwanken außerordentlich. Die Zahlen in der Tabelle 6 (S. 726/27) geben ungefähr die beobachteten Grenzwerte an.

32915 Entstehung der einzelnen Schichten.

Die Entstehung mehrerer Schichten wird allgemein durch die Ionisierung verschiedener Gase durch verschiedene Spektralbereiche der solaren U.V.-Strahlung in verschiedenen Höhen erklärt. Eine allgemein anerkannte Theorie gibt es noch nicht. Einigkeit besteht nur darüber, daß in dem

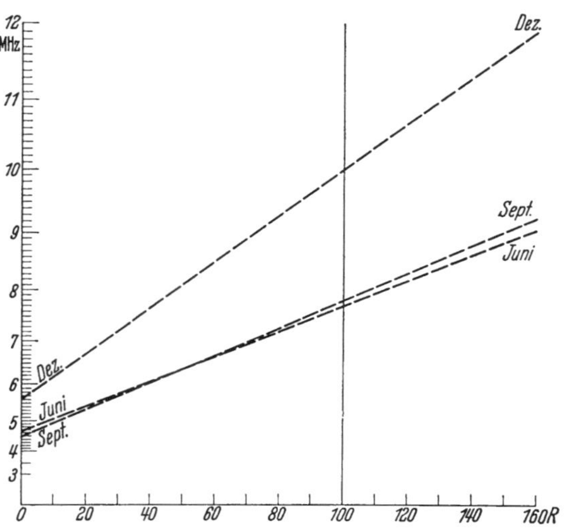

Abb. 6. Nomogramm zur Interpolation von Grenzfrequenzwerten der F_2-Schicht für beliebige Sonnenfleckenrelativzahlen. Benützung: Lies in den Ionisationskarten die für einen bestimmten Zeitpunkt und eine bestimmte Breite gültigen Werte der Grenzfrequenz für $\bar{R} = 0$ und $\bar{R} = 100$ ab. Trage den ersten Wert als Ordinate bei $R = 0$ und den zweiten als Ordinate bei $R = 100$ ab und interpoliere durch eine Gerade für beliebige Werte $\bar{R}$. (Eingezeichnet drei Beispiele für Juni, September, Dezember, mittags, für Lindau/H.)

Gebiet zwischen 100 und 140 km der Übergang von atomarem (dissoziiertem) O zu molekularem O_2 erfolgt (Dissoziation durch $\lambda < 1750$ Å $\approx$ 6 eV), und daß in diesem Übergangsgebiet durch Ionisierung des O_2 die E-Schicht entsteht. Die F-Schicht wird wahrscheinlich gebildet durch Ionisierung von O (vielleicht auch N_2). Einzelheiten siehe [*15*, *16*, *17*].

32916 Liste der Ionosphärenbeobachtungsstationen.

Bukhta Tikhaya, UdSSR	80,3 N	52,7 E	Tokio, Japan	35,6 N	139,6 E
Chita, UdSSR			White Sands, Neu Mexiko	32,3 N	106,5 W
Clyde, Baffin-Inseln	70,5 N	68,6 W	Yamakawa, Japan	31,2 N	130,6 E
Tromsö, Norwegen	69,7 N	18,9 E	Nanking, China	32,1 N	119,0 E
Fairbanks, Alaska	64,9 N	147,8 W	Wuchang, China	30,6 N	114,4 E
Leningrad, UdSSR	60,0 N	30,3 E	Baton Rouge, Louisiana	30,5 N	91,2 W
Churchill, Kanada	58,8 N	94,2 W	Chunking, China	29,4 N	106,8 E
Fraserburgh, Schottland	57,6 N	2,1 W	Delhi, Indien	28,6 N	77,1 E
Swerdlowsk, UdSSR	56,7 N	61,1 E	Okinawa-Inseln	26,3 N	127,8 E
Tomsk, UdSSR	56,5 N	84,9 E	Maui, Hawai	20,8 N	156,5 W
Moskau, UdSSR	55,9 N	37,7 E	Bombay, Indien	19,0 N	73,0 E
Prince Rupert, Kanada	54,3 N	130,3 W	San Juan, Puerto Rico	18,4 N	66,1 W
Adak, Alaska	51,9 N	176,6 W	Dakar	14,6 N	17,4 W
Lindau/Harz, Deutschland	51,6 N	10,1 E	Guam-Inseln	13,6 N	144,9 E
Slough, England	51,5 N	0,6 W	Madras, Indien	13,0 N	80,2 E
Portage la Prairie, Kanada	49,9 N	98,3 W	Leyte, Philippinen	11,0 N	125,0 E
Bagneux, Frankreich	48,8 N	2,3 E	Trinidad, Brit.-Westindien	10,6 N	61,2 W
Freiburg/Br., Deutschland	48,1 N	7,8 E	Palmyra-Inseln	5,9 N	162,1 W
St. John's, Neufundland	47,6 N	52,7 W	Huancayo, Peru	12,0 S	75,3 W
Graz, Österreich	46,7 N	14,9 E	Fidschiinseln	18,0 S	178,2 E
Ottawa, Kanada	45,5 N	75,8 W	Townsville, Australien	19,4 S	146,5 E
Wakkanai, Japan	45,4 N	141,7 E	Rarotonga-Inseln	21,3 S	159,8 W
Alma Ata, UdSSR	43,2 N	76,9 E	Johannesburg, Südafrika	26,2 S	28,0 E
Boston, Massachusetts	42,4 N	71,2 W	Brisbane, Australien	27,5 S	153,0 E
Fukaura, Japan	40,6 N	139,9 E	Watheroo, Australien	30,3 S	115,9 E
Peiping, China	39,9 N	116,4 E	Kapstadt, Südafrika	34,2 S	18,3 E
Washington, D. C.	39,0 N	77,5 W	Canberra, Australien	35,3 S	149,0 E
Shibata, Japan	37,9 N	139,3 E	Hobart, Tasmanien	42,8 S	147,4 E
San Franzisko, Kalifornien	37,4 N	122,2 W	Christchurch, Neuseeland	43,5 S	172,6 E
Lanchow, China	36,1 N	103,8 E	Falklandinseln	51,7 S	57,8 W

Dieminger

Tabelle 6. Störungen

Bezeichnung der Störung	Erscheinungsform	Vorgang in der Ionosphäre und vermutliche Ursache	Dauer
Mögel-Dellinger-Effekt (sudden ionospheric disturbance = s. i. d.)	Plötzliches Aussetzen der Echos aus der Ionosphäre, vor allem für niedere Frequenzen, allmähliches Wiedereinsetzen der Reflexionen	Ionisierungszunahme in tiefen Schichten (60 bis 80 km) durch solares U.V., dadurch erhöhte Absorption für Radiowellen	5—100 Minuten (frequenzabhängig)
Abnormale E-Schicht	Reflexion von Frequenzen an der E-Schicht, die diese normalerweise durchdringen. Meist gleichzeitig mit Reflexionen an höheren Schichten, gelegentlich diese vollständig verdeckend	Bildung von Wolken hoher Elektronenkonzentration in etwa 100 km Höhe, die gelegentlich zu einer mehr oder weniger homogenen Schicht zusammenfließen. Ursache unbekannt	Minuten bis Stunden
Meteor-Ionisation	Kurzzeitige Echos, bevorzugt aus 90—130 km Höhe	Ionisation durch Meteoriten	$^1/_{10}$ bis einige Sekunden
Ionosphärensturm a) mäßiger Sturm	Anstieg der scheinbaren Höhe der F_2-Schicht bis zu 50%. Abnahme der Grenzfrequenz der F_2-Schicht bis zu 40%. Verwaschene F_2-Reflexionen. Kein Einfluß auf F_1- und E-Schicht. Im Winter Auftreten einer F_1-Schicht	Heftige vertikale Bewegungsvorgänge in der Ionosphäre, ausgelöst durch geladene solare Korpuskeln. Mechanismus im einzelnen nicht geklärt	Mehrere Stunden
b) starker Sturm	Anstieg der scheinbaren Höhe der F_2-Schicht bis zu 1000 km. Abnahme der Grenzfrequenz der F_2-Schicht bis zu 70%. Geringe Abnahme der Grenzfrequenz der F_1-Schicht. Diffuse Reflexionen aus 100 bis 200 km Höhe (Nordlicht-E-Schicht). Zunahme der Dämpfung bis zum vollständigen Aussetzen der Reflexionen		Bei starken Stürmen 1—2 Tage bis zur Wiederherstellung normaler Verhältnisse

32917 Regelmäßige Veröffentlichungen über den Zustand der Ionosphäre.

Ältere Veröffentlichungen.

1. Critical frequencies and virtual heights of the ionosphere observed by the Bureau of Standards at Washington D.C. Gilliland, T. R., N. Smith, A. S. Taylor and F. R. Gracely: Terr. Magn. atm. Electr. Erste Veröff.: Vol. 41, Dez. 1936. Werte ab Mai 1934.

2. The ionosphere at Huancayo, Peru. Wells, H. E., and H. E. Stanton: Terr. Magn. atm. Electr. Erste Veröff.: Vol. 43, Juni 1938. Werte ab Nov. 1937.

3. The ionosphere at Watheroo, Western Australia. Parkinson, W. C., and L. S. Prior: Terr. Magn. atm. Electr. Erste Veröff.: Vol. 44, Juni 1939. Werte ab Juli 1938.

4. Annual variation of the critical frequencies at the ionised layers at Tromsö during 1937. Harang, L.: Terr. Magn. atm. Electr. Vol. 43, März 1938, desgl. during 1938. Terr. Magn. atm. Electr. Vol. 44, März 1939.

5. Ursigramme (nach amerikanischen, französischen, italienischen und japanischen Messungen). Union Radio Scientifique International Bulletin mensuel. Code in Heft 9, Sept. 1938, und Heft 10, Okt. 1938.

Dieminger

der Ionosphäre (zu 329144).

Periodizität	Zusammenhang mit anderen Naturerscheinungen: Sonne	Erdmagnetismus	Kosmische Höhenstrahlung	Bemerkungen
Gelegentlich 27 Tage	Häufig gleichzeitig chromosphärische Eruption (solar flare effect = s. f. e.)	Häufig gleichzeitig Eruptionseffekt („Crochet") (vgl. S. 763)	In einzelnen Fällen Zunahme der Intensität der k. H. S. bis zu 20% etwa $^1/_2$—1 st. später	Nur auf der belichteten Halbkugel. Ausfall des Kurzwellenfunkverkehrs (frequenzabhängig)
—	Im Sommer und tagsüber häufiger als im Winter und nachts. Zusammenhänge nur statistisch.	Kein Zusammenhang	Kein Zusammenhang	Örtliche Ausdehnung schwankt zwischen wenigen km und vielen 100 km. Korrelation zwischen zwei Orten mit Entfernung rasch abnehmend. Scheinbare Bewegungen (v_s = 400 km/h) häufig beobachtet
Entsprechend den Meteorströmen	—	—	—	Normale Rate 10 pro st. Bei Schauern bis 100 pro min. ansteigend
27tägige Wiederholungstendenz vor allem nach Sonnenfleckenmaximum	Gelegentlich 20 bis 30 st. nach chromosphär. Eruption	Magnetische Unruhe $K < 7$ (S. 731)	Gelegentlich Abnahme der Intensität der K. H. S. um einige %	Besonders häufig und intensiv in der Polarlichtzone. In der Nacht dort regelmäßig mit Nordlicht verbunden.
Starke Stürme häufig isoliert		Magnetischer Sturm $K \geq 7$		Bei Stürmen, die bei Tag beginnen, häufig zuerst „positive Phase" mit erheblicher Zunahme der Grenzfrequenz der F_2-Schicht, anschließend „negative Phase" mit Abnahme der Grenzfrequenz. Äquatorwärts positive Phase, polwärts negative Phase dominierend.

6. Stündliche Beobachtungen in Huancayo Jan. 1938 bis Juni 1946. Carnegie Inst. Washington Publ. 175 (Res. Dept. Terr. Magn.), Vol. **11** (1947).

Veröffentlichungen nach 1945.

1. Ionospheric Data, hrsg. v. National Bureau of Standards, Radio Propagation Laboratory Washington D.C., enthält Monatsmittelwerte der meisten Stationen gemäß 32916; stündliche Werte von Washington, Liste von Ionosphärenstürmen, Mögel-Dellinger-Effekte, Güteziffern für Ausbreitung der Radiowellen, Sonnenfleckenrelativzahlen und Coronabeobachtungen, erdmagn. Kennziffern.

2. Monthly Bulletin of Ionospheric Characteristics, hrsg. v. Department of Scientific and Industrial Research London; mit stündlichen Beobachtungswerten der Stationen Slough (England), Fraserburgh (Schottland), Port Stanley (Falkland-Inseln), Singapore (Malaya).

3. Observations ionosphériques, hrsg. v. Service de prévision ionosphérique marine; mit stündlichen Beobachtungswerten der Stationen Freiburg (Breisgau) und Dakar (Nordafrika).

4. Basic Radio Propagation Predictions (Vorhersagen der Ausbreitungsbedingungen 3 Monate im voraus), hrsg. v. National Bureau of Standards, Washington D.C.

5. Predictions of Radio Wave Propagation Conditions (Vorhersage des Ionosphärenzustandes und der Ausbreitungsbedingungen 3—4 Monate im voraus), hrsg. v. Department of Scientific and Industrial Research, London.

Dieminger

6. Die Ionosphäre über Mitteldeutschland (Monatsmittelwerte der Station Lindau/Harz). Erscheint monatlich in Fernmeldetechnische Zeitschrift.
7. Monthly Bulletin of Ionospheric Characteristics recorded at Johannesburg and Cape Town, hrsg. v. South African Council for Scientific and Industrial Research.
8. Data for Radio Propagation Bulletin, hrsg. v. Ionospheric Prediction Service of the Commonwealth Observatory, Australia; mit stündlichen Beobachtungswerten von Brisbane, Canberra und Hobart.
9. Ionospheric Data in Japan, hrsg. v. Central Radio Wave Observatory, The Radio Regulatory Commission.
10. Ionospheric Data Kiruna (Schweden), hrsg. v. Research Laboratory of Electronics, Calmers University of Technology, Gotenburg.
11. Estado de la Ionosphera en Buenos Aires, hrsg. v. Direccion General del Material de Comunicaciones navales, Ministerio de Marina.
12. Ionosphere at De Bilt, Nederland, hrsg. v. K. Ned. Meteorol. Inst., De Bilt.
13. Ionospheric Data Christchurch and Rarotonga, hrsg, v, Dept. Scient. a. Industr. Research, Geophys. Obs. Christchurch, New Zealand.
14. Deutsche Beobachtungen während des Krieges in Thromsoe, Oslo-Kjeller, Märkisch Friedland, Berlin-Tollkrug, Kochel, Wien-Vöslau, Athen-Ekali, und Syracus (Monatsmittelwerte) in SPIM R 1, hrsg. wie Nr. 3.
15. Meldungen Arbeitsgem. Ionosphäre der deutschen geophys. Institute. Zehntägig. Hrsg. Meteorol. Amt Hamburg.

32918 Literatur.

1. Zusammenfassende Darstellungen.

Appleton, E. V.: Reports on Progress in Physics **2** (1936) 129; Proc. R. Soc. London A **162** (1937) 451. — Mimno, H. R.: Rev. Mod. Phys. **9** (1937) 1. — Dieminger, W.: Erg. d. exakt. Naturw. **17** (1938) 282. — Zenneck, J.: Erg. d. kosm. Physik **3** (1938) 1. — Harang, L.: Probleme d. kosm. Physik **20** (1940) 80. — Mitra, S. K.: The upper atmosphere, Calcutta 1947. — Dieminger, W.: Naturforschung und Medizin in Deutschland 1939—1946 **17**, 93, Wiesbaden 1948. — Beckmann, B.: Die Ausbreitung der elektromagn. Wellen, Bücherei der Hochfrequenztechnik **1**, Leipzig 1949. — Zenneck, J.: Erg. d. exakt. Naturw. **22** (1949) 263. — Link, F., u. R. Michard: Rapp. Comm. relat. sol. et terr. **7** (1951) 39, 87.

2. Zitate im Text.

[*1*] Booker, H. G., u. S. L. Seaton: Phys. Rev. **57** (1940) 87. — [*2*] Pekeris, C. L.: Terr. Magn. **45** (1940) 205. — [*3*] Rydbeck, O.: Phil. Mag. **30** (1940) 282. — [*4*] Rawer, K.: Hochfrequenztechn. u. Elektroak. **58** (1941) 49. — [*5*] Pierce, J. A.: Phys. Rev. **71** (1947) 698. — [*6*] Taylor, M.: Proc. Phys. Soc. **45** (1933) 245 und **46** (1934) 408 u. 435. — [*7*] Booker, H. G.: Proc. R. Soc. London **150** (1935) 267. — [*8*] Booker, H. G.: Phil. Trans. A **237** (1939) 411. — [*9*] Goubau, G.: Hochfrequenztechn. u. Elektroak. **45** (1935) 179 und **46** (1935) 37. — [*10*] Poeverlein, H.: Z. f. angew. Phys. **1** (1949) 517. — [*11*] Appleton, E. V., u. K. Weekes: Nature **142** (1938) 71. — [*12*] Martyn, D. F.: Proc. R. Soc. London A **190** (1947) 273 und **194** (1948) 429. — [*13*] Martyn, D. F.: Nature **163** (1949) 34. — [*14*] Bartels, J.: J. Atm. Terr. Phys. **1** (1950) 1; Ber. D. Wetterdienst US-Zone Bad Kissingen Nr. 12 (1950) 30. — [*15*] Mitra, S. K.: The upper atmosphere, Calcutta 1947. — [*16*] Bates, D. R., u. H. S. W. Massey: Proc. R. Soc. London A **187** (1946) 261. — [*17*] Nicolet, M., u. L. Bossy: Ann. de Géophys. **5** (1949) 275.

3292 Erdmagnetische Variationen.

32920 Einleitung.

329201 Vorbemerkungen. Auf 3250 (Grundtatsachen, Bezeichnungen und Einheiten) wird verwiesen. Zur Einführung geeignet [*6*]; Lehr- und Handbücher [*1*—*5*].

Alphabetische Übersicht weiterer Symbole:

A = dreistündliche Amplituden (329211); Ap siehe 329216f.

C = tägliche erdmagnetische Charakterzahl,
Ci = international,
Cp = planetarisch,
Ck = aus K-Ziffern für einzelne Station berechnet (329215).

CCMD = Kommission für erdmagnetische Charakterisierung (329203).

γ = 10^{-5} Gauß = 10 Mikro-Gauß, übliche Einheit für erdmagnetische Variationen, aufgefaßt als Kraftflußdichte.

D = Deklination, nach Osten positiv. Variationen ΔD entweder gegeben in Bogenminuten oder, nach Multiplikation mit $H/3438$, als Feldkomponente senkrecht zum magnetischen Meridian. D-Schicht der Ionosphäre (3291).

D = Disturbance, im Gegensatz zu allen ruhigen täglichen Variationen.

E = Eighth, Achtel, gebraucht für 3stündige Tagesabschnitte (z. B. $E1$ = 00—03 Weltzeit, ..., $E8$ = 21—24 Weltzeit, 329211). E-Schicht der Ionosphäre (3291).

ERC = Equatorial ring-current (32925).

F = Totalintensität. F-Schicht der Ionosphäre (3291).

g = Gewichte zur Umrechnung von K in Ck, oder Kp in Cp (329215).

H = Horizontalintensität.

IATME und IUGG. Internationale Organisationen (329203, auch 32 B).

J = Inklination.

$JFND$ = Gruppe der 4 Monate des Südsolstitiums, Januar, Februar, November, Dezember.

K = dreistündliche magnetische Kennziffer (three-hour-range index) für einzelne Stationen (329211), Ks = standardisiert.

Kp = planetarisch (329213). Wenn die ganzen Stufen o bis 9 feiner eingeteilt werden sollen, werden (da Dezimalen zu genau) Drittel benutzt, z. B. 5— für Werte zwischen $4^1/_2$ und $4^5/_6$, 5o für $4^5/_6$ bis $5^1/_6$, 5+ für $5^1/_6$ bis $5^1/_2$. oo gilt für o bis $^1/_6$, 9o für $8^5/_6$ bis 9.

L = lunare tägliche Schwankung an ruhigen Tagen (32924).

$MASO$ = Gruppe der 4 Äquinoktialmonate März, April, Sept., Okt.

$MJJA$ = Gruppe der 4 Nordsolstitialmonate Mai bis August.

P = solare Partikelstrahlung, aus erdmagnetischen Schwankungen erschlossen.

Q, q = quiet (Variationen an ruhigen Tagen).

R = Züricher Sonnenfleckenrelativzahl für die ganze Scheibe (313181),

Rz = für die Zentralzone (verschieden definiert, z. B. als Scheibe mit halbem Durchmesser).

s. c. = sudden commencement, plötzlicher Sturmausbruch (329271).

s. f. e. = solar flare effect (Eruptionseffekt) (329272). Mitunter wird gleichzeitig in der elektromagnetischen Wellenausbreitung ein Schwund auf der Tagseite der Erde beobachtet, dort bezeichnet als ***sid*** = sudden ionospheric disturbance (329144).

S = Solare tägliche Schwankung, S_q an ruhigen Tagen (32923), S_D an gestörten Tagen (32926).

u = Interdiurne Veränderlichkeit von H am Äquator (329252).

W = solare Wellenstrahlung, aus erdmagnetischen Schwankungen erschlossen (329234).

WHN = Wiederholungsneigung (329218).

X, Y, Z = Komponenten nach Norden, Osten, unten. Für die Variationen gelten die Differentialbeziehungen, z. B. aus $H^2 = X^2 + Y^2$ folgt
$H \cdot \Delta H = X \cdot \Delta X + Y \cdot \Delta Y$ oder
$\Delta H = \Delta X \cdot \cos D + \Delta Y \sin D$, usw.

Observatorien werden durch Symbole aus 2 Buchstaben bezeichnet, vgl. unten, Tab. 1.

329202 Beobachtungsmaterial. Im Jahre 1951 arbeiten etwa 60 erdmagnetische Observatorien (Tab. 1); außerdem laufen erdmagnetische Variometer auf temporären Expeditionsstationen, in vielen Sternwarten, Ionosphären-Observatorien (3291), zum Zwecke der Reduktion erdmagnetischer Vermessungen (32501). Die angestrebte Genauigkeit ist 1 γ, also rund $^1/_{50000}$ der ganzen Feldstärke; sie ist nötig für die geophysikalische Auswertung der Säkularvariation (325), der täglichen Gänge (32923 und 32924) und des Ringstromfeldes (32925), während für die intensiveren Variationen (Stürme) die Ansprüche geringer sind. Die photographischen Registrierungen liefern Magnetogramme für D, H, Z „normal" mit einem Zeitvorschub von 15 oder 20 mm/Stunde und mit Skalenwerten von 2—10 γ/mm. Einige Stationen verfügen außerdem über Schnellregistrierungen (Vorschub rund 180 mm/Stunde) für die genauere zeitliche Auflösung und über Sturmvariometer (Skalenwerte um 30 γ/mm) für die vollständige Aufzeichnung der stärksten Stürme, bei denen Variationen bis zu 2000 γ vorkommen. Die zeitlichen Änderungsgeschwindigkeiten dH/dt oder dZ/dt werden (z. B. in Wn) mittels Induktionsspulen registriert.

Über die Veröffentlichungen (Jahrbücher) vgl. [*1*]; diese enthalten im allgemeinen die Stundenmittel (z. B. von 00—01 Weltzeit usw.) für die registrierten Komponenten des Feldes sowie Angaben über den Störungsgrad, tägliche Gänge usw., Wiedergaben von interessanten Magnetogrammen. Der US Coast and Geodetic Survey veröffentlichte Reproduktionen sämtlicher Magnetogramme seiner Observatorien Si, Ch, Tu, Ho, SJ für die Jahre 1946 bis 1949 [7]. Musterbeispiele guter zusammenfassender Veröffentlichungen von Moos [*6a*] und Schmidt [*6b*], von Expeditionsberichten Stagg [*21*].

Tabelle 1.

Liste der Observatorien, die in den letzten Jahren erdmagnetisch registriert haben.

Etwa nach geographischer Breite (32501) geordnet, mit den üblichen Abkürzungen, ferner Anschriften für Anfragen nach Magnetogrammkopien. Weiteres siehe 32511. Von dort nicht aufgeführten Orten sind hier die geographischen Koordinaten gegeben.

RB = Resolute Bay, 74° 42′ N, 94° 55′ W. — Wie Me.

Tr = Tromsö. — Nordlysobservatoriet, Tromsö, Norwegen.

Go = Godhavn. — Wie RS.

Ki = Kiruna, 67° 50′ N, 20° 14′ E. — Wie Lo.

So = Sodankylä. — Ilmatieteellinen Keskulaitos, Vuorikatu 24, Helsinki, Finnland.

Co = College. — University of Alaska, Geophysical Institute, College, Alaska.

Do = Dombås. — Magnetisk Byrå, Bergen.

Nu = Nurmijärvi, 60° 30′ N, 24° 39′ E. — Wie So.

Le = Lerwick (Shetlands). — Meteorological Office, Air Ministry, Kingsway, London, W. C. 2., England.

Lo = Lovö. — Kungl. Sjökarteverket, Avdeln. för Jordmagn., Stockholm 100, Schweden.
Si = Sitka (Alaska). — Division of Geophysics. U. S. Coast and Geodetic Survey, Washington 25, D. C.
RS = Rude Skov. — Det Danske Meteorologiske Institut, Geofysisk Afdeling, Kopenhagen K., Dänemark.
Es = Eskdalemuir. — Wie Le.
Me = Meanook. — Dominion Observatory, Ottawa, Canada.
Wn = Wingst. — Deutsches Hydrographisches Institut, Seewartenstr. 9. Hamburg 11, Deutschland.
Wi = Witteveen. — K. Ned. Meteorologisch Instituut, De Bilt, Holland.
Gt = Göttingen. — Geophysikalisches Institut d. Universität, Herzberger Landstr. 180, (20b) Göttingen, Deutschland.
Sw = Swider. — Observatoire de Swider, Polen.
Ni = Niemegk. — Geomagnetisches Observatorium, Niemegk, Kreis Zauch-Belzig, Deutsch. Demokrat. Republik.
Ab = Abinger. — Royal Greenwich Observatory, Herstmonceux Castle, Hailsham, Sussex, England.
Ma = Manhay. — Observatoire Magn. de Manhay, via Université de Liège, Belgien.
Pr = Pruhoniče, 49° 59′ N, 14° 33′ E. — CSR.
Fu = Fürstenfeldbruck. — Erdmagnetisches Observatorium, (13b) Fürstenfeldbruck, Oberbayern, Deutschland.
CF = Chambon-la-Forêt. — Institut de Physique du Globe, 191, rue Saint-Jacques, Paris Ve, Frankreich.
Na = Nantes. — Wie CF.
Ca = Castellacio, 44° 26′ N, 8° 56′ E. — Ist. Idrografico della Marina, Genova, Italien.
Mm = Memanbetsu, 43° 54′ N, 144° 12′ E. — Central Meteorolog. Observatory, Tokio.
Ag = Agincourt. — Wie Me.
IK = Istanbul-Kandilli, 41° 04′ N, 29° 04′ E. Türkei.
Eb = Ebro. Observatorio del Ebro, Tortosa, Spanien.
Ci = Coimbra, Portugal.
Tl = Toledo. — Observatorio Central Geofisico, Toledo, Spanien.
Ch = Cheltenham. — Wie Si.
SM = San Miguel (Azoren). — Serviço Meteorológico Nacional, Largo de Santa Isabel, Lisboa, Portugal.
SF = San Fernando. — Instituto y Observatorio de Marina, San Fernando, Cadiz, Spanien.
Ka = Kakioka. — Magnetic Observatory, Kakioka, Ibaraki-Ken, Japan.
Ks = Ksara. — Observatoire de Ksara, Saâd-Nail, über Beyrouth, Libanon.
Tu = Tucson (Arizona). — Wie Si.
He = Helwan. — Royal Observatory, Fouad El-Awal University, Helwan, Ägypten.
Ho = Honolulu. — Wie Si.
ZS = Zo-Sé (Shanghai).
Te = Teoloyucan. — Servicio Geomagnético, Av. Observatorio 192, Tacubaya, D. F., Mexico.
Al = Alibag. — Meteorological Observatory, Colaba and Alibag, Bombay, Indien.
SJ = San Juan (Puerto Rico). — Wie Si.
Mn = Muntinlupa, 14° 22′ N, 121° 1′ E. — Coast and Geodetic Survey, Manila, Philippines.
Kd = Kodaikanal Observatory, South India.
El = Elisabethville. — Station Magnétique, Météo, Elisabethville, Belgisch-Congo.
Hu = Huancayo. — Instituto Geofisico, Apartado 46, Huancayo (Peru).
Ap = Apia. — Geophysical Observatory, P. O. Box 1171, Christchurch, New Zealand.
Mu = Mauritius, Observatory.
Ku = Kuyper (Batavia).
Tn = Tananarive. — Observatoire Ambohidempona, Tananarive, Madagascar.
Va = Vassouras. — Observatorio Nacional, Rio de Janeiro, Brasilien.
Wa = Watheroo. — Magnetic Observatory, Watheroo, Western Australia.
Pi = Pilar. — Servicio Meteorologico Nacional, Jefe Departamento Geofisica, Paseo Colon 317, Buenos Aires, Argentinien.
CT = Cape Town. — Verlegt seit 1940 nach Hr.
Hr = Hermanus. — Magnetic Observatory, Hermanus, near Cape Town, Südafrika.
To = Toolangi. — Chief Geophysicist, Bureau of Mineral Resources, 485 Bourke Street, Melbourne, C. I., Australien.
Am = Amberley. — Wie Ap.

Von den etwa 16 Observatorien der UdSSR haben Sr, Ya, Sl, VD, Za, KP, Zy, Du, Ke (leicht erkennbare Abkürzungen der Stationsnamen in 32511) bis etwa Februar 1947 Kennziffern beigetragen [*14*].

Im folgenden werden auch einige früher tätige Stationen erwähnt:

Iv = Ivigtut, 61,2° N, 311,8° E.
Ak = Angmagssalik, 65,6° N, 322,4° E.
FR = Fort Rae, 62,8° N, 243,9° E.
DB = De Bilt, 52,1° N, 5,2° E.
VJ = Val Joyeux, 48,8° N, 2,0° E.

329203 Internationale Organisation. Die Assoziation für Erdmagnetismus und -elektrizität (IATME) in der Internationalen Union für Geodäsie und Geophysik (IUGG) organisiert die Zusammenarbeit durch Kommissionen, z. B. für Charakterisierung magnetischer Störungen (CCMD, vgl. 32921). Die Bulletins der IATME enthalten Berichte über die Tagungen [*8*] sowie Daten über Aktivität [*9*]. Siehe auch 32B.

329204 Äußerer und innerer Anteil. Außer der langsamen Säkularvariation (325) werden alle zeitlichen Schwankungen (Abweichungen $\Delta\mathfrak{F}$ vom Mittelwert für eine längere Zeit, z. B. ein Jahr) des erdmagnetischen Feldes $\mathfrak{F}$ erklärt als Magnetfelder elektrischer Stromsysteme. Die primären Ströme fließen in der Ionosphäre (vgl. 3291); dieser „äußere Anteil" von $\Delta\mathfrak{F}$ war der erste Hinweis auf die Leitfähigkeit der äußeren Atmosphärenschichten. Durch die zeitlichen Änderungen von $\Delta\mathfrak{F}$ werden im Erdinnern sekundäre Ströme induziert, deren Magnetfelder („innere Anteile" von $\Delta\mathfrak{F}$) fast so stark wie die äußeren Anteile sein können; bei sonnen- und mondentägigen Variationen z. B. erreicht der Innenanteil von $\Delta\mathfrak{F}$ etwa $^4/_{10}$ des Ganzen. Im allgemeinen sind in inneren und äußeren Anteilen von $\Delta\mathfrak{F}$ die Vertikalkomponenten entgegengesetzt, die Horizontalkomponenten gleich gerichtet.

Dieser Verstärkung der Horizontalkomponente des äußeren Anteils durch den inneren entspricht die Modellregel über das Magnetfeld eines flächenhaften Stromes in der Ionosphäre mit parallelen, äquidistanten Stromlinien: Bei einer flächenhaften Stromdichte von 1 Amp/km ist die horizontale Komponente des Magnetfeldes, quer zur Stromrichtung, die an der Erdoberfläche beobachtet wird, $1\,\gamma = 10^{-5}$ Gauß (vgl. 32502: Zum äußeren Anteil 0,63 γ addiert sich ein innerer Anteil 0,37 γ. Nähere Begründung dieser Regel in [*1*], S. 232ff.).

329205 Einteilung der Variationen. Einen Überblick über die zeitliche und örtliche Vielfalt der magnetischen Variationen ermöglichen Arbeitshypothesen, mit deren Hilfe Ordnung in die verwickelte Morphologie der Magnetogramme gebracht wird. Als Ursache der Leitfähigkeit der Ionosphäre, in der die primären Ströme fließen, ist ionisierende Sonnenstrahlung verschiedener Art anzusehen: W = Wellenstrahlung (z. B. UV-Strahlung), P = Partikel- (oder Korpuskular-) Strahlung. Sowohl in W wie in P sind mehrere Komponenten enthalten.

P bewirkt die Störungen D; Intensität von D heißt erdmagnetische Unruhe oder Aktivität (32921). P wird durch das Magnetfeld der Erde auch auf die Nachtseite abgelenkt und ist vor allem in den Polarlichtzonen (3293) wirksam (329214, 32922). Stärkere Störungen (magnetische Stürme) hinterlassen eine Abschwächung des Feldes, die am Äquator 1% erreichen kann und die langsam abklingt (Nach-Störung, Ringstromfeld, 32925).

W wirkt nur auf die Tagesseite; Wirkung in den täglichen Gängen (solar S, lunar L). Die Ströme entstehen nach der „Dynamotheorie" [*1*] bei Bewegung der Ionosphäre quer zum Magnetfeld. Die erforderlichen Bewegungen sind bei L (32924) die lunaren Gezeitenschwingungen, bei S (32923) außerdem tagesperiodische atmosphärische Winde, die selbst durch Strahlung (Wärme, Dissoziation) verursacht werden. Einzelne charakteristische Variationen werden in 32927 behandelt. Innerer Anteil, Erdströme usw. in 32929.

32921 Erdmagnetische Aktivität.

Aus der großen Zahl der Möglichkeiten, die Intensität der erdmagnetischen Unruhe D zu charakterisieren und zu messen, werden hier nur diejenigen besprochen, die zur Zeit laufend verwendet werden. Näheres in [*1, 2, 3, 4, 9*].

329211 Dreistündliche Kennziffern. Im Jahre 1938 für Potsdam-Niemegk eingeführt [*10*], seit 1940 von der IATME als internationales Maß angenommen [*11, 12, 13, 14, 9*]. Zunächst wird aus den Variationen eliminiert der tägliche Gang an ruhigen Tagen (Sq + L), entsprechend der Jahreszeit, der Sonnenfleckenzahl und der Mondphase und unter Berücksichtigung seiner Variabilität, sowie der fortschreitende Gang (329231). Die Amplitude der unruhigen restlichen Schwankung des Feldvektors $\Delta\mathfrak{F}$ wird durch K gemessen wie folgt: $\Delta\mathfrak{F}$ wird als Funktion der Zeit t dargestellt als Raumkurve des Endpunktes eines dreidimensionalen Vektors, der von einem festen Anfangspunkt aus aufgetragen ist (Beispiel in Abb. 19). Die Raumkurve während dreier Stunden (Intervalle E 1 = 00 bis 03, E 2 = 03 bis 06, ..., E 8 = 21 bis 24 Uhr Weltzeit) wird eingefaßt durch ein Rechtkant (range-volume), dessen Orientierung den drei registrierten Komponenten entspricht (z. B. bei Registrierung von D, H, Z mit zwei horizontalen Kanten parallel und senkrecht zum magnetischen Meridian und einer senkrechten Kante). Die längste Kante A dieses Rechtkantes führt auf K nach folgender Stufeneinteilung (z. B. für Wn oder Ch):

A =	0 bis 5 γ,	bis 10 γ,	bis 20 γ,	bis 40 γ,	bis 70 γ,	bis 120 γ,	bis 200 γ,	bis 320 γ,	bis 500 γ,	darüber.
K =	0	1	2	3	4	5	6	7	8	9

Eine derartige quasi-logarithmische Skala wird für jedes Observatorium festgesetzt mit dem Ziel, die Häufigkeitsverteilung der Kennziffern überall möglichst anzugleichen. Dem allgemeinen Anstieg der Aktivität vom Äquator zur Polarlichtzone (329214) entspricht die Festsetzung der unteren Grenze für $K = 9$ (vgl. 32511); die ganze A-Skala wird proportional verschoben. Die so definierten Kennziffern an etwa 40 Observatorien werden in extenso in IATME-Bulletins [*9*] veröffentlicht, für einzelne Observatorien auch in den Jahrbüchern, Zeitschriften usw. Über die praktische Messung von K vgl. [*11, 13, 98*].

Die Sicherheit, mit der K gemessen werden kann, ist für polare Observatorien (bis etwa 40° Abstand vom geomagnetischen Pol) auch für die schwächeren Grade recht gut. Tabelle 2 demonstriert diese Tatsache, und außerdem die Gleichzeitigkeit der Schwankungen von D auf der ganzen Erde, durch die geringe Abweichung der Kennziffern in den Spalten (vgl. die weitere Diskussion in 329212 und 329214). An äquatorialen Stationen ist es mitunter schwierig, die Variabilität von (S + L) richtig zu erkennen, so daß am hellen Tage schwächere Grade von K überschätzt werden können; es ist deshalb vorgeschlagen, für diese Stationen wahlweise die Stufen K = 0, 1 und 2 zu K = Q zusammenzufassen.

Ursprünglich [*10*] war außer der Kennziffer K für die Intensität der Störungen eine zweite Kennziffer K_2 eingeführt worden, um die Art der Störungen (Pulsationen, Bais, $S_D(Z)$) zu charakterisieren. K_2 hat für regionale Untersuchungen Wert; bisher nicht international eingeführt. Abwandlung vgl. Fanselau [*15*], jetzt laufend von Potsdam veröffentlicht.

329212 Tägliche Schwankungen der Aktivität. In Westeuropa sind die Abendstunden häufiger gestört als die Morgenstunden (Beispiel aus Tab. 2 zu entnehmen: Bei Potsdam kommen in den vier Äquinoktialmonaten, im langjährigen Durchschnitt, Kennziffern 5 bis 9 durchschnittlich einmal vor:

Tabelle 2. Erdmagnetische Kennziffern K für vier Paare von Tagen.

Die Observatorien sind mit den Symbolen aus Tab. 1 abgekürzt. Die 8 Kennziffern für die 8 dreistündigen Intervalle $E1 = 00—03$, $E2 = 03—06$, ..., $E8 = 21—24$ Uhr Weltzeit sind jeweils hintereinander geschrieben, mit einer Lücke für Weltzeit-Mittag. Die beiden letzten Zeilen geben Kp (vgl. 329214) und Cp (vgl. 329215).

	1944 April			1950 März			1946 Juli			1941 September	
	13.	14.		30.	31.		26.	27.		18.	19.
Go	2122 3221	1123 3312	Tr	3211 3410	0023 4545	Go	4567 7798	7676 6455	Co	2578 7776	4766 4463
Iv	3211 0111	2101 1222	Co	1224 4400	0056 4723	Co	5445 4486	7875 5333	So	2667 7888	8874 4365
Co	0000 0000	0000 0000	So	1212 3410	0023 4555	Le	4333 4377	8996 4333	Le	2577 8989	9995 3485
Le	0100 0000	0001 1100	Le	2112 2311	0122 4424	Do	4434 4479	8877 6433	Do	2478 8799	8795 4496
Do	0100 0000	0000 1000	Do	2112 3300	0022 4423	Me	4445 3397	9896 5432	Me	2689 9766	8998 4464
Me	0000 0001	0000 0001	Me	2333 2200	0065 4523	Si	4433 3287	9997 6332	Si	2599 9998	6898 3453
Si	0010 0000	0000 1000	Si	2233 2200	0045 4633	Es	3333 3488	9996 5442	Es	1577 9999	9986 4574
Es	0110 0000	0012 1100	Es	2121 2200	0023 4324	Lo	4334 4479	9996 6433	Lo	2678 9999	9885 4584
RS	1100 0000	0001 0100	Lo	2222 2310	0113 2323	RS	4434 3487	9996 6433	RS	2677 9999	9975 3573
Ag	0000 0000	0001 0021	RS	2222 2300	0033 4424	Ag	5544 4397	9897 4443	Ag	1499 9988	8998 4574
Wn	1100 0000	0012 1000	Ag	2332 2311	0253 4435	Wn	4424 4487	9996 5432	Wn	2677 9999	9865 3573
Wi	0100 0000	0001 1100	Wn	2222 2310	1133 4435	Wi	3424 3388	8995 5421	Wi	1667 8999	9985 4464
Ab	0111 1101	0113 1100	Wi	2122 2320	0123 4324	Ab	3434 3487	8876 5443	Ab	2678 8999	9876 4564
Sr	0010 0101	0112 1100	Ab	2222 3211	0133 4434	Sr	1112 3377	8875 4333	Ni	2677 8989	8865 3563
Ni	1100 0000	0002 1110	Ni	2122 2310	0133 4434	KP	4444 4467	8866 4323	Ma	2566 7888	7863 3452
Ya	0000 0000	0001 1100	Ma	2223 2300	0123 3434	Ya	3334 3276	7776 4232	Ya	2688 9888	7884 3264
Sw	0111 1010	0112 1110	Sw	2122 2310	0133 3434	Ch	3332 3387	9985 4333	CF	2577 7877	7865 3463
Ch	0110 0001	1001 1000	CF	2122 2210	1123 3423	Za	3344 4476	7785 5322	Ch	2689 8799	9997 4464
Za	0000 0100	0001 0000	Ch	2233 2210	0142 4335	VD	3445 4377	8886 4332	Za	3669 9999	9995 4465
Zy	0000 0000	0001 0100	Fu	2122 3210	0123 4434	Zy	3445 3397	9887 5323	VD	2678 8999	8875 3464
Tu	1110 0011	0001 1111	Eb	2112 1220	0033 3433	SF	3333 4388	8655 5433	Zy	3678 8676	7855 3453
Du	0011 0000	0022 0001	Tl	2121 2210	0133 4433	Tu	5433 2397	8875 3333	SF	3778 6788	8766 5565
Ke	1011 1100	0222 0210	SF	2233 4221	1143 5434	Du	3534 3498	8887 5432	Tu	2677 7767	8987 4564
SJ	0000 0000	0001 0110	Tu	1222 2200	1144 4424	Ke	4444 3376	7766 5332	Du	2788 9999	8887 5454
Ka	0000 0000	0002 0100	Ks	2123 2321	0134 6544	SJ	4422 3377	8764 3222	Ke	3787 6877	7755 5564
Ho	1110 0001	1101 1100	SJ	2201 1110	0132 4334	Ka	2443 3277	7775 4332	SJ	2667 6776	7776 5564
Hu	0000 1100	0012 2210	Ka	2222 2211	1143 4434	Ho	3222 2277	7654 3333	Ho	2686 6666	7776 5443
Pi	0000 0101	0011 0201	Ho	1112 1110	0133 3423	Al	3222 2287	8763 3210	ZS	3697 7777	6867 5455
Wa	0100 0110	0112 1100	ZS	1131 2310	1133 5324	Hu	3422 3476	7764 4432	Hu	2566 8885	6776 5653
To	0110 0001	1011 1100	Al	1212 2310	0233 5434	Ap	4322 1277	8664 3342	Ap	3686 7567	7777 5554
Am	0000 0001	1001 0001	Hu	1202 3432	0133 5544	Pi	5532 2177	8866 4423	Ku	3787 4676	5646 3453
			Ap	1211 3132	2243 3434	CT	4445 3277	7774 4431	Pi	3647 6787	7876 5574
			Pi	1002 0221	0032 5444	Wa	3323 2277	8775 3221	CT	2668 7777	7766 3463
			Hr	2212 3200	0033 4434	To	2323 2277	7674 4222	Wa	2578 9897	7966 4474
			Wa	3322 3312	1343 4534	Am	3433 2277	7674 4222	Am	2679 9898	7966 4353
			To	3232 2311	2343 4534						
			Am	2222 1221	1143 3433						
Kp	0100 0000	0001 0000	Kp	2222 2310	0143 4534	Kp	4434 3398	9997 5442	Kp	2789 9999	9997 4574
Cp	+o+o ooo+ 0,0	oo++ ++oo 0,0	Cp	++++ o--+ 0,4	oo-+ +--+ 1,0	Cp	-oo- ++-o 1,7	--o- +--+ 2,0	Cp	o-+- ---- 2,2	-o-+ oo+o 2,1

morgens 06—09 unter je 70 Tagen, abends 18—21 Uhr unter je 9 Tagen. Nicht überall auf der Erde herrscht aber abends stärkere Aktivität: Stagg ([*16*], referiert in [*1*]) findet, aus stündlichen Aktivitätsmaßen, den Eintritt des täglichen Maximums der Aktivität nach Lokalzeit abhängig von der geomagnetischen Breite Φ: In niedrigeren Breiten als $\Phi = 70°$ fällt das Maximum auf den Abend, zwischen 80° und dem Pol auf den Vormittag; zwischen 70° und 80° wechselt der tägliche Gang mit der Jahreszeit und dem allgemeinen Störungsniveau.

Tabelle 3. Absolute Häufigkeiten der Kennziffern *K* in den acht dreistündigen Tagesabschnitten an 5400 Tagen der Äquinoktialmonate März, April, September, Oktober, 1900—1944, in Potsdam oder seinen Ausweichstellen Seddin und Niemegk.

Tages-Achtel Weltzeit	*E*1 (00–03)	*E*2 (03–06)	*E*3 (06–09)	*E*4 (09–12)	*E*5 (12–15)	*E*6 (15–18)	*E*7 (18–21)	*E*8 (21–24)	Summen	Promille
K = 0	575	716	681	399	379	319	283	332	3684	85
1	1683	1987	2430	2154	1978	1704	1489	1372	14797	342
2	1190	1267	1304	1508	1448	1337	1182	1171	10407	242
3	1033	884	712	965	983	970	1055	1190	7792	180
4	600	388	196	290	414	605	799	835	4127	96
5	246	114	47	66	156	317	404	387	1737	40
6	60	31	18	10	30	119	157	90	515	12
7	9	9	9	5	7	22	23	16	100	2
8	1	4	1	2	2	2	4	5	21	0,5
9	3	•	2	1	3	5	4	2	20	0,5
Summen	5400	5400	5400	5400	5400	5400	5400	5400	43200	1000

Im westlichen Nordamerika (Stationen Co, Me, Si, in Längen 113° bis 148° W) und in Westeuropa (z. B. Do, RS, Wn, in Längen 9° bis 29° E) ist der Tagesgang der Aktivität nach Weltzeit etwa entgegengesetzt: In Co, Me, Si ist das Intervall 06—09 Weltzeit das gestörteste, 18—21 Weltzeit das ruhigste. Beispiel: Tab. 2, 31. März 1950, höhere Kennziffern für die beiden Intervalle 06—12 Weltzeit in Co, Me, Si gegen Do, RS, Wn. Weitere Beispiele in [*17*, *18*]. Da Me und Wn um nur etwa 9 Stunden in Länge verschieden sind, deutet sich darin an, daß nach Lokalzeit das Maximum der Aktivität in Meanook rund 3 Stunden (erst nach Ortsmitternacht) später eintritt als in Wingst.

Umrechnungsschlüssel *K* in *Ks* [*17*] sind gutes Material über den täglichen Gang der Aktivität (329213, Tab. 4).

Der tägliche Gang der Aktivität ist ein Ausdruck der tagesperiodisch veränderlichen Bevorzugung gewisser Erdstellen durch die solare Partikelstrahlung *P* (Störmersche Theorie [*1*, *2*]). Er ist deshalb mit dem täglichen Gang der Nordlichthäufigkeit (32933) soweit gekoppelt, wie das Tageslicht die Sichtbarkeit des Polarlichtes gestattet (329222).

Das unzulängliche Beobachtungsnetz gestattet nicht zu entscheiden, ob außer den lokalen täglichen Gängen der Aktivität auch ein weltweiter Gang (nach Weltzeit) im Mittel für die ganze Erde besteht, etwa infolge der tagesperiodisch wechselnden Neigung der erdmagnetischen Achse gegen die Richtung Sonne—Erde.

329213 Standardisierte Kennziffern *Ks* und planetarische Kennziffern *Kp*. Für das Studium der solaren Partikelstrahlung *P* und ihrer sonstigen Wirkungen muß man die Kennziffern *K*, als lokale und regionale Maßzahlen der Aktivität, durch zusammenfassende Angaben für die ganze Erde ergänzen. Jedoch ist die Empfindlichkeit von *K* gegen Änderungen in der Intensität von *P* lokal und ortszeitlich so verschieden, und die geographische Verteilung der Observatorien ist so mangelhaft, daß ein einfacher Durchschnitt von *K* für alle Stationen (früher als *Kw*, *w* für weltweit, berechnet) nicht genügt. Da ein weltweiter Gang nach Weltzeit sowieso nicht nachgewiesen ist (vgl. 329212 am Schluß), wird *K* auf *Ks* durch die Vorschrift standardisiert, daß während einer längeren Zeit (Standardisierungsbasis, die Jahre 1943 bis 1947) jedes Observatorium für jedes Tagesachtel dieselben

Tabelle 4. Ausschnitt aus den Umrechnungstabellen *K* → *Ks*, für Wingst und Meanook, *K* = 3 und *K* = 5, für die 3 Jahreszeiten Nordwinter = *JFND*, Äquinoktien = *MASO*, Nordsommer = *MJJA*.

Observatorium		Wingst *Ks*								Meanook *Ks*							
Weltzeit		00..03	03..06	06..09	09..12	12..15	15..18	18..21	21..24	00..03	03..06	06..09	09..12	12..15	15..18	18..21	21..24
Tagesachtel		*E*1	*E*2	*E*3	*E*4	*E*5	*E*6	*E*7	*E*8	*E*1	*E*2	*E*3	*E*4	*E*5	*E*6	*E*7	*E*8
Zonenzeit		01..04	04..07	07..10	10..13	13..16	16..19	19..22	22..01	16..19	19..22	22..01	01..04	04..07	07..10	10..13	13..16
K = 3	*JFND*	3o	4—	4o	4—	3+	3o	3—	3—	4o	3+	2+	2+	3o	3+	4+	4+
	MASO	3+	4—	4—	4—	3+	3o	3—	3—	4—	3+	2+	2+	3o	4—	4+	4o
	MJJA	3o	3o	3+	3+	3—	3—	3o	3o	3o	3—	2+	2+	3—	3+	4o	3+
K = 5	*JFND*	6—	6+	7—	6+	6—	4+	4+	5—	6o	5+	4o	4—	4+	5+	6+	7—
	MASO	5+	6+	7—	7—	6o	5+	5o	5o	5+	5—	4—	4—	4+	6—	7o	7—
	MJJA	5+	6—	6o	6o	6—	5+	6—	6—	5o	4+	3+	3+	4+	6—	7o	6o

Tageszählung in der Sonnenrotation
1950
Rotat.-Nr.
Schlüssel
= s.c.

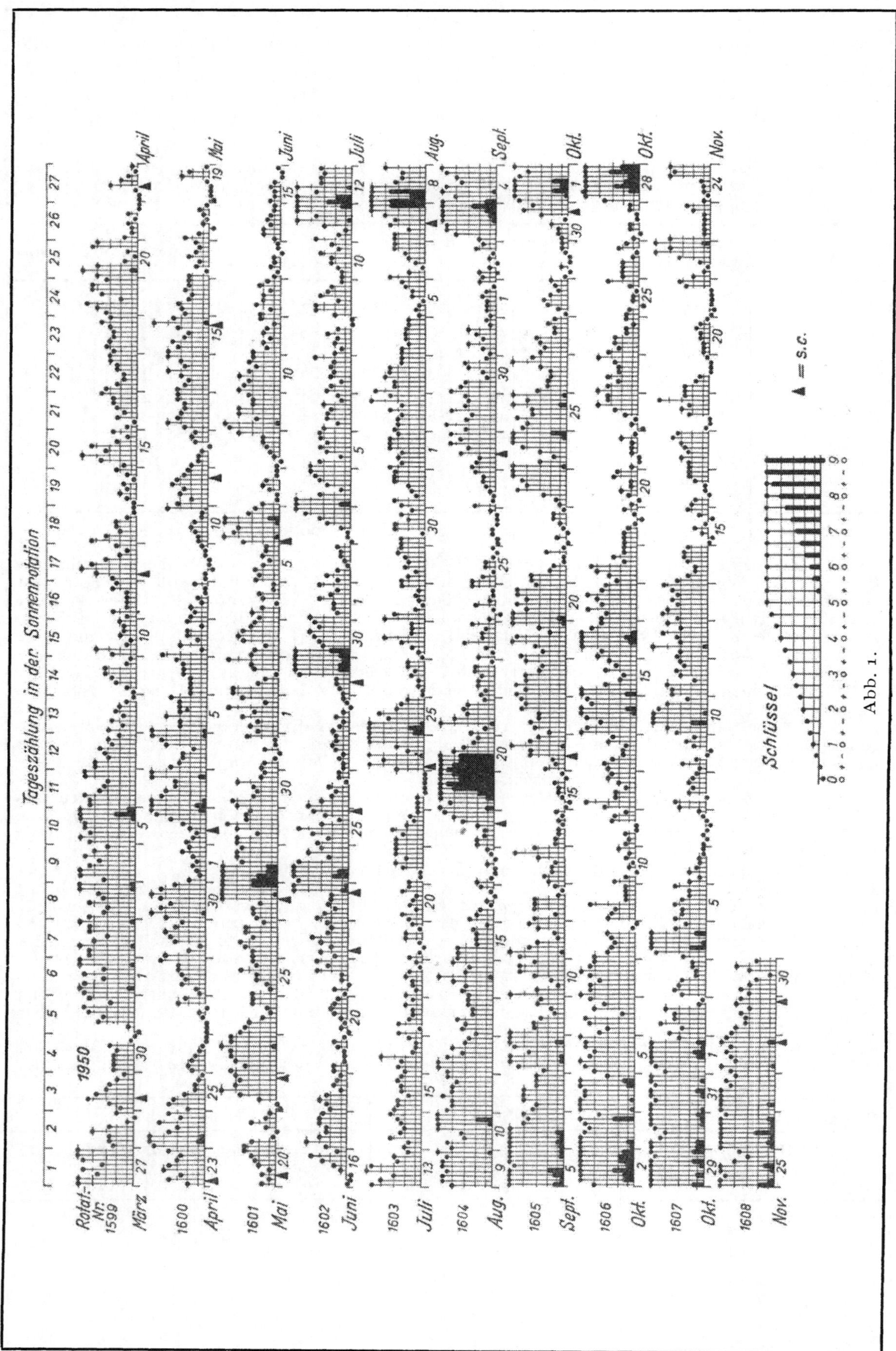

Abb. 1.

Unterschrift zur Abb. 1. Planetarische erdmagnetische dreistündliche Kennziffern *Kp*, in Notenschrift (vgl. Schlüssel) angeordnet nach 27tägigen Sonnenrotationen (vgl. 329218); die plötzlichen Sturmausbrüche (*s. c.*) sind markiert.

Abb. 1 zeigt die Tage 1950 März 27 bis Nov. 30. Für die Zeit nach dem Sonnenfleckenmaximum (1947,5) typisch ist die Wiederkehrneigung einer ‚M-Region' um den Beginn der Rotationen Nr. 1603—1608 (auch noch 1609 wiedergekehrt). Sonnenflecken-Relativzahlen R waren in den Monatsmitteln März bis November zwischen 113 und 51, tiefste Tageswerte ($R = 20$ bis 30) Sept. 6—8 und 11, Okt. 21—25, höchste Tageswerte (R zwischen 140 und 162) April 7, 26, April 28 bis Mai 2, Mai 24—25. Wichtigste Sturmausbrüche (*s. c.*): 1950 Mai $27^d\,12^h\,05^m$, Juni $23^d\,18^h\,02^m$, Juli $24^d\,01^h\,51^m$, August $07^d\,10^h\,55^m$, August $18^d\,15^h\,38^m$. Beginn starker Sonneneruptionseffekte (*s. f. e.*): 1950 April $12^d\,14^h\,53^m$, April $14^d\,12^h\,45^m$, April $14^d\,13^h\,35^m$, April $15^d\,12^h\,57^m$, Mai $06^d\,13^h\,30^m$, Mai $27^d\,08^h\,14^m$, Sept. $19^d\,17^h\,08^m$. Stärkster magnetischer Sturm der Berichtszeit war 1950 August 19—20, als Meinel die rote $H\alpha$-Wasserstofflinie im Nordlicht beobachtete (32936). — Individuelle Kennziffern für 1950 März 30—31 in Tab. 2.

Häufigkeiten der *Ks*-Stufen geben sollte. Durch diese Angleichung der Häufigkeiten (Bartels [*11, 17*]) ergeben sich Umrechnungsschlüssel, die jeder Stufe von K einen Wert von *Ks* zuordnen, verschieden für jede Station, jedes Tagesachtel und die drei Jahreszeiten. Dabei wird *Ks* in Drittelstufen gegeben (vgl. 329201, Bemerkung zu *Kp*). Tab. 4 läßt erkennen, daß die tägliche Schwankung der Aktivität im Winter erheblich ist: $K = 5$ wird standardisiert in Wn zu $Ks = 4+$ bis 7_o, in Me zu 4_o bis $7-$.

Wenn diese Tabellen zum täglichen Gang der Aktivität umgedeutet werden sollen, ist zu bedenken, daß, bei gleichem K, höhere Werte von *Ks* für Tagesachtel bedeuten, daß es zu dieser Tageszeit an dieser Station ruhiger ist als es dem allgemeinen Störungsniveau entspricht; die Station ist sozusagen dann unempfindlich gegen P-Strahlung. In diesem Sinn liegt nach Tab. 4 das Maximum der Aktivität, im Niveau $K = 5$, in Wn bei etwa 19 Uhr Zonenzeit, in Me bei 01 Uhr Zonenzeit.

Umrechnungstafeln $K \rightarrow Ks$ für Le, Me, Si, Es, RS, Ag, Wn, Wi, Ab, Ch, Am, mit Übergangstafeln zwischen den Jahreszeiten, in [*17*].

Der Durchschnitt der standardisierten Kennziffern *Ks* für diese 11 Observatorien ist die planetarische Kennziffer *Kp*, ebenfalls in Drittelstufen. Diese liegt vor für das Polarjahr 1932/33 sowie laufend seit dem 1. Januar 1940. Veröffentlichungen [*18, 19, 9*]. Abb. 1 und 2 geben Ausschnitte aus den üblichen *Kp*-Diagrammen.

329214 Geographische Verteilung der Aktivität. In den beiden Polarlichtzonen ist die erdmagnetische Unruhe am größten. Aus dem riesigen Material Beispiel in Tab. 5. Weiteres Material bei Vestine [*4a, b*] und Stagg [*16, 21*].

Die größten Variationen in der Polarlichtzone sind von der Größenordnung 2000 γ; in den horizontalen Feldkomponenten deutet diese Variation, wenn sie flächenhaft auftritt, auf ionosphärische Flächenstromdichten von 2000 Amp/km; bei einer Ausdehnung über 500 km Breite kommt man auf Gesamtströme der Größenordnung 10^6 Amp. Bei sehr starken Stürmen entfernt sich die Polarlichtzone vom Pol: Am Abend des 25. März 1946 stand z. B. ein Polarlichtbogen in Göttingen ($\Phi = 52°,3$) südlich des Zenits, also 15° oder 1660 km von der normalen Lage der Polarlichtzone verschoben. Bei dieser Verschiebung nimmt die Polarlichtzone ihre größten ionosphärischen Stromdichten mit; über den Orten in der normalen Lage der Polarlichtzone steigt die Stromdichte dann nicht weiter an (vgl. 329216a). So starke Verschiebungen der Polarlichtzone treten aber nur bei den stärksten Stürmen ein (in Abb. 1/2 z. B. nur 1950 August 19/20, 1946 Juli 26/27, 1946 Sept. 22/23). Vgl. Abb. 3 bis 5, ferner 329222.

Tabelle 5. Größte tägliche Schwankung T (= Maximum minus Minimum im Laufe eines Tages), die unter je 60 Tagen durchschnittlich einmal auftritt. Umgerechnet, nach dem Material des Polarjahres 1932/33, nach Vestine ([*4b*], S. 278). Schwankung in D umgerechnet in γ. Stationen nach der geomagnetischen Breite Φ geordnet; Polarlichtzone bei rund $\Phi = 67°$.

Observatorium	Φ	T in			Observatorium	Φ	T in			Observatorium	Φ	T in		
		H	D	Z			H	D	Z			H	D	Z
	°	γ	γ	γ		°	γ	γ	γ		°	γ	γ	γ
Thule	+88,0	450	350	280	Petsamo	+64,9	1180	620	1020	Honolulu	+21,1	105	70	120
Godhavn	+79,8	850	780	820	Sodankylä . . .	+63,8	1250	520	800	Huancayo . . .	— 0,6	300	70	40
Bären-Insel . . .	+71,1	1120	660	1050	Sitka	+60,0	600	480	700	Pilar	—20,2	120	70	40
Julianehaab . .	+70,8	1250	860	1250	Rude Skov . . .	+55,8	170	220	330	Watheroo. . . .	—41,8	90	140	?
Fort Rae . . .	+69,0	1250	860	1100	Cheltenham . . .	+50,1	130	180	120	South Orkneys .	—50,0	120	140	?
Tromsö	+67,1	1250	780	910	Tucson.	+40,4	110	130	120					

Tageszählung in der Sonnenrotation
Rotat.-
Nr.
1944
1946
1947

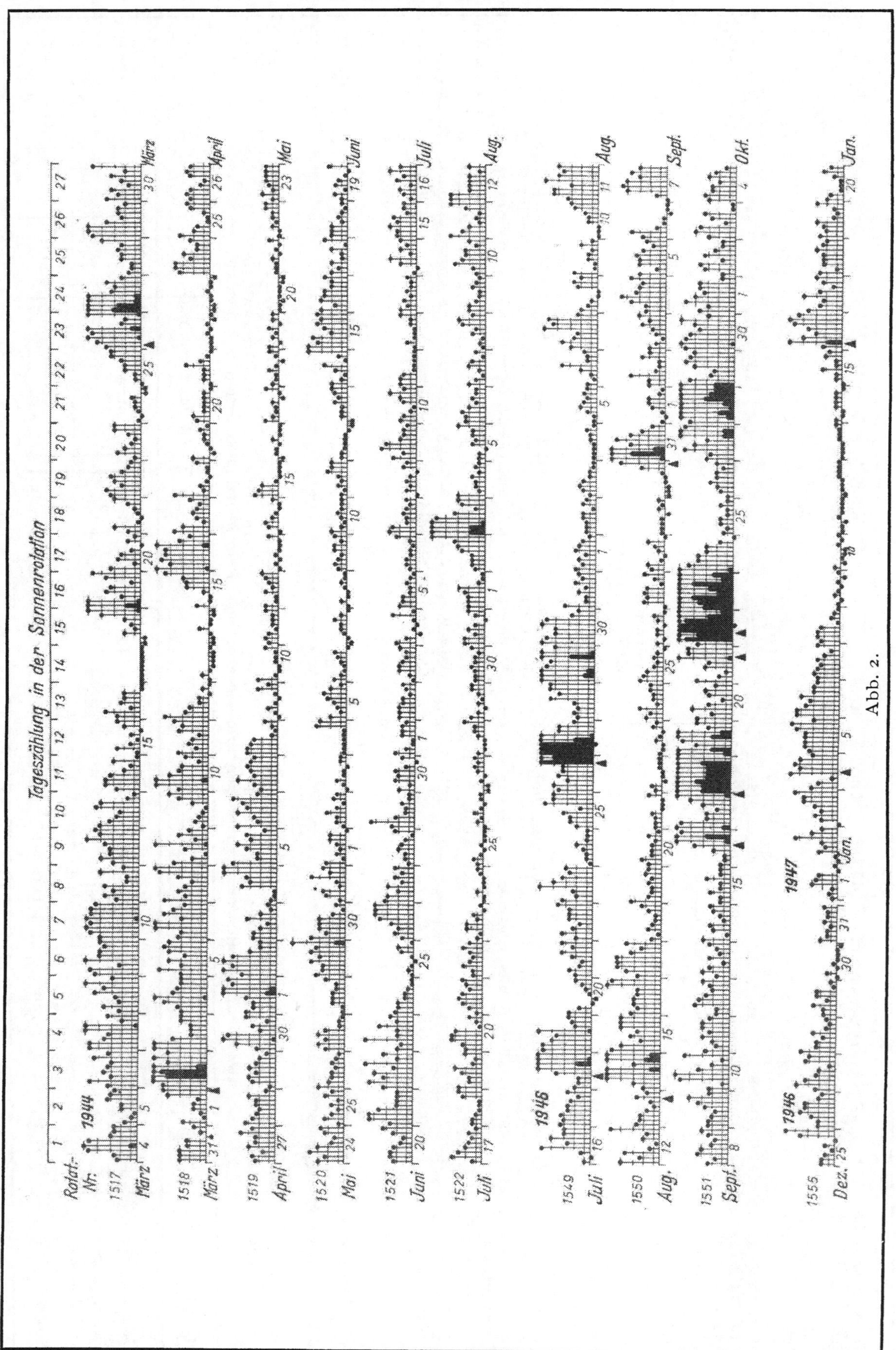

Abb. 2.

Unterschrift zur Abb. 2. Weitere typische Ausschnitte aus der laufenden Darstellung der erdmagnetischen Aktivität durch Kp-Diagramme (vgl. Abb. 1): Rotationen Nr. 1517—1522 = 1944 März 4 bis August 12, zur Zeit des Sonnenfleckenminimums. Fleckenrelativzahlen $R = 0$ von März 31 bis Mai 27 (außer April 17, $R = 8$). Trotzdem starke Schwankungen der erdmagnetischen Aktivität; die wiederkehrende M-Region, mit erhöhter Aktivität, ist noch im ersten Drittel der Rotation 1519 deutlich.

Rotationen Nr. 1549 bis 1551 = 1946 Juli 16 bis Oktober 4. Typisch für Nähe des hohen Sonnenfleckenmaximums 1947,5. Der Ausschnitt enthält den sehr starken Sturm 1946 Juli 26/27 (individuelle K in Tab. 2). Diesem Sturm voraus ging ein ungewöhnlich starker und langdauernder solar flare effect, der (nach den veröffentlichten [7] Magnetogrammen der Observatorien Ch, Ho, SJ, Tu) etwa Juli $25^d\ 16^h\ 12^m$ Weltzeit einsetzte und über 8 Stunden lang anhielt. Bis zum *s. c.* Juli $26^d\ 18^h\ 46^m$ vergingen 26,6 Stunden. Über die Sonneneruption selbst vgl. Behr [20]. Eine Zunahme der Ultrastrahlung um 15% kurz nach der Sonneneruption überzeugte Forbush [37] zum erstenmal von der Tatsache, daß auch die Sonne zeitweise Ultrastrahlung aussendet (329219).

Rotation 1555 = 1946 Dez. 25 bis 1947 Jan. 20. Bemerkenswert wegen der langen Folge von 6 ruhigen Tagen, 1947 Jan. 9—14, mitten im Sonnenfleckenmaximum.

Abb. 3—5 geben laufende Stundenmittel der erdmagnetischen Horizontalintensität H (in Abb. 4 auch der Vertikalkomponente Z) von mehreren Stationen, in der Reihenfolge ihres Abstandes vom Pol der magnetischen Erdachse. Die erste Zeile gibt Planetarische Kennziffern Kp in Notenschrift, Schlüssel wie in Abb. 1. Die schwarzen Punkte an den Kurven markieren jeweils zwei Ortsmitternächte, der weiße Punkt einen Ortsmittag. Maßstab durchweg wie in Abb. 5; relativer Maßstab 12 Stunden in der Abszisse so lang wie $240\ \gamma$ in der Ordinate.

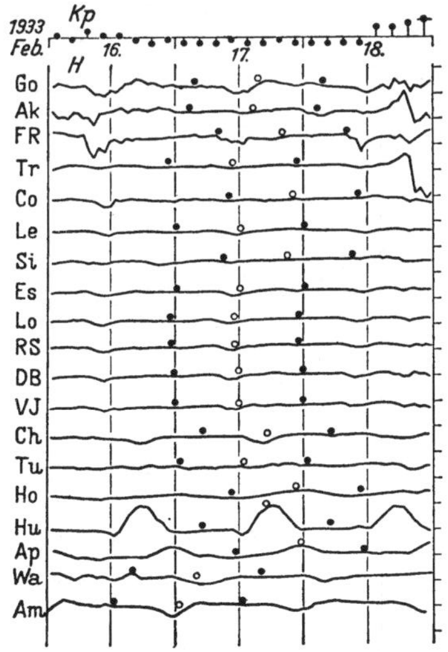

Abb. 3. 1933 Febr. 16—18. Der mittlere Tag war der ruhigste des Polarjahres 1932/33. Dieser ist auch in der Polarlichtzone im wesentlichen ruhig, außerhalb der Polarlichtzone deutet sich der ruhige tägliche Gang an, kleine Amplitude auf der Nordhalbkugel, große Amplitude in Huancayo und auf der Südhalbkugel (Sommer!). Die kleinen Störungen am Vormittag des 16. und am Abend des 18. Februar (Kp bis 2o) erscheinen an den polaren Stationen deutlich, an den übrigen schwach.

Stationen und ihre geomagnetischen Breiten (vgl. Tab. 1): Go 80° Westgrönland, Ak 74° Ostgrönland, FR 69° Kanada, Tr 67° Nordnorwegen, Co 64° und Si 60° Alaska, Le 62° Shetlands, Es 58° Schottland, Lo 58° Stockholm, RS 56° Kopenhagen, DB 54° Holland, VJ 51° Paris, Ch 50° bei Washington, Tu 40° Arizona, Ho 21° Hawai, Hu −1° Peru, Ap −16° Samoa, Wa −42° Westaustralien, Am −48° Neuseeland.

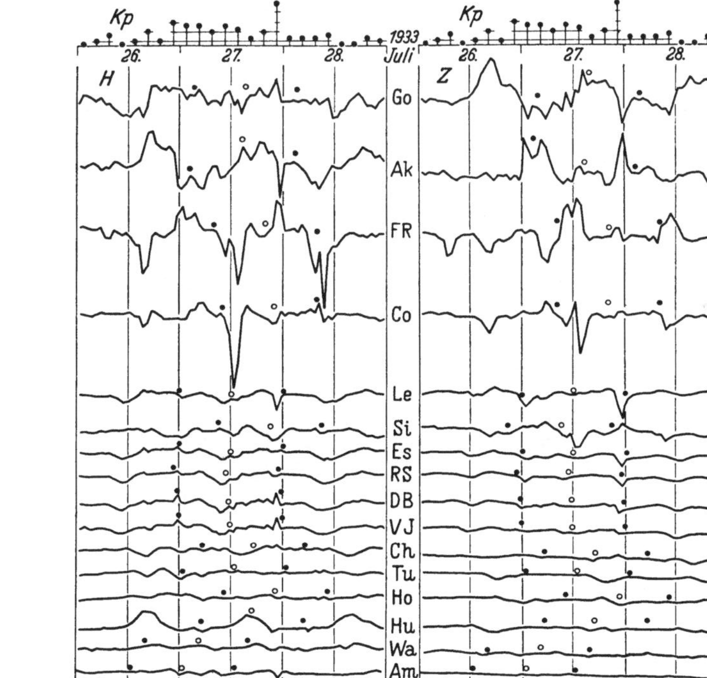

Abb. 4. 1933 Juli 26—28. Etwas stärkere Bewegung. $Kp = 2+$ am 27. Juli, 12—15 Weltzeit gibt starke Störungen in Kanada und Alaska; $Kp = 5-$ im letzten Intervall des 27. äußert sich in Störungen von H und Z auf der ganzen Erde.

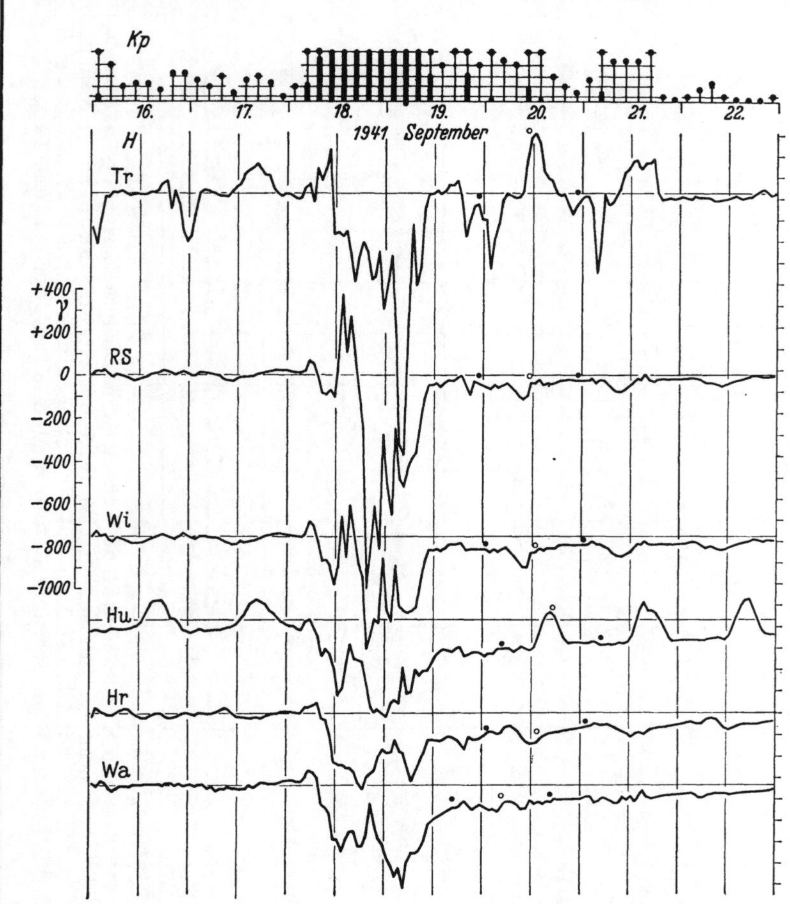

Vgl. allgemeine Unterschrift zu Abb. 3—5 auf S. 738.

Abb. 5. 1941 Sept. 16—22 enthält den sehr starken Sturm am 18./19. (vgl. Tab. 2 und Abb. 2). Die Störungen in *H* sind auf der ganzen Erde sehr stark (die Polarlichtzone hat sich vom Pol entfernt). – Die schwächeren Störungen am 21. September wirken dagegen nur in Tromsö, direkt in der Polarlichtzone. – Deutliche Senkung des *H*-Niveaus (namentlich am Äquator, in Huancayo) nach dem großen Sturm (Ringstromfeld oder Nachstörung), die sich allmählich wieder erholt (vgl. 329251).

Stationen und ihre geomagnetischen Breiten: Tr 67° Nordnorwegen, RS 56° Kopenhagen, Wi 54° Holland, Hu −1° Peru, Hr −33° Kapstadt, Wa −42° Westaustralien.

329215 Tägliche Charakterzahlen, internationale ruhige und gestörte Tage. Jedes Observatorium beurteilt jeden Greenwich-Tag und erteilt ihm den Charakter 0 (ruhig), 1 (mäßig bewegt) oder 2 (gestört). Der Durchschnitt dieser Zahlen für alle Observatorien (Anzahl früher über 50, jetzt etwa 40) ist die Internationale erdmagnetische Charakterzahl *Ci* mit den Stufen 0,0 bis 2,0. *Ci* gibt ein gutes Bild für die Schwankungen der Aktivität von Tag zu Tag und ist auch eine gute Grundlage für die Auswahl der 5 (oder 10) ruhigsten Tage und der 5 gestörtesten Tage jedes Kalendermonats.

Gewisse Mängel ließen es aber wünschenswert erscheinen, diese Zahlen zu standardisieren: Bartels [22] schlägt vor, von den acht Kennziffern *Kp* pro Tag auszugehen. Jeder Stufe *Kp* wird ein Gewicht *g* zugeordnet (Tab. 6a); dabei wurde *g* so gewählt, daß die durchschnittliche dreistündliche Amplitude

Tabelle 6a. Gewichte *g*, die den *Kp*-Indizes zuzuordnen sind.

Kp	*g*	*Kp*	*g*	*Kp*	*g*	*Kp*	*g*	*Kp*	*g*	*Kp*	*g*	*Kp*	*g*	*Kp*	*g*	*Kp*	*g*	*Kp*	*g*
		1−	3	2−	6	3−	12	4−	22	5−	39	6−	67	7−	111	8−	179	9−	300
0o	0	1o	4	2o	7	3o	15	4o	27	5o	48	6o	80	7o	132	8o	207	9o	400
0+	2	1+	5	2+	9	3+	18	4+	32	5+	56	6+	94	7+	154	8+	236		

Tabelle 6b. Schlüssel für *Cp*, obere Grenzen der Summen *G* der acht täglichen Gewichte *g*.

G bis	*Cp*	*G* bis	*Cp*	*G* bis	*Cp*	*G* bis	*Cp*	*G* bis	*Cp*
22	0,0	90	0,6	190	1,1	453	1,6	1699	2,1
34	0,1	104	0,7	228	1,2	561	1,7	1999	2,2
44	0,2	120	0,8	273	1,3	729	1,8	2399	2,3
55	0,3	139	0,9	320	1,4	1119	1,9	3199	2,4
66	0,4	164	1,0	379	1,5	1399	2,0	3200	2,5
78	0,5								

der gestörtesten Komponente an einer Station in $\Phi = 50°$ Breite, wie Wingst oder Cheltenham, in einem Dreistundenintervall mit Kp etwa $2g\,\gamma$ ist. Die Summe G der 8täglichen Werte g bestimmt die tägliche planetarische Charakterzahl Cp gemäß Tab. 6b. Auf der Tagung in Brüssel (1951) wurde versuchsweise die durchschnittliche äquivalente Dreistundenamplitude $Ap = G/8$, in der Einheit 2γ, als tägliches Maß der Aktivität eingeführt.

Beispiele: 1944 April 13 (vgl. Tab. 2), mit $Kp = 0{+}1_o0{+}c_o\ 0_o0_oc_o0{+}$, gibt $G = 10$, also $Cp = 0{,}0$ und $Ap = 1$. Vgl. auch die übrigen Tage in Tab. 2. — Das Tagesintervall, das 1941 Sept. $18^d\ 09^h$ Weltzeit beginnt, mit 7 Ziffern $Kp = 9-$ und einer 9_o, gäbe $G = 2500$, also $Cp = 2{,}4$, $Ap = 312$.

Für manche Untersuchungen genügt es, tägliche Charakterzahlen mit weniger Stufen zu wählen, z. B. (Bartels [3, 19]) Ziffern $C9$, gemäß folgender Zuordnung:

Ci oder *Cp* =	0,0	0,2	0,4	0,6	0,8	1,0	1,2 …	1,5 …	1,9	2,0 …
bis	0,1	0,3	0,5	0,7	0,9	1,1	1,4	1,8		2,5
$C9$ =	0	1	2	3	4	5	6	7	8	9

Man kann auch Ziffern $C8$ wählen, wenn man von Ci oder $Cp = 1{,}9$ an immer $C8 = 8$ setzt.

Tabellen mit täglichen Charakterzahlen: Cp für 1940 bis 1951 in Bartels [22]; für Ci 1890 bis 1937 in [1]; für Ci 1884—1889 in [23], für Ci 1905—1942 bei Vestine [4a, S. 116—134], ferner Jahrestabellen in Meteorol. Z. und in Terr. Magn. Halbgraphische Tabellen für $C9$ 1884—1950 in [19], vgl. 329218a.

Für jeden Kalendermonat werden international die Daten der 5 (oder 10) ruhigsten und die 5 am meisten gestörten Tage nach Weltzeit ausgewählt, auf Grund von Kp, Ci oder Cp. Beispiel (Abb. 1) 1950 August: fünf ruhige: 16, 17, 24, 25, 26; fünf gestörte: 7, 8, 9, 19, 20; zehn ruhige: 5, 16, 17, 22 bis 27, 31.

329216 Andere Maßzahlen für die erdmagnetische Aktivität. Von den zahlreichen Vorschlägen [1] sollen diejenigen erwähnt werden, die noch in Gebrauch sind:

a) Storminess. An norwegischen Stationen nahe der Polarlichtzone (Tromsö, Dombås) wird für jeden Tag die für ihn geltende ruhige Schwankung S_q durch Interpolation bestimmt. Von jedem Stundenmittel für D, H, Z wird dann derjenige Wert abgezogen, der für erdmagnetische Ruhe anzunehmen wäre. Der algebraische Überschuß ist die Storminess, die in den Jahrbüchern dieser Observatorien in extenso veröffentlicht wird. Die Summe der absoluten Werte der Storminess für Tage, Monate, Jahre charakterisiert den Störungsgrad dieser Zeitabschnitte.

Beispiele aus Tromsö: 1933 Febr. 17, mit $Cp = 0{,}0$, Storminess durchweg verschwindend.

1946 Juli 27, 00—03 Weltzeit, $Kp = 9-$, Storminess in H in den 3 Stunden -270, -270, $-287\ \gamma$.

1946 August 12, 00—03 Weltzeit, $Kp = 4_o$, Storminess in H in den 3 Stunden -280, -370, $-270\ \gamma$.

1946 August 7, 12—15 Weltzeit $Kp = 5_o$, Storminess in H in den 3 Stunden $+190$, $+425$, $+430\ \gamma$.

Man vergleiche die drei letzten Beispiele mit den Kp in Abb. 2; sie belegen die Bemerkungen in 329214, wonach die größten Störungen in der Polarlichtzone schon bei verhältnismäßig niedrigen Werten von Kp (bis 5) erreicht werden, jedenfalls in der für Störungen günstigen Tageszeit (329212). Die Intensität der erdmagnetischen Störungen, nach Kp beurteilt, wächst an polaren Stationen von einer gewissen Sättigungsgrenze nur noch wenig.

b) AZ. Für Sodankylä hat Sucksdorff [24] aus den Z-Registrierungen stündliche Schwankungswerte berechnet und daraus ihre normale tägliche Schwankung in ganz ruhigen Zeiten eliminiert. Die Reihe umfaßt jetzt die Jahre 1914 bis 1944.

c) Numerischer magnetischer Charakter. Da die Energie-Dichte des magnetischen Feldes proportional $\mathfrak{F}^2$ ist, sind ihre Schwankungen proportional $\mathfrak{F} \cdot \Delta\mathfrak{F}$. Darauf gründete sich der Vorschlag von Critchton-Mitchell (vgl. [1]), für jeden Tag (oder jede Stunde) die Amplituden x, y, z der drei Komponenten X, Y, Z zu ermitteln und sie zum numerischen Charakter $(xX + yY + zZ)$ zu vereinigen. Für diese Größe sind tägliche Angaben zahlreicher Observatorien für die Jahre 1930 bis 1939 vorhanden. Sie wurde in Washington 1939 [8] wegen ihrer fragwürdigen physikalischen Bedeutung (die Maxima und Minima von X, Y, Z sind meistens nicht gleichzeitig) durch die Kennziffern ersetzt. Auch das ähnliche, kompliziertere Aktivitätsmaß von Bidlingmaier [1] wird nicht mehr benutzt.

d) Das u-Maß, vgl. 329252.

e) Schnelle Schwankungen (Pulsationen), vgl. 329274.

f) Charakterisierung von Monaten, Jahren usw. Der Anblick der Abb. 1 und 2 zeigt, daß es wenig Sinn hat, einen längeren Zeitabschnitt durch einen einzigen Ausdruck für die erdmagnetische Aktivität zu charakterisieren. Monatsmittel täglicher Charakterzahlen Ci oder Cp können stark irreführen: Der Monat März 1940, an dem drei Sturmtage das ungewöhnlich hohe Niveau $Cp = 2{,}1$ hatten, enthielt auch soviel ruhige Tage, daß sein Durchschnitt nur $Cp = 0{,}80$ gibt, ebenso wie z. B. der April 1950, an dem der stärkstgestörte Tag nur $Cp = 1{,}6$ erreichte. In dem Monat September 1947 mit dem höchsten Monatsmittel $Cp = 1{,}11$ erreicht kein einziger Tag $Cp = 2{,}0$. — Besser ist es, von Kennziffern Kp auszugehen, nach Tab. 6a dazu das mittlere Gewicht g zu berechnen, in der Einheit 2γ. Diese mittlere dreistündliche Amplitude Ap ist für Monate und Jahre von Bartels [22] berechnet; sie gibt für den März 1940 $Ap = 36$, für den April 1950 nur 18, für den Juli 1944 (nahe Sonnenfleckenminimum) $Ap = 6$.

Einen guten Überblick geben die Häufigkeiten von Kennziffern Kp, wobei man die Drittelstufen zu ganzen zusammenziehen kann (z. B. $2-$, 2_o, $2+$ zu 2); Beispiele in Tab. 7 und Abb. 6.

g) Einzelangaben über Stürme in jedem Heft von Terr. Magn., jetzt J. Geophys. Res. — Katalog der Stürme seit 1874 in Greenwich, mit Sonnenfleckendaten [24a], Diskussion [24b].

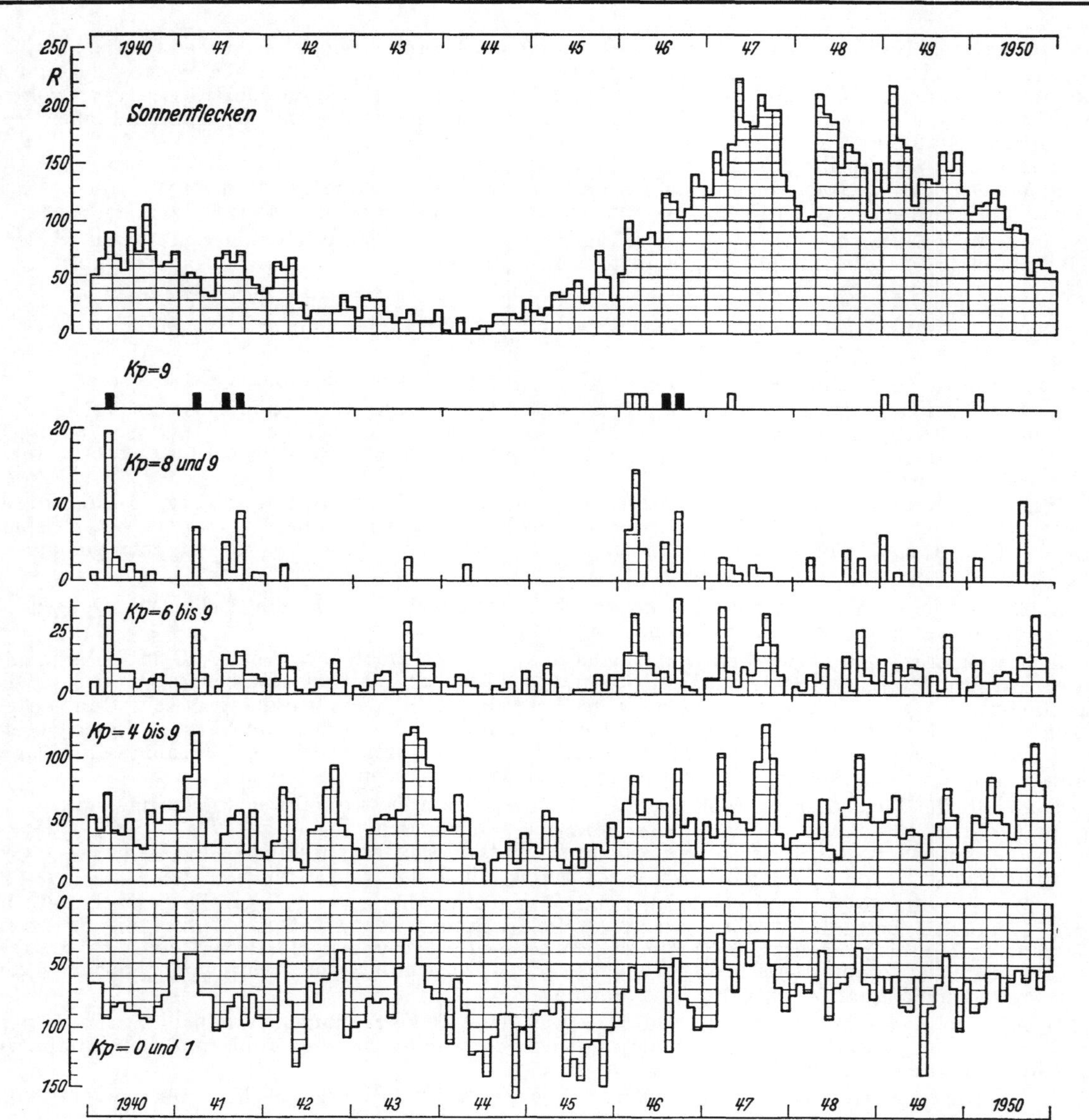

Abb. 6. Monatswerte der Sonnenflecken und der Häufigkeiten der planetarischen Kennziffern Kp, 1940 bis 1950. Die ruhigen Kp (= 0 und 1) sind nach unten aufgetragen, die übrigen (Häufigkeiten der Überschreitung der Schwellenwerte Kp = 4—, 6— und 8—) nach oben. In der Zeile für $Kp = 9$ ist nur angedeutet, ob mindestens ein Intervall mit 9— (weißes Rechteck) oder mit 9_o (schwarzes Rechteck) in dem Monat vorkam. Vgl. dazu Tab. 7.

Bis zur Drucklegung ist noch Kp = 9— am 26. Sept. und 28. Okt. 1951 aufgetreten.

Tabelle 7. Häufigkeiten planetarischer Kennziffern Kp für typische Monate.

Monat	Häufigkeiten für Kp =										Monatsmittel		
	0	1	2	3	4	5	6	7	8	9	Ap	100 Cp	R
											2 γ		
Juli 1933. .	18	128	51	28	8	7	.	.	.	.	7	35	3
Juli 1944. .	24	116	80	19	1	.	.	.	.	.	6	26	5
Nov. 1944. .	77	81	44	24	11	3	.	.	.	.	6	25	11
Dez. 1946. .	22	80	61	55	18	4	.	.	.	.	9	47	122
Juli 1948. .	5	64	90	60	20	1	.	.	.	.	10	52	141
Sept. 1943. .	1	21	45	50	63	46	12	2	.	.	25	104	10
Sept. 1941. .	20	55	49	58	28	13	5	3	1	8	27	78	66
Sept. 1946. .	6	40	58	47	34	18	11	17	7	2	34	95	94
März 1940. .	40	53	44	32	19	16	9	7	16	4	36	80	83

Weiteres Material in IATME Bull. Nr. 12 [9].

Die Häufigkeitssummen sind auf 8 · 30 = 240 Intervalle pro Monat reduziert. Ferner sind gegeben die Monatsdurchschnitte für die täglichen Charakterzahlen *Cp* (mit 100 multipliziert), die Dreistunden-Amplituden *Ap* und die Sonnenfleckenzahlen *R*.

Juli 1933: Ruhigster Monat des internationalen Polarjahres 1932/33.

Juli 1944: Sehr wenige Störungen, $Kp = 4-$ nur einmal erreicht (Abb. 2).

Nov. 1944: Viele ruhige Intervalle mit $Kp = 0$ oder 1, in 66 Prozent.

Dezember 1946 und Juli 1948: Fehlen stärkerer Störungen, bei hohen Sonnenfleckenzahlen.

Sept. 1943: Sehr wenige ruhige Intervalle, aber kein großer Sturm; typisch für absteigende Phase des 11jährigen Zyklus.

Sept. 1941 und Sept. 1946: Große Zahl von Sturmintervallen.

März 1940: Große Stürme, aber auch viele ruhige Intervalle; typisch für Zeiten nahe dem Sonnenfleckenmaximum.

329217 Jährliche Schwankung der Aktivität. Seit langem bekannt ist eine Welle mit der Periode eines halben Jahres: Die Äquinoktialmonate März und September sind durchschnittlich stärker gestört als die Solstitialmonate Juni und Dezember (Tab. 8). Die relative Häufigkeit der Charakterzahlen $Ci = 0{,}0$ bis 0,5 in den Äquinoktialmonaten (März, April, September, Oktober) verhält sich zu derjenigen in den Solstitialmonaten (Dezember, Januar, Juni und Juli) wie etwa 95 : 105, während dieses Verhältnis für Tage mit $Ci = 1{,}5$ bis 2,0 gleich 127 : 73 ist.

Tabelle 8. Jährlicher Gang der relativen Häufigkeiten der täglichen erdmagnetischen Charakterzahlen (vgl. 329215), Durchschnitt 1884—1942 [3].

Die erste Spalte gibt die relative Häufigkeit *h*, auf 10000 Tage, im Durchschnitt für das ganze Jahr. Die Zeilen dahinter geben an, um wieviel Prozent von *h* die betreffenden Charakterzahlen in jedem Monat mehr (+) oder weniger (—) häufig sind.

*C*8	*Ci*	Häufigkeit auf 10000	Monatlicher Überschuß über den Jahresdurchschnitt, in Prozenten von *h*											
			Jan.	Febr.	März	April	Mai	Juni	Juli	Aug.	Sept.	Okt.	Nov.	Dez.
0	0,0 und 0,1	1570	+ 3	— 7	— 8	— 3	0	+ 4	+ 5	— 1	—10	— 5	+11	+13
1	0,2 und 0,3	1689	+ 4	— 9	—13	— 6	+ 2	+10	+13	+ 4	— 6	— 8	0	+ 8
2	0,4 und 0,5	1515	— 8	— 7	— 4	— 3	+ 2	+ 4	+ 6	+ 8	+ 4	— 1	+ 1	— 2
3	0,6 und 0,7	1414	+ 4	+ 2	— 3	— 3	+ 3	+ 6	0	— 4	— 2	— 3	— 2	+ 2
4	0,8 und 0,9	1427	0	+ 1	+ 1	+ 3	+ 3	0	0	+ 3	+ 5	0	— 8	— 6
5	1,0 und 1,1	1028	— 4	+11	+16	+ 8	— 2	— 9	—10	— 4	+ 4	+ 2	— 5	—10
6	1,2 bis 1,4	780	+ 3	+15	+18	+12	0	—12	—17	—13	— 2	+ 6	— 4	— 9
7	1,5 bis 1,8	455	— 7	+16	+17	— 5	—25	—33	—24	0	+29	+35	+ 9	—12
8	1,9 und 2,0	122	—15	+25	+45	+30	0	—25	—35	—15	+10	+20	— 5	—30

Trotz des großen Beobachtungsmaterials ist Tab. 8 noch durch statistische Schwankungen entstellt, die sich erst bei noch größeren Beobachtungszahlen ausgleichen würden. Harmonische Analyse des jährlichen Ganges zeigt, daß nur die halbjährige Welle Bedeutung hat; ihre Maxima liegen recht gut zur Zeit der Äquinoktien und nicht zur Zeit der (rund 14 Tage späteren) Termine, an denen die heliographische Breite *B* der Erde ihre größten Werte hat (31311). Die Amplituden der halbjährigen Welle, sowohl in der Häufigkeit der Tage mit $Ci = 0{,}0$ bis 0,3 wie in derjenigen der Tage mit $Ci = 1{,}0$ bis 2,0, sind in den Jahren mit häufigen Störungen größer als in ruhigen Jahren.

329218 Zusammenhang mit der Sonnentätigkeit. a) 27tägige Wiederholungneigung (WHN). Magnetische Störungen wiederholen sich oft nach etwa 27 Tagen (vgl. Abb. 1 und 2), Erklärung: Ein Partikelstrom von der Sonne kann monatelang von derselben Stelle (*M*-Region) der Sonne ausgehen; jedesmal, wenn er nach einer synodischen Sonnenrotation wieder über die Erde fegt, treten die Störungen auf. Älteres Material in [*1*] diskutiert. Neueres Material ist in den Tabellen und Diagrammen gegeben, die Aktivitätszahlen *Ci*, *Cp* oder *Kp* nach Sonnenrotationen abgeteilt darstellen (vgl. Bartels [*19*], wo das Material seit 1884 in dieser Form mitgeteilt wird).

Die Geophysik verwendet Sonnenrotationsintervalle von genau 27 Tagen, weil sie für die Verwendung geophysikalischer Daten zweckmäßiger sind als die astrophysikalisch verwendeten Carringtonschen Rotationen von durchschnittlich 27,275 Tagen (31311). Die Rotationsperiode der Sonne hängt von der heliographischen Breite ab; 27,0 *d* gilt für Flecken in etwa 8° Abstand vom Sonnenäquator, die Carringtonsche Periode für etwa 16°. Numerierung der 27-Tage-Intervalle (vgl. Abb. 1 und 2, auch [*3*, *19*]) von der IATME (Brüssel 1951) international empfohlen.

Die ersten Tage einiger Rotationen (Beginn 0 Uhr Weltzeit):

Rotation Nr. 1 beginnt 1832 Febr. 8
,, ,, 1001 ,, 1906 Jan. 11 — Bequeme Weiterzählung, da
,, ,, 1596 ,, 1950 Jan. 5 — $27 \cdot 27 = 2 \cdot 365 - 1$
,, ,, 1650 ,, 1954 Jan. 2
,, ,, 1705 ,, 1958 Jan. 26

Neuere Rechnungen über die WHN in [*3*]. Hauptergebnisse: Die WHN ändert sich im Lauf eines 11jährigen Fleckenzyklus parallel zu dem mittleren Abstand der Fleckenzonen vom Sonnenäquator

(313182a): Die WHN ist am größten in den Jahren vor dem Fleckenminimum (Flecken nahe dem Sonnenäquator, hohe Treffwahrscheinlichkeit der P-Ströme), und sie ist klein nach dem Minimum und besonders zur Zeit des Fleckenmaximums, wenn anscheinend die Erde nicht bei jedem Vorübergang eines Herdes getroffen wird, sondern nur intermittierend.

Einzelne Sequenzen von Wiederholungen können bis zu einem Jahr und darüber laufen. Die WHN ist am zuverlässigsten für Störungen, die mehrere Tage hintereinander dauern, also breite Partikelströme. Störungen, die schon mindestens einmal wiedergekehrt sind, werden mit größerer Wahrscheinlichkeit noch einmal wiederholt als solche, bei denen es 27 Tage vorher ruhig war. Daß die solaren Herde der P-Ströme im Laufe des Zyklus ebenso wandern wie die Fleckenzonen, wird auch durch die Dauer des Wiederkehrintervalls demonstriert: In den 3 Jahren vor dem Minimum ist das Intervall 27,03 Tage (entsprechend der Sonnenrotation in Äquatornähe), in den 3 Jahren nach dem Minimum ist das Intervall 27,75 Tage (Bartels [*3*]).

In häufigeren Wiederholungen (längeren Sequenzen) überwiegt die Wirkung äquatornaher M-Regionen, so daß dann das Intervall nahe bei 27,0 Tagen liegt. Starke Stürme ($Ci = 1{,}9$ oder 2,0) haben eine schwächere Wiederholungsneigung als die mäßigen Störungen ($Ci = 1{,}0$ bis 1,8); der Konus des P-Stroms scheint bei starken Stürmen weiter geöffnet zu sein, so daß die M-Region früher oder später als nach 27 Tagen wiederkehren kann, wenn überhaupt.

Die Zuordnung der — an ihrer Wiederkehrtendenz erdmagnetisch erkannten — solaren M-Regionen zu direkt beobachteten solaren Erscheinungen ist schwierig. Waldmeier [*25*] berichtet über einen Zusammenhang mit Gebieten, die nach der Auflösung einer Fleckengruppe längere Zeit fleckenfrei bleiben; in diesen sind auch langlebige Protuberanzen (Filamente).

In den 4 bis 9 Tagen vor oder nach wiederkehrenden Störungen besteht eine (schwache) Neigung zu größerer Ruhe als normal [*3*].

b) Sonneneruptionen und Laufzeiten der P-Strahlung. Im Gegensatz zu den wiederkehrenden M-Regionen, deren Sitz auf der Sonne nicht leicht zu erkennen ist, ergeben sich bei großen magnetischen Stürmen häufig eindeutige Zusammenhänge: Einer großen Sonneneruption, die nicht weiter als etwa 30° von der Mitte der Sonnenscheibe erfolgt, und die auf der Tagseite der Erde von Eruptionseffekten (329272) begleitet wird, folgt nach einer Laufzeit von etwa 20 Stunden der Ausbruch (*s. c.*) eines starken magnetischen Sturmes. Die Zeit zwischen der Eruption und dem Sturmausbruch ist nicht immer dieselbe, von 18 bis mindestens 26 Stunden (vgl. Abb. 2, Unterschrift). Einer durchschnittlichen Geschwindigkeit von 2000 km/sec entspricht eine Laufzeit von 21 Stunden. Die Eruption dauert im allgemeinen höchstens 2 Stunden, ein großer magnetischer Sturm dagegen mindestens 10 Stunden, meistens noch länger. Wenn die Partikel etwa gleichzeitig die Sonne verlassen, müssen die zuletzt ankommenden langsamer gelaufen sein als die ersten.

Kiepenheuer [*26*] findet, daß die mittleren Geschwindigkeiten der P-Ströme, die die schwächeren, wiederkehrenden Störungen bewirken, nur 300—600 km/sec betragen, mit Laufzeiten von 3—6 Tagen.

Tabelle 9. Gang der relativen Häufigkeiten erdmagnetischer Charakterzahlen im elfjährigen Sonnenfleckenzyklus. Durchschnitt 1884—1942. Darstellung wie in Tab. 8, als prozentischer Überschuß über die durchschnittlichen Häufigkeiten in allen Jahren [*3*].

$C8$	Ci	h auf 10000	Überschuß über den allgemeinen Durchschnitt, in Prozenten von h, für elf Epochen des Sonnenfleckenzyklus, in Jahren										
			Min. —5	Min. —4	Min. —3	Min. —2	Min. —1	Minimum	Min. +1	Min. +2	Min. +3	Min. +4	Min. +5
0	0,0 und 0,1	1570	—21	—19	—18	— 1	+27	+39	+27	+10	— 4	—16	—22
1	0,2 und 0,3	1689	—10	—12	—11	— 3	+15	+23	+13	+ 1	— 2	— 4	— 8
2	0,4 und 0,5	1515	+ 3	— 1	— 6	— 8	— 5	+ 9	+18	+ 2	—10	— 4	+ 3
3	0,6 und 0,7	1414	— 2	— 1	+ 2	0	—10	—12	— 5	+ 1	+ 9	+12	+ 5
4	0,8 und 0,9	1427	— 2	+ 2	+11	+ 7	— 7	—15	— 9	+ 1	+ 4	+ 3	+ 2
5	1,0 und 1,1	1028	+16	+16	+18	+11	— 9	—26	—27	—12	0	+ 4	+11
6	1,2 bis 1,4	780	+22	+27	+23	+11	— 9	—29	—30	—13	— 3	— 4	+ 6
7	1,5 bis 1,8	455	+31	+26	+ 5	—14	—30	—40	—30	— 4	+13	+19	+24
8	1,9 und 2,0	122	+36	+23	0	—23	—45	—59	—50	— 5	+35	+41	+41
Mittl. Fleckenzahl R			68	50	32	19	10	7	15	37	60	76	79

c) Sonnenfleckenzyklus. In Tab. 9 ist die Häufigkeit erdmagnetischer Charakterzahlen in ihrer Abhängigkeit vom Sonnenfleckenzyklus dargestellt. Die wesentliche Änderung tritt, wie bei der 27tägigen Wiederkehrneigung, zur Zeit des Minimums ein, wenn die letzten M-Regionen des alten Zyklus nahe dem Sonnenäquator erlöschen; deshalb ist in Tab. 9 das Minimumjahr in die Mitte gesetzt. Das Maximum tritt im Mittel im Jahre (Min. +5) auf. Sowohl in der Anzahl der ruhigen Tage (Ci bis 0,5) wie in derjenigen der mäßig gestörten Tage (1,0 bis 1,4) ist der elfjährige Zyklus in der erdmagnetischen Aktivität verspätet: In gleichem Abstand vom Minimaljahr sind vor dem Minimum ruhige Tage seltener, mäßig gestörte Tage häufiger, im Einklang mit der stärkeren Wiederholungsneigung in der absteigenden Phase des Zyklus. Stärkere Störungen ($Ci = 1{,}9$ oder 2,0) sind aber schon in der aufsteigenden Phase des Zyklus ebenso häufig wie in der absteigenden. Vgl. dazu auch Abb. 6, S. 740. — Newton u. Jackson [*111*] sowie Chapman [*112*] diskutieren die P-Strahlung.

329219 Zusammenhang mit der Ultrastrahlung. Bei großen erdmagnetischen Stürmen wird häufig eine weltweite Abnahme der Intensität I der Ultrastrahlung um mehrere Prozent beobachtet [27], sowohl in Registrierungen von I mit Ionisationskammern (z. B. Compton-Bennett-Elektrometern) wie mit Zählrohrapparaturen. Beispiele: Abnahme der Tagesmittel für I 1946 Juli 24 auf Juli 27 um $\Delta I/I = 7\%$ in Huancayo, um 5,6% in Cheltenham [28]. Der Sturm 1941 März 1 [29] brachte in Zählrohrapparaturen in Berlin-Dahlem und Graz Abnahmen von I bis zu 6% in Stundenwerten; in den Tagesmitteln fiel die Intensität von Febr. 28 bis März 2 in Berlin um $\Delta I/I = 4\%$, in Graz um 3%, in Cheltenham [28] um 3%, in Huancayo [28] um 2%, in Godhavn (Grönland) [28] um 3%, in Christchurch (Neuseeland) [28] um 2%. Japanische Beobachtungen bei Kato [30]. Der Zusammenhang der Intensitätsabnahme $\Delta I/I$ mit der erdmagnetischen Stärke des Sturmes folgt keiner einfachen Regel: Der starke Sturm 1941 Juli 5 brachte im Tagesmittel in Huancayo und in Cheltenham [28] weniger als 1% Abnahme.

Elliot und Dolbear [31] besprechen Registrierungen der Ultrastrahlung in Manchester, z. B. 1946 Juli 26—31 (vgl. Abb. 2). Außer der Abnahme des allgemeinen Niveaus von I in den Zählrohrteleskopen um 8% während des magnetischen Sturms finden sie eine Verstärkung der täglichen Schwankung: Amplitude Juli 26 und 27 über 1%, Juli 28 und 29 nur 0,4%. Allgemein verstärken magnetische Störungen die Amplitude der sonnentägigen Schwankung von I und die Nordsüddifferenz bei gerichteten Intensitätsmessungen. Vgl. auch [32, 33].

Theorie (Zusammenhang mit dem Ringstrom, 32925, und mit Störmers Theorie der Bahnen elektrischer Teilchen in Magnetfeldern [1]) vgl. Alpher [34]. 27tägige Wiederkehrtendenz (329218a) vgl. Forbush [35] und Hogg [36].

Für die (selten auftretende) Erhöhung der Ultrastrahlung, die zum erstenmal [37] 1946 Juli 25 (um etwa 15% weniger als 1 Stunde nach einer Sonneneruption) als reell erkannt wurde (Abb. 2, Unterschrift) und dann von Ehmert [38] u. a. in anderen Fällen bestätigt wurde, konnte bisher kein erdmagnetischer Begleiteffekt gefunden werden. Die erdmagnetische Analyse wird erschwert durch den gleichzeitig noch wirkenden *s.f.e.* (329272).

Maximale Erhöhung der Ultrastrahlung im allgemeinen 30 bis 90 min nach Beginn der Sonneneruption, entsprechend durchschnittlichen Laufgeschwindigkeiten zwischen 28000 und 80000 km/sec. Ein starker Effekt dieser Art, 1949 Nov. 19, ist ausführlich beschrieben worden [39, 40, 41]: Sonneneruption (R. Müller) 10.29—11.19, Maximum 10.34 Weltzeit. Intensität 3 (Skala 1—3). Fläche 15 heliograph. Quadratgrad. Lage auf der Sonne 5° S, 74° W vom Zentralmeridian, also nahe am Rand der Scheibe. — Ultrastrahlung nach Koinzidenzmessungen an Zählrohrapparaturen: In Weißenau (Ehmert) Anstieg frühestens 10 min, wahrscheinlich 20 bis 25 min nach Eruptionsbeginn (ungewöhnlich geringe Verzögerung also!). Maximum (nicht erfaßt) mindestens 9,7% höher als Normalintensität. Abklingen bis etwa 16.00. In Bargteheide (H. Salow) Hauptanstieg um 11.00 einsetzend, maximal 15% übernormal zwischen 11.15 und 11.50, Abklingen bis 14.00. Ionisationskammern auf dem Predigtstuhl (O. Augustin, W. Menzel), Mittelwerte für 10-Minuten-Intervalle: Anstieg bereits 10.30 bis 10.40 bemerkbar, Maximum (2,77 Ionenpaare/cm³sec gegen 2,36 im Durchschnitt 07—10 Uhr, also 14% Zunahme) 11.40 bis 12.00, Abklingen bis etwa 14 Uhr. — Ionosphäre (Dieminger): Starker Mögel-Dellinger-Effekt, scharfer Beginn 10.30 ± 0.01, sehr starke Absorption mit völligem Schwund aller Wellen; 10.47 erste Anzeichen von E_1-, E_2- und F_2-Schicht; 11.30 wieder normal. Bemerkenswert: Um 10.51 deutliche Erhöhungen der Elektronenkonzentrationen in E_1 (65%), E_2 (77%), F_2 (12%), bald abklingend; in E_2 aber zweites Maximum um 12.00. — Erdmagnetisch (Bartels): 10.30—11.00 in Fu und Wn deutlicher *s.f.e.*, 20 γ in H. Kein folgender Sturm im üblichen Abstand 20—26 Stunden: Eruption lag zu weit am Sonnenrand, magnetisch wirksame P-Strahlung verfehlte die Erde; Ultrastrahlung erreichte dagegen die Erde auch unter so schrägem Schußwinkel. — Zusammenfassung vgl. Daudin [109].

Über die gleichzeitige Erhöhung der Neutronenintensität auf das $6^1/_2$fache des Normalwertes in Manchester vgl. Adams und Braddick [107], zur Theorie [108]. Gleichzeitig erhöhte sich dort die geladene Ultrastrahlung um nur 12% (nach Biermann u. a. [108] $2 \cdot 10^9$ bis $10 \cdot 10^9$ eV-Protonen).

32922. Störungen nahe der Polarlichtzone.

329221 Allgemeines. Die Partikelstrahlung P der Sonne wird nach Theorie (Störmer [1, 2]) und Beobachtung vorwiegend in die Polarlichtzonen gelenkt, und zwar zu jeder Tageszeit nur in bestimmte Teile der Zonen, wie aus der starken täglichen Schwankung (329212) der Störungshäufigkeit hervorgeht. Diese Tageszeit bevorzugten P-Einfalls bleibt nur an wenigen Tagen ungestört. Tab. 10 läßt dies erkennen: In der gestörten Tageszeit (07—10 Weltzeit) hatten $^1/_7$ aller Stunden Schwankungen a über 300 γ in H, während in der ruhigen Tageszeit solche Schwankungen überhaupt nicht vorkamen. Dagegen sind a unter 25 γ in der gestörten Tageszeit weniger als $^1/_3$ so häufig wie in der ruhigen Tageszeit.

Über den Störungsverlauf in der Polarlichtzone vgl. [1], ferner Stagg [21], und 32927.

Tabelle 10. Stündliche Schwankungsamplitude a der Horizontalintensität in Fort Rae, Kanada, am Innenrand der Polarlichtzone, 1932 Dez. 1 bis 1933 Jan. 31.

Relative Häufigkeit (Prozent) von a für die Tagesstunden, die durchschnittlich am gestörtesten oder am ruhigsten sind. Zusammengestellt nach Stagg [21, Kol. 2].

	Tageszeit		Stündliche Schwankung a von H, in γ, zwischen							Summe
	Weltzeit	Zonenzeit	0 ... 25	25 ... 50	50 ... 100	100 ... 200	200 ... 300	300 .. 500	500 .. 1260 γ	
Gestört	07—10	23—02	12	14	20	26	14	8	6	100
Ruhig	23—02	15—18	40	22	23	11	4	0	0	100

Bartels

329222 Beziehungen zum Polarlicht. Bei starken magnetischen Stürmen wird unter günstigen Beobachtungsverhältnissen (Dunkelheit, Wolkenlücken) auch außerhalb der Polarlichtzone bis etwa 40° Abstand vom magnetischen Achsenpol Polarlicht mindestens am polwärts gerichteten Horizont beobachtet. In der Polarlichtzone ist nennenswerte magnetische Aktivität immer von Polarlicht begleitet. Von Fort Rae (1932/33) berichtet Stagg [*21*] ausführlich über die Augenbeobachtungen des Polarlichtes und ihre Beziehungen zur Aktivität: Polarlichtintensität wurde geschätzt in einer Helligkeitsskala mit den Stufen 0 (kein Nordlicht trotz günstiger Beobachtungsbedingungen sichtbar), 0+ (Nordlicht gerade zu erkennen), 1, 2, 3 und 4 (sehr hell); ferner sind noch die Stunden mit Nordlichtkrone (Corona) zusammengefaßt. Als Maß der magnetischen Aktivität dient die stündliche Schwankung a von H in jedem Stundenintervall nach Weltzeit, in γ, wie in Tab. 10.

Tabelle 11. Intensität des Nordlichts und der erdmagnetischen Aktivität a, Fort Rae. (Nach Stagg [*21*]).

Nordlichtintensität	0	0+	1	2	3	4	Corona
Zahl der Stunden	193	142	468	521	263	50	48
Mittl. a in γ	23	57	92	169	241	500	420

Die Nordlichtintensität (s. Skala) charakterisiert nur die Helligkeit der Erscheinung. Lebhaft bewegte und pulsierende Nordlichtformen mit Strahlenstruktur (RA, C, D, vgl. 32931) wirken erdmagnetisch viel stärker als ruhige Bögen oder diffuse Formen (Sucksdorff [*106*]). Letztere sind vielleicht Nachleuchten (after-glow).

Weitere Tabellen und Diskussion vgl. Vestine [*21a, b*], Stagg [*21*] und die älteren Expeditionsberichte [*1, 2*]. Bartels [*42*] fand: von weitentferntem Nordlicht wirken die langen Linienströme (Abnahme des Feldes wie $1/r$) längs der Polarlichtzone und sind an S_D (Z) bis zu 20° Abstand von der Zone zu erkennen (32926); zenitnahe, bewegte Nordlichtformen geben erdmagnetische Pulsationen, die regional beschränkt sind (329274), da Abnahme des magnetischen Feldes wie $1/r^3$.

Bei großen magnetischen Stürmen (Kp bis 8 oder 9) verschiebt sich die Polarlichtzone, die normalerweise etwa 23° vom magnetischen Achsenpol entfernt ist, äquatorwärts um Beträge bis zu 15° und mehr (s. 329214 mit Abb. 5, und 329253).

32923 Sonnentägiger Gang an ruhigen Tagen.

329231 Überblick. Als S_q (Solar, quiet) wird der systematische tägliche Gang bezeichnet, der an ungestörten Tagen in den Magnetogrammen hervortritt. Amplituden von einigen γ (im Winter in hohen Breiten) bis zu 300 γ in der Horizontalintensität H in Huancayo (am magnetischen Äquator) zur Zeit höchster Sonnenaktivität. Von den meisten Observatorien routinemäßig berechnet als durch-

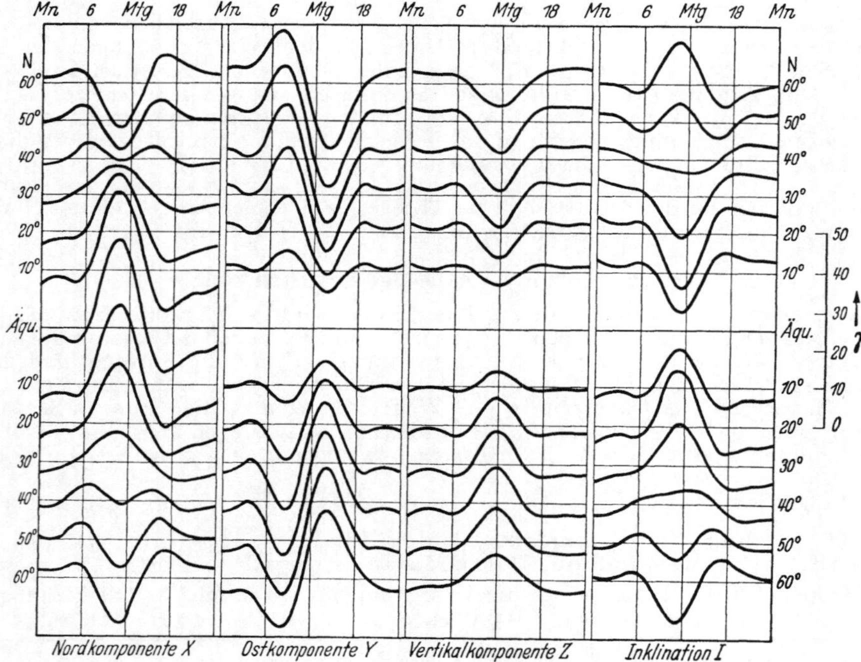

Abb. 7. Schematischer Überblick über die täglichen Gänge der erdmagnetischen Feldkomponenten und der Inklination zur Zeit der Äquinoktien in einem Sonnenfleckenminimum, in Abhängigkeit von der geographischen Breite. (Aus [*1*].)

schnittliche Stundenmittel für die 5 (oder 10) internationalen ruhigen Tage (329215) pro Monat. Der Unterschied zwischen Anfang und Ende des Tages, die Mitternachtsdifferenz (fortschreitender Gang oder non-cyclic variation, ein Ringstromeffekt, 32925), wird durch Abzug eines linearen Ganges eliminiert. Der so korrigierte Gang S_q wird dann gewöhnlich in Abweichungen vom Tagesmittel ausgedrückt (Abb. 7), besser in Abweichungen vom Nachtniveau (Durchschnitt der 6 Nachtstunden, etwa 22 bis 04 Uhr Ortszeit) dargestellt (Abb. 8).

An gestörten Tagen wird S_q von Störungen überlagert. Diese bewirken eine systematische Änderung des Niveaus und einen fortschreitenden Gang, beides Ringstromeffekte (32925), ferner unregelmäßige Variationen, außerdem aber einen deutlich systematischen, zusätzlichen Gang an Störungstagen, S_D. Abb. 8—15 zeigen S_q und S_D nebeneinander; Diskussion von S_D in 32926.

S_q hängt deutlich von den Sonnenfleckenzahlen R ab (in Abb. 8—15 durch den Unterschied von S_q im Fleckenminimum und -maximum erkennbar, Diskussion 329233).

Über S_q umfangreiches Material in den Veröffentlichungen der Observatorien, vgl. [1], [2], [6a], [6b].

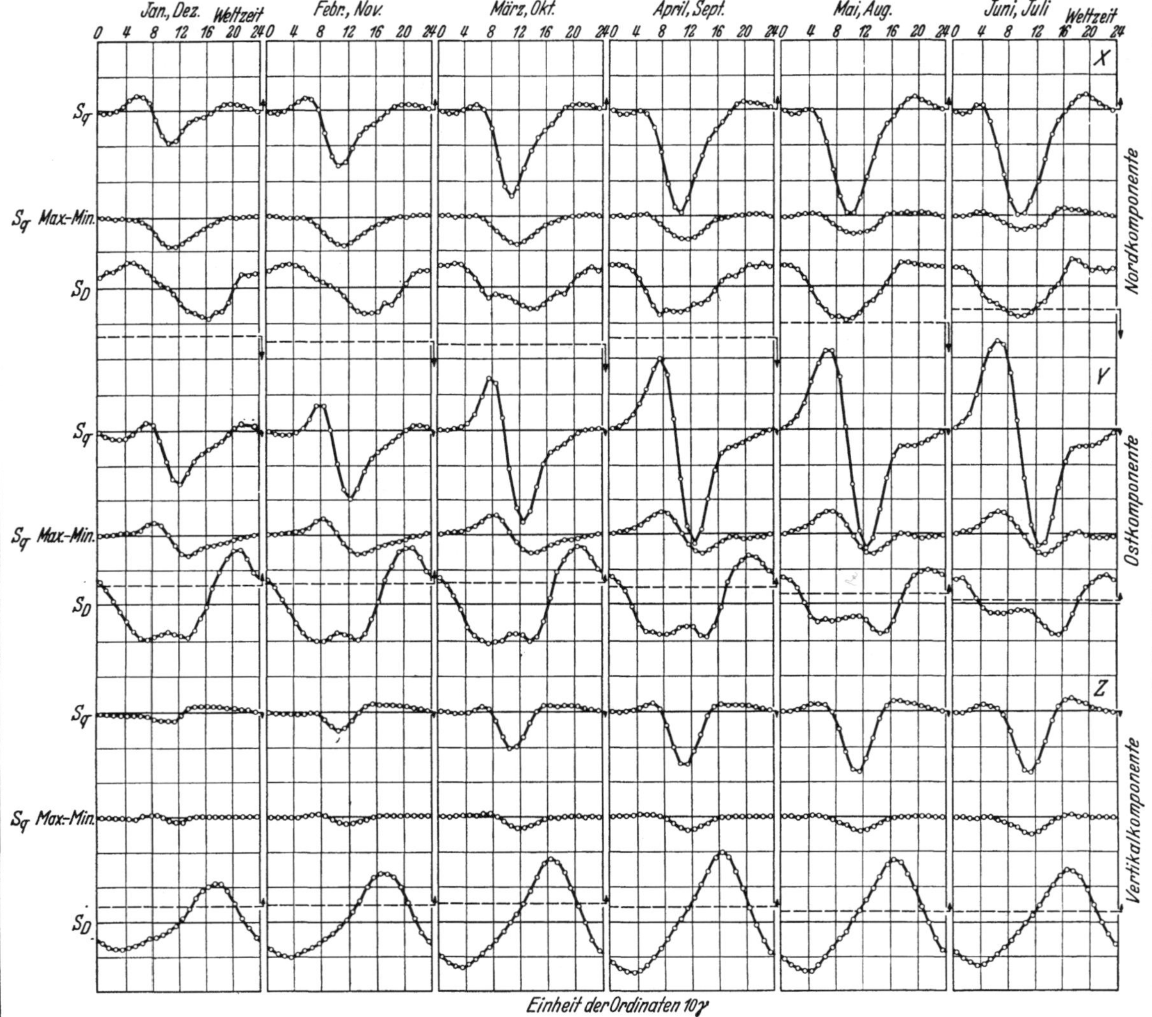

Abb. 8. Tägliche Gänge der erdmagnetischen Feldkomponenten in Potsdam-Seddin-Niemegk, Veränderungen im Laufe des Jahres, berechnet aus den Beobachtungen an den 5 internationalen ruhigen Tagen pro Monat, 1905—1939. Mittl. Orts-Mittag um 11.2 Uhr Weltzeit. Für jede Komponente sind gegeben: S_q = täglicher Gang an ruhigen Tagen zur Zeit eines Fleckenminimums, ausgedrückt in Abweichungen vom Mittel der 6 Nachtstunden 21 bis 03 Weltzeit; der Zuwachs von S_q beim Anwachsen der Sonnenfleckentätigkeit vom Minimum zum Maximum (Relativzahlen wachsend von etwa $R = 10$ auf $R = 80$); der zusätzliche Gang S_D an den 5 international gestörten Tagen (32926), in Abweichungen vom Tagesmittel. Die Pfeile am rechten Ende jeder Kurve für S_q geben den Betrag des fortschreitenden Ganges, der aus den Kurven eliminiert ist. Die horizontalen gestrichelten Linien bei S_D geben die Abweichung des Tagesmittels an gestörten Tagen von demjenigen an ruhigen Tagen an, als Differenz gegen die Nullinien für den S_D-Gang. Beispiel: März, Oktober: Differenz der Tagesmittel (ruhige minus gestörte Tage) in X -16γ, in Y $+7\gamma$, in Z $+5\gamma$. Die Pfeile am rechten Ende dieser gestrichelten Geraden geben den fortschreitenden Gang an gestörten Tagen, der ebenfalls eliminiert ist. Vgl. auch die andere Darstellungsart in Abb. 19 und 30.

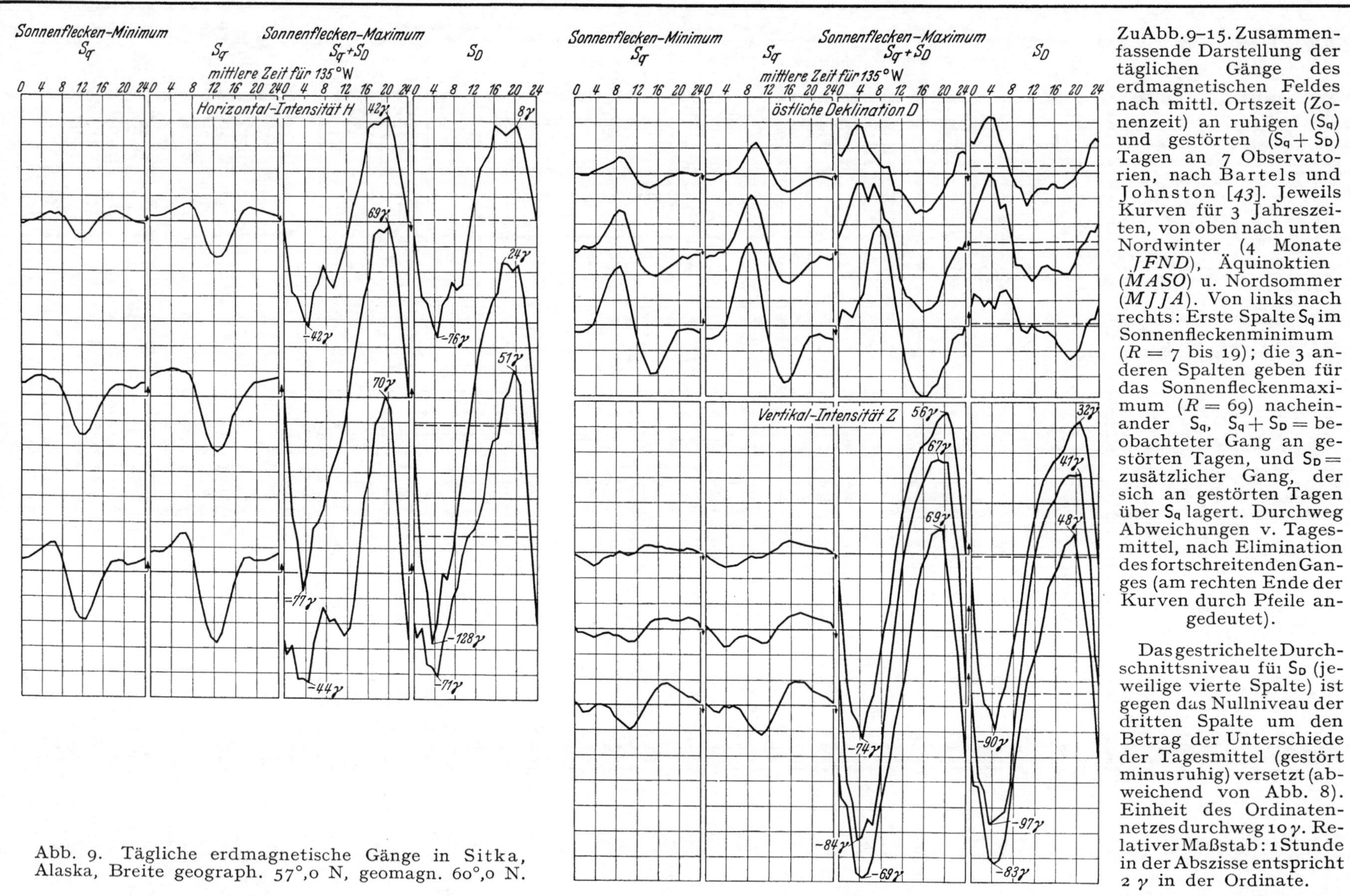

Abb. 9. Tägliche erdmagnetische Gänge in Sitka, Alaska, Breite geograph. 57°,0 N, geomagn. 60°,0 N.

Zu Abb. 9–15. Zusammenfassende Darstellung der täglichen Gänge des erdmagnetischen Feldes nach mittl. Ortszeit (Zonenzeit) an ruhigen (S_q) und gestörten ($S_q + S_D$) Tagen an 7 Observatorien, nach Bartels und Johnston [43]. Jeweils Kurven für 3 Jahreszeiten, von oben nach unten Nordwinter (4 Monate *JFND*), Äquinoktien (*MASO*) u. Nordsommer (*MJJA*). Von links nach rechts: Erste Spalte S_q im Sonnenfleckenminimum ($R = 7$ bis 19); die 3 anderen Spalten geben für das Sonnenfleckenmaximum ($R = 69$) nacheinander S_q, $S_q + S_D$ = beobachteter Gang an gestörten Tagen, und S_D = zusätzlicher Gang, der sich an gestörten Tagen über S_q lagert. Durchweg Abweichungen v. Tagesmittel, nach Elimination des fortschreitenden Ganges (am rechten Ende der Kurven durch Pfeile angedeutet).

Das gestrichelte Durchschnittsniveau für S_D (jeweilige vierte Spalte) ist gegen das Nullniveau der dritten Spalte um den Betrag der Unterschiede der Tagesmittel (gestört minus ruhig) versetzt (abweichend von Abb. 8). Einheit des Ordinatennetzes durchweg 10 γ. Relativer Maßstab: 1 Stunde in der Abszisse entspricht 2 γ in der Ordinate.

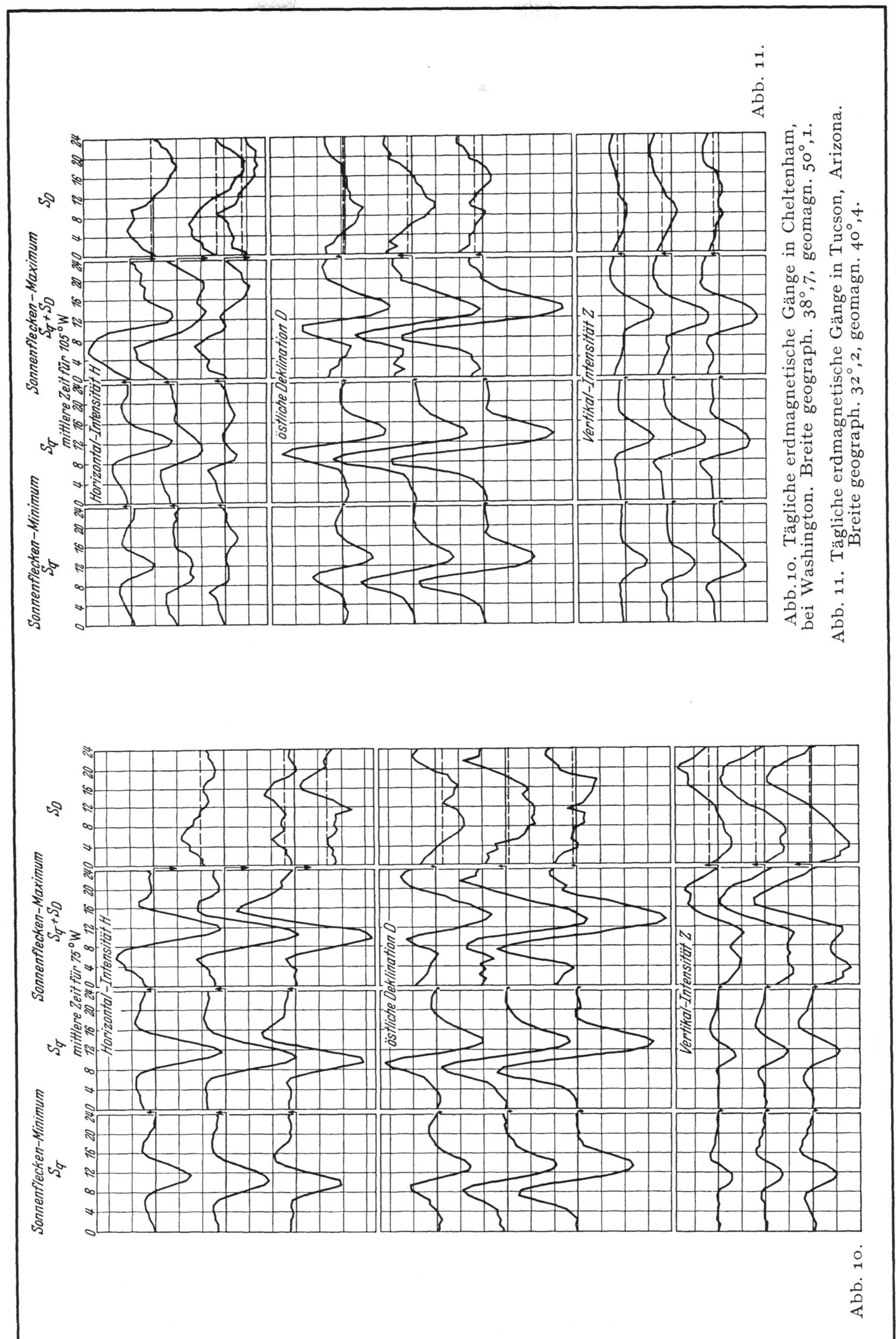

Abb. 10. Tägliche erdmagnetische Gänge in Cheltenham, bei Washington. Breite geograph. 38°,7, geomagn. 50°,1.

Abb. 11. Tägliche erdmagnetische Gänge in Tucson, Arizona. Breite geograph. 32°,2, geomagn. 40°,4.

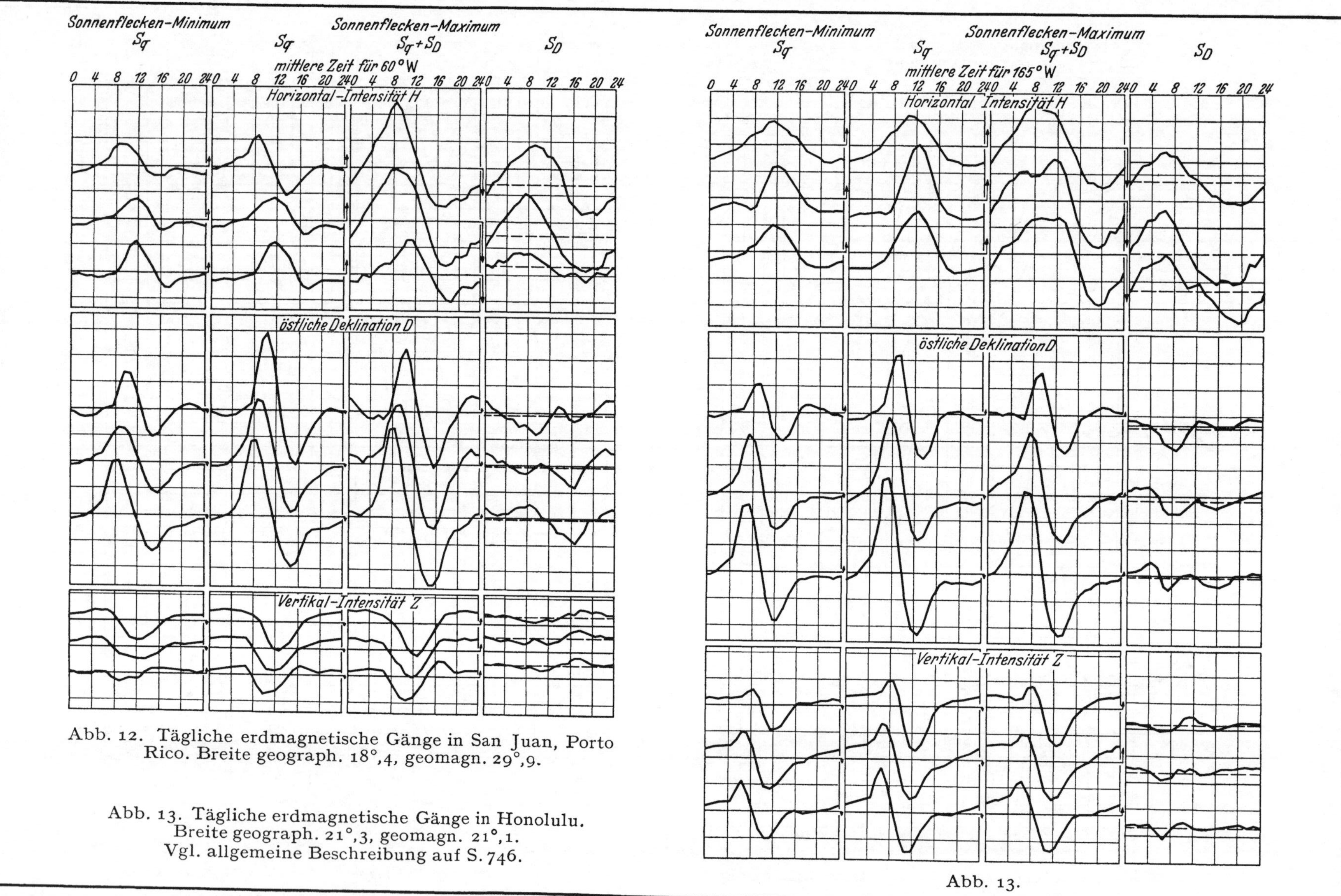

Abb. 12. Tägliche erdmagnetische Gänge in San Juan, Porto Rico. Breite geograph. 18°,4, geomagn. 29°,9.

Abb. 13. Tägliche erdmagnetische Gänge in Honolulu. Breite geograph. 21°,3, geomagn. 21°,1. Vgl. allgemeine Beschreibung auf S. 746.

Abb. 13.

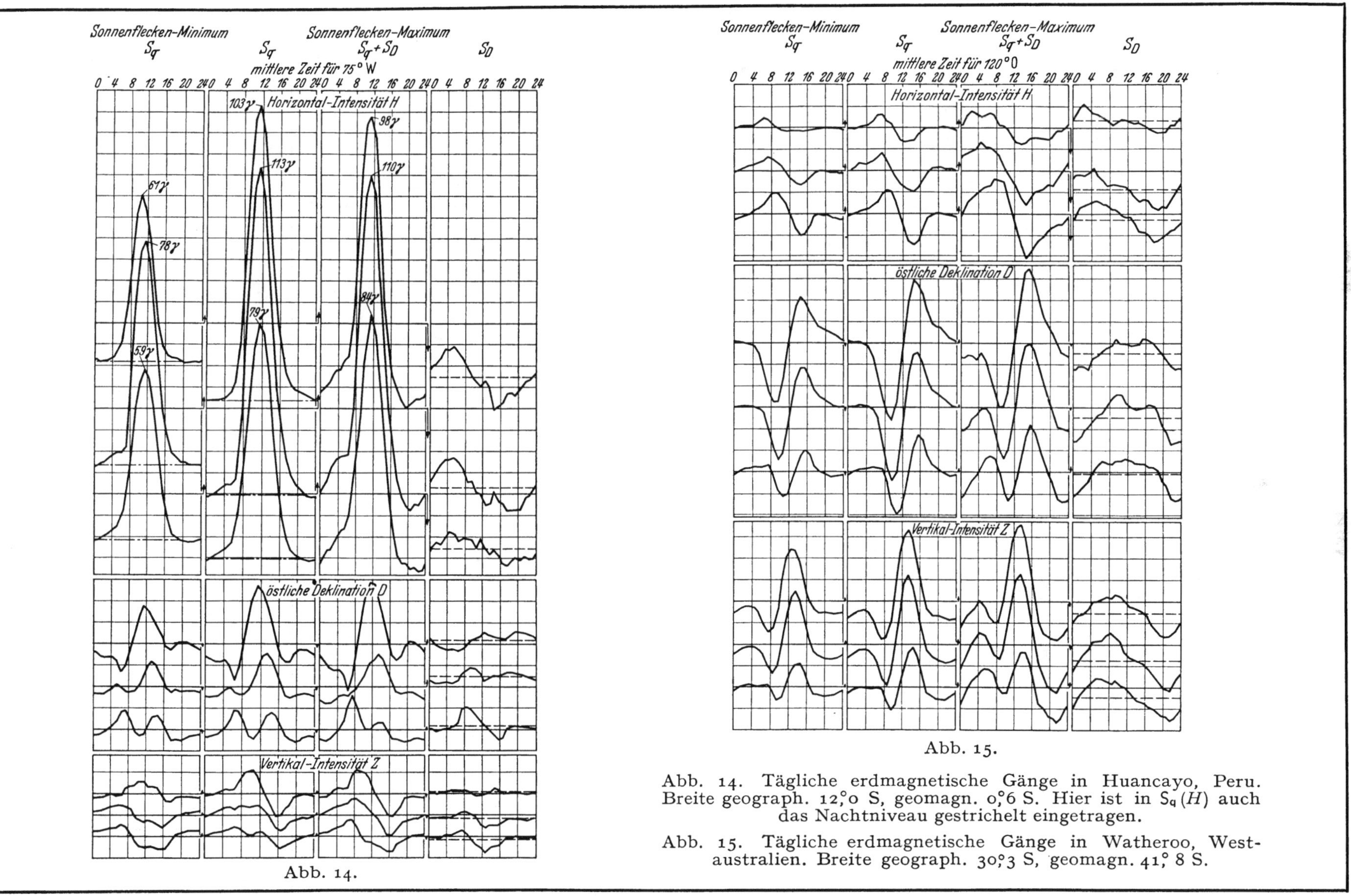

Abb. 14.

Abb. 15.

Abb. 14. Tägliche erdmagnetische Gänge in Huancayo, Peru. Breite geograph. 12°,0 S, geomagn. 0°,6 S. Hier ist in $S_q(H)$ auch das Nachtniveau gestrichelt eingetragen.

Abb. 15. Tägliche erdmagnetische Gänge in Watheroo, Westaustralien. Breite geograph. 30°,3 S, geomagn. 41°,8 S.

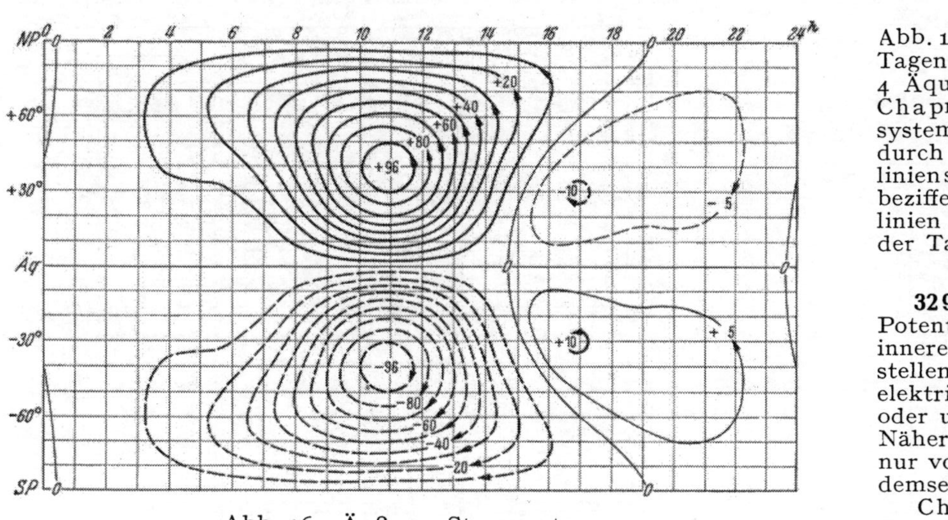

Abb. 16. Äußeres Stromsystem.

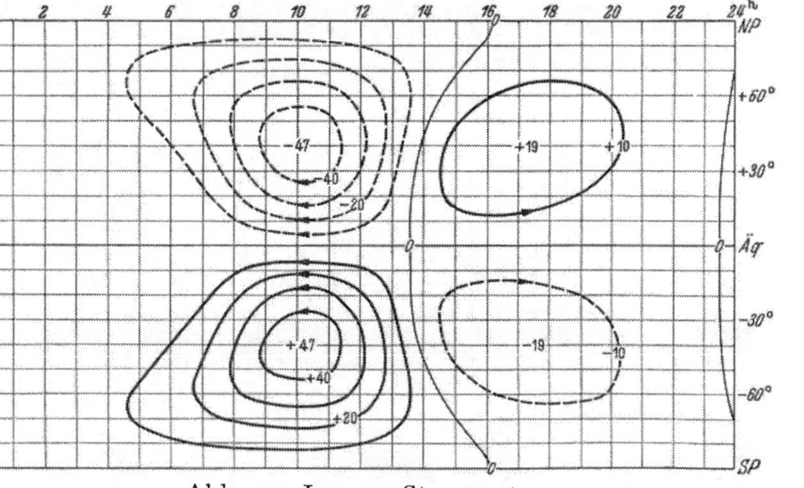

Abb. 17. Inneres Stromsystem.

Abb. 16 und 17. Tägliche erdmagnetische Schwankung S_q an ruhigen Tagen im Sonnenfleckenminimal-Jahr 1902, Durchschnitt für die 4 Äquinoktialmonate *MASO*. Äußerer und innerer Anteil nach Chapman, dargestellt durch Weltkarten der flächenhaften Stromsysteme in der Ionosphäre und im Erdinnern. Die Meridiane sind durch ihre Ortszeit gekennzeichnet, Mittag in der Mitte. Die Stromlinien sind mit den Werten der Stromfunktion in Einheiten 1000 Amp beziffert; zwischen je zwei aufeinanderfolgenden gezeichneten Stromlinien fließen 10000 Amp, die Gesamtstromstärke der Wirbel auf der Tagseite ist außen 96000 Amp, innen 47000 Amp.

329232 Ionosphärische Stromsysteme für S_q. Die Entwicklung des Potentials von S_q nach Kugelfunktionen gestattet Trennung des inneren und des äußeren Anteils [*1*]. Jeder Anteil läßt sich darstellen durch eine Stromfunktion, als ein System flächenhafter elektrischer Ströme auf einer Kugelschale, oberhalb (Ionosphäre) oder unterhalb (leitendes Erdinneres) der Erdoberfläche. In erster Näherung (siehe aber 329233) wird dabei so gerechnet, als ob S_q nur von der geographischen Breite abhinge, also alle Stationen auf demselben Parallelkreis gleiche tägliche Gänge hätten.

Chapman [*1*] analysierte S_q für die Epochen eines Sonnenfleckenminimum und eines Sonnenfleckenmaximum, für die Solstitien und für die Äquinoktien; Bartels zeichnete die ionosphärischen Stromsysteme dafür, in 2 Karten [*1*, S. 229 und, in anderer Kartenprojektion, S. 696; an vielen Stellen wieder abgedruckt, z. B. *2*, *5*, *6*, *44*].

Abb. 16—17 sind neu gezeichnet, wobei S_q in Abweichungen vom Nachtniveau (nicht, wie früher, vom Tagesmittel) ausgedrückt ist. Diese Annahme, daß um Mitternacht wenig oder kein Strom in der Ionosphäre fließt, wird von den Beobachtungen über L (wenigstens in Äquatornähe) gestützt (329241); sie erscheint weniger willkürlich als die Wahl des Tagesmittels als Nullniveau, die am Äquator (s. Abb. 14) zwangsläufig einen (fiktiven) nächtlichen ionosphärischen Strom nach Westen zur Folge hat. Über das innere Stromsystem vgl. 32929.

Im Nordsommer wird der Wirbel auf der Nordhalbkugel stärker (127000 Amp) und greift auf die Südhalbkugel über, während der Wirbel auf der Winterhalbkugel schwächer wird (46000 Amp). Direkte Messung der ionosphärischen Ströme über dem Äquator mit Raketen vgl. [*104*]: Stromschicht zwischen 93 und 105 km, in der H mittags um $400\,\gamma$ abnimmt. Strom am Äquator konzentrierter als nach Abb. 16.

Über die Verstärkung der Stromwirbel mit wachsender Fleckenzahl vgl. 329234.

Zahlenwerte der Koeffizienten der Kugelfunktionen in der Potentialentwicklung von S_q bei Chapman-Bartels [*1*] und Benkova [*45*].

329233. Die großen Schwankungen in Huancayo. Das ideale Bild der Abb. 16—17 wird in der Wirklichkeit dadurch abgeändert, daß S_q nicht nur von der geographischen Breite abhängt, sondern auch von der Länge. Als Chapman im Jahre 1918 S_q analysierte, war diese Annahme nach den damaligen Beobachtungen berechtigt. Für S_q in Äquatornähe wurden damals Bombay, Porto Rico, Manila, Batavia und Samoa benutzt, deren Ergebnisse übereinstimmen mit dem Bild der Abb. 7, die dem Material derselben Analyse entstammt. Das Observatorium Huancayo (seit 1922) ergab jedoch tägliche Variationen S_q in H (Abb. 14), die zwar in der allgemeinen Form mit denjenigen in Batavia oder Porto Rico übereinstimmten, jedoch vier- bis fünfmal größere Amplitude haben (vgl. auch 32914). Auch andere Beobachtungen (329242) deuten darauf hin, daß die Stromwirbel der Abb. 16 beim täglichen Umlauf um die Erde ihre Form und Intensität variieren. Vgl. [*103*].

In Uganda und Togo (9,4° N, 0,9° E) sind jetzt ebenfalls große Amplituden in S_q (H) beobachtet [*46, 47*], wie Huancayo nahe dem magnetischen Äquator.

329234 Die Amplitude von S_q als Maß für solare Wellenstrahlung W. Abb. 8—15 zeigen die Zunahme der Intensität von S_q mit der Sonnenfleckenzahl R. Aus S_q lassen sich deshalb die relativen Änderungen derjenigen solaren Strahlung ableiten, die das ionosphärische Stromsystem erzeugt. Da diese Strahlung nur auf der Tagseite wirkt, wird sie solare Wellenstrahlung W genannt, es könnte sich aber (theoretisch) natürlich auch um eine neutrale, nichtionisierte Korpuskularstrahlung handeln. Einzelheiten in [*48, 49*]. Tab. 12 (aus [*48*], ergänzt) zeigt, im Vergleich zu den Sonnenfleckenrelativzahlen R (31318), eine enge Korrelation (für Monatsmittel Korrelationskoeffizient zwischen $+0{,}89$ und $+0{,}97$). Charakteristisch ist der Kontrast der Monate Oktober 1932 (mit $R = 9$) und Oktober 1947 (mit $R = 164$), mit den mittleren Amplituden in H von 80 γ und 193 γ.

Aus den Amplituden lassen sich standardisierte Maßzahlen für W ableiten, Abb. 18 [*48*, ergänzt].

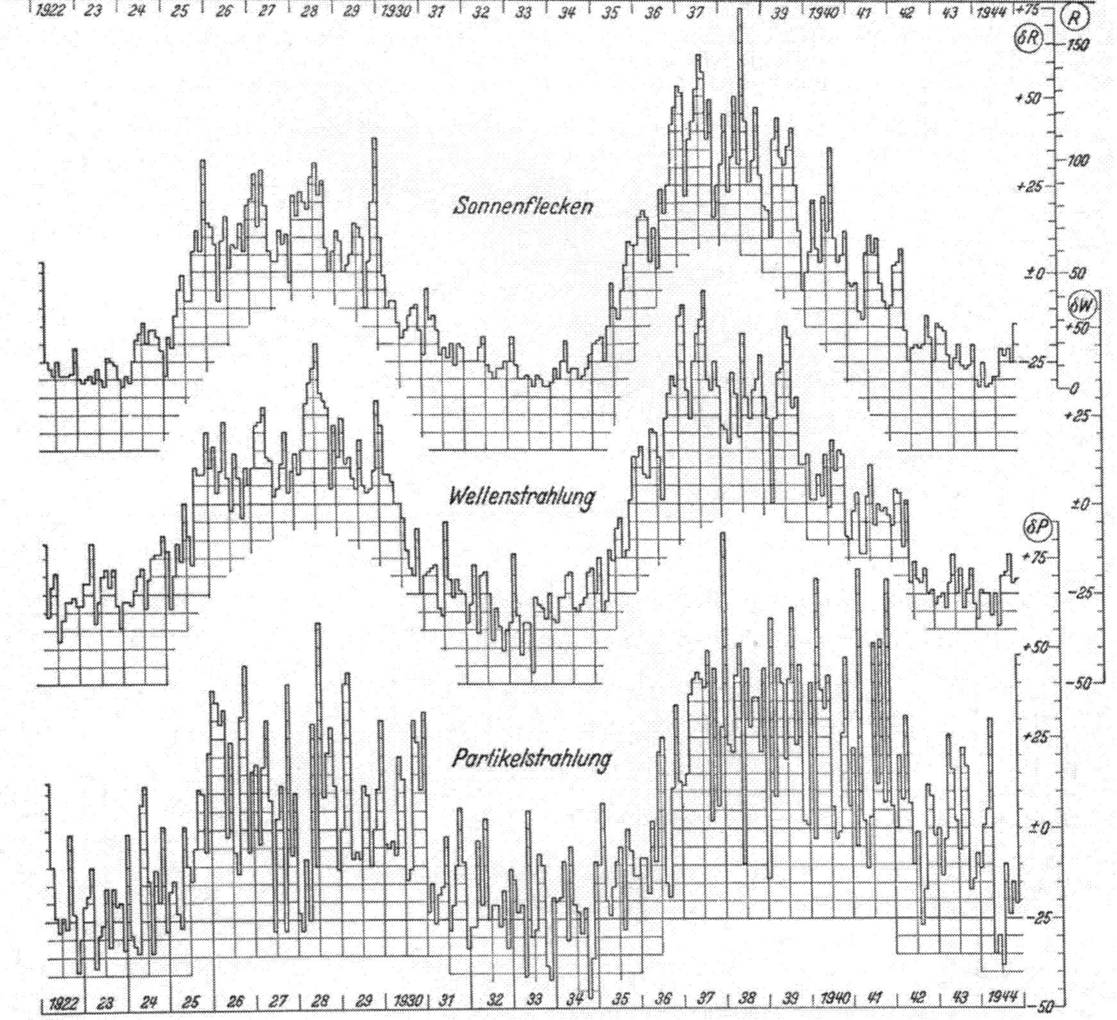

Abb. 18. Monatsmittel von Relativzahlen, März 1922 bis Dezember 1944, für die Sonnenflecken R, die Wellenstrahlung W, die Partikelstrahlung P (vgl. 329252). Die Skalen beziehen sich auf die Abweichungen vom Durchschnitt für $R = 50$. — Seit der Herstellung der Zeichnung ist das Material für W bis Ende 1947 ergänzt; das intensive Fleckenmaximum von 1947 brachte eine weitere Steigerung der Höchstwerte von R und W, vgl. Tab. 12.

Tabelle 12. Amplitude (= Überschuß des Mittelwertes für die 5 Stunden 09—14 Zonenzeit über Nachtniveau) des täglichen Ganges der Horizontalintensität in Huancayo (Peru) an ungestörten Tagen ($Ci < 1{,}2$). Zweimonats-Durchschnitte 1922—1947. Einheit $5\,\gamma = 5 \cdot 10^{-5}$ Gauß. Die größten und kleinsten Werte für jedes Monatspaar sind hervorgehoben.

	Jan. Febr.	März April	Mai Juni	Juli Aug.	Sept. Okt.	Nov. Dez.		Jan. Febr.	März April	Mai Juni	Juli Aug.	Sept. Okt.	Nov. Dez.
1922	..	19	13	**12**	18	12	1935	16	17	14	16	20	19
23	16	19	12	14	19	11	36	24	25	19	18	29	25
24	15	18	14	14	20	15	37	**32**	29	23	24	30	25
							38	25	28	20	22	29	**26**
1925	16	20	15	15	25	21	39	26	25	22	23	29	20
26	23	24	18	18	24	19							
27	24	28	18	17	27	19	1940	22	24	18	18	26	18
28	23	27	22	22	29	20	41	19	22	16	17	23	17
29	24	26	17	18	24	22	42	20	22	15	14	19	13
							43	15	17	14	14	18	13
1930	24	25	16	16	19	14	44	15	18	**12**	14	20	13
31	17	19	**12**	15	18	13							
32	**14**	18	14	13	**17**	**10**	1945	16	18	15	16	24	17
33	16	**16**	**12**	**12**	**17**	12	46	21	27	20	23	31	23
34	**14**	18	14	13	18	14	47	30	**32**	**26**	**25**	**36**	24

Durch Elimination des Mondeinflusses L lassen sich aus diesen Amplituden auch tägliche Werte für W ableiten. Tabellen, auch Mittel für drei Tage oder für Rotationsachtel = 27/8 Tage usw., und Rechnungen über den Zusammenhang zwischen R und W, 27tägige Wiederholungsneigung usw. in [*49*].

Die zusätzliche W-Strahlung (W''), die mit wachsender Sonnenfleckenzahl R die Verstärkung von S_q bewirkt, scheint durchdringender zu sein als diejenige (W') bei fleckenfreier Sonne. Dies äußert

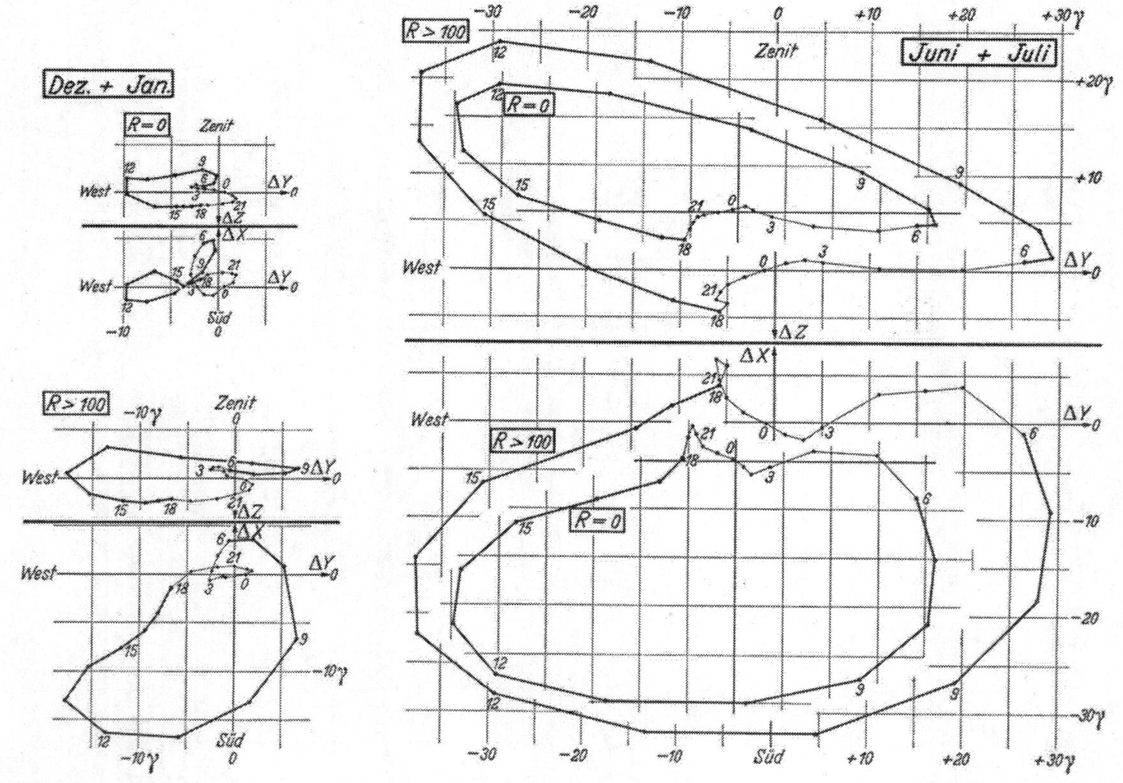

Abb. 19. Täglicher Gang S_q des erdmagnetischen Feldes in Potsdam-Seddin-Niemegk an ganz ruhigen Tagen ($Ci = 0{,}0$ oder $0{,}1$), getrennt für die Zeiten um das Süd-Solstitium (Dez. + Jan.) und um das Nord-Solstitium (Juni + Juli), und für Tage mit fleckenfreier Sonne ($R = 0$) und mit vielen Flecken ($R > 100$, im Durchschnitt $R = 128$). Darstellung als Projektionen der täglichen Bewegung des Endpunktes des erdmagnetischen Feldvektors auf eine Vertikalebene (oben) und auf die Horizontalebene (unten). Die angeschriebenen Ziffern geben die Tageszeit, z. B. 6 = Stundenmittel für 05—06 Weltzeit, zentriert auf 06.3 Uhr mittl. Ortszeit. Ursprung der Koordinatensysteme ist jeweils das Nachtniveau der 6 Stunden 21 bis 03 Weltzeit. — Entsprechende Darstellung für S_D in Abb. 30.

sich schon in Abb. 8 darin, daß die Zunahme S_q (Max. minus Min.) im Winter (Jan. + Dez.) in den horizontalen Komponenten absolut von derselben Größenordnung ist wie im Sommer (Juni + Juli), daß also die Zunahme von S_q im Wechsel der Jahreszeiten nicht proportional der Größenordnung von S_q für $R = 0$ ist.

Noch deutlicher zeigt dies Abb. 19: Im Hochsommer ist, bei steilem Einfall der W-Strahlung, S_q für $R > 100$ und $R = 0$ nur in der Amplitude verschieden (Verhältnis 1,34 : 1), so daß die Kurven für $R = 0$ in diejenigen für $R > 100$ eingeschachtelt gezeichnet werden konnten. Im Winter dagegen ist S_q für $R = 0$ stärker zusammengezogen, nur etwa $^1/_3$ so groß wie für $R > 100$, und auch in der Form stark verschieden (Bartels [50]). Diese Auffassung von der Aufspaltung von W in zwei physikalisch verschiedene Komponenten W' und W'' bestätigt sich auch in den winterlichen S_q-Gängen für H und D in Rude Skov, Lovö, Sodankylä und Tromsö.

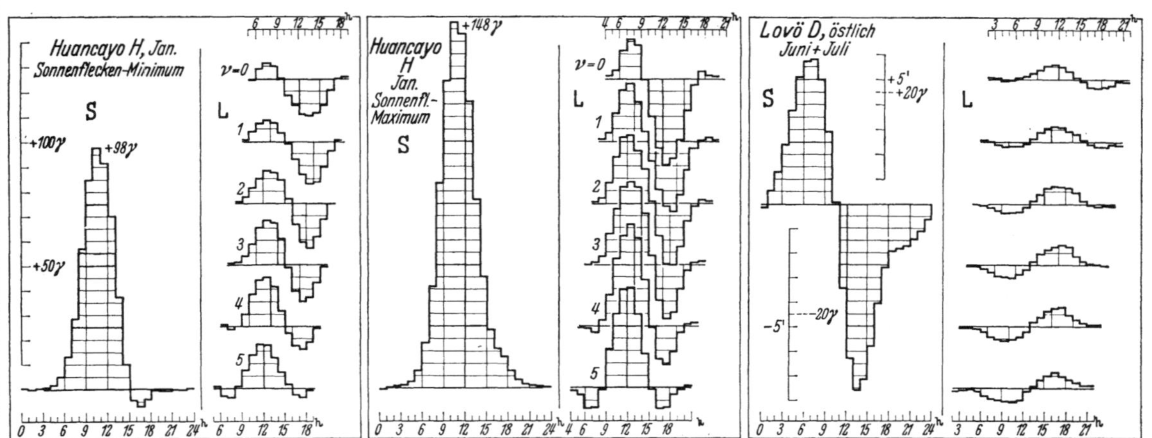

Abb. 20. Beispiele täglicher erdmagnetischer Schwankungen, solar S und lunar L, an ungestörten Tagen. S ist jeweils in Abweichungen vom Niveau der Nachtstunden (5 oder 6 Stunden, um Ortsmitternacht zentriert) gezeichnet. L ist dargestellt als diejenige mondentägige Welle, die zur Zeit der Mondalter $\nu = 0$ (Neumond) bis $\nu = 5$ sich S überlagert (bei Lovö versehentlich die Kurven für $\nu = 6$ bis 11 gezeichnet; diejenigen für $\nu = 0$ bis 5 ergeben sich daraus einfach durch Umklappen um die horizontale Mittellinie). Dabei sind die Nachtstunden, in denen L sehr klein ist, weggelassen. Der dargestellte Ausschnitt aus dem Sonnentag ist bei allen sechs L-Kurven jeweils der gleiche, bei Lovö D z. B. von 02 bis 22 mittlere Ortszeit t; man erkennt in den 6 untereinanderstehenden L-Kurven, wie sich die Maxima und Minima mit dem Mond von $\nu = 0$ bis $\nu = 5$ (bei Lovö von $\nu = 6$ bis $\nu = 11$) verspäten. In der Zeichnung sind die untereinander folgenden Tagesabschnitte jeweils um etwa 1 Stunde nach links verschoben, so daß die genau senkrecht untereinanderstehenden Kurventeile etwa gleiche mittlere Mondzeit τ haben. Man erkennt dabei, daß die Maxima und Minima nach Mondzeit ziemlich unverändert bleiben, daß jedoch ihre Amplitude von der Sonnenzeit t abhängt, in den Mittagsstunden am größten. Die Darstellung beschränkt sich auf den Viertelmonat $\nu = 0$ bis $\nu = 5$ (oder $\nu = 6$ bis 11 für Lovö), weil für die M_2-Tide, nach Sonnenzeit gerechnet, L (ν) = L $(\nu + 12)$ und L $(\nu + 6)$ = L $(\nu + 18)$ = — L (ν) (vgl. Abb. 21 oben).

Dargestellt sind links S und L in Huancayo (Peru) H im Monat Januar zur Zeit des Sonnenfleckenminimums (Relativzahl $R = 9$) und des Fleckenmaximums ($R = 83$). Einheit des Ordinatennetzes 5 γ, also zur Zeit des Fleckenmaximums größte Abweichung für S 148 γ, für L $(\nu = 4)$ 41 γ (nach [54]). — In Lovö D, alle Monate Juni + Juli, Jahre 1928—1949, die Einheit des Ordinatennetzes ist 0,5 Bogenminuten, oder 2,2 γ in Feldeinheiten gerechnet. Größte Abweichung vom Nachtniveau in S —34 γ, in L $(\nu = 3)$ + 3,7 γ. Die Zeitskala gibt Zonenzeit = Weltzeit + 1 Stunde; mittlerer Ortsmittag um 11.8 Uhr Zonenzeit [55].

329235 Sonstige Variabilität. Nach der Dynamotheorie für S_q [1] werden die ionosphärischen Ströme bewirkt durch die Bewegung der leitenden Luft quer zu den Kraftlinien des magnetischen Feldes. Außer der wechselnden Ionisation durch die W-Strahlung müssen also auch Veränderungen des täglichen Windsystems in der Ionosphäre eine Variabilität von S_q von Tag zu Tag bewirken. Nachdem frühere Untersuchungen dieser Art [1] den großen Einfluß der mondentägigen Schwankung L und ihrer Variabilität (329245) nicht genügend beachtet hatten, wird jetzt versucht, aus Schwankungen von S_q auf die Winde in der Ionosphäre zurückzuschließen (Wulf [51]). Arbeiten von Hasegawa über die Veränderungen des ionosphärischen Stromsystems von Tag zu Tag sind in [1] referiert. Vgl. auch Matsushita [100].

Die Säkularvariation mit ihrer allmählichen Änderung des induzierenden Feldes muß sich auch in einer allmählichen Änderung von S_q äußern; McNish [52] zeigte dies für S_q in Z für Huancayo.

32924 Mondentägiger Gang.

329241 Überblick. Bezeichnungen:

τ = Mittlere Ortsmondzeit, von 0° bis 360° (oder von 0 bis 24 in Mondstunden) von einer unteren Kulmination des mittleren Mondes zur nächsten wachsend.

Bartels

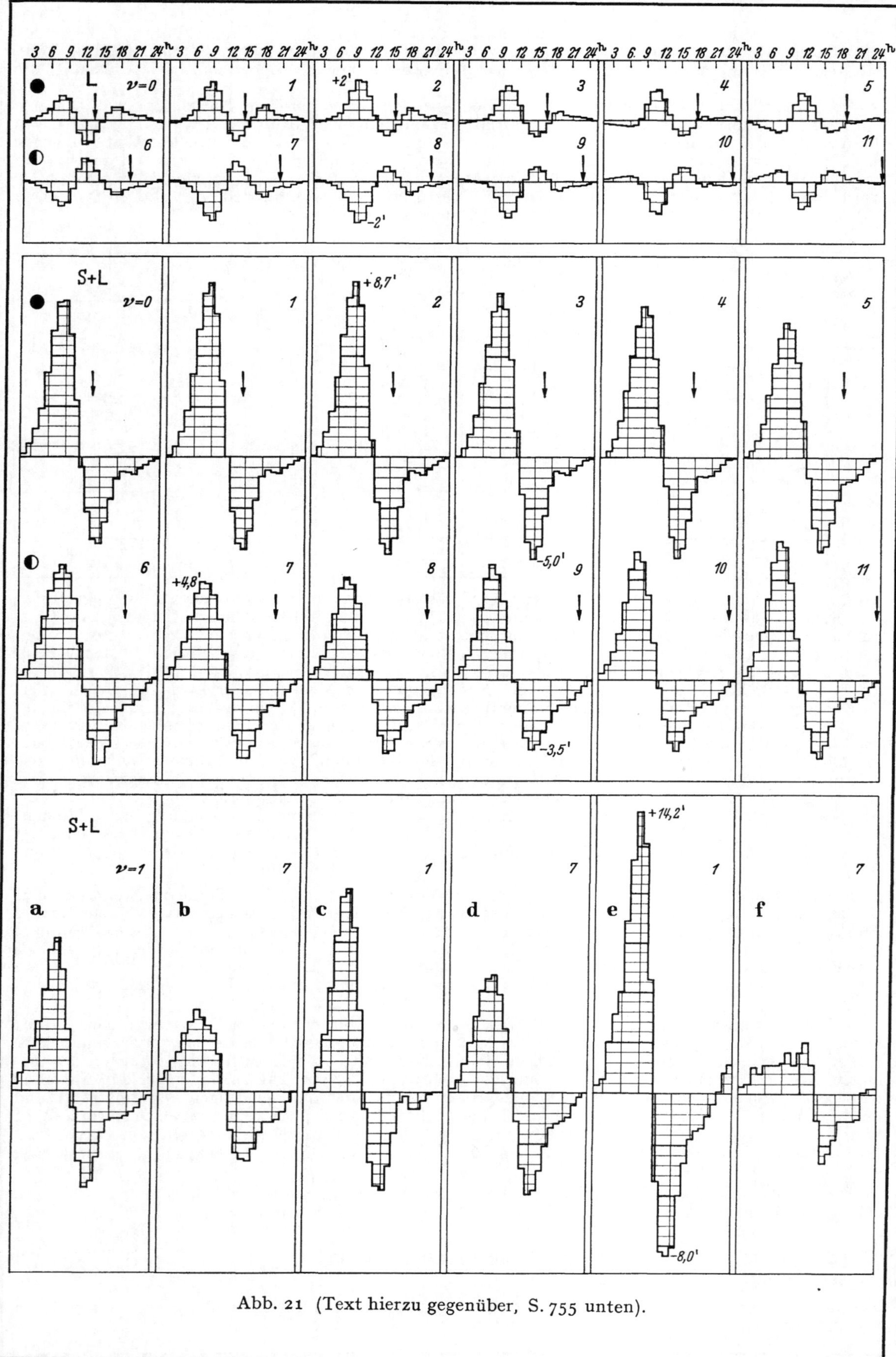

Abb. 21 (Text hierzu gegenüber, S. 755 unten).

t = Mittl. Ortssonnenzeit.

ν = Alter des mittleren Mondes in Stunden, $\nu = 0$ Neumond, $\nu = 6$ Erstes Viertel usw. Vgl. S. 279, Tab. 4.

Es ist
$$\tau = t - \nu \cdot 15^\circ \qquad (1)$$

Die lunaren erdmagnetischen Variationen L, auch erdmagnetische Gezeiten genannt, entstehen im Sinne der Dynamotheorie (329205) durch die Ebbe und Flut und die Leitfähigkeit der Ionosphäre; umgekehrt gestattet L Rückschlüsse auf diese Erscheinungen. Im allgemeinen beschränkt man sich auf die halbtägige Mondtide M_2 (322), im Vertrauen darauf, daß die ganztägigen Tiden wie K_1 und O_1, infolge der Resonanzeigenschaften (3287) der unteren Atmosphäre, unterdrückt werden. Da sich jedoch die Amplituden der mondentägigen Bewegungen der Ionosphäre mehrere tausendmal größer ergeben als in Bodennähe, muß man an die Möglichkeit einer selbständigen Entstehung von L in der Ionosphäre denken [*53*], so daß die Beschränkung auf M_2 nicht ausreichen würde.

An jeder Station und in jeder magnetischen Feldkomponente kann man L in erster Näherung beschreiben als eine halbmondentägige Welle, deren Amplitude und Phase sich nach der Sonnenzeit richtet: Die Amplitude ist am Tage groß, in der Nacht klein. In Huancayo H ist L nachts unterhalb der Grenze der Nachweisbarkeit, kleiner als $^1/_{100}$ der Mittagswerte. Typische Beispiele in Abb. 20 u. 21.

In der Methodik der Berechnung von L sowie in der Mitteilung der Ergebnisse gibt es — infolge des gleichzeitigen Einflusses des Mondes (Mond-Gezeitenbewegung) und der Sonne (Sonnengezeiten und Ionisation der leitenden Schichten), zusammen mit den Schwankungen der Strahlungen W und P — verschiedene Möglichkeiten, im wesentlichen zwei: Man kann Durchschnitte für Gruppen von Tagen mit festem Mondalter ν bilden (fixed age-method, z. B. Chapman-Miller [*56*, *57*]), oder man kann für feste Sonnenstunden t die halbmonatlichen Wellen berechnen (fixed hour-method, z. B. Bartels [*54*]). Wenn auch beide Methoden im Endergebnis übereinstimmen sollten, hat jede Vorzüge, die sie für bestimmte Aufgaben geeignet erscheinen läßt. (Vgl. Bartels und Johnston [*54*] und die allgemeine Erörterung von Chapman [*58*].)

Aus einer vereinfachten Form der Dynamotheorie folgt das Phasengesetz als Grundlage [*58*] der fixed age-method: Demnach ergibt die harmonische Analyse für jede Feldkomponente an jeder Station, für eine bestimmte Fleckenzahl und Jahreszeit, L(ν) als Summe von Sinuswellen der Frequenzen $n = 1, 2, 3, 4$ pro Tag, wobei jede Welle entweder in Sonnenzeit t oder in Mondzeit τ ausgedrückt werden kann:
$$c_n \cdot \sin(nt + \alpha_n(\nu)) \quad \text{oder} \quad c_n \cdot \sin(n\tau + \varepsilon_n(\nu)). \qquad (2)$$
Hierin sind die c_n unabhängig vom Mondalter ν, und die Phasenwinkel befolgen das Phasengesetz in den beiden Formen
$$\alpha_n(\nu) = \alpha_n(0) - \nu \cdot 30^\circ \quad \text{oder} \quad \varepsilon_n(\nu) = \varepsilon_n(0) + (n-2)\,\nu \cdot 15^\circ. \qquad (3)$$
Das Phasengesetz ist in zahlreichen Arbeiten geprüft worden [*1*]. Im Durchschnitt über alle Mondphasen, bei festem τ, bleibt nur eine halbmondentägige Welle
$$c_2 \cdot \sin(2\tau + \varepsilon_2(0)). \qquad (4)$$

Die fixed hour-method liefert für jede Tagesstunde die Konstanten $a(t)$, $b(t)$ der halbmonatlichen Wellen in
$$\mathrm{L}(\nu) = a(t) \cdot \cos\nu \cdot 30^\circ + b(t) \cdot \sin\nu \cdot 30^\circ \equiv c(t) \cdot \sin[\nu \cdot 30^\circ + \beta(t)]. \qquad (5)$$
Diese Rechnung ist unabhängig vom Phasengesetz. Bei strenger Gültigkeit des Phasengesetzes folgt
$$a(t) = \Sigma c_n \sin(nt + \alpha_n(0)), \qquad b(t) = -\Sigma c_n \cos(nt + \alpha_n(0)); \qquad (6)$$
aus $a(t)$ als Funktion von t ergibt sich also, durch harmonische Analyse nach t, auch $b(t)$.

Die halbmonatlichen Wellen $a(t)$ und $b(t)$ lassen sich schließlich umdeuten in halbmondentägige Wellen, (1) in (5) eingesetzt gibt:
$$\mathrm{L}(\nu) = c(t) \cdot \sin[2\tau + \lambda(t)], \text{ mit } \lambda(t) = 180^\circ + \beta(t) - 2t. \qquad (7)$$

Unterschrift zur Abb. 21. Mondentägiger Gang L, und Überlagerung S + L mit dem sonnentägigen Gang, in der westlichen (!) Deklination D in Hermanus, bei Kapstadt, Monate Dezember und Januar (Südsommer), 1941—1948, D westlich, um den Vergleich mit Lovö D östlich zu erleichtern, weil dann S und L auf der nördlichen und südlichen Halbkugel parallel werden (vgl. Abb. 7). Man vergleiche die zweite Zeile von Abb. 21 (Hermanus L (ν) für $\nu = 6$ bis 11) mit der rechten Figur in Abb. 20 für Lovö D. Einheit der Ordinaten 0,5 Bogenminuten = 2,0 γ. Die angeschriebenen Stunden sind Weltzeit; mittlerer Ortsmittag um 13.3 Weltzeit. Mondphase gegeben durch Mondalter ν und durch die senkrechten Pfeile zur Zeit der oberen Kulmination des Mondes. L wird nur für den Halbmonat $\nu = 0$ (Neumond) bis $\nu = 12$ (Vollmond) gegeben; die zweite Monatshälfte gibt dasselbe Bild, L ($\nu + 12$) = L (ν). Stärkste Ausschläge von L am Vormittag. Gesamtamplitude von (S + L) schwankt mit der Mondphase systematisch zwischen 13,2′ (für $\nu = 1$) und 8,8′ (für $\nu = 7$).

In der letzten Zeile sind 3 Paare von Kurven (S + L) für die entgegengesetzten Mondphasen $\nu = 1$ und $\nu = 7$ gegeben: a und b geben Durchschnitte für Tage mit Sonnenfleckenrelativzahl R unter 40 (Durchschnitt $R = 17$), und c und d Durchschnitte für Tage mit größeren R (Durchschnitt $R = 96$). Die Kurven e und f sind beobachtete tägliche Gänge an einzelnen ausgewählten ruhigen Tagen, um den Kontrast zu zeigen, der durch die vereinte Wirkung des Mondes und der Sonnenaktivität auftreten kann: e = 1947 Jan. 23 (mit $R = 157$, $\nu = 1$) und f = 1945 Jan. 22 (mit $R = 41$, $\nu = 7$).

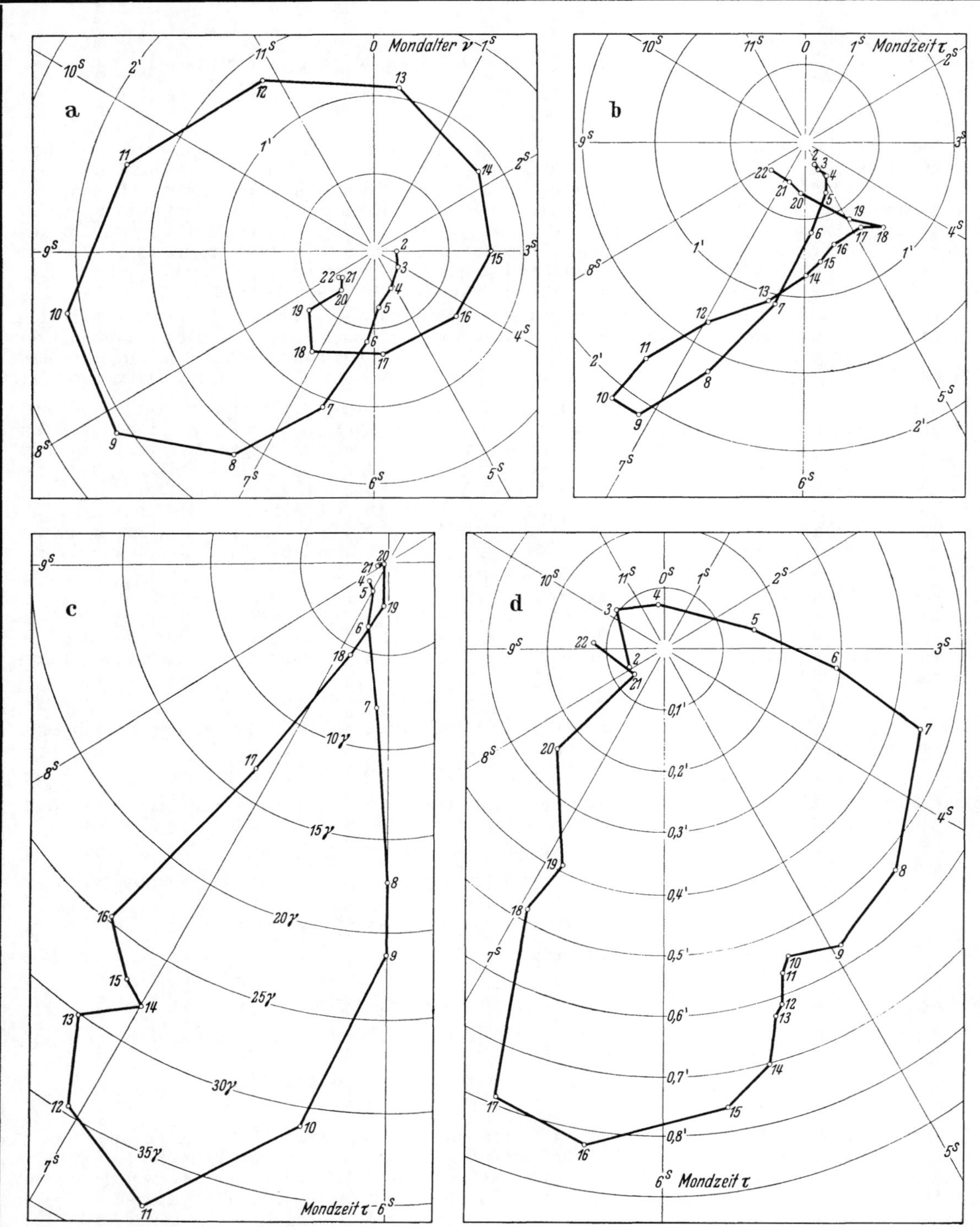

Abb. 22. Lunare Variationen L erdmagnetischer Elemente für feste Sonnenstunden (fixed hour-method), ausgedrückt durch Periodenuhren als halbmonatliche Sinuswellen (Fig. a) oder als halbmondentägige Sinuswellen (Fig. b, c, d).

Fig. (a) und (b) geben L in westl. Deklination für das Obs. Hermanus (bei Kapstadt), berechnet aus 350 ungestörten Tagen der Monate Dezember und Januar, 1941—1948. Für jede der Sonnenstunden 2 bis 22 Uhr ist in der Periodenuhr (harmonic dial, [*1*]) die lunare Welle durch einen Punkt markiert; dieser bedeutet den Endpunkt eines Vektors vom Ursprung aus, dessen Länge die Amplitude c ergibt, und der auf die Eintrittszeit des Maximums (Randskala in Mondstunden, s = selenum) hinweist. In Fig. (a) sind halbmonatliche Wellen gegeben (Randbezifferung der Periodenuhr Mondalter ν), in Fig. (b) sind dieselben Wellen als halbmondentägige gedeutet (Randbezifferung Mondzeit τ). In Hermanus entspricht 1′ in D einer Feldkomponente von 4,1 γ quer zum magnetischen Meridian.

(c) L in der Horizontalintensität in Huancayo, Peru, an 201 ungestörten Januartagen mit hohen Sonnenfleckenzahlen (durchschnittliche Züricher Relativzahl $R = 83$) aus den Jahren 1925—1930 und 1935—1939 [54].

(d) L in der östlichen Deklination in Lovö bei Stockholm, berechnet aus 774 ungestörten Tagen im Juni und Juli der Jahre 1928—1950 (in Lovö entspricht 1′ in D einer Feldkomponente von 4,5 γ quer zum magnetischen Meridian [55]).

In Abb. 22 entsprechen die Periodenuhr (*a*) der Formel (5) und die Periodenuhren (*b*), (*c*), (*d*) der Formel (7). Interessant ist, daß in Hermanus L(D) im Südsommer die größten Amplituden $c(t)$ in den Vormittagsstunden hat, um 9 bis 10 Uhr Ortszeit (Abb. 22a und b); in Huancayo L (H) ist $c(t)$ am größten gegen Mittag, und in Lovö deutlich am Nachmittag. In Hermanus ist L, sowohl absolut wie relativ zu S, über doppelt so groß wie in Lovö.

329242 Ionosphärische Stromsysteme für die mondentägigen Variationen. Durch Entwicklung des Potentials von L nach Kugelfunktionen berechnete Chapman [1] den äußeren Feldanteil. Dieser ist in Abb. 23 bis 26 durch Stromsysteme dargestellt, analog zu Abb. 16. Die Meridiane sind diesmal durch Mondstunden beziffert. Abb. 23 und 25 beziehen sich auf den durchschnittlichen Gang L(τ) im Mittel über alle Mondphasen (Formel (4)), Abb. 24 und 26 auf den Gang für das Mondalter $\nu = 0$ zur Zeit des Neumondes (die Sonne scheint über der mittleren Hälfte der Karte). Abb. 23 und 24 beziehen sich auf die Zeit der Äquinoktien (*MASO*), Abb. 25 und 26 auf den Nordsommer (*MJJA*). Die Bezifferung bedeutet 1000 Amp in der Stromfunktion; zwischen zwei aufeinanderfolgenden Stromlinien fließen in Abb. 23 und 25 je 500 Amp, in den Abb. 24 und 26 je 1000 Amp. Die Gesamtstromstärke des Wirbels auf der Nordhalbkugel ist im Nordsommer fast 11000 Amp. Die Verstärkung der Ströme auf der Tagseite kommt in Abb. 24 und 26 zum Ausdruck in der Zusammendrängung der Stromlinien zwischen den Meridianen 6 und 18 Uhr.

Für die Veränderungen der L-Stromwirbel beim täglichen Umkreisen der Erde geben Daten wie in Abb. 21 Aufschluß. Die Wirbelstärke ist am größten vorm Durchgang der Sonne durch den Meridian von Huancayo; in Hermanus nimmt sie beim Durchgang ab, in Lovö zu.

329243 Zusammenhang mit der Sonnentätigkeit. Auch die Intensität von L wächst in Huancayo [54] und an vielen anderen Stationen mit der Sonnenfleckenrelativzahl R, vgl. Abb. 20 und Abb. 21 unten. Frühere Berechnungen (vgl. [1]) gaben zum Teil schwer erklärliche Ergebnisse. Die bessere Trennung der erdmagnetischen Wirkungen der solaren ionisierenden Strahlungen P und W wird genaueren Einblick gestatten.

Die jahreszeitlichen Veränderung von L (Gegensatz von Sommer und Winter) ist in höheren Breiten größer als diejenige von S; vgl. die ionosphärischen Stromsysteme in Abb. 25 und 26 mit den entsprechenden für S in [1]. Es ist deshalb wahrscheinlich, daß sich die beiden Anteile W' und W'' (vgl. 329234) in L noch stärker äußern als in S.

329244 Andere Partialtiden als M_2 in L. Für Huancayo H sind die von der Mondentfernung abhängigen Gezeitenterme untersucht worden (322), N_2 macht sich deutlich bemerkbar. Jedoch führen M_2 und N_2 in L zu verschiedenen Phasenwinkeln: L wird nicht einfach vom Perigäum zum Apogäum in der Amplitude schwächer, sondern der Haupteffekt ist eine Verspätung der Maxima der halbtägigen Wellen um etwa 0,7 Mondstunden. Wenn man in relativen Einheiten setzt für Huancayo H, Monate September bis April 1922—1939

$$\mathsf{L}(M_2) = 100 \cdot \sin(2\tau + 90° + \Delta\varepsilon),$$

so sollte, wenn die Amplituden und Phasen von N_2 relativ zu M_2 in L genau so erschienen wie in den Gezeitenkräften, theoretisch zu erwarten sein

$$\mathsf{L}(N_2) = 19 \cdot \sin(2\tau + 90° - (s - p) + \Delta\varepsilon),$$

aus den Beobachtungen folgt aber

$$\mathsf{L}(N_2) = 31 \cdot \sin(2\tau + 90° - (s - p) + \Delta\varepsilon + 56°).$$

Der wahrscheinlichste Fehlerkreis in der Periodenuhr für das beobachtete L(N_2) ist 5,2 der gewählten Amplitudeneinheiten [54]. — Abb. 22 deutet auf die Partialtide o_1 hin.

329245 Variabilität von L. Offenbar ist L von Tag zu Tag verschieden, z. B. in Huancayo H in den Monaten um das Dezember-Solstitium, wo L absolut, und auch relativ zu S, groß ist. An solchen Stationen ist das Aussehen des Magnetogramms an ruhigen Tagen durchaus von der Mondphase abhängig. An manchen Tagen scheint der Mondeffekt L außerdem noch bis zu zwei- oder dreimal größer zu sein als im Durchschnitt (Abb. 27). Auch in Hermanus D (Abb. 21) sind schon die einzelnen Tagesgänge im Südsommer deutlich von der Überlagerung durch L geformt. Über die statistischen Fragen vgl. auch Schneider [59].

Vgl. Abb. 27 auf S. 759.

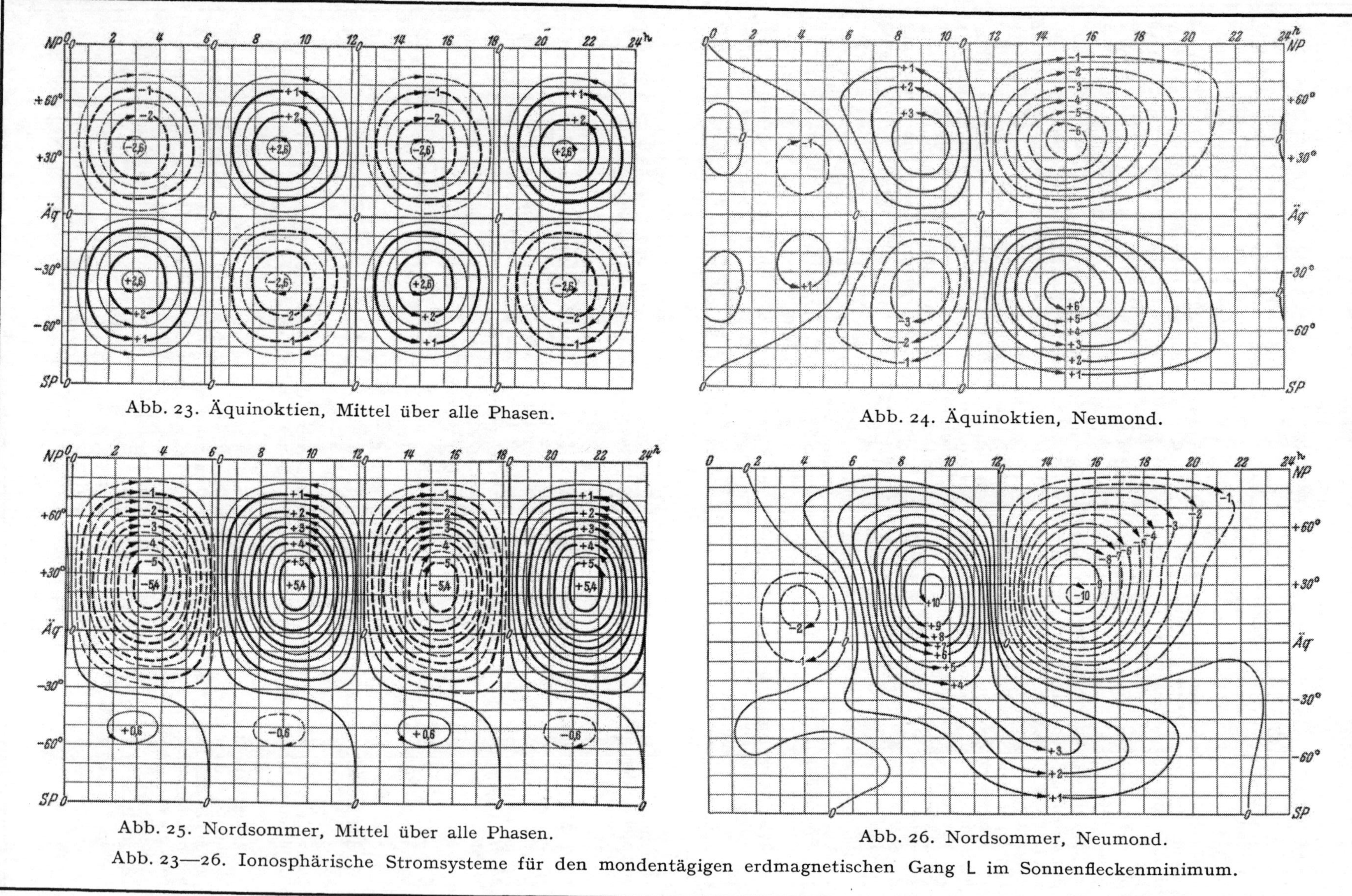

Abb. 23. Äquinoktien, Mittel über alle Phasen.

Abb. 24. Äquinoktien, Neumond.

Abb. 25. Nordsommer, Mittel über alle Phasen.

Abb. 26. Nordsommer, Neumond.

Abb. 23—26. Ionosphärische Stromsysteme für den mondentägigen erdmagnetischen Gang L im Sonnenfleckenminimum.

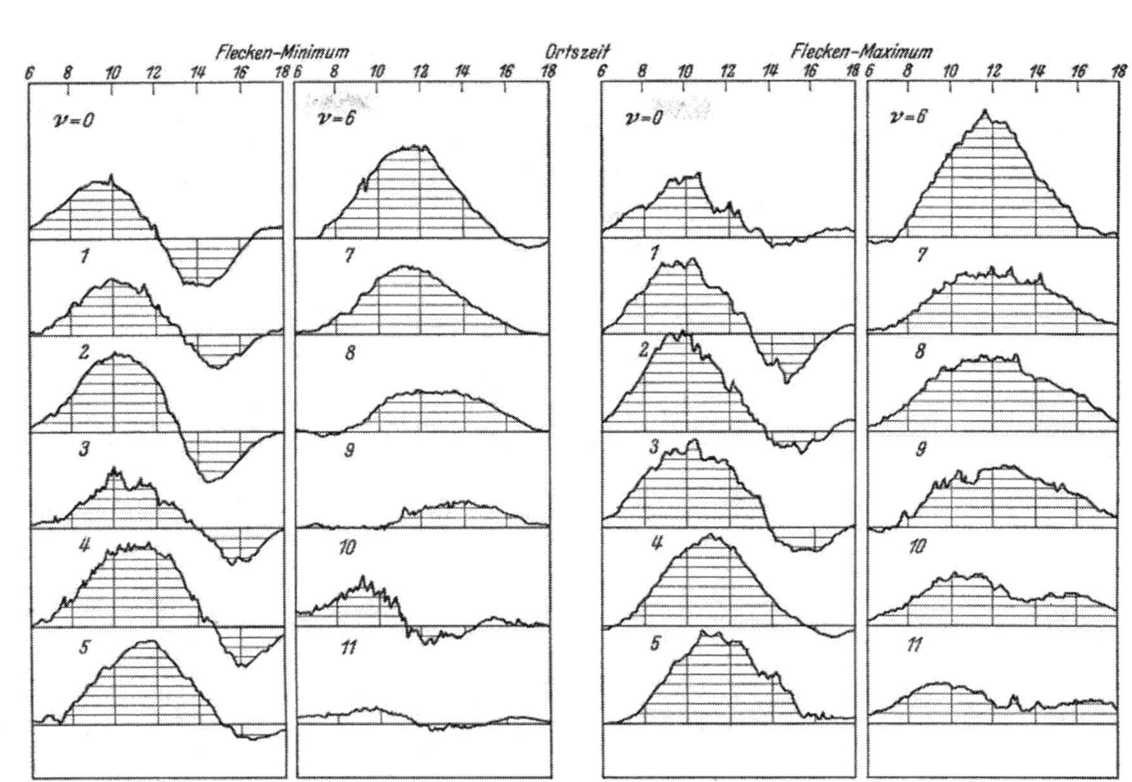

Abb. 27. Ausgewählte Januartage mit besonders großer mondentägiger Variation L in Huancayo H, links für das Fleckenminimum, rechts für das Fleckenmaximum, je 12 Tage zu den 12 Mondaltern ν oder $(\nu-12) = 0$ bis 11.

Die entgegengesetzten Phasen $\nu = 0$ und $\nu = 6$, $\nu = 1$ und $\nu = 7, \ldots$ sind jeweils paarweise nebeneinandergestellt. Die Kurven sind Kopien der H-Magnetogramme von 6 bis 18 Uhr Zonenzeit, in Abweichungen vom Nachtniveau. Einheit des Ordinatennetzes 20 γ. Deutlich erkennbar ist großes L an der Erzeugung ($\nu = 0$ bis 4) oder Unterdrückung ($\nu = 6$ bis 10) eines nachmittäglichen Minimums in H (vgl. dazu Abb. 20). — Einzelheiten in [*54*].

32925 Ringstromfeld.

329251 Überblick. Nach starken erdmagnetischen Stürmen bleibt eine deutliche Nachstörung zurück, im wesentlichen eine Abschwächung von H, als ein Feldvektor, der recht genau parallel, aber entgegengesetzt zur Dipolachse des Erdfeldes gerichtet ist [*1*]. Dieses Nachstörungsfeld hat einen äußeren und einen inneren (induzierten) Anteil. Der äußere Anteil kann aufgefaßt werden als Magnetfeld eines Ringstroms veränderlicher Intensität, der die Erde in der Äquatorebene der magnetischen Erdachse umgibt. Entsprechend den Versuchen von Birkeland und Brüche und nach der Störmerschen Theorie der Bewegung elektrischer Teilchen im Dipolfeld [vgl. *1*, *2* u. *6*] wird oft angenommen, daß dieser Ringstrom sich bei jedem Sturm neu bildet, also die Erde von Ost nach West umläuft; jedoch sind die magnetischen Beobachtungen (Abb. 28) für sich nicht unvereinbar mit der Annahme, daß dauernd ein Ringstrom von West nach Ost fließt, der bei Stürmen zunächst im *s. c.* (329271) verstärkt, dann aber geschwächt wird und sich nach dem Sturm allmählich neu bildet. Der Ringstromeffekt ist in Huancayo parallel zu demjenigen in Batavia [*1*, S. 212], enthält also kein Gegenstück zu der starken Vergrößerung von S_q in Huancayo (329233).

Jahre, in denen magnetische Stürme häufig sind, zeigen auch im Jahresmittel den Ringstromeffekt, insbesondere die Erniedrigung von H. Vestine gibt Tabellen [*4a*] für den entsprechenden Gang der Jahresmittel von H mit dem elfjährigen Sonnenfleckenzyklus, 1905—1942: Am Ende eines tiefen Sonnenfleckenminimums, im Jahre 1913, lag demnach H am Äquator um 34 γ über dem Durchschnittsniveau; nach den Stürmen des folgenden intensiven Fleckenmaximums, im Jahre 1919, lag H um *26* γ unter dem Durchschnittsniveau. Dies bewirkte einen Anteil der Säkularvariation um durchschnittlich —60 γ/6 Jahre = —10 γ/Jahr. Da dieser Anteil vom Ringstrom, also von außen stammt, wird er aus der Säkularvariation eliminiert, wenn man nur die Veränderungen des inneren Feldanteils (325) untersuchen will.

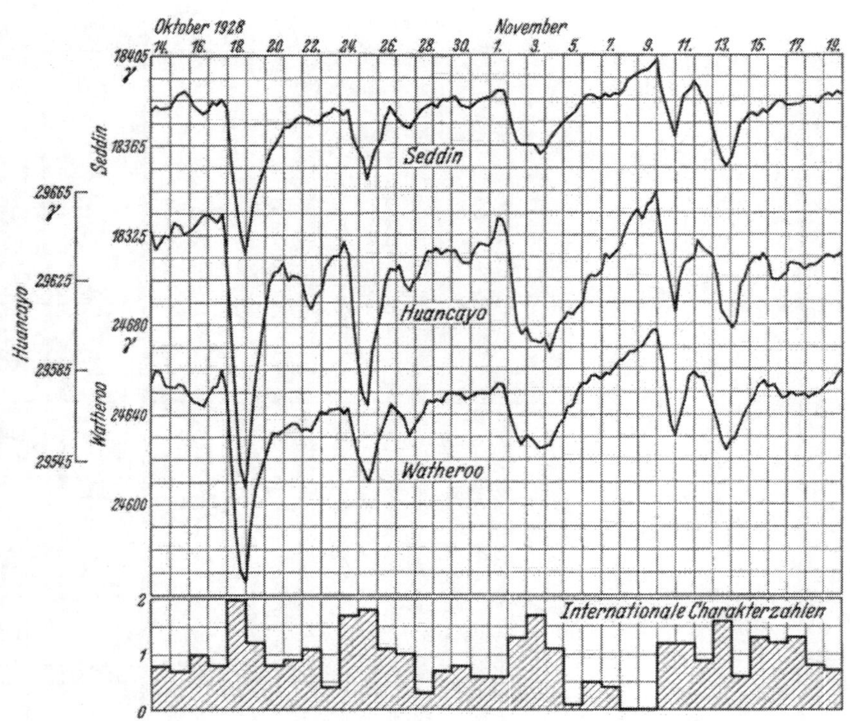

Abb. 28. Fortlaufende Tagesmittel der Horizontalintensität H in Seddin (Potsdam), Huancayo (Peru), Watheroo (Westaustralien) und erdmagnetische tägliche Charakterzahlen, 1928 Okt. 14 bis Nov. 19. Jede magnetische Störung bewirkt eine Abnahme von H, die überall proportional verläuft und am Äquator am stärksten ist.

329252 Das *u*-Maß der erdmagnetischen Aktivität. Die durchschnittliche, absolut genommene Änderung der Horizontalintensität H von Tag zu Tag im magnetischen Äquator, in der Einheit 10 γ, für einen Monat, ein Jahr usw. ist das u-Maß der erdmagnetischen Aktivität. Diese interdiurne Veränderlichkeit von H war bereits von Moos [*6a*] für Bombay als Aktivitätsmaß benutzt worden; eine einigermaßen homogene Reihe für das u-Maß seit 1872 in Tab. 13.

Die Einheit 10 γ für das u-Maß sollte Zahlwerte zwischen 0 und 2 erreichen, vergleichbar mit den Monatsmitteln der täglichen Charakterzahlen (329215). Da diese Vergleichbarkeit sich als fragwürdig herausgestellt hat [*1*; *61*], ist es jetzt bequemer, Tabellen für $10 \cdot u$ zu geben, also die interdiurne Veränderlichkeit von H in der Einheit γ, wie in Tab. 13.

Abb. 29 zeigt die Parallelität von R und u im elfjährigen Zyklus. Die verschiedene Intensität der Maxima und Minima in R und in u ist reell. Für die Tiefe der Minima ist in R die „Zahl der fleckenfreien Tage" ein gutes Maß, das in u nachgebildet ist [*60*].

u mißt die Häufigkeit und Stärke der großen Stürme; auf kleine Störungen spricht es, wie der Ringstrom selbst, nicht an [*1*; *61*]. Es ist deshalb nicht brauchbar als alleiniges Maß für die Aktivität. (Vgl. 329216f.) Die statistischen Eigenschaften des u-Maßes sind ausführlich besprochen in [*1*] und in einer Diskussion mit Howe [*61*].

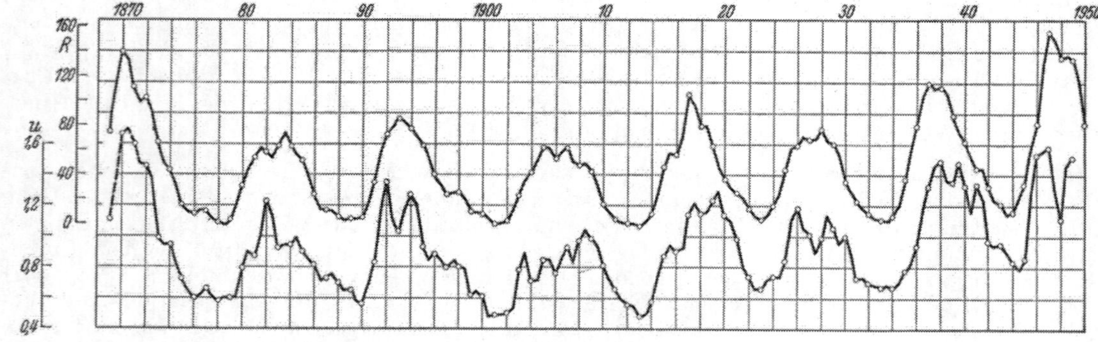

Abb. 29. Fortlaufende Jahresmittel der Sonnenfleckenzahl R (obere Kurve) und des u-Maßes der erdmagnetischen Aktivität (untere Kurve).

329253 Laufende Messung der Ringstromstärke. Die Intensität des äquatorialen Ringstroms (*ERC*), insbesondere nach starken Stürmen, hängt zeitlich zusammen mit der Erweiterung der Polarlichtzone und mit der Erniedrigung der Ultra-Strahlungsintensität (329219); der Ringstrom wird auch in Verbindung gebracht mit der Erzeugung der großen ionosphärischen Gezeiten S und L am Äquator [*53*]. Es wird deshalb angestrebt, die Ringstromintensität (*ERC*) laufend zu messen, durch die genaue Verfolgung des *H*-Niveaus am Äquator. Vestine [*4a*] gibt Tabellen für die Jahre 1905—1942, aus denen man die Schwankungen der *H*-Tagesmittel von Tag zu Tag entnehmen kann. Der *ERC* läßt sich während ruhiger erdmagnetischer Zeiten sogar von Stunde zu Stunde verfolgen, wenn nur die ruhigen täglichen Variationen S + L zu eliminieren sind. Bei Störungen (mindestens vom Störungsniveau $Kp = 5$ an) wirkt aber das S_D-Stromsystem (32926) auch bis zum Äquator herab. Es könnte gelingen, diese S_D-Effekte am Äquator, wo sie den durchschnittlichen *ERC*-Effekt maskieren, aus Beobachtungen über S_D an Polarstationen — wo S_D konzentriert auftritt — zu eliminieren, wenigstens bis zum Niveau $Kp = 6$ oder 7, also mit Ausnahme der Zeiten stärkster Ströme.

Tabelle 13. Durchschnittliche absolute Änderung der Horizontalintensität am Äquator von Tag zu Tag. Monatsmittel in der Einheit γ, 1872—1949 (vorläufige Werte seit 1947). (Zehnfache Werte des *u*-Maßes der erdmagnetischen Aktivität.) — Jahresmittel für *u* in Abb. 29.

	J	F	M	A	M	J	J	A	S	O	N	D
1872	11	19	14	12	11	11	18	21	14	19	13	10
73	14	9	15	12	8	10	8	9	8	8	10	8
74	10	13	12	13	7	7	8	8	8	14	8	6
75	7	11	9	8	7	6	6	6	9	7	7	5
76	6	9	8	5	5	6	5	5	6	6	6	6
77	7	6	6	5	9	7	6	7	6	7	8	6
78	7	5	4	5	5	8	5	6	7	6	6	7
79	4	5	6	6	6	8	5	5	7	6	5	7
80	5	4	7	7	6	6	7	14	10	8	11	9
81	9	11	8	8	6	7	8	7	12	9	12	8
82	7	9	8	22	8	9	10	9	7	18	30	9
83	5	9	11	11	7	8	9	8	13	8	14	8
84	9	9	8	9	8	9	10	6	10	11	13	8
85	9	9	10	9	12	9	9	8	10	7	8	8
86	11	7	9	9	9	6	9	8	7	8	9	5
87	6	6	6	8	7	7	8	8	8	6	7	8
88	11	4	7	7	9	6	6	8	6	7	6	6
89	6	6	7	6	6	8	5	6	8	6	9	6
90	5	5	5	5	6	5	5	5	7	9	8	4
91	6	8	8	9	9	6	9	9	11	7	8	9
92	10	17	17	11	17	14	16	17	9	8	12	12
93	9	12	10	9	7	11	8	16	11	11	11	9
94	8	17	14	14	9	12	17	18	12	8	14	8
95	9	14	10	9	6	8	9	8	10	11	10	8
96	8	8	11	8	12	8	8	10	9	8	8	8
97	11	8	8	10	8	7	8	6	7	7	6	11
98	5	7	12	7	7	7	6	7	15	8	8	7
99	6	10	7	6	9	6	5	6	6	5	4	5
1900	7	6	12	5	11	4	4	5	5	6	4	4
1901	5	4	6	4	4	6	5	5	4	4	5	5
02	4	5	4	6	5	5	5	6	4	6	6	4
03	4	6	4	8	5	5	6	8	6	17	13	11
04	9	5	5	10	9	9	6	7	6	7	8	6
05	7	9	10	7	5	8	7	9	9	8	14	9
06	5	11	7	7	9	7	8	7	7	5	8	11
07	8	17	9	6	9	8	8	6	10	10	11	7
08	7	6	10	8	9	6	8	10	21	10	11	9
09	11	8	11	6	13	7	7	7	19	12	8	9
10	7	6	11	11	8	6	6	12	7	10	6	7

	J	F	M	A	M	J	J	A	S	O	N	D
1911	5	5	7	8	9	6	7	6	6	7	5	8
12	5	5	6	7	5	4	6	6	6	6	8	5
13	5	5	5	6	4	5	4	4	5	6	4	4
14	5	5	4	7	5	5	7	5	8	7	7	6
15	6	7	8	8	6	13	7	7	8	14	12	9
16	8	6	14	12	8	8	7	14	10	9	7	5
17	11	9	8	10	8	11	13	24	10	12	8	11
18	7	12	12	15	10	9	8	11	11	15	12	15
19	10	10	12	10	15	10	9	15	16	16	13	11
20	8	10	25	12	11	8	9	10	13	10	9	9
21	7	8	9	11	27	8	6	8	8	9	9	8
22	7	8	11	8	7	6	6	6	10	8	5	5
23	6	7	8	5	6	6	7	6	8	8	7	5
24	8	6	6	6	10	10	7	5	9	8	9	6
25	6	7	7	6	9	8	7	8	11	11	8	11
26	14	14	13	14	9	11	8	8	14	17	8	10
27	11	8	12	14	10	6	9	10	7	16	8	10
28	6	6	8	6	13	8	18	10	13	14	10	7
29	8	15	17	8	8	8	10	10	9	10	10	12
30	8	8	9	8	11	10	7	8	14	13	10	12
31	6	7	6	7	8	8	6	7	9	11	8	5
32	5	6	9	7	9	6	6	7	7	8	6	7
33	7	6	7	5	10	6	6	8	9	6	5	6
34	6	7	8	6	9	7	6	6	8	5	6	8
35	7	10	7	6	8	8	8	6	10	9	8	7
36	8	8	7	9	8	11	12	7	8	11	13	10
37	10	11	15	16	15	14	14	17	10	17	10	12
38	31	12	12	16	16	8	15	13	15	15	11	14
39	7	20	10	17	14	11	14	21	13	17	9	8
40	13	9	30	15	13	15	10	9	10	13	15	9
41	12	8	26	10	8	9	16	11	22	11	19	9
42	8	12	11	14	10	8	8	7	8	12	10	8
43	8	7	9	13	11	9	8	12	11	8	8	9
44	7	9	10	14	6	6	5	8	7	8	7	15
45	10	7	9	8	6	5	10	9	7	9	10	13
46	11	19	24	19	11	14	29	10	20	10	11	9
47	12	12	26	14	16	17	12	14	34	13	12	8
48	9	9	13	9	12	12	8	11	10	19	12	11
1949	26	16	16	14	20	14	8	12	10	21	18	8

32926 Täglicher Gang an gestörten Tagen.

In Abb. 8—15 waren auch die täglichen Gänge S_D gegeben, die sich an gestörten Tagen über S_q lagern. Das ionosphärische Stromsystem für S_D, das von Chapman und Vestine [*62, 63*] berechnet und an vielen Stellen reproduziert worden ist, ist einfach zu beschreiben: Die Stromlinien sind längs der Polarlichtzonen konzentriert, der Strom ist dort ostwärts gerichtet etwa in der Zeit 12 bis 24 Ortszeit, westwärts in der anderen Tageshälfte. Von der Konvergenzstelle (etwa um Mitternacht) schließt sich das Stromsystem zum großen Teil über die Polkappe hinweg, zum kleinen Teil über die äquatorwärts gelegene Ionosphäre.

Bei den von Chapman und Vestine analysierten 40 magnetischen Stürmen — die keinen der sehr heftigen Stürme umfassen — ergeben sich folgende Zahlen:

Die maximalen Stromstärken der Linienströme längs der nördlichen und der südlichen Polarlichtzone sind um 18 Uhr 275000 Amp ostwärts, um 6 Uhr 275000 Amp westwärts. Von den 550000 Amp, die so gegeneinander strömen, fließen 450000 Amp in einem homogenen flächenhaften Strom über die Polarkappe hinweg auf die Sonne zu; die restlichen 100000 Amp schließen sich über die Ionosphäre zwischen Polarlichtzone und Äquator. Die flächenhaften Stromdichten der „Rückströme“, die die Zonen-Linienströme schließen, sind etwa 100 Amp/km in der Polarkappe und 10 Amp/km außerhalb

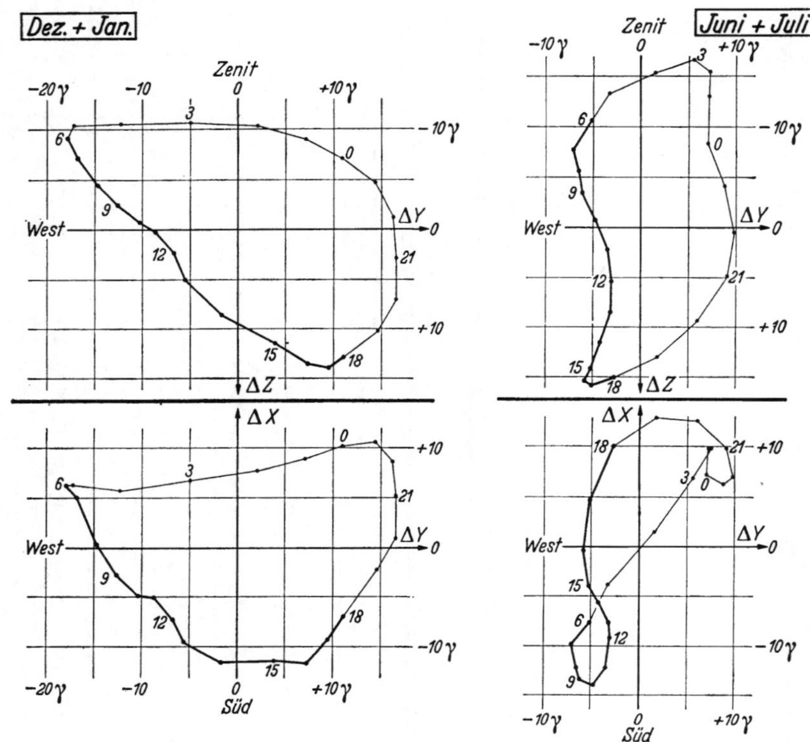

Abb. 30. Zusätzliche (über S_q gelagerte) tägliche erdmagnetische Gänge S_D in Potsdam—Seddin—Niemegk an gleichmäßig gestörten Tagen (mindestens 4 Dreistundenintervalle mit Kennziffern $K = 4$ oder 5, kein Intervall mit $K = 0$ oder 1 oder 6 bis 9, höchstens ein Intervall mit $K = 2$), zur Zeit der beiden Solstitien. Grund- und Aufrisse der Bewegungen des Endpunktes des magnetischen Feldvektors. Der Gang der Vertikalkomponente Z ist im Sommer und Winter etwa gleich, aber die Gänge in den horizontalen Komponenten X und Y sind im Sommer und Winter verschieden. — Vgl. Abb. 8 und die entsprechende Darstellung für den täglichen Gang S_q an ruhigen Tagen in Abb. 19.

der Polarlichtzone. Bei denselben Stürmen ergibt sich der Effekt des „äquatorialen Ringstroms“ *ERC* äquivalent einem flächenhaften Strom von Osten nach Westen, der mit ingesamt 400000 Amp zwischen den Polarlichtzonen verteilt fließt, am dichtesten über dem Äquator (Stromdichte dort etwa 40 Amp/km).

Dieses schematische Bild ist bei einzelnen Stürmen mehr oder weniger stark abgeändert, verstärkt oder abgeschwächt. Ausführliche Untersuchungen und Material bei Vestine [*4b*].

In mittleren Breiten ist S_D vor allem charakterisiert durch den Effekt des Linienstromes längs der Polarlichtzone, der in Europa z. B. die Vertikalintensität Z nachmittags erhöht (Abb. 8). Bei dem großen Sturm am Nachmittag des 1941 März 1 verschob sich die Mittellinie der Polarlichtzone bis südlich von Potsdam, wie an der Umkehrung des Vorzeichens der Störung in Z erkennbar [*64*]. Vgl. dazu Abb. 8—15 und Abb. 30.

Die übliche Art, S_D als Differenz der täglichen Gänge „gestörte minus ruhige Tage“ zu berechnen, kann versagen, weil die Verschiebung der Polarlichtzone bei starken Stürmen den Charakter von S_D stark verändern kann, falls die Station dabei aus dem Bereich des Rückstroms in den Bereich des direkten Feldes des Zonenstroms kommt. In Potsdam ist das daran zu erkennen, daß sich S_D in den Horizontalkomponenten auch in langjährigen Durchschnitten noch unregelmäßig ergibt. Die Auswahl gleichmäßig gestörter Tage wie für Abb. 30 ist deshalb zu empfehlen.

32927 Einzelvariationen.

329271 Plötzliche Sturmanfänge (sudden-commencements). Der typische *s. c.* ist ein Anstieg von *H* um 20 bis 100 γ und darüber, der innerhalb einer Minute gleichzeitig auf der ganzen Erde erfolgt, ein Feldvektor parallel zur Dipolachse, also entgegengesetzt zur Nachstörung, 329251. Es kommen *s. c.*-artige Feldänderungen vor, denen kein Sturm folgt. Seit 1949 werden Angaben über *s. c.* international gesammelt und in den IATME-Bulletins Nr. 12 (z. B. 12e für 1950) veröffentlicht, auch in den Vierteljahresberichten im J. Geophys. Research. Zusammenfassungen [*65, 66, 101*]. Vgl. 329273.
Mitunter (anscheinend von der Lokalzeit abhängig) tritt ein „inverted s. c." auf, bei dem *H* vor dem Anstieg vorübergehend sinkt; Newton [*65*] hält diese Hakenform für die Urform des s. c.

329272 Eruptionseffekte (solar flare effects). Zuerst in Huancayo *H* beobachtet (vgl. Abb. 27): Während der Beobachtung einer Sonneneruption am Spektrohelioskop erfolgte gleichzeitig ein Absorptionsschwund (*sid*, Mögel-Dellinger-Effekt) der drahtlosen Wellen und eine hakenartige Aufwölbung („crochet" französisch) im *H*-Magnetogramm [*1, 2*]. Dauer einige Minuten bis zu mehreren Stunden (1946 Juli 25 vgl. Unterschrift zu Abb. 2). Ausschläge in Huancayo oft über 100 γ.
Seit der internationalen Sammlung der *s. f. e.* (Veröffentlichung wie für die *s. c.*, 329271) hat man erkannt, daß *s. f. e.* recht häufig sind: im September 1949 wurden 12 *s. f. e.* zweifelsfrei beobachtet. Nach McNish [*1*] sind die *s. f. e.* vorübergehende Verstärkungen des ionosphärischen S_q-Stromsystems (329232) durch zusätzliche *W*-Strahlung von der Sonneneruption aus. Die *s. f. e.* sind manchmal ähnlich einem *s. c.*, unterscheiden sich aber schon dadurch, daß *s. f. e.* nur auf der Tagseite auftreten, während *s. c.* auch nachts erscheinen.
Bearbeitung von 6 typischen *s. f. e.* im Jahre 1950 in [*67*]. Nachträgliche Deutung eines klassischen Falles (1859 Sept. 1/2) in [*68*]. Zusammenstellung und Diskussion [*69, 70*], auch [*110, 111*].

329273 Bai-Störungen. „Ausbuchtungen" in den Magnetogramm-Kurven, von der Dauer etwa 1 Stunde. An außertropischen Stationen sehr häufige Störungsform, besonders zur Tageszeit größter *P*-Wirkung (329212). Bewirkt durch *P*-Strahlung, die nur einen Teil der Erdoberfläche beeinflußt. In grober Näherung beschreibbar als ein Teil des S_D-Stromsystems (32926). Zahlreiche Untersuchungen über Häufigkeiten, typische Formen usw., vgl. [*1, 4, 105*], Zusammenfassung [*71*].
Bai-artige Störungen haben mitunter die Neigung, an aufeinanderfolgenden Tagen zu etwa gleicher Tageszeit wiederzukehren [*1*]. Stagg [*21*] gibt Beispiele für Fort Rae. Über eine häufige Art von Bai-Störungen, die plötzlich mit Pulsationen beginnen, berichtet Meyer [*102*]; diese Anfänge heißen *p. s. c.*

329274 Pulsationen, auch Elementarwellen genannt. Periodische Feldschwankungen mit recht verschiedenen Perioden, jedoch vorzugsweise 50 sec., am häufigsten in den Polarlichtzonen. Zeitliche Änderungen von maximal $dH/dt = 10\ \gamma$/sec kommen bei stärksten Stürmen überall auf der Erde vor, jedoch selten. 1 γ/sec kommt in den Polarlichtzonen (67° geomagnetische Breite) mehrere tausendmal im Jahr vor, in 60° geomagnetische Breite jedoch schon nur noch einige Male im Jahr.
Pulsationen von Perioden über 10 sec treten häufig gleichzeitig auf der ganzen Erde auf, gewöhnlich in Gruppen, manchmal mit typischen Schwebungsformen. Vestine [*4b*] fand sieben Beispiele von je etwa 10 Minuten Dauer, an sonst ruhigen Tagen, mit weltweiter Verbreitung von deutlichen Pulsationen.
Außerhalb der Polarlichtzone sind die Pulsationen in *Z* geschwächt, in *H* und *D* verstärkt durch die induzierten inneren Anteile. Viele Häufigkeitszählungen bei Vestine [*4b*].
Perioden zwischen 1 sec und 10^{-4} sec („atmospherics") sind bisher wenig untersucht worden.
In seltenen Fällen treten bei magnetischen Stürmen riesige periodische Schwankungen von einigen Minuten Periode auf (Riesenpulsationen): Ein schöner Fall beim Sturm 1942 März 1, 14—18 Weltzeit [*72*]: Bei Perioden von 4 bis 5 Minuten Dauer folgten einander in *H* und *D* in Rude Skov über 50 regelmäßige Wellen mit Variationen bis 100 γ Gesamtausschlag.
Auch in sonst ruhigen Zeiten sind solche Riesenpulsationen an polaren Stationen (Abisko, Tromsö) beobachtet [*1*].
Direkte Messungen von dH/dt mit „fluxmeter" (Induktionsspulen) beschreiben Vestine [*4b*] und O. Meyer [*70*].
Bei Polarlicht sind magnetische Pulsationen Anzeichen für zenitnahe veränderliche Polarlichtformen [*42*]. Solche Pulsationen sind natürlich nicht weltweit. Vgl. 329222, S. 744.

329275 Jährlicher Gang. Außer dem jährlichen Gang der Aktivität (329217) gibt es auch eine systematische Variation des mittleren erdmagnetischen Feldes, ausgedrückt in den Monatsmitteln der Komponenten. Dieser jährliche Gang enthält eine halbjährliche Welle (die maximale Störungshäufigkeit zur Zeit der Äquinoktien, 329217, bedingt maximalen Ringstromeffekt, Erniedrigung von *H* am Äquator um etwa 10 γ in den Äquinoktialmonaten im Vergleich zu den Solstitien) und einen ganzjährlichen Anteil, der nur in höheren Breiten größere Amplituden hat (Sommermittel von *H* in Europa etwa 10 γ höher als Wintermittel). Ausführliche Diskussion bei Vestine [*4b*].

32928 Beziehungen zu den Ergebnissen direkter Ionosphären-Beobachtungen.

Nahezu alle direkt beobachteten (3291) Erscheinungen in der Ionosphäre haben in erdmagnetischen Feldänderungen ein Gegenstück.
Das betrifft vor allem die zeitlichen Störungen (32921), deren Intensität mit den erdmagnetischen Kennziffern *K* parallel geht, wobei in polaren Gegenden (32922) aus dem erdmagnetischen Störungszustand direkt auf die Ausbreitungsbedingungen elektromagnetischer Wellen geschlossen werden kann. Vgl. Berkner [*73, 74*], Netzer [*75*], Lange-Hesse [*76*], Nagata [*77*].
Die Parallelität zwischen der 27tägigen Variation der erdmagnetisch erschlossenen Wellenstrahlung *W* (329234) und der Elektronendichte in der *F*2-Schicht über Huancayo ist deutlich erkennbar [*78*].

Tabelle 14. Abweichungen vom laufenden Mittel für Sonnenrotationen, für jedes Rotationsachtel, *a, b, ..., h* bezeichnet, für die Rotationen Nr. 1489 bis 1491, umfassend 1942 Febr. 7 bis April 28, für vier Erscheinungen: Sonnenflecken-Relativzahlen R, erdmagnetisch erschlossene Wellenstrahlung W, mittägliche Grenzfrequenz $fF2$ über Huancayo, magnetische Aktivität P. Einheiten: für ΔR 5 Einheiten der Züricher Skala; für ΔW etwa $^1/_{50}$ der Amplitude der täglichen Schwankung der Horizontalintensität S_q (H) in Huancayo für $R = 50$; für $\Delta fF2$ 0,1 Megahertz $= 10^5$/sec; für ΔP 0,06 der Einheit für die täglichen magnetischen Charakterzahlen Ci.

Rotationsachtel:	Rotation 1489, vom 7. Febr. 1942								Rotation 1490, vom 6. März 1942								Rotation 1491, vom 2. April 1942							
	a	b	c	d	e	f	g	h	a	b	c	d	e	f	g	h	a	b	c	d	e	f	g	h
ΔR	+2	−2	−2	−3	−1	+5	+12	+1	−8	−9	−6	−1	+6	+11	+3	−1	−5	−7	−4	0	+2	+7	+4	+4
ΔW	+18	0	−10	+6	−9	+10	+5	−4	+1	−6	−9	+3	+10	+10	+5	−8	−12	−5	−1	+4	−5	+4	+3	+2
$\Delta fF2$ . . .	−7	0	+3	−8	−5	+1	+14	+6	−1	−5	−13	−6	+6	+3	+5	+4	+10	−7	−12	−4	+9	+6	+7	0
ΔP	−3	−3	0	−7	−1	0	+7	+6	+3	−4	0	−2	+2	−5	−2	−1	+9	−5	+1	+2	+4	−4	−1	−1

Tab. 14 gibt ein Beispiel für die Aufbereitung des Beobachtungsmaterials für statistische Experimente, zur Untersuchung der Wiederholungsneigung und der Korrelationen mit Hilfe der Synchronisierung (method of superposed epochs) [*78*].

In Tab. 14 läßt sich in R, W und $fF2$ sowohl die Wiederholungsneigung (die zweiten Hälften der Rotationen haben positive Abweichungen vom Rotationsmittel) wie die gegenseitige Korrelation erkennen; dagegen variiert P innerhalb der Rotationen ziemlich unabhängig von R, W und $fF2$. — Korrelationen zwischen Grenzfrequenzen (3291) und R vgl. Allen [*79*]; eine ionosphärische Sonnenfleckenzahl bei Philipps [*80*].

Zu den großen mondentägigen Schwankungen L in Huancayo H findet sich das Gegenstück in der mondentägigen Variation L in $fF2$, wobei auch die jahreszeitliche Veränderung sehr ähnlich ist [*53*]. Die Amplituden in L ($fF2$) in Huancayo sind sehr groß: Die halbmonatliche Welle der Mittagswerte von $fF2$ hat im Südsommer eine Gesamtschwankung von $^1/_{10}$ des Durchschnittswertes, in der Elektronenkonzentration ausgedrückt zwischen $12 \cdot 10^5/\mathrm{cm}^3$ (für Mondalter $\nu = 2$ oder 14) und $15 \cdot 10^5/\mathrm{cm}^3$ (für $\nu = 8$ oder 20).

Über Ionisations- und Höhenschwankungen der D-, E- und F-Schichten als Folge der ionosphärischen halbtägigen lunaren Gezeiten berichten Appleton und Mitarbeiter [*81, 82*], Martyn [*83*], McNish [*83a*]. Größenordnung der Amplituden der Gesamtschwankung 1,7 km in der E-Schicht über Südengland, größte Höhe $^3/_4$ Stunden vor den Mondkulminationen. Über Huancayo in der F_2-Schicht am Tage 5 km. Über arktische E-Schicht vgl. [*84*].

Bei schwachen, aber regelmäßigen erdmagnetischen Pulsationen (329274) am (sonst ruhigen) 28. Dezember 1938 zwischen 02.40 und 04.20 mitteleuropäischer Zeit in Tromsö, mit Amplituden unter 10 γ und Perioden von 116 sec, beobachtete Harang [*85*] gleichzeitig ähnliche Pulsationen in einer Ionosphärenschicht im virtuellen Abstand 650—800 km.

Zur Aufspaltung der W-Strahlung in $W' + W''$ (329234) finden sich parallele Vorgänge in der Aufspaltung der E-Schicht [*86, 87, 88*].

32929 Innerer Anteil der erdmagnetischen Variationen; Erdstrom.

329291 Überblick. Theoretisch läßt sich der innere Anteil des erdmagnetischen Feldes und seiner zeitlichen Schwankungen durch Kugelfunktionsentwicklung des Potentials berechnen. Dies ist praktisch nur möglich für großräumige Erscheinungen wie das „permanente Feld" (325), die sonnen- und mondentägigen Variationen (32923, 32924), den Ringstrom und weltweite Pulsationen. Die örtliche Verteilung der Ströme im Erdinnern ist daraus nicht eindeutig zu bestimmen. Chapman und Price haben versucht, die Zunahme der elektrischen Leitfähigkeit mit der Tiefe aus diesen Analysen zu erschließen [*1*]. Die Meere, mit ihrer im Verhältnis zum Erdboden höheren Leitfähigkeit, erschweren infolge ihrer unregelmäßigen Verteilung die Aufgabe, aus der Analyse der Beobachtungen an den (schlecht verteilten) Observatorien die Aufgabe generell zu lösen, da der Abstand der Observatorien zu klein ist, um die Koeffizienten der Kugelfunktionen höherer Ordnung im Potential zu berechnen. Die Abschwächung von Variationen der Z-Komponente durch das innere Feld wird dort am wirksamsten sein, wo der leitende Untergrund weithin einheitlich ist, während örtliche Verschiedenheiten der Untergrundleitfähigkeit (z. B. an Küsten, Land und Meer) diese innere Kompensation des ionosphärischen Anteils in der Z-Komponente stören werden. Es fällt auf, daß in Tucson (Arizona), mitten im nordamerikanischen Kontinent, die Variationen der magnetischen Vertikalkomponente Z besonders schwach sind, schwächer als an anderen Stationen in gleicher Breite. Systematische Untersuchungen dieser Art liegen nur in den Anfängen vor (Characteristic range volumes [*11*]). Über lokal verschiedene Z-Variationen vgl. [*102, 110*].

Die direkt beobachteten „Erdströme" hängen mit dem inneren Anteil des erdmagnetischen Feldes nicht eindeutig zusammen [*1, 2*]. Die gemessenen Potentialdifferenzen zwischen Elektroden, die im Erdboden vergraben sind, ähneln im Verlauf ihrer Unruhe jedoch stark den erdmagnetischen Variationen [*91*]. Auch für S_q und L sind in diesen Erdstrombeobachtungen deutlich Parallelen zu den erdmagnetischen Variationen [*91, 92, 92a, b*]. Pulsationen [*94*].

Bei den großen magnetischen Stürmen 1938 April 16 und 1940 März 24 beobachtete Harang [93] in Nordnorwegen, längs Telefon- und Telegrafenlinien, Spannungen von mehreren tausend Volt auf Strecken von 40 km Länge, entsprechend einem Spannungsgefälle von mindestens 50—60 Volt/km.

Beobachtungen von Observatorien in den Jahrbüchern, z. B. Ebro, Huancayo [90], Tucson [89]. Deutsche Beobachtungen von J. B. Ostermeier in Mering bei Augsburg seit 1949 (unveröffentlicht) und in Fürstenfeldbruck.

Da es scheint, daß alle Erdstromvariationen induktiv durch die Variationen des erdmagnetischen Feldes erzeugt werden, wird hier nur auf die Literatur verwiesen [1], Beitrag von Rooney in [2]).

32 9292 Durch Meeresgezeiten induzierte Ströme. Beobachtungen am englischen Kanal (Elektroden im Meer sowie Erdstrombeobachtungen an Land) ergaben deutlich die von Faraday [96] vorausgesagten elektrischen Felder, die durch Gezeitenströme erzeugt waren, bei Portsmouth mit Gesamtamplituden von 0,020 bis 0,035 Volt/km, bei Gezeitenströmen von 1,0 bis 1,7 Knoten [1]. Der „Gezeitendynamo" wird fast ganz durch den Meeresboden kurzgeschlossen. Auch Wirkungen von Meereswellen und Dünung wurden beobachtet. Ältere Beobachtungen sind in [1] beschrieben, neuere von Barber [95] und Longuet-Higgins [96], mit Theorie und Hinweisen auf frühere Beobachtungen, auch in unterseeischen Kabeln [97]: Die Gezeitenbewegung im Englischen Kanal, etwa 0,8 m/sec, erzeugt Feldstärken von etwa 8 Millivolt/km, etwa 1 Volt Spannung zwischen dem englischen und französischen Kanalufer. Die Erdstromdichte im Seewasser ist von der Größenordnung 10^{-8} Amp/cm^2; bei 50 m Wassertiefe ist das horizontale Magnetfeld dieses Stroms 10 γ. Die beobachteten lunaren Spannungsschwankungen sind erklärbar, wenn die mittl. Leitfähigkeit des Meerbodens zu $6 \cdot 10^{-5}$/(Ohm · cm) angenommen wird; diejenige des Seewassers ist 0,04/(Ohm · cm). Die Potentialgradienten setzen sich landeinwärts fort; in Paris, 150 km von der Küste, werden lunare halbtägige Gänge im Erdstromgradienten von 0,6 Millivolt/km beobachtet [92a].

Literatur.

Fachzeitschriften.

Terr. Magn., vierteljährlich, **1** (1896) bis **53** (1948); von **54** ab unter dem Titel J. Geophys. Res., **56** (1951). Ausführliche Bibliographien; Berichte „Principal Magnetic Storms".

J. Geomagn. Geoelectr., Kyoto, **1** (1949).

Zusammenfassende Darstellungen.

[1] Chapman, S., u. J. Bartels: Geomagnetism. 2 Bände, 1126 S. Oxford Univ. Press 1940. 2. Aufl. in Vorbereitung. — [2] Fleming, J. A. (Editor): Terrestrial Magnetism and Electricity. U. S. National Research Council, Series Physics of the Earth. Vol. VIII. 794 S. Neudruck durch Dover Publ., New York 1949. — [3] Bartels, J.: Erdmagnetismus II: FIAT Review (= Naturforschung und Medizin in Deutschland 1939/46) **17**, Geophysik I, 39—91. Wiesbaden 1948 (Dieterich). — [4] Vestine, E., u. Mitarbeiter: The geomagnetic field . . ., Carnegie Inst. Washington Publ. 578 und 580; in Lit. zu 325 zitiert als [1] und [2], hier als [4a] und (4b]. — [5] Mitra, S. K.: The upper Atmosphere. (Roy. Asiatic Soc. Bengal, Monograph Series Vol. V) 615 S. Calcutta 1947. — [6] Chapman, S.: The Earth's Magnetism. 127 S. London 1951 (Methuen). — [6a] Moos, N. A. F.: Colaba Magnetic Data, 1846—1905, Part I and II. 782 S., Bombay 1910. — [6b] Schmidt, Ad.: Ergebn. magn. Beob. in Potsdam und Seddin 1900—1910. Abhandl. Kgl. Preuß. Meteorol. Inst. Berlin **5** (1916) Nr. 3.

Einzelarbeiten.

[7] US Coast and Geodetic Survey, MG-Series. Washington 1948/51. — [8] IATME Bulletins Nr. **10** (Trans. Edinburgh 1936), Nr. **11** (Trans. Washington 1939), Nr. **13** (Trans. Oslo 1948). — [9] IATME Bulletins Nr. **12** ($C + K$ für 1940—1946), **12a** (1947), **12b** (1948), **12c** (1949), **12d** (1932/33), **12e** (1950). — [10] Bartels, J.: Potsdamer Erdmagnetische Kennziffern. Z. Geophys. **14** (1938) 68, und weitere Mitteilungen, z. T. von A. Burger. Entwicklung bis 1942 dargestellt in **17** (1941/42) 317. Tabellen für 1937 bei Johnston und Heck [13], auch im Potsdamer Erdmagnetischen Jahrbuch. K-Tabellen für 1900—1936 in [9] = IATME Bull. Nr. **12b**. — [11] Bartels, J., N. H. Heck u. H. F. Johnston: The three-hour-range index . . . Terr. Magn. **44** (1939) 411—454; . . . für 1938/39. Terr. Magn. **45** (1940) 309—337. — [12] Johnston, H. F., u. N. H. Heck: K für 1937 und 1940. Terr. Magn. **46** (1941) 95—117. — [13] Johnston, H. F.: Terr Magn. **46** (1941) 301—303. — [14] Benkova, N. P., u. O. Y. Kasuhina: K-index according to the USSR observatories. Terr. Magn. **46** (1941) 343f. — [15] Fanselau, G.: (Zweite Kennziffern). Z. f. Meteorol. **3** (1949) 236—240; **5** (1951) 123. — [16] Stagg, J. M.: Proc. R. Soc. London (A) **149** (1935) 298—311. — [17] Bartels, J.: Ks und Kp. IATME Bull. **12b** (für 1949) 97—120. — [18] Bartels, J., u. J. Veldkamp: International Data on Magnetic Disturbances. J. Geophysical Research **54** (1949) 285—299, und weitere vierteljährliche Berichte in jedem Heft, z. B. **56** (1951) 127—129. Regelmäßige Tabelle „Principal Magnetic Storms", jetzt von W. E. Scott bearbeitet. — [19] Bartels, J.: Tägliche Charakterzahlen 1884—1950 und planetarische Kennziffern Kp 1932/33 und 1940—1950. Abhandl. Akad. Wiss. Göttingen, Math.-phys. Kl. 29 S. Sonderheft 1951. — [20] Behr, A.: Sonneneruption 25. Juli 1946. Z. f. Naturforschung. **1** (1946) 537—539. — [21] Stagg, J. M.: British Polar Year Expedition Fort Rae, 1932/33. Vol. 1 und 2. London, Royal Society, 1937. — [21a] Vestine, E. H.: The geographic incidence of aurora and magn. disturbance, northern hemisphere. Terr. Magn. **49** (1944) 77—102. — [21b] Vestine, E. H., u. E. J. Snyder: . . . southern hemisphere. Terr. Magn. **50** (1945) 105—124. — [22] Bartels, J.: Ci and Cp. IATME Bull. **12e** (für 1950), 109—137. — [23] Bartels, J.: Internationale erdmagne-

tische Charakterzahlen 1884—1889. IATME Bull. Nr. **11** (Trans. Washington Meetg. 1939), 183 bis 195; Tabellen abgedruckt in Terr. Magn. **52** (1947) 33—38. — [*24*] Sucksdorff, E.: Erdmagnetische Aktivität in Sodankylä. Veröff. Geophys. Obs., Finn. Akad. Wiss. Nr. 25. 68 S. Kuopio 1942 (dort Zitat ähnlicher Arbeiten über stündliche Schwankungswerte: Critchton-Mitchell, Eskdalemuir 1914—1925, Narayanaswami, Bombay 1923—1933). — [*24a*] Greenwich Photo-Heliographic Results 1927. S. C 127—139. Fortgesetzt in jährlichen Berichten in der Zeitschr. Observatory (H. W. Newton). — [*24b*] Greaves, W. M. H., u. H. W. Newton: MN **88** (1928) 556—567; **89** (1929) 84—92, 641—646; viele Berichte von H. W. Newton in der Zeitschr. Observatory. — [*25*] Waldmeier, M.: Identification of the *M*-regions. Terr. Magn. **51** (1946) 537—542; Z. Astrophys. **27** (1950) 42—48. — [*26*] Kiepenheuer, K. O.: ApJ **105** (1947) 408—423; auch FIAT Review Astronomie, 229—284. Wiesbaden 1948 (Dieterich). — [*27*] Forbush, S. E.: On cosmic-ray effects associated with magnetic storms. Terr. Magn. **43** (1938) 203—218; Phys. Rev. **54** (1938) 975—988. — [*28*] Forbush, S. E., u. I. Lange: Cosmic-ray results, Huancayo 1936—1946, and daily means for Cheltenham, Godhavn, Christchurch. Carnegie Inst. Washington Publ. 175 (= Researches Dept. Terr. Magn.), Vol. **14** (1948) 182 S. — [*29*] Kolhörster, W.: Höhenstrahlung in Berlin ... vom 1. März 1941. Phys. Zs. **44** (1943) 393—405. — [*30*] Kato, Y., u. T. Kanno: (Cosmic ray intensity and magn. storm). Tohoku Univ. Sci. Rep. (5) Geophysics **2** (1950) 153—157. — [*31*] Elliot, H., u. D. W. N. Dolbear: J. Atmosph. Terr. Physics **1** (1951) 205—214. — [*32*] Alfvén, H., u. K. G. Malmfors: Ark. Mat. Astr. Fys. **29** A (1943) Nr. 24. — [*33*] Malmfors, K. G.: Tellus **1** (1949) 55—61. — [*34*] Alpher, R. A.: Theoretical geomagnetic effects in cosmic radiation. J. Geophys. Res. **55** (1950) 437—471. — [*35*] Forbush, S. E.: Iatme Bull. Nr. **11** (Trans. Washington Meetg. 1939) 438—452. — [*36*] Hogg, A. R.: Cosmic rays solar relationships. J. Atmosph. Terr. Physics **1** (1950) 56—62. — [*37*] Forbush, S. F.: Three unusual cosmic ray increases ... Physic. Rev. **70** (1946) 771. — [*38*] Ehmert, A.: Ultrastrahlung von der Sonne. Z. f. Naturforschg. **3a** (1948) 264—285. — [*39*] Diemінger, W. u. a.: J. Atmosph. Terr. Physics **1** (1950) 37—48. — [*40*] Bureau, R., u. A. Dauvillier: Ann. Géophys. **6** (1950) 77—103. — [*41*] Forbush, S. E., T. B. Stinchcomb, M. Schein: Phys. Rev. **79** (1950) 501—504. — [*42*] Bartels, J.: Gerlands Beitr. z. Geophys. **55** (1939) 193—203. — [*43*] Bartels, J., u. H. F. Johnston: Main features of daily magn. variations ... Terr. Magn. **44** (1939) 455—469. — [*44*] Bartels, J.: Ergebn. exakt. Naturwiss. **7** (1928) 138; Wien-Harms, Hdb. Exp.-Physik **25**, Teil 1, S. 640 (Leipzig 1928). — [*45*] Benkova, N. P.: Terr. Magn. **45** (1940) 425 bis 432. — [*46*] Chapman, S.: Terr. Magn. **53** (1948) 247—250. — [*47*] Egedal, J.: J. Geophys. Res. **55** (1950) 98—100. — [*48*] Bartels, J.: Schwankungen der Sonnenstrahlung, erdmagnetisch erschlossen. Abhandl. Preuß. Akad. Wiss. Berlin, Math.-Nat. Kl. 1941, Nr. 12. — [*49*] Bartels, J.: Terr. Magn. **51** (1946) 181—242. Die Tabellen für *W* liegen (ungedruckt) bis Ende 1947 vor. — [*50*] Bartels, J.: Zs. f. Meteorol. **5** (1951) 236—239. — [*51*] Wulf, O. R., u. Mary W. Hodge: J. Geophys. Research **55** (1950) 1—20. — [*52*] McNish, A. G.: Terr. Magn. **40** (1935) 151—158. — [*53*] Bartels, J.: Ebbe und Flut in der Ionosphäre. Ber. Deutscher Wetterdienst US-Zone, Bad Kissingen **12** (1950) 30—33. — [*54*] Bartels, J., u. H. F. Johnston: Geomagnetic tides in *H* at Huancayo. Terr. Magn. **45** (1940) 269—308, 485—512; Auszug in Trans. Amer. Geophysical Union 1940, 273—287. — [*55*] Bartels, J.: L in Lovö und Hermanus *D* (unveröffentlichte Analysen, z. T. unter Verwendung handschriftlicher Tabellen der Stundenwerte der Observatoriumsdirektoren N. Ambolt und A. M. van Wijk). — [*56*] Chapman, S., u. J. C. P. Miller: The statistical determination of lunar daily variations ... MN Geophys. Suppl. **4** (1940) 649—669. — [*57*] Tschu, K. K.: (Practical determination of L) (a) Australian J. Sci. Research (A) **2** (1949) 1—24; (b) J. Chinese Geophys. Soc. **2** (1950) 74—82. — [*58*] Chapman, S.: (Notes on L, First part: Math. and graphical representation). Terr. Magn. **47** (1942) 279—294. — [*59*] Schneider, O.: (Variability of L). Terr. Magn. **46** (1941) 283—300; auch Veröff. Meteorol. Inst. Univ. Berlin **1** (1936) Heft 3. — [*60*] Bartels, J.: Terrestrial-magnetic activity ... Terr. Magn. **37** (1932) 1—52; **39** (1934) 1—4; **40** (1935) 265/66; **41** (1936) 374; **43** (1938) 131—134. — [*61*] Howe, H. H.: The *u*-measure ..., with remarks by J. Bartels, J. Geophys. Research **55** (1950) 153—160. — [*62*] Vestine, E. H.: Terr. Magn. **43** (1938) 261 bis 282. — [*63*] Vestine, E. H., u. S. Chapman: Terr. Magn. **43** (1940) 351—382; IATME Bull. Nr. **11** (1939) Trans. Washington Meeting, 360—381. — [*64*] Bartels, J.: Sturm vom 1. März 1941. Z. Geophys. **17** (1941) 56/57; vgl. auch Newton, H. W.: Observatory **64** (1941) 82—86. — [*65*] Newton, H. W.: Sudden commencements at Greenwich, 1879—1944 ... MN Geophys. Suppl. **5** (1948) 159—185; Terr. Magn. **52** (1947) 441—447. — [*66*] Ferraro, V. C. A., u. W. C. Parkinson: (S. c'.s) Nature **165** (1950) 243f. — [*67*] Veldkamp, J.: IATME Bulletin Nr. **12e** (1950). — [*68*] Bartels, J.: Solar eruptions and their ionospheric effects ... Terr. Magn. **42** (1937) 235—239. — [*69*] Newton, H. W.: Geomagnetic „crochet" occurrences at Abinger, 1936—1946, ... MN Geophys. Suppl. **5** (1948) 200—215. — [*70*] Meyer, O.: Erdmagn. Registr. von Mögel-Dellinger-Effekten. D. Hydrogr. Z. **2** (1949) 185—187. — [*71*] Silsbee, H. B., u. E. H. Vestine: Geomagnetic bays ... Terr. Magn. **47** (1942) 195—208. — [*72*] La Cour, D.: Geomagnetic giant pulsations, March 1, 1942. Terr. Magn. **47** (1942) 265/66. — [*73*] Berkner, L. V., H. W. Wells u. S. L. Seaton: Ionospheric effects associated with magn. disturbance. Terr. Magn. **44** (1939) 283—311. — [*74*] Berkner, L. V., u. S. L. Seaton: Ionospheric changes ... storm of 1940 March 24. Terr. Magn. **45** (1940) 393—418. — [*75*] Netzer, Th.: Hochfrequenztechnik und Elektroakustik **55** (1940) 86—94. — [*76*] Lange-Hesse, G.: Funkverkehrsstörungen in Norwegen und Finnland und Erdmagnetismus. Interner Bericht Zentralstelle f. Funkberatung Nr. 4 (1943). — [*77*] Nagata, T., N. Fukushima u. M. Sugiura: Geomagn. disturbances and ionospheric storms. J. Ionosphere Res. Japan **3** (1949) 43—72. — [*78*] Bartels, J.: 27 day variations in *F*2 at Huancayo. J. Atmosph. Terr. Physics **1** (1950) 2—12. — [*79*] Allen, C. W.: Terr. Magn. **51** (1946) 1—18; **53** (1948) 433—448. — [*80*] Philipps, M. L.: ... ionospheric sunspot-number ... Terr. Magn. **52** (1947) 321—332; **53** (1948) 79—80. — [*81*] Appleton,

E. V., u. K. Weekes: Lunar tides in the upper atmosphere. Proc. R. Soc. London (A) **171** (1939) 171—187.— [*82*] Appleton, E. V., and W. J. G. Beynon: Lunar oscillations in the *D*-layer. Nature **164** (1949) 308. — [*83*] Martyn, D. F.: Atmosph. tides in the ionosphere. Proc. R. Soc. London (A) **189** (1947) 241—260; **190** (1947) 273—288; **194** (1948) 429—463. — [*83a*] McNish, A. G., u. T. N. Gautier: Lunar ionospheric variations. J. Geophys. Res. **54** (1949) 303f. — [*84*] Scott, James C. W.: . . . arctic *E*-layer. J. Geophys. Res. **56** (1951) 1—16. — [*85*] Harang, L.: Pulsations in an ionized region at height of 650—800 km . . . Terr. Magn. **44** (1939) 17—19. — [*86*] Appleton, E. V., R. Naismith u. L. J. Ingram: Proc. Phys. Soc. London **51** (1939) 81—92. — [*87*] McNicol, R. W. E., u. G. de V Gipps: *Es*-region at Brisbane. J. Geophys. Res. **56** (1951) 17—21. — [*88*] Helliwell, R. A., A. J. Mallinckrodt u. F. W. Kruse, jr.: Fine structure of the lower ionosphere. J. Geophys. Res. **56**. (1951) 85—96. — [*89*] Rooney, W. J.: Earth-current results at Tucson, 1932—1942. Carnegie Inst. Publ. 175, Vol. **9**. 309 S. Washington 1949. — [*90*] Rooney, W. J.: Earth-currents at Huancayo (Stundenwerte). Mikrofilm, Dept. Terr. Magn. Carnegie Inst. Washington 1950. — [*91*] Rooney, W. J.: Terr. Magn. **49** (1944) 147—157; **50** (1945) 175—184. — [*92*] Egedal, J.: Lunar variation in earth-currents at Mogadiscio. Geofisica pura e appl. **11** (1948) 1—7. — [*92a*] Rougerie, P.: C. R. **205** (1937) 1252/53; Ann. Inst. Phys. Globe Paris **20** (1942) 60—112. — [*92b*] Romaña, A., u. J. O. Cardús: Urania Nr. 220 (1949) 151—164; Revista de Geofisica **9** (1950) 1—18. (Abdrucke als Publ. Obs. del Ebro, Misc. Nr. 6 u. 8, Tortosa).—[*93*] Harang, L.: Maximalwerte der Erdstromspannungen... Gerl. Beitr. z. Geophysik **57** (1941) 310—316. — [*94*] Kato, Y., u. S. Utashino, Micropulsation in earth-current. Sci. Rep. Tohoku Univ. Sendai Ser. 5, **1** (1949) 96—99. — [*95*] Barber, N. F.: . . . earth-currents . . . in a . . . sea-channel. MN Geophys. Suppl. **5** (1948) 258—269. — [*96*] Longuet-Higgins, M. S.: The electrical and magnetic effects of tidal streams. MN Geophys. Suppl. **5** (1949) 285—307. — [*97*] Cherry, D. W., u. A. T. Stovold: Nature **157** (1946) 766. — [*98*] Bartels, J.: Hints for scaling *K*-indices. IATME Bull. **14** (Trans. Brussels 1951). — [*99*] Nagata, T.: Southward shifting of the auroral zone. J. Geophys. Res. **55** (1950) 127—142, Zusatz von Ferraro S. 493. — [*100*] Matsushita, S.: Circulatory motions in the ionosphere ... J. Geomagn. Geoelectr. Kyoto **1** (1950) 35—47; **2** (1950) 9—19. — [*101*] Ferraro, V. C. A., W. C. Parkinson u. H. W. Unthank: (S. c.'s) J. Geophys. Res. **56** (1951) 177—195. — [*102*] Meyer, O.: (Baistörungen). D. Hydrogr. Z. **4** (1951) 61—65. — [*103*] Price, A. T., u. G. A. Wilkins: Daily magn. variations in equatorial regions. J. Geophys. Res. **56** (1951) 259—263. — [*104*] Singer, S. Fred, E. Maple u. W. A. Bowen jr.: Evidence for ionospheric currents from rocket experiments near the geomagnetic equator. J. Geophys. Res. **56** (1951) 265—281. — [*105*] Fukushima, N.: ... Current system of bay-disturbance. Geophys. Notes, Tokyo Univ. **3**, Nr. 22 (1950), 10 S. — [*106*] Sucksdorff, E.: IATME Bull. **13** (Trans. Oslo Meeting 1948) 473. — [*107*] Adams, N., u. H. Braddick: Phil. Mag. **41** (1950) 503, 505. — [*108*] Biermann, L., O. Haxel u. A. Schlüter: Neutrale Ultrastrahlung von der Sonne. Z. f. Naturforsch. **6**a (1951) 47—48. — [*109*] Daudin, J.: Le soleil et les rayons cosmiques. Rapp. Comm. relat. sol. et terr. **7** (1951) 135—164. — [*110*] McIntosh, D. H.: Geomagnetic solar flare effects . . . . J. Atmosph. Terr. Phys. **1** (1951) 315—342). — [*111*] Newton, H. W., a. W. Jackson: Observational aspects of solar corpuscular radiation. Rapp. Comm. relat. sol. et terr. **7** (1951) 107—130. — [*112*] Chapman, S.: Corpuscular influences upon the upper atmosphere. J. Geophys. Res. **55** (1950) 361—372.

3293 Polarlicht.

Allgemeine Literatur. Harang, L.: Das Polarlicht und die Probleme der höchsten Atmosphärenschichten. 120 S. Leipzig, Akad. Verlagsges. 1940. — Vegard, L.: The aurora polaris and the upper atmosphere. In Fleming, J. A. (ed.): Physics of the Earth VIII: Terrestrial Magnetism and Electricity 573—656. Neudruck New York, Dover Publ. Inc., 1949. — Kapitel über Polarlicht in den Büchern über Erdmagnetismus (Chapman u. Bartels 3292) und höchste Atmosphäre (Mitra 3281). Vgl. auch 3294.

32931 Nordlichtformen.

Nach internationaler Vereinbarung (Prag 1927) wurden folgende Bezeichnungen der Nordlichtformen festgelegt:

I. Formen ohne Strahlenstruktur. Homogener, ruhiger Bogen (*HA*) erscheint gewöhnlich in der Nähe des Horizontes. Der Bogen hat gewöhnlich eine scharfe untere Grenze und wird nach oben diffus. Zwei oder mehrfache Bogen werden oft beobachtet. — Homogene Bande (*HB*) hat nicht die regelmäßige Form der Bogen und zeigt mehr oder weniger lebhafte Bewegung. — Pulsierender Bogen (*PA*), die Intensität des Bogens oder eines Teiles ändert sich periodisch. — Diffus leuchtende Flächen (*DS*) erscheinen als diffuse Schleier oder Nordlichtdunst über einem größeren Teil des

Himmels, besonders nach größeren Nordlichtentladungen. — Pulsierende Flächen (*PS*), sie erscheinen und verschwinden mehrmals an derselben Stelle des Himmels in Perioden von mehreren Sekunden.

II. Formen mit Strahlenstruktur. Bogen mit Strahlenstruktur (*RA*), ein ruhiger, homogener Bogen geht nach einiger Zeit sehr oft in einen Bogen mit Strahlenstruktur über, die Strahlen können von verschiedenen Höhen sein. — Band mit Strahlenstruktur (*RB*) besteht aus kurzen Strahlen. Werden die Strahlen länger, geht das Band in eine Draperie (*D*) über. — Strahlen (*S*) erscheinen als einzelne Gebilde oder in Bündeln. — Corona (*C*), die Strahlen konvergieren allseitig in Richtung nach dem erdmagnetischen Zenit. Sehr oft ist nur die eine Hälfte der Corona ausgebildet. Die Corona kann auch von Bändern oder Draperien in der Nähe des erdmagnetischen Zenits gebildet werden.

III. Flammendes Nordlicht (*F*), eine charakteristische Form, die nach großen Nordlichtentladungen erscheint. Große Wellen von Licht rollen von unten nach oben gegen Zenit.

Literatur. Photographic Atlas of Auroral Forms and Scheme for Visual Observations of Aurorae. Published by the International Geodetic and Geophysical Union. Oslo 1930. — Supplements I. Oslo 1932.

32932 Geographische Ausbreitung der Polarlichter.

Durch statistische Behandlung der Polarlichtbeobachtungen hat Fritz die erste Karte der Häufigkeit auf der nördlichen Halbkugel angegeben. Vestine hat das Material neu bearbeitet, mit ausführlichen Literaturangaben. Die Linien gleicher Häufigkeit (Isochasmen) sind ungefähr um die magnetische Dipolachse der Erde zentriert, maximale Häufigkeit (100%, Polarlichtzone) in 20° bis 28° Abstand.

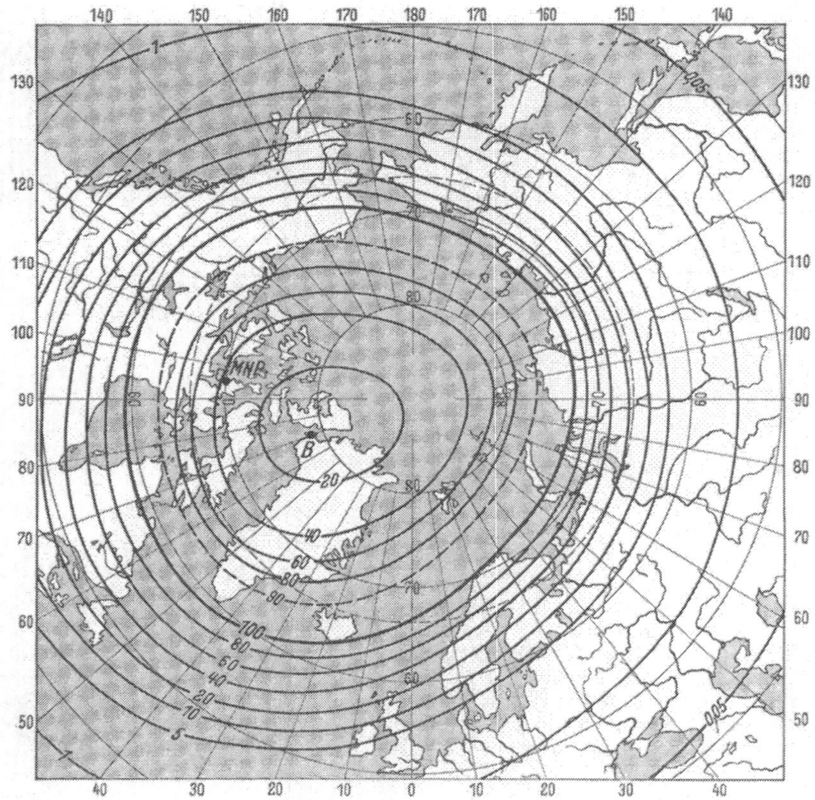

Abb. 1. Geschätzte prozentische Häufigkeit von Polarlicht in klaren, dunklen Nächten: Nordhalbkugel (nach Vestine). *MNP* = magnetischer Nordpol, *B* = borealer Pol der magnetischen Erdachse.

Literatur. Fritz, H.: Das Polarlicht. Leipzig 1881. Vgl. W. Boller: Gerlands Beitr. **3** (1908) 56 bis 130, 550 bis 609. — White, F. W. G., u. M. Geddes: Terr. Magn. atm. Electr. **44** (1939) 367 bis 377. — Vestine, E. H.: The geographic incidence of aurora and magn. disturbance, northern hemisphere. Terr. Magn. **49** (1944) 77 bis 102. — Vestine, E. H., and E. J. Snyder: The geographic ..., southern hemisphere. Terr. Magn. **50** (1945) 105 bis 124. — Gartlein, C. W., u. R. K. Moore: Southern extent of aurora in North America. J. Geophys. Res. **56** (1951) 85 bis 96.

Harang

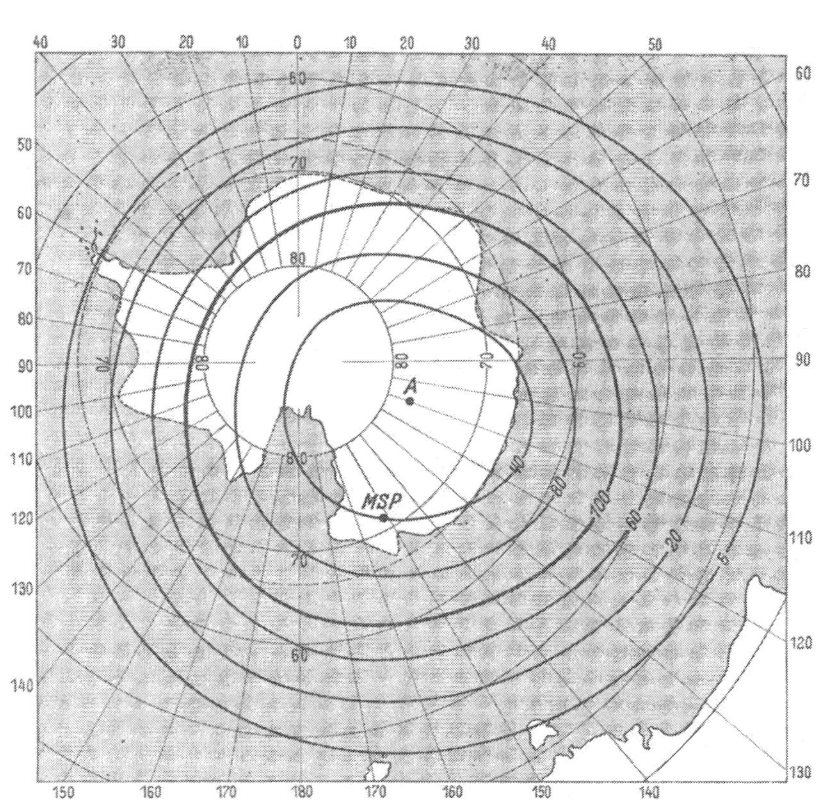

Abb. 2. Polarlichthäufigkeit wie in Abb. 1: Südhalbkugel (nach Vestine und Snyder). *MSP* = Magnetischer Südpol, *A* = australer Pol der magn. Erdachse.

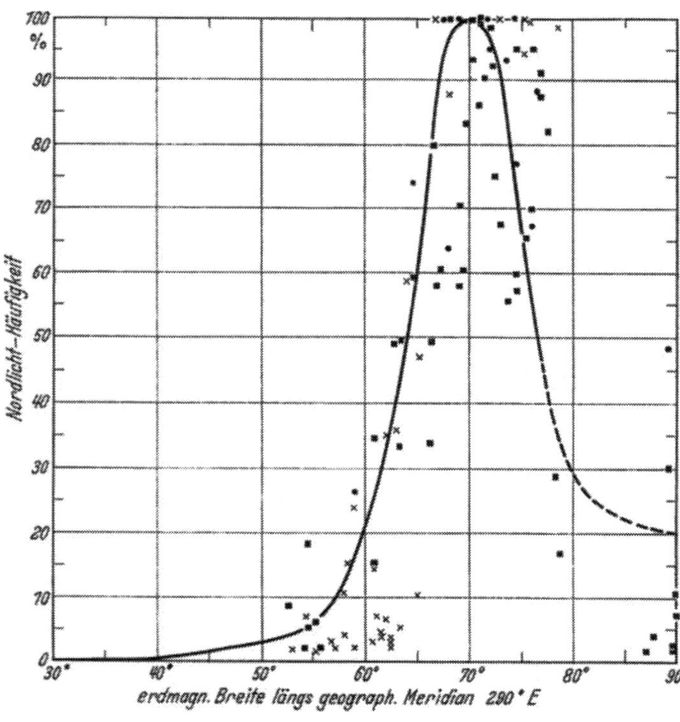

Abb. 3. Geschätzte durchschnittliche prozentische Häufigkeit von Polarlicht in klaren, dunklen Nächten auf dem Meridian 290° *E* Länge, mit maximaler Häufigkeit in 69° *N* Breite. Die liegenden Kreuze × sind Stationen des zweiten Polarjahrs 1932/33. (Nach Vestine.)

Harang

32933 Periodizität der Polarlichter.

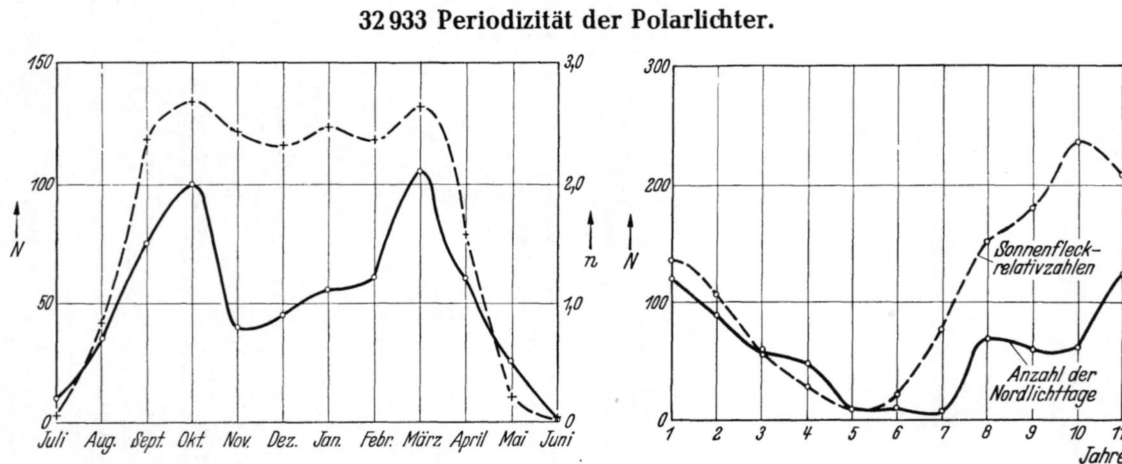

Abb. 4. Jährliche Periode der Häufigkeit. ——— Zahl der Nordlichttage (*N*) für jeden Monat, Summe der Nordlichttage für das Jahr auf 1000 reduziert. Beobachtungsort: Ganz Norwegen 1761 bis 1877 (nach Tromholt). —·—·— Zahl der Nordlichttage (*n*) für jeden Monat. Beobachtungsort: Dänemark 54° bis 57° N, 1897 bis 1937 (nach Egedal).

Abb. 5. Zusammenhang zwischen Anzahl von Nordlichttagen und Sonnenfleckrelativzahlen während der drei Sonnenfleckperioden 1897 bis 1907, 1908 bis 1918 und 1919 bis 1929. Beobachtungsort: Dänemark 54° bis 57° N (nach Egedal).

Literatur. Tromholt, S.: Catalog der in Norwegen bis Juni 1878 beobachteten Nordlichter, Oslo (Kristiana) 1902. — Egedal, J.: Observations of Aurora from the Danish Light-Vessels during the Years 1897 bis 1937, Kopenhagen 1938. — Über den Zusammenhang mit erdmagnetischen Störungen vgl. 329222. Der tägliche Gang ist ähnlich demjenigen der erdmagnetischen Aktivität (329212).

32934 Richtung der Nordlichtbogen und Lage des Radiationspunktes.

Die ruhigen Nordlichtbogen stehen angenähert senkrecht auf dem Meridian durch den erdmagnetischen Achsenpol. Mittlerer Wert des Azimuts der Bogen, an neun Stationen der Polarlichtzone entlang gemessen, ist nach Vegard und Krogness 102,1° (westliches Ende der Bogen ist dem Pol näher). — Die Lage des Radiationspunktes der Corona liegt in der Nähe des erdmagnetischen Zenits der Beobachtungsstelle. Fast für alle Stationen wird die Coronahöhe um einige Grade kleiner als die erdmagnetische Inklination, und das Azimut etwas geringer als die erdmagnetische Deklination beobachtet.

Literatur. Fritz, H.: Das Polarlicht. Leipzig 1881. — Størmer, C.: Geofysisk. Publ. **1** (1921) Nr. 5; **4** (1926) Nr. 7, Oslo. — Vegard, L.: Geofysisk. Publ. **1** (1920) Nr. 1, Oslo.

32935 Höhen der Nordlichter über der Erdoberfläche.

Parallaktische Aufnahmen von je zwei Stationen aus (in Nordnorwegen) haben die in Abb. 4 angegebenen Frequenzkurven für den unteren Rand der Nordlichter gegeben, Anzahl der Einzelauf-

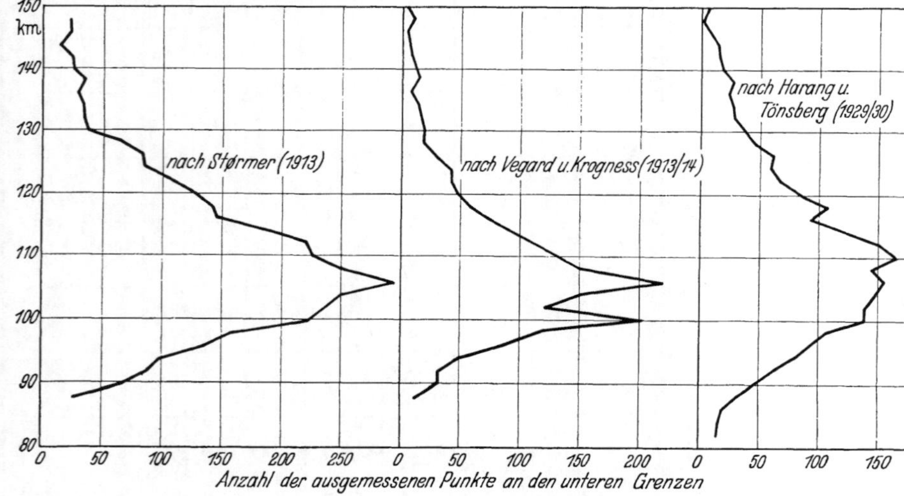

Abb. 6.

Harang

nahmen für jede Frequenzkurve 500 bis 700. Über Höhenmessungen von Bögen von einer einzelnen Station vgl. Harang, L.: Terr. Magn. **50** (1945) 311.

Die gegebenen Frequenzkurven beziehen sich auf Messungen nahe der Polarlichtzone. Auf südlicheren Breiten erstrecken sich die Höhen der Nordlichter über einen größeren Höhenbereich.

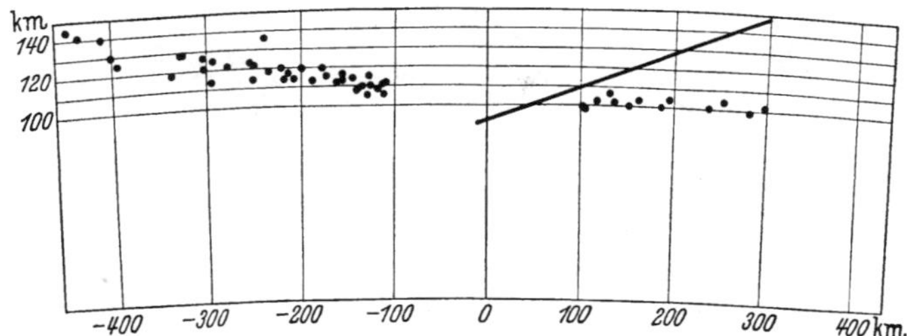

Abb. 7. Einfluß der Sonnenstrahlen auf die Höhen eines 800 km langen Nordlichtbogens, bei dem eine Hälfte in der sonnenbelichteten, die andere Hälfte in der dunklen Atmosphäre liegen (nach Harang).

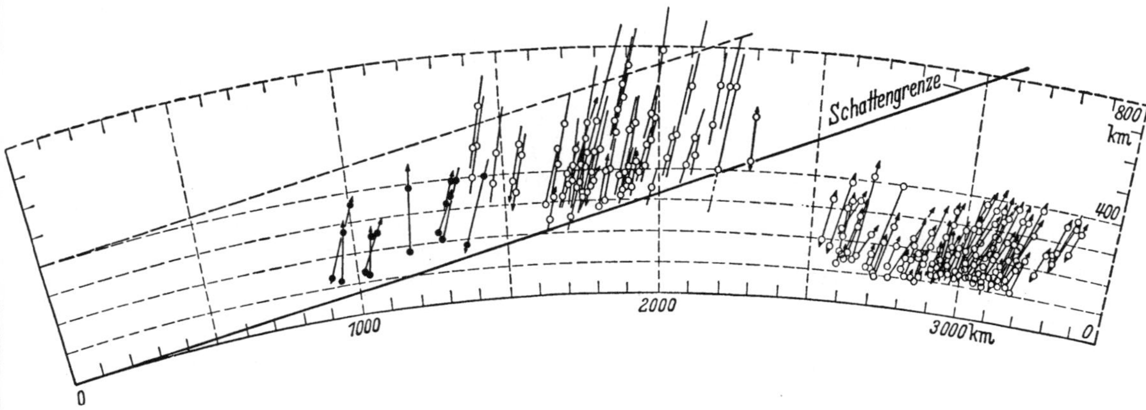

Abb. 8. Die Gipfel der sonnenbelichteten Strahlen und Draperien erreichen Höhen von 800 bis 1100 km, die unteren Grenzen derselben gehen gewöhnlich nur an die Schattengrenze zwischen sonnenbelichteter und dunkler Atmosphäre (nach Størmer).

Die oben angegebenen Frequenzkurven beziehen sich auf die Höhen der normalen, gelbgrünen Nordlichter, die in der dunklen Atmosphäre erscheinen. Nach Størmer zeigen die sonnenbelichteten Nordlichter bedeutend größere Höhen, in seltenen Fällen gehen aber auch Strahlen im Schatten sehr hoch.

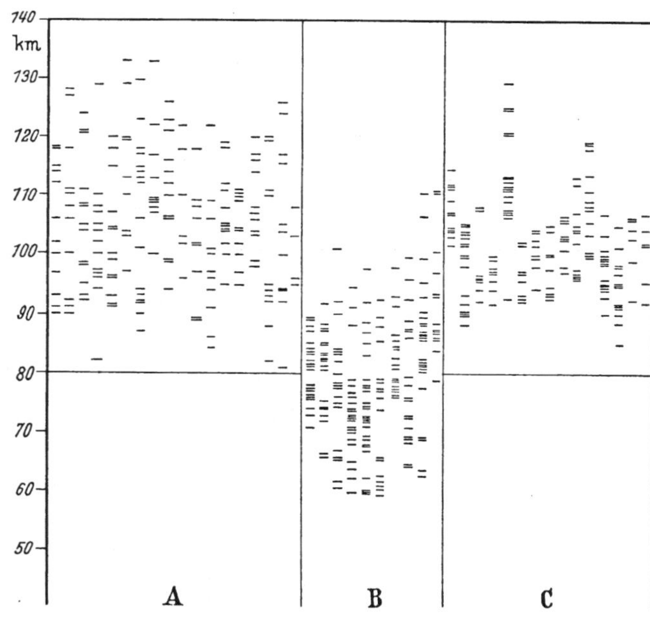

Abb. 9. Die untere Grenze der gewöhnlichen gelbgrünen Nordlichter geht bis zu 80 km herunter. Besondere Formen wie Nordlichtbogen mit sehr stark rot gefärbtem unteren Rand reichen mit der unteren Grenze bis zu 65 bis 76 km über die Erdoberfläche. *A* und *C* sind Höhen gewöhnlich gelbgrüner Bogen, *B* sind die Höhen eines Bogens mit stark rot gefärbtem unteren Rand (nach Harang und Bauer).

Harang

Literatur. Størmer, C.: Geofysisk Publ. **1** (1921) Nr. 5; **4** (1926) Nr. 7, Oslo; Z. Geophysik **5** (1929) 177. — Størmer, C.: Terr. Magn. **51** (1946) 501; **53** (1948) 251; Geofys. Publ. Oslo **13** (1944) Nr. 13; C. R. Acad. sci., Paris **228** (1949) 1904. — Vegard, L., u. O. Krogness: Geofysisk Publ. **1** (1920) Nr. 1. — Harang, L., u. E. Tönsberg: Geofysisk Publ. **9** (1932) Nr. 5. — Harang, L.: Terr. Magn. atm. Electr. **41** (1936) 143. — Harang, L., u. W. Bauer: Beitr. Geophysik **37** (1932) 109. — Harang, L.: Terr. Magn. **50** (1945) 297; **51** (1946) 381; Geofys. Publ. Oslo **13** (1944) Nr. 14; **16** (1945) Nr. 6. — Nachschlageliteratur: Vegard, L.: Das Nordlicht. Handb. exp. Physik **25**, 1. Teil, 385 bis 476. — Størmer, C.: Über die Probleme des Polarlichtes. Ergebn. kosm. Physik **1** (1931) 1 bis 86. — Harang, L.: Das Polarlicht und die Probleme der höchsten Atmosphärenschichten. Leipzig, Akad. Verlagsges. 1940.

32936 Spektrum des Polarlichtes.

Die folgende Tabelle (nach Vegard) gibt die Wellenlängen und Intensitäten der Linien und Banden, die durch Belichtung über längere Zeiten aufgenommen worden sind. Die angegebenen Intensitäten, die kursiv gedruckt sind, sind deshalb die mittleren Intensitäten der Linien und Banden. Die Deutungen *1.p.G.*, *2.p.G.*, *N.G.* und ε-System beziehen sich auf das Bandenspektrum des Stickstoffes.

8132, **8035**, *1.p.G.* (5—4 u. 6—5); **7906**, **7867**, *47*, *1.p.G.* 7—6; **7734**, *1.p.G.* 8—7 (2—0); **7594**, *1.p.G.* 9—8 (3—1); **7479**, *1.p.G.* (10—9), 4—2; **7368**, *1.p.G.* (11—10), 5—3; **7264**, *1.p.G.* 6—4; **7068**, *1.p.G.* 8—6; **6861**, *1.p.G.* 10—8, 3—0; **6784**, **6768**, **6753**, *1.p.G.* 11—9 (4—1); **6696**, **6682**, **6669**, *1.p.G.* 5—2; **6619**, **6605**, **6592**, *40*, *1.p.G.* 6—3; *1.p.G.* 13—11; **6543**, Nebel. *N II* $({}^1D_2—{}^0P_2)$; **6526**, **6512**, *1.p.G.* 7—4, 14—12; **6469**, 8—5; **6454**, **6441**, *1.p.G.* (15—13); **6398**, *1.p.G.* 15—13, *O I* $({}^1D_2—{}^3P_0)$; **6363**, *1.p.G.* (9—6) *O I* $({}^1D_2—{}^3P_1)$; **6300.30**, *28*, *1.p.G.* (10—7) *O I* $({}^1D_2—{}^3P_2)$; **6185**, *1.p.G.* 12—9; **6129**, *1.p.G.* 5—1; **6108**, *1.p.G.* 13—10; **6068**, *1.p.G.* 6—2, ε (3—18); **6058**, *1.p.G.* 6—2; **6011.1**, *1.p.G.* 7—3; **6001**, *1.p.G.* 15—12; **5990.8**, *15*, *1.p.G.* 15—12; **5966.4**, *1.p.G.* 8—4; **5891**, *1.p.G.* 9—5; **5867**, *13*, *1.p.G.* 17—14; **5833**, *1.p.G.* 10—6; **5751**, Nebel. *N II* $({}^1S_0—{}^1D_2)$, ε (1—16); **5577.34**, *100*, *O I* $({}^1S_0—{}^1S_2)$; **5238**, *6*, *1.p.G.* 16—11 N_2B, ε (5—18); **5139**, *1.p.G.* (19—14) *0*; **5002**, *N* (5002.7) Nebel. *O III* $({}^1D_2—{}^3P_2)$; **4858**, *O II* (4857, 4861) *N II* (4860); **4780**, *N II* (4780) *O II* (4779), ε (5—17); **4708.7**, *7.8*, *N.G.* 0—2; **4652.2**, *4.6*, *N.G.* 1—3, ε (4—16); **4596.1**, *3.4*, *N.G.* 2—4; **4566.0**, *N II* (4565), $2s^2\,2p^2\,(3d^3F_2—3p\,{}^1D_2)$; **4550.8**, *2.0*, *N.G.* 3—5; **4535**, *1.6*, ε (3—15); **4507**, *1.2*, *O II* (4506.5); **4484**, *1.6*, *N.G.* 5—7 (*CB*), *N I* $2s^2\,2p^2\,({}^3P)\,4d^4P_3—2s\,2p^4\,{}^4P_3$; **4437**, *1.6*, *O II*; **4424**, *3.0*, ε (2—14); **4415.1**, *2.5*, *O II* (4414.9—4417.0) Nebel. *2.p.G.* (3—8) (4416); **4375.6**, *1.6*, *O II* (4376.2), ε (5—16); **4368.2**, *2.4*, *O II* (4369.3—4366.9); **4362.0**, *1.2*, *O II* (4359.4) *N I* (4358.3) Nebel. *O III* $({}^1S_0—{}^1D_2)$ (4363); **4345.6**, *2.p.G.* (0—4); **4319.5**, *1.6*, *b′* ε (1—13); **4277.6**, *P*-Zweig, 4267.6, *R*-Zweig, *24.4*, *N.G.* (0—1); **4236**, *5.9*, *N.G.* 1—2; **4226.3**, *4.0*, *N II* (4227.8); *N I* (4224.7); **4218**, *3.0*, ε (0—12) *CB*; **4200.0**, *2.0*, *N.G.* (2—3); **4176.2**, *1.4*, ε (3—14); **4142.6**, *1.4*, *2.p.G.* (3—7), ε (6—16); **4119.7**, *1.6*, *O II* (4119.2); **4092.0**, *1.6*, *2.p.G.* (4—8), *O II* (4092.9), *N II* (4092.7); **4076.0**, ε (2—13), *O II* (4076) Nebel; **4058**, *3.4*, *2.p.G.* 0—3; **4048.5**, *O II* (4048.2), ε (5—15); **3997.7**, *3.7*, *2.p.G.* 1—4; **3981**, *1.0*, *b′* ε (1—12); **3942.8**, *2.2*, *2.p.G.* 2—5, ε (4—14); **3914.4** *P*-Zweig, *47.4*, *N.G.* 0—0; 3903.5 *R*-Zweig; **3884.5**, *2.2*, *N.G.*, 1—1; **3872.0**, *1.0*, *O II* (3872.5) Nebel; **3805.4** *P*, *4.9*, *2.p.G.* 0—2; 3801.0 *R*; **3769**, *1.0*, ε (2—12); **3755.2**, *4.2*, *2.p.G.* 1—3; **3728.6**, *1.0*, *O II* $2s^2\,2p^3\,({}^2D_{2\cdot3}—{}^4S_2)$ Nebel. (3728.9); **3711.1**, *2.4*, *2.p.G.* 2—4; **3708.0**, *O II* (3712.8); **3685.3**, *1.6*, *b′* ε (1—11); **3671.8**, *2.p.G.* (3—5); **3603.0**, *1.0*, ε (0—10); **3583**, *1.6*, *N.G.* 1—0; **3577.6** *P*, *9.8*, *2.p.G.* 0—1; **3570.0** *R*, *2.p.G.* 0—1; **3563.5**, *1.6*, *N.G.* 2—1; **3536.8** *P*, *4.9*, *2.p.G.* 1—2; 3531.5 *R*, *2.p.G.* 1—2; **3503.2** *2.2*, *2.p.G.* 2—3; **3484**, *1.0*, *p.G.* 7—8; **3468.7**, *3,0*, *2.p.G.* 3—4; **3429.0**, *2.0*, *b′* ε (1—10); **3371.3**, *9.0*, *2.p.G.* 0—0; **3339.3**, *1.2*, *2.p.G.* 1—1; **3285.3**, *1.8*, *2.p.G.* 3—3; **3202.7**, *2.2*, *b′* ε (1—9); **3192.4**, ε (4—11) *O II* (3194.9); **3168.7**, *2.p.G.* 9—7; **3159.3** *P*-Zweig, *5.8*, *2.p.G.* 1—0; 3135.2 *R*-Zweig; **3125.7**, *3.6*, *2.p.G.* 2—1, ε (6—12); **3114.0**, *2.p.G.* 3—2.

Die Wellenlängen sind mittels Spektralaufnahmen ausgemessen, die mit kleiner oder mittlerer Dispersion aufgenommen sind. Folgende Nordlichtlinien sind mit großer Genauigkeit interferometrisch mittels Fabry-Perot-Aufnahmen ausgemessen: 6300, 298 Å I.E. *O I* $({}^1D_2—{}^3P_2)$, 5577,3445 Å I.E. *O I* $({}^1S_0—{}^1S_2)$. Übergangswahrscheinlichkeiten vgl. 13 1832. Nordlicht-Spektrogramme aus Alaska diskutieren Barbier und Williams.

Über Wasserstofflinien vgl. Gartlein. Meinel beobachtete bei dem starken Nordlicht vom 18. bis 20. August 1950 (vgl. 329213, Abb. 1) die rote Hα-Linie mit einem Spektrographen hoher Auflösung. In der Richtung senkrecht zum magnetischen Erdfeld war Hα stark und diffus, aber nicht verschoben; parallel zum Erdfeld, in Richtung zum magnetischen Zenit, war das Profil von Hα unsymmetrisch, das Maximum war um 10 Å, der violette Flügel um 71 Å verschoben. Deutung: Protonen der Energie 57 k-eVolt schossen in die Atmosphäre mit mindestens 3200 km/sec.

Infrarote OI- und NI-Linien fand Meinel.

Die im Polarlichtspektrum auftretenden vier Oszillationsbanden des Stickstoffmoleküls sind in Abb. 10 gegeben (nach Vegard).

Laboratoriumsversuche über Nachleuchten von Stickstoff und Sauerstoff in Beziehung zum Polarlicht und Nachthimmelslicht beschreibt Kaplan.

Temperatur im Nordlicht s. 328144.

Literatur. Vegard, L.: Geofysisk Publ. **2** (1921) Nr. 4, Oslo; **10** (1933) Nr. 4; **12** (1938) Nr. 5. — Vegard, L., u. L. Harang: Geofysisk Publ. **10** (1933) Nr. 5; **11** (1934) Nr. 1 und 15. — Vegard, L., u. E. Tönsberg: Geofysisk Publ. **11** (1937) Nr. 2; **12** (1938) Nr. 3. — Vegard, L.: Z. Physik **78** (1932) 567; **81** (1933) 556. — McLennan u. G. M. Shrum: Proc. R. Soc. London A **108** (1925) 501. — Hopfield, J. J.: Phys. Rev. **37** (1931) 160. — Vegard, L., and E. Tönsberg: Geofys. Publ. Oslo **13** (1941) Nr. 5; **16** (1944) Nr. 2. — Vegard, L.: IATME Bull. **13** (Oslo 1948); **14** (Brussels 1951). — Gartlein, C. W.: (Wasserstofflinien). Trans. Amer. Geophys. Union **31** (1950) 18; Phys. Rev. **74**

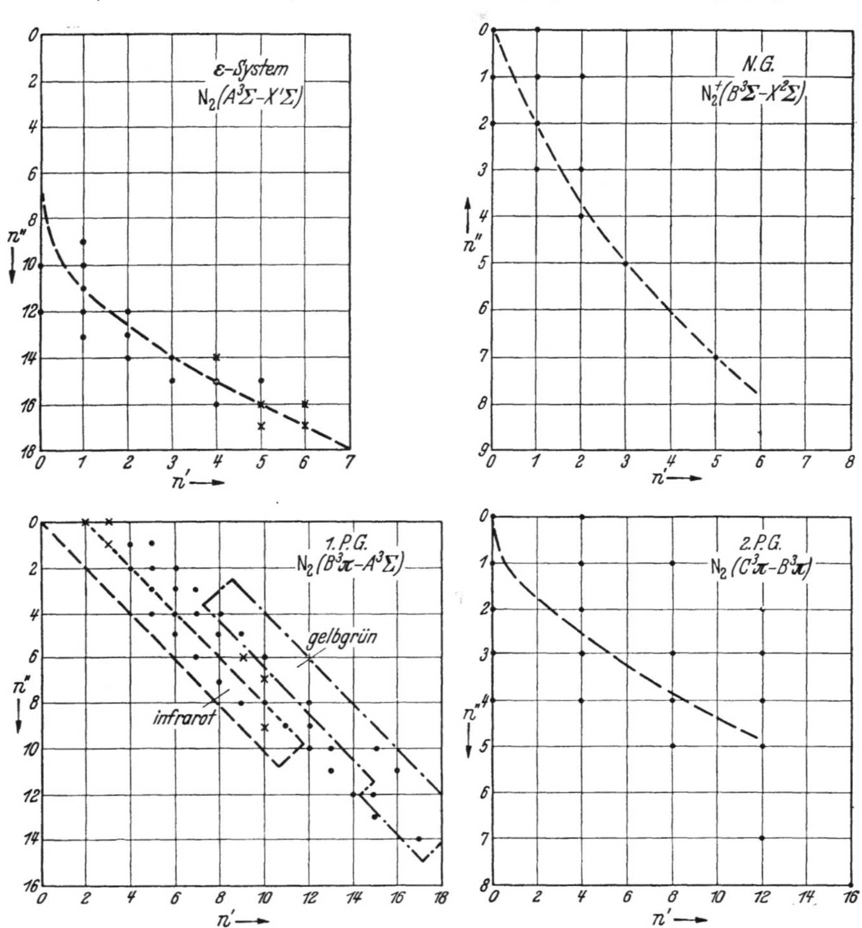

Abb. 10. Die im Polarlichtspektrum auftretenden Oszillationsbanden des Stickstoffmoleküls.

(1948) 1208. — Meinel, A. B.: (Starke erlaubte OI- und NI-Linien im Infrarot). Trans. Amer. Geophys. Union **31** (1950) 21; (57 keV protons...) Phys. Rev. **80** (1950) 1096. — Nicolet, M., et R. Dogniaux: Journ. Geophys. Research **55** (1950) 21. — Kaplan, J.: Laboratory studies related to the physics of the upper atmosphere. IATME Bull. **13** (Trans. Oslo Meetg. 1948) 474 bis 479; **14** (Trans. Brussels Meetg. 1951). — Chapman, S.: Corpuscular influences upon the upper atmosphere. J. Geophys. Res. **55** (1950) 361 bis 372. — Barbier, D., u. D. R. Williams: J. Geophys. Res. **55** (1950) 401 bis 414. — Nachschlageliteratur: Vegard, L.: Handb. exp. Physik **25** (1928) 385 bis 476; Ergebn. exakten Naturwiss. **17** (1938) 229 bis 281; Météorologie 1938, 141 bis 154 und 203 bis 216. Vgl. auch die zu Anfang zitierten Werke. — Meinel, A. B.: The spectrum of the airglow and the aurora. Reports Progress Physics (London) **14**. — Nicolet, M., zit. S. 779, Lit. 32944 [*11*].

Harang

3294 Nachthimmelslicht (Luftleuchten).

32941 Lichtquellen des Nachthimmels.

Das Nachthimmelslicht setzt sich zusammen aus Sternlicht, Zodiakallicht, galaktischem Licht sowie Luftleuchten (Air glow). Unter Luftleuchten (oder Nachthimmelslicht im engeren Sinne) versteht man das Emissionsleuchten der Erdatmosphäre; physikalische und chemische Prozesse in der Atmosphäre zwischen 60 und 1000 km Höhe führen zu einer beständigen Emission von Banden und Linien. Die Beobachtungstatsachen sprechen dafür, daß die Emission im wesentlichen durch freiwerdende Energie hervorgerufen wird, die während des Tages durch Dissoziation der Moleküle in der hohen Atmosphäre aufgespeichert wird, doch ist es nicht ausgeschlossen, daß ein Beitrag geliefert wird durch Zusammenstöße mit Teilchen, die aus dem interplanetaren Raum kommen. Infolge der Dichteabnahme mit der Höhe werden die oberen Schichten nur geringe Energien liefern, das meiste Licht wird aus den Schichten zwischen 60 bis 250 km kommen. Die Anregungsenergie der Linien und Banden ist $\leq$ 8 eV, vermutlich sogar $\leq$ 5 eV, also wesentlich geringer als für das Nordlicht (vgl. 32936). Die Anteile der einzelnen Energiequellen des Nachthimmelslichtes schwanken je nach dem betrachteten Spektralgebiet. Als Beispiel seien Zahlen für das photographische Gebiet 3700—4500 Å nach Barbier [1] genannt: 12% Sternlicht, 15% Zodiakallicht und galaktisches Licht (dessen Verteilung über den Himmel haben Elvey und Roach studiert, die Karten für den Gesamthimmel entworfen haben [2]), 20% durch Emission von scharfen Banden und Linien in der Erdatmosphäre (Cabannes und Dufay [8] geben für diesen Anteil eine Schwankung von 10—27% im Laufe des Jahres an, in den Einheiten von Barbier), 53% Kontinuum, welches durch schwache und unscharfe Banden sowie durch die Flügel in den stark verbreiterten Emissionsbanden atmosphärischer Gase hervorgerufen wird. Gelegentlich treten Leuchtstreifen auf, die eine Wolkenstruktur besitzen [3, 4].

Photometrische Einheiten vgl. 328850.

Literatur zu 32941.

[1] Barbier, D.: Ann. d'Astrophys. **10** (1947) 141. — [2] Elvey, E. T., u. F. E. Roach: Astrophys. J. **85** (1937) 213. — [3] Hoffmeister, C.: Z. f. Meteorol. **1** (1946) 33. — Nachschlageliteratur: [4] Götz, F. W. P.: Handb. d. Geophys. **8** (1943) 415. — [5] Swings, P.: in G. Kuiper: The atmospheres of the earth and planets, Chicago (1949) 159. Neuauflage bearbeitet von Meinel 1951. — [6] Phys. Soc. London: The emission spectra of the night sky and aurorae (Gassiot Committee) 1948. — [7] Mitra, S. K.: The upper atmosphere, Calcutta (1948) 453. — [8] ICSU: 6ème Rapport, Commission Étude des Relations solaires et terrestres. Orléans 1948.

32942 Leuchtdichte des Nacht- und Dämmerungshimmels.

Die Leuchtdichte hängt von dem Spektralgebiet ab, innerhalb dessen gemessen wird, ältere Messungen beziehen sich nur auf das sichtbare Gebiet, doch ist der Nachthimmel besonders reich an rotem und ultrarotem Licht (Abb. 1). Eine typische Verteilung der Leuchtdichte über den Gesamthimmel ist in Abb. 2 wiedergegeben; die Messungen wurden mit einem visuellen Photometer ausgeführt. Die Farbtemperatur des Nachthimmels wird von Grandmontagne [1] zu 2000° K, von Babcock und Johnson [2] zu 3450° K angegeben. Die Beleuchtungsstärke des Gesamthimmels im Sichtbaren beträgt $1{,}8 \cdot 10^{-3}$ Lux bei wolkenlosem und $5{,}0 \cdot 10^{-4}$ Lux bei völlig bedecktem Himmel nach Messungen von Bullrich [6] in Frankfurt (Main). Die entsprechenden Zahlen von Siedentopf [7] sind $6{,}3 \cdot 10^{-4}$ Lux und $3{,}6 \cdot 10^{-4}$ Lux für Jena. — Vgl. auch 31094.

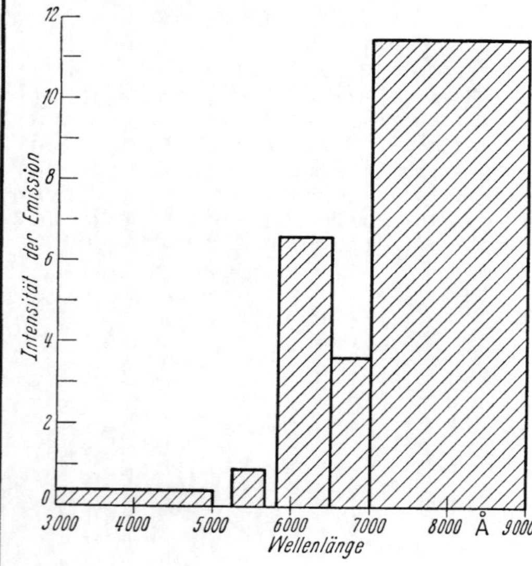

Abb. 1. Energieverteilung des Nachthimmelslichtes zwischen 4000 und 9000 Å.

Grandmontagne vermutet [1], daß die in der Abbildung wiedergegebenen hohen Energien von 11,4 Einheiten nicht zwischen 7000 und 9000 Å, sondern zwischen 7000 und 11000 Å gemessen wurden.

Penndorf

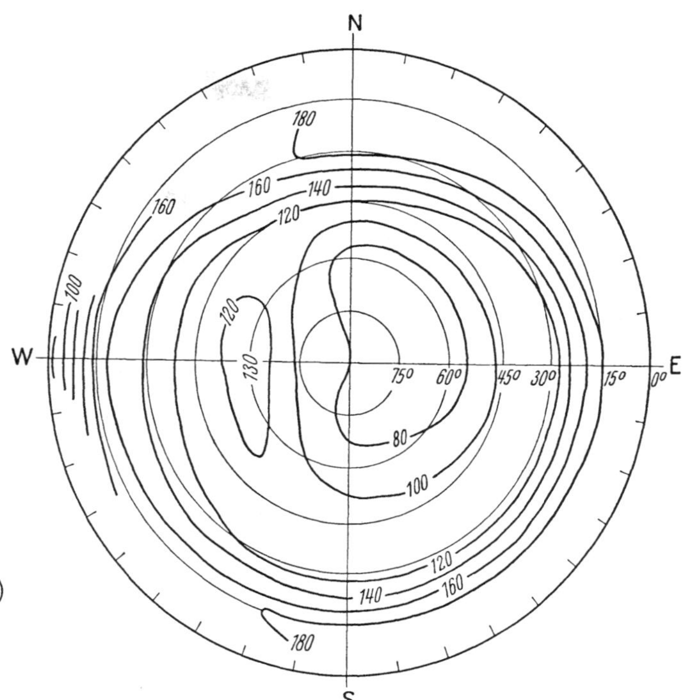

Abb. 2.
Leuchtdichte des Nachthimmels in College, Alaska nach [3].
Typische Verteilung für eine ruhige Nacht.
Einheiten in millimikro-Lambert ($m\mu$L) $= 3{,}18 \cdot 10^{-6}$ Kz/m² $= 10^{-5}$ asb.

Abb. 3 zeigt, auf Grund zahlreicher Messungen, die Abnahme der Zenitleuchtdichte während der Dämmerung für das sichtbare Gebiet. Die Abnahme erfolgt nicht gleichmäßig, denn bei einer Sonnentiefe von 9° ändert sich der zeitliche Gradient infolge des Nachtluftleuchtens. Für Sonnentiefen $> 18°$ bleibt sie konstant (Tab. 1 A). Der Breiteneffekt ist gering, dagegen üben Bewölkung und Mondphase sowie Mondhöhe einen maßgebenden Einfluß aus [6]. Die Tabelle 1 B enthält absolute Werte der visuellen Zenitleuchtdichte. Verteilung der visuellen Leuchtdichte über die Himmelssphäre für Sonnenhöhen $+5°$ bis $-15°$ gibt Bullrich [6]. Einheiten: 1 asb (vgl. 328850). Messungen mit Photozellen haben weiterhin ergeben, daß der Nachthimmel „fleckig" ist. Die Emission bestimmter Linien (besonders die des Natriums) ist demnach gebietsweise verschieden und kann mit einer „wolkigen Struktur" beschrieben werden.

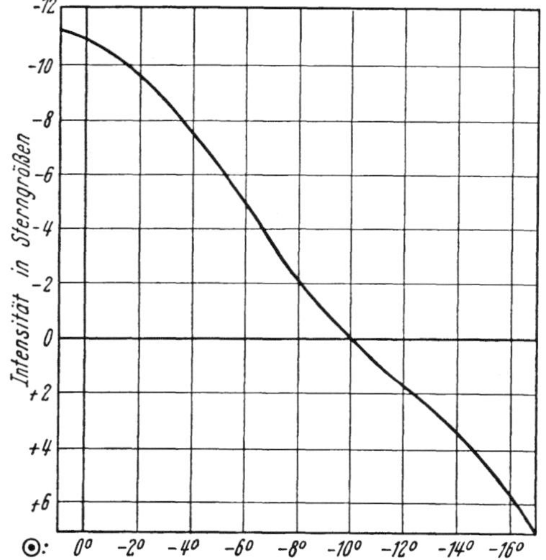

Abb. 3. Zenitleuchtdichte während der Dämmerung. Mittelwerte nach W. Brunner [4].
Abszisse: Sonnenhöhe,
Ordinate: Intensität in Sterngrößen.

Tabelle 1. Leuchtdichte des Nacht- und Dämmerungshimmels.

1 A. Zenitleuchtdichte des Nachthimmels.

	Visuell	Rot und Ultrarot 5800 Å [1]
Mittlere Leuchtdichte in astronom. Größenklassen/Quadratgrad [4] .	4,1	2,02
Leuchtdichte in Stilb [4]	$1{,}56 \cdot 10^{-8}$	$10{,}7 \cdot 10^{-8}$
Zenitleuchtdichte in Stilb:		
Alaska [3]	$2{,}2 \cdot 10^{-8}$	
Tropische und mittlere Breiten [5]	$4{,}1 \cdot 10^{-8}$	
Deutschland [6]	$5{,}7 \cdot 10^{-8}$	
[7]	$2{,}0 \cdot 10^{-8}$	

1B. Mittlere Zenitleuchtdichte B in Apostilb (asb) während der Dämmerung in Abhängigkeit von der Sonnentiefe h.

h	0	1	2	3	4	5	6	7	8	9	10	11	12	13	14	15	16	17	18	19
wolkenlos [6]. . .	400	190	77	28	9,4	2,9	0,90	0,30	0,11	0,045	$2,1\cdot10^{-2}$	$9,2\cdot10^{-3}$	$3,1\cdot10^{-3}$	$2,2\cdot10^{-3}$	$1,9\cdot10^{-3}$	$1,8\cdot10^{-3}$	$1,8\cdot10^{-3}$	—	—	—
wolkenlos [7]. . .	480	280	144	65	25	7,3	2,1	0,83	0,42	0,083	$6,0\cdot10^{-2}$	$1,7\cdot10^{-2}$	$8,1\cdot10^{-3}$	$5,9\cdot10^{-3}$	$2,4\cdot10^{-3}$	$8,9\cdot10^{-4}$	$8,6\cdot10^{-4}$	$8,5\cdot10^{-4}$	$8,4\cdot10^{-4}$	$8,4\cdot10^{-4}$
geschlossene Bewölkung [6] . .	65	25	8,7	2,7	0,80	0,26	0,08	0,032	0,013	$6,2\cdot10^{-3}$	$2,3\cdot10^{-3}$	$1,8\cdot10^{-3}$	$1,2\cdot10^{-3}$	$9\cdot10^{-4}$	$7\cdot10^{-4}$	$6\cdot10^{-4}$	$6\cdot10^{-4}$	—	—	—

Literatur zu 32942.

[1] Grandmontagne, R.: Phys. Soc. London, Gassiot Com. (1948) 72. — [2] Babcock, H. W., u. J. J. Johnson: Astrophys. J. **94** (1941) 271. — [3] Seaton, S. L.: J. of Geophys. Res. **55** (1950) 43. — [4] Brunner, W.: Publ. Eidg. Sternw. Zürich VI, 1935. — [5] Hulburt, E. O.: J. opt. Soc. Amer. **39** (1949) 211. — [6] Bullrich, K.: Ber. Deutsch. Wetterdienst US-Zone, Bad Kissingen, Nr. 4 (1948). — [7] Siedentopf, H.: Met. Rundsch. **1** (1948) 525. — [8] Israël, H.: Forschungs- u. Erfahrungsber. Reichsamt f. Wetterdienst, Serie A, Nr. 6 (1941). — [9] Ljunghall, A.: Medd. Lunds Astron. Obs. Ser. II, Nr. 125 (1949).

32943 Spektrum des Dämmerungsleuchtens.

Unter Dämmerungsleuchten versteht man das Leuchten, welches von dem Teil der hohen Atmosphäre kommt, der noch (oder schon) von der Sonne beschienen wird, während der Beobachtungsort im Erdschatten liegt. Es ist meßbar, wenn die Schattengrenze etwa 60 km über dem Beobachtungsort liegt. Festgestellt wurden vier Effekte, die ursächlich mit der Sonnenstrahlung verknüpft sein müssen, doch sind die Erklärungen nicht eindeutig [1]. Zu vermuten ist, daß es sich um Resonanzstrahlung der Sonne handelt. Auch photochemische Prozesse werden herangezogen [2]. Verstärkt werden: 1. die D-Linien des Natriums (5890 und 5896 Å); diese Wellenlängen wurden auch interferometrisch bestimmt, vgl. Abb. 4; 2. die N_2^+-Banden (3914 und 4278 Å); 3. die N_2^+-Bande (6560 Å); 4. die rote Sauerstofflinie (6300 Å) (vgl. Abb. 5 in 32945); für diese Linie ist der Intensitätsverlauf während der Morgendämmerung von dem während der Abenddämmerung verschieden [3].

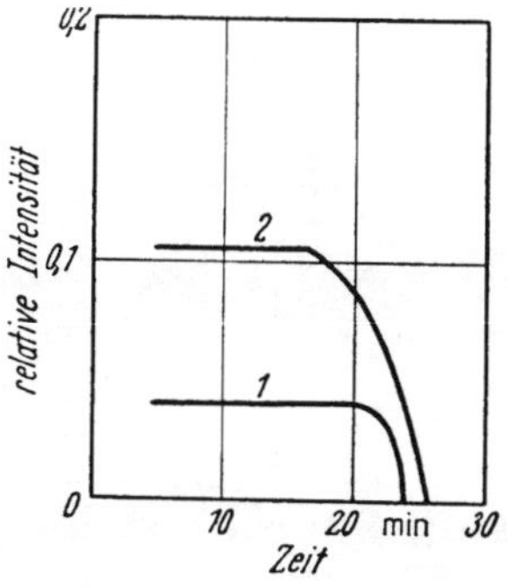

Abb. 4. Intensitätsverlauf der Natrium-D-Linien in der Dämmerung nach Vegard-Kvifte [4].
Kurve 1: 2. 12. 1942, Kurve 2: 30. 11. 1942.
Messung im Zenit,
Ordinate in relativen Einheiten.
$t = 0$ für Sonnenuntergang.

Tabelle 2. Relative Intensitäten der in der Dämmerung verstärkten Linien und Banden.

A. N_2^+-Banden nach Dufay [5]:

Wellenlänge in Å . .	3914	3884	4278	4237
Relative Intensität .	100	18	42	13

Anmerkung: Die Intensität für 3914 Å wurde willkürlich = 100 gesetzt.

B. Intensität einiger Linien und Banden im Dämmerungs- und Luftleuchten [3, 4].

Wellenlänge in Å		5892	6300	6560
Relative Intensität des	Dämmerungsleuchtens	6,5—13,0	10	1,6—1,8
	Luftleuchtens	0,13	0,3	0,08

Anmerkung: Nur die untereinanderstehenden Zahlenwerte sind vergleichbar, nicht dagegen die nebeneinanderstehenden.

Literatur zu 32943.

[1] Swings, P.: vgl. 32941, Nr. 5. — [2] Penndorf, R.: Phys. Rev. **78** (1950) 66. — [3] Elvey, C. T.: Phys. Soc. London, Gassiot Com. (1948) 16. — [4] Vegard, L., u. G. Kvifte: Geophys. Publ. **16** (1947) Nr. 7. — [5] Dufay, M.: Ann. Geophys. **5** (1949) 2.

32944 Spektrum des Luftleuchtens.

329441 Kontinuierliches Spektrum.

Das kontinuierliche Spektrum unter 4000 Å ist sehr schwach. Betreffs Ursprung vgl. 32941.

329442 Atomspektren.

Die genaue Ausmessung ist wegen der kleinen Dispersion (etwa 200 Å/mm) der verwendeten Spektrographen schwierig. Die Belichtungsdauer beträgt einige Minuten für das Dämmerungsleuchten, 1 bis zu 200 Stunden für das Luftleuchten, je nach dem Zweck und Spektralgebiet. Die sicher nachgewiesenen Linien enthält die Tabelle 3. Gesichert sind nur: die grüne Sauerstofflinie 5577,3 Å, zwei Linien des roten Sauerstofftripletts (6300 und 6364 Å) sowie die Natrium-D-Linien. Die Intensitäten enthält die Tab. 4, zeitliche Schwankungen werden in 32946 behandelt.

Tabelle 3. Wellenlänge λ, relative photographische Intensität I, Deutung und theoretisch berechnete Wellenlänge λ_{th} der beobachteten Linien und Banden des Luftleuchtens (nach [*1, 2, 3, 8, 9, 10*]).

λ Å	I	Deutung	λ_{th} Å
10827		OH; Mein B. (5,2) Q	10826
10374		OH; Mein B. (4,1) P	—
10217		OH; Mein B. (4,1) R, Q	10284
9976		O_2; Janssen B. (0,2)	9965
9391		OH; Mein B. (8,4) Q	9380
8870		OH; Mein B. (7,3)	8831
8962	100	OH; Mein B. (7,3) P_3	
8924	100	OH; Mein B. (7,3) P_2	
8889	100	OH; Mein B. (7,3) P_1	
8829	200	OH; Mein B. (7,3) Q	8831
8778	210	OH; Mein B. (7,3) R	
8659		O_2; Janssen B. (0,1)	
8628		O_2; Janssen B. (0,1)	
8467	35	OH; Mein B. (6,2) P_3	
8432	44	OH; Mein B. (6,2) P_2	
8402	37	OH; Mein B. (6,2) P_1	
8347	74	OH; Mein B. (6,2) Q	8345
8300	31	OH; Mein B. (6,2) R	
8290	36	OH; Mein B. (6,2) R	
7969	20	OH; Mein B. (5,1) P_1	
7919	42	OH; Mein B. (5,1) Q	7913
7874	57	OH; Mein B. (5,1) R	
7799	17	OH; Mein B. (9,4) P_1	
7756	23	OH; Mein B. (9,4) Q	7752
7720	28	OH; Mein B. (9,4) R	
7600 bis 7700		O_2; $^1\Sigma \rightarrow {}^3\Sigma$ (0,0) A-Bande absorbiert in tieferen Schichten	
7529	8	OH; Mein B. (4,0) Q	7526
7482	7	OH; Mein B. (4,0) R	
7284	12	OH; Mein B. (8,3) Q	7280
7251	12	OH; Mein B. (8,3) R	
6865	30	OH; Mein B. (7,2) R	6867
6835	30	OH; Mein B. (7,2) Q	6837
6705			
6580	Dä	N_2; $B^3\Pi \rightarrow A^3\Sigma$ (7,4)	6560
6563		OH; Mein B. (6,1) P	6563
6542			
6530	Dä	N_2; $B^3\Pi \rightarrow A^3\Sigma$ (7,4)	6524
6502	20	OH; Mein B. (6,1) Q	6503
6470	Dä	N_2; $B^3\Pi \rightarrow A^3\Sigma$ (6,3)	
6469	25	OH; Mein B. (6,1) R	6470
6363,9	30, Dä	O I; $^3P \rightarrow {}^1D$	6363,9
6300,2	100, Dä	O I; $^3P \rightarrow {}^1D$	6300,2
6262	15	OH; Mein B. (9,3) Q	6260
6240	15	OH; Mein B. (9,3)	6240
6203	3	OH; Mein B. (5,0) P	6202
6174	5	OH; Mein B. (5,0) Q	6173
6146	5	OH; Mein B. (5,0) R	6145
6005	1	OH; Mein B. (8,2) P	6010
5979	2	OH; Mein B. (8,2)	5981
5955	3	OH; Mein B. (8,2)	5957
5932	3	OH; Mein B. (8,2)	5937
5917	2	OH; Mein B. (8,2)	5917
5896	5, Dä	Na I, $^2P - {}^2S$	
5890	5, Dä	Na I, $^2P - {}^2S$	
5820			
5775			
5675			
5577,3	100	O I; $^1D - {}^1S$	5577,34
5460			
5320			
5250			

λ Å	I	Deutung	λ_{th} Å
5160		* (CO)	
5130		O_2; Herzbg B. (3,13)	5136
5090	2	N_2; Veg-Kapl B. (4,17)	5092
5040	2	* (CO)	
5002	1	O_2; Herzbg B. (6,14)	5001
4960	1	N_2; Veg-Kapl B. (3,16)	4961
4931	3	* (CO)	
4904		N_2; Veg-Kapl B. (6,18)	4899
4889			
4869	1	N_2; Veg-Kapl B. (9,20)	4870
4837	4	N_2; Veg-Kapl B. (2,15)	4836
4824	2	O_2; Herzbg B. (3,12)	4819
4810		* (CO)	
4798			
4772	2	N_2; Veg-Kapl B. (5,17)	4771
4739	0	N_2; Veg-Kapl B. (8,19)	4738
4715	1	N_2; Veg-Kapl B. (1,14)	4717
4693			
4682	1	O_2; Herzbg B. (2,11)	4679
4670	3	O_2; Herzbg B. (4,12)	4675
4650	1	N_2; Veg-Kapl B. (4,16)	4650
4632	1	* (CO)	
4615	1	N_2; Veg-Kapl B. (7,18)	4613
4604		N_2; Veg-Kapl B. (0,13)	4603
4581		* (CO)	
4569			
4552		O_2; Herzbg B. (5,12)	4549
		O_2; Herzbg B. (1,10)	4545
4535	5	N_2; Veg-Kapl B. (3,15)	4534
		O_2; Herzbg B. (3,11)	4533
4520	2	* (CO)	
4488		N_2; Veg-Kapl B. (6,17)	4494
4478	3	N_2; Veg-Kapl B. (9,19)	4481
4469		* (CO)	
4461		* (CO)	
4442	2	O_2; Herzbg B. (6,12)	4438
4421	5	N_2; Veg-Kapl B. (2,14)	4424
4408	4	O_2; Herzbg B. (4,11)	4406
		O_2; Herzbg B. (2,10)	4405
4396		* (CO)	
4378		N_2; Veg-Kapl B. (5,16)	4380
4360	2	N_2; Veg-Kapl B. (8,18)	4364 ?
4348			
4327	2	* (CO)	
4316		N_2; Veg-Kapl B. (1,13)	4319
4286	1	O_2; Herzbg B. (1,9)	4282
4278		O_2; Herzbg B. (3,10)	4276
4270	4	N_2; Veg-Kapl B. (4,15)	4273
4257	2		
4239	1	* (CO)	
4219	0	N_2; Veg-Kapl B. (0,12)	4218
4203		* (CO)	
4188			
4180			
4169	5	N_2; Veg-Kapl B. (3,14)	4170
4158		O_2; Herzbg B. (4,10)	4162
		O_2; Herzbg B. (2,9)	4158
4140		N_2; Veg-Kapl B. (6,16)	4146
4131	1		
4117	1		
4111			
4088	3	* (CO)	
4071	5	N_2; Veg-Kapl B. (2,13)	4072
4063		O_2; Herzbg B. (5,10)	4062

Penndorf

λ Å	I	Deutung	λ_{th} Å
4048	3	N_2; Veg-Kapl B. (5,15)	4044
		O_2; Herzbg B. (1,8)	4044
		O_2; Herzbg B. (3,9)	4043
4018	3	* (CO)	
4004			
3982	1	N_2; Veg-Kapl B. (1,12)	3978
3960	2	* (CO)	
3949	3	N_2; Veg-Kapl B. (4,14)	3948
		O_2; Herzbg B. (4,9)	3941
3914	4	* (CO)	
3901	2		
3888	2	N_2; Veg-Kapl B. (0,11)	3888
3873	2		
3854	1	N_2; Veg-Kapl B. (3,13)	3855
3848		O_2; Herzbg B. (5,9)	3851
3833	3	O_2; Herzbg B. (3,8)	3830
		O_2; Herzbg B. (1,7)	3828
3818	2		
3778	2		
3752	2	N_2; Veg-Kapl B. (5,14)	3752
3740	4	O_2; Herzbg B. (4,8)	3739
		O_2; Herzbg B. (2,7)	3728
3704	2	* (CO)	
3673	1		
3661	2	N_2; Veg-Kapl B. (4,13)	3665
		O_2; Herzbg B. (5,8)	3658
		* (CO)	
3637	3	O_2; Herzbg B. (3,7)	3636
		O_2; Herzbg B. (1,6)	3631
3623	1	* (CO)	
3597	1	N_2; Veg-Kapl B. (0,10)	3602
3584	1	N_2; Veg-Kapl B. (3,12)	3581
		* (CO)	

λ Å	I	Deutung	λ_{th} Å
3571			
3554	5 ?	O_2; Herzbg B. (4,7)	3553
3545	4 ?	O_2; Herzbg B. (2,6)	3542
3512	1		
3497	1	N_2; Veg-Kapl B. (5,13)	3495 ?
3483	3	O_2; Herzbg B. (5,7)	3480
3469	2		
3460	1	O_2; Herzbg B. (3,6)	3458
3452	2	O_2; Herzbg B. (1,5)	3451
3433	1	* (CO)	
3424	1	N_2; Veg-Kapl B. (1,10)	3425 ?
3393	1	* (CO)	
3385	1	O_2; Herzbg B. (4,6)	3383
3373	4	O_2; Herzbg B. (2,5)	3370
3319	2	O_2; Herzbg B. (5,6)	3316
3296	3	O_2; Herzbg B. (3,5)	3294
3284	1	O_2; Herzbg B. (1,4)	3285
		N_2; Veg-Kapl B. (8,14)	3284
3264	2	* (CO)	
3230 ?	1	O_2; Herzbg B. (4,5)	3226
3220	2		
3212	3	O_2; Herzbg B. (2,4)	3211
3201	1	N_2; Veg-Kapl B. (1,9)	3198 ?
3191	1		
3164	1	O_2; Herzbg B. (5,5)	3165
3157	1		
3144	3	O_2; Herzbg B. (3,4)	3142
3133	1	O_2; Herzbg B. (1,3)	3131
		N_2; Veg-Kapl B. (0,8)	3131 ?
3103	1		
3095	1		
3084	1	O_2; Herzbg B. (4,4)	3080
3029	2	O_2; Herzbg B. (5,4)	3025

Anmerkung: Dä = Linien bzw. Banden treten im Dämmerungsleuchten verstärkt auf.
Herzbg B. = Herzberg-Banden.
Veg-Kapl B. = Vegard-Kaplan-Banden.
Mein B. = Meinel-Banden.
*(CO) = Bandensystem, Zuordnung zu einem Molekül noch nicht eindeutig, nach Barbier CO.
(x, y) = Übergang innerhalb des betreffenden Bandensystems.
P, Q, R sind die Bandenzweige.
Deutung freigelassen, wenn diese noch strittig.
Im Infrarot sind die Bandenzweige nur auszugsweise angegeben, vollständige Liste in [*3, 8, 9*].

329443 Bandenspektren.

Die Genauigkeit ist die gleiche wie für Atomspektren. Tab. 3 gibt auch eine vollständige Liste der beobachteten Banden sowie deren Deutung [*1, 2, 3, 8, 9*]. Eindeutig gesichert sind nur die OH-Banden (Meinel-Banden, Rotations-Schwingungsbanden für $v \leq 9$; 3,25 eV) sowie die des O_2 (Janssen-Banden $A\,^1\Sigma \rightarrow X^3\,\Sigma$ (0—1); 1,63 eV). Wahrscheinlich sind Banden des N_2 (1. positive Bande $B^3\Pi \rightarrow A^3\Sigma_u^+$ und die Vegard-Kaplan-Banden $A^3\Sigma_u^+ \rightarrow X^1\Sigma_g^+$) sowie des O_2 (Herzberg-Banden $^3\Sigma_u^+ \rightarrow {}^3\Sigma_g^-$). Neue Messungen mit guter Dispersion sind nötig, ehe eine bessere Erklärung gegeben werden kann. Vermutlich sind die Schumann-Runge-Banden ($B^3\Sigma_u^- \rightarrow X^3\Sigma_g^-$) des O_2, sowie die Lyman-Banden ($^1\Pi_g \rightarrow X^1\Sigma_g^+$) des N_2 vorhanden, fernerhin ein Bandensystem, dessen Zuordnung (Barbier [*4*] vermutet CO) noch nicht sicher ist. Weitere vermutete Deutungen enthält Tab. 4 in 3281423.

Tabelle 4. Absolute Intensitäten von Linien und Banden im Luftleuchten.

Wellenlänge in Å	7700—11000	8630—8660	7600	5893	5577
Zuordnung	OH	O_2	O_2	Na	O
Intensität in Quanten/cm² sec nach [*2*]:				$\geq 5 \cdot 10^7$	$2{,}5 \cdot 10^8$
[*5*]:	$4 \cdot 10^{10}$	$2 \cdot 10^7$	$6 \cdot 10^8$	$2 \cdot 10^8$	$6 \cdot 10^8$

Penndorf

329444 Polarisation.

Die Polarisation sollte nach theoretischen Überlegungen gering sein, für eine Zenitdistanz von 45° etwa ½% [6]. Bricard und Kastler [7] fanden für die grüne Linie 5577,3 Å einen Wert von 1,5%.

Literatur zu 32944.

[1] Dejardin, G.: Phys. Soc. London, Gassiot Com. (1948) 3. — [2] Swings, P.: vgl. 32941, Nr. 5. — [3] Meinel, A. B.: Astrophys. J. **111** (1950) 555. — [4] Barbier, D.: Phys. Soc. London, Gassiot Com. (1948) 8. — [5] Barbier, D., u. F. E. Roach: Transact. Am. Geophys. Union **31** (1950) 7 u. 13. — [6] Hulst, H. C. van de: in G. Kuiper: vgl. 32941, Nr. 5, p. 89. — [7] Bricard, J., u. A. Kastler: Ann. de Geophys. **3** (1947) 308. — [8] Krasowski, V. I.: Dokl. Akad. Nauk (USSR) **70** (1950) 999. — [9] Cabannes, J., J. Dufay u. M. Dufay: C.R. Paris **230** (1950) 1233. — [10] Roach, F. E., H. Pettit u. D. R. Williams: J. of geophys. Res. **55** (1950) 183. — [11] Nicolet, M.: Sammelbericht in Rapp. Comm. relat. sol. et terr. **7** (1951) 165.

32945 Emissionshöhen.

Infolge der Meß- und Auswerteschwierigkeiten sind alle Höhenangaben noch unsicher, die Tab. 5 soll nur einen Einblick in die Größenordnung vermitteln. Die über einem Ort in einer bestimmten Jahreszeit festgestellte Höhe darf keineswegs verallgemeinert werden, solange Jahresgang und Breitenabhängigkeit unbekannt sind. Außerdem können eventuell mehrere Prozesse, die in verschiedenen Höhen ablaufen, eine und dieselbe Linie oder Bande erzeugen.

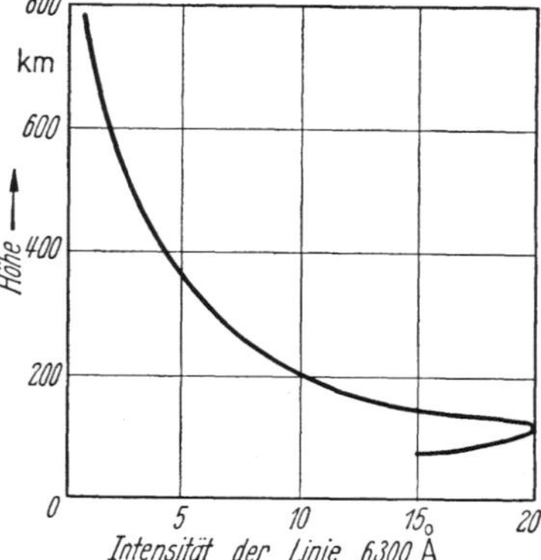

Abb. 5.
Intensität der roten OI-Linie 6300 Å als Funktion der Höhe nach Cabannes und Garrigue [1].

Tabelle 5. Emissionshöhen bestimmter Linien und Banden im Dämmerungs- und Nachthimmelslicht.

A. Kontinuum (nach Barbier [2]):

Wellenlänge in Å . . .	3500	4000	4500
Höhe in km	500	900	1600

B. Dämmerungslicht:

Wellenlänge in Å	Beobachtungsort und geographische Breite	Emissionshöhe in km Unter- grenze	Emissionshöhe in km Ober- grenze	Schicht-dicke in km	Jahr	Autor
5890, 5896 (Na I)	Norwegen 70° N	108	117	9	1937	Bernard [2]
		110	119	9	1937	Bernard
	Norwegen 60° N	85	119		1939	Vegard-Tønsberg [2]
	Norwegen 70° N		109		1939	Vegard-Tønsberg
	Deutschland 52° N	106	118	11,5	1941	Cario-Stille [4]
	Norwegen 60° N		108		1942/43	Vegard-Kvifte [2]
			102		1943	Vegard-Kvifte
		90	110	8—27	1942/43	Vegard [5]
	Norwegen 60° N		103	8—15	1942/43	Penndorf [6]
	Frankreich 46° N	80			1948	Barbier [7]
	USA. 36° N	80—100			1948	Elvey u. Roach
3914, 4278 N_2^+	Frankreich 46° N	90	130		1947	M. Dufay [2]
	USA. 30° N	50(?)	134		1939/41	Swings-Nicolet [8]
6300,0 I	Frankreich 43° N	90	800		1936	Cabannes u. Dufay [1]
	USA. 30° N	80	1300		1939	Elvey-Farnsworth [3]

Penndorf

C. Leuchtstreifen:

Wellenlänge in Å	Beobachtungsort und geographische Breite	Emissionshöhe in km Unter-grenze	Ober-grenze	Schicht-dicke in km	Jahr	Autor
	Schweiz 47° N	125			1941	Götz [9]
	Deutschland 51° N	90 / Max: 115	180 / 130		1940/42	Hoffmeister [10]

D. Luftleuchten:

Wellenlänge in Å	Beobachtungsort und geographische Breite		Emissionshöhe in km	Jahr	Autor
6300, O I	USA.	30° N	150	1939	Hulburt
	Frankreich	46° N	180	1941/44	Dufay u. Tcheng
5577, O I	Brasilien	17° S	100 (?)	1947	Hulburt
	USA.	36° N	110 ± 20	1949	Elvey u. Roach
	Frankreich	46° N	100	1941/44	Dufay u. Tcheng
	Frankreich	46° N	100	1948	Barbier
5890, Na I	Frankreich	46° N	80	1941/44	Dufay u. Tcheng
	USA.	36° N	250—300	1948	Barbier u. Roach
Urot, OH	USA.	36° N	70 ± 20	1949	Roach

Literatur zu 32945.

[1] Cabannes, J., u. H. Garrigue: C. R., Paris **203** (1936) 484. — [2] Swings, P.: vgl. 32941, Nr. 5. — [3] Vgl. 32941, Nr. 6. — [4] Cario, G., u. U. Stille: unveröffentlicht. — [5] Vegard, L.: Nature, London **162** (1948) 300. — [6] Penndorf, R.: unveröffentlicht. — [7] Barbier, D.: Ann. de Géophys. **4** (1948) 193. — [8] Swings, P., u. M. Nicolet: Astrophys. J. **109** (1949) 327. — [9] Goetz, E. W. P.: vgl. 32941, Nr. 4. — [10] Hoffmeister, C.: Z. f. Meteorol. **1** (1946) 33. — [11] Barbier, D., u. F. E. Roach: Transact. Amer. Geophys. Union **31** (1950) 7, 13. — [12] Roach, F. E.: unveröffentlicht. — [13] Vgl. 32944, Nr. [10]. — [14] Hulburt, E. O.: J. opt. Soc. Amer. **39** (1949) 211.

32946 Periodische und aperiodische Schwankungen.

329461 Langperiodische Schwankungen.

Messungen von Lord Rayleigh [1] und Dufay [2] zeigen, daß die Intensität der Linie 5577 Å (O I) mit der Sonnenfleckenzahl abnimmt, die der Linie 6300 Å (O I) und 5892 Å (Na I) dagegen konstant bleiben.

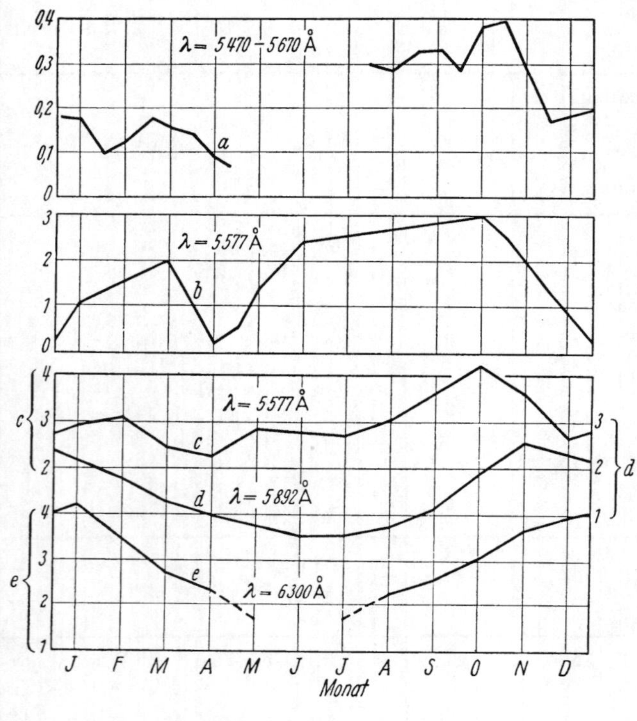

Abb. 6. Jahresgang der Intensität einiger Linien des Luftleuchtens.

a) Nach Lord Rayleigh für Terling (England).

b) Relative visuelle Schätzungen nach Götz für Arosa (Schweiz).

c)—e) Photographische Intensitäten nach Dufay und Tcheng für Frankreich.

Penndorf

329462 Jahresgang.

Messungen in einzelnen Spektralbereichen liegen von Lord Rayleigh [1] für einige Orte der Nord- und Südhalbkugel vor. Spencer Jones erklärt den Jahresgang durch eine Überlagerung einer Jahres- und einer Halbjahreswelle [3]. Die englischen Beobachtungen sind in Abb. 6 enthalten. Amplitude und Phase der Halbjahreswelle ändern sich nur wenig mit der geographischen Breite, dagegen ist die Phase der Jahreswelle auf der Südhalbkugel um 180° verschoben. Visuelle Schätzungen für 5577 Å führte Götz [4] in der Schweiz aus (Abb. 3). Messungen von Dufay [2] in Frankreich wurden für die drei Linien 5577 Å (O I), 6300 Å (O I) und 5892 Å (Na I) durchgeführt (Abb. 6); von Cabannes und Dufay [10] für die Vegard-Kaplan-Banden des N_2 (4175—4420 Å), die zwei Maxima (im März und September) besitzen.

329463 Tagesgang.

Tagesgänge sind beobachtet, aber nicht eindeutig, wahrscheinlich spielt die geographische Breite eine Rolle, da in hohen Breiten die Anregungsbedingungen durch in die Atmosphäre dringende Teilchen verändert werden (vgl. 3292). Der Abfall bei Beginn der Nacht kann durch Dämmerungseffekte vorgetäuscht sein.

32 9464 Sonstige Schwankungen.

Eine 27tägige Periode scheint für 5577 Å und wahrscheinlich für die Vegard-Kaplan-Banden (N_2), nicht aber für 6300 Å und 5892 Å zu existieren [2].

Die Emission einiger Linien [besonders bei 5892 Å (Na I)] deutet auf wolkige Struktur hin. Zusammenhänge mit magnetischer Aktivität sind beobachtet [2, 6, 7]. 5577 Å und 6300 Å werden verstärkt, wenn die magnetische Aktivität $\geqq 4$ [2], 5892 Å zeigt keinen Zusammenhang. Hechtel [5] und Ghosh [6] fanden Zusammenhänge mit der maximalen Ionisation der F_2-Schicht.

Literatur zu 32946.

[1] Rayleigh, Lord: Proc. R. Soc. London A **124** (1929) 395. — [2] Dufay, J., u. M.-L. Tcheng: Ann. Geophys. **2** (1946) 189 und **3** (1947) 153. — [3] Rayleigh, Lord, u. H. S. Jones: Proc. R. Soc. London A **151** (1935) 22. — [4] Goetz, F.W. P.: vgl. 32941, Nr. 4. — [5] Hechtel: Z. f. Hochfrequenztechn. u. Elektroak. **57** (1941) 108. — [6] Ghosh, S. N.: Ind. J. Phys. **20** (1946) 205. — [7] Barber, D. N.: Lick. Obs. Bull. **19** (1941) 105. — [8] Swings, P.: vgl. 32941, Nr. [5]. — [9] Physical Soc. London: vgl. 32941, Nr. [6]. — [10] Cabannes, J., u. J. Dufay: Colloques Int. du CNRS Paris (Tagung Lyon 1947) **9** (1949) 217.

Penndorf

32 A Geophysikalische Zeitschriften.

Vorbemerkung.

Die Zusammenstellung erfolgte in der Hauptsache nach den Beständen und den Unterlagen des Deutschen Hydrographischen Instituts und des Meteorologischen Amtes für Nordwestdeutschland (Bibliothek der ehemaligen Deutschen Seewarte). Schon aus Raummangel sind nicht alle Zeitschriften angeführt, die nur gelegentlich geophysikalische Arbeiten bringen. So fehlen, mit wenigen Ausnahmen, die allgemeinen Schriftenreihen der wissenschaftlichen Akademien, ebenso die Schriften der vielen regionalen „Naturwissenschaftlichen Vereinigungen". Unbeabsichtigt, aber zur Zeit leider unvermeidbar, sind die Lücken in der Zeitschriftenaufzählung aus Rußland und den Oststaaten. Den Veröffentlichungen der Internationalen Union für Geodäsie und Geophysik (UGGI) und ihrer Assoziationen ist ein besonderer Abschnitt gewidmet (32 B).

Zur Anordnung: Vor dem ausführlichen Titel findet sich der Kurztitel, entsprechend den DIN-Vorschriften (DIN Nr. 1502), die sich an bisher vorliegende internationale Vereinbarungen anlehnen. Wer z. B. die Abkürzung „meteorol." noch zu lang findet, möge bedenken, daß „met." in rein meteorologischen Zeitschriften eindeutig ist, in anderen Wissensgebieten aber auch metrologisch oder metronomisch bedeuten könnte.

Unter **„H"** ist der Herausgeber angegeben, sofern ihn nicht schon der Titel nennt. **„S"** (Schriftleiter) und **„V"** ist im allgemeinen nur für jetzt noch erscheinende Zeitschriften angegeben, die nicht als Veröffentlichung eines Instituts, Amtes oder Dienstes erscheinen. Über die Dauer des Erscheinens unterrichten die Angaben, wann das erste Heft herausgegeben wurde und welche Nummer der letzte Band trägt. Grundsätzlich unterschieden wurde: **Römische** Ziffern für Veröffentlichungen, die mehrere Hefte zu einem **Band** (Vol., Année u. dgl.) vereinigen; **arabische** Ziffern, wenn jede Nummer (Heft, Fasc.) nur ein Heft umfaßt. Auf evtl. vorhergehende oder nachfolgende Veröffentlichungen wird hingewiesen, falls der Titel geändert wurde, z. B. „Terr. Magn." in „J. Geophys. Res.".

Bücher oder Einzelabhandlungen sind nicht aufgenommen; Jahrbücher, Annual Reports u. ä. nur dann, wenn sie auch Abhandlungen oder Referate bringen. Publikationen mit reinen Beobachtungsergebnissen (auch wenn diese für den Berichtszeitraum interpretiert werden) sind nicht angeführt. So wird man z. B. unter den Deutschen Meteorologischen Jahrbüchern wohl diejenigen von Baden, Bayern u. a. finden, aber nicht die von Preußen, da das preußische Institut Abhandlungen gesondert publizierte; solche Ergebnis-Veröffentlichungen sind bei den einzelnen Abschnitten zitiert, z. B. 32834, 32916 usw.

Abkürzungen:

H: = Herausgeber
S: = Hauptschriftleiter
V: = Verlag
I, II = Band, Volume, Tome
1, 2 = Nummer, Heft, Fascicule
I, 6 = Band I, Heft 6
Bei 1951 noch erscheinenden Zeitschriften (* vor Kurztitel)
I = Jahr; **1951:** Band (Nr.)
Bei nicht mehr erscheinenden Zeitschriften:
I (Jahr) bis **XX** (Jahr)
ersch: = erschienen im Jahr
u. d. T.: = unter dem Titel
Vorg: = Vorgänger der Zeitschrift erschien unter dem Titel . . .
Fortges: = fortgesetzt unter dem Titel . . .
Ew: = Erscheinungsweise (jhl = jährlich, hjhl = halbjährlich, vj = vierteljährlich; 2-mtl = zweimonatlich; mtl = monatlich; hmtl = halbmonatlich; wö = wöchentlich; zwgl = zwanglos)
Spr: = Sprache. Nur für noch erscheinende Zeitschriften, falls nicht aus dem Erscheinungsort ersichtlich
Zsf: = Zusammenfassungen in . . . Sprache
Reg: = Register
Beih: = Beihefte
Erg.-H: = Ergänzungshefte
Verf: = Verfasser

Abh. Bad. Landeswetterw.
Abhandlungen der Badischen Landeswetterwarte, Karlsruhe. **1** (1922) bis **8** (1932)

***Abh. Bayer. Akad. Wiss.**
Abhandlungen der Bayerischen Akademie der Wissenschaften, Mathematisch-naturwissenschaftliche Abteilung, München. **1** (1832) bis **32** (1928); Neue Folge Nr. **1** = 1929; **1950:** N.F. Nr. 59. **Ew:** zwgl. (Unter verschiedenen Titeln zurück bis 1763)

***Abh. Dtsch. Akad. Wiss. Berlin**
s. Abh. Preuß. Akad. Wiss. Berlin

***Abh. Geogr. Ges. Wien**
Abhandlungen der Geographischen Gesellschaft zu Wien. **I** = 1899; **1947:** XVII. **Ew:** zwgl

***Abh. Geophysik. Inst. Potsdam**
Abhandlungen. **H:** Geophysikalisches Institut, Potsdam. Nr. **1** = 1939; **1949:** 14. **Ew:** zwgl

***Abh. meteorol. Dienst DDR**
Abhandlungen des Meteorologischen Dienstes der Deutschen Demokratischen Republik, Potsdam. Nr. **1** = 1950; **1951:** 4. **Ew:** zwgl

Abh. Preuß. Akad. Wiss. Berlin
Abhandlungen der Preußischen Akademie der Wissenschaften zu Berlin. Physikalisch-mathematische Klasse. Ab 1939: Mathem.-naturwiss. Kl. **1804** bis **1944.** Ab **1945:** Abh. d. Dtsch. Akad. d. Wiss. zu Berlin, Mathem.-naturw. Kl.

Abh. Preuß. meteorol. Inst.
Abhandlungen. Veröffentlichungen des Preußischen Meteorologischen Instituts, Berlin. **I** (1901) bis **X** (1934) (X, 6 u.d.T.: Abhandl. d. Reichsamts f. Wetterd., Berlin); Forts.: Wiss. Abh. Reichsamt f. Wetterd. (1935 bis 1942)

Acad. Sciences UdSSR
Académie des Sciences de l'Union des Répu-

bliques Soviétiques Socialistes. **Spr:** Russ. **Zsf:** Franz., Engl., Dtsch.

***Acta Adriatica**
Acta Adriatica. **H:** Institut za Oceanografiju i Ribarstvo u Splitu, FNR Jugoslavija, Split. **I** = 1932; **1950:** IV. **Ew:** zwgl. **Spr:** Dtsch., Engl., Franz.

***Acta Soc. Sci. Fennic. Helsinki**
Acta Societas Scientiarum Fennicae, Helsinki. **I** (1842) bis **L** (1926). **N**ova **S**eries **A** (Opera Physico-mathematica) **I** = 1930; 1947: **III**, 12. **Ew:** zwgl. **Spr:** Dtsch., Engl.

***Activ. Comm. géod. Balt.**
L'Activité de la Commission Géodésique Baltique (ab 1938) s. C. R. Comm. géod. Balt.

Aeroarctic
Aeroarctic. Verhandlungen der ordentlichen Versammlungen der Internationalen Gesellschaft zur Erforschung der Arktis mit Luftfahrzeugen. Erschienen als Erg.-Hefte zu Petermanns Geogr. Mitt.

***Allg. Vermess.-Nachr.**
Allgemeine Vermessungsnachrichten. **H + V:** H. Wichmann Verlag, Berlin-Wilmersdorf. **S:** K. Slavik. Jhg. **1** = 1889. **1950** (ohne Bandzählg.). **Ew:** mtl

Amer. meteorol. J.
American Meteorological Journal. **I** (1884) bis **XII** (1896)

***Angew. Meteorol.**
Angewandte Meteorologie. Beihefte zur Zeitschrift für Meteorologie. I, 1 = 1951. **Ew:** zwgl

An. Soc. Españ. Meteorol.
Anales de la Sociedad Española de Meteorología, Madrid. **I** = 1927; **1929:** III. **Spr:** Span.

***Ann. biolog.**
Annales Biologiques. **H:** Conseil Permanent International de l'Exploration de la Mer, Kopenhagen. **S:** H. Blegvad. **I** = 1939/41; **1948:** V. **Ew:** 1 Heft jhl. **Spr:** Engl.

Ann. Bur. centr. météorol. France
Annales du Bureau Central Météorologique de France, Paris. Part I: Mémoires. **1878** bis **1914**

***Ann. Geofis.**
Annali di Geofisica. **H:** Istituto Nazionale di Geofisica, Rom. **I** = 1948; **1951:** IV. **Ew:** vj. **Spr:** Ital., Engl., Franz., Dtsch.

***Ann. Géophys.**
Annales de Géophysique, Revue internationale trimestrielle. **H:** Centre National de la Recherche Scientifique, Paris. **I** = 1945; **1951:** VII. **Ew:** vj. **Spr:** Franz., Engl., Dtsch.

***Ann. hydrogr.**
Annales hydrographiques. **H:** Service hydrographique de la Marine, Paris. Tom. **1** (1838) bis Tom. **41** (1878); **II.** Sér., Tom. **1** (1879) bis **36** (1916); **III.** Sér., Tom. **1** = 1917; **1949** (ersch: 1950): III. Sér., Tom. 21. **Ew:** jhl

Ann. Hydrogr. u. marit. Meteorol.
Annalen der Hydrographie und maritimen Meteorologie. **H:** Deutsche Seewarte, Hamburg. **I** (1873) bis **LXXII** (1944). I—II u. d. T.: Hydrographische Mitteilungen. **Reg:** 1873—88, 1889—1902, 1903—1920, 1921—1940. **Forts:** Ann. Meteorol. und Dtsch. Hydrogr. Z.

Ann. Idrograf. Genua
Annali Idrografici. Raccolta di Documenti e Notize circa l'Idrografia e la Navigazione. **H:** Istituto Idrografico delle R. Marina, Genua. **I** (1900) bis **XI** (1923/24, ersch: 1927). **Spr:** Ital.

Ann. Inst. Océanogr. Paris
Annales de l'Institut Océanographique, Paris. **I** (1910) bis **VII** (1914). **N**ouvelle **S**erie: **I** = 1924: **1943:** XXII. **Ew:** zwgl

***Ann. Inst. Physique Globe, Paris**
Annales de l'Institut de Physique du Globe de l'Université de Paris et du Bureau Central de Magnétisme terrestre. **I** = 1922 (für 1921); 1950: XXV (für 1947/48). Ew: jhl

***Ann. Inst. Physique Globe, Strasbourg**
Univ. de Strasbourg. 1950: VI. Ew: jhl

Ann. Ist. Univ. navale, Napoli
Annali. **H:** R. Istituto Universitario Navale, Napoli. **I** = 1932; **1941:** X. **Spr:** Ital. I—VIII (1939) u. d. T.: Annali del R. Istituto Superiore Navale, Napoli

***Ann. Meteorol.**
Annalen der Meteorologie. **H + S:** G. Pogade. **V:** Meteorologisches Amt für Nordwestdeutschland, Hamburg. **I** = 1948; **1951:** IV. **Ew:** jhl 12 Hefte. **Beih:** zwgl. **Zsf:** Engl.

Ann. Physique Globe France Outre-Mer
Annales de Physique du Globe de la France d'Outre-Mer. H: Conseil de Perfectionnement des Services de Physique du Globe des Colonies, Paris. I (No. 1) = 1934; 1939: VI (Nr. 31)

Ann. R. Ist. Sup. Navale
s. Ann. Ist. Univ. navale, Napoli

***Ann. Schweiz. meteorol. Zentr.-Anst.**
Annalen der Schweizerischen Meteorologischen Zentralanstalt, Zürich. **I** = 1864; **1950:** LXXXVII. **Ew:** jhl. **Spr:** Dtsch., Franz.

Ann. Serv. Hygiène, Paris, Météorol.
Annales des Services téchniques d'Hygiène de la Ville de Paris. **H:** Direction de l'Hygiène du Travail et de la Prévoyance sociale, Paris. Météorologie **I** (1921) bis **XX** (1939)

Ann. Uff. meteorol. e geodinam. Ital.
Annali dell'Ufficio Centrale Meteorologico e Geodinamico Italiano, Rom. **2.** Serie: **I** (1879) bis **1915** (ersch: 1920)

Ann. Uff. presagi Minist. Aero.
Annali dell'Ufficio presagi, Ministero dell'Aeronautica, Rom. **I** (1927) bis **VI** (1935)

Ann. Rep. Brit. meteorol. Soc.
s. Quart. J. Roy. Meteorol. Soc.

***Ann. Rep. Smithsonian Instn.**
Annual Report of the Board of Regents of the Smithsonian Institution, Washington. Ab **1847** jhl 1 Vol.

Annu. Inst. Phys. Globe, Strasbourg
Annuaire de l'Institut de Physique du Globe, Strasbourg. **1921** b. **1936** (ersch: 1939). **Spr:** Franz.

Annu. Soc. météorol. France
Annuaire de la Société Météorologique de France, Paris. **I** (1853) bis **LXVII** (1924). Ab 1925 fortges. u. d. T.: La Météorologie. Vorg: Annuaire Météorologique de la France, 1849 bis 1852

Anu. hidrograf. Santiago
Anuario Hidrográfico de la Marina de Chile, Santiago. **I** (1875) bis **XXXV** (1930)

***Anz. Akad. Wiss. Wien**
Anzeiger. **H:** Österreichische Akademie der Wissenschaften, Wien. Mathematisch-naturwissenschaftliche Klasse. **1.** Jg = 1864; **1949:** 86. Jg. **Ew:** jhl

Arb. meteorol. Inst. Lettl. Univ.
Arbeiten des Meteorologischen Instituts der Lettländischen Universität, Riga. Nr. **1** (1923)

bis **38** (1944) [ab Nr. 26 (1937) u. d. T.: Arb. d. Inst. f. Geophys. u. Meteorol. an d. Univ. Lettlands, Riga]. **Spr:** Lett. **Zsf:** Dtsch. oder Engl

***Årb. Naturv. Rekke. Univ. Bergen**
Årbok, Naturvitenskapelig Rekke, Universitetet i Bergen (Norwegen). **1948ff.** Vor 1948 u. d. T.: Bergens Museums Årbok 1892—1947. **Spr:** Engl., Dtsch., Norw.

Arb. Preuß. aeronaut. Observ. Lindenberg
Die Arbeiten des Preußischen Aeronautischen Observatoriums bei Lindenberg. **I** (1905) bis **XVII** (1932); I—VI u. d. T.: Ergebnisse der Arbeiten des Preuß. aeronaut. Observ. Lindenberg. 1900 bis 1904 in den Abh. Preuß. meteorol. Inst.

Arch. Dtsch. Seewarte
Aus dem Archiv der Deutschen Seewarte, Hamburg. **I** (1878) bis **LXIII** (1944). Ab LVII (1937) u. d. T.: Aus dem Arch. d. Dtsch. Seew., Hamburg, u. d. Marineobservatoriums, Wilhelmshaven

***Arch. elektr Übertr.**
Archiv der elektrischen Übertragung. **H:** K. W. Wagner. **S:** W. Herzog, J. Schunak, A. Thoma. **V:** S. Hirzel, Stuttgart. **I** = 1947, **1951:** V. **Ew:** mtl

***Arch. Inst. Nac. Hidrolog. Climatol. medic. La Habana**
Archivos del Instituto Nacional de Hidrología y Climatología medicas, La Habana, Cuba. **I** = 1947; **1949:** III. **Ew:** vj. **Spr:** Span.

***Arch. Meteorol. Geophys. Bioklimatol.**
Archiv für Meteorologie, Geophysik und Bioklimatologie. **H:** F. Steinhauser, Wien, u. W. Mörikofer, Davos. **V:** Springer, Wien. Serie **A** (Meteorologie und Geophysik) **I** = 1948; **1951:** III. Serie **B** (Allgemeine und Biologische Klimatologie) **I** = 1948; **1951:** III. **Ew:** zwgl (4 Hefte = 1 Bd.). **Spr:** Dtsch., Franz., Engl. **Zsf:** Engl., Dtsch., z. T. Franz.

***Arctic**
Arctic. Journal of the Arctic Institut of North America, Ottawa, Ontario. **I** = 1948; **1951:** IV. **Ew:** 3 Nr. = 1 Vol. jhl

***Ark. Geofys.**
Arkiv för Geofysik. **H:** K. Svenska Vetenskaps-Akademien, Stockholm. **I**, 1 = 1950. **Ew:** zwgl. **Spr:** Engl.

***Ark. Mat. Astron. o. Fys.**
Arkiv för Matematik, Astronomie och Fysik. **H:** K. Svenska Vetenskaps-Akademien, Stockholm. **I** = 1903; **1949:** XXXVI. **Ew:** vj. **Spr:** Dtsch., Engl., Franz., Schwed.

Arktis
Arktis. Vierteljahresschrift der Internationalen Gesellschaft zur Erforschung der Arktis mit dem Luftschiff. **I** (1928) bis **IV** (1931)

***Årsb. Soc. Sci. Fenn.**
Årsbok. Societas Scientiarium Fennicae, Helsinki. **I** = 1922/23; **1949/50:** XXVIII. **Spr:** Schwed. Vorg: Öfversigt af Finske Vetenskaps Societetens förhandlingar **I** (1838/53) bis LXIV (1921/22)

***Astr. Mitt. Zürich**
Astronomische Mitteilungen der Eidgenössischen Sternwarte Zürich. **I** = 1856; **1951:** 177. **Ew:** zwgl

***Astrophys. Norv.**
Astrophysica Norvegica. **H:** The Institute of Theoretical Astrophysics of Oslo University. **I** = 1934/36; **1949:** V, **Ew:** zwgl

***Atmosph. pollut. bull.**
Atmospheric Pollution Bulletin. **H:** Department of Scientific and Industrial Research: Fuel Research. Fuel Research Station, Greenwich-London. Ab März **1947** mtl

***Avh. Norske Videnskaps-Ak. Oslo**
Avhandlinger utgitt av Det Norske Videnskaps Akademi i Oslo. Matematisk-naturvidenskapelig klasse. Seit **1858** (Vor 1925 Avh. Norske Videnskaps-Ak. Kristiania) **Ew:** zwgl

Beitr. angew. Geophys.
Beiträge zur angewandten Geophysik. **V:** Akademische Verlagsgesellschaft, Leipzig. **I** = 1931; **1943:** X. **Ew:** zwgl. Bd. I erschien u. d. T.: Ergänzungshefte zu Gerlands Beitr. Geophys. **Spr:** Dtsch., Franz., Engl. **Zsf:** Engl., Franz., Dtsch.

Beitr. Gesch. Meteorol.
Beiträge zur Geschichte der Meteorologie. **Verf:** G. Hellmann. **1** (1914) bis **15** (1922) = 3 Bd.

Beitr. Physik frei. Atmosph.
Beiträge zur Physik der freien Atmosphäre. Begr. v. R. Aßmann u. H. Hergesell. **I** (1904) bis **XXVIII** (1945). **Reg.** I—XXVIII Veröff. meteorol. Dienst DDR Nr. 4 (1951)

Bergens Mus. Årb.
Bergens Museums Årbok s. Årb. Naturv. Rekke. Univ. Bergen

Bergens Museums Skr.
Bergens Museums Skrifter. **H:** Bergens Museums, Bergen. **1** (1878) bis **22** (1943). **Spr:** Norw., Dtsch., Engl.

***Ber. Dtsch. Wetterd. US-Zone**
Berichte des Deutschen Wetterdienstes in der US-Zone, Zentralamt Bad Kissingen. **1** = 1947; **1951:** 22. **Ew:** zwgl

***Ber. Dtsch. wiss. Komm. Meeresforsch.**
Berichte der Deutschen Wissenschaftlichen Kommission für Meeresforschung. **S:** S. Lübbert, Hamburg. **N**eue **F**olge **I** = 1925; **1950:** N.F. XII. **Ew:** zwgl

Ber. strahlgs.-klimat. Stat.-Netz Dtsch. Nordseegeb.
Berichte des Strahlungs-klimatischen Stationsnetzes im Deutschen Nordseegebiet. **H:** Gesellschaft zur Förderung der Klimaforschung im Nordseegebiet. **I** (1928) bis **II** (1928)

***Ber. z. Dtsch. Landeskde.**
Berichte zur Deutschen Landeskunde. **H:** Amt für Landeskunde, Remagen/Rh. **I** = 1941; **1951:** IX. **Ew:** zwgl. Ausf. Bibliographie

Bes. Mitt. Jahrb. Gewässerkde. Norddtschl.
Besondere Mitteilungen zum Jahrbuch der Gewässerkunde Norddeutschland, Berlin. **I** (1905) bis **VIII** (1937). U. d. T.: Bes. Mitt. Jahrb. Gewässerkde. d. Dtsch. Reiches **I** (1940). U. d. T.: Bes. Mitt. z. Dtsch. Gewässerkdl. Jahrb. **1** = 1950; **1950:** 2. **Ew:** zwgl

***Bes. Mitt. z. Dtsch. Gewässerkdl. Jahrb.**
s. Bes. Mitt. Jahrb. Gewässerkde. Norddtschl.

***Bibliogr. météorol. intern.**
Bibliographie Météorologique Internationale. **H:** Météorologie Nationale et Société Météorologique de France, Paris. **I** = 1921; **1950:** 1948. **Ew:** 4 Fasc. p. Jhr.

***Bibliogr. oceanogr.**
Bibliographia Oceanographica. **H:** Consiglio Nazionale delle Richerche, Comitate Nazionale per la Geologia, Geografia e Talassografia,

Rom. **S:** Delegazione Italiana della Commissione Internazionale per l'Esplorazione Scientifica del Mediterraneo. **I** = 1928; **1949:** XVI (für 1943). **Spr:** Ital., Latein., Engl.

Bioklim. Beibl.
Bioklimatische Beiblätter der Meteorologischen Zeitschrift. **H:** Deutsche Meteorologische Gesellschaft. **I** (1934) bis **X** (1943)

***Bol. Inst. Españ. Oceanogr., Madrid**
Boletin del Instituto Español de Oceanografía, Madrid. **1** = 1948; **1951:** 41. **Ew:** zwgl. **Spr:** Span.

***Bull. Amer. meteorol. Soc.**
Bulletin of the American Meteorological Society, Boston. **S:** R. G. Stone. **I** = 1920; **1951:** XXXII. **Ew:** 10 Nr. jhl

***Bull. analyt.**
Bulletin analytique du Centre National de la Recherche Scientifique. Section II B Physique du Globe. **1950:** XI

***Bull. Bingham oceanogr. Coll.**
Bulletin of the Bingham Oceanographic Collection, Peabody Museum of Natural History, Yale University, New Haven, Conn. USA. **H:** The Bingham Oceanographic Laboratory, Yale University, New Haven, Conn. **I** = 1927; **1951:** XIII. **Ew:** zwgl

***Bull. centr. meteorol. Observ. Tokyo**
The Bulletin of the Central Meteorological Observatory, Tokyo, Japan. **I** = 1904; **1941:** VII, 3. **Ew:** zwgl. **Spr:** Engl., Dtsch.

***Bull. Commonw. meteorol. Bur., Melbourne**
Bulletin Commonwealth Meteorological Bureau, Melbourne. Nr. **1** = 1908, **1948:** Nr. 40. **Ew:** zwgl

***Bull. Earthquake Res. Inst. Tokyo**
Bulletin of the Earthquake Research Institute. Tokyo University, Tokyo. **I** = 1927; **1950:** XXVIII. **Ew:** vj. **Spr:** Engl., z. T. Japan.

***Bull. géodés. Paris**
Bulletin géodésique. Organ de l'Association Internationale de Géodésie (Union Géodésique et Géophysique Internationale). **H:** Bureau Central de l'Ass. Int. Géodés., Paris. Nouvelle Serie **1** = 1946; **1951:** 19. **Ew:** vj. **Spr:** Engl., Franz., Dtsch.

***Bull. geogr. Surv. Bur. Tokyo; Geophys. suppl.**
Bulletin of the Geographical Survey Bureau, Tokyo. **I** = 1948; **1950:** II. **Ew:** zwgl. **Spr:** Engl. Geophysical Supplement: Nr. **1** = 1949

***Bull. geolog. Soc. America**
Bulletin of the Geological Society of America. **I** = 1888; **1950:** LXI. **Ew:** mtl

***Bull. Inform. Océanogr.**
Bulletin d'Information. **H:** Comité Central d'Océanographie d'Etudes des Côtes (C. O. E. C.). **V:** Service Hydrographique de la Marine, Paris. **I** = 1949; **1951:** III. **Ew:** mtl

***Bull. Inst. océanogr., Monaco**
Bulletin de l'Institut Océanographique, Monaco. Nr. **1** = 1904; **1950:** 981. **Ew:** zwgl. **Spr:** Franz.

***Bull. Lab. géol., min., géophys., Musée géol. Lausanne.**
Bulletin des Laboratoires de Géologie, Mineralogie, Géophysique et du Musée Géologique de l'Université de Lausanne. **1949:** 94

***Bull. Scripps Instn. Oceanogr.**
Bulletin of the Scripps Institution of Oceanography of the University of California, La Jolla, Calif. Non-Technical Series: **1** (1916) bis **16** (1930); Technical Series: **I** (1927) bis **IV**, 8 (1938); ab **IV**, 9 (1938) nur u. d. T.: Bull. Scripps Instn. Oceanogr.; **1950:** V, 6. **Ew:** zwgl

***Bull. seism. Soc. America**
Bulletin of the Seismological Society of America, California. **I** = 1911; **1951:** XLI

Canadian meteorol. Mem.
Canadian Meteorological Memoirs. **H:** Division of Meteorological Services, Ottawa. **I**, 1 = 1935; **1938:** I, 3. **Ew:** zwgl

***Carnegie Institution of Washington**
Yearbook, z. B. Nr. 48 = 1949. Enthält Berichte der Direktoren und Bibliographien folgender Abteilungen, die seit 1904 bestehen: Mount Wilson Observatory — Geophysical Laboratory — Department of Terrestrial Magnetism.
Publication Nr. 175 = Researches of the Dept. Terr. Magn., Vol. **1** (1912) bis **4** (1927) Magnetische Vermessungen zu Lande und zur See, **7** bis **15** Observatoriumsbeobachtungen über erdmagnetische Variationen, Erdstrom, Luftelektrizität, kosmische Strahlung, meistens für Huancayo und Watheroo.
Weitere Publications mit geophysikalischem Inhalt sind einzeln zitiert, z. B. in Abschnitt 325 [*1, 2*]

***Chalmers Tekn. Högsk. Handl.**
Chalmers Tekniska Högskolas Handlingar. Transactions of Chalmers University of Technology. Gothenburg, Sweden. **1** = 1941; **1951:** 109. **Ew:** zwgl. **Spr:** Engl.

***Ciel et Terre**
Ciel et Terre. Bulletin mensuel de la Société d'Astronomie, de Météorologie et de Physique du Globe, Uccle/Brüssel. **I** = 1881; **1951:** LXVI. **Ew:** mtl. **Spr:** Franz.

***Coll. meteorol. Pap., Tokyo**
Collected Meteorological Papers. **H:** Geophysical Institute of the Tokyo University, Tokyo. **I** = 1949; **1950:** II. **Ew:** zwgl. **Spr:** Engl.

***Coll. Repr. Woods Hole**
Collected Reprints. **H:** Woods Hole Oceanographic Institution, Woods Hole, Mass. Ab **1932** jhl 1 Vol.

***Comment. phys.-math. Soc. Sci. Fennica**
Commentationes physico-mathematicae. **H:** Societas Scientiarum Fennica, Helsinki. **I** = 1922; **1950:** XIV. **Ew:** zwgl. **Spr:** Dtsch., Engl., Schwed.

***Commun. magnét.**
Communications magnétiques. **H:** Det Danske Meteorologisk Institut, Kopenhagen. **1** = 1927; **1942:** 20. **Ew:** zwgl. **Spr:** Engl., Franz.

***Commun. pure & appl. Math.**
Communications on Pure and Applied Mathematics. **H:** Institute for Mathematics and Mechanics, New York University, New York. **I** = 1948; **1951:** III. **Ew:** vj

***Contr. Scripps Instn. Oceanogr.**
Contributions from the Scripps Institution of Oceanography, University of California, La Jolla, Calif. Ab **1938** jhl 1 Vol.

***C. R. Comm. géod. Balt.**
Comptes Rendus de la Commission Géodésique Baltique (Helsinki) ab **1924** (Konferenzen: 1: 1924, Helsinki; 2: 1926, Stockholm; 3: 1927, Riga; 4: 1928, Berlin; 5: 1930, Kopenhagen; 6: 1932, Warschau; 7: 1934, Leningrad; 8: 1935, Talinn/Tartu; 9: 1936, Helsinki; 10: 1938, Kaunas). Ab 1938 u. d. T.: L'Activité de la Commission Géodésique Baltique (1938 bis

1941, ersch. 1942; 1942/43, 1944; 1944—1947, 1948). **Ew:** zwgl. **Spr:** Dtsch., Engl., Franz.

Danzig. meteorol. Forsch. arb.
Danziger Meteorologische Forschungsarbeiten. **1** (1928) bis **11** (1942)

***Denkschr. Akad. Wiss. Wien**
Denkschriften der mathematisch-naturwissenschaftlichen Klasse der Akademie der Wissenschaften, Wien. **I** = 1850; **1951:** LXXIII. **Ew:** zwgl

Dtsch. Forschung
Deutsche Forschung. Aus der Arbeit der Notgemeinschaft der Deutschen Wissenschaft, Berlin. Heft **1** (1928) bis **27** (1934)

***Dtsch. hydrogr. Z.**
Deutsche Hydrographische Zeitschrift. **H:** Deutsches Hydrographisches Institut, Hamburg. **S:** A. Schumacher. **I** = 1948; **1951:** IV. **Ew:** jhl 6 Hefte. **Zsf:** Engl., Franz.

Dtsch. meteorol. Jb. Aachen
Deutsches Meteorologisches Jahrbuch für Aachen. **I** (1895) bis **XXXV** (1929)

Dtsch. meteorol. Jb. Baden
Deutsches Meteorologisches Jahrbuch für Baden, Karlsruhe. **1901** bis **1933.** Vorg: Jahrbuch des Centralbureaus für Meteorologie und Hydrographie des Großherzogtums Baden. 1878 bis 1900

Dtsch. meteorol. Jb. Bayern
Deutsches Meteorologisches Jahrbuch für Bayern, München. **I** (1889) bis **LVI** (1934)

Dtsch. meteorol. Jb. Sachsen
Deutsches Meteorologisches Jahrbuch für Sachsen, Dresden. **I** (1883) bis **LI** (1933)

Dtsch. meteorol. Jb. Württemberg
Deutsches Meteorologisches Jahrbuch für Württemberg, Stuttgart. **1887** bis **1933**

Earthquake Notes. America Eastern Sect.
Earthquake Notes Eastern Section, Seismological Society of America

***Erde**
Die Erde, Zeitschrift der Gesellschaft für Erdkunde zu Berlin. **I** = 1949/50; **1951:** II. **Ew:** vj. (Vorg: Z. Ges. Erdkde. Berlin)

***Erdkunde**
Erdkunde. Archiv für wissenschaftliche Geographie. **H:** C. Troll. **S:** Geographisches Institut der Universität Bonn. **V:** Ferd. Dümmler, Bonn. **I** = 1947; **1951:** V. **Ew:** vj

***Erdöl und Kohle**
Erdöl und Kohle. **H:** Deutsche Gesellschaft für Mineralölwissenschaft und Kohlechemie. **I** = 1948; **1951:** IV. **Ew:** mtl (Forts. v. Öl und Kohle, 1933—1945)

Erfahr.-Ber. Dtsch. Flugwetterd.
Erfahrungsberichte des Deutschen Flugwetterdienstes, Berlin. **I** (1928) bis **IX** (1934/37), Sonderband 1 bis 5. Band Neudrucke (Teil I bis III) 1937

Ergebn. Arb. Preuß. aeronaut. Observ. Lindenberg
s. Arb. Preuß. Aeronaut. Observ. Lindenberg

Ergebn. Arb. Samoa-Observ.
Ergebnisse der Arbeiten des Samoa-Observatoriums der Königl. Gesellschaft der Wissenschaften zu Göttingen (ersch. in Abh. Ges. Wiss. Göttingen). **I** (1908) bis **IX** (1914) (ersch: 1923)

***Ergebn. exakt. Naturwiss.**
Ergebnisse der exakten Naturwissenschaften. **H:** I—XIV (1935) Schriftleitung der „Naturwissenschaften"; ab XV (1936) wechselnd, ab XXII (1949) S. Flügge u. F. Trendelenburg. **V:** Springer, Berlin/Göttingen/Heidelberg. **I** = 1922; **1951:** XXIV. **Ew:** zwgl. **Reg:** I—X, XI—XXIV

Ergebn. Gewitterbeob. Preuß. meteorol. Inst.
Ergebnisse der Gewitterbeobachtungen. Veröffentlichung des Preußischen Meteorologischen Instituts, Berlin. Jhg. **1891** bis **1925** (ersch. 1933)

Ergebn. kosm. Physik
Ergebnisse der kosmischen Physik (Supplementbände zu Gerlands Beitr. Geophys.). **I** = 1931; **1939:** IV. **Ew:** zwgl

***Ergebn. meteorol. Beob. Potsdam**
Ergebnisse der meteorologischen Beobachtungen in Potsdam. Ab **1893** jhl 1 Bd., ab 1924 nur Beob.-Ergebnisse

Finland. hydrogr.-biol. Unters.
Finlandische hydrographisch-biologische Untersuchungen. **H:** Societas Scientiarum Fennicae, Helsinki. Nr. **1** (1907) bis **14** (1917). **Spr:** Dtsch.

Forsch.- u. Erfahr.-Ber. Reichswetterd.
Forschungs- und Erfahrungsberichte des Reichswetterdienstes, Berlin.
Reihe **A: 1** (1940) bis **27** (1944) Sonderh. 1942;
Reihe **B: 1** (1940) bis **20** (1944)

***Forsch. u. Fortschr.**
Forschungen und Fortschritte. Nachrichtenblatt der Deutschen Wissenschaft und Technik. **I** (1925) bis **XXVI** (1950)

***Geofis. pura e appl.**
Geofisica pura e applicata. **H:** Istituto Geofisico Italiano, Mailand. **S:** M. Bossolasco. **I** = 1939; **1951:** XIX. **Ew:** 2—3mtl (4 Hefte = 1 Bd.). **Spr:** Ital., Dtsch., Franz., Engl. **Zsf:** Ital., Dtsch., Engl., Franz.

***Geofys. Publ.**
Geofysiske Publikasjoner. **H:** Det Norske Videnskaps-Akademi i Oslo (Norwegen). **I** = 1920; **1951:** XVII, 9. **Ew:** zwgl. **Spr:** Dtsch., Engl.

***Geografiska Ann.**
Geografiska Annaler. **H:** Svenska Sällskapet för Antropologi och Geografi, Stockholm. **I** = 1919; **1951:** XXXIII. **Ew:** 4 Hefte = 1 Bd. pro Jahr. **Spr:** Schwed., Dtsch., Engl.

Geogr. Anz.
Geographischer Anzeiger, Gotha. **I** (1900) bis **XLV** (1944)

***Geogr. Jahrb.**
Geographisches Jahrbuch. **H** u. **S:** H. Haack. **V:** Justus Perthes, Gotha. **I** = 1866; **1950:** LX. **Ew:** zwgl. Bringt zusammenfassende Referate

***Geogr. Rev., N. Y.**
Geographical Review. **H:** American Geographical Society, New York. **I** = 1891; **1950:** XLI. **Ew:** vj

Geogr. Z.
Geographische Zeitschrift, Leipzig/Berlin. Begr. v. A. Hettner. **I** (1895) bis **L** (1944)

***Geol. Jb.**
Geologisches Jahrbuch. **H + V:** Amt für Bodenforschung, Hannover. **S:** A. Bentz. **I** = 1880, **1950:** LXVI (ersch. 1951)

***Geophysica, Helsinki**
Geophysica. **H:** Geophysical Society of Finland, Helsinki. **I** = 1935; **1948:** III. **Ew:** zwgl. **Spr:** Dtsch., Engl.

***Geophysic. Bull., Dublin**
Geophysical Bulletins. **H:** Dublin Institute for Advanced Studies. School of Cosmic Physics, Dublin (Irland). Nr. **1** = 1950; **1951:** 2. **Ew:** zwgl. **Spr:** Engl.

***Geophys. Einzelschr.**
Geophysikalische Einzelschriften. **H:** Geophysikalisches Institut der Universität, Hamburg. **I** = 1950. **Ew:** zwgl

***Geophys. Mag. Tokyo**
Geophysical Magazine. **H:** Central Meteorological Observatory, Tokyo. **I** = 1926; **1951:** XXII. **Ew:** zwgl. **Spr:** Engl.

***Geophys. Mem.**
Geophysical Memoirs. **H:** Meteorological Office, London. **I** = 1912; **1950:** 86 (= Vol. XI, Nr. 1). **Ew:** zwgl

***Geophys. Mem., Dublin**
Geophysical Memoirs. **H:** Dublin Institute for Advanced Studies, School of Cosmic Physics, Dublin (Irland). Nr. **1** = 1949; **1951:** 3. **Ew:** zwgl. **Spr:** Engl.

***Geophys. Notes, Tokyo**
Geophysical Notes. **H:** Geophysical Institute, Tokyo University, Tokyo. **I** = 1948; **1951:** IV. **Ew:** zwgl. **Spr:** Engl.

***Geophys. Publ. Dublin**
Geophysical Publications, **H:** Department of Industry and Commerce. Dublin. **I** = 1947; **1951;** III. **Ew:** zwgl

***Geophys. Res. Paper**
Geophysical Research Papers. **H:** Base Directorate for Geophysical Research, Air Force Cambridge Research Laboratories, Cambridge, Mass. **1** = 1949; **1950:** 6. **Ew:** zwgl

***Geophysics**
Geophysics, a Journal of General and Applied Geophysics. **H:** The Society of Exploration Geophysicists, Houston, Texas. **S:** Richard A. Geyer. **I** = 1936; **1951:** XVI. **Ew:** vj

***Geophysics, Sendai**
Science Reports of the Tôhoku University, Sendai (Japan). 5. Series: Geophysics. **I** = 1949; **1951:** III. **Ew:** zwgl. **Spr:** Engl.

***Gerlands Beitr. Geophys.**
Gerlands Beiträge zur Geophysik. Begr. v. G. Gerland. **H:** R. Bock. **V:** Akademische Verlagsgesellschaft, Leipzig. **I** = 1887; **1950:** LXI. **Ew:** zwgl. **Reg:** Bd. 1—35, 36—50. **Suppl.Bd.** = Ergebn. kosm. Physik. **Erg.Bd.: I** (1912) bis **III** (1915). **Erg.Hft.** = Beitr. angew. Geophys. **Spr:** Dtsch., Engl., Franz., Ital. **Zsf:** Engl., Franz., Dtsch.

***Großwetterlagen**
Großwetterlagen. **H:** Deutscher Wetterdienst in der US-Zone, Zentralamt Bad Kissingen. **I** = 1948; **1951:** IV. **Ew:** mtl

Harvard meteorol. stud.
Harvard Meteorological Studies. **H:** Blue Hill Meteorological Observatory of the Harvard University, Cambridge, Mass. **1** = 1934; **1939:** 4. **Ew:** zwgl

***Havsforskn.-Inst. Skrift, Helsinki**
Havsforskningsinstitutes Skrift. **H:** Havsforskningsinstitut, Helsinki. Nr. **1** = 1920; **1950:** 145. **Ew:** zwgl. **Spr:** Dtsch., Engl.

***Hemel en Dampkring**
Hemel en Dampkring. **H:** Nederlandsche Vereeniging voor Weer- en Sterrenkunde, Den Haag. **I** = 1903; **1951:** XLIX. **Ew:** mtl. **Spr:** Holl. **Suppl:** zwgl

***Idöjárás**
Idöjárás. **H:** Ungarisches Meteorologisches Institut und Ungarische Meteorologische Gesellschaft, Budapest. **S:** L. Aujeszky. **I** = 1897; **1950:** LIV. **Ew:** mtl. **Spr:** Ung. **Zsf:** Dtsch., Engl.

***Indian J. Meteorol. & Geophys.**
Indian Journal of Meteorology and Geophysics. **H:** India Meteorological Department, Delhi. **I** = 1950; **1951:** II. **Ew:** vj. **Spr:** Engl.

***Intern. hydrogr. Rev. Monaco**
The International Hydrographic Review. **H:** International Hydrographic Bureau, Monaco. **I** = 1923; **1950:** XXVII. **Ew:** zwgl., jhl 1 Bd. **Spr:** Engl., Franz.

Intern. Rev. ges. Hydrobiol. u. Hydrogr.
Internationale Revue der gesamten Hydrobiologie und Hydrographie, Leipzig. **I** (1908) bis XLIII (1943)

Invest. atmosph. pollut.
Investigation of atmospheric pollution. **H:** Department of Scientific and Industrial Research, London. **1914** bis **1939** jhl

***Izv. Akad. Nauk SSSR; Ser. Geogr. i Geophys.**
Izvestija Akademija Nauk SSSR (Nachrichten der Akademie der Wissenschaften der UdSSR), Serie: Geographie und Geophysik (ab 1951: Serie: Geophysik). **I** = 1937; **1951:** XV. **Ew:** 2mtl. **Spr:** Russ. Ab XV, 2 (1951) Ser. Geogr. u. Geophys. getrennt

***J. aerolog. Observ. Tateno**
Journal of the Aerological Observatory, Tateno (Japan). **I** bis **III. Spr:** Japan. **IV** = 1947/49. **Ew:** zwgl. **Spr:** Japan. m. engl. Zsf.

J. aeronaut. Meteorol.
Journal of Aeronautical Meteorology, Kansas City. **I** (1944) bis **II** (1946), dann verein. m. J. Meteorol.

***J. atmosph. & terrest. Physics**
Journal of Atmospheric and Terrestrial Physics, London. **H:** Sir Edw. Appleton. **V:** Butterworth-Springer, London. **I** = 1950; **1951:** I, 3. **Ew:** zwgl. **Spr:** Engl., Dtsch., Franz. **Zsf:** Engl.

***J. Chinese geophys. Soc.**
Journal of the Chinese Geophysical Society. **I** = 1949; **1950:** 2

***J. Coast & Geod. Surv.**
The Journal (of the) Coast and Geodetic Survey, Washington. Nr. **1** = 1948; **1950:** 3. **Ew:** zwgl

***J. Cons. Int. Explorat. Mer**
Journal du Conseil. **H:** Conseil Permanent International pour l'Exploration de la Mer, Kopenhagen. **S:** J. R. Lumby, Lowestoft (England). **I** = 1926; **1951:** XVIII. **Ew:** 3mal jhl. **Spr:** Engl., Franz., Dtsch. Ausf. Bibl.

***J. Franklin Inst.**
Journal of the Franklin Institute, Philadelphia, Penna (USA). **I** = 1826; **1951:** CCLI. **Ew:** mtl (jhl 2 Bd.)

***J. Geomagn. Geoelectr.**
Journal of Geomagnetism and Geoelectricity **H:** Society of Terrestrial Magnetism and Electricity, Kyoto, Japan **I** = 1949; **1950:** II.

***J. geophys. Res.**
Journal of Geophysical Research (Forts. v. Terrestrial Magnetism and Atmospheric Electricity, 1896—1948). **S:** M. A. Tuve. **V:** Johns Hopkins Press, Baltimore, Md. USA. **LIV** = 1949; **1951:** LVI. **Ew:** vj

***J. Inst. Navigat.**
The Journal of the Institute of Navigation. **H:** The Institute of Navigation of the Royal Geographical Society, London. **I** = 1948; **1951:** IV. **Ew:** vj

***J. Marine Res.**
Journal of Marine Research. **H:** Sears Foundation for Marine Research, Bingham Oceanographic Laboratory, Yale University, New Haven, Conn. **I** = 1939; **1950:** IX. **Ew:** 3mal jhl

***J. Meteorol.**
Journal of Meteorology. **H:** American Meteorological Society, Boston. **S:** W. A. Baum. **I** = 1944; **1951:** VIII. **Ew:** 2 mtl

***J. meteorol. Res., Tokyo**
Journal of Meteorological Research. **H:** Central Meteorological Observatory, Tokyo, (Japan). **I** = 1949; **1951:** III. **Ew:** mtl. **Spr:** Japan. m. z. T. engl. Zsf

***J. meteorol. Soc. Japan**
Journal of the Meteorological Society of Japan, Tokyo. **I** (1882) bis **XLI** (1922); **2.** Serie: **I** = 1923; **1951:** 2. Ser. XXIX. **Ew:** mtl. **Spr:** Japan. **Zsf:** Engl.

***J. Oceanogr. Kobe**
Journal of Oceanography. **H:** The Kobe Marine Observatory, Kobe (Japan). **I** (1928) bis **XII** (1940); **2.** Serie: **I** = 1950; **1951:** 2. Ser. II. **Ew:** mtl. **Spr:** Japan.

***J. oceanogr. Soc. Japan**
Journal of the Oceanographical Society of Japan, Tokyo. **1950:** VI. **Ew:** zwgl. **Spr:** Japan, Engl. **Zsf:** Engl., Japan.

***J. Sci. Météorol.**
Journal Scientifique de la Météorologie. **H:** Société Météorologique de France, Paris. **I** = 1949; **1951:** III. **Ew:** vj. **Zsf:** Engl., Span.

J. Scott. meteorol. Soc.
Journal of the Scottish Meteorological Society, Edinburgh. **I** (1864/66) bis **XVIII** (1920/21), dann verein. m. Quart. J. Roy. met. Soc. London

Japan. J. Astron. Geophys.
Japanese Journal of Astronomy and Geophysics. Transactions and Abstracts. **H:** National Research Council of Japan, Tokyo. **I** = 1922; **1941:** XVIII, 3. **Ew:** zwgl. **Spr:** Engl.

Jb. Dtsch. Akad. Luftf.-Forsch.
Jahrbuch der Deutschen Akademie der Luftfahrtforschung, Berlin. **I** (1937/40) bis **III** (1942/43)

***Jb. Zentr.-Anst. Meteorol. Wien**
Jahrbuch der Zentralanstalt für Meteorologie und Geodynamik, Wien. **I** (1848/49) bis **VIII** (1856). **Neue Folge I** = 1864 (= IX d. ganzen Serie); **1949:** N.F. LXXXVI (= XCIV d. ganz. Ser.). **Ew:** jhl. **Beih:** zwgl

Jber. Berlin. Zweigver. Dtsch. meteorol. Ges.
Jahresberichte des Berliner Zweigvereins der Deutschen Meteorologischen Gesellschaft. **1884** (= 2. Vereinsjahr, ersch: 1885) bis **1925** (= 33. bis 42. Vereinsjahr, ersch: 1926)

***Jber. m. Abh. Bad. Landeswetterd.**
Jahresbericht mit Abhandlungen des Badischen Landeswetterdienstes, Freiburg. **1949** ff.

Jber. Sonnblick-Ver.
Jahresberichte des Sonnblick-Vereines. **V:** Springer, Wien. **I** = 1892; **1937:** XLVI (ersch: 1938)

Jordmagn. Publ. Stockholm
Jordmagnetiska Publikationer. **H:** Kungl. Sjökarteverket, Stockholm. **1** (1922) bis **7** (1930). **Spr:** Schwed., Engl.

***Kiel. Meeresforsch.**
Kieler Meeresforschungen. **H:** Institut für Meereskunde der Universität Kiel. **S:** G. Wüst. **I** = 1936/37; **1950:** VII. **Ew:** zwgl

Kleinere Veröff. Ungar. Reichsanst. Meteorol.
Kleinere Veröffentlichungen der Kgl. Ungarischen Reichsanstalt für Meteorologie und Erdmagnetismus, Budapest. Neue Reihe: **1** (1936) bis **11** (1941). **Spr:** Ung. **Zsf:** Dtsch.

Laubfrosch
Der Laubfrosch. Abhandlungen des Agrarmeteorologischen Observatoriums des Neutrathaler Landwirtschaftlichen Vereines. **I** (1884) bis **XIX** (1902). **Spr:** Dtsch.

***Marine Observer**
The Marine Observer, a Quarterly Journal of Maritime Meteorology. **H:** Marine Branch, Meteorological Office, London. **I** = 1924; **1951:** XXI. **Ew:** vj. (Während d. Krieges unterbr.)

Medd. geodæt. Inst. Kopenhagen
Meddelelse. **H:** Geodætisk Institut, Kopenhagen. **1** = 1930; **1942:** 16. **Ew:** zwgl. **Spr:** Engl., Dtsch., Dän.

Medd. hydrogr. Byr. Helsingfors
Meddelanden från Hydrografiska Byrån, Helsingfors (Mitt. d. Hydrogr. Bur.). **1** = 1914; **1936:** 9. **Ew:** zwgl. **Spr:** Dtsch.

***Medd. meteorol. Inst. Uppsala**
Meddelande fran Meteorologiska Institutionen vid Kungl. Universitetet, Uppsala. **1** = 1938; **1950:** 20. **Ew:** zwgl. **Spr:** Engl., Dtsch.

***Medd. meteorol. o. hydrolog. Inst. Stockholm**
Meddelanden. **H:** Sveriges Meteorologiska och Hydrologiska Institut, Stockholm. **I** (1920) bis VII (1946). **Serien uppsatser: 1** (1920) bis **50** (1945). **Serie A** (Meteorologi): **1** = 1945; **1950:** 3. **Serie B** (Hydrologi): **1** = 1945; **1950:** 7. **Serie C** (Meteorologi): **1** = 1945; **1950:** 3. **Serie D** (Hydrologi): **1** = 1947; **1950:** 3. **Ew:** zwgl. **Spr:** Schwed., Engl.

***Meded. en Verh. Kgl. Nederl. Meteorol. Inst.**
Mededelingen en Verhandelingen. **H:** Koninklijk Nederlands Meteorologisch Instituut, De Bilt (Publ. Nr. 102 u. 125). **1** (1905) bis **51** (1946); dann **Serie A: 52** = 1946; **1949:** 55; **Serie B: 1** = 1946; **1950:** 13. **Ew:** zwgl. **Spr:** Dtsch., Engl., Holl. **Zsf:** Dtsch., Engl.

***Med.-Meteorol. H.**
Medizin-Meteorologische Hefte. **H:** Annalen der Meteorologie-Schriftleitung. **S:** G. Pogade. Nr. **1** = 1949; **1951:** 5. **Ew:** zwgl

Meereskunde
Meereskunde. Sammlung volkstümlicher Vorträge. **H:** Institut für Meereskunde, Berlin. **I** (1907) bis **XVIII** (1932)

Mém. Bur. centr. météorol. France
s. Ann. Bur. centr. météorol. France

***Mem. centr. meteorol. Observ. Tokyo**
Memoirs of the Central Meteorological Observatory, Tokyo, Japan. **I** = 1930; **1950:** XXXV. **Ew:** vj. **Spr:** Japan. m. z. T. engl. Zsf

***Mem. East Afric. meteorol. Dep.**
Memoirs. **H:** East African Meteorological Department, Nairobi. **I** = 1930; **1951:** II, 8. **Ew:** zwgl

***Mem. Indian meteorol. Dep.**
Memoirs of the Indian Meteorological Department, New Delhi. **I** = 1876; **1942:** XXIX, 2. **Ew:** zwgl. **Spr:** Engl.

Mém. Inst. Roy. colon. Belge; Sect. Sci. techn.
Mémoires, Section des Sciences techniques. **H:** Institut Royal Colonial Belge, Brüssel. Collection in -8°: **I** = 1935; **1941:** III. Collection in -4°: **I** = 1930; **1941:** IV. **Ew:** Zwgl. **Spr.** Franz. — dass. Section des Sciences naturelles et médicales: **I** = 1931; **1941:** VI. **Ew:** zwgl

***Mém. Inst. Roy. météorol. Belg.**
Mémoires. **H:** Institut Royal Météorologique de Belgique. **I** = 1925; **1951:** XLVI. **Ew:** zwgl. **Spr:** Franz.

***Mem. Kobe Marine Observ.**
Memoirs of the Kobe Marine Observatory, Kobe (Japan). **I** = 1922; **1950:** VIII. **Ew:** zwgl. **Spr:** Engl.

***Mém. Météorol. nat., Paris**
Mémorial de la Météorologie Nationale, Paris. Nr. **1** = 1923; **1949:** 32. **Ew:** zwgl. (Nr. 1—29 **H:** Office Nat. Météorol. de France)

Mém. Off. nat. météorol. France
s. Mém. Météorol. nat., Paris

Mem. Roy. meteorol. Soc.
Memoirs of the Royal Meteorological Society, London. **1** (1926) bis **39** (1937) (Vol. **I** bis **IV**)

Mem. Serv. meteorol. nac. Madrid
s. Publ. Serv. meteorol. nac. Madrid

Mem. Uff. meteorol. e. geofis., Rom
Memorie del R. Ufficio Centrale di Meteorologia e Geofisica, Rom. **3. Serie:** **I** (1923/26) bis **V** (1935). **Vorg:** Ann. Uff. meteorol. e geodinam.

***Meteorol. Abh. Inst. Meteorol. u. Geophys. Fr. Univ. Berlin**
Meteorologische Abhandlungen. **H:** Institut für Meteorologie und Geophysik der Freien Universität, Berlin-Dahlem. Bd. **I,** H. **1** = 1950. **Ew:** zwgl

***Meteorol. i Hydrol. Moskau**
Meteorologia i Hydrologia, Moskau. Ab **1936** jhl 12 Hefte. **Spr:** Russ. **Zsf:** z. T. Dtsch., Engl.

***Meteorol. Abstr. & Bibliogr.**
Meteorological Abstracts and Bibliography. **H:** American Meteorological Society. **S:** Malcolm Rigby, Washington. **I** = 1950; **1951:** II. **Ew:** mtl

***Meteorol. Mag.**
Meteorological Magazine. **H:** Meteorological Office, London (Publ. Nr. M. O. 533). **I** = 1866; **1951:** LXXXI [I—LIV (1919) u. d. T.: Symons's Met. Mag.]. **Ew:** mtl

Meteorol. Mag. Nanking
The Meteorological Magazine. **H:** Meteorological Society of China, Nanking. **I** = 1925; **1947:** XIX. **Spr:** Chin., Engl. **Zsf:** Engl.

***Meteorol. Monogr.**
Meteorological Monographs. **H:** American Meteorological Society, Boston. **I,** 1 = 1947; **1950:** I, 2. **Ew:** zwgl

Meteorol. Pap.
s. Pap. Physic. Oceanogr. & Meteorol.

Meteorol. prat., Montecassino
La Meteorologia Pratica. Rivista di Meteorologia e Scienze Affini. Montecassino. **I** (1920) bis **XXI** (1940). **Spr:** Ital.

***Meteorol. Rdsch.**
Meteorologische Rundschau. **H:** K. Keil, Bad Kissingen. **V:** Springer, Berlin/Göttingen/Heidelberg. **I** = 1947/48; **1951:** IV. **Ew:** mtl. **Zsf:** z. T. Engl.

***Meteorol. Rep.**
Meteorological Reports. **H:** Meteorological Office, London. **1** = 1948; **1950:** 8. **Ew:** zwgl (5 Nr. = 1 Vol.)

Meteorol. Z.
Meteorologische Zeitschrift. Begründet im Jahre 1866 durch die Österreichische Gesellschaft für Meteorologie. **H:** Deutsche Meteorologische Gesellschaft. **I** (1884) bis **LXI,** 7 (1944). Ab 1886 vereinigt mit Z. Österr. Ges. f. Meteorol. **Reg:** I—XXV (1884—1908); XXVI bis XLV (1909—1928)

***Meteorol. Zpr.**
Meteorologicke Zprávy (Bulletin Météorologique). **H:** Štátní meteorologický ústav v Praze a Štátny meteorologický ústav v Bratislave. **I** = 1947; **1950:** IV. **Ew:** 2 mtl. **Spr:** Tschech.

***Météorologie**
La Météorologie, Revue de Météorologie et de Physique du Globe. **H:** Société Météorologique de France, Paris (Vorg: Annuaire de la Société Météorologique de France, 1849 bis 1924). **Ser. I,** Nr. 1 = 1925; **1950:** Ser. IV, Nr. 20. **Ew:** vj

***Meteorologiske Ann.**
Meteorologiske Annaler. **H:** Norske Meteorologiske Institutt zus. mit Universitetets Institutt for Teoretisk Meteorologi, Oslo. **I** = 1942; **1950:** III. **Ew:** zwgl. **Spr:** Dtsch., Engl.

***Meteoros**
Meteoros, Revista de Meteorología y Geofísica del Servicio Meteorológico Nacional, Buenos Aires. **I** = 1951. **Ew:** vj. **Spr:** Span. **Zsf:** Engl., z. T. Franz.

***Misc. Coll., Smithsonian Instn.**
Miscellaneous Collections, Smithsonian Institution, Washington. **I** = 1862; **1950:** CXII. **Ew:** zwgl

***Misc. Inst. Roy. météorol. Belg.**
Miscellanées. **H:** Institut Royal Météorologique de Belgique, Uccle/Brüssel. Fasc. **I** = 1938; **1951:** XLI. **Ew:** zwgl. **Spr:** Franz.

***Misc. Publ. Mauritius**
Miscellaneous Publications. **H:** Royal Alfred Observatory, Mauritius. **1** = 1908; **1940:** 23. **Ew:** zwgl. **Spr:** Engl.

***Misc. Rep. Chicago**
Miscellaneous Reports. **H:** Institute [ab Nr. 16 (1944) Department] of Meteorology, University of Chicago. Nr. **1** = 1942; **1948:** 24. **Ew:** zwgl

Mitt. aeronaut. Observ. Lindenberg
Mitteilungen des Aeronautischen Observatoriums bei Lindenberg. **1** (1923) bis **61** (1932)

Mitt. Chef hydrogr. Dienst, Berlin
Mitteilungen des Chefs des Hydrographischen Dienstes. **H:** Oberkommando der Kriegsmarine, Berlin. **1** (1944) bis **9** (1945)

Mitt. Dtsch. Akad. Luftf.-Forsch.
Mitteilungen der Deutschen Akademie der Luftfahrtforschung, Berlin. **1** (1942) bis **6** (1942)

***Mitt. Dtsch. Erdbebendienst**
Mitteilungen des Deutschen Erdbebendienstes. **H:** Zentralinstitut für Erdbebenforschung in Jena. **1** = 1940; **1950:** Sonderheft 2. **Ew:** zwgl

***Mitt. Dtsch. Wetterd. US-Zone**
Mitteilungen des Deutschen Wetterdienstes in der US-Zone, hsg. v. Zentralamt Bad Kissingen. **1** = 1948; **1951:** 10. **Ew:** zwgl

***Mitt. Geogr. Ges. Wien**
Mitteilungen der Geographischen Gesellschaft zu Wien. **I** = 1858; **1951:** XCIII. **Ew:** 12 H. jhl

Mitt. geophys. Warte Groß-Raum
Mitteilungen der Geophysikalischen Warte Groß-Raum der Albertus-Universität, Königsberg. **1** (1927) bis **30** (1938)

Mitt. hydrogr. Bur., Helsingfors
s. Medd. hydrogr. Byr. Helsingfors

***Mitt. Inst. Geophys. Zürich**
Mitteilungen aus dem Institut für Geophysik, Eidgenössische Technische Hochschule Zürich. Nr. **1** = 1943; **1951:** 18. **Ew:** zwgl.

***Mitt. Max-Planck-Inst. Strömungsforsch. Göttingen**
Mitteilungen aus dem Max-Planck-Institut für Strömungsforschung, Göttingen. **1** = 1950; **1951:** 4. **Ew:** zwgl

***Mitt. meteorol. Inst. Helsinki**
Mitteilungen des Meteorologischen Instituts der Universität Helsinki. **1** = 1926; **1951:** 68. **Ew:** zwgl. **Spr:** Dtsch., Engl. Ab Nr. 60 (1948) u. d. T.: Mitteilungen — Papers, University of Helsinki, Institute of Meteorology

***Mitt. meteorol. Zentralanst. Helsinki**
Mitteilungen der Meteorologischen Zentralanstalt, Helsinki. **1** = 1925; **1949:** 33. **Ew:** zwgl. **Spr:** Dtsch., Engl., Franz.

Mitt. Thüring. Landeswetterw.
Mitteilungen der Thüringischen Landeswetterwarte, Jena, später Weimar. **1** (1930) bis **10** (1950)

***Monthly Notices (Geophysic. Suppl.), London**
Monthly Notices of the Royal Astronomical Society, Geophysical Supplements. **H:** Royal Astronomical Society, London. **I** = (1928); **1950:** VI, 1. **Ew:** zwgl

***Monthly Weather Rev.**
Monthly Weather Review. **H:** US-Weather Bureau, Washington. **I** = 1872; **1951:** LXXIX. **Ew:** mtl

***Nature, London**
Nature, a weekly Journal of Science. **V:** MacMillan & Co, London. **I** = 1870; **1951:** CLXVII. **Ew:** wö, jhl 2 Vol.

Naturforsch. u. Mediz. in Deutschl.
Naturforschung und Medizin in Deutschland, 1939—1946. Für Deutschland bestimmte Ausgabe der Fiat Review of German Science. **V:** Dieterichsche Verlagsbuchhandlung, Wiesbaden. 88 Bde., ersch: 1948—1950, dabei: Bd. 17, 18: Geophysik (**H:** J. Bartels); 19: Meteorologie und Physik d. Atmosph. (R. Mügge); 45—47: Geographie (H. v. Wissmann)

***Naturwiss.**
Die Naturwissenschaften. Begründet von A. Berliner u. C. Thesing. **S:** E. Lamla. **V:** Springer, Berlin/Göttingen/Heidelberg. **I** = 1913; **1951:** XXXVIII. **Ew:** hmtl. **Reg:** I—XV, **Vorg:** Naturwissenschaftliche Rundschau (I. 1886 bis XXVII, 1912)

Naturwiss. Rdsch.
s. Naturwiss.

***Naturwiss. Rdsch.**
Naturwissenschaftliche Rundschau. **H + S:** H. W. Frickhinger. **V:** Wissenschaftliche Verlagsgesellschaft, Stuttgart. **I** = 1948; **1951:** IV. **Ew:** mtl

***Naut.-meteorol. Aarb.**
Nautisk-Meteorologisk Aarbog. **H:** Det Danske Meteorologisk Institut, Kopenhagen. Ab **1897.** **Ew:** jhl. **Spr:** Dtsch., Franz., Engl.

***Navigation**
Navigation, Journal of the Institute of Navigation, University of California, Los Angeles. **I** = 1946/48; **1951:** II. **Ew:** vj

Notes Météorol. phys. Zi-Ka-Wei
Notes de Météorologie physique. **H:** Observatoire de Zi-Ka-Wei, Shanghai. Fasc. **1** (1934) bis **9** (1939). **Spr:** Franz., Dtsch.

***Oceanogr. Mag., Tokyo**
The Oceanographical Magazin. **H:** Central Meteorological Observatory of Japan, Tokyo. **I** = 1949; **1950:** II. **Ew:** vj. **Spr:** Engl.

Öl und Kohle
S. Erdöl und Kohle

***Opst. oceanogr. en marit. Geb.**
Opstellen op Oceanografisch en Maritiem Meteorologisch Gebied. **H:** Koninglijk Nederlands Meteorologisch Instituut, De Bilt (Publ. Nr. 111). **1** = 1935; **1950:** 11. **Ew:** zwgl. **Spr:** Holl.

***Pap. Inst. Meteorol. Helsinki**
Papers, University of Helsinki, Institut of Meteorology s. Mitt. meteorol. Inst. Helsinki

***Pap. Meteorol. & Geophys., Tokyo**
Papers in Meteorology and Geophysics. **H:** Meteorological Research Institute, Tokyo. **I** = **1950.** **Ew:** vj. **Spr:** Engl.

***Pap. physic. Oceanogr. & Meteorol. Woods Hole**
Papers in Physical Oceanography and Meteorology. **H:** Massachusetts Institute of Technology and Woods Hole Oceanographic Institute, Woods Hole, Mass. **I** = 1930; **1950:** XI. **Ew:** zwgl [I (1930/32) u. d. T.: Meteorological Papers]

Pap. terr. Magnetism, Budapest
Papers of the Terrestrial Magnetism. **H:** Hungarian Institute for Meteorology and Terrestrial Magnetism. **1** = 1947; **1947:** 2. **Ew:** zwgl. **Spr:** Ung. **Zsf:** Engl.

***Petermanns Geogr. Mitt.**
Petermanns Geographische Mitteilungen. **H** u. **S:** H. Haack. **V:** Justus Perthes, Gotha. **I** = 1855; **1951:** XCV. **Ew:** vj. Erg.-H.: **1** = 1860; **1944:** 242. **Ew:** zwgl

***Physik. Ber.**
Physikalische Berichte (Referatenblatt). **H:** Physikalische Gesellschaft Württemberg/Baden/Pfalz. **S:** M. Schön. **V:** Akademie-Verlag, Berlin NW 7. **I** = 1920; **1950:** XXIX. **Ew:** 3—4 mal jhl

***Polarforschung**
Polarforschung. **H:** Archiv für Polarforschung, Kiel. Jhg. **1** = 1931; **1950:** 20. **Ew:** zwgl

***Polar Rec.**
The Polar Record. **H:** Scott Polar Research Institute, Cambridge, England. Nr. **1** = 1931; **1951:** 41 (Vol. VI). **Ew:** hj. (Ausführl. Bibliogr.)

Prag. geophys. Stud.
Prager Geophysikalische Studien. **H:** Statistisches Zentralamt, Prag. **1** (1927) bis **9** (1941). **Spr:** Dtsch.

Proc. Brit. meteorol. Soc.
s. Quart. J. Roy. Meteorol. Soc.

Profess. Notes, Cambridge,
Professional Notes. **H:** Massachusetts Institute of Technology, Cambridge, Mass. Nr. **1** = 1929; **1936:** 10

***Profess. Notes, Hydrogr. Dep. London**
Professional Notes. **H:** Hydrographic Department, Admiralty, London. Nr. **1** = 1947; **1949:** 11. **Ew:** zwgl

***Profess. Notes, London**
Professional Notes. **H:** Meteorological Office, London. **1** = 1918; **1951:** 104. **Ew:** zwgl, je 10 Nr. = 1 Vol.

***Pubbl. Ist. naz. Geofis.**
Pubblicazioni dell'Istituto Nazionale di Geofisica, Roma. **1949:** 19

***Pubbl. Osservat. Geofis. Trieste**
Pubblicazioni dell'Osservatorio Geoflsico Trieste. Nuova Serie **1** = 1949; **1951:** 20 **Ew:** zwgl

Publ. Circonstance. Cons. Int. Explorat. Mer
H: Conseil Permanent International pour l'Exploration de la Mer, Kopenhagen. **1** (1903) bis **91** (1926). **Spr:** Dtsch., Engl.

Publ. in Oceanogr. Univ. Washington
Publications in Oceanography. **H:** University of Washington, Seattle, Wash. **I**, 1 = 1932; **1942:** IV, 3. **Ew:** zwgl

Publ. Inst. meteorol. y geofys. Chile
Publicaciones del Instituto Central Meteorológico y Geofísico de Chile, Santiago. **1** = 1909; **1940:** 53. **Ew:** zwgl. **Spr:** Portug.

***Publ. Isostat. Inst. Helsinki**
Publications of the Isostatic Institute of the International Association of Geodesy, Helsinki. **1** = 1938; **1951:** 25. **Ew:** zwgl. **Spr:** Engl.

Publ. Manila Observ.
Publications of the Manila Observatory. **I** = 1927; **1931:** III. **Ew:** zwgl. **Spr:** Engl.

***Publ. meteorol. & climatol. Inst. Budapest**
Publications of the Meteorological and Climatological Institute, Paźmány Péter University, Budapest. **1** = 1947; **1948:** 2. **Ew:** zwgl. **Spr:** Ung. **Zsf:** Engl.

***Publ. Norske Inst. kosm. Fysik**
Publikasjoner fra det Norske Institutt for Kosmisk Fysik, Bergen. **1** = 1932; **1951:** 32. **Ew:** zwgl. **Spr:** Engl.

***Publ. Serv. météorol. Madagascar**
Publication du Service Météorologique de Madagascar, Tananarive. **1** = 1934; **1949:** 18. **Ew:** zwgl. **Spr:** Franz.

***Publ. Serv. meteorol. nac. Madrid**
Publicaciones. **H:** Servicio Meteorológico Nacional, Madrid. **Ser. A** (Memorias): **1** = 1933; **1948:** 19. **Ser. B** (Textos): **1** = 1939; **1944:** 4. **Ser. C** (Instrucciones): **1** = 1927; **1948:** 22. **Ser. D** (Estadísticas): **1** = 1943; **1949:** 7. **Ew:** zwgl. **Spr:** Span.

***Pub. Sternw. Zürich**
Publikationen der Eidgenössischen Sternwarte Zürich. **I** = 1897; **1950:** IX, 5. **Ew:** zwgl.

***P. V. Comm. géod. Suisse**
Procès Verbal. Commission géodésique Suisse. **H:** Société Helvétique des Sciences Naturelles, Neuchâtel. **1950:** 94. Sitzg. **Ew:** zwgl. **Spr:** Dtsch., Franz.

***Quart. J. Mech. & appl. Math.**
The Quarterly Journal of Mechanics and Applied Mathematics. **H:** S. Goldstein, G. J. Taylor, R. V. Southwell, G. Temple. **V:** Clarendon Press, Oxford. **I** = 1948; **1951:** IV. **Ew:** vj

***Quart. J. Roy. meteorol. Soc.**
Quarterly Journal of the Royal Meteorological Society, London. **S:** P. A. Sheppard. **I** = 1873; **1951:** LXXVI. **Ew:** vj. **Reg:** I—VII, VIII bis XXVI, XXVII—LI (1925). Vorg: Proceedings of the British Meteorological Society (1861—1871), Annual Reports of the British Meteorological Society (1850—1861)

***Rapp. Comm. relat. sol. terr.**
Rapport de la Commission instituée pour poursuivre l'étude des relations entre les phénomènes solaires et terrestres. **H:** Conseil International de Recherches. **1** = 1926 (Paris) **2** = 1929 (Paris); **3** = 1932 (London); **4** = 1936 (Florenz); **5** = 1939 (Florenz); **6** = 1948 (Orléans) **7** = 1951 (Paris). **Ew:** zwgl

***Rapp. et P.V. Cons. Int. Explorat. Mer**
Rapports et Procès Verbaux des Réunions. **H:** Conseil Permanent International pour l'Exploration de la Mer, Kopenhagen. **I** = 1902/03; **1949** (ersch. 1950): CXXVII. **Ew:** zwgl. **Spr:** Engl., Dtsch., Franz.

Rec. oceanogr. works Japan
Records of Oceanographical Works in Japan. **H:** The Committee on Pacific Oceanography of the National Research Council of Japan, Tokyo. **I** = 1928; **1940:** XII. **Ew:** zwgl. **Spr:** Engl.

***Rep. industr. Meteorol. Tokyo**
Report of Industrial Meteorology. **H:** Central Meteorological Observatory, Tokyo, Japan. **I** = 1925; **1950:** XV. **Ew:** vj. **Spr:** Japan.

***Rep. Ionosph. Res. Japan**
Report of Ionosphere Research in Japan. **H:** Ionosphere Research Comittee. Science Council of Japan. **1950:** IV

Repert. Meteorol.
Repertorium für Meteorologie. **H:** Kaiserl. Akademie der Wissenschaften, St. Petersburg. **S:** H. Wild. **I** (1870) bis **XVII** (1894). 6 Suppl.-Bd. **Spr:** Dtsch. **Vorg:** Repertorium für Meteorologie. **H:** Russische Geographische Gesellschaft. **S:** Kämtz. 1859—1863. **Spr:** Dtsch., Franz.

Result. Beob. magnet. Ver. Göttingen
Resultate aus den Beobachtungen des Magnetischen Vereins. **H:** C. F. Gauß u. W. Weber, Göttingen. **1836** bis **1841**

***Rev. géomorph. dynam.**
Revue Géomorphologie Dynamique. **H:** Société d'Editions d'Enseignement Supérieur (S.E.D.E.S.), Paris. **S:** Laboratoire de Géographie, Université de Strasbourg. **I** = 1950; **1951:** II. **Ew:** 2 mtl

***Rev. hydrogr. Monaco**
Revue Internationale Hydrographique, Monaco = franz. Titel von: Intern. Hydrogr. Rev. Monaco

***Rev. meteorol. Montevideo**
Revista Meteorológica. **H:** Junta Nacional de Meteorología, Montevideo, Uruguay. **I** = 1942; **1951:** X. **Spr:** Span.

***Riv. Geofis. applic.**
Rivista di Geofisica Applicata (Forts. v. Rivista Geomineraria, Geologia e Geofisica applicata). **H:** Istituto di Geofisica applicata del Politecnico di Milano. **XI:** 1950

Riv. Geomin. geol. geofis. applic.
Rivista Geomineraria, Geologia e Geofisica applicata. **I** (1940) bis **X** (1949), dann u. d. T.: Rivista di Geofisica Applicata

Riv. maritt.
Rivista marittima. **H:** Ministero della Marina, Rom. Anno **I** = 1865; **1943:** LXXVI. **Ew:** mtl. **Spr:** Ital.

***Riv. meteorol. aeronaut.**
Rivista di Meteorologia Aeronautica. Pubblicazione trimestrale a cura del Servizio Meteorologico d'Aeronautica, Rom. **V:** Associazione Culturale Aeronautica, Rom. **I** = 1937; **1951:** XI. **Ew:** vj (unterbr. 1943—1947). **Spr:** Ital. **Zsf:** Franz., Engl., Dtsch.

Riv. meteorico-agraria
Rivista Meteorico-Agraria. **H:** R. Ufficio Centrale di Meteorologia e Geofisica, Rom. **I** (1879) bis **LI** (1930)

***S.-Ber. Akad. Wiss. Wien**
Sitzungsberichte der Österreichischen Akademie der Wissenschaften, Wien. Abt. I: Biologie, Mineralogie, Erdkunde und verwandte Gebiete; Abt. IIa: Mathematik, Astronomie, Meteorologie und Technik; Abt. IIb: Chemie. **I** = 1848; **1950:** CLVIII. **Ew:** zwgl

***S.-Ber. Bayer. Akad. Wiss.**
Sitzungsberichte der Mathematisch-Naturwissenschaftlichen Abteilung der Bayerischen Akademie der Wissenschaften, München. Ab **1871** jhl 1 Bd. (Unter verschiedenen Titeln zurück bis 1763)

***S.-Ber. Dtsch. Akad. Wiss. Berlin**
Sitzungsberichte der Deutschen Akademie der Wissenschaften zu Berlin. Mathematisch-Naturwissenschaftliche Klasse, ab 1950: Klasse für Mathematik und allgemeine Naturwissenschaften. Ab Jhg. **1948** jhl 1 Bd. **Ew:** zwgl

S.-Ber. Preuß. Akad. Wiss.
Sitzungsberichte der Preußischen Akademie der Wissenschaften, Physikalisch-Mathematische Klasse, Berlin. Jhg. **1871** bis **1938**. Ab 1948: S.-Ber. Dtsch. Akad. Wiss. Berlin

Schr. Dtsch. Akad. Luftf.-Forsch.
Schriften der Deutschen Akademie der Luftfahrtforschung, Berlin. **1** (1937) bis **53** (1943)

***Scientia**
„Scientia". Revue internationale de Synthèse Scientifique **1950:** XLIV

Sci. Mem. Chemulpa
Scientific Memoirs. **H:** Korean Meteorological Observatory, Chemulpa. **I** (1910), **II** (1912). **Spr:** Engl., Korean.

Sci. Notes. Indian meteorol. Dep.
Scientific Notes. **H:** Indian Meteorological Department, Delhi. **I** (1931) bis **XI** (1950) (Nr. 135). **Ew:** zwgl. **Spr:** Engl.

***Sci. rep. Tôhoku Univ. Sendai, Japan; Ser. Geophysics**
s. Geophysics, Sendai

Seewart
Der Seewart. **H:** Deutsche Seewarte, Hamburg. **I** (1932) bis XIII (1944). Reg: I—X

***Skr. Norske Videnskaps-Ak. Oslo**
Skrifter utgitt av Det Norske Videnskaps-Akademi i Oslo. Matematisk-naturvidenskapelig klasse. Seit **1925** (früher Skr. Norske Videnskaps-Ak. Kristiania)

Sonderveröff. Balt. geod. Comm.
s. Spec. Publ. Balt. geod. Comm.

***Spec. Publ. Balt. geod. Comm.**
Special Publications. **H:** Baltic geodetic Commission, Helsinki. **1** = 1929; **1949:** 10. **Ew:** zwgl. **Spr:** Dtsch., Engl.

Svenska hydrogr.-biolog. Komm. Skr.
Svenska Hydrografisk-Biologiska Kommissionens Skrifter, Göteborg. **3. Serie:** Hydrografi: **I,** 1 = 1926; **1947:** I, 3. **Ew:** zwgl. **Spr:** Engl.

Symons's meteorol. Mag.
s. Meteorol. Mag.

Synopt. Bearb. Wetterd. Frankfurt
Synoptische Bearbeitungen, mitgeteilt von der Wetterdienststelle Frankfurt a. M. **1** (1932) bis **7** (1935); Linke-Sonderh. (1933); vorl. Bearb. d. Polarjahres (Jan.—Mai 1933) (1933 bis 1935)

Tätigk. Balt. geod. Komm.
s. C.R. Comm. géod. Balt.

Tätigk.-Ber. Preuß. meteorol. Inst.
Tätigkeitsbericht des Preußischen Meteorologischen Instituts, Berlin. **1891** bis **1933**

***Tellus**
Tellus, a Quarterly Journal of Geophysics. **H:** Svenska Geofysiska Föreningen, Stockholm. **S:** C. G. Rossby. **I** = 1949; **1951:** III. **Ew:** vj. **Spr:** Engl., Dtsch., Franz. **Zsf:** Engl.

Terr. Magn. & atmosph. Electr.
Terrestrial Magnetism and Atmospheric Electricity. **I** (1896) bis **LIII** (1948), dann u. d. T.: Journal of Geophysical Research

Trab. Observ. Igueldo. San Sebastian
Trabajos del Observatorio de Igueldo, San Sebastian. **1** = 1928; **1935:** 7. **Ew:** zwgl. **Spr:** Span.

***Transact. Amer. Geophys. Union**
Transaction of the American Geophysical Union. **V:** National Research Council of the Academy of Science, Washington. **I** (1920) bis **IX** (1929) (ersch. im Bulletin of the National Research Council). **X** (1929) bis **XXVI** (1945) **Ew:** zwgl. **XXVII** = 1946; **1951:** XXXII. **Ew:** 2 mtl

***Trav. Inst. hydrol. meteorol. Pologne**
Travaux de l'Institut Hydrologique et Météorologique de Pologne, Warschau. Fasc. **1** = 1947; **1948:** 3. **Ew:** zwgl. **Spr:** Poln. **Zsf:** Franz.

Trav. sci. observ. météorol. Trappes
Travaux scientifiques de l'Observatoire de Météorologie dynamique de Trappes. **I** (1903) bis **IV** (1909)

Tycos Rochester
Tycos Rochester. **H:** Taylor Instrument Companies, Rochester, New York. **I** (1910) bis **XXXII** (1942)

***Verh. Balt. geod. Komm.**
s. C.R. Comm. géod. Balt.

***Verh. Kgl. magn. en meteorol. Observ. Batavia (Djakarta)**
Verhandelingen. **H:** Koninglijk Magnetisch en Meteorologisch Observatorium te Batavia. Ab Nr. 40 **H:** Djawatan Meteorologi dan Geofisik, Djakarta. **1** = 1911; **1950:** 40. **Ew:** zwgl. **Spr:** Dtsch., Engl.

***Veröff. Bayer. Landesst. Gewässerkd.**
Veröffentlichungen der Bayerischen Landesstelle für Gewässerkunde. Ab **1899** zwgl unter verschiedenen Titeln, wie Abh., Beitr. 1899 bis 1917: Hydrotechnisches Bureau, München

Veröff. Dtsch. wiss. Inst. Kopenhagen
Veröffentlichungen des Deutschen Wissenschaftlichen Instituts zu Kopenhagen. **Reihe I:** Arktis. **1** (1942) bis **12** (1943). **Spr:** Dtsch.

***Veröff. erdphysik. Warte Fürstenfeldbruck**
Veröffentlichungen der Erdphysikalischen Warte bei der Sternwarte München, Fürstenfeldbruck. **1** = 1911; **1941:** 7. **Ew:** zwgl

***Veröff. Finn. geod. Inst.**
Veröffentlichungen des Finnischen Geodätischen Instituts, Helsinki. **1** = 1923; **1950:** 38. **Ew:** zwgl. **Spr:** Dtsch., Engl.

***Veröff. geod. Inst. Potsdam**
Veröffentlichungen des Geodätischen Instituts der Deutschen Akademie der Wissenschaften zu Berlin, Potsdam. **1** = 1949; **1950:** 4. **Ew:** zwgl. Vorg: Veröff. Preuß. Geod. Inst.

***Veröff. geophys. Inst. Leipzig**
Veröffentlichungen des Geophysikalischen Instituts der Universität Leipzig. **1. Serie:** Synoptische Darstellungen atmosphärischer Zustände. **1910**, H. 1—6, **1911**, H. 1—4 (ersch: 1913—1919). **2. Serie:** Spezialarbeiten aus dem Geophysikalischen Institut. **I** = 1913; **1949:** XVI, 1. **Ew:** zwgl

***Veröff. Inst. Erdmess.**
Veröffentlichungen des Instituts für Erdmessung, Bamberg. **1** = 1949; **1950:** 11. **Ew:** zwgl

Veröff. Inst. Meereskd. Berlin
Veröffentlichungen des Instituts für Meereskunde an der Universität Berlin. **Neue Folge:** Reihe **A** (Geogr.-Naturwiss. Reihe), Heft **1** (1912) bis **40** (1943). Reihe **B** (Histor.-Volkswirtschaftl. Reihe), Heft **1** (1911) bis **16** (1941). **Vorg:** Veröff. d. Inst. f. Meereskunde u. d.

Geogr. Inst. an d. Univ. Berlin, Heft **1** (1902) bis **15** (1911)

Veröff. Marine-Observ. Wilhelmshaven
Veröffentlichungen des Marineobservatoriums in Wilhelmshaven. **1** (1886) bis **16** (1933); **N.F. 1** (1934) bis **6** (1936). Forts: s. Arch. Dtsch. Seewarte

***Veröff. meteorol. Dienst DDR.**
Veröffentlichungen des Meteorologischen Dienstes der Deutschen Demokratischen Republik, Potsdam. Nr. **1** = 1950; **1950:** 2. **Ew:** zwgl

Veröff. meteorol. Inst. Univ. Berlin
Veröffentlichungen des Meteorologischen Instituts der Universität Berlin. **I** (1936) bis **IV** (1940/42)

Veröff. meteorol. Observ. Donnersberg, Böhmen
Veröffentlichungen des Meteorologischen Observatoriums auf dem Donnersberge (Böhmen). **1** (1912) bis **20** (1937). **Spr:** Dtsch.

Veröff. Preuß. geod. Inst.
Veröffentlichungen des Preußischen Geodätischen Instituts in Potsdam. **1870** bis **1899** (ohne Zählung). Neue Folge: **1** (1900) bis **113** (1947). Forts.: Veröff. Geod. Inst. Potsdam

***Veröff. Zentralinst. Erdbebenforsch. Jena**
Veröffentlichungen des Zentralinstituts (früher Reichsanstalt) für Erdbebenforschung in Jena. **1** = 1922; **1950:** 54. **Ew:** zwgl

***Vjschr. naturforsch. Ges. Zürich**
Vierteljahrsschrift der Naturforschenden Gesellschaft in Zürich. **I** = 1856; **1951:** XCVI. **Ew:** vj m. Beih. **Spr:** Dtsch.

***Vortr. u. Schr. Preuß. Akad. Wiss.**
Vorträge und Schriften der Preußischen Akademie der Wissenschaften, Berlin. **1** (1940) bis **22** (1944). 23 nicht ersch. **24** = 1948; **1949:** 35. Ab Heft 24 u. d. T.: Vortr. u. Schr. d. Dtsch. Akad. d. Wiss. zu Berlin. **Ew:** zwgl

***Weather**
Weather, A monthly Magazine for all Interested in Meteorology. **H:** Royal Meteorological Society, London. **I** = 1946; **1951:** VI. **Ew:** mtl

***Weatherwise**
Weatherwise. **H:** Amateur Weathermen of America, Philadelphia. **I** = 1948; **1951:** IV. **Ew:** mtl

***Weather Developm. & Res. Bull., Melbourne**
Weather Development & Research Bulletin. **H:** Commonwealth Meteorological Bureau, Melbourne. **8** (1947); **1950:** 16. **Ew:** zwgl. **Spr:** Engl.

Wetter
s. Z. angew. Meteorol.

Wetter u. Klima
Wetter und Klima. **H:** Deutscher Meteorologischer Dienst im französischen Besatzungsgebiet, Seelbach (Baden). **S:** W. Peppler. **I** (1948) bis **II**, H. 5/6 (1949)

***Wetter und Leben**
Wetter und Leben. Zeitschrift für praktische Bioklimatologie. **H:** Österreichische Gesellschaft für Meteorologie, Bioklimatische Sektion. **S:** F. Sauberer, Wien. **I** = 1948; **1951:** III. **Ew:** mtl

Wild's Repert. Meteorol.
s. Repert. Meteorol.

Wiss. Abh. Reichsamt f. Wetterd.
Wissenschaftliche Abhandlungen. **H:** Reichsamt für Wetterdienst, Berlin. **I,** 1 (1935) bis **IX,** 6 (1942). (Vorg: Abh. Preuß. Meteorol. Inst.)

Wiss. Arb. Dtsch. meteorol. Dienst franz. Bes.-Zone
Wissenschaftliche Arbeiten des Deutschen Meteorologischen Dienstes im französischen Besatzungsgebiet. **I** (1947) bis **II** (1950)

Wiss. Meer.-Unters. Kiel
Wissenschaftliche Meeresuntersuchungen. **H:** Kommission zur wissenschaftlichen Untersuchung der deutschen Meere in Kiel und der Biologischen Anstalt auf Helgoland. **I** (1894) bis **II** (1898), dann Reihe Kiel: **III** (1898) bis **XXII** (1936), Reihe Helgoland: **III** (1899) bis **XIX** (1932)

Woschr. Astron. Meteorol. Geogr.
Wochenschrift für Astronomie, Meteorologie und Geographie, Leipzig. **N.F. I** (1858) bis **XXXIV** (1891)

***Ymer**
Ymer. **H:** Svenska Sällskapet för Antropologi och Geografi, Stockholm. **I** = 1880; **1951:** LXXI. **Ew:** vj. **Spr:** Schwed.

Z. angew. Geophys.
Zeitschrift für angewandte Geophysik. **H:** R. Ambronn. Nur **I** = 1925

***Z. angew. Math. u. Mech.**
Zeitschrift für angewandte Mathematik und Mechanik. Ingenieurwissenschaftliche Forschungsarbeiten. **H:** A. Willers, Dresden. **V:** Akademie-Verlag, Berlin. **I** = 1921; **1951:** XXXI. **Ew:** mtl. **Zsf:** Engl., Franz., Russ.

Z. angew. Meteorol.
Zeitschrift für angewandte Meteorologie (Das Wetter). Begr. v. R. A. Aßmann. **I** (1884) bis **XLIV** (1927) u. d. T.: Das Wetter, dann **XLV** (1928) bis **LXI** (1944). Aßmann-Sonderh. 1915

Z. Dtsch. Ver. Förd. Luftschiffahrt
s. Z. Luftschiffahrt u. Physik Atmosph.

Z. Geophys.
Zeitschrift für Geophysik. **H:** Deutsche Geophysikalische Gesellschaft. **I** (1925) bis **XVIII** (1944)

Z. Ges. Erdkde. Berlin
Zeitschrift der Gesellschaft für Erdkunde zu Berlin. **I** (1853) bis **XXXVI** (1901); **1902** bis **1944** (ohne Bandzählung). (1853—1865 u. d. T.: Z. f. allgem. Erdkde.) Ab 1949 fortges. u. d. T.: Die Erde

Z. Gewässerkde.
Zeitschrift für Gewässerkunde, Leipzig/Dresden. **I** (1898) bis **XII** (1914)

Z. Luftschiffahrt u. Physik Atmosph.
Zeitschrift für Luftschiffahrt und Physik der Atmosphäre, Berlin. **H:** Deutscher Verein zur Förderung der Luftschiffahrt in Berlin und Wiener Flugtechnischer Verein. **I** (1882) bis **XIX** (1900) [I—VII (1888) u. d. T.: Zeitschrift des Deutschen Vereins zur Förderung der Luftschiffahrt]

***Z. Meteorol.**
Zeitschrift für Meteorologie. **H:** Meteorologischer Dienst der DDR, Potsdam. **S:** I—IV: R. Süring; ab V: W. König. **V:** Akademie-Verlag, Berlin. **I** = 1946/47. 1951: V. **Ew:** mtl

***Z. Naturforschung**
Zeitschrift für Naturforschung. Herausgegeben unter Mitwirkung der Institute der Max-Planck-Gesellschaft. **V:** Zeitschr. f. Naturforschung, Tübingen. Reihe **a:** Astrophysik, Physik und physikalische Chemie.

Reihe **b:** Chemie, Biochemie, Biophysik, Biologie und verwandte Gebiete. **I** = 1946; **1951:** VI. **Ew:** Reihe a: 12 Hft. jhl, Reihe b: 8 Hft. jhl

Z. Österr. Ges. Meteorol.
Zeitschrift der Österreichischen Gesellschaft für Meteorologie. **I** (1866) bis **XX** (1885), dann vereinigt mit Meteorol. Z.

***Z. Vermess.-Wesen**
Zeitschrift für Vermessungswesen. **H:** Deutscher Verein für Vermessungswesen. **S:** R. Finsterwalder, W. Großmann. **V:** Wittwer, Stuttgart. **I** = 1872; **1951:** LXXVI. **Ew:** mtl

Zbl. Geophys. Meteorol. Geod.
Zentralblatt für Geophysik, Meteorologie und Geodäsie, Berlin. **I** (1937) bis **XI** (1944)

32 B Organisation der internationalen Zusammenarbeit in der Geophysik.

1. Internationale Union für Geodäsie und Geophysik (IUGG).

Eine der 9 internationalen wissenschaftlichen Unionen, die dem ,,International Council of Scientific Unions" (ICSU) angehören. ICSU ist an UNESCO (United Nations Educational, Scientific and Cultural Organization) angeschlossen. Die anderen Unionen sind für 1. Astronomie, 2. Chemie, 3. Radio-Wissenschaft, 4. Physik, 5. Geographie, 6. Biologie, 7. Kristallographie, 8. Theoretische und Angewandte Mechanik.

IUGG ist ein Bund von 7 Internationalen Assoziationen für

1. Geodäsie; 2. Seismologie und Physik des Erdinnern; 3. Meteorologie; 4. Erdmagnetismus und -elektrizität; 5. Physikalische Ozeanographie; 6. Vulkanologie; 7. Hydrologie. Mit anderen Unionen bestehen ,,Joint Commissions" für 1. Solar-terrestrische Beziehungen (Veröff.: siehe unter 32 A, Rapp. Comm. relat. sol. terr.), 2. Ozeanographie, 3. Ionosphäre, 4. Radio-Meteorologie, 5. Forschungsstationen in großer Höhe.

Die IUGG mit ihren Assoziationen hält allgemeine Tagungen im Herbst, in etwa 3jährigem Turnus: Rom 1922, Madrid 1924, Prag 1927, Stockholm 1930, London 1933, Edinburgh 1936, Washington 1939, Oslo 1948, Brüssel 1951; geplant Rom 1954. Gegenwärtig (1951) gehören 40 Staaten der IUGG an. Präsident 1948—1951 F. Vening-Meinesz (De Bilt); 1951—1954 S. Chapman (Oxford). Veröff.: IUGG Publ., Nr. 9 (Statutes and By-laws) (1947); Nr. 10, Description of the IUGG (1947).

Tätigkeit der Assoziationen:

Geodäsie (IAG): Präsident C. F. Baeschlin (Schweiz). Sektionen für 1. Triangulation, 2. Präzisions-Nivellements, 3. Geodätische Positions-Astronomie, 4. Gravimetrie, 5. Geoid. Außerdem Berichterstatter für Einzelgebiete der Sektionen, wie Kartenprojektionen, Gezeiten der Erde, Isostasie und Lotabweichungen. Die IAG unterstützt ferner internationale Dienste wie das ,,Bureau International de l'Heure", den ,,Internationalen Breitendienst" und das Isostatische Institut in Helsinki. Zentralbüro der IAG in Paris. Veröff.: International Geodetic Bibliography (Vol. 5 für 1942—1946) und ,,Geodetic Bulletin" (vierteljährlich).

Seismologie und Physik des Erdinnern (IAS). Präsident B. Gutenberg (Pasadena). Zentrale: Bureau International de Seismologie, 38 Boulevard d'Anvers, Strasbourg. Veröff.: Bulletin mensuel provisoire; International Seismological Summary, vierteljährlich seit 1918, bearbeitet im Kew Observatory bei London; Comptes-Rendus des Saénces.

Meteorologie (IAM). Präsident K. R. Ramanathan (Ahmedabad). Veröff.: Procès-Verbaux des Séances. Einzige permanente Kommission: Internationale Strahlungskommission.

Erdmagnetismus und -elektrizität (Terrestrial Magn. and Electr., IATME). Präsident J. Coulomb (Paris). Kommissionen für 1. Auswahl der Lage neuer Observatorien, 2. Polarlicht, 3. Säkularstationen, 4. Magnetische Karten, 5. Registrierung von Riesen-Pulsationen, 6. Observatoriums-Veröffentlichungen, 7. Vergleichsmessungen, 8. Beobachtungstechnik, 9. Charakterisierung magnetischer Störungen, 10. Luftelektrizität, 11. Tägliche erdmagnetische Gänge in Äquatornähe, 12. Erdmagnetische Vermessungen vom Flugzeug aus (Airborne magnetometers), 13. Mondeinflüsse, 14. Höhere Atmosphäre, 15. Thesaurus, Sammlung von Jahresmitteln. Veröff.: Bulletins IATME mit den Transactions der Tagungen, ferner Nr. 12, 12a, ... mit magnetischen Charakterzahlen und K-Indizes (vgl. 32921); Photographic Auroral Atlas, mit Supplement.

Physikalische Ozeanographie (IAPO). Präsident J. Proudman (Liverpool). Kommissionen für 1. Gezeiten, 2. Mittleres Meeresniveau und seine Schwankungen, 3. Chemische Methoden und Einheiten, 4. Nomenklatur der größeren Teile des Ozeanbodens, 5. Wechselwirkung zwischen See und Luft. Veröff.: Publ. Sci. und Procés Verbaux. Zusammenarbeit mit dem Conseil permanent international pour l'Exploration de la Mer und dem International Hydrographic Bureau (Monaco).

Vulkanologie (IAV). Präsident Escher (Haag). Zentralbüro in Neapel. Veröff.: Bulletin Volcanologique.

Hydrologie (IAH). Kommissionen: 1. Potamologie, 2. Limnologie, 3. Schnee und Gletscher, 4. Grundwasser. Veröff.: ,,Travaux de l'Assoc. Int. d'Hydrologie", mit den Sitzungsberichten.

2. Internationale Wissenschaftliche Radio-Union (URSI).

Veröff.: U.R.S.I. Monthly Bulletin. Vgl. 3291.

3. World Meteorological Organization.

Vereinigung der Länderwetterdienste (vgl. 32834/5) zwecks Organisation der Wetterbeobachtungen und Wetternachrichten. Rein wissenschaftliche Aufgaben werden von der IAM (vgl. 1) betreut.

Zeitfracht Medien GmbH
Ferdinand-Jühlke-Straße 7
99095 Erfurt, Deutschland
produktsicherheit@kolibri360.de